Mathematische Statistik II

Asymptotische Statistik:
Parametrische Modelle und nichtparametrische Funktionale

Von Dr. rer. nat. Hermann Witting
em. o. Professor an der Universität Freiburg i. Br.
und Dr. rer. nat. Ulrich Müller-Funk
Professor an der Universität Münster/Westf.

Mit zahlreichen Beispielen und Aufgaben

B. G. Teubner Stuttgart 1995

Prof. Dr. rer. nat. Dr. h. c. Hermann Witting
Geboren 1927 in Braunschweig. Von 1946 bis 1951 Studium der Mathematik und Physik an der Technischen Hochschule Braunschweig und an der Universität Freiburg. 1953 Promotion und 1957 Habilitation an der Universität Freiburg. Von 1954 bis 1958 wiss. Assistent an der Universität Freiburg. Von 1958 bis 1959 Research Fellow an der University of California, Berkeley. Von 1959 bis 1961 Dozent an der Universität Freiburg. Von 1961 bis 1962 Gastprofessor an der ETH Zürich und pers. o. Professor an der Technischen Hochschule Karlsruhe. Von 1962 bis 1972 o. Professor an der Universität Münster. Seit 1972 o. Professor an der Universität Freiburg. Seit 1968 Fellow des Institute of Mathematical Statistics. Seit 1981 o. Mitglied der Heidelberger Akademie der Wissenschaften. 1992 Ehrendoktor der Universität Münster.

Prof. Dr. rer. nat. Ulrich Müller-Funk
Geboren 1947 in Stuttgart. Von 1968 bis 1976 Studium der Mathematik und der Wirtschaftswissenschaften an der Universität Freiburg i. Br.; 1979 Promotion und 1986 Habilitation. Von 1976 bis 1980 wiss. Mitarbeiter, von 1980 bis 1986 Hochschulassistent. 1986/87 Lehrstuhlvertretung an der Universität in Hannover. 1987 Professor an der mathematischen Fakultät der Universität Münster. 1990 Wechsel zur wirtschaftswissenschaftlichen Fakultät an das Institut für Wirtschaftsinformatik.

Die Deutsche Bibliothek – CIP-Einheitsaufnahme
Mathematische Statistik : mit zahlreichen Beispielen und Aufgaben / von Hermann Witting und Ulrich Müller-Funk. – Stuttgart : Teubner.
  Bd. 1 verf. von Hermann Witting
NE: Witting, Hermann; Müller-Funk, Ulrich
2. Asymptotische Statistik : parametrische Modelle und nichtparametrische Funktionale. – 1995
ISBN 3-519-02095-5

Das Werk einschließlich aller seiner Teile ist urheberrechtlich geschützt. Jede Verwertung außerhalb der engen Grenzen des Urheberrechtsgesetzes ist ohne Zustimmung des Verlages unzulässig und strafbar. Das gilt besonders für Vervielfältigungen, Übersetzungen, Mikroverfilmungen und die Einspeicherung und Verarbeitung in elektronischen Systemen.

© B. G. Teubner Stuttgart 1995
Printed in Germany
Satz: Schreibdienst Henning Heinze, Nürnberg
Druck und Binden: Hubert & Co. GmbH & Co. KG, Göttingen
Einband: Peter Pfitz, Stuttgart

Vorwort

Das dreibändige Lehrbuch „Mathematische Statistik" will auf mittlerer methodischer Ebene in Standard-Fragestellungen und -techniken dieser Disziplin einführen. Die Intentionen des vorliegenden zweiten Bandes sind dabei die gleichen, die schon bei der Abfassung des ersten Pate standen: Grundlagen der schließenden Statistik sollen in einer Breite vermittelt werden, die einen Einstieg in Monographien über Spezialgebiete bzw. in die Originalliteratur erlauben. Hervorgehoben werden deshalb übergreifende, in der Statistik immer wiederkehrende Gesichtspunkte und Schlußweisen. Diese werden jeweils in dem einfachen, aber wichtigen Rahmen unabhängiger, metrisch skalierter Daten diskutiert. Die unter einer derartigen Verteilungsannahme erzielten Resultate waren zumeist Vorbilder für solche, die später unter allgemeineren Voraussetzungen bewiesen wurden. Nach Meinung der Autoren sollte dieser grundlegende Teil der Statistik daher als zusammenhängendes Sockelwissen in Buchform angeboten werden. Die Notwendigkeit hierfür ist in den letzten Jahren auch aus anderen Gründen gewachsen. Die in allen Bereichen der Universität spürbar werdenden Bemühungen zur Verkürzung von Studienzeiten lassen nämlich kaum noch einen Spielraum für vier- oder fünfsemestrige Vorlesungszyklen, auf die bisher die Ausbildung in der Stochastik vielerorts aufbaute. Es ist daher wichtig, Teile des bisher dort vermittelten Wissens für Diplom- und Promotionsstudenten in einer Form aufzubereiten, die nicht nur vorlesungsbegleitend, sondern auch für ein Selbststudium geeignet ist. Dies setzt einen entsprechenden Darstellungsstil voraus, der zumindest Teile dessen in ein Lehrbuch hinüberrettet, was an Intuitivem, Übergreifendem und Ergänzendem in einer Vorlesung geboten werden sollte. Wie schon der erste Band, so ist daher auch der zweite mit ausführlichen Motivierungen, verbalen Überleitungen, Präambeln und zahlreichen Beispielen ausgestattet worden. Diese, sowie eine ganze Reihe ergänzender Anmerkungen, sollen zu einem vertieften Verstehen beitragen und Brücken zu mathematischen Nachbargebieten schlagen. Bei der Formulierung vieler Sätze sind wir einen Mittelweg gegangen. Auf der einen Seite haben wir es zu vermeiden versucht, durch Streben nach größtmöglicher Allgemeinheit zu sehr technisch wirkenden Resultaten zu gelangen. Andererseits sind wir aber auch davor zurückgeschreckt, einfache Formulierungen durch allzu restriktive Annahmen zu ermöglichen (etwa durch die Voraussetzung kompakter Parameterräume). Auch bei den Beweisen selbst wurde ein Kompromiß zwischen dem überknappen Stil mancher statistischer Zeitschriften einerseits und der Ausführlichkeit vieler Einführungsbücher andererseits angestrebt.

Diese Zielsetzung hat natürlich Auswirkungen auf Inhalt und Umfang des Buches und es ist klar, daß sich ein solches Vorhaben nur breit angelegt umsetzen läßt, nicht dagegen in Form knapper Leitfäden. Der vorliegende Band II ist asymptotischen Methoden gewidmet und hat deren verteilungstheoretische Grundlagen, die asymptotische Behandlung parametrischer Test- und Schätzprobleme sowie das Schätzen nichtparametrischer Funktionale zum Gegenstand. Demgemäß gliedert er sich in drei Kapitel.

In Kapitel 5 wird der Leser zunächst in die asymptotische Betrachtungsweise statistischer Probleme eingeführt. Hierdurch motiviert wird im Anschluß die verteilungstheoretische Basis dieses Zugangs dargestellt. Dabei wurde von einem Kenntnisstand ausgegangen, der demjenigen einer einsemestrigen Wahrscheinlichkeitstheorievorlesung auf maßtheoretischer Basis entspricht, welche noch das starke Gesetz der großen Zahlen sowie den zentralen Grenzwertsatz von Lindeberg-Lévy behandelt. Nun existieren eine ganze Reihe exzellenter weiterführender Wahrscheinlichkeitstheorie-Lehrbücher, die inhaltlich zumeist jedoch einem traditionellen Weg folgen und viele für die asymptotische Statistik wichtige Sachverhalte nicht berücksichtigen. Zudem beschränken sich diese Bücher zumeist auf wenige Nachweismethoden, etwa auf die der charakteristischen Funktionen oder auf den sog. Operatoransatz. Dies ist jedoch für ein Statistik-Lehrbuch nicht zweckmäßig, da etwa die Behandlung der durch Erwartungstreue motivierten U-Statistiken, der als Linearkombinationen von Ordnungsstatistiken definierten L-Statistiken, der die Maximum-Likelihood-Schätzer verallgemeinernden M-Statistiken oder der auf Rängen beruhenden R-Statistiken etc. ein andersartiges, weit gestreutes Methodenwissen verlangt. Diese Statistiken werden typischerweise mittels einer stochastischen Entwicklung additiv in einen Haupt- und einen Restterm zerlegt. Die Hauptterme sind lineare oder quadratische Formen (in den geeignet bewerteten Ausgangsvariablen), deren Diskussion den Schwerpunkt dieses Buchteiles bildet. Die Behandlung der Restterme erfordert später exponentielle Ungleichungen, die daher hier ebenfalls schon hergeleitet werden. In der vorliegenden Form bildet der Abschnitt 5.2 zudem die Grundlage für die Konvergenz von stochastischen Prozessen, wie sie in Band III zur Behandlung verschiedener statistischer Fragestellungen benötigt wird.

In Kapitel 6 werden hauptsächlich Maximum-Likelihood-Schätzer, Likelihood-Quotienten-Tests und mit diesen verwandte Verfahren untersucht und als optimal in einem lokal-asymptotischen Rahmen nachgewiesen. Die lokale Asymptotik geht in ihren Anfängen auf A. Wald und J. Neyman zurück und wurde dann von L. Le Cam zu einer abstrakten Entscheidungstheorie ausgebaut. Wesentliche Beiträge stammen dabei u.a. auch von J. Hájek. Da bei diesem Ansatz das jeweilige statistische Problem zu einem solchen in einem Gauß-Shiftmodell vereinfacht wird, können zur Lösung des Limesproblems die in Kapitel 3 und 4 bereitgestellten Techniken Anwendung finden. In unserer Darstellung dieser Theorie wird zunächst die Idee benachbarter Verteilungsfolgen herausgearbeitet und dann aus dieser systematisch das Konzept einer lokal asymptotisch normalen Familie entwickelt. Diese bilden die Grundlage für die lokal-asymptotische Testtheorie, wobei hier der Schwerpunkt bei Problemen mit Nebenparametern liegt. Die ganze Vorgehensweise verdankt ihr Entstehen ursprünglich der Absicht, auch für statistisch schwach strukturierte Probleme Lösungen zu finden. Ihr Anwendungsbezug ist dabei jedoch zunehmend von einer formalen und abstrakten Darstellung verdeckt worden. Durch diverse praxisnahe Beispiele, etwa Anwendungen auf lineare Hypothesen unter Nicht-Standardannahmen, hoffen wir, der Theorie etwas von ihrer ursprünglichen Akzentuierung zurückzugeben. Ähnliches gilt für die lokal-asymptotische Schätztheorie, d.h. insbesondere die Behandlung der asymptotischen Cramér-Rao-Schranke. Wir beschränken uns in diesem Kapitel durchgehend auf die sog. „first-order asymptotic", d.h. verzichten darauf, Linearisierungen finit durch Glieder höherer Ordnung zu verbessern.

In Kapitel 7 wird der Übergang von parametrischen zu semi- bzw. nichtparametrischen Modellen vollzogen. Eine wesentliche Rolle bei diesem Verallgemeinerungsschritt spielen (reell- oder vektorwertige) Funktionale und die ihnen entsprechenden empirischen Größen. Letztere, die sog. „kanonischen Schätzer", bilden das nichtparametrische Gegenstück zu den Maximum-Likelihood-Schätzern der parametrischen Theorie. Zunächst werden dabei deskriptive Aspekte diskutiert, etwa Halbordnungen auf Verteilungsklassen, die Axiomatisierung deskriptiver Funktionale sowie (zweidimensionale) Kopulas. Danach werden die Konzepte Suffizienz und Vollständigkeit im nichtparametrischen Rahmen wieder aufgegriffen. Im Anschluß daran werden einige, für das folgende wichtige Aussagen über die empirische Verteilungs- und Quantilfunktion hergeleitet, etwa die Bahadur-Darstellung für zentrale Ordnungsstatistiken, sowie erste Ansätze erörtert, mittels derer die Konsistenz bzw. die asymptotische Normalität kanonischer Statistiken nachgewiesen werden kann. So werden etwa zur Behandlung von U-Statistiken der Konvergenzsatz für inverse Martingale bewiesen und die Projektionsmethode als erste allgemeine Approximationstechnik für Statistiken eingeführt. Im Mittelpunkt dieser Überlegungen stehen jedoch M- und L-Statistiken. Hier wird etwa das Konzept epikonvergenter Folgen zur Diskussion von M-Funktionalen herangezogen bzw. die asymptotische Effizienz von L-Statistiken in Lokations-Skalenmodellen gezeigt. Am Schluß von Kapitel 7 werden quadratische Formen von Ordnungsgrößen behandelt, die im Zusammenhang mit Anpassungsproblemen auftreten.

Band III, dessen Gliederung sich auf Seite IX findet, wird vorwiegend Fragestellungen gewidmet sein, denen hochdimensionale Parameterräume zugrundeliegen. Auch hierbei werden vielfach asymptotische Betrachtungsweisen verwendet, so daß die Überlegungen des vorliegenden Bandes dort an den verschiedensten Stellen wieder aufgegriffen werden. Desgleichen wird etwa die Diskussion von Funktionalen durch die Behandlung ihrer Differenzierbarkeit eine Fortsetzung finden. Hierauf aufbauend lassen sich dann mit dem „bootstrapping" und dem „jackknifing" zwei weit verbreitete „resampling techniques" behandeln.

Für die tatkräftige Unterstützung haben wir verschiedenen früheren Mitarbeitern, Studenten und anderen Helfern zu danken, zunächst unserem Freund und Kollegen F. Pukelsheim, der große Teile des Manuskriptes gelesen und konstruktiv kommentiert hat. Frau G. Maercker sowie die Herren H.U. Burger und M. Moser haben zahlreiche Details präzisiert und mit vielen Vorschlägen zur besseren Lesbarkeit des Textes beigetragen. Um das Schreiben des komplizierten Textes und seiner Überarbeitungen haben sich mehrere Damen und Herren verdient gemacht, insbesondere Herr H. Weinhardt. Herr G. Huber hat diesen Text mit Kompetenz und Geschick in plain-TEX übertragen; die Erstellung des LaTeX-Formats und die Gestaltung der endgültigen Fassung wurde dann mit großer Sorgfalt von Herrn H. Heinze vorgenommen. Schließlich haben Herr G. Huber und Frau M. Hattenbach die mühevolle Arbeit übernommen, die noch erforderlichen Korrekturen einzuarbeiten. Dem Teubner-Verlag, vertreten durch die Herren Dr. P. Spuhler und D. Schauerte, danken wir für das Verständnis bei den mannigfachen Verzögerungen sowie für das Eingehen auf unsere Wünsche bei der Gestaltung des Schriftbildes. Nicht zuletzt dankt einer der Autoren (W) der Volkswagen-Stiftung für die Gewährung eines Akademie-Stipendiums.

Freiburg i.Br. und Starnberg, im März 1995 H. Witting
U. Müller-Funk

Inhalt

5	**Verteilungstheoretische Grundlagen der asymptotischen Statistik**	**1**
5.1	Einführung in die asymptotische Statistik	1
5.1.1	Asymptotische Betrachtungsweisen statistischer Probleme	2
5.1.2	Asymptotisches Verhalten von Dichtequotienten; die Sätze von Kakutani	14
5.1.3	Exponentielle Schranken für Schätzfehler und ein Satz von Chernoff	24
5.1.4	Exponentielles Abklingen von Fehlerwahrscheinlichkeiten bei Tests	37
5.2	Verteilungskonvergenz	44
5.2.1	Definition und Grundeigenschaften auf polnischen Räumen	45
5.2.2	Straffheit und vage Konvergenz	53
5.2.3	Verteilungskonvergenz auf euklidischen Räumen	60
5.2.4	Einige Rechenregeln und der Satz über die Typenkonvergenz	73
5.2.5	Konvergenz von Erwartungswerten und Momenten	80
5.3	Lineare Statistiken und asymptotische Normalität	98
5.3.1	Der zentrale Grenzwertsatz und der Satz von Cramér	98
5.3.2	Lineare Statistiken und Toeplitz-Schemata	112
5.3.3	Konvergenzraten im zentralen Grenzwertsatz	119
5.4	Quadratische Statistiken und ihre Limesverteilungen	132
5.4.1	Quadratische Formen in endlich-dimensionalen Statistiken	133
5.4.2	Quadratische Formen in den Ausgangsvariablen: Spektralanalytische Vorbereitungen	139
5.4.3	Quadratische Formen in den Ausgangsvariablen: Limesverteilungen	154
6	**Asymptotische Betrachtungsweisen parametrischer Verfahren**	**167**
6.1	Asymptotische Behandlung parametrischer Schätzprobleme	167
6.1.1	Maximum-Likelihood-Schätzer und Verallgemeinerungen	168
6.1.2	Erste Grundbegriffe der asymptotischen Schätztheorie	187
6.1.3	Grenzwertaussagen für Maximum-Likelihood-Schätzer und verwandte Verfahren	200
6.2	Asymptotische Behandlung parametrischer Testprobleme	215
6.2.1	Likelihood-Quotienten- und χ^2-Tests	215
6.2.2	Asymptotische Fraktilbestimmung und Konsistenz von Tests	236

VIII Inhalt

6.2.3 Asymptotische Fraktilbestimmung und Konsistenz bei Testproblemen mit Nebenparametern 252
6.2.4 Von der finiten zur asymptotischen Optimalität; Pitman-Effizienz . . 273
6.3 Benachbarte Verteilungsfolgen und LAN-Familien 289
6.3.1 Definition, Beispiele und Charakterisierungen 290
6.3.2 Wechselseitige Benachbartheit und lokal asymptotisch normale Verteilungsklassen 308
6.3.3 Verteilungskonvergenz unter benachbarten Verteilungsfolgen 325
6.4 Lokal asymptotisch optimale Tests 343
6.4.1 Probleme ohne Nebenparameter 344
6.4.2 Probleme mit Nebenparametern: LQ-Tests und verwandte Verfahren . 364
6.4.3 Probleme mit eindimensionalem Hauptparameter: $C(\alpha)$-Tests 385
6.4.4 Einige Mehrstichproben- und Regressionsbeispiele 405
6.5 Lokal asymptotisch effiziente Schätzer 414
6.5.1 Beste asymptotisch normale Schätzer 416
6.5.2 Der Faltungssatz von Hájek 432
6.5.3 Die lokal-asymptotische Minimax-Schranke 449

7 Nichtparametrische Funktionale und ihre kanonischen Schätzer 461

7.1 Nichtparametrische Modelle und Funktionale 461
7.1.1 Von parametrischen zu semiparametrischen und nichtparametrischen Modellen 462
7.1.2 Einige Halbordnungen in der nichtparametrischen Statistik 482
7.1.3 Deskriptive Funktionale eindimensionaler Verteilungen 502
7.1.4 Kopulas und Abhängigkeitsfunktionale 512
7.1.5 Multilineare Funktionale und erwartungstreue Schätzbarkeit 533
7.2 Ordnungsstatistiken und empirische Quantile 549
7.2.1 Die empirische Verteilungsfunktion 549
7.2.2 Die exakte Verteilung von Ordnungsstatistiken 562
7.2.3 Konvergenz zentraler Ordnungsstatistiken 575
7.2.4 Konvergenz extremer Ordnungsstatistiken 586
7.3 Nichtparametrische Funktionale und ihre kanonischen Schätzer . . . 600
7.3.1 V-Funktionale, V- sowie U-Statistiken und ihre Konsistenz 600
7.3.2 L-Funktionale, L-Statistiken und ihre Konsistenz 605
7.3.3 M-Funktionale, M-Statistiken und ihre Konsistenz 615
7.4 Projektionsmethode und Verteilungskonvergenz von U-Statistiken . . 628
7.4.1 Das Projektionslemma und asymptotische Normalität 629
7.4.2 Hoeffding-Zerlegung von $\mathbb{L}_2$-Statistiken 639
7.4.3 Verteilungskonvergenz einfach entarteter U-Statistiken 648
7.4.4 Mehrdimensionale und Zweistichproben-U-Statistiken 653
7.4.5 Der Satz von Berry-Esseen für U-Statistiken 662

7.5 Verteilungskonvergenz von L- und Q-Statistiken; statistische Anwendungen 672
7.5.1 Projektion von L-Statistiken: Asymptotische Normalität und Zentrierung 673
7.5.2 Linearisierung von L-Statistiken: Asymptotische Normalität und asymptotische Effizienz in Lokations-Skalenfamilien 687
7.5.3 Verteilungskonvergenz von Q-Statistiken: De Wet-Venter Anpassungstests 710
7.5.4 Verteilungskonvergenz von Q-Statistiken bei geschätzten Parametern: De Wet-Venter-Tests auf Typ 722

Anhang B Hilfsmittel aus der reellen Analysis   **745**

B1 Einige Grundeigenschaften reeller Funktionen 746
B2 Halbstetige Funktionen 760
B3 Approximation durch Polynome 772
B4 Approximationen durch Sprungfunktionen 778
B5 Singuläre Integrale und die Methode von Laplace 787

Auswahl ergänzender und weiterführender Lehrbücher   **794**

Sachverzeichnis   **795**

Inhalt von Band III

Kapitel 8: Differenzierbarkeit von Funktionalen und der von Mises Ansatz
Kapitel 9: Rang- und Permutationsverfahren
Kapitel 10: Konvergenz von Prozessen und der heuristische Ansatz von Doob
Kapitel 11: Kurvenschätzung und Anpassungstests
Kapitel 12: Einführung in die Sequentialanalyse

Hinweise für den Leser

Die Terminologie lehnt sich an die von Band I an. Neu hinzugekommene Bezeichnungen finden sich im Symbolverzeichnis, z.T. auch in den Präambeln zu den einzelnen Abschnitten. Die Abkürzungen aus Band I finden weiterhin Verwendung, d.h.

VF	Verteilungsfunktion	DQ	Dichtequotient
WS	Wahrscheinlichkeit	EW	Erwartungswert
ZG	Zufallsgröße	f.a.	fast alle
st.u.	stochastisch unabhängig	f.s.	fast sicher
ML	Maximum-Likelihood	f.ü.	fast überall

Darüberhinaus benutzen wir im vorliegenden Band noch die Kurzschreibweisen

$1\searrow 2$	halbstetig nach unten	glv.	gleichverteilt
$1\nearrow 2$	halbstetig nach oben	LQ	Likelihood-Quotient
UAN	gleichmäßig asympt. vernachlässigbar	$M\chi^2$	Minimum-χ^2
LAN	lokal asymptotisch normal	MD	Minimum-Distanz
ARE	asymptotisch relative Effizienz	MK	Minimum-Kontrast

Die Numerierung setzt die in Band I begonnene fort. So wird mit 5.1.3 wieder der Unterabschnitt 3 des Abschnitts 1 von Kapitel 5 bezeichnet, mit (5.1.3) die Formel 3 aus Abschnitt 5.1. Satz 5.3 meint den Satz 3 aus Kapitel 5, B1 den ersten Abschnitt des kommentierten Anhanges B. Dagegen verweisen Zitate, die mit den Ziffern 1 bis 4 bzw. dem Buchstaben A beginnen, auf die Kapitel bzw. den Anhang des Bandes I. Wie bisher auch, werden Definitionen, Sätze, Hilfssätze, Korollare, Anmerkungen und Beispiele unabhängig von ihrem Charakter fortlaufend numeriert.

Beim Sachverzeichnis wurden zur Begrenzung des Umfangs die aus zwei (oder mehr) Worten bestehenden Einträge nach Möglichkeit nur einfach aufgeführt, beispielsweise „exponentielles Zentrieren" oder „Funktional, schätzbares". Sätze und andere Aussagen werden gegebenenfalls unter dem Eigennamen des Autors aufgeführt. Spezielle Verteilungen bzw. Ordnungen wurden jedoch durchweg den Schlagworten „Verteilung" bzw. „Ordnung" nachgeordnet.

Integrale ohne Integrationsgrenzen sind über den ganzen Stichprobenraum bzw. über $\mathbb{R}$ oder $\mathbb{R}^k$ zu bilden. Mehrdimensionale Größen (Statistiken, Parameter, Funktionale, ...) werden grundsätzlich als Spaltenvektoren aufgefaßt, auch wenn auf die entsprechenden Transponiertzeichen zur Entlastung der Terminologie gelegentlich verzichtet wird.

Symbolverzeichnis

ARE	Asymptotische relative Effizienz
$C(\cdot,\cdot)$, $C_F(\cdot,\cdot)$	Kopula, zur VF F
$\text{Cov}(X,Y)$, $\text{Cov}_\vartheta(X,Y)$	Kovarianz von X und Y, unter ϑ
$C(F)$	Menge der Stetigkeitsstellen von F
$D(F)$	Menge der Unstetigkeitsstellen von F
$d(\cdot,\cdot), d_L(\cdot,\cdot), d_\ell(\cdot,\cdot)$	Metriken, vgl. Anmerkung 5.42
$e\ (\neq \mathrm{e} := 2{,}71828\ldots)$	Funktionen, Exponenten, Indizes
$e_\ell, \ell \in \mathbb{N}$	Orthonormalsystem
$EX, E_\vartheta X$	EW von X, unter ϑ
$E_u T, E_v T$	EW von T unter $u \in \mathbf{H}$, unter $v \in \mathbf{K}$
$E(g \mid V = v), E.(g \mid V = v),$	bedingter EW, unabhängig von ϑ, unabhängig
$E_{\eta\cdot}(g \mid V = v)$	von ξ
$F, \widehat{F}_n$	VF, WS-Maß, empirische VF
$F^{(n)}$	n-faches Produktmaß
$F^{-1}, \widehat{F}_n^{-1}$	Quantilfunktion, empirische
$f_\vartheta(\cdot), f(\cdot,\vartheta)$	Dichten von $F_\vartheta(\cdot)$ bzw. $F(\cdot,\vartheta)$
$\mathfrak{g}, \mathfrak{h}$	$-f'/f$, $-1 - \mathrm{id} f'$; vgl. S. 267
$\mathbf{H}, \widehat{\mathbf{H}}$	(Null-) Hypothese, $\{(u_n) : u_n \in \mathbf{H}\}$
$H(\cdot,\cdot)$	Hellinger-Abstand
i	imaginäre Einheit, $\mathrm{i}^2 = -1$
$i(F)$	Infimum des Trägers von F
$I(f), -1 + \tilde{I}(f), \check{I}(f)$	$E_f(\mathfrak{g}^2), E_f(\mathfrak{h}^2), E_f(\mathfrak{gh})$; vgl. S. 354
$I_{KL}(\cdot,\cdot)$	Kullback-Leibler-Information
id, $\mathrm{id}_{\mathfrak{T}}$	Identität, auf $\mathfrak{T}$
$\mathbf{J}$	Rand der Hypothesen $\mathbf{H}$ und $\mathbf{K}$
$J(\vartheta_0)$	(Fisher-) Information an der Stelle ϑ_0
$\widehat{J}_n$	uniforme empirische VF
$\mathbf{K}, \widehat{\mathbf{K}}$	(Gegen-) Hypothese, $\{(v_n) : v_n \in \mathbf{K}\}$
$L, L_{\vartheta_0,\vartheta}$	DQ, von P_ϑ bzgl. P_{ϑ_0}
$\dot{L}_{\vartheta_0}, \ddot{L}_{\vartheta_0}$	$\mathbb{L}_r(\vartheta_0)$-Ableitungen von $\vartheta \to L_{\vartheta_0,\vartheta}$
LAMN	lokal asymptotisch gemischt normal
LAN, LAN($Z_n, \mathscr{J}$)	lokal asymptotisch normal, in $(Z_n, \mathscr{J})$
LAQ	lokal asymptotisch quadratisch
$\mathrm{Lip}_1[a,b]$	Menge der Lipschitz-Funktionen
med F, med X	Median von F, Median von X

XII Symbolverzeichnis

$o(\cdot), O(\cdot)$	Landau-Symbole
$o_F(\cdot), O_F(\cdot); o_\vartheta(\cdot), O_\vartheta(\cdot)$	stochastische Landau-Symbole, vgl. S. 77
$P, P_\vartheta, P_\vartheta^T$	WS-Maße
P_α	α-Fraktil von P
$\mathrm{Proj}(x \mid \mathfrak{L}_k)$	Projektion von x auf $\mathfrak{L}_k$
$\mathrm{sgn}\, x$	Vorzeichen von x, $\mathrm{sgn}\, 0 := 0$
$s(F)$	Supremum des Trägers von F
$\mathrm{Tr}(F)\ (\neq \mathcal{T}(F) := (i(F), s(F)))$	Träger von F ($\neq$ konvexer Träger)
$\mathcal{T}$	Indexmenge, Wertebereich
$U(\vartheta_0), U(\vartheta_0, \varepsilon)$	Umgebung von ϑ_0, ε-Umgebung
$U_\leq(\vartheta_0, \varepsilon), U_<(\vartheta_0, \varepsilon)$	abgeschlossene ε-Umgebung, offene
u_α	α-Fraktil der $\mathfrak{N}(0,1)$-Verteilung
UAN	gleichmäßig asymptotisch vernachlässigbar
ULAN, ULAN($Z_n, \mathscr{J}$)	gleichmäßig lokal asymptotisch normal, in Z_n und $\mathscr{J}$
$\mathrm{Var}\, X,\ \mathrm{Var}_\vartheta X$	Varianz von X, unter ϑ
$\mathrm{Var}(g \mid V = v),\ \mathrm{Var}.(g \mid V = v),$ $\mathrm{Var}_{\eta\cdot}(g \mid V = v)$	bedingte Varianz, unabhängig von $\vartheta \in \Theta$, unabhängig von $\xi \in \Xi$
$\mathfrak{A}, \mathfrak{B}, \mathfrak{C}, \ldots$	σ-Algebren über $\Omega, \mathfrak{X}, \mathfrak{T}, \cdots$
$\mathfrak{A}(f)$	Menge aller Minimalstellen von f
$\mathfrak{B}(n, \pi)$	Binomialverteilung
$\mathfrak{B}(n, \pi)_\alpha$	α-Fraktil von $\mathfrak{B}(n, \pi)$
$\mathfrak{B}^-(n, \pi)$	negative Binomialverteilung
$\mathfrak{C}(\mu, \sigma)$	Cauchy-Verteilung mit Lokationsparameter μ und Skalenparameter σ
$\mathfrak{E}(f)$	Epigraph von f; vgl. S. 760
$\mathfrak{F}, \mathfrak{F}^{(n)}$	Menge von VF, von Produkt-WS-Maßen
$\mathfrak{F}_c, \mathfrak{F}_s, \mathfrak{F}_\mu$	Menge der stetigen, der bzgl. 0 symmetrischen bzw. μ-stetigen Verteilungen
$\mathfrak{G}(\lambda)$	gedächtnislose Verteilung
$\mathfrak{H}(N, M, n)$	hypergeometrische Verteilung
$\mathfrak{L}_k, \mathfrak{L}(c_1, \ldots, c_k)$	linearer Teilraum der Dimension k, erzeugt von $c_1, \ldots, c_k$
$\mathfrak{L}(X), \mathfrak{L}_\vartheta(X)$	Verteilung von X, unter ϑ
$\mathfrak{M}(\mathfrak{X}, \mathfrak{B}), \mathfrak{M}^1(\mathfrak{X}, \mathfrak{B})$	Menge aller Maße über $(\mathfrak{X}, \mathfrak{B})$, aller WS-Maße
$\mathfrak{M}^e(\mathfrak{X}, \mathfrak{B}), \mathfrak{M}^\sigma(\mathfrak{X}, \mathfrak{B})$	Menge aller endlichen Maße, aller σ-endlichen Maße über $(\mathfrak{X}, \mathfrak{B})$
$\mathfrak{M}(n; \pi_1, \ldots, \pi_k)$	Multinomialverteilung
$\mathfrak{N}(\mu, \sigma^2), \mathfrak{N}(\mu, \mathscr{S})$	Normalverteilung, mehrdimensionale
$\mathfrak{N}(\mu_1, \mu_2; \sigma_1^2, \sigma_2^2, \varrho)$	zweidimensionale Normalverteilung
$\mathfrak{P}, \mathfrak{P}^T$	Verteilungsklassen
$\mathfrak{Q}$	Gruppe meßbarer Transformationen

Symbolverzeichnis XIII

$\mathfrak{Q}(\lambda_\ell, \ell \in I)$	Quadratsummenverteilung zu den Parametern $\lambda_\ell, \ell \in I$; vgl. S. 155
$\mathfrak{Q}^0(\lambda_\ell, \ell \in I)$	zentrierte Quadratsummenverteilung zu den Parametern $\lambda_\ell, \ell \in I$; vgl. S. 155
$\mathfrak{R}(\vartheta_1, \vartheta_2), \mathfrak{R}$	Rechteckverteilung, $\mathfrak{R}(0,1)$
$\mathfrak{S}_m$	Permutationsgruppe von m Elementen
$\mathfrak{T}(F)$	Typ von F
$\mathfrak{T}_L(F), \mathfrak{T}_S(F)$	Lokations-, Skalentyp von F
$(\mathfrak{X}, \mathfrak{B}, \mathfrak{P})$	statistischer Raum
$(\mathfrak{X}_{(n)}, \mathfrak{B}_{(n)})$	$:= (\underset{j=1}{\overset{n}{\times}} \mathfrak{X}_j, \underset{j=1}{\overset{n}{\otimes}} \mathfrak{B}_j)$
$(\mathfrak{X}_0^{(n)}, \mathfrak{B}_0^{(n)})$	$:= (\underset{j=1}{\overset{n}{\times}} \mathfrak{X}_0, \underset{j=1}{\overset{n}{\otimes}} \mathfrak{B}_0)$
$\mathbb{B}, \mathbb{B}^k, \overline{\mathbb{B}}, \overline{\mathbb{B}}^k$	Borel-σ-Algebra über $\mathbb{R}, \mathbb{R}^k, \overline{\mathbb{R}}, \overline{\mathbb{R}}^k$
$\mathbb{C}, \mathbb{C}^k$	Menge der komplexen Zahlen, k-faches Produkt von $\mathbb{C}$
$\mathbb{C}(I), \mathbb{D}(I)$	Funktionenräume, vgl. S. 45, 46
$(\mathbb{E}, \mathfrak{E})$	metrischer (vielfach polnischer) Raum mit Borel-σ-Algebra
$\mathbb{L}_r(\mu), \mathbb{L}_r^k(\mu)$	Menge der r-fach bzgl. μ integrablen (k-dimensionalen) Funktionen
$\mathbb{N}, \mathbb{N}_0$	$\{1, 2, \ldots\}, \{0, 1, 2, \ldots\}$
$\mathbb{P}$	WS-Maß über Grundraum $(\Omega, \mathfrak{A})$
$\mathbb{R}, \mathbb{Q}, \mathbb{Z}$	Menge der reellen, rationalen, ganzen Zahlen
$\mathbb{R}^k, \overline{\mathbb{R}}^k$	k-dimensionaler reeller Raum, kompaktifizierter $\mathbb{R}^k$
$\mathbb{R}^{n \times k}$	Menge der $n \times k$-Matrizen
$\mathbb{R}^{k \times k}_{\text{sym}}, \mathbb{R}^{k \times k}_{\text{p.s.}}, \mathbb{R}^{k \times k}_{\text{p.d.}}, \mathbb{R}^{k \times k}_{\text{orth}}, \mathbb{R}^{k \times k}_{\text{n.e.}}$	Menge der symmetrischen, positiv semidefiniten, positiv definiten, orthogonalen, nicht-entarteten $k \times k$-Matrizen
$\mathbb{AC}, \mathbb{LAC}$	Menge der (lokal) absolut stetigen Funktionen
$\mathbb{BV}, \mathbb{NBV}, \mathbb{LBV}$	Menge der (normalisierten) Funktionen von (lokal) beschränkter Variation
$\mathscr{C}$	Design-Matrix
$\mathscr{C}ov\, X, \mathscr{C}ov_\vartheta\, X$	Kovarianzmatrix von X, unter ϑ
$\mathscr{I}_n$	$n \times n$-Einheits-Matrix
$\mathscr{J}(\vartheta_0)$	Informationsmatrix an der Stelle ϑ_0
$\mathscr{O}$	Nullmatrix
$\mathscr{S}$	Kovarianzmatrix
$\widehat{\mathscr{S}}_n$	Stichprobenkovarianzmatrix
α	(zugelassene) Fehler-WS 1. Art
$B_{\kappa, \lambda}$	Beta-Verteilung
γ	Funktional auf Θ

XIV Symbolverzeichnis

Γ	Wertebereich von γ
$\Gamma_{\chi,\sigma}$	Gamma-Verteilung
$\Gamma_{\mathbf{B}}(s,t)$	$:= s \wedge t - st,\ 0 \leq s,t \leq 1$
γ_n	Randomisierung
$\widehat{\gamma}_n, \widehat{\vartheta}_n, \widehat{\widehat{\vartheta}}_n, \widehat{\sigma}_n, \ldots$	Schätzer von $\gamma, \vartheta, \vartheta \in \mathbf{H}, \sigma, \ldots$
ϑ, Θ	Parameter, Parameterraum
ζ, η, ξ	weitere Parameter
$\boldsymbol{\vartheta}, \boldsymbol{\zeta}$	als ZG aufgefaßte Parameter ϑ, ζ
δ_{ij}	Kronecker-Symbol
$\Delta_a^b F$	mehrdimens. Differenz; vgl. S. 60
ε_x	Einpunktmaß
λ, λ^k	Lebesgue-Maß über $(\mathbb{R}, \mathbb{B}), (\mathbb{R}^k, \mathbb{B}^k)$
μ	Lokationsparameter, dominierendes Maß
$\pi\ (\neq \pi := 3,14159\ldots)$	Transformation, Projektion
π, π_j	Parameter der Binomial- (Multinomial-) Verteilung
ϱ	Korrelationsparameter, a priori Verteilung; Metrik, Kontrastfunktion, Diskrepanzfunktion
σ	Skalenparameter
$\sigma(\mathfrak{E})$	von $\mathfrak{E}$ erzeugte σ-Algebra
τ	Transformation
$\varphi_n, (\varphi_n)$	asymptotischer Test
$\widehat{\Phi}_\alpha, \widehat{\Phi}_{\alpha\alpha}$	Menge aller asymptotischen α-Niveau-Tests, aller unverfälschten
$\phi\ (\neq \emptyset := \text{leere Menge})$	VF der $\mathfrak{N}(0,1)$-Verteilung
$\chi_r^2, \chi_r^2(\delta^2)$	zentrale χ^2-Verteilung, nichtzentrale
$\chi_{r;\alpha}^2$	α-Fraktil der zentralen χ^2-Verteilung
$\sum_s$	Menge der s-dimensionalen stochastischen Vektoren; vgl. Beispiel 5.129
$(\Omega, \mathfrak{A}, \mathbb{P})$	zugrundeliegender WS-Raum
$\forall, \exists, :=, :\Leftrightarrow, \Leftrightarrow, \Rightarrow$	übliche logische Symbole
$\square$	Beweis-, Beispiel-Ende
$\in, \notin, \subset, \cap, \cup, {}^c, \setminus, -, \times$	übliche Mengenoperationen
$X^\times$	zu X verteilungsgleiche ZG
AB	$:= A \cap B$
$A + B$	$:= A \cup B$, falls $AB = 0$
$A - B$	$:= A \setminus B$, falls $B \subset A$
$A \triangle B$	$:= AB^c + A^c B$
$\mathring{A}, \overline{A}, \partial A$	offener Kern, Abschluß, Rand von A
B_v	$:= \{u : (u,v) \in B\}$
$-B$	$:= \{x : -x \in B\}$
(a, b)	$:= \{x : a < x < b\},\quad a, b \in \overline{\mathbb{R}}$
$(a, b]$	$:= \{x : a_i < x_i \leq b_i,\ i = 1, \ldots, k\},\ a, b \in \overline{\mathbb{R}}^k$

Symbolverzeichnis   XV

$(a,b]^k$	$:= \times_{i=1}^{k} (a,b], \ a,b \in \overline{\mathbb{R}}$
$\mathfrak{B}_1 \otimes \mathfrak{B}_2, \otimes \mathfrak{B}_i, \mathfrak{B}^{(n)}$	Produkt-σ-Algebren
$\mathbf{1}_B(x)$	$:= 1$ bzw. 0 für $x \in B$ bzw. $x \notin B$
$\mathbf{1}_n$	$:= (1,\ldots,1)^\top \in \mathbb{R}^n$
$\overline{x}_n$	$:= n^{-1} \sum_{j=1}^{n} x_j$
$x_{i\cdot}, \overline{x}_{i\cdot}, x_{\cdot\cdot}, \overline{x}_{\cdot\cdot}$	Summen bzw. Durchschnitte von x_{ij} über j bzw. über i und j
$\mathfrak{L}_1 + \mathfrak{L}_2$	Summe zweier linearer Räume
$\mathfrak{L}_1 \oplus \mathfrak{L}_2$	orthogonale Summe
$\mathfrak{L}^\perp$	orthogonales Komplement
(a_{ij})	Matrix
$\mathscr{A}_{ij}$	Untermatrix der Matrix $\mathscr{A}$
$\mathscr{A}^\top, \mathscr{A}^{-1}$	Transponierte, Inverse der Matrix $\mathscr{A}$
$\lvert \mathscr{A} \rvert = \det \mathscr{A}$	Determinante der Matrix $\mathscr{A}$
$\operatorname{Rg} \mathscr{A}, \operatorname{Sp} \mathscr{A}$	Rang bzw. Spur der Matrix $\mathscr{A}$
$\lVert \mathscr{A} \rVert$	Matrizennorm, vgl. S. 206
$\lVert \cdot \rVert_{\mathbb{L}_r(w)}$	Norm bzgl. $\mathbb{L}_r(w)$
$\langle \cdot, \cdot \rangle$	Bilinearform, Skalarprodukt
$\lVert \cdot \rVert_\infty$	Supremumsnorm
$\lVert \cdot \rVert$	Norm, Totalvariationsnorm
$x \leq y$	$x_i \leq y_i, \ j = 1,\ldots,n$
$\mathscr{A} \preceq_L \mathscr{B}$	Löwner-Ordnung
$F \preceq_{\mathrm{sp}} G$	Dehnungshalbordnung
$F \preceq_{\mathrm{st}} G$	stochastische Ordnung
$F \preceq_{\mathrm{sy}} G$	Symmetrisierungshalbordnung
$F \preceq_\mu G$	μ-Ordnung
$F \preceq_{\mu s}$	symmetrische μ-Ordnung
$F \preceq_\gamma^{\mathrm{I}} G, \ F \preceq_\gamma^{\mathrm{II}} G$	modifizierte μ-Ordnungen
$F \preceq_{\mathrm{A}} G$	Anderson-Halbordnung
$P \preceq_x Q$	$:\Leftrightarrow L(x; P : Q) \geq 1$; vgl. S. 480
$[x]$	größte ganze Zahl $\leq x$
$\lvert x \rvert$	$:= \sqrt{\sum x_j^2}$ für $x \in \mathbb{R}^n$
$a \wedge b$	$:= \min\{a,b\}$
$a \vee b$	$:= \max\{a,b\}$
$a \approx b$	a ungefähr gleich b
$x \mapsto f(x)$	x wird abgebildet in $f(x)$
$f \circ g$	Komposition von f und g
f^{-1}	Umkehr-(Urbild-)abbildung von f
$f^+(x)$	$:= \max\{0, f(x)\}$
$f^-(x)$	$:= \max\{0, -f(x)\}$
$F(x+0)$	$:= \lim_{h \downarrow 0} F(x+h)$
$F(x-0)$	$:= \lim_{h \uparrow 0} F(x-h)$

XVI Symbolverzeichnis

$\nabla, \nabla_\vartheta, \nabla_i$	Differentiation nach Parameter, nach ϑ, nach i-ter Komponente von ϑ
$\nabla^k, \nabla^{(k)}$	k-fache Differentiation nach ϑ
$\nabla\nabla^\top$	Matrix der zweiten Ableitungen
$(\nabla_i \gamma_j(\vartheta)) = (\nabla \gamma^\top(\vartheta))^\top$	Jacobi-Matrix von $\vartheta \mapsto \gamma(\vartheta)$
$\partial, \partial_x, \partial_i$	Differentiation nach Stichprobenvariabler, nach x, nach i-ter Komponente
$(\partial_i f_j(x))$	Jacobi-Matrix von $x \mapsto f(x)$
1/2-stetig	halbstetig nach unten
1/2-stetig	halbstetig nach oben
$(a_n), (a_n)_{n\in\mathbb{N}}$	Folge mit Elementen a_n, $n \in \mathbb{N}$
$x_{n\uparrow}, x_{n\uparrow j}$	Ordnungsstatistik, j-te Komponente
$f \in \mathfrak{B}$	f ist $\mathfrak{B}$-meßbar
$(B_n) \in (\mathfrak{B}_{(n)})$	(B_n) mit $B_n \in \mathfrak{B}_{(n)}$ $\forall n \in \mathbb{N}$
#	Zählmaß, Anzahl der Elemente
$\mu_1 \otimes \mu_2$, $\otimes \mu_i$, $\mu^{(n)}$	Produktmaße, n-fache, mit gleichen Faktoren
$P_1 * P_2, *P_i, P^{*(n)}$	Faltungsmaße, n-fache, mit gleichen Faktoren
$v \ll \mu$	v dominiert durch μ
$v \equiv \mu$	v und μ äquivalent
$v \perp \mu$	v ist μ-singulär
$(v_n) \triangleleft (u_n)$	(v_n) zu (u_n) benachbart
$(v_n) \Diamond (u_n)$	(v_n) und (u_n) wechselseitig benachbart
$(v_n) \triangle (u_n)$	(v_n) und (u_n) vollständig trennend
$\mathrm{d}v / \mathrm{d}\mu$	Radon-Nikodym-Ableitung
$|\psi|(\cdot)$	Totalvariationsmaß zu $\psi \in \mathbb{BV}$
$[\mu], [\mathfrak{P}]$	μ-f.ü., $\mathfrak{P}$-f.ü.
$\to$	konvergiert gegen
$\uparrow, \downarrow$	konvergiert isoton, antiton gegen
$\to$ in $\mathbb{L}_2$	Konvergenz in $\mathbb{L}_2$
$\to [P]$	Konvergenz P-f.s.
$\to$ nach w_n-WS, $\xrightarrow{w_n}$	Konvergenz nach w_n-WS
$\xrightarrow{\mathfrak{L}}$	Verteilungskonvergenz
$\xrightarrow{\mathfrak{E}}$	Epikonvergenz
$\xrightarrow{\mathfrak{H}}$	Hahn-Konvergenz

5 Verteilungstheoretische Grundlagen der asymptotischen Statistik

5.1 Einführung in die asymptotische Statistik

Die Verwendung von Grenzwertsätzen der Wahrscheinlichkeitstheorie ermöglicht es, viele statistische Fragestellungen zu vereinfachen bzw. einer theoretischen Untersuchung zugänglich zu machen. In 5.1.1 werden derartige asymptotische Schlußweisen, etwa der Nachweis der Konsistenz und die asymptotische Festlegung kritischer Werte, anhand einiger einfacher Beispiele aus der Schätz- bzw. Testtheorie erläutert. Bereits hier spielt der Begriff der Verteilungskonvergenz eine zentrale Rolle. Dieser wird später nicht nur über euklidischen Räumen, sondern auch über Hilberträumen sowie über einigen speziellen (normierten) Funktionenräumen von Bedeutung sein.

In Band II (wie auch in Band III) werden vornehmlich Modelle mit st.u. ZG behandelt, vielfach Ein- und Zweistichprobenprobleme. Die Tatsache, daß unter solchen Verteilungsannahmen die meisten (intuitiv naheliegenden) Schätz- und Testverfahren konsistent sind, beruht darauf, daß die Produktmaße $F^{(n)}$ und $G^{(n)}$ von WS-Verteilungen F und G mit $F \neq G$ bei wachsendem Stichprobenumfang n asymptotisch orthogonal werden, und zwar auch dann, wenn F und G äquivalente WS-Maße sind. Dieser, für das Verständnis der asymptotischen Statistik grundlegende Sachverhalt wird in 5.1.2 unter Verwenden von Hilfsmitteln der Martingaltheorie bewiesen. Nach methodischen Vorbereitungen wird in 5.1.3 gezeigt, daß in derartigen Modellen häufig die Wahrscheinlichkeiten für Schätzfehler exponentiell gegen Null streben. Entsprechendes wird in 5.1.4 für die Fehler-WS von Tests bewiesen. Deshalb ist die Rate dieser exponentiellen Konvergenz (zumindest im ersten Moment) eine naheliegende Möglichkeit, konsistente Schätz- und Testverfahren bei derartigen Modellen zu vergleichen. In späteren Abschnitten des Buches werden jedoch andere Methoden und Effizienzbegriffe im Vordergrund stehen, nämlich solche, die auf der Existenz von Limesverteilungen unter Folgen von Alternativverteilungen beruhen. Diese sind technisch leichter handhabbar und besitzen einen weiteren Anwendungsbereich.

Allen in Band II betrachteten Überlegungen liegt eine Folge von ZG X_j, $j \in \mathbb{N}$, zugrunde, die sämtlich auf einem – letztlich nicht interessierenden – WS-Raum $(\Omega, \mathfrak{A}, \mathbb{P})$ definiert sind. Bei diesen handelt es sich um st.u. ZG mit Werten in ein und demselben meßbaren Raum $(\mathfrak{X}_0, \mathfrak{B}_0)$, etwa in $(\mathbb{R}, \mathbb{B})$, und mit vielfach derselben Verteilung $F \in \mathfrak{M}^1(\mathfrak{X}_0, \mathfrak{B}_0)$. Da F nicht vollständig bestimmt ist, sondern nach Verteilungsannahme zu einer Klasse $\mathfrak{F} \subset \mathfrak{M}^1(\mathfrak{X}_0, \mathfrak{B}_0)$ gehört, nimmt in diesem Fall die Folge der ZG Werte in einem statistischen Raum $(\mathfrak{X}, \mathfrak{B}, \mathfrak{P}) = (\mathfrak{X}_0^{(\infty)}, \mathfrak{B}_0^{(\infty)}, \mathfrak{F}^{(\infty)})$ an, wobei $\mathfrak{F}^{(\infty)} := \{F^{(\infty)} : F \in \mathfrak{F}\}$ wie $\mathfrak{F}$ gerade die Verteilungsannahme ausdrückt. Die einzelnen Statistiken T_n bzw. Tests φ_n hängen dabei nur von einem endlichen Anfangsabschnitt der Beobachtungen ab. Dabei gehen wir o.E. davon aus, daß diese Größen Funktionen von $X_{(n)} = (X_1, \ldots, X_n)$ sind.

Für manche Zwecke ist es sinnvoll, diesen Sachverhalt stochastisch äquivalent im Rahmen der *Koordinatendarstellung* zu beschreiben. Bei dieser wählt man als Grundraum sogleich den statistischen Produktraum $(\mathfrak{X}_0^{(\infty)}, \mathfrak{B}_0^{(\infty)}, \mathfrak{F}^{(\infty)})$. Die j-te Koordinatenprojektion $\pi_j : \mathfrak{X}_0^{(\infty)} \to \mathfrak{X}_0$, definiert durch $\pi_j(x) = x_j$, läßt sich dann als reellwertige ZG auffassen mit der Verteilung $\mathfrak{L}_P(\pi_j) = \mathfrak{L}_{\mathbb{P}}(X_j), P = F^{(\infty)}$. Entsprechendes gilt für die gemeinsame Verteilung von endlich vielen dieser ZG. Die Abhängigkeit eines Schätzers bzw. eines Tests vom endlichen Anfangsabschnitt $x_{(n)} = (x_1, \ldots, x_n)$ ist dann gleichbedeutend damit, daß T_n bzw. φ_n meßbar ist bzgl. der von den ersten n Koordinatenprojektionen erzeugten σ-Algebra $\mathfrak{B}_0^{(n)} = \sigma(\pi_1, \ldots, \pi_n)$.

Der statistische Raum $(\mathfrak{X}, \mathfrak{B}, \mathfrak{P})$ läßt sich in zwangloser Weise mit einer *Filtration* $(\mathfrak{B}_n)$ versehen, d.h. mit einer isotonen Folge von Sub-σ-Algebren $\mathfrak{B}_n \subset \mathfrak{B}$. Dieser Filtration entspricht etwa bei der ersten Beschreibungsform die Folge der durch die ZG $X_1, \ldots, X_n$ auf Ω induzierten σ-Algebren $\sigma(X_1, \ldots, X_n)$, und der Abhängigkeit einer Statistik T_n von $X_{(n)}$ entspricht nun die Meßbarkeit bzgl. $\mathfrak{B}_n$. Bei der Koordinatendarstellung ist diese Filtration gerade die Folge der σ-Algebren $\mathfrak{B}_0^{(n)}$.

5.1.1 Asymptotische Betrachtungsweisen statistischer Probleme

In Band I wurden vorwiegend Modelle behandelt, für die sich bei festem Stichprobenumfang optimale statistische Verfahren angeben ließen. Im Rahmen der dort entwickelten Theorie konnten primär Probleme bei einfach strukturierten Verteilungsklassen wie Exponentialfamilien oder linearen Modellen gelöst werden. Aber selbst in diesem engen Rahmen war es nicht möglich, alle wichtigen Fragen zu beantworten. So konnte etwa die Bestimmung der kritischen Werte optimaler Tests in Exponentialfamilien nicht generell explizit gelöst werden.

Um in allgemeineren Modellen Schätz- und Testprobleme behandeln bzw. die gerade angesprochenen numerischen Probleme näherungsweise lösen zu können, bedient man sich auch in der Mathematischen Statistik approximativer Methoden. Analytisch basieren diese darauf, daß man den Stichprobenumfang n (gedanklich) gegen Unendlich wachsen läßt und die resultierenden Limesgrößen zur Approximation bei festem Stichprobenumfang heranzieht. Im folgenden sollen unter *asymptotischen Methoden* ausschließlich derartige Techniken verstanden werden[1].

Inhaltlich bedeutet eine Vergrößerung des Stichprobenumfangs eine wachsende Information, was wiederum nahelegt, daß man z.B. einen Parameter immer genauer schätzen bzw. zwischen zwei Hypothesen immer genauer unterscheiden kann. Gleichzeitig impliziert ein wachsender Stichprobenumfang typischerweise, daß die Verteilung der Schätzfehler bzw. der Prüfgrößen eines Tests (nach geeigneter Standardisierung) gegen eine nicht-entartete Limesverteilung strebt und zwar zumeist

---

[1] Im folgenden beziehen sich alle Grenzübergänge – wenn nicht anders angegeben – auf den Fall $n \to \infty$. Diese Form der Asymptotik, bei der Stichprobenumfang gegen ∞ strebt, ist nicht die einzig mögliche. So gibt es Probleme, bei denen es sinnvoll ist, andere Parameter gegen „extreme" Werte streben zu lassen. Beispielsweise kann man bei Warteschlangenproblemen die Verkehrsrate gegen 1 streben lassen. In anderem Kontext läßt man mit dem Stichprobenumfang auch sonstige Größen gegen ∞ anwachsen, etwa die Dimension des Parameterraums.

gegen eine Normalverteilung oder gegen die Verteilung einer gewichteten Summe von st.u. χ_1^2-verteilten ZG. Diese Ausführungen weisen schon darauf hin, daß die asymptotische Statistik stark auf Limesaussagen der WS-Theorie basiert. Im einfachsten Fall sind die vorliegenden Statistiken Durchschnitte von st.u. glv. ZG. Dann impliziert die Vergrößerung des Stichprobenumfangs die Gültigkeit der klassischen Grenzwertsätze. Die beiden für das folgende wichtigsten Aussagen, die hier als bekannt vorausgesetzt werden sollen, sind:

1. **Das starke Gesetz der großen Zahlen** (Satz von Kolmogorov) $X_j, j \in \mathbb{N}$, seien st.u. $\mathfrak{X}_0$-wertige ZG mit derselben Verteilung F und $h : \mathfrak{X}_0 \to \mathbb{R}$ eine meßbare Bewertungsfunktion, für die $\mu := E_F h(X_1) \in \mathbb{R}$ existiert. Dann gilt für die ZG $Y_j := h(X_j), j \in \mathbb{N}$,

$$\overline{Y}_n := n^{-1} \sum_{j=1}^n Y_j \to \mu \quad [P_F].$$

Ist zusätzlich $\sigma^2 := \mathrm{Var}_F h(X_1) \in (0, \infty)$, so läßt sich die Aussage präzisieren durch das Gesetz vom iterierten Logarithmus

$$\liminf_{n\to\infty} \sqrt{\frac{n}{2\log\log n}} \frac{\overline{Y}_n - \mu}{\sigma} = -1 \ [P_F], \qquad \limsup_{n\to\infty} \sqrt{\frac{n}{2\log\log n}} \frac{\overline{Y}_n - \mu}{\sigma} = 1 \ [P_F].$$

2. **Der zentrale Grenzwertsatz** (Satz von Lindeberg-Lévy) $X_j, j \in \mathbb{N}$, seien st.u. $\mathfrak{X}_0$-wertige ZG mit derselben Verteilung F und $h : \mathfrak{X}_0 \to \mathbb{R}$ eine meßbare Bewertungsfunktion, für die $\mu := E_F h(X_1) \in \mathbb{R}$ und $\sigma^2 := \mathrm{Var}_F h(X_1) \in (0, \infty)$ existieren. Dann gilt für die ZG $Y_j := h(X_j), j \in \mathbb{N}$,

$$\mathfrak{L}_F(\sqrt{n}(\overline{Y}_n - \mu)) \xrightarrow{\mathfrak{L}} \mathfrak{N}(0, \sigma^2).$$

Dabei ist die „Verteilungskonvergenz" $\xrightarrow{\mathfrak{L}}$ gegen eine stetige Limesverteilung definiert durch die punktweise Konvergenz der zugehörigen VF, also durch

$$P_F(\sqrt{n}(\overline{Y}_n - \mu) \leq z) \to \Phi(z/\sigma) \qquad \forall z \in \mathbb{R}.$$

Ist zusätzlich $E_F |h(X_1)|^3 < \infty$, so läßt sich die Aussage präzisieren durch den Satz von Berry-Esseen: Mit einer von F unabhängigen Konstanten K ($\leq 0,7665$) und $\varrho := E_F |h(X_1)|^3 / \sigma^3$ gilt

$$\sup_{z \in \mathbb{R}} \left| P_F\left(\frac{\sqrt{n}(\overline{Y}_n - \mu)}{\sigma} \leq z\right) - \Phi(z) \right| \leq K \varrho n^{-1/2}.$$

Diese Grenzwertsätze – und ihre später zu beweisenden Verallgemeinerungen – bilden die verteilungstheoretischen Grundlagen dieses Bandes.

Die asymptotische Betrachtungsweise statistischer Probleme soll nun anhand einiger einfacher, bereits im Band I betrachteter Schätz- und Testverfahren einführend erläutert werden. Liegen etwa st.u. $\mathfrak{B}(1, \pi)$-verteilte ZG $X_1, \ldots, X_n$ zugrunde und interessiert eine Aussage über den Wert des unbekannten Parameters $\pi \in (0,1)$, so legt Beispiel 2.112 das Stichprobenmittel $\overline{X}_n := \sum_{j=1}^{n} X_j/n$ als Schätzer nahe. Nach dem starken Gesetz der großen Zahlen gilt dann

$$\overline{X}_n \to \pi \ [P_\pi].$$

Dieser Sachverhalt läßt sich dahingehend interpretieren, daß $\overline{X}_n$ den unbekannten Mittelwert π für hinreichend großes n mit beliebig großer Genauigkeit schätzt.

Liegen allgemeiner st.u. glv. ZG mit derselben Verteilung F zugrunde und interessiert bei unbekanntem $F \in \mathfrak{F}$ ein ℓ-dimensionales Funktional $\gamma : \mathfrak{F} \to \mathbb{R}^\ell$, so wird man zum Schätzen eine Folge (T_n) $\mathbb{R}^\ell$-wertiger Statistiken $T_n = T_n(X_1, \ldots, X_n)$ verwenden, die zumindest (*schwach*) *konsistent für* γ ist, d.h. für die gilt

$$T_n \to \gamma(F) \quad \text{nach} \quad F - \text{WS} \quad \forall F \in \mathfrak{F}. \tag{5.1.1}$$

Vielfach läßt sich auch erreichen, daß die Folge (T_n) oder kurz die Statistik T_n *stark konsistent für* γ ist, d.h. daß gilt

$$T_n \to \gamma(F) \ [P_F] \quad \forall F \in \mathfrak{F}. \tag{5.1.2}$$

Hierbei wird für die Schätzer T_n gedanklich ein festes, für alle $n \in \mathbb{N}$ gleichartiges Bildungsgesetz unterstellt.

Während die (schwache) Konsistenz zum Ausdruck bringt, daß ein einzelner Schätzwert T_n mit beliebig vorgebbarer WS für hinreichend großes n in einer vorgegebenen ε-Umgebung von $\gamma(F)$ liegt, besagt die starke Konsistenz, daß dies simultan für alle Schätzwerte T_m mit $m \geq n$ bei hinreichend großem n der Fall ist; vgl. A7.0. Man beachte, daß die Konsistenz zwar eine sehr plausible Eigenschaft ist und bei st.u. glv. ZG sogar ein Art Minimalforderung darstellt, daß sie jedoch eine Eigenschaft der ganzen Schätzerfolge ist und keine Einschränkung für den einzelnen Schätzer bei festem Stichprobenumfang darstellt.

In dem oben betrachteten Binomialmodell ist also $\overline{X}_n$ ein stark konsistenter Schätzer für die unbekannte WS $\pi \in (0,1)$. Die Folge $(\overline{X}_n)$ hat natürlich das gleiche Schätzverhalten in jedem anderen Modell, das durch den Mittelwert parametrisiert wird. Daneben existieren in solchen Modellen zumeist jedoch auch andere plausible Schätzer mit einem derartigen Schätzverhalten.

Beispiel 5.1 Sei $\mathfrak{F} = \{F(\cdot) = F_0(\cdot - \mu) : \mu \in \mathbb{R}, F_0 \in \mathfrak{F}_s\}$ die Klasse aller eindimensionalen, bzgl. eines unbekannten $\mu \in \mathbb{R}$ symmetrischen stetigen Verteilungen F und $\gamma(F) = \mu$. Besitzt F_0 ein endliches 1. Moment, so ist $\overline{X}_n$ ein naheliegender Schätzer für μ, der darüberhinaus nach dem starken Gesetz der großen Zahlen stark konsistent ist. Ist F_0 eine Normalverteilung, so läßt sich $\overline{X}_n$ auch hier statistisch rechtfertigen; vgl. Beispiel 2.116. Ein weiterer plausibler Schätzer ist der Stichprobenmedian med $X_{(n)}$, dessen starke Konsistenz in 7.2.3 gezeigt wird. Im Gegensatz zu $\overline{X}_n$ setzt dieser nicht die Existenz endlicher erster Momente voraus und ist zudem unter beliebigen isotonen Transformationen äquivariant. Dessen Verwendung läßt sich etwa dann begründen, wenn F_0 die Doppelexponentialverteilung ist; vgl. Beispiel 6.4. □

Beispiel 5.2 Sei $\mathfrak{F} = \{F(\cdot) = F_0(\frac{\cdot - \mu}{\sigma}) : \mu \in \mathbb{R}, \sigma > 0\}$ eine Lokations-Skalenfamilie, wobei der Einfachheit halber $\int z \, dF_0(z) = 0$ und $\int z^2 \, dF_0(z) = 1$ vorausgesetzt sei. Ist $\gamma(F) = (\mu, \sigma)$ und liegen st.u., gemäß F verteilte ZG X_j, $j \in \mathbb{N}$, zugrunde, so bietet sich für $F_0 = \mathfrak{N}(0,1)$ nach Band I der Schätzer $T_n = (\overline{X}_n, s_n)$ an. Nach dem starken Gesetz der großen Zahlen streben dann sowohl die erste Komponente wie auch gemäß

$$s_n^2 = \frac{1}{n-1} \sum_{j=1}^n (X_j - \overline{X}_n)^2$$

$$= \frac{n}{n-1} \left[\frac{1}{n} \sum_{j=1}^n X_j^2 - \overline{X}_n^2 \right] \to EX_1^2 - (EX_1)^2 = \sigma^2 \; [P_F]$$

die zweite Komponente gegen die jeweilige Komponente des Funktionals γ. Also ist T_n unter der speziellen Modellannahme stark konsistent für γ. Bei $F_0 \ne \mathfrak{N}(0,1)$, also in allgemeineren Lokations-Skalenfamilien, werden sich später L-Statistiken als asymptotisch optimale Schätzer erweisen, also Schätzer der Form

$$T_n = (\frac{1}{n} \sum_{j=1}^n c_{nj} X_{n\uparrow j}, \frac{1}{n} \sum_{j=1}^n d_{nj} X_{n\uparrow j}).$$

Der Nachweis der starken Konsistenz erfordert in diesem Fall die Gültigkeit eines starken Gesetzes der großen Zahlen für L-Statistiken. Ein solches wird in 7.3.2 bewiesen. □

Bisher wurde nur der Fall von ein- oder endlichdimensionalen Funktionalen behandelt. Die Begriffsbildungen und Überlegungen sind aber ihrem Kern nach nicht auf diesen Fall beschränkt, sondern übertragen sich sofort auf Funktionale $\gamma : \mathfrak{F} \to \mathbb{E}$ mit Werten in einem metrischen Raum $(\mathbb{E}, \varrho)$ und auf $\mathbb{E}$-wertige Statistiken $T_n = T_n(X_1, \ldots, X_n)$, die hier – der Einfachheit halber – wieder von st.u. glv. ZG abhängen sollen. Auf diesen Fall lassen sich die Definitionen (5.1.1) und (5.1.2) unter entsprechenden Meßbarkeitsvoraussetzungen wie folgt verallgemeinern: Eine Folge (T_n) von Schätzern oder kurz: ein Schätzer T_n heißt (*schwach*) *konsistent für* γ, wenn gilt

$$P_F(\varrho(T_n, \gamma(F)) > \varepsilon) \to 0 \qquad \forall \varepsilon > 0 \quad \forall F \in \mathfrak{F} \tag{5.1.3}$$

und *stark konsistent für* γ, wenn (ebenfalls für $n \to \infty$) gilt

$$\varrho(T_n, \gamma(F)) \to 0 \; [P_F] \qquad \forall F \in \mathfrak{F}. \tag{5.1.4}$$

Dieses ist in Analogie zur Interpretation von (5.1.2) äquivalent mit

$$P_F(\sup_{m \ge n} \varrho(T_m, \gamma(F)) > \varepsilon) \to 0 \qquad \forall \varepsilon > 0 \quad \forall F \in \mathfrak{F}. \tag{5.1.5}$$

Zur Illustration betrachten wir das Schätzen einer VF. Sind $X_1, \ldots, X_n$ st.u. ZG mit derselben Verteilung F aus einer Klasse $\mathfrak{F} \subset \mathfrak{M}^1(\mathfrak{X}_0, \mathfrak{B}_0)$ und somit $\mathbf{1}(X_j \in B)$, $j = 1, \ldots, n$, st.u. $\mathfrak{B}(1, F(B))$-verteilte ZG, so folgt aus dem starken Gesetz großer Zahlen für die relative Häufigkeit $\widehat{F}_n(B) = \frac{1}{n} \sum_{j=1}^n \mathbf{1}(X_j \in B)$ des Eintretens von $B \in \mathfrak{B}_0$ (mit einer von B abhängenden Nullmenge)

$$\widehat{F}_n(B) \to F(B) \ [P_F].$$

Speziell für $B = (-\infty, z]$ erhält man $\widehat{F}_n(z) \to F(z) \ [P_F]$, also punktweise P_F-f.s. Konvergenz der empirischen VF gegen die zugrundeliegende VF. $\widehat{F}_n$ ist jedoch in einem viel präziseren Sinne ein Schätzer für F. Dies besagt das

Beispiel 5.3 Seien $\mathfrak{F} = \mathfrak{M}^1(\mathbb{R}, \mathbb{B})$, F die VF[2] des unbekannten WS-Maßes $F \in \mathfrak{F}$, $\gamma(F) = F$ und $T_n = \widehat{F}_n$. Als Raum $\mathbb{E}$ bietet sich hier der Raum $\mathbb{D}(\mathbb{R})$ der rechtsseitig stetigen Funktionen $G : \mathbb{R} \to [0,1]$ mit linksseitigen Limiten an und zwar versehen mit dem Supremumsabstand. Nach dem bereits in 1.2.1 erwähnten Satz von Glivenko-Cantelli, vgl. auch 7.2.1, gilt nämlich, daß $\widehat{F}_n$ P_F-f.s. gleichmäßig gegen F konvergiert,

$$\|\widehat{F}_n - F\|_\infty = \sup_{z \in \mathbb{R}} |\widehat{F}_n(z) - F(z)| \to 0 \ [P_F] \quad \forall F \in \mathfrak{F}. \tag{5.1.6}$$

$\widehat{F}_n$ ist also ein stark konsistenter Schätzer für F. Setzt man F als stetig voraus, so möchte man natürlich, daß auch der Schätzer stetige Realisierungen hat. Dieses erreicht man etwa mit der (durch lineare Interpolation gewonnenen) *geglätteten empirischen Verteilungsfunktion*

$$\widetilde{F}_n(x) := \frac{j}{n+1} + \frac{1}{n+1} \frac{x - X_{n\uparrow j}}{X_{n\uparrow j+1} - X_{n\uparrow j}} \quad \text{für} \quad X_{n\uparrow j} \leq x \leq X_{n\uparrow j+1}, \tag{5.1.7}$$

$j = 1, \ldots, n-1$, und geeigneter stetiger Festsetzung für $x < X_{n\uparrow 1}$ bzw. $x > X_{n\uparrow n}$. Auch diese ist ein stark konsistenter Schätzer für F. □

Die Aussage (5.1.6) impliziert, daß bei den im folgenden häufig betrachteten Modellen mit st.u. glv. ZG auch die unbekannte VF F beliebig genau aus den Daten „rekonstruiert" werden kann, falls nur der Stichprobenumfang n hinreichend groß ist. Dieses ist natürlich von grundlegender statistischer Bedeutung. Der Satz von Glivenko-Cantelli wird deshalb manchmal auch als Hauptsatz der Mathematischen Statistik bezeichnet. Die statistische Relevanz dieses Satzes leitet sich schon daraus ab, daß in Modellen mit st.u. glv. ZG die einzige – ohne weitergehende Annahmen – zu rechtfertigende Datenreduktion diejenige auf die Ordnungsstatistiken ist, d.h. diejenige auf die empirische VF. Entsprechend lassen sich die in diesem Band betrachteten Schätz- und Prüfgrößen stets als Funktionen der empirischen VF schreiben, so daß das Verhalten dieser Statistiken für $n \to \infty$ von dem der empirischen VF abhängt. Interessiert etwa der Median med F der zugrundeliegenden Verteilung F, so bietet sich als kanonischer Schätzer der Stichprobenmedian med $\widehat{F}_n$, etwa in der Präzisierung med $X_{(n)}$ aus (1.2.31), an. Aufgrund der Tatsache, daß die empirische VF $\widehat{F}_n$ P_F-f.s. gleichmäßig gegen die zugrundeliegende VF F konvergiert, wird man die Gültigkeit von

$$\text{med}\,\widehat{F}_n \to \text{med}\,F \ [P_F] \tag{5.1.8}$$

---

[2] Der notationellen Einfachheit halber werden hier – wie häufig im folgenden – VF und die ihnen entsprechenden WS-Maße identifiziert.

erwarten. Diese Vermutung wird in 7.2.3 präzisiert. Analytisch ist eine solche Schlußweise dann erlaubt, wenn das Funktional $F \mapsto \operatorname{med} F$ „stetig" ist und die Abbildung $x_{(n)} \mapsto \operatorname{med} \widehat{F}_n$ meßbar gewählt wurde. Entsprechend wird man für andere Funktionale $F \mapsto \gamma(F)$ versuchen, analoge Konvergenzaussagen zu zeigen.

Als nächstes stellt sich die Frage, wie man die Konsistenz eines Schätzers T_n für ein Funktional $\gamma(F)$ quantifizieren und darauf aufbauend Gütemaße zum Vergleich der einzelnen Schätzer gewinnen kann. Eine erste Möglichkeit hierzu besteht darin, unabhängig von $n \in \mathbb{N}$ eine Präzision $\varepsilon > 0$ vorzugeben und nach der WS zu fragen, mit der diese eingehalten wird oder nicht. Mathematisch ausgedrückt ist dies die Frage nach dem Verhalten der Abweichungs-WS $P_F(|T_n - \gamma(F)| > \varepsilon)$ für $n \to \infty$. Es ist natürlich wünschenswert, einen konsistenten Schätzer (T_n) zu finden, für den diese Konvergenz gegen 0 möglichst schnell ist. Eine Möglichkeit zur Präzisierung ist die folgende: In einem ersten Schritt wird in gewisser Analogie zur Cramér-Rao-Schranke (2.7.24) eine asymptotische Schranke für die Konvergenzgeschwindigkeit hergeleitet. Diese ist typischerweise von der Form

$$\limsup_{n \to \infty} \left(-\frac{1}{n} \log P_F(|T_n - \gamma(F)| > t) \right) \leq \varrho(F, t). \tag{5.1.9}$$

In einem zweiten Schritt sucht man nun nach einem Schätzer, für den diese obere Schranke angenommen wird. Einfache Resultate über das in (5.1.9) enthaltene exponentielle Abklingen von Schätzfehlern sollen in 5.1.3 bewiesen werden.

Eine Alternative zur obigen Vorgehensweise besteht darin, nicht die Präzision ε vorzugeben, sondern nach der Rate der Konzentration der Verteilung von T_n um $\gamma(F)$ zu fragen, d.h. nach einer Folge (ε_n) mit $\varepsilon_n \downarrow 0$, für die

$$P_F(|T_n - \gamma(F)| > \varepsilon_n)$$

gegen einen nicht-degenerierten Limes, d.h. gegen einen Wert $\beta \in (0,1)$ strebt. ε_n ist dann eine Maßzahl für die Größenordnung des Schätzfehlers $T_n - \gamma(F)$. Die Bestimmung einer solchen Größe ε_n besagt letztlich, die „stochastische Konvergenzrate" von T_n gegen $\gamma(F)$ festzulegen. Diese in 6.1.2 genauer präzisierte Aussage wird vielfach durch den Nachweis verifiziert, daß $c_n(T_n - \gamma(F))$ mit $c_n = \varepsilon_n^{-1}$ eine nicht-degenerierte Limesverteilung besitzt. So liefert in dem obigen Binomialbeispiel der Satz von de Moivre-Laplace unmittelbar die Aussage

$$\mathfrak{L}_\pi(\sqrt{n}(\overline{X}_n - \pi)) \xrightarrow[\mathfrak{L}]{} \mathfrak{N}(0, \pi(1-\pi)). \tag{5.1.10}$$

Diese Konvergenz läßt sich also dahingehend interpretieren, daß der Schätzfehler von $\overline{X}_n$ die stochastische Größenordnung $n^{-1/2}$ besitzt, d.h. daß die Fehler bei wachsendem n im Mittel wie $n^{-1/2}$ gegen 0 streben. Ein entsprechender Sachverhalt interessiert natürlich auch für andere Schätzer, etwa für das oben diskutierte Schätzen eines Medians $\operatorname{med} F$ oder eines sonstigen reellwertigen Funktionals $\gamma(F)$. Dabei hat man jedoch zu beachten, daß $\operatorname{med} \widehat{F}_n$ bzw. allgemeiner eine Statistik der Form $\gamma(\widehat{F}_n)$ nicht mehr eine Summe st.u. ZG ist und daher keiner der klassischen

Grenzwertsätze direkt herangezogen werden kann. Um dennoch zu einer Normalkonvergenzaussage

$$\mathfrak{L}_F\left(\sqrt{n}(\gamma(\widehat{F}_n) - \gamma(F))\right) \xrightarrow[\mathfrak{L}]{} \mathfrak{N}(0, \sigma^2(F)) \tag{5.1.11}$$

mit geeigneter Varianz $\sigma^2(F)$ zu gelangen, bietet es sich an, die folgende Art der Differentiation zu präzisieren. Man entwickelt das Funktional γ um F, d.h. man geht von einer Approximation der Form $\gamma(\widehat{F}_n) \approx \gamma(F) + \gamma'_F(\widehat{F}_n - F)$ mit einer im Zuwachs $\widehat{F}_n - F$ linearen Funktion $\gamma'_F(\cdot)$ aus, also von

$$\sqrt{n}(\gamma(\widehat{F}_n) - \gamma(F)) \approx \sqrt{n}\gamma'_F(\widehat{F}_n - F) = \frac{1}{\sqrt{n}}\sum_{j=1}^n \gamma'_F(\varepsilon_{X_j} - F).$$

Die rechte Seite stellt eine standardisierte Summe der st.u. glv. ZG $\gamma'_F(\varepsilon_{X_j} - F)$, $j = 1, \ldots, n$, dar, und die angestrebte asymptotische Normalität ergibt sich aus dem Satz von Lindeberg-Lévy. Diese Methodik wird in Kap. 8 entwickelt werden. Mit ihrer Hilfe werden für verschiedene Klassen von Statistiken starke Gesetze der großen Zahlen sowie zentrale Grenzwertsätze bewiesen.

Diese und andere Techniken ermöglichen es, für zahlreiche konsistente Schätzerfolgen die Rate $n^{-1/2}$ sowie die asymptotische Normalität nachzuweisen, d.h. im Falle eines ℓ-dimensionalen Funktionals die Gültigkeit einer Aussage der Form

$$\mathfrak{L}_F\left(\sqrt{n}(T_n - \gamma(F))\right) \xrightarrow[\mathfrak{L}]{} \mathfrak{N}(0, \mathscr{S}_T).$$

Dabei soll der Index T die Abhängigkeit der Kovarianzmatrix der Limesverteilung von der Schätzerfolge (T_n) ausdrücken. Hier ist man nun an einer Folge (T_n^*) mit einer im Sinne der Löwner-Ordnung möglichst kleinen Matrix $\mathscr{S}_{T^*}$ interessiert. Dazu wird man zunächst eine asymptotische Form der Cramér-Rao-Schranke anstreben und mit deren Hilfe optimale Schätzerfolgen auszuzeichnen versuchen.

Bei testtheoretischen Fragestellungen verwendet man asymptotische Betrachtungsweisen wie schon erwähnt bereits bei der Festlegung der kritischen Werte von α-Niveau Tests. Die Grundidee hierbei soll wieder an dem eingangs betrachteten Beispiel mit st.u. $\mathfrak{B}(1,\pi)$-verteilten ZG $X_1, \ldots, X_n$ erläutert werden. In diesem läßt sich der nach Beispiel 2.9 gleichmäßig beste Test zur Prüfung der einseitigen Hypothesen $\mathbf{H}: \pi \leq \pi_0$ gegen $\mathbf{K}: \pi > \pi_0$, $0 < \pi_0 < 1$, bekanntlich in der Form

$$\varphi_n = \mathbf{1}(\overline{X}_n > k_n) + v_n\mathbf{1}(\overline{X}_n = k_n)$$

wählen. Dabei sind der kritische Wert k_n und dann die Randomisierung $v_n \in [0,1]$ durch Ausschöpfen der für Fehler 1. Art zugelassenen Irrtums-WS $\alpha \in (0,1)$ auf dem gemeinsamen Rand $\mathbf{J}: \pi = \pi_0$ der Hypothesen festgelegt, d.h. gemäß

$$P_{\pi_0}(\overline{X}_n > k_n) + v_n P_{\pi_0}(\overline{X}_n = k_n) = P_{\pi_0}(\widetilde{S}_n > \widetilde{k}_n) + v_n P_{\pi_0}(\widetilde{S}_n = \widetilde{k}_n) = \alpha.$$

Hier sind $\widetilde{S}_n$ und $\widetilde{k}_n$ durch Standardisierung aus $\overline{X}_n$ und k_n gewonnen gemäß

$$\widetilde{S}_n = \sqrt{n}\,\frac{\overline{X}_n - \pi_0}{\sigma_0}, \qquad \widetilde{k}_n = \sqrt{n}\,\frac{k_n - \pi_0}{\sigma_0}, \qquad \sigma_0^2 := \pi_0(1 - \pi_0).$$

Diese Bestimmung von k_n und v_n ist – insbesondere für große Werte von n – zumeist numerisch aufwendig. Nach dem zentralen Grenzwertsatz gilt aber $\mathcal{L}_{\pi_0}(\widetilde{S}_n) \xrightarrow{\mathcal{L}} \mathfrak{N}(0,1)$, wobei nach dem Satz von Pólya 5.75 die VF $P_{\pi_0}(\widetilde{S}_n \leq \cdot)$ sogar gleichmäßig gegen die VF ϕ der $\mathfrak{N}(0,1)$-Verteilung konvergiert. Außerdem läßt sich die Konvergenz der Pseudoinversen $\widetilde{F}_n^{-1}$ von $\widetilde{F}_n$ gegen ϕ^{-1} zeigen; vgl. 7.2.2. Dies impliziert, daß $\widetilde{k}_n \to \phi^{-1}(1-\alpha) = u_\alpha$ gilt und damit

$$P_{\pi_0}(\overline{X}_n = k_n) = P_{\pi_0}(\widetilde{S}_n \geq \widetilde{k}_n) - P_{\pi_0}(\widetilde{S}_n > \widetilde{k}_n) \to 0.$$

Die Randomisierung läßt sich also für große Werte von n vernachlässigen. Außerdem kann k_n aus

$$E_{\pi_0}\varphi_n \approx P_{\pi_0}(\overline{X}_n > k_n) = P_{\pi_0}\left(n^{1/2}\frac{\overline{X}_n - \pi_0}{\sigma_0} > n^{1/2}\frac{k_n - \pi_0}{\sigma_0}\right) \approx \alpha \qquad (5.1.12)$$

gemäß $n^{1/2}(k_n - \pi_0)/\sigma_0 \approx u_\alpha$ approximativ bestimmt werden,

$$k_n \approx \pi_0 + n^{-1/2}\sigma_0 u_\alpha. \qquad (5.1.13)$$

Es liegt also nahe, für großen Stichprobenumfang n den kritischen Wert k_n durch diesen von n und dem α-Fraktil u_α der $\mathfrak{N}(0,1)$-Verteilung abhängenden Wert zu ersetzen.

Eine entsprechende Überlegung gibt auch eine Vorstellung davon, wie sich asymptotisch die Gütefunktion $E_\pi\varphi_n$ für $\pi \neq \pi_0$ verhält. Durch Umstandardisieren auf die Verteilung P_π und Verwenden von (5.1.13) ergibt sich nämlich analog (5.1.12) mit $\sigma^2 := \pi(1-\pi) > 0$

$$E_\pi\varphi_n \approx P_\pi(\overline{X}_n > k_n) = P_\pi\left(n^{1/2}\frac{\overline{X}_n - \pi}{\sigma} > n^{1/2}\frac{k_n - \pi}{\sigma}\right) \qquad (5.1.14)$$

$$= P_\pi\left(n^{1/2}\frac{\overline{X}_n - \pi}{\sigma} > \frac{\sigma_0}{\sigma}u_\alpha + o(1) + n^{1/2}\frac{\pi_0 - \pi}{\sigma}\right) \to \begin{cases} 1 & \text{für } \pi > \pi_0, \\ \alpha & \text{für } \pi = \pi_0, \\ 0 & \text{für } \pi < \pi_0. \end{cases}$$

Diese Aussage besagt, daß beide Fehler-WS für $\pi \neq \pi_0$ gegen 0 konvergieren, d.h. daß sich zwei Verteilungen P_π und P_{π_0} für $\pi \neq \pi_0$ bei hinreichend großem n beliebig genau trennen lassen. In Analogie zur Konsistenz von Schätzern nennt man eine Folge von Tests (φ_n) oder kurz einen Test φ_n für zwei Hypothesen **H** gegen **K** *konsistent*, wenn die Fehler-WS 2. Art gegen 0 strebt, wenn also gilt

$$E_F\varphi_n \to 1 \qquad \forall F \in \mathbf{K}. \qquad (5.1.15)$$

Dabei wird auch hier wieder ein gleichartiges Bildungsgesetz unterstellt. Insbesondere bei einseitigen Tests interessiert überdies, ob auch die Fehler-WS 1. Art im

Innern von **H** gegen 0 strebt. Eine Folge von Tests (φ_n) für **H** gegen **K** heißt *voll konsistent*, wenn neben (5.1.15) gilt

$$E_F\varphi_n \to 0 \quad \forall F \in \mathring{\mathbf{H}}. \tag{5.1.16}$$

Bei einem euklidischen Parameterbereich wie im vorliegenden Fall ist klar, was man unter dem Inneren $\mathring{\mathbf{H}}$ der Hypothese **H** zu verstehen hat. Im allgemeinen ist das Innere bzgl. einer (in jedem Fall gesondert anzugebenden) Metrik auf dem Parameterbereich zu verstehen.

Der vorstehende Binomialtest φ_n ist für die Hypothesen $\mathbf{H}: \pi \leq \pi_0$, $\mathbf{K}: \pi > \pi_0$ also voll konsistent. Dementsprechend kann man – ebenfalls in Analogie zur oben diskutierten Situation der Schätztheorie – die Güte konsistenter Tests einerseits durch die (bei st.u. glv. ZG wie erwähnt zumeist exponentielle) Rate beschreiben, mit der die Fehler-WS gegen 0 streben, andererseits aber auch mit der folgenden (in 6.2.4 näher diskutierten) Grundidee der lokalen Asymptotik quantifizieren: Man läßt bei wachsendem Stichprobenumfang die betrachtete Alternativverteilung in Abhängigkeit von n gegen den Rand der Hypothesen streben, und zwar derart, daß die Schärfe des Tests gegen einen nicht-degenerierten (d.h. von α und 1 verschiedenen) Limes strebt. Dann ist nämlich die hierfür benötigte Konvergenzrate vielfach unabhängig von dem speziellen Test und hängt nur von der Modellannahme ab. Im Falle von st.u. glv. ZG ist dies typischerweise die Konvergenzrate $n^{-1/2}$. Wählt man demgemäß etwa in dem oben betrachteten Binomialbeispiel den Parameter π in Abhängigkeit von n gemäß $\pi_n = \pi_0 + \zeta n^{-1/2}$ mit festem $\zeta \in \mathbb{R}$, betrachtet also für jedes $n \in \mathbb{N}$ st.u. $\mathfrak{B}(1,\pi_n)$-verteilte ZG $X_{n1},\ldots,X_{nn}$, so ergibt sich mit $\overline{X}_n := n^{-1}\sum_{j=1}^n X_{nj}$ für den Test $\varphi_n = \mathbf{1}(\overline{X}_n > k_n)$ bei Wahl des kritischen Wertes k_n gemäß (5.1.13)

$$E_{\pi_n}\varphi_n = P_{\pi_n}(\overline{X}_n > k_n) \approx P_{\pi_n}\left(n^{1/2}\frac{\overline{X}_n - \pi_n}{\sigma_0} > u_\alpha - \frac{\zeta}{\sigma_0}\right) \to 1 - \phi(u_\alpha - \frac{\zeta}{\sigma_0}),$$

$\sigma_0^2 = \pi_0(1-\pi_0)$; nach dem Grenzwertsatz von Lindeberg-Feller 5.103 gilt nämlich

$$\mathfrak{L}_{\pi_n}(\sqrt{n}\frac{\overline{X}_n - \pi_0}{\sigma_0}) = \mathfrak{L}_{\pi_n}(\sqrt{n}\frac{\overline{X}_n - \pi_n}{\sigma_0} + \sqrt{n}\frac{\pi_n - \pi_0}{\sigma_0}) \xrightarrow{\mathfrak{L}} \mathfrak{N}(\frac{\zeta}{\sigma_0}, 1). \tag{5.1.17}$$

Würde man statt der alle Beobachtungen berücksichtigenden Prüfgröße $\overline{X}_n$ die Teststatistik $\overline{\overline{X}}_n := (X_{n2} + X_{n4} + \ldots + X_{nm})/[n/2]$ mit $m := 2[n/2]$ verwenden, so hätte man wegen

$$\mathfrak{L}_{\pi_0}([\frac{n}{2}]^{1/2}(\overline{\overline{X}}_n - \pi_0)) \xrightarrow{\mathfrak{L}} \mathfrak{N}(0, \sigma_0^2)$$

den kritischen Wert k'_n des Tests $\overline{\overline{\varphi}}_n = \mathbf{1}(\overline{\overline{X}}_n > k'_n)$ analog (5.1.13) festzulegen. Bei einer zugelassenen Fehler-WS 1. Art $\alpha \in (0,1)$ führt dies auf

$$k'_n \approx \pi_0 + n^{-1/2}\sqrt{2}\sigma_0 u_\alpha. \tag{5.1.18}$$

5.1 Einführung in die asymptotische Statistik

Die Limesschärfe unter der obigen Folge π_n ergibt sich dann gemäß:

$$E_{\pi_n}\overline{\overline{\varphi}}_n = P_{\pi_n}(\overline{\overline{X}}_n > k'_n) = P_{\pi_n}(\sqrt{n}\,\frac{\overline{\overline{X}}_n - \pi_0}{\sqrt{2}\sigma_0} > \sqrt{n}\,\frac{k'_n - \pi_0}{\sqrt{2}\sigma_0}) \to 1 - \phi(u_\alpha - \frac{\zeta}{\sqrt{2}\sigma_0}).$$

Der in 5.3.1 bewiesene Satz von Lindeberg-Feller liefert nämlich in diesem Fall wegen $\mathfrak{L}(\sum_j X_{nj}) = \mathfrak{B}(n,\pi_n)$ für die Limesverteilung der Prüfgröße $\overline{\overline{X}}_n$ unter π_n

$$\mathfrak{L}_{\pi_n}(\sqrt{n}\,\frac{\overline{\overline{X}}_n - \pi_0}{\sqrt{2}\sigma_0}) = \mathfrak{L}_{\pi_n}(\sqrt{n}\,\frac{\overline{\overline{X}}_n - \pi_n}{\sqrt{2}\sigma_0} + \sqrt{n}\,\frac{\pi_n - \pi_0}{\sqrt{2}\sigma_0}) \xrightarrow{\mathfrak{L}} \mathfrak{N}(\frac{\zeta}{\sqrt{2}\sigma_0},1).$$

Die naturgemäß geringere „Effizienz" dieses zweiten Tests $\overline{\overline{\varphi}}_n$ im Vergleich zu dem nach Band I optimalen (und damit schon gefühlsmäßig auch „asymptotisch optimalen") Test φ_n spiegelt sich in der geringeren „Mittelwertverschiebung" der zweiten Prüfgröße gegenüber derjenigen der ersten Prüfgröße unter der zur hypothetischen Verteilung π_0 „benachbarten Verteilungsfolge" $\pi_n = \pi_0 + \zeta n^{-1/2}$ wider, also in dem Unterschied von $\zeta/(\sqrt{2}\sigma_0)$ gegenüber ζ/σ_0.

Auch bei komplizierteren statistischen Testproblemen läßt sich die Güte eines Tests asymptotisch oft durch eine Mittelwertverschiebung in der Limes-Normalverteilung der Prüfgröße ausdrücken. Dies gilt auch bei Testproblemen mit Nebenparametern bzw. bei nichtparametrischen Testproblemen, die sich an die Modellannahmen der Beispiele 5.2 und 5.3 anschließen. Um dies und damit die Anwendbarkeit dieser Vorgehensweise zu demonstrieren, betrachten wir das folgende Beispiel.

Beispiel 5.4 Für $n \in \mathbb{N}$ seien $X_1,\ldots,X_n$ st.u. $\mathfrak{N}(\mu,\sigma_0^2)$-verteilte ZG mit bekannter Streuung $\sigma_0^2 > 0$. Dann ist für die Hypothesen $\mathbf{H}: \mu \leq \mu_0$, $\mathbf{K}: \mu > \mu_0$ der einseitige α-Niveau Gauß-Test $\varphi_n = \mathbf{1}(\overline{X}_n > k_n)$ mit $k_n = \mu_0 + \sigma_0 u_\alpha/\sqrt{n}$ optimal. Intuitiv naheliegend ist es aber auch, statt $\overline{X}_n$ den Stichprobenmedian med $X_{(n)}$ als Prüfgröße zu verwenden. In 7.2.3 sowie in Beispiel 5.108 wird gezeigt werden, daß diese Statistik unter $\mu = \mu_0$ ebenfalls mit der Konvergenzrate $n^{-1/2}$ asymptotisch normal ist, genauer daß gilt

$$\mathfrak{L}_{\mu_0}\left(\sqrt{n}\,\frac{\operatorname{med} X_{(n)} - \mu_0}{\sigma_0\sqrt{\pi/2}}\right) \xrightarrow{\mathfrak{L}} \mathfrak{N}(0,1). \tag{5.1.19}$$

Deshalb ist auch der asymptotische α-Niveau Test $\tilde{\varphi}_n = \mathbf{1}(\operatorname{med} X_{(n)} > k''_n)$ mit dem kritischen Wert $k''_n = \mu_0 + n^{-1/2}\sqrt{\pi/2}\,\sigma_0 u_\alpha$ statistisch sinnvoll. Um zu einem Gütevergleich dieses Tests mit dem Gauß-Test $\varphi_n = \mathbf{1}(\overline{X}_n > k_n)$ zu kommen, wird man auch hier Folgen von Alternativverteilungen μ_n betrachten, die wie $n^{-1/2}$ gegen μ_0 streben, etwa $\mu_n = \mu_0 + \zeta n^{-1/2}$ mit festem $\zeta > 0$. Unter derartigen Folgen ergibt sich wegen $\mathfrak{L}_{\mu_n}(\operatorname{med}(X_{(n)} - \mu_n)) = \mathfrak{L}_{\mu_0}(\operatorname{med}(X_{(n)} - \mu_0))$ mit (5.1.19)

$$\mathfrak{L}_{\mu_n}\left(\sqrt{n}\,\frac{\operatorname{med} X_{(n)} - \mu_0}{\sigma_0\sqrt{\pi/2}}\right)$$

$$= \mathfrak{L}_{\mu_0}\left(\sqrt{n}\,\frac{\operatorname{med} X_{(n)} - \mu_0}{\sigma_0\sqrt{\pi/2}} + \sqrt{n}\,\frac{\mu_n - \mu_0}{\sigma_0\sqrt{\pi/2}}\right) \xrightarrow{\mathfrak{L}} \mathfrak{N}\left(\sqrt{\frac{2}{\pi}}\,\frac{\zeta}{\sigma_0},1\right), \tag{5.1.20}$$

während für das Stichprobenmittel $\overline{X}_n$ analog (5.1.17) gilt

$$\mathfrak{L}_{\mu_n}\left(\sqrt{n}\,\frac{\overline{X}_n - \mu_0}{\sigma_0}\right) = \mathfrak{L}_{\mu_n}\left(\sqrt{n}\,\frac{\overline{X}_n - \mu_n}{\sigma_0} + \sqrt{n}\,\frac{\mu_n - \mu_0}{\sigma_0}\right) \xrightarrow[\mathfrak{L}]{} \mathfrak{N}\left(\frac{\zeta}{\sigma_0}, 1\right).$$

Folglich ergibt sich für die Limesschärfe

$$E_{\mu_n}\tilde{\varphi}_n \to 1 - \phi(u_\alpha - \sqrt{\frac{2}{\pi}}\frac{\zeta}{\sigma_0}) \quad \text{gegenüber} \quad E_{\mu_n}\varphi_n \to 1 - \phi(u_\alpha - \frac{\zeta}{\sigma_0}).$$

Der mit dem Stichprobenmedian gebildete Test $\tilde{\varphi}_n$ hat somit wegen $\sqrt{2/\pi} < 1$ (wie nach der Optimalitätsaussage über φ_n aus Beispiel 2.12 zu erwarten war) eine geringere Limesschärfe als der das Stichprobenmittel verwendende Gauß-Test. □

Es wird sich zeigen, daß derartige Effizienzaussagen wesentlich von der zugrundeliegenden Verteilungsannahme abhängen und daß es durchaus naheliegende Modellannahmen gibt, in denen der Median-Test $\tilde{\varphi}_n$ asymptotisch besser ist als der Gauß-Test φ_n. Auf die Einführung eines auf diesem Sachverhalt gründenden Effizienzmaßes wie allgemeiner auf die Behandlung derartiger „benachbarter Verteilungsfolgen" wird in 6.2.4 bzw. 6.3 eingegangen werden.

Entsprechend kann man auch bei anderen Testproblemen mit asymptotisch normalen[3] Prüfgrößen vorgehen, sofern der gemeinsame Rand **J** der Hypothesen **H** und **K** (bzgl. einer geeigneten Metrik) einelementig ist oder die Prüfgröße T_n auf **J** zumindest „asymptotisch verteilungsfrei" ist (in dem Sinne, daß die Limesverteilung unabhängig ist von dem speziell zugrundeliegenden $F \in$ **J**). Das folgende Beispiel zeigt zugleich, daß nicht alle im ersten Moment naheliegenden Prüfgrößen in diesem Sinne asymptotisch verteilungsfrei sind.

Beispiel 5.5 Für $n \in \mathbb{N}$ seien $X_1, \ldots, X_n$ st.u. glv. ZG mit derselben stetigen VF F, die eine differenzierbare, um einen unbekannten Wert $\mu \in \mathbb{R}$ symmetrische λ-Dichte f besitze mit $f(\mu) > 0$. Zu entscheiden sei, ob $\mu = 0$ oder $\mu > 0$ gilt, wegen $\mu = \text{med}\,F =: \gamma_1(F)$ also zwischen den Hypothesen **H** : $\gamma_1(F) = 0$ und **K** : $\gamma_1(F) > 0$. Offenbar ist hier **J** = **H**. In 7.2.3 wird gezeigt, daß für die bei dieser Formulierung kanonische Prüfgröße $T_n = \text{med}\,\widehat{F}_n$ gilt

$$T_n \to \gamma_1(F)\ [F] \quad \forall F \in \mathbf{H} \cup \mathbf{K}, \qquad \mathfrak{L}_F(\sqrt{n}T_n) \xrightarrow[\mathfrak{L}]{} \mathfrak{N}(0, \sigma^2(F)) \quad \forall F \in \mathbf{J}$$

mit $\sigma^2(F) = 1/4f^2(\mu)$. Die Limesverteilung hängt somit über $f^2(\mu)$ von dem zugrundeliegenden F ab. Also ist T_n keine asymptotisch verteilungsfreie Prüfgröße. Um dieses zu erreichen, muß T_n zunächst noch durch einen konsistenten Schätzer für $\sigma(F)$ dividiert werden. Derartige „Studentisierungen" werden in 6.2.2 und 7.1.1 behandelt.

Die Hypothesen lassen sich aber auch mit dem Funktional $\gamma_2(F) = 1 - 2F(0)$ formu-

---
[3] Wie in 6.2.4 gezeigt wird, können analoge Überlegungen auch für Prüfgrößen durchgeführt werden, die asymptotisch wie eine gewichtete Summe von st.u. χ_1^2-verteilten ZG verteilt sind.

lieren, nämlich in der Form $\mathbf{H}: \gamma_2(F) = 0$, $\mathbf{K}: \gamma_2(F) > 0$. Dann gilt für die Statistik $S_n := n^{-1} \sum_{j=1}^{n} \operatorname{sgn} X_j$

$$S_n \to \gamma_2(F) \ [F] \quad \forall F \in \mathbf{H} \cup \mathbf{K}, \qquad \mathfrak{L}_F(\sqrt{n} S_n) \xrightarrow[\mathfrak{L}]{} \mathfrak{N}(0,1) \quad \forall F \in \mathbf{J}.$$

Diese Prüfgröße ist asymptotisch (wie auch finit) verteilungsfrei auf $\mathbf{J}$, und ein naheliegender, das vorgegebene Niveau α für $n \to \infty$ einhaltender Test φ_n ist

$$\varphi_n = \mathbf{1}(\sqrt{n} S_n > u_\alpha).$$

Dieser Test ist auch konsistent. Wegen $S_n \to \gamma_2(F) \ [F]$ und $\gamma_2(F) > 0$ für $F \in \mathbf{K}$ gilt nämlich nach dem zentralen Grenzwertsatz

$$P_F(\sqrt{n} S_n > u_\alpha) = P_F(n^{-1/2} \sum_{j=1}^{n} (X_j - \gamma_2(F)) > u_\alpha - \sqrt{n} \gamma_2(F)) \to 1 \quad \forall F \in \mathbf{K}.$$

Analog ergeben sich unter Alternativverteilungen mit VF der Form $F_n = F + n^{-1/2} G$, $G(-\infty) = G(\infty) = 0$, wieder nicht-degenerierte Limesschärfen. $\square$

Auch in der Testtheorie ist die asymptotische Betrachtungsweise nicht auf Probleme beschränkt, die sich mit endlich-dimensionalen Funktionalen formulieren lassen.

Beispiel 5.6 Für $n \in \mathbb{N}$ seien $X_1, \ldots, X_n$ st.u. glv. ZG mit einer VF F. Es interessiere die Frage, ob F mit einer hypothetisch vorgegebenen Verteilung F_0 übereinstimmt oder nicht. Diese Situation tritt z.B. im Zusammenhang mit der Erzeugung von (Pseudo-)Zufallszahlen auf, wo (neben der st. Unabhängigkeit und Stationarität) die Randverteilung $F_0 = \mathfrak{R} := \mathfrak{R}(0,1)$ sicherzustellen ist. Die Hypothesen lauten hier also $\mathbf{H}: F = F_0$, $\mathbf{K}: F \neq F_0$. Eine intuitiv naheliegende Prüfgröße ist in diesem Fall

$$T_n = \|\widehat{F}_n - F_0\|_\infty = \sup_{z \in \mathbb{R}} |\widehat{F}_n(z) - F_0(z)|.$$

Dabei bezeichnet $\widehat{F}_n$ wieder die empirische und F_0 die hypothetische VF. Nach dem Satz von Glivenko-Cantelli strebt T_n P_{F_0}-f.s. gegen 0. Mittels Hilfssatz 2.29 läßt sich nun zeigen, daß $\mathfrak{L}_{F_0}(T_n)$ nicht von der Wahl von $F_0 \in \mathfrak{F}_c$ abhängt. Man kann also irgendein F_0 wählen, etwa $F_0 = \mathfrak{R}$. Mittels des Satzes von Lindeberg-Lévy folgt dann unmittelbar, daß $\sqrt{n}(\widehat{F}_n(z) - z)$ für jedes feste $z \in (0,1)$ eine Limes-Normalverteilung hat. Zum Nachweis, daß der ganze Prozeß $(\sqrt{n}(\widehat{F}_n(z) - z) : z \in (0,1))$ eine Limesverteilung in einem noch zu präzisierenden Sinne besitzt, hat man diesen zunächst in einen geeigneten metrischen Raum $\mathbb{E}$ einzubetten. Dann benötigt man über $\mathbb{E}$ eine geeignete Theorie der Verteilungskonvergenz. Eine solche wird für $\mathbb{E} = \mathbb{D}(\mathbb{R})$ mit der Supremumsmetrik und $\mathbb{E} = \mathbb{L}_2(\lambda)$ mit der $\mathbb{L}_2$-Metrik in Kap. 10 entwickelt. Um mit Hilfe derartiger Aussagen dann auch für $\sqrt{n} T_n$ eine Limesverteilung zu gewinnen, hat man diesen Ausdruck mit Hilfe eines geeigneten Funktionals χ in der Form $\chi(\sqrt{n}(\widehat{F}_n - \mathrm{id}))$ zu schreiben. Im vorliegenden Fall ist gerade $\chi = \|\cdot\|_\infty$. Damit besitzt $\sqrt{n} T_n$ eine Limesverteilung und deren α-Fraktil k_α kann wieder als kritischer Wert verwendet werden. Wie bei (5.1.14) ergibt sich auch hier, daß für $F \neq F_0$ die Fehler-WS 2. Art gegen 0 streben. Wegen

$$\sqrt{n} \|\widehat{F}_n - F_0\|_\infty \geq |\sqrt{n}\|\widehat{F}_n - F\|_\infty - \sqrt{n}\|F - F_0\|_\infty|$$

14 5 Verteilungstheoretische Grundlagen der asymptotischen Statistik

folgt nämlich bei $F \neq F_0$ für $n \to \infty$

$$E_F \varphi_n = P_F(\sqrt{n}\|\widehat{F}_n - F_0\|_\infty > k_\alpha) \geq P_F(|\sqrt{n}\|\widehat{F}_n - F\|_\infty - \sqrt{n}\|F - F_0\|_\infty| > k_\alpha)$$

$$\geq P_F(\sqrt{n}\|\widehat{F}_n - F\|_\infty < \sqrt{n}\|F - F_0\|_\infty - k_\alpha) \to 1.$$

Auch für derartige Tests wird in Band III gezeigt werden, daß unter geeigneten Folgen (F_n) von Verteilungen, die zum gemeinsamen Rand $\mathbf{J}$ der Hypothesen benachbart sind, gilt $E_{F_n}\varphi_n \to \beta \in (\alpha, 1)$. □

Bei diesen einleitenden Ausführungen konnten im wesentlichen nur verteilungstheoretische Gesichtspunkte berücksichtigt werden. Dennoch hat die Optimierungstheorie in der asymptotischen Statistik eine ähnliche Bedeutung wie in der in Band I dargestellten finiten Theorie. Die Überlegungen in 6.4 und 6.5 werden zeigen, daß sich die Bestimmung asymptotisch optimaler Verfahren vielfach auf die Lösung einfacher Optimierungsprobleme in linearen Modellen reduzieren läßt. Letztere können mit den Mitteln von Band I behandelt werden. In Band II wird dieser Ansatz im Bereich der parametrischen Statistik verfolgt, in Band III im Rahmen nichtparametrischer Fragestellungen.

5.1.2 Asymptotisches Verhalten von Dichtequotienten; die Sätze von Kakutani

Wie die Beispiele in 5.1.1 zeigen, sind vielfach bereits intuitiv naheliegende, d.h. nicht notwendig aus Optimalitätsbetrachtungen gewonnene Tests konsistent in dem Sinne, daß sie asymptotisch für $n \to \infty$ zwischen zwei Verteilungen $F^{(n)}$ und $G^{(n)}$, $F \neq G$, vollständig unterscheiden. Bei endlichem Stichprobenumfang n würde diese Unterscheidbarkeit nach 2.1.2 bedeuten, daß $F^{(n)}$ und $G^{(n)}$, also F und G, orthogonal sind. Dies legt die Vermutung nahe, daß das asymptotische Verschwinden der Fehler-WS darauf zurückzuführen ist, daß bei $F \neq G$ die Produktmaße $F^{(n)}$ und $G^{(n)}$ für $n \to \infty$ in einem noch zu präzisierenden Sinne orthogonal werden. Dieses ist tatsächlich der Fall. Während also bei endlichem Stichprobenumfang n die Orthogonalität von $F^{(n)}$ und $G^{(n)}$ diejenige von F und G impliziert (und umgekehrt), können $F^{(\infty)}$ und $G^{(\infty)}$ selbst dann orthogonal sein, wenn F und G äquivalent sind. Zentrales Hilfsmittel zum Beweis dieser und verwandter Aussagen ist die Folge der Lebesgue-Zerlegungen von $G^{(n)}$ bzgl. $F^{(n)}$ und damit die Folge der Dichtequotienten (DQ) L_n, $n \in \mathbb{N}$.

Zur Diskussion des Limesverhaltens einer Folge solcher DQ gehen wir aus von zwei WS-Maßen $P, Q \in \mathfrak{M}^1(\mathfrak{X}, \mathfrak{B})$ sowie einer Filtration $(\mathfrak{B}_n) \subset \mathfrak{B}$. Seien P_n, Q_n die Restriktionen von P, Q auf die σ-Algebra $\mathfrak{B}_n$ und $L_n := \mathrm{d}Q_n/\mathrm{d}P_n$ der DQ von Q_n bzgl. P_n im Sinne von (1.6.28), $n \in \mathbb{N}$. Definitionsgemäß gilt dann[4]

---

[4] Man beachte hier und im folgenden, daß aus $B \in \mathfrak{B}_n$ wegen $\mathfrak{B}_n \subset \mathfrak{B}_{n+1}$ stets $B \in \mathfrak{B}_{n+1}$ sowie $P_{n+1}(B) = P_n(B)$ und $Q_{n+1}(B) = Q_n(B)$ folgt.

$$\int_B L_n \, dP_n + Q_n(B \cap \{L_n = \infty\}) = Q_n(B) = Q_{n+1}(B)$$
$$= \int_B L_{n+1} \, dP_{n+1} + Q_{n+1}(B \cap \{L_{n+1} = \infty\})$$

für alle $B \in \mathfrak{B}_n$. Aus $P_{n+1}(L_n = \infty) = P_n(L_n = \infty) = 0$ folgt

$$Q_{n+1}(L_n = \infty, L_{n+1} < \infty) = \int_{\{L_n = \infty\}} L_{n+1} \, dP_{n+1} = 0$$

und damit $\{L_n = \infty\} \subset \{L_{n+1} = \infty\}$ $[Q]$. Daher gilt

$$Q_n(B \cap \{L_n = \infty\}) = Q_{n+1}(B \cap \{L_n = \infty\})$$
$$\leq Q_{n+1}(B \cap \{L_{n+1} = \infty\}) \qquad \forall B \in \mathfrak{B}_n.$$

Somit erhält man

$$\int_B L_n \, dP \geq \int_B L_{n+1} \, dP \qquad \forall B \in \mathfrak{B}_n.$$

Dieses ist nach Definition eines bedingten EW wegen $L_n \in \mathfrak{B}_n$ und $\mathfrak{B}_n \subset \mathfrak{B}_{n+1}$ äquivalent mit

$$L_n \geq E_P(L_{n+1}|\mathfrak{B}_n) \ [P]. \tag{5.1.21}$$

Im Spezialfall $P_n \gg Q_n$ $\forall n \in \mathbb{N}$ folgt aus $P_{n+1}(L_n = \infty) = P_n(L_n = \infty) = 0$ auch $Q_{n+1}(L_n = \infty) = Q_n(L_n = \infty) = 0$. Damit gilt in diesem Fall

$$\int_B L_n \, dP = \int_B L_{n+1} \, dP \qquad \forall B \in \mathfrak{B}_n \quad \forall n \in \mathbb{N}$$

oder äquivalent

$$L_n = E_P(L_{n+1}|\mathfrak{B}_n) \ [P] \qquad \forall n \in \mathbb{N}. \tag{5.1.22}$$

Die Forderung $P_n \gg Q_n$ $\forall n \in \mathbb{N}$ folgt aus $P \gg Q$, impliziert diese umgekehrt aber nicht. Unter der stärkeren Voraussetzung $P \gg Q$ gilt mit $L := dQ/dP$

$$\int_B L_n \, dP = Q(B) = \int_B L \, dP = \int_B E(L|\mathfrak{B}_n) \, dP \qquad \forall B \in \mathfrak{B}_n,$$

d.h.

$$L_n = E(L|\mathfrak{B}_n) \ [P]. \tag{5.1.23}$$

Die Beziehung (5.1.21) besagt nun gerade, daß die Folge der DQ unter P ein nichtnegatives Supermartingal ist; vgl. die folgende Anmerkung 5.7. Der Fall $P_n \gg Q_n$ $\forall n \in \mathbb{N}$ ist dann dadurch charakterisiert, daß (L_n) gemäß (5.1.22) sogar ein nicht-negatives Martingal mit Mittelwert 1 ist. Im Fall $P \gg Q$ wird sich die Folge (L_n) darüberhinaus als (bzgl. P) gleichgradig integrierbar erweisen. Dabei heißt bekanntlich eine Folge (Y_n) reellwertiger ZG *gleichgradig integrierbar*, wenn gilt

$$\forall \varepsilon > 0 \quad \exists M > 0 \quad \text{mit} \quad \sup_{n \in \mathbb{N}} \int_{\{|Y_n| > M\}} |Y_n| \, dP \leq \varepsilon. \quad (5.1.24)$$

Offensichtlich ist jede Folge gleichmäßig beschränkter ZG gleichgradig integrierbar. Umgekehrt läßt sich jede Folge gleichgradig integrierbarer ZG (Y_n) zerlegen gemäß

$$Y_n = V_n + W_n, \qquad V_n := Y_n \mathbf{1}(|Y_n| \leq M), \qquad W_n := Y_n \mathbf{1}(|Y_n| > M).$$

Dabei ist die Folge (V_n) gleichmäßig durch M beschränkt und bei geeigneter Wahl von $M = M(\varepsilon)$ gilt wegen (5.1.24) $E|W_n| \leq \varepsilon \ \forall n \in \mathbb{N}$. Weiter ergibt sich aus dieser Zerlegung sofort, daß mit (Y_n) und (Z_n) auch $(Y_n \pm Z_n)$ wieder eine Folge gleichgradig integrierbarer ZG ist.

Hinreichend für die gleichgradige Integrierbarkeit einer Folge (Y_n) ist

$$\exists \eta > 0 \quad \text{mit} \quad \sup_{n \in \mathbb{N}} E|Y_n|^{1+\eta} < \infty \quad (5.1.25)$$

Dieses folgt aus der für jedes $n \in \mathbb{N}$ gültigen Abschätzung

$$\int |Y_n| \mathbf{1}(|Y_n| > M) \, dP \leq M^{-\eta} E|Y_n|^{1+\eta} \leq M^{-\eta} \sup_{n \in \mathbb{N}} E|Y_n|^{1+\eta} \to 0 \quad \text{für } M \to \infty.$$

Anmerkung 5.7 Seien $(\mathfrak{X}, \mathfrak{B}, P)$ ein WS-Raum, $(\mathfrak{B}_n) \subset \mathfrak{B}$ eine Filtration auf $\mathfrak{X}$ und (Y_n) eine Folge reellwertiger ZG auf $(\mathfrak{X}, \mathfrak{B}, P)$. Gilt dann $Y_n \in \mathfrak{B}_n$ und existieren die (bedingten) EW $EY_n, E(Y_{n+1}|\mathfrak{B}_n) \in \overline{\mathbb{R}} \ \forall n \in \mathbb{N}$, so heißt

a) (Y_n) ein *Supermartingal bzgl.* $(\mathfrak{B}_n)$, falls gilt

$$E(Y_{n+1}|\mathfrak{B}_n) \leq Y_n \ [P] \qquad \forall n \in \mathbb{N}; \quad (5.1.26)$$

b) (Y_n) ein *Martingal bzgl.* $(\mathfrak{B}_n)$, falls gilt

$$E(Y_{n+1}|\mathfrak{B}_n) = Y_n \ [P] \qquad \forall n \in \mathbb{N}; \quad (5.1.27)$$

c) (Y_n) ein *gleichgradig integrierbares*[5] *Martingal bzgl.* $(\mathfrak{B}_n)$, falls ein $Y \in \mathbb{L}_1(\mathfrak{X}, \mathfrak{B}, P)$ existiert mit

$$E(Y|\mathfrak{B}_n) = Y_n \ [P] \qquad \forall n \in \mathbb{N}. \quad (5.1.28)$$

(Y_n) heißt ein *Submartingal bzgl.* $(\mathfrak{B}_n)$, falls $(-Y_n)$ ein Supermartingal bzgl. $(\mathfrak{B}_n)$ ist. Gilt bei a) und b) zusätzlich $Y_n \in \mathbb{L}_1(P) := \mathbb{L}_1(\mathfrak{X}, \mathfrak{B}, P) \ \forall n \in \mathbb{N}$, so heißt (Y_n) in diesen Fällen *ein integrierbares (Super-, Sub-) Martingal bzgl.* $(\mathfrak{B}_n)$.

---
[5] Zur Namensgebung vgl. die Äquivalenz a) $\Leftrightarrow$ b) im dritten der folgenden Konvergenzsätze.

Ist $\mathfrak{B}_n = \mathfrak{B}_n^Y := \sigma(Y_1,\ldots,Y_n)$, $n \in \mathbb{N}$, die *kanonische Filtration*, so spricht man bei (Y_n) kurz von einem *Supermartingal, Submartingal* bzw. *Martingal*.

Für ein Martingal (Y_n) bzgl. $(\mathfrak{B}_n)$ gilt $EY_{n+1} = EY_n$ $\forall n \in \mathbb{N}$. Allgemein läßt sich jede an eine isotone Folge $(\mathfrak{B}_n)$ adaptierte Folge (T_n) integrierbarer ZG (d.h. jede Folge (T_n) mit $T_n \in \mathfrak{B}_n$ und $T_n \in \mathbb{L}_1(P)$ $\forall n \in \mathbb{N}$) additiv zerlegen in eine „vorhersehbare" Komponente V_n (d.h. mit $V_n \in \mathfrak{B}_{n-1}$ $\forall n \in \mathbb{N}$) und einen „Rauschanteil" Y_n (d.h. ein Martingal mit $EY_n = 0$),

$$T_n = V_n + Y_n, \quad n \in \mathbb{N}. \tag{5.1.29}$$

Zur expliziten Gestalt dieser „Doob-Zerlegung" vgl. Aufg. 5.8.

Ein Supermartingal ist in gewisser Hinsicht das stochastische Äquivalent für eine monoton fallende Folge, weil seine vorhersehbare Komponente f.s. monoton fällt. Entsprechend ist ein Submartingal das stochastische Analogon für eine monoton steigende Folge. Man beachte hierzu, daß jede antitone Folge von ZG $Y_n \in \mathfrak{B}_n$ mit $EY_n \in \overline{\mathbb{R}}$ ein Supermartingal bildet. Aus der Analysis ist bekannt, daß Antitonie (bzw. Isotonie) zusammen mit der Beschränktheit die Konvergenz der Folge implizieren. Es ist also nicht überraschend, daß auch Super-(bzw. Sub-)Martingale unter entsprechenden Voraussetzungen konvergieren. Die wichtigsten derartigen Aussagen sind die folgenden drei Konvergenzsätze[6]. Dabei sei bemerkt, daß in der ersten dieser Aussagen weder $Y_n \in \mathbb{L}_1(P)$ noch $Y \in \mathbb{L}_1(P)$ oder $Y_n \to Y$ in $\mathbb{L}_1(P)$ zu gelten braucht.

Konvergenzsatz für Supermartingale a) *Jedes nicht-negative Supermartingal (Y_n) bzgl. $(\mathfrak{B}_n)$ konvergiert P-f.s. gegen eine (nicht notwendig endliche) ZG Y_∞ mit*

$$E(Y_\infty|\mathfrak{B}_n) \leq Y_n \; [P] \quad \forall n \in \mathbb{N}.$$

b) *Jedes integrierbare Supermartingal (Y_n) bzgl. $(\mathfrak{B}_n)$ mit*

$$\sup_n EY_n^- < \infty \tag{5.1.30}$$

konvergiert P-f.s. gegen eine integrierbare ZG Y_∞.

Konvergenzsatz für Martingale *Jedes Martingal (Y_n) bzgl. $(\mathfrak{B}_n)$ mit*

$$\sup_n E|Y_n| < \infty \tag{5.1.31}$$

ist P-f.s. konvergent gegen eine integrierbare ZG Y_∞.

Konvergenzsatz für gleichgradig integrierbare Martingale *Für ein integrierbares Martingal (Y_n) bzgl. $(\mathfrak{B}_n)$ sind äquivalent:*

a) *Es gibt eine ZG Y, so daß gilt $E(Y|\mathfrak{B}_n) = Y_n$ $[P]$ $\forall n \in \mathbb{N}$;*

b) *Die Folge (Y_n) ist gleichgradig integrierbar;*

c) *Die Folge (Y_n) konvergiert in $\mathbb{L}_1(P)$;*

---

[6] Zu den Beweisen wie allgemeiner zum Begriff eines (Super-) Martingals bei diskreter Zeit vgl. etwa J. Neveu: Discrete-Parameter Martingales, North Holland (1975).

d) *Es gilt* (5.1.31) *und* $E(Y_\infty|\mathfrak{B}_n) = Y_n$ $[P]$ $\forall n \in \mathbb{N}$, *wobei* Y_∞ *den nach dem Martingalkonvergenzsatz f.s. existierenden Limes* Y_∞ *von* (Y_n) *bezeichnet.*

Insbesondere gilt für jedes gleichgradig integrierbare Martingal (Y_n) bzgl. einer Filtration $(\mathfrak{B}_n)$, daß es ein $Y_\infty \in \mathbb{L}_1(\mathfrak{X}, \mathfrak{B}_\infty, P)$, $\mathfrak{B}_\infty := \sigma(\cup_{n\geq 1}\mathfrak{B}_n)$, gibt mit

$$Y_n \to Y_\infty \ [P] \quad \text{und} \quad Y_n \to Y_\infty \ \text{in} \ \mathbb{L}_1(P). \tag{5.1.32}$$

Gilt $Y_n = E(Y|\mathfrak{B}_n)$ $[P]$ $\forall n \in \mathbb{N}$, *so ist* $Y_\infty = E(Y|\mathfrak{B}_\infty)$ $[P]$.

Aus dem Zusatz wird klar, daß im allgemeinen nur die ZG Y_∞ P-f.s. eindeutig ist, nicht aber die ZG Y; für $\mathfrak{B}_\infty = \mathfrak{B}$ gilt jedoch $Y_\infty = Y$ $[P]$. □

Der Konvergenzsatz für Supermartingale besagt, daß jedes positive Supermartingal f.s. konvergiert. Insbesondere gilt dies also für das einleitend betrachtete Supermartingal (L_n) der DQ von $Q_n = Q|\mathfrak{B}_n$ bzgl. $P_n = P|\mathfrak{B}_n$. Es läßt sich nun weiter zeigen, daß der Limes L_∞ von L_n wieder ein DQ ist. Dabei wird L_n als Quotient zweier gleichgradig integrierbarer Martingale dargestellt. Damit können dann Bedingungen für die Orthogonalität von P und Q bzw. die Dominiertheit von Q durch P angegeben werden.

Satz 5.8 *Es seien* $P, Q \in \mathfrak{M}^1(\mathfrak{X}, \mathfrak{B})$ *WS-Maße,* $(\mathfrak{B}_n) \subset \mathfrak{B}$ *eine Filtration auf* $\mathfrak{X}$ *mit* $\mathfrak{B}_n \uparrow \mathfrak{B}$ *und* P_n, Q_n *die Restriktionen von* P, Q *auf* $\mathfrak{B}_n$. *Weiter seien* $L_n := \mathrm{d}Q_n/\mathrm{d}P_n$ *für* $n \in \mathbb{N}$ *Dichtequotienten von* Q_n *bzgl.* P_n *(also Lösungen von* (1.6.28)*) und* L_∞ *ihr Limes. Schließlich sei* L *ein Dichtequotient von* Q *bzgl.* P. *Dann gilt:*

a) $\quad L_n \to L \ [(P+Q)/2], \quad$ d.h. $\quad L_\infty = L \ [(P+Q)/2];$

b) $\quad Q \ll P \ \Leftrightarrow \ Q(\{L = \infty\}) = 0 \ \Leftrightarrow \ E_P L = 1;$

$\quad\quad Q \perp P \ \Leftrightarrow \ Q(\{L = \infty\}) = 1 \ \Leftrightarrow \ E_P L = 0.$

Beweis: a) Seien $\mu := \frac{1}{2}(P+Q)$, $\mu_n := \frac{1}{2}(P_n + Q_n)$ sowie p, q μ-Dichten von P, Q bzw. p_n, q_n μ_n-Dichten von P_n, Q_n. Dann gilt nach der Grundeigenschaft 1.121b

$$p_n = E_\mu(p|\mathfrak{B}_n) \ [\mu], \qquad q_n = E_\mu(q|\mathfrak{B}_n) \ [\mu].$$

Hieraus folgt wegen $\mathfrak{B}_n \uparrow \mathfrak{B}$ und $p, q \in \mathbb{L}_1(\mu)$ nach dem Martingalkonvergenzsatz

$$p_n \to p \ [\mu], \quad q_n \to q \ [\mu] \quad \text{und damit} \quad L_n = \frac{q_n}{p_n} \to \frac{q}{p} = L \ [\mu]. \tag{5.1.33}$$

Wegen $p + q \equiv 2$ $[\mu]$ gilt $\mu(\{p = 0, q = 0\}) = 0$ sowie

$$P(L = \infty) = P(q > 0, p = 0) = 0.$$

L ist ein DQ von Q bzgl. P im Sinne von (1.6.28), da darüberhinaus gilt

$$Q(B\{L<\infty\}) = \int_{B\{L<\infty\}} q\,\mathrm{d}\mu = \int_{B\{L<\infty\}} \frac{q}{p} p\,\mathrm{d}\mu = \int_B L\,\mathrm{d}P, \qquad B \in \mathfrak{B}.$$

b) folgt unmittelbar aus der Radon-Nikodym-Gleichung von Q bzgl. P. □

Bei Spezialisierung auf einen Produktraum mit abzählbar unendlich vielen Faktoren und darauf definierten Produkt-WS-Maßen P und Q folgt aus Satz 5.8 der

Satz 5.9 a) (Kakutani-Dichotomie) *Für $j \in \mathbb{N}$ seien $F_j, G_j \in \mathfrak{M}^1(\mathfrak{X}_j, \mathfrak{B}_j)$ mit $G_j \ll F_j \; \forall j \in \mathbb{N}$ und $P := \bigotimes F_j$, $Q := \bigotimes G_j$. Dann gilt entweder $Q \ll P$ oder $Q \perp P$.*

b) *Es seien $F, G \in \mathfrak{M}^1(\mathfrak{X}_0, \mathfrak{B}_0)$ äquivalente[7] WS-Maße mit $F \neq G$ und $F_j := F$ sowie $G_j := G \; \forall j \geq 1$. Dann gilt für $P = F^{(\infty)}$ und $Q = G^{(\infty)}$*

$$P \perp Q.$$

Beweis: a) Nach dem Satz von Fubini bzw. Satz 1.110 gilt für $n \in \mathbb{N}$

$$Q_n = \bigotimes_{j=1}^n G_j \ll \bigotimes_{j=1}^n F_j = P_n \quad \text{sowie} \quad L_n(x_1,\ldots,x_n) = \prod_{j=1}^n \ell_j(x_j) \; [(P_n+Q_n)/2],$$

wenn $L_n := \mathrm{d}Q_n/\mathrm{d}P_n$ bzw. $\ell_j := \mathrm{d}G_j/\mathrm{d}F_j$, $j=1,\ldots,n$, die jeweiligen DQ bezeichnen. Mit $P := \bigotimes F_j$, $Q := \bigotimes G_j$ und $L := \mathrm{d}Q/\mathrm{d}P$ gilt $Q(L=0) = 0$. Aus $L_n \to L \; [Q]$ folgt dann gemäß Satz 5.8a sowie dem 0-1-Gesetz[8] von Kolmogorov, daß

$$Q(\{L < \infty\}) = Q(\{-\infty < \log L < \infty\})$$
$$= Q(\{x = (x_j) : -\infty < \sum_{j=1}^\infty \log \ell_j(x_j) < +\infty\})$$

nur die beiden Werte 0 bzw. 1 annehmen kann. Man beachte, daß wegen $F_j \equiv G_j$ gilt $\log \ell_j \in \mathbb{R} \; [Q]$. Somit ergibt sich die Behauptung aus Satz 5.8b.

b) Mit den Bezeichnungen aus Teil a) und $\ell := \mathrm{d}G/\mathrm{d}F$ wird bei $F \neq G$ gezeigt

$$Q(\{x \in \mathfrak{X}_0^{(\infty)} : \lim_{n \to \infty} \sum_{j=1}^n \log \ell(x_j) = \infty\}) = 1. \tag{5.1.34}$$

Aus der strikten Konvexität der Funktion $h(z) = z \log z$ folgt nämlich nach der Jensen-Ungleichung A5.0

$$E_G \log \ell(X_j) = \int \log \ell(z)\,\mathrm{d}G(z) = \int h(\ell(z))\,\mathrm{d}F(z) > h(\int \ell(z)\,\mathrm{d}F(z)) = h(1) = 0.$$

Zu „ $>$ " beachte man, daß wegen $F \neq G$ das induzierte Maß F^ℓ kein Einpunktmaß ist. Folglich gilt $\sum \log \ell(X_j) \to \infty \; [Q]$ und damit auch (5.1.34). □

---

[7] Diese Voraussetzung wird hier nur der Einfachheit halber gemacht.
[8] Vgl. P. Gänssler-W. Stute, Wahrscheinlichkeitstheorie, Springer (1977), S. 87.

Korollar 5.10 *Unter den Voraussetzungen von Satz 5.9b gibt es eine Folge von $\mathfrak{B}_n$-meßbaren Tests φ_n, $n \in \mathbb{N}$, mit*

$$E_F\varphi_n \to 0, \quad E_G\varphi_n \to 1. \tag{5.1.35}$$

Beweis: Wegen der Orthogonalität von P und Q gibt es eine Menge $B \in \mathfrak{B}_0^{(\infty)}$ mit $P(B) = 0$ und $Q(B) = 1$. Mit $\varphi_n := E_\mu(\mathbf{1}_B|\mathfrak{B}_n)$ und $\mu := (P+Q)/2$ gilt dann nach dem Konvergenzsatz für gleichgradig integrierbare Martingale $\varphi_n \to \mathbf{1}_B$ $[\mu]$ und damit wegen $P, Q \ll \mu$

$$\varphi_n \to \mathbf{1}_B \quad [P] \quad \text{und} \quad \varphi_n \to \mathbf{1}_B \quad [Q].$$

Mit dem Satz von Lebesgue folgt also

$$E_F\varphi_n \to P(B) = 0 \quad \text{und} \quad E_G\varphi_n \to Q(B) = 1. \quad \square$$

Satz 5.9b besagt, daß die Produktmaße von festen, aber verschiedenen Verteilungen F, G stets orthogonal werden. Dies legt die Frage nach Bedingungen nahe, wann im Falle von Produktmaßen mit voneinander verschiedenen Faktoren absolute Stetigkeit oder Orthogonalität vorliegt. Dazu ist es nützlich, nicht mittels der DQ selbst, sondern mit deren Wurzeln zu argumentieren. Betrachtet man die zugehörigen EW, so führt dies im wesentlichen auf den Begriff der *Affinität* $\varrho(P, Q)$ zweier WS-Maße P, Q. Bezeichnen μ ein P und Q dominierendes WS-Maß, etwa $\mu = \frac{1}{2}(P+Q)$, sowie p und q μ-Dichten von P bzw. Q, so ist die *Affinität* definiert durch

$$\varrho(P, Q) := \int p^{1/2} q^{1/2} \, d\mu; \tag{5.1.36}$$

vgl. Aufg. 5.4. Diese Größe steht in engem Zusammenhang zu dem bereits in (1.6.94) eingeführten Hellinger-Abstand $H(P, Q)$ von P und Q. Es gilt nämlich

$$H^2(P, Q) = \frac{1}{2}\int (p^{1/2} - q^{1/2})^2 \, d\mu = 1 - \int p^{1/2} q^{1/2} \, d\mu = 1 - \varrho(P, Q) \tag{5.1.37}$$

und damit

$$\begin{aligned} \varrho(P, Q) = 1 &\Leftrightarrow H(P, Q) = 0 \Leftrightarrow P = Q; \\ \varrho(P, Q) = 0 &\Leftrightarrow H(P, Q) = 1 \Leftrightarrow P \perp Q. \end{aligned} \tag{5.1.38}$$

Ist überdies $Q \ll P$ mit DQ $\ell = q/p$, so gilt offenbar

$$\varrho(P, Q) = \int \ell^{1/2} \, dP \quad \text{und damit} \quad H^2(P, Q) = 1 - \int \ell^{1/2} \, dP.$$

Satz 5.11 (Kraft) *Mit den Voraussetzungen und Bezeichnungen von Satz 5.8 gilt:*

a) $\quad \varrho(P_n, Q_n) \to \varrho(P, Q) \quad$ *für $n \to \infty$;*

b) *P und Q sind genau dann orthogonal, wenn es eine Folge von $\mathfrak{B}_n$-meßbaren Tests φ_n gibt mit $E_P\varphi_n \to 0$ und $E_Q\varphi_n \to 1$ für $n \to \infty$.*

Beweis: a) Mit (5.1.33) gilt $\sqrt{p_n/q_n} \to \sqrt{p/q}\ [Q]$. Dabei ist die Folge der $\sqrt{p_n/q_n}$, $n \in \mathbb{N}$, gleichgradig integrabel bzgl. Q, da die Bedingung (5.1.25) mit $\eta = 1$ erfüllt ist. Also ergibt sich wegen der Mitkonvergenz der Momente gemäß Satz 1.181

$$\varrho(P_n, Q_n) = \int \sqrt{p_n/q_n}\, dQ \to \int \sqrt{p/q}\, dQ = \varrho(P, Q).$$

b) „$\Rightarrow$" Sei $(k_n) \subset \mathbb{R}$ eine Folge mit $0 < \delta \le k_n \le \delta^{-1}\ \forall n \in \mathbb{N}$ und

$$\varphi_n(x) := \mathbf{1}(q_n(x) > k_n^2 p_n(x)), \quad n \in \mathbb{N}.$$

Dann folgt für die Fehler-WS 1.und 2. Art mit $\mu_n := (P_n + Q_n)/2$ bei $n \to \infty$

$$E_P \varphi_n = \int \varphi_n(x) p_n(x)\, d\mu_n(x) = \int_{\{\varphi_n = 1\}} \sqrt{p_n(x) p_n(x)}\, d\mu_n(x)$$

$$\le \frac{1}{k_n} \int \sqrt{p_n(x) q_n(x)}\, d\mu_n(x) \le \frac{1}{\delta} \varrho(P_n, Q_n) \to 0,$$

$$E_Q(1 - \varphi_n) = \int (1 - \varphi_n(x)) q_n(x)\, d\mu_n(x) = \int_{\{\varphi_n = 0\}} \sqrt{q_n(x) q_n(x)}\, d\mu_n(x)$$

$$\le k_n \int \sqrt{p_n(x) q_n(x)}\, d\mu_n(x) \le \delta^{-1} \varrho(P_n, Q_n) \to 0.$$

„$\Leftarrow$" Sei $(\varepsilon_k) \subset (0, \infty)$ eine Zahlenfolge mit $\sum \varepsilon_k < \infty$. Dann gibt es eine Teilfolge $(n_k) \subset \mathbb{N}$ mit $E_P \varphi_{n_k} \le \varepsilon_k$ und $E_Q(1 - \varphi_{n_k}) \le \varepsilon_k\ \forall k \in \mathbb{N}$. Für den Test $\varphi := \limsup_{\ell \to \infty} \varphi_{n_\ell}$ gilt dann:

$$E_P \varphi = \lim_{\ell \to \infty} E_P \sup_{k \ge \ell} \varphi_{n_k} \le \lim_{\ell \to \infty} \sum_{k \ge \ell} E_P \varphi_{n_k} \le \lim_{\ell \to \infty} \sum_{k \ge \ell} \varepsilon_k = 0,$$

d.h. $\varphi = 0\ [P]$. Wegen $1 - \varphi = \liminf_{\ell \to \infty}(1 - \varphi_{n_\ell}) \le \limsup_{\ell \to \infty}(1 - \varphi_{n_\ell})$ folgt analog $E_Q(1 - \varphi) = 0$ und damit $\varphi = 1\ [Q]$. Also gilt $P(B) = 0$, $Q(B) = 1$ für $B = \{\varphi = 1\}$. $\square$

Aus den Sätzen 5.11 und 5.9a ergibt sich nun ein erstes Kriterium dafür, wann in der Kakutani-Dichotomie bei Produkt-WS Dominiertheit bzw. Orthogonalität eintritt.

Korollar 5.12 *Seien* $P = \bigotimes F_j$, $Q = \bigotimes G_j$ *mit* $F_j \gg G_j\ \forall j \in \mathbb{N}$. *Dann gilt*

$$\prod_{j \ge 1} \varrho(F_j, G_j) > 0 \quad \Leftrightarrow \quad P \gg Q,$$

$$\prod_{j \ge 1} \varrho(F_j, G_j) = 0 \quad \Leftrightarrow \quad P \perp Q.$$

Beweis: Mit $P_n := \bigotimes_{j=1}^n F_j$ und $Q_n := \bigotimes_{j=1}^n G_j$ folgt aus dem Satz von Kraft $\varrho(P_n, Q_n) \to \varrho(P, Q) = \prod \varrho(F_j, G_j)$. Nach (5.1.38) gilt $\varrho(P, Q) = 0 \Leftrightarrow P \perp Q$. Ist aber $\varrho(P, Q) > 0$, so muß nach Satz 5.9a bereits $P \gg Q$ gelten. □

Ein etwas handlicheres Kriterium erhält man, wenn man Summen statt Produkte verwendet.

Satz 5.13 (Kakutani) *Für $j \in \mathbb{N}$ seien F_j, $G_j \in \mathfrak{M}^1(\mathfrak{X}_j, \mathfrak{B}_j)$ WS-Maße mit $G_j \ll F_j$, $\ell_j := dG_j / dF_j$ und $\varrho_j := \int \ell_j^{1/2} dF_j$. Dann gilt für $P = \bigotimes F_j$ und $Q = \bigotimes G_j$*

a) $\quad Q \ll P \quad \Leftrightarrow \quad \sum_{j=1}^\infty (1 - \varrho_j) = \sum_{j=1}^\infty H^2(F_j, G_j) < \infty,$

b) $\quad Q \perp P \quad \Leftrightarrow \quad \sum_{j=1}^\infty (1 - \varrho_j) = \sum_{j=1}^\infty H^2(F_j, G_j) = \infty .$

Beweis: Zum Nachweis von

$$\sum_{j \geq 1} (1 - \varrho(F_j, G_j)) = \infty \quad \Rightarrow \quad Q \perp P$$

beachte man die Gültigkeit von $-\log z \geq 1 - z \; \forall z \geq 0$ und damit für jedes $n \in \mathbb{N}$ diejenige von

$$-\sum_{j=1}^n \log \varrho(F_j, G_j) \geq \sum_{j=1}^n (1 - \varrho(F_j, G_j)).$$

Aus $\sum (1 - \varrho(F_j, G_j)) = \infty$ folgt also $\prod_{j=1}^n \varrho(F_j, G_j) \to 0$ und damit nach Korollar 5.12 wie behauptet $P \perp Q$. Es braucht also nur noch

$$\sum_{j \geq 1} (1 - \varrho(F_j, G_j)) < \infty \quad \Rightarrow \quad P \gg Q$$

gezeigt zu werden. Hier ist die rechte Seite nach Satz 5.8 und dem Beweis zu Satz 5.9 äquivalent mit der Gültigkeit von $Q(-\infty < \sum \log \ell_j < \infty) = 1$. Der Nachweis hiervon erfolgt mit dem Dreireihenkriterium[9]. Für $x \in \mathbb{R}$ sei hierzu $u(x) = x$ für $|x| \leq 1$ und $u(x) = \operatorname{sgn} x$ für $|x| > 1$. Für diese Funktion u verifiziert man durch elementare Rechnungen

$$x - 1 \leq xu(\log x) \leq 2(x^{1/2} - 1) + 10(x^{1/2} - 1)^2 \quad \text{für} \quad x \geq 0,$$
$$xu^2(\log x) \leq 11(x^{1/2} - 1)^2 \quad \text{für} \quad x \geq 0.$$

Aus der linken Seite der ersten Ungleichung erhält man

$$E_Q(u(\log \ell_j)) = E_P(\ell_j u(\log \ell_j)) \geq E_P \ell_j - 1 = 0. \tag{5.1.39}$$

---
[9] Vgl. A.N. Shiryayev: Probability, Springer (1984), S.362.

Mittels der rechten Seite der ersten Ungleichung ergibt sich hieraus

$$0 \leq \sum_{j\geq 1} E_Q(u(\log \ell_j)) \leq \sum_{j\geq 1} E_P(2(\ell_j^{1/2} - 1) + 10(\ell_j^{1/2} - 1)^2)$$
$$= 18 \sum_{j\geq 1}(1 - \varrho(F_j, G_j)) < \infty \qquad (5.1.40)$$

und schließlich aus der zweiten Ungleichung

$$0 \leq \sum_{j\geq 1} E_Q(u^2(\log \ell_j)) \leq \sum_{j\geq 1} E_P(\ell_j u^2(\log \ell_j)) \leq 11 \sum_{j\geq 1} E_P(\ell_j^{1/2} - 1)^2$$
$$= 22 \sum_{j\geq 1}(1 - \varrho(F_j, G_j)) < \infty. \qquad (5.1.41)$$

Wegen $|u(x)| \leq 1$ folgt aus (5.1.39 + 40)

$$0 \leq \sum_{j\geq 1} E_Q^2(u(\log \ell_j)) \leq \sum_{j\geq 1} E_Q(u(\log \ell_j)) < \infty$$

und zusammen mit (5.1.41)

$$\sum_{j\geq 1} \underset{Q}{\mathrm{Var}}(u(\log \ell_j)) < \infty.$$

Auch die dritte Bedingung des Dreireihenkriteriums ist erfüllt, da nach dem Beweis von Satz 5.9 für jedes $j \in \mathbb{N}$ gilt $G_j(\log \ell_j > -\infty) = 1$ und offenbar für jede Folge reeller Zahlen $c_j > 0$

$$\sum_{j\geq 1} \log\, c_j \in \mathbb{R} \quad \Leftrightarrow \quad \sum_{j\geq 1} u(\log\, c_j) \in \mathbb{R}. \quad \square$$

Anmerkung 5.14 Allgemeiner läßt sich für beliebige WS-Maße P, Q auf Produkträumen, etwa auf $(\mathbb{R}^\infty, \mathbb{B}^\infty)$, charakterisieren, wann Orthogonalität bzw. Dominiertheit vorliegt. (Natürlich gilt dann nicht mehr die Kakutani-Dichotomie.) Da sich mittels der Affinität nur die Orthogonalität charakterisieren läßt, hat man die nachfolgend definierte *Hellinger-Transformation* $\varrho_\alpha(P_n, Q_n)$, $\alpha > 0$, zu diskutieren. Bezeichnen hierzu P_n bzw. Q_n die Restriktionen von $P, Q \in \mathfrak{M}^1(\mathbb{R}^\infty, \mathbb{B}^\infty)$ auf die Räume $(\mathbb{R}^n, \mathbb{B}^n)$, p_n und q_n deren Dichten bzgl. $\mu_n := \frac{1}{2}(P_n + Q_n)$ sowie

$$\varrho_\alpha(P_n, Q_n) := \int p_n^\alpha(x) q_n^{1-\alpha}(x) \, \mathrm{d}\mu_n(x),$$

so gilt[10], vgl. Aufg. 5.5,

$Q \ll P \quad \Leftrightarrow \quad \forall \varepsilon > 0 \ \exists \alpha_0(\varepsilon) \in (0,1) \ \forall 0 < \alpha \leq \alpha_0(\varepsilon) \ \forall n \in \mathbb{N}: \varrho_\alpha(P_n, Q_n) \geq 1 - \varepsilon,$

$Q \perp P \quad \Leftrightarrow \quad \lim_{n\to\infty} \varrho_\alpha(P_n, Q_n) \to 0 \quad \forall \alpha \in (0,1). \quad \square$

---

[10] Vgl. T. Nemetz: Colloquia Mathematica Societatis János Bolyai 11(1974)183-191.

Satz 5.13a besagt, daß bei $Q \ll P$, $P = \bigotimes F_j$, $Q = \bigotimes G_j$, notwendigerweise $H(F_n, G_n) \to 0$ für $n \to \infty$ gelten muß. Dieses ist bei einfach indizierten Schemata st.u. glv. ZG natürlich nicht zu erreichen. Deshalb werden in 6.3 Dreiecksschemata von WS-Maßen F_{nj}, G_{nj}, $1 \le j \le n$, mit

$$\sum_{j=1}^{n} H^2(F_{nj}, G_{nj}) = O(1) \quad \text{für} \quad n \to \infty \tag{5.1.42}$$

betrachtet. Diese Beschränktheitsbedingung, zusammen mit der Forderung

$$\limsup_{n \to \infty} \max_{1 \le j \le n} H^2(F_{nj}, G_{nj}) < 1,$$

soll verhindern, daß die Produktmaße

$$P_n = \bigotimes_{j=1}^{n} F_{nj} \quad \text{und} \quad Q_n = \bigotimes_{j=1}^{n} G_{nj}$$

asymptotisch orthogonal werden. In 6.3.1 wird gezeigt, daß unter einer Zusatzbedingung (Q_n) durch (P_n) asymptotisch in einem später zu präzisierenden Sinne dominiert wird. Entsprechende Dreiecksschemata von WS-Maßen bilden die Grundlage für die lokal asymptotische Testtheorie, in der nicht-degenerierte Limesschärfen auftreten. Allgemeiner wird es die Betrachtung derartiger Folgen von Produktmaßen ermöglichen, die gesamten zugrundeliegenden Modelle asymptotisch durch lineare Modelle mit Normalverteilungsannahme zu approximieren.

5.1.3 Exponentielle Schranken für Schätzfehler und ein Satz von Chernoff

Wie bereits in 5.1.1 erwähnt, streben in Modellen mit st.u. glv. ZG $X_j, j \in \mathbb{N}$, die WS für die Mindestabweichungen eines Schätzers von dem zu schätzenden Wert typischerweise exponentiell gegen Null. Dieser Sachverhalt soll nun am einfachsten Fall illustriert werden, nämlich dem Schätzen des EW der X_j durch das arithmetische Mittel. (In dieser Diskussion enthalten ist der formal etwas allgemeinere Fall des Schätzens von $\gamma(F) = E_F t(X_1)$ durch $T_n = n^{-1} \sum_{j=1}^{n} t(X_j)$.) Aussagen dieser Art gibt es auch für das Schätzen von multilinearen Funktionalen (1.2.22) durch V-Statistiken[11] bzw. für L-Funktionale durch L-Statistiken.

Zunächst soll der Spezialfall st.u. $\mathfrak{N}(\nu, 1)$-verteilter ZG behandelt werden. In diesem Fall ist das exponentielle Abklingen von

$$\mathbb{P}(\overline{X}_n - \nu \ge t) \quad \text{bzw.} \quad \mathbb{P}(|\overline{X}_n - \nu| \ge t) \tag{5.1.43}$$

---

[11] Vgl. etwa P. Eichelsbacher, M. Löwe: Large deviation principle for m-variate von Misesstatistics and U-statistics. Preprint SFB 343, Bielefeld (1993). Eine neuere Darstellung des Gebiets der Grenzwertsätze für große Abweichungen findet man bei A. Dembo, O. Zeitouni: Large Deviations Techniques and Applications, Jones and Bartlett (1993).

für festes $t > 0$ eine einfache Folgerung der folgenden, auch in anderem Zusammenhang benötigten Abschätzung[12] (5.1.45) über den *Mills-Quotienten*

$$Q(x) := \frac{1-\phi(x)}{\varphi(x)} \quad \text{für} \quad x \geq 0, \qquad Q(x) := \frac{\phi(x)}{\varphi(x)} \quad \text{für} \quad x < 0. \qquad (5.1.44)$$

Dabei bezeichnen ϕ die VF der $\mathfrak{N}(0,1)$-Verteilung und φ deren λ-Dichte.

Hilfssatz 5.15 *Für den Mills-Quotienten (5.1.44) und jedes $x \in \mathbb{R}$ gilt*

$$\frac{|x|}{x^2+1} \leq Q(x) \leq \frac{1}{|x|}. \qquad (5.1.45)$$

Insbesondere gilt $|x|Q(x) \to 1$ für $|x| \to \infty$ sowie

$$1 - \phi(x) = x^{-1}\varphi(x)(1+o(1)) \quad \text{für} \quad x \to \infty. \qquad (5.1.46)$$

Speziell folgt für festes $t > 0$ und $n \to \infty$

$$-\frac{1}{n}\log\left(1 - \phi(\sqrt{n}t)\right) \to t^2/2. \qquad (5.1.47)$$

Beweis: Beim Nachweis von (5.1.45) reicht offenbar derjenige für $x > 0$. Hier gilt zum einen wegen $y\varphi(y) = -\varphi'(y)$

$$1 - \phi(x) \leq \frac{1}{x}\int_x^\infty y\varphi(y)\,dy = -\frac{1}{x}\int_x^\infty \varphi'(y)\,dy = \frac{1}{x}\varphi(x).$$

Zum anderen beachte man, daß durch partielle Integration folgt

$$\int_x^\infty y^2\varphi(y)\,dy = -\int_x^\infty y\varphi'(y)\,dy = x\varphi(x) + 1 - \phi(x) = \varphi(x)(x + Q(x))$$

und damit nach der Jensen-Ungleichung, angewendet auf die in $(0,\infty)$ konvexe Funktion $f(y) = y^{-1}$, (wenn man noch abkürzend $g(y) := y\varphi(y) = -\varphi'(y)$ setzt)

$$\frac{1}{x+Q(x)} = \frac{\varphi(x)}{x\varphi(x)+1-\phi(x)} = \left(\frac{\int_x^\infty yg(y)\,dy}{\int_x^\infty g(y)\,dy}\right)^{-1} \leq \frac{\int_x^\infty \varphi(y)\,dy}{\varphi(x)} = \frac{1-\phi(x)}{\varphi(x)} = Q(x).$$

Diese Ungleichung ist äquivalent mit

$$\left(Q(x) + \frac{x}{2}\right)^2 \geq \frac{x^2}{4} + 1 \quad \text{oder} \quad Q(x) \geq -\frac{x}{2} + \left(\frac{x^2}{4} + 1\right)^{1/2},$$

---
[12] Zu Verschärfungen vgl. D.S. Mitrinovic: Analytic Inequalities, Springer (1970), S. 177-178.

wobei die rechte Seite – wie man durch elementare Rechnung verifiziert – größer oder gleich $x/(1+x^2)$ ist. □

Aus Hilfssatz 5.15 folgt nun unmittelbar für das Abklingen von (5.1.43) der

Satz 5.16 *Für $n \in \mathbb{N}$ seien $X_1, \ldots, X_n$ st.u. $\mathfrak{N}(\nu, 1)$-verteilte ZG. Dann gilt für $n \to \infty$ und jedes $t \geq 0$*

$$-\frac{1}{n} \log \mathbb{P}(\overline{X}_n - \nu \geq t) \to t^2/2 \quad bzw. \quad -\frac{1}{n} \log \mathbb{P}(|\overline{X}_n - \nu| \geq t) \to t^2/2.$$

Beweis: Im einseitigen Fall folgt für $n \to \infty$ aus (5.1.47)

$$-\frac{1}{n} \log \mathbb{P}(\overline{X}_n - \nu \geq t) = -\frac{1}{n} \log \mathbb{P}\left(\sqrt{n}(\overline{X}_n - \nu) \geq \sqrt{n}t\right)$$

$$= -\frac{1}{n} \log\left(1 - \phi(\sqrt{n}t)\right) \to t^2/2.$$

Wegen $\mathbb{P}(|\overline{X}_n - \nu| \geq t) = 2\mathbb{P}(\overline{X}_n - \nu \geq t)$ gilt Entsprechendes im zweiseitigen Fall. □

Nach einem allgemeinen Satz von Chernoff, vgl. Satz 5.28, gilt eine Satz 5.16 entsprechende Aussage immer dann, wenn st.u. ZG X_j, $j \in \mathbb{N}$, mit derselben VF F zugrundeliegen. Im einseitigen – und analog im zweiseitigen – Fall ist dies äquivalent zur Existenz eines geeigneten $g(t) \in [0, \infty)$ mit

$$-\frac{1}{n} \log \mathbb{P}(\overline{X}_n - \nu \geq t) \to g(t) \qquad \forall t > 0. \tag{5.1.48}$$

Derartige Aussagen heißen auch *Grenzwertsätze für große Abweichungen*. Bezeichnet nämlich $\widetilde{S}_n := \sqrt{n}(\overline{X}_n - \nu)$ den im Hinblick auf die Existenz einer Limesverteilung standardisierten Durchschnitt, so macht der zentrale Grenzwertsatz nichttriviale Aussagen bekanntlich nur über die Limiten von $\mathbb{P}(\widetilde{S}_n \geq s_n)$ bzw. $\mathbb{P}(|\widetilde{S}_n| \geq s_n)$ mit $s_n = O(1)$, nicht aber über die Konvergenzraten dieser Größen, wenn s_n mit n gegen ∞ strebt, etwa gemäß $s_n = \sqrt{n}t$. Mit diesen WS, also mit

$$\mathbb{P}(\widetilde{S}_n \geq \sqrt{n}t) \qquad bzw. \qquad \mathbb{P}(|\widetilde{S}_n| \geq \sqrt{n}t), \tag{5.1.49}$$

sind aber die Größen (5.1.43) gerade äquivalent. Bevor der Satz von Chernoff – zumindest unter einer Zusatzvoraussetzung – in Satz 5.27 bewiesen wird, sollen zunächst einige *exponentielle Schranken* hergeleitet werden, d.h. Aussagen der Form[13]

$$\mathbb{P}(\overline{X}_n - \nu \geq t) \leq \exp(-ng(t)) \quad bzw. \quad \mathbb{P}(|\overline{X}_n - \nu| \geq t) \leq 2\exp(-ng(t))$$

oder äquivalent (im zweiseitigen Fall bis auf die additive Größe $n^{-1}\log 2$)

$$-\frac{1}{n} \log \mathbb{P}(\overline{X}_n - \nu \geq t) \geq g(t) \quad bzw. \quad -\frac{1}{n} \log \mathbb{P}(|\overline{X}_n - \nu| \geq t) \geq g(t).$$

---

[13] Solche Schranken werden u.a. bei Abschätzungen in der nichtparametrischen Statistik an zentraler Stelle benötigt; vgl. etwa die Beweise der Sätze 7.93 bis 7.96.

Wir tun dies zunächst für st.u. und gleichmäßig beschränkte ZG. Die Herleitung exponentieller Schranken verläuft nach dem folgenden Schema: Ist Y eine reellwertige beschränkte ZG und $M(\zeta) = E e^{\zeta Y}$, dann gilt nach der Markov-Ungleichung

$$\mathbb{P}(Y > t) = \mathbb{P}(e^{\zeta Y} > e^{\zeta t}) \leq e^{-\zeta t} M(\zeta) \qquad \forall \zeta > 0. \tag{5.1.50}$$

Im Beweis der nachfolgenden Ungleichungen wird zunächst die Funktion $M(\zeta)$ nach oben abgeschätzt und der resultierende Ausdruck dann in ζ minimiert.

Satz 5.17 (Hoeffding-Ungleichung) *Für festes $n \in \mathbb{N}$ seien $X_1, \ldots, X_n$ st.u. ZG mit $-\infty < a \leq X_j \leq b < \infty$, $1 \leq j \leq n$. Dann gilt für $S_n = \sum_{j=1}^n X_j$ und jedes $t \geq 0$:*

$$\mathbb{P}(S_n - ES_n \geq t) \leq \exp\left(-\frac{2t^2}{n(b-a)^2}\right), \tag{5.1.51}$$

$$\mathbb{P}(|S_n - ES_n| \geq t) \leq 2 \exp\left(-\frac{2t^2}{n(b-a)^2}\right). \tag{5.1.52}$$

Beweis: Man beachte zunächst, daß die Abbildung $v \mapsto e^{\zeta v}$ für festes $\zeta \in \mathbb{R}$ stets konvex ist; daher gilt für jede ZG X mit $a \leq X \leq b$ und $\nu = EX$

$$e^{\zeta X} \leq \frac{b-X}{b-a} e^{\zeta a} + \frac{X-a}{b-a} e^{\zeta b} \quad \text{und damit} \quad E e^{\zeta X} \leq \frac{b-\nu}{b-a} e^{\zeta a} + \frac{\nu-a}{b-a} e^{\zeta b}$$

sowie mit $\pi := \frac{\nu-a}{b-a}$ und $h(u) := -u\pi + \log(1 - \pi + \pi e^u)$

$$E e^{\zeta(X-\nu)} \leq \frac{b-\nu}{b-a} e^{-\zeta(\nu-a)} + \frac{\nu-a}{b-a} e^{\zeta(b-\nu)} = (1-\pi) e^{-\zeta(b-a)\pi} + \pi e^{\zeta(b-a)(1-\pi)}$$

$$= e^{-\zeta(b-a)\pi} [(1-\pi) + \pi e^{\zeta(b-a)}] = \exp h(\zeta(b-a)).$$

Für die Funktion h gilt offenbar $h(0) = 0$,

$$h'(u) = -\pi + \frac{\pi}{(1-\pi)e^{-u} + \pi} \quad \text{für} \quad u \in \mathbb{R}, \quad h'(0) = 0 \quad \text{sowie}$$

$$0 \leq h''(u) = \frac{\pi(1-\pi)e^{-u}}{((1-\pi)e^{-u}+\pi)^2} = \frac{\pi}{(1-\pi)e^{-u}+\pi}\left(1 - \frac{\pi}{(1-\pi)e^{-u}+\pi}\right) \leq \frac{1}{4} \quad \forall u \in \mathbb{R}$$

und damit $h'(u) \leq u/4$, also $h(u) \leq u^2/8$ $\forall u > 0$. Insgesamt ergibt sich so $E \exp[\zeta(X-\nu)] \leq \exp[\zeta^2(b-a)^2/8]$ und folglich

$$E \exp[\zeta(S_n - ES_n)] = \prod_{j=1}^n E \exp[\zeta(X_j - EX_j)] \leq \exp\left[\frac{n}{8}\zeta^2 (b-a)^2\right].$$

Für festes $t \geq 0$ und $\zeta > 0$ erhält man damit nach der Markov-Ungleichung

$$\mathbb{P}(S_n - ES_n \geq t) = \mathbb{P}(\exp[\zeta(S_n - ES_n)] \geq e^{t\zeta})$$

$$\leq \exp\left(-t\zeta + \frac{n\zeta^2}{8}(b-a)^2\right) = e^{g(\zeta)},$$

wobei die Funktion $g(\zeta) := -t\zeta + n\zeta^2(b-a)^2/8$ ihren Minimalwert an der Stelle $\zeta_0 = 4t/n(b-a)^2 \geq 0$ annimmt, und zwar den Wert

$$g(\zeta_0) = g\left(\frac{4t}{n(b-a)^2}\right) = -\frac{4t^2}{n(b-a)^2} + \frac{2t^2}{n(b-a)^2} = -\frac{2t^2}{n(b-a)^2}.$$

Daraus folgt zunächst die einseitige und bei analoger Anwendung auf die ZG $-X_1,\ldots,-X_n$ wegen $-b \leq -X_j \leq -a$ die zweiseitige Ungleichung. □

Weitere derartige, für kleine Werte von $t > 0$ übrigens im Vergleich mit (5.1.51) und (5.1.52) bessere Schranken enthält Teil b) von

Satz 5.18 *Für festes $n \in \mathbb{N}$ seien $X_1,\ldots,X_n$ st.u. ZG mit $|X_j| \leq c$, $c > 0$, und $\sigma_j^2 = \operatorname{Var} X_j > 0$ für $1 \leq j \leq n$, sowie $S_n := \sum_{j=1}^n X_j$ und $\tau^2 := \sum_{j=1}^n \sigma_j^2$. Weiter sei $f(u) := (1+u)\log(1+u) - u$, $u \geq 0$. Dann gilt für jedes $t \geq 0$:*

a) (Bennett-Ungleichung)

$$\mathbb{P}(S_n - ES_n \geq t) \leq \exp\left(-\frac{\tau^2}{c^2}f\left(\frac{tc}{\tau^2}\right)\right),$$

$$\mathbb{P}(|S_n - ES_n| \geq t) \leq 2\exp\left(-\frac{\tau^2}{c^2}f\left(\frac{tc}{\tau^2}\right)\right);$$

b) (Bernstein-Ungleichung)

$$\mathbb{P}(S_n - ES_n \geq t) \leq \exp\left(-\frac{t^2}{2\tau^2 + \frac{2}{3}tc}\right),$$

$$\mathbb{P}(|S_n - ES_n| \geq t) \leq 2\exp\left(-\frac{t^2}{2\tau^2 + \frac{2}{3}tc}\right).$$

Beweis: Bei diesem sei o.E. $EX_j = 0$, $1 \leq j \leq n$.

a) Aus der Markov-Ungleichung erhält man für jedes $\zeta > 0$ und $t > 0$

$$\mathbb{P}(S_n \geq t) = \mathbb{P}(e^{\zeta S_n} \geq e^{\zeta t}) \leq e^{-\zeta t} E e^{\zeta S_n} = e^{-\zeta t}\prod_{j=1}^n E e^{\zeta X_j}. \qquad (5.1.53)$$

Hier gilt wegen $EX_j = 0$ und $EX_j^k \leq \sigma_j^2 c^{k-2}$ für $k \geq 2$ nach dem Satz von Lebesgue

$$E e^{\zeta X_j} = 1 + \sum_{k=2}^\infty \frac{\zeta^k}{k!} EX_j^k \leq 1 + \sigma_j^2 \sum_{k=2}^\infty \frac{\zeta^k}{k!} c^{k-2} = 1 + \frac{\sigma_j^2}{c^2}[e^{\zeta c} - 1 - \zeta c]$$

für $j = 1,\ldots,n$. Wegen $1 + y \leq e^y$ für $y \in \mathbb{R}$ und $\tau^2 = \sum \sigma_j^2$ folgt hieraus

$$\mathbb{P}(S_n \geq t) \leq e^{-\zeta t}\prod_{j=1}^n E e^{\zeta X_j} \leq \exp\left[-\zeta t + \frac{\tau^2}{c^2}(e^{\zeta c} - 1 - \zeta c)\right] =: e^{h(\zeta)}. \qquad (5.1.54)$$

Bisher war $\zeta > 0$ beliebig. Deshalb sucht man die Schranke aus (5.1.54) durch geeignete Wahl von ζ zu minimieren. Für festes $t > 0$ gilt

$$h'(\zeta_t) = -t + \frac{\tau^2}{c}(e^{\zeta tc} - 1) = 0 \quad \Leftrightarrow \quad \zeta_t = \frac{1}{c}\log\left(1 + \frac{tc}{\tau^2}\right) > 0.$$

Diese Stelle führt zu einem Minimum und es gilt

$$h(\zeta_t) = -\frac{t}{c}\log\left(1 + \frac{tc}{\tau^2}\right) + \frac{\tau^2}{c^2}\left(\frac{tc}{\tau^2} - \log\left(1 + \frac{tc}{\tau^2}\right)\right)$$

$$= -\frac{\tau^2}{c^2}\left(\left(1 + \frac{tc}{\tau^2}\right)\log\left(1 + \frac{tc}{\tau^2}\right) - \frac{tc}{\tau^2}\right) = -\frac{\tau^2}{c^2}f\left(\frac{tc}{\tau^2}\right).$$

Die zweiseitige Version folgt aus der einseitigen wie in Satz 5.17.

b) Wegen a) reicht der Nachweis von $f(u) \geq g(u) := \frac{1}{2}\frac{u^2}{1+u/3}$ $\forall u \geq 0$. Offensichtlich gilt für jedes $u \geq 0$

$$f'(u) = \log(1+u), \qquad f''(u) = \frac{1}{1+u},$$
$$g'(u) = \frac{u(2+u/3)}{2(1+u/3)^2}, \qquad g''(u) = \frac{1}{(1+u/3)^3}.$$

Wegen $(1+u) \leq (1+u/3)^3$, also $f''(u) \geq g''(u)$, und $f'(0) = g'(0) = 0$ folgt durch Integration $f'(u) \geq g'(u)$ $\forall u \geq 0$. Da $f(0) = g(0) = 0$ gilt, liefert nochmalige Integration $f(u) \geq g(u)$ $\forall u \geq 0$ und damit die Behauptung. $\square$

Die obigen Ungleichungen liefern für den Spezialfall $\mathfrak{B}(1,\pi)$-verteilter ZG das

Korollar 5.19 *Für festes $n \in \mathbb{N}$ seien $X_1, \ldots, X_n$ st.u. $\mathfrak{B}(1,\pi)$-verteilte ZG mit $0 < \pi < 1$. Dann lauten die zweiseitige Bernstein- bzw. Hoeffding-Ungleichung*

$$\mathbb{P}(|\overline{X}_n - \pi| \geq t) \leq 2\exp\left(-\frac{nt^2}{2\pi(1-\pi) + \frac{2}{3}t}\right) \quad \forall t > 0, \tag{5.1.55}$$

$$\mathbb{P}(|\overline{X}_n - \pi| \geq t) \leq 2\exp(-2nt^2) \quad \forall t > 0. \tag{5.1.56}$$

Die erste dieser Ungleichungen ist die weitaus bekanntere; die zweite ist jedoch besser für $t > 3[4^{-1} - \pi(1-\pi)]$, insbesondere also für $t > 3/4$.

In den Aussagen 5.17 bis 5.19 wurden die ZG X_j der Einfachheit halber als beschränkt vorausgesetzt. Die zur Herleitung exponentieller Schranken bei einer ZG Y wesentliche Voraussetzung ist jedoch die Endlichkeit der *momenterzeugenden Funktion* $M(\zeta) := E\exp(\zeta Y)$ in einer Umgebung der Stelle 0. Diese Funktion ist trivialerweise endlich für $\zeta = 0$, nicht notwendig jedoch für Werte $\zeta \neq 0$. Wegen der Konvexität von M ist aber die *Endlichkeitsmenge* $\mathfrak{I} := \{\zeta \in \mathbb{R} : M(\zeta) < \infty\}$ konvex und damit ein (nicht-leeres, eventuell aber degeneriertes) Intervall. Ist $\mathfrak{I}$ nicht-degeneriert und bezeichnet $K(\zeta) := \log M(\zeta)$ die zugehörige *Kumulantentransformation*, so wird durch

30 5 Verteilungstheoretische Grundlagen der asymptotischen Statistik

$$\frac{\mathrm{d}F_\zeta}{\mathrm{d}F}(z) = \exp(\zeta z - K(\zeta)), \qquad \zeta \in \mathfrak{J}, \tag{5.1.57}$$

eine einparametrige Exponentialfamilie $\mathfrak{E}_F = \{F_\zeta : \zeta \in \mathfrak{J}\}$ mit natürlichem Parameterraum $\mathfrak{J}$ definiert. Dabei setzen wir im weiteren voraus, daß F keine Einpunktverteilung ist.

Beispiel 5.20 a) Sei $F = \mathfrak{N}(\mu, 1)$ mit festem $\mu \in \mathbb{R}$. Wegen $M(\zeta) = \exp(\frac{1}{2}\zeta^2 + \zeta\mu)$ für $\zeta \in \mathbb{R} =: \mathfrak{J}$ gilt nach (5.1.57) für die λ-Dichte

$$f_\zeta(z) = \frac{1}{\sqrt{2\pi}} \exp\left(-\frac{1}{2}(z-\mu)^2 + \zeta z - K(\zeta)\right) = \frac{1}{\sqrt{2\pi}} \exp\left(-\frac{1}{2}(z-\mu-\zeta)^2\right), \quad \zeta \in \mathbb{R},$$

also $F_\zeta = \mathfrak{N}(\mu + \zeta, 1)$ und damit $\mathfrak{E}_F = \{\mathfrak{N}(\mu', 1) : \mu' \in \mathbb{R}\}$.

b) Sei $F = \mathfrak{B}(1, \pi)$ mit festem $\pi \in (0,1)$. Hier ist $M(\zeta) = 1 + \pi(e^\zeta - 1)$ für $\zeta \in \mathbb{R} =: \mathfrak{J}$. Aus der Äquivalenz von F_ζ mit F folgt $F_\zeta = \mathfrak{B}(1, \pi(\zeta))$, wobei gilt

$$\pi(\zeta) = \pi e^\zeta / M(\zeta) = \pi e^\zeta / (1 + \pi(e^\zeta - 1)) \quad \text{und damit} \quad \mathfrak{E}_F = \{\mathfrak{B}(1, \pi') : 0 < \pi' < 1\}.$$

c) Sei $F = \mathfrak{R}(0,1)$. Wegen $M(\zeta) = (e^\zeta - 1)/\zeta$ für $\zeta \neq 0$, $M(0) = 1$, und $\mathfrak{J} = \mathbb{R}$ ist

$$f_\zeta(z) = e^{\zeta z} M(\zeta)^{-1} \mathbf{1}_{[0,1]}(z) = \zeta e^{\zeta z}(e^\zeta - 1)^{-1} \mathbf{1}_{[0,1]}(z), \qquad \zeta \in \mathbb{R}. \quad \square$$

Man beachte, daß die Exponentialfamilie $\mathfrak{E}_F$ im allgemeinen von der Klasse $\mathfrak{F}$ verschieden ist, der – bei einem statistischen Problem – die Verteilung F entnommen wurde. Insofern sind die Beispiele 5.20a+b untypisch. Dies folgt auch bereits daraus, daß etwa jede hypergeometrische Verteilung Momente beliebiger Ordnung und eine überall endliche momenterzeugende Funktion besitzt, die Klasse $\mathfrak{F}$ aller hypergeometrischen Verteilungen jedoch keine Exponentialfamilie bildet und somit zwangsläufig von $\mathfrak{E}_F$ verschieden ist.

Die in 1.7.1 zu einer solchen Klasse eingeführte Kumulantentransformation fällt dann mit der soeben eingeführten Funktion K zusammen. Es lassen sich deshalb im Falle $\overset{\circ}{\mathfrak{J}} \neq \emptyset$ viele analytische Eigenschaften von M und K direkt aus den entsprechenden Resultaten für Exponentialfamilien aus 1.7.2 übernehmen. So ist M etwa log-konvex und in $\overset{\circ}{\mathfrak{J}}$ beliebig oft unter dem Integralzeichen differenzierbar. Weiter ist $\mu(\zeta) := K'(\zeta)$ die Mittelwertfunktion und $\sigma^2(\zeta) := K''(\zeta) > 0$ die Varianzfunktion der durch (5.1.57) definierten einparametrigen Exponentialfamilie; vgl. Satz 1.164a. Insbesondere ist also $\mu(\zeta)$ strikt isoton. Auf diesen Fall bezieht sich der folgende Hilfssatz[14].

Hilfssatz 5.21 *Sei Z eine reellwertige ZG mit Verteilung F, momenterzeugender Funktion M, Kumulantentransformation K, charakteristischer Funktion φ sowie $\mathfrak{J} = \{\zeta \in \mathbb{R} : M(\zeta) < \infty\}$. Dann gilt:*

---
[14] Einen Beweis von a) findet man etwa bei K. Hinderer: Grundbegriffe der Wahrscheinlichkeitstheorie, Springer (1972), S. 194-195; b) folgt unmittelbar aus Hilfssatz 1.162 und Satz 1.164.

a) Die folgenden vier Aussagen sind für jedes $r > 0$ äquivalent:

1) $M(\zeta) < \infty \quad \forall \zeta \in (-r, +r)$;

2) $E \exp(\zeta |X_1|) < \infty \quad \forall \zeta \in [0, r)$;

3) F besitzt endliche Momente α_k beliebiger Ordnung $k \in \mathbb{N}$ und es gilt

$$\limsup_{k \to \infty} (|\alpha_k|/k!)^{1/k} < 1/r;$$

4) *Die charakteristische Funktion $\varphi(\zeta)$ von F ist in den Streifen $|\operatorname{Im} \zeta| < r$ der komplexen Ebene holomorph fortsetzbar.*

Ist eine dieser vier Aussagen richtig, so gilt

$$\varphi(\zeta) = \sum_{k=0}^{\infty} i^k \frac{\alpha_k}{k!} \zeta^k, \quad -r < \zeta < r, \tag{5.1.58}$$

und die Verteilung F ist durch ihre Momente α_k, $k \in \mathbb{N}$, bestimmt.

b) *Ist $0 \in \overset{\circ}{\mathfrak{J}}$, dann lassen sich die Momente $\alpha_k := \int z^k \, dF(z)$ durch Differentiation von $M(\cdot)$ gewinnen gemäß $\alpha_k = M^{(k)}(0)$, $k \in \mathbb{N}$, und es gilt*

$$M(\zeta) = \sum_{k=0}^{\infty} \frac{\alpha_k}{k!} \zeta^k, \quad |\zeta| < r. \tag{5.1.59}$$

Später benötigt man auch den folgenden Hilfssatz, bei dem die Endlichkeit der momenterzeugenden Funktion M für positive Werte von ζ vorausgesetzt wird, nicht aber $0 \in \overset{\circ}{\mathfrak{J}}$.

Hilfssatz 5.22 *Es sei Z eine reellwertige ZG mit $EZ < 0$, momenterzeugender Funktion M_Z, Kumulantentransformation K_Z und Endlichkeitsmenge $\mathfrak{J}_Z$. Weiter gebe es ein $\xi \in (0, \infty]$ mit $\mathfrak{J}_Z \cap [0, \infty) = [0, \xi)$ und ein $0 < r \leq \infty$ mit*[15] $K'_Z(\zeta) \to r$ *für $\zeta \to \xi$. Dann gilt:*

a) M_Z *ist stetig auf $[0, \xi)$;*

b) $M'_Z(0+) = EZ$;

c) *Es existiert ein eindeutig bestimmtes $\zeta_0 \in (0, \xi)$, mit*

$$M_Z(\zeta_0) = \min\{M_Z(\zeta) : 0 \leq \zeta < \xi\}.$$

---

[15] Diese Bedingung ist etwa dann erfüllt, wenn $\mathfrak{L}(Z)$ einer „steilen" Exponentialfamilie in natürlicher Parametrisierung entstammt, $0 \in \mathfrak{J}$. Dabei bedeutet *steil*, daß $K(\zeta) \to \infty$ gilt, falls ζ gegen einen Randpunkt von $\mathfrak{J}$ konvergiert.

Beweis: a) Als konvexe Funktion ist M_Z in $(0,\xi)$ stetig. Die (rechtsseitige) Stetigkeit von M_Z in 0 folgt mit dem Satz von Lebesgue aus der Zerlegung

$$M_Z(\zeta) = \int_{(-\infty,0]} e^{\zeta y}\,dF(y) + \int_{(0,\infty)} e^{\zeta y}\,dF(y) \to 1 = M_Z(0) \quad \text{für} \quad \zeta \downarrow 0,$$

da der Integrand des ersten Integrals durch 1 und derjenige des zweiten für jedes $\zeta \in (0,\xi_0)$ durch $e^{\xi_0 y}$ beschränkt ist für jedes $0 < \xi_0 < \xi$.

b) folgt analog a) mit dem Satz von der beschränkten Konvergenz gemäß

$$M'_Z(\zeta) = \int y e^{\zeta y}\,dF(y) \to \int y\,dF(y) = EZ \quad \text{für} \quad \zeta \downarrow 0.$$

c) Aus der strikten Konvexität und Stetigkeit von M_Z bzw. K_Z folgt die Behauptung wegen $EZ < 0$, also aus $M'_Z(0+) < 0$, und aus $M'_Z(\zeta) > 0$ für $\zeta \approx \xi$. Dabei beachte man, daß Z wegen $EZ < 0$ und $K'_Z(\zeta) \to r > 0$ nicht konstant sein kann. □

Die momenterzeugende Funktion besitzt – wie auch alle verwandten Integraltransformationen – die Eigenschaft, daß Faltungen übergeführt werden in die Produkte der einzelnen momenterzeugenden Funktionen. Ausgedrückt mit st.u. ZG $X_1,\ldots,X_n$ besagt dies, daß gilt

$$E\exp\left(\zeta \sum_{j=1}^n X_j\right) = \prod_{j=1}^n E\exp(\zeta X_j). \tag{5.1.60}$$

Speziell ist also im Fall von n st.u. glv. ZG die momenterzeugende Funktion der Summe gleich der n-ten Potenz der momenterzeugenden Funktion eines Summanden. Für viele Überlegungen ist es deshalb von Vorteil, nicht mit den momenterzeugenden Funktionen, sondern mit den Kumulantentransformationen zu arbeiten, da durch diese Faltungen in Summen übergeführt werden.

Mit Hilfe der momenterzeugenden Funktion sollen nun weitere exponentielle Schranken hergeleitet werden. Dabei gehen wir im Prinzip ebenso vor wie bei der Herleitung der Sätze 5.17 und 5.18, d.h. über die Abschätzung (5.1.50). Dies führt ganz allgemein auf Schranken der Form

$$\mathbb{P}(Y > t) \leq \inf_{\zeta > 0} e^{-\zeta t} M(\zeta) = \inf_{\zeta > 0} e^{-\zeta t + K(\zeta)} =: \varrho_t, \tag{5.1.61}$$

wobei hier und in der folgenden Diskussion $M = M_Y$, $K = K_Y$ und $\mathfrak{I} = \mathfrak{I}_Y$ ist. Zur Bestimmung dieses Minimums gehen wir für $Z = Y - t$ von den Voraussetzungen von Hilfssatz 5.22 aus, wegen $EZ < 0$ speziell also von $t > EY$. Dann gilt

$$Ee^{\zeta Z} = e^{-t\zeta} M(\zeta) = e^{K(\zeta) - t\zeta} = \inf_{\zeta > 0} \iff K(\zeta) - t\zeta = \inf_{\zeta > 0}$$
$$\iff K'(\zeta) = t \iff \zeta = \mu^{-1}(t) =: \zeta_t, \tag{5.1.62}$$

falls $t \in K'(\mathfrak{I}_Y)$. Der Wert des Infimums ist daher

5.1 Einführung in die asymptotische Statistik

$$\varrho_t = \exp(-\zeta_t t) M(\zeta_t) = \exp(-(\zeta_t K'(\zeta_t) - K(\zeta_t))) = \exp(-I(\zeta_t)), \quad (5.1.63)$$

wobei abkürzend gesetzt wurde

$$I(\zeta) := \zeta \mu(\zeta) - K(\zeta). \quad (5.1.64)$$

Im Spezialfall $\mathfrak{L}(Y) = \mathfrak{N}(\mu, 1)$ ist $\xi = \infty$ und $\mu(\zeta) = \zeta + \mu$, also $I(\zeta) = \zeta^2/2$ und $\mu^{-1}(t) = t - \mu$. Für $t > EY$ ist somit $\zeta_t > 0$, d.h. es existiert ein Minimum in $(0, \xi)$ und zwar gilt $\varrho_t = (t - \mu)^2/2$. Wie dieser Spezialfall zeigt, existiert im allgemeinen für $t \leq EY$ kein Minimum in $(0, \xi)$. Wegen $K'(0+) - t = EY - t \geq 0$ gilt für $\zeta > 0$ stets $K'(\zeta) > t$. Das Minimum wird somit für $\zeta = 0$ angenommen, so daß $\varrho_t = 1$ ist.

Bei Vorliegen von st.u. ZG $X_1, \ldots, X_n$ mit derselben momenterzeugenden Funktion M ergibt sich aus der Herleitung von (5.1.62) und (5.1.63) der folgende Satz. Dabei wird Hilfssatz 5.22 angewendet auf $Z = X - \nu - t$.

Satz 5.23 *Für festes $n \in \mathbb{N}$ seien $X_1, \ldots, X_n$ st.u. glv. reellwertige ZG mit $\nu := EX_1 \in \mathbb{R}$ und momenterzeugender Funktion M. Es gebe ein $0 < \xi \leq \infty$ mit $\mathfrak{I} \cap [0, \infty) = [0, \xi)$ und $K'(\zeta) \to \infty$ für $\zeta \to \xi$. Dann gilt für jedes $t > 0$*

$$\mathbb{P}(\overline{X}_n - \nu \geq t) = \mathbb{P}(\sum_{j=1}^n (X_j - \nu) \geq nt)$$
$$\leq \inf\{\exp(-n\zeta t) M^n(\zeta) : \zeta > 0\} = \varrho_t^n \quad (5.1.65)$$

und mit (5.1.63) und (5.1.64)

$$-\frac{1}{n} \log \mathbb{P}(\overline{X}_n - \nu \geq t) \geq -\log \varrho_t = I(\zeta_t). \quad (5.1.66)$$

Beispiel 5.24 a) Sei $\mathfrak{L}(Y) = \mathfrak{P}(\lambda)$, $\lambda > 0$. Dann gilt für $\zeta \in \mathbb{R}$

$$M(\zeta) = e^{-\lambda} \sum_{j=0}^\infty \frac{(\lambda e^\zeta)^j}{j!} = \exp(\lambda(e^\zeta - 1)), \quad K(\zeta) = \lambda(e^\zeta - 1), \quad \mu(\zeta) = \lambda e^\zeta$$

und damit $I(\zeta) = \lambda(\zeta e^\zeta - e^\zeta + 1)$. Für $t > \lambda$ erhält man dabei $\zeta_t = \log t - \log \lambda$ und damit

$$I(\zeta_t) = (t - \lambda)\left(t \frac{\log t - \log \lambda}{t - \lambda} - 1\right).$$

b) Sei $\mathfrak{L}(Y) = \Gamma_{\kappa,1}$, also mit der $\lambda\!\!\lambda$-Dichte $f_\kappa(x) = (\Gamma(\kappa))^{-1} x^{\kappa-1} e^{-x} \mathbf{1}_{(0,\infty)}(x)$. Dann gilt für $\zeta < 1$

$$M(\zeta) = \frac{1}{\Gamma(\kappa)} \int_0^\infty x^{\kappa-1} e^{-x(1-\zeta)} \, dx = \frac{1}{(1-\zeta)^\kappa}, \quad K(\zeta) = -\kappa \log(1-\zeta), \quad \mu(\zeta) = \frac{\kappa}{1-\zeta}$$

5 Verteilungstheoretische Grundlagen der asymptotischen Statistik

und damit $I(\zeta) = \kappa\left(\frac{\zeta}{1-\zeta} + \log(1-\zeta)\right)$. Für $t > \kappa$ erhält man daher $\zeta_t = 1 - (\kappa/t)$ und folglich

$$I(\zeta_t) = t - \kappa - \kappa(\log t - \log \kappa).$$

c) Sei $\mathfrak{L}(Y) = \mathfrak{B}^-(1,\pi)$, also $P(Y = j) = \pi(1-\pi)^j$, $j \in \mathbb{N}_0$. Dann ist

$$M(\zeta) = \frac{\pi}{1 - (1-\pi)e^\zeta} \quad \text{für } \zeta < -\log(1-\pi) \quad \text{und} \quad \mu(\zeta) = K'(\zeta) = \frac{(1-\pi)e^\zeta}{1-(1-\pi)e^\zeta},$$

also $(1-\pi)e^{\zeta_t} = \frac{t}{1+t}$ oder $\zeta_t = \log\frac{t}{1+t} - \log(1-\pi)$. Folglich gilt

$$\begin{aligned}I(\zeta_t) &= t\zeta_t - \log\pi - \log(1+t) \\ &= t\log t - t\log(1+t) - t\log(1-\pi) - \log\pi - \log(1+t).\end{aligned}$$

d) Sei $\mathfrak{L}(Y)$ eine Doppelexponentialverteilung mit der λ-Dichte $f(z) = \frac{1}{2}e^{-|z|}$. Hier ist $M(\zeta) = 1/(1-\zeta^2)$ für $|\zeta| < 1$ und damit $\mu(\zeta) = 2\zeta/(1-\zeta^2)$. Somit ergibt sich $\zeta_t = (-1 + \sqrt{1+t^2})/t$ und folglich

$$I(\zeta_t) = t\zeta_t + \log(2\zeta_t/t) = -1 + \sqrt{1+t^2} + \log 2 + \log\left(-1 + \sqrt{1+t^2}\right) - 2\log t. \quad \square$$

In die bisherige Herleitung exponentieller Schranken ging stets die Markov-Ungleichung ein. Diese ist bekanntlich im allgemeinen nicht scharf. Es stellt sich deshalb die Frage, ob sich ihre Defizienz durch eine Verfeinerung der bisherigen Technik – zumindest asymptotisch – vermeiden läßt. Dies ist tatsächlich der Fall und zwar mittels *exponentiellen Zentrierens*. Sei hierzu zunächst wieder Y eine reellwertige ZG mit der VF F und der Kumulantentransformation K, wobei o.E. $EY = 0$ sei. Wir setzen erneut F als nicht-degeneriert voraus und unterstellen, daß für $Z := Y - t$, $t > 0$, die Voraussetzungen von Hilfssatz 5.22 mit $r = \infty$ erfüllt sind. Durch (5.1.57) wird dann wieder eine Exponentialfamilie $\mathfrak{E}_F = \{F_\zeta : \zeta \in \mathfrak{J}\}$ definiert. Die gesuchte WS $\mathbb{P}(Y \geq t)$ wird zunächst wie folgt umgeschrieben

$$\begin{aligned}\mathbb{P}(Y \geq t) &= \int \mathbf{1}(Y \geq t)\,d\mathbb{P} = e^{K(\zeta)}\int e^{-\zeta Y}e^{\zeta Y - K(\zeta)}\mathbf{1}(Y \geq t)\,d\mathbb{P} \\ &= e^{K(\zeta)}\int e^{-\zeta v}e^{\zeta v - K(\zeta)}\mathbf{1}_{[t,\infty)}(v)\,dF(v) = e^{K(\zeta)}\int_{[t,\infty)} e^{-\zeta v}\,dF_\zeta(v).\end{aligned}$$

Das letzte Integral läßt sich als EW schreiben vermöge einer ZG $Y(\zeta)$ mit der durch (5.1.57) definierten Verteilung F_ζ. Bezeichnet $\mu(\zeta)$ deren Mittelwert und $\sigma^2(\zeta)$ deren Varianz sowie $\widetilde{F}_\zeta$ die VF der standardisierten ZG $(Y(\zeta) - \mu(\zeta))/\sigma(\zeta) =: \widetilde{Y}(\zeta)$, so folgt mit den Abkürzungen $I(\zeta)$ aus (5.1.64) und $t_\zeta := (t - \mu(\zeta))/\sigma(\zeta)$ durch Anwendung der Transformationsformel

5.1 Einführung in die asymptotische Statistik 35

$$\mathbb{P}(Y \geq t) = e^{K(\zeta)} \int e^{-\zeta Y(\zeta)} \mathbf{1}(Y(\zeta) \geq t) \, d\mathbb{P}$$

$$= e^{-I(\zeta)} \int e^{-\zeta(Y(\zeta)-\mu(\zeta))} \mathbf{1}(Y(\zeta) - \mu(\zeta) \geq t - \mu(\zeta)) \, d\mathbb{P}$$

$$= e^{-I(\zeta)} \int e^{-\zeta\sigma(\zeta)\widetilde{Y}(\zeta)} \mathbf{1}(\widetilde{Y}(\zeta) \geq t_\zeta) \, d\mathbb{P}$$

$$= e^{-I(\zeta)} \int_{[t_\zeta, \infty)} e^{-\zeta\sigma(\zeta)v} \, d\widetilde{F}_\zeta(v). \tag{5.1.67}$$

Wählt man speziell $\zeta = \zeta_t = \mu^{-1}(t)$, so ergibt sich wegen $\mu(\zeta_t) = t$ als Integrationsbereich das Interval $[0, \infty)$, also

$$\mathbb{P}(Y \geq t) = e^{-I(\zeta_t)} \int_{[0,\infty)} \exp(-\zeta_t \sigma(\zeta_t) v) \, d\widetilde{F}_{\zeta_t}(v). \tag{5.1.68}$$

Für n st.u. glv. ZG führen diese Überlegungen unmittelbar auf den

Satz 5.25 (Exponentielles Zentrieren) *Für festes $n \in \mathbb{N}$ seien $X_1, \ldots, X_n$ st.u. glv. ZG mit $EX_1 = 0$, eindimensionaler VF F, momenterzeugender Funktion M und Endlichkeitsmenge $\mathfrak{I}$. Weiter gebe es ein $0 < \xi \leq \infty$ mit $\mathfrak{I} \cap [0, \infty) = [0, \xi)$ und $M'(\zeta) \to \infty$ für $\zeta \to \xi$. Bezeichnen F_ζ die durch (5.1.57) definierte VF und $\widetilde{F}_\zeta^{*(n)}$ die Standardisierung der n-fachen Faltung $F_\zeta * \ldots * F_\zeta$, so gilt mit $\zeta_t = \mu^{-1}(t)$ für jedes $t > 0$*

$$\mathbb{P}(\overline{X}_n \geq t) = e^{-nI(\zeta_t)} \int_{[0,\infty)} \exp(-\zeta_t \sqrt{n} \sigma(\zeta_t) v) \, d\widetilde{F}_{\zeta_t}^{*(n)}(v). \tag{5.1.69}$$

Der Bereich $[t, \infty)$ ist bei $t > EX_1 = 0$ für die Verteilung $F^{*(n)}$ ein extremer Flankenbereich, der durch Übergang zur Verteilung $\widetilde{F}_{\zeta_t}^{*(n)}$ gewonnene Integrationsbereich $[0, \infty)$ dagegen ein „zentraler Bereich". Dieser ist bei den nun folgenden asymptotischen Überlegungen einer quantitativen Behandlung leichter zugänglich als der „Bereich großer Abweichungen" $[t, \infty)$.

Anmerkung 5.26 Die Technik des exponentiellen Zentrierens spielt auch an vielen anderen Stellen der Stochastik eine wesentliche Rolle. So wird sie als „Sattelpunktapproximation" in der Statistik bzw. als „Esscher-Approximation" in der Risikotheorie zur Verbesserung der Normalapproximation herangezogen. Darüberhinaus läßt sich mit ihr eine Richtung des Satzes vom iterierten Logarithmus folgern. Hier wird diese Methode zum Nachweis benutzt, daß die in Satz 5.23 gewonnene Schranke $I(\zeta_t)$ asymptotisch scharf ist. □

Es soll nun gezeigt werden, daß der zweite Faktor in (5.1.69), also die Verbesserung gegenüber der durch Anwendung der Markov-Ungleichung gewonnenen Schranke (5.1.65), asymptotisch vernachlässigbar ist. Da im Spezialfall einer $\mathfrak{N}(0,1)$-Verteilung $I(\zeta_t) = t^2/2$ gilt, ergibt sich in Verallgemeinerung von Satz 5.16 der

Satz 5.27 (Chernoff) X_j, $j \in \mathbb{N}$, seien st.u. ZG mit derselben (eindimensionalen) VF F und einer momenterzeugenden Funktion, die die Voraussetzungen des Satzes 5.25 erfülle. Weiter sei $EX_j = 0$, $I(\zeta)$ die durch (5.1.64) definierte Funktion der durch (5.1.57) erklärten Exponentialfamilie $\mathfrak{E}_F$ und $\mu(\zeta)$ deren Mittelwertfunktion. Dann gilt für jedes $t > 0$ mit $\zeta_t = \mu^{-1}(t)$ bei $n \to \infty$

$$-\frac{1}{n}\log \mathbb{P}(\overline{X}_n \geq t) = I(\zeta_t) + o(1). \tag{5.1.70}$$

Beweis: Aus der durch exponentielles Zentrieren gewonnenen Formel (5.1.69) folgt

$$-\frac{1}{n}\log \mathbb{P}(\overline{X}_n \geq t) = I(\zeta_t) - \frac{1}{n}\log \int_{[0,\infty)} \exp(-\zeta_t\sqrt{n}\sigma(\zeta_t)v)\,\mathrm{d}\widetilde{F}^{*(n)}_{\zeta_t}(v). \tag{5.1.71}$$

Hier ist der erste Summand der rechten Seite unabhängig von n und zwar die gesuchte asymptotische Schranke. Es bleibt also nur noch das asymptotische Verhalten des zweiten Summanden aus (5.1.71) zu untersuchen. Dazu schreiben wir diesen in der Form

$$\int_{[0,\infty)} \exp(-\zeta_t\sqrt{n}\sigma(\zeta_t)v)\,\mathrm{d}\widetilde{F}^{*(n)}_{\zeta_t}(v) = \int_{[0,\infty)} \exp(-\zeta_t\sqrt{n}\sigma(\zeta_t)v)\varphi(v)\,\mathrm{d}v$$

$$+ \int_{[0,\infty)} \exp(-\zeta_t\sqrt{n}\sigma(\zeta_t)v)(\mathrm{d}\widetilde{F}^{*(n)}_{\zeta_t}(v) - \mathrm{d}\phi(v)) =: A_n + B_n,$$

wobei wieder ϕ die VF der $\mathfrak{N}(0,1)$-Verteilung und φ deren λ-Dichte bezeichnet. Für A_n ergibt sich durch quadratische Ergänzung

$$A_n = \int_{[0,\infty)} \varphi(v + \sqrt{n}\zeta_t\sigma(\zeta_t))\,\mathrm{d}v \, \exp\left(\frac{n}{2}\zeta_t^2\sigma^2(\zeta_t)\right)$$

$$= \int_{[\zeta_t\sqrt{n}\sigma(\zeta_t),\infty)} \varphi(u)\,\mathrm{d}u \, \exp\left(\frac{n}{2}\zeta_t^2\sigma^2(\zeta_t)\right) = (1 - \phi(\sqrt{n}\zeta_t\sigma(\zeta_t)))\exp\left(\frac{n}{2}\zeta_t^2\sigma^2(\zeta_t)\right).$$

Hieraus ergibt sich mit (5.1.47)

$$-\frac{1}{n}\log A_n = -\frac{1}{n}\log(1 - \phi(\sqrt{n}\zeta_t\sigma(\zeta_t))) - \frac{1}{2}\zeta_t^2\sigma^2(\zeta_t) = o(1). \tag{5.1.72}$$

Mittels partieller Integration folgt für den zweiten Summanden unter Verwendung des Satzes von Berry-Esseen für Summen st.u. glv. ZG

$$|B_n| = \left| \exp(-\zeta_t\sqrt{n}\sigma(\zeta_t)v)(\widetilde{F}^{*(n)}_{\zeta_t} - \phi)(v) \Big|_0^\infty \right.$$

$$+ \zeta_t\sqrt{n}\sigma(\zeta_t) \int_{[0,\infty)} (\widetilde{F}^{*(n)}_{\zeta_t} - \phi)(v)\exp(-\zeta_t\sqrt{n}\sigma(\zeta_t)v)\,\mathrm{d}v \Bigg|$$

$$\leq 2\,\|\widetilde{F}^{*(n)}_{\zeta_t} - \phi\|_\infty = O(n^{-1/2}). \tag{5.1.73}$$

Insgesamt gilt also wie behauptet

$$-\frac{1}{n}\log \mathbb{P}(\overline{X}_n \geq t) - I(\zeta_t) = -\frac{1}{n}\log(A_n + B_n) = o(1). \qquad \square$$

Satz 5.27 ist ein Spezialfall von dem bereits einleitend angekündigten[16)] allgemeinen

Satz 5.28 (Chernoff) *Seien X_j, $j \in \mathbb{N}$, reellwertige st.u. glv. ZG mit $EX_1 = 0$. Weiter sei ϱ_t wie in (5.1.61) (für $Y = X_1$) erklärt. Dann gilt für jedes $t > 0$*

$$-\frac{1}{n}\log \mathbb{P}(\overline{X}_n \geq t) \to -\log \varrho_t. \qquad (5.1.74)$$

Ist speziell $\overset{\circ}{\mathfrak{J}} \neq \emptyset$, so ist nach (5.1.66) unter den dortigen Voraussetzungen $-\log \varrho_t = I(\zeta_t)$. Diese Größe wurde in Beispiel 5.24 für vier verschiedene Verteilungen berechnet. $I(\zeta_t)$ läßt sich auch noch anderweitig interpretieren; vgl. Anmerkung 5.32 in 5.1.4.

5.1.4 Exponentielles Abklingen von Fehlerwahrscheinlichkeiten bei Tests

Typischerweise streben in Modellen mit st.u. glv. ZG nicht nur die WS für Schätzfehler mit einer exponentiellen Rate gegen 0, sondern auch die Fehler-WS von Tests. Für eine klassische Aussage von Stein benötigt man den auch sonst nützlichen Begriff der Kullback-Leibler-Information.

Definition 5.29 *Seien $F, G \in \mathfrak{M}^1(\mathfrak{X}_0, \mathfrak{B}_0)$. Dann heißt die durch*

$$I_{KL}(F:G) := E_F \log \frac{\mathrm{d}F}{\mathrm{d}G} \quad \text{für} \quad F \ll G \quad \text{und} \quad I_{KL}(F:G) := \infty \quad \text{sonst}$$

definierte Größe $I_{KL}(F:G)$ die Kullback-Leibler-Information von F bzgl. G.

Offenbar ist $I_{KL}(F:G)$ unabhängig von der speziellen Version der G-Dichte $\mathrm{d}F/\mathrm{d}G$ und für $F \ll G$ gilt mit der üblichen Festsetzung $0 \cdot \log 0 = 0$ nach der Kettenregel

$$I_{KL}(F:G) = E_G \left(\frac{\mathrm{d}F}{\mathrm{d}G} \log \frac{\mathrm{d}F}{\mathrm{d}G} \right). \qquad (5.1.75)$$

Wegen $-\log \frac{\mathrm{d}F}{\mathrm{d}G} = \log \frac{\mathrm{d}G}{\mathrm{d}F}$ $[F]$ für $F \ll G$ ist diese Definition äquivalent mit[17)]

[16)] Zu dem (vergleichsweise aufwendigen) Beweis vgl. etwa R. R. Bahadur: Some Limit Theorems in Statistics, SIAM (1971), S. 6-9.

[17)] Zur Verallgemeinerung der Kullback-Leibler-Information auf allgemeinere konvexe Funktionen sowie zu weiteren statistischen Anwendungen vgl. etwa F. Liese, I. Vajda: Convex statistical distances, Teubner (1987).

$$I_{KL}(F:G) = -E_F \log \frac{\mathrm{d}G}{\mathrm{d}F} \quad \text{für} \quad F \ll G \quad \text{und} \quad I_{KL}(F:G) = \infty \quad \text{sonst.}$$

Weitere wichtige Eigenschaften der Kullback-Leibler-Information enthält der

Hilfssatz 5.30 *Es seien $F, G \in \mathfrak{M}^1(\mathfrak{X}_0, \mathfrak{B}_0)$ und $F_i, G_i \in \mathfrak{M}^1(\mathfrak{X}_0, \mathfrak{B}_0)$, $i = 0, 1$. Dann gilt:*

a) $\quad 0 \leq I_{KL}(F:G) \leq \infty \quad$ mit $\quad I_{KL}(F:G) = 0 \quad \Leftrightarrow \quad F = G$.

b) *Für Produktmaße, d.h. für die Verteilungen zweier st.u. ZG, gilt*

$$I_{KL}(F_0 \otimes F_1 : G_0 \otimes G_1) = I_{KL}(F_0 : G_0) + I_{KL}(F_1 : G_1).$$

c) *Die Abbildung $F \mapsto I_{KL}(F:G)$ ist konvex, d.h. für jedes $0 \leq \alpha \leq 1$ gilt*

$$I_{KL}((1-\alpha)F_0 + \alpha F_1 : G) \leq (1-\alpha) I_{KL}(F_0 : G) + \alpha I_{KL}(F_1 : G).$$

d) *Bezeichnet $T : (\mathfrak{X}_0, \mathfrak{B}_0) \to (\mathfrak{T}, \mathfrak{D})$ eine meßbare Abbildung, so gilt*

$$I_{KL}(F^T : G^T) \leq I_{KL}(F : G),$$

$I_{KL}(F^T : G^T) = I_{KL}(F : G) \Leftrightarrow \exists h : (\mathfrak{T}, \mathfrak{D}) \to (\mathbb{R}, \mathbb{B})$ *mit* $\mathrm{d}F/\mathrm{d}G = h \circ T \; [F]$.

Beweis: a) O.E. sei $F \ll G$. Nach der Jensen-Ungleichung, angewendet auf die konvexe Funktion $x \mapsto -\log x$, sowie wegen $F \ll G$ gilt

$$I_{KL}(F:G) = \int \log \frac{\mathrm{d}F}{\mathrm{d}G} \mathrm{d}F = -\int \log \frac{\mathrm{d}G}{\mathrm{d}F} \mathrm{d}F \geq -\log \int \frac{\mathrm{d}G}{\mathrm{d}F} \mathrm{d}F \geq -\log \int \mathrm{d}G = 0.$$

Dabei gilt das Gleichheitszeichen nach dem Zusatz zur Jensen-Ungleichung A5.0 genau für $\mathrm{d}G/\mathrm{d}F = 1 \; [F]$, also für $F = G$.

b) Gilt $F_i \ll G_i$ für $i = 0, 1$, so folgt nach dem Satz von Fubini $F_0 \otimes F_1 \ll G_0 \otimes G_1$ und damit

$$E_{F_0 \otimes F_1} \log \frac{\mathrm{d}F_0 \otimes F_1}{\mathrm{d}G_0 \otimes G_1} = E_{F_0} \log \frac{\mathrm{d}F_0}{\mathrm{d}G_0} + E_{F_1} \log \frac{\mathrm{d}F_1}{\mathrm{d}G_1}.$$

Ist $F_i \ll G_i$ verletzt für $i = 0$ oder $i = 1$, so ist auch $F_0 \otimes F_1 \ll G_0 \otimes G_1$ verletzt und damit auch in diesem Fall die Behauptung verifiziert.

c) Bezeichnen f_0, f_1 und g die μ-Dichten von F_0, F_1 und G bzgl. eines dominierenden (σ-endlichen) Maßes μ, so gilt im Fall $F_0, F_1 \ll G$ wegen der Konvexität und Endlichkeit der Funktion $x \mapsto x \log x =: \psi(x)$ auf $(0, \infty)$ für $0 \leq \alpha \leq 1$

$$I_{KL}((1-\alpha)F_0 + \alpha F_1 : G) = \int [\psi((1-\alpha)f_0 + \alpha f_1) - ((1-\alpha)f_0 + \alpha f_1) \log g] \mathrm{d}\mu$$

$$\leq \int [((1-\alpha)\psi(f_0) + \alpha \psi(f_1)) - ((1-\alpha)f_0 + \alpha f_1) \log g] \mathrm{d}\mu$$

$$= (1-\alpha) E_{F_0} \log \frac{\mathrm{d}F_0}{\mathrm{d}G} + \alpha E_{F_1} \log \frac{\mathrm{d}F_1}{\mathrm{d}G}.$$

5.1 Einführung in die asymptotische Statistik   39

Ist $F_0 \ll G$ oder $F_1 \ll G$ verletzt, so ist für $0 \leq \alpha < 1$ bzw. $0 < \alpha \leq 1$ auch $(1-\alpha)F_0 + \alpha F_1 \ll G$ verletzt und damit die Behauptung in diesen Fällen (sowie trivialerweise bei $\alpha = 1$ bzw. $\alpha = 0$) richtig.

d) Gilt $F \ll G$, so auch $F^T \ll G^T$ sowie nach Satz 1.121b

$$\frac{dF^T}{dG^T} = E_G\left(\frac{dF}{dG}\bigg| T = \cdot\right) [G^T].$$

Folglich ist wegen der Konvexität der Funktion ψ aus c) nach der bedingten Jensen-Ungleichung 1.120k

$$I_{KL}(F^T : G^T) = \int \log \frac{dF^T}{dG^T} dF^T = \int \psi\left(\frac{dF^T}{dG^T}\right) dG^T = \int \psi\left(E_G\left(\frac{dF}{dG}\bigg| T = \cdot\right)\right) dG^T$$

$$\leq \int E_G\left(\psi\left(\frac{dF}{dG}\right)\bigg| T = \cdot\right) dG^T = E_G \psi\left(\frac{dF}{dG}\right) = E_F \log \frac{dF}{dG}.$$

Dabei gilt das Gleichheitszeichen nach Satz 1.120k wegen der strikten Konvexität der Funktion ψ genau dann, wenn dF/dG F-f.ü. über T faktorisiert. □

Beispiel 5.31 Sei $\mathfrak{F} = \{F_\zeta : \zeta \in Z\}$ eine k-parametrige Exponentialfamilie in natürlicher Parametrisierung mit ν-Dichten $\exp(\zeta^\top x - K(\zeta))$, $\zeta \in Z$. Mit der Mittelwertfunktion $\mu(\zeta)$ gilt dann wegen der paarweisen Äquivalenz der Verteilungen aus $\mathfrak{F}$ für $\zeta, \xi \in Z$

$$I_{KL}(F_\zeta : F_\xi) = E_\zeta(\zeta^\top X - K(\zeta) - \xi^\top X + K(\xi)) = \zeta^\top \mu(\zeta) - \xi^\top \mu(\zeta) - (K(\zeta) - K(\xi)).$$

Ist speziell $\xi = 0 \in Z$ und $\nu = F_0$, so gilt wegen $K(0) = 0$

$$I_{KL}(F_\zeta : F_0) = \zeta^\top \mu(\zeta) - K(\zeta). \tag{5.1.76}$$

Im Fall $k = 1$ sowie $\mathfrak{F} = \{\mathfrak{N}(\zeta, 1) : \zeta \in \mathbb{R}\}$ und $\nu = \mathfrak{N}(0,1)$ ergibt sich also wegen $K(\zeta) = \zeta^2/2$ und $\mu(\zeta) = \zeta$

$$I_{KL}(F_\zeta : F_\xi) = \frac{1}{2}(\zeta - \xi)^2. \tag{5.1.77}$$

Ist $k = 1$ sowie $\mathfrak{F} = \{\mathfrak{G}(\lambda) : 0 < \lambda < \infty\}$ und $\nu = \mathfrak{G}(1)$, so erhält man in natürlicher Parametrisierung, d.h. mit $\zeta = 1 - \lambda \in (-\infty, 1)$, zunächst $K(\zeta) = -\log(1-\zeta)$ sowie $\mu(\zeta) = (1-\zeta)^{-1}$ und damit

$$I_{KL}(F_\zeta : F_\xi) = \frac{\zeta - \xi}{1 - \zeta} + \log \frac{1-\zeta}{1-\xi}.$$

Für beliebiges $k \in \mathbb{N}$ und $F = \mathfrak{N}(\mu_1, \mathscr{S})$, $G = \mathfrak{N}(\mu_2, \mathscr{S})$ ergibt sich bei $\mathscr{S} \in \mathbb{R}^{k \times k}_{\text{p.d.}}$ aus

$$\log \frac{dF}{dG} = -\frac{1}{2}(x-\mu_1)^\top \mathscr{S}^{-1}(x-\mu_1) + \frac{1}{2}(x-\mu_2)^\top \mathscr{S}^{-1}(x-\mu_2)$$

$$= x^\top \mathscr{S}^{-1}(\mu_1 - \mu_2) - \frac{1}{2}\mu_1^\top \mathscr{S}^{-1}\mu_1 + \frac{1}{2}\mu_2^\top \mathscr{S}^{-1}\mu_2$$

durch einfache Rechnung wegen $E_F X = \mu_1$

$$I_{KL}(F : G) = E_F \log \frac{dF}{dG} = \frac{1}{2}(\mu_1 - \mu_2)^\top \mathscr{S}^{-1}(\mu_1 - \mu_2). \quad \Box$$

Im Gegensatz zur Fisher-Information $J(\vartheta_0)$ mißt die Kullback-Leibler-Information $I_{KL}(F:G)$ die „Information", die in einem WS-Maß F über ein anderes WS-Maß G enthalten ist und nicht diejenige eines WS-Maßes innerhalb einer Klasse von WS-Verteilungen. Sind jedoch $F = F_\vartheta$ und $G = F_{\vartheta_0}$ Elemente einer einparametrigen (stark) $\mathbb{L}_2$-differenzierbaren Verteilungsklasse $\mathfrak{F} = \{F_\vartheta : \vartheta \in \Theta\}$, so besteht der folgende Zusammenhang mit der in Band I für derartige Klassen eingeführten Fisher-Information $J(\vartheta_0)$

$$I_{KL}(F_\vartheta : F_{\vartheta_0}) = \frac{1}{2}(\vartheta - \vartheta_0)^2 J(\vartheta_0) + o((\vartheta - \vartheta_0)^2) \qquad \text{für} \quad \vartheta \to \vartheta_0.$$

Aus (5.1.75) und $E_G \frac{\mathrm{d}F}{\mathrm{d}G} = E_F 1 = 1$ für $F \ll G$ folgt dies nämlich wegen

$$z \log z = (z-1) + \frac{1}{2}(z-1)^2 + o((z-1)^2) \qquad \text{für} \quad z \to 1.$$

Anmerkung 5.32 Die beim exponentiellen Zentrieren in (5.1.64) eingeführte Größe $I(\zeta)$ ist wegen (5.1.76) gerade die Kullback-Leibler-Information $I_{KL}(F_\zeta : F)$ der durch (5.1.57) definierten Verteilung F_ζ bzgl. der zugrundeliegenden Verteilung F. Damit gilt für die Konvergenzrate in (5.1.48), falls die momenterzeugende Funktion von F in einer Umgebung von 0 endlich ist,

$$I(\zeta_t) = I_{KL}(F_{\zeta_t} : F). \tag{5.1.78}$$

Dies steht wegen (5.1.77) in Einklang mit dem in Satz 5.16 betrachteten Spezialfall $F = \mathfrak{N}(\nu,1)$. Dabei ist in diesem Fall $\zeta_t = \mu^{-1}(t) = t$. □

Auch die Güte konsistenter Tests läßt sich durch die Geschwindigkeit beschreiben, mit der die Fehler-WS bei wachsendem Stichprobenumfang gegen 0 streben. Es sollen deshalb noch zwei testtheoretische Aussagen bewiesen werden, die zeigen, daß unter der Modellannahme von st.u. glv. ZG die Konvergenzrate typischerweise exponentiell ist. Sie beziehen sich auf den Spezialfall des Prüfens zweier einfacher Hypothesen[18] $\mathbf{H} = \{F\}$ und $\mathbf{K} = \{G\}$, $F \neq G$, und zwar zum einen auf die Fehler-WS 2. Art bei α-Niveau-Tests (also bei Tests vom Neyman-Pearson-Typ mit vorgegebenem Signifikanzniveau α) und zum anderen auf das Minimax-Risiko, d.h. auf das Gütemaß von Minimax-Tests. Seien hierzu X_j, $j \in \mathbb{N}$, st.u. glv. ZG mit $\mathfrak{L}(X_1) \in \{F,G\}$. In einer derartigen Situation werden die Limiten davon abhängen, in welchem Maße die Verteilungen F und G unterscheidbar sind. Im Fall von α-Niveau-Tests ist diese Größe – der Formulierung eines Neyman-Pearsonschen Testproblems entsprechend – im allgemeinen nicht symmetrisch in F und G, und zwar auch dann nicht, wenn F und G als WS-Maße äquivalent sind. Mit der Kullback-Leibler-Information läßt sich jedoch das Abklingen der Fehler-WS 2. Art von α-Niveau-Tests wie folgt quantifizieren:

---

[18] Zu entsprechenden Resultaten bei zusammengesetzten Hypothesen vgl. etwa L. Rüschendorf: Asymptotische Statistik, Teubner (1988).

Satz 5.33 (Stein) X_j, $j \in \mathbb{N}$, seien st.u. glv. ZG, $\mathcal{L}(X_1) \in \{F, G\} \subset \mathfrak{M}^1(\mathfrak{X}_0, \mathfrak{B}_0)$ mit $F \neq G$ und $I_{KL}(F : G) < \infty$. Weiter bezeichne φ_n den auf $X_1, \ldots, X_n$ basierenden Neyman-Pearson-Test für $\mathbf{H} : \mathcal{L}(X_1) = F$, $\mathbf{K} : \mathcal{L}(X_1) = G$ zu vorgegebenem Niveau $\alpha \in (0,1)$. Dann gilt für die Fehler-WS 2. Art $1 - \beta_n = E_G(1 - \varphi_n)$ unabhängig von dem speziellen Wert α

$$\lim_{n \to \infty} \left(-\frac{1}{n} \log(1 - \beta_n) \right) = I_{KL}(F : G). \tag{5.1.79}$$

Beweis: Seien $\ell_1 = dG/dF$ und $T_n = \frac{1}{n} \log L_n(X_{(n)}) = \frac{1}{n} \sum_{j=1}^n \log \ell_1(X_j)$, also

$$\varphi_n = \mathbf{1}(T_n > k_n) + v_n \mathbf{1}(T_n = k_n), \quad 0 \leq v_n \leq 1, \quad E_F \varphi_n = \alpha.$$

Somit gilt $E_F T_n = -I_{KL}(F : G)$ und nach dem starken Gesetz der großen Zahlen

$$T_n \to -I_{KL}(F : G) \quad [F]. \tag{5.1.80}$$

Weiter gilt mit $A_n = \{|T_n + I_{KL}(F : G)| \leq \eta\}$ für jedes $\eta > 0$ bei $G \ll F$

$$1 - \beta_n = E_G(1 - \varphi_n) \geq E_F(1 - \varphi_n) L_n \geq E_F(1 - \varphi_n) \exp(nT_n) \mathbf{1}_{A_n}$$
$$\geq E_F(1 - \varphi_n) \mathbf{1}_{A_n} \exp(-n I_{KL}(F : G) - n\eta).$$

Aus (5.1.80) folgt nun $\mathbf{1}_{A_n} \to 1\ [F]$, nach dem Satz von der beschränkten Konvergenz also $E_F(1 - \varphi_n)\mathbf{1}_{A_n} \to 1 - \alpha$ und damit bei beliebigem $\delta > 0$ und jedem $\eta > 0$ für hinreichend großes n

$$-\frac{1}{n} \log(1 - \beta_n) \leq -\frac{1}{n} \log(1 - \alpha - \delta) + I_{KL}(F : G) + \eta.$$

Folglich gilt

$$\limsup_{n \to \infty} \left(-\frac{1}{n} \log(1 - \beta_n) \right) \leq I_{KL}(F : G).$$

Zum Nachweis der entsprechenden Abschätzung für den limes inferior beachte man, daß nach der Konstruktion des Tests aus $1 - \varphi_n > 0$ folgt $T_n \leq k_n$ und damit für jedes $\delta > 0$ bei hinreichend großem n

$$1 - \beta_n = E_F(1 - \varphi_n) \exp(nT_n) \leq \exp(nk_n) E_F(1 - \varphi_n) \leq (1 - \alpha + \delta) \exp(nk_n).$$

Wegen (5.1.80) gilt für den kritischen Wert $k_n \to -I_{KL}(F : G)$ und damit

$$\liminf_{n \to \infty} \left(-\frac{1}{n} \log(1 - \beta_n) \right) \geq I_{KL}(F : G). \quad \square$$

Beispiel 5.34 Seien $F = \mathfrak{N}(0,1)$ und $G = \mathfrak{N}(\vartheta, 1)$, $\vartheta \in \mathbb{R} - \{0\}$. Dann sind wegen $F \neq G$ die Voraussetzungen von Satz 5.33 erfüllt und nach Beispiel 5.31 gilt $I_{KL}(F : G) = \frac{1}{2}\vartheta^2$. Die asymptotische Aussage (5.1.79) spiegelt also die Tatsache wider, daß die Fehler-WS 2. Art umso kleiner ist, je größer $|\vartheta|$ ist. $\square$

Eine Satz 5.33 entsprechende Aussage gilt auch für das Minimax-Risiko. Dessen exponentielles Abklingen beruht auf dem

Hilfssatz 5.35 *Für $j = 1, \ldots, n$ seien $F_j, G_j \in \mathfrak{M}^1(\mathfrak{X}_j, \mathfrak{B}_j)$. Dann gilt*

$$1 - \left\| \bigotimes_{j=1}^n F_j - \bigotimes_{j=1}^n G_j \right\| \leq \prod_{j=1}^n \left(1 - \|F_j - G_j\|^2\right)^{1/2}.$$

Beweis: Seien $\mu_j := \frac{1}{2}(F_j + G_j)$ und f_j, g_j μ_j-Dichten von F_j, G_j. Dann gilt nach Definition (1.6.93) des Totalvariationsabstands, also $\|P - Q\| = 2^{-1} \int |p - q| \, d\mu$, mit dem Satz von Fubini sowie wegen $p \wedge q = \frac{1}{2}(p + q - |p - q|)$, $p \vee q = \frac{1}{2}(p + q + |p - q|)$ und der Cauchy-Schwarz-Ungleichung

$$1 - \|\bigotimes F_j - \bigotimes G_j\| = \int \prod f_j \wedge \prod g_j \, d\bigotimes \mu_j \leq \prod \int f_j^{1/2} g_j^{1/2} \, d\mu_j$$

$$= \prod \int (f_j \wedge g_j)^{1/2} (f_j \vee g_j)^{1/2} \, d\mu_j \leq \prod \left(\int f_j \wedge g_j \, d\mu_j\right)^{1/2} \left(\int f_j \vee g_j \, d\mu_j\right)^{1/2}$$

$$= \prod (1 - \|F_j - G_j\|)^{1/2} (1 + \|F_j - G_j\|)^{1/2} = \prod (1 - \|F_j - G_j\|^2)^{1/2}. \quad \square$$

Im Fall des Minimax-Tests für zwei einfache Hypothesen seien nun $\Lambda_0 > 0$ und $\Lambda_1 > 0$ die Verluste für Fehler 1. bzw. 2. Art sowie

$$\Lambda = \begin{pmatrix} 0 & \Lambda_0 \\ \Lambda_1 & 0 \end{pmatrix}$$

die Auszahlungsmatrix eines Zweipersonen-Nullsummenspiels im Sinne von 1.4.1. Offenbar ist dessen unterer Spielwert $\underline{w} = 0$ und dessen oberer Spielwert $\overline{w} = \Lambda_0 \wedge \Lambda_1$ sowie das maximale Risiko eines beliebigen, n Beobachtungen verwendenden Tests φ_n

$$R^*(\varphi_n) = \Lambda_0 E_F \varphi_n \vee \Lambda_1 (1 - E_G \varphi_n).$$

In Satz 2.51 wurde gezeigt, daß der (Minimax-) Test φ_n^* dieses maximale Risiko minimiert und dadurch charakterisiert ist, daß er 0–1-Gestalt besitzt mit

$$\Lambda_0 E_F \varphi_n^* = \Lambda_1 (1 - E_G \varphi_n^*).$$

Insbesondere gilt für das Minimax-Risiko $R^*(\varphi_n^*)$ also nach 1.4.1

$$0 = \underline{w} \leq R^*(\varphi_n^*) \leq \overline{w} = \Lambda_0 \wedge \Lambda_1.$$

Dabei ist $R^*(\varphi_n^*)$ nur schwer in geschlossener Form anzugeben. Es genügt aber einer einfachen Abschätzung, die ein exponentielles Abklingen für $n \to \infty$ erkennen läßt. Bezeichnen nämlich $P, Q \in \mathfrak{M}^1(\mathfrak{X}, \mathfrak{B})$ zwei zunächst beliebige WS-Maße mit μ-Dichten p, q bzgl. $\mu := \frac{1}{2}(P + Q)$, so gilt für den Test $\varphi = \mathbf{1}_A$ mit $A = \{q > p\}$ nach Definition des Minimax-Risikos $R^*(\varphi_n^*)$

5.1 Einführung in die asymptotische Statistik

$$R^*(\varphi_n^*) \leq R^*(\varphi) = \Lambda_0 P(A) \vee \Lambda_1 Q(A^c) \leq (\Lambda_0 \vee \Lambda_1)(P(A) + Q(A^c))$$

$$= (\Lambda_0 \vee \Lambda_1)\left(\int_{\{p<q\}} p \, d\mu + \int_{\{p \geq q\}} q \, d\mu\right) = (\Lambda_0 \vee \Lambda_1) \int p \wedge q \, d\mu.$$

Beachtet man wieder die Gültigkeit von $p \wedge q = \frac{1}{2}(p + q - |p - q|)$, so gilt also

$$R^*(\varphi_n^*) \leq (\Lambda_0 \vee \Lambda_1)(1 - \|P - Q\|).$$

Ist nun speziell $P = F^{(n)}$, $Q = G^{(n)}$, so ergibt sich aus Hilfssatz 5.35 der

Satz 5.36 (Kellerer) *Für $n \in \mathbb{N}$ seien $X_1, \ldots, X_n$ st.u. ZG mit derselben Verteilung $\mathcal{L}(X_1) \in \{F, G\} \subset \mathfrak{M}^1(\mathfrak{X}_0, \mathfrak{B}_0)$. Dann gilt für das Minimax-Risiko $R^*(\varphi_n^*)$*

$$0 \leq R^*(\varphi_n^*) \leq (\Lambda_0 \vee \Lambda_1)(1 - \|F - G\|^2)^{n/2}.$$

Insbesondere strebt also $R^*(\varphi_n^*)$ bei $F \neq G$ für $n \to \infty$ exponentiell gegen 0.

Beispiel 5.37 Seien $F = \mathfrak{R}(0,1)$ und $G = \mathfrak{R}(\vartheta, 1+\vartheta)$, $0 < \vartheta < 1$. Dann gilt, wie in Beispiel 1.141 gezeigt wurde, $\|F - G\| = \vartheta$ und damit für das Minimax-Risiko gemäß Satz 5.36

$$0 \leq R^*(\varphi_n^*) \leq (\Lambda_0 \vee \Lambda_1)(1 - \vartheta^2)^{n/2}.$$

Die obere Schranke spiegelt die Tatsache wider, daß es umso schwerer ist, zwischen einer $\mathfrak{R}(0,1)$- und einer $\mathfrak{R}(\vartheta, 1+\vartheta)$-Verteilung zu unterscheiden, je kleiner ϑ ist. □

Aufgabe 5.1 Man zeige: Ist (Y_n) ein Supermartingal bzgl. $(\mathfrak{B}_n)$ bzw. ein Martingal bzgl. $(\mathfrak{B}_n)$, so auch bzgl. der kanonischen Filtration $(\mathfrak{B}_n^Y)$.

Aufgabe 5.2 Seien $(\mathfrak{B}_n) \subset \mathfrak{B}$ eine isotone Folge von σ-Algebren sowie (Y_n) eine antitone Folge von ZG mit $Y_n \in \mathfrak{B}_n \ \forall n \in \mathbb{N}$. Man zeige: (Y_n) ist ein Supermartingal bzgl. $(\mathfrak{B}_n)$. Jedes Supermartingal läßt sich umgekehrt als eine im bedingten Mittel fallende Folge auffassen.

Aufgabe 5.3 Ist (Y_n) ein Martingal bzgl. einer isotonen Folge $(\mathfrak{B}_n)$, $f : \mathbb{R} \to \mathbb{R}$ konkav und existiert $Ef(Y_n) \ \forall n \in \mathbb{N}$, so ist $(f(Y_n))$ ein Supermartingal bzgl. $(\mathfrak{B}_n)$.

Aufgabe 5.4 Man zeige: Die durch (5.1.36) definierte Affinität zweier WS-Maße $\varrho(P, Q)$ ist unabhängig von der speziellen Wahl von μ.

Aufgabe 5.5 Man verifiziere die Charakterisierung der Orthogonalität und Dominiertheit aus Anmerkung 5.14.

Aufgabe 5.6 Man beweise den $\mathbb{L}_2$-Konvergenzsatz: Ist $Y \subset \mathbb{L}_2(P) := \mathbb{L}_2(\mathfrak{X}, \mathfrak{B}, P)$ sowie $(\mathfrak{B}_n) \subset \mathfrak{B}$ eine isotone Folge von σ-Algebren und $\mathfrak{B}_\infty := \sigma(\cup \mathfrak{B}_n)$, so gilt für $n \to \infty$

$$E(Y|\mathfrak{B}_n) \to E(Y|\mathfrak{B}_\infty) \quad \text{in} \quad \mathbb{L}_2(P).$$

Hinweis: Beim Nachweis für $Y = \mathbf{1}_B$, $B \in \mathfrak{B}_\infty$, beachte man, daß nach dem Approximationslemma A2.4 zu jedem $\varepsilon > 0$ und jedem $B \in \mathfrak{B}_\infty$ ein $G \in \cup \mathfrak{B}_n$ existiert mit $E(\mathbf{1}_B - \mathbf{1}_G)^2 < \varepsilon$ und es gilt $E(\mathbf{1}_B - E(\mathbf{1}_B|\mathfrak{B}_n))^2 \leq E(\mathbf{1}_B - \mathbf{1}_G)^2$ nach der Minimaleigenschaft 1.113. Den allgemeinen Fall $Y \in \mathbb{L}_2(P)$, $Y \in \mathfrak{B}$, führe man durch Verwenden der ZG $Y' := E(Y|\mathfrak{B}_\infty)$ auf den Fall $Y \in \mathbb{L}_2(P)$, $Y \in \mathfrak{B}_\infty$, und diesen mittels der c_2- und der bedingten Jensen-Ungleichung auf den Fall primitiver Funktionen $Y \in \mathfrak{B}_\infty$ zurück. Dabei versteht man unter der c_r-*Ungleichung* die folgende Aussage:

Sei $c_r = 1$ bzw. 2^{r-1} für $r \le 1$ bzw. $r > 1$. Dann gilt $E|X+Y|^r \le c_r(E|X|^r + E|Y|^r)$.

Aufgabe 5.7 Es seien $(\Omega, \mathfrak{A}, \mathbb{P})$ ein WS-Raum, $(\mathfrak{F}_n)$ eine Folge von Unter-σ-Algebren von $\mathfrak{A}$ mit $\mathfrak{F}_n \subset \mathfrak{F}_{n+1}$ und (Y_n) eine Folge reellwertiger ZG auf $(\Omega, \mathfrak{A}, \mathbb{P})$ mit den Eigenschaften: $Y_n \in \mathfrak{F}_n$ und $E(Y_n|\mathfrak{F}_{n-1}) = 0$ $[\mathbb{P}^{\mathfrak{F}_{n-1}}]$ $\forall n \in \mathbb{N}$, $\mathfrak{F}_0 := \{\emptyset, \Omega\}$. Man zeige:

a) Gilt $\sum_{j=1}^\infty EY_j^2 < \infty$, so konvergiert $X_n := \sum_{j=1}^n Y_j$ sowohl f.s. als auch im $\mathbb{L}_2$-Mittel gegen eine f.ü. endliche ZG.

b) Ist $(u_n) \subset \mathbb{R}$ mit $0 \ne u_n \uparrow \infty$ und $\sum_{j=1}^\infty EY_j^2/u_j^2 < \infty$, so gilt $X_n' := (\sum_{j=1}^n Y_j)/u_n \to 0$ f.s.

c) Ist (Z_n) eine Folge st.u. glv. ZG mit $E|Z_1|^r < \infty$ $\exists r \in (0,2)$, so gilt

$$n^{-1/r} \sum_{j=1}^n (Z_j - \mu) \to 0 \quad [\mathbb{P}]$$

mit $\mu = EZ_1$, falls $r \ge 1$, bzw. $\mu = 0$, falls $r < 1$ ist.

Hinweis: Bei a) verwende man den Martingalkonvergenzsatz, bei b) das Kroneckerlemma und bei c) die verkürzten ZG $Z_n' := Z_n \mathbf{1}\{|Z_n| \le n^{1/r}\}$, $n \in \mathbb{N}$.

Aufgabe 5.8 Man verifiziere die Doob-Zerlegung (5.1.29).

Hinweis: Mit $T_0 \equiv 0$, $\mathfrak{B}_0 = \{\emptyset, \mathfrak{X}\}$ und $\Delta_n := T_n - T_{n-1}$ setze man für $n \ge 1$

$$Y_n := \sum_{j=1}^n (\Delta_j - E(\Delta_j|\mathfrak{B}_{j-1})) \quad \text{und} \quad V_n := \sum_{j=1}^n E(\Delta_j|\mathfrak{B}_{j-1}).$$

5.2 Verteilungskonvergenz

Wichtigstes Hilfsmittel für die im folgenden behandelte asymptotische Statistik ist die Verteilungskonvergenz von WS-Maßen. Diese wird in Band II über euklidischen Räumen und in Band III auch über separablen Hilberträumen wie über einigen Funktionenräumen benötigt. Sie soll deshalb in 5.2.1 übergreifend für den Fall polnischer, d.h. vollständiger separabler metrischer Räume eingeführt werden. Zur Vermeidung von Wiederholungen sollen in dieser Allgemeinheit auch die wichtigsten Grundaussagen, nämlich das Portmanteau-Theorem, der Satz von der stetigen Abbildung und das Approximationslemma bewiesen sowie in 5.2.2 die (gleichmäßige) Straffheit diskutiert werden. Wegen der Bedeutung für das Folgende werden diese Überlegungen in 5.2.3 durch einige für den $\mathbb{R}^k$ spezifische Aussagen ergänzt. Insbesondere sollen kurz die Charakterisierung der Verteilungskonvergenz durch Verteilungs-, Quantil- und charakteristische Funktionen, die für die Anwendung wichtigsten Rechenregeln für verteilungskonvergente Folgen k-dimensionaler ZG sowie die Frage der Mitkonvergenz von Momenten zusammengestellt werden. Weitere Aussagen und Beispiele zur Verteilungskonvergenz auf $(\mathbb{R}, \mathbb{B})$ finden sich in den anschließenden Abschnitten 5.3 und 5.4 über lineare und quadratische Statistiken.

5.2.1 Definition und Grundeigenschaften auf polnischen Räumen

Die Diskussion asymptotischer Eigenschaften einer Schätzerfolge (T_n) für einen unbekannten Parameter $\vartheta \in \mathbb{R}$ in 5.1.1 hat zu der Frage geführt, wie sich – bei geeigneter Wahl von Konstanten $c_n \in (0,\infty)$ die Konvergenz von Verteilungen der ZG $Z_n := c_n(T_n - \vartheta)$ gegen eine Limesverteilung $P \in \mathfrak{M}^1(\mathbb{R},\mathbb{B})$ präzisieren läßt. Einen Hinweis gibt die Formulierung des aus der WS-Theorie bekannten und in 5.1.1 bereits einleitend erwähnten Satzes von Lindeberg-Lévy

$$\mathbb{P}(\sqrt{n}(\overline{X}_n - \mu) \leq z) \to \phi(z/\sigma) \quad \forall z \in \mathbb{R}, \tag{5.2.1}$$

also die punktweise Konvergenz der VF $P_n(z) := \mathbb{P}(\sqrt{n}(\overline{X}_n - \mu) \leq z)$ gegen die (stetige) VF $\phi(z/\sigma)$ einer $\mathfrak{N}(0,\sigma^2)$-Verteilung, $\sigma^2 > 0$.

Die Theorie der Verteilungskonvergenz über euklidischen Räumen reicht jedoch für viele statistische Anwendungen nicht aus, etwa für die ebenfalls in 5.1.1 gestellte Frage nach dem asymptotischen Verhalten des Schätzers $\widehat{F}_n(\cdot)$ für eine unbekannte VF $F(\cdot)$. Aus (5.2.1) folgt zwar für jedes feste $y \in \mathbb{R}$ mit der Abkürzung $\sigma^2(y) := F(y)(1-F(y)) > 0$

$$\mathbb{P}(\sqrt{n}(\widehat{F}_n(y) - F(y)) \leq z) \to \phi(z/\sigma(y)) \quad \forall z \in \mathbb{R};$$

aber man ist hier natürlich an dem gesamten Verlauf der VF $F(\cdot)$ interessiert, den man durch die empirische VF $\widehat{F}_n(\cdot)$ schätzen möchte. Man hat also $\sqrt{n}(\widehat{F}_n(\cdot) - F(\cdot))$ als zufällige Funktion aufzufassen und die Konvergenz der zugehörigen Verteilung sicherzustellen.

Um überhaupt von der Verteilung $\mathfrak{L}(\sqrt{n}(\widehat{F}_n(y) - F(y)) : y \in \mathbb{R})$ für festes $n \in \mathbb{N}$ und dann von der Konvergenz dieser Verteilungen reden zu können, hat man sich zunächst zu überlegen, welcher Funktionenraum zur Einbettung in Frage kommt. Hierfür gibt es mehrere Möglichkeiten. Unter entsprechenden Momentenbedingungen liegen die Pfade dieser zufälligen Funktion in einem $\mathbb{L}_2$. Eine Konvergenztheorie hierfür soll in 10.2 entwickelt werden. Eine andere Möglichkeit ergibt sich aus der Tatsache, daß die Pfade von $\sqrt{n}(\widehat{F}_n(\cdot) - F(\cdot))$ rechtsseitig stetig sind und linksseitige Limiten besitzen. Dies führt zum Raum $\mathbb{D}(\mathbb{R})$. Ist speziell F stetig, so bietet es sich an, die VF F nicht mit der Sprungfunktion $\widehat{F}_n$, sondern mit einer geeigneten stetigen Modifikation $\widetilde{F}_n$ von $\widehat{F}_n$ zu schätzen, etwa mit der geglätteten empirischen VF (5.1.7). Die zufällige Funktion $\sqrt{n}(\widetilde{F}_n(\cdot) - F(\cdot))$ hat dann Pfade im Raum $\mathbb{C}(\mathbb{R})$ der stetigen Funktionen über $\mathbb{R}$, der also als eine weitere Möglichkeit in Betracht kommt. Diese spielt auch für verschiedene andere Anwendungen eine Rolle.

Für die Räume $\mathbb{R}^k$ mit der euklidischen Metrik $\varrho(x,y) = (\sum_{i=1}^{k}(x_i - y_i)^2)^{1/2}$ und $\mathbb{L}_2(\lambda)$ mit der aus dem jeweiligen Skalarprodukt $\langle \cdot, \cdot \rangle$ abgeleiteten Metrik $\varrho(x,y) = \langle x-y, x-y \rangle^{1/2}$ bietet sich als Meßbarkeitsstruktur die zugehörige Borel-σ-Algebra an. Das gleiche gilt für den Raum $\mathbb{C}(I)$ der stetigen Funktionen über einem kompakten Intervall $I \subset \mathbb{R}$, wenn man diesen mit dem Supremumsabstand $\varrho(x,y) = \|x - y\|_\infty$ versieht, oder für den Raum $\mathbb{C}(\mathbb{R})$ mit der Metrik der gleichmäßigen Konvergenz auf Kompakta. Auch auf dem Raum $\mathbb{D}(I)$ werden wir die Supremumsmetrik verwenden. Dabei hat man jedoch zu beachten, daß dieser dann nicht mehr separabel ist. Für manche Zwecke ist die entsprechende Borel-σ-Algebra „zu groß", so daß eine gesonderte Theorie der Verteilungskonvergenz für die durch die offenen Bälle erzeugte σ-Algebra zu entwickeln ist; vgl. 10.3.

Den Räumen $\mathbb{R}^k$, $\mathbb{L}_2(\lambda)$, $\mathbb{C}(I)$ und $\mathbb{C}(\mathbb{R})$ mit den oben erwähnten Metriken wie auch vielen anderen (z.B. dem Torus oder den $\mathbb{L}_p$-Räumen) ist es gemeinsam, daß sie *polnische Räume* sind, d.h. (in leichter Abweichung von der in der Topologie üblichen Sprechweise) vollständige separable metrische Räume. Es ist deshalb zweckmäßig, Verteilungskonvergenz sogleich auf polnischen Räumen – und damit insbesondere losgelöst vom Begriff der VF – zu definieren und die Grundeigenschaften sogleich im Rahmen dieser Räume zu formulieren. Dabei gehen die Separabilität und Vollständigkeit nicht in die Definition und das nachfolgende Portmanteau-Theorem 5.40 ein, die somit beide in beliebigen metrischen Räumen gültig sind. Die Separabilität wird jedoch im Zusammenhang mit der stochastischen Konvergenz benötigt, Separabilität und Vollständigkeit schließlich im Zusammenhang mit der in 5.2.2 zu diskutierenden Straffheit. Ergänzende spezifische Aspekte für die später verwendeten speziellen Räume werden in eigenen Abschnitten dargestellt.

Um den topologischen Rahmen nicht dauernd wechseln zu müssen, gehen wir somit gleich von einem polnischen Raum $(\mathbb{E}, \varrho)$ aus. Dieser wird mit der Borel-σ-Algebra $\mathfrak{E}$ versehen, d.h. mit der durch die (bzgl. der Metrik ϱ) offenen Mengen erzeugten σ-Algebra. Wegen der Separabilität von $\mathbb{E}$ läßt sich bekanntlich jede offene Menge als abzählbare Vereinigung von offenen Bällen darstellen, so daß die Borel-σ-Algebra auch durch die offenen Bälle erzeugt wird.

Zur Motivierung der Definition der Verteilungskonvergenz sei zunächst speziell $\mathbb{E} = \mathbb{R}^k$ mit der euklidischen Metrik und demgemäß $\mathfrak{E} = \mathbb{B}^k$. Bereits in diesem Fall wird man die Verteilungskonvergenz von P_n gegen P nicht durch die punktweise Konvergenz $P_n(B) \to P(B)$ $\forall B \in \mathbb{B}^k$ definieren. Hierdurch würden nämlich Folgen von Einpunktmaßen $P_n = \varepsilon_{z_n}$ mit $z_n \in \mathbb{R}^k$ und $z_n \downarrow z$ oder Folgen von sich auf einen Punkt $z \in \mathbb{R}^k$ zusammenziehenden Verteilungen wie etwa Normalverteilungen $P_n = \mathfrak{N}(z, \mathscr{S}/n)$ nicht erfaßt, bei denen man sicher von „Konvergenz" gegen die Einpunktverteilung $P = \varepsilon_z$ sprechen möchte. Dieses liegt daran, daß es in beiden Fällen Mengen $B \in \mathbb{B}^k$ gibt, etwa $B = (-\infty, z] \subset \mathbb{R}^k$, bei denen sich für $n \to \infty$ WS-Masse aus dem Inneren von B oder B^c auf den Rand $\partial B := \overline{B} - \overset{\circ}{B}$ von B schiebt. Entsprechendes gilt für WS-Maße P_n, P auf beliebigen polnischen Räumen $(\mathbb{E}, \varrho)$ mit Borel-σ-Algebra $\mathfrak{E}$. Somit liegt es nahe, die Gültigkeit von $P_n(B) \to P(B)$ nur für *P-randlose Mengen* zu fordern, d.h. nur für solche Mengen $B \in \mathfrak{E}$, deren (analog erklärter) Rand ∂B unter dem Limesmaß P keine positive WS hat. Dabei bezeichnet auch hier $\overline{B}$ die abgeschlossene Hülle und $\overset{\circ}{B}$ den offenen Kern von B, so daß $\partial B \in \mathfrak{E}$ gilt.

5.2 Verteilungskonvergenz

Definition 5.38 Seien $(\mathbb{E}, \varrho)$ ein polnischer Raum mit Borel-σ-Algebra $\mathfrak{E}$ und $P_n, P \in \mathfrak{M}^1(\mathbb{E}, \mathfrak{E})$, $n \in \mathbb{N}$. Dann heißt P_n *verteilungskonvergent* oder auch *schwach konvergent gegen* P, kurz: $P_n \xrightarrow{\mathcal{L}} P$, wenn für $n \to \infty$ gilt

$$P_n(B) \to P(B) \quad \forall B \in \mathfrak{E} : P(\partial B) = 0. \tag{5.2.2}$$

Sind X_n, X ZG auf einem WS-Raum $(\Omega, \mathfrak{A}, \mathbb{P})$ mit Werten in $(\mathbb{E}, \mathfrak{E})$, so heißt X_n *verteilungskonvergent gegen* X, wenn für die Verteilungen $P_n = \mathcal{L}(X_n)$, $P = \mathcal{L}(X)$ gilt

$$\mathcal{L}(X_n) \xrightarrow{\mathcal{L}} \mathcal{L}(X). \tag{5.2.3}$$

Für (5.2.3) schreiben wir vielfach auch kurz $X_n \xrightarrow{\mathcal{L}} X$. Man beachte jedoch, daß es hierbei nur auf die Verteilungen $P_n = \mathcal{L}(X_n)$ und $P = \mathcal{L}(X)$, nicht dagegen auf die speziellen, gemäß P_n bzw. P verteilten ZG X_n und X ankommt. So gilt etwa im Fall $\mathbb{E} = \mathbb{R}$ und einer bzgl. 0 symmetrisch verteilten Limesvariablen mit $X_n \xrightarrow{\mathcal{L}} X$ auch $X_n \xrightarrow{\mathcal{L}} -X$. Gilt bei $\mathbb{E} = \mathbb{R}^k$ für die Limesverteilung $P = \mathfrak{N}(0, \mathscr{S})$, so sind bei $|\mathscr{S}| > 0$ alle Intervalle P-randlos. Bei $\mathbb{E} = \mathbb{R}$ und $P = \mathfrak{P}(\lambda)$, $\lambda > 0$, sind etwa die Mengen $(j - 1/2, j + 1/2)$, $j \in \mathbb{N}_0$, sowie alle Mengen $(-\infty, -\delta)$ mit $\delta > 0$ P-randlos.

Beispiel 5.39 a) Es seien $z_n, z \in \mathbb{R}^k$ oder allgemeiner $z_n, z \in \mathbb{E}$. Dann gilt

$$\varepsilon_{z_n} \xrightarrow{\mathcal{L}} \varepsilon_z \quad \Leftrightarrow \quad z_n \to z.$$

b) Es seien P_n, P diskrete Verteilungen über $(\mathbb{E}, \mathfrak{E})$ mit dem gemeinsamen abzählbaren Träger $\{x_j : j \geq 1\} \subset \mathbb{E}$, also $P_n = \sum_{j=0}^{\infty} p_{nj} \varepsilon_{x_j}$, $P = \sum_{j=0}^{\infty} p_j \varepsilon_{x_j}$. Sind die x_j isolierte Punkte, so gibt es um jeden Trägerpunkt x_j eine randlose offene Umgebung, die keinen anderen Trägerpunkt enthält. In diesem Fall gilt also

$$P_n \xrightarrow{\mathcal{L}} P \quad \Leftrightarrow \quad p_{nj} \to p_j \quad \forall j \in \mathbb{N}_0.$$

Ein Beispiel hierfür ist der klassische Poissonsche Grenzwertsatz $\mathfrak{B}(n, \lambda/n) \xrightarrow{\mathcal{L}} \mathfrak{P}(\lambda)$, denn für jedes feste $j \in \mathbb{N}_0$ gilt für $n \to \infty$

$$\binom{n}{j}\left(\frac{\lambda}{n}\right)^j \left(1 - \frac{\lambda}{n}\right)^{n-j} \to e^{-\lambda} \frac{\lambda^j}{j!}.$$

c) Es seien P_n, P μ-stetige Verteilungen über $(\mathbb{E}, \mathfrak{E})$ mit μ-Dichten p_n, p. Dann folgt aus der Konvergenz der Dichten mit dem Lemma von Scheffé 1.143 sogar die gleichmäßige Konvergenz der Verteilungen, d.h.

$$p_n \to p \,[\mu] \quad \Rightarrow \quad \sup_B |P_n(B) - P(B)| \to 0 \quad \Rightarrow \quad P_n \xrightarrow{\mathcal{L}} P.$$

Aus $\mu_n \to \mu$ und $\sigma_n^2 \to \sigma^2 > 0$ ergibt sich so etwa $\mathfrak{N}(\mu_n, \sigma_n^2) \xrightarrow{\mathcal{L}} \mathfrak{N}(\mu, \sigma^2)$. □

Für die durch (5.2.2) definierte Verteilungskonvergenz gibt es eine Reihe äquivalenter Charakterisierungen, die für die späteren Überlegungen von Bedeutung sind.

5 Verteilungstheoretische Grundlagen der asymptotischen Statistik

Bei deren Herleitung machen wir von einigen, einfach zu beweisenden Sachverhalten Gebrauch. Ist $\mathbb{F}$ ein weiterer polnischer Raum (vielfach $\mathbb{F} = \mathbb{R}$), so bezeichnet $C(f)$ bzw. $D(f)$ die Menge der Stetigkeits- bzw. Unstetigkeitsstellen von $f: \mathbb{E} \to \mathbb{F}$. Weiter heißt für $B \subset \mathbb{E}$ und $\varepsilon > 0$ die (stets meßbare) Menge

$$B^\varepsilon := \{x \in \mathbb{E} : \varrho(x, B) \leq \varepsilon\}, \quad \varrho(x, B) := \inf_{y \in B} \varrho(x, y), \tag{5.2.4}$$

die (abgeschlossene) ε-*Umgebung von* B. Für jede Folge (ε_j) mit $\varepsilon_j \downarrow 0$ für $j \to \infty$ gilt also $\cap B^{\varepsilon_j} = \overline{B}$. Weiter verifiziert man leicht (vgl. Aufg. 5.9):

$$D(f) \in \mathfrak{E} \quad \text{und damit} \quad C(f) \in \mathfrak{E}; \tag{5.2.5a}$$

$$A = \overline{A} \quad \Rightarrow \quad \overline{f^{-1}(A)} \subset f^{-1}(A) \cup D(f); \tag{5.2.5b}$$

$$A = \mathring{A} \quad \Rightarrow \quad (\mathring{f^{-1}(A)}) \supset f^{-1}(A) \cap C(f); \tag{5.2.5c}$$

$$A = \overline{A} \quad \Rightarrow \quad \partial f^{-1}(A) \subset f^{-1}(\partial A) \cup D(f); \tag{5.2.5d}$$

$$P(\partial B^\varepsilon) > 0 \quad \text{für höchstens abzählbar viele } \varepsilon > 0; \tag{5.2.5e}$$

Ist zusätzlich $f: \mathbb{E} \to \mathbb{R}$ meßbar bzgl. $\mathfrak{E}$, so gilt:

$$P(\{f = a\}) > 0 \quad \text{für höchstens abzählbar viele } a \in \mathbb{R}. \tag{5.2.5f}$$

Satz 5.40 (Portmanteau-Theorem[19] *für Verteilungskonvergenz*) *Seien* $(\mathbb{E}, \varrho)$ *ein polnischer Raum mit Borel-σ-Algebra $\mathfrak{E}$ sowie $P_n, P \in \mathfrak{M}^1(\mathbb{E}, \mathfrak{E})$ für $n \in \mathbb{N}$. Dann sind die folgenden Aussagen äquivalent:*

a) $P_n(B) \to P(B) \quad \forall B \in \mathfrak{E}, P(\partial B) = 0$;

b) $\limsup P_n(B) \leq P(B) \quad \forall B \subset \mathbb{E}, B$ abgeschlossen, oder äquivalent
$\liminf P_n(B) \geq P(B) \quad \forall B \subset \mathbb{E}, B$ offen;

c) $\int f \, dP_n \to \int f \, dP \quad \forall f: \mathbb{E} \to \mathbb{R}, f$ stetig und beschränkt;

d) $\int f \, dP_n \to \int f \, dP \quad \forall f: \mathbb{E} \to \mathbb{R}, f$ gleichmäßig stetig und beschränkt;

e) $\int f \, dP_n \to \int f \, dP \quad \forall f: \mathbb{E} \to \mathbb{R}, f$ meßbar und beschränkt mit $P(D(f)) = 0$.

Beweis: Trivial ist die Implikationskette e) $\Rightarrow$ c) $\Rightarrow$ d).

d) $\Rightarrow$ b) Sei $B \subset \mathbb{E}$ abgeschlossen und $\varepsilon > 0$. Dann existiert ein $\delta > 0$ mit $P(B^\delta) \leq P(B) + \varepsilon$. Die Funktion

$$f(x) = 1 \text{ bzw. } 1 - d(x, B)/\delta \text{ bzw. } 0 \quad \text{für } x \in B \text{ bzw. } x \in B^\delta - B \text{ bzw. } x \notin B^\delta$$

---

[19] Entsprechend dem englischen Wort „portmanteau" für „Handkoffer" soll die Bezeichnung Portmanteau-Theorem die Zusammenfassung diverser Eigenschaften, hier also der verschiedensten Charakterisierungen der Verteilungskonvergenz, zum Ausdruck bringen.

ist beschränkt und wegen $|d(x,B) - d(y,B)| \leq d(x,y)$ auch gleichmäßig stetig, so daß wegen $P_n(B) \leq \int_B f \, dP_n \leq \int f \, dP_n \; \forall n \in \mathbb{N}$ mit d) folgt

$$\limsup P_n(B) \leq \limsup \int f \, dP_n = \int f \, dP = \int_{B^\delta} f \, dP \leq P(B^\delta) \leq P(B) + \varepsilon.$$

Für $\varepsilon \downarrow 0$ folgt damit $\limsup P_n(B) \leq P(B)$.

b) $\Rightarrow$ a) Sei $B \in \mathbb{E}$ mit $P(\partial B) = 0$. Dann ist $P(\overline{B}) = P(B) = P(\overset{\circ}{B})$ und damit

$$P(B) = P(\overline{B}) \geq \limsup P_n(\overline{B}) \geq \limsup P_n(B)$$
$$\geq \liminf P_n(B) \geq \liminf P_n(\overset{\circ}{B}) \geq P(\overset{\circ}{B}) = P(B).$$

a) $\Rightarrow$ e) Sei f meßbar mit $P(D(f)) = 0$ sowie o.E. $0 < f < 1$. Außerdem sei $m \in \mathbb{N}$ beliebig. Dann gibt es nach (5.2.5f) stets reelle Zahlen $a_1, \ldots, a_m$ mit

$$a_0 := 0 < a_1 < \ldots < a_m = 1, \quad a_j - a_{j-1} \leq 2/m, \quad j = 1, \ldots, m,$$

und $P(f = a_j) = 0 \; \forall j = 1, \ldots, m-1$, so daß die Mengen $B_j = \{a_{j-1} \leq f \leq a_j\}$ gemäß (5.2.5e) für $j = 1, \ldots, m$ P-randlos sind. Damit folgt aus

$$\int f \, dP_n = \sum_{j=1}^m \int_{B_j} f \, dP_n \leq \sum_{j=1}^m a_j P_n(B_j)$$

wegen $0 < a_j \leq a_{j-1} + 2/m$, $j = 1, \ldots, m$, und a) zunächst

$$\limsup \int f \, dP_n \leq \sum_j a_j \limsup P_n(B_j) = \sum_j a_j P(B_j)$$
$$\leq \sum_j a_{j-1} P(B_j) + \frac{2}{m} P\big(\sum_j B_j\big) \leq \int f \, dP + \frac{2}{m} P(\mathbb{E})$$

und für $m \to \infty$ damit $\limsup \int f \, dP_n \leq \int f \, dP$. Da mit f auch $-f$ meßbar, beschränkt und P-f.ü. stetig ist, folgt hieraus

$$\liminf \int f \, dP_n = -\limsup \int (-f) \, dP_n \geq -\int (-f) \, dP = \int f \, dP,$$

also $\int f \, dP_n \to \int f \, dP$. $\square$

Beispiel 5.41 Es seien $(\mathfrak{X}, \mathfrak{B}) = ([0,1], [0,1]\mathbb{B})$, $P_n = \frac{1}{n} \sum_{j=1}^n \varepsilon_{j/n}$ und $P = \mathfrak{R} := \mathfrak{R}(0,1)$. Mit der Teilaussage c) $\Rightarrow$ a) des Portmanteau-Theorems 5.40 ergibt sich $P_n \xrightarrow{\mathfrak{L}} P$, da für jede stetige und beschränkte, also Riemann-integrierbare Funktion $f: [0,1] \to \mathbb{R}$ gilt

$$\int f \, dP_n = \frac{1}{n} \sum_{j=1}^n f\Big(\frac{j}{n}\Big) \to \int f \, dP.$$

Dann gilt die Konvergenz der Riemann-Summen gegen das Integral nach e) aber auch für alle Funktionen f, die nur meßbar, beschränkt und P-f.ü. stetig sind. $\square$

Neben den in c), d) und e) verwendeten gibt es eine Reihe weiterer Funktionenklassen, die die Verteilungskonvergenz charakterisieren. Zur Anwendung der Verteilungskonvergenz ist man natürlich an Charakterisierungen durch möglichst große Klassen von Funktionen interessiert. Eine solche bildet die in Aufg. 5.11 angegebene, b) entsprechende Charakterisierung durch halbstetige Funktionen. Umgekehrt wird man sich beim Nachweis der Verteilungskonvergenz auf eine möglichst kleine Klasse beschränken wollen. Im euklidischen Fall bietet sich hier diejenige der unendlich oft differenzierbaren Funktionen an; vgl. Aufg. 5.12. Daneben läßt sich e) wegen $D(f\mathbf{1}_B) \subset D(f) \cup \partial B$ schreiben in der Form

$$\int_B f\, dP_n \to \int_B f\, dP \quad \forall f\colon \mathbb{E} \to \mathbb{R} \text{ meßbar und beschränkt mit } P(D(f))=0, \quad (5.2.6)$$

und zwar für alle Mengen $B \in \mathfrak{E}$ mit $P(\partial B) = 0$.

Anmerkung 5.42 a) Wie in der Literatur allgemein üblich, wurde die Verteilungskonvergenz hier direkt für Folgen von WS-Maßen definiert und nicht vermöge einer Metrik über $\mathfrak{M}^1(\mathbb{E}, \mathfrak{E})$, wie dies etwa mittels der *Prohorov-Metrik*

$$d_P(P,Q) := \inf\{\varepsilon > 0 : P(B) \leq Q(B^\varepsilon) + \varepsilon, Q(B) \leq P(B^\varepsilon) + \varepsilon \ \forall B \in \mathfrak{E}\} \quad (5.2.7)$$

möglich gewesen wäre. Es gibt auch weitere Metriken, die dies leisten, so etwa im Fall $\mathbb{E} = \mathbb{R}$ die *Lévy-Metrik*

$$d_L(P,Q) := \inf\{\varepsilon > 0 : P((-\infty, x-\varepsilon]) - \varepsilon \leq Q((-\infty, x]) \leq P((-\infty, x+\varepsilon]) + \varepsilon \ \forall x \in \mathbb{R}\}.$$

Im Fall $\mathbb{E} = \mathbb{R}^k$ läßt sich auch die Metrik

$$d_\ell(P,Q) := \sup\left\{\left|\int f\, d(Q-P)\right| : f \in \mathbb{C}^{(\ell)}(\mathbb{R}^k), \ \|f\|_\infty + \|f'\|_\infty + \ldots + \|f^{(\ell)}\|_\infty \leq 1\right\}$$

verwenden, wenn $\mathbb{C}^{(\ell)}(\mathbb{R}^k)$, $\ell \geq 1$, die Menge der ℓ-fach stetig differenzierbaren beschränkten Funktionen $f\colon \mathbb{R}^k \to \mathbb{R}$ bezeichnet. Für jede dieser Metriken d gilt gerade $P_n \xrightarrow{\mathcal{L}} P \Leftrightarrow d(P_n, P) \to 0$.

b) Im Portmanteau-Theorem wird die Verteilungskonvergenz von WS-Maßen vermöge verschiedener Klassen von Mengen bzw. Funktionen charakterisiert. Man kann nun nach den Eigenschaften fragen, die etwa ein System von Mengen oder Funktionen haben muß, um eine solche Charakterisierung zu ermöglichen. Hinreichend für ein Mengensystem $\mathfrak{L} \subset \mathfrak{E}$ ist etwa, daß $\mathfrak{L}$ unter endlicher Durchschnittsbildung abgeschlossen und daß jede offene Menge als höchstens abzählbare Vereinigung von Mengen $C \in \mathfrak{L}$ darstellbar ist[20]. Für ein derartiges System $\mathfrak{L}$ gilt also

$$P_n(C) \to P(C) \quad \forall C \in \mathfrak{L} \quad \Rightarrow \quad P_n \xrightarrow{\mathcal{L}} P. \quad (5.2.8)$$

c) Die oben eingeführte Verteilungskonvergenz wird auch als „schwache Konvergenz" von WS-Maßen bezeichnet. Als solche läßt sie sich zwanglos in die üblichen Begriffsbildungen

---
[20] Zu derartigen „Konvergenz bestimmenden Klassen" vgl. etwa P. Billingsley: Convergence of Probability Measures, Wiley (1968), S. 15.

der Funktionalanalysis einordnen. Seien dazu $(\mathbb{E}, \varrho)$ ein metrischer Raum, $\mathfrak{E}$ die zugehörige Borel-σ-Algebra und $\mathrm{C}(\mathbb{E})$ die Klasse der reellwertigen stetigen und beschränkten Funktionen auf $\mathbb{E}$, versehen mit dem Supremums-Abstand. Weiter sei $\mathfrak{I}(\mathbb{E})$ die Menge der endlichen signierten Inhalte auf $\mathfrak{E}$, die überdies regulär sind in dem Sinne, daß für alle $B \in \mathfrak{E}$ und alle $\varepsilon > 0$ eine abgeschlossene Menge C und eine offene Menge A existieren mit $C \subset B \subset A$ und $|\mu|(A - C) < \varepsilon$. Es gilt nun der folgende Satz: Der topologische Dualraum $\mathrm{C}(\mathbb{E})^*$ ist isometrisch isomorph zu $\mathfrak{I}(\mathbb{E})$, d.h. jedes lineare stetige Funktional auf $\mathrm{C}(\mathbb{E})$ ist mit genau einem $\mu \in \mathfrak{I}(\mathbb{E})$ von der Form $f \mapsto \int f(x) \, \mathrm{d}\mu(x)$.

Bekanntlich läßt sich jeder normierte Raum in kanonischer Weise in seinen Bidualraum einbetten. Mittels dieser Einbettung definiert man dann auf dem Dualraum die sogenannte Schwach-*-Topologie. In dem vorliegenden Fall besagt dies, daß $\mu_n \to \mu$ gilt im Sinne der Schwach-*-Konvergenz genau dann, wenn gilt[21] $\int f \, \mathrm{d}\mu_n \to \int f \, \mathrm{d}\mu \; \forall f \in \mathrm{C}(\mathbb{E})$. Die oben definierte schwache Konvergenz ist also gerade die Schwach-*-Konvergenz, relativiert auf die Klasse der WS-Maße. Die Bezeichnung schwache Konvergenz ist daher etwas unpräzise.

d) Die Definition der schwachen Konvergenz von WS-Maßen $P_n \in \mathfrak{M}^1(\mathbb{E}, \mathfrak{E})$ gegen ein WS-Maß $P \in \mathfrak{M}^1(\mathbb{E}, \mathfrak{E})$ läßt sich selbstverständlich zu einer solchen von endlichen Maßen $Q_n \in \mathfrak{M}^e(\mathbb{E}, \mathfrak{E})$ gegen ein endliches Maß $Q \in \mathfrak{M}^e(\mathbb{E}, \mathfrak{E})$ erweitern, falls $Q_n(\mathbb{E}) \to Q(\mathbb{E}) > 0$ gilt, und zwar durch Zurückführen auf die WS-Maße $P_n(\cdot) := Q_n(\cdot)/Q_n(\mathbb{E})$ und $P(\cdot) := Q(\cdot)/Q(\mathbb{E})$. Man setzt dann

$$Q_n \xrightarrow{\mathcal{L}} Q : \Leftrightarrow \quad P_n \xrightarrow{\mathcal{L}} P. \quad \Box \tag{5.2.9}$$

Wie angekündigt, sollen im folgenden einige für die Handhabung der Verteilungskonvergenz wichtige und bereits in diesem allgemeinen Rahmen gültige Sätze formuliert und bewiesen werden. Zunächst folgt aus Satz 5.40 sehr leicht, daß Verteilungskonvergenz $P_n \xrightarrow{\mathcal{L}} P$ unter stetigen sowie unter meßbaren, P-f.ü. stetigen Abbildungen $f : \mathbb{E} \to \mathbb{R}$ erhalten bleibt. Ist der Bildraum $\mathbb{F}$ von f allgemeiner ein polnischer Raum mit Borel-σ-Algebra $\mathfrak{F}$, also $f : (\mathbb{E}, \mathfrak{E}) \to (\mathbb{F}, \mathfrak{F})$ eine meßbare Abbildung sowie $g : \mathbb{F} \to \mathbb{R}$ eine stetige und beschränkte Abbildung, so ist auch $g \circ f : \mathbb{E} \to \mathbb{R}$ meßbar, P-f.ü. stetig und beschränkt, so daß nach Satz 5.40 gilt

$$\int_\mathbb{F} g \, \mathrm{d}P_n^f = \int_\mathbb{E} g \circ f \, \mathrm{d}P_n \to \int_\mathbb{E} g \circ f \, \mathrm{d}P = \int_\mathbb{F} g \, \mathrm{d}P^f.$$

Wir formulieren diese für das Folgende wichtige, in der angloamerikanischen Literatur als „continuous mapping theorem" bezeichnete Aussage auch mit ZG und geben (zugleich als weitere Anwendung von Satz 5.40) einen zusätzlichen Beweis.

Satz 5.43 (Satz über stetige Abbildungen) *Es seien $\mathbb{E}$ und $\mathbb{F}$ polnische Räume mit Borel-σ-Algebren $\mathfrak{E}$ und $\mathfrak{F}$. Weiter seien $f : \mathbb{E} \to \mathbb{F}$ eine meßbare Abbildung und P_n, P WS-Maße über $(\mathbb{E}, \mathfrak{E})$. Dann gilt:*

$$P_n \xrightarrow{\mathcal{L}} P, \quad P(D(f)) = 0 \quad \Rightarrow \quad P_n^f \xrightarrow{\mathcal{L}} P^f.$$

---
[21] Vgl. Dunford-Schwartz: Linear Operators, Vol I, Interscience Publishers (1966) S. 262.

Sind also X_n, X ZG auf einem WS-Raum $(\Omega, \mathfrak{A}, \mathbb{P})$ mit Werten in $(\mathbb{E}, \mathfrak{E})$ und ist $f\colon \mathbb{E} \to \mathbb{F}$ eine meßbare Funktion, so gilt

$$X_n \xrightarrow{\mathfrak{L}} X, \quad \mathbb{P}(X \in D(f)) = 0 \quad \Rightarrow \quad f \circ X_n \xrightarrow{\mathfrak{L}} f \circ X.$$

Beweis: Sei $A \subset \mathbb{F}$ abgeschlossen. Dann folgt aus (5.2.5b)

$$\limsup P_n^f(A) \leq \limsup P_n(\overline{f^{-1}(A)})$$
$$\leq P(\overline{f^{-1}(A)}) \leq P(f^{-1}(A)) + P(D(f)) = P^f(A)$$

und damit nach Satz 5.40 die Behauptung. Der Zusatz folgt hieraus für $P_n = \mathfrak{L}(X_n)$, $P = \mathfrak{L}(X)$. □

Häufig ist es schwierig, die Verteilungskonvergenz einer vorgegebenen Folge X_n gegen eine Limesvariable X direkt zu zeigen. In vielen Fällen geht man deshalb so vor, daß man X_n zunächst durch bequemer zu handhabende ZG Y_n approximiert, für diese die Verteilungskonvergenz zeigt und hieraus die Verteilungskonvergenz der X_n folgert. Eine erste, für das Spätere äußerst wichtige Präzisierung dieser Vorgehensweise besagt, daß mit $X_n \xrightarrow{\mathfrak{L}} X$ auch $Y_n \xrightarrow{\mathfrak{L}} X$ gilt, falls $\varrho(X_n, Y_n)$ für $n \to \infty$ asymptotisch klein wird im Sinne der folgenden

Definition 5.44 Für $n \in \mathbb{N}$ seien Z_n, Z ZG auf einem WS-Raum $(\Omega, \mathfrak{A}, \mathbb{P})$ mit Werten in einem metrischen Raum $(\mathbb{E}, \varrho)$ mit Borel-σ-Algebra $\mathfrak{E}$. Dann heißt Z_n *stochastisch konvergent* oder *nach WS konvergent gegen Z*, kurz: $Z_n \to Z$ nach WS, wenn gilt

$$\mathbb{P}(\varrho(Z_n, Z) > \varepsilon) \to 0 \quad \forall \varepsilon > 0.$$

Bei dieser Formulierung beachte man, daß $(x, y) \mapsto \varrho(x, y)$ eine stetige und somit bzgl. $\mathfrak{E} \otimes \mathfrak{E}$-meßbare Abbildung von $\mathbb{E} \times \mathbb{E}$ nach $\mathbb{R}$ ist und damit $\varrho(X_n, X)$ eine reellwertige ZG. Sind $(\mathbb{E}, \varrho_\mathbb{E}), (\mathbb{F}, \varrho_\mathbb{F})$ zwei polnische Räume mit Borel-σ-Algebren $\mathfrak{E}, \mathfrak{F}$, dann ist auch $\mathbb{E} \times \mathbb{F}$, versehen mit der Produktmetrik $\varrho((x_1, x_2), (y_1, y_2)) := (\varrho_\mathbb{E}^2(x_1, y_1) + \varrho_\mathbb{F}^2(x_2, y_2))^{1/2}$, ein solcher Raum und $\mathfrak{E} \otimes \mathfrak{F}$ die zugehörige Borel-σ-Algebra. Damit lautet die oben angekündigte Aussage wie folgt:

Satz 5.45 (Lemma von Slutsky) *Für $n \in \mathbb{N}$ seien X_n, Y_n, X ZG mit Werten in einem polnischen Raum $(\mathbb{E}, \mathfrak{E})$. Dann gilt*

$$X_n \xrightarrow{\mathfrak{L}} X, \quad \varrho(X_n, Y_n) \to 0 \quad nach\ WS \quad \Rightarrow \quad Y_n \xrightarrow{\mathfrak{L}} X.$$

Beweis: Für alle $\varepsilon > 0$ und $\delta > 0$ gibt es ein $n(\varepsilon, \delta) \in \mathbb{N}$ mit $\mathbb{P}(\varrho(X_n, Y_n) > \varepsilon) \leq \delta$ für $n \geq n(\varepsilon, \delta)$. Damit gilt für jedes $B \subset \mathbb{E}$ abgeschlossen

$$\mathbb{P}(Y_n \in B) \leq \mathbb{P}(Y_n \in B, \varrho(X_n, Y_n) \leq \varepsilon) + \mathbb{P}(\varrho(X_n, Y_n) > \varepsilon) \leq \mathbb{P}(X_n \in B^\varepsilon) + \delta$$

und wegen $X_n \xrightarrow{\mathcal{L}} X$ nach dem Portmanteau-Theorem 5.40b

$$\limsup_{n\to\infty} \mathbb{P}(Y_n \in B) \le \limsup_{n\to\infty} \mathbb{P}(X_n \in B^\varepsilon) + \delta \le \mathbb{P}(X \in B^\varepsilon) + \delta.$$

Wegen $B^\varepsilon \downarrow B$ für $\varepsilon \downarrow 0$ folgt hieraus die Behauptung. □

In 5.2.4 werden für den Spezialfall $(\mathbb{E}, \mathfrak{E}) = (\mathbb{R}^k, \mathbb{B}^k)$ Rechenregeln sowie zahlreiche Beispiele angegeben, die die praktische Bedeutung dieser Aussage unterstreichen. Eine zweite, ebenfalls später benötigte Präzisierung enthält der

Satz 5.46 (Approximationslemma für Zufallsgrößen) *Zu vorgegebenen ZG X_n, X mit Werten in einem polnischen Raum $(\mathbb{E}, \mathfrak{E})$ seien $X_{\ell,n}, X_{\ell,\infty}$ für jedes $\ell \in \mathbb{N}$ $(\mathbb{E}, \mathfrak{E})$-wertige Zufallsgrößen mit*

1) $X_{\ell,n} \xrightarrow{\mathcal{L}} X_{\ell,\infty}$ *für* $n \to \infty$ $\forall \ell \in \mathbb{N}$,

2) $X_{\ell,\infty} \xrightarrow{\mathcal{L}} X$ *für* $\ell \to \infty$,

3) $\lim_{\ell \to \infty} \limsup_{n \to \infty} \mathbb{P}(\varrho(X_{\ell,n}, X_n) > \varepsilon) = 0$ $\forall \varepsilon > 0$.

Dann gilt

$$X_n \xrightarrow{\mathcal{L}} X \quad \text{für} \quad n \to \infty.$$

Beweis: Seien $B \subset \mathbb{E}$ abgeschlossen und $\varepsilon > 0$. Dann folgt durch Zerlegung von $\{X_n \in B\}$ in die Teilmengen mit $\varrho(X_{\ell,n}, X_n) \le \varepsilon$ und $\varrho(X_{\ell,n}, X_n) > \varepsilon$

$$\mathbb{P}(X_n \in B) \le \mathbb{P}(X_{\ell,n} \in B^\varepsilon) + \mathbb{P}(\varrho(X_{\ell,n}, X_n) > \varepsilon)$$

sowie aus Voraussetzung 1) für $n \to \infty$ bei jedem $\ell \in \mathbb{N}$

$$\limsup_{n\to\infty} \mathbb{P}(X_n \in B) \le \mathbb{P}(X_{\ell,\infty} \in B^\varepsilon) + \limsup_{n\to\infty} \mathbb{P}(\varrho(X_{\ell,n}, X_n) > \varepsilon).$$

Hieraus ergibt sich mit den Voraussetzungen 2) und 3) für $\ell \to \infty$

$$\limsup_{n\to\infty} \mathbb{P}(X_n \in B) \le \mathbb{P}(X \in B^\varepsilon)$$

und damit für $\varepsilon \downarrow 0$ nach dem Portmanteau-Theorem 5.40 die Behauptung. □

Eine Anwendung dieses Satzes erfolgt in 5.4.3, eine Verallgemeinerung auf den Raum $\mathbb{D}(I)$ in 10.3.

5.2.2 Straffheit und vage Konvergenz

Bezeichnen z_n, z reelle Zahlen mit $z_n \to z$, so ist bekanntlich die Menge $\{z_n : n \in \mathbb{N}\} \cup \{z\}$ kompakt. Übersetzt in die Sprache der Verteilungskonvergenz heißt dies, daß die WS-Maße $P_n = \varepsilon_{z_n}$, $n \in \mathbb{N}$, und $P = \varepsilon_z$ bei $z_n \to z$ von einem gemeinsamen Kompaktum getragen werden. Ein entsprechender Sachverhalt gilt nun für beliebige verteilungskonvergente Folgen über einem polnischen Raum, wenn man die Sprechweise „von einem gemeinsamen Kompaktum getragen" wie folgt präzisiert:

Definition 5.47 Sei $(\mathbb{E}, \varrho)$ ein metrischer Raum mit Borel-σ-Algebra $\mathfrak{E}$. Dann heißt eine Klasse $\mathfrak{P} \subset \mathfrak{M}^1(\mathbb{E}, \mathfrak{E})$ *gleichmäßig straff* oder kurz *straff*, wenn es für jedes $\varepsilon > 0$ ein Kompaktum $K \subset \mathbb{E}$ gibt mit

$$P(K) \geq 1 - \varepsilon \quad \forall P \in \mathfrak{P}. \tag{5.2.10}$$

Ist $\mathfrak{P} = \{P\}$ einelementig, so heißt P *straff*.

Trivialerweise ist also jede Familie von WS-Maßen, die auf ein festes Kompaktum konzentriert ist wie etwa die Familie aller Beta-Verteilungen, straff. Umgekehrt ist z.B. eine Translationsfamilie über $(\mathbb{R}, \mathbb{B})$ nicht straff.

Wir zeigen zunächst, daß jedes WS-Maß P über einem polnischen Raum $(\mathbb{E}, \varrho)$ mit Borel-σ-Algebra $\mathfrak{E}$ straff ist und hierzu, daß jedes derartige Maß *regulär* ist in dem Sinne, daß für alle $B \in \mathfrak{E}$ und alle $\varepsilon > 0$ eine abgeschlossene Menge C und eine offene Menge A existieren mit

$$C \subset B \subset A \quad \text{und } P(A - C) < \varepsilon.$$

Satz 5.48 *Seien* $(\mathbb{E}, \varrho)$ *ein polnischer Raum mit Borel-σ-Algebra* $\mathfrak{E}$ *sowie* P *ein WS-Maß über* $(\mathbb{E}, \mathfrak{E})$. *Dann gilt:*

a) P *ist regulär;*

b) P *ist straff.*

Beweis: a) Sei $\mathfrak{J}$ die Gesamtheit der Mengen $B \in \mathfrak{E}$, die sich im obigen Sinne durch abgeschlossene bzw. offene Mengen nach WS approximieren lassen. $\mathfrak{J}$ enthält $\emptyset$ und $\mathbb{E}$ sowie jede abgeschlossene Menge, denn ist $B = \overline{B}$ und bezeichnet B^δ hier die offene δ-Umgebung von B, so gilt $\cap \{B^{1/k} : k \geq 1\} = B$. Mit $A_m := B^{1/m}$ für $m \in \mathbb{N}$ existiert zu jedem $\varepsilon > 0$ ein Index $\ell \geq 1$ mit $P(A_\ell - B) < \varepsilon$. Mit $C := B$ und $A := B^{1/\ell}$ ist also die Behauptung erfüllt. $\mathfrak{J}$ ist trivialerweise auch abgeschlossen bzgl. der Komplementbildung. Schließlich ist $\mathfrak{J}$ auch abgeschlossen bzgl. der Bildung abzählbarer Vereinigungen und damit eine σ-Algebra. Ist nämlich $B_k \in \mathfrak{J} \; \forall k \geq 1$, so existieren abgeschlossene Mengen C_k und offene Mengen A_k mit $C_k \subset B_k \subset A_k$ und $P(A_k - C_k) < \varepsilon/2^{k+1}$. Dann gilt

$$A := \bigcup_{k \geq 1} A_k \supset \bigcup_{k \geq 1} B_k \supset C_0 := \bigcup_{k \geq 1} C_k \quad \text{mit } P(A - C_0) \leq \sum_{k \geq 1} P(A_k - C_k) \leq \frac{\varepsilon}{2}.$$

Offensichtlich ist A offen, $\cup_{k \leq m} C_k$ für jedes $m \in \mathbb{N}$ abgeschlossen und $P(C_0 - \cup_{k \leq m} C_k) < \varepsilon/2$ für hinreichend großes m, d.h. die Behauptung mit A und $C := \cup_{k \leq m} C_k$ erfüllt.

b) Seien $\{x_j, j \in \mathbb{N}\}$ eine dichte Teilmenge von $\mathbb{E}$ und $B_j(r) := \{x : \varrho(x, x_j) \leq r\}$, $r > 0$. Wegen $\mathbb{E} = \cup_j B_j(r)$ existiert für alle $r > 0$ und alle $\eta > 0$ ein $m \in \mathbb{N}$ mit $P(\mathbb{E} - \cup_{j=1}^{m} B_j(r)) < \eta$. Speziell läßt sich zu $r = n^{-1}$ und $\eta_n = \varepsilon 2^{-n}$, $\varepsilon > 0$ beliebig, ein m_n mit dieser Eigenschaft wählen. Setzt man nun $C_n := \cup_{j=1}^{m_n} B_j(n^{-1})$ und $C := \cap_{n \geq 1} C_n$, so ist C_n und damit auch C abgeschlossen und es gilt

$$P(C^c) = P\Big(\bigcup_{n \geq 1} C_n^c \Big) \leq \sum_{n \geq 1} P(C_n^c) \leq \varepsilon \sum_{n \geq 1} 2^{-n} = \varepsilon.$$

C ist auch total beschränkt und damit kompakt. Für jedes $\delta > 0$ und jedes $n \in \mathbb{N}$ mit $n^{-1} < \delta$ liefern nämlich die Bälle mit Radius δ um $x_1, \ldots, x_{m_n}$ eine endliche Überdeckung von C_n und damit erst recht von C. □

Aus Satz 5.48 folgt auch, daß jedes WS-Maß $P \in \mathfrak{M}^1(\mathbb{E}, \mathfrak{E})$ bereits durch seine Werte auf den offenen bzw. abgeschlossenen Mengen bestimmt ist. Wegen der vorausgesetzten Vollständigkeit bzw. Separabilität von $\mathbb{E}$ ist P sogar durch seine Werte über den kompakten Mengen festgelegt. Genauer folgt unmittelbar das

Korollar 5.49 *Sei* $(\mathbb{E}, \varrho)$ *ein polnischer Raum mit Borel-σ-Algebra* $\mathfrak{E}$. *Dann gilt für alle* $P \in \mathfrak{M}^1(\mathbb{E}, \mathfrak{E})$ *und jedes* $B \in \mathfrak{E}$

$$P(B) = \sup\{P(K) : K \subset B, \ K \ kompakt\} = \inf\{P(A) : A \supset B, \ A \ offen\}.$$

Da jede Vereinigung von endlich vielen kompakten Mengen wieder kompakt ist, folgt aus Satz 5.48b trivialerweise, daß jede endliche Familie von WS-Maßen straff ist.

In Satz 5.51 soll gezeigt werden, daß die Verteilungskonvergenz die Straffheit impliziert. Hierbei machen wir Gebrauch von folgendem

Hilfssatz 5.50 *Sei* $(\mathbb{E}, \varrho)$ *ein polnischer Raum mit Borel-σ-Algebra* $\mathfrak{E}$. *Dann ist eine Menge* $\mathfrak{P} \subset \mathfrak{M}^1(\mathbb{E}, \mathfrak{E})$ *genau dann straff, wenn es für alle* $\varepsilon > 0$ *und alle* $\delta > 0$ *ein* $\delta^* \in [\delta, 2\delta)$, *ein* $m \in \mathbb{N}$ *und offene Bälle* $B_1, \ldots, B_m$ *mit Radius* δ^* *gibt mit*

$$P\Big(\bigcup_{k \leq m} B_k \Big) \geq 1 - \varepsilon \quad \forall P \in \mathfrak{P}. \tag{5.2.11}$$

Beweis: „⇒" Zu vorgegebenem $\varepsilon > 0$ und $\delta > 0$ sei $K \subset \mathbb{E}$ kompakt mit $P(K) \geq 1 - \varepsilon \ \forall P \in \mathfrak{P}$. Dann gilt trivialerweise $K \subset \cup\{B(x, \delta) : x \in K\}$. Da K kompakt ist, wird es schon von endlich vielen dieser Bälle überdeckt. Diese leisten das Gewünschte.

„⇐" Sei $\varepsilon > 0$. Nach Voraussetzung gibt es für jedes $\ell \in \mathbb{N}$ zu $\varepsilon_\ell = \varepsilon/2^\ell$ und $\delta_\ell = 1/2^\ell$ ein $\delta'_\ell \in [\delta, 2\delta)$ sowie endlich viele offene Bälle $B_{\ell 1}, \ldots, B_{\ell m_\ell}$ mit Radius δ'_ℓ und

$$P\Big(\bigcup_{k \leq m_\ell} B_{\ell k} \Big) \geq 1 - \varepsilon/2^\ell \quad \forall P \in \mathfrak{P}.$$

Wählt man nun K als den Abschluß der Menge $\cap_{\ell \geq 1} \cup_{k \leq m_\ell} B_{\ell k}$, so ist K abgeschlossen und total beschränkt, d.h. kompakt und nach Konstruktion gilt $P(K) \geq 1 - \varepsilon$ $\forall P \in \mathfrak{P}$. □

Diese Charakterisierung der Straffheit ermöglicht nun den Beweis von

Satz 5.51 *Seien* $(\mathbb{E}, \varrho)$ *ein polnischer Raum mit Borel-σ-Algebra $\mathfrak{E}$ und P_n, P für $n \in \mathbb{N}$ WS-Maße über $(\mathbb{E}, \mathfrak{E})$. Dann gilt*

$$P_n \xrightarrow[\mathcal{L}]{} P \quad \Rightarrow \quad \{P_n : n \in \mathbb{N}\} \quad \text{straff.}$$

Beweis: Nach Satz 5.48b ist jedes einzelne WS-Maß, also das Limesmaß P straff. Nach Hilfssatz 5.50 gibt es somit zu jedem $\varepsilon > 0$ und jedem $\delta > 0$ ein $\delta' \in [\delta, 2\delta)$ und endlich viele Bälle $B_k = B(x_k, \delta')$, $k = 1, \ldots, m$, vom Radius δ' mit

$$P\big(\bigcup_{k \leq m} B_k\big) \geq 1 - \varepsilon/2.$$

Dabei sind $B_1, \ldots, B_m$ wegen (5.2.5e) o.E. P-randlos und damit auch $\cup_{k \leq m} B_k$, so daß es wegen $P_n \xrightarrow[\mathcal{L}]{} P$ nach Definition 5.38 ein $n_0 \in \mathbb{N}$ gibt mit

$$P_n\big(\bigcup_{k \leq m} B_k\big) \geq 1 - \varepsilon \quad \forall n \geq n_0.$$

Da jede endliche Familie $\{P_1, \ldots, P_{n_0}\}$ straff ist, gibt es nach Hilfssatz 5.50 zu den oben gewählten $\varepsilon > 0$ und $\delta > 0$ ein $\delta'' \in [\delta, 2\delta)$ und endlich viele offene Bälle $B(y_1, \delta''), \ldots, B(y_\ell, \delta'')$ mit

$$P_n\big(\bigcup_{i \leq \ell} B(y_i, \delta'')\big) \geq 1 - \varepsilon \quad \forall 1 \leq n \leq n_0.$$

Mit $\delta^* = \max\{\delta', \delta''\} \in [\delta, 2\delta)$ gilt dann

$$P_n\big(\bigcup_{k \leq m} B(x_k, \delta^*) \cup \bigcup_{i \leq \ell} B(y_i, \delta^*)\big) \geq 1 - \varepsilon \quad \forall n \in \mathbb{N}.$$

Durch nochmalige Anwendung von Hilfssatz 5.50 ergibt sich die Behauptung. □

Einfache Gegenbeispiele zeigen, daß die Umkehrung des vorausgegangenen Sachverhalts nicht gelten kann. Dies entspricht der Tatsache, daß die Kompaktheit einer Menge $\{z_n : n \in \mathbb{N}\} \subset \mathbb{R}$ nicht die Konvergenz der Zahlenfolge (z_n) impliziert. Man braucht sich nur klar zu machen, daß für eine Folge von Einpunktmaßen auf $\mathbb{R}$ gilt

$$\{\varepsilon_{z_n} : n \in \mathbb{N}\} \text{ straff} \quad \Leftrightarrow \quad \{z_n : n \in \mathbb{N}\} \text{ beschränkt}.$$

Dagegen wird man die Gültigkeit eines stochastischen Analogons zum Satz von Bolzano-Weierstraß erwarten. Hierfür benötigt man eine weitere Begriffsbildung: Eine Klasse $\mathfrak{P} \subset \mathfrak{M}^1(\mathbb{E}, \mathfrak{E})$ heißt *relativ schwach folgenkompakt*, falls jede Folge aus

$\mathfrak{P}$ eine verteilungskonvergente Teilfolge besitzt. Es gilt nun der folgende Satz, der in 5.2.3 für den Fall $\mathbb{E} = \mathbb{R}^k$ bewiesen werden soll[22]; vgl. Satz 5.64.

Satz 5.52 (Prohorov) *Es seien* $(\mathbb{E}, \varrho)$ *ein polnischer Raum mit Borel-σ-Algebra* $\mathfrak{E}$ *und* $\mathfrak{P} \subset \mathfrak{M}^1(\mathbb{E}, \mathfrak{E})$. *Dann gilt:*

$\mathfrak{P}$ *straff* $\Leftrightarrow$ $\mathfrak{P}$ *relativ schwach folgenkompakt.*

Aus diesem Satz wird klar, daß die Verteilungskonvergenz $P_n \xrightarrow{\mathfrak{L}} P$ äquivalent ist damit, daß die Familie $\{P_n : n \in \mathbb{N}\}$ straff und P der einzige Häufungspunkt im Sinne der Verteilungskonvergenz ist. Hierauf beruhen viele Konvergenznachweise. Um die Eindeutigkeit des Häufungspunktes sicher zu stellen, gibt es verschiedene Möglichkeiten. Ist $\mathbb{E}$ ein Funktionenraum, so geschieht dies zumeist dadurch, daß man die Konvergenz der endlichdimensionalen Randverteilungen, d.h. die Konvergenz der Prozesse an endlich vielen „Zeitpunkten" nachweist; vgl. 10.3. Eine ähnliche Vorgehensweise wird in 10.2 bei der Verteilungskonvergenz in Hilberträumen verwendet werden.

Der Nachweis der Straffheit einer unendlichen Menge von WS-Maßen erfordert letztlich die Kenntnis der kompakten Mengen. Für viele Räume gibt es Charakterisierungen dieser Mengen. In euklidischen Räumen $\mathbb{R}^k$ ist bekanntlich eine Teilmenge genau dann kompakt, wenn sie abgeschlossen und beschränkt ist. In dem (mit der Supremums-Norm $\|\cdot\|_\infty$ versehenen) Raum $\mathbb{C}(I)$ werden die kompakten Mengen durch den Satz von Arzelá-Ascoli beschrieben. Für separable Hilberträume sind die Kompakta gerade die abgeschlossenen, beschränkten und flachen Mengen; vgl. 10.2. In einem zweiten Schritt werden dann diese Charakterisierungen zu Straffheitskriterien umgeschrieben; vgl. 10.2 und 10.3. Als Beispiel soll ein Straffheitskriterium für den Raum $\mathbb{C}[0,1]$ betrachtet werden.

Beispiel 5.53 Bezeichnet $w(x, \delta) := \sup\{|x(t) - x(s)| : |t - s| \leq \delta\}$ den Stetigkeitsmodul auf $\mathbb{C}[0,1]$, so läßt sich der bereits erwähnte Satz von Arzelá-Ascoli wie folgt formulieren:

$A \subset \mathbb{C}[0,1]$ ist relativ kompakt bzgl. $\|\cdot\|_\infty$ $\Leftrightarrow$

$\exists r > 0 \quad \exists q : [0,1] \to [0, \infty)$ mit $q(\delta) \to 0$ für $\delta \to 0$ und

$A \subset K(r, q) := \{x \in \mathbb{C}[0,1] : \|x\|_\infty \leq r, \ w(x, \delta) \leq q(\delta) \ \forall \delta > 0\}$.

Nach dieser Charakterisierung sind die Mengen $K(r, q)$ selbst auch kompakt. Bezeichnet $\mathfrak{L}$ die Borel-σ-Algebra über $\mathbb{C}[0,1]$ zur Supremumsnorm, dann läßt sich diese Aussage wie folgt zu einer Straffheitsaussage umschreiben:

$\mathfrak{P} \subset \mathfrak{M}^1(\mathbb{C}[0,1], \mathfrak{L})$ ist straff $\Leftrightarrow$

$\forall \varepsilon > 0 \ \forall \eta > 0 \ \exists r = r(\varepsilon) > 0$ und $\exists \delta = \delta(\varepsilon, \eta) > 0$ mit

$$P(\{x : |x(0)| > r\}) < \varepsilon \quad \forall P \in \mathfrak{P}; \tag{5.2.12}$$

$$P(\{x : w(x, \delta) > \eta\}) < \varepsilon \quad \forall P \in \mathfrak{P}. \tag{5.2.13}$$

---

[22] Einen Beweis für den allgemeinen Fall findet man bei P. Billingsley: Convergence of Probability Measures, Wiley (1968), S. 37 bzw. S. 239–240.

5 Verteilungstheoretische Grundlagen der asymptotischen Statistik

Dabei ergibt sich der Beweis von „⇒" kanonisch. Für denjenigen von „⇐" sei $\varepsilon > 0$ vorgegeben. Zu $\varepsilon/2$ wähle man gemäß (5.2.12) ein $r > 0$ und zu $\varepsilon_k = \varepsilon 2^{-k-1}$ sowie zu η_k einer beliebigen Nullfolge (η_n) gemäß (5.2.13) eine strikt antitone Folge $\delta_k = \delta(\varepsilon_k, \eta_k)$. Setzt man schließlich $q(t) := \sum \eta_k \mathbf{1}(\delta_{k+1} < t \leq \delta_k]$, so läßt sich elementar die Gültigkeit von $P(K^c(r,q)) < \varepsilon$ verifizieren. Es sei bemerkt, daß sich auch bequemere hinreichende Bedingungen für (5.2.12) und (5.2.13) finden lassen; vgl. Aufg. 5.13. □

Die Straffheit einer Familie $\mathfrak{P} \subset \mathfrak{M}^1(\mathbb{E}, \mathfrak{E})$ besagt definitionsgemäß, daß sich alle Verteilungen $P \in \mathfrak{P}$ bis auf ein vorgegebenes $\varepsilon > 0$ auf ein Kompaktum K_ε konzentrieren. So sind also im Fall $(\mathbb{E}, \mathfrak{E}) = (\mathbb{R}, \mathbb{B})$ die Folgen der Einpunktmaße $P_n = \varepsilon_n$, $n \in \mathbb{N}$, bzw. der WS-Maße $P_n = (\mathfrak{N}(0,1) + \varepsilon_n)/2$, $n \in \mathbb{N}$, nicht straff. Sie sind auch nicht verteilungskonvergent, da als Limesmaße über $(\mathbb{R}, \mathbb{B})$ nur die Maße $Q \equiv 0$ bzw. $Q = \mathfrak{N}(0,1)/2$ in Frage kämen, welche aber keine WS-Maße sind. Andererseits ist es sinnvoll, auch für derartige Folgen (P_n), bei denen also die WS-Masse ganz oder teilweise aus dem Raum $\mathbb{E}$ „herausrutscht", einen Konvergenzbegriff zur Verfügung zu haben. Bei der Diskussion dieses Begriffes der „vagen Konvergenz" gehen wir von Anfang an von beliebigen endlichen Maßen aus, beschränken uns gleichzeitig aber andererseits der topologischen Einfachheit halber auf den Raum $(\mathbb{R}^k, \mathbb{B}^k)$ (statt auf allgemeinere lokal kompakte Hausdorff-Räume).

Definition 5.54 Seien $Q_n, Q \in \mathfrak{M}^e(\mathbb{R}^k, \mathbb{B}^k)$. Dann heißt Q_n *vag konvergent gegen* Q, kurz: $Q_n \xrightarrow[v]{} Q$, wenn gilt

$$Q_n(B) \to Q(B) \quad \forall B \in \mathbb{B}^k : B \text{ beschränkt}, Q(\partial B) = 0. \tag{5.2.14}$$

Auch für diese schwächere Konvergenzart, bei der also auf die Gültigkeit von $Q_n(\mathbb{R}^k) \to Q(\mathbb{R}^k)$ verzichtet wird, gilt ein Portmanteau-Theorem. Bei dieser, Satz 5.40 entsprechenden Charakterisierung[23] der vagen Konvergenz beachte man, daß wegen der Einschränkung auf beschränkte Mengen die beiden Bedingungen in b) nicht einzeln mit a) äquivalent sind. Hierin – wie auch in der Einschränkung auf stetige Funktionen mit kompaktem Träger $\mathrm{Tr}\, f := \overline{\{f \neq 0\}}$ bei c) und d) – kommt die Tatsache zum Ausdruck, daß bei vager Konvergenz im allgemeinen die Gesamtmasse nicht mitkonvergiert.

Satz 5.55 (Portmanteau-Theorem für vage Konvergenz) *Für $Q_n, Q \in \mathfrak{M}^e(\mathbb{R}^k, \mathbb{B}^k)$ sind die folgenden Aussagen äquivalent:*

a) $Q_n \xrightarrow[v]{} Q$;

b) $\limsup Q_n(B) \leq Q(B) \quad \forall B \subset \mathbb{R}^k, B$ *kompakt*,
   $\liminf Q_n(B) \geq Q(B) \quad \forall B \subset \mathbb{R}^k, B$ *offen, beschränkt*;

c) $\int f \, dQ_n \to \int f \, dQ \quad \forall f : \mathbb{R}^k \to \mathbb{R}, f$ *stetig*, $\mathrm{Tr}\, f$ *kompakt*;

---
[23] Zum Beweis von Satz 5.55 vgl. B. Winter: Studia Sci. Math. Hungar. 10 (1975) 247-253.

d) $\int f \, dQ_n \to \int f \, dQ$ $\forall f: \mathbb{R}^k \to \mathbb{R}$, f meßbar und beschränkt, $Q(D(f)) = 0$, Tr f kompakt;

e) $Q_n((a,b]) \to Q((a,b])$ $\forall a, b \in \mathbb{R}^k$, $Q(\partial(a,b]) = 0$.

Ist die Folge $Q_n(\mathbb{R}^k)$, $n \in \mathbb{N}$, beschränkt, dann ist jede der Bedingungen a)–e) äquivalent mit

f) $\int f \, dQ_n \to \int f \, dQ$ $\forall f: \mathbb{R}^k \to \mathbb{R}$ stetig mit $f(x) \to 0$ für $|x| \to \infty$.

Korollar 5.56 (Helly-Bray) *Seien* $Q_n, Q \in \mathfrak{M}^e(\mathbb{R}^k, \mathbb{B}^k)$ *mit* $Q_n \xrightarrow{v} Q$, $f: \mathbb{R}^k \to \mathbb{R}$ *stetig (und damit meßbar) sowie* $B \in \mathbb{B}^k$ *mit* $Q(\partial B) = 0$. *Dann gilt*[24]

$$\int_B f \, dQ_n \to \int_B f \, dQ,$$

falls eine der folgenden Bedingungen erfüllt ist:

a) B beschränkt oder

b) $f(x) \to 0$ für $|x| \to \infty$ und $Q_n(\mathbb{R}^k)$, $n \in \mathbb{N}$, gleichmäßig beschränkt.

Offenbar ist jede im Sinne von (5.2.9) schwach konvergente Folge endlicher Maße auch vag konvergent. Die Umkehrung gilt jedoch nur, falls keine Masse „wegrutscht". Hinreichend hierfür ist die Straffheit der Folge (Q_n), also für jedes $\varepsilon > 0$ die Existenz einer kompakten Menge $K_\varepsilon \subset \mathbb{R}^k$ mit $Q_n(K_\varepsilon^c) \leq \varepsilon$ $\forall n \in \mathbb{N}$. Den angekündigten Zusammenhang zwischen schwacher und vager Konvergenz endlicher Maße beschreibt nun der

Satz 5.57 *Für jede Folge* $(Q_n) \subset \mathfrak{M}^e(\mathbb{R}^k, \mathbb{B}^k)$ *sind äquivalent:*

a) $Q_n \xrightarrow{\mathcal{L}} Q$;

b) $Q_n \xrightarrow{v} Q$ und $Q_n(\mathbb{R}^k) \to Q(\mathbb{R}^k)$;

c) $Q_n \xrightarrow{v} Q$ und (Q_n) straff.

Beweis: a) $\Rightarrow$ b) ist trivial.

b) $\Rightarrow$ c) Sei $\varepsilon > 0$ beliebig. Wegen $Q(\mathbb{R}^k) < \infty$ gibt es nach Satz 5.48b ein Kompaktum K_0 mit $Q(K_0^c) \leq \varepsilon/3$, wobei o.E. K_0 Q-randlos gewählt werden kann. Nach Voraussetzung gilt dann $Q_n(K_0) \to Q(K_0)$, so daß es ein $n_1 = n_1(\varepsilon) \in \mathbb{N}$ gibt mit $|Q_n(K_0) - Q(K_0)| \leq \varepsilon/3$ $\forall n \geq n_1$. Wegen der zweiten Voraussetzung existiert auch ein $n_2 = n_2(\varepsilon) \in \mathbb{N}$ mit $|Q_n(\mathbb{R}^k) - Q(\mathbb{R}^k)| \leq \varepsilon/3$ $\forall n \geq n_2$ und damit für alle $n \geq n_0 := \max\{n_1, n_2\}$

$$Q_n(K_0^c) \leq |Q_n(\mathbb{R}^k) - Q(\mathbb{R}^k)| + |Q(\mathbb{R}^k) - Q(K_0)| + |Q(K_0) - Q_n(K_0)| \leq \varepsilon.$$

---
[24] Vgl. etwa M. Loève: Probability Theory I, 4. Aufl., Springer (1977), S. 182-184.

5 Verteilungstheoretische Grundlagen der asymptotischen Statistik

Nach Satz 5.48b gibt es auch zu jedem $j \in \{1,\ldots,n_0-1\}$ ein Q-randloses Kompaktum K_j mit $Q_j(K_j^c) \leq \varepsilon$. Damit gilt $Q(K^c) \leq \varepsilon$ für die kompakte Menge $K := \cup_{j=1}^{n_0-1} K_j \cup K_0$.

c) $\Rightarrow$ a) Sei $B \in \mathbb{B}^k$ mit $Q(\partial B) = 0$. Nach Voraussetzung bzw. Satz 5.48b gibt es zu jedem $\varepsilon > 0$ ein Kompaktum K mit $Q_n(K^c) \leq \varepsilon/3 \ \forall n \in \mathbb{N}$, $Q(K^c) \leq \varepsilon/3$ und o.E. $Q(\partial K) = 0$. Dann ist $B \cap K$ beschränkt und Q-randlos. Also gilt nach Voraussetzung $Q_n(B \cap K) \to Q(B \cap K)$. Folglich gibt es ein $n_0 = n_0(\varepsilon) \in \mathbb{N}$ mit $|Q_n(B \cap K) - Q(B \cap K)| \leq \varepsilon/3 \ \forall n \geq n_0$ und damit

$$|Q_n(B) - Q(B)| \leq |Q_n(B \cap K) - Q(B \cap K)| + Q_n(K^c) + Q(K^c) \leq \varepsilon. \quad \square$$

Die Aussagen 5.55f und 5.57b ermöglichen es, die Verteilungskonvergenz von WS-Maßen P_n, $n \in \mathbb{N}$, gegen ein (vermutetes Limesmaß) P dadurch nachzuweisen, daß man $P_n(B) \to P(B)$ nur für P-randlose kompakte Würfel $B = [a,b]_{(k)} \subset \mathbb{R}^k$ verifiziert und zeigt, daß für die Limesverteilung gilt $P(\mathbb{R}^k) = 1$.

Mit vager Konvergenz von WS-Maßen läßt sich häufig arbeiten wie mit Verteilungskonvergenz. Eine Ausnahme bildet jedoch die Faltung, die in der vagen Konvergenz nicht stetig ist. So gilt z.B. für die f.s. konstanten ZG $X_n = n$, $Y_n = -n$ mit dem Maß $Q \equiv 0$ und den Einpunktmaßen ε_m, $m \in \mathbb{Z}$,

$$\mathfrak{L}(X_n) = \varepsilon_n \xrightarrow{v} Q, \quad \mathfrak{L}(Y_n) = \varepsilon_{-n} \xrightarrow{v} Q, \quad \text{aber } \mathfrak{L}(X_n + Y_n) = \varepsilon_0 \xrightarrow{v} \varepsilon_0 \neq Q * Q.$$

5.2.3 Verteilungskonvergenz auf euklidischen Räumen

Beim Beweis vieler Aussagen über Verteilungskonvergenz auf $(\mathbb{R}^k, \mathbb{B}^k)$ nutzt man deren Charakterisierbarkeit durch die Konvergenz geeigneter Punktfunktionen aus. Wir beginnen diese Diskussion mit der Beschreibung der Verteilungskonvergenz durch die Konvergenz der k-dimensionalen Verteilungsfunktionen. Derartige Funktionen $F: \mathbb{R}^k \to [0,1]$ sind durch die folgenden vier Eigenschaften charakterisiert:

(1) F ist Δ-isoton, d.h. für $a = (a_1, \ldots, a_k)^\top$, $b = (b_1, \ldots, b_k)^\top \in \mathbb{R}^k$ mit $a < b$, also mit $a_i < b_i \ \forall i = 1, \ldots, k$, gilt

$$\Delta_a^b F \geq 0;$$

hierbei wird die Notation Δ_a^b aus A8.0 verwendet, im Fall $k=2$ also

$$\Delta_a^b F = \Delta_{a_1}^{b_1} \Delta_{a_2}^{b_2} F(\cdot, \cdot) = F(b_1, b_2) - F(b_1, a_2) - F(a_1, b_2) + F(a_1, a_2); \qquad (5.2.15)$$

(2) F ist rechtsseitig stetig, d.h. $\forall x^{(n)}, x \in \mathbb{R}^k$ mit $x^{(n)} \downarrow x$ gilt

$$F(x^{(n)}) \downarrow F(x);$$

(3) Mit $x^{(n)} = (x_1^{(n)}, \ldots, x_k^{(n)})^\top \to -\infty \ :\Leftrightarrow \ x_i^{(n)} \to -\infty \ \exists \, 1 \leq i \leq k$ gilt

$$\lim_{x^{(n)} \to -\infty} F(x^{(n)}) = 0;$$

(4) Mit $x^{(n)} = (x_1^{(n)}, \ldots, x_k^{(n)})^\top \to \infty \quad :\Leftrightarrow \quad x_i^{(n)} \to \infty \quad \forall\, 1 \leq i \leq k$ gilt

$$\lim_{x^{(n)} \to \infty} F(x^{(n)}) = 1.$$

Bekanntlich lassen sich derartige Funktionen F WS-Maßen P über $(\mathbb{R}^k, \mathbb{B}^k)$ eineindeutig zuordnen gemäß $F(z) = P((-\infty, z])$, $z \in \mathbb{R}^k$. Es liegt also nahe, daß sich auch die Verteilungskonvergenz durch ein geeignetes Konvergenzverhalten der zugehörigen VF charakterisieren läßt. Die folgende Aussage ergänzt somit das Portmanteau-Theorem 5.40 für den Fall $(\mathbb{E}, \mathfrak{E}) = (\mathbb{R}^k, \mathbb{B}^k)$. Zu deren Formulierung benötigt man neben der Menge $C(F)$ aller Stetigkeitspunkte von F auch die Menge $C'(F)$ aller derjenigen Punkte $z \in \mathbb{R}^k$, deren Koordinaten z_i ausschließlich Stetigkeitsstellen der entsprechenden Rand-VF $F_{(i)}$ von F, $i = 1, \ldots, k$, sind, also

$$C'(F) = \bigtimes \{C(F_{(i)}) : 1 \leq i \leq k\}.$$

Satz 5.58 *Für $n \in \mathbb{N}$ seien $P_n, P \in \mathfrak{M}^1(\mathbb{R}^k, \mathbb{B}^k)$ mit VF F_n, F. Dann ist jede der Aussagen a) – e) von Satz 5.40 äquivalent mit*

f) $\quad F_n(z) \to F(z) \quad \forall z \in C(F);$ \hfill (5.2.16)

g) $\quad F_n(z) \to F(z) \quad \forall z \in C'(F).$

Beweis: a) $\Rightarrow$ g) Sei $z \in C'(F)$. Dann ist $P(\partial(-\infty, z]) = 0$ und damit nach a)

$$F_n(z) = P_n((-\infty, z]) \to P((-\infty, z]) = F(z).$$

g) $\Rightarrow$ a) Sei $B \in \mathbb{B}^k$ mit $P(\partial B) = 0$. Dann ist $P(B) = P(\mathring{B})$, und die Gültigkeit von a) folgt daraus, daß sich $\mathring{B}$ von innen durch endliche Summen k-dimensionaler Intervalle $(a, b]$ mit $a, b \in C'(F)$ approximieren läßt. Dabei kann man sich auf Punkte a, b aus einer separierenden Menge $C^*(F)$ von $C'(F)$ beschränken. Für jedes derartige Intervall ist $P_n((a, b]) - P((a, b])$ eine Linearkombination von 2^k Summanden der Form $F_n(z) - F(z)$ mit $z \in C'(F)$, strebt also nach g) gegen 0.

f) $\Rightarrow$ g) Zum Nachweis von $C'(F) \subset C(F)$ sei $\zeta \in C'(F)$. Bezeichnet dann $P_{(i)}$ die i-te Randverteilung von P und $F_{(i)}$ deren VF, so folgt $F(z) \to F(\zeta)$ für $z \to \zeta$ und damit $\zeta \in C(F)$ bei $z \geq \zeta$ aus

$$|F(z) - F(\zeta)| \leq \sum_{i=1}^k |F(z_1, \ldots, z_i, \zeta_{i+1}, \ldots, \zeta_k) - F(z_1, \ldots, z_{i-1}, \zeta_i, \ldots, \zeta_k)|$$

$$= \sum_{i=1}^k P\Big(\bigtimes_{j<i}(-\infty, z_j] \times (\zeta_i, z_i] \times \bigtimes_{j>i}(-\infty, \zeta_j]\Big)$$

$$\leq \sum_{i=1}^k P_{(i)}((\zeta_i, z_i]) = \sum_{i=1}^k |F_{(i)}(z_i) - F_{(i)}(\zeta_i)|.$$

Diese Abschätzung gilt auch, wenn $z \geq \zeta$ verletzt ist; man hat nur in den betreffenden Komponenten $(\zeta_i, z_i]$ durch $(z_i, \zeta_i]$ zu ersetzen, falls $z_i < \zeta_i$ ist.

g) $\Rightarrow$ f) Sei $z \in C(F)$. Dann gibt es zu jedem $\varepsilon > 0$ ein $h = (h_1, \ldots, h_k)^\top \in \mathbb{R}^k$ mit $h_i > 0 \; \forall i = 1, \ldots, k$ derart, daß $z \pm h \in C'(F)$ und $|F(z \pm h) - F(z)| \leq \varepsilon$ ist. Aus $F_n(z - h) \leq F_n(z) \leq F_n(z + h)$ folgt also

$$F(z) - \varepsilon \leq F(z - h) \leq \liminf F_n(z) \leq \limsup F_n(z) \leq F(z + h) \leq F(z) + \varepsilon$$

und damit für $\varepsilon \to 0$ die Behauptung $F_n(z) \to F(z)$. $\square$

Die Eigenschaft f) wird in vielen Lehrbüchern auch als Definition der Verteilungskonvergenz auf euklidischen Räumen verwendet. Demgemäß wurde in 5.1.1 auf diese Art der Satz von Lindeberg-Lévy formuliert.

Die Konvergenz von VF ist oft einfacher nachzuweisen als die anderen Charakterisierungen im Portmanteau-Theorem 5.40. So gilt etwa in Beispiel 5.41 $F_n(z) = [nz]/n$ und $F(z) = z$, also trivialerweise $F_n(z) \to F(z) \; \forall 0 < z < 1$ und damit nach Satz 5.58 $P_n \xrightarrow{\mathcal{L}} P$. Auch viele andere Grenzwertaussagen, speziell solche, die im Zusammenhang mit dem Satz von Lindeberg-Lévy stehen, lassen sich mit Hilfe von VF ausdrücken.

Beispiel 5.59 Es seien T_j, $j \in \mathbb{N}$, st.u. glv. positive ZG (die sich etwa als Lebensdauern von Elementen in einem technischen System interpretieren lassen) mit $\mu := ET_j$ und $\sigma^2 := \mathrm{Var}\, T_j \in (0, \infty)$. Bezeichnet $N(t) := \sum_{j \geq 1} \mathbf{1}(S_j \leq t)$ mit $S_j = \sum_{i=1}^j T_i$, $j \in \mathbb{N}$, die Anzahl der „Erneuerungen" bis zur Stelle t, so gilt

$$\mathcal{L}\left(\frac{N(t) - t/\mu}{\sigma\sqrt{t/\mu^3}}\right) \xrightarrow{\mathcal{L}} \mathfrak{N}(0,1) \quad \text{für} \quad t \to \infty.$$

Bezeichnet nämlich $[y]$ die größte ganze Zahl kleiner oder gleich $y \in \mathbb{R}$, so gilt

$$\frac{N(t) - t/\mu}{\sigma\sqrt{t/\mu^3}} \leq z \; \Leftrightarrow \; N(t) \leq t/\mu + z\sigma\sqrt{t/\mu^3} =: y \; \Leftrightarrow \; N(t) \leq [y] =: r - 1,$$

und damit nach Definition von S_r

$$N(t) \leq y \; \Leftrightarrow \; S_r > t \; \Leftrightarrow \; \frac{S_r - r\mu}{\sigma\sqrt{r}} > \frac{t - r\mu}{\sigma\sqrt{r}} = -z\left(1 + \frac{z\sigma}{\sqrt{t\mu}}\right)^{-1/2} + o(1).$$

Folglich gilt für $t \to \infty$ wegen $r \to \infty$ nach dem Satz von Lindeberg-Lévy für jedes $z \in \mathbb{R}$

$$\mathbb{P}\left(\frac{N(t) - t/\mu}{\sigma\sqrt{t/\mu^3}} \leq z\right) \to \frac{1}{\sqrt{2\pi}} \int_{-z}^{\infty} e^{-u^2/2} \, du = 1 - \phi(-z) = \phi(z). \quad \square$$

Die Konvergenz von VF ist auch außerhalb der Stochastik von Bedeutung. So werden in der Zahlentheorie Resultate über die asymptotische „Verteilung" von Zahlen auf der reellen Achse auf diese Weise formuliert[25].

Beispiel 5.60 a) Bezeichnet $\nu(m)$ die Anzahl der Primteiler einer natürlichen Zahl $m \geq 1$ und
$$F_n(z) := \frac{1}{n}\#\left\{1 \leq m \leq n : \nu(m) \leq \log\log n + z\sqrt{\log\log n}\right\}, \quad z \in \mathbb{R},$$
so gilt $F_n(z) \to \phi(z) \ \forall z \in \mathbb{R}$.

b) Sei $x \in \mathbb{R}$ irrational und $x_n := nx - [nx]$, $n \in \mathbb{N}$. Dann gilt:
$$F_n(z) := \frac{1}{n}\#\{1 \leq m \leq n : x_m \leq z\} \to z \quad \forall z \in [0,1]. \quad \square$$

Die Eigenschaft g) in Satz 5.58 ist (für $k > 1$) zumeist sehr viel einfacher nachzuweisen als f). Da F nur abzählbar viele Unstetigkeitsstellen hat, ist
$$C'(F) = \underset{i=1}{\overset{k}{\times}} C(F_{(i)}) = \mathbb{R}^k - \bigcup_{i=1}^{k} \bigcup_{\zeta_i \notin C(F_{(i)})} \{z : z_i = \zeta_i\}$$
das Komplement einer Vereinigung von abzählbar vielen Hyperebenen. Es sei weiter bemerkt, daß $F_{(i)}(\zeta_i) - F_{(i)}(\zeta_i - 0) > 0$ genau dann gilt, wenn es auf der Hyperebene $\{z : z_i = \zeta_i\}$ mindestens einen Punkt gibt, in dem F unstetig ist in z_i-Richtung, d.h. bei festgehaltenen $z_j \ \forall j \neq i$. Es ist nämlich
$$F_{(i)}(\zeta_i) - F_{(i)}(\zeta_i - 0) = P_{(i)}(\{\zeta_i\}) = \lim_{\substack{z_j \uparrow \infty \\ \forall j \neq i}} P\bigl(\{\zeta_i\} \times \underset{j \neq i}{\times}(-\infty, z_j]\bigr)$$
$$= \lim_{\substack{z_j \uparrow \infty \\ \forall j \neq i}} \Delta^{\zeta_j}_{\zeta_j - 0} F(z_1, \ldots, z_{i-1}, \cdot, z_{i+1}, \ldots, z_k),$$
woraus die Behauptung wegen der Monotonie der Grenzwerte folgt. Mit $C'(F) \subset C(F)$ ergibt sich hieraus insbesondere das

Korollar 5.61 *Eine k-dimensionale VF F ist genau dann stetig, wenn ihre eindimensionalen Rand-VF $F_{(i)}$, $i = 1, \ldots, k$, stetig sind.*

Anmerkung 5.62 Auch die vage Konvergenz läßt sich durch Punktfunktionen beschreiben. So kommt durch Satz 5.58 zum Ausdruck, daß es zur Verteilungskonvergenz einer Folge von WS-Maßen P_n, $n \in \mathbb{N}$, nicht reicht, daß die Folge der zugehörigen VF $F_n : \mathbb{R}^k \to [0,1]$ punktweise (für alle Stetigkeitspunkte z der Limesfunktion) konvergiert. Es ist vielmehr erforderlich, daß der Limes in Abhängigkeit von z wieder eine VF ist. Dies zeigt (im Fall $k = 1$) etwa die Folge der zu den Einpunktmaßen $P_n = \varepsilon_n$ gehörenden eindimensionalen VF $F_n = \mathbb{1}_{[n,\infty)}$, $n \in \mathbb{N}$, die zwar punktweise gegen eine Funktion G konvergieren, aber nicht gegen eine VF. Der Limes $G \equiv 0$ erklärt sich wieder daraus, daß die WS-Masse 1 für $n \to \infty$ nach ∞ „wegrutscht".

---
[25] Vgl. M. Kac: Statistical Independence in Probability, Analysis and Number Theory, Carus Mathematical Monographs (1959), Chapter 4.

5 Verteilungstheoretische Grundlagen der asymptotischen Statistik

Sofern überhaupt punktweise Konvergenz einer Folge (F_n) von k-dimensionalen VF vorliegt, ist also der Limes G im allgemeinen nur die *maßdefinierende Funktion* eines endlichen Maßes Q über $(\mathbb{R}^k, \mathbb{B}^k)$ mit $Q(\mathbb{R}^k) \leq 1$, d.h. eine Δ-isotone, rechtsseitig stetige Funktion $G: \mathbb{R}^k \to [0,1]$ mit

$$\lim_{x^{(n)} \to -\infty} G(x^{(n)}) \geq 0 \quad \text{bzw.} \quad \lim_{x^{(n)} \to \infty} G(x^{(n)}) \leq 1. \tag{5.2.17}$$

Dabei ist $x^{(n)} \to -\infty$ und $x^{(n)} \to \infty$ wie bei den einleitend angegebenen definierenden Eigenschaften (3) und (4) einer k-dimensionalen VF erklärt.

Mit der bei (5.2.15) erklärten Notation $\Delta_a^b F$ gilt also im allgemeinen nur

$$P_n((a,b]) = \Delta_a^b F_n \to \Delta_a^b G = Q((a,b]) \quad \forall a, b \in C'(G), \tag{5.2.18}$$

ohne daß Q ein WS-Maß bzw. G die VF eines WS-Maßes ist, d.h. ohne daß die Bedingung $\Delta_{-\infty}^{+\infty} G = 1$ erfüllt ist. In einem solchen Fall liegt nur vage Konvergenz gegen das endliche Maß Q vor. Gilt jedoch $\Delta_{-\infty}^{+\infty} G = 1$, so ist G die VF eines WS-Maßes P und aus (5.2.18) folgt bereits $P_n \xrightarrow[\mathcal{L}]{} P$. In der Tat ist die Bedingung g) aus Satz 5.58 äquivalent mit

$$P_n((a,b]) = \Delta_a^b F_n \to \Delta_a^b F = P((a,b]) \quad \forall a, b \in C'(F), \tag{5.2.19}$$

also mit der Konvergenz von P_n gegen P für alle k-dimensionalen Intervalle $(a, b]$, deren 2^k Eckpunkte nur Stetigkeitspunkte der jeweiligen Rand-VF als Koordinaten haben. Dabei ist auch P ein WS-Maß bzw. auch F eine VF. $\square$

Die Verwendung von VF ist vielfach beweistechnisch bequem. Dies zeigt sich etwa an der nachfolgend bewiesenen Folgenkompaktheit von WS-Maßen bzgl. der vagen Konvergenz. Dieser Satz wird es dann ermöglichen, den bereits in 5.2.2 angekündigten Satz von Prohorov für den Raum $(\mathbb{R}^k, \mathbb{B}^k)$ kurz zu beweisen.

Satz 5.63 (Hellyscher Auswahlsatz) *Für $n \in \mathbb{N}$ seien $P_n, P \in \mathfrak{M}^1(\mathbb{R}^k, \mathbb{B}^k)$. Dann gibt es eine Teilfolge $(n_j) \subset \mathbb{N}$ und ein endliches Maß $Q \in \mathfrak{M}^e(\mathbb{R}^k, \mathbb{B}^k)$ mit $Q(\mathbb{R}^k) \leq 1$ und*

$$P_{n_j} \xrightarrow[v]{} Q \quad \text{für} \quad j \to \infty.$$

Beweis: F_n bezeichne die VF von P_n, $n \in \mathbb{N}$. Zur Konstruktion der Teilfolge $(n_j) \subset \mathbb{N}$ sei D eine abzählbare dichte Teilmenge von $\mathbb{R}^k$, etwa die Menge der Punkte $x \in \mathbb{R}^k$ mit rationalen Koordinaten. Bezeichnet $\{r_1, r_2, \ldots\}$ eine Aufzählung von D, so gilt wegen $0 \leq F_n(r_1) \leq 1 \ \forall n \in \mathbb{N}$

$$\exists a_1 \in [0,1] \quad \exists (n_{1j}) \subset \mathbb{N} \quad \text{mit} \quad F_{n_{1j}}(r_1) \to: a_1 \quad \text{für} \quad j \to \infty.$$

Wegen $0 \leq F_{n_{1j}}(r_2) \leq 1 \ \forall j \in \mathbb{N}$ gilt dann weiter

$$\exists a_2 \in [0,1] \quad \exists (n_{2j}) \subset (n_{1j}) \quad \text{mit} \quad F_{n_{2j}}(r_2) \to: a_2 \quad \text{für} \quad j \to \infty.$$

So fortfahrend gilt für jedes $m \in \mathbb{N}$

$$\exists a_m \in [0,1] \quad \exists (n_{mj}) \subset (n_{m-1,j}) \quad \text{mit} \quad F_{n_{mj}}(r_m) \to : a_m \quad \text{für} \quad j \to \infty.$$

Aus der speziellen Konstruktion folgt dann wegen $(n_{\ell j}) \subset (n_{mj})$ für $m \leq \ell$

$$F_{n_{\ell j}}(r_m) \to a_m \quad \text{für} \quad j \to \infty \quad \forall m \leq \ell \quad \forall \ell \in \mathbb{N}. \tag{5.2.20}$$

Nun ist aber für jedes $\ell \in \mathbb{N}$ auch die „Diagonalfolge" (n_{jj}) für $j \geq \ell$ eine Teilfolge von $(n_{\ell j})$, d.h. mit $(n_j) := (n_{jj})$ gilt wegen (5.2.20)

$$F_{n_j}(r_m) \to a_m \quad \text{für} \quad j \to \infty \quad \forall m \in \mathbb{N}.$$

Zur Konstruktion des Maßes Q definiere man nun zunächst eine Funktion $H: D \to [0,1]$ durch $H(r_m) := a_m \ \forall m \in \mathbb{N}$. Dann konvergiert die Folge (F_{n_j}) auf D punktweise gegen H und H ist Δ-isoton. Definiert man nun weiter eine Funktion $G: \mathbb{R}^k \to [0,1]$ durch

$$G(x) := \inf_{\substack{s > x \\ s \in D}} H(s), \quad x \in \mathbb{R}^k,$$

so ist G auf $\mathbb{R}^k$ Δ-isoton und rechtsseitig stetig mit (5.2.17). Also ist G die maßdefinierende Funktion eines (nicht notwendig normierten) Maßes Q über $(\mathbb{R}^k, \mathbb{B}^k)$ mit $Q(\mathbb{R}^k) \leq 1$. Offenbar gilt (5.2.18) und damit $P_n \xrightarrow{v} Q$. □

Satz 5.64 (Helly-Prohorov) *Sei* $\mathfrak{P} \subset \mathfrak{M}^1(\mathbb{R}^k, \mathbb{B}^k)$. *Dann gilt:*

$\mathfrak{P}$ *straff* $\Leftrightarrow$ $\mathfrak{P}$ *relativ schwach folgenkompakt.*

Speziell gilt also: Ist eine Folge $(P_n) \subset \mathfrak{M}^1(\mathbb{R}^k, \mathbb{B}^k)$ *straff, dann gibt es eine Teilfolge* $(n_j) \subset \mathbb{N}$ *und ein WS-Maß* $P \in \mathfrak{M}^1(\mathbb{R}^k, \mathbb{B}^k)$ *mit*

$$P_{n_j} \xrightarrow{\mathcal{L}} P \quad \text{für} \quad j \to \infty.$$

Beweis: „⇒" Sei $(P_n) \subset \mathfrak{P}$. Nach Satz 5.63 gibt es eine Teilfolge $(n_j) \subset \mathbb{N}$ und ein $Q \in \mathfrak{M}^1(\mathbb{R}^k, \mathbb{B}^k)$ mit $P_{n_j} \xrightarrow{v} Q$. Da mit $\mathfrak{P}$ auch (P_{n_j}) straff ist, gilt aber nach Satz 5.57 bereits $P_{n_j} \xrightarrow{\mathcal{L}} Q$, d.h. Q ist ein WS-Maß.

„⇐" Wäre $\mathfrak{P}$ nicht straff, so würde ein $\varepsilon_0 \in (0,1)$ existieren derart, daß es für alle kompakten Mengen $K \subset \mathbb{R}^k$ ein $P \in \mathfrak{P}$ gibt mit $P(K) \leq 1 - \varepsilon_0$. Damit wiederum würde es für alle $n \geq 1$ ein $P_n \in \mathfrak{P}$ geben mit[26] $P_n(U_\leq(0,n)) \leq 1 - \varepsilon_0$. Laut Voraussetzung existiert dann eine Teilfolge $(n_j) \subset \mathbb{N}$ und ein $P \in \mathfrak{M}^1(\mathbb{R}^k, \mathbb{B}^k)$ mit $P_{n_j} \xrightarrow{\mathcal{L}} P$. Speziell ist (P_{n_j}) damit nach Satz 5.51 straff. Folglich existiert ein Kompaktum $K \subset \mathbb{R}^k$ mit $P_{n_j}(K) \geq 1 - \varepsilon_0 \ \forall j \geq 1$. Für hinreichend großes j_0 gilt aber $K \subset U_\leq(0, n_j)$ für $j \geq j_0$ und somit ein Widerspruch. □

---

[26] Im weiteren bezeichnet $U(a,r) = U_<(a,r)$ den offenen Ball um a mit Radius r, entsprechend $U_\leq(a,r)$ den abgeschlossenen Ball.

5 Verteilungstheoretische Grundlagen der asymptotischen Statistik

Eine weitere wichtige Charakterisierung der Verteilungskonvergenz mittels Punktfunktionen ist die durch charakteristische Funktionen; vgl. auch A8.9. Bekanntlich ist jeder WS-Verteilung $P \in \mathfrak{M}^1(\mathbb{R}^k, \mathbb{B}^k)$ eineindeutig eine charakteristische Funktion $\varphi \colon \mathbb{R}^k \to \mathbb{C}$ zugeordnet gemäß

$$\varphi(t) = \int e^{it^\top x}\, dP(x), \quad t \in \mathbb{R}^k. \tag{5.2.21}$$

Über A8.7 und A8.8 hinaus benötigen wir die folgenden Eigenschaften:

Ist die charakteristische Funktion φ einer eindimensionalen Verteilung F λ-integrabel, so besitzt F eine beschränkte λ-Dichte f und es gilt die *Umkehrformel*

$$f(x) := \frac{1}{2\pi} \int_{-\infty}^{\infty} e^{-ixt}\varphi(t)\, dt, \quad x \in \mathbb{R}. \tag{5.2.22}$$

Ist dagegen $\varphi \colon \mathbb{R} \to \mathbb{C}$ von der Form $\varphi(t) = \sum_{j=-\infty}^{\infty} e^{itj} p_j$, $t \in \mathbb{R}$, mit $\sum |p_j| < \infty$, so ist φ die charakteristische Funktion einer diskreten Verteilung über $\mathbb{Z}$ mit den WS

$$p_j = \frac{1}{2\pi} \int_{-\pi}^{\pi} e^{-ijt}\varphi(t)\, dt, \quad j \in \mathbb{Z}. \tag{5.2.23}$$

Weiter erinnern wir an das Riemann-Lebesgue-Lemma: Ist $g \colon \mathbb{R} \to \mathbb{R}$ eine λ-integrable Funktion und $\varphi(t) := \int e^{itx} g(x)\, dx$, $t \in \mathbb{R}$, so gilt $\varphi(t) \to 0$ für $|t| \to \infty$. Entsprechend konvergieren im Fall von Verteilungen über den ganzen Zahlen $\mathbb{Z}$ die Fourierkoeffizienten p_j gegen 0 für $|j| \to \infty$.

Das Portmanteau-Theorem 5.40 für $(\mathbb{E}, \mathfrak{E}) = (\mathbb{R}^k, \mathbb{B}^k)$ bzw. Satz 5.58 läßt sich also durch eine weitere äquivalente Charakterisierung von $P_n \xrightarrow{\mathcal{L}} P$ ergänzen.

Satz 5.65 (Stetigkeitssatz von Lévy-Cramér) *Besitzen $P_n, P \in \mathfrak{M}^1(\mathbb{R}^k, \mathbb{B}^k)$ die charakteristischen Funktionen φ_n, φ, so gilt*

$$P_n \xrightarrow{\mathcal{L}} P \iff \varphi_n(t) \to \varphi(t) \quad \forall t \in \mathbb{R}^k. \tag{5.2.24}$$

Beweis: „$\Rightarrow$" folgt aus Satz 5.40, a) $\Rightarrow$ c), für $f(t) = \cos t^\top x + i \sin t^\top x$.

Zum Nachweis von „$\Leftarrow$" sei der Einfachheit halber $k = 1$. Bezeichnen X_n, X ZG mit Verteilungen P_n, P, so ist die rechte Seite von (5.2.24) äquivalent mit

$$E \sin t X_n \to E \sin t X, \quad E \cos t X_n \to E \cos t X \quad \forall t \in \mathbb{R}.$$

Folglich gilt zunächst für jedes trigonometrische Polynom f

$$\int f(x)\, dP_n(x) = E f(X_n) \to E f(X) = \int f(x)\, dP(x) \tag{5.2.25}$$

und damit auch für jede stetige Funktion f mit kompaktem Träger $[a,b] \subset \mathbb{R}$, da sich diese Funktionen in der Supremumsnorm beliebig gut durch trigonometrische Polynome der Periode $b-a$ approximieren lassen. Also gilt nach Satz 5.55 $P_n \xrightarrow[v]{} P$ und folglich mit Satz 5.57 auch $P_n \xrightarrow[\mathfrak{L}]{} P$ wegen $P_n(\mathbb{R}) = 1 = \mathbb{P}(\mathbb{R})$. □

Beispiel 5.66 Für jedes $n \in \mathbb{N}$ seien X_{nj}, $j = 1, \ldots, n$, st.u. $\mathfrak{B}(1, \pi_{nj})$-verteilte ZG mit $\sum_j \pi_{nj} \to \lambda$ und $\max_{1 \leq j \leq n} \pi_{nj} \to 0$, etwa wie in Beispiel 5.39b $\pi_{nj} = \lambda/n$. Dann gilt für die charakteristische Funktion von $X_n := \sum_{j=1}^n X_{nj}$ nach den Grundeigenschaften A8.7 sowie unter Verwendung des anschließenden (auch später benötigten) Hilfssatzes 5.67c

$$\varphi^{X_n}(t) = \prod_{j=1}^n \varphi^{X_{nj}}(t) = \prod_{j=1}^n (1 + \pi_{nj}(e^{it} - 1)) \to \exp(\lambda(e^{it} - 1)) \quad \forall t \in \mathbb{R}.$$

Somit folgt nach dem Stetigkeitssatz 5.65 $\mathfrak{L}(X_n) \xrightarrow[\mathfrak{L}]{} \mathfrak{P}(\lambda)$. □

Hilfssatz 5.67 a) *Für beliebige komplexe Zahlen $a_j, b_j \in \mathbb{C}$, $j = 1, \ldots, n$, gilt*

$$\prod_{j=1}^n a_j - \prod_{j=1}^n b_j = \sum_{j=1}^n \left(\prod_{i=1}^{j-1} a_i (a_j - b_j) \prod_{i=j+1}^n b_i \right). \tag{5.2.26}$$

b) *Für jedes $y \in \mathbb{R}$ und jedes $m \in \mathbb{N}$ ist*

$$\left| e^{iy} - \sum_{j=0}^m \frac{(iy)^j}{j!} \right| \leq \min \left\{ 2 \frac{|y|^m}{m!}, \frac{|y|^{m+1}}{(m+1)!} \right\}. \tag{5.2.27}$$

c) *Für $n \in \mathbb{N}$ und $1 \leq j \leq n$ seien z_{nj} komplexe Zahlen mit*

$$\max_{1 \leq j \leq n} |z_{nj}| \to 0 \quad \text{für} \quad n \to \infty, \tag{5.2.28}$$

$$\sum_{j=1}^n |z_{nj}| \leq M < \infty \quad \forall n \in \mathbb{N}. \tag{5.2.29}$$

Dann gilt

$$\left| \prod_{j=1}^n (1 + z_{nj}) - \prod_{j=1}^n \exp(z_{nj}) \right| \to 0 \tag{5.2.30}$$

und damit

$$\sum_{j=1}^n z_{nj} \to z \quad \Rightarrow \quad \prod_{j=1}^n (1 + z_{nj}) \to e^z.$$

68   5 Verteilungstheoretische Grundlagen der asymptotischen Statistik

Beweis: a) ergibt sich durch sukzessives Austauschen von a_j durch b_j;

b) resultiert aus der Restgliedformel bei Taylorentwicklungen;

c) folgt wegen $\max_j |z_{nj}| \to 0$ und $\sum_j |z_{nj}| \leq M < \infty$ aus a) und b) mit

$$\prod_j |1 + z_{nj}| \leq e^{\sum |z_{nj}|} \leq e^M \quad \text{und}$$

$$\sum_j |1 + z_{nj} - e^{z_{nj}}| \leq \frac{1}{2} \sum_j z_{nj}^2 \leq \frac{1}{2} \max_j |z_{nj}| \sum_j |z_{nj}| \to 0.$$

Die Stetigkeit der Exponentialfunktion impliziert dann den Zusatz. □

Anmerkung 5.68 Die Aussagen des Stetigkeitssatzes von Lévy-Cramér lassen sich wie folgt verschärfen[27]:

a) Besitzen $P_n, P \in \mathfrak{M}^1(\mathbb{R}^k, \mathbb{B}^k)$ die charakteristischen Funktionen φ_n, φ, so gilt

$$P_n \xrightarrow{\mathcal{L}} P \quad \Rightarrow \quad \varphi_n(t) \to \varphi(t) \text{ gleichmäßig auf Kompakta.} \tag{5.2.31}$$

b) Sind φ_n für $n \in \mathbb{N}$ charakteristische Funktionen von WS-Maßen P_n und gibt es eine in 0 stetige Funktion $\varphi \colon \mathbb{R}^k \to \mathbb{C}$ mit $\varphi_n(t) \to \varphi(t)\ \forall t \in \mathbb{R}^k$, so ist φ die charakteristische Funktion eines WS-Maßes P und es gilt $P_n \xrightarrow{\mathcal{L}} P$. □

Aus dem Stetigkeitssatz 5.65 bzw. aus Satz 1.95 folgt unmittelbar das häufig zum Nachweis der Verteilungskonvergenz k-dimensionaler ZG verwendete

Korollar 5.69 (Cramér-Wold) *Für k-dimensionale ZG X_n, X gilt*

$$X_n \xrightarrow{\mathcal{L}} X \quad \Leftrightarrow \quad u^\top X_n \xrightarrow{\mathcal{L}} u^\top X \quad \forall u \in \mathbb{R}^k.$$

Insbesondere gilt

$$\mathcal{L}(X_n) \xrightarrow{\mathcal{L}} \mathfrak{N}(\mu, \mathscr{S}) \quad \Leftrightarrow \quad \mathcal{L}(u^\top X_n) \xrightarrow{\mathcal{L}} \mathfrak{N}(u^\top \mu, u^\top \mathscr{S} u) \quad \forall u \in \mathbb{R}^k.$$

Der Satz von Cramér-Wold ermöglicht u.a. einen einfachen Beweis der k-dimensionalen Version des Satzes von Lindeberg-Lévy, also von

Satz 5.70 (Lindeberg-Lévy) *X_j, $j \in \mathbb{N}$, seien st.u. glv. k-dimensionale ZG mit $\mu := EX_1 \in \mathbb{R}^k$ und $\mathscr{S} := \mathscr{C}\!\mathit{ov}\, X_1 \in \mathbb{R}^{k \times k}_{\text{p.s.}}$. Dann gilt mit $\overline{X}_n := n^{-1} \sum_{j=1}^n X_j$*

$$\mathcal{L}(\sqrt{n}(\overline{X}_n - \mu)) \xrightarrow{\mathcal{L}} \mathfrak{N}(0, \mathscr{S}). \tag{5.2.32}$$

---
[27] Vgl. P. Gänssler-W. Stute: Wahrscheinlichkeitstheorie, Springer (1977), S. 97 und S. 356.

Beweis: Wegen Korollar 5.69 ist die Behauptung (5.2.32) äquivalent mit

$$\mathfrak{L}(\sqrt{n}(u^\top \overline{X}_n - u^\top \mu)) \xrightarrow[\mathfrak{L}]{} \mathfrak{N}(0, u^\top \mathscr{S} u) \quad \forall u \in \mathbb{R}^k.$$

Da $u^\top \overline{X}_n = \frac{1}{n}\sum_{j=1}^n u^\top X_j$ für jedes $u \in \mathbb{R}^k - \{0\}$ der Durchschnitt der st.u. glv. eindimensionalen ZG $u^\top X_j$, $j = 1,\ldots,n$, ist, für die $Eu^\top X_1 = u^\top \mu \in \mathbb{R}$ und $\operatorname{Var} u^\top X_1 = u^\top \mathscr{S} u \in [0,\infty)$ existieren, folgt die Behauptung unmittelbar aus der eindimensionalen Version jenes Satzes. □

Beispiel 5.71 Für $n \in \mathbb{N}$ sei Y_n eine k-dimensional-multinomial $\mathfrak{M}(n,\pi)$-verteilte ZG, $\pi = (\pi_1,\ldots,\pi_k)^\top \in \mathbb{R}^k$ mit $\pi_m \geq 0 \,\forall m = 1,\ldots,k$ und $\sum \pi_m = 1$. Bekanntlich ist Y_n eine Summe von n st.u. $\mathfrak{M}(1,\pi)$-verteilten ZG $X_1,\ldots,X_n$ mit $EX_1 = \pi$ und $\mathscr{C}\!\mathit{ov}\, X_1 = \widetilde{\mathscr{S}} := (\pi_m \delta_{m\ell} - \pi_m \pi_\ell)_{1 \leq \ell, m \leq k}$. Für jedes $u \in \mathbb{R}^k$ sind die $u^\top X_j$, $j = 1,\ldots,n$ st.u. glv. ZG mit Mittelwert $u^\top \pi$ und Varianz $u^\top \widetilde{\mathscr{S}} u$, auf die der Satz von Lindeberg-Lévy anwendbar ist. Also gilt nach Satz 5.70

$$\mathfrak{L}_\pi(n^{-1/2}(Y_n - n\pi)) \xrightarrow[\mathfrak{L}]{} \mathfrak{N}(0, \widetilde{\mathscr{S}}). \quad \square$$

Besitzen die VF F_n, F Dichten f_n, f, so ist es häufig noch einfacher, statt der Konvergenz der VF diejenige von f_n gegen f nachzuweisen und dann mit Hilfe des Lemmas von Scheffé 1.143 die Verteilungskonvergenz zu zeigen. Auf diese Möglichkeit wurde bereits in Beispiel 5.39c hingewiesen.

Beispiel 5.72 Für $n \in \mathbb{N}$ sei P_n die zentrale t_n-Verteilung, P die $\mathfrak{N}(0,1)$-Verteilung. Dann gilt für die zugehörigen λ-Dichten p_n bzw. p

$$p_n(x) = \frac{1}{\sqrt{n\pi}} \frac{\Gamma((n+1)/2)}{\Gamma(n/2)}(1+\frac{x^2}{n})^{-\frac{n+1}{2}} \to \frac{1}{\sqrt{2\pi}} e^{-x^2/2} = p(x) \quad \forall x \in \mathbb{R},$$

d.h. nach Hilfssatz 1.143 $\|P_n - P\| = \frac{1}{2}\int |p_n - p|\,d\lambda \to 0$ und damit $P_n \xrightarrow[\mathfrak{L}]{} P$. □

Beispiel 5.73 Für $n \in \mathbb{N}$ seien $U_1,\ldots,U_n$ st.u. $\mathfrak{R}$-verteilte ZG. Dann genügt die i-te Ordnungsstatistik $U_{n\uparrow i}$ einer $B_{i,n+1-i}$-Verteilung mit der λ-Dichte

$$\beta_{n,i}(u) = n! \frac{u^{i-1}}{(i-1)!} \frac{(1-u)^{n-i}}{(n-i)!} \mathbf{1}_{[0,1]}(u), \quad 1 \leq i \leq n. \tag{5.2.33}$$

Nach Definition von $U_{n\uparrow i}$ gilt nämlich $U_{n\uparrow i} \leq u$ genau dann, wenn $U_\ell \leq u$ erfüllt ist für mindestens i der Indizes $\ell = 1,\ldots,n$, also

$$P(U_{n\uparrow i} \leq u) = \sum_{\ell=i}^n \pi_{n,\ell}(u), \quad \pi_{n,\ell} = \binom{n}{\ell} u^\ell (1-u)^{n-\ell}, \quad 0 \leq u \leq 1, \; 0 \leq \ell \leq n.$$

Hieraus ergibt sich (5.2.33) durch Differentiation nach u.

Für $i(n)/n = \pi + o(n^{-1/2})$ mit $\pi \in (0,1)$ gilt nun

$$\mathfrak{L}(\sqrt{n}(U_{n\uparrow i(n)} - \pi)) \xrightarrow[\mathfrak{L}]{} \mathfrak{N}(0, \pi(1-\pi)). \tag{5.2.34}$$

5 Verteilungstheoretische Grundlagen der asymptotischen Statistik

Wegen $f^{\sqrt{n}(U_{n\uparrow i(n)}-\pi)}(x) = n^{-1/2}f^{U_{n\uparrow i(n)}}(\pi+x/\sqrt{n})$ ergibt sich nämlich mit der Stirling-Formel $n! = n^n e^{-n}\sqrt{2\pi n}(1+o(1))$ bzw. mit $(1+\lambda/n + o(1/n))^n \to e^\lambda$, $\lambda \in \mathbb{R}$, jeweils für $n \to \infty$ und $x \in [-\sqrt{n}\pi, \sqrt{n}(1-\pi)]$

$$\sqrt{n}(n-1)! \frac{(\pi+x/\sqrt{n})^{i(n)-1}}{(i(n)-1)!} \frac{(1-\pi-x/\sqrt{n})^{n-i(n)}}{(n-i(n))!}$$

$$\approx \frac{1}{\sqrt{2\pi\pi(1-\pi)}}\left(1+\frac{x}{\sqrt{n}\pi}\right)^{i(n)-1}\left(1-\frac{x}{\sqrt{n}(1-\pi)}\right)^{n-i(n)}$$

$$\to \frac{1}{\sqrt{2\pi\pi(1-\pi)}}\exp\left(-\frac{x^2}{2\pi(1-\pi)}\right).$$

Alle (höheren) Momente von $U_{n\uparrow i}$ berechnen sich als B-Integrale. Speziell gilt

$$EU_{n\uparrow i} = \int u\beta_{n,i}(u)\,du = \frac{i}{n+1}, \quad \text{Var}\,U_{n\uparrow i} = EU_{n\uparrow i}^2 - (EU_{n\uparrow i})^2 = \frac{i(n-i+1)}{(n+1)^2(n+2)}.$$

Für $n \to \infty$ mit $i/n \to \pi$ folgt also $EU_{n\uparrow i} \to \pi$ und $n\,\text{Var}\,U_{n\uparrow i} \to \pi(1-\pi)$. □

Im nachfolgenden diskutieren wir noch einige Aussagen über die Verteilungskonvergenz im Fall $k=1$. Als erstes beweisen wir, daß Verteilungskonvergenz bereits aus der punktweisen Konvergenz der VF über einer beliebigen abzählbaren dichten Menge folgt.

Hilfssatz 5.74 *Für $n \in \mathbb{N}$ seien $F_n \colon \mathbb{R} \to \mathbb{R}$ und $F \colon \mathbb{R} \to \mathbb{R}$ isoton sowie $D \subset \mathbb{R}$ eine beliebige abzählbare und dichte Teilmenge. Dann gilt für $n \to \infty$*

$$F_n(z) \to F(z) \quad \forall z \in D \quad \Rightarrow \quad F_n(z) \to F(z) \quad \forall z \in C(F).$$

Beweis: Sei $z \in C(F)$. Dann gibt es zu jedem $\varepsilon > 0$ ein $\delta > 0$ mit $|F(z) - F(y)| < \varepsilon$ für $|z-y| < \delta$. Für $y, y' \in D$ mit $z - \delta < y < z < y' < z + \delta$ gilt also

$$F_n(y) - F(y) - \varepsilon \leq F_n(z) - F(z) \leq F_n(y') - F(y') + \varepsilon.$$

Die Behauptung folgt somit aus der Gültigkeit von

$$\limsup |F_n(z) - F(z)| \leq \limsup |F_n(y') - F(y')| + \limsup |F_n(y) - F(y)| + \varepsilon. \quad \square$$

Vielfach ergibt sich beim Nachweis der Verteilungskonvergenz automatisch die Konvergenz der VF in der Supremumsnorm, also die Gültigkeit von $\|F_n - F\|_\infty = o(1)$. Satz 5.75 besagt nämlich gerade, daß im Fall $k=1$ die Verteilungskonvergenz von F_n gegen eine stetige Limes-VF F die gleichmäßige Konvergenz von F_n gegen F impliziert. Insbesondere gilt also

$$F_n \xrightarrow[\mathcal{L}]{} \phi \quad \Rightarrow \quad \|F_n - \phi\|_\infty \to 0.$$

Satz 5.75 (Pólya) *Für* $n \in \mathbb{N}$ *seien* $F_n\colon \mathbb{R} \to [0,1]$ *sowie* $F\colon \mathbb{R} \to [0,1]$ *eindimensionale Verteilungsfunktionen mit*

$$F_n(z) \to F(z), \quad F_n(z-0) \to F(z-0) \quad \forall z \in \mathbb{R}. \tag{5.2.35}$$

Dann ist die Konvergenz von F_n *gegen* F *gleichmäßig in* $z \in \mathbb{R}$, *d.h. es gilt*

$$\|F_n - F\|_\infty := \sup_{z \in \mathbb{R}} |F_n(z) - F(z)| \to 0. \tag{5.2.36}$$

Ist F *stetig, so folgt* $F_n(z-0) \to F(z-0)\ \forall z \in \mathbb{R}$ *und damit* (5.2.35) *bereits aus* $F_n(z) \to F(z)\ \forall z \in \mathbb{R}$. *Insbesondere gilt bei stetigem* F

$$F_n(z) \to F(z) \quad \forall z \in C(F) = \mathbb{R} \quad \Rightarrow \quad \|F_n - F\|_\infty \to 0. \tag{5.2.37}$$

Beweis: Für $k \in \mathbb{N}$ seien $z_{k0} := -\infty$, $z_{kk} := \infty$ sowie $z_{kj} := F^{-1}(j/k)$, $1 \leq j < k$. Dann folgt aus der Definition (1.2.2) von F^{-1} für $1 \leq j < k$

$$F(z_{kj}) \geq j/k \geq F(z_{kj} - 0) \quad \text{und damit} \quad F(z_{kj} - 0) - F(z_{kj-1}) \leq k^{-1}.$$

Aus der Isotonie von F und F_n ergibt sich nun für $z_{kj-1} \leq z < z_{kj}$

$$F_n(z_{kj-1}) - F(z_{kj}) \leq F_n(z) - F(z) \leq F_n(z_{kj} - 0) - F(z_{kj-1})$$

und damit wegen $F(z_{k\ell} - 0) - F(z_{k\ell-1}) \leq k^{-1}$ für $1 \leq \ell < k$

$$\sup_{z_{kj-1} \leq z < z_{kj}} |F_n(z) - F(z)| \leq \max\{|F_n(z_{kj}) - F(z_{kj})|, |F_n(z_{kj} - 0) - F(z_{kj} - 0)|\} + k^{-1}.$$

Durch Maximumsbildung hinsichtlich j folgt hieraus wegen (5.2.35)

$$\limsup_{n \to \infty} \|F_n - F\|_\infty \leq k^{-1} \quad \forall k \in \mathbb{N}, \quad \text{d.h. } \|F_n - F\|_\infty \to 0.$$

Ist speziell F stetig, so folgt aus $F_n(z) \to F(z)$ für jedes $\varepsilon > 0$ mit geeignetem $\delta = \delta(\varepsilon) > 0$

$$F(z) \geq \limsup F_n(z-0) \geq \liminf F_n(z-0) \geq F(z-\delta) \geq F(z) - \varepsilon.$$

Daraus ergibt sich $F_n(z-0) \to F(z-0) = F(z)$ und damit der Zusatz (5.2.37). □

Eine weitere wichtige Kennzeichnung der Verteilungskonvergenz auf $(\mathbb{R}, \mathbb{B})$ ist die durch die Konvergenz der zugehörigen Quantilfunktionen, also der verallgemeinerten Inversen der VF. In 1.2.1 wurde gezeigt, daß sich im Fall $k=1$ eine VF F äquivalent durch ihre Quantilfunktion F^{-1} charakterisieren läßt. Deshalb ist es naheliegend, daß sich in diesem Fall auch die Verteilungskonvergenz $F_n \xrightarrow{\mathcal{L}} F$ durch eine geeignete Konvergenz der Quantilfunktionen beschreiben läßt.

Satz 5.76 *Seien* F_n, F *eindimensionale Verteilungsfunktionen. Dann gilt:*

$$F_n(z) \to F(z) \quad \forall z \in C(F) \quad \Leftrightarrow \quad F_n^{-1}(u) \to F^{-1}(u) \quad \forall u \in C(F^{-1}).$$

72   5 Verteilungstheoretische Grundlagen der asymptotischen Statistik

Beweis: „⇒" Man beachte, daß $C(F)$ in $\mathbb{R}$ dicht ist. Mit Hilfssatz 1.17 wird für jedes $u \in (0,1)$ gezeigt:

$$\liminf F_n^{-1}(u) \geq F^{-1}(u), \quad \limsup F_n^{-1}(u) \leq F^{-1}(u+0),$$

so daß für $u \in C^{-1}(F)$ gilt $F_n^{-1}(u) \to F^{-1}(u)$.

Seien hierzu $u \in (0,1)$ und $z \in C(F)$ mit $z < F^{-1}(u)$. Dann folgt aus Hilfssatz 1.17a $F(z) < u$ und damit $F_n(z) < u\ \forall n \geq n_0 := n_0(u,z)$. Also ist auch $F_n^{-1}(u) > z$ $\forall n \geq n_0$ und folglich $\liminf_{n \to \infty} F_n^{-1}(u) \geq F^{-1}(u)$.

Zum Beweis von $\limsup_{n \to \infty} F_n^{-1}(u) \leq F^{-1}(u+0)$ seien weiter $\varepsilon > 0$, $v > u$ und $y \in C(F)$ mit $F^{-1}(v) < y < F^{-1}(v) + \varepsilon$. Dann gilt $u \leq v \leq F(F^{-1}(v)) \leq F(y)$ nach Hilfssatz 1.17e und damit $u < F_n(y)\ \forall n \geq n_1 := n_1(u,v,y)$. Also ist auch $F_n^{-1}(u) < y\ \forall n \geq n_1$ und damit $\limsup_{n \to \infty} F_n^{-1}(u) \leq y \leq F^{-1}(v) + \varepsilon$. Da $v > u$ und $\varepsilon > 0$ beliebig gewählt waren, gilt somit $\limsup_{n \to \infty} F_n^{-1}(u) \leq F^{-1}(u+0)$.

„⇐" Sei U eine $\mathfrak{R}$-verteilte ZG. Da $D(F^{-1})$ höchstens abzählbar und somit eine $\mathfrak{R}$-Nullmenge ist, folgt für die ZG $X_n^\times := F_n^{-1}(U)$, $X^\times := F^{-1}(U)$

$$X_n^\times \to X^\times \ [\mathbb{P}] \quad \text{und damit} \quad X_n^\times \xrightarrow{\mathfrak{L}} X^\times.$$

Wegen $\mathfrak{L}(X_n^\times) = F_n$, $\mathfrak{L}(X^\times) = F$ ist dieses äquivalent mit $F_n \xrightarrow{\mathfrak{L}} F$. □

Die dem letzten Beweisschritt zugrundeliegende Idee, von einer verteilungskonvergenten Folge von VF zu einer f.s. konvergenten Folge von ZG überzugehen, wird sich in der folgenden, leicht modifizierten Form beweistechnisch als von großer Bedeutung erweisen. Vgl. hierzu auch die entsprechenden Ausführungen in Band III.

Satz 5.77 (F.s. Konvergenz durch verteilungsgleiche Ersetzung) *Seien X_n, X reellwertige ZG auf einem beliebigen WS-Raum $(\Omega, \mathfrak{A}, \mathbb{P})$ mit $X_n \xrightarrow{\mathfrak{L}} X$. Dann gibt es reellwertige ZG $X_n^\times$, $X^\times$ auf dem WS-Raum $(\Omega^\times, \mathfrak{A}^\times, \mathbb{P}^\times) = ([0,1], [0,1]\mathbb{B}, \mathfrak{R})$ mit*

1) $\mathfrak{L}(X_n^\times) = \mathfrak{L}(X_n) \quad \forall n \in \mathbb{N}, \quad \mathfrak{L}(X^\times) = \mathfrak{L}(X);$
2) $X_n^\times \to X^\times\ [\mathbb{P}^\times]$ *für* $n \to \infty$.

Beweis: Bezeichnen F_n, F die VF von X_n, X und U eine $\mathfrak{R}$-verteilte ZG, so lassen sich die ZG X_n, X nach Hilfssatz 2.29 für jedes feste $n \in \mathbb{N}$ verteilungsgleich darstellen in der Form $X_n^\times := F_n^{-1}(U)$, $X^\times := F^{-1}(U)$. Nach Satz 5.76 folgt aus $F_n \xrightarrow{\mathfrak{L}} F$ zunächst $F_n^{-1}(u) \to F^{-1}(u)\ \forall u \in C(F^{-1})$. Da F^{-1} höchstens abzählbar viele Sprungstellen besitzt, also $\lambda(D(F^{-1})) = 0$ gilt, ergibt sich $F_n^{-1} \to F^{-1}\ [\mathfrak{R}]$, d.h. $X_n^\times \to X^\times\ [\mathbb{P}^\times]$. □

Satz 5.77 ermöglicht es, die für k-dimensionale ZG X_n, X aus den Definitionen A7.0 bzw. dem Satz von Slutsky 5.45 folgende Implikation

$$X_n \to X\ [\mathbb{P}] \quad \Rightarrow \quad X_n \to X \text{ nach } \mathbb{P}\text{-WS} \quad \Rightarrow \quad X_n \xrightarrow{\mathfrak{L}} X \quad (5.2.38)$$

im Fall $k = 1$ durch den Übergang zu einer geeigneten verteilungsgleichen, f.s. konvergenten Ersetzung partiell umzukehren. Man beachte jedoch, daß hier nur jedes einzelne Folgenelement verteilungsgleich ersetzt wird, nicht aber die Folge insgesamt.

Die Möglichkeit einer derartigen verteilungsgleichen Ersetzung läßt sich in sehr viel allgemeinerem Rahmen zeigen, nämlich etwa für polnische Räume oder den Raum $\mathbb{D}[0,1], \|\cdot\|_\infty)$; vgl. Kap. 10. Die entsprechenden Aussagen sind jedoch nicht mehr konstruktiv. Der große Vorteil verteilungsgleicher Ersetzungen besteht in der Rechtfertigung, daß man mit verteilungskonvergenten Folgen häufig genau so rechnen kann wie mit gewöhnlichen Zahlenfolgen und sich so viele Beweise vereinfachen lassen. Als Beispiel betrachten wir den Beweis von folgendem wichtigen[28]

Satz 5.78 (Cramér) *Für* $n \in \mathbb{N}$ *sei* Y_n *eine reellwertige ZG auf einem WS-Raum* $(\Omega, \mathfrak{A}, \mathbb{P})$. *Weiter seien* $(c_n) \subset (0, \infty)$ *mit* $c_n \to \infty$, $c \in \mathbb{R}$ *und* $f: (\mathbb{R}, \mathbb{B}) \to (\mathbb{R}, \mathbb{B})$ *im Punkte c differenzierbar. Dann gilt:*

$$\mathcal{L}(c_n(Y_n - c)) \xrightarrow{\mathcal{L}} \mathcal{L}(Z) \quad \Rightarrow \quad \mathcal{L}(c_n(f(Y_n) - f(c))) \xrightarrow{\mathcal{L}} \mathcal{L}(f'(c)Z). \qquad (5.2.39)$$

Beweis: Seien $Z_n^\times, Z^\times$ verteilungsgleiche Ersetzungen von $Z_n := c_n(Y_n - c)$ und Z mit $Z_n^\times \to Z^\times$ [$\mathbb{P}$]. Dann ist $Y_n^\times = c_n^{-1} Z_n^\times + c$ eine verteilungsgleiche Ersetzung von Y_n, so daß wegen der Differenzierbarkeit von f im Punkte c gilt

$$c_n(f(Y_n) - f(c)) \underset{\mathcal{L}}{=} c_n\big(f\big(\tfrac{1}{c_n} Z_n^\times + c\big) - f(c)\big) = Z_n^\times f'(c) + o(1) \to Z^\times f'(c) \ [\mathbb{P}]. \quad \square$$

5.2.4 Einige Rechenregeln und der Satz über die Typenkonvergenz

Bereits in 5.2.1 wurde daraufhingewiesen, daß es vielfach zweckmäßig ist, die Verteilungskonvergenz einer Folge T_n mit Hilfe einer approximierenden Folge Y_n zu zeigen. Läßt sich etwa die interessierende ZG T_n schreiben in der Form $T_n = Y_n + Z_n$ mit $Y_n \xrightarrow{\mathcal{L}} Y$ und $Z_n \xrightarrow{\mathcal{L}} 0$, so liegt es nahe, daraus $T_n \xrightarrow{\mathcal{L}} Y$ zu folgern. Die Präzisierung einer derartigen Rechenregel ist aber deshalb nicht „ganz" trivial, weil im allgemeinen *nicht* gilt

$$Y_n \xrightarrow{\mathcal{L}} Y, \ Z_n \xrightarrow{\mathcal{L}} Z \quad \Rightarrow \quad Y_n + Z_n \xrightarrow{\mathcal{L}} Y + Z \quad \text{oder} \quad Y_n^\top Z_n \xrightarrow{\mathcal{L}} Y^\top Z.$$

Beispiel 5.79 Seien $\mathcal{L}(Y) = \mathfrak{R}(-1, +1)$ sowie $Y_n := Y$ und $Z_n := (-1)^n Y$ für $n \in \mathbb{N}$. Dann gilt $\mathcal{L}(Y_n) = \mathcal{L}(Z_n) = \mathfrak{R}(-1, +1)$ und somit trivialerweise $Y_n \xrightarrow{\mathcal{L}} Y$ und $Z_n \xrightarrow{\mathcal{L}} Y$. Die Summen $Y_n + Z_n$ sind aber wegen $\mathcal{L}(Y_n + Z_n) = \mathfrak{R}(-2, 2)$ bzw. $= \varepsilon_0$ für $n = 2m$ bzw. $n = 2m + 1$ nicht verteilungskonvergent. $\square$

---

[28] Eine mehrdimensionale Version dieses Satzes mit normalverteiltem Limes Z und $c_n = n^{1/2}$ wird in 5.3.1 bewiesen; vgl. Satz 5.107.

Der Grund dafür, daß der formale Grenzübergang nicht korrekt ist, liegt daran, daß im allgemeinen auch wieder *nicht* gilt

$$Y_n \xrightarrow{\mathcal{L}} Y, \ Z_n \xrightarrow{\mathcal{L}} Z \ \Rightarrow \ (Y_n, Z_n) \xrightarrow{\mathcal{L}} (Y, Z).$$

Dagegen folgt aus der Straffheit von Folgen $\mathcal{L}(Y_n)$, $n \in \mathbb{N}$, und $\mathcal{L}(Z_n)$, $n \in \mathbb{N}$, stets diejenige der Folge der gemeinsamen Verteilungen $\mathcal{L}(Y_n, Z_n)$, $n \in \mathbb{N}$. Bezeichnen nämlich K_1 und K_2 kompakte Mengen mit

$$P(Y_n \in K_1^c) \leq \varepsilon_1, \ P(Z_n \in K_2^c) \leq \varepsilon_2, \ \text{so gilt} \ P((Y_n, Z_n) \in (K_1 \times K_2)^c) \leq \varepsilon_1 + \varepsilon_2.$$

Beim Übergang von zwei verteilungskonvergenten Folgen von ZG zur Folge der Paare geht also im allgemeinen die Eindeutigkeit des Häufungspunktes verloren. Kann diese jedoch garantiert werden, d.h. gilt

$$(Y_n, Z_n) \xrightarrow{\mathcal{L}} (Y, Z),$$

so lassen sich die aufgeworfenen Fragen mit Hilfe des Stetigkeitssatzes 5.43 sofort positiv beantworten. Wir betrachten deshalb zunächst Situationen, in denen sich die Konvergenz der gemeinsamen Verteilung mit zusätzlichen Voraussetzungen aus derjenigen der Randverteilungen ergibt. Bei der Formulierung gehen wir von folgendem Rahmen aus: Gegeben seien Folgen von WS-Räumen $(\mathfrak{X}_n, \mathfrak{B}_n, P_n)$ und Folgen von ZG Y_n, Z_n, wobei Y_n und Z_n auf $(\mathfrak{X}_n, \mathfrak{B}_n)$ definierte k- bzw. ℓ-dimensionale ZG (mit $\ell = k$ bzw. $\ell = 1$) bezeichnen und damit die algebraischen Operationen $Y_n + Z_n$, $Y_n - Z_n$, $Y_n^\top Z_n$ bzw. $Y_n Z_n$ usw. punktweise erklärt sind.

Hilfssatz 5.80 *Aus $\mathcal{L}(Y_n) \xrightarrow{\mathcal{L}} \mathcal{L}(Y)$ und $\mathcal{L}(Z_n) \xrightarrow{\mathcal{L}} \mathcal{L}(Z)$ folgt*

$$\mathcal{L}(Y_n, Z_n) \xrightarrow{\mathcal{L}} \mathcal{L}(Y) \otimes \mathcal{L}(Z), \tag{5.2.40}$$

falls eine der folgenden beiden Bedingungen erfüllt ist:

a) Y_n *und Z_n sind stochastisch unabhängig $\forall n \in \mathbb{N}$;*

b) Z *ist f.s. konstant, d.h. es existiert eine Konstante c mit $P(Z = c) = 1$.*

Beweis: Seien F, G die VF von $\mathcal{L}(Y)$ bzw. $\mathcal{L}(Z)$, bei b) also $G = \mathbf{1}_{[c, \infty)}$.

a) Ist $(y, z) \in C'(F \otimes G)$, also $y \in C'(F)$ und $z \in C'(G)$, so gilt

$$H_n(y, z) = P(Y_n \leq y, Z_n \leq z) = P(Y_n \leq y) P(Z_n \leq z) \to F(y) G(z) = H(y, z).$$

b) Da $\mathcal{L}(Y, Z)$ wegen $Z = c \ [P]$ auf die k-dimensionale Hyperebene $\{(y, z) : z = c\}$ konzentriert ist, hat sie die VF $H(y, z) = F(y) \mathbf{1}_{[c, \infty)}(z)$. Folglich gilt $C'(H) = C'(F) \times \times_{i=1}^{\ell} \{z_i : z_i \neq c_i\}$. Ist $(y, z) \in C'(H)$ mit $z_i > c_i \ \forall i = 1, \ldots, \ell$, so gilt $H_n(y, z) \to H(y, z) = F(y)$ wegen

$$H_n(y,z) = P(Y_n \le y, Z_n \le z) \le P(Y_n \le y) = F_n(y) \;\to\; F(y) \quad \text{und}$$
$$H_n(y,z) = P(Y_n \le y) - P(Y_n \le y, \{Z_n \le z\}^c)$$
$$\ge P(Y_n \le y) - 1 + P(Z_n \le z) \;\to\; F(y).$$

Ist $(y,z) \in C'(H)$ mit $z_i < c_i\ \exists i = 1, \ldots, \ell$, etwa mit $z_j < c_j$, so gilt

$$0 \le H_n(y,z) \le P(Z_{nj} \le z_j) \;\to\; 0 = H(y,z). \quad \square$$

Die im Fall b) auftretende Verteilungskonvergenz von ZG gegen f.s. konstante ZG läßt sich auch mit dem Konzept der Konvergenz nach WS erfassen. Im Hinblick auf die Überlegungen in 6.3 und Band III geben wir deshalb noch eine Definition der Konvergenz nach WS, bei der das Grundmaß mit n variieren darf.

Definition 5.81 Für $n \in \mathbb{N}$ seien Z_n ZG auf einem WS-Raum $(\mathfrak{X}_n, \mathfrak{B}_n, P_n)$ mit Werten in $(\mathbb{R}^k, \mathbb{B}^k)$. Dann heißt Z_n nach P_n-WS *konvergent* oder *stochastisch konvergent* gegen $c \in \mathbb{R}^k$, kurz: $Z_n \to c$ nach P_n-WS oder auch $Z_n \xrightarrow[P_n]{} c$, wenn es zu jedem $\varepsilon > 0$ und jedem $\delta > 0$ ein $n(\varepsilon, \delta) \in \mathbb{N}$ gibt mit

$$P_n(|Z_n - c| > \varepsilon) < \delta \quad \forall n \ge n(\varepsilon, \delta). \tag{5.2.41}$$

Die stochastische Konvergenz k-dimensionaler ZG gegen eine Konstante läßt sich wie folgt charakterisieren.

Hilfssatz 5.82 *Für* $n \in \mathbb{N}$ *sei* $Z_n = (Z_{n1}, \ldots, Z_{nk})^\top$ *eine k-dimensionale ZG; weiter sei* $c = (c_1, \ldots, c_k)^\top \in \mathbb{R}^k$. *Dann sind äquivalent:*

a) $\quad Z_n \to c \quad$ nach P_n-WS;

b) $\quad Z_{ni} \to c_i \quad$ nach P_n-WS $\quad \forall i = 1, \ldots, k$;

c) $\quad Z_n \xrightarrow[\mathfrak{L}]{} c$.

Beweis: a) folgt aus b), denn für jedes $\varepsilon > 0$ und $n \to \infty$ gilt

$$P_n(|Z_n - c| \le \sqrt{k}\varepsilon) \ge P_n(\bigcap_{i=1}^k \{|Z_{ni} - c_i| \le \varepsilon\}) = 1 - P_n(\bigcup_{i=1}^k \{|Z_{ni} - c_i| > \varepsilon\})$$
$$\ge 1 - \sum_{i=1}^k P_n(|Z_{ni} - c_i| > \varepsilon) \;\to\; 1.$$

Umgekehrt folgt b) aus a), denn für jedes $\varepsilon > 0$ und $n \to \infty$ gilt

$$P_n(|Z_{ni} - c_i| > \varepsilon) \le P_n(|Z_n - c| > \varepsilon) \;\to\; 0.$$

c) ist äquivalent mit $P_n^{Z_n}(B) =: Q_n(B) \to Q(B) := \mathbf{1}_B(c)\ \forall B \in \mathbb{B}^k$ mit $Q(\partial B) = 0$. Dies sind die Mengen $B \in \mathbb{B}^k$ mit $c \notin \partial B$, für die also c zum Innern von B oder von B^c gehört, so daß $Q(B) = 1$ oder $Q(B) = 0$ gilt. $Q_n(B) \to 1$ (bzw. $\to 0$) für

Verteilungstheoretische Grundlagen der asymptotischen Statistik

it $c \in \mathring{B}$ (bzw. $c \notin \overline{B}$) ist aber äquivalent mit a), denn für alle $\varepsilon > 0$ gilt $|z - c| \leq \varepsilon\}) = P_n(|Z_n - c| \leq \varepsilon) \to 1$. □

... .ssatz 5.82 folgen aus dem Satz über die stetigen Abbildungen 5.43 nun unmittelbar die folgenden Regeln über das Rechnen mit verteilungskonvergenten Folgen von ZG.

Satz 5.83 Y_n, Y und Z_n, Z seien k- bzw. ℓ-dimensionale ZG mit $Y_n \xrightarrow[\mathcal{L}]{} Y$ und $Z_n \xrightarrow[\mathcal{L}]{} Z$. Weiter seien entweder Y_n, Z_n für jedes $n \in \mathbb{N}$ st.u. oder es sei Z f.s.-konstant. Dann gilt:

a) (für $\ell = k$) $\quad Y_n \pm Z_n \xrightarrow[\mathcal{L}]{} Y \pm Z$, $Y_n^\top Z_n \xrightarrow[\mathcal{L}]{} Y^\top Z$;

b) (für $\ell = 1$) $\quad Y_n Z_n \xrightarrow[\mathcal{L}]{} YZ$, $Y_n/Z_n \xrightarrow[\mathcal{L}]{} Y/Z$, falls $Z_n, Z \neq 0$ f.s.

Insbesondere gilt bei $\mathcal{L}_{P_n}(Y_n) \xrightarrow[\mathcal{L}]{} \mathcal{L}_P(Y)$ und $Z_n \to c$ nach P_n-WS:

c) (für $\ell = k$) $\quad Y_n \pm Z_n \xrightarrow[\mathcal{L}]{} Y \pm c$, $Y_n^\top Z_n \xrightarrow[\mathcal{L}]{} Y^\top c$;

d) (für $\ell = 1$) $\quad Z_n Y_n \xrightarrow[\mathcal{L}]{} cY$, $Y_n/Z_n \xrightarrow[\mathcal{L}]{} Y/c$, falls[29] $Z_n \neq 0$ $[P_n]$ und $c \neq 0$.

Für die Anwendungen ist es von zentraler Bedeutung, daß additive „Restterme", die nach WS gegen 0 streben, sowie Faktoren, die nach WS gegen 1 streben, bei Aussagen über Verteilungskonvergenz vernachlässigt werden können. Dieses gilt auch unter Grundmaßen P_n, die mit n variieren. In Anlehnung an die in der Analysis gebräuchliche „Landau-Symbolik" $z_n = o(1)$ für Folgen (z_n) mit $z_n \to 0$ schreiben wir deshalb

$$Z_n = o_{P_n}(1) \quad :\Leftrightarrow \quad Z_n \to 0 \quad \text{nach} \quad P_n\text{-WS}$$

und formulieren in Konkretisierung des Satzes von Slutsky 5.45 aus 5.2.1 die wichtigsten obigen Rechenregeln nochmals im

Korollar 5.84 (Lemma von Slutsky) Für $n \in \mathbb{N}$ seien Y_n, Y k-dimensionale ZG und Z_n ℓ-dimensionale ZG. Dann gilt:

a) (für $\ell = k$) $\quad \left.\begin{array}{l} Y_n \xrightarrow[\mathcal{L}]{} Y \\ Z_n = o_{P_n}(1) \end{array}\right\} \quad \Rightarrow \quad Y_n \pm Z_n \xrightarrow[\mathcal{L}]{} Y$;

b) (für $\ell = 1$) $\quad \left.\begin{array}{l} Y_n \xrightarrow[\mathcal{L}]{} Y \\ Z_n = o_{P_n}(1) \end{array}\right\} \quad \Rightarrow \quad Y_n Z_n = o_{P_n}(1)$;

c) (für $\ell = 1$) $\quad \left.\begin{array}{l} Y_n \xrightarrow[\mathcal{L}]{} Y \\ Z_n = 1 + o_{P_n}(1) \end{array}\right\} \quad \Rightarrow \quad Y_n Z_n \xrightarrow[\mathcal{L}]{} Y$.

---

[29] Auf die Zusatzvoraussetzung $Z_n \neq 0$ $[P_n]$ kann man verzichten, wenn man den Quotienten Y_n/Z_n als ZG in $(\overline{\mathbb{R}}^k, \overline{\mathbb{B}}^k)$ auffaßt und beachtet, daß die Definition 5.81 für ZG Z_n mit Werten in $(\overline{\mathbb{R}}^k, \overline{\mathbb{B}}^k)$ sinnvoll bleibt, sofern Z Werte in $(\mathbb{R}^k, \mathbb{B}^k)$ annimmt.

Insbesondere gilt für k-dimensionale ZG Y_n, Y, A_n, *eindimensionale ZG* B_n *sowie Konstanten* $a \in \mathbb{R}^k$ *und* $b \in \mathbb{R}$:

$$Y_n \xrightarrow{\mathfrak{L}} Y, \ A_n \to a \ \text{nach WS}, \ B_n \to b \ \text{nach WS} \ \Rightarrow \ A_n + B_n Y_n \xrightarrow{\mathfrak{L}} a + bY.$$

Aus Korollar 5.84 folgt mit $Y_n = Y + (Y_n - Y)$ auch unmittelbar

$$Y_n \to Y \ \text{nach} \ P_n\text{-WS} \ \Rightarrow \ \mathfrak{L}_{P_n}(Y_n) \xrightarrow{\mathfrak{L}} \mathfrak{L}(Y); \tag{5.2.42}$$

die Umkehrung gilt nicht, wie etwa die Folge der Z_n in Beispiel 5.79 zeigt.

Anmerkung 5.85 Von Bedeutung ist vielfach auch die Rate, mit der etwa ein Restterm nach P_n-WS gegen 0 strebt. Wir schreiben hierfür, ebenfalls in Verallgemeinerung der „Landau-Symbolik",

$$Z_n = o_{P_n}(n^{-h}) \quad :\Leftrightarrow \quad n^h Z_n \to 0 \ \text{nach} \ P_n\text{-WS}.$$

Eine analoge Terminologie verwenden wir auch für Folgen von ZG, die *nach WS-beschränkt*, deren Verteilungen also straff sind:

$$Z_n = O_{P_n}(n^{-h}) \quad :\Leftrightarrow \quad n^h Z_n, \ n \in \mathbb{N}, \ \text{nach} \ P_n\text{-WS beschränkt}$$
$$:\Leftrightarrow \quad \forall \varepsilon > 0 \ \exists M \in (0, \infty): P_n(n^h |Z_n| > M) \leq \varepsilon \ \forall n \in \mathbb{N}.$$

Da aus der Verteilungskonvergenz einer Folge deren Straffheit folgt und aus einer straffen Folge von WS-Maßen stets eine verteilungskonvergente Folge ausgewählt werden kann, läßt sich Korollar 5.84b auch in der Kurzform $O_{P_n}(1) o_{P_n}(1) = o_{P_n}(1)$ schreiben. Allgemeiner gilt etwa

$$O_{P_n}(n^{-h}) o_{P_n}(n^{-\ell}) = o_{P_n}(n^{-h-\ell}) \quad \text{oder} \quad O_{P_n}(n^{-h}) O_{P_n}(n^{-\ell}) = O_{P_n}(n^{-h-\ell}). \quad \Box$$

Die folgenden Beispiele zeigen die Nützlichkeit des Lemmas von Slutsky.

Beispiel 5.86 $X_j, \ j \in \mathbb{N}$, seien st.u. ZG mit der gleichen eindimensionalen Verteilung, für welche $\mu := EX_1$ sowie $\sigma^2 := \text{Var} \ X_1 > 0$ existieren und endlich sind. Beziehen sich Summen und Durchschnitte $\overline{X}_n := \sum_{j=1}^n X_j / n$ auf den Stichprobenumfang n, so gilt nach dem Gesetz der großen Zahlen $\overline{X}_n \to \mu$ nach WS sowie $\sum_{j=1}^n (X_j - \mu)^2 / n \to \sigma^2$ nach WS und damit wegen Korollar 5.84a

$$s_n^2 := \frac{\sum_{j=1}^n (X_j - \overline{X}_n)^2}{n-1} = \frac{\sum_{j=1}^n (X_j - \mu)^2}{n} \frac{n}{n-1} - \frac{n(\overline{X}_n - \mu)^2}{n-1} \to \sigma^2 \quad \text{nach WS.} \tag{5.2.43}$$

Analog gilt wegen des starken Gesetzes der großen Zahlen sogar $s_n^2 \to \sigma^2$ f.s. und damit $s_n \to \sigma$ f.s., also auch $s_n \to \sigma$ nach WS und folglich wegen $\mathfrak{L}(\sqrt{n}(\overline{X}_n - \mu)) \xrightarrow{\mathfrak{L}} \mathfrak{N}(0, \sigma^2)$ nach dem Lemma von Slutsky 5.84c

$$\mathfrak{L}(\sqrt{n}(\overline{X}_n - \mu)/s_n) \xrightarrow{\mathfrak{L}} \mathfrak{N}(0,1). \tag{5.2.44}$$

Ist überdies $\mu_4 := E(X_1 - \mu)^4 < \infty$, so hat auch $\sqrt{n}(s_n^2 - \sigma^2)$ eine Limesverteilung,

$$\mathfrak{L}(\sqrt{n}(s_n^2 - \sigma^2)) \xrightarrow{\mathfrak{L}} \mathfrak{N}(0, \tau^2), \quad \tau^2 = \text{Var}(X_1 - \mu)^2 = \mu_4 - \sigma^4. \tag{5.2.45}$$

78 5 Verteilungstheoretische Grundlagen der asymptotischen Statistik

Nach dem Satz von Lindeberg-Lévy gilt nämlich $\mathcal{L}(\sqrt{n}(\frac{1}{n}\sum_j(X_j-\mu)^2-\sigma^2)) \xrightarrow[\mathcal{L}]{} \mathfrak{N}(0,\tau^2)$. Hieraus folgt (5.2.45) mit der gleichen Umformung wie in (5.2.43) nach Korollar 5.84, da nach dem Stetigkeitssatz 5.43 mit $\sqrt{n}(\overline{X}_n - \mu)$ auch $n(\overline{X}_n - \mu)^2$ eine Limesverteilung hat und somit nach Korollar 5.84b $\sqrt{n}(\overline{X}_n - \mu)^2 \to 0$ nach WS gilt. Im Spezialfall $\mathcal{L}(X_j) = \mathfrak{N}(\mu,\sigma^2)$ ergibt sich (etwa mit Hilfe charakteristischer Funktionen) $\mu_4 = 3\sigma^4$, also

$$\mathcal{L}(\sqrt{n}(s_n^2 - \sigma^2)) \xrightarrow[\mathcal{L}]{} \mathfrak{N}(0, 2\sigma^4). \tag{5.2.46}$$

Analog zeigt man, daß auch $(\overline{X}_n, s_n^2)$ eine gemeinsame Limes-Normalverteilung hat; vgl. Aufg. 5.17. □

Beispiel 5.87 X_{ij}, $j \in \mathbb{N}$, $i = 1, 2$, seien st.u. ZG mit einer von j unabhängigen eindimensionalen Verteilung. Es existiere $EX_{ij} := \mu_i$, Var $X_{ij} := \sigma^2$ (unabhängig von $i = 1, 2$), und es sei $0 < \sigma^2 < \infty$. Beziehen sich Summen und Durchschnitte $\overline{X}_{i\cdot} := \sum_{j=1}^{n_i} X_{ij}/n_i$ auf den Stichprobenumfang n_i, $i = 1, 2$, so gilt für $n_1 \to \infty$ und $n_2 \to \infty$

$$\mathcal{L}\left(\frac{\sqrt{\frac{n_1 n_2}{n_1+n_2}}(\overline{X}_{1\cdot} - \overline{X}_{2\cdot} - \mu_1 + \mu_2)}{\sqrt{\frac{1}{n_1+n_2-2}(\sum_{j=1}^{n_1}(X_{1j}-\overline{X}_{1\cdot})^2 + \sum_{j=1}^{n_2}(X_{2j}-\overline{X}_{2\cdot})^2)}}\right) \xrightarrow[\mathcal{L}]{} \mathfrak{N}(0,1). \tag{5.2.47}$$

Nach (5.2.43) ergibt sich nämlich $\sum_{j=1}^{n_i}(X_{ij} - \overline{X}_{i\cdot})^2/n_i \to \sigma^2$ nach WS, $i = 1, 2$, und damit

$$\frac{1}{n_1+n_2-2}\left(\sum_{j=1}^{n_1}(X_{1j}-\overline{X}_{1\cdot})^2 + \sum_{j=1}^{n_2}(X_{2j}-\overline{X}_{2\cdot})^2\right) = \frac{n_1+n_2}{n_1+n_2-2}\left(\frac{1}{n_1}\sum_{j=1}^{n_2}(X_{1j}-\overline{X}_{1\cdot})^2\right)$$

$$+ \frac{n_2}{n_1+n_2-2}\left(\frac{1}{n_2}\sum_{j=1}^{n_2}(X_{2j}-\overline{X}_{2\cdot})^2 - \frac{1}{n_1}\sum_{j=1}^{n_1}(X_{1j}-\overline{X}_{1\cdot})^2\right) \to \sigma^2 \quad \text{nach WS.}$$

Bezeichnen andererseits φ_{n_i} die charakteristischen Funktionen von $\sqrt{n_i}(\overline{X}_{i\cdot} - \mu_i)$, so folgt nach dem Satz von Lévy-Cramér wegen $\mathcal{L}(\sqrt{n_i}(\overline{X}_{i\cdot} - \mu_i)) \xrightarrow[\mathcal{L}]{} \mathfrak{N}(0,\sigma^2)$ auch $R_{n_i}(t) := \varphi_{n_i}(t) - \exp(-\sigma^2 t^2/2) \to 0$ für $n_i \to \infty$, $i = 1, 2$. Da die Konvergenz dieses Restgliedes nach Anmerkung 5.68a kompakt gleichmäßig ist, gilt nach den Rechenregeln A8.7 und A8.8 für die charakteristische Funktion $\varphi_{n_1 n_2}$ von

$$\sqrt{\frac{n_1 n_2}{n_1+n_2}}(\overline{X}_{1\cdot} - \overline{X}_{2\cdot} - \mu_1 + \mu_2) = \sqrt{\frac{n_2}{n_1+n_2}}\sqrt{n_1}(\overline{X}_{1\cdot} - \mu_1) - \sqrt{\frac{n_1}{n_1+n_2}}\sqrt{n_2}(\overline{X}_{2\cdot} - \mu_2)$$

$$\varphi_{n_1 n_2}(t) = \varphi_{n_1}\left(\sqrt{\frac{n_2}{n_1+n_2}}t\right)\varphi_{n_2}\left(-\sqrt{\frac{n_1}{n_1+n_2}}t\right)$$

$$= \exp\left(-\frac{\sigma^2 t^2}{2}\left(\frac{n_2}{n_1+n_2} + \frac{n_1}{n_1+n_2}\right)\right) + R_{n_1 n_2}(t)$$

mit $R_{n_1 n_2}(t) \to 0$ für $n_1 \to \infty$, $n_2 \to \infty$ und damit (5.2.47) nach Korollar 5.84. □

Wie diese Beispiele zeigen, ist es zur Existenz einer Limesverteilung vielfach erforderlich, die zugrundeliegende ZG Y_n geeignet zu standardisieren. Dies legt wiederum die Frage nahe, inwieweit die Form der Limesverteilung und die Standardisierungskonstanten eindeutig bestimmt sind. Die folgende Aussage impliziert, daß es auch durch Abänderung der Standardisierung von Y_n nicht möglich ist, den Typ der Limesverteilung oder die Konvergenzrate zu verändern. Dabei heißen zwei eindimensionale VF F und G *vom selben Typ*, kurz: $G \in \mathfrak{T}(F)$, wenn es Zahlen $a \in \mathbb{R}$ und $b > 0$ gibt mit

$$G(x) = F(a + bx) \quad \forall x \in \mathbb{R}. \tag{5.2.48}$$

Satz 5.88 (Typenkonvergenz) *Für $n \in \mathbb{N}$ seien F_n nebst F und G eindimensionale VF sowie $a_n \in \mathbb{R}$ und $b_n > 0$. Sind F und G nichtdegeneriert und gilt*

$$F_n(x) \to F(x) \quad \forall x \in C(F), \qquad F_n(a_n + b_n x) \to G(x) \quad \forall x \in C(G),$$

so sind F und G vom selben Typ, d.h. es gibt es Zahlen $a \in \mathbb{R}$, $b > 0$ mit $a_n \to a$, $b_n \to b$ und

$$G(x) = F(a + bx) \quad \forall x \in \mathbb{R} \tag{5.2.49}$$

Beweis: Seien Y, Z sowie Y_n reellwertige ZG mit den VF F, G bzw. F_n. Dann besitzt $Z_n := (Y_n - a_n)/b_n$ die VF

$$G_n(z) = P\left(\frac{Y_n - a_n}{b_n} \leq z\right) = P(Y_n \leq a_n + b_n z) = F_n(a_n + b_n z), \quad z \in \mathbb{R},$$

und die Aussage des Satzes ist äquivalent mit der Existenz von $a \in \mathbb{R}$, $b > 0$ mit

$$\left.\begin{array}{c} a_n + b_n Z_n \xrightarrow{\mathcal{L}} Y \\ Z_n \xrightarrow{\mathcal{L}} Z \end{array}\right\} \quad \Rightarrow \quad Y \stackrel{\mathcal{L}}{=} a + bZ. \tag{5.2.50}$$

Hierzu reicht der Nachweis von $b_n \to b \in (0, \infty)$. Dann folgt nämlich aus (5.2.50) mit dem Lemma von Slutsky $a_n + bZ_n \xrightarrow{\mathcal{L}} Y$. Wegen $bZ_n \xrightarrow{\mathcal{L}} bZ$ gilt dann notwendig auch $a_n \to a \in \mathbb{R}$ und damit $Y \stackrel{\mathcal{L}}{=} a + bZ$.

Offenbar gibt es stets eine Teilfolge $(n') \subset \mathbb{N}$ und ein $b \in [0, \infty]$ mit $b_{n'} \to b$. Wäre $b = 0$ oder $b = \infty$, so würde aus $Y_n = a_n + b_n Z_n$ bzw. $Z_n = b_n^{-1} Y_n - b_n^{-1} a_n$ mit dem Lemma von Slutsky folgen $a_{n'} \xrightarrow{\mathcal{L}} Y$ bzw. $-b_{n'}^{-1} a_{n'} \xrightarrow{\mathcal{L}} Z$ in Widerspruch zur Voraussetzung, daß Y und Z nicht degeneriert sind. Also gilt $b \in (0, \infty)$.

Gäbe es zwei Teilfolgen (n'), $(n'') \subset \mathbb{N}$ und Zahlen $b', b'' \in (0, \infty)$ mit $b_{n'} \to b'$ und $b_{n''} \to b''$, so würde mit dem Satz von Slutsky folgen

$$a_{n'} + b'Z \xrightarrow{\mathcal{L}} Y \quad \text{und} \quad a_{n''} + b''Z \xrightarrow{\mathcal{L}} Y$$

und damit wie oben die Existenz von $a', a'' \in \mathbb{R}$ mit $a_{n'} \to a'$ sowie $a_{n''} \to a''$, d.h.

$$a' + b'Z \stackrel{\mathcal{L}}{=} a'' + b''Z.$$

Dieses würde aber $b' = b''$ implizieren, denn aus

$$Z \underset{\mathfrak{L}}{=} \alpha + \beta Z, \quad \alpha := (a' - a'')/b'', \quad \beta := b'/b'',$$

würde mit geeigneten reellen Zahlen α_m, $m \geq 2$, folgen

$$\mathfrak{L}(Z) = \mathfrak{L}(\alpha + \beta Z) = \mathfrak{L}(\alpha_2 + \beta^2 Z) = \ldots = \mathfrak{L}(\alpha_m + \beta^m Z) = \ldots$$

Hieraus ergäbe sich bei $\beta < 1$ – und bei $\beta > 1$ aus der analogen Beziehung $\mathfrak{L}(Z) = \mathfrak{L}(\alpha_{-m} + \beta^{-m} Z) \ \forall m \in \mathbb{N}$ – ein Widerspruch. Also gilt notwendig $b' = b''$ und damit für die gesamte Folge $b_n \to b$. $\square$

Korollar 5.89 *Für $n \in \mathbb{N}$ seien F_n sowie F, G VF und a_n, $\widetilde{a}_n \in \mathbb{R}$, b_n, $\widetilde{b}_n > 0$. Sind F und G nicht degeneriert, so gilt mit $A_n := (a_n - \widetilde{a}_n)/\widetilde{b}_n$, $B_n := b_n/\widetilde{b}_n$*

$$\left.\begin{array}{l} F_n(\widetilde{a}_n + \widetilde{b}_n z) \to F(z) \quad \forall z \in C(F), \\ F_n(a_n + b_n z) \to G(z) \quad \forall z \in C(G) \end{array}\right\} \Rightarrow \left\{\begin{array}{l} A_n \to: A \in \mathbb{R}, \ B_n \to: B \in (0, \infty), \\ G(z) = F(A + Bz) \ \forall z \in \mathbb{R}. \end{array}\right. \quad (5.2.51)$$

Speziell ist $G = F$, d.h. $A = 0$, $B = 1$ genau dann, wenn gilt

$$b_n/\widetilde{b}_n \to 1, \quad \widetilde{a}_n - a_n = o(\widetilde{b}_n). \tag{5.2.52}$$

Limesverteilung und Standardisierungskonstanten sind also im wesentlichen eindeutig bestimmt.

Beweis: Dieser ergibt sich aus Satz 5.88 mit $\widetilde{F}_n(z) := F_n(\widetilde{a}_n + \widetilde{b}_n z)$. $\square$

Die beiden letzten Aussagen lassen sich auch sehr einfach mit Hilfe verteilungsgleicher Ersetzung beweisen; vgl. Aufg. 5.21.

5.2.5 Konvergenz von Erwartungswerten und Momenten

Eine zentrale Frage bei der Verteilungskonvergenz einer Folge (Y_n) k-dimensionaler ZG ist die nach der „Mitkonvergenz" der Erwartungswerte, also nach der Gültigkeit von $EY_n \to EY$ bei $Y_n \underset{\mathfrak{L}}{\to} Y$. Allgemeiner interessiert für die verschiedensten Anwendungen, ob $Y_n \underset{\mathfrak{L}}{\to} Y$ für meßbare Funktionen $f : \mathbb{R}^k \to \mathbb{R}$ die Gültigkeit von $Ef(Y_n) \to Ef(Y)$ impliziert. Aus dem Portmanteau-Theorem 5.40 folgt bereits, daß dies für stetige und beschränkte Funktionen der Fall ist, denn mit $P_n := \mathfrak{L}(Y_n)$ und $P := \mathfrak{L}(Y)$ gilt für derartige Funktionen f

$$Ef(Y_n) = \int f(z) \, dP_n(z) \to \int f(z) \, dP(z) = Ef(Y).$$

In den Anwendungen interessieren aber gerade unbeschränkte Funktionen, etwa bei der Frage der Mitkonvergenz des Mittelwerts oder der höheren Momente die Identität oder Potenzen, also (im Fall $k = 1$) bei

$$EY_n^j = \int z^j \, \mathrm{d}P_n(z) \to \int z^j \, \mathrm{d}P(z) = EY^j, \quad j \in \mathbb{N}.$$

Dieses ist selbst für $j = 1$ nicht notwendig der Fall.

Beispiel 5.90 Es seien $P_n := (1 - n^{-1})\mathfrak{N}(0,1) + n^{-1}\varepsilon_n$, $n \in \mathbb{N}$, und $P := \mathfrak{N}(0,1)$. Dann gilt offenbar $|P_n(B) - P(B)| \leq 2n^{-1} \to 0 \ \forall B \in \mathbb{B}$ und damit $P_n \xrightarrow[\mathcal{L}]{} P$, aber

$$\int z \, \mathrm{d}P_n = (1 - n^{-1})\int z \, \mathrm{d}P + n^{-1}n = 1 \neq 0 = \int z \, \mathrm{d}P.$$

Analog gilt für $P_n := (1-n^{-1})\mathfrak{N}(0,1) + n^{-1}(\varepsilon_{\sqrt{n}} + \varepsilon_{-\sqrt{n}})/2$ wieder $P_n \xrightarrow[\mathcal{L}]{} : P = \mathfrak{N}(0,1)$, neben $\int z \, \mathrm{d}P_n = 0 = \int z \, \mathrm{d}P$ aber

$$\int z^2 \, \mathrm{d}P_n = (1 - n^{-1})\int z^2 \, \mathrm{d}P + 2n^{-1}n \to 2 \neq 1 = \int z^2 \, \mathrm{d}P. \quad \square$$

Gegenbeispiele wie dieses können wegen Satz 5.40 nur auf der Unbeschränktheit der Integranden $f(z) = z$ bzw. $f(z) = z^2$ beruhen, also darauf, daß die Integrale über die Mengen $\{|z| > M\}$ nicht mitkonvergieren. Die kanonische Bedingung für die Mitkonvergenz von EW ist bei stochastisch konvergenten Folgen die bereits beim Satz von Vitali 1.181 bzw. in 5.1.2 verwendete gleichgradige Integrabilität (5.1.24). Sie ermöglicht die Zerlegung der Integranden in einen beschränkten Anteil und einen solchen, für den die Integrale asymptotisch gleichmäßig klein werden. In Einklang mit (5.1.24) – nämlich wenn man $P_n = P^{Y_n}$ setzt – heißt eine Familie von WS-Maßen $\{P_n : n \in \mathbb{N}\} \subset \mathfrak{M}^1(\mathbb{R}, \mathbb{B})$ *gleichgradig integrierbar*, wenn gilt

$$\forall \varepsilon > 0 \ \exists M > 0 \ \text{mit} \ \sup_{n \in \mathbb{N}} \int_{\{|z| > M\}} |z| \, \mathrm{d}P_n \leq \varepsilon. \tag{5.2.53}$$

In Satz 1.181 ist für $r = 1$ bereits die folgende Äquivalenz enthalten:

$$\left. \begin{array}{l} Y_n \to Y \ \text{nach } P\text{-WS} \\ (Y_n)_{n \in \mathbb{N}} \ \text{gleichgradig integrierbar} \end{array} \right\} \Leftrightarrow Y_n \to Y \ \text{in } \mathbb{L}_1(P). \tag{5.2.54}$$

Bei dieser impliziert jede der beiden Seiten die Gültigkeit von $EY_n \to EY$. Neben (5.2.54) wird im weiteren noch die Charakterisierung der gleichgradigen Integrierbarkeit vermöge der gleichgradigen absoluten Stetigkeit benötigt. Dabei heißt eine Folge reellwertiger ZG Y_n, $n \in \mathbb{N}$, auf einem WS-Raum $(\mathfrak{X}, \mathfrak{B}, P)$ *gleichgradig absolut stetig*, wenn es für jedes $\varepsilon > 0$ ein $\delta > 0$ gibt derart, daß für alle $B \in \mathfrak{B}$ gilt[30]

$$P(B) \leq \delta \ \Rightarrow \ \int_B |Y_n| \, \mathrm{d}P \leq \varepsilon \ \forall n \in \mathbb{N}. \tag{5.2.55}$$

---

[30] Gemeint ist also, daß die Folge der unbestimmten Integrale gleichgradig absolut stetig ist.

Satz 5.91 *Eine Folge Y_n, $n \in \mathbb{N}$, reellwertiger ZG ist gleichgradig integrabel genau dann, wenn die folgenden beiden Bedingungen erfüllt sind*[31]:

1) $\sup_n E|Y_n| < \infty$;

2) $\{Y_n : n \in \mathbb{N}\}$ *ist gleichgradig absolut stetig.*

Beweis: „$\Leftarrow$" Wegen 2) gibt es zu jedem $\varepsilon > 0$ ein $\delta > 0$ mit (5.2.55). Folglich gilt $\int_{\{|Y_n|>M\}} |Y_n| \, dP \leq \varepsilon$ für jedes $n \in \mathbb{N}$, da sich M nach der Markov-Ungleichung und wegen 1) so wählen läßt, daß gilt

$$P(|Y_n| > M) \leq \frac{1}{M} E|Y_n| \leq \frac{1}{M} \sup_j E|Y_j| \leq \delta \quad \forall n \in \mathbb{N}.$$

„$\Rightarrow$" Wählt man M zu vorgegebenem $\varepsilon > 0$ gemäß (5.2.53), so gilt einerseits

$$\sup_n E|Y_n| \leq \sup_n \int_{\{|Y_n|\leq M\}} |Y_n| \, dP + \sup_n \int_{\{|Y_n|>M\}} |Y_n| \, dP \leq M + \varepsilon$$

und andererseits für jedes $B \in \mathfrak{B}$ mit $P(B) \leq \varepsilon/M$

$$\int_B |Y_n| \, dP = \int_{B\{|Y_n|\leq M\}} |Y_n| \, dP + \int_{B\{|Y_n|>M\}} |Y_n| \, dP \leq MP(B) + \varepsilon \leq 2\varepsilon. \quad \square$$

Im folgenden soll nun gezeigt werden, daß auch bei Verteilungskonvergenz $Y_n \xrightarrow{\mathcal{L}} Y$ die gleichgradige Integrierbarkeit der Folge (Y_n) hinreichend ist für die Konvergenz der ersten Momente, also für $EY_n \to EY$.

Satz 5.92 Y_n, Y *seien reellwertige Zufallsgrößen mit* $Y_n \xrightarrow{\mathcal{L}} Y$. *Dann gilt:*

a) $E|Y| \leq \liminf_{n \to \infty} E|Y_n|$;

b) (Y_n) *gleichgradig integrabel* $\Rightarrow$ $EY_n \to EY$;

c) *Sind umgekehrt die ZG Y_n, Y nicht-negativ und integrabel, so gilt*

$$EY_n \to EY \quad \Rightarrow \quad (Y_n) \quad \text{gleichgradig integrabel.}$$

Beweis: a) Für jedes $M > 0$ mit $P(|Y| = M) = 0$ gilt nach Satz 5.40e

$$\int_{\{|Y|\leq M\}} |Y| \, dP = \lim_{n \to \infty} \int_{\{|Y_n|\leq M\}} |Y_n| \, dP \leq \liminf_{n \to \infty} E|Y_n|.$$

b) Zunächst bemerkt man, daß wegen der vorausgesetzten gleichgradigen Integrierbarkeit durch geeignete Wahl von M bei vorgegebenem $\varepsilon > 0$ gilt

---

[31] Wie in 5.1.2 gezeigt wurde, ist hierfür die Bedingung (5.1.25) hinreichend.

$$E|Y_n| = \int_{\{|Y_n|\leq M\}} |Y_n|\,dP + \int_{\{|Y_n|>M\}} |Y_n|\,dP \leq M + \varepsilon \quad \forall n \in \mathbb{N}$$

und damit nach a) $E|Y| \leq M + \varepsilon$. Weiter folgt

$$|EY_n - EY| \leq \left| \int_{\{|Y_n|\leq M\}} Y_n\,dP - \int_{\{|Y|\leq M\}} Y\,dP \right| + \int_{\{|Y_n|>M\}} |Y_n|\,dP + \int_{\{|Y|>M\}} |Y|\,dP.$$

Hier ist der zweite Summand kleiner als ε. Dies läßt sich – gegebenenfalls durch Vergrößerung von M – auch für den letzten Summanden erreichen. Weiter kann o.E. $M > 0$ so gewählt werden, daß $P(|Y| = M) = 0$ ist. Wegen Korollar 5.56 (angewandt auf das Integral $\int_{\{|y|\leq M\}} y\,dP^{Y_n}$) konvergiert dann auch der erste Summand gegen Null.

c) Für jedes $M > 0$ ist offensichtlich $\int_{\{Y_n>M\}} Y_n\,dP = EY_n - \int_{\{Y_n\leq M\}} Y_n\,dP$. Voraussetzungsgemäß gilt $EY_n \to EY$ und bei $P(Y = M) = 0$ strebt – wieder nach Korollar 5.56 – der zweite Term der rechten Seite gegen den entsprechenden Limesausdruck. Insgesamt folgt also

$$\int_{\{Y_n>M\}} Y_n\,dP \to \int_{\{Y>M\}} Y\,dP.$$

Wegen der Integrabilität von Y läßt sich hier die rechte Seite durch geeignetes M beliebig klein machen und damit auch die linke Seite für hinreichend großes n. Aus der Integrabilität jeder einzelnen ZG Y_n folgt damit die gleichgradige Integrabilität. $\square$

Bisher wurde nur die Konvergenz der ersten Momente betrachtet. Zur Konvergenz der j-ten Momente, $j > 1$, braucht man die j-fache gleichgradige Integrierbarkeit, d.h. die gleichgradige Integrierbarkeit der j-ten Potenzen $|Y_n|^j$, $n \in \mathbb{N}$. Aus den Sätzen 5.43 bzw. 5.92b folgt dann unmittelbar

$$Y_n \xrightarrow{\mathcal{L}} Y \;\Rightarrow\; Y_n^j \xrightarrow{\mathcal{L}} Y^j \;\Rightarrow\; EY_n^j \to EY^j.$$

Für die Frage der asymptotischen Normalität einer Folge (Y_n) interessiert speziell die Mitkonvergenz der ersten beiden Momente. Dabei ergibt sich die der ersten Momente aus derjenigen der zweiten Momente, denn bei vorgegebenem $\varepsilon > 0$ gilt bei $EY_n^2 \to EY^2$ für hinreichend großes M

$$0 \leq \int_{\{|Y_n|\geq M\}} |Y_n|\,dP \leq \frac{1}{M}\int Y_n^2\,dP \to \frac{1}{M}\int Y^2\,dP \leq \varepsilon,$$

also die gleichgradige Integrabilität der ZG Y_n, $n \in \mathbb{N}$, und damit $EY_n \to EY$.

Während nach Beispiel 5.90 im allgemeinen aus der Verteilungskonvergenz nicht notwendig die Konvergenz der Momente folgt, impliziert umgekehrt die Konvergenz aller Momente die Verteilungskonvergenz, falls die Limiten der Momente selbst wieder die Momente einer Verteilung sind und diese eindeutig festlegen.

Satz 5.93 (Fréchet-Shohat) *Für $n \in \mathbb{N}$ seien $P_n \in \mathfrak{M}^1(\mathbb{R}, \mathbb{B})$ WS-Maße mit endlichen Momenten $\alpha_{jn} := \int x^j \, \mathrm{d}P_n$ für jedes $j \in \mathbb{N}$. Gibt es dann Zahlen $\alpha_j \in \mathbb{R}$ mit*

$$\alpha_{jn} \to \alpha_j \quad \text{für} \quad n \to \infty \quad \forall j \in \mathbb{N}, \tag{5.2.56}$$

so gilt:

a) *Es gibt eine Teilfolge $(n') \subset \mathbb{N}$ und ein WS-Maß $P \in \mathfrak{M}^1(\mathbb{R}, \mathbb{B})$ mit $P_{n'} \xrightarrow[\mathcal{L}]{} P$ für $n' \to \infty$ und $\alpha_j = \int x^j \, \mathrm{d}P \; \forall j \in \mathbb{N}$.*

b) *Ist die Limesverteilung P aus a) eindeutig durch die Momente α_j bestimmt, so ist die gesamte Folge (P_n) verteilungskonvergent gegen P, d.h. es gilt*

$$P_n \xrightarrow[\mathcal{L}]{} P.$$

Beweis: a) Wegen (5.2.56) sind die α_{jn}, $n \in \mathbb{N}$, für jedes $j \in \mathbb{N}$ gleichmäßig beschränkt, $|\alpha_{jn}| \leq A_j < \infty \; \forall n \in \mathbb{N}$. Hieraus folgt die Straffheit der Folge (P_n), denn für jedes $\varepsilon > 0$ gibt es ein $b = b(\varepsilon) < \infty$ mit

$$P_n([-b, +b]^c) = \int_{[-b,+b]^c} \mathrm{d}P_n \leq \int \frac{x^2}{b^2} \mathrm{d}P_n = \frac{\alpha_{2n}}{b^2} \leq \frac{A_2}{b^2} \leq \varepsilon \quad \forall n \in \mathbb{N}.$$

Somit gibt es nach dem Satz von Helly-Prohorov 5.64 eine Teilfolge $(n') \subset \mathbb{N}$ und ein $P \in \mathfrak{M}^1(\mathbb{R}, \mathbb{B})$ mit $P_{n'} \xrightarrow[\mathcal{L}]{} P$. Zum Nachweis von $\alpha_j = \int x^j \, \mathrm{d}P$ für festes $j \in \mathbb{N}$ beachte man die Gültigkeit von

$$\left|\alpha_j - \int x^j \, \mathrm{d}P\right| \leq |\alpha_j - \alpha_{jn'}| + \left|\int_K x^j \, \mathrm{d}P_{n'} - \int_K x^j \, \mathrm{d}P\right| + \left|\int_{K^c} x^j \, \mathrm{d}P_{n'}\right| + \left|\int_{K^c} x^j \, \mathrm{d}P\right|.$$

Wählt man $K = [-a, +a]$ P-randlos, so gibt es nach Korollar 5.56a zu vorgegebenem $\varepsilon > 0$ ein $n' = n'(\varepsilon) < \infty$ mit

$$\left|\int_K x^j \, \mathrm{d}P_{n'} - \int_K x^j \, \mathrm{d}P\right| \leq \varepsilon/3$$

sowie ein $a = a(\varepsilon) < \infty$ mit

$$\left|\int_{K^c} x^j \, \mathrm{d}P_{n'}\right| \leq \int_{K^c} |x|^j \, \mathrm{d}P_{n'} \leq \int \frac{x^{2j}}{a^j} \, \mathrm{d}P_{n'} \leq \frac{A_{2j}}{a^j} \leq \varepsilon/3.$$

Weiter gilt mit o.E. P-randlosen $[-b,+b]$ ebenfalls wegen Korollar 5.56a

$$\left|\int_{K^c} x^j \, \mathrm{d}P\right| \leq \int_{K^c} |x|^j \, \mathrm{d}P = \lim_{b\to\infty} \int_{K^c \cap [-b,b]} |x|^j \, \mathrm{d}P$$

$$= \lim_{b\to\infty} \lim_{n'\to\infty} \int_{K^c \cap [-b,b]} |x^j| \, \mathrm{d}P_{n'} \leq \varepsilon/3,$$

und damit wegen $\alpha_{jn'} \to \alpha_j$ für $n' \to \infty$ die Behauptung.

b) Angenommen, nicht die gesamte Folge konvergiert gegen P. Dann gibt es nach a) eine Teilfolge $(n'') \subset \mathbb{N}$ und ein P'' mit $P_{n''} \xrightarrow{\mathcal{L}} P''$ sowie $\alpha_j = \int x^j \, \mathrm{d}P''$ $\forall j \in \mathbb{N}$. Nach Voraussetzung ist dann aber $P = P''$ und damit die gesamte Folge (P_n) verteilungskonvergent. □

Anmerkung 5.94 Die Standardnormalverteilung $P := \mathfrak{N}(0,1)$ ist eindeutig durch ihre Momente bestimmt. Nach Hilfssatz 5.21 ist hierzu nur zu zeigen, daß es ein $r > 0$ gibt mit $\sum_j \frac{\alpha_j}{j!} r^j < \infty$. Dies ist aber in beiden Fällen gegeben. Für die Momente der $\mathfrak{N}(0,1)$-Verteilung gilt nämlich

$$\alpha_j = \frac{(2m)!}{2^m m!} \quad \text{für } j = 2m \quad \text{und} \quad \alpha_j = 0 \quad \text{für } j = 2m+1, \quad \text{also}$$

$$\sum_{j=1}^\infty \frac{\alpha_j}{j!} r^j = \sum_{m=1}^\infty \frac{\alpha_{2m}}{(2m)!} r^{2m} = \sum_{m=1}^\infty \left(\frac{r^2}{2}\right)^m \frac{1}{m!} = e^{r^2/2} < \infty.$$

Auch ist jede Verteilung mit kompaktem Träger durch ihre Momente eindeutig bestimmt. Gibt es nämlich ein $M \in (0,\infty)$ mit $P([+M,-M]) = 1$, so ist $|\alpha_j| \leq M^j$ und somit $\sum_j \frac{\alpha_j}{j!} r^j < \infty \; \forall r > 0$. □

Beispiel 5.95 (Lineare Permutationsstatistiken[32]) Für $n \in \mathbb{N}$ seien $(X_{n1},\ldots,X_{nn})$ eine n-dimensionale ZG, welche die $n!$ Permutationen eines Tupels $(b_{n1},\ldots,b_{nn}) \in \mathbb{R}^n$ mit der WS $1/n!$ annimmt, und $(c_{n1},\ldots,c_{nn})$ ein weiteres n-Tupel reeller Zahlen, wobei mit $\bar{b}_{n\cdot} := \sum_\ell b_{n\ell}/n$, $\bar{c}_{n\cdot} := \sum_\ell c_{n\ell}/n$ gelte $\sum_\ell (b_{n\ell} - \bar{b}_{n\cdot})^2 > 0$ und $\sum_\ell (c_{n\ell} - \bar{c}_{n\cdot})^2 > 0$. Weiter seien die folgenden Voraussetzungen erfüllt:

(W) $\quad \frac{1}{n}\sum_{\ell=1}^n (c_{n\ell} - \bar{c}_{n\cdot})^e \Big/ \left[\frac{1}{n}\sum_{\ell=1}^n (c_{n\ell} - \bar{c}_{n\cdot})^2\right]^{e/2} = O(1) \quad \forall e = 3,4,5,\ldots,$

(N) $\quad \sum_{\ell=1}^n (b_{n\ell} - \bar{b}_{n\cdot})^e \Big/ \left[\sum_{\ell=1}^n (b_{n\ell} - \bar{b}_{n\cdot})^2\right]^{e/2} = o(1) \quad \forall e = 3,4,5,\ldots.$

Dann ist die lineare Statistik $L_n = \sum_i c_{ni} X_{ni}$ asymptotisch normal, d.h. mit

$$EL_n = n\bar{c}_{n\cdot}\bar{b}_{n\cdot}, \quad \mathrm{Var}\, L_n = \frac{1}{n-1} \sum_{\ell=1}^n (c_{n\ell} - \bar{c}_{n\cdot})^2 \sum_{\ell=1}^n (b_{n\ell} - \bar{b}_{n\cdot})^2 > 0$$

---

[32] Vgl. A. Wald, J. Wolfowitz: Ann. Math. Stat. 15 (1944) 358–372 sowie G. Noether: Ann. Math. Stat. 20 (1949) 455–458.

und $\widetilde{L}_n := (L_n - EL_n)/\sqrt{\operatorname{Var} L_n}$ gilt $\mathfrak{L}(\widetilde{L}_n) \xrightarrow[\mathfrak{L}]{} \mathfrak{N}(0,1)$. Zum Nachweis kann offenbar o.E. $\bar{b}_{n\cdot} = \bar{c}_{n\cdot} = 0$ und damit $EL_n = 0$ sowie $\sum_\ell b_{n\ell}^2 = \sum_\ell c_{n\ell}^2 = n$ angenommen werden. Folglich gilt $\operatorname{Var} L_n = n^2/(n-1) = n(1 + o(1))$ für $n \to \infty$, so daß

$$\mathfrak{L}(n^{-1/2} L_n) \xrightarrow[\mathfrak{L}]{} \mathfrak{N}(0,1)$$

zu zeigen ist, und sich die Bedingungen (W) und (N) vereinfachen zu

(W') $\quad \sum_{\ell=1}^{n} c_{n\ell}^e = O(n) \quad \forall e = 3, 4, 5, \ldots,$

(N') $\quad \sum_{\ell=1}^{n} b_{n\ell}^e = o(n^{e/2}) \quad \forall e = 3, 4, 5, \ldots$

Wegen Satz 5.93 und Anmerkung 5.94 reicht also der Nachweis von

$$\mu_{nr} := E(n^{-1/2} L_n)^r = n^{-r/2} EL_n^r \to \frac{(2s)!}{2^s s!} \quad \text{für } r = 2s \quad \text{bzw.} \quad \to 0 \quad \text{für } r = 2s+1.$$

Bei der Berechnung der Summanden von

$$E(n^{-1/2} L_n)^r = n^{-r/2} \sum_{j_1=1}^{n} \cdots \sum_{j_r=1}^{n} c_{nj_1} \ldots c_{nj_r} E X_{nj_1} \ldots X_{nj_r}$$

kommt es wegen der st.U. der ZG X_i, X_j für $i \neq j$ offenbar wesentlich darauf an, wieviel der ZG $X_{nj_1}, \ldots, X_{nj_r}$ gleich indiziert sind. Wegen $EX_{nj} = \bar{b}_{n\cdot} = 0$ verschwinden dabei alle Summanden, bei denen ein Index j_ℓ nur einfach vorkommt. Es brauchen also nur die EW der Form $EX_{ni_1}^{e_1} \cdots X_{ni_m}^{e_m}$ mit $i_k \neq i_\ell$ für $k \neq \ell$ und $e_1 + \cdots + e_m = r$, $e_i \geq 2 \,\forall i = 1, \ldots, r$, also mit $m \leq r/2$, berechnet zu werden. Für diese gilt wegen des Permutationscharakters der ZG $(X_{n1}, \ldots, X_{nn})$

$$EX_{ni_1}^{e_1} \cdots X_{ni_m}^{e_m} = [n(n-1) \ldots (n-m+1)]^{-1} \sum_{j_1=1}^{n} \cdots \sum_{j_m=1}^{n} b_{nj_1}^{e_1} \cdots b_{nj_m}^{e_m}.$$

Dabei erstreckt sich die m-fache Summe über alle m-Tupel $(j_1, \ldots, j_m)$ mit $j_k \neq j_\ell$ für $k \neq \ell$. Diese Summen lassen sich asymptotisch dadurch berechnen, daß man sie zu „vollen" Summen mit unabhängig voneinander variierenden Summationsindizes ergänzt, etwa gemäß

$$\sum\sum_{1 \leq i \neq j \leq n} b_{ni}^2 b_{nj}^2 = \sum_{i=1}^{n} b_{ni}^2 \sum_{j=1}^{n} b_{nj}^2 - \sum_{j=1}^{n} b_{nj}^4.$$

Dabei treten nur solche Korrekturterme auf, die wegen (N') gegenüber den „vollen" Summen asymptotisch vernachlässigt werden können. Genauer gilt wegen (N') bzw. wegen $\sum_\ell b_{n\ell}^2 = n$

$$EX_{ni_1}^{e_1} \cdots X_{ni_m}^{e_m} = \frac{o(n^{r/2})}{O(n^m)} = o(1) \quad \exists i = 1, \ldots, m : e_i > 2,$$

$$EX_{ni_1}^{e_1} \cdots X_{ni_m}^{e_m} = \frac{n^{r/2}(1+o(1))}{n^{r/2}(1+o(1))} = 1 + o(1) \quad \forall i = 1, \ldots, m : e_i = 2.$$

Da überdies diese EW unabhängig sind von den speziellen Werten $i_1, \ldots, i_m$, ist nur noch die (ebenfalls unvollständige) Summe über die Potenzen der Vorfaktoren zu bestimmen. Für diese ergibt sich aufgrund analoger Überlegungen mit (W')

$$n^{-r/2} \sum_{1 \leq j_k \neq j_\ell \leq n} \cdots \sum c_{nj_1}^{e_1} \cdots c_{nj_m}^{e_m} = \frac{O(n^m)}{n^{r/2}} = o(1) \quad \exists i = 1, \ldots, m : e_i > 2,$$

$$n^{-r/2} \sum_{1 \leq j_k \neq j_\ell \leq n} \cdots \sum c_{nj_1}^{e_1} \cdots c_{nj_m}^{e_m} = \frac{n^m(1 + o(1))}{n^{r/2}} = 1 + o(1) \quad \forall i = 1, \ldots, m : e_i = 2.$$

Somit erhält man von 0 verschiedene Limiten nur für Terme mit $e_1 = \ldots = e_m = 2$, d.h. bei $r = 2m$. Hiervon gibt es so viele, wie es möglich ist, aus $2m$ Indizes m Gruppen von je zwei Elementen auszuwählen. Da man für den ersten Index hierbei $2m - 1$ Möglichkeiten hat, einen Partner zu finden, für den nächsten freien Index dann $2m - 3$ usw., ergibt sich als deren Anzahl gerade

$$(2m - 1)(2m - 3) \ldots 3 \cdot 1 = (2m)!/2^m m!. \quad \Box$$

Für manche Zwecke ist es bequemer, statt der Konvergenz der Momente diejenige der *Kumulanten* nachzuweisen, also der Entwicklungskoeffizienten der Kumulantentransformation $K(\zeta) = \log M(\zeta)$. Ist nämlich die momenterzeugende Funktion M gemäß (5.1.59) in eine Potenzreihe um 0 entwickelbar, so wegen $M(0) = 1$ auch die Funktion K,

$$K(\zeta) = \log M(\zeta) = \sum_{j=1}^{\infty} \frac{\kappa_j}{j!} \zeta^j. \tag{5.2.57}$$

Dabei berechnen sich die Entwicklungskoeffizienten durch Einsetzen von (5.1.59) in (5.2.57) und anschließenden Koeffizientenvergleich zu

$$\kappa_1 = \alpha_1, \quad \kappa_2 = \alpha_2 - \alpha_1^2, \quad \kappa_3 = \alpha_3 - 3\alpha_1\alpha_2 + 2\alpha_1^3,$$
$$\kappa_4 = \alpha_4 - 3\alpha_2^2 - 4\alpha_1\alpha_3 + 12\alpha_1^2\alpha_2 - 6\alpha_1^4, \quad \ldots \tag{5.2.58}$$

Dieses Gleichungssystem läßt sich rekursiv auflösen, so daß auch die Momente einer Verteilung durch die Kumulanten eindeutig bestimmt sind und zwar gemäß

$$\alpha_1 = \kappa_1, \quad \alpha_2 = \kappa_2 + \kappa_1^2, \quad \alpha_3 = \kappa_3 + 3\kappa_1\kappa_2 + \kappa_1^3,$$
$$\alpha_4 = \kappa_4 + 3\kappa_2^2 + 4\kappa_1\kappa_3 + 6\kappa_1^2\kappa_2 + \kappa_1^4, \quad \ldots \tag{5.2.59}$$

Im Fall der zentralen Momente μ_j, $j \in \mathbb{N}$, vereinfacht sich (5.2.58) zu

$$\kappa_1 = \mu, \quad \kappa_2 = \mu_2 = \sigma^2, \quad \kappa_3 = \mu_3, \quad \kappa_4 = \mu_4 - 3\mu_2^2, \quad \ldots$$

Ist speziell etwa $F = \mathfrak{N}(\mu, \sigma^2)$, so ist $\log M(\zeta) = \mu\zeta + \frac{1}{2}\sigma^2\zeta^2$, vgl. Beispiel 5.20, und somit wegen (der für alle $\zeta \in \mathbb{R}$ gültigen) Entwicklungen (5.1.59) und (5.2.57)

$$\kappa_1 = \mu, \quad \kappa_2 = \sigma^2, \quad \kappa_j = 0 \quad \forall j \geq 3. \tag{5.2.60}$$

Auch für $F = \mathfrak{P}(\lambda)$ haben die Kumulanten ein einfacheres Bildungsgesetz als die

Momente. Es gilt nämlich $\log M(\zeta) = \lambda(e^\zeta - 1) = \lambda \sum_{j=1}^{\infty} \frac{\zeta^j}{j!}$ $\forall \zeta \in \mathbb{R}$ nach Beispiel 5.24a und damit

$$\kappa_j = \lambda \quad \forall j \geq 1. \tag{5.2.61}$$

Ist die Funktion M nicht in eine Potenzreihe entwickelbar, existieren aber endliche Momente bis zur Ordnung m, so sind auch endliche Kumulanten bis zur Ordnung m erklärt. Für die (stets existierende) charakteristische Funktion $\varphi(t) = \int e^{itx}\, dF(x)$ gilt nämlich nach A8.8

$$\varphi(t) = 1 + \sum_{j=1}^{m} \frac{\alpha_j}{j!}(it)^j + o(t^m) \quad \text{für} \quad t \to 0$$

und demgemäß[33] mit den durch (5.2.59) definierten Größen $\kappa_1, \ldots, \kappa_m$

$$\psi(t) = \log \varphi(t) = \sum_{j=1}^{m} \frac{\kappa_j}{j!}(it)^j + o(t^m) \quad \text{für} \quad t \to 0.$$

Umgekehrt folgt aus der m-fachen Differenzierbarkeit der Funktion $\psi(t)$ diejenige der Funktion $\varphi(t) = \exp \psi(t)$ und damit aus der Existenz endlicher Kumulanten bis zur Ordnung m diejenige endlicher Momente bis zur Ordnung m. Der Beziehung $\alpha_j = (-i)^j \varphi^{(j)}(0)$, $j \in \mathbb{N}$, vgl. A8.8, entspricht dann die Gleichung

$$\kappa_j = (-i)^j (\log \varphi)^{(j)}(0), \quad j \in \mathbb{N}. \tag{5.2.62}$$

Ist X eine reellwertige ZG, deren Kumulanten κ_j sämtlich existieren und endlich sind mit $\sum |\kappa_j| r^j / j! < \infty$ $\exists r > 0$, so ist $\mathfrak{L}(X)$ eindeutig durch die Kumulanten festgelegt und für die charakteristische Funktion gilt

$$\log \varphi(t) = \sum_{j=1}^{\infty} \frac{\kappa_j}{j!}(it)^j \quad \text{für} \quad |t| < r.$$

Die Grundeigenschaften der Kumulanten lassen sich am einfachsten mit ZG formulieren. Ist nämlich X eine reellwertige ZG mit Verteilung F und bezeichnet man die Kumulanten κ_j von F auch als Kumulanten von X, kurz: $\kappa_j(X)$, so ergeben sich aus (5.2.61) zusammen mit Eigenschaften charakteristischer Funktionen die folgenden Beziehungen

$$\kappa_1(X+a) = \kappa_1(X) + a, \quad \kappa_j(X+a) = \kappa_j(X) \quad \forall j \geq 2 \quad \forall a \in \mathbb{R}; \tag{5.2.63}$$
$$\kappa_j(bX) = b^j \kappa_j(X) \quad \forall j \geq 1 \quad \forall b \in \mathbb{R}; \tag{5.2.64}$$
$$\kappa_j(X+Y) = \kappa_j(X) + \kappa_j(Y) \quad \forall j \geq 1 \quad \forall \text{ ZG } X, Y \text{ st.u.} \,. \tag{5.2.65}$$

---

[33] Gemeint ist mit $\psi(t) = \log \varphi(t)$ ein geeigneter Zweig des komplexen Logarithmus, nicht notwendig der Hauptzweig. Zu dessen Existenz bei $\varphi(t) \neq 0$ $\forall t \in \mathbb{R}$ vgl. H. Bauer: Wahrscheinlichkeitstheorie, 4. Aufl., De Gruyter (1990), S. 218.

Der Vorteil der Kumulanten gegenüber den Momenten liegt also in dem erheblich einfacheren Transformationsverhalten, wie es etwa in (5.2.63) und insbesondere in (5.2.65) zum Ausdruck kommt. Bemerkt sei auch, daß man für Verteilungen mit endlichen 3. bzw. 4. Momenten wegen (5.2.60+64) die *Schiefe* $\gamma_3 := \kappa_3/\kappa_2^{3/2}$ auch als Maßzahl für die Abweichung von einer symmetrischen Verteilung, den *Exzeß* $\gamma_4 := \kappa_4/\kappa_1^2 - 3$ auch als solchen für die Abweichung von einer Normalverteilung verwendet.

Wegen (5.2.58+59) impliziert offenbar die Konvergenz der Kumulanten diejenige der Momente und umgekehrt. Auch folgt aus (5.2.58+59), daß eine Verteilung genau dann durch ihre Kumulanten eindeutig bestimmt ist, wenn sie durch ihre Momente festgelegt ist. Somit ergibt sich aus Satz 5.93 unmittelbar das

Korollar 5.96 *Es gelten die Aussagen des Satzes von Fréchet-Shohat 5.93, wenn man die Momente α_{jn} und α_j für jedes $j \in \mathbb{N}$ ersetzt durch die Kumulanten κ_{jn} bzw. κ_j. Insbesondere folgt also aus*

$$\kappa_{1n} \to \mu \in \mathbb{R}, \quad \kappa_{2n} \to \sigma^2 \in [0, \infty), \quad \kappa_{jn} \to 0 \quad \forall j \geq 3, \tag{5.2.66}$$

die Verteilungskonvergenz der Folge (P_n) gegen $\mathfrak{N}(\mu, \sigma^2)$.

Beispiel 5.97 a) X_j, $j \in \mathbb{N}$, seien st.u. glv. ZG, für die alle Kumulanten existieren und endlich sind. Werden diese mit $\kappa_1 = \mu$, $\kappa_2 = \sigma^2$ und κ_j, $j \geq 3$, bezeichnet, so gilt für die Kumulanten κ_{jn} von $S_n = n^{-1/2} \sum_{i=1}^{n}(X_i - \mu)$, $n \in \mathbb{N}$, nach (5.2.63-65)

$$\kappa_{1n} = 0, \quad \kappa_{2n} = \sigma^2, \quad \kappa_{jn} = \kappa_j n^{1-j/2} \to 0 \quad \forall j \geq 3$$

und damit nach Korollar 5.96 $\mathfrak{L}(S_n) \xrightarrow{\mathfrak{L}} \mathfrak{N}(0, \sigma^2)$.

b) Sei X eine $\mathfrak{P}(\lambda)$-verteilte ZG. Dann gilt

$$\mathfrak{L}(\frac{X - \lambda}{\sqrt{\lambda}}) \xrightarrow{\mathfrak{L}} \mathfrak{N}(0, 1) \quad \text{für} \quad \lambda \to \infty.$$

Nach (5.2.61) hat nämlich $\mathfrak{P}(\lambda)$ die Kumulanten $\kappa_j = \lambda$ für $j \geq 1$ und damit $\mathfrak{L}((X - \lambda)/\sqrt{\lambda})$ wegen der Grundeigenschaften (5.2.63-65) die Kumulanten $\kappa_{1\lambda} = 0$, $\kappa_{2\lambda} = 1$ und $\kappa_{j\lambda} = \lambda^{(2-j)/2}$ für $j \geq 3$. Es gilt also $\kappa_{j\lambda} \to 0$ für $\lambda \to \infty$, $j \geq 3$, und damit nach Korollar 5.96 die Behauptung. □

Wie einleitend betont wurde, ist die Mitkonvergenz der ersten beiden Momente von besonderer Bedeutung. Deshalb soll noch gezeigt werden, daß sich Verteilungskonvergenz einschließlich der Mitkonvergenz der ersten beiden Momente auch beschreiben läßt als Konvergenz in der *Mallows-Metrik*

$$\Delta(F_1, F_2) := \left(\int_0^1 [F_1^{-1}(u) - F_2^{-1}(u)]^2 \, du\right)^{1/2}, \quad F_1, F_2 \in \mathfrak{F}_2. \tag{5.2.67}$$

Dabei bezeichnen $\mathfrak{F}_2$ die Gesamtheit der eindimensionalen VF F mit endlichen zweiten Momenten und F^{-1} die Quantilfunktion (1.2.2) zu F.

Satz 5.98 *Durch (5.2.67) wird eine Metrik über $\mathfrak{F}_2$ definiert und es gilt*

$$\Delta(F_n, F) \to 0 \quad \Leftrightarrow \quad \begin{cases} F_n \xrightarrow{\mathfrak{L}} F, \\ \int z^2 \, \mathrm{d}F_n(z) \to \int z^2 \, \mathrm{d}F(z). \end{cases} \tag{5.2.68}$$

Beweis: Wegen Hilfssatz 2.29 gilt $\mathfrak{L}(X) = \mathfrak{L}(F^{-1}(U))$ mit $\mathfrak{L}(U) = \mathfrak{R}$ und damit

$$\int_0^1 \left(F^{-1}(u)\right)^2 \mathrm{d}u = E(F^{-1}(U))^2 = E_F X^2 = \int z^2 \, \mathrm{d}F(z),$$

also $F^{-1} \in \mathbb{L}_2 \Leftrightarrow F \in \mathfrak{F}_2$ sowie

$$\Delta(F_1, F_2) = \|F_1^{-1} - F_2^{-1}\|_{\mathbb{L}_2} \leq \|F_1^{-1}\|_{\mathbb{L}_2} + \|F_2^{-1}\|_{\mathbb{L}_2}$$

$$= \left(\int z^2 \, \mathrm{d}F_1\right)^{1/2} + \left(\int z^2 \, \mathrm{d}F_2\right)^{1/2} < \infty.$$

Δ ist eine Metrik, denn als $\mathbb{L}_2$-Abstand gilt für alle $F_1, F_2, F_3 \in \mathfrak{F}_2$

$$\Delta(F_1, F_2) \geq 0, \quad \Delta(F_1, F_2) = \Delta(F_2, F_1), \quad \Delta(F_1, F_2) \leq \Delta(F_1, F_3) + \Delta(F_2, F_3).$$

Weiter folgt aus $\Delta(F_1, F_2) = 0$ zunächst $F_1^{-1} = F_2^{-1} \ [\lambda]$ und damit wegen der linksseitigen Stetigkeit $F_1^{-1} = F_2^{-1}$, also nach 1.2.1 auch $F_1 = F_2$.

Zum Nachweis von (5.2.68) seien $X_n := F_n^{-1}(U)$, $X := F^{-1}(U)$ mit $\mathfrak{L}(U) = \mathfrak{R}$.

Für „$\Leftarrow$" beachte man, daß aus $F_n \xrightarrow{\mathfrak{L}} F$ nach Satz 5.76 folgt $X_n \to X \ [\mathbb{P}]$ sowie nach Voraussetzung $EX_n^2 = \int z^2 \, \mathrm{d}F_n \to \int z^2 \, \mathrm{d}F = EX^2$, also nach dem Satz von Vitali 1.181 $\Delta^2(F_n, F) = E(X_n - X)^2 \to 0$. Für „$\Rightarrow$" folgt aus $\Delta(F_n, F) \to 0$ zunächst $X_n \to X$ nach WS und damit $X_n \xrightarrow{\mathfrak{L}} X$, also $F_n \xrightarrow{\mathfrak{L}} F$. Die zweite Behauptung ergibt sich dann aus der inversen Dreiecksungleichung gemäß

$$o(1) = \Delta(F_n, F) = \left(E(X_n - X)^2\right)^{1/2} \geq \left|(EX_n^2)^{1/2} - (EX^2)^{1/2}\right|. \quad \Box$$

Die Mallows-Metrik (5.2.67) ist ein Spezialfall einer sog. *Wasserstein-Metrik*, d.h. sie ist (mit $\alpha = 2$ und der Metrik $d(y, z) = |y - z|$) von der Form[34]

---
[34] Vgl. C. L. Mallows: Ann. Math. Stat. 43 (1972) 508–515.

$$\varrho_\alpha(F,G) = \inf\left\{\left(\int d^\alpha(y,z)\,dH(y,z)\right)^{1/\alpha} : H^{\pi_1} = F,\ H^{\pi_2} = G\right\}$$

$$= \inf\{\|d(Y,Z)\|_\alpha : \mathfrak{L}(Y) = F,\ \mathfrak{L}(Z) = G\}.$$

Satz 5.99 *Es seien* $F, G \in \mathfrak{M}^1(\mathbb{R}, \mathbb{B})$ *mit* $\int y^2\,dF(y) < \infty$ *und* $\int z^2\,dG(z) < \infty$ *sowie* $\mathfrak{H}(F,G) := \{H \in \mathfrak{M}^1(\mathbb{R}^2, \mathbb{B}^2)$ *mit* $H^{\pi_1} = F,\ H^{\pi_2} = G\}$. *Dann gilt*

$$\Delta^2(F,G) = \inf\left\{\int (y-z)^2\,dH(y,z) : H \in \mathfrak{H}(F,G)\right\}.$$

Beweis: Man nimmt zunächst an, daß F und G einen kompakten Träger haben, so daß Zahlen $-\infty < a < b < \infty$ und $-\infty < c < d < \infty$ existieren mit $F(a) = G(c) = 0$, $F(b) = G(d) = 1$, und zeigt, daß mit $H_0(y,z) = F(y) \wedge G(z)$ gilt

$$\inf\left\{\int (y-z)^2\,dH(y,z) : H \in \mathfrak{H}(F,G)\right\} = \int (y-z)^2\,dH_0(y,z). \qquad (5.2.69)$$

Zum Nachweis, daß H_0 tatsächlich eine zweidimensionale VF ist, bezeichne U eine $\mathfrak{R}$-verteilte ZG. Dann ist die VF der gemeinsamen Verteilung von $Y_0 = F^{-1}(U)$ und $Z_0 = G^{-1}(U)$ offensichtlich für alle $y, z \in \mathbb{R}$

$$\mathbb{P}(Y_0 \leq y, Z_0 \leq z) = \mathbb{P}(U \leq F(y) \wedge G(z)) = H_0(y,z). \qquad (5.2.70)$$

Hieraus folgt für $z \to \infty$ bzw. $y \to \infty$, daß H_0 die Rand-VF F und G besitzt, also $H_0 \in \mathfrak{H}(F,G)$. Zum Nachweis von (5.2.69) beachte man

$$\int y^2\,dH(y,z) = \int y^2\,dF(y) = \int y^2\,dH_0(y,z) \quad \text{und}$$

$$\int z^2\,dH(y,z) = \int z^2\,dG(z) = \int z^2\,dH_0(y,z).$$

Durch Ausquadrieren ergibt sich hieraus die Äquivalenz von (5.2.69) mit

$$\sup\left\{\int yz\,dH(y,z) : H \in \mathfrak{H}(F,G)\right\} = \int yz\,dH_0(y,z).$$

Diese Beziehung und damit (5.2.69) folgt mit dem Satz von Fubini bzw. wegen

$$H(y,z) \leq \min\{F(y), G(z)\} = H_0(y,z)$$

in Analogie zur Formel der partiellen Integration gemäß

$$\int yz\,\mathrm{d}H(y,z) = \int \Bigl(\int_y^b \mathrm{d}u - b\Bigr)\Bigl(\int_z^d \mathrm{d}v - d\Bigr)\mathrm{d}H(y,z)$$

$$= \int\int_y\int_z^{b\;d} \mathrm{d}u\,\mathrm{d}v\,\mathrm{d}H(y,z) - d\int\int_y^b \mathrm{d}u\,\mathrm{d}H(y,z) - b\int\int_z^d \mathrm{d}v\,\mathrm{d}H(y,z) + bd$$

$$= \int_a^b\int_c^d H(u,v)\,\mathrm{d}u\,\mathrm{d}v - d\int_a^b F(u)\,\mathrm{d}u - b\int_c^d G(v)\,\mathrm{d}v + bd$$

$$\le \int_a^b\int_c^d H_0(u,v)\,\mathrm{d}u\,\mathrm{d}v - d\int_a^b F(u)\,\mathrm{d}u - b\int_c^d G(v)\,\mathrm{d}v + bd = \int yz\,\mathrm{d}H_0(y,z).$$

Die eigentliche Behauptung ergibt sich aus (5.2.69) wegen (5.2.70+67) gemäß

$$\int (y-z)^2\,\mathrm{d}H_0(y,z) = E(Y_0 - Z_0)^2 = E(F^{-1}(U) - G^{-1}(U))^2 = \Delta^2(F,G).$$

Den allgemeinen Fall führt man auf den bereits bewiesenen Spezialfall dadurch zurück, daß man die Träger der Verteilungen F und G rechts und links verkürzt. Dazu wähle man zu vorgegebenem $\varepsilon > 0$ ein $\delta \in (0,1)$ mit

$$\int_0^\delta (F^{-1}(u))^2\,\mathrm{d}u + \int_{1-\delta}^1 (F^{-1}(u))^2\,\mathrm{d}u + \int_0^\delta (G^{-1}(u))^2\,\mathrm{d}u + \int_{1-\delta}^1 (G^{-1}(u))^2\,\mathrm{d}u < \varepsilon,$$

definiere dann bei beliebigem (festem) $\eta \in (0,\delta)$

$$a := F^{-1}(\eta), \quad c := G^{-1}(\eta), \quad b := F^{-1}(1-\eta), \quad d := G^{-1}(1-\eta)$$

und gehe von F^{-1} bzw. G^{-1} über zu den abgeschnittenen Funktionen

$$a \vee F^{-1}(u) \wedge b \quad \text{und} \quad c \vee G^{-1}(u) \wedge d.$$

Diese fasse man dann als Quantilfunktionen von VF $\check{F}$ und $\check{G}$ auf. □

Korollar 5.100 *Für festes $n \in \mathbb{N}$ seien $Y_1,\ldots,Y_n$ und $Z_1,\ldots,Z_n$ jeweils st.u. ZG mit VF F bzw. G, Mittelwert 0 und endlichen Varianzen sowie F_n und G_n die Verteilungen von $n^{-1/2}\sum_{j=1}^n Y_j$ bzw. $n^{-1/2}\sum_{j=1}^n Z_j$. Dann gilt*

$$\Delta(F_n, G_n) \le \Delta(F, G). \tag{5.2.71}$$

Beweis: Bezeichnen für $n \in \mathbb{N}$ H_n die VF der gemeinsamen Verteilung von $(S_n, T_n) := (n^{-1/2}\sum_{j=1}^n Y_j, n^{-1/2}\sum_{j=1}^n Z_j)$ und somit F_n, G_n deren Randverteilungen, so ergibt sich nach Satz 5.99

$$\Delta^2(F_n, G_n) = \inf\left\{\int (y-z)^2 dH_n(y,z) : H_n \in \mathfrak{H}(F_n, G_n)\right\}$$
$$\leq \inf\{E(S_n - T_n)^2 : (Y_j, Z_j),\ j = 1, \ldots, n \text{ st.u. mit } \mathfrak{L}(Y_j, Z_j) \in \mathfrak{H}(F,G)\}$$
$$= \frac{1}{n} \inf\left\{\sum_{j=1}^n E(Y_j - Z_j)^2 : (Y_j, Z_j),\ j = 1, \ldots, n \text{ st.u. mit } \mathfrak{L}(Y_j, Z_j) \in \mathfrak{H}(F,G)\right\}$$
$$= \inf\{E(Y_1 - Z_1)^2 : \mathfrak{L}(Y_1, Z_1) \in \mathfrak{H}(F,G)\} = \Delta^2(F,G). \quad \square$$

Die Konvergenz in der Mallows-Metrik läßt sich auch durch die Konvergenz der VF selbst ausdrücken. Hierzu beweisen wir den später auch anderweitig benötigten

Hilfssatz 5.101 *Seien X eine reellwertige ZG mit VF F, $c > 0$ und $k \in \mathbb{N}$. Dann gilt:*

a) $\quad EX = \int_0^\infty (1 - F(u))\,du = \int_0^\infty (1 - F(u-0))\,du, \quad \text{falls} \quad X \geq 0;$

b) $\quad EX\mathbf{1}_{\{X \leq c\}} = \int_0^c (1 - F(t))\,dt - c(1 - F(c)), \quad \text{falls} \quad X \geq 0;$

c) $\quad EX^k = k\int_0^\infty t^{k-1}(1-F(t))\,dt - k\int_{-\infty}^0 t^{k-1}F(t)\,dt, \quad \text{falls} \quad EX^k \in \mathbb{R}.$

d) *Bezeichnen (Y, Z) eine zweidimensionale ZG mit $EYZ \in \mathbb{R}$, $EY \in \mathbb{R}$ und $EZ \in \mathbb{R}$ sowie $F(\cdot, \cdot)$, $G(\cdot)$ und $H(\cdot)$ die VF von (Y, Z), Y bzw. Z, so gilt*

$$\operatorname{Cov}(Y, Z) = \iint [F(y, z) - G(y)H(z)]\,dy\,dz. \quad (5.2.72)$$

Ist speziell X eine reellwertige ZG mit $EX^2 \in \mathbb{R}$ und der VF F, so gilt

$$\operatorname{Var} X = \iint [F(y \wedge z) - F(y)F(z)]\,dy\,dz = 2\iint_{y<z} F(y)(1 - F(z))\,dy\,dz. \quad (5.2.73)$$

Beweis: a) folgt mit dem Satz von Fubini und wegen $\lambda(\{u\}) = 0\ \forall u \in \mathbb{R}$ gemäß

$$EX = \int_0^\infty x\,d\mathbb{P}^X = \int_0^\infty \int_0^x d\lambda(u)\,d\mathbb{P}^X(x) = \int_0^\infty \int_u^\infty d\mathbb{P}^X(x)\,d\lambda(u)$$

$$= \int_0^\infty \mathbb{P}(X \geq u)\,du = \int_0^\infty \mathbb{P}(X > u)\,du\,.$$

b) Mit $X\mathbf{1}_{\{X \leq c\}}$ statt X folgt aus a) wegen $X\mathbf{1}_{\{X \leq c\}} \leq c$

$$EX\mathbf{1}_{\{X \leq c\}} = \int_0^c \mathbb{P}(X\mathbf{1}_{\{X \leq c\}} > t)\,dt = \int_0^c \mathbb{P}(X > t, X \leq c)\,dt$$

$$= \int_0^c \mathbb{P}(X > t)\,dt - \int_0^c \mathbb{P}(X > t, X > c)\,dt\,.$$

c) Aus a) folgt für $X \geq 0$ und $EX^k \in \mathbb{R}$

$$EX^k = \int_0^\infty \mathbb{P}(X^k > u)\,du = \int_0^\infty \mathbb{P}(X > u^{1/k})\,du = k\int_0^\infty t^{k-1}\mathbb{P}(X > t)\,dt\,.$$

Aus $X = X_+ - X_-$ und $X_+X_- = 0$ ergibt sich zunächst $X^k = X_+^k + (-1)^k X_-^k$. Wegen $X_+ > 0 \Leftrightarrow X > 0$ bzw. $X_- > 0 \Leftrightarrow -X > 0$ erhält man hieraus

$$EX^k = EX_+^k + (-1)^k EX_-^k$$

$$= k\int_0^\infty t^{k-1}\mathbb{P}(X > t)\,dt + (-1)^k k\int_0^\infty t^{k-1}\mathbb{P}(X \leq -t)\,dt\,.$$

d) Seien (Y, Z), (Y_1, Z_1) st.u. ZG mit der VF F. Dann ist nach dem Satz von Fubini wegen $Y_1 - Y = \int [\mathbf{1}_{[Y,\infty)}(y) - \mathbf{1}_{[Y_1,\infty)}(y)]\,dy$

$$2\,\mathrm{Cov}(Y, Z) = \iint E[\mathbf{1}_{[Y,\infty)}(y) - \mathbf{1}_{[Y_1,\infty)}(y)][\mathbf{1}_{[Z,\infty)}(z) - \mathbf{1}_{[Z_1,\infty)}(z)]\,dy\,dz$$

$$= 2\iint [F(y,z) - G(y)H(z)]\,dy\,dz\,.$$

Für $Y = Z =: X$ folgt $F(y,z) = \mathbb{P}(X \leq y, X \leq z) = \mathbb{P}(X \leq y \wedge z) = F(y \wedge z)$. □

Die Verteilungskonvergenz von X_n gegen X einschließlich der „Mitkonvergenz" der ersten beiden Momente läßt sich also wie folgt durch die Konvergenz der VF ausdrücken:

1) $F_n \xrightarrow[\mathfrak{L}]{} F$,

2) $\displaystyle\int_0^\infty (1 - F_n(t))\, dt - \int_{-\infty}^0 F_n(t)\, dt \to \int_0^\infty (1 - F(t))\, dt - \int_{-\infty}^0 F(t)\, dt,$

3) $\displaystyle\iint [F_n(y \wedge z) - F_n(y)F_n(z)]\, dy\, dz \to \iint [F(y \wedge z) - F(y)F(z)]\, dy\, dz$.

Aufgabe 5.9 Man beweise die Hilfsaussagen (5.2.5a–5f).

Aufgabe 5.10 Sei $(\mathbb{E}, \varrho)$ ein metrischer Raum. Man zeige: Die Gesamtheit der randlosen Mengen bildet eine Algebra.

Aufgabe 5.11 Unter Verwendung des Begriffs halbstetiger Funktionen, vgl. B2, zeige man: Es gilt

$$P_n \xrightarrow[\mathfrak{L}]{} P \Leftrightarrow \limsup_{n\to\infty} \int g\, dP_n \leq \int g\, dP \quad \forall g: 1 \diagdown 2\text{-stetig}$$

$$\Leftrightarrow \liminf_{n\to\infty} \int h\, dP_n \geq \int h\, dP \quad \forall h: 1 \diagup 2\text{-stetig}.$$

Aufgabe 5.12 Seien $P_n, P \in \mathfrak{M}^1(\mathbb{R}, \mathbb{B})$. Dann gilt $P_n \xrightarrow[\mathfrak{L}]{} P \iff$

$$\int f\, dP_n \to \int f\, dP \quad \forall f: \mathbb{R} \to \mathbb{R} \quad \text{beschränkt, unendlich oft differenzierbar.}$$

Aufgabe 5.13 Sei $\mathfrak{L}$ die Borel-σ-Algebra über $\mathbb{C} := \mathbb{C}[0,1]$ bzgl. der Supremumsnorm und $\mathfrak{P} \subset \mathfrak{M}^1(\mathbb{C}, \mathfrak{L})$. Weiter seien α, β, γ positive Konstanten derart, daß gilt

$$\int |x(t) - x(s)|^\alpha\, dP(x) \leq \gamma |s-t|^{1+\beta} \quad \forall P \in \mathfrak{P} \quad \forall 0 \leq s, t \leq 1.$$

Man zeige: $\mathfrak{P}$ ist straff.

Aufgabe 5.14 Sei $(\mathbb{E}, \varrho)$ ein metrischer Raum mit Borel-σ-Algebra $\mathfrak{E}$. Man zeige: Ein WS-Inhalt ist genau dann straff, wenn er σ-additiv ist.

Aufgabe 5.15 Man beweise das Portmanteau-Theorem 5.55 für vage Konvergenz.

Aufgabe 5.16 Man beweise: Ist X eine reellwertige ZG mit VF F und $c \in \mathbb{R}$, so gilt $E(X \wedge c) = c - \int_{-\infty}^c F(t)\, dt$.

Aufgabe 5.17 $X_j, j \in \mathbb{N}$, seien st.u. reellwertige ZG mit derselben Verteilung F, für die endliche 4. Momente existieren. Man zeige, daß die zweidimensionale Statistik $(\overline{X}_n, s_n^2)^\top$ asymptotisch normalverteilt ist, d.h. daß eine Kovarianzmatrix $\mathscr{T} \in \mathbb{R}_{\text{p.s.}}^{2 \times 2}$ existiert mit $\mathfrak{L}(\sqrt{n}((\overline{X}_n, s_n^2)^\top - (\mu, \sigma^2)^\top)) \xrightarrow[\mathfrak{L}]{} \mathfrak{N}(0, \mathscr{T})$. Wie lautet $\mathscr{T}$ im Spezialfall $F = \mathfrak{N}(\mu, \sigma^2)$?

Aufgabe 5.18 $X_j, j \in \mathbb{N}$, seien st.u. ZG mit $\mathbb{P}(X_j = 0) = 1 - \frac{1}{j^2}$, $\mathbb{P}(X_j = \pm j) = 1/(2j^2)$, und es sei $Y_n := \sum_{j=1}^n X_j/\sqrt{n}$. Man zeige: $Y_n \to 0$ nach WS, jedoch $\operatorname{Var} Y_n \to 1$.

96 5 Verteilungstheoretische Grundlagen der asymptotischen Statistik

Aufgabe 5.19 X_j, $j = 1, \ldots, n$, seien st.u. ZG mit $\mathcal{L}(X_j) = \mathfrak{C}$, wobei $\mathfrak{C}$ die Cauchy-Verteilung mit der λ-Dichte $\frac{1}{\pi}\frac{1}{1+x^2}$, $x \in \mathbb{R}$, ist. Man zeige $\mathcal{L}(\overline{X}_n) = \mathfrak{C}$.

Hinweis: Man bestimme die charakteristische Funktion von $\mathfrak{C}$.

Aufgabe 5.20 Man bestimme die eindimensionale Verteilung zur charakteristischen Funktion $\varphi(t) = (1 - \frac{t^2}{4})^{-1} \sin(\frac{\pi}{2}t)/(\frac{\pi}{2}t)$.

Aufgabe 5.21 Man beweise den Satz über die Typenkonvergenz 5.88 mittels verteilungsgleicher Ersetzung.

Aufgabe 5.22 (Niki, Nakagawa, Inoue) Es seien X_j, $j \in \mathbb{N}$, st.u. glv. ZG, N eine von (X_j) st.u. $\mathbb{N}_0$-wertige ZG und $S := \sum_{j=1}^{N} X_j$. Man zeige:

a) Bezeichnen ψ_X, ψ_N und ψ_S die charakteristischen Funktionen von X_1, N und S, so gilt

$$\psi_S(t) = \psi_N(\tau(t)), \quad \tau(t) := -\mathrm{i}\log\psi_X(t).$$

b) Bezeichnen κ_r, ϱ_r und ν_r die r-ten Kumulanten von S, X_1 und N, so gilt

$$\kappa_r = \sum \frac{r!}{k_1!\ldots k_r!(1!)^{k_1}\ldots(r!)^{k_r}} \nu_q \varrho_1^{k_1}\ldots\varrho_r^{k_r}.$$

Dabei erstreckt sich die Summation über alle ganzzahligen Zerlegungen von r der Form $r = k_1 + 2k_2 + \ldots + rk_r$ und es ist $q := k_1 + \ldots + k_r$.

c) Wie lauten $\kappa_1, \ldots, \kappa_4$?

Aufgabe 5.23 Im Modell aus Aufgabe 5.22 hänge $\mathcal{L}(N)$ von einem Parameter λ ab und für $\lambda \to \infty$ gelte

1) $\nu_1 \to \infty$;

2) $\nu_r/\nu_1 = O(1)$ für $r \geq 2$;

3) $\exists c \in \mathbb{R}$ mit $c - (\nu_2/\nu_1) = O(\nu_1^{-1})$.

(Diese Voraussetzungen sind etwa bei $\mathcal{L}(N) = \mathfrak{P}(\lambda)$ mit $c = 1$ erfüllt.)

Man bestimme die Kumulanten von $Z := \nu_1^{1/2}(\frac{S}{\nu_1} - \varrho_1)/(c\varrho_1^2 + \varrho_2)$ und zeige $\mathcal{L}(Z) \xrightarrow[\mathcal{L}]{} \mathfrak{N}(0,1)$ für $\lambda \to \infty$.

Aufgabe 5.24 Für $n \in \mathbb{N}$ seien $b_{n1}, \ldots, b_{nn} \in \mathbb{R}$ mit $\sum_i (b_{ni} - \overline{b}_{n\cdot})^2 > 0$, $c_{n1}, \ldots, c_{nn} \in \mathbb{R}$ mit $\sum_i (c_{ni} - \overline{c}_{n\cdot})^2 > 0$ und $\widetilde{b}_{ni}$, $\widetilde{c}_{ni}$ definiert durch $\widetilde{b}_{ni} := (b_{ni} - \overline{b}_{n\cdot})/(\sum_i (b_{ni} - \overline{b}_{n\cdot})^2)^{1/2}$, $\widetilde{c}_{ni} := (c_{ni} - \overline{c}_{n\cdot})/(\sum_i (c_{ni} - \overline{c}_{n\cdot})^2)^{1/2}$. Weiter sei $\mathcal{L}_n(\varepsilon) := \sum_i \sum_j \widetilde{b}_{ni}^2 \widetilde{c}_{nj}^2 \mathbf{1}(n\widetilde{a}_{ni}^2 \widetilde{b}_{nj}^2 > \varepsilon^2)$. Man zeige:

a) $n \max_{1\leq i\leq n} \widetilde{a}_{ni}^2 \max_{1\leq j\leq n} \widetilde{b}_{nj}^2 = o(1) \Rightarrow \mathcal{L}_n(\varepsilon) = o(1)\ \forall \varepsilon > 0 \Rightarrow \max_{1\leq i\leq n} \widetilde{a}_{ni}^2 = o(1), \max_{1\leq j\leq n} \widetilde{b}_{nj}^2 = o(1)$.

b) Für die lineare Permutationsstatistik L_n aus Beispiel 5.95 gilt

$$\mathcal{L}(\widetilde{L}_n) \xrightarrow[\mathcal{L}]{} \mathfrak{N}(0,1), \quad \max_{1\leq i\leq n} \widetilde{a}_{ni}^2 = o(1),\ \max_{1\leq j\leq n} \widetilde{b}_{nj}^2 = o(1) \Leftrightarrow \mathcal{L}_n(\varepsilon) = o(1)\ \forall \varepsilon > 0.$$

Hinweis zu b): Man wende zunächst den Satz von Lindeberg-Feller auf die Statistik $\sum_{i=1}^{n} \widetilde{a}_{ni}\widetilde{b}_n(U_i)$ an, wobei $b_n(u) := \sum_{i=1}^{n} b_{ni}\mathbf{1}(\frac{i-1}{n} \leq u < \frac{i}{n})$ ist und $U_1, \ldots, U_n$ st.u. $\Re$-verteilte ZG sind.

Aufgabe 5.25 Man beweise die Äquivalenz der folgenden drei Bedingungen:

$$\max_{1 \leq i \leq n} \widetilde{a}_{ni}^2 = o(1); \quad \sum_{i=1}^{n} \widetilde{a}_{ni}^e = o(1) \quad \forall e = 3, 4, 5, \ldots; \quad \sum_{1 \leq i \leq n} |\widetilde{a}_{ni}|^e = o(1) \quad \exists e > 2.$$

Aufgabe 5.26 Mit (N,W) werde abgekürzt, daß die Folge $(b_{n1}, \ldots, b_{nn})$ der Noether-Bedingung (N) und die Folge $(c_{n1}, \ldots, c_{nn})$ der Wald-Wolfowitz-Bedingung (W) aus Beispiel 5.95 genügt, also

$$\sum_{1 \leq i \leq n} \widetilde{b}_{ni}^e = o(1) \quad \forall e = 3, 4, 5, \ldots \quad \text{bzw.} \quad \sum_{1 \leq i \leq n} \widetilde{c}_{ni}^e = O(n^{(2-e)/2}) \quad \forall e = 3, 4, 5, \ldots;$$

entsprechendes sei unter (W,W) und (N,N) verstanden. Die Hoeffding-Bedingung (H) sowie die Bedingung (H') seien definiert durch

$$\sum_{1 \leq i \leq n} \widetilde{b}_{ni}^e \sum_{1 \leq j \leq n} \widetilde{c}_{nj}^e = o(n^{(2-e)/2}) \quad \forall e = 3, 4, 5, \ldots \quad \text{bzw.}$$

$$\sum_{1 \leq i \leq n} |\widetilde{b}_{ni}|^e \sum_{1 \leq j \leq n} |\widetilde{c}_{nj}|^e = o(n^{(2-e)/2}) \quad \exists e > 2.$$

Man zeige:

a) (W,W) $\Rightarrow$ (N,W) $\Rightarrow$ (H) $\Rightarrow$ (H') $\Rightarrow$ $\mathfrak{L}_n(\varepsilon) = o(1) \; \forall \varepsilon > 0 \Rightarrow$ (N,N).

b) Keine dieser Implikationen ist umkehrbar.

Aufgabe 5.27 Es seien F eine eindimensionale Verteilung mit endlichen Kumulanten $\kappa_j(F)$ für alle $j \in \mathbb{N}$ sowie $G = \mathfrak{N}(\mu, \sigma^2)$. Man zeige:

$$\kappa_1(F * G) = \kappa_1(F) + \mu, \quad \kappa_2(F * G) = \kappa_2(F) + \sigma^2, \quad \kappa_j(F * G) = \kappa_j(F) \quad \forall j \geq 3.$$

Aufgabe 5.28 Man bestimme die Momente einer $\Gamma(\lambda)$-Verteilung. Ist diese Verteilung durch ihre Momente eindeutig bestimmt?

Aufgabe 5.29 Wie lauten die Momente einer $B(\kappa, \lambda)$-Verteilung?

Aufgabe 5.30 X, Y seien st.u. ZG mit VF F, G. Man zeige die Gültigkeit von

$$E(|X - Y|) = \int [1 - F(z)]G(z)\,\mathrm{d}z + \int [1 - G(z)]F(z)\,\mathrm{d}z.$$

5.3 Lineare Statistiken und asymptotische Normalität

Viele Statistiken lassen sich bis auf asymptotisch vernachlässigbare Terme durch lineare Statistiken, d.h. durch Summen von st.u. ZG approximieren. Demgemäß spielt die Normalverteilung als Limesverteilung eine zentrale Rolle. In 5.3.1 werden diesbezügliche Grenzwertsätze hergeleitet und auf Beispiele aus dem Bereich der klassischen Statistik angewendet. Bedingungen, unter denen lineare Statistiken asymptotisch normal sind, und einige Verallgemeinerungen auf Summenverteilungen mit einer zufallsabhängigen Anzahl von Summanden werden in 5.3.2 angegeben. 5.3.3 enthält für den Spezialfall von st.u. glv. Summanden eine Aussage über die Approximationsgüte derartiger Summenverteilungen durch die Limes-Normalverteilung.

5.3.1 Der zentrale Grenzwertsatz und der Satz von Cramér

In Band I war die Normalverteilung häufig Teil der Modellannahme; vgl. etwa 1.5, 3.4 oder Kap. 4. Eine Situation, in der man typischerweise mit Hilfe normalverteilter ZG modelliert, liegt dann vor, wenn eine an sich deterministisch erklärbare Größe μ durch einen nicht-systematischen Fehler V überlagert wird. Nicht-systematisch heißt dabei, daß der Fehler aus einer Vielzahl unabhängiger Ursachen herrührt, von denen keine die andere dominiert und die sich auch gegenseitig ausgleichen können. Im Modell drückt sich dies so aus, daß eine Einzelbeobachtung X von der Form $X = \mu + V$ ist mit einem zufallsabhängigen Fehler $V = \sum_\ell V_\ell$, wobei die Anzahl der Summanden „groß" ist. Von den V_ℓ nimmt man in Umsetzung der vorstehenden Vorstellungen an, daß sie st.u. sind und daß gilt

$$\max_\ell \operatorname{Var} V_\ell \ll \sigma^2 := \operatorname{Var} V \quad \text{„Nicht-Dominanz einer Ursache"},$$

$$EV = \sum_\ell EV_\ell = 0 \quad \text{„Ausgleichen der Ursachen"}.$$

Eine Form des zentralen Grenzwertsatzes, die auf diese Situation zugeschnitten ist, soll in Satz 5.103 bzw. Korollar 5.104 hergeleitet werden. Auch bei Modellen mit Normalverteilungsannahmen stehen somit – üblicherweise nicht explizit erwähnte – asymptotische Überlegungen im Hintergrund.

In Band II wird uns die Normalverteilung zumeist in etwas anderem Zusammenhang begegnen, nämlich als Limesverteilung von Schätz- und Prüfgrößen. Hierbei geht man von irgendwelchen unabhängigen Beobachtungen aus, bildet daraus eine lineare oder zumindest asymptotisch linearisierbare Statistik (mit endlichen zweiten Momenten) und fragt, ob deren Verteilung nach geeigneter Reskalierung gegen eine Normalverteilung strebt. Wir beginnen diese Diskussion mit der Herleitung einer hinreichenden[35] Bedingung für die asymptotische Normalität von Summen st.u. ZG.

---

[35] Die Notwendigkeit dieser Bedingung soll hier nicht gezeigt werden; vgl. V.I. Rotar: Math. Notes 18 (1975) 660-663.

5.3 Lineare Statistiken und asymptotische Normalität

Satz 5.102 (Rotar) *Für $n \in \mathbb{N}$ seien $X_{n1}, \ldots, X_{nn}$ st.u. reellwertige ZG mit*

$$EX_{nj} = 0, \quad \sigma_{nj}^2 := \text{Var } X_{nj} > 0, \quad j = 1, \ldots, n, \quad \sum_{j=1}^{n} \sigma_{nj}^2 = 1. \quad (5.3.1)$$

Weiter bezeichne F_{nj} die Verteilungsfunktion von X_{nj} und G_{nj} diejenige einer $\mathfrak{N}(0, \sigma_{nj}^2)$-Verteilung. Dann ist die Rotar-Bedingung

$$\sum_{j=1}^{n} \int_{|x| > \varepsilon} |x| |F_{nj}(x) - G_{nj}(x)| \, dx \to 0 \quad \forall \varepsilon > 0 \quad (5.3.2)$$

hinreichend (und notwendig) für die asymptotische Normalität von $S_n := \sum_{j=1}^{n} X_{nj}$,

$$\mathfrak{L}(S_n) \xrightarrow[\mathfrak{L}]{} \mathfrak{N}(0, 1) \quad \text{für } n \to \infty. \quad (5.3.3)$$

Beweis: Bei diesem machen wir Gebrauch von den Grundeigenschaften charakteristischer Funktionen; vgl. 5.2.3 sowie A8.7 und A8.8.

Für $n \in \mathbb{N}$ seien $\varphi_{nj}(t) := E \exp(itX_{nj})$, $j = 1, \ldots, n$, und $\varphi_n(t) := E \exp(itS_n)$, also $\varphi_n(t) = \prod_j \varphi_{nj}(t)$, $t \in \mathbb{R}$. Bezeichnet weiter $\varphi(t) = \exp(-t^2/2)$ die charakteristische Funktion einer $\mathfrak{N}(0,1)$-verteilten ZG, so ist also nach dem Stetigkeitssatz von Lévy-Cramér 5.65 für jedes $t \in \mathbb{R}$ zu zeigen

$$\varphi_n(t) \to \varphi(t) \quad \text{für } n \to \infty. \quad (5.3.4)$$

Hierzu seien für festes $n \in \mathbb{N}$ $W_{nj}, j = 1, \ldots, n$, st.u. $\mathfrak{N}(0, \sigma_{nj}^2)$-verteilte ZG mit charakteristischen Funktionen $\psi_{nj}(t) := E \exp(itW_{nj})$ und damit $\varphi(t) = \prod_j \psi_{nj}(t)$, $t \in \mathbb{R}$. Aus der Identität (5.2.26) ergibt sich somit wegen $EX_{nj} = EW_{nj} = 0$ und $\text{Var } X_{nj} = \text{Var } W_{nj} = \sigma_{nj}^2$ für jedes $t \in \mathbb{R}$

$$|\varphi_n(t) - \varphi(t)| = \left| \prod_{j=1}^{n} \varphi_{nj}(t) - \prod_{j=1}^{n} \psi_{nj}(t) \right| \leq \sum_{j=1}^{n} |\varphi_{nj}(t) - \psi_{nj}(t)| \quad (5.3.5)$$

$$= \sum_{j=1}^{n} \left| \int e^{itx} (dF_{nj}(x) - dG_{nj}(x)) \right|$$

$$= \sum_{j=1}^{n} \left| \int \left(e^{itx} - itx + \frac{1}{2} t^2 x^2 \right) (dF_{nj}(x) - dG_{nj}(x)) \right|.$$

Im weiteren beachte man, daß aus der Existenz endlicher zweiter Momente folgt

$$x^2 (1 - F_{nj}(x)) = x^2 \int_{(x,\infty)} dF_{nj}(y) \leq \int_{(x,\infty)} y^2 \, dF_{nj}(y) \to 0,$$

$$x^2 F_{nj}(-x) = x^2 \int_{(-\infty,-x]} dF_{nj}(y) \leq \int_{(-\infty,-x]} y^2 \, dF_{nj}(y) \to 0$$

für $x \to \infty$. Damit gilt wegen $\sigma_{nj}^2 < \infty$ für F_{nj} und für G_{nj}

$$x^2(1 - F_{nj}(x) + F_{nj}(-x)) \to 0 \quad \text{bzw.} \quad x^2(1 - G_{nj}(x) + G_{nj}(-x)) \to 0.$$

Hiermit ergibt sich durch partielle Integration (B.1.7) (über ein endliches Intervall $[a, b]$ und anschließenden Grenzübergang $a \to -\infty$ und $b \to +\infty$)

$$\int \left(e^{itx} - itx + \frac{1}{2}t^2x^2\right)(dF_{nj}(x) - dG_{nj}(x))$$
$$= -it \int (e^{itx} - 1 - itx)(F_{nj}(x) - G_{nj}(x))\,dx.$$

Mit (5.2.27) für $m = 1$ folgt also aus (5.3.5)

$$|\varphi_n(t) - \varphi(t)| \le \sum_{j=1}^n \left|t \int (e^{itx} - 1 - itx)(F_{nj}(x) - G_{nj}(x))\,dx\right|$$
$$\le \frac{1}{2}|t|^3 \varepsilon \sum_{j=1}^n \int_{|x| \le \varepsilon} |x||F_{nj}(x) - G_{nj}(x)|\,dx + 2t^2 \sum_{j=1}^n \int_{|x| > \varepsilon} |x||F_{nj}(x) - G_{nj}(x)|\,dx.$$

Nach Hilfssatz 5.101 erhält man wegen $EX_{nj} = 0$

$$\operatorname{Var} X_{nj} = 2 \int_{[0,\infty)} x(1 - F_{nj}(x) + F_{nj}(-x))\,dx \quad \text{und damit}$$

$$\int_{|x| \le \varepsilon} |x||F_{nj}(x) - G_{nj}(x)|\,dx$$
$$\le \int_{[0,\varepsilon]} x(|F_{nj}(x) - G_{nj}(x)| + |F_{nj}(-x) - G_{nj}(-x)|)\,dx \le 2\sigma_{nj}^2.$$

Für jedes $t \in \mathbb{R}$ führt dies auf die Abschätzung

$$|\varphi_n(t) - \varphi(t)| \le \varepsilon |t|^3 \sum_{j=1}^n \sigma_{nj}^2 + 2t^2 \sum_{j=1}^n \int_{|x| > \varepsilon} |x||F_{nj}(x) - G_{nj}(x)|\,dx.$$

Da $\sum_j \sigma_{nj}^2 = 1$ und $\varepsilon > 0$ beliebig ist, ergibt sich (5.3.4) aus (5.3.2). □

Satz 5.102 setzt die Existenz endlicher zweiter Momente voraus. Unter dieser Annahme ist er das stärkste mögliche Resultat. Er erfordert insbesondere nicht, daß die Summanden *asymptotisch gleichmäßig klein* (engl.: uniformly asymptotically negligible; kurz: UAN) werden im Sinne der Bedingung (5.3.6); vgl. Aufg. 5.33. Im weiteren wird die Charakterisierung aus Satz 5.102 nicht direkt verwendet. Vielmehr werden andere (für die Rotar-Bedingung (5.3.2) und damit für asymptotische Normalität) hinreichende Bedingungen, also andere Formen des zentralen Grenzwertsatzes hergeleitet. Für deren Formulierung spielen sukzessiv stärkere Annahmen eine große Rolle, vgl. Aufg. 5.32. Wir setzen dabei durchgehend die Existenz endlicher zweiter Momente voraus, d.h. wie bei Satz 5.102 ein Dreiecksschema von

5.3 Lineare Statistiken und asymptotische Normalität 101

zeilenweise st.u. ZG X_{nj}, $j = 1,\ldots,n$, $n \in \mathbb{N}$, mit VF F_{nj} und den Normierungsbedingungen (5.3.1). Die sukzessiv stärkeren Annahmen lauten dann wie folgt:

UAN-Bedingung: $\quad\quad\quad\quad \max_{1\leq j\leq n} \mathbb{P}(|X_{nj}| > \varepsilon) \to 0 \quad \forall \varepsilon > 0,$ \hfill (5.3.6)

Normalitäts-Bedingung: $\quad\quad \mathbb{P}(\max_{1\leq j\leq n} |X_{nj}| > \varepsilon) \to 0 \quad \forall \varepsilon > 0,$ \hfill (5.3.7)

Feller-Bedingung: $\quad\quad\quad\quad \max_{1\leq j\leq n} \operatorname{Var} X_{nj} \to 0,$ \hfill (5.3.8)

Lindeberg-Bedingung: $\quad\quad \mathfrak{L}_n(\varepsilon) := \sum_{j=1}^n \int_{|x|>\varepsilon} x^2 \, \mathrm{d}F_{nj}(x) \to 0 \quad \forall \varepsilon > 0.$ \hfill (5.3.9)

Der Beweis des folgenden Satzes beruht auf dem Nachweis, daß die Lindeberg-Bedingung (5.3.9) auch die Rotar-Bedingung (5.3.2) impliziert und damit die asymptotische Normalität[36].

Satz 5.103 (Lindeberg-Feller) *Für $n \in \mathbb{N}$ seien $X_{n1},\ldots,X_{nn}$ st.u. reellwertige ZG mit (5.3.1). Dann ist die Lindeberg-Bedingung (5.3.9) hinreichend (und unter der Feller-Bedingung notwendig) für die Gültigkeit von*

$$\mathfrak{L}\left(\sum_{j=1}^n X_{nj}\right) \xrightarrow[\mathfrak{L}]{} \mathfrak{N}(0,1).$$

Beweis: Wie bereits erwähnt und wie man leicht verifiziert, impliziert (5.3.9) die Feller-Bedingung (5.3.8). Für G_{nj} aus Satz 5.102 folgt dann wegen $\sum_{j=1}^n \sigma_{nj}^2 = 1$ und (5.3.8) für jedes $\varepsilon > 0$

$$\sum_{j=1}^n \int_{|x|>\varepsilon} x^2 \, \mathrm{d}G_{nj}(x) = \sum_{j=1}^n \sigma_{nj}^2 \int_{|x|>\varepsilon/\sigma_{nj}} x^2 \, \mathrm{d}\phi(x) \leq \int_{|x|>\varepsilon/\max_j \sigma_{nj}} x^2 \, \mathrm{d}\phi(x) \to 0.$$

Hieraus und aus der Lindeberg-Bedingung (5.3.9) ergibt sich also

$$\sum_{j=1}^n \int_{|x|>\varepsilon} x^2 \, \mathrm{d}(F_{nj}(x) + G_{nj}(x)) \to 0 \quad \text{für} \quad n \to \infty \quad \forall \varepsilon > 0. \tag{5.3.10}$$

Für festes $\varepsilon > 0$ sei nun $h : \mathbb{R} \to \mathbb{R}$ eine stetig differenzierbare Funktion mit $h(x) = h(-x)$, $0 \leq h(x) \leq x^2$ und $h'(x) \operatorname{sgn} x \geq 0 \ \forall x \in \mathbb{R}$ derart, daß gilt

$$h(x) = \begin{cases} x^2 & \text{für } |x| > 2\varepsilon, \\ 0 & \text{für } |x| \leq \varepsilon. \end{cases} \quad\quad |h'(x)| \leq 4|x| \quad \text{für } \varepsilon < |x| \leq 2\varepsilon$$

---
[36] Auch hier gilt eine Umkehrung. Die asymptotische Normalität von S_n und die Gültigkeit der Feller-Bedingung implizieren zusammen die Lindeberg-Bedingung; vgl. etwa V.V. Petrov: Sums of Independent Random Variables, Springer (1975).

Aus (5.3.10) folgt also

$$\sum_{j=1}^{n} \int_{|x|>\varepsilon} h(x)\,\mathrm{d}(F_{nj}(x)+G_{nj}(x)) \to 0 \quad \text{für} \quad n\to\infty \quad \forall \varepsilon > 0.$$

Wiederum durch partielle Integration erhält man die Abschätzung

$$\int_{x>\varepsilon} |h'(x)||F_{nj}(x)-G_{nj}(x)|\,\mathrm{d}x \leq \int_{x>\varepsilon} h'(x)(1-F_{nj}(x)+1-G_{nj}(x))\,\mathrm{d}x$$
$$= \int_{x>\varepsilon} h(x)\,\mathrm{d}(F_{nj}(x)+G_{nj}(x)).$$

Für $n\to\infty$ und jedes $\varepsilon > 0$ gilt also

$$\sum_{j=1}^{n} \int_{x>\varepsilon} |h'(x)||F_{nj}(x)-G_{nj}(x)|\,\mathrm{d}x \leq \sum_{j=1}^{n} \int_{x>\varepsilon} h(x)\,\mathrm{d}(F_{nj}(x)+G_{nj}(x)) \to 0.$$

Da die Lindeberg-Bedingung (5.3.9) auch für die ZG $-X_{n1},\ldots,-X_{nn}$, $n\in\mathbb{N}$, erfüllt ist, ergibt sich unter Verwendung der VF $F_{nj}^{(-)}$ der an 0 gespiegelten Verteilung, also von $F_{nj}^{(-)}(x) = 1 - F_{nj}(-x-0)$, $x\in\mathbb{R}$, wegen $G_{nj}^{(-)} = G_{nj}$

$$\int_{x<-\varepsilon} |h'(x)||F_{nj}(x)-G_{nj}(x)|\,\mathrm{d}x = \int_{x>\varepsilon} h'(x)|F_{nj}^{(-)}(x)-G_{nj}(x)|\,\mathrm{d}x$$
$$\leq \int_{x>\varepsilon} h(x)\,\mathrm{d}(F_{nj}^{(-)}(x)+G_{nj}(x)) = \int_{x<-\varepsilon} h(x)\,\mathrm{d}(F_{nj}(x)+G_{nj}(x)).$$

Insgesamt gilt also

$$\sum_{j=1}^{n} \int_{|x|>\varepsilon} |h'(x)||F_{nj}(x)-G_{nj}(x)|\,\mathrm{d}x \leq \sum_{j=1}^{n} \int_{|x|>\varepsilon} h(x)\,\mathrm{d}(F_{nj}(x)+G_{nj}(x)) \to 0.$$

Wegen $h'(x) = 2x\,\mathrm{sgn}\,x$ für $|x| > 2\varepsilon$ ergibt sich also insbesondere

$$\sum_{j=1}^{n} \int_{|x|>2\varepsilon} |x||F_{nj}(x)-G_{nj}(x)|\,\mathrm{d}x \to 0 \quad \text{für} \quad n\to\infty \quad \forall \varepsilon > 0$$

und damit nach Satz 5.102 asymptotische Normalität im Sinne von (5.3.3). □

Die angegebenen Formulierungen der Sätze von Rotar und Lindeberg-Feller setzen eine Normierung der ZG X_{nj} gemäß $EX_{nj} = 0$ und $\sum_j \mathrm{Var}\,X_{nj} = 1$ voraus. Diese erfolgte der Einfachheit halber und wird in allgemeineren Situationen mit $\mu_{nj} := EX_{nj} \in \mathbb{R}$ und $\tau_n^2 := \sum_j \mathrm{Var}\,X_{nj} \in (0,\infty)$ dadurch erreicht, daß man die Ausgangsvariablen affin transformiert gemäß

5.3 Lineare Statistiken und asymptotische Normalität

$$X'_{nj} = \frac{X_{nj} - \mu_{nj}}{\tau_n}, \quad j = 1, \ldots, n, \quad n \in \mathbb{N}. \tag{5.3.11}$$

Die Lindeberg-Bedingung, ausgedrückt in den ursprünglichen Variablen, lautet dann

$$\mathfrak{L}_n(\varepsilon) := \frac{1}{\tau_n^2} \sum_{j=1}^n \int (x - \mu_{nj})^2 \mathbf{1}(|x - \mu_{nj}| > \varepsilon \tau_n) \, d\mathbb{P}^{X_{nj}}(x) \to 0 \quad \forall \varepsilon > 0. \tag{5.3.12}$$

Für die Ausgangsvariablen ergibt sich so die folgende Grenzwertaussage.

Korollar 5.104 (Lindeberg-Feller) *Für* $n \in \mathbb{N}$ *seien* $X_{n1}, \ldots, X_{nn}$ *st.u. reellwertige ZG mit* $E X_{nj} = \mu_{nj} \in \mathbb{R}$ *und* $\operatorname{Var} X_{nj} = \sigma_{nj}^2 \in (0, \infty)$, $j = 1, \ldots, n$. *Dann gilt mit der Abkürzung* $\tau_n^2 := \sum_{j=1}^n \sigma_{nj}^2$:

a) *Die Lindeberg-Bedingung* (5.3.12) *ist hinreichend (sowie unter der Feller-Bedingung* $\max_{1 \leq j \leq n} \sigma_{nj}^2 / \tau_n^2 \to 0$ *auch notwendig) für die Gültigkeit von*

$$\mathfrak{L}\left(\sum_{j=1}^n \frac{X_{nj} - \mu_{nj}}{\tau_n} \right) \xrightarrow[\mathcal{L}]{} \mathfrak{N}(0,1). \tag{5.3.13}$$

b) *Gilt speziell* $\sum_{j=1}^n \mu_{nj} \to \nu$ *und* $\tau_n^2 \to \tau^2$, *so folgt für* $S_n = \sum_{j=1}^n X_{nj}$ *aus der Lindeberg-Bedingung* (5.3.12) *insbesondere die Gültigkeit von*

$$\mathfrak{L}(S_n) \xrightarrow[\mathcal{L}]{} \mathfrak{N}(\nu, \tau^2). \tag{5.3.14}$$

Beweis: a) Die ZG (5.3.11) erfüllen die Voraussetzungen von Satz 5.103.
b) ergibt sich aus a) mit dem Satz von Slutsky. □

Sind X_j, $j \in \mathbb{N}$, st.u. glv. ZG mit endlichen zweiten Momenten, so ergibt sich aus Korollar 5.104 durch Spezialisierung gemäß $X_{nj} := X_j/\sqrt{n}$, $j = 1, \ldots, n$, der Satz von Lindeberg-Lévy für reellwertige ZG und aus diesem durch Anwendung des Satzes von Cramér-Wold 5.69 dessen k-dimensionale Version 5.70. Korollar 5.104b ermöglicht es auch, den Satz von Lindeberg-Lévy auf Dreiecksschemata und damit auf Situationen zu verallgemeinern, in denen Durchschnitte von st.u. glv. ZG unter Folgen von Verteilungen betrachtet werden, die mit einer geeigneten Rate gegen eine feste Verteilung konvergieren. Wir formulieren diese Aussage sogleich für k-dimensionale ZG.

Satz 5.105 *Für* $n \in \mathbb{N}$ *seien* $X_{n1}, \ldots, X_{nn}$ *st.u. ZG mit derselben k-dimensionalen Verteilung* F_n, *unter der* $\mu_n := E X_{n1} \in \mathbb{R}^k$ *und* $\mathscr{S}_n := \operatorname{Cov} X_{n1} \in \mathbb{R}^{k \times k}_{\text{p.s.}}$ *existieren und für die bei* $n \to \infty$ *mit festen* $\mu \in \mathbb{R}^k$, $\eta \in \mathbb{R}^k$, $\mathscr{S} \in \mathbb{R}^{k \times k}_{\text{p.s.}}$ *gilt*

$$\mu_n = \mu + n^{-1/2} \eta + o(n^{-1/2}), \quad \mathscr{S}_n = \mathscr{S} + o(1).$$

104   5 Verteilungstheoretische Grundlagen der asymptotischen Statistik

Dann ist der Durchschnitt $\overline{X}_n = n^{-1}\sum_{j=1}^n X_{nj}$ *asymptotisch normal gemäß*

$$\mathcal{L}_{F_n}(\sqrt{n}(\overline{X}_n - \mu)) \xrightarrow[\mathcal{L}]{} \mathfrak{N}(\eta, \mathscr{S}). \tag{5.3.15}$$

Beweis: Nach dem Satz von Cramér-Wold 5.69 ist (5.3.15) äquivalent mit

$$\mathcal{L}_{F_n}(\sqrt{n}(u^\top \overline{X}_n - u^\top \mu)) \xrightarrow[\mathcal{L}]{} \mathfrak{N}(u^\top \eta, u^\top \mathscr{S} u) \quad \forall u \in \mathbb{R}^k. \tag{5.3.16}$$

Dies folgt für jedes feste $u \in \mathbb{R}^k$ mit $X'_{nj} := n^{-1/2}(u^\top X_{nj} - u^\top \mu)$ aus der Lindeberg-Feller-Aussage (5.3.14) wegen $\mu'_{nj} := EX'_{nj} = n^{-1}u^\top \eta + o(n^{-1})$ und $\sigma'^2_{nj} := \operatorname{Var} X'_{nj} = n^{-1}u^\top \mathscr{S}_n u$ (unabhängig von $j = 1, \ldots, n$). Also gilt die Behauptung wegen $\nu'_n := \sum_j \mu'_{nj} \to u^\top \eta$ und $\tau'^2_n := \sum_j \sigma'^2_{nj} \to u^\top \mathscr{S} u$. □

Der in den vorausgegangenen Aussagen enthaltene zentrale Grenzwertsatz benötigt zur Bestimmung des Limes nur die beiden ersten Momente der Ausgangsverteilungen. Andere Charakteristika der F_{nj}, wie etwa die geometrische Gestalt der Verteilungen, spielen für den Typ der Limesverteilung keine Rolle (wohl aber für die Approximationsgüte). Diese etwa in 6.2.2 benötigte Eigenschaft läßt sich als eine Invarianzeigenschaft interpretieren. Aus diesem Grund werden von manchen Autoren speziell die hochdimensionalen Verallgemeinerungen der zentralen Grenzwertsätze als „Invarianzprinzipien" bezeichnet. Wir folgen dieser Namensgebung nicht, sondern bezeichnen die in Kap. 10 behandelten Verallgemeinerungen als „funktionale Grenzwertsätze".

Anmerkung 5.106 a) Die Sätze von Rotar und Lindeberg-Feller erfassen nur Situationen, in denen die Ausgangsverteilungen endliche zweite Momente besitzen. Es gibt aber auch zentrale Grenzwertsätze mit hinreichenden und notwendigen Bedingungen für asymptotische Normalität, in denen keine Momenten-Bedingungen gefordert werden. Solche Aussagen werden überwiegend unter der UAN-Bedingung (5.3.6) hergeleitet (die – wie bereits erwähnt – von der Lindeberg-Bedingung (5.3.9), nicht aber von der Rotar-Bedingung (5.3.2) impliziert wird). Unter dieser Obervoraussetzung lassen sich die Gesamtheit aller überhaupt möglichen Limesverteilungen von $\sum_j X_{nj}$ bestimmen und Bedingungen für die Konvergenz gegen eine spezielle derartige Limesverteilung angeben. Die Klasse der dabei auftretenden Limesverteilungen sind gerade die „unbeschränkt (oder unendlich oft) teilbaren Verteilungen". Diese sind dadurch gekennzeichnet, daß ihre charakteristischen Funktionen eine *Lévy-Chintschin-Darstellung* besitzen, d.h. von der Form sind

$$\varphi(t) = \exp\left(\mathrm{i}t\mu - \frac{1}{2}\sigma^2 t^2 + \int (e^{\mathrm{i}tx} - 1 - \mathrm{i}txh(x))\,\mathrm{d}L(x)\right). \tag{5.3.17}$$

Dabei ist $\mu \in \mathbb{R}$, $\sigma^2 \in [0, \infty)$, $h : \mathbb{R} \to \mathbb{R}$ eine beschränkte und meßbare Funktion, die sich um die Stelle 0 wie die Identität verhält, und das *Lévy-Maß* $L \in \mathfrak{M}^e(\mathbb{R}, \mathbb{B})$ genügt der Bedingung $\int \min\{x^2, 1\}\,\mathrm{d}L(x) < \infty$, $L(\{0\}) = 0$. Die Darstellung (5.3.17) ist bei vorgegebener Funktion h eindeutig. Wählt man speziell $h(x) = x\mathbf{1}_{(-1,1)}(x)$, so erhält man aus (5.3.17) für $L = 0$ die $\mathfrak{N}(\mu, \sigma^2)$-Verteilung bzw. für $L = \lambda\varepsilon_1$, $\mu = 0$, $\sigma^2 = 0$ die $\mathfrak{P}(\lambda)$-Verteilung. Jede unbeschränkt teilbare Verteilung läßt sich daher als Faltung einer $\mathfrak{N}(\mu, \sigma^2)$-Verteilung und einer „verallgemeinerten Poisson-Verteilung" auffassen, woraus

5.3 Lineare Statistiken und asymptotische Normalität

sich unmittelbar die Bedeutung der Parameter μ und σ^2 ergibt. Auch L läßt sich in naheliegender Weise interpretieren. Es gilt nämlich

$$L_n(B) := E\#\{1 \leq j \leq n : X_{nj} \in B\} = \sum_{j=1}^{n} \mathbb{P}(X_{nj} \in B) \to L(B) \quad \forall B \not\ni 0.$$

Diese Interpretationen machen die Kriterien für die Konvergenz gegen eine spezielle unbeschränkt teilbare Verteilung verständlich. Um etwa als Limes eine Normalverteilung zu erhalten, muß

$$\sum_{j=1}^{n} \mathbb{P}(|X_{nj}| > \varepsilon) \to 0 \quad \forall \varepsilon > 0 \tag{5.3.18}$$

gelten, da dies dann $L = 0$ impliziert. Diese Bedingung ist nach Aufg. 5.31 äquivalent zur Bedingung (5.3.7), was deren Bezeichnung „Normalitäts-Bedingung" erklärt. In präzisierter Form führen diese Überlegungen auf das in 6.3.3 benötigte *Normalkonvergenzkriterium*: Für jedes $n \in \mathbb{N}$ seien $X_{n1}, \ldots, X_{nn}$ st.u. ZG, die der UAN-Bedingung (5.3.6) genügen. Dann gilt

$$\left.\begin{array}{l} \mathbb{P}(\max_{1\leq j\leq n} |X_{nj}| \geq \varepsilon) = o(1) \quad \forall \varepsilon > 0, \\ \sum_{1\leq j\leq n} E X_{nj} \mathbf{1}(|X_{nj}| \leq 1) \to \nu, \\ \sum_{1\leq j\leq n} \operatorname{Var} X_{nj} \mathbf{1}(|X_{nj}| \leq 1) \to \tau^2 \end{array}\right\} \Leftrightarrow \mathfrak{L}\left(\sum_{1\leq j\leq n} X_{nj}\right) \xrightarrow[\mathfrak{L}]{} \mathfrak{N}(\nu, \tau^2).$$

Äquivalent können die ZG X_{nj} auch an jedem Wert $r > 0$ gestutzt werden. Im Spezialfall $\tau^2 = 0$ ergibt sich aus diesem Kriterium ein solches für die Konvergenz gegen eine degenerierte Verteilung ε_ν, d.h. nach Hilfssatz 5.82 ein solches für $\sum_{j=1}^{n} X_{nj} \to \nu$ nach WS; vgl. auch den Satz von Pruitt 5.116. In Analogie hierzu gilt unter der Voraussetzung (5.3.6) das folgende *Poisson-Konvergenzkriterium*: Für jedes $n \in \mathbb{N}$ seien $X_{n1}, \ldots, X_{nn}$ st.u. ZG, die der UAN-Bedingung (5.3.6) genügen. Dann gilt

$$\left.\begin{array}{l} \sum_{1\leq j\leq n} \mathbb{P}(|X_{nj}| \geq \varepsilon, |X_{nj} - 1| \geq \varepsilon) \to 0 \quad \forall \varepsilon > 0, \\ \sum_{1\leq j\leq n} \mathbb{P}(|X_{nj} - 1| < \varepsilon) \to \lambda \quad \forall \varepsilon > 0, \\ \sum_{1\leq j\leq n} E X_{nj} \mathbf{1}(|X_{nj}| \leq \varepsilon) \to 0 \quad \forall \varepsilon \in (0,1), \\ \sum_{1\leq j\leq n} \operatorname{Var} X_{nj} \mathbf{1}(|X_{nj}| \leq \varepsilon) \to 0 \quad \forall \varepsilon \in (0,1), \end{array}\right\} \Leftrightarrow \mathfrak{L}\left(\sum_{1\leq j\leq n} X_{nj}\right) \xrightarrow[\mathfrak{L}]{} \mathfrak{P}(\lambda).$$

Aus diesem läßt sich dann wieder der klassische Poissonsche Grenzwertsatz gewinnen.

b) Die möglichen Limiten von zentrierten und reskalierten Summen einfach indizierter glv. ZG X_j, $j \in \mathbb{N}$, lassen sich ebenfalls charakterisieren. Sie fallen gerade mit den stabilen

Verteilungen zusammen. Dabei heißt eine Verteilung F *stabil*, falls bei Vorliegen von st.u., gemäß F verteilten ZG X_j, $j \in \mathbb{N}$, Folgen $(a_n) \subset \mathbb{R}$ und $(b_n) \subset (0, \infty)$ existieren mit

$$\mathfrak{L}_F\left(\frac{\sum_{j=1}^n X_j - a_n}{b_n}\right) = F \quad \forall n \in \mathbb{N}.$$

Bezeichnet $F^{*(n)}$ die n-fache Faltungssumme von F, so ist dieses äquivalent mit

$$F^{*(n)}(a_n + b_n x) = F(x) \quad \forall x \in \mathbb{R} \quad \forall n \in \mathbb{N}.$$

Es läßt sich zeigen, daß die stabilen Verteilungen durch einen Parameter $0 < \kappa \leq 2$ indiziert werden können, wobei der Fall $\kappa = 2$ der Normalverteilung entspricht[37]. Bezeichnet F_κ eine spezielle derartige Verteilung, so liegt eine VF G im *Anziehungsbereich* von F_κ, falls es bei Zugrundeliegen von st.u., gemäß G verteilten ZG X_j, $j \in \mathbb{N}$, Folgen $(a_n) \subset \mathbb{R}$ und $(b_n) \subset (0, \infty)$ gibt mit

$$\mathfrak{L}_F\left(\frac{\sum_{j=1}^n X_j - a_n}{b_n}\right) \xrightarrow[\mathfrak{L}]{} F_\kappa \quad \text{für } n \to \infty.$$

Definitionsgemäß liegt F_κ in seinem eigenen Anziehungsbereich. Für $\kappa = 2$ gilt: F liegt im Anziehungsbereich einer Normalverteilung genau dann, wenn

$$x^2 \int_{|y|>x} dF(y) \bigg/ \int_{|y|\leq x} y^2 \, dF(y) \to 0 \quad \text{für } x \to \infty.$$

Diese Bedingung ist offenbar stets dann erfüllt, wenn gilt $\int y^2 \, dF(y) \in (0, \infty)$. □

Die angegebenen Aussagen über die asymptotische Normalität von Summen st.u. ZG bilden auch die Grundlage für die Herleitung vieler Verteilungsaussagen über Statistiken, die zwar selber keine Summen von st.u. ZG sind, die sich aber als Funktionen derartiger Summen S_n (oder der aus diesen gebildeten Durchschnitten) bzw. allgemeiner als Funktionen von Statistiken Y_n darstellen lassen, für die mit geeigneten $c \in \mathbb{R}^k$ und $\mathscr{S} \in \mathbb{R}^{k \times k}_{\text{p.s.}}$ gilt

$$Y_n \to c \quad \text{nach } P_n\text{-WS}, \quad \mathfrak{L}_{P_n}(\sqrt{n}(Y_n - c)) \xrightarrow[\mathfrak{L}]{} \mathfrak{N}(0, \mathscr{S}). \tag{5.3.19}$$

Der folgende Satz besagt, daß ein derartiges Limesverhalten unter den wichtigsten Abbildungen erhalten bleibt[38]. Dabei ist Teil b) die mehrdimensionale Form der auf $c_n = \sqrt{n}$ und normalverteilte Limiten spezialisierten Aussage von Satz 5.78.

---

[37] Vgl. hierzu und zum folgenden L.Breiman: Probability (1968) 199-215, zur sonstigen Anmerkung V.V. Petrov: Sums of Independent Variables, Springer (1975).
[38] Die Teilaussage b) ist ein Spezialfall dessen, was man in der Literatur vielfach als „Δ-Methode" bezeichnet. Zu einer entsprechenden Aussage in allgemeinerem Rahmen, nämlich für Fréchet-oder Hadamard-differenzierbare Funktionale der empirischen Verteilungen, vgl. Kap. 8.

5.3 Lineare Statistiken und asymptotische Normalität

Satz 5.107 (Cramér) *Für $n \in \mathbb{N}$ sei Y_n eine k-dimensionale ZG auf einem WS-Raum $(\mathfrak{X}, \mathfrak{B}, P_n)$. Weiter seien $c \in \mathbb{R}^k$ und $f : (\mathbb{R}^k, \mathbb{B}^k) \to (\mathbb{R}^\ell, \mathbb{B}^\ell)$. Dann gilt:*

a) *Ist f im Punkte c stetig, so gilt mit $Y_n \to c$ nach P_n-WS auch*

$$f(Y_n) \to f(c) \quad \text{nach} \quad P_n\text{-WS}; \tag{5.3.20}$$

b) *Ist f im Punkte c differenzierbar mit der Jacobi-Matrix $\mathscr{F}(c) := (\partial f^\top(c))^\top = (\partial f_i(c)/\partial z_j) \in \mathbb{R}^{\ell \times k}$, so gilt mit (5.3.19)*

$$\mathfrak{L}_{P_n}(\sqrt{n}(f(Y_n) - f(c))) \xrightarrow[\mathfrak{L}]{} \mathfrak{N}(0, \mathscr{F}(c) \mathscr{S} \mathscr{F}^\top(c)). \tag{5.3.21}$$

Beweis: a) folgt aus Satz 5.43 und Hilfssatz 5.82, da f ε_c-f.ü. stetig ist.
b) Die Differenzierbarkeit von f besagt, daß es ein $r : (\mathbb{R}^k, \mathbb{B}^k) \to (\mathbb{R}^\ell, \mathbb{B}^\ell)$ gibt mit

$$f(y) = f(c) + \mathscr{F}(c)(y - c) + |y - c| r(y)$$

und $r(y) = o(1)$ für $y \to c$. Ersetzt man hier y durch die ZG Y_n, so folgt[39]

$$f(Y_n) = f(c) + \mathscr{F}(c)(Y_n - c) + |Y_n - c| o_{P_n}(1), \tag{5.3.22}$$

da nach a) $r(Y_n) = o_{P_n}(1)$ gilt.
Hat nun $\sqrt{n}(Y_n - c)$ eine Limesverteilung, so nach dem Stetigkeitssatz 5.43 auch $\sqrt{n}|Y_n - c|$; aus dem Lemma von Slutsky 5.84b folgt also $\sqrt{n}|Y_n - c| o_{P_n}(1) \to 0$ nach WS. Nach denselben Aussagen sowie nach (5.3.22) hat $\sqrt{n}(f(Y_n) - f(c))$ die gleiche Limesverteilung wie $\mathscr{F}(c)\sqrt{n}(Y_n - c)$. Dieses ist aber eine lineare und somit stetige Funktion von $\sqrt{n}(Y_n - c)$. Folglich ergibt sich nach den Sätzen 5.43 und 1.95 als Limesverteilung bei (5.3.19) eine $\mathfrak{N}(0, \mathscr{F}(c) \mathscr{S} \mathscr{F}^\top(c))$-Verteilung. □

Beispiel 5.108 Für $n \in \mathbb{N}$ seien $X_1, \ldots, X_n$ st.u. ZG mit derselben VF F. Dann läßt sich nach Hilfssatz 2.29 die i-te Ordnungsstatistik $X_{n\uparrow i}$ vermöge der i-ten Ordnungsstatistik $U_{n\uparrow i}$ zu st.u. $\mathfrak{R}$-verteilten ZG $U_1, \ldots, U_n$ verteilungsgleich darstellen in der Form $X_{n\uparrow i} \stackrel{\mathfrak{L}}{=} F^{-1}(U_{n\uparrow i})$, $i = 1, \ldots, n$. Für $n \to \infty$ und $i(n)/n = \pi + o(n^{-1/2})$ mit $\pi \in (0, 1)$ gilt nach Beispiel 5.73

$$\mathfrak{L}(\sqrt{n}(U_{n\uparrow i(n)} - \pi)) \xrightarrow[\mathfrak{L}]{} \mathfrak{N}(0, \pi(1 - \pi))$$

und damit $U_{n\uparrow i(n)} \to \pi$ nach WS. Ist F^{-1} an der Stelle π stetig, so gilt nach Satz 5.107a $F^{-1}(U_{n\uparrow i(n)}) = X_{n\uparrow i(n)} \to F^{-1}(\pi)$ nach WS. Ist F an der Stelle $F^{-1}(\pi)$ differenzierbar mit Ableitung $f(F^{-1}(\pi)) > 0$ (und folglich F^{-1} an der Stelle π mit Ableitung $1/f(F^{-1}(\pi))$), so gilt nach Satz 5.107b

$$\mathfrak{L}(\sqrt{n}(X_{n\uparrow i(n)} - F^{-1}(\pi))) \xrightarrow[\mathfrak{L}]{} \mathfrak{N}\left(0, \frac{\pi(1-\pi)}{f^2(F^{-1}(\pi))}\right). \tag{5.3.23}$$

---
[39] Derartige (stochastische) Taylorentwicklungen werden später vielfach als beweistechnisches Hilfsmittel verwendet.

Speziell gilt also für den Stichprobenmedian med $X_{(n)}$ bei $f(F^{-1}(1/2)) > 0$

$$\mathcal{L}(\sqrt{n}(\text{med } X_{(n)} - F^{-1}(1/2))) \xrightarrow[\mathcal{L}]{} \mathfrak{N}\left(0, \frac{1}{4f^2(F^{-1}(1/2))}\right). \quad \Box \qquad (5.3.24)$$

Beispiel 5.109 $(X_{1j}, X_{2j}), j \in \mathbb{N}$, seien st.u. ZG mit der gleichen zweidimensionalen Verteilung, für die $EX_{i1}^4 < \infty$ und $\sigma_i^2 := \text{Var } X_{i1} > 0$ existiere, $i = 1, 2$. Bezeichnen $\mu_i := EX_{i1}$, $\sigma_{\ell k} := E(X_{11} - \mu_1)^\ell (X_{21} - \mu_2)^k$, $\varrho := \sigma_{11}/\sigma_1\sigma_2$, und beziehen sich Summen und Durchschnitte auf den Stichprobenumfang n, so gilt für den (Pearsonschen) Stichprobenkorrelationskoeffizienten R_n

$$R_n \to \varrho \quad \text{nach WS}, \quad \mathcal{L}(\sqrt{n}(R_n - \varrho)) \xrightarrow[\mathcal{L}]{} \mathfrak{N}(0, \tau^2).$$

Dabei ist definitionsgemäß

$$R_n = \frac{\sum_{j=1}^n (X_{1j} - \overline{X}_{1\cdot})(X_{2j} - \overline{X}_{2\cdot})}{\sqrt{\sum_{j=1}^n (X_{1j} - \overline{X}_{1\cdot})^2 \sum_{j=1}^n (X_{2j} - \overline{X}_{2\cdot})^2}}$$

und, wie sogleich gezeigt werden wird,

$$\tau^2 = \left(1 + \frac{\varrho^2}{2}\right) \frac{\sigma_{22}}{\sigma_{20}\sigma_{02}} + \frac{\varrho^2}{4}\left(\frac{\sigma_{40}}{\sigma_{20}^2} + \frac{\sigma_{04}}{\sigma_{02}^2} - 4\frac{\sigma_{31}}{\sigma_{11}\sigma_{20}} - 4\frac{\sigma_{13}}{\sigma_{11}\sigma_{02}}\right). \qquad (5.3.25)$$

In Analogie zu (5.2.43) ergibt sich nämlich wegen $\overline{X}_{i\cdot} := n^{-1}\sum_{j=1}^n X_{ij} \to \mu_i$ nach WS, $i = 1, 2$,

$$\frac{1}{n}\sum_{j=1}^n (X_{1j} - \overline{X}_{1\cdot})(X_{2j} - \overline{X}_{2\cdot})$$

$$= \frac{1}{n}\sum_{j=1}^n (X_{1j} - \mu_1)(X_{2j} - \mu_2) - (\overline{X}_{1\cdot} - \mu_1)(\overline{X}_{2\cdot} - \mu_2) \to \sigma_{11} \quad \text{nach WS}$$

und damit $R_n \to \sigma_{11}/\sigma_1\sigma_2 = \varrho$ nach WS gemäß (5.2.43) und Satz 5.107a. Wir werden zeigen, daß der Zähler der rechten Seite von

$$\sqrt{n}(R_n - \varrho) = \frac{\sqrt{n}\left(\frac{1}{n}\sum (X_{1j} - \overline{X}_{1\cdot})(X_{2j} - \overline{X}_{2\cdot}) - \varrho\sqrt{\frac{1}{n}\sum (X_{1j} - \overline{X}_{1\cdot})^2 \frac{1}{n}\sum(X_{2j} - \overline{X}_{2\cdot})^2}\right)}{\sqrt{\frac{1}{n}\sum (X_{1j} - \overline{X}_{1\cdot})^2 \frac{1}{n}\sum (X_{2j} - \overline{X}_{2\cdot})^2}}$$

eine Limesverteilung hat. Zur Berechnung der Limesverteilung von $\sqrt{n}(R_n - \varrho)$ können wir dann den Nenner nach dem Lemma von Slutsky 5.84b und wegen (5.2.43) durch $\sigma_1\sigma_2$ ersetzen. Nach (5.3.22) gilt wegen (5.2.45) für $i = 1, 2$

$$\sqrt{\frac{1}{n}\sum_j (X_{ij} - \overline{X}_{i\cdot})^2} = \sigma_i + \frac{1}{2\sigma_i}\left[\frac{1}{n}\sum_j (X_{ij} - \overline{X}_{i\cdot})^2 - \sigma_i^2\right] + o_P\left(\frac{1}{\sqrt{n}}\right),$$

wobei der mit $\sqrt{n}$ multiplizierte Faktor von $1/2\sigma_i$ nach (5.2.45) eine Limesverteilung hat und somit der Rest von der Form $o_P(n^{-1/2})$ ist. Entsprechend (5.2.45) hat auch

5.3 Lineare Statistiken und asymptotische Normalität

$\sqrt{n}[\frac{1}{n}\sum_j (X_{1j}-\overline{X}_{1\cdot})(X_{2j}-\overline{X}_{2\cdot})-\sigma_{11}]$ eine Limesverteilung, so daß wegen $\sigma_{11} = \varrho\sigma_1\sigma_2$ und mehrfacher Anwendung des Lemmas von Slutsky 5.84 die Limesverteilung von $\sqrt{n}(R_n - \varrho)$ gleich derjenigen von

$$\frac{1}{\sqrt{n}\sigma_1\sigma_2}\left[\sum_j(X_{1j}-\overline{X}_{1\cdot})(X_{2j}-\overline{X}_{2\cdot}) - \frac{\varrho\sigma_2}{2\sigma_1}\sum_j(X_{1j}-\overline{X}_{1\cdot})^2 - \frac{\varrho\sigma_1}{2\sigma_2}\sum_j(X_{2j}-\overline{X}_{2\cdot})^2\right]$$

ist. Diese ist wiederum, wenn man zunächst die $\overline{X}_{i\cdot}$ gemäß (5.2.43) durch μ_i ersetzt und dann o.E. $\mu_1 = \mu_2 = 0$ annimmt, gleich derjenigen von

$$\frac{1}{\sqrt{n}}\sum_j Y_j/\sigma_1\sigma_2 \quad \text{mit} \quad Y_j := X_{1j}X_{2j} - \frac{\varrho\sigma_2}{2\sigma_1}X_{1j}^2 - \frac{\varrho\sigma_1}{2\sigma_2}X_{2j}^2$$

und somit nach dem Satz von Lindeberg-Lévy eine $\mathfrak{N}(\nu,\tau^2)$-Verteilung mit

$$\nu = \frac{1}{\sigma_1\sigma_2}EY_1 = \frac{1}{\sigma_1\sigma_2}\left[\sigma_{11} - \frac{\varrho\sigma_2}{2\sigma_1}\sigma_1^2 - \frac{\varrho\sigma_1}{2\sigma_2}\sigma_2^2\right] = 0 \quad \text{und} \quad \tau^2 = EY_1^2/\sigma_1^2\sigma_2^2.$$

Im Spezialfall $\mathfrak{L}(X_{1j}, X_{2j}) = \mathfrak{N}(\mu_1,\mu_2;\sigma_1^2,\sigma_2^2,\varrho)$ ergibt sich $\tau^2 = (1-\varrho^2)^2$, etwa mit Hilfe charakteristischer Funktionen. □

Beispiel 5.110 X_j, $j \in \mathbb{N}$, seien st.u. ZG mit derselben eindimensionalen Verteilung, für die $EX_1^{2m} < \infty$ $\exists m \in \mathbb{N}$ gilt. Für $r \leq m$ ergibt sich das asymptotische Verhalten des Stichprobenmomentes r-ter Ordnung $a_{nr} := \sum_{j=1}^n X_j^r/n$ nach dem Gesetz der großen Zahlen bzw. dem Satz von Lindeberg-Lévy zu

$$a_{nr} \to \alpha_r \quad \text{nach WS}, \quad \mathfrak{L}(\sqrt{n}(a_{nr} - \alpha_r)) \xrightarrow[\mathfrak{L}]{} \mathfrak{N}(0, \alpha_{2r} - \alpha_r^2).$$

Dabei ist $\alpha_r := EX_1^r$ das r-te Moment der Verteilung. Speziell ist $a_{n1} = \overline{X}_n$ das Stichprobenmittel, $\alpha_1 = EX_1$ der Mittelwert und $\alpha_2 - \alpha_1^2 = \sigma^2$ die Streuung.

Entsprechend gilt nach dem mehrdimensionalen Satz von Lindeberg-Lévy 5.70 für die gemeinsame Verteilung der ersten r Stichprobenmomente

$$\mathfrak{L}(\sqrt{n}((a_{n1},\ldots,a_{nr})^\top - (\alpha_1,\ldots,\alpha_r)^\top)) \xrightarrow[\mathfrak{L}]{} \mathfrak{N}(0,\mathscr{S}), \quad \mathscr{S} = (\alpha_{k+\ell} - \alpha_k\alpha_\ell) \in \mathbb{R}_{\text{p.s.}}^{r\times r}.$$

Für das zentrale Stichprobenmoment $m_{nr} := \frac{1}{n}\sum(X_j - \overline{X}_n)^r$ folgt mit $\widetilde{\mu}_r := E(X_1-\alpha_1)^r$

$$m_{nr} \to \widetilde{\mu}_r \quad \text{nach WS}, \quad \mathfrak{L}(\sqrt{n}(m_{nr} - \widetilde{\mu}_r)) \xrightarrow[\mathfrak{L}]{} \mathfrak{N}(0, \widetilde{\mu}_{2r} - 2r\widetilde{\mu}_{r-1}\widetilde{\mu}_{r+1} - \widetilde{\mu}_r^2 + r^2\widetilde{\mu}_2\widetilde{\mu}_{r-1}^2).$$

Mit $f(u_0,\ldots,u_r) := \sum_{s=0}^r \binom{r}{s}(-1)^{r-s}u_s u_1^{r-s}$ gilt nämlich einerseits nach Satz 5.107a

$$m_{nr} = \frac{1}{n}\sum_{j=1}^n (X_j - a_{n1})^r = f(a_{n0},\ldots,a_{nr})$$

$$\to f(\alpha_0,\ldots,\alpha_r) = E(X_1-\alpha_1)^r = \widetilde{\mu}_r \quad \text{nach WS}$$

mit $a_{n0} = \alpha_0 = 1$ und andererseits nach Satz 5.107b bzw. durch elementare, aber etwas langwierige Rechnungen

5 Verteilungstheoretische Grundlagen der asymptotischen Statistik

$$\mathcal{L}(\sqrt{n}(m_{nr} - \widetilde{\mu}_r)) \xrightarrow{\mathcal{L}} \mathfrak{N}\Big(0, \sum_{k=1}^{r}\sum_{\ell=1}^{r} \partial_k f(\alpha_0,\ldots,\alpha_r)\partial_\ell f(\alpha_0,\ldots,\alpha_r)\sigma_{k\ell}\Big)$$
$$= \mathfrak{N}(0, \widetilde{\mu}_{2r} - 2r\widetilde{\mu}_{r-1}\widetilde{\mu}_{r+1} - \widetilde{\mu}_r^2 + r^2\widetilde{\mu}_2\widetilde{\mu}_{r-1}^2).$$

Entsprechend beweist man, daß für $\widetilde{\mu}_2 = \sigma^2 > 0$ die *empirische Schiefe* $m_{n3}/m_{n2}^{3/2}$ und der *empirische Exzeß* $m_{n4}/m_{n2}^2 - 3$ ein analoges Limesverhalten besitzen; vgl. Aufg. 5.35. □

Aussagen über die Verteilungskonvergenz der geeignet standardisierten Differenzen

$$\sqrt{n}(\overline{X}_n - \mu), \quad \sqrt{\frac{n_1 n_2}{n_1 + n_2}}(\overline{X}_{1\cdot} - \overline{X}_{2\cdot} - \mu_1 + \mu_2), \quad \sqrt{n}(s_n^2 - \sigma^2), \quad \sqrt{n}(R_n - \varrho),$$

wie sie im Satz von Lindeberg-Lévy bzw. in den Beispielen 5.86+87 sowie 5.109 hergeleitet wurden, lassen sich in der Testtheorie dazu verwenden, asymptotische Ausdrücke für die kritischen Werte ein- oder zweiseitiger Tests für Mittelwert-, Streuungs- und Korrelationsparameter anzugeben; vgl. 6.2.2. Zwar hängen die Limesverteilungen dieser Größen im allgemeinen noch von Nebenparametern ab, doch lassen sich diese zumeist konsistent schätzen und mit Hilfe des Lemmas von Slutsky eliminieren. Im Spezialfall von Normalverteilungen, bei denen alle höheren Momente durch diejenigen der ersten und zweiten Ordnung bestimmt sind, tritt vielfach noch eine Besonderheit ein. Während in den ersten beiden Fällen die Limesverteilung unabhängig von μ bzw. von μ_1 und μ_2 ist, hängt in den beiden letzten Fällen die Limesverteilung noch von den zu testenden Parametern σ^2 bzw. ϱ ab. Allgemeiner gibt es zahlreiche reellwertige Statistiken T_n, für die mit (von der zugrundeliegenden Verteilung P abhängenden) Zahlen $c \in \mathbb{R}$ und (geeigneten, von c abhängenden) Funktionen $\sigma^2 : \mathbb{R} \to (0, \infty)$ gilt

$$\mathcal{L}_P(\sqrt{n}(T_n - c)) \xrightarrow{\mathcal{L}} \mathfrak{N}(0, \sigma^2(c)).$$

Diese bei zahlreichen statistischen Anwendungen, insbesondere bei der Bestimmung von asymptotischen Konfidenzbereichen, störende Abhängigkeit der Limesvarianz von der Zentrierungskonstanten läßt sich vielfach eliminieren. Bezeichnet nämlich f eine meßbare, in der Umgebung der Stelle c stetig differenzierbare Funktion mit

$$f'^2(y)\sigma^2(y) = 1 \tag{5.3.26}$$

für alle interessierenden Werte y, so folgt aus Satz 5.107b für $k = \ell = 1$

$$\mathcal{L}_P(\sqrt{n}(f(T_n) - f(c))) \xrightarrow{\mathcal{L}} \mathfrak{N}(0, 1). \tag{5.3.27}$$

Eine derartige *varianzstabilisierende Transformation* liefert erfahrungsgemäß häufig eine Genauigkeitssteigerung der Approximation durch eine Normalverteilung. Sie ermöglicht vielfach auch eine numerisch einfache Bestimmung asymptotischer Konfidenzbereiche.

5.3 Lineare Statistiken und asymptotische Normalität 111

Beispiel 5.111 Für Beispiel 5.109 mit $\mathfrak{L}(X_{1j}, X_{2j}) = \mathfrak{N}(\mu_1, \mu_2; \sigma_1^2, \sigma_2^2, \varrho)$ ergibt sich aus (5.3.26+27) $f'^2(\varrho)(1-\varrho^2)^2 = 1$ und damit die *Fisher-Transformation*

$$f(\varrho) = \frac{1}{2}\log\frac{1+\varrho}{1-\varrho}. \qquad (5.3.28)$$

Mit $Z_n := f(R_n)$ folgt hieraus die in der Praxis viel verwendete Beziehung

$$\mathfrak{L}\left(\sqrt{n-3}\left(Z_n - \frac{1}{2}\log\frac{1+\varrho}{1-\varrho}\right)\right) \xrightarrow[\mathfrak{L}]{} \mathfrak{N}(0,1). \qquad (5.3.29)$$

Während die finite Theorie aus 3.4.5 nur für $\varrho_0 = 0$ zu Tests der Hypothesen $\mathbf{H}: \varrho = \varrho_0$, $\mathbf{K}: \varrho \neq \varrho_0$ bzw. $\mathbf{H}: \varrho \leq \varrho_0$, $\mathbf{K}: \varrho > \varrho_0$ führt und damit keine Konfidenzbereiche liefert, ergeben sich über die Fisher-Transformation (5.3.28) auch asymptotische Tests dieser Hypothesen bei $\varrho_0 \neq 0$ und damit Konfidenzintervalle bzw. Konfidenzschranken zu vorgegebenem asymptotischen Vertrauensniveau $1-\alpha$. Insbesondere ergibt sich, wenn tanh den „tangens hyperbolicus" bezeichnet, als ein derartiges Konfidenzintervall

$$C_n(x) = \left\{\varrho_0 \in (-1,1) : \left|Z_n - \frac{1}{2}\log\frac{1+\varrho_0}{1-\varrho_0}\right| \leq \frac{u_{\alpha/2}}{\sqrt{n-3}}\right\}$$

$$= \left\{\varrho_0 \in (-1,1) : \tanh\left(Z_n - \frac{u_{\alpha/2}}{\sqrt{n-3}}\right) \leq \varrho_0 \leq \tanh\left(Z_n + \frac{u_{\alpha/2}}{\sqrt{n-3}}\right)\right\}.$$

b) Für Beispiel 5.86 mit $\mathfrak{L}(X_j) = \mathfrak{N}(\mu, \sigma^2)$ ergibt sich im Anschluß an (5.2.46) eine varianzstabilisierende Transformation aus $f'(\sigma^2)2\sigma^4 = 1$, also

$$f(\sigma^2) = \frac{1}{\sqrt{2}}\int_1^{\sigma^2}\frac{\mathrm{d}\tau}{\tau} = \frac{1}{\sqrt{2}}\log\sigma^2 \qquad \text{und somit}$$

$$\mathfrak{L}_{\mu,\sigma^2}\left(\sqrt{\frac{n-1}{2}}(\log s_n^2 - \log\sigma^2)\right) \xrightarrow[\mathfrak{L}]{} \mathfrak{N}(0,1). \qquad (5.3.30)$$

Hieraus lassen sich asymptotische α-Niveau Tests etwa für die zweiseitigen Hypothesen $\mathbf{H}: \sigma^2 = \sigma_0^2$, $\mathbf{K}: \sigma^2 \neq \sigma_0^2$ folgern und damit der asymptotische $(1-\alpha)$-Konfidenzbereich

$$C_n(x) = \left\{\sigma^2 \in (0,\infty) : |\log\sigma^2 - \log s_n^2| \leq \sqrt{\frac{2}{n-1}}u_{\alpha/2}\right\}.$$

Die auch für das Testen von $\mathbf{H}: \sigma_1^2 = \ldots = \sigma_m^2$ gegen $\mathbf{K}: \sigma_i^2 \neq \sigma_j^2 \,\exists\, 1 \leq i \neq j \leq m$ in einem m-Stichprobenproblem wichtige Beziehung (5.3.30), vgl. Aufg. 5.41, ergibt sich ebenfalls, wenn man für (5.2.46) schreibt $\mathfrak{L}(\sqrt{n}(s_n^2/\sigma^2 - 1)) \xrightarrow[\mathfrak{L}]{} \mathfrak{N}(0,2)$ und auf $Y_n := s_n^2/\sigma^2$ den Satz 5.107b mit $f(y) = \log y$ anwendet. □

Die Verteilungsaussagen der Beispiele 5.108-111 beruhen letztlich auf der Taylor-Entwicklung (5.3.22), mit der aus (5.3.19) die Verteilungsaussage (5.3.21) gewonnen wird. Zu einer nichtdegenerierten (d.h. von der Einpunktverteilung ε_0 verschiedenen) Limesverteilung kommt man dabei nur, wenn die Matrix $\mathscr{T} := \mathscr{F}(c)\mathscr{S}\mathscr{F}^\top(c)$ nicht verschwindet. Andernfalls wird man in (5.3.22) eine Entwicklungsstufe weiter gehen. Bei $\mathscr{T} = 0$ und zweimaliger Differenzierbarkeit der Funktion f an der Stelle c folgt dann aus einer Taylor-Entwicklung der Ordnung 2, daß bei asymptotisch vernachlässigbaren Resttermen $n(f(Y_n) - f(c))$ das gleiche Limesverhalten hat wie eine quadratische Statistik. Letzteres soll deshalb in 5.4 diskutiert werden.

5.3.2 Lineare Statistiken und Toeplitz-Schemata

Von besonderer Bedeutung – etwa beim Nachweis der asymptotischen Normalität nichtparametrischer Statistiken; bei den Z_j handelt es sich dann um die geeignet bewerteten Beobachtungen X_j – sind spezielle, mit st.u. glv. ZG Z_j und vorgegebenen Regressionskoeffizienten c_{nj} gebildete *lineare Statistiken* der Form

$$S_n = \sum_{j=1}^{n} c_{nj} Z_j. \qquad (5.3.31)$$

Ist $EZ_1 = \mu \in \mathbb{R}$ und $\mathrm{Var}\, Z_1 = \sigma^2 \in (0,\infty)$, so gilt offensichtlich

$$ES_n = \mu \sum_{j=1}^{n} c_{nj}, \quad \mathrm{Var}\, S_n = \sigma^2 \sum_{j=1}^{n} c_{nj}^2.$$

Damit die S_n asymptotisch normal sind, müssen die Koeffizienten c_{nj} geeigneten Wachstumsbedingungen genügen. Die übliche derartige Voraussetzung ist die auf den Satz von Lindeberg-Feller zugeschnittene *Noether-Bedingung*

$$\max_{1 \le j \le n} |c_{nj}| \to 0, \quad \sum_{j=1}^{n} c_{nj}^2 \to 1. \qquad (5.3.32)$$

Ist neben (5.3.32) noch die Bedingung $\sum_j c_{nj} = 0$ erfüllt, gilt also

$$\max_{1 \le j \le n} |c_{nj}| \to 0, \quad \sum_{j=1}^{n} c_{nj} = 0, \quad \sum_{j=1}^{n} c_{nj}^2 \to 1, \qquad (5.3.33)$$

so sprechen wir von der *strikten Noether-Bedingung*.

Satz 5.112 (Grenzwertsatz für lineare Statistiken) $Z_j, j \in \mathbb{N}$, seien st.u. glv.[40] ZG mit $EZ_1 = \mu \in \mathbb{R}$ und $\mathrm{Var}\, Z_1 = \sigma^2 \in (0,\infty)$. Weiter sei (c_{nj}) ein System von Regressionskonstanten, welches der Noether-Bedingung[41] (5.3.32) genügt. Dann gilt für die lineare Statistik (5.3.31) bei $n \to \infty$

---

[40] Zu einer Verallgemeinerung auf den Fall von st.u., nicht notwendig glv. ZG vgl. Aufg. 5.39.
[41] Gilt allgemeiner $\sum_j c_{nj}^2 \le C < \infty$ neben $\max_j |c_{nj}| \to 0$, so liefert ein einfaches Teilfolgenargument, daß $\{\mathcal{L}(S_n - \mu \sum c_{nj}), n \in \mathbb{N}\}$ straff ist und auch alle Häufungspunkte Normalverteilungen sind.

5.3 Lineare Statistiken und asymptotische Normalität 113

$$\mathfrak{L}\Big(S_n - \mu \sum_{j=1}^n c_{nj}\Big) \xrightarrow[\mathfrak{L}]{} \mathfrak{N}(0, \sigma^2). \tag{5.3.34}$$

Ist überdies $\mu = 0$ oder die strikte Noether-Bedingung (5.3.33) erfüllt, so gilt speziell

$$\mathfrak{L}(S_n) \xrightarrow[\mathfrak{L}]{} \mathfrak{N}(0, \sigma^2). \tag{5.3.35}$$

Beweis: O.E. sei $\mu = 0$. Dann folgt dieser unmittelbar aus dem Korollar 5.104 zum Satz von Lindeberg-Feller. Die Statistik (5.3.31) ist nämlich von der Form $S_n = \sum_{j=1}^n X_{nj}$ mit $X_{nj} = c_{nj} Z_j$, also mit $\mu_{nj} = 0$ und $\sigma_{nj}^2 = c_{nj}^2 \sigma^2$, so daß gilt $\nu = \sum \mu_{nj} = 0$ und $\tau_n^2 = \sum c_{nj}^2 \sigma^2 \to \sigma^2$. Folglich bleibt nur die Lindeberg-Bedingung (5.3.9) nachzuprüfen. Bezeichnet F die VF der Z_j, so folgt diese wegen $\max_{1 \le j \le n} |c_{nj}| \to 0$ und $EZ_j^2 = \sigma^2 < \infty$ mit dem Satz von Lebesgue gemäß

$$\mathfrak{L}_n(\varepsilon) \le \frac{1}{\sigma^2 + o(1)} \sum_{j=1}^n c_{nj}^2 \int x^2 \mathbf{1}(\max_j |c_{nj}||x| > \varepsilon(\sigma + o(1)) \, dF(x) \to 0 \quad \forall \varepsilon > 0. \quad \square$$

Beispiel 5.113 (Zweistichprobenstatistiken) Für $n_1, n_2 \in \mathbb{N}$ seien X_{ij}, $j = 1, \ldots, n_i$, $i = 1, 2$, st.u. ZG mit derselben Verteilung $F \in \mathfrak{M}^1(\mathfrak{X}_0, \mathfrak{B}_0)$. Bei Zweistichprobenproblemen interessieren später zwei unterschiedliche Typen linearer Statistiken.

a) Sei $g : (\mathfrak{X}_0, \mathfrak{B}_0) \to (\mathbb{R}, \mathbb{B})$ eine Bewertungsfunktion mit $\int g \, dF = \mu \in \mathbb{R}$ und $\sigma_1^2 := \int (g - \mu)^2 \, dF \in (0, \infty)$. Dann ist

$$S_n^{(1)} = \sqrt{\frac{n_1 n_2}{n_1 + n_2}} \Big(\frac{1}{n_1} \sum_{j=1}^{n_1} g(X_{1j}) - \frac{1}{n_2} \sum_{j=1}^{n_2} g(X_{2j}) \Big),$$

$n := n_1 + n_2$, eine lineare Statistik der Form (5.3.31) und zwar mit

$$Z_j = g(X_{1j}), \; j = 1, \ldots, n_1, \quad Z_{n_1+j} = g(X_{2j}), \; j = 1, \ldots, n_2,$$

und den Regressionskonstanten

$$c_{nj} = \frac{1}{n_1} \sqrt{\frac{n_1 n_2}{n_1 + n_2}}, \; j = 1, \ldots, n_1, \quad c_{n, n_1+j} = -\frac{1}{n_2} \sqrt{\frac{n_1 n_2}{n_1 + n_2}}, \; j = 1, \ldots, n_2.$$

Offenbar gilt stets $\sum_j c_{nj} = 0$ und $\sum_j c_{nj}^2 = 1$. Es gilt auch $\max_j |c_{nj}| \to 0$, sofern $\min\{n_1, n_2\} \to \infty$. Somit ist die strikte Noether-Bedingung (5.3.33) erfüllt und es gilt (5.3.35) mit $\sigma^2 = \sigma_1^2$.

b) Sei $h : (\mathfrak{X}_0, \mathfrak{B}_0) \to (\mathbb{R}, \mathbb{B})$ eine Bewertungsfunktion mit $\int h \, dF = 0$ und $\sigma_2^2 := \int h^2 \, dF \in (0, \infty)$. Dann ist auch

$$S_n^{(2)} = \frac{1}{\sqrt{n}} \sum_{i=1}^2 \sum_{j=1}^{n_i} h(X_{ij})$$

eine lineare Statistik. Deren Koeffizienten $c_{nj} = 1/\sqrt{n}$ erfüllen die Noether-Bedingung (5.3.32), aber nicht die strikte Noether-Bedingung (5.3.33). Wegen $Eh(X_{ij}) = 0$ und

$Eh^2(X_{ij}) = \sigma_2^2$ ist jedoch auch hier der Grenzwertsatz 5.112 anwendbar und zwar folgt (5.3.35) mit $\sigma^2 = \sigma_2^2$. □

Satz 5.112 läßt sich leicht auf den Fall k-dimensionaler Statistiken verallgemeinern, deren Komponenten mit denselben reellwertigen ZG Z_j, $j = 1,\ldots,n$, gebildete lineare Statistiken sind und deren Koeffizienten zeilenweise der strikten Noether-Bedingung (5.3.33) sowie einer die Existenz einer Limes-Kovarianzmatrix sichernden Zusatzbedingung genügen.

Satz 5.114 (Grenzwertsatz für k-dimensionale lineare Statistiken) $Z_j, j \in \mathbb{N}$ seien st.u. glv. ZG mit $EZ_1 = \mu$ und $\operatorname{Var} Z_1 = \sigma^2 \in (0,\infty)$ sowie $S_n^{(\ell)} = \sum c_{nj}^{(\ell)} Z_j$, $\ell = 1,\ldots,k$, lineare Statistiken. Dabei seien $(c_{nj}^{(\ell)})$ für $\ell = 1,\ldots,k$ vorgegebene Systeme von Regressionskonstanten, die der strikten Noether-Bedingung (5.3.33) genügen und für die mit geeigneten Zahlen $\tau_{\ell m} \in \mathbb{R}$ gelte

$$\sum_{j=1}^n c_{nj}^{(\ell)} c_{nj}^{(m)} \to \tau_{\ell m}, \quad 1 \le \ell, m \le k. \tag{5.3.36}$$

Dann gilt für die k-dimensionale lineare Statistik $S_n = (S_n^{(1)},\ldots,S_n^{(k)})^\top$

$$\mathfrak{L}(S_n) \xrightarrow[\mathfrak{L}]{} \mathfrak{N}(0,\mathscr{S}), \quad \mathscr{S} := \sigma^2(\tau_{\ell m}). \tag{5.3.37}$$

Beweis: Nach dem Satz von Cramér-Wold 5.69 ist (5.3.37) äquivalent mit

$$\mathfrak{L}(u^\top S_n) \xrightarrow[\mathfrak{L}]{} \mathfrak{N}(0, u^\top \mathscr{S} u) \quad \forall u = (u_1,\ldots,u_k)^\top \in \mathbb{R}^k.$$

Zum Nachweis dieser Bedingung sei $u \in \mathbb{R}^k - \{0\}$ fest. Dann ist offenbar

$$u^\top S_n = \sum_{\ell=1}^k u_\ell S_n^{(\ell)} = \sum_{j=1}^n \Big(\sum_{\ell=1}^k u_\ell c_{nj}^{(\ell)}\Big) Z_j = \sum_{j=1}^n d_{nj} Z_j$$

eine lineare Statistik, für deren Koeffizienten $d_{nj} := \sum_{\ell=1}^k u_\ell c_{nj}^{(\ell)}$ gilt

$$\sum_{j=1}^n d_{nj} = 0, \quad \max_{1 \le j \le n} |d_{nj}| \le \sum_{\ell=1}^k |u_\ell| \max_{1 \le j \le n} |c_{nj}^{(\ell)}| \to 0 \quad \text{sowie mit} \quad \mathscr{T} := (\tau_{\ell m})$$

$$\sum_{j=1}^n d_{nj}^2 = \sum_{j=1}^n \Big(\sum_{\ell=1}^k u_\ell c_{nj}^{(\ell)}\Big)^2 = \sum_{\ell=1}^k \sum_{m=1}^k u_\ell u_m \sum_{j=1}^n c_{nj}^{(\ell)} c_{nj}^{(m)} \to \sum_{\ell=1}^k \sum_{m=1}^k u_\ell u_m \tau_{\ell m} = u^\top \mathscr{T} u.$$

Folglich genügt das System der Regressionskonstanten $d'_{nj} := d_{nj}/(u^\top \mathscr{T} u)^{1/2}$ der strikten Noether-Bedingung, so daß nach Satz 5.112 gilt

$$\mathfrak{L}(u^\top S_n/(u^\top \mathscr{T} u)^{1/2}) \xrightarrow[\mathfrak{L}]{} \mathfrak{N}(0,\sigma^2) \quad \text{und damit} \quad \mathfrak{L}(u^\top S_n) \xrightarrow[\mathfrak{L}]{} \mathfrak{N}(0, u^\top \mathscr{S} u). \;\square$$

5.3 Lineare Statistiken und asymptotische Normalität

Wichtige Beispiele linearer Statistiken sind das Stichprobenmittel $\overline{X}_n$ und – bis auf asymptotisch vernachlässigbare Terme – die Stichprobenstreuung s_n^2, der Stichprobenkorrelationskoeffizient bzw. die Stichprobenmomente höherer Ordnung.

Neben der Verteilungskonvergenz einer linearen Statistik gegen eine nichtdegenerierte Normalverteilung ist auch diejenige gegen eine degenerierte Verteilung von Bedeutung, also die stochastische Konvergenz von $\sum_{j=1}^n d_{nj} Z_j$ gegen eine Konstante μ. Dieses ist etwa dann der Fall, wenn $d_{nj} = c_{nj}^2$ gilt und die c_{nj} der Noether-Bedingung (5.3.32) genügen. In Verallgemeinerung des schwachen Gesetzes der großen Zahlen gilt nämlich bei st.u. glv. ZG Z_j, $j \in \mathbb{N}$, mit $EZ_1 = \mu$

$$\max_{1 \leq j \leq n} c_{nj}^2 \to 0, \quad \sum_{j=1}^n c_{nj}^2 \to 1 \quad \Rightarrow \quad S_n := \sum_{j=1}^n c_{nj}^2 Z_j \to \mu \quad \text{nach WS.} \tag{5.3.38}$$

Dieses ist ein Spezialfall einer allgemeineren Aussage über die Gültigkeit des schwachen Gesetzes der großen Zahlen für lineare Statistiken der Form $S_n = \sum_{j=1}^n d_{nj} Z_j$, wenn (d_{nj}) ein *Toeplitz-Schema* ist. Darunter versteht man allgemeiner ein System reeller Zahlen d_{nj}, $j \in \mathbb{N}$, $n \in \mathbb{N}$, mit[42]

1) $\quad d_{nj} \to 0 \quad \text{für } n \to \infty \quad \forall j \in \mathbb{N};$ (5.3.39)

2) $\quad \sum_{j=1}^\infty d_{nj} \to 1 \quad \text{für } n \to \infty;$ (5.3.40)

3) $\quad \sum_{j=1}^\infty |d_{nj}| \leq K < \infty \quad \forall n \in \mathbb{N}.$ (5.3.41)

Toeplitz-Schemata werden in der klassischen Analysis (etwa in der Theorie der Fourierreihen) zur Verringerung der Variation von Zahlenfolgen verwendet. Ist nämlich (x_n) eine Folge reeller Zahlen, (d_{nj}) ein Toeplitz-Schema positiver Zahlen und $y_n = \sum_j d_{nj} x_j$, $n \in \mathbb{N}$, so gilt

$$\liminf_{n \to \infty} x_n \leq \liminf_{n \to \infty} y_n \leq \limsup_{n \to \infty} y_n \leq \limsup_{n \to \infty} x_n;$$

speziell gilt also $x_n \to x \Rightarrow y_n \to x$, im allgemeinen nicht jedoch die Umkehrung; vgl. Aufg. 5.40.

Hilfssatz 5.115 (Toeplitz-Lemma) *Sei (d_{nj}) ein Toeplitz-Schema, d.h. es gelte (5.3.39–41). Dann folgt für jede Folge $(a_n) \subset \mathbb{R}$ mit $a_n \to a$*

$$\sum_j a_j d_{nj} \to a \quad \text{für} \quad n \to \infty. \tag{5.3.42}$$

---
[42] Gilt $d_{nj} \geq 0$, so folgt offenbar 3) aus 2).

Beweis: Sei o.E. $\sum_j d_{nj} = 1$. Für jedes $\varepsilon > 0$ gibt es ein $j_0(\varepsilon) \in \mathbb{N}$ derart, daß $|a_j - a| < \varepsilon/2K$ für $j > j_0(\varepsilon)$. Folglich gilt

$$\left|\sum_{j \geq 1} a_j d_{nj} - a\right| \leq \sum_{j \leq j_0} |a_j - a||d_{nj}| + \sum_{j > j_0} |a_j - a||d_{nj}|$$

$$\leq (\sup_{j \geq 1} |a_j| + |a|) \sum_{j > j_0} |d_{nj}| + (\varepsilon/2K) \sum_{j \geq 1} |d_{nj}|.$$

Hier ist der erste Summand wegen der Beschränktheit der Folge (a_n) und (5.3.39) ein $o(1)$ und der zweite kleiner als $\varepsilon/2$, so daß die Behauptung folgt. □

Häufig liegt der Sachverhalt vor, daß eine Folge erst nach Transformation mittels eines Toeplitz-Schemas konvergiert. So ist eine Folge (X_n) von st.u. glv. ZG selbst in keinem vernünftigen Sinn konvergent. Dies ist erst bei Wahl von $d_{nj} = 1/n$ für $1 \leq j \leq n$ und $d_{nj} = 0$ sonst (sowie bei $EX_1 = \mu \in \mathbb{R}$) für $Y_n = \sum_j d_{nj} X_j$, $n \in \mathbb{N}$, f.s. der Fall. Dann gilt nämlich $Y_n = \overline{X}_n$ und damit nach dem starken Gesetz der großen Zahlen $Y_n \to \mu$ [$\mathbb{P}$]. Die entsprechende Frage für allgemeinere Toeplitz-Schemata und die Konvergenz nach WS beantwortet der

Satz 5.116 (Pruitt) Z_j, $j \in \mathbb{N}$, seien st.u. glv. ZG mit $\mu = EZ_1 \in \mathbb{R}$ und $\mathbb{P}(Z_1 = \mu) < 1$. Weiter seien (d_{nj}) ein Toeplitz-Schema mit $d_{nj} = 0$ für $j > n$ und $S_n := \sum_{j=1}^n d_{nj} Z_j$, $n \in \mathbb{N}$. Dann gilt

$$S_n \to \mu \text{ nach WS} \quad \Leftrightarrow \quad \max_{1 \leq j \leq n} |d_{nj}| \to 0.$$

Beweis: Man beachte, daß die ZG S_n f.s. endlich sind: $E|S_n| \leq E|Z_1| \sum_j |d_{nj}| < \infty$.

„$\Leftarrow$" Die charakteristische Funktion einer ZG S werde mit $\varphi^S(t)$ bezeichnet. Nach Hilfssatz 5.82 und Satz 5.65 ist die Behauptung äquivalent mit

$$\varphi^{S_n}(t) \to e^{i\mu t}, \quad \text{d.h. mit} \quad \prod_{j=1}^n \varphi^{Z_j}(d_{nj} t) - \prod_{j=1}^n e^{i d_{nj} \mu t} \to 0$$

für jedes $t \in \mathbb{R}$. Dabei gilt wegen $\mu = EZ_n \in \mathbb{R}$ nach A8.8

$$\varphi^{Z_1}(t) = 1 + i\mu t + to(1)$$

für $t \to 0$ und damit für festes $t \in \mathbb{R}$ und $n \to \infty$ wegen $\max_j |d_{nj}| \to 0$

$$\varphi^{Z_1}(d_{nj} t) = 1 + i d_{nj} \mu t + d_{nj} to(1)$$

mit einem von j unabhängigen $o(1)$ für festes $t \in \mathbb{R}$ und $n \to \infty$. Setzt man noch

$$z_{nj} := i d_{nj} \mu t + d_{nj} to(1),$$

so sind wegen der Eigenschaften (5.3.39-41) eines Toeplitz-Schemas für jedes feste t die Voraussetzungen von Hilfsatz 5.67c erfüllt. Also gilt wegen $\sum_j z_{nj} \to i\mu t$ die Behauptung.

„⇒" Bezeichnet ψ die charakteristische Funktion der ZG $X_1 - \mu$, so ist die Voraussetzung äquivalent mit $\prod_j \psi(d_{nj}t) \to 1 \; \forall t \in \mathbb{R}$. Damit gilt für jedes $t \in \mathbb{R}$ und jede Wahl von $(j_n) \subset \mathbb{N}$

$$\left|\prod_j \psi(d_{nj}t)\right| \leq |\psi(d_{nj_n}t)| \leq 1 \quad \forall n \in \mathbb{N}, \quad \text{also} \quad |\psi(d_{nj_n}t)| \to 1 \quad \text{für} \quad n \to \infty.$$

Zum Nachweis von $d_{nj_n} \to 0$ und damit von $\max_j |d_{nj}| \to 0$ beachte man, daß es wegen $\mathbb{P}(Z_1 = \mu) < 1$ ein $\eta_0 > 0$ gibt derart, daß gilt $|\psi(u)| < 1 \; \forall 0 < |u| < \eta_0$. Mit $\eta_1 := \eta_0/(2K)$ gilt dann für jedes feste t mit $0 < |t| \leq \eta_1$

$$|d_{nj_n}t| \leq K\eta_0/(2K) < \eta_0 \quad \text{und damit} \quad |\psi(d_{nj_n}t)| < 1.$$

Würde nun $u_n := d_{nj_n}t \not\to 0$ gelten, also o.E. $\limsup u_n = u > 0$, so gäbe es eine Teilfolge $(n') \subset \mathbb{N}$ mit $u_{n'} \to u \neq 0$ und folglich mit $|\psi(u_{n'})| \to |\psi(u)| < 1$ in Widerspruch zur Voraussetzung $|\psi(d_{nj_n}t)| \to 1 \; \forall (j_n) \subset \mathbb{N}$. □

Toeplitz-Schemata lassen sich auch dazu heranziehen, die Limesverteilungen von Summen einer zufallsabhängigen Anzahl von st.u. glv. ZG zu untersuchen. Formal lassen sich diese Summen auffassen als lineare Statistiken mit zufälligen Koeffizienten, die nur die Werte 1 oder 0 annehmen.

Satz 5.117 *Seien $(M_n)_{n \geq 1}$ und $(X_j)_{j \geq 1}$ st.u. Folgen von ZG. Dabei seien die M_n, $n \in \mathbb{N}$, $\mathbb{N}_0$-wertig und die X_j, $j \in \mathbb{N}$, st.u. mit derselben eindimensionalen Verteilung F, unter der $EX_j = \mu \in \mathbb{R}$ sowie $\operatorname{Var} X_j = \sigma^2 \in (0, \infty)$ ist. Weiter setzen wir $S_n := \sum_{j=1}^n X_j$, $n \geq 1$, $S_0 := 0$ und $S_{M_n} := \sum_{m \geq 0} S_m \mathbf{1}(M_n = m)$; $(\tau_n) \subset (0, \infty)$ bezeichne eine Folge reeller Zahlen mit $\tau_n \uparrow \infty$ für $n \to \infty$.*

a) *Ist $\mu = 0$ und $M_n/\tau_n \to 1$ nach WS, so gilt*

$$\mathcal{L}(S_{M_n}/\tau_n^{1/2}) \xrightarrow{\mathcal{L}} \mathfrak{N}(0, \sigma^2). \tag{5.3.43}$$

b) *Ist $\mu > 0$, $\mathfrak{G}$ eine nicht-degenerierte Verteilung mit VF G sowie*

$$\mathcal{L}\left(\frac{M_n - \tau_n}{\tau_n^{1/2}}\right) \xrightarrow{\mathcal{L}} \mathfrak{G} \tag{5.3.44}$$

und bezeichnet $\mathfrak{G}_\mu$ die Verteilung mit VF $G_\mu(z) = G(z/\mu)$, $z \in \mathbb{R}$, so gilt

$$\mathcal{L}\left(\frac{S_{M_n} - \tau_n \mu}{\tau_n^{1/2}}\right) \xrightarrow{\mathcal{L}} \mathfrak{N}(0, \sigma^2) * \mathfrak{G}_\mu. \tag{5.3.45}$$

Beweis: Betrachtet wird zunächst der Fall $M_n \geq 1$.

a) Aus der st. Unabhängigkeit der Folgen (M_n) und (X_j) folgt

$$\mathbb{P}(S_{M_n}/M_n^{1/2} \leq z) = \sum_{m \geq 1} \mathbb{P}(S_m/m^{1/2} \leq z)\mathbb{P}(M_n = m)$$

und aus dem Satz von Lindeberg-Lévy

$$\mathfrak{L}(S_m/m^{1/2}) \xrightarrow{\mathfrak{L}} \mathfrak{N}(0,\sigma^2) \quad \text{für} \quad m \to \infty.$$

Weiter bilden die Zahlen $p_{nm} := \mathbb{P}(M_n = m)$ ein Toeplitz-Schema, denn es gilt $\sum_m p_{nm} = 1$ und wegen $\tau_n \to \infty$ sowie wegen $M_n/\tau_n \to 1$ nach WS

$$p_{nm} \leq \mathbb{P}(M_n \leq m) = \mathbb{P}\left(\frac{M_n}{\tau_n} \leq \frac{m}{\tau_n}\right) \to 0 \quad \text{für} \quad n \to \infty \quad \text{und jedes} \quad m \geq 1.$$

Mit dem Toeplitz-Lemma 5.115 folgt also $\mathfrak{L}(S_{M_n}/M_n^{1/2}) \xrightarrow{\mathfrak{L}} \mathfrak{N}(0,\sigma^2)$ und damit wegen $M_n/\tau_n \to 1$ nach WS mit dem Lemma von Slutsky die Behauptung.

b) Man beachte zunächst, daß wegen (5.3.44) und $\tau_n \to \infty$ auch $M_n/\tau_n \to 1$ nach WS gilt gemäß

$$\mathbb{P}\left(\left|\frac{M_n}{\tau_n} - 1\right| > \varepsilon\right) = \mathbb{P}\left(\frac{|M_n - \tau_n|}{\tau_n^{1/2}} > \varepsilon \tau_n^{1/2}\right) \to 0 \quad \forall \varepsilon > 0.$$

Weiter ist

$$\frac{S_{M_n} - \tau_n \mu}{\tau_n^{1/2}} = \left(\frac{M_n}{\tau_n}\right)^{1/2} \frac{S_{M_n} - M_n \mu}{M_n^{1/2}} + \mu \frac{M_n - \tau_n}{\tau_n^{1/2}}. \tag{5.3.46}$$

Mit einer zu a) analogen Vorgehensweise zeigen wir nun, daß die beiden Summanden eine gemeinsame Limesverteilung haben. Mit p_{nm} wie in a) erhält man nämlich

$$H_n(y,z) := \mathbb{P}\left(\frac{S_{M_n} - M_n \mu}{M_n^{1/2}} \leq y, \frac{M_n - \tau_n}{\tau_n^{1/2}} \leq z\right)$$

$$= \sum_{m \geq 1} \mathbb{P}\left(\frac{S_m - m\mu}{m^{1/2}} \leq y\right) q_{nm}(z) p_{nm},$$

$q_{nm}(z) := \mathbf{1}(m \leq z\tau_n^{1/2} + \tau_n)$. Für jedes feste $z \in C(G)$ mit $G(z) > 0$ ist auch $q_{nm}(z)p_{nm}/G(z)$ wieder ein Toeplitz-Schema, denn bei festem m folgt für $n \to \infty$

$$\sum_{m=1}^{\infty} q_{nm}(z) p_{nm} = \mathbb{P}\left(\frac{M_n - \tau_n}{\tau_n^{1/2}} \leq z\right) \to G(z) \quad \text{und} \quad 0 \leq q_{nm}(z) p_{nm} \leq p_{nm} \to 0.$$

Damit erhält man für $z \in C(G)$ mit $G(z) > 0$ und jedes $y \in \mathbb{R}$

$$H_n(y,z) \to \phi(y/\sigma) G(z).$$

Für $z \in C(G)$ mit $G(z) = 0$ und $y \in \mathbb{R}$ ergibt sich

$$H_n(y,z) \leq \mathbb{P}\left(\frac{M_n - \tau_n}{\tau_n^{1/2}} \leq z\right) \to 0 = \phi(y/\sigma) G(z).$$

Nach Satz 5.58e, dem Lemma von Slutsky und der Vorbemerkung folgt also

$$\mathfrak{L}\left(\frac{S_{M_n} - M_n\mu}{\tau_n^{1/2}},\ \mu\frac{M_n - \tau_n}{\tau_n^{1/2}}\right) \xrightarrow[\mathfrak{L}]{} \mathfrak{N}(0,\sigma^2) \otimes \mathfrak{G}_\mu$$

und damit wegen (5.3.46) die Behauptung.

Im Fall $\mathbb{P}(M_n = 0) > 0$ sind die obigen Überlegungen auf $M_n \vee 1$ anwendbar und wegen $(M_n \vee 1) - M_n = \mathbf{1}(M_n = 0) \to 0$ nach WS gilt

$$|S_{M_n \vee 1} - S_{M_n}| = |X_1|\mathbf{1}(M_n = 0) \to 0 \quad \text{nach WS}.$$

Die Limesaussage ändert sich also nicht. □

Satz 5.117 läßt sich dazu verwenden, die asymptotische Verteilung von (Versicherungs- bzw. sonstigen Kosten-) Risiken zu bestimmen. Bei derartigen Problemen ist M_n die zufällige Anzahl der Schadensfälle in einer Periode aus einem Portfolio des Umfangs n. Diese kann als von der Höhe des j-ten gemeldeten Schadens X_j (> 0) st.u. angesehen werden. Weiter ist M_n selbst eine Summe von st.u. ZG N_i, $i = 1, \ldots, n$, wobei N_i die Zahl der Schadensfälle aus dem i-ten Portfolio bezeichnet. Setzt man nun die Gültigkeit von $n^{-1} \sum_{i=1}^n EN_i \to \xi > 0$ und $n^{-1} \sum_{i=1}^n \text{Var } N_i \to \zeta^2 > 0$ voraus, so ist nach dem Satz von Lindeberg-Lévy die Bedingung (5.3.44) und damit $M_n/\tau_n \to 1$ erfüllt mit $\tau_n = EM_n = \sum_{i=1}^n EN_i$. In diesem Fall ist $\mathfrak{G} = \mathfrak{N}(0, \zeta^2/\xi)$, denn es gilt

$$\frac{M_n - \tau_n}{\tau_n^{1/2}} = \left(\frac{\text{Var } M_n}{EM_n}\right)^{1/2} \frac{M_n - EM_n}{\sqrt{\text{Var } M_n}}.$$

Allerdings wird die Konvergenzgeschwindigkeit nicht sehr gut sein, da die Zufallssummen S_{M_n} im allgemeinen eine schiefe Verteilung haben werden. Man wendet deshalb in der Praxis die durch Satz 5.117 nahegelegte Approximation in einer etwas modifizierten Form an.

5.3.3 Konvergenzraten im zentralen Grenzwertsatz

Die in 5.2.3 diskutierten charakteristischen Funktionen sind nicht nur in der Lage, die Verteilungskonvergenz zu beschreiben; sie sind auch die Grundlage für quantitative Abschätzungen des Abstands zweier VF in der Supremumsnorm[43]. Auch wenn diese Schranken für den Fall von Summen st.u. glv. ZG als bekannt vorausgesetzt werden können, sollen sie hier im Hinblick auf die in 7.4.5 zu behandelnde Verallgemeinerung auf eine Klasse nichtparametrischer Statistiken nochmals dargestellt werden.

Seien dazu F eine beliebige VF und G eine Funktion von beschränkter Variation mit $G(-\infty) = 0$ und $G(\infty) = 1$ sowie Q eine λ-stetige Verteilung mit Dichte q.

---

[43] Die Frage nach einer unter allgemeinen Voraussetzungen nicht verbesserbaren Approximationsrate läßt sich für jede Metrik auf $\mathfrak{M}^1(\mathbb{R}, \mathbb{B})$ stellen, die die schwache Konvergenz metrisiert, also etwa für die Metriken aus Anmerkung 5.42. Zu einem entsprechenden Resultat für die dort definierte Metrik d_ℓ vgl. etwa P.L. Butzer, L. Hahn: Math. Nachr. 75 (1976) 113-126 bzw. P. Gänssler, W. Stute: Wahrscheinlichkeitstheorie, Springer (1977) S. 159.

120　5 Verteilungstheoretische Grundlagen der asymptotischen Statistik

Dann sind auch die Faltungen $F*Q$ und $G*Q$ nach A6.9 λ-stetig. Genauer gilt nach dem Satz von Fubini

$$F*Q(y) = \int Q(y-t)\,\mathrm{d}F(t) = \int\int_{-\infty}^{y} q(s-t)\,\mathrm{d}s\,\mathrm{d}F(t) = \int_{-\infty}^{y}\int q(s-t)\,\mathrm{d}F(t)\,\mathrm{d}s$$

und damit für die λ-Dichte f_Q von $F*Q$ bzw. für die Radon-Nikodym-Ableitung g_Q von $G*Q$ bzgl. λ

$$f_Q(y) = \int q(s-t)\,\mathrm{d}F(t) \quad \text{bzw.} \quad g_Q(y) = \int q(s-t)\,\mathrm{d}F(t). \tag{5.3.47}$$

Im Folgenden wird Q so gewählt, daß die charakteristische Funktion ψ_Q einen kompakten Träger hat. Dies erlaubt später die Anwendung der für integrable charakteristische Funktionen gültigen Umkehrformel (5.2.22). Eine solche Glättung von F und G durch Faltung mit einer λ-stetigen Verteilung Q ist der für die späteren Beweise entscheidende Schritt und hat zur Bezeichnung „Glättungslemma" für die Abschätzung (5.3.51) geführt.

Speziell sei Q die Verteilung mit λ-Dichte

$$q(x) = \frac{1}{\pi}\frac{1-\cos Mx}{Mx^2}, \quad x \in \mathbb{R}, \tag{5.3.48}$$

wobei $M > 0$ zunächst beliebig ist. Diese Dichte ist symmetrisch bzgl. 0 und führt zu der reellwertigen charakteristischen Funktion

$$\psi_Q(t) = \left(1 - \frac{|t|}{M}\right)\mathbf{1}_{(-M,M)}(t), \quad t \in \mathbb{R}. \tag{5.3.49}$$

Hilfssatz 5.118 (Glättungslemma) *Es seien F eine eindimensionale VF und G eine Funktion beschränkter Variation auf $\mathbb{R}$ mit $G(-\infty) = 0$ und $G(\infty) = 1$, die λ-stetig ist mit beschränkter Radon-Nikodym-Ableitung g.*

a) *Bezeichnet Q die Verteilung mit λ-Dichte (5.3.48), so gilt*

$$\|F - G\|_\infty \le 2\|F*Q - G*Q\|_\infty + \frac{24}{\pi M}\|g\|_\infty. \tag{5.3.50}$$

b) *Bezeichnen ψ_F und ψ_G die Fourier-Transformierten[44] von F bzw. G, so gilt für jedes $M > 0$*

$$\|F - G\|_\infty \le \frac{1}{\pi}\int_{-M}^{+M}\left|\frac{\psi_F(t) - \psi_G(t)}{t}\right|\mathrm{d}t + \frac{24}{\pi M}\|g\|_\infty. \tag{5.3.51}$$

---

[44] Die charakteristische Funktion eines WS-Maßes F bzw. einer λ-Dichte f wird auch als die *Fouriertransformierte von F bzw. f* bezeichnet. Dieser Begriff wird allgemeiner auch bei (signierten) endlichen Maßen G bzw. bei integrablen Funktionen g verwendet. Es ist dann also $\psi_G(t) = \int e^{itx}\,\mathrm{d}G(x)$ bzw. $\psi_g(t) = \int e^{itx}g(x)\,\mathrm{d}x$ für $t \in \mathbb{R}$.

5.3 Lineare Statistiken und asymptotische Normalität

Beweis: Sei o.E. $F \neq G$. a) Zu vorgegebenem $\varepsilon > 0$ sei $x_0 \in \mathbb{R}$ derart, daß gilt

$$\|F - G\|_\infty \leq |F(x_0) - G(x_0)| + \varepsilon.$$

Ein derartiger endlicher Wert x_0 existiert stets, da G von beschränkter Variation und $F(-\infty) - G(-\infty) = F(\infty) - G(\infty) = 0$ ist. O.E. sei $F(x_0) > G(x_0)$. (Anderenfalls gehe man zu $F_-(x) := 1 - F(-x-0)$ und $G_-(x) := 1 - G(-x-0)$ über.) Dann gilt mit $h := \|F - G\|_\infty / 2\|g\|_\infty$ und $y_0 := x_0 + h$ nach A6.9

$$|F * Q(y_0) - G * Q(y_0)| \geq \int (F-G)(y_0 - x)\, dQ(x)$$
$$= \int_{\{|x|>h\}} (F-G)(y_0 - x)\, dQ(x) + \int_{\{|x|\leq h\}} (F-G)(y_0 - x)\, dQ(x). \qquad (5.3.52)$$

Hier läßt sich der erste Summand der rechten Seite abschätzen gemäß

$$\int_{\{|x|>h\}} (F-G)(y_0 - x)\, dQ(x) \geq -\|F-G\|_\infty Q(\{|x| > h\}),$$

wobei wegen der Symmetrie von Q bzw. nach Definition von q gilt

$$Q(|x| > h) = 2Q(x > h) = \frac{2}{\pi}\int_h^\infty \frac{1 - \cos Mx}{Mx^2}\, dx \leq \frac{4}{\pi M}\int_h^\infty \frac{1}{x^2}\, dx = \frac{4}{\pi hM}.$$

Für die Abschätzung des zweiten Summanden erhält man für jedes $z \geq 0$

$$F(x_0 + z) - G(x_0 + z) \geq F(x_0) - G(x_0) + G(x_0) - G(x_0 + z)$$
$$\geq \|F - G\|_\infty - \varepsilon - \|g\|_\infty z.$$

Damit ergibt sich für $x \in [-h, +h]$ und $z = h - x$ wegen $y_0 - x = x_0 + z$ nach Definition von h

$$F(y_0 - x) - G(y_0 - x) = F(x_0 + z) - G(x_0 + z) \geq \frac{1}{2}\|F-G\|_\infty - \varepsilon + x\|g\|_\infty$$

und damit wegen $\int_{\{|x|\leq h\}} x\, dQ(x) = 0$

$$\int_{\{|x|\leq h\}} (F-G)(y_0 - x)\, dQ(x) \geq \left(\frac{1}{2}\|F-G\|_\infty - \varepsilon\right) Q(\{|x| \leq h\}).$$

Insgesamt folgt also aus der Zerlegung (5.3.52)

$$|F * Q(y_0) - G * Q(y_0)|$$
$$\geq -\|F - G\|_\infty Q(|x| > h) + \left(\frac{1}{2}\|F - G\|_\infty - \varepsilon\right)(1 - Q(|x| > h))$$
$$\geq \frac{1}{2}\|F - G\|_\infty - \frac{3}{2}\|F - G\|_\infty \frac{4}{\pi h M} + \varepsilon Q(|x| > h) - \varepsilon$$
$$\geq \frac{1}{2}\|F - G\|_\infty - \frac{12}{\pi M}\|g\|_\infty.$$

b) Das Integral in (5.3.51) kann o.E. als endlich angenommen werden. Bei Wahl von Q mit λ-Dichte (5.3.48) besitzen $F * Q$ und $G * Q$ nach (5.3.47) Radon-Nikodym-Ableitungen f_Q und g_Q bzgl. λ; die zugehörigen Fourier-Transformierten $\psi_{F*Q}(t) = \psi_F(t)\psi_Q(t)$ und $\psi_{G*Q}(t) = \psi_G(t)\psi_Q(t)$ verschwinden nach (5.3.49) außerhalb von $(-M, +M)$, sind also λ-integrierbar. Somit liefert die Umkehrformel (5.2.22)

$$f_Q(x) - g_Q(x) = \frac{1}{2\pi} \int_{-M}^{+M} e^{-ixt}(\psi_F(t) - \psi_G(t))\psi_Q(t)\,dt.$$

Die linke Seite ist die Ableitung von $F * Q(x) - G * Q(x)$, die rechte Seite nach dem Satz von Lebesgue diejenige von

$$H_Q(x) = \frac{1}{2\pi} \int_{-M}^{+M} e^{-ixt} \frac{\psi_F(t) - \psi_G(t)}{-it} \psi_Q(t)\,dt.$$

Somit unterscheiden sich $F * Q(x) - G * Q(x)$ und $H_Q(x)$ nur um eine Konstante. Nach dem Riemann-Lebesgue-Lemma[45] gilt nun $H_Q(x) \to 0$ für $|x| \to \infty$. Wegen $F * Q(x) - G * Q(x) \to 0$ für $|x| \to \infty$ ist diese Konstante also gleich Null und damit wie behauptet $H_Q(x) = F * Q(x) - G * Q(x)$. Somit folgt die Behauptung aus (5.3.50) unter Verwendung von $|\psi_Q(t)| \leq 1$ und $|e^{-ixt}| = 1\ \forall t \in \mathbb{R}$. □

Die für große Bereiche der Statistik wichtigste Anwendung der Theorie der Verteilungskonvergenz ist der Nachweis der asymptotischen Normalität standardisierter Statistiken $\widetilde{T}_n = \widetilde{T}_n(X_1, \ldots, X_n)$, die auf st.u. ZG $X_1, \ldots, X_n$ beruhen. Dabei ist wegen der Stetigkeit der Limesverteilung nach dem Satz von Pólya 5.75 die Gültigkeit von $\mathcal{L}(\widetilde{T}_n) \xrightarrow{\mathcal{L}} \mathfrak{N}(0,1)$ äquivalent mit derjenigen von

$$\Delta_n := \sup_{x \in \mathbb{R}} |P(\widetilde{T}_n \leq x) - \phi(x)| = o(1). \tag{5.3.53}$$

Mit Hilfe des Glättungslemmas soll zunächst für standardisierte Summen von st.u. glv. ZG gezeigt werden, daß sich diese Aussage für endliche Werte des Stichprobenumfangs n durch Angabe einer Fehlerabschätzung präzisieren läßt, welche insbesondere die im allgemeinen nicht verbesserbare Konvergenzrate $n^{-1/2}$ liefert.

---
[45] Vgl. L. Breiman: Probability, Addison Wesley (1968) S. 216.

5.3 Lineare Statistiken und asymptotische Normalität

Satz 5.119 (Berry-Esseen) *Für jedes* $n \in \mathbb{N}$ *seien* $X_1, \ldots, X_n$ *st.u. reellwertige ZG mit* $EX_j = 0$ *und* $E|X_j|^3 < \infty$, $j = 1, \ldots, n$. *Dann gilt mit den Abkürzungen* $\sigma_j^2 := EX_j^2$, $\tau_n^2 := \sum_{j=1}^n \sigma_j^2 > 0$ *und* $\varrho_n := \tau_n^{-3} \sum_{j=1}^n E|X_j|^3$ *sowie einer positiven Konstanten* K *für* $\widetilde{S}_n := \tau_n^{-1} \sum_{j=1}^n X_j$ *die (globale) Berry-Esseen Ungleichung*

$$\sup_{x \in \mathbb{R}} |P(\widetilde{S}_n \leq x) - \phi(x)| \leq K\varrho_n. \tag{5.3.54}$$

Sind speziell $X_1, \ldots, X_n$ *für jedes* $n \in \mathbb{N}$ *st.u. ZG mit derselben Verteilung, so gilt mit* $\varrho := E|X_1|^3/\sigma^3$

$$\sup_{x \in \mathbb{R}} |P(\widetilde{S}_n \leq x) - \phi(x)| \leq K\varrho n^{-1/2}. \tag{5.3.55}$$

Beweis: Der Nachweis von (5.3.54) beruht auf der Anwendung des Glättungslemmas 5.118b mit $M = (4\varrho_n)^{-1}$. Dann hat der zweite Summand der rechten Seite von (5.3.51) bereits die richtige Größenordnung ϱ_n. Zur Abschätzung des ersten zeigen wir für die charakteristische Funktion $\widetilde{\psi}_n$ von $\widetilde{S}_n$ die Gültigkeit von

$$\left|\widetilde{\psi}_n(t) - e^{-t^2/2}\right| \leq 16\varrho_n |t|^3 e^{-t^2/3} \quad \text{für} \quad |t| \leq M. \tag{5.3.56}$$

Hieraus folgt nämlich für den ersten Term der rechten Seite von (5.3.51)

$$\int_{-M}^{+M} \left|\frac{\widetilde{\psi}_n(t) - e^{-t^2/2}}{t}\right| dt \leq 16\varrho_n \int_{-\infty}^{+\infty} t^2 e^{-t^2/3} dt =: K'\varrho_n.$$

Der Nachweis von (5.3.56) erfolgt getrennt für $|t| \geq \frac{1}{2}\varrho_n^{-1/3}$ und $|t| < \frac{1}{2}\varrho_n^{-1/3}$. Sei also zunächst $|t| \geq \frac{1}{2}\varrho_n^{-1/3}$, d.h. $8\varrho_n|t|^3 \geq 1$. ψ_j bezeichne die charakteristische Funktion von X_j und damit $|\psi_j|^2$ diejenige von $X_j - X_j'$, wobei X_j' eine zu X_j st.u. ZG mit $\mathfrak{L}(X_j') = \mathfrak{L}(X_j)$ sei. Nach A8.8 (mit $m = 2$ und $\delta = 1$) ergibt sich wegen $EX_j = 0$ sowie wegen $E|X_j - X_j'|^3 \leq 8E|X_j|^3$ (was aus der c_r-Ungleichung folgt)

$$|\psi_j(t)|^2 \leq 1 - \sigma_j^2 t^2 + E|X_j - X_j'|^3 |t|^3 2^{-1} 3^{-1}$$

$$\leq 1 - \sigma_j^2 t^2 + \frac{4}{3} E|X_j|^3 |t|^3 \leq \exp\left(-\sigma_j^2 t^2 + \frac{4}{3} E|X_j|^3 |t|^3\right).$$

Nach Definition von τ_n und ϱ_n bzw. wegen $|t| \leq \frac{1}{4}\varrho_n^{-1} = M$ gilt

$$|\widetilde{\psi}_n(t)|^2 = \prod_{j=1}^n \left|\psi_j\left(\frac{t}{\tau_n}\right)\right|^2 \leq \exp\left(-t^2 + \frac{4}{3}\varrho_n |t|^3\right) \leq \exp\left(-t^2 + \frac{1}{3} t^2\right) = \exp\left(-\frac{2}{3} t^2\right),$$

also $|\widetilde{\psi}_n(t)| \leq \exp(-t^2/3)$ und damit wegen $|t| \geq \frac{1}{2}\varrho_n^{-1/3}$ wie behauptet

$$\left|\widetilde{\psi}_n(t) - e^{-t^2/2}\right| \le |\widetilde{\psi}_n(t)| + e^{-t^2/2} \le 2e^{-t^2/3} \le 16\varrho_n|t|^3 e^{-t^2/3}.$$

Für $|t| < \frac{1}{2}\varrho_n^{-1/3}$, d.h. für $\varrho_n|t|^3 < \frac{1}{8}$, folgt aus $EX_j^2 \le (E|X_j|^3)^{2/3}$ zunächst

$$\frac{\sigma_j}{\tau_n}|t| \le \frac{(E|X_j|^3)^{1/3}}{\tau_n}|t| \le \varrho_n^{1/3}|t| < \frac{1}{2}. \tag{5.3.57}$$

Mittels der Taylorentwicklung A8.8 (mit $m = 2$ und $\delta = 1$) ergibt sich aus

$$\psi_j\left(\frac{t}{\tau_n}\right) = 1 - \frac{\sigma_j^2 t^2}{2\tau_n^2} + \Delta_j \frac{E|X_j|^3}{6\tau_n^3}|t|^3 \quad \exists |\Delta_j| \le 1 \tag{5.3.58}$$

zunächst die Abschätzung

$$\left|1 - \psi_j\left(\frac{t}{\tau_n}\right)\right|^2 \le 2\frac{\sigma_j|t|}{\tau_n} \cdot \frac{\sigma_j^3|t|^3}{4\tau_n^3} + 2\frac{E|X_j|^3}{36\tau_n^3}|t|^3 \frac{E|X_j|^3}{\tau_n^3}|t|^3$$

sowie durch Anwendung der Ungleichungen (5.3.57)

$$\left|1 - \psi_j\left(\frac{t}{\tau_n}\right)\right|^2 \le \frac{E|X_j|^3}{4\tau_n^3}|t|^3 + 2\frac{1}{8}\frac{E|X_j|^3}{36\tau_n^3}|t|^3 \le \frac{2}{7}\frac{E|X_j|^3}{\tau_n^3}|t|^3 < \frac{1}{25}. \tag{5.3.59}$$

Für die weitere Abschätzung benötigt man die Identität

$$|z| \le \frac{1}{5} \quad \Rightarrow \quad \log(1-z) = -z + \frac{3}{4}z^2 v \quad \text{mit} \quad |v| < 1. \tag{5.3.60}$$

Diese ergibt sich aus der Reihenentwicklung des Hauptzweiges des komplexen Logarithmus, d.h. aus

$$\log(1-z) = -\sum_{j\ge 1}\frac{z^j}{j} = -z + z^2\left(-\frac{1}{2} - \sum_{j\ge 1}\frac{z^j}{j+2}\right) \quad \text{für} \quad |z| < 1.$$

Die Identität (5.3.60) wird angewendet auf die Größen $z_j = 1 - \psi_j(t/\tau_n)$ für $j = 1,\ldots,n$. Nach (5.3.52) gilt $|z_j| < 1/5$. Insgesamt ergibt sich

$$\widetilde{\psi}_n(t) = \prod_{j=1}^n \psi_j\left(\frac{t}{\tau_n}\right) = \prod_{j=1}^n \exp\left(-z_j + \frac{3}{4}z_j^2 v_j\right)$$

$$= \exp\left(-\frac{t^2}{2}\right)\exp\left(\frac{|t|^3}{6\tau_n^3}\sum_{j=1}^n \Delta_j E|X_j|^3 + \frac{3}{4}\sum_{j=1}^n z_j^2 v_j\right) =: \exp\left(-\frac{t^2}{2}\right)\exp(y_n).$$

Der Betrag im Exponenten des zweiten Faktors läßt sich abschätzen gemäß

$$|y_n| \le \varrho_n\frac{|t|^3}{6} + \frac{3}{4}\frac{2}{7}|t|^3\varrho_n \le \frac{5}{12}\varrho_n|t|^3.$$

Vermöge der Ungleichung $|e^y - 1| \le |y|e^{|y|}$, $y \in \mathbb{C}$, gilt nun

5.3 Lineare Statistiken und asymptotische Normalität

$$\left|\tilde{\psi}_n(t) - e^{-t^2/2}\right| \leq e^{-t^2/2}\left|e^{y_n} - 1\right| \leq e^{-t^2/2}|y_n|e^{|y_n|}$$

$$\leq e^{-t^2/2}\frac{5}{12}|t|^3\varrho_n \exp\left(\frac{5}{12}|t|^3\varrho_n\right) \leq e^{-t^2/3}|t|^3\frac{5}{12}e^{5/96}.$$

Daraus folgt unmittelbar die Behauptung (5.3.56). □

Korollar 5.120 *Für* $n \in \mathbb{N}$ *sei* S_n *eine lineare Statistik (5.3.31), wobei o.E.* $\mu = 0$ *und* $\sum_{j=1}^n c_{nj}^2 = 1$ *sowie* $\varrho = \varrho(Z_1) := E|Z_1|^3/\sigma^3 < \infty$ *sei. Dann ist* $\tau_n^2 = \sigma^2$ *und* $\varrho_n = \varrho\sum_{j=1}^n |c_{nj}|^3 \leq \varrho \max_{1\leq j\leq n} |c_{nj}|$, *also*

$$\|P(S_n/\sigma \leq x) - \phi(x)\|_\infty \leq K\varrho \max_{1\leq j\leq n} |c_{nj}|.$$

Man beachte, daß die Größe $\max_{1\leq j\leq n} |c_{nj}|$ (von der zum Nachweis der asymptotischen Normalität über die Noether-Bedingung nur gefordert wurde, daß sie gegen 0 strebt) in diesem Spezialfall also die Berry-Esseen-Schranke für die Konvergenzgeschwindigkeit in (5.3.54) quantifiziert.

In die obige Schranke (5.3.55) geht die Ausgangsverteilung F nur über die Größe ϱ ein. Man wird also schärfere Schranken durch Hinzunahme weiterer Parameter von F erwarten. Diese Schwäche der Aussage ist aus anderem Blickwinkel zugleich aber ein Vorteil: Bei statistischen Fragestellungen interessiert nämlich häufig die Normalapproximation gleichmäßig über eine Klasse von Verteilungen. Ist nun $\varrho = \varrho(F)$ über eine solche Klasse gleichmäßig beschränkt, so impliziert der Satz von Berry-Esseen auch eine Gleichmäßigkeitsaussage bezüglich F.

Anmerkung 5.121 a) Die asymptotische Größenordnung der Schranke in (5.3.55) läßt sich ohne zusätzliche Annahmen an die zugrundeliegende Verteilung nicht verbessern. Bezeichnen nämlich etwa X_j, $j \in \mathbb{N}$, st.u. glv. ZG mit $P(X_1 = +1) = P(X_1 = -1) = 1/2$, also mit $EX_1 = 0$ und $EX_1^2 = E|X_1|^3 = 1$, so ergibt sich mit der Stirling-Formel für $n = 2m$

$$P\left(\sum_{j=1}^n X_j = 0\right) = \binom{n}{m}2^{-n} = 2(2\pi n)^{-1/2}(1 + o(1)) = O(n^{-1/2}).$$

Die VF $\widetilde{F}_n(x) := P(\widetilde{S}_n \leq x)$ hat im Punkt $x = 0$ also einen Sprung der Größe $2(2\pi n)^{-1/2}(1 + o(1))$. Hieraus folgt, daß $\widetilde{F}_n$ in der Umgebung dieser Stelle durch eine stetige Funktion nicht besser als bis auf einen Fehler $(2\pi n)^{-1/2}(1 + o(1))$ approximiert werden kann. Die positive Konstante K in (5.3.54 + 55) kann somit nicht kleiner sein als $1/\sqrt{2\pi} \approx 0,3989$. Ihr genauer Wert ist bisher nicht bekannt. Es läßt sich jedoch zeigen[46], daß $K < 0,7915$ gilt, im Spezialfall von st.u. glv. ZG $K < 0,7655$. Numerisch ist die Berry-Esseen-Schranke im Einzelfall meist viel zu grob.

b) Für feste, speziell für große Werte von $|x|$, läßt sich eine bessere Schranke angeben. Sind etwa $X_1, \ldots, X_n$ st.u. glv. ZG mit $EX_1 = 0$, $\sigma^2 := EX_1^2 > 0$ sowie $E|X_1|^3 < \infty$, so

---

[46] Nach Shiganov (1982); vgl. hierzu L. Paditz: Statistics 20 (1989) 453-464.

gilt für jedes $x \in \mathbb{R}$ mit $\varrho := \sigma^{-3} E|X_1|^3$ und einer geeigneten Konstanten K die *lokale Berry-Esseen Ungleichung*[47)]

$$|P(\widetilde{S}_n \leq x) - \phi(x)| \leq K\varrho n^{-1/2}(1+|x|^3)^{-1}. \qquad (5.3.61)$$

Auch hier existiert eine obere Schranke für K und zwar gilt[48)] $K < 30{,}54$. □

Wie der obige Beweis zeigt, kommt die Berry-Esseen Rate dadurch zustande, daß man das Glättungslemma anwendet und die beiden darin enthaltenen charakteristischen Funktionen in eine Taylorreihe entwickelt. Da die beiden ersten Terme übereinstimmen, hat man die Differenz der Terme dritter Ordnung abzuschätzen. Allgemeiner wird die Konvergenzrate durch die Anzahl der gleichen Momente bestimmt, d.h. durch die Anzahl der gleichen Terme in der Taylorentwicklung. Sind nämlich F und G zwei VF, für die die ersten k Momente existieren und einander gleich sind, so erhält man nach A8.8 die Abschätzung

$$\int_{-M}^{+M} \frac{|\psi_F(t) - \psi_G(t)|}{|t|}\, dt = \int_{-M}^{+M} \frac{|\sum_{j=1}^{k} \frac{(it)^j}{j!}\mu_{jF} + R_F(t) - \sum_{j=1}^{k} \frac{(it)^j}{j!}\mu_{jG} - R_G(t)|}{|t|}\, dt$$

$$\leq 2(E_F|X|^k + E_G|X|^k) \int_{-M}^{+M} |t|^{k-1}\, dt \quad \text{mit} \quad \int_{-M}^{+M} |t|^{k-1}\, dt = O(|M|^k) \quad \text{für } M \to 0.$$

Während man die Abgleichung der ersten beiden Momente durch eine affine Transformation stets erreichen kann, ist dies für die Momente höherer Ordnung im allgemeinen nicht möglich. Um jedoch auch dann eine Verbesserung der Approximationsrate $n^{-1/2}$ zu erzielen, hat man nicht nur die Limesverteilung ϕ als approximierende Größe heranzuziehen, sondern auch Korrekturterme hinzuzunehmen. Genauer gesagt interessiert (bei existierenden Momenten der Ordnung $k \geq 3$) sowie gegebenen Funktionen Ψ_j, $j = 1, \ldots, k$, die Existenz von Konstanten $c_j = c_j(F)$, die ein Abklingen des Fehlers gemäß

$$\sup_{x \in \mathbb{R}} \left| P(\widetilde{T}_n \leq x) - \phi(x) - \sum_{j=3}^{k} c_j n^{-(j-2)/2} \Psi_j(x) \right| = o(n^{-(k-2)/2}) \qquad (5.3.62)$$

garantieren[49)]. Zur analytischen Form der am meisten verwendeten Funktionen Ψ_j kommt man, wenn man zunächst von $\widetilde{T}_n$ die Existenz einer in der Umgebung von $t = 0$ endlichen momenterzeugenden Funktion $E \exp(\widetilde{T}_n t)$ fordert. Nach (5.2.57) läßt sich die Kumulantentransformation in eine Potenzreihe entwickeln, deren Koeffizienten gerade die Kumulanten sind. Aus dieser Entwicklung erhält man mit einigen weiteren elementaren Überlegungen

---

[47)] Vgl. V.V. Petrov: Sums of Independent Random Variables, Springer (1975) Th. 14, S. 125.
[48)] Vgl. R. Michel: Zeitschr. f. Wahrscheinlichkeitstheorie verw. Gebiete 55 (1981), 110.
[49)] Hier und im weiteren ist $\widetilde{T}_n$ stets eine ZG mit $E\widetilde{T}_n = 0$, $E\widetilde{T}_n^2 = 1$.

5.3 Lineare Statistiken und asymptotische Normalität

$$E \exp(\widetilde{T}_n t) = e^{t^2/2} \exp\Big(\sum_{j=3}^{\infty} \kappa_{jn} \frac{t^j}{j!}\Big) = e^{t^2/2} \Big(1 + \sum_{j=3}^{\infty} \lambda_{jn} \frac{t^j}{j!}\Big), \quad (5.3.63)$$

wobei für $j = 3, 4$ und 5 gilt $\lambda_{jn} = \kappa_{jn}$, für $j \geq 6$ dagegen im allgemeinen $\lambda_{jn} \neq \kappa_{jn}$. Nicht nur der linke, sondern auch der rechte Term ist hierbei eine (zweiseitige) Laplacetransformierte[50]. Um dies einzusehen, benötigt man den

Hilfssatz 5.122 *Sei $\varphi(x) = (2\pi)^{-1/2} \exp[-x^2/2]$, also die λ-Dichte der $\mathfrak{N}(0,1)$-Verteilung. Dann gilt für die durch*

$$\varphi^{(j)}(x) = (-1)^j \varphi(x) H_j(x), \quad x \in \mathbb{R}, \quad j \in \mathbb{N}, \quad (5.3.64)$$

definierten Funktionen $H_j(\cdot)$ bzw. die Laplacetransformierten von $\varphi^{(j)}(\cdot)$:

a) $H_j(\cdot)$ *ist ein Polynom vom Grade j, das sog. j-te* Hermite-Polynom; *speziell gilt $H_1(x) = x$, $H_2(x) = x^2 - 1$, $H_3(x) = x^3 - 3x$ für $x \in \mathbb{R}$;*

b) $\quad (-1)^j \int e^{tx} \varphi^{(j)}(x) \, dx = t^j e^{t^2/2}, \quad t \in \mathbb{R};$

c) $\quad \displaystyle\int_{-\infty}^{x} \varphi(z) H_j(z) \, dz = -\varphi(x) H_{j-1}(x), \quad x \in \mathbb{R}. \quad (5.3.65)$

Beweis: a) und b) ergeben sich durch vollständige Induktion hinsichtlich j, der Schluß von j auf $j+1$ in b) dabei durch partielle Integration. c) folgt gemäß

$$\int_{-\infty}^{x} \varphi(z) H_j(z) \, dz = \int_{-\infty}^{x} (-1)^j \varphi^{(j)}(z) \, dz = (-1)^j \varphi^{(j-1)}(x) = -\varphi(x) H_{j-1}(x). \quad \square$$

Aus (5.3.63) ergibt sich nun mit Hilfssatz 5.122 und durch eine – hier nur formal durchgeführte – Vertauschung von Summation und Integration für $t \in \mathbb{R}$

$$E \exp(\widetilde{T}_n t) = \int e^{tx} \varphi(x) \, dx + \sum_{j=3}^{\infty} (-1)^j \frac{\lambda_{jn}}{j!} \int e^{tx} \varphi^{(j)}(x) \, dx$$

$$= \int e^{tx} \Big(\varphi(x) + \sum_{j=3}^{\infty} (-1)^j \frac{\lambda_{jn}}{j!} \varphi^{(j)}(x)\Big) dx$$

$$= \int e^{tx} \varphi(x) \Big(1 + \sum_{j=3}^{\infty} \frac{\lambda_{jn}}{j!} H_j(x)\Big) dx = \int e^{tx} g_n(x) \, dx.$$

Die rechte Seite von (5.3.63) läßt sich also formal als Laplacetransformierte auffassen, nämlich von $g_n(x) = \varphi(x)(1 + \sum_{j=3}^{\infty} \frac{\lambda_{jn}}{j!} H_j(x))$. Nach dem Eindeutigkeitssatz

---

[50] Die momenterzeugende Funktion eines WS-Maßes F bzw. einer λ-Dichte f wird auch als (zweiseitige) *Laplacetransformierte* von F bzw. f bezeichnet. Dieser Begriff wird in Analogie zu dem einer Fouriertransformierten auch bei endlichen Maßen bzw. bei allgemeineren nichtnegativen integrablen Funktionen verwendet.

für Laplacetransformierte muß dann gelten $d\mathfrak{L}(\widetilde{T}_n) = g_n\, d\lambda$. Diese Argumentationsweise ist jedoch schon deshalb rein heuristischer Natur, da die in der Definition von $g_n(x)$ enthaltene Reihe keinesfalls zu konvergieren braucht. Nichtsdestoweniger hat es sich gezeigt, daß man für endliches n eine Verbesserung der Normalapproximation dadurch erreichen kann, daß man die ersten Summanden der Reihe $\varphi(x)\sum_{j=3}^{\infty}\frac{\lambda_{jn}}{j!}H_j(x)$ als Korrekturterme dem Hauptterm $\varphi(x)$ zuschlägt. Praktisch begnügt man sich zumeist mit einem bzw. zwei Korrekturgliedern.

Liegen speziell st.u. ZG X_j, $j \in \mathbb{N}$, mit derselben VF F und $EX_1 = \mu \in \mathbb{R}$, $\text{Var}\,X_1 = \sigma^2 \in (0, \infty)$ sowie endlichen Kumulanten κ_3 und κ_4 zugrunde, so gilt mit $\widetilde{\mu}_\ell = \sigma^{-\ell}E(X_1-\mu)^\ell$, $\ell = 3, 4$, für die Kumulanten κ_{3n} und κ_{4n} der standardisierten Summe $\widetilde{S}_n = (S_n - n\mu)/\sqrt{n}\sigma$ bzw. die gemäß (5.3.63) definierten Größen λ_{3n} und λ_{4n} nach (5.2.63–65)

$$\lambda_{3n} = \kappa_{3n} = E\widetilde{S}_n^3 = n^{-3/2}E\Big(\sum_{j=1}^{n}\frac{X_j-\mu}{\sigma}\Big)^3 = n^{-1/2}\widetilde{\mu}_3 = n^{-1/2}\kappa_3 \quad \text{bzw.}^{51)}$$

$$E\widetilde{S}_n^4 = n^{-2}E\Big(\sum_{j=1}^{n}\frac{X_j-\mu}{\sigma}\Big)^4 = n^{-2}(n\widetilde{\mu}_4 + 3n(n-1)) = n^{-1}\widetilde{\mu}_4 + 3(n-1)/n$$

und damit ebenfalls gemäß (5.2.63-65) wegen $E\widetilde{S}_n = 0$

$$\lambda_{4n} = \kappa_{4n} = E\widetilde{S}_n^4 - 3(E\widetilde{S}_n^2)^2 = n^{-1}\Big(E\Big(\frac{X_1-\mu}{\sigma}\Big)^4 - 3\Big) = n^{-1}(\widetilde{\mu}_4 - 3) = n^{-1}\kappa_4.$$

Die die VF $P(\widetilde{S}_n \leq x)$ approximierenden Funktionen lauten also[52]

$$G_{1n}(x) = \phi(x) - \frac{\kappa_3}{6n^{1/2}}\varphi(x)(x^2 - 1), \tag{5.3.66}$$

$$G_{2n}(x) = \phi(x) - \frac{\kappa_3}{6n^{1/2}}\varphi(x)(x^2 - 1) - \frac{\kappa_4}{24n}\varphi(x)(x^3 - 3x). \tag{5.3.67}$$

G_{1n} und G_{2n} sind weder isoton noch nicht-negativ, speziell also keine VF. Sie erfüllen aber die Voraussetzungen an die Funktion G im Glättungslemma 5.118b. Die Verbesserung der Approximation beim Übergang von ϕ zu G_{in}, $i = 1, 2$, beruht nun wie angekündigt darauf, daß in der Taylor-Entwicklung der Fouriertransformierten von $\mathfrak{L}(\widetilde{S}_n)$ und G_{in} ein bzw. zwei weitere Entwicklungskoeffizienten übereinstimmen und damit der Rest von höherer Ordnung klein wird – vorausgesetzt, die entsprechenden Momente existieren. Dies präzisiert der

Satz 5.123 *Es seien X_j, $j \in \mathbb{N}$, st.u. ZG mit derselben VF F und $EX_1 = 0$ sowie*

---

[51] Der zweite Summand von $E\widetilde{S}_n^4$ ergibt sich daraus, daß es $\binom{n}{2}$ Möglichkeiten gibt, Indizes i und j mit $i \neq j$ aus $\{1,\ldots,n\}$ auszuwählen, und sechs Möglichkeiten, Elemente i, i, j, j auf vier Plätzen anzuordnen.

[52] Da $\kappa_3 = 0$ für symmetrische Verteilungen und überdies $\kappa_4 = 0$ für Normalverteilungen gilt, berücksichtigt der erste Zusatzterm in (5.3.67) bzw. derjenige in (5.3.66) die Schiefe der Verteilung P_n, der zweite in (5.3.67) den Exzeß, d.h. die Abweichung von der Krümmung der Normalverteilungsdichte im Scheitel. Letzterer wird daher auch als *Wölbung* oder *Kurtosis* bezeichnet.

$\sigma^2 := \operatorname{Var} X_1$. Dabei sei F keine Gitterverteilung[53]. Dann gilt für die Fehler der Edgeworth-Approximationen (5.3.66) und (5.2.67):

a) $E|X_1|^3 < \infty \;\Rightarrow\; \sup_{x \in \mathbb{R}} |P(\widetilde{S}_n \leq x) - G_{1n}(x)| = o(n^{-1/2})$,

b) $E|X_1|^4 < \infty \;\Rightarrow\; \sup_{x \in \mathbb{R}} |P(\widetilde{S}_n \leq x) - G_{2n}(x)| = o(n^{-1})$.

Beweis: (Skizze) Auch dieser beruht auf der Anwendung des Glättungslemmas, und zwar mit $F(x) = P(\widetilde{S}_n \leq x)$ und $G(x)$ aus (5.3.66) bzw. (5.3.67). Umgesetzt auf die Fouriertransformierten besagt dies, daß von der charakteristischen Funktion $\widetilde{\psi}_n$ zu $\widetilde{S}_n$ für die Approximationsaussage mehr abgezogen wird als nur der Hauptterm $\exp(-t^2/2)$, d.h. mehr als die charakteristische Funktion der $\mathfrak{N}(0,1)$-Verteilung. In diesem Fall hat man bei der Anwendung von Satz 5.118b $M = r\sqrt{n}$ bzw. $M = rn$ mit genügend großem $r > 0$ zu wählen. □

Die statistische Bedeutung derartiger Edgeworth-Approximationen liegt darin, daß mit diesen auch asymptotische Entwicklungen von Überdeckungs-WS, Gütefunktionen, Konzentrationsmaßen und anderen Charakteristika von statistischen Risiken abgeleitet werden können. Wir erläutern dies anhand von

Beispiel 5.124 X_j, $j \in \mathbb{N}$, seien st.u. ZG mit derselben Verteilung F, die Element einer einparametrigen Klasse sei und welche die Voraussetzungen von Satz 5.123a bzw. b erfülle.

a) Betrachtet werde ein einseitiges Testproblem mit dem einelementigen Rand $\mathbf{J} = \{F\}$. $S_n = \sum_{j=1}^n X_j$ und damit $\widetilde{S}_n = (S_n - E_F S_n)/\sqrt{\operatorname{Var}_F S_n}$ sei die Prüfgröße eines Tests zum asymptotischen Niveau α, also $\varphi_n = \mathbf{1}(\widetilde{S}_n > u_\alpha)$. Wegen $1 - \phi(u_\alpha) = \alpha$ erhält man aus Satz 5.123a und (5.3.66)

$$E_F \varphi_n = 1 - P_F(\widetilde{S}_n \leq u_\alpha) = \alpha + \frac{\kappa_3}{6 n^{1/2}} \varphi(u_\alpha)(u_\alpha^2 - 1) + o(n^{-1/2})$$

sowie eine entsprechende Beziehung aus Satz 5.123b und (5.3.67). Die Korrekturterme geben also ein Gefühl dafür, inwieweit die Tests φ_n auf $\mathbf{J}$ das asymptotische Niveau α auch für endliche Werte von n einhalten.

b) Betrachtet werde $I_n = [\overline{X}_n - dn^{-1/2}, \overline{X}_n + dn^{-1/2}]$ als (symmetrisches) Konfidenzintervall für $\mu = EX_1$ zur asymptotischen Vertrauens-WS $1 - \alpha$. Ist F stetig und besitzt F endliche Momente 4. Ordnung, so gilt wegen (5.3.67) bei vorausgesetzter Stetigkeit von F

$$P_F(\mu(F) \in I_n) = P_F\!\left(\widetilde{S}_n \leq \frac{d}{\sigma(F)}\right) - P_F\!\left(\widetilde{S}_n \leq -\frac{d}{\sigma(F)}\right)$$

$$= \phi\!\left(\frac{d}{\sigma(F)}\right) - \phi\!\left(\frac{-d}{\sigma(F)}\right) - \frac{\kappa_4}{12n} \varphi\!\left(\frac{d}{\sigma(F)}\right)\!\left(\frac{d^3}{\sigma^3(F)} - 3\frac{d}{\sigma(F)}\right) + o(n^{-1}).$$

Auch für andere beschränkte Verlustfunktionen läßt sich eine entsprechende Entwicklung herleiten, etwa für die in 3.5.6 verwendete Verlustfunktion. □

---

[53] Hiermit ist gemeint, daß F nicht auf eine Teilmenge $\Delta \mathbb{Z}$, $\Delta > 0$, konzentriert ist. Eine derartige Voraussetzung ist erforderlich, um Situationen wie die in Anmerkung 5.121a betrachtete auszuschließen. Zu Einzelheiten des Beweises vgl. W. Feller: An Introduction to Probability Theory and its Applications, Vol. II, Wiley (1971) S. 538ff.

5 Verteilungstheoretische Grundlagen der asymptotischen Statistik

Diese Entwicklungen lassen sich sowohl für den Vergleich zweier verschiedener statistischer Verfahren als auch zur Konstruktion asymptotisch optimaler Verfahren verwenden. Sind etwa $\widetilde{T}_n^{(i)}$, $i = 1,2$, zwei Folgen von Schätzern für den Wert $\gamma(F)$ eines Funktionals γ, dann wird man an einem Vergleich der Überdeckungs-WS der Intervalle $I = [\gamma(F) - d, \gamma(F) + d]$ interessiert sein, also an einem Vergleich der Größen

$$P_F(\gamma(F) - d < \widetilde{T}_n^{(i)} < \gamma(F) + d), \quad i = 1, 2.$$

Sind dagegen $\widetilde{T}_n^{(i)}$, $i = 1, 2$, die Prüfgrößen zweier einseitiger α-Niveau Tests mit dem asymptotischen kritischen Wert u_α, so wird man die Schärfen

$$P_F(\widetilde{T}_n^{(i)} > u_\alpha) = P_F(\widetilde{T}_n^{(i)} \in I), \quad I := (u_\alpha, \infty), \quad \text{für} \quad i = 1, 2$$

miteinander vergleichen wollen. Eine Edgeworth-Approximation für die WS $P_F(\widetilde{T}_n^{(i)} \leq x)$, $i = 1, 2$, $x \in \mathbb{R}$, führt dann zu einem Ausdruck der Form

$$P_F(\widetilde{T}_n^{(i)} \in I) = c_0^{(i)} + c_1^{(i)} n^{-1/2} + c_2^{(i)} n^{-1} + o(n^{-1}), \quad i = 1, 2.$$

Aufgrund der asymptotischen Festlegung von d und u_α stimmen dabei jeweils die Terme nullter Ordnung, also die Größen $c_0^{(1)}$ und $c_0^{(2)}$, überein. Man wird deshalb die Terme erster Ordnung, also die Größen $c_1^{(1)}$ und $c_1^{(2)}$, zur Grundlage des Vergleichs der beiden Verfahren machen. Stimmen auch diese überein, so wird man versuchen, einen asymptotischen Vergleich aufgrund der Werte $c_2^{(1)}$ und $c_2^{(2)}$ vorzunehmen usw.

Die asymptotischen Resultate dieses Buches basieren fast ausschließlich auf Aussagen über Verteilungskonvergenz, eventuell quantifiziert in Form einer Berry-Esseen-Aussage. Dieser Zugang läßt sich durch asymptotische Entwicklungen – wie oben angedeutet – verfeinern[54]. Die Herleitung entsprechender Edgeworth-Entwicklungen, und zwar nicht nur für Faltungen, sondern auch für die Verteilungen anderer asymptotisch normaler Typen von (L-,M-,R-) Statistiken, würde jedoch den Rahmen dieses Buches weit sprengen.

Aufgabe 5.31 Man zeige, daß die Lindeberg-Bedingung (5.3.9) die Bedingung (5.3.18) impliziert und diese mit der Normalitätsbedingung (5.3.7) äquivalent ist.

Aufgabe 5.32 Man zeige: (5.3.9) $\Rightarrow$ (5.3.8) $\Rightarrow$ (5.3.7) $\Rightarrow$ (5.3.6).

Aufgabe 5.33 X_j, $j \in \mathbb{N}$, seien st.u. ZG mit $\mathcal{L}(X_j) = \mathfrak{N}(0, \sigma_j^2)$, wobei $\sigma_1^2 = 1$ und $\sigma_j^2 = 2^{j-2}$, $j \geq 2$, ist. Weiter seien $X_{nj} := X_j/(\sum_{i=1}^n \sigma_i^2)^{1/2}$, $j = 1, \ldots, n$. Man zeige durch Nachweis der Rotar-Bedingung (5.3.2), daß für $S_n := X_{n1} + \ldots + X_{nn}$ gilt $\mathcal{L}(S_n) \xrightarrow[\mathcal{L}]{} \mathfrak{N}(0, 1)$. Man verifiziere, daß die UAN-Bedingung (5.3.6) und damit auch die Lindeberg-Bedingung (5.3.9) nicht erfüllt ist.

---

[54] Für eine ausführliche Darstellung einer in dieser Form verfeinerten Asymptotik bei Summenverteilungen vgl. J. Pfanzagl, W. Wefelmeyer: Asymptotic Expansions for General Statistical Models, Lect. Notes in Statistics, Vol. 31 (1985).

5.3 Lineare Statistiken und asymptotische Normalität

Aufgabe 5.34 Man zeige, daß die Rotar-Bedingung (5.3.2) zusammen mit der Feller-Bedingung (5.3.8) die Lindeberg-Bedingung (5.3.9) impliziert.

Aufgabe 5.35 X_j, $j \in \mathbb{N}$, seien st.u. ZG mit derselben Verteilung F, für die endliche 8. Momente existieren. Bezeichnen $\kappa_2 = \sigma^2 > 0$, κ_3, κ_4 die Kumulanten von F der Ordnung 2, 3, 4 sowie $\kappa_{2n}, \kappa_{3n}, \kappa_{4n}$ die zugehörigen empirischen Kumulanten zum Stichprobenumfang n, so bestimme man die Limesverteilung von T_{3n}, T_{4n} und (T_{3n}, T_{4n}),

$$T_{3n} := \sqrt{n}\Big(\frac{\kappa_{3n}}{\kappa_{2n}^{3/2}} - \frac{\kappa_3}{\kappa_2^{3/2}}\Big), \quad T_{4n} := \sqrt{n}\Big(\frac{\kappa_{4n}}{\kappa_{2n}^2} - \frac{\kappa_4}{\kappa_2^2}\Big)$$

Aufgabe 5.36 X_j, $j \in \mathbb{N}$, seien st.u. ZG mit derselben Verteilung F, die Element einer einparametrigen Exponentialfamilie in ϑ und T sei. Man gebe eine varianzstabilisierende Transformation an für $\overline{T}_n := \sum_{i=1}^n T(X_i)/n$. Was ergibt sich speziell für die Klasse der Binomial- bzw. Poisson-Verteilungen?

Hinweis: Für $\mu(\vartheta) := E_\vartheta T(X_1)$ gilt $\mu'(\vartheta) = \mathrm{Var}_\vartheta T(X_1)$.

Aufgabe 5.37 X_{ij}, $j = 1, \ldots, n_i$, $i = 1, \ldots, r$, seien st.u. $\mathfrak{P}(\lambda_i)$-verteilte ZG. Man konstruiere einen Test zur Prüfung der Hypothesen $\mathbf{H} : \lambda_\ell = \lambda_m \ \forall \ell \neq m$, $\mathbf{K} : \lambda_\ell \neq \lambda_m \ \exists \ell \neq m$.

Hinweis: Man verwende für jedes $i = 1, \ldots, r$ die varianzstabilisierende Transformation $(\sum_{j=1}^{n_i} X_{ij})^{1/2} - (n_i \lambda_i)^{1/2} \xrightarrow{\mathcal{L}} \mathfrak{N}(0, 1/4)$ für $n_i \to \infty$, und gebe zunächst einen Test für die Hypothesen im Limesmodell an.

Aufgabe 5.38 X_j, $j \in \mathbb{N}$, seien st.u. glv. ZG mit $EX_1 = 0$. Weiter seien a_j, $j \in \mathbb{N}$, positive Konstanten derart, daß gilt

$$A_n := \sum_{j=1}^n a_j \to \infty, \quad b_n := \frac{a_n}{A_n} \to 0, \quad b_n^{-2} \sum_{j=n}^\infty b_j^2 = O(n).$$

Man zeige: Dann gilt $\frac{1}{A_n} \sum_{j=1}^n a_j X_j \to 0$ f.s. .

Aufgabe 5.39 Es seien X_j, $j \in \mathbb{N}$, st.u. nicht notwendig glv. ZG mit $EX_j = 0$, $\mathrm{Var}\, X_j = \sigma_j^2 \in (0, \infty) \ \forall j \in \mathbb{N}$ sowie $(c_{nj}) \subset \mathbb{R}$ ein System von Regressionskoeffizienten, das der Noether-Bedingung (5.3.32) genügt. Neben $\sigma_n^2 \to: \sigma^2 \in (0, \infty)$ gelte

$$\sup_{j \geq 1} \int x^2 \mathbf{1}(|x| \max_{1 \leq i \leq n} |c_{ni}| > r) \, dF_j(x) = o(1) \quad \forall r \geq 1.$$

Man zeige: Dann gilt $\mathfrak{L}(\sum_{j=1}^n c_{nj} X_j) \xrightarrow{\mathcal{L}} \mathfrak{N}(0, \sigma^2)$.

Aufgabe 5.40 Es sei (d_{nj}) ein Toeplitz-Schema, $(x_n) \subset \mathbb{R}$ und $y_n = \sum d_{nj} x_j \in \mathbb{R} \ \forall n \in \mathbb{N}$. Man gebe ein Beispiel dafür, daß im allgemeinen nicht gilt $y_n \to x \ \Rightarrow \ x_n \to x$.

Aufgabe 5.41 (m-Stichprobenproblem) X_j, $j = 1, \ldots, n$ seien st.u. ZG, $n_0 = 1 < \ldots < n_m = n$ reelle Zahlen und c_{nj} Koeffizienten, welche der strikten Noether-Bedingung genügen und $\sum_{j=n_i+1}^{n_{i+1}} c_{nj}^2 \to \lambda_i \in (0,1) \ \forall 1 \leq i \leq m$. Besitzen die ZG X_j für $n_{i-1} < j \leq n_i$ die gleiche VF F_i mit EW 0 und Varianz σ_i^2 für $i = 1, \ldots, m$, dann gilt

$$\mathfrak{L}\Big(\sum_{j=1}^n c_{nj} X_{nj}\Big) \xrightarrow[\mathfrak{L}]{} \mathfrak{N}(0, \sum_{i=1}^m \lambda_i \sigma_i^2).$$

Aufgabe 5.42 Man beweise „$\Leftarrow$" im Satz von Pruitt durch Verkürzen von $Y_n = \sum_j d_{nj} Z_j$ gemäß $Y_n' = \sum_j d_{nj} Z_j \mathbf{1}(|d_{nj} Z_j| < 1)$.

Hinweis: Man zeige zunächst $Y_n' - \mu \to 0$ nach WS und $Y_n' - EY_n' \to 0$ nach WS.

Aufgabe 5.43 X_{ij}, $j \in \mathbb{N}$, seien st.u. ZG mit von $j \in \mathbb{N}$ unabhängigen Verteilungen F_i, für die $\mu_i := EX_{ij}$ und $\sigma_i^2 := \operatorname{Var} X_{ij}$ existieren und $EX_{ij}^4 < \infty$ gilt, $i = 1, 2$. $s_{i,n}^2$ bezeichne die Stichprobenstreuung zum Umfang n. Man zeige: Für $T_n = s_{1,n}^2 / s_{2,n}^2$ gilt $\mathfrak{L}(\sqrt{n}(T_n - \mu)) \xrightarrow[\mathfrak{L}]{} \mathfrak{N}(0, \tau^2)$. Man bestimme μ und τ^2.

Aufgabe 5.44 Für die durch (5.3.64) definierten Hermite-Polynome H_j verifiziere man die Gültigkeit von $\int H_i(x) H_j(x) \exp(-x^2/2)\,dx = \sqrt{2\pi} j! \delta_{ij}$, $i, j \in \mathbb{N}$.

5.4 Quadratische Statistiken und ihre Limesverteilungen

Die neben der Normalverteilung wichtigsten Limesverteilungen sind die Verteilungen gewichteter Summen von st.u. zentrierten χ_1^2-verteilten Zufallsgrößen, wobei die Gewichte quadratisch summierbar sind. Derartige Verteilungen ergeben sich als Limesverteilungen zentrierter quadratischer Formen Q_n und werden deshalb im folgenden kurz als $\mathfrak{Q}^0$-Verteilungen bezeichnet. Ihre Bedeutung für die asymptotische Statistik erklärt sich daraus, daß sie bei reellwertigen Statistiken T_n vielfach die Limiten von $n(T_n - ET_n)$ sind, wenn $\sqrt{n}(T_n - ET_n)$ eine degenerierte Limes-Normalverteilung hat. In diesem Fall ist nämlich $n(T_n - ET_n)$ typischerweise asymptotisch äquivalent zu einer derartigen quadratischen Form Q_n. Im weiteren sind die folgenden beiden Typen derartiger Statistiken besonders wichtig: 1) Q_n ist eine quadratische Form in einer asymptotisch normalen Statistik fester Dimension. 2) Q_n ist eine solche in den Ausgangsvariablen. Ist im ersten Fall EQ_n konvergent, so besitzt auch die nicht-zentrierte quadratische Statistik Q_n eine Limesverteilung. Derartige, im folgenden kurz als $\mathfrak{Q}$-Verteilungen bezeichneten Limesverteilungen gibt es auch im zweiten Fall, wenn die Gewichte nicht nur quadratisch, sondern sogar absolut summierbar sind. In diesem Fall verhält sich also Q_n asymptotisch wie eine gewichtete Summe von st.u. (nicht-zentrierten) χ_1^2-verteilten ZG.

In 5.4.1 wird der erste Fall diskutiert. Hier sind die Limesverteilungen von Q_n spezielle (nicht-zentrierte) $\mathfrak{Q}$-Verteilungen, nämlich Verteilungen gewichteter Summen von endlich vielen st.u. χ_1^2-verteilten ZG. Spezielle derartige $\mathfrak{Q}$-Verteilungen sind die χ_r^2-Verteilungen, bei denen r Gewichte gleich 1 und die restlichen gleich Null sind. Für den zweiten Fall, also für quadratische Formen Q_n wachsender Dimension, wird in 5.4.3 gezeigt, daß $Q_n - EQ_n$ unter schwachen Zusatzvoraussetzungen als Limesverteilung eine $\mathfrak{Q}^0$-Verteilung besitzt. 5.4.2 enthält die methodischen Vorbereitungen dazu, insbesondere den Zusammenhang mit der Eigenwerttheorie linearer Integralgleichungen. Wesentliche Voraussetzung hierbei ist, daß sich die Koeffizienten der quadratischen Statistik aus einem quadratintegrablen Kern ergeben. Dies impliziert, daß die Eigenwerte quadratisch summierbar sind. Die Aussagen werden u.a. in 7.5.3 und 7.5.4 zur Herleitung der Limesverteilung von quadratischen Formen in den Vektoren der Ordnungsstatistiken zu st.u. glv. ZG benötigt, welche die verteilungstheoretischen Grundlagen zur asymptotischen Behandlung vieler Anpassungstests unter der Nullhypothese darstellen.

5.4.1 Quadratische Formen in endlich-dimensionalen Statistiken

Viele anwendungsrelevante Statistiken sind quadratische Formen in asymptotisch normalverteilten ZG Z_n, besitzen also eine Matrixdarstellung der Form

$$Q_n = Z_n^\top \mathscr{H}_n Z_n. \tag{5.4.1}$$

Dabei ist (Z_n) eine Folge k-dimensionaler ZG Z_n mit $\mathfrak{L}(Z_n) \xrightarrow[\mathfrak{L}]{} \mathfrak{N}(\zeta, \mathscr{S})$ und $(\mathscr{H}_n)$ eine Folge deterministischer $k \times k$-Matrizen, die komponentenweise gegen eine Matrix $\mathscr{H} \in \mathbb{R}^{k \times k}_{\text{p.s.}}$ konvergiert. Nach dem Lemma von Slutsky besitzt (5.4.1) das gleiche Limesverhalten, wenn die $\mathscr{H}_n$ stochastische Matrizen sind, die (elementweise) nach WS gegen die (deterministische) Matrix $\mathscr{H}$ konvergieren.

Quadratische Statistiken sind uns bereits in Kap. 4 bei der Schätzung einer Varianz σ^2 in klassischen linearen Modellen begegnet. Für das Folgende von Bedeutung ist ihr Auftreten bei der Bestimmung der Limesverteilungen von Statistiken der Form $T_n = f(Y_n)$, wenn Y_n eine asymptotisch normale Statistik fester Dimension $k \in \mathbb{N}$ ist, für die mit geeigneten Größen $c \in \mathbb{R}^k$ und $\mathscr{S} \in \mathbb{R}^{k \times k}_{\text{p.s.}}, \mathscr{S} \neq \mathscr{O}$, gilt

$$Y_n \to c \quad \text{nach WS,} \quad \mathfrak{L}(\sqrt{n}(Y_n - c)) \xrightarrow[\mathfrak{L}]{} \mathfrak{N}(0, \mathscr{S}) \tag{5.4.2}$$

und f eine (an der Stelle c differenzierbare) Funktion auf $\mathbb{R}^k$ ist. Dann hat zwar $\sqrt{n}(f(Y_n) - f(c))$ – wie der Satz von Cramér 5.107 zeigt – ein gleichartiges asymptotisches Verhalten, falls f in c die Jacobi-Matrix $\mathscr{F}(c)$ besitzt und falls die Matrix $\mathscr{T} := \mathscr{F}(c) \mathscr{S} \mathscr{F}^\top(c) \neq \mathscr{O}$ ist. Gilt jedoch $\mathscr{T} = \mathscr{O}$ und ist f in c zweimal differenzierbar mit Hesse-Matrix $\mathscr{H}(c)$, so folgt analog zum Satz von Cramér

$$n(f(Y_n) - f(c)) = \frac{1}{2} \sqrt{n}(Y_n - c)^\top \mathscr{H}(c) \sqrt{n}(Y_n - c) + \ldots \tag{5.4.3}$$

Sind die Restterme asymptotisch vernachlässigbar, so verhält sich demnach $n(f(Y_n) - f(c))$ für $n \to \infty$ wie eine quadratische Statistik (5.4.1) mit $\mathscr{H}_n \equiv \mathscr{H}(c)$. Im folgenden soll deshalb das Limesverhalten von Statistiken der Form (5.4.1) systematisch untersucht werden. Ein besonders einfacher Fall liegt vor, wenn $|\mathscr{S}| \neq 0$ und $\mathscr{H}_n \equiv \mathscr{H} = \mathscr{S}^{-1}$ ist. Dann gilt nämlich der

Satz 5.125 *Sei (Z_n) eine Folge k-dimensionaler ZG mit $\mathfrak{L}(Z_n) \xrightarrow[\mathfrak{L}]{} \mathfrak{N}(\zeta, \mathscr{S})$, $\zeta \in \mathbb{R}^k$, $\mathscr{S} \in \mathbb{R}^{k \times k}_{\text{p.d.}}$. Dann ist $Z_n^\top \mathscr{S}^{-1} Z_n$ asymptotisch nichtzentral χ_k^2-verteilt,*

$$Z_n^\top \mathscr{S}^{-1} Z_n \xrightarrow[\mathfrak{L}]{} \chi_k^2(\delta^2), \quad \delta^2 = \zeta^\top \mathscr{S}^{-1} \zeta.$$

Insbesondere gilt $Z_n^\top \mathscr{S}^{-1} Z_n \xrightarrow[\mathfrak{L}]{} \chi_k^2$, wenn $\mathfrak{L}(Z_n) \xrightarrow[\mathfrak{L}]{} \mathfrak{N}(0, \mathscr{S})$ und $|\mathscr{S}| \neq 0$ ist.

Beweis: Bezeichnet $\mathscr{S}^{-1/2}$ die nach Hilfssatz 1.90b existierende Matrix aus $\mathbb{R}^{k \times k}_{\text{p.d.}}$ mit $\mathscr{S}^{-1/2} \mathscr{S}^{-1/2} = \mathscr{S}^{-1}$, so gilt $\mathfrak{L}(\mathscr{S}^{-1/2} Z_n) \xrightarrow[\mathfrak{L}]{} \mathfrak{N}(\mathscr{S}^{-1/2} \zeta, \mathscr{I}_k)$ und damit nach der Definition 2.35 einer nichtzentralen $\chi_k^2(\delta^2)$-Verteilung bzw. wiederum nach dem Stetigkeitssatz 5.43 die Behauptung. $\square$

134   5 Verteilungstheoretische Grundlagen der asymptotischen Statistik

Beispiel 5.126 X_j, $j \in \mathbb{N}$, seien st.u. k-dimensionale glv. ZG mit unbekanntem Mittelwert $\mu \in \mathbb{R}^k$ und Kovarianzmatrix $\mathscr{S} \in \mathbb{R}^{k \times k}_{\text{p.d.}}$. Ist $\mathscr{S} = \mathscr{S}_0$ bekannt, so wird man zur Überprüfung der Hypothese, daß μ einen vorgegebenen Wert μ_0 hat, als Prüfgröße die Statistik

$$Q_n = \sqrt{n}(\overline{X}_n - \mu_0)^\top \mathscr{S}_0^{-1} \sqrt{n}(\overline{X}_n - \mu_0) \tag{5.4.4}$$

verwenden. Diese ist von der Form (5.4.1) mit der Statistik $Z_n = \sqrt{n}(\overline{X}_n - \mu_0)$ und der Matrix $\mathscr{H}_n \equiv \mathscr{S}_0^{-1}$. Nach dem Satz von Lindeberg-Lévy 5.70 gilt $\mathfrak{L}_{\mu_0}(Z_n) \xrightarrow[\mathscr{L}]{} \mathfrak{N}(0, \mathscr{S}_0)$. Also ist Q_n nach Satz 5.125 unter $\mathbf{H}: \mu = \mu_0$ asymptotisch χ_k^2-verteilt.

Ist dagegen $\mathscr{S}$ unbekannt, so wird man als Prüfgröße die Statistik

$$Q_n = \sqrt{n}(\overline{X}_n - \mu_0)^\top \widehat{\mathscr{S}}_n^{-1} \sqrt{n}(\overline{X}_n - \mu_0)$$

verwenden, wobei $\widehat{\mathscr{S}}_n$ die Stichprobenkovarianzmatrix ist. Für diese gilt nach Beispiel 5.109 $\widehat{\mathscr{S}}_n \to \mathscr{S}$ f.s. und damit wegen $|\mathscr{S}| \neq 0$ auch $\widehat{\mathscr{S}}_n^{-1} \to \mathscr{S}^{-1}$ f.s., so daß mit gegen 1 strebender WS gilt $|\widehat{\mathscr{S}}_n| \neq 0$. Also ist nach dem Lemma von Slutsky auch diese Statistik Q_n unter $\mu = \mu_0$ asymptotisch χ_k^2-verteilt.

Ist $\mu_n = \mu_0 + n^{-1/2}\zeta$ mit festem $\zeta \in \mathbb{R}^k$, so gilt nach dem Satz von Lindeberg-Feller $\mathfrak{L}_{\mu_n}(Z_n) \xrightarrow[\mathscr{L}]{} \mathfrak{N}(\zeta, \mathscr{S})$. Damit genügen beide Statistiken Q_n nach Satz 5.125 einer nichtzentralen $\chi_k^2(\delta^2)$-Verteilung mit $\delta^2 = \zeta^\top \mathscr{S}_0^{-1} \zeta$ bzw. $\delta^2 = \zeta^\top \mathscr{S}^{-1} \zeta$. □

Ist $|\mathscr{S}| = 0$ oder $\mathscr{H} \neq \mathscr{S}^{-1}$, so ergibt sich eine etwas kompliziertere Limesverteilung. Wir betrachten zunächst den zentralen Fall, also $\mathfrak{L}(Z_n) \xrightarrow[\mathscr{L}]{} \mathfrak{N}(0, \mathscr{S})$. Bei diesem ist die Limesverteilung keine χ_r^2-Verteilung, sondern die Verteilung einer endlichen gewichteten Summe von st.u. χ_1^2-verteilten ZG.

Satz 5.127 *Sei (Z_n) eine Folge k-dimensionaler ZG mit $\mathfrak{L}(Z_n) \xrightarrow[\mathscr{L}]{} \mathfrak{N}(0, \mathscr{S})$, $\mathscr{S} \in \mathbb{R}^{k \times k}_{\text{p.s.}}$. Weiter sei $\mathscr{H} \in \mathbb{R}^{k \times k}_{\text{p.s.}}$. Besitzt die Matrix $\mathscr{T} = \mathscr{S}^{1/2} \mathscr{H} \mathscr{S}^{1/2}$ den Rang r und die (positiven, nicht notwendig voneinander verschiedenen) Eigenwerte $\lambda_1, \ldots, \lambda_r$, so gilt mit st.u. $\mathfrak{N}(0,1)$-verteilten ZG $W_1, \ldots, W_r$*

$$\mathfrak{L}(Z_n^\top \mathscr{H} Z_n) \xrightarrow[\mathscr{L}]{} \mathfrak{L}(\sum_{\ell=1}^r \lambda_\ell W_\ell^2). \tag{5.4.5}$$

Mit 0 als $(k-r)$-fachen Eigenwert von $\mathscr{T}$, also mit $\lambda_{r+1} = \ldots = \lambda_k = 0$, und $\lambda_1, \ldots, \lambda_r$ wie oben sowie st.u. $\mathfrak{N}(0,1)$-verteilten ZG $W_1, \ldots, W_k$ wird (5.4.5) vielfach in der Form $\mathfrak{L}(Z_n^\top \mathscr{H} Z_n) \xrightarrow[\mathscr{L}]{} \mathfrak{L}(\sum_{\ell=1}^k \lambda_\ell W_\ell^2)$ geschrieben.

Beweis: Sei $V = (V_1, \ldots, V_k)^\top$ eine k-dimensionale ZG mit st.u. $\mathfrak{N}(0,1)$-verteilten Komponenten $V_1, \ldots, V_k$, also $\mathfrak{L}(V) = \mathfrak{N}(0, \mathscr{I}_k)$, und $Z := \mathscr{S}^{1/2} V$. Dann gilt $\mathfrak{L}(Z) = \mathfrak{N}(0, \mathscr{S})$, also $Z_n \xrightarrow[\mathscr{L}]{} Z$ und damit

$$Z_n^\top \mathscr{H} Z_n \xrightarrow[\mathscr{L}]{} Z^\top \mathscr{H} Z = V^\top \mathscr{T} V, \quad \mathscr{T} = \mathscr{S}^{1/2} \mathscr{H} \mathscr{S}^{1/2}.$$

5.4 Quadratische Statistiken und ihre Limesverteilungen 135

Da $\mathscr{T}$ positiv semidefinit ist, gibt es eine orthogonale $k \times k$-Matrix $\mathscr{C}$ und eine $k \times k$-Diagonalmatrix $\mathscr{D}$ mit den nicht-negativen Diagonalelementen $\lambda_1, \ldots, \lambda_k$ und $\mathscr{T} = \mathscr{C}^\top \mathscr{D} \mathscr{C}$. Nach Satz 1.95 ist dann auch $W := \mathscr{C}V$ eine k-dimensionale ZG mit st.u. $\mathfrak{N}(0,1)$-verteilten Komponenten $W_1, \ldots, W_k$ und damit wie behauptet

$$Z_n^\top \mathscr{H} Z_n \xrightarrow[\mathfrak{L}]{} V^\top \mathscr{T} V = W^\top \mathscr{D} W = \sum_{\ell=1}^{r} \lambda_\ell W_\ell^2. \quad \Box$$

Für eine Verteilung der Form (5.4.5) schreiben wir auch $\mathfrak{Q}(\lambda_1, \ldots, \lambda_r)$ und nennen sie eine *Quadratsummenverteilung* oder kurz eine $\mathfrak{Q}$-*Verteilung* zu den endlich vielen (im obigen Fall also positiven) Parametern $\lambda_1, \ldots, \lambda_r$.

Von besonderem Interesse sind natürlich solche Situationen, bei denen die λ_ℓ nur die Werte 1 oder 0 annehmen können, da dann die $\mathfrak{Q}$-Verteilung eine (vertafelbare bzw. numerisch leicht zugängliche) χ^2-Verteilung ist. Eine einfache notwendige und hinreichende Bedingung hierfür ist, daß $\mathscr{T}$ symmetrisch und idempotent ist, d.h. daß gilt $\mathscr{T} = \mathscr{T}^\top = \mathscr{T}^2$. Diese Matrizen beschreiben bekanntlich gerade die orthogonalen Projektionen auf den Bildraum von $\mathscr{T}$.

Korollar 5.128 *Ist die symmetrische Matrix $\mathscr{T} = \mathscr{S}^{1/2} \mathscr{H} \mathscr{S}^{1/2}$ idempotent vom Rang r, so gilt unter den Voraussetzungen und Bezeichnungen von Satz 5.127*

$$\mathfrak{L}(Z_n^\top \mathscr{H} Z_n) \xrightarrow[\mathfrak{L}]{} \chi_r^2.$$

Wichtige Beispiele für derartige quadratische Statistiken sind die Prüfgrößen der χ^2-Tests. Auf deren Diskussion zugeschnitten ist auch das folgende

Beispiel 5.129 Seien Σ_s die Gesamtheit der s-dimensionalen stochastischen Vektoren,

$$\Sigma_s := \Big\{ \pi = (\pi_1, \ldots, \pi_s)^\top \in \mathbb{R}^s : \pi_\ell \geq 0, \ \ell = 1, \ldots, s, \ \sum_{\ell=1}^{s} \pi_\ell = 1 \Big\},$$

und $\tau = \tau(\pi) := (\sqrt{\pi_1}, \ldots, \sqrt{\pi_s})^\top$ für $\pi = (\pi_1, \ldots, \pi_s)^\top \in \Sigma_s$. Dann ist $\mathscr{T} = \mathscr{I}_s - \tau \tau^\top$ wegen $\tau^\top \tau = 1$ eine symmetrische idempotente Matrix vom Rang $s-1$.
Bezeichnen $\tau_1, \ldots, \tau_t$ orthogonale derartige Vektoren, so ist $\mathscr{T} = \mathscr{I}_s - \sum_{\ell=1}^{t} \tau_\ell \tau_\ell^\top$ symmetrisch und wegen $\tau_\ell^\top \tau_m = \delta_{\ell m}$ idempotent vom Rang $r = s - t$. $\quad \Box$

Das einfachste Beispiel eines χ^2-Tests ist derjenige zum Prüfen einer einfachen Hypothese. Bei diesem geht man aus von st.u. ZG $X_1, \ldots, X_n$ mit derselben Verteilung F über einem nicht notwendig euklidischen Raum $(\mathfrak{X}_0, \mathfrak{B}_0)$. Zum Überprüfen der Frage, ob F mit einer vorgegebenen Verteilung $F_0 \in \mathfrak{M}^1(\mathfrak{X}_0, \mathfrak{B}_0)$ übereinstimmt oder nicht, zerlegt man den Wertebereich $\mathfrak{X}_0$ der ZG X_j in endlich viele meßbare Zellen $C_1, \ldots, C_s$ mit positiver WS unter F_0, also gemäß $\mathfrak{X}_0 = \sum_{m=1}^{s} C_m$ mit $C_m \in \mathfrak{B}_0$ und $\pi_{0m} = F_0(C_m) > 0 \ \forall m = 1, \ldots, s$. Die Prüfgröße beruht dann auf einem Vergleich der Zellhäufigkeiten $Y_{nm} = n\widehat{F}_n(C_m)$ mit den unter F_0 erwarteten Häufigkeiten $n\pi_{0m}$, $m = 1, \ldots, s$, und zwar mit dem χ^2-*Abstand*

$$Q_n = Q(Y_n, \pi_0) = \sum_{m=1}^{s} \frac{(Y_{nm} - n\pi_{0m})^2}{n\pi_{0m}}. \tag{5.4.6}$$

Dabei werden die hypothetischen Zell-WS π_{0m} im Nenner berücksichtigt, damit die zur asymptotischen Festlegung des kritischen Wertes benötigte Limesverteilung von Q_n unter $F = F_0$ von dem speziellen Wert $\pi_0 = (\pi_{01}, \ldots, \pi_{0s})^\top \in \overset{\circ}{\Sigma}_s$ unabhängig wird. Der folgende Satz zeigt, daß das Limesverhalten von (5.4.6) unter einer Verteilung F, bei der also Y_n eine $\mathfrak{M}(n, \pi)$-verteilte ZG mit $\pi = (\pi_1, \ldots, \pi_s)^\top = (F(C_1), \ldots, F(C_s))^\top$ ist, wesentlich davon abhängt, ob $\pi = \pi_0$ oder $\pi \neq \pi_0$ gilt.

Satz 5.130 a) *Für $n \in \mathbb{N}$ seien Y_n s-dimensionale ZG mit $\mathfrak{L}(Y_n) = \mathfrak{M}(n, \pi_0)$, $\pi_0 \in \overset{\circ}{\Sigma}_s$. Q_n sei durch (5.4.6) definiert. Dann gilt:*

$$\mathfrak{L}_{\pi_0}(Q_n) \xrightarrow[\mathcal{L}]{} \chi^2_{s-1}. \tag{5.4.7}$$

b) *Ist dagegen $\mathfrak{L}(Y_n) = \mathfrak{M}(n, \pi)$ mit $\pi \neq \pi_0$, so gilt für die Statistik Q_n*

$$\mathfrak{L}_\pi\left(n^{-1/2}(Q_n - EQ_n)\right) \xrightarrow[\mathcal{L}]{} \mathfrak{N}(0, \sigma_\pi^2),$$

$$\sigma_\pi^2 = 4 \sum_{m=1}^{s} \sum_{\ell=1}^{s} \frac{\pi_m - \pi_{0m}}{\pi_{0m}} \pi_m (\delta_{m\ell} - \pi_\ell) \frac{\pi_\ell - \pi_{0\ell}}{\pi_{0\ell}}.$$

Beweis: a) Nach Beispiel 5.71 ist

$$\mathfrak{L}_{\pi_0}\left(n^{-1/2}(Y_n - n\pi_0)\right) \xrightarrow[\mathcal{L}]{} \mathfrak{N}(0, \widetilde{\mathscr{S}}_0), \quad \widetilde{\mathscr{S}}_0 := (\pi_{0m}\delta_{m\ell} - \pi_{0m}\pi_{0\ell})_{1\leq m,\ell\leq s}. \tag{5.4.8}$$

Sei $\mathscr{D}_0$ die $s \times s$-Diagonalmatrix mit den Elementen $1/\sqrt{\pi_{0m}}$ für $m = 1, \ldots, s$,

$$V_n := \mathscr{D}_0(Y_n - n\pi_0)/\sqrt{n} \quad \text{und} \quad \tau_0 := (\sqrt{\pi_{01}}, \ldots, \sqrt{\pi_{0s}})^\top.$$

Dann folgt aus (5.4.8) mit den Sätzen 5.43 und 1.95

$$\mathfrak{L}_{\pi_0}(V_n) \xrightarrow[\mathcal{L}]{} \mathfrak{N}(0, \mathscr{S}_0), \quad \mathscr{S}_0 = \mathscr{D}_0 \widetilde{\mathscr{S}}_0 \mathscr{D}_0 = \mathscr{I}_s - \tau_0 \tau_0^\top. \tag{5.4.9}$$

Also folgt die Behauptung wegen $Q_n = |V_n|^2$ vermöge Korollar 5.128 (mit $\mathscr{H} = \mathscr{I}_k$ und $\mathscr{S} = \mathscr{S}_0$) aus Beispiel 5.129; vgl. auch Aufg. 5.45 und Anmerkung 5.131.

b) Zum Nachweis beachte man die folgende Zerlegung

$$Q_n = \sum_{m=1}^{s} \frac{(Y_{nm} - n\pi_{0m})^2}{n\pi_{0m}}$$

$$= \sum_{m=1}^{s} \frac{(Y_{nm} - n\pi_m)^2}{n\pi_{0m}} + 2 \sum_{m=1}^{s} (Y_{nm} - n\pi_m) \frac{\pi_m - \pi_{0m}}{\pi_{0m}} + n \sum_{m=1}^{s} \frac{(\pi_m - \pi_{0m})^2}{\pi_{0m}}.$$

Hier ist der erste Summand wegen (5.4.8) (mit π statt π_0) und der Stetigkeit der Abbildung $(z_1, \ldots, z_s) \mapsto \sum_{m=1}^{s} z_m^2/\pi_{0m}$ nach WS beschränkt, während der zweite

5.4 Quadratische Statistiken und ihre Limesverteilungen   137

für $\pi \neq \pi_0$ wegen (5.4.8) von der stochastischen Größenordnung $n^{1/2}$ ist, also das Limesverhalten festlegt. Folglich gilt bei $\pi \neq \pi_0$ wegen

$$E_\pi Q_n = \sum_{m=1}^{s} \frac{\pi_m(1-\pi_m)}{\pi_{0m}} + n \sum_{m=1}^{s} \frac{(\pi_m - \pi_{0m})^2}{\pi_{0m}} = n \sum_{m=1}^{s} \frac{(\pi_m - \pi_{0m})^2}{\pi_{0m}}(1 + O(n^{-1}))$$

nach (5.4.7), dem Lemma von Slutsky 5.84 sowie Satz 1.95 also die Behauptung. □

Anmerkung 5.131 a) Das Auftreten der hypothetischen Zell-WS π_{0m} im Nenner von (5.4.6) läßt sich auch wie folgt rechtfertigen: Ist $Y_n := (Y_{n1}, \ldots, Y_{ns})^\top$ eine $\mathfrak{M}(n, \pi_0)$-verteilte ZG mit $\pi_0 := (\pi_{01}, \ldots, \pi_{0s})^\top$, so gilt bekanntlich

$$EY_n = n\pi_0, \quad \mathscr{C}\!ov\, Y_n = n(\pi_{0m}\delta_{m\ell} - \pi_{0m}\pi_{0\ell})_{1 \leq m,\ell \leq s}.$$

Da für (5.4.6) $\pi_{0m} > 0 \;\forall m = 1, \ldots, s$ vorauszusetzen ist und $\sum \pi_{0m} = 1$ gilt, ist die Kovarianzmatrix $\mathscr{C}\!ov\, Y_n$ einfach entartet; vgl. Beispiel 1.91. Es ist daher naheliegend, in Y_n und π_0 eine Komponente – etwa die letzte – wegzulassen, und zu den verkürzten – wegen $\sum_m Y_{nm} = n$ bzw. $\sum_m \pi_{0m} = 1$ äquivalenten – Größen $Y'_n := (Y_{n1}, \ldots, Y_{nr})^\top$ bzw. $\pi'_0 := (\pi_{01}, \ldots, \pi_{0r})^\top$, $r = s - 1$, überzugehen. Dann ist nämlich

$$\mathscr{C}\!ov\, Y'_n = n\big(\pi_{0m}\delta_{m\ell} - \pi_{0m}\pi_{0\ell}\big)_{1 \leq m,\ell \leq r} =: n\mathscr{S}'_0$$

nicht entartet, und ihre Inverse ergibt sich über die Umkehrformel, vgl. Aufg. 5.46,

$$b, c \in \mathbb{R}^r,\; \mathscr{A} \in \mathbb{R}^{r \times r},\; |\mathscr{A}| \neq 0 \;\Rightarrow\; (\mathscr{A} + bc^\top)^{-1} = \mathscr{A}^{-1} - \frac{(\mathscr{A}^{-1}b)(c^\top\mathscr{A}^{-1})}{1 + c^\top\mathscr{A}^{-1}b}$$

mit $\mathscr{A} = (\pi_{0m}\delta_{m\ell})_{1 \leq m,\ell \leq r}$, $b = -c = (\pi_{01}, \ldots, \pi_{0r})^\top$ und $\mathbb{1}_r = (1, \ldots, 1)^\top \in \mathbb{R}^r$ zu

$$(\mathscr{S}'_0)^{-1} = (\pi_{0m}^{-1}\delta_{m\ell})_{1 \leq m,\ell \leq r} + \pi_{0s}^{-1}\mathbb{1}_r \mathbb{1}_r^\top.$$

Die Abweichung zwischen Y'_n und $n\pi'_0$, also zwischen den verkürzten Vektoren der beobachteten und der unter π_0 erwarteten Zellhäufigkeiten Y_{nm} bzw. $n\pi_{0m}$, $1 \leq m \leq r$, wird man dann messen durch die quadratische Form

$$(Y'_n - n\pi'_0)^\top \mathscr{S}'_0{}^{-1}(Y'_n - n\pi'_0).$$

Eine elementare Rechnung liefert, daß deren Wert bis auf den Faktor n gleich dem χ^2-Abstand (5.4.6) ist, und zwar unabhängig von der speziell weggelassenen Komponente, d.h. daß genauer gilt

$$n^{-1}(Y'_n - n\pi'_0)^\top \mathscr{S}'_0{}^{-1}(Y'_n - n\pi'_0) = \sum_{m=1}^{s} \frac{(Y_{nm} - n\pi_{0m})^2}{n\pi_{0m}} = Q_n(Y_n, \pi_0).$$

Aus (5.4.8) und Satz 5.127 folgt dann unmittelbar Satz 5.130a.

b) Im Hinblick auf die spätere Bedeutung von $\mathfrak{Q}^0$-Verteilungen beachte man, daß sich die Teilaussage a) von Satz 5.130 wegen $\text{Var}_{\pi_0} Y_{nm} = n\pi_{0m}(1 - \pi_{0m})$ und somit

138   5 Verteilungstheoretische Grundlagen der asymptotischen Statistik

$$E_{\pi_0}Q_n = \sum_{m=1}^{s} E_{\pi_0} \frac{(Y_{nm} - n\pi_{0m})^2}{n\pi_{0m}} = \sum_{m=1}^{s}(1 - \pi_{0m}) = s - 1$$

mit st.u. $\mathfrak{N}(0,1)$-verteilten ZG $W_1, \ldots, W_{s-1}$ auch in der Form schreiben läßt

$$\mathfrak{L}_{\pi_0}(Q_n - EQ_n) \xrightarrow[\mathfrak{L}]{} \mathfrak{L}\Big(\sum_{m=1}^{s-1}(W_m^2 - 1)\Big).$$

Dies ist eine *zentrierte Quadratsummenverteilung* $\mathfrak{Q}^0(\lambda_1, \ldots, \lambda_{s-1})$ mit den Parametern $\lambda_m = 1$ für $m = 1, \ldots, s-1$. □

In Satz 5.130b wurde für den Fall der χ^2-Prüfgröße (5.4.6) bereits der nichtzentrale Fall betrachtet. Die zugehörige Limesverteilung hätte auch unter Verwendung der nichtzentralen χ^2_{s-1}-Verteilung ausgedrückt werden können. Ist nämlich $Y_n = \zeta_n + Z_n$ mit $\zeta_n \to \zeta$ und $\mathfrak{L}(Z_n) \xrightarrow[\mathfrak{L}]{} \mathfrak{N}(0, \mathscr{S})$, so ergibt sich der Aussage (5.4.5) entsprechend als Limesverteilung von $Q_n = Y_n^\top \mathscr{H} Y_n$ eine gewichtete Summe von st.u. nichtzentral χ^2_1-verteilten ZG. Zur Diskussion des asymptotischen Verhaltens von Q_n ist es jedoch zweckmäßig, diese wie im Beweis von Satz 5.130b in der Form

$$Q_n = Y_n^\top \mathscr{H} Y_n = Z_n^\top \mathscr{H} Z_n + 2\zeta_n^\top \mathscr{H} Z_n + \zeta_n^\top \mathscr{H} \zeta_n \qquad (5.4.10)$$

zu schreiben. Gilt nämlich $\zeta_n \to \zeta$ und damit $\zeta_n^\top \mathscr{H} \zeta_n \to \zeta^\top \mathscr{H} \zeta$, so läßt sich dieser Limes als Zentrierungskonstante berücksichtigen. Das asymptotische Verhalten von $Y_n^\top \mathscr{H} Y_n$ wird also durch die (gemeinsame) Limesverteilung von $(\zeta_n^\top \mathscr{H} Z_n, Z_n^\top \mathscr{H} Z_n)$ festgelegt. Dabei kann in (5.4.10) asymptotisch der lineare Anteil $\zeta_n^\top \mathscr{H} Z_n$ oder der quadratische Anteil $Z_n^\top \mathscr{H} Z_n$ überwiegen; vgl. auch Beispiel 5.152 und die Vorbemerkungen zu diesem.

In 5.4.3 wird sich zeigen, daß auch die dort betrachteten quadratischen Formen in st.u. ZG wachsender Dimension nach Zentrierung typischerweise entweder asymptotisch normal sind oder asymptotisch einer (auf eine unendliche Summe der Form $\sum \lambda_\ell(W_\ell^2 - 1)$ verallgemeinerten) $\mathfrak{Q}^0$-Verteilung genügen. Im ersten Fall sind die quadratischen Formen bei obiger Standardisierung von der stochastischen Größenordnung $n^{1/2}$, im zweiten Fall stochastisch beschränkt.

Ein entsprechendes Limesverhalten ergibt sich auch bei vielen anderen Statistiken, etwa in 7.4.3 bei U-Statistiken zu einem symmetrischen Kern ψ der Länge m,

$$U_n = \binom{n}{m}^{-1} \sum_{1 \leq i_1 < \ldots < i_m \leq n} \cdots \sum \psi(X_{i_1}, \ldots, X_{i_m}).$$

Ist nämlich $\psi \in \mathbb{L}_2(F^{(m)})$ und sind X_j, $j \in \mathbb{N}$, st.u. ZG mit derselben Verteilung F, so ist mit $\gamma(F) := E_F \psi(X_1, \ldots, X_m)$ entweder $n^{1/2}(U_n - \gamma(F))$ asymptotisch normal oder $n(U_n - \gamma(F))$ genügt asymptotisch einer (zentrierten) Verteilung der Form $\mathfrak{L}(\sum \lambda_\ell(W_\ell^2 - 1))$. Im ersten Fall ist $U_n - \gamma(F) = O_F(n^{-1/2})$, im zweiten Fall $U_n - \gamma(F) = O_F(n^{-1})$. Der Spezialfall des Kerns $\psi(x_1, x_2) = x_1 x_2$ läßt sich direkt behandeln.

Beispiel 5.132 X_j, $j \in \mathbb{N}$, seien st.u. ZG mit derselben eindimensionalen VF F, für die $\mu = \mu(F) = E_F X_1 \in \mathbb{R}$, $\tau^2(F) = \operatorname{Var}_F X_1 \in (0, \infty)$ sei, sowie U_n die U-Statistik zum Kern $\psi(x_1, x_2) = x_1 x_2$, also

$$U_n = \binom{n}{2}^{-1} \sum\sum_{1 \le i < j \le n} X_i X_j = \frac{n}{n-1} \overline{X}_n^2 - \frac{1}{n-1}\left(\frac{1}{n}\sum_{j=1}^n X_j^2\right)$$

und $\gamma(F) = \mu^2(F)$. Wegen des Gesetzes der großen Zahlen ist $\frac{1}{n}\sum_j X_j^2 = EX_1^2 + o_F(1)$ und damit der zweite Summand von der stochastischen Größenordnung n^{-1}. Nach dem Satz von Lindeberg-Lévy gilt $\overline{X}_n = \mu + n^{-1/2} W_n$ mit $\mathcal{L}_F(W_n) \xrightarrow[\mathcal{L}]{} \mathfrak{N}(0, \tau^2(F))$ und folglich

$$\overline{X}_n^2 = \left(\mu + O_F(n^{-1/2})\right)^2 = \mu^2 + O_F(n^{-1/2}).$$

Für $\mu \neq 0$ wird also das asymptotische Verhalten von U_n durch den ersten Summanden, d.h. durch $(n/(n-1))\overline{X}_n^2$, bestimmt, und zwar ist nach dem Lemma von Slutsky 5.84 bzw. dem Satz von der stetigen Abbildung 5.43

$$\mathcal{L}_F\left(\sqrt{n}(U_n - \mu^2(F))\right) \xrightarrow[\mathcal{L}]{} \mathfrak{N}(0, 4\mu^2(F)\tau^2(F)).$$

Für $\mu = 0$ dagegen ist $\overline{X}_n = n^{-1/2} W_n$ und damit

$$\mathcal{L}_F(n\overline{X}_n^2) = \mathcal{L}_F(W_n^2) \xrightarrow[\mathcal{L}]{} \tau^2(F)\chi_1^2 = \mathfrak{Q}(\tau^2(F)),$$

also nach dem Lemma von Slutsky mit einer $\mathfrak{N}(0,1)$-verteilten ZG W

$$\mathcal{L}_F(nU_n) \xrightarrow[\mathcal{L}]{} \mathcal{L}\left(\tau^2(F)(W^2 - 1)\right) = \mathfrak{Q}^0(\tau^2(F)). \quad \square$$

5.4.2 Quadratische Formen in den Ausgangsvariablen: Spektralanalytische Vorbereitungen

Es sollen nun solche quadratischen Statistiken betrachtet werden, die quadratische Formen in den Ausgangsvariablen und folglich mit Matrizen gebildet sind, deren Reihenzahl mit $n \to \infty$ unbeschränkt wächst. Diese sind von der Form

$$Q_n = Z_{(n)}^\top \mathscr{C}_n Z_{(n)} = \sum_{i=1}^n \sum_{j=1}^n c_{nij} Z_i Z_j, \quad Z_{(n)} = (Z_1, \ldots, Z_n)^\top, \quad (5.4.11)$$

wobei $\mathscr{C}_n = (c_{nij})$, $n \in \mathbb{N}$, symmetrische (typischerweise positiv semidefinite) $n \times n$-Matrizen und Z_j, $j \in \mathbb{N}$, st.u. glv. ZG mit endlichen vierten Momenten sind. Solche Statistiken sind als Vergleichsstatistiken zu den Prüfgrößen verschiedener, in 7.5.3 und 7.5.4 diskutierter Anpassungstests von Bedeutung. Dabei hängt ihr Limesverhalten wieder wesentlich davon ab, ob die ZG Z_j zentriert sind oder nicht. Typischerweise entspricht der erste Fall dem Verhalten unter der Nullhypothese, der zweite demjenigen unter Alternativen.

Die Bestimmung der Limesverteilung von Q_n ist dann besonders einfach, wenn die Z_j standardisiert sind und sich die Koeffizienten c_{nij} aus Dreiecksschemata e_{nj}, $1 \le j \le n$, wie sie in 5.3.2 bei linearen Statistiken verwendet wurden, gewinnen lassen in der Form $c_{nij} = e_{ni}e_{nj}$. Dann folgt nämlich für die quadratische Statistik (5.4.11)

$$Q_n = \Big(\sum_{j=1}^n e_{nj}Z_j\Big)^2, \quad EQ_n = \sum_{j=1}^n e_{nj}^2, \qquad (5.4.12)$$

so daß unter der Noether-Bedingung (5.3.32) nach den Sätzen 5.112 und 5.43 gilt

$$\mathfrak{L}(Q_n - EQ_n) \xrightarrow[\mathfrak{L}]{} \mathfrak{L}(W^2 - 1), \quad \mathfrak{L}(W) = \mathfrak{N}(0,1). \qquad (5.4.13)$$

Mit der gleichen Argumentation läßt sich die Limesverteilung bestimmen, wenn sich die Koeffizienten c_{nij} allgemeiner durch endlich viele, für $n \to \infty$ der Noether-Bedingung (5.3.32) genügende Dreiecksschemata $(e_{\ell nj}, 1 \le j \le n)$, $\ell = 1, \ldots, m$, darstellen lassen in der Form

$$c_{nij} = \sum_{\ell=1}^m \lambda_\ell e_{\ell ni} e_{\ell nj}. \qquad (5.4.14)$$

Dann gilt nämlich analog (5.4.12)

$$Q_n = \sum_{\ell=1}^m \lambda_\ell \Big(\sum_{j=1}^n e_{\ell nj} Z_j\Big)^2, \quad EQ_n = \sum_{\ell=1}^m \lambda_\ell \sum_{j=1}^n e_{\ell nj}^2. \qquad (5.4.15)$$

Ist also die Bedingung (5.3.36) aus[55] Satz 5.114 erfüllt mit $c_{nj}^{(\ell)} = e_{\ell nj}$ sowie $\tau_{\ell m} = \delta_{\ell m}$ und bezeichnen W_ℓ, $\ell \in \mathbb{N}$, st.u. $\mathfrak{N}(0,1)$-verteilte ZG, so folgt in Verallgemeinerung von (5.4.13)

$$\mathfrak{L}(Q_n - EQ_n) \xrightarrow[\mathfrak{L}]{} \mathfrak{L}\Big(\sum_{\ell=1}^m \lambda_\ell(W_\ell^2 - 1)\Big). \qquad (5.4.16)$$

Wegen $EQ_n \to \sum_{\ell=1}^m \lambda_\ell$ ist dieses äquivalent mit

$$Q_n \xrightarrow[\mathfrak{L}]{} \sum_{\ell=1}^m \lambda_\ell W_\ell^2. \qquad (5.4.17)$$

In den späteren Anwendungen sind die Koeffizienten c_{nij} (zumindest asymptotisch) von der Form

$$c_{nij} = n^{-1} c\Big(\frac{i}{n+1}, \frac{j}{n+1}\Big), \qquad (5.4.18)$$

---

[55] Man beachte, daß sich die Aussage von Satz 5.114 in Analogie zu Satz 5.112 auf den Fall übertragen läßt, daß die Koeffizientenschemata $(c_{nj}^{(\ell)})$, $\ell = 1, \ldots, k$, der gewöhnlichen Noether-Bedingung (5.3.32) genügen, sofern $EZ_1 = \mu = 0$ ist.

5.4 Quadratische Statistiken und ihre Limesverteilungen

wobei $c : (0,1) \times (0,1) \to \mathbb{R}$ eine symmetrische, bzgl. $\mathfrak{R} \otimes \mathfrak{R}$ quadratintegrable Funktion ist. Dabei ergeben sich die Koeffizienten (5.4.14), wenn der Kern $c(\cdot,\cdot)$ mit Funktionen $e_\ell : (0,1) \to \mathbb{R}$, $\ell = 1, \ldots, m$, sowie Konstanten $\lambda_1, \ldots, \lambda_m \in \mathbb{R}$ gebildet ist gemäß

$$c(u,v) = \sum_{\ell=1}^m \lambda_\ell e_\ell(u) e_\ell(v) \tag{5.4.19}$$

und es ist $e_{\ell n j} = n^{-1/2} e_\ell(j/(n+1))$. Die Darstellung (5.4.19) ist weniger speziell als es auf den ersten Blick erscheint. Ist nämlich $c(\cdot,\cdot) \in \mathbb{L}_2(\mathfrak{R} \otimes \mathfrak{R})$ ein vorgegebener symmetrischer Kern, so gibt es Funktionen $e_\ell(\cdot) \in \mathbb{L}_2(\mathfrak{R})$, $\ell \in \mathbb{N}$, mit[56]

$$c(u,v) = \sum_{\ell=1}^\infty \lambda_\ell e_\ell(u) e_\ell(v). \tag{5.4.20}$$

Dabei konvergiert diese Reihe in $\mathbb{L}_2(\mathfrak{R} \otimes \mathfrak{R})$. Es gibt auch Bedingungen, die die absolute und gleichmäßige Konvergenz der Reihe garantieren. Die bekannteste ist diejenige des Satzes von Mercer, aufgrund dessen dieses der Fall ist, wenn der Kern $c(\cdot,\cdot)$ stetig und positiv semidefinit ist. Die Reihenentwicklung (5.4.20) läßt sich in einen funktionalanalytischem Rahmen[57] einbetten, nämlich in die Theorie der linearen Integralgleichungen. Hierzu betrachte man den durch

$$h \mapsto C(h), \quad C(h)(u) = \int_0^1 c(u,v) h(v) \, dv \tag{5.4.21}$$

definierten Operator $C : \mathbb{L}_2(\mathfrak{R}) \to \mathbb{L}_2(\mathfrak{R})$. Wie stets bei linearen Operatoren auf $\mathbb{R}^n$ interessiert auch hier das Eigenwertproblem $\lambda e = C(e)$, also die Lösung der Integralgleichung

$$\lambda e(u) = \int_0^1 c(u,v) e(v) \, dv. \tag{5.4.22}$$

Dabei heißt wie im endlich-dimensionalen Fall $\lambda \in \mathbb{R}$ ein *Eigenwert* und $e \in \mathbb{L}_2(\mathfrak{R})$ eine *Eigenfunktion*, wenn das Paar (λ, e) die Gleichung (5.4.22) löst und $e \neq 0$ ist. Es bezeichne im folgenden (λ_ℓ, e_ℓ), $\ell \in \mathbb{N}$, die Gesamtheit der *Eigenpaare*, also der Eigenwerte λ_ℓ samt zugehörigen Eigenfunktionen e_ℓ, d.h. es gelte

---

[56] Hier und im folgenden sind die Eigenwerte λ_ℓ nicht notwendig von 0 und untereinander verschieden. Der Einfachheit halber schreiben wir stets $\ell \in \mathbb{N}$, auch wenn $c(\cdot,\cdot)$ nur endlich viele Eigenwerte hat.
[57] Vgl. hierzu, zum Satz von Mercer und zur folgenden Anmerkung etwa Michlin: Vorlesungen über lineare Integralgleichungen, VEB Deutscher Verlag der Wissenschaften (1962), § 27, und Hirzebruch-Scharlau: Einführung in die Funktionalanalysis, Bibilographisches Institut (1971).

142   5   Verteilungstheoretische Grundlagen der asymptotischen Statistik

$$\lambda_\ell e_\ell(u) = \int_0^1 c(u,v) e_\ell(v) \, dv, \quad \ell \in \mathbb{N}. \tag{5.4.23}$$

Die in der obigen Reihenentwicklung (5.4.20) auftretenden Größen λ_ℓ und e_ℓ sind nun gerade diese Eigenpaare und die Entwicklung stellt ein höherdimensionales Analogon zur Hauptachsentransformation von Matrizen dar.

Anmerkung 5.133 a) Zur Erläuterung des funktionalanalytischen Hintergrundes sei zunächst an das endlich-dimensionale Analogon von (5.4.22) erinnert. Bei diesem ist C ein symmetrischer linearer Operator von $\mathbb{R}^m$ nach $\mathbb{R}^m$ vom Rang $q \leq m$. Dann gibt es (von 0, aber nicht notwendig untereinander verschiedene) Eigenwerte $\lambda_1, \ldots, \lambda_q$ und ein Orthonormalsystem von Eigenvektoren $e_1, \ldots, e_q \in \mathbb{R}^m$ mit $C(e_\ell) = \lambda_\ell e_\ell$, $\ell = 1, \ldots, q$. In diesem Fall besitzt jeder Vektor $h \in \mathbb{R}^m$ eine eindeutige Darstellung der Form $h = g + \sum_{\ell=1}^{q} \langle e_\ell, h \rangle e_\ell$ mit $g \in \mathbb{R}^m$, $C(g) = 0$. Weiter gilt der Spektralsatz

$$C(h) = \sum_{\ell=1}^{q} \lambda_\ell \langle e_\ell, h \rangle e_\ell = \sum_{k=1}^{p} \lambda_{\ell_k} P_{\ell_k}(h), \quad h \in \mathbb{R}^m, \tag{5.4.24}$$

wobei λ_{ℓ_k}, $k = 1, \ldots, p$, die verschiedenen, d.h. nicht mehr mit ihrer Vielfachheit gezählten Eigenwerte und P_{ℓ_k}, $k = 1, \ldots, p$, die orthogonalen Projektionen auf die zu den entsprechend indizierten Eigenwerten gehörenden Eigenräume bezeichnen. Wird C durch eine Matrix $\mathscr{C} \in \mathbb{R}^{q \times q}$ dargestellt, so lautet der Spektralsatz

$$\mathscr{C} = \sum_{\ell=1}^{q} \lambda_\ell e_\ell e_\ell^\top. \tag{5.4.25}$$

Dabei kann wegen $\lambda_{q+1} = \cdots = \lambda_m = 0$ in (5.4.24) und (5.4.25) auch q durch m ersetzt werden. Dieser Satz ist mit dem von der Hauptachsentransformation äquivalent. Ist nämlich $\mathscr{E} = (e_1, \ldots, e_m)$ eine orthogonale $m \times m$-Matrix derart, daß $\mathscr{E}^\top \mathscr{C} \mathscr{E} = \mathscr{D}$ eine Diagonalmatrix mit den Diagonalelementen $\lambda_1, \ldots, \lambda_m$ ist, so gilt

$$\mathscr{C} = \mathscr{E} \mathscr{D} \mathscr{E}^\top = \sum_{\ell=1}^{m} \lambda_\ell e_\ell e_\ell^\top.$$

Bezeichnen umgekehrt $\lambda_1, \ldots, \lambda_m$ die (nicht notwendig von 0 und voneinander verschiedenden) Eigenwerte und $e_1, \ldots, e_m$ eine zugehörige Orthonormalbasis von Eigenvektoren, so ist $\mathscr{E} := (e_1, \ldots, e_m) \in \mathbb{R}^{m \times m}_{\text{orth}}$ und es gilt $\mathscr{E}^\top \mathscr{C} \mathscr{E} = \mathscr{D}$.

Beim Übergang vom endlich-dimensionalen Raum $\mathbb{R}^m$ zu einem (separablen) Hilbertraum $\mathbb{H}$ läßt sich der obige Sachverhalt kanonisch verallgemeinern. Sei hierzu C ein stetiger symmetrischer linearer Operator von $\mathbb{H}$ nach $\mathbb{H}$, der überdies kompakt sei, der also beschränkte Mengen in relativ kompakte Mengen abbildet. Dann gibt es für $C \neq 0$ mindestens einen, jedoch höchstens abzählbar unendlich viele von Null verschiedene Eigenwerte, die sich nur in Null häufen können. Dabei sind die zu verschiedenen $\lambda_\ell \neq 0$ gehörenden Eigenvektoren e_ℓ orthogonal, und zu jedem $\lambda_\ell \neq 0$ gibt es höchstens endlich viele linear unabhängige Eigenvektoren. Folglich existiert ein höchstens abzählbares Orthonormalsystem e_ℓ, $\ell \in \mathbb{N}$, wobei jedes e_ℓ Eigenvektor zu einem Eigenwert $\lambda_\ell \neq 0$ ist, und für jedes $h \in \mathbb{H}$ gilt mit

5.4 Quadratische Statistiken und ihre Limesverteilungen

geeignetem $g \in \mathbb{H}$, $C(g) = 0$, eine Darstellung der Form $h = g + \sum_{\ell=1}^{\infty} \langle e_\ell, h \rangle e_\ell$. Daraus folgt die Spektraldarstellung für kompakte lineare Operatoren in Hilberträumen:

$$C(h) = C\left(\sum_{\ell=1}^{\infty} \langle e_\ell, h \rangle e_\ell\right) = \sum_{\ell=1}^{\infty} \langle e_\ell, h \rangle C(e_\ell) = \sum_{\ell=1}^{\infty} \lambda_\ell \langle e_\ell, h \rangle e_\ell = \sum_{k=1}^{\infty} \lambda_{\ell_k} P_{\ell_k}(h). \quad (5.4.26)$$

Dabei bezeichnen λ_{ℓ_k}, $k \geq 1$, die (endliche oder abzählbar unendliche) Gesamtheit der von 0 und untereinander verschiedenen Eigenwerte des Operators sowie P_{ℓ_k}, $k \geq 1$, die orthogonalen Projektionen auf die zugehörigen Eigenräume.

Ist speziell $\mathbb{H} = \mathbb{L}_2(\mathfrak{R})$, so gestatten diese (kompakten) Operatoren C mit einem geeigneten symmetrischen Kern $c(\cdot, \cdot) \in \mathbb{L}_2(\mathfrak{R} \otimes \mathfrak{R})$ eine Darstellung der Form (5.4.21). In diesem Fall lautet die Spektraldarstellung

$$C(h)(u) = \sum_{\ell \geq 1} \lambda_\ell \langle e_\ell, h \rangle e_\ell(u) = \sum_{\ell \geq 1} \lambda_\ell \left(\int_0^1 e_\ell(v) h(v) \, dv\right) e_\ell(u). \quad (5.4.27)$$

Aus ihr läßt sich die Reihendarstellung (5.4.20) folgern. Nach Rechtfertigung der Vertauschung von Summation und Integration folgt nämlich mit (5.4.21) aus (5.4.22)

$$\int_0^1 c(u,v) h(v) \, dv = C(h)(u) = \int_0^1 \sum_{\ell \geq 1} \lambda_\ell e_\ell(u) e_\ell(v) h(v) \, dv,$$

und zwar für jedes $h \in \mathbb{H}$, also die Behauptung (5.4.20).

Wegen $\int_0^1 \int_0^1 c^2(u,v) \, du \, dv < \infty$ gilt $\sum_\ell \lambda_\ell^2 < \infty$. Aus der paarweisen Orthogonalität der Eigenfunktionen e_ℓ, $\ell \in \mathbb{N}$, folgt nämlich zunächst für festes $m \in \mathbb{N}$

$$\int_0^1 \int_0^1 \left(\sum_{\ell=1}^{m} \lambda_\ell e_\ell(u) e_\ell(v)\right)^2 du \, dv = \sum_{\ell=1}^{m} \sum_{k=1}^{m} \lambda_\ell \lambda_k \left(\int_0^1 e_\ell(u) e_k(u) \, du\right)^2$$

$$= \sum_{\ell=1}^{m} \sum_{k=1}^{m} \lambda_\ell \lambda_k \delta_{\ell k} = \sum_{\ell=1}^{m} \lambda_\ell^2$$

und damit für $m \to \infty$ wegen (5.4.20) die Endlichkeit von $\sum_\ell \lambda_\ell^2$, genauer

$$\int_0^1 \int_0^1 c^2(u,v) \, du \, dv = \sum_{\ell=1}^{\infty} \lambda_\ell^2 < \infty. \quad (5.4.28)$$

Unter Zusatzvoraussetzungen gelten noch die folgenden Aussagen:

b) Sind alle Eigenwerte nicht-negativ, so ist wegen (5.4.20) $c(u,u) \geq 0 \; \forall u \in (0,1)$. Gilt überdies $\int_0^1 c(u,u) \, du < \infty$, so ergibt sich analog (5.4.28)

$$\int_0^1 c(u,u) \, du = \sum_{\ell=1}^{\infty} \lambda_\ell < \infty. \quad (5.4.29)$$

Die Eigenwerte sind dann also nicht nur quadratisch, sondern auch einfach summierbar. In Analogie zum endlich-dimensionalen Fall bezeichnet man diesen Ausdruck als *Spur des Operators C*.

c) Ist der Kern $c(\cdot,\cdot)$ entartet, d.h. gilt $\int_0^1 c(u,v)\,du = 0 \; \forall v \in (0,1)$, so ist $\lambda_0 = 0$ und $e_0 \equiv 1$ eine Eigenlösung. Damit sind alle Eigenfunktionen e (zu Eigenwerten $\lambda \neq 0$) zentriert im Sinne von $\int_0^1 e(v)\,dv = 0$, denn es gilt

$$\lambda \int_0^1 e(u)\,du = \int_0^1 \int_0^1 c(u,v)e(v)\,dv\,du = \int_0^1 \Big[\int_0^1 c(u,v)\,du\Big] e(v)\,dv = 0. \quad \Box$$

Im weiteren werden ausschließlich Kerne $c(\cdot,\cdot)$ der Form

$$c(u,v) = \int_0^1 q(u,t)q(v,t)w(t)\,dt \tag{5.4.30}$$

betrachtet. Dabei sei $w(\cdot)$ eine im Einzelfall zu spezifizierende, nicht-negative Funktion auf (0,1) und die Funktion $q(\cdot,\cdot)$ erklärt durch

$$q(u,t) := 1 - t \quad \text{für} \quad u \leq t \quad \text{und} \quad q(u,t) := -t \quad \text{für} \quad u > t. \tag{5.4.31}$$

Wir fassen die für diese Kerne geltenden wichtigsten Eigenschaften zusammen in

Hilfssatz 5.134 *Für den Kern $c(\cdot,\cdot)$ aus (5.4.30) mit $q(\cdot,\cdot)$ aus (5.4.31) und einer in $(0,1)$ stetigen, nicht-negativen Funktion $w(\cdot)$ sei $c(\cdot,\cdot) \in \mathbb{L}_2(\mathfrak{R} \otimes \mathfrak{R})$. Dann gilt:*

a) *Der zugehörige Operator C ist symmetrisch und positiv semidefinit. Insbesondere sind alle Eigenwerte nicht negativ.*

b) *Es gilt*

$$c(u,v) = \int_0^{u \wedge v} t^2 w(t)\,dt - \int_{u \wedge v}^{u \vee v} t(1-t)w(t)\,dt + \int_{u \vee v}^1 (1-t)^2 w(t)\,dt. \tag{5.4.32}$$

Insbesondere konvergiert die Reihe (5.4.20) absolut und gleichmäßig.

c) $c(\cdot,\cdot)$ *ist entartet.*

d)
$$\iint_{0<u,v<1} c^2(u,v)\,du\,dv = 2 \iint_{0<s<t<1} s^2(1-t)^2 w(s)w(t)\,ds\,dt. \tag{5.4.33}$$

e)
$$\int_0^1 c(v,v)\,dv = \int_0^1 t(1-t)w(t)\,dt. \tag{5.4.34}$$

5.4 Quadratische Statistiken und ihre Limesverteilungen 145

f) *Im Spezialfall $w(\cdot) = 1$ gilt*

$$\int_0^1 q(t,u)q(t,v)\,dt = u \wedge v - uv. \qquad (5.4.35)$$

Beweis: a) Die Symmetrie folgt unmittelbar aus (5.4.30). Weiter gilt für jedes $h \in \mathbb{L}_2(\mathfrak{R})$

$$\int_0^1 h(u)C(h)(u)\,du = \int_0^1\int_0^1 c(u,v)h(u)h(v)\,du\,dv = \int_0^1\Big[\int_0^1 q(u,t)h(u)\,du\Big]^2 w(t)\,dt \geq 0.$$

Damit sind also alle Eigenwerte nicht-negativ. Dies folgt auch gemäß

$$\lambda \int_0^1 e^2(u)\,du = \int_0^1\Big(\int_0^1 c(u,v)e(v)\,dv\Big)e(u)\,du = \int_0^1\Big(\int_0^1 q(u,t)e(u)\,du\Big)^2 w(t)\,dt \geq 0.$$

b) und c) ergeben sich unmittelbar aus dem Bildungsgesetz (5.4.30+31). Dabei ist $c(\cdot,\cdot)$ stetig, so daß der Zusatz zu b) aus dem Satz von Mercer folgt.

d) Wegen des Bildungsgesetzes (5.4.31) von $q(\cdot,\cdot)$ gehe man von der Darstellung

$$\int_0^1\int_0^1 c^2(u,v)\,du\,dv = 4\int_0^1\int_0^v\Big(\int_0^1\int_0^t q(u,s)q(v,s)q(u,t)q(v,t)w(s)w(t)\,ds\,dt\Big)du\,dv$$

aus, vertausche die Integrationsreihenfolge und zerlege den neuen Integrationsbereich gemäß

$$\{u < v, s < t\} = \{u < v < s < t\} + \{u < s < v < t\} + \{u < s < t < v\}$$
$$+ \{s < t < u < v\} + \{s < u < t < v\} + \{s < u < v < t\} \quad [\lambda^2].$$

Eine elementare Rechnung liefert so den leicht handhabbaren Ausdruck (5.4.33).

e) folgt aus (5.4.32) durch Anwendung des Satzes von Fubini.

f) ergibt sich etwa für $u < v$ durch Zerlegung des Integrals an den Stellen u und v. □

Man beachte, daß allgemeiner jeder Kern der Form (5.4.30) mit $\int_0^1 q(u,t)\,du = 0$ $\forall t \in (0,1)$ entartet ist, und daß aus (5.4.30+31) folgt:

$$\int_0^1\int_0^1 c^2(u,v)\,du\,dv < \infty \quad \Rightarrow \quad \int_0^1 [t(1-t)]^2 w(t)\,dt, < \infty \qquad (5.4.36)$$

Wie bereits angedeutet, wird in 7.5.3 und 7.5.4 gezeigt, daß die Prüfgrößen vieler Anpassungstests quadratische Formen in Ordnungsstatistiken sind. Diese wiederum werden sich dort als asymptotisch verteilungsgleich zu quadratischen Statistiken der Form (5.4.11) erweisen, wobei im Fall der Prüfung einfacher Hypothesen die Koeffizienten c_{nij} etwa gemäß (5.4.18) aus einem Kern der Form (5.4.30+31) mit geeigneter Gewichtsfunktion $w(\cdot)$ gewonnen werden. Um deren Limesverteilungen explizit angeben (und die Voraussetzungen von Satz 5.149 in 5.4.3 verifizieren) zu können, hat man also die Eigenwerte und Eigenfunktionen der Integralgleichung (5.4.22) für die jeweiligen Funktionen $w(\cdot)$ zu bestimmen. Dabei ist $w(\cdot)$ als positiv und stetig vorauszusetzen derart, daß der durch (5.4.39) definierte Kern $c(\cdot,\cdot)$ existiert und aus $\mathbb{L}_2(\mathfrak{R}\otimes\mathfrak{R})$ ist. Eine derartige Integralgleichung löst man vielfach am einfachsten durch Zurückführen auf eine Randwertaufgabe bei einer gewöhnlichen Differentialgleichung. Es gilt nämlich der

Hilfssatz 5.135 *Sei w eine positive und stetige Funktion auf $(0,1)$ sowie $c(\cdot,\cdot) = c_w(\cdot,\cdot)$ der zugehörige, gemäß (5.4.30 + 31) erklärte Kern.*

a) *Sei (λ, e), $\lambda > 0$, $e \in \mathbb{L}_2(\mathfrak{R})$, eine Lösung der Integralgleichung (5.4.22). Dann ist $E(u) := \int_0^u e(v)\,dv$, $u \in [0,1]$, eine Lösung der Randwertaufgabe*

$$\lambda E''(u) + w(u)E(u) = 0, \quad E(0) = E(1) = 0. \tag{5.4.37}$$

b) *Seien $\lambda > 0$, E eine zweimal stetig differenzierbare Funktion auf $(0,1)$ und (λ, E) eine Lösung der Randwertaufgabe (5.4.37). Dann ist (λ, e) mit $e := E'$ eine Lösung der Integralgleichung (5.4.22).*

Beweis: a) Nach Hilfssatz 5.134c ist der Kern $c(\cdot,\cdot)$ entartet und somit nach Anmerkung 5.133c $\int_0^1 e(u)\,du = 0$ für alle Eigenfunktionen $e(\cdot)$ zu Eigenwerten $\lambda > 0$. Damit gilt neben $E(0) = 0$ auch $E(1) = 0$ sowie nach Definition von $q(\cdot,\cdot)$

$$\int_0^1 q(v,t)e(v)\,dv = (1-t)\int_0^t e(v)\,dv - t\int_t^1 e(v)\,dv = \int_0^t e(v)\,dv = E(t)$$

und somit unter nochmaliger Verwendung von (5.4.31) nach dem Satz von Fubini

$$\lambda e(u) = \int_0^1 \left[\int_0^1 q(v,t)e(v)\,dv\right] w(t)q(u,t)\,dt$$

$$= -\int_0^u tw(t)E(t)\,dt + \int_u^1 (1-t)w(t)E(t)\,dt.$$

Hieraus folgt wegen der Differenzierbarkeit der rechten Seite

$$\lambda e'(u) = -uw(u)E(u) - (1-u)w(u)E(u) = -w(u)E(u)$$

und damit nach Aufg. 5.48 die zweimalige Differenzierbarkeit von E; wegen $e = E'$ gilt also die Behauptung.

b) Zum Nachweis, daß $e = E'$ der Integralgleichung (5.4.22) genügt, beachte man, daß sich aus (5.4.30 + 31) bzw. durch Vertauschung der Integrationsreihenfolge ergibt

$$\int_0^1 c(u,v) E'(v)\, dv = \int_0^1 \left(\int_0^1 q(v,t) E'(v)\, dv \right) q(u,t) w(t)\, dt.$$

Wegen (5.4.31) und (5.4.37) ist das innere Integral gleich

$$(1-t) \int_0^t E'(v)\, dv - t \int_t^1 E'(v)\, dv = E(t) - t \int_0^1 E'(v)\, dv = E(t).$$

Somit ergibt sich unter erneuter Verwendung von (5.4.31) und (5.4.37) sowie durch partielle Integration

$$\int_0^1 c(u,v) E'(v)\, dv = \int_u^1 E(t) w(t)\, dt - \int_0^1 t E(t) w(t)\, dt$$

$$= -\lambda \int_u^1 E''(t)\, dt + \lambda \int_0^1 t E''(t)\, dt = \lambda E'(u). \quad \Box$$

Beispiel 5.136 Sei $w(\cdot) = 1$. Dann ergibt sich für den Kern (5.4.30+31)

$$c(u,v) = \int_0^1 q(u,t) q(v,t)\, dt = \frac{1}{3} - \max\{u,v\} + \frac{1}{2}(u^2 + v^2), \tag{5.4.38}$$

$0 \leq u, v \leq 1$, und damit dessen Quadratintegrabilität. Wegen Hilfssatz 5.135 genügt E und damit $e := E'$ einer linearen Differentialgleichung 2. Ordnung mit konstanten Koeffizienten und homogenen Randbedingungen, nämlich

$$\lambda e''(u) + e(u) = 0, \quad u \in (0,1), \quad e'(0) = e'(1) = 0.$$

Diese besitzt die Eigenwerte bzw. normierten Eigenfunktionen

$$\lambda_\ell = 1/(\ell^2 \pi^2), \quad e_\ell(u) = \sqrt{2} \cos(\pi \ell u), \quad \ell \in \mathbb{N}.$$

Offenbar ist $\lambda_\ell \geq 0$ und $\sum_\ell \lambda_\ell < \infty$. Wegen $\sum_\ell 1/(\ell^2 \pi^2) = 1/6 = \int_0^1 c(u,u)\, du < \infty$ ist dies nach (5.4.29) die Gesamtheit aller Eigenlösungen. $\Box$

Beispiel 5.137 Sei $w(t) = 6(t(1-t))^{-1}$ und damit gemäß (5.4.32)

$$c(u,v) = 6 \int_0^{u \wedge v} \frac{t}{1-t}\, dt - 6 \int_{u \wedge v}^{u \vee v} dt + 6 \int_{u \vee v}^1 \frac{1-t}{t}\, dt = -6[1 + \log(u \vee v(1 - u \wedge v))].$$

148 5 Verteilungstheoretische Grundlagen der asymptotischen Statistik

Offenbar ist $c(\cdot,\cdot)$ quadratintegrabel, so daß die vorstehende Theorie anwendbar ist. Insbesondere ist die Integralgleichung (5.4.22) gemäß Hilfssatz 5.135 äquivalent mit dem Eigenwertproblem

$$\lambda E''(u) + 6\bigl(u(1-u)\bigr)^{-1} E(u) = 0, \quad E(0) = E(1) = 0.$$

Setzt man zur Lösung $E(u) = E_\ell(u)$ als Polynom $(\ell+1)$-ter Ordnung an gemäß

$$E_\ell(u) = u(1-u)\sum_{i=0}^{\ell-1}\gamma_i u^i = \gamma_0 u + \sum_{i=2}^{\ell}(\gamma_{i-1} - \gamma_{i-2})u^i - \gamma_\ell u^{\ell+1}, \quad \ell \geq 1,$$

so ergibt sich nach Einsetzen in die Differentialgleichung

$$\lambda_\ell\Bigl(\sum_{i=2}^{\ell}(\gamma_{i-1} - \gamma_{i-2})i(i-1)u^{i-2} - \gamma_\ell \ell(\ell+1) u^{\ell-1}\Bigr) + 6\sum_{i=0}^{\ell-1}\gamma_i u^i = 0.$$

Durch Vergleich der Koeffizienten von $u^{\ell-1}$ folgt bei $\gamma_{\ell-1} \neq 0$

$$\lambda_\ell = \frac{6}{\ell(\ell+1)}, \quad \ell \geq 1,$$

sowie durch rekursive Lösung der durch Koeffizientenvergleich gewonnenen linearen Gleichungen die zugehörigen Eigenfunktionen als Polynome $(\ell+1)$-ter Ordnung. Speziell ergibt sich $E_1(u) = \sqrt{3}u(1-u)$, $E_2(u) = \sqrt{5}u(1-u)(1-2u)$ und damit $e_1(u) = \sqrt{3}(1-2u)$, $e_2(u) = \sqrt{5}(1 - 6u + 6u^2)$.
Da $\sum_{\ell=1}^{\infty}\lambda_\ell = 6\sum_{\ell=1}^{\infty}(\frac{1}{\ell} - \frac{1}{\ell+1}) = 6$ und $\int_0^1 c(u,u)du = -6 - 6\int_0^1[\log u + \log(1-u)]\,du = 6$ ist, stellen die λ_ℓ nach (5.4.29) in Anmerkung 5.133 die Gesamtheit aller Eigenwerte dar. □

Beispiel 5.138 Sei $w = 1/\varphi^2 \circ \phi^{-1}$, wobei φ die λ-Dichte und ϕ die VF der $\mathfrak{N}(0,1)$-Verteilung ist. Der Nachweis der Quadratintegrabilität des durch (5.4.30+31) definierten Kerns $c(\cdot,\cdot)$ verwendet die Umformung (5.4.33), geht also aus von

$$\iint\limits_{0<u,v<1} c^2(u,v)\,du\,dv = 2\iint\limits_{x<y} \phi^2(x)\phi^2(-y)\varphi^{-2}(x)\varphi^{-2}(y)\,d\phi(x)\,d\phi(y).$$

Die Endlichkeit dieses Integrals folgt daraus, daß sich gemäß Hilfssatz 5.15 der Mills-Quotient (5.1.44) für $|x| \to \infty$ wie $|x|^{-1}$ verhält. Zerlegt man nämlich den Integrationsbereich $\{x < y\}$ bei beliebigem $M > 0$ gemäß

$$\{x < y\} = \{x < y : |x|, |y| \leq M\} + \{x < y : x < -M, |y| \leq M\}$$
$$+ \{x < y : y > M, |x| \leq M\} + \{x < y : x < -M, y < -M\}$$
$$+ \{x < y : x > M, y > M\} + \{x < y : x < -M, y > M\},$$

so ist die Endlichkeit des ersten Teilintegrals trivial und diejenige des letzten Teilintegrals folgt mit dem Satz von Fubini und Hilfssatz 5.15 aus

5.4 Quadratische Statistiken und ihre Limesverteilungen

$$\int\limits_{\{x<-M\}} \frac{\phi^2(x)}{\varphi^2(x)} \, d\phi(x) \le \int\limits_{\{x<-M\}} \frac{1}{x^2} \, d\phi(x) \le \frac{1}{M^2} < \infty.$$

Das zweite Teilintegral läßt sich ebenfalls mit Hilfssatz 5.15 abschätzen gemäß

$$\int_{-M}^{+M} \frac{\phi^2(-y)}{\varphi^2(y)} \int_{-\infty}^{-M} \frac{\phi^2(x)}{\varphi^2(x)} \, d\phi(x) \, d\phi(y) \le \int_{-\infty}^{-M} \frac{1}{\varphi^2(M)} \frac{1}{M^2} \phi(-M) \, d\phi(y) < \infty.$$

Beachtet man, daß für $x \le y \le -M$ gilt $x^{-2} \le y^{-2}$, so folgt für das vierte Teilintegral

$$\int_{-\infty}^{-M} \frac{\phi^2(-y)}{\varphi^2(y)} \Big[\int_{-\infty}^{y} \frac{\phi^2(x)}{\varphi^2(x)} \, d\phi(x) \Big] \, d\phi(y) \le \int_{-\infty}^{-M} \frac{\phi^2(-y)}{\varphi^2(y)} \frac{1}{y^2} \phi(y)\varphi(y) \, dy$$

$$\le \int_{-\infty}^{-M} \phi^2(-y) \frac{1}{y^2} \frac{\phi(y)}{\varphi(y)} \, dy \le \int_{-\infty}^{-M} \frac{1}{|y|^3} \, dy < \infty.$$

Die Endlichkeit des dritten und fünften Teilintegrals folgen analog.

Um die Lösungen der Eigenwertaufgabe (5.4.37) für diesen Fall explizit anzugeben, ist es zweckmäßig, zunächst λ_ℓ durch $\kappa_\ell := 1/\lambda_\ell$ und $w(u)$ durch $v(u) := 1/w(u)$ zu ersetzen, also überzugehen zur Differentialgleichung

$$v(u)E_\ell''(u) + \kappa_\ell E_\ell(u) = 0, \quad u \in (0,1).$$

Durch nochmalige Differentiation folgt wegen $e_\ell = E_\ell'$ die Differentialgleichung

$$(v(u)e_\ell'(u))' + \kappa_\ell e_\ell(u) = 0, \quad u \in (0,1),$$

mit den Randbedingungen $v(u)e_\ell'(u) \to 0$ für $u \to 0$ bzw. $u \to 1$. Führt man weiter $x = \phi^{-1}(u)$ als neue Variable ein, so ergibt sich für $y_\ell(x) = e_\ell(\phi(x))$ die Differentialgleichung

$$y_\ell^{**}(x) - xy_\ell^*(x) + \kappa_\ell y_\ell(x) = 0, \quad x \in \mathbb{R},$$

mit den Randbedingungen $\varphi(x)y^*(x) \to 0$ für $x \to \pm\infty$, wobei abkürzend $y^* := dy/dx$ gesetzt wurde. Diese Randwertaufgabe hat für $\kappa_\ell = \ell$, $\ell \in \mathbb{N}$, nichttriviale Lösungen, nämlich die bereits in 5.3.3 eingeführten, durch

$$H_\ell(x) = (-1)^\ell e^{x^2/2} \frac{d^\ell}{dx^\ell} e^{-x^2/2}, \quad \ell \in \mathbb{N}, \tag{5.4.39}$$

definierten Hermite-Polynome ℓ-ter Ordnung. Da diese Polynome bereits ein vollständiges Orthogonalsystem mit $\int H_\ell^2(x) \exp(-x^2/2) \, dx = \sqrt{2\pi}\ell!$ bilden, wird durch

$$\lambda_\ell = 1/\ell, \quad e_\ell(u) = \frac{1}{\sqrt{\ell!}} H_\ell(\phi^{-1}(u)), \quad \ell \ge 1$$

die Gesamtheit aller Eigenlösungen angegeben; vgl. Aufg. 5.44 in 5.3.3. Zugrunde liegt hier also der $\mathbb{L}_2(\phi)$. □

150 5 Verteilungstheoretische Grundlagen der asymptotischen Statistik

Beispiel 5.139 Sei $w(u) = -(1-u)^{-2}(\log(1-u))^{-1}$. Der Nachweis der Quadratintegrabilität des Kerns (5.4.30+31) folgt trivialerweise mit (5.4.33). Zur Lösung des zugehörigen Eigenwertproblems ersetzt man in Analogie zu Beispiel 5.138 zweckmäßigerweise λ_ℓ durch $\kappa_\ell = 1/\lambda_\ell$ und $w(u)$ durch $v(u) = 1/w(u)$. Man geht also wieder von der Integralgleichung (5.4.22) über zur Differentialgleichung (5.4.37) mit den dort angegebenen Randbedingungen und führt $x = F_0^{-1}(u) = -\log(1-u)$ als neue Variable ein. Dann genügt $y_\ell(x) := e_\ell(F_0(x))$ der Differentialgleichung

$$xy_\ell^{**}(x) - (x-1)y_\ell^*(x) + \kappa_\ell y_\ell(x) = 0, \quad 0 \leq x < \infty,$$

mit den Randbedingungen $xy^*(x) \to 0$ für $x \to 0$ und $xe^{-x}y^*(x) \to 0$ für $x \to \infty$. Diese Randwertaufgabe hat für $\kappa_\ell = \ell$, $\ell \in \mathbb{N}$, eine nicht-triviale Lösung, nämlich das Laguerre-Polynom ℓ-ter Ordnung

$$y_\ell(x) = L_\ell(x) = \frac{(-1)^\ell}{\ell!} e^x \frac{d^\ell}{dx^\ell}(e^{-x} x^\ell).$$

Diese Polynome bilden ein vollständiges Orthonormalsystem in $\mathbb{L}_2(\mathfrak{G})$, $\mathfrak{G} = \mathfrak{G}(1)$. Somit besitzt die Integralgleichung (5.4.22) genau die Eigenwerte $\lambda_\ell = 1/\ell$ mit den Eigenfunktionen $e_\ell(u) = L_\ell(F_0^{-1}(u))$, $\ell \in \mathbb{N}$. □

Die statistische Bedeutung der vorstehenden Beispiele wird sich erst in 7.5.3 bei der Behandlung gewisser Anpassungstests zum Prüfen einfacher Nullhypothesen zeigen. Im Fall der entsprechenden Anpassungstests zum Prüfen zusammengesetzter Hypothesen besitzt der Kern $c(\cdot,\cdot)$ im allgemeinen nicht die Form (5.4.30+31). Dennoch lassen sich auch bei derartigen Kernen die Lösungen der Integralgleichung (5.4.22) vielfach vermöge Hilfssatz 5.135 bestimmen.

Beispiel 5.140 Es seien $c(u,v)$ der Kern aus Beispiel 5.136 und

$$c_M(u,v) := 12c(u,v) - 3(2u-1)(2v-1) - (6u^2 - 6u + 1)(6v^2 - 6v + 1)$$

ein aus diesem durch „Modifizierung" hervorgehender, in 7.5.4 benötigter Kern, also $c_M(u,v) = 12[\min\{u,v\} - uv - 3u(1-u)v(1-v)]$, $0 \leq u,v \leq 1$. Offenbar ist $c_M(\cdot,\cdot)$ quadratintegrabel, so daß es höchstens abzählbar viele Eigenlösungen gibt. Zu deren Bestimmung ist es auch in diesem Fall zweckmäßig, zur korrespondierenden Eigenwertaufgabe einer gewöhnlichen Differentialgleichung überzugehen. Durch sukzessive Differentiation folgt diese über

$$\lambda e'(u) = 12u \int_0^1 e(v)\,dv - 12\int_0^u e(v)\,dv - 6\int_0^1 (2v-1)e(v)\,dv$$

$$- (12u-6)\int_0^1 (6v^2 - 6v + 1)e(v)\,dv,$$

und $\lambda e''(u) = 12\int_0^1 e(v)\,dv - 12e(u) - 12\int_0^1 (6v^2 - 6v + 1)e(v)\,dv$ zu $\lambda e'''(u) = -12e'(u)$.

5.4 Quadratische Statistiken und ihre Limesverteilungen

Diese Differentialgleichung dritter Ordnung besitzt die allgemeine Lösung

$$e(u) = \alpha \cos\left(\sqrt{12/\lambda}\,u\right) + \beta \sin\left(\sqrt{12/\lambda}\,u\right) + \gamma, \tag{5.4.40}$$

wobei die Konstanten $\alpha, \beta, \gamma \in \mathbb{R}$ so festzulegen sind, daß die Integralgleichung erfüllt ist. Zur Fixierung der Nebenbedingungen beachte man zunächst, daß mit $c(\cdot,\cdot)$ auch $c_M(\cdot,\cdot)$ entartet ist, so daß nach Anmerkung 5.133c für jede Eigenfunktion e gilt $\int_0^1 e(v)\,dv = 0$. Folglich ist γ durch α und β bestimmt. Die beiden weiter benötigten Randbedingungen ergeben sich wegen $E''(0) = E''(1) = 0$ aus dem obigen Ausdruck für $e'(u)$ zu

$$\lambda e'(0) = -6\int_0^1 (2v-1)e(v)\,dv + 6\int_0^1 (6v^2 - 6v + 1)e(v)\,dv = 0,$$

$$\lambda e'(1) = -6\int_0^1 (2v-1)e(v)\,dv - 6\int_0^1 (6v^2 - 6v + 1)e(v)\,dv = 0.$$

Diese liefern mit (5.4.40) zwei lineare Gleichungen für α und β, deren Koeffizienten von λ (aber nicht mehr von γ) abhängen und die sich für $\kappa := \sqrt{12/\lambda} \neq 0$ vereinfachen zu

$$\alpha(1 - \cos\kappa) - \beta\sin\kappa = 0, \quad \alpha(\kappa - \sin\kappa) + \beta(\cos\kappa - 1) = 0.$$

Eine nicht-triviale Lösung gibt es also genau dann, wenn die aus den Koeffizienten von α und β gebildete Determinante verschwindet, wenn also gilt

$$-(\cos\kappa - 1)^2 + \kappa\sin\kappa - \sin^2\kappa = 0 \quad \text{oder äquivalent} \quad \sin\frac{\kappa}{2}\left(\text{tg}\frac{\kappa}{2} - \frac{\kappa}{2}\right) = 0.$$

Somit ergeben sich wegen $\lambda = 12/\kappa^2$ die Eigenwerte aus den Lösungen der Gleichungen $\sin\kappa/2 = 0$ bzw. $\text{tg}\,\kappa/2 = \kappa/2$. Aus $\sin\kappa/2 = 0$ folgt $\kappa = \pm 2\pi\ell$, $\ell \in \mathbb{N}_0$, also

$$\lambda'_\ell = \frac{12}{4\pi^2\ell^2} = \frac{3}{\pi^2\ell^2}, \quad \ell \in \mathbb{N}, \quad \text{mit} \quad \sum_{\ell \geq 1}\lambda'_\ell = \frac{3}{\pi^2}\sum_{\ell \geq 1}\frac{1}{\ell^2} = \frac{3}{\pi^2}\frac{\pi^2}{6} = 0{,}5.$$

Die Lösungen der Gleichung $\text{tg}\,\kappa/2 = \kappa/2$ lassen sich nur approximativ angeben. Die zugehörigen ersten zehn Eigenwerte $\lambda''_\ell = 12/\kappa_\ell^2$ sowie zehn ausgewählte Partialsummen $\sum_{k \leq \ell} \lambda''_k$ sind mit den entsprechenden Werten $\lambda'_\ell = 3/\pi^2\ell^2$ und $\sum_{k \geq \ell} \lambda'_k$ in der folgenden Tabelle enthalten.

	λ'_ℓ	λ''_ℓ		$\sum_{k<\ell}\lambda'_k$	$\sum_{k\leq\ell}\lambda''_k$
$\ell = 1$	0,30396	0,14858	$\ell = 10$	0,47107	0,27237
$\ell = 2$	0,07599	0,05027	$\ell = 20$	0,48518	0,28553
$\ell = 3$	0,03377	0,02523	$\ell = 30$	0,49003	0,29019
$\ell = 4$	0,01900	0,01516	$\ell = 40$	0,49250	0,29259
$\ell = 5$	0,01216	0,01012	$\ell = 50$	0,49398	0,29404
$\ell = 6$	0,00844	0,00723	$\ell = 100$	0,49698	0,29699
$\ell = 7$	0,00620	0,00542	$\ell = 200$	0,49848	0,29849
$\ell = 8$	0,00475	0,00422	$\ell = 300$	0,49899	0,29899
$\ell = 9$	0,00375	0,00338	$\ell = 500$	0,49939	0,29939
$\ell = 10$	0,00304	0,00276	$\ell = 1000$	0,49970	0,29970

Offensichtlich gilt $\sum_\ell \lambda''_\ell = 0,3$ und damit $\sum_\ell \lambda_\ell = \sum_\ell \lambda'_\ell + \sum_\ell \lambda''_\ell = 0,8$. Folglich sind dies nach (5.4.29) bereits alle Eigenwerte, denn es gilt auch

$$\int_0^1 c_M(u,u)\,\mathrm{d}u = 12\int_0^1 c(u,u)\,\mathrm{d}u - 3\int_0^1 (2u-1)^2\,\mathrm{d}u - \int_0^1 (6u^2-6u+1)^2\,\mathrm{d}u$$
$$= 2 - 1 - 0,2 = 0,8. \quad \square$$

Lösungen von Eigenwertaufgaben zu quadratintegrablen, im allgemeinen nichtentarteten Kernen werden in Band III noch in ganz anderem Zusammenhang benötigt, nämlich zu (5.4.20) entsprechenden Reihendarstellungen von Kovarianzfunktionen gewisser stochastischer Prozesse; vgl. 10.2 In den folgenden drei Beispielen ist neben $\int_0^1\int_0^1 c^2(s,t)\,\mathrm{d}s\,\mathrm{d}t < \infty$ und $c(s,s) \geq 0$ auch die Bedingung $\int_0^1 c(s,s)\,\mathrm{d}s < \infty$ erfüllt.

Beispiel 5.141 Sei $c(s,t) = st$, $0 \leq s,t \leq 1$. In diesem Fall lautet die Integralgleichung (5.4.22) $\lambda e(s) = s\int_0^1 te(t)\,\mathrm{d}t$. Für $\lambda \neq 0$ folgt hieraus $e(s) = \alpha s$, wobei sich $\alpha \in \mathbb{R}$ aus der Normierungsbedingung $\int_0^1 e^2(t)\,\mathrm{d}t = 1$ ergibt zu $\alpha = \sqrt{3}$ und damit $\lambda = 1/3$. (5.4.22) besitzt also für $\lambda \neq 0$ nur die eine Eigenlösung $\lambda = 1/3$, $e(s) = \sqrt{3}s$, so daß sich die Mercer-Entwicklung gemäß $c(s,t) = \frac{1}{3}\sqrt{3}s\sqrt{3}t = st$ auf die Definition des Kerns reduziert. $\square$

Beispiel 5.142 Sei $c(s,t) = s \wedge t - st$, $0 \leq s,t \leq 1$. In diesem Fall lautet die Integralgleichung (5.4.22)

$$\lambda e(s) = \int_0^s te(t)\,\mathrm{d}t + s\int_s^1 e(t)\,\mathrm{d}t - s\int_0^1 te(t)\,\mathrm{d}t,$$

aus der sich für $\lambda \neq 0$ durch zweifache Differentiation die Eigenwertaufgabe

$$\lambda e''(s) + e(s) = 0, \quad e(0) = e(1) = 0,$$

ergibt. Die Differentialgleichung und erste Randbedingung liefern die Lösungen $e(s) = \sin\alpha s$, $\lambda = \alpha^{-2}$, wobei für α aus der zweiten Randbedingung $e(1) = 0$ folgt $\alpha = \ell\pi$, $\ell \in \mathbb{N}$. Somit ergeben sich als Eigenlösungen

$$\lambda_\ell = (\ell\pi)^{-2}, \quad e_\ell(s) = \sqrt{2}\sin(\ell\pi s), \quad \ell \in \mathbb{N}.$$

Wegen $\sum_{\ell\geq 1}\lambda_\ell = \pi^{-2}\sum_{\ell\geq 1}\ell^{-2} = \frac{1}{6}$ und $\int_0^1 c(t,t)\,\mathrm{d}t = \int_0^1 t\,\mathrm{d}t - \int_0^1 t^2\,\mathrm{d}t = \frac{1}{2} - \frac{1}{3} = \frac{1}{6}$ ist dies nach (5.4.29) auch bereits die Gesamtheit aller Eigenlösungen. Da $c(\cdot,\cdot)$ stetig und positiv semidefinit ist, gilt nach dem Satz von Mercer

$$s \wedge t - st = \sum_{\ell \geq 1} \frac{2}{\pi^2 \ell^2} \sin(\ell\pi s)\sin(\ell\pi t), \quad 0 \leq s,t \leq 1. \tag{5.4.41}$$

5.4 Quadratische Statistiken und ihre Limesverteilungen   153

Dies folgt auch direkt aus der Identität

$$u \wedge v = \frac{uv}{\pi} + \frac{2}{\pi} \sum_{\ell \geq 1} \frac{\sin(\ell u)\sin(\ell v)}{\ell^2}, \quad 0 \leq u,v \leq \pi. \qquad (5.4.42)$$

Zu deren Gültigkeit beachte man, daß einerseits die Funktionen $g_u(v) := u \wedge v$ und $h_u(v) := (u \wedge v) \vee (-v)$ für jedes $u \in [0,\pi]$ auf $[0,\pi]$ übereinstimmen und daß andererseits die Funktion $h_u(v)$ auf $[-\pi,\pi]$ gleich der rechten Seite von (5.4.42) ist. Beide Funktionen sind nämlich stetig und besitzen die gleichen Fourier-Koeffizienten. Durch die Transformation auf $[0,1]^{(2)}$ gemäß $u = \pi s$, $v = \pi t$, $0 \leq s,t \leq 1$, ergibt sich dann (5.4.42). □

Beispiel 5.143 Sei $c(s,t) = s \wedge t$. In diesem Fall lautet die Integralgleichung (5.4.22)

$$\lambda e(s) = \int_0^s t e(t)\,\mathrm{d}t + s\int_s^1 e(t)\,\mathrm{d}t. \qquad (5.4.43)$$

Aus dieser folgt durch zweifache Differentiation die Differentialgleichung $\lambda e''(s) + e(s) = 0$ sowie (für $\lambda \neq 0$) die Randbedingung $e(0) = 0$. Alle Eigenfunktionen sind damit (bis auf einen Normierungsfaktor) notwendig von der Form $e(s) = \sin \alpha s$. Zur Bestimmung der zugehörigen Eigenwerte hat man dies in (5.4.43) einzusetzen und erhält so die Bestimmungsgleichung

$$\cos \alpha = 0 \quad \text{und damit} \quad \alpha = \left(\ell - \frac{1}{2}\right)\pi, \quad \ell \in \mathbb{N}.$$

Eigenwerte und Eigenfunktionen lauten also

$$\lambda_\ell = \left(\left(\ell - \frac{1}{2}\right)\pi\right)^{-2}, \quad e_\ell(s) = \sqrt{2}\sin\left(\left(\ell - \frac{1}{2}\right)s\right), \quad \ell \in \mathbb{N}.$$

Dies sind auch bereits alle Eigenfunktionen, denn es gilt

$$\sum_{\ell \geq 1} \frac{1}{\left(\ell - \frac{1}{2}\right)^2} = \sum_{\ell \geq 1} \frac{4}{(2\ell-1)^2} = 4\left(\sum_{k \geq 1}\frac{1}{k^2} - \sum_{\ell \geq 1}\frac{1}{(2\ell)^2}\right) = 4\left(\frac{\pi^2}{6} - \frac{1}{4}\frac{\pi^2}{6}\right) = \frac{\pi^2}{2}.$$

Damit ist wegen $\sum_{\ell \geq 1}\lambda_\ell = \frac{1}{2} = \int_0^1 t\,\mathrm{d}t = \int_0^1 c(t,t)\,\mathrm{d}t$ die Bedingung (5.4.29) erfüllt. Nach dem Satz von Mercer ergibt sich also für alle $0 \leq s,t \leq 1$ die Darstellung

$$s \wedge t = \sum_{\ell \geq 1} \frac{2}{\pi^2 \left(\ell - \frac{1}{2}\right)^2} \sin\left(\left(\ell - \frac{1}{2}\right)\pi s\right)\sin\left(\left(\ell - \frac{1}{2}\right)\pi t\right), \qquad (5.4.44)$$

während die aus (5.4.41) folgende Darstellung von $s \wedge t$ keine Entwicklung nach Eigenfunktionen ist. □

154 5 Verteilungstheoretische Grundlagen der asymptotischen Statistik

In der Theorie der Anpassungstests begegnet man schließlich noch Kernen der Form

$$c(s,t) = \sqrt{w(s)}\sqrt{w(t)}(s \wedge t - st), \quad 0 < s,t < 1, \tag{5.4.45}$$

mit U-förmiger, in $(0,1)$ hinreichend glatter Gewichtsfunktion $w(\cdot)$. Der folgende Hilfssatz zeigt, daß sich auch die zu derartigen Kernen gehörenden Integralgleichungen auf Randwertprobleme der Form (5.4.37) reduzieren lassen. Er ist daher ein Analogon zu Hilfssatz 5.135, auch wenn er etwas abgekürzt formuliert wird.

Hilfssatz 5.144 *Es seien w eine positive und stetige Funktion auf $(0,1)$ sowie $c(s,t) = c_w(s,t) := \sqrt{w(s)}\sqrt{w(t)}(s \wedge t - st)$, $0 < s,t < 1$. Dann ist mit $h(t) := e(t)/\sqrt{w(t)}$ die Lösung der Integralgleichung (5.4.22) für $\lambda > 0$ äquivalent zur Randwertaufgabe*

$$\lambda h''(t) + w(t)h(t) = 0, \quad h(0) = h(1) = 0. \tag{5.4.46}$$

Beweis: Dieser ergibt sich wie derjenige von Hilfssatz 5.135. Zunächst ist offenbar die Integralgleichung (5.4.22) in diesem Fall äquivalent mit

$$\lambda h(s) = \int_0^1 w(t)(s \wedge t - st)h(t)\,dt.$$

Aus dieser ergeben sich die Differentialgleichung (5.4.22) durch Aufspaltung des Integrals an der Stelle s und anschließende zweimalige Differentiation sowie die Randbedingungen durch Einsetzen von $s = 0$ bzw. $s = 1$. Zur Umkehrung beachte man, daß aus (5.4.46) durch elementare Umformungen und partielle Integration folgt

$$\int_0^1 w(t)(s \wedge t - st)h(t)\,dt = (1-s)\int_0^s tw(t)h(t)\,dt + s\int_s^1 (1-t)w(t)h(t)\,dt$$

$$= -\lambda\int_0^s th''(t)\,dt + \lambda s\int_0^1 th''(t)\,dt - \lambda s\int_s^1 h''(t)\,dt = \lambda h(s). \quad \square$$

5.4.3 Quadratische Formen in den Ausgangsvariablen: Limesverteilungen

Aus den einleitenden Bemerkungen zu 5.4.2 geht hervor, daß man als Limesverteilung quadratischer Statistiken Q_n der Form (5.4.11) im Fall zentrierter ZG Z_j die Verteilung einer im allgemeinen abzählbar unendlichen gewichteten Summe st.u. zentrierter χ_1^2-verteilter ZG erwartet, daß also mit geeigneten Zahlen λ_ℓ, $\ell \in \mathbb{N}$, und st.u. $\mathfrak{N}(0,1)$-verteilten ZG W_ℓ, $\ell \in \mathbb{N}$, gilt

$$\mathfrak{L}(Q_n - EQ_n) \xrightarrow{\mathfrak{L}} \mathfrak{L}\Big(\sum_{\ell=1}^\infty \lambda_\ell(W_\ell^2 - 1)\Big). \tag{5.4.47}$$

5.4 Quadratische Statistiken und ihre Limesverteilungen

Bedingungen, unter denen die rechte Seite existiert, enthält der

Hilfssatz 5.145 W_ℓ, $\ell \in \mathbb{N}$, seien st.u. $\mathfrak{N}(0,1)$-verteilte ZG.

a) Ist λ_ℓ, $\ell \geq 1$, eine quadratisch summierbare Folge reeller Zahlen, so ist $\sum_{\ell=1}^\infty \lambda_\ell(W_\ell^2 - 1)$ konvergent in $\mathbb{L}_2$ (und damit auch im Sinne der Verteilungskonvergenz). Die charakteristische Funktion der so definierten Verteilung lautet

$$\varphi(t) = \prod_{\ell=1}^\infty (1 - 2\mathrm{i}\lambda_\ell t)^{-1/2} \exp(-\mathrm{i}\lambda_\ell t). \tag{5.4.48}$$

Mittelwert und Varianz dieser Verteilung sind 0 bzw. $2\sum_{\ell=1}^\infty \lambda_\ell^2$.

b) Ist λ_ℓ, $\ell \geq 1$, eine absolut summierbare Folge reeller Zahlen, so ist $\sum_{\ell=1}^\infty \lambda_\ell W_\ell^2$ konvergent in $\mathbb{L}_1$ (und damit auch im Sinne der Verteilungskonvergenz). Die charakteristische Funktion der so definierten Verteilung lautet

$$\varphi(t) = \prod_{\ell=1}^\infty (1 - 2\mathrm{i}\lambda_\ell t)^{-1/2}. \tag{5.4.49}$$

Mittelwert und Varianz dieser Verteilung sind $\sum_{\ell=1}^\infty \lambda_\ell$ bzw. $2\sum_{\ell=1}^\infty \lambda_\ell^2$.

Beweis: a) $\sum_{\ell=1}^m \lambda_\ell(W_\ell^2 - 1)$, $m \in \mathbb{N}$, bildet wegen der quadratischen Summierbarkeit der λ_ℓ eine $\mathbb{L}_2$-Cauchy-Folge. Sie konvergiert also für $m \to \infty$ in $\mathbb{L}_2$ und damit nach Verteilung gegen $\sum_{\ell=1}^\infty \lambda_\ell(W_\ell^2 - 1)$. Da hierbei nach A7.4 die ersten beiden Momente mitkonvergieren, hat diese ZG ebenfalls den Mittelwert 0 sowie die Varianz $2\sum_{\ell=1}^\infty \lambda_\ell^2$. Nach den Grundeigenschaften charakteristischer Funktionen gilt

$$\varphi(t) = E\exp(\mathrm{i}t\sum_{\ell=1}^\infty \lambda_\ell(W_\ell^2 - 1)) = \prod_{\ell=1}^\infty E\exp(\mathrm{i}t\lambda_\ell W_\ell^2)\exp(-\mathrm{i}\lambda_\ell t)$$

und damit die Behauptung wegen

$$E\exp(\mathrm{i}tW_\ell^2) = (2\pi)^{-1/2}\int \exp\left(\mathrm{i}tw^2 - \frac{1}{2}w^2\right)\mathrm{d}w = (1 - 2\mathrm{i}t)^{-1/2}.$$

b) beweist man analog a). $\square$

Eine Verteilung mit charakteristischer Funktion (5.4.48) wird in Verallgemeinerung der in 5.4.1 eingeführten Sprechweise als *zentrierte Quadratsummenverteilung* oder kurz als $\mathfrak{Q}^0$-*Verteilung* bezeichnet und in Abhängigkeit von den Parametern λ_ℓ, $\ell \geq 1$, mit $\mathfrak{Q}^0(\lambda_\ell, \ell \geq 1)$ abgekürzt. Entsprechend soll eine Verteilung mit charakteristischer Funktion (5.4.49) als (*nichtzentrierte*) *Quadratsummenverteilung* bezeichnet und in Abhängigkeit von den Parametern λ_ℓ, $\ell \geq 1$, mit $\mathfrak{Q}(\lambda_\ell, \ell \geq 1)$ abgekürzt werden. Ist $\lambda_\ell = 0$ für alle hinreichend großen ℓ, so ergeben sich im zweiten Fall die in 5.4.1 betrachteten speziellen $\mathfrak{Q}$-Verteilungen, insbesondere also die χ_r^2-Verteilung, falls $\lambda_1 = \ldots = \lambda_r = 1$ und $\lambda_\ell = 0$ für $\ell > r$ ist.

156 5 Verteilungstheoretische Grundlagen der asymptotischen Statistik

Bevor Bedingungen hergeleitet werden, unter denen die Vermutung (5.4.47) richtig ist, sollen die ersten beiden Momente von Q_n berechnet werden.

Hilfssatz 5.146 *Für festes $n \in \mathbb{N}$ seien Z_j, $j = 1, \ldots, n$, st.u. ZG mit derselben eindimensionalen Verteilung und $EZ_j = 0$, $\operatorname{Var} Z_j = 1$, $\nu := EZ_j^4 < \infty$ sowie $\mathscr{C}_n = (c_{nij}) \in \mathbb{R}_{\text{sym}}^{n \times n}$. Dann gilt für die quadratische Statistik (5.4.11)*

$$EQ_n = \sum_{j=1}^n c_{njj}$$

$$\operatorname{Var} Q_n = (\nu - 3) \sum_{j=1}^n c_{njj}^2 + 2 \sum_{i=1}^n \sum_{j=1}^n c_{nij}^2.$$

Beweis: Offenbar gilt $EZ_i Z_j = \delta_{ij}$ und damit die erste Aussage. Zum Nachweis der zweiten beachte man die Gültigkeit von $EZ_i Z_j Z_\ell Z_m = 0$, sofern nicht alle vier oder je zwei Indizes einander gleich sind. Mit $EZ_j^2 = 1$ und $EZ_j^4 = \nu$ folgt dann die Behauptung gemäß $\operatorname{Var} Q_n = EQ_n^2 - (EQ_n)^2$ aus

$$EQ_n^2 = E \sum_{i=1}^n \sum_{j=1}^n \sum_{\ell=1}^n \sum_{m=1}^n c_{nij} c_{n\ell m} Z_i Z_j Z_\ell Z_m$$

$$= \nu \sum_{j=1}^n c_{njj}^2 + \sum\sum_{1 \leq j \neq \ell \leq n} c_{njj} c_{n\ell\ell} + 2 \sum\sum_{1 \leq j \neq \ell \leq n} c_{nj\ell}^2,$$

$$\sum\sum_{1 \leq j \neq \ell \leq n} c_{njj} c_{n\ell\ell} = \left(\sum_{j=1}^n c_{njj}\right)^2 - \sum_{j=1}^n c_{njj}^2, \quad \sum\sum_{1 \leq j \neq \ell \leq n} c_{nj\ell}^2 = \sum_{j=1}^n \sum_{\ell=1}^n c_{nj\ell}^2 - \sum_{j=1}^n c_{njj}^2. \quad \square$$

Vergleichsweise einfach ist der Nachweis von (5.4.47) für quadratische Statistiken mit Koeffizienten c_{nij} der Form (5.4.14), sofern die Schemata $(e_{\ell nj} : 1 \leq j \leq n)$ für $\ell = 1, \ldots, m$ und $n \to \infty$ der Noether-Bedingung (5.3.32) sowie der zusätzlichen Orthonormalitätsbedingung (5.4.50) genügen. Es gilt nämlich der

Satz 5.147 *Z_j, $j \in \mathbb{N}$, seien st.u. ZG mit derselben eindimensionalen Verteilung und $EZ_j = 0$, $\operatorname{Var} Z_j = 1$. Weiter seien $e_{\ell nj}$, $1 \leq j \leq n$, $n \in \mathbb{N}$, für $\ell = 1, \ldots, m$ Dreiecksschemata reeller Zahlen, welche für $n \to \infty$ der Noether-Bedingung (5.3.32) sowie der Orthonormalitätsbedingung*

$$\sum_{j=1}^n e_{\ell nj} e_{knj} \to \delta_{\ell k}, \quad 1 \leq \ell, k \leq m, \tag{5.4.50}$$

genügen. Dann gilt für die mit den Koeffizienten (5.4.14) gebildete quadratische Statistik (5.4.11)

$$\mathfrak{L}(Q_n) \xrightarrow[\mathcal{L}]{} \mathfrak{Q}(\lambda_\ell, \ell \leq m)$$

5.4 Quadratische Statistiken und ihre Limesverteilungen   157

oder wegen $EQ_n \to \sum_{\ell=1}^m \lambda_\ell$ *äquivalent*

$$\mathfrak{L}(Q_n - EQ_n) \xrightarrow[\mathfrak{L}]{} \mathfrak{Q}^0(\lambda_\ell, \ell \le m). \qquad (5.4.51)$$

Beweis: Die Statistiken $T_{n\ell} := \sum_{j=1}^n e_{\ell n j} Z_j$, $\ell = 1, \ldots, m$, sind asymptotisch st.u. $\mathfrak{N}(0,1)$-verteilte ZG. Für $T_n := (T_{n1}, \ldots, T_{nm})^\top$ gilt nämlich $\mathfrak{L}(T_n) \xrightarrow[\mathfrak{L}]{} \mathfrak{N}(0, \mathscr{I}_m)$, denn T_n ist eine m-dimensionale lineare Statistik mit $ET_n = 0$ und

$$\mathscr{C}\!ov\, T_n = \Big(\sum_{j=1}^n e_{\ell n j} e_{k n j}\Big)_{1 \le \ell, k \le m} \to \mathscr{I}_m \quad \text{für} \quad n \to \infty.$$

Die Regressionskoeffizienten $d_{nj} := \sum_{\ell=1}^m u_\ell e_{\ell n j}$ von $u^\top T_n$ genügen für jedes $u \in \mathbb{R}^m$ mit $|u| = 1$ der Noether-Bedingung (5.3.32). Analog Satz 5.114 folgt daher für $Q_n = \sum_{\ell=1}^m \lambda_\ell T_{n\ell}^2$ wegen $\mathfrak{L}(T_{n1}, \ldots, T_{nm}) \xrightarrow[\mathfrak{L}]{} \mathfrak{L}(W_1, \ldots, W_m)$ nach dem Satz von der stetigen Abbildung 5.43

$$\mathfrak{L}(Q_n) = \mathfrak{L}\Big(\sum_{\ell=1}^m \lambda_\ell T_{n\ell}^2\Big) \xrightarrow[\mathfrak{L}]{} \mathfrak{Q}(\lambda_\ell, \ell \le m).$$

Wegen $EQ_n \to \sum_{\ell=1}^m \lambda_\ell$ ergibt sich somit die Behauptung (5.4.51). □

Die Darstellung eines beliebigen symmetrischen Kerns $c(\cdot, \cdot) \in \mathbb{L}_2(\mathfrak{R} \otimes \mathfrak{R})$ in der Form (5.4.20) zeigt, daß die Betrachtung von Koeffizienten c_{nij} der Form (5.4.14) bei Beschränkung auf symmetrische Matrizen $\mathscr{C}_n$ nur insofern speziellerer Natur war, als die Summation als endlich angenommen wurde. Es liegt deshalb die Vermutung nahe, daß für beliebige quadratische Statistiken (5.4.11) mit Koeffizienten der Form (5.4.18) bei einem symmetrischen Kern $c(\cdot, \cdot) \in \mathbb{L}_2(\mathfrak{R} \otimes \mathfrak{R})$ die Limesverteilung aus (5.4.16) dadurch hervorgeht, daß man die endliche Summe durch eine unendliche Reihe ersetzt, und daß darüber hinaus eine solche Aussage auch dann noch gilt, wenn die Koeffizienten nur asymptotisch von der Form (5.4.18) sind, wenn also etwa bei den in den Beispielen 5.136–139 betrachteten Kernen gilt

$$c_{nij} = (n+1)^{-2} \sum_{k=1}^n q\Big(\frac{i}{n+1}, \frac{k}{n+1}\Big) q\Big(\frac{j}{n+1}, \frac{k}{n+1}\Big) w\Big(\frac{k}{n+1}\Big). \qquad (5.4.52)$$

Der folgende, ebenfalls auf die Anwendung bei Anpassungstests zugeschnittene Satz 5.149 beruht deshalb darauf, die zunächst weitgehend beliebige quadratische Statistik (5.4.11) durch eine solche mit Koeffizienten der speziellen Form (5.4.14) zu approximieren, d.h. bei geeigneter Folge (m_n) mit Koeffizienten

$$c'_{nij} = \sum_{\ell=1}^{m_n} \lambda_\ell e_{\ell n i} e_{\ell n j} \quad \text{mit} \quad e_{\ell n j} = n^{-1/2} e_\ell\Big(\frac{j}{n+1}\Big). \qquad (5.4.53)$$

Zum Nachweis der Existenz einer solchen Folge (m_n) verwenden wir den

5 Verteilungstheoretische Grundlagen der asymptotischen Statistik

Hilfssatz 5.148 *Für $\ell, k \in \mathbb{N}$ und $n \in \mathbb{N}$ seien $d_{n\ell k}, d_{\ell k} \in \mathbb{R}$ mit*

$$d_{n\ell k} \to d_{\ell k} \quad \text{für} \quad n \to \infty \quad \forall \ell, k \in \mathbb{N}. \tag{5.4.54}$$

a) *Existiert $\sum_{\ell=m}^{\infty} \sum_{k=m}^{\infty} d_{\ell k}$ in dem Sinne, daß gilt*

$$\sum_{\ell=m}^{n} \sum_{k=m}^{n} d_{\ell k} \to \sum_{\ell=m}^{\infty} \sum_{k=m}^{\infty} d_{\ell k} \quad \text{für} \quad n \to \infty \quad \forall m \in \mathbb{N}, \tag{5.4.55}$$

so gibt es eine Folge (m_n) mit $m_n \to \infty$ und

$$\sum_{\ell=m}^{m_n} \sum_{k=m}^{m_n} d_{n\ell k} \to \sum_{\ell=m}^{\infty} \sum_{k=m}^{\infty} d_{\ell k} \quad \text{für} \quad n \to \infty \quad \forall m \in \mathbb{N}. \tag{5.4.56}$$

b) *Es gibt eine Folge (m_n) mit $m_n \to \infty$ derart, daß für jedes $m \in \mathbb{N}$ gilt*

$$\limsup_{n \to \infty} \left| \sum_{\ell=m}^{m_n} \sum_{k=m}^{m_n} d_{n\ell k} \right| \leq \sup_{r \geq m} \left| \sum_{\ell=m}^{r} \sum_{k=m}^{r} d_{\ell k} \right|. \tag{5.4.57}$$

c) *Gelten die Aussagen* a) *und* b) *für eine Folge (m_n), so auch für jede Folge (m'_n) mit $m'_n \to \infty$ und $m'_n \leq m_n \;\forall n \in \mathbb{N}$.*

Beweis: Dieser beruht auf der Anwendung des folgenden, wohlbekannten Sachverhalts: Bezeichnen $u(m,n)$ reelle Zahlen mit $u(m,n) \geq 0 \;\forall m, n \in \mathbb{N}$ und

$$u(m,n) \to 0 \quad \text{für} \quad n \to \infty \quad \forall m \in \mathbb{N},$$

so gibt es eine Folge (m_n) mit $m_n \to \infty$ und

$$u(m_n, n) \to 0 \quad \text{für} \quad n \to \infty.$$

Für jedes $m \in \mathbb{N}$ gibt es nämlich nach Voraussetzung ein $n_m \in \mathbb{N}$ mit

$$u(m,n) \leq 1/m \quad \text{für} \quad n \geq n_m.$$

Wählt man nun o.E. $n_{m+1} > n_m$ und definiert

$$m_n := m \quad \text{für} \quad n_m \leq n < n_{m+1},$$

so gilt offenbar $m_n \to \infty$ und $u(m_n, n) \leq 1/m$ für $n_m \leq n < n_{m+1}$ und damit die Behauptung.

a) Wegen (5.4.54) gibt es offenbar für jedes $m \in \mathbb{N}$ ein $n_m \in \mathbb{N}$ mit

$$\sum_{\ell=1}^{2^m} \sum_{k=1}^{2^m} |d_{n\ell k} - d_{\ell k}| \leq 1/2^m \quad \forall n \geq n_m. \tag{5.4.58}$$

5.4 Quadratische Statistiken und ihre Limesverteilungen

Dabei kann o.E. $n_{m+1} > n_m$ gewählt werden, so daß also $n_m \to \infty$ für $m \to \infty$ gilt. Analog zur Vorbemerkung definiert man nun eine Folge (m_n) durch

$$m_n = 2^q \quad \text{für} \quad n_q \leq n < n_{q+1},$$

so daß insbesondere gilt $m_n \to \infty$ für $n \to \infty$. Zum Nachweis von (5.4.56) für festes $m \in \mathbb{N}$ wähle man nun zu vorgegebenem $\varepsilon > 0$ ein $q \in \mathbb{N}$ mit $2^{-q} < \varepsilon$, $2^q > m$ und wegen (5.4.55) mit

$$\Big|\sum_{\ell=m}^{r}\sum_{k=m}^{r} d_{\ell k} - \sum_{\ell=m}^{\infty}\sum_{k=m}^{\infty} d_{\ell k}\Big| < \varepsilon \quad \text{für} \quad r \geq 2^q. \tag{5.4.59}$$

Ist dann $n_0 \in \mathbb{N}$ mit $n_0 \geq n_q$, so gibt es ein $p \geq 0$ mit $n_{q+p} \leq n_0 < n_{q+p+1}$, also mit $m_{n_0} = 2^{q+p}$. Für dieses m_{n_0} folgt dann mit (5.4.58+59) nach der Dreiecksungleichung für $n_0 \geq n_q$

$$\Big|\sum_{\ell=m}^{m_{n_0}}\sum_{k=m}^{m_{n_0}} d_{n_0 \ell k} - \sum_{\ell=m}^{\infty}\sum_{k=m}^{\infty} d_{\ell k}\Big|$$

$$\leq \sum_{\ell=1}^{2^{q+p}}\sum_{k=1}^{2^{q+p}} |d_{n_0 \ell k} - d_{\ell k}| + \Big|\sum_{\ell=m}^{2^{q+p}}\sum_{k=m}^{2^{q+p}} d_{\ell k} - \sum_{\ell=m}^{\infty}\sum_{k=m}^{\infty} d_{\ell k}\Big| \leq 2^{-q-p} + \varepsilon < 2\varepsilon. \tag{5.4.60}$$

b) Ersetzt man (5.4.60) durch die wegen $n_0 \geq n_{q+p}$ gültige Ungleichung

$$\Big|\sum_{\ell=m}^{m_{n_0}}\sum_{k=m}^{m_{n_0}} d_{n_0 \ell k} - \sum_{\ell=m}^{m_{n_0}}\sum_{k=m}^{m_{n_0}} d_{\ell k}\Big| \leq \sum_{\ell=1}^{2^{q+p}}\sum_{k=1}^{2^{q+p}} |d_{n_0 \ell k} - d_{\ell k}| \leq 2^{-q-p},$$

so ergibt sich zunächst analog a) mit $\varepsilon = 2^{-q-p}$

$$\Big|\sum_{\ell=m}^{m_{n_0}}\sum_{k=m}^{m_{n_0}} d_{n_0 \ell k}\Big| \leq \varepsilon + \Big|\sum_{\ell=m}^{m_{n_0}}\sum_{k=m}^{m_{n_0}} d_{\ell k}\Big| \leq \varepsilon + \sup_{r \geq m} \Big|\sum_{\ell=m}^{r}\sum_{k=m}^{r} d_{\ell k}\Big|$$

und damit wegen $n_0 \geq n_q$

$$\sup_{n \geq n_q} \Big|\sum_{\ell=m}^{m_n}\sum_{k=m}^{m_n} d_{n \ell k}\Big| \leq \varepsilon + \sup_{r \geq m} \Big|\sum_{\ell=m}^{r}\sum_{k=m}^{r} d_{\ell k}\Big|.$$

Für $q \to \infty$ und damit $\varepsilon \to 0$ folgt also (5.4.57).

c) ergibt sich aus a) bzw. b) trivialerweise. □

Die folgende Aussage wird zwar durch die Koeffizienten der Form (5.4.18) nahegelegt, setzt aber kein derartiges Bildungsgesetz voraus.

Satz 5.149 (Verrill-Johnson[58]) *Es seien Z_j, $j \in \mathbb{N}$, st.u. ZG mit derselben eindimensionalen Verteilung und $EZ_1 = 0$, $\text{Var} Z_1 = 1$, $\nu := EZ_1^4 < \infty$ sowie $\mathscr{C}_n = (c_{nij})_{1 \leq i,j \leq n}$ für $n \in \mathbb{N}$ symmetrische, die quadratischen Formen (5.4.11) definierenden Matrizen. Weiter sollen Systeme reeller Zahlen $e_{\ell n j}$ für $\ell \in \mathbb{N}$ und $1 \leq j \leq n$, $n \in \mathbb{N}$, sowie λ_ℓ, $\ell \in \mathbb{N}$, existieren, die für $n \to \infty$ die folgenden Voraussetzungen erfüllen:*

(1) $\quad \max_{1 \leq j \leq n} |e_{\ell n j}| = o(1) \quad \forall \ell \geq 1,$

(2) $\quad \sum_{j=1}^{n} e_{\ell n j} e_{k n j} \to \delta_{\ell k} \quad \forall \ell, k \geq 1,$

(3) $\quad \sum_{i=1}^{n} \sum_{j=1}^{n} c_{nij}^2 \to \sum_{\ell \geq 1} \lambda_\ell^2 < \infty,$

(4) $\quad \sum_{i=1}^{n} \sum_{j=1}^{n} c_{nij} e_{\ell n i} e_{\ell n j} \to \lambda_\ell \quad \forall \ell \geq 1.$

Dann gilt für die quadratische Statistik Q_n aus (5.4.11) die Aussage (5.4.47), also

$$\mathfrak{L}(Q_n - EQ_n) \xrightarrow[\mathscr{L}]{} \mathfrak{Q}^0(\lambda_\ell, \lambda \geq 1). \tag{5.4.61}$$

Anmerkung 5.150 a) Die Voraussetzungen lassen sich wie folgt interpretieren: (1) – sowie (2) für $\ell = k$ – entspricht der Noether-Bedingung (5.3.32), (2) der Orthonormalitätsbedingung (5.4.50) und (3) einer Normierungsbedingung. Die Bedingung (4) koppelt die Koeffizienten c_{nij} an die Größen $e_{\ell n j}$. Typischerweise sind die c_{nij} gemäß (5.4.18) mit Hilfe eines Kerns $c(\cdot, \cdot)$ definiert, wobei dieser wie auch die $e_{\ell n j}$ gemäß $n^{-1/2} e_\ell(j/(n+1))$ aus den zugehörigen Eigenfunktionen gewonnen werden. Wegen $\int_{(0,1)} e_\ell^2 \, d\lambda\!\!\!/ = 1$ und (5.4.22) ist (4) dann eine diskretisierte Version der Bedingung $\lambda_\ell = \int_{(0,1)} \int_{(0,1)} e_\ell(u) c(u,v) e_\ell(v) \, du \, dv$.

(1) ist typischerweise dann erfüllt, wenn die e_ℓ, $\ell \in \mathbb{N}$, ein geeignetes Wachstumsverhalten besitzen. Wie Beispiel 5.151 zeigen wird, läßt sich der Nachweis von (2)–(4) vielfach dadurch führen, daß man die linken Seiten als Riemann-Summen auffaßt und nachweist, daß diese gegen die entsprechenden (uneigentlichen) Riemann-Integrale konvergieren.

b) Gilt für einen Kern c der Form (5.4.30+31) $\int_{(0,1)} c(u,u) \, du = \int_{(0,1)} t(1-t) w(t) \, dt < \infty$, dann sind nach Hilfssatz 5.134a bzw. Anmerkung 5.133b die Eigenwerte nicht-negativ und summierbar. Wählt man c_{nij} zumindest asymptotisch von der Form (5.4.18), so gilt damit unter den Voraussetzungen von Satz 5.149

$$EQ_n \to \sum_{\ell \geq 1} \lambda_\ell$$

und die Aussage (5.4.61) ist äquivalent mit

$$\mathfrak{L}(Q_n) \xrightarrow[\mathscr{L}]{} \mathfrak{Q}(\lambda_\ell, \ell \geq 1). \quad \square \tag{5.4.62}$$

---

[58] Vgl. hierzu und zu Hilfssatz 5.148: Verrill-Johnson: Comm. of Stat. 17 (1988) 4011–4024.

5.4 Quadratische Statistiken und ihre Limesverteilungen   161

Beweis: (von Satz 5.149) Dieser beruht auf dem Vergleich von $Q_n - EQ_n$ mit der aus den λ_ℓ und $e_{\ell nj}$ sowie einer noch zu präzisierenden Folge (m_n) gewonnenen zentrierten quadratischen Statistik $Q'_n - EQ'_n$,

$$Q'_n := \sum_{i=1}^{n}\sum_{j=1}^{n} c'_{nij} Z_i Z_j, \quad c'_{nij} := \sum_{\ell=1}^{m_n} \lambda_\ell e_{\ell ni} e_{\ell nj}. \tag{5.4.63}$$

Für diese gilt durch elementare Umformung bzw. nach Hilfssatz 5.146

$$Q'_n = \sum_{\ell=1}^{m_n} \lambda_\ell \Big(\sum_{j=1}^{n} e_{\ell nj} Z_j\Big)^2, \quad EQ'_n = \sum_{\ell=1}^{m_n} \lambda_\ell \sum_{j=1}^{n} e_{\ell nj}^2,$$

$$\mathrm{Var}(Q_n - Q'_n) = (\nu - 3)\sum_{j=1}^{n}(c_{njj} - c'_{njj})^2 + 2\sum_{i=1}^{n}\sum_{j=1}^{n}(c_{nij} - c'_{nij})^2.$$

Nach dem Lemma von Slutsky reicht somit der Nachweis der beiden Bedingungen

$$\mathcal{L}(Q'_n - EQ'_n) \xrightarrow[\mathcal{L}]{} \mathfrak{Q}^0(\lambda_\ell, \ell \geq 1), \tag{5.4.64}$$

$$\sum_{i=1}^{n}\sum_{j=1}^{n}(c_{nij} - c'_{nij})^2 \to 0. \tag{5.4.65}$$

Dieser erfolgt jeweils mit Hilfssatz 5.148. Bei (5.4.64) verwendet man zunächst die Sätze 5.147 und 5.46. Hierzu sei $V_n = Q'_n - EQ'_n$, d.h.

$$V_n := \sum_{\ell=1}^{m_n} \lambda_\ell \Big(\Big(\sum_{j=1}^{n} e_{\ell nj} Z_j\Big)^2 - \sum_{j=1}^{n} e_{\ell nj}^2\Big), \quad V := \sum_{\ell=1}^{\infty} \lambda_\ell (W_\ell^2 - 1),$$

sowie für $n \in \mathbb{N}$ und festes $m \leq m_n$

$$V_{m,n} := \sum_{\ell=1}^{m} \lambda_\ell \Big(\Big(\sum_{j=1}^{n} e_{\ell nj} Z_j\Big)^2 - \sum_{j=1}^{n} e_{\ell nj}^2\Big), \quad V_{m,\infty} := \sum_{\ell=1}^{m} \lambda_\ell (W_\ell^2 - 1).$$

Dann sind die Voraussetzungen 1) und 2) aus Satz 5.46 erfüllt. Nach Satz 5.147 gilt nämlich $V_{m,n} \xrightarrow[\mathcal{L}]{} V_{m,\infty}$ für jedes feste $m \in \mathbb{N}$ und $n \to \infty$ sowie nach Hilfssatz 5.145a auch $V_{m,\infty} \to V$ in $\mathbb{L}_2$ und damit $V_{m,\infty} \xrightarrow[\mathcal{L}]{} V$ für $m \to \infty$. Zum Nachweis der Bedingung 3) aus Satz 5.46 beachte man zunächst die Umformung

$$E|V_n - V_{m,n}|^2 = E\Big(\sum_{\ell=m+1}^{m_n} \lambda_\ell \Big(\Big(\sum_{j=1}^{n} e_{\ell nj} Z_j\Big)^2 - \sum_{j=1}^{n} e_{\ell nj}^2\Big)\Big)^2 = \sum_{\ell=m+1}^{m_n}\sum_{k=m+1}^{m_n} \lambda_\ell \lambda_k R_{n\ell k},$$

$$R_{n\ell k} := E\Big(\Big(\sum_{i=1}^{n} e_{\ell ni} Z_i\Big)^2 - \sum_{i=1}^{n} e_{\ell ni}^2\Big)\Big(\Big(\sum_{j=1}^{n} e_{knj} Z_j\Big)^2 - \sum_{j=1}^{n} e_{knj}^2\Big).$$

Dabei gilt wegen $EZ_j = 0$, $EZ_j^2 = 1$, $EZ_j^4 = \nu < \infty$ analog Hilfssatz 5.146

$$R_{n\ell k} = (\nu - 3)\sum_{j=1}^{n} e_{\ell nj}^2 e_{knj}^2 + 2\Big(\sum_{j=1}^{n} e_{\ell nj} e_{knj}\Big)^2 \tag{5.4.66}$$

162 5 Verteilungstheoretische Grundlagen der asymptotischen Statistik

und damit $R_{n\ell k} \to 2\delta_{\ell k}$. Aus den Voraussetzungen (1) und (2) bzw. (2) folgt nämlich

$$\sum_{j=1}^n e_{\ell nj}^2 e_{knj}^2 \leq \max_j e_{\ell nj}^2 \sum_{j=1}^n e_{knj}^2 \to 0, \quad 2\Big(\sum_{j=1}^n e_{\ell nj} e_{knj}\Big)^2 \to 2\delta_{\ell k}.$$

Mit $d_{n\ell k} := \lambda_\ell \lambda_k R_{n\ell k}$ und $d_{\ell k} := 2\lambda_\ell^2 \delta_{\ell k}$ gilt also $d_{n\ell k} \to d_{\ell k}$ für $n \to \infty$ $\forall \ell, k \in \mathbb{N}$. Somit gibt es nach Hilfssatz 5.148b eine Folge $m_n^{(1)}$ mit $m_n^{(1)} \to \infty$ für $n \to \infty$ derart, daß für jedes feste $m \in \mathbb{N}$ mit $m_n := m_n^{(1)}$ gilt

$$\limsup_{n\to\infty} \sum_{\ell=m+1}^{m_n} \sum_{k=m+1}^{m_n} d_{n\ell k} \leq \sup_{r\geq m} \sum_{\ell=m+1}^{r} \sum_{k=m+1}^{r} d_{\ell k}$$
$$= \sup_{r\geq m} 2 \sum_{\ell=m+1}^{r} \lambda_\ell^2 = 2 \sum_{\ell=m+1}^{\infty} \lambda_\ell^2.$$

Wegen $\sum_\ell \lambda_\ell^2 < \infty$ gibt es zu jedem $\varepsilon > 0$ ein $m = m(\varepsilon)$ mit $2\sum_{\ell=m+1}^\infty \lambda_\ell^2 < \varepsilon$. Folglich ist die Bedingung 3) aus Satz 5.46 nach der Tschebycheff-Ungleichung erfüllt.

Zum Nachweis von (5.4.65) ergibt sich zunächst durch Ausquadrieren

$$\sum_{i=1}^n \sum_{j=1}^n (c_{nij} - c'_{nij})^2 = \sum_{i=1}^n \sum_{j=1}^n c_{nij}^2 + \sum_{i=1}^n \sum_{j=1}^n c'^{2}_{nij} - 2\sum_{i=1}^n \sum_{j=1}^n c_{nij} c'_{nij}.$$

Hier strebt der erste Summand nach (3) gegen $\sum_{\ell \geq 1} \lambda_\ell^2$. Für den zweiten Summanden gilt

$$\sum_{i=1}^n \sum_{j=1}^n c'^{2}_{nij} = \sum_{i=1}^n \sum_{j=1}^n \Big(\sum_{\ell=1}^{m_n} \lambda_\ell e_{\ell ni} e_{\ell nj}\Big)^2 = \sum_{\ell=1}^{m_n} \sum_{k=1}^{m_n} \lambda_\ell \lambda_k \Big(\sum_{j=1}^n e_{\ell nj} e_{knj}\Big)^2$$
$$= \sum_{\ell=1}^{m_n} \sum_{k=1}^{m_n} d_{n\ell k},$$

wobei nun $d_{n\ell k} := \lambda_\ell \lambda_k \Big(\sum_{j=1}^n e_{\ell nj} e_{knj}\Big)^2$ ist und mit $d_{\ell k} := \lambda_\ell \lambda_k \delta_{\ell k}$, wegen (2) also wiederum $d_{n\ell k} \to d_{\ell k}$ für $n \to \infty$ gilt. Wegen

$$\sum_{\ell=m}^n \sum_{k=m}^n d_{\ell k} = \sum_{\ell=m}^n \lambda_\ell^2 \to \sum_{\ell=m}^\infty \lambda_\ell^2 = \sum_{\ell=m}^\infty \sum_{k=m}^\infty d_{\ell k} \quad \forall m \in \mathbb{N}$$

gibt es somit aufgrund von Hilfssatz 5.148a eine Folge $m_n^{(2)}$ mit $m_n^{(2)} \to \infty$ derart, daß für die mit $m_n := m_n^{(2)}$ gemäß (5.4.63) erklärten Größen c'_{nij} gilt

$$\sum_{i=1}^n \sum_{j=1}^n c'^{2}_{nij} = \sum_{\ell=1}^{m_n} \sum_{k=1}^{m_n} d_{n\ell k} \to \sum_{\ell=1}^\infty \sum_{k=1}^\infty d_{\ell k} = \sum_{\ell \geq 1} \lambda_\ell^2. \qquad (5.4.67)$$

5.4 Quadratische Statistiken und ihre Limesverteilungen   163

Mit einer analogen Argumentation strebt der dritte Summand gegen $-2\sum_{\ell\geq 1}\lambda_\ell^2$. Nach Definition von c'_{nij} gilt nämlich zunächst

$$\sum_{i=1}^n\sum_{j=1}^n c_{nij}c'_{nij} = \sum_{\ell=1}^{m_n}\lambda_\ell\sum_{i=1}^n\sum_{j=1}^n c_{nij}e_{\ell ni}e_{\ell nj} = \sum_{\ell=1}^{m_n}\sum_{k=1}^{m_n} d_{n\ell k}$$

mit $d_{n\ell k} := \lambda_\ell \delta_{\ell k}\sum_{i=1}^n\sum_{j=1}^n c_{nij}e_{\ell ni}e_{\ell nj} \to \lambda_\ell^2\delta_{\ell k} =: d_{\ell k}$ für $n\to\infty$. Wegen

$$\sum_{\ell=m}^n\sum_{k=m}^n d_{\ell k} = \sum_{\ell=m}^n\lambda_\ell^2 \to \sum_{\ell=m}^\infty\lambda_\ell^2 = \sum_{\ell=m}^\infty\sum_{k=m}^\infty d_{\ell k}$$

folgt also wiederum aus Hilfssatz 5.148a die Existenz einer Folge $m_n^{(3)}$ mit $m_n^{(3)}\to\infty$ derart, daß für die gemäß (5.4.63) erklärten Größen c'_{nij} gilt

$$\sum_{i=1}^n\sum_{j=1}^n c_{nij}c'_{nij} \to \sum_{\ell=1}^\infty\lambda_\ell^2. \tag{5.4.68}$$

Folglich sind nach Hilfssatz 5.148c für die mit $m_n := \min\{m_n^{(1)}, m_n^{(2)}, m_n^{(3)}\}$ definierten Größen c'_{nij} neben (5.4.64) auch die Beziehungen (5.4.67+68) und damit (5.4.65) erfüllt, insgesamt also (5.4.47). □

Beispiel 5.151 Betrachtet werde die quadratische Statistik (5.4.11) mit Koeffizienten der Form (5.4.52) und $w \equiv 1$. Für den gemäß (5.4.29) zugehörigen Kern $c(\cdot,\cdot)$ wurden die Eigenlösungen bereits in Beispiel 5.136 bestimmt und zwar zu $\lambda_\ell = 1/(\ell^2\pi^2)$, $e_\ell(u) = \sqrt{2}\cos(\pi\ell u)$, $\ell\in\mathbb{N}$. Mit

$$e_{\ell ni} = n^{-1/2}\sqrt{2}\cos\left(\frac{\pi\ell i}{n+1}\right) \tag{5.4.69}$$

ergibt sich also gemäß (5.4.63)

$$c'_{nij} = \frac{2}{n\pi^2}\sum_{\ell=1}^{m_n}\frac{1}{\ell^2}\cos\left(\frac{\pi\ell i}{n+1}\right)\cos\left(\frac{\pi\ell j}{n+1}\right). \tag{5.4.70}$$

Für diese Wahl der Konstanten sind die Voraussetzungen (1)–(4) von Satz 5.149 erfüllt und zwar (1) trivialerweise sowie (2) gemäß

$$\sum_{j=1}^n e_{\ell nj}e_{knj} = 2n^{-1}\sum_{j=1}^n\cos\left(\frac{\pi\ell j}{n+1}\right)\cos\left(\frac{\pi k j}{n+1}\right)$$

$$\to 2\int_0^1\cos(\pi\ell u)\cos(\pi k u)\,du = \delta_{\ell k}, \tag{5.4.71}$$

indem man die linke Seite als Riemann-Summe der stetigen und beschränkten Funktion $u\mapsto \cos(\pi k u)\cos(\pi k u)$ auffaßt. Analog ergibt sich mit der Abkürzung $q_{nik} := q(\frac{i}{n+1},\frac{k}{n+1})$ zum Nachweis von (3) zunächst

164 5 Verteilungstheoretische Grundlagen der asymptotischen Statistik

$$\sum_{i=1}^{n}\sum_{j=1}^{n} c_{nij}^2 = (n+1)^{-4} \sum_{i=1}^{n}\sum_{j=1}^{n}\sum_{k=1}^{n}\sum_{\ell=1}^{n} q_{nik}q_{njk}q_{ni\ell}q_{nj\ell}$$

$$\to \int_0^1\int_0^1\int_0^1\int_0^1 q(s,u)q(s,v)q(t,u)q(t,v)\,du\,ds\,dt\,dv = \int_0^1\int_0^1 \Big(\int_0^1 q(t,u)q(t,v)\,dt\Big)^2 du\,dv.$$

Durch Aufspaltung des inneren Integrals an den Stellen u und v folgt aus (5.4.31) gemäß (5.4.35)

$$\int_0^1 q(t,u)q(t,v)\,dt = u(1-v) \quad \text{für} \quad u < v$$

und damit durch elementare Rechnung bzw. wegen $\sum_{\ell \geq 1} \ell^{-4} = \pi^4/90$

$$\sum_{i=1}^{n}\sum_{j=1}^{n} c_{nij}^2 \to 2\int_0^1\int_0^v u^2(1-v)^2\,du\,dv = \frac{1}{90} = \frac{1}{\pi^4}\sum_{\ell \geq 1}\frac{1}{\ell^4} = \sum_{\ell \geq 1}\lambda_\ell^2.$$

Analog ergibt sich für die Gültigkeit von (4) zunächst

$$\sum_{i=1}^{n}\sum_{j=1}^{n} c_{nij}e_{\ell ni}e_{\ell nj} = (n+1)^{-2}n^{-1}\sum_{i=1}^{n}\sum_{j=1}^{n}\sum_{k=1}^{n} q_{nik}q_{njk}2\cos\Big(\frac{\pi\ell i}{n+1}\Big)\cos\Big(\frac{\pi\ell j}{n+1}\Big)$$

$$\to 2\int_0^1\int_0^1\int_0^1 q(u,t)q(v,t)\cos(\pi\ell u)\cos(\pi\ell v)\,du\,dv\,dt$$

$$= 2\int_0^1\Big(\int_0^1 q(u,t)\cos(\pi\ell u)\,du\Big)^2 dt$$

und damit wiederum durch Aufspalten des inneren Integrals

$$\sum_{i=1}^{n}\sum_{j=1}^{n} c_{nij}e_{\ell ni}e_{\ell nj} \to \frac{2}{\pi^2\ell^2}\int_0^1 \sin^2(\pi\ell u)\,du = \frac{1}{\pi^2\ell^2} = \lambda_\ell, \quad \ell \in \mathbb{N}.$$

Für die Statistik (5.4.11) gilt also $Q_n \xrightarrow{\mathcal{L}} \sum_{\ell \geq 1} W_\ell^2/\pi^2\ell^2$ und $EQ_n \to \sum_{\ell \geq 1} 1/\pi^2\ell^2$. $\square$

Bisher wurde nur der Fall diskutiert, daß die zugrundeliegenden ZG Z_j, $j \in \mathbb{N}$, zentriert sind. Allgemeiner kann man natürlich auch wie in 5.4.1 nach dem asymptotischen Verhalten quadratischer Formen in nicht-zentrierten ZG Y_j, $j \in \mathbb{N}$, fragen. Gilt etwa $Y_j = Z_j + \mu_j$, wobei Z_j, $j \in \mathbb{N}$, wie bisher st.u. glv. ZG mit $EZ_1^4 < \infty$ und $EZ_1 = 0$ sind, so erhält man

5.4 Quadratische Statistiken und ihre Limesverteilungen

$$Q_n := \sum_{i=1}^{n}\sum_{j=1}^{n} c_{nij} Y_i Y_j$$
$$= \sum_{i=1}^{n}\sum_{j=1}^{n} c_{nij}\mu_i\mu_j + 2\sum_{i=1}^{n}(\sum_{j=1}^{n} c_{nij}\mu_j)Z_i + \sum_{i=1}^{n}\sum_{j=1}^{n} c_{nij} Z_i Z_j.$$

Neben dem quadratischen Term $\sum_i\sum_j c_{nij} Z_i Z_j$, dessen asymptotisches Verhalten zuvor diskutiert wurde, und dem nicht-stochastischen Term $\sum_i\sum_j c_{nij}\mu_i\mu_j$, der sich bei der Zentrierung von Q_n berücksichtigen läßt, tritt also noch ein linearer Term $\sum_i(\sum_j c_{nij}\mu_j)Z_i$ auf, von dessen asymptoptischen Verhalten dasjenige von $\sum_i\sum_j c_{nij} Y_i Y_j$ wesentlich abhängt. Verhält sich der lineare Term nämlich wie eine Summe st.u. glv. ZG, wie dies etwa bei dem Kern $c(\cdot,\cdot) = 1$ und bei konstanter Zentrierung der Fall ist, so ist er von der stochastischen Größenordnung $O_F(n^{1/2})$; er ist somit im Gegensatz zum quadratischen Term nicht nach WS beschränkt und bestimmt folglich das asymptotische Verhalten von Q_n. In diesem Fall ist $n^{-1/2}(Q_n - EQ_n)$ also asymptotisch normal. Es können jedoch auch der lineare und der quadratische Term von der gleichen Größenordnung sein. In einem solchen Fall hat man zur Bestimmung der Limesverteilung von Q_n diejenige des Paares $\left(\sum_i\sum_j c_{nij}\mu_j Z_i, \sum_i\sum_j c_{nij} Z_i Z_j\right)$ zu betrachten.

Beispiel 5.152 Für $n \in \mathbb{N}$ und $1 \leq i,j \leq n$ seien $\mu_j := 1$ und $c_{nij} := a_{ni}a_{nj}$, wobei die a_{nj} mit Hilfe der Zahlen $m_n = [(n-\sqrt{n})/2]$, $n \geq 4$, wie folgt definiert seien:

$$a_{n1} = \ldots = a_{nm_n} = -1/\sqrt{n}, \quad a_{n,m_n+1} = \ldots = a_{nn} = 1/\sqrt{n}.$$

Offenbar erfüllen die (a_{nj}) die Noether-Bedingung (5.3.32); darüberhinaus gilt

$$\sum_{j=1}^{n} a_{nj} = \sum_{j=2m_n+1}^{n} a_{nj} = \frac{1}{\sqrt{n}}(n-2m_n) \to 1 \quad \text{für} \quad n \to \infty.$$

In diesem Fall ist $\sum_{j=1}^{n} a_{nj} Z_j$ nach dem Grenzwertsatz für lineare Statistiken 5.112 asymptotisch $\mathfrak{N}(0,1)$-verteilt und folglich $\sum_{i=1}^{n}\sum_{j=1}^{n} c_{nij} Z_i Z_j = (\sum_{j=1}^{n} a_{nj} Z_j)^2$ asymptotisch χ_1^2-verteilt. Beide Terme sind also von der gleichen Größenordnung. Insbesondere gilt mit einer $\mathfrak{N}(0,1)$-verteilten ZG W

$$Q_n = \left(\sum_{j=1}^{n} a_{nj}\right)^2 + 2\sum_{j=1}^{n} a_{nj} Z_j + \left(\sum_{j=1}^{n} a_{nj} Z_j\right)^2 + o_P(1) \xrightarrow{\mathcal{L}} 1 + 2W + W^2$$
$$= (W+1)^2.$$

Folglich genügt Q_n asymptotisch einer nichtzentralen $\chi_1^2(\delta^2)$-Verteilung mit $\delta^2 = 1$. □

Aufgabe 5.45 Man gebe einen direkten Beweis der Aussage (5.4.7), in dem man $Q_n = |Z_n|^2$ ausnutzt und $\mathcal{S}_0$ mittels einer orthogonalen Matrix $\mathcal{C}$ transformiert, in deren letzter Zeile der Vektor $\tau_0^\top$ steht, so daß also $\mathcal{C}\tau_0 = (0,\ldots,0,1)^\top = e_s$ ist.

Aufgabe 5.46 Man beweise die in Anmerkung 5.131 angegebene Umkehrformel für die $r \times r$-Matrix $\mathscr{A} + bc^\top$.

Aufgabe 5.47 Man gebe ein Gegenbeispiel dafür an, daß in (5.4.36) die Umkehrung nicht gilt.

Aufgabe 5.48 Man zeige: Ist die Funktion $w(\cdot)$ stetig, so ist in Hilfssatz 5.135a die Differentialgleichung (5.4.37) nicht nur λ-f.ü., sondern für alle $u \in [0,1]$ erfüllt.

Hinweis: Man folgere aus der Integralgleichung (5.4.22) für $\lambda > 0$ die Stetigkeit von $e(\cdot)$, indem man die Abschätzung $|c(u,v)e(u)| \leq \frac{1}{2}[c^2(u,v) + e^2(u)]$ und das Lemma von Pratt A4.9 verwendet.

Aufgabe 5.49 Man beweise für Kerne der Form (5.4.30) die Implikation (5.4.36).

6 Asymptotische Betrachtungsweisen parametrischer Verfahren

Auch wenn sich die folgenden Überlegungen und Begriffsbildungen vielfach auf Mehrstichproben- oder Regressionsprobleme übertragen lassen, sollen hier der Einfachheit und Klarheit halber zunächst vorwiegend Einstichprobenprobleme behandelt werden. Demgemäß bezeichnen $X_j, j \in \mathbb{N}$, st.u. ZG mit Werten in einem beliebigen festen Meßraum $(\mathfrak{X}_0, \mathfrak{B}_0)$. In Einstichprobenproblemen besitzen diese also dieselbe Verteilung F, die Element einer parametrischen Klasse $\mathfrak{F} = \{F_\vartheta : \vartheta \in \Theta \subset \mathbb{R}^k\}$ sei. Bei asymptotischen Betrachtungen ist es zweckmäßig, an Stelle der beim Stichprobenumfang n eingehenden Beobachtungen X_j, $1 \leq j \leq n$, häufig gleich die gesamte Folge $X = (X_j : j \in \mathbb{N})$ zugrundezulegen. Deren Wertebereich wird mit $(\mathfrak{X}, \mathfrak{B})$ bezeichnet, derjenige des n-ten Anfangsabschnitts $X_{(n)} = (X_1, \ldots, X_n)$ mit $(\mathfrak{X}_{(n)}, \mathfrak{B}_{(n)})$. Es gilt also $(\mathfrak{X}, \mathfrak{B}) = (\mathfrak{X}_0^{(\infty)}, \mathfrak{B}_0^{(\infty)})$ und $(\mathfrak{X}_{(n)}, \mathfrak{B}_{(n)}) = (\mathfrak{X}_0^{(n)}, \mathfrak{B}_0^{(n)})$. Dabei wird zur Entlastung der Terminologie unterstellt, daß die auf der Stufe n betrachteten Statistiken T_n nur von $x_{(n)} = (x_1, \ldots, x_n)$ abhängen, also meßbare Abbildungen von $(\mathfrak{X}_{(n)}, \mathfrak{B}_{(n)})$ in einen von n unabhängigen Wertebereich $(\mathfrak{T}, \mathfrak{D})$ sind. Bei vorgegebenen ZG $X_j, j \in \mathbb{N}$, werden Statistiken auch auf dem zugrundeliegenden WS-Raum $(\Omega, \mathfrak{A}, \mathbb{P})$ gelesen, d.h. in der Form $T_n = T_n(X_1, \cdots, X_n)$ geschrieben. *Asymptotische Schätzer* bzw. *asymptotische Tests*, also Folgen von Schätzern bzw. Tests, werden mit (T_n) bzw. (φ_n) oder auch kurz mit T_n bzw. φ_n bezeichnet.

In Einstichprobenproblemen bezeichnet $F^{(n)}$ bzw. $F_\vartheta^{(n)}$ die Verteilung von $X_{(n)}$. Generell sei P bzw. P_ϑ die gemeinsame Verteilung von $X = (X_j, j \in \mathbb{N})$. Ist F_ϑ dominiert durch ein (σ-endliches) Maß μ mit μ-Dichte $f(\cdot, \vartheta)$, so ist $F_\vartheta^{(n)}$ dominiert durch $\mu^{(n)}$ mit der (gemeinsamen) $\mu^{(n)}$-Dichte $p_{(n)}(\cdot, \vartheta)$. Liegen st.u. ZG mit derselben Verteilung F bzw. F_ϑ zugrunde, so schreiben wir statt $o_P(1)$ auch $o_F(1)$ und statt $o_{F_\vartheta}(1)$ kurz $o_\vartheta(1)$. Die Differentiation nach einem Parameter bzw. dessen j-ter Komponente wird mit ∇ bzw. ∇_j, diejenige nach einer Stichprobenvariablen bzw. deren ℓ-ter Komponente mit ∂ bzw. ∂_ℓ bezeichnet, gelegentlich auch mit einem anderen gängigen Symbol.

6.1 Asymptotische Behandlung parametrischer Schätzprobleme

Bei der Diskussion von Schätzproblemen in Band I stand zumeist das Optimalitätskriterium im Vordergrund. Erst dann wurde nach Existenz und Konstruktionsmethoden für solche Schätzer gefragt. Umgekehrt kann man auch ein intuitiv naheliegendes Schätzprinzip an die Spitze der Überlegungen stellen und dieses dann – in der Regel durch asymptotische Eigenschaften – zu rechtfertigen suchen. In 6.1.1 soll zunächst ein klassisches und sehr plausibles Schätzverfahren für dominierte parametrische Klassen eingeführt werden, das bei gegebener Beobachtung x – im Fall von Versuchswiederholungen also bei einem beobachteten Tupel $x_{(n)}$ – auf der Maximierung der (gemeinsamen) Dichte basiert. In 6.1.3 wird gezeigt, daß diese Maximum-Likelihood-Schätzer (kurz: ML-Schätzer) bei wachsendem Stichprobenumfang unter gewissen Zusatzvoraussetzungen nicht nur konsistent und asymptotisch normal (in dem in 5.1.1 eingeführten Sinne), sondern in noch zu präzisierender Weise auch asymptotisch effizient sind; vgl. hierzu auch 6.5.1.

Der Beweis der Konsistenz beruht darauf, daß es die Funktion $(\vartheta, \vartheta') \mapsto E_\vartheta f(X_1, \vartheta')$ gestattet, zwischen zwei Parameterwerten ϑ und ϑ' zu unterscheiden; die Limes-Normalverteilung des Schätzers basiert dagegen darauf, daß sich ML-Schätzer durch lineare Statistiken approximieren lassen und sich damit bei großem Stichprobenumfang n wie letztere verhalten. Deshalb können diese beiden Aussagen auf solche Schätzer verallgemeinert werden, die auf der Minimierung einer sonstigen „Kontrastfunktion" $(\vartheta, \vartheta') \mapsto \varrho(\vartheta, \vartheta')$ beruhen und wieder eine derartige Linearisierung gestatten. In 6.1.3 wird überdies gezeigt, daß im Spezialfall von Multinomialmodellen die ML-Schätzer mit den für solche Modelle ebenfalls plausiblen Minimum-χ^2-Schätzern asymptotisch äquivalent sind. Diese wiederum legen die Einführung allgemeinerer Minimum-Distanz-Schätzer nahe. Durch diese Überlegungen werden die Untersuchungen des Verhaltens von M-Schätzern in 7.3.3 bzw. Band III vorbereitet. Dort werden viele Überlegungen wieder aufgegriffen und präzisiert.

Bei der Beurteilung der Güte eines asymptotischen Schätzers wird man sich am Verhalten des Schätzfehlers für große Werte von n orientieren. Hierfür gibt es mehrere Ansätze, die wiederum die Einführung verschiedener Begriffe nahelegen. Diese zielen sämtlich darauf ab, die Konzentration der Schätzer zu quantifizieren und somit die Grundlage für einen Vergleich zu schaffen. Hierfür wurden in 5.1.1 zwei grundsätzlich verschiedene Möglichkeiten aufgezeigt. Dementsprechend werden in 6.1.2 die für die asymptotische Schätztheorie grundlegenden Begriffe Konsistenz, Konvergenzrate, Limesverteilung, asymptotische Linearisierung, asymptotische Normalität, Limesvarianz und asymptotische relative Effizienz eingeführt und diskutiert sowie in 6.1.3 bei der Untersuchung des Verhaltens von ML- und allgemeineren M-Schätzern erläutert. In 6.5.1 und 6.5.2 werden auch andere Effizienzbegriffe eingeführt und kurz diskutiert werden.

6.1.1 Maximum-Likelihood-Schätzer und Verallgemeinerungen

Motivierung und Beispiele Für parametrische Modelle gibt es ein ebenso naheliegendes wie häufig anwendbares Prinzip zur Gewinnung von Schätz- und Prüfgrößen, nämlich das *Maximum-Likelihood-Prinzip*. Dieses wurde für Schätzer bereits in 1.2.2 eingeführt und durch erste Beispiele erläutert. Es setzt eine durch ein σ-endliches Maß μ dominierte[1] Verteilungsklasse $\mathfrak{P} \subset \mathfrak{M}^1(\mathfrak{X}, \mathfrak{B})$ voraus, die durch ihre μ-Dichten $p(x, \vartheta), \vartheta \in \Theta \subset \mathbb{R}^k$, repräsentiert sei. Ein *Maximum-Likelihood-Schätzer* ist dann eine Statistik $\widehat{\vartheta}(x)$, die bei fester Beobachtung x die *Likelihoodfunktion* $\vartheta \mapsto p(x, \vartheta)$ maximiert, d.h. eine Lösung $\widehat{\vartheta}(x) \in \Theta$ ist von

$$p(x, \widehat{\vartheta}(x)) = \sup_{\vartheta \in \Theta} p(x, \vartheta). \tag{6.1.1}$$

---

[1] Formal hängen ML-Schätzer von den gewählten Versionen der Dichten ab. Gedanklich wird im folgenden die Existenz einer „kanonischen" Version unterstellt. Zur Verallgemeinerung des ML-Ansatzes auf nicht-dominierte (nichtparametrische) Verteilungsannahmen vgl. 7.1.1.

6.1 Asymptotische Behandlung parametrischer Schätzprobleme

Man nimmt also einen solchen Wert des Parameters als Schätzer, unter dem die vorliegende Beobachtung x eine besondere Plausibilität (Likelihood) besitzt. Dies wird besonders im Fall diskreter Verteilungen deutlich, bei dem derjenige Parameterwert als Schätzung gewählt wird, unter dem die Beobachtung die maximale WS aufweist.

Ist $\vartheta = (\vartheta_1, \ldots, \vartheta_k) \mapsto p(x, \vartheta_1, \ldots, \vartheta_k)$ partiell nach $\vartheta_1, \ldots, \vartheta_k$ differenzierbar, so läßt sich eine Lösung $\widehat{\vartheta}(x)$ von (6.1.1) vielfach durch Nullsetzen der partiellen Ableitungen, d.h. aus den *Likelihood-Gleichungen*

$$\nabla_i \log p(x, \vartheta_1, \ldots, \vartheta_k) = 0, \quad i = 1, \ldots, k, \tag{6.1.2}$$

gewinnen. Wie bereits in 1.2.2 betont wurde, können diese Gleichungen jedoch mehrere Lösungen haben, die alle zu relativen Maxima führen; andererseits können aber auch Lösungen von (6.1.1) auf dem Rand von Θ liegen und brauchen nicht durch (6.1.2) erfaßt zu werden. Überdies ist das im allgemeinen nichtlineare Gleichungssystem (6.1.2) numerisch häufig auch nur schwer zugänglich.

Das ML-Prinzip läßt sich durch asymptotische Eigenschaften rechtfertigen. Sind nämlich etwa X_j, $j \in \mathbb{N}$, st.u. ZG mit derselben Verteilung, so wird in 6.1.3 gezeigt, daß ML-Schätzer typischerweise stark konsistent sind für den zugrundeliegenden Parameter und unter geeigneten Regularitätsvoraussetzungen auch asymptotisch normal. In 6.5.1 wird später auch die asymptotische Effizienz dieser Schätzer bewiesen, d.h. die Minimalität der Kovarianzmatrix $\mathscr{S}(\vartheta)$ der Limesverteilung im Sinne der in 1.3.1 eingeführten Löwner-Ordnung positiv semidefiniter Matrizen. Es ist also $\mathscr{S}(\vartheta) = \mathscr{J}(\vartheta)^{-1}$, wobei $\mathscr{J}(\vartheta)$ die als nicht-singulär vorausgesetzte Informationsmatrix ist.

Beispiel 6.1 a) In Verallgemeinerung von Beispiel 1.30 sei $\mathfrak{P} \subset \mathfrak{M}^1(\mathbb{R}^n, \mathbb{B}^n)$ ein lineares Modell mit Normalverteilungsannahme und einem k-dimensionalen linearen Teilraum $\mathfrak{L}_k \subset \mathbb{R}^n$ für den Mittelwertvektor μ, also mit den λ^n-Dichten

$$p(x, \vartheta) = \left[\frac{1}{2\pi\sigma^2}\right]^{n/2} \exp\left[-\frac{|x-\mu|^2}{2\sigma^2}\right], \quad \vartheta = (\mu, \sigma^2)^\top \in \mathfrak{L}_k \times (0, \infty). \tag{6.1.3}$$

Hier ist der erste Faktor unabhängig von μ. Bezeichnet also $\widehat{\vartheta} = (\widehat{\mu}, \widehat{\sigma}^2)$ den ML-Schätzer, so ist $\widehat{\mu}$ der gemäß Satz 4.5a optimale Kleinste-Quadrate-Schätzer (4.1.3); $p(x, \cdot)$ wird nämlich bei gegebener Beobachtung $x \in \mathbb{R}^n$ für festes $\sigma^2 > 0$ maximal, wenn $\widehat{\mu}(x)$ die quadratische Abweichung $|x - \mu|^2$ minimiert. $\widehat{\sigma}^2$ stimmt jedoch mit dem besten erwartungstreuen Schätzer, also dem Residualschätzer (4.1.4), nur bis auf den Faktor $(n-k)/n$ überein. Für $x \notin \mathfrak{L}_k$, d.h. für $|x-\widehat{\mu}(x)|^2 > 0$, ergibt sich nämlich $\widehat{\sigma}^2(x)$ wegen $p(x, \vartheta) \to 0$ für $\sigma^2 \to 0$ und $\sigma^2 \to \infty$ sowie der Differenzierbarkeit von $p(x, \cdot)$ aus den Likelihood-Gleichungen (6.1.2) zu $\widehat{\sigma}^2(x) = |x - \widehat{\mu}(x)|^2/n$. Für $x \in \mathfrak{L}_k$ ist $p(x, \vartheta) = (\sqrt{2\pi}\sigma)^{-n}$, so daß die Funktion $p(x, \cdot)$ für $\sigma^2 \in (0, \infty)$ ihr Supremum nicht annimmt, wohl aber für $\sigma^2 \in [0, \infty)$, und zwar in dem auch intuitiv als Schätzung naheliegenden Wert $\sigma^2 = 0$.

Im Fall eines Einstichprobenproblems mit st.u. $\mathfrak{N}(\mu, \sigma^2)$-verteilten ZG $X_1, \ldots, X_n$, $(\mu, \sigma^2)^\top \in \mathbb{R} \times (0, \infty)$, ist also $\widehat{\mu}_n(x) = \overline{x}_n$ und $\widehat{\sigma}_n^2(x) = \sum(x_j - \overline{x})^2/n$. Bei $n \to \infty$ gilt

170 6 Asymptotische Betrachtungsweisen parametrischer Verfahren

nach Beispiel 5.86 für $\widehat{\mu}_n := \widehat{\mu}_n(X)$ und $\widehat{\sigma}_n^2 := \widehat{\sigma}_n^2(X)$ sowie wegen der st. Unabhängigkeit von $\widehat{\mu}_n$ und $\widehat{\sigma}_n^2$, vgl. Satz 4.5a,

$$\begin{pmatrix} \widehat{\mu}_n \\ \widehat{\sigma}_n^2 \end{pmatrix} \to \begin{pmatrix} \mu \\ \sigma^2 \end{pmatrix} \; [F_\vartheta], \quad \mathcal{L}\left(\sqrt{n}\left(\begin{pmatrix} \widehat{\mu}_n \\ \widehat{\sigma}_n^2 \end{pmatrix} - \begin{pmatrix} \mu \\ \sigma^2 \end{pmatrix}\right)\right) \xrightarrow{\mathcal{L}} \mathfrak{N}(0,\mathscr{S}), \quad \mathscr{S} := \begin{pmatrix} \sigma^2 & 0 \\ 0 & 2\sigma^4 \end{pmatrix}.$$

Der ML-Schätzer $(\widehat{\mu}_n, \widehat{\sigma}_n^2)$ und damit seine beiden Komponenten $\widehat{\mu}_n$ und $\widehat{\sigma}_n^2$ sind in diesem Fall also stark konsistent und asymptotisch normal. Entsprechendes gilt etwa bei Zweistichprobenproblemen (falls beide Stichprobenumfänge gegen ∞ streben).

b) $X_1, \ldots, X_n$ seien st.u. r-dimensional $\mathfrak{N}(\mu, \mathscr{S})$-verteilte ZG mit unbekanntem Parameter $(\mu, \mathscr{S}) \in \mathbb{R}^r \times \mathbb{R}^{r \times r}_{\text{p.d.}}$. Dann bilden die gemeinsamen Verteilungen eine k-parametrige Verteilungsklasse mit $k = r + r(r+1)/2$ und λ^r-Dichten

$$p(x; \mu, \mathscr{S}) = (2\pi)^{-rn/2}|\mathscr{S}|^{-n/2}\exp\left(-\frac{1}{2}\sum_{j=1}^n (x_j - \mu)^\top \mathscr{S}^{-1}(x_j - \mu)\right). \tag{6.1.4}$$

Da der Vorfaktor unabhängig von μ ist, ergibt sich der ML-Schätzer für μ wieder durch Maximierung des Exponenten des zweiten Faktors, d.h. wegen

$$\sum_{j=1}^n (x_j - \mu)^\top \mathscr{S}^{-1}(x_j - \mu) = \sum_{j=1}^n (x_j - \overline{x})^\top \mathscr{S}^{-1}(x_j - \overline{x}) + n(\overline{x} - \mu)^\top \mathscr{S}^{-1}(\overline{x} - \mu)$$

durch Minimierung von $(\overline{x} - \mu)^\top \mathscr{S}^{-1}(\overline{x} - \mu)$. Aus $\mathscr{S}^{-1} \in \mathbb{R}^{r \times r}_{\text{p.d.}}$ folgt daher $\widehat{\mu}(x) = \overline{x}$. Zum Nachweis, daß bei unbekanntem μ bzw. bei bekanntem $\mu = \mu_0$

$$\widehat{\mathscr{S}}_n = \frac{1}{n}\sum_{j=1}^n (x_j - \overline{x})(x_j - \overline{x})^\top \quad \text{bzw.} \quad \widehat{\mathscr{S}}_n = \frac{1}{n}\sum_{j=1}^n (x_j - \mu_0)(x_j - \mu_0)^\top$$

die jeweiligen ML-Schätzer für $\mathscr{S}$ sind, beachte man, daß für jede Matrix $\mathscr{A} \in \mathbb{R}^{r \times r}_{\text{p.d.}}$ mit Eigenwerten a_ℓ, $\ell = 1, \ldots, r$, wegen $|\mathscr{A}| := \det \mathscr{A} = \prod_{\ell=1}^r a_\ell$ und $\operatorname{Sp} \mathscr{A} = \sum_{\ell=1}^r a_\ell$ gilt

$$\log|\mathscr{A}| = \log\prod_{\ell=1}^r a_\ell = \sum_{\ell=1}^r \log a_\ell \leq \sum_{\ell=1}^r (a_\ell - 1) = \operatorname{Sp} \mathscr{A} - \operatorname{Sp} \mathscr{I}_r.$$

Weiter gilt[2)], da $\widehat{\mathscr{S}}_n$ (und analog $\widehat{\mathscr{S}}_n$) f.s. nicht entartet ist,

$$\sum_{j=1}^n (x_j - \overline{x})^\top \mathscr{S}^{-1}(x_j - \overline{x}) = \operatorname{Sp}(\mathscr{S}^{-1}\sum_{j=1}^n (x_j - \overline{x})(x_j - \overline{x})^\top)$$

$$= n\operatorname{Sp}(\mathscr{S}^{-1/2}\widehat{\mathscr{S}}_n\mathscr{S}^{-1/2}). \tag{6.1.5}$$

Somit folgt etwa im ersten Fall für $\mathscr{A} = \mathscr{S}^{-1/2}\widehat{\mathscr{S}}_n\mathscr{S}^{-1/2} \in \mathbb{R}^{r \times r}_{\text{p.d.}}$

$$\log|\mathscr{S}^{-1}\widehat{\mathscr{S}}_n| \leq \operatorname{Sp}(\mathscr{S}^{-1}\widehat{\mathscr{S}}_n) - \operatorname{Sp}(\widehat{\mathscr{S}}_n^{-1}\widehat{\mathscr{S}}_n) \quad \text{oder wegen} \quad |\mathscr{S}^{-1}\widehat{\mathscr{S}}_n| = |\mathscr{S}|^{-1}|\widehat{\mathscr{S}}_n|$$

$$-\log|\mathscr{S}| - \operatorname{Sp}(\mathscr{S}^{-1}\widehat{\mathscr{S}}_n) \leq -\log|\widehat{\mathscr{S}}_n| - \operatorname{Sp}(\widehat{\mathscr{S}}_n^{-1}\widehat{\mathscr{S}}_n).$$

[2)] Bekanntlich gilt stets $\operatorname{Sp}(\mathscr{A}\mathscr{B}) = \operatorname{Sp}(\mathscr{B}\mathscr{A})$. Im folgenden bezeichne $\mathscr{S}^{-1/2}$ eine nach Hilfssatz 1.90b existierende Matrix mit $\mathscr{S}^{-1/2}\mathscr{S}^{-1/2} = \mathscr{S}^{-1}$.

6.1 Asymptotische Behandlung parametrischer Schätzprobleme   171

Hieraus ergibt sich wegen $\sum_{j=1}^{n}(x_j - \widehat{\mu}_n)^\top \mathscr{S}^{-1}(x_j - \widehat{\mu}_n) = n\operatorname{Sp}(\mathscr{S}^{-1}\widehat{\mathscr{P}}_n)$

$$\log p(x; \widehat{\mu}_n, \mathscr{S}) = -\frac{nr}{2}\log(2\pi) - \frac{n}{2}\log|\mathscr{S}| - \frac{n}{2}\operatorname{Sp}(\mathscr{S}^{-1}\widehat{\mathscr{P}}_n)$$

$$\leq -\frac{nr}{2}\log(2\pi) - \frac{n}{2}\log|\widehat{\mathscr{P}}_n| - \frac{n}{2}\operatorname{Sp}(\widehat{\mathscr{P}}_n^{-1}\widehat{\mathscr{P}}_n) = \log p(x; \widehat{\mu}_n, \widehat{\mathscr{P}}_n)$$

für alle $\mathscr{S} \in \mathbb{R}_{\text{p.d.}}^{r \times r}$ und damit die Behauptung. Für den Fall, daß $\mu = \mu_0$ bekannt ist, verläuft der Beweis mit $\mathscr{A} = \mathscr{S}^{-1/2}\widehat{\mathscr{P}}_n\mathscr{S}^{-1/2}$ analog. Auch in diesem Beispiel sind die ML-Schätzer, also $(\widehat{\mu}_n, \widehat{\mathscr{P}}_n)$ bzw. $\widehat{\mathscr{P}}_n$, konsistent und asymptotisch normal. □

Wie bereits erwähnt lassen sich ML-Schätzer in vielen Fällen nicht (oder nur für gewisse Stichprobenwerte) explizit angeben. Das folgende Beispiel zeigt, daß dies selbst unter einer Normalverteilungsannahme der Fall sein kann und daß ein ML-Schätzer auch nicht mit dem intuitiv naheliegenden Schätzer übereinzustimmen braucht.

Beispiel 6.2 (X_{1j}, X_{2j}), $j = 1, \ldots, n$, seien st.u. $\mathfrak{N}(0,0;1,1,\varrho)$-verteilte ZG mit unbekanntem $\varrho \in (-1, +1)$. Dann lautet die gemeinsame Dichte

$$p(x, \varrho) = \frac{1}{(2\pi)^n(1-\varrho^2)^{n/2}} \exp\left[-\frac{1}{2(1-\varrho^2)}\left(\sum_{j=1}^{n}x_{1j}^2 - 2\varrho\sum_{j=1}^{n}x_{1j}x_{2j} + \sum_{j=1}^{n}x_{2j}^2\right)\right]$$

und damit die Likelihood-Gleichung (6.1.2) für ϱ

$$n\varrho(1-\varrho^2) - \varrho\left(\sum_{j=1}^{n}x_{1j}^2 - 2\varrho\sum_{j=1}^{n}x_{1j}x_{2j} + \sum_{j=1}^{n}x_{2j}^2\right) + (1-\varrho^2)\sum_{j=1}^{n}x_{1j}x_{2j} = 0.$$

Dieses ist eine (nicht explizit lösbare) kubische Gleichung für ϱ, die nicht den intuitiv naheliegenden Schätzer $\breve{\varrho}(x) = \sum_j x_{1j}x_{2j}/(\sum_j x_{1j}^2 \sum_j x_{2j}^2)^{1/2}$ zur Lösung hat. □

Einige andere wichtige Modelle, für die sich der ML-Schätzer dagegen explizit angeben läßt, enthalten die folgenden Beispiele.

Beispiel 6.3 a) $X_1, \ldots, X_n$ seien st.u. $\mathfrak{G}(\lambda)$-verteilte ZG mit unbekanntem $\lambda \in (0, \infty)$. Die gemeinsame λ^n-Dichte lautet $p(x, \lambda) = \lambda^n \exp\left(-\lambda \sum_{j=1}^{n} x_j\right)$. Folglich ergibt sich der ML-Schätzer aus den Likelihood-Gleichungen (6.1.2) zu $\widehat{\lambda}_n = 1/\overline{x}_n$. Dieser ist stark konsistent für $\lambda = 1/EX_1$ und nach den Sätzen von Lindeberg-Lévy und Cramér asymptotisch normal gemäß

$$\mathfrak{L}_\lambda(\sqrt{n}(\overline{X}_n^{-1} - \lambda)) \xrightarrow[\varrho]{} \mathfrak{N}(0, \lambda^2), \quad \lambda \in (0, \infty).$$

b) $X_1, \ldots, X_n$ seien st.u. ZG mit derselben geometrischen Verteilung zum Parameter $\pi \in (0, 1)$, also $P_\pi(X_1 = j) = \pi(1-\pi)^{j-1}$, $j \geq 1$. Auch in diesem Fall gilt für den ML-Schätzer $\widehat{\pi}_n = \overline{x}_n^{-1}$. Dieser ist für $n \to \infty$ wie in a) stark konsistent für π und asymptotisch normal. □

Beispiel 6.4 $X_1, \ldots, X_n$ seien st.u. ZG mit derselben VF F aus einer Familie translatierter Doppelexponentialverteilungen, d.h. mit $\lambda\!\backslash$-Dichten $f(z, \vartheta) = \frac{1}{2} \exp(-|z - \vartheta|)$, $\vartheta \in \mathbb{R}$. Dann ergibt sich der ML-Schätzer durch Minimierung von $\sum_{j=1}^{n} |x_j - \vartheta|$. Folglich ist jeder Stichprobenmedian med $x_{(n)}$ ein ML-Schätzer; vgl. auch Beispiel 6.16. In Beispiel 5.108 wurde gezeigt, daß med $x_{(n)}$ unter vergleichsweise schwachen Bedingungen asymptotisch normal und damit konsistent ist. Die starke Konsistenz wird in 7.2.3 bewiesen. □

Beispiel 6.5 ($k \times \ell$-Feldertafel) Ein Produktraum $\mathfrak{X}_0 = \mathfrak{X}_1 \times \mathfrak{X}_2$ sei in $k\ell$ disjunkte meßbare Zellen $A_i \times B_j$ eingeteilt gemäß $\mathfrak{X}_0 = \sum_{i=1}^{k} \sum_{j=1}^{\ell} A_i \times B_j$. Aufgrund der Realisierungen von n st.u. ZG $X_s = (X_{1s}, X_{2s})$, $s = 1, \ldots, n$, mit st.u. Komponenten X_{1s} und X_{2s} sowie derselben Verteilung $F = F_1 \otimes F_2$ seien ML-Schätzer für die Rand-WS $F_1(A_i)$ und $F_2(B_j)$ zu bestimmen. Hierzu bezeichne

$$\pi_{ij} = F(A_i \times B_j), \quad \pi_{i \cdot} = \sum_{j=1}^{\ell} \pi_{ij} = F_1(A_i), \quad \pi_{\cdot j} = \sum_{i=1}^{k} \pi_{ij} = F_2(B_j),$$

so daß gilt $\pi_{ij} = \pi_{i \cdot} \pi_{\cdot j}$. Entsprechend seien Zell- und Randhäufigkeiten erklärt durch

$$Y_{ij} = \sum_{s=1}^{n} \mathbf{1}_{A_i \times B_j}(X_s), \quad Y_{i \cdot} = \sum_{j=1}^{\ell} Y_{ij} = \sum_{s=1}^{n} \mathbf{1}_{A_i}(X_{1s}), \quad Y_{\cdot j} = \sum_{i=1}^{k} Y_{ij} = \sum_{s=1}^{n} \mathbf{1}_{B_j}(X_{2s}).$$

Die Reduktion durch Zelleinteilung ergibt eine $k\ell$-dimensionale ZG $Y = (Y_{11}, \ldots, Y_{k\ell})^\top$ mit $\mathcal{L}(Y) = \mathfrak{M}(n, \pi)$, wobei für die Komponenten π_{ij} des $k\ell$-dimensionalen Vektors π gilt $\pi_{ij} = \pi_{i \cdot} \pi_{\cdot j}$. Wegen $\sum_i \pi_{i \cdot} = \sum_j \pi_{\cdot j} = 1$ handelt es sich um die Schätzung des $(k + \ell - 2)$-dimensionalen Parameters $\vartheta = (\pi_{1 \cdot}, \ldots, \pi_{(k-1) \cdot}, \pi_{\cdot 1}, \ldots, \pi_{\cdot(\ell-1)})^\top$. Aus den Likelihood-Gleichungen (6.1.2)

$$\sum_{i=1}^{k} \sum_{j=1}^{\ell} \frac{Y_{ij}}{\pi_{ij}(\vartheta)} \nabla_m \pi_{ij}(\vartheta) = \sum_{i=1}^{k} \sum_{j=1}^{\ell} \frac{Y_{ij}}{\pi_{i \cdot} \pi_{\cdot j}} \nabla_m (\pi_{i \cdot} \pi_{\cdot j}) = 0, \quad m = 1, \ldots, k + \ell - 2,$$

ergibt sich für $m = 1, \ldots, k - 1$ zunächst

$$\sum_{j=1}^{\ell} \frac{Y_{mj}}{\pi_{m \cdot}} - \sum_{j=1}^{\ell} \frac{Y_{kj}}{\pi_{k \cdot}} = 0, \quad \text{d.h.} \quad \frac{Y_{m \cdot}}{\pi_{m \cdot}} = \frac{Y_{k \cdot}}{\pi_{k \cdot}} = \text{const}, \quad m = 1, \ldots, k - 1.$$

Wegen $n = \sum_i Y_{i \cdot} = (\sum_i \pi_{i \cdot}) \cdot \text{const} = \text{const}$ folgt hieraus $\widehat{\pi}_{i \cdot}(X) = Y_{i \cdot}/n$ für $i = 1, \ldots, k-1$ und damit auch für $i = k$. Entsprechend gilt $\widehat{\pi}_{\cdot j}(X) = Y_{\cdot j}/n$ für $j = 1, \ldots, \ell-1$ und folglich auch für $j = \ell$. Nach dem Gesetz der großen Zahlen und Beispiel 5.71 ist der ML-Schätzer $\widehat{\vartheta}_n = (\widehat{\pi}_{1 \cdot}, \ldots, \widehat{\pi}_{\cdot(\ell-1)})^\top$ für $n \to \infty$ auch in diesem Fall stark konsistent und asymptotisch normal. □

In den bisherigen Beispielen besitzt der ML-Schätzer stets ein gleichartiges Limesverhalten: Die Verteilung des mit $\sqrt{n}$ multiplizierten Schätzfehlers strebt gegen eine Normalverteilung. Dies ist durchaus nicht immer der Fall.

Beispiel 6.6 a) $X_1, \ldots, X_n$ seien st.u. ZG mit derselben $\mathfrak{R}(0, \vartheta)$-Verteilung, $\vartheta > 0$. Dann ist die gemeinsame Dichte $p_{(n)}(x, \vartheta) = \vartheta^{-n} \mathbf{1}(0 \leq x_{n \uparrow 1} \leq x_{n \uparrow n} \leq \vartheta)$, so daß $\widehat{\vartheta}_n(x) =$

6.1 Asymptotische Behandlung parametrischer Schätzprobleme 173

$\max_{1\leq j\leq n} x_j = x_{n\uparrow n}$ der ML-Schätzer ist. Dieser ist nicht asymptotisch normal und hat auch nicht die Konvergenzrate $n^{-1/2}$, denn wegen $P_\vartheta(X_{n\uparrow n} \leq z) = (z/\vartheta)^n$ für $0 \leq z \leq \vartheta$ gilt für $y \geq 0$ und $n \to \infty$

$$P_\vartheta(n(\vartheta - X_{n\uparrow n}) \leq y) = P_\vartheta\left(X_{n\uparrow n} \geq \vartheta - \frac{y}{n}\right) = 1 - \left(1 - \frac{y}{n\vartheta}\right)^n \to 1 - e^{-y/\vartheta}.$$

b) $X_1, \ldots, X_n$ seien st.u. ZG mit derselben $\mathfrak{R}\left(\vartheta - \frac{1}{2}, \vartheta + \frac{1}{2}\right)$-Verteilung, $\vartheta \in \mathbb{R}$. Dann lautet die gemeinsame Dichte $p_{(n)}(x,\vartheta) = \mathbf{1}(\vartheta - \frac{1}{2} \leq x_j \leq \vartheta + \frac{1}{2} \; \forall j = 1, \ldots, n)$. Damit ist jeder Schätzer $\widehat{\vartheta}_n(x) \in [\max_j x_j - \frac{1}{2}, \min_j x_j + \frac{1}{2}]$, insbesondere die Stichprobenmitte $\widehat{\vartheta}_n(x) = \frac{1}{2}(\min_j x_j + \max_j x_j) = \frac{1}{2}(x_{n\uparrow 1} + x_{n\uparrow n})$, ML-Schätzer. Auch in diesem Fall liegt ein von den Beispielen 6.1-5 verschiedenes asymptotisches Verhalten vor. Aus Aufg. 6.4 folgt nämlich, daß $n(\widehat{\vartheta}_n - \vartheta)$ asymptotisch einer Doppelexponentialverteilung genügt. □

Selbst wenn für jedes $x \in \mathfrak{X}$ genau eine Lösung von (6.1.1) existiert, braucht die so definierte Abbildung nicht meßbar zu sein. Ist jedoch Θ eine kompakte oder allgemeiner σ-kompakte (und separable) Teilmenge des $\mathbb{R}^k$ und $p(x,\vartheta)$ bei festem x eine stetige Funktion von ϑ, so kann die (dann stets existierende) Lösung von (6.1.1) auch meßbar gewählt werden. Da $x \mapsto \sup_{\vartheta\in\Theta} p(x,\vartheta)$ nach A3.6 meßbar ist, folgt dieses unmittelbar aus Teil b von

Hilfssatz 6.7 *Sei $g(x,\vartheta)$ für jedes $\vartheta \in \Theta \subset \mathbb{R}^k$ eine meßbare Abbildung von $(\mathfrak{X}, \mathfrak{B})$ in $(\mathbb{R}^\ell, \mathbb{B}^\ell)$ und für jedes $x \in \mathfrak{X}$ stetig auf Θ. Dann gilt:*

a) *Ist $\widetilde{\vartheta}(x)$ eine meßbare Abbildung von $(\mathfrak{X}, \mathfrak{B})$ in $(\Theta, \Theta \cap \mathbb{B}^k)$, so wird durch $g(x, \widetilde{\vartheta}(x))$ eine meßbare Abbildung von $(\mathfrak{X}, \mathfrak{B})$ in $(\mathbb{R}^\ell, \mathbb{B}^\ell)$ definiert.*

b) *Ist Θ eine σ-kompakte Teilmenge des $\mathbb{R}^k$ und existiert eine Abbildung $\vartheta(x)$ von $\mathfrak{X}$ in Θ derart, daß $h(x) := g(x,\vartheta(x))$ meßbar ist, so gibt es eine meßbare Abbildung $\widetilde{\vartheta}(x)$ von $(\mathfrak{X}, \mathfrak{B})$ in $(\Theta, \Theta \cap \mathbb{B}^k)$ mit $g(x, \widetilde{\vartheta}(x)) = h(x)$.*

Beweis: Wir beweisen zunächst b), jedoch nur für den später zumeist benötigten Spezialfall $\Theta = [0,1] \subset \mathbb{R}$. Der allgemeine Beweis verläuft unter Verwenden einer lexikographischen Anordnung in $\mathbb{R}^k$ völlig analog. Θ' bezeichne eine abzählbare dichte Teilmenge von Θ.

Aus der Stetigkeit von $g(x, \cdot)$ auf Θ folgt, daß $\{\vartheta \in [0,1] : g(x,\vartheta) = h(x)\}$ für jedes x abgeschlossen, also kompakt ist. Sei $\widetilde{\vartheta}(x) := \sup\{\vartheta \in [0,1] : g(x,\vartheta) = h(x)\}$. Der Nachweis für die Meßbarkeit von $\widetilde{\vartheta}$, also von $M_a := \{x : \widetilde{\vartheta}(x) \geq a\} \in \mathfrak{B} \; \forall a \in \mathbb{R}$, ergibt sich gemäß

$$M_a = \bigcup_{\substack{\vartheta\in[0,1]\\\vartheta\geq a}} \{x : g(x,\vartheta) = h(x)\} = \bigcap_n \bigcup_{\substack{\vartheta\in[0,1]\\\vartheta>a-1/n}} \left\{x : |g(x,\vartheta) - h(x)| < \frac{1}{n}\right\}$$

$$= \bigcap_n \bigcup_{\substack{\vartheta\in\Theta'\\\vartheta>a-1/n}} \left\{x : |g(x,\vartheta) - h(x)| < \frac{1}{n}\right\}.$$

6 Asymptotische Betrachtungsweisen parametrischer Verfahren

Hier folgt die erste Gleichheit aus der Definition von $\widetilde{\vartheta}$; während die zweite Menge in der dritten enthalten ist, folgt die Umkehrung so: Sei x für jedes n Element von $\{x : |g(x,\vartheta) - h(x)| < 1/n\}$ für mindestens ein $\vartheta \in [0,1]$ mit $\vartheta > a - 1/n$. Dann gibt es eine Folge $(\vartheta_n) \subset [0,1]$ mit $\vartheta_n > a - 1/n$ und $|g(x,\vartheta_n) - h(x)| < 1/n$. Also existiert eine Teilfolge $(\vartheta_{n_k}) \subset (\vartheta_n)$ mit $\vartheta_{n_k} \to \vartheta_0 \in [0,1]$, und es gilt $\vartheta_0 \geq a$ sowie $|g(x,\vartheta_0) - h(x)| = 0$. Schließlich ist die dritte Menge in der vierten enthalten (und umgekehrt), da es zu jedem $\vartheta \in [0,1]$ mit $\vartheta > a - 1/n$ und $|g(x,\vartheta) - h(x)| < 1/n$ ein $\vartheta \in \Theta'$ gibt mit derselben Eigenschaft.

a) beweist man wie b). Mit $\mathbf{1}_\ell := (1,\ldots,1)^\top \in \mathbb{R}^\ell$ gilt für jedes $y \in \mathbb{R}^\ell$

$$\{x : g(x, \widetilde{\vartheta}(x)) > y\} = \bigcup_{m \in \mathbb{N}} \bigcap_{n \in \mathbb{N}} \bigcup_{\vartheta \in \Theta} \left\{ x : g(x,\vartheta) > y + \frac{1}{m}\mathbf{1}_\ell, |\widetilde{\vartheta}(x) - \vartheta| < \frac{1}{n} \right\}.$$

Die Vereinigung über $\vartheta \in \Theta$ läßt sich durch eine solche über $\vartheta \in \Theta'$ ersetzen. □

ML-Schätzer besitzen eine Reihe weiterer Eigenschaften. So sind sie – wie bereits in Band I erwähnt – von der speziellen Wahl des dominierenden Maßes unabhängig. Bezeichnet $T(x)$ eine suffiziente Statistik, so hängen sie wegen des Neyman-Kriteriums 3.19 – jedenfalls außerhalb einer geeigneten $\mathfrak{P}$-Nullmenge – von x nur über $T(x)$ ab. Weiter wurde in Satz 1.31 bereits gezeigt, daß ML-Schätzer bei Umparametrisierungen äquivariant sind. Dies besagt, daß bei bijektiven Abbildungen $\gamma : \Theta \to \Gamma$ mit der Umkehrabbildung $\vartheta : \Gamma \to \Theta$ und $\widetilde{p}(x,\gamma) := p(x,\vartheta(\gamma))$ eine Statistik $\widehat{\vartheta}(x)$ ML-Schätzer von $\vartheta \in \Theta$ genau dann ist, wenn $\widehat{\gamma}(x) := \gamma(\widehat{\vartheta}(x))$ ML-Schätzer von $\gamma \in \Gamma$ ist, und daß sich $\widehat{\vartheta}(x)$ bei stetig differenzierbaren Abbildungen mit nicht-singulärer Jacobi-Matrix genau dann als Lösung der Likelihood-Gleichungen $\nabla_\vartheta \log p(x,\widehat{\vartheta}(x)) = 0$ gewinnen läßt, wenn $\widehat{\gamma}(x)$ Lösung ist von $\nabla_\gamma \log \widetilde{p}(x,\widehat{\gamma}(x)) = 0$. Wir verdeutlichen dies anhand von

Beispiel 6.8 a) Verwendet man in Beispiel 6.3a zur Parametrisierung an Stelle von $\vartheta = \lambda$ den Mittelwertparameter $\gamma(\vartheta) = \vartheta^{-1} = \lambda^{-1}$, so ist $\gamma(\widehat{\vartheta}_n) = \gamma(\overline{x}_n^{-1}) = \overline{x}_n$ der zugehörige ML-Schätzer. Dieser ist offenbar stark konsistent für λ^{-1} und nach dem Satz von Lindeberg-Lévy asymptotisch normal gemäß

$$\mathcal{L}_\gamma\left(\sqrt{n}(\overline{X}_n - \lambda^{-1})\right) \xrightarrow[\mathcal{L}]{} \mathfrak{N}(0, \lambda^{-2}).$$

(Beide Aussagen ergeben sich natürlich auch aus den entsprechenden Aussagen von Beispiel 6.3a mit den Teilaussagen a) und b) des Satzes von Cramér 5.107.)

b) $X_1,\ldots,X_n$ seien st.u. positive ZG mit derselben eindimensionalen *logarithmischen Normalverteilung*; definitionsgemäß genügen also die ZG $Y_j = \log X_j$, $j = 1,\ldots,n$, einer $\mathfrak{N}(\mu,\sigma^2)$-Verteilung mit unbekanntem $(\mu,\sigma^2) \in \mathbb{R} \times (0,\infty)$. Für diese zweiparametrige Verteilungsklasse ist neben $(\mu,\sigma^2) = (EY_1, \operatorname{Var} Y_1)$ auch $(\nu,\tau^2) := (EX_1, \operatorname{Var} X_1)$ eine naheliegende Parametrisierung. Der Zusammenhang zwischen diesen beiden ergibt sich über die momenterzeugende Funktion $m(t) = E\exp(tY_1) = \exp\left(\mu t + \frac{1}{2}\sigma^2 t^2\right)$ zu

6.1 Asymptotische Behandlung parametrischer Schätzprobleme

$$\nu = EX_1 = E\exp Y_1 = m(1) = \exp\left(\mu + \frac{1}{2}\sigma^2\right),$$

$$\tau^2 = \operatorname{Var} X_1 = EX_1^2 - (EX_1)^2 = m(2) - m^2(1)$$
$$= \exp(2\mu + 2\sigma^2) - \exp(2\mu + \sigma^2) = \exp(2\mu + \sigma^2)(\exp\sigma^2 - 1).$$

Der ML-Schätzer $(\widehat{\mu}_n, \widehat{\sigma}_n^2) = (\overline{Y}_n, \frac{1}{n}\sum_j (Y_j - \overline{Y}_n)^2)$ für (μ, σ^2) ist nach den Beispielen 6.1 bzw. 5.86 konsistent und asymptotisch normal. Folglich ist nach Satz 1.31

$$(\widehat{\nu}_n, \widehat{\tau}_n^2) = \left(\exp\left(\widehat{\mu}_n + \frac{1}{2}\widehat{\sigma}_n^2\right), \ \exp(2\widehat{\mu}_n + \widehat{\sigma}_n^2)(\exp\widehat{\sigma}_n^2 - 1)\right)$$

der ML-Schätzer für (ν, τ^2) und wegen des Limesverhaltens von $(\widehat{\mu}_n, \widehat{\sigma}_n^2)$ nach den Teilaussagen a) und b) des Satzes von Cramér konsistent sowie asymptotisch normal. □

Häufig interessieren Funktionale $\vartheta \mapsto \gamma(\vartheta)$, die keine Umparametrisierungen darstellen, also etwa Abbildungen, die – wie z.B. Koordinatenprojektionen – nicht bijektiv sind. Bezeichnet $\widehat{\vartheta}$ wieder den ML-Schätzer für ϑ, so bietet sich auch in einem solchen Fall zur Schätzung des unbekannten Funktionals $\gamma(\vartheta)$ die Statistik $\widehat{\gamma} = \gamma(\widehat{\vartheta})$ an. Zwar läßt sich diese in einem strengen Sinne dann nicht mehr als ML-Schätzer für $\gamma(\vartheta)$ bezeichnen; dennoch ist $\gamma(\widehat{\vartheta})$ auch in diesem Fall ein plausibler Schätzer für $\gamma(\vartheta)$. Nimmt man nämlich $\gamma(\cdot)$ o.E. als surjektiv an und bildet auf Θ die Äquivalenzklassen

$$\Theta_\gamma = \{\vartheta \in \Theta : \gamma(\vartheta) = \gamma\}, \quad \gamma \in \Gamma = \gamma(\Theta),$$

so ist das bei festem $\gamma \in \Gamma$ gebildete punktweise Supremum

$$\sup\{p(x,\vartheta) : \vartheta \in \Theta_\gamma\} = q(x,\gamma)$$

(selbst im Falle der Meßbarkeit) keine μ-Dichte mehr. Es ist aber dennoch naheliegend, auf die Klasse dieser Funktionen $q(x,\gamma), \gamma \in \Gamma$, das Maximum-Likelihood-Prinzip anzuwenden. Ist nämlich $\widehat{\vartheta}$ ein ML-Schätzer von ϑ, so gilt $\widehat{\vartheta}(x) \in \Theta_\gamma$ für $\gamma = \widehat{\gamma}(x) := \gamma(\widehat{\vartheta}(x)) \in \Gamma$, und aus der für jedes $x \in \mathfrak{X}$ gültigen Ungleichungskette

$$p(x,\widehat{\vartheta}(x)) \leq \sup_{\vartheta \in \Theta_{\widehat{\gamma}(x)}} p(x,\vartheta) = q(x,\widehat{\gamma}(x)) \leq \sup_{\gamma \in \Gamma} q(x,\gamma) = \sup_{\vartheta \in \Theta} p(x,\vartheta) = p(x,\widehat{\vartheta}(x))$$

folgt dann

$$q(x,\widehat{\gamma}(x)) = \sup_{\gamma \in \Gamma} q(x,\gamma) \quad \forall x \in \mathfrak{X}. \tag{6.1.6}$$

Die Größe $\widehat{\gamma}(x) = \gamma(\widehat{\vartheta}(x))$ maximiert also die Funktion $\gamma \mapsto \sup_{\gamma \in \Theta} q(x,\gamma)$ und läßt sich somit in einem erweiterten Sinne als ML-Schätzer von γ interpretieren. Dies stellt eine gewisse Rechtfertigung dafür dar, etwa in den Beispielen 6.1 und 6.5 auch die Projektionen von ML-Schätzern selber als ML-Schätzer zu bezeichnen.

Beispiel 6.9 $X_1, \ldots, X_n$ seien st.u. $\mathfrak{B}(1,\pi)$-verteilte ZG, $\pi \in (0,1)$. Gesucht ist ein Schätzer für die Varianz $\gamma(\pi) = \pi(1-\pi)$. Da der ML-Schätzer für den unbekannten

Parameter $\pi \in (0,1)$ nach Beispiel 1.29 $\widehat{\pi}_n = \overline{x}_n$ ist, liefert die obige Methode den ML-Schätzer $\gamma(\widehat{\pi}_n) = \overline{x}_n(1 - \overline{x}_n)$. Dieser ist offenbar konsistent und auch asymptotisch normal. □

Anmerkung 6.10 Die für ML-Schätzer gegebene Motivierung läßt sich auch aus Sicht des Bayes-Ansatzes interpretieren. Zur Gewinnung eines Bayes-Schätzers hat man gemäß 2.7.3 eine a priori Dichte h über dem Parameterraum zu spezifizieren. Die Plausibilität verschiedener Parameterwerte drückt sich dann in der zugehörigen a posteriori Dichte

$$h(\vartheta|x) := h^{\vartheta|X=x}(\vartheta) = \frac{p(x,\vartheta)h(\vartheta)}{\int_\Theta p(x,t)h(t)\,\mathrm{d}t}$$

aus; vgl. Hilfssatz 2.137b. Der in diesem Sinne plausibelste Wert ist also gerade der *Modalwert*, d.h. die Maximalstelle $\vartheta^*(x)$ der a posteriori Dichte,

$$h(\vartheta^*(x)|x) = \sup_{\vartheta \in \Theta} h(\vartheta|x). \tag{6.1.7}$$

Speziell ist dies für die konstante a priori „Dichte" $h(\vartheta) = \mathbf{1}_\Theta(\vartheta)$ äquivalent zur Maximierung von $p(x,\vartheta)$, ergibt also gerade die ML-Schätzung (6.1.1).

Auch wenn man keine diffuse a priori-Verteilung, sondern eine (eigentliche) Verteilung mit stetiger und über Θ strikt positiver Dichte $h(\vartheta)$ nimmt, besteht ein enger Zusammenhang von ML- und Bayes-Schätzern. Legt man nämlich die Gauß-Verlustfunktion zugrunde, so ist der Bayes-Schätzer bekanntlich gerade das a posteriori Mittel

$$\breve{\vartheta}(x) = \int_\Theta \vartheta h(\vartheta|x)\,\mathrm{d}\vartheta = \frac{\int_\Theta \vartheta p(x,\vartheta)h(\vartheta)\,\mathrm{d}\vartheta}{\int_\Theta p(x,\vartheta)h(\vartheta)\,\mathrm{d}\vartheta}; \tag{6.1.8}$$

vgl. Satz 2.138b. Geht man nun speziell von st.u. ZG $X_1, \ldots, X_n$ mit derselben Dichte $f(x,\vartheta)$ aus, so verhält sich der gemäß (6.1.8) gewonnene Bayes-Schätzer $\breve{\vartheta}_n$ asymptotisch für $n \to \infty$ wie der ML-Schätzer $\widehat{\vartheta}_n$. (Die hierzu erforderlichen Regularitätsvoraussetzungen seien in der folgenden heuristischen Diskussion vernachlässigt.) Mit der Abkürzung $r_n(\vartheta) = r_n(\vartheta, x) := -n^{-1}\sum_{j=1}^n \log f(x_j, \vartheta)$ wird nämlich aus (6.1.8) gerade

$$\widetilde{\vartheta}_n(x) = \frac{\int_\Theta \vartheta \exp(-nr_n(\vartheta))h(\vartheta)\,\mathrm{d}\vartheta}{\int_\Theta \exp(-nr_n(\vartheta))h(\vartheta)\,\mathrm{d}\vartheta}. \tag{6.1.9}$$

Integrale der Form, wie sie im Zähler und Nenner von (6.1.9) stehen, lassen sich asymptotisch mit der in B5.8 entwickelten Methode von Laplace auswerten. Den dort dargestellten Ansatz hat man noch dahingehend zu modifizieren, daß die Funktion im Exponentialausdruck auch von n abhängen darf. Um diese Approximation dann – getrennt auf Zähler und Nenner – anwenden zu können, hat man zunächst die Maximalstelle der Funktion r_n zu ermitteln. Diese ist hier gerade der Wert des ML-Schätzers $\widehat{\vartheta}_n(x)$. Damit ergibt sich

$$\widetilde{\vartheta}_n(x) \approx \frac{c_n(r_n)\widehat{\vartheta}_n(x)h(\widehat{\vartheta}_n(x))}{c_n(r_n)h(\widehat{\vartheta}_n(x))} = \widehat{\vartheta}_n(x).$$

6.1 Asymptotische Behandlung parametrischer Schätzprobleme

Mit anderen Worten: Der ML-Schätzer verhält sich asymptotisch wie der Bayes-Schätzer und zwar unabhängig von der a priori Dichte. Dies läßt es plausibel erscheinen, daß $\widehat{\vartheta}_n$ asymptotisch auch im Minimax-Sinne optimal ist; vgl. 6.5.3. □

Die mathematische Durchführung des ML-Ansatzes stößt häufig auf die Schwierigkeit, Maximalstellen der Likelihood-Funktion nur für gewisse Stichprobenwerte angeben zu können. Da jedoch diese Teilmengen des Stichprobenraums bei steigendem Stichprobenumfang typischerweise annähernd die WS 1 haben, empfiehlt sich für asymptotische Zwecke die folgende Modifikation der obigen Definition eines ML-Schätzers.

Definition 6.11 X_j, $j \in \mathbb{N}$, seien st.u. ZG mit derselben μ-Dichte $f(z, \vartheta)$, wobei $\vartheta \in \Theta \subset \mathbb{R}^k$ ist. $M_n \subset \mathfrak{X}$ bezeichne die Menge derjenigen Punkte $x \in \mathfrak{X}$, für die zum Stichprobenumfang n eine Likelihood-Schätzung existiert, also

$$M_n := \bigcup_{\vartheta \in \Theta} \{x \in \mathfrak{X} : p_{(n)}(x, \vartheta) = \sup_{t \in \Theta} p_{(n)}(x, t)\}, \quad n \in \mathbb{N}.$$

Gibt es meßbare Teilmengen[3)] M'_n von M_n mit $P_\vartheta(M'_n) \to 1 \; \forall \vartheta \in \Theta$, dann verstehen wir unter einem *asymptotischen Maximum-Likelihood-Schätzer* oder kurz unter einem ML-Schätzer $(\widehat{\vartheta}_n)$ eine Folge meßbarer Abbildungen $\widehat{\vartheta}_n(x) = \widehat{\vartheta}_n(x_{(n)})$ von $(\mathfrak{X}, \mathfrak{B})$ in $(\Theta, \Theta \cap \mathbb{B}^k)$ mit

$$p_{(n)}(x, \widehat{\vartheta}_n(x)) = \sup_{t \in \Theta} p_{(n)}(x, t) \quad \forall x \in M'_n. \tag{6.1.10}$$

Beispiel 6.12 X_j, $j \in \mathbb{N}$, seien st.u. ZG mit derselben Verteilung. Diese sei Element einer k-parametrigen Exponentialfamilie in ϑ und T, deren Parameterraum $\Theta \subset \mathbb{R}^k$ mit dem als offen angenommenen natürlichen Parameterraum zusammenfalle. Dann lautet für jedes $n \in \mathbb{N}$ die Likelihood-Gleichung

$$\nabla \log p_{(n)}(x, \vartheta) = -n\chi(\vartheta) + \sum_{j=1}^{n} T(x_j) = 0, \quad \chi(\vartheta) := \nabla K(\vartheta) = -\nabla \log C(\vartheta);$$

vgl. Satz 1.164. Diese hat genau dann eine Lösung, wenn $\sum T(x_j)/n \in \chi(\Theta)$ ist. Die Lösung ist stets eindeutig und entspricht einem Maximum, denn nach Satz 1.170b ist χ bijektiv sowie stetig differenzierbar und $\nabla \nabla^\top \log p_{(n)}(x, \vartheta)$ ist wegen $(\nabla \chi^\top(\vartheta))^\top = \mathscr{J}(\vartheta)$ negativ definit. Da Θ offen ist, läßt sich jede Lösung von (6.1.1) für festes $n \in \mathbb{N}$ aus den Likelihood-Gleichungen (6.1.2) gewinnen, so daß gilt

---

[3)] Ist $f(z, \vartheta)$ für jedes z und damit $p_{(n)}(x, \vartheta)$ für jedes x stetig in ϑ, so ist M_n selber meßbar, falls nur $\Theta \subset \mathbb{R}^k$ σ-kompakt ist; nach A3.6 ist nämlich $q_n(x) := \sup_{\vartheta \in \Theta} p_{(n)}(x, \vartheta)$ meßbar und damit auch $M_n = \cup_i \cap_m \cup_{\vartheta \in \Theta'_i} \{x : p_{(n)}(x, \vartheta) \geq q_n(x) - 1/m\}$. Dabei ist $\Theta = \cup_i \Theta_i$ mit Θ_i kompakt und Θ'_i abzählbar dicht in Θ_i, $i \in \mathbb{N}$. Unter diesen Voraussetzungen kann man andererseits analog zum Beweis von Hilfssatz 6.7b zeigen, daß eine meßbare Lösung von (6.1.10) existiert. – Da M_n eine Zylindermenge ist, deren Basis durch $x_{(n)}$ beschrieben wird, läßt sich auch M'_n als solche wählen. Dann ist also $P_\vartheta(M'_n) = F^{(n)}_\vartheta(\widetilde{M}_n)$, falls gilt $M'_n = \widetilde{M}_n \times \underset{i=n+1}{\overset{\infty}{\times}} \mathfrak{X}_0$.

$$\widehat{\vartheta}_n(x) = \chi^{-1}\Big(\sum_{j=1}^n T(x_j)/n\Big) \quad \text{für} \quad x \in M_n := \Big\{x : \sum_{j=1}^n T(x_j)/n \in \chi(\Theta)\Big\}$$

und etwa $\widehat{\vartheta}_n(x) = \vartheta_0$ mit beliebigem $\vartheta_0 \in \Theta$ für $x \in M_n^c$. Dabei ist $M_n \in \mathfrak{B}_0^k$, denn $\chi(\Theta)$ ist wegen B1.13 mit Θ offen und somit meßbar. Es gilt auch $P_\vartheta(M_n) \to 1 \; \forall \vartheta \in \Theta$, denn aus dem Gesetz der großen Zahlen folgt $\sum_{j=1}^n T(x_j)/n \to E_\vartheta T = \chi(\vartheta)$ nach P_ϑ-WS. Somit gibt es einen asymptotischen ML-Schätzer $(\widehat{\vartheta}_n)$ im Sinne der Definition 6.11.

$(\widehat{\vartheta}_n)$ ist stark konsistent, denn χ^{-1} ist nach Satz 1.170 stetig, so daß gilt

$$\widehat{\vartheta}_n(x) = \chi^{-1}\Big(\sum_{j=1}^n T(x_j)/n\Big) \to \chi^{-1}(\chi(\vartheta)) = \vartheta \quad P_\vartheta\text{-f.s.} \quad \forall \vartheta \in \Theta.$$

$(\widehat{\vartheta}_n)$ ist auch asymptotisch normal. Nach dem Satz von Lindeberg-Lévy bzw. Satz 1.170a gilt nämlich wegen $E_\vartheta T = \chi(\vartheta)$ und $\mathscr{J}(\vartheta) = \mathscr{C}ov_\vartheta T = \nabla\chi(\vartheta)$

$$\mathfrak{L}_\vartheta\Big(\sqrt{n}\big(\sum_{j=1}^n T(X_j)/n - \chi(\vartheta)\big)\Big) \xrightarrow[\mathfrak{L}]{} \mathfrak{N}(0, \mathscr{J}(\vartheta)).$$

Hieraus folgt nach dem Satz von Cramér 5.107 mit $f = \chi^{-1}$

$$\mathfrak{L}_\vartheta(\sqrt{n}(\widehat{\vartheta}_n - \vartheta)) \xrightarrow[\mathfrak{L}]{} \mathfrak{N}(0, \mathscr{J}(\vartheta)^{-1}) \quad \forall \vartheta \in \Theta. \tag{6.1.11}$$

Die Cramér-Rao-Ungleichung legt damit die Vermutung nahe, daß $(\widehat{\vartheta}_n)$ auch asymptotisch effizient ist in dem Sinne, daß die Kovarianzmatrix der Limesverteilung $\mathscr{J}(\vartheta)^{-1}$ unter den hier vorliegenden Voraussetzungen die im Sinne der Löwner-Ordnung $\succeq_L$ kleinst-mögliche Matrix ist. Dieses ist auch tatsächlich der Fall; vgl. Satz 6.33 und Satz 6.199. □

Aus der bisherigen Diskussion wird noch nicht deutlich, wieso ML-Schätzer auch im allgemeinen Rahmen konsistent bzw. im Limes normal und effizient sein sollen. Dies ist in der Tat selbst bei Einstichprobenproblemen nicht notwendig der Fall[4]. So hat man beim Nachweis der asymptotischen Normalität in Satz 6.35 die Existenz eines konsistenten ML-Schätzers vorauszusetzen, wozu wiederum anderweitige (hinreichende) Bedingungen erforderlich sind. Das folgende Beispiel zeigt, daß in Mehrstichprobenproblemen die Konsistenz selbst bei Exponentialfamilien nicht notwendig mehr gegeben ist.

Beispiel 6.13 Für $n \in \mathbb{N}$ seien $X_{11}, \ldots, X_{1n}, X_{21}, \ldots, X_{2n}$ st.u. ZG mit $\mathfrak{L}(X_{1j}) = \mathfrak{L}(X_{2j}) = \mathfrak{N}(\mu_j, \sigma^2)$, $j = 1, \ldots, n$, $\vartheta = (\mu_1, \ldots, \mu_n, \sigma^2) \in \mathbb{R}^n \times (0, \infty)$. Der ML-Schätzer ist hier $\widehat{\vartheta} = (\widehat{\mu}_1, \ldots, \widehat{\mu}_n, \widehat{\sigma}_n^2)$ mit

$$\widehat{\mu}_j = \frac{1}{2}(X_{1j} + X_{2j}), \quad j = 1, \ldots, n, \quad \widehat{\sigma}_n^2 = \frac{1}{4n}\sum_{j=1}^n (X_{1j} - X_{2j})^2.$$

---

[4] Zu einer Liste von Beispielen, die zeigen, daß ML-Schätzer auch wenig wünschenswerte Eigenschaften besitzen, vgl. L. Le Cam: Intern. Stat. Reviews 58 (1990) 153-171.

6.1 Asymptotische Behandlung parametrischer Schätzprobleme

Offensichtlich gilt $\mathfrak{L}(X_{1j} - X_{2j}) = \mathfrak{N}(0, 2\sigma^2)$ und damit nach dem starken Gesetz der großen Zahlen $\widehat{\sigma}_n^2 \to \sigma^2/2 \neq \sigma^2$. □

In den meisten vorstehenden Beispielen ließ sich der ML-Schätzer explizit angeben und sein Limesverhalten direkt verifizieren. Die Definition 6.11 eines asymptotischen ML-Schätzers ermöglicht jedoch bei Vorliegen der Konsistenz und entsprechender Regularitätsvoraussetzungen auch einen allgemeinen Beweis der asymptotischen Normalität; vgl. Satz 6.35 in 6.1.3.

Verwandte Schätzverfahren Bevor in 6.1.2 die zum Nachweis der asymptotischen Normalität erforderlichen sowie einige weitere grundlegende Begriffe der asymptotischen Schätztheorie eingeführt und diskutiert werden, soll hier noch kurz auf eine Verallgemeinerung der ML-Methode sowie im Spezialfall von Multinomialmodellen auf ein verwandtes, ebenfalls intuitiv naheliegendes Schätzverfahren eingegangen werden, das sich seinerseits wiederum zwanglos verallgemeinern läßt.

Die Verallgemeinerung der ML-Methode knüpft an die Tatsache an, daß die Konsistenz und asymptotische Normalität von ML-Schätzern nur insoweit auf Eigenschaften der Likelihoodfunktion beruht als die Funktion $\varrho(z, \vartheta) = -\log f(z, \vartheta)$ gemäß Hilfssatz 5.30a die *Kontrasteigenschaft*

$$\int \varrho(z, \vartheta') \, dF_\vartheta(z) > \int \varrho(z, \vartheta) \, dF_\vartheta(z) \quad \forall \vartheta, \vartheta' \in \Theta \quad \text{mit} \quad \vartheta' \neq \vartheta \quad (6.1.12)$$

besitzt und zudem gewisse Regularitätseigenschaften erfüllt. Demgemäß lassen sich diese beiden Eigenschaften bei Annahme von st.u. glv. ZG auf Schätzer verallgemeinern, bei denen man im Konstruktionsprinzip (6.1.1) die Funktion $(z, \vartheta) \mapsto -\log f(z, \vartheta)$ durch eine allgemeinere Kontrastfunktion $(z, \vartheta) \mapsto \varrho(z, \vartheta)$ mit der Kontrasteigenschaft (6.1.12) ersetzt. Dabei sei der Einfachheit halber $\int \varrho(z, \vartheta') \, dF_\vartheta(z) \in \mathbb{R} \; \forall \vartheta, \vartheta' \in \Theta$ vorausgesetzt. Derartige Schätzer sind etwa dann von Bedeutung, wenn man klassische Schätzer robustifizieren, d.h. gegenüber „Ausreißern" unempfindlich machen möchte; vgl. Kap. 8.

Der wahre – jedoch unbekannte – Parameter ϑ ist bei diesem verallgemeinerten Konstruktionsprinzip also dadurch ausgezeichnet, daß er in (6.1.12) zum Minimalwert führt. Liegen st.u. glv. ZG $X_1, \ldots, X_n$ zugrunde, so wird man zu seiner Schätzung die – ebenfalls unbekannte – VF F_ϑ durch ihr empirisches Gegenstück, die empirische VF $\widehat{F}_n$, ersetzen. Man wird also bei vorliegender Beobachtung $x_{(n)}$ nach einem Wert $\widehat{\vartheta}_n(x) = \widehat{\vartheta}_n(x_{(n)})$ suchen, der die Funktion

$$t \mapsto \int \varrho(z, t) \, d\widehat{F}_n(z) = \frac{1}{n} \sum_{j=1}^{n} \varrho(x_j, t) =: \varrho_n(x, t) \quad (6.1.13)$$

minimiert, der also für jedes $x \in \mathfrak{X}$ eine Lösung ist des Optimierungsproblems

$$\varrho_n(x, \widehat{\vartheta}_n(x)) = \inf_{t \in \Theta} \varrho_n(x, t). \quad (6.1.14)$$

Definition 6.14 Gegeben seien eine Klasse $\mathfrak{F} = \{F_\vartheta : \vartheta \in \Theta\} \subset \mathfrak{M}^1(\mathfrak{X}_0, \mathfrak{B}_0)$ und eine *Kontrastfunktion*, d.h. eine Funktion $\varrho : \mathfrak{X}_0 \times \Theta \to (-\infty, +\infty]$, für die die Abbildung $t \mapsto \int \varrho(z,t)\,\mathrm{d}F_\vartheta(z)$ stets definiert und endlich ist und die in $t = \gamma(\vartheta)$ ihr eindeutig bestimmtes Minimum annimmt. Die Zuordnung

$$(F_\vartheta, t) \mapsto \int \varrho(z,t)\,\mathrm{d}F_\vartheta(z)$$

heißt das zugehörige *Kontrastfunktional*, eine Lösung des Minimierungsproblems

$$\int \varrho(z, \gamma(\vartheta))\,\mathrm{d}F_\vartheta(z) = \inf_{t \in \Theta} \int \varrho(z,t)\,\mathrm{d}F_\vartheta(z) \qquad (6.1.15)$$

das *Minimum-Kontrast-Funktional* oder kurz das *MK-Funktional*. Eine meßbare Lösung von (6.1.14) heißt *Minimum-Kontrast-Schätzer* oder kurz MK-*Schätzer*.

Ist $\Theta \subset \mathbb{R}^k$ und $\varrho(z, \cdot)$ partiell nach $\vartheta_1, \ldots, \vartheta_k$ differenzierbar, so wird man analog (6.1.2) versuchen, einen MK-Schätzer – und entsprechend ein MK-Funktional – durch Nullsetzen der Ableitungen von $\varrho_n(x, \cdot)$ bzw. von $\int \varrho(z, \cdot)\,\mathrm{d}F_\vartheta(z)$ nach $\vartheta_1, \ldots, \vartheta_k$ zu erhalten, also als Lösung der *Kontrast-Gleichungen*

$$\nabla_i \varrho_n(x, \widehat{\vartheta}_n(x)) = 0, \quad i = 1, \ldots, k. \qquad (6.1.16)$$

Offenbar spezialisieren sich für eine dominierte Klasse $\mathfrak{F} = \{F_\vartheta : \vartheta \in \Theta\}$ mit μ-Dichten $f(\cdot, \vartheta)$ und $\varrho_n(x, \vartheta) = -\frac{1}{n}\sum_{j=1}^n \log f(x_j, \vartheta)$ die Gleichungen (6.1.14+16) gerade auf die Gleichungen (6.1.1+2) für ML-Schätzer.

Beispiel 6.15 a) $\mathfrak{F} = \{F_\vartheta : \vartheta \in \Theta \subset \mathbb{R}\}$ sei eine einparametrige Klasse von Verteilungen mit $\int z\,\mathrm{d}F_\vartheta(z) = \vartheta \; \forall \vartheta \in \Theta$ und endlichen 2. Momenten. Dann ist $\varrho(z,t) = (z-t)^2$ eine Kontrastfunktion. Trivialerweise gilt nämlich

$$E_\vartheta \varrho(X_1, \vartheta') = E_\vartheta(X_1 - \vartheta')^2 = \mathrm{Var}_\vartheta X_1 + (\vartheta - \vartheta')^2 = E_\vartheta \varrho(X_1, \vartheta) + (\vartheta - \vartheta')^2.$$

Damit ist (6.1.12) sowie $E_\vartheta \varrho(X_1, \vartheta') \in \mathbb{R} \; \forall \vartheta, \vartheta' \in \Theta$ erfüllt. Offenbar ist das zugehörige MK-Funktional gerade das Mittelwertfunktional $\gamma(\vartheta) = \int z\,\mathrm{d}F_\vartheta(z)$ und der zugehörige MK-Schätzer das Stichprobenmittel $\widehat{\vartheta}_n(x) = \overline{x}_{(n)}$.

b) Seien $\mathfrak{F} = \{F_\vartheta : \vartheta \in \Theta \subset \mathbb{R}\}$ eine einparametrige Klasse von Verteilungen mit endlichen 1. Momenten und $\varrho(z,t) = \varrho_0(z-t)$ mit

$$\varrho_0(z) = \frac{z^2}{2}\mathbf{1}_{[0,c]}(|z|) + \left(c|z| - \frac{c^2}{2}\right)\mathbf{1}_{(c,\infty)}(|z|)$$

bei vorgegebenem $c > 0$. Dann ist $\nabla \varrho(z, \vartheta) = -\partial \varrho_0(z - \vartheta)$,

$$\partial \varrho_0(z) = z\mathbf{1}_{[0,c]}(|z|) + c \operatorname{sgn} z\, \mathbf{1}_{(c,\infty)}(|z|) = (-c) \vee z \wedge c$$

und der MK-Schätzer $\widehat{\vartheta}_n(x)$ somit eine Lösung der Gleichung

6.1 Asymptotische Behandlung parametrischer Schätzprobleme 181

$$\sum_{|x_i-\widehat{\vartheta}_n(x)|\le c}(x_i-\widehat{\vartheta}_n(x)) + \sum_{|x_i-\widehat{\vartheta}_n(x)|> c} c\,\mathrm{sgn}(x_i-\widehat{\vartheta}_n(x)) = 0.$$

Dieser *Huber-Schätzer* stimmt im wesentlichen mit dem Winsorisierten Mittel (1.2.36) überein. Bei diesem werden die „extremen" Beobachtungen, also diejenigen mit $|x_i - \widehat{\vartheta}_n(x)| > c$, zunächst durch die „weniger extremen" Werte $\widehat{\vartheta}_n(x) + c\,\mathrm{sgn}(x_i - \widehat{\vartheta}_n(x))$ ersetzt, wobei $\widehat{\vartheta}_n(x)$ so festgelegt wird, daß es gerade das Stichprobenmittel dieser modifizierten Beobachtungen ist; vgl. Kap. 8. □

Beispiel 6.16 $\mathfrak{F} = \{F_\vartheta : \vartheta \in \Theta \subset \mathbb{R}\}$ sei eine einparametrige Klasse von Verteilungen mit endlichen ersten Momenten. Die Kontrastfunktion sei bei vorgegebenen $\kappa, \lambda > 0$ definiert durch

$$\varrho(z,t) = \kappa(z-t)^+ + \lambda(t-z)^+. \tag{6.1.17}$$

Bei festem z ist $\varrho(z,\cdot)$ eine konvexe Funktion und damit auch das zugehörige Kontrastfunktional $\int \varrho(z,\cdot)\,dF_\vartheta(z)$. Zur Lösung des Minimierungsproblems (6.1.15) hat man also nach B1.30c den Subgradienten der Funktion $t \mapsto \int \varrho(z,t)\,dF_\vartheta(z)$ zu bestimmen. Zur Berechnung der rechtsseitigen und linksseitigen Ableitung sei X_1 eine ZG mit VF F_ϑ. Dann ist nach Hilfssatz 5.101a

$$E_\vartheta(X_1-t)^+ = \int_0^\infty P_\vartheta(X_1-t>u)\,du = \int_t^\infty P_\vartheta(X_1>s)\,ds$$

sowie entsprechend

$$E_\vartheta(t-X_1)^+ = \int_0^\infty P_\vartheta(X_1 \le t-u)\,du = \int_{-\infty}^t P_\vartheta(X_1 \le s)\,ds\,.$$

Aus dieser Darstellung folgt sofort

$$\partial_+ E_\vartheta \varrho(X_1,t) = -\kappa + (\kappa+\lambda)F_\vartheta(t), \quad \partial_- E_\vartheta \varrho(X_1,t) = -\kappa + (\kappa+\lambda)F_\vartheta(t-0);$$

es gilt nämlich z.B. wegen der rechtsseitigen Stetigkeit von F_ϑ

$$\frac{1}{h}\left(E_\vartheta(X_1-t-h)^+ - E_\vartheta(X_1-t)^+\right) = -\frac{1}{h}\int_t^{t+h}(1-F_\vartheta(s))\,ds \to -1 + F_\vartheta(t).$$

Analog berechnet man die drei anderen benötigten Limiten. Damit liegt 0 im Subgradienten des Kontrastfunktionals genau dann, wenn gilt

$$\partial_+ E_\vartheta \varrho(X_1,t) = -\kappa + (\kappa+\lambda)F_\vartheta(t) \ge 0 \ge -\kappa + (\kappa+\lambda)F_\vartheta(t-0) = \partial_- E_\vartheta \varrho(X_1,t).$$

$t^* \in \mathbb{R}$ minimiert also bei festem ϑ das Kontrastfunktional genau dann, wenn gilt

$$F_\vartheta(t^*) \ge \frac{\kappa}{\kappa+\lambda} \ge F_\vartheta(t^*-0).$$

Damit ist das MK-Funktional zur Kontrastfunktion (6.1.17) stets als $\kappa/(\kappa + \lambda)$-Quantil wählbar. Für $\kappa = \lambda = 1$ ergibt sich $\varrho(z,t) = |z - t|$. Das zugehörige MK-Funktional ist in diesem Fall das Medianfunktional $\gamma(\vartheta) = \text{med}\, F_\vartheta$ und der zugehörige MK-Schätzer der Stichprobenmedian $\widehat{\vartheta}_n(x) = \text{med}\, x_{(n)}$. Das Minimierungsproblem (6.1.15) führt hier dann gerade auf die bekannte Minimaleigenschaft des Medians

$$E_\vartheta |X_1 - \vartheta'| \geq E_\vartheta |X_1 - \text{med}\, F_\vartheta| \quad \forall \vartheta, \vartheta' \in \Theta. \quad \Box$$

Eine weitere klassische Schätzmethode ist die *Minimum-χ^2-Methode*, kurz: Mχ^2-Methode. Diese hat deshalb eine praktische Bedeutung, weil sie sich nach geeigneter Reduktion auch bei nicht notwendig dominierten Verteilungsannahmen $\mathfrak{F} = \{F_\vartheta : \vartheta \in \Theta\}$ über einem beliebigen meßbaren Raum $(\mathfrak{X}_0, \mathfrak{B}_0)$ anwenden läßt. Liegen nämlich st.u. ZG X_j, $j \in \mathbb{N}$, mit derselben Verteilung $F_\vartheta \in \mathfrak{M}^1(\mathfrak{X}_0, \mathfrak{B}_0)$ zugrunde und ist man an einem Schätzer $\widehat{\vartheta}_n$ für den Parameter ϑ interessiert, so kann man – wie bereits in 5.4.1 erläutert – den Wertebereich $\mathfrak{X}_0$ der X_j in (meßbare disjunkte) Zellen $C_1, \ldots, C_s$ mit $\sum_{m=1}^s C_m = \mathfrak{X}_0$ einteilen und von den X_j zu den st.u. $\mathfrak{M}(1, \pi(\vartheta))$-verteilten ZG $(\mathbf{1}_{C_1}(X_j), \ldots, \mathbf{1}_{C_s}(X_j))^\top$ übergehen. Dabei ist $\pi(\vartheta) = (\pi_1(\vartheta), \ldots, \pi_s(\vartheta))^\top$ der Vektor der Zell-WS $\pi_m(\vartheta) := F_\vartheta(C_m)$, $m = 1, \ldots, s$. Bei einer derartigen Zelleinteilung ersetzt man also das beobachtete Tupel $X_{(n)}$ durch die s-dimensionale $\mathfrak{M}(n, \pi(\vartheta))$-verteilte ZG

$$Y_n = \left(\sum_{j=1}^n \mathbf{1}_{C_1}(X_j), \ldots, \sum_{j=1}^n \mathbf{1}_{C_s}(X_j) \right)^\top,$$

deren Dimension von $n \in \mathbb{N}$ unabhängig ist. In dieser Vorgehensweise liegt jedoch eine Willkür, da die Statistik Y_n für das Ausgangsmodell im allgemeinen weder suffizient noch invariant ist. Man hat also durch den Übergang zu den Zellhäufigkeiten einen „Informationsverlust" in Kauf zu nehmen. Insbesondere lassen sich zwei Verteilungen F_ϑ und $F_{\vartheta'}$ mit $\pi(\vartheta) = \pi(\vartheta')$ nicht mehr unterscheiden.

Die Mχ^2-Methode besteht nun in naheliegender Weise darin, auf der Stufe n bei festen Zellhäufigkeiten $y_n = (y_{n1}, \ldots, y_{ns})^\top$ die *χ^2-Abstandsfunktion*

$$Q_n(y_n; \vartheta) = \sum_{m=1}^s \frac{(y_{nm} - n\pi_m(\vartheta))^2}{n\pi_m(\vartheta)} \qquad (6.1.18)$$

zu minimieren, also in Analogie zu (6.1.1) eine Lösung $\widetilde{\vartheta}_n(y_n)$ von

$$Q_n(y_n; \widetilde{\vartheta}_n(y_n)) = \inf_{t \in \Theta} Q_n(y_n; t) \qquad (6.1.19)$$

zu bestimmen. Dieser *Minimum-χ^2-Schätzer*, kurz: Mχ^2-Schätzer, ist – wie in den Sätzen 6.38 und 6.40 gezeigt werden wird – konsistent und asymptotisch normal, sofern die Abbildung $\vartheta \mapsto \pi(\vartheta)$ injektiv ist und gewisse Regularitätsvoraussetzungen erfüllt.

6.1 Asymptotische Behandlung parametrischer Schätzprobleme

Da die Klasse dieser Multinomialmodelle dominiert ist, läßt sich neben dem Mχ^2-Schätzer auch der ML-Schätzer bestimmen. Unter geeigneten Differenzierbarkeitsvoraussetzungen, die etwa in Beispiel 6.5 erfüllt sind, besteht zwischen beiden Schätzern ein enger Zusammenhang. Sind die Abbildungen $\vartheta \mapsto \pi_m(\vartheta)$, $m = 1, \ldots, s$, für alle $\vartheta \in \overset{\circ}{\Theta} \subset \mathbb{R}^k$ positiv und stetig differenzierbar, so ergibt sich der ML-Schätzer für das (durch Zelleinteilung gewonnene) Multinomialmodell aus den zugehörigen Likelihood-Gleichungen

$$\sum_{m=1}^{s} \frac{y_{nm}}{\pi_m(\vartheta)} \nabla_i \pi_m(\vartheta) = 0, \quad i = 1, \ldots, k. \tag{6.1.20}$$

Sind die Funktionen $\pi_m(\cdot)$ sogar zweimal stetig differenzierbar und hat die Informationsmatrix $\mathcal{J}(\vartheta)$ den Rang k, so wird in Satz 6.40 gezeigt, daß auch jeder konsistente Mχ^2-Schätzer $\widetilde{\vartheta}_n$ eine Limesnormalverteilung besitzt und mit jedem konsistenten ML-Schätzer $\widehat{\vartheta}_n$ *asymptotisch äquivalent* ist im Sinne von

$$\sqrt{n}(\widehat{\vartheta}_n - \widetilde{\vartheta}_n) = o_\vartheta(1). \tag{6.1.21}$$

Auch die Mχ^2-Methode besitzt wie die ML-Methode eine kanonische Verallgemeinerung, nämlich die *Minimum-Distanz-Methode*, kurz: MD-Methode. Deren Grundidee ist die folgende: Liegen st.u. ZG $X_1, \ldots, X_n$ mit derselben Verteilung F zugrunde, so bietet sich als Schätzer für F nach dem Satz von Glivenko-Cantelli zunächst die empirische VF $\widehat{F}_n$ an. In der (parametrischen) Statistik ist jedoch eine Verteilungsannahme $\mathfrak{F} = \{F_\vartheta : \vartheta \in \Theta\}$ ausgezeichnet. Demgemäß ist eine Verteilung $F_\vartheta \in \mathfrak{F}$ – oder äquivalent der Parameter $\vartheta \in \Theta$ – zu schätzen. Somit eignet sich $\widehat{F}_n$ höchstens als „Vorschätzer", da $\widehat{F}_n$ im allgemeinen nicht nach $\mathfrak{F}$ fällt. Es ist dann aber plausibel, bei vorliegender Beobachtung $x_{(n)}$, d.h. bei vorliegender empirischer VF $\widehat{F}_n$, als Schätzung $\widehat{\vartheta}_n(x)$ einen solchen Wert $\vartheta \in \Theta$ zu nehmen, für den der „Abstand" von F_ϑ zu $\widehat{F}_n$ möglichst klein wird. Dabei kann das Wort Abstand in unterschiedlicher Weise präzisiert werden. Hierzu seien $\mathfrak{G} \subset \mathfrak{M}^1(\mathfrak{X}_0, \mathfrak{B}_0)$ eine Verteilungsklasse, welche die zugrundeliegende Klasse $\mathfrak{F} = \{F_\vartheta : \vartheta \in \Theta\}$ und alle diskreten Gleichverteilungen umfaßt. Weiter sei

$$\varrho : \mathfrak{G} \times \mathfrak{F} \to [0, \infty] \quad \text{mit} \quad \varrho(F, F) = 0 \quad \forall F \in \mathfrak{F}$$

eine im folgenden als *Diskrepanz* bezeichnete Funktion. Damit nimmt jede der Funktionen $\varrho(F_\vartheta, \cdot)$ in F_ϑ ihr Minimum an. Nach obigem ist also für jedes $x \in \mathfrak{X}_{(n)}$ ein Parameterwert $\widehat{\vartheta}_n(x) \in \Theta$, d.h. eine meßbare Abbildung $\widehat{\vartheta}_n : \mathfrak{X}_{(n)} \to \Theta$ gesucht mit[5]

$$\varrho(\widehat{F}_n, F_{\widehat{\vartheta}_n}) = \inf_{t \in \Theta} \varrho(\widehat{F}_n, F_t). \tag{6.1.22}$$

---
[5] In der robusten Statistik wird die entsprechende Schätzmethode auch bei $F \notin \mathfrak{F}$ verwendet.

6 Asymptotische Betrachtungsweisen parametrischer Verfahren

Bei einem derartigen *Minimum-Distanz-Schätzer*, kurz: MD-Schätzer, kann ϱ eine Metrik auf $\mathfrak{G}$ sein, muß es aber keineswegs (auch wenn dieser Spezialfall der Methode ihren Namen gegeben hat). Wählt man speziell die χ^2-Abstandsfunktion

$$\varrho(G, F_\vartheta) = \sum_{m=1}^{s} \frac{(G(C_m) - F_\vartheta(C_m))^2}{F_\vartheta(C_m)}, \qquad (6.1.23)$$

so ergibt sich gerade der oben diskutierte Mχ^2-Schätzer. Andere häufig verwendete Diskrepanzen sind die Supremumsmetrik, $\mathbb{L}_2$-Abstände, die im nachfolgenden Beispiel verwendete Mallows-Metrik oder Pseudo-Metriken; vgl. Beispiel 6.18.

Beispiel 6.17 Seien $\mathfrak{F} = \{F_{\mu,\sigma}(\cdot) = F_0(\frac{\cdot-\mu}{\sigma}) : (\mu,\sigma) \in \mathbb{R} \times (0,\infty)\}$ eine Lokations-Skalenfamilie über $(\mathbb{R}, \mathbb{B})$, die von einer (als bekannt angesehenen, bzgl. 0) symmetrischen Verteilung F_0 erzeugt wird, und $a : (0,1) \to (0,\infty)$ eine positive Funktion mit $\int x^2 a(F_0(x))\, dF_0(x) < \infty$, die bzgl. 1/2 symmetrisch ist. Bei Verwenden der mit der Funktion a gewichteten Mallows-Metrik (5.2.67) berechnet sich das Abstandsquadrat zweier Verteilungen aus $\mathfrak{F}$ wegen $\int_{(0,1)} a(t) F_0^{-1}(t)\, dt = 0$ gemäß

$$\varrho^2(F_{\mu_1,\sigma_1}, F_{\mu_2,\sigma_2}) = \int_{(0,1)} \left(\sigma_1 F_0^{-1}(t) + \mu_1 - \sigma_2 F_0^{-1}(t) - \mu_2\right)^2 a(t)\, dt$$

$$= (\sigma_1 - \sigma_2)^2 \int_{(0,1)} \left(F_0^{-1}(t)\right)^2 a(t)\, dt + (\mu_1 - \mu_2)^2 \int_{(0,1)} a(t)\, dt.$$

Der zugehörige MD-Schätzer ergibt sich somit durch Minimierung von

$$\varrho^2(\widehat{F}_n, F_{\widehat{\mu}_n, \widehat{\sigma}_n}) = \int_{(0,1)} \left(\widehat{\sigma}_n F_0^{-1}(t) + \widehat{\mu}_n - \widehat{F}_n^{-1}(t)\right)^2 a(t)\, dt$$

$$= \widehat{\sigma}_n^2 \int_{(0,1)} (F_0^{-1}(t))^2 a(t)\, dt + \widehat{\mu}_n^2 \int_{(0,1)} a(t)\, dt + \int_{(0,1)} (\widehat{F}_n^{-1}(t))^2 a(t)\, dt$$

$$- 2\widehat{\sigma}_n \int_{(0,1)} \widehat{F}_n^{-1}(t) F_0^{-1}(t) a(t)\, dt - 2\widehat{\mu}_n \int_{(0,1)} \widehat{F}_n^{-1}(t) a(t)\, dt$$

zu

$$\widehat{\mu}_n(x) = \frac{\int_{(0,1)} \widehat{F}_n^{-1}(t) a(t)\, dt}{\int_{(0,1)} a(t)\, dt}, \quad \widehat{\sigma}_n(x) = \frac{\int_{(0,1)} \widehat{F}_n^{-1}(t) F_0^{-1}(t) a(t)\, dt}{\int_{(0,1)} (F_0^{-1}(t))^2 a(t)\, dt}.$$

Da die empirische Quantilfunktion $\widehat{F}_n^{-1}$ gemäß (1.2.29) auf den Intervallen $(\frac{j-1}{n}, \frac{j}{n}]$ konstant ist mit dem Wert $X_{n\uparrow j}$, $j=1,\ldots,n$, sind $\widehat{\mu}_n$ und $\widehat{\sigma}_n$ L-Statistiken mit gemittelten Gewichten c_{nj} und d_{nj} im Sinne von (B4.3), nämlich

$$\widehat{\mu}_n = \frac{1}{n} \sum_{j=1}^{n} c_{nj} X_{n\uparrow j}, \quad \widehat{\sigma}_n = \frac{1}{n} \sum_{j=1}^{n} d_{nj} X_{n\uparrow j}$$

6.1 Asymptotische Behandlung parametrischer Schätzprobleme

mit den durch die Funktionen a und F_0^{-1} bestimmten Gewichten

$$c_{nj} = n \int_{(\frac{j-1}{n},\frac{j}{n})} a(t)\,\mathrm{d}t \Big/ \int_{(0,1)} a(t)\,\mathrm{d}t, \qquad d_{nj} = n \int_{(\frac{j-1}{n},\frac{j}{n})} a(t)F_0^{-1}(t)\,\mathrm{d}t \Big/ \int_{(0,1)} a(t)(F_0^{-1}(t))^2\,\mathrm{d}t. \qquad \square$$

Eine andere in diesem Zusammenhang auftretende Klasse von Diskrepanzen sind Pseudo-Metriken der Form

$$\varrho_{\mathfrak{Q}}(G,F) = \sup\Big\{\Big|\int q(\mathrm{d}G - \mathrm{d}F)\Big| : q \in \mathfrak{Q}\Big\}, \qquad (6.1.24)$$

wobei $\mathfrak{Q}$ eine Klasse von reellwertigen (Borel-meßbaren) Funktionen auf $\mathbb{R}$ sei, die bzgl. aller $G \in \mathfrak{G}$ integrierbar seien. Für „große" Klassen $\mathfrak{Q}$ sind die entsprechenden MD-Schätzer typischerweise nicht explizit berechenbar. Dies ist selbst dann häufig der Fall, wenn man für $\mathfrak{Q}$ nur die Klasse der ersten m Monome wählt, d.h. $\mathfrak{Q} = \{x, x^2, \ldots, x^m\}$, und entweder m größer ist als die Zahl der zu schätzenden Parameter oder letztere Vorzeichenbedingungen zu genügen haben. Ist $\vartheta = (\vartheta_1, \ldots, \vartheta_k)^\top$ ein k-dimensionaler Parameter und $m = k$, so erhält man einen MD-Schätzer $\widehat{\vartheta}_n$ bzgl. $\varrho_{\mathfrak{Q}}$ durch die Forderung, daß die ersten m Momente bzgl. $F_{\widehat{\vartheta}_n}$ gleich denen der empirischen Verteilung sind, also als Lösung von

$$\int x^\ell \,\mathrm{d}F_{\widehat{\vartheta}_n}(x) = \frac{1}{n}\sum_{j=1}^n X_j^\ell \quad \forall\, 1 \le \ell \le m. \qquad (6.1.25)$$

Bei diesem Schätzverfahren spricht man deshalb auch von der *Momentenmethode*.

Beispiel 6.18 Seien $X_1, \ldots, X_n$ st.u. ZG mit derselben Verteilung $F \in \mathfrak{F} = \{F_\vartheta : \vartheta \in \Theta\}$.

a) Seien $\mathfrak{F} = \{F_0(\frac{\cdot-\mu}{\sigma}) : \vartheta = (\mu,\sigma)^\top \in \mathbb{R} \times (0,\infty)\}$ und $\mathfrak{Q} = \{x, x^2\}$. Das Gleichungssystem (6.1.25) lautet dann

$$\int x\,\mathrm{d}F_{\widehat{\vartheta}_n}(x) =: \widehat{\mu}_n = \frac{1}{n}\sum_{j=1}^n x_j, \qquad \int x^2\,\mathrm{d}F_{\widehat{\vartheta}_n}(x) =: \widehat{\sigma}_n^2 + \widehat{\mu}_n^2 = \frac{1}{n}\sum_{j=1}^n x_j^2.$$

Als Lösung ergeben sich also hier die „Standardschätzer"

$$\widehat{\mu}_n = \overline{x}_n, \qquad \widehat{\sigma}_n = \Big(\frac{1}{n}\sum_{j=1}^n (x_j - \overline{x}_n)^2\Big)^{1/2}.$$

b) Seien $\mathfrak{F} = \{F_\vartheta : \vartheta = (\kappa,\lambda) \in (2,\infty) \times (0,\infty)\}$ mit $F_\vartheta(x) = 1 - (\lambda/x)^\kappa$ für $x \ge \lambda$ und 0 sonst die Klasse der *Pareto-Verteilungen* und zunächst wieder $\mathfrak{Q} = \{x, x^2\}$. Dann reduziert sich (6.1.25) wegen $\int x\,\mathrm{d}F_\vartheta(x) = \kappa\lambda/(\kappa-1)$ und $\int x^2\,\mathrm{d}F_\vartheta(x) = \kappa\lambda^2/(\kappa-2)$ auf die beiden Gleichungen

$$\frac{\kappa\lambda}{\kappa-1} = \frac{1}{n}\sum_{j=1}^n x_j = \overline{x}, \qquad \frac{\kappa\lambda^2}{\kappa-2} = \frac{1}{n}\sum_{j=1}^n x_j^2 = V_n.$$

6 Asymptotische Betrachtungsweisen parametrischer Verfahren

Lösungen $\widehat{\kappa}_n$, $\widehat{\lambda}_n$ sind also notwendigerweise gekoppelt. Offenbar gilt nämlich

$$\frac{\widehat{\kappa}_n \widehat{\lambda}_n}{\widehat{\kappa}_n - 1} = \overline{x}_n \quad \Leftrightarrow \quad \widehat{\kappa}_n = \frac{\overline{x}_n}{\overline{x}_n - \widehat{\lambda}_n},$$

falls $\widehat{\lambda}_n \neq \overline{x}_n$ und $\widehat{\lambda}_n > 0$ jeweils mit WS 1 sichergestellt werden kann. Es reicht daher, $\widehat{\lambda}_n$ zu bestimmen. Mit der eben hergeleiteten Beziehung erhält man nun

$$\frac{\widehat{\kappa}_n \widehat{\lambda}_n^2}{\widehat{\kappa}_n - 2} = \frac{\overline{x}_n - \widehat{\lambda}_n^2}{2\widehat{\lambda}_n - \overline{x}_n} = V_n \quad \Leftrightarrow \quad \widehat{\lambda}_n = \frac{V_n}{\overline{x}_n}(1 - \Delta_n), \quad \Delta_n := \left(1 - \frac{\overline{x}_n^2}{V_n}\right)^{1/2}.$$

Wegen $\overline{x}_n^2 \leq V_n$ $[F_{\kappa,\lambda}]$ folgt $0 < \Delta_n < 1$ $[F_{\kappa,\lambda}]$. Eine einfache Überlegung zeigt dann, daß weiterhin gilt

$$0 < \widehat{\lambda}_n < \overline{x}_n < 2\widehat{\lambda}_n \quad [F_{\kappa,\lambda}].$$

(Die zweite dieser Ungleichungen, die aufgrund des Modells gelten muß, wäre für die zweite Wurzel, d.h. für $\widehat{\lambda}_n = V_n(1 + \Delta_n)/\overline{x}_n$, nicht erfüllt, und schließt dieses $\widehat{\lambda}_n$ als Lösung daher aus.) Die Schätzerfolge $(\widehat{\kappa}_n, \widehat{\lambda}_n)$ ist dann offensichtlich konsistent.

c) Die Momentenmethode läßt sich dahingehend modifizieren, daß man nicht nur gemäß (6.1.25) einige Stichprobenmomente mit den unter $F_\vartheta \in \mathfrak{F}$ erwarteten Momenten gleichsetzt, sondern entsprechendes auch mit anderen Stichprobenfunktionen tut. Nimmt man für $(\overline{x}_n, V_n)$ in b) etwa $(\overline{x}_n, x_{n\uparrow 1})$ und beachtet die Beziehung $E_{\kappa,\lambda} X_{n\uparrow 1} = n\kappa\lambda/(n\kappa - 1)$, so ergibt sich durch Auflösen des (6.1.25) entsprechenden Gleichungssystems

$$\widehat{\widehat{\kappa}}_n = \frac{n\overline{x}_n - x_{n\uparrow 1}}{n(\overline{x}_n - x_{n\uparrow 1})}, \quad \widehat{\widehat{\lambda}}_n = \frac{(n\widehat{\widehat{\kappa}}_n - 1)x_{n\uparrow 1}}{n\widehat{\widehat{\kappa}}_n}.$$

Auch diese Schätzer sind konsistent; vgl. Aufg. 6.9. □

Natürlich soll auch bei der MD-Methode $\widehat{\vartheta}_n$ eine meßbare Funktion und – zumindest asymptotisch – eindeutig bestimmt sein. Die statistische Rechtfertigung eines derartigen Ansatzes liegt darin, daß sich (bei richtiger Wahl der Diskrepanz ϱ) asymptotisch effiziente und (in einem in Kap. 8 zu präzisierenden Sinne) robuste Schätzer gewinnen lassen. Dabei gestaltet sich die explizite Minimierung in ϑ zumeist schwierig, so daß man sich häufig mit approximativen Lösungen zufriedengeben muß. Dies ist der Grund für die Einführung des Begriffs eines *asymptotischen Minimum-Distanz-Schätzers* bzgl. ϱ. Darunter versteht man eine Folge $(\widehat{\vartheta}_n)$ von Θ-wertigen Statistiken, für die in Analogie zur Definition 6.11 eines asymptotischen ML-Schätzers für jedes $n \in \mathbb{N}$ eine meßbare Teilmenge M'_n von

$$M_n := \bigcup_{\vartheta \in \Theta} \{x \in \mathfrak{X} : \varrho(\widehat{F}_n, F_\vartheta) = \inf_{t \in \Theta} \varrho(\widehat{F}_n, F_t)\}$$

existiert mit $P_\vartheta(M'_n) \to 1 \ \forall \vartheta \in \Theta$ derart, daß gilt

$$\varrho(\widehat{F}_n, F_{\widehat{\vartheta}_n}) = \inf_{t \in \Theta} \varrho(\widehat{F}_n, F_t) \quad \forall x \in M'_n. \tag{6.1.26}$$

6.1 Asymptotische Behandlung parametrischer Schätzprobleme 187

Eine andere, an das Konzept einer ε-optimalen Lösung anschließende, jedoch zur Bestimmung der Limesverteilung von $\widehat{\vartheta}_n$ weniger geeignete Definition wäre es, die Existenz einer geeigneten Nullfolge (ε_n) zu fordern derart, daß gilt

$$\varrho(\widehat{F}_n, F_{\widehat{\vartheta}_n}) \leq \inf_{t \in \Theta} \varrho(\widehat{F}_n, F_t) + \varepsilon_n \quad \forall n \in \mathbb{N}. \tag{6.1.27}$$

In einer (6.1.26) entsprechenden Weise sind auch asymptotische MK-Schätzer definiert; vgl. (6.1.78) in 6.1.3.

6.1.2 Erste Grundbegriffe der asymptotischen Schätztheorie

Konsistenz und Konvergenzrate In 6.1.1 wurde ein heuristisches Konstruktionsprinzip für Schätzer an die Spitze gestellt. Dann wurde gedanklich nach diesem Bildungsgesetz zu jedem möglichen Stichprobenumfang n ein Schätzer gebildet und nach dem asymptotischen Verhalten des Schätzfehlers gefragt. Zunächst interessierte hierbei die Frage, ob bei wachsendem Stichprobenumfang und damit bei vermehrter Information über den unbekannten Parameter dieser – zumindest im Prinzip – beliebig genau geschätzt werden kann. Dies führte auf den schon in 5.1.1 eingeführten Begriff der Konsistenz. Da sich die darin eingehende Konvergenz auf verschiedene Weise präzisieren läßt, existieren verschiedene Konsistenzbegriffe. Zu deren Diskussion gehen wir von einer parametrisierten Klasse $\mathfrak{F} = \{F_\vartheta : \vartheta \in \Theta\}$ aus, wobei ϑ ein nicht notwendig endlichdimensionaler Parameter ist. Die Begriffsbildungen gelten also in gleicher Weise, wenn $\mathfrak{F}$ eine nichtparametrische Verteilungsannahme ist. Da die Parametrisierungen wie in Band I stets als injektiv vorausgesetzt werden, kann man Funktionale $\gamma : \mathfrak{F} \to \Gamma$ mit den entsprechenden Funktionen $\gamma : \Theta \to \Gamma$ identifizieren. Demgemäß schreiben wir für $\gamma(F_\vartheta)$ auch kurz $\gamma(\vartheta)$. Im folgenden sei der Einfachheit halber $\Gamma = \mathbb{R}$. Aus Gründen der Vollständigkeit erinnern wir zunächst noch einmal an die

Definition 6.19 Es seien γ ein reellwertiges Funktional auf $\mathfrak{F} = \{F_\vartheta : \vartheta \in \Theta\}$ und (T_n) eine Folge reellwertiger Schätzer. Dann heißt in Einklang mit (5.1.1+2)

a) (T_n) oder kurz T_n *(schwach) konsistent für* γ, wenn gilt

$$T_n \to \gamma(\vartheta) \quad \text{nach} \quad F_\vartheta\text{-WS} \quad \forall \vartheta \in \Theta. \tag{6.1.28}$$

b) (T_n) oder kurz T_n *stark konsistent für* γ, wenn gilt

$$T_n \to \gamma(\vartheta) \quad [F_\vartheta] \quad \forall \vartheta \in \Theta. \tag{6.1.29}$$

Die einfachsten Konsistenzbeweise sind diejenigen, bei denen man – wie bei verschiedenen Beispielen in 6.1.1 – an das Gesetz der großen Zahlen anknüpfen kann.

6 Asymptotische Betrachtungsweisen parametrischer Verfahren

Da sich die meisten Schätzer jedoch nicht direkt auf Durchschnitte von st.u. glv. ZG zurückführen lassen, sind die Konsistenznachweise für viele Typen von Schätzern technisch aufwendig, wie bereits derjenige für ML-Schätzer bei allgemeineren Verteilungsklassen in 6.1.3 zeigen wird. Zu Konsistenznachweisen bei L-, U-, V- und M-Statistiken vgl. 7.3.1–3.

Analog zur Vorgehensweise bei ML-Schätzern, wo wir etwa in den Beispielen im Anschluß an die Diskussion der Konsistenz nach der Größenordnung und dem Limesverhalten des Schätzfehlers gefragt haben, kann man auch bei allgemeineren Schätzern vorgehen. Bei der Beurteilung der asymptotischen Güteeigenschaften eines konsistenten Schätzers wird man demgemäß an die Geschwindigkeit denken, mit der T_n gegen $\gamma(\vartheta)$ konvergiert. Dies kann durch Angabe einer Folge (c_n) mit $0 < c_n \uparrow \infty$ geschehen, für die $c_n(T_n - \gamma(\vartheta))$ asymptotisch nicht-degeneriert ist. Dabei wird die Präzisierung wie auch die Wachstumsrate selber davon abhängen, an welche der beiden Konvergenzarten in Definition 6.19 angeknüpft wird. Wir beschränken uns hier im Hinblick auf das folgende wie der Einfachheit halber auf den Fall der Verteilungskonvergenz und fordern dabei, daß $c_n(T_n - \gamma(\vartheta))$ nach F_ϑ-WS beschränkt ist, jedoch nicht stochastisch gegen eine Konstante strebt.

Definition 6.20 Es seien $\gamma : \mathfrak{F} \to \mathbb{R}$ ein reellwertiges Funktional, (T_n) eine Folge reellwertiger Schätzer, (c_n) eine Folge positiver Zahlen sowie $F_\vartheta \in \mathfrak{F}$ eine feste Verteilung. Dann heißt (c_n^{-1}) oder kurz c_n^{-1} die *(stochastische) Konvergenzrate von* T_n *gegen* $\gamma(\vartheta)$ *unter* F_ϑ, wenn

$$\{\mathfrak{L}_\vartheta(c_n(T_n - \gamma(\vartheta))) : n \in \mathbb{N}\} \quad \text{straff} \qquad (6.1.30)$$

ist und nur nicht-degenerierte Häufungspunkte besitzt.

Insbesondere ist also (c_n^{-1}) die (stochastische) Konvergenzrate unter F_ϑ, wenn es eine nicht-degenerierte Verteilung $H_\vartheta \in \mathfrak{M}^1(\mathbb{R}, \mathbb{B})$ gibt mit

$$\mathfrak{L}_\vartheta(c_n(T_n - \gamma(\vartheta))) \xrightarrow{\mathfrak{L}} H_\vartheta. \qquad (6.1.31)$$

Offenbar ist (c_n) nicht eindeutig bestimmt. Jedoch gilt für je zwei solche Raten (c_n^{-1}) und (d_n^{-1}) nach dem Korollar 5.89 zum Typenkonvergenzsatz unter der Voraussetzung der Verteilungskonvergenz $0 < \lim_{n\to\infty}(c_n/d_n) < \infty$ und demgemäß im allgemeinen Fall (6.1.30)

$$0 < \liminf_{n\to\infty} \frac{c_n}{d_n} \leq \limsup_{n\to\infty} \frac{c_n}{d_n} < \infty. \qquad (6.1.32)$$

Ist (c_n) beschränkt, so muß also auch (d_n) beschränkt sein und umgekehrt. Allgemeiner wird durch (6.1.32) eine Äquivalenzrelation „$\sim$" unter allen solchen Normierungsfolgen festgelegt. Ist also (c_n) gemäß (6.1.30) eine Konvergenzrate des Schätzfehlers $T_n - \gamma(\vartheta)$ und ist $(d_n) \sim (c_n)$, dann gilt dies auch für (d_n). Präziser müßte man daher die Äquivalenzklasse von (c_n^{-1}) als Konvergenzrate bezeichnen. Es ist jedoch bequemer, mit geeigneten Repräsentanten zu arbeiten.

6.1 Asymptotische Behandlung parametrischer Schätzprobleme

Anmerkung 6.21 Die Frage nach einer Konvergenzrate läßt sich natürlich auch für andere Konvergenzarten stellen, insbesondere für die f.s. Konvergenz. Wird speziell ein arithmetisches Mittel betrachtet, dann ist diese Frage äquivalent zu derjenigen nach der Konvergenzgeschwindigkeit im starken Gesetz der großen Zahlen. Die Antwort gibt hier das bereits einleitend in 5.1.1 erwähnte Gesetz vom iterierten Logarithmus. Sind nämlich X_j, $j \in \mathbb{N}$, st.u. ZG mit derselben Verteilung F_ϑ und ist $\mu(\vartheta) = \int z \, dF_\vartheta(z) \in \mathbb{R}$ sowie $\sigma^2(\vartheta) = \int (z - \mu(\vartheta))^2 \, dF_\vartheta(z) \in (0, \infty)$, so gilt bei $\gamma(\vartheta) = \mu(\vartheta)$

$$\limsup_{n \to \infty} \sqrt{\frac{n}{2 \log \log n}} (\overline{X}_n - \mu(\vartheta)) = +\sigma(\vartheta) \quad [F_\vartheta],$$

$$\liminf_{n \to \infty} \sqrt{\frac{n}{2 \log \log n}} (\overline{X}_n - \mu(\vartheta)) = -\sigma(\vartheta) \quad [F_\vartheta]. \tag{6.1.33}$$

Genauer folgt aus einem Resultat von Strassen[6], daß das Intervall $[-\sigma(\vartheta), \sigma(\vartheta)]$ mit der Menge aller Häufungspunkte zusammenfällt. Ohne den Vorfaktor $(2 \log \log n)^{-1/2}$ dagegen wäre die Menge der Häufungspunkte die gesamte Gerade[7] $\mathbb{R}$. Speziell gilt

$$\limsup_{n \to \infty} \sqrt{n}(\overline{X}_n - \mu(\vartheta)) = +\infty \ [F_\vartheta], \quad \liminf_{n \to \infty} \sqrt{n}(\overline{X}_n - \mu(\vartheta)) = -\infty \ [F_\vartheta].$$

Jedoch ist selbst im Fall von arithmetischen Mitteln die Präzisierung dessen, was unter der f.s. Konvergenzrate von Folgen zufälliger Größen zu verstehen ist, nicht in der Weise möglich wie bei der Verteilungskonvergenz. □

Ist $c_n(T_n - \gamma(\vartheta))$ für jedes $\vartheta \in \Theta$ nach F_ϑ-WS beschränkt, so heißt T_n ein c_n-*konsistenter* Schätzer. Von besonderer beweistechnischer Bedeutung, etwa in 6.4.2+3, sind $\sqrt{n}$-konsistente Schätzer, d.h. solche mit $\sqrt{n}(T_n - \gamma(\vartheta)) = O_\vartheta(1)$ $\forall \vartheta \in \Theta$. Hierfür wiederum ist also die Existenz einer nicht-degenerierten Limesverteilung von $\sqrt{n}(T_n - \gamma(\vartheta))$ hinreichend, aber nicht notwendig[8] – und auch beweistechnisch oft nicht erforderlich. Daneben spielen n-konsistente Schätzer eine Rolle, bei denen im Falle der Konvergenz typischerweise eine $\mathfrak{Q}^0$-Verteilung als Limesverteilung von $n(T_n - \gamma(\vartheta))$ auftritt.

Bei Schätzerfolgen mit unterschiedlicher Konvergenzrate wird man diejenige bevorzugen, die die bessere Konvergenzrate besitzt, deren Schätzfehler also schneller gegen 0 strebt. Selbstverständlich wird das Verhalten des Schätzfehlers für $n \to \infty$ und damit die Konzentration um den zu schätzenden Parameterwert nicht nur durch die Konvergenzrate beschrieben, sondern gegebenenfalls auch durch die Limesverteilung. So ist zum Schätzen des Mittelwerts das Stichprobenmittel $T_n = \overline{X}_n$ besser als das nur über jede zweite Beobachtung gebildete Mittel $T'_n = \overline{\overline{X}}_n$, da beide Schätzer zwar die gleiche Rate $n^{-1/2}$ haben, aber die Limesverteilung von $\overline{X}_n$ stärker um 0 konzentriert ist als diejenige von $\overline{\overline{X}}_n$ gemäß

---

[6] Vgl. V. Strassen: Zeitschrift f. Wahrscheinlichkeitstheorie verw. Gebiete 3 (1964) 211-226.
[7] Vgl. auch H. Rootzén: Ann. Prob. 4 (1976) 456-463.
[8] Ein einfaches (wenn auch künstliches) Beispiel für einen derartigen Schätzer bildet bei st.u. ZG X_j, $j \in \mathbb{N}$, mit derselben Verteilung F_ϑ, für die $\gamma(\vartheta) = \int z \, dF_\vartheta(z)$ sowie endliche zweite Momente existieren, die durch $T_n := \overline{x}_n$ für $n = 2m$ bzw. $T_n := \overline{\overline{x}}_n := (x_2 + x_4 + \ldots + x_{2[n/2]})/[n/2]$ für $n = 2m + 1$ definierte Folge.

190   6 Asymptotische Betrachtungsweisen parametrischer Verfahren

$$\mathcal{L}_\vartheta(\sqrt{n}(\overline{X}_n - \mu(\vartheta))) \xrightarrow[\mathcal{L}]{} \mathfrak{N}(0,\sigma^2(\vartheta)), \quad \mathcal{L}_\vartheta(\sqrt{n}(\overline{\overline{X}}_n - \mu(\vartheta))) \xrightarrow[\mathcal{L}]{} \mathfrak{N}(0,2\sigma^2(\vartheta)).$$

Wichtige Beispiele von Statistiken mit von $n^{-1/2}$ verschiedenen stochastischen Raten bei st.u. glv. ZG sind neben den in 5.4 behandelten quadratischen Statistiken die in 7.2.4 zu diskutierenden Extremwertstatistiken. Eine besonders einfache Situation wurde bereits in Beispiel 6.6 behandelt. Dort wurde gezeigt, daß für n st.u. $\mathfrak{R}(0,\vartheta)$- bzw. $\mathfrak{R}(\vartheta - \frac{1}{2}, \vartheta + \frac{1}{2})$-verteilte ZG die ML-Schätzer für ϑ, nämlich $X_{n\uparrow n}$ bzw. $\frac{1}{2}(X_{n\uparrow 1} + X_{n\uparrow n})$, die stochastische Rate n^{-1} haben. Allgemeiner wird in 7.2.4 hergeleitet, daß extreme Ordnungsstatistiken wie $X_{n\uparrow n}$ und $X_{n\uparrow 1}$ oder $X_{n\uparrow n-k}$ und $X_{n\uparrow k}$ bei festem k ein anderes Limesverhalten und damit auch eine andere stochastische Rate haben als zentrale Ordnungsstatistiken, also solche der Form $X_{n\uparrow j_n}$ mit $j_n/n \to u \in (0,1)$. Letztere verhalten sich – wie bereits in den Beispielen 5.73 und 5.108 gezeigt wurde – typischerweise asymptotisch wie ein Stichprobenmittel von st.u. glv. ZG bei Vorliegen endlicher zweiter Momente, besitzen also nur die stochastische Rate $n^{-1/2}$; vgl. auch 7.2.3 bzw. Beispiel 6.24.

Asymptotische relative Effizienz und Defizienz Natürlich möchte man auch dann die Güte eines Schätzverfahrens mit der eines zweiten vergleichen können, wenn beide asymptotischen Schätzer die gleiche Konvergenzrate haben, in obigem Beispiel etwa die Folgen $T_n = \overline{X}_n$ und $T'_n = \overline{\overline{X}}_n$. Dazu denken wir uns die statistische Güte eines Verfahrens durch eine Risikofunktion beschrieben. Sei also $\Lambda_0 : \mathbb{R} \to [0,\infty)$ eine zunächst beliebige nicht-negative Verlustfunktion mit $\Lambda_0(0) = 0$ und demgemäß die Risikofunktion in der Form

$$R(T_n, \vartheta) = E_\vartheta \Lambda_0(T_n - \gamma(\vartheta)).$$

Ist etwa $\Lambda(t) = d|t|^r$, $d > 0$, $r > 0$, dann gilt

$$R(T_n, \vartheta) = dE_\vartheta|T_n - \gamma(\vartheta)|^r = dc_n^{-r} E_\vartheta|c_n(T_n - \gamma(\vartheta))|^r.$$

Ist (6.1.31) erfüllt, also $\mathcal{L}_\vartheta(c_n(T_n - \gamma(\vartheta))) \xrightarrow[\mathcal{L}]{} \mathcal{L}_\vartheta(V)$, und konvergieren die r-ten absoluten Momente gegen $\tau^r(\vartheta) = E_\vartheta|V|^r$, so gilt

$$R(T_n, \vartheta) = dc_n^{-r}\tau^r(\vartheta) + o(c_n^{-r}). \tag{6.1.34}$$

Im Spezialfall des Gauß-Risikos ($r = 2$) und $c_n = n^{1/2}$ folgt demgemäß

$$R(T_n, \vartheta) = dn^{-1}\tau^2(\vartheta) + o(n^{-1}), \tag{6.1.35}$$

so daß $\tau^2(\vartheta)$ der Limesvarianz von T_n unter F_ϑ entspricht.

Geht man nun von zwei Schätzerfolgen (T_{1n}) und (T_{2n}) mit jeweils positiven und endlichen Risiken aus, dann liegt es nahe, nach demjenigen Stichprobenumfang m_n zu fragen, bei dem der zweite Schätzer approximativ zum selben Risiko führt wie der erste bei n Beobachtungen. Formal setzt man

$$m_n = m_n(\vartheta) := \inf\{m \geq 1 : R(T_{2m}, \vartheta) \leq R(T_{1n}, \vartheta)\}. \tag{6.1.36}$$

6.1 Asymptotische Behandlung parametrischer Schätzprobleme 191

Offensichtlich gilt dann $m_n \to \infty$ für $n \to \infty$ und

$$\limsup_{n \to \infty} R(T_{2m_n}, \vartheta)/R(T_{1n}, \vartheta) \le 1. \tag{6.1.37}$$

Definition 6.22 Gegeben seien eine Klasse $\mathfrak{F} = \{F_\vartheta : \vartheta \in \Theta\}$, ein darauf definiertes Funktional $\gamma(\vartheta)$ sowie zwei Schätzerfolgen (T_{in}) mit positiven und endlichen Risiken, $i = 1, 2$, die für $n \to \infty$ gegen 0 streben. Weiter sei $m_n = m_n(\vartheta)$ für $n \in \mathbb{N}$ erklärt durch (6.1.36). Dann heißt (im Fall der Existenz des Limes)

$$\mathrm{ARE}((T_{2n}) : (T_{1n})|\vartheta) := \lim_{n \to \infty} n/m_n(\vartheta) \tag{6.1.38}$$

asymptotisch relative Effizienz oder *Pitman-Effizienz von* (T_{2n}) *im Vergleich zu* (T_{1n}) *unter* F_ϑ.

Auch wenn es sich bei der asymptotischen relativen Effizienz um eine Eigenschaft der Schätzerfolgen und nicht um eine solche der einzelnen Schätzer handelt, sprechen wir kurz von der asymptotischen relativen Effizienz von T_{2n} zu T_{1n} unter F_ϑ. Für $\mathrm{ARE}((T_{2n}) : (T_{1n})|\vartheta)$ schreiben wir deshalb auch kurz: $\mathrm{ARE}(T_{2n} : T_{1n}|\vartheta)$. Die asymptotische relative Effizienz (kurz: ARE) gibt also an, um wieviel – gemessen im relativen Stichprobenumfang – der Schätzer T_{2n} schlechter ist als der Schätzer T_{1n}.

Im Anschluß an die Definition stellt sich sofort die Frage der Berechnung der asymptotischen relativen Effizienz. Dazu knüpfen wir an die Form (6.1.34) an und setzen speziell $c_n^{-r} = n^{-s}$ voraus, $s > 0$. Im folgenden seien also (T_{in}), $i = 1, 2$, zwei Schätzerfolgen mit derselben Konvergenzrate, deren Risiken unter F_ϑ positiv und endlich seien sowie gegen Null streben gemäß

$$R(T_{in}, \vartheta) = dn^{-s}\tau_i^r(\vartheta) + o(n^{-s}). \tag{6.1.39}$$

Satz 6.23 *Seien* (T_{in}), $i = 1, 2$, *zwei asymptotische Schätzer für* $\gamma(\vartheta)$, *deren Risiken positiv und endlich seien. Weiter seien* $r > 0$, $s > 0$ *und* $c > 0$ *derart, daß mit Zahlen* $\tau_i^r(\vartheta) > 0$, $i = 1, 2$, *gelte* (6.1.39). *Dann existiert die asymptotische relative Effizienz und es gilt*

$$\mathrm{ARE}(T_{2n} : T_{1n}|\vartheta) = \tau_2^{r/s}(\vartheta)/\tau_1^{r/s}(\vartheta).$$

Insbesondere gilt für den Fall des Gauß-Risikos, also von $r = 2$ *und* $s = 1$,

$$\mathrm{ARE}(T_{2n} : T_{1n}|\vartheta) = \tau_2^2(\vartheta)/\tau_1^2(\vartheta). \tag{6.1.40}$$

Beweis: Nach Definition von m_n gilt

$$R(T_{2m_n}, \vartheta) \le R(T_{1n}, \vartheta) \le R(T_{2m_n - 1}, \vartheta)$$

und folglich

$$\frac{1}{d} m_n^s(\vartheta) R(T_{2m_n}, \vartheta) \leq \frac{1}{d} \left(\frac{m_n(\vartheta)}{n}\right)^s n^s R(T_{1n}, \vartheta)$$

$$\leq \frac{1}{d} \left(\frac{m_n(\vartheta)}{m_n(\vartheta) - 1}\right)^s (m_n(\vartheta) - 1)^s R(T_{2m_n-1}, \vartheta).$$

Hier streben die linke und rechte Seite voraussetzungsgemäß gegen $\tau_2^r(\vartheta)$ und folglich auch der mittlere Ausdruck. Also gilt wie behauptet

$$\left(\frac{m_n(\vartheta)}{n}\right)^s \to \frac{\tau_2^r(\vartheta)}{\tau_1^r(\vartheta)}. \quad \Box$$

Gilt (6.1.40) mit $\tau_1^r(\vartheta) = 0 < \tau_2^r(\vartheta)$, so wird man $\mathrm{ARE}(T_{2n} : T_{1n}|\vartheta) = \infty$ setzen und entsprechend im Fall $\tau_2^r(\vartheta) = 0 < \tau_1^r(\vartheta)$ gleich 0.

Beispiel 6.24 Wie in Beispiel 6.6b seien X_j, $j \in \mathbb{N}$, st.u. $\mathfrak{R}(\vartheta - \frac{1}{2}, \vartheta + \frac{1}{2})$-verteilte ZG mit unbekanntem $\vartheta \in \mathbb{R}$. Als Schätzer für $\gamma(\vartheta) = \vartheta$ werden der Stichprobenmedian $T_{1n} = \mathrm{med}\, X_{(n)}$, die Stichprobenquartilmitte $T_{2n} = \frac{1}{2}(X_{n\uparrow[n/4]} + X_{n\uparrow[3n/4]})$, das Stichprobenmittel $T_{3n} = \overline{X}_n$ und der ML-Schätzer $T_{4n} = \frac{1}{2}(X_{n\uparrow 1} + X_{n\uparrow n})$ betrachtet. Offenbar sind alle vier Schätzer erwartungsfrei für ϑ. Unter Verwendung der für $\vartheta = 0$ (und damit für beliebiges $\vartheta \in \mathbb{R}$) gültigen Formel

$$\mathrm{Cov}_\vartheta(X_{n\uparrow i}, X_{n\uparrow j}) = \frac{i(n-j+1)}{(n+1)^2(n+2)} \quad \text{für} \quad 1 \leq i \leq j \leq n,$$

vgl. Beispiel 5.73 und (7.2.32), ergibt sich durch elementare Rechnung für jedes $\vartheta \in \mathbb{R}$

$$\mathrm{Var}_\vartheta T_{1n} = \frac{1}{4n} + O(n^{-2}), \quad \mathrm{Var}_\vartheta T_{2n} = \frac{1}{8n} + O(n^{-2}),$$

$$\mathrm{Var}_\vartheta T_{3n} = \frac{1}{12n}, \quad \mathrm{Var}_\vartheta T_{4n} = \frac{1}{2(n+1)(n+2)} = O(n^{-2}).$$

Folglich ist bei Zugrundelegen des Gauß-Risikos T_{4n} der asymptotisch beste und T_{1n} der asymptotisch schlechteste dieser vier Schätzer. Genauer ist

$$\mathrm{ARE}(T_{1n} : T_{4n}|\vartheta) = \mathrm{ARE}(T_{2n} : T_{4n}|\vartheta) = \mathrm{ARE}(T_{3n} : T_{4n}|\vartheta) = \infty, \quad \text{dagegen}$$

$$\mathrm{ARE}(T_{3n} : T_{1n}|\vartheta) = 1/3, \quad \mathrm{ARE}(T_{2n} : T_{1n}|\vartheta) = 1/2. \quad \Box$$

Bei der Berechnung der Pitman-Effizienz in Satz 6.23 waren wir von der Entwicklung (6.1.39) ausgegangen. Hat man nun zwei asymptotische Schätzer mit der gleichen Konvergenzordnung und mit $\tau_1(\vartheta) = \tau_2(\vartheta) := \tau(\vartheta)$, dann ist die Pitman-Effizienz $\mathrm{ARE}(T_{2n} : T_{1n}|\vartheta) = 1$. Die beiden Schätzer sind unter der betrachteten Verteilung F_ϑ damit asymptotisch „gleich gut", nicht notwendig jedoch auch finit. Besitzen die Risiken weitergehende asymptotische Entwicklungen der Form

$$R(T_{in}, \vartheta) = \frac{d\tau^r(\vartheta)}{n^s} + \frac{a_i(\vartheta)}{n^{s+1}} + o\left(\frac{1}{n^{s+1}}\right), \quad i = 1, 2, \tag{6.1.41}$$

so läßt sich unter dieser (6.1.39) verschärfenden Voraussetzung eine entsprechende Maßzahl angeben.

6.1 Asymptotische Behandlung parametrischer Schätzprobleme   193

Satz 6.25 *Seien (T_{in}), $i = 1, 2$, zwei asymptotische Schätzer für $\gamma(\vartheta)$, deren Risiken positiv und endlich seien. Weiter seien $r > 0$, $s > 0$ und $d > 0$ derart, daß mit Zahlen $a_i(\vartheta)$ die Entwicklung (6.1.41) erfüllt ist. Dann gilt*

$$D = D(\vartheta) := \lim_{n \to \infty} (m_n(\vartheta) - n) = \frac{(a_2(\vartheta) - a_1(\vartheta))r}{sd} \qquad (6.1.42)$$

Beweis: Sucht man wieder $m_n = m_n(\vartheta)$ gemäß (6.1.36) zu bestimmen, so folgt aus (6.1.41) mit $a_i = a_i(\vartheta)$ wegen $m_n/n = 1 + o(1)$

$$\frac{m_n}{n} = \left[1 + \frac{a_2}{dm_n} + o\!\left(\frac{1}{m_n}\right)\right]^{r/s} \left[1 + \frac{a_1}{dn} + o\!\left(\frac{1}{n}\right)\right]^{-r/s} = 1 + \frac{(a_2 - a_1)r}{sdn} + o\!\left(\frac{1}{n}\right)$$

und damit die Behauptung. □

Der Grenzwert (6.1.42), der also bei $\mathrm{ARE}(T_{2n} : T_{1n}|\vartheta) = 1$ eine Aussage über die relative Güte der beiden Schätzer macht, heißt *asymptotisch erwartete Defizienz* oder kurz *Defizienz* von T_{2n} im Vergleich zu T_{1n} unter F_ϑ. Offenbar gilt $D(\vartheta) > 0$ genau dann, wenn der Schätzer T_{2n} unter F_ϑ asymptotisch mehr Beobachtungen benötigt, um ein nicht größeres Risiko zu liefern, als der Schätzer T_{1n}. Die folgenden Beispiele beziehen sich wieder auf den Fall $r = 2$, $s = 1$.

Beispiel 6.26 X_j, $j \in \mathbb{N}$, seien st.u. reellwertige ZG mit derselben Verteilung F_ϑ, unter der $\mu = \mu(\vartheta) := \int z \, dF_\vartheta(z)$, $\sigma^2 = \sigma^2(\vartheta) := \int (z - \mu)^2 \, dF_\vartheta(z) > 0$ und das 4-te Moment $\mu_4 = \mu_4(\vartheta) := \int (z - \mu)^4 \, dF_\vartheta(z) < \infty$ sei. Ist μ bekannt, so ist

$$T_{1n} = \frac{1}{n} \sum_{j=1}^n (X_j - \mu)^2$$

ein plausibler Schätzer für $\sigma^2(\vartheta)$, bei unbekanntem $\mu = \mu(\vartheta)$ dagegen

$$T_{2n} = \frac{1}{n-1} \sum_{j=1}^n (X_j - \overline{X}_n)^2.$$

Es liegt also nahe, T_{1n} und T_{2n} unter Verteilungen F_ϑ mit bekanntem μ zu vergleichen. Eine einfache Rechnung liefert mit der Abkürzung $K = K(\vartheta) := \mu_4/\sigma^4 - 1$

$$R(T_{1n}, \vartheta) = K\frac{\sigma^4}{n}, \quad R(T_{2n}, \vartheta) = \left(K + \frac{2}{n-1}\right)\frac{\sigma^4}{n}.$$

Also ist $R(T_{2n}, \vartheta) > R(T_{1n}, \vartheta)$, d.h. T_{2n} ist unter Verteilungen F_ϑ mit bekanntem μ (erwartungsgemäß) schlechter als T_{1n}. Die Voraussetzung (6.1.41) ist offenbar mit $s = 1$, $d = K\sigma^4$, $a_1 = 0$ und $a_2 = 2\sigma^4$ erfüllt. Folglich gilt $\mathrm{ARE}(T_{2n} : T_{1n}|\vartheta) = 1$ und

$$m_n - n = \frac{2}{K}\frac{n}{m_n - 1} \to \frac{2}{K} = D.$$

Ist speziell $F_\vartheta = \mathfrak{N}(\mu, \sigma^2)$, so ist $\mu_4 = 3\sigma^4$, also $K = 2$ und $D = 1$. Diese Defizienz entspricht der aus der klassischen Testtheorie her bekannten Aussage, daß unter der üblichen

194　6 Asymptotische Betrachtungsweisen parametrischer Verfahren

Normalverteilungsannahme $\sum_{j=1}^{n}(X_j - \mu)^2/\sigma^2$ einer χ_n^2-Verteilung, $\sum_{j=1}^{n}(X_j - \overline{X}_n)^2/\sigma^2$ dagegen einer χ_{n-1}^2-Verteilung genügt. □

Beispiel 6.27 X_j, $j \in \mathbb{N}$, seien st.u. $\mathfrak{B}(1,\pi)$-verteilte ZG, $\pi \in (0,1)$. Als Schätzer für $\gamma(\pi) = \pi$ bieten sich an: Der gleichmäßig beste erwartungstreue Schätzer $T_{1n} = \overline{X}_n$ aus Beispiel 3.37 und der Minimax-Schätzer $T_{2n} = (\sqrt{n}\,\overline{X}_n + 2^{-1})/(1+\sqrt{n})$ aus Beispiel 2.143. Für diese gilt

$$R(T_{1n},\pi) = E_\pi(\overline{X}_n - \pi)^2 = \pi(1-\pi)/n \quad \text{und}$$

$$R(T_{2n},\pi) = E_\pi\left[\frac{\sqrt{n}}{1+\sqrt{n}}(\overline{X}_n - \pi) + \frac{1}{1+\sqrt{n}}\left(\frac{1}{2} - \pi\right)\right]^2 = \frac{1}{4(1+\sqrt{n})^2}$$

$$= \frac{1}{4n}\left[1 - \frac{2}{\sqrt{n}} + o\left(\frac{1}{\sqrt{n}}\right)\right].$$

Da die Koeffizienten von n^{-1} nur für $\pi = 1/2$ übereinstimmen, existiert nur in diesem Fall eine (endliche) ARE und zwar mit dem Wert 1.

Die Voraussetzung (6.1.41) ist in diesem Fall jedoch verletzt, so daß keine (endliche) Defizienz existiert. Vielmehr ergibt sich

$$\frac{m_n}{n} - 1 = -\frac{2}{\sqrt{n}} \to 0 \quad \text{oder} \quad m_n - n = -2\sqrt{n} \to -\infty.$$

Für $\pi = 1/2$ und große n ist also der Minimax-Schätzer T_{2n} erheblich besser als der beste erwartungstreue Schätzer T_{1n}. Für $\pi \neq 1/2$ dagegen gilt $\pi(1-\pi) < 1/4$ und damit $R(T_{1n},\pi) < R(T_{2n},\pi)$ für große n, so daß unter diesen Verteilungen der erwartungstreue Schätzer T_{1n} (sehr viel) besser ist als der Minimax-Schätzer T_{2n}. □

Die Entwicklung (6.1.39), die bei der Definition der ARE zweier asymptotischer Schätzer gemacht wurde, ist als Voraussetzung zur Berechnung recht unhandlich. Zu ihrem Nachweis geht man deshalb typischerweise so vor, daß man für beide Schätzer zunächst eine Verteilungskonvergenzaussage

$$\mathfrak{L}_\vartheta(c_n(T_{in} - \gamma(\vartheta))) \xrightarrow[\mathfrak{L}]{} H_{i\vartheta}, \quad i = 1,2, \tag{6.1.43}$$

herleitet und dann die r-fache gleichgradige Integrierbarkeit von $c_n(T_{in} - \gamma(\vartheta))$, also die Mitkonvergenz der r-ten Momente sicherstellt. Für $r = 2$, d.h. für die Gauß-Risiken, gilt in diesem Fall

$$c_n^2 R(T_{in},\vartheta) \to \tau_i^2(\vartheta) = \int z^2 \, dH_{i\vartheta}(z), \quad i = 1,2. \tag{6.1.44}$$

Bequemer wäre es, den Vergleich der beiden Schätzerfolgen nur aufgrund der Verteilungskonvergenz (6.1.43) bewerkstelligen zu können, ohne auf die gleichgradige Integrierbarkeit achten zu müssen. Dies kann formal dadurch erreicht werden, daß man die Aussage von Satz 6.23 zur Definition macht, wozu man – im Falle der Gauß-Risiken – die Werte $\tau_i^2(\vartheta)$ aus (6.1.44) heranzieht. Dabei geht jedoch die Interpretation der ARE als Quotient Risiko-äquivalenter Stichprobenumfänge verloren.

6.1 Asymptotische Behandlung parametrischer Schätzprobleme

Für zwei asymptotische Schätzer (T_{1n}), (T_{2n}) sei nun (6.1.43) erfüllt und zwar mit $H_{i\vartheta}(\cdot) = H(\cdot/\tau_i(\vartheta))$, wobei H eine Verteilung mit Mittelwert 0 und Varianz 1 sei. Wählt man der Einfachheit halber wiederum die quadratische Verlustfunktion und fordert für $i = 1, 2$

$$\sup_n c_n^2 R(T_{in}, \vartheta) = \sup_n c_n^2 E_\vartheta (T_{in} - \gamma(\vartheta))^2 < \infty,$$

dann erhält man zunächst wegen der gleichgradigen Integrabilität, vgl. (5.1.25),

$$c_n(E_\vartheta T_{in} - \gamma(\vartheta)) \to 0,$$

d.h. speziell die asymptotische Erwartungstreue der Schätzerfolgen (T_{in}). Weiter folgt aus Satz 5.92a mit $|Y_n| = c_n^2(T_{in} - \gamma(\vartheta))^2$

$$\liminf_{n\to\infty} c_n^2 R(T_{in}, \vartheta) = \liminf_{n\to\infty} c_n^2 \mathrm{Var}_\vartheta T_{in} \geq \tau_i^2(\vartheta).$$

Da dies – ohne die Voraussetzung der zweifach gleichgradigen Integrierbarkeit – das bestmögliche Limesresultat ist, kann man im allgemeinen die Quotienten der Risiken nicht mehr in einen direkten Zusammenhang zu $\tau_2^2(\vartheta)/\tau_1^2(\vartheta)$ setzen. Nichtsdestoweniger ist es üblich geworden, den Vergleich der beiden Schätzer einfach auf den Varianzen der beiden Limesverteilungen zu basieren. Dabei beschränkt man sich sinnvollerweise auf den Fall, daß beide Limesverteilungen aus ein und derselben Skalenfamilie zentrierter Verteilungen sind, etwa der Familie der Normalverteilungen $\mathfrak{N}(0, \sigma^2)$, $\sigma^2 > 0$. Man definiert nun rein formal: Gilt mit einer VF H, deren Mittelwert gleich 0 und deren Varianz gleich 1 ist,

$$\mathcal{L}_\vartheta(c_n(T_{in} - \gamma(\vartheta))) \xrightarrow{\mathcal{L}} H(\cdot/\tau_i(\vartheta)), \quad i = 1, 2,$$

so setzt man

$$\mathrm{ARE}(T_{2n} : T_{1n}|\vartheta) = \tau_2^2(\vartheta)/\tau_1^2(\vartheta).$$

Man beachte, daß diese Definition der ARE für Gauß-Risiken und für $c_n = n^{1/2}$ mit der obigen zusammenfällt, falls die zweiten Momente mitkonvergieren. Die asymptotische relative Effizienz von T_{2n} im Vergleich zu T_{1n} unter F_ϑ ist also kleiner als 1 genau dann, wenn $\tau_2^2(\vartheta) < \tau_1^2(\vartheta)$ ist, d.h. wenn die Limesverteilung des zweiten Schätzers stärker um ihren Erwartungswert 0 konzentriert ist als diejenige des ersten.

Bei unterschiedlicher stochastischer Rate setzt man in naheliegender Weise

$$\mathrm{ARE}(T_{2n} : T_{1n}|\vartheta) := \begin{cases} 0 & \text{für } c_{2n} = o(c_{1n}), \\ \infty & \text{für } c_{1n} = o(c_{2n}). \end{cases} \tag{6.1.45}$$

Der Grenzwert $\tau_2^2(\vartheta)/\tau_1^2(\vartheta)$ erweist sich bei vielen Verteilungsklassen $\mathfrak{F}$ als unabhängig von dem speziell zugrundeliegenden $\vartheta \in \Theta$. Dann ist diese Zahl eine einfache Kenngröße für die Güte eines Schätzers, bezogen auf einen anderen. Wir illustrieren die Überlegungen noch an einigen weiteren Beispielen.

Beispiel 6.28 X_j, $j \in \mathbb{N}$, seien st.u. $\mathfrak{N}(\mu, \sigma^2)$-verteilte ZG mit unbekanntem Mittelwert $\mu \in \mathbb{R}$ und bekannter oder unbekannter Streuung $\sigma^2 > 0$. $\overline{X}_n$ bzw. $\widetilde{X}_n$ bezeichne den Durchschnitt bzw. Median der ersten n Beobachtungen, $\overline{\overline{X}}_n$ den über jede zweite Beobachtung gebildeten Durchschnitt und $\check{X}_n$ das arithmetische Mittel der beiden empirischen Quartile. Dann gilt nach dem Satz von Lindeberg-Lévy, dem Beispiel 5.108 bzw. dem Beispiel 7.117 mit $\vartheta = \mu$ bzw. $\vartheta = (\mu, \sigma^2)$ und $\kappa := (2\varphi^2(\phi^{-1}(\frac{1}{4})))^{-1} \approx 4{,}951$

$$\mathcal{L}_\vartheta(\sqrt{n}(\overline{X}_n - \mu)) \xrightarrow[\mathcal{L}]{} \mathfrak{N}(0, \sigma^2), \qquad \mathcal{L}_\vartheta(\sqrt{n}(\overline{\overline{X}}_n - \mu)) \xrightarrow[\mathcal{L}]{} \mathfrak{N}(0, 2\sigma^2),$$

$$\mathcal{L}_\vartheta(\sqrt{n}(\widetilde{X}_n - \mu)) \xrightarrow[\mathcal{L}]{} \mathfrak{N}(0, \frac{\pi}{2}\sigma^2), \qquad \mathcal{L}_\vartheta(\sqrt{n}(\check{X}_n - \mu)) \xrightarrow[\mathcal{L}]{} \mathfrak{N}(0, \kappa\sigma^2).$$

Folglich gilt für die Pitman-Effizienzen von $\widetilde{X}_n, \overline{\overline{X}}_n, \check{X}_n$ relativ zu $\overline{X}_n$

$$\text{ARE}(\widetilde{X}_n : \overline{X}_n | \vartheta) = \frac{2}{\pi}, \qquad \text{ARE}(\overline{\overline{X}}_n : \overline{X}_n | \vartheta) = \frac{1}{2}, \qquad \text{ARE}(\check{X}_n : \overline{X}_n | \vartheta) = \frac{1}{\kappa},$$

und zwar unabhängig vom speziellen Wert des Parameters ϑ. □

Beispiel 6.29 X_j, $j \in \mathbb{N}$, seien st.u. ZG mit derselben Verteilung $\mathfrak{N}(\mu, 1)$, $\mu \in \mathbb{R}$. Zur Schätzung der (etwa in der Qualitätskontrolle interessierenden) WS $\gamma(\mu) := P_\mu(X_1 \leq z)$ bei festem $z \in \mathbb{R}$, also von $\gamma(\mu) = \phi(z - \mu)$, bieten sich zwei Schätzer an, nämlich der gleichmäßig beste erwartungstreue Schätzer[9] $T_{1n} = \phi((n(n-1)^{-1/2}(z - \overline{x}_n))$ und die relative Häufigkeit, also der gleichmäßig beste erwartungstreue nichtparametrische Schätzer $T_{2n} = n^{-1} \sum_{j=1}^{n} \mathbf{1}(X_j \leq z)$. Offenbar gilt nach dem Satz von de Moivre-Laplace

$$\mathcal{L}_\mu(\sqrt{n}(T_{2n} - \gamma(\mu))) \xrightarrow[\mathcal{L}]{} \mathfrak{N}(0, \gamma(\mu)(1 - \gamma(\mu)))$$

und nach den Sätzen von Lindeberg-Lévy und Cramér

$$\mathcal{L}_\mu(\sqrt{n}(T_{1n} - \gamma(\mu))) \xrightarrow[\mathcal{L}]{} \mathfrak{N}(0, \varphi^2(z - \mu)).$$

Also ist

$$\text{ARE}(T_{2n} : T_{1n} | \mu) = \frac{\varphi^2(z - \mu)}{\phi(z - \mu)(1 - \phi(z - \mu))}.$$

Für $z = \mu$ ergibt sich speziell der Wert $4\varphi^2(0) = 2/\pi \approx 0{,}637$. Für $z \to \infty$ strebt die ARE gegen 0; vgl. Hilfssatz 5.15 über den Mills-Quotienten. □

Die Beispiele 6.24 und 6.28 zeigen, daß die ARE zweier Schätzer stark von der zugrundeliegenden Verteilungsannahme abhängt und daß es Situationen gibt, in denen zwei naheliegende Schätzer unterschiedliche Konvergenzraten haben.

Beispiel 6.30 Für $n \in \mathbb{N}$ seien $X_1, \ldots, X_n$ st.u. ZG mit derselben VF $F(\cdot - \mu)$, $\mu \in \mathbb{R}$. Dabei sei F eine eindimensionale VF mit endlicher Streuung σ^2, $F(0) = 1/2$ und einer in 0 positiven $\lambda\!\!\lambda$-Dichte f. Zur Schätzung von μ bieten sich u.a. an $T_{1n} = \overline{X}_n$ und $T_{2n} = \widetilde{X}_n := \text{med}\, X_{(n)}$. Dann gilt neben $\mathcal{L}(\sqrt{n}(\overline{X}_n - \mu)) \xrightarrow[\mathcal{L}]{} \mathfrak{N}(0, \sigma^2)$ nach Beispiel 5.108 (für $\pi = 1/2$)

$$\mathcal{L}(\sqrt{n}(\widetilde{X}_n - \mu)) \xrightarrow[\mathcal{L}]{} \mathfrak{N}(0, 1/(4f^2(0))).$$

---

[9] Vgl. E.L. Lehmann: Theory of Point Estimation, Wiley (1983), Example 2.2.2.

Also ist $\mathrm{ARE}(\widetilde{X}_n : \overline{X}_n | F) = 4f^2(0)\sigma^2$. Für $F = \mathfrak{N}(0,1)$ ergibt sich speziell der Wert $2/\pi \approx 0{,}637$, für $F = \mathfrak{R}(-1/2, 1/2)$ der Wert $1/3$, für die logistische Verteilung mit der Dichte $f(x) = \mathrm{e}^{-x}(1 + \mathrm{e}^{-x})^{-2}$ der Wert $\pi^2/12 \approx 0{,}82$ und für die Doppelexponentialverteilung mit der Dichte $f(x) = \mathrm{e}^{-|x|}/2$ der Wert $1/2$. Für die Cauchy-Verteilung $\mathfrak{C}$ mit der Dichte $f(x) = 1/(\pi(1 + x^2))$ ist $\overline{X}_n$ wegen $\mathcal{L}(\overline{X}_n) = \mathcal{L}(X_1)\ \forall n \in \mathbb{N}$ natürlich ein (für $n > 1$) unbrauchbarer Schätzer. Demgemäß folgt aus der Festsetzung (6.1.45) formal auch $\mathrm{ARE}(\widetilde{X}_n : \overline{X}_n | \mathfrak{C}) = \infty$. □

Asymptotische Linearisierung und asymptotische Effizienz Existiert eine Limesverteilung von $\sqrt{n}(T_n - \gamma(\vartheta))$ und ist diese – wie im Fall der ML-Schätzer – eine zentrierte Normalverteilung, dann wird die Limeskonzentration allein durch die Varianz bzw. Kovarianzmatrix der Limesverteilung beschrieben. Diese ist also in jedem Einzelfall zu bestimmen. Ein solcher Nachweis ist einfach, wenn die Statistik ein Durchschnitt von st.u. glv. ZG ist, da man dann sofort auf den zentralen Grenzwertsatz zurückgreifen kann. Schon bei ML-Schätzern ist dies aber im allgemeinen nicht der Fall. Vielmehr muß für diesen wie für sonstige allgemeinere Schätzer eine geeignete *Vergleichsstatistik* angegeben werden, d.h. eine lineare – und damit typischerweise asymptotisch normale – Statistik $\widetilde{S}_n$ derart, daß mit einem asymptotisch vernachlässigbaren Restterm $\widetilde{R}_n$ gilt

$$\sqrt{n}(T_n - \gamma(\vartheta)) = \widetilde{S}_n + \widetilde{R}_n. \tag{6.1.46}$$

Dabei ist $\widetilde{S}_n = \widetilde{S}_{n\vartheta}$ und $\widetilde{R}_n = \widetilde{R}_{n\vartheta}$, d.h. eine solche *asymptotische Linearisierung* hängt im allgemeinen von der zugrundegelegten Verteilung F_ϑ ab. Ist $\widetilde{R}_n$ asymptotisch vernachlässigbar für alle $\vartheta \in \Theta$, so heißt T_n *asymptotisch linear*.

Liegt ein Einstichprobenproblem mit st.u., gemäß F_ϑ verteilten ZG X_j, $j \in \mathbb{N}$, vor und ist T_n ein ℓ-dimensionaler Schätzer für $\gamma(\vartheta) \in \mathbb{R}^\ell$, so besteht die asymptotische Linearisierung an der Stelle ϑ typischerweise aus der Angabe einer *Einflußfunktion* $\chi_\vartheta : \mathfrak{X}_0 \to \mathbb{R}^\ell$ mit $E_\vartheta \chi_\vartheta(X_1) = 0$ und $\mathscr{S}(\vartheta) = \mathscr{C}ov_\vartheta \chi_\vartheta(X_1) \in \mathbb{R}^{\ell \times \ell}_{\mathrm{p.s.}}$ derart, daß gilt

$$\sqrt{n}(T_n - \gamma(\vartheta)) = n^{-1/2} \sum_{j=1}^n \chi_\vartheta(X_j) + o_\vartheta(1). \tag{6.1.47}$$

Dann folgt die asymptotische Normalität unmittelbar aus dem Satz von Lindeberg-Lévy 5.70 und dem Lemma von Slutsky 5.84.

Beispiel 6.31 X_j, $j \in \mathbb{N}$, seien st.u. ZG mit derselben Verteilung F_ϑ sowie $\mu := E_\vartheta X_1$, $\sigma^2 := \mathrm{Var}_\vartheta X_1 > 0$ und $\mu_4 = E_\vartheta (X_1 - \mu)^4 < \infty$. Dann gilt für die empirische Standardabweichung $T_n(x) = \left(\frac{1}{n} \sum_{j=1}^n (X_j - \overline{X}_n)^2\right)^{1/2}$ als Schätzer für $\gamma(\vartheta) = \sigma$ durch Taylorentwicklung (5.3.22) die asymptotische Linearisierung

6 Asymptotische Betrachtungsweisen parametrischer Verfahren

$$\sqrt{n}(T_n - \sigma) = n^{-1/2} \sum_{j=1}^{n} \left(\frac{1}{2\sigma}(X_j^2 - \mu^2 - \sigma^2) - \frac{\mu}{\sigma}(X_j - \mu) \right) + o_\vartheta(1)$$

$$= n^{-1/2} \sum_{j=1}^{n} \frac{1}{2\sigma}((X_j - \mu)^2 - \sigma^2) + o_\vartheta(1).$$

Also ist $\chi_\vartheta(z) = \frac{1}{2\sigma}((z-\mu)^2 - \sigma^2)$ die Einflußfunktion an der Stelle ϑ, für die offenbar $\chi_\vartheta \in \mathbb{L}_2(\vartheta)$ mit $E_\vartheta \chi_\vartheta(X_1) = 0$ gilt. Aus ihr folgt mit den Sätzen von Lindeberg-Lévy und Slutsky

$$\mathfrak{L}_\vartheta(\sqrt{n}(T_n - \vartheta)) \xrightarrow[\mathfrak{L}]{} \mathfrak{N}(0, \tau^2(\vartheta)), \quad \tau^2(\vartheta) = \frac{1}{4\sigma^2} \text{Var}_\vartheta(X_1 - \mu)^2 = \frac{1}{4\sigma^2}(\mu_4 - \sigma^4).$$

Natürlich ergibt sich dies auch aus Beispiel 5.86 mit dem Satz von Cramér 5.107. □

Asymptotische Linearisierungen spielen beweistechnisch im folgenden eine zentrale Rolle. So beruht der Nachweis der asymptotischen Normalität von ML-Schätzern in Satz 6.35 darauf, daß diese Schätzer asymptotisch linear sind mit der Einflußfunktion

$$\chi_\vartheta(z) = \mathscr{J}(\vartheta)^{-1} \nabla \log f(z, \vartheta).$$

Für die Vergleichsstatistik an der Stelle ϑ gilt damit

$$\widetilde{S}_n = \widetilde{S}_{n\vartheta} = n^{-1/2} \sum_{j=1}^{n} \chi_\vartheta(X_j) = n^{-1/2} \mathscr{J}(\vartheta)^{-1} \nabla \log p_{(n)}(x, \vartheta). \tag{6.1.48}$$

Ist die asymptotische Normalität einer Klasse ℓ-dimensionaler Schätzer für einen Parameter $\vartheta \in \mathbb{R}^\ell$ im Sinne von

$$\mathfrak{L}_\vartheta(\sqrt{n}(T_n - \vartheta)) \xrightarrow[\mathfrak{L}]{} \mathfrak{N}(0, \mathscr{S}(\vartheta)) \quad \forall \vartheta \in \Theta \tag{6.1.49}$$

gesichert, so wird man unter diesen einen asymptotischen Schätzer suchen, für den die Kovarianzmatrix $\mathscr{S}(\vartheta)$ der Limesverteilung im Sinne der Löwner-Ordnung möglichst klein, d.h. die Verteilung des Schätzers T_n asymptotisch möglichst stark um ϑ konzentriert ist. Diese Frage ist insbesondere für Modelle mit st.u. glv. ZG $X_j, j \in \mathbb{N}$, sinnvoll, für die die Verteilung F_ϑ Element einer k-parametrigen $\mathbb{L}_2(\vartheta)$-differenzierbaren Verteilungsklasse ist. Ist nämlich die dann definitionsgemäß existierende Fisher-Informationsmatrix $\mathscr{J}(\vartheta)$ invertierbar, so gilt bei festem Stichprobenumfang n für jeden nur von $X_1, \ldots, X_n$ abhängenden erwartungstreuen Schätzer T_n bei Erfülltsein der in 2.7.2 präzisierten Regularitätsvoraussetzungen die Cramér-Rao-Ungleichung

$$n\mathscr{C}ov_\vartheta T_n \succeq_L \mathscr{J}(\vartheta)^{-1} \quad \forall \vartheta \in \Theta. \tag{6.1.50}$$

Es stellt sich deshalb die Frage, ob für asymptotisch normale Schätzer, also für Schätzer mit (6.1.49), die *asymptotische Cramér-Rao Ungleichung* gilt,

$$\mathscr{S}(\vartheta) \succeq_L \mathscr{J}(\vartheta)^{-1} \quad \forall \vartheta \in \Theta. \tag{6.1.51}$$

6.1 Asymptotische Behandlung parametrischer Schätzprobleme

In Satz 6.35 wird gezeigt, daß dieses unter geeigneten Regularitätsvoraussetzungen an die Klasse $\mathfrak{F}$ für jeden konsistenten ML-Schätzer $\widehat{\vartheta}_n$ der Fall ist, und daß für diesen die untere Schranke in (6.1.51) angenommen wird, daß also gilt

$$\mathfrak{L}_\vartheta(\sqrt{n}(\widehat{\vartheta}_n - \vartheta)) \xrightarrow[\mathfrak{L}]{} \mathfrak{N}(0, \mathscr{J}(\vartheta)^{-1}) \quad \forall \vartheta \in \Theta. \tag{6.1.52}$$

Dann ist also $(\widehat{\vartheta}_n)$ in diesem Sinne *asymptotisch effizient*[10]. Allgemeiner nennt man Schätzer für ein Funktional $\gamma(\vartheta)$, die asymptotisch normal sind und für die die Kovarianzmatrix der Limesverteilung die untere Schranke in (6.1.51) annimmt, vielfach auch *beste asymptotisch normale* (kurz: BAN) *Schätzer*; vgl. 6.5.1.

Das folgende Beispiel zeigt jedoch, daß die asymptotische Cramér-Rao-Schranke $\mathscr{J}(\vartheta)^{-1}$ auch durch asymptotisch normale Schätzer in Normalverteilungsfamilien zumindest in einzelnen Punkten leicht unterschritten werden kann.

Beispiel 6.32 (Hodges) X_j, $j \in \mathbb{N}$, seien st.u. $\mathfrak{N}(\vartheta, 1)$-verteilte ZG, $\vartheta \in \mathbb{R}$. Die Verteilungsklasse $\mathfrak{F} = \{\mathfrak{N}(\vartheta, 1) : \vartheta \in \mathbb{R}\}$ ist in jedem Punkt $\vartheta \in \mathbb{R}$ $\mathbb{L}_2(\vartheta)$-differenzierbar mit der Fisher-Information $J(\vartheta) = 1$ und für den (ML-) Schätzer $\widehat{\vartheta}_n(x) = \overline{x}_n$ ist (6.1.52) erfüllt. Benutzt man jedoch den für $|\overline{x}_n| \leq n^{-1/4}$ modifizierten Schätzer

$$T_n(x) = \overline{x}_n \mathbf{1}(|\overline{x}_n| > n^{-1/4}) + \frac{1}{2}\overline{x}_n \mathbf{1}(|\overline{x}_n| \leq n^{-1/4}),$$

so gilt mit $\sigma^2(\vartheta) = 1$ für $\vartheta \neq 0$ und $\sigma^2(\vartheta) = 1/4$ für $\vartheta = 0$

$$\mathfrak{L}_\vartheta(\sqrt{n}(T_n - \vartheta)) \xrightarrow[\mathfrak{L}]{} \mathfrak{N}(0, \sigma^2(\vartheta)) \quad \forall \vartheta \in \mathbb{R}.$$

Dieses folgt für $\vartheta \neq 0$ bzw. $\vartheta = 0$ mit dem Lemma von Slutsky aus

$$\mathfrak{L}_\vartheta(\sqrt{n}(\overline{X}_n - \vartheta)) \xrightarrow[\mathfrak{L}]{} \mathfrak{N}(0,1), \quad P_\vartheta(T_n \neq \overline{X}_n) = P_\vartheta(|\overline{X}_n| \leq n^{-1/4}) \to 0 \;\forall \vartheta \neq 0,$$

$$\mathfrak{L}_0(\sqrt{n}(\tfrac{1}{2}\overline{X}_n - 0)) \xrightarrow[\mathfrak{L}]{} \mathfrak{N}(0, \tfrac{1}{4}), \quad P_0(T_n \neq \tfrac{1}{2}\overline{X}_n) = P_0(|\overline{X}_n| > n^{-1/4}) \to 0.$$

Die asymptotische Cramér-Rao-Schranke $J(\vartheta)^{-1} = 1$ wird also vom Schätzer T_n in den Punkten $\vartheta \neq 0$ angenommen, dagegen im Punkt $\vartheta = 0$ unterschritten. □

In zu Beispiel 6.32 analoger Weise läßt sich jeder ML-Schätzer leicht abändern, so daß auch bei anderen $\mathbb{L}_2(\vartheta)$-differenzierbaren Verteilungsklassen asymptotisch normale Schätzer existieren, die in einem einzelnen Punkt $\vartheta_0 \in \Theta$ *asymptotisch supereffizient* sind, für die also in einem einzelnen Punkt ϑ_0 die Aussage (6.1.51) verletzt ist. Der folgende Satz besagt, daß bei k-parametrigen Klassen ein derartiges Unterschreiten der asymptotischen Cramér-Rao-Schranke $\mathscr{J}(\vartheta)^{-1}$ nur in den Punkten ϑ einer λ^k-Nullmenge möglich ist.

---

[10] Für die Interpretation des Begriffs asymptotische Effizienz wäre es wünschenswert, daß der Limes der Kovarianzmatrix von $\sqrt{n}(T_n - \vartheta)$ gleich der Kovarianzmatrix der Limesverteilung ist, daß also gilt $n\,\mathscr{C}ov_\vartheta T_n = \mathscr{C}ov_\vartheta(\sqrt{n}(T_n - \vartheta)) \to \mathscr{S}(\vartheta)$. Dies ist unter den später gemachten technischen Voraussetzungen nicht notwendig der Fall. Trotzdem beschränkt man sich auf die Diskussion der Limes-Kovarianzmatrix in gewisser Analogie zur Diskussion der ARE.

Satz 6.33 (LeCam-Bahadur) X_j, $j \in \mathbb{N}$, seien st.u. ZG mit derselben Verteilung $F \in \mathfrak{F}$, wobei $\mathfrak{F} = \{F_\vartheta : \vartheta \in \Theta \subset \mathbb{R}^k\}$ eine für jedes $\vartheta \in \overset{\circ}{\Theta}$ $\mathbb{L}_2(\vartheta)$-differenzierbare Verteilungsklasse ist, für deren Informationsmatrix $\mathscr{J}(\vartheta)$ gilt $|\mathscr{J}(\vartheta)| \neq 0 \; \forall \vartheta \in \overset{\circ}{\Theta}$. Weiter sei (T_n) ein asymptotisch normaler Schätzer mit (6.1.49). Dann gibt es eine λ^k-Nullmenge $N \in \mathbb{B}^k$ mit

$$\mathscr{S}(\vartheta) \succeq_L \mathscr{J}(\vartheta)^{-1} \quad \forall \vartheta \in N^c \cap \overset{\circ}{\Theta}. \tag{6.1.53}$$

Wir verzichten hier auf einen Beweis, da er sich in 6.5.1 mit den dann zur Verfügung stehenden Hilfsmitteln der lokalen Asymptotik sehr viel einfacher führen läßt.

6.1.3 Grenzwertaussagen für Maximum-Likelihood-Schätzer und verwandte Verfahren

Es sollen nun zunächst die beiden in 6.1.1 angekündigten Grenzwertsätze für ML-Schätzer, also die Konsistenz und die asymptotische Normalität, bewiesen werden. Bei der Formulierung dieser klassischen Resultate soll hier nicht die größte Allgemeinheit angestrebt werden. Die Beschränkung auf recht einschneidende Regularitätsvoraussetzungen an dieser Stelle ist auch deshalb gerechtfertigt, da die beiden Aussagen in 7.3.3 bzw. Kap. 8 in allgemeinerem Rahmen unter schwächeren Annahmen bewiesen werden sollen.

Im folgenden seien X_j, $j \in \mathbb{N}$, st.u. ZG mit derselben Verteilung $F \in \mathfrak{F}$, wobei die Klasse $\mathfrak{F} = \{F_\vartheta : \vartheta \in \Theta \subset \mathbb{R}^k\}$ als dominiert (und die Parametrisierung wieder als injektiv) sowie die gemeinsame Dichte $p_{(n)}(x, \vartheta)$ der Einfachheit halber als in (x, ϑ) meßbar vorausgesetzt wird. Bei der Diskussion der Konsistenz gehen wir zudem davon aus, daß sich für jedes $n \in \mathbb{N}$ auf ganz $\mathfrak{X}_{(n)}$ ein (meßbarer) ML-Schätzer $\widehat{\vartheta}_n$ angeben läßt. Für diesen gilt definitionsgemäß

$$\forall \vartheta \in \Theta \quad \forall n \in \mathbb{N} \quad \frac{p_{(n)}(x, \widehat{\vartheta}_n(x))}{p_{(n)}(x, \vartheta)} = \frac{\sup_{\vartheta' \in \Theta} p_{(n)}(x, \vartheta')}{p_{(n)}(x, \vartheta)} \geq 1. \tag{6.1.54}$$

Zum Nachweis der Konsistenz von $\widehat{\vartheta}_n$ reicht es, für jedes $\varepsilon > 0$ die Gültigkeit von

$$\forall \vartheta \in \Theta \quad \sup\{p_{(n)}(x, \vartheta')/p_{(n)}(x, \vartheta) : |\vartheta' - \vartheta| \geq \varepsilon\} \to 0 \; [F_\vartheta] \tag{6.1.55}$$

für $n \to \infty$ sicherzustellen. Diese Bedingung wiederum folgt letztlich aus Eigenschaften der in 5.1.4 eingeführten Kullback-Leibler-Information

$$I_{KL}(\vartheta : \vartheta') := I_{KL}(F_\vartheta : F_{\vartheta'}) = -E_\vartheta \log f(X_1, \vartheta')/f(X_1, \vartheta).$$

Der Beweis von (6.1.55) beruht wesentlich auf der Gültigkeit von

$$\frac{p_{(n)}(X_{(n)}, \vartheta')}{p_{(n)}(X_{(n)}, \vartheta)} \to 0 \; [F_\vartheta] \quad \text{für} \quad n \to \infty \quad \text{bei} \quad F_\vartheta \neq F_{\vartheta'}. \tag{6.1.56}$$

6.1 Asymptotische Behandlung parametrischer Schätzprobleme

Dieses kann etwa aus dem Gesetz der großen Zahlen (wobei der EW auch den Wert $-\infty$ annehmen kann) und Hilfssatz 5.30a gefolgert werden gemäß

$$\frac{1}{n}\log\frac{p_{(n)}(X,\vartheta')}{p_{(n)}(X,\vartheta)} = \frac{1}{n}\sum_{j=1}^{n}\log\frac{f(X_j,\vartheta')}{f(X_j,\vartheta)} \to E_\vartheta \log\frac{f(X_1,\vartheta')}{f(X_1,\vartheta)} < 0 \quad [F_\vartheta].$$

Die klassischen Bedingungen für die Gültigkeit von (6.1.55) enthält der

Satz 6.34 (Wald[11]) X_j, $j \in \mathbb{N}$, seien st.u. ZG *mit derselben Verteilung* $F \in \mathfrak{F} = \{F_\vartheta : \vartheta \in \Theta\} \subset \mathfrak{M}^1(\mathfrak{X}_0, \mathfrak{B}_0)$, $F_\vartheta \neq F_{\vartheta'}$ *für* $\vartheta \neq \vartheta'$. *Es sei* $\Theta \subset \mathbb{R}^k$ *abgeschlossen und* $\mathfrak{F}$ *dominiert, wobei es für jedes* $\vartheta \in \Theta$ *eine* μ-*Dichte* $f(\cdot,\vartheta)$ *von* F_ϑ *gebe sowie ein* $N_\vartheta \in \mathfrak{B}_0$, $\mu(N_\vartheta) = 0$, *derart, daß* $f(z,\cdot)$ *stetig ist für* $z \notin N_\vartheta$.
Ist Θ *beschränkt, so gelte mit* $f(z,\vartheta',\sigma) := \sup\{f(z,\vartheta'') : \vartheta'' \in \Theta, |\vartheta''-\vartheta'| < \sigma\}$:

$$\forall \vartheta \in \Theta \quad \forall \vartheta' \neq \vartheta \quad \exists \sigma_{\vartheta\vartheta'} > 0 \text{ mit } E_\vartheta \log[f(X_1,\vartheta',\sigma_{\vartheta\vartheta'})/f(X_1,\vartheta)] < \infty. \quad (6.1.57)$$

Ist Θ *unbeschränkt, so sei überdies* $f(z,\vartheta) \to 0$ *für* $|\vartheta| \to \infty$ *und alle* $z \notin N_\infty$ *erfüllt,* $\mu(N_\infty) = 0$. *Außerdem gelte mit* $f(z,\infty,\sigma) := \sup\{f(z,\vartheta') : \vartheta' \in \Theta, |\vartheta'| > \sigma\}$

$$\forall \vartheta \in \Theta \quad \exists \sigma_{\vartheta\infty} < \infty \quad \text{mit} \quad E_\vartheta \log\{f(X_1,\infty,\sigma_{\vartheta\infty})/f(X_1,\vartheta)\} < \infty. \quad (6.1.58)$$

Dann gilt für jeden Maximum-Likelihood-Schätzer $(\widehat{\vartheta}_n)$ *und jedes* $\vartheta \in \Theta$

$$\widehat{\vartheta}_n \to \vartheta \quad [F_\vartheta].$$

Diese Aussage gilt allgemeiner für jeden asymptotischen Schätzer $(\check{\vartheta}_n)$ *mit*

$$\forall \vartheta \in \Theta \quad \forall n \in \mathbb{N} \quad \frac{p_{(n)}(x,\check{\vartheta}_n(x))}{p_{(n)}(x,\vartheta)} \geq c > 0 \quad [F_\vartheta]. \quad (6.1.59)$$

Beweis: Wegen (6.1.54) bzw. (6.1.59) reicht es, die Bedingung (6.1.55) nachzuprüfen. Sei zunächst Θ beschränkt sowie $\vartheta \in \Theta$ und $\varepsilon > 0$ fest. Dann gibt es für jedes $\vartheta' \in \Theta$ mit $|\vartheta'-\vartheta| > \varepsilon$ ein $\sigma_{\vartheta'} := \sigma_{\vartheta\vartheta'} > 0$ mit (6.1.57). Auf jeder der Kugeln $U(\vartheta',\sigma_{\vartheta'}) = \{\vartheta'' \in \Theta : |\vartheta''-\vartheta'| < \sigma_{\vartheta'}\}$ gilt $f(z,\vartheta',\sigma) \downarrow f(z,\vartheta')$ für $z \notin N_{\vartheta'}$ und $\sigma \downarrow 0$. Dann gilt nach dem starken Gesetz der großen Zahlen für $n \to \infty$

$$\frac{1}{n}\log\frac{\sup\{p_{(n)}(X_{(n)},\vartheta'') : \vartheta'' \in U(\vartheta',\sigma_{\vartheta'}^*)\}}{p_{(n)}(X_{(n)},\vartheta)} \leq \frac{1}{n}\sum_{j=1}^{n}\log\frac{f(X_j,\vartheta',\sigma_{\vartheta'}^*)}{f(X_j,\vartheta)}$$

$$\to E_\vartheta \log\frac{f(X_1,\vartheta',\sigma_{\vartheta'}^*)}{f(X_1,\vartheta)} < 0 \quad [F_\vartheta].$$

Dabei ergibt sich die Negativität des Limes für ein geeignetes $0 < \sigma_{\vartheta'}^* \leq \sigma_{\vartheta'}$ nach dem Satz von der monotonen Konvergenz und wegen Hilfssatz 5.30a. Damit folgt

---
[11]Vgl. A. Wald: Ann. Math. Stat. 20 (1949) 595–601.

6 Asymptotische Betrachtungsweisen parametrischer Verfahren

$$\sup_{\vartheta'' \in U(\vartheta', \sigma^*_{\vartheta'})} \frac{p_{(n)}(X_{(n)}, \vartheta'')}{p_{(n)}(X_{(n)}, \vartheta)} \to 0 \quad [F_\vartheta]. \tag{6.1.60}$$

Da nach dem Satz von Heine-Borel $\{\vartheta' \in \Theta : |\vartheta' - \vartheta| \geq \varepsilon\}$ bereits durch endlich viele dieser Kugeln $U(\vartheta', \sigma_{\vartheta'})$ überdeckt wird, folgt hieraus die Gültigkeit von (6.1.55).

Ist Θ unbeschränkt, so läßt sich analog (6.1.60) für ein geeignetes $\sigma^*_\infty \geq \sigma_\infty$ und $U(\infty, \sigma^*_\infty) := \{\vartheta' \in \Theta : |\vartheta' - \vartheta| > \sigma^*_\infty\}$ die Gültigkeit von

$$\sup_{\vartheta'' \in U(\infty, \sigma^*_\infty)} \frac{p_{(n)}(X_{(n)}, \vartheta'')}{p_{(n)}(X_{(n)}, \vartheta)} \to 0 \quad [F_\vartheta]$$

zeigen und so die Behauptung auf den Fall einer kompakten Menge zurückführen. □

Der folgende Nachweis der asymptotischen Normalität von $\widehat{\vartheta}_n$ verwendet neben der Konsistenz die (sogleich präzisierten) Regularitätsvoraussetzungen (A1)–(A4), insbesondere die Existenz und Invertierbarkeit der Fisher-Informationsmatrix $\mathscr{J}(\vartheta)$ für $\vartheta \in \overset{\circ}{\Theta}$. Er liefert zugleich die asymptotische Effizienz von ML-Schätzern, d.h. die Gültigkeit von (6.1.52).

Satz 6.35 (Hauptsatz über ML-Schätzer[12]) X_j, $j \in \mathbb{N}$, seien st.u. ZG mit derselben μ-Dichte $f(z, \vartheta)$, $\vartheta \in \Theta \subset \mathbb{R}^k$, welche die folgenden Voraussetzungen erfülle:

(A1) $\forall z \in \mathfrak{X}_0$ $\forall i, \ell = 1, \ldots, k$ existiert $\nabla_i \nabla_\ell f(z, \vartheta)$ und ist stetig auf $\overset{\circ}{\Theta}$;

(A2) $\forall \vartheta \in \overset{\circ}{\Theta}$ gilt $E_\vartheta \dfrac{1}{f(X_1, \vartheta)} \nabla_i f(X_1, \vartheta) = 0$, $E_\vartheta \dfrac{1}{f(X_1, \vartheta)} \nabla_i \nabla_\ell f(X_1, \vartheta) = 0$, $i, \ell = 1, \ldots, k$;

(A3) Für jedes $\vartheta \in \overset{\circ}{\Theta}$ gibt es ein $\delta_\vartheta > 0$ mit $U(\vartheta, \delta_\vartheta) \subset \overset{\circ}{\Theta}$ und eine meßbare Funktion $M(\cdot, \vartheta)$ auf $\mathfrak{X}_0$ mit $E_\vartheta M(X_1, \vartheta) < \infty$ derart, daß gilt

$$|\nabla_i \nabla_\ell \log f(\cdot, \vartheta')| \leq M(\cdot, \vartheta) \quad \forall \vartheta' \in U(\vartheta, \delta_\vartheta), \quad i, \ell = 1, \ldots, k;$$

(A4) $\forall \vartheta \in \overset{\circ}{\Theta}$ ist $|\mathscr{J}(\vartheta)| \neq 0$.

Dann ist jeder konsistente[13] ML-Schätzer $(\widehat{\vartheta}_n)$ asymptotisch normal und asymptotisch effizient:

$$\mathfrak{L}_\vartheta(\sqrt{n}(\widehat{\vartheta}_n(X) - \vartheta)) \xrightarrow{\mathscr{L}} \mathfrak{N}(0, \mathscr{J}(\vartheta)^{-1}) \quad \forall \vartheta \in \overset{\circ}{\Theta}. \tag{6.1.61}$$

---

[12] Die hier gegebenen klassischen Voraussetzungen sind punktweise Forderungen an die μ-Dichten. Sie lassen sich erheblich abschwächen, nämlich im wesentlichen auf die $\mathbb{L}_2$-Differenzierbarkeit der Verteilungsklasse. Zu dem recht umfänglichen Beweis vgl. L. Le Cam: Ann. Math. Stat. 41 (1970) 802-828.

[13] Wie u.a. Beispiel 6.12 in 6.1.1 zeigt, läßt sich die Konsistenz (und auch die asymptotische Normalität) gelegentlich direkt nachweisen; vgl. auch die Beispiele 1.29 und 1.30.

6.1 Asymptotische Behandlung parametrischer Schätzprobleme

Beweis: Sei $\vartheta \in \overset{\circ}{\Theta}$ beliebig und fest. Zum Nachweis der asymptotischen Linearisierung (6.1.46+48) sei M_n' eine Menge wie in Definition 6.11. Dann ergibt sich für
$$U_n := U_n(\delta_\vartheta), \quad U_n(\delta) := \{x : \hat{\vartheta}_n(x) \in U(\vartheta, \delta)\}$$
wegen der Konsistenz $P_\vartheta(U_n) \to 1$, so daß für
$$\overline{\vartheta}_n(x) := \hat{\vartheta}_n(x)\mathbf{1}_{M_n'U_n}(x) + \vartheta \mathbf{1}_{(M_n'U_n)^c}(x) \tag{6.1.62}$$
folgt $\overline{\vartheta}_n \to \vartheta$ nach P_ϑ-WS sowie $P_\vartheta(\overline{\vartheta}_n \neq \hat{\vartheta}_n) \to 0$ und damit $\sqrt{n}(\hat{\vartheta}_n - \overline{\vartheta}_n) = o_\vartheta(1)$. Nach dem Lemma von Slutsky genügt es somit, (6.1.61) für $\overline{\vartheta}_n$ nachzuweisen.

Da $p_{(n)}(x, \vartheta)$ für $x \in M_n' U_n$ das Maximum in $\hat{\vartheta}_n(x) = \overline{\vartheta}_n(x) \in \overset{\circ}{\Theta}$ annimmt, gilt notwendig
$$V_{ni}(x, \overline{\vartheta}_n(x)) := \frac{1}{\sqrt{n}} \nabla_i \log p_{(n)}(x, \overline{\vartheta}_n(x)) = \frac{1}{\sqrt{n}} \nabla_i \log p_{(n)}(x, \vartheta) \mathbf{1}_{(M_n'U_n)^c}(x)$$
$$= o_\vartheta(1), \quad i = 1, \ldots, k. \tag{6.1.63}$$
Wegen $\overline{\vartheta}_n(x) \in U(\vartheta, \delta_\vartheta)$ kann man hieraus mittels einer Taylorentwicklung von $V_n(x, \overline{\vartheta}_n) := (V_{n1}(x, \overline{\vartheta}_n), \ldots, V_{nk}(x, \overline{\vartheta}_n))^\top$ an der Stelle ϑ asymptotisch lösbare Gleichungen für $\sqrt{n}(\overline{\vartheta}_n - \vartheta)$ gewinnen. Hierzu bezeichne $Z_n = (Z_{n1}, \ldots, Z_{nk})^\top$ die k-dimensionale ZG mit den Komponenten
$$Z_{ni} := Z_{ni}(x, \vartheta) := \frac{1}{\sqrt{n}} \nabla_i \log p_{(n)}(x, \vartheta) = \frac{1}{\sqrt{n}} \sum_{\ell=1}^n \nabla_i \log f(x_\ell, \vartheta), \tag{6.1.64}$$
$i = 1, \ldots, k$, und $\mathscr{T}_n := \mathscr{T}_n(x, \vartheta)$ bzw. $\mathscr{R}_n(\vartheta') := \mathscr{R}_n(x, \vartheta, \vartheta')$ seien die $k \times k$-Matrizen mit den Elementen
$$T_{nij}(x, \vartheta) := \frac{1}{n} \sum_{\ell=1}^n \nabla_i \nabla_j \log f(x_\ell, \vartheta), \quad i, j = 1, \ldots, k,$$
$$R_{nij}(x, \vartheta, \vartheta') := \frac{1}{n} \sum_{\ell=1}^n (\nabla_i \nabla_j \log f(x_\ell, \vartheta') - \nabla_i \nabla_j \log f(x_\ell, \vartheta)), \quad i, j = 1, \ldots, k.$$
Dann liefert die Taylorentwicklung von $V_n(x, \overline{\vartheta}_n(x))$ aus (6.1.63) an der Stelle ϑ
$$o_\vartheta(1) = Z_n(x, \vartheta) + (\mathscr{T}_n(x, \vartheta) + \mathscr{R}_n(x, \vartheta, \widetilde{\vartheta}_n(x))) \sqrt{n}(\overline{\vartheta}_n(x) - \vartheta). \tag{6.1.65}$$
Dabei ist $\widetilde{\vartheta}_n(x)$ eine geeignete Zwischenstelle von ϑ und $\overline{\vartheta}_n(x)$ der Gestalt
$$\widetilde{\vartheta}_n(x) = t_n(x)\vartheta + (1 - t_n(x))\overline{\vartheta}_n(x), \quad t_n(x) \in [0, 1],$$
die sich als meßbare Funktion wählen läßt. Wegen (A1), der Meßbarkeit von $\overline{\vartheta}_n(x)$ und $t\vartheta + (1-t)\overline{\vartheta}_n(x) \in U(\vartheta, \delta_\vartheta) \subset \overset{\circ}{\Theta} \;\forall t \in [0,1]$ ist nämlich
$$g(x, t) := \mathscr{R}_n(x, \vartheta, t\vartheta + (1-t)\overline{\vartheta}_n(x))\sqrt{n}(\overline{\vartheta}_n(x) - \vartheta)$$

für jedes (feste) $x \in \mathfrak{X}$ stetig auf $[0,1]$ und nach Hilfssatz 6.7a für jedes (feste) $t \in [0,1]$ meßbar. Da sich andererseits für $h_n(x) := g(x, t_n(x))$ aus der Beziehung (6.1.65) $h_n = V_n - Z_n - \mathscr{T}_n\sqrt{n}(\overline{\vartheta}_n - \vartheta)$ und damit die Meßbarkeit von h_n ergibt, folgt aus Hilfssatz 6.7b, daß sich $t_n(x)$ und damit $\widetilde{\vartheta}_n(x)$ meßbar wählen lassen.

Bei dem nachfolgenden Nachweis von $\mathscr{R}_n(\widetilde{\vartheta}_n) = o_\vartheta(1)$ kann man deshalb nach Hilfssatz 6.7a voraussetzen, daß $R_{nij}(\widetilde{\vartheta}_n)$ eine meßbare Funktion ist. Sei

$$Z_{ij}(z, \delta) := \sup_{\vartheta' \in U(\vartheta, \delta)} |\nabla_i \nabla_j \log f(z, \vartheta') - \nabla_i \nabla_j \log f(z, \vartheta)|;$$

dann ist $A_{ij}(z, \delta)$ wegen (A1) bzw. A3.6 meßbar und wegen (A3) existiert $a_{ij}(\delta) := E_\vartheta A_{ij}(X_1, \delta) < \infty$ für $0 < \delta \leq \delta_\vartheta$. Aus (A1) folgt $A_{ij}(z, \delta) \to 0$ für $\delta \to 0$ und damit nach dem Satz von Lebesgue auch $a_{ij}(\delta) \to 0$. Somit existiert zu jedem $\varepsilon > 0$ ein $\delta = \delta_{ij}(\varepsilon)$, $0 < \delta \leq \delta_\vartheta$ mit $a_{ij}(\delta) \leq \varepsilon/2$. Da weiter für $\widehat{\vartheta}_n(x) \in U(\vartheta, \delta)$ auch $\widetilde{\vartheta}_n(x) \in U(\vartheta, \delta)$ gilt, folgt nach Definition von $A_{ij}(z, \delta)$ wegen $P_\vartheta(U_n(\delta)) \to 1$ und dem Gesetz der großen Zahlen

$$P_\vartheta(|R_{nij}(\widetilde{\vartheta}_n)| > \varepsilon) \leq P_\vartheta(|R_{nij}(\widetilde{\vartheta}_n)|\mathbf{1}_{U_n(\delta)} > \varepsilon) + P_\vartheta(U_n^c(\delta))$$

$$\leq P_\vartheta\Big(\frac{1}{n}\sum_{\ell=1}^n A_{ij}(X_\ell, \delta) > \varepsilon\Big) + o(1)$$

$$\leq P_\vartheta\Big(\frac{1}{n}\sum_{\ell=1}^n A_{ij}(X_\ell, \delta) - a_{ij}(\delta) > \varepsilon/2\Big) + o(1) = o(1).$$

Da $\varepsilon > 0$ beliebig gewählt war, folgt also $R_{nij}(\widetilde{\vartheta}_n) = o_\vartheta(1)$.

Um die Limesverteilung von $\sqrt{n}(\overline{\vartheta}_n - \vartheta)$ zu bestimmen, hat man die Gleichungen (6.1.65) asymptotisch für $n \to \infty$ zu lösen. Beachtet man, daß aus (A2) gemäß Satz 1.166 folgt

$$E_\vartheta \nabla_i \nabla_j \log f(X_1, \vartheta) = -E_\vartheta \nabla_i \log f(X_1, \vartheta) \nabla_j \log f(X_1, \vartheta),$$

so ergibt sich mit (A3) und dem Gesetz der großen Zahlen $\mathscr{T}_n = -\mathscr{J}(\vartheta) + o_\vartheta(1)$. Dabei ist wegen (A2) und (A3) $\mathscr{J}(\vartheta)$ endlich und erklärt. Da $\mathscr{R}_n(\widetilde{\vartheta}_n) = o_\vartheta(1)$ und eine Determinante eine stetige Funktion ihrer Elemente ist, folgt nach P_ϑ-WS zunächst $|\mathscr{T}_n + \mathscr{R}_n(\widetilde{\vartheta}_n)| \to |-\mathscr{J}(\vartheta)| \neq 0$ und damit

$$P_\vartheta(W_n) \to 1 \quad \text{für} \quad W_n := \{x \in \mathfrak{X} : |\mathscr{T}_n(x, \vartheta) + \mathscr{R}_n(x, \vartheta, \widetilde{\vartheta}_n(x))| \neq 0\}.$$

Aus (6.1.65) ergibt sich somit

$$(\mathscr{T}_n + \mathscr{R}_n(\widetilde{\vartheta}_n))^{-1} Z_n \mathbf{1}_{W_n} + \sqrt{n}(\overline{\vartheta}_n - \vartheta)\mathbf{1}_{W_n} = o_\vartheta(1)$$

und daraus wegen $(\mathscr{T}_n + \mathscr{R}_n(\widetilde{\vartheta}_n))^{-1}\mathbf{1}_{W_n} = -\mathscr{J}(\vartheta)^{-1} + o_\vartheta(1)$ und der Beziehung $\sqrt{n}(\overline{\vartheta}_n - \vartheta)\mathbf{1}_{W_n} = \sqrt{n}(\overline{\vartheta}_n - \vartheta) + o_\vartheta(1)$

$$\sqrt{n}(\overline{\vartheta}_n - \vartheta) = (\mathscr{J}(\vartheta)^{-1} + o_\vartheta(1))Z_n + o_\vartheta(1).$$

6.1 Asymptotische Behandlung parametrischer Schätzprobleme

Da nach dem Satz von Lindeberg-Lévy $\mathcal{L}_\vartheta(Z_n) \xrightarrow[\mathcal{L}]{} \mathfrak{N}(0, \mathscr{J}(\vartheta))$ gilt, folgt wegen (6.1.62) mit dem Satz von Slutsky die asymptotische Linearisierung

$$\sqrt{n}(\hat{\vartheta}_n - \vartheta) = \mathscr{J}(\vartheta)^{-1} Z_n + o_\vartheta(1) \quad \forall \vartheta \in \overset{\circ}{\Theta} \tag{6.1.66}$$

und somit nach dem Stetigkeitssatz 5.43 und Satz 1.95 die Behauptung. □

Beispiel 6.36 Wie in Beispiel 6.12 seien X_j, $j \in \mathbb{N}$, st.u. ZG mit derselben Verteilung aus einer k-parametrigen Exponentialfamilie in ϑ und T mit $|\mathscr{J}(\vartheta)| \neq 0$. Dann sind die Voraussetzungen aus Satz 6.35 nach den in 1.7.2 für Exponentialfamilien hergeleiteten Grundeigenschaften erfüllt. Insbesondere ist $\nabla_i \nabla_j \log f(z, \vartheta) = \nabla_i \nabla_j \log C(\vartheta)$ unabhängig von $z \in \mathfrak{X}_0$, also (A3) trivialerweise erfüllt. Damit ist jeder konsistente ML-Schätzer asymptotisch effizient. Wie in Beispiel 6.12 gezeigt wurde, lassen sich hier die starke Konsistenz, asymptotische Normalität und asymptotische Effizienz auch direkt verifizieren. □

Beispiel 6.37 X_j, $j \in \mathbb{N}$, seien st.u. ZG mit derselben s-dimensionalen $\mathfrak{M}(1, \pi(\vartheta))$-Verteilung, $\vartheta \in \Theta \subset \mathbb{R}^k$, und $\pi : \Theta \to \Sigma_s$ eine injektive Abbildung. Für $m = 1, \ldots, s$ sei $\pi_m(\cdot)$ zweimal stetig differenzierbar und $\pi_m(\vartheta) > 0 \; \forall \vartheta \in \overset{\circ}{\Theta}$. Dann sind die Voraussetzungen (A1)–(A3) aus Satz 6.35 wegen $\log f(z, \vartheta) = \sum_{m=1}^{s} z_m \log \pi_m(\vartheta)$ bzw. $E_\vartheta X_m X_\ell = \delta_{m\ell} \pi_\ell(\vartheta)$ erfüllt und es gilt

$$\mathscr{J}(\vartheta) = E_\vartheta \Big(\sum_{m=1}^{s} \sum_{\ell=1}^{s} X_m X_\ell \nabla_i \log \pi_m(\vartheta) \nabla_j \log \pi_\ell(\vartheta) \Big) = \mathscr{B}^\top(\vartheta) \mathscr{B}(\vartheta),$$

$$\mathscr{B}(\vartheta) := \mathscr{D}(\vartheta) \nabla^\top \pi(\vartheta) = \left[\frac{\nabla_i \pi_m(\vartheta)}{\sqrt{\pi_m(\vartheta)}} \right]_{\substack{1 \leq m \leq s \\ 1 \leq i \leq k}} \in \mathbb{R}^{s \times k}, \quad \mathscr{D}(\vartheta) := \left[\frac{\delta_{\ell m}}{\sqrt{\pi_m(\vartheta)}} \right] \in \mathbb{R}^{k \times k}.$$

Hat $\mathscr{B}^\top(\vartheta) \mathscr{B}(\vartheta)$ den Rang k, so gilt auch (A4) und damit die Gültigkeit von (6.1.61) mit $\mathscr{J}(\vartheta) = \mathscr{B}^\top(\vartheta) \mathscr{B}(\vartheta)$ für jeden konsistenten ML-Schätzer. □

Wie bereits in 6.1.1 diskutiert wurde, wird man auf die in Beispiel 6.37 betrachtete Verteilungsannahme etwa dann geführt, wenn man ein Modell mit st.u. glv. ZG und einer beliebigen parametrischen Klasse durch Zelleinteilung reduziert. Für ein solches Multinomialmodell wurde dort neben dem ML-Schätzer der $M\chi^2$-Schätzer eingeführt. Es soll nun gezeigt werden, daß unter entsprechenden Regularitätsvoraussetzungen auch dieser Schätzer ($\tilde{\vartheta}_n$) konsistent, asymptotisch normal, asymptotisch effizient und mit jedem konsistenten ML-Schätzer ($\hat{\vartheta}_n$) (des reduzierten Modells) *asymptotisch äquivalent* ist in dem Sinne, daß gilt

$$\sqrt{n}(\tilde{\vartheta}_n - \hat{\vartheta}_n) = o_\vartheta(1) \quad \forall \vartheta \in \overset{\circ}{\Theta}. \tag{6.1.67}$$

Satz 6.38 *Für $n \in \mathbb{N}$ sei Y_n eine s-dimensionale $\mathfrak{M}(n, \pi(\vartheta))$-verteilte ZG, $\vartheta \in \Theta$, mit injektiver Abbildung $\pi : \Theta \to \overset{\circ}{\Sigma}_s$. Weiter sei die auf $\pi(\Theta)$ definierte Umkehrabbildung stetig. Dann ist der Minimum-χ^2-Schätzer ($\tilde{\vartheta}_n$) stets konsistent.*

Beweis: Nach dem Gesetz der großen Zahlen gilt $Y_n/n - \pi(\vartheta) = o_\vartheta(1)$ oder mit der durch (6.1.18) definierten χ^2-Abstandsfunktion äquivalent $\frac{1}{n}Q(Y_n;\vartheta) = o_\vartheta(1)$. Bezeichnet M_n die analog Definition 6.11 erklärte (meßbare) Menge der y, für die das Minimum in (6.1.19) angenommen wird, so gilt

$$0 \leq \frac{1}{n}Q(Y_n; \tilde{\vartheta}_n(Y_n)) = \frac{1}{n}Q(Y_n; \tilde{\vartheta}_n(Y_n))\mathbf{1}_{M_n}(Y_n) + o_\vartheta(1) \leq \frac{1}{n}Q(Y_n;\vartheta) + o_\vartheta(1).$$

Aus Satz 5.130a folgt also $\frac{1}{n}Q(Y_n;\tilde{\vartheta}_n(Y_n))=o_\vartheta(1)$, d.h. $Y_n/n - \pi(\tilde{\vartheta}_n(Y_n))= o_\vartheta(1)$. Wegen $Y_n/n - \pi(\vartheta) = o_\vartheta(1)$ ergibt sich somit $\pi(\tilde{\vartheta}_n(Y_n)) - \pi(\vartheta) = o_\vartheta(1)$ und daraus wegen der Stetigkeit der Umkehrabbildung $\tilde{\vartheta}_n(Y_n) - \vartheta = o_\vartheta(1)$. □

Die asymptotische Normalität beruht letztlich darauf, daß man in Analogie zum Beweis von Satz 6.35 den Mχ^2-Schätzer $\tilde{\vartheta}_n$ aus den χ^2-*Gleichungen*

$$-\frac{1}{2\sqrt{n}}\nabla_i Q(y_n, \vartheta) = 0, \quad i = 1, \ldots, k, \tag{6.1.68}$$

$$-\frac{1}{2\sqrt{n}}\nabla_i Q(y_n, \vartheta) = \sum_{m=1}^{s}\left[\frac{y_{nm} - n\pi_m(\vartheta)}{\sqrt{n\pi_m(\vartheta)}} + \frac{1}{2\sqrt{n}}\left(\frac{y_{nm} - n\pi_m(\vartheta)}{\sqrt{n\pi_m(\vartheta)}}\right)^2\right]\nabla_i \pi_m(\vartheta)$$

gewinnt. Wie der Beweis von Satz 6.40 zeigen wird, läßt sich hier unter geeigneten Regularitätsvoraussetzungen für große Werte von n der zweite Summand gegenüber dem ersten vernachlässigen. Demnach können die χ^2-Gleichungen (6.1.68) vielfach durch die *modifizierten* χ^2-*Gleichungen*

$$\sum_{m=1}^{s}\frac{y_{nm} - n\pi_m(\vartheta)}{\sqrt{n\pi_m(\vartheta)}}\nabla_i\pi_m(\vartheta) = 0, \quad i = 1, \ldots, k, \tag{6.1.69}$$

ersetzt werden. Wegen $\sum_m \nabla_i \pi_m(\vartheta) = 0$ für $i = 1, \ldots, k$ stimmen diese mit den Likelihood-Gleichungen (6.1.20) für das Multinomialmodell überein.

Zum Nachweis der asymptotischen Normalität bzw. asymptotischen Effizienz konsistenter Mχ^2-Schätzer wird hier noch die zur Norm $\|x\|_\infty = \max_{1 \leq i \leq k} |x_i|$ von Vektoren $x = (x_1, \ldots, x_k)^\top \in \mathbb{R}^k$ gehörende Matrixnorm $\|\mathscr{A}\|_\infty$ benötigt,

$$\|\mathscr{A}\|_\infty = \max_{1 \leq i \leq m} \sum_{j=1}^{k} |a_{ij}|, \quad \mathscr{A} = (a_{ij}) \in \mathbb{R}^{m \times k}.$$

Mit dieser gilt dann offensichtlich

$$\|\mathscr{A}x\|_\infty \leq \|\mathscr{A}\|_\infty \|x\|_\infty.$$

Bezeichnet $\mathscr{A}_n = (a_{nij}) \in \mathbb{R}^{m \times k}$ eine zufallsabhängige und $\mathscr{A} = (a_{ij}) \in \mathbb{R}^{m \times k}$ eine deterministische Matrix, so folgt zudem mit der elementweise, also gemäß

$$\mathscr{A}_n \to \mathscr{A} \quad \text{nach WS} \quad :\Leftrightarrow \quad a_{nij} \to a_{ij} \quad \text{nach WS} \quad \forall 1 \leq i \leq m \quad \forall 1 \leq j \leq k,$$

6.1 Asymptotische Behandlung parametrischer Schätzprobleme

erklärten stochastischen Konvergenz mit dem Lemma von Slutsky unmittelbar

$$\mathscr{A}_n \to \mathscr{A} \quad \text{nach WS} \quad \Leftrightarrow \quad \|\mathscr{A}_n - \mathscr{A}\|_\infty \to 0 \quad \text{nach WS}. \tag{6.1.70}$$

In leichter Verallgemeinerung von Korollar 5.84b gilt dann der

Hilfssatz 6.39 *Seien W_n, $n \in \mathbb{N}$, und W k-dimensionale ZG. Für $n \in \mathbb{N}$ seien weiter $\mathscr{A}_n \in \mathbb{R}^{m \times k}$ zufallsabhängige Matrizen und $\mathscr{A} \in \mathbb{R}^{m \times k}$ eine deterministische Matrix. Dann gilt*

$$W_n \xrightarrow{\mathcal{L}} W, \quad \mathscr{A}_n \to \mathscr{A} \quad \text{nach WS} \quad \Rightarrow \quad \mathcal{L}(\mathscr{A}_n W_n) \xrightarrow{\mathcal{L}} \mathcal{L}(\mathscr{A} W).$$

Damit folgt insbesondere

$$\mathcal{L}(W_n^\top \mathscr{A}_n^\top \mathscr{A}_n W_n) \xrightarrow{\mathcal{L}} \mathcal{L}(W^\top \mathscr{A}^\top \mathscr{A} W).$$

Beweis: Sei $\varepsilon > 0$ und $B \subset \mathbb{R}^m$ abgeschlossen. Weiter sei $M > 0$ derart, daß gilt

$$P(\|W_n\|_\infty > M) < \varepsilon/2 \quad \forall n \in \mathbb{N}.$$

Zu jedem $\eta > 0$ existiert wegen (6.1.70) ein $n_0 = n_0(\varepsilon, \eta)$ mit

$$P(\|\mathscr{A}_n - \mathscr{A}\|_\infty > \eta) < \varepsilon/2 \quad \forall n \geq n_0.$$

Für $n \geq n_0$ ergibt sich dann

$$P(\mathscr{A}_n W_n \in B) \leq P(\mathscr{A}_n W_n \in B, \|W_n\|_\infty \leq M, \|\mathscr{A}_n - \mathscr{A}\|_\infty \leq \eta)$$
$$+ P(\|W_n\|_\infty > M) + P(\|\mathscr{A}_n - \mathscr{A}\|_\infty > \eta) \leq P(\mathscr{A} W_n \in B^{\eta M}) + \varepsilon.$$

Wegen $B = \overline{B}$ erhält man daraus für $\eta \downarrow 0$ mit dem Portmanteau-Theorem bzw. dem Satz über stetige Abbildungen

$$\limsup_{n \to \infty} P(\mathscr{A}_n W_n \in B) \leq P(\mathscr{A} W \in B) + \varepsilon$$

und damit für $\varepsilon \downarrow 0$ die Behauptung. Der Zusatz folgt mit Satz 5.43. □

Satz 6.40 Y_n, $n \in \mathbb{N}$, *seien st.u. s-dimensionale $\mathfrak{M}(n, \pi(\vartheta))$-verteilte ZG, $\vartheta \in \Theta$, $\Theta \subset \mathbb{R}^k$. Für die Abbildung $\pi : \Theta \to \Sigma_s$ gelte:*

1) $\nabla_i \pi_m(\cdot)$ *existiert und ist stetig auf* $\overset{\circ}{\Theta}$, $m = 1, \ldots, s$, $i = 1, \ldots, k$;

2) *Mit der $s \times k$-Matrix $\mathscr{B}(\vartheta) = \mathscr{D}(\vartheta) \nabla^\top \pi(\vartheta)$, $\mathscr{D}(\vartheta) = \delta_{\ell m}/\sqrt{\pi_m(\delta)}$, ist*

$$|\mathscr{B}^\top(\vartheta) \mathscr{B}(\vartheta)| \neq 0 \quad \forall \vartheta \in \overset{\circ}{\Theta}.$$

Dann gilt $\mathscr{J}(\vartheta) = \mathscr{B}^\top(\vartheta) \mathscr{B}(\vartheta)$ und für jeden konsistenten $M\chi^2$-Schätzer $(\widetilde{\vartheta}_n)$

$$\mathcal{L}_\vartheta(\sqrt{n}(\widetilde{\vartheta}_n - \vartheta)) \xrightarrow{\mathcal{L}} \mathfrak{N}(0, \mathscr{J}(\vartheta)^{-1}) \quad \forall \vartheta \in \overset{\circ}{\Theta}. \tag{6.1.71}$$

Überdies ist jeder derartige Schätzer $(\widetilde{\vartheta}_n)$ mit jedem konsistenten ML-Schätzer $(\widehat{\vartheta}_n)$ (für das Multinomialmodell) asymptotisch äquivalent im Sinne von (6.1.67).

Beweis: Nach Beispiel 6.37 gilt $\mathscr{I}(\vartheta) = \mathscr{B}^\top(\vartheta)\mathscr{B}(\vartheta) \; \forall \vartheta \in \overset{\circ}{\Theta}$. Im Gegensatz zum Beweis von Satz 6.35 treten hier keine Meßbarkeitsüberlegungen auf. Sämtliche Y_n nehmen nämlich nur Werte in der abzählbar unendlichen Menge $\mathbb{N}_0^s$ an, so daß die Mengen M_n und die Abbildungen $\widetilde{\vartheta}_n$ sowie alle auftretenden Zwischenstellen stets meßbar sind, also $M_n' = M_n$ gewählt werden kann.

Sei $\vartheta \in \overset{\circ}{\Theta}$ beliebig und fest sowie $\delta_\vartheta > 0$ mit $U(\vartheta, \delta_\vartheta) \subset \Theta$. Sind dann M_n und U_n sowie $\overline{\vartheta}_n$ wie im Beweis von 6.35 erklärt, so gilt auch wieder $\overline{\vartheta}_n \to \vartheta$ nach F_ϑ-WS und $\sqrt{n}(\widetilde{\vartheta}_n - \overline{\vartheta}_n) = o_\vartheta(1)$. Es bleibt also nur die Verteilungskonvergenz von $\sqrt{n}(\overline{\vartheta}_n - \vartheta)$ zu zeigen. Hierzu beachte man, daß die χ^2-Abstandsfunktion (6.1.18) für jedes $y \in M_n U_n$ ihr Minimum in $\overline{\vartheta}_n(y) \in \overset{\circ}{\Theta}$ annimmt, so daß notwendig die χ^2-Gleichungen $\nabla_i Q(Y_n, \overline{\vartheta}_n) = o_\vartheta(1)$ gelten, also

$$\sum_{m=1}^s \frac{Y_{nm} - n\pi_m(\overline{\vartheta}_n)}{\sqrt{n\pi_m(\overline{\vartheta}_n)}} \left[\frac{1}{\sqrt{\pi_m(\overline{\vartheta}_n)}} \nabla_i \pi_m(\overline{\vartheta}_n)\right] \left[1 + \frac{Y_{nm} - n\pi_m(\overline{\vartheta}_n)}{2n\pi_m(\overline{\vartheta}_n)}\right] = o_\vartheta(1) \quad (6.1.72)$$

für $i = 1, \ldots, k$. Setzt man nun (bei festen ϑ und $\overline{\vartheta}_n$)

$$Z_{nm} = \frac{Y_{nm} - n\pi_m(\vartheta)}{\sqrt{n\pi_m(\overline{\vartheta}_n)}}, \quad V_{nm} = \frac{\sqrt{n}(\pi_m(\overline{\vartheta}_n) - \pi_m(\vartheta))}{\sqrt{\pi_m(\overline{\vartheta}_n)}},$$

$$b_{nmi} = \left[\frac{1}{\sqrt{\pi_m(\overline{\vartheta}_n)}} \nabla_i \pi_m(\overline{\vartheta}_n)\right] \left[1 + \frac{Y_{nm} - n\pi_m(\overline{\vartheta}_n)}{2n\pi_m(\overline{\vartheta}_n)}\right], \quad b_{mi} = \pi_m^{-1/2}(\vartheta) \nabla_i \pi_m(\vartheta),$$

so lautet (6.1.72) $\sum_{m=1}^s (Z_{nm} - V_{nm}) b_{nmi} = o_\vartheta(1)$ für $1 \leq i \leq k$. Mit den Abkürzungen $V_n = (V_{n1}, \ldots, V_{ns})^\top$, $Z_n = (Z_{n1}, \ldots, Z_{ns})^\top$ und $\mathscr{B}_n = (b_{nmi})$ gilt also

$$\mathscr{B}_n^\top V_n = \mathscr{B}_n^\top Z_n + o_\vartheta(1). \quad (6.1.73)$$

Aus den Voraussetzungen folgt nun unmittelbar $b_{nmi} \to b_{mi}$ nach F_ϑ-WS und zwar $\forall 1 \leq i \leq k, 1 \leq m \leq s$, d.h. nach (6.1.70)

$$\|\mathscr{B}_n - \mathscr{B}(\vartheta)\|_\infty \to 0 \quad \text{nach } F_\vartheta\text{-WS}.$$

Weiter ergibt sich mit einer geeigneten Zwischenstelle $\overline{\overline{\vartheta}}_n$

$$V_{nm} = \pi_m^{-1/2}(\overline{\vartheta}_n) \langle \nabla \pi_m(\overline{\overline{\vartheta}}_n), \sqrt{n}(\overline{\vartheta}_n - \vartheta) \rangle = \sum_{i=1}^k \overline{b}_{nmi} \sqrt{n}(\overline{\vartheta}_{ni} - \vartheta_i),$$

wobei $\overline{b}_{nmi} := \pi_m^{-1/2}(\overline{\vartheta}_n) \nabla_i \pi_m(\overline{\overline{\vartheta}}_n) \to b_{mi}$ nach F_ϑ-WS $\forall 1 \leq i \leq k, 1 \leq m \leq \ell$. Setzt man noch $\overline{\mathscr{B}}_n = (\overline{b}_{nmi}) \in \mathbb{R}^{s \times k}$, dann gilt $V_n = \overline{\mathscr{B}}_n \sqrt{n}(\overline{\vartheta}_n - \vartheta)$ sowie unter Verwenden von Beispiel 5.71, also von

6.1 Asymptotische Behandlung parametrischer Schätzprobleme

$$\mathfrak{L}_\vartheta\left(n^{-1/2}(Y_n - n\pi(\vartheta))\right) \xrightarrow[\mathfrak{L}]{} \mathfrak{N}(0, \widetilde{\mathscr{S}}(\vartheta)), \quad \widetilde{\mathscr{S}}(\vartheta) = \left(\pi_m(\vartheta)(\delta_{m\ell} - \pi_\ell(\vartheta))\right),$$

nach dem Satz von der stetigen Abbildung und Rechenregeln für Kovarianzmatrizen

$$\mathfrak{L}_\vartheta(Z_n) \xrightarrow[\mathfrak{L}]{} \mathfrak{N}(0, \mathscr{S}(\vartheta)), \quad \mathscr{S}(\vartheta) = \left(\delta_{m\ell} - \sqrt{\pi_m(\vartheta)}\sqrt{\pi_\ell(\vartheta)}\right).$$

Aus Hilfssatz 6.39 folgt wegen $\mathscr{B}_n^\top \to \mathscr{B}^\top(\vartheta)$ nach F_ϑ-WS

$$\mathfrak{L}_\vartheta(\mathscr{B}_n^\top Z_n) \xrightarrow[\mathfrak{L}]{} \mathfrak{N}(0, \mathscr{B}^\top(\vartheta)\mathscr{S}(\vartheta)\mathscr{B}(\vartheta)),$$

und wegen $\sum_{m=1}^s \nabla_i \pi_m(\vartheta) = 0$ ist

$$\mathscr{B}^\top(\vartheta)\mathscr{S}(\vartheta)\mathscr{B}(\vartheta) = \mathscr{B}^\top(\vartheta)\mathscr{B}(\vartheta) = \mathscr{J}(\vartheta).$$

Nach dem Lemma von Slutsky ergibt sich mit (6.1.73) hieraus

$$\mathfrak{L}_\vartheta(\mathscr{B}_n^\top V_n) = \mathfrak{L}_\vartheta(\mathscr{B}_n^\top \overline{\mathscr{B}}_n \sqrt{n}(\overline{\vartheta}_n - \vartheta)) \xrightarrow[\mathfrak{L}]{} \mathfrak{N}(0, \mathscr{J}(\vartheta)). \tag{6.1.74}$$

Zur Bestimmung der Limesverteilung von $\sqrt{n}(\overline{\vartheta}_n - \vartheta)$ hat man noch $\mathscr{B}_n^\top \overline{\mathscr{B}}_n$ geeignet zu invertieren. Hierzu beachte man, daß gilt

$$\mathscr{C}_n := \mathscr{B}_n^\top \overline{\mathscr{B}}_n \to \mathscr{B}^\top(\vartheta)\mathscr{B}(\vartheta) = \mathscr{J}(\vartheta) \quad \text{nach} \quad F_\vartheta\text{-WS}$$

und somit wegen $\det \mathscr{J}(\vartheta) \neq 0$ gilt

$$P_\vartheta(\det \mathscr{C}_n = 0) \to 0. \tag{6.1.75}$$

Definiert man also die (stets invertierbare) Matrix

$$\check{\mathscr{C}}_n := \mathscr{C}_n \mathbf{1}(\det \mathscr{C}_n \neq 0) + \mathscr{J}(\vartheta)\mathbf{1}(\det \mathscr{C}_n = 0),$$

so erhält man aus (6.1.74 + 75) nach dem Lemma von Slutsky

$$\mathfrak{L}_\vartheta(\check{\mathscr{C}}_n \sqrt{n}(\overline{\vartheta}_n - \vartheta)) \xrightarrow[\mathfrak{L}]{} \mathfrak{N}(0, \mathscr{J}(\vartheta)).$$

Aus Hilfssatz 6.39 folgt daher mit $\mathscr{A}_n := \check{\mathscr{C}}_n^{-1} \to \mathscr{J}(\vartheta)^{-1}$ nach F_ϑ-WS

$$\mathfrak{L}_\vartheta(\sqrt{n}(\overline{\vartheta}_n - \vartheta)) \xrightarrow[\mathfrak{L}]{} \mathfrak{N}(0, \mathscr{J}(\vartheta)^{-1}).$$

Wegen $\sqrt{n}(\widetilde{\vartheta}_n - \overline{\vartheta}_n) = o_\vartheta(1)$ ergibt sich hieraus die Behauptung (6.1.71). Es sei noch bemerkt, daß dieser Nachweis von (6.1.71) wie derjenige von (6.1.61) auf einer asymptotischen Linearisierung beruht. Wegen $\check{\mathscr{C}}_n^{-1} = \mathscr{J}(\vartheta)^{-1} + o_\vartheta(1)$, $\mathscr{B}_n \to \mathscr{B}(\vartheta)$ nach P_ϑ-WS sowie (6.1.73+74) lautet eine solche nach dem nach dem Lemma von Slutsky in Analogie zu (6.1.66)

$$\sqrt{n}(\widetilde{\vartheta}_n - \vartheta) = (\mathscr{B}^\top(\vartheta)\mathscr{B}(\vartheta))^{-1}\mathscr{B}^\top(\vartheta)Z_n(\vartheta) + o_\vartheta(1). \tag{6.1.76}$$

Da der dritte Faktor von (6.1.72) von der Form $1+o_\vartheta(1)$ ist, gilt diese asymptotische Linearisierung wegen (6.1.69) auch für jeden konsistenten ML-Schätzer $(\widehat{\vartheta}_n)$, woraus die Gültigkeit von (6.1.67) folgt. □

Auch die in 6.1.1 eingeführten MK- und MD-Schätzer sind unter entsprechenden Regularitätsvoraussetzungen konsistent und asymptotisch normal. Wir zeigen dies hier nur für MK-Schätzer. Aus methodischen Gründen können die entsprechenden Aussagen für MD-Schätzer erst in Band III hergeleitet werden. Am Anfang der Diskussion von MK-Schätzern steht die Frage, ob das Infimum in (6.1.14) für jedes $x \in \mathfrak{X}_0^{(n)}$ angenommen wird und ob sich diese punktweise gewonnenen Infima zu einer meßbaren Lösung zusammensetzen lassen. Der folgende Satz enthält hierfür eine hinreichende Bedingung; vgl. auch 7.3.3.

Satz 6.41 *Für festes $n \in \mathbb{N}$ seien $X_1, \ldots, X_n$ st.u. ZG mit derselben Verteilung F_ϑ, $\vartheta \in \Theta$, wobei $\Theta \subset \mathbb{R}^k$ abgeschlossen sei. Weiter sei $\varrho : \mathfrak{X}_0 \times \Theta \to (-\infty, +\infty]$ eine Kontrastfunktion mit den folgenden beiden Eigenschaften:*

1) $\forall z \in \mathfrak{X}_0$ *ist* $\varrho(z, \cdot)$ *(im Sinne von B2)* 1⁄2-*stetig auf* Θ;

2) $\forall z \in \mathfrak{X}_0$ *gilt* $\inf_{|t|>r} \varrho(z,t) \to +\infty$ *für* $r \to \infty$,

Dann gibt es eine meßbare Funktion $\widehat{\vartheta}_n(x) = \widehat{\vartheta}_n(x_{(n)})$ *mit*

$$\varrho_n(x, \widehat{\vartheta}_n(x)) = \inf_{t \in \Theta} \varrho_n(x, t), \quad \varrho_n(x, t) := n^{-1} \sum_{j=1}^n \varrho(x_j, t). \qquad (6.1.77)$$

Beweis: (Skizze) Aus 1) und 2) folgen die entsprechenden Eigenschaften für die Funktion $\varrho_n(x, \cdot)$ für jedes $x \in \mathfrak{X}_0^{(n)}$. Somit ist für jedes feste x die Menge $D_n(x)$ der Punkte $\vartheta \in \Theta$, in denen das Infimum in (6.1.77) angenommen wird, nicht leer. $D_n(x)$ ist auch abgeschlossen, da $D_n(x)$ das Urbild des Infimums unter der 1⁄2-stetigen Funktion $\varrho_n(x, \cdot)$ ist und Θ als abgeschlossen vorausgesetzt wurde. Da das Infimum wegen 2) schon auf einer beschränkten und damit kompakten Teilmenge angenommen werden muß, folgt die Behauptung mit Hilfssatz 6.7. □

Wie für ML-Schätzer interessieren auch für MK-Schätzer vornehmlich asymptotische Eigenschaften. Dieses auch deshalb, weil in den wichtigsten Beispielen die – der Einfachheit halber hier im Moment als meßbar unterstellte – Menge $M_n = \cup_{\vartheta \in \Theta}\{x \in \mathfrak{X} : \varrho_n(x, \vartheta) = \inf_{t \in \Theta} \varrho_n(x, t)\}$ derjenigen Punkte $x \in \mathfrak{X}_{(n)}$, in denen das Infimum angenommen wird, unter jedem $\vartheta \in \Theta$ asymptotisch für $n \to \infty$ die P_ϑ-WS 1 trägt. Demgemäß betrachten wir im folgenden *asymptotische MK-Schätzer* im Sinne der Definition 6.11, also Folgen $(\widehat{\vartheta}_n)$ meßbarer Funktionen mit

$$\varrho_n(x, \widehat{\vartheta}_n(x)) = \inf_{t \in \Theta} \varrho_n(x, t) \quad \forall x \in M_n. \qquad (6.1.78)$$

Wir geben zunächst analog Satz 6.34 hinreichende Bedingungen für die starke Konsistenz.

6.1 Asymptotische Behandlung parametrischer Schätzprobleme

Satz 6.42 X_j, $j \in \mathbb{N}$, seien st.u. ZG mit derselben Verteilung F_ϑ, $\vartheta \in \Theta$, wobei Θ eine abgeschlossene Teilmenge eines $\mathbb{R}^k$ sei. Weiter sei $\varrho : \mathfrak{X}_0 \times \Theta \to (-\infty, +\infty]$ eine Kontrastfunktion mit den folgenden Eigenschaften:

1) $\forall z \in \mathfrak{X}_0$ ist $\varrho(z, \cdot)$ stetig auf Θ;

2) $\forall \vartheta, \vartheta' \in \Theta$ mit $\vartheta' \neq \vartheta$ existiert ein $r = r_{\vartheta, \vartheta'} > 0$ mit
$$\inf_{\vartheta'' \in U(\vartheta', r)} \varrho(\cdot, \vartheta'') \in \mathbb{L}_1(F_\vartheta), \quad \sup_{\vartheta'' \in U(\vartheta', r)} \varrho(\cdot, \vartheta'') \in \mathbb{L}_1(F_\vartheta);$$

3) $\forall z \in \mathfrak{X}_0$ gilt $\inf_{|\vartheta''|>r} \varrho(z, \vartheta'') \to \infty$ für $r \to \infty$,
$$\forall \vartheta \in \Theta \quad \exists r < \infty \quad \text{mit} \quad \inf_{|\vartheta''|>r} \varrho(\cdot, \vartheta'') \in \mathbb{L}_1(F_\vartheta).$$

Dann gilt für den zugehörigen asymptotischen Minimum-Kontrast-Schätzer $\widehat{\vartheta}_n$:

a) $\forall \vartheta \in \Theta \quad \forall \varepsilon > 0 \quad \exists c > 0 \quad \inf_{|\vartheta'-\vartheta|>\varepsilon} (\varrho_n(x, \vartheta') - \varrho_n(x, \vartheta)) \to c \quad [F_\vartheta];$

b) $\forall \vartheta \in \Theta \quad \widehat{\vartheta}_n \to \vartheta \quad [F_\vartheta].$

Beweis: a) Sei $\vartheta \in \Theta$ fest. Der Beweis beruht wesentlich auf der Kontrasteigenschaft (6.1.12). Wegen des Gesetzes der großen Zahlen folgt nämlich wie beim Beweis von Satz 6.34 hieraus für jedes $\vartheta' \neq \vartheta$
$$\varrho_n(x, \vartheta') - \varrho_n(x, \vartheta) \to E_\vartheta \varrho(X_1, \vartheta') - E_\vartheta \varrho(X_1, \vartheta) > 0 \quad [P_\vartheta]$$

und damit nach 1) und 2) für hinreichend kleines $r_{\vartheta'} > 0$ und geeignetes $\widetilde{c}_{\vartheta'} > 0$
$$\inf\{\varrho_n(x, \vartheta'') - \varrho_n(x, \vartheta) : \vartheta'' \in U(\vartheta', r_{\vartheta'})\} \to \widetilde{c}_{\vartheta'} \quad [P_\vartheta].$$

Für jedes $\vartheta' \in \Theta$ und jedes $r > 0$ ist nämlich
$$\varrho^*(z, \vartheta', r) := \inf\{\varrho(z, \vartheta'') : \vartheta'' \in U(\vartheta', r)\}$$

nach A3.6 meßbar; wegen 1) gilt $\varrho^*(z, \vartheta', r) \uparrow \varrho(z, \vartheta')$ für $r \to 0$ und damit wegen 2) nach dem Satz von Lebesgue $E_\vartheta \varrho^*(X_1, \vartheta', r) \uparrow E_\vartheta \varrho(X_1, \vartheta')$. Somit gibt es wegen (6.1.12) für jedes $\vartheta' \in \Theta$ ein (hinreichend kleines) $r_{\vartheta'} > 0$ mit $E_\vartheta \varrho^*(X_1, \vartheta', r_{\vartheta'}) > E_\vartheta \varrho(X_1, \vartheta)$ und nach dem Gesetz der großen Zahlen somit ein $c_{\vartheta'} > 0$ mit
$$\inf\{\varrho_n(x, \vartheta'') - \varrho_n(x, \vartheta) : \vartheta'' \in U(\vartheta', r_{\vartheta'})\} = \varrho_n^*(x, \vartheta', r_{\vartheta'}) - \varrho_n(x, \vartheta)$$
$$\to E_\vartheta \varrho^*(X_1, \vartheta', r_{\vartheta'}) - E_\vartheta \varrho(X_1, \vartheta) = c_{\vartheta'} \quad [F_\vartheta].$$

$\varrho_n^*(x, \vartheta', r_{\vartheta'}) := \frac{1}{n} \sum_{j=1}^{n} \varrho^*(x_j, \vartheta', r_{\vartheta'})$. Ist Θ beschränkt (und abgeschlossen), so läßt sich nach dem Satz von Heine-Borel die Menge $\{\vartheta'' \in \Theta : |\vartheta'' - \vartheta| \geq \varepsilon\}$ bereits durch endlich viele dieser Umgebungen $U(\vartheta', r_{\vartheta'})$ überdecken. Es gibt also ein $\ell \in \mathbb{N}$ und Punkte $\vartheta_1', \ldots, \vartheta_\ell'$ mit
$$\{\vartheta'' \in \Theta : |\vartheta'' - \vartheta| \geq \varepsilon\} \subset \bigcup_{j=1}^{\ell} U(\vartheta_j', r_{\vartheta_j'}).$$

6 Asymptotische Betrachtungsweisen parametrischer Verfahren

Somit gilt für $c := \min_{1 \leq j \leq \ell} c_{\vartheta'_j}$ nach den Grundeigenschaften von Infima und (6.1.12)

$$\inf\{\varrho_n(X, \vartheta'') - \varrho_n(X, \vartheta) : |\vartheta'' - \vartheta| \geq \varepsilon\}$$

$$\geq \inf\left\{\varrho_n(X, \vartheta'') - \varrho_n(X, \vartheta) : \vartheta'' \in \bigcup_{j=1}^{\ell} U(\vartheta'_j, r_{\vartheta'_j})\right\}$$

$$= \min_{1 \leq j \leq \ell} \inf\{\varrho_n(X, \vartheta'') - \varrho_n(X, \vartheta) : \vartheta'' \in U(\vartheta'_j, r_{\vartheta'_j})\}$$

$$\to \min_{1 \leq j \leq \ell} c_{\vartheta'_j} = c \quad [P_\vartheta]. \tag{6.1.79}$$

Ist Θ unbeschränkt und abgeschlossen, so gilt nach 3) $\varrho^*(z, \infty, r) := \inf_{|\vartheta''| > r} \varrho(z, \vartheta'') \uparrow \infty$ für $r \uparrow \infty$ und damit nach dem Satz von der monotonen Konvergenz $E_\vartheta \varrho^*(X_1, \infty, r) \uparrow \infty$. Somit gibt es wegen $E_\vartheta \varrho(X_1, \vartheta) < \infty$ ein $r_\infty < \infty$ mit $E_\vartheta \varrho^*(X_1, \infty, r_\infty) > E_\vartheta \varrho(X_1, \vartheta)$ und folglich nach dem Gesetz der großen Zahlen ein $c_\infty > 0$ mit

$$\inf_{|\vartheta''| > r_\infty} \left(\varrho_n(X, \vartheta'') - \varrho_n(X, \vartheta)\right) = \varrho_n^*(X, \infty, r_\infty) - \varrho_n(X, \vartheta)$$

$$\to E_\vartheta \varrho^*(X_1, \infty, r_\infty) - E_\vartheta \varrho(X_1, \vartheta) = c_\infty \quad [F_\vartheta].$$

Da die Menge $\{\vartheta'' \in \Theta : |\vartheta'' - \vartheta| \geq \varepsilon, |\vartheta''| \leq r_\infty\}$ kompakt ist, läßt sie sich wieder durch endlich viele Umgebungen $U(\vartheta'_j, r_{\vartheta'_j})$ überdecken; insgesamt gibt es also ein $r_\infty < \infty$ und endlich viele Punkte $\vartheta'_1, \ldots, \vartheta'_\ell$ mit $r_{\vartheta'_1} > 0, \ldots, r_{\vartheta'_\ell} > 0$ und

$$\{\vartheta'' \in \Theta : |\vartheta'' - \vartheta| \geq \varepsilon\} \subset U(\infty, r_\infty) \cup \bigcup_{j=1}^{\ell} U(\vartheta'_j, r_{\vartheta'_j}).$$

Der Beweis folgt dann analog (6.1.79).

b) Die Behauptung ist äquivalent damit, daß für alle $\varepsilon > 0$ gilt

$$P_\vartheta(\{x : |\widehat{\vartheta}_n(x) - \vartheta| > \varepsilon \text{ für } \infty \text{ viele } n\}) = 0.$$

Aus $|\widehat{\vartheta}_n(x) - \vartheta| > \varepsilon$ folgt aber $\varrho_n(x, \widehat{\vartheta}_n(x)) \geq \inf\{\varrho_n(x, \vartheta') : |\vartheta' - \vartheta| \geq \varepsilon\}$ und damit nach der Definition von $(\widehat{\vartheta}_n)$ bzw. nach a) wegen $c > 0$

$$P_\vartheta\bigl(\{x : |\widehat{\vartheta}_n(x) - \vartheta| > \varepsilon \text{ für } \infty \text{ viele } n\}\bigr)$$

$$\leq P_\vartheta\bigl(\{x : \varrho_n(x, \widehat{\vartheta}_n(x)) \geq \inf\{\varrho_n(x, \vartheta') : |\vartheta' - \vartheta| \geq \varepsilon\} \text{ für } \infty \text{ viele } n\}\bigr)$$

$$= P_\vartheta\bigl(\{x : \inf\{\varrho_n(x, \vartheta') : \vartheta' \in \Theta\} + o(1) \geq \varrho_n(x, \vartheta) + c + o(1) \text{ für } \infty \text{ viele } n\}\bigr)$$

$$\leq P_\vartheta\bigl(\{x : \inf\{\varrho_n(x, \vartheta') : \vartheta' \in \Theta\} + o(1) \geq \inf\{\varrho_n(x, \vartheta') : \vartheta' \in \Theta\} + c + o(1)$$

$$\text{für } \infty \text{ viele } n\bigr) = 0. \quad \Box$$

Auch die asymptotische Normalität des ML-Schätzers beruht nicht darauf, daß es sich bei der Kontrastfunktion $\varrho(z, \vartheta)$ um die Funktion $-\log f(z, \vartheta)$ handelt. Vielmehr läßt sich die Idee des Beweises von Satz 6.35 auf den Fall beliebiger MK-Schätzer $\widehat{\vartheta}_n$ verallgemeinern[14], sofern neben gewissen Regularitätsannahmen und

---
[14] Ein gänzlich anderer Beweis der asymptotischen Normalität von MK-Schätzern wird in 9.2.4 gegeben.

6.1 Asymptotische Behandlung parametrischer Schätzprobleme

der Verteilungsannahme st.u. glv. ZG vorausgesetzt wird, daß $\widehat{\vartheta}_n$ konsistent und zumindest asymptotisch eine Lösung der Kontrastgleichungen (6.1.16) ist. Allerdings gilt die asymptotische Effizienz im wesentlichen nur dann, wenn $\varrho(z,\vartheta) = -\log f(z,\vartheta)$ ist.

Satz 6.43 X_j, $j \in \mathbb{N}$, seien st.u. ZG mit derselben Verteilung F_ϑ, $\vartheta \in \Theta$, und abgeschlossenem $\Theta \subset \mathbb{R}^k$. Weiter sei $\varrho : \mathfrak{X}_0 \times \Theta \to (-\infty, +\infty]$ eine Kontrastfunktion, für die

$$\chi(z,\vartheta) := \nabla_\vartheta \varrho(z,\vartheta), \quad \mathscr{H}(\vartheta) := E_\vartheta \chi(X_1,\vartheta) \chi^\top(X_1,\vartheta) \quad und$$
$$\mathscr{T}(\vartheta) := E_\vartheta \nabla_\vartheta \chi^\top(X_1,\vartheta) = E_\vartheta \nabla_\vartheta \nabla_\vartheta^\top \varrho(X_1,\vartheta)$$

komponentenweise existieren und endlich sind. Weiter seien erfüllt:

(A'1) $\forall z \in \mathfrak{X}_0$ existiert $\nabla_\vartheta \nabla_\vartheta^\top \varrho(z,\cdot)$ und ist stetig auf $\overset{\circ}{\Theta}$;

(A'2) $\forall \vartheta \in \overset{\circ}{\Theta}$ gilt $E_\vartheta \chi(X_1,\vartheta) = 0$;

(A'3) $\forall \vartheta \in \overset{\circ}{\Theta}$ gibt es ein $\delta_\vartheta > 0$ mit $U(\vartheta,\delta_\vartheta) \subset \overset{\circ}{\Theta}$ und eine meßbare Funktion

$$M(\cdot,\vartheta) \in \mathfrak{B}_0 \text{ mit } E_\vartheta M(X_1,\vartheta) < \infty \text{ derart, daß gilt}$$

$$|\nabla_i \nabla_j \varrho(\cdot,\vartheta')| \leq M(\cdot,\vartheta) \quad \forall \vartheta' \in U(\vartheta,\delta_\vartheta), \quad i,j = 1,\ldots,k;$$

(A'4) $\forall \vartheta \in \overset{\circ}{\Theta}$ ist $\mathscr{T}(\vartheta) \in \mathbb{R}^{k \times k}_{\text{p.d.}}$.

Dann ist jeder konsistente MK-Schätzer $(\widehat{\vartheta}_n)$ *asymptotisch normal. Genauer gilt*

$$\mathfrak{L}_\vartheta(\sqrt{n}(\widehat{\vartheta}_n(X) - \vartheta)) \xrightarrow[\mathfrak{L}]{} \mathfrak{N}(0, \mathscr{T}(\vartheta)^{-1}\mathscr{H}(\vartheta)(\mathscr{T}(\vartheta)^\top)^{-1}) \quad \forall \vartheta \in \overset{\circ}{\Theta}. \tag{6.1.80}$$

Beweis: (Skizze) Dieser erfolgt wie derjenige von Satz 6.35 durch asymptotische Linearisierung von $\sqrt{n}(\widehat{\vartheta}_n - \vartheta)$. Mit den wie dort erklärten Größen M_n, U_n, $\overline{\vartheta}_n$ und $\widetilde{\vartheta}_n$ genügt für jedes feste $\vartheta \in \overset{\circ}{\Theta}$ der Nachweis der (6.1.65) entsprechenden Beziehung

$$\sqrt{n}(\widehat{\vartheta}_n - \vartheta) = -(\mathscr{T}(\vartheta)^{-1} + o_\vartheta(1))Z_n + o_\vartheta(1), \quad Z_n(x) = \frac{1}{\sqrt{n}} \sum_{\ell=1}^{n} \chi(x_\ell,\vartheta). \tag{6.1.81}$$

Hierzu beachte man, daß ϱ_n für $x \in M_n U_n$ das Minimum in $\overline{\vartheta}_n(x) \in \overset{\circ}{\Theta}$ annimmt und wegen $P_\vartheta(M_n U_n)^c \to 0$ somit $\varrho_n(x,\overline{\vartheta}_n(x)) = o_\vartheta(1)$ gilt. Hieraus ergeben sich wie dort durch Taylorentwicklung an der Stelle ϑ (6.1.64) verallgemeinernde, asymptotisch lösbare Gleichungen für $\sqrt{n}(\overline{\vartheta}_n - \vartheta)$, wobei die Matrizen $\mathscr{T}_n$ und $\mathscr{R}_n$ sowie die Größen A_{ij} mit der Kontrastfunktion $\varrho(z,\vartheta)$ statt mit $-\log f(z,\vartheta)$ gebildet werden. Wegen $\mathscr{R}_n \to 0$ nach P_ϑ-WS und damit $|\mathscr{T}_n + \mathscr{R}_n(\widetilde{\vartheta}_n)| \to |\mathscr{T}(\vartheta)| \neq 0$ nach P_ϑ-WS folgt aus diesen (6.1.81) und damit wegen $\mathfrak{L}_\vartheta(Z_n) \xrightarrow[\mathfrak{L}]{} \mathfrak{N}(0,\mathscr{H}(\vartheta))$ und dem Lemma von Slutsky die Behauptung. □

Anmerkung 6.44 Auch MK-Schätzer sind unter den Voraussetzungen von Satz 6.43 wie ML-Schätzer asymptotisch linear und damit asymptotisch normal. Der Vorteil der ML-Schätzer ist ihre asymptotische Effizienz bei Gültigkeit der Modellannahme, der Nachteil – etwa unter Normalverteilungsannahmen – die Unbeschränktheit ihrer Einflußfunktion, was gemäß (6.1.81) eine hohe Empfindlichkeit gegenüber Abweichungen von der Modellannahme impliziert. Deshalb spielen in der robusten Statistik solche M-Schätzer eine Rolle, deren Einflußfunktionen aus der zur Modellannahme gehörenden Einflußfunktion $\chi_\vartheta(\cdot)$ durch Verkürzen hervorgehen, die also etwa bei geeignetem $c > 0$ von der Form sind $(-c) \vee \chi_\vartheta(z) \wedge c$. Dabei ist die Wahl von c von entscheidender Bedeutung: Ist c groß, so hat der Schätzer eine hohe Effizienz unter der Modellannahme, aber ein schlechtes Robustheitsverhalten; umgekehrt ist die Situation bei kleinem c (vgl. auch 8.4 sowie die entsprechenden Überlegungen zu robusten Tests in 2.3.3). □

Aufgabe 6.1 $X_1, \ldots, X_n$ seien st.u. $\mathfrak{P}(\lambda)$-verteilte ZG, $\lambda \in (0, \infty)$. Man bestimme den ML-Schätzer und verifiziere direkt Konsistenz, asymptotische Normalität und asymptotische Effizienz.

Aufgabe 6.2 Sei $\mathfrak{P} = \{P_\vartheta : 0 < \vartheta < 1/2\}$ eine Klasse diskreter Verteilungen über $\{0, 1, 2\}$, wobei für die #-Dichte $p(\cdot, \vartheta)$ gelte $p(0, \vartheta) = 6\vartheta^2 - 4\vartheta + 1$, $p(1, \vartheta) = \vartheta - 2\vartheta^2$ und $p(2, \vartheta) = 3\vartheta - 4\vartheta^2$. Man zeige: Die Likelihood-Gleichung (6.1.2) hat eindeutige Lösungen für $x = 0, 1, 2$, die jedoch nur für $x = 1$ und $x = 2$ die Likelihood-Funktion $p(x, \cdot)$ maximieren.

Aufgabe 6.3 $X_j, j \in \mathbb{N}$, seien st.u. $\mathfrak{N}(\mu_1, \mu_2; \sigma_1^2, \sigma_2^2, \varrho)$-verteilte ZG mit unbekanntem $(\mu_1, \mu_2, \sigma_1^2, \sigma_2^2, \varrho) \in \mathbb{R}^2 \times (0, \infty)^2 \times (-1, +1)$. Man bestimme den ML-Schätzer für Schiefe und Exzeß und verifiziere Konsistenz und asymptotische Normalität.

Aufgabe 6.4 $X_1, \ldots, X_n$ seien st.u. ZG mit derselben Verteilung $\mathfrak{R}(\vartheta - \frac{1}{2}, \vartheta + \frac{1}{2})$, $\vartheta \in \mathbb{R}$. $\widehat{\vartheta}_n$ bezeichne den ML-Schätzer. Man zeige:

a) $Y := X_{n\uparrow 1}$ und $Z := X_{n\uparrow n}$ besitzen für $\vartheta = 0$ die (gemeinsame) $\lambda\!\!\lambda^2$-Dichte

$$f(y, z) = n(n-1)(z-y)^{n-2}\mathbf{1}(0 \leq y < z \leq 1);$$

b) $P_\vartheta(n(\widehat{\vartheta}_n - \vartheta) \leq t) \to \frac{1}{2}e^{2t}$ für $t \geq 0$ bzw. $\to 1 - \frac{1}{2}e^{-2t}$ für $t < 0$.

Aufgabe 6.5 $X_1, \ldots, X_n$ seien st.u. $\mathfrak{R}(\vartheta_1, \vartheta_2)$-verteilte ZG, $-\infty < \vartheta_1 < \vartheta_2 < \infty$. Wie lautet der ML-Schätzer für $(\vartheta_1, \vartheta_2)$?

Aufgabe 6.6 $X_1, \ldots, X_n$ seien st.u. ZG mit derselben $\lambda\!\!\lambda$-Dichte $f(z, \vartheta)$, $\vartheta \in \Theta \subset \mathbb{R}$. Man bestimme den ML-Schätzer für ϑ bei

a) $f(z, \vartheta) = \exp(-(z - \vartheta))\mathbf{1}(z \geq \vartheta)$, $\vartheta \in \mathbb{R}$;

b) $f(z, \vartheta) = (1 - e^{-1})\vartheta^{-1} \exp(-z/\vartheta)\mathbf{1}(0 \leq z \leq \vartheta)$, $\vartheta > 0$.

Aufgabe 6.7 Es seien (W_n) eine Folge reellwertiger ZG und (c_{in}), $i = 1, 2$, zwei Folgen positiver Zahlen. Man zeige:

a) (c_{1n}) und (c_{2n}) seien äquivalent im Sinne von (6.1.28). Ist dann $\{\mathfrak{L}(c_{in}W_n) : n \in \mathbb{N}\}$ für $i = 1$ straff und sind alle Häufungspunkte nicht-degeneriert, so auch für $i = 2$.

b) Für $i = 1,2$ seien $\{\mathfrak{L}(c_{in}W_n) : n \in \mathbb{N}\}$ straff und alle Häufungspunkte nichtdegeneriert. Dann sind (c_{1n}) und (c_{2n}) äquivalent im Sinne von (6.1.31).

Aufgabe 6.8 Es sei $\mathfrak{P} = \{P_\vartheta : \vartheta \in \Theta\}$ eine k-parametrige Verteilungsklasse und $\gamma : \Theta \to \Gamma$ ein ℓ-parametriges Funktional. Man diskutiere den Begriff der ARE bei zugrundeliegender Verlustfunktion $\Lambda(t,\vartheta) = (t - \gamma(\vartheta))^\top \mathscr{H}(t - \gamma(\vartheta))$ mit $\mathscr{H} \in \mathbb{R}^{\ell \times \ell}_{\text{p.d.}}$ bzw. einer Verlustfunktion $\Lambda(t,\vartheta) = \Lambda_0(t - \gamma(\vartheta))$, wenn Λ_0 eine Hesse-Matrix $\mathscr{H} \in \mathbb{R}^{\ell \times \ell}_{\text{p.d.}}$ besitzt.

Aufgabe 6.9 Man verifiziere die Details von Beispiel 6.18b und c.

6.2 Asymptotische Behandlung parametrischer Testprobleme

Wie in 6.1 steht auch bei der Diskussion asymptotischer Testprobleme in 6.2 kein Optimalitätskriterium im Vordergrund. Vielmehr werden zunächst zu intuitiv naheliegenden Prüfgrößen die Limesverteilungen unter Verteilungen des Randes $\mathbf{J}$ der Hypothesen und damit die kritischen Werte bestimmt sowie Aussagen über die Konsistenz der zugehörigen Tests hergeleitet. Dabei werden in 6.2.1 in Analogie zu 6.1.1 zunächst die Likelihood-Quotiententests zum Prüfen einfacher wie zusammengesetzter Nullhypothesen in dominierten Verteilungsklassen behandelt und im Zusammenhang hiermit die entsprechenden χ^2-Tests diskutiert. Allgemein hängt die asymptotische Festlegung der kritischen Werte beim Testen zusammengesetzter Hypothesen wesentlich davon ab, ob die Prüfgröße asymptotisch verteilungsfrei ist oder – wie etwa bei vielen Testproblemen mit Nebenparametern – nicht. Demgemäß wird in 6.2.2 das Testen von Hypothesen mit asymptotisch verteilungsfreien Prüfgrößen betrachtet, während in 6.2.3 Testprobleme mit Nebenparametern erörtert werden. Dabei wird in 6.2.3 wiederum zunächst auf die asymptotische Behandlung der in Band I diskutierten bedingten Tests in Exponentialfamilien eingegangen und dann eine allgemein anwendbare Vorgehensweise entwickelt, bei der in intuitiv naheliegender Weise zunächst der Nebenparameter festgehalten und anschließend durch geeignetes Schätzen eliminiert wird. Somit steht im zweiten Fall die Frage des Einflusses des Schätzens eines Nebenparameters auf die Limesverteilung der Prüfgröße im Vordergrund. Da in Modellen mit st.u. (etwa gruppenweise) glv. ZG alle plausiblen Tests typischerweise konsistent sind, wird in 6.2.4 das Konzept lokaler Folgen von Parameterwerten eingeführt, unter denen die Gütefunktionen über $\overset{\circ}{\mathbf{H}} \cup \mathbf{K}$ bei unbeschränkt wachsendem Stichprobenumfang nicht-degenerierte Limiten haben. Dieses Konzept ermöglicht eine Unterscheidung zwischen den verschiedenen konsistenten Tests und somit die Einführung der Begriffe asymptotisch optimaler Test und asymptotische relative Effizienz. Demgemäß werden in 6.2.4 die wichtigsten Grundbegriffe der lokal asymptotischen Testtheorie eingeführt und einige diesbezügliche Grundüberlegungen diskutiert.

6.2.1 Likelihood-Quotienten- und χ^2-Tests

Für das Testen zweier Hypothesen $\mathbf{H}$ und $\mathbf{K}$ gibt es bei Vorliegen einer dominierten parametrischen Verteilungsklasse eine vergleichsweise allgemein anwendbare, intuitiv naheliegende Methode, die sich häufig asymptotisch rechtfertigen läßt. In

Verallgemeinerung des beim Testen zweier einfacher Hypothesen verwendeten DQ ist es plausibel[15], die Nullhypothese **H** abzulehnen, wenn

$$T(x) := \frac{\sup_{\vartheta \in \Theta} p(x,\vartheta)}{\sup_{\vartheta \in \mathbf{H}} p(x,\vartheta)} \tag{6.2.1}$$

hinreichend groß ist. Existieren ML-Schätzer $\widehat{\vartheta}(x)$ und $\widehat{\widehat{\vartheta}}(x)$ für $\vartheta \in \Theta$ bzw. $\vartheta \in \mathbf{H}$, so lautet die Prüfgröße dieses *Likelihood-Quotienten-Tests* (kurz: LQ-Tests)

$$T(x) = \frac{p(x,\widehat{\vartheta}(x))}{p(x,\widehat{\widehat{\vartheta}}(x))}. \tag{6.2.2}$$

Bei Zugrundeliegen von st.u. (im folgenden der Einfachheit halber zumeist glv.) ZG mit hinreichend regulären (Rand-) Dichten erlauben es eine asymptotische Entwicklung der Prüfgröße und die in Satz 6.35 bewiesene asymptotische Normalität von ML-Schätzern, die Limesverteilung der Prüfgröße unter **H** zu bestimmen. Auch hierbei ist von Bedeutung, daß man bei $\Theta \subset \mathbb{R}^k$ und partiell nach $\vartheta_1,\ldots,\vartheta_k$ differenzierbarer Likelihood-Funktion $\vartheta \mapsto p(x,\vartheta)$ eine Lösung $\widehat{\vartheta}(x)$ von (6.1.1) typischerweise durch Differentiation, also aus den Likelihood-Gleichungen (6.1.2) gewinnen kann. Das folgende Beispiel zeigt, daß bei einer Reihe von Testproblemen das Likelihood-Prinzip zu bereits in Band I als optimal erkannten Verfahren führt.

Beispiel 6.45 Für das Testen einer linearen Hypothese $\mathbf{H}: \mu \in \mathfrak{L}_h$ gegen $\mathbf{K}: \mu \in \mathfrak{L}_k - \mathfrak{L}_h$ in einem linearen Modell mit Normalverteilungsannahme (6.1.3) folgt nach Beispiel 6.1a $\widehat{\sigma}^2(x) = |x - \widehat{\mu}(x)|^2/n$ und $\widehat{\widehat{\sigma}}^2(x) = |x - \widehat{\widehat{\mu}}(x)|^2/n$, wobei $\widehat{\mu}(x)$ und $\widehat{\widehat{\mu}}(x)$ die Schätzungen von $\mu \in \mathfrak{L}_k$ bzw. $\mu \in \mathfrak{L}_h$ nach der Methode der kleinsten Quadrate sind. Somit gilt

$$p(x,\widehat{\vartheta}) = \left(\frac{1}{2\pi\widehat{\sigma}^2}\right)^{n/2} \exp\left(-\frac{|x-\widehat{\mu}|^2}{2\widehat{\sigma}^2}\right), \quad p(x,\widehat{\widehat{\vartheta}}) = \left(\frac{1}{2\pi\widehat{\widehat{\sigma}}^2}\right)^{n/2} \exp\left(-\frac{|x-\widehat{\widehat{\mu}}|^2}{2\widehat{\widehat{\sigma}}^2}\right)$$

und damit für $x \notin \mathfrak{L}_k$ gemäß (6.2.2) (zur Festsetzung für $x \in \mathfrak{L}_k$ vgl. (4.2.4))

$$T(x) = \left(\frac{\widehat{\widehat{\sigma}}(x)}{\widehat{\sigma}(x)}\right)^n = \left(\frac{|x-\widehat{\widehat{\mu}}(x)|^2}{|x-\widehat{\mu}(x)|^2}\right)^{n/2}.$$

Wegen $|x - \widehat{\widehat{\mu}}|^2 - |x - \widehat{\mu}|^2 = |\widehat{\widehat{\mu}} - \widehat{\mu}|^2$ lautet eine zu $T(x)$ äquivalente Prüfgröße

$$T^*(x) = \frac{n-k}{k-h}\left(\frac{|x-\widehat{\widehat{\mu}}(x)|^2}{|x-\widehat{\mu}(x)|^2} - 1\right) = \frac{\frac{1}{k-h}|\widehat{\widehat{\mu}}(x) - \widehat{\mu}(x)|^2}{\frac{1}{n-k}|x - \widehat{\mu}(x)|^2}.$$

Da nach Satz 4.13 $T^*(X)$ für $\mu \in \mathfrak{L}_h$ einer zentralen $F_{k-h;n-k}$-Verteilung genügt, ergibt sich als LQ-Test also der F-Test der linearen Hypothese. □

---

[15] Insbesondere die Form (6.2.2) läßt erkennen, daß $T(x)$ die Prüfgröße des Neyman-Pearson-Tests aus Satz 2.7 verallgemeinert.

6.2 Asymptotische Behandlung parametrischer Testprobleme

Anmerkung 6.46 a) Die Meßbarkeit der Prüfgröße (6.2.1) stellt man zumeist dadurch sicher, daß $p(x,\cdot)$ für jedes $x \in \mathfrak{X}$ als stetig und $p(\cdot,\vartheta)$ für jedes $\vartheta \in \Theta$ als meßbar vorausgesetzt wird. Das Supremum braucht dann nur über eine abzählbare separierende Menge gebildet werden und führt damit auf eine meßbare Größe.

b) Die Prüfgröße des LQ-Tests wird von manchen Autoren auch in modifizierter Form eingeführt. So wird oft der inverse Wert

$$T^-(x) := \frac{\sup_{\vartheta \in \mathbf{H}} p(x,\vartheta)}{\sup_{\vartheta \in \Theta} p(x,\vartheta)}$$

verwendet, da für diese Größe wegen $0 \leq T^- \leq 1$ alle s-ten Momente, $s > 0$, existieren. In Normalverteilungsmodellen lassen sich diese häufig explizit (als Produkte bzw. Quotienten von Γ-Funktionen) berechnen. Aus der *Barnes-Mellin-Transformierten*

$$m(s) := E(T^-)^s = E\exp(s\log T^-) = E\exp(-s\log T), \quad s > 0,$$

läßt sich dann „im Prinzip" die Verteilung von T^- durch Inversion (mittels des Residuensatzes) gewinnen. Man erhält so eine Reihenentwicklung[16] für die Dichte von T.

c) Es existieren auch Arbeiten, in denen Eigenschaften von T bzw. des entsprechenden LQ-Tests für endlichen Stichprobenumfang n untersucht werden. So ist T in invarianten Testproblemen typischerweise eine invariante Statistik, ohne daß der LQ-Test ein bester invarianter Test zu sein braucht[17]. □

Im allgemeinen ist die Prüfverteilung selbst unter Normalverteilungsannahmen nur approximativ für großen Stichprobenumfang angebbar. Liegen st.u., etwa glv. ZG zugrunde, so beruht die Existenz einer Limesverteilung der Prüfgröße (6.2.1) unter Verteilungen der Nullhypothese $\mathbf{H}$ bei Vorliegen entsprechender Regularitätsvoraussetzungen auf der asymptotischen Normalität von ML-Schätzern. Zu deren expliziter Bestimmung für den Fall des Prüfens einer einfachen Hypothese $\mathbf{H}: \vartheta = \vartheta_0$ gegen $\mathbf{K}: \vartheta \neq \vartheta_0$ benötigt man die wegen $|\mathscr{I}(\vartheta_0)| \neq 0$ mit Satz 5.125 für $\delta^2 = 0$ unmittelbar aus Satz 6.35 folgende Aussage

$$\mathfrak{L}_{\vartheta_0}\big(\sqrt{n}(\widehat{\vartheta}_n - \vartheta_0)^\top \mathscr{I}(\vartheta_0) \sqrt{n}(\widehat{\vartheta}_n - \vartheta_0)\big) \xrightarrow[\mathscr{L}]{} \chi_k^2. \tag{6.2.3}$$

Satz 6.47 (LQ-Test zum Prüfen einer einfachen Nullhypothese) X_j, $j \in \mathbb{N}$, *seien st.u. ZG mit derselben μ-Dichte* $f(z,\vartheta)$, $\vartheta \in \Theta \subset \mathbb{R}^k$, *die im Punkte* $\vartheta_0 \in \overset{\circ}{\Theta}$ *die*

---
[16] Vgl. A.M. Mathai, R.K. Saxena: Generalized Hypergeometric Functions with Applications in Statistics and Physical Sciences, Lecture Notes in Mathematics 348 (1973).
[17] Vgl. M. Eaton: Multivariate Statistics, A Vector Space Approach, Wiley (1983); section 7.4. Vgl. auch Aufg. 6.12.

Voraussetzungen (A1) – (A4) *aus Satz* 6.35 *erfülle. Weiter sei* $(\widehat{\vartheta}_n)$ *ein konsistenter ML-Schätzer für* $\vartheta \in \Theta$. *Dann gilt für die Prüfgröße*

$$T_n(x) = \frac{\sup_{\vartheta \in \Theta} p_{(n)}(x,\vartheta)}{p_{(n)}(x,\vartheta_0)} = \frac{p_{(n)}(x,\widehat{\vartheta}_n(x))}{p_{(n)}(x,\vartheta_0)} + o_{\vartheta_0}(1) \qquad (6.2.4)$$

des LQ-Tests zum Prüfen der Hypothese $\mathbf{H}: \vartheta = \vartheta_0$ *gegen* $\mathbf{K}: \vartheta \neq \vartheta_0:$

a) $\quad \mathfrak{L}_{\vartheta_0}(2 \log T_n) \xrightarrow[\mathcal{L}]{} \chi^2_k;$

b) $\quad \varphi_n(x) := \mathbf{1}(2 \log T_n(x) > \chi^2_{k;\alpha})$ *ist ein asymptotischer* α*-Niveau Test.*

Beweis: Dieser verwendet die Bezeichnungen und Schlußweisen aus Satz 6.35. Insbesondere gilt für die Prüfgröße (6.2.4) nach Definition 6.11 mit der durch (6.1.62) definierten Stelle $\overline{\vartheta}_n(x)$

$$2 \log T_n = 2 \log p_{(n)}(x,\overline{\vartheta}_n(x)) - 2 \log p_{(n)}(x,\vartheta_0) + o_{\vartheta_0}(1).$$

Durch Taylorentwicklung an der Stelle $\overline{\vartheta}_n(x)$ folgt hieraus mit (6.1.63)

$$2 \log T_n = -2 \cdot \frac{1}{2} \sqrt{n}(\vartheta_0 - \overline{\vartheta}_n(x))^\top \mathscr{T}_n(x,\widetilde{\vartheta}_n(x)) \sqrt{n}(\vartheta_0 - \overline{\vartheta}_n(x)) + o_{\vartheta_0}(1),$$

wobei $\widetilde{\vartheta}_n(x)$ eine geeignete Zwischenstelle und $\mathscr{T}_n(x,\vartheta)$ eine $k \times k$-Matrix ist, deren Elemente Durchschnitte von (unter der Verteilung ϑ) st.u. glv. ZG sind. Faßt man die bei der Taylorentwicklung an der Stelle ϑ_0 auftretenden Restterme zu einer Matrix $\mathscr{R}_n(x,\vartheta_0,\widetilde{\vartheta}_n(x))$ zusammen, so ergibt sich hieraus wegen

$$\mathscr{T}_n(x,\widetilde{\vartheta}_n(x)) = \mathscr{T}_n(x,\vartheta_0) + \mathscr{R}_n(x,\vartheta_0,\widetilde{\vartheta}_n(x)) = -\mathscr{J}(\vartheta_0) + o_{\vartheta_0}(1)$$

zunächst $\overline{\vartheta}_n(x) = \widehat{\vartheta}_n(x) + o_{\vartheta_0}(1)$, mit (6.1.61) dann nach dem Satz von Slutsky

$$2 \log T_n = \sqrt{n}(\widehat{\vartheta}_n - \vartheta_0)^\top \mathscr{J}(\vartheta_0) \sqrt{n}(\widehat{\vartheta}_n - \vartheta_0) + o_{\vartheta_0}(1) \qquad (6.2.5)$$

und damit wegen der Verteilungsaussage (6.2.3) die Behauptung. □

Beispiel 6.48 $X_1, \ldots, X_n$ seien st.u. r-dimensionale $\mathfrak{N}(\mu, \mathscr{S}_0)$-verteilte ZG mit unbekanntem $\mu \in \mathbb{R}^r$ und bekanntem $\mathscr{S}_0 \in \mathbb{R}^{r \times r}_{\text{p.d.}}$. Zum Testen von $\mathbf{H}: \mu = \mu_0$ gegen $\mathbf{K}: \mu \neq \mu_0$ mit dem LQ-Test sind die Voraussetzungen aus Satz 6.47 mit $k = r$ erfüllt. Mit $\widehat{\mu}_n = \overline{X}_n$ gemäß Beispiel 6.1b ergibt sich

$$2 \log T_n = \sqrt{n}(\widehat{\mu}_n - \mu_0)^\top \mathscr{S}_0^{-1} \sqrt{n}(\widehat{\mu}_n - \mu_0)$$

und damit nach (6.2.3)

$$\mathfrak{L}_{\mu_0}(2 \log T_n) \xrightarrow[\mathcal{L}]{} \chi^2_r.$$

Also hat $\varphi_n := \mathbf{1}(2\log T_n > \chi^2_{r;\alpha})$ das asymptotische Niveau α, d.h. es gilt

$$E_{\mu_0}\varphi_n = P_{\mu_0}(2\log T_n > \chi^2_{r;\alpha}) \to \alpha.$$

Für $\mu \neq \mu_0$ dagegen gilt $2\log T_n/n \to (\mu - \mu_0)^\top \mathscr{S}_0^{-1}(\mu - \mu_0) > 0$ $[P_\mu]$ und folglich $2\log T_n \to \infty$ $[P_\mu]$. Der Test ist also konsistent gegen **K** im Sinne von 5.1.1. □

Ein weiteres Beispiel für ein Verfahren, dessen Prüfgröße unter **H** eine χ^2-Verteilung als Limesverteilung besitzt, ist der χ^2-Test zum Prüfen einer einfachen Nullhypothese. Diesem liegt eine s-dimensionale $\mathfrak{M}(n,\pi)$-verteilte ZG, $\pi \in \overset{\circ}{\Sigma}_s$, $s > 1$, zugrunde. Er verwendet zum Prüfen der Hypothesen **H** : $\pi = \pi_0$ gegen **K** : $\pi \neq \pi_0$ mit bekanntem $\pi_0 = (\pi_{01}, \ldots, \pi_{0s})^\top \in \overset{\circ}{\Sigma}_s$ die Prüfgröße (5.4.6), also

$$Q_n = Q(Y_n, \pi_0) = \sum_{m=1}^{s} \frac{(Y_{nm} - n\pi_{0m})^2}{n\pi_{0m}}. \qquad (6.2.6)$$

Wir fassen die asymptotische Festlegung des kritischen Wertes zu vorgegebenem Signifikanzniveau α und den Zusammenhang mit dem LQ-Test zusammen im

Satz 6.49 (χ^2-Test zum Prüfen einer einfachen Nullhypothese) *Für $n \in \mathbb{N}$ seien Y_n eine s-dimensionale ZG mit $\mathfrak{L}(Y_n) = \mathfrak{M}(n,\pi_0)$, $\pi_0 \in \overset{\circ}{\Sigma}_s$, sowie Q_n durch (6.2.6) definiert. Dann gilt für das Prüfen der Hypothese* **H** : $\pi = \pi_0$ *gegen* **K** : $\pi \neq \pi_0$:

a) $\mathfrak{L}_{\pi_0}(Q_n) \xrightarrow{\mathfrak{L}} \chi^2_{s-1}$;

b) $\varphi_n := \mathbf{1}(Q_n > \chi^2_{s-1;\alpha})$ *ist ein asymptotischer α-Niveau Test für* **H** *gegen* **K**;

c) *Der χ^2-Test φ_n aus b) läßt sich als Spezialfall des LQ-Tests aus Satz 6.47b auffassen. Genauer gilt* $2\log T_n = Q_n + o_{\pi_0}(1)$.

Beweis: a) wurde bereits in Satz 5.130 gezeigt.

b) folgt aus a) gemäß $E_{\pi_0}\varphi_n = P_{\pi_0}(Q_n > \chi^2_{s-1;\alpha}) \to \alpha$.

c) Bezeichnen X_j, $j \in \mathbb{N}$, st.u. s-dimensionale $\mathfrak{M}(1,\pi)$-verteilte ZG, $\pi \in \Sigma_s$, so sind die Voraussetzungen von Satz 6.47 erfüllt, wenn man wegen der einfachen Entartung der Kovarianzmatrix $\mathscr{S} = (\pi_i(\delta_{ij} - \pi_j))$ an Stelle der s-dimensionalen Größen $X_j = (X_{j1}, \ldots, X_{js})^\top$ und $\pi = (\pi_1, \ldots, \pi_s)^\top$ die diese wegen $\sum_{m=1}^s X_{jm} = 1$ bzw. $\sum_{m=1}^s \pi_m = 1$ bereits festlegenden $(s-1)$-dimensionalen Größen $X'_j := (X_{j1}, \ldots, X_{j,s-1})^\top$ und $\vartheta := \pi' = (\pi_1, \ldots, \pi_{s-1})^\top$ benutzt. Mit $Y_n = (Y_{n1}, \ldots, Y_{ns})^\top := \sum_{j=1}^n X_j$ lautet dabei der ML-Schätzer $\widehat{\pi}_n(X) = (Y_{n1}/n, \ldots, Y_{ns}/n)^\top$. Da die ZG $Z_{nm} := (Y_{nm} - n\pi_{0m})/\sqrt{n\pi_{0m}}$, $m = 1, \ldots, s$, nach Beispiel 5.71 unter π_0 eine gemeinsame Limesverteilung haben und $\sum_{m=1}^s \sqrt{n\pi_{0m}} Z_{nm} = \sum_{m=1}^s (Y_{nm} - n\pi_{0m}) = 0$ ist, folgt durch Taylorentwicklung (5.3.22)

$$2\log T_n(X) = 2\log \prod_{m=1}^{s} \left(\frac{Y_{nm}}{n\pi_{0m}}\right)^{Y_{nm}}$$

$$= 2\sum_{m=1}^{s} \bigl(n\pi_{0m} + (Y_{nm} - n\pi_{0m})\bigr) \log\left(1 + \frac{Z_{nm}}{\sqrt{n\pi_{0m}}}\right)$$

$$= 2\sum_{m=1}^{s} (n\pi_{0m} + \sqrt{n\pi_{0m}}Z_{nm})\left(\frac{Z_{nm}}{\sqrt{n\pi_{0m}}} - \frac{1}{2}\frac{Z_{nm}^2}{n\pi_{0m}} + o_{\pi_0}(n^{-1})\right)$$

$$= 2\sum_{m=1}^{s} \sqrt{n\pi_{0m}}Z_{nm} + \sum_{m=1}^{s} Z_{nm}^2 + o_{\pi_0}(1)$$

$$= \sum_{m=1}^{s} \frac{(Y_{nm} - n\pi_{0m})^2}{n\pi_{0m}} + o_{\pi_0}(1).$$

Wegen $k = s - 1$ ergibt sich also nach Satz 6.47 asymptotisch der χ^2-Test. □

Die wichtigsten Anwendungen der LQ-Methode betreffen Probleme mit zusammengesetzten Nullhypothesen. Zur Bestimmung der Limes-Prüfverteilung in einem solchen Fall ist die Existenz von asymptotisch normalen ML-Schätzern $\widehat{\vartheta}_n$ für $\vartheta \in \Theta$ und $\widehat{\widehat{\vartheta}}_n$ für $\vartheta \in \mathbf{H}$ hilfreich. Dabei wird auch für $\widehat{\widehat{\vartheta}}_n$ wie bereits beim Nachweis der asymptotischen Normalität von $\widehat{\vartheta}_n$ eine asymptotische Linearisierung benötigt. Hierzu wiederum ist es zweckmäßig, die Verteilungsklasse $\mathfrak{P}_\mathbf{H} = \{P_\vartheta : \vartheta \in \mathbf{H}\}$ vermöge eines h-dimensionalen Parameters $\gamma \in \Gamma \subset \mathbb{R}^h$ zu charakterisieren in der Form $\vartheta = g(\gamma)$, an die Dichten $\check{f}(x,\gamma) := f(x, g(\gamma))$ die (A1)–(A4) entsprechenden Regularitätsforderungen zu stellen und die Existenz eines konsistenten ML-Schätzers $(\widehat{\gamma}_n)$ für $\gamma \in \Gamma$ zu fordern, mit dem sich dann $(\widehat{\widehat{\vartheta}}_n)$ darstellen läßt gemäß $\widehat{\widehat{\vartheta}}_n = g(\widehat{\gamma}_n) \; \forall n \in \mathbb{N}$.

Satz 6.50 (LQ-Test zum Prüfen einer zusammengesetzten Nullhypothese) *Seien X_j, $j \in \mathbb{N}$, st.u. ZG mit derselben Dichte $f(z,\vartheta)$, $\vartheta \in \Theta \subset \mathbb{R}^k$, die in den Punkten $\vartheta = g(\gamma)$, $\gamma \in \Gamma$, die Voraussetzungen (A1) – (A4) aus Satz 6.35 erfülle. Dabei sei $g : \Gamma \to \Theta$ eine zweimal stetig differenzierbare injektive Abbildung von $\Gamma \subset \mathbb{R}^h$ auf $\mathbf{H} = g(\Gamma)$. Mit der $k \times h$-Funktionalmatrix $\mathscr{G}(\gamma) = (\nabla_m g_i(\gamma)) = (\nabla g^\top(\gamma))^\top$ sei $\check{\mathscr{J}}(\gamma) := \mathscr{G}^\top(\gamma)\mathscr{J}(g(\gamma))\mathscr{G}(\gamma)$ für $\gamma \in \overset{\circ}{\Gamma}$ invertierbar. $(\widehat{\vartheta}_n)$ und $(\widehat{\gamma}_n)$ seien konsistente ML-Schätzer für $\vartheta \in \Theta$ bzw. $\gamma \in \Gamma$. Dann ist $(\widehat{\widehat{\vartheta}}_n) := (g(\widehat{\gamma}_n))$ ein konsistenter ML-Schätzer für $\vartheta \in \mathbf{H}$ und es gilt für jedes $\vartheta = g(\gamma)$ mit $\gamma \in \overset{\circ}{\Gamma}$*

a) $\sqrt{n}(\widehat{\widehat{\vartheta}}_n - \vartheta) = \mathscr{G}(\gamma)\check{\mathscr{J}}(\gamma)^{-1}\mathscr{G}^\top(\gamma)\mathscr{J}(g(\gamma))\sqrt{n}(\widehat{\vartheta}_n - \vartheta) + o_\vartheta(1);$

b) $\mathfrak{L}_\gamma\bigl(\sqrt{n}(\widehat{\vartheta}_n - \widehat{\widehat{\vartheta}}_n)^\top \mathscr{J}(g(\gamma))\sqrt{n}(\widehat{\vartheta}_n - \widehat{\widehat{\vartheta}}_n)\bigr) \xrightarrow{\mathfrak{L}} \chi^2_{k-h}.$

6.2 Asymptotische Behandlung parametrischer Testprobleme

Damit gilt für die Prüfgröße

$$T_n(x) = \frac{\sup_{\vartheta \in \Theta} p_{(n)}(x,\vartheta)}{\sup_{\vartheta \in \mathbf{H}} p_{(n)}(x,\vartheta)} = \frac{p_{(n)}(x,\widehat{\vartheta}_n(x))}{p_{(n)}(x,\widehat{\widehat{\vartheta}}_n(x))} + o_\vartheta(1) \qquad (6.2.7)$$

des LQ-Tests zum Prüfen der Hypothesen $\mathbf{H} : \vartheta \in g(\Gamma)$ *gegen* $\mathbf{K} : \vartheta \notin g(\Gamma)$:

c) $\mathcal{L}_\vartheta(2\log T_n) \xrightarrow{\mathcal{L}} \chi^2_{k-h} \quad \forall \vartheta \in \mathbf{H}$;

d) $\varphi_n(x) := \mathbf{1}(2\log T_n(x) > \chi^2_{k-h;\alpha})$ *ist ein asymptotischer α-Niveau Test.*

Beweis: Die Klasse der Dichten $\check{f}(x,\gamma) := f(x,g(\gamma))$ genügt den (A1) – (A4) entsprechenden Bedingungen. Somit folgt nach der Kettenregel

$$\nabla_\gamma \log \check{f}(x,\gamma) = G(\gamma)^\top \nabla_\vartheta \log f(x,\vartheta),$$

d.h. mit $Z_n(\vartheta) = Z_n(x,\vartheta) = n^{-1/2} \sum_{\ell=1}^n \nabla \log f(x_\ell,\vartheta)$ wie in Satz 6.35

$$\check{Z}_n(\gamma) := \frac{1}{\sqrt{n}} \sum_{\ell=1}^n \nabla \log \check{f}(x_\ell,\gamma) = \mathscr{G}(\gamma)^\top Z_n(g(\gamma)). \qquad (6.2.8)$$

a) Sei nun $\gamma \in \overset{\circ}{\Gamma}$ fest und $\vartheta = g(\gamma)$. Dann gilt analog (6.1.66)

$$\sqrt{n}(\widehat{\widehat{\gamma}}_n - \gamma) = \check{\mathscr{J}}(\gamma)^{-1} \check{Z}_n(\gamma) + o_\gamma(1)$$

und damit nach der Taylorentwicklung (5.3.22) bzw. wegen (6.2.8) und (6.1.66)

$$\sqrt{n}(\widehat{\widehat{\vartheta}}_n - \vartheta) = \sqrt{n}(g(\widehat{\widehat{\gamma}}_n) - g(\gamma)) = \mathscr{G}(\gamma)\sqrt{n}(\widehat{\widehat{\gamma}}_n - \gamma) + o_\gamma(1)$$
$$= \mathscr{G}(\gamma)\check{\mathscr{J}}(\gamma)^{-1}\mathscr{G}^\top(\gamma)\mathscr{J}(\vartheta)\sqrt{n}(\widehat{\vartheta}_n - \vartheta) + o_\gamma(1). \qquad (6.2.9)$$

b) Die Aussage a) läßt sich dahingehend interpretieren, daß $\sqrt{n}(\widehat{\widehat{\vartheta}}_n - \vartheta)$ bis auf asymptotisch vernachlässigbare Terme die orthogonale Projektion von $\sqrt{n}(\widehat{\vartheta}_n - \vartheta)$ auf den h-dimensionalen Tangentialraum $\mathfrak{L}_h$ an $\{g(\gamma) : \gamma \in \Gamma\}$ im Punkte γ ist bzgl. des inneren Produkts $\langle \eta, \zeta \rangle_\gamma = \eta^\top \mathscr{J}(g(\gamma))\zeta$. Die Projektion eines Punktes $z \in \mathbb{R}^k$ auf den Raum $\mathfrak{L}_h = \{\nu = \mathscr{G}(\gamma)\eta : \eta \in \mathbb{R}^h\}$, also die Lösung $\mathscr{G}(\gamma)\widehat{\widehat{\eta}}$ von

$$(z - \mathscr{G}(\gamma)\widehat{\widehat{\eta}})^\top \mathscr{J}(\vartheta)(z - \mathscr{G}(\gamma)\widehat{\widehat{\eta}}) = \inf_{\eta \in \mathbb{R}^h}(z - \mathscr{G}(\gamma)\eta)^\top \mathscr{J}(\vartheta)(z - \mathscr{G}(\gamma)\eta),$$

ergibt sich nämlich nach Definition von $\check{\mathscr{J}}(\gamma)$ aus den Normalgleichungen

$$\mathscr{G}^\top(\gamma)\mathscr{J}(\vartheta)(z - \mathscr{G}(\gamma)\widehat{\widehat{\eta}}) = 0 \quad \text{zu} \quad \mathscr{G}(\gamma)\widehat{\widehat{\eta}}(z) = \mathscr{G}(\gamma)\check{\mathscr{J}}(\gamma)^{-1}\mathscr{G}^\top(\gamma)\mathscr{J}(\vartheta)z,$$

ist also der Aitken-Schätzer (4.1.18) mit $\mathscr{C} = \mathscr{G}(\gamma)$ und $\mathscr{S} = \mathscr{J}(\vartheta)^{-1}$. Folglich gilt

$$\sqrt{n}(\widehat{\widehat{\vartheta}}_n - \vartheta) = \mathscr{G}(\gamma)\widehat{\widehat{\eta}}(\sqrt{n}(\widehat{\vartheta}_n - \vartheta)) + o_\gamma(1)$$

und damit

$$\sqrt{n}(\widehat{\vartheta}_n - \widehat{\widehat{\vartheta}}_n) = (\mathscr{I}_k - \mathscr{G}(\gamma)\widecheck{\mathscr{J}}(\gamma)^{-1}\mathscr{G}^\top(\gamma)\mathscr{J}(\vartheta))\sqrt{n}(\widehat{\vartheta}_n - \vartheta) + o_\vartheta(1).$$

Analog Satz 6.47 folgt also die Behauptung aus (6.2.3).

c) und d) ergeben sich ebenfalls analog Satz 6.47a+b. □

Man beachte, daß unter den Voraussetzungen von Satz 6.50 der LQ-Test zum Prüfen einer zusammengesetzten Nullhypothese **H** auf dieser *asymptotisch verteilungsfrei*, d.h. die Limesverteilung seiner Prüfgröße gemäß c) unabhängig von dem speziellen $\vartheta \in \mathbf{H}$ ist. Hierdurch ist es möglich, den kritischen Wert k_n derart festzulegen, daß ein vorgegebenes Signifikanzniveau $\alpha \in (0,1)$ für alle $\vartheta \in \mathbf{J}$ asymptotisch eingehalten wird, nämlich gemäß $\chi^2_{k-h;\alpha}$.

Beispiel 6.51 (Bartlett-Test) X_{ij}, $j = 1, \ldots, n_i$, $i = 1, \ldots, r$, seien st.u. $\mathfrak{N}(\mu_i, \sigma_i^2)$-verteilte ZG. Zu testen sei die Hypothese $\mathbf{H}: \sigma_1^2 = \ldots = \sigma_r^2$ gegen $\mathbf{K}: \sigma_i^2 \neq \sigma_j^2 \ \exists i \neq j$. Dann sind die Voraussetzungen von Satz 6.50 erfüllt mit $k = 2r$ und $h = r + 1$. Analog Beispiel 6.1a ergibt sich mit $n := \sum_{\ell=1}^r n_\ell$ für $i = 1, \ldots, r$

$$\widehat{\mu}_i(x) = \widehat{\widehat{\mu}}_i(x) = \overline{x}_{i\cdot}, \quad \widehat{\sigma}_i^2(x) = \sum_{j=1}^{n_i}(x_{ij} - \overline{x}_{i\cdot})^2/n_i,$$

$$\widehat{\widehat{\sigma}}^2(x) := \sum_{i=1}^r \sum_{j=1}^{n_i}(x_{ij} - \overline{x}_{i\cdot})^2/n = \sum_{i=1}^r n_i \widehat{\sigma}_i^2(x)/n.$$

Wie in Beispiel 6.45 folgt damit

$$2\log T_n(x) = 2\log \widehat{\widehat{\sigma}}^n(x) - 2\log \widehat{\sigma}_1^{n_1}(x) \ldots \widehat{\sigma}_r^{n_r}(x)$$
$$= n\log \widehat{\widehat{\sigma}}^2(x) - \sum_{i=1}^r n_i \log \widehat{\sigma}_i^2(x).$$

Es ist üblich, $\widehat{\sigma}_i^2(x)$ und entsprechend $\widehat{\widehat{\sigma}}^2(x)$ durch die jeweiligen erwartungstreuen Schätzer $s_i^2(x) = \sum_j (x_{ij} - \overline{x}_{i\cdot})^2/(n_i - 1)$ und $s^2(x) = \sum_i \sum_j (x_{ij} - \overline{x}_{i\cdot})^2/(n - r)$ zu ersetzen sowie noch einige weitere, asymptotisch vernachlässigbare Modifikationen vorzunehmen. Insgesamt ergibt sich so als kritischer Bereich $\{x : T_n(x) > \chi^2_{r-1;\alpha}\}$,

$$T_n(x) := \left(1 + \left(\sum_{i=1}^r \frac{1}{n_i - 1} - \frac{1}{n-r}\right)\frac{1}{3r-3}\right)\left((n-r)\log s^2(x) - \sum_{i=1}^r (n_i - 1)\log s_i^2(x)\right). \quad \Box$$

Wichtige Anwendungen findet der LQ-Test zum Prüfen zusammengesetzter Nullhypothesen in der multivariaten Analysis.

Beispiel 6.52 $X_1, \ldots, X_n$ seien st.u. r-dimensionale $\mathfrak{N}(\mu, \mathscr{S})$-ZG, $(\mu, \mathscr{S}) \in \mathbb{R}^r \times \mathbb{R}^{r \times r}_{\text{p.d.}}$. Zum Testen von $\mathbf{H}: \mu = \mu_0$, $\mathbf{K}: \mu \neq \mu_0$ bei unbekanntem $\mathscr{S} \in \mathbb{R}^{r \times r}_{\text{p.d.}}$ werde der LQ-Test aus Satz 6.50 verwendet. Offenbar sind die Voraussetzungen zur asymptotischen

Anwendung mit $k = r + r(r+1)/2$ und $h = r(r+1)/2$, also mit $k - h = r$ erfüllt. Mit $\widehat{\mu}_n$, $\mathscr{P}_n$ und $\widehat{\mathscr{P}}_n$ aus Beispiel 6.1b ergibt sich

$$\sum_{j=1}^{n}(x_j - \widehat{\mu}_n)^\top \widehat{\mathscr{P}}_n^{-1}(x_j - \widehat{\mu}_n) = nr, \quad \sum_{j=1}^{n}(x_j - \mu_0)^\top \widehat{\mathscr{P}}_n^{-1}(x_j - \mu_0) = nr,$$

so daß die Prüfgröße T_n aus (6.2.2) allein durch den Quotienten der Vorfaktoren der Dichten (6.1.4) bestimmt ist. Genauer ergibt sich durch elementare Rechnung mit den Abkürzungen $\mathscr{U}_n := \sum_j (X_j - \overline{X}_n)(X_j - \overline{X}_n)^\top = n\widehat{\mathscr{P}}_n$ und $\mathscr{V}_n := n(\overline{X}_n - \mu_0)(\overline{X}_n - \mu_0)^\top$ bzw. $U_n := \mathscr{U}_n^{-1} \sqrt{n}(\overline{X}_n - \mu_0)$ und $V_n := \sqrt{n}(\overline{X}_n - \mu_0)$

$$T_n^{2/n} = \frac{|\widehat{\mathscr{P}}_n|}{|\mathscr{P}_n|} = \frac{|\sum(X_j - \mu_0)(X_j - \mu_0)^\top|}{|\sum(X_j - \overline{X}_n)(X_j - \overline{X}_n)^\top|} = \frac{|\mathscr{U}_n + \mathscr{V}_n|}{|\mathscr{U}_n|} = |\mathscr{I}_r + \mathscr{U}_n^{-1}\mathscr{V}_n| = |\mathscr{I}_r + U_n V_n^\top|.$$

Nach den Rechenregeln für Determinanten gilt (vgl. Aufg. 6.16)

$$|\mathscr{I}_r + U_n V_n^\top| = 1 + V_n^\top U_n.$$

Damit folgt für die Prüfgröße T_n des LQ-Tests

$$T_n^{2/n} = 1 + \sqrt{n}(\overline{X}_n - \mu_0)^\top \mathscr{U}_n^{-1} \sqrt{n}(\overline{X}_n - \mu_0) = 1 + \frac{1}{n} S_n,$$

wobei $S_n := \sqrt{n}(\overline{X}_n - \mu_0)^\top \widehat{\mathscr{P}}_n^{-1} \sqrt{n}(\overline{X}_n - \mu_0)$ asymptotisch χ_r^2-verteilt ist und zwar entweder aufgrund von (6.2.3) und dem Lemma von Slutsky oder aufgrund von Satz 6.50 gemäß

$$2 \log T_n = 2 \log \left(1 + \frac{1}{n} S_n\right)^{n/2} = S_n + o_{\vartheta_0}(1).$$

S_n stimmt bis auf den Faktor $(n-1)/n$ mit der Prüfgröße T aus Beispiel 4.50a überein, wobei (wie dort gezeigt wurde) $(n-r)T/r(n-1)$ einer nicht-zentralen $F_{r,n-r}(\delta^2)$-Verteilung genügt mit $\delta^2 = \sqrt{n}(\mu - \mu_0)^\top \mathscr{S}^{-1} \sqrt{n}(\mu - \mu_0)$. $\square$

Als weitere Anwendung von Satz 6.50 im Bereich der multivariaten Analysis soll ein Test zur Prüfung auf st.Unabhängigkeit zweier mehrdimensionaler, gemeinsam normalverteilter ZG hergeleitet werden. Hierzu benötigen wir den

Hilfssatz 6.53 *Es seien* $\mathscr{S}_{11} \in \mathbb{R}_{p.d.}^{s \times s}$, $\mathscr{S}_{22} \in \mathbb{R}_{p.d.}^{t \times t}$, $\mathscr{S}_{12} = \mathscr{S}_{21}^\top \in \mathbb{R}^{s \times t}$ *und*

$$\mathscr{S} = \begin{bmatrix} \mathscr{S}_{11} & \mathscr{S}_{12} \\ \mathscr{S}_{21} & \mathscr{S}_{22} \end{bmatrix} \in \mathbb{R}_{p.s.}^{r \times r} \quad \text{mit} \quad r = s + t, \ s \leq t.$$

Dann gibt es invertierbare Matrizen $\mathscr{C}_1 \in \mathbb{R}^{s \times s}$ *und* $\mathscr{C}_2 \in \mathbb{R}^{t \times t}$ *sowie reelle Zahlen*

$\varrho_1, \ldots, \varrho_s$ mit $1 \geq |\varrho_1| \geq \ldots \geq |\varrho_s| \geq 0$ derart, daß mit der Diagonalmatrix $\mathscr{P} = (\varrho_i \delta_{ij}) \in \mathbb{R}^{s \times s}$ und der Nullmatrix $\mathscr{O} \in \mathbb{R}^{s \times (t-s)}$ gilt[18]:

$$\begin{bmatrix} \mathscr{C}_1 & \mathscr{O} \\ \mathscr{O}^\top & \mathscr{C}_2 \end{bmatrix} \begin{bmatrix} \mathscr{S}_{11} & \mathscr{S}_{12} \\ \mathscr{S}_{21} & \mathscr{S}_{22} \end{bmatrix} \begin{bmatrix} \mathscr{C}_1^\top & \mathscr{O} \\ \mathscr{O}^\top & \mathscr{C}_2^\top \end{bmatrix} = \begin{bmatrix} \mathscr{I}_s & \mathscr{Q} \\ \mathscr{Q}^\top & \mathscr{I}_t \end{bmatrix}, \quad \mathscr{Q} := (\mathscr{P}, \mathscr{O}) \in \mathbb{R}^{s \times t}$$

Beweis: Durch Hauptachsentransformation und anschließende Streckung in den Koordinatenrichtungen können $\mathscr{S}_{11}$ und $\mathscr{S}_{22}$ o.E. als Einheitsmatrizen angenommen werden. Dann gibt es eine orthogonale Matrix $\widetilde{\mathscr{C}} \in \mathbb{R}^{s \times s}$ derart, daß $\widetilde{\mathscr{C}} \mathscr{S}_{12} \mathscr{S}_{22}^{-1} \mathscr{S}_{21} \widetilde{\mathscr{C}}^\top$ eine Diagonalmatrix ist mit nicht-negativen Diagonalelementen $\varrho_1^2, \ldots, \varrho_s^2$. Dabei gilt nach der Cauchy-Schwarz-Ungleichung $1 \geq \varrho_1^2, \ldots, \varrho_s^2 \geq 0$ und damit o.E. $1 \geq \varrho_1^2 \geq \ldots \geq \varrho_s^2 \geq 0$. Sei $\mathscr{P} := (\varrho_i \delta_{ij}) \in \mathbb{R}^{s \times s}$ mit o.E. $\varrho_i \geq 0$ $\forall i = 1, \ldots, s$ und $\mathscr{A}^\top := \mathscr{S}_{21} \widetilde{\mathscr{C}}^\top \in \mathbb{R}^{t \times s}$ mit den Spalten $a_1, \ldots, a_s \in \mathbb{R}^t$, wegen $\mathscr{S}_{22} = \mathscr{I}_t$ also mit $\mathscr{A} \mathscr{A}^\top = \mathscr{P}^2$. Folglich gilt für jede orthogonale Matrix $\mathscr{T}^\top \in \mathbb{R}^{t \times t}$ auch $\mathscr{A} \mathscr{T} \mathscr{T}^\top \mathscr{A}^\top = \mathscr{P}^2$. Es bleibt somit zu zeigen, daß es eine derartige Matrix $\mathscr{T} \in \mathbb{R}^{t \times t}_{\text{orth}}$ gibt mit $\mathscr{A} \mathscr{T} = (\mathscr{P}, \mathscr{O})$. Hierzu sei $\mathscr{T} = (\mathscr{T}_1, \mathscr{T}_2)$ mit $\mathscr{T}_1 \in \mathbb{R}^{t \times s}$, $\mathscr{T}_2 \in \mathbb{R}^{t \times (t-s)}$ und zunächst $\varrho_i^2 > 0$ $\forall i = 1, \ldots, s$. Dann sind die Spalten $t_1, \ldots, t_s \in \mathbb{R}^t$ von $\mathscr{T}_1 := \mathscr{A}^\top \mathscr{P}^{-1}$ orthonormal, denn es gilt

$$\mathscr{T}_1^\top \mathscr{T}_1 = \mathscr{P}^{-1} \mathscr{A} \mathscr{A}^\top \mathscr{P}^{-1} = \mathscr{P}^{-1} \mathscr{P}^2 \mathscr{P}^{-1} = \mathscr{I}_s.$$

Mit geeigneten $t - s$ weiteren orthogonalen Vektoren $t_{s+1}, \ldots, t_t \in \mathbb{R}^t$ und der Matrix $\mathscr{T}_2 := (t_{s+1}, \ldots, t_t) \in \mathbb{R}^{t \times (t-s)}$ ist also $\mathscr{T} = (\mathscr{T}_1, \mathscr{T}_2) \in \mathbb{R}^{t \times t}$ orthogonal, $\mathscr{A} \mathscr{T}_1 = \mathscr{A} \mathscr{A}^\top \mathscr{P}^{-1} = \mathscr{P}$ sowie $\mathscr{A} \mathscr{T}_2 = 0$, da die Spalten von $\mathscr{T}_2$ zu den Spalten von $\mathscr{T}_1$ und damit zu denen von $\mathscr{A}^\top$ orthogonal sind.

Entsprechend verläuft der Beweis, wenn nicht alle ϱ_i^2 positiv sind. □

Die durch Hilfssatz 6.53 definierten Zahlen $\varrho_1, \ldots, \varrho_s$ heißen *kanonische Korrelationskoeffizienten*. Bezeichnen Y und Z dann s- bzw. t-dimensionale ZG mit $E(Y - EY)(Z - EZ)^\top = \mathscr{S}_{12}$, so lassen sie sich als übliche Korrelationskoeffizienten geeigneter Linearkombinationen der Komponenten von Y bzw. Z interpretieren; vgl. Aufg. 6.18. Damit ergibt sich die folgende Anwendung von Satz 6.50.

Beispiel 6.54 $X_j = (Y_j, Z_j)^\top$, $j = 1, \ldots, n$, seien st.u. r-dimensionale ZG, $r = s + t$, mit

$$\mathfrak{L}(X_j) = \mathfrak{L} \begin{pmatrix} Y_j \\ Z_j \end{pmatrix} = \mathfrak{N} \left(\begin{bmatrix} \mu_1 \\ \mu_2 \end{bmatrix}, \begin{bmatrix} \mathscr{S}_{11} & \mathscr{S}_{12} \\ \mathscr{S}_{21} & \mathscr{S}_{22} \end{bmatrix} \right).$$

Zum Prüfen der Hypothesen $\mathbf{H} : \mathscr{S}_{12} = 0$, $\mathbf{K} : \mathscr{S}_{12} \neq 0$, nach Hilfssatz 6.53 also von $\mathbf{H} : \varrho_i = 0$ $\forall i = 1, \ldots, s$, $\mathbf{K} : \varrho_i \neq 0$ $\exists i = 1, \ldots, s$ oder wegen $|\varrho_1| \geq \ldots \geq |\varrho_s|$ von $\mathbf{H} : \varrho_1 = 0$, $\mathbf{K} : \varrho_1 \neq 0$, sind offenbar die Voraussetzungen zur Anwendung des LQ-Tests aus Satz 6.50 mit $k = r + r(r+1)/2$ und $h = r + r(r+1)/2 - s$, d.h. mit $k - h = s$

---

[18] Man beachte, daß die Matrix $\mathscr{S}$ in eine Blockmatrix transformiert wird, deren Bausteine ausschließlich Diagonal- oder Nullmatrizen sind.

6.2 Asymptotische Behandlung parametrischer Testprobleme

erfüllt. Dabei ist die Prüfgröße wie in Beispiel 6.45 durch den Quotienten der Vorfaktoren der Dichten (6.1.4) bestimmt. Mit $\mathscr{P}_n$ wie in Beispiel 6.1b gilt nämlich wieder

$$p_{(n)}(x, \widehat{\widehat{\vartheta}}_n(x)) = (2\pi)^{-rn/2} |\mathscr{P}_n|^{-n/2} \exp(-nr).$$

Unter **H**, also unter $\mathscr{S}_{12} = 0$, folgt wegen $\widehat{\widehat{\mu}}_1 = \overline{y}_n$, $\widehat{\widehat{\mu}}_2 = \overline{z}_n$,

$$\widehat{\widehat{\mathscr{P}}}_{n;11} = \frac{1}{n} \sum_{j=1}^n (y_j - \overline{y}_n)(y_j - \overline{y}_n)^\top \quad \text{und} \quad \widehat{\widehat{\mathscr{P}}}_{n;22} = \frac{1}{n} \sum_{j=1}^n (z_j - \overline{z}_n)(z_j - \overline{z}_n)^\top$$

entsprechend

$$p_{(n)}(x, \widehat{\widehat{\vartheta}}_n(x)) = (2\pi)^{-sn/2} |\widehat{\widehat{\mathscr{P}}}_{n;11}|^{-n/2} \exp(-ns)(2\pi)^{-tn/2} |\widehat{\widehat{\mathscr{P}}}_{n;22}|^{-n/2} \exp(-nt).$$

Wegen $r = s + t$ ergibt sich also für die Prüfgröße T_n aus (6.2.2) wegen $\mathscr{C} = (\mathscr{P}, \mathscr{O})$

$$T_n^{-2/n} = \frac{|\mathscr{P}_n|}{|\widehat{\widehat{\mathscr{P}}}_{n;11}||\widehat{\widehat{\mathscr{P}}}_{n;22}|} = \begin{vmatrix} \mathscr{I}_s & \widehat{\mathscr{Q}}_n \\ \widehat{\mathscr{Q}}_n^\top & \mathscr{I}_t \end{vmatrix} = \prod_{i=1}^s (1 - \widehat{\varrho}_{n;i})^2.$$

Dabei bezeichnen $\widehat{\mathscr{Q}}_n = (\widehat{\mathscr{P}}_n, \mathscr{O})$ die zur Stichproben-Kovarianzmatrix gemäß Hilfssatz 6.53 gehörende Matrix $\mathscr{C} = (\mathscr{P}, \mathscr{O})$ und $\widehat{\varrho}_{n;1}, \ldots, \widehat{\varrho}_{n;s}$ die kanonischen Korrelationskoeffizienten der Matrix $\mathscr{P}_n$, die die ML-Schätzer der kanonischen Korrelationskoeffizienten $\varrho_1, \ldots, \varrho_s$ sind. Zur Prüfverteilung für endlichen Stichprobenumfang $n \in \mathbb{N}$ vgl. Aufg. 6.19. □

Auch der auf den Fall des Prüfens zusammengesetzter Nullhypothesen verallgemeinerte χ^2-Test läßt sich analog Satz 6.49c als Spezialfall des LQ-Tests aus Satz 6.50d auffassen. Zu dieser Diskussion seien wieder X_j, $j \in \mathbb{N}$, st.u. s-dimensionale $\mathfrak{M}(1, \pi)$-verteilte ZG, $\pi \in \Sigma_s$, und somit $Y_n = \sum_{j=1}^n X_j$ eine s-dimensionale $\mathfrak{M}(n, \pi)$-verteilte ZG, $n \in \mathbb{N}$. Bezeichnet weiter[19] $b : \Gamma \to \overset{\circ}{\Sigma}_s$, $\Gamma \subset \mathbb{R}^h$, eine den Voraussetzungen von Satz 6.40 (mit γ statt ϑ) genügende Abbildung, so liegt es zum Prüfen von $\mathbf{H} : \pi \in b(\Gamma)$ gegen $\mathbf{K} : \pi \in \Sigma_s - b(\Gamma)$ nahe, zunächst den Minimum-χ^2-Schätzer $\widetilde{\gamma}_n$ für $\gamma \in \Gamma$ zu bestimmen und dann zu fragen, ob der mit $\widetilde{\pi}_n = (\widetilde{\pi}_{n1}, \ldots, \widetilde{\pi}_{ns})^\top = b(\widetilde{\gamma}_n)$ gebildete (also minimale) χ^2-Abstand

$$Q(Y_n, \widetilde{\pi}_n) = \sum_{m=1}^s \frac{(Y_{nm} - n\widetilde{\pi}_{nm})^2}{n\widetilde{\pi}_{nm}} \tag{6.2.10}$$

noch signifikant größer als 0 ist oder nicht. Die Möglichkeit, einen kritischen Wert k_n derart festzulegen, daß ein vorgegebenes Signifikanzniveau $\alpha \in (0,1)$ für alle $\pi \in b(\Gamma)$ wenigstens asymptotisch eingehalten wird, beruht auch hier darauf, daß unter den Voraussetzungen von Satz 6.40 die Statistik (6.2.10) auf **H** asymptotisch verteilungsfrei ist, d.h. eine von dem speziellen $\gamma \in \Gamma$ unabhängige Limesverteilung hat.

---

[19] Wir setzen hier und im folgenden b als Abbildung von Γ in $\overset{\circ}{\Sigma}_s$ und nicht in Σ_s voraus. Benötigt wird jedoch nur, daß in (6.2.10) $\widetilde{\pi}_n = b(\widetilde{\gamma}_n)$ und in (6.2.18) $\pi_n^* = b(\gamma_n^*)$ komponentenweise positiv ist.

Satz 6.55 (χ^2-Test zum Prüfen einer zusammengesetzten Nullhypothese) *Für jedes $n \in \mathbb{N}$ sei Y_n eine s-dimensionale ZG mit $\mathfrak{L}(Y_n) = \mathfrak{M}(n, \pi)$, $\pi \in \Sigma_s$, sowie die Prüfgröße $Q_n = Q(Y_n, \tilde{\pi}_n)$ durch (6.2.10) definiert. Dabei sei $\tilde{\pi}_n = b(\tilde{\gamma}_n)$, $\tilde{\gamma}_n$ der $M\chi^2$-Schätzer für $\gamma \in \Gamma$ und $b: \Gamma \to \overset{\circ}{\Sigma}_s$, $\Gamma \subset \mathbb{R}^h$, eine den Voraussetzungen von Satz 6.40 genügende Abbildung. Dann gilt:*

a) $\mathfrak{L}_\gamma(Q(Y_n, \tilde{\pi}_n)) \xrightarrow{\mathfrak{L}} \chi^2_{s-h-1} \quad \forall \gamma \in \overset{\circ}{\Gamma};$ \hfill (6.2.11)

b) $\varphi_n = \mathbf{1}(Q(Y_n, \tilde{\pi}_n) > \chi^2_{s-h-1;\alpha})$ *ist ein asymptotisch verteilungsfreier, asymptotischer α-Niveau Test für das Prüfen der zusammengesetzten Nullhypothese* $\mathbf{H}: \pi \in b(\Gamma)$ *gegen* $\mathbf{K}: \pi \in \Sigma_s - b(\Gamma);$

c) *Der χ^2-Test φ_n aus b) läßt sich als Spezialfall des LQ-Tests aus Satz 6.50d auffassen. Genauer gilt* $2 \log T_n = Q(Y_n, \tilde{\pi}_n) + o_\gamma(1) \quad \forall \gamma \in \overset{\circ}{\Gamma}.$

Beweis: a) und damit b) Mit zum Beweis von Satz 6.40 analogen Bezeichnungen und Rechnungen, insbesondere mit der (6.1.76) entsprechenden asymptotischen Linearisierung

$$\sqrt{n}(\tilde{\gamma}_n - \gamma) = (\mathscr{B}^\top(\gamma)\mathscr{B}(\gamma))^{-1}\mathscr{B}^\top(\gamma)Z_n(\gamma) + o_\gamma(1) \quad \forall \gamma \in \overset{\circ}{\Gamma}, \qquad (6.2.12)$$

folgt zunächst mit der Abkürzung $\mathscr{Q}(\gamma) := \mathscr{B}(\gamma)(\mathscr{B}^\top(\gamma)\mathscr{B}(\gamma))^{-1}\mathscr{B}^\top(\gamma)$

$$\begin{aligned} Q(Y_n, \tilde{\pi}_n) &= |Z_n(\tilde{\gamma}_n)|^2 = |Z_n(\gamma) - \mathscr{B}(\gamma)\sqrt{n}(\tilde{\gamma}_n - \gamma) + o_\gamma(1)|^2 \\ &= |Z_n(\gamma) - \mathscr{Q}(\gamma)Z_n(\gamma) + o_\gamma(1)|^2 \\ &= Z_n^\top(\gamma)(\mathscr{I}_s - \mathscr{Q}(\gamma))Z_n(\gamma) + o_\gamma(1). \end{aligned} \qquad (6.2.13)$$

Hier ist offenbar $\mathscr{Q}(\gamma)$ eine $s \times s$-Projektionsmatrix vom Rang h, für die mit dem in Einklang zu Beispiel 5.129 erklärten $\tau(\gamma) := \tau(\pi(\gamma)) = (\sqrt{\pi_1(\gamma)}, \ldots, \sqrt{\pi_s(\gamma)})^\top$ wegen $\tau^\top(\gamma)\mathscr{B}(\gamma) = 0$ gilt $\tau^\top(\gamma)\mathscr{Q}(\gamma) = 0$. Aus $\mathfrak{L}_\gamma(Z_n(\gamma)) \xrightarrow{\mathfrak{L}} \mathfrak{N}(0, \mathscr{I}_s - \tau(\gamma)\tau^\top(\gamma))$ gemäß (5.4.9) folgt damit die Behauptung[20] (6.2.11) nach Korollar 5.128. Für die Kovarianzmatrix der Limesverteilung von $Q(Y_n, \tilde{\pi}_n)$ gilt also

$$(\mathscr{I}_s - \mathscr{Q}(\gamma))\mathscr{S}(\gamma)(\mathscr{I}_s - \mathscr{Q}(\gamma))^\top = \mathscr{I}_s - \tau(\gamma)\tau^\top(\gamma) - \mathscr{B}(\gamma)(\mathscr{B}^\top(\gamma)\mathscr{B}(\gamma))^{-1}\mathscr{B}^\top(\gamma).$$

Dies ist wegen $\tau^\top(\gamma)\mathscr{B}(\gamma) = 0$ eine Projektionsmatrix und zwar vom Rang $s-h-1$, d.h. mit 1 als $(s-h-1)$-fachem und 0 als $(h+1)$-fachem Eigenwert.

c) Analog Satz 6.49c folgt wegen $\tilde{\pi}_n \to \pi$ nach P_π-WS

---

[20] Diese ergibt sich auch aus der Tatsache, daß es wegen $\tau^\top(\gamma)\mathscr{B}(\gamma) = 0$ eine orthogonale $s \times s$-Matrix $\mathscr{C} = \mathscr{C}(\gamma)$ gibt, in deren letzten $(h+1)$ Zeilen die h Zeilen von $\mathscr{B}^\top(\gamma)$ bzw. die Zeile $\tau^\top(\gamma)$ stehen. Mit $U_n := \mathscr{C}Z_n$ folgt also die Behauptung; vgl. auch Aufg. 5.45.

6.2 Asymptotische Behandlung parametrischer Testprobleme

$$2\log T_n(X) = 2\log \prod_{m=1}^{s} \left(\frac{Y_{nm}}{n\widetilde{\pi}_{nm}}\right)^{Y_{nm}}$$

$$= 2\sum_{m=1}^{s} \left(n\widetilde{\pi}_{nm} + (Y_{nm} - n\widetilde{\pi}_{nm})\right) \log\left(1 + \frac{Z_{nm}}{\sqrt{n\widetilde{\pi}_{nm}}}\right)$$

$$= \sum_{m=1}^{s} \frac{(Y_{nm} - n\widetilde{\pi}_{nm})^2}{n\widetilde{\pi}_{nm}} + o_\gamma(1). \tag{6.2.14}$$

Wegen $k = s - 1$ ergibt sich somit aus Satz 6.50 nochmals die Aussage (6.2.11). □

Wie der χ^2-Test zum Prüfen einfacher Nullhypothesen ermöglicht auch derjenige zum Prüfen zusammengesetzter Nullhypothesen die Anwendung bei nicht notwendig dominierten Verteilungsklassen. Will man nämlich etwa die Zugehörigkeit einer Verteilung $F \in \mathfrak{M}^1(\mathfrak{X}_0, \mathfrak{B}_0)$ zu einer beliebigen h-parametrigen Verteilungsklasse $\mathfrak{F} \subset \mathfrak{M}^1(\mathfrak{X}_0, \mathfrak{B}_0)$ aufgrund von st.u., gemäß F verteilten ZG $X_1, \ldots, X_n$ überprüfen, so liegt es nahe, in Analogie zu den Überlegungen in 5.4.1 vermöge einer Einteilung von $\mathfrak{X}_0$ in s meßbare Zellen $C_1, \ldots, C_s$ zu den $\mathfrak{M}(n, \pi)$-verteilten Vektoren Y_n der Zellhäufigkeiten $Y_{n1}, \ldots, Y_{ns}$ überzugehen und an Stelle von $\mathbf{H} : F \in \mathfrak{F}$, $\mathbf{K} : F \in \mathfrak{M}^1(\mathfrak{X}_0, \mathfrak{B}_0) - \mathfrak{F}$ die Hypothesen $\mathbf{H} : \pi \in b(\Gamma)$, $\mathbf{K} : \pi \in \Sigma_s - b(\Gamma)$ zu überprüfen. Dabei bezeichnet $b(\gamma) = (b_1(\gamma), \ldots, b_s(\gamma))^\top$ die gemäß $b_m(\gamma) := F_\gamma(C_m)$, $m = 1, \ldots, s$, definierte Abbildung $b : \Gamma \to \overset{\circ}{\Sigma}_s$. Somit ist es möglich, den χ^2-Test aus Satz 6.55 anzuwenden, auch wenn dieser zwischen Verteilungen mit gleichen Zell-WS nicht mehr unterscheiden kann.

Der Beweis der Sätze 6.40 und 6.55 zeigt, daß die Verteilungsaussage (6.2.11) nicht nur bei Verwenden des Mχ^2-Schätzers $\widetilde{\gamma}_n$ gilt, sondern auch bei jedem anderen Schätzer $\widehat{\gamma}_n$ mit der gleichen asymptotischen Linearisierung (6.2.12), der also zu $\widetilde{\gamma}_n$ asymptotisch äquivalent ist im Sinne von (6.1.67), d.h. von

$$\sqrt{n}(\widehat{\gamma}_n - \widetilde{\gamma}_n) = o_\gamma(1) \quad \forall \gamma \in \overset{\circ}{\Gamma}.$$

Ein Beispiel ist unter entsprechenden Regularitätsvoraussetzungen der *modifizierte Minimum-χ^2-Schätzer*, der durch Minimierung der gemäß

$$Q(Y_n, \widehat{\pi}_n) = \sum_{m=1}^{s} \frac{(Y_{nm} - n\widehat{\pi}_{nm})^2}{Y_{nm}} \tag{6.2.15}$$

modifizierten χ^2-Abstandsfunktion definiert ist; vgl. Satz 6.40. Eine wichtige Anwendung dieser Methode bildet das Prüfen in Kontingenztafeln.

Beispiel 6.56 ($k \times \ell$-Feldertafel) $X_t = (X_{1t}, X_{2t})$, $t = 1, \ldots, n$, seien st.u. ZG mit derselben Verteilung $F \in \mathfrak{M}^1(\mathfrak{X}_1 \times \mathfrak{X}_2, \mathfrak{B}_1 \otimes \mathfrak{B}_2)$ und Randverteilungen F_1, F_2. Zur Prüfung der Hypothesen, ob die Komponenten X_{1t} und X_{2t} st.u. sind oder nicht, werde der Wertebereich $\mathfrak{X}_0 = \mathfrak{X}_1 \times \mathfrak{X}_2$ in $k\ell$ meßbare disjunkte Zellen $A_i \times B_j$, $1 \leq i \leq k$, $1 \leq j \leq \ell$, eingeteilt, $\mathfrak{X}_0 = \sum_i \sum_j A_i \times B_j$. Diese Reduktion durch Zelleinteilung führt auf die $k\ell$-

dimensionale ZG $Y = (Y_{11}, \ldots, Y_{k\ell})^\top$ mit $\mathfrak{L}(Y) = \mathfrak{M}(n, \pi)$, $\pi = (\pi_{11}, \ldots, \pi_{k\ell})^\top$, wobei die Zellhäufigkeiten Y_{ij} bzw. Zell-WS π_{ij} erklärt sind durch

$$Y_{ij} = \sum_{t=1}^n \mathbf{1}_{A_i \times B_j}(X_t), \quad \pi_{ij} = F(A_i \times B_j).$$

Beim Verwenden des χ^2-Tests für zusammengesetzte Nullhypothesen und der Bezeichnungen

$$\pi_{i\cdot} = \sum_{j=1}^\ell \pi_{ij} = F_1(A_i), \quad \pi_{\cdot j} = \sum_{i=1}^k \pi_{ij} = F_2(B_j)$$

lauten die Hypothesen $\mathbf{H} : \pi_{ij} = \pi_{i\cdot}\pi_{\cdot j} \ \forall (i,j)$, $\mathbf{K} : \pi_{ij} \neq \pi_{i\cdot}\pi_{\cdot j} \ \exists (i,j)$. Wegen $\sum \pi_{i\cdot} = \sum \pi_{\cdot j} = 1$ bietet sich eine Parametrisierung von $\mathbf{H}$ durch den $(k + \ell - 2)$-dimensionalen Parameter $\gamma = (\pi_{1\cdot}, \ldots, \pi_{(k-1)\cdot}, \pi_{\cdot 1}, \ldots, \pi_{\cdot(\ell-1)})^\top$ an. Man verifiziert leicht, daß die Voraussetzungen von Satz 6.40 erfüllt sind mit $s = k\ell$ und $h = k + \ell - 2$, also mit $s - h - 1 = (k-1)(\ell-1)$. Bezeichnen

$$Y_{i\cdot} = \sum_{j=1}^\ell Y_{ij} = \sum_{t=1}^n \mathbf{1}_{A_i}(X_{1t}), \quad Y_{\cdot j} = \sum_{i=1}^k Y_{ij} = \sum_{t=1}^n \mathbf{1}_{B_j}(X_{2t})$$

die Randhäufigkeiten, so ergibt sich als modifizierter Mχ^2-Schätzer $\widehat{\pi}_{i\cdot}(Y) = Y_{i\cdot}/n$, $\widehat{\pi}_{\cdot j}(Y) = Y_{\cdot j}/n$, vgl. Beispiel 6.5, und damit als Prüfgröße (6.2.15)

$$Q(Y_n, \widehat{\pi}_n) = \sum_{i=1}^k \sum_{j=1}^\ell \frac{(Y_{ij} - n\widehat{\pi}_{i\cdot}\widehat{\pi}_{\cdot j})^2}{n\widehat{\pi}_{i\cdot}\widehat{\pi}_{\cdot j}} = \sum_{i=1}^k \sum_{j=1}^\ell \frac{(nY_{ij} - Y_{i\cdot}Y_{\cdot j})^2}{nY_{i\cdot}Y_{\cdot j}}.$$

Diese ist also nach Satz 6.55 für alle $\vartheta \in \mathbf{H}$ asymptotisch $\chi^2_{(k-1)(\ell-1)}$-verteilt. $\square$

Die Umformung (6.2.13) macht es plausibel, daß im wesentlichen nur Schätzer $\widetilde{\gamma}_n$ mit einer asymptotischen Linearisierung der speziellen Form (6.2.12) zu der Verteilungsaussage (6.2.11) führen. Zunächst gilt nämlich für jeden $\sqrt{n}$-konsistenten Schätzer $\breve{\gamma}_n$ unter den Differenzierbarkeitsvoraussetzungen von Satz 6.40 aufgrund einer Taylorentwicklung (5.3.22)

$$Z_n(\breve{\gamma}_n) = Z_n(\gamma) - \mathscr{B}(\gamma)\sqrt{n}(\breve{\gamma}_n - \gamma) + o_\gamma(1). \tag{6.2.16}$$

Besitzt $\breve{\gamma}_n$ speziell die Darstellung (6.2.12), so gilt

$$Z_n(\breve{\gamma}_n) = (\mathscr{I}_s - \mathscr{Q}(\gamma))Z_n(\gamma) + o_\gamma(1) \tag{6.2.17}$$

und damit wegen (6.2.13) nach dem Stetigkeitssatz 5.43 wie für $Z_n(\widetilde{\gamma}_n)$

$$\mathfrak{L}_\gamma(Z_n(\breve{\gamma}_n)) \xrightarrow[\mathfrak{L}]{} \mathfrak{N}(0, (\mathscr{I}_s - \mathscr{Q}(\gamma))\mathscr{S}(\gamma)(\mathscr{I}_s - \mathscr{Q}(\gamma))^\top).$$

Dabei ist $\mathscr{C}(\gamma)$ eine Projektionsmatrix vom Rang h und damit $\mathscr{I}_s - \mathscr{C}(\gamma)$ eine solche vom Rang $s - h$. Folglich ergibt sich die Limesverteilung wie im Beweis von Satz 6.55.

Typischerweise ist die Bestimmung des (gegebenenfalls modifizierten) Mχ^2-Schätzers $\widetilde{\gamma}_n$ durch die Berücksichtigung der Zelleinteilung analytisch wie numerisch kompliziert. Im allgemeinen ist es erheblich einfacher, einen anderen, zur Anpassung des Modells an die Daten ebenfalls naheliegenden und $\sqrt{n}$-konsistenten Schätzer anzugeben, nämlich den auf den ursprünglichen (durch die Zelleinteilung noch nicht vergröberten) Daten beruhenden ML-Schätzer γ_n^*. Will man etwa aufgrund von st.u. glv. reellwertigen ZG $X_1, \ldots, X_n$ auf Vorliegen einer $\mathfrak{N}(\mu, \sigma^2)$-Verteilung (mit geeignetem $\gamma := (\mu, \sigma^2) \in \mathbb{R} \times (0, \infty)$) prüfen, so ist γ_n^* mittels der beobachteten (also nicht-vergröberten) Daten gemäß $(\overline{x}_n, s_n^2)$ auch analytisch leicht anzugeben. Demgegenüber ist die Bestimmung des Mχ^2-Schätzers $\widetilde{\gamma}_n$ nur mit erheblichem Aufwand und nur näherungsweise möglich. Es stellt sich deshalb die Frage, ob sich an Stelle von $\widetilde{\gamma}_n$ auch der Schätzer γ_n^* verwenden läßt, d.h. welche Limesverteilung die mit $\pi_n^* = (\pi_{n1}^*, \ldots, \pi_{ns}^*)^\top = b(\gamma_n^*)$ gebildete Prüfgröße

$$Q(Y_n, \pi_n^*) = \sum_{m=1}^{s} \frac{(Y_{nm} - n\pi_{nm}^*)^2}{n\pi_{nm}^*} \tag{6.2.18}$$

unter $\vartheta \in \mathbf{H}$ besitzt. Da einerseits $\widetilde{\gamma}_n$ als Mχ^2-Schätzer definitionsgemäß zu einem kleineren Wert der χ^2-Prüfgröße $Q(Y_n, \pi(\cdot))$ führt als jeder andere Schätzer von γ – insbesondere als γ_n^* – und andererseits $Q(Y_n, \pi_n^*)$ nach Definition von π_n^* einen kleineren Wert haben wird als $Q(Y_n, \pi_0)$, ist es plausibel, daß sich als Limes-Prüfverteilung von (6.2.18) weder eine χ^2_{s-h-1}-Verteilung mit $h = 2$ noch eine solche mit $h = 0$ ergeben wird, sondern eine „zwischen diesen liegende" Verteilung. Der folgende Satz bestätigt diese Vermutung. Er zeigt aber auch, daß bei Verwenden des ML-Schätzers γ_n^* die mit $\pi_n^* = b(\gamma_n^*)$ gebildete χ^2-Teststatistik $Q(Y_n, \pi_n^*)$ zum Prüfen auf Vorliegen einer h-parametrigen Verteilungsklasse $\mathfrak{F}$ im allgemeinen nicht mehr asymptotisch verteilungsfrei auf $\mathbf{H}$ ist.

Satz 6.57 (Chernoff-Lehmann) *Es seien X_j, $j \in \mathbb{N}$, st.u. ZG mit derselben Verteilung $F \in \mathfrak{M}^1(\mathbb{R}, \mathbb{B})$ und $\mathfrak{F} \subset \mathfrak{M}^1(\mathbb{R}, \mathbb{B})$ eine h-parametrige Klasse mit μ-Dichten $f(z, \gamma)$, $\gamma \in \Gamma \subset \mathbb{R}^h$, γ_n^* der zugehörige ML-Schätzer von γ und die Voraussetzungen (A1) – (A4) aus Satz 6.35 erfüllt. Insbesondere sei die Informationsmatrix $\mathscr{I}^*(\gamma)$ für alle $\gamma \in \mathring{\Gamma}$ nicht ausgeartet. Weiter seien $\{C_1, \ldots, C_s\}$ eine Einteilung von $\mathbb{R}$ in s meßbare Zellen und $b: \Gamma \to \mathring{\Sigma}_s$, $b(\gamma) := (F_\gamma(C_1), \ldots, F_\gamma(C_s))^\top$, eine injektive Abbildung derart, daß die in Beispiel 6.37 definierte Abbildung $\mathscr{B}: \Gamma \to \mathbb{R}^{s \times h}$, also*

$$\mathscr{B}(\vartheta) = \mathscr{D}(\vartheta)\nabla^\top \pi(\vartheta) = \left[\frac{\nabla_i \pi_m(\vartheta)}{\sqrt{\pi_m(\vartheta)}}\right]_{\substack{1 \le m \le s \\ 1 \le i \le h}} \in \mathbb{R}^{s \times h}, \quad \mathscr{D}(\vartheta) = \left[\frac{\delta_{\ell m}}{\sqrt{\pi_m(\vartheta)}}\right] \in \mathbb{R}^{h \times h},$$

230 6 Asymptotische Betrachtungsweisen parametrischer Verfahren

die Voraussetzungen von Satz 6.40 erfüllt. Insbesondere sei also $\mathscr{J}(\gamma) := \mathscr{B}^\top(\gamma)\mathscr{B}(\gamma)$
nicht ausgeartet. Überdies sei mit $Y_1 := (\mathbf{1}(X_1 \in C_1), \ldots, \mathbf{1}(X_1 \in C_s))^\top$ *und*
$Z_1(\gamma) := \mathscr{D}(\gamma)(Y_1 - \pi(\gamma))$ *die Vertauschungsbedingung*

$$E_\gamma Z_1(\gamma)\nabla^\top \log f(X_1, \gamma) = \mathscr{B}(\gamma) \quad \forall \gamma \in \overset{\circ}{\Gamma} \tag{6.2.19}$$

erfüllt. Dann gilt für die mit $\pi_n^* = b(\gamma_n^*)$ *gebildete Prüfgröße* (6.2.18)

$$\mathfrak{L}_\gamma(Q(Y_n, \pi_n^*)) \xrightarrow{\mathfrak{L}} \mathfrak{L}\Big(\sum_{\ell=1}^{s-h-1} W_\ell^2 + \sum_{\ell=s-h}^{s-1} \lambda_\ell W_\ell^2\Big) \quad \forall \gamma \in \Gamma. \tag{6.2.20}$$

Dabei bezeichnen W_ℓ, $\ell = 1, \ldots, s-1$, *st.u.* $\mathfrak{N}(0,1)$-*verteilte ZG und* $\lambda_\ell \in (0,1)$,
$\ell = s-h, \ldots, s-1$, *die im allgemeinen von* $\gamma \in \Gamma$ *abhängenden Lösungen der Gleichung*

$$|(1-\lambda)\mathscr{J}^*(\gamma) - \mathscr{J}(\gamma)| = 0. \tag{6.2.21}$$

Beweis: Wir zeigen zunächst, daß (6.2.19) eine Vertauschungsvoraussetzung ist. Mit den im Satz angegebenen Bezeichnungen gilt nämlich

$$E_\gamma Z_1(\gamma)\nabla^\top \log f(X_1, \gamma) = \mathscr{D}(\gamma)E_\gamma((Y_1 - \pi(\gamma))\nabla^\top \log f(X_1, \gamma))$$
$$= \mathscr{D}(\gamma)E_\gamma((\mathbf{1}(X_1 \in C_1), \ldots, \mathbf{1}(X_1 \in C_s))^\top \nabla^\top \log f(X_1, \gamma))$$
$$= \mathscr{D}(\gamma)\Big(\int_{C_1}(\nabla \log f(z,\gamma))f(z,\gamma)\,\mathrm{d}\mu, \ldots, \int_{C_s}(\nabla \log f(z,\gamma))f(z,\gamma)\,\mathrm{d}\mu\Big)^\top$$
$$= \mathscr{D}(\gamma)(\nabla\pi_1(\gamma), \ldots, \nabla\pi_s(\gamma))^\top = \mathscr{B}(\gamma).$$

Somit folgt im Sinne der Löwner-Ordnung $\preceq_L$ wegen $\tau^\top(\gamma)\mathscr{B}(\gamma) = 0$

$$0 \preceq_L E_\gamma (\nabla \log f(X_1,\gamma) - \mathscr{B}^\top(\gamma)Z_1(\gamma))(\nabla \log f(X_1,\gamma) - \mathscr{B}^\top(\gamma)Z_1(\gamma))^\top$$
$$= \mathscr{J}^*(\gamma) - 2\mathscr{B}^\top(\gamma)\mathscr{B}(\gamma) + \mathscr{B}^\top(\gamma)(\mathscr{I}_s - \tau(\gamma)\tau^\top(\gamma))\mathscr{B}(\gamma) = \mathscr{J}^*(\gamma) - \mathscr{J}(\gamma).$$

Da $\mathscr{B}^\top(\gamma)Z_1(\gamma)$ nicht suffizient ist für $\gamma \in \Gamma$, ist $\mathscr{J}^*(\gamma)$ sogar strikt größer als $\mathscr{J}(\gamma)$ und folglich auch $\mathscr{J}(\gamma)^{-1}$ strikt größer als $\mathscr{J}^*(\gamma)^{-1}$.

Weiter gilt für γ_n^* als ML-Schätzer nach (6.1.66)

$$\sqrt{n}(\gamma_n^* - \gamma) = \mathscr{J}^*(\gamma)^{-1}V_n(X,\gamma) + o_\gamma(1) \tag{6.2.22}$$

und damit wegen der $\sqrt{n}$-Konsistenz von γ_n^* nach (6.2.16)

$$Z_n(\gamma_n^*) = Z_n(\gamma) - \mathscr{B}(\gamma)\mathscr{J}^*(\gamma)^{-1}V_n(X,\gamma) + o_\gamma(1). \tag{6.2.23}$$

Aus (6.2.22) und (5.4.9) folgt nun mit dem mehrdimensionalen Satz von Lindeberg-Lévy und dem Lemma von Slutsky

$$\mathfrak{L}_\gamma\begin{pmatrix} Z_n(\gamma) \\ \sqrt{n}(\gamma_n^* - \gamma) \end{pmatrix} \xrightarrow{\mathfrak{L}} \mathfrak{N}\left(\begin{bmatrix} 0 \\ 0 \end{bmatrix}, \begin{bmatrix} \mathscr{I}_s - \tau(\gamma)\tau^\top(\gamma) & \mathscr{B}(\gamma)\mathscr{J}^*(\gamma)^{-1} \\ \mathscr{J}^*(\gamma)^{-1}\mathscr{B}^\top(\gamma) & \mathscr{J}^*(\gamma)^{-1} \end{bmatrix}\right)$$

6.2 Asymptotische Behandlung parametrischer Testprobleme

und damit aus (6.2.23) wie im Beweis von Satz 6.55 wegen $\tau^\top(\gamma)\mathscr{B}(\gamma) = 0$

$$\mathfrak{L}_\gamma(Z_n(\gamma_n^*)) \xrightarrow[\mathfrak{L}]{} \mathfrak{N}(0, \mathscr{I}_s - \tau(\gamma)\tau^\top(\gamma) - \mathscr{B}(\gamma)\mathscr{J}^*(\gamma)^{-1}\mathscr{B}^\top(\gamma)).$$

Also gilt nach Satz 5.127

$$\mathfrak{L}_\gamma(Q_n(Y_n, \pi_n^*)) = \mathfrak{L}(|Z_n(\gamma_n^*)|^2) \xrightarrow[\mathfrak{L}]{} \mathfrak{L}\Big(\sum_{\ell=1}^s \lambda_\ell W_\ell^2\Big).$$

Dabei sind $W_1, \ldots, W_s$ st.u. $\mathfrak{N}(0,1)$-verteilte ZG und $\lambda_1, \ldots, \lambda_s$ die Eigenwerte der symmetrischen $s \times s$-Matrix

$$\mathscr{W}^*(\gamma) = \mathscr{I}_s - \tau(\gamma)\tau^\top(\gamma) - \mathscr{B}(\gamma)\mathscr{J}^*(\gamma)^{-1}\mathscr{B}^\top(\gamma).$$

Nach dem Beweis zu Satz 6.55 ist

$$\mathscr{W}(\gamma) = \mathscr{I}_s - \tau(\gamma)\tau^\top(\gamma) - \mathscr{B}(\gamma)\mathscr{J}(\gamma)^{-1}\mathscr{B}^\top(\gamma)$$

idempotent vom Rang $s - h - 1$, hat also neben dem $(s-h-1)$-fachen Eigenwert 1 den $(h+1)$-fachen Eigenwert 0. Wegen $\tau^\top(\gamma)\mathscr{B}(\gamma) = 0$ hat auch $\mathscr{W}^*(\gamma)$ den $(s-h-1)$-fachen Eigenwert 1. Die h restlichen Eigenwerte von $\mathscr{W}^*(\gamma)$ sind die von 0 verschiedenen Eigenwerte der Matrix

$$\mathscr{B}(\gamma)\big(\mathscr{J}(\gamma)^{-1} - \mathscr{J}^*(\gamma)^{-1}\big)\mathscr{B}^\top(\gamma).$$

Beachtet man, daß die von 0 verschiedenen Eigenwerte einer Matrix $\mathscr{A}\mathscr{B}$ gleich denjenigen der Matrix $\mathscr{B}\mathscr{A}$ sind, so hat man noch die von 0 verschiedenen Eigenwerte der Matrix

$$\mathscr{B}^\top(\gamma)\mathscr{B}(\gamma)\big(\mathscr{J}(\gamma)^{-1} - \mathscr{J}^*(\gamma)^{-1}\big) = \mathscr{I}_h - \mathscr{J}(\gamma)\mathscr{J}^*(\gamma)^{-1}$$

zu bestimmen, also die von 0 verschiedenen Lösungen der Gleichung

$$|(1-\lambda)\mathscr{I}_h - \mathscr{J}(\gamma)\mathscr{J}^*(\gamma)^{-1}| = |(1-\lambda)\mathscr{J}^*(\gamma) - \mathscr{J}(\gamma)||\mathscr{J}^*(\gamma)^{-1}| = 0.$$

Da $(1-\lambda)\mathscr{J}^*(\gamma) - \mathscr{J}(\gamma)$ wie erwähnt für $\lambda = 0$ und damit für $\lambda \leq 0$ positiv definit sowie für $\lambda \geq 1$ trivialerweise negativ definit ist, gilt für diese h Eigenwerte $0 < \lambda(\gamma) < 1$. □

Beispiel 6.58 (Prüfung auf Normalität; $s = 2$, $h = 1$) X_j, $j \in \mathbb{N}$, seien st.u. ZG mit derselben Verteilung $F \in \mathfrak{M}^1(\mathbb{R}, \mathbb{B})$ und $\mathfrak{F} = \{\mathfrak{N}(\mu, 1) : \mu \in \mathbb{R}\}$. Zur Prüfung der Hypothesen $\mathbf{H} : F \in \mathfrak{F}$, $\mathbf{K} : F \notin \mathfrak{F}$ werde der Wertebereich $\mathbb{R}$ der ZG X_j in die beiden

232 6 Asymptotische Betrachtungsweisen parametrischer Verfahren

Zellen $C_1 = (-\infty, 0)$ und $C_2 = [0, \infty)$ eingeteilt. Weiter seien $Y_{nm} = \sum_{j=1}^{n} \mathbf{1}(X_j \in C_m)$, $m = 1, 2$, die Zellhäufigkeiten, $\pi_m(\mu) = F_\mu(C_m)$ mit $F_\mu := \mathfrak{N}(\mu, 1)$ für $m = 1, 2$ die Zell-WS sowie $\mu_n^* = \overline{x}_n$ der ML-Schätzer im Ausgangsmodell. Dann gilt

$$\mathfrak{L}_\mu(Q(Y_n, \pi_n^*)) \xrightarrow[\mathfrak{L}]{} \mathfrak{L}(\lambda(\mu) W^2) \quad \forall \mu \in \mathbb{R}, \tag{6.2.24}$$

wobei $\mathfrak{L}(W) = \mathfrak{N}(0, 1)$ und $\lambda(\mu) = 1 - e^{-\mu^2}/(2\pi \pi_1(\mu) \pi_2(\mu))$ ist. Mit $Y_{n2} = n - Y_{n1}$ sowie $\pi_2(\mu) = 1 - \pi_1(\mu)$ ergibt sich nämlich

$$Q(Y_n, \pi_n^*) = \sum_{m=1}^{2} \frac{(Y_{nm} - n\pi_m(\mu_n^*))^2}{n\pi_m(\mu_n^*)} = \frac{(Y_{n1} - n\pi_1(\mu_n^*))^2}{n\pi_1(\mu_n^*) \pi_2(\mu_n^*)}$$

und damit wegen $\mu_n^* \to \mu \; [F_\mu]$ aufgrund einer Taylorentwicklung (5.3.22)

$$\sqrt{n}(\pi_1(\mu_n^*) - \pi_1(\mu)) = -\sqrt{n}(\overline{X}_n - \mu) e^{-\mu^2/2}/\sqrt{2\pi} + o_\mu(1).$$

Somit folgt nach dem Satz von Lindeberg-Lévy 5.70

$$\mathfrak{L}_\mu \begin{pmatrix} n^{-1/2}(Y_{n1} - n\pi_1(\mu)) \\ \sqrt{n}(\pi_1(\mu_n^*) - \pi_1(\mu)) \end{pmatrix} \xrightarrow[\mathfrak{L}]{} \mathfrak{N}\left(\begin{bmatrix} 0 \\ 0 \end{bmatrix}, \begin{bmatrix} \pi_1(\mu)\pi_2(\mu) & e^{-\mu^2}/2\pi \\ e^{-\mu^2}/2\pi & e^{-\mu^2}/2\pi \end{bmatrix} \right),$$

also nach dem Stetigkeitssatz 5.43

$$\mathfrak{L}_\mu \left(\frac{Y_{n1} - n\pi_1(\mu_n^*)}{\sqrt{n\pi_1(\mu)\pi_2(\mu)}} \right) \xrightarrow[\mathfrak{L}]{} \mathfrak{N}(0, 1 - e^{-\mu^2}/(2\pi\pi_1(\mu)\pi_2(\mu))).$$

Hieraus ergibt sich unmittelbar die Behauptung (6.2.24) und damit die Aussage (6.2.20), denn es ist $s = 2$, $h = 1$ und trivialerweise $\lambda(\mu) > 0$ sowie wegen der Positiv-Definitheit der Kovarianzmatrix der Limesverteilung $\lambda(\mu) < 1$. □

Anmerkung 6.59 a) Auch wenn sich bei Verwenden der Prüfgröße (6.2.18) keine vom speziellen Problem bzw. vom speziellen $\vartheta \in \mathbf{H}$ unabhängige Limesverteilung ergibt, kann doch vielfach eine Entscheidung getroffen werden, ohne die Eigenwerte aus (6.2.21) und damit die Limes-Prüfverteilung (6.2.20) explizit berechnen zu müssen. Satz 6.57 besagt nämlich, daß die Limes-Prüfverteilung stets zwischen einer χ^2_{s-h-1}- und einer χ^2_{s-1}-Verteilung liegt, daß für die kritischen Werte k_n also $\chi^2_{s-h-1;\alpha} < k_n < \chi^2_{s-1;\alpha}$ gilt. Folglich ist unabhängig von den speziellen Eigenwerten $\lambda_{s-h}, \ldots, \lambda_{s-1}$ bei $Q(Y_n, \pi_n^*) > \chi^2_{s-1;\alpha}$ stets eine Entscheidung zugunsten von $\mathbf{K}$, bei $Q(Y_n, \pi_n^*) < \chi^2_{s-h-1;\alpha}$ stets eine solche zugunsten von $\mathbf{H}$ zu treffen. Eine explizite Berechnung der (von γ abhängenden) Eigenwerte wäre also nur erforderlich, falls $\chi^2_{s-h-1;\alpha} \leq Q(Y_n, \pi_n^*) \leq \chi^2_{s-1;\alpha}$ ist. In einem solchen Fall führt die „Prüfgröße" $Q(Y_n, \pi_n^*)$ noch zu einer Entscheidung, falls $Q(Y_n, \pi_n^*) > k(\gamma) \; \forall \gamma \in \Gamma$ bzw. $Q(Y_n, \pi_n^*) < k(\gamma) \; \forall \gamma \in \Gamma$ ist.

b) Die Verwendung asymptotisch festgelegter kritischer Werte setzt voraus, daß die Approximation der Prüfverteilung durch ihre Limesverteilung hinreichend gut ist. Bei den Prüfgrößen der χ^2-Tests ist dies erfahrungsgemäß der Fall, wenn die erwarteten Zellhäufigkeiten hinreichend groß sind, wenn etwa gilt $n\pi_m \geq 5 \; \forall m = 1, \ldots, s$. Dies wiederum hängt von der Zelleinteilung ab. Insbesondere beim Prüfen zusammengesetzter Nullhypothesen kann diese Bedingung nur unter Berücksichtigung der Beobachtun-

6.2 Asymptotische Behandlung parametrischer Testprobleme

gen erfüllt werden. In der vorstehenden Verteilungstheorie wird aber eine solche Zufallsabhängigkeit der Zelleinteilung nicht berücksichtigt. In 7.2.3 wird deshalb – erläutert für den Spezialfall reellwertiger ZG – ein modifizierter χ^2-Test angegeben, bei dem die Einteilung der Zellen nach fester Vorschrift durch die Beobachtungen selber, nämlich durch die geordneten Statistiken zu vorgegebenen Rangzahlen, erfolgt und bei dessen Verteilungstheorie die Zufallsabhängigkeit dieser Zelleinteilung voll berücksichtigt wird; vgl. Korollar 7.118. Bei diesem Test sind die Zell-WS ZG, während sich durch geeignete Wahl der die Zelleinteilung definierenden Ordnungsstatistiken immer erreichen läßt, daß die zur Anwendbarkeit der Limesprüfverteilung bei endlichem n erforderliche Bedingung hinreichend großer Zellhäufigkeiten durch die Wahl der Rangzahlen erfüllbar ist. □

Die LQ- und χ^2-Tests wurden aufgrund rein heuristischer Überlegungen eingeführt. Eine erste Rechtfertigung erhalten diese Tests dadurch, daß sie asymptotisch zwischen den Verteilungen aus **H** und **K** unterscheiden können. Ein entsprechender Nachweis läßt sich besonders leicht für die χ^2-Tests führen, weshalb deren Konsistenz (im Sinne von 5.1.1) in der folgenden Aussage zuerst gezeigt werden soll.

Satz 6.60 *Die χ^2-Tests zum Prüfen einfacher wie zusammengesetzter Nullhypothesen sind für $n \to \infty$ konsistent. Das gleiche gilt für den (unter den Voraussetzungen des Satzes 6.47 festgelegten) LQ-Test zum Prüfen einfacher Nullhypothesen.*

Beweis: Die Konsistenz des χ^2-Tests aus Satz 6.49 ergibt sich wie folgt: Ist $\vartheta \in \mathbf{K}$, also $\pi \neq \pi_0$, so gilt wegen $Y_{nm}/n \to \pi_m \; [F_\pi] \; \forall m = 1,\ldots, s$

$$\frac{Q_n}{n} = \sum_{m=1}^{s} \frac{1}{\pi_{0m}} \left(\frac{Y_{nm}}{n} - \pi_{0m}\right)^2 \to \sum_{m=1}^{s} \frac{1}{\pi_{0m}} (\pi_m - \pi_{0m})^2 > 0 \quad [F_\pi]. \qquad (6.2.25)$$

Hieraus folgt $Q_n \to \infty \; [F_\pi]$ und damit $E_\pi \varphi_n = P_\pi(Q_n > \chi^2_{s-1;\alpha}) \to 1$ für $\pi \neq \pi_0$, insbesondere also $\liminf E_\pi \varphi_n \geq \alpha$. Entsprechend gilt im Fall des Prüfens einer zusammengesetzten Nullhypothese

$$\frac{Q_n}{n} = \sum_{m=1}^{s} \frac{1}{\widetilde{\pi}_{nm}} \left(\frac{Y_{nm}}{n} - \widetilde{\pi}_{nm}\right)^2 \to \sum_{m=1}^{s} \frac{1}{\pi_{0m}} (\pi_m - \pi_{0m})^2 \quad [F_\pi],$$

wenn $\widetilde{\pi}_n \to \pi_0 \; [F_\pi]$ gilt. Dabei ist $\pi_0 \in \mathbf{H}$, also $\pi_m \neq \pi_{0m} \; \exists m = 1,\ldots,\ell$ und folglich $Q_n \to \infty \; [F_\pi]$, d.h. $E_\pi \varphi_n = P_\pi(Q_n > \chi^2_{s-h-1;\alpha}) \to 1$ für $\pi \notin \mathbf{H}$.

Offensichtlich gilt für die LQ-Prüfgröße sowie jedes feste $\vartheta \in \Theta$ mit $\vartheta \neq \vartheta_0$

$$2 \log T_n \geq 2 \log L_n, \quad L_n = \frac{p_{(n)}(x,\vartheta)}{p_{(n)}(x,\vartheta_0)} = \prod_{j=1}^{n} \frac{f(x_j,\vartheta)}{f(x_j,\vartheta_0)}$$

und damit

$$P_\vartheta(2 \log T_n > \chi^2_{k;\alpha}) \geq P_\vartheta\left(\frac{2}{n} \sum_{j=1}^{n} \log \frac{f(X_j,\vartheta)}{f(X_j,\vartheta_0)} \geq \frac{1}{n} \chi^2_{k;\alpha}\right).$$

6 Asymptotische Betrachtungsweisen parametrischer Verfahren

Nach dem starken Gesetz der großen Zahlen und Hilfssatz 5.30a folgt also

$$\frac{1}{n}\sum_{j=1}^{n} \log \frac{f(X_j,\vartheta)}{f(X_j,\vartheta_0)} \to E_\vartheta \log \frac{f(X_1,\vartheta)}{f(X_1,\vartheta_0)} \in (0,\infty] \quad [F_\vartheta]$$

und damit wegen $\frac{1}{n}\chi^2_{k;\alpha} \to 0$ die Behauptung. □

Die Konsistenz eines LQ-Tests für zusammengesetzte Nullhypothesen läßt sich auf recht unterschiedliche Weise zeigen. Vielfach wird man ein (6.2.25) entsprechendes asymptotisches Verhalten von $2n^{-1}\log T_n$ unter Verteilungen aus **K** direkt ablesen können. Eine häufig mögliche Vorgehensweise basiert auf dem folgenden Hilfssatz über stochastische Konvergenz bei geschätzten Parametern. Hierzu wähle man ein $\vartheta \in \mathbf{K}$ und V_n für $s \in \Theta$ gemäß

$$V_n(s) = 2n^{-1}\sum_{j=1}^{n} \log \frac{f(X_j,s)}{f(X_j,\vartheta_0)}.$$

Existieren nun ML-Schätzer $\widehat{\vartheta}_n$ bzw. $\widehat{\widehat{\vartheta}}_n$ unter Θ bzw. unter **H**, dann gilt für die Prüfgröße T_n aus (6.2.2)

$$2n^{-1}\log T_n = V_n(\widehat{\vartheta}_n) - V_n(\widehat{\widehat{\vartheta}}_n).$$

Ist $\widehat{\vartheta}_n$ konsistent für ϑ, dann liefert Hilfssatz 6.61 mit $t = \vartheta$ bei Erfülltsein seiner Regularitätsvoraussetzungen

$$V_n(\widehat{\vartheta}_n) \to 0 \quad \text{nach} \quad P_\vartheta\text{-WS}.$$

Konvergiert zudem $\widehat{\widehat{\vartheta}}_n$ unter ϑ stochastisch gegen einen Wert $\vartheta_1 \in \mathbf{H}$, dann liefert das gleiche Argument mit $t = \vartheta_1$

$$V_n(\widehat{\widehat{\vartheta}}_n) = V_n(\vartheta_1) + o_\vartheta(1)$$

und damit nach dem Gesetz der großen Zahlen

$$2n^{-1}\log T_n = -V_n(\vartheta_1) + o_\vartheta(1) \to 2E_\vartheta \log \frac{f(X_1,\vartheta)}{f(X_1,\vartheta_1)}$$
$$= 2I_{KL}(F_\vartheta, F_{\vartheta_1}) \geq 0 \quad \text{nach} \quad P_\vartheta\text{-WS}.$$

Wegen $F_\vartheta \neq F_{\vartheta_1}$ ist nach Hilfssatz 5.30a $I_{KL}(F_\vartheta, F_{\vartheta_1})$ positiv, so daß gilt

$$2\log T_n \to \infty \quad \text{nach} \quad P_\vartheta\text{-WS}.$$

Daraus folgt die Konsistenz des LQ-Tests.

Die eben skizzierte Vorgehensweise läßt sich dadurch vereinfachen, daß man sie mit derjenigen aus Satz 6.60 kombiniert. Hierzu nehmen wir wieder an, daß das Supremum im Nenner der Prüfgröße (6.2.1) in den Werten $\widehat{\widehat{\vartheta}}_n(x)$ einer Stastistik $\widehat{\widehat{\vartheta}}_n$ angenommen wird, die auch für festes $\vartheta \in \Theta - \mathbf{H}$ F_ϑ-f.s. konvergiert und zwar gegen einen Wert $\vartheta_1 \in \mathbf{H}$, wobei $\vartheta_1 = \vartheta \; \forall \vartheta \in \mathbf{H}$ ist. Gilt nämlich $\widehat{\widehat{\vartheta}}_n \to \vartheta_1 \; [F_\vartheta]$, so ergibt sich für T_n aus (6.2.1) unter $\vartheta \in \Theta - \mathbf{H}$

$$\frac{2}{n} \log T_n = \frac{2}{n} \log \frac{\sup_{\vartheta' \in \Theta} p_{(n)}(x, \vartheta')}{\sup_{\vartheta' \in \mathbf{H}} p_{(n)}(x, \vartheta')} \geq \frac{2}{n} \log \frac{p_{(n)}(x, \vartheta')}{p_{(n)}(x, \vartheta_1)} + \frac{2}{n} \log \frac{p_{(n)}(x, \vartheta_1)}{p_{(n)}(x, \widehat{\widehat{\vartheta}}_n)}.$$

Hier strebt der erste Summand wieder P_ϑ-f.s. gegen einen positiven Wert, während der zweite mit einer auf Hilfssatz 6.61 basierenden Argumentation asymptotisch vernachlässigbar ist. Somit folgt aus $\frac{1}{n}\chi^2_{k-h;\alpha} \to 0$ die Behauptung.

Hilfssatz 6.61 *Seien $\Theta \subset \mathbb{R}^k$ und $(\mathfrak{X}, \mathfrak{B}, P)$ ein WS-Raum. Für jedes $n \in \mathbb{N}$ sei $V_n : \Theta \times \mathfrak{X} \to \mathbb{R}^\ell$ eine Abbildung derart, daß $V_n(\cdot, x)$ stetig ist $\forall x \in N^c$, $P(N) = 0$, und $V_n(s, \cdot)$ meßbar ist $\forall s \in \Theta$, sowie $\widehat{\vartheta}_n$ eine Θ-wertige ZG auf $(\mathfrak{X}, \mathfrak{B}, P)$. Dabei gelte für ein $t \in \Theta$ mit einem geeigneten $v \in \mathbb{R}^\ell$*

(1) $V_n(t) \to v$ *nach WS*,

(2) $\widehat{\vartheta}_n \to t$ *nach WS*,

(3) *(Anscombe-Bedingung)* $\forall \varepsilon > 0 \; \forall \eta > 0 \; \exists \delta > 0 \; \exists n_0 \in \mathbb{N}$ *mit*

$$P\Big(\sup_{\substack{|t-s|<\delta \\ s \in \Theta}} |V_n(t) - V_n(s)| > \varepsilon \Big) < \eta \quad \forall n \geq n_0.$$

Dann gilt

$$V_n(\widehat{\vartheta}_n) \to v \quad \text{nach WS}.$$

Beweis: Wegen des Lemmas von Slutsky und (1) reicht der Nachweis von

$$V_n(\widehat{\vartheta}_n) - V_n(t) = o_P(1).$$

Dies folgt mit (2) unmittelbar aus der Bedingung (3). Wählt man nämlich gemäß (3) ein $\delta > 0$ und ein $n_0 \in \mathbb{N}$ zu vorgegebenen $\varepsilon > 0$ und $\eta > 0$ sowie wegen (2) dann ein $n_1 \in \mathbb{N}$ gemäß

$$P(|\widehat{\vartheta}_n - t| \geq \delta) < \eta \quad \forall n \geq n_1,$$

so ergibt sich unmittelbar für alle $n \geq n_1 \vee n_0$

$$P(|V_n(\widehat{\vartheta}_n) - V_n(t)| > \varepsilon) \leq P(|V_n(\widehat{\vartheta}_n) - V_n(t)| > \varepsilon, |\widehat{\vartheta}_n - t| < \delta) + P(|\widehat{\vartheta}_n - t| \geq \delta)$$

$$\leq P\Big(\sup_{\substack{|t-s|<\delta \\ s \in \Theta}} |V_n(t) - V_n(s)| > \varepsilon\Big) + \eta \leq 2\eta. \quad \square$$

Die Voraussetzungen an V_n lassen sich etwa in folgender Situation verifizieren: Sei $\psi : \mathfrak{X}_0 \times \Theta \to \mathbb{R}^\ell$ eine (produkt-)meßbare Funktion derart, daß $\psi(x, \cdot)$ stetig für jedes $x \in \mathfrak{X}_0$ und die Familie $\{\psi(x, \cdot) : x \in \mathfrak{X}_0\}$ im Punkte ϑ gleichgradig stetig ist. Dann gilt mit geeigneten $\varepsilon > 0$, $\delta > 0$ und beliebigen Punkten $x_1, \ldots, x_n \in \mathfrak{X}_0$

$$|s-t| < \delta \;\Rightarrow\; |\psi(x_j,s) - \psi(x_j,t)| < \varepsilon \quad \forall 1 \le j \le n$$

$$\Rightarrow\; \left| n^{-1} \sum_{j=1}^{n} \psi(x_j,s) - n^{-1} \sum_{j=1}^{n} \psi(x_j,t) \right| < \varepsilon.$$

Damit ist $V_n(t) := n^{-1} \sum_{j=1}^{n} \psi(X_j,t)$ meßbar für alle t, stetig in der zweiten Variablen sowie (bezüglich $n \in \mathbb{N}$) gleichgradig stetig an der Stelle t. Dies impliziert speziell das Erfülltsein der Voraussetzungen an V_n in Hilfssatz 6.61 und die Bedingung (3). Alternativ dazu kann man das Erfülltsein der Anscombe-Bedingung auch dadurch zeigen, daß man die Verteilungen $\mathfrak{L}(V_n(\cdot))$, $n \in \mathbb{N}$, als eine straffe Verteilungsfamilie in $\mathbb{C}(K)$ nachweist, wobei $K \subset \Theta$, K kompakt und $\vartheta \in \overset{\circ}{K}$ ist; vgl. Beispiel 5.53 bzw. Aufgabe 5.13.

6.2.2 Asymptotische Fraktilbestimmung und Konsistenz von Tests

In 6.2.1 wurde die Festlegung der LQ- und χ^2-Tests dadurch vereinfacht, daß als kritische Werte nicht die Fraktile der Prüfverteilungen bei festem Stichprobenumfang n, sondern diejenigen der Limes-Prüfverteilungen verwendet wurden. Entsprechend wird man etwa bei Tests in einparametrigen Verteilungsklassen $\mathfrak{P} = \{P_\vartheta : \vartheta \in \Theta\}$ mit $\vartheta_0 \in \overset{\circ}{\Theta}$ für Hypothesen der Form

$$\mathbf{H}: \vartheta \le \vartheta_0, \; \mathbf{K}: \vartheta > \vartheta_0 \quad \text{bzw.} \quad \mathbf{H}: \vartheta = \vartheta_0, \; \mathbf{K}: \vartheta \ne \vartheta_0 \qquad (6.2.26)$$

vorgehen, wenn die aufgrund anderweitiger Überlegungen bereits gewonnene Prüfgröße – gegebenenfalls nach geeigneter Standardisierung – unter $\vartheta = \vartheta_0$ eine Limesverteilung hat. In allen solchen Fällen muß man davon ausgehen, daß diese Tests das bei der Festlegung des kritischen Werts verwendete Signifikanzniveau α über $\mathbf{H}$ nur asymptotisch einhalten sowie über $\mathbf{K}$ nur asymptotisch unverfälscht sind. Es ist deshalb zweckmäßig – und dieses haben verschiedene Formulierungen in 6.2.1 auch bereits gezeigt –, die diesbezüglichen aus der finiten Theorie bekannten Begriffsbildungen wie folgt abzuschwächen[21]:

Definition 6.62 Gegeben seien ein Testproblem mit Hypothesen $\mathbf{H}$ und $\mathbf{K}$ sowie Signifikanzniveau $\alpha \in (0,1)$. Dann heißt ein asymptotischer Test (φ_n)

a) ein *asymptotischer α-Niveau Test für* $\mathbf{H}$, wenn gilt

$$\limsup_{n \to \infty} E_\vartheta \varphi_n \le \alpha \quad \forall \vartheta \in \mathbf{H}, \qquad (6.2.27)$$

---

[21] Diese Begriffsbildungen und die mit ihnen verbundene Vorgehensweise gelten in gleicher Weise für parametrische wie nichtparametrische Modelle, sofern der Abschluß $\overline{\mathbf{H}}$ bzw. $\overline{\mathbf{K}}$ und damit der Rand $\mathbf{J} := \overline{\mathbf{H}} \cap \overline{\mathbf{K}}$ sowie der offene Kern $\overset{\circ}{\mathbf{H}}$ erklärt sind. Zweckmäßigerweise wird man also über dem Parameterraum eine Metrik einführen. Ist Θ Teilmenge eines $\mathbb{R}^k$, so bietet sich hierzu die euklidische Metrik (bei einer stetigen Parametrisierung) an. Bei nichtparametrischen Fragestellungen wird man eine problemangepaßte Metrik verwenden, welche die Verteilungskonvergenz impliziert, z.B. die Supremumsmetrik.

b) ein *asymptotisch unverfälschter* α-*Niveau Test für* **H** *gegen* **K**, wenn neben (6.2.27) gilt

$$\liminf_{n\to\infty} E_\vartheta \varphi_n \geq \alpha \quad \forall \vartheta \in \mathbf{K}, \tag{6.2.28}$$

c) ein *asymptotisch* α-*ähnlicher Test auf* $\mathbf{J} := \overline{\mathbf{H}} \cap \overline{\mathbf{K}}$, wenn gilt

$$\lim_{n\to\infty} E_\vartheta \varphi_n = \alpha \quad \forall \vartheta \in \mathbf{J}, \tag{6.2.29}$$

d) ein *asymptotisch* α-*niveautreuer Test für* **H**, wenn neben (6.2.29) auch die Bedingung (6.2.27) erfüllt ist,

e) ein *lokal asymptotisch unverfälschter* α-*Niveau Test für* **H** *gegen* **K**, wenn die Bedingung (6.2.28) lokal für alle ϑ aus einer Umgebung des Randes $\mathbf{J} : \vartheta = \vartheta_0$ der Hypothesen erfüllt ist.

Zumindest für einseitige Tests der Form

$$\varphi_n = \mathbf{1}(T_n > k_n) + v_n \mathbf{1}(T_n = k_n) \tag{6.2.30}$$

ist die asymptotische α-Ähnlichkeit (6.2.29) diejenige Eigenschaft, durch die der kritische Wert k_n und gegebenenfalls die Randomisierung[22] v_n bei vorgegebenem Signifikanzniveau $\alpha \in (0,1)$ asymptotisch festgelegt wird. Die anderen Bedingungen trivialisieren sich in diesem Fall zumeist. Streben nämlich die Fehler-WS 1. und 2. Art gegen Null bzw. gilt genauer

$$E_\vartheta \varphi_n \to 0 \quad \forall \vartheta \in \overset{\circ}{\mathbf{H}} \quad \text{und} \quad E_\vartheta \varphi_n \to 1 \quad \forall \vartheta \in \mathbf{K}, \tag{6.2.31}$$

so sind (6.2.27+28) sowie die Eigenschaft d) automatisch erfüllt.

Zur Festlegung der kritischen Werte k_{1n}, k_{2n} in zweiseitigen Tests der Form

$$\varphi_n = \mathbf{1}(T_n < k_{1n}) + \mathbf{1}(T_n > k_{2n}) + \sum_{\ell=1}^{2} v_{\ell n} \mathbf{1}(T_n = k_{\ell n}) \tag{6.2.32}$$

benötigt man offenbar neben (6.2.29) eine weitere Bedingung. Bei einparametrigen Verteilungsklassen und einelementiger Nullhypothese $\mathbf{H} : \vartheta = \vartheta_0$ ergab sich diese finit daraus, daß die Gütefunktion $\vartheta \mapsto \beta(\vartheta)$ wegen der Unverfälschtheit in ϑ_0 eine Minimalstelle hatte, unter schwachen Differenzierbarkeitsvoraussetzungen also die Ableitung 0 besaß. Die kritischen Werte k_{1n}, k_{2n} ließen sich demgemäß durch die beiden Gleichungen $\beta(\vartheta_0) = \alpha$, $\nabla \beta(\vartheta_0) = 0$ bestimmen. Diese Vorgehensweise führte unter der Annahme einer symmetrischen Verteilung zu einer symmetrischen Festlegung der kritischen Werte. Entsprechendes gilt in asymptotischem Rahmen. Da in den meisten Fällen die Limesprüfverteilung symmetrisch bzgl. einer Stelle γ_0

---

[22] Die Randomisierung v_n ist – wie sich in Satz 6.70 zeigen wird – typischerweise asymptotisch vernachlässigbar. Entsprechendes gilt für die Randomisierungen v_{1n} und v_{2n} in den zweiseitigen Tests der Form (6.2.32).

ist, wird man k_{1n} und k_{2n} symmetrisch bzgl. γ_0 wählen können, den Test also in der Form

$$\varphi_n = \mathbf{1}(|T_n - \gamma_0| > k_n) + v_n \mathbf{1}(|T_n - \gamma_0| = k_n). \tag{6.2.33}$$

In diesem Fall läßt sich k_n und gegebenenfalls v_n dann wieder durch die Bedingung (6.2.29) festlegen. In Analogie zur finiten Theorie liegt es deshalb nahe, die lokal asymptotische Unverfälschtheit im Sinne der Definition 6.62e zu fordern. Für derartige Tests gilt vielfach

$$E_\vartheta \varphi_n \to 1 \quad \forall \vartheta \in \mathbf{K}, \tag{6.2.34}$$

so daß dann trivialerweise auch die Bedingung (6.2.28) global erfüllt ist.

Das asymptotische „0–α–1-Verhalten" der Gütefunktionen einseitiger Tests gemäß (6.2.29+31) und analog das asymptotische „1–α–1-Verhalten" der Gütefunktionen zweiseitiger Tests gemäß (6.2.29+34) gilt offenbar immer dann, wenn (6.2.29) erfüllt und die Prüfgröße konsistent ist für einen Parameter, der die Abweichung der zugrundeliegenden Verteilung ϑ vom Rand $\mathbf{J}$ der Hypothesen mißt. Dies ist trivialerweise bei Hypothesen der Fall, die mit einem reellwertigen Funktional $\gamma(\cdot)$ und einer Zahl $\gamma_0 \in \mathbb{R}$ erklärt sind in der Form

$$\mathbf{H}: \gamma(\vartheta) \leq \gamma_0, \; \mathbf{K}: \gamma(\vartheta) > \gamma_0 \quad \text{bzw.} \quad \mathbf{H}: \gamma(\vartheta) = \gamma_0, \; \mathbf{K}: \gamma(\vartheta) \neq \gamma_0. \tag{6.2.35}$$

Dabei kann die zugrundeliegende Verteilungsklasse auch k-parametrig (oder nichtparametrisch) sein. Somit sind die folgenden Begriffsbildungen nützlich.

Definition 6.63 Gegeben seien ein Testproblem mit Hypothesen $\mathbf{H}$ und $\mathbf{K}$ sowie eine zugelassene Irrtums-WS $\alpha \in (0,1)$. Dann heißt

a) ein asymptotischer α-Niveau-Test (φ_n) *konsistent*, wenn gilt

$$E_\vartheta \varphi_n \to 1 \quad \forall \vartheta \in \mathbf{K}; \tag{6.2.36}$$

b) ein asymptotischer α-Niveau-Test (φ_n) *voll konsistent*, wenn neben (6.2.36) gilt

$$E_\vartheta \varphi_n \to 0 \quad \forall \vartheta \in \overset{\circ}{\mathbf{H}}. \tag{6.2.37}$$

Im Spezialfall zweier einfacher Hypothesen besagt also der Satz von Kakutani 5.8, daß die Folge der besten α-Niveau Tests zweier einfacher Hypothesen stets konsistent ist und daß sich die Folge der kritischen Werte sogar so festlegen läßt, daß beide Fehler-WS gegen 0 streben, d.h. der Test voll konsistent ist. Aber auch viele Tests für zusammengesetzte Hypothesen sind konsistent. Wir betrachten zunächst einige finit optimale oder zumindest plausible α-Niveau Tests.

Beispiel 6.64 (Gauß-Test) $X_j, j \in \mathbb{N}$, seien st.u. $\mathfrak{N}(\mu, \sigma^2)$-verteilte ZG mit unbekanntem $\mu \in \mathbb{R}$ und bekanntem $\sigma^2 = \sigma_0^2 \in (0, \infty)$. Für die einseitigen Hypothesen $\mathbf{H}: \mu \leq \mu_0$, $\mathbf{K}: \mu > \mu_0$ ist die Folge der einseitigen Gauß-Tests $\varphi_n(x) = \mathbf{1}(\sqrt{n}(\overline{x}_n - \mu_0) > \sigma_0 u_\alpha)$ voll

6.2 Asymptotische Behandlung parametrischer Testprobleme

konsistent. Aus $\mathcal{L}_\mu(\sqrt{n}(\overline{X}_n - \mu)/\sigma_0) = \mathfrak{N}(0,1)$ $\forall \mu \in \mathbb{R}$ und $\sqrt{n}(\mu - \mu_0) \to \infty$ bzw. $\to -\infty$ für $\mu > \mu_0$ bzw. $\mu < \mu_0$ folgt nämlich

$$E_\mu \varphi_n = P_\mu\big(\sqrt{n}(\overline{X}_n - \mu) > \sigma_0 u_\alpha - \sqrt{n}(\mu - \mu_0)\big) \to \begin{cases} 1 & \text{für } \mu > \mu_0, \\ \alpha & \text{für } \mu = \mu_0, \\ 0 & \text{für } \mu < \mu_0. \end{cases}$$

Die Konsistenz der zweiseitigen Gauß-Tests $\varphi_n(x) = \mathbf{1}(\sqrt{n}|\overline{x}_n - \mu_0| > \sigma_0 u_{\alpha/2})$ für die zweiseitigen Hypothesen $\mathbf{H} : \mu = \mu_0$, $\mathbf{K} : \mu \neq \mu_0$, ergibt sich entsprechend, d.h.

$$E_\mu \varphi_n = P_\mu\big(\sqrt{n}(\overline{X}_n - \mu) > \sigma_0 u_{\alpha/2} - \sqrt{n}(\mu - \mu_0)\big)$$
$$+ P_\mu\big(\sqrt{n}(\overline{X}_n - \mu) < -\sigma_0 u_{\alpha/2} - \sqrt{n}(\mu - \mu_0)\big) \to \begin{cases} 1 & \text{für } \mu > \mu_0, \\ \alpha & \text{für } \mu = \mu_0, \\ 0 & \text{für } \mu < \mu_0. \end{cases}$$

Trivialerweise sind damit diese Tests auch asymptotisch unverfälscht und der einseitige (sowie natürlich der zweiseitige) Test auch asymptotisch α-niveautreu. □

Beispiel 6.64 ist insofern nicht typisch, als der kritische Wert und die Randomisierung im allgemeinen nicht – oder zumindest nicht explizit – im vorhinein bekannt sind. Vielfach ist der kritische Wert nämlich auch numerisch nur schwer zugänglich. Besitzt die Prüfgröße auf dem (zunächst als einelementig angenommenen) Rand eine Limesverteilung, so bietet es sich an, für den kritischen Wert das α-Fraktil der Limesverteilung zu nehmen, die Randomisierung (im Falle der Stetigkeit dieser Verteilung) gleich 0 zu setzen und für diese Werte dann anschließend die Gültigkeit von (6.2.29) zu verifizieren.

Beispiel 6.65 (Modifizierte Gauß-Tests) Für das Testproblem aus Beispiel 6.64 werde an Stelle von $\overline{x}_n$ der Stichprobenmedian med $x_{(n)}$, der über jede zweite Beobachtung gebildete Durchschnitt $\overline{\overline{x}}_n$ oder die Quartilmitte $\check{x}_n$ als Prüfgröße verwendet. Alle drei Statistiken sind konsistente Schätzer für μ sowie unter $\mu = \mu_0$ asymptotisch normal; nach Beispiel 6.28 gilt nämlich

$$\mathcal{L}_{\mu_0}\big(\sqrt{n}(\text{med } X_{(n)} - \mu_0)\big) \xrightarrow{\mathcal{L}} \mathfrak{N}\left(0, \frac{\pi}{2}\sigma_0^2\right), \quad \mathcal{L}_{\mu_0}\big(\sqrt{n}(\overline{\overline{X}}_n - \mu_0)\big) \xrightarrow{\mathcal{L}} \mathfrak{N}(0, 2\sigma_0^2)$$

$$\mathcal{L}_{\mu_0}\big(\sqrt{n}(\check{X}_n - \mu_0)\big) \xrightarrow{\mathcal{L}} \mathfrak{N}(0, \kappa\sigma_0^2) \quad \text{mit } \kappa = 4,951.$$

Folglich wird man den kritischen Wert $\tilde{k}_n$ zu den unter $\mu = \mu_0$ standardisierten Prüfgrößen

$$\widetilde{T}_n = \sqrt{n} \frac{\text{med } X_{(n)} - \mu_0}{\sqrt{\pi/2}\sigma_0}, \quad \widetilde{T}_n = \sqrt{n} \frac{\overline{\overline{X}}_n - \mu_0}{\sqrt{2}\sigma_0} \quad \text{bzw.} \quad \widetilde{T}_n = \sqrt{n} \frac{\check{X}_n - \mu_0}{\sqrt{\kappa}\sigma_0}$$

im einseitigen Fall festlegen gemäß $\tilde{k}_n = u_\alpha$. Dann gilt nämlich für den so festgelegten Test $E_{\mu_0}\widetilde{\varphi}_n = P_{\mu_0}(\widetilde{T}_n > u_\alpha) \to \alpha$. Wegen $\widetilde{T}_n \to \infty$ bzw. $\widetilde{T}_n \to -\infty$ nach F_μ-WS für $\mu > \mu_0$ bzw. $\mu < \mu_0$ sind die einseitigen Tests voll konsistent für $\mathbf{H} : \mu \leq \mu_0$ gegen $\mathbf{K} : \mu > \mu_0$. Entsprechend wählt man im zweiseitigen Fall als Prüfgrößen die Statistiken $|\widetilde{T}_n|$, die kritischen Werte zu $u_{\alpha/2}$ und verifiziert die Gültigkeit von $E_{\mu_0}\widetilde{\varphi}_n \to \alpha$ sowie die Konsistenz. □

In Beispiel 6.65 ist der Rand **J** der Hypothesen einelementig. (Das gleiche gilt natürlich auch in Beispiel 6.64 sowie für **J** = **H** im Fall der LQ- und χ^2-Tests zum Prüfen einfacher Nullhypothesen.) Somit folgt die Existenz eines kritischen Werts k_n (und einer Randomisierung v_n) mit $E_{\vartheta_0}\varphi_n = \alpha$ bereits aus Satz 1.38. Jedoch ist in Beispiel 6.65 (und mehr noch im Fall des LQ- bzw. χ^2-Tests) die Prüfverteilung für festes $n \in \mathbb{N}$ zu kompliziert, um diese Größen mit vertretbarem Aufwand numerisch bestimmen zu können. Der wesentlich handlichere analytische Ausdruck sowie die Stetigkeit der Limesverteilung legen es deshalb nahe, den kritischen Wert $\tilde{k}_n$ zur unter ϑ_0 standardisierten Prüfgröße $\tilde{T}_n$ durch deren α-Fraktil (und die Randomisierung v_n durch 0) zu ersetzen. Aus Satz 5.76 folgt nämlich, daß in diesem Fall tatsächlich das α-Fraktil $\tilde{k}_n$ der Prüfverteilung zum Stichprobenumfang n gegen das α-Fraktil G_α der Limes-Prüfverteilung konvergiert, sofern die VF G in G_α streng isoton ist. Allgemeiner gilt eine Konvergenz der kritischen Werte auch dann, wenn die Verteilung G_n der Prüfgröße T_n unter $\vartheta = \vartheta_0$ nicht notwendig stetig, die Tests (6.2.30) und (6.2.33) bereits für endliches $n \in \mathbb{N}$ aber trotzdem als nichtrandomisiert angenommen werden und demgemäß nur $E_{\vartheta_0}\varphi_n \approx \alpha$ für hinreichend großes $n \in \mathbb{N}$ vorausgesetzt werden kann. Im Hinblick auf spätere Anwendungen formulieren wir diese (Satz 5.76 ergänzende) Aussage zunächst losgelöst von einer speziellen Prüfgröße:

Satz 6.66 *Es seien G_n, $n \in \mathbb{N}$, und G eindimensionale Verteilungsfunktionen mit $G_n \xrightarrow{\mathcal{L}} G$. Weiter seien $G_{n;\alpha} := G_n^{-1}(1-\alpha)$ das α-Fraktil von G_n und entsprechend $G_\alpha := G^{-1}(1-\alpha)$ dasjenige von G.*

a) *Ist G streng isoton im Punkte $G_\alpha \in \mathbb{R}$, so gilt*

$$\alpha_n \to \alpha \quad \Rightarrow \quad G_{n;\alpha_n} \to G_\alpha.$$

Insbesondere folgt also bei $G_\alpha \in C(G^{-1})$ die Konvergenz der α-Fraktile.

b) *Ist G stetig und streng isoton im Punkte $z \in \mathbb{R}$, so gilt mit $z_n \in \mathbb{R}$*

$$G_n(z_n) \to G(z) \quad \Rightarrow \quad z_n \to z.$$

Beweis: a) Wir führen die Annahmen $\liminf G_{n;\alpha_n} < G_\alpha$ und $\limsup G_{n;\alpha_n} > G_\alpha$ zum Widerspruch. Im ersten Fall müßten ein $\varepsilon > 0$ und eine Teilfolge $(m) \subset \mathbb{N}$ existieren mit $G_{m;\alpha_m} < (G_\alpha - \varepsilon) \in C(G)$ $\forall m \in \mathbb{N}$, nach Definition des α-Fraktils also mit $1 - \alpha_m \leq G_m(G_{m;\alpha_m}) \leq G_m(G_\alpha - \varepsilon)$. Wegen $\alpha_n \to \alpha$ und $G_n \xrightarrow{\mathcal{L}} G$ folgt hieraus $1 - \alpha \leq G(G_\alpha - \varepsilon)$, also $G_\alpha \leq G_\alpha - \varepsilon$.

Im zweiten Fall führt die Annahme $G_{m;\alpha_m} > (G_\alpha + \varepsilon) \in C(G)$ wegen der Gültigkeit von $1 - \alpha_m \geq G_m(G_{m;\alpha_m} - 0) \geq G_m(G_\alpha + \varepsilon)$ und der strengen Isotonie von G in G_α zu $1 - \alpha \geq G(G_\alpha + \varepsilon) > G(G_\alpha) \geq 1 - \alpha$.

b) O.E. sei $z_n \geq z$. Dann folgt $G_n((z, z_n]) = G_n(z_n) - G_n(z) \to 0$ aus $G_n(z_n) \to G(z)$ und damit $z_n \to z$ wegen der strengen Isotonie von G in z. □

Natürlich ist die Ersetzung des kritischen Werts $\widetilde{k}_n$ durch das α-Fraktil G_α der Limesverteilung statistisch nur dann gerechtfertigt, wenn sich hierbei die Limesschärfen nicht verändern, wenn also der als nicht-randomisiert angenommene[23] Test $\varphi_n := \mathbf{1}(\widetilde{T}_n > \widetilde{k}_n)$ mit seiner asymptoptischen Version[24] $\widetilde{\varphi}_n := \mathbf{1}(\widetilde{T}_n > G_\alpha)$ *asymptotisch äquivalent* ist im Sinne von

$$E_\vartheta \varphi_n - E_\vartheta \widetilde{\varphi}_n \to 0 \quad \forall \vartheta \in \mathbf{H} \cup \mathbf{K}. \tag{6.2.38}$$

Eine erste einfache hinreichende Bedingung enthält der

Satz 6.67 *Gegeben seien ein Testproblem mit einparametriger Verteilungsannahme $\mathfrak{P} = \{P_\vartheta : \vartheta \in \Theta\}$ und Hypothesen $\mathbf{H} : \vartheta \leq \vartheta_0$, $\mathbf{K} : \vartheta > \vartheta_0$ sowie eine reellwertige Statistik $\widetilde{T}_n$, die unter $\vartheta = \vartheta_0$ eine Limesverteilung G mit einer im Punkte G_α stetigen und strikt isotonen VF besitzt. Bei $\vartheta < \vartheta_0$ bzw. $\vartheta > \vartheta_0$ gelte $\widetilde{T}_n \to -\infty$ bzw. $\widetilde{T}_n \to \infty$ nach P_ϑ-WS. Bezeichnet dann $\widetilde{k}_n$ das α-Fraktil von $\mathfrak{L}_{\vartheta_0}(\widetilde{T}_n)$, so sind der Test $\varphi_n = \mathbf{1}(\widetilde{T}_n > \widetilde{k}_n)$ und seine asymptotische Version $\widetilde{\varphi}_n = \mathbf{1}(\widetilde{T}_n > G_\alpha)$ asymptotisch äquivalent im Sinne von (6.2.38). Entsprechendes gilt im zweiseitigen Fall.*

Beweis: Wegen der Stetigkeit der Limesverteilung G in G_α und wegen $\widetilde{k}_n \to G_\alpha$ gilt

$$|E_{\vartheta_0}\varphi_n - E_{\vartheta_0}\widetilde{\varphi}_n| \leq E_{\vartheta_0}|\varphi_n - \widetilde{\varphi}_n| \leq P_{\vartheta_0}(|\varphi_n - \widetilde{\varphi}_n| > 0)$$
$$= P_{\vartheta_0}(\widetilde{k}_n < \widetilde{T}_n \leq G_\alpha) + P_{\vartheta_0}(G_\alpha < \widetilde{T}_n \leq \widetilde{k}_n) \to 2G(\{G_\alpha\}) = 0.$$

Für $\vartheta \neq \vartheta_0$ haben $E_\vartheta \varphi_n$ und $E_\vartheta \widetilde{\varphi}_n$ die gleichen Limiten; also gilt (6.2.38). □

Die Voraussetzungen von Satz 6.67 sind offenbar bei den Tests aus Beispiel 6.65 erfüllt. Zum einen besitzt $\widetilde{T}_n$ unter $\mu = \mu_0$ jeweils eine stetige Limesverteilung G. Zum anderen gilt bei $\mu \in \overset{\circ}{\mathbf{H}}$ bzw. bei $\mu \in \mathbf{K}$ auch $\widetilde{T}_n \to -\infty$ bzw. $\widetilde{T}_n \to \infty$ nach F_μ-WS. Somit folgt die Gültigkeit von (6.2.38) für $\mu \neq \mu_0$ aus der vollen Konsistenz der Tests φ_n bzw. $\widetilde{\varphi}_n$. Entsprechend zeigt man, daß auch bei den zweiseitigen Tests aus Beispiel 6.65 die Verwendung der Limesfraktile gerechtfertigt ist. Das gleiche gilt für die mit den α-Fraktilen der exakten Prüfverteilung bzw. der Limesverteilung gebildeten χ^2- und LQ-Tests zum Prüfen einfacher Nullhypothesen, deren Konsistenz in Satz 6.60 gezeigt wurde bzw. sich mit den dort aufgezeigten Methoden zeigen läßt.

Eine weitere Anwendung von Satz 6.67 bilden die in Band I behandelten Binomial-, t- und χ^2-Tests, deren Prüfverteilungen zwar in geschlossener Form angebbar sind, bei denen sich aber die Bestimmung der kritischen Werte für große Werte von n durch die Verwendung der Limesverteilung sehr vereinfachen läßt. Im folgenden bezeichnen $\mathfrak{B}(n,\pi)_\alpha$, u_α, $t_{n;\alpha}$ und $\chi^2_{n;\alpha}$ die α-Fraktile der $\mathfrak{B}(n,\pi)$-, $\mathfrak{N}(0,1)$-, t_n- bzw. χ^2_n-Verteilung.

---
[23] Wie bereits erwähnt, wird sich in Satz 6.70 zeigen, daß bei stetiger Limesverteilung φ_n o.E. als nicht-randomisiert angenommen werden kann.
[24] Dabei bezeichne im folgenden wieder G_α das α-Fraktil der Limesverteilung G.

Beispiel 6.68 a) Sei $\mathcal{L}(Y_n) = \mathfrak{B}(n,\pi)$, $0 < \pi < 1$. Dann gilt nach dem Satz von de Moivre-Laplace

$$\mathcal{L}\left(n^{-1/2}(Y_n - n\pi)\right) \xrightarrow[\mathcal{L}]{} \mathfrak{N}(0,\pi(1-\pi)).$$

Somit gilt $n^{-1/2}(\mathfrak{B}(n,\pi)_\alpha - n\pi) \to \sqrt{\pi(1-\pi)}u_\alpha$, d.h.

$$\mathfrak{B}(n,\pi)_\alpha = n\pi + \sqrt{n\pi(1-\pi)}u_\alpha + o(\sqrt{n}). \tag{6.2.39}$$

b) Aus der Definition einer (zentralen) t_n-Verteilung als Verteilung der Statistik $W_0/\sqrt{n^{-1}(W_1^2 + \ldots + W_n^2)}$ bei st.u. $\mathfrak{N}(0,1)$-verteilten ZG $W_0,\ldots,W_n$ folgt mit dem Gesetz der großen Zahlen und dem Satz von Slutsky oder gemäß Beispiel 5.72 aufgrund ihrer Dichte mit dem Lemma von Scheffé

$$t_n \xrightarrow[\mathcal{L}]{} \mathfrak{N}(0,1). \quad \text{Somit gilt} \quad t_{n;\alpha} = u_\alpha + o(1).$$

c) Sei Z_n eine (zentral) χ_n^2-verteilte ZG. Aus der Definition einer derartigen Verteilung folgt mit dem Satz von Lindeberg-Lévy wegen $EZ_n = n$ und $\operatorname{Var} Z_n = 2n$

$$\mathcal{L}\left((2n)^{-1/2}(Z_n - n)\right) \xrightarrow[\mathcal{L}]{} \mathfrak{N}(0,1), \quad \text{also} \quad \chi_{n;\alpha}^2 = n + \sqrt{2n}u_\alpha + o(\sqrt{n}).$$

Der Vollständigkeit halber sei bemerkt, daß sich aus dieser Approximation von $\chi_{n;\alpha}^2$ auch noch andere, in der praktischen Statistik gebräuchliche Approximationen herleiten lassen. Wählt man etwa bei Anwendung des Satzes von Cramér 5.107b $f(x) = \sqrt{2x}$, so ergibt sich zunächst $\mathcal{L}(\sqrt{2Z_n} - \sqrt{2n}) \xrightarrow[\mathcal{L}]{} \mathfrak{N}(0,1)$. Ersetzt man noch $\sqrt{2n}$ durch $\sqrt{2n-1}$ – was nicht die Limesverteilung, wohl aber die Genauigkeit für endliche Werte n beeinflußt –, so ergibt sich, vgl. auch Aufg. 6.10 und 6.11

$$\sqrt{2\chi_{n;\alpha}^2} - \sqrt{2n-1} \to u_\alpha \quad \text{und damit} \quad \chi_{n;\alpha}^2 \approx \frac{1}{2}(\sqrt{2n-1} + u_\alpha)^2. \quad \square$$

Im Gegensatz zu den zuvor betrachteten Testproblemen ist der Rand **J** der Hypothesen bei den meisten praktisch interessierenden Testproblemen zusammengesetzt, so daß es nicht trivial ist, ob es bei vorgegebener Prüfgröße T_n und vorgegebenem $\alpha \in (0,1)$ überhaupt einen kritischen Wert k_n gibt derart, daß für den Test $\varphi_n = \mathbf{1}(T_n > k_n)$ unter allen Verteilungen $\vartheta \in \mathbf{J}$ ein vorgegebenes Niveau α wenigstens asymptotisch eingehalten wird. Die bisherigen Überlegungen lassen jedoch vermuten, daß dies in vielen Situationen der Fall sein wird. So wurde in den Sätzen 6.50 und 6.55 gezeigt, daß unter den dort angegebenen Voraussetzungen die Prüfgrößen des LQ- bzw. χ^2-Tests für zusammengesetzte Nullhypothesen *auf* $\mathbf{J} = \mathbf{H}$ *asymptotisch verteilungsfrei* sind in dem Sinne, daß die Limesverteilung der Prüfgröße unabhängig ist von dem speziellen $\vartheta \in \mathbf{J}$. Entsprechendes ist bei den Tests der Fall, die sich aus den in den Beispielen 6.64 und 6.65 behandelten Tests ergeben, wenn man dort die Streuung σ^2 als unbekannt ansieht und in den angegebenen Prüfgrößen $\widetilde{T}_n$ durch den konsistenten Schätzer s_n^2 ersetzt. Dann ist deren Limesverteilung nämlich nach dem Lemma von Slutsky unabhängig von dem speziellen Wert σ^2 eine $\mathfrak{N}(0,1)$-Verteilung, der Test also asymptotisch verteilungsfrei auf **J**. Hieraus folgt jeweils zumindest asymptotisch die Existenz eines kritischen

Wertes. Bezeichnet nämlich G wieder die (hier in allen drei Fällen stetige und in ihrem α-Fraktil G_α strikt isotone) Limes-VF, so gilt für alle drei standardisierten Prüfgrößen $\widetilde{T}_n$

$$P_\vartheta(\widetilde{T}_n > G_\alpha) \to G((G_\alpha, \infty)) = 1 - G(G_\alpha) = \alpha \quad \forall \vartheta \in \mathbf{J}. \tag{6.2.40}$$

Die Konsistenz der Tests folgt in allen vier Fällen analog den oben betrachteten Situationen, in denen der Rand der Hypothesen einelementig ist. Entsprechend kann man in vielen anderen Situationen die Existenz eines kritischen Werts zumindest asymptotisch sichern. Gibt es bereits finit einen kritischen Wert, so ist dessen Ersetzung durch das betreffende Fraktil der Limesverteilung gerechtfertigt, da typischerweise die Bedingungen (6.2.31) bzw. (6.2.34) für beide Tests erfüllt sind. Die Ersetzung des kritischen Werts $\widetilde{k}_n$ durch das Limesfraktil G_α führt also in allen derartigen Situationen zu asymptotisch äquivalenten Tests.

Beispiel 6.69 (Lokations-Skalenmodelle) X_j, $j \in \mathbb{N}$, seien st.u. glv. ZG mit endlichen 2. Momenten, für deren VF F mit bekanntem F_0 und unbekanntem $(\mu, \sigma^2) \in \mathbb{R} \times (0, \infty)$ gilt $F(\cdot) = F_0(\frac{\cdot - \mu}{\sigma})$. Dabei sei $\int z \, dF_0(z) = 0$ und $\int z^2 \, dF_0(z) = 1$. Zugrunde liegt also eine zweiparametrige Verteilungsklasse mit dem Parameter $\vartheta = (\mu, \sigma^2) \in \mathbb{R} \times (0, \infty)$. Zum Prüfen der einseitigen Hypothesen $\mathbf{H} : \mu \leq \mu_0$, $\mathbf{K} : \mu > \mu_0$ bei unbekanntem σ^2 werde die (von dem speziellen F_0 analytisch unabhängige) Prüfgröße $\widetilde{T}_n(x) = \sqrt{n}(\overline{x}_n - \mu_0)/s_n$, $s_n^2 = \sum(x_j - \overline{x})^2/(n-1)$, benutzt. Bei Verwenden des kritischen Werts $\widetilde{k}_n = u_\alpha$ ist der Test $\widetilde{\varphi}_n(x) = \mathbf{1}(\widetilde{T}_n(x) > \widetilde{k}_n)$ auf $\mathbf{J} = \{\mu_0\} \times (0, \infty)$ asymptotisch verteilungsfrei zum Niveau α, denn nach den Sätzen von Lindeberg-Lévy und Slutsky gilt $\mathcal{L}_{\mu_0\sigma}(\widetilde{T}_n) \xrightarrow{\mathcal{L}} \mathfrak{N}(0,1)$ und damit $E_{\mu_0\sigma}\widetilde{\varphi}_n = P_{\mu_0\sigma}(\widetilde{T}_n > u_\alpha) \to \alpha \; \forall \sigma > 0$. Aus $\overline{X}_n \to \mu \; [F_{\mu\sigma}]$ folgt auch

$$E_{\mu\sigma}\widetilde{\varphi}_n = P_{\mu\sigma}(\sqrt{n}(\overline{X}_n - \mu) > s_n u_\alpha - \sqrt{n}(\mu - \mu_0)) \to 1 \quad \text{bzw.} \quad \to 0$$

für $\mu > \mu_0$ bzw. $\mu < \mu_0$; der Test $\widetilde{\varphi}_n$ ist also auch für das hier betrachtete Testproblem voll konsistent und damit asymptotisch α-niveautreu sowie asymptotisch unverfälscht. Analog ist für das Prüfen der zweiseitigen Hypothesen $\mathbf{H} : \mu = \mu_0$, $\mathbf{K} : \mu \neq \mu_0$ bei unbekanntem σ^2 der Test $\varphi_n(x) = \mathbf{1}(|\widetilde{T}_n(x)| > u_{\alpha/2})$ asymptotisch verteilungsfrei zum Niveau α sowie konsistent und damit asymptotisch unverfälscht.

Der Test zur angegebenen Prüfgröße $\widetilde{T}_n$ ist nach 3.4.4 auch bereits finit verteilungsfrei. Ist speziell $F_0 = \mathfrak{N}(0,1)$ und der kritische Wert gleich $t_{n-1;\alpha}$, so handelt es sich um den t-Test. Bei diesem folgt die asymptotische Äquivalenz von $\varphi_n = \mathbf{1}(\widetilde{T}_n > t_{n-1;\alpha})$ und seiner asymptotischen Version $\widetilde{\varphi}_n = \mathbf{1}(\widetilde{T}_n > u_\alpha)$ aus $t_{n-1;\alpha} \to u_\alpha$ sowie aus $\widetilde{T}_n \to -\infty \; [F_{\mu\sigma}]$ für $\mu < \mu_0$ bzw. $\widetilde{T}_n \to \infty \; [F_{\mu\sigma}]$ für $\mu > \mu_0$. $\square$

Diese Vorgehensweise ist nicht an ein parametrisches Modell gebunden. Sie läßt sich auch bei nichtparametrischen Verteilungsannahmen zur Lösung zahlreicher anderer Testprobleme verwenden, deren Hypothesen sich mit einem reellwertigen Funktional γ und einer vorgegebenen Zahl $\gamma_0 \in \mathbb{R}$ in der Form (6.2.35) schreiben lassen. Gibt es nämlich einen konsistenten Schätzer T_n für das Funktional $\gamma(\cdot)$, so ist $\sqrt{n}(T_n - \gamma_0)$ eine zumindest asymptotisch plausible Prüfgröße. Die Festlegung des kritischen Wertes zu einem vorgegebenen Signifikanzniveau α ermöglicht die Tatsache, daß T_n auf dem Rand $\mathbf{J} : \gamma(\vartheta) = \gamma_0$ vielfach asymptotisch normal ist, d.h. daß mit geeigneten Varianzen $\tau^2(\vartheta) \in (0, \infty)$ gilt

$$\mathfrak{L}_\vartheta(\sqrt{n}(T_n - \gamma_0)) \xrightarrow[\mathfrak{L}]{} \mathfrak{N}(0, \tau^2(\vartheta)) \quad \forall \vartheta \in \mathbf{J}. \qquad (6.2.41)$$

Dabei hängt die Varianz der Limesverteilung bei mehrelementigem Rand $\mathbf{J}$ im allgemeinen von dem speziellen $\vartheta \in \mathbf{J}$ ab und ist somit typischerweise unbekannt. Gibt es jedoch einen konsistenten Schätzer $\widehat{\tau}_n^2$ für $\tau^2(\vartheta)$, so bietet es sich an, zu der asymptotisch verteilungsfreien *studentisierten Prüfgröße*[25]

$$\widetilde{T}_n = \sqrt{n}(T_n - \gamma_0)/\widehat{\tau}_n \qquad (6.2.42)$$

überzugehen. Für diese folgt nämlich mit dem Lemma von Slutsky aus (6.2.41)

$$\mathfrak{L}_\vartheta(\widetilde{T}_n) \xrightarrow[\mathfrak{L}]{} \mathfrak{N}(0,1) \quad \forall \vartheta \in \mathbf{J}. \qquad (6.2.43)$$

Demgemäß sind die einseitigen und zweiseitigen Tests

$$\varphi_n = \mathbf{1}(\sqrt{n}(T_n - \gamma_0)/\widehat{\tau}_n > u_\alpha) \quad \text{bzw.} \quad \varphi_n = \mathbf{1}(\sqrt{n}|T_n - \gamma_0|/\widehat{\tau}_n > u_{\alpha/2}) \qquad (6.2.44)$$

auf $\mathbf{J}$ asymptotisch α-ähnlich. Da sie darüberhinaus wegen $T_n \to \gamma(\vartheta)$ nach F_ϑ-WS $\forall \vartheta \in \mathbf{H} \cup \mathbf{K}$ (voll) konsistent und damit (asymptotisch α-niveautreu sowie) asymptotisch unverfälscht sind, ist die Ersetzung des kritischen Werts durch das Limesfraktil asymptotisch gerechtfertigt.

Auch wenn sich die späteren Beispiele 6.71–6.75 auf den Fall beziehen, daß die Prüfgröße unter $\vartheta \in \mathbf{J}$ asymptotisch normal ist, so soll doch betont werden, daß sich die gerade skizzierte Vorgehensweise zur Behandlung von Hypothesen der Form (6.2.35) auch bei anderen Reskalierungen als mit $\sqrt{n}$ und bei anderen Limesverteilungen als Normalverteilungen durchführen läßt. Wichtig ist nur die Existenz einer Folge reellwertiger Statistiken T_n mit den folgenden drei Eigenschaften:

1) T_n ist ein konsistenter Schätzer für das Funktional $\gamma : \Theta \to \mathbb{R}$;

2) T_n besitzt unter Parameterwerten ϑ mit $\gamma(\vartheta) = \gamma_0$ nach geeigneter Standardisierung eine vom speziellen $\vartheta \in \mathbf{J}$ unabhängige Limesverteilung; es gibt also eine Folge $(c_n) \subset (0, \infty)$ mit $c_n \uparrow \infty$, ein positives Funktional τ^2 auf $\mathbf{J}$ und eine Verteilung $G \in \mathfrak{M}^1(\mathbb{R}, \mathbb{B})$ mit

$$\mathfrak{L}_\vartheta(c_n(T_n - \gamma_0)/\tau(\vartheta)) \xrightarrow[\mathfrak{L}]{} G \quad \forall \vartheta \in \mathbf{J}. \qquad (6.2.45)$$

3) Für den bei der Standardisierung auftretenden Skalenparameter $\tau(\vartheta)$ gibt es einen konsistenten Schätzer $\widehat{\tau}_n$, so daß also gilt

$$\mathfrak{L}_\vartheta(c_n(T_n - \gamma_0)/\widehat{\tau}_n) \xrightarrow[\mathfrak{L}]{} G \quad \forall \vartheta \in \mathbf{J}. \qquad (6.2.46)$$

---

[25] Die studentisierte Statistik $(T_n - \gamma_0)/\widehat{\tau}_n$ mißt also die Abweichung $\gamma(\vartheta) - \gamma_0$ relativ zur Standardabweichung $\tau(\vartheta)$ und ist somit – wie auch bereits in Band I betont – eine statistisch sinnvollere Prüfgröße für die obigen Hypothesen als die nicht-standardisierte Statistik $T_n - \gamma_0$ bzw. T_n.

6.2 Asymptotische Behandlung parametrischer Testprobleme   245

Unter diesen Voraussetzungen ist nämlich $c_n(T_n - \gamma_0)/\hat{\tau}_n$ eine die Abweichung der Verteilung vom Rand der Hypothesen messende und damit zumindest asymptotisch plausible Prüfgröße. Auch wenn diese auf **J** asymptotisch verteilungsfrei ist, wird natürlich die Konvergenzgüte von (6.2.45) bzw. (6.2.46) von dem speziellen $\vartheta \in \mathbf{J}$ abhängen, d.h. das vorgegebene Niveau α unterschiedlich gut approximiert werden.

Es soll nun die bereits oben geäußerte Vermutung bestätigt werden, daß bei stetiger Limesverteilung G im einseitigen Test (6.2.30) $v_n = 0$ und im zweiseitigen Test (6.2.32) $v_{1n} = v_{2n} = 0$ gesetzt werden kann, daß sich die asymptotischen Tests also als nicht-randomisiert annehmen lassen.

Darüberhinaus soll gezeigt werden, daß bei einer Limesverteilung G, die symmetrisch bzgl. einer Stelle γ_0 ist, der zweiseitige Test (6.2.32) in der speziellen Form (6.2.33) angenommen werden kann. In diesem Fall wäre also wie bei einseitigen Tests nur ein kritischer Wert (und gegebenenfalls nur eine Randomisierung) zu bestimmen und zwar gemäß (6.2.29). Bei Wahl von k_n als α-Fraktil der Limesverteilung von $c_n|T_n - \gamma_0|/\tau(\vartheta)$ besitzt ein solcher Test nämlich das asymptotische Niveau α und erweist sich als lokal asymptotisch unverfälscht.

Im folgenden werde also vorausgesetzt, daß T_n nach Standardisierung gemäß (6.2.46) unter $\vartheta \in \mathbf{J}$ eine (von ϑ unabhängige) Limesverteilung G besitzt. Dann folgt aus Satz 6.66 die Konvergenz der α-Fraktile gegen das α-Fraktil der Limesverteilung, falls G in G_α streng isoton ist. Weiter soll die naheliegende Vermutung bewiesen werden, daß die Verwendung konsistenter Schätzer als Prüfgrößen für die Hypothesen (6.2.35) typischerweise zu konsistenten Tests führt. Zusammengefaßt ergibt sich der folgende

Satz 6.70 *Es seien* $\mathfrak{P} = \{P_\vartheta : \vartheta \in \Theta\}$ *eine k-parametrige Verteilungsklasse und* (6.2.35) *die mit einem reellwertigen Funktional γ definierten einseitigen bzw. zweiseitigen Hypothesen. Weiter seien* (T_n) *eine Folge reellwertiger Statistiken, für die mit* $\gamma_0 \in \mathbb{R}$, $(c_n) \subset (0, \infty)$, *einer Folge* $(\hat{\tau}_n)$ *positiver Statistiken und einer stetigen, streng isotonen VF G die Beziehung* (6.2.46) *erfüllt ist.* G_α *bezeichne das α-Fraktil von G.*

a) *Für den kritischen Wert k_n des einseitigen asymptotischen α-Niveau Tests der Form* (6.2.30) *für die Hypothesen* $\mathbf{H} : \gamma(\vartheta) \leq \gamma_0$, $\mathbf{K} : \gamma(\vartheta) > \gamma_0$ *gilt*

$$k_n = \gamma_0 + c_n^{-1}\hat{\tau}_n G_\alpha + o(c_n^{-1}); \qquad (6.2.47)$$

v_n *ist in diesem Fall wählbar gemäß $v_n = 0$, also φ_n von der Form*

$$\varphi_n = \mathbf{1}(T_n - \gamma_0 > c_n^{-1}\hat{\tau}_n G_\alpha). \qquad (6.2.48)$$

Dieser Test ist voll konsistent und damit asymptotisch niveautreu sowie asymptotisch unverfälscht.

246   6 Asymptotische Betrachtungsweisen parametrischer Verfahren

b) *Für die kritischen Werte k_{1n} und k_{2n} des zweiseitigen lokal asymptotisch unverfälschten α-Niveau Tests der Form (6.2.32) für die Hypothesen* $\mathbf{H} : \gamma(\vartheta) = \gamma_0$, $\mathbf{K} : \gamma(\vartheta) \neq \gamma_0$ *gilt*

$$k_{1n} = \gamma_0 + c_n^{-1}\widehat{\tau}_n G_{1-\alpha/2} + o(c_n^{-1}), \quad k_{2n} = \gamma_0 + c_n^{-1}\widehat{\tau}_n G_{\alpha/2} + o(c_n^{-1}). \qquad (6.2.49)$$

Die Randomisierungen sind in diesem Fall wählbar gemäß $v_{1n} = v_{2n} = 0$.

Ist überdies G symmetrisch bzgl. 0, so ist ein zweiseitiger lokal asymptotisch unverfälschter α-Niveau Test stets wählbar in der Form

$$\varphi_n = \mathbf{1}\bigl(|T_n - \gamma_0| > c_n^{-1}\widehat{\tau}_n G_{\alpha/2}\bigr). \qquad (6.2.50)$$

Dieser Test ist konsistent und damit asymptotisch unverfälscht.

Beweis: a) Wegen $T_n > k_n \Leftrightarrow c_n\widehat{\tau}_n^{-1}(T_n - \gamma_0) > G_\alpha + o(1)$ und der Stetigkeit von G gilt nach dem Satz von Pólya 5.75 bzw. wegen Hilfssatz 1.17

$$P_{\vartheta_0}(T_n > k_n) = 1 - G_n(c_n\widehat{\tau}_n^{-1}(k_n - \gamma_0)) \to 1 - G(G_\alpha) = \alpha.$$

Die zugelassene Irrtums-WS α wird also asymptotisch bereits durch einen nichtrandomisierten Tests ausgeschöpft, so daß $v_n = 0$ gewählt werden kann. Wegen (6.2.46), $T_n \to \gamma(\vartheta)$ nach F_ϑ-WS, $\widehat{\tau}_n = O_\vartheta(1)$ und $c_n \to \infty$ folgt die Konsistenz gemäß

$$E_\vartheta \varphi_n \geq P_\vartheta(T_n > k_n) = P_\vartheta(T_n > \gamma_0 + c_n^{-1}\widehat{\tau}_n G_\alpha + c_n^{-1}\widehat{\tau}_n o(1)) \to 1 \quad \text{für } \gamma(\vartheta) > \gamma_0,$$
$$E_\vartheta \varphi_n \leq P_\vartheta(T_n \geq k_n) = P_\vartheta(T_n \geq \gamma_0 + c_n^{-1}\widehat{\tau}_n G_\alpha + c_n^{-1}\widehat{\tau}_n o(1)) \to 0 \quad \text{für } \gamma(\vartheta) < \gamma_0.$$

b) Entsprechend a) gilt bei symmetrischer Verteilung G

$$P_{\vartheta_0}(T_n > k_{2n}) \to 1 - G(G_{\alpha/2}) = \frac{\alpha}{2}, \quad P_{\vartheta_0}(T_n < k_{1n}) \to G(G_{1-\alpha/2}) = \frac{\alpha}{2},$$

so daß sich auch hier die zugelassenen Irrtums-WS α bereits durch einen nichtrandomisierten Test und zwar bei symmetrischer Wahl der kritischen Werte ausschöpfen läßt. (Diese Wahl impliziert auch die asymptotische Optimalität des zweiseitigen Tests; vgl. 6.4.1.)

Analog a) ergibt sich für den zweiseitigen Test bei $\gamma(\vartheta) \neq \gamma_0$

$$E_\vartheta \varphi_n \geq P_\vartheta(T_n > k_{2n}) + P_\vartheta(T_n < k_{1n}) = P_\vartheta(T_n > \gamma_0 + c_n^{-1}\widehat{\tau}_n G_{\alpha/2} + c_n^{-1}\widehat{\tau}_n o(1))$$
$$+ P_\vartheta(T_n < \gamma_0 + c_n^{-1}\widehat{\tau}_n G_{\alpha/2} + c_n^{-1}\widehat{\tau}_n o(1)) \to 1. \quad \square$$

Die einfachsten Beispiele beziehen sich auf den Fall, daß st.u. ZG X_j, $j = \mathbb{N}$, mit derselben (nicht notwendig eindimensionalen) Verteilung $F_\vartheta \in \mathfrak{M}^1(\mathfrak{X}_0, \mathfrak{B}_0)$ zugrundeliegen und daß es eine Bewertungsfunktion $g : (\mathfrak{X}_0, \mathfrak{B}_0) \to (\mathbb{R}, \mathbb{B})$ gibt mit $E_\vartheta g(X_1) = \gamma(\vartheta) \; \forall \vartheta \in \Theta$. Dann ist nämlich $T_n := \frac{1}{n}\sum_{j=1}^n g(X_j)$ ein konsistenter Schätzer für $\gamma(\vartheta)$ und somit eine auf die obigen Hypothesen (6.2.35) zugeschnittene, wenn auch nicht notwendig optimale Prüfgröße. Besitzt g überdies für $\vartheta \in \mathbf{J}$

6.2 Asymptotische Behandlung parametrischer Testprobleme

endliche zweite Momente, gilt also mit $\tau^2(\vartheta) := \text{Var}_\vartheta\, g(X_1)$ die Beziehung (6.2.41), so ist für (6.2.42) auch (6.2.43) erfüllt. In diesem Fall gilt nämlich

$$\widehat{\tau}_n^2 := \frac{1}{n-1} \sum_{j=1}^{n} \left(g(X_j) - \frac{1}{n} \sum_{i=1}^{n} g(X_i) \right)^2 \to \tau^2(\vartheta) \quad [F_\vartheta] \quad \forall \vartheta \in \mathbf{J},$$

so daß nach dem Satz von Slutsky die Gültigkeit von (6.2.43) folgt.

In den folgenden Beispielen sind diese Voraussetzungen erfüllt. Die Limesverteilung ist unabhängig von dem speziellen Wert γ_0 eine $\mathfrak{N}(0,1)$-Verteilung. Somit ergibt sich aus den Annahmebereichen dieser Tests durch Auflösen eine untere Konfidenzschranke bzw. ein Konfidenzintervall, die ein vorgegebenes Vertrauensniveau $1-\alpha$ asymptotisch einhalten, nämlich

$$T_n(x) - \frac{\widehat{\tau}_n(x)}{\sqrt{n}} u_\alpha \quad \text{bzw.} \quad \left(T_n(x) - \frac{\widehat{\tau}_n(x)}{\sqrt{n}} u_{\alpha/2}, T_n(x) + \frac{\widehat{\tau}_n(x)}{\sqrt{n}} u_{\alpha/2} \right). \quad (6.2.51)$$

Das folgende Beispiel zeigt nochmals, daß es bei den Aussagen von Beispiel 6.69 nur auf die Existenz endlicher erster und zweiter Momente, nicht dagegen auf die höheren Momente, d.h. auf die Gestalt von F (vgl. hierzu auch die Bemerkung zum „Invarianzprinzip" im Anschluß an Satz 5.105) oder die Annahme eines Lokations-Skalenmodells ankommt.

Beispiel 6.71 X_j, $j \in \mathbb{N}$, seien st.u. glv. ZG mit endlichen 2. Momenten und unbekannter VF F, insbesondere also mit unbekanntem $(\mu, \sigma^2) \in \mathbb{R} \times (0, \infty)$. Zum Prüfen der Hypothesen

$$\mathbf{H}: \mu \leq \mu_0, \ \mathbf{K}: \mu > \mu_0 \quad \text{bzw.} \quad \mathbf{H}: \mu = \mu_0, \ \mathbf{K}: \mu \neq \mu_0$$

läßt sich – auch ohne Einschränkung auf das dort betrachtete parametrische Modell – die in Beispiel 6.69 angegebene Prüfgröße $\widetilde{T}_n$ verwenden. Insbesondere sind also

$$\widetilde{\varphi}_n(x) = \mathbf{1}(\widetilde{T}_n(x) > u_\alpha) \quad \text{bzw.} \quad \widetilde{\varphi}_n(x) = \mathbf{1}(|\widetilde{T}_n(x)| > u_{\alpha/2})$$

konsistente einseitige und zweiseitige Tests zu vorgegebenem asymptotischen Niveau α und

$$\overline{x}_n - \frac{s_n}{\sqrt{n}} u_\alpha \quad \text{bzw.} \quad \left(\overline{x}_n - \frac{s_n}{\sqrt{n}} u_{\alpha/2}, \overline{x}_n + \frac{s_n}{\sqrt{n}} u_{\alpha/2} \right)$$

eine untere Konfidenzschranke bzw. ein Konfidenzintervall für den unbekannten Mittelwert μ (bei unbekanntem σ^2 und unbekannter sonstiger Gestalt der VF F) zu vorgegebenem asymptotischen Vertrauensniveau $1-\alpha$. $\square$

Beispiel 6.72 X_j, $j \in \mathbb{N}$, seien st.u. ZG mit derselben eindimensionalen Verteilung F, für welche $\mu := EX_1$, $\sigma^2 := \operatorname{Var} X_1 > 0$ sowie $\mu_4 := E(X_1 - \mu)^4$ existieren und endlich sind. Gesucht sind Tests für die Hypothesen

$$\mathbf{H}: \sigma^2 \leq \sigma_0^2, \ \mathbf{K}: \sigma^2 > \sigma_0^2 \quad \text{bzw.} \quad \mathbf{H}: \sigma^2 = \sigma_0^2, \ \mathbf{K}: \sigma^2 \neq \sigma_0^2.$$

Wegen der Erwartungstreue und der Konsistenz von s_n^2 für σ^2 bietet sich als Prüfgröße zunächst $\sqrt{n}(s_n^2 - \sigma_0^2)$ an. Jedoch hängt die (von μ unabhängige) Verteilung dieser Statistiken auf dem Rand $\mathbf{J}$ der Hypothesen für endlichen Stichprobenumfang noch von der Gestalt von F und damit insbesondere von den höheren Momenten ab, die Limesverteilung bei $n \to \infty$ jedoch nur noch von $\tau^2 := \mu_4 - \sigma^4$. Nach Beispiel 5.86 gilt nämlich unter allen Verteilungen mit $\sigma^2 = \sigma_0^2$ und endlichen vierten Momenten

$$\mathfrak{L}(\sqrt{n}(s_n^2 - \sigma_0^2)) \xrightarrow[\mathfrak{L}]{} \mathfrak{N}(0, \tau^2).$$

Für das unbekannte τ^2 ist unter den angegebenen Voraussetzungen nach Beispiel 5.110

$$\widehat{\tau}_n^2 = \frac{1}{n} \sum_{j=1}^n (X_j - \overline{X}_n)^4 - s_n^4 \tag{6.2.52}$$

ein konsistenter Schätzer. Somit gilt nach dem Lemma von Slutsky, falls $\tau^2 > 0$ ist,

$$\mathfrak{L}(\sqrt{n}(s_n^2 - \sigma_0^2)/\widehat{\tau}_n) \xrightarrow[\mathfrak{L}]{} \mathfrak{N}(0, 1).$$

Also ist die studentisierte Prüfgröße $T_n = \sqrt{n}(s_n^2 - \sigma_0^2)/\widehat{\tau}_n$ aufgrund des „Invarianzprinzips" asymptotisch verteilungsfrei und die kritischen Werte des einseitigen bzw. zweiseitigen Tests ergeben sich asymptotisch zu u_α bzw. $u_{\alpha/2}$. Die Tests sind konsistent und damit asymptotisch (niveautreu sowie) unverfälscht. Entsprechend sind mit $\widehat{\tau}_n$ aus (6.2.52)

$$s_n^2 - \frac{\widehat{\tau}_n}{\sqrt{n}} u_\alpha \quad \text{bzw.} \quad \left(s_n^2 - \frac{\widehat{\tau}_n}{\sqrt{n}} u_{\alpha/2}, s_n^2 + \frac{\widehat{\tau}_n}{\sqrt{n}} u_{\alpha/2}\right)$$

eine untere Konfidenzschranke bzw. ein Konfidenzintervall für σ^2 zum asymptotischen Vertrauensniveau $1 - \alpha$. □

Beispiel 6.73 (X_{1j}, X_{2j}), $j \in \mathbb{N}$, seien st.u. ZG mit derselben zweidimensionalen Verteilung F, für welche $\mu_i = EX_{i1}$ und $\sigma_i^2 = \operatorname{Var} X_{i1} > 0$ für $i = 1, 2$ sowie die gemischten Momente höherer Ordnung $\sigma_{\ell k} = E(X_{11} - \mu_1)^\ell (X_{21} - \mu_2)^k$, $\ell + k \leq 4$, existieren und endlich sind. Gesucht sind Tests für die Hypothesen

$$\mathbf{H}: \varrho \leq \varrho_0, \ \mathbf{K}: \varrho > \varrho_0 \quad \text{bzw.} \quad \mathbf{H}: \varrho = \varrho_0, \ \mathbf{K}: \varrho \neq \varrho_0,$$

wenn ϱ wie üblich den Korrelationskoeffizienten und $\varrho_0 \in (-1, +1)$ einen hypothetischen Wert bezeichnen. Nach Beispiel 5.109 ist der Stichprobenkorrelationskoeffizient R_n unter den angegebenen Voraussetzungen konsistent für ϱ. Somit ist $\sqrt{n}(R_n - \varrho_0)$ eine zumindest asymptotisch naheliegende Prüfgröße; jedoch ist die Verteilung dieser Statistik auf dem Rand $\mathbf{J}: \varrho = \varrho_0$ nicht verteilungsfrei. Sie hängt noch von den Momenten höherer Ordnung ab, die Limesverteilung bei $n \to \infty$ jedoch nur von τ^2 gemäß (5.3.25). Nach Beispiel 5.109 gilt nämlich

6.2 Asymptotische Behandlung parametrischer Testprobleme

$$\mathfrak{L}(\sqrt{n}(R_n - \varrho_0)) \xrightarrow[\mathfrak{L}]{} \mathfrak{N}(0, \tau^2)$$

für alle Verteilungen mit $\varrho = \varrho_0$. Bezeichnet $\widehat{\tau}_n^2$ das τ^2 entsprechende Stichprobenmoment, so gilt nach Beispiel 5.110 $\widehat{\tau}_n^2 \to \tau^2$ nach F-WS und damit nach dem Lemma von Slutsky 5.84

$$\mathfrak{L}(\sqrt{n}(R_n - \varrho_0)/\widehat{\tau}_n) \xrightarrow[\mathfrak{L}]{} \mathfrak{N}(0, 1).$$

Somit ist die studentisierte Prüfgröße $T_n = \sqrt{n}(R_n - \varrho_0)/\widehat{\tau}_n$ asymptotisch verteilungsfrei, und ihre kritischen Werte ergeben sich bei vorgegebenem $\alpha \in (0,1)$ asymptotisch zu $u_\alpha + o(1)$ bzw. $\pm u_{\alpha/2} + o(1)$. Auch hier sind die zugehörigen ein- bzw. zweiseitigen Tests konsistent sowie

$$R_n - \frac{\widehat{\tau}_n}{\sqrt{n}} u_\alpha \quad \text{bzw.} \quad \left(R_n - \frac{\widehat{\tau}_n}{\sqrt{n}} u_{\alpha/2}, R_n + \frac{\widehat{\tau}_n}{\sqrt{n}} u_{\alpha/2}\right)$$

eine untere Konfidenzschranke bzw. ein Konfidenzintervall für ϱ zum asymptotischen Vertrauensniveau $1 - \alpha$. Man beachte, daß für diese Größen keine Analoga im Bereich der finiten Statistik existieren, auch nicht unter einer Normalverteilungsannahme; vgl. die Schlußbemerkung in 3.4.5. □

Entsprechend lassen sich auch Mehrstichproben- und Regressionsprobleme asymptotisch behandeln. Wir beschränken uns der Durchsichtigkeit halber auf das einfachste Zweistichprobenproblem, nämlich auf den Vergleich zweier Lokationsparameter.

Beispiel 6.74 Für $n_1, n_2 \in \mathbb{N}$ seien X_{ij}, $j = 1, \ldots, n_i$, $i = 1, 2$, st.u. ZG mit einer von j unabhängigen eindimensionalen Verteilung F_i, endlichen Mittelwerten $EX_{ij} = \mu_i$ und einer (von i unabhängigen) Streuung Var $X_{ij} = \sigma^2 \in (0, \infty)$. Dann ist für die Hypothesen

$$\mathbf{H}: \mu_1 \leq \mu_2, \ \mathbf{K}: \mu_1 > \mu_2 \quad \text{bzw.} \quad \mathbf{H}: \mu_1 = \mu_2, \ \mathbf{K}: \mu_1 \neq \mu_2$$

die Statistik $T_n(x) = \overline{x}_{1\cdot} - \overline{x}_{2\cdot}$ eine plausible Prüfgröße, deren Verteilung unter $\mathbf{J}: \mu_1 = \mu_2$ noch von σ^2 und der ebenfalls unbekannten Gestalt von F_1 bzw. F_2 abhängt. Wegen

$$\mathfrak{L}_{\mu_1 = \mu_2}\left(\sqrt{\frac{n_1 n_2}{n_1 + n_2}}(\overline{X}_{1\cdot} - \overline{X}_{2\cdot})\right) \xrightarrow[\mathfrak{L}]{} \mathfrak{N}(0, \sigma^2) \quad \text{für} \quad n_1 \to \infty \quad \text{und} \quad n_2 \to \infty$$

hängt die Limesverteilung jedoch nur noch von dem unbekannten Nebenparameter σ^2 (nicht aber von der sonstigen Gestalt von F_1 und F_2) ab. Für diesen ist

$$s_n^2 = \frac{1}{n_1 + n_2 - 2}\left(\sum_{j=1}^{n_1}(x_{1j} - \overline{x}_{1\cdot})^2 + \sum_{j=1}^{n_2}(x_{2j} - \overline{x}_{2\cdot})^2\right)$$

ein konsistenter Schätzer und nach dem Lemma von Slutsky gilt

$$\mathfrak{L}_{\mu_1 = \mu_2}\left(\sqrt{\frac{n_1 n_2}{n_1 + n_2}} \frac{\overline{X}_{1\cdot} - \overline{X}_{2\cdot}}{s_n}\right) \xrightarrow[\mathfrak{L}]{} \mathfrak{N}(0, 1).$$

Schätzt man also σ^2 durch s_n^2 und ersetzt die Prüfgröße $\overline{x}_1. - \overline{x}_2.$ durch die (auch statistisch sinnvollere) studentisierte Prüfgröße[26] $\widetilde{T}_n = \sqrt{n_1 n_2/(n_1+n_2)}(\overline{x}_1. - \overline{x}_2.)/s_n$, so sind

$$\varphi_n(x) = \mathbf{1}\Big(\sqrt{\frac{n_1 n_2}{n_1+n_2}} \, \frac{\overline{x}_1. - \overline{x}_2.}{s_n} > u_\alpha\Big) \quad \text{bzw.} \quad \varphi_n(x) = \mathbf{1}\Big(\sqrt{\frac{n_1 n_2}{n_1+n_2}} \, \frac{|\overline{x}_1. - \overline{x}_2.|}{s_n} > u_{\alpha/2}\Big)$$

einseitige bzw. zweiseitige konsistente asymptotische α-Niveau Tests.

Wegen $t_{n_1+n_2-2;\alpha} \to u_\alpha$ bzw. wegen der Konsistenz sind diese Tests mit den in Beispiel 3.76 unter Normalverteilungsannahme hergeleiteten Zweistichproben-t-Tests im Sinne von (6.2.38) asymptotisch äquivalent.

Auch in diesem Fall ergeben sich in analoger Weise asymptotische Konfidenzschätzer zu vorgegebenem Vertrauensniveau $1 - \alpha$ für $\mu_1 - \mu_2$, etwa das Konfidenzintervall

$$\Big(\overline{x}_1. - \overline{x}_2. - s_n \sqrt{\frac{n_1+n_2}{n_1 n_2}} u_{\alpha/2}, \; \overline{x}_1. - \overline{x}_2. + s_n \sqrt{\frac{n_1+n_2}{n_1 n_2}} u_{\alpha/2}\Big). \quad \square$$

Ist speziell $\mathbf{J} = \{\vartheta_0\}$ einelementig, so ist natürlich $\tau^2 = \tau^2(\vartheta_0)$ bekannt und braucht nicht geschätzt zu werden. In diesem Fall ist in den Ausdrücken (6.2.44) für die ein- und zweiseitigen Tests bzw. in (6.2.51) für die ein- und zweiseitigen Konfidenzbereiche nur $\widehat{\tau}_n(x)$ durch τ_0 zu ersetzen. Das folgende Beispiel soll jedoch zeigen, daß es auch in solchen Situationen sinnvoll sein kann, den an sich bekannten Wert $\tau^2 = \tau^2(\vartheta_0)$ durch einen konsistenten Schätzer $\widehat{\tau}_n^2$ zu ersetzen. Dies ist etwa dann der Fall, wenn ein Konfidenzbereich für $\gamma(\vartheta)$ zu bestimmen, das Testproblem (6.2.35) also für jeden Wert von $\gamma_0 \in \mathbb{R}$ zu lösen ist. Um in einem solchen Fall, in dem also $\tau^2(\vartheta_0)$ durch $\gamma(\vartheta_0)$ bestimmt ist, zu einer von γ_0 unabhängigen Limesvarianz zu kommen, wurde in 5.3.1 eine varianzstabilisierende Transformation (5.3.27) vorgeschlagen. Eine solche kann also durch konsistente Schätzung von $\tau^2(\vartheta_0)$ ersetzt werden.

Beispiel 6.75 X_j, $j \in \mathbb{N}$, seien st.u. $\mathfrak{B}(1,\pi)$-verteilte ZG, $\pi \in (0,1)$. Dann sind bei jedem $\pi_0 \in (0,1)$ für die Hypothesen

$$\mathbf{H} : \pi \leq \pi_0, \; \mathbf{K} : \pi > \pi_0 \quad \text{bzw.} \quad \mathbf{H} : \pi = \pi_0, \; \mathbf{K} : \pi \neq \pi_0$$

die Tests (6.2.44) mit $T_n = \overline{x}_n$, $\gamma_0 = \pi_0$ und $\widehat{\tau}_n^2 = \overline{x}_n(1-\overline{x}_n)$ plausibel und bei geeigneter Wahl der kritischen Werte und Randomisierungen asymptotische α-Niveau Tests. Wegen

$$\mathcal{L}_{\pi_0}\left(\sqrt{n}(\overline{X}_n - \pi_0)\right) \xrightarrow[\mathcal{L}]{} \mathfrak{N}(0, \pi_0(1-\pi_0)) \quad \text{für} \quad n \to \infty$$

und $\overline{X}_n \to \pi_0 \; [P_{\pi_0}]$ gilt nämlich für $0 < \pi_0 < 1$ nach dem Lemma von Slutsky mit

$$\mathcal{L}_{\pi_0}\left(\frac{\sqrt{n}(\overline{X}_n - \pi_0)}{\sqrt{\pi_0(1-\pi_0)}}\right) \xrightarrow[\mathcal{L}]{} \mathfrak{N}(0,1) \quad \text{auch} \quad \mathcal{L}_{\pi_0}\left(\frac{\sqrt{n}(\overline{X}_n - \pi_0)}{\sqrt{\overline{X}_n(1-\overline{X}_n)}}\right) \xrightarrow[\mathcal{L}]{} \mathfrak{N}(0,1).$$

---

[26] Man beachte, daß in diesem Fall die Prüfgröße translations- und skaleninvariant ist, d.h. nur von einer gegenüber Translationen und Streckungen maximalinvarianten Statistik abhängt. Sie ist damit bereits finit unter $\vartheta \in \mathbf{J}$ verteilungsfrei.

6.2 Asymptotische Behandlung parametrischer Testprobleme

Wählt man also die einseitigen bzw. zweiseitigen Tests in der Form

$$\varphi_n = \mathbf{1}(\overline{x}_n > k_n) \quad \text{mit} \quad k_n = \pi_0 + n^{-1/2}(\overline{x}_n(1-\overline{x}_n))^{1/2} u_\alpha + o(n^{-1/2}) \quad \text{bzw.}$$

$$\varphi_n = \mathbf{1}(|\overline{x}_n - \pi_0| > k'_n) \quad \text{mit} \quad k'_n = n^{-1/2}(\overline{x}_n(1-\overline{x}_n))^{1/2} u_{\alpha/2} + o(n^{-1/2}),$$

so ergeben sich durch Auflösen der Annahmebereiche eine untere Konfidenzschranke bzw. ein Konfidenzintervall zum asymptotischen Niveau $1-\alpha$ für den Parameter $\pi \in (0,1)$ einer $\mathfrak{B}(n,\pi)$-Verteilung zu

$$\overline{x}_n - n^{-1/2}\sqrt{\overline{x}_n(1-\overline{x}_n)} u_\alpha \quad \text{bzw.}$$

$$(\overline{x}_n - n^{-1/2}\sqrt{\overline{x}_n(1-\overline{x}_n)} u_{\alpha/2}, \overline{x}_n + n^{-1/2}\sqrt{\overline{x}_n(1-\overline{x}_n)} u_{\alpha/2}).$$

Man beachte noch, daß im zweiseitigen Fall wegen $\overline{x}_n(1-\overline{x}_n) \leq 1/4$ für die Länge des Konfidenzintervalls gilt $2n^{-1/2} u_{\alpha/2}\sqrt{\overline{x}_n(1-\overline{x}_n)} \leq n^{-1/2} u_{\alpha/2}$. Somit ist es für $n \geq [u_{\alpha/2}/\Delta]^2$ ein Konfidenzintervall vorgegebener Länge[27] Δ. □

Abschließend sei bemerkt, daß sich in analoger Weise auch bei anderen Limesverteilungen aus den Annahmebereichen asymptotisch verteilungsfreier α-Niveau Tests Konfidenzbereiche zum asymptotischen Vertrauensniveau $1-\alpha$ gewinnen lassen. Dies gilt etwa für einen stochastischen Vektor $\pi \in \Sigma_s$ mit Hilfe der χ^2-Prüfgröße $Q_n = Q(Y_n, \pi_0)$ aus (5.4.6). Da die Limesprüfverteilung unabhängig von dem speziellen $\pi_0 \in \Sigma_s$ ist, ergibt sich aus (5.4.7), also aus

$$P_{\pi_0}\left(\sum_{m=1}^{s} \frac{(Y_{nm} - n\pi_{0m})^2}{n\pi_{0m}} > \chi^2_{s-1;\alpha}\right) \to \alpha \quad \forall \pi_0 \in \Sigma_s,$$

unmittelbar ein Konfidenzbereich für $\pi \in \Sigma_s$ zum asymptotischen Niveau $1-\alpha$, nämlich

$$\left\{\pi = (\pi_1,\ldots,\pi_s)^\top \in \Sigma_s : \sum_{m=1}^{s} \frac{(n\pi_m - y_{nm})^2}{n\pi_m} \leq \chi^2_{s-1;\alpha}\right\}. \tag{6.2.53}$$

Entsprechendes gilt für die Prüfgröße (6.2.5) des LQ-Tests zum Prüfen der einfachen Nullhypothese $\mathbf{H} : \vartheta = \vartheta_0$ gegen $\mathbf{K} : \vartheta \neq \vartheta_0$. Da deren Limes-Prüfverteilung unabhängig ist von dem speziellen $\vartheta_0 \in \Theta$, ergibt sich unter der Verteilungsannahme von Satz 6.47 in analoger Weise ein Konfidenzbereich für $\vartheta \in \Theta \subset \mathbb{R}^k$ zu vorgegebenem asymptotischen Niveau $1-\alpha$.

---

[27] Um bei derartigen Konfidenzintervallen nicht nur den (vorgegebenen asymptotischen) Vertrauenskoeffizienten $1-\alpha$ abzusichern, sondern auch deren Länge zu kontrollieren, hat man bei anderen Verteilungsannahmen sequentielle Methoden heranzuziehen.

6.2.3 Asymptotische Fraktilbestimmung und Konsistenz bei Testproblemen mit Nebenparametern

In 6.2.2 wurde vornehmlich die Frage diskutiert, unter welchen Bedingungen sich der kritische Wert eines Prüfgrößentests durch das entsprechende Fraktil der Limes-Prüfverteilung approximieren läßt. Hierbei wurden jedoch letztlich nur Testprobleme ohne Nebenparameter betrachtet. Von noch größerer praktischer Bedeutung ist die asymptotische Bestimmung von kritischen Werten bei Vorliegen von Nebenparametern (und zwar von solchen, die sich nicht durch Studentisieren oder anderweitig trivialerweise eliminieren lassen). Hier hat man zwischen zwei Situationen zu unterscheiden: Besitzt das Testproblem Neyman-Struktur, so hat man nach 3.3.2 den kritischen Wert in Abhängigkeit von der bedingenden Statistik zu wählen. Sieht man von einigen Ausnahmen wie etwa den t-Tests in linearen Modellen mit Normalverteilungsannahme ab, so läßt sich der resultierende Test bei festem Stichprobenumfang nicht in einen nicht-bedingten Test transformieren. Beispiele hierfür sind etwa die in 3.3.3 betrachteten Tests von Fisher und McNemar. In allen solchen Situationen stellt sich jedoch die Frage, ob eine derartige Transformation nicht wenigstens asymptotisch möglich ist, d.h. ob sich nicht für hinreichend großen Stichprobenumfang die kritischen Werte durch die Fraktile einer – von der bedingenden Statistik unabhängigen – Limesverteilung approximieren lassen. In Testproblemen ohne Neyman-Struktur hat man zunächst nach einer zumindest plausiblen Teststatistik zu suchen. Hierzu bietet sich die folgende zweistufige Vorgehensweise an: In einem ersten Schritt sieht man den Nebenparameter als bekannt an und sucht für diesen Fall mit den Mitteln aus Band I eine Prüfgröße anzugeben, etwa diejenige des lokal besten Tests. In einem zweiten Schritt hat man dann die Abhängigkeit vom Nebenparameter mittels eines geeigneten Schätzers zu eliminieren und zur Festlegung des kritischen Wertes den Limes der so gewonnenen Prüfverteilung zu bestimmen. Im folgenden sollen beide Fälle kurz diskutiert und dabei auch auf die Frage der Konsistenz eingegangen werden.

Testprobleme mit Neyman-Struktur Wie bei k-parametrigen Exponentialfamilien, in deren Rahmen in 3.3.2 Testprobleme mit Nebenparametern behandelt wurden, werde der k-dimensionale Parameter mit $\zeta = (\eta, \xi)$ bezeichnet, wobei $\eta \in H \subset \mathbb{R}$ der eindimensionale Hauptparameter und $\xi \in \Xi \subset \mathbb{R}^{k-1}$ ein $(k-1)$-dimensionaler Nebenparameter ist. Somit sind im Fall von Einstichprobenproblemen X_j, $j \in \mathbb{N}$, st.u. ZG mit derselben Verteilung $F \in \mathfrak{F} = \{F_\zeta : \zeta = (\eta, \xi) \in H \times \Xi \subset \mathbb{R}^k\}$ und die Hypothesen von der Form

$$\mathbf{H}: \eta \leq \eta_0, \ \mathbf{K}: \eta > \eta_0 \quad \text{bzw.} \quad \mathbf{H}: \eta = \eta_0, \ \mathbf{K}: \eta \neq \eta_0. \tag{6.2.54}$$

In leichter Verallgemeinerung der in 3.3.2 betrachteten Testprobleme nehmen wir an, daß sich die Daten mittels einer k-dimensionalen Statistik $T_n = (U_n, V_n)$ zusammenfassen lassen. Dabei sei U_n eindimensional und die $(k-1)$-dimensionale Statistik V_n bei jedem festen Wert von η suffizient sowie bei $\eta = \eta_0$ überdies vollständig für die $(k-1)$-parametrige Familie $\{\mathfrak{L}_{\eta,\xi}(T_n) : \xi \in \Xi\}$. Besitzt die Klasse der (von $\xi \in \Xi$

6.2 Asymptotische Behandlung parametrischer Testprobleme

unabhängig wählbaren) bedingten Verteilungen von U_n gegeben V_n isotonen DQ in der Identität, wie dies in Exponentialfamilien der Fall ist, so ist U_n die Prüfgröße eines intuitiv naheliegenden (und im Fall von Exponentialfamilien nach Satz 3.60 auch optimalen) bedingten einseitigen Tests. Bei gegebenem $V_n = v$ ist

$$\widetilde{U}_n = \widetilde{U}_n(v) = \frac{U_n - E_{\eta_0\cdot}(U_n|V_n = v)}{\sqrt{\text{Var}_{\eta_0\cdot}(U_n|V_n = v)}} \tag{6.2.55}$$

eine für asymptotische Zwecke geeignete Standardisierung dieser Prüfgröße. Der kritische Wert $k_n(v)$ ist somit das jeweilige α-Fraktil der bedingten Prüfverteilung $\mathfrak{L}_{\eta_0\cdot}(\widetilde{U}_n(v)|V_n = v)$. Zu dessen asymptotischer Festlegung hat man zu beachten, daß im allgemeinen nicht die Limesverteilung bei festem v interessiert, sondern diejenige längs gewisser Folgen v_n, da in den interessierenden Spezialfällen zumeist $V_n(x)$ f.s. ein spezielles Limesverhalten hat, etwa $V_n(x) \to \infty$ f.s. Wir präzisieren deshalb zunächst, was unter der Verteilungskonvergenz der bedingten Verteilung $\mathfrak{L}_{\eta_0\cdot}(\widetilde{U}_n(v_n)|V_n = v_n)$ entlang von Folgen (v_n) verstanden werden soll, und geben hierzu die folgende, auch in Kap. 8 benötigte

Definition 6.76 Gegeben seien eine Folge reellwertiger ZG Y_n sowie eine auf demselben WS-Raum $(\mathfrak{X}, \mathfrak{B}, P)$ definierte weitere Folge von ZG V_n mit Werten in euklidischen Räumen $(\mathfrak{V}_n, \mathfrak{L}_n)$, $n \in \mathbb{N}$. Weiter sei $M_n(v, \cdot)$ eine Version des Bedingungskernes $P^{Y_n|V_n=v}$, Q ein festes WS-Maß über $(\mathbb{R}, \mathbb{B})$ und Y eine reellwertige ZG mit $\mathfrak{L}(Y) = Q$. Dann heißt Y_n gegeben V_n *bedingt verteilungskonvergent gegen* Y, falls ein $\mathfrak{X}' \in \mathfrak{B}$ mit $P(\mathfrak{X}') = 1$ existiert und eine Menge $\mathfrak{V}_\infty$ mit $\{(V_n(x)) : x \in \mathfrak{X}'\} \subset \mathfrak{V}_\infty \subset \times_{n=1}^\infty \mathfrak{V}_n$ derart, daß gilt

$$M_n(v_n, \cdot) \xrightarrow[\mathfrak{L}]{} Q(\cdot) \quad \forall (v_n) \in \mathfrak{V}_\infty. \tag{6.2.56}$$

Im vorliegenden Zusammenhang ist $Y_n = \widetilde{U}_n(V_n)$ und $(\mathfrak{V}_n, \mathfrak{L}_n) = (\mathbb{R}^{k-1}, \mathbb{B}^{k-1})$, $n \in \mathbb{N}$. Offenbar ist mit einer Version $M_n(\cdot, \cdot)$ des faktorisierten Bedingungskerns von Y_n gegeben V_n auch jede andere Version bedingt verteilungskonvergent gegen Q.

Anmerkung 6.77 a) Man beachte, daß in (6.2.56) nicht die Konvergenz der Kerne $M_n(v, \cdot)$ bei festem v gemäß $M_n(v, \cdot) \xrightarrow[\mathfrak{L}]{} Q(\cdot)$ gefordert wird und anschließend Folgen (v_n) eingesetzt werden. Vielmehr werden nur P-f.a. Folgen $M_n(V_n(x), \cdot)$ betrachtet und verlangt, daß diese P-f.s. gegen Q konvergieren.

b) Die Definition 6.76 der bedingten Verteilungskonvergenz ist auf die Art zugeschnitten wie sie im folgenden verwendet wird. Sie läßt sich auch auf dem Urbildraum $(\mathfrak{X}, \mathfrak{B}, P)$ lesen: Y_n gegeben V_n ist bedingt verteilungskonvergent gegen Y, falls ein $\mathfrak{X}' \in \mathfrak{B}$ mit $P(\mathfrak{X}') = 1$ existiert derart, daß gilt

$$M_n(V_n(x), \cdot) \xrightarrow[\mathfrak{L}]{} Q(\cdot) \quad \forall x \in \mathfrak{X}'. \tag{6.2.57}$$

c) Für manche Zwecke reicht es, die bedingte Verteilungskonvergenz in einer abgeschwächten Form zu verwenden. Bezeichnet d_L die Lévy-Metrik aus Anmerkung 5.42, so ist

$$\varrho_n(x) := d_L(M_n(V_n(x,\cdot), Q(\cdot))$$

eine ZG auf $(\mathfrak{X}, \mathfrak{B}, P)$ und (6.2.57) äquivalent mit $\varrho_n(x) \to 0$ P-f.s. Entsprechend heißt Y_n gegeben V_n *bedingt stochastisch verteilungskonvergent gegen* Q, falls gilt $\varrho_n(x) \to 0$ nach P-WS. Selbstverständlich kann man statt der Lévy-Metrik auch jede andere Metrik nehmen, die die Verteilungskonvergenz metrisiert und für die die entsprechend definierte Größe $\varrho_n(\cdot)$ wieder meßbar ist. □

Die Zweckmäßigkeit der obigen Definition zeigt sich etwa in folgendem

Beispiel 6.78 (Test von McNemar zur Prüfung auf Symmetrie in einer 2 × 2-Feldertafel) Nach Beispiel 3.66 liegt in einer 2 × 2-Feldertafel mit Zell-WS π_{ij} und Zellhäufigkeiten h_{ij}, $i = 1, 2$, $j = 1, 2$, eine dreiparametrige Exponentialfamilie zugrunde mit dem natürlichen Parameter $\zeta = (\eta, \xi)$,

$$\eta = \log \frac{\pi_{12}}{\pi_{21}}, \quad \xi = (\xi_2, \xi_3) = \left(\log \frac{\pi_{21}}{\pi_{22}}, \log \frac{\pi_{11}}{\pi_{22}}\right),$$

und der kanonischen Statistik $T_n(x) = (U_n(x), V_n(x))$ mit

$$U_n(x) = h_{12}, \quad V_n(x) = (V_{n2}(x), V_{n3}(x)) = (h_{12} + h_{21}, h_{11}).$$

Die Hypothesen $\mathbf{H}: \pi_{12} \leq \pi_{21}$, $\mathbf{K}: \pi_{12} > \pi_{21}$ bzw. $\mathbf{H}: \pi_{12} = \pi_{21}$, $\mathbf{K}: \pi_{12} \neq \pi_{21}$ sind dann von der Form (6.2.54) mit $\eta_0 = 0$, so daß gilt $\mathbf{J}: \pi_{12} = \pi_{21} \in (0, 1/2)$. Die bedingte Prüfverteilung ist bzgl. $v_2/2$ symmetrisch und zwar

$$\mathfrak{L}_{\eta_0 \cdot}(U_n | V_n = v) = \mathfrak{B}(v_2, 1/2), \quad v = (v_2, v_3). \tag{6.2.58}$$

Dementsprechend ist $E_{\eta_0 \cdot}(U_n | V_n = v) = v_2/2$ und $\text{Var}_{\eta_0 \cdot}(U_n | V_n = v) = v_2/4$, d.h.

$$\widetilde{U}_n(v) = \frac{U_n - v_2/2}{\sqrt{v_2/4}} = \frac{h_{12} - \frac{1}{2}(h_{12} + h_{21})}{\sqrt{(h_{12} + h_{21})/4}} = \frac{n^{-1/2}(h_{12} - h_{21})}{\sqrt{n^{-1}(h_{12} + h_{21})}}. \tag{6.2.59}$$

Also ist $\mathfrak{L}_{\eta_0 \cdot}(\widetilde{U}_n(V_n) | V_n = v)$ unabhängig von $n \in \mathbb{N}$ eine standardisierte $\mathfrak{B}(v_2, 1/2)$-Verteilung. Diese ist für $v_2 \to \infty$ (und nicht für $n \to \infty$ bei festem v_2) verteilungskonvergent gegen eine $\mathfrak{N}(0,1)$-Verteilung. Wegen $\mathfrak{L}(V_{n2}) = \mathfrak{B}(n, \pi_{12} + \pi_{21})$ gilt für f.a. Folgen $V_n = (V_{n2}, V_{n3})$, $n \in \mathbb{N}$, nach dem starken Gesetz der großen Zahlen $V_{n2} \to \infty$. Somit ist $\widetilde{U}_n(V_n)$ bedingt gegeben V_n verteilungskonvergent gegen eine $\mathfrak{N}(0,1)$-verteilte ZG im Sinne von (6.2.56). Folglich lassen sich die kritischen Werte des einseitigen bzw. zweiseitigen bedingten Tests zur Prüfgröße $\widetilde{U}_n(V_n)$ bei gegebenem V_n f.s. approximieren durch das α- bzw. $\alpha/2$-Fraktil der $\mathfrak{N}(0,1)$-Verteilung. □

Entsprechend kann man auch bei vielen anderen Testproblemen mit Neyman-Struktur vorgehen, etwa bei den in den Beispielen 3.57 und 3.64 behandelten Zweistichprobenproblemen. Läßt sich zeigen, daß die bedingte Verteilung von $\widetilde{U}_n(V_n)$ gegeben V_n im Sinne von (6.2.56) gegen eine $\mathfrak{N}(0,1)$-Verteilung konvergiert, so wird man wie in Beispiel 6.78 den kritischen Wert $\widetilde{k}_n(V_n)$ im einseitigen Fall durch das α-Fraktil u_α approximieren. Die Ersetzung des exakt festgelegten α-Fraktils $\widetilde{k}_n(V_n)$ durch das α-Fraktil u_α der Limesverteilung ist aber auch im Fall bedingter Tests nur gerechtfertigt, wenn der resultierende Test $\widetilde{\varphi}_n = \mathbf{1}(\widetilde{U}_n(V_n) > u_\alpha)$ mit dem gegebenen Test $\varphi_n = \mathbf{1}(\widetilde{U}_n(V_n) > \widetilde{k}_n(V_n))$ asymptotisch äquivalent ist im Sinne von (6.2.38). Hinreichende Bedingungen hierfür enthält Teil b) von[28]

Satz 6.79 *Zugrunde liege ein Testproblem mit Neyman-Struktur bzgl. V_n. Mit $\widetilde{U}_n(\cdot)$ gemäß (6.2.55) bezeichne $\varphi_n = \mathbf{1}(\widetilde{U}_n(V_n) > \widetilde{k}_n(V_n))$ den einseitigen bedingten α-Niveau Test und $\widetilde{\varphi}_n$ den einseitigen Test $\widetilde{\varphi}_n = \mathbf{1}(\widetilde{U}_n(V_n) > u_\alpha)$. Dann gilt:*

a) *Konvergiert die bedingte Verteilung von $\widetilde{U}_n(V_n)$ gegeben V_n unter $\vartheta \in \mathbf{J}$ gegen eine $\mathfrak{N}(0,1)$-Verteilung, so gilt $\widetilde{k}_n(V_n) \to u_\alpha \ [P_\vartheta] \ \forall \vartheta \in \mathbf{J}$ und $\widetilde{\varphi}_n$ ist auf $\mathbf{J}$ asymptotisch α-ähnlich. Gilt zusätzlich $\widetilde{U}_n(V_n) \to \infty \ [P_\vartheta] \ \forall \vartheta \in \mathbf{K}$ und entsprechend $\widetilde{U}_n(V_n) \to -\infty \ [P_\vartheta] \ \forall \vartheta \in \overset{\circ}{\mathbf{H}}$, so ist $\widetilde{\varphi}_n$ voll konsistent.*

b) *Gilt überdies $\widetilde{k}_n(V_n) \to u_\alpha \ [P_\vartheta] \ \forall \vartheta \in \overset{\circ}{\mathbf{H}} \cup \mathbf{K}$ sowie $\widetilde{U}_n(V_n) \to \infty \ [P_\vartheta] \ \forall \vartheta \in \mathbf{K}$ und $\widetilde{U}_n(V_n) \to -\infty \ [P_\vartheta] \ \forall \vartheta \in \mathbf{H}$, so ist auch φ_n auf $\mathbf{J}$ asymptotisch α-ähnlich und voll konsistent. Insbesondere sind φ_n und $\widetilde{\varphi}_n$ asymptotisch äquivalent im Sinne von (6.2.38).*

Entsprechendes gilt für die zweiseitigen Tests.

Beweis: a) Aus $\mathfrak{L}_{\eta_0 \cdot}(\widetilde{U}_n(V_n)|V_n) \xrightarrow{\mathcal{L}} \mathfrak{N}(0,1)$ im Sinne von (6.2.57) folgt

$$P_{\eta_0 \cdot}(\widetilde{U}_n(V_n) > u_\alpha | V_n) \to \alpha \quad [P_{\eta_0 \xi}] \quad \forall \xi \in \Xi$$

und damit nach dem Satz von der beschränkten Konvergenz

$$P_{\eta_0 \xi}(\widetilde{U}_n(V_n) > u_\alpha) = E_{\eta_0 \xi}\big(P_{\eta_0 \cdot}(\widetilde{U}_n(V_n) > u_\alpha | V_n)\big) \to \alpha \quad \forall \xi \in \Xi.$$

Der Test $\widetilde{\varphi}_n$ hält also asymptotisch das zugelassene Niveau α für alle $\vartheta \in \mathbf{J}$ ein. Da $\widetilde{\varphi}_n$ ein nicht-bedingter Test ist, ergibt sich die Konsistenz wie in 6.2.2. Aus der ersten Voraussetzung folgt ferner, daß für den kritischen Wert $\widetilde{k}_n(V_n)$ des bedingten α-Niveau Tests φ_n gilt $\widetilde{k}_n(V_n) \to u_\alpha \ [P_\vartheta] \ \forall \vartheta \in \mathbf{J}$.

b) Schreibt man φ_n in der Form $\varphi_n = \mathbf{1}(\widetilde{U}_n(V_n) - \widetilde{k}_n(V_n) + u_\alpha > u_\alpha)$, so gilt mit den Prüfgrößen $T_{1n} := \widetilde{U}_n(V_n) - \widetilde{k}_n(V_n) + u_\alpha$ und $T_{2n} := \widetilde{U}_n(V_n)$ für jedes $\vartheta \in \mathbf{H} \cup \mathbf{K}$

$$|E_\vartheta \varphi_n - E_\vartheta \widetilde{\varphi}_n| \leq P_\vartheta(|\varphi_n - \widetilde{\varphi}_n| > 0)$$
$$= P_\vartheta(\{T_{1n} > u_\alpha \geq T_{2n}\}) + P_\vartheta(\{T_{2n} > u_\alpha \geq T_{1n}\}).$$

---

[28] In Band III wird sich zeigen, daß eine entsprechende Aussage auch im nichtparametrischen Rahmen gilt.

Wegen $T_{2n} - T_{1n} = \tilde{k}_n(V_n) - u_\alpha \to 0 \ [P_\vartheta]$ und der Stetigkeit der Limesverteilung von T_{1n} unter $\vartheta \in \mathbf{J}$ strebt dieser Ausdruck P_ϑ-f.s. gegen 0 für alle $\vartheta \in \mathbf{J}$. Aus $\tilde{k}_n(V_n) \to u_\alpha \ [P_\vartheta] \ \forall \vartheta \in \overset{\circ}{\mathbf{H}} \cup \mathbf{K}$ und $\tilde{U}_n(V_n) \to \infty \ [P_\vartheta]$ bzw. $\to -\infty \ [P_\vartheta]$ für $\vartheta \in \mathbf{K}$ bzw. $\vartheta \in \overset{\circ}{\mathbf{H}}$ folgt die volle Konsistenz der beiden einseitigen Tests sowie damit ihre asymptotischeÄquivalenz für alle $\vartheta \in \mathbf{H} \cup \mathbf{K}$. Analog beweist man den Zusatz. □

Die Voraussetzung der Konvergenz der bedingten Verteilung von $\tilde{U}_n(V_n)$ gegeben $V_n = v_n$ gegen eine $\mathfrak{N}(0, 1)$-Verteilung unter allen $\vartheta \in \mathbf{J}$ ist definitionsgemäß erfüllt, wenn es eine Menge $\mathfrak{X}' \in \mathfrak{B}$ mit $P_\vartheta(\mathfrak{X}') = 1$ für alle $\vartheta \in \mathbf{J}$ gibt derart, daß die Bedingung (6.2.57) mit $Q = \mathfrak{N}(0, 1)$ für alle $x \in \mathfrak{X}'$ erfüllt ist. In den folgenden Beispielen gilt $P_\vartheta(\mathfrak{X}') = 1 \ \forall \vartheta \in \mathbf{H} \cup \mathbf{K}$ bereits für die Menge $\mathfrak{X}'$, für die $P_\vartheta(\mathfrak{X}') = 1$ $\forall \vartheta \in \mathbf{J}$ ist. Diese Beispiele zeigen überdies, daß vielfach nicht nur die hinreichenden Bedingungen aus Satz 6.79 erfüllt sind, sondern daß sich die gemäß (6.2.55) standardisierte Prüfgröße häufig auch aus der intuitiv naheliegenden Prüfgröße durch Studentisierung gewinnen läßt, daß also der optimale bedingte Test und der intuitiv naheliegende Test asymptotisch äquivalent sind im Sinne von (6.2.38).

Beispiel 6.80 In Beispiel 6.78 strebt die bedingte Verteilung von $\tilde{U}_n(V_n)$ bei gegebenem V_n für alle $\vartheta \in \mathbf{J}$ mit $\pi_{12} + \pi_{21} > 0$ P_ϑ-f.s. gegen eine $\mathfrak{N}(0, 1)$-Verteilung. Dabei ist $\mathfrak{X}' = \{x \in \mathfrak{X} : V_{n2}(x) = h_{12} + h_{21} \to \infty\}$. Offenbar gilt $P_\vartheta(\mathfrak{X}') = 1$ unabhängig davon, ob $\vartheta \in \mathbf{J}$ ist oder nicht. Da überdies $h_{12} - h_{21} \to \infty$ bzw. $\to -\infty$ P_ϑ-f.s. gilt für alle $\vartheta \in \mathbf{H} \cup \mathbf{K}$ mit $\pi_{12} > \pi_{21}$ bzw. $\pi_{12} < \pi_{21}$, sind alle Voraussetzungen aus Satz 6.79 erfüllt. Die beiden einseitigen Tests sind also voll konsistent und damit asymptotisch äquivalent für alle $\vartheta \in \mathbf{H} \cup \mathbf{K}$. Somit ist es gerechtfertigt, den kritischen Wert durch das Limesfraktil u_α zu ersetzen.

Der McNemar Test ist auch mit dem durch Studentisierung aus der intuitiv naheliegenden Prüfgröße $h_{12} - h_{21}$ gewonnenen Test asymptotisch äquivalent. Für die Limesverteilung des Zählers von (6.2.59) gilt nämlich unter $\mathbf{J} : \pi_{12} = \pi_{21}$

$$\mathfrak{L}(n^{-1/2}(h_{12} - h_{21})) \xrightarrow[\mathfrak{L}]{} \mathfrak{N}(0, \pi_{12} + \pi_{21}).$$

Da $n^{-1}(h_{12} + h_{21})$ offenbar ein konsistenter Schätzer für $\pi_{12} + \pi_{21}$ ist, läßt sich also die Prüfgröße (6.2.59) auch durch Studentisierung aus $n^{-1/2}(h_{12} - h_{21})$ gewinnen. □

Beispiel 6.81 (Exakter Test von Fisher zum Vergleich zweier Binomial-WS) In der Terminologie von Beispiel 3.64 ergibt sich mit $n = n_1 + n_2$ gemäß (3.3.49)

$$\mathfrak{L}_{\eta_0} \cdot (U_n | V_n = v) = \mathfrak{H}(n, n_1, v), \quad U_n = \sum_{j=1}^{n_1} X_{1j}, \quad V_n = \sum_{j=1}^{n_1} X_{1j} + \sum_{j=1}^{n_2} X_{2j},$$

wobei $\eta = \log\left(\dfrac{\pi_1}{1 - \pi_1} \dfrac{1 - \pi_2}{\pi_2}\right)$ und auf $\mathbf{J} : \pi_1 = \pi_2$ somit $\eta_0 = 0$ zu setzen ist. Daraus folgt

$$E_{\eta_0} \cdot (U_n | V_n = v) = \frac{n_1 v}{n}, \quad \mathrm{Var}_{\eta_0} \cdot (U_n | V_n = v) = \frac{n_1 n_2 v(n - v)}{n^2(n - 1)}, \qquad (6.2.60)$$

6.2 Asymptotische Behandlung parametrischer Testprobleme

und damit

$$U_n - E_{\eta_0\cdot}(U_n|V_n) = \sum_{j=1}^{n_1} X_{1j} - \frac{n_1}{n}\left(\sum_{j=1}^{n_1} X_{1j} + \sum_{j=1}^{n_2} X_{2j}\right) = \frac{n_1 n_2}{n_1+n_2}(\overline{X}_{1\cdot} - \overline{X}_{2\cdot}),$$

$$\frac{n_1+n_2-1}{n_1 n_2}\mathrm{Var}_{\eta_0\cdot}(U_n|V_n) = \frac{1}{n^2}\left(\sum_{j=1}^{n_1} X_{1j} + \sum_{j=1}^{n_2} X_{2j}\right)\left(n - \sum_{j=1}^{n_1} X_{1j} - \sum_{j=1}^{n_2} X_{2j}\right) =: \widehat{\sigma}_n^2.$$

Also ist in diesem Fall

$$\widetilde{U}_n(V_n) = \frac{U_n - E_{\eta_0\cdot}(U_n|V_n)}{\sqrt{\mathrm{Var}_{\eta_0\cdot}(U_n|V_n)}}$$

$$= \sqrt{\frac{n_1+n_2-1}{n_1+n_2}} \frac{\sqrt{\frac{n_1 n_2}{n_1+n_2}}(\overline{X}_{1\cdot} - \overline{X}_{2\cdot})}{\sqrt{\frac{1}{n^2}(\sum_{j=1}^{n_1} X_{1j} + \sum_{j=1}^{n_2} X_{2j})(n - \sum_{j=1}^{n_1} X_{1j} - \sum_{j=1}^{n_2} X_{2j})}}.$$

Bekanntlich[29] konvergiert die gemäß (6.2.55) standardisierte hypergeometrische Verteilung $\mathfrak{H}(n, n_1, v_n)$ für Folgen (v_n) mit $v_n \to \infty$ bei

$$0 < \liminf \frac{n_1}{n_1+n_2} \leq \limsup \frac{n_1}{n_1+n_2} < 1 \qquad (6.2.61)$$

gegen eine $\mathfrak{N}(0,1)$-Verteilung. Gilt also $n_1 \to \infty$, $n_2 \to \infty$ und ist (6.2.61) erfüllt, so fallen für $\pi_1+\pi_2 > 0$ wegen $V_n \to \infty$ $[P_\vartheta]$ P_ϑ-f.a. Realisierungen $(V_n(x))$ in die Gesamtheit dieser Folgen (v_n) und zwar unabhängig davon, ob $\vartheta \in \mathbf{J}$ ist oder $\vartheta \in \mathbf{H}\cup\mathbf{K}$. Demgemäß läßt sich etwa der kritische Wert $\widetilde{k}_n(V_n)$ des einseitigen bedingten Tests mit der Prüfgröße $\widetilde{U}_n(V_n)$ f.s. durch das α-Fraktil u_α der $\mathfrak{N}(0,1)$-Verteilung approximieren. Für den kritischen Wert $k_n(V_n)$ zur Prüfgröße $U_n(V_n)$ bei gegebenem V_n entspricht dies der Approximation

$$k_n(V_n) \approx \frac{n_1 V_n}{n} + \sqrt{\frac{n_1 n_2 V_n(n-V_n)}{n^2(n-1)}} u_\alpha.$$

Dies ist bis auf eine Stetigkeitskorrektur die in Band I angegebene Formel (3.3.50).

Offenbar gilt auch $\widetilde{U}_n(V_n) \to \infty$ bzw. $-\infty$ $[P_\vartheta]$ $\forall \vartheta \in \mathbf{K}$ bzw. $\forall \vartheta \in \overset{\circ}{\mathbf{H}}$, so daß der nach Beispiel 3.64 optimale bedingte Test φ_n wegen $\widetilde{k}_n(V_n) \to u_\alpha$ $[P_\vartheta]$ $\forall \vartheta \in \mathbf{H} \cup \mathbf{K}$ und seine asymptotische Version $\widetilde{\varphi}_n$ voll konsistent und beide Tests asymptotisch äquivalent sind im Sinne von (6.2.38).

Auch in diesem Fall stimmt die Prüfgröße $\widetilde{U}_n(V_n)$ unter $\vartheta \in \mathbf{J}$ mit der durch Studentisierung aus der intuitiv naheliegenden Prüfgröße $\overline{X}_{1\cdot} - \overline{X}_{2\cdot}$ gewonnenen Statistik bis auf asymptotisch vernachlässigbare Restterme überein. Dies folgt bereits daraus, daß $\widehat{\sigma}_n^2$ ein konsistenter Schätzer für die Varianz von $\sqrt{\frac{n_1 n_2}{n_1+n_2}}(\overline{X}_{1\cdot} - \overline{X}_{2\cdot})$ ist. Dies gilt auch für $\vartheta \notin \mathbf{J}$, da $\widehat{\sigma}_n^2$ nur von $V_n = \sum_{j=1}^{n_1} x_{1j} + \sum_{j=1}^{n_2} x_{2j}$ abhängt und die Bedingung $V_n \to \infty$ f.s. allgemeiner bei $0 < \pi_1 + \pi_2 < 1$ erfüllt ist.

Entsprechendes gilt für die zweiseitigen Tests. □

---

[29] Vgl. C. Van Eeden, J.Th. Runnenburg: Stat. Neerl 14 (1960). Wie dort gezeigt wird, ergeben sich entlang anderer Folgen (v_n) andere Limesverteilungen, nämlich die in Null degenerierte Verteilung ε_0, die Poisson- bzw. die Binomialverteilung.

258 6 Asymptotische Betrachtungsweisen parametrischer Verfahren

Beispiel 6.82 (Exakter Test von Fisher zur Prüfung auf stochastische Unabhängigkeit) In der Terminologie von Beispiel 3.65 ist $U_n = h_{11}$ und $V_n = (V_{n2}, V_{n3})$ mit $V_{n2} = h_{\cdot 1}$, $V_{n3} = h_{1\cdot}$. Damit ergibt sich als bedingte Verteilung unter $\vartheta \in \mathbf{J}$ gemäß (3.3.52)

$$\mathcal{L}_{\eta_0\cdot}(U_n|V_n = v) = \mathfrak{H}(n, v_3, v_2), \quad v = (v_2, v_3).$$

Dem in Beispiel 6.81 verwendeten Limesverhalten unter der Bedingung (6.2.61) entsprechend konvergiert die gemäß (6.2.55) standardisierte hypergeometrische Verteilung für Folgen (v_n) mit $v_{n2} \to \infty$, $v_{n3} \to \infty$ bei

$$0 < \liminf \frac{v_{n2}}{n} < \limsup \frac{v_{n2}}{n} < 1$$

gegen eine $\mathfrak{N}(0,1)$-Verteilung. Wegen $V_{n2}/n \to \pi_{\cdot 1} \in (0,1)$ $[P_\vartheta]$, $V_{n3}/n \to \pi_{1\cdot} \in (0,1)$ $[P_\vartheta]$ ist diese Bedingung für P_ϑ-f.a. Realisierungen erfüllt. Weiter folgt hieraus

$$Var_{\eta_0\cdot}(U_n|V_n = v_n) = \frac{v_{n2}(n - v_{n2})v_{n3}(n - v_{n3})}{n^2(n - 1)} \to \infty \quad [P_\vartheta],$$

so daß auch in diesem Fall die Folge der bedingten Verteilungen unter allen Verteilungen des Randes f.s. verteilungskonvergent ist gegen eine $\mathfrak{N}(0,1)$-Verteilung. Überdies folgt für $\vartheta \notin \mathbf{J}$

$$\widetilde{U}_n(V_n) = \sqrt{n-1}\frac{h_{11}h_{22} - h_{12}h_{21}}{\sqrt{h_{1\cdot}h_{\cdot 1}h_{2\cdot}h_{\cdot 2}}} \to \infty \quad \text{bzw.} \to -\infty \; [P_\vartheta] \quad \forall \vartheta \in \mathbf{K} \quad \text{bzw.} \; \forall \vartheta \in \overset{\circ}{\mathbf{H}}$$

und damit die Konsistenz der Tests φ_n und $\widetilde{\varphi}_n$. Somit sind der exakte Test von Fisher und der mit der Prüfgröße $\widetilde{U}_n(V_n)$ und dem α-Fraktil der $\mathfrak{N}(0,1)$-Verteilung gebildete nichtbedingte Test für alle $\vartheta \in \mathbf{H} \cup \mathbf{K}$ asymptotisch äquivalent. Das gleiche gilt für den nach Beispiel 3.65 optimalen bedingten und den durch Studentisierung gewonnenen Test. □

Beispiel 6.83 (Vergleich zweier Poisson-Verteilungen) Der in Beispiel 3.57 angegebene einseitige Test ist von der Form $\varphi_n(x) = \mathbf{1}(U_n(x) > k(V_n(x)))$ mit $U_n(x) = \sum_{j=1}^{n_1} x_{1j}$ und $V_n(x) = \sum_{j=1}^{n_1} x_{1j} + \sum_{j=1}^{n_2} x_{2j}$. Dabei gilt für die zur Festlegung des kritischen Wertes $k_n(v_n)$ für festes n benötigte bedingte Verteilung unter $\vartheta \in \mathbf{J}$

$$\mathcal{L}_{\eta_0\cdot}(U_n(X)|V_n(X) = v_n) = \mathfrak{B}(v_n, \pi_n), \quad \pi_n := \frac{n_1}{n_1 + n_2}. \tag{6.2.62}$$

Wie man mit dem Korollar 5.104 zum Satz von Lindeberg-Feller oder direkt mit Hilfe charakteristischer Funktionen beweist, strebt die standardisierte $\mathfrak{B}(v_n, \pi_n)$-Verteilung für $v_n \to \infty$ bei $\pi_n \to \pi \in (0,1)$ gegen eine $\mathfrak{N}(0,1)$-Verteilung. Diese Bedingung ist bei $n_1 \to \infty$, $n_2 \to \infty$ mit $n_1/(n_1 + n_2) \to \pi$ nach dem Gesetz der großen Zahlen für P_ϑ-f.a. Folgen $v_n := V(x_{(n)}) \to \infty$ erfüllt. Folglich gilt im Sinne der Definition 6.76

$$\mathcal{L}_{\eta_0\cdot}(\widetilde{U}_n(V_n)|V_n) \xrightarrow[\mathcal{L}]{} \mathfrak{N}(0,1) \text{ f.s.}, \tag{6.2.63}$$

$$\widetilde{U}_n(V_n) = \frac{\sum_{j=1}^{n_1} X_{1j} - V(X_{(n)})\dfrac{n_1}{n_1+n_2}}{\sqrt{V(X_{(n)})\dfrac{n_1}{n_1+n_2}\dfrac{n_2}{n_1+n_2}}} = \frac{\sqrt{\dfrac{n_1 n_2}{n_1+n_2}}(\overline{X}_{1\cdot} - \overline{X}_{2\cdot})}{\sqrt{\dfrac{1}{n_1+n_2}\left(\sum_{j=1}^{n_1} X_{1j} + \sum_{j=1}^{n_2} X_{2j}\right)}} \tag{6.2.64}$$

6.2 Asymptotische Behandlung parametrischer Testprobleme

und damit für den kritischen Wert $k_n(v_n)$ zur Prüfgröße $\sum x_{1j}$ näherungsweise

$$k_n(v_n) \approx v_n \frac{n_1}{n_1+n_2} + \sqrt{v_n \frac{n_1}{n_1+n_2} \frac{n_2}{n_1+n_2}} u_\alpha \quad [P_\vartheta].$$

Die asymptotische Äquivalenz von $\varphi_n = \mathbf{1}(\widetilde{U}_n(V_n) > \widetilde{k}_n(V_n))$ und $\widetilde{\varphi}_n = \mathbf{1}(\widetilde{U}_n(V_n) > u_\alpha)$ im Sinne von (6.2.38) beruht wieder wesentlich auf der Tatsache, daß die Gültigkeit von (6.2.63) und damit diejenige von $\widetilde{k}_n(v_n) \to u_\alpha$ $[P_\vartheta]$ allein aus derjenigen von $v_n \to \infty$ folgt. Sie ist also auch für $\vartheta \in \overset{\circ}{\mathbf{H}} \cup \mathbf{K}$ erfüllt, sofern nur $\lambda_1 > 0$ oder $\lambda_2 > 0$ gilt. Außerdem folgt $\widetilde{U}_n(V_n) \to \infty$ $[P_\vartheta]$ bzw. $\to -\infty$ $[P_\vartheta]$ für $\vartheta \in \mathbf{K}$ bzw. $\vartheta \in \overset{\circ}{\mathbf{H}}$ aus (6.2.64). Also sind die beiden einseitigen Tests voll konsistent und damit asymptotisch äquivalent.

Der nicht-bedingte Test $\widetilde{\varphi}_n$ ist auch mit dem durch Studentisierung aus der plausiblen Prüfgröße $\widetilde{S}_n := \sqrt{n_1 n_2/(n_1+n_2)}(\overline{X}_{1\cdot} - \overline{X}_{2\cdot})$ gewonnenen Test asymptotisch äquivalent. Geht man nämlich von $\widetilde{S}_n$ als Prüfgröße aus, so ergibt sich für $\vartheta \in \mathbf{J}$

$$\mathcal{L}_\vartheta(\widetilde{S}_n) \xrightarrow{\mathcal{L}} \mathfrak{N}(0, \sigma^2(\vartheta)),$$

wobei $\sigma^2(\vartheta) = \lambda$ die unter $\vartheta \in \mathbf{J}$ von dem speziellen $\lambda_1 = \lambda_2 = \lambda$ abhängende, von i und j aber unabhängige Varianz der X_{ij} ist. Da es sich um $\mathfrak{P}(\lambda_i)$-verteilte ZG $X_{ij}, j = 1, \ldots, n_i$, handelt, ist für $\lambda_1 = \lambda_2 = \lambda$

$$\widehat{\sigma}_n^2 = \frac{1}{n_1+n_2}\Big(\sum_{j=1}^{n_1} x_{1j} + \sum_{j=1}^{n_2} x_{2j}\Big)$$

ein konsistenter Schätzer für $\sigma^2(\vartheta)$ und somit (6.2.64) eine zu $\widetilde{S}_n/\sigma(\vartheta)$ unter $\vartheta \in \mathbf{J}$ asymptotisch äquivalente Prüfgröße. $\square$

Die obigen Beispiele illustrieren auch das asymptotische Verhalten der bei der Standardisierung (6.2.55) verwendeten Größen $E_{\eta_0\cdot}(U_n|V_n)$ und $\text{Var}_{\eta_0\cdot}(U_n|V_n)$. Zunächst verifiziert man in den beiden Einstichprobenproblemen leicht die Gültigkeit von

$$n^{-1} E_{\eta_0\cdot}(U_n|V_n) \to E_{\eta_0\xi} U_1 \quad [F_{\eta_0\xi}] \quad \forall \xi \in \Xi. \tag{6.2.65}$$

Die linken Seiten lassen sich also unter Verteilungen des Randes $\mathbf{J}$ als konsistente Schätzer der jeweiligen (unbedingten) EW von U_1 auffassen. Demgegenüber sind die Größen $n^{-1} \text{Var}_{\eta_0\cdot}(U_n|V_n)$ keine konsistenten Schätzer der (unbedingten) Varianzen $\text{Var}_{\eta_0\xi} U_1$, sondern der bedingten Varianzen $\text{Var}_{\eta_0\cdot}(U_1|V_1)$ der ersten Komponente, gegeben die letzten $(k-1)$ Komponenten, in einer k-dimensionalen Normalverteilung; vgl. Satz 1.97 und Hilfssatz 6.172 in 6.4.2. Diese Normalverteilung ist die Limesverteilung der in den beiden Einstichprobenproblemen gültigen Grenzwertaussage

$$\mathcal{L}_{\eta_0\xi}\left(n^{-1/2}\left(\begin{bmatrix} U_n \\ V_n \end{bmatrix} - E_{\eta_0\xi}\begin{bmatrix} U_n \\ V_n \end{bmatrix}\right)\right) \xrightarrow{\mathcal{L}} \mathfrak{N}\left(\begin{bmatrix} 0 \\ 0 \end{bmatrix}, \begin{bmatrix} \sigma_{11}^2 & \mathscr{S}_{12} \\ \mathscr{S}_{21} & \mathscr{S}_{22} \end{bmatrix}\right). \tag{6.2.66}$$

260   6 Asymptotische Betrachtungsweisen parametrischer Verfahren

Dabei ist $\sigma_{11}^2 = \operatorname{Var}_{\eta_0\xi} U_1$, $\mathscr{S}_{22} = \mathscr{C}\!\mathit{ov}_{\eta_0\xi} V_1$ und $\mathscr{S}_{12} = \mathscr{S}_{21}^\top$ die $1 \times (k-1)$-dimensionale Matrix der Kovarianzen von U_1 mit den $k-1$ Komponenten $V_{12}, \ldots, V_{1k}$ von V_1, also $\mathscr{S}_{12} = (\operatorname{Cov}_{\eta_0\xi}(U_1, V_{12}), \ldots, \operatorname{Cov}_{\eta_0\xi}(U_1, V_{1k}))$. Beachtet man noch, daß nach Satz 1.97 für die bedingte Varianz der Limes-Normalverteilung gilt

$$\operatorname{Var}_{\eta_0\cdot}(U_1|V_1) = \sigma_{11}^2 - \mathscr{S}_{12}\mathscr{S}_{22}^{-1}\mathscr{S}_{21},$$

so ergibt sich durch etwas längere, wenn auch wiederum elementare Rechnungen in den beiden Beispielen 6.80 und 6.82 die Gültigkeit von

$$n^{-1}\operatorname{Var}_{\eta_0\cdot}(U_n|V_n) \to \operatorname{Var}_{\eta_0\cdot}(U_1|V_1). \tag{6.2.67}$$

Entsprechende Grenzwertaussagen gelten auch in den beiden Zweistichprobenproblemen der Beispiele 6.81 und 6.83, wenn man $n_1/n \to: \nu \in (0,1)$ fordert. Dem relativen Anteil der ersten Stichprobe in der Gesamtstichprobe entsprechend hat man nur (6.2.65) abzuändern in

$$n^{-1}E_{\eta_0\cdot}(U_n|V_n) \to \nu E_{\eta_0\xi} U_1 \quad [F_{\eta_0\xi}], \tag{6.2.65'}$$

während statt (6.2.66) gilt

$$\mathfrak{L}_{\eta_0\xi}\left(n^{-1/2}\left(\begin{bmatrix}U_n\\V_n\end{bmatrix} - E_{\eta_0\xi}\begin{bmatrix}U_n\\V_n\end{bmatrix}\right)\right) \xrightarrow{\mathfrak{L}} \mathfrak{N}\left(\begin{bmatrix}0\\0\end{bmatrix}, \sigma^2\begin{bmatrix}\nu & \nu\\\nu & 1\end{bmatrix}\right). \tag{6.2.66'}$$

Wegen $\operatorname{Var}_{\eta_0\cdot}(U_1|V_1) = \sigma^2\nu(1-\nu)$ ergibt sich auch in diesen beiden Beispielen (6.2.67).

Anmerkung 6.84 a) Eine (6.2.65) entsprechende Schätzeigenschaft bedingter EW läßt sich auch in allgemeinerem Rahmen zeigen: Sind $Y_j, j \in \mathbb{N}$, st.u. reellwertige ZG mit derselben Verteilung F und endlichen zweiten Momenten, und bezeichnet $(\mathfrak{L}_n)$ eine beliebige Familie von Sub-σ-Algebren des Grundraums, dann gilt (vgl. Aufg. 6.21)

$$n^{-1}E\left(\sum_{j=1}^n Y_j \Big| \mathfrak{L}_n\right) \to EY_1 \quad \text{in } \mathbb{L}_2. \tag{6.2.68}$$

Werden die $\mathfrak{L}_n$ – wie in den Beispielen 6.80–6.83 – durch Summen st.u. glv ZG $Z_j, j \in \mathbb{N}$, induziert, so gilt auch

$$n^{-1}E\left(\sum_{j=1}^n Y_j \Big| \mathfrak{L}_n\right) \to EY_1 \quad [F]. \tag{6.2.69}$$

b) Die Gültigkeit von (6.2.67) in den vier Beispielen suggeriert diejenige einer allgemeineren Gesetzmäßigkeit, nämlich einer bedingten Form des zentralen Grenzwertsatzes, also einer Aussage der Form $P_n^{U|V=v} \xrightarrow{\mathfrak{L}} P^{U|V=v} \ [P^V]$. Dabei seien P_n, P WS-Maße über $(\mathbb{R} \times \mathbb{R}^{k-1}, \mathbb{B} \otimes \mathbb{B}^{k-1})$ mit $P_n \xrightarrow{\mathfrak{L}} P$ und mit $U(y,z) = y$ bzw. $V(y,z) = z$ die Koordinatenprojektionen bezeichnet. Da jedoch bedingte EW nur implizit (und dies nur f.s.) festgelegt und überdies die Operationen des Faltens und Bedingens nur wenig kompatibel sind, ist die Präzisierung der „bedingten Verteilungskonvergenz" und der Nachweis einer solchen Limesaussage erheblich schwieriger. Dieses auch deshalb, weil es wesentlich auf die Version des jeweils zugrundeliegenden Bedingungskerns wie auch auf die mit diesen verbundenen Ausnahmemengen ankommt. Gilt überdies noch die Mitkonvergenz der zweiten Momente bei $P_n^{U|V=v} \xrightarrow{\mathcal{L}} P^{U|V=v}$ $[P^V]$, so gelangt man zu einem allgemeineren Satz über das Schätzverhalten bedingter Varianzen.

Der Nachweis der bedingten Verteilungskonvergenz ist jedoch dann relativ einfach zu handhaben, wenn sich das Bedingen auf eine reine Quotientenbedingung zurückführen läßt. Existieren etwa Dichten $p_n(u,v)$, $p(u,v)$, $p_n(v)$, $p(v)$ von P_n, P, P_n^V, P^V (bzgl. des jeweiligen Lebesgue-Maßes), für die f.ü. punktweise gilt

$$p_n(u,v) \to p(u,v), \quad p_n(v) \to p(v) > 0,$$

dann folgt für die bedingten Dichten f.ü.

$$p_n(u|v) = \frac{p_n(u,v)}{p_n(v)} \to \frac{p(u,v)}{p(v)} = p(u|v).$$

Man kann dann mittels des Lemmas von Scheffé 1.143 auf die Konvergenz der zu $p_n(u|v)$ bzw. $p(u|v)$ gehörenden Versionen $P_n^{U|V=v}$ gegen $P^{U|V=v}$ schließen. Eine Alternative zu der Verwendung bedingter Dichten bietet eine Darstellung[30] der bedingten charakteristischen Funktionen $\widehat{p}_n(s|v)$ mittels der charakteristischen Funktionen $\widehat{p}_n(s,t)$ der Verteilungen P_n. Ist etwa $\widehat{p}_n(s,t) \in \mathbb{L}_1(\lambda^k)$ und P_n^V äquivalent zu λ^{k-1}, so erhält man unter gewissen Zusatzvoraussetzungen durch zweimalige Fourier-Inversion

$$\widehat{p}_n(s|v) = \frac{\int e^{i\langle v,t\rangle}\widehat{p}_n(s,t)\,dt}{\int e^{i\langle v,t\rangle}\widehat{p}_n(0,t)\,dt}.$$

Gilt eine entsprechende Darstellung auch im Limes, dann kann man aufgrund der oben vorausgesetzten Verteilungskonvergenz gemäß dem Stetigkeitssatz 5.65, also aufgrund von $\widehat{p}_n(s,t) \to \widehat{p}(s,t) \; \forall (s,t) \in \mathbb{R} \times \mathbb{R}^{k-1}$, auf die Konvergenz der bedingten charakteristischen Funktionen und damit auf die der entsprechenden Bedingungskerne schließen. □

Testprobleme ohne Neyman-Struktur Zugrunde liegen wieder st.u. ZG X_j, $j \in \mathbb{N}$, mit derselben Verteilung F aus einer k-parametrigen Verteilungsklasse $\mathfrak{F}$, wobei im Hinblick auf die Notation in 6.4.3 der eindimensionale Hauptparameter jetzt mit κ und der $(k-1)$-dimensionale Nebenparameter mit λ bezeichnet werde. Es sei also $\mathfrak{F} = \{F_\vartheta : \vartheta = (\kappa, \lambda) \in K \times \Lambda \subset \mathbb{R}^k\}$ und die Hypothesen lauten

$$\mathbf{H} : \kappa \leq \kappa_0, \quad \mathbf{K} : \kappa > \kappa_0 \quad \text{bzw.} \quad \mathbf{H} : \kappa = \kappa_0, \quad \mathbf{K} : \kappa \neq \kappa_0. \tag{6.2.70}$$

Ohne weitere Strukturvoraussetzungen läßt sich für dieses Testproblem keine aus Optimalitätsbetrachtungen gewonnene Prüfgröße angeben. Daher soll – wie einleitend bereits angekündigt – der Nebenparameter λ zunächst als bekannt angesehen werden, ein für die dann einparametrige Verteilungsklasse intuitiv naheliegender einseitiger (bzw. zweiseitiger) Test $\varphi(\cdot, \lambda)$ verwendet und schließlich λ geeignet geschätzt werden. Der Einfachheit halber sei angenommen, daß $\varphi(\cdot, \lambda)$ ei-

---
[30] Vgl. M.S. Bartlett: J. London Math. Soc. 13 (1938) 62-67.

ne (unter (κ_0, λ) zentrierte) lineare Prüfgröße besitze. Es gebe also eine Funktion $\psi(\cdot, \lambda) \in \mathbb{L}_1(F_{\kappa_0 \lambda})$ derart, daß mit[31] $\mu(\lambda) := E_{\kappa_0 \lambda} \psi(X_1, \lambda)$ gilt

$$T_n(\lambda) := T_n(X, \lambda) = n^{-1} \sum_{j=1}^{n} \Big(\psi(X_j, \lambda) - \mu(\lambda)\Big). \tag{6.2.71}$$

Dieser Ansatz wird durch den Spezialfall nahegelegt, daß die durch Schnittbildung gewonnene Verteilungsklasse $\mathfrak{F}_\lambda$ $\mathbb{L}_1(\kappa_0)$-differenzierbar ist. Der sich für einen solchen Fall anbietende lokal beste Test ist nämlich von dieser Form mit $\psi(\cdot, \lambda) = \dot{\ell}_{\kappa_0}(\cdot, \lambda)$ und $\mu(\lambda) = 0$, vgl. Hilfssatz 1.178. Dessen Verwendung ist wiederum dadurch gerechtfertigt, daß er häufig zu einem asymptotisch besten Test führt. Ist über $\psi(\cdot, \lambda) \in \mathbb{L}_1(F_{\kappa_0 \lambda})$ hinaus $\psi(\cdot, \lambda) \in \mathbb{L}_2(F_{\kappa_0 \lambda})$ mit $\sigma^2(\lambda) := E_{\kappa_0 \lambda} \psi^2(X_1, \lambda) > 0$, so gilt für (6.2.71)

$$\mathfrak{L}_{\kappa_0 \lambda}(\sqrt{n} T_n(\lambda)) \xrightarrow[\mathfrak{L}]{} \mathfrak{N}(0, \sigma^2(\lambda)) \tag{6.2.72}$$

und damit für den kritischen Wert des einseitigen Tests zur Prüfgröße (6.2.71) $k_n(\lambda) \approx n^{-1/2} \sigma(\lambda) u_\alpha$.

Bei den zweiseitigen Hypothesen (6.2.70) wird man als Prüfgröße den Betrag der Statistik (6.2.71) verwenden, d.h. die Statistik

$$T_n(\lambda) = T_n(X, \lambda) = \Big| n^{-1} \sum_{j=1}^{n} (\psi(X_j, \lambda) - \mu(\lambda)) \Big|. \tag{6.2.73}$$

Auch diese wird durch den Fall nahegelegt, daß $\mathfrak{F}_\lambda$ zweifach $\mathbb{L}_1(\kappa_0)$-differenzierbar ist und somit nach Satz 2.76 für jedes $\alpha \in (0, 1)$ ein lokal bester lokal unverfälschter α-Niveau Test existiert. Um eine Aussage über dessen Gestalt zu machen, seien $\dot{\ell}_{\kappa_0}(\cdot, \lambda)$ und $\ddot{\ell}_{\kappa_0}(\cdot, \lambda)$ die erste bzw. zweite $\mathbb{L}_1(\kappa_0)$-Ableitung von $\mathfrak{F}_\lambda$. Bei Zugrundeliegen von n st.u. glv. ZG $X_1, \ldots, X_n$ gilt also für die erste bzw. zweite $\mathbb{L}_1(\kappa_0)$-Ableitung der Klasse der gemeinsamen Verteilungen nach Satz 1.182

$$\dot{L}_n(x, \lambda) = \sum_{j=1}^{n} \dot{\ell}_{\kappa_0}(x_j, \lambda),$$

$$\ddot{L}_n(x, \lambda) = \sum_{j=1}^{n} \big(\ddot{\ell}_{\kappa_0}(x_j, \lambda) - \dot{\ell}_{\kappa_0}^2(x_j, \lambda)\big) + \Big(\sum_{j=1}^{n} \dot{\ell}_{\kappa_0}(x_j, \lambda)\Big)^2. \tag{6.2.74}$$

Es gelte nun überdies $\dot{\ell}_{\kappa_0}(\cdot, \lambda) \in \mathbb{L}_2(F_{\kappa_0 \lambda})$ mit $J(\lambda) := E_{\kappa_0 \lambda} \dot{\ell}_{\kappa_0}^2(X_1, \lambda) > 0$, für $\widetilde{S}_n(X, \lambda) := n^{-1/2} \sum_{j=1}^{n} \dot{\ell}_{\kappa_0}(X_j, \lambda)$ also

$$\mathfrak{L}_{\kappa_0 \lambda}(\widetilde{S}_n(X, \lambda)) \xrightarrow[\mathfrak{L}]{} \mathfrak{N}(0, J(\lambda)) =: \mathfrak{N}_\lambda. \tag{6.2.75}$$

Dann wird auch das Limesverhalten von $\ddot{L}_n(X, \lambda)$ durch dasjenige des zweiten Summanden bestimmt. Der mit n^{-1} multiplizierte erste Summand in (6.2.74) ist

---
[31] Wir verzichten hier und im folgenden vielfach auf die explizite Angabe von κ_0.

nämlich nach dem Gesetz der großen Zahlen asymptotisch konstant, während der mit n^{-1} multiplizierte zweite Summand eine nicht-degenerierte Limesverteilung besitzt. Somit ist nach Satz 2.76 der Ablehnungsbereich des lokal besten zweiseitigen Tests $\varphi_n(\cdot, \lambda)$ asymptotisch von der Form

$$\widetilde{S}_n^2(x,\lambda) - c_{1n}(\lambda)\widetilde{S}_n(x,\lambda) - c_{2n}(\lambda) > 0.$$

Bezeichnen $k_{1n}(\lambda)$ und $k_{2n}(\lambda)$ die Nullstellen von $q_\lambda(z) := z^2 - c_{1n}(\lambda)z - c_{2n}(\lambda)$, so ist also der lokal beste zweiseitige Test von der Form

$$\varphi_n(x,\lambda) = \mathbf{1}(\widetilde{S}_n < k_{1n}(\lambda)) + \mathbf{1}(\widetilde{S}_n > k_{2n}(\lambda)) + \sum_{\ell=1}^{2} v_{\ell n}(\lambda)\mathbf{1}(\widetilde{S}_n = k_{\ell n}(\lambda)).$$

Dabei werden $k_{\ell n}(\lambda)$ und $v_{\ell n}(\lambda)$ für $\ell = 1, 2$ nach (2.4.34+35) bestimmt durch die beiden Gleichungen

$$\int \varphi_n(z,\lambda)\,d\mathfrak{N}_\lambda(z) = \alpha, \quad \int z\varphi_n(z,\lambda)\,d\mathfrak{N}_\lambda(z) = 0.$$

Wegen der Stetigkeit von $\mathfrak{N}_\lambda = \mathfrak{N}(0, J(\lambda))$ gilt also asymptotisch $v_{\ell n} = 0$, $\ell = 1, 2$, und

$$k_{1n}(\lambda) \approx -\sqrt{J(\lambda)}u_{\alpha/2}, \quad k_{2n}(\lambda) \approx \sqrt{J(\lambda)}u_{\alpha/2}.$$

Der lokal beste lokal unverfälschte α-Niveau Test besitzt also asymptotisch die Prüfgröße

$$T_n(\lambda) = \left|n^{-1}\sum_{j=1}^{n}\dot{\ell}_{\kappa_0}(X_j,\lambda)\right| \quad \text{und den kritischen Wert} \quad n^{-1/2}\sqrt{J(\lambda)}u_{\alpha/2}.$$

Im folgenden beschränken wir uns auf die Betrachtung der einseitigen Situation. Für das Ausgangsproblem bieten sich dann die Statistiken $T_n(\widehat{\lambda}_n)$ mit $T_n(\lambda)$ aus (6.2.71) an, wobei $\widehat{\lambda}_n$ ein geeigneter Schätzer von λ ist. Um zu sehen, wie man $\widehat{\lambda}_n$ zweckmäßigerweise wählt, soll zunächst untersucht werden, welchen Einfluß das Schätzen des Parameters λ auf die Limesverteilung hat. Hierzu nehmen wir über die Gültigkeit von (6.2.72) hinaus an, daß die Abbildungen $\lambda \mapsto \mu(\lambda)$ sowie $\lambda \mapsto \psi(x,\lambda)$ bei festem x differenzierbar sind mit $\nabla_\lambda \psi(\cdot, \lambda) \in \mathbb{L}_1(\kappa_0, \lambda)$. Dann ergibt sich beim Schätzen von λ vermöge $\widehat{\lambda}_n$ aus (6.2.71) durch Taylorentwicklung mit einem geeignetem Restglied R_n

$$\sqrt{n}T_n(\widehat{\lambda}_n) = \sqrt{n}T_n(\lambda) + \left\langle n^{-1}\sum_{j=1}^{n}\nabla_\lambda\psi(X_j,\lambda) - \nabla\mu(\lambda), \sqrt{n}(\widehat{\lambda}_n - \lambda)\right\rangle + R_n \quad (6.2.76)$$

und damit nach dem Gesetz der großen Zahlen mit $\nu(\lambda) := E_{\kappa_0\lambda}\nabla_\lambda\psi(X_1,\lambda)$ sowie einem geeigneten weiteren Restglied R'_n

$$\sqrt{n}T_n(\widehat{\lambda}_n) = \sqrt{n}T_n(\lambda) + \langle \nu(\lambda) - \nabla\mu(\lambda), \sqrt{n}(\widehat{\lambda}_n - \lambda)\rangle + R_n + R'_n. \quad (6.2.77)$$

Ist $R_n + R'_n$ asymptotisch vernachlässigbar und $\widehat{\lambda}_n$ $\sqrt{n}$-konsistent, so hängt die Limesverteilung von $\sqrt{n}T_n(\widehat{\lambda}_n)$ also davon ab, ob $\Delta(\lambda) := \nu(\lambda) - \nabla\mu(\lambda) = 0$ ist oder nicht. Wir beschränken uns hier der Einfachheit halber auf den Fall einer Limes-Normalverteilung. Die wichtigsten Ergebnisse enthält dann der

Satz 6.85 X_j, $j \in \mathbb{N}$, seien st.u. $(\mathfrak{X}_0, \mathfrak{B}_0)$-wertige ZG mit derselben Verteilung $F \in \mathfrak{F} = \{F_{\kappa,\lambda} : (\kappa, \lambda) \in K \times \Lambda\}$, $K \subset \mathbb{R}$, $\Lambda \subset \mathbb{R}^{k-1}$. Für die Hypothesen (6.2.70) bei festem λ sei $T_n(\lambda)$ eine Prüfgröße mit (6.2.72). Sei $\widehat{\lambda}_n$ ein $\sqrt{n}$-konsistenter Schätzer und (6.2.77) erfüllt mit $R_n + R'_n \to 0$ nach $F_{\kappa_0\lambda}$-WS $\forall \lambda \in \Lambda$. Weiter sei $\Delta(\lambda) := \nu(\lambda) - \nabla\mu(\lambda)$.

a) Ist $\Delta(\lambda) = 0$, so gilt

$$\mathfrak{L}_{\kappa_0\lambda}(\sqrt{n}T_n(\widehat{\lambda}_n)) \xrightarrow{\mathfrak{L}} \mathfrak{N}(0, \sigma^2(\lambda)). \quad (6.2.78)$$

b) Ist $\Delta(\lambda) \neq 0$ und besitzt das Paar $(\sqrt{n}T_n(\lambda), \sqrt{n}(\widehat{\lambda}_n - \lambda))$ eine gemeinsame Limes-Normalverteilung, gilt also

$$\mathfrak{L}_{\kappa_0\lambda}\left(\begin{bmatrix} n^{-1/2}\sum(\psi(X_j,\lambda) - \mu(\lambda)) \\ \sqrt{n}(\widehat{\lambda}_n - \lambda) \end{bmatrix}\right) \xrightarrow{\mathfrak{L}} \mathfrak{N}\left(\begin{bmatrix} 0 \\ 0 \end{bmatrix}, \begin{bmatrix} \sigma^2(\lambda) & c^T(\lambda) \\ c(\lambda) & \mathscr{T}(\lambda) \end{bmatrix}\right), \quad (6.2.79)$$

so ergibt sich als Limesverteilung von $\sqrt{n}T_n(\widehat{\lambda}_n)$ wieder eine Normalverteilung

$$\mathfrak{L}_{\kappa_0\lambda}(\sqrt{n}T_n(\widehat{\lambda}_n)) \xrightarrow{\mathfrak{L}} \mathfrak{N}(0, \sigma^2(\lambda) + 2\Delta^T(\lambda)c(\lambda) + \Delta^T(\lambda)\mathscr{T}(\lambda)\Delta(\lambda)). \quad (6.2.80)$$

Beweis: a) folgt aus (6.2.72+77) mit dem Lemma von Slutsky.

b) ergibt sich aus (6.2.77+79) mit dem Satz von der stetigen Abbildung. □

Unter der Annahme eines $\sqrt{n}$-konsistenten Schätzers und der sonstigen Voraussetzungen von Satz 6.85 ändert sich also bei $\Delta(\lambda) = 0$ die Limesverteilung durch Einsetzen des Schätzers nicht. Ist die Bedingung (6.2.79) erfüllt, so ergibt sich für $\sqrt{n}T_n(\widehat{\lambda}_n)$ stets wieder eine Normalverteilung. Diese ist aber bei $\Delta(\lambda) \neq 0$ vom Limes $\mathfrak{N}(0, \sigma^2(\lambda))$ in (6.2.72) verschieden.

Um die Gültigkeit von (6.2.79) sicherstellen und so den Einfluß des Schätzers quantitativ erfassen zu können, wird in den Beispielen 6.88 und 6.89 angenommen, daß $\widehat{\lambda}_n$ an der Stelle λ eine asymptotische Linearisierung mit Einflußfunktion $\chi(\cdot, \lambda)$ besitzt, daß also gilt

$$\sqrt{n}(\widehat{\lambda}_n - \lambda) = \frac{1}{\sqrt{n}}\sum_{j=1}^n \chi(X_j, \lambda) + o_\lambda(1). \quad (6.2.81)$$

6.2 Asymptotische Behandlung parametrischer Testprobleme

Dann ist $\mathscr{T}(\lambda) = \mathscr{C}ov_{\kappa_0\lambda}\chi(X_1,\lambda)$ und $c(\lambda) = E_{\kappa_0\lambda}\psi(X_1,\lambda)\chi(X_1,\lambda)$, im Fall $k-1 = 1$ also $c(\lambda) = \mathrm{Cov}_{\kappa_0\lambda}(\psi(X_1,\lambda),\chi(X_1,\lambda))$. In diesem Fall folgt aus der Taylorentwicklung (6.2.77) bei Gültigkeit von $R_n + R'_n = o_\lambda(1)$

$$\sqrt{n}T_n(\widehat{\lambda}_n) = \sqrt{n}\Big(\frac{1}{n}\sum_{j=1}^n [\psi(X_j,\lambda) + \Delta(\lambda)\chi(X_j,\lambda)] - \mu(\lambda)\Big) + o_\lambda(1). \tag{6.2.82}$$

Auch der Test $\varphi(\cdot,\widehat{\lambda}_n)$ besitzt also eine lineare Prüfgröße, aber mit der veränderten Einflußfunktion $\check{\psi}(\cdot,\lambda) = \psi(\cdot,\lambda) + \Delta(\lambda)\chi(\cdot,\lambda)$.

Es bleiben noch die Restglieder R_n und R'_n abzuschätzen. Offenbar gilt nach dem Gesetz der großen Zahlen und dem Lemma von Slutsky für $\sqrt{n}$-konsistente Schätzer $R'_n = o_{\kappa_0\lambda}(1)$. Für die Abschätzung von R_n macht der folgende Hilfssatz relativ einschneidende Voraussetzungen. Ein technisch verfeinertes, auf einer geeigneten Prozeß-Approximation beruhendes Resultat wird in Kap. 10 bewiesen werden.

Hilfssatz 6.86 $X_j, j \in \mathbb{N}$ seien st.u. $(\mathfrak{X}_0, \mathfrak{B}_0)$-wertige ZG mit derselben Verteilung $F_{\kappa_0\lambda}$, $\lambda \in \Lambda \subset \mathbb{R}^{k-1}$ offen. Weiter sei $\psi(\cdot,\cdot) : \mathfrak{X}_0 \times \Lambda \to \mathbb{R}$ eine (produkt-)meßbare Abbildung mit

1) $\psi(\cdot,\lambda) \in \mathbb{L}_1(F_{\kappa_0\lambda}) \quad \forall \lambda \in \Lambda$;

2) $\lambda \mapsto \psi(x,\lambda)$ ist für alle $x \in \mathfrak{X}_0$ differenzierbar mit Ableitung $\nabla\psi(x,\lambda)$;

3) $\nabla\psi(\cdot,\lambda) \in \mathbb{L}_1(F_{\kappa_0\lambda}) \quad \forall \lambda \in \Lambda$;

4) $\forall \lambda \in \Lambda \quad \exists q \in \mathbb{L}_1(F_{\kappa_0\lambda}) \quad \exists r > 0 \quad \exists 0 < \alpha < 1$

$$|\nabla\psi(x,\lambda) - \nabla\psi(x,\zeta)| \le q(x)|\lambda - \zeta|^\alpha \quad \forall \zeta \in U(\lambda,r).$$

Überdies sei $\mu(\lambda) := E_{\kappa_0\lambda}\psi(X_1,\lambda)$ stetig differenzierbar für alle $\lambda \in \Lambda$. Weiter sei $(\widehat{\lambda}_n)$ ein $\sqrt{n}$-konsistenter Schätzer für λ und R_n die mit diesem gemäß (6.2.76) zu bildenden Restterme. Dann gilt $R_n = o_{\kappa_0\lambda}(1)$.

Beweis: Sei $\lambda \in \Lambda$ fest und $\check{\lambda}_n$ die bei der Taylorentwicklung (6.2.76) auftretende Zwischenstelle. Dann gilt

$$|R_n| \le \Big|\Big\langle \sqrt{n}(\widehat{\lambda}_n - \lambda), \frac{1}{n}\sum_{j=1}^n (\nabla\psi(X_j,\check{\lambda}_n) - \nabla\psi(X_j,\lambda)) - \nabla\mu(\check{\lambda}_n) + \nabla\mu(\lambda)\Big\rangle\Big|$$

$$\le \sqrt{n}|\widehat{\lambda}_n - \lambda|\frac{1}{n}\sum_{j=1}^n |\nabla\psi(X_j,\check{\lambda}_n) - \nabla\psi(X_j,\lambda)|$$

$$+ \sqrt{n}|\widehat{\lambda}_n - \lambda||\nabla\mu(\check{\lambda}_n) - \nabla\mu(\lambda)| =: R_{n1} + R_{n2}.$$

Zu $\varepsilon > 0$ wähle man nun ein $s > 0$ mit $P_{\kappa_0\lambda}(\sqrt{n}|\widehat{\lambda}_n - \lambda| > s) < \varepsilon$. Dann gilt für $n > n_0 := [s^2/r^2] + 1$

$$P_{\kappa_0\lambda}(R_{n1}\mathbf{1}(|\check{\lambda}_n - \lambda| \geq r) > 0) \leq P_{\kappa_0\lambda}(\sqrt{n}|\widehat{\lambda}_n - \lambda| > s) < \varepsilon$$

und damit

$$0 \leq R_{n1}\mathbf{1}(|\check{\lambda}_n - \lambda| < r) \leq \sqrt{n}|\widehat{\lambda}_n - \lambda|^{1+\alpha}\frac{1}{n}\sum_{j=1}^{n} q(X_j) = o_{\kappa_0\lambda}(1).$$

Schließlich folgt aus der Stetigkeit von $\nabla\mu(\cdot)$, daß auch R_{n2} asymptotisch vernachlässigbar ist. $\square$

Anmerkung 6.87 a) Bei $\Delta(\lambda) \neq 0$ hat das Ersetzen von λ durch den Schätzer $\widehat{\lambda}_n$ auch dann einen Einfluß auf die Limesverteilung, wenn $\widehat{\lambda}_n$ auf „externen Daten", etwa auf früheren Beobachtungen, beruht. Zwar ist dann $c(\lambda) = 0$ wegen der st. Unabhängigkeit von $\sqrt{n}(\widehat{\lambda}_n - \lambda)$ und $T_n(X, \lambda)$, aber wegen $\Delta(\lambda)^\top \mathscr{I}(\lambda)\Delta(\lambda) > 0$ hat die Limesverteilung von $\sqrt{n}T_n(\widehat{\lambda}_n)$ eine größere Varianz als diejenige von $\sqrt{n}T_n(\lambda)$.

b) Man beachte, daß im allgemeinen gilt

$$\nabla\mu(\lambda) = \nabla E_{\kappa_0\lambda}\psi(X_1,\lambda) \neq E_{\kappa_0\lambda}\nabla\psi(X_1,\lambda) = \nu(\lambda)$$

und zwar auch dann, wenn die Differentiation nach λ unter dem Integralzeichen gestattet ist. Liegt nämlich eine Klasse von WS-Verteilungen mit Dichten $f(z,\lambda)$ bzgl. eines dominierenden Maßes zugrunde, so gilt in diesem Fall

$$\nabla\mu(\lambda) = \nabla\left(\int \psi(z,\lambda)dF_\lambda(z)\right) = \int \nabla\psi(z,\lambda)\,\mathrm{d}F_\lambda(z) + \int \psi(z,\lambda)\nabla\log f(z,\lambda)\,\mathrm{d}F_\lambda(z)$$
$$= \nu(\lambda) + E_\lambda(\nabla\log f(X_1,\lambda)\psi(X_1,\lambda)). \tag{6.2.83}$$

Damit gilt im allgemeinen $\nabla\mu(\lambda) \neq \nu(\lambda)$ und dies genau dann, wenn $\nabla\log f(X_1,\lambda)$ und $\psi(X_1,\lambda)$ nicht unkorreliert sind. Der Formel (6.2.83) sieht man jedoch an, wie man ψ zu verändern hat, damit der Schätzer keinen Einfluß auf die Limesverteilung hat (solange die sonstigen Grundvoraussetzungen erfüllt sind). Gilt nämlich $\nabla\log f(\cdot,\lambda), \psi(\cdot,\lambda) \in \mathbb{L}_2(F_\lambda)$, so hat man ψ bzgl. $\nabla\log f(\cdot,\lambda)$ zu orthogonalisieren, d.h. von $\psi(\cdot,\lambda)$ überzugehen zu

$$\psi^*(\cdot,\lambda) = \psi(\cdot,\lambda) - \frac{\langle\psi(\cdot,\lambda), \nabla\log f(\cdot,\lambda)\rangle}{\langle\nabla\log f(\cdot,\lambda), \nabla\log f(\cdot,\lambda)\rangle}\nabla\log f(\cdot,\lambda). \tag{6.2.84}$$

Dann gilt offenbar stets $\langle\psi^*(\cdot,\lambda), \nabla\log f(\cdot,\lambda)\rangle = 0$. Hierzu vergleiche man die in 6.4.3 zu diskutierenden $C(\alpha)$-Tests sowie den Neyman-Rao-Test in 6.4.2. $\square$

Da diese Vorgehensweise auf Modelle zugeschnitten ist, die keine Neyman-Struktur haben, werden im folgenden zwei Beispiele betrachtet, die keine Exponentialfamilien sind. Da die Differenzierbarkeitsvoraussetzungen aus 2.2.4 (bzw. 2.4.3) erfüllt sind, bietet es sich wie erwähnt an, für festes λ jeweils den lokal besten einseitigen (bzw. zweiseitigen) Test mit der Prüfgröße $T_n(\lambda) = \frac{1}{n}\sum_{j=1}^{n}\dot{\ell}(X_j,\lambda)$ zu nehmen, für den gemäß Hilfssatz 1.178 $\mu(\lambda) \equiv 0$ ist.

6.2 Asymptotische Behandlung parametrischer Testprobleme

Beispiel 6.88 (Testen eines eindimensionalen Parameters in einer Lokations-Skalenfamilie)
Sei F eine eindimensionale VF mit $\int z\,dF(z) = 0$ und $\int z^2\,dF(z) < \infty$ sowie einer zweimal differenzierbaren λ-Dichte f, welche auch die sonstigen Voraussetzungen von Beispiel 1.198 erfülle. Insbesondere sei die durch F erzeugte Lokations-Skalenfamilie an jeder Stelle $(\mu, \sigma) \in \mathbb{R} \times (0, \infty)$ $\mathbb{L}_2(\mu, \sigma)$-differenzierbar (und damit $\mathbb{L}_1(\mu, \sigma)$-differenzierbar) mit Ableitung

$$\dot{\ell}_{(\mu,\sigma)}(z) = \left(\frac{1}{\sigma}\mathfrak{g}\left(\frac{z-\mu}{\sigma}\right), \frac{1}{\sigma}\mathfrak{h}\left(\frac{z-\mu}{\sigma}\right)\right)^\top.$$

Dabei sei hier und im folgenden für $y \in \mathbb{R}$ abkürzend gesetzt

$$\mathfrak{g}(y) := -\frac{f'(y)}{f(y)}, \quad \mathfrak{h}(y) := -y\frac{f'(y)}{f(y)} - 1. \tag{6.2.85}$$

a) (Testen des Lokationsparameters) Zur Gewinnung eines Tests für die einseitigen Hypothesen $\mathbf{H}: \mu \leq \mu_0$, $\mathbf{K}: \mu > \mu_0$ werde zunächst der Nebenparameter σ festgehalten. Da die durch Schnittbildung bei festem $\sigma > 0$ gewonnene Lokationsfamilie $\mathbb{L}_1(\mu_0)$-differenzierbar ist mit Ableitung

$$\dot{\ell}_{\mu_0}(z, \sigma) = \frac{1}{\sigma}\mathfrak{g}\left(\frac{z-\mu_0}{\sigma}\right),$$

lautet die Prüfgröße des lokal besten Tests

$$T_n(x, \sigma) = n^{-1}\sum_{j=1}^{n}\psi(x_j, \sigma), \quad \psi(z, \sigma) = \frac{1}{\sigma}\mathfrak{g}\left(\frac{z-\mu_0}{\sigma}\right).$$

Wegen $\mu(\lambda) \equiv 0$ ist $\Delta(\lambda) = \nu(\lambda) = E_{\mu_0\sigma}\nabla_\sigma\psi(X_1, \sigma)$. Offenbar gilt

$$\nabla_\sigma\psi(z,\sigma) = -\frac{1}{\sigma^2}\left\{\mathfrak{g}\left(\frac{z-\mu_0}{\sigma}\right) + \frac{z-\mu_0}{\sigma}\mathfrak{g}'\left(\frac{z-\mu_0}{\sigma}\right)\right\}, \quad \mathfrak{g}'(y) = -\frac{f''(y)f(y) - f'^2(y)}{f^2(y)}.$$

Daraus folgt durch partielle Integration wegen $\int f'(y)\,dy = 0$

$$\int \nabla_\sigma\psi(z,\sigma)\frac{1}{\sigma}f\left(\frac{z-\mu_0}{\sigma}\right)dz = -\frac{1}{\sigma^2}\int(\mathfrak{g}(y) + y\mathfrak{g}'(y))f(y)\,dy$$

$$= \frac{1}{\sigma^2}\int yf''(y)\,dy - \frac{1}{\sigma^2}\int y\frac{f'^2(y)}{f(y)}\,dy. \tag{6.2.86}$$

Hier ist der erste Summand gleich 0, denn für $a, b \in \mathbb{R}$ mit $a \to -\infty$, $b \to \infty$ gilt

$$\int_a^b yf''(y)\,dy = yf'(y)\Big|_a^b - \int_a^b f'(y)\,dy = yf'(y)\Big|_a^b - (f(b) - f(a)) \to 0,$$

wobei der hierbei auftretende erste Summand im Limes verschwindet wegen

$$\int |y||f'(y)|\,dy = \int |y||\mathfrak{g}(y)|\,dF(y) \leq \left(\int y^2\,dF(y)\int \mathfrak{g}^2(y)\,dF(y)\right) < \infty.$$

Für den zweiten Summanden in (6.2.86) ergibt sich

$$-\frac{1}{\sigma^2}\int y\frac{f'^2(y)}{f(y)}\,dy = \frac{1}{\sigma^2}\int (y\mathfrak{g}(y)-1)f'(y)\,dy = \frac{1}{\sigma^2}\int \mathfrak{h}(y)\mathfrak{g}(y)\,dF(y) = \frac{1}{\sigma^2}\langle \mathfrak{g},\mathfrak{h}\rangle_F.$$

Also hat das Schätzen des Nebenparameters σ genau dann keinen Einfluß auf die Limesverteilung von $\sqrt{n}T_n(X,\sigma)$, wenn $\mathfrak{g}$ und $\mathfrak{h}$ in $\mathbb{L}_2(F)$ orthogonal sind. Dieses ist insbesondere dann der Fall, wenn F und damit f symmetrisch bzgl. einer Stelle $\mu^* \in \mathbb{R}$, o.E. bzgl. 0 ist. Dann ist nämlich f' und damit $\mathfrak{g}$ schiefsymmetrisch und folglich $\mathfrak{h}(y) = y\mathfrak{g}(y) - 1$ wiederum symmetrisch, also $<\mathfrak{g},\mathfrak{h}>_F = 0$.

Ist $\langle \mathfrak{g},\mathfrak{h}\rangle_F \neq 0$, so bietet sich als Schätzer für den Nebenparameter σ die Standardabweichung $\widehat{\sigma}_n$ an. Dieser gestattet nach Beispiel 6.31 um den wahren Wert σ die asymptotische Linearisierung

$$\widehat{\sigma}_n = \sigma + \frac{1}{2n\sigma}\sum_{j=1}^n\Big((X_j-\mu_0)^2 - \sigma^2\Big) + o_F(n^{-1/2}).$$

Mit den Sätzen von Lindeberg-Lévy und Slutsky sowie $\lambda = \sigma$ folgt nun

$$\mathfrak{L}_{\mu_0,\sigma}\left(\begin{bmatrix} n^{-1/2}\sum \psi(X_j,\sigma) \\ \sqrt{n}(\widehat{\sigma}_n-\sigma) \end{bmatrix}\right) \xrightarrow{\mathfrak{L}} \mathfrak{N}\left(\begin{bmatrix} 0 \\ 0 \end{bmatrix},\begin{bmatrix} \sigma^2(\lambda) & c^\top(\lambda) \\ c(\lambda) & \tau^2(\lambda) \end{bmatrix}\right),$$

wobei für die Elemente der Kovarianzmatrix gilt

$$\sigma^2(\lambda) = \frac{1}{\sigma^2}\int \mathfrak{g}^2\Big(\frac{z-\mu_0}{\sigma}\Big)\frac{1}{\sigma}f\Big(\frac{z-\mu_0}{\sigma}\Big)\,dz = \frac{1}{\sigma^2}I(f),\quad \tau^2(\lambda) = \frac{1}{4\sigma^2}(\mu_4-\sigma^4),$$

$$c(\lambda) = \frac{1}{2\sigma^2}\int \mathfrak{g}\Big(\frac{z-\mu_0}{\sigma}\Big)((z-\mu_0)^2-\sigma^2)\frac{1}{\sigma}f\Big(\frac{z-\mu_0}{\sigma}\Big)\,dz$$
$$= \frac{1}{2}\int \mathfrak{g}(y)(y^2-1)f(y)\,dy = -\frac{1}{2}\int y^2 f'(y)\,dy$$
$$= \int y f(y)\,dy = \int (z+\mu^*)f_0(z)\,dz.$$

b) (Testen des Skalenparameters) Für das Testen der Hypothesen $\mathbf{H}: \sigma \leq \sigma_0$, $\mathbf{K}: \sigma > \sigma_0$ ist μ Nebenparameter. Bei festem μ ist die einparametrige Skalenfamilie für jedes $\sigma_0 > 0$ $\mathbb{L}_1(\sigma_0)$-differenzierbar und zwar mit Ableitung

$$\dot{\ell}_{\sigma_0}(x,\mu) = \frac{1}{\sigma_0}\mathfrak{h}\Big(\frac{x-\mu}{\sigma_0}\Big).$$

Folglich ist $\psi(x,\mu) = \frac{1}{\sigma_0}\mathfrak{h}\Big(\frac{x-\mu}{\sigma_0}\Big)$ und somit $\nabla_\mu\psi(x,\mu) = -\frac{1}{\sigma_0^2}\mathfrak{h}'\Big(\frac{x-\mu}{\sigma_0}\Big)$, also

$$\nu(\lambda) = \int \nabla_\mu\psi(x,\mu)\frac{1}{\sigma_0}f\Big(\frac{x-\mu}{\sigma_0}\Big)\,dx = -\frac{1}{\sigma_0^2}\int \mathfrak{h}'(y)f(y)\,dy = -\frac{1}{\sigma_0^2}\int y\mathfrak{g}'(y)f(y)\,dy$$
$$= \frac{1}{\sigma_0^2}\int \mathfrak{g}(y)\mathfrak{h}(y)\,dF(y) = \frac{1}{\sigma_0^2}\langle \mathfrak{g},\mathfrak{h}\rangle_F.$$

6.2 Asymptotische Behandlung parametrischer Testprobleme 269

Wie in a) hat somit das Schätzen des Nebenparameters keinen Einfluß auf die Limesverteilung, wenn $\mathfrak{g}$ und $\mathfrak{h}$ in $\mathbb{L}_2(F)$ orthogonal sind, wenn also z.B. F die in a) angegebene Symmetriebedingung besitzt.

Ist jedoch $\langle \mathfrak{g}, \mathfrak{h} \rangle_F \neq 0$ und $\widehat{\lambda}_n = \widehat{\mu}_n$ ein asymptotisch linearer Schätzer, so benötigt man die Limesverteilung (6.2.79), um eine quantitative Aussage über den Einfluß machen zu können. Im Fall von $\widehat{\lambda}_n = \overline{x}_n$ folgt nach dem Satz von Lindeberg-Lévy

$$\sigma^2(\lambda) = \frac{1}{\sigma_0^2} \int \mathfrak{h}^2\left(\frac{z-\mu}{\sigma_0}\right) \frac{1}{\sigma_0} f\left(\frac{z-\mu}{\sigma_0}\right) dz = \frac{1}{\sigma_0^2}\left(-1 + \int y \frac{f'^2(y)}{f(y)} dy\right),$$

$$c(\lambda) = \frac{1}{\sigma_0} \int \mathfrak{h}\left(\frac{z-\mu}{\sigma_0}\right) z \frac{1}{\sigma_0} f\left(\frac{z-\mu}{\sigma_0}\right) dz = -\frac{\mu}{\sigma_0} - \int y^2 f'(y) dy, \quad \tau^2(\lambda) = \sigma_0^2.$$

Mit diesen Größen ergibt sich nach (6.2.80) die Limesverteilung von $T_n(\widehat{\lambda}_n)$. □

Beispiel 6.89 (Testen auf positive stochastische Abhängigkeit) $X_j = (Y_j, Z_j)$, $j \in \mathbb{N}$, seien st.u. ZG mit derselben Verteilung F_ϑ, $\vartheta = (\mu_1, \mu_2, \sigma_1, \sigma_2, \varrho) \in \mathbb{R}^2 \times (0,\infty)^2 \times P$, wobei $P \subset (-1,1)$ ein Intervall mit $0 \in \overset{\circ}{P}$ ist. Dabei seien μ_i der Lokations- und σ_i der Skalenparameter der i-ten Randverteilung, $i = 1, 2$, sowie ϱ ein Korrelationsparameter, wobei $\varrho = 0$ die st. Unabhängigkeit charakterisiere. Beim Prüfen der Hypothese **H** : $\varrho \leq 0$, **K** : $\varrho > 0$ ist also $\lambda = (\mu_1, \mu_2, \sigma_1, \sigma_2)$ ein vierdimensionaler Nebenparameter.

a) (Testen von ϱ bei Annahme einer zweidimensionalen Normalverteilung) Sei speziell $F_\vartheta = \mathfrak{N}(\mu_1, \mu_2, \sigma_1^2, \sigma_2^2, \varrho)$. Bezeichnet $f(x; \lambda, \varrho)$ deren $\mathbb{N}^2$-Dichte, so ergibt sich die Prüfgröße des lokal besten Tests bei festem λ wegen

$$\nabla_\varrho \log f(x; \lambda, \varrho) \Big|_{\varrho=0} = \frac{y-\mu_1}{\sigma_1} \frac{z-\mu_2}{\sigma_2} =: \psi(x; \lambda)$$

gemäß (6.2.64) und $\mu(\lambda) \equiv 0$ zu

$$T_n(\lambda) = T_n(x; \lambda) = n^{-1} \sum_{j=1}^n \frac{y_j - \mu_1}{\sigma_1} \frac{z_j - \mu_2}{\sigma_2}.$$

In diesem Fall ist auch stets $\nu(\lambda) = 0$ und damit $\Delta(\lambda) = 0$. Für $\varrho = 0$ gilt nämlich

$$\nabla_{\mu_1} \psi(x; \lambda) = -\frac{1}{\sigma_1} \frac{z-\mu_2}{\sigma_2}, \quad \nabla_{\sigma_1} \psi(x; \lambda) = -\frac{1}{\sigma_1} \frac{y-\mu_1}{\sigma_1} \frac{z-\mu_2}{\sigma_2},$$

$$\nabla_{\mu_2} \psi(x; \lambda) = -\frac{1}{\sigma_2} \frac{y-\mu_1}{\sigma_1}, \quad \nabla_{\sigma_2} \psi(x; \lambda) = -\frac{1}{\sigma_2} \frac{y-\mu_1}{\sigma_1} \frac{z-\mu_2}{\sigma_2},$$

und folglich wegen $E_{\lambda,\varrho} Y_1 = \mu_1$, $E_{\lambda,\varrho} Z_1 = \mu_2$ $\forall (\lambda, \varrho) \in \mathbb{R}^2 \times (0,\infty)^2 \times P$ und der st. Unabhängigkeit von Y_1 und Z_1 unter $\varrho = 0$ wie behauptet

$$\nu(\lambda) = E_{0\lambda} \nabla_\lambda \psi(X_1, \lambda) = 0.$$

Also hat das Schätzen des Nebenparameters λ bei keinem Schätzer, für den die Voraussetzungen von Satz 6.85 erfüllt sind, einen Einfluß auf die Limesverteilung. Dies wurde für den speziellen, aus den Stichprobenmittelwerten und Stichprobenstreuungen der Randverteilungen gebildeten Schätzer $\widehat{\lambda}_n = (\overline{y}_n, \overline{z}_n, n^{-1}\Sigma(y_j - \overline{y}_n)^2, n^{-1}\Sigma(z_j - \overline{z}_n)^2)$ bereits in Beispiel 5.108 gezeigt. Dort wurde nämlich für die zugehörige Prüfgröße $T_n(\widehat{\lambda}_n)$, also

270   6   Asymptotische Betrachtungsweisen parametrischer Verfahren

den üblichen Stichprobenkorrelationskoeffizienten, ad hoc verifiziert, daß $\sqrt{n}T_n(\widehat{\lambda}_n)$ unter $\varrho = 0$ das gleiche Limesverhalten hat wie $\sqrt{n}T_n(\lambda)$.

b) (Testen von ϱ bei Annahme einer Gumbel-Morgenstern-Verteilung) Es seien G_0 und H_0 vorgegebene eindimensionale VF und mit diesen zunächst bei vorgegebenen Nebenparametern die Rand-VF einer zweidimensionalen Verteilung F_ϑ erklärt durch

$$G(y) = G(y; \mu_1, \sigma_1) = G_0\left(\frac{y - \mu_1}{\sigma_1}\right) \quad \text{bzw.} \quad H(z) = H(z; \mu_2, \sigma_2) = H_0\left(\frac{z - \mu_2}{\sigma_2}\right).$$

Dann ist eine Gumbel-Morgenstern-Verteilung (zum Parameter $\vartheta = (\mu_1, \mu_2, \sigma_1, \sigma_2, \varrho)$) definiert durch die zweidimensionale VF

$$F_\vartheta(y, z) = G(y; \mu_1, \sigma_1) H(z; \mu_2, \sigma_2) \{1 + \varrho(1 - G(y; \mu_1, \sigma_1))(1 - H(z; \mu_2, \sigma_2))\}.$$

Man verifiziert unmittelbar, daß F_ϑ die $G \otimes H$-Dichte

$$1 + \varrho(1 - 2G(y; \mu_1, \sigma_1))(1 - 2H(z; \mu_2, \sigma_2))$$

besitzt und damit die λ^2-Dichte

$$f(x; \lambda, \varrho) = 1 + \varrho(1 - 2G(y; \mu_1, \sigma_1))(1 - 2H(z; \mu_2, \sigma_2))g(y; \mu_1, \sigma_1)h(z; \mu_2, \sigma_2),$$

wenn G und H die λ-Dichten g bzw. h besitzen. Wie eine einfache Rechnung zeigt, ist ϱ dann bis auf einen multiplikativen Faktor die Korrelation zwischen den Randgrößen. Als Prüfgröße des lokal besten Tests für die Hypothesen $\mathbf{H} : \varrho \leq 0$, $\mathbf{K} : \varrho > 0$ bei festem $\lambda = (\mu_1, \mu_2, \sigma_1, \sigma_2)$ ergibt sich damit

$$T_n(\lambda) = T_n(X; \lambda) = n^{-1} \sum_{j=1}^n \psi(Y_j, Z_j; \lambda) \quad \text{mit}$$

$\psi(y, z; \lambda) := \nabla_\varrho f(x; \lambda, 0) = (1 - 2G(y; \mu_1, \sigma_1))(1 - 2H(z; \mu_2, \sigma_2))g(y; \mu_1, \sigma_1)h(z; \mu_2, \sigma_2).$

Auch in diesem Fall hat das Schätzen des Nebenparameters keinen Einfluß auf die Limesverteilung, sofern der verwendete Schätzer $\widehat{\lambda}_n$ die Voraussetzungen von Satz 6.85 erfüllt; durch elementare Rechnung verifiziert man nämlich analog a), daß neben $\mu(\lambda) \equiv 0$ stets $\nu(\lambda) \equiv 0$ und damit $\Delta(\lambda) \equiv 0$ ist. $\square$

Bisher wurde nur der verteilungstheoretische Teil des Ansatzes diskutiert, d.h. es wurden Bedingungen angegeben, unter denen Verteilungskonvergenz

$$\mathfrak{L}_{\kappa_0, \lambda}(\sqrt{n}T_n(\widehat{\lambda}_n)) \xrightarrow[\mathfrak{L}]{} \mathfrak{N}(0, \tau^2(\lambda)) \quad \forall \lambda \in \Lambda$$

gilt und dabei die Notwendigkeit der $\sqrt{n}$-Konsistenz des Schätzers $\widehat{\lambda}_n$ für λ unter Verteilungen des Randes $\mathbf{J}$ der Hypothesen erörtert. Um eine asymptotisch verteilungsfreie Prüfgröße zu erhalten, hat man noch eine Studentisierung vorzunehmen. Dazu hat man vorauszusetzen, daß $\tau^2(\cdot)$ stetig und strikt positiv ist. Dann gilt unter den Voraussetzungen von Satz 6.86

$$\mathfrak{L}_{\kappa_0, \lambda}(\sqrt{n}T_n(\widehat{\lambda}_n)/\tau(\widehat{\lambda}_n)) \xrightarrow[\mathfrak{L}]{} \mathfrak{N}(0, 1) \quad \forall \lambda \in \Lambda,$$

6.2 Asymptotische Behandlung parametrischer Testprobleme

so daß $\varphi_n := \mathbf{1}(\sqrt{n}T_n(\widehat{\lambda}_n)/\tau(\widehat{\lambda}_n) > u_\alpha)$ bei vorgegebenem $\alpha \in (0,1)$ ein asymptotischer α-Niveau Test für die einseitigen Hypothesen (6.2.70) ist. Entsprechendes gilt im zweiseitigen Fall.

Die zuvor geschilderte Vorgehensweise, nämlich solange Parameter zu schätzen, bis man zu asymptotisch $\mathfrak{N}(0,1)$-verteilten Prüfgrößen gelangt, ist eine oft geübte Praxis. Selbstverständlich werden sich die auf diese heuristische Weise gewonnenen Tests im allgemeinen nicht in Strenge rechtfertigen lassen oder gar Optimalitätseigenschaften besitzen. Unter schwachen Zusatzvoraussetzungen sind sie jedoch zumindest konsistent. Dazu ist es erforderlich, einen unter allen Verteilungen des Modells konsistenten Schätzer $(\widehat{\lambda}_n)$ anzugeben, also einen Schätzer mit

$$\widehat{\lambda}_n \to \lambda \quad \text{nach} \quad F_{\kappa,\lambda}\text{-WS} \quad \forall (\kappa,\lambda) \in K \times \Lambda.$$

Unter den Voraussetzungen von Satz 6.85 läßt sich dann zeigen, daß $T_n(\widehat{\lambda}_n)/\tau(\widehat{\lambda}_n)$ nach $F_{\kappa,\lambda}$-WS gegen den Wert $\gamma(\kappa,\lambda)$ eines (zur Definition korrespondierender Hypothesen geeigneten) Funktionals konvergiert. Dazu beachte man, daß gilt

$$|T_n(\widehat{\lambda}_n) - T_n(\lambda)| \le \left|\frac{1}{n}\sum_{j=1}^n (\psi(X_j,\widehat{\lambda}_n) - \psi(X_j,\lambda))\right| + |\mu(\widehat{\lambda}_n) - \mu(\lambda)|.$$

Da μ differenzierbar, speziell also stetig ist, folgt aus der Konsistenz von $\widehat{\lambda}_n$ unter $\kappa \ne \kappa_0$, daß der zweite Summand asymptotisch vernachlässigbar ist. Für den ersten gilt mit geeigneten Zwischenstellen $\widetilde{\widehat{\lambda}}_{nj}$, $j = 1, \ldots, n$,

$$\left|\frac{1}{n}\sum_{j=1}^n (\psi(X_j,\widehat{\lambda}_n) - \psi(X_j,\lambda))\right| = \left|\frac{1}{n}\sum_{j=1}^n (\widehat{\lambda}_n - \lambda)^\top \nabla \psi(X_j, \widetilde{\widehat{\lambda}}_{nj})\right|$$

$$= \left|\frac{1}{n}\sum_{j=1}^n (\widehat{\lambda}_n - \lambda)^\top \nabla \psi(X_j,\lambda) + \frac{1}{n}\sum_{j=1}^n (\widehat{\lambda}_n - \lambda)^\top (\nabla \psi(X_j, \widetilde{\widehat{\lambda}}_{nj}) - \nabla \psi(X_j,\lambda))\right|$$

$$\le |\widehat{\lambda}_n - \lambda|\frac{1}{n}\sum_{j=1}^n |\nabla \psi(X_j,\lambda)| + |\widehat{\lambda}_n - \lambda|^{1+\alpha}\frac{1}{n}\sum_{j=1}^n q(X_j) = o_{\kappa,\lambda}(1),$$

und zwar ebenfalls wegen der Konsistenz von $\widehat{\lambda}_n$ sowie nach dem Gesetz der großen Zahlen bzw. nach dem Lemma von Slutsky. Hierfür ist weiter vorauszusetzen, daß für alle $(\kappa,\lambda) \in K \times \Lambda$ gilt

$$\nabla\psi(\cdot,\lambda), q(\cdot) \in \mathbb{L}_1(F_{\kappa,\lambda}). \tag{6.2.87}$$

Damit gilt dann $T_n(\widehat{\lambda}_n) = T_n(\lambda) + o_{\kappa,\lambda}(1)$, nach dem Gesetz der großen Zahlen also

$$T_n(\widehat{\lambda}_n) = \frac{1}{n}\sum_{j=1}^n (\psi(X_j,\widehat{\lambda}_n) - \mu(\widehat{\lambda}_n)) \to E_{\kappa,\lambda}\psi(X_1,\lambda) - \mu(\lambda) \quad \text{nach } F_{\kappa,\lambda}\text{-WS}$$

und folglich nach dem Lemma von Slutsky, ebenfalls für alle (κ,λ),

272   6 Asymptotische Betrachtungsweisen parametrischer Verfahren

$$\frac{T_n(\widehat{\lambda}_n)}{\tau(\widehat{\lambda}_n)} \to \frac{1}{\tau(\lambda)}(E_{\kappa,\lambda}\psi(X_1,\lambda) - \mu(\lambda)) = \gamma(\kappa,\lambda) \quad \text{nach } F_{\kappa,\lambda}\text{-WS}.$$

Nach Definition von $\mu(\lambda)$ gilt $\gamma(\kappa_0, \lambda) = 0 \ \forall \lambda \in \Lambda$. Die Argumentation von Satz 6.70 zeigt daher, daß der (einseitige) Test φ_n für diejenigen einseitigen Hypothesen voll konsistent sind, die durch das Funktional γ erfaßt werden und für die die Regularitätsvoraussetzungen (6.2.87) erfüllt sind. Zur Präzisierung setze man (in Abhängigkeit von ψ und damit der Prüfgröße)

$$\mathbf{H}' = \{(\kappa,\lambda) \in K \times \Lambda : \nabla\psi(\cdot,\lambda), q(\cdot) \in \mathbb{L}_1(F_{\kappa\lambda}), \ \gamma(\kappa,\lambda) \leq 0\},$$
$$\mathbf{K}' = \{(\kappa,\lambda) \in K \times \Lambda : \nabla\psi(\cdot,\lambda), q(\cdot) \in \mathbb{L}_1(F_{\kappa\lambda}), \ \gamma(\kappa,\lambda) > 0\}.$$

Insgesamt läßt sich diese Diskussion zusammenfassen in

Satz 6.90 X_j, $j \in \mathbb{N}$, seien st.u. ZG mit derselben Verteilung $F \in \mathfrak{F}$, wobei $\mathfrak{F}$ die Klasse $\{F_{\kappa,\lambda} : (\kappa,\lambda) \in K \times \Lambda \subset \mathbb{R} \times \mathbb{R}^{k-1}\}$ sei. Über die Voraussetzungen von Satz 6.85 hinaus sei $\widehat{\lambda}_n$ ein konsistenter Schätzer für λ unter jeder Verteilung (κ,λ), der überdies unter $\kappa = \kappa_0$ $\sqrt{n}$-konsistent sei und die Voraussetzung (6.2.87) erfülle. Weiter sei $\tau^2(\cdot)$ stetig und strikt positiv. Dann ist der einseitige Test φ_n voll konsistent für das Prüfen der Hypothesen $\mathbf{H}', \mathbf{K}'$. Entsprechendes gilt über die Konsistenz des zweiseitigen Tests für die analog $\mathbf{H}'$, $\mathbf{K}'$ formulierten zweiseitigen Hypothesen.

Natürlich stellt sich in einer k-parametrigen Exponentialfamilie die Frage, zu welchem Test die im zweiten Teil von 6.2.3 entwickelte Methode führt, wenn man sie auf das Prüfen der Hypothesen (6.2.54) anwendet. Der (reskalierte) Zähler der im ersten Teil diskutierten Prüfgröße wird typischerweise asymptotisch normal sein, d.h. es wird vielfach für alle $(\eta_0, \xi) \in \mathbf{J}$ gelten

$$\mathfrak{L}_{\eta_0\xi}(\sqrt{n}(\frac{1}{n}U_n - \frac{1}{n}E_{\eta_0\cdot}(U_n|V_n))) \xrightarrow{\mathcal{L}} \mathfrak{N}(0, \sigma_{11}^2 - \mathscr{S}_{12}\mathscr{S}_{22}^{-1}\mathscr{S}_{21}). \quad (6.2.88)$$

Dies war etwa in den Beispielen 6.80 bis 6.83 der Fall. Dabei ist die Limesvarianz in (6.2.88) nach (6.2.67) unabhängig vom Nebenparameter ξ. Möchte man die zweite Methode anwenden, so beachte man, daß bei festem Nebenparameter ξ eine einparametrige Exponentialfamilie in η und U_n zugrunde liegt. Somit ist $U_n - E_{\eta_0\xi}U_n$ die Prüfgröße für die einseitigen Testprobleme bei festem ξ. Die Abhängigkeit des zweiten Tests vom festgehaltenen Nebenparameter ξ besteht also nur über den kritischen Wert bzw. über die Zentrierung. Auch hier wird der (reskalierte) Zähler der Prüfgröße asymptotisch normal sein. Genauer gilt nach (6.2.80)

$$\mathfrak{L}_{\eta_0\xi}(\sqrt{n}(\frac{1}{n}U_n - \mu(\widehat{\xi}_n))) \xrightarrow{\mathcal{L}} \mathfrak{N}(0, \sigma_{11}^2 + 2\Delta^\top(\xi)\chi(\xi) + \Delta^\top(\xi)\mathscr{T}(\xi)\Delta(\xi)) . (6.2.89)$$

Dabei ist $\widehat{\xi}_n$ ein $\sqrt{n}$-konsistenter Schätzer mit (6.2.79) und nach Satz 1.164 gilt $\mu(\xi) = \nabla_1 K(\eta_0, \xi)$, wobei $K(\cdot, \cdot)$ die Kumulantentransformation bezeichnet. Wegen $\nu(\xi) = 0$ ist hier stets $\Delta(\xi) = -\nabla_2\mu(\xi) = -\nabla_2\nabla_1 K(\eta_0, \xi) = Cov_{\eta_0\xi}(U_1, V_1) \neq 0$.

6.2 Asymptotische Behandlung parametrischer Testprobleme 273

Die beiden Methoden sind direkt nicht vergleichbar, weil die beiden Mittelwertschätzungen im allgemeinen voneinander verschieden sein werden. Das gleiche gilt für die Schätzungen der (von ξ abhängenden) Limesvarianzen, d.h. für die Nenner der entsprechend studentisierten Prüfgrößen. Da die bedingten Tests jedoch finit optimale Verfahren bilden, wird man sie bei Zugrundeliegen k-parametriger Exponentialfamilien stets vorzuziehen haben.

6.2.4 Von der finiten zur asymptotischen Optimalität; Pitman-Effizienz

Die Grundidee der in Band I entwickelten Testtheorie bei festem Stichprobenumfang $n \in \mathbb{N}$ bestand in einer Zurückführung des Testens zusammengesetzter Hypothesen auf dasjenige zweier einfacher Hypothesen bzw. auf die Lösung eines Optimierungsproblems mit endlich vielen Nebenbedingungen. Hierdurch konnten jedoch nur in Verteilungsklassen mit sehr speziellen analytischen Eigenschaften gleichmäßig beste bzw. gleichmäßig beste unverfälschte Tests hergeleitet werden, etwa in solchen mit isotonem DQ oder in mehrparametrigen Exponentialfamilien. Wählt man aber die herausgegriffenen einfachen bzw. endlichen Hypothesen in Abhängigkeit vom Stichprobenumfang n, so ist es möglich, unter sehr viel allgemeineren Verteilungsannahmen (asymptotisch) gleichmäßig optimale Tests auszuzeichnen. Die Nützlichkeit, Testprobleme unter Folgen von Verteilungen zu betrachten, zeigt auch bereits das folgende einfache

Beispiel 6.91 X_j, $j \in \mathbb{N}$, seien st.u. $\mathfrak{N}(\mu, \sigma_0^2)$-verteilte ZG mit unbekanntem $\mu \in \mathbb{R}$ und bekanntem $\sigma_0^2 > 0$. Dann ist bekanntlich für jedes $\alpha \in (0,1)$ und jeden festen Stichprobenumfang n der (einseitige) α-Niveau Gauß-Test φ_n^* gleichmäßig bester Test für die Hypothesen $\mathbf{H} : \mu \leq \mu_0$, $\mathbf{K} : \mu > \mu_0$. Er ist also insbesondere besser als der modifizierte α-Niveau Gauß-Test $\overline{\overline{\varphi}}_n$ mit der Prüfgröße $\overline{\overline{x}}_n$, bei der nur jede zweite Beobachtung zur Mittelbildung verwendet wird, oder als der α-Niveau Median-Test $\widetilde{\varphi}_n$, der auf dem Stichprobenmedian $\operatorname{med} x_{(n)}$ als Prüfgröße beruht. Wie in 6.2.2 gezeigt wurde, sind alle diese Tests (voll) konsistent. Für $n \to \infty$ ist also zwischen diesen Tests unter festen Verteilungen $\mu \in \mathbb{R}$ keine Unterscheidung möglich. Betrachtet man die drei Tests jedoch unter Folgen $(\mu_n) := (\mu_0 + \zeta/\sqrt{n} + o(1/\sqrt{n}))$ mit festem $\zeta \in \mathbb{R}$, so gilt wegen $\mathfrak{L}_\mu(\sqrt{n}(\overline{X}_n - \mu)) = \mathfrak{N}(0, \sigma_0^2)$

$$E_{\mu_n}\varphi_n^* = \mathbb{P}_{\mu_n}\left(\sqrt{n}\frac{\overline{X}_n - \mu_n}{\sigma_0} > u_\alpha - \sqrt{n}\frac{\mu_n - \mu_0}{\sigma_0}\right)$$

$$= 1 - \phi\left(u_\alpha - \sqrt{n}\frac{\mu_n - \mu_0}{\sigma_0}\right) \to 1 - \phi\left(u_\alpha - \frac{\zeta}{\sigma_0}\right).$$

Wegen $\mathfrak{L}_\mu(\sqrt{n/2}(\overline{\overline{X}}_n - \mu)) = \mathfrak{N}(0, \sigma_0^2)$ (für o.E. geradzahliges $n \in \mathbb{N}$) erhält man dagegen

$$E_{\mu_n}\overline{\overline{\varphi}}_n = \mathbb{P}_{\mu_n}\left(\sqrt{n}\frac{\overline{\overline{X}}_n - \mu_n}{\sqrt{2}\sigma_0} > u_\alpha - \sqrt{n}\frac{\mu_n - \mu_0}{\sqrt{2}\sigma_0}\right)$$

$$= 1 - \phi\left(u_\alpha - \sqrt{n}\frac{\mu_n - \mu_0}{\sqrt{2}\sigma_0}\right) \to 1 - \phi\left(u_\alpha - \frac{\zeta}{\sqrt{2}\sigma_0}\right)$$

oder wegen $\mathfrak{L}_\mu(\sqrt{2n/\pi}(\operatorname{med} X_{(n)} - \mu)) \xrightarrow{\mathfrak{L}} \mathfrak{N}(0, \sigma_0^2)$, vgl. (5.3.24) oder auch (5.1.20),

$$E_{\mu_n}\widetilde{\varphi}_n = \mathbb{P}_{\mu_n}\left(\sqrt{n}\frac{\operatorname{med} X_{(n)} - \mu_n}{\sigma_0\sqrt{\pi/2}} > u_\alpha - \sqrt{n}\frac{\mu_n - \mu_0}{\sigma_0\sqrt{\pi/2}}\right) \to 1 - \phi\left(u_\alpha - \sqrt{\frac{2}{\pi}}\frac{\zeta}{\sigma_0}\right).$$

Die unterschiedliche Güte der Tests spiegelt sich also in den jeweiligen Limeswerten wider. Anders ausgedrückt ergibt sich für die drei Prüfgrößen $T_n^{(1)} = \bar{x}_n$, $T_n^{(2)} = \bar{\bar{x}}_n$ und $T_n^{(3)} = \operatorname{med} x_{(n)}$ unter Folgen $\mu_n = \mu_0 + \zeta/\sqrt{n}$

$$\mathcal{L}_{\mu_n}\left(\sqrt{n}\frac{T_n^{(i)} - \mu_0}{\sigma_0}\right) \xrightarrow[\mathcal{L}]{} \mathfrak{N}\left(K_i\frac{\zeta}{\sigma_0}, 1\right), \quad i = 1, 2, 3, \qquad (6.2.90)$$

und zwar mit $K_1 = 1$, $K_2 = 1/\sqrt{2} \approx 0,707$ bzw. $K_3 = \sqrt{2/\pi} \approx 0,798$. Auch für viele andere sinnvolle Tests gilt mit einer vom jeweiligen Test abhängenden Konstanten K

$$E_{\mu_n}\varphi_n \to \begin{cases} 1 & \text{für } \sqrt{n}(\mu_n - \mu_0) \to +\infty, \\ 1 - \phi(u_\alpha - K\zeta/\sigma_0) & \text{für } \sqrt{n}(\mu_n - \mu_0) \to \zeta > 0, \\ \alpha & \text{für } \sqrt{n}(\mu_n - \mu_0) \to 0. \end{cases} \qquad (6.2.91)$$

Die Güte der einzelnen Tests läßt sich also durch die unterschiedliche Mittelwertverschiebung $K\zeta/\sigma_0$ quantifizieren, so daß zur Diskussion der asymptotischen Güteeigenschaften für die obigen Hypothesen hauptsächlich Folgen $(\mu_n) \subset \mathbb{R}$ mit $\mu_n = \mu_0 + \zeta/\sqrt{n} + o(1/\sqrt{n})$ interessieren. □

Es wird sich zeigen, daß auch unter allgemeineren Verteilungsannahmen für die meisten Tests entsprechende Aussagen wie in Beispiel 6.91 möglich sind, sofern nur st.u., etwa gruppenweise glv. ZG zugrundeliegen und die Verteilungsannahme hinreichende Regularitätseigenschaften besitzt. Die Existenz von Folgen von Parameterwerten, die vom Stichprobenumfang n abhängen und in einer solchen Geschwindigkeit gegen den Rand $\mathbf{J}$ der Hypothesen streben, daß die Gütefunktionen nichtdegenerierte Limiten haben, spielt in der asymptotischen Statistik eine wichtige Rolle. Derartige „lokale Folgen" von Parameterwerten werden es nämlich ermöglichen, auch bei sehr viel komplizierteren Verteilungsannahmen zwischen der Güte verschiedener Tests zu unterscheiden und für geeignete Folgen von Hypothesen gleichmäßig optimale Verfahren zu gewinnen.

Unter Folgen der Form $\vartheta_n = \vartheta_0 + \zeta/\sqrt{n}$ läßt sich die Betrachtung asymptotischer Testprobleme auch als Umparametrisierung interpretieren: Während bei st.u. ZG mit derselben VF $F \in \mathfrak{F} = \{F_\vartheta : \vartheta \in \Theta\}$ zum Prüfen von Hypothesen der Form $\mathbf{H} : \vartheta \leq \vartheta_0$, $\mathbf{K} : \vartheta > \vartheta_0$ auf der Stufe n die Klasse $\mathfrak{F}^{(n)} = \{F_\vartheta^{(n)} : \vartheta \in \Theta\}$ betrachtet wird, ist dies bei Verwendung der lokalen Folgen $\vartheta_n = \vartheta_0 + \zeta/\sqrt{n}$ die Klasse $\mathfrak{F}_n = \{F_{\vartheta_0 + \zeta n^{-1/2}}^{(n)} : \zeta \in \mathbf{H}_n\}$, $\mathbf{H}_n := \sqrt{n}\Theta - \{\sqrt{n}\vartheta_0\}$, $\Theta \subset \mathbb{R}$. Bei dieser Umparametrisierung wird der Rand $\mathbf{J}$ zum neuen Ursprung, die Skaleneinheit zu $n^{-1/2}$ und die Hypothesen $\mathbf{H}$, $\mathbf{K}$ schreiben sich als $\widehat{\mathbf{H}} : \zeta \leq 0$, $\widehat{\mathbf{K}} : \zeta > 0$. Entsprechend gehen die zweiseitigen Hypothesen $\mathbf{H} : \vartheta = \vartheta_0$, $\mathbf{K} : \vartheta \neq \vartheta_0$ über in das Alternativpaar $\widehat{\mathbf{H}} : \zeta = 0$, $\widehat{\mathbf{K}} : \zeta \neq 0$.

6.2 Asymptotische Behandlung parametrischer Testprobleme

Asymptotische Optimalität von Tests Bei der Lösung eines asymptotischen Testproblems wird man nun versuchen, die finite Vorgehensweise von Band I nachzubauen und das Testen von $\widehat{\mathbf{H}}$ gegen $\widehat{\mathbf{K}}$ auf dasjenige zweier einfacher Hypothesen zurückzuführen. Man wird also zunächst einen beliebigen Wert $\zeta_1 > 0$ auszeichnen und $\zeta = \zeta_0 := 0$ gegen $\zeta = \zeta_1$ testen. Den beiden Werten ζ_0 und ζ_1 entsprechen in der Ausgangsparametrisierung zwei Folgen von WS-Maßen, nämlich $u_n := F^{(n)}_{\vartheta_0}$ und $v_n := F^{(n)}_{\vartheta_0+\zeta_1/\sqrt{n}}$. Somit stellt die Verwendung lokaler Folgen eine „Faserung" des Ausgangsproblems dar. Die folgenden Überlegungen lassen sich nun dahingehend interpretieren, daß sich für das Testen der Faser zu ζ_0 gegen die Faser zu ζ_1 mit Hilfe des Neyman-Pearson-Lemmas stets ein asymptotisch optimaler Test angeben läßt. In Analogie zur finiten Theorie wird man dabei eine solche Version des Tests zu bestimmen suchen, die unabhängig ist von der speziellen Gegenhypothese $\zeta_1 > 0$, die also gleichmäßig optimal ist gegen alle Fasern zu $\zeta > 0$. Zur Durchführung einer derartigen Vorgehensweise ist es notwendig, die für feste Verteilungen in 6.2.2 eingeführten Begriffe „asymptotischer α-Niveau Test", „asymptotische Unverfälschtheit" und „asymptotische Äquivalenz von Tests" auf derartig gefaserte Testprobleme zu verallgemeinern und durch geeignet definierte Optimalitätsbegriffe zu ergänzen. Hierzu präzisieren wir zunächst die Begriffe „asymptotische Hypothesen" und „asymptotisches Testproblem".

Definition 6.92 Gegeben seien für $n \in \mathbb{N}$ ZG $X_{(n)}$ mit Werten in Räumen $(\mathfrak{X}_{(n)}, \mathfrak{B}_{(n)})$, deren Verteilungen eindeutig durch einen Parameter $\vartheta \in \Theta$ festgelegt sind, sowie ein Testproblem mit Hypothesen **H** und **K**. Dann versteht man unter *asymptotischen Hypothesen* oder *Hypothesen des asymptotischen Testproblems* Mengen $\widehat{\mathbf{H}}$ und $\widehat{\mathbf{K}}$ von Verteilungsfolgen aus **H** bzw. **K**, also Mengen [32]

$$\widehat{\mathbf{H}} \subset \{(u_n) : u_n = \mathfrak{L}_{\vartheta_n}(X_{(n)}), \quad \vartheta_n \in \mathbf{H} \quad \forall n \in \mathbb{N}\},$$
$$\widehat{\mathbf{K}} \subset \{(v_n) : v_n = \mathfrak{L}_{\vartheta_n}(X_{(n)}), \quad \vartheta_n \in \mathbf{K} \quad \forall n \in \mathbb{N}\}.$$

$\widehat{\mathbf{H}}$ bzw. $\widehat{\mathbf{K}}$ heißen *einfach*, wenn sie einelementig sind, andernfalls *zusammengesetzt*.

Die Überprüfung asymptotischer Hypothesen erfolgt mit asymptotischen Tests (φ_n), bei denen φ_n nur vom n-ten Anfangsabschnitt $x_{(n)}$ des Beobachtungsvektors $x = (x_j : j \in \mathbb{N})$ abhängt. Für solche Tests (φ_n) werden nun die Begriffsbildungen aus Definition 6.62 in 6.2.2 verallgemeinert.

Definition 6.93 Gegeben sei ein asymptotisches Testproblem mit asymptotischen Hypothesen $\widehat{\mathbf{H}}$ und $\widehat{\mathbf{K}}$. Dann versteht man unter

a) einem *asymptotischen Test zum Niveau α für $\widehat{\mathbf{H}}$* oder kürzer unter einem *asymptotischen α-Niveau Test für $\widehat{\mathbf{H}}$* einen asymptotischen Test (φ_n) mit

---

[32] Wir verzichten hier auf die Einführung eines Symbols $\widehat{\mathbf{J}}$, auch wenn bei der Konstruktion asymptotisch optimaler Tests gelegentlich – etwa in Beispiel 6.99 – geeignete, aus **J** gebildete Mengen von Verteilungsfolgen verwendet werden.

$$\limsup_{n\to\infty} E_{u_n}\varphi_n \leq \alpha \quad \forall (u_n) \in \widehat{\mathbf{H}}. \tag{6.2.92}$$

Die Gesamtheit dieser Tests wird mit $\widehat{\Phi}_\alpha$ bezeichnet.

b) einem *asymptotisch unverfälschten α-Niveau Test für $\widehat{\mathbf{H}}$ gegen $\widehat{\mathbf{K}}$* einen asymptotischen Test (φ_n), wenn (6.2.92) gilt und

$$\liminf_{n\to\infty} E_{v_n}\varphi_n \geq \alpha \quad \forall (v_n) \subset \widehat{\mathbf{K}}. \tag{6.2.93}$$

Die Gesamtheit dieser Tests wird mit $\widehat{\Phi}_{\alpha\alpha}$ bezeichnet.

Offenbar hat man bei der Festlegung eines asymptotisch optimalen Tests größere Freiheit als bei derjenigen finit optimaler Tests, da es nur auf die Limiten der Gütefunktion, nicht aber auf asymptotisch vernachlässigbare Korrekturen für endliches $n \in \mathbb{N}$ ankommt. Dieser Sachverhalt motiviert die folgende

Definition 6.94 Gegeben sei ein asymptotisches Testproblem mit asymptotischen Hypothesen $\widehat{\mathbf{H}}$ und $\widehat{\mathbf{K}}$. Dann versteht man unter

a) einem *asymptotisch gleichmäßig besten α-Niveau Test für $\widehat{\mathbf{H}}$ gegen $\widehat{\mathbf{K}}$* einen asymptotischen Test $(\varphi_n^*) \in \widehat{\Phi}_\alpha$, für den gilt

$$\liminf_{n\to\infty}(E_{v_n}\varphi_n^* - E_{v_n}\varphi_n) \geq 0 \quad \forall (\varphi_n) \in \widehat{\Phi}_\alpha \quad \forall (v_n) \in \widehat{\mathbf{K}}. \tag{6.2.94}$$

Ist $\widehat{\mathbf{K}}$ einelementig, so heißt (φ_n^*) *ein asymptotisch bester α-Niveau Test*;

b) einem *asymptotisch gleichmäßig besten unverfälschten α-Niveau Test für $\widehat{\mathbf{H}}$ gegen $\widehat{\mathbf{K}}$* einen asymptotischen Test $(\varphi_n^*) \in \widehat{\Phi}_{\alpha\alpha}$, für den gilt

$$\liminf_{n\to\infty}(E_{v_n}\varphi_n^* - E_{v_n}\varphi_n) \geq 0 \quad \forall (\varphi_n) \in \widehat{\Phi}_{\alpha\alpha} \quad \forall (v_n) \in \widehat{\mathbf{K}}. \tag{6.2.95}$$

Statt (φ_n) bzw. (φ_n^*) schreiben wir vielfach auch kurz φ_n bzw. φ_n^*.

Falls $\widehat{\mathbf{H}}$ und $\widehat{\mathbf{K}}$ einfach sind, läßt sich die Frage nach der Existenz und Gestalt eines asymptotisch optimalen α-Niveau Tests leicht beantworten.

Satz 6.95 *Es seien (u_n) und (v_n) zwei asymptotische Hypothesen sowie $\varphi_{n\alpha}^*$ für festes $\alpha \in (0,1)$ und jedes $n \in \mathbb{N}$ ein bester α-Niveau Test für u_n gegen v_n. Dann ist $(\varphi_{n\alpha}^*)$ ein asymptotisch bester α-Niveau Test für (u_n) gegen (v_n). Allgemeiner gilt dies*[33]) *auch für eine Folge von besten α_n-Niveau Tests $\varphi_{n\alpha_n}^*$ mit $\alpha_n \to \alpha$.*

---

[33]) Man beachte, daß zwei asymptotisch beste α-Niveau Tests noch „unterschiedlich gut" sein können. So gilt für die Fehler-WS 2. Art $\beta_{n\alpha} := 1 - E_{v_n}\varphi_{n\alpha}^*$ in Beispiel 6.91 $\beta_{n\alpha_n}/\beta_{n\alpha} \to \infty$ bei $v_n = \mathcal{L}_\mu(X_{(n)})$, $\mu \in \mathbf{K}$, und $u_{\alpha_n} = u_\alpha + n^{-\delta}$, $0 < \delta < 1/2$.

6.2 Asymptotische Behandlung parametrischer Testprobleme 277

Beweis: Sei $(\widetilde{\varphi}_n)$ ein beliebiger asymptotischer Test mit (6.2.92) und $\widetilde{\alpha}_n := E_{u_n}\widetilde{\varphi}_n$. Dann gilt $\alpha'_n := \max\{\alpha, \widetilde{\alpha}_n\} \to \alpha$. Wegen $E_{v_n}\widetilde{\varphi}_n \leq E_{v_n}\varphi^*_{n\widetilde{\alpha}_n} \leq E_{v_n}\varphi^*_{n\alpha'_n}$ ist zum Beweis von $\liminf E_{v_n}(\varphi^*_{n\alpha} - \widetilde{\varphi}_n) \geq 0$ lediglich $E_{v_n}(\varphi^*_{n\alpha'_n} - \varphi^*_{n\alpha}) \to 0$ zu zeigen. $\varphi^*_{n\alpha}$ sei (für jedes $\alpha \in (0,1)$) in der durch das Fundamentallemma 2.5 bestimmten Form $\varphi^*_{n\alpha} = \mathbf{1}_{(k_{n\alpha}, \infty)}(L_n) + v^*_{n\alpha}\mathbf{1}_{\{k_{n\alpha}\}}(L_n)$ gegeben, wobei L_n wieder wie in Satz 2.5 der DQ von v_n bzgl. u_n bzw. $k_{n\alpha}$ das α-Fraktil von $\mathfrak{L}_{u_n}(L_n)$ ist. Dann gilt $k_{n\alpha'_n} \leq k_{n\alpha} \leq 1/\alpha =: M_\alpha \ \forall n \in \mathbb{N}$, denn aus $E_{u_n}L_n \leq 1$ folgt nach der Markov-Ungleichung $\alpha \leq u_n(L_n \geq k_{n\alpha}) \leq E_{u_n}L_n/k_{n\alpha} \leq 1/k_{n\alpha}$. Da andererseits aus $\alpha'_n \geq \alpha$ folgt $0 \leq \varphi^*_{n\alpha'_n} - \varphi^*_{n\alpha}$, gilt somit

$$\{0 < \varphi^*_{n\alpha'_n} - \varphi^*_{n\alpha}\} \subset \{k_{n\alpha'_n} \leq L_n \leq k_{n\alpha}\} \subset \{L_n \leq M_\alpha\}$$

und folglich

$$0 \leq E_{v_n}(\varphi^*_{n\alpha'_n} - \varphi^*_{n\alpha}) \leq M_\alpha E_{u_n}(\varphi^*_{n\alpha'_n} - \varphi^*_{n\alpha}) = M_\alpha(\alpha'_n - \alpha) \to 0.$$

Entsprechend ergibt sich der Zusatz für $(\varphi^*_{n\alpha_n})$ mit $\alpha_n \to \alpha$. □

Bei der obigen Definition asymptotisch optimaler Tests ist klar, daß solche Tests nicht eindeutig bestimmt sind. Aus Definition 6.94a folgt z.B. unmittelbar, daß mit (φ^*_n) auch jeder Test (φ_n) ein asymptotisch bester α-Niveau Test für zwei einfache Hypothesen (u_n) gegen (v_n) ist, falls gilt

$$E_{u_n}\varphi^*_n - E_{u_n}\varphi_n \to 0, \quad E_{v_n}\varphi^*_n - E_{v_n}\varphi_n \to 0. \tag{6.2.96}$$

Umgekehrt folgt aus Definition 6.94, daß zwei asymptotisch gleichmäßig beste bzw. zwei asymptotisch gleichmäßig beste unverfälschte α-Niveau Tests für $\widehat{H}$ gegen $\widehat{K}$ äquivalent sein müssen bzgl. aller Folgen $(v_n) \in \widehat{K}$ im Sinne der nachfolgenden

Definition 6.96 Gegeben seien für $n \in \mathbb{N}$ ein meßbarer Raum $(\mathfrak{X}_{(n)}, \mathfrak{B}_{(n)})$ sowie $\mathfrak{B}_{(n)}$-meßbare Statistiken T_{1n}, T_{2n} bzw. $\mathfrak{B}_{(n)}$-meßbare Tests $\varphi_{1n}, \varphi_{2n}$ und ein WS-Maß $w_n \in \mathfrak{M}^1(\mathfrak{X}_{(n)}, \mathfrak{B}_{(n)})$. Dann heißen in Verallgemeinerung von (6.2.38) die Statistiken T_{1n} und T_{2n} *asymptotisch äquivalent unter* (w_n), kurz: $(T_{1n}) \underset{w_n}{\sim} (T_{2n})$, wenn gilt

$$T_{1n} - T_{2n} \xrightarrow[w_n]{} 0. \tag{6.2.97}$$

Speziell heißen damit die asymptotischen Tests (φ_{1n}) und (φ_{2n}) *asymptotisch äquivalent unter* (w_n), kurz: $(\varphi_{1n}) \underset{w_n}{\sim} (\varphi_{2n})$, wenn gilt

$$E_{w_n}(\varphi_{1n} - \varphi_{2n}) \to 0. \tag{6.2.98}$$

6 Asymptotische Betrachtungsweisen parametrischer Verfahren

Der folgende Satz gibt hinreichende Bedingungen für die asymptotische Äquivalenz von Tests unter einer Folge (w_n). Er ermöglicht es vielfach, durch asymptotisch vernachlässigbare Abänderungen der Prüfgröße aus asymptotisch besten Tests für zwei einfache Hypothesen (u_n) und (v_n) asymptotisch gleichmäßig beste Tests bzw. asymptotisch gleichmäßig beste unverfälschte Tests für zusammengesetzte Hypothesen $\hat{\mathbf{H}} \ni (u_n)$ und $\hat{\mathbf{K}} \ni (v_n)$ zu gewinnen. Analog zur Konstruktion gleichmäßig bester α-Niveau Tests in 2.2.1 kann man nämlich einen asymptotisch gleichmäßig besten α-Niveau Test, also eine Lösung von (6.2.92+94), vielfach dadurch gewinnen, daß man zunächst bei geeigneter Wahl von $(u_n) \in \hat{\mathbf{H}}$ einen asymptotisch besten α-Niveau Test (φ_n) für (u_n) gegen ein zunächst beliebiges $(v_n) \in \hat{\mathbf{K}}$ bestimmt und diesen im Rahmen der durch Satz 6.95 gegebenen Freiheit so wählt, daß er unabhängig von dem speziell gewählten $(v_n) \in \hat{\mathbf{K}}$ ist. Man hat dann nur noch zu zeigen, daß (φ_n) die Bedingung (6.2.92) für jedes $(u_n) \in \hat{\mathbf{H}}$ erfüllt, was bei Wahl von $u_n = \mathcal{L}_{\vartheta_n}(X_{(n)})$ und $\vartheta_n \equiv \vartheta_0 \in \mathbf{J}$ (wie auch in den Beispielen 6.64 und 6.65) häufig durch Monotonie- oder Konsistenzbetrachtungen möglich ist. Entsprechendes gilt für die Bestimmung asymptotisch gleichmäßig bester unverfälschter α-Niveau Tests.

Satz 6.97 *Mit* $T_{1n} - T_{2n} \xrightarrow[w_n]{} 0$ *und* $k_{in} \to k$ *seien* φ_{in} *Tests der Form*

$$\varphi_{in} = \mathbf{1}(T_{in} > k_{in}) + v_{in}\mathbf{1}(T_{in} = k_{in}), \quad n \in \mathbb{N}, \quad i = 1, 2.$$

Außerdem sei eine der folgenden beiden Bedingungen erfüllt:

a) *Zu jedem* $\varepsilon > 0$ *existiert ein* $\delta = \delta(\varepsilon) > 0$ *und ein* $n(\varepsilon) \in \mathbb{N}$ *derart, daß gilt* $w_n^{T_{1n}}([k - \delta, k + \delta]) \le \varepsilon \; \forall n \ge n(\varepsilon)$.

b) $w_n^{T_{1n}} \xrightarrow[\mathcal{L}]{} : w_0$ *mit* $w_0(\{k\}) = 0$.

Dann folgt $(\varphi_{1n}) \underset{w_n}{\sim} (\varphi_{2n})$ *und* $\varphi_{1n} - \varphi_{2n} \xrightarrow[w_n]{} 0$.

Beweis: Aus b) folgt a), so daß die Aussage nur unter der Bedingung a) zu zeigen ist. Die Statistiken $T'_{in} := T_{in} - (k_{in} - k)$ erfüllen offenbar die gleichen Voraussetzungen wie T_{in}. Somit folgt zunächst die Gültigkeit von a) für T'_{in}. Hieraus ergibt sich mit $\varphi_{in} = \mathbf{1}(T'_{in} > k) + v_{in}\mathbf{1}(T'_{in} = k), n \in \mathbb{N}, i = 1, 2$

$$E_{w_n}|\varphi_{1n} - \varphi_{2n}| \le w_n(|\varphi_{1n} - \varphi_{2n}| > 0)$$
$$\le w_n(T'_{1n} \le k \le T'_{2n}) + w_n(T'_{2n} \le k \le T'_{1n}) \to 0,$$

denn es gilt etwa

$$w_n(T'_{1n} \le k \le T'_{2n})$$
$$\le w_n(|T'_{1n} - T'_{2n}| > \delta(\varepsilon)) + w_n(T'_{1n} \le k \le T'_{2n}, T'_{2n} - \delta(\varepsilon) \le T'_{1n} \le T'_{2n} + \delta(\varepsilon))$$
$$\le w_n(|T'_{1n} - T'_{2n}| > \delta(\varepsilon)) + w_n(k - \delta(\varepsilon) \le T'_{1n} \le k) \le 2\varepsilon \quad \forall n \ge n(\varepsilon). \quad \square$$

6.2 Asymptotische Behandlung parametrischer Testprobleme

Beispiel 6.98 X_j, $j \in \mathbb{N}$, seien st.u. ZG mit derselben translatierten Cauchy-Verteilung $\mathfrak{L}(\mu)$, d.h. mit derselben λ-Dichte $f_\mu(x) = f(x-\mu) = \frac{1}{\pi}\frac{1}{1+(x-\mu)^2}$ mit unbekanntem $\mu \in \mathbb{R}$. Nach Aufg. 2.12 gibt es für festes $n \in \mathbb{N}$ keinen gleichmäßig besten α-Niveau Test für die Hypothesen $\mathbf{H} : \mu \leq 0$, $\mathbf{K} : \mu > 0$. Bei Faserung von $\mathbf{H}$ und $\mathbf{K}$, also bei geeigneter Präzisierung der asymptotischen Hypothesen $\widehat{\mathbf{H}}$ und $\widehat{\mathbf{K}}$, existiert jedoch ein asymptotisch gleichmäßig bester α-Niveau Test. Zu dessen Herleitung beachte man, daß es für jedes $n \in \mathbb{N}$ einen lokal besten α-Niveau Test gibt für $\mathbf{H}$ gegen $\mathbf{K}$, nämlich den einseitigen Test zur Prüfgröße

$$T_n = \frac{1}{\sqrt{n}}\dot{L}_n(x) = \frac{1}{\sqrt{n}}\sum_{j=1}^n \mathfrak{g}(x_j) \quad \text{mit} \quad \mathfrak{g}(x) = -\frac{f'(x)}{f(x)} = \frac{2x}{1+x^2}.$$

Der Nachweis, daß dieses zugleich die Prüfgröße eines asymptotisch gleichmäßig besten α-Niveau Tests für die asymptotischen Hypothesen

$$\widehat{\mathbf{H}} = \{(\mu_n) : \mu_n = \zeta/\sqrt{n} \text{ mit } \zeta \leq 0\}, \quad \widehat{\mathbf{K}} = \{(\mu_n) : \mu_n = \zeta/\sqrt{n} \text{ mit } \zeta > 0\}$$

ist, verwendet die Tatsache, daß es für jedes feste $\zeta_1 > 0$ und jedes feste $n \in \mathbb{N}$ nach dem Neyman-Pearson-Lemma einen besten α-Niveau Test gibt für die Hypothesen $\mathbf{H}_1 : \mu = 0$, $\mathbf{K}_1 : \mu = \zeta_1/\sqrt{n}$, nämlich den einseitigen Test mit der Prüfgröße

$$S_n = -\log\prod_{j=1}^n \frac{1+(x_j-\zeta_1/\sqrt{n})^2}{1+x_j^2} = -\sum_{j=1}^n \log\left(1 - \frac{\zeta_1}{\sqrt{n}}\mathfrak{g}(x_j) + \frac{\zeta_1^2}{n}\pi f(x_j)\right).$$

Der Nachweis, daß diese Tests unter allen Parameterfolgen $\mu_n = \zeta/\sqrt{n}$, $\zeta \in \mathbb{R}$, asymptotisch äquivalent sind im Sinne von (6.2.98), wird mit Satz 6.97b geführt. Er beruht für $\zeta = 0$ auf der nachfolgend bewiesenen Darstellung

$$S_n = \zeta_1 T_n - \frac{\zeta_1^2}{2}I(f) + o_{F_0}(1) \tag{6.2.99}$$

und der aus dem Satz von Lindeberg-Lévy folgenden Konvergenzaussage

$$\mathfrak{L}_0(\zeta_1 T_n) \xrightarrow{\mathfrak{L}} \mathfrak{N}(0, \zeta_1^2 I(f)). \tag{6.2.100}$$

Mit $T_{1n} = \zeta_1 T_n$ und $T_{2n} = S_n + \frac{\zeta_1^2}{2}I(f)$ sind dann nämlich die Voraussetzungen von Satz 6.97b erfüllt. Zum Nachweis von (6.2.99) beachte man, daß trivialerweise $0 \leq \pi f(x) \leq 1$ und $|\mathfrak{g}(x)| \leq \mathfrak{g}(1) = 1$ gilt sowie aufgrund einer elementaren Abschätzung für $|\zeta_1| \leq 0{,}6\sqrt{n}$

$$\left|\frac{\zeta_1}{\sqrt{n}}\mathfrak{g}(x_j) - \frac{\zeta_1^2}{n}\pi f(x_j)\right| \leq \frac{|\zeta_1|}{\sqrt{n}}\left(1 + \frac{|\zeta_1|}{\sqrt{n}}\right) \leq 0{,}96 < 1.$$

Aus der logarithmischen Reihe erhält man damit $-\log(1-z) = z + \frac{1}{2}z^2 + r(z)$, wobei

$$|r(z)| \leq \frac{1}{3}\sum_{j\geq 3}|z|^j = \frac{1}{3}\frac{|z|^3}{1-|z|} \leq 9|z|^3 \quad \text{für} \quad |z| \leq 0{,}96$$

ist. Für $|\zeta_1| \leq 0{,}6\sqrt{n}$ impliziert dies

280 6 Asymptotische Betrachtungsweisen parametrischer Verfahren

$$S_n = \frac{\zeta_1}{\sqrt{n}} \sum_{j=1}^n \mathfrak{g}(X_j) - \frac{\zeta_1^2}{n} \pi \sum_{j=1}^n f(X_j) + \frac{\zeta_1^2}{2n} \sum_{j=1}^n \mathfrak{g}^2(X_j)$$

$$- \frac{\zeta_1^3}{n^{3/2}} \pi \sum_{j=1}^n \mathfrak{g}(X_j)f(X_j) + \frac{\zeta_1^4}{2n^2} \pi^2 \sum_{j=1}^n f^2(X_j) + \sum_{j=1}^n r\left(\frac{\zeta_1}{\sqrt{n}} \mathfrak{g}(X_j) - \frac{\zeta_1^2}{n} \pi f(X_j)\right).$$

Hier sind aufgrund der vorstehenden Ungleichungen und Abschätzungen die letzten drei Summanden asymptotisch vernachlässigbar. Mit Hilfe partieller Integration verifiziert man weiter

$$I(f) = \int \mathfrak{g}^2(x)f(x)\,dx = \frac{1}{\pi} \int \frac{4x^2}{(1+x^2)^3}\,dx = \frac{1}{\pi} \int \left(\frac{1}{(1+x^2)^2}\right)'(-x)\,dx = \int \pi f^2(x)\,dx.$$

Damit ergibt sich für den zweiten und dritten Term nach dem Gesetz der großen Zahlen

$$-\frac{\zeta_1^2}{n} \pi \sum_{j=1}^n f(X_j) + \frac{\zeta_1^2}{2n} \sum_{j=1}^n \mathfrak{g}^2(X_j) \to -\zeta_1^2 I(f) + \frac{\zeta_1^2}{2} I(f) = -\frac{\zeta_1^2}{2} I(f) \quad \text{nach } F_0\text{-WS},$$

insgesamt also wie behauptet (6.2.99). In analoger Weise, nämlich unter Verwendung der verteilungsgleichen Darstellung $\mathcal{L}_{\zeta_1}(X_1, \ldots, X_n) = \mathcal{L}_0(X_1 + \zeta_1/\sqrt{n}, \ldots, X_n + \zeta_1/\sqrt{n})$ (oder der entsprechenden Grenzwertsätze für Dreiecksschemata) verifiziert man, daß auch für $\zeta = \zeta_1$ die Voraussetzungen von Satz 6.97b erfüllt sind. In gleicher Weise kann man für jeden anderen Wert $\zeta \neq 0$ verfahren. Damit sind die beiden Tests mit den Prüfgrößen S_n und T_n unter jeder Parameterfolge $\mu_n = \zeta/\sqrt{n}$ asymptotisch äquivalent. Also ist die Folge der lokal besten Tests nach Satz 6.95 ein asymptotisch gleichmäßig bester α-Niveau Test für $\widehat{\mathbf{H}} : \zeta \leq 0$ gegen $\widehat{\mathbf{K}} : \zeta > 0$.

Es sei noch bemerkt, daß sich die technisch aufwendigeren Überlegungen für $\zeta \neq 0$ umgehen lassen. Aus den obigen Überlegungen für $\zeta = 0$ folgt nämlich

$$\mathcal{L}_0(S_n) \xrightarrow{\mathcal{L}} \mathfrak{N}\left(-\frac{\kappa^2}{2}, \kappa^2\right), \quad \kappa^2 = \zeta_1^2 I(f). \tag{6.2.101}$$

Damit liegt „Benachbartheit" im Sinne der Definition 6.106 vor, woraus mit Hilfssatz 6.110a direkt die asymptotische Äquivalenz der beiden Prüfgrößen für jedes $\zeta \neq 0$ folgt. $\square$

Mit verwandten Schlußweisen ist es möglich, den Student-t-Test und den χ^2-Test zur Prüfung einer Varianz (bei unbekanntem Mittelwert) als asymptotisch gleichmäßig beste α-Niveau Tests nachzuweisen. (Bei festem Stichprobenumfang sind sie nach Band I nur gleichmäßig beste unverfälschte α-Niveau Tests.)

Beispiel 6.99 Es seien X_j, $j \in \mathbb{N}$, st.u. $\mathfrak{N}(\mu, \sigma^2)$-verteilte ZG mit unbekanntem Parameter $(\mu, \sigma^2) \in \mathbb{R} \times (0, \infty)$ und $\alpha \in (0,1)$ ein zugelassenes Signifikanzniveau. Für das Testen von **H** : $\mu \leq \mu_0$ gegen **K** : $\mu > \mu_0$ bei unbekanntem σ^2 wurde in 3.4.4 gezeigt, daß der Student-

6.2 Asymptotische Behandlung parametrischer Testprobleme

t-Test $\varphi_n := \mathbf{1}(\widetilde{T}_n > t_{n-1;\alpha})$ mit $\widetilde{T}_n := \sqrt{n}(\overline{X}_n - \mu_0)/s_n$ gleichmäßig bester unverfälschter α-Niveau Test ist. Zum Nachweis, daß dieser Test auch asymptotisch gleichmäßig bester Test für die aus **H** und **K** gebildeten asymptotischen Hypothesen $\widehat{\mathbf{H}}$ und $\widehat{\mathbf{K}}$ ist, werden zunächst bei festem $\sigma^2 = \sigma_0^2$ die asymptotischen Hypothesen

$$\widehat{\mathbf{J}}_{\sigma_0} = \left\{(\mu_0, \sigma_0^2) : n \in \mathbb{N}\right\}, \quad \widehat{\mathbf{K}}_{\sigma_0}^{\sqrt{n}} = \left\{(\mu_0 + \zeta/\sqrt{n}, \sigma_0^2) : \zeta > 0, n \in \mathbb{N}\right\}$$

betrachtet. Zu deren Behandlung wird mit Satz 6.97 gezeigt, daß der t-Test φ_n bei festem $\sigma^2 = \sigma_0^2$ mit dem zugehörigen Gauß-Test $\varphi_n^* = \mathbf{1}(T_n^* > u_\alpha)$, $\widetilde{T}_n^* = \sqrt{n}(\overline{X}_n - \mu_0)/\sigma_0$, asymptotisch äquivalent ist. Offenbar gilt nämlich $\widetilde{T}_n^* - \widetilde{T}_n \xrightarrow[w_n]{} 0 \ \forall (w_n) \in \widehat{\mathbf{J}}_{\sigma_0} \cup \widehat{\mathbf{K}}_{\sigma_0}^{\sqrt{n}}$ und $t_{n-1;\alpha} \to u_\alpha$. Da der zu diesem σ_0^2 gehörende Gauß-Test gleichmäßig bester α-Niveau Test für $\mathbf{J}_{\sigma_0} : \mu = \mu_0, \sigma^2 = \sigma_0^2$ gegen $\mathbf{K}_{\sigma_0} : \mu > \mu_0, \sigma^2 = \sigma_0^2$ und damit nach Satz 6.95 auch asymptotisch gleichmäßig bester α-Niveau Test für $\widehat{\mathbf{J}}_{\sigma_0}$ gegen $\widehat{\mathbf{K}}_{\sigma_0}^{\sqrt{n}}$ ist, gilt die gleiche Aussage für den Student-t-Test.

Die asymptotische Äquivalenz von t-Test und Gauß-Test gilt allgemeiner für die asymptotischen Hypothesen

$$\widehat{\mathbf{J}}_{\sigma_0} := \{(\mu_0, \sigma_0^2) : n \in \mathbb{N}\}, \quad \widehat{\mathbf{K}}_{\sigma_0} := \{(\mu_n, \sigma_0^2) : \mu_n > \mu_0, n \in \mathbb{N}\},$$

d.h. unter allen Folgen (v_n), $v_n := \mathcal{L}_{\mu_n \sigma_0}(X_{(n)})$, $\mu_n \in \mathbf{K}$. Da $\sqrt{n}(\overline{X}_n - \mu_n)/s_n$ unter v_n zentral t_{n-1}-verteilt ist, gilt nämlich trivialerweise $E_{v_n}\varphi_n \to 1$ für $\sqrt{n}(\mu_n - \mu_0) \to +\infty$ bzw. $E_{v_n}\varphi_n \to \alpha$ für $\sqrt{n}(\mu_n - \mu_0) \to 0$ und damit sowie mit dem bereits Gezeigten die Eigenschaft (6.2.91) auch für den t-Test. Hieraus folgt die asymptotische Äquivalenz beider Tests unter allen Folgen $(v_n) \subset \mathbf{K}$. Andernfalls gäbe es nämlich eine Folge (v_n) mit $E_{v_n}\varphi_n^* - E_{v_n}\varphi_n \to c \neq 0$, so daß wegen (6.2.91) für die zugehörige Folge (μ_n) gilt $\mu_n \not\to \mu_0$. Dann würde aber eine Teilfolge $(n') \subset \mathbb{N}$ und ein $\varepsilon > 0$ mit $\mu_{n'} - \mu_0 \geq \varepsilon$ existieren, so daß $\sqrt{n'}(\mu_{n'} - \mu_0) \to +\infty$ folgt und damit wegen der Gültigkeit von (6.2.91) für beide Tests ein Widerspruch zu $c \neq 0$. Mit dem Gauß-Test ist also auch der t-Test asymptotisch gleichmäßig bester α-Niveau Test für $\widehat{\mathbf{J}}_{\sigma_0}$ gegen $\widehat{\mathbf{K}}_{\sigma_0}$.

Der t-Test ist aber unabhängig von dem speziellen σ_0^2, so daß er auch auf $\widehat{\mathbf{J}} := \bigcup_{\sigma_0 > 0} \widehat{\mathbf{J}}_{\sigma_0}$ das Niveau α asymptotisch einhält und somit asymptotisch gleichmäßig bester Test für die Hypothesen $\widehat{\mathbf{J}}$ gegen $\widehat{\mathbf{K}} := \bigcup_{\sigma_0 > 0} \widehat{\mathbf{K}}_{\sigma_0}$ ist. Da außerdem $E_{\mu\sigma}\varphi_n \leq \alpha \ \forall \mu \leq \mu_0 \ \forall \sigma^2 > 0$ und jedes $n \in \mathbb{N}$ gilt, ist der t-Test (φ_n) natürlich auch ein gegen $\widehat{\mathbf{K}}$ asymptotisch gleichmäßig bester Test für jedes aus **H** gewonnene $\widehat{\mathbf{H}}$ mit $\widehat{\mathbf{H}} \supset \widehat{\mathbf{J}}$. □

Beispiel 6.100 Wie in Beispiel 6.99 seien X_j, $j \in \mathbb{N}$, st.u. $\mathfrak{N}(\mu, \sigma^2)$-verteilte ZG mit unbekanntem $(\mu, \sigma^2) \in \mathbb{R} \times (0, \infty)$ und $\alpha \in (0, 1)$ das zugelassene Signifikanzniveau. Für das Testen von $\mathbf{H} : \sigma^2 \leq \sigma_0^2$ gegen $\mathbf{K} : \sigma^2 > \sigma_0^2$ bei unbekanntem $\mu \in \mathbb{R}$ wurde in 3.4.2 der χ^2-Test zur Prüfung einer Varianz $\varphi_n := \mathbf{1}\left(\sum(X_j - \overline{X})^2/\sigma_0^2 > \chi_{n-1;\alpha}^2\right)$ als gleichmäßig bester unverfälschter α-Niveau Test hergeleitet. Zum Nachweis, daß (φ_n) ein asymptotisch gleichmäßig bester α-Niveau Test ist für die aus **H** und **K** gewonnenen asymptotischen Hypothesen $\widehat{\mathbf{H}}$ bzw. $\widehat{\mathbf{K}}$, wird analog Beispiel 6.99 das Testproblem zunächst bei festem $\mu = \mu_0$ betrachtet, also dasjenige mit den Hypothesen

$$\widehat{\mathbf{J}}_{\mu_0} := \{(\mu_0, \sigma_0^2) : n \in \mathbb{N}\}, \quad \widehat{\mathbf{K}}_{\mu_0} := \{(\mu_0, \sigma_n^2) : \sigma_n^2 > \sigma_0^2, n \in \mathbb{N}\}.$$

Für dieses ist nach Beispiel 2.13 in Verbindung mit Satz 6.95 der χ^2-Test zur Prüfung einer Varianz bei bekanntem Mittelwert μ_0, also $\varphi_n^* := \mathbf{1}\left(\sum(X_j - \mu_0)^2/\sigma_0^2 > \chi_{n;\alpha}^2\right)$, ein asymptotisch gleichmäßig bester α-Niveau Test. Man zeigt nun wieder, daß (φ_n^*) mit (φ_n) unter $\widehat{\mathbf{J}}_{\mu_0} \cup \widehat{\mathbf{K}}_{\mu_0}$ asymptotisch äquivalent ist. Für lokale Folgen (μ_0, σ_n^2), $n \in \mathbb{N}$, mit $\sqrt{n}(\sigma_n^2 - \sigma_0^2) \to \zeta > 0$, also mit $\sigma_0^2/\sigma_n^2 = 1 - \zeta/(\sigma_0^2\sqrt{n}) + o(n^{-1/2})$, gilt nämlich bei Verwendung von Beispiel 6.68c, d.h. von $\chi_{n;\alpha}^2 = n + \sqrt{2n}u_\alpha + o(\sqrt{n})$, bzw. der verteilungsgleichen Ersetzung $\mathcal{L}_{\mu_0\sigma_n^2}\left(\sum(X_j - \mu_0)^2/\sigma_n^2\right) = \mathcal{L}_{\mu_0\sigma_0^2}\left(\sum(X_j - \mu_0)^2/\sigma_0^2\right)$

$$E_{\mu_0\sigma_n^2}\varphi_n^* = P_{\mu_0\sigma_n^2}\left(\frac{\sum(X_j - \mu_0)^2}{\sigma_n^2} > \chi_{n;\alpha}^2 \frac{\sigma_0^2}{\sigma_n^2}\right)$$

$$= P_{\mu_0\sigma_0^2}\left((2n)^{-1/2}\left(\frac{\sum(X_j - \mu_0)^2}{\sigma_0^2} - n\right) > u_\alpha - \frac{\zeta}{\sqrt{2}\sigma_0^2} + o(1)\right)$$

$$\to 1 - \phi\left(u_\alpha - \frac{\zeta}{\sqrt{2}\sigma_0^2}\right)$$

und analog

$$E_{\mu_0\sigma_n^2}\varphi_n = P_{\mu_0\sigma_n^2}\left(\frac{\sum(X_j - \overline{X}_n)^2}{\sigma_n^2} > \chi_{n-1;\alpha}^2 \frac{\sigma_0^2}{\sigma_n^2}\right) \to 1 - \phi\left(u_\alpha - \frac{\zeta}{\sqrt{2}\sigma_0^2}\right).$$

Unter Folgen (μ_0, σ_n^2) mit $\sqrt{n}(\sigma_n^2 - \sigma_0^2) \to 0$ bzw. $\sqrt{n}(\sigma_n^2 - \sigma_0^2) \to \infty$ streben offenbar die Gütefunktionen beider Tests gegen α bzw. 1, so daß (6.2.98) analog Beispiel 6.99 für alle Folgen $w_n = \mathcal{L}_{\mu_0\sigma_n^2}(X_{(n)})$ erfüllt und damit auch (φ_n) ein asymptotisch gleichmäßig bester α-Niveau Test für $\widehat{\mathbf{J}}_{\mu_0}$ gegen $\widehat{\mathbf{K}}_{\mu_0}$ ist.

Der Test (φ_n) ist aber unabhängig von dem speziell zugrundeliegenden Mittelwert $\mu_0 \in \mathbb{R}$, so daß er auch auf $\widehat{\mathbf{J}} := \cup_{\mu_0 \in \mathbb{R}} \widehat{\mathbf{J}}_{\mu_0}$ das Niveau α asymptotisch einhält und somit ein asymptotisch gleichmäßig bester α-Niveau Test ist für $\widehat{\mathbf{J}}$ gegen $\widehat{\mathbf{K}} := \cup_{\mu_0 \in \mathbb{R}} \widehat{\mathbf{K}}_{\mu_0}$. Da darüberhinaus nach Beispiel 2.13 gilt $E_{\mu\sigma^2}\varphi_n \leq \alpha \,\forall \mu \in \mathbb{R} \,\forall \sigma^2 \leq \sigma_0^2$, hält (φ_n) sein Niveau asymptotisch auch über $\widehat{\mathbf{H}} := \cup_{\mu_0 \in \mathbb{R}} \widehat{\mathbf{H}}_{\mu_0} = \cup_{\mu_0 \in \mathbb{R}}\{(\mu_0, \sigma_n^2) : \sigma_n^2 \leq \sigma_0^2, n \in \mathbb{N}\}$ ein. Folglich ist (φ_n) wie behauptet für $\widehat{\mathbf{H}}$ gegen $\widehat{\mathbf{K}}$ ein asymptotisch gleichmäßig bester α-Niveau Test. $\square$

Pitman-Effizienz Auch wenn es für viele parametrische Testprobleme asymptotisch gleichmäßig optimale Tests im Sinne der Definitionen 6.94a und 6.94b (oder asymptotische Maximintests im Sinne der Definition 6.157) gibt, ist dies – wie auch die Überlegungen in Band III zeigen werden – für nichtparametrische Probleme im allgemeinen nicht der Fall. Man ist deshalb gezwungen, Tests auch in Situationen anzuwenden, für die sie nicht (asymptotisch) optimal sind. Daher sind gerade hier Aussagen über die Schärfe eines Tests bzw. über den Schärfedefekt gegenüber dem (für die betreffende einfache Gegenhypothese) optimalen Test von großem Interesse. Da solche Aussagen jedoch nur schwer und überdies nur für jeden Einzelfall zu erhalten wären, benutzt man vielfach ein anschaulich sehr naheliegendes Vergleichsmaß für die Effizienz zweier Tests, welches in Analogie zur asymptotischen relativen Effizienz von Schätzern gebildet ist. Zu dessen Motivation betrachten wir das einleitende Beispiel 6.91 mit st.u. $\mathfrak{N}(\mu, \sigma_0^2)$-verteilten ZG $X_1, \ldots, X_n$, wobei

6.2 Asymptotische Behandlung parametrischer Testprobleme

$\mu \in \mathbb{R}$ unbekannt und $\sigma_0^2 > 0$ bekannt ist. In diesem Fall liegt es nahe, die Effizienz des modifizierten Gauß-Tests $\overline{\overline{\varphi}}_n$ relativ zum Gauß-Test φ_n^* als $1/2$ zu definieren, weil φ_n^* nur die Hälfte der Beobachtungen benötigt, um die gleiche Schärfe wie $\overline{\overline{\varphi}}_n$ zu haben. Liege nun allgemeiner eine beliebige Verteilungsklasse $\mathfrak{F} = \{F_\vartheta : \vartheta \in \Theta\}$ und dazu ein Testproblem mit Hypothesen **H** und **K** zugrunde. Bezeichnen dann φ_{in}, $i = 1, 2$, zwei Tests zum selben Stichprobenumfang n und zum selben Niveau $\alpha \in (0, 1)$ sowie $\beta_{in}(\vartheta)$ die Schärfe von φ_{in} unter $\vartheta \in \mathbf{K}$, so läßt sich mit der Abkürzung

$$m_n(\vartheta) := \min\{m \in \mathbb{N} : \beta_{2m}(\vartheta) \geq \beta_{1n}(\vartheta)\}$$

die relative *Effizienz von* (φ_{2n}) *zu* (φ_{1n}) *zum Stichprobenumfang* $n \in \mathbb{N}$ *unter der Verteilung* F_ϑ definieren durch

$$e(n, \vartheta) := n/m_n(\vartheta). \qquad (6.2.102)$$

Die Größe $e(n, \vartheta)$ ist also ein Maß für die Wirksamkeit von (φ_{2n}) gegenüber (φ_{1n}) unter der Verteilung ϑ. Da sich $e(n, \vartheta)$ für festes $n \in \mathbb{N}$ im allgemeinen nur schwer berechnen läßt, andererseits aber die Güte eines Tests gerade in der „Nähe" von **J** besonders interessiert, betrachtet man häufig den Grenzwert von $e(n, \vartheta_n)$ für $n \to \infty$ unter lokalen Folgen $(\vartheta_n) \subset \mathbf{K}$. Liegen st.u. glv. ZG bei hinreichend glatt parametrisierten Verteilungsklassen zugrunde, so sind – der in Beispiel 6.91 betrachteten Gauß-Test-Situation entsprechend – für einen solchen Grenzübergang lokale Folgen (ϑ_n) der Form $\vartheta_n = \vartheta + \zeta/\sqrt{n} + o(1/\sqrt{n}) \in \mathbf{K}$ mit $\zeta \geq 0$ geeignet. Bei Regressionsproblemen sind dies Folgen (ϑ_n), $\vartheta_n = (\vartheta_{n1}, \ldots, \vartheta_{nn})$, mit

$$\max_{1 \leq i \leq n} (\vartheta_{ni} - \vartheta)^2 \to 0, \quad \sum_{i=1}^{n} (\vartheta_{ni} - \vartheta)^2 \to \zeta^2. \qquad (6.2.103)$$

Es wird sich zeigen, daß unter derartigen Folgen vielfach gilt

$$E_{\vartheta_n} \varphi_{in} \to 1 - \phi(u_\alpha - \zeta \delta_i), \quad \delta_i \in (o, \infty), \quad i = 1, 2. \qquad (6.2.104)$$

Ein solches Konvergenzverhalten der Gütefunktion erleichtert die approximative Bestimmung der relativen Effizienz.

Satz 6.101 *Es seien* (φ_{in}), $i = 1, 2$, *zwei asymptotische* α-*Niveau Tests mit* (6.2.104). *Dann gilt für die durch* (6.2.102) *definierte relative Effizienz von* (φ_{2n}) *zu* (φ_{1n})

$$e(n, \vartheta_n) \to \delta_2^2/\delta_1^2 \quad \forall \zeta > 0.$$

Beweis: Wir führen diesen hier nur für den Einstichprobenfall. Sei $c > 0$ gegeben und $\beta_{i,n}(\vartheta_n) := E_{\vartheta n}\varphi_{in}$. Dann gilt für jede Folge $(\tilde{n}_c(n)) \subset \mathbb{N}$ mit $\tilde{n}_c(n)/n \to c^2$ wegen $\tilde{n}_c(n) \to \infty$ und (6.2.104)

$$\beta_{2,\tilde{n}_c(n)}(\vartheta_n) = \beta_{2,\tilde{n}_c(n)}(\vartheta + c\zeta/\sqrt{\tilde{n}_c(n)} + o(1/\sqrt{\tilde{n}_c(n)}))$$
$$\to 1 - \phi(u_\alpha - c\zeta\delta_2). \tag{6.2.105}$$

Wegen (6.2.104) für $\zeta = 0$ ist (6.2.105) auch für $c = 0$ richtig, falls nur $\tilde{n}_c(n) \to \infty$ gilt. Da wegen der strengen Monotonie von ϕ außerdem gilt

$$1 - \phi(u_\alpha - c\zeta\delta_2) > 1 - \phi(u_\alpha - \zeta\delta_1) \quad \forall c > \delta_1/\delta_2 \quad \forall \zeta > 0,$$

erhält man für jede solche Folge $(\tilde{n}_c(n))$ mit $c > \delta_1/\delta_2$ (wegen der Definition von m_n) für alle genügend großen $n \in \mathbb{N}$ die Beziehung $m_n(\vartheta_n) \leq \tilde{n}_c(n)$, also insbesondere

$$\limsup(m_n(\vartheta_n)/n) \leq \inf\{c^2 : c^2 > \delta_1^2/\delta_2^2\} = \delta_1^2/\delta_2^2 \quad \forall \zeta > 0.$$

Es bleibt also lediglich zu zeigen

$$\liminf(m_n(\vartheta_n)/n) \geq \delta_1^2/\delta_2^2 \quad \forall \zeta > 0. \tag{6.2.106}$$

Zum Nachweis nehmen wir umgekehrt an, (6.2.106) sei für ein $\zeta > 0$ verletzt. Dann existiert eine Teilfolge $(k) \subset (n)$ mit $m_k(\vartheta_k)/k \to d^2 \in [0, \delta_1^2/\delta_2^2)$ für $k \to \infty$. Für $d^2 \neq 0$ (bzw. $d^2 = 0$ und $m_k(\vartheta_k) \to \infty$) gilt nun nach (6.2.105) bzw. dem Zusatz hierzu für $k \to \infty$

$$\beta_{2,m_k(\vartheta_k)}(\vartheta_k) \to 1 - \phi(u_\alpha - d\zeta\delta_2) < 1 - \phi(u_\alpha - \zeta\delta_1).$$

Dies steht im Widerspruch zu $\beta_{2,m_n(\vartheta_n)}(\vartheta_n) \geq \beta_{1n}(\vartheta_n) \to 1 - \phi(u_\alpha - \zeta\delta_1)$. Für $d^2 = 0$ und $m_k(\vartheta_k) \not\to \infty$ dagegen existiert eine weitere Teilfolge $(\ell) \subset (k) \subset (n)$, ein $r_0 \in \mathbb{N}$ und ein $n_0 \in \mathbb{N}$ mit $m_\ell(\vartheta_\ell) = r_0$ für alle $\ell \geq n_0$. Daher gilt wegen der Stetigkeit der Gütefunktion in ϑ_0

$$\lim_{\ell \to \infty} \beta_{2,m_\ell(\vartheta_\ell)}(\vartheta_\ell) = \lim_{\ell \to \infty} \beta_{2,r_0}(\vartheta_\ell) = \beta_{2,r_0}(\vartheta_0) \leq \alpha.$$

Im Widerspruch hierzu gilt jedoch andererseits wegen der strengen Monotonie von ϕ

$$\beta_{2,m_n(\vartheta_n)}(\vartheta_n) \geq \beta_{1,n}(\vartheta_n) \to 1 - \phi(u_\alpha - \zeta\delta_1) > \alpha. \quad \square$$

In Analogie zur Vorgehensweise bei Schätzern wird die asymptotische relative Effizienz von Tests nun wieder über den Limesshift definiert. Dabei beschränken wir uns zunächst auf Tests, deren zugehörige Prüfgrößen nach geeigneter Standardisierung asymptotisch normal sind.

6.2 Asymptotische Behandlung parametrischer Testprobleme

Definition 6.102 (u_n) und (v_n) seien zwei einfache asymptotische Hypothesen sowie (φ_{1n}) und (φ_{2n}) zwei asymptotische α-Niveau Tests für (u_n) gegen (v_n) derart, daß gilt

$$E_{v_n}\varphi_{in} \to 1 - \phi(u_\alpha - \nu_i) \quad \exists \nu_i \in (0,\infty), \quad i=1,2. \tag{6.2.107}$$

Dann ist die *asymptotische relative Effizienz* oder *Pitman-Effizienz von* (φ_{2n}) *bezüglich* (φ_{1n}) *unter der Folge* (v_n) definiert durch

$$\text{ARE}(\varphi_{2n}:\varphi_{1n}|v_n) := \nu_2^2/\nu_1^2. \tag{6.2.108}$$

Gilt (6.2.106) für alle $(v_n) \in \widehat{\mathbf{K}}$, so heißt (6.2.107) *asymptotische relative Effizienz* oder *Pitman-Effizienz von* (φ_{2n}) *bzgl.* (φ_{1n}) *unter* $\widehat{\mathbf{K}}$.

Beispiel 6.103 Für das einleitend behandelte Problem werde der Gauß-Test φ_n^* und der α-Niveau-Test $\widetilde{\varphi}_n$ mit dem Stichprobenmedian med $x_{(n)}$ als Prüfgröße betrachtet. Dann gilt mit $\mu_n := \mu_0 + \zeta/\sqrt{n} + o(1/\sqrt{n})$ und $v_n := \mathcal{L}_{\mu_n}(X_{(n)})$ gemäß Beispiel 6.91 $\mathcal{L}_{\mu_n}(\sqrt{n}(\text{med }X_{(n)} - \mu_0)) \xrightarrow{\mathcal{L}} \mathfrak{N}(\zeta, \pi\sigma_0^2/2)$ und damit

$$E_{v_n}\varphi_n^* \to 1 - \phi(u_\alpha - \zeta/\sigma_0), \quad E_{v_n}\varphi_n \to 1 - \phi(u_\alpha - \zeta\sqrt{2/\pi}/\sigma_0).$$

Also ergibt sich $\text{ARE}(\widetilde{\varphi}_n : \varphi_n^*|v_n) = 2/\pi$ (für alle $\zeta > 0$, $\sigma_0^2 > 0$). □

Gilt in (6.2.107) $\nu_i = 0$ für (höchstens) ein $i = 1, 2$, so ist die Definition der Pitman-Effizienz auch noch sinnvoll, wenn man in üblicher Weise $\text{ARE}(\varphi_{2n} : \varphi_{1n}|v_n) = \infty$ bzw. $\text{ARE}(\varphi_{2n} : \varphi_{1n}|v_n) = 0$ setzt. Sieht man von diesen Ausnahmefällen ab, so folgt aus (6.2.107)

$$\text{ARE}(\varphi_{2n}:\varphi_{1n}|v_n) = 1/\text{ARE}(\varphi_{1n}:\varphi_{2n}|v_n), \tag{6.2.109}$$

$$\text{ARE}(\varphi_{2n}:\varphi_{1n}|v_n) = \text{ARE}(\varphi_{2n}:\varphi_{3n}|v_n)\text{ARE}(\varphi_{3n}:\varphi_{1n}|v_n). \tag{6.2.110}$$

Sind (φ_{1n}) und (φ_{2n}) asymptotische α-Niveau Tests für (u_n) gegen (v_n) und ist (φ_{1n}) asymptotisch optimal, so gilt $\liminf_{n\to\infty}(E_{v_n}\varphi_{1n} - E_{v_n}\varphi_{2n}) \geq 0$. Ist zusätzlich (6.2.107) erfüllt, so folgt hieraus $\text{ARE}(\varphi_{2n} : \varphi_{1n}|v_n) \leq 1$ wegen der strengen Monotonie von ϕ. Entsprechend sind Tests (φ_{1n}), (φ_{2n}) mit (6.2.107) genau dann asymptotisch äquivalent bzgl. (v_n), wenn gilt $\text{ARE}(\varphi_{2n} : \varphi_{1n}|v_n) = 1$.

Beispiel 6.104 Nach Beispiel 6.99 ist der t-Test (φ_n) zum Gauß-Test (φ_n^*) unter allen Folgen (v_n) mit $\mu_n > \mu_0$ asymptotisch äquivalent. Dagegen ist $\text{ARE}(\varphi_n : \varphi_n^*|v_n)$ dann und nur dann definiert und gleich 1, wenn $\mu_n = \mu_0 + \zeta/\sqrt{n} + o(1/\sqrt{n})$ mit $\zeta > 0$ ist, da nach (6.2.91) genau dann (6.2.107) erfüllt ist mit $\nu_2 = \nu_1$. Entsprechendes gilt im Zweistichprobenfall. □

Gemäß (6.2.106) hat man also zur Berechnung der Pitman-Effizienz zweier Tests die „Mittelwertverschiebungen" ν_i ihrer Prüfgrößen zu bestimmen. Auch dieses wird vielfach durch das Hilfsmittel benachbarter Verteilungsfolgen erleichtert, das in 6.3 eingeführt werden soll.

Die bisherige Diskussion der asymptotischen relativen Effizienz war auf Tests (φ_{in}) mit (6.2.104) bzw. (6.2.107) zugeschnitten. Diese Beschränkung besagt, daß letztlich nur Testfolgen zu asymptotisch normalverteilten Prüfrößen betrachtet werden. Wie bereits in 5.4 betont wurde, gibt es jedoch auch viele Testprobleme, in denen die adäquaten Prüfgrößen asymptotisch χ^2-verteilt sind bzw. einer allgemeineren Quadratsummenverteilung genügen. Zur Erweiterung der Effizienzüberlegungen auf derartige Tests beachte man, daß von der Voraussetzung (6.2.104) für den Beweis des Satzes 6.101 letztlich nicht wesentlich war, daß ϕ die VF der $\mathfrak{N}(0,1)$-Verteilung ist. Relevant war nur, daß ϕ eine streng isotone Funktion ist und daß die Limesgütefunktionen beider Tests die gleiche analytische Form besitzen. Im folgenden soll jedoch kein Satz 6.101 verallgemeinerndes Resultat hergeleitet werden. Vielmehr sollen nur die Analoga zu Satz 6.101 bzw. Definition 6.102 für den Fall formuliert werden, daß sich beide Limesschärfen durch die VF $G_s(\cdot;\delta^2)$ einer $\chi_s^2(\delta^2)$-Verteilung ausdrücken lassen und zwar mit derselben Zahl s an Freiheitsgraden. Für $\vartheta \in \overset{\circ}{\Theta} \subset \mathbb{R}^k$ und $i = 1,2$ gelte also

$$E_\vartheta \varphi_{in} \to 1 - G_s(\chi^2_{s;\alpha};0) = \alpha, \quad E_{\vartheta_n} \varphi_{in} \to 1 - G_s(\chi^2_{s;\alpha};\delta_i^2). \quad (6.2.111)$$

Dabei sei $\delta_i^2 = \zeta^\top \mathcal{H}_i \zeta > 0$ und $\mathcal{H}_i \in \mathbb{R}^{k \times k}_{\text{p.s.}}$. Die Argumentation des Satzes 6.101 liefert hier dann

$$e(n,\vartheta_n) \to \frac{\zeta^\top \mathcal{H}_2 \zeta}{\zeta^\top \mathcal{H}_1 \zeta}. \quad (6.2.112)$$

Im einparametrigen Fall würde sich – wie in Satz 6.101 – der Wert ζ^2 herauskürzen. Für $k > 1$ hängt der Limes jedoch von ζ selbst – genauer vom Richtungsvektor $\zeta/|\zeta|$ – ab. Die asymptotische relative Effizienz liegt für $\mathcal{H}_i \in \mathbb{R}^{k \times k}_{\text{p.d.}}, i = 1,2$, dann also stets zwischen den Schranken

$$\underline{\lambda} = \inf_{\zeta \neq 0} \frac{\zeta^\top \mathcal{H}_2 \zeta}{\zeta^\top \mathcal{H}_1 \zeta} \quad \text{und} \quad \overline{\lambda} = \sup_{\zeta \neq 0} \frac{\zeta^\top \mathcal{H}_2 \zeta}{\zeta^\top \mathcal{H}_1 \zeta}.$$

(Nach dem Satz von Rayleigh-Ritz[34] ist $\underline{\lambda}$ gerade der kleinste, $\overline{\lambda}$ der größte Eigenwert von $\mathcal{H}_2 \mathcal{H}_1^{-1}$.) Die obigen Bemerkungen rechtfertigen die folgende, zu Definition 6.102 analoge Begriffsbildung.

Definition 6.105 (u_n) und (v_n) seien zwei einfache asymptotische Hypothesen sowie (φ_{1n}) und (φ_{2n}) zwei asymptotische α-Niveau Tests für (u_n) gegen (v_n) mit

$$E_{v_n} \varphi_{in} \to 1 - G_s(\chi^2_{s;\alpha};\delta_i^2) \quad \exists \delta_i^2 \in (0,\infty), \quad i = 1,2. \quad (6.2.113)$$

---
[34] Vgl. etwa R. Horn, C. Johnson: Matrix Algebra (1985), Theorem 4.22, S. 176.

6.2 Asymptotische Behandlung parametrischer Testprobleme

Dann ist die *asymptotische relative Effizienz* oder *Pitman-Effizienz* von (φ_{2n}) bezüglich (φ_{1n}) unter der Folge (v_n) definiert durch

$$\mathrm{ARE}(\varphi_{2n} : \varphi_{1n} | v_n) := \delta_2^2/\delta_1^2. \tag{6.2.114}$$

Gilt (6.2.113) für alle $(v_n) \in \widehat{\mathbf{K}}$, so heißt (6.2.114) *asymptotische relative Effizienz* oder *Pitman-Effizienz* von (φ_{2n}) bzgl. (φ_{1n}) unter $\widehat{\mathbf{K}}$.

Beispiele für die Gültigkeit von (6.2.113) und damit für die Pitman-Effizienz in diesem Rahmen werden in 6.4.2 und Band III angegeben.

Aufgabe 6.10 Man begründe die Formel von Wilson-Hilferty

$$\chi^2_{n;\alpha} \approx n\left(1 - \frac{2}{9n} + \sqrt{\frac{2}{9n}}u_\alpha\right)^3.$$

Aufgabe 6.11 Man gebe Normalapproximationen für das α-Fraktil $F_{n_1,n_2;\alpha}$ an.

Aufgabe 6.12 Es seien $\mathfrak{P} = \{P_\vartheta : \vartheta \in \Theta\} \subset \mathfrak{M}^1(\mathbb{R}^n, \mathbb{B}^n)$ dominiert durch λ^n und das Testproblem $\mathbf{H} : \vartheta \in \mathbf{H}$, $\mathbf{K} : \vartheta \in \Theta - \mathbf{H}$, invariant gegenüber einer Gruppe $\mathfrak{Q}$ von Diffeomorphismen π, die simultan auf $\mathbb{R}^n$ und Θ operieren. Dann ist die Prüfgröße (6.2.1) des LQ-Tests eine $\mathfrak{Q}$-invariante Statistik.

Aufgabe 6.13 Es seien $\mathfrak{F}$ die Klasse der vierdimensionalen $\mathfrak{M}(1, \pi(\vartheta))$-Verteilungen, $\pi(\vartheta) = \left(\frac{\vartheta}{2}, \vartheta\left(1 - \frac{\vartheta}{2}\right), \frac{1-\vartheta}{2}, \frac{(1-\vartheta)^2}{2}\right)$, $0 < \vartheta < 0{,}9$ und $X_1, \ldots, X_n$ st.u. ZG mit derselben Verteilung F. Wie lautet die Entscheidung des χ^2-Tests zur Überprüfung der Hypothesen $\mathbf{H} : F \in \mathfrak{F}$, $\mathbf{K} : F \notin \mathfrak{F}$ bei $n = 18121$ Versuchswiederholungen mit den Zellhäufigkeiten $(8324, 9032, 725, 40)$ und $\alpha = 0{,}05$?

Aufgabe 6.14 Zum Vergleich von drei Verfahren I, II, III mit Hilfe des χ^2-Tests wurden bei einer Einteilung in fünf Zellen $1, \ldots, 5$ nebenstehende Häufigkeiten beobachtet. Ist aufgrund dieser Werte bei $\alpha = 0{,}05$ eine Abweichung statistisch gesichert zwischen

a) den Verfahren I, II, III?
b) den Verfahren I und II?

i \ j	1	2	3	4	5
I	21	30	12	20	24
II	9	11	11	10	13
III	31	46	17	28	29

Aufgabe 6.15 Man zeige, daß für das Testproblem aus Aufgabe 3.29 der LQ-Test zum Niveau α nicht mit dem gleichmäßig besten invarianten Test zum Niveau α übereinstimmt.

Aufgabe 6.16 Es seien $U, V \in \mathbb{R}^q$ und $\mathscr{I}_q$ die $q \times q$-Einheitsmatrix. Man zeige: $|\mathscr{I}_q + UV^\top| = 1 + V^\top U$.

Aufgabe 6.17 X_{ij}, $j = 1, \ldots, n_i$, $i = 1, 2$, seien st.u. r-dimensionale ZG mit $\mathcal{L}(X_{ij}) = \mathfrak{N}(\mu_i, \mathscr{S})$. Man bestimme den LQ-Test für $\mathbf{H} : \mu_1 = \mu_2$, $\mathbf{K} : \mu_1 \neq \mu_2$ und zeige dessen asymptotische Äquivalenz mit dem Zweistichproben-T^2-Test aus Beispiel 4.50b.

Aufgabe 6.18 Y und Z seien s- bzw. t-dimensionale ZG mit $\mathscr{C}\!ov\, Y = \mathscr{S}_{11}$, $\mathscr{C}\!ov\, Z = \mathscr{S}_{22}$ und $E(Y - EY)(Z - EZ)^\top = \mathscr{S}_{12}$. Weiter seien $u \in \mathbb{R}^s$, $v \in \mathbb{R}^t$ und $\varrho(u^\top Y, v^\top Z)$ der Korrelationskoeffizient der reellwertigen ZG $u^\top Y$ und $v^\top Z$. Dann gilt für die durch Hilfssatz 6.54 definierten kanonischen Korrelationskoeffizienten:

a) $\varrho_1 = \max\{\varrho(u^\top Y, v^\top Z) : \mathrm{Var}(u^\top Y) = \mathrm{Var}(v^\top Z) = 1\}$;

b) Ist $\varrho_i = \varrho(u_i^\top Y, v_i^\top Z)$, $i = 1, \ldots, j-1$, so gilt

$$\varrho_j = \max\big\{\varrho(u^\top Y, v^\top Z) : \mathrm{Var}(u^\top Y) = \mathrm{Var}(v^\top Z) = 1, \mathrm{Cov}(u^\top Y, v_i^\top Z) = 0,$$

$$\mathrm{Cov}(u_i^\top Y, v^\top Z) = 0 \quad \text{für} \quad i = 1, \ldots, j-1 \big\}.$$

Aufgabe 6.19 Für die Nullverteilung der Prüfgröße des LQ-Tests aus Beispiel 6.55 gilt

$$\mathfrak{L}\!\left(\prod_{i=1}^s (1 - \widehat{\varrho}_{n;i}^{\,2})\right) = \mathfrak{L}\!\left(\prod_{i=1}^s W_i\right),$$

wobei $W_1, \ldots, W_s$ st.u. ZG mit $\mathfrak{L}(W_i) = B_{\frac{1}{2}(n+s-i), \frac{1}{2}s}$ sind.

Aufgabe 6.20 Man verifiziere die Gültigkeit von (6.2.65+67) in den Beispielen 6.80 und 6.82.

Aufgabe 6.21 a) Man beweise (mit Hilfe der Tschebyschev-Ungleichung) die Grenzwertaussage (6.2.68).

b) Man verifiziere die Gültigkeit von (6.2.69).

Aufgabe 6.22 X_j, $j \in \mathbb{N}$, seien st.u. reellwertige ZG mit derselben stetigen VF F. Weiter seien φ_{n1} der Zeichentest mit der Prüfgröße $T_n = \sum_{j=1}^n \mathbf{1}(X_j > 0)$ für $\mathbf{J}: F = F_-$ gegen $\mathbf{K}: F \succ F_-$ und φ_{n2} der t-Test mit der Prüfgröße $\widetilde{T}_n = \sqrt{n}\,\overline{x}_n/s_n$, jeweils zum selben Niveau $\alpha \in (0,1)$. Man zeige bzw. berechne

a) die Konsistenz von (φ_{n1}) für $\mathbf{H}$ gegen $\mathbf{K}' = \{F \in \mathbf{K} : F(0) < 1/2\}$;

b) die Monotonie der Gütefunktion $\vartheta \mapsto \beta_{F_0}(\vartheta) := E_\vartheta \varphi_{n1}$ für $F_0 \in \mathbf{J}$ sei $F_\vartheta(\cdot) = F_0(\cdot - \vartheta)$, $\vartheta \in \mathbb{R}$.

c) die Gültigkeit von $\beta_{F_0}(\zeta/\sqrt{n}) \to 1 - \phi(u_\alpha - 2\zeta f_0(0))$ unter der Annahme, daß $F_0 \in \mathbf{J}$ eine in 0 stetige $\lambda\!\!\!\lambda$-Dichte f_0 besitzt.

d) $\breve{\beta}_{F_0}(\zeta/\sqrt{n}) \to 1 - \phi(u_\alpha - \zeta/\sigma_0)$, falls $0 < \sigma_0^2 := \int x^2\, dF_0(x) < \infty$ und $\breve{\beta}_{F_0}(\vartheta) = E_{F_\vartheta}\varphi_{n2}$ ist;

e) $\mathrm{ARE}(\varphi_{n1} : \varphi_{n2}|\vartheta_n)$ für den Fall, daß F_0 die VF einer $\mathfrak{N}(0,1)$-, einer $\mathfrak{R}(-1/2, 1/2)$- bzw. einer Doppelexponentialverteilung (mit $\lambda\!\!\!\lambda$-Dichte $f_0(x) = \frac{1}{2}e^{-|x|}$) ist.

Aufgabe 6.23 Mit den Bezeichnungen aus Aufg. 6.22 sei $\widehat{\mathbf{J}}(F_0) = \{(F_n) : F_n = F_0\ \forall n \in \mathbb{N}\}$ und $\widehat{\mathbf{K}}(F_0) = \{(F_n) : \exists \zeta > 0 \text{ mit } \vartheta_n = \zeta/\sqrt{n} \text{ und } F_n = F_{\vartheta_n}\ \forall n \in \mathbb{N}\}$. Man zeige durch Vergleich mit dem besten Test für zwei einfache Hypothesen, daß der Zeichentest ein asymptotisch gleichmäßig bester Test ist für $\widehat{\mathbf{J}}(F_0)$ gegen $\widehat{\mathbf{K}}(F_0)$, falls F_0 die Doppelexponentialverteilung ist.

Aufgabe 6.24 Für $n \in \mathbb{N}$ seien (X_{1j}, X_{2j}), $j = 1, \ldots, n$, st.u. $\mathfrak{N}(\mu_1, \mu_2; \sigma_1^2, \sigma_2^2, \varrho)$-verteilte ZG, $(\mu_1, \mu_2; \sigma_1^2, \sigma_2^2, \varrho) \in \mathbb{R}^2 \times (0, \infty)^2 \times (0, 1)$, R_n der Stichprobenkorrelationskoeffizient und φ_n der einseitige α-Niveau Test mit der Prüfgröße $\sqrt{n} R_n$. Man zeige, daß (φ_n) ein asymptotisch gleichmäßig bester α-Niveau Test ist für (u_n) mit $\varrho = 0$ gegen alle Folgen (v_n) mit $\varrho_n \to 0$, $\varrho_n > 0$.

Aufgabe 6.25 Im Anschluß an die Beispiele 6.99 und 5.86 bezeichne φ_n den Test mit der Prüfgröße $\widetilde{T}_n := \sqrt{(n-1)/2}(\log s_n^2 - \log \sigma_0^2)$ und dem kritischen Wert u_α. Man zeige, daß (φ_n) ein asymptotisch gleichmäßig bester α-Niveau-Test ist für $\widehat{\mathbf{H}}$ gegen $\widehat{\mathbf{K}}$ und für $\widehat{\mathbf{H}}'$ gegen $\widehat{\mathbf{K}}$.

Aufgabe 6.26 X_{ij}, $j = 1, \ldots, n_1$, $i = 1, 2$, seien st.u. ZG mit $\mathcal{L}(X_{ij}) = \mathfrak{N}(\mu_i, \sigma_0^2)$ mit bekanntem $\sigma_0^2 > 0$ und unbekannten $\mu_1, \mu_2 \in \mathbb{R}$. Man zeige, daß der Zweistichproben-t-Test und der Zweistichproben-Gauß-Test asymptotisch äquivalent sind bezüglich aller Folgen (v_n), $v_n := \mathcal{L}_{\mu_{1n}, \mu_{2n}, \sigma_0}(X_{1(n_1)}, X_{2(n_2)})$ mit $\mu_{1n} > \mu_{2n}$.

Aufgabe 6.27 Für $n_1, n_2 \in \mathbb{N}$ und $n := n_1 + n_2$ bezeichne φ_n den F-Test für den Varianzquotienten. Man zeige für $n_1 \to \infty$, $n_2 \to \infty$: (φ_n) ist ein asymptotisch gleichmäßig bester α-Niveau Test für $\widehat{\mathbf{H}} := \{(\vartheta_n) : \vartheta_n = (\mu_{1n}, \mu_{2n}, \sigma_{1n}^2, \sigma_{2n}^2) \in \mathbb{R}^2 \times (0, \infty)^2, \sigma_{1n}^2 = \sigma_{2n}^2 \ \forall n \in \mathbb{N}\}$ gegen $\widehat{\mathbf{K}} := \{(\vartheta_n) : \vartheta_n = (\mu_{1n}, \mu_{2n}, \sigma_{1n}^2, \sigma_{2n}^2) \in \mathbb{R}^2 \times (0, \infty)^2, \sigma_{1n}^2 > \sigma_{2n}^2 \ \forall n \in \mathbb{N}\}$ und ebenfalls für $\widehat{\mathbf{H}}_1 := \{(\vartheta_n) : \vartheta_n \in \mathbb{R}^2 \times (0, \infty)^2, \sigma_{1n}^2 \leq \sigma_{2n}^2 \ \forall n \in \mathbb{N}\}$ gegen $\widehat{\mathbf{K}}$.

Hinweis: Zu $(\vartheta_n) \in \widehat{\mathbf{K}}$ mit $\vartheta_n = (\mu_{1n}, \mu_{2n}, \sigma_{1n}^2, \sigma_{2n}^2)$ wähle man die durch $\widetilde{\vartheta}_n := (\mu_{1n}, \mu_{2n}, \sigma_n^2, \sigma_n^2)$ mit $\sigma_n^2 := n\sigma_{1n}^2\sigma_{2n}^2/(n_2\sigma_{1n}^2 + n_1\sigma_{2n}^2)$ bestimmte Folge $(\widetilde{\vartheta}_n) \in \widehat{\mathbf{H}}$ und vergleiche (φ_n) unter (ϑ_n) mit $(\widetilde{\varphi}_n)$, wobei $\widetilde{\varphi}_n$ den besten α-Niveau Test für $\widetilde{\vartheta}_n$ gegen ϑ_n bezeichnet.

6.3 Benachbarte Verteilungsfolgen und LAN-Familien

In 6.3 wird ein WS-theoretisches Konzept eingeführt, das die begriffliche Grundlage für die lokal asymptotische Statistik und damit für 6.4, 6.5 sowie Teile von Band III bildet. Dieser Begriff der Benachbartheit[35] stellt eine asymptotische Verallgemeinerung der Dominiertheit zweier WS-Verteilungen dar. Zusammen mit der entsprechenden Verallgemeinerung des Begriffs der Orthogonalität werden in 6.3.1 zunächst die entsprechenden Definitionen gegeben und dann auf verschiedene Weise charakterisiert. In 6.3.2 wird die spezielle Situation behandelt, daß die beiden Folgen wechselseitig benachbart sind, also das asymptotische Analogon zur Äquivalenz zweier WS-Maße. Diese läßt sich durch das Verhalten des log-DQ für großen Stichprobenumfang kennzeichnen. Über die Linearisierung solcher log-DQ gelangt man zum Begriff einer LAN-Familie und zur Präzisierung dessen, was man unter einem Limesmodell zu verstehen hat. Bei dieser Diskussion werden nur Folgen von Produkt-WS behandelt, deren Faktormaße einer $\mathbb{L}_2$-differenzierbaren Verteilungsklasse entnommen sind. In 6.3.3 schließlich wird die Frage untersucht, wie sich die Limesver-

---

[35] Dieser Begriff geht zurück auf L. Le Cam: Univ. California Publ. Statist. 3 (1960) 37-98. Vgl. auch L. Le Cam, G. L. Yang: Asymptotics in Statistics, Some Basic Concepts, Springer (1990) sowie das in Fußnote 48 zitierte Buch von Le Cam.

teilung einer Summenstatistik T_n ändert, wenn man von einer zugrundeliegenden Folge u_n von WS-Maßen zu einer benachbarten Folge v_n übergeht. Auf den diesbezüglichen Aussagen beruht die Berechnung von Limesschärfen sowie der asymptotischen relativen Effizienz zweier asymptotischer Tests.

6.3.1 Definition, Beispiele und Charakterisierungen

Beim Testen zweier einfacher Hypothesen $u, v \in \mathfrak{M}^1(\mathfrak{X}, \mathfrak{B})$ spielt der Bereich der wechselseitigen Dominiertheit von v und u, also derjenige der paarweisen Äquivalenz, eine besondere Rolle. Während nämlich auf den Trägern der orthogonalen Anteile von v bzgl. u bzw. von u bzgl. v die statistische Entscheidung zugunsten von v bzw. u zwangsläufig ist, hat man dort, wo beide Verteilungen Masse tragen, also auf der Menge $\{0 < L := \mathrm{d}v/\mathrm{d}u < \infty\}$, auf nichttriviale Weise eine Entscheidung zu treffen. Naheliegend ist es hierzu, einen kritischen Wert $0 < k < \infty$ zu wählen und sich auf $\{L < k\}$ für u, auf $\{L > k\}$ für v zu entscheiden. Im Rahmen von α-Niveau Tests für $\mathbf{H} = \{u\}$ gegen $\mathbf{K} = \{v\}$ wird diese Vorgehensweise gerade durch das Neyman-Pearson-Lemma 2.5 gerechtfertigt (das gleichzeitig eine Aussage über die Wahl von k und die Randomisierung auf $\{L = k\}$ macht). Zur Gewinnung asymptotisch optimaler α-Niveau Tests wird man daher zunächst einmal präzisieren müssen, was man asymptotisch unter orthogonalen Bereichen bzw. Bereichen wechselseitiger Dominiertheit zu verstehen hat. Dazu werden den WS-theoretischen Begriffen „dominiert", „nicht-orthogonal" sowie „orthogonal" asymptotische Analoga gegenübergestellt. Zu deren Definition orientiert man sich an den folgenden Charakterisierungen:

$$\begin{aligned}
u \text{ dominiert } v &\quad \Leftrightarrow \quad [u(B) = 0 \Rightarrow v(B) = 0], & (6.3.1) \\
u \text{ nicht orthogonal zu } v &\quad \Leftrightarrow \quad [u(B) = 0 \Rightarrow v(B) \leq v(L = \infty) < 1], & (6.3.2) \\
u \text{ orthogonal zu } v &\quad \Leftrightarrow \quad [\exists B \in \mathfrak{B} : u(B) = 0, v(B) = 1]. & (6.3.3)
\end{aligned}$$

Die drei Fälle lassen sich auch durch den DQ $L = \mathrm{d}v/\mathrm{d}u$ charakterisieren. Zunächst folgt nämlich aus der Lebesgue-Zerlegung (1.6.28), daß für $E_u L$ stets gilt $0 \leq E_u L \leq 1$. Beachtet man weiter, daß $E_u L = v(L < \infty)$ die Masse des durch u dominierten Anteils von v ist, so ergibt sich aus (1.6.28):

$$\begin{aligned}
u \text{ dominiert } v &\quad \Leftrightarrow \quad E_u L = 1, & (6.3.1') \\
u \text{ nicht orthogonal zu } v &\quad \Leftrightarrow \quad E_u L > 0, & (6.3.2') \\
u \text{ orthogonal zu } v &\quad \Leftrightarrow \quad E_u L = 0. & (6.3.3')
\end{aligned}$$

Bei der asymptotischen Nachbildung dieser Begriffe läßt man sich üblicherweise zunächst von den Äquivalenzen (6.3.1-3) leiten und untersucht erst danach, in wieweit sich die so eingeführten Begriffe auch durch die Folge der DQ $L_n = \mathrm{d}v_n/\mathrm{d}u_n$ kennzeichnen lassen.

6.3 Benachbarte Verteilungsfolgen und LAN-Familien

Definition 6.106 Für $n \in \mathbb{N}$ seien $u_n, v_n \in \mathfrak{M}^1(\mathfrak{X}_{(n)}, \mathfrak{B}_{(n)})$ beliebige WS-Maße. Dann heißt:

a) (v_n) zu (u_n) *benachbart*, kurz: $(v_n) \triangleleft (u_n)$, genau dann, wenn gilt:

$$\forall (B_n) \in (\mathfrak{B}_{(n)}): \quad u_n(B_n) \to 0 \quad \Rightarrow \quad v_n(B_n) \to 0; \quad (6.3.4)$$

speziell heißen (v_n) und (u_n) *wechselseitig benachbart*, kurz: $(v_n) \Leftrightarrow (u_n)$, genau dann, wenn gilt:

$$(v_n) \triangleleft (u_n) \quad \text{und} \quad (u_n) \triangleleft (v_n); \quad (6.3.5)$$

b) (v_n) und (u_n) *nicht trennend*, wenn ein $0 < c < 1$ existiert[36] mit

$$\forall (B_n) \in (\mathfrak{B}_{(n)}): \quad u_n(B_n) \to 0 \quad \Rightarrow \quad \limsup_{n \to \infty} v_n(B_n) \le c; \quad (6.3.6)$$

c) (v_n) und (u_n) *vollständig trennend*, kurz: $(v_n) \triangle (u_n)$, genau dann, wenn gilt:

$$\exists (B_n) \in (\mathfrak{B}_{(n)}): \quad u_n(B_n) \to 0 \quad \text{und} \quad v_n(B_n) \to 1. \quad (6.3.7)$$

Einfache Beispiele für jede dieser drei Begriffsbildungen kann man sich mit Hilfe des Totalvariationsabstandes (oder der Hellinger-Metrik) verschaffen. Dazu beweisen wir zunächst den

Hilfssatz 6.107 *Für $n \in \mathbb{N}$ seien $u_n, v_n \in \mathfrak{M}^1(\mathfrak{X}_{(n)}, \mathfrak{B}_{(n)})$. Dann gilt:*

a) $\lim \|u_n - v_n\| = 0 \quad \Rightarrow \quad (v_n) \Leftrightarrow (u_n)$.

b) $\limsup \|u_n - v_n\| < 1 \quad \Leftrightarrow \quad (u_n) \text{ und } (v_n) \text{ nicht trennend}$.

c) $\lim \|u_n - v_n\| = 1 \quad \Rightarrow \quad (u_n) \triangle (v_n)$.

Diese Aussagen bleiben richtig, wenn man die Totalvariation $\|u_n - v_n\|$ durch den Hellinger-Abstand $H(u_n, v_n)$ ersetzt.

Beweis: a) folgt trivialerweise aus (6.3.4–5).

b) „$\Rightarrow$" Für jedes $n \in \mathbb{N}$ und beliebige $B_n \in \mathfrak{B}_{(n)}$ gilt $v_n(B_n) \le \|v_n - u_n\| + u_n(B_n)$. Damit folgt für Folgen (B_n) mit $u_n(B_n) \to 0$ die Behauptung.

„$\Leftarrow$" Aus der Annahme der Existenz einer Teilfolge (n_k) mit $\|v_{n_k} - u_{n_k}\| \to 1$, also mit $(v_{n_k} - u_{n_k})(L_{n_k} > 1) \to 1$, folgt $v_{n_k}(L_{n_k} > 1) \to 1$ und $u_{n_k}(L_{n_k} > 1) \to 0$. Setzt man $B_n := \{L_{n_k} > 1\}$ für $n = n_k$ und $B_n := \emptyset$ sonst, dann gilt $u_n(B_n) \to 0$ und $\limsup v_n(B_n) = 1$ in Widerspruch zu (6.3.6).

c) Mit der Argumentation aus b) und der Voraussetzung folgt $\lim v_n(L_n > 1) = 1$ und $\lim u_n(L_n > 1) = 0$. Damit erfüllt $B_n := \{L_n > 1\}$ die Beziehung (6.3.7).

---
[36] In Analogie zu (6.3.2) gilt notwendigerweise $\limsup v_n(L_n = \infty) \le c < 1$. Man beachte weiter, daß die Negation von „vollständig trennend" verschieden ist von „nicht trennend".

6 Asymptotische Betrachtungsweisen parametrischer Verfahren

Der Zusatz ergibt sich aus Hilfssatz 1.142. □

Ein einfaches Beispiel für die in Definition 6.106 eingeführten Begriffe erhält man, wenn man $(\mathfrak{X}_{(n)}, \mathfrak{B}_{(n)}) \equiv (\mathbb{R}, \mathbb{B})$ setzt und $u_n = \mathfrak{R}(0,1)$ sowie $v_n = \mathfrak{R}(\vartheta_n, \vartheta_n + 1)$ wählt. Dann gilt nämlich

$$\begin{aligned}
\vartheta_n \to 0 &\quad\Rightarrow\quad (v_n) \text{ und } (u_n) \text{ wechselseitig benachbart;} \\
\vartheta_n \to \vartheta \in (-1, +1) &\quad\Rightarrow\quad (v_n) \text{ und } (u_n) \text{ nicht trennend;} \\
\vartheta_n \to \vartheta \notin (-1, +1) &\quad\Rightarrow\quad (v_n) \text{ und } (u_n) \text{ vollständig trennend.}
\end{aligned}$$

Wichtiger für das Weitere sind Beispiele, in denen sowohl u_n als auch v_n Produkt-WS sind. Diese sollen nicht nur mit den obigen Begriffsbildungen weiter vertraut machen, sondern auch zeigen, daß es bei Produktmaßen darauf ankommt, mit welcher Rate sich die Faktorverteilungen einander annähern.

Beispiel 6.108 Für $n \in \mathbb{N}$ seien $u_n := \bigotimes_{j=1}^{n} \mathfrak{R}(0,1)$ und $v_n := \bigotimes_{j=1}^{n} \mathfrak{R}(n^{-\delta}, 1 + n^{-\delta})$, $\delta > 0$. Dann gilt:

a) $(v_n) \triangleleft (u_n) \Leftrightarrow \delta > 1 \Leftrightarrow (v_n) \triangleleft\triangleright (u_n)$;

b) $(v_n) \triangle (u_n) \Leftrightarrow \delta < 1$.

c) Weder $(v_n) \triangleleft (u_n)$ noch $(v_n) \triangle (u_n) \Leftrightarrow \delta = 1$.

Aufgrund des symmetrischen Bildungsgesetzes von u_n und v_n und wegen

$$r_n := v_n(\mathbb{R}^n - (0,1)^n) = 1 - (1 - n^{-\delta})^n \to \begin{cases} 1 & \text{für } \delta < 1 \\ 1 - e^{-1} & \text{für } \delta = 1 \\ 0 & \text{für } \delta < 1 \end{cases} \quad (6.3.8)$$

folgt nämlich die erste Behauptung aus

$$v_n(B_n) = v_n(B_n \cap (0,1)^n) + v_n(B_n \cap (\mathbb{R}^n - (0,1)^n)) \leq u_n(B_n) + r_n. \quad (6.3.9)$$

Bei $\delta < 1$ folgt für $B_n = \mathbb{R}^n - (0,1)^n$

$$u_n(B_n) = 0, \quad v_n(B_n) = r_n \to 1.$$

Für $\delta = 1$ und jede Folge (B_n) mit $u_n(B_n) \to 0$ erhält man schließlich aus (6.3.9)

$$\limsup v_n(B_n) \leq 1 - e^{-1} < 1,$$

so daß (u_n) und (v_n) nicht trennend sind. Speziell gilt für $B_n = \mathbb{R}^n - (0,1)^n$

$$v_n(B_n) = r_n \to 1 - e^{-1} > 0,$$

so daß auch keine Benachbartheit vorliegt. □

6.3 Benachbarte Verteilungsfolgen und LAN-Familien

Beispiel 6.109 Für $n \in \mathbb{N}$ seien $u_n := \bigotimes_{j=1}^n \mathfrak{N}(0,1)$ und $v_n := \bigotimes_{j=1}^n \mathfrak{N}(n^{-\delta}, 1)$, $\delta > 0$. Dann gilt:

$$(v_n) \triangleleft (u_n) \iff \delta \geq 1/2, \quad (v_n) \triangle (u_n) \iff \delta < 1/2.$$

Offensichtlich ist nämlich $v_n \ll u_n$ mit $L_n = \exp\left[\mu_n \sum_{j=1}^n x_j - n\mu_n^2/2\right]$, $\mu_n := n^{-\delta}$. Damit folgt für $\delta \geq 1/2$, also für $\sqrt{n}\mu_n \leq 1$ und $M > 1$,

$$v_n(B_n) \leq \int_{B_n} L_n \mathbf{1}_{[0,M]}(L_n)\, du_n + v_n(L_n > M)$$

$$\leq M u_n(B_n) + v_n\left(\sum_{j=1}^n \frac{x_j - \mu_n}{\sqrt{n}} > \frac{\log M}{\sqrt{n}\mu_n} - \frac{\sqrt{n}\mu_n}{2}\right)$$

$$\leq M u_n(B_n) + \phi\left(\frac{1}{2} - \log M\right).$$

Hier wird der zweite Summand durch geeignete Wahl von M und dann der erste wegen $u_n(B_n) \to 0$ durch Wahl von n beliebig klein.

Ist dagegen $\delta < 1/2$, so wähle man zum Nachweis von (6.3.7) B_n von der Form $\{L_n > c_n\}$, etwa $B_n = \{\bar{x}_n > \frac{1}{2}n^{-\delta}\}$. Dann gilt nämlich $u_n(B_n) \to 0$ und

$$v_n(B_n) = v_n\left(\sqrt{n}(\overline{X}_n - \mu_n) > -\frac{1}{2}n^{1/2-\delta}\right) \to 1. \quad \square$$

Drei unmittelbare, jedoch sehr nützliche Folgerungen aus der Definition der Benachbartheit enthält der

Hilfssatz 6.110 *Für $n \in \mathbb{N}$ seien $u_n, v_n \in \mathfrak{M}^1(\mathfrak{X}_{(n)}, \mathfrak{B}_{(n)})$ beliebige WS-Maße.*

a) *Sind $T_n : (\mathfrak{X}_{(n)}, \mathfrak{B}_{(n)}) \to (\mathbb{R}^\ell, \mathbb{B}^\ell)$, $n \in \mathbb{N}$, beliebige Statistiken, so gilt*

$$(v_n) \triangleleft (u_n) \iff [T_n \xrightarrow[u_n]{} 0 \Rightarrow T_n \xrightarrow[v_n]{} 0], \tag{6.3.10}$$

b) *Sind $T_n : (\mathfrak{X}_{(n)}, \mathfrak{B}_{(n)}) \to (\mathfrak{T}, \mathfrak{D})$, $n \in \mathbb{N}$, beliebige Statistiken, so gilt*

$$(v_n) \triangleleft (u_n) \Rightarrow (v_n^{T_n}) \triangleleft (u_n^{T_n}). \tag{6.3.11}$$

c) *Für jede Teilfolge $(n') \subset \mathbb{N}$ gilt*

$$(v_n) \triangleleft (u_n) \Rightarrow (v_{n'}) \triangleleft (u_{n'}).$$

Beweis: a) „$\Rightarrow$" folgt aus (6.3.4) für $B_n = \{|T_n| > \varepsilon\}$ bei beliebigem $\varepsilon > 0$; die Umkehrung folgt mit $T_n = \mathbf{1}_{B_n}$, $n \in \mathbb{N}$.

b) und c) ergeben sich direkt aus der Definition der Benachbartheit. $\square$

In Hilfssatz 1.104 wurde gezeigt, daß sich die Dominiertheit (6.3.1) von WS-Maßen in einer ε-δ-Form ausdrücken läßt. Eine entsprechende Charakterisierung gilt nun auch für die Benachbartheit.

Hilfssatz 6.111 (Jurečková; ε-δ-Charakterisierung der Benachbartheit) *Für $n \in \mathbb{N}$ seien $u_n, v_n \in \mathfrak{M}^1(\mathfrak{X}_{(n)}, \mathfrak{B}_{(n)})$. Dann gilt $(v_n) \triangleleft (u_n)$ genau dann, wenn es zu jedem $\varepsilon > 0$ ein $\delta > 0$ gibt derart, daß für alle $(B_n) \in (\mathfrak{B}_{(n)})$ gilt:*

$$\limsup_{n\to\infty} u_n(B_n) < \delta \;\Rightarrow\; \limsup_{n\to\infty} v_n(B_n) < \varepsilon. \tag{6.3.12}$$

Beweis: „$\Leftarrow$" Gilt $u_n(B_n) \to 0$, ist also $\limsup u_n(B_n) < \delta$ für jedes $\delta > 0$ erfüllt, so wegen (6.3.12) auch $\limsup v_n(B_n) < \varepsilon$ für jedes $\varepsilon > 0$, d.h. es gilt $v_n(B_n) \to 0$.

„$\Rightarrow$" Gäbe es ein $\varepsilon > 0$ derart, daß für alle $\delta > 0$ eine Folge $(\widetilde{B}_{n\delta})$ existieren mit

$$\limsup u_n(\widetilde{B}_{n\delta}) < \delta \quad \text{und} \quad \limsup v_n(\widetilde{B}_{n\delta}) \geq \varepsilon,$$

so würde es auch für jedes $k \in \mathbb{N}$ eine Folge (B_{nk}) und ein $n_0(k) \in \mathbb{N}$ geben mit

$$u_n(B_{nk}) \leq 2/k \quad \forall n \geq n_0(k) \quad \text{und} \quad v_n(B_{nk}) \geq \varepsilon/2 \quad \text{für unendlich viele } n.$$

Folglich würde für jedes $k \in \mathbb{N}$ ein $n_k \in \mathbb{N}$ existieren mit $v_{n_k}(B_{n_k k}) \geq \varepsilon/2$ und o.E. $n_k \geq n_0(k)$, $n_{k+1} > n_k$, also $u_{n_k}(B_{n_k k}) \leq 2/k$. Mit

$$B_n := B_{n_k k}, \quad \text{falls } n = n_k, \quad B_n := \emptyset, \quad \text{falls } n \text{ sonst,}$$

würde dann nämlich gelten $\limsup u_n(B_n) = 0$ und $\limsup v_n(B_n) \geq \varepsilon/2$. $\square$

Anmerkung 6.112 Hilfssatz 6.111 erlaubt es auf einfache Weise, den inhaltlichen Zusammenhang zwischen Dominiertheit ($\ll$) und Orthogonalität ($\perp$) einerseits sowie Benachbartheit und vollständiger Trennbarkeit andererseits zu verdeutlichen. Bezeichnen nämlich $u, v \in \mathfrak{M}^1(\mathfrak{X}, \mathfrak{B})$ zwei beliebige WS-Maße und ist $u_n := u$, $v_n := v$, $n \in \mathbb{N}$, so gilt:

$$v \ll u \;\Leftrightarrow\; (v_n) \triangleleft (u_n), \quad v \perp u \;\Leftrightarrow\; (v_n) \triangle (u_n).$$

In der ersten Äquivalenz ergibt sich „$\Leftarrow$" aus (6.3.4) für Folgen (B_n) mit $B_n = B \;\forall n \in \mathbb{N}$. Zum Nachweis von „$\Rightarrow$" sei $(B_n) \subset \mathfrak{B}$ mit $u(B_n) \to 0$. Wählt man dann zu vorgegebenem $\varepsilon > 0$ ein $\delta > 0$ gemäß Hilfssatz 1.104, so gilt $u(B_n) < \delta$ für $n \geq n_0(\varepsilon)$ bei hinreichend großem $n_0(\varepsilon)$ und damit $v(B_n) < \varepsilon$ für $n \geq n_0(\varepsilon)$, also $v(B_n) \to 0$.

In der zweiten Behauptung erhält man „$\Rightarrow$" aus der Existenz einer Menge $B \in \mathfrak{B}$ mit $u(B) = 0$ und $v(B) = 1$; für $B_n := B \;\forall n \in \mathbb{N}$ gilt dann nämlich (6.3.7). Für „$\Leftarrow$" sei (B_n) eine Folge mit $u(B_n) \to 0$ und $v(B_n) \to 1$. Mit μ-Dichten p und q von u und v gilt also nach 1.6.6

$$1 = \lim_{n\to\infty} |u(B_n) - v(B_n)| \leq \sup_{B \in \mathfrak{B}} |u(B) - v(B)| = 1 - \int p \wedge q \, d\mu \leq 1.$$

Somit folgt $p \wedge q = 0 \;[\mu]$, so daß für $B := \{q > 0\}$ gilt $u(B) = 0$ und $v(B) = 1$.

Die Begriffe Benachbartheit bzw. vollständige Trennbarkeit reduzieren sich also in einem rein finiten Rahmen gerade auf die üblichen Begriffe Dominiertheit und Orthogonalität.

Mit Hilfe der Konzepte Dominiertheit und Äquivalenz lassen sich auch einfache Beispiele benachbarter bzw. wechselseitig benachbarter Folgen gewinnen. Hierzu seien etwa

$P, Q \in \mathfrak{M}^1(\mathfrak{X}, \mathfrak{B})$, $X_n : (\mathfrak{X}, \mathfrak{B}) \to (\mathfrak{X}_{(n)}, \mathfrak{B}_{(n)})$ sowie $u_n := \mathfrak{L}_P(X_n)$ und $v_n := \mathfrak{L}_Q(X_n)$ für $n \in \mathbb{N}$. Dann gilt:

$$Q \ll P \;\Rightarrow\; (v_n) \triangleleft (u_n), \quad Q \equiv P \;\Rightarrow\; (v_n) \diamond (u_n).$$

Zum Nachweis der ersten Beziehung wähle man δ zu vorgegebenem ε gemäß Hilfssatz 1.104. Dann folgt aus $u_n(B_n) \to 0$, d.h. aus $P(X_n^{-1}(B_n)) \le \delta$ für $n \ge n_0(\varepsilon)$, zunächst $Q(X_n^{-1}(B_n)) \le \varepsilon$ für $n \ge n_0(\varepsilon)$ und damit $v_n(B_n) \to 0$. Die zweite Beziehung ergibt sich analog. □

Hilfssatz 6.111 erlaubt nun zwei wichtige Folgerungen:

Satz 6.113 *Für $n \in \mathbb{N}$ seien $u_n, v_n \in \mathfrak{M}^1(\mathfrak{X}_{(n)}, \mathfrak{B}_{(n)})$ beliebige WS-Maße, $\mathfrak{T}$ ein polnischer Raum mit Borel-σ-Algebra $\mathfrak{D}$ und $T_n : (\mathfrak{X}_{(n)}, \mathfrak{B}_{(n)}) \to (\mathfrak{T}, \mathfrak{D})$ beliebige Statistiken. Dann gilt unter der Voraussetzung $(v_n) \triangleleft (u_n)$:*

a) $\{\mathfrak{L}_{u_n}(T_n) : n \in \mathbb{N}\}$ *straff* $\;\Rightarrow\;$ $\{\mathfrak{L}_{v_n}(T_n) : n \in \mathbb{N}\}$ *straff.*

b) $\left.\begin{array}{c}\mathfrak{L}_{u_n}(T_n) \xrightarrow{\mathfrak{L}} H_0 \\ \mathfrak{L}_{v_n}(T_n) \xrightarrow{\mathfrak{L}} H_1\end{array}\right\} \;\Rightarrow\; H_0 \gg H_1$

Beweis: a) Nach Hilfssatz 6.110b gilt $(v_n^{T_n}) \triangleleft (u_n^{T_n})$. Folglich existiert nach Hilfssatz 6.111 zu jedem $\varepsilon > 0$ ein $\delta > 0$ mit

$$\limsup u_n(T_n \in B_n) < \delta \;\Rightarrow\; \limsup v_n(T_n \in B_n) < \varepsilon. \qquad (6.3.13)$$

Andererseits gibt es wegen der Straffheit von $\{\mathfrak{L}_{u_n}(T_n) : n \in \mathbb{N}\}$ eine kompakte Menge $K \subset \mathfrak{T}$ mit $u_n(T_n \in K^c) < \delta/2 \;\forall n \in \mathbb{N}$. Also existiert nach (6.3.13) ein $n_0 \in \mathbb{N}$ mit $v_n(T_n \in K^c) < 2\varepsilon \;\forall n \ge n_0$.

b) Würde eine meßbare Menge $C \subset \mathfrak{T}$ mit $H_0(C) = 0$, $H_1(C) > 0$ existieren, so könnte diese wegen der Regularität von H_0 und H_1, vgl. Satz 5.48, als abgeschlossen angenommen werden. Für $\eta > 0$ bezeichne C^η die offene η-Umgebung von C. Diese kann o.E. für das Folgende als randlos bzgl. H_0 und H_1 angenommen werden. Sei nun (η_k) eine antitone Nullfolge von Werten η mit $H_0(\partial C^\eta) = H_1(\partial C^\eta) = 0$. Dann existiert eine Teilfolge $(k_n) \subset \mathbb{N}$ mit $k_n \uparrow \infty$, so daß mit $C_n := C^{\eta_{k_n}}$ wegen der zweiten Voraussetzung gilt $v_n(T_n \in C_n) - H_1(C_n) \to 0$ und folglich

$$\limsup v_n(T_n \in C_n) = \limsup H_1(C_n) = H_1(C) > 0.$$

Andererseits gibt es wegen der Stetigkeit von oben für alle $\varepsilon > 0$ ein $k_0 \in \mathbb{N}$ sowie ein $n_0(k_0, \varepsilon) \in \mathbb{N}$ mit

$$H_0(C) + \varepsilon \ge H_0(C_{k_o}) + \varepsilon/2 \ge u_n(T_n \in C_{k_o}) \quad \forall n \ge n_0(k_0, \varepsilon)$$

und damit

$$H_0(C) + \varepsilon \ge u_n(T_n \in C_n) \quad \forall n \ge n_0(k_0, \varepsilon) \vee k_0.$$

Da $\varepsilon > 0$ beliebig war, folgt hieraus im Widerspruch zu (6.3.12)

$$\limsup u_n(T_n \in C_n) \leq H_0(C) = 0. \quad \square$$

Für die statistischen Anwendungen sind Kennzeichnungen von Benachbartheit und vollständiger Trennbarkeit nützlich, die auf den DQ $L_n := dv_n/du_n$, $n \in \mathbb{N}$, basieren und damit asymptotische Analoga zu den Charakterisierungen (6.3.1'+3') sind. Sie beruhen darauf, daß für alle $n \in \mathbb{N}$ – wie bereits bemerkt – gilt

$$0 \leq E_{u_n} L_n \leq 1 \tag{6.3.14}$$

$$u_n(L_n = \infty) = v_n(L_n = 0) = 0,$$

und daß $E_{u_n} L_n = v_n(L_n < \infty)$ die WS-Masse des von u_n dominierten Anteils von v_n sowie $v_n(L_n = \infty)$ diejenige des zu u_n orthogonalen Anteils von v_n ist. Außerdem ist stets

$$\{\mathfrak{L}_{u_n}(L_n) : n \in \mathbb{N}\} \quad \text{straff.} \tag{6.3.15}$$

Aus der Markov-Ungleichung folgt nämlich für jedes $\varepsilon > 0$ und $c > 1/\varepsilon$

$$u_n^{L_n}((c, \infty)) = u_n(L_n > c) \leq \frac{1}{c} E_{u_n} L_n \leq \frac{1}{c} < \varepsilon \quad \forall n \in \mathbb{N}.$$

Man ist nun versucht, mittels Satz 6.113a auf die Straffheit von $\{\mathfrak{L}_{v_n}(L_n) : n \in \mathbb{N}\}$ zu schließen und dann mittels des Satzes von Helly-Prohorov zu konvergenten Teilfolgen überzugehen. Dem steht jedoch zunächst entgegen, daß L_n den Wert ∞ annehmen kann. Dies verlangt unter u_n keine neuen Begriffsbildungen, da Verteilungskonvergenz und Straffheit von $\mathfrak{L}_{u_n}(L_n)$ wegen $u_n(L_n = \infty) = 0 \; \forall n \in \mathbb{N}$ weiterhin durch 5.2.1 bzw. 5.2.2 erklärt sind. Aber auch unter v_n stellt dies keine wesentliche Erschwerung dar, obwohl L_n unter v_n wie in der Situation von Beispiel 6.108 den Wert $+\infty$ mit positiver WS annehmen kann; vgl. auch Beispiel 6.118. Unter Benachbartheit gilt nämlich $v_n(L_n = \infty) \to 0$ wegen $u_n(L_n = \infty) = 0$, so daß die Limesverteilung von $\mathfrak{L}_{v_n}(L_n)$ ganz auf $(\mathbb{R}, \mathbb{B})$ konzentriert ist. Faßt man also den zweiten Summanden in der Zerlegung

$$L_n = L_n \mathbf{1}_{\{L_n < \infty\}} + \infty \mathbf{1}_{\{L_n = \infty\}}$$

formal als eine asymptotisch vernachlässigbare Korrektur des ersten (im Sinne des Lemmas von Slutsky) auf, so liegt es bei Benachbartheit nahe, die Verteilungskonvergenz von $\mathfrak{L}_{v_n}(L_n)$ zu definieren durch

$$\mathfrak{L}_{v_n}(L_n) \xrightarrow{\mathfrak{L}} G \quad :\Leftrightarrow \quad \mathfrak{L}_{v_n}(L_n \mathbf{1}_{\{L_n < \infty\}}) \xrightarrow{\mathfrak{L}} G, \; v_n(L_n = \infty) \to 0. \tag{6.3.16}$$

Die Definition 5.47 der Straffheit über $(\mathbb{R}, \mathbb{B})$ läßt sich sogar wörtlich auf diesen allgemeineren Fall übertragen. Da Straffheit jedoch auch über $\overline{\mathbb{R}}$ (als einem metrischen Raum) erklärt ist, dort aber trivialerweise jede Menge von WS-Maßen straff ist (nämlich mit der kompakten Menge $K = \overline{\mathbb{R}}$), ist es auch im Hinblick auf die Überlegungen in 6.3.2 zweckmäßig, eine eigene Sprechweise für eine nichttriviale Form der Straffheit von WS-Maßen über $(\overline{\mathbb{R}}, \overline{\mathbb{B}})$ einzuführen.

6.3 Benachbarte Verteilungsfolgen und LAN-Familien

Definition 6.114 Für $n \in \mathbb{N}$ sei $w_n \in \mathfrak{M}^1(\overline{\mathbb{R}}, \overline{\mathbb{B}})$. Dann heißt $\{w_n : n \in \mathbb{N}\}$ *asymptotisch straff* genau dann, wenn für alle $\varepsilon > 0$ ein $M \in (0, \infty)$ und ein $n_0 \in \mathbb{N}$ existiert mit

$$w_n([-M, +M]^c) < \varepsilon \quad \forall n > n_0. \tag{6.3.17}$$

Offenbar ist asymptotische Straffheit äquivalent damit, daß für alle $(M_n) \subset \mathbb{R}$ mit $M_n \uparrow \infty$ gilt $w_n([-M_n, +M_n]^c) \to 0$ für $n \to \infty$. Weiter gilt trivialerweise

$$\{w_n : n \in \mathbb{N}\} \quad \text{asymptotisch straff} \quad \Rightarrow \quad w_n(\{-\infty, +\infty\}) \to 0. \tag{6.3.18}$$

Man überzeugt sich leicht, daß auch für Familien asymptotisch straffer WS-Maße die Aussage des Satzes von Helly-Prohorov 5.64 gilt und daß bei $w_n(\mathbb{R}) = 1 \; \forall n \in \mathbb{N}$ die Begriffe „asymptotisch straff" und „straff" übereinstimmen.

Mit diesen Zusatzüberlegungen ist es nun möglich, vermöge der Folge (L_n) der DQ $L_n = dv_n / du_n$ eine Reihe wichtiger hinreichender und notwendiger Bedingungen für die Benachbartheit von (v_n) zu (u_n) herzuleiten.

Satz 6.115 (Charakterisierung der einseitigen Benachbartheit) *Für $n \in \mathbb{N}$ seien $u_n, v_n \in \mathfrak{M}^1(\mathfrak{X}_{(n)}, \mathfrak{B}_{(n)})$ beliebige WS-Maße sowie $L_n = dv_n / du_n$ ein DQ von v_n bzgl. u_n. Weiter seien $F, G \in \mathfrak{M}^1(\mathbb{R}, \mathbb{B})$. Dann gilt:*

a) *Die folgenden Aussagen sind äquivalent:*

a1) $(v_n) \triangleleft (u_n)$;

a2) (L_n) *gleichgradig integrierbar unter*[37] (u_n) *und* $E_{u_n} L_n \to 1$;

a3) $\{\mathfrak{L}_{v_n}(L_n) : n \in \mathbb{N}\}$ *asymptotisch straff.*

b) *Unter der Zusatzannahme* $\mathfrak{L}_{u_n}(L_n) \xrightarrow{\mathfrak{L}} F$ *sind äquivalent:*

b1) $(v_n) \triangleleft (u_n)$;

b2) $\int y \, dF(y) = 1$;

b3) $\mathfrak{L}_{v_n}(L_n) \xrightarrow{\mathfrak{L}} G, \quad G(B) := \int_B y \, dF(y), \quad B \in \mathbb{B}.$

Beweis: a3) $\Rightarrow$ a1): Gemäß Definition 6.114 gibt es zu jedem $\varepsilon > 0$ ein $c = c(\varepsilon)$ und ein $n'_0 = n'_0(\varepsilon)$ mit

$$v_n(L_n > c) \le \varepsilon/2 \quad \forall n \ge n'_0.$$

---

[37] Gleichgradige Integrierbarkeit von (L_n) unter (u_n) ist dabei gemäß (5.2.53) mit $P_n = u_n^{L_n}$ erklärt, also gemäß: Für alle $\varepsilon > 0$ existiert ein $M > 0$ mit $\sup_n \int_{\{L_n > M\}} L_n \, du_n < \varepsilon$.

Ist nun $(B_n) \in (\mathfrak{B}_{(n)})$ eine Folge mit $u_n(B_n) \to 0$, so gibt es ein $n_0'' \in \mathbb{N}$ mit

$$u_n(B_n) \leq \varepsilon/2c \quad \forall n \geq n_0''.$$

Also gilt für alle $n \geq n_0 := \max\{n_0', n_0''\}$

$$v_n(B_n) = \int_{B_n\{L_n \leq c\}} L_n \, du_n + v_n(B_n\{L_n > c\}) \leq cu_n(B_n) + v_n(L_n > c) \leq \varepsilon.$$

a1) $\Rightarrow$ a2): Wegen $u_n(L_n = \infty) = 0 \ \forall n \in \mathbb{N}$ gilt $v_n(L_n = \infty) \to 0$ für $n \to \infty$ und damit $E_{u_n} L_n = v_n(L_n < \infty) \to 1$. Die gleichgradige Integrierbarkeit von (L_n) unter (u_n) folgt aus Satz 5.91. Einerseits ist wegen (6.3.14) $\sup_{n \in \mathbb{N}} E_{u_n} L_n \leq 1$; andererseits ergibt sich die gleichgradige absolute Stetigkeit unter Verwendung der Benachbartheit. Dazu wähle man $\varepsilon > 0$ und $\delta > 0$ gemäß Hilfssatz 6.111. Gilt dann $u_n(L_n \in B) < \delta/2 \ \forall n \in \mathbb{N}$, so folgt $v_n(L_n \in B) < 2\varepsilon \ \forall n \geq n_0$ und damit

$$\int_{\{L_n \in B\}} L_n \, du_n \leq v_n(L_n \in B) < 2\varepsilon \quad \forall n \geq n_0.$$

a2) $\Rightarrow$ a3): Zu vorgegebenem $\varepsilon > 0$ gibt es einerseits wegen der gleichgradigen Integrierbarkeit von (L_n) unter (u_n) ein $c \in (0, \infty)$ mit

$$\int_{\{L_n > c\}} L_n \, du_n \leq \varepsilon/2 \quad \forall n \in \mathbb{N}$$

und andererseits wegen $v_n(L_n < \infty) = E_{u_n} L_n \to 1$ ein $n_0 \in \mathbb{N}$ mit

$$v_n(L_n = \infty) \leq \varepsilon/2 \quad \forall n \geq n_0.$$

Damit folgt die asymptotische Straffheit von $\{\mathcal{L}_{v_n}(L_n) : n \in \mathbb{N}\}$ gemäß

$$v_n(L_n > c) \leq \int_{\{L_n > c\}} L_n \, du_n + v_n(L_n = \infty) \leq \varepsilon \quad \forall n \geq n_0.$$

b3) $\Rightarrow$ b2) ist trivial wegen $G(\mathbb{R}) = 1$.

b2) $\Rightarrow$ b1): Sei $F_n := u_n^{L_n}$, $n \in \mathbb{N}$. Dann gilt mit beliebigem $t \in (0, \infty)$

$$v_n(B_n) = \int_{\{L_n \leq t\}} \mathbf{1}_{B_n} L_n \, du_n + \int_{\{L_n > t\}} \mathbf{1}_{B_n} \, dv_n \qquad (6.3.19)$$

$$\leq tu_n(B_n) + 1 - \int_{\{L_n \leq t\}} L_n \, du_n = tu_n(B_n) + 1 - \int_{[0,t]} y \, du_n^{L_n}(y)$$

$$= tu_n(B_n) + \left[1 - \int_{[0,t]} y \, dF(y)\right] + \left[\int_{[0,t]} y \, dF - \int_{[0,t]} y \, du_n^{L_n}(y)\right].$$

6.3 Benachbarte Verteilungsfolgen und LAN-Familien 299

Zu vorgegebenem $\varepsilon > 0$ läßt sich nun zunächst der zweite Summand durch geeignete Wahl von $t = t(\varepsilon)$ kleiner als $\varepsilon/3$ machen, wobei o.E. $t \in C(F)$ gewählt werden kann. Dann gibt es für jede Folge $(B_n) \in (\mathfrak{B}_{(n)})$ mit $u_n(B_n) \to 0$ bzw. nach dem Satz von Helly-Bray 5.56 ein $n_0(\varepsilon, t) \in \mathbb{N}$ mit

$$tu_n(B_n) \le \varepsilon/3 \quad \text{und} \quad \left| \int_{[0,t]} y\, \mathrm{d}F(y) - \int_{[0,t]} y\, \mathrm{d}u_n^{L_n}(y) \right| \le \varepsilon/3$$

$\forall n > n_0(\varepsilon, t)$ und damit $v_n(B_n) \le \varepsilon$ für $n \ge n_0(\varepsilon) := n_0(\varepsilon, t(\varepsilon))$.

b1) $\Rightarrow$ b3): Aus der Lebesgue-Zerlegung (1.6.28) folgt

$$v_n^{L_n}(B) = v_n(L_n^{-1}(B)) = \int_{L_n^{-1}(B)} L_n\, \mathrm{d}u_n \quad \forall B \in \mathbb{B}.$$

Wegen a) ist b1) äquivalent mit a2). Also ergibt sich nach der Transformationsformel A4.5 mit der gleichgradigen Integrierbarkeit von L_n unter u_n, d.h. von id unter $u_n^{L_n}$,

$$\int_{L_n^{-1}(B)} L_n\, \mathrm{d}u_n = \int_B y\, \mathrm{d}u_n^{L_n}(y) \to \int_B y\, \mathrm{d}F(y) = G(B) \quad \forall B \in \mathbb{B} : F(\partial B) = 0.$$

Aus $E_{u_n} L_n \to 1 = \int y\, \mathrm{d}F(y) = G(\mathbb{R})$ folgt $G \in \mathfrak{M}^1(\mathbb{R}, \mathbb{B})$ und damit die Behauptung. $\square$

Aus $E_{u_n} L_n = v_n(L_n < \infty)$ ergibt sich trivialerweise

$$E_{u_n} L_n \to 1 \quad \Leftrightarrow \quad v_n(L_n = \infty) \to 0.$$

Die Masse des absolut stetigen Anteils von $\mathfrak{L}_{v_n}(L_n)$ bzgl. $\mathfrak{L}_{u_n}(L_n)$ konvergiert also genau dann gegen 1, wenn der orthogonale Anteil verschwindet; vgl. a2). Wegen der Straffheit von $\{\mathfrak{L}_{u_n}(L_n) : n \in \mathbb{N}\}$ gemäß (6.3.15) reicht es nach dem Satz von Helly-Prohorov 5.64, sich bei der Diskussion des Limesverhaltens auf verteilungskonvergente Teilfolgen zu beschränken. So ergeben sich aus den in Satz 6.115b angegebenen Charakterisierungen noch die beiden folgenden, zu $(v_n) \triangleleft (u_n)$ äquivalenten notwendigen und hinreichenden Bedingungen:

a4) Für jeden Grenzwert F einer verteilungskonvergenten Teilfolge von

$$(\mathfrak{L}_{u_n}(L_n)) \quad \text{gilt} \quad \int y\, \mathrm{d}F(y) = 1.$$

a5) Für jede Teilfolge $(n') \subset \mathbb{N}$ mit $\mathfrak{L}_{u_{n'}}(L_{n'}) \xrightarrow{\mathfrak{L}} F \;\; \exists F \in \mathfrak{M}^1(\mathfrak{X}, \mathfrak{B})$ gilt

$$\mathfrak{L}_{v_{n'}}(L_{n'}) \xrightarrow{\mathfrak{L}} G, \quad G(B) := \int_B y\, \mathrm{d}F(y), \quad B \in \mathbb{B}.$$

Der Zusatz $G(B) := \int_B y\,dF(y)$, $B \in \mathbb{B}$, in b3) und a5) ist äquivalent mit

$$g(y) := yf(y) \quad [\mu],\qquad (6.3.20)$$

wobei f und g μ-Dichten bzgl. eines F (und damit G) dominierenden Maßes μ sind. Hierzu vergleiche man auch Satz 6.113b.

Beispiel 6.116 Beispiel 6.109 läßt sich wie folgt fortführen: Es ist

$$L_n = \exp\Big(\mu_n \sum_{j=1}^n x_j - n\mu_n^2/2\Big), \quad \mu_n = n^{-\delta},$$

wobei gilt $n\mu_n^2 = n^{(1-2\delta)} \to \kappa^2 \Leftrightarrow \delta \geq 1/2$ mit

$$\kappa^2 = 1 \Leftrightarrow \delta = 1/2, \quad \kappa^2 = 0 \Leftrightarrow \delta > 1/2.$$

Wegen $\mathfrak{L}_{u_n}(\sum_{j=1}^n X_j) = \mathfrak{N}(0,n)$ und $\mathfrak{L}_{v_n}(\sum_{j=1}^n X_j) = \mathfrak{N}(n\mu_n, n)$ gilt also

$$\mathfrak{L}_{u_n}(\log L_n) = \mathfrak{N}\Big(-\frac{n\mu_n^2}{2}, n\mu_n^2\Big) \xrightarrow[\mathfrak{L}]{} \mathfrak{N}\Big(-\frac{\kappa^2}{2}, \kappa^2\Big) \Leftrightarrow$$

$$\mathfrak{L}_{v_n}(\log L_n) = \mathfrak{N}\Big(+\frac{n\mu_n^2}{2}, n\mu_n^2\Big) \xrightarrow[\mathfrak{L}]{} \mathfrak{N}\Big(+\frac{\kappa^2}{2}, \kappa^2\Big).$$

Dabei ist wegen der paarweisen Äquivalenz von u_n und v_n die Verteilungskonvergenz von $\log L_n$ gegen $\overline{F}$ nach Satz 5.43 äquivalent mit derjenigen von L_n gegen $F := \overline{F}^{\exp}$. Speziell sind b2) und b3) aus Satz 6.115 bei $\mathfrak{L}_{u_n}(\log L_n) \xrightarrow[\mathfrak{L}]{} \mathfrak{N}(\mu, \kappa^2)$ äquivalent mit $\mu = -\kappa^2/2$ bzw. $\mathfrak{L}_{v_n}(\log L_n) \xrightarrow[\mathfrak{L}]{} \mathfrak{N}(+\kappa^2/2, \kappa^2)$; vgl. Satz 6.123. Es liegt also Benachbartheit genau für $\delta \geq 1/2$ vor, eine nicht-triviale Limesverteilung aber nur für $\delta = 1/2$. Deshalb ist die Approximationsrate $n^{-1/2}$ für die Anwendungen von besonderer Bedeutung. □

Auch die vollständige Trennbarkeit zweier Folgen (u_n) und (v_n) im Sinne von (6.3.7) gestattet eine b1) $\Leftrightarrow$ b2) von Satz 6.115 entsprechende Charakterisierung, die wiederum die Gültigkeit einer asymptotischen Lebesgue-Zerlegung[38] plausibel macht.

Satz 6.117 *Für $n \in \mathbb{N}$ seien u_n, $v_n \in \mathfrak{M}^1(\mathfrak{X}_{(n)}, \mathfrak{B}_{(n)})$ beliebige WS-Masse sowie $L_n := dv_n/du_n$. Dann gilt unter der Zusatzannahme $\mathfrak{L}_{u_n}(L_n) \xrightarrow[\mathfrak{L}]{} F$:*

a) *Es existiert eine Folge $(t_n) \subset (0,\infty)$ mit $t_n \uparrow \infty$ für $n \to \infty$ und*

$$v_n(L_n \leq t_n) = \int_{[0,t_n]} y\,du_n^{L_n}(y) \to \int y\,dF(y),$$

b) $\int y\,dF(y) \in [0,1]$,

---
[38] Vgl. J.P. Raoult: Lecture Notes in Mathematics 821 (1980).

6.3 Benachbarte Verteilungsfolgen und LAN-Familien

c) $\quad (u_n) \triangle (v_n) \quad \Leftrightarrow \quad \int y \, dF(y) = 0,$

d) (*Asymptotische Lebesgue-Zerlegung*) *Für jedes* $n \in \mathbb{N}$ *gibt es WS-Maße* $v'_n, v''_n \in \mathfrak{M}^1(\mathfrak{X}_{(n)}, \mathfrak{B}_{(n)})$ *und eine Zahl* $\varrho_n \in [0,1]$ *mit*

$$v_n = \varrho_n v'_n + (1-\varrho_n) v''_n, \quad n \in \mathbb{N}, \quad (v'_n) \triangleleft (u_n) \quad \text{und} \quad (v''_n) \triangle (u_n).$$

Beweis: a) Wegen $L_n \geq 0$ gilt nach Satz 5.92a $\liminf \int y \, du_n^{L_n}(y) \geq \int y \, dF(y)$, so daß die Existenz einer Folge (t_n) mit den gewünschten Eigenschaften plausibel ist. Zu deren Nachweis seien $F_n := u_n^{L_n}$ für $n \in \mathbb{N}$, $f := \mathrm{id}$ sowie $(s_n), (\varepsilon_n) \subset (0, \infty)$ mit $(s_n) \subset C(F)$, $s_n \uparrow \infty$ und $\varepsilon_n \downarrow 0$. Dann gilt nach dem Satz von Helly-Bray 5.56 für jedes $i \in \mathbb{N}$

$$\exists n_i \in \mathbb{N} : n_i > n_{i-1} \quad \forall n > n_i \quad \left| \int_{[0,s_i]} f \, dF_n - \int_{[0,s_i]} f \, dF \right| \leq \varepsilon_i. \tag{6.3.21}$$

Mit $n_0 := 0$ ergibt sich hieraus für $i \in \mathbb{N}$

$$a_n := \int_{[0,s_i]} f \, dF_n \geq \int_{[0,s_i]} f \, dF - \varepsilon_i \quad \text{für} \quad n_{i-1} < n \leq n_i$$

und damit für alle $j \geq i$ wegen $s_j \geq s_i$, $\varepsilon_j \leq \varepsilon_i$

$$a_n \geq \int_{[0,s_j]} f \, dF - \varepsilon_j \geq \int_{[0,s_i]} f \, dF - \varepsilon_i \quad \text{für} \quad n_{j-1} < n \leq n_j,$$

d.h. für jedes $i \in \mathbb{N}$

$$a_n \geq \int_{[0,s_i]} f \, dF - \varepsilon_i \quad \forall n > n_i \quad \text{und damit} \quad \liminf_{n \to \infty} a_n \geq \int_{[0,s_i]} f \, dF - \varepsilon_i.$$

Für $i \to \infty$ folgt also wegen $s_i \uparrow \infty$ und $\varepsilon_i \downarrow 0$

$$\liminf_{n \to \infty} a_n \geq \int f \, dF.$$

Andererseits impliziert (6.3.21) für jedes $i \in \mathbb{N}$

$$a_n \leq \int_{[0,s_i]} f\,dF + \varepsilon_i \quad \text{für} \quad n_{i-1} < n \leq n_i$$

und damit $a_n \leq \int f\,dF + \varepsilon_i$ für $n > n_i$, also

$$\limsup_{n\to\infty} a_n \leq \int f\,dF \quad \text{oder insgesamt} \quad \lim_{n\to\infty} a_n = \int f\,dF.$$

Setzt man noch $t_n := s_i$ für $n_{i-1} < n \leq n_i$ und jedes $i \in \mathbb{N}$, so gilt $t_n \uparrow \infty$ wegen $s_i \uparrow \infty$ sowie $t_n \leq t_{n+1}$ wegen $s_i \leq s_{i+1}$, also

$$a_n = \int_{[0,s_i]} f\,dF_n = \int_{[0,t_n]} f\,dF_n \quad \text{für} \quad n_{i-1} < n \leq n_i \quad \text{und jedes} \quad i \in \mathbb{N}.$$

b) folgt aus a) und der Transformationsformel A4.5 und (6.3.14) gemäß

$$0 \leq \int_{[0,t_n]} y\,du_n^{L_n}(y) \leq \int y\,du_n^{L_n}(y) = \int L_n\,du_n \leq 1 \quad \forall n \in \mathbb{N}.$$

c) „⇐" Mit (t_n) aus a) gilt nach der Markov-Ungleichung bzw. nach a)

$$u_n(L_n > t_n) \leq \frac{1}{t_n} E_{u_n} L_n \leq \frac{1}{t_n} \to 0, \quad v_n(L_n > t_n) \to 1 - \int y\,dF(y) \quad (6.3.22)$$

und damit wegen $\int y\,dF(y) = 0$ die Gültigkeit von (6.3.7) für $B_n = \{L_n > t_n\}$.
„⇒" Gemäß (6.3.19) gilt für jedes $t \in (0,\infty)$

$$v_n(B_n) \leq t u_n(B_n) + 1 - \int_{[0,t]} y\,du_n^{L_n}(y) \quad \forall n \in \mathbb{N}. \quad (6.3.23)$$

Wählt man für (B_n) speziell eine nach Definition 6.106c existierende Folge mit $u_n(B_n) \to 0$, $v_n(B_n) \to 1$, so folgt zunächst $\int_{[0,t]} y\,du_n^{L_n}(y) \to 0 \; \forall t \in (0,\infty)$ und damit nach dem Satz von Helly-Bray $\int_{[0,t]} y\,dF(y) = 0 \; \forall t \in C(F)$, also auch $\int y\,dF(y) = 0$.

d) Wegen c) und Satz 6.115b reicht es, die Aussage für $\int y\,dF(y) \in (0,1)$ zu beweisen. Nach a) und (6.3.22) gibt es dann ein $n_0 \in \mathbb{N}$ mit $v_n(L_n > t_n) \in (0,1)$ für alle $n \geq n_0$. Für alle derartigen $n \in \mathbb{N}$ sei

$$v_n'(\cdot) := \frac{v_n(\cdot \{L_n \leq t_n\})}{v_n(L_n \leq t_n)}, \quad v_n''(\cdot) := \frac{v_n(\cdot \{L_n > t_n\})}{v_n(L_n > t_n)}, \quad \varrho_n := v_n(L_n \leq t_n),$$

so daß trivialerweise $v_n = \varrho_n v_n' + (1-\varrho_n)v_n''$ für jedes $n \in \mathbb{N}$ gilt sowie auch $(v_n'') \triangle (u_n)$, da (6.3.7) für $B_n = \{L_n > t_n\}$ wegen (6.3.22) erfüllt ist.

6.3 Benachbarte Verteilungsfolgen und LAN-Familien   303

Zum Nachweis von $(v'_n) \triangleleft (u_n)$ beachte man, daß andernfalls eine Teilfolge $(m) \subset \mathbb{N}$ und eine Folge (B_m) existieren würde mit $u_m(B_m) \to 0$ und $v'_m(B_m) \to c > 0$. Für $C_m := B_m\{L_m \leq t_m\} + \{L_m > t_m\}$ würde dann wegen (6.3.22) gelten $u_m(C_m) \to 0$ sowie

$$v_m(C_m) = v'_m(B_m) v_m(L_m \leq t_m) + v_m(L_m > t_m)$$
$$\to c \int y\, dF(y) + 1 - \int y\, dF(y) > 1 - \int y\, dF(y). \qquad (6.3.24)$$

Andererseits folgt aber aus (6.3.23) nach dem Satz von Helly-Bray

$$u_m(C_m) \to 0 \quad \Rightarrow \quad \limsup v_m(C_m) \leq 1 - \int_{[0,t]} y\, dF(y) \quad \forall t \in C(F)$$

und damit in Widerspruch zu (6.3.24) $\limsup v_m(C_m) \leq 1 - \int y\, dF(y)$. □

Beispiel 6.118 Für $n \in \mathbb{N}$ seien u_n, v_n und r_n wie in Beispiel 6.108 erklärt. Dann kann der DQ $L_n := dv_n/du_n$ nur die drei Werte 0, 1 und ∞ annehmen und zwar gilt mit $p_n = du_n/d\lambda^n$ und $q_n = dv_n/d\lambda^n$

$$L_n(x) = 0 \; [\lambda^n] \quad \text{für} \quad x \in \{q_n = 0, p_n > 0\} = (0,1)^n \setminus (n^{-\delta}, 1 + n^{-\delta})^n,$$
$$L_n(x) = 1 \; [\lambda^n] \quad \text{für} \quad x \in \{q_n > 0, p_n > 0\} = (n^{-\delta}, 1 + n^{-\delta})^n \cap (0,1)^n,$$
$$L_n(x) = \infty \; [\lambda^n] \quad \text{für} \quad x \in \{p_n = 0\} = \mathbb{R}^n - (0,1)^n.$$

Also gilt $u_n(L_n = +\infty) = v_n(L_n = 0) = 0$ sowie

$$u_n(L_n = 1) = v_n(L_n = 1) = 1 - r_n, \quad u_n(L_n = 0) = v_n(L_n = \infty) = r_n.$$

$u_n^{L_n}$ und $v_n^{L_n}$ sind somit Zweipunktverteilungen mit den Trägern $\{0,1\}$ bzw. $\{1, +\infty\}$. Speziell ist $\mathcal{L}_{u_n}(L_n) = \mathfrak{B}(1, 1 - r_n)$, so daß wegen (6.3.8) stets gilt

$$\mathcal{L}_{u_n}(L_n) \xrightarrow{\mathcal{L}} F = \mathfrak{B}(1,\pi) \quad \text{sowie} \quad E_{u_n} L_n = 1 - v_n(p_n = 0) = 1 - r_n \to \pi$$

und zwar mit

$$\pi = 0 \quad \text{bzw.} \quad \pi = e^{-1} \quad \text{bzw.} \quad \pi = 1 \quad \text{für} \quad \delta < 1 \quad \text{bzw.} \quad \delta = 1 \quad \text{bzw.} \quad \delta > 1.$$

Die Aussage $(v_n) \triangleleft (u_n) \Leftrightarrow \delta > 1$ von Beispiel 6.108 ergibt sich deshalb auch durch den Nachweis, daß eine der Aussagen a2), a3), a4) bzw. a5) aus Satz 6.115 (und damit alle) genau für $\delta > 1$ erfüllt ist:

a2) Wegen $u_n(L_n > 1) = 0$ ist (L_n) unter (u_n) stets gleichgradig integrierbar; Benachbartheit gilt also genau für $E_{u_n} L_n \to 1$, d.h. genau für $\delta > 1$.

a3) Wegen $v_n(L_n > 1) = v_n(L_n = +\infty) = r_n$ ist $\{\mathcal{L}_{v_n}(L_n) : n \in \mathbb{N}\}$ asymptotisch straff genau für $r_n \to 0$, also für $\delta > 1$.

a4) Wegen $F = \mathfrak{B}(1,\pi)$ gilt $\int y\, dF(y) = 1$ genau für $\pi = 1$, d.h. für $\delta > 1$.

a5) Wegen $v_n(L_n = 1) = 1 - r_n$ und $v_n(L_n = +\infty) = r_n$ gilt $\mathfrak{L}_{v_n}(L_n) \xrightarrow{\mathfrak{L}} : G$ genau für $\delta > 1$. In diesem Fall ist $G = \varepsilon_1$, wegen $F = \varepsilon_1$ also wie behauptet $G(B) = \int_B y \, \mathrm{d}F(y)$, $B \in \mathbb{B}$. □

Die bisherigen Charakterisierungen der Benachbartheit bzw. vollständigen Trennbarkeit bezogen sich auf beliebige WS-Maße u_n, v_n. Wie schon erwähnt, spielen jedoch für die weitere Diskussion hauptsächlich Produktmaße eine Rolle. Für solche sollten Kriterien angebbar sein, die sich auf die Randverteilungen stützen. Gesucht ist also ein Gegenstück zum Satz von Kakutani 5.13; vgl. auch (5.1.42). Eine derartige Charakterisierung soll hier nur für die Benachbartheit angegeben werden, da diese im weiteren die weitaus größere Rolle spielen. Zur Vorbereitung beweisen wir zunächst den auch sonst nützlichen

Hilfssatz 6.119 *Für $n \in \mathbb{N}$ und jedes $j = 1, \ldots, n$ seien $u_{nj}, v_{nj} \in \mathfrak{M}^1(\mathfrak{X}_{nj}, \mathfrak{B}_{nj})$ sowie $u_n := \bigotimes_{j=1}^n u_{nj}$ und $v_n := \bigotimes_{j=1}^n v_{nj}$. Dann gilt:*

a) $\displaystyle\sum_{j=1}^n H^2(u_{nj}, v_{nj}) = o(1) \quad \Rightarrow \quad (v_n) \diamond (u_n);$

b) $(v_n), (u_n)$ nicht trennend $\Rightarrow \begin{cases} \sum_{j=1}^n H^2(u_{nj}, v_{nj}) = O(1), \\ \sum_{j=1}^n \|u_{nj} - v_{nj}\|^2 = O(1); \end{cases}$

c) $(v_n) \triangleleft (u_n) \quad \Rightarrow \quad \left(\displaystyle\sum_{j=1}^n u_{nj}(B_{nj}) \to 0 \Rightarrow \sum_{j=1}^n v_{nj}(B_{nj}) \to 0 \right).$

Beweis: a) Aus[39] $\sum H^2(u_{nj}, v_{nj}) = o(1)$ folgt wegen $1 - x \leq e^{-x} \; \forall x \in \mathbb{R}$:

$$0 \leq \prod [1 - H^2(u_{nj}, v_{nj})] \leq \exp\left(-\sum H^2(u_{nj}, v_{nj}) \right) = 1 + o(1)$$

und damit nach Hilfssatz 1.142b $H^2(u_n, v_n) \to 0$, also nach Hilfssatz 6.107a die Behauptung.

b) Nach Hilfssatz 6.107b ist $\limsup H^2(u_n, v_n) < 1$, also nach Hilfssatz 1.142b $\liminf \prod [1 - H^2(u_{nj}, v_{nj})] > 0$ und damit wegen $1 - x \leq e^{-x} \; \forall x \in \mathbb{R}$

$$\liminf \exp\left(-\sum H^2(u_{nj}, v_{nj}) \right) > 0, \quad \text{d.h.} \quad \limsup \sum H^2(u_{nj}, v_{nj}) < \infty.$$

Hieraus ergibt sich die zweite Implikation mit Hilfssatz 1.142a.

c) Sei $\sum u_{nj}(B_{nj}) \to 0$ und damit $u_n(\cup \widetilde{B}_{nj}) \to 0$, wobei $\widetilde{B}_{nj}$ die Zylindermenge mit der Basis B_{nj} bezeichnet. Dann folgt wegen $(v_n) \triangleleft (u_n)$

---

[39] Produkt- und Summenbildungen beziehen sich im folgenden bei festem n auf $j = 1, \ldots, n$.

6.3 Benachbarte Verteilungsfolgen und LAN-Familien   305

$$\prod[1 - v_{nj}(B_{nj})] = v_n(\bigcap \widetilde{B}_{nj}^c) = 1 - v_n(\bigcup \widetilde{B}_{nj}) \to 1$$

und damit wegen $z \leq -\log(1-z)$ für $z \in [0,1)$

$$0 \leq \sum v_{nj}(B_{nj}) \leq -\sum \log[1 - v_{nj}(B_{nj})] = -\log \prod[1 - v_{nj}(B_{nj})] \to 0. \quad \square$$

Man beachte, daß sich Teil b) in Analogie zu Hilfssatz 6.107b verschärfen läßt; vgl. Aufg. 6.29. Für die Benachbartheit $(\bigotimes v_{nj}) \triangleleft (\bigotimes u_{nj})$ ist $\sum H^2(u_{nj}, v_{nj}) = o(1)$ hinreichend, dagegen $\sum H^2(u_{nj}, v_{nj}) = O(1)$ notwendig. Dabei läßt sich anhand von Beispielen zeigen, daß diese Konvergenzordnungen nicht verbessert werden können; vgl. Aufg. 6.31. Tatsächlich läßt sich wechselseitige Benachbartheit und damit auch einseitige Benachbartheit nicht allein durch den Hellinger-Abstand H oder eine äquivalente Metrik charakterisieren. Es gibt jedoch eine zusätzliche Voraussetzung, nämlich (6.3.26), die zusammen mit der Bedingung (6.3.25) über die Hellinger-Abstände hinreichend und notwendig ist.

Satz 6.120 (Oosterhoff-van Zwet) *Mit den Bezeichnungen aus Hilfssatz* 6.119 *ist* $(v_n) \triangleleft (u_n)$ *genau dann erfüllt, wenn mit* $L_{nj} := \mathrm{d}v_{nj}/\mathrm{d}u_{nj}$, $j = 1, \ldots, n$, *gilt*:

$$\sum_{j=1}^{n} H^2(u_{nj}, v_{nj}) = O(1), \tag{6.3.25}$$

$$\sum_{j=1}^{n} v_{nj}(L_{nj} > c_n) = o(1) \quad \forall (c_n) \subset \mathbb{R} : c_n \to \infty. \tag{6.3.26}$$

Beweis: „$\Leftarrow$" Sei $L_n = \prod L_{nj}$, $n \in \mathbb{N}$. Dann ist nach Satz 6.115a zu zeigen, daß $\{\mathfrak{L}_{v_n}(L_n) : n \in \mathbb{N}\}$ asymptotisch straff ist, d.h. daß für alle Folgen $(M_n) \subset \mathbb{R}$ mit $M_n \to \infty$ gilt $v_n(L_n > M_n) \to 0$. Sei $(c_n) \subset \mathbb{R}$ eine weitere Folge mit $c_n \to \infty$. Dann gilt nach der Markov-Ungleichung und (6.3.26)

$$v_n(L_n > M_n) \leq v_n\left(\left\{\prod L_{nj} > M_n\right\} \bigcap \{L_{nj} \leq c_n \; \forall j = 1, \ldots, n\}\right) + v_n\left(\bigcup \{L_{nj} > c_n\}\right)$$

$$\leq v_n\left(\prod L_{nj}^{1/2} \mathbf{1}(L_{nj} \leq c_n) > M_n^{1/2}\right) + \sum v_{nj}(L_{nj} > c_n)$$

$$\leq M_n^{-1/2} \prod E_{v_n} L_{nj}^{1/2} \mathbf{1}(L_{nj} \leq c_n) + o(1).$$

Bezeichnen f_{nj} bzw. g_{nj} die μ_{nj}-Dichten von u_{nj} bzw. v_{nj} bzgl. $\mu_{nj} := \frac{1}{2}(u_{nj}+v_{nj})$, so gilt für die Faktoren des ersten Summanden mit $B_{nj} = \{g_{nj} \leq c_n f_{nj}\}$

$$E_{v_n} L_{nj}^{1/2} \mathbf{1}_{[0,c_n]}(L_{nj}) = \int_{B_{nj}} g_{nj}^{3/2} f_{nj}^{-1/2} \, \mathrm{d}\mu_{nj}$$

$$\leq 1 + \int_{B_{nj}} g_{nj}^{1/2} f_{nj}^{-1/2} (g_{nj}^{1/2} - f_{nj}^{1/2})^2 \, \mathrm{d}\mu_{nj} + \int_{B_{nj}} g_{nj}^{1/2} (g_{nj}^{1/2} - f_{nj}^{1/2}) \, \mathrm{d}\mu_{nj}$$

$$\leq 1 + 2c_n^{1/2} H^2(u_{nj}, v_{nj}) + H^2(u_{nj}, v_{nj}) - \int_{B_{nj}^c} g_{nj}^{1/2}(g_{nj}^{1/2} - f_{nj}^{1/2}) \, d\mu_{nj}$$

und damit wegen $(g_{nj}^{1/2} - f_{nj}^{1/2}) \mathbf{1}_{B_{nj}^c} \geq 0$ für $c_n \geq 1$

$$E_{v_n} L_{nj}^{1/2} \mathbf{1}_{[0,c_n]}(L_{nj}) \leq 1 + (2c_n^{1/2} + 1) H^2(u_{nj}, v_{nj}).$$

Also ergibt sich insgesamt für jede Folge $(c_n) \subset \mathbb{R}$ mit $c_n \geq 1$

$$v_n(L_n > M_n) \leq M_n^{-1/2} \prod \Big(1 + (2c_n^{1/2} + 1) H^2(u_{nj}, v_{nj})\Big) + o(1)$$

$$\leq \exp\Big(-\frac{1}{2} \log M_n + (2c_n^{1/2} + 1) \sum H^2(u_{nj}, v_{nj}) + o(1)\Big).$$

Bei Wahl von (c_n) gemäß $c_n = o((\log M_n)^2)$ für $n \to \infty$ gilt also wegen (6.3.25) $v_n(L_n > M_n) \to 0$.

„$\Rightarrow$" Nach Hilfssatz 6.119b ist (6.3.25) erfüllt. Zum Nachweis von (6.3.26) reicht wegen Hilfssatz 6.119c derjenige von $\sum u_{nj}(L_{nj} > c_n) \to 0$. Hierzu sei $(c_n) \subset \mathbb{R}$ eine beliebige Folge mit $c_n \to \infty$. Dann gilt

$$\sum u_{nj}(L_{nj} > c_n) = c_n^{-1/2} \sum \int_{B_{nj}^c} f_{nj}^{1/2} g_{nj}^{1/2} \, d\mu_{nj}$$

$$= c_n^{-1/2} \Big(\sum \int_{B_{nj}^c} f_{nj}^{1/2}(g_{nj}^{1/2} - f_{nj}^{1/2}) \, d\mu_{nj} + \sum \int_{B_{nj}^c} f_{nj} \, d\mu_{nj} \Big)$$

und somit wegen $f_{nj}^{1/2} \leq g_{nj}^{1/2} - f_{nj}^{1/2}$ auf $B_{nj}^c = \{g_{nj} > c_n f_{nj}\}$ für $c_n \geq 4$

$$\sum u_{nj}(L_{nj} > c_n) \leq c_n^{-1/2} \Big[\sum \int_{B_{nj}^c} (g_{nj}^{1/2} - f_{nj}^{1/2})^2 \, d\mu_{nj} + \sum \int_{B_{nj}^c} f_{nj} \, d\mu_{nj} \Big]$$

$$\leq c_n^{-1/2} \Big[\sum 2 H^2(u_{nj}, v_{nj}) + \sum u_{nj}(L_{nj} > c_n) \Big]$$

oder äquivalent wegen (6.3.25) und $c_n \to \infty$

$$\sum u_{nj}(L_{nj} > c_n) \leq \frac{2 c_n^{-1/2}}{1 - c_n^{-1/2}} \sum H^2(u_{nj}, v_{nj}) \to 0. \quad \Box$$

Korollar 6.121 *Mit den Bezeichnungen aus Hilfssatz 6.119 liegt* $(v_n) \diamond (u_n)$ *genau dann vor, wenn neben (6.3.25) und (6.3.26) gilt:*

$$\sum_{j=1}^n u_{nj}(L_{nj}^{-1} > c_n) \to 0 \quad \forall (c_n) \subset \mathbb{R} : c_n \to \infty. \tag{6.3.27}$$

6.3 Benachbarte Verteilungsfolgen und LAN-Familien

Ausgangspunkt dieses Unterabschnitts war die in 6.2.4 aufgeworfene Frage, „Alternativenfolgen" (v_n) zu einer „Hypothesenfolge" (u_n) zu charakterisieren, die zu nicht-degenerierten Limesschärfen führen. Es wurde dann heuristisch argumentiert, daß dazu eine asymptotische Form von „nicht-orthogonal" bzw. „dominiert" einzuführen sei. Es bleibt zu zeigen, daß diese Begriffe nun auch die Antwort auf das Ausgangsproblem liefern. Dazu erinnern wir zunächst daran, daß die Gütefunktion $\beta(\alpha)$ eines Neyman-Pearson-Tests für zwei einfache Hypothesen $\{P_0\}$ und $\{P_1\}$ eine isotone und konkave Funktion des Niveaus $\alpha \in [0,1]$ ist mit $\beta(1) = 1$; vgl. Aufg. 2.3. Diese ist auf $(0,1]$ stetig und es gilt

$$P_1 \ll P_0 \quad \Leftrightarrow \quad \beta(0+) = 0. \tag{6.3.28}$$

Sind nun zwei Folgen (u_n) und (v_n) von WS-Maßen gegeben und bezeichnet $(\varphi_{n\alpha})$ die Folge der zugehörigen Neyman-Pearson-Tests zum (exakten) Niveau α, so läßt sich nach dem Hellyschen Auswahlsatz B1.6 bei Funktionen beschränkter Variation zu jeder Teilfolge $(n') \subset \mathbb{N}$ eine weitere Teilfolge $(n'') \subset (n')$ finden mit

$$\lim_{n'' \to \infty} \beta_{n''}(\alpha) =: \beta(\alpha), \quad 0 \leq \alpha \leq 1.$$

Dieser Häufungspunkt $\beta(\cdot)$ ist natürlich wieder isoton und konkav. Die Benachbartheit läßt sich dann durch das asymptotische Gegenstück zu (6.3.28) charakterisieren.

Satz 6.122 *Für $n \in \mathbb{N}$ seien $u_n, v_n \in \mathfrak{M}^1(\mathfrak{X}_{(n)}, \mathfrak{B}_{(n)})$ und $\beta_n(\cdot)$ die Gütefunktion des Neyman-Pearson-Tests für $\mathbf{H}_n = \{u_n\}$ gegen $\mathbf{K}_n = \{v_n\}$ in Abhängigkeit vom Niveau $\alpha \in [0, 1]$. Dann gilt*

$$(v_n) \triangleleft (u_n) \quad \Leftrightarrow \quad \begin{cases} \text{Für jeden Häufungspunkt } \beta(\cdot) \\ \text{von } (\beta_n(\cdot)) \text{ gilt } \beta(0+) = 0. \end{cases} \tag{6.3.29}$$

Beweis: O.E. sei β der einzige Häufungspunkt, d.h. es gelte $\beta_n(\cdot) \to \beta(\cdot)$.
„$\Rightarrow$" Wäre $\beta := \beta(0+) > 0$, so wähle man Folgen $(\alpha_k) \subset \mathbb{R}$ mit $\alpha_k \downarrow 0$ und $(k_n) \subset \mathbb{N}$ mit $k_n \to \infty$ derart, daß gilt $\beta_n(\alpha_{k_n}) \to \beta$. Aus

$$\alpha_{k_n} = (1-v_n)u_n\left(\frac{q_n}{p_n} > k_n\right) + v_n u_n\left(\frac{q_n}{p_n} \geq k_n\right) \to 0,$$

$$\beta_n(\alpha_{k_n}) = (1-v_n)v_n\left(\frac{q_n}{p_n} > k_n\right) + v_n v_n\left(\frac{q_n}{p_n} \geq k_n\right) \to \beta$$

ergibt sich nun ein Widerspruch zur Benachbartheit.
„$\Leftarrow$" Sei (B_n) vorgegeben mit $\alpha_n := u_n(B_n) \to 0$ für $n \to \infty$. Nach dem Neyman-Pearson-Lemma ist wegen $v_n(\alpha_n) \leq \beta_n(\alpha_n)$ nur $\beta_n(\alpha_n) \to 0$ zu zeigen. Da β konkav ist und wegen $0 \leq \beta(0) \leq \beta(0+) = 0$ ist β auf $[0,1]$ stetig und nach dem Satz von Pólya 5.75 konvergiert β_n daher gleichmäßig gegen β, d.h. es gilt $\beta_n(\alpha_n) \to \beta(0) = 0$. $\square$

308   6 Asymptotische Betrachtungsweisen parametrischer Verfahren

Satz 6.122 impliziert insbesondere, daß unter Folgen benachbarter Alternativen die Folge der Neyman-Pearson-Tests nicht konsistent sein kann. Andernfalls müßte $\beta(\alpha) = 1 \;\forall \alpha \in (0,1]$ gelten, was $\beta(0+) = 0$ ausschließt. Ist nun (v_n) eine beliebige Alternativenfolge, dann läßt sich diese gemäß Satz 6.117d in der Form

$$v_n = \varrho_n v'_n + (1 - \varrho_n) v''_n, \; n \in \mathbb{N}, \quad \text{mit} \quad (v'_n) \triangleleft (u_n) \quad \text{und} \quad (v''_n) \triangle (u_n),$$

schreiben. Konvergiert ϱ_n (gegebenenfalls entlang einer Teilfolge) gegen 0, dann sind (v_n) und (u_n) vollständig trennend. Es existieren dann definitionsgemäß Mengenfolgen $(B_n) \in (\mathfrak{B}_{(n)})$ mit $u_n(B_n) \to 0$ und $v_n(B_n) \to 1$. Der asymptotische Test $(\varphi''_n) := (\mathbf{1}_{B_n})$ zeigt, daß die Limesgütefunktionen zu den Neyman-Pearson-Tests degeneriert sind. Gilt dagegen $\varrho_n \to \varrho > 0$ (gegebenenfalls wieder entlang einer Teilfolge), dann sind (u_n) und (v_n) nicht trennend. Bezeichnet $\varphi'_{n\alpha}$ einen Neyman-Pearson-Test für $\mathbf{H}_n = \{u_n\}$ gegen $\mathbf{K}_n = \{v_n\}$ und ist φ''_n wie oben definiert, so hat

$$\varphi_{n\alpha} := \varrho_n \varphi'_{n\alpha} + (1 - \varrho_n) \varphi''_n$$

nur Limes-Gütefunktionen, die zumindest in einer Umgebung von $\alpha = 0$ kleiner als 1 und damit nicht-degeneriert sind. Es sind also gerade die nicht-trennenden Alternativen, die auf nicht-degenerierte Limiten führen. Wegen der asymptotischen Lebesgue-Zerlegung sind es spezieller die benachbarten Alternativen, auf die man sich testtheoretisch beschränken kann. Diese sind – nicht zuletzt wegen Hilfssatz 6.110 – auch analytisch besser handhabbar. Letztlich wird man sich sogar auf wechselseitig benachbarte Folgen beschränken. Diese stehen daher auch im Mittelpunkt von 6.3.2.

6.3.2 Wechselseitige Benachbartheit und lokal asymptotisch normale Verteilungsklassen

Durch die asymptotische Lebesgue-Zerlegung 6.117d wurde deutlich, daß man beim Testen von u_n gegen v_n die letztlich uninteressanten asymptotisch orthogonalen Anteile von v_n bzgl. u_n „abspalten" und sich auf die durch u_n asymptotisch dominierten Anteile von v_n beschränken kann, also auf Folgen (v_n), die zur Folge (u_n) benachbart sind. Natürlich sind aus Sicht der Testtheorie auch die asymptotisch orthogonalen Anteile von u_n bzgl. v_n uninteressant, so daß man letztlich nur den Fall wechselseitig benachbarter Folgen (u_n) und (v_n) zu betrachten braucht; vgl. Aufg. 6.32. Aus jeder der in 6.3.1 hergeleiteten Charakterisierungen von $(v_n) \triangleleft (u_n)$ folgt durch Symmetrisierung der Rollen von u_n und v_n eine solche von $(v_n) \Diamond (u_n)$. Für die spätere Diskussion wichtiger ist jedoch eine Beschreibung der wechselseitigen Benachbartheit durch $\log L_n$, wobei wieder $L_n = \mathrm{d}v_n / \mathrm{d}u_n$ ist. Durch diese Transformation werden nämlich zum einen die orthogonalen Bereiche $\{L_n = 0\}$ und $\{L_n = \infty\}$ gleichberechtigt erfaßt; zum anderen hat die Verwendung des Logarithmus bei Produkt-WS u_n, v_n den Vorteil, daß $\log L_n$ eine Summe von st.u. ZG ist, auf die sich die Grenzwertsätze aus 5.3 anwenden lassen. Sind die Faktor-Verteilungen aus einer parametrischen Klasse , dann wird dies unter ge-

6.3 Benachbarte Verteilungsfolgen und LAN-Familien

eigneten Regularitätsvoraussetzungen deren lokale Approximierbarkeit durch eine Klasse translatierter Normalverteilungen implizieren. Letzteres ist dann die Basis zur Konstruktion asymptotisch optimaler Tests. Die schätztheoretische Bedeutung dieser Klassen kann dagegen erst in 6.5 verdeutlicht werden.

Bei den Überlegungen ist zu beachten, daß im allgemeinen $\log L_n$ den Wert $-\infty$ mit positiver u_n-WS und den Wert $+\infty$ mit positiver v_n-WS annimmt, d.h. $\mathfrak{L}_{u_n}(\log L_n)$ eine Verteilung über $[-\infty, +\infty)$ und $\mathfrak{L}_{v_n}(\log L_n)$ eine solche über $(-\infty, +\infty]$ ist. Nach Definition von L_n ist jedoch stets

$$u_n(\log L_n = +\infty) = 0 \quad \text{und} \quad v_n(\log L_n = -\infty) = 0 \quad \forall n \in \mathbb{N}$$

Analog (6.3.14) gilt unter wechselseitiger Benachbartheit damit

$$v_n(\log L_n = +\infty) \to 0 \quad \text{und} \quad u_n(\log L_n = -\infty) \to 0 \quad \text{für} \quad n \to \infty,$$

so daß die beiden Limesverteilungen von $\log L_n$ jeweils auf $(\mathbb{R}, \mathbb{B})$ konzentriert sind. Somit läßt sich die Verteilungskonvergenz von $\log L_n$ unter u_n und unter v_n bei Vorliegen von $(v_n) \diamond (u_n)$ analog (6.3.16) erklären, also durch

$$\mathfrak{L}_{u_n}(\log L_n) \xrightarrow{\mathfrak{L}} \overline{F} \quad :\Leftrightarrow \quad \mathfrak{L}_{u_n}(\log L_n \mathbf{1}_{\{L_n > -\infty\}}) \xrightarrow{\mathfrak{L}} \overline{F},$$
$$\mathfrak{L}_{v_n}(\log L_n) \xrightarrow{\mathfrak{L}} \overline{G} \quad :\Leftrightarrow \quad \mathfrak{L}_{v_n}(\log L_n \mathbf{1}_{\{L_n < +\infty\}}) \xrightarrow{\mathfrak{L}} \overline{G}. \quad (6.3.30)$$

Es ist deshalb auch sinnvoll, diese Festsetzungen bei den Satz 6.115b entsprechenden hinreichenden und notwendigen Bedingungen für Benachbartheit zu verwenden. Analog ist die asymptotische Straffheit von $\{\mathfrak{L}_{u_n}(\log L_n) : n \in \mathbb{N}\}$ und $\{\mathfrak{L}_{v_n}(\log L_n) : n \in \mathbb{N}\}$ durch Definition 6.114 erklärt. Schließlich ist L_n^{-1} ein DQ von u_n bzgl. v_n, zumindest wenn man diesen kanonisch mittels der $\frac{1}{2}(u_n + v_n)$-Dichten bildet. Wegen $\log L_n^{-1} = -\log L_n$ folgt somit aus der Verteilungskonvergenz von $\log L_n$ unter u_n bzw. v_n automatisch diejenige von $\log L_n^{-1}$. Da sich entsprechend die sonstigen Bedingungen aus Satz 6.115b transformieren, erhält man auf diese Weise Charakterisierungen der wechselseitigen Benachbartheit.

Satz 6.123 (Charakterisierung der wechselseitigen Benachbartheit) *Für $n \in \mathbb{N}$ seien $u_n, v_n \in \mathfrak{M}^1(\mathfrak{X}_{(n)}, \mathfrak{B}_{(n)})$ beliebige WS-Maße sowie $L_n := dv_n / du_n$ ein DQ von v_n bzgl. u_n. Weiter seien $\overline{F}, \overline{G} \in \mathfrak{M}^1(\mathbb{R}, \mathbb{B})$ WS-Maße. Dann gilt:*

a) *Unter der Zusatzannahme $\mathfrak{L}_{u_n}(\log L_n) \xrightarrow{\mathfrak{L}} \overline{F}$ sind äquivalent:*

    a1) $(v_n) \diamond (u_n)$;

    a2) $\int e^z \, d\overline{F}(z) = 1$;

    a3) $\mathfrak{L}_{v_n}(\log L_n) \xrightarrow{\mathfrak{L}} \overline{G}, \quad \overline{G}(B) := \int_B e^z \, d\overline{F}(z), \quad B \in \mathbb{B}.$

Bezeichnen $\overline{f}$ und $\overline{g}$ μ-Dichten von $\overline{F}$ bzw. $\overline{G}$ bzgl. eines $\overline{F}$ und damit $\overline{G}$ dominierenden Maßes μ, so ist die Definition von $\overline{G}$ in a3) äquivalent mit

$$\overline{g}(z) := e^z \overline{f}(z) \quad [\mu]. \tag{6.3.31}$$

b) *Gilt speziell* $\mathfrak{L}_{u_n}(\log L_n) \xrightarrow[\mathfrak{L}]{} \mathfrak{N}(\mu, \kappa^2) \; \exists (\mu, \kappa^2) \in \mathbb{R} \times [0, \infty)$, *so sind äquivalent:*

    b1) $(v_n) \Leftrightarrow (u_n)$;

    b2) $\mu = -\kappa^2/2$;

    b3) $\mathfrak{L}_{v_n}(\log L_n) \xrightarrow[\mathfrak{L}]{} \mathfrak{N}(\kappa^2/2, \kappa^2)$.

Beweis: a3) $\Rightarrow$ a2) gilt trivialerweise wegen $\int e^z \, d\overline{F}(z) = \overline{G}(\mathbb{R}) = 1$.

a2) $\Rightarrow$ a3): Mit der Zusatzannahme folgt $u_n(\log L_n = -\infty) = u_n(q_n = 0) \to 0$ und damit wegen der Stetigkeit der Funktion $f(y) = e^y$ nach Satz 5.43 bzw. der Transformationsformel A4.5

$$\mathfrak{L}_{u_n}(L_n) \xrightarrow[\mathfrak{L}]{} \overline{F}^f =: F, \quad \int y \, dF(y) = \int y \, d\overline{F}^f(y) = \int f(z) \, d\overline{F}(z) = 1. \tag{6.3.32}$$

Also gilt nach b2) $\Rightarrow$ b3) aus Satz 6.114

$$\mathfrak{L}_{v_n}(L_n) \xrightarrow[\mathfrak{L}]{} G, \quad G(B) := \int_B y \, dF(y), \quad B \in \mathbb{B}.$$

Wegen $G(\{0\}) = 0$ ist $y \mapsto \log y = f^{-1}(y)$ G-f.ü. stetig. Durch nochmalige Anwendung des Stetigkeitssatzes 5.43 und der Transformationsformel A4.5 ergibt sich somit

$$\mathfrak{L}_{v_n}(\log L_n) \xrightarrow[\mathfrak{L}]{} G^{\log} = \overline{G},$$

$$\overline{G}(B) := G(\log^{-1} B) = G(f(B)) = \int_{f(B)} y \, d\overline{F}^f(y) = \int_B e^z \, d\overline{F}(z), \quad B \in \mathbb{B}. \tag{6.3.33}$$

a1) $\Rightarrow$ a2): Wieder folgt $\mathfrak{L}_{u_n}(L_n) \xrightarrow[\mathfrak{L}]{} \overline{F}^f =: F$ sowie mit b1) $\Rightarrow$ b2) bzw. mit A4.5 aus Satz 6.115 die Behauptung $\int e^z \, d\overline{F}(z) = \int y \, dF(y) = 1$.

a2) $\Rightarrow$ a1): Die Gültigkeit von $(v_n) \triangleleft (u_n)$ folgt mit Satz 6.115 aus (6.3.32). Zum Nachweis von $(u_n) \triangleleft v_n)$ beachte man, daß L_n^{-1} ein DQ von u_n bzgl. v_n ist und (6.3.32) gilt. Also resultiert nach dem Stetigkeitssatz 5.43

$$\mathfrak{L}_{v_n}(\log L_n^{-1}) = \mathfrak{L}_{v_n}(-\log L_n) \xrightarrow[\mathfrak{L}]{} \overline{G}^{-\log} =: \check{G}$$

sowie mit der Transformationsformel A4.5 und nochmals (6.3.33)

$$\mathfrak{L}_{v_n}(L_n^{-1}) \xrightarrow[\mathfrak{L}]{} \check{G}^f,$$

$$\int y \, d\check{G}^f(y) = \int e^z \, d\check{G}(z) = \int e^{-z} \, d\overline{G}(z) = \int e^{-z} e^z \, d\overline{F}(z) = 1.$$

b) ergibt sich durch Spezialisierung von a). Insbesondere ist b2) unter der Zusatzannahme von b) äquivalent mit a2) wegen $\int e^z \, d\mathfrak{N}(\mu, \kappa^2)(z) = 1 \Leftrightarrow \mu = -\kappa^2/2$. Diese Beziehung wiederum folgt für $\kappa^2 > 0$ aus

$$\int e^z \, d\mathfrak{N}(\mu, \kappa^2)(z) = \int e^z \frac{1}{\sqrt{2\pi\kappa^2}} \exp\left(-\frac{(z-\mu)^2}{2\kappa^2}\right) dz$$

$$= \int \frac{1}{\sqrt{2\pi\kappa^2}} \exp\left(-\frac{(z-(\mu+\kappa^2))^2}{2\kappa^2}\right) dz \cdot \exp\left[-\left(\mu+\frac{\kappa^2}{2}\right)\right] = \exp\left[-\left(\mu+\frac{\kappa^2}{2}\right)\right]$$

und für $\kappa^2 = 0$ aus $\int e^z \, d\mathfrak{N}(\mu, \kappa^2)(z) = \int e^z \, d\varepsilon_\mu(z) = e^\mu$.

Analog ergibt sich b3), etwa für $\kappa^2 > 0$, gemäß

$$\overline{g}(z) = e^z \overline{f}(z) = e^z \frac{1}{\sqrt{2\pi\kappa^2}} \exp\left(-\frac{(z+\kappa^2/2)^2}{2\kappa^2}\right)$$

$$= \frac{1}{\sqrt{2\pi\kappa^2}} \exp\left(-\frac{(z-\kappa^2/2)^2}{2\kappa^2}\right). \quad \square$$

Aus Satz 6.123b folgt unmittelbar das für das Folgende wichtige[40]

Korollar 6.124 (1. Le Cam Lemma) *Für $n \in \mathbb{N}$ seien $u_n, v_n \in \mathfrak{M}^1(\mathfrak{X}_{(n)}, \mathfrak{B}_{(n)})$ und $L_n = dv_n / du_n$. Dann ist*

$$\mathfrak{L}_{u_n}(\log L_n) \xrightarrow{\mathcal{L}} \mathfrak{N}(-\kappa^2/2, \kappa^2) \tag{6.3.34}$$

hinreichend für die wechselseitige Benachbartheit $(v_n) \triangleleft\triangleright (u_n)$ und die Gültigkeit von

$$\mathfrak{L}_{v_n}(\log L_n) \xrightarrow{\mathcal{L}} \mathfrak{N}(\kappa^2/2, \kappa^2). \tag{6.3.35}$$

In diesem Unterabschnitt werden im weiteren nur noch spezielle Verteilungen betrachtet, nämlich Produktmaße $u_n = \bigotimes F_{nj}$ bzw. $v_n = \bigotimes G_{nj}$. In einem testtheoretischen Kontext sind dies die gemeinsamen Verteilungen von ZG $X_{n1}, \ldots, X_{nn}$, die sowohl unter der Nullhypothese als unter der Alternative st.u. sind. Bezeichnen f_{nj} bzw. g_{nj} Dichten von F_{nj} bzw. G_{nj} bzgl. eines dominierenden Maßes μ_{nj}, so ist $\log L_n = \sum_{j=1}^n \log(g_{nj}/f_{nj})$ für jedes $n \in \mathbb{N}$ eine Summe st.u. ZG. Werden die Summanden asymptotisch gleichmäßig klein im Sinne von (5.3.6), so sind als Limesverteilungen von $\mathfrak{L}_{u_n}(\log L_n)$ nach Anmerkung 5.106 genau die unbeschränkt teilbaren Verteilungen möglich. In 6.3.3 wird gezeigt werden, daß sich beim Übergang von (u_n) zu benachbarten Folgen (v_n) sowohl die UAN-Bedingung (5.3.6) als auch die Normalitäts-Bedingung (5.3.7) von (u_n) auf (v_n) vererben. Es treten dann also auch unter (v_n) nur unbeschränkt teilbare Verteilungen bzw. Normalverteilungen

---

[40] Die Bezeichnungen der Aussagen 6.124, 6.130 und 6.139 als 1.-3. Le Cam-Lemma gehen zurück auf J. Hájek: Ann. Math. Stat. 33 (1962) 1124-1147. Diese Arbeit ist auch grundlegend für die Anwendung der Benachbarkeit in der Theorie der Rangtests; vgl. Kap. 9.

312 6 Asymptotische Betrachtungsweisen parametrischer Verfahren

als Limesverteilungen auf, falls unter (u_n) die Bedingung (5.3.6) bzw. (5.3.7) erfüllt ist. Die Limesverteilungen für $\log L_n$ (unter u_n und unter v_n) in den nachfolgenden Beispielen 6.125 bis 6.127 sind gerade die Grundbausteine der Klasse der unbeschränkt teilbaren Verteilungen, nämlich die Normal-, Einpunkt- und (gestreckten) Poisson-Verteilungen.

Beispiel 6.125 Es seien $\mathfrak{F} = \{F_\vartheta : \vartheta \in \Theta\}$ eine k-parametrige Exponentialfamilie in ϑ und S sowie (d_{nj}) ein Noether-Schema[41] von Regressionskoeffizienten. Bei festen $\vartheta \in \mathbb{R}^k$ und $\zeta \in \mathbb{R}^k - \{0\}$ seien $(u_n) := (w_{n0}) := (F_\vartheta^{(n)})$, $(v_n) := (w_{n\zeta}) := (\bigotimes_{j=1}^n F_{\vartheta + \zeta d_{nj}})$ sowie $L_n := dv_n / du_n$. u_n und v_n sind also die gemeinsamen Verteilungen von st.u., gemäß F_ϑ- bzw. $F_{\vartheta + \zeta d_{nj}}$-verteilten ZG X_{nj}, $j = 1, \ldots, n$. Dann gilt $(v_n) \diamond (u_n)$. Mit den sonstigen Bezeichnungen und Aussagen von Satz 1.164 ergibt sich nämlich[42]

$$\log L_n = \sum_{j=1}^n \log \frac{C(\vartheta + \zeta d_{nj})}{C(\vartheta)} + \zeta^\top \sum_{j=1}^n d_{nj} S(X_{nj})$$

$$= \sum_{j=1}^n d_{nj} \zeta^\top (S(X_{nj}) - E_\vartheta S) - \frac{1}{2} \sum_{j=1}^n d_{nj}^2 \zeta^\top \mathcal{C}\!ov_\vartheta S \zeta + o(1),$$

also mit den Abkürzungen $Z_{nj} := \zeta^\top(S(X_{nj}) - E_\vartheta S)$ und $\kappa^2 := \text{Var}_{u_n} Z_{nj} = \zeta^\top \mathcal{C}\!ov_\vartheta S \zeta$

$$\log L_n = \sum_{j=1}^n d_{nj} Z_{nj} - \frac{1}{2} \sum_{j=1}^n d_{nj}^2 \kappa^2 + o(1).$$

Da unter u_n die ZG Z_{nj}, $j = 1, \ldots, n$, für jedes $n \in \mathbb{N}$ st.u. sind und dieselbe Verteilung mit $E_{u_n} Z_{nj} = 0$, $\mathcal{C}\!ov_{u_n} Z_{nj} = \mathscr{S}_\vartheta$ besitzen, folgt mit dem Grenzwertsatz für lineare Statistiken 5.112 die Gültigkeit von (6.3.34) und damit nach Korollar 6.124 diejenige von $(v_n) \diamond (u_n)$ sowie von (6.3.35). □

Beispiel 6.126 Für $n \in \mathbb{N}$ seien $X_{n1}, \ldots, X_{nn}$ st.u. $\mathfrak{R}(0,1)$- bzw. $\mathfrak{R}(n^{-\delta}, 1 + n^{-\delta})$-verteilte ZG mit $\delta > 0$, also den gemeinsamen Verteilungen $u_n := \bigotimes_{j=1}^n \mathfrak{R}(0,1)$ und $v_n := \bigotimes_{j=1}^n \mathfrak{R}(n^{-\delta}, 1 + n^{-\delta})$. Dann ist nach Beispiel 6.108 bzw. 6.119 für jedes $n \in \mathbb{N}$

$$u_n(\log L_n = 0) = v_n(\log L_n = 0) = 1 - r_n, \quad u_n(\log L_n = -\infty) = v_n(\log L_n = +\infty) = r_n.$$

Folglich besitzen $\mathfrak{L}_{u_n}(\log L_n)$ und $\mathfrak{L}_{v_n}(\log L_n)$ Limesverteilungen $\overline{F}$ bzw. $\overline{G}$ über $(\mathbb{R}, \mathbb{B})$ genau dann, wenn $r_n \to 0$ gilt, d.h. gemäß (6.3.8) genau für $\delta > 1$. In diesem Fall ist $\overline{F} = \overline{G} = \varepsilon_0$ und somit nach Satz 6.123a $(v_n) \diamond (u_n)$, da neben der Zusatzannahme auch a2) und a3) erfüllt sind. □

---

[41] Unter einem *Noether-Schema* wird ein die Noether-Bedingung (5.3.22) erfüllendes System von Regressionskoeffizienten verstanden.
[42] Da in der lokal asymptotischen Statistik die Umgebung einer festen Stelle $\vartheta \in \Theta$ betrachtet wird, kann die Statistik S o.E. als unter ϑ zentriert angenommen werden; vgl. auch Definition 6.132.

Beispiel 6.127 Für $n \in \mathbb{N}$ seien $X_{n1}, \ldots, X_{nn}$ st.u. $\mathfrak{B}(1, \lambda_0/n)$- bzw. $\mathfrak{B}(1, \lambda_1/n)$-verteilte ZG, also $u_n = \bigotimes_{j=1}^{n} \mathfrak{B}(1, \lambda_0/n)$ und $v_n = \bigotimes_{j=1}^{n} \mathfrak{B}(1, \lambda_1/n)$, $\lambda_0, \lambda_1 \in (0, \infty)$. Dann gilt für $x = (x_1, \ldots, x_n)^\top \in \{0,1\}^n$

$$\log L_n(x) = \sum_{j=1}^{n} x_j \log(\lambda_1/\lambda_0) + (\lambda_0 - \lambda_1) + o_{u_n}(1) \tag{6.3.36}$$

und folglich nach dem Poissonschen Grenzwertsatz $\mathfrak{L}_{u_n}(\log L_n) \xrightarrow{\mathfrak{L}} \mathfrak{L}(aY + b)$ mit den Abkürzungen $\mathfrak{L}(Y) = \mathfrak{P}(\lambda_0)$, $a = \log(\lambda_1/\lambda_0)$ und $b = \lambda_0 - \lambda_1$. Also gilt

$$\int e^z \, d\overline{F}(z) = E_{\lambda_0} e^{aY+b} = \sum_{i=0}^{\infty} e^{ai+b} e^{-\lambda_0} \lambda_0^i / i! = \exp[b - \lambda_0 + \lambda_0 e^a] = 1.$$

Somit liegt nach Satz 6.123a wechselseitige Benachbartheit $(v_n) \Diamond (u_n)$ vor. In gleicher Weise ergibt sich $\mathfrak{L}_{v_n}(\log L_n) \xrightarrow{\mathfrak{L}} \mathfrak{L}(aZ + b)$ mit $\mathfrak{L}(Z) = \mathfrak{P}(\lambda_1)$. Für $\overline{F} := \mathfrak{L}(aY + b)$ und $\overline{G} := \mathfrak{L}(aZ + b)$ verifiziert man $d\overline{F}/d\overline{G}(x) = e^x$. □

In den späteren Anwendungen werden (wie bereits in den Beispielen 6.125–6.127) die Randverteilungen typischerweise einer parametrischen Klasse $\mathfrak{F} = \{F_\vartheta : \vartheta \in \Theta\}$ entnommen und zwar zumeist in der Form $F_{nj} = F_\vartheta$, $G_{nj} = F_{\vartheta_{nj}}$ mit festem ϑ und ϑ_{nj} gemäß (6.2.103). Bei Vorliegen von Dichten $f(\cdot, \vartheta)$ (bzgl. eines geeigneten dominierenden Maßes μ) bietet es sich an, den Logarithmus des DQ (kurz: log-DQ), also $\log L_n = \sum_{j=1}^{n} \log(f(x, \vartheta_{nj})/f(x, \vartheta))$, um ϑ geeignet zu linearisieren. Die entsprechenden Modalitäten werden in dem folgenden Satz zusammengefaßt, der auf $\mathbb{L}_2$-differenzierbare Klassen und asymptotisch normale log-DQ zugeschnitten ist.

Satz 6.128 (Linearisierung des log-Dichtequotienten[43]) *Für jedes $n \in \mathbb{N}$ und alle $j = 1, \ldots, n$ seien $F_{nj}, G_{nj} \in \mathfrak{M}^1(\mathfrak{X}_{nj}, \mathfrak{B}_{nj})$, $L_{nj} := dG_{nj}/dF_{nj}$ die zugehörigen DQ sowie $U_{nj} \in \mathbb{L}_2(F_{nj})$ ZG mit $EU_{nj} = 0$ und*

$$\sum_{j=1}^{n} E[2(L_{nj}^{1/2} - 1) - U_{nj}]^2 \to 0, \quad \sum_{j=1}^{n} G_{nj}(L_{nj} = \infty) \to 0, \tag{6.3.37}$$

$$\limsup_{n \to \infty} \sum_{j=1}^{n} EU_{nj}^2 =: \widetilde{\kappa}^2 \in [0, \infty), \tag{6.3.38}$$

$$\sum_{j=1}^{n} EU_{nj}^2 \mathbf{1}_{(\varepsilon^2, \infty)}(U_{nj}^2) \to 0 \quad \forall \varepsilon > 0. \tag{6.3.39}$$

Dann gilt mit $u_n := \bigotimes_{j=1}^{n} F_{nj}$, $v_n := \bigotimes_{j=1}^{n} G_{nj}$ und $L_n := \prod_{j=1}^{n} L_{nj}$ für $n \to \infty$:

---

[43] Diese Formulierung, welche den methodischen Kern des nachfolgenden 2. Le Cam Lemmas 6.130 isoliert, verdanken wir einer persönlichen Mitteilung von H. Rieder.

a) $\displaystyle\log L_n = \sum_{j=1}^n U_{nj} - \frac{1}{2}\sum_{j=1}^n EU_{nj}^2 + o_{u_n}(1),$ (6.3.40)

b) $\displaystyle\sum_{j=1}^n U_{nj}^2 - \sum_{j=1}^n EU_{nj}^2 = o_{u_n}(1),$ (6.3.41)

c) $\displaystyle\mathcal{L}_{u_n}\left(\frac{\sum_{j=1}^n U_{nj}}{\sqrt{\sum_{j=1}^n EU_{nj}^2}}\right) \xrightarrow{\mathcal{L}} \mathfrak{N}(0,1),\quad \textit{falls}\ \liminf_{n\to\infty}\sum_{j=1}^n EU_{nj}^2 > 0.$ (6.3.42)

Beweis: a) Dieser beruht auf einer Approximation von[44]

$$\log L_n = 2\sum \log L_{nj}^{1/2} = 2\sum \log\left[1 + \frac{1}{2}W_{nj}\right]$$ (6.3.43)

durch $\sum U_{nj} - \frac{1}{2}\sum EU_{nj}^2$ nach u_n-WS. Dabei wurde abkürzend gesetzt

$$W_{nj} = 2(L_{nj}^{1/2} - 1),\quad j = 1,\ldots,n,\ n\in\mathbb{N}.$$ (6.3.44)

Der Nachweis von (6.3.40) besteht nun aus demjenigen der drei Teilaussagen

a1) $\displaystyle\sum W_{nj} = \sum U_{nj} - \frac{1}{4}\sum EU_{nj}^2 + o_{u_n}(1),$

a2) $\displaystyle\sum W_{nj}^2 = \sum EU_{nj}^2 + o_{u_n}(1),$

a3) $\displaystyle\max |W_{nj}| = o_{u_n}(1).$

Aus a2) und (6.3.38) folgt dann nämlich $\sum W_{nj}^2 = O_{u_n}(1)$ sowie aus a3) durch Entwicklung von (6.3.43) gemäß $\log(1+z) = z - z^2/2 + o(z^2)$ für $z\to 0$

$$\log L_n = \sum W_{nj} - \frac{1}{4}\sum W_{nj}^2 + \sum W_{nj}^2 o_{u_n}(1).$$

Also gilt nach a1) und a2) bzw. (6.3.38) und dem Satz von Slutsky wie behauptet

$$\log L_n = \sum U_{nj} - \frac{1}{2}\sum EU_{nj}^2 + o_{u_n}(1).$$ (6.3.45)

Hinreichend für a1) ist wegen der Markov-Ungleichung die Gültigkeit von

$$E\left(\sum W_{nj} - \sum U_{nj} + \frac{1}{4}\sum EU_{nj}^2\right)^2 \to 0.$$

Diese Aussage ergibt sich mit der Identität $EZ^2 = \operatorname{Var} Z + E^2 Z$ (angewendet auf $Z := \sum W_{nj} - \sum U_{nj} + \frac{1}{4}\sum EU_{nj}^2$) wegen $EU_{nj} = 0$ aus

---

[44] Alle EW und Verteilungsaussagen sind, soweit nicht anders angegeben, unter dem Produktmaß $u_n = \bigotimes F_{nj}$ zu bilden. Hierbei wie im anschließenden Beweis sind Produkte, Summen und Maxima wie bereits in 6.3.1 stets bei festem n bzgl. $j = 1,\ldots,n$ zu bilden.

6.3 Benachbarte Verteilungsfolgen und LAN-Familien   315

$$\operatorname{Var}\left(\sum W_{nj} - \sum U_{nj}\right) \to 0 \quad \text{und} \quad E\left(\sum W_{nj} + \frac{1}{4}\sum EU_{nj}^2\right) \to 0.$$

Die erste dieser Beziehungen folgt mit der st.U. der ZG $W_{nj} - U_{nj}$, $j = 1, \ldots, n$, aus (6.3.37) gemäß

$$\operatorname{Var}\left(\sum W_{nj} - \sum U_{nj}\right) = \sum \operatorname{Var}(W_{nj} - U_{nj}) \le \sum E(W_{nj} - U_{nj})^2 \to 0.$$

Zum Nachweis der zweiten beachte man zunächst, daß aus der inversen Minkowski-Ungleichung und (6.3.37) folgt

$$\left|\left(\sum EW_{nj}^2\right)^{1/2} - \left(\sum EU_{nj}^2\right)^{1/2}\right| \le \left(\sum E(W_{nj} - U_{nj})^2\right)^{1/2} \to 0. \qquad (6.3.46)$$

Hieraus ergibt sich nämlich

$$E\left(\sum W_{nj}\right) = \sum E2(L_{nj}^{1/2} - 1) = -\sum E(L_{nj}^{1/2} - 1)^2 + \sum E(L_{nj} - 1)$$
$$= -\frac{1}{4}\sum EW_{nj}^2 - \sum G_{nj}(L_{nj} = \infty) = -\frac{1}{4}\sum EU_{nj}^2 + o(1).$$

Zum Nachweis von a2) werden bei zunächst beliebigem $\delta \in (0, \infty)$ die ZG

$$V_{nj} := U_{nj}\mathbf{1}(|U_{nj}| \le \delta), \quad j = 1, \ldots, n, \quad n \in \mathbb{N},$$

eingeführt. Für diese wird dann gezeigt

$$\sum W_{nj}^2 - \sum U_{nj}^2 = o_{u_n}(1), \qquad (6.3.47)$$
$$\sum U_{nj}^2 - \sum V_{nj}^2 = o_{u_n}(1), \qquad (6.3.48)$$
$$\sum V_{nj}^2 - \sum EV_{nj}^2 = o_{u_n}(1), \qquad (6.3.49)$$
$$\sum EV_{nj}^2 - \sum EU_{nj}^2 = o(1), \qquad (6.3.50)$$

woraus a2) folgt, d.h. $\sum W_{nj}^2 - \sum EU_{nj}^2 = o_{u_n}(1)$. Hierbei gilt (6.3.47) wegen der Markov-Ungleichung und (6.3.37) gemäß (6.3.46). Zur Gültigkeit von (6.3.48) beachte man, daß nach Definition von U_{nj} gilt

$$U_{nj}^2 - V_{nj}^2 = U_{nj}^2 \mathbf{1}(|U_{nj}| > \delta),$$

so daß die Behauptung aus (6.3.39) folgt. Ebenfalls aus (6.3.39) resultiert (6.3.50) für jedes $\delta \in (0, \infty)$ gemäß

$$\sum EV_{nj}^2 = \sum EU_{nj}^2 - \sum EU_{nj}^2\mathbf{1}(|U_{nj}| > \delta) = \sum EU_{nj}^2 + o(1).$$

Schließlich folgt auch (6.3.49). Bei $\widetilde{\kappa}^2 > 0$ gibt es nämlich für jedes $\varepsilon > 0$ ein $\delta \in (0, \infty)$, etwa $\delta := \varepsilon^2/\widetilde{\kappa}$ derart, daß für hinreichend großes n nach (6.3.38) gilt

$$u_n\left(\left|\sum(V_{nj}^2 - EV_{nj}^2)\right| > \varepsilon\right) \le \varepsilon^{-2}\sum \operatorname{Var} V_{nj}^2 \le \varepsilon^{-2}\sum EV_{nj}^4 \le \varepsilon^{-2}\delta^2 E\sum U_{nj}^2$$

und damit

$$\limsup u_n\left(\left|\sum(V_{nj}^2 - EV_{nj}^2)\right| > \varepsilon\right) \le \varepsilon^{-2}\delta^2 \limsup E\sum U_{nj}^2 \le \varepsilon^2.$$

Bei $\widetilde{\kappa}^2 = 0$ gilt für jedes $\delta \in (0,\infty)$ nach (6.3.38) $\sum EV_{nj}^2 \le \sum EU_{nj}^2 \to 0$ und damit nach der Markov-Ungleichung auch $\sum V_{nj}^2 \le \sum U_{nj}^2 \xrightarrow[u_n]{} 0$, also (6.3.49).

a3) Für jedes $\varepsilon > 0$ ergibt sich mit Standardabschätzungen

$$u_n(\max|W_{nj}| > 2\varepsilon) \le u_n(\max|U_{nj}| > \varepsilon) + u_n(\max|W_{nj} - U_{nj}| > \varepsilon)$$
$$\le \sum u_n(|U_{nj}| > \varepsilon) + \sum u_n(|W_{nj} - U_{nj}| > \varepsilon)$$
$$\le \varepsilon^{-2}\sum\int U_{nj}^2 \mathbf{1}_{(\varepsilon,\infty)}(|U_{nj}|)\,\mathrm{d}u_n + \varepsilon^{-2}\sum\int (W_{nj} - U_{nj})^2\,\mathrm{d}u_n.$$

Hier strebt der erste Summand nach (6.3.39) und der zweite nach (6.3.37) gegen 0.

b) erhält man aus (6.3.48–50).

c) folgt in kanonischer Weise mit dem Satz von Lindeberg-Feller 5.103. □

Korollar 6.129 *Unter den Voraussetzungen von Satz 6.128 gilt*

a) $(v_n) \triangleleft\triangleright (u_n)$.

Für die Statistiken $T_n := \sum_{j=1}^n U_{nj}$, $n \in \mathbb{N}$, folgt bei Verschärfung von (6.3.38) zu

$$\sum_{j=1}^n EU_{nj}^2 \to: \kappa^2 \in [0,\infty): \tag{6.3.51}$$

b) $\quad \log L_n = T_n - \dfrac{1}{2}\kappa^2 + o_{u_n}(1),$ \hfill (6.3.52)

c) $\quad \mathfrak{L}_{u_n}(T_n) \xrightarrow[\mathfrak{L}]{} \mathfrak{N}(0,\kappa^2),$

d) $\quad \mathfrak{L}_{v_n}(T_n) \xrightarrow[\mathfrak{L}]{} \mathfrak{N}(\kappa^2,\kappa^2).$

Beweis: a) Längs jeder Teilfolge mit $\sum EU_{nj}^2 \to: \kappa^2$ folgt aus Satz 6.128 $\mathfrak{L}_{u_n}(\log L_n) \xrightarrow[\mathfrak{L}]{} \mathfrak{N}(-\kappa^2/2,\kappa^2)$ und damit nach dem 1. Le Cam Lemma die Behauptung.

b) resultiert aus Satz 6.128a wegen (6.3.51).

c) ergibt sich aus Satz 6.128b wegen (6.3.51) mit dem Lemma von Slutsky.

d) folgt aus dem Charakterisierungssatz 6.123b mit b) und c). □

6.3 Benachbarte Verteilungsfolgen und LAN-Familien

Der vorausgegangene Satz soll nun auf Produktmaße angewendet werden, deren Randverteilungen einer parametrischen Klasse $\mathfrak{F} = \{F_\vartheta : \vartheta \in \Theta\}$, $\Theta \subset \mathbb{R}^k$, entstammen. Genauer sei eine „Regression im Parameterbereich" vorausgesetzt. Für diese seien ein $\vartheta \in \overset{\circ}{\Theta}$, ein $\zeta \in \mathbb{R}^k$ sowie Regressionskoeffizienten d_{nj}, $1 \leq j \leq n$, vorgegeben, derart daß gilt

$$F_{nj} = F_\vartheta, \quad G_{nj} = F_{\vartheta + \zeta d_{nj}}.$$

Es ist intuitiv klar, daß die d_{nj} asymptotisch klein werden müssen, damit die Voraussetzungen an L_{nj} aus Satz 6.127 erfüllbar sind. Im Fall $d_{n1} = \ldots = d_{nn}$ wurde schon in Beispiel 6.91 klar, daß $d_{nj} = O(n^{-1/2})$ gelten muß, um überhaupt zu benachbarten Verteilungsfolgen zu kommen. Unter Regularitätsvoraussetzungen läßt sich nun zeigen[45] (vgl. Aufg. 6.37), daß für den Hellinger Abstand H gilt

$$\left. \begin{array}{l} \max\limits_{1 \leq j \leq n} H(F_{nj}, G_{nj}) = o(1) \\ \bigotimes\limits_{j=1}^{n} G_{nj} \triangleleft \bigotimes\limits_{j=1}^{n} F_{nj} \end{array} \right\} \Leftrightarrow \left\{ \begin{array}{l} \max\limits_{1 \leq j \leq n} d_{nj}^2 = o(1) \\ \sum\limits_{j=1}^{n} d_{nj}^2 = O(1). \end{array} \right. \quad (6.3.53)$$

Das nachfolgende 2. Le Cam Lemma zeigt nun, daß die $\mathbb{L}_2$-Differenzierbarkeit der Verteilungsklasse $\mathfrak{F}$ im Punkte ϑ und die Noether-Bedingung (5.3.32) an die Regressionskoeffizienten d_{nj} ausreicht, um Satz 6.128 anwenden zu können.

Satz 6.130 (2. Le Cam Lemma) *Es sei $\mathfrak{F} = \{F_\vartheta : \vartheta \in \Theta\}$ eine k-parametrige Verteilungsklasse, die in einem festen Punkt $\vartheta \in \overset{\circ}{\Theta}$ $\mathbb{L}_2(\vartheta)$-differenzierbar sei mit Ableitung $\dot{L}_\vartheta$ und Informationsmatrix $\mathscr{J}_\vartheta$. Weiter seien (d_{nj}) ein der Noether-Bedingung (5.3.32) genügendes Dreiecksschema von Regressionskoeffizienten sowie bei jedem Wert des lokalen Parameters $\zeta \in \mathbb{R}^k$*

$$w_{n\zeta} := \bigotimes_{j=1}^{n} F_{\vartheta + \zeta d_{nj}}, \quad L_{n\zeta} = \frac{dw_{n\zeta}}{dw_{n0}}. \quad (6.3.54)$$

Bezeichnen dann $X_{n1}, \ldots, X_{nn}$ ZG, die für jedes $n \in \mathbb{N}$ st.u. sind mit den Verteilungen $\mathfrak{L}_\zeta(X_{nj}) = F_{\vartheta + \zeta d_{nj}}$, $j = 1, \ldots, n$, so gilt mit $Z_{n\vartheta} := \sum_{j=1}^{n} d_{nj} \dot{L}_\vartheta(X_{nj})$:

a) $\log L_{n\zeta} = \zeta^\top Z_{n\vartheta} - \dfrac{1}{2} \zeta^\top \mathscr{J}_\vartheta \zeta + o_{w_{n0}}(1).$ \hfill (6.3.55)

Diese Aussage gilt allgemeiner, wenn man ζ auf der Stufe n durch $\zeta_n \in \mathbb{R}^k$ ersetzt, sofern $|\zeta_n| \leq r < \infty$ $\forall n \in \mathbb{N}$ ist. Dabei ist der Restterm für jedes $r > 0$ asymptotisch gleichmäßig vernachlässigbar für $|\zeta_n| \leq r$.

b) $\mathfrak{L}_{w_{n0}}(Z_{n\vartheta}) \xrightarrow{\mathfrak{L}} \mathfrak{N}(0, \mathscr{J}_\vartheta).$ \hfill (6.3.56)

---

[45] Die Beziehung $\max H(F_{nj}, G_{nj}) = o(1)$ impliziert sofort die Gültigkeit der UAN-Bedingung (5.3.6) für die ZG $\log L_{nj}, j = 1, \ldots, n$, unter (u_n).

Insbesondere gilt für jedes feste $\zeta \in \mathbb{R}^k$

$$\mathcal{L}_{w_{n_0}}(\log L_{n\zeta}) \xrightarrow[\mathcal{L}]{} \mathfrak{N}(-\kappa^2/2, \kappa^2) \quad mit \quad \kappa^2 = \zeta^\top \mathscr{J}_\vartheta \zeta.$$

Beweis: a) Dieser erfolgt sogleich in der allgemeinen Form des Zusatzes. Hierzu sei $\vartheta \in \overset{\circ}{\Theta}$ fest, $F_{nj} = F_\vartheta$ und $G_{nj} = F_{\vartheta + \zeta_n d_{nj}}$. Mit $\vartheta' \in \Theta$ bezeichne $L_{\vartheta, \vartheta'}(\cdot)$ den DQ von $F_{\vartheta'}$ bzgl. F_ϑ und $\dot{L}_\vartheta(\cdot)$ bzw. $R_\vartheta(\cdot; \vartheta' - \vartheta)$ die wegen der vorausgesetzten $\mathbb{L}_2$-Differenzierbarkeit von $\mathfrak{F}$ existierende $\mathbb{L}_2(\vartheta)$-Ableitung bzw. Restfunktion. Zu jedem $\varepsilon > 0$ und jedem $r > 0$ existiert dann ein $\delta > 0$ derart, daß für jedes $|\vartheta' - \vartheta| < \delta$ gilt

$$\frac{\|R_\vartheta(\cdot, \vartheta' - \vartheta)\|_{\mathbb{L}_2(\vartheta)}}{|\vartheta' - \vartheta|} < \frac{\varepsilon}{2r}, \quad \frac{F_{\vartheta'}(L_{\vartheta, \vartheta'} = \infty)}{|\vartheta' - \vartheta|} < \frac{\varepsilon}{2r}.$$

Wählt man nun ein $n_0 = n_0(\delta)$ mit $\max |d_{nj}| < \delta/r$ und $\sum d_{nj}^2 < 2 \ \forall n \geq n_0$, so gilt mit der Festlegung $L_{nj} = L_{\vartheta, \vartheta + \zeta_n d_{nj}}$ sowie mit $U_{nj} = d_{nj} \zeta_n^\top \dot{L}_\vartheta(X_{nj})$

$$\sum_{j=1}^n \|2(L_{nj}^{1/2} - 1) - U_{nj}\|_{\mathbb{L}_2(\vartheta)}^2 = \sum_{j=1}^n \|R(\cdot, d_{nj}\zeta_n)\|_{\mathbb{L}_2(\vartheta)}^2$$
$$< \frac{\varepsilon^2}{4r^2} |\zeta_n|^2 \sum_{j=1}^n d_{nj}^2 < \frac{\varepsilon^2}{2}.$$

Damit ist der erste Teil der Voraussetzung (6.3.37) aus Satz 6.128 erfüllt. Völlig analog verifiziert man den zweiten Teil.

Bezeichnet $\|\cdot\|$ die übliche Matrixnorm, so folgt (6.3.38) gemäß

$$\limsup_{n \to \infty} \sum_{j=1}^n E_\vartheta U_{nj}^2 = \limsup_{n \to \infty} \sum_{j=1}^n d_{nj}^2 \zeta_n^\top E_\vartheta[\dot{L}_\vartheta(X_{nj}) \dot{L}_\vartheta^\top(X_{nj})] \zeta_n \leq r^2 \|\mathscr{J}_\vartheta\| < \infty.$$

Schließlich ergibt sich (6.3.39) unmittelbar aus

$$\sum_{j=1}^n E_\vartheta U_{nj}^2 \mathbf{1}(U_{nj}^2 > \varepsilon^2) = \sum_{j=1}^n d_{nj}^2 E_\vartheta \left((\zeta_n^\top \dot{L}_\vartheta(X_{nj}))^2 \mathbf{1}(d_{nj}^2 (\zeta_n^\top \dot{L}_\vartheta(X_{nj}))^2) > \varepsilon^2\right)$$
$$\leq r^2 \sum_{j=1}^n d_{nj}^2 E_\vartheta \left(|\dot{L}_\vartheta(X_{nj})|^2 \mathbf{1}(|\dot{L}_\vartheta(X_{nj})|^2 > \varepsilon^2/(r^2 \max_{1 \leq j \leq n} d_{nj}^2))\right).$$

Wegen $\max d_{nj}^2 \to 0$ und $\dot{L}_\vartheta(\cdot) \in \mathbb{L}_2(\vartheta)$ sowie $\sum d_{nj}^2 \to 1$ strebt dieser Ausdruck nach dem Satz von Lebesgue gegen 0. Damit folgt die Behauptung wegen

$$\sum_{j=1}^n U_{nj} = \zeta_n^\top Z_{n\vartheta} \quad \text{und} \quad E_\vartheta U_{nj}^2 = d_{nj}^2 \zeta_n^\top E_\vartheta \dot{L}_\vartheta(X_{11}) \dot{L}_\vartheta^\top(X_{11}) \zeta_n = d_{nj}^2 \zeta_n^\top \mathscr{J}_\vartheta \zeta_n.$$

b) ergibt sich aus dem Grenzwertsatz für lineare Statistiken 5.112. □

6.3 Benachbarte Verteilungsfolgen und LAN-Familien 319

Aus Satz 6.128a folgt zudem, daß die asymptotische Linearisierung (6.3.55) auch dann gilt, wenn man die Noether-Bedingung (5.3.32) für die d_{nj} ersetzt durch

$$\limsup_{n\to\infty} \sum_{j=1}^{n} d_{nj}^2 < \infty, \quad \max_{1\le j\le n} d_{nj}^2 \to 0. \tag{6.3.57}$$

In diesem Fall ist (6.3.56) zu ersetzen durch

$$\mathfrak{L}_{w_{n\zeta}}\left(Z_{n\vartheta}\,/\,\sqrt{\sum_{j=1}^{n} d_{nj}^2}\right) \xrightarrow{\mathfrak{L}} \mathfrak{N}(\mathscr{J}_\vartheta\zeta, \mathscr{J}_\vartheta). \tag{6.3.58}$$

Zwei wichtige Folgerungen aus Satz 6.130 enthält das

Korollar 6.131 *Unter den Voraussetzungen von Satz 6.130 gilt für jedes $\zeta \in \mathbb{R}^k$:*

a) $(w_{n\zeta}) \triangleleft\triangleright (w_{n0})$,

b) $\mathfrak{L}_{w_{n\zeta}}(Z_{n\vartheta}) \xrightarrow{\mathfrak{L}} \mathfrak{N}(\mathscr{J}_\vartheta\zeta, \mathscr{J}_\vartheta)$.

Beweis: a) folgt mit dem 1. Le Cam Lemma 6.124 aus Satz 6.130a) und b).
b) Für $k = 1$ folgt dies unmittelbar aus dem 1. Le Cam Lemma und (6.3.55). Für $k > 1$ ist die Behauptung nach dem Satz von Cramér-Wold 5.69 äquivalent mit

$$\mathfrak{L}_{w_{n\zeta}}(u^\top Z_n) \to \mathfrak{N}(u^\top \mathscr{J}_\vartheta\zeta, u^\top \mathscr{J}_\vartheta u) \quad \forall u \in \mathbb{R}^k.$$

Dieses ergibt sich mit dem erst in 6.3.3 bewiesenen 3. Le Cam Lemma 6.139 aus

$$\mathfrak{L}_{w_{n0}}\begin{pmatrix} \zeta^\top Z_n \\ \log L_{nj} \end{pmatrix} \xrightarrow{\mathfrak{L}} \mathfrak{N}\left(\begin{bmatrix} 0 \\ -\zeta^\top \mathscr{J}_\vartheta\zeta/2 \end{bmatrix}, \begin{bmatrix} u^\top \mathscr{J}_\vartheta u & u^\top \mathscr{J}_\vartheta\zeta \\ \zeta^\top \mathscr{J}_\vartheta u & \zeta^\top \mathscr{J}_\vartheta\zeta \end{bmatrix}\right) \quad \forall u \in \mathbb{R}^k.$$

Dieses folgt wiederum wegen Satz 6.130a, $u^\top S_{n\vartheta} = \sum d_{nj} u^\top \dot{L}_\vartheta(X_{nj})$ und (5.3.32) mit dem Grenzwertsatz für lineare Statistiken 5.112 und dem Satz von Slutsky aus der Tatsache, daß die ZG $Y'_{nj} = u^\top \dot{L}_\vartheta(X_{nj})$, $j = 1,\ldots,n$, für jedes $n \in \mathbb{N}$ st.u. sind und unter w_{n0} die gleiche Verteilung besitzen. □

In Satz 6.130 war lediglich das Verhalten der Verteilungsklasse $\mathfrak{F}$ um den Punkt ϑ herum wichtig. Die Aussage (6.3.55) läßt sich somit auch dahingehend interpretieren, daß sich die $F_\vartheta^{(n)}$-Dichten $L_{n\zeta}$ von $\bigotimes_{j=1}^n F_{\vartheta+\zeta d_{nj}}$ approximativ schreiben lassen in der Form

$$L_{n\zeta} \approx \exp\left(\zeta^\top Z_{n\vartheta} - \frac{1}{2}\zeta^\top \mathscr{J}_\vartheta\zeta\right). \tag{6.3.59}$$

Bis auf den Normierungsfaktor ist die rechte Seite gerade die Dichte einer Exponentialfamilie in ζ und $Z_{n\vartheta}$. Bezieht man die Normierung mit ein, dann läßt sich (6.3.59) – mit einigem rechnerischem Aufwand – zu einer Approximationsaussage im $\mathbb{L}_1$-Abstand verschärfen. Einfacher ist es, $Z_{n\vartheta}$ gedanklich gleich durch seinen Limes unter $F_\vartheta^{(n)}$ zu ersetzen. Dies führt auf die Dichten $\exp(\zeta^\top z - \frac{1}{2}\zeta^\top \mathscr{J}_\vartheta\zeta)$ bzgl. $\mathfrak{N}(0, \mathscr{J}_\vartheta)$

und damit auf eine Approximation der Klasse $\mathfrak{F}_n = \{\bigotimes_{j=1}^n F_{\vartheta+\zeta d_{nj}} : \zeta \in \mathbb{R}^k\}$ im Punkte ϑ durch die Familie $\{\mathfrak{N}(\mathscr{J}_\vartheta \zeta, \mathscr{J}_\vartheta), \zeta \in \mathbb{R}^k\}$. Es gilt nämlich

$$\frac{\exp\bigl(-\frac{1}{2}(z - \mathscr{J}_\vartheta\zeta)^\top \mathscr{J}_\vartheta^{-1}(z - \mathscr{J}_\vartheta\zeta)\bigr)}{\exp\bigl(-\frac{1}{2}z^\top \mathscr{J}_\vartheta^{-1} z\bigr)} = \exp\bigl(\zeta^\top z - \frac{1}{2}\zeta^\top \mathscr{J}_\vartheta \zeta\bigr). \qquad (6.3.60)$$

Derartige und verwandte Näherungen lassen sich nicht nur unter den Voraussetzungen von Satz 6.130 zeigen, sondern auch in anderem Rahmen. Es ist daher eine eigene Begriffsbildung gerechtfertigt.

Definition 6.132 Für $n \in \mathbb{N}$ seien $\{w_{n\zeta} : \zeta \in \mathbb{R}^k\} \subset \mathfrak{M}^1(\mathfrak{X}_{(n)}, \mathfrak{B}_{(n)})$ beliebige Klassen von WS-Maßen. Dann heißt $\{(w_{n\zeta}) : \zeta \in \mathbb{R}^k\}$ *lokal asymptotisch normal* (kurz: LAN), wenn es eine Folge k-dimensionaler Statistiken Z_n und eine Matrix $\mathscr{J} \in \mathbb{R}^{k\times k}_{\text{p.s.}}$ gibt derart, daß für die Folge der DQ $L_{n\zeta} := dw_{n\zeta}/dw_{n0}$, $\zeta \in \mathbb{R}^k$, bei $n \to \infty$ gilt:

$$\log L_{n\zeta} = \zeta^\top Z_n - \frac{1}{2}\zeta^\top \mathscr{J} \zeta + o_{w_{n0}}(1) \quad \forall \zeta \in \mathbb{R}^k, \qquad (6.3.61)$$

$$\mathfrak{L}_{w_{n0}}(Z_n) \xrightarrow[\mathscr{L}]{} \mathfrak{N}(0, \mathscr{J}). \qquad (6.3.62)$$

Genauer heißt $\{(w_{n\zeta}) : \zeta \in \mathbb{R}^k\}$ LAN *mit der zentralen Statistik Z_n und der Informationsmatrix $\mathscr{J}$* oder kurz: LAN $(Z_n, \mathscr{J})$. Die Klasse $\{(w_{n\zeta}) : \zeta \in \mathbb{R}^k\}$ heißt *gleichmäßig lokal asymptotisch normal* (kurz: ULAN), wenn der Restterm in (6.3.61) gleichmäßig in $|\zeta| < r$ für jedes $r > 0$ asymptotisch vernachlässigbar ist.

Anmerkung 6.133 Die beim Beweis des 2. Le Cam Lemmas angewendete Vorgehensweise, nämlich die Entwicklung des log-DQ auf jeder Stufe n, läßt sich auch bei verschiedenen allgemeineren Modellen anwenden. So ist es bei st. abhängigen ZG vielfach möglich, eine Entwicklung der Form

$$\log L_n(\vartheta, \vartheta + \zeta\delta_n^{-1}) = \zeta^\top \delta_n^{-1} S_n(\vartheta) - \frac{1}{2}\delta_n^{-2}\zeta^\top \mathscr{C}_n(\vartheta)\zeta + o_\vartheta(1)$$

herzuleiten, wobei $S_n(\vartheta)$ eine k-dimensionale ZG und $\mathscr{C}_n(\vartheta)$ eine zufallsabhängige, mit WS 1 positiv definite $k \times k$-Matrix ist. Im Spezialfall von st.u. glv. ZG hatte man $\delta_n = \sqrt{n}$ zu wählen, da dann $Z_n(\vartheta) = n^{-1/2}S_n(\vartheta)$ asymptotisch $\mathfrak{N}(0, \mathscr{J}(\vartheta))$-verteilt war und $n^{-1}\zeta^\top \mathscr{C}_n(\vartheta)\zeta = n^{-1}\sum_{j=1}^n \zeta^\top \dot{L}_\vartheta(X_j)\dot{L}_\vartheta^\top(X_j)\zeta$ nach dem starken Gesetz der großen Zahlen F_ϑ-f.s. gegen $\zeta^\top \mathscr{J}(\vartheta)\zeta$ konvergiert. Bei diesen LAN-Modellen wird also die reparametrisierte Klasse zur Stufe n letztlich durch ein lineares Modell mit Normalverteilungsannahme approximiert. In derartigen Familien läßt sich, wie in Band I ausgeführt wurde, eine Vielzahl von Testproblemen weitgehend explizit lösen.

Unter st. abhängigen Beobachtungen wird man im allgemeinen nur erwarten können, daß es eine ZG $Z(\vartheta)$ und $\mathscr{C}(\vartheta)$ gibt mit

$$\mathfrak{L}_\vartheta(\delta_n^{-1}S_n(\vartheta), \delta_n^{-2}\mathscr{C}_n) \xrightarrow[\mathscr{L}]{} \mathfrak{L}(Z(\vartheta), \mathscr{C}(\vartheta)).$$

6.3 Benachbarte Verteilungsfolgen und LAN-Familien

Das geeignet reparametrisierte Ausgangsmodell wird hierbei also letztlich durch eine „quadratische Exponentialfamilie" approximiert. Man spricht deshalb auch von einem *lokal asymptotisch quadratischen Modell* oder kurz von einem LAQ-*Modell* [46].

Ein in der Literatur häufig diskutierter Spezialfall sind die „locally asymptotically mixed normal models", kurz: LAMN-*Modelle*[47]. Diese sind dadurch charakterisiert, daß es eine k-dimensionale $\mathfrak{N}(0, \mathscr{I}_k)$-verteilte ZG Y gibt, die von $\mathscr{C}(\vartheta)$ st.u. ist und für die $Z(\vartheta) \underset{\mathcal{L}}{=} \mathscr{C}^{1/2}(\vartheta)Y$ gilt. Der testtheoretische Nutzen dieser Modelle ist jedoch geringer als derjenige von LAN-Modellen, da sie weniger statistische Struktur aufweisen. Deshalb lassen sich für die Hypothesen dort typischerweise keine gleichmäßig besten (unverfälschten) Tests o.ä. finden, sondern man hat sich mit Bayes-Lösungen oder Minimax-Lösungen zufrieden zu geben.

Die gerade geschilderte Vorgehensweise läßt sich auch unter einem weiteren Blickwinkel sehen. Im Kern bestanden die obigen Überlegungen nämlich darin, Approximationen von statistischen Räumen zu bewerkstelligen. Auf dieser begrifflichen Ebene hat man dann zu präzisieren, was unter einer Aussage der Form

$$\left(\mathfrak{X}_{(n)}, \mathfrak{B}_{(n)}, \{Q_{n\zeta} : \zeta \in \mathbb{R}^k\}\right) \to \left(\mathfrak{X}, \mathfrak{B}, \{Q_\zeta : \zeta \in \mathbb{R}^k\}\right)$$

mit $Q_{n\zeta} = P_{n, \vartheta + \delta_n^{-1}\zeta}$ zu verstehen ist. Hierzu hat man für statistische Räume – oder, wie man in diesem Zusammenhang sagt, für „statistische Experimente" – Abstandsmaße, Konvergenzbegriffe usw. zu erklären. Es ist dann möglich, auch den Prinzipien der Reduktion durch Suffizienz, Invarianz usw. in einer präzisen Weise asymptotische Analoga gegenüberzustellen. Dieses ist der Gegenstand der asymptotischen Entscheidungstheorie im Sinne von Le Cam[48].

Um die LAN-Eigenschaft zur Herleitung asymptotisch optimaler Tests heranziehen zu können, hat man zunächst die Ausgangshypothesen mittels des lokalen Parameters ζ zu formulieren. Häufig gibt es für diese Hypothesen eine Lösung, wenn man das durch Lokalisierung um eine Stelle ϑ gewonnene Limesmodell

$$\mathfrak{Q} = \{Q_\zeta : \zeta \in \mathbb{R}^k\} := \{\mathfrak{N}(\mathscr{I}_\vartheta \zeta, \mathscr{I}_\vartheta) : \zeta \in \mathbb{R}^k\} \qquad (6.3.63)$$

zugrundelegt. Dieses ist ein spezielles Aitken-Modell, vgl. Kap. 4.2. Ist $|\mathscr{I}_\vartheta| \neq 0$, dann kann man von der zentralen Statistik $Z_{n\vartheta}$ äquivalent zur Statistik $\mathscr{I}_\vartheta^{-1} Z_{n\vartheta}$ übergehen und erhält als Limesmodell die vertrautere Lokationsfamilie

$$\mathfrak{Q}' = \{\mathfrak{N}(\zeta, \mathscr{I}_\vartheta^{-1}) : \zeta \in \mathbb{R}^k\}.$$

Alternativ dazu kann man auch das Skalarprodukt des $\mathbb{R}^k$ an das statistische Modell anpassen. Setzt man nämlich

$$\langle x, y \rangle_\vartheta := x^\top \mathscr{I}_\vartheta^{-1} y,$$

---

[46] Vgl. R.B. Davies: Proc. Berkeley Conference in Honor of Jerzy Neyman and Jack Kiefer, Wadworth (1985) 841–864 und die dort zitierten Arbeiten von P. Jeganathan.
[47] Vgl. I.V. Basawa, D.J. Scott: Lecture Notes in Statistics 17 (1982).
[48] Vgl. L. Le Cam: Asymptotic Methods in Statistical Decision Theory, Springer (1986), H. Strasser: Mathematical Theory of Statistics, Statistical Experiments and Asymptotic Decision Theory, De Gruyter (1985).

dann hat das Limesmodell bzgl. $\langle \cdot, \cdot \rangle_\vartheta$ gerade die übliche, aus Band I geläufige, Gestalt[49] eines linearen Modells mit (bekannter) Kovarianzmatrix $\mathscr{I}_k$, nämlich

$$\mathfrak{Q}'' = \{\mathfrak{N}(\mathscr{I}_\vartheta \zeta, \mathscr{I}_k) : \zeta \in \mathbb{R}^k\}. \quad \square$$

Die LAN-Approximation und damit die für das Limesproblem gefundene Lösung hängt selbstverständlich noch von der Wahl des Lokalisierungspunktes ϑ ab. Bei Hypothesen der Form (6.2.26) in einparametrigen Verteilungsklassen wird man selbstverständlich $\vartheta = \vartheta_0$ wählen, wie dies auch in 6.2.4 geschehen ist. Liegt jedoch eine mehrparametrige Verteilungsklasse mit Hypothesen der Form (6.2.70) zugrunde, so wird man zunächst einen beliebigen Punkt $\vartheta \in \mathbf{J}$ wählen, also ein $\vartheta = (\kappa_0, \lambda)$ mit $\lambda \in \Lambda$. Um die Lösung von der Abhängigkeit von ϑ zu befreien, hat man diesen dann durch einen geeigneten Schätzer zu ersetzen. Diese Vorgehensweise wird in 6.4.2 und 6.4.3 durchgeführt. Hier sollen noch einige Standardmodelle darauf untersucht werden, ob sie die LAN-Eigenschaft besitzen.

Beispiel 6.134 (Regressionsmodelle mit Lokations- und Skalenalternativen) Im folgenden bezeichnen $\mathfrak{g}$ und $\mathfrak{h}$ wieder die durch (6.2.85) definierten Funktionen.

a) (Lokationsmodell) Es seien f eine λ-Dichte mit (1.8.54), F die zugehörige VF und $\mathfrak{F} = \{F_\vartheta(\cdot) = F(\cdot - \mu) : \vartheta = \mu \in \mathbb{R}\}$ die aus F durch Translation gewonnene, nach Beispiel 1.196 $\mathbb{L}_2$-differenzierbare Verteilungsklasse. Ist (d_{nj}) ein Noether-Schema von Regressionskoeffizienten, so ist das durch Lokalisierung an einer festen Stelle $\vartheta = \mu_0 \in \mathbb{R}$ gemäß $w_{n\zeta} = \bigotimes F(\cdot - \mu_0 - \zeta d_{nj})$, $\zeta \in \mathbb{R}$, gewonnene Modell $\{(w_{n\zeta}) : \zeta \in \mathbb{R}\}$ nach dem 2. Le Cam Lemma LAN mit der (reellwertigen) zentralen Statistik $Z_n = \sum d_{nj} \mathfrak{g}(x_j - \mu_0)$ und der $(1 \times 1$-) Informationsmatrix $\mathscr{I} = (I(f))$.

b) (Skalenmodell) Es seien f eine λ-Dichte mit (1.8.56), F die zugehörige VF und $\mathfrak{F} = \{F_\vartheta = F(\cdot/\sigma) : \vartheta = \sigma \in (0, \infty)\}$ die aus F durch Streckung gewonnene, nach Beispiel 1.197 $\mathbb{L}_2$-differenzierbare Verteilungsklasse. Ist (d_{nj}) ein *Noether-Schema*,d.h. ein die Noether-Bedingung (5.3.32) erfüllendes System von Regressionskoeffizienten, so ist das durch Lokalisierung an einer festen Stelle $\vartheta = \sigma_0 \in (0, \infty)$ gemäß $w_{n\zeta} = \bigotimes F(\cdot/(\sigma_0 + \zeta d_{nj}))$, $\zeta \in \mathbb{R}$, gewonnene Modell $\{(w_{n\zeta}) : \zeta \in \mathbb{R}\}$ nach dem 2. Le Cam Lemma LAN mit der (reellwertigen) zentralen Statistik $Z_n = \frac{1}{\sigma_0} \sum d_{nj} \mathfrak{h}(x_j/\sigma_0)$ und der $(1 \times 1$-) Informationsmatrix $\mathscr{I} = ((-1 + \widetilde{I}(f))/\sigma_0^2)$.

c) (Lokations-Skalenmodell) Es seien f eine λ-Dichte mit (1.8.54+56), F die zugehörige VF und $\mathfrak{F} = \{F_\vartheta(\cdot) = F(\frac{\cdot - \mu}{\sigma}); \vartheta = (\mu, \sigma) \in \mathbb{R} \times (0, \infty)\}$ die aus F durch Translation und Streckung gewonnene, nach Beispiel 1.198 $\mathbb{L}_2$-differenzierbare Verteilungsklasse. Ist (d_{nj}) ein Noether-Schema von Regressionskoeffizienten, so ist das durch Lokalisierung an einer festen Stelle $\vartheta = (\mu_0, \sigma_0) \in \mathbb{R} \times (0, \infty)$ gemäß

$$w_{n\zeta} = \bigotimes F\left(\frac{\cdot - \mu_0 - \zeta_1 d_{nj}}{\sigma_0 + \zeta_2 d_{nj}}\right), \quad \zeta = (\zeta_1, \zeta_2)^\top \in \mathbb{R}^2,$$

gewonnene Modell $\{(w_{n\zeta}) : \zeta \in \mathbb{R}^2\}$ nach Satz 6.130 LAN mit der (zweidimensionalen) zentralen Statistik bzw. $(2 \times 2$-) Informationsmatrix

---

[49] Zum mathematischen Hintergrund vgl. M. Eaton: Multivariate Statistics, A Vector Space Approach, Wiley (1983), p. 73–74.

6.3 Benachbarte Verteilungsfolgen und LAN-Familien   323

$$Z_n = \begin{pmatrix} \sum d_{nj}\mathfrak{g}\left(\frac{x_j-\mu_0}{\sigma_0}\right) \\ \frac{1}{\sigma_0}\sum d_{nj}\mathfrak{h}\left(\frac{x_j-\mu_0}{\sigma_0}\right) \end{pmatrix}, \quad \mathscr{I} = \frac{1}{\sigma_0^2}\begin{pmatrix} I(f) & \check{I}(f) \\ \check{I}(f) & -1+\widetilde{I}(f) \end{pmatrix}. \quad \square$$

In den Teilen a)–c) des vorausgegangenen Beispiels tritt im Limes jeweils die Fisher-Information auf. Diese läßt sich, wie dies bereits in (1.8.54) und (1.8.56) getan wurde, in zweifacher Form darstellen. Dem Übergang von einer Darstellung zur anderen liegt eine „Kürzungsregel" zugrunde. Zu deren Rechtfertigung sei auf B1.25 verwiesen. Auch lassen sich die Differenzierbarkeitsvoraussetzungen an die Dichten f in den Lokations-, Skalen- bzw. Lokations-Skalen-Beispielen 6.134a–c und damit diejenigen in den Beispielen 1.196–1.198 etwas abschwächen; vgl. Aufg. 6.38.

Zum Schluß sollen noch „nichtparametrische Verteilungsklassen" diskutiert werden, die aus einer festen, im folgenden ein- oder zweidimensionalen Verteilung F und einer festen $\mathbb{L}_2$-differenzierbaren Verteilungsklasse auf $[0,1]$ bzw. $[0,1]^2$ gewonnen werden. Die Bedeutung dieser in Kap. 9 viel verwendeten Verteilungsannahmen besteht darin, Prüfgrößen für nichtparametrische Testprobleme angeben zu können, die auf dem Rand $\mathbf{J}$ der Hypothesen $\mathbf{H}$ und $\mathbf{K}$ verteilungsfrei sind. Bezeichnen etwa im eindimensionalen Fall F eine eindimensionale stetige VF F und $B(\cdot,\vartheta)$, $\vartheta \in \Theta$, eine Klasse stetiger VF auf $[0,1]$ mit $B(t,0) = t$, so ist die nichtparametrische Verteilungsklasse definiert durch

$$\mathfrak{F} = \{F_\vartheta : F_\vartheta(x) = B(F(x),\vartheta), \vartheta \in \Theta\} \quad \text{mit} \quad 0 \in \overset{\circ}{\Theta}.$$

Entsprechend ist im zweidimensionalen Fall ein Produktmaß $F = G \otimes H$ mit stetigen eindimensionalen Rand-VF G, H sowie eine Klasse stetiger, zweidimensionaler VF $C(s,t;\vartheta)$, $\vartheta \in \Theta \subset \mathbb{R}$, auf $[0,1]^2$ gegeben mit $C(s,t;0) = st$. Hier ist dann

$$\mathfrak{F} = \{F_\vartheta : F_\vartheta(y,z) = C(G(y),H(z);\vartheta), \vartheta \in \Theta\} \quad \text{mit} \quad 0 \in \overset{\circ}{\Theta}.$$

In beiden Fällen wird man üblicherweise die Existenz von Dichten voraussetzen, die der Einfachheit halber in linearer Form angesetzt werden. So gelangt man im univariaten Fall mit einer beschränkten meßbaren Funktion b mit $\int b\,d\lambda = 0$ zu Verteilungen der Form[50]

$$B(s;\vartheta) = s + \vartheta\int_0^s b(u)\,du, \quad |\vartheta| < 1/\|b\|_\infty. \tag{6.3.64}$$

Dann ist nämlich $1+\vartheta b$ tatsächlich eine strikt positive Dichte, für die sich unmittelbar die Voraussetzungen von Aufg. 6.38 verifizieren lassen. Dies gilt dann auch für die F-Dichten $1 + \vartheta b \circ F$ von der durch F und B erzeugten Klasse $\mathfrak{F}$. Analog geht man im bivariaten Fall vor, d.h. man betrachtet die vermöge einer beschränkten meßbaren Funktion $c(\cdot,\cdot)$ mit $\iint c(u,v)\,du\,dv = 0$ definierten Verteilungen

---

[50] Insbesondere im Spezialfall der Potenzen $b(u) = u^j$, $j \in \mathbb{N}$, spricht man auch von *Lehmann-Alternativen*; vgl. E.L. Lehmann: Ann. Math. Stat. 24 (1953) 23–43.

324   6 Asymptotische Betrachtungsweisen parametrischer Verfahren

$$C(s,t;\vartheta) = st + \vartheta \int_0^s \int_0^t c(u,v)\,\mathrm{d}u\,\mathrm{d}v, \quad |\vartheta| < 1/\|c\|_\infty. \tag{6.3.65}$$

Ein Beispiel hierfür bilden die in Beispiel 6.89b betrachteten Gumbel-Morgenstern-Verteilungen.

Beispiel 6.135 (Regressionsproblem mit nichtparametrischen Alternativen)
a) Sei $b : (0,1) \to \mathbb{R}$ beschränkt und meßbar mit $\int b\,\mathrm{d}\mathfrak{R} = 0$ und $\int b^2\,\mathrm{d}\mathfrak{R} > 0$. Dann wird bei festem stetigen $F \in \mathfrak{M}^1(\mathbb{R}, \mathbb{B})$ gemäß $\mathrm{d}F_\vartheta/\mathrm{d}F := 1 + \vartheta b \circ F$ eine einparametrige Klasse von Verteilungen $\mathfrak{F} = \{F_\vartheta : |\vartheta| < \|b\|_\infty^{-1}\}$ definiert, die nach Beispiel 1.200 $\mathbb{L}_2(0)$-differenzierbar ist mit $\dot{L}_0 = b \circ F$ und $J(0) = E_0 \dot{L}_0^2 = \int (b \circ F)^2\,\mathrm{d}F = \int b^2\,\mathrm{d}\mathfrak{R} > 0$. Bezeichnet dann (d_{nj}) ein Noether-Schema von Regressionskoeffizienten, so ergibt sich durch Lokalisierung in $\vartheta = 0$ gemäß $w_{n\zeta} = \bigotimes F_{\zeta d_{nj}}$ ein asymptotisches Modell $\{(w_{n\zeta}) : \zeta \in \mathbb{R}\}$, das nach Satz 6.130 LAN ist mit der zentralen Statistik $Z_n = \sum d_{nj} b \circ F(x_{nj})$ und der Informationsmatrix $\mathscr{J} = (\int b^2\,\mathrm{d}\mathfrak{R})$.

b) Besitzt F eine λ-Dichte f, welche (1.8.54) erfüllt, und ist $b = \mathfrak{g} \circ F^{-1}$, so ist $\int b^2\,\mathrm{d}\mathfrak{R} = \int (b \circ F)^2\,\mathrm{d}F = \int \mathfrak{g}^2\,\mathrm{d}F = I(f)$ und $\mathfrak{F}$ $\mathbb{L}_2(0)$-differenzierbar mit $\dot{L}_0 = \mathfrak{g}$ und $J(0) = I(f)$. Somit stimmt das Limesmodell mit demjenigen für $\mu_0 = 0$ aus Beispiel 6.134a überein.

Entsprechendes gilt bei Dichten f mit (1.8.56) für $b = \mathfrak{h} \circ F^{-1}$ mit $\int b^2\,\mathrm{d}\mathfrak{R} = -1 + \widetilde{I}(f)$. Auch hier ist $\mathfrak{F}$ $\mathbb{L}_2(0)$-differenzierbar und zwar mit $\dot{L}_1 = \mathfrak{h}$ und $J(0) = -1 + \widetilde{I}(f)$. Folglich stimmt auch dieses Limesmodell mit demjenigen für $\sigma_0 = 1$ aus Beispiel 6.134b überein.

c) Sei $k \in \mathbb{N}$ fest. Für $i = 1, \ldots, k$ seien $b_i : (0,1) \to \mathbb{R}$ mit $\int b_i\,\mathrm{d}\mathfrak{R} = 0$ beschränkte meßbare Funktionen und bei stetigem $F \in \mathfrak{M}^1(\mathbb{R}, \mathbb{B})$ gemäß $\mathrm{d}F_\vartheta/\mathrm{d}F := 1 + \sum_{i=1}^k \vartheta_i b_i \circ F$ eine k-parametrige Klasse $\mathfrak{F} = \{F_\vartheta : \vartheta = (\vartheta_1, \ldots, \vartheta_k), |\vartheta_i| < \|b_i\|_\infty^{-1}/k\}$, $i = 1, \ldots, k$, definiert. Analog a) ist diese Klasse $\mathbb{L}_2(0)$-differenzierbar mit

$$\dot{L}_0 = (b_1 \circ F, \ldots, b_k \circ F)^\top \text{ und } \mathscr{J}(0) = \left(\int b_i \circ F\, b_j \circ F\,\mathrm{d}F\right) = \left(\int_0^1 b_i b_j\,\mathrm{d}\lambda\right) \in \mathbb{R}^{k \times k}_{\mathrm{p.s.}}.$$

Ist speziell $k = 2$ und besitzt F eine λ-Dichte f, welche die Bedingungen (1.8.54) und (1.8.56) erfüllt, und ist $b = b_F := (\mathfrak{g} \circ F^{-1}, \mathfrak{h} \circ F^{-1})^\top$, so stimmt das Limesmodell mit demjenigen aus Beispiel 6.134c für $\mu_0 = 0$, $\sigma_0 = 1$ überein. □

Anmerkung 6.136 Damit wenigstens für hinreichend kleines $|\vartheta|$ durch $1 + \vartheta b \circ F$ eine F-Dichte definiert wird, mußte in Beispiel 6.135 die Funktion b als beschränkt vorausgesetzt werden. Ist man jedoch ausschließlich am Limesmodell interessiert, so kann auch jede Funktion $b \in \mathbb{L}_2(\mathfrak{R})$ mit $\int b\,\mathrm{d}\mathfrak{R} = 0$ bzw. $b \in \mathbb{L}_2(\mathfrak{R} \otimes \mathfrak{R})$ mit $\int b\,\mathrm{d}(\mathfrak{R} \otimes \mathfrak{R}) = 0$ zugelassen werden. Bezeichnet nämlich etwa (b_n) eine Folge beschränkter Funktionen auf $(0,1)$ mit $b_n \to b$ in $\mathbb{L}_2(\mathfrak{R})$, so läßt sich auf der Stufe n für $|\vartheta| \leq \|b_n\|_\infty^{-1}$ eine F-Dichte definieren durch $1 + \vartheta b_n \circ F$. Die zugehörige Klasse $\mathfrak{F}_n$ ist $\mathbb{L}_2(0)$-differenzierbar mit $\mathbb{L}_2(0)$-Ableitung $b_n \circ F$. Wegen $b_n \to b$ in $\mathbb{L}_2(\mathfrak{R})$ gilt dann die Aussage von Beispiel 6.135a. Analog folgt diejenige der Beispiele 6.135b+c. □

Beispiel 6.137 (Einstichprobenmodell bei Korrelationsalternativen) Für festes $(\mu, \nu, \sigma^2, \tau^2)$ $\in \mathbb{R}^2 \times (0, \infty)^2$, o.E. für $\mu = \nu = 0$, $\sigma^2 = \tau^2 = 1$, und jedes $n \in \mathbb{N}$ seien $X_{nj} = (Y_{nj}, Z_{nj})$, $j = 1, \ldots, n$, st.u. ZG mit derselben Verteilung $F_\varrho := \mathfrak{N}(0, 0, 1, 1, \varrho)$, $\varrho \in (-1, +1)$. Nach Satz 1.194 ist die Klasse $\mathfrak{F} = \{F_\varrho : -1 < \varrho < +1\}$ $\mathbb{L}_2(0)$-differenzierbar mit $\dot{L}_0(y, z) = yz$. Folglich ist das mit den lokalen Alternativen $w_{n\zeta} = \bigotimes F_{\zeta/\sqrt{n}}$ gebildete asymptotische Modell $\{(w_{n\zeta}) : \zeta \in \mathbb{R}\}$ LAN und zwar mit der eindimensionalen zentralen Statistik $S_n = n^{-1/2} \sum y_{nj} z_{nj}$ und der (1 × 1-) zentralen Matrix $\mathscr{J} = (J(0))$,

$$J(0) = E_0 \dot{L}_0^2(Y_{11}, Z_{11}) = E_0 Y_{11}^2 Z_{11}^2 = \int y^2 z^2 \, d\mathfrak{N}(0, 0, 1, 1, 0)(y, z)$$

$$= \int y^2 \, d\phi(y) \int z^2 \, d\phi(z) = 1.$$

Es gilt also $(w_{n\zeta}) \diamond (w_{n0})$ und für die lineare Statistik S_n nach dem 1. Le Cam Lemma 6.124

$$\mathfrak{L}_{w_{n\zeta}}(S_n) \xrightarrow{\mathfrak{L}} \mathfrak{N}(\zeta, 1) \quad \forall \zeta \in \mathbb{R}. \quad \square$$

6.3.3 Verteilungskonvergenz unter benachbarten Verteilungsfolgen

Die drei Aussagen 6.115b, 6.123a und 6.123b lassen sich nicht nur als Charakterisierungen der Benachbartheit auffassen, sondern auch als solche darüber, wie sich die Limesverteilungen von L_n bzw. $\log L_n$ unter v_n von denen unter u_n unterscheiden, sofern (v_n) zu (u_n) benachbart ist. Sie gestatten somit auch explizite Aussagen über die Limesschärfe der besten α-Niveau Tests $\varphi_{n\alpha}^*$ für die einfachen Hypothesen u_n und v_n. Ist nämlich etwa (6.3.34) mit $\kappa^2 > 0$ erfüllt, gilt also nach dem 1. Le Cam Lemma 6.124

$$\mathfrak{L}_{u_n}\left(\frac{\log L_n + \kappa^2/2}{\kappa}\right) \xrightarrow{\mathfrak{L}} \mathfrak{N}(0, 1),$$
$$\mathfrak{L}_{v_n}\left(\frac{\log L_n + \kappa^2/2}{\kappa}\right) \xrightarrow{\mathfrak{L}} \mathfrak{N}(\kappa, 1),$$
(6.3.66)

so ergibt sich für das Limesniveau bzw. die Limesschärfe von $\varphi_{n\alpha}^*$

$$E_{u_n} \varphi_{n\alpha}^* \to 1 - \phi(u_\alpha) = \alpha, \quad E_{v_n} \varphi_{n\alpha}^* \to 1 - \phi(u_\alpha - \kappa). \quad (6.3.67)$$

Die Mittelwertverschiebung κ der Limesverteilung der bzgl. u_n standardisierten Statistik $\log L_n$ bestimmt also gerade den asymptotischen Schärfegewinn des besten α-Niveau Tests $\varphi_{n\alpha}^*$ für u_n gegen v_n.

Möchte man diesen Test vergleichen mit einem solchen für zwei andere einfache Hypothesen oder zwei (umfassendere) zusammengesetzte Hypothesen, so hat man auch dessen Prüfgröße T_n in seinem asymptotischen Verhalten unter u_n wie unter v_n zu untersuchen. Hierzu gibt es verschiedene Möglichkeiten. Die erste[51] geht davon

---

[51] Später wird eine zweite, auf Hilfssatz 6.119c und dem Normalkonvergenzkriterium aufbauende Möglichkeit aufgezeigt; vgl. Satz 6.146 und Anmerkung 6.147.

aus, daß unter Benachbartheit der Übergang von u_n zu v_n asymptotisch vollständig durch L_n beschrieben wird. Aus der Kenntnis des Limesverhaltens von T_n und L_n unter u_n wird daher dasjenige unter v_n ableitbar sein. Da auch hier wieder das Auftreten einer Normalverteilung im Limes der in den Beispielen häufigste Fall ist, soll dieser im folgenden stets gesondert formuliert werden. Es wird sich zeigen, daß dann das in (6.3.66) für $\log L_n$ zu beobachtende Verhalten allgemein gilt: Der Wechsel von (u_n) zu (v_n) resultiert in einer Mittelwertverschiebung der Limesverteilung bei gleicher Varianz. Im Hinblick auf spätere Anwendungen gehen wir beim Beweis sogleich von einer $\mathbb{R}^\ell$-wertigen Statistik T_n aus und setzen voraus, daß T_n mit L_n bzw. mit $\log L_n$ unter u_n und v_n eine gemeinsame Limesverteilung hat. Da – wie schon erwähnt – L_n unter v_n sowie $\log L_n$ unter u_n und v_n die Werte $+\infty$ bzw. $-\infty$ und $+\infty$ mit positiver WS annehmen können, die Limesverteilungen von L_n bzw. $\log L_n$ unter benachbarten Verteilungsfolgen (u_n) und (v_n) nach 6.3.1 bzw. 6.3.2 jedoch auf $(\mathbb{R}, \mathbb{B})$ konzentriert sind, wird in den drei Situationen die Verteilungskonvergenz der Paare (T_n, L_n) bzw. $(T_n, \log L_n)$ unter v_n bzw. u_n gegen Verteilungen $\widetilde{G}, \widehat{F}, \widehat{G} \in \mathfrak{M}^1(\mathbb{R}^{\ell+1}, \mathbb{B}^{\ell+1})$ analog (6.3.16) bzw. (6.3.30) definiert, also gemäß

$$\mathfrak{L}_{v_n}(T_n, L_n) \xrightarrow[\mathfrak{L}]{} \widetilde{G} :\Leftrightarrow \mathfrak{L}_{v_n}(T_n, L_n \mathbf{1}_{\{L_n < +\infty\}}) \xrightarrow[\mathfrak{L}]{} \widetilde{G},$$

$$\mathfrak{L}_{u_n}(T_n, \log L_n) \xrightarrow[\mathfrak{L}]{} \widehat{F} :\Leftrightarrow \mathfrak{L}_{u_n}(T_n, \log L_n \mathbf{1}_{\{L_n > -\infty\}}) \xrightarrow[\mathfrak{L}]{} \widehat{F},$$

$$\mathfrak{L}_{v_n}(T_n, \log L_n) \xrightarrow[\mathfrak{L}]{} \widehat{G} :\Leftrightarrow \mathfrak{L}_{v_n}(T_n, \log L_n \mathbf{1}_{\{L_n < +\infty\}}) \xrightarrow[\mathfrak{L}]{} \widehat{G}.$$

Satz 6.138 (Le Cam) *Für $n \in \mathbb{N}$ seien $u_n, v_n \in \mathfrak{M}^1(\mathfrak{X}_{(n)}, \mathfrak{B}_{(n)})$ beliebige WS-Maße, $L_n := dv_n / du_n$ ein DQ von v_n bzgl. u_n und $T_n : (\mathfrak{X}_{(n)}, \mathfrak{B}_{(n)}) \to (\mathbb{R}^\ell, \mathbb{B}^\ell)$ eine Statistik. Weiter seien $\widetilde{F}, \widehat{F} \in \mathfrak{M}^1(\mathbb{R}^{\ell+1}, \mathbb{B}^{\ell+1})$, $(\nu, c, \kappa^2) \in \mathbb{R}^\ell \times \mathbb{R}^\ell \times [0, \infty)$ und $\mathscr{S} \in \mathbb{R}^{\ell \times \ell}_{p.s.}$. Dann gilt:*

a) $\quad \mathfrak{L}_{u_n}(T_n, L_n) \xrightarrow[\mathfrak{L}]{} \widetilde{F} \quad \text{mit} \quad \int\limits_{\mathbb{R}^{\ell+1}} y \, d\widetilde{F}(t, y) = 1 \hfill (6.3.68)$

$\Rightarrow \quad \mathfrak{L}_{v_n}(T_n, L_n) \xrightarrow[\mathfrak{L}]{} \widetilde{G}, \quad \widetilde{G}(C) := \int\limits_C y \, d\widetilde{F}(t, y), \quad C \in \mathbb{B}^{\ell+1}; \hfill (6.3.69)$

b) $\quad \mathfrak{L}_{u_n}(T_n, \log L_n) \xrightarrow[\mathfrak{L}]{} \widehat{F} \quad \text{mit} \quad \int\limits_{R^{\ell+1}} e^z \, d\widehat{F}(t, z) = 1 \hfill (6.3.70)$

$\Rightarrow \quad \mathfrak{L}_{v_n}(T_n, \log L_n) \xrightarrow[\mathfrak{L}]{} \widehat{G} \quad \widehat{G}(C) := \int\limits_C e^z \, d\widehat{F}(t, z), \quad C \in \mathbb{B}^{\ell+1}; \hfill (6.3.71)$

c) $\quad \mathfrak{L}_{u_n}\begin{pmatrix} T_n \\ \log L_n \end{pmatrix} \xrightarrow[\mathfrak{L}]{} \mathfrak{N}\left(\begin{bmatrix} \nu \\ -\kappa^2/2 \end{bmatrix}, \begin{bmatrix} \mathscr{S} & c \\ c^\top & \kappa^2 \end{bmatrix}\right) \hfill (6.3.72)$

$\Rightarrow \quad \mathfrak{L}_{v_n}\begin{pmatrix} T_n \\ \log L_n \end{pmatrix} \xrightarrow[\mathfrak{L}]{} \mathfrak{N}\left(\begin{bmatrix} \nu + c \\ +\kappa^2/2 \end{bmatrix}, \begin{bmatrix} \mathscr{S} & c \\ c^\top & \kappa^2 \end{bmatrix}\right). \hfill (6.3.73)$

6.3 Benachbarte Verteilungsfolgen und LAN-Familien

Beweis: Man beachte zunächst, daß durch die Annahmen der drei Teilaussagen a) bzw. b) bzw. c) die Voraussetzungen, Zusatzannahmen sowie die jeweils zweiten Teilaussagen der Sätze 6.115b bzw. 6.123a bzw. 6.123b erfüllt sind. (Dieses ergibt sich durch Anwendung der Projektion $\pi_2 : \mathbb{R}^\ell \times \mathbb{R} \to \mathbb{R}$ nach dem Stetigkeitssatz 5.43 bzw. der Transformationsformel A4.5.) Damit liegt insbesondere in allen drei Situationen Benachbartheit bzw. wechselseitige Benachbartheit vor. Aus dem gleichen Grunde sind die jeweils dritten Teilaussagen jener Sätze erfüllt, was sich auch durch Anwendung der Projektion π_2 aus den Behauptungen der hier zu beweisenden drei Teilaussagen ergibt.

a) Dieser Beweis entspricht demjenigen von b1) $\Rightarrow$ b3) in Satz 6.115b und folgt aus der Lebesgue-Zerlegung (1.6.28), der Transformationsformel A4.5 sowie wegen $v_n(L_n = \infty) \to 0$. Ist nämlich $C \subset \mathbb{R}^\ell \times [0, \infty)$ meßbar, beschränkt und $\widetilde{F}$-randlos, dann gilt nach dem Korollar von Helly-Bray 5.56a (bzw. da der Integrand L_n auf $\mathbb{R}^\ell \times \{0\}$ gleich 0 ist)

$$v_n\big((T_n, L_n \mathbf{1}(L_n < \infty)) \in C \cap \mathbb{R}^\ell \times (0, \infty)\big)$$
$$= \int_{(T_n, L_n) \in C} L_n \, du_n = \int_C y \, du_n^{(T_n, L_n)}(t, y)) \to \int_C y \, d\widetilde{F}(t, y)$$

und darüberhinaus

$$v_n\big((T_n, L_n \mathbf{1}(L_n < \infty)) \in C \cap \mathbb{R}^\ell \times (0, \infty)\big)$$
$$\leq v_n(L_n = 0) + v_n(L_n = \infty) = 0 + o(1).$$

Da $\widetilde{G}$ voraussetzungsgemäß ein WS-Maß ist, folgt die Behauptung aus Satz 5.57.

b) beweist man analog a2) $\Rightarrow$ a3) bei Satz 6.123a. Aus der Voraussetzung folgt wegen der Stetigkeit von $(t, z) \mapsto (t, e^z) =: f(t, z)$ mit dem Satz von der stetigen Abbildung 5.43 bzw. der Transformationsformel A4.5

$$\mathfrak{L}_{u_n}(T_n, L_n) \xrightarrow[\mathfrak{L}]{} \widehat{F}^f =: \widetilde{F}, \quad \int y \, d\widetilde{F}(t, y) = \int e^z \, d\widehat{F}(t, z) = 1,$$

also nach Teil a) dieses Satzes

$$\mathfrak{L}_{v_n}(T_n, L_n) \xrightarrow[\mathfrak{L}]{} \widetilde{G}, \quad \widetilde{G}(C) = \int_C y \, d\widetilde{F}(t, y), \quad C \in \mathbb{B}^{\ell+1}.$$

Wegen $\widetilde{G}(\mathbb{R}^\ell \times \{0\}) = 0$ ist $y \mapsto \log y$ $\widetilde{G}$-f.ü. stetig; somit gilt nach Satz 5.43

$$\mathfrak{L}_{v_n}(T_n, \log L_n) \xrightarrow[\mathfrak{L}]{} \widetilde{G}^{(\mathrm{id}, \log)} =: \widehat{G}$$

und wegen $(\mathrm{id}, \log)^{-1} = f$ nach A4.5 für alle $C \in \mathbb{B}^{\ell+1}$

$$\widehat{G}(C) = \widetilde{G}((\mathrm{id},\log)^{-1}(C)) = \int_{f(C)} y \, \mathrm{d}\widetilde{F}(t,y)$$

$$= \int_{f(C)} y \, \mathrm{d}\widehat{F}^f(t,y) = \int_C \mathrm{e}^z \, \mathrm{d}\widehat{F}(t,z).$$

c) verifiziert man entsprechend b2) $\Rightarrow$ b3) bei Satz 6.123b. Offensichtlich ist die erste Voraussetzung von b) erfüllt und wegen $\overline{F} = \widehat{F}^{\pi_2}$ auch die zweite gemäß $\int \mathrm{e}^z \, \mathrm{d}\widehat{F}(t,z) = \int \mathrm{e}^z \, \mathrm{d}\overline{F}(z) = 1$. Also ist nach b) nur die Limesverteilung $\widehat{G}$ zu bestimmen. Bei Vorliegen einer $\lambda^{\ell+1}$-Dichte $\widehat{f}$ von $\widehat{F}$ (d.h. bei $\mathscr{S} \in R_{\mathrm{p.d.}}^{\ell \times \ell}$ und $\kappa^2 > 0$) erhält man die $\lambda^{\ell+1}$-Dichte $\widehat{g}$ von $\widehat{G}$ gemäß

$$\widehat{g}(t,z) = \mathrm{e}^z \widehat{f}(t,z) \quad [\lambda^{\ell+1}].$$

Bezeichnen $\overline{f} = \widehat{f}^{\pi_2}$ und $\overline{g} = \widehat{g}^{\pi_2}$ die bereits in Satz 6.123a verwendeten Randdichten, so ist dieses bei Verwendung bedingter Dichten gemäß (1.6.74) äquivalent mit

$$\widehat{g}^{\pi_1|\pi_2=z}(t,z)\overline{g}(z) = \mathrm{e}^z \widehat{f}^{\pi_1|\pi_2=z}(t,z)\overline{f}(z) \quad [\lambda^{\ell+1}].$$

Nach (6.3.31) gilt aber $\overline{g}(z) = \mathrm{e}^z \overline{f}(z) \, [\lambda]$. Es bleibt also nur zu zeigen, daß die in der Voraussetzung bzw. Folgerung von c) angegebenen Normalverteilungen

$$\widehat{F} = \mathfrak{N}\left(\begin{bmatrix} \nu \\ -\kappa^2/2 \end{bmatrix}, \begin{bmatrix} \mathscr{S} & c \\ c^\top & \kappa^2 \end{bmatrix}\right) \quad \text{und} \quad \widehat{G} = \mathfrak{N}\left(\begin{bmatrix} \nu+c \\ +\kappa^2/2 \end{bmatrix}, \begin{bmatrix} \mathscr{S} & c \\ c^\top & \kappa^2 \end{bmatrix}\right)$$

die gleichen bedingten Verteilungen von π_1 bei gegebenem $\pi_2 = z$ haben. Dies ist aber der Fall, denn nach Satz 1.97 gilt

$$\widehat{F}^{\pi_1|\pi_2=z} = \mathfrak{N}\left(\nu + \frac{c}{\kappa^2}\left(z + \frac{\kappa^2}{2}\right), \mathscr{S} - \frac{cc^\top}{\kappa^2}\right),$$

$$\widehat{G}^{\pi_1|\pi_2=z} = \mathfrak{N}\left(\nu + c + \frac{c}{\kappa^2}\left(z - \frac{\kappa^2}{2}\right), \mathscr{S} - \frac{cc^\top}{\kappa^2}\right),$$

wobei auch die Mittelwertvektoren trivialerweise übereinstimmen.

Den Fall einer degenerierten Kovarianzmatrix $\mathscr{S}$ führt man für $\kappa^2 > 0$ durch Projektion auf das Bild von $\mathscr{S}$ auf den obigen Fall zurück. Bei $\kappa^2 = 0$ schließt man direkt mit Hilfssatz 6.110a und dem Lemma von Slutsky. $\square$

Die für die Anwendungen wichtigste Folgerung aus dem vorausgegangenen Satz ist die aus Teil c) durch Projektion auf die erste Komponente im Fall $\ell \geq 1$ gewonnene Aussage. Diese soll deshalb nochmals eigens formuliert werden.

6.3 Benachbarte Verteilungsfolgen und LAN-Familien 329

Korollar 6.139 (3. Le Cam Lemma) *Existieren Vektoren $\nu, c \in \mathbb{R}^\ell$ sowie eine Zahl $\kappa^2 \in [0, \infty)$ und eine Matrix $\mathscr{S} \in \mathbb{R}^{\ell \times \ell}_{\text{p.s.}}$ derart, daß die gemeinsame Verteilung von T_n und $\log L_n$ gemäß (6.3.72) asymptotisch normal ist, so gilt*

$$\mathfrak{L}_{v_n}(T_n) \xrightarrow[\mathfrak{L}]{} \mathfrak{N}(\nu + c, \mathscr{S}). \tag{6.3.74}$$

Die asymptotische Mittelwertverschiebung von T_n unter v_n ist also (etwa im Fall $\ell = 1$) gerade die Kovarianz der Limesverteilung unter u_n. Dies zeigt auch die folgende heuristische Überlegung:

$$c \approx \text{Cov}_{u_n}(T_n, \log L_n) = E_{u_n} T_n \log[1 + (L_n - 1)]$$
$$\approx E_{u_n} T_n (L_n - 1) \approx E_{v_n} T_n - E_{u_n} T_n.$$

Mit dem 3. Le Cam Lemma lassen sich unmittelbar asymptotisch relative Effizienzen von Tests berechnen. Sind nämlich T_n, $n \in \mathbb{N}$, reellwertige Statistiken, für die (6.3.72) erfüllt ist und folglich mit $\nu, c \in \mathbb{R}$ und $\sigma^2 > 0$ gilt

$$\mathfrak{L}_{u_n}(T_n) \xrightarrow[\mathfrak{L}]{} \mathfrak{N}(\nu, \sigma^2), \quad \mathfrak{L}_{v_n}(T_n) \xrightarrow[\mathfrak{L}]{} \mathfrak{N}(\nu + c, \sigma^2), \tag{6.3.75}$$

so ergeben sich für die Tests $\varphi_n := \mathbf{1}(T_n > \nu + \sigma u_\alpha)$ unmittelbar das Limesniveau bzw. die Limesschärfe zu

$$E_{u_n} \varphi_n \to 1 - \phi(u_\alpha) = \alpha, \quad E_{v_n} \varphi_n \to 1 - \phi\left(u_\alpha + \frac{c}{\sigma}\right). \tag{6.3.76}$$

Konvergenzaussagen dieser Form bildeten in 6.2.4 die Grundlage zur Berechnung von Pitman-Effizienzen. Ein erster Vergleich von φ_n bietet sich dann natürlich mit dem besten α-Niveau Test $\varphi_{n\alpha}^*$ für u_n gegen v_n an, für den unter Benachbartheit die (6.3.76) entsprechenden Aussagen (6.3.67) gelten.

Korollar 6.140 *Für $n \in \mathbb{N}$ seien $u_n, v_n \in \mathfrak{M}^1(\mathfrak{X}_{(n)}, \mathfrak{B}_{(n)})$, $L_n := dv_n / du_n$ und T_n eine reellwertige Statistik, für die*

$$\mathfrak{L}_{u_n}\begin{pmatrix} T_n \\ \log L_n \end{pmatrix} \xrightarrow[\mathfrak{L}]{} \mathfrak{N}\left(\begin{bmatrix} \nu \\ -\kappa^2/2 \end{bmatrix}, \begin{bmatrix} \sigma^2 & c \\ c & \kappa^2 \end{bmatrix}\right) \tag{6.3.77}$$

mit $\kappa^2 > 0$ und $\sigma^2 > 0$ erfüllt sei. Bezeichnet ϱ den Korrelationskoeffizienten der Limesverteilung, gilt also $c = \varrho \sigma \kappa$, so folgt für die Pitman-Effizienz des asymptotischen α-Niveau Tests $\varphi_n = \mathbf{1}(T_n > \nu + \sigma u_\alpha)$ bzgl. des besten Tests $\varphi_{n\alpha}^*$ für u_n gegen v_n

$$\text{ARE}(\varphi_n : \varphi_n^* | v_n) = \frac{c^2}{\sigma^2 \kappa^2} = \varrho^2. \tag{6.3.78}$$

Beweis: (6.3.75) und damit (6.3.76) folgt aus Korollar 6.139 durch Übergang zur 1. Randverteilung, (6.3.66) und damit (6.3.67) durch Übergang zur 2. Randverteilung. Damit ergibt sich (6.3.78) aus (6.2.107). □

Diese Aussage präzisiert die auch intuitiv plausible Tatsache, daß bei einer (nicht optimalen) Prüfgröße T_n nur die (geeignet definierte) Projektion auf die Richtung von $\log L_n$ für die Erzielung von Schärfe relevant ist.

Beispiel 6.141 Für $n \in \mathbb{N}$ seien $X_{n1}, \ldots, X_{nn}$ st.u. glv. ZG mit $\mathfrak{L}_\zeta(X_{nj}) = \mathfrak{N}(\zeta/\sqrt{n}, 1)$ und $u_n = \mathfrak{L}_0(X_{(n)})$, $v_n = \mathfrak{L}_\zeta(X_{(n)})$. Dann ist $\log L_n = \log L_{n\zeta} = \zeta\sqrt{n}\,\overline{X}_n - \zeta^2/2$ und damit

$$\mathfrak{L}_{u_n}(\log L_n) = \mathfrak{N}(-\zeta^2/2, \zeta^2), \quad \mathfrak{L}_{v_n}(\log L_n) = \mathfrak{N}(\zeta^2/2, \zeta^2).$$

Die unter u_n standardisierte Prüfgröße T_n^* von $\varphi_{n\alpha}^*$ lautet demgemäß bei $\zeta \neq 0$

$$T_n^* = \frac{\log L_n + \zeta^2/2}{\zeta} = \sqrt{n}\,\overline{X}_n.$$

Bekanntlich gilt unter (u_n)

$$s_n^2 = (n-1)^{-1}\sum_{j=1}^n (X_{nj} - \overline{X}_n)^2 \to 1 \quad \text{nach} \quad u_n\text{-WS}$$

und damit wegen der Benachbartheit $(v_n) \triangleleft (u_n)$, d.h. wegen Hilfssatz 6.110a, auch nach v_n-WS. Folglich ist nach Satz 6.97 der t-Test[52]

$$\varphi_n = \mathbf{1}(T_n > u_\alpha), \quad T_n = \sqrt{n}\,\overline{X}_n/s_n,$$

asymptotisch äquivalent zu $\varphi_{n\alpha}^*$. Ist nun etwa φ_n' der Zeichentest, also

$$\varphi_n' = \mathbf{1}(T_n' > u_\alpha), \quad T_n' = n^{-1/2}\sum_{j=1}^n \operatorname{sgn} X_{nj},$$

so gilt wegen

$$E_{u_n}(X_{n1}\operatorname{sgn} X_{n1}) = E(|X_{n1}|) = \int_{-\infty}^{\infty} |x|\varphi(x)\,dx = -2\int_0^{\infty} \varphi'(x)\,dx = 2\varphi(0) = \sqrt{2/\pi}$$

nach dem mehrdimensionalen Satz von Lindeberg-Lévy 5.70

$$\mathfrak{L}_{u_n}\begin{pmatrix} T_n' \\ \log L_n \end{pmatrix} \xrightarrow{\mathfrak{L}} \mathfrak{N}\left(\begin{bmatrix} 0 \\ -\zeta^2/2 \end{bmatrix}, \begin{bmatrix} 1 & \zeta\sqrt{2/\pi} \\ \zeta\sqrt{2/\pi} & \zeta^2 \end{bmatrix}\right).$$

Also folgt nach dem 3. Le Cam Lemma

$$\mathfrak{L}_{v_n}(T_n') \xrightarrow{\mathfrak{L}} \mathfrak{N}(\zeta\sqrt{2/\pi}, 1)$$

---

[52] Gemäß 6.2.2 ist es gestattet, bei φ_n und den nachfolgendem Test φ_n' die α-Fraktile der Prüfverteilungen sogleich durch diejenigen der Limesverteilungen zu ersetzen.

6.3 Benachbarte Verteilungsfolgen und LAN-Familien 331

und damit nach den Vorüberlegungen

$$\mathrm{ARE}(\varphi_n' : \varphi_{n\alpha}^*|v_n) = \mathrm{ARE}(\varphi_n' : \varphi_n|v_n) = \frac{2}{\pi} \approx 0{,}6366. \qquad \square$$

Das 3. Le Cam Lemma ist auch anwendbar in Situationen, in denen die (linearen) Statistiken T_n und $\log L_n$ mit unterschiedlichen Regressionskoeffizienten gebildet sind.

Satz 6.142 *Zusätzlich zu den Voraussetzungen und Bezeichnungen von Beispiel 6.125 sei* $T_n := \sum_{j=1}^n c_{nj} T(X_{nj})$, $n \in \mathbb{N}$, *eine Folge ℓ-dimensionaler linearer Statistiken. Dabei seien (c_{nj}) ein Noether-Schema von Regressionskoeffizienten sowie* $T : (\mathfrak{X}_0, \mathfrak{B}_0) \to (\mathbb{R}^\ell, \mathbb{B}^\ell)$ *eine ℓ-dimensionale Funktion mit $E_\vartheta T(X_{11}) = 0$ und* $\mathscr{C}\!ov_\vartheta T(X_{11}) =: \mathscr{S}_\vartheta \in \mathbb{R}^{\ell \times \ell}_{\text{p.s.}}$. *Dann gilt mit* $\mathscr{F}_\vartheta := E_\vartheta T(X_{11}) S^\top(X_{11}) \in \mathbb{R}^{\ell \times k}$

$$\mathfrak{L}_{v_n}\!\left(T_n - \Big(\sum_{j=1}^n c_{nj} d_{nj}\Big)\mathscr{F}_\vartheta \zeta\right) \xrightarrow[\mathfrak{L}]{} \mathfrak{N}(0, \mathscr{S}_\vartheta). \qquad (6.3.79)$$

Im Spezialfall $\sum_{j=1}^n c_{nj} d_{nj} \to \xi$ *ergibt sich also*

$$\mathfrak{L}_{v_n}(T_n) \xrightarrow[\mathfrak{L}]{} \mathfrak{N}(\xi \mathscr{F}_\vartheta \zeta, \mathscr{S}_\vartheta).$$

Beweis: Nach der Cauchy-Schwarz Ungleichung ist $\xi_n := \sum_{j=1}^n c_{nj} d_{nj} \in [-1, +1]$, so daß man sich o.E. auf Teilfolgen $(m) \subset \mathbb{N}$ mit $\xi_m \to \xi \; \exists \xi \in [-1, +1]$ für $m \to \infty$ beschränken kann. Für diese hat man somit $\mathfrak{L}_{v_m}(T_m) \xrightarrow[\mathfrak{L}]{} \mathfrak{N}(\xi \mathscr{F}_\vartheta \zeta, \mathscr{S}_\vartheta)$ zu zeigen. Dies folgt aber mit dem 3. Le Cam-Lemma aus der Gültigkeit von

$$\mathfrak{L}_{u_m}\!\begin{pmatrix} T_m \\ \log L_m \end{pmatrix} \xrightarrow[\mathfrak{L}]{} \mathfrak{N}\!\left(\begin{bmatrix} 0 \\ -\kappa^2/2 \end{bmatrix}, \begin{bmatrix} \mathscr{S}_\vartheta & \xi \mathscr{F}_\vartheta \zeta \\ \xi \zeta^\top \mathscr{F}_\vartheta^\top & \kappa^2 \end{bmatrix}\right) \quad \text{für} \quad m \to \infty$$

oder wegen $\log L_m = \zeta^\top Z_m - \tfrac{1}{2} \zeta^\top \mathscr{J}_\vartheta \zeta + o_{u_m}(1)$ mit der k-dimensionalen Statistik $Z_m := \sum_{j=1}^m d_{mj}(S(X_{mj}) - E_\vartheta S(X_{mj}))$ und $\kappa^2 = \zeta^\top \mathscr{J}_\vartheta \zeta$ äquivalent aus

$$\mathfrak{L}_{u_m}\!\begin{pmatrix} T_m \\ Z_m \end{pmatrix} \xrightarrow[\mathfrak{L}]{} \mathfrak{N}\!\left(\begin{bmatrix} 0 \\ 0 \end{bmatrix}, \begin{bmatrix} \mathscr{S}_\vartheta & \xi \mathscr{F}_\vartheta \\ \xi \mathscr{F}_\vartheta^\top & \mathscr{J}_\vartheta \end{bmatrix}\right) \quad \text{für} \quad m \to \infty.$$

Nach dem Satz von Cramér-Wold ist hierfür zu zeigen

$$\mathfrak{L}_{u_m}(u^\top T_m + v^\top Z_m) \xrightarrow[\mathfrak{L}]{} \mathfrak{N}(0, u^\top \mathscr{S}_\vartheta u + 2\xi u^\top \mathscr{F}_\vartheta v + v^\top \mathscr{J}_\vartheta v) \quad \forall u \in \mathbb{R}^\ell \; \forall v \in \mathbb{R}^k,$$

was in Analogie zum Grenzwertsatz für lineare Statistiken 5.112 wegen der Noether-Bedingung (5.3.32) aus dem Satz von Lindeberg-Feller 5.104 folgt. $\square$

Im Spezialfall $k = \ell = 1$ ergeben sich wegen $\kappa^2 = E_\vartheta \dot{L}_\vartheta^2(X_{11}) \zeta^2$ als asymptotische Mittelwertverschiebungen der (bzgl. u_n standardisierten) Statistiken L_n bzw. T_n, falls $\sigma_\vartheta^2 := E_\vartheta T(X_{11})^2 > 0$ ist,

$$(E_\vartheta \dot{L}_\vartheta^2)^{1/2} \zeta \quad \text{bzw.} \quad \xi E_\vartheta(T \dot{L}_\vartheta) \zeta / \sigma_\vartheta.$$

Wegen $|E_\vartheta T \dot{L}_\vartheta| \leq \sigma_\vartheta (E_\vartheta \dot{L}_\vartheta^2)^{1/2}$ ist also die asymptotische Mittelwertverschiebung von T_n/σ_ϑ höchstens gleich derjenigen von $\log L_n/\kappa$ und zwar mit Gleichheit genau dann, wenn $\xi = 1$ und T F_ϑ-f.ü. eine affine Funktion von $\dot{L}_\vartheta$ ist. Hierin spiegelt sich die Tatsache wider, daß L_n die Prüfgröße des asymptotisch besten Tests für u_n gegen v_n ist.

Wie bereits mehrfach betont, spielen in den Anwendungen neben den linearen die quadratischen Statistiken eine wichtige Rolle. Während sich für diese die Verteilungsaussagen unter (u_n) typischerweise aus den Aussagen 5.125 bzw. 5.127 ergeben, ermöglicht auch hier das 3. Le Cam Lemma die Angabe der Limesverteilungen unter zu (u_n) benachbarten Verteilungsfolgen (v_n). Bezeichnet nämlich (T_n) eine beliebige Folge k-dimensionaler ZG mit $\mathfrak{L}_{u_n}(T_n) \xrightarrow[\mathfrak{L}]{} \mathfrak{N}(0, \mathscr{S})$, $\mathscr{S} \in \mathbb{R}_{\text{p.d.}}^{k \times k}$, dann folgt zunächst nach Satz 5.125

$$\mathfrak{L}_{u_n}(T_n^\top \mathscr{S}^{-1} T_n) \xrightarrow[\mathfrak{L}]{} \chi_k^2.$$

Gilt über $\mathfrak{L}_{u_n}(T_n) \xrightarrow[\mathfrak{L}]{} \mathfrak{N}(0, \mathscr{S})$ hinaus analog (6.3.72)

$$\mathfrak{L}_{u_n} \begin{pmatrix} T_n \\ \log L_n \end{pmatrix} \xrightarrow[\mathfrak{L}]{} \mathfrak{N}\left(\begin{bmatrix} 0 \\ -\kappa^2/2 \end{bmatrix}, \begin{bmatrix} \mathscr{S} & c \\ c^\top & \kappa^2 \end{bmatrix} \right), \qquad (6.3.80)$$

so folgt nach Korollar 6.139 $\mathfrak{L}_{v_n}(T_n) \xrightarrow[\mathfrak{L}]{} \mathfrak{N}(c, \mathscr{S})$ und damit nach Satz 5.125

$$\mathfrak{L}_{v_n}(T_n^\top \mathscr{S}^{-1} T_n) \xrightarrow[\mathfrak{L}]{} \chi_k^2(\delta^2) \quad \text{mit} \quad \delta^2 = c^\top \mathscr{S}^{-1} c. \qquad (6.3.81)$$

Für beliebige quadratische Formen in einer Statistik T_n erhält man in Verallgemeinerung von Satz 5.127 den

Satz 6.143 *Für $n \in \mathbb{N}$ seien $u_n, v_n \in \mathfrak{M}^1(\mathfrak{X}_{(n)}, \mathfrak{B}_{(n)})$, $L_n := dv_n / du_n$ ein DQ von v_n bzgl. u_n und $T_n : (\mathfrak{X}_{(n)}, \mathfrak{B}_{(n)}) \to (\mathbb{R}^k, \mathbb{B}^k)$ k-dimensionale ZG mit (6.3.80). Ist dann $\mathscr{H} \in \mathbb{R}_{\text{p.s.}}^{k \times k}$ und besitzt die $k \times k$-Matrix $\mathscr{T} := \mathscr{S}^{1/2} \mathscr{H} \mathscr{S}^{1/2}$ den Rang r sowie die positiven, nicht notwendig voneinander verschiedenen Eigenwerte $\lambda_1, \ldots, \lambda_r$, so gilt mit st.u. $\mathfrak{N}(0,1)$-verteilten ZG $W_1, \ldots, W_r$*

$$\mathfrak{L}_{u_n}(T_n^\top \mathscr{H} T_n) \xrightarrow[\mathfrak{L}]{} \mathfrak{L}\left(\sum_{\ell=1}^r \lambda_\ell W_\ell^2 \right)$$

und es existieren (im Beweis explizit angegebene) reelle Zahlen $\delta_1, \ldots, \delta_r$ mit

$$\mathfrak{L}_{v_n}(T_n^\top \mathscr{H} T_n) \xrightarrow[\mathfrak{L}]{} \mathfrak{L}\left(\sum_{\ell=1}^r \lambda_\ell (W_\ell + \delta_\ell)^2 \right). \qquad (6.3.82)$$

6.3 Benachbarte Verteilungsfolgen und LAN-Familien

Beweis: Wie im Beweis von Satz 5.127 sei $V = (V_1, \ldots, V_k)^\top$ eine k-dimensionale $\mathfrak{N}(0, \mathscr{I}_k)$-verteilte ZG. Weiter sei $\mathscr{D}$ die $k \times k$-Diagonalmatrix mit den nichtnegativen Diagonalelementen $\lambda_1, \ldots, \lambda_r, \lambda_{r+1} = \ldots = \lambda_k = 0$ und $\mathscr{C}$ eine orthogonale $k \times k$-Matrix mit $\mathscr{T} = \mathscr{C}^\top \mathscr{D} \mathscr{C}$ oder äquivalent $\mathscr{D} = \mathscr{C} \mathscr{T} \mathscr{C}^\top$. Dann folgt nach dem 3. Le Cam Lemma aus (6.3.80) zunächst $\mathfrak{L}_{v_n}(T_n) \xrightarrow[\mathfrak{L}]{} \mathfrak{N}(c, \mathscr{S})$, d.h. $T_n \xrightarrow[\mathfrak{L}]{} c + \mathscr{S}^{1/2} V$. Unter v_n gilt demgemäß

$$T_n^\top \mathscr{H} T_n \xrightarrow[\mathfrak{L}]{} (c + \mathscr{S}^{1/2} V)^\top \mathscr{H} (c + \mathscr{S}^{1/2} V)$$

bzw. mit $W := \mathscr{C} V$ und $\delta := \mathscr{C} \mathscr{S}^{-1/2} c = (\delta_1, \ldots, \delta_k)^\top$ wegen $\mathscr{T} = \mathscr{S}^{1/2} \mathscr{H} \mathscr{S}^{1/2}$

$$T_n^\top \mathscr{H} T_n \xrightarrow[\mathfrak{L}]{} (\mathscr{S}^{-1/2} c + V)^\top \mathscr{T} (\mathscr{S}^{-1/2} c + V)$$

$$= (\mathscr{C} \mathscr{S}^{-1/2} c + W)^\top \mathscr{D} (\mathscr{C} \mathscr{S}^{1/2} c + W) = \sum_{\ell=1}^r \lambda_\ell (W_\ell + \delta_\ell)^2. \quad \square$$

Dieser Satz ermöglicht die Bestimmung von Limesschärfen und damit gemäß Definition 6.105 diejenige der asymptotischen relativen Effizienz zweier Tests mit asymptotisch χ^2-verteilten Größen bei gleicher Zahl der Freiheitsgrade. Beispiele hierfür werden später angegeben.

Der Nachweis der gemeinsamen Verteilungskonvergenz von (T_n, L_n) bzw. $(T_n, \log L_n)$ unter u_n ist typischerweise dann einfach, wenn auch T_n eine Summenstatistik ist, etwa die Prüfgröße des entsprechenden lokal besten Tests, oder wenn T_n durch eine einfache Transformation aus L_n gewonnen wird. Es sei aber angemerkt, vgl. auch Aufg. 6.41, daß die Voraussetzungen des 3. Le Cam Lemmas nicht notwendig sind für die Gültigkeit von

$$\left.\begin{array}{c} \mathfrak{L}_{u_n}(T_n) \xrightarrow[\mathfrak{L}]{} \mathfrak{N}(0, \mathscr{S}) \\ (v_n) \triangleleft (u_n) \end{array}\right\} \Rightarrow \mathfrak{L}_{v_n}(T_n) \xrightarrow[\mathfrak{L}]{} \mathfrak{N}(c, \mathscr{S}). \quad (6.3.83)$$

Für linearisierbare Statistiken T_n, d.h. für solche, die als Summen von st.u. ZG zuzüglich einem – unter u_n und damit unter v_n – asymptotisch vernachlässigbaren Rest dargestellt werden können, läßt sich die Gültigkeit von (6.3.83) auch auf eine direktere Weise zeigen. Wie bereits in 6.3.2 angekündigt vererben sich nämlich für Summenstatistiken $S_n = \sum_{j=1}^n X_{nj}$ beim Übergang zu benachbarten Verteilungsfolgen die UAN-Bedingung und die Normalitäts-Bedingung.

Hilfssatz 6.144 *Für $n \in \mathbb{N}$ seien $X_{n1}, \ldots, X_{nn}$ st.u. ZG unter WS-Maßen $\mathbb{P}_0$, $\mathbb{P}_1 \in \mathfrak{M}^1(\Omega, \mathfrak{A})$ sowie $u_n := \mathfrak{L}_{\mathbb{P}_0}(X_{n1}, \ldots, X_{nn})$ und $v_n := \mathfrak{L}_{\mathbb{P}_1}(X_{n1}, \ldots, X_{nn})$. Unter der Voraussetzung $(v_n) \triangleleft (u_n)$ gilt dann für jedes $\varepsilon > 0$*

a) $\displaystyle\max_{1 \leq j \leq n} \mathbb{P}_0(|X_{nj}| > \varepsilon) \to 0 \quad \Rightarrow \quad \max_{1 \leq j \leq n} \mathbb{P}_1(|X_{nj}| > \varepsilon) \to 0$;

b) $\displaystyle\mathbb{P}_0(\max_{1 \leq j \leq n} |X_{nj}| > \varepsilon) \to 0 \quad \Rightarrow \quad \mathbb{P}_1(\max_{1 \leq j \leq n} |X_{nj}| > \varepsilon) \to 0$.

Beweis: a) Für jede feste Folge $(j_n) \subset \mathbb{N}$ mit $1 \leq j_n \leq n$ erhält man

$$\mathbb{P}_0(|X_{nj_n}| > \varepsilon) \to 0 \quad \Rightarrow \quad \mathbb{P}_1(|X_{nj_n}| > \varepsilon) \to 0.$$

Da (j_n) beliebig war, ergibt sich daraus die Behauptung.

b) folgt unmittelbar aus der Definition von Benachbartheit. □

Da die Existenz von Momenten beim Übergang zu benachbarten Folgen im allgemeinen nicht vererbt wird, kann kein Analogon für die Feller- bzw. Lindeberg-Bedingung gelten. Liegt jedoch Benachbartheit $(v_n) \triangleleft (u_n)$ vor, ist die UAN-Bedingung erfüllt und gilt darüberhinaus $\mathfrak{L}_{\mathbb{P}_0}(\sum X_{nj}) \xrightarrow[\mathcal{L}]{} \mathfrak{N}(0,1)$, dann folgt zunächst nach Hilfssatz 6.113a, daß $\mathfrak{L}_{\mathbb{P}_1}(\sum X_{nj})$ straff ist, und aus Hilfssatz 6.144b, daß alle Häufungspunkte Normalverteilungen sind. Man hat daher in erster Linie zu untersuchen, wie sich Mittelwerte und Varianzen beim Übergang von (u_n) zu (v_n) verhalten. Um dasjenige der Varianzen zu untersuchen, benötigt man den

Hilfssatz 6.145 (Chow-Studden) *Es sei Y eine reellwertige ZG auf einem WS-Raum $(\mathfrak{X}, \mathfrak{B}, P)$ und $\varphi : \mathbb{R} \to \mathbb{R}$ eine konvexe Funktion.*

a) *Seien $g, h : \mathbb{R} \to \mathbb{R}$ Funktionen, von denen g isoton und h Borel-meßbar ist, für die $g(Y), h(Y) \in \mathbb{L}_1(P)$ gilt mit $Eg(Y) = Eh(Y)$ sowie $E\varphi(g(Y))$, $E\varphi(h(Y))$ existieren. Weiter gebe es ein $t_0 \in \mathbb{R}$ mit*

$$\bigl(h(t) - g(t)\bigr)(t - t_0) \geq 0 \quad \forall t \in \mathbb{R}, \tag{6.3.84}$$

d.h. $h - g$ habe nur einen Vorzeichenwechsel. Dann gilt

$$E\varphi(h(Y)) \geq E\varphi(g(Y)).$$

b) *Sei $f : \mathbb{R} \to \mathbb{R}$ isoton und $Y, f(Y) \in \mathbb{L}_1(P)$. Erfüllen dann die Funktionen $g(t) := f(t) - Ef(Y)$ und $h(t) := t - EY$ die Bedingung (6.3.84) und existieren $E\varphi(g(Y))$, $E\varphi(h(Y))$, so gilt*

$$E\varphi(Y - EY) \geq E\varphi(f(Y) - Ef(Y)). \tag{6.3.85}$$

c) *Sei $Y \in \mathbb{L}_1(P)$ und für $-\infty \leq a < b \leq \infty$*

$$f(t) := \max\{a, \min\{t, b\}\}.$$

Dann gilt mit dieser Funktion f die Aussage (6.3.85).

Beweis: a) Aus der Konvexität von φ folgt wegen B1.30c die Existenz eines Subgradienten $g'(\cdot)$ mit $g'(u) \in [\partial_-\varphi(u), \partial_+\varphi(u)] \; \forall u \in \mathbb{R}$, also

1) $\quad \varphi(h(t)) - \varphi(g(t)) \geq \varphi'(g(t))(h(t) - g(t));$

2) $\quad \varphi'(g(t)) \geq \varphi'(g(t_0)) \quad \text{für} \quad t \geq t_0.$

Hieraus ergibt sich

$$\varphi(h(t)) - \varphi(g(t)) \geq \varphi'(g(t_0))(h(t) - g(t)) \quad \forall t \geq t_0.$$

Analog verifiziert man diese Ungleichung für $t \leq t_0$. Damit gilt

$$E\varphi(h(y)) - E\varphi(g(Y)) \geq \varphi'(g(t_0))(Eh(Y) - Eg(Y)) = 0.$$

b) ergibt sich unmittelbar aus a).

c) Zum Nachweis der Voraussetzungen aus b) beachte man, daß mit $c = Ef(y) - EY$ gilt

$$h(t) - g(t) = t - f(t) + c = \begin{cases} t - b + c & \text{für } t \geq b, \\ c & \text{für } a \leq t \leq b, \\ t - a + c & \text{für } t \leq a. \end{cases}$$

Man verifiziert nun leicht, daß diese Funktion genau einen Vorzeichenwechsel hat und zwar für $c \geq 0$ in $t_0 = a - c$ bzw. für $c < 0$ in $t_0 = b - c$. □

Wendet man Teil c dieses Satzes bei $b = -a = r > 0$ auf die Funktion $\varphi(x) = x^2$ an, so ergibt sich unmittelbar

$$\operatorname{Var} Y \geq \operatorname{Var} r(Y), \quad r(y) := \max\{-r, \min\{y, r\}\}. \tag{6.3.86}$$

Ersetzt man hier Y durch $r(Y)$ und r durch s, $0 < s < r$, dann erhält man wegen $s(r(y)) = s(y)$, $s(y) := \max\{-s, \min\{y, s\}\}$,

$$\operatorname{Var} Y \geq \operatorname{Var} r(Y) \geq \operatorname{Var} s(Y). \tag{6.3.87}$$

Die Varianz ist also eine isotone und stetige Funktion des Stutzparameters. (Man beachte, daß diese Isotonieaussage nicht gültig ist, wenn man die Ausgangsvariable außen durch 0 ersetzt, d.h. beim Übergang $y \mapsto y\mathbf{1}(|y| \leq r)$.) Über das Verhalten von Mittelwert und Varianz gilt nun der

Satz 6.146 *Für $n \in \mathbb{N}$ seien $T_{n1}, \ldots, T_{nn}$ reellwertige Statistiken, die unter u_n und v_n st.u. sind, und $T_n := \sum_{j=1}^n T_{nj}$. Darüberhinaus gelte für $n \to \infty$*

a) $\mathcal{L}_{u_n}(T_n) \xrightarrow{\mathcal{L}} \mathfrak{N}(0,1),$ \hfill (6.3.88)

b) $\max\limits_{1 \leq j \leq n} u_n(|T_{nj}| > \varepsilon) \to 0 \quad \forall \varepsilon > 0,$ \hfill (6.3.89)

c) $(v_n) \triangleleft (u_n).$ \hfill (6.3.90)

Dann gibt es eine beschränkte Folge $(\delta_n) \subset \mathbb{R}$ mit

$$\mathcal{L}_{v_n}(T_n - \delta_n) \xrightarrow{\mathcal{L}} \mathfrak{N}(0,1). \tag{6.3.91}$$

Dabei läßt sich δ_n für $n \in \mathbb{N}$ wählen in der Form $\delta_n = \sum_{j=1}^n ET_{nj}\mathbf{1}_{[0,\delta]}(|T_{nj}|)$ mit beliebigem $\delta > 0$.

Beweis: Gemäß Satz 6.113a ist $\{\mathfrak{L}_{v_n}(T_n) : n \in \mathbb{N}\}$ straff. Da sich nach Hilfssatz 6.144 erst die UAN-Bedingung und dann auch die Normalitätsbedingung von (u_n) auf (v_n) vererbt, sind alle Häufungspunkte von $\{\mathfrak{L}_{v_n}(T_n) : n \in \mathbb{N}\}$ – im Sinne der Verteilungskonvergenz – nach dem Normalkonvergenzkriterium 5.106a notwendigerweise Normalverteilungen. Es soll nun gezeigt werden, daß jeder solche Häufungspunkt die Varianz 1 besitzt. Dazu benötigt man wieder die schon oben eingeführte Stutzfunktion $r(\cdot)$, $r > 0$. Sind dann $T'_{n1}, \ldots, T'_{nn}$ für $n \in \mathbb{N}$ ZG, die für jedes $n \in \mathbb{N}$ untereinander und zu $T_{n1}, \ldots, T_{nn}$ sowohl unter u_n als auch unter v_n st.u. sind mit

$$\mathfrak{L}_{u_n}(T'_{nj}) = \mathfrak{L}_{u_n}(T_{nj}) \quad \text{und} \quad \mathfrak{L}_{v_n}(T'_{nj}) = \mathfrak{L}_{v_n}(T_{nj}) \quad \forall j = 1, \ldots, n,$$

so gilt wegen $\operatorname{Var}_{w_n} r(T_{nj}) = \frac{1}{2} E_{w_n}(r(T_{nj}) - r(T'_{nj}))^2$ für $w_n = u_n$ und $w_n = v_n$

$$\Delta_n = \Delta_n(r) := \sum_{j=1}^n \operatorname{Var}_{u_n} r(T_{nj}) - \sum_{j=1}^n \operatorname{Var}_{v_n} r(T_{nj})$$
$$= \frac{1}{2} \sum_{j=1}^n [E_{u_n}(r(T_{nj}) - r(T'_{nj}))^2 - E_{v_n}(r(T_{nj}) - r(T'_{nj}))^2].$$

Bezeichnen f_{nj} und g_{nj} μ_{nj}-Dichten von $u_{nj} := u_n^{T_{nj}}$ und $v_{nj} := v_n^{T_{nj}}$ bezüglich $\mu_{nj} := \frac{1}{2}(u_{nj} + v_{nj})$, so gilt zunächst

$$|\Delta_n| \leq \frac{1}{2} \sum_{j=1}^n \iint \bigl(r(x) - r(y)\bigr)^2 |f_{nj}(x)f_{nj}(y) - g_{nj}(x)g_{nj}(y)| \, \mathrm{d}\mu_{nj}(x) \, \mathrm{d}\mu_{nj}(y).$$

Wegen $a - b = (a^{1/2} + b^{1/2})(a^{1/2} - b^{1/2})$ und $(a^{1/2} + b^{1/2})^2 \leq 2a + 2b$ für $a, b \geq 0$ – angewendet auf $a = f_{nj}(x)f_{nj}(y)$ und $b = g_{nj}(x)g_{nj}(y)$ – erhält man aus der Cauchy-Schwarz-Ungleichung

$$|\Delta_n(r)| \leq \frac{1}{2} \sum_{j=1}^n A_{nj} B_{nj}$$

mit

$$A_{nj} = \left[\iint \bigl(r(x) - r(y)\bigr)^4 2\bigl(f_{nj}(x)f_{nj}(y) + g_{nj}(x)g_{nj}(y)\bigr) \, \mathrm{d}\mu_{nj}(x) \, \mathrm{d}\mu_{nj}(y)\right]^{1/2}$$
$$\leq 4r\{\operatorname{Var}_{u_n} r(T_{nj}) + \operatorname{Var}_{v_n} r(T_{nj})\}$$

und

$$B_{nj} = \left[\iint \bigl(f_{nj}^{1/2}(x)f_{nj}^{1/2}(y) - g_{nj}^{1/2}(x)g_{nj}^{1/2}(y)\bigr)^2 \, \mathrm{d}\mu_{nj}(x) \, \mathrm{d}\mu_{nj}(y)\right]^{1/2}.$$

Durch Ausquadrieren des Integranden und wegen $(1 - a^2) \leq 2(1 - a)$ für $0 \leq a \leq 1$ ergibt sich unter Verwenden des Hellinger-Abstandes (1.6.94)

6.3 Benachbarte Verteilungsfolgen und LAN-Familien 337

$$B_{nj} = \left[2\left(1 - \int f_{nj}^{1/2}(x)g_{nj}^{1/2}(x)\,\mathrm{d}\mu_{nj}(x)\int f_{nj}^{1/2}(y)g_{nj}^{1/2}(y)\,\mathrm{d}\mu_{nj}(y)\right)\right]^{1/2}$$

$$\leq \left[2\cdot 2\left(1 - \int f_{nj}^{1/2}(x)g_{nj}^{1/2}(x)\,\mathrm{d}\mu_{nj}(x)\right)\right]^{1/2} = 2H(u_{nj}, v_{nj}).$$

Wendet man nun nochmals die Cauchy-Schwarz-Ungleichung an und zwar auf $\sum_j A_{nj}B_{nj}$, dann erhält man wegen $\sum_j H^2(u_{nj}, v_{nj}) \leq M^2 < \infty$ gemäß Hilfssatz 6.119b

$$|\Delta_n| \leq rM2\sqrt{2}\left[\sum_{j=1}^n \mathrm{Var}_{u_n}\, r(T_{nj}) + \sum_{j=1}^n \mathrm{Var}_{v_n}\, r(T_{nj})\right]^{1/2}.$$

Dieser Ausdruck läßt sich bei vorgegebenem $r_0 > 0$ für alle $0 < r \leq r_0$ und alle $n \in \mathbb{N}$ weiter abschätzen auf einen Ausdruck der Form

$$|\Delta_n| \leq rK \quad \forall 0 < r \leq r_0. \tag{6.3.92}$$

Dabei hängt K nur von r_0, nicht aber von r und n ab. Nach Hilfssatz 6.145 gilt nämlich für jedes $n \in \mathbb{N}$ und $0 \leq r \leq r_0$

$$\mathrm{Var}_{u_n}\, r(T_{nj}) \leq \mathrm{Var}_{u_n}\, r_0(T_{nj}), \quad \mathrm{Var}_{v_n}\, r(T_{nj}) \leq \mathrm{Var}_{v_n}\, r_0(T_{nj}).$$

Andererseits folgt nach dem Normalkonvergenz-Kriterium 5.106a nicht nur $\sum_j \mathrm{Var}_{u_n}\, r_0(T_{nj}) \to 1$ (und zwar wegen (6.3.88) und (6.3.89)), sondern auch, daß $\sum_j \mathrm{Var}_{v_n}\, r_0(T_{nj})$ beschränkt ist. Gäbe es nämlich eine Teilfolge $(m) \subset \mathbb{N}$ mit $\sum_j \mathrm{Var}_{v_m}\, r_0(T_{mj}) \to \infty$, so würde wegen der asymptotischen Straffheit und dem Satz von Helly-Prohorov 5.64 eine weitere Teilfolge $(k) \subset (m)$ existieren, längs der $\sum_j T_{kj}$ verteilungskonvergent wäre – und zwar wegen $v_n(\max_j |T_{nj}| > \varepsilon) \to 0$ $\forall \varepsilon > 0$ und Anmerkung 5.106a notwendig gegen eine Normalverteilung. Längs dieser Teilfolge würde $\sum_j \mathrm{Var}_{v_n}\, r_0(T_{kj})$ ebenfalls nach dem Normalkonvergenz-Kriterium aber gegen einen endlichen Wert konvergieren.

Sei nun $\varepsilon > 0$ vorgegeben und dazu $0 < r \leq r_0$ gewählt mit $rK < \varepsilon$. Ist $(m) \subset \mathbb{N}$ eine Teilfolge, entlang der $\mathcal{L}_{v_m}(T_m)$ gegen die Normalverteilung $\mathfrak{N}(\nu, \sigma^2)$ konvergiert, $\nu \in \mathbb{R}, \sigma^2 \in [0, \infty)$. Dann impliziert das Normalkonvergenzkriterium für jedes $s > 0$

$$\sum_{j=1}^m \mathrm{Var}_{u_m}(s(T_{mj})) \to 1, \quad \sum_{j=1}^m \mathrm{Var}_{v_m}(s(T_{mj})) \to \sigma^2.$$

Für $r = s$ ergibt die obige Abschätzung dann

$$|1 - \sigma^2| \leq \limsup_{m \to \infty} |\Delta_m(r)| \leq rK < \varepsilon$$

und damit $\sigma^2 = 1$. Eine weitere Anwendung dieses Kriteriums liefert dann die Konvergenzaussage (6.3.91). Die Zentrierungen (δ_n) sind beschränkt. Gäbe es nämlich eine Teilfolge $(k) \subset \mathbb{N}$ mit $\delta_k \to -\infty$, so würde einerseits wegen (6.3.88) gelten

$u_k(T_k < \delta_k) \to 0$ und damit wegen (6.3.90) auch $v_k(T_k < \delta_k) \to 0$. Andererseits würde aus (6.3.91) folgen $v_r(T_r < \delta_r) \to 1/2$. □

Anmerkung 6.147 Mittels des Normalkonvergenzkriteriums für mehrdimensionale ZG läßt sich – bei sonst gleicher Argumentation – ein Analogon des obigen Satzes für ℓ-dimensionale Summenstatistiken $T_n = \sum_{j=1}^n T_{nj}$ zeigen. Die Vorgehensweise läßt sich zudem so modifizieren, daß auch andere unendlich oft teilbare Limesverteilungen erfaßt werden. Die Möglichkeit hierzu ergibt sich aus Hilfssatz 6.119c. Geht man nämlich unter (u_n) von einem UAN-Schema (T_{nj}) aus, so daß $\mathfrak{L}_{u_n}(\sum T_{nj})$ gegen eine unendlich oft teilbare Verteilung mit Mittelwert μ, Varianz σ^2 und Lévy-Maß L konvergiert, dann besitzt auch $\mathfrak{L}_{v_n}(\sum T_{nj})$ nur unendlich oft teilbare Häufungspunkte; vgl. hierzu wieder Hilfssatz 6.110 und Hilfssatz 6.144 bzw. Anmerkung 5.106. Der oben zitierte Hilfssatz 6.119c impliziert nun, daß die zu diesen Häufungspunkten gehörenden Lévy-Maße notwendigerweise von L dominiert werden. Gilt etwa $\mu = \lambda > 0$, $\sigma^2 = 0$ und $L = \lambda \varepsilon_1$, d.h. ist $\mathfrak{P}(\lambda)$ die Limesverteilung unter (u_n), dann ist auch unter (v_n) nur $\mathfrak{P}(\lambda')$ mit geeignetem $\lambda' > 0$ im Limes möglich; vgl. hierzu auch Beispiel 6.127.

Der Ansatz ist noch weiter verallgemeinerungsfähig, nämlich auf sog. Semimartingale. Bei diesen wird die Rolle der Charakteristika (μ, σ^2, L) aus der Lévy-Chintschin-Darstellung durch das „triplet of local characteristics" übernommen[53]. □

In den späteren statistischen Anwendungen wird Satz 6.146 auch in der folgenden Form angewendet:

Satz 6.148 *Für $n \in \mathbb{N}$ seien $X_{n1}, \ldots, X_{nn}$ st.u. k-dimensionale ZG mit gemeinsamen Verteilungen u_n bzw. v_n und $v_n \ll u_n$. Dabei sei mit $F \in \mathfrak{M}^1(\mathbb{R}^k, \mathbb{B}^k)$*

$$u_n := F^{(n)}, \quad \frac{dv_n}{du_n} := \prod_{j=1}^n q_{nj} \quad \text{mit} \quad q_{nj} \in \mathbb{L}_2(F), \quad j = 1, \ldots, n.$$

Darüberhinaus werden die folgenden Voraussetzungen bzw. Größen benötigt:

a) $(v_n) \triangleleft (u_n)$ *und* $\sum_{j=1}^n \|q_{nj} - 1\|^2_{\mathbb{L}_2(F)} = O(1)$,

b) $t \in \mathbb{L}_2(F)$ *mit* $\int t \, dF = 0$ *und* $\int t^2 \, dF = 1$,

c) *eine gerichtete*[54] *Menge $(\mathfrak{E}_n)$ von σ-Algebren über dem Träger $\text{Tr}(F)$ mit $\sigma(\{\mathfrak{E}_n, n \in \mathbb{N}\}) = \text{Tr}(F) \cap \mathbb{B}^k$ und $t_n := E_F(t|\mathfrak{E}_n)$, $n \in \mathbb{N}$,*

d) *ein Noether-Schema (c_{nj}) vorgegebener Regressionskoeffizienten.*

---

[53] Vgl. hierzu P. Greenwood, A. Shiryayew: Contiguity and the Statistical Invariance Principle, Gordon and Breach (1985) oder J. Jacod, A. Shiryayew: Limit Theorems for Stochastic Processes, Springer (1987).

[54] Zu $k \in \mathbb{N}$ und $m \in \mathbb{N}$ gibt es also stets ein $n \in \mathbb{N}$ mit $n \geq k \vee m$, derart daß $\mathfrak{E}_k \subset \mathfrak{E}_n$ und $\mathfrak{E}_m \subset \mathfrak{E}_n$ gilt.

6.3 Benachbarte Verteilungsfolgen und LAN-Familien   339

Dann sind für $T_n := \sum_{j=1}^n T_{nj}$ *mit* $T_{nj} = c_{nj} t_n(X_{nj})$, $j = 1, \ldots, n$, *die Voraussetzungen* (6.3.88–90) *aus Satz* 6.146 *erfüllt und damit auch die Aussage* (6.3.91) *mit* $\delta_n = E_{v_n} T_n$, $n \in \mathbb{N}$.

Beweis: Wegen $t_n = E_F(t|\mathfrak{E}_n)$ gilt einerseits $\int t_n \, dF = \int t \, dF = 0$ und andererseits[55)] $\int t_n^2 \, dF \to \int t^2 \, dF$, also $E_{u_n} T_n = \sum_j c_{nj} \int t_n \, dF = 0$ und wegen o.E. $\sum_j c_{nj}^2 \equiv 1$

$$\tau_n^2 := \operatorname{Var}_{u_n} t_n = \sum_{j=1}^n c_{nj}^2 \left[\int t_n^2 \, dF - \left(\int t_n \, dF \right)^2 \right] = \int t_n^2 \, dF \to \int t^2 \, dF = 1.$$

Damit folgt (6.3.88) aus dem Satz von Lindeberg-Feller 5.104.

Zum Nachweis von (6.3.89) beachte man, daß mit der Markov-Ungleichung wegen $E_{u_n}|t_n(X_{nj})| = \int |t_n| \, dF \leq \int |t| \, dF$ folgt

$$u_n(|T_{nj}| > \varepsilon) \leq u_n\left(|t_n(X_{nj})| > \frac{\varepsilon}{\max_i |c_{ni}|}\right)$$

$$\leq \frac{\max_i |c_{ni}|}{\varepsilon} \int |t| \, dF \to 0 \quad \forall \varepsilon > 0.$$

Dabei ist die obere Schranke gleichmäßig in $j = 1, \ldots, n$.

Nach Satz 6.146 gilt somit (6.3.91), wobei δ_n nach dem Normalkonvergenz-Kriterium gewählt werden kann gemäß

$$\delta_n = \sum_{j=1}^n E_{v_n}[T_{nj} \mathbf{1}_{[0,1]}(|T_{nj}|)].$$

Aus den Voraussetzungen a) und b) ergibt sich mit Hilfe der Cauchy-Schwarz-Ungleichung sofort die Existenz von $E_{v_n}(T_n)$. Zum Nachweis, daß – wie behauptet – auch diese unverkürzten Mittelwerte $\delta_n^0 = E_{v_n} T_n = \sum_{j=1}^n E_{v_n} T_{nj}$ zur Zentrierung genommen werden können, bleibt also zu zeigen

$$\delta_n^0 - \delta_n = \sum_{j=1}^n E_{v_n}[T_{nj} \mathbf{1}_{(1,\infty)}(|T_{nj}|)] \to 0. \tag{6.3.93}$$

Voraussetzungsgemäß gilt $E_{u_n} T_n = \sum_{j=1}^n E_{u_n} T_{nj} = 0$ und wegen (6.3.88+89) folgt aus dem Normalkonvergenz-Kriterium 5.106a, daß gilt

$$\sum_{j=1}^n E_{u_n} T_{nj} \mathbf{1}_{[0,1]}(|T_{nj}|) \to 0.$$

(6.3.93) ist also äquivalent mit der Gültigkeit von

[55)] Wie in Aufg. 5.6 zeigt man $t_n \to t$ in $\mathbb{L}_2(F)$ und damit $\int t_n^2 \, dF \to \int t^2 \, dF$. Zum Martingalkonvergenzsatz für gerichtete Folgen von Sub-σ-Algebren vgl. auch J. Neveu: Discrete-Parameter Martingales, North Holland (1975), S. 96.

$$\Delta_n := \sum_{j=1}^{n} E_{v_n - u_n}(|T_{nj}|\mathbf{1}_{(1,\infty)}(|T_{nj}|))$$

$$\leq \sum_{j=1}^{n} |c_{nj}| \int |t_n|\mathbf{1}_{(1/\max|c_{ni}|,\infty)}(|t_n|)|q_{nj} - 1|\,dF \to 0.$$

Dieses ergibt sich aber durch zweimalige Anwendung der Cauchy-Schwarz-Ungleichung. Zunächst folgt unter anschließender Verwendung der Jensen-Ungleichung wegen $t_n = E_F(t|\mathfrak{E}_n)$ mit $B_n := (1/\max_i |c_{ni}|, \infty)$

$$\left| \int t_n \mathbf{1}_{B_n}(|t_n|)(q_{nj} - 1)\,dF \right| \leq \left(\int t_n^2 \mathbf{1}_{B_n}(|t_n|)\,dF \right)^{1/2} \left(\int |q_{nj} - 1|^2\,dF \right)^{1/2}$$

$$\leq \left(\int t^2 \mathbf{1}_{B_n}\,dF \right)^{1/2} \|q_{nj} - 1\|_{\mathbf{L}_2(F)};$$

wegen $\int t^2\,dF = 1$ und $F(|t_n| \in B_n) \to 0$ gilt dabei $\int t^2 \mathbf{1}_{B_n}\,dF \to 0$. Die nochmalige Anwendung der Cauchy-Schwarz-Ungleichung liefert

$$|\Delta_n| \leq \left(\int t^2 \mathbf{1}_{B_n}\,dF \right)^{1/2} \sum_{j=1}^{n} c_{nj} \|q_{nj} - 1\|_{\mathbf{L}_2(F)}$$

$$\leq o(1) \left(\sum_{j=1}^{n} c_{nj}^2 \right)^{1/2} \left[\sum_{j=1}^{n} \|q_{nj} - 1\|^2_{\mathbf{L}_2(F)} \right]^{1/2} = o(1). \quad \Box$$

Die Voraussetzungen des Satzes 6.146 lassen sich auch auf solche zurückführen, die unter (u_n) die Anwendung des Satzes von Lindeberg-Feller ermöglichen.

Korollar 6.149 (Behnen-Neuhaus) *Für $n \in \mathbb{N}$ seien Z_{nj}, $j = 1,\ldots,n$, reellwertige, unter u_n und v_n st.u. ZG mit der Eigenschaft, daß gilt $E_{u_n} Z_{nj} = 0$, $E_{u_n} Z_{nj}^2 = 1$ sowie für alle Folgen $(M_n) \subset \mathbb{R}$ mit $M_n \to \infty$*

$$\max_{1 \leq j \leq n} E_{u_n} Z_{nj}^2 \mathbf{1}_{(M_n,\infty)}(Z_{nj}^2) \to 0. \tag{6.3.94}$$

Weiter sei (c_{nj}) ein Noether-Schema von Regressionskoeffizienten. Dann gelten für die linearen Statistiken $T_n = \sum_{j=1}^{n} T_{nj}$, $T_{nj} := c_{nj} Z_{nj}$, $n \in \mathbb{N}$, die Aussagen von Satz 6.146.

Beweis: Dieser folgt aus dem Satz von Lindeberg-Feller 5.103.

Zur Anwendung von Satz 6.146 bleibt nur die Gültigkeit von (6.3.89) zu verifizieren. Dies ergibt sich mit der Markov-Ungleichung, (5.3.32) und $E_{u_n} Z_{nj}^2 = 1$ gemäß

$$\max_j u_n(|T_{nj}| > \varepsilon) \leq \frac{1}{\varepsilon^2} \max_j E_{u_n} c_{nj}^2 Z_{nj}^2 = \frac{1}{\varepsilon^2} \max_j c_{nj}^2 \to 0. \quad \Box$$

6.3 Benachbarte Verteilungsfolgen und LAN-Familien

Die Resultate dieses Unterabschnitts ermöglichen es, diverse statistische Tests in einem lokal asymptotischen Rahmen zu vergleichen. In 6.4 sollen nun Situationen erörtert werden, in denen die Auszeichnung optimaler Verfahren möglich ist.

Aufgabe 6.28 Man zeige: Es gibt eine asymptotische Lebesgue-Zerlegung mit festem (von $n \in \mathbb{N}$ unabhängigem) $\varrho \in [0,1]$ genau dann, wenn für alle Häufungspunkte F von $(u_n^{L_n})$ im Sinne der Verteilungskonvergenz gilt $\int y \, dF(y) = \varrho$.

Aufgabe 6.29 Mit den Bezeichnungen von Hilfssatz 6.119 sind äquivalent:

1) $(u_n), (v_n)$ nicht trennend;

2) $\limsup_{n \to \infty} \sum_{i=1}^{n} H^2(u_{ni}, v_{ni}) < \infty$ und $\limsup_{n \to \infty} \max_{1 \leq i \leq n} H^2(u_{ni}, v_{ni}) < 1$.

Aufgabe 6.30 Man beweise direkt, d.h. ohne Verwendung des Hellinger-Abstandes gemäß Hilfssatz 6.143b, daß gilt $(\otimes v_{nj}) \triangleleft (\otimes u_{nj}) \Rightarrow \limsup \sum \|u_{nj} - v_{nj}\|^2 < \infty$.

Hinweis: Man verwende (1.6.93), also etwa mit Produktdichten p_n und q_n:

$$1 - \|\otimes v_{nj} - \otimes u_{nj}\| = \int \min\{p_n, q_n\} \, d\mu_n \leq \prod \int f_{nj}^{1/2} g_{nj}^{1/2} \, d\mu_{nj}.$$

Aufgabe 6.31 Man gebe Gegenbeispiele an zu folgenden Aussagen:

1) $(v_n) \triangleleft (u_n) \quad \Rightarrow \quad \sum_{i=1}^{n} H^2(u_{ni}, v_{ni}) = o(1);$

2) $\sum_{i=1}^{n} H^2(u_{ni}, v_{ni}) = O(1) \Rightarrow (v_n) \triangleleft (u_n);$

3) $\sum_{i=1}^{n} H^2(u_{ni}, v_{ni}) = O(1) \Rightarrow (v_n), (u_n)$ nicht trennend.

Aufgabe 6.32 Es seien $u_n, v_n \in \mathfrak{M}^1(\mathfrak{X}_{(n)}, \mathfrak{B}_{(n)})$, $n \in \mathbb{N}$, und für diese gelte:

1) $(v_n) \triangleleft (u_n)$, aber *nicht* $(u_n) \triangleleft (v_n)$;

2) $u_n = \zeta_n u'_n + (1 - \zeta_n) u''_n$ mit $(u'_n) \triangleleft (v_n)$, $(u''_n) \triangle (v_n)$.

Man zeige, daß gilt $(u'_n) \Leftrightarrow (v_n)$.

Aufgabe 6.33 Unter den sonstigen Voraussetzungen von Satz 6.128 zeige man, daß sich o.E. $EU_{nj} = 0 \; \forall j = 1, \ldots, n \; \forall n \in \mathbb{N}$ wählen läßt.

Hinweis: Man zeige zunächst $\sum EU_{nj}^2 \to 0$ und verwende hierzu zwecks Vermeidung orthogonaler Anteile Dichten f_{nj} und g_{nj} von F_{nj} und G_{nj} bzgl. eines dominierenden Maßes μ_{nj}.

Aufgabe 6.34 Unter den Voraussetzungen von Satz 6.128 verifiziere man die Aussage $\sum [E|L_{nj} - 1 - U_{nj}|]^2 \to 0$.

Hinweis: Man zeige zunächst $\max EW_{nj}^2 \to 0$ und beachte $\limsup \sum EU_{nj}^2 < \infty$.

Aufgabe 6.35 Unter der Voraussetzung $E\sum(W_{nj}-U_{nj})^2 \to 0$ gilt $\max|W_{nj}| \to 0$ und $\limsup E\sum W_{nj}^2 < \infty$ genau dann, wenn $\max|U_{nj}| \to 0$ und $\limsup E\sum U_{nj}^2 < \infty$ erfüllt ist.

Aufgabe 6.36 Es sei F eine eindimensionale VF mit stetig differenzierbarer λ-Dichte $f > 0$ und $I(f) < \infty$. Für $n \in \mathbb{N}$ seien $\mathscr{C}_n = (c_{n1},\ldots,c_{nn})^\top \in \mathbb{R}^{n\times k}$ vorgegebene Design-Matrizen vom Rang k mit der Eigenschaft, daß für $\mathscr{H}_n := \mathscr{C}_n(\mathscr{C}_n^\top \mathscr{C}_n)^{-1}\mathscr{C}_n^\top$ gilt $\max_{1\leq i\leq n} e_i^\top \mathscr{H}_n e_i \to 0$. Weiter sei $\vartheta \in \mathbb{R}^k$ fest, $\zeta \in \mathbb{R}^k$ und für $n \in \mathbb{N}$ $\mathscr{J}_{n\vartheta} = I(f)\mathscr{C}_n^\top \mathscr{C}_n$, $\Delta_{nj} = \zeta^\top \mathscr{J}_{n\vartheta}^{-1/2} c_{nj}$, $F_{nj} = F(\cdot - c_{nj}^\top \vartheta)$, $G_{nj} = F(\cdot - c_{nj}^\top\vartheta - \Delta_{nj})$, $u_n = \otimes F_{nj}$, $v_n = \otimes G_{nj}$.

Dann gilt mit $U_{nj} = -\Delta_{nj}\dfrac{f'}{f}(X_{nj} - c_{nj}^\top\vartheta)$ und den sonstigen Bezeichnungen aus Satz 6.128:

a) Die Bedingungen (6.3.37+51+39) sind für jedes $b > 0$ gleichmäßig für $|\zeta| \leq b$ erfüllt mit $\kappa^2 = \zeta^\top \zeta$.

b) $\log L_{n\zeta}$ gestattet eine asymptotische Linearisierung der Form (6.3.55) mit der zentralen Statistik $Z_n = \sum U_{nj}$ und $\mathscr{J}_n = I(f)\mathscr{C}_n^\top \mathscr{C}_n$.

Hinweis: Man verifiziere zunächst $\max|\Delta_{nj}|^2 \to 0$, $\sum|\Delta_{nj}|^2 = I(f)^{-1}\zeta^\top\zeta$.

Aufgabe 6.37 Es seien $\mathfrak{F} = \{F_\vartheta : \vartheta \in \Theta \subset \mathbb{R}\}$ an einer festen Stelle ϑ $\mathbb{L}_2(\vartheta)$-differenzierbar, $(d_{nj}) \subset \mathbb{R}$ sowie $u_{nj} := F_\vartheta$ und $v_{nj} := F_{\vartheta + \zeta d_{nj}}$, $\zeta \in \mathbb{R}$, fest. Man zeige:

$$\left.\begin{array}{r}(\otimes v_{nj}) \triangleleft (\otimes u_{nj}), \\ \max H^2(u_{nj}, v_{nj}) = o(1)\end{array}\right\} \Leftrightarrow \left\{\begin{array}{l}\max d_{nj}^2 = o(1), \\ \sum d_{nj}^2 = O(1)\end{array}\right.$$

Aufgabe 6.38 Es seien $\mathfrak{F} = \{F_\vartheta : \vartheta \in \Theta\}$, $\Theta \subset \mathbb{R}$, und $\vartheta \in \Theta$ fest. Weiter sei $\mathfrak{F} \ll F_\vartheta$ und es existieren Versionen $f(\cdot, \vartheta')$ von $dF_{\vartheta'}/dF_\vartheta$ mit folgenden Eigenschaften:

1) Es existiere ein $\Delta > 0$ mit $[\vartheta - \Delta, \vartheta + \Delta] \subset \Theta$ und ein $C \in \mathbb{B}$ mit $F_\vartheta(C) = 1$ derart, daß $h(x, \cdot) = f^{1/2}(x, \cdot)$ für jedes $x \in C$ absolut stetig ist in $[\vartheta - \Delta, \vartheta + \Delta]$.

2) $\nabla h(x, \cdot)$ sei die nach 1) existierende Radon-Nikodym-Ableitung von $h(x, \cdot)$ auf $[\vartheta - \Delta, \vartheta + \Delta]$. Für diese gelte

a) $\nabla h(x, \cdot)$ ist stetig für jedes $x \in C$,

b) für alle $|\vartheta' - \vartheta| \leq \Delta$ existiert $\nabla h(\cdot, \vartheta') \in \mathbb{L}_2(\vartheta)$ und es gilt

$$\limsup_{\vartheta' \to \vartheta} E_\vartheta(\nabla h(X, \vartheta'))^2 \leq J(\vartheta) = E_\vartheta(\nabla h(X, \vartheta))^2 < \infty.$$

Dann ist $\mathfrak{F}$ $\mathbb{L}_2(\vartheta)$-differenzierbar mit Ableitung $\dot{L}_\vartheta(\cdot) = 2\nabla\log h(\cdot, \vartheta)$.

Aufgabe 6.39 Für $n \in \mathbb{N}$ seien $X_1,\ldots,X_n$ st.u. $\mathfrak{N}(\mu, 1)$-verteilte ZG und u_n bzw. v_n die gemeinsamen Verteilungen unter $\mu = 0$ bzw. $\mu_n = \zeta n^{-1/2}$, $\zeta > 0$. Man bestimme die Limesverteilung unter $v_n = \mathfrak{L}_{\mu_n}(X_{(n)})$ von

a) $T_n = n^{-1/2}\sum_{j=1}^n j^{-1}\sum_{i=1}^j X_i;$ b) $T_n = n^{-1/2}\left(\dfrac{1}{n-1}\sum_{j=1}^n (X_j - \overline{X}_n)^2 - 1\right).$

Aufgabe 6.40 Für $n \in \mathbb{N}$ seien $X_{n1}, \ldots, X_{nn}$ st.u. ZG mit $\mathcal{L}(X_{nj}) = F_{\zeta d_{nj}}$, wobei gelte $dF_\zeta / d\mathfrak{R} := 1 + \zeta b$. Dabei ist b wie a und $\mathbf{a}$ eine meßbare beschränkte Funktion auf $(0,1)$ und (d_{nj}) wie (c_{nj}) und (c_{nj}) ein Noether-Schema von Regressionskoeffizienten. Weiter seien $S_{nj} := \sum c_{nj} a(X_{nj})$ und $T_{nj} := \sum \mathfrak{c}_{nj} a(X_{nj})$. Bezeichnen φ_n bzw. ψ_n die zugehörigen Tests zum asymptotischen Niveau α für $\mathbf{H} : \zeta = 0$, $\mathbf{K} : \zeta > 0$, so zeige man die Gültigkeit von $\mathrm{ARE}(\varphi_n : \psi_n | F_\zeta) = \left(\sum c_{nj} d_{nj} \int ab\, d\lambda\right)^2 / \left(\sum \mathfrak{c}_{nj} d_{nj} \int ab\, d\lambda\right)^2$.

Aufgabe 6.41 $X_j, j \in \mathbb{N}$, seien st.u. ZG und $\mathcal{L}_{\mathbb{P}_0}(X_j) = \mathfrak{N}(0,1)$, $\mathcal{L}_{\mathbb{P}_1}(X_j) = \mathfrak{N}(0, \exp(2^{-j}))$. Weiter sei $u_n = \bigotimes_{j=1}^n \mathfrak{N}(0,1)$, $v_n = \bigotimes_{j=1}^n \mathfrak{N}(0, \tau_j^2)$ sowie $\tau_j^2 = \exp(2^{-j})$. Man zeige: Für $L_n = dv_n / du_n$ gilt $\mathcal{L}_{u_n}(L_n) \xrightarrow{\mathcal{L}} F$ mit $\int y\, dF(y) = 1$. In diesem Fall liegt also Benachbartheit $(v_n) \triangleleft (u_n)$ vor, ohne daß das 3. Le Cam Lemma anwendbar ist.

6.4 Lokal asymptotisch optimale Tests

In 6.2.4 wurde begrifflich geklärt, was – in einem lokalen Sinne – unter der asymptotischen (gleichmäßigen) Optimalität einer Folge von Tests zu verstehen ist. Diese Begriffsbildung wird im weiteren noch durch die eines asymptotischen Maximintests ergänzt werden. Die methodische Grundlage für diesen lokalen Ansatz wurde in 6.3.2 in Form der LAN-Familien gelegt. Derartige, durch geeignete Lokalisierung aus der gegebenen Verteilungsannahme gewonnenen Verteilungsklassen lassen sich – wie bereits dort angedeutet wurde – durch klassische lineare Modelle mit bekannter Kovarianzmatrix approximieren. Existieren in einem solchen Limesmodell für die entsprechend reparametrisierten Hypothesen optimale Lösungen, dann führt die Ersetzung der Limesvariablen durch die zentrale Statistik zu einem lokal asymptotisch optimalen Verfahren. In 6.4.1 wird diese Vorgehensweise auf Probleme ohne Nebenparameter angewendet. Sie führt hier auf Tests, die in Band I bzw. in 6.2.1 weitgehend heuristisch gewonnen wurden, nämlich die (finit) lokal optimalen Tests bzw. die LQ- und χ^2-Verfahren zum Prüfen einfacher Nullhypothesen. In 6.4.2 bis 6.4.4 werden Testprobleme mit Nebenparametern behandelt. In solchen Fällen ist der Entwicklungspunkt nicht vollständig durch die Hypothesen vorgezeichnet. Diese Schwierigkeit kann dadurch umgangen werden, daß man die Lokalisierung zunächst in einem beliebigen Randpunkt $\vartheta_0 \in \mathbf{J}$ vornimmt und anschließend den unbekannten Wert ϑ_0 durch einen $\sqrt{n}$-konsistenten Schätzer eliminiert. Diese Vorgehensweise entspricht technisch derjenigen in 6.2.3 – vgl. Anmerkung 6.87b, insbesondere (6.2.84) –, fußt hier aber auf einer völlig anderen Argumentation. Als Lösung ergibt sich der von Rao angegebene „effective score test". In 6.4.2 wird zugleich aus der Lösung des Limesproblems eine asymptotische Güteschranke abgeleitet und dann gezeigt, daß diese vom LQ-Test zum Prüfen zusammengesetzter Nullhypothesen und einigen anderen gebräuchlichen Verfahren angenommen wird, was natürlich deren asymptotische Optimalität impliziert. In 6.4.3 werden in teilweiser Spezialisierung der Überlegungen von 6.4.2 einseitige und zweiseitige Hypothesen über eine eindimensionale Komponente eines mehrdimensionalen Parameters behandelt und so die Diskussionen aus 6.2.3 weitergeführt. Das Limesproblem wird hierbei mit der in 3.3 und 3.4 entwickelten Theorie bedingter Tests behandelt. Nach Ersetzung der Limesvariablen durch die zentrale Statistik muß auch hier die Abhängigkeit vom Entwicklungspunkt durch einen geeigneten Schätzer eliminiert werden. Als Lösungen ergeben sich die erstmals von Neyman angegebenen $C(\alpha)$-Tests. Zugleich wird die Methodik auf Zweistichprobenprobleme verallgemeinert. Abschließend wird in 6.4.4 an Hand weiterer linearer Modelle unter Nicht-Standardannahmen – etwa unter Verzicht der Normalverteilungsannahme und der Homoskedastizität – demonstriert, wie die lokale Asymptotik konstruktiv zur Behandlung komplexerer Fragestellungen eingesetzt werden kann.

6.4.1 Probleme ohne Nebenparameter

Zugrunde liegen wieder st.u. glv. ZG X_j, $j \in \mathbb{N}$, und zwar mit der VF $F \in \mathfrak{F}$, wobei $\mathfrak{F} = \{F_\vartheta : \vartheta \in \Theta\} \subset \mathfrak{M}^1(\mathfrak{X}_0, \mathfrak{B}_0)$, $\Theta \subset \mathbb{R}^d$, ist. Bei den in 6.4.1 behandelten Testproblemen ist der Rand der Hypothesen einelementig und damit der für die Lokalisierung benötigte Entwicklungspunkt ϑ_0 festgelegt. Wie in 6.3.2 geht man dann von der Verteilungsannahme $\mathfrak{F}^{(n)} = \{F_\vartheta^{(n)} : \vartheta \in \Theta\}$ durch Reparametrisierung über zu den Klassen[56)] $\mathfrak{F}_n = \{F_{\vartheta_0 + \zeta n^{-1/2}}^{(n)} : \zeta \in \mathbb{R}^d\}$, $n \in \mathbb{N}$. Von diesen soll stets vorausgesetzt werden, daß sie mit einer d-dimensionalen zentralen Statistik $Z_n = Z_n(\vartheta_0)$ und einer $d \times d$-Matrix $\mathscr{J}_0 = \mathscr{J}(\vartheta_0)$ LAN sind, wobei im allgemeinen $k := \text{Rang}(\mathscr{J}_0) \leq d$ zugelassen ist. Im Limes wird man damit auf das Modell (6.3.63) geführt, also auf

$$\mathfrak{Q} = \{Q_\zeta : \zeta \in \mathbb{R}^d\} \quad \text{mit} \quad Q_\zeta = \mathfrak{N}(\mathscr{J}_0 \zeta, \mathscr{J}_0) =: \mathfrak{L}_\zeta(Z). \tag{6.4.1}$$

Bei diesem ist also $\mathscr{J}_0$ bekannt und hängt nur von $\mathfrak{F}$ und dem Lokalisierungszentrum ϑ_0 ab. Dieser verteilungstheoretische Rahmen soll nun dazu genutzt werden, um zu vorgegebenen Hypothesen über den Parameter ϑ asymptotisch optimale Tests zu konstruieren. Die weitere Vorgehensweise hierbei läuft in den folgenden vier Schritten ab:

1) Man drückt die Hypothesen durch den lokalen Parameter ζ aus;

2) Für das so umformulierte Testproblem konstruiert man eine (in geeignetem Sinne) optimale Lösung $\varphi^*(z)$ im Rahmen des Limesmodells (6.4.1);

3) Die Limesvariable z wird auf der Stufe n durch die zentrale Statistik Z_n ersetzt, was zum asymptotischen Test $\varphi_n^* = \varphi^*(Z_n)$, $n \in \mathbb{N}$, führt;

4) Die Optimalität von φ^* wird in eine entsprechende asymptotische Optimalität der Testfolge (φ_n^*) „übersetzt".

Der Schritt 2) und mit ihm der Schritt 4) variiert von Problem zu Problem. Die technische Durchführung dieses letzten Schritts beruht jedoch stets auf der Anwendung einer lokal asymptotischen Form des Satzes 2.14 über die schwache Folgenkompaktheit von Testfunktionen. Bevor daher das gerade skizzierte Programm für einige spezielle Testprobleme durchgeführt wird, soll zunächst diese Kompaktheitsaussage bewiesen werden.

[56)] Auf die in 6.2.4 angegebene Beschränkung des Variationsbereichs von ζ auf eine Menge $\mathbf{H}_n$ soll hier verzichtet werden, da sie asymptotisch bedeutungslos ist.

6.4 Lokal asymptotisch optimale Tests   345

Satz 6.150 (Schwache Folgenkompaktheit asymptotischer Tests: lokale Version)
Für $n \in \mathbb{N}$ sei $\{w_{n\zeta} : \zeta \in \mathbb{R}^d\}$ eine Familie von WS-Maßen über $(\mathfrak{X}_{(n)}, \mathfrak{B}_{(n)})$, die LAN($Z_n, \mathscr{I}$) sei, also mit dem Limesmodell (6.4.1) über $(\mathbb{R}^d, \mathbb{B}^d)$. Dann existiert zu jedem asymptotischen Test (φ_n), $\varphi_n \in \mathfrak{B}_{(n)}$, eine Teilfolge $(m) \subset \mathbb{N}$ und ein Test φ auf $(\mathbb{R}^d, \mathbb{B}^d)$ mit

$$\lim_{m \to \infty} E_{w_{m\zeta}} \varphi_m = E_\zeta \varphi \quad \forall \zeta \in \mathbb{R}^d.$$

Ist die Familie $\{w_{n\zeta} : \zeta \in \mathbb{R}^d\}$ ULAN($Z_n, \mathscr{I}$), dann ist diese Konvergenz sogar kompakt gleichmäßig in ζ. Für alle $K \subset \mathbb{R}^d$, K kompakt, gilt dann also

$$\lim_{m \to \infty} \inf_{\zeta \in K} E_{w_{m\zeta}} \varphi_m = \inf_{\zeta \in K} E_\zeta \varphi.$$

Beweis: Da die Folge der Tests φ_n gleichmäßig beschränkt und die der Statistiken Z_n verteilungskonvergent ist, folgt aus den Bemerkungen im Anschluß an Beispiel 5.79, daß die Familie $\{\mathfrak{L}_{w_{n0}}(Z_n, \varphi_n) : n \in \mathbb{N}\}$ straff ist. Nach dem Satz von Helly-Prohorov existiert daher eine Teilfolge $(m) \subset \mathbb{N}$ und eine Variable (Z, φ_∞) mit

$$\mathfrak{L}_0(Z) = \mathfrak{N}(0, \mathscr{I}) \quad \text{und} \quad \mathfrak{L}_{w_{m0}}(Z_m, \varphi_m) \xrightarrow[\mathfrak{L}]{} \mathfrak{L}_0(Z, \varphi_\infty) \quad \text{für} \quad m \to \infty.$$

Mit $L_\zeta(z) := \exp(\zeta^\top z - \tfrac{1}{2} \zeta^\top \mathscr{I} \zeta)$ folgt gemäß (6.3.61), also wegen

$$L_{m\zeta} = \frac{dw_{m\zeta}}{dw_{m0}} = \exp\left(\zeta^\top Z_m - \frac{1}{2} \zeta^\top \mathscr{I} \zeta\right) + o_{w_{m0}}(1),$$

aus dem Satz 5.43 über stetige Abbildungen sowie dem Lemma von Slutsky 5.84

$$\mathfrak{L}_{w_{m0}}(L_{m\zeta}, \varphi_m) \xrightarrow[\mathfrak{L}]{} \mathfrak{L}_0(L_\zeta(Z), \varphi_\infty) \quad \forall \zeta \in \mathbb{R}^d.$$

Dies impliziert, wiederum nach dem Stetigkeitssatz 5.43, die Gültigkeit von

$$\mathfrak{L}_{w_{m0}}(\varphi_m L_{m\zeta}) \xrightarrow[\mathfrak{L}]{} \mathfrak{L}_0(\varphi_\infty L_\zeta(Z)) \quad \forall \zeta \in \mathbb{R}^d$$

und damit nach Satz 5.92b wegen der gleichmäßigen Beschränktheit der φ_m und der gleichgradigen Integrabilität der $L_{m\zeta}$, vgl. Satz 6.115a,

$$E_{w_{m0}}(\varphi_m L_{m\zeta}) \to E_0(\varphi_\infty L_\zeta(Z)) \quad \forall \zeta \in \mathbb{R}^d.$$

Andererseits impliziert LAN die Benachbartheit und damit nach der Kettenregel

$$E_{w_{m0}}(\varphi_m L_{m\zeta}) = E_{w_{m\zeta}}(\varphi_m) + o(1) \quad \forall \zeta \in \mathbb{R}^d.$$

Schließlich gilt mit $\varphi(Z) := E_0(\varphi_\infty | Z)$ nach den in Satz 1.120 zusammengestellten Grundeigenschaften bedingter Erwartungswerte für jedes $\zeta \in \mathbb{R}^d$

$$E_0(\varphi_\infty L_\zeta(Z)) = E_0(E_0(\varphi_\infty | Z) L_\zeta(Z)) = E_0(\varphi(Z) L_\zeta(Z)) = E_\zeta \varphi(Z).$$

Den Zusatz beweist man genauso, wenn man statt von einem festen $\zeta \in \mathbb{R}^d$ von einer Folge $(\zeta_n) \subset K$ ausgeht und die ULAN-Voraussetzung ausnutzt. □

Wesentlich für die Durchführbarkeit der eingangs skizzierten Vorgehensweise ist die Lösbarkeit des Limesproblems. Unter den oben gemachten Voraussetzungen handelt es sich hierbei stets um das Prüfen des Mittelwerts in dem Modell (6.4.1). Dieses ist ein „Gauß-Shift-Modell", d.h. ein lineares Modell mit bekannter Kovarianzstruktur, und zwar unabhängig davon, welche Interpretation der Parameter ϑ in dem Ausgangsmodell hat. Er kann also etwa ein Lokations-, Skalen- oder ein Korrelationsparameter und auch mehrdimensional sein. Besonders einfach ist der Fall $d = 1$, wobei o.E. $k = 1$ und damit $\mathscr{I}_0 = (\sigma_0^2)$ mit $\sigma_0^2 > 0$ ist.

Tests in einparametrigen Verteilungsklassen Die einleitend skizzierte Methodik soll zunächst auf das Prüfen der ein-und zweiseitigen Hypothesen

$$\mathbf{H} : \vartheta \leq \vartheta_0, \quad \mathbf{K} : \vartheta > \vartheta_0 \quad \text{bzw.} \quad \mathbf{H} : \vartheta = \vartheta_0, \quad \mathbf{K} : \vartheta \neq \vartheta_0 \tag{6.4.2}$$

angewendet werden. In 2.2.1 bzw. 2.4.2 wurde für den Fall, daß $\mathfrak{F}$ eine einparametrige Exponentialfamilie mit dem natürlichen Parameter ϑ ist, gezeigt, daß es bei diesen Hypothesen für jedes $\alpha \in (0,1)$ und jedes $n \in \mathbb{N}$ gleichmäßig beste bzw. gleichmäßig beste unverfälschte α-Niveau Tests gibt. Es soll nun bewiesen werden, daß die entsprechende asymptotische Aussage gilt, falls die durch Lokalisierung gewonnene Klasse LAN ist. Das Limesmodell (6.4.1) ist hier nämlich eine Familie translatierter Normalverteilungen mit bekannter Varianz $\sigma_0^2 > 0$, d.h. von der Form

$$Q_\zeta = \mathfrak{N}(\sigma_0^2 \zeta, \sigma_0^2) = \mathfrak{L}_\zeta(Z), \quad \zeta \in \mathbb{R}. \tag{6.4.3}$$

In diesem Modell existieren für die entsprechenden lokalen Hypothesen

$$\widehat{\mathbf{H}} : \zeta \leq 0, \quad \widehat{\mathbf{K}} : \zeta > 0 \quad \text{bzw.} \quad \widehat{\mathbf{H}} : \zeta = 0, \quad \widehat{\mathbf{K}} : \zeta \neq 0 \tag{6.4.4}$$

nach den Sätzen 2.24 bzw. 2.70 für jedes $\alpha \in (0,1)$ gleichmäßig beste bzw. gleichmäßig beste unverfälschte α-Niveau Tests, nämlich die Gauß-Tests

$$\varphi^*(z) = \mathbf{1}_{(\sigma_0 u_\alpha, \infty)}(z) \quad \text{bzw.} \quad \varphi^*(z) = \mathbf{1}_{(\sigma_0 u_{\alpha/2}, \infty)}(|z|).$$

Die aus diesen Tests gemäß $\varphi_n^* = \varphi^*(Z_n)$ gewonnenen asymptotischen Tests sind nun tatsächlich asymptotisch optimal im Sinne der Definitionen 6.94a+b.

Satz 6.151 *Für $n \in \mathbb{N}$ sei $\mathfrak{F}^{(n)} = \{F_\vartheta^{(n)} : \vartheta \in \Theta\}$, $\Theta \subset \mathbb{R}$, eine einparametrige Verteilungsklasse, für die $\mathfrak{F}_n = \{F_{\vartheta_0 + \zeta n^{-1/2}}^{(n)} : \zeta \in \mathbb{R}\}$ mit $\vartheta_0 \in \overset{\circ}{\Theta}$ LAN (Z_n, σ_0^2) sei, $\sigma_0^2 > 0$. Dann gilt für jedes $\alpha \in (0,1)$:*

6.4 Lokal asymptotisch optimale Tests

a) *Für die einseitigen Hypothesen* $\widehat{H} : \zeta \leq 0$, $\widehat{K} : \zeta > 0$ *gibt es einen asymptotisch gleichmäßig besten α-Niveau Test* (φ_n^*), *nämlich*[57]

$$\varphi_n^* = \varphi^*(Z_n) \quad mit \quad \varphi^*(z) = \mathbf{1}_{(\sigma_0 u_\alpha, \infty)}(z). \tag{6.4.5}$$

Für diesen gilt

$$E_{\vartheta_0 + \zeta n^{-1/2}} \varphi_n^* \to 1 - \phi(u_\alpha - \sigma_0 \zeta). \tag{6.4.6}$$

b) *Für die zweiseitigen Hypothesen* $\widehat{H} : \zeta = 0$, $\widehat{K} : \zeta \neq 0$ *gibt es einen asymptotisch gleichmäßig besten unverfälschten α-Niveau Test* (φ_n^*), *nämlich*

$$\varphi_n^* = \varphi^*(Z_n) \quad mit \quad \varphi^*(z) = \mathbf{1}_{(\sigma_0 u_{\alpha/2}, \infty)}(|z|). \tag{6.4.7}$$

Für diesen gilt

$$E_{\vartheta_0 + \zeta n^{-1/2}} \varphi_n^* \to 1 - \phi(u_{\alpha/2} - \sigma_0 \zeta) + \phi(-u_{\alpha/2} - \sigma_0 \zeta). \tag{6.4.8}$$

Beweis: Der Nachweis, daß die gemäß (6.4.5) und (6.4.7) gewonnenen asymptotischen Tests (φ_n^*) zu $\widehat{\Phi}_\alpha$ bzw. zu $\widehat{\Phi}_{\alpha\alpha}$ gehören und die angegebenen Limesschärfen besitzen, folgt einfach aus der Definition der Verteilungskonvergenz durch Ausnutzen der entsprechenden Eigenschaften der Gütefunktion des Limesproblems. Im einseitigen Fall gilt mit $w_{n\zeta} := F^{(n)}_{\vartheta_0 + \zeta n^{-1/2}}$ wegen $\mathcal{L}_{w_{n\zeta}}(Z_n) \xrightarrow{\mathcal{L}} \mathcal{L}_\zeta(Z) = \mathfrak{N}(\sigma_0^2 \zeta, \sigma_0^2)$

$$E_{w_{n\zeta}} \varphi_n^* = w_{n\zeta}(Z_n > \sigma_0 u_\alpha) = w_{n\zeta}\left(\frac{Z_n - \sigma_0^2 \zeta}{\sigma_0} > \frac{\sigma_0 u_\alpha - \sigma_0^2 \zeta}{\sigma_0}\right) \to 1 - \phi(u_\alpha - \sigma_0 \zeta),$$

wobei nach Beispiel 1.34 $1 - \phi(u_\alpha - \sigma_0 \zeta) \leq \alpha$ bzw. $> \alpha$ ist für $\zeta \leq 0$ bzw. $\zeta > 0$. Entsprechend folgt im zweiseitigen Fall

$$E_{w_{n\zeta}} \varphi_n^* = w_{n\zeta}(|Z_n| > \sigma_0 u_{\alpha/2}) = w_{n\zeta}\left(\frac{Z_n - \sigma_0^2 \zeta}{\sigma_0} > \frac{\sigma_0 u_{\alpha/2} - \sigma_0^2 \zeta}{\sigma_0}\right)$$
$$+ w_{n\zeta}\left(\frac{Z_n - \sigma_0^2 \zeta}{\sigma_0} < \frac{-\sigma_0 u_{\alpha/2} - \sigma_0^2 \zeta}{\sigma_0}\right) \to 1 - \phi(u_{\alpha/2} - \sigma_0 \zeta) + \phi(-u_{\alpha/2} - \sigma_0 \zeta)$$

und wieder nach Beispiel 1.34

$$1 - \phi(u_{\alpha/2} - \sigma_0 \zeta) + \phi(-u_{\alpha/2} - \sigma_0 \zeta) = \alpha \quad bzw. \quad > \alpha \quad für \quad \zeta = 0 \quad bzw. \quad \zeta \neq 0.$$

Den Nachweis, daß (φ_n^*) unter allen Tests aus $\widehat{\Phi}_\alpha$ bzw. $\widehat{\Phi}_{\alpha\alpha}$ ein asymptotisch gleichmäßig bester Test ist, führt man indirekt. Dabei beschränken wir uns o.E. auf den einseitigen Fall; der Beweis für den zweiseitigen Fall verläuft analog. Angenommen, es gäbe einen Test $(\varphi_n) \in \widehat{\Phi}_\alpha$ und ein $\zeta' > 0$ mit

$$\limsup_{n \to \infty} E_{w_{n\zeta'}} \varphi_n > 1 - \phi(u_\alpha - \sigma_0 \zeta').$$

---

[57] Man beachte, daß $w_{n\zeta} \in \mathfrak{M}^1(\mathfrak{X}_{(n)}, \mathfrak{B}_{(n)})$ gilt und dementsprechend φ_n auf $(\mathfrak{X}_{(n)}, \mathfrak{B}_{(n)})$, φ dagegen auf $(\mathbb{R}, \mathbb{B})$ definiert ist. Dem Stichprobenumfang n entspricht im Limesmodell also die Dimension des Parameterraums und damit diejenige der zentralen Statistik Z_n, hier also $d = 1$.

Dann gibt es eine Teilfolge $(k) \subset \mathbb{N}$ und ein $1 \geq c > 1 - \phi(u_\alpha - \sigma_0 \zeta')$ mit

$$E_{w_{k\zeta'}} \varphi_k \to c. \tag{6.4.9}$$

Nach Satz 6.150 existiert dann eine weitere Teilfolge (m) von (k) sowie ein Test φ auf $(\mathbb{R}, \mathbb{B})$ mit

$$E_{w_{m\zeta}} \varphi_m \to E_\zeta \varphi \quad \forall \zeta \in \mathbb{R}.$$

Für $\zeta \leq 0$ impliziert dies wegen $(\varphi_m) \in \widehat{\Phi}_\alpha$, daß φ ein α-Niveau Test für das Limesproblem ist. Für $\zeta = \zeta'$ müßte dieser wegen (6.4.9) aber eine größere Schärfe als φ^* besitzen. □

Der asymptotisch gleichmäßig beste (einseitige) Test φ_n^* läßt sich auch als Folge der finit lokal besten Tests gewinnen, sofern $\mathfrak{F}$ nicht nur $\mathbb{L}_1(\vartheta_0)$-, sondern auch $\mathbb{L}_2(\vartheta_0)$- differenzierbar ist. Der Grund hierfür liegt einfach darin, daß die zentrale Statistik Z_n die Prüfgröße sowohl von φ_n^* wie auch des (einseitigen) lokal besten Tests auf der Stufe n ist. Bis auf asymptotisch vernachlässigbare Terme gilt dies auch im zweiseitigen Fall. Da die Limesverteilungen eine Exponentialfamilie bilden, ist der lokal beste Test für das Limesproblem sogar asymptotisch gleichmäßig optimal, was die Optimalitätsaussage von Satz 6.151 erklärt. Diesen Sachverhalt beinhaltet der

Satz 6.152 *Seien X_j, $j \in \mathbb{N}$, st.u. ZG mit derselben VF $F \in \mathfrak{F} = \{F_\vartheta : \vartheta \in \Theta\}$, $\Theta \subset \mathbb{R}$. Dabei sei $\mathfrak{F}$ $\mathbb{L}_2(\vartheta_0)$-differenzierbar, $\vartheta_0 \in \overset{\circ}{\Theta}$, und $0 < \alpha < 1$. Dann gilt:*

a) *Die Folge der finit lokal besten α-Niveau Tests (2.2.36) bildet einen asymptotisch gleichmäßig besten α-Niveau Test für $\widehat{\mathbf{H}} : \zeta \leq 0$, $\widehat{\mathbf{K}} : \zeta > 0$.*

b) *Ist $\mathfrak{F}$ überdies zweifach $\mathbb{L}_1(\vartheta_0)$-differenzierbar, dann bildet die Folge der finit lokal besten, lokal unverfälschten α-Niveau Tests (2.4.37) einen asymptotisch gleichmäßig besten unverfälschten α-Niveau Test für $\widehat{\mathbf{H}} : \zeta = 0$, $\widehat{\mathbf{K}} : \zeta \neq 0$.*

Beweis: a) Aus dem 2. Le Cam Lemma 6.130 – mit $d_{nj} = n^{-1/2}$ – folgt, daß $\mathfrak{F}_n = \{F_{\vartheta_0 + \zeta n^{-1/2}}^{(n)} : \zeta \in \mathbb{R}\}$ LAN(Z_n, σ_0^2) ist mit $Z_n = n^{-1/2} \sum_{j=1}^n \dot{L}_{\vartheta_0}(X_j)$ und $\sigma_0^2 = E_{\sigma_0} \dot{L}_{\vartheta_0}^2(X_1)$. Die zentrale Statistik Z_n ist wie erwähnt die Prüfgröße des lokal besten Tests (2.2.36). Die Behauptung folgt dann wie bei Satz 6.151.

b) folgt auf die gleiche Weise, wenn man beachtet, daß die Prüfgröße von (2.4.37) asymptotisch äquivalent ist zu Z_n^2 + const; vgl. (6.2.74). □

Als erste Anwendung dieser Aussage kann Beispiel 6.98 aufgefaßt werden. Die in 6.3.2 entwickelte LAN-Theorie gestattet jedoch, die dortige Schlußweise zu formalisieren und ermöglicht nun eine einheitliche und kurze Beweisführung. Demgemäß läßt sich jenes Beispiel verallgemeinern zum Teil a) von

6.4 Lokal asymptotisch optimale Tests

Beispiel 6.153 a) (Lokationsfamilie) X_j, $j \in \mathbb{N}$, seien st.u. ZG mit derselben Verteilung F_ϑ, wobei F_ϑ die $\lambda\!\!\lambda$-Dichte $f_\vartheta(z) = f(z - \vartheta)$, $\vartheta \in \mathbb{R}$, besitze und f die Bedingung (1.8.54) erfülle. Dann ist $\mathfrak{F} = \{F_\vartheta : \vartheta \in \mathbb{R}\}$ nach Beispiel 1.196 an jeder Stelle $\vartheta_0 \in \mathbb{R}$ $\mathbb{L}_2(\vartheta_0)$-differenzierbar und somit die Klasse der gemäß $\vartheta = \vartheta_0 + \zeta n^{-1/2}$ lokalisierten gemeinsamen Verteilungen nach dem 2. Le Cam Lemma LAN(Z_n, σ_0^2) mit

$$Z_n = n^{-1/2} \sum_{j=1}^n \mathfrak{g}(X_j - \vartheta_0), \quad \mathfrak{g}(z) := -\frac{f'}{f}(z), \quad \text{und} \quad \sigma_0^2 = I(f)$$

als Fisher-Information. Folglich sind (6.4.5) und (6.4.7) asymptotisch gleichmäßig beste bzw. asymptotisch gleichmäßig beste unverfälschte α-Niveau Tests für die einseitigen bzw. zweiseitigen Hypothesen (6.4.4).

b) (Skalenfamilie) Ersetzt man in a) die Translationsfamilie $\mathfrak{F}$ durch die Skalenfamilie mit den $\lambda\!\!\lambda$-Dichten $f_\vartheta(z) = (1/\vartheta)f(z/\vartheta)$, $\vartheta \in (0, \infty)$, sowie die Bedingung (1.8.54) durch (1.8.56), so gilt nach Beispiel 1.197 an jeder Stelle $\vartheta_0 \in (0, \infty)$ die gleiche Aussage mit

$$Z_n = \frac{n^{-1/2}}{\vartheta_0} \sum_{j=1}^n \mathfrak{h}\left(\frac{X_j}{\vartheta_0}\right), \quad \mathfrak{h}(z) := -1 - z\frac{f'}{f}(z), \quad \text{und} \quad \sigma_0^2 = \frac{-1 + \widetilde{I}(f)}{\vartheta_0^2}.$$

Genügt f der Bedingung (1.8.56), so gibt es also auch für das Testen des Skalenparameters nach Lokalisierung gemäß $\vartheta = \vartheta_0 + \zeta n^{-1/2}$ asymptotisch gleichmäßig beste bzw. asymptotisch gleichmäßig beste unverfälschte Tests, nämlich (6.4.5) bzw. (6.4.7) mit den angegebenen Werten von Z_n und σ_0^2. Dem Übergang zu einem Gauß-Shift-Modell entsprechend wird durch die Linearisierung die Störung des Skalenparameters wie ein Lokationsparameter behandelt. □

Beispiel 6.154 (Modifizierte Pareto-Verteilungen) Zugrunde liegen wieder st.u. ZG X_j, $j \in \mathbb{N}$, und zwar mit derselben VF $F \in \mathfrak{F} = \{F_\vartheta : \vartheta > 0\}$, wobei

$$F_\vartheta(z) = \left(1 - \frac{\vartheta}{\vartheta + z}\right)\mathbf{1}_{(0,\infty)}(z)$$

ist, also die $\lambda\!\!\lambda$-Dichten

$$f(z, \vartheta) = \frac{\vartheta}{(\vartheta + z)^2}\mathbf{1}_{(0,\infty)}(z)$$

besitzt. Diese Klasse $\mathfrak{F}$ erfüllt für $r = 2$ die Voraussetzungen von Satz 1.194, d.h. ist für jedes $\vartheta_0 > 0$ $\mathbb{L}_2(\vartheta_0)$-differenzierbar mit Ableitung $\dot{L}_{\vartheta_0}(z) = \vartheta_0^{-1} - 2(z + \vartheta_0)^{-1}$, $z > 0$. Somit ist die Klasse $\mathfrak{F}_n = \{F^{(n)}_{\vartheta_0 + \zeta n^{-1/2}} : \zeta \in \mathbb{R}\}$ nach dem 2. Le Cam Lemma LAN(Z_n, σ_0^2) mit

$$Z_n = n^{-1/2} \sum_{j=1}^n \left(\vartheta_0^{-1} - \frac{2}{x_j + \vartheta_0}\right) \quad \text{und} \quad \sigma_0^2 = \frac{1}{3\vartheta_0^2}.$$

Die Tests $\varphi_n^* = \mathbf{1}(Z_n > \sigma_0 u_\alpha)$ bzw. $\varphi_n^* = \mathbf{1}(|Z_n| > \sigma_0 u_{\alpha/2})$ sind daher asymptotisch optimal im Sinne von Satz 6.151 für die ein- bzw. zweiseitigen Hypothesen (6.4.4). □

350   6 Asymptotische Betrachtungsweisen parametrischer Verfahren

Neben den Hypothesen (6.4.2) konnten in einparametrigen Exponentialfamilien auch Lösungen für weitere zweiseitige Hypothesen angegeben werden, etwa für

$$\mathbf{H}: \vartheta \in \vartheta_0 + [-\Delta_1, \Delta_2], \quad \mathbf{K}: \vartheta \notin \vartheta_0 + [-\Delta_1, \Delta_2]. \tag{6.4.10}$$

Dabei waren $\Delta_1, \Delta_2 > 0$ vorgegeben mit $[\vartheta_0 - \Delta_1, \vartheta_0 + \Delta_2] \subset \Theta$; vgl. Satz 2.69. Liegt nur eine $\mathbb{L}_2(\vartheta_0)$-differenzierbare Verteilungsklasse $\mathfrak{F}$ zugrunde, so gehen diese Hypothesen durch Lokalisierung der Form $\vartheta = \vartheta_0 + \zeta n^{-1/2}$, $\Delta_i = \zeta_i n^{-1/2}$, $i = 1, 2$, über in

$$\widehat{\mathbf{H}}: \zeta \in [-\zeta_1, \zeta_2], \quad \widehat{\mathbf{K}}: \zeta \notin [-\zeta_1, \zeta_2] \tag{6.4.11}$$

mit $\zeta_1, \zeta_2 > 0$. Dieses Problem läßt sich analog (6.4.4) gemäß Satz 2.69 lösen und dann bei Zugrundeliegen einer Folge von st.u. ZG mit derselben VF $F \in \mathfrak{F}$ in einen asymptotisch gleichmäßig besten unverfälschten α-Niveau Test der Form

$$\varphi_n^* = \varphi^*(Z_n), \quad \varphi^*(z) = \mathbf{1}_{(-\infty, k_1)}(z) + \mathbf{1}_{(k_2, \infty)}(z) \tag{6.4.12}$$

umsetzen. Man kann daher in diesem Rahmen eine asymptotisch optimale Lösung für ein Problem herleiten, für welches außerhalb von Exponentialfamilien (bzw. Polya-Typ III-Verteilungen) kein finit optimaler Test angegeben werden kann.

Tests in mehrparametrigen Verteilungsklassen Bei Testproblemen mit mehrdimensionalem Parameter beschränken wir uns im folgenden auf den mehrseitigen Fall, also auf solche Testprobleme, für die in Kap. 4 die methodische Grundlage zur Behandlung der hierbei auftretenden Limesprobleme gelegt wurde. Wir betrachten daher die Hypothesen

$$\mathbf{H}: \vartheta = \vartheta_0, \quad \mathbf{K}: \vartheta \neq \vartheta_0. \tag{6.4.13}$$

Bei der Lokalisierung $\vartheta = \vartheta_0 + \zeta n^{-1/2}$ werden diese wie für $d = 1$ transformiert in

$$\widehat{\mathbf{H}}: \zeta = 0, \quad \widehat{\mathbf{K}}: \zeta \neq 0. \tag{6.4.14}$$

Wie im einparametrigen Fall gehen wir von der eingangs formulierten Modellannahme aus, also von st.u. glv. ZG und einer d-parametrigen Verteilungsklasse, die nach Lokalisierung LAN$(Z_n, \mathscr{I}_0)$ ist. Hat $\mathscr{I}_0$ den Rang k, so handelt es sich unter der Verteilungsannahme (6.4.1) des Limesmodells also um das Testen der linearen Hypothesen $\mathfrak{L}_h = \{0\}$ und $\mathfrak{L}_k = \text{Bild}(\mathscr{I}_0)$ in einem d-dimensionalen linearen Modell mit bekannter Kovarianzstruktur. Der Einfachheit halber behandeln wir hier nur den letztlich allein interessierenden Fall $|\mathscr{I}_0| \neq 0$, so daß $k = d$ und damit $\mathfrak{L}_k = \mathbb{R}^d$ ist. Der allgemeinere Fall läßt sich durch geeignete Ränderung auf den Fall $|\mathscr{I}_0| \neq 0$ zurückführen; vgl. etwa Beispiel 6.162. Zur Lösung des Limesproblems führen wir noch die Abkürzungen $Y := \mathscr{I}_0^{-1} Z$ und $\mathscr{K} := \mathscr{I}_0^{-1}$ ein. Dann geht nämlich die Verteilungsannahme (6.4.1) über in das geläufige *Aitken-Modell*

$$\mathfrak{Q}' = \{Q'_\zeta : \zeta \in \mathbb{R}^k\} \quad \text{mit} \quad Q'_\zeta = \mathfrak{N}(\zeta, \mathscr{K}) = \mathfrak{L}_\zeta(Y), \tag{6.4.15}$$

in dem die Hypothesen (6.4.14) leichter behandelbar sind. Im folgenden bezeichne $G_k(\cdot, \delta^2)$ wieder die VF der nichtzentralen $\chi_k^2(\delta^2)$-Verteilung.

Satz 6.155 *Unter der Verteilungsannahme* (6.4.15) *gilt für das Testen der Hypothesen* (6.4.14) *im Fall* $|\mathcal{K}| \neq 0$, *also mit* $k = d$:

a) *Der* χ^2-*Test* $\varphi^0(y) = \mathbf{1}(T^0(y) > \chi_{k;\alpha}^2)$ *mit der Prüfgröße*

$$T^0(y) = y^\top \mathcal{K}^{-1} y \qquad (6.4.16)$$

ist ein α-*Niveau Test und es gilt*

$$\mathfrak{L}_\zeta(T^0(Y)) = \chi_k^2(\delta^2) \quad \text{mit} \quad \delta^2 = \zeta^\top \mathcal{K}^{-1} \zeta. \qquad (6.4.17)$$

b) *Das Testproblem ist invariant gegenüber der Gruppe* $\mathfrak{Q}$ *der linearen Transformationen* $x \mapsto \mathcal{Q}x$, *wobei* $\mathcal{Q} \in \mathbb{R}^{k \times k}$ *orthogonal ist bzgl. des Skalarproduktes* $(y, z) \mapsto y^\top \mathcal{K}^{-1} z$. *Gegenüber dieser Gruppe ist* T^0 *eine maximalinvariante Statistik und* φ^0 *ein gleichmäßig bester invarianter* α-*Niveau Test.*

c) φ^0 *ist für jedes* $\delta^2 > 0$ *ein Maximin* α-*Niveau Test für die Hypothesen* $\widehat{\mathbf{H}} : \zeta = 0$ *gegen* $\widehat{\mathbf{K}}_\delta : \zeta^\top \mathcal{K}^{-1} \zeta = \delta^2$. *Für seine Maximinschärfe gilt*

$$\inf_{\zeta^\top \mathcal{K}^{-1} \zeta = \delta^2} E_\zeta \varphi^0(Y) = 1 - G_k(\chi_{k;\alpha}^2, \delta^2). \qquad (6.4.18)$$

Diese Aussage bleibt richtig, wenn man $\widehat{\mathbf{K}}_\delta$ *ersetzt durch* $\widehat{\widehat{\mathbf{K}}}_\delta : \zeta^\top \mathcal{K}^{-1} \zeta \geq \delta^2$.

Beweis: Dieser ergibt sich in Analogie zu Satz 4.13 über den F-Test (vgl. auch den Beweis der allgemeineren Aussage 6.168 in 6.4.2). Zu (6.4.17) bemerkt man, daß für $V := \mathcal{K}^{-1/2} Y$ gilt $\mathfrak{L}_\zeta(V) = \mathfrak{N}(\mathcal{K}^{-1/2}\zeta, \mathcal{I}_k)$. Wegen $T^0(Y) = \sum_{j=1}^k V_j^2$ und $T^0(\zeta) = \zeta^\top \mathcal{K}^{-1} \zeta$ folgt also (6.4.17). □

Ersetzt man wieder y durch z gemäß $y = \mathcal{J}_0^{-1} z$ und $\mathcal{K}$ durch $\mathcal{J}_0^{-1}$, so ergibt sich mit $T^*(z) := T^0(\mathcal{J}_0^{-1} z)$ sowie $\varphi^*(z) := \varphi^0(\mathcal{J}_0^{-1} z)$ eine optimale Lösung des ursprünglichen Testproblems. Insbesondere gilt also das

Korollar 6.156 (χ^2-*Test für Limesproblem; einfache Nullhypothesen*) *Unter der Verteilungsannahme* (6.4.1) *gilt für das Testen der Hypothesen* (6.4.14) *im Fall* $|\mathcal{J}_0| \neq 0$, *also mit* $k = d$:

a) *Der* χ^2-*Test* $\varphi^*(z) = \mathbf{1}(T^*(z) > \chi_{k;\alpha}^2)$ *mit der Prüfgröße*

$$T^*(z) = z^\top \mathcal{J}_0^{-1} z \qquad (6.4.16')$$

ist ein α-*Niveau Test und*[58]

$$\mathfrak{L}_\zeta(T^*(Z)) = \chi_k^2(\delta^2) \quad \text{mit} \quad \delta^2 = \zeta^\top \mathcal{J}_0 \zeta. \qquad (6.4.17')$$

---

[58] Man beachte, daß $\mathfrak{L}_\zeta(Z^\top \mathcal{J}_0^{-1} Z)$ den Nichtzentralitätsparameter $\delta^2 = \zeta^\top \mathcal{J}_0 \zeta$ hat.

b) φ^* *ist für jedes* $\delta^2 > 0$ *ein Maximin* α*-Niveau Test für* $\widehat{\mathbf{H}} : \zeta = 0$ *gegen* $\widehat{\mathbf{K}}_\delta :$ $\zeta^\top \mathscr{J}_0 \zeta = \delta^2$. *Für seine Maximinschärfe gilt*

$$\inf_{\zeta^\top \mathscr{J}_0 \zeta = \delta^2} E_\zeta \varphi^*(Z) = 1 - G_k(\chi^2_{k;\alpha}, \delta^2). \qquad (6.4.18')$$

Diese Aussage bleibt richtig, wenn man $\widehat{\mathbf{K}}_\delta$ *ersetzt durch* $\widehat{\widehat{\mathbf{K}}}_\delta : \zeta^\top \mathscr{J}_0 \zeta \geq \delta^2$.

Damit ergibt sich nach der eingangs skizzierten Vorgehensweise als kanonischer asymptotischer Test $\varphi_n^* = \varphi^*(Z_n)$, $n \in \mathbb{N}$, wobei aus der Verteilungskonvergenz von $Z_n^\top \mathscr{J}_0^{-1} Z_n$ gegen $Z^\top \mathscr{J}_0^{-1} Z$ die Gültigkeit von $(\varphi_n^*) \in \widehat{\Phi}_\alpha$ folgt.

Auch im mehrparametrigen Fall hat man die Optimalität des Limestests φ^* wieder zu einer Optimalitätseigenschaft des asymptotischen Tests (φ_n^*) umzusetzen. Da die Invarianz des Limesmodells finit keine Entsprechung hat, knüpft man daher nicht an Teil b), sondern an Teil c) von Satz 6.155 an, der deshalb auch in das Korollar 6.156 übernommen wurde.

Definition 6.157 Gegeben sei für $n \in \mathbb{N}$ ein Testproblem mit Hypothesen $\mathbf{H}, \mathbf{K}$. Weiter seien $\widehat{\mathbf{H}}, \widehat{\mathbf{K}}$ Mengen von aus diesen gebildeten Verteilungsfolgen. Dann heißt ein asymptotischer Test (φ_n^*) oder kurz ein Test φ_n^* ein *asymptotischer Maximin* α*-Niveau Test* für $\widehat{\mathbf{H}}$ gegen $\widehat{\mathbf{K}}$, wenn gilt $(\varphi_n^*) \in \widehat{\Phi}_\alpha$ und für alle $(v_n) \in \widehat{\mathbf{K}}$

$$\liminf_{n \to \infty} \left(\inf_{v_n \in \mathbf{K}} E_{v_n} \varphi_n^* - \inf_{v_n \in \mathbf{K}} E_{v_n} \varphi_n \right) \geq 0 \quad \forall (\varphi_n) \in \widehat{\Phi}_\alpha. \qquad (6.4.19)$$

Mit dieser Begriffsbildung ist es möglich, die Optimalitätseigenschaft des Limestests aus Korollar 6.156b in eine solche des asymptotischen Tests zu übersetzen.

Satz 6.158 (Asymptotischer Maximin-Satz) $\{w_{n\zeta} : \zeta \in \mathbb{R}^d\} \subset \mathfrak{M}^1(\mathfrak{X}_{(n)}, \mathfrak{B}_{(n)})$ *sei für* $n \in \mathbb{N}$ *eine d-parametrige Klasse, die* ULAN$(Z_n, \mathscr{J})$ *sei mit* $|\mathscr{J}| \neq 0$. *Dann gibt es für das Testen der Hypothesen* $\widehat{\mathbf{H}} : \zeta = 0$ *gegen* $\widehat{\mathbf{K}} : \zeta \neq 0$ *einen asymptotischen* α*-Niveau Test, der für jedes* $\delta > 0$ *asymptotisch maximin ist für* $\widehat{\mathbf{H}} : \zeta = 0$ *gegen* $\widehat{\mathbf{K}}_\delta : \zeta^\top \mathscr{J} \zeta = \delta^2$. *Dieser Test lautet*

$$\varphi_n^* = \mathbf{1}(Z_n^\top \mathscr{J}^{-1} Z_n > \chi^2_{k;\alpha}). \qquad (6.4.20)$$

Für seine Maximin-Schärfe gilt

$$\inf_{\zeta^\top \mathscr{J} \zeta = \delta^2} E_{w_{n\zeta}} \varphi_n^* \to 1 - G_k(\chi^2_{k;\alpha}, \delta^2). \qquad (6.4.21)$$

6.4 Lokal asymptotisch optimale Tests

Beweis: Wegen $\mathcal{L}_\zeta(Z_n) \xrightarrow{\mathcal{L}} \mathcal{L}_\zeta(Z) \; \forall \zeta \in \mathbb{R}^k$ folgt aus den Aussagen 5.43 und 6.156a $\mathcal{L}_\zeta(Z_n^\top \mathscr{J}^{-1} Z_n) \xrightarrow{\mathcal{L}} \mathcal{L}_\zeta(Z^\top \mathscr{J}^{-1} Z) = \chi_k^2(\delta^2)$, $\delta^2 = \zeta^\top \mathscr{J} \zeta$. Damit erhält man einerseits für $\zeta = 0$ $(\varphi_n^*) \in \widehat{\Phi}_\alpha$ und andererseits für $\zeta \neq 0$

$$E_{w_n\zeta} \varphi_n^* \to 1 - G_k(\chi_{k;\alpha}^2, \delta^2) \quad \forall \zeta \in \mathbb{R}^k : \zeta^\top \mathscr{J} \zeta = \delta^2. \tag{6.4.21'}$$

Der Nachweis der asymptotischen Maximineigenschaft von (φ_n^*), also von

$$\limsup_{n\to\infty} \inf_{\zeta^\top \mathscr{J} \zeta = \delta^2} E_{w_n\zeta} \varphi_n \leq 1 - G_k(\chi_{k;\alpha}^2, \delta^2) \quad \forall (\varphi_n) \in \widehat{\Phi}_\alpha \quad \forall \delta > 0,$$

wird analog Satz 6.151 indirekt geführt. Angenommen, es existiere ein $(\varphi_n) \in \widehat{\Phi}_\alpha$ und ein $\delta > 0$ mit

$$\limsup_{n\to\infty} \inf_{\zeta^\top \mathscr{J} \zeta = \delta^2} E_{w_n\zeta} \varphi_n > 1 - G_k(\chi_{k;\alpha}^2, \delta^2).$$

Dann gibt es eine Teilfolge $(\ell) \subset \mathbb{N}$ und ein $\varepsilon > 0$ mit

$$\inf_{\zeta^\top \mathscr{J} \zeta = \delta^2} E_{w_\ell \zeta} \varphi_\ell \to 1 - G_k(\chi_{k;\alpha}^2, \delta^2) + \varepsilon \quad \text{für} \quad \ell \to \infty.$$

Nach Satz 6.150 existiert dann eine weitere Teilfolge $(m) \subset (\ell)$ und ein Test φ auf $(\mathbb{R}^k, \mathbb{B}^k)$ mit

$$E_{w_m\zeta} \varphi_m \to E_\zeta \varphi \quad \forall \zeta \in \mathbb{R}^k.$$

Für $\delta = 0$, also $\zeta = 0$, impliziert dies, daß φ ein α-Niveau Test ist für das Limesproblem, also für die Hypothesen (6.4.14) unter der Verteilungsannahme (6.4.1); für $\delta > 0$ folgt wegen der ULAN-Voraussetzung die Gültigkeit von

$$\inf_{\zeta^\top \mathscr{J} \zeta = \delta^2} E_\zeta \varphi = 1 - G_k(\chi_{k;\alpha}^2, \delta^2) + \varepsilon.$$

Dies ist aber ein Widerspruch zu Korollar 6.156b, nach dem $1 - G_k(\chi_{k;\alpha}^2, \delta^2)$ die Schärfe des Maximin α-Niveau Tests für das Limesproblem ist. □

6 Asymptotische Betrachtungsweisen parametrischer Verfahren

Beispiel 6.159 (Lokations-Skalenmodell) X_j, $j \in \mathbb{N}$, seien st.u. ZG mit derselben Verteilung $F \in \mathfrak{F} = \{F_\vartheta(\cdot) = F(\frac{\cdot - \mu}{\sigma}) : \vartheta = (\mu, \sigma)^\top \in \Theta = \mathbb{R} \times (0, \infty)\}$. F besitze eine positive stetig differenzierbare λ-Dichte f, welche die Voraussetzungen (1.8.54) und (1.8.56) erfülle. Für jedes $\vartheta_0 \in \Theta$ ist $\mathfrak{F}$ also $\mathbb{L}_2(\vartheta_0)$-differenzierbar mit Ableitung

$$\dot{L}_{\vartheta_0}(x) = \frac{1}{\sigma_0}\left(\mathfrak{g}\left(\frac{x-\mu_0}{\sigma_0}\right), \mathfrak{h}\left(\frac{x-\mu_0}{\sigma_0}\right)\right)^\top, \quad \mathfrak{g}(y) := -\frac{f'(y)}{f(y)}, \quad \mathfrak{h}(y) := -y\frac{f'(y)}{f(y)} - 1.$$

Gesucht ist ein Test für die Hypothesen (6.4.13), also für

$$\mathbf{H} : (\mu, \sigma) = (\mu_0, \sigma_0), \quad \mathbf{K} : (\mu, \sigma) \neq (\mu_0, \sigma_0).$$

Nach Lokalisierung von $\mathfrak{F}^{(n)} = \{F_\vartheta^{(n)} : n \in \mathbb{N}\}$ gemäß $\vartheta_n = (\mu_0 + \eta/\sqrt{n}, \sigma_0 + \xi/\sqrt{n})^\top$ sind die Verteilungsklassen $\mathfrak{F}_n = \{F_{\vartheta_n}^{(n)} : n \in \mathbb{N}\}$ LAN mit der zentralen Statistik

$$Z_n = (U_n, V_n)^\top = \frac{1}{\sqrt{n}}\sum_{j=1}^n \dot{L}_{\vartheta_0}(X_j) = \frac{1}{\sqrt{n}\sigma_0}\sum_{j=1}^n \left(\mathfrak{g}\left(\frac{X_j-\mu_0}{\sigma_0}\right), \mathfrak{h}\left(\frac{X_j-\mu_0}{\sigma_0}\right)\right)^\top$$

und der Informationsmatrix

$$\mathscr{J}_0 = \mathscr{J}(\vartheta_0) = \frac{1}{\sigma_0^2}\begin{bmatrix} I(f) & \check{I}(f) \\ \check{I}(f) & -1 + \widetilde{I}(f) \end{bmatrix}.$$

Folglich lautet mit der Abkürzung $\Delta(f) := (-1 + \widetilde{I}(f))I(f) - \check{I}^2(f)$ die Prüfgröße des χ^2-Tests φ_n^* aus Satz 6.158

$$Z_n^\top \mathscr{J}_0^{-1} Z_n = \frac{-1+\widetilde{I}(f)}{\Delta(f)}\left(\frac{1}{\sqrt{n}}\sum_{j=1}^n \mathfrak{g}\left(\frac{X_j-\mu_0}{\sigma_0}\right)\right)^2$$

$$- 2\frac{\check{I}(f)}{\Delta(f)}\frac{1}{\sqrt{n}}\sum_{j=1}^n \mathfrak{g}\left(\frac{X_j-\mu_0}{\sigma_0}\right)\frac{1}{\sqrt{n}}\sum_{j=1}^n \mathfrak{h}\left(\frac{X_j-\mu_0}{\sigma_0}\right)$$

$$+ \frac{I(f)}{\Delta(f)}\left(\frac{1}{\sqrt{n}}\sum_{j=1}^n \mathfrak{h}\left(\frac{X_j-\mu_0}{\sigma_0}\right)\right)^2.$$

Dieser Test ist bei jedem $\delta > 0$ asymptotisch maximin für $\widehat{\mathbf{H}} : \zeta = 0$ gegen $\widehat{\mathbf{K}}_\delta : \zeta^\top \mathscr{J}_0 \zeta = \delta^2$. Ist f symmetrisch bzgl. 0 und damit $\check{I}(f) = 0$, so vereinfacht sich die Prüfgröße zu

$$Z_n^\top \mathscr{J}_0^{-1} Z_n = \frac{1}{I(f)}\left(\frac{1}{\sqrt{n}}\sum_{j=1}^n \mathfrak{g}\left(\frac{X_j-\mu_0}{\sigma_0}\right)\right)^2 + \frac{1}{-1+\widetilde{I}(f)}\left(\frac{1}{\sqrt{n}}\sum_{j=1}^n \mathfrak{h}\left(\frac{X_j-\mu_0}{\sigma_0}\right)\right)^2.$$

Ist speziell $F = \mathfrak{N}(0,1)$, so gilt wegen $\mathfrak{g}(x) = x$, $\mathfrak{h}(x) = x^2 - 1$, $I(f) = 1$ und $\widetilde{I}(f) = 3$

$$Z_n^\top \mathscr{J}_0^{-1} Z_n = \left(\frac{1}{\sqrt{n}}\sum_{j=1}^n \frac{X_j-\mu_0}{\sigma_0}\right)^2 + \frac{1}{2}\left(\frac{1}{\sqrt{n}}\sum_{j=1}^n \left[\left(\frac{X_j-\mu_0}{\sigma_0}\right)^2 - 1\right]\right)^2.$$

Ist dagegen $F = \mathfrak{L}(0,1)$, d.h. die Cauchy-Verteilung mit λ-Dichte $f(x) = \frac{1}{\pi}\frac{1}{1+x^2}$, so gilt wegen $\mathfrak{g}(x) = \frac{2x}{1+x^2}$, $\mathfrak{h}(x) = \frac{-1+x^2}{1+x^2}$, $I(f) = 1/2$ und $\widetilde{I}(f) = 3/2$

6.4 Lokal asymptotisch optimale Tests

$$Z_n^\top \mathscr{J}_0^{-1} Z_n = 2\left(\frac{1}{\sqrt{n}}\sum_{j=1}^n \frac{2(X_j-\mu_0)\sigma_0}{\sigma_0^2+(X_j-\mu_0)^2}\right)^2$$
$$+ 2\left(\frac{1}{\sqrt{n}}\sum_{j=1}^n \frac{-\sigma_0^2+(X_j-\mu_0)^2}{\sigma_0^2+(X_j-\mu_0)^2}\right)^2. \quad\square$$

Die beiden am Schluß von Beispiel 6.159 explizit angegebenen Prüfgrößen legen die Frage nahe, ob für zwei derartige Tests die Pitman-Effizienz im Sinne der Definition 6.105 erklärt ist. Dieses ist jedoch im allgemeinen nicht der Fall. Um dieses einzusehen, sei etwa $\mathfrak{F}^{(n)} = \{F_\vartheta^{(n)} : \vartheta \in \Theta\}$ eine k-parametrige Verteilungsklasse, die in einem Punkt $\vartheta_0 \in \overset{\circ}{\Theta}$ nach Lokalisierung gemäß $\vartheta = \vartheta_0 + \zeta/\sqrt{n}$ LAN($Z_n, \mathscr{J}$) sei. Zum Testen von **H**: $\vartheta = \vartheta_0$ gegen **K**: $\vartheta \neq \vartheta_0$ werde neben dem gemäß Satz 6.158 asymptotisch maximin-optimalen Test φ_n^* mit der Prüfgröße $Z_n^\top \mathscr{J}^{-1} Z_n$ ein Test φ_n' mit der Prüfgröße $V_n^\top \mathscr{H}^{-1} V_n$ verwendet. Der Einfachheit halber sei neben $|\mathscr{J}| \neq 0$ und $|\mathscr{H}| \neq 0$ angenommen, daß dieser auf das Testen von **H**: $\vartheta = \vartheta_0$ gegen **K**: $\vartheta \neq \vartheta_0$ in einer Verteilungsklasse $\mathfrak{G}^{(n)} = \{G_\vartheta^{(n)} : \vartheta \in \Theta\}$ zugeschnitten ist, die im Punkte ϑ_0 nach Lokalisierung gemäß $\vartheta = \vartheta_0 + \zeta/\sqrt{n}$ LAN($V_n, \mathscr{H}$) ist. Außerdem sollen F_ϑ sowie G_ϑ hinreichend reguläre λ-Dichten $f(\cdot, \vartheta)$ bzw. $g(\cdot, \vartheta)$ besitzen derart, daß gilt

$$Z_n = \frac{1}{\sqrt{n}}\sum_{j=1}^n \nabla \log f(X_j; \vartheta_0) \quad \text{und} \quad V_n = \frac{1}{\sqrt{n}}\sum_{j=1}^n \nabla \log g(X_j; \vartheta_0).$$

Unter $v_n := F_{\vartheta_0+\zeta/\sqrt{n}}^{(n)}$ gilt dann nach dem Beweis von Satz 6.158

$$\mathfrak{L}_{v_n}(Z_n^\top \mathscr{J}^{-1} Z_n) \xrightarrow[\mathfrak{L}]{} \chi_k^2(\delta_1^2) \quad \text{mit} \quad \delta_1^2 = \zeta^\top \mathscr{J} \zeta.$$

Im allgemeinen besitzt jedoch $V_n^\top \mathscr{H}^{-1} V_n$ unter v_n keine nichtzentrale χ_k^2-Verteilung, wie es zur Anwendung der Definition 6.105 erforderlich wäre. Selbst wenn man der Einfachheit halber voraussetzt, daß V_n unter $u_n := F_{\vartheta_0}^{(n)}$ zentriert und mit $\log L_n := \log(\mathrm{d}v_n/\mathrm{d}u_n)$ eine gemeinsame Limes-Normalverteilung besitzt gemäß

$$\mathfrak{L}_{u_n}\begin{pmatrix} V_n \\ \log L_n \end{pmatrix} \xrightarrow[\mathfrak{L}]{} \mathfrak{N}\left(\begin{pmatrix} 0 \\ -\kappa^2/2 \end{pmatrix}, \begin{pmatrix} \mathscr{S} & c \\ c^\top & \kappa^2 \end{pmatrix}\right),$$

nach dem 3. Le Cam Lemma also gelten würde

$$\mathfrak{L}_{v_n}(V_n) \xrightarrow[\mathfrak{L}]{} \mathfrak{N}(c, \mathscr{S}),$$

wird im allgemeinen $\mathscr{S} \neq \mathscr{H}$ und damit $\mathscr{S}^{1/2}\mathscr{H}^{-1}\mathscr{S}^{1/2} \neq \mathscr{I}_k$ sein. Gleichheit wäre aber nach Satz 6.143 erforderlich, damit gilt

$$\mathfrak{L}_{v_n}(V_n^\top \mathscr{H}^{-1} V_n) \xrightarrow[\mathfrak{L}]{} \chi_k^2(\delta_2^2) \quad \exists \delta_2^2 > 0$$

und sich folglich die Pitman-Effizienz gemäß (6.2.114) definieren ließe. Wir betrachten deshalb noch das

Beispiel 6.160 $X_j = (X_{j1}, X_{j2})$, $j \in \mathbb{N}$, seien st.u. ZG mit derselben zweidimensionalen Normalverteilung $F_\vartheta := \mathfrak{N}(\mu_1, 1) \otimes \mathfrak{N}(\mu_2, 1)$, $\vartheta := (\mu_1, \mu_2)^\top \in \mathbb{R}^2$. Betrachtet werde das Prüfen der Hypothesen $\mathbf{H} : \vartheta = 0$ gegen $\mathbf{K} : \vartheta \neq 0$. Offenbar ist die Klasse $\mathfrak{F}^{(n)} = \{F_\vartheta^{(n)} : \vartheta \in \mathbb{R}^2\}$ nach Lokalisierung um $\vartheta_0 = 0$ gemäß $\vartheta = \zeta/\sqrt{n}$ dann LAN$(Z_n, \mathscr{J})$ mit $Z_n = (n^{-1/2} \sum_{j=1}^n X_{j1}, n^{-1/2} \sum_{j=1}^n X_{j2})^\top$, $\mathscr{J} = \mathscr{I}_2$. Folglich ist

$$Z_n^\top Z_n = \left(n^{-1/2} \sum_{j=1}^n X_{j1}\right)^2 + \left(n^{-1/2} \sum_{j=1}^n X_{j2}\right)^2$$

die Prüfgröße des bei jedem $\delta > 0$ für $\widehat{\mathbf{H}} : \zeta = 0$ gegen $\widehat{\mathbf{K}}_\delta : \zeta^\top \zeta = \delta^2$ asymptotisch maximin-optimalen Tests φ_{1n}. Offenbar gilt nach Satz 6.143

$$\mathcal{L}_{v_n}(Z_n^\top Z_n) \xrightarrow{\mathcal{L}} \chi_2^2(\delta_1^2) \quad \text{mit} \quad \delta_1^2 = \zeta^\top \zeta.$$

Als zweiter Test φ_{2n} bietet sich derjenige mit der Prüfgröße

$$V_n^\top V_n = \left(n^{-1/2} \sum_{j=1}^n \operatorname{sgn} X_{j1}\right)^2 + \left(n^{-1/2} \sum_{j=1}^n \operatorname{sgn} X_{j2}\right)^2$$

an. Dieser ist bei jedem $\delta > 0$ für die Hypothesen $\widehat{\mathbf{H}} : \zeta = 0$ gegen $\widehat{\mathbf{K}}_\delta : \zeta^\top \zeta = \delta^2$ asymptotisch maximin-optimal im durch Lokalisierung aus $\mathfrak{G}^{(n)} = \{G_\vartheta^{(n)} : \vartheta \in \mathbb{R}^2\}$ mit $G_\vartheta = \mathfrak{D}(\mu_1, 1) \otimes \mathfrak{D}(\mu_2, 1)$ gemäß $\vartheta = \zeta/\sqrt{n}$ gewonnenen LAN$(V_n, \mathscr{I}_2)$-Modell. Dabei bezeichnet $\mathfrak{D}(\mu, 1)$ die Doppelexponentialverteilung mit λ-Dichte $2^{-1} \exp[-|x-\mu|]$, $x \in \mathbb{R}$. Zur Herleitung der Limesverteilung von $V_n^\top V_n$ unter $v_n = F_{\zeta/\sqrt{n}}^{(n)}$ beachte man, daß nach dem mehrdimensionalen Satz von Lévy-Cramér für $L_n := dv_n / du_n$ wegen $\mathscr{J} = \mathscr{I}_2$ und

$$E_{u_n}(X_{11} \operatorname{sgn} X_{11}) = E_{\zeta=0}|X_{11}| = 2 \int_0^\infty x \frac{1}{\sqrt{2\pi}} e^{-x^2/2} \, dx = \sqrt{2/\pi} \int_0^\infty e^{-z} \, dz = \sqrt{2/\pi}$$

gilt

$$\mathcal{L}_{u_n}\begin{pmatrix} V_n \\ \log L_n \end{pmatrix} \xrightarrow{\mathcal{L}} \mathfrak{N}\left(\begin{pmatrix} (0,0)^\top \\ -\zeta^\top\zeta/2 \end{pmatrix}, \begin{pmatrix} \mathscr{I}_2 & \sqrt{2/\pi} \\ \sqrt{2/\pi} & \zeta^\top\zeta \end{pmatrix} \right).$$

Also folgt nach dem 3. Le Cam Lemma $\mathcal{L}_{v_n}(V_n) \to \mathfrak{N}(\sqrt{2/\pi}\zeta, \mathscr{I}_2)$, d.h.

$$\mathcal{L}_\zeta(V_n^\top V_n) \xrightarrow{\mathcal{L}} \chi_2^2(\delta_2^2) \quad \text{mit} \quad \delta_2^2 = \frac{2}{\pi} \zeta^\top \zeta.$$

Somit ist gemäß (6.2.114) ARE$(\varphi_{2n} : \varphi_{1n}|v_n) = \delta_2^2/\delta_1^2 = 2/\pi$. □

Eine weitere Anwendung von Satz 6.158 enthält das

6.4 Lokal asymptotisch optimale Tests   357

Beispiel 6.161 (Γ-Verteilungen) X_j, $j \in \mathbb{N}$, seien st.u. ZG mit derselben $\Gamma_{\kappa,\lambda}$-Verteilung mit $\lambda\!\!\backslash$-Dichte

$$f_{\kappa,\lambda}(x) = \frac{1}{\Gamma(\kappa)} x^{\kappa-1} \lambda^{\kappa} \exp(-\lambda x) \mathbf{1}_{(0,\infty)}(x), \quad \kappa > 0, \quad \lambda > 0.$$

Für $\kappa = 1$ ergibt sich die Klasse der gedächtnislosen Verteilungen $\mathfrak{G}(\lambda)$, $\lambda > 0$, speziell für $\lambda = 1$ also die Verteilung mit $\lambda\!\!\backslash$-Dichte $e^{-x} \mathbf{1}_{(0,\infty)}(x)$. Benutzt man die Γ-Verteilungen zur Modellierung von Lebensdauern o.ä., so vereinfacht sich dieses Modell also erheblich, falls $(\kappa, \lambda) = (1,1) =: \vartheta_0$ gesetzt werden kann. Demgemäß interessiert ein Test für die Hypothesen

$$\mathbf{H} : (\kappa, \lambda) = (1,1), \quad \mathbf{K} : (\kappa, \lambda) \neq (1,1).$$

Die Klasse $\mathfrak{F} = \{\Gamma_{\kappa,\lambda} : \kappa > 0, \lambda > 0\}$ ist nach Satz 1.194 $\mathbb{L}_2(\vartheta_0)$-differenzierbar mit Ableitung

$$\dot{L}_{\vartheta_0}(x) = (\log x - \Gamma'(1), 1 - x)^\top \quad \text{und} \quad \mathscr{J}(\vartheta_0) = E_{\vartheta_0} \dot{L}_{\vartheta_0}(X_1) \dot{L}_{\vartheta_0}^\top(X_1).$$

Folglich ist $\mathfrak{F}^{(n)}$ nach Lokalisierung gemäß $\kappa = 1 + n^{-1/2}\eta$, $\lambda = 1 + n^{-1/2}\xi$ wieder LAN$(Z_n, \mathscr{J}_0)$ mit $Z_n = n^{-1/2} \sum_{j=1}^{n} \dot{L}_{\vartheta_0}(X_j)$ und $\mathscr{J}_0 = \mathscr{J}(\vartheta_0)$. Somit gibt es bei jedem $\delta > 0$ für die Hypothesen $\widehat{\mathbf{H}} : \zeta = 0$ gegen $\widehat{\mathbf{K}}_\delta : \zeta^\top \mathscr{J}_0 \zeta = \delta^2$ einen asymptotischen Maximin α-Niveau Test und zwar mit der Prüfgröße $Z_n^\top \mathscr{J}_0^{-1} Z_n$, wobei $Z_n = n^{-1/2} \sum_{j=1}^{n} \dot{L}_{\vartheta_0}(X_j)$ ist. □

Im letzten Beispiel interessiert zumeist primär der Gestaltsparameter κ und damit das Prüfen der Hypothesen

$$\mathbf{H} : \kappa = 1, \lambda > 0, \quad \mathbf{K} : \kappa \neq 1, \lambda > 0.$$

Dabei wird der Skalenparameter λ also als Nebenparameter aufgefaßt. Dieser läßt sich im obigen Fall mittels einer Reduktion durch Invarianz eliminieren, etwa durch Übergang zur Maximalinvarianten $M_n(x) = (x_2/x_1, \ldots, x_2/x_1)$. Einer solchen Situation begegnet man häufig auch anderweitig, etwa in Zusammenhang mit Lokations-Skalenmodellen, wenn in diesen vornehmlich der Lokationsparameter interessiert. In allen solchen Fällen geht man also von den Ausgangsverteilungen $F_{\kappa,\lambda}^{(n)}$ über zu den durch die Maximalinvarianten M_n induzierten Verteilungen $F_{\kappa,\lambda}^{(n)} \circ M_n^{-1} =: G_{n;\kappa}$, die nicht mehr von λ abhängen. Es liegt dann nahe, die Klasse dieser induzierten Verteilungen gemäß $\kappa = 1 + n^{-1/2}\eta$, $\eta \in \mathbb{R}$, zu lokalisieren und mit Hilfe von Satz 6.151b einen asymptotisch gleichmäßig besten unverfälschten α-Niveau Test zu konstruieren. Diese Technik ist insbesondere dann von Interesse, wenn κ ein Funktionalparameter ist und wird etwa bei der Diskussion von Anpassungstests in Kap. 11 verwendet werden. In abgewandelter Form wird sie in Kap. 9 bei der Diskussion von Rangtests Anwendung finden, bei denen der Nebenparameter ebenfalls hochdimensional ist. Eine Alternative zu dieser Vorgehensweise besteht darin, auch die Nebenparameter zu lokalisieren; vgl. 6.4.2 und 6.4.3.

Die vorstehenden Überlegungen ermöglichen auch die Lösung von Limesproblemen und damit die Bestimmung asymptotisch optimaler Tests für LAN-Modelle mit entarteter Informationsmatrix $\mathscr{J}_0$. Ist nämlich die zugrundeliegende Verteilungsklasse s-parametrisch und $\mathscr{J}_0$ eine $s \times s$-Matrix mit $\mathrm{Rg}\,\mathscr{J}_0 = k < s$, so hat man nur von der s-dimensionalen Limesvariablen Z durch Weglassen von geeigneten $s-k$ Komponenten zu einer k-dimensionalen ZG Z' überzugehen, deren Kovarianzmatrix $\mathscr{S}'$ vollen Rang hat.

Beispiel 6.162 (Multinomialverteilung) Seien X_j, $j \in \mathbb{N}$, st.u. s-dimensionale $\mathfrak{M}(1,\pi)$-verteilte ZG, $\pi \in \Sigma_s$. Um die Entartung der Kovarianzmatrix zu umgehen, werden die ZG $X_j = (X_{j1},\ldots,X_{js})^\top$ wie im Beweis von Satz 6.49c um die letzte Komponente gekürzt, d.h. X_j durch die diese bereits festlegende ZG $X'_j = (X_{j1},\ldots,X_{jk})^\top$, $k = s-1$, und entsprechend der stochastische Vektor $\pi = (\pi_1,\ldots,\pi_s)^\top$ durch den verkürzten Vektor $\pi' = (\pi_1,\ldots,\pi_k)^\top$ ersetzt. Dann nehmen die X'_j Werte an in der Menge

$$\mathfrak{X}_0 = \Big\{ y = (y_1,\ldots,y_k)^\top \in \mathbb{R}^k : y_i \in \{0,1\} \quad \forall 1 \leq i \leq k, \quad \sum_{i=1}^k y_i \in \{0,1\} \Big\}$$

und die Klasse der Verteilungen $\mathfrak{L}(X'_j)$ läßt sich parametrisieren durch

$$\pi' = (\pi_1,\ldots,\pi_k)^\top \in \Theta = \Big\{ \vartheta \in \mathbb{R}^k : 0 \leq \vartheta_i \quad \forall 1 \leq i \leq k, \quad \sum_{i=1}^k \vartheta_i \leq 1 \Big\}.$$

Für $\pi' \in \overset{\circ}{\Theta}$ sind dann mit den Abkürzungen $y_{k+1} := 1 - \sum_{i=1}^k y_i$, $\pi_{k+1} := 1 - \sum_{i=1}^k \pi_i$

$$f(y,\pi') = \pi_1^{y_1}\pi_2^{y_2}\ldots\pi_k^{y_k}\pi_{k+1}^{y_{k+1}}$$

die Anzahl-Dichten der Verteilungen $\mathfrak{L}_{\pi'}(X'_j)$. Diese erfüllen die Voraussetzungen von Satz 1.194. Nach dem 2. Le Cam Lemma 6.130 ist also $\mathfrak{F}_n = \{F^{(n)}_{\pi'+\zeta n^{-1/2}} : \zeta \in \mathbb{R}^k\}$ in jedem Punkt $\pi' \in \overset{\circ}{\Theta}$ LAN$(Z_n,\mathscr{J}')$ mit $Z_n = n^{-1/2}\sum_{j=1}^n \nabla \log f(X'_i,\pi') = n^{-1/2}\dot{L}_n(X')$, $\dot{L}_n(X') = \sum_{j=1}^n \dot{L}_{\pi'}(X'_j)$, und – wie einige zusätzliche Überlegungen zeigen – sogar gleichmäßig LAN. Wegen

$$\nabla_i \log f(y,\pi') = \frac{y_i}{\pi_i} - \frac{y_{k+1}}{\pi_{k+1}} = \frac{y_i}{\pi_i} + \frac{\sum_{j=1}^k y_j}{\pi_{k+1}} - \frac{1}{\pi_{k+1}}, \quad i = 1,\ldots,k,$$

erhält man mit der $k \times k$-Diagonalmatrix $\mathscr{D}$ zu den Diagonalelementen $\pi_1,\ldots,\pi_k$

$$\dot{L}_\pi(x') = (\mathscr{D}^{-1} + \pi_{k+1}^{-1}\mathbf{1}_k\mathbf{1}_k^\top)x' - \pi_{k+1}^{-1}\mathbf{1}_k$$
$$= (\mathscr{D}^{-1} + \pi_{k+1}^{-1}\mathbf{1}_k\mathbf{1}_k^\top)(x' - \pi') = \mathscr{S}'^{-1}(x' - \pi').$$

Nach Anmerkung 5.131 gilt für die Kovarianzmatrix von Y'

$$\mathscr{C}\!ov_\pi Y' = \mathscr{D} - \pi'\pi'^\top =: \mathscr{S}', \quad \mathscr{S}'^{-1} = \mathscr{D}^{-1} + \pi_{k+1}^{-1}\mathbf{1}_k\mathbf{1}_k^\top. \tag{6.4.22}$$

Daraus ergibt sich nun als zentrale Statistik bzw. Informationsmatrix

$$Z_n = n^{1/2}\mathscr{S}'^{-1}(\overline{X}'_n - \pi'), \quad \mathscr{J}'_0 = \mathscr{S}'^{-1}. \tag{6.4.23}$$

Korollar 6.156 ist nun mit dieser Kovarianzmatrix $\mathscr{S}'$ auf die Hypothesen (6.4.14) anwendbar. Die Prüfgröße des Maximintests für das Limesproblem mit den Hypothesen (6.4.14) lautet daher

$$T^*(y) = y^\top(\mathscr{D}^{-1} + \pi_{k+1}^{-1}\mathbf{1}_k\mathbf{1}_k^\top)y, \quad \mathfrak{L}_\eta(T^*(Y)) = \chi_k^2(\delta^2), \quad \delta^2 = T^*(\eta),$$

die des zugehörigen asymptotischen Tests also $T^*(y'_n) = y'_n{}^\top(\mathscr{D}^{-1} + \pi_{k+1}^{-1}\mathbf{1}_k\mathbf{1}_k^\top)y'_n$ mit $y'_n = \sum_{j=1}^n x'_j$. Letzteres ist nach Anmerkung 5.131 gleich der Prüfgröße $Q_n(y_n, \pi)$ des χ^2-Tests zum Prüfen einer einfachen Nullhypothese, welcher damit als asymptotisch maximinoptimal nachgewiesen ist. $\square$

Aus Satz 6.158 folgt auch sofort die asymptotische Maximin-Optimalität des LQ-Tests zum Prüfen einer einfachen Nullhypothese, also das

Korollar 6.163 X_j, $j \in \mathbb{N}$, seien st.u. ZG mit derselben μ-Dichte $f(z, \vartheta)$, wobei $\vartheta \in \Theta \subset \mathbb{R}^k$ sei. Die Klasse der Dichten erfülle in einem Punkte $\vartheta_0 \in \overset{\circ}{\Theta}$ die Voraussetzungen (A1)–(A4) aus Satz 6.35. Dann ist der in Satz 6.47 betrachtete LQ-Test zum Prüfen der einfachen Nullhypothese $\mathbf{H}: \vartheta = \vartheta_0$ gegen $\mathbf{K}: \vartheta \neq \vartheta_0$ nach Lokalisierung gemäß $\vartheta = \vartheta_0 + n^{-1/2}\zeta$ für jedes $\delta > 0$ ein asymptotischer Maximin α-Niveau Test für die Hypothesen $\widehat{\mathbf{H}}: \zeta = 0$ gegen $\widehat{\mathbf{K}}_\delta: \zeta^\top\mathscr{J}(\vartheta_0)\zeta = \delta^2$.

Beweis: Wir zeigen zunächst, daß die Familie der lokalisierten gemeinsamen Verteilungen LAN ist in der k-dimensionalen Statistik $Z_n = \sqrt{n}(\widehat{\vartheta}_n - \vartheta_0)$ und der Informationsmatrix $\mathscr{J}_0 = \mathscr{J}(\vartheta_0)$. Hierbei werden wiederholt ohne Zitat Ergebnisse sowie Bezeichnungen aus dem Beweis von Satz 6.35 benutzt. O.E. sei n so groß, daß $\widehat{\vartheta}_n \in U(\vartheta_0, \delta_\vartheta)$ gilt. Durch Taylorentwicklung von $\log p_{(n)}(x, \vartheta_n)$ an der Stelle ϑ_0 folgt mit geeigneter Zwischenstelle ϑ'_n von ϑ_0 und ϑ_n

$$\log L_{n\zeta} = \log p_{(n)}(x, \vartheta_n) - \log p_{(n)}(x, \vartheta_0)$$
$$= \zeta^\top Z_n + \frac{1}{2}\zeta^\top \mathscr{T}_n \zeta + \frac{1}{2}\zeta^\top \mathscr{R}_n(\vartheta'_n)\zeta.$$

Dabei gilt $\mathscr{T}_n \to -\mathscr{J}_0$ nach w_{n0}-WS sowie wegen $\vartheta_n \to \vartheta_0$ auch $\mathscr{R}_n(\vartheta'_n) \to 0$ nach w_{n0}-WS und damit nach dem Lemma von Slutsky die erste Teilaussage. Die zweite folgt aus dem Satz von Lindeberg-Lévy und wurde bereits in Satz 6.35 gezeigt. Folglich ist nach Satz 6.158 der Test $\varphi_n^* = \mathbf{1}(Z_n^\top\mathscr{J}_0^{-1}Z_n > \chi_{k;\alpha}^2)$ für jedes $\delta > 0$ ein asymptotischer Maximin α-Niveau Test für $\widehat{\mathbf{H}}: \zeta = 0$ gegen $\widehat{\mathbf{K}}_\delta: \zeta_0^\top\mathscr{J}_0\zeta = \delta^2$. Wegen (6.2.5) besitzt also auch der LQ-Test aus Satz 6.35 die angegebene asymptotische Maximin-Eigenschaft. $\square$

Mit Beispiel 6.162 ergibt sich auch sofort das

Korollar 6.164 Für $n \in \mathbb{N}$ sei $\mathfrak{L}(Y_n) = \mathfrak{M}(n, \pi)$, $\pi \in \Sigma_s$. Ist $\pi_0 \in \overset{\circ}{\Sigma}_s$ und π', $\mathscr{J}'_0$ wie in Beispiel 6.162 definiert, so ist der in Satz 6.49 betrachtete χ^2-Test zum Prüfen der einfachen Nullhypothese $\mathbf{H}: \pi = \pi_0$ gegen $\mathbf{K}: \pi \neq \pi_0$ nach Lokalisierung gemäß $\pi' = \pi'_0 + n^{-1/2}\zeta$ für jedes $\delta > 0$ ein asymptotischer Maximin α-Niveau Test für die Hypothesen $\widehat{\mathbf{H}}: \zeta = 0$ gegen $\widehat{\mathbf{K}}_\delta: \zeta^\top\mathscr{J}'_0\zeta = \delta^2$.

Beweis: Nach Beispiel 6.162 ist die Familie der lokalisierten Multinomialverteilungen LAN in der k-dimensionalen Statistik Z_n und der k-reihigen Informationsmatrix $\mathscr{J}'_0$ aus (6.4.23), $k = s - 1$. Der Test $\varphi^*_n = \mathbf{1}(Z_n^\top \mathscr{J}'^{-1}_0 Z_n > \chi^2_{s-1;\alpha})$ ist daher für jedes $\delta > 0$ ein asymptotischer Maximin α-Niveau Test für $\widehat{\mathbf{H}}$ gegen $\widehat{\mathbf{K}}_\delta$. Wegen $Z_n^\top \mathscr{J}'^{-1}_0 Z_n = Q_n(Y_n, \pi_0)$ ist dies der χ^2-Test aus Satz 6.49. □

Satz 6.152 legt die Frage nahe, ob auch im Fall $k > 1$ ein Zusammenhang zwischen den Tests φ^* bzw. $\varphi^* \circ Z_n$ einerseits und den lokal besten k-seitigen Tests für das Limesproblem bzw. für das Testproblem auf der Stufe n andererseits besteht. Hierzu hat man zunächst zu präzisieren, was bei mehrparametrigen Verteilungsklassen unter einem lokal besten Test zu verstehen ist, und zu klären, ob derartige Tests existieren bzw. wie diese charakterisiert werden können. Nachdem in 2.4.3 nur der Fall $k = 1$ behandelt wurde, sollen zunächst die entsprechenden multivariaten Aussagen kurz zusammengestellt werden[59].

Anmerkung 6.165 Sei $\mathfrak{P} = \{P_\vartheta : \vartheta \in \Theta\} \subset \mathfrak{M}^1(\mathfrak{X}, \mathfrak{B})$ eine k-parametrige, zweifach $\mathbb{L}_1(\vartheta_0)$-differenzierbare Verteilungsklasse, $\vartheta_0 \in \overset{\circ}{\Theta}$, mit Ableitungen $\dot{L}_{\vartheta_0}, \ddot{L}_{\vartheta_0}$. Dann ist in Analogie zu den Sätzen 1.179 und 1.180 die Gütefunktion $\beta_\varphi(\cdot)$ eines jeden Tests φ in ϑ_0 zweifach differenzierbar und zwar unter dem Integralzeichen gemäß

$$\nabla \beta_\varphi(\vartheta_0) = E_{\vartheta_0}(\varphi \dot{L}_{\vartheta_0}), \quad \nabla \nabla^\top \beta_\varphi(\vartheta_0) = E_{\vartheta_0}(\varphi \ddot{L}_{\vartheta_0}) =: \mathscr{H}_{\vartheta_0}(\varphi). \qquad (6.4.24)$$

Für die Hypothesen $\mathbf{H} : \vartheta = \vartheta_0$, $\mathbf{K} : \vartheta \neq \vartheta_0$ ist dann ein unverfälschter α-Niveau Test gesucht, dessen Gütefunktion in ϑ_0 „möglichst stark nach oben gekrümmt" ist. Dabei ist die Krümmung der Gütefunktion auf unterschiedliche Weise präzisierbar. Möchte man die Gauß-Krümmung maximieren[60], also das Produkt der Eigenwerte der Hesse-Matrix $\mathscr{H}_{\vartheta_0}(\varphi)$, dann ist dies äquivalent zur Lösung der Optimierungsaufgabe

$$\varphi \mapsto \det^{1/k} \mathscr{H}_{\vartheta_0}(\varphi) = \sup_\varphi, \qquad (6.4.25)$$

$$E_{\vartheta_0} \varphi = \alpha, \qquad (6.4.26)$$

$$E_{\vartheta_0}(\varphi \dot{L}_{\vartheta_0}) = 0, \qquad (6.4.27)$$

$$\mathscr{H}_{\vartheta_0}(\varphi) \succeq_L 0, \qquad (6.4.28)$$

wobei (6.4.28) in der Löwner-Ordnung zu verstehen ist, also $\mathscr{H}_{\vartheta_0}(\varphi)$ positiv semidefinit ist. (Entsprechend bedeutet $\mathscr{H}_{\vartheta_0}(\varphi) \succ_L 0$, daß gilt $\mathscr{H}_{\vartheta_0}(\varphi) \in \mathbb{R}^{k \times k}_{\text{p.d.}}$.) Dieses Problem ist stets lösbar, wie eine Anwendung von Satz 2.14 über die schwache Folgenkompaktheit von Testfunktionen zeigt. Die optimalen Lösungen lassen sich mit Hilfsmitteln der konvexen Analysis über einen geeigneten Dualitätsansatz kennzeichnen. Es gilt der

---

[59] Für eine ausführlichere Diskussion vgl. U. Müller-Funk, F. Pukelsheim, H. Witting: Proc. of the 4$^\text{th}$ Pannonian Symp. on Math. Stat., Bad Tatzmannsdorf (1983) 31–56.
[60] Alternativ hierzu könnte man etwa auch das reellwertige Funktional $\mathscr{H}(\varphi) \mapsto (\frac{1}{p} \operatorname{Sp} \mathscr{H}^p(\varphi))^{1/2}$ oder andere skalare Maßzahlen maximieren.

6.4 Lokal asymptotisch optimale Tests

Charakterisierungssatz *Es existiere ein Test φ mit $\mathscr{H}_{\vartheta_0}(\varphi) \succ_L 0$, der (6.4.26+27) erfülle. Dann ist $\widetilde{\varphi}$ eine Lösung von (6.4.25–28) genau dann, wenn gilt: $\mathscr{H}_{\vartheta_0}(\widetilde{\varphi}) \in \mathbb{R}^{k \times k}_{\text{p.d.}}$ und es existieren $c_0 \in \mathbb{R}$, $c \in \mathbb{R}^k$ mit*

$$\widetilde{\varphi} = \begin{cases} 1 & \text{für } \operatorname{Sp}(\ddot{L}_{\vartheta_0} \mathscr{H}_{\vartheta_0}(\widetilde{\varphi})^{-1}) > c^\top \dot{L}_{\vartheta_0} + c_0 \\ 0 & \text{für } \operatorname{Sp}(\ddot{L}_{\vartheta_0} \mathscr{H}_{\vartheta_0}(\widetilde{\varphi})^{-1}) < c^\top \dot{L}_{\vartheta_0} + c_0 \end{cases} \quad [P_{\vartheta_0}] \qquad (6.4.29)$$

und $E_{\vartheta_0} \widetilde{\varphi} = \alpha$, $E_{\vartheta_0}(\widetilde{\varphi} \dot{L}_{\vartheta_0}) = 0$.

Ist speziell $\mathfrak{P}$ eine k-parametrige Exponentialfamilie in ϑ und T, dann gilt nach Beispiel 1.184

$$\dot{L}_{\vartheta_0} = T - E_{\vartheta_0} T, \quad \ddot{L}_{\vartheta_0} = (T - E_{\vartheta_0} T)(T - E_{\vartheta_0} T)^\top - \underset{\vartheta_0}{\mathscr{C}\!ov} T.$$

In diesem Fall vereinfacht sich (6.4.29) bei geeigneten $\widetilde{k} \in \mathbb{R}$, $a \in \mathbb{R}^k$ zu

$$\widetilde{\varphi} = \begin{cases} 1 & \text{für } (T-a) \mathscr{H}_{\vartheta_0}(\widetilde{\varphi})^{-1}(T-a) > \widetilde{k} \\ 0 & \text{für } (T-a) \mathscr{H}_{\vartheta_0}(\widetilde{\varphi})^{-1}(T-a) < \widetilde{k} \end{cases} \quad [P_{\vartheta_0}] \qquad (6.4.30)$$

Der obige Charakterisierungssatz zeigt nun, daß im Fall des Limesmodells (6.4.15) und der Hypothesen $\widehat{\mathbf{H}} : \zeta = 0$, $\widehat{\mathbf{K}} : \zeta \neq 0$, der χ^2-Test $\varphi^0(y) := \mathbf{1}(y^\top \mathscr{K}^{-1} y > \chi^2_{k;\alpha})$ gerade lokal optimal im obigen Sinne ist. Hierzu beachte man, daß $\mathfrak{Q}'$ eine Exponentialfamilie in ζ und $\mathscr{K}^{-1} y$ ist. Verwendet man nun an Stelle von y die Variable $v = \mathscr{K}^{-1/2} y$, dann ist die ZG $V = \mathscr{K}^{-1/2} Y$ unter $\zeta = 0$ gemäß $\mathfrak{N}(0, \mathscr{I}_k)$ verteilt und φ^0 von der Form $\varphi^0 = \mathbf{1}(v^\top v > \chi^2_{k;\alpha})$. Offenbar ist (6.4.26) für diesen Test trivialerweise erfüllt. Zum Nachweis von (6.4.27+28) drückt man zweckmäßigerweise $\dot{L}_{\vartheta_0}$ und $\ddot{L}_{\vartheta_0}$ ebenfalls durch die Variable V aus. Dann gilt

$$\dot{L}_{\vartheta_0} = \mathscr{K}^{-1/2} V, \quad \ddot{L}_{\vartheta_0} = \mathscr{K}^{-1/2} V V^\top \mathscr{K}^{-1/2} - \mathscr{K}^{-1},$$

und wegen $T = \mathscr{K}^{-1} Y = \mathscr{K}^{-1/2} V$ ist $E_{\vartheta_0} T = 0$ sowie $\mathscr{C}\!ov_{\vartheta_0} T = \mathscr{K}^{-1}$. Die Eigenschaft (6.4.27) folgt nun unmittelbar daraus, daß sich der Wert von $E_{\vartheta_0}(\varphi^0 \dot{L}_{\vartheta_0}) = \mathscr{K}^{-1/2} E_{\vartheta_0}(\varphi^0 V)$ wegen $\varphi^0 = \mathbf{1}(v^\top v > \chi^2_{k;\alpha})$ nicht verändert, wenn man V durch $-V$ ersetzt und $\mathfrak{L}(V) = \mathfrak{L}(-V)$ beachtet. Um auch (6.4.28) zu verifizieren, hat man zunächst die analytische Form von $\mathscr{H}_{\vartheta_0}(\varphi^0)$ zu bestimmen. Eine einfache Rechnung zeigt, daß gilt

$$\mathscr{H}_{\vartheta_0}(\varphi^0) = E_{\vartheta_0}(\varphi^0 \ddot{L}_{\vartheta_0}) = \mathscr{K}^{-1/2} E_{\vartheta_0}(\varphi^0 V V^\top) \mathscr{K}^{-1/2} - \alpha \mathscr{K}^{-1} = (\tau - \alpha) \mathscr{K}^{-1}$$

mit $\tau > \alpha$, also mit $\mathscr{H}_{\vartheta_0}(\varphi^0) \succ_L 0$. Zunächst ergibt sich nämlich für $i \neq j$

$$E_{\vartheta_0}(\varphi^0 V_i V_j) = E_{\vartheta_0}(V_i V_j \mathbf{1}(V^\top V > \chi^2_{k;\alpha})) = 0,$$

wenn man V_i durch $-V_i$ ersetzt und V_j unverändert läßt; für $i = j$ ist $E_{\vartheta_0}(\varphi^0 V_i V_j)$, also $E_{\vartheta_0}(\varphi^0 V_i^2)$, unabhängig von dem speziellen Wert i und zwar gilt

$$\tau := E_{\vartheta_0}(\varphi^0 V_i^2) = \frac{1}{k} E_{\vartheta_0}(\varphi^0 V^\top V) = E_{\vartheta_0}\left(\frac{1}{k} V^\top V \mathbf{1}\left(\frac{1}{k} V^\top V > \frac{1}{k} \chi^2_{k;\alpha}\right)\right) > \alpha,$$

wenn man beachtet, daß $L := \frac{1}{k}V^\top V$ wegen $L \geq 0$ und $E_{\vartheta_0}L = 1$ als DQ eines WS-Maßes Q_1' bzgl. $Q_0' = \mathfrak{N}(0, \mathscr{I}_k)$ aufgefaßt werden kann. Dann gilt nämlich nach der Kettenregel und dem Neyman-Pearson-Lemma 2.7 wegen $Q_0'(L > \frac{1}{k}\chi^2_{k;\alpha}) = \alpha$

$$\tau := E_0\left(L\mathbf{1}\left(L > \frac{1}{k}\chi^2_{k;\alpha}\right)\right) = E_1\mathbf{1}\left(L > \frac{1}{k}\chi^2_{k;\alpha}\right) = Q_1'\left(L > \frac{1}{k}\chi^2_{k;\alpha}\right) > \alpha.$$

Schließlich ist der Test auch von der Form (6.4.30), denn es gilt

$$(\mathscr{K}^{-1}y)^\top \mathscr{H}_{\vartheta_0}(\varphi^0)^{-1}(\mathscr{K}^{-1}y) = (\tau - \alpha)^{-1} y^\top \mathscr{K}^{-1} y$$

mit $k = (\tau - \alpha)^{-1}\chi^2_{k;\alpha}$ und $a = 0$. Der χ^2-Test $\varphi^0(y) = \mathbf{1}(y^\top \mathscr{K}^{-1} y > \chi^2_{k;\alpha})$ ist daher nach obigem Kriterium lokal optimal für das Testproblem (6.4.14+15) und damit auch der Test $\varphi^*(z) = \mathbf{1}(z^\top \mathscr{J}_0^{-1} z > \chi^2_{k;\alpha})$ für das Limesproblem (6.4.1+14). □

Der χ^2-Test φ^* aus Korollar 6.156 ist also auch ein lokal optimaler k-seitiger Test. Die von ihm induzierten Tests $\varphi_n^* = \varphi^* \circ Z_n$ sind dagegen auf der Stufe n nur ein näherungsweiser Ersatz für die k-seitigen lokal besten Tests, die jedoch zumeist nicht explizit angebbar sind. Wollte man die (lokale) Optimalität des Limestests zu einer asymptotischen Optimalität der Folge (φ_n^*) umsetzen, müßte man von der Begriffsbildung „lokal asymptotisch lokal optimal" ausgehen, die vielleicht etwas künstlich wirkt. Man orientiert sich deshalb an der Maximin-Eigenschaft aus Korollar 6.156b. Es sei aber angemerkt, daß die lokal asymptotische Maximin-Eigenschaft in begrifflicher Nähe zur finiten lokalen Optimalität steht.

Zusammengesetzte Nullhypothesen und Nebenparameter Im zweiten Teil von 6.4.1 wurden lediglich die Hypothesen (6.4.13) betrachtet. Es existieren jedoch verschiedene naheliegende Fragestellungen, die auf Testprobleme mit zusammengesetzten Nullhypothesen führen. Dies ist schon dann der Fall, wenn man (6.4.13) durch ein mehrparametriges Analogon zu (6.4.10) ersetzen möchte. Mit vorgegebenen $\mathscr{T} \in \mathbb{R}^{k \times k}_{\text{p.d.}}$ und $r > 0$ läßt sich ein solches etwa in der Form schreiben

$$\mathbf{H}_1 : (\vartheta - \vartheta_0)^\top \mathscr{T}(\vartheta - \vartheta_0) \leq r^2, \quad \mathbf{K}_1 : (\vartheta - \vartheta_0)^\top \mathscr{T}(\vartheta - \vartheta_0) > r^2. \quad (6.4.31)$$

Eine andere Form von Problemen mit zusammengesetzter Nullhypothese ergibt sich, wenn man prüfen möchte, ob ϑ –in vorgegebener funktionaler Weise – von einem „Metaparameter" abhängt. (Ist ϑ etwa der Mittelwertvektor in einem linearen Modell, dann kann man fragen, ob ϑ linear von vorgegebenen Regressoren abhängig ist oder nicht.) Zur mathematischen Präzisierung dieser Fragestellung sei $\Gamma \subset \mathbb{R}^p$ und $g : \Gamma \to \Theta$ injektiv vorgegeben. Eine mögliche Formulierung ist dann

$$\mathbf{H}_2 : \vartheta \in \text{Bild}(g), \quad \mathbf{K}_2 : \vartheta \notin \text{Bild}(g). \quad (6.4.32)$$

In gewissem Sinne dual dazu ist die Fragestellung, ob zwischen den Komponenten von ϑ eine funktionale Beziehung besteht, deren Typ wiederum im vorhinein zu spezifizieren ist. Möchte man beispielsweise überprüfen, ob der Mittelwertvektor ϑ in einem linearen Gauß-Modell auf einer Hyperebene liegt oder nicht, dann ist dies äquivalent zur Hypothese $c^\top \vartheta = c_0$, wobei $c \in \mathbb{R}^k$ und $c_0 \in \mathbb{R}$ vorgegeben sind.

Die entsprechenden Hypothesen lassen sich formalisieren mit Hilfe einer Funktion
$h : \Theta \to \mathbb{R}^m$, $m < k$, nämlich gemäß

$$\mathbf{H}_3 : h(\vartheta) = 0, \quad \mathbf{K}_3 : h(\vartheta) \neq 0. \qquad (6.4.33)$$

Einen weiteren Typ von Testproblemen mit zusammengesetzten Nullhypothesen bilden die bereits früher, etwa in 6.2.3, diskutierten Probleme mit Nebenparametern. Bei diesen geht man von einer Partitionierung $\vartheta = (\kappa, \lambda)^\top \in K \times \Lambda = \Theta$ aus und betrachtet zu einem spezifizierten $\kappa_0 \in K$ die Hypothesen

$$\mathbf{H}_4 : \kappa = \kappa_0, \quad \lambda \in \Lambda, \quad \mathbf{K}_4 : \kappa \neq \kappa_0, \quad \lambda \in \Lambda. \qquad (6.4.34)$$

Formal fallen diese unter die beiden zuvor diskutierten Problemtypen. Hierzu hat man im ersten Fall $\Gamma = \Lambda$ und $g_0(\lambda) = (\kappa_0, \lambda)^\top$ zu setzen bzw. im zweiten $h_0(\vartheta) = \kappa - \kappa_0$. Umgekehrt ist auch das Problem $(\mathbf{H}_1, \mathbf{K}_1)$ ein Testproblem mit Nebenparametern. Dazu hat man bei gegebenem ϑ_0 nur $\vartheta \neq \vartheta_0$ zu identifizieren mit

$$(\kappa, \lambda), \quad \kappa := \|\vartheta - \vartheta_0\|, \quad \lambda := (\vartheta - \vartheta_0)/\|\vartheta - \vartheta_0\|, \quad \|x\|^2 := x^\top \mathscr{T} x.$$

Auch die Hypothesenpaare $(\mathbf{H}_2, \mathbf{K}_2)$ bzw. $(\mathbf{H}_3, \mathbf{K}_3)$ lassen sich in den meisten Anwendungsbeispielen in zwangloser Weise als Probleme mit Nebenparametern auffassen. Dies illustriert etwa das

Beispiel 6.166 Gegeben sei die Verteilungsklasse $\{\mathfrak{N}(\mu, \mathscr{S}) : \mu \in \mathbb{R}^k\} \subset \mathfrak{M}^1(\mathbb{R}^k, \mathbb{B}^k)$ mit der als bekannt vorausgesetzten Kovarianzmatrix $\mathscr{S} \in \mathbb{R}^{k \times k}_{\mathrm{p.d.}}$.

a) Sei $\mathscr{A} \in \mathbb{R}^{k \times p}$ mit $k > p = \operatorname{Rang}(\mathscr{A})$ eine gegebene „Design-Matrix", etwa zu einer Zweifachzerlegung oder einem Regressionsproblem. Dann lassen sich die Hypothesen

$$\mathbf{H} : \mu \in A, \quad \mathbf{K} : \mu \notin A, \quad A = \operatorname{Bild}(\mathscr{A}),$$

äquivalent ausdrücken mit Hilfe eines algebraischen Komplements B von A bzgl. $\mathbb{R}^k$. (Dieses erlaubt bekanntlich für jedes μ eine eindeutige Zerlegung der Form $\mu = \widehat{\mu} + \widetilde{\mu}$ mit $\widehat{\mu} \in B$ und $\widetilde{\mu} \in A$.) Zu überprüfen sind somit die Hypothesen

$$\mathbf{H} : \widehat{\mu} = 0, \quad \widetilde{\mu} \in A, \quad \mathbf{K} : \widehat{\mu} \neq 0, \quad \widetilde{\mu} \in A.$$

b) Sei $\mathscr{B} \in \mathbb{R}^{m \times k}$, $k > m = \operatorname{Rang}(\mathscr{B})$. Dann sind die Hypothesen

$$\mathbf{H} : \mathscr{B}\mu = 0, \quad \mathbf{K} : \mathscr{B}\mu \neq 0,$$

entsprechend darstellbar. Dazu sei A ein algebraisches Komplement von $B := \operatorname{Kern}(\mathscr{B})$ in $\mathbb{R}^k$ (und damit jetzt eine Darstellung der Form $\mu = \breve{\mu} + \mu^*$ mit $\breve{\mu} \in A$ und $\mu^* \in B$). Folglich lauten die obigen Hypothesen

$$\mathbf{H} : \breve{\mu} = 0, \quad \mu^* \in B, \quad \mathbf{K} : \breve{\mu} \neq 0, \quad \mu^* \in B.$$

Ist $m = k$ und $\mathscr{B} = \mathscr{A}^\top$, so gilt bekanntlich $\operatorname{Kern}(\mathscr{A}^\top) + \operatorname{Bild}(\mathscr{A}) = \mathbb{R}^k$. In diesem Fall komplementieren sich die jeweils vorgegebenen Mengen gegenseitig, d.h. a) und b) sind in diesem Sinne dual. □

Testprobleme, wie sie in dem vorausgegangenen Beispiel auftraten, werden uns schon im nächsten Unterabschnitt in Form von Limesproblemen begegnen. Zu deren Lösung benötigt man eine Verallgemeinerung von Satz 6.155, d.h. einen allgemeineren χ^2-Test der linearen Hypothese. Ein solcher wird in 6.4.2 als Satz 6.168 angegeben werden. Alle dort behandelten Testprobleme werden als Hypothesen mit Nebenparametern formuliert.

6.4.2 Probleme mit Nebenparametern: LQ-Tests und verwandte Verfahren

In Band I sowie in 6.2.3 wurden schon diverse Testprobleme mit Nebenparametern betrachtet. Solche Fragestellungen traten sowohl bei Einstichprobenproblemen auf (z.B. bei Hypothesen über den Mittelwert, die Varianz oder Varianzkomponenten) wie auch bei Mehrstichprobenproblemen (etwa beim Vergleich mehrerer Mittelwerte oder Varianzen). In 6.4.2 sollen der Einfachheit halber nur Einstichprobenprobleme betrachtet werden. Zu deren lokal asymptotischer Behandlung gehen wir wieder aus von st.u. glv. ZG X_j, $j \in \mathbb{N}$, schreiben jetzt jedoch die zugrundeliegende Verteilungsklasse $\mathfrak{F}$ unter Verwendung eines m-dimensionalen Hauptparameters κ und eines $(d-m)$-dimensionalen Nebenparameters λ gemäß

$$\mathfrak{F} = \{F_{\kappa,\lambda} : \kappa \in K, \lambda \in \Lambda\}, \quad K \subset \mathbb{R}^m, \quad \Lambda \subset \mathbb{R}^{d-m}. \tag{6.4.35}$$

Dabei sei also $1 \le m < d$, wobei auf den Fall[61] $m = 1$ in 6.4.3 noch eigens eingegangen wird. Der einfachste Typ solcher Testprobleme behandelt Hypothesen der Form (6.4.34), d.h.

$$\mathbf{H} : \kappa = \kappa_0, \quad \lambda \in \Lambda, \qquad \mathbf{K} : \kappa \ne \kappa_0, \quad \lambda \in \Lambda. \tag{6.4.34'}$$

Auf derartige Situationen soll nun die in 6.4.1 diskutierte Vorgehensweise erweitert werden. Anschließend soll diese in leicht modifizierter Form dazu verwendet werden, die asymptotische Optimalität anderer heuristisch gewonnener Verfahren herzuleiten wie etwa die des LQ-Tests. Dabei wird unterstellt, daß der Nebenparameter nicht durch eine Datenreduktion, etwa durch Invarianz, eliminierbar ist oder eine solche nicht durchgeführt werden soll. Eine derartige Reduktion würde nämlich wieder auf die in 6.4.1 behandelten Problemstellungen führen.

Beispiel 6.167 $F_1, \ldots, F_m$ seien eindimensionale VF, die den Mittelwert 0 und die Varianz 1 besitzen sollen. Mit $\kappa = (\kappa_1, \ldots, \kappa_m)^\top \in \Sigma_m$ sowie $\lambda = (\mu, \sigma)^\top \in \mathbb{R} \times (0, \infty)$ sei

$$F(z; \kappa, \lambda) = \sum_{i=1}^m \kappa_i F_i\left(\frac{z-\mu}{\sigma}\right), \quad z \in \mathbb{R}.$$

---

[61] Wir sehen hierbei von der Einführung eines eindimensionalen (Haupt-)Parameters der Form $\varrho = |\kappa - \kappa_0|$ ab, mit dem sich die Hypothesen (6.4.34) zwar äquivalent in der Form $\mathbf{H} : \varrho = 0$, $\mathbf{K} : \varrho \ne 0$ (mit unbekanntem $(d-1)$-dimensionalem Nebenparameter) schreiben, jedoch weniger einfach behandeln ließen.

Diese Parametrisierung ist injektiv, sofern die $F_1, \ldots, F_m$ als linear unabhängig vorausgesetzt werden.

Ein solches Modell wird man etwa dann zugrundelegen, wenn man sich darüber im unklaren ist, wie schnell die Flanken-WS gegen 0 streben. Eine einfache Möglichkeit der Modellierung besteht darin, eine Mischung verschiedener Verteilungstypen zugrundezulegen. So könnte man für F_1 etwa die $\mathfrak{N}(0,1)$-Verteilung, für F_2 die Doppelexponentialverteilung $\mathfrak{D}(0,1)$ und für $F_3, \ldots, F_m$ solche Verteilungen verwenden, deren Flanken mit verschiedenen algebraischen Raten gegen 0 streben. Von Interesse ist dann, ob nicht eine einzelne oder eine spezielle Mischung dieser VF zur Modellierung ausreicht. Dies führt gerade auf Hypothesen der Form (6.4.34′). Zu Spezialfällen vgl. Aufg. 6.42. □

Damit das Limesproblem aus dem Prüfen linearer Hypothesen besteht und somit in Analogie zu 4.2.1 lösbar ist, wird nicht nur der Hauptparameter κ, sondern auch der an und für sich uninteressante Nebenparameter λ lokalisiert. Man wählt also einen festen, aber beliebigen Wert $\lambda_0 \in \Lambda$ und lokalisiert die Ausgangsfamilie $\mathfrak{F}^{(n)}$ um den Punkt $\vartheta_0 = (\kappa_0^\top, \lambda_0^\top)^\top \in \mathbf{J}$ gemäß

$$w_{n\zeta} = F^{(n)}_{\vartheta_0 + n^{-1/2}\zeta}, \quad \zeta = (\eta^\top, \xi^\top)^\top. \tag{6.4.36}$$

Für $\mathbb{L}_2(\vartheta_0)$-differenzierbare Verteilungsklassen $\mathfrak{F}$ ist dann nach dem 2. Le Cam Lemma die Familie $\mathfrak{F}_n = \{F^{(n)}_{\vartheta_0 + n^{-1/2}\zeta} : \zeta \in \mathbb{R}^d\}$ LAN$(Z_n(\vartheta_0), \mathscr{I}(\vartheta_0))$ mit der d-dimensionalen zentralen Statistik $Z_n(\vartheta_0) = n^{-1/2} \sum_{j=1}^n \dot{L}_{\vartheta_0}(X_j)$ sowie der $d \times d$-Informationsmatrix $\mathscr{I}(\vartheta_0) = E_{\vartheta_0} \dot{L}_{\vartheta_0}(X_1) \dot{L}_{\vartheta_0}^\top(X_1)$. Als Limesmodell ergibt sich also wieder das (nun allerdings noch von der beliebig gewählten Stelle $\vartheta_0 \in \mathbf{J}$ abhängige) Gauß-Shift-Modell (6.4.1). Die reparametrisierten Hypothesen (6.4.34′) lauten in diesem Fall[62] wegen $\kappa = \kappa_0 + n^{-1/2}\eta$ und $\lambda = \lambda_0 + n^{-1/2}\xi$

$$\widehat{\mathbf{H}} : \eta = 0, \quad \xi \in \mathbb{R}^{d-m}, \qquad \widehat{\mathbf{K}} : \eta \neq 0, \quad \xi \in \mathbb{R}^{d-m} \tag{6.4.37}$$

oder mit $h := d - m$ und $\mathfrak{L}_h := \left\{ \begin{pmatrix} 0 \\ \xi \end{pmatrix} : \xi \in \mathbb{R}^h \right\}$

$$\widehat{\mathbf{H}} : \zeta \in \mathfrak{L}_h, \quad \widehat{\mathbf{K}} : \zeta \in \mathbb{R}^d - \mathfrak{L}_h. \tag{6.4.38}$$

Setzt man nun der Einfachheit halber wieder $\mathscr{I}(\vartheta_0)$ als nicht-entartet voraus (und zwar für alle $\vartheta_0 \in \mathbf{J}$), so geht bei der Transformation $Z \mapsto Y := \mathscr{K}Z$ mit $\mathscr{K} := \mathscr{I}(\vartheta_0)^{-1}$ das Limesmodell (6.4.1) wieder über in die (nun ebenfalls von ϑ_0 abhängende) Klasse (6.4.15), also in

$$\mathfrak{Q}' = \{Q'_\zeta : \zeta \in \mathbb{R}^k\} \quad \text{mit} \quad Q'_\zeta = \mathfrak{N}(\zeta, \mathscr{K}) = \mathfrak{L}_\zeta(Y). \tag{6.4.39}$$

Die Transformation $Y = \mathscr{K}Z$ wird hier deswegen gewählt, weil $E_\zeta Y = \zeta$ ist und sich die Hypothesen (6.4.38) auf ζ (und nicht auf $\mathscr{I}\zeta$ oder $\mathscr{I}^{1/2}\zeta$) beziehen. Y

---

[62] Wie in Beispiel 6.166a gezeigt wurde, lassen sich solche Limesprobleme mit linearen Hypothesen in kanonischer Weise als Testprobleme mit Nebenparameter auffassen, nämlich als solche mit dem $(d-m)$-dimensionalen Nebenparameter ξ.

ist gerade der ML-Schätzer für ζ im Modell (6.4.1) und erlaubt daher eine einfache Interpretation. Dieser Übergang – samt der in ihm enthaltenen Matrixinversion – ist jedoch technisch nicht unbedingt notwendig; vgl. Anmerkung 6.173. Bei (6.4.38) handelt es sich um lineare Hypothesen, wobei – in der Terminologie von Kap. 4 – $\mathfrak{L}_k = \mathbb{R}^d$ zu setzen ist.

Behandlung des Limesproblems Zur Bestimmung einer optimalen Lösung für die Hypothesen (6.4.38) im Modell (6.4.39) beweisen wir etwas allgemeiner den

Satz 6.168 (χ^2-Test der linearen Hypothese) *Seien Y eine d-dimensionale $\mathfrak{N}(\zeta, \mathscr{K})$-verteilte ZG mit bekannter Kovarianzmatrix $\mathscr{K} \in \mathbb{R}^{d \times d}_{p.d.}$, $\mathfrak{L}_h \subset \mathfrak{L}_k \subset \mathbb{R}^d$ lineare Teilräume der Dimension $0 \leq h < k \leq d$ sowie $\widehat{\zeta}(\cdot)$ und $\widehat{\widehat{\zeta}}(\cdot)$ die orthogonalen Projektionen auf $\mathfrak{L}_k$ bzw. $\mathfrak{L}_h$ bzgl. des durch $(y,z) \mapsto y^\top \mathscr{K}^{-1} z$ definierten Skalarprodukts, also $\widehat{\zeta}(y) \in \mathfrak{L}_k$ bzw. $\widehat{\widehat{\zeta}}(y) \in \mathfrak{L}_h$ für $y \in \mathbb{R}^d$ Lösungen von*

$$(\widehat{\zeta}(y) - y)^\top \mathscr{K}^{-1}(\widehat{\zeta}(y) - y) = \min_{\zeta \in \mathfrak{L}_k}(\zeta - y)^\top \mathscr{K}^{-1}(\zeta - y),$$

$$(\widehat{\widehat{\zeta}}(y) - y)^\top \mathscr{K}^{-1}(\widehat{\widehat{\zeta}}(y) - y) = \min_{\zeta \in \mathfrak{L}_h}(\zeta - y)^\top \mathscr{K}^{-1}(\zeta - y).$$

Dann gilt für das Testen der Hypothesen $\widehat{\mathbf{H}} : \zeta \in \mathfrak{L}_h$ gegen $\widehat{\mathbf{K}} : \zeta \in \mathfrak{L}_k - \mathfrak{L}_h$:

a) *Der χ^2-Test $\varphi^0(y) := \mathbf{1}(T^0(y) > \chi^2_{k-h;\alpha})$ mit der Prüfgröße*

$$T^0(y) := (\widehat{\zeta}(y) - \widehat{\widehat{\zeta}}(y))^\top \mathscr{K}^{-1}(\widehat{\zeta}(y) - \widehat{\widehat{\zeta}}(y)) \tag{6.4.40}$$

ist ein α-Niveau Test und für die Verteilung von T^0 gilt

$$\mathfrak{L}_\zeta(T^0(Y)) = \chi^2_{k-h}(\delta^2) \quad \text{mit} \quad \delta^2 = T^0(\zeta), \quad \zeta \in \mathfrak{L}_k.$$

b) *Das Testproblem ist invariant gegenüber der Gruppe $\mathfrak{Q}_0$ der affinen Transformationen $x \mapsto \mathscr{Q}x + u$ mit $u \in \mathfrak{L}_h$ und $\mathscr{Q} \in \mathbb{R}^{k \times k}_{n.e.}$, so daß $\mathscr{Q}(\mathfrak{L}_h) = \mathfrak{L}_h$, $\mathscr{Q}(\mathfrak{L}_k) = \mathfrak{L}_k$ und $\mathscr{Q}$ orthogonal ist bzgl. des Skalarprodukts $(y,z) \mapsto y^\top \mathscr{K}^{-1} z$. Gegenüber dieser Gruppe ist T^0 eine maximalinvariante Statistik und φ^0 ein gleichmäßig bester invarianter α-Niveau Test.*

c) *φ^0 ist für jedes $\delta > 0$ ein Maximin α-Niveau Test für das Problem $\widehat{\mathbf{H}} : \zeta \in \mathfrak{L}_h$ gegen $\widehat{\mathbf{K}}_\delta : \zeta^\top \mathscr{K}^{-1} \zeta = \delta^2$. Für seine Maximin-Schärfe gilt*

$$\inf_{\zeta^\top \mathscr{K}^{-1}\zeta = \delta^2} E_\zeta \varphi^0(Y) = 1 - G_{k-h}(\chi^2_{k-h;\alpha}, \delta^2). \tag{6.4.41}$$

Diese Aussage bleibt richtig, wenn man $\widehat{\mathbf{K}}_\delta$ ersetzt durch $\widehat{\widehat{\mathbf{K}}}_\delta : \zeta^\top \mathscr{K}^{-1} \zeta \geq \delta^2$.

Beweis: a) Wegen $\mathscr{K} \in \mathbb{R}^{d \times d}_{p.d.}$ gibt es eine Matrix $\mathscr{C} \in \mathbb{R}^{d \times d}_{n.e.}$ mit $\mathscr{C}\mathscr{K}\mathscr{C}^\top = \mathscr{I}_d$, d.h. $\mathscr{C}^\top \mathscr{C} = \mathscr{K}^{-1}$; vgl. Hilfssatz 1.90. Für $X := \mathscr{C}Y$ gilt also $\mathfrak{L}(X) = \mathfrak{N}(\nu, \mathscr{I}_d)$ mit $\nu = \mathscr{C}\zeta$. Transformiert man nun das Testproblem gemäß $x = \mathscr{C}y$, so lauten die Hypothesen $\mathbf{H} : \nu \in \mathcal{L}'_h := \mathscr{C}\mathcal{L}_h$, $\mathbf{K} : \nu \in \mathcal{L}'_k - \mathcal{L}'_h = \mathscr{C}\mathcal{L}_k - \mathscr{C}\mathcal{L}_h$ und die transformierten Projektionen $\widehat{\nu}(x) := \mathscr{C}\widehat{\zeta}(y)$ bzw. $\widehat{\widehat{\nu}}(x) := \mathscr{C}\widehat{\widehat{\zeta}}(y)$ sind für jedes $x \in \mathbb{R}^d$ gemäß Satz 4.12 charakterisiert als Lösungen $\widehat{\nu}(x) \in \mathcal{L}'_k$ bzw. $\widehat{\widehat{\nu}}(x) \in \mathcal{L}'_h$ von

$$|\widehat{\nu}(x) - x|^2 = \min_{\nu \in \mathcal{L}'_k} |\nu - x|^2 \quad \text{bzw.} \quad |\widehat{\widehat{\nu}}(x) - x|^2 = \min_{\nu \in \mathcal{L}'_h} |\nu - x|^2.$$

Folglich ist $T^0(y) = |\widehat{\nu}(x) - \widehat{\widehat{\nu}}(x)|^2 = T(x)$. Wie in 4.2.1 läßt sich zeigen, daß $T(X)$ einer $\chi^2_{k-h}(\delta^2)$-Verteilung mit $\delta^2 := T(\nu) = T^0(\zeta)$ genügt. Dabei gilt wieder $\nu \in \mathcal{L}'_h$ genau für $\delta^2 = 0$.

b) Die Invarianz des Testproblems und die Maximalinvarianz von $T^0(y) = T(x)$ beweist man wie in Satz 4.12. Da die Klasse der nichtzentralen $\chi^2_{k-h}(\delta^2)$-Verteilungen mit dem Parameter $\delta^2 \geq 0$ nach Satz 2.36a einen isotonen DQ in der Identität hat, folgert man wie in Satz 4.13a, daß φ^0 ein gleichmäßig bester invarianter α-Niveau Test ist.

c) ergibt sich wie bei Satz 4.13b. Nach Anmerkung 3.117 ist die Gruppe $\mathfrak{Q}_0$ „amenable" und die Voraussetzungen des Korollars 3.121 (Hunt-Stein) sind erfüllt. □

Wie erwähnt interessiert für die Ausgangsfragestellung wegen $|\mathscr{I}(\vartheta_0)| \neq 0$ nur der Fall $\mathcal{L}_k = \mathbb{R}^d$, also Satz 6.168 mit $\mathscr{K} = \mathscr{I}(\vartheta_0)^{-1}$ und $\widehat{\zeta}(y) = y$. Ist überdies $h = 0$, so ergibt sich gerade der Satz 6.155. Für Testprobleme mit Nebenparametern benötigt man die Aussage jedoch für den Fall $h > 0$. In diesem gilt das

Korollar 6.169 *Sei speziell $d = k$, $h > 0$, $\mathscr{B}$ eine $k \times h$-Matrix vom Rang h mit $\mathcal{L}_h = \mathscr{B}\mathbb{R}^h$ und $\mathscr{M} := \mathscr{K}^{-1}\mathscr{B}$. Dann ist $\mathscr{T} := \mathscr{B}^\top \mathscr{K}^{-1}\mathscr{B}$ invertierbar und es gilt*

a) $\quad T^0(y) = (y - \mathscr{B}\mathscr{T}^{-1}\mathscr{B}^\top \mathscr{K}^{-1}y)^\top \mathscr{K}^{-1}(y - \mathscr{B}\mathscr{T}^{-1}\mathscr{B}^\top \mathscr{K}^{-1}y)$
$$= y^\top (\mathscr{K}^{-1} - \mathscr{K}^{-1}\mathscr{B}\mathscr{T}^{-1}\mathscr{B}^\top \mathscr{K}^{-1})y \qquad (6.4.42)$$
$$= y^\top (\mathscr{K}^{-1} - \mathscr{M}(\mathscr{M}^\top \mathscr{K}\mathscr{M})^{-1}\mathscr{M}^\top)y, \qquad (6.4.43)$$

$$\mathfrak{L}_\zeta(T^0(Y)) = \chi^2_{k-h}(\delta^2), \quad \delta^2 = T^0(\zeta), \quad \zeta \in \mathcal{L}_k.$$

b) *Ist speziell $\mathscr{B} = \begin{pmatrix} \mathscr{O} \\ \mathscr{I}_h \end{pmatrix} \in \mathbb{R}^{k \times h}$ und schreibt man entsprechend $\mathscr{J} := \mathscr{K}^{-1}$ als Blockmatrix sowie y als partitionierten Vektor, d.h.*

$$\mathscr{J} = \begin{bmatrix} \mathscr{J}_{11} & \mathscr{J}_{12} \\ \mathscr{J}_{21} & \mathscr{J}_{22} \end{bmatrix} \in \mathbb{R}^{k \times k}, \quad y = \begin{bmatrix} y_1 \\ y_2 \end{bmatrix} \in \mathbb{R}^k, \qquad (6.4.44)$$

so gilt mit der Abkürzung $\mathscr{J}_{11.2} := \mathscr{J}_{11} - \mathscr{J}_{12}\mathscr{J}_{22}^{-1}\mathscr{J}_{21}$:

$$T^0(y) = y_1^\top \mathscr{J}_{11.2}\, y_1 \quad \text{und} \quad \delta^2 = \eta^\top \mathscr{J}_{11.2}\, \eta. \qquad (6.4.45)$$

c) φ^0 ist für jedes $\delta > 0$ ein Maximin α-Niveau Test für $\widehat{\mathbf{H}} : \eta = 0$, $\xi \in \mathbb{R}^h$, gegen $\widehat{\mathbf{K}}_\delta : \eta^\top \mathscr{I}_{11.2} \eta = \delta^2$, $\xi \in \mathbb{R}^h$. Für seine Maximin-Schärfe gilt unabhängig von $\xi \in \mathbb{R}^h$

$$\inf_{\eta^\top \mathscr{I}_{11.2}\,\eta = \delta^2} E_\zeta \varphi^0(Y) = 1 - G_{k-h}(\chi^2_{k-h;\alpha}, \delta^2). \tag{6.4.46}$$

Diese Aussage bleibt richtig, wenn man $\widehat{\mathbf{K}}_\delta$ ersetzt durch $\widehat{\widehat{\mathbf{K}}}_\delta : \eta^\top \mathscr{I}_{11.2}\, \eta \geq \delta^2$, $\xi \in \mathbb{R}^h$.

Beweis: a) Sei wieder $\mathscr{K}^{-1} = \mathscr{C}^\top \mathscr{C}$. Wegen $\text{Rang}(\mathscr{C}) = k$ ist dann mit $\mathscr{B}$ auch $\mathscr{C}\mathscr{B}$ eine $k \times h$-Matrix vom Rang h und damit $\mathscr{T} = (\mathscr{C}\mathscr{B})^\top (\mathscr{C}\mathscr{B})$ eine invertierbare $h \times h$-Matrix. Wegen $\mathfrak{L}_k = \mathbb{R}^k$ ist $\widehat{\zeta}(y) = y$. Für die Projektion auf den linearen Raum $\mathfrak{L}_h = \{y \in \mathbb{R}^k : y = \mathscr{B}\xi,\ \xi \in \mathbb{R}^h\}$, also für $\widehat{\widehat{\zeta}}(y) = \mathscr{B}\widehat{\widehat{\xi}}(y)$ mit $\widehat{\widehat{\xi}}(y) \in \mathbb{R}^h$, ergibt sich bei festem $y \in \mathbb{R}^k$ durch Differenzieren aus

$$(y - \mathscr{B}\widehat{\widehat{\xi}}(y))^\top \mathscr{K}^{-1}(y - \mathscr{B}\widehat{\widehat{\xi}}(y)) = \min_{\xi \in \mathbb{R}^h} (y - \mathscr{B}\xi)^\top \mathscr{K}^{-1}(y - \mathscr{B}\xi)$$

zunächst $\mathscr{B}^\top \mathscr{K}^{-1}(y - \mathscr{B}\widehat{\widehat{\xi}}(y)) = 0$ und damit $\widehat{\widehat{\xi}}(y) = \mathscr{T}^{-1} \mathscr{B}^\top \mathscr{K}^{-1} y$.

b) Durch Ausmultiplizieren ergibt sich (mit Nullmatrizen $\mathscr{O}$ der jeweils vorgezeichneten Reihenzahl) aus $\mathscr{T} = \mathscr{I}_{22}^{-1}$

$$\mathscr{B}\mathscr{I}_{22}^{-1}\mathscr{B}^\top \mathscr{I} = \begin{pmatrix} \mathscr{O} \\ \mathscr{I}_h \end{pmatrix} \mathscr{I}_{22}^{-1} (\mathscr{I}_h, \mathscr{O}) \begin{bmatrix} \mathscr{I}_{11} & \mathscr{I}_{12} \\ \mathscr{I}_{21} & \mathscr{I}_{22} \end{bmatrix} = \begin{bmatrix} \mathscr{O} & \mathscr{O} \\ \mathscr{I}_{22}^{-1} \mathscr{I}_{21} & \mathscr{I}_h \end{bmatrix}$$

also

$$Y - \mathscr{B}\mathscr{I}_{22}^{-1} \mathscr{B}^\top \mathscr{I} Y = \begin{bmatrix} Y_1 \\ -\mathscr{I}_{22}^{-1}\mathscr{I}_{21} Y_1 \end{bmatrix}$$

und damit durch Einsetzen in (6.4.42) die Behauptung.

c) folgt wegen $T^0(\zeta) = \eta^\top \mathscr{I}_{11.2}\, \eta$ aus Satz 6.168c. □

Für die (6.4.44) entsprechende Partitionierung der Teststatistik in den ursprünglichen Koordinaten $z = \mathscr{I} y$ benötigt man den auch später nützlichen

Hilfssatz 6.170 (Invertierung von Blockmatrizen) *Sei* $\mathscr{I} = (\mathscr{I}_{i\ell})_{1 \leq i,\ell \leq 2} \in \mathbb{R}^{k \times k}$ *eine symmetrische Blockmatrix mit positiv definiten Matrizen* $\mathscr{I}_{22}$ *und* $\mathscr{I}_{11.2} = \mathscr{I}_{11} - \mathscr{I}_{12}\mathscr{I}_{22}^{-1}\mathscr{I}_{21}$. *Dann gilt mit der Abkürzung* $\mathscr{I}_{\cdot 2} := \mathscr{I}_{12}\mathscr{I}_{22}^{-1}$:

a) $\quad \mathscr{I}^{-1} = \begin{bmatrix} \mathscr{I}_{11.2}^{-1} & -\mathscr{I}_{11.2}^{-1}\mathscr{I}_{\cdot 2} \\ -\mathscr{I}_{\cdot 2}^\top \mathscr{I}_{11.2}^{-1} & \mathscr{I}_{22}^{-1} + \mathscr{I}_{\cdot 2}^\top \mathscr{I}_{11.2}^{-1} \mathscr{I}_{\cdot 2} \end{bmatrix};$ \hfill (6.4.47)

b) $\quad \mathscr{I}_{11} - \mathscr{I}_{11.2}$ *ist positiv semidefinit*[63].

---
[63] Diese Aussage, also die Gültigkeit von $\eta^\top \mathscr{I}_{11} \eta \geq \eta^\top \mathscr{I}_{11.2}\eta\ \forall \eta \in \mathbb{R}^{k-h}$, bringt zum Ausdruck, daß man bei Kenntnis des Nebenparameters zwischen Verteilungen mit $\eta = 0$ bzw. $\eta \neq 0$ schärfer trennen kann als ohne eine solche. Die jeweiligen Nichtzentralitätsparameter lauten nämlich gemäß Satz 6.158 bzw. Korollar 6.169b gerade $\eta^\top \mathscr{I}_{11}\eta$ bzw. $\eta^\top \mathscr{I}_{11.2}\eta$.

Beweis: a) $\mathscr{J}\mathscr{J}^{-1} = \mathscr{I}_k$ ergibt sich durch Ausmultiplizieren wegen

$$\mathscr{J} = \begin{bmatrix} \mathscr{I}_{k-h} & \mathscr{J}_{.2} \\ 0 & \mathscr{I}_h \end{bmatrix} \begin{bmatrix} \mathscr{J}_{11.2} & 0 \\ 0 & \mathscr{J}_{22} \end{bmatrix} \begin{bmatrix} \mathscr{I}_{k-h} & 0 \\ \mathscr{J}_{.2}^\top & \mathscr{I}_h \end{bmatrix} \quad \text{und}$$

$$\begin{bmatrix} \mathscr{I}_{k-h} & \mathscr{J}_{.2} \\ 0 & \mathscr{I}_h \end{bmatrix}^{-1} = \begin{bmatrix} \mathscr{I}_{k-h} & -\mathscr{J}_{.2} \\ 0 & \mathscr{I}_h \end{bmatrix}.$$

b) folgt aus der Definition von $\mathscr{J}_{11.2}$ wegen $u^\top \mathscr{J}_{12} \mathscr{J}_{22}^{-1} \mathscr{J}_{21} u \geq 0 \ \forall u \in \mathbb{R}^{k-h}$. $\square$

Ersetzt man in Korollar 6.169 wieder $\mathscr{K}$ durch $\mathscr{J}^{-1}$ und y durch z, so erhält man mit $T^*(z) := T^0(\mathscr{J}^{-1}z)$ und $\varphi^*(z) := \varphi^0(\mathscr{J}^{-1}z)$ die Lösung des für Hypothesen mit Nebenparametern typischen Limesproblems. Der nachfolgende Satz verallgemeinert also das Korollar 6.156.

Satz 6.171 (χ^2-Test für Limesproblem mit Nebenparametern) *Mit den Bezeichnungen aus Korollar 6.169 bzw. Hilfssatz 6.170 gilt für das Limesproblem (6.4.1+38):*

a) *Der* χ^2-*Test* $\varphi^*(z) = \mathbf{1}(T^*(z) > \chi^2_{k-h;\alpha})$ *mit der Prüfgröße*

$$T^*(z) = z^\top (\mathscr{J}^{-1} - \mathscr{B}(\mathscr{B}^\top \mathscr{J} \mathscr{B})^{-1} \mathscr{B}^\top) z \tag{6.4.42'}$$

ist ein α-Niveau Test und es gilt

$$\mathfrak{L}_\zeta(T^*(Z)) = \chi^2_{k-h}(\delta^2), \quad \delta^2 = \zeta^\top (\mathscr{J}^{-1} - \mathscr{B}(\mathscr{B}^\top \mathscr{J} \mathscr{B})^{-1} \mathscr{B}^\top) \zeta.$$

b) *Ist speziell* $\mathscr{B} = \begin{pmatrix} \mathscr{O} \\ \mathscr{I}_h \end{pmatrix} \in \mathbb{R}^{k \times h}$, *so gilt mit der* $\zeta = (\eta^\top, \xi^\top)^\top$ *entsprechenden Partitionierung von z in u und v gemäß $z = (u^\top, v^\top)^\top$ sowie mit* $\mathscr{J}_{.2} := \mathscr{J}_{12} \mathscr{J}_{22}^{-1}$

$$T^*(z) = (u - \mathscr{J}_{.2} v)^\top \mathscr{J}_{11.2}^{-1} (u - \mathscr{J}_{.2} v) \quad \text{und} \quad \delta^2 = \eta^\top \mathscr{J}_{11.2} \eta. \tag{6.4.45'}$$

c) φ^* *ist für jedes $\delta > 0$ ein Maximin α-Niveau Test für* $\widehat{\mathbf{H}} : \eta = 0, \xi \in \mathbb{R}^h$, *gegen* $\widehat{\mathbf{K}}_\delta : \eta^\top \mathscr{J}_{11.2} \eta = \delta^2, \xi \in \mathbb{R}^h$. *Für seine Maximin-Schärfe gilt unabhängig von ξ*

$$\inf_{\eta^\top \mathscr{J}_{11.2} \eta = \delta^2} E_\zeta \varphi^*(Z) = 1 - G_{k-h}(\chi^2_{k-h;\alpha}, \delta^2). \tag{6.4.46'}$$

Diese Aussage bleibt richtig, wenn man $\widehat{\mathbf{K}}_\delta$ *ersetzt durch* $\widehat{\widehat{\mathbf{K}}}_\delta : \eta^\top \mathscr{J}_{11.2} \eta \geq \delta^2$, $\xi \in \mathbb{R}^h$.

Beweis: a) folgt aus Korollar 6.169a mit $T^*(z) = T^0(\mathscr{J}^{-1}z)$; b) ergibt sich mit Hilfssatz 6.170; c) folgt aus Satz 6.168c gemäß $\varphi^*(z) = \varphi^0(\mathscr{J}^{-1}z)$. $\square$

Offenbar läßt sich der Übergang von U zu $S := U - \mathscr{J}_{12} \mathscr{J}_{22}^{-1} V$ interpretieren als eine Orthogonalisierung von U bzgl. V, denn wegen $E_0 U = E_0 V = 0$ gilt

$$E_0 SV^\top = E_0(U - \mathscr{J}_{12}\mathscr{J}_{22}^{-1}V)V^\top = \mathscr{J}_{12} - \mathscr{J}_{12}\mathscr{J}_{22}^{-1}\mathscr{J}_{22} = 0.$$

Dies sowie eine für die Prüfgröße (6.4.45') wichtige Verteilungseigenschaft von S beinhaltet auch Teil b) von

Hilfssatz 6.172 *Es seien U und V $\mathbb{R}^m$- bzw. $\mathbb{R}^{k-m}$-wertige ZG mit der gemeinsamen Verteilung.*

$$\mathfrak{L}_{\eta,\xi}\begin{pmatrix} U \\ V \end{pmatrix} = \mathfrak{N}\left(\begin{pmatrix} \mathscr{J}_{11}\eta + \mathscr{J}_{12}\xi \\ \mathscr{J}_{21}\eta + \mathscr{J}_{22}\xi \end{pmatrix}, \begin{bmatrix} \mathscr{J}_{11} & \mathscr{J}_{12} \\ \mathscr{J}_{21} & \mathscr{J}_{22} \end{bmatrix}\right), \quad \begin{pmatrix} \eta \\ \xi \end{pmatrix} \in \mathbb{R}^m \times \mathbb{R}^{k-m}, (6.4.48)$$

und $|\mathscr{J}_{22}| \neq 0$. *Dann gilt mit den oben eingeführten Abkürzungen S und $\mathscr{J}_{11.2}$:*

a) *Die bedingte Verteilung von U bei gegebenem $V = v$ ist unabhängig von ξ. Genauer gilt für jedes $\eta \in \mathbb{R}^m$ unabhängig von $\xi \in \mathbb{R}^{k-m}$*

$$\mathfrak{L}_\eta.(U|V=v) = \mathfrak{N}(\mathscr{J}_{11.2}\,\eta + \mathscr{J}_{12}\mathscr{J}_{22}^{-1}v, \mathscr{J}_{11.2}) \quad [P^V].$$

b) *S ist von V für jedes $(\eta^\top, \xi^\top)^\top \in \mathbb{R}^k$ st.u. und es gilt*

$$\mathfrak{L}_{\eta,\xi}(S) = \mathfrak{N}(\mathscr{J}_{11.2}\,\eta, \mathscr{J}_{11.2}) \quad \forall (\eta^\top, \xi^\top)^\top \in \mathbb{R}^k. \tag{6.4.49}$$

c) *Bei festem η ist die Statistik $\pi_2(u,v) = v$ suffizient und vollständig für den Parameter $\xi \in \mathbb{R}^{k-m}$.*

Beweis: a) folgt aus Satz 1.97 für $h = m$ und $\ell = k - m$ mit (6.4.48).

b) Die stochastische Unabhängigkeit von S und V sowie die Verteilungsaussage über S ergeben sich mit a) aus Satz 1.123 oder gemäß Korollar 1.96 aus

$$\mathfrak{L}_{\eta,\xi}\begin{pmatrix} S \\ V \end{pmatrix} = \mathfrak{N}\left(\begin{pmatrix} \mathscr{J}_{11.2}\eta \\ \mathscr{J}_{21}\eta + \mathscr{J}_{22}\xi \end{pmatrix}, \begin{bmatrix} \mathscr{J}_{11.2} & 0 \\ 0 & \mathscr{J}_{22} \end{bmatrix}\right),$$

was mit Satz 1.95 ebenfalls leicht aus (6.4.48) folgt.

c) Die Suffizienz folgt definitionsgemäß aus a), die Vollständigkeit mit der für diese hinreichenden Bedingung 3.39 bei Exponentialfamilien. □

Anmerkung 6.173 Die Hypothesen (6.4.14) bzw. (6.4.34) lassen sich auch direkt unter der Verteilungsannahme (6.4.1) diskutieren. Dadurch wird die Forderung nach der Invertierbarkeit von $\mathscr{J} = \mathscr{J}(\vartheta_0)$ zunächst vermieden, die Herleitung insgesamt jedoch technischer. Die Notwendigkeit zu einer solchen Vorgehensweise kann sich dadurch ergeben, daß die Informationsmatrix entweder für alle $\vartheta \in \Theta$ dieselbe Entartung besitzt wie z.B. im Multinomialfall oder nur in einzelnen Parameterwerten entartet ist.

Sei $1 \leq k = \text{Rang}(\mathscr{J}) \leq d$ vorausgesetzt. Im Fall $k < d$ ist die Klasse $\mathfrak{Q}$ nicht mehr injektiv durch ζ parametrisiert, sondern hängt von diesem Wert nur über $\mathscr{J}\zeta$ ab. Nach Hilfssatz 1.90c gilt zudem

$$P_\zeta(Z \in \mathscr{J}\zeta + \mathscr{J}\mathbb{R}^d) = P_\zeta(Z \in \mathscr{J}\mathbb{R}^d) = 1 \quad \forall \zeta \in \mathbb{R}^d.$$

Im weiteren gehen wir nun von der Spektraldarstellung für $\mathscr{J}$ aus, vgl. Anmerkung 5.133:

$$\mathscr{J}z = \sum_{\ell=1}^k \gamma_\ell \langle z, e_\ell \rangle e_\ell, \quad z \in \mathbb{R}^d,$$

6.4 Lokal asymptotisch optimale Tests

wobei $\langle \cdot, \cdot \rangle$ das übliche euklidische Skalarprodukt, γ_ℓ die positiven Eigenwerte und e_ℓ die zugehörigen Eigenvektoren seien, $1 \leq \ell \leq k$. Letztere sollen ein Orthonormalsystem bilden, d.h. es soll gelten $\langle e_i, e_j \rangle = \delta_{ij}, 1 \leq i, j \leq k$. Dieses ergänzen wir zu einer Orthonormalbasis des $\mathbb{R}^d$ mittels Vektoren $e_{k+1}, \ldots, e_d$. Damit definieren wir weiter

$$\mathscr{J}^+ z = \sum_{\ell=1}^{k} \gamma_\ell^{-1} \langle z, e_\ell \rangle e_\ell, \quad z \in \mathbb{R}^d,$$

$$z_1 \bullet z_2 := \langle z_1, \mathscr{J}^+ z_2 \rangle + \sum_{\ell=k+1}^{d} \langle z_1, e_\ell \rangle \langle z_2, e_\ell \rangle, \quad z_1, z_2 \in \mathbb{R}^d.$$

Die sog. *Moore-Penrose-Inverse* $\mathscr{J}^+$ von $\mathscr{J}$ ist wieder symmetrisch, besitzt den Rang k und $\mathscr{J}^+ \mathscr{J} = \mathscr{J} \mathscr{J}^+$ ist die bzgl. $\langle \cdot, \cdot \rangle$ orthogonale Projektion auf $\mathscr{J} \mathbb{R}^d$. Durch „$\bullet$" wird dann ein weiteres Skalarprodukt auf $\mathbb{R}^d$ definiert. Für dieses erhält man wegen $\mathscr{J}^+ \mathscr{J} \mathscr{J}^+ = \mathscr{J}^+$ und mit $\langle Z, e_\ell \rangle = 0 \; [P_\zeta]$ für $\ell \geq k+1$ bei jeder Wahl von $c_1, c_2 \in \mathbb{R}^d$

$$\text{Cov}_\zeta(c_1 \bullet Z, c_2 \bullet Z) = \text{Cov}_0(c_1 \bullet Z, c_2 \bullet Z) = E_0(c_1^\top \mathscr{J}^+ Z Z^\top \mathscr{J}^+ c_2)$$
$$= c_1^\top \mathscr{J}^+ \mathscr{J} \mathscr{J}^+ c_2 = \widehat{\zeta}^\top(c_1) \mathscr{J}^+ \mathscr{J} \mathscr{J}^+ \widehat{\zeta}(c_2) = \widehat{\zeta}(c_1) \bullet \widehat{\zeta}(c_2) \qquad (6.4.50)$$

mit $\widehat{\zeta}(c_i) := \mathscr{J}^+ \mathscr{J} c_i$, $i = 1, 2$. Ist daher $\mathscr{A}$ eine bzgl. „$\bullet$" orthogonale Abbildung, die zudem den Raum $\mathfrak{L}_k = \mathscr{J} \mathbb{R}^d$ invariant läßt, dann gilt

$$\text{Cov}_\zeta(c_1 \bullet \mathscr{A} Z, c_2 \bullet \mathscr{A} Z) = (\mathscr{A}^{-1} \widehat{\zeta}(c_1)) \bullet (\mathscr{A}^{-1} \widehat{\zeta}(c_2)) = \widehat{\zeta}(c_1) \bullet \widehat{\zeta}(c_2),$$

d.h. das Modell bleibt unter affinen Abbildungen $z \mapsto \mathscr{A} z + b$, $b \in \mathscr{J} \mathbb{R}^d$, invariant. Sei nun $\mathfrak{L}_h$ ein linearer Unterraum der Dimension $1 \leq h < k$ mit

$$\mathfrak{L}_h = \mathscr{B} \mathbb{R}^h \subset \mathscr{J} \mathbb{R}^d, \quad \mathscr{B} \in \mathbb{R}^{d \times h}, \quad \text{Rang}(\mathscr{B}) = h. \qquad (6.4.51)$$

Bei der Betrachtung des Testproblems

$$\widehat{\mathbf{H}} : \widehat{\zeta}(\zeta) \in \mathfrak{L}_h, \quad \widehat{\mathbf{K}} : \widehat{\zeta}(\zeta) \in \mathfrak{L}_k - \mathfrak{L}_h$$

beachte man, daß aus den Voraussetzungen an $\mathscr{B}$ folgt, daß $\mathscr{J} \mathscr{B}$ wieder den Rang h besitzt und $\widehat{\zeta}(\zeta) \in \mathfrak{L}_h$ äquivalent ist zu $\mathscr{J} \zeta \in \mathscr{J} \mathscr{B} \mathbb{R}^d$. Nach Obigem ist dieses Problem dann invariant gegenüber der Gruppe der affinen Transformationen $z \mapsto \mathscr{A} z + b$ mit

i) $b \in \mathscr{J} \mathscr{B} \mathbb{R}^h = \mathscr{J} \mathfrak{L}_h$,

ii) $\mathscr{A}$ ist orthogonal bzgl. „$\bullet$" und $\mathscr{A} \mathscr{J} \mathbb{R}^d \subset \mathscr{J} \mathbb{R}^d$, $\mathscr{A} \mathscr{J} \mathfrak{L}_h \subset \mathscr{J} \mathfrak{L}_h$.

Bei einer bzgl. „•" orthogonalen Zerlegung

$$\mathbb{R}^d = (\mathscr{J}\mathfrak{L}_h) \oplus \mathfrak{V} \oplus (\mathscr{J}\mathbb{R}^d)^\perp, \quad z = u + v + w,$$

läßt sich die maximalinvariante Statistik $M(z)$ dann in der Form schreiben $M(z) = (v\bullet v, w\bullet w)$. Da jedoch

$$P_\zeta(W\bullet W = 0) = 1 \quad \forall \zeta \in \mathbb{R}^d$$

gilt, kann man sich auf die erste Komponente, d.h. auf $V\bullet V$, beschränken. Um diese Statistik und ihre Verteilung explizit angeben zu können, hat man zunächst die orthogonale Projektion auf $\mathscr{J}\mathfrak{L}_h$ zu berechnen. Für $z \in \mathbb{R}^d$ führt dies auf das Minimierungsproblem

$$(z - \mathscr{J}\mathscr{B}y)\bullet(z - \mathscr{J}\mathscr{B}y) = \min_{y \in \mathbb{R}^h}$$

und damit auf die Normalgleichungen

$$\mathscr{B}^\top \mathscr{J}\mathscr{J}^+ z = \mathscr{B}^\top \mathscr{J}\mathscr{B}y. \tag{6.4.52}$$

Hier ist $\mathscr{B}^\top \mathscr{J}\mathscr{B}$ invertierbar. Aus $\mathscr{B}^\top \mathscr{J}\mathscr{B}x = 0$ folgt nämlich $x^\top \mathscr{B}^\top \mathscr{J}^{1/2} \mathscr{J}^{1/2} \mathscr{B}x = \|\mathscr{J}^{1/2}\mathscr{B}x\|^2 = 0$ und damit $\mathscr{J}\mathscr{B}x = 0$. Also ist $\mathscr{B}x$ aus dem Kern von $\mathscr{J}$ und gemäß (6.4.51) aus dem Bild von $\mathscr{J}$. Also ist $\mathscr{B}x = 0$ und damit $x = (\mathscr{B}^\top\mathscr{B})^{-1}\mathscr{B}^\top\mathscr{B}x = 0$. Somit folgt aus (6.4.52) zunächst $\widehat{\widehat{y}}(z) = (\mathscr{B}^\top\mathscr{J}\mathscr{B})^{-1}\mathscr{B}^\top\mathscr{J}\mathscr{J}^+ z$ bzw.

$$\widehat{\widehat{z}} = \mathscr{B}\widehat{\widehat{y}}(z) = \mathscr{B}(\mathscr{B}^\top\mathscr{J}\mathscr{B})^{-1}\mathscr{B}^\top\mathscr{J}\mathscr{J}^+ z$$

die gesuchte Projektion. Da (wie eine analoge Rechnung zeigt) $\mathscr{J}\mathscr{J}^+ z$ auch bzgl. „•" die orthogonale Projektion auf $\mathscr{J}\mathbb{R}^d$ ist, erhält man

$$V = \mathscr{C}\mathscr{J}\mathscr{J}^+ Z = \mathscr{C}Z \quad [P] \quad \text{mit} \quad \mathscr{C} = \mathscr{I}_k - \mathscr{B}(\mathscr{B}^\top\mathscr{J}\mathscr{B})^{-1}\mathscr{B}^\top.$$

Bezogen auf „•" folgt schließlich aus (6.4.48) für $c_i \in \mathbb{R}^d$, $i = 1, 2$:

$$\mathrm{Cov}_\zeta(c_1\bullet V, c_2\bullet V) = \widetilde{c}_1\bullet\widetilde{c}_2 \quad \text{mit} \quad \widetilde{c}_i = \mathscr{C}\mathscr{J}\mathscr{J}^+ c_i, \quad i = 1, 2.$$

Weiter gilt – unabhängig von der Wahl des Skalarproduktes –

$$E_\zeta(V) = \mathscr{C}\mathscr{J}\widehat{\zeta}(\zeta), \quad \widehat{\zeta}(\zeta) = \mathscr{J}\mathscr{J}^+\zeta.$$

Damit ist $\mathfrak{L}_\zeta(V)$ bzgl. „•" eine $(k-h)$-dimensionale Normalverteilung auf $\mathfrak{V}$ mit dem Mittelwert $\mathscr{C}\mathscr{J}\widehat{\zeta}(\zeta)$, deren Kovarianzmatrix der Einheitsoperator auf $\mathfrak{V}$ ist. Dies impliziert die Gültigkeit von

$$\mathfrak{L}_\zeta(V\bullet V) = \chi^2_{k-h}(\delta^2) \quad \text{mit} \quad \delta^2 = \widehat{\zeta}^\top(\zeta)\mathscr{J}\mathscr{C}\mathscr{J}^+\mathscr{C}\mathscr{J}\widehat{\zeta}(\zeta).$$

Nach Reduktion durch Invarianz geht das Testproblem daher über in

$$\widehat{\mathbf{H}}: \delta^2 = 0, \quad \widehat{\mathbf{K}}: \delta^2 > 0.$$

In Analogie zum Beweis von Satz 4.13 ist dann wieder

$$\varphi^*(z) = \mathbf{1}(T^*(z) > \chi^2_{k-h;\alpha}) \quad \text{mit} \quad T^*(z) = z^\top \mathscr{C}\mathscr{J}^+\mathscr{C}z$$

ein gleichmäßig bester invarianter α-Niveau Test für $\widehat{\mathbf{H}}$ gegen $\widehat{\mathbf{K}}$ bzw. für jedes $\delta > 0$ ein α-Niveau Maximin-Test für die eingeschränkten Hypothesen $\widehat{\mathbf{H}}$ gegen $\widehat{\mathbf{K}}_\delta$. □

Asymptotisch optimale Tests mit Schätzung des Nebenparameters Der Test φ^* aus Satz 6.171 (wie auch die Präzisierung seiner Optimalitätseigenschaft) hängt wie erwähnt noch von dem speziell gewählten $\vartheta_0 \in \mathbf{J}$, d.h. sowohl von dem durch die Hypothesen spezifizierten κ_0 als auch von dem zunächst beliebigen $\lambda_0 \in \Lambda$ ab. Macht man diese Abhängigkeit von λ_0 durch die Schreibweise $\varphi^*(z) = \varphi^*(z; \lambda_0)$ deutlich und schreibt entsprechend für die zentrale Statistik $Z_n = Z_n(\lambda_0)$, so legen es die Überlegungen von 6.2.3 nahe, asymptotisch einen Test der Form

$$\widehat{\varphi}_n := \varphi^*(Z_n(\widehat{\lambda}_n), \widehat{\lambda}_n), \quad n \in \mathbb{N}, \tag{6.4.53}$$

mit einem $\sqrt{n}$-konsistenten Schätzer $\widehat{\lambda}_n$ für λ_0 zu verwenden. Hierbei reicht es einen Schätzer $\widehat{\widehat{\lambda}}_n$ zu benutzen, der unter $(\kappa_0^\top, \lambda_0^\top)^\top \in \mathbf{J}$ $\sqrt{n}$-konsistent ist, etwa der ML-Schätzer $\widehat{\widehat{\vartheta}}_n = (\kappa_0^\top, \widehat{\widehat{\lambda}}_n^\top)^\top$ aus dem durch $\kappa = \kappa_0$ restringierten Modell. Es wird sich als wesentlich erweisen, daß die Prüfgröße $T_n^* = T^*(Z_n(\lambda_0), \lambda_0)$ des Tests $\varphi_n^* = \varphi^*(Z_n(\lambda_0), \lambda_0)$ nur über $S_n\vartheta_0 = U_n(\vartheta_0) - \mathscr{J}_{12}(\vartheta_0)\mathscr{J}_{22}^{-1}(\vartheta_0)V_n(\vartheta_0)$ von $Z_n(\vartheta_0) = (U_n^\top(\vartheta_0), V_n^\top(\vartheta_0))^\top$ abhängt. In Satz 6.174 wird nämlich unter geeigneten Regularitätsvoraussetzungen gezeigt, daß es gerade diese Linearkombination ist, bei der die Ersetzung des zunächst beliebigen $\vartheta_0 \in \mathbf{J}$ durch einen $\sqrt{n}$-konsistenten Schätzer $\widehat{\vartheta}_n$ ohne Veränderung der Limesverteilung der Prüfgröße möglich ist. Folglich ist $\widehat{\varphi}_n$ für jedes $\vartheta_0 \in \mathbf{J}$ mit dem zugehörigen φ_n^* asymptotisch äquivalent und damit für das in diesem Punkt lokalisierte Testproblem asymptotisch optimal. Methodisch stützen wir uns hier nicht auf 6.2.3, sondern gehen direkt vor.

Der folgende Satz enthält relativ starke hinreichende Bedingungen. Bei seiner Formulierung und seinem Beweis wird – der Notation der Partitionierung (6.4.44) von $\mathscr{J}$ entsprechend – die Differentiation nach κ mit ∇_1 und diejenige nach der $(k-m)$-dimensionalen Variablen λ mit ∇_2 bezeichnet.

Satz 6.174 X_j, $j \in \mathbb{N}$, seien st.u. glv. ZG mit μ-Dichte $f(\cdot, \vartheta)$, $\vartheta \in \Theta \subset \mathbb{R}^k$, welche positiv sei und die Voraussetzungen (A1)–(A4) aus Satz 6.35 erfülle. Außerdem seien die dritten logarithmischen Ableitungen in der Umgebung einer jeden Stelle $\vartheta_0 = (\kappa_0^\top, \lambda_0^\top)^\top \in \mathbf{J}$ gleichmäßig integrabel in der Form, daß für jeden derartigen Punkt ϑ_0 ein $\delta_0 > 0$ existiert mit

$$\sup_{\vartheta' \in U(\vartheta_0, \delta_0)} |\nabla_2 \nabla_i \nabla_\ell \log f(z, \vartheta')| =: M_{i\ell}(z, \vartheta_0) \in \mathbb{L}_1(F_{\vartheta_0}), \quad i, \ell = 1, 2. \tag{6.4.54}$$

Überdies sei $\mathscr{J}(\cdot)$ stetig und es seien die Vertauschungsbedingungen

$$E_\vartheta \frac{\nabla f(X_1, \vartheta)}{f(X_1, \vartheta)} = 0 \quad \text{und} \quad E_\vartheta \frac{\nabla \nabla^\top f(X_1, \vartheta)}{f(X_1, \vartheta)} = 0$$

für alle $\vartheta \in \overset{\circ}{\Theta}$ erfüllt. Dann gilt mit[64] $\mathscr{J}_{11.2}(\vartheta) = \mathscr{J}_{11}(\vartheta) - \mathscr{J}_{12}(\vartheta)\mathscr{J}_{22}^{-1}(\vartheta)\mathscr{J}_{21}(\vartheta)$:

---
[64] Für $\mathscr{J}_{22}(\vartheta)^{-1}$ und $\mathscr{J}_{11.2}(\vartheta)^{-1}$ schreiben wir im folgenden kürzer $\mathscr{J}_{22}^{-1}(\vartheta)$ bzw. $\mathscr{J}_{11.2}^{-1}(\vartheta)$.

a) $\mathscr{J}(\vartheta) = -E_\vartheta \nabla \nabla^\top \log f(X_1, \vartheta) \quad \forall \vartheta \in \overset{\circ}{\Theta}$;

b) Die Abbildung $\vartheta_0 \mapsto S_n(\vartheta_0) := U_n(\vartheta_0) - \mathscr{J}_{12}(\vartheta_0)\mathscr{J}_{22}^{-1}(\vartheta_0)V_n(\vartheta_0)$ ist stetig auf **J** (und damit $S_n(\widehat{\widehat{\vartheta}}_n)$ meßbar); für jeden unter $\kappa = \kappa_0$ $\sqrt{n}$-konsistenten Schätzer $\widehat{\widehat{\vartheta}}_n = (\kappa_0^\top, \widehat{\widehat{\lambda}}_n^\top)^\top$ von ϑ_0 gilt $S_n(\widehat{\widehat{\vartheta}}_n) = S_n(\vartheta_0) + o_{\vartheta_0}(1)$;

c) $\mathfrak{L}_{\vartheta_0}(S_n(\widehat{\widehat{\vartheta}}_n)) \xrightarrow[\mathfrak{L}]{} \mathfrak{N}(0, \mathscr{J}_{11.2}(\vartheta_0))$; \hfill (6.4.55)

d) $\mathfrak{L}_{\vartheta_0+n^{-1/2}\zeta}(S_n(\widehat{\widehat{\vartheta}}_n)) \xrightarrow[\mathfrak{L}]{} \mathfrak{N}(\mathscr{J}_{11.2}(\vartheta_0)\eta, \mathscr{J}_{11.2}(\vartheta_0))$. \hfill (6.4.55')

Insbesondere gilt für die zugehörige quadratische Statistik mit $\delta^2 = \eta^\top \mathscr{J}_{11.2}(\vartheta_0)\eta$:

$$\mathfrak{L}_{\vartheta_0}(S_n^\top(\widehat{\widehat{\vartheta}}_n)\mathscr{J}_{11.2}^{-1}(\widehat{\widehat{\vartheta}}_n)S_n(\widehat{\widehat{\vartheta}}_n)) \xrightarrow[\mathfrak{L}]{} \chi^2_{k-h}, \quad (6.4.56)$$

$$\mathfrak{L}_{\vartheta_0+n^{-1/2}\zeta}(S_n^\top(\widehat{\widehat{\vartheta}}_n)\mathscr{J}_{11.2}^{-1}(\widehat{\widehat{\vartheta}}_n)S_n(\widehat{\widehat{\vartheta}}_n)) \xrightarrow[\mathfrak{L}]{} \chi^2_{k-h}(\delta^2). \quad (6.4.56')$$

Beweis: a) Dieser ergibt sich durch partielle Integration; vgl. Satz 1.166.

b) Wie im Beweis von Korollar 6.163 gezeigt wurde, ist die durch Lokalisierung gemäß $\vartheta = \vartheta_0 + n^{-1/2}\zeta$ aus $\mathfrak{F}^{(n)}$ gewonnene Verteilungsklasse $\mathfrak{F}_n$ LAN in $Z_n(\vartheta_0) = n^{-1/2}\sum_{j=1}^n \nabla \log f(X_j, \vartheta_0)$ und $\mathscr{J}(\vartheta_0) = E_{\vartheta_0}\nabla \log f(X_1, \vartheta_0)\nabla^\top \log f(X_1, \vartheta_0)$, wobei wegen $Z_n = (U_n^\top, V_n^\top)^\top$ gilt

$$U_n(\vartheta_0) = n^{-1/2}\sum_{j=1}^n \nabla_1 \log f(X_j, \vartheta_0) \quad \text{und} \quad V_n(\vartheta_0) = n^{-1/2}\sum_{j=1}^n \nabla_2 \log f(X_j, \vartheta_0).$$

Wegen der Stetigkeit von $\mathscr{J}(\cdot)$ folgt $\mathscr{J}(\widehat{\vartheta}_n) \to \mathscr{J}(\vartheta_0)$ nach F_{ϑ_0}-WS und damit $\mathscr{J}_{11.2}(\widehat{\vartheta}_n) \to \mathscr{J}_{11.2}(\vartheta_0)$ nach F_{ϑ_0}-WS für jeden konsistenten Schätzer $\widehat{\vartheta}_n$. Analog 6.2.3 ergibt sich nun durch eine Taylor-Entwicklung an der Stelle ϑ_0 von

$$S_n(\widehat{\vartheta}_n) = \frac{1}{\sqrt{n}}\sum_{j=1}^n (\nabla_1 \log f(X_j, \widehat{\vartheta}_n) - \mathscr{J}_{12}(\widehat{\vartheta}_n)\mathscr{J}_{22}^{-1}(\widehat{\vartheta}_n)\nabla_2 \log f(X_j, \widehat{\vartheta}_n)) \quad (6.4.57)$$

eine asymptotische Linearisierung

$$S_n(\widehat{\vartheta}_n) = S_n(\vartheta_0) + L_n + R_n,$$

wobei L_n der Korrekturterm 1. Ordnung ist, also mit $\mathscr{J}_{.2}(\vartheta_0) = \mathscr{J}_{12}(\vartheta_0)\mathscr{J}_{22}^{-1}(\vartheta_0)$

$$L_n = \sqrt{n}(\widehat{\lambda}_n - \lambda_0)\frac{1}{n}\sum_{j=1}^n (\nabla_2\nabla_1 \log f(X_j, \vartheta_0) - \mathscr{J}_{.2}(\vartheta_0)\nabla_2\nabla_2 \log f(X_j, \vartheta_0)),$$

und wobei R_n den verbleibenden Fehlerterm bezeichnet. Hier strebt L_n für jeden $\sqrt{n}$-konsistenten Schätzer $\widehat{\vartheta}_n = (\widehat{\kappa}_n^\top, \widehat{\lambda}_n^\top)^\top$, speziell somit für $\widehat{\widehat{\vartheta}}_n = (\kappa_0^\top, \widehat{\widehat{\lambda}}_n^\top)^\top$, nach F_{ϑ_0}-WS gegen 0, denn $\sqrt{n}(\widehat{\lambda}_n - \lambda_0)$ ist wegen der $\sqrt{n}$-Konsistenz nach F_{ϑ_0}-

WS beschränkt. Der zweite Faktor konvergiert nach dem Gesetz der großen Zahlen sowie wegen a), also wegen

$$E_{\vartheta_0} \nabla_2 \nabla_i \log f(X_1, \vartheta_0) = -E_{\vartheta_0} \nabla_i \log f(X_1, \vartheta_0) \nabla_2 \log f(X_1, \vartheta_0) = -\mathscr{I}_{i2}(\vartheta_0)$$

für $i = 1, 2$, nach F_{ϑ_0}-WS gegen 0. Auch R_n strebt nach F_{ϑ_0}-WS gegen 0. Bei der Entwicklung von (6.4.57) ergeben sich nämlich mit geeigneten Zwischenstellen $\widetilde{\lambda}_n$ und $\widetilde{\widetilde{\lambda}}_n$ von λ_0 und $\widehat{\lambda}_n$ bzw. λ_0 und $\widetilde{\lambda}_n$ bei der Entwicklung von $\nabla_2 \nabla_i \log f(X_j, \widetilde{\vartheta}_n)$ an der Stelle ϑ_0 Restterme der Form[65]

$$\sqrt{n}(\widehat{\lambda}_n - \lambda_0) \frac{1}{n} \sum_{j=1}^{n} (\nabla_2 \nabla_i \log f(X_j, \widetilde{\vartheta}_n) - \nabla_2 \nabla_i \log f(X_j, \vartheta_0))$$

$$= \sqrt{n}(\widehat{\lambda}_n - \lambda_0)(\widetilde{\lambda}_n - \lambda_0) \frac{1}{n} \sum_{j=1}^{n} \nabla_2 \nabla_2 \nabla_i \log f(X_j, \widetilde{\widetilde{\vartheta}}_n), \quad i = 1, 2.$$

Hier ist neben dem ersten auch der dritte Faktor nach F_{ϑ_0}-WS beschränkt gemäß

$$\left| \frac{1}{n} \sum_{j=1}^{n} \nabla_2 \nabla_2 \nabla_i \log f(X_j, \widetilde{\widetilde{\vartheta}}_n) \right|$$

$$\leq \frac{1}{n} \sum_{j=1}^{n} \sup \{ |\nabla_2 \nabla_2 \nabla_i \log f(X_j, \vartheta')| : \vartheta' \in U(\vartheta_0, \delta_0) \}$$

$$= E_{\vartheta_0} M_{i2}(X_1, \vartheta_0) + o_{\vartheta_0}(1), \quad i = 1, 2,$$

während der zweite Faktor wegen $\widetilde{\lambda}_n \to \lambda_0$ nach F_{ϑ_0}-WS gegen 0 strebt. Die bei der Entwicklung von $\mathscr{I}_{12}(\widehat{\widehat{\vartheta}}_n)$ bzw. $\mathscr{I}_{22}^{-1}(\widehat{\widehat{\vartheta}}_n)$ an der Stelle ϑ_0 entstehenden Fehlerterme sind ebenfalls von der Größenordnung $o_{\vartheta_0}(1)$, da die Ableitungen dieser Funktionen komponentenweise lokal beschränkt und die zweiten logarithmischen Ableitungen in der Umgebung einer jeden Stelle $\vartheta_0 \in \mathbf{J}$ gleichgradig integrabel sind. Damit folgt die Behauptung.

d) und damit c) Wegen der Benachbartheit und b) reicht der Nachweis für $S_n(\vartheta_0)$ an Stelle von $S_n(\widehat{\widehat{\vartheta}}_n)$. Nach der LAN-Voraussetzung gilt aber

$$\mathfrak{L}_{\vartheta_0 + n^{-1/2}\zeta}(Z_n(\vartheta_0)) \xrightarrow[\mathfrak{L}]{} \mathfrak{N}(\mathscr{I}(\vartheta_0)\zeta, \mathscr{I}(\vartheta_0))$$

und damit nach dem Stetigkeitssatz 5.43 bzw. Hilfssatz 6.172b

$$\mathfrak{L}_{\vartheta_0 + n^{-1/2}\zeta}(S_n(\vartheta_0)) \xrightarrow[\mathfrak{L}]{} \mathfrak{N}(\mathscr{I}_{11.2}(\vartheta_0)\eta, \mathscr{I}_{11.2}(\vartheta_0)).$$

Zur Gültigkeit der Zusätze (6.4.56+56') beachte man, daß $\mathscr{I}_{11.2}^{-1}(\cdot)$ stetig ist und damit $\mathscr{I}_{11.2}^{-1}(\widehat{\widehat{\vartheta}}_n) \to \mathscr{I}_{11.2}^{-1}(\vartheta_0)$ nach F_{ϑ_0}-WS sowie wegen der Benachbartheit auch nach F_{ϑ_n}-WS, $\vartheta_n = \vartheta_0 + n^{-1/2}\zeta$, gilt. Damit folgt die Behauptung aus dem Zusatz zu Hilfssatz 6.39 und Satz 5.125. □

---
[65] In Analogie zu $\widehat{\widehat{\vartheta}}_n = (\kappa_0^\top, \widehat{\lambda}_0^\top)^\top$ bezeichne $\widetilde{\vartheta}_n = (\kappa_0^\top, \widetilde{\lambda}_n^\top)^\top$ und $\widetilde{\widetilde{\vartheta}}_n = (\kappa_0^\top, \widetilde{\widetilde{\lambda}}_n^\top)^\top$

Ein naheliegender $\sqrt{n}$-konsistenter Schätzer für λ ist der ML-Schätzer $\widehat{\widehat{\lambda}}_n$ aus dem unter $\kappa = \kappa_0$ restringierten Modell. Für diesen vereinfacht sich der vorstehende Beweis, da für ihn nach (6.1.63) $V_n(\widehat{\widehat{\vartheta}}_n) = o_{\vartheta_0}(1)$ und nach (6.1.66)

$$\sqrt{n}(\widehat{\widehat{\lambda}}_n - \lambda_0) = \mathscr{I}_{22}^{-1}(\vartheta_0)V_n(\vartheta_0) + o_{\vartheta_0}(1)$$

gilt. Mit geeigneter Zwischenstelle $\tilde{\vartheta}_n$ folgt also nach dem Satz von Slutsky

$$\begin{aligned}S_n^\top(\widehat{\widehat{\vartheta}}_n) &= U_n^\top(\widehat{\widehat{\vartheta}}_n) + o_{\vartheta_0}(1) \\ &= U_n^\top(\vartheta_0) + (\widehat{\widehat{\lambda}}_n - \lambda_0)^\top \frac{1}{\sqrt{n}}\sum_{j=1}^n \nabla_2\nabla_1^\top \log f(X_j, \tilde{\vartheta}_n) + o_{\vartheta_0}(1) \\ &= U_n^\top(\vartheta_0) - \sqrt{n}(\widehat{\widehat{\lambda}}_n - \lambda_0)^\top (\mathscr{I}_{12}^\top(\vartheta_0) + o_{\vartheta_0}(1)) \\ &= U_n^\top(\vartheta_0) - V_n^\top(\vartheta_0)\mathscr{I}_{22}^{-1}(\vartheta_0)\mathscr{I}_{12}^\top(\vartheta_0) + o_{\vartheta_0}(1) = S_n^\top(\vartheta_0) + o_{\vartheta_0}(1).\end{aligned}$$

Um den Einfluß der Abweichungen von $\tilde{\vartheta}_n$ gegenüber ϑ_0 abschätzen zu können, sind jedoch auch bei diesem Schätzer zusätzliche Annahmen an die Dichten, etwa der Form (6.4.54) für $i = 1$ und $\ell = 2$, erforderlich.

Aufgrund der vorstehenden Überlegungen, insbesondere aufgrund von Satz 6.171b, bietet sich also mit $z = (u^\top, v^\top)^\top$ der Test (6.4.53) mit

$$\varphi^*(z, \lambda) = \mathbf{1}\big((u - \mathscr{I}_{12}(\lambda)\mathscr{I}_{22}^{-1}(\lambda)v)^\top \mathscr{I}_{11.2}^{-1}(\lambda)(u - \mathscr{I}_{12}(\lambda)\mathscr{I}_{22}^{-1}(\lambda)v) > \chi^2_{k-h;\alpha}\big)$$

und einem unter $\kappa = \kappa_0$ $\sqrt{n}$-konsistenten Schätzer $\widehat{\widehat{\lambda}}_n$ an, also der *Neyman-Rao-(effective score) Test* $\varphi_n^R = \mathbf{1}(Q_n^R > \chi^2_{k;\alpha})$ mit der Prüfgröße

$$Q_n^R = S_n^\top(\widehat{\widehat{\vartheta}}_n)\mathscr{I}_{11.2}^{-1}(\widehat{\widehat{\vartheta}}_n)S_n(\widehat{\widehat{\vartheta}}_n),$$
$$S_n(\widehat{\widehat{\vartheta}}_n) := U_n(\widehat{\widehat{\vartheta}}_n) - \mathscr{I}_{12}(\widehat{\widehat{\vartheta}}_n)\mathscr{I}_{22}^{-1}(\widehat{\widehat{\vartheta}}_n)V_n(\widehat{\widehat{\vartheta}}_n).$$

Der nachfolgende asymptotische Maximinsatz ist nun die Erweiterung von Satz 6.158 auf den Fall des Prüfens von Hypothesen mit Nebenparametern.

Satz 6.175 (Neyman-Rao-Test[66]) für Probleme mit Nebenparametern) *Betrachtet werde das Testproblem mit den Hypothesen (6.4.34') und einer Verteilungsklasse* $\mathfrak{F}^{(n)} = \{F_\vartheta^{(n)} : \vartheta \in \Theta\} \subset \mathfrak{M}^1(\mathfrak{X}_{(n)}, \mathfrak{B}_{(n)})$, $\Theta = K \times \Lambda \subset \mathbb{R}^k$, $n \in \mathbb{N}$. *Diese erfülle die Voraussetzungen aus Satz 6.174 und sei für jedes feste* $\lambda_0 \in \overset{\circ}{\Lambda}$ *nach Lokalisierung gemäß (6.4.36) ULAN in* $\vartheta_0 = (\kappa_0^\top, \lambda_0^\top)^\top \in \mathbf{J}$ *mit der k-dimensionalen zentralen Statistik* $Z_n(\vartheta_0) = (U_n^\top(\vartheta_0), V_n^\top(\vartheta_0))^\top$ *und der Informationsmatrix* $\mathscr{I}(\vartheta_0) \in \mathbb{R}^{k \times k}_{\text{p.d.}}$. *Dann sind die Abbildungen*

---

[66] Vgl. C.R. Rao: Proc. Camb. Phil. Soc. 44 (1947) 50-57.

6.4 Lokal asymptotisch optimale Tests 377

$$\vartheta_0 \mapsto S_n(\vartheta_0) = U_n(\vartheta_0) - \mathscr{J}_{12}(\vartheta_0)\mathscr{J}_{22}^{-1}(\vartheta_0)V_n(\vartheta_0) \quad \text{und}$$

$$\vartheta_0 \mapsto \mathscr{J}_{11.2}(\vartheta_0) = \mathscr{J}_{11}(\vartheta_0) - \mathscr{J}_{12}(\vartheta_0)\mathscr{J}_{22}^{-1}(\vartheta_0)\mathscr{J}_{21}(\vartheta_0) \in \mathbb{R}^{m \times m}_{\text{p.d.}}$$

stetig auf **J**. Bezeichnet weiter $\widehat{\widehat{\lambda}}_n$ einen unter $\kappa = \kappa_0$ $\sqrt{n}$-konsistenten Schätzer für $\lambda_0 \in \Lambda$, so ist mit $\widehat{\widehat{\vartheta}}_n = (\kappa_0^\top, \widehat{\widehat{\lambda}}_n^\top)^\top$ der Test (6.4.53), also

$$\widehat{\varphi}_n = \mathbf{1}\big(S_n^\top(\widehat{\widehat{\vartheta}}_n)\mathscr{J}_{11.2}^{-1}(\widehat{\widehat{\vartheta}}_n)S_n(\widehat{\widehat{\vartheta}}_n) > \chi^2_{k-h;\alpha}\big), \qquad (6.4.58)$$

ein asymptotischer α-Niveau Test für die Hypothesen (6.4.34), der in jedem Punkt $\vartheta_0 \in \mathbf{J}$ für jedes $\delta > 0$ asymptotisch maximin ist für das Prüfen der Hypothesen $\widehat{\mathbf{H}}: \eta = 0, \xi \in \mathbb{R}^h$ gegen $\widehat{\mathbf{K}}_\delta: \eta^\top \mathscr{J}_{11.2}(\kappa_0, \lambda_0) \eta = \delta^2, \xi \in \mathbb{R}^h$.

Beweis: Für das Limesproblem mit der bei $\lambda = \lambda_0$ vollständig bestimmten Verteilungsannahme (6.4.1) und den Hypothesen (6.4.37) gibt es nach Satz 6.171 einen α-Niveau Test φ^*, der für jedes $\delta > 0$ maximin ist für $\widehat{\mathbf{H}}$ gegen $\widehat{\mathbf{K}}_\delta$, nämlich

$$\varphi^*(z, \lambda_0) = \mathbf{1}(s^\top \mathscr{J}_{11.2}^{-1}(\kappa_0, \lambda_0) s > \chi^2_{k-h;\alpha}), \quad s := u - \mathscr{J}_{12}(\kappa_0, \lambda_0)\mathscr{J}_{22}^{-1}(\kappa_0, \lambda_0)v.$$

Der Test

$$\widehat{\varphi}_n = \varphi^*\big(Z_n(\kappa_0, \widehat{\widehat{\lambda}}_n), \widehat{\widehat{\lambda}}_n\big) = \mathbf{1}\big(S_n^\top(\kappa_0, \widehat{\widehat{\lambda}}_n)\mathscr{J}_{11.2}^{-1}(\kappa_0, \widehat{\widehat{\lambda}}_n)S_n(\kappa_0, \widehat{\widehat{\lambda}}_n) > \chi^2_{k-h;\alpha}\big)$$

hält nach (6.4.56) für jedes $\vartheta_0 \in \mathbf{J}$ asymptotisch das Niveau α ein und besitzt nach (6.4.56') unter allen zu ϑ_0 benachbarten Verteilungsfolgen $\vartheta_n = \vartheta_0 + \zeta n^{-1/2}$ dieselbe Limesgütefunktion wie der in diesem Modell asymptotisch maximin-optimale Test $\varphi_n^* = \varphi^*(Z_n(\kappa_0, \lambda_0), \lambda_0)$. Die behauptete asymptotische Maximin-Optimalität von $(\widehat{\varphi}_n)$ ergibt sich indirekt wie bei Satz 6.151. □

Beispiel 6.176 $X_j = (Y_j, Z_j)$, $j \in \mathbb{N}$, seien st.u. ZG mit derselben zweidimensionalen Normalverteilung $F_\vartheta = \mathfrak{N}(\mu_1, \sigma_1^2) \otimes \mathfrak{N}(\mu_2, \sigma_2^2)$, $\vartheta = (\mu_1, \mu_2, \sigma_1^2, \sigma_2^2)^\top \in \mathbb{R}^2 \times (0, \infty)^2$. Zum Testen der Hypothesen $\mathbf{H}: \kappa = \kappa_0$, $\mathbf{K}: \kappa \neq \kappa_0$ mit $\kappa = (\mu_1, \mu_2)^\top$ bei unbekanntem Nebenparameter $\lambda = (\sigma_1^2, \sigma_2^2)^\top$, also mit $m = 2$ und $d = k = 4$, beachte man, daß $\mathfrak{F}^{(n)} = \{F_\vartheta^{(n)} : \vartheta \in \mathbb{R}^2 \times (0, \infty)^2\}$ nach Lokalisierung gemäß (6.4.36) LAN($Z_n(\vartheta_0), \mathscr{J}(\vartheta_0)$) ist mit der vierdimensionalen zentralen Statistik $Z_n(\vartheta_0) = (U_n^\top(\vartheta_0), V_n^\top(\vartheta_0))^\top$,

$$U_n(\vartheta_0) = \begin{bmatrix} \dfrac{-1}{\sqrt{n}\sigma_{10}} \sum_{j=1}^n \dfrac{y_j - \mu_{10}}{\sigma_{10}} \\ \dfrac{-1}{\sqrt{n}\sigma_{20}} \sum_{j=1}^n \dfrac{z_j - \mu_{20}}{\sigma_{20}} \end{bmatrix}, \quad V_n(\vartheta_0) = \begin{bmatrix} \dfrac{-1}{\sqrt{n}\sigma_{10}} \sum_{j=1}^n \left(1 - \left(\dfrac{y_j - \mu_{10}}{\sigma_{10}}\right)^2\right) \\ \dfrac{-1}{\sqrt{n}\sigma_{20}} \sum_{j=1}^n \left(1 - \left(\dfrac{z_j - \mu_{20}}{\sigma_{20}}\right)^2\right) \end{bmatrix},$$

und der 4×4-Informationsmatrix $\mathscr{J}(\vartheta_0) = (\mathscr{J}_{i\ell}(\vartheta_0))_{1 \leq i, \ell \leq 2}$,

$$\mathscr{J}_{11}(\vartheta_0) = \begin{bmatrix} \sigma_{10}^{-2} & 0 \\ 0 & \sigma_{20}^{-2} \end{bmatrix}, \quad \mathscr{J}_{22}(\vartheta_0) = \begin{bmatrix} 2\sigma_{10}^{-2} & 0 \\ 0 & 2\sigma_{20}^{-2} \end{bmatrix}, \quad \mathscr{J}_{12}(\vartheta_0) = \mathscr{J}_{21}(\vartheta_0) = \begin{bmatrix} 0 & 0 \\ 0 & 0 \end{bmatrix}.$$

378   6 Asymptotische Betrachtungsweisen parametrischer Verfahren

Wegen $\mathscr{J}_{12}(\vartheta_0) = \mathscr{J}_{21}(\vartheta_0) = \mathcal{O}$ ist also $\mathscr{J}_{11.2}(\vartheta_0) = \mathscr{J}_{11}(\vartheta_0)$ und folglich

$$S_n(\vartheta_0) = U_n(\vartheta_0) = \left(\frac{-1}{\sqrt{n}\sigma_{10}}\sum_{j=1}^{n}\frac{y_j - \mu_{10}}{\sigma_{10}}, \frac{-1}{\sqrt{n}\sigma_{20}}\sum_{j=1}^{n}\frac{z_j - \mu_{20}}{\sigma_{20}}\right)^\top.$$

Ein unter $\kappa = \kappa_0 \sqrt{n}$-konsistenter Schätzer für $\lambda_0 = (\sigma_{10}^2, \sigma_{20}^2)^\top$ ist bekanntlich

$$\widehat{\widehat{\lambda}}_n = (\widehat{\widehat{\sigma}}_{1n}^2, \widehat{\widehat{\sigma}}_{2n}^2) = \left(\frac{1}{n}\sum_{j=1}^{n}(y_j - \mu_{10})^2, \frac{1}{n}\sum_{j=1}^{n}(z_j - \mu_{20})^2\right)^\top.$$

Damit ergibt sich als Neyman-Rao-Statistik für das obige Testproblem

$$Q_n^R = U_n(\widehat{\widehat{\lambda}}_n)^\top \mathscr{J}_{11.2}^{-1}(\widehat{\widehat{\lambda}}_n) U_n(\widehat{\widehat{\lambda}}_n) = \left(\sqrt{n}\frac{\overline{Y}_n - \mu_{10}}{\widehat{\widehat{\sigma}}_{1n}}\right)^2 + \left(\sqrt{n}\frac{\overline{Z}_n - \mu_{20}}{\widehat{\widehat{\sigma}}_{2n}}\right)^2.$$

Insgesamt ist also $\widehat{\varphi}_n = \mathbf{1}(Q_n^R > \chi_{2;\alpha}^2)$ ein asymptotischer α-Niveau Test, der in jedem Punkt $\vartheta_0 \in \mathbf{J}$ für jedes $\delta > 0$ asymptotisch maximin ist für das Prüfen der Hypothesen $\widehat{\mathbf{H}}: \eta = 0, \xi \in \mathbb{R}^2$ gegen $\widehat{\mathbf{K}}_\delta : \sigma_{10}^{-2}\eta_1^2 + \sigma_{20}^{-2}\eta_2^2 = \delta^2, \xi \in \mathbb{R}^2$. □

Weitere Beispiele zu Satz 6.175 werden in 6.4.4 betrachtet; auch die zweiseitigen Versionen der Beispiele in 6.4.3 (mit $m = 1$) können als solche aufgefaßt werden.

Asymptotische Optimalität von Tests bei Annahme einer Maximinschranke Um auch für einige anderweitig gewonnene, aus der Literatur bekannte und für die Praxis relevante Verfahren wie etwa den LQ-Test die asymptotische Maximin-Optimalität nachweisen zu können, soll im folgenden eine obere Schranke für die asymptotische Maximin-Schärfe unter lokalen Folgen $\kappa_n = \kappa_0 + \eta/\sqrt{n}$ bei festem Wert des Nebenparameters λ hergeleitet werden. Wird diese obere Schranke von einem Test $(\varphi_n) \in \widehat{\Phi}_\alpha$ für jedes $\lambda \in \Lambda$ angenommen, so ist dieser also asymptotisch optimal. Dabei betrachten wir wieder nur den Fall $|\mathscr{J}| \neq 0$, also $d = k$.

Satz 6.177 *Für $n \in \mathbb{N}$ sei $\{w_{n\zeta} : \zeta \in \mathbb{R}^k\}$ eine k-parametrige Verteilungsklasse, die $\mathrm{ULAN}(Z_n, \mathscr{J})$ sei. Betrachtet werde das Testen der Hypothesen (6.4.34). Dann gilt für alle $(\varphi_n) \in \widehat{\Phi}_\alpha$ und jedes $\delta > 0$ unabhängig von dem speziellen Wert des Nebenparameters $\lambda \in \Lambda$*

$$\limsup_{n \to \infty} \inf_{\substack{\eta^\top \mathscr{J}_{11.2}(\kappa_0,\lambda)\eta = \delta^2}} E_{\kappa_0 + n^{-1/2}\eta,\lambda}\varphi_n \leq 1 - G_{k-h}(\chi_{k-h;\alpha}^2, \delta^2). \quad (6.4.59)$$

Beweis: Dieser erfolgt indirekt und zwar wie im Beweis von Satz 6.158. Man beachte jedoch, daß sich bei asymptotischen Aussagen $\eta^\top \mathscr{J}_{11.2}(\kappa_0,\lambda)\eta = \delta^2$ nicht mehr ersetzen läßt durch die nicht-kompakte Menge $\eta^\top \mathscr{J}_{11.2}(\kappa_0,\lambda)\eta \geq \delta^2$. □

Korollar 6.178 *Ist (φ_n) ein asymptotischer α-Niveau Test für die Hypothesen (6.4.34) derart, daß für jedes $\delta > 0$ und jedes $\lambda \in \Lambda$ gilt*

$$\lim_{n\to\infty} \inf_{\eta^\top \mathscr{I}_{11.2}(\kappa_0,\lambda)\eta=\delta^2} E_{\kappa_0+n^{-1/2}\eta,\lambda}\varphi_n = 1 - G_{k-h}(\chi^2_{k-h;\alpha}, \delta^2), \qquad (6.4.60)$$

so ist (φ_n) für jedes $\delta > 0$ ein asymptotischer Maximin α-Niveau Test für die Hypothesen $\widehat{\mathbf{H}}: \eta = 0,\ \xi \in \mathbb{R}^h$, gegen $\widehat{\mathbf{K}}_\delta: \eta^\top \mathscr{I}_{11.2}(\kappa_0,\lambda)\eta = \delta^2,\ \xi \in \mathbb{R}^h$.

Wir werden sogleich sehen, daß (6.4.60) für den LQ-Test zum Prüfen von Nullhypothesen mit Nebenparametern angenommen wird. Die Formulierung von Satz 6.50, in dem die asymptotische Verteilungsfreiheit jenes Tests samt Limes-Nullverteilung hergeleitet wurde, war auf beliebige zusammengesetzte Nullhypothesen der Form (6.4.32), formal aber nicht auf das Vorliegen von Nebenparametern zugeschnitten, also nicht auf Hypothesen der Form (6.4.34). Wie jedoch am Schluß von 6.4.1 erwähnt wurde, sind Hypothesen mit Nebenparametern in der Formulierung (6.4.32) mit enthalten. Im Limesproblem führen diese dann auf Hypothesen, in deren Formulierung gerade die Matrix $\mathscr{B} = (\mathscr{O}^\top, \mathscr{I}_h)^\top$ aus Korollar 6.169b eingeht. Um nun zu zeigen, daß die LQ-Tests für Hypothesen der Form (6.4.34) unter entsprechenden Regularitätsvoraussetzungen die Schranke aus Satz 6.177 annehmen, benötigt man deren Limesschärfe im lokalisierten Modell. Hierzu hat man die Limesverteilung der LQ-Statistiken auch unter benachbarten Verteilungsfolgen $\kappa_n = \kappa_0 + \eta n^{-1/2}$ mit festem $\lambda \in \Lambda$ zu bestimmen.

Satz 6.179 (LQ-Test für Probleme mit Nebenparametern) *X_j, $j \in \mathbb{N}$, seien st.u. ZG mit derselben μ-Dichte $f(\cdot,\vartheta)$, $\vartheta \in \Theta = K \times \Lambda$. Hierbei sei $\Lambda \subset \mathbb{R}^h$ offen und $K \subset \mathbb{R}^{k-h}$. Die Dichten sollen die Voraussetzungen aus Satz 6.174 erfüllen. Zudem sei $\mathscr{I}(\vartheta) = (\mathscr{I}_{i\ell}(\vartheta))_{1 \le i,\ell \le 2}$ eine symmetrische Blockmatrix gemäß (6.4.44) mit positiv definiten Matrizen $\mathscr{I}_{22}(\vartheta)$ und $\mathscr{I}_{11.2}(\vartheta)$. Weiter sei T_n die durch (6.2.2) definierte LQ-Statistik für die Hypothesen (6.4.34) und es seien $\widehat{\vartheta}_n = (\widehat{\kappa}_n^\top, \widehat{\lambda}_n^\top)^\top$ bzw. $\widehat{\widehat{\vartheta}}_n = (\kappa_0^\top, \widehat{\widehat{\lambda}}_n^\top)^\top$ konsistente ML-Schätzer für $\vartheta \in \Theta$ bzw. $\vartheta \in \mathbf{H}$ sowie $\kappa_0 \in \overset{\circ}{K}$. Dann gilt*

a) *für jedes $\lambda \in \Lambda$ unter $\vartheta_n = (\kappa_0^\top + \eta^\top n^{-1/2}, \lambda^\top)^\top$*

$$\mathcal{L}_{\vartheta_n}(2 \log T_n) \xrightarrow{\mathcal{L}} \chi^2_{k-h}(\delta^2), \qquad \delta^2 = \eta^\top \mathscr{I}_{11.2}(\kappa_0,\lambda)\eta. \qquad (6.4.61)$$

b) *für $\varphi_n := \mathbf{1}(2 \log T_n > \chi^2_{k-h;\alpha})$ und jedes $\delta > 0$ sowie alle $\lambda \in \Lambda$*

$$\lim_{n\to\infty} \inf_{\eta^\top \mathscr{I}_{11.2}\eta=\delta^2} E_{\kappa_0+\eta n^{-1/2},\lambda}\varphi_n = 1 - G_{k-h}(\chi^2_{k-h;\alpha}; \delta^2).$$

(φ_n) ist also für jedes $\delta > 0$ ein asymptotischer Maximin α-Niveau Test für die Hypothesen $\widehat{\mathbf{H}}: \eta = 0,\ \lambda \in \mathbb{R}^h$ gegen $\widehat{\mathbf{K}}_\delta: \eta^\top \mathscr{I}_{11.2}(\kappa_0,\lambda)\eta = \delta^2,\ \lambda \in \mathbb{R}^h$.

380   6 Asymptotische Betrachtungsweisen parametrischer Verfahren

Beweis: a) Für $\eta = 0$ ergibt sich das Resultat unmittelbar aus Satz 6.50 mit $\Gamma = \Lambda$ und $g(\lambda) = (\kappa_0^\top, \lambda^\top)^\top$ bzw. der Matrix $\mathscr{G} = (\mathscr{O}^\top, \mathscr{I}_h)^\top \in \mathbb{R}^{k \times h}$ (die von κ_0 und λ unabhängig ist). In der dortigen Terminologie gilt nämlich wegen $\check{\mathscr{J}}(\kappa_0, \lambda) = \mathscr{J}_{22}(\kappa_0, \lambda)$

$$\mathscr{G}\check{\mathscr{J}}^{-1}(\kappa_0, \lambda)\mathscr{G}^\top \mathscr{J}(\kappa_0, \lambda) = \begin{bmatrix} \mathscr{O} & \mathscr{O} \\ \mathscr{J}_{22}^{-1}(\kappa_0, \lambda)\mathscr{J}_{21}(\kappa_0, \lambda) & \mathscr{I}_h \end{bmatrix}$$

und damit nach weiterer elementarer Rechnung

$$\left(\mathscr{I}_k - \mathscr{G}\check{\mathscr{J}}^{-1}(\kappa_0, \lambda)\mathscr{G}^\top \mathscr{J}(\kappa_0, \lambda)\right)^\top \mathscr{J}(\kappa_0, \lambda)\left(\mathscr{I}_k - \mathscr{G}\check{\mathscr{J}}^{-1}(\kappa_0, \lambda)\mathscr{G}^\top \mathscr{J}(\kappa_0, \lambda)\right)$$
$$= \begin{bmatrix} \mathscr{J}_{11.2}(\kappa_0, \lambda) & \mathscr{O} \\ \mathscr{O} & \mathscr{O} \end{bmatrix}.$$

Die Aussage von Satz 6.50a und obige Rechnung implizieren nun unter (κ_0, λ)

$$2\log T_n = n(\widehat{\vartheta}_n - \widehat{\widehat{\vartheta}}_n)^\top \mathscr{J}(\kappa_0, \lambda)(\widehat{\vartheta}_n - \widehat{\widehat{\vartheta}}_n) + o_{\kappa_0,\lambda}(1)$$
$$= n(\widehat{\kappa}_n - \kappa_0)^\top \mathscr{J}_{11.2}(\kappa_0, \lambda)(\widehat{\kappa}_n - \kappa_0) + o_{\kappa_0,\lambda}(1). \quad (6.4.62)$$

Weiter folgt aus Satz 6.50b, daß $2\log T_n$ unter (κ_0, λ) eine χ^2_{k-h}-Verteilung besitzt. Um auch die Limesverteilung dieser Prüfgröße unter den zu (κ_0, λ) benachbarten Parameterfolgen $(\kappa_0 + \eta n^{-1/2}, \lambda)$ nachweisen zu können, hat man den letzten Ausdruck aus (6.4.62) nochmals umzuformen. Hierzu verwendet man die asymptotische Linearisierung (6.1.66) des ML-Schätzers $\widehat{\vartheta}_n$, also die Darstellung

$$\sqrt{n}(\widehat{\vartheta}_n - \vartheta_0) = \mathscr{J}(\vartheta_0)^{-1} Z_n(\vartheta_0) + o_{\vartheta_0}(1).$$

Wegen

$$\sqrt{n}(\widehat{\vartheta}_n - \vartheta_0) = \begin{pmatrix} \sqrt{n}(\widehat{\kappa}_n - \kappa_0) \\ \sqrt{n}(\widehat{\lambda}_n - \lambda) \end{pmatrix}$$

und

$$\nabla \log L_n(\kappa_0, \lambda) = Z_n(\kappa_0, \lambda) = \begin{pmatrix} U_n(\kappa_0, \lambda) \\ V_n(\kappa_0, \lambda) \end{pmatrix}$$

folgt nämlich hieraus mit der Blockdarstellung (6.4.47) von $\mathscr{J}(\vartheta_0)^{-1}$ zunächst

$$\sqrt{n}(\widehat{\kappa}_n - \kappa_0) = \mathscr{J}_{11.2}^{-1}(\kappa_0, \lambda)(U_n(\kappa_0, \lambda) - \mathscr{J}_{12}(\kappa_0, \lambda)\mathscr{J}_{22}^{-1}(\kappa_0, \lambda)V_n(\kappa_0, \lambda)) + o_{\kappa_0,\lambda}(1)$$
$$= \mathscr{J}_{11.2}^{-1}(\kappa_0, \lambda)S_n(\kappa_0, \lambda) + o_{\kappa_0,\lambda}(1)$$

und damit wegen der Straffheit von $\{S_n(\kappa_0, \lambda), n \in \mathbb{N}\}$ unter (κ_0, λ)

$$n(\widehat{\kappa}_n - \kappa_0)^\top \mathscr{J}_{11.2}(\kappa_0, \lambda)(\widehat{\kappa}_n - \kappa_0) = S_n^\top(\kappa_0, \lambda)\mathscr{J}_{11.2}^{-1}(\kappa_0, \lambda)S_n(\kappa_0, \lambda) + o_{\kappa_0,\lambda}(1).$$

Die somit unter (κ_0, λ) gültige Entwicklung

$$2\log T_n = S_n^\top(\kappa_0, \lambda)\mathscr{I}_{11.2}^{-1}(\kappa_0, \lambda)S_n(\kappa_0, \lambda) + o_{\kappa_0,\lambda}(1) \tag{6.4.63}$$

bleibt auch unter zu (κ_0, λ) benachbarten Folgen (κ_n, λ) erhalten. Da weiter wegen der LAN-Eigenschaft nach Hilfssatz 6.172b gilt

$$\mathfrak{L}_{\kappa_0+\eta n^{-1/2},\lambda}(S_n(\kappa_0, \lambda)) \xrightarrow{\mathfrak{L}} \mathfrak{L}_{\eta,0}(S(\kappa_0, \lambda)) = \mathfrak{N}(\mathscr{I}_{11.2}(\kappa_0, \lambda)\eta, \mathscr{I}_{11.2}(\kappa_0, \lambda)),$$

folgt nach (6.3.81) mit $\delta^2 = \eta^\top \mathscr{I}_{11.2}(\kappa_0, \lambda)\eta$

$$\mathfrak{L}_{\kappa_0+\eta n^{-1/2},\lambda}(S_n^\top(\kappa_0, \lambda)\mathscr{I}_{11.2}^{-1}(\kappa_0, \lambda)S_n(\kappa_0, \lambda)) \xrightarrow{\mathfrak{L}} \chi^2_{k-h}(\delta^2).$$

b) ergibt sich aus a) und der Gültigkeit von ULAN in $(\kappa_0^\top, \lambda^\top)^\top$. □

Der Beweis von Satz 6.179 basierte letztlich darauf, daß die LQ-Statistik $2\log T_n$ unter jedem $(\kappa_0^\top, \lambda^\top)^\top \in K \times \Lambda$ mit verschiedenen quadratrischen Formen asymptotisch äquivalent ist, nämlich gemäß (6.4.62) und (6.4.63). Es liegt nun nahe, aus diesen Vergleichsgrößen dadurch wieder Prüfgrößen zu machen, daß man die Abhängigkeit von λ mittels eines unter jedem (κ_0, λ) $\sqrt{n}$-konsistenten Schätzers $\widehat{\widehat{\vartheta}}_n = (\kappa_0^\top, \widehat{\widehat{\lambda}}_n^\top)^\top$ beseitigt. Wählt man für die Vergleichsgröße aus (6.4.63) den restringierten ML-Schätzer $\widehat{\widehat{\lambda}}_n$, dann ergibt dies gerade die Neyman-Rao-Statistik. Gemäß Satz 6.174d (bzw. wegen dem Zusatz zu Hilfssatz 6.39) ändert diese Schätzung von λ die Limesverteilung nicht. Verfährt man in gleicher Weise mit der zweiten Vergleichsgröße aus (6.4.62), dann erhält man die *Wald-Statistik*

$$Q_n^W = n(\widehat{\kappa}_n - \kappa_0)^\top \mathscr{I}_{11.2}(\kappa_0, \widehat{\widehat{\lambda}}_n)(\widehat{\kappa}_n - \kappa_0). \tag{6.4.64}$$

Ist $\lambda \mapsto \mathscr{I}_{11.2}(\kappa_0, \lambda)$ stetig, dann zeigt der Zusatz zu Hilfssatz 6.39, daß Q_n^W unter (κ_0, λ) asymptotisch äquivalent ist zu $2\log T_n$ und damit auch unter allen zu (κ_0, λ) benachbarten Folgen (κ_n, λ). Es gilt also das

Korollar 6.180 (Wald-Test für Probleme mit Nebenparametern) *Es seien die Voraussetzungen aus Satz 6.174 erfüllt. Dann gilt:*

Der Wald-Test $\varphi_n^W = \mathbf{1}(Q_n^W > \chi^2_{k-h;\alpha})$ und der LQ-Test $\varphi_n^* = \mathbf{1}(2\log T_n > \chi^2_{k-h;\alpha})$ sind unter der Nullhypothese $\widehat{\mathbf{H}}$ sowie unter zu dieser benachbarten Verteilungsfolgen asymptotisch äquivalent. Insbesondere ist also auch der Wald-Test für jedes $\delta > 0$ ein asymptotischer Maximin α-Niveau Test für die Hypothesen $\widehat{\mathbf{H}}$ gegen $\widehat{\mathbf{K}}_\delta$.

382   6 Asymptotische Betrachtungsweisen parametrischer Verfahren

Beispiel 6.181 Für das Testproblem aus Beispiel 6.176 werde zunächst der LQ-Test betrachtet. Wegen

$$p_{(n)}(x,\vartheta) = \left(\frac{1}{2\pi\sigma_1^2\sigma_2^2}\right)^{n/2} \exp\left(-\frac{\sum(y_j-\mu_1)^2}{2\sigma_1^2} - \frac{\sum(z_j-\mu_2)^2}{2\sigma_2^2}\right)$$

ist $\widehat{\vartheta}_n = (\widehat{\kappa}_n^\top, \widehat{\lambda}_n^\top)^\top$ mit $\widehat{\kappa}_n = (\overline{y}_n, \overline{z}_n)^\top$ und $\widehat{\lambda}_n = (n^{-1}\sum(y_j-\overline{y}_n)^2, n^{-1}\sum(z_j-\overline{z}_n)^2)^\top$ sowie $\widehat{\widehat{\vartheta}}_n = (\kappa_0^\top, \widehat{\widehat{\lambda}}_n^\top)^\top$ mit $\widehat{\widehat{\lambda}}_n = (n^{-1}\sum(y_j-\mu_{10})^2, n^{-1}\sum(z_j-\mu_{20})^2)^\top$ und somit

$$2\log T_n = n\log\left(\frac{\widehat{\widehat{\sigma}}_{1n}^2 \widehat{\widehat{\sigma}}_{2n}^2}{\widehat{\sigma}_{1n}^2 \widehat{\sigma}_{2n}^2}\right) = n\log\left(\frac{\sum(y_j-\mu_{10})^2 \sum(z_j-\mu_{20})^2}{\sum(y_j-\overline{y}_n)^2 \sum(z_j-\overline{z}_n)^2}\right).$$

Wegen $\sum(y_j-\mu_{10})^2 = \sum(y_j-\overline{y}_n)^2 + n(\overline{y}_n-\mu_{10})^2$, $\sum(y_j-\overline{y}_n)^2 = O_\vartheta(n)$ und $n(\overline{y}_n-\mu_{10})^2 = O_\vartheta(1)$ für $\vartheta \in \mathbf{H}$ sowie den analogen Beziehungen für die z-Koordinaten gilt

$$2\log T_n = n\log\left[\left(1 + \frac{(\overline{y}_n-\mu_{10})^2}{n^{-1}\sum(y_j-\overline{y}_n)^2}\right)\left(1 + \frac{(\overline{z}_n-\mu_{20})^2}{n^{-1}\sum(z_j-\overline{z}_n)^2}\right)\right]$$

$$= \frac{n(\overline{y}_n-\mu_{10})^2}{n^{-1}\sum(y_j-\overline{y}_n)^2} + \frac{n(\overline{z}_n-\mu_{20})^2}{n^{-1}\sum(z_j-\overline{z}_n)^2} + o_\vartheta(1).$$

Also ist wie behauptet $2\log T_n = Q_n^R + o_\vartheta(1)$ für $\vartheta \in \mathbf{H}$.

Schließlich ergibt sich aus diesen Rechnungen wegen $\mathscr{J}_{11.2}(\kappa_0, \widehat{\widehat{\lambda}}_n) = \begin{bmatrix} \widehat{\sigma}_{1n}^{-2} & 0 \\ 0 & \widehat{\sigma}_{2n}^{-2} \end{bmatrix}$ auch

$$Q_n^W = n(\widehat{\kappa}_n - \kappa_0)^\top \mathscr{J}_{11.2}(\kappa_0, \widehat{\widehat{\lambda}}_n)(\widehat{\kappa}_n - \kappa_0)$$

$$= \left(\sqrt{n}\frac{\overline{y}_n - \mu_{10}}{\widehat{\sigma}_{1n}}\right)^2 + \left(\sqrt{n}\frac{\overline{z}_n - \mu_{20}}{\widehat{\sigma}_{2n}}\right)^2 = Q_n^R. \quad\square$$

Man beachte, daß die asymptotische Äquivalenz des LQ-, des Neyman-Rao- und des Wald-Tests nur in erster Ordnung gilt. Auch wurde diese nur im Rahmen der hier betrachteten Einstichprobenprobleme mit st.u. glv. ZG bewiesen.

Allgemeinere zusammengesetzte Nullhypothesen Bisher wurde nur der wichtigste Spezialfall von Testproblemen mit zusammengesetzter Nullhypothese behandelt, nämlich derjenige mit Nebenparametern. Die LQ-Methode ist aber natürlich auch bei allgemeineren Fragestellungen anwendbar, etwa bei Hypothesen der Form (6.4.33), also bei

$$\mathbf{H}: h(\vartheta) = 0, \quad \mathbf{K}: h(\vartheta) \neq 0$$

mit stetigem $h: \Theta \to \mathbb{R}^m$, $m < d$. Zur Berechnung der LQ-Statistik ist dann der unter $h(\vartheta) = 0$ restringierte ML-Schätzer $\widehat{\widehat{\vartheta}}_n$ zu bestimmen, d.h. eine Lösung von

$$\log L_n(x, \widehat{\widehat{\vartheta}}_n) = \sup\{\log L_n(x, \vartheta) : h(\vartheta) = 0, \quad \vartheta \in \Theta\}.$$

6.4 Lokal asymptotisch optimale Tests

Überführt man dieses Optimierungsproblem mit Hilfe Lagrangescher Multiplikatoren $\gamma \in \mathbb{R}^m$ in eine unrestringierte Optimierungsaufgabe gemäß

$$\log L_n(x, \widehat{\widehat{\vartheta}}_n) - h^\top(\widehat{\widehat{\vartheta}}_n)\widehat{\gamma}_n = \sup\{\log L_n(x, \vartheta) - h^\top(\vartheta)\gamma : \vartheta \in \Theta,\ \gamma \in \mathbb{R}^m\},$$

so läßt sich auch dieses Problem zumeist durch Nullsetzen der Ableitungen nach ϑ bzw. γ lösen. Mit der Abkürzung $\mathscr{H}(\vartheta) := (\nabla_i h_j(\vartheta)) \in \mathbb{R}^{k-m}$ ergibt sich das Gleichungssystem

$$\nabla \log L_n(x, \vartheta) - \mathscr{H}(\vartheta)\gamma = 0, \quad h(\vartheta) = 0.$$

Für eine Lösung $(\widehat{\widehat{\vartheta}}_n, \widehat{\gamma}_n)$ gilt also insbesondere

$$Z_n(\widehat{\widehat{\vartheta}}_n) = \nabla \log L_n(x, \widehat{\widehat{\vartheta}}_n) = \mathscr{H}(\widehat{\widehat{\vartheta}}_n)\widehat{\gamma}_n. \tag{6.4.65}$$

Man hat also nur noch den (nicht-restringierten) ML-Schätzer $\widehat{\vartheta}_n$ zu bestimmen, etwa als Nullstelle der Funktion $\vartheta \mapsto \nabla \log L_n(x, \vartheta)$, um die LQ-Prüfgröße $2(\log L_n(x, \widehat{\vartheta}_n) - \log L_n(x, \widehat{\widehat{\vartheta}}_n))$ angeben zu können.

Zu dieser existieren noch heuristisch naheliegende Mitbewerber. Beispielsweise liegt es nahe, die Nullhypothese **H** abzulehnen, falls $\nabla \log L_n(x, \widehat{\widehat{\vartheta}}_n)$ oder äquivalent $\mathscr{H}(\widehat{\widehat{\vartheta}}_n)\widehat{\gamma}_n$ in einer geeigneten Norm hinreichend groß ist. $\nabla \log L_n(x, \widehat{\widehat{\vartheta}}_n) \approx 0$ läßt sich nämlich (unter entsprechenden Eindeutigkeitsvoraussetzungen) dahingehend interpretieren, daß $\widehat{\widehat{\vartheta}}_n \approx \widehat{\vartheta}_n$ gilt und daher der wahre Parameter ϑ zu **H** gehört. Ist also umgekehrt $\nabla \log(x, \widehat{\widehat{\vartheta}}_n)$ oder äquivalent $\mathscr{H}(\widehat{\widehat{\vartheta}}_n)\widehat{\gamma}_n$ „groß", so ist dies ein Indiz dafür, **H** abzulehnen. Bei der Wahl einer hierfür geeigneten Norm und damit einer Prüfgröße läßt man sich von verteilungstheoretischen Überlegungen leiten: Hierzu bestimmt man unter Verteilungen ϑ mit $h(\vartheta) = 0$ die Limesnormalverteilung $\mathfrak{N}(0, \mathscr{K}(\vartheta))$ von $\mathscr{H}(\widehat{\widehat{\vartheta}}_n)\widehat{\gamma}_n$ und geht dann analog (6.4.56+56′) über zur quadratischen Form, d.h. zur *Lagrangeschen Multiplikatoren-Statistik*

$$T_n = \widehat{\gamma}_n^\top \mathscr{H}^\top(\widehat{\widehat{\vartheta}}_n) \mathscr{K}^{-1}(\widehat{\widehat{\vartheta}}_n) \mathscr{H}(\widehat{\widehat{\vartheta}}_n)\widehat{\gamma}_n. \tag{6.4.66}$$

Nach dem Zusatz zu Hilfssatz 6.39 und Satz 5.125 besitzt diese unter Werten ϑ mit $h(\vartheta) = 0$ wieder eine Limes-χ^2-Verteilung.

Wir illustrieren diese Vorgehensweise anhand des oben behandelten Problems mit Nebenparameter, d.h. mit $\vartheta = (\kappa^\top, \lambda^\top)^\top$ und $h(\vartheta) = \kappa - \kappa_0$. Offensichtlich ist in diesem Spezialfall $\mathscr{H}(\vartheta) = (\mathscr{I}_m, \mathscr{O}^\top)^\top$ und die restringierten Likelihood-Gleichungen lauten mit $Z_n(\kappa, \lambda) = (U_n^\top(\kappa, \lambda), V_n^\top(\kappa, \lambda))^\top$ und $\widehat{\widehat{\vartheta}}_n = (\widehat{\widehat{\kappa}}_n^\top, \widehat{\widehat{\lambda}}_n^\top)^\top$

$$Z_n(\widehat{\widehat{\vartheta}}_n) - \begin{pmatrix} \mathscr{I}_m \\ \mathscr{O} \end{pmatrix} \widehat{\gamma}_n = 0, \quad \widehat{\widehat{\kappa}}_n = \kappa_0$$

oder äquivalent

$$U_n(\kappa_0, \widehat{\widehat{\lambda}}_n) = \widehat{\widehat{\gamma}}_n, \quad V_n(\kappa_0, \widehat{\widehat{\lambda}}_n) = 0, \quad \widehat{\widehat{\kappa}}_n = \kappa_0.$$

Diese heuristische Vorgehensweise führt also dazu, eine quadratische Form in $S_n(\kappa_0, \widehat{\widehat{\lambda}}_n) = U_n(\kappa_0, \widehat{\widehat{\lambda}}_n)$ zu betrachten. Satz 5.125 bzw. der Zusatz zu Satz 6.174 ergeben so die Prüfgröße $S_n^\top(\kappa_0, \widehat{\widehat{\lambda}}_n) \mathscr{J}_{11.2}^{-1}(\kappa_0, \widehat{\widehat{\lambda}}_n) S_n(\kappa_0, \widehat{\widehat{\lambda}}_n)$ und damit die Neyman-Rao-Statistik. Für allgemeine Alternativen der Form (6.4.33) sind nun die einzelnen Schritte der lokalen Asymptotik nachzuvollziehen, die zuvor für Probleme mit Nebenparametern durchgeführt wurden, also die Bestimmung einer asymptotischen Nullverteilung zur Festlegung der kritischen Werte, die Lokalisierung der Verteilungsklassen wie die der Hypothesen, die Lösung des Limesproblems, die Umsetzung der Optimalität des Limestests auf den asymptotischen Test usw. Diese Schritte scheinen aber bislang nur teilweise gelöst zu sein[67].

Anmerkung 6.182 Um Hypothesen der Form (6.4.33) geeignete Limesprobleme zuordnen zu können, sei $\Theta_0 := \{\vartheta \in \Theta : h(\vartheta) = 0\}$ abgeschlossen und konvex. Außerdem besitze Θ_0 einen „glatten" Rand, d.h. zu jedem Randpunkt $\vartheta \in \partial\Theta_0$ gebe es ein $c(\vartheta) \in \mathbb{R}^d$ mit $\Theta_0 \subset \{z : c^\top(\vartheta)(z - \vartheta) \leq 0\}$. Gilt etwa $c^\top(\vartheta)(\vartheta' - \vartheta) < 0 \ \forall \vartheta' \neq \vartheta$, dann lautet das lokalisierte Problem

$$\widehat{\mathbf{H}} : c^\top(\vartheta)\zeta < 0, \quad \widehat{\mathbf{K}} : c^\top(\vartheta)\zeta \geq 0.$$

Mit diesen Hypothesen ist nun wieder das Limesproblem zu lösen[68] und die Optimalitätseigenschaft auf den zugehörigen asymptotischen Test umzuschreiben.

Entsprechend kann man bei anderen Testproblemen mit zusammengesetzten Nullhypothesen vorgehen, bei denen die zu **H** gehörenden Parameterwerte die obigen Annahmen erfüllen. □

Anmerkung 6.183 Auch zur Behandlung von Hypothesen der Form (6.4.32) läßt sich natürlich der LQ-Ansatz heranziehen bzw. auch die χ^2-Methode. Die ersten verteilungstheoretischen Aussagen hierzu wurden bereits in den Sätzen 6.50 bzw. 6.55 hergeleitet. Aufgrund dieser Ergebnisse ließen sich die kritischen Werte und damit die Tests asymptotisch festlegen. Für die angesprochenen Typen von Prüfgrößen läßt sich zudem das Limesverhalten unter benachbarten Verteilungsfolgen ableiten. In Ergänzung zu den Sätzen 6.50 und 6.55 gelten die beiden folgenden Aussagen, die hier nicht bewiesen werden sollen; vgl. Aufg. 6.44–45.

Satz *Es seien die Voraussetzungen aus Satz 6.50 erfüllt, insbesondere also* (A1) – (A4). *Weiter sei g eine zweimal stetig differenzierbare injektive Abbildung von $\Gamma \subset \mathbb{R}^h$ auf* $\mathbf{H} = g(\Gamma) \subset \Theta$, *mit deren Funktionalmatrix $\mathscr{G}(\gamma) = (\nabla_m g_i(\gamma)) \in \mathbb{R}^{k \times h}$ die $k \times h$-Matrix* $\check{\mathscr{J}}(\gamma) := \mathscr{G}^\top(\gamma) \mathscr{J}(g(\gamma)) \mathscr{G}(\gamma)$ *für $\gamma \in \overset{\circ}{\Gamma}$ invertierbar sei. Weiter seien $(\widehat{\vartheta}_n)$ und $(\widehat{\widehat{\gamma}}_n)$*

---

[67] Vgl. hierzu S.D. Silvey: Ann. Math. Stat. 30 (1959) 389–407.

[68] Durch eine Koordinatentransformation lassen sich diese Hypothesen mit $\eta := c^\top(\vartheta)\zeta$ in die Form $\widehat{\mathbf{H}} : \eta < 0, \widehat{\mathbf{K}} : \eta \geq 0$ bringen bei Vorliegen eines $(d-1)$-dimensionalen Nebenparameters ξ. Zu deren Behandlung hat man dann noch die Vorgehensweise aus 6.4.3 geeignet zu modifizieren.

6.4 Lokal asymptotisch optimale Tests   385

konsistente ML-Schätzer für $\vartheta \in \Theta$ bzw. $\gamma \in \Gamma$ und damit $(\widehat{\widehat{\vartheta}}_n) := (g(\widehat{\widehat{\gamma}}_n))$ ein konsistenter ML-Schätzer für $\vartheta \in \mathbf{H}$. Dann gilt für festes $\gamma \in \overset{\circ}{\Gamma}$ mit $g(\gamma) \in \overset{\circ}{\Theta} \cap \partial g(\Gamma)$ sowie jede Folge $(\vartheta_n) \subset \mathbf{K}$ mit $\vartheta_n = g(\gamma) + \eta/\sqrt{n} + o(1/\sqrt{n})$ für die Prüfgröße T_n des LQ-Tests zum Prüfen von $\mathbf{H} : \vartheta \in g(\Gamma)$ gegen $\mathbf{K} : \theta \in \Theta - g(\Gamma)$

$$\mathcal{L}_{\vartheta_n}(2 \log T_n) \xrightarrow[\mathcal{L}]{} \chi^2_{k-h}(\delta^2), \tag{6.4.67}$$

$$\delta^2 = (\eta - \mathscr{G}(\gamma)\check{\mathscr{J}}(\gamma)^{-1}\mathscr{G}^{\top}(\gamma)\mathscr{J}(\gamma)\eta)^{\top}\mathscr{J}(\gamma)(\eta - \mathscr{G}(\gamma)\check{\mathscr{J}}(\gamma)^{-1}\mathscr{G}^{\top}(\gamma)\mathscr{J}(\gamma)\eta).$$

Satz *Für $n \in \mathbb{N}$ sei Y_n eine s-dimensionale $\mathfrak{M}(n, \pi)$-verteilte ZG, $\pi \in \Sigma_s$, und b eine injektive Abbildung von $\Gamma \subset \mathbb{R}^h$ in Σ_s, welche die Voraussetzungen von Satz 6.40 erfülle. Dann gilt für die Prüfgröße des χ^2-Tests zum Prüfen von $\mathbf{H} : \pi \in b(\Gamma)$ gegen $\mathbf{K} : \pi \in \Sigma_s - b(\Gamma)$ unter Folgen $(\pi_n) \subset \Sigma_s$, $\pi_n = \pi + \eta/\sqrt{n} + o(1/\sqrt{n})$ mit $\pi \in \overset{\circ}{b}(\Gamma)$, $c := \mathscr{D}(\pi)\eta$ und $\widetilde{\pi}_n = b(\widetilde{\gamma}_n)$*

$$\mathcal{L}_{\pi_n}(Q(Y_n, \widetilde{\pi}_n)) \xrightarrow[\mathcal{L}]{} \chi^2_{s-h-1}(\delta^2), \tag{6.4.68}$$

$$\delta^2 = |\xi - \mathscr{B}(\gamma)(\mathscr{B}^{\top}(\gamma)\mathscr{B}(\gamma))^{-1}\mathscr{B}^{\top}(\gamma)\xi|^2.$$

Entsprechend den Ausführungen zum LQ- bzw. Lagrangeschen-Multiplikatoren-Test für die Hypothesen (6.4.33) hat man wieder die dort gelisteten Schritte einer lokal asymptotischen Rechtfertigung dieser Tests durchzuführen. Dies scheint jedoch sehr viel schwieriger zu sein. □

6.4.3 Probleme mit eindimensionalem Hauptparameter: $C(\alpha)$-Tests

Wie in 6.4.2 sollen in 6.4.3 Testprobleme mit Nebenparametern diskutiert werden, jetzt jedoch solche mit eindimensionalem Hauptparameter κ, also mit $m = 1$. Ein Grund dafür, daß dieser Fall nochmals separat diskutiert wird, besteht darin, daß sich für diesen die asymptotische Optimaltätseigenschaft verschärfen läßt. In diesem Spezialfall ist nämlich der in Satz 6.175 für die zweiseitigen Hypothesen (6.4.34) hergeleitete asymptotische α-Niveau Test $(\widehat{\varphi}_n)$ nicht nur in allen Punkten $\vartheta_0 \in \mathbf{J}$ für jedes $\delta > 0$ asymptotisch maximin für die lokalen Hypothesen $\widehat{\mathbf{H}} : \eta = 0$, $\xi \in \mathbb{R}^h$ gegen $\widehat{\mathbf{K}}_\delta : |\eta| = \delta$, $\xi \in \mathbb{R}^h$, sondern auch ein asymptotisch gleichmäßig bester unverfälschter α-Niveau Test für $\widehat{\mathbf{H}}$ gegen $\widehat{\mathbf{K}} : \eta \neq 0$, $\xi \in \mathbb{R}^h$. Ein weiterer Grund dafür, den Fall $m = 1$ nochmals aufzugreifen, besteht darin, daß nun auch einseitige Hypothesen von Interesse sind, nämlich

$$\mathbf{H} : \kappa \leq \kappa_0, \ \lambda \in \Lambda, \quad \mathbf{K} : \kappa > \kappa_0, \ \lambda \in \Lambda. \tag{6.4.69}$$

Diesen entsprechen dann natürlich die lokalen Hypothesen

$$\widehat{\mathbf{H}} : \eta \leq 0, \ \xi \in \mathbb{R}^h, \quad \widehat{\mathbf{K}} : \eta > 0, \ \xi \in \mathbb{R}^h. \tag{6.4.70}$$

Für diese existieren unter der Normalverteilungsannahme (6.4.1) gleichmäßig beste unverfälschte α-Niveau Tests. Folglich lassen sich wieder mit der bereits in 6.4.2 entwickelten Technik asymptotisch gleichmäßig beste unverfälschte α-Niveau Tests für die Hypothesen (6.4.69) zweistufig[69] gewinnen. Da der ein- und zweiseitige Fall gleichartig behandelt werden, sollen sie im folgenden zusammen diskutiert werden. Die Vorgehensweise hierbei entspricht völlig derjenigen von 6.4.2. Der wesentliche methodische Unterschied besteht darin, daß die Limesprobleme nun nicht durch den χ^2-Test der linearen Hypothese gelöst werden, sondern mit den Aussagen aus 3.3.3+4 durch einen Gauß-Test.

Die angesprochene Fragestellung tritt zum einen in Einstichprobenfällen auf. Zu nennen sind hier etwa das Prüfen eines Mittelwerts bei unbekannter Streuung, das Prüfen der Streuung bei unbekanntem Mittelwert oder das Prüfen des Korrelationskoeffizienten bei unbekannten Mittelwerten und Streuungen der Randverteilungen. Bei diesen Fällen wird wie in 6.4.2 vorausgesetzt, daß die d-parametrige Klasse $\mathfrak{F}^{(n)} = \{F^{(n)}_{\kappa,\lambda} : \kappa \in K, \lambda \in \Lambda\}$ in jedem Punkt $\vartheta_0 = (\kappa_0, \lambda_0^\top)^\top \in \mathbf{J}$ nach Lokalisierung gemäß

$$\kappa = \kappa_0 + \eta/\sqrt{n}, \quad \lambda = \lambda_0 + \xi/\sqrt{n} \tag{6.4.71}$$

LAN$(Z_n, \mathscr{J})$ ist. Da der Wert von λ_0 noch beliebig ist, hängen wie in 6.4.2 sowohl die zentrale Statistik Z_n als auch die Informationsmatrix $\mathscr{J}$ noch von λ_0 ab. O.E. beschränken wir uns dabei wieder auf den Fall $|\mathscr{J}| \neq 0$, so daß $d = k$ und damit wie in 6.2.3 $(k-1)$ die Dimension des Nebenparameters ist.

Der obige Typ von Hypothesen tritt zum anderen aber – wie etwa schon die Beispiele 3.57 und 3.64 gezeigt haben – typischerweise auch dann auf, wenn man Mittelwerte oder Varianzen zweier Stichproben vergleicht. Solche Zweistichprobenfälle sollen daher jetzt in die Diskussion einbezogen werden. Dazu muß zunächst geklärt werden, wie in derartigen Modellen lokalisiert werden soll. Hierbei gehen wir aus von st.u. ZG X_{ij}, $j \in \mathbb{N}$, $i = 1, 2$, mit von j unabhängigen Verteilungen $F_i \in \mathfrak{F}$ (also $F_i = F_{\vartheta_i}$ mit $\vartheta_i \in \Theta$, $i = 1, 2$) und nehmen im Moment der Einfachheit halber an, daß $\mathfrak{F} = \{F_\vartheta : \vartheta \in \Theta \subset \mathbb{R}\}$ eine einparametrige Verteilungsklasse und demgemäß $\mathfrak{F}^{(n_1, n_2)} := \{F^{(n_1)}_{\vartheta_1} \otimes F^{(n_2)}_{\vartheta_2} : \vartheta_1, \vartheta_2 \in \Theta\}$ eine zweiparametrige Familie ist. Dabei seien $(n_1), (n_2) \subset \mathbb{N}$ zwei Folgen, die in der Weise gekoppelt sind, daß mit $n := n_1 + n_2$ gilt $n_1/n \to: w \in (0,1)$ und damit $n_2/n \to 1-w$. Da für den Vergleich zweier Stichproben Unterschiede in den Komponenten des Parameters $\vartheta = (\vartheta_1, \vartheta_2)$ interessieren, ist die folgende Umparametrisierung zweckmäßig:

$$\kappa = (\vartheta_1 - \vartheta_2)/2, \quad \lambda = (\vartheta_1 + \vartheta_2)/2, \quad \text{d.h.} \quad \vartheta_1 = \lambda + \kappa, \quad \vartheta_2 = \lambda - \kappa.$$

---

[69] Es wird sich zeigen, daß eine formale Ähnlichkeit mit der in 6.2.3 diskutierten Elimination von Nebenparametern besteht. In beiden Fällen wird die Prüfgröße zweistufig gewonnen: In einem ersten Schritt wird der Nebenparameter λ jeweils als bekannt angesehen und in einem zweiten Schritt dann der Einfluß untersucht, den das Schätzen des Nebenparameters auf die Limesverteilung der Prüfgröße hat. Während jedoch in 6.2.3 nur die $\mathbb{L}_1(\kappa_0)$-bzw. $\mathbb{L}_2(\kappa_0)$-Differenzierbarkeit des Schnittes $\mathfrak{F}_\lambda$ (bei festem $\lambda = \lambda_0$ an der Stelle κ_0) der gegebenen Klasse $\mathfrak{F} = \{F_{\kappa,\lambda} : (\kappa, \lambda) \in \Theta\}$ vorausgesetzt zu werden brauchte, hat man im folgenden die $\mathbb{L}_2(\kappa_0, \lambda_0)$-Differenzierbarkeit von $\mathfrak{F}$ als k-parametriger Klasse zu fordern. – Man beachte, daß auch die erwähnte Orthogonalitätsbedingung derjenigen aus Anmerkung 6.87b entspricht.

6.4 Lokal asymptotisch optimale Tests

Zur Spezifikation der Hypothesen (6.4.34) bzw. (6.4.69) interessiert dann der Wert $\kappa_0 = 0$. Bei der Wahl der zur Lokalisierung um einen beliebigen Punkt $(\lambda_0, \lambda_0) \in \mathbf{J}$ zu verwendenden Folgen hat man gewisse Freiheiten. Zweckmäßig ist der Ansatz

$$\vartheta_1 = \lambda_0 + \xi n^{-1/2} + \frac{\eta}{n_1}\sqrt{\frac{n_1 n_2}{n_1 + n_2}}, \quad \vartheta_2 = \lambda_0 + \xi n^{-1/2} - \frac{\eta}{n_2}\sqrt{\frac{n_1 n_2}{n_1 + n_2}}. \quad (6.4.72)$$

Setzt man nämlich für jedes $\vartheta_0 \in \overset{\circ}{\Theta}$ voraus, daß die Klasse $\mathfrak{F}$ $\mathbb{L}_2(\vartheta_0)$-differenzierbar ist mit Ableitung $\dot{L}_{\vartheta_0}$, so ist die im Punkte $\vartheta_0 = (\lambda_0, \lambda_0) \in \mathbf{J}$ gemäß (6.4.72) lokalisierte Klasse

$$\mathfrak{F}_{n_1,n_2} = \left\{ F^{(n_1)}_{\lambda_0 + \xi n^{-1/2} + \frac{\eta}{n_1}(\frac{n_1 n_2}{n_1+n_2})^{1/2}} \otimes F^{(n_2)}_{\lambda_0 + \xi n^{-1/2} - \frac{\eta}{n_2}(\frac{n_1 n_2}{n_1+n_2})^{1/2}} : (\xi, \eta) \in \mathbb{R}^2 \right\}$$

lokal asymptotisch normal in der zweidimensionalen zentralen Statistik

$$Z_n = Z_{n_1,n_2}(\vartheta_0) = (U_{n_1,n_2}(\vartheta_0), V_{n_1,n_2}(\vartheta_0))^\top \quad (6.4.73)$$

mit $\quad U_n = U_{n_1,n_2}(\vartheta_0) = \sqrt{\frac{n_1 n_2}{n_1 + n_2}} \left(\frac{1}{n_1} \sum_{j=1}^{n_1} \dot{L}_{\lambda_0}(X_{1j}) - \frac{1}{n_2} \sum_{j=1}^{n_2} \dot{L}_{\lambda_0}(X_{2j}) \right)$

und $\quad V_n = V_{n_1,n_2}(\vartheta_0) = \frac{1}{\sqrt{n_1 + n_2}} \sum_{i=1}^{2} \sum_{j=1}^{n_i} \dot{L}_{\lambda_0}(X_{ij})$.

Die zugehörige 2×2-Informationsmatrix $\mathscr{J}(\vartheta_0)$ ist bei der Wahl von (6.4.72) ein Vielfaches der Einheitsmatrix, wobei sich für Translationsfamilien – erzeugt durch eine Dichte f – der Vorfaktor $E_{\lambda_0} \dot{L}_{\lambda_0}^2(X_{11})$ auf die von λ_0 unabhängige Größe $I(f)$ reduziert. Die erste Komponente von Z_n hat also gerade die übliche Form einer Zweistichprobenstatistik und ist wie die zweite im Hinblick auf die Anwendung des zentralen Grenzwertsatzes standardisiert. Auch die gemäß (6.4.72) lokalisierten Zweistichprobenprobleme werden also in jedem Punkt $\vartheta_0 \in \mathbf{J}$ durch Limesmodelle der Form (6.4.1) approximiert, wobei die einseitigen und zweiseitigen Hypothesen übergehen in (6.4.70) bzw. (6.4.37).

In allgemeineren Zweistichprobenproblemen entsprechen den beiden Stichproben Parameterwerte $\vartheta_1 = (\gamma_1, \lambda_1^\top)^\top$ bzw. $\vartheta_2 = (\gamma_2, \lambda_2^\top)^\top$ mit $\gamma_1, \gamma_2 \in \mathbb{R}$. Die gemeinsame Verteilung beider Stichproben wird dann parametrisiert durch $\vartheta = (\vartheta_1^\top, \vartheta_2^\top)^\top = (\gamma_1, \lambda_1^\top, \gamma_2, \lambda_2^\top)^\top$ oder mit $\kappa := (\gamma_1 - \gamma_2)/2$, $\lambda_3 := (\gamma_1 + \gamma_2)/2$ und $\lambda := (\lambda_3, \lambda_1^\top, \lambda_2^\top)^\top$ äquivalent durch $\vartheta = (\kappa, \lambda_3, \lambda_1^\top, \lambda_2^\top)^\top = (\kappa, \lambda^\top)^\top$. Bei der Lokalisierung wird dann der Parameter entsprechend (6.4.72) variiert; vgl. Beispiel 6.191.

Bekanntlich gibt es für die oben genannten Hypothesen unter der jeweiligen Normalverteilungsannahme sowie allgemeiner für das Testen einer eindimensionalen Komponente κ des natürlichen Parameters $\vartheta = (\kappa, \lambda^\top)^\top$ einer k-parametrigen Exponentialfamilie, $k > 1$, in Form der Hypothesen (6.4.69) bzw. (6.4.34) gleichmäßig beste unverfälschte α-Niveau Tests. Die Methoden der lokal asymptotischen Testtheorie ermöglichen nun den Nachweis, daß entsprechende asymptotische Aussagen auch ohne diese Verteilungsannahmen gelten, sofern über die LAN-Bedingung hin-

6 Asymptotische Betrachtungsweisen parametrischer Verfahren

aus die Differenzierbarkeits-und Momentenvoraussetzungen aus Satz 6.174 erfüllt sind. Die so gewonnenen asymptotisch optimalen Tests wurden bereits von J. Neyman mit einer anderen Argumentation als asymptotisch optimal innerhalb einer Klasse $C(\alpha)$ von Tests zum asymptotischen Niveau α hergeleitet[70]. Diese Klasse spielt bei dem hier gewählten Zugang keine Rolle mehr. Die den Neyman-Rao-Tests entsprechenden Verfahren werden aus historischen Gründen nichtsdestoweniger als asymptotisch optimale $C(\alpha)$-Tests bezeichnet.

Lösung der Limesprobleme Die ein- bzw. zweiseitigen Hypothesen (6.4.69) bzw. (6.4.34) gehen durch die Lokalisierung (6.4.71) über in die Hypothesen

$$\widehat{\mathbf{H}}: \eta \leq 0, \quad \widehat{\mathbf{K}}: \eta > 0 \quad \text{bzw.} \quad \widehat{\mathbf{H}}: \eta = 0, \quad \widehat{\mathbf{K}}: \eta \neq 0, \tag{6.4.74}$$

jeweils mit ξ als $(k-1)$-dimensionalem Nebenparameter. Da das Limesmodell (6.4.1) aus den Verteilungen $\mathfrak{L}_\zeta(Z) = \mathfrak{N}(\mathscr{J}\zeta, \mathscr{J})$, $\zeta = (\eta, \xi^\top)^\top \in \mathbb{R}^k$, und somit aus einer k-parametrigen Exponentialfamilie in ζ und id besteht, handelt es sich bei den Limesproblemen um das Testen einer eindimensionalen Komponente des natürlichen Parameters einer k-parametrigen Exponentialfamilie. Bei der Formulierung und beim Beweis der diesbezüglichen Aussagen machen wir wieder wesentlich Gebrauch von Hilfssatz 6.172 und verwenden die dort eingeführte Schreibweise von $\mathscr{J}$ als Blockmatrix sowie die $\zeta = (\eta, \xi^\top)^\top$ entsprechende Zerlegung $Z = (U, V^\top)^\top$. Wegen $m = 1$ sind aber nun $\mathscr{J}_{11} = (J_{11}^2)$ und demgemäß $\mathscr{J}_{11.2} = (\tau^2)$ mit $\tau^2 := J_{11}^2 - \mathscr{J}_{12}\mathscr{J}_{22}^{-1}\mathscr{J}_{21}$ 1×1-Matrizen.

Die zu Satz 6.171 analoge Lösung der Limesprobleme für festes $\lambda_0 \in \Lambda$ enthält der

Satz 6.184 *Für die einseitigen und zweiseitigen Limesprobleme (6.4.1+70) bzw. (6.4.1+37) mit $|\mathscr{J}_{22}| \neq 0$ gibt es für jedes $\alpha \in (0,1)$ gleichmäßig beste unverfälschte α-Niveau Tests, nämlich die mit den Größen*[71] *$t = T(u,v) := u - \mathscr{J}_{12}\mathscr{J}_{22}^{-1}v$ und $\tau^2 = J_{11}^2 - \mathscr{J}_{12}\mathscr{J}_{22}^{-1}\mathscr{J}_{21}$ gebildeten Tests*

$$\varphi^*(u,v) = \mathbf{1}_{(\tau u_\alpha, \infty)}(t) \quad \text{bzw.} \quad \varphi^*(u,v) = \mathbf{1}_{(\tau u_{\alpha/2}, \infty)}(|t|). \tag{6.4.75}$$

Beweis: Nach Hilfssatz 6.172 ist die Statistik $\pi_2(u,v) = v$ für den Rand $\widehat{\mathbf{J}}: \eta = 0$, $\xi \in \mathbb{R}^{k-1}$ suffizient und vollständig. Somit gibt es nach der in 3.3.3 entwickelten Theorie der bedingten Tests in k-parametrigen Exponentialfamilien für die Limesprobleme bei jeder Wahl von $\vartheta_0 = (\kappa_0, \lambda_0^\top)^\top \in \mathbf{J}$ gleichmäßig beste un-

---

[70] J. Neyman: Optimal Asymptotic Tests of Composite Statistical Hypotheses. Probability and Statistics (The Harald Cramér-Volume), ed. by U. Grenander, Wiley (1959), 213-234.
[71] Um nicht mit der bisherigen Notation von Kap. 6 zu brechen, bei der immer T die Prüfgröße war, weichen wir von der in 3.3 verwendeten Terminologie ab. Wir setzen hier also $Z = (U, V^\top)^\top$ und bezeichnen mit T die angegebene eindimensionale Linearkombination von U und V, nicht dagegen das Paar (U,V).

verfälschte α-Niveau-Tests φ^0, nämlich die (wegen der Stetigkeit der Limesverteilung o.E. nicht-randomisierten) Tests

$$\varphi^0(u,v) = \mathbf{1}(u > k(v)) \quad \text{bzw.} \quad \varphi^0(u,v) = \mathbf{1}(u < k_1(v)) + \mathbf{1}(u > k_2(v)).$$

Bei diesen vereinfacht sich die Bestimmung der kritischen Werte $k(v)$ bzw. $k_1(v)$ und $k_2(v)$ bei vorgegebenem $\alpha \in (0,1)$ dadurch, daß die Limesverteilung $\mathfrak{L}_\zeta(Z)$ eine k-dimensionale Normalverteilung ist und sich somit – der Vorgehensweise aus 3.3.4 entsprechend – die Tests asymptotisch in nicht-bedingte Tests transformieren lassen. Bei festem v ist nämlich $T(u,v) = u - \mathscr{J}_{12}\mathscr{J}_{22}^{-1}v$ eine zu $\pi_1(u,v) = u$ äquivalente Prüfgröße. Diese Statistik ist – ebenfalls nach Hilfssatz 6.172 – von $\pi_2(u,v) = v$ st.u. und besitzt für $\eta = 0$ eine bzgl. 0 symmetrische $\mathfrak{N}(0,\tau^2)$-Verteilung. Folglich sind die Tests (6.4.75) nach der in 3.3.4 entwickelten Theorie gleichmäßig beste unverfälschte α-Niveau Tests. $\square$

Asymptotisch optimale $C(\alpha)$-Tests Für die Hypothesen (6.4.69) bzw. (6.4.34) mit $m = 1$ sollen nun nochmals die Schritte nachvollzogen werden, die in 6.4.2 zur Neyman-Rao-Statistik und den entsprechenden Tests geführt haben. Nimmt man zunächst λ_0 wieder als bekannt an, so bieten sich nach 6.4.2 die Tests $\varphi_n^* = \varphi^*(Z_n(\lambda_0), \lambda_0)$ an, also

$$\varphi_n^* = \mathbf{1}_{(\tau u_\alpha, \infty)}(T_n) \quad \text{bzw.} \quad \varphi_n^* = \mathbf{1}_{(\tau u_{\alpha/2}, \infty)}(|T_n|), \tag{6.4.76}$$

wobei $T_n = U_n - \mathscr{J}_{12}\mathscr{J}_{22}^{-1}V_n$ ist. Dabei sind wie in 6.4.2 U_n, V_n die Komponenten der durch Lokalisierung um $\vartheta_0 = (\kappa_0, \lambda_0^\top)^\top$ gewonnenen zentralen Statistik Z_n und τ^2 wie in Satz 6.184 definiert. Damit hängen also auch T_n und τ^2 definitionsgemäß von dem unbekannten Nebenparameter λ_0 ab. Deshalb wird man wie in 6.2.3 oder 6.4.2 die Größe λ_0 noch durch einen geeigneten Schätzer $\widehat{\widehat{\lambda}}_n$ und damit ϑ_0 durch den entsprechenden Schätzer $\widehat{\widehat{\vartheta}}_n = (\kappa_0, \widehat{\widehat{\lambda}}_n)$ ersetzen. Man wird also die Tests

$$\widehat{\varphi}_n = \mathbf{1}_{(\widehat{\tau}_n u_\alpha, \infty)}(\widehat{T}_n) \quad \text{bzw.} \quad \widehat{\varphi}_n = \mathbf{1}_{(\widehat{\tau}_n u_{\alpha/2}, \infty)}(|\widehat{T}_n|) \tag{6.4.77}$$

verwenden, wobei $\widehat{T}_n = T_n(\widehat{\widehat{\vartheta}}_n)$ und $\widehat{\tau}_n^2 = \tau^2(\widehat{\widehat{\vartheta}}_n)$ ist. Damit hierbei die Optimalitätseigenschaften erhalten bleiben, muß $T_n(\widehat{\widehat{\lambda}}_n)/\tau(\widehat{\widehat{\lambda}}_n)$ in jedem Punkt $\vartheta_0 = (\kappa_0, \lambda_0^\top)^\top \in \mathbf{J}$ die gleiche Limesverteilung haben wie $T_n(\lambda_0)/\tau(\lambda_0)$. Für die oben definierten Größen $T_n(\cdot)$ und $\tau^2(\cdot)$ wurde aber bei Erfülltsein der Regularitätsvoraussetzungen für jeden $\sqrt{n}$-konsistenten Schätzer $\widehat{\widehat{\lambda}}_n$ in Satz 6.174 unter $u_n = F_{\vartheta_0}^{(n)}$ gezeigt

$$\widehat{T}_n := T_n(\widehat{\widehat{\vartheta}}_n) \xrightarrow[\mathfrak{L}]{} T(\vartheta_0) =: T, \quad \widehat{\tau}_n := \tau(\widehat{\widehat{\vartheta}}_n) \xrightarrow[u_n]{} \tau(\vartheta_0) =: \tau. \tag{6.4.78}$$

Dem asymptotischen Maximinsatz 6.175 entspricht nun der

6 Asymptotische Betrachtungsweisen parametrischer Verfahren

Satz 6.185 (Neyman's optimale $C(\alpha)$-Tests) *Betrachtet werde für $n \in \mathbb{N}$ das Testproblem mit den Hypothesen (6.4.69) bzw. (6.4.34) und einer Verteilungsklasse*

$$\mathfrak{F}^{(n)} = \{F_\vartheta^{(n)} : \vartheta \in \Theta\} \subset \mathfrak{M}^1(\mathfrak{X}_{(n)}, \mathfrak{B}_{(n)}), \quad \Theta = K \times \Lambda \subset \mathbb{R}^k, \quad K \subset \mathbb{R}.$$

Diese erfülle die Voraussetzungen von Satz 6.174 und sei für jedes feste $\lambda_0 \in \overset{\circ}{\Lambda}$ nach Lokalisierung gemäß (6.4.71) LAN im Punkt $\vartheta_0 = (\kappa_0, \lambda_0^\top)^\top \in \mathbf{J}$ mit der k-dimensionalen zentralen Statistik $Z_n = (U_n(\vartheta_0), V_n^\top(\vartheta_0))^\top$ und der als positiv definit vorausgesetzten $k \times k$-Informationsmatrix $\mathscr{J} = \mathscr{J}(\vartheta_0)$. Weiter sei $\widehat{\widehat{\lambda}}_n$ ein unter $\vartheta = \vartheta_0$ $\sqrt{n}$-konsistenter Schätzer für $\lambda_0 \in \Lambda$ und $\widehat{\widehat{\vartheta}}_n = (\kappa_0, \widehat{\widehat{\lambda}}_n^\top)^\top$. Dann gilt: Für jedes $\alpha \in (0,1)$ gibt es für die Hypothesen (6.4.69) und (6.4.34) asymptotische α-Niveau Tests, die in jedem $\vartheta_0 = (\kappa_0, \lambda_0^\top)^\top \in \mathbf{J}$ für die gemäß (6.4.71) lokalisierten einseitigen bzw. zweiseitigen Testprobleme asymptotisch gleichmäßig beste unverfälschte α-Niveau Tests sind, nämlich die durch (6.4.77) definierten Tests $\widehat{\varphi}_n$.

Beweis: Dieser wird analog Satz 6.175 geführt. Für beliebiges $\vartheta_0 = (\kappa_0, \lambda_0^\top)^\top \in \mathbf{J}$ seien die Tests $\varphi^*(z, \lambda_0) = \mathbf{1}_{(\tau(\vartheta_0) u_\alpha, \infty)}(t)$ bzw. $\varphi^*(z, \lambda_0) = \mathbf{1}_{(\tau(\vartheta_0) u_{\alpha/2}, \infty)}(|t|)$ mit $t = u - \mathscr{J}_{12}(\vartheta_0) \mathscr{J}_{22}^{-1}(\vartheta_0) v$ der gemäß Satz 6.184 für das dem Punkt $\lambda_0 \in \Lambda$ entsprechende Limesproblem existierende optimale Test. Die Tests (6.4.77) halten dann nach (6.4.55) bzw. wegen (6.4.78) asymptotisch das Niveau α ein und besitzen unter allen zu ϑ_0 benachbarten Verteilungsfolgen $\vartheta_n = \vartheta_0 + \zeta n^{-1/2}$ nach (6.4.55) bzw. wegen $\widehat{\tau}_n \xrightarrow[v_n]{} \tau(\vartheta_0)$, $v_n = \mathfrak{L}_{\vartheta_n}(X_{(n)})$, dieselbe Limesgütefunktion wie der dort asymptotisch unverfälschte α-Niveau Test $\varphi_n^* = \varphi^*(Z_n(\vartheta_0), \lambda_0)$. Wie in Satz 6.151 zeigt man mittels eines indirekten Beweises die behauptete asymptotische Optimalität von $\widehat{\varphi}_n$. □

Beispiel 6.186 $X_j = (Y_j, Z_j)$, $j \in \mathbb{N}$, seien st.u. ZG mit derselben zweidimensionalen Poisson-Verteilung $\mathfrak{P}(\varrho; \lambda_1, \lambda_2)$, $\vartheta = (\varrho; \lambda_1, \lambda_2) \in [0, \infty) \times (0, \infty)^2$, also (vgl. Aufg. 6.49)

$$P_\vartheta(Y_j = y, Z_j = z) = e^{-\varrho - \lambda_1 - \lambda_2} \sum_{\ell=0}^{y \wedge z} \frac{\varrho^\ell}{\ell!} \frac{\lambda_1^{y-\ell}}{(y-\ell)!} \frac{\lambda_2^{z-\ell}}{(z-\ell)!}, \quad y, z \in \mathbb{N}_0. \quad (6.4.79)$$

Gesucht ist ein Test für $\mathbf{H} : \varrho = 0$ gegen $\mathbf{K} : \varrho > 0$, also für st. Unabhängigkeit gegen positive st. Abhängigkeit. Folglich ist ϱ der (eindimensionale) Hauptparameter und $(\lambda_1, \lambda_2)^\top$ ein zweidimensionaler Nebenparameter. Der Rand $\mathbf{J}$ besteht also aus allen Punkten $\vartheta_0 = (0, \lambda_{10}, \lambda_{20})$ mit $\lambda_{10}, \lambda_{20} \in (0, \infty)$. Mit der bei Einstichprobenproblemen üblichen Lokalisierung

$$\varrho_n = \eta/\sqrt{n}, \quad \lambda_{1n} = \lambda_{10} + \xi_2/\sqrt{n}, \quad \lambda_{2n} = \lambda_{20} + \xi_3/\sqrt{n}$$

ergibt sich wegen der $\mathbb{L}_2$-Differenzierbarkeit von (6.4.79) ein LAN-Modell mit der zentralen Statistik $Z_n = (U_n, V_{n2}, V_{n3})^\top$,

$$U_n = \frac{1}{\sqrt{n}} \sum_{j=1}^n \left(-1 + \frac{Y_j Z_j}{\lambda_{10} \lambda_{20}}\right), \quad V_{n2} = \frac{1}{\sqrt{n}} \sum_{j=1}^n \left(-1 + \frac{Y_j}{\lambda_{10}}\right), \quad V_{n3} = \frac{1}{\sqrt{n}} \sum_{j=1}^n \left(-1 + \frac{Z_j}{\lambda_{20}}\right).$$

und der Informationsmatrix

$$\mathscr{J} = \mathscr{J}(\vartheta_0) = \begin{bmatrix} \frac{1}{\lambda_{10}\lambda_{20}} + \frac{1}{\lambda_{10}} + \frac{1}{\lambda_{20}} & \frac{1}{\lambda_{10}} & \frac{1}{\lambda_{20}} \\ \frac{1}{\lambda_{10}} & \frac{1}{\lambda_{10}} & 0 \\ \frac{1}{\lambda_{20}} & 0 & \frac{1}{\lambda_{20}} \end{bmatrix}.$$

Offenbar ist $\mathscr{J}_{12}\mathscr{J}_{22}^{-1} = (1,1)$ und somit nach Satz 6.184 $\tau^2 = 1/\lambda_{10}\lambda_{20}$ sowie mit $V_n = (V_{n2}, V_{n3})^\top$

$$T_n = U_n - \mathscr{J}_{12}\mathscr{J}_{22}^{-1}V_n = \frac{1}{\sqrt{n}}\sum_{j=1}^n \left(1 + \frac{Y_j Z_j}{\lambda_{10}\lambda_{20}} - \frac{Y_j}{\lambda_{10}} - \frac{Z_j}{\lambda_{20}}\right)$$

$$= \frac{1}{\sqrt{n}}\sum_{j=1}^n \left(1 - \frac{Y_j}{\lambda_{10}}\right)\left(1 - \frac{Z_j}{\lambda_{20}}\right)$$

die Prüfgröße eines asymptotisch gleichmäßig besten unverfälschten Tests bei bekanntem $\lambda_{10}, \lambda_{20} > 0$. Mit den (unter $\kappa = 0$) $\sqrt{n}$-konsistenten Schätzern $\widehat{\lambda}_{1n} = \overline{Y}_n$, $\widehat{\lambda}_{2n} = \overline{Z}_n$ ist also

$$\widehat{T}_n = T_n(\widehat{\lambda}_{1n}, \widehat{\lambda}_{2n}) = \frac{1}{\sqrt{n}}\sum_{j=1}^n \left(1 - \frac{Y_j}{\overline{Y}_n}\right)\left(1 - \frac{Z_j}{\overline{Z}_n}\right) \quad \text{bei} \quad \widehat{\tau}_n^2 = \frac{1}{\overline{Y}_n \overline{Z}_n}$$

die asymptotisch optimale Prüfgröße bei unbekanntem Nebenparameter $(\lambda_1, \lambda_2)^\top$. □

Zum Schätzen des unbekannten Nebenparameters in Lokations-Skalenmodellen wird man etwa den typischerweise einfach zu bestimmenden Kleinste-Quadrate-Schätzer verwenden, d.h. für einen unbekannten Mittelwert das Stichprobenmittel bzw. für eine unbekannte Varianz die Stichprobenstreuung[72]. Damit diese Schätzer jedoch $\sqrt{n}$-konsistent sind, muß die Existenz endlicher zweiter bzw. höherer Momente vorausgesetzt werden. In den folgenden beiden Beispielen wäre diese Voraussetzung nicht erfüllt. Deshalb wird dort etwa beim Testen des Lokationsparameters zur Schätzung des Skalenparameters der nach Beispiel 6.31 (bzw. Beispiel 7.117) asymptotisch normale und somit $\sqrt{n}$-konsistente Stichproben-Quartilabstand $\widehat{\sigma}_n$ verwendet; beim Testen des Skalenparameters wäre zum Schätzen des Lokationsparameters etwa der nach Beispiel 5.108 (bzw. Beispiel 7.111) $\sqrt{n}$-konsistente Stichprobenmedian $\widehat{\mu}_n$ zu benutzen.

Beispiel 6.187 X_j, $j \in \mathbb{N}$, seien st.u. ZG mit derselben $\lambda\!\!\!\lambda$-Dichte

$$f_\vartheta(x) = \frac{\sigma}{\pi}\frac{1}{\sigma^2 + (x-\mu)^2}, \quad \vartheta = (\mu, \sigma)^\top \in \mathbb{R} \times (0, \infty).$$

---

[72] Diese Schätzer sind ohne Normalverteilungsannahme nicht effizient. In Satz 7.222 wird gezeigt, daß in solchen Fällen gewisse L-Statistiken vorzuziehen sind; vgl. auch Beispiel 6.17.

Beim Testen der Hypothesen $\mathbf{H}: \mu \leq \mu_0$, $\mathbf{K}: \mu > \mu_0$ bzw. $\mathbf{H}: \mu = \mu_0$, $\mathbf{K}: \mu \neq \mu_0$ über den Lokationsparameter μ ist σ ein (unbekannter) Nebenparameter. Durch Lokalisierung von $\mathfrak{F}_n = \{F_\vartheta^{(n)} : \vartheta \in \Theta\}$ gemäß $\mu_n = \mu_0 + \eta/\sqrt{n}$, $\sigma_n = \sigma_0 + \xi/\sqrt{n}$ bei zunächst beliebigem (festen) σ_0 ergibt sich ein LAN-Modell mit der zentralen Statistik

$$Z_n(\vartheta_0) = \frac{1}{\sqrt{n}} \sum_{j=1}^n \left(\left(\frac{1}{\sigma_0}\mathfrak{g}\left(\frac{x_j - \mu_0}{\sigma_0}\right), \frac{1}{\sigma_0}\mathfrak{h}\left(\frac{x_j - \mu_0}{\sigma_0}\right)\right)\right)^\top = (U_n(\vartheta_0), V_n(\vartheta_0))^\top,$$

$\mathfrak{g}(x) = \frac{2x}{1+x^2}$, $\mathfrak{h}(x) = \frac{-1+x^2}{1+x^2}$, und der Informationsmatrix

$$\mathscr{J}(\vartheta_0) = \frac{1}{\sigma_0^2} \begin{bmatrix} I(f) & \check{I}(f) \\ \check{I}(f) & -1 + \widetilde{I}(f) \end{bmatrix} \frac{1}{2\sigma_0^2} \mathscr{I}_2.$$

Aus der Symmetrie der Verteilung folgt nämlich $\check{I}(f) = 0$, so daß $\mathscr{J}_{12}(\vartheta_0) = 0$ und somit $S_n(\vartheta_0) = U_n(\vartheta_0)$ ist. Wegen $\frac{1}{\pi}\int \frac{dx}{1+x^2} = 1$, $\frac{1}{\pi}\int \frac{1}{(1+x^2)^2} dx = \frac{1}{2}$ sowie $\frac{1}{\pi}\int \frac{1}{(1+x^2)^3} dx = \frac{3}{8}$ gilt $I(f) = \frac{1}{2}$ sowie $-1 + \widetilde{I}(f) = \frac{1}{2}$.

Zur Angabe eines $\sqrt{n}$-konsistenten Schätzers für σ beachte man, daß wegen $F_{\mu,\sigma}(x) = \frac{1}{2} + \frac{1}{\pi}\arctan\frac{x-\mu}{\sigma}$ und $\arctan 1 = \frac{\pi}{4}$ offenbar $\mu \pm \sigma$ die Quartile sind und damit σ der halbe Quartilabstand ist. Für den halben Stichproben-Quartilabstand $\widehat{\lambda}_n = \widehat{\sigma}_n$ ist die Voraussetzung der $\sqrt{n}$-Konsistenz erfüllt. Folglich ist $\widehat{T}_n = T_n(\widehat{\vartheta}_n)$ mit $T_n(\vartheta_0) = U_n(\vartheta_0)$ Prüfgröße des asymptotisch gleichmäßig besten unverfälschten α-Niveau Tests und τu_α bzw. $\tau u_{\alpha/2}$ mit $\tau^2 = I(f) = 1/2$ der kritische Wert. □

Analog ergibt sich die Lösung des entsprechenden Zweistichprobenproblems, für das ebenfalls im Bereich der klassischen Statistik kein adäquates Verfahren angegeben werden kann.

Beispiel 6.188 X_{ij}, $j \in \mathbb{N}$, $i = 1, 2$, seien st.u. ZG mit der von j unabhängigen λ-Dichte

$$f_{\mu_i}(x) = \frac{\sigma_0}{\pi} \frac{1}{\sigma_0^2 + (x - \mu_i)^2}, \quad \mu_i \in \mathbb{R}, \quad i = 1, 2.$$

Dabei sei $\sigma_0^2 > 0$ bekannt. Zugrunde liegt also ein Modell mit dem zweidimensionalen Parameter $\vartheta = (\mu_1, \mu_2)^\top \in \mathbb{R}^2$. Gesucht ist ein Test für die Hypothesen

$$\mathbf{H}: \mu_1 \leq \mu_2, \quad \mathbf{K}: \mu_1 > \mu_2 \quad \text{bzw.} \quad \mathbf{H}: \mu_1 = \mu_2, \quad \mathbf{K}: \mu_1 \neq \mu_2. \tag{6.4.80}$$

Nach Beispiel 6.187 ist die Translationsfamilie zur Dichte $f_0(x)$ in jedem Punkt $\mu \in \mathbb{R}$ $\mathbb{L}_2(\mu)$-differenzierbar mit Ableitung $\dot{L}_\mu(x) = \frac{1}{\sigma_0}\mathfrak{g}\left(\frac{x-\mu}{\sigma_0}\right) = \frac{2(x-\mu)}{\sigma_0^2 + (x-\mu)^2}$, so daß die gemäß (6.4.72) lokalisierte Klasse LAN$(Z_n, \mathscr{J}_0)$ ist mit Z_n gemäß (6.4.73) und $\mathscr{J}(\vartheta_0) = \frac{1}{2\sigma_0^2}\mathscr{I}_2$. Dabei ist die erste Komponente von $Z_n = Z_{n_1, n_2}(\vartheta_0)$ wegen der Diagonalgestalt von $\mathscr{J}_0$ zugleich die Prüfgröße des asymptotisch gleichmäßig besten unverfälschten Tests bei festem λ_0. Als $\sqrt{n}$-konsistenten Schätzer für λ_0 verwenden wir analog Beispiel 6.187 den Stichprobenmedian $\widehat{\lambda}_n$ der vereinigten Stichprobe. Somit sind alle Voraussetzungen aus Satz 6.185 erfüllt, so daß wegen $\mathscr{J}_{12}(\vartheta_0) = 0$ die erste Komponente von $Z_{n_1, n_2}(\widehat{\vartheta}_n)$ die Prüfgröße des lokal asymptotisch besten Tests bei unbekanntem $\lambda_0 \in \mathbb{R}$ ist.

6.4 Lokal asymptotisch optimale Tests

Wäre überdies $\sigma_0^2 \in (0,\infty)$ unbekannt und unabhängig von $i = 1,2$, so ließe sich analog Beispiel 6.187 ein asymptotisch bester Test für die Hypothesen (6.4.80) bei unbekanntem Nebenparameter $\xi = (\lambda_0, \sigma_0^2)$ gewinnen. Entsprechendes gilt, wenn auch die Skalenparameter σ_i der einzelnen Stichproben voneinander verschieden und unbekannt wären; vgl. auch Beispiel 6.191. □

Tests in Lokations-Skalenfamilien Es soll nun das Testen eines eindimensionalen Parameters in solchen Lokations-Skalenmodellen betrachtet werden, bei denen – im Gegensatz zu den Beispielen 6.187 und 6.188 – die VF bzw. ihre λ-Dichte hinreichend vielen Momenten- und Differenzierbarkeitsbedingungen genügt. Genauer gehen wir von einer Verteilungsklasse mit λ-Dichten der Form

$$f_\vartheta(z) = \frac{1}{\sigma} f(\frac{z-\mu}{\sigma}), \quad \vartheta = (\mu,\sigma)^\top \in \mathbb{R} \times (0,\infty) \quad (6.4.81)$$

aus, wobei f den Mittelwert 0 und die Streuung 1 besitzen soll. Zur lokal asymptotischen Behandlung dieser Testprobleme werde der Einfachheit halber weiter angenommen, daß f eine positive λ-Dichte ist, welche dreimal stetig differenzierbar ist mit Ableitung f', für die die Bedingungen (1.8.54+56) erfüllt sind, also

$$I(f) := \int f'^2(z)/f(z)\,\mathrm{d}z < \infty, \quad \widetilde{I}(f) := \int z^2 f'^2(z)/f(z)\,\mathrm{d}z < \infty \quad (6.4.82)$$

gilt und für die überdies die durch (6.2.85) definierten Funktionen

$$\mathfrak{g}(z) = -f'(z)/f(z) \quad \text{und} \quad \mathfrak{h}(z) = -1 - zf'(z)/f(z)$$

samt ihren (gegebenenfalls mit z multiplizierten) zweiten und dritten logarithmischen Ableitungen $k(z)$ gleichmäßig integrabel sind im Sinne von

$$\int \sup\{|k(zc+d)| : |c-1| < \varepsilon_0, |d| < \delta_0\}\,\mathrm{d}F(z) < \infty \quad \exists \varepsilon_0, \delta_0 > 0. \quad (6.4.83)$$

Beispiel 6.189 (Einstichprobentests in Lokations-Skalenmodellen) Betrachtet werden st.u. ZG X_j, $j \in \mathbb{N}$, mit derselben λ-Dichte (6.4.81). Dabei sei $f > 0$ bekannt und erfülle die obigen Voraussetzungen. Gesucht werden Tests für das Prüfen des Lokationsparameters, also für die Hypothesen

$$\mathbf{H}: \mu \le \mu_0, \quad \mathbf{K}: \mu > \mu_0 \quad \text{bzw.} \quad \mathbf{H}: \mu = \mu_0, \quad \mathbf{K}: \mu \ne \mu_0 \quad (6.4.84)$$

bei unbekanntem Nebenparameter $\sigma > 0$ bzw. für das Prüfen des Skalenparameters, also für

$$\mathbf{H}: \sigma \le \sigma_0, \quad \mathbf{K}: \sigma > \sigma_0 \quad \text{bzw.} \quad \mathbf{H}: \sigma = \sigma_0, \quad \mathbf{K}: \sigma \ne \sigma_0 \quad (6.4.85)$$

bei unbekanntem Nebenparameter $\mu \in \mathbb{R}$. Nach Lokalisierung von $\mathfrak{F}^{(n)} = \{F_\vartheta^{(n)} : n \in \mathbb{N}\}$ gemäß

$$\mu_n = \mu_0 + \eta/\sqrt{n}, \quad \sigma_n = \sigma_0 + \xi/\sqrt{n}$$

mit zunächst beliebigem (aber festen) $\sigma_0 > 0$ bzw. $\mu_0 \in \mathbb{R}$ sind die Verteilungsklassen $\mathfrak{F}_n = \{F^{(n)}_{\vartheta_n} : n \in \mathbb{N}\}$, $\vartheta_n = (\mu_n, \sigma_n)^\top$ in $\vartheta_0 = (\mu_0, \sigma_0)^\top$ LAN mit der zentralen Statistik

$$Z_n = (U_n, V_n)^\top = \frac{1}{\sqrt{n}} \sum_{j=1}^n \dot{L}_{\vartheta_0}(X_j) = \frac{1}{\sqrt{n}\sigma_0} \sum_{j=1}^n \left(\mathfrak{g}\left(\frac{X_j - \mu_0}{\sigma_0}\right), \mathfrak{h}\left(\frac{X_j - \mu_0}{\sigma_0}\right)\right)^\top \quad (6.4.86)$$

und der Informationsmatrix

$$\mathscr{J}(\vartheta_0) = \frac{1}{\sigma_0^2} \begin{bmatrix} I(f) & \check{I}(f) \\ \check{I}(f) & -1 + \widetilde{I}(f) \end{bmatrix}. \quad (6.4.87)$$

a) (Tests für den Lokationsparameter μ bei unbekanntem σ_0^2) Besitzen die X_j, $j \in \mathbb{N}$, endliche vierte Momente, so ist $\widehat{\sigma}_n := (\sum (X_j - \mu_0)^2/n)^{1/2}$ nach Beispiel 6.31 $\sqrt{n}$-konsistent für σ_0. Die Prüfgröße $\widehat{T}_n$ des Tests $\widehat{\varphi}_n$ ist von der Form

$$\widehat{T}_n = \frac{1}{\sqrt{n}\widehat{\sigma}_n} \sum_j \psi\left(\frac{X_j - \mu_0}{\widehat{\sigma}_n}\right)$$

$$= \frac{1}{\sqrt{n}\widehat{\sigma}_n} \sum_j \psi\left(\frac{X_j - \mu_0}{\sigma_0}\right) + \frac{1}{\sqrt{n}\widehat{\sigma}_n} \sum_j \left(\psi\left(\frac{X_j - \mu_0}{\widehat{\sigma}_n}\right) - \psi\left(\frac{X_j - \mu_0}{\sigma_0}\right)\right), \quad (6.4.88)$$

wobei für symmetrisches f wegen $\check{I}(f) = 0$ gilt[73] $\psi(z) = \mathfrak{g}(z)$ und allgemein

$$\psi(z) = \mathfrak{g}(z) - K(f)\mathfrak{h}(z), \quad K(f) := \check{I}(f)/(-1 + \widetilde{I}(f)). \quad (6.4.89)$$

Hier ist $E_F \psi(Z) = 0$ und $\tau^2(F) := \operatorname{Var}_F \psi(Z) = \int \psi^2(z)\,dF(z) < \infty$, so daß der erste Summand der rechten Seite von (6.4.88) asymptotisch $\mathfrak{N}(0, \tau^2(F))$-verteilt ist. Für den zweiten Summanden ergibt sich durch Anwendung des Mittelwertsatzes wegen des Gesetzes der großen Zahlen und wegen $E_F(Z\psi'(Z)) = 0$ (vgl. Aufg. 6.50)

$$\frac{\sqrt{n}(\widehat{\sigma}_n - \sigma_0)}{\sigma_0} \frac{1}{n} \sum_j \frac{X_j - \mu_0}{\sigma_0} \psi'\left(\frac{X_j - \mu_0}{\sigma_0}\right) + R_n = \frac{\sqrt{n}(\widehat{\sigma}_n - \sigma_0)}{\sigma_0} E_F(Z\psi'(Z)) + \widetilde{R}_n = \widetilde{R}_n,$$

wobei R_n und $\widetilde{R}_n$ aufgrund der weiteren Voraussetzungen an f und der asymptotischen Normalität von $\sqrt{n}(\widehat{\sigma}_n - \sigma_0)$ nach WS gegen 0 streben. Somit ist die erste Bedingung (6.4.78) und wegen der Stetigkeit von $\mathscr{J}(\cdot)$ gemäß (6.4.87) auch die zweite erfüllt. $\widehat{T}_n$ ist also die Prüfgröße eines asymptotisch gleichmäßig besten unverfälschten α-Niveau Tests.

b) (Tests für den Skalenparameter σ bei unbekanntem μ_0) Besitzen die X_j, $j \in \mathbb{N}$, endliche zweite Momente, so ist $\widehat{\mu}_n = \overline{X}_n$ nach dem Satz von Lindeberg-Lévy $\sqrt{n}$-konsistent für μ_0 (wie etwa auch nach Beispiel 6.28 der Stichprobenmedian, der über jede zweite Beobachtung gebildete Durchschnitt oder die Quartilmitte). Die Prüfgröße des Tests $\widehat{\varphi}_n$ ist analog (6.4.88) von der Form

$$\widehat{T}_n = \frac{1}{\sqrt{n}\sigma_0} \sum_j \psi\left(\frac{X_j - \widehat{\mu}_n}{\sigma_0}\right)$$

$$= \frac{1}{\sqrt{n}\sigma_0} \sum_j \psi\left(\frac{X_j - \mu_0}{\sigma_0}\right) + \frac{1}{\sqrt{n}\sigma_0} \sum_j \left(\psi\left(\frac{X_j - \widehat{\mu}_n}{\sigma_0}\right) - \psi\left(\frac{X_j - \mu_0}{\sigma_0}\right)\right), \quad (6.4.90)$$

---

[73] Vgl. hierzu die in 6.2.3 diskutierte Bedingung $\langle \mathfrak{g}, \mathfrak{h} \rangle = 0$.

6.4 Lokal asymptotisch optimale Tests   395

wobei für symmetrisches f gilt $\psi(z) = \mathfrak{h}(z)$ und im allgemeinen

$$\psi(z) = \mathfrak{h}(z) - K(f)\mathfrak{g}(z), \quad K(f) := \breve{I}(f)/I(f). \tag{6.4.91}$$

Hier ist wieder nach Voraussetzung $E_F\psi(Z) = 0$ und $\tau^2(F) := \mathrm{Var}_F\,\psi(Z) < \infty$, d.h. der erste Summand der rechten Seite von (6.4.90) asymptotisch $\mathfrak{N}(0,\tau^2(F))$-verteilt. Der zweite ist analog a) asymptotisch vernachlässigbar, da $E_F\psi'(Z) = 0$ gilt (vgl. Aufg. 6.50) und somit wegen der $\sqrt{n}$-Konsistenz von $\widehat{\mu}_n$ mit geeigneten $R_n = o_{u_n}(1)$ und $\widetilde{R}_n = o_{u_n}(1)$

$$\sqrt{n}\frac{(\widehat{\mu}_n - \mu_0)}{\sigma_0}\frac{1}{n}\sum_j \psi'\left(\frac{X_j - \mu_0}{\sigma_0}\right) + R_n = \frac{\sqrt{n}(\widehat{\mu}_n - \mu_0)}{\sigma_0}E_F\psi'(Z) + \widetilde{R}_n = \widetilde{R}_n$$

Folglich ist die erste Bedingung (6.4.78) und trivialerweise auch die zweite erfüllt. $\widehat{T}_n$ ist also die Prüfgröße eines asymptotisch gleichmäßig besten unverfälschten α-Niveau Tests. Im Spezialfall $f(x) = (2\pi)^{-1/2}\exp(-x^2/2)$ ist $-f'/f = \mathrm{id}$, $I(f) = 1$, $\breve{I}(f) = 0$ sowie $-1 + \widetilde{I}(f) = 2$. Wegen $\widehat{\tau}_n = \widehat{\sigma}_n^{-1}$ reduziert sich somit die Prüfgröße (6.4.88) für die Hypothesen (6.4.84) auf

$$\widehat{\tau}_n^{-1}\widehat{T}_n = \frac{1}{\sqrt{n}}\sum_j (X_j - \mu_0)/\widehat{\sigma}_n = \sqrt{n}(\overline{X}_n - \mu_0)\Big/\sqrt{\frac{1}{n-1}\sum_j(X_j - \overline{X})^2}.$$

Diese genügt unter einer $\mathfrak{N}(\mu_0, \sigma^2)$-Verteilung unabhängig vom speziellen Wert σ^2 einer zentralen t_{n-1}-Verteilung. Wegen $t_{n-1,\alpha} \to u_\alpha$ gemäß Beispiel 5.72 bzw. Beispiel 6.68b erweist sich also der Einstichproben-t-Test aus Beispiel 3.75 unter der Normalverteilungsannahme auch auf diesem Wege als asymptotisch optimaler Test.

Im Fall der Hypothesen (6.4.85) ist gemäß (6.4.77) die Prüfgröße (6.4.90)

$$\widehat{\tau}_n^{-1}\widehat{T}_n = \frac{1}{\sqrt{2n}}\left(-n + \sum_j (X_j - \overline{X})^2/\sigma_0^2\right)$$

zu vergleichen mit den Fraktilen u_α bzw. $\pm u_{\alpha/2}$. Da $\sum(X_j - \overline{X})^2/\sigma_0^2$ unter einer $\mathfrak{N}(\mu, \sigma_0^2)$-Verteilung einer zentralen χ_{n-1}^2-Verteilung genügt und für deren α-Fraktile nach Beispiel 6.68c gilt

$$\chi_{n-1;\alpha}^2 \sim (n-1) + u_\alpha\sqrt{2(n-1)} = n + u_\alpha\sqrt{2n} + o(\sqrt{n}),$$

erweist sich der χ^2-Test zur Prüfung einer Varianz aus Beispiel 3.72 bei den angegebenen Hypothesen auch auf diesem Wege als asymptotisch optimaler Test. $\square$

Beim Nachweis der LAN-Eigenschaft in den folgenden Beispielen benötigt man eine Verallgemeinerung des 2. Le Cam Lemmas auf den Fall mehrdimensionaler Regressionskoeffizienten, die ebenfalls auf der Linearisierung des log-DQ in Satz 6.128 beruht und die hier deshalb ohne Beweis angegeben werden soll; vgl. Aufg. 6.52.

6 Asymptotische Betrachtungsweisen parametrischer Verfahren

Satz 6.190 (2. Le Cam Lemma mit mehrdimensionalen Regressionskoeffizienten)
Es sei $\mathfrak{F} = \{F_\vartheta : \vartheta \in \Theta\}$ eine k-parametrige Verteilungsklasse, die in einem festen Punkt $\vartheta \in \overset{\circ}{\Theta}$ $\mathbb{L}_2(\vartheta)$-differenzierbar sei mit Ableitung $\dot{L}_\vartheta = (\dot{L}_{\vartheta;1}, \ldots, \dot{L}_{\vartheta;k})^\top$ und Informationsmatrix $\mathscr{J}_\vartheta = (J_{i\ell}(\vartheta)) \in \mathbb{R}_{\text{p.s.}}^{k \times k}$. Weiter seien $(d_{nj}^{(1)}, \ldots, d_{nj}^{(k)})$ Systeme von Regressionskoeffizienten, die über die jeweiligen Noether-Bedingungen (5.3.32) hinaus den Bedingungen

$$\max\{|d_{nj}^{(i)}| : 1 \leq i \leq k\} \to 0, \quad \sum_{j=1}^n d_{nj}^{(i)} d_{nj}^{(\ell)} \to: \lambda_{i\ell}, \quad 1 \leq i, \ell \leq k, \quad (6.4.92)$$

genügen. Weiter sei für jedes $\zeta = (\zeta_1, \ldots, \zeta_k)^\top$ mit $\zeta \circ d_{nj} := (\zeta_1 d_{nj}^{(1)}, \ldots, \zeta_k d_{nj}^{(k)})^\top$ wie in Satz 6.130 erklärt:

$$w_{n\zeta} := \otimes F_{\vartheta + \zeta \circ d_{nj}}, \quad L_{n\zeta} := \frac{dw_{n\zeta}}{dw_{n0}}.$$

Bezeichnen dann $X_{n1}, \ldots, X_{nn}$ ZG, die für jedes $n \in \mathbb{N}$ st.u. sind mit $\mathcal{L}_\zeta(X_{nj}) = F_{\vartheta + \zeta \circ d_{nj}}$, $j = 1, \ldots, n$, so gilt mit der $k \times k$-Matrix $\mathscr{S}_\vartheta := (\lambda_{i\ell} J_{i\ell}(\vartheta))$ und der k-dimensionalen Statistik $Z_{n\vartheta} = \sum_{j=1}^n (d_{nj}^{(1)} \dot{L}_{\vartheta;1}(X_{nj}), \ldots, d_{nj}^{(k)} \dot{L}_{\vartheta;k}(X_{nj}))^\top$:

a) $\log L_{n\zeta} = \zeta^\top Z_{n\vartheta} - \frac{1}{2} \zeta^\top \mathscr{S}_\vartheta \zeta + o_{w_{n0}}(1)$,

b) $\mathfrak{L}_{w_{n0}}(Z_{n\vartheta}) \xrightarrow{\mathcal{L}} \mathfrak{N}(0, \mathscr{S}_\vartheta)$.

Insbesondere gilt also $\mathfrak{L}_{w_{n0}}(\log L_{n\zeta}) \xrightarrow{\mathcal{L}} \mathfrak{N}(-\kappa^2/2, \kappa^2)$ mit $\kappa^2 = \zeta^\top \mathscr{S}_\vartheta \zeta$ und damit $(w_{n\zeta}) \Diamond (w_{n0})$.

Beispiel 6.191 (Vergleich zweier Lokationsparameter bei unbekannten Skalenparametern)
Für $n_1, n_2 \in \mathbb{N}$ seien X_{ij}, $j = 1, \ldots, n_i$, $i = 1, 2$, st.u. ZG mit der von j unabhängigen λ-Dichte

$$f_{ij}(z) = \frac{1}{\sigma_i} f\left(\frac{z - \mu_i}{\sigma_i}\right), \quad (\mu_1, \mu_2, \sigma_1, \sigma_2)^\top \in \mathbb{R}^2 \times (0, \infty)^2, \quad (6.4.93)$$

und endlichen vierten Momenten. Dabei sei $f > 0$ bekannt und erfülle die obigen Voraussetzungen (6.4.82+83). Beim Testen von[74]

$$\mathbf{H} : \mu_1 \leq \mu_2, \quad \mathbf{K} : \mu_1 > \mu_2 \quad \text{bzw.} \quad \mathbf{H} : \mu_1 = \mu_2, \quad \mathbf{K} : \mu_1 \neq \mu_2 \quad (6.4.94)$$

ist $\kappa = \mu_1 - \mu_2$ Hauptparameter sowie $\lambda = (\mu_2, \sigma_1, \sigma_2)^\top$ Nebenparameter. Somit bietet sich in der Umgebung eines zunächst beliebigen (festen) Punktes $\vartheta_0 = (0, \lambda_0)^\top \in \mathbf{J}$, also

---

[74] Ist f die Dichte einer $\mathfrak{N}(0,1)$-Verteilung, so spricht man beim Testen dieser Hypothesen auch vom *Behrens-Fisher-Problem*. Nach Beispiel 3.40c gibt es für dieses Problem nämlich keine vollständige suffiziente Statistik, was die Nicht-Existenz einer optimalen Lösung im Rahmen der Normalverteilungstheorie plausibel macht.

eines Punktes mit $\mu_1 = \mu_2 =: \mu_0$, $\sigma_1 = \sigma_{10}$ und $\sigma_2 = \sigma_{20}$, die folgende Lokalisierung mit einem lokalen Parameter $\zeta = (\eta, \xi_2, \xi_3, \xi_4)^\top \in \mathbb{R}^4$ und $n := n_1 + n_2$ an:

$$\mu_{1n} = \mu_0 + \frac{\eta}{n_1}\sqrt{\frac{n_1 n_2}{n_1 + n_2}} + \frac{\xi_2}{\sqrt{n}}, \qquad \sigma_{1n} = \sigma_{10} + \frac{\xi_3}{\sqrt{n_1}},$$
$$\mu_{2n} = \mu_0 - \frac{\eta}{n_2}\sqrt{\frac{n_1 n_2}{n_1 + n_2}} + \frac{\xi_2}{\sqrt{n}}, \qquad \sigma_{2n} = \sigma_{20} + \frac{\xi_4}{\sqrt{n_2}}. \tag{6.4.95}$$

Diese führt mit $\mathfrak{g}$ und $\mathfrak{h}$ aus (6.2.85) nach Satz 6.190 auf ein LAN-Modell[75] mit der zentralen Statistik $Z_n = (U_n, V_n)^\top = (U_n, V_{n2}, V_{n3}, V_{n4}) = Z_n(\vartheta_0)$,

$$U_n = \sqrt{\frac{n_1 n_2}{n_1 + n_2}}\left(\frac{1}{n_1 \sigma_{10}}\sum_{j=1}^{n_1}\mathfrak{g}\left(\frac{X_{1j} - \mu_0}{\sigma_{10}}\right) - \frac{1}{n_2 \sigma_{20}}\sum_{j=1}^{n_2}\mathfrak{g}\left(\frac{X_{2j} - \mu_0}{\sigma_{20}}\right)\right),$$

$$V_{n2} = \frac{1}{\sqrt{n}\sigma_{10}}\sum_{j=1}^{n_1}\mathfrak{g}\left(\frac{X_{1j} - \mu_0}{\sigma_{10}}\right) + \frac{1}{\sqrt{n}\sigma_{20}}\sum_{j=1}^{n_2}\mathfrak{g}\left(\frac{X_{2j} - \mu_0}{\sigma_{20}}\right),$$

$$V_{n3} = \frac{1}{\sqrt{n_1}\sigma_{10}}\sum_{j=1}^{n_1}\mathfrak{h}\left(\frac{X_{1j} - \mu_0}{\sigma_{10}}\right), \quad V_{n4} = \frac{1}{\sqrt{n_2}\sigma_{20}}\sum_{j=1}^{n_2}\mathfrak{h}\left(\frac{X_{2j} - \mu_0}{\sigma_{20}}\right).$$

Bei $n_i/n \to w_i \in (0,1)$, $i = 1,2$, lautet die entsprechende Informationsmatrix

$$\mathscr{J}(\vartheta_0) = \begin{bmatrix} \left(\frac{w_2}{\sigma_1^2} + \frac{w_1}{\sigma_2^2}\right)I(f) & \sqrt{w_1 w_2}\left(\frac{1}{\sigma_1^2} - \frac{1}{\sigma_2^2}\right)I(f) & \sqrt{w_2}\frac{1}{\sigma_1^2}\check{I}(f) & -\sqrt{w_1}\frac{1}{\sigma_2^2}\check{I}(f) \\ \sqrt{w_1 w_2}\left(\frac{1}{\sigma_1^2} - \frac{1}{\sigma_2^2}\right)I(f) & \left(\frac{w_1}{\sigma_1^2} + \frac{w_2}{\sigma_2^2}\right)I(f) & \sqrt{w_1}\frac{1}{\sigma_1^2}\check{I}(f) & \sqrt{w_2}\frac{1}{\sigma_2^2}\check{I}(f) \\ \sqrt{w_2}\frac{1}{\sigma_1^2}\check{I}(f) & \sqrt{w_1}\frac{1}{\sigma_1^2}\check{I}(f) & \frac{1}{\sigma_1^2}(-1 + \widetilde{I}(f)) & 0 \\ -\sqrt{w_1}\frac{1}{\sigma_2^2}\check{I}(f) & \sqrt{w_2}\frac{1}{\sigma_2^2}\check{I}(f) & 0 & \frac{1}{\sigma_2^2}(-1 + \widetilde{I}(f)) \end{bmatrix}$$

Da die 3×3-Matrix $\mathscr{J}_{22}(\vartheta_0)$ nicht ausgeartet ist, gibt es also nach Satz 6.185 bei jedem $\alpha \in (0,1)$ für die ein-und zweiseitigen Hypothesen (6.4.94) asymptotisch gleichmäßig beste unverfälschte α-Niveau Tests und zwar bei bekanntem ϑ_0 die Tests (6.4.76), bei unbekanntem ϑ_0 die Tests (6.4.77), sofern $\widehat{\xi}_n = (\widehat{\mu}_n, \widehat{\sigma}_{1n}, \widehat{\sigma}_{2n})^\top$ ein $\sqrt{n}$-konsistenter Schätzer ist, etwa

$$\widehat{\mu}_n := \frac{1}{n}\left(\sum_j x_{1j} + \sum_j x_{2j}\right),$$

$$\widehat{\sigma}_{1n}^2 := \frac{1}{n_1 - 1}\sum_j (x_{1j} - \overline{x}_{1\cdot})^2, \quad \widehat{\sigma}_{2n}^2 := \frac{1}{n_2 - 1}\sum_j (x_{2j} - \overline{x}_{2\cdot})^2.$$

---

[75] nämlich gemäß Satz 6.190 mit $d_{nj} = (d_{nj}^{(1)}, \ldots, d_{nj}^{(4)})^\top = \left(\frac{1}{n_1}\sqrt{\frac{n_1 n_2}{n_1 + n_2}}, \frac{1}{\sqrt{n}}, \frac{1}{\sqrt{n_1}}, 0\right)^\top$ für $1 \le j \le n_1$ und $d_{nj} = (d_{nj}^{(1)}, \ldots, d_{nj}^{(4)})^\top = \left(-\frac{1}{n_2}\sqrt{\frac{n_1 n_2}{n_1 + n_2}}, \frac{1}{\sqrt{n}}, 0, \frac{1}{\sqrt{n_2}}\right)^\top$ für $n_1 + 1 \le j \le n_1 + n_2$.

Bei der expliziten Angabe der Tests beschränken wir uns auf den Fall einer symmetrischen Dichte. Bei $\breve{I}(f) = 0$ vereinfacht sich nämlich die Informationsmatrix zu

$$\mathscr{J}(\vartheta_0) = \begin{bmatrix} \dfrac{w_2\sigma_2^2 + w_1\sigma_1^2}{\sigma_1^2\sigma_2^2}I(f) & \sqrt{w_1w_2}\dfrac{\sigma_2^2 - \sigma_1^2}{\sigma_1^2\sigma_2^2}I(f) & 0 & 0 \\ \sqrt{w_1w_2}\dfrac{\sigma_2^2 - \sigma_1^2}{\sigma_1^2\sigma_2^2}I(f) & \dfrac{w_1\sigma_2^2 + w_2\sigma_1^2}{\sigma_1^2\sigma_2^2}I(f) & 0 & 0 \\ 0 & 0 & \dfrac{1}{\sigma_1^2}(-1 + \widetilde{I}(f)) & 0 \\ 0 & 0 & 0 & \dfrac{1}{\sigma_1^2}(-1 + \widetilde{I}(f)) \end{bmatrix}$$

so daß sich $\mathscr{J}_{22}(\vartheta_0)$ leicht invertieren läßt. Man erhält dann

$$T_n = U_n - \mathscr{J}_{12}\mathscr{J}_{22}^{-1}V_n = U_n - \frac{\sqrt{n_1n_2}(\sigma_2^2 - \sigma_1^2)}{n_1\sigma_2^2 + n_2\sigma_1^2}V_{n2}. \tag{6.4.96}$$

Betrachtet man an Stelle der vierparametrigen Klasse (6.4.93) das durch $\sigma_1 = \sigma_2 =: \sigma$ eingeschränkte Modell, so ergibt sich analog durch eine Lokalisierung von μ_1 und μ_2 wie in (6.4.95) und von σ gemäß $\sigma_n = \sigma_0 + \xi_3/\sqrt{n}$ ein dreiparametriges LAN-Modell. Mit den $\sqrt{n}$-konsistenten Schätzern $\widehat{\mu}_n$ und

$$\widehat{\sigma}_n^2 = \widehat{\sigma}_n^2(x) = \frac{1}{n_1 + n_2 - 2}\left(\sum(x_{1j} - \overline{x}_{1\cdot})^2 + \sum(x_{2j} - \overline{x}_{2\cdot})^2\right) \quad \text{sowie} \quad \widehat{\tau}_n^2 = \frac{I(f)}{\widehat{\sigma}_n^2}$$

folgt hier

$$\widehat{\tau}_n^{-1}\widehat{T}_n(x) = \sqrt{\frac{n_1n_2}{n_1 + n_2}}\frac{1}{\sqrt{I(f)}}\left(\frac{1}{n_1}\sum_{j=1}^{n_1}\mathfrak{g}\left(\frac{x_{1j} - \widehat{\mu}_n}{\widehat{\sigma}_n}\right) - \frac{1}{n_2}\sum_{j=1}^{n_2}\mathfrak{g}\left(\frac{x_{2j} - \widehat{\mu}_n}{\widehat{\sigma}_n}\right)\right)$$

und damit im Spezialfall $f(x) = (2\pi)^{-1/2}\exp(-x^2/2)$ wegen $I(f) = 1$

$$\widehat{\tau}_n^{-1}\widehat{T}_n(x) = \sqrt{\frac{n_1n_2}{n_1 + n_2}}\frac{\overline{x}_{1\cdot} - \overline{x}_{2\cdot}}{\widehat{\sigma}_n}.$$

Nach Beispiel 5.72 oder Beispiel 6.68b gilt $t_{n_1+n_2-2;\alpha} \to u_\alpha$ für $n_1 \to \infty$, $n_2 \to \infty$. Somit erweisen sich also der einseitige und zweiseitige Zweistichproben t-Test aus Beispiel 3.76 als asymptotisch gleichmäßig beste unverfälschte α-Niveau Tests. □

Beispiel 6.192 (Vergleich zweier Skalenparameter bei unbekannten Lokationsparametern) Für $n_1, n_2 \in \mathbb{N}$ seien X_{ij}, $j = 1, \ldots, n_i$, $i = 1, 2$, st.u. ZG mit der von j unabhängigen λ-Dichte (6.4.92), für die die Voraussetzungen von Beispiel 6.191 erfüllt sind. Beim Testen der Hypothesen

$$\mathbf{H}: \sigma_1 \leq \sigma_2, \quad \mathbf{K}: \sigma_1 > \sigma_2 \quad \text{bzw.} \quad \mathbf{H}: \sigma_1 = \sigma_2, \quad \mathbf{K}: \sigma_1 \neq \sigma_2 \tag{6.4.97}$$

6.4 Lokal asymptotisch optimale Tests

ist $\kappa = \sigma_1 - \sigma_2$ Hauptparameter sowie $\lambda = (\sigma_2, \mu_1, \mu_2)^\top$ Nebenparameter. Mit der Lokalisierung

$$\sigma_{1n} = \sigma_0 + \frac{\eta}{n_1}\sqrt{\frac{n_1 n_2}{n_1 + n_2}} + \frac{\xi_2}{\sqrt{n}}, \quad \mu_{1n} = \mu_{10} + \frac{\xi_3}{\sqrt{n_1}}, \qquad (6.4.98)$$

$$\sigma_{2n} = \sigma_0 - \frac{\eta}{n_2}\sqrt{\frac{n_1 n_2}{n_1 + n_2}} + \frac{\xi_2}{\sqrt{n}}, \quad \mu_{2n} = \mu_{20} + \frac{\xi_4}{\sqrt{n_2}}$$

in der Umgebung der zunächst als bekannt angesehenen Stelle $\vartheta_0 = (0, \xi_0)^\top \in \mathbf{J}$, also eines Punktes mit $\sigma_1 = \sigma_2 =: \sigma_0$, $\mu_1 = \mu_{10}$ und $\mu_2 = \mu_{20}$, ergibt sich gemäß Satz 6.190 ein vierparametriges LAN-Modell mit der zentralen Statistik $Z_n = (U_n, V_{n2}, V_{n3}, V_{n4})^\top$,

$$U_n(x) = \sqrt{\frac{n_1 n_2}{n_1 + n_2}}\Bigl(\frac{1}{n_1\sigma_0}\sum_{j=1}^{n_1}\mathfrak{h}\Bigl(\frac{x_{1j} - \mu_{10}}{\sigma_0}\Bigr) - \frac{1}{n_2\sigma_0}\sum_{j=1}^{n_2}\mathfrak{h}\Bigl(\frac{x_{2j} - \mu_{20}}{\sigma_0}\Bigr)\Bigr),$$

$$V_{n2}(x) = \frac{1}{\sqrt{n}\sigma_0}\sum_{j=1}^{n_1}\mathfrak{h}\Bigl(\frac{X_{1j} - \mu_{10}}{\sigma_0}\Bigr) + \frac{1}{\sqrt{n}\sigma_0}\sum_{j=1}^{n_2}\mathfrak{h}\Bigl(\frac{X_{2j} - \mu_{20}}{\sigma_0}\Bigr),$$

$$V_{n3}(x) = \frac{1}{\sqrt{n_1}\sigma_0}\sum_{j=1}^{n_1}\mathfrak{g}\Bigl(\frac{X_{1j} - \mu_{10}}{\sigma_0}\Bigr), \quad V_{n4}(x) = \frac{1}{\sqrt{n_2}\sigma_0}\sum_{j=1}^{n_2}\mathfrak{g}\Bigl(\frac{X_{2j} - \mu_{20}}{\sigma_0}\Bigr).$$

Bei $n_i/n \to w_i \in (0,1)$, $i = 1, 2$, lautet die (wegen $\sigma_{10} = \sigma_{20}$ in Vergleich zu Beispiel 6.191 einfachere) Informationsmatrix

$$\mathscr{J}(\vartheta_0) = \frac{1}{\sigma_0^2}\begin{bmatrix} -1 + \widetilde{I}(f) & 0 & \sqrt{w_2}\,\breve{I}(f) & -\sqrt{w_1}\,\breve{I}(f) \\ 0 & -1 + \widetilde{I}(f) & \sqrt{w_1}\,\breve{I}(f) & \sqrt{w_2}\,\breve{I}(f) \\ \sqrt{w_2}\,\breve{I}(f) & \sqrt{w_1}\,\breve{I}(f) & I(f) & 0 \\ -\sqrt{w_1}\,\breve{I}(f) & \sqrt{w_2}\,\breve{I}(f) & 0 & I(f) \end{bmatrix}$$

Da die 3×3-Matrix $\mathscr{J}_{22}$ positiv definit ist, gibt es also nach Satz 6.185 analog Beispiel 6.191 für jedes $\alpha \in (0,1)$ für die ein- und zweiseitigen Hypothesen (6.4.97) asymptotisch gleichmäßig beste unverfälschte α-Niveau Tests, sofern bei unbekanntem λ_0 wieder $\sqrt{n}$-konsistente Schätzer verwendet werden, etwa

$$\widehat{\mu}_{1n} = \frac{1}{n_1}\sum x_{1j}, \quad \widehat{\mu}_{2n} = \frac{1}{n_2}\sum x_{2j},$$

$$\widehat{\sigma}_n^2 = \frac{1}{n_1 + n_2 - 2}\Bigl(\sum(x_{1j} - \overline{x}_{1\cdot})^2 + \sum(x_{2j} - \overline{x}_{2\cdot})^2\Bigr).$$

Im Spezialfall einer symmetrischen Dichte, also von $\breve{I}(f) = 0$, ergibt sich wegen $\mathscr{J}_{12} = 0$ und $\tau^2 = J_{11} = \sigma_0^{-2}(-1 + \widetilde{I}(f))$ mit $\widehat{\mu}_{1n} = \overline{x}_{1\cdot}$, $\widehat{\mu}_{2n} = \overline{x}_{2\cdot}$, $\widehat{\sigma}_n$ und $\widehat{\tau}_n^2 = \widehat{\sigma}_n^{-2}(-1 + \widetilde{I}(f))$ wie oben als Prüfgröße der Tests (6.4.77)

$$\widehat{\tau}_n^{-1}\widehat{T}_n(x) = \frac{1}{\sqrt{-1 + \widetilde{I}(f)}}\sqrt{\frac{n_1 n_2}{n_1 + n_2}}\Bigl(\frac{1}{n_1}\sum_{j=1}^{n_1}\mathfrak{h}\Bigl(\frac{x_{1j} - \overline{x}_{1\cdot}}{\widehat{\sigma}_n}\Bigr) - \frac{1}{n_2}\sum_{j=1}^{n_2}\mathfrak{h}\Bigl(\frac{x_{2j} - \overline{x}_{2\cdot}}{\widehat{\sigma}_n}\Bigr)\Bigr),$$

für die λ-Dichte $f(x) = (2\pi)^{-1/2}\exp(-x^2/2)$ einer $\mathfrak{N}(0,1)$-Verteilung also

$$\widehat{\tau}_n^{-1}\widehat{T}_n(x) = \frac{1}{\sqrt{2\widehat{\sigma}_n^2}}\sqrt{\frac{n_1 n_2}{n_1+n_2}}\Big(\frac{1}{n_1}\sum_{j=1}^{n_1}(x_{1j}-\overline{x}_{1\cdot})^2 - \frac{1}{n_2}\sum_{j=1}^{n_2}(x_{2j}-\overline{x}_{2\cdot})^2\Big).$$

Dieser Test ist mit dem F-Test zum Vergleich zweier Varianzen aus Beispiel 3.73 für $n_1 \to \infty$, $n_2 \to \infty$ asymptotisch äquivalent. Bezeichnet nämlich $T_{n_1 n_2} = s_{1 n_1}^2 / s_{2 n_2}^2$ mit $s_{in_i}^2(x) = \frac{1}{n_i-1}\sum(x_{ij}-\overline{x}_{i\cdot})^2$, $i=1,2$ dessen Prüfgröße, so läßt sich diese für große n_1 und n_2 durch eine $\mathfrak{N}(0,1)$-verteilte ZG W approximieren gemäß[76)]

$$\frac{1}{\sqrt{2}}\sqrt{\frac{n_1 n_2}{n_1+n_2}}(T_{n_1,n_2}-1) \sim W,$$

so daß, wenn man noch nach dem Lemma von Slutsky $s_{2n_2}^2$ ersetzt durch $\widehat{\sigma}_n^2$, gilt

$$\frac{1}{\sqrt{2}}\sqrt{\frac{n_1 n_2}{n_1+n_2}}\Big(\frac{s_{1n_1}^2}{s_{2n_2}^2}-1\Big) = \frac{1}{\sqrt{2}}\sqrt{\frac{n_1 n_2}{n_1+n_2}}\frac{s_{1n_1}^2-s_{2n_2}^2}{\widehat{\sigma}_n^2}+o_P(1) = \widehat{\tau}_n^{-1}\widehat{T}n + o_P(1). \quad \square$$

Jurečková-Linearisierung Da es sich bei den Prüfgrößen der soeben betrachteten Beispiele um lineare Statistiken $\widetilde{S}_n(\Delta)$, $\Delta = \vartheta_0$, handelt, läßt sich auch ohne zusätzliche Differenzierbarkeits-und Momentenannahmen zeigen, daß in Lokationsmodellen bei Verwendung $\sqrt{n}$-konsistenter Schätzer $\widehat{\Delta}_n$ die Prüfgrößen $\widetilde{S}_n(\widehat{\Delta}_n)$ der optimalen $C(\alpha)$-Tests (6.4.77) die gleiche Limesverteilung haben wie diejenigen der Tests (6.4.76). Hierfür wird eine in der nichtparametrischen Statistik bekannte und in Band III verwendete Aussage[77)] modifiziert. Diese dient dort dazu, implizit definierte Schätzer für den Lokationsparameter approximativ zu bestimmen. Zum Beweis benötigt man wieder das 2. Le Cam Lemma 6.190.

Satz 6.193 (Jurečková-Linearisierung) *Für $n \in \mathbb{N}$ seien $X_{n1},\ldots,X_{nn}$ st.u. ZG mit derselben VF F, die eine λ-Dichte f mit (6.4.82) besitze. (c_{nj}), $(d_{nj}^{(1)})$ und $(d_{nj}^{(2)})$ seien drei Noether-Systeme von Regressionskonstanten, die den Bedingungen (6.4.92) genügen und von denen (c_{nj}) die strikte Noether-Bedingung (5.3.33) erfülle. Weiter seien wie bisher $\mathfrak{g}$ und $\mathfrak{h}$ durch (6.2.85) erklärt, $\psi \in \mathbb{L}_2(F)$ eine reellwertige Bewertungsfunktion und*

$$B_n := \Big(\sum_j c_{nj} d_{nj}^{(1)}\int \psi(z)\mathfrak{g}(z)\,\mathrm{d}F(z),\ \sum_j c_{nj} d_{nj}^{(2)}\int \psi(z)\mathfrak{h}(z)\,\mathrm{d}F(z)\Big)^\top. \qquad (6.4.99)$$

[76)] Bezeichnen nämlich $\breve{W}$ und $\widetilde{W}$ st.u. sowie W eine weitere $\mathfrak{N}(0,1)$-verteilte ZG, so folgt aus der Definition einer $F_{n_1 n_2}$-verteilten ZG für große n_1 und n_2 nach dem Satz von Slutsky

$$F_{n_1 n_2} = \frac{\frac{1}{n_1}(W_{11}^2+\ldots+W_{1n_1}^2)}{\frac{1}{n_2}(W_{21}^2+\ldots+W_{2n_2}^2)} = \frac{1+\breve{W}\sqrt{2/n_1}+o_P(n_1^{-1/2})}{1+\widetilde{W}\sqrt{2/n_2}+o_P(n_2^{-1/2})}$$

$$= 1 + \sqrt{2}\sqrt{\frac{n_1+n_2}{n_1 n_2}}W + o_P\Big(\sqrt{\frac{n_1+n_2}{n_1 n_2}}\Big).$$

[77)] Vgl. J. Jurečková: Ann. Math. Stat. 40 (1969) 1889-1900.

Dann gilt mit $u_n := F^{(n)}$ *und* $\Delta = (\Delta_1, \Delta_2)^\top \in \mathbb{R}^2$ *für die Statistiken*

$$\widetilde{S}_n := \sum_{j=1}^n c_{nj}\psi(X_{nj}) \quad \text{und} \quad \widetilde{S}_n(\Delta) := \sum_{j=1}^n c_{nj}\psi((1+\Delta_2 d_{nj}^{(2)})X_{nj} + \Delta_1 d_{nj}^{(1)}): \quad (6.4.100)$$

a) $\quad \widetilde{S}_n(\Delta) - \widetilde{S}_n - \Delta^\top B_n \xrightarrow[u_n]{} 0 \quad \forall \Delta \in \mathbb{R}^2.$ \hfill (6.4.101)

b) *Sind zusätzlich* ψ, $\mathfrak{g}$ *und* $\mathfrak{h}$ *von lokal beschränkter Variation, so ist die Konvergenz* (6.4.101) *kompakt gleichmäßig, d.h. für jedes* $c \in (0, \infty)$ *gilt*

$$\sup_{|\Delta| \le c} |\widetilde{S}_n(\Delta) - \widetilde{S}_n - \Delta^\top B_n| \xrightarrow[u_n]{} 0. \quad (6.4.102)$$

Beweis: Für $n \in \mathbb{N}$ seien $X_{nj}(\Delta) := (1 + \Delta_2 d_{nj}^{(2)})X_{nj} + \Delta_1 d_{nj}^{(1)}$, $j = 1, \ldots, n$, und $v_n := \otimes \mathcal{L}_F(X_{nj}(\Delta))$. Dann gilt wegen $u_n := \otimes \mathcal{L}_F(X_{nj})$ einerseits offenbar

$$\mathcal{L}_{u_n}(\widetilde{S}_n(\Delta)) = \mathcal{L}_{v_n}(\widetilde{S}_n); \quad (6.4.103)$$

andererseits ist analog Beispiel 6.133c $(v_n) \triangleleft (u_n)$, da die durch F erzeugte Lokations-Skalenfamilie $\mathbb{L}_2$-differenzierbar ist und die $(d_{nj}^{(\ell)})$, $\ell = 1, 2$, der Noether-Bedingung (5.3.32) sowie der zweiten Bedingung (6.4.92) genügen.

a) Sei $\Delta \in \mathbb{R}^2$ fest sowie zunächst ψ als stetig und beschränkt vorausgesetzt. Dann ist mit

$$R_{n1} := \widetilde{S}_n(\Delta) - \widetilde{S}_n - E_{u_n}\widetilde{S}_n(\Delta), \quad R_{n2} := E_{u_n}\widetilde{S}_n(\Delta) - \Delta^\top B_n$$

zu zeigen, daß $R_{n1} + R_{n2} \xrightarrow[u_n]{} 0$ gilt. Dabei folgt $R_{n1} \xrightarrow[u_n]{} 0$ wegen $E_{u_n} R_{n1} = 0$ und $\sum c_{nj}^2 \to 1$ mit der Markov-Ungleichung gemäß

$$u_n(|R_{n1}| > \delta) \le \delta^{-2} \operatorname{Var}_{u_n}(\widetilde{S}_n(\Delta) - \widetilde{S}_n) = \delta^{-2} \sum_j c_{nj}^2 \operatorname{Var}_0[\psi(X_{nj}(\Delta)) - \psi(X_{nj})]$$

$$\le \delta^{-2} \max_j E_0[\psi(X_{nj}(\Delta)) - \psi(X_{nj})]^2 (1+o(1))$$

$$=: \delta^{-2} \max_j \int [\psi((1+\Delta_2 d_{nj}^{(2)})z + \Delta_1 d_{nj}^{(1)}) - \psi(z)]^2 \, dF(z)(1+o(1)).$$

Da ψ stetig und beschränkt ist und die $d_{nj}^{(\ell)}$, $\ell = 1, 2$, der Noether-Bedingung genügen, strebt diese obere Schranke für $n \to \infty$ nach dem Satz von Lebesgue gegen 0.

Die Gültigkeit von $R_{n2} \to 0$ folgt mit dem Korollar 5.89 zum Satz über die Typenkonvergenz aus derjenigen von

$$\mathcal{L}_{u_n}(\widetilde{S}_n(\Delta) - E_{u_n}\widetilde{S}_n(\Delta)) \xrightarrow{\mathcal{L}} \mathfrak{N}(0,1) \quad \text{und} \quad \mathcal{L}_{u_n}(\widetilde{S}_n(\Delta) - \Delta^\top B_n) \xrightarrow{\mathcal{L}} \mathfrak{N}(0,1).$$

Dabei ist die erste Beziehung wegen $R_{n1} \xrightarrow[u_n]{} 0$ nach dem Satz von Slutsky äquivalent mit $\mathcal{L}_{u_n}(\widetilde{S}_n) \xrightarrow{\mathcal{L}} \mathfrak{N}(0,1)$, was unmittelbar aus dem Satz von Lindeberg-

Feller folgt. Die zweite Beziehung ist wegen (6.4.103) äquivalent zur Konvergenz $\mathfrak{L}_{v_n}(\widetilde{S}_n - \Delta^\top B_n) \xrightarrow[\mathfrak{L}]{} \mathfrak{N}(0,1)$. Bei deren Nachweis kann man sich wegen $|\sum_j c_{nj} d_{nj}^{(\ell)}| \leq 1 + o(1)$, $\ell = 1, 2$, o.E. auf Teilfolgen mit $\sum_j c_{nj} d_{nj}^{(\ell)} \to : \xi_\ell$, $\ell = 1, 2$, d.h. mit $\Delta^\top B_{n\zeta} \to \Delta_1 \xi_1 \int \psi \mathfrak{g} \, dF - \Delta_2 \xi_2 \int \psi \mathfrak{h} \, dF$, beschränken. Für derartige Folgen von Regressionskoeffizienten $d_{nj}^{(\ell)}$, $\ell = 1, 2$, ist nämlich das entsprechend lokalisierte Lokations-Skalenmodell nach Beispiel 6.133c LAN in der zentralen Statistik $Z_n = (\sum_j d_{nj}^{(1)} \mathfrak{g}(X_{nj}), \sum_j d_{nj}^{(2)} \mathfrak{h}(X_{nj}))^\top$ und der Informationsmatrix $\mathscr{J}(\vartheta_0) = E_{\vartheta_0} \dot{L}_{\vartheta_0}(X_{11}) \dot{L}_{\vartheta_0}^\top(X_{11})$, $\dot{L}_{\vartheta_0} = (\mathfrak{g}, \mathfrak{h})^\top$. Allgemeiner gilt nach dem 2. Le Cam Lemma

$$\mathfrak{L}_{u_n} \begin{pmatrix} \widetilde{S}_n \\ \log L_n \end{pmatrix} \xrightarrow[\mathfrak{L}]{} \mathfrak{N}\left(\begin{pmatrix} 0 \\ -\frac{1}{2} \Delta^\top \mathscr{J}(\vartheta_0) \Delta \end{pmatrix}, \begin{bmatrix} \sigma_b^2 & \Delta^\top B \\ B^\top \Delta & \Delta^\top \mathscr{J}(\vartheta_0) \Delta \end{bmatrix} \right),$$

wobei (6.4.99) entsprechend $B := (\xi_1 \int \psi \mathfrak{g} \, dF, \xi_2 \int \psi \mathfrak{h} \, dF)^\top$ ist. Somit gilt für derartige Folgen von Regressionskonstanten nach dem 3. Le Cam Lemma wie behauptet

$$\mathfrak{L}_{v_n}(\widetilde{S}_n) \xrightarrow[\mathfrak{L}]{} \mathfrak{N}(\Delta^\top B, \sigma_b^2).$$

Ist nun $\psi \in \mathbb{L}_2(F)$ mit $\int \psi \, dF = 0$ und $\int \psi^2 \, dF = 1$ beliebig, so gibt es nach B1.2 zu jedem $\zeta > 0$ eine stetige und beschränkte Funktion ψ_ζ mit $\|\psi - \psi_\zeta\|_2 < \zeta$. Hierbei wie im sonstigen Beweis bezeichnet $\|\cdot\|_2$ die $\mathbb{L}_2(F)$-Norm. Dabei kann man o.E. $\int \psi_\zeta \, dF = 0$ und $\|\psi_\zeta\|_2 = 1$ angenommen werden. Mit den weiteren Abkürzungen $\widetilde{S}_{n\zeta}$ und $\widetilde{S}_{n\zeta}(\Delta)$ für die mit der Funktion ψ_ζ gemäß (6.4.91) gebildeten Funktionen und

$$B_{n\zeta} := \left(\sum_j c_{nj} d_{nj}^{(1)} \int \psi_\zeta(z) \mathfrak{g}(z) \, dF(z), \sum_j c_{nj} d_{nj}^{(2)} \int \psi_\zeta(z) \mathfrak{h}(z) \, dF(z) \right)^\top$$

gilt dann

$$\widetilde{S}_n(\Delta) - \widetilde{S}_n - \Delta^\top B_n = \sum_{\ell=1}^{5} R_{n\ell} \quad \text{mit} \quad R_{n1} := \widetilde{S}_{n\zeta}(\Delta) - \widetilde{S}_{n\zeta} - E_{u_n} \widetilde{S}_{n\zeta}(\Delta)$$

$$R_{n2} := E_{u_n} \widetilde{S}_{n\zeta}(\Delta) - \Delta^\top B_{n\zeta}, \quad R_{n3} := \Delta^\top B_{n\zeta} - \Delta^\top B_n,$$

$$R_{n4} := \widetilde{S}_{n\zeta} - \widetilde{S}_n \quad \text{und} \quad R_{n5} := \widetilde{S}_n(\Delta) - \widetilde{S}_{n\zeta}(\Delta).$$

Dabei wurde die Gültigkeit von $R_{n1} \xrightarrow[u_n]{} 0$ und diejenige von $R_{n2} \xrightarrow[u_n]{} 0$ für jedes $\zeta > 0$ bereits in a) gezeigt. Weiter gilt nun

$$R_{n3} = \Delta_1 \sum_j c_{nj} d_{nj}^{(1)} \int (\psi - \psi_\zeta) \mathfrak{g} \, dF + \Delta_2 \sum_j c_{nj} d_{nj}^{(2)} \int (\psi - \psi_\zeta) \mathfrak{h} \, dF.$$

Da beide Integrale und beide Summen nach der Cauchy-Schwarz-Ungleichung wegen (6.4.82) bzw. wegen (5.3.22) beschränkt sind, gibt es also bei vorgegebenem $\delta > 0$ ein hinreichend großes $\zeta(\delta)$ derart, daß aus $\zeta \geq \zeta(\delta)$ folgt

$$|R_{n3}| \leq \delta/4 \quad \forall n \in \mathbb{N}. \tag{6.4.104}$$

Zum Nachweis von $R_{n4} \xrightarrow[u_n]{} 0$ beachte man, daß nach der Markov-Ungleichung und wegen $\int \psi \, dF = \int \psi_\zeta \, dF = 0$ bzw. $\sum_j c_{nj}^2 \to 1$ gilt

$$u_n(|R_{n4}| > \delta/4) \leq \frac{16}{\delta^2} E_{u_n}(\widetilde{S}_n - \widetilde{S}_{n\zeta})^2 = \frac{16}{\delta^2} \text{Var}_F\left[\sum_j c_{nj}(\psi(X_{nj}) - \psi_\zeta(X_{nj}))\right]$$

$$= \frac{16}{\delta^2} \sum_j c_{nj}^2 E_F[\psi(X_{nj}) - \psi_\zeta(X_{nj})]^2 \to \frac{16}{\delta^2}\|\psi - \psi_\zeta\|^2 \leq \frac{16}{\delta^2}\zeta^2.$$

Also gibt es zu vorgegebenem $\varepsilon > 0$ und $\delta > 0$ ein $\zeta(\varepsilon, \delta) > 0$ sowie ein $n_4(\varepsilon, \delta) < \infty$ derart, daß $\zeta \geq \zeta(\varepsilon, \delta)$ impliziert

$$u_n(|R_{n4}| > \delta/4) \leq \varepsilon/2 \quad \forall n \geq n_4(\varepsilon, \delta). \tag{6.4.105}$$

Schließlich folgt aus (6.4.105) die Existenz eines $n_5(\varepsilon, \delta) < \infty$ mit

$$u_n(|R_{n5}| > \delta/4) \leq \varepsilon/2 \quad \forall n \geq n_5(\varepsilon, \delta). \tag{6.4.106}$$

Zunächst ergibt sich nämlich wegen (6.4.103)

$$u_n(|R_{n5}| > \delta/4) = v_n(|R_{n4}| > \delta/4),$$

so daß die Existenz von $n_5(\varepsilon, \delta)$ mit (6.4.106) aus $\limsup v_n(|R_{n4}| > \delta/4) < \varepsilon/3$ folgt. Dieses resultiert aber mit Hilfssatz 6.29, falls $\limsup u_n(|R_{n4}| > \delta/4)$ hinreichend klein ist, was wiederum durch (6.4.105) sichergestellt wird.

Bei $\zeta(\varepsilon, \delta) := \max\{\zeta_4(\delta), \zeta_2(\varepsilon, \delta)\}$ und $n(\varepsilon, \delta) := \max\{n_2(\varepsilon, \delta), n_3(\varepsilon, \delta), n_5(\delta)\}$ folgt also aus den Einzelabschätzungen (6.4.104–106), da R_{n2} und R_{n3} nicht zufallsabhängig sind,

$$u_n\left(\left|\sum_{\ell=2}^{5} R_{n\ell}\right| > \delta\right) \leq \sum_{\ell=2}^{5} u_n\left(|R_{n\ell}| > \delta/4\right) \leq \frac{\varepsilon}{2} + \frac{\varepsilon}{2} = \varepsilon.$$

b) Sei $c > 0$ fest. Dann wird das o.E. als Quadrat $[-c, +c]_{(2)}$ gewählte Kompaktum in $r_1 r_2$ Rechtecke Q_{ij}, $1 \leq i \leq r_1$, $1 \leq j \leq r_2$, mit den Kantenlängen $2c/r_1$ bzw. $2c/r_2$ und den Eckpunkten $(\Delta_{1i}, \Delta_{2j})$, $1 \leq i \leq r_1$, $1 \leq j \leq r_2$ eingeteilt, $r_1 := [4c\xi_1\sqrt{I(f)}, \varepsilon] + 1$, $r_2 := [4c\xi_2\sqrt{-1 + \widetilde{I}(f)}, \varepsilon] + 1$. Nimmt man nun o.E. ψ, $\mathfrak{g}$ und $\mathfrak{h}$ als monoton und auf einer Halbachse konstant sowie $\sum c_{nj} d_{nj}^{(\ell)} > 0$, $\ell = 1, 2$, an, so ist $\widetilde{S}_n(\Delta_1, \Delta_2)$ in jeder der beiden Variablen monoton, läßt sich also in jedem der Rechtecke Q_{ij} bis auf ein vorgegebenes $\varepsilon/2$ auf die Werte in einem der vier Eckpunkte abschätzen. Folglich gilt

$$\sup_{|\Delta|\leq c}|\widetilde{S}_n(\Delta)-\widetilde{S}_n-\Delta^\top B_n|\leq 4\max_{\substack{1\leq i\leq r_1\\1\leq j\leq r_2}}|\widetilde{S}_n(\Delta_{1i},\Delta_{2j})-\widetilde{S}_n-(\Delta_{1i},\Delta_{2j})^\top B_n|+\varepsilon/2.$$

Wegen $\max_{i,j}|\widetilde{S}_n(\Delta_{1i},\Delta_{2j})-\widetilde{S}_n-(\Delta_{1i},\Delta_{2j})^\top B_n|\xrightarrow[u_n]{}0$, gemäß a) ergibt sich

$$P\bigl(\sup_{|\Delta|\leq c}|\widetilde{S}_n(\Delta)-\widetilde{S}_n-\Delta^\top B_n|>\varepsilon\bigr)$$
$$\leq P\bigl(\max_{\substack{1\leq i\leq r_1\\1\leq j\leq r_2}}|\widetilde{S}_n(\Delta_{1i},\Delta_{2j})-\widetilde{S}_n-(\Delta_{1i},\Delta_{2j})^\top B_n|>\frac{\varepsilon}{4}\bigr)+\frac{\varepsilon}{2}\to 0\quad\forall\varepsilon>0.\quad\square$$

Korollar 6.194 *Es seien die Voraussetzungen und Bezeichnungen von Satz 6.193 erfüllt und $\widehat{\Delta}_n=(\widehat{\Delta}_{n1},\widehat{\Delta}_{n2})^\top$ ein nach WS beschränkter konsistenter Schätzer für $\Delta=(\Delta_1,\Delta_2)^\top$. Dann gilt*

$$\widetilde{S}_n(\widehat{\Delta}_n)=\widetilde{S}_n+\widehat{\Delta}_n^\top B_n+o_{u_n}(1). \tag{6.4.107}$$

Die Limesverteilung von $\widetilde{S}_n(\widehat{\Delta}_n)$ ist also durch die gemeinsame Limesverteilung von $\widetilde{S}_n$ und $\widehat{\Delta}_n$ bestimmt. Ist speziell $B_n=0$, so besitzen $\widetilde{S}_n(\widehat{\Delta}_n)$ und $\widetilde{S}_n$ die gleiche Limesverteilung.

Beweis: Da $\widehat{\Delta}_n$ nach WS beschränkt ist, gibt es zu vorgegebenem $\delta>0$ ein $c(\delta)>0$ mit $P(|\widehat{\Delta}_n|>c)\leq\delta/2\ \forall c\geq c(\delta)\ \forall n\in\mathbb{N}$. Folglich gibt es nach Satz 6.193b zu jedem $\varepsilon>0$ ein $n(\varepsilon,\delta)\in\mathbb{N}$ derart, daß für $n\geq n(\varepsilon,\delta)$ gilt

$$P\bigl(|\widetilde{S}_n(\widehat{\Delta}_n)-\widetilde{S}_n-\widehat{\Delta}_n^\top B_n|>\varepsilon\bigr)$$
$$\leq P\bigl(|\widehat{\Delta}_n|>c\bigr)+P\bigl(\sup_{|\Delta|\leq c}|\widetilde{S}_n(\Delta)-\widetilde{S}_n-\Delta^\top B_n|>\varepsilon\bigr)\leq\frac{\delta}{2}+\frac{\delta}{2}.$$

Der Zusatz folgt trivialerweise mit dem Lemma von Slutsky. $\square$

Insbesondere gilt also für den Schätzer eines Lokations- bzw. Skalenparameters Δ

$$\widetilde{S}_n(\widehat{\Delta}_n)=\widetilde{S}_n+\widehat{\Delta}_n^\top B_n+o_{u_n}(1), \tag{6.4.108}$$

wobei $B_n=\sum_j c_{nj}d_{nj}\int\psi(z)\mathfrak{g}(z)\,\mathrm{d}F(z)$ bzw. $B_n=\sum_j c_{nj}d_{nj}\int\psi(z)\mathfrak{h}(z)\,\mathrm{d}F(z)$ ist.

Ist die Bedingung $B_n\to 0$ verletzt, so ergibt sich die Limesverteilung von $\widetilde{S}_n(\widehat{\Delta}_n)$ aus der gemeinsamen Limesverteilung von $\widetilde{S}_n$ und $\widehat{\Delta}_n$, falls eine solche existiert. Typischerweise gilt $B_n\to: B$ und $\widehat{\Delta}_n\to\Delta$ nach WS, so daß die Limesverteilung von $\widetilde{S}_n(\widehat{\Delta}_n)$ aus derjenigen von $\widetilde{S}_n$ durch Translation hervorgeht.

Die Aussagen (6.4.107+108) lassen sich nun wie angekündigt zur Beantwortung der Frage heranziehen, ob und gegebenenfalls welchen Einfluß das Schätzen von Lokations- und/oder Skalenparametern auf die Limesverteilung von linearen Statistiken haben, die von derartigen Parametern abhängen. Ist etwa $\widetilde{S}_n(\mu)=\sum_j c_{nj}\psi(X_{nj}-\mu)$ eine von einem Lokationsparameter μ abhängende lineare Statistik und $\widehat{\mu}_n$ ein $\sqrt{n}$-konsistenter Schätzer, ist also $\widehat{\Delta}_n := \sqrt{n}(\widehat{\mu}_n - \mu)$ nach WS beschränkt, und genügen die Koeffizienten (c_{nj}) der strikten Noether-Bedingung, so gilt mit $d_{nj} = 1/\sqrt{n}$ zunächst $\sum_j c_{nj} d_{nj} = 0$ und somit nach (6.4.108)

$$\widetilde{S}_n(\widehat{\mu}_n) = \widetilde{S}_n(\mu + \widehat{\Delta}_n/\sqrt{n}) = \widetilde{S}_n(\mu) + o(1).$$

Wie die obigen Beispiele zeigen, ist die Jurečková-Linearisierung für die Theorie der $C(\alpha)$-Tests deshalb besonders nützlich, weil die Transformationen auf nichtbedingte Tests in den Aussagen 6.172 und 6.184 einer Orthogonalisierung entsprechen und somit vielfach die Bedingungen $\int \psi \mathfrak{g} \, dF = 0$ bzw. $\int \psi \mathfrak{h} \, dF = 0$ erfüllt sind, also $B_n = 0$ ist.

6.4.4 Einige Mehrstichproben- und Regressionsbeispiele

Die Grundidee der bisherigen Überlegungen, nämlich vermöge einer geeigneten Lokalisierung das zugrundeliegende Testproblem durch ein solches in einem linearen Modell mit bekannter Kovarianzstruktur zu ersetzen, läßt sich in gleicher Weise auch auf Mehrstichproben- und Regressionsprobleme anwenden. Nachdem in 6.4.3 bereits einige Zweistichprobenprobleme[78] behandelt wurden, sollen im folgenden zunächst verschiedene Situationen mit mehrdimensionalem Hauptparameter diskutiert werden. Mit diesen wird die Nützlichkeit der lokal asymptotischen Betrachtungsweise von Testproblemen zur Gewinnung plausibler Prüfgrößen auch in komplexeren Situationen unterstrichen. Speziell werden Probleme diskutiert, bei denen etwa die Normalverteilungsannahme verletzt ist oder die Nebenparameter von Stichprobe zu Stichprobe variieren. Sind dieses gerade die Streuungen, so spricht man von einem *heteroskedastischen Modell*. Während die Beispiele 6.195 und 6.196 Tests auf Mittelwerte in heteroskedastischen Modellen sind, behandelt Beispiel 6.197 einen Test auf *Homoskedastizität*, d.h. auf das Vorliegen gleicher Varianzen in einem allgemeineren linearen Modell. Diese Beispiele lassen sich subsumieren unter einen Ansatz, in dem eine Regression sowohl im Lokations- wie im Skalenparameter zugelassen ist, bei dem also die zugrundeliegenden ZG angenommen werden von der Form

$$X_j = (\overline{\mu} + c_j^\top \nu) + (\overline{\sigma} + d_j^\top \tau) W_j, \quad j = 1, \ldots, n. \tag{6.4.109}$$

Dabei sind $c_1, \ldots, c_n \in \mathbb{R}^k$ und $d_1, \ldots, d_n \in \mathbb{R}^\ell$ bekannte Regressionsvektoren sowie ν und τ die k- bzw. ℓ-dimensionalen Parameter. Bei Hypothesen der Form **H** : $\nu = 0$, **K** : $\nu \neq 0$ handelt es sich dann also um Tests auf Vorliegen von Unterschieden in den Mittelwerten in einem heteroskedastischen Modell (mit $\overline{\mu}, \overline{\sigma}$ und τ als Nebenparametern); dagegen sind **H** : $\tau = 0$, **K** : $\tau \neq 0$ Hypothesen zur Prüfung auf Homoskedastizität in einem allgemeineren linearen Modell (mit $\overline{\mu}, \overline{\sigma}$ und ν als Nebenparametern).

---

[78] Bei diesen Modellen ist sogar die strikte Noether-Bedingung (5.3.33) erfüllt, wenn man etwa setzt $c_{nj} = \frac{1}{n_1}\sqrt{\frac{n_1 n_2}{n_1+n_2}}$ für $1 \leq j \leq n_1$ und $c_{nj} = -\frac{1}{n_2}\sqrt{\frac{n_1 n_2}{n_1+n_2}}$ für $n_1 + 1 \leq j \leq n_1 + n_2$.

6 Asymptotische Betrachtungsweisen parametrischer Verfahren

Beispiel 6.195 (m-Stichproben-Version des Behrens-Fisher Problems) Betrachtet werde das Lokations-Skalenmodell

$$X_{ij} = \mu_i + \sigma_i W_{ij}, \quad j = 1, \ldots, n_i, \quad i = 1, \ldots, m.$$

Dabei seien die W_{ij} st.u. ZG mit derselben Verteilung F, deren λ-Dichte f dreimal stetig differenzierbar sei und den Voraussetzungen (6.4.82+83) genüge. Bei beliebigem $m \in \mathbb{N}$ werden die folgenden Hypothese betrachtet:

$$\mathbf{H}_1 : \mu_i = \mu_j \quad \forall i \neq j, \qquad \mathbf{K}_1 : \mu_i \neq \mu_j \quad \exists i \neq j \quad \text{bzw.}$$
$$\mathbf{H}_2 : \sigma_i = \sigma_j \quad \forall i \neq j, \qquad \mathbf{K}_2 : \sigma_i \neq \sigma_j \quad \exists i \neq j.$$

Für die asymptotische Behandlung gelte $n := \sum_{i=1}^{m} n_i \to \infty$ mit $n_i/n \to: \lambda_i \in (0,1)$ $\forall i = 1, \ldots, m$. Lokalisiert man diese Testprobleme um einen beliebigen Punkt $\vartheta_0 = (\mu_{10}, \ldots \mu_{m0}, \sigma_{10}, \ldots, \sigma_{m0})^\top \in \mathbf{J}$ gemäß

$$\mu_i = \mu_{i0} + \zeta_i/\sqrt{n}, \quad \sigma_i = \sigma_{i0} + \zeta_{m+i}/\sqrt{n}, \quad i = 1, \ldots, m,$$

so ergeben sich wegen $\mu_{10} = \ldots = \mu_{m0}$ bzw. $\sigma_{10} = \ldots = \sigma_{m0}$ die asymptotischen Hypothesen

$$\widehat{\mathbf{H}}_1 : \zeta_i = \zeta_j \quad \forall i \neq j, \qquad \widehat{\mathbf{K}}_1 : \zeta_i \neq \zeta_j \quad \exists i \neq j \quad \text{bzw.}$$
$$\widehat{\mathbf{H}}_2 : \zeta_{m+i} = \zeta_{m+j} \quad \forall i \neq j, \qquad \widehat{\mathbf{K}}_2 : \zeta_{m+i} \neq \zeta_{m+j} \quad \exists i \neq j.$$

Die Nebenparameter $\overline{\mu}_0 := \mu_{10} = \ldots = \mu_{m0}$, $\sigma_{10}, \ldots, \sigma_{m0}$ bzw $\overline{\sigma}_0 := \sigma_{10} = \ldots = \sigma_{m0}$, $\mu_{10}, \ldots, \mu_{m0}$ lassen sich durch die jeweiligen Kleinste-Quadrate-Schätzer $\sqrt{n}$-konsistent schätzen, sofern die Momente zweiter bzw. vierter Ordnung endlich sind, also durch

$$\widehat{\overline{\mu}}_0(x) = \overline{x}_{\cdot\cdot} = \sum_{i=1}^{m} \frac{n_i}{n} \overline{x}_{i\cdot}, \quad \widehat{\sigma}_{i0}^2 = \frac{1}{n_i} \sum_{j=1}^{n_i} (x_{ij} - \overline{x}_{i\cdot})^2, \quad i = 1, \ldots, m,$$

bzw.

$$\widehat{\overline{\sigma}}_0^2(x) = s_n^2 = \frac{1}{n} \sum_{i=1}^{m} \sum_{j=1}^{n_i} (x_{ij} - \overline{x}_{i\cdot})^2, \quad \widehat{\mu}_{i0}(x) = \overline{x}_{i\cdot}, \quad i = 1, \ldots, m.$$

Mit der oben angegebenen Lokalisierung ist die Verteilungsannahme LAN($Z_n, \mathscr{J}$) in den Punkten $\vartheta_0 \in \mathbf{J}$ mit

$$Z_n = \begin{bmatrix} Z_{n,1} \\ \vdots \\ Z_{n,m} \\ Z_{n,m+1} \\ \vdots \\ Z_{n,2m} \end{bmatrix}, \quad \mathscr{J} = \begin{bmatrix} \Gamma_{11}\begin{bmatrix} \tau_1 & & 0 \\ & \ddots & \\ 0 & & \tau_m \end{bmatrix} & \Gamma_{12}\begin{bmatrix} \tau_1 & & 0 \\ & \ddots & \\ 0 & & \tau_m \end{bmatrix} \\ \Gamma_{21}\begin{bmatrix} \tau_1 & & 0 \\ & \ddots & \\ 0 & & \tau_m \end{bmatrix} & \Gamma_{22}\begin{bmatrix} \tau_1 & & 0 \\ & \ddots & \\ 0 & & \tau_m \end{bmatrix} \end{bmatrix}.$$

Dabei ist $\tau_i = \lambda_i/\sigma_i^2$ und für die Komponenten Z_{ni} der zentralen Statistik Z_n gilt

$$Z_{ni} = \frac{\sqrt{\tau_i}}{\sqrt{n_i}} \sum_{j=1}^{n_i} \mathfrak{g}\left(\frac{X_{ij}-\mu_{i0}}{\sigma_{i0}}\right), \quad Z_{n,m+i} = \frac{\sqrt{\tau_i}}{\sqrt{n_i}} \sum_{j=1}^{n_i} \mathfrak{h}\left(\frac{X_{ij}-\mu_{i0}}{\sigma_{i0}}\right), \quad i=1,\ldots,m.$$

Hier sind $\mathfrak{g}$ und $\mathfrak{h}$ wieder wie in (6.2.85) erklärt.

Ist die Fehlerverteilung symmetrisch bzgl. 0, so gilt $\Gamma_{12} = \Gamma_{21} = 0$. Hierdurch vereinfachen sich die mit den obigen Kleinste-Quadrate-Schätzern gebildeten Teststatistiken zu

$$T_{n1} = \sum_{i=1}^{m} \left(\widehat{Z}_{n,i} - \frac{\widehat{\tau}_i^{1/2}}{\sum \widehat{\tau}_\ell} \sum_{\ell=1}^{m} \widehat{\tau}_\ell^{1/2} \widehat{Z}_{n,\ell}\right)^2 \frac{1}{\Gamma_{11}},$$

$$T_{n2} = \sum_{i=1}^{m} \left(\widehat{Z}_{n,m+i} - \frac{\widehat{\tau}_i^{1/2}}{\sum \widehat{\tau}_\ell} \sum_{\ell=1}^{m} \widehat{\tau}_\ell^{1/2} \widehat{Z}_{n,m+\ell}\right)^2 \frac{1}{\Gamma_{22}}.$$

Im Spezialfall einer $\mathfrak{N}(0,1)$-Verteilung ergeben sich als Prüfgrößen

$$T_{n1} = n \sum_{i=1}^{m} \widehat{\tau}_i \left[\overline{x}_{i\cdot} - \frac{1}{\sum \widehat{\tau}_\ell} \sum_{\ell=1}^{m} \widehat{\tau}_\ell \overline{x}_{\ell\cdot}\right]^2,$$

$$T_{n2} = \frac{n}{2\left(\sum \lambda_\ell \widehat{\sigma}_\ell^2(x)\right)^2} \sum_{i=1}^{m} \lambda_i \left[\widehat{\sigma}_i^2(x) - \sum_{\ell=1}^{m} \lambda_\ell \widehat{\sigma}_\ell^2(x)\right]^2.$$

Hier ist T_{n2} asymptotisch äquivalent zur Prüfgröße des Bartlett-Tests aus Beispiel 6.51, während T_{n1} eine Verallgemeinerung des Zählers der Varianzanalysen-Statistik (4.2.27) auf den Fall heteroskedastischer Varianzen ist. □

Beispiel 6.196 (Kovarianzanalyse bei heteroskedastischen Varianzen) In Verallgemeinerung von Beispiel 4.22 werde das folgende lineare Modell mit einem qualitativen und einem quantitativen Faktor betrachtet:

$$X_{ij} = \mu_i + \kappa s_{ij} + \sigma_i W_{ij}, \quad j=1,\ldots,n_i, \quad i=1,\ldots,m. \tag{6.4.110}$$

Dabei seien s_{ij}, $j=1,\ldots,n_i$, $i=1,\ldots,m$, vorgegebene Regressionskonstanten mit $\sum_{j=1}^{n_i}(s_{ij}-\overline{s}_{i\cdot})^2 > 0$, $i=1,\ldots,m$, und wie in Beispiel 6.195 W_{ij}, $j=1,\ldots,n_i$, $i=1,\ldots,m$, st.u. ZG mit derselben Verteilung F, deren λ-Dichte f dreimal stetig differenzierbar sei und den Voraussetzungen (6.4.82+83) genüge. Bei $\nu_i := \mu_i + \kappa \overline{s}_{i\cdot}$, $i=1,\ldots,m$, ist (6.4.110) äquivalent mit

$$X_{ij} = \nu_i + \kappa(s_{ij} - \overline{s}_{i\cdot}) + \sigma_i W_{ij}, \quad j=1,\ldots,n_i, \quad i=1,\ldots,m. \tag{6.4.111}$$

Hier interessieren vornehmlich drei Hypothesen:

$\mathbf{H}_0 : \kappa = 0$ („keine Regressionsabhängigkeit"), $\quad \mathbf{K}_0 : \kappa \neq 0$,
$\mathbf{H}_1 : \mu_1 = \ldots = \mu_m$ („kein Behandlungseffekt"), $\quad \mathbf{K}_1 : \mu_i \neq \mu_j \quad \exists i \neq j$,
$\mathbf{H}_2 : \sigma_1 = \ldots = \sigma_m$ („Homoskedastizität"), $\quad \mathbf{K}_2 : \sigma_i \neq \sigma_j \quad \exists i \neq j$.

Bezeichnet $\overline{\mu}$ den gemeinsamen Wert der μ_i unter $\mathbf{H}_1$, so kann diese Hypothese äquivalent geschrieben werden als

$$\mathbf{H}_1 : \nu_i = (\overline{\mu} + \kappa \overline{s}_{\cdot\cdot}) + \kappa(\overline{s}_{i\cdot} - \overline{s}_{\cdot\cdot}) \quad \forall i=1,\ldots,m.$$

408   6 Asymptotische Betrachtungsweisen parametrischer Verfahren

Über die Annahme aus Beispiel 6.195 hinaus sei

$$\frac{1}{n_i}\sum_{j=1}^{n_i}(s_{ij}-\overline{s}_{i\cdot})^2 \to : w_i \quad \forall i=1,\ldots,m,$$

so daß insbesondere bei $n_i/n \to \lambda_i$ mit $\tau_i = \lambda_i/\sigma_i^2$ gilt

$$\sum_{i=1}^{m}\tau_i w_i \bigg/ \frac{1}{n}\sum_{i=1}^{m}\sum_{j=1}^{n_i}\frac{(s_{ij}-\overline{s}_{i\cdot})^2}{\sigma_i^2} \to 1.$$

Jedes dieser drei Testprobleme läßt sich wieder lokalisieren und zwar um einen beliebigen Punkt $\vartheta_0 = (\kappa_0, \mu_{10}, \ldots, \mu_{m0}, \sigma_{10}, \ldots, \sigma_{m0})^\top \in \mathbf{J}$ mit einem lokalen Parameter $\zeta = (\zeta_0, \zeta_1, \ldots, \zeta_m, \zeta_{m+1}, \ldots, \zeta_{2m})^\top \in \mathbb{R}^{2m+1}$ gemäß

$$\kappa = \kappa_0 + \zeta_0/\sqrt{n}, \quad \nu_i = \nu_{i0} + \zeta_i/\sqrt{n}, \quad \sigma_i = \sigma_{i0} + \zeta_{m+i}/\sqrt{n}, \quad i=1,\ldots,m.$$

Dies führt zu einem LAN(Z_n, $\mathscr{I}_0$)-Modell mit

$$Z_n = Z_n(\vartheta_0) = \begin{bmatrix} \dfrac{1}{\sqrt{n}}\sum_i\sum_j \dfrac{s_{ij}-\overline{s}_{i\cdot}}{\sigma_{i0}}\mathfrak{g}\left(\dfrac{x_{ij}-\varrho_{i0}-\kappa_0(s_{ij}-\overline{s}_{i\cdot})}{\sigma_{i0}}\right) \\ \dfrac{\sqrt{\tau_{i0}}}{\sqrt{n_i}}\sum_j \mathfrak{g}\left(\dfrac{x_{ij}-\varrho_{i0}-\kappa_0(s_{ij}-\overline{s}_{i\cdot})}{\sigma_{i0}}\right), \quad i=1,\ldots,m \\ \dfrac{\sqrt{\tau_{i0}}}{\sqrt{n_i}}\sum_j \mathfrak{h}\left(\dfrac{x_{ij}-\varrho_{i0}-\kappa_0(s_{ij}-\overline{s}_{i\cdot})}{\sigma_{i0}}\right), \quad i=1,\ldots,m \end{bmatrix},$$

$$\mathscr{I}_0 = \mathscr{I}(\vartheta_0) = \begin{bmatrix} \Gamma_{11}\sum_\ell \tau_\ell w_\ell & 0 & \cdots & 0 & 0 & \cdots & 0 \\ 0 & & & & & & \\ \vdots & \Gamma_{11}\begin{bmatrix}\tau_1 & 0 \\ 0 & \ddots \\ & & \tau_m\end{bmatrix} & \Gamma_{12}\begin{bmatrix}\tau_1 & 0 \\ 0 & \ddots \\ & & \tau_m\end{bmatrix} \\ 0 & & & & & & \\ 0 & & & & & & \\ \vdots & \Gamma_{21}\begin{bmatrix}\tau_1 & 0 \\ 0 & \ddots \\ & & \tau_m\end{bmatrix} & \Gamma_{22}\begin{bmatrix}\tau_1 & 0 \\ 0 & \ddots \\ & & \tau_m\end{bmatrix} \\ 0 & & & & & & \end{bmatrix}.$$

Dabei entsprechen die Nullen in der ersten Zeile bzw. ersten Spalte von $\mathscr{I}_0$ der den Übergang von (6.4.110) nach (6.4.111) widerspiegelnden Orthogonalisierung in den Mittelwerten der X_{ij}. Für λ-Dichten f mit $\Gamma_{12} = 0$ wird die Informationsmatrix $\mathscr{I}_0$ diagonal mit den Diagonalelementen

$$\gamma_0 := \Gamma_{11}\sum_\ell \tau_\ell w_\ell, \quad \gamma_i := \Gamma_{11}\tau_i, \quad \gamma_{m+i} := \Gamma_{22}\tau_i, \quad i=1,\ldots,m.$$

Dadurch ergibt sich als Teststatistik

$$T(y) = (y - \mathscr{I}_0\widehat{\zeta}(y))^\top \mathscr{I}_0^{-1}(y - \mathscr{I}_0\widehat{\zeta}(y)) = \sum_{i=0}^{2m}(y_i - \gamma_i\widehat{\zeta}_i(y))^2\gamma_i^{-1}. \quad (6.4.112)$$

Dieses impliziert, daß die Prüfgrößen der Limesprobleme zu den drei Hypothesen $\mathbf{H}_0$, $\mathbf{H}_1$ und $\mathbf{H}_2$ explizit angegeben werden können als

6.4 Lokal asymptotisch optimale Tests

$$T_0(y) = y_o^2/\gamma_0,$$

$$T_1(y) = (y_0 - \gamma_0\widehat{\zeta_0}(y))^2\gamma_0^{-1} + \sum_{i=1}^{m}(y_i - \gamma_i\widehat{\overline{\zeta}}(y) - \gamma_i\widehat{\zeta_0}(y)\overline{s}_{i\cdot})^2\gamma_i^{-1},$$

$$T_2(y) = \sum_{i=1}^{m}\left(\frac{y_{m+i}}{\gamma_{m+i}} - \frac{\sum y_{m+\ell}}{\sum \gamma_{m+\ell}}\right)^2\gamma_{m+i}.$$

In der Statistik T_1 ist dabei $\overline{\zeta}$ der dem gemeinsamen Wert $\overline{\mu}$ entsprechende lokale Parameter und $(\widehat{\overline{\zeta}}, \widehat{\zeta_0})$ die Lösung der Normalgleichungen, die sich durch Minimierung der quadratischen Form hinsichtlich $\overline{\zeta}$ und ζ_0 ergeben.

Als asymptotisch optimale Prüfgröße folgen somit für die Fälle $\mathbf{H}_0$ und $\mathbf{H}_2$

$$T_{n0}(x) = \frac{\left(\sum_i \sum_j \frac{s_{ij} - \overline{s}_{i\cdot}}{\widehat{\sigma}_{i0}(x)}\mathfrak{g}\left(\frac{x_{ij} - \widehat{\mu}_{i0}(x)}{\widehat{\sigma}_{i0}(x)}\right)\right)^2}{\Gamma_{11}\sum_i \sum_j \frac{(s_{ij} - \overline{s}_{i\cdot})^2}{\widehat{\sigma}_{i0}^2(x)}},$$

$$T_{n2}(x) = \sum_j\left(\frac{\widehat{Y}_{n,m+i}}{\widehat{\gamma}_{m+i}} - \frac{\sum_\ell \widehat{Y}_{n,m+\ell}}{\sum_\ell \widehat{\gamma}_{m+\ell}}\right)^2\widehat{\gamma}_{m+i},$$

$$\widehat{Y}_{n,m+i} := \frac{1}{\sqrt{n}\widehat{\sigma}_0(x)}\sum_j \mathfrak{h}\left(\frac{x_{ij} - \overline{x}_{i\cdot} - \widehat{\kappa}(x)(s_{ij} - \overline{s}_{i\cdot})}{\widehat{\sigma}_0(x)}\right).$$

Diese spezialisieren sich im Fall, daß F eine $\mathfrak{N}(0,1)$-Verteilung ist, zu

$$T_{n0}(x) = \frac{\left(\sum_i \sum_j (x_{ij} - \overline{x}_{i\cdot})(s_{ij} - \overline{s}_{i\cdot})/\widehat{\sigma}_{i0}^2(x)\right)^2}{\sum_i \sum_j (s_{ij} - \overline{s}_{i\cdot})^2/\widehat{\sigma}_{i0}^2(x)},$$

$$\widehat{\sigma}_{i0}^2(x) := \frac{1}{n_i}\sum_j(x_{ij} - \overline{x}_{i\cdot})^2,$$

$$T_{n2}(x) = \frac{n}{\left(\sum_\ell \lambda_\ell \widehat{\sigma}_\ell^2(x)\right)^2}\sum_i \lambda_i[\widehat{\sigma}_i^2(x) - \sum_\ell \lambda_\ell \widehat{\sigma}_\ell^2(x)]^2,$$

$$\widehat{\sigma}_i^2(x) := \frac{1}{n_i}\sum_j[x_{ij} - \overline{x}_{i\cdot} - \widehat{\kappa}(x)(s_{ij} - \overline{s}_{i\cdot})]^2.$$

Offenbar stellt T_{n0} eine kanonische Verallgemeinerung der Kovarianzanalysen-Prüfgröße (4.2.47) und T_{n2} eine solche der Prüfgröße des Bartlett-Tests aus Beispiel 6.51 auf die verallgemeinerte Modellannahme (6.4.110) dar. Die Prüfgröße für das Testen von $\mathbf{H}_1$ gegen $\mathbf{K}_1$ besitzt eine ähnliche Struktur; ihre explizite Darstellung nach Einsetzen der Schätzer ist jedoch komplizierter als in den beiden anderen Fällen. □

Beispiel 6.197 (Prüfung auf Homoskedastizität bei zweifacher Zerlegung)

$$X_{ij\ell} = \overline{\mu} + \nu_i + \kappa_j + \sigma_{ij}W_{ij\ell}, \quad \ell = 1, \ldots, n_{ij},\ i = 1, \ldots, m,\ j = 1, \ldots, r,$$

6 Asymptotische Betrachtungsweisen parametrischer Verfahren

seien st.u. ZG. Dabei werde vorausgesetzt, daß die Fehlerterme $W_{ij\ell}$ dieselbe λ-Dichte f besitzen, welche dreimal stetig differenzierbar sei und die Voraussetzungen (6.4.82+83) erfülle. Weiter gelte $n_{ij}/n_{..} \to: \lambda_{ij} \in (0,1)$ $\forall (i,j)$. Gilt dann der Einfachheit halber $n_{ij} = n_{i\cdot}n_{\cdot j}/n_{..}$ $\forall (i,j)$, so lassen sich wie in den Beispielen 1.85 und 4.17 im Mittelwertraum $\mathfrak{L}_k$, $k = m + r - 1 + mr$, die beiden überzähligen Parameter festlegen durch die Forderungen $\sum_{i=1}^{m} n_{i\cdot}\nu_i = 0$, $\sum_{j=1}^{r} n_{\cdot j}\kappa_j = 0$. Demgemäß werde im folgenden der $\mathfrak{L}_k$ parametrisiert durch

$$\vartheta = (\overline{\mu}, \nu_1, \ldots, \nu_{m-1}, \kappa_1, \ldots, \kappa_{r-1}, \sigma_{11}, \ldots, \sigma_{mr}) \in \mathbb{R}^{m+r-1} \times (0,\infty)^{mr}.$$

Zur Prüfung auf Homoskedastizität, also der Hypothesen

$$\mathbf{H}: \sigma_{ij} = \sigma_{i'j'} \quad \forall (i,j) \neq (i',j'), \quad \mathbf{K}: \sigma_{ij} \neq \sigma_{i'j'} \quad \exists (i,j) \neq (i',j'), \tag{6.4.113}$$

bezeichne σ_0 den gemeinsamen (jedoch unbekannten) Wert der σ_{ij} unter $\mathbf{H}$ und demgemäß

$$\vartheta_0 = (\overline{\mu}_0, \nu_{10}, \ldots, \nu_{m-1,0}, \kappa_{10}, \ldots, \kappa_{r-1,0}, \sigma_0, \ldots, \sigma_0)$$

einen beliebigen Punkt auf $\mathbf{J} = \mathbf{H}$. Durch asymptotische Linearisierung um ϑ_0 gemäß $\vartheta_n = \vartheta_0 + \zeta/\sqrt{n}$, also mit $\zeta = (\zeta_1, \ldots, \zeta_k)$ gemäß

$$\overline{\mu}_n = \mu_0 + \zeta_1/\sqrt{n},$$
$$\nu_i = \nu_{i0} + \zeta_{i+1}/\sqrt{n}, \ i=1,\ldots,m-1, \quad \kappa_j = \kappa_{j0} + \zeta_{m+j}/\sqrt{n}, \ j=1,\ldots,r-1,$$
$$\sigma_{ij} = \sigma_0 + \zeta_{m+ri+j-1}/\sqrt{n}, \quad i=1,\ldots,m, \ j=1,\ldots,r,$$

ergibt sich ein LAN-Modell mit der k-dimensionalen zentralen Statistik $Z_n = \frac{1}{\sigma_0\sqrt{n}}\check{Z}_n$ und eine $k \times k$-Matrix $\mathscr{J}_0$. Dabei ist

$$\check{Z}_n = \begin{bmatrix} \sum_{i=1}^{m}\sum_{j=1}^{r}\sum_{\ell=1}^{n_{ij}} \mathfrak{g}\left(\frac{X_{ij\ell} - \overline{\mu}_0 - \nu_{i0} - \kappa_{j0}}{\sigma_0}\right) \\[1em] \sum_{j=1}^{r}\sum_{\ell=1}^{n_{ij}} \mathfrak{g}\left(\frac{X_{ij\ell} - \overline{\mu}_0 - \nu_{i0} - \kappa_{j0}}{\sigma_0}\right) - \frac{n_{i\cdot}}{n_{m\cdot}}\sum_{j=1}^{r}\sum_{\ell=1}^{n_{mj}} \mathfrak{g}\left(\frac{X_{mj\ell} - \overline{\mu}_0 - \nu_{m0} - \kappa_{j0}}{\sigma_0}\right) \\ i=1,\ldots,m-1 \\[1em] \sum_{i=1}^{m}\sum_{\ell=1}^{n_{ij}} \mathfrak{g}\left(\frac{X_{ij\ell} - \overline{\mu}_0 - \nu_{i0} - \kappa_{j0}}{\sigma_0}\right) - \frac{n_{\cdot j}}{n_{\cdot r}}\sum_{i=1}^{m}\sum_{\ell=1}^{n_{ir}} \mathfrak{g}\left(\frac{X_{ir\ell} - \overline{\mu}_0 - \nu_{i0} - \kappa_{r0}}{\sigma_0}\right) \\ j=1,\ldots,r-1 \\[1em] \sum_{\ell=1}^{n_{ij}} \mathfrak{h}\left(\frac{X_{ij\ell} - \overline{\mu}_0 - \nu_{i0} - \kappa_{j0}}{\sigma_0}\right), \quad i=1,\ldots,m, \ j=1,\ldots,r \end{bmatrix},$$

wobei $\nu_{m0} = -\sum_{i=1}^{m-1} n_{i\cdot}\nu_{i0}/n_{m\cdot}$ und $\kappa_{r0} = -\sum_{j=1}^{r-1} n_{\cdot j}\kappa_{j0}/n_{\cdot r}$ ist. Da es sich bei den ersten $m+r-1$ Komponenten von ϑ um Mittelwertparameter, bei den letzten mr Komponenten um Streuungsparameter handelt, schreibt sich die $k \times k$-Informationsmatrix $\mathscr{J}_0 = \mathscr{J}(\vartheta_0)$ als Blockmatrix

$$\mathscr{J}_0 = \frac{1}{\sigma_0^2}\begin{bmatrix} \Gamma_{11}\mathscr{J}_{11} & \Gamma_{12}\mathscr{J}_{12} \\ \Gamma_{21}\mathscr{J}_{21} & \Gamma_{22}\mathscr{J}_{22} \end{bmatrix}. \tag{6.4.114}$$

Dabei sind $\Gamma_{11} = I(f)$, $\Gamma_{22} = -1 + \widetilde{I}(f)$ und $\Gamma_{12} = \Gamma_{21} = \breve{I}(f)$ nur von f abhängig bzw. $\mathscr{J}_{11} \in \mathbb{R}^{(m+r-1)\times(m+r-1)}_{\text{p.d.}}$, $\mathscr{J}_{22} \in \mathbb{R}^{mr\times mr}_{\text{p.d.}}$ und $\mathscr{J}_{12} = \mathscr{J}_{21}^\top \in \mathbb{R}^{(m+r-1)\times mr}$ geeignete (die Aufspaltung in Mittelwert- und Streuungsparameter sowie die zweifache Zerlegung widerspiegelnde) Matrizen. Zur expliziten Angabe von $\mathscr{J}_0^{-1}$ beachte man dabei die Gültigkeit von $\mathscr{J}_{12}\mathscr{J}_{22}\mathscr{J}_{21} = \mathscr{J}_{11}$ sowie den Hilfssatz 6.170 über die Invertierung von Blockmatrizen. Aus diesem folgt für die Matrix $\mathscr{S} := \sigma_0^2 \mathscr{J}_0$

$$\mathscr{S}_{11.2} = \left(\Gamma_{11} - \frac{\Gamma_{12}^2}{\Gamma_{22}}\right)\mathscr{J}_{11} \quad \text{und} \quad \mathscr{S}_{11.2}^{-1} = \frac{\Gamma_{22}}{\Gamma_{11}\Gamma_{22} - \Gamma_{12}^2}\mathscr{J}_{11}^{-1}.$$

Dabei läßt sich auch $\mathscr{J}_{11}$ als Blockmatrix invertieren. Zunächst gilt für

$$\mathscr{S}_{11} := \begin{bmatrix} \lambda_{1\cdot} & & 0 \\ & \ddots & \\ 0 & & \lambda_{m-1\cdot} \end{bmatrix} + \frac{1}{\lambda_{m\cdot}} \begin{bmatrix} \lambda_{1\cdot} \\ \vdots \\ \lambda_{m-1\cdot} \end{bmatrix} \begin{bmatrix} \lambda_{1\cdot} \\ \vdots \\ \lambda_{m-1\cdot} \end{bmatrix}^\top \in \mathbb{R}^{(m-1)\times(m-1)},$$

$$\mathscr{S}_{22} := \begin{bmatrix} \lambda_{\cdot 1} & & 0 \\ & \ddots & \\ 0 & & \lambda_{\cdot r-1} \end{bmatrix} + \frac{1}{\lambda_{\cdot r}} \begin{bmatrix} \lambda_{\cdot 1} \\ \vdots \\ \lambda_{\cdot r-1} \end{bmatrix} \begin{bmatrix} \lambda_{\cdot 1} \\ \vdots \\ \lambda_{\cdot r-1} \end{bmatrix}^\top \in \mathbb{R}^{(r-1)\times(r-1)},$$

nach Aufg. 6.54

$$\mathscr{S}_{11}^{-1} := \begin{bmatrix} \lambda_{1\cdot}^{-1} - 1 & & -1 \\ & \ddots & \\ -1 & & \lambda_{m-1\cdot}^{-1} - 1 \end{bmatrix}; \quad \mathscr{S}_{22}^{-1} := \begin{bmatrix} \lambda_{\cdot 1}^{-1} - 1 & & -1 \\ & \ddots & \\ -1 & & \lambda_{\cdot r-1}^{-1} - 1 \end{bmatrix}.$$

Mit diesen Matrizen $\mathscr{S}_{11}$, $\mathscr{S}_{22}$, den beiden Nullvektoren $o_{m-1} = (0,\ldots,0)^\top \in \mathbb{R}^{m-1}$, $o_{r-1} = (0,\ldots,0)^\top \in \mathbb{R}^{r-1}$ und der Nullmatrix $\mathscr{O} \in \mathbb{R}^{r\times m}$ gilt dann

$$\mathscr{J}_{11} = \begin{bmatrix} 1 & o_{m-1}^\top & o_{r-1}^\top \\ o_{m-1} & \mathscr{S}_{11} & \mathscr{O}^\top \\ o_{r-1} & \mathscr{O} & \mathscr{S}_{22} \end{bmatrix}, \quad \mathscr{J}_{11}^{-1} = \begin{bmatrix} 1 & o_{m-1}^\top & o_{r-1}^\top \\ o_{m-1} & \mathscr{S}_{11}^{-1} & \mathscr{O}^\top \\ o_{r-1} & \mathscr{O} & \mathscr{S}_{22}^{-1} \end{bmatrix}.$$

Weiter ist $\mathscr{J}_{22}$ als Diagonalmatrix (mit den Diagonalelementen $\lambda_{11},\ldots,\lambda_{mr}$) trivialerweise invertierbar und damit gemäß (6.4.47) auch die Matrix (6.4.114).

Als $\sqrt{n}$-konsistente Schätzer für die Komponenten von ϑ_0 bieten sich auch hier die jeweiligen Kleinste-Quadrate-Schätzer an, also

$$\widehat{\mu}_n = \overline{x}_{\cdots}, \quad \widehat{\nu}_{in} = \overline{x}_{i\cdot\cdot} - \overline{x}_{\cdots}, \quad \widehat{\kappa}_{jn} = \overline{x}_{\cdot j\cdot} - \overline{x}_{\cdots}, \quad \widehat{\sigma}_n^2 = \frac{1}{n}\sum_{i=1}^m \sum_{j=1}^r \sum_{\ell=1}^{n_{ij}} (x_{ij\ell} - \overline{x}_{\cdots})^2.$$

Mit diesen Bausteinen läßt sich die Teststatistik $\widehat{T}_n$ aus (6.4.58) zum Prüfen der Hypothesen (6.4.113) explizit angeben, auch wenn das Bildungsgesetz relativ kompliziert ist. Ist speziell f symmetrisch bzgl. 0 und damit $\Gamma_{12} = 0$, so vereinfacht sich die Prüfgröße zu

$$\widehat{T}_n = \frac{1}{\Gamma_{22}}\left(\frac{1}{n}\left(\sum_{i=1}^m \sum_{j=1}^r \sum_{\ell=1}^{n_{ij}} \mathfrak{h}(x_{ij\ell},\widehat{\vartheta}_n)\right)^2 - \sum_{i=1}^m \sum_{j=1}^r \frac{1}{n_{ij}}\left(\sum_{\ell=1}^{n_{ij}} \mathfrak{h}(x_{ij\ell},\widehat{\vartheta}_n)\right)^2\right)$$

412   6 Asymptotische Betrachtungsweisen parametrischer Verfahren

mit $\widehat{\vartheta}_n = (\widehat{\overline{\mu}}_n, \widehat{\nu}_{1n}, \ldots, \widehat{\nu}_{m-1,n}, \widehat{\kappa}_{1n}, \ldots, \widehat{\kappa}_{r-1,n}, \widehat{\sigma}_n, \ldots, \widehat{\sigma}_n)$.
Im Spezialfall einer $\mathfrak{N}(0,1)$-Verteilung ergibt sich wegen $\Gamma_{22} = 2$ und $\mathfrak{h}(x) = x^2 - 1$ mit $\widehat{\sigma}_{ij}^2 = \frac{1}{n_{ij}} \sum_{\ell=1}^{n_{ij}} (x_{ij\ell} - \overline{x}_{i\cdot\cdot} - \overline{x}_{\cdot j\cdot} + \overline{x}_{\cdot\cdot\cdot})^2$ als Prüfgröße

$$\widehat{T}_n = \frac{1}{2\widehat{\sigma}_n^4} \left(n \Big(\sum_{i=1}^{m} \sum_{j=1}^{r} \frac{n_{ij}}{n} \widehat{\sigma}_{ij}^2 \Big)^2 - \sum_{i=1}^{m} \sum_{j=1}^{r} n_{ij} \widehat{\sigma}_{ij}^4 \right).$$

Diese Statistik ist asymptotisch äquivalent zu derjenigen des LQ-Tests, vgl. Beispiel 6.51, also zu derjenigen des Bartlett-Tests. □

Anmerkung 6.198 Die zentrale Voraussetzung der vorstehenden Beispiele ist die LAN-Eigenschaft. Diese war jeweils ad hoc zu verifizieren. Sie kann auch in allgemeineren Situationen typischerweise aus der $\mathbb{L}_2$-Differenzierbarkeit durch Linearisierung des log-DQ gefolgert werden. Es soll deshalb noch ohne Beweis (vgl. Aufg. 6.53) ein 2. Le Cam Lemma formuliert werden, das die lokal asymptotische Behandlung vieler allgemeiner Testprobleme bei Modellen der Form (6.4.109) ermöglicht.

Satz (2. Le Cam Lemma für allgemeinere Parametrisierungen) *Für $n \in \mathbb{N}$ seien $W_{n1}, \ldots, W_{nn}$ o.E. geeignet zentrierte st.u. ZG mit derselben λ-Dichte $f(\cdot)$, die positiv und stetig differenzierbar sei mit Informationsmatrix (6.4.87) und Elementen Γ_{ij}. Mit vorgegebenen Regressionsvektoren $c_{nj} \in \mathbb{R}^k$, $j = 1, \ldots, n$, und $d_{nj} \in \mathbb{R}^\ell$, $j = 1, \ldots, n$, sowie unbekannten Parametern $\nu \in \mathbb{R}^k$ und $\tau \in \mathbb{R}^\ell$ seien ZG X_{nj} erklärt durch*

$$X_{nj} = c_{nj}^\top \nu + d_{nj}^\top \tau W_{nj}, \quad j = 1, \ldots, n. \tag{6.4.115}$$

Weiter sei für $a_{nj} := c_{nj}/d_{nj}^\top \tau$, $b_{nj} := d_{nj}/d_{nj}^\top \tau$, $j = 1, \ldots, n$, mit vorgegebenen Matrizen $\mathscr{M}_n \in \mathbb{R}^{k \times k}$ und $\mathscr{N}_n \in \mathbb{R}^{\ell \times \ell}$ die verallgemeinerte Noether-Bedingung

$$\max_{1 \leq j \leq n} a_{nj}^\top \mathscr{M}_n \mathscr{M}_n^\top a_{nj} \to 0, \quad \max_{1 \leq j \leq n} b_{nj}^\top \mathscr{N}_n \mathscr{N}_n^\top b_{nj} \to 0,$$

$$\mathscr{M}_n^\top \sum_{j=1}^{n} a_{nj} a_{nj}^\top \mathscr{M}_n \to: \mathscr{S}_{11}, \quad \mathscr{M}_n^\top \sum_{j=1}^{n} a_{nj} b_{nj}^\top \mathscr{N}_n \to: \mathscr{S}_{12},$$

$$\mathscr{N}_n^\top \sum_{j=1}^{n} b_{nj} b_{nj}^\top \mathscr{N}_n \to: \mathscr{S}_{22}$$

erfüllt. Dann ist die durch $\vartheta = (\nu, \tau)$ parametrisierte $(k+\ell)$-dimensionale Klasse der gemeinsamen Verteilungen von $X_{n1}, \ldots, X_{nn}$ an der Stelle $\vartheta_0 = (\nu_0, \tau_0)$ nach Lokalisierung gemäß $\nu = \nu_0 + \mathscr{M}_n \eta$, $\tau = \tau_0 + \mathscr{N}_n \xi$ lokal asymptotisch normal mit

$$Z_n = \begin{pmatrix} \sum_{j=1}^{n} \mathscr{M}_n^\top a_{nj} \mathfrak{g}\Big(\frac{X_{nj} - c_{nj}^\top \nu}{d_{nj}^\top \tau}\Big) \\ \sum_{j=1}^{n} \mathscr{N}_n^\top b_{nj} \mathfrak{h}\Big(\frac{X_{nj} - c_{nj}^\top \nu}{d_{nj}^\top \tau}\Big) \end{pmatrix} \quad \text{und} \quad \mathscr{J} = \begin{bmatrix} \Gamma_{11} \mathscr{S}_{11} & \Gamma_{12} \mathscr{S}_{12} \\ \Gamma_{21} \mathscr{S}_{21} & \Gamma_{22} \mathscr{S}_{22} \end{bmatrix}. \quad \square$$

6.4 Lokal asymptotisch optimale Tests

Aufgabe 6.42 Wie lautet der Neyman-Rao-Test für die Hypothesen $\mathbf{H}: \kappa = \kappa_0$ gegen $\mathbf{K}: \kappa \ne \kappa_0$ bei der Modellannahme aus Beispiel 6.167, wenn $m=2$, $F_1 = \mathfrak{N}(0,1)$ und $F_2 = \mathfrak{L}(0,1)$ ist? Was ergibt sich in den Spezialfällen $\kappa_0 = (1,0)^\top$ bzw. $\kappa_0 = (0,1)^\top$?

Aufgabe 6.43 $X_j = (Y_j, Z_j)$, $j \in \mathbb{N}$, seien st.u. ZG mit derselben Verteilung $F_\vartheta = \mathfrak{L}(\mu_1, \sigma_1) \otimes \mathfrak{L}(\mu_2, \sigma_2)$, $\vartheta = (\mu_1, \mu_2, \sigma_1, \sigma_2)^\top \in \mathbb{R}^2 \times (0, \infty)^2$, wenn $\mathfrak{L}(\mu, \sigma)$ die Cauchy-Verteilung mit der λ-Dichte $f_\vartheta(x) = \frac{\sigma}{\pi} \frac{1}{\sigma^2 + (x-\mu)^2}$ bezeichnet. Wie lautet der Neyman-Rao-Test für die Hypothesen $\mathbf{H}: (\mu_1, \mu_2) = (\mu_{10}, \mu_{20})$, $\mathbf{K}: (\mu_1, \mu_2) \ne (\mu_{10}, \mu_{20})$ mit $\lambda = (\sigma_1, \sigma_2)$ als Nebenparameter?

Aufgabe 6.44 Man beweise die in Anmerkung 6.183 formulierte Aussage (6.4.67) über die Limesverteilung der Prüfgröße T_n des LQ-Tests zum Prüfen zusammengesetzter Nullhypothesen.

Aufgabe 6.45 Y sei eine s-dimensionale $\mathfrak{N}(\zeta, \mathscr{S})$-verteilte ZG mit $\mathscr{S} = \mathscr{I}_s - \tau\tau^\top$ und bekanntem $\tau \in \sum_s$. $\mathfrak{L}_h$ und $\mathfrak{L}_k$ seien lineare Teilräume des $\mathbb{R}^s$ der Dimension h bzw. k mit $\mathfrak{L}_h \subset \mathfrak{L}_k \subset \mathfrak{L}_{s-1} = \{z \in \mathbb{R}^s : \tau^\top z = 0\}$, $h < k \le s-1$. Man zeige:

a) Für das Testen von $\mathbf{H}: \zeta \in \mathfrak{L}_h$ gegen $\mathbf{K}: \zeta \in \mathfrak{L}_k - \mathfrak{L}_h$ gibt es einen gleichmäßig besten invarianten α-Niveau Test, nämlich $\varphi^*(z) = \mathbf{1}(T^*(z) > \chi^2_{k-h;\alpha})$, $T^*(z) = |\widehat{\zeta}(z) - \widehat{\widehat{\zeta}}(z)|^2$. Dabei sind $\widehat{\zeta}(z) \in \mathfrak{L}_k$ und $\widehat{\widehat{\zeta}}(z) \in \mathfrak{L}_h$ Lösungen von

$$|\widehat{\zeta}(z) - z|^2 = \min_{c \in \mathfrak{L}_k} |c - z|^2, \quad |\widehat{\widehat{\zeta}}(z) - z|^2 = \min_{c \in \mathfrak{L}_h} |c - z|^2.$$

b) Es gilt $\mathfrak{L}_\zeta(T^*(Z)) = \chi^2_{k-h}(\delta^2)$ mit $\delta^2 = T^*(\zeta)$, $\zeta \in \mathfrak{L}_k$.

c) Dieser Test ist für jedes $\delta > 0$ ein Maximin α-Niveau Test für die Hypothese $\widehat{\mathbf{H}}: \zeta = 0$ gegen $\widehat{\mathbf{K}}_\zeta : |\zeta|^2 = \delta^2$. Für die Maximin-Schärfe gilt

$$\inf_{|\zeta|=\delta} E_\zeta \varphi^*(Z) = 1 - G_{k-h}(\chi^2_{k-h;\alpha}, \delta^2).$$

Aufgabe 6.46 Man beweise unter Verwenden von Aufgabe 6.45 die in Anmerkung 6.183 formulierte Aussage (6.4.68) über die Limesverteilung der Prüfgröße $Q(Y_n, \widetilde{\pi}_n)$ des χ^2-Tests zum Prüfen zusammengesetzter Nullhypothesen.

Aufgabe 6.47 $X_j = (Y_j, Z_j)$, $j \in \mathbb{N}$, seien st.u. $\mathfrak{N}(\mu_1, \mu_2, \sigma_1^2, \sigma_2^2, \varrho)$-verteilte ZG, $\tau = (\mu_1, \mu_2, \sigma_1^2, \sigma_2^2, \varrho)^\top \in \mathbb{R}^2 \times (0, \infty)^2 \times (-1,1)$. Man bestimme den $C(\alpha)$-Test für die Hypothesen $\mathbf{H}: \varrho = \varrho_0$, $\mathbf{K}: \varrho \ne \varrho_0$ bei unbekanntem $\lambda = (\mu_1, \mu_2, \sigma_1^2, \sigma_2^2)^\top$.

Aufgabe 6.48 X_{ij}, $j \in \mathbb{N}$, $i=1,2$, seien st.u. ZG mit der von j unabhängigen Verteilung $\mathfrak{L}(\mu_i, \sigma_i)$. Unter Verwendung der in 6.4.3 angegebenen Lokalisierung (6.4.72) von Zweistichprobenproblemen bestimme man den Neyman-Rao-Test für die Hypothesen $\mathbf{H}: \mu_1 = \mu_2$, $\mathbf{K}: \mu_1 \ne \mu_2$ bei unbekanntem Nebenparameter $\lambda = (\sigma_1, \sigma_2)$.

Aufgabe 6.49 Y, Z_1 und Z_2 seien st.u. ZG mit $\mathfrak{L}(Y) = \mathfrak{P}(\varrho)$ und $\mathfrak{L}(Z_i) = \mathfrak{P}(\lambda_i)$, $i=1,2$. Man zeige:

a) (6.4.79) ist die gemeinsame Verteilung von $X_1 = Y + Z_1$ und $X_2 = Y + Z_2$.

b) Für die Randverteilungen gilt $\mathfrak{L}(X_1) = \mathfrak{P}(\varrho + \lambda_1)$, $\mathfrak{L}(X_2) = \mathfrak{P}(\varrho + \lambda_2)$.

c) Man bestimme die wahrscheinlichkeitserzeugende Funktion $(s,t) \mapsto Es^{X_1}t^{X_2}$ von (X_1, X_2).

d) Man verifiziere für die Kovarianz bzw. Korrelation von X_1, X_2:

$\operatorname{Cov}(X_1, X_2) = \operatorname{Cov}(Y + Z_1, Y + Z_2) = \operatorname{Var} Y = \varrho$ und $\operatorname{Corr}(X_1, X_2) \leq \varrho(\varrho + \kappa \wedge \lambda)^{-1}$.

Aufgabe 6.50 Man zeige:

a) Für die Funktion ψ aus (6.4.89) gilt $E_F Z \psi'(Z) = \int z \psi'(z) \, dF(z) = 0$.

b) Für die Funktion ψ aus (6.4.91) gilt stets $E_F \psi'(Z) = \int \psi'(z) \, dF(z) = 0$.

Aufgabe 6.51 Man leite die beiden Zweistichprobentests aus den Beispielen 6.191 und 6.192 unter Verwendung der folgenden, die beiden Fälle vereinheitlichenden Lokalisierung her:

$$\mu_{1n} = \mu_0 + \frac{\eta}{n_1}\sqrt{\frac{n_1 n_2}{n_1 + n_2}} + \frac{\xi_2}{\sqrt{n}}, \qquad \sigma_{1n} = \sigma_{10} + \frac{\xi_3}{n_1}\sqrt{\frac{n_1 n_2}{n_1 + n_2}} + \frac{\xi_4}{\sqrt{n}},$$

$$\mu_{2n} = \mu_0 - \frac{\eta}{n_2}\sqrt{\frac{n_1 n_2}{n_1 + n_2}} + \frac{\xi_2}{\sqrt{n}}, \qquad \sigma_{2n} = \sigma_{20} - \frac{\xi_3}{n_2}\sqrt{\frac{n_1 n_2}{n_1 + n_2}} + \frac{\xi_4}{\sqrt{n}}.$$

Aufgabe 6.52 Man beweise das 2. LeCam Lemma in der Version von Satz 6.190.

Aufgabe 6.53 Man beweise das 2. LeCam Lemma in der Version aus Anmerkung 6.198.

6.5 Lokal asymptotisch effiziente Schätzer

Das in 6.3 entwickelte Konzept einer LAN-Familie wurde in 6.4 zur Konstruktion bzw. Auszeichnung asymptotisch optimaler Tests herangezogen. Es soll nun zur Grundlage einer asymptotischen Schätztheorie gemacht werden. Auch wenn sich viele Aussagen für beliebige LAN-Modelle formulieren und beweisen lassen, wird der Einfachheit halber wie bisher häufig nur das Einstichprobenmodell betrachtet. Im weiteren sind also X_j, $j \in \mathbb{N}$, st.u. ZG mit derselben Verteilung $F \in \mathfrak{F} = \{F_\vartheta : \vartheta \in \Theta\}$, $\Theta \subset \mathbb{R}^k$ offen. Die Klasse $\mathfrak{F}$ sei dabei $\mathbb{L}_2(\vartheta)$-differenzierbar mit Ableitung $\dot{L}_\vartheta$ und positiv definiter Informationsmatrix $\mathscr{J}(\vartheta) = E_\vartheta(\dot{L}_\vartheta \dot{L}_\vartheta^\top)$ und zwar entweder

$$\text{in einem festen Punkt } \vartheta \in \Theta \qquad (6.5.\vartheta)$$

oder

$$\text{in allen Punkten } \vartheta \in \Theta. \qquad (6.5.\Theta)$$

Geschätzt werden soll zumeist der Parameter ϑ selbst, nicht ein Funktionswert $\gamma(\vartheta)$. Dies stellt natürlich dann keine Einschränkung dar, wenn die Funktion $\gamma(\cdot)$ bijektiv und samt ihrer Umkehrabbildung differenzierbar ist, d.h. wenn letztlich nur eine „glatte" Umparametrisierung betrachtet wird. Um die Existenz einer nicht-trivialen unteren Einhüllenden für die Risikofunktionen sicherstellen zu können, hat man – finit wie asymptotisch – die Klasse der jeweils zugelassenen Schätzer einzuschränken. Die Cramér-Rao-Ungleichung und ihre Verallgemeinerungen etwa wurden in 2.7 für erwartungstreue Schätzer hergeleitet. Bei der Herleitung einer entsprechenden asymptotischen Schranke beschränkt man sich zumeist auf Schätzerfolgen (g_n), für die $\sqrt{n}(g_n - \vartheta)$ unter F_ϑ eine Limesverteilung

G_ϑ besitzt. Eine spezielle Verlustfunktion soll nicht vorgegeben werden. Im Vordergrund steht die Verteilung G_ϑ, was implizit bedeutet, daß die Verlustfunktion von der Form $\Lambda_0(\sqrt{n}(t - \vartheta))$ sein muß (mit einer halbstetigen Funktion Λ_0, die vorzugsweise homogen von einem Grad $m \geq 1$ sein sollte). Da die Konzentration eines Schätzers in 6.5.1 und 6.5.2 letztlich durch eine Halbordnung auf der Familie $\mathfrak{G}$ der Limesverteilungen ausgedrückt wird, muß durch analytische Forderungen an Λ_0 sichergestellt werden, daß die Erwartungswerte $E_G \Lambda_0$ isoton in $G \in \mathfrak{G}$ sind.

In 6.5.1 wird der Fall betrachtet, daß g_n im Punkte ϑ asymptotisch linear ist mit Einflußfunktion $\psi_\vartheta \in \mathbb{L}_2(\vartheta)$. Aus den Sätzen von Lindeberg-Lévy und Slutsky folgt somit, daß $\sqrt{n}(g_n - \vartheta)$ verteilungskonvergent gegen $G_\vartheta = \mathfrak{N}(0, \mathscr{S}(\vartheta))$, $\mathscr{S}(\vartheta) = E_\vartheta(\psi_\vartheta \psi_\vartheta^\top)$, ist. Die Überlegungen in 2.7.2 legen dann die Frage nahe, ob es in derartigen LAN-Modellen möglich ist, für die Kovarianzmatrix $\mathscr{S}(\vartheta)$ der Limesverteilung die durch die Verteilungsannahme vorgezeichnete Matrix $\mathscr{J}(\vartheta)^{-1}$ als untere Schranke nachzuweisen, d.h. ob für dieses ϑ stets die asymptotische Cramér-Rao-Ungleichung

$$\mathscr{S}(\vartheta) \succeq_L \mathscr{J}(\vartheta)^{-1}$$

gilt, vgl. (6.1.51). Das Hodges-Beispiel 6.32 zeigt, daß diese Ungleichung selbst für Schätzer, die in jedem Punkt $\vartheta \in \Theta$ asymptotisch linear sind, ohne Zusatzvoraussetzungen nicht bewiesen werden kann. Vielmehr ist eine der Vertauschungsbedingung (2.7.46) entsprechende Verknüpfung des Schätzers mit der Verteilungsklasse notwendig. Diese Kopplungsbedingung (6.5.15) ist für asymptotisch lineare Schätzer äquivalent mit der Regularität des Schätzers g_n; vgl. Satz 6.201. Dabei heißt ein asymptotischer Schätzer g_n regulär in $\vartheta \in \Theta$, wenn die Konvergenz von $\mathfrak{L}_\vartheta(\sqrt{n}(g_n - \vartheta))$ gegen G_ϑ „stetig" ist.

Wie der Hájek'sche Faltungssatz in 6.5.2 zeigen wird, ist die Regularität geeignet, auch für allgemeinere $\sqrt{n}$-konsistente Schätzer die Existenz einer Limesschranke zu garantieren. Hierbei sind zwei Aspekte zu diskutieren. Zum einen benötigt man einen Grenzwertsatz, der unter der Voraussetzung (6.5.ϑ) die möglichen Limesverteilungen solcher Schätzer charakterisiert. Diese erweisen sich mit einer geeigneten k-dimensionalen Verteilung H_ϑ als von der Form $G_\vartheta = \mathfrak{N}(0, \mathscr{J}(\vartheta)^{-1}) * H_\vartheta$. Zum anderen hat man nach Möglichkeiten zu suchen, den Einfluß von H_ϑ auf das Streuungsverhalten in Fällen zu beschreiben, in denen keine zweiten Momente existieren. Dies geschieht mit Hilfe von „Dispersionshalbordnungen", in denen $\mathfrak{N}(0, \mathscr{J}(\vartheta)^{-1})$ minimal ist unter allen solchen Limesverteilungen. Wie die asymptotische Cramér-Rao-Schranke für nicht-reguläre Schätzer unterschritten werden kann, so ist dies jetzt auch für diese „Faltungsschranke" möglich, wiederum jedoch nur auf „kleinen Parametermengen".

Aber selbst dann, wenn man beliebige Schätzer zuläßt, existiert eine asymptotische „Risikoschranke". In 6.5.3 wird gezeigt, daß unter der Voraussetzung (6.5.ϑ) für eine weite Klasse invarianter Verlustfunktionen Λ_0 das lokal asymptotische Minimax-Risiko nie kleiner ist als $\int \Lambda_0 d\mathfrak{N}(0, \mathscr{J}(\vartheta)^{-1})$. Die Vorgehensweise hierzu entspricht weitgehend derjenigen in 6.4. Zunächst wird für das Limesmodell eine Variante des Satzes von Girshick und Savage 3.133 bewiesen und dann dieses Minimax-Resultat in eine asymptotische Form gebracht.

Die ML-Methode führt bei endlichen Stichprobenumfängen im allgemeinen nicht zu optimalen oder auch nur erwartungstreuen Schätzern. Asymptotisch jedoch läßt sich dieser Ansatz im Rahmen von LAN-Familien rechtfertigen. Für das Gauß-Shift-Modell im Limes fällt der ML-Schätzer zum einen mit dem besten erwartungstreuen Schätzer zusammen. Zum anderen ist er auch der Pitman-Schätzer bzgl. der Gruppe $(\mathbb{R}^k, +)$ und einer weiten Klasse von invarianten, quasikonvexen, bzgl. 0 symmetrischen und 1/2-stetigen Verlustfunktionen. Die Folge der ML-Schätzer verhält sich nun – unter entsprechenden Regularitätsvoraussetzungen – wie dieser Schätzer im Limesmodell und nimmt daher die jeweiligen, oben erwähnten Risiko-Schranken an. Die Hauptaussagen dieses Abschnitts lassen sich somit dahingehend interpretieren, daß ML-Schätzer in solchen Modellen asymptotisch optimal sind, die zumindest approximativ Exponentialfamilien sind.

6.5.1 Beste asymptotisch normale Schätzer

Das Bestehen einer asymptotischen Form der Cramér-Rao-Schranke ebenso wie die Begriffsbildung „reguläre Schätzerfolge" lassen sich am einfachsten im Rahmen von LAN-Familien motivieren. Unter der Voraussetzung (6.5.ϑ) erhält man nach Übergang zum lokalen Parameter $\zeta \in \mathbb{R}^k$ wie in 6.4 das Limesmodell

$$\mathfrak{Q} = \{\mathfrak{N}(\mathscr{J}(\vartheta)\zeta, \mathscr{J}(\vartheta)) : \zeta \in \mathbb{R}^k\}. \tag{6.5.1}$$

Der ML-Schätzer in dieser Verteilungsklasse ist, wie man sofort nachrechnet,

$$\widehat{\zeta}(z) = \mathscr{J}(\vartheta)^{-1}z,$$

wobei $Z = Z_\vartheta$ wieder die Limesvariable der Folge der zentralen Statistiken $(Z_{n\vartheta})$ und $z \in \mathbb{R}^k$ deren Realisierung bezeichne. Offensichtlich gilt:

$$\mathfrak{L}_\zeta(\widehat{\zeta}(Z)) = \mathfrak{N}(\zeta, \mathscr{J}(\vartheta)^{-1}), \quad \zeta \in \mathbb{R}^k.$$

Hieraus ersieht man zunächst, daß der ML-Schätzer erwartungstreu für ζ ist. Die Informationsmatrix der Klasse (6.5.1) ist nach Beispiel 1.165 – unabhängig vom lokalen Parameter ζ – gerade $\mathscr{J}(\vartheta)$. Der ML-Schätzer $\widehat{\zeta}(z)$ nimmt also die Cramér-Rao-Schranke an und ist nach Satz 2.133 bester erwartungstreuer Schätzer.

Sei nun (g_n) eine beliebige Schätzerfolge, $g_n = g_n(x_1, \ldots, x_n)$. Durch Lokalisierung in ϑ läßt sich aus dieser ein Schätzer $\widetilde{\zeta}_n$ für den lokalen Parameter ζ gewinnen, nämlich $\widetilde{\zeta}_n = \sqrt{n}(g_n - \vartheta)$. Die Forderung nach dessen asymptotischer Normalität unter jedem $\zeta \in \mathbb{R}^k$, d.h. diejenige nach der Gültigkeit von

$$\widetilde{\zeta}_n \xrightarrow{\mathfrak{L}} \widetilde{\zeta}_\infty, \quad \mathfrak{L}_\zeta(\widetilde{\zeta}_\infty) = \mathfrak{N}(\zeta, \mathscr{S}(\vartheta)), \quad \zeta \in \mathbb{R}^k,$$

wird unten zum Begriff der Regularität von (g_n) führen. Da $\widetilde{\zeta}_\infty$ wiederum erwartungstreu für ζ ist, gilt nach dem Vorausgegangenen in der Löwner-Ordnung

$$\mathscr{S}(\vartheta) \succeq_L \mathscr{J}(\vartheta)^{-1}, \tag{6.5.2}$$

d.h. im Limes ist dann die Cramér-Rao-Schranke gültig. Bezeichnet Z_n die zentrale Statistik und $\mathscr{J}(\vartheta)$ die Informationsmatrix des zugrundeliegenden LAN-Modells, so suggerieren diese Überlegungen, daß $\mathfrak{N}(0, \mathscr{J}(\vartheta)^{-1})$ die „kleinste" mögliche Limesverteilung ist und daß der ML-Schätzer – oder nach 6.1.2 allgemeiner jeder Schätzer mit der asymptotischen Linearisierung $\widetilde{S}_{n\vartheta} = \mathscr{J}(\vartheta)^{-1}Z_n + o_\vartheta(1)$, vgl.

etwa (6.1.42) – asymptotisch effizient ist. Dieses „Fisher-Programm" soll in diesem und dem folgenden Unterabschnitt zunächst präzisiert und dann erweitert werden.

In 6.5.1 soll der Fall asymptotisch normaler Schätzer diskutiert werden, der auch historisch am Beginn der Untersuchungen stand. Im Beispiel 6.32 wurde gezeigt, daß die asymptotische Cramér-Rao-Schranke in einzelnen Punkten $\vartheta \in \Theta$ unterschritten werden kann. Mit Hilfe der in 6.3 entwickelten Theorie der Benachbartheit kann nun die in 6.1.2 als Satz 6.33 formulierte Aussage bewiesen werden, gemäß der die Gesamtheit derartiger Ausnahmepunkte stets eine Lebesgue-Nullmenge bildet.

Satz 6.199 (Le Cam-Bahadur[79]) *Zugrunde liege das Einstichprobenmodell* (6.5.Θ) *mit Informationsmatrix* $\mathscr{J}(\vartheta) \in \mathbb{R}^{k \times k}_{\mathrm{p.d.}}$, $\vartheta \in \Theta \subset \mathbb{R}^k$ *offen.* g_n *sei ein in jedem Punkt* $\vartheta \in \Theta$ *asymptotisch normaler Schätzer. Genauer gebe es für jedes* $\vartheta \in \Theta$ *eine Matrix* $\mathscr{S}(\vartheta) \in \mathbb{R}^{k \times k}_{\mathrm{p.d.}}$ *mit*

$$\mathcal{L}_\vartheta(\sqrt{n}(g_n - \vartheta)) \xrightarrow[\mathcal{L}]{} \mathfrak{N}(0, \mathscr{S}(\vartheta)) \quad \forall \vartheta \in \Theta. \tag{6.5.3}$$

Dann gibt es eine Menge $N \in \mathbb{B}^k$, $\lambda^k(N) = 0$, *mit*

$$\mathscr{S}(\vartheta) \succeq_L \mathscr{J}(\vartheta)^{-1} \quad \forall \vartheta \in \Theta \cap N^c. \tag{6.5.4}$$

Beweis: Dieser erfolgt in zwei Schritten. Mit einer abzählbar dichten Teilmenge des $\mathbb{R}^k$, etwa mit $\mathbb{Q}^k$, besteht der erste Schritt in der Konstruktion einer λ^k-Nullmenge $N \in \mathbb{B}^k$ derart, daß für alle $\zeta, u \in \mathbb{Q}^k - \{0\}$ gilt[80]

$$\limsup_{n \to \infty} P_{\vartheta + \zeta/\sqrt{n}}(\sqrt{n}(u^\top g_n - u^\top \vartheta) > u^\top \zeta) \geq 1/2 \quad \forall \vartheta \in \Theta \cap N^c. \tag{6.5.5}$$

Im zweiten Schritt wird dann für $\vartheta \in \Theta \cap N^c$ die Gültigkeit von $\mathscr{S}(\vartheta) \succeq_L \mathscr{J}(\vartheta)^{-1}$ gefolgert.

Seien zunächst $\zeta, u \in \mathbb{Q}^k - \{0\}$ fest. Dann folgt aus (6.5.3)

$$\mathcal{L}_\vartheta(\sqrt{n}(u^\top g_n - u^\top \vartheta)) \xrightarrow[\mathcal{L}]{} \mathfrak{N}(0, u^\top \mathscr{S}(\vartheta)u) \quad \forall \vartheta \in \Theta \tag{6.5.6}$$

und damit wegen $u^\top \mathscr{S}(\vartheta)u > 0$

$$f_n(\vartheta) := |\frac{1}{2} - P_\vartheta(\sqrt{n}(u^\top g_n - u^\top \vartheta) > 0)| \to 0 \quad \forall \vartheta \in \Theta \tag{6.5.7}$$

für $n \to \infty$. Mit $\vartheta_n = \vartheta + \zeta/\sqrt{n}$ setzt man nun

$$h_n(\vartheta) := f_n(\vartheta_n) = f_n(\vartheta + \zeta/\sqrt{n}), \quad \vartheta \in \Theta, \quad n \in \mathbb{N}.$$

Dann folgt aus den für alle $n \in \mathbb{N}$ und alle $t \in \mathbb{R}^k$ gültigen Ungleichungen

$$\exp[t^\top \zeta/\sqrt{n} - \zeta^\top \zeta/2n] \leq \exp[|t||\zeta|/\sqrt{n}] \quad \text{und} \quad |f_n(t)| \leq 1/2$$

---
[79] Vgl. R.R. Bahadur: Ann. Math. Stat. 35 (1964) 1545 - 1552.
[80] Im Spezialfall $k = 1$ reicht es o.E. $u = \zeta = 1$ zu wählen.

nach dem Satz von Lebesgue A4.7 für $n \to \infty$

$$\int h_n(\vartheta)\,\mathrm{d}\mathfrak{N}(0,\mathscr{I}_k)(\vartheta) = \int f_n(\vartheta + \zeta/\sqrt{n})(2\pi)^{-k/2}\exp[-\vartheta^\top\vartheta/2]\,\mathrm{d}\lambda^k(\vartheta)$$

$$= \int f_n(t)(2\pi)^{-k/2}\exp[-t^\top t/2]\exp[t^\top\zeta/\sqrt{n} - \zeta^\top\zeta/2n]\,\mathrm{d}\lambda^k(t) \to 0.$$

Für jedes Paar $\zeta, u \in \mathbb{Q}^k - \{0\}$ gilt also $h_n(\vartheta) \to 0$ in $\mathbb{L}_1(\mathfrak{N}(0,\mathscr{I}_k))$ und damit auch $h_n(\vartheta) \to 0$ nach $\mathfrak{N}(0,\mathscr{I}_k)$–WS. Folglich gibt es nach A7.2 eine (von ζ und u abhängende) Teilfolge $(m) \subset \mathbb{N}$ und eine (von ζ und u abhängende) $\mathfrak{N}(0,\mathscr{I}_k)$- und damit λ^k-Nullmenge $N_{\zeta u}$ mit

$$h_m(\vartheta) = \left|\frac{1}{2} - P_{\vartheta_m}(\sqrt{m}(u^\top g_m - u^\top\vartheta_m) > u^\top\zeta)\right| \to 0 \quad \forall\vartheta \in \Theta \cap N_{\zeta u}^c$$

für $m \to \infty$. Somit gilt längs der gesamten Folge

$$\limsup_{n\to\infty} P_{\vartheta_n}(\sqrt{n}(u^\top g_n - u^\top\vartheta_n) > u^\top\zeta) \geq \frac{1}{2} \quad \forall\vartheta \in \Theta \cap N_{\zeta u}^c. \qquad (6.5.8)$$

Hieraus folgt (6.5.5) für $N := N_{\zeta u}$ und damit für $N := \bigcup\{N_{\zeta u} : \zeta, u \in \mathbb{Q}^k - \{0\}\}$.

Im zweiten Schritt werden nun, wiederum bei festem $\zeta, u \in \mathbb{Q}^k - \{0\}$, die beiden asymptotischen Hypothesen $\widehat{\mathbf{H}} : \vartheta_n' = \vartheta$ und $\widehat{\mathbf{K}} : \vartheta_n' = \vartheta + \zeta/\sqrt{n}$ betrachtet und für diese die beiden asymptotischen Tests

$$\varphi_n := \mathbf{1}(\sqrt{n}(u^\top g_n - u^\top\vartheta) > u^\top\zeta), \quad n \in \mathbb{N},$$
$$\varphi_n^* := \mathbf{1}(\log L_{n\zeta} > c), \quad n \in \mathbb{N}, \quad \text{mit } c > \zeta^\top \mathscr{J}(\vartheta)\zeta/2.$$

Folglich gilt für die Tests φ_n für jedes $\vartheta \in \Theta \cap N^c$ wegen (6.5.6) bzw. (6.5.5)

$$\lim_{n\to\infty} E_\vartheta \varphi_n = 1 - \phi\left(u^\top\zeta/\sqrt{u^\top\mathscr{S}(\vartheta)u}\right), \quad \limsup_{n\to\infty} E_{\vartheta_n}\varphi_n \geq 1/2.$$

Andererseits erhält man mit dem 2. bzw. 3. Le Cam Lemma

$$\mathfrak{L}_\vartheta\left(\frac{\log L_{n\zeta} + \zeta^\top \mathscr{J}(\vartheta)\zeta/2}{\sqrt{\zeta^\top \mathscr{J}(\vartheta)\zeta}}\right) \xrightarrow{\mathfrak{L}} \mathfrak{N}(0,1)$$

bzw.

$$\mathfrak{L}_{\vartheta_n}\left(\frac{\log L_{n\zeta} - \zeta^\top \mathscr{J}(\vartheta)\zeta/2}{\sqrt{\zeta^\top \mathscr{J}(\vartheta)\zeta}}\right) \xrightarrow{\mathfrak{L}} \mathfrak{N}(0,1).$$

Damit ergibt sich wegen $c > \zeta^\top \mathscr{J}(\vartheta)\zeta/2$ für die Tests φ_n^*

$$\lim_{n\to\infty} E_\vartheta \varphi_n^* = 1 - \phi\left(\frac{c + \zeta^\top \mathscr{J}(\vartheta)\zeta/2}{\sqrt{\zeta^\top \mathscr{J}(\vartheta)\zeta}}\right) < 1 - \phi\left(\sqrt{\zeta^\top \mathscr{J}(\vartheta)\zeta}\right)$$

bzw.

$$\lim_{n\to\infty} E_{\vartheta_n}\varphi_n^* = 1 - \phi\left(\frac{c - \zeta^\top \mathscr{J}(\vartheta)\zeta/2}{\sqrt{\zeta^\top \mathscr{J}(\vartheta)\zeta}}\right) < \frac{1}{2} \leq \limsup_{n\to\infty} E_{\vartheta_n}\varphi_n.$$

Da (φ_n^*) nach Satz 6.95 ein asymptotisch bester Test zu seinem Niveau ist, folgt

$$\lim_{n\to\infty} E_\vartheta \varphi_n^* < \lim_{n\to\infty} E_\vartheta \varphi_n \quad \forall c > \zeta^\top \mathscr{J}(\vartheta)\zeta/2,$$

d.h. für alle festen $\zeta, u \in \mathbb{Q}^k - \{0\}$ und jedes $\vartheta \in \Theta \cap N^c$ gilt

$$1 - \phi\left(\frac{c + \zeta^\top \mathscr{J}(\vartheta)\zeta/2}{\sqrt{\zeta^\top \mathscr{J}(\vartheta)\zeta}}\right) < 1 - \phi\left(\frac{u^\top \zeta}{\sqrt{u^\top \mathscr{S}(\vartheta)u}}\right) \quad \forall c > \frac{\zeta^\top \mathscr{J}(\vartheta)\zeta}{2}.$$

Hieraus ergibt sich für $c \downarrow \zeta^\top \mathscr{J}(\vartheta)\zeta/2$ wegen der Isotonie von ϕ

$$\sqrt{\zeta^\top \mathscr{J}(\vartheta)\zeta} \geq \frac{u^\top \zeta}{\sqrt{u^\top \mathscr{S}(\vartheta)u}}$$

oder – für alle festen $\zeta, u \in \mathbb{Q}^k - \{0\}$ und jedes $\vartheta \in \Theta \cap N^c$ –

$$\zeta^\top \mathscr{J}(\vartheta)\zeta \cdot u^\top \mathscr{S}(\vartheta)u \geq (u^\top \zeta)^2.$$

Da $\mathbb{Q}^k$ dicht in $\mathbb{R}^k$ ist, gilt diese Beziehung auch für alle $\zeta, u \in \mathbb{R}^k$ und damit bei jedem $u \in \mathbb{R}^k$ für $\zeta = \mathscr{J}(\vartheta)^{-1}u$, wegen $u^\top \mathscr{J}(\vartheta)^{-1}u \neq 0 \ \forall u \neq 0$ also

$$u^\top \mathscr{S}(\vartheta)u \geq u^\top \mathscr{J}(\vartheta)^{-1}u \quad \forall u \in \mathbb{R}^k \quad \forall \vartheta \in \Theta \cap N^c. \quad \square$$

Beispiel 6.200 (Effizienz von $(\overline{x}_n, s_n)$ in Lokations-Skalenfamilien). Seien $X_j, j \in \mathbb{N}$, st.u. ZG mit derselben Verteilung $F \in \mathfrak{T}(F_0)$, d.h. $F = F_0(\frac{\cdot - \mu}{\sigma})$ mit $\mu \in \mathbb{R}, \sigma > 0$. $F_0 \in \mathfrak{M}^1(\mathbb{R}, \mathbb{B})$ besitze eine 0-symmetrische λ-Dichte f_0 sowie die Varianz 1 und darüberhinaus endliche vierte Momente. Der gebräuchlichste Schätzer für $\vartheta = (\mu, \sigma)$, nämlich $g_n(x_{(n)}) = (\overline{x}_n, s_n)$, ist nicht erwartungstreu, da $s_n = \left((n-1)^{-1} \sum_{j=1}^n (x_j - \overline{x}_n)^2\right)^{1/2}$ nach Beispiel 1.24b die Standardabweichung σ systematisch unterschätzt. Unter der hier gemachten Verteilungsannahme ist g_n jedoch asymptotisch normal, so daß die asymptotische Wirksamkeit von g_n durch einen Vergleich von $\mathscr{S}(\vartheta)$ mit $\mathscr{J}(\vartheta)^{-1}$ beurteilt werden kann. Gemäß Beispiel 6.31 gilt zunächst unter $F_0(\frac{\cdot - \mu}{\sigma})$:

$$\sqrt{n}(s_n - \sigma) = \frac{1}{\sqrt{n}} \sum_{j=1}^n \frac{1}{2\sigma}\left((X_j - \mu)^2 - \sigma^2\right) + o_\vartheta(1),$$

so daß es reicht, die Limesverteilung mittels des ersten Summanden zu bestimmen. Dies kann mit Hilfe des Satzes von Lindeberg-Lévy 5.105 erfolgen und führt auf die Beziehung

$$\mathfrak{L}_\vartheta\left(\sqrt{n}\left(\begin{pmatrix}\overline{X}_n \\ s_n\end{pmatrix} - \begin{pmatrix}\mu \\ \sigma\end{pmatrix}\right)\right) \xrightarrow{\mathfrak{L}} \mathfrak{N}(0, \mathscr{S}(\vartheta)), \quad \mathscr{S}(\vartheta) = \sigma^2 \begin{pmatrix} 1 & 0 \\ 0 & \frac{1}{4}(\frac{\mu_4}{\sigma^4} - 1) \end{pmatrix},$$

wobei $\mu_4 = \mu_4(\sigma)$ das zentrale vierte Moment von X_1 unter $F_0(\frac{\cdot - \mu}{\sigma})$ bezeichne.

6 Asymptotische Betrachtungsweisen parametrischer Verfahren

Andererseits gilt unter den obigen Voraussetzungen gemäß Beispiel 6.159

$$\mathscr{I}(\vartheta)^{-1} = \sigma^2 \begin{pmatrix} (\int \mathfrak{g}^2 \mathrm{d}F_0)^{-1} & 0 \\ 0 & (\int \mathfrak{h}^2 \mathrm{d}F_0)^{-1} \end{pmatrix}$$

mit den wie dort definierten Größen $\mathfrak{g}$ und $\mathfrak{h}$. Einfache hinreichende Bedingungen, welche die Gültigkeit von $\mathscr{S}(\vartheta) = \mathscr{I}(\vartheta)^{-1}$ garantieren, sind

$$\int \mathfrak{g}^2 \, \mathrm{d}F_0 = 1, \qquad \int \mathfrak{h}^2 \, \mathrm{d}F_0 = 2, \tag{6.5.9}$$

$$\gamma_K(F_0) = \mu_4(1) - 3 = 0. \tag{6.5.10}$$

Da die Kurtosis γ_K unabhängig ist vom Lokations- und Skalenparameter, d.h. da

$$\gamma_K\left(F_0\left(\frac{\cdot - \mu}{\sigma}\right)\right) = \gamma_K(F_0) = \frac{\mu_4(\sigma)}{\sigma^4} - 3$$

gilt, folgt aus (6.5.10)

$$\frac{1}{4}\frac{\mu_4(\sigma) - \sigma^4}{\sigma^2} = \frac{1}{4}\sigma^2 \gamma_K(F_0) + \frac{1}{2}\sigma^2 = \frac{1}{2}\sigma^2.$$

Zusammen mit (6.5.9) erhält man damit dann wie behauptet

$$\mathscr{S}(\vartheta) = \sigma^2 \begin{pmatrix} 1 & 0 \\ 0 & \frac{1}{2} \end{pmatrix} = \mathscr{I}(\vartheta)^{-1}.$$

g_n nimmt also unter den beiden Voraussetzungen (6.5.9+10) die asymptotische Cramér-Rao-Schranke an. Im Falle $F_0 = \phi$ ist $\mathfrak{g}(x) = x, \mathfrak{h}(x) = x^2 - 1$; daher gilt (6.5.9). Ebenso ist (6.5.10) erfüllt, da die Kurtosis ja gerade so festgelegt wird, daß $\gamma_K(\phi) = 0$ gilt. Im Falle $F_0 \neq \phi$ ist dies typischerweise nicht der Fall, wie jetzt in einer konkreten Beispielklasse nachgerechnet werden soll.

Sei dazu F_p die *Cauchy-(bzw. Pearson-Typ VII-)Verteilung der Ordnung p* mit λ-Dichte

$$f_p(x) = \frac{c_p}{(1+x^2)^p}, \quad c_p = \left(\int \frac{\mathrm{d}x}{(1+x^2)^p}\right)^{-1}, \ p \geq 1.$$

Diese kann zur Modellierung herangezogen werden, wenn die Flanken-WS nicht exponentiell, sondern nur mit einer algebraischen Rate gegen Null streben. Für die Normierungskoeffizienten c_p gilt $c_1 = 1/\pi$ und $c_p/c_{p-1} = (2p-2)/(2p-3)$ für $p \geq 2$; vgl. Aufg. 6.54. Die ersten Werte lauten also

$$c_1 = \frac{1}{\pi}, \ c_2 = \frac{2}{\pi}, \ c_3 = \frac{8}{3\pi}, \ c_4 = \frac{16}{5\pi}, \ c_5 = \frac{128}{35\pi}.$$

Mit geeigneten Konstanten $d_2, \ldots, d_{p-1} > 0$ sowie $d_1 = 1$ erhält man dann

$$F_p(x) = \frac{1}{2} + \frac{1}{\pi}\left\{\sum_{j=1}^{p-1} d_j \frac{x}{(1+x^2)^j} + \mathrm{arctg}\, x\right\}.$$

Im Falle $p = 3$ ist etwa $d_2 = 2/3$ zu setzen, für $p = 4$ ergibt sich $d_2 = 2/3, d_3 = 8/15$. F_p besitzt Momente der Ordnung $2(p-1)$, die sich rekursiv aus den Konstanten c_p berechnen

6.5 Lokal asymptotisch effiziente Schätzer

lassen. Dabei ist zu beachten, daß aufgrund der Symmetrie von f_p die (existierenden) ungeraden Momente sämtlich verschwinden. Für die geraden Momente, z.B. für die Varianz σ_p^2 und das zentrale vierte Moment $\mu_{4,p}$, gilt

$$\sigma_p^2 = \frac{c_p}{c_{p-1}} - 1 = \frac{1}{2p-3}, \quad \mu_{4,p} = \frac{c_p}{c_{p-2}} - 2\frac{c_p}{c_{p-1}} + 1 = \frac{3}{(2p-3)(2p-5)}, \quad (6.5.11)$$

wobei $p \geq 2$ bzw. $p \geq 3$ vorauszusetzen ist. Die Klasse $\mathfrak{T}(F_p)$ ist $\mathbb{L}_2(\vartheta)$-differenzierbar in jedem Parameterpunkt $\vartheta = (\mu, \sigma)$ und für die Ableitung gilt nach Beispiel 1.198

$$\dot{L}_\vartheta(x) = \left(\frac{1}{\sigma}\mathfrak{g}_p\left(\frac{x-\mu}{\sigma}\right), \frac{1}{\sigma}\mathfrak{h}_p\left(\frac{x-\mu}{\sigma}\right)\right)^\top,$$

$$\mathfrak{g}_p(x) = \frac{2px}{1+x^2}, \quad \mathfrak{h}_p(x) = \frac{2px^2}{1+x^2} - 1.$$

Mittels (6.5.11) kann daher die zugehörige Informationsmatrix ermittelt werden:

$$\int \mathfrak{g}_p^2(x)f_p(x)\,dx = 4p^2 c_p \int \frac{x^2}{(1+x^2)^{p+2}}\,dx = 4p^2 \frac{c_p}{c_{p+2}}\sigma_{p+2}^2 = p\frac{2p-1}{p+1},$$

$$\int \mathfrak{h}_p^2(x)f_p(x)\,dx = 4p^2 c_p \int \frac{x^4}{(1+x^2)^{p+2}}\,dx - 4pc_p \int \frac{x^2}{(1+x^2)^{p+1}}\,dx + 1$$

$$= 4p^2 \frac{c_p}{c_{p+2}}\mu_{4,p+2} - 4p\frac{c_p}{c_{p+1}}\sigma_{p+1}^2 + 1 = \frac{2p-1}{p+1}.$$

Die Kovarianzterme verschwinden hier aufgrund der Symmetrie von f_p. Um konkrete Werte zu erhalten, wählen wir nun $p = 3$ (womit die eingangs gemachte Voraussetzung endlicher vierter Momente erfüllt ist). Wegen $\sigma_3^2 = 3^{-1}$ und der Forderung $\int x^2\,dF_0(x) = 1$ impliziert dies $F_0(\cdot) = F_3(\cdot/\sqrt{3})$. Aus den obigen Formeln lassen sich dann auf elementare Weise die Limeskovarianz- und Informationsmatrix berechnen:

$$\mathscr{S}(\vartheta) = \sigma^2\begin{pmatrix} 1 & 0 \\ 0 & 2 \end{pmatrix}, \quad \mathscr{I}(\vartheta)^{-1} = \sigma^2\begin{pmatrix} 4/5 & 0 \\ 0 & 4/5 \end{pmatrix}.$$

$\mathscr{S}(\vartheta)$ ist also in der Löwner-Ordnung echt größer als $\mathscr{I}(\vartheta)^{-1}$, d.h. $g_n(x_{(n)}) = (\bar{x}_n, s_n)$ nimmt in keinem Punkt die Cramér-Rao-Schranke an oder unterschreitet diese. □

Es stellt sich die Frage, durch welche Zusatzvoraussetzungen das Auftreten einer Ausnahmemenge im Satz 6.199 ausgeschlossen werden kann. Natürlich folgt dies aus (6.5.4) trivialerweise, falls die Abbildungen $\vartheta \mapsto \mathscr{S}(\vartheta)$ und $\vartheta \mapsto \mathscr{I}(\vartheta)$ stetig sind. Satz 2.136 deutet jedoch bereits darauf hin, daß ein Unterschreiten der Cramér-Rao-Schranke in einem Punkt $\vartheta \in \Theta$ durch geeignete Forderungen an das asymptotische Verhalten des Schätzers in der Umgebung dieser Stelle verhindert werden kann. Eine derartige Bedingung ist die Regularität. Dabei heißt in einem Modell (6.5.ϑ) ein asymptotischer Schätzer g_n *regulär im Punkte* ϑ, wenn $\mathfrak{L}_{\vartheta_n}(\sqrt{n}(g_n - \vartheta_n))$ für $n \to \infty$ unter allen lokalen Parameterfolgen $\vartheta_n = \vartheta + \zeta/\sqrt{n}$, eine von $\zeta \in \mathbb{R}^k$ unabhängige Limesverteilung besitzt, d.h. wenn eine Verteilung $G_\vartheta \in \mathfrak{M}^1(\mathbb{R}^k, \mathbb{B}^k)$ existiert mit

$$\mathfrak{L}_{\vartheta+\zeta/\sqrt{n}}(\sqrt{n}(g_n - \vartheta_n)) \xrightarrow{\mathfrak{L}} G_\vartheta \quad \forall \zeta \in \mathbb{R}^k. \quad (6.5.12)$$

6 Asymptotische Betrachtungsweisen parametrischer Verfahren

Wegen $\vartheta_n = \vartheta + \zeta/\sqrt{n}$ läßt sich (6.5.12) auch äquivalent schreiben in der Form

$$\mathfrak{L}_{\vartheta+\zeta/\sqrt{n}}(\sqrt{n}(g_n - \vartheta)) \xrightarrow[\mathfrak{L}]{} \varepsilon_\zeta * G_\vartheta \quad \forall \zeta \in \mathbb{R}^k. \tag{6.5.13}$$

Reguläre Schätzer sind also dadurch charakterisiert, daß – nach Lokalisierung – im Limes eine Lokationsfamilie auftritt. Für $G_\vartheta = \mathfrak{N}(0, \mathscr{S}(\vartheta))$ wird dies zu

$$\mathfrak{L}_{\vartheta+\zeta/\sqrt{n}}(\sqrt{n}(g_n - \vartheta)) \xrightarrow[\mathfrak{L}]{} \mathfrak{N}(\zeta, \mathscr{S}(\vartheta)) \quad \forall \zeta \in \mathbb{R}^k. \tag{6.5.14}$$

Ist g_n speziell asymptotisch linear mit der Einflußfunktion ψ_ϑ, so gibt es hierfür eine notwendige und hinreichende Bedingung, welche eine Verknüpfung zwischen Schätzer und Modell darstellt, nämlich die *Kopplungsbedingung*

$$E_\vartheta(\psi_\vartheta \dot{L}_\vartheta^\top) = \mathscr{I}_k. \tag{6.5.15}$$

Satz 6.201 *Zugrunde liege das Einstichprobenmodell* (6.5.ϑ) *mit $\mathbb{L}_2(\vartheta)$-Ableitung $\dot{L}_\vartheta$. g_n sei ein in ϑ asymptotisch linearer Schätzer mit der Einflußfunktion ψ_ϑ. Dann gilt:*

$$g_n \text{ regulär in } \vartheta \quad \Leftrightarrow \quad E_\vartheta(\psi_\vartheta \dot{L}_\vartheta^\top) = \mathscr{I}_k. \tag{6.5.16}$$

Beweis: Nach dem Satz von Lindeberg-Lévy 5.70 und dem Lemma von Slutsky 5.84 gilt mit den Bezeichnungen aus 6.3.2, insbesondere mit $\kappa^2 = \zeta^\top \mathscr{J}(\vartheta)\zeta$,

$$\mathfrak{L}_\vartheta \begin{pmatrix} \sqrt{n}(g_n - \vartheta) \\ \log L_{n\zeta} \end{pmatrix} = \mathfrak{L}_\vartheta \begin{pmatrix} n^{-\frac{1}{2}} \sum_{j=1}^n \psi_\vartheta(X_j) + o_\vartheta(1) \\ n^{-\frac{1}{2}} \sum_{j=1}^n \zeta^\top \dot{L}_\vartheta(X_j) - \kappa^2/2 + o_\vartheta(1) \end{pmatrix}$$

$$\xrightarrow[\mathfrak{L}]{} \mathfrak{N}\left(\begin{pmatrix} 0 \\ -\kappa^2/2 \end{pmatrix}, \begin{pmatrix} \mathscr{S}(\vartheta) & E_\vartheta(\psi_\vartheta \dot{L}_\vartheta^\top)\zeta \\ \zeta^\top E_\vartheta(\dot{L}_\vartheta \psi_\vartheta^\top) & \kappa^2/2 \end{pmatrix}\right)$$

und damit nach dem 3. Le Cam Lemma 6.139

$$\mathfrak{L}_{\vartheta_n}(\sqrt{n}(g_n - \vartheta)) \xrightarrow[\mathfrak{L}]{} \mathfrak{N}(E_\vartheta(\psi_\vartheta \dot{L}_\vartheta^\top)\zeta, \mathscr{S}(\vartheta)). \tag{6.5.17}$$

Also gilt (6.5.14) genau dann, wenn (6.5.15) erfüllt ist. □

Die Kopplungsbedingung bringt nur eine gewisse Verträglichkeit des Schätzers mit dem Modell zum Ausdruck, impliziert jedoch nicht die asymptotische Effizienz. Für MK-Schätzer g_n zu einer Kontrastfunktion ϱ etwa wurde bereits im Beweis zu Satz 6.43, vgl. (6.1.81), gezeigt, daß sie unter den dort angegebenen Regularitätsannahmen asymptotisch linear sind und zwar mit der Einflußfunktion

$$\psi_\vartheta = -\mathscr{T}(\vartheta)^{-1}\chi_\vartheta, \quad \mathscr{T}(\vartheta) := E_\vartheta \nabla_\vartheta \chi_\vartheta^\top(X_1), \quad \chi_\vartheta(\cdot) := \nabla_\vartheta \varrho(\cdot, \vartheta).$$

Ist speziell das Modell LAN und ist die (1.7.34) entsprechende Umformung $-E_\vartheta(\nabla_\vartheta \chi_\vartheta^\top) = E_\vartheta(\chi_\vartheta \dot{L}_\vartheta^\top)$ gerechtfertigt, so ist g_n zwar im allgemeinen nicht asymptotisch effizient, wohl aber die Kopplungsbedingung (6.5.15) erfüllt wegen

$$E_\vartheta(\psi_\vartheta \dot{L}_\vartheta^\top) = \mathscr{T}(\vartheta)^{-1} E_\vartheta(\psi_\vartheta \dot{L}_\vartheta^\top) = \mathscr{I}_k.$$

Auch L-Schätzer werden sich unter gewissen Zusatzvoraussetzungen in jedem Punkt $\vartheta \in \Theta$ als asymptotisch linear erweisen und (6.5.15) erfüllen. Somit sind diese Schätzer nicht nur häufig asymptotisch normal, sondern auch vielfach regulär.

Eine erste Rechtfertigung zur Betrachtung regulärer Schätzer im Zusammenhang mit der Diskussion der asymptotischen Cramér-Rao-Schranke enthält der

Satz 6.202 *Zugrunde liege ein Einstichprobenmodell* (6.5.ϑ). *Es sei g_n ein in ϑ asymptotisch linearer Schätzer mit der Einflußfunktion ψ_ϑ und der Limeskovarianzmatrix $\mathscr{S}(\vartheta) := E_\vartheta(\psi_\vartheta \psi_\vartheta^\top)$. g_n sei überdies in ϑ regulär, d.h. erfülle dort die Kopplungsbedingung* (6.5.15). *Dann gilt die asymptotische Cramér-Rao-Ungleichung*

$$\mathscr{S}(\vartheta) \succeq_L \mathscr{J}(\vartheta)^{-1}$$

mit

$$\mathscr{S}(\vartheta) = \mathscr{J}(\vartheta)^{-1} \quad \Leftrightarrow \quad \psi_\vartheta = \mathscr{J}(\vartheta)^{-1}\dot{L}_\vartheta \quad [F_\vartheta]. \tag{6.5.18}$$

Beweis: Nach den Sätzen von Lindeberg-Lévy und Slutsky ist g_n asymptotisch normal im Sinne von (6.5.3) mit der Kovarianzmatrix $\mathscr{S}(\vartheta)$. Weiter gilt

$$E_\vartheta(\psi_\vartheta - \mathscr{J}(\vartheta)^{-1}\dot{L}_\vartheta)(\psi_\vartheta - \mathscr{J}(\vartheta)^{-1}\dot{L}_\vartheta)^\top \succeq_L 0.$$

Hieraus ergibt sich $\mathscr{S}(\vartheta) \succeq_L \mathscr{J}(\vartheta)^{-1}$ durch Ausmultiplizieren und unter Verwendung der Kopplungsbedingung (6.5.15). (6.5.18) folgt daraus unmittelbar. □

Mit Hilfe von Satz 6.202 lassen sich im Limes die Risiken regulärer Schätzer anordnen. Dieses soll – in etwas allgemeinerer Form – in 6.5.2 diskutiert werden. Eine Variante von Satz 6.202 – und damit dieses Ansatzes – erhält man, wenn man nicht von regulären Schätzern ausgeht, sondern von *asymptotisch mediantreuen*[81] Schätzern, d.h. solchen mit

$$\begin{aligned}\liminf_{n\to\infty} P_{\vartheta+\zeta/\sqrt{n}}(\sqrt{n}(u^\top g_n - u^\top \vartheta) \geq u^\top \zeta) \geq 1/2 \quad \forall\, \zeta, u \in \mathbb{R}^k, \\ \liminf_{n\to\infty} P_{\vartheta+\zeta/\sqrt{n}}(\sqrt{n}(u^\top g_n - u^\top \vartheta) \leq u^\top \zeta) \geq 1/2 \quad \forall\, \zeta, u \in \mathbb{R}^k.\end{aligned} \tag{6.5.19}$$

Einen Hinweis darauf, wie dies mathematisch umzusetzen ist, liefert der Beweis von Satz 6.199; vgl. speziell (6.5.5).

Der vorausgegangene Satz ermöglicht nun bei Erfülltsein der in Satz 6.35 präzisierten Voraussetzungen (A1)–(A4) eine erste Auszeichnung der ML-Methode.

Satz 6.203 (Asymptotische Effizienz des ML-Schätzers) *Zugrunde liege das Modell* (6.5.Θ), *in dem zusätzlich noch die Voraussetzungen* (A1)–(A4) *erfüllt seien. Dann gilt: Der ML-Schätzer ist in jedem Punkt $\vartheta \in \Theta$ asymptotisch linear, regulär und asymptotisch effizient.*

---

[81] Zum Begriff der asymptotischen Mediantreue vgl. H. Strasser: Mathematical Theory of Statistics, de Gruyter (1988), S. 438.

6 Asymptotische Betrachtungsweisen parametrischer Verfahren

Beweis: Für den ML-Schätzer wurde in Satz 6.35 gezeigt, daß er unter (6.5.Θ) und den sonstigen hier gemachten Voraussetzungen für jedes $\vartheta \in \Theta$ asymptotisch linear ist mit der Einflußfunktion $\psi_\vartheta = \mathscr{J}(\vartheta)^{-1}\dot{L}_\vartheta$. Folglich ist er für jedes $\vartheta \in \Theta$ auch asymptotisch normal mit der Limes-Kovarianzmatrix

$$\mathscr{S}(\vartheta) = E_\vartheta(\psi_\vartheta \psi_\vartheta^\top) = \mathscr{J}(\vartheta)^{-1} E_\vartheta(\dot{L}_\vartheta \dot{L}_\vartheta^\top) \mathscr{J}(\vartheta)^{-1} = \mathscr{J}(\vartheta)^{-1},$$

d.h. asymptotisch effizient. Er ist auch regulär, da (6.5.16) für jedes $\vartheta \in \Theta$ erfüllt ist wegen

$$E_\vartheta(\psi_\vartheta \dot{L}_\vartheta^\top) = \mathscr{J}(\vartheta)^{-1} E_\vartheta(\dot{L}_\vartheta \dot{L}_\vartheta^\top) = \mathscr{I}_k. \quad \square$$

Insbesondere ist also ein an einer Stelle ϑ asymptotisch linearer Schätzer in diesem Punkt genau dann asymptotisch effizient, wenn er die Einflußfunktion $\mathscr{J}(\vartheta)^{-1}\dot{L}_\vartheta$ besitzt und damit zum ML-Schätzer asymptotisch äquivalent ist im Sinne von (6.1.21). Die beiden vorausgegangenen Sätze ermöglichen es also, Schätzer vielfach auch unter solchen Verteilungsannahmen als asymptotisch optimal auszuzeichnen, unter denen dies finit nicht möglich ist.

Bisher wurde nur der Fall betrachtet, daß der k-dimensionale Parameter ϑ selbst geschätzt wurde. Für die Anwendungen ist aber das Schätzen eines ℓ-dimensionalen Funktionals $\gamma(\vartheta), \ell \leq k$, von mindestens gleichem Interesse. Ist T_n ein Schätzer für ϑ, so liegt es nahe, $\gamma(T_n)$ als Schätzer für $\gamma(\vartheta)$ zu verwenden. In diesem Sinne wurde auch bereits in 6.1.1 der Begriff des ML-Schätzers auf den Fall des Schätzens eines Funktionals erweitert; vgl. (6.1.6). Die vorstehenden Überlegungen legen nun die Frage nahe, ob mit T_n für ϑ auch $\gamma(T_n)$ für $\gamma(\vartheta)$ ein asymptotisch linearer, regulärer und asymptotisch effizienter Schätzer ist. Dieses ist zumindest dann der Fall, wenn $\ell = k$ und $\gamma(\cdot)$ eine bijektive stetig differenzierbare Abbildung von $\Theta \subset \mathbb{R}^k$ auf $\Gamma \subset \mathbb{R}^k$ mit $|\mathscr{G}(\vartheta)| \neq 0 \; \forall \vartheta \in \overset{\circ}{\Theta}$ ist, wobei $\mathscr{G}(\vartheta) = (\nabla_\vartheta \gamma^\top(\vartheta))^\top$ die Jacobi-Matrix von $\gamma(\cdot)$ an der Stelle ϑ bezeichnet. In diesem Fall ist bekanntlich[82] auch die Umkehrabbildung $\vartheta(\cdot)$ von Γ auf Θ stetig differenzierbar mit Jacobi-Matrix $\mathscr{B}(\gamma) = (\nabla_\gamma \vartheta^\top(\gamma))^\top$ an der Stelle γ. Unter dieser Voraussetzung gilt nämlich der

Satz 6.204 *Es seien $X_j, j \in \mathbb{N}$, st.u. ZG mit derselben Verteilung $F \in \mathfrak{F}$, $\mathfrak{F} = \{F_\vartheta : \vartheta \in \Theta\}$, $\Theta \subset \mathbb{R}^k$ offen. Die Klasse $\mathfrak{F}$ sei in jedem Punkt $\vartheta \in \Theta$ $\mathbb{L}_2(\vartheta)$-differenzierbar mit Ableitung $\dot{L}_\vartheta$ und positiv definiter Informationsmatrix $\mathscr{J}(\vartheta) = E_\vartheta(\dot{L}_\vartheta \dot{L}_\vartheta^\top)$. Bezeichnet dann $\gamma : \Theta \to \Gamma \subset \mathbb{R}^k$ eine Abbildung mit den vorgenannten Eigenschaften, so gilt in der dort verwendeten Terminologie:*

a) *Die gemäß $\widetilde{F}_\gamma := F_{\vartheta(\gamma)}$ umparametrisierte Klasse $\widetilde{\mathfrak{F}} = \{\widetilde{F}_\gamma : \gamma \in \Gamma\}$ ist an jeder Stelle $\gamma \in \Gamma$ $\mathbb{L}_2(\gamma)$-differenzierbar mit Ableitung $\dot{\widetilde{L}}_\gamma = \mathscr{B}^\top(\gamma)\dot{L}_{\vartheta(\gamma)}$ und invertierbarer Informationsmatrix*

$$\widetilde{\mathscr{J}}(\gamma) = E_\vartheta(\dot{\widetilde{L}}_\gamma \dot{\widetilde{L}}_\gamma^\top) = \mathscr{B}^\top(\gamma)\mathscr{J}(\vartheta(\gamma))\mathscr{B}(\gamma). \qquad (6.5.20)$$

---

[82] Vgl. etwa W. Fleming: Functions of Several Variables, Springer (1977), p.141.

b) *Ist T_n ein asymptotisch linearer (und regulärer bzw. asymptotisch effizienter) Schätzer für ϑ mit Einflußfunktion ψ_ϑ, so auch $\gamma(T_n)$ für $\gamma(\vartheta)$ mit Einflußfunktion $\chi_\gamma = \mathscr{G}(\vartheta)\psi_\vartheta$, $\vartheta = \vartheta(\gamma)$. Insbesondere impliziert*

$$\mathfrak{L}_\vartheta(\sqrt{n}(T_n - \vartheta)) \xrightarrow[\mathfrak{L}]{} \mathfrak{N}(0, \mathscr{I}(\vartheta)^{-1}) \quad \forall \vartheta \in \Theta \tag{6.5.21}$$

die Gültigkeit von

$$\mathfrak{L}_\gamma(\sqrt{n}(\gamma(T_n) - \gamma(\vartheta))) \xrightarrow[\mathfrak{L}]{} \mathfrak{N}(0, \tilde{\mathscr{I}}(\gamma)^{-1}) \quad \forall \gamma \in \Gamma. \tag{6.5.22}$$

Beweis: a) folgt aus der Kettenregel 1.192; vgl. auch Satz 1.167.
b) Durch stochastische Taylorentwicklung folgt mit $\chi_\gamma := \mathscr{G}(\vartheta)\psi_\vartheta$ und $\gamma = \gamma(\vartheta)$

$$\gamma(T_n) = \gamma\left(\vartheta + n^{-1}\sum_{j=1}^n \psi_\vartheta(X_j) + o_\vartheta(n^{-1/2})\right) = \gamma(\vartheta) + n^{-1}\sum_{j=1}^n \chi_\gamma(X_j) + o_\gamma(n^{-1/2}).$$

Also ist mit T_n auch $\gamma(T_n)$ wieder asymptotisch linear und zwar mit der Einflußfunktion χ_γ sowie asymptotisch normal mit der Limes-Kovarianzmatrix

$$E_\gamma(\chi_\gamma \chi_\gamma^\top) = \mathscr{G}(\vartheta) E_\vartheta(\psi_\vartheta \psi_\vartheta^\top) \mathscr{G}(\vartheta)^\top.$$

Speziell ergibt sich für $\psi_\vartheta = \mathscr{I}(\vartheta)^{-1}\dot{L}_\vartheta$, also für einen asymptotisch effizienten Schätzer T_n, als Einflußfunktion $\chi_\gamma = \mathscr{G}(\vartheta)\mathscr{I}(\vartheta)^{-1}\dot{L}_\vartheta = \tilde{\mathscr{I}}(\gamma)^{-1}\dot{\tilde{L}}_\gamma$ und damit

$$E_\gamma(\chi_\gamma \chi_\gamma^\top) = \tilde{\mathscr{I}}(\gamma)^{-1} E_\gamma(\dot{\tilde{L}}_\gamma \dot{\tilde{L}}_\gamma^\top) \tilde{\mathscr{I}}(\gamma)^{-1} = \tilde{\mathscr{I}}(\gamma)^{-1}.$$

Somit ist $\gamma(T_n)$ in diesem Fall wieder asymptotisch effizient und nach Satz 6.203 asymptotisch äquivalent zum ML-Schätzer für $\gamma(\vartheta)$. Auch ist im umparametrisierten Modell die Kopplungsbedingung (6.5.15), also die Regularität, wieder erfüllt und zwar gemäß

$$E_\gamma(\chi_\gamma \dot{\tilde{L}}_\gamma^\top) = \mathscr{B}^{-1}(\gamma) E_\vartheta(\psi_\vartheta \dot{L}_\vartheta^\top) \mathscr{B}(\gamma) = \mathscr{B}^{-1}(\gamma) \mathscr{I}_k \mathscr{B}(\gamma) = \mathscr{I}_k. \quad \square$$

Bei einem Funktional $\gamma : \Theta \to \Gamma \subset \mathbb{R}^h$ mit $h < k$ wird man – bei Vorliegen entsprechender Regularitätseigenschaften – von ϑ entsprechend Satz 6.204 zunächst zu einem geeigneten k-dimensionalen Parameter ξ übergehen und dann durch Projektion zum ℓ-dimensionalen Funktional γ. Wir betrachten deshalb hier nur noch kurz den einfachsten derartigen Fall und zwar denjenigen, bei dem $\xi = \vartheta$ und $\gamma(\cdot)$ eine Projektion π des $\mathbb{R}^k$ auf einen Faktorraum $\mathbb{R}^h$ ist, etwa $\pi\vartheta = (\vartheta_1, \ldots, \vartheta_h)^\top$ für $\vartheta = (\vartheta_1, \ldots, \vartheta_k)^\top$. Wegen der Linearität von π gilt dann

$$\sqrt{n}(\pi T_n - \pi\vartheta) = \pi(\sqrt{n}(T_n - \vartheta)) = n^{-1/2}\sum_{j=1}^n \pi\psi_\vartheta(X_j) + o_\vartheta(1).$$

Neben der asymptotischen Linearität von $\gamma(T_n) = \pi T_n$ ist in diesem Fall auch die Kopplungsbedingung wieder erfüllt. Wegen $\dot{\tilde{L}}_\xi = \pi \dot{L}_\vartheta$ gilt nämlich

426 6 Asymptotische Betrachtungsweisen parametrischer Verfahren

$$E_\vartheta(\chi_\xi \dot{\tilde{L}}_\xi^\top) = \pi E_\vartheta(\psi_\vartheta \dot{L}_\vartheta^\top)\pi^\top = \pi\pi^\top = \mathscr{I}_h.$$

Offenbar gilt mit (6.5.21) auch

$$\mathfrak{L}_\vartheta(\sqrt{n}(\pi T_n - \pi\vartheta)) \xrightarrow[\mathfrak{L}]{} \mathfrak{N}(0, \pi \mathscr{J}(\vartheta)^{-1}\pi^\top).$$

Auf die Frage der asymptotische Effizienz von πT_n für $\pi\vartheta$ soll wegen des Auftretens der „Nebenparameter" $\vartheta_{h+1}, \ldots, \vartheta_k$ hier nicht weiter eingegangen werden.

Folgen bester erwartungstreuer Schätzer Die in Satz 6.203 gezeigte asymptotische Effizienz des ML-Schätzers beruht letztlich auf der Existenz eines besten erwartungstreuen Schätzers für den lokalen Parameter ζ im Limesmodell (6.5.1), nämlich $\widehat{\zeta}(z) = \mathscr{J}(\vartheta)^{-1}z$. Dies wirft die Frage auf, ob Folgen bester erwartungstreuer Schätzer asymptotisch effizient sind, d.h. ob sich die finite Optimalität eines Schätzers g_n für jedes $n \in \mathbb{N}$ zu einer asymptotischen umsetzen läßt. Diese Frage stellt sich für Modelle, in denen eine vollständige suffiziente Statistik existiert und der Parameter (ab einem Mindeststichprobenumfang m) erwartungstreu schätzbar ist, also für alle hinreichend großen n beste erwartungstreue Schätzer existieren. Liegt eine Exponentialfamilie zugrunde, dann läßt sich diese Frage auch – etwas spezieller – so formulieren: Nimmt eine (reskalierte) Schätzerfolge die asymptotische Cramér-Rao-Schranke an, wenn dies auf jeder Stufe n für die finite Schranke der Fall ist? In einfachen Beispielen ist dies direkt nachweisbar. Dies folgert man daraus, daß dort der beste erwartungstreue Schätzer und der ML-Schätzer übereinstimmen oder sich höchstens um einen Term der Ordnung $o_F(n^{-\frac{1}{2}})$ unterscheiden (und die Voraussetzungen an $\mathfrak{F}$ aus Satz 6.203 erfüllt sind). Beispiele hierzu bildet zum einem das Schätzen der Erfolgs-WS in einem Binomialmodell, zum anderen dasjenige von Mittelwert und Varianz unter Normalverteilungsannahme (jeweils auf der Basis einer Stichprobe von n st.u. glv. ZG); vgl. Beispiele 1.29 und 1.30. Weitere enthält das

Beispiel 6.205 Seien X_j, $j \in \mathbb{N}$, st.u. ZG mit derselben VF $F \in \mathfrak{F}$.

a) Sei $\mathfrak{F} = \{\mathfrak{G}(\lambda) : \lambda > 0\}$ die Klasse der gedächtnislosen Verteilungen. Beim Stichprobenumfang n ist nach Satz 3.39 $\bar{x}_n = \frac{1}{n}\sum_{j=1}^n x_j$ vollständig und suffizient, da hier eine Exponentialfamilie in $-\lambda$ und der Identität vorliegt. Den besten erwartungstreuen Schätzer λ_n^* bzw. den ML-Schätzer $\widehat{\lambda}_n$ für λ berechnet man gemäß Aufgabe 3.11 (für $n \geq 3$) bzw. mit Satz 1.170 zu

$$\lambda_n^* = \frac{n}{n-1}\bar{x}_n^{-1}, \qquad \widehat{\lambda}_n = \bar{x}_n^{-1}$$

Für $n \to \infty$ ist also die Differenz beider Größen $\mathfrak{F}$-f.s. von der Ordnung n^{-1}. Mit $\widehat{\lambda}_n$ ist somit auch λ_n^* asymptotisch effizient.

b) Sei $\mathfrak{F} = \{\mathfrak{R}[0,\vartheta] : \vartheta > 0\}$. Auf der Stufe n ist nach Aufgabe 3.12a $x_{n\uparrow n}$ eine vollständige und suffiziente Statistik, die zugleich auch schon der ML-Schätzer für ϑ ist. Wegen

$$E_\vartheta X_{n\uparrow n} = \vartheta \frac{n}{n+1} \quad \forall \vartheta > 0$$

ist dann $(1+n^{-1})x_{n\uparrow n}$ der beste erwartungstreue Schätzer λ_n^*. Die Differenz beider Größen ist daher $n^{-1}x_{n\uparrow n}$. Aus der f.s.-Konvergenz $x_{n\uparrow n} \to \vartheta$ ergibt sich hier wieder die behauptete Aussage. □

Die asymptotische Äquivalenz des besten erwartungstreuen und des ML-Schätzers ist häufig auch dann nachweisbar, wenn ein Funktionswert $\gamma(\vartheta)$ des Parameters ϑ zu schätzen ist. (Mit dem ML-Schätzer $\widehat{\gamma}_n$ ist hier – in Erweiterung der ursprünglichen Definition – wieder die Größe $\gamma(\widehat{\vartheta}_n)$ gemeint, wobei $\widehat{\vartheta}_n$ ein ML-Schätzer für ϑ sei.)

Beispiel 6.206 Seien X_j, $j \in \mathbb{N}$, st.u. ZG mit der gleichen Verteilung $\mathfrak{G}(\lambda)$, $\lambda > 0$. Bei gegebenem $c > 0$ interessiere

$$\gamma(\lambda) = P_\lambda((c, \infty)) = e^{-c\lambda} \in (0, 1).$$

Die ML-Methode liefert für diese Überlebens-WS den Schätzer

$$\widehat{\gamma}_n = \exp\left(-c/\overline{x}_n\right).$$

$\gamma(\lambda)$ ist auch erwartungstreu schätzbar, etwa durch $\mathbf{1}(x_1 > c)$. Da $\sum_{j=1}^n x_j$ vollständig und suffizient ist, läßt sich hieraus nach dem Satz von Lehmann-Scheffé ein bester erwartungstreuer Schätzer gewinnen, nämlich $P_.(X_1 > c | S_n = \cdot)$, $S_n = \sum_{j=1}^n X_j$. Zur expliziten Berechnung beachte man, daß für jedes $n \geq 2$ gemäß Aufgabe 6.55 gilt:

a) $\mathfrak{L}_\lambda(X_1/S_n) = \mathfrak{L}_1(X_1/S_n) = B(1, n-1) \quad \forall \lambda > 0;$ (6.5.23)
b) X_1/S_n und S_n sind st.u. unter jedem $\lambda > 0$. (6.5.24)

Mit $W := X_1/S_n$ folgt daraus

$$P_.(\mathbf{1}(X_1 > c)|S_n = v)) = E_1\left(\mathbf{1}\left(W > \frac{c}{S_n}\right) | S_n = v\right)$$

$$= \int_{c/v}^1 (n-1)(1-u)^{n-2}\,du = \begin{cases} (1-\frac{c}{v})^{n-1}, & c/v < 1, \\ 0 & , c/v \geq 1. \end{cases}$$

Damit ergibt sich für den besten erwartungstreuen Schätzer γ_n^*:

$$\gamma_n^* = \left(1 - \frac{c}{S_n}\right)^{n-1} \mathbf{1}_{(c,\infty)}(S_n).$$

Offensichtlich gilt nun

$$|\widehat{\gamma}_n - \gamma_n^*| \leq \left|\exp\left(-n\frac{c}{S_n}\right) - \exp\left(-(n-1)\frac{c}{S_n}\right)\right|$$
$$+ \left|\exp\left(-(n-1)\frac{c}{S_n}\right) - \left(1-\frac{c}{S_n}\right)^{n-1}\right| \mathbf{1}_{(0,1)}\left(\frac{c}{S_n}\right)$$
$$+ \exp\left(-(n-1)\frac{c}{S_n}\right) \mathbf{1}_{[1,\infty)}\left(\frac{c}{S_n}\right).$$

Mittels der für $x \geq 0$ gültigen elementaren Ungleichung $1 - e^{-x} \leq x$ erhält man für den ersten Summanden die obere Schranke

$$\exp\left(-(n-1)\frac{c}{S_n}\right)\frac{c}{\overline{X}_n}\frac{1}{n} = c\lambda\exp(-c\lambda)(1+o(1))\frac{1}{n} = O(n^{-1}) \quad [F_\lambda],$$

wobei sich die rechte Seite aus dem starken Gesetz der großen Zahlen ableitet. Der zweite der obigen Summanden läßt sich auf einen deterministischen Term abschätzen:

$$\left|\exp\left(-(n-1)\frac{c}{S_n}\right) - \left(1 - \frac{c}{S_n}\right)^{n-1}\right| \mathbf{1}_{(0,1)}\left(\frac{c}{S_n}\right)$$

$$\leq \sup_{0\leq t\leq 1} |\exp(-(n-1)t) - (1-t)^{n-1}| = O(n^{-1}); \qquad (6.5.25)$$

vgl. Aufgabe 6.56. Schließlich liefert das starke Gesetz der großen Zahlen für den dritten Summanden die Schranke

$$c\lambda \exp(-c\lambda)(1+o(1))\mathbf{1}_{[n,\infty)}\left(\frac{c}{\overline{X}_n}\right) = 0 \quad \forall n \geq N_0 \quad [F_\lambda],$$

ab einem (zufallsabhängigen) Index N_0. Daher gilt: $|\widehat{\gamma}_n - \gamma_n^*| = O(n^{-1})$ $[F_\lambda]$. Mit $\widehat{\gamma}_n$ ist somit auch γ_n^* asymptotisch effizient. □

In 7.1.5 werden uns in einem nichtparametrischen Kontext noch weitere derartige Beispiele begegnen. Dort ist dann die empirische VF $\widehat{F}_n$ die ML-Schätzung für die unbekannte VF F – in einem in 7.1.1 zu präzisierenden Sinne – sowie $\gamma(F)$ ein multilineares und damit erwartungstreu schätzbares Funktional; vgl. auch hierzu 7.1.5. Der beste erwartungstreue Schätzer γ_n^* bzw. der ML-Schätzer $\widehat{\gamma}_n$ sind dann gerade die zugehörigen U- bzw. V-Statistiken.

Allerdings existieren schon im Rahmen von Exponentialfamilien Beispiele, in denen die besten erwartungstreuen Schätzer nicht asymptotisch effizient sind. Diese betreffen *gekrümmte Exponentialfamilien*, d.h. solche, in denen statt des vollen natürlichen Parameterraumes nur niederdimensionale, nicht-affine Teilgesamtheiten im Modell zugelassen werden[83]. Ein allgemeineres positives Resultat wird man daher nur für volle Exponentialfamilien erwarten dürfen. Seien hierzu X_j, $j \in \mathbb{N}$, st.u. ZG mit der gleichen VF $F \in \mathfrak{F}$, wobei $\mathfrak{F}$ eine k-parametrige Exponentialfamilie in der Identität und in der Mittelwertparametrisierung sei. Bezüglich eines geeigneten σ-endlichen Maßes ν besitzt $F_\mu \in \mathfrak{F}$ also eine Dichte der Form

$$f_\mu(x) = C(\mu)\exp(c^\top(\mu)x) \qquad (6.5.26)$$

mit $\mu \in \mathfrak{M} = \{\kappa'(\zeta) : \zeta \in Z_*\}$. Dabei bezeichnet $Z_* \neq \emptyset$ wie in 1.7.1 den als offen vorausgesetzten natürlichen Parameterraum, $\kappa(\cdot)$ die Kumulantentransformation und $\kappa'(\cdot)$ die Mittelwertfunktion, so daß mit $\tau := \kappa'$ gilt $c(\mu) = \tau^{-1}(\mu)$ und $C(\mu) = \exp(-\kappa(\tau(\mu)))$.

O.E. gehen wir von $0 \in \mathfrak{M}$ und $f_0(\cdot) \equiv 1$, also $\nu = F_0$, aus. Weiter gelte

$$\nu \ll \lambda^k \qquad \text{oder} \qquad \nu \ll \#^k, \qquad (6.5.27)$$

wobei $\#^k$ das Zählmaß auf einem k-dimensionalen Gitter bezeichne. Sei weiter $\gamma : \mathfrak{M} \mapsto \mathbb{R}$ ein zum Stichprobenumfang $m \geq 1$ erwartungstreu schätzbares und

---
[83] Vgl. etwa J. Pfanzagl: Scand. J. Stat. 20 (1993) 73-76

stetiges Funktional. Da $S_n(x) = \sum_{j=1}^n x_j$ vollständig und suffizient ist, muß eine meßbare Funktion $h : \mathbb{R}^k \mapsto \mathbb{R}$ existieren mit

$$\gamma(\mu) = E_\mu h(S_m) \qquad \forall \mu \in \mathfrak{M}. \tag{6.5.28}$$

Damit ist $\gamma(\mu)$ zu jedem Stichprobenumfang $n \geq m$ erwartungstreu schätzbar und nach den Sätzen von Rao-Blackwell bzw. Lehmann-Scheffé ist

$$g_n^* = E_{\centerdot}(h(S_m)|\overline{X}_n) \tag{6.5.29}$$

der beste erwartungstreue Schätzer für $\gamma(\mu)$. Nach dem (in Anmerkung 7.138 diskutierten) Konvergenzsatz für inverse Martingale konvergiert dieser Schätzer F_μ-f.s. gegen $\gamma(\mu)$, $\mu \in \mathfrak{M}$. Da $\overline{X}_n = n^{-1} S_n$ der ML-Schätzer für μ ist, führt die ML-Methode hier für $\gamma(\mu)$ auf den Schätzer $\widehat{g}_n = \gamma(\overline{X}_n)$. Wegen der vorausgesetzten Stetigkeit von $\gamma(\cdot)$ ist dieser stark konsistent, d.h. es gilt $\widehat{g}_n \to \gamma(\mu)$ $[F_\mu]$ $\forall \mu \in \mathfrak{M}$.

Im Spezialfall gedächtnislos verteilter Variabler ergab in Beispiel 6.205a ein Vergleich beider Schätzer die Beziehung $|g_n^* - \widehat{g}_n| = O(n^{-1})$ $[F_\mu]$. Dies impliziert

$$\sqrt{n}(g_n^* - \gamma(\mu)) - \sqrt{n}(\widehat{g}_n - \gamma(\mu)) = o_\mu(1),$$

d.h. beide Schätzer besitzen die gleiche Limesverteilung $\mathfrak{N}(0, \mathscr{G}(\mu) \mathscr{J}(\mu)^{-1} \mathscr{G}(\mu)^\top)$, falls $\gamma(\cdot)$ an der Stelle μ stetig differenzierbar ist mit Jacobi-Matrix $\mathscr{G}(\mu)$.

Eine entsprechende Aussage läßt sich auch allgemeiner nachweisen. Dazu benötigt man einen expliziten Ausdruck für g_n^*. Ist etwa $dF_0 = f_0 \, d\lambda^k$, $f_0 > 0$, dann erhält man mit Satz 1.126 eine Festlegung der bedingten Dichte von $\mathfrak{L}_\centerdot(S_m|\overline{X}_n)$,

$$p_n(s|t) = \frac{f_0^{*(m)}(s) \, f_0^{*(n-m)}(nt-s)}{f_0^{*(n)}(nt)} = \frac{f_\mu^{*(m)}(s) \, f_\mu^{*(n-m)}(nt-s)}{f_\mu^{*(n)}(nt)},$$

$f_\mu^{*(m)} := *_{j=1}^m f_\mu$. Mit dieser wählen wir die Version

$$g_n^* = \gamma_n^*(\overline{X}_n), \quad \gamma_n^*(t) := \int h(s) \, p_n(s|t) \, ds.$$

Damit lassen sich nun etwa mit Hilfe lokaler Grenzwertsätze (d.h. solcher für die Dichten bzw. die diskreten WS) die $\mathbb{L}_1$-Abstände $E_\mu |\gamma_n^*(\overline{X}_n) - \gamma(\overline{X}_n)|$ abschätzen. Vermöge charakteristischer Funktionen und der Parsevalschen Identität[84] ist hier sogar ein punktweiser Vergleich möglich, d.h. es existiert eine stetige Funktion $r : \mathfrak{M} \mapsto [0, \infty)$ mit

$$|\gamma_n^*(t) - \gamma(t)| \leq r(t) n^{-1}, \quad t \in \mathfrak{M}.$$

Diese Aussage ist Teil des Beweises zu dem nachfolgend zitiertem Resultat.

---
[84] Vgl. etwa W. Rudin: Real and Complex Analysis, Mc Graw Hill (1974), S. 97.

Satz 6.207 (Portnoy[85]) *Sei $\mathfrak{F}$ eine k-parametrige Exponentialfamilie mit offenem und nichtleerem natürlichen Parameterraum. Diese sei in der Mittelwertparametrisierung (6.5.26) gegeben und das – im Sinne von (5.1.57) – erzeugende WS-Maß F_0 erfülle (6.5.27). Weiter sei $\gamma(\cdot)$ eine stetig differenzierbare Funktion und gemäß (6.5.28) erwartungstreu schätzbar zum Stichprobenumfang m. Dann gilt: Die Folge der besten erwartungstreuen Schätzer $g_n^* = \gamma_n^*(\overline{X}_n)$ ist asymptotisch effizient.*

Pitman-optimale Schätzerfolgen Durch die bisherige Diskussion wurden die ML-Schätzer und – im Rahmen von Exponentialfamilien – die besten erwartungstreuen Schätzer als asymptotisch effizient im Sinne von (6.1.52) ausgezeichnet. Wie sich im weiteren zeigen wird, sind sie damit auch in einem völlig anderen Sinne asymptotisch optimal. Der Einfachheit halber beschränken wir uns bei dieser Diskussion auf einparametrige Klassen, d.h. auf den Fall $k = 1$.

Die in 2.7 bzw. in 6.1 angestellten Effizienzbetrachtungen basierten darauf, für jeden zugelassenen Schätzer – finit oder asymptotisch – eine Maßzahl für die Dispersion des Schätzfehlers zu ermitteln und zwei Schätzer dann mittels dieser zu vergleichen. Auf Pitman[86] geht der Vorschlag zurück, die Schätzfehler zweier Verfahren direkt zu vergleichen. Das Risiko ist dann nicht mehr eine Kennzahl für einen (finiten oder asymptotischen) Schätzer, sondern für Paare von Schätzer(-folgen). Sei dazu X eine ZG mit $\mathcal{L}(X) \in \mathfrak{P} = \{P_\vartheta : \vartheta \in \Theta \subset \mathbb{R}\} \subset \mathfrak{M}^1(\mathfrak{X}, \mathfrak{B})$. Zu je zwei Schätzern $g_i = g_i(X)$ für ϑ, $i = 1, 2$, ist dann das *Pitman-Risiko* erklärt gemäß

$$R(\vartheta; g_1, g_2) := P_\vartheta(|g_1 - \vartheta| < |g_2 - \vartheta|) - P_\vartheta(|g_2 - \vartheta| < |g_1 - \vartheta|). \quad (6.5.30)$$

Durch die Differenzenbildung wird erreicht, daß für dieses Risiko gilt

$$R(\vartheta; g_1, g_1) \equiv 0, \quad R(\vartheta; g_2, g_1) = -R(\vartheta; g_1, g_2).$$

Im allgemeinen gilt jedoch *nicht* die Transitivität:

$$R(\vartheta; g_3, g_2) \geq 0, \quad R(\vartheta; g_2, g_1) \geq 0 \quad \Rightarrow \quad R(\vartheta; g_3, g_1) \geq 0,$$

d.h. durch

$$g_1 \succeq g_2 \quad :\Leftrightarrow \quad R(\vartheta; g_1, g_2) \geq 0 \quad \forall \vartheta \in \Theta$$

wird keine Halbordnung auf der Klasse der Schätzer induziert. Diese und auch andere mit dem Pitman-Risiko verknüpften „Paradoxien" erklären sich daraus, daß das Risiko hier von der gemeinsamen Verteilung der beiden Schätzer abhängt. Damit wird es nicht nur von der Größe der einzelnen Schätzfehler beeinflußt, sondern auch von deren Abhängigkeitsgrad, was statistisch nur schwer zu interpretieren ist.

---

[85] Vgl. S. Portnoy: Ann. Stat. 5(1977) 522-529. – Ein anderer, speziell im nichtparametrischen Kontext wichtiger Zugang zu dem obigen Problem basiert auf dem Konzept eines Tangentenkegels. Dieses wird jedoch erst in Band III diskutiert werden.

[86] Für eine ausführliche Diskussion vgl. J.P. Keating, K. Rao, P.K. Sen: Pitman's measure of closeness, SIAM (1993)

Die Bestimmung der Pitman-Risiken ist bei festem Stichprobenumfang häufig nicht möglich. Man führt deshalb auch hier den Vergleich asymptotisch durch.

Definition 6.208 Seien $(\mathfrak{X}_n, \mathfrak{B}_n, \{P_{n\vartheta} : \vartheta \in \Theta \subset \mathbb{R}\})$, $n \in \mathbb{N}$, statistische Räume und $\mathfrak{E}$ eine Klasse von asymptotischen Schätzern (g_n), $g_n \in \mathfrak{B}_n, n \in \mathbb{N}$. Dann heißt

a) die zu $g_{n1}, g_{n2} \in \mathfrak{E}$ und $\vartheta \in \Theta$ definierte Größe

$$R_\infty(\vartheta; g_{n1}, g_{n2}) = \liminf_{n \to \infty} P_\vartheta(|g_{n1} - \vartheta| < |g_{n2} - \vartheta|)$$
$$- \liminf_{n \to \infty} P_\vartheta(|g_{n2} - \vartheta| < |g_{n1} - \vartheta|)$$

das *asymptotische Pitman-Risiko von* g_{n1}, g_{n2} *unter* ϑ,

b) $g_n^* \in \mathfrak{E}$ *asymptotisch Pitman-optimal in* $\mathfrak{E}$, falls gilt

$$R_\infty(\vartheta; g_n^*, g_n) \geq 0 \quad \forall g_n \in \mathfrak{E} \quad \forall \vartheta \in \Theta.$$

Es sei wieder angemerkt, daß Pitman-optimale Schätzer nicht zu existieren brauchen bzw. im Falle der Existenz nicht notwendig eindeutig bestimmt sind. Im Rahmen von st.u. glv. ZG, deren (gemeinsame) VF einer LAN-Familie entstammt, beantwortet die folgende Aussage in einfacher Weise die Frage nach deren Existenz.

Satz 6.209 (Sen[87]) *Seien X_j, $j \in \mathbb{N}$, st.u. ZG mit derselben eindimensionalen VF $F \in \mathfrak{F} = \{F_\vartheta : \vartheta \in \Theta\}$. Dabei sei $\emptyset \neq \Theta \subset \mathbb{R}$ ein offenes Intervall und in jedem Punkt $\vartheta \in \Theta$ die Klasse $\mathfrak{F}_n = \{F^{(n)}_{\vartheta + \zeta n^{-1/2}} : \zeta \in \mathbb{R}\}$ LAN mit der zentralen Statistik $Z_n = Z_{n\vartheta}$ und Fisher-Information $J(\vartheta) > 0$. Dann ist jeder asymptotisch lineare, reguläre und asymptotisch effiziente Schätzer g_n^* für ϑ auch asymptotisch Pitman-optimal in der Klasse der asymptotisch linearen und regulären Schätzer.*

Beweis: Voraussetzungsgemäß gilt für jeden zugelassenen Schätzer g_n

$$\mathcal{L}_\vartheta \begin{pmatrix} \sqrt{n}(g_n - \vartheta) \\ Z_n \end{pmatrix} \xrightarrow{\mathcal{L}} \mathfrak{N}\left(\begin{pmatrix} 0 \\ 0 \end{pmatrix}, \begin{pmatrix} \sigma^2(\vartheta) & 1 \\ 1 & J(\vartheta) \end{pmatrix} \right) \quad (6.5.31)$$

mit $\sigma^2(\vartheta) \geq 1/J(\vartheta)$. Daher folgt für $D_n = \sqrt{n}(g_n - \vartheta) - Y_n$, $Y_n = Z_n/J(\vartheta)$:

$$\mathcal{L}_\vartheta \begin{pmatrix} D_n \\ Y_n \end{pmatrix} \xrightarrow{\mathcal{L}} \mathcal{L} \begin{pmatrix} D \\ Y \end{pmatrix} = \mathfrak{N}\left(\begin{pmatrix} 0 \\ 0 \end{pmatrix}, \begin{pmatrix} \sigma^2(\vartheta) - J(\vartheta)^{-1} & 0 \\ 0 & J(\vartheta)^{-1} \end{pmatrix} \right).$$

Die Limesvariablen D, Y sind also st. u. ZG. Speziell für g_n^* ist der Limes D^* der zugehörigen Differenzen D_n^* P_ϑ-f.s. konstant 0. Damit erhält man

$$P_\vartheta(\sqrt{n}|g_n^* - \vartheta| < \sqrt{n}|g_n - \vartheta|) = P_\vartheta((Y_n + D_n^*)^2 < (Y_n + D_n)^2)$$
$$\to P(-2YD < D^2),$$
$$P_\vartheta(\sqrt{n}|g_n^* - \vartheta| > \sqrt{n}|g_n - \vartheta|) \to P(-2YD > D^2).$$

---
[87] Vgl. P.K. Sen: Sankhya 48A (1986) 51-58

432 6 Asymptotische Betrachtungsweisen parametrischer Verfahren

Hieraus folgt die Behauptung wegen

$$\begin{aligned}
&P(-D^2 < 2YD, D > 0) + P(-D^2 < 2YD, D < 0) \\
&\quad - P(-D^2 > 2YD, D > 0) - P(-D^2 > 2YD, D < 0) \\
&= P(-D < 2Y, D > 0) + P(-D > 2Y, D < 0) \\
&\quad - P(-D > 2Y, D > 0) - P(-D < 2Y, D < 0) \\
&= P(D > 0) - 2P(-D > 2Y, D > 0) \\
&\quad + P(D < 0) - 2P(-D < 2Y, D < 0) \\
&= 1 - 2P(D > 2Y, D < 0) - 2P(D < 2Y, D > 0)) \\
&= 1 - 4P(0 < D < 2Y) \geq 0. \quad \Box
\end{aligned}$$

6.5.2 Der Faltungssatz von Hájek

Die Frage nach der Gültigkeit der asymptotischen Cramér-Rao-Schranke (6.5.2) wurde durch Satz 6.202 für den Fall positiv beantwortet, daß das Einstichprobenmodell (6.5.ϑ) zugrundeliegt und man sich auf asymptotisch lineare und reguläre Schätzer mit Einflußfunktion ψ_ϑ beschränkt. Zwar fallen die gebräuchlichsten Typen von Schätzern in diese Klasse, jedoch sind natürlich die asymptotische Linearität, die Regularität wie auch die asymptotische Normalität nur technisch wünschenswerte, aber keine statistisch interpretierbaren (Güte-)Eigenschaften. Dabei wird sich die in 6.5.1 vorgenommene Beschränkung auf asymptotisch lineare Schätzer rückblickend rechtfertigen lassen; vgl. die Zusätze zu den Sätzen 6.211 und 6.229. Betrachtet man nun allgemeinere $\sqrt{n}$–konsistente Schätzer g_n mit einer Limesverteilung G_ϑ (nämlich um den Übergang zu Teilfolgen zu vermeiden), dann entfällt die Möglichkeit, die Optimalität auf den Kovarianzmatrizen und damit auf der Löwner-Ordnung der positiv semidefiniten Matrizen zu gründen, da zweite Momente nicht länger zu existieren brauchen. Es wird sich – wieder im Rahmen von LAN-Familien – recht allgemein zeigen, daß die zentrale Statistik $Z_n = Z_{n\vartheta}$ im Limes st. unabhängig ist von $\sqrt{n}(g_n - \vartheta) - \mathscr{J}(\vartheta)^{-1} Z_n$. (Hiervon wurde auch schon im vorausgegangenen Unterabschnitt Gebrauch gemacht, etwa beim Beweis des Satzes von Sen 6.209.) Hieraus wird klar, daß man für G_ϑ eine Darstellung der Form

$$G_\vartheta = \mathfrak{N}(0, \mathscr{J}(\vartheta)^{-1}) * H_\vartheta \tag{6.5.32}$$

zu erwarten hat. Das Faltungsprodukt (6.5.32) ist stets λ^k-stetig; vgl. A6.9 oder 5.3.3. Der Anteil $\mathfrak{N}(0, \mathscr{J}(\vartheta)^{-1})$ entspricht dem lokalen Schätzer $\mathscr{J}(\vartheta)^{-1} Z_n$ und ist allein durch die Verteilungsklasse bestimmt. In H_ϑ spiegelt sich der Einfluß des speziellen Schätzers wider bzw. das in diesem enthaltene „Rauschen". Intuitiv wird man erwarten, daß sich das Auftreten von H_ϑ in einem im Vergleich zum ML–Schätzer stärkeren Streuungsverhalten niederschlägt. Um dies mathematisch zu präzisieren, sucht man nun nach einer Halbordnung[88] „$\succeq$" auf $\mathfrak{M}^1(\mathbb{R}^k, \mathbb{B}^k)$, welche – zumindest für $F = \mathfrak{N}(0, \mathscr{J}(\vartheta)^{-1})$ – die folgende Eigenschaft aufweist:

$$G = F * H \quad \exists H \in \mathfrak{M}^1(\mathbb{R}^k, \mathbb{B}^k) \quad \Rightarrow \quad G \succeq F. \tag{6.5.33}$$

Wie zu vermuten ist, kann dies mit Hilfe verschiedener Halbordnungen erreicht werden. Später sollen mehrere derartige Möglichkeiten diskutiert werden.

Verteilungstheoretischer Hauptsatz Um die Resultate aus 6.5.1 in den hier gewählten allgemeineren Rahmen einordnen zu können, soll zunächst (6.5.32) im Rahmen von Normalverteilungen betrachtet werden.

Hilfssatz 6.210 *Für $G_\vartheta = \mathfrak{N}(\mu, \mathscr{S}(\vartheta))$, $\mu \in \mathbb{R}^k$ und $\mathscr{S}(\vartheta) \in \mathbb{R}^{k \times k}_{\text{p.s.}}$, gelte (6.5.32) mit einer Verteilung $H_\vartheta \in \mathfrak{M}^1(\mathbb{R}^k, \mathbb{B}^k)$. Dann ist $\mathscr{T}(\vartheta) := \mathscr{S}(\vartheta) - \mathscr{J}(\vartheta)^{-1}$ positiv semidefinit und es gilt $H_\vartheta = \mathfrak{N}(\mu, \mathscr{T}(\vartheta))$.*

Beweis: Da G_ϑ eine endliche Kovarianzmatrix $\mathscr{S}(\vartheta)$ hat, muß wegen (6.5.32) auch H_ϑ eine solche besitzen, etwa $\mathscr{T}(\vartheta) \in \mathbb{R}^{k \times k}_{\text{p.s.}}$ mit $\mathscr{S}(\vartheta) = \mathscr{J}(\vartheta)^{-1} + \mathscr{T}(\vartheta)$. Hat nämlich H_ϑ die charakteristische Funktion φ^H, so ist (6.5.32) äquivalent zu

$$\exp\left(i t^\top \mu - \frac{1}{2} t^\top \mathscr{S}(\vartheta) t\right) = \exp\left(-\frac{1}{2} t^\top \mathscr{J}(\vartheta)^{-1} t\right) \varphi^H(t) \quad \forall t \in \mathbb{R}^k.$$

Der erste Faktor der rechten Seite besitzt keine Nullstellen. Daher gilt

$$\varphi^H(t) = \exp\left(i t^\top \mu - \frac{1}{2} t^\top (\mathscr{S}(\vartheta) - \mathscr{J}(\vartheta)^{-1}) t\right) \quad \forall t \in \mathbb{R}^k.$$

Damit ist φ^H die charakteristische Funktion zur $\mathfrak{N}(\mu, \mathscr{T}(\vartheta))$-Verteilung. □

Es soll nun gezeigt werden, daß die Verteilungen der Form (6.5.32) gerade die Gesamtheit aller möglichen Limesverteilungen regulärer Schätzer bilden.

Satz 6.211 (Faltungssatz; Hájek[89]) *Sei $\mathfrak{F}$ eine k-parametrige Verteilungsklasse, die (6.5.ϑ) erfülle mit der Informationsmatrix $\mathscr{J}(\vartheta) \in \mathbb{R}^{k \times k}_{\text{p.d.}}$. $Z_n = Z_{n\vartheta}$ bezeichne die zentrale Statistik der LAN-Klasse $\mathfrak{F}_n = \{F_{\vartheta + \zeta n^{-1/2}} : \zeta \in \mathbb{R}^k\}$ Weiter sei g_n ein regulärer Schätzer für ϑ, d.h. für alle Parameterfolgen $\vartheta_n = \vartheta + \zeta n^{-\frac{1}{2}}$ gelte*

$$\mathfrak{L}_{\vartheta_n}(\sqrt{n}(g_n - \vartheta_n)) \xrightarrow[\mathfrak{L}]{} G_\vartheta \in \mathfrak{M}^1(\mathbb{R}^k, \mathbb{B}^k).$$

Dann existiert eine Verteilung $H_\vartheta \in \mathfrak{M}^1(\mathbb{R}^k, \mathbb{B}^k)$ mit

---

[88] Unter einer *Halbordnung* auf einer Menge $\mathfrak{Y}$ soll eine auf $\mathfrak{Y} \times \mathfrak{Y}$ definierte Relation $y \times y'$ verstanden werden, die reflexiv ist im Sinne von $y \succeq y \; \forall y \in \mathfrak{Y}$ und transitiv, für die also stets gilt $y \succeq y'$, $y' \succeq y'' \Rightarrow y \succeq y''$. Speziell wird unter einer *Ordnung* eine Halbordnung vertanden, die antisymmetrisch ist im Sinne von $y \succeq y'$, $y' \succeq y \Rightarrow y = y'$.
[89] Vgl. J. Hájek: Zeitschr. f. Wahrschtheorie verw. Gebiete 14 (1970) 323-330.

a) $G_\vartheta = \mathfrak{N}(0, \mathscr{J}(\vartheta)^{-1}) * H_\vartheta$,

b) $\mathfrak{L}_\vartheta(\sqrt{n}(g_n - \vartheta) - \mathscr{J}(\vartheta)^{-1} Z_n) \xrightarrow[\mathfrak{L}]{} H_\vartheta$.

Speziell gilt

$$\sqrt{n}(g_n - \vartheta) = \mathscr{J}(\vartheta)^{-1} Z_n + o_\vartheta(1) \quad \Leftrightarrow \quad H_\vartheta = \varepsilon_0.$$

Beweis: Abkürzend soll in diesem stets $\mathscr{J} = \mathscr{J}(\vartheta), G = G_\vartheta, H = H_\vartheta$ sowie $D_n = \sqrt{n}(g_n - \vartheta)$ gesetzt werden.

a) Aus der Verteilungskonvergenz der Folgen $\mathfrak{L}_\vartheta(D_n)$ und $\mathfrak{L}_\vartheta(Z_n)$ folgt nach den Bemerkungen im Anschluß an Beispiel 5.79, daß die Folge $\mathfrak{L}_\vartheta(D_n, Z_n)$ straff ist. Nach dem Satz von Helly–Prohorov 5.64 gibt es also eine Teilfolge $(m) \subset \mathbb{N}$ und eine Limesvariable (D, Z) mit

$$\mathfrak{L}_\vartheta(D_m, Z_m) \xrightarrow[\mathfrak{L}]{} \mathfrak{L}_0(D, Z) \quad \text{für } m \to \infty, \tag{6.5.34}$$

wobei natürlich $\mathfrak{L}_0(D) = G$ und $\mathfrak{L}_0(Z) = \mathfrak{N}(0, \mathscr{J})$ die Randverteilungen sind. Nach dem Stetigkeitssatz 5.43 gilt dann für jedes $\zeta \in \mathbb{R}^k$:

$$\begin{aligned}\mathfrak{L}_\vartheta(D_m, L_{m\zeta}) &= \mathfrak{L}_\vartheta\left(D_m, \exp\left(\zeta^\top Z_m - \frac{1}{2}\zeta^\top \mathscr{J}\zeta + o_{p_\vartheta}(1)\right)\right) \\ &\xrightarrow[\mathfrak{L}]{} \mathfrak{L}_0\left(D, \exp\left(\zeta^\top Z - \frac{1}{2}\zeta^\top \mathscr{J}\zeta\right)\right).\end{aligned}$$

Setzt man für beliebige $t, \zeta \in \mathbb{R}^k$

$$T_m := \exp(\mathrm{i}t^\top D_m - \mathrm{i}t^\top \zeta + \log L_{m\zeta}), \quad T := \exp\left(\mathrm{i}t^\top D - \mathrm{i}t^\top \zeta + \zeta^\top Z - \frac{1}{2}\zeta^\top \mathscr{J}\zeta\right),$$

so gilt offenbar $\mathfrak{L}_\vartheta(T_m) \xrightarrow[\mathfrak{L}]{} \mathfrak{L}_0(T)$. Mit den Identitäten

$$|T_m| = L_{m\zeta}, \quad |T| = \exp\left(\zeta^\top Z - \frac{1}{2}\zeta^\top \mathscr{J}\zeta\right)$$

erhält man daraus weiter

$$\begin{aligned}E_\vartheta |T_m| &= E_\vartheta L_{m\zeta} = 1 + o(1) \\ &= \exp\left(-\frac{1}{2}\zeta^\top \mathscr{J}\zeta\right) \exp\left(\frac{1}{2}\zeta^\top \mathscr{J}\zeta\right) + o(1)\end{aligned}$$

und damit wegen $E_0 \exp(\zeta^\top Z) = \int \exp(\zeta^\top z)\, \mathrm{d}\mathfrak{N}(0, \mathscr{J})(z) = \exp\left(\frac{1}{2}\zeta^\top \mathscr{J}\zeta\right)$

$$E_\vartheta |T_m| = \exp\left(-\frac{1}{2}\zeta^\top \mathscr{J}\zeta\right) E_0 \exp(\zeta^\top Z) + o(1) = E_0|T| + o(1).$$

Nach Satz 5.92c ist damit (T_m) gleichgradig integrierbar, so daß nach Satz 5.92b – angewendet auf Real- und Imaginärteil – folgt

$$E_\vartheta T_m \to E_0 T. \tag{6.5.35}$$

Andererseits ergibt sich aus der Regularität von (g_n) für jedes $\zeta \in \mathbb{R}^k$ nach dem Stetigkeitssatz von Lévy-Cramér 5.65 für die charakteristischen Funktionen

6.5 Lokal asymptotisch effiziente Schätzer

$$\varphi^G(t) = \lim_{m \to \infty} E_{\vartheta_m} \exp[\mathrm{i}\, t^\top (D_m - \zeta)]$$
$$= \lim_{m \to \infty} E_\vartheta \exp[\mathrm{i}\, t^\top (D_m - \zeta) + \log L_{m\zeta}] = \lim_{m \to \infty} E_\vartheta T_m$$

und damit wegen (6.5.35)

$$\varphi^G(t) = E_0 T = \exp\left[-\mathrm{i}\, t^\top \zeta - \frac{1}{2}\zeta^\top \mathscr{I}\zeta\right] E_0 \exp[\mathrm{i}\, t^\top D + \zeta^\top Z] \quad \forall t \in \mathbb{R}^k.$$

Hier ist der erste Faktor, sowie nach Hilfssatz 1.162 auch der zweite Faktor für jedes feste $t \in \mathbb{R}^k$ eine holomorphe Funktion von ζ. Also bleibt die Aussage richtig, wenn man ζ durch $-\mathrm{i}\,\mathscr{I}^{-1}t$ ersetzt. Dabei ergibt sich

$$\varphi^G(t) = \exp\left[-\frac{1}{2}t^\top \mathscr{I}^{-1}t\right] E_0 \exp[\mathrm{i}\, t^\top (D - \mathscr{I}^{-1}Z)]$$
$$= \varphi^{\mathfrak{N}(0,\mathscr{I}^{-1})}(t)\varphi^{D-\mathscr{I}^{-1}Z}(t) \quad \forall\, t \in \mathbb{R}^k.$$

Nach den Grundeigenschaften A8.7 charakteristischer Funktionen gilt also

$$G = \mathfrak{N}(0,\mathscr{I}^{-1}) * H \quad \text{mit} \quad H := \mathfrak{L}_0(D - \mathscr{I}^{-1}Z). \tag{6.5.36}$$

b) Aus dem Stetigkeitssatz 5.43 und aus (6.5.36) folgt

$$\mathfrak{L}_\vartheta(D_m - \mathscr{I}^{-1}Z_m) \xrightarrow[\mathfrak{L}]{} \mathfrak{L}_0(D - \mathscr{I}^{-1}Z) = H \quad \text{für } m \to \infty.$$

Die Behauptung gilt also längs der Teilfolge $(m) \subset \mathbb{N}$. Würde sie nicht längs der gesamten Folge gelten, so gäbe es wegen der Straffheit der Folge $\mathfrak{L}_\vartheta(D_n, Z_n)$, $n \in \mathbb{N}$, eine Teilfolge $(r) \subset \mathbb{N}$ und ein WS-Maß $H' \in \mathfrak{M}^1(\mathbb{R}^k, \mathbb{B}^k)$, $H' \neq H$, mit

$$\mathfrak{L}_\vartheta(D_r - \mathscr{I}^{-1}Z_r) \xrightarrow[\mathfrak{L}]{} H' \quad \text{für } r \to \infty.$$

Wegen $\mathfrak{L}_\vartheta(Z_r) \xrightarrow[\mathfrak{L}]{} \mathfrak{N}(0,\mathscr{I})$ gemäß (6.3.62) und $\mathfrak{L}_\vartheta(D_r) \xrightarrow[\mathfrak{L}]{} G$ würde also für die Teilfolge $(r) \subset \mathbb{N}$ die gleiche Ausgangssituation vorliegen wie in a) für die gesamte Folge. Somit ergäbe sich mit derselben Argumentation wie unter a) die Existenz einer Teilfolge $(s) \subset (r)$ und einer Limesvariablen (D', Z') mit

$$\mathfrak{L}_\vartheta(D_s, Z_s) \xrightarrow[\mathfrak{L}]{} \mathfrak{L}_0(D', Z') \quad \text{für } s \to \infty.$$

Dabei würde wieder $\mathfrak{L}_0(D') = G$, $\mathfrak{L}_0(Z') = \mathfrak{N}(0,\mathscr{I}^{-1})$ gelten und damit nach a)

$$\varphi^G(t) = \varphi^{\mathfrak{N}(0,\mathscr{I}^{-1})}(t)\varphi^{H'}(t) \quad \forall\, t \in \mathbb{R}^k, \quad H' = \mathfrak{L}_0(D' - \mathscr{I}^{-1}Z').$$

Hieraus würde zusammen mit (6.5.32) folgen

$$\varphi^{H'}(t) = \varphi^G(t)/\varphi^{\mathfrak{N}(0,\mathscr{I}^{-1})}(t) = \varphi^H(t) \quad \forall\, t \in \mathbb{R}^k$$

und damit nach dem Eindeutigkeitssatz A8.7 $H' = H$.

Der Zusatz folgt aus b) mit Hilfssatz 5.82 gemäß

$$H = \varepsilon_0 \quad \Leftrightarrow \quad \mathcal{L}_\vartheta(D_n - \mathscr{J}^{-1}Z_n) \xrightarrow[\mathcal{L}]{} \varepsilon_0 \quad \Leftrightarrow \quad D_n - \mathscr{J}^{-1}Z_n \xrightarrow[P_\vartheta]{} 0. \quad \square$$

Zum Nachweis einer Satz 6.211 entsprechenden Aussage unter Verzicht auf die Regularität des Schätzers benötigen wir den folgenden „Auswahlsatz".

Hilfssatz 6.212 (Bahadur–Droste–Wefelmeyer) *Seien $q_n, q : \mathbb{R}^k \to \mathbb{R}$ gleichmäßig beschränkte, meßbare Funktionen mit $q_n(t) \to q(t) \quad \forall\, t \in N_0^c$, $\lambda^k(N_0) = 0$. Weiter sei $(r_n)_{n \geq 1}$ eine Nullfolge des $\mathbb{R}^k$. Dann existiert eine Teilfolge $(n_m) \subset \mathbb{N}$ und eine λ^k-Nullmenge N mit*

$$q_{n_m}(t + r_{n_m}) \to q(t) \quad \forall\, t \in N^c.$$

Beweis: Zunächst soll der Fall $q \equiv 0$ behandelt werden. Für diesen zeigt man, daß stochastische Konvergenz bzgl. $\mu = \mathfrak{N}(0, \mathscr{I}_k)$ vorliegt und wendet A7.2 an. Nach der Transformationsformel und der Cauchy-Schwarz-Ungleichung gilt nämlich

$$\int |q_n(t + r_n)|\, d\mu(t) = \int |q_n(s)| \exp\left(s^\top r_n - \frac{1}{2}|r_n|^2\right) d\mu(s)$$
$$\leq \left(\int q_n^2(s)\, d\mu(s)\right)^{1/2} \exp\left(-\frac{1}{2}|r_n|^2\right) \left(\int \exp(2 s^\top r_n)\, d\mu(s)\right)^{1/2}.$$

Hier konvergiert der erste Faktor nach dem Satz von der beschränkten Konvergenz gegen Null, die anderen streben gegen Eins. Die Markov-Ungleichung liefert dann $q_n(\cdot + r_n) \to 0$ nach μ–WS und das Teilfolgenargument A7.2 ergibt wegen $\mu \equiv \lambda^k$ die Behauptung im Spezialfall $q \equiv 0$. Dieser sichert für den allgemeinen Fall die Existenz einer Teilfolge und die einer Ausnahmemenge N', $\lambda^k(N') = 0$, mit

$$q_{n_m}(t + r_{n_m}) - q(t + r_{n_m}) \to 0 \quad \forall\, t \notin N'.$$

Nach dem Satz von Egorov B1.3 ist diese Konvergenz schon „beinahe" gleichmäßig. Präziser gilt: Für alle $\varepsilon > 0$ existiert ein $B \in \mathbb{B}^k$, $\mu(B^c) < \varepsilon$, und ein $m_1 \in \mathbb{N}$ mit

$$|q_{n_m}(t + r_{n_m}) - q(t + r_{n_m})| \leq \varepsilon \quad \forall\, t \in B \quad \forall\, m \geq m_1.$$

Der Satz von Lusin B1.1 und Satz 5.48 sichern dann die Existenz eines Kompaktums $C \subset \mathbb{R}^k$, $\mu(C^c) < \varepsilon$, und die einer stetigen Funktion q^* mit $q(t) = q^*(t) \quad \forall\, t \in C$. Da q^* auf C gleichmäßig stetig ist, existiert nun ein $m_2 \in \mathbb{N}$ mit $m_2 \geq m_1$, so daß für $t \in C \cap (C - r_{n_m})$ und $m \geq m_2$ gilt:

$$|q(t + r_{n_m}) - q(t)| \leq \varepsilon.$$

Die Abbildung $s \mapsto \mu(C \triangle (C - s))$ ist stetig. Deshalb gibt es ein $m_3 \in \mathbb{N}, m_3 \geq m_2$ mit $\mu((C - r_{n_m})^c) \leq \mu(C^c) + \varepsilon \leq 2\varepsilon$ für $m \geq m_3$ und folglich

$$t \in B \cap C \cap (C - r_{n_m}) \quad \Rightarrow \quad |q_{n_m}(t + r_{n_m}) - q(t)| \leq 2\varepsilon$$

sowie

$\mu(B^c \cup C^c \cup (C - r_{n_m})^c) \leq 4\varepsilon$.

Daher gilt wieder $q(\cdot + r_{n_m}) \xrightarrow[\mu]{} q(\cdot)$ und A7.2 führt auf die Behauptung. □

Satz 6.213 (Faltungssatz; Droste–Wefelmeyer[90]) *Zugrunde liege das Einstichprobenmodell* (6.5.Θ) *mit Informationsmatrix* $\mathscr{J}(\vartheta) \in \mathbb{R}^{k \times k}_{\text{p.d.}}, \vartheta \in \Theta \subset \mathbb{R}^k$ *offen. Sei g_n ein asymptotischer Schätzer, für den in jedem Punkt $\vartheta \in \Theta$ eine Verteilung $G_\vartheta \in \mathfrak{M}^1(\mathbb{R}^k, \mathbb{B}^k)$ existiere mit*

$$G_{n\vartheta} := \mathfrak{L}_\vartheta(\sqrt{n}(g_n - \vartheta)) \xrightarrow[\mathfrak{L}]{} G_\vartheta.$$

Weiter gelte für jede stetige und beschränkte Funktion $w: \mathbb{R}^k \to \mathbb{R}$, daß

$$\vartheta \mapsto \int w(x)\, dG_{n\vartheta}(x)$$

meßbar ist für alle $n \geq 1$. Dann existiert eine Menge $N \in \Theta \cap \mathbb{B}^k, \lambda^k(N) = 0$, so daß es für alle $\vartheta \in N^c$ ein $H_\vartheta \in \mathfrak{M}^1(\mathbb{R}^k, \mathbb{B}^k)$ gibt mit

$$G_\vartheta = \mathfrak{N}(0, \mathscr{J}(\vartheta)^{-1}) * H_\vartheta. \tag{6.5.37}$$

Beweis: Sei $\zeta \in \mathbb{Q}^k$ und w eine stetige und beschränkte Funktion wie oben. Der Hilfssatz 6.212 wird nun angewendet auf $r_n = \zeta n^{-\frac{1}{2}}$ und die Funktionen

$$q_n(\vartheta) := \int w(x)\, dG_{n\vartheta}(x), \quad q(\vartheta) := \int w(x)\, dG_\vartheta(x).$$

Bezeichnet P_ϑ die gemeinsame Verteilung der ZG $X_1, \cdots, X_n$, so gilt

$$q_n(\vartheta) = \int w(\sqrt{n}(g_n - \vartheta))\, dP_\vartheta.$$

Als Limes meßbarer Funktionen ist $q(\cdot)$ meßbar. Weiter sind $q_n(\cdot), q(\cdot)$ gleichmäßig durch $\|w\|_\infty$ beschränkt. Damit existiert eine λ^k-Nullmenge $N_{w\zeta}$, so daß

$$\int w(\sqrt{n}(g_n - \vartheta) - \zeta)\, dP_{\vartheta + \zeta n^{-\frac{1}{2}}} \to \int w(x)\, dG_\vartheta(x) \quad \forall\, \vartheta \notin N_{w,\zeta} \tag{6.5.38}$$

entlang einer Teilfolge $(n'_{w\zeta}) \subset \mathbb{N}$ gilt. Sei nun $\{w_\ell : \ell \in \mathbb{N}\}$ eine abzählbare Konvergenz bestimmende Klasse[91] im Sinne von Anmerkung 5.42b. Das Cantor'sche Diagonalverfahren sichert dann die Existenz einer λ^k-Nullmenge N sowie die einer Teilfolge $(n') \subset \mathbb{N}$, so daß (6.5.38) entlang (n') für alle $\vartheta \in N^c, \zeta \in \mathbb{Q}^k$ und alle $w_\ell, \ell \geq 1$, gilt. Dies impliziert die Gültigkeit von

---

[90] Vgl. W. Droste und W. Wefelmeyer: Stat. Dec. 2 (1984) 131–144.
[91] Eine solche Klasse erhält man etwa dadurch, daß man die Polynome mit rationalen Koeffizienten multipliziert mit den Urysohn-Funktionen $\min\{m + 1 - |x|, 1\}, m \in \mathbb{N}$, und die Konstante 1 hinzunimmt.

$$\mathscr{L}_{\vartheta+\zeta n^{-\frac{1}{2}}}(\sqrt{n}(g_n - \vartheta)) \xrightarrow[\mathfrak{L}]{} G_\vartheta * \varepsilon_\zeta \quad \forall \vartheta \in N^c \quad \forall \zeta \in \mathbb{Q}^k$$

längs (n'). Eine Prüfung des Beweises von Satz 6.211 zeigt, daß dieser richtig bleibt, wenn die Voraussetzung nur für $\zeta \in \mathbb{Q}^k$ (oder jede andere abzählbare dichte, die 0 enthaltende Teilmenge von $\mathbb{R}^k$) erfüllt ist. Aus Satz 6.211 folgt dann für $\vartheta \notin N$ die Existenz einer Verteilung H_ϑ mit (6.5.37). □

Statistische Interpretation Der Faltungssatz 6.211 bzw. seine Modifizierung in Form des Satzes 6.213 charakterisieren unter der Voraussetzung (6.1.Θ) gerade die möglichen Limesverteilungen $\sqrt{n}$-konsistenter Schätzer (und zwar unter der Zusatzvoraussetzung der Regularität bzw. außerhalb einer geeigneten λ^k-Nullmenge des Parameterraumes). Die Klasse dieser Limesverteilungen (6.5.32) läßt sich dabei als ein Modell mit zufälligem Mittelwert, d.h. als Verallgemeinerung der Lokationsfamilie $\{\mathfrak{N}(0, \mathscr{J}(\vartheta)^{-1}) * \varepsilon_\mu : \mu \in \mathbb{R}^k\}$ auffassen. Statt einer deterministischen Einflußgröße μ hat man nun einen stochastischen Effekt, der von einem hiervon st.u. „Fehler" überlagert wird. Die Verleilungen (6.5.32) können also durch ZG der Form $X = Y + M$ dargestellt werden, wobei Y und M unter allen $\vartheta \in \Theta$ st.u. sind mit $\mathfrak{L}_\vartheta(Y) = \mathfrak{N}(0, \mathscr{J}(\vartheta)^{-1})$ und $\mathfrak{L}_\vartheta(M) = H_\vartheta$. Dabei führt ein zufälliger Mittelwert im allgemeinen sowohl zu einer Verzerrung wie auch einer Vergrößerung der Dispersion. Dieser Effekt soll nun nicht durch einen Lage- bzw. Skalenparameter beschrieben werden, sondern mit Hilfe einer geeigneten Halbordnung, d.h. einer reflexiven und transitiven Relation $\succeq$ auf $\mathfrak{M}^1(\mathbb{R}^k, \mathbb{B}^k)$. „Geeignet" wird hierbei präzisiert durch den Begriff der Dispersivität. Dabei heißt eine Verteilung $F \in \mathfrak{M}^1(\mathbb{R}^k, \mathbb{B}^k)$ *dispersiv bzgl.* $\succeq$, falls gilt (vgl. auch Aufg. 6.57)

$$F * H \succeq F \quad \forall H \in \mathfrak{M}^1(\mathbb{R}^k, \mathbb{B}^k). \tag{6.5.39}$$

Aus einer solchen Anordnung zweier Verteilungen $G (= F * H)$ und F sollte dann natürlich eine entsprechende Anordnung der Risiken folgen, d.h. unter geeigneten Voraussetzungen an die Funktion $\ell : (\mathbb{R}^k, \mathbb{B}^k) \to (\mathbb{R}, \mathbb{B})$ sollte gelten

$$G \succeq F \quad \Rightarrow \quad \int \ell \, dG \geq \int \ell \, dF. \tag{6.5.40}$$

Angewandt auf unser Ausgangsproblem, bei dem $F = \mathfrak{N}(0, \mathscr{J}(\vartheta)^{-1})$ ist, würde dies bedeuten, daß ein asymptotisch effizienter Schätzer minimales Risiko bzgl. jeder mit einem derartigen $\ell = \Lambda_0$ gebildeten Verlustfunktion $\Lambda(\zeta, a) = \Lambda_0(a - \zeta)$ besitzt.

Es gibt nun mehrere Möglichkeiten zur Wahl einer solchen Halbordnung. Eine erste beruht auf einem Vergleich der Verteilungen über einer beliebigen Klasse $\mathfrak{C}$ konvexer, 0-symmetrischer Mengen. Diese $\mathfrak{C}$-*Halbordnung* ist also definiert durch

$$G \succeq_\mathfrak{C} F \quad :\Leftrightarrow \quad G(C) \leq F(C) \quad \forall C \in \mathfrak{C}. \tag{6.5.41}$$

Wählt man speziell $\mathfrak{C}$ als Gesamtheit aller offenen[92], konvexen und 0-symmetrischen Mengen, so sprechen wir von der *Anderson-Halbordnung* „$\succeq_A$":

$$G \succeq_A F \quad :\Leftrightarrow \quad G(C) \leq F(C) \tag{6.5.42}$$
$$\forall C \subset \mathbb{R}^k \text{ offen, konvex und 0-symmetrisch}$$

Die Bezeichnung Anderson-Halbordnung erklärt sich dadurch, daß das später zu diskutierende Lemma von Anderson 6.220 gerade die Dispersivität einer jeden $\mathfrak{N}(0,\mathscr{S})$-Verteilung, $\mathscr{S} \in \mathbb{R}^{k \times k}_{\text{p.d.}}$, bzgl. $\succeq_A$ liefert. Da $\mathfrak{N}(0,\mathscr{S})$ eine unimodale, bzgl. 0 symmetrische Dichte besitzt, gilt nämlich nach jenem Lemma

$$\mathfrak{N}(0,\mathscr{S}) * H \succeq_A \mathfrak{N}(0,\mathscr{S}) \quad \forall H \in \mathfrak{M}^1(\mathbb{R}^k, \mathbb{B}^k). \tag{6.5.43}$$

Vermöge dieser Halbordnung lassen sich Integrale über eine große Klasse von Verlustfunktionen anordnen, so daß für $\succeq_A$ neben (6.5.39) auch (6.5.40) erfüllt ist.

Hilfssatz 6.214 *Seien $G, F \in \mathfrak{M}^1(\mathbb{R}^k, \mathbb{B}^k)$. Dann gilt für jede quasikonvexe, bzgl. 0 symmetrische und $1/2$-stetige Funktion $\ell : \mathbb{R}^k \to [0, \infty]$:*

$$G \succeq_A F \quad \Rightarrow \quad \int \ell(x)\,\mathrm{d}G(x) \geq \int \ell(x)\,\mathrm{d}F(x).$$

Beweis: Sei zunächst $\|\ell\|_\infty < \infty$ angenommen. Bei jeder Wahl der Stützpunkte $0 = s_0 < s_1 < \ldots < s_m = \|\ell\|_\infty$ hat die Treppenfunktion

$$\ell_m = \sum_{i=1}^m s_i \mathbf{1}_{\{s_{i-1} < \ell \leq s_i\}} = -s_1 \mathbf{1}_{\{\ell \leq 0\}} - \sum_{i=1}^{m-1} (s_{i+1} - s_i) \mathbf{1}_{\{\ell \leq s_i\}} + s_m,$$

$\ell_m \geq \ell$, die gleichen Eigenschaften wie $\ell(\cdot)$. Da $\{\ell \leq s_i\}$ abgeschlossen sowie konvex und 0-symmetrisch ist, gilt

$$\int \ell_m(x)\,\mathrm{d}G(x) \geq \int \ell_m(x)\,\mathrm{d}F(x).$$

Aus

$$0 < \ell_m(x) - \ell(x) \leq \max_{1 \leq i \leq m}(s_i - s_{i-1})$$

folgt, daß sich $\ell(\cdot)$ durch eine solche Folge von Treppenfunktionen gleichmäßig approximieren läßt. Dies impliziert die Behauptung für beschränkte Funktionen $\ell(\cdot)$. Da sich die Eigenschaften von $\ell(\cdot)$ auf die gestutzten Funktionen $\ell(\cdot) \wedge m$, $m \in \mathbb{N}$, vererben, folgt das Resultat aus dem Satz von der isotonen Konvergenz. $\square$

---

[92] Die Annahme, daß die Mengen C offen sind oder äquivalent die $1/2$-Stetigkeit der Indikatorfunktionen $\mathbf{1}_C$, wird aus zwei Gründen hinzugenommen. Zum einen werden die Komplemente dann – wie in Satz 7.17 benötigt – abgeschlossen, zum anderen wird die Anwendung von Grenzwertsätzen möglich; vgl. Satz 6.215.

Zusammen mit (6.5.43) ergibt sich somit die folgende statistische Interpretation des Faltungssatzes.

Satz 6.215 *Unter den Voraussetzungen (und in den Bezeichnungen) des Faltungssatzes 6.211 gilt für die Limesverteilung G_ϑ eines regulären Schätzers g_n*

$$G_\vartheta \succeq_A \mathfrak{N}(0, \mathscr{J}(\vartheta)^{-1}).$$

Speziell gilt für jede Verlustfunktion $\Lambda(\zeta, a) = \Lambda_0(a - \zeta)$, bei der $\Lambda_0 : \mathbb{R}^k \to [0, \infty)$ quasikonvex, 0-symmetrisch und 1∕2-stetig ist:

$$\liminf_{n \to \infty} \int \Lambda_0(\sqrt{n}(g_n - \vartheta))\,\mathrm{d}P_\vartheta \geq \int \Lambda_0(y)\,\mathrm{d}G_\vartheta(y) \geq \int \Lambda_0(y)\,\mathrm{d}\mathfrak{N}(0, \mathscr{J}(\vartheta)^{-1})(y).$$

$\mathfrak{N}(0, \mathscr{J}(\vartheta)^{-1})$ *hat also unter allen Limesverteilungen G_ϑ minimales Risiko.*

Beweis: Die erste Ungleichung folgt unmittelbar mit Aufgabe 5.11 bzw. dem Portmanteau-Theorem 5.40b, die zweite mit Hilfssatz 6.214. □

In analoger Weise läßt sich natürlich auch die Aussage des Faltungssatzes von Droste–Wefelmeyer 6.213 statistisch interpretieren. Eine weitere Variante dieses Satzes erhält man dadurch, daß man sich auf asymptotisch mediantreue Schätzer im Sinne von (6.5.19) beschränkt; vgl. auch Fußnote 81.

Eine zweite Möglichkeit zur Wahl von $\succeq$ ist im Fall $k = 1$ die in der Literatur verbreitete und in 7.1.2 ausführlich diskutierte *Dehnungshalbordnung* $\succeq_{\mathrm{sp}}$ (engl. „spread ordering"). Bei dieser wird für $G, F \in \mathfrak{M}^1(\mathbb{R}, \mathbb{B})$ gesetzt:

$$G \succeq_{\mathrm{sp}} F :\Leftrightarrow G^{-1}(v) - G^{-1}(u) \geq F^{-1}(v) - F^{-1}(u) \quad \forall 0 < u < v < 1. \tag{6.5.44}$$

Die Dehnungshalbordnung zielt – im Gegensatz zur Anderson-Halbordnung – ausschließlich auf das Dispersionsverhalten zweier VF ab. Dies wird auch dadurch deutlich, wie sich „$\succeq_{\mathrm{sp}}$" beim Wechsel von Ursprung und Skaleneinheit verhält. Für alle $a \in \mathbb{R}$ und $b > 0$ gilt nämlich

$$F_0(x) := F\left(\frac{x-a}{b}\right),\ G_0(x) := G(\frac{x-a}{b}) \quad \Leftrightarrow \quad (G \succeq_{\mathrm{sp}} F \quad \Leftrightarrow \quad G_0 \succeq_{\mathrm{sp}} F_0).$$

Sie eignet sich deshalb nicht direkt zur Interpretation des Faltungssatzes, sondern nur bei Beschränkung auf asymptotisch mediantreue Schätzer im Sinne von (6.5.19). Aus Satz 6.221 wird folgen, daß die $\mathfrak{N}(0, \mathscr{S})$-Verteilungen dispersiv sind bzgl. $\succeq_{\mathrm{sp}}$.

Bei Beschränkung auf asymptotisch mediantreue Schätzer hat jede mögliche Limesverteilung die Zahl 0 als Median. Sind $F, G \in \mathfrak{M}^1(\mathbb{R}, \mathbb{B})$ Verteilungen mit $F^{-1/2}(1/2) = G^{-1/2}(1/2) = 0$ sowie $\Lambda(\zeta, a) = \Lambda_0(a - \zeta)$ eine Verlustfunktion mit einer Funktion $\Lambda_0 : \mathbb{R} \to [0, \infty)$, die für $x \leq 0$ antiton und für $x \geq 0$ isoton sowie 1∕2-stetig ist, lassen sich auch hier die Risiken vergleichen. Offenbar gilt nämlich

6.5 Lokal asymptotisch effiziente Schätzer

$$\int \Lambda_0(y)\,dG(y) = \int_0^1 \Lambda_0(G^{-1}(u))\,du = \int_0^1 \Lambda_0(G^{-1}(u) - G^{-1}(1/2))\,du$$

$$\geq \int_0^1 \Lambda_0(F^{-1}(u) - F^{-1}(1/2))\,du = \int \Lambda_0(y)\,dF(y). \qquad (6.5.45)$$

Mit $G = G_\vartheta$ und $F = \mathfrak{N}(0, \mathscr{I}(\vartheta)^{-1})$ ergibt sich daraus in Analogie zu Satz 6.215

$$\liminf_{n\to\infty} \int \Lambda_0(\sqrt{n}(g_n - \vartheta))\,dP_\vartheta \geq \int \Lambda_0(y)\,dG_\vartheta(y) \geq \int \Lambda_0(y)\,d\mathfrak{N}(0, \mathscr{I}(\vartheta)^{-1})(y).$$

Eine weitere Halbordnung, die allein das Streuungsverhalten beschreibt, läßt sich aus der $\mathfrak{L}$-Ordnung gewinnen. Letztere läßt nämlich zunächst offen, ob für die Gültigkeit von $G(C) < F(C)\ \forall C \in \mathfrak{L}$ ein unterschiedliches Streuungsverhalten von G und F verantwortlich ist oder eine Lageverschiebung. Um (6.5.41) oder (6.5.42) als eine Dispersionshalbordnung bezeichnen zu können, hat man also G und F zunächst zu zentrieren. Dies kann etwa durch Symmetrisieren erfolgen und dieses wiederum durch Mittelung oder Faltung.

Im ersten Fall erklärt man für $k = 1$ zu einer VF F wie üblich die symmetrisierte VF gemäß $F_s = \frac{1}{2}(F + F_-)$, $F_-(x) := 1 - F(-x - 0)$. Durch

$$F_1 \succeq F_2 \quad :\Leftrightarrow \quad F_{1s}([-t,t]) \leq F_{2s}([-t,t]) \quad \forall t > 0$$

wird dann eine Dispersionshalbordnung definiert. Die kanonische Verallgemeinerung für $k > 1$ erhält man natürlich dadurch, daß man die beiden VF zunächst bzgl. des Haar-Maßes auf einer Gruppe orthogonaler Transformationen des $\mathbb{R}^k$ ausmittelt und dann diese über speziellen Mengensystemen $\mathfrak{L}$ vergleicht, etwa über den Bällen um den Nullpunkt. Der Nachteil dieser Symmetrisierungstechnik besteht u.a. darin, daß sie nur schlecht mit der Faltung (also der Bildung der Summenverteilung st.u. ZG) verträglich ist. Alternativ zu dieser Vorgehensweise bietet es sich daher an, gleich die Faltung selbst zur Symmetrisierung heranzuziehen, wie dies auch bei einer bekannten klassischen Beweismethode des zentralen Grenzwertsatzes erfolgt. Auch hier vergleicht man dann die Ausgangs-VF dadurch, daß man die Werte der so symmetrisierten VF über einem geeigneten Umgebungssystem der 0 vergleicht. Hier soll dieser zweite Weg skizziert werden. Dieses auch deshalb, weil er zu Halbordnungen führt, auf die der in 7.1.2 diskutierte Satz von Kamae, Krengel, O'Brien anwendbar ist, für die also die Möglichkeit einer verteilungsgleichen Ersetzung besteht. Formal bezeichne hierzu zunächst F_- wieder die durch „Spiegelung" am Nullpunkt gemäß $F_-(B) := F(-B)$, $B \in \mathbb{B}^k$, aus $F \in \mathfrak{M}^1(\mathbb{R}^k, \mathbb{B}^k)$ gewonnene k-dimensionale Verteilung. Dann ist

$$F_\sim(B) := F * F_-(2B), \quad B \in \mathbb{B}^k, \qquad (6.5.46)$$

symmetrisch bzgl. 0. $F_\sim$ heißt die zu F gehörende *Symmetrisierte*. Sie ist die Verteilung von $\frac{1}{2}(X_1 - X_2)$, wenn X_1, X_2 st.u. ZG mit derselben VF F sind.

442   6 Asymptotische Betrachtungsweisen parametrischer Verfahren

Bezeichnet nun $\mathfrak{L}$ wieder ein System offener, konvexer und 0-symmetrischer Mengen, so vergleicht man $G_\sim$ und $F_\sim$ in der Halbordnung $\succeq_\mathfrak{L}$ (oder im Fall $k=1$ in $\succeq_{\rm sp}$). Demgemäß ist die *Symmetrisierungshalbordnung bzgl.* $\mathfrak{L}$ definiert durch

$$G \succeq_{\rm sy}^{\mathfrak{L}} F \quad :\Leftrightarrow \quad G_\sim \succeq_\mathfrak{L} F_\sim \quad \Leftrightarrow \quad G_\sim(C) \leq F_\sim(C) \quad \forall C \in \mathfrak{L}. \qquad (6.5.47)$$

Verwendet man zum Vergleich von $G_\sim$ und $F_\sim$ speziell die Anderson-Halbordnung $\succeq_A$, so sprechen wir kurz von der *Symmetrisierungshalbordnung* $\succeq_{\rm sy}$, also

$$G \succeq_{\rm sy} F \quad :\Leftrightarrow \quad G_\sim \succeq_A F_\sim. \qquad (6.5.48)$$

Durch die Symmetrisierung (6.5.46) werden Normalverteilungen mit Mittelwert 0 ebenso wie (im Fall $k=1$) die Cauchy–Verteilungen $\mathfrak{L}(0,\sigma)$ mit Lokationsparameter 0 und Skalenparameter σ auf sich selbst abgebildet. Dies gilt jedoch nicht für andere bzgl. 0 symmetrische Verteilungen. So besitzt die Symmetrisierte der Doppelexponentialverteilung die λ-Dichte $2^{-1}\exp(-2|x|)(1+2|x|)$. Natürlich gilt im allgemeinen $G_\sim \neq G_s$. Der Vorteil der Symmetrisierung $G \mapsto G_\sim$ gegenüber der gemäß $G \mapsto G_s$ definierten liegt darin, daß diese mit der Faltung wie auch mit Skalentransformationen verträglich ist. Genauer gilt:

$$(F*H)_\sim = F_\sim * H_\sim, \quad (F(\sigma^{-1}\cdot))_\sim = F_\sim(\sigma^{-1}\cdot). \qquad (6.5.49)$$

Weil Normalverteilungen mit Mittelwert 0 bei der Symmetrisierung reproduziert werden, folgt aus (6.5.49) und der Dispersivität bzgl. $\succeq_A$ diejenige bzgl. $\succeq_{\rm sy}$.

Anmerkung 6.216 a) Die Gültigkeit von $G \succeq_A F$ ist äquivalent zu $G_- \succeq_A F_-$ und damit zu $G_s \succeq_A F_s$. Wählt man nun die Mengen $C \in \mathfrak{L}$ in (6.5.47) speziell von der Form $C = \{x : (x^\top \mathscr{A} x)^{1/2} < r\}$, $\mathscr{A} \in \mathbb{R}^{k \times k}_{\rm s.d.}$, und $r > 0$, so folgt $G(\|x\| \geq r) \geq F(\|x\| \geq r)$ für die verschiedensten Halbnormen $\|\cdot\|$ auf $\mathbb{R}^k$. Bei Wahl von $C = (-r,r)^{(k)}$ dagegen ergibt sich $G(\max_{1 \leq i \leq k} |x_i| \geq r) \geq F(\max_{1 \leq i \leq k} |x_i| \geq r)$, d.h. die Verteilung der Maximumsnorm wird mit angeordnet. Wählt man schließlich $C = (-r,r) \times \mathbb{R}^{k-1}$, dann sieht man, daß auch alle Randverteilungen in gleicher Weise mit angeordnet werden.

b) Beschränkt man sich bei der Definition von $\succeq_{\rm sy}^{\mathfrak{L}}$ auf Systeme der Form

$$\mathfrak{L} = \{\{x \in \mathbb{R}^k : \|x\| < r\},\ r > 0\} \qquad (6.5.50)$$

mit einer Norm $\|x\| = (x^\top \mathscr{A} x)^{1/2}$, $\mathscr{A} \in \mathbb{R}^{k \times k}_{\rm p.d.}$, so folgt aus (6.5.46) und (6.5.49) durch eine einfache Rechnung, daß jede Verteilung $F = \mathfrak{N}(0,\mathscr{S})$ dispersiv ist bzgl. jeder derartigen Halbordnung. Auch lassen sich analog Hilfssatz 6.214 bzgl. dieser Halbordnungen alle Risiken anordnen zu Verlustfunktionen $\Lambda(\zeta, a) = \Lambda_0(a - \zeta)$ mit Funktionen $\Lambda_0 = \ell \circ \|\cdot\|$, für die $\ell : \mathbb{R} \to [0, \infty)$ isoton und $1/2$-stetig ist, d.h. es gilt eine zu Satz 6.215 analoge Aussage.

c) Bei der Wahl des Mengensystems $\mathfrak{L}$ zur Fixierung der Halbordnung (6.5.41) liegt neben derjenigen gemäß (6.5.42) und (6.5.48) noch die folgende nahe: Sei $C \in \mathbb{B}^k$ eine 0-symmetrische, konvexe und *absorbierende* Menge, d.h. zu jedem $x \in \mathbb{R}^k$ existiere ein

$t > 0$ mit $x \in tC$. Jede solche Menge kann bekanntlich[93] als offener Einheitsball zu einer *Pseudonorm* $M(\cdot)$ aufgefaßt werden, d.h. einer Abbildung $M : \mathbb{R}^k \to [0,\infty)$ mit

$$M(0) = 0, \quad M(\alpha x) = |\alpha| M(x) \;\; \forall \alpha \in \mathbb{R}, \quad M(x+y) \leq M(x) + M(y).$$

$M(\cdot)$ ist in diesem Fall gerade das *Minkowski-Funktional* $M(x) = \inf\{t > 0 : x \in tC\}$.

Sind nun m derartige Mengen C_i und damit m Pseudonormen M_i gegeben, so bietet sich die folgende Wahl für $\mathfrak{L}$ an:

$$\mathfrak{L} = \bigcup_{i=1}^{m} \{\{x \in \mathbb{R}^k \;:\; M_i(x) < r\}, \; r > 0\}.$$

Dem Vergleich zweier Verteilungen $F, G \in \mathfrak{M}^1(\mathbb{R}^k, \mathbb{B}^k)$ liegt dann letztlich eine Halbordnung auf $\mathbb{R}^k$ zugrunde, nämlich

$$x \succeq y \quad \Leftrightarrow \quad M_i(x) \geq M_i(y) \;\; \forall 1 \leq i \leq m.$$

Die Frage, wie man allgemein eine Halbordnung auf dem Stichprobenraum zu einer solchen auf dem Raum der WS-Maße fortsetzt, soll in 7.1.2 behandelt werden. □

Unimodalität von Dichten und Verteilungsfunktionen; Dispersivität Mit einer Lokationsfamilie im Parameter μ verbindet man – oft implizit – die geometrische Vorstellung einer eingipfeligen, d.h. unimodalen Dichte. Für solche erlaubt μ eine sinnvolle und anschauliche Interpretation. Der Begriff „Unimodalität" wird aber auch zur Diskussion der durch (6.5.39) eingeführten Dispersivität benötigt, weshalb schon hier (und nicht erst in 7.1.2) auf diesen eingegangen werden soll.

Diskrete WS $\{f_i, \; i \geq 0\}$ zu einer univariaten Verteilung F,

$$F = \sum_{i \geq 0} f_i \varepsilon_{x_i} \; \in \mathfrak{M}^1(\mathbb{R}, \mathbb{B}),$$

deren Trägerpunkte ihrer aufsteigenden Größe nach indiziert werden können, heißen bekanntlich *unimodal*, falls ein $m \in \mathbb{N}_0$ existiert mit $f_0 \leq f_1 \leq \ldots \leq f_m$ und $f_m \geq f_{m+1} \geq \ldots$. Die Zahl m heißt dann ein *Modalwert* von F. (Zum Beispiel ist für $F = \mathfrak{B}(n,p)$ die Zahl $[p(n+1)]$ ein Modalwert, für $F = \mathfrak{P}(\lambda)$ die Zahl $[\lambda]$.)

Eine eindimensionale λ-Dichte $f : \mathbb{R} \to [0,\infty)$ bezeichnet man üblicherweise als *unimodal*, wenn es eine Zahl $m \in \mathbb{R}$ gibt derart, daß f isoton ist auf $(-\infty, m)$ und antiton auf (m, ∞). Ein Nachteil dieser Definition ist es, daß sie sich nicht ohne weiteres auf den Fall k-dimensionaler Dichten übertragen läßt. Für das folgende ist es zweckmäßig, eine λ^k–Dichte $f : \mathbb{R}^k \to [0,\infty)$ eines WS–Maßes *unimodal* oder *eingipfelig* zu nennen, falls f $1/2$–stetig und im Sinne von B1.35 quasikonkav, d.h. falls $\{x \in \mathbb{R}^k : f(x) \geq t\}$ für alle $t \in \mathbb{R}$ eine abgeschlossene konvexe Menge ist. Jede Maximalstelle von f heißt ein *Modalwert*. Deren Gesamtheit sei mit $M(f)$ be-

---
[93] Vgl. W. Rudin: Functional Analysis, McGraw Hill (1974), p.25.

zeichnet. Auch diese Definition gibt für $k=1$ die geometrische Vorstellung wieder, die man mit einer unimodalen Dichte verbindet. Dies zeigt Teil c) von[94]

Hilfssatz 6.217 *Sei f eine eindimensionale unimodale Dichte. Dann gilt:*

a) $f(x) \to 0$ *für* $|x| \to \infty$;

b) $M(f)$ *ist konvex, kompakt und nicht leer*;

c) f *ist bei jeder Wahl von $m \in M(f)$ isoton in $(-\infty, m]$ und antiton in $[m, \infty)$.*

Beweis: a) Sonst existiert ein $\varepsilon_0 > 0$ und dazu etwa eine Folge $(x_n) \subset \mathbb{R}$, mit $x_n \to \infty$, so daß gilt: $f(x_n) \geq \varepsilon_0 \quad \forall \, n \geq 1$. Wegen der Quasikonkavität von f impliziert dies, daß $[x_1, \infty) \subset \{x : f(x) \geq \varepsilon_0\}$. Dies steht im Widerspruch zur Integrabilität von f.

b) folgt aus a) zusammen mit B2.19a.

c) Sei etwa $y < z < m$, aber $f(y) \geq t > f(z)$ mit geeignetem t. Dann sind y und m in $\{x : f(x) \geq t\}$ enthalten, nicht jedoch z, was im Widerspruch zur Quasikonkavität von f steht. □

Im k-dimensionalen Falle muß Teil a) nicht gelten, sondern nur

$$\lambda^k(\{x : f(x) \geq t\}) \to 0 \quad \text{für } t \to \infty.$$

So kann man für $k=2$ Beispiele unimodaler Dichten finden, deren Modalwerte eine ganze Gerade im $\mathbb{R}^2$ ausmachen. Teil b) bleibt für $k \geq 1$ nur dann richtig, wenn man etwa die Unimodalität von f verschärft zur Bedingung:

$$\{x \in \mathbb{R}^k : f(x) \geq t\} \text{ kompakt} \quad \forall t > 0.$$

Teil c) dieses Hilfssatzes legt für $k=1$ auch die folgende Sprechweise bei VF nahe: Eine eindimensionale VF F heißt *unimodal*, falls ein $m \in \mathbb{R}$ existiert, so daß F in $(-\infty, m)$ konvex und in (m, ∞) konkav ist. m heißt dann ein *Modalwert* von F. Die Gesamtheit der Modalwerte wird mit $M(F)$ bezeichnet. Man beachte, daß zwar die VF von Einpunktmaßen im Sinne dieser Definition unimodal sind, nicht jedoch allgemeinere diskrete VF mit WS, die im eingangs erwähnten Sinne unimodal sind. Für absolut stetige VF sind jedoch die Unimodalität der VF und diejenige (einer geeigneten Version) der Dichte gleichwertige Eigenschaften, wie nachfolgend gezeigt werden soll. Natürlich kann eine unimodale VF auch Sprungstellen besitzen, allerdings nur in den Randpunkten von $M(F)$. In $(-\infty, m)$ bzw. (m, ∞) ist F gemäß B1.28 absolut stetig. Dort existiert daher überall $\partial_+ F(x) \in \mathbb{R}$ und ist isoton bzw. antiton, vgl. B1.30. Auf $M(F)$ ist F affin–linear. Offensichtlich ist die VF zu einer unimodalen Dichte selbst unimodal. Hierzu gilt auch die Umkehrung.

---

[94] Man beachte, daß hier nur endliche Dichten zugelassen sind, d.h. f ist in einem Modalwert endlich. Man beachte weiter, daß bei der Übertragung des Begriffes unimodal auf λ^k–Dichten wieder die Schwierigkeit auftritt, daß letztere weitgehend beliebig in Einzelpunkten abgeändert werden können, solange man sie nicht einer geeigneten Normalisierung unterwirft.

6.5 Lokal asymptotisch effiziente Schätzer

Hilfssatz 6.218 *Sei F eine eindimensionale stetige VF, die unimodal ist mit Modalwert m. Gilt dann*[95)]

$$\sup\{\partial_+ F(x) : x \neq m\} =: t < \infty,$$

so ist F absolut stetig und besitzt eine unimodale Dichte.

Beweis: Die Stetigkeit von F impliziert, daß diese VF absolut stetig ist. Sei

$$f(x) := \begin{cases} \partial_+ F(x+0), & x < m \\ \partial_+ F(x-0), & x > m \\ t, & x = m. \end{cases}$$

Da f isoton in $(-\infty, m)$ und antiton in (m, ∞) ist, folgt mit der obigen Festlegung von $f(m)$ die Quasikonkavität. f ist auch $1/2$-stetig, denn für $x_n \downarrow x < m$ oder für $x_n \uparrow x > m$ gilt gemäß obiger Festlegung: $f(x_n) \to f(x)$. Wegen der Isotonie bzw. Antitonie von f gilt dagegen $f(x_n) \leq f(x) \leq t$ für $x_n \uparrow x \leq m$ oder $x_n \downarrow x \geq m$. Damit folgt:

$$x_n \to x \quad \Rightarrow \quad \limsup_{n \to \infty} f(x_n) \leq f(x),$$

was nach B2.2 äquivalent ist zur Halbstetigkeit nach oben. □

Nahezu alle Standardbeispiele eindimensionaler Verteilungen besitzen unimodale Dichten, so etwa die Rechteck-, die Gamma-, die Beta-, oder die Doppelexponentialverteilung, die Normalverteilung auch im k-dimensionalen Fall, $k \geq 1$.

Die Unimodalität zweier Dichten bzw. VF muß sich nicht auf deren Faltungsprodukt vererben. Dies ist der Grund dafür, noch folgenden Begriff einzuführen: Eine k-variate unimodale Dichte f heißt *streng unimodal*, falls stets gilt

$$h \text{ unimodale Dichte} \quad \Rightarrow \quad f * h \text{ unimodale Dichte.} \tag{6.5.51}$$

Sind f, h unimodal und f beschränkt, dann ist wegen B2.2b und dem Lemma von Fatou zwar $f * h$ wieder endlich und $1/2$-stetig, im allgemeinen jedoch nicht quasikonkav. Die wesentliche Forderung in obiger Definition ist also die, daß die Quasikonkavität bei der Faltung erhalten bleibt. Es folgt unmittelbar, daß die Faltung zweier streng unimodaler Dichten wieder streng unimodal ist.

Anhand der Definition ist es recht schwierig nachzuprüfen, ob eine Dichte streng unimodal ist oder nicht. Analytisch bequemer ist die nachfolgende Charakterisierung, die hier ohne Beweis angegeben werden soll. Dieser Satz stellt für $1/2$-stetige Dichten die Äquivalenz obiger Definition mit der in Band I vor Hilfssatz 3.129 gegebenen sicher.

[95)] Läßt man $m = \infty$ als Modalwert zu, dann existiert eine analoge Aussage auch ohne diese Forderung.

Satz 6.219 (Ibragimov[96]) *Sei F eine eindimensionale VF mit einer endlichen und $1/2$-stetigen Dichte f. Bezeichne $T(F) = (F^{-1}(0), F^{-1}(1))$ das Innere des konvexen Trägers von F. Dann gilt:*

$$f \text{ streng unimodal} \Leftrightarrow \begin{cases} f = 0 & \text{auf } T(F)^c, \\ -\log f & \text{konvex auf } T(F). \end{cases}$$

Nach diesem Kriterium sind die (Standardversionen der) Dichten der Normal– bzw. der Doppelexponentialverteilung streng unimodal. Diejenige der Cauchy–Verteilung dagegen ist nur unimodal, nicht jedoch streng unimodal.

Nach Klärung des Begriffs „unimodal" läßt sich nun das bereits erwähnte Lemma von Anderson formulieren.

Satz 6.220 (Anderson[97]) a) *$F \in \mathfrak{M}^1(\mathbb{R}^k, \mathbb{B}^k)$ besitze eine unimodale, bzgl. 0 symmetrische Lebesgue–Dichte. Dann gilt für jede Verteilung $H \in \mathfrak{M}^1(\mathbb{R}^k, \mathbb{B}^k)$*

$$F * H(C) \leq F(C) \quad \forall C \in \mathbb{B}^k \text{ konvex und 0-symmetrisch.}$$

b) *Ebenfalls für alle konvexen und 0-symmetrischen Mengen $C \in \mathbb{B}^k$ gilt*

$$\mathscr{S} \succeq_L \mathscr{T}, \quad \mathscr{S}, \mathscr{T} \in \mathbb{R}^{k \times k}_{\text{p.d.}} \Rightarrow \mathfrak{N}(0, \mathscr{T})(C) \geq \mathfrak{N}(0, \mathscr{S})(C). \tag{6.5.52}$$

Beweis: a) Bezeichnet f die λ^k–Dichte von F, so ist die Behauptung äquivalent mit der Aussage, daß für alle konvexen und 0-symmetrischen Mengen $C \in \mathbb{B}^k$ gilt

$$\int_C \int_{\mathbb{R}^k} f(x-t) \, dH(t) \, d\lambda^k(x) \leq \int_C f(x) \, d\lambda^k(x).$$

Wegen $H \in \mathfrak{M}^1(\mathbb{R}^k, \mathbb{B}^k)$ folgt dieses aus der Gültigkeit von

$$\int_C f(x + \varrho y) \, d\lambda^k(x) \geq \int_C f(x + y) \, d\lambda^k(x) \quad \forall y \in \mathbb{R}^k \quad \forall 0 \leq \varrho \leq 1$$

für alle konvexen und 0-symmetrischen Mengen $C \in \mathbb{B}^k$. Diese von Anderson bewiesene Ungleichung folgt relativ einfach aus der sog. Brunn–Minkowski–Ungleichung; vgl. hierzu die in der Fußnote 97 zitierte Literatur.

b) $\mathscr{S} \succeq_L \mathscr{T}$, d.h. $\mathscr{S} - \mathscr{T} \in \mathbb{R}^{k \times k}_{\text{p.s.}}$, impliziert $\mathfrak{N}(0, \mathscr{S}) = \mathfrak{N}(0, \mathscr{T}) * \mathfrak{N}(0, \mathscr{S} - \mathscr{T})$. Da die Dichten der Normalverteilungen unimodal sind, folgt die Behauptung aus a). Die Teilaussage b) läßt sich auch leicht direkt beweisen, wenn man die Richtigkeit der folgenden (anschaulich evidenten), für alle k-dimensionalen zentrierten Normalverteilungen $P = \mathfrak{N}(0, \mathfrak{S})$ gültigen Ungleichung unterstellt

---

[96] Vgl. I.A. Ibragimov: Th. Prob. Appl. 1 (1956) 255-260.
[97] Vgl. T.W. Anderson: Proc. Amer. Math. Soc. 6 (1955) 170-176; vgl. auch Y.L. Tong: Probability Inequalities in Multivariate Distributions, Academic Press (1980), S.52-55.

$$P(C - t) \leq P(C) \quad \forall C \in \mathbb{B}^k \text{ konvex und 0-symmetrisch} \tag{6.5.53}$$

Bezeichnen nämlich X und Y k-dimensionale ZG mit

$$\mathcal{L}(X) = \mathfrak{N}(0, \mathscr{T}), \quad \mathcal{L}(Y) = \mathfrak{N}(0, \mathscr{S}), \quad \mathscr{S} - \mathscr{T} \in \mathbb{R}^{k \times k}_{\text{s.d.}},$$

und ist Z eine von X st.u. k-dimensionale ZG mit $\mathcal{L}(Z) = \mathfrak{N}(0, \mathscr{S} - \mathscr{T})$, so sind Y und $X + Z$ verteilungsgleich, und für alle konvexen, 0-symmetrischen Mengen $C \in \mathbb{B}^k$ gilt nach der Einsetzungsregel 1.129 bzw. der Ungleichung (6.5.53)

$$\mathbb{P}(Y \in C) = \mathbb{P}(X \in C - Z) = \int \mathbb{P}(X \in C - Z | Z = z) \, d\mathbb{P}^Z(z)$$

$$\leq \int \mathbb{P}(X \in C | Z = z) \, d\mathbb{P}^Z(z) = \mathbb{P}(X \in C). \quad \square$$

Die Dispersivität einer Verteilung bzgl. der Dehnungshalbordnung ist übrigens aufs engste verknüpft mit der Unimodalität wie der folgende Satz zeigt[98].

Satz 6.221 (Lewis–Thompson–Klaassen) *Für jedes $F \in \mathfrak{M}^1(\mathbb{R}, \mathbb{B})$ gilt:*

$$F \text{ strikt unimodal} \quad \Leftrightarrow \quad F \text{ dispersiv bzgl. } \succeq_{\text{sp}}.$$

Bahadur–optimale Schätzer Durch die lokal asymptotische Vorgehensweise werden ML-Schätzer – und zu diesen asymptotisch äquivalente Verfahren – als optimal in dem Sinne nachgewiesen, daß sie eine Form der asymptotischen Cramér-Rao-Schranke annehmen. Es wurde zu Beginn des Abschnittes wie bereits in 5.1.1 und 5.1.3 erwähnt, daß Schätzer auch mit Hilfe andersartiger Schranken asymptotisch ausgezeichnet werden können. Der diesbezüglich folgende Satz benutzt den Begriff der Kullback–Leibler–Information $I_{KL}(F_{\vartheta'} : F_\vartheta)$ aus 5.1.4.

Satz 6.222 (Bahadur-Schranke) *$X_j, j \in \mathbb{N}$, seien st.u. ZG mit derselben Verteilung $F \in \mathfrak{F} = \{F_\vartheta : \vartheta \in \Theta\}$. Weiter sei $\gamma : \Theta \to \mathbb{R}^m$ eine zu schätzende Funktion und (g_n) ein konsistenter Schätzer für $\gamma(\cdot)$. Dann gilt für jede Verteilung $F_\vartheta \in \mathfrak{F}$ mit $I_{KL}(F_{\vartheta'} : F_\vartheta) < \infty \quad \forall F_{\vartheta'} \in \mathfrak{F}$ und jedes $t > 0$:*

$$\limsup_{n \to \infty} \left(-\frac{1}{n} \log \mathbb{P}_\vartheta(|g_n - \gamma(\vartheta)| > t)\right) \leq \varrho(\vartheta, t). \tag{6.5.54}$$

Dabei bezeichne $\varrho(\vartheta, t)$ die Bahadur-Schranke,

$$\varrho(\vartheta, t) := \inf\{I_{KL}(F_{\vartheta'} : F_\vartheta) : \vartheta' \in \Theta \text{ mit } |\gamma(\vartheta') - \gamma(\vartheta)| > t\}. \tag{6.5.55}$$

---

[98] Zum Beweis vgl. T. Lewis und J.W. Thompson: J. Appl. Prob. 18 (1981) 76–90 bzw. C.A.J. Klaassen: Adv. Appl. Prob. 17 (1985) 905 – 907.

6 Asymptotische Betrachtungsweisen parametrischer Verfahren

Beweis: Zu vorgegebenem $\vartheta \in \Theta$ wähle man ein $\vartheta' \in \Theta$ mit $|\gamma(\vartheta') - \gamma(\vartheta)| > t$. Dann impliziert die Konsistenz von (g_n) für die Tests $\varphi_n = \mathbf{1}(|g_n - \gamma(\vartheta)| \leq t)$

$$E_{\vartheta'}\varphi_n \to 0, \quad E_\vartheta \varphi_n \to 1.$$

Speziell ist damit φ_n ab einem Stichprobenumfang $n_0 \in \mathbb{N}$ vergleichbar mit dem Neyman–Pearson–Test zum Niveau $\alpha \in (0,1)$ für die Hypothesen $\mathbf{H}_0 = \{\vartheta'\}$ und $\mathbf{H}_1 = \{\vartheta\}$. Daher folgt aus dem Satz von Stein 5.33

$$\limsup_{n\to\infty} (-n^{-1} \log E_\vartheta \varphi_n) \leq I_{KL}(F_{\vartheta'}, F_\vartheta). \quad \square$$

Der obige Satz bleibt auch ohne die Endlichkeit der Kullback–Leibler–Informationen richtig. Dies folgt aus einer entsprechenden Erweiterung des Satzes von Stein. Da dann jedoch auch die Bahadur-Schranke trivial werden kann, soll auf eine derartige Verallgemeinerung hier verzichtet werden.

Dieses Resultat führt nun auf folgende Begriffsbildung: Ein konsistenter Schätzer (g_n) heißt *Bahadur-optimal für* $\gamma(\cdot)$ *in* ϑ, falls für jedes $t > 0$ gilt:

$$\limsup_{n\to\infty} \left(-\frac{1}{n} \log P_\vartheta(|g_n - \gamma(\vartheta)| > t) \right) = \varrho(\vartheta, t). \tag{6.5.56}$$

Beispiel 6.223 Sei $\mathfrak{F} = \{\mathfrak{N}(\vartheta, 1) : \vartheta \in \mathbb{R}\}$ und $\gamma(\vartheta) = \vartheta$. Dann gilt nach Beispiel 5.31

$$I_{KL}(F_{\vartheta'}, F_\vartheta) = \frac{1}{2}(\vartheta' - \vartheta)^2 \quad \text{sowie} \quad \varrho(\vartheta, t) = \frac{1}{2}t^2.$$

Aus Satz 5.16 folgt weiter:

$$-\frac{1}{n} \log P_\vartheta(|\overline{X}_n - \vartheta| > t) \to \frac{1}{2}t^2.$$

Wegen der Konsistenz ist $\overline{X}_n$ damit Bahadur–optimal in jedem Punkt $\vartheta \in \mathbb{R}$. $\square$

Im obigen Beispiel ist der ML-Schätzer Bahadur–optimal. Dieser Sachverhalt ist allgemeinerer Natur, wie das nachfolgend ohne Beweis angegebene Resultat zeigt.

Satz 6.224 (Kester-Kallenberg[99]) $X_j, j \in \mathbb{N}$, seien st.u. ZG *mit derselben Verteilung* $F \in \mathfrak{F}$, *wobei* $\mathfrak{F}$ *eine strikt k-parametrige Exponentialfamilie mit dem als offen vorausgesetzten natürlichen Parameterraum* Z_* *sei. Weiter sei* $\mu(\cdot)$ *die zugehörige Mittelwertfunktion und* $\gamma : Z_* \to \mathbb{R}^m$ *stetig. Dann ist* $(\gamma(\mu^{-1}(\overline{x}_n)))_{n\geq 1}$ *Bahadur–optimal für* $\gamma(\cdot)$ *in jedem Punkt* $\zeta \in Z_*$.

---

[99] A. Kester, W. Kallenberg: Ann. Stat 14(1988) 648-664.

Im allgemeinen muß die Bahadur-Schranke nicht angenommen werden. Deshalb sind für spezielle Verteilungsannahmen, etwa Lokationsfamilien, schärfere und Modell-adäquatere Typen von Schranken hergeleitet worden. Mit deren Hilfe lassen sich dann Optimalitätsaussagen beweisen, die denen des Satzes 6.222 entsprechen[100].

6.5.3 Die lokal-asymptotische Minimax-Schranke

Bei der Umsetzung des „Fisher-Programmes" in 6.5.1 und 6.5.2 mußte man sich auf reguläre Schätzer beschränken, sofern man Supereffizienz auf Parametermengen des λ^k-Maßes Null ausschließen wollte. Der Parameter ζ der Lokationsfamilie $\mathfrak{Q}$ in (6.5.1) kann jedoch nicht nur im Sinne eines Cramér-Rao-Ansatzes optimal geschätzt werden, sondern auch dann, wenn man andere Optimalitätsbegriffe zugrunde legt. Einen Ansatzpunkt hierzu liefert die nachfolgend präzisierte Invarianz von $\mathfrak{Q}$ gegenüber der Gruppe $(\mathbb{R}^k, +)$. Aufgrund dieser bietet es sich zunächst an, nach besten äquivarianten Schätzern für ζ zu suchen. Die Invarianz im Limes hat jedoch auch hier – wie schon in 6.4 – keine Entsprechung für endliche Stichprobenumfänge. Deshalb wird man sich an der Minimax-Eigenschaft bester äquivarianter Schätzer orientieren. Letztere wurde im Falle $k = 1$ für eine Klasse von Verlustfunktionen durch den Satz von Girshick-Savage 3.133 sichergestellt. Hier soll für das Modell $\mathfrak{Q}$ zunächst eine Erweiterung dieses Satzes gezeigt werden. Diese Minimax-Aussage bildet dann die Grundlage für eine asymptotische Minimax-Schranke. Im Gegensatz zur Vorgehensweise in 6.5.1 und 6.5.2 braucht hierbei die Gesamtheit der zugelassenen Schätzer nicht eingeschränkt werden. Auch bei diesem Zugang wird sich die ML-Methode als asymptotisch optimal erweisen.

Die Verteilungsklasse $\mathfrak{Q}$ ist invariant gegenüber der Gruppe $(\mathbb{R}^k, +)$, wenn deren Elemente u gemäß

$$u \cdot z := z + \mathscr{J}(\vartheta)u, \quad u \cdot \zeta = \zeta + u,$$

auf den Elementen z des Stichprobenraumes $\mathbb{R}^k$ bzw. den Werten ζ des Parameterraumes $\mathbb{R}^k$ operieren. Das Schätzen von ζ stellt dann ein invariantes Entscheidungsproblem dar, wenn man die Verlustfunktion in der Form $\Lambda_0(a - \zeta)$ ansetzt, $a, \zeta \in \mathbb{R}^k$. Äquivalent kann man – wie in 6.4 – wieder das Gauß-Shift-Modell

$$\mathfrak{Q}' = \{\mathfrak{N}(\zeta, \mathscr{J}(\vartheta)^{-1}) : \zeta \in \mathbb{R}^k\}$$

betrachten, welches invariant gegenüber Translationen $u \in \mathbb{R}^k$ ist. Jedem äquivarianten Schätzer $\widehat{\zeta}$ für ζ in $\mathfrak{Q}$ entspricht dann ein äquivarianter Schätzer $\check{\zeta}$ in $\mathfrak{Q}'$ und umgekehrt, nämlich $\check{\zeta}(y) = \widehat{\zeta}(\mathscr{J}(\vartheta)y)$. Offensichtlich ändern sich auch die Risiken hierbei nicht, denn es gilt

---

[100] Wir belassen es hier bei diesen Andeutungen über nicht-lokale Optimalitätseigenschaften des ML-Schätzers und verweisen etwa auf L. Rüschendorf: Asymptotische Statistik, Teubner (1988).

$$R(\zeta,\widehat{\zeta}) = \int \Lambda_0(\widehat{\zeta}(z) - \zeta)\,\mathrm{d}\mathfrak{N}(\mathscr{J}(\vartheta)\zeta, \mathscr{J}(\vartheta))(z) = \int \Lambda_0(\widehat{\zeta}(z))\,\mathrm{d}\mathfrak{N}(0, \mathscr{J}(\vartheta))(z)$$
$$= \int \Lambda_0(\check{\zeta}(y))\,\mathrm{d}\mathfrak{N}(0, \mathscr{J}(\vartheta)^{-1})(y) = \int \Lambda_0(\check{\zeta}(y) - \zeta)\,\mathrm{d}\mathfrak{N}(\zeta, \mathscr{J}(\vartheta)^{-1})(y).$$

Für $k = 1$ läßt sich im Modell $\mathfrak{Q}'$ der Pitman-Schätzer mit den Überlegungen aus 3.5.6 angeben, wenn man dort $\Lambda_0(y) = y^2$ oder $\Lambda_0(y) = 2^{-1}\mathbf{1}_{(\varepsilon,\infty)}(|y|)$ wählt, $\varepsilon > 0$. In beiden Fällen ergibt sich die Identität $\zeta^*(y) = y = \mathscr{J}(\vartheta)^{-1}z$ als bester äquivarianter Schätzer; vgl. Beispiel 3.126a bzw. Satz 3.131. Es wird sich nun zeigen, daß $\zeta^* = \mathrm{id}$ auch für viele andere invariante Verlustfunktionen der Pitman-Schätzer ist und daß für diese die Aussage des Satzes von Girshick-Savage richtig bleibt.

Minimax-Schätzer für das Limesproblem Betrachtet werde das durch Transformation $y = \mathscr{K}z$, $\mathscr{K} = \mathscr{J}(\vartheta)^{-1}$, aus dem Limesmodell (6.5.1) gewonnene Gauß-Shift-Modell

$$\mathfrak{Q}' = \{\mathfrak{N}(\zeta, \mathscr{K}) : \zeta \in \mathbb{R}^k\} \tag{6.5.57}$$

mit bekannter Kovarianzmatrix $\mathscr{K} \in \mathbb{R}^{k\times k}_{\mathrm{p.d.}}$. Von einer Verlustfunktion $\Lambda(\zeta, a)$ wird man wie in (3.5.73) verlangen, daß sie translationsinvariant, d.h. mit einer meßbaren Funktion $\Lambda_0 : \mathbb{R}^k \to [0,\infty]$ von der Form ist

$$\Lambda(\zeta, a) = \Lambda_0(a - \zeta), \qquad (\zeta, a) \in \mathbb{R}^k \times \mathbb{R}^k. \tag{6.5.58}$$

Weiter ist es sinnvoll, daß diese – im folgenden ebenfalls als Verlustfunktion bezeichnete – Funktion Λ_0 symmetrisch und quasikonvex ist, d.h.

$$\Lambda_0(-y) = \Lambda_0(y) \quad \forall y \in \mathbb{R}^k, \qquad \{\Lambda_0 \le c\} \text{ konvex} \quad \forall c > 0. \tag{6.5.59}$$

Sei $\mathfrak{L}_0$ die Klasse derartiger Verlustfunktionen Λ_0. Nach den vorausgegangenen Überlegungen gilt dann für die Risikofunktion des Schätzers $\zeta^* = \mathrm{id}$

$$R(\zeta, \zeta^*) = \int \Lambda_0(\zeta^*(y) - \zeta)\,\mathrm{d}\mathfrak{N}(\zeta, \mathscr{K})(y) = \int \Lambda_0\,\mathrm{d}\mathfrak{N}(0, \mathscr{K}) = r^* \quad \forall \zeta \in \mathbb{R}^k. \tag{6.5.60}$$

Dieser Wert $r^* = r^*(\Lambda_0)$ wird sich später als das Minimax-Risiko erweisen. Bei der Herleitung können auch allgemeinere Verlustfunktionen zugelassen werden, nämlich solche, für die $r^*(\Lambda_0)$ von unten durch $r^*(\Lambda_k)$ approximierbar ist, $\Lambda_k \in \mathfrak{L}_0, k \in \mathbb{N}$. Da die einzelnen Aussagen unterschiedliche Voraussetzungen an Λ_0 erfordern, werden die folgenden Bezeichnungen eingeführt: $\mathfrak{L}_1$ sei die Teilklasse der beschränkten Funktionen aus $\mathfrak{L}_0$, $\mathfrak{L}_2$ diejenige der stetigen, welche zudem auf dem Komplement eines Kompaktums konstant sind. Weiter setzt man für $i = 1, 2$:

$$\overline{\mathfrak{L}}_i = \{\Lambda_0 \in \mathfrak{L}_0 : \int \Lambda_0\,\mathrm{d}\mathfrak{N}(0, \mathscr{K}) = \sup\{\int L\,\mathrm{d}\mathfrak{N}(0, \mathscr{K}) : L \le \Lambda_0,\ L \in \mathfrak{L}_i\}\}.$$

6.5 Lokal asymptotisch effiziente Schätzer   451

Beispiel 6.225 Es sei $\ell : [0, \infty) \to [0, \infty]$ isoton und damit meßbar, $\mathscr{A} \in \mathbb{R}^{k \times k}_{\text{p.d.}}$ sowie die Verlustfunktion $\Lambda_0 : \mathbb{R}^k \to [0, \infty]$ definiert durch $\Lambda_0(y) = \ell(y^\top \mathscr{A} y)$, also $\Lambda_0(-y) = \Lambda_0(y)$. Dann gilt nicht nur $\Lambda_0 \in \mathfrak{L}_0$ und $\Lambda_0 \in \overline{\mathfrak{L}}_1$, sondern auch $\Lambda_0 \in \overline{\mathfrak{L}}_2$. Definiert man nämlich

$$\ell_m := \sum_{i=1}^{m2^m} \frac{i-1}{2^m} \mathbf{1}\left(\frac{i-1}{2^m} < \ell \le \frac{i}{2^m}\right) + m\mathbf{1}(\ell > m), \quad m \in \mathbb{N},$$

so ist ℓ_m für jedes $m \in \mathbb{N}$ beschränkt, isoton, und es gilt $0 \le \ell_m \uparrow \ell$ für $m \to \infty$. Es reicht also, die Behauptung für $\Lambda_{0m}(y) := \ell_m(y^\top \mathscr{A} y)$ zu beweisen. Hierfür folgt aber der Nachweis aus der Tatsache, daß ℓ_m für jedes $m \in \mathbb{N}$ von unten durch eine überall stetige und auf dem Komplement eines Kompaktums konstante Funktion $\ell_{mr} : [0, \infty) \to [0, \infty)$ approximierbar ist in dem Sinne, daß für $r \to \infty$ gilt

$$\int \ell_{mr}(y^\top \mathscr{A} y) \mathrm{d}\mathfrak{N}(0, \mathscr{K})(y) \to \int \ell_m(y^\top \mathscr{A} y) \mathrm{d}\mathfrak{N}(0, \mathscr{K})(y). \quad \square$$

Auch wenn bei der Hauptaussage 6.229 nur nicht-randomisierte (lokale) Schätzer $\widehat{\zeta} \in \mathfrak{E}$ betrachtet werden, so müssen für deren Beweis doch zunächst auch randomisierte (lokale) Schätzer zugelassen werden. Wie in 1.2.5 wird mit $\mathfrak{K}$ die Gesamtheit aller (nun lokalen) Schätzkerne δ bezeichnet. Dem nicht-randomisierten Schätzer $\zeta^* = \text{id}$ entspricht dann der Entscheidungskern $\delta^*(y, A) = \mathbf{1}_A(y)$.

Zum Nachweis der Minimax-Eigenschaft eines Schätzkerns ist es nach 2.7.3 zweckmäßig, a priori Verteilungen $\varrho \in \mathfrak{M} := \mathfrak{M}^1(\mathbb{R}^k, \mathbb{B}^k)$ einzuführen. Dann lautet das Bayes-Risiko für einen beliebigen Schätzkern $\delta \in \mathfrak{K}$ und eine beliebige a priori Verteilung $\varrho \in \mathfrak{M}$ nach (1.4.27)

$$R(\varrho, \delta) = \iiint \Lambda_0(a - \zeta) \, \mathrm{d}\delta_y(a) \, \mathrm{d}\mathfrak{N}(\zeta, \mathscr{K})(y) \, \mathrm{d}\varrho(\zeta). \tag{6.5.61}$$

Speziell folgt dann für $\delta = \delta^*$ aus (6.5.60) und alle $\varrho \in \mathfrak{M}$

$$R(\varrho, \delta^*) = \iiint \Lambda_0(a - \zeta) \, \mathrm{d}\delta^*_y(a) \, \mathrm{d}\mathfrak{N}(\zeta, \mathscr{K})(y) \, \mathrm{d}\varrho(\zeta)$$
$$= \int R(\zeta, \zeta^*) \, \mathrm{d}\varrho(\zeta) = \int \Lambda_0 \, \mathrm{d}\mathfrak{N}(0, \mathscr{K}). \tag{6.5.62}$$

Würde eine ungünstigste a priori Verteilung ϱ^* existieren, also ein $\varrho^* \in \mathfrak{M}$ mit

$$\inf_{\delta \in \mathfrak{K}} R(\varrho^*, \delta) = R(\varrho^*, \delta^*) = \sup_{\varrho \in \mathfrak{M}} R(\varrho, \delta^*), \tag{6.5.63}$$

so wäre δ^* nach[101] Korollar 2.142 sowohl Bayes-Schätzer zur a priori Verteilung ϱ^* als auch Minimax-Schätzer. Im vorliegenden Problem existiert aber keine derartige Verteilung $\varrho^* \in \mathfrak{M}$. Bei der Verteilungsannahme (6.5.57) sind nämlich alle Parameterwerte $\zeta \in \mathbb{R}^k$ gleichberechtigt. Da aber die „Gleichverteilung" über $\mathbb{R}^k$ nicht

---

[101] Der dort für nicht-randomisierte Schätzer $\widehat{\zeta} \in \mathfrak{E}$ gegebene Beweis gilt wörtlich auch für Schätzkerne $\delta \in \mathfrak{K}$.

zu $\mathfrak{M}$ gehört, wird es nur eine ungünstigste Folge von a priori Verteilungen geben, d.h. gemäß 2.7.3 eine Folge $(\varrho_m) \subset \mathfrak{M}$ mit der Eigenschaft, daß für die Folge (r_m) der zugehörigen minimalen Bayes-Risiken mit $r^* := \int \Lambda_0 \, d\mathfrak{N}(0, \mathscr{K})$ gilt

$$r_m := \inf_{\delta \in \mathfrak{K}} R(\varrho_m, \delta) \to r^* = \sup_{\varrho \in \mathfrak{M}} R(\varrho, \delta^*). \tag{6.5.64}$$

Dann besagt[102] Satz 2.144, daß δ^* Minimax-Schätzer ist. Dies führt zum

Satz 6.226 (Minimaxsatz für das Limesmodell) *Zugrunde liege das Translationsmodell* (6.5.54). *Es sei* $\Lambda_0 \in \overline{\mathfrak{L}}_1$ *und* $\delta^*(y, A) = \mathbf{1}_A(y)$. *Dann gilt*:

$$\sup_{\varrho \in \mathfrak{M}} \inf_{\delta \in \mathfrak{K}} R(\varrho, \delta) = \inf_{\delta \in \mathfrak{K}} \sup_{\varrho \in \mathfrak{M}} R(\varrho, \delta) = \sup_{\varrho \in \mathfrak{M}} R(\varrho, \delta^*) = \int \Lambda_0 \, d\mathfrak{N}(0, \mathscr{K}). \tag{6.5.65}$$

Beweis: Um (6.5.64) zu verifizieren, beachte man, daß sich r_m einfach berechnen läßt, wenn man das Bayes-Risiko vermöge Hilfssatz 2.137 durch das a posteriori Risiko ausdrückt und dabei $\varrho_m = \mathfrak{N}(0, m\mathscr{K})$, $m \in \mathbb{N}$, wählt. Demgemäß gliedert sich der Beweis in denjenigen von

a) $\mathfrak{L}_{\varrho_m}(\zeta | Y = y) = \mathfrak{N}(\frac{m}{m+1} y, \frac{m}{m+1} \mathscr{K})$ $[Q^Z]$;

b) $\inf_{\delta \in \mathfrak{K}} R(\varrho_m, \delta) = \int \Lambda_0 \, d\mathfrak{N}(0, \frac{m}{m+1} \mathscr{K})$;

c) $\int \Lambda_0 \, d\mathfrak{N}(0, \frac{m}{m+1} \mathscr{K}) = \int \Lambda_0 \, d\mathfrak{N}(0, \mathscr{K}) + o(1)$ für $m \to \infty$;

d) δ^* ist Minimax-Schätzer für den lokalen Parameter ζ und es gilt (6.5.65).

Zu a): $\mathfrak{N}(\zeta, \mathscr{K}) \ll \lambda^k$ besitzt die produktmeßbare Dichte

$$(2\pi)^{-k/2} |\mathscr{K}|^{-1/2} \exp[-\frac{1}{2}(y - \zeta)^\top \mathscr{K}^{-1}(y - \zeta)] =: n(y - \zeta), \tag{6.5.66}$$

$\zeta \in \mathbb{R}^k$, und $\varrho_m \ll \lambda^k$ die Dichte

$$h_m(\zeta) = (2\pi)^{-k/2} |m\mathscr{K}|^{-1/2} \exp[-\frac{1}{2} \zeta^\top (m\mathscr{K})^{-1} \zeta].$$

Folglich ist Hilfssatz 2.137 anwendbar (mit $Q^{(Y,\zeta)}$ und $n(y - \zeta)$ statt $Q^{(X,\vartheta)}$ und $p(x, \vartheta)$). Dabei ist

$$q^Y(y) = \int n(y - \zeta) h_m(\zeta) \, d\lambda^k(\zeta)$$

das Faltungsintegral der Dichten einer $\mathfrak{N}(0, \mathscr{K})$- und einer $\mathfrak{N}(0, m\mathscr{K})$-Verteilung, also die λ^k-Dichte einer $\mathfrak{N}(0, (m+1)\mathscr{K})$-Verteilung:

---

[102] Auch für diese Aussage gilt Fußnote 101 sinngemäß.

6.5 Lokal asymptotisch effiziente Schätzer

$$q^Y(y) = (2\pi)^{-\frac{k}{2}} |(m+1)\mathscr{K}|^{-\frac{1}{2}} \exp[-\frac{1}{2}y^\top((m+1)\mathscr{K})^{-1}y].$$

Somit ergibt sich gemäß (2.7.64) durch elementare Rechnung Q^Y-f.ü.

$$h_m^{\zeta|Y=y}(\zeta) = \frac{n(y-\zeta)h_m(\zeta)}{q^Y(y)}$$

$$= (2\pi)^{-\frac{k}{2}} |\tfrac{m}{m+1}\mathscr{K}|^{-\frac{1}{2}} \exp\left[-\frac{1}{2}(\zeta - \tfrac{m}{m+1}y)^\top (\tfrac{m}{m+1}\mathscr{K})^{-1}(\zeta - \tfrac{m}{m+1}y)\right].$$

Zu b): Für das Bayes-Risiko (6.5.61) gilt generell nach Hilfssatz 2.137

$$R(\varrho, \delta) = \iiint \Lambda_0(\zeta - a)\,dQ^{\zeta|Y=y}(\zeta)\,d\delta_y(a)\,dQ^Y(y) \tag{6.5.67}$$

und damit unter $\varrho = \varrho_m$ nach a)

$$R(\varrho_m, \delta) = \iiint \Lambda_0(\zeta - a)\,d\mathfrak{N}(\tfrac{m}{m+1}y, \tfrac{m}{m+1}\mathscr{K})(\zeta)\,d\delta_y(a)\,d\mathfrak{N}(0, (m+1)\mathscr{K})(y).$$

Da das innere Integral $a \mapsto \int \Lambda_0(\zeta - a)\,d\mathfrak{N}(\tfrac{m}{m+1}y, \tfrac{m}{m+1}\mathscr{K})(\zeta)$ offenbar[103] minimal wird für $a = \tfrac{m}{m+1}y$ und dieser Minimalwert wegen

$$\int \Lambda_0\left(\zeta - \tfrac{m}{m+1}y\right)d\mathfrak{N}\left(\tfrac{m}{m+1}y, \tfrac{m}{m+1}\mathscr{K}\right)(\zeta) = \int \Lambda_0\,d\mathfrak{N}\left(0, \tfrac{m}{m+1}\mathscr{K}\right)$$

konstant ist gegenüber a und y, ergibt sich

$$R(\varrho_m, \delta) \geq \int \Lambda_0\,d\mathfrak{N}(0, \tfrac{m}{m+1}\mathscr{K}) \quad \forall \delta \in \mathfrak{K}.$$

Diese untere Schranke wird analog (6.5.62) angenommen für $\delta = \delta^*$, ist also das minimale Bayes-Risiko für $\varrho = \varrho_m$.

Zu c): Für $m \to \infty$ gilt $\mathfrak{N}(0, \tfrac{m}{m+1}\mathscr{K}) \xrightarrow{\mathcal{L}} \mathfrak{N}(0, \mathscr{K})$ und damit zunächst für beschränktes Λ_0 nach dem Lemma von Scheffé 1.143

$$\int \Lambda_0\,d\mathfrak{N}(0, \tfrac{m}{m+1}\mathscr{K}) \to \int \Lambda_0\,d\mathfrak{N}(0, \mathscr{K}),$$

nach Definition von $\overline{\mathfrak{L}}_1$ dann auch für jedes $\Lambda_0 \in \overline{\mathfrak{L}}_1$.

Zu d): Da $R(\varrho, \delta^*)$ nach (6.5.62) konstant ist für alle $\varrho \in \mathfrak{M}$ und $r_m \to r$ gilt, folgt die Minimaxeigenschaft von δ^* analog Satz 2.144: Einerseits gilt

$$\inf_\delta \sup_\varrho R(\varrho, \delta) \leq \sup_\varrho R(\varrho, \delta^*) = \int \Lambda_0\,d\mathfrak{N}(0, \mathscr{K}),$$

andererseits ergibt sich trivialerweise bzw. aus b) und c)

---

[103] Ein strenger Beweis für diese intuitiv plausible Aussage folgt wieder aus dem Lemma von Anderson, vgl. die Aussage von Satz 6.220 und die zugehörige Beweisskizze.

454　6 Asymptotische Betrachtungsweisen parametrischer Verfahren

$$\inf_\delta \sup_\varrho R(\varrho,\delta) \geq \sup_\varrho \inf_\delta R(\varrho,\delta) \geq \inf_\delta R(\varrho_m,\delta) \to \int \Lambda_0 \, d\mathfrak{N}(0,\mathscr{K})$$

und damit die Minimax-Aussage (6.5.65). □

Zur Herleitung der lokal asymptotischen Minimax-Schranke ist die Aussage (6.5.65) noch etwas zu modifizieren. Da die Konvergenz gegen das Limesmodell im allgemeinen nur kompakt gleichmäßig, nicht aber gleichmäßig für alle $\zeta \in \mathbb{R}^k$ ist, erweist es sich als zweckmäßig, alle Suprema bzgl. $\varrho \in \mathfrak{M}$ zweistufig zu schreiben und zwar bei beliebigem $b \in (0,\infty)$ zunächst als Supremum bzgl. aller a priori Verteilungen ϱ_b mit dem Träger $\{|\zeta| \leq b\}$ und anschließendem Limes für $b \to \infty$. Sei hierzu

$$\mathfrak{M}_b := \{\varrho \in \mathfrak{M} : \varrho(|\zeta| \leq b) = 1\}, \quad b \in (0,\infty).$$

Im folgenden sei b o.E. so groß, daß $\varrho(|\zeta| \leq b) \geq 1/2$ ist. Dann wird durch

$$\varrho_b(B) := \frac{\varrho(B\{|\zeta| \leq b\})}{\varrho(|\zeta| \leq b)} = \int_B \frac{d\varrho_b}{d\varrho} \, d\varrho, \ B \in \mathbb{B}^k, \quad \frac{d\varrho_b}{d\varrho}(\zeta) := \frac{\mathbf{1}(|\zeta| \leq b)}{\varrho(|\zeta| \leq b)}, \quad (6.5.68)$$

ein WS-Maß $\varrho_b \in \mathfrak{M}_b$ definiert. Dabei gilt für $b \to \infty$

$$\|\varrho_b - \varrho\| \to 0 \qquad \text{wegen} \qquad \varrho(|\zeta| \leq b) \to 1,$$

wobei hier wie im folgenden $\|\cdot\|$ den Totalvariationsabstand bezeichnet.

Hilfssatz 6.227 *Sei Λ_0 beschränkt und ϱ_b durch (6.5.68) definiert. Dann gibt es für alle $\varrho \in \mathfrak{M}$ und alle $\varepsilon > 0$ ein $b_\varepsilon \in (0,\infty)$ mit*

$$\sup_\delta |R(\varrho_b,\delta) - R(\varrho,\delta)| \leq \varepsilon \quad \forall b \geq b_\varepsilon. \tag{6.5.69}$$

Beweis: Seien ϱ und ε fest sowie $R(\varrho,\delta)$ von der Form (6.5.67), wobei mit $n(y-\zeta)$ gemäß (6.5.66), $q^Y(y) = \int n(y-\zeta) \, d\varrho(\zeta)$ und $h^{\zeta|Y=y}(\zeta) = n(y-\zeta)/q^Y(y)$ für alle $B \in \mathbb{B}^k$ nach dem Satz von Fubini gilt:

$$Q^Y(B) = \int_{\mathbb{R}^k} \mathfrak{N}(\zeta,\mathscr{K})(B) \, d\varrho(\zeta) = \int_{\mathbb{R}^k} \int_B n(y-\zeta) \, d\varrho(\zeta) \, d\lambda^k(y) = \int_B q^Y(y) \, d\lambda^k(y),$$

$$Q^{\zeta|Y=y}(B) = \int_B n(y-\zeta)/q^Y(y) \, d\varrho(\zeta) = \int_B h^{\zeta|Y=y}(\zeta) \, d\varrho(\zeta) \ [Q^Y].$$

Dabei hängen die Mischverteilung Q^Y sowie die a posteriori Verteilung $Q^{\zeta|Y=y}$ und damit auch die Mischdichte q^Y sowie die a posteriori Dichte $h^{\zeta|Y=y}$ von der a priori Verteilung ab. Werden die zu dem festen ϱ gehörenden Größen wie bisher mit Q^Y, $Q^{\zeta|Y=y}$, q^Y bzw. $h^{\zeta|Y=y}$ und die durch ϱ_b bestimmten Ausdrücke mit Q_b^Y, $Q_b^{\zeta|Y=y}$, q_b^Y bzw. $h_b^{\zeta|Y=y}$ bezeichnet, so gilt wegen $d\varrho_b/d\varrho \to 1$ und $|d\varrho_b/d\varrho| \leq 2$

$$q_b^Y(y) := \int_{R^k} n(y-\zeta)\,dQ_b(\zeta) = \int n(y-\zeta)\frac{dQ_b}{dQ}(\zeta)\,dQ(\zeta)$$

$$\to \int n(y-\zeta)\,dQ(\zeta) = q^Y(y) \quad \text{für } b\to\infty,$$

$$h_b^{\zeta|Y=y}(\zeta) := \frac{n(y-\zeta)}{q_b^Y(y)} \to \frac{n(y-\zeta)}{q^Y(y)} = h^{\zeta|Y=y}(\zeta) \quad [Q^Y]$$

und damit nach dem Lemma von Scheffé 1.143

$$\|Q_b^Y - Q^Y\| = \frac{1}{2}\int |q_b^Y - q^Y|\,d\lambda^k \to 0,$$

$$\left\|Q_b^{\zeta|Y=y} - Q^{\zeta|Y=y}\right\| = \frac{1}{2}\int \left|h_b^{\zeta|Y=y}\frac{dQ_b}{dQ} - h^{\zeta|Y=y}\right|dQ \to 0.$$

Folglich ergibt sich nach dem Satz von Lebesgue für $b\to\infty$ wie behauptet

$$\sup_\delta |R(\varrho_b,\delta) - R(\varrho,\delta)|$$

$$\le \sup_\delta \Big|\iiint \Lambda_0(a-\zeta)[dQ_b^{\zeta|Y=y}(\zeta) - dQ^{\zeta|Y=y}(\zeta)]\,d\delta_y(a)\,dQ_b^Y(y)$$

$$-\iiint \Lambda_0(a-\zeta)\,dQ^{\zeta|Y=y}(\zeta)\,d\delta_y(a)[dQ^Y(y) - dQ_b^Y(y)]\Big|$$

$$\le 2\|\Lambda_0\|_\infty \int \left\|Q_b^{\zeta|Y=y}(\zeta) - Q^{\zeta|Y=y}(\zeta)\right\|\,dQ_b^Y(y) + 2\|\Lambda_0\|_\infty \|Q^Y - Q_b^Y\| \to 0. \quad \square$$

Satz 6.228 (Modifizierter Minimaxsatz für das Limesmodell) *Zugrunde liege das Translationsmodell* (6.5.57). *Weiter seien* $\Lambda_0 \in \mathfrak{L}_2$ *und* $\delta^*(y,A) = \mathbf{1}_A(y)$. *Dann gilt:*

$$\lim_{b\to\infty}\sup_{\varrho\in\mathfrak{M}_b}\inf_{\delta\in\mathfrak{K}} R(\varrho,\delta) = \lim_{b\to\infty}\inf_{\delta\in\mathfrak{K}}\sup_{\varrho\in\mathfrak{M}_b} R(\varrho,\delta)$$

$$= \lim_{b\to\infty}\sup_{\varrho\in\mathfrak{M}_b} R(\varrho,\delta^*) = \int \Lambda_0\,d\mathfrak{N}(0,\mathscr{K}).$$

Beweis: Trivialerweise bzw. wegen (6.5.62) gilt:

$$\limsup_{b\to\infty}\sup_{\varrho\in\mathfrak{M}_b}\inf_\delta R(\varrho,\delta) \le \limsup_{b\to\infty}\inf_\delta \sup_{\varrho\in\mathfrak{M}_b} R(\varrho,\delta)$$

$$\le \limsup_{b\to\infty}\sup_{\varrho\in\mathfrak{M}_b} R(\varrho,\delta^*) = \int \Lambda_0\,d\mathfrak{N}(0,\mathscr{K}).$$

Also folgt die Behauptung aus dem Nachweis von

$$\int \Lambda_0\,d\mathfrak{N}(0,\mathscr{K}) \le \liminf_{b\to\infty}\sup_{\varrho\in\mathfrak{M}_b}\inf_\delta R(\varrho,\delta). \tag{6.5.70}$$

Wegen $\Lambda_0 \in \mathfrak{L}_2$ kann hierbei Λ_0 beschränkt gewählt werden.

Nach b) und c) des Beweises zu Satz 6.226 gibt es eine Folge $(\varrho_m) \subset \mathfrak{M}$ und zu jedem $\varepsilon > 0$ ein $m_0 \in \mathbb{N}$ mit

$$\left| \inf_\delta R(\varrho_m, \delta) - \int \Lambda_0 \, d\mathfrak{N}(0, \mathcal{K}) \right| \leq \varepsilon \qquad \forall m \geq m_0(\varepsilon).$$

Jedes $\varrho_m \in \mathfrak{M}$ läßt sich nach Hilfssatz 6.227 durch ein $\varrho_{b(m)} \in \mathfrak{M}_{b(m)}$ mit geeignetem $b(m) \in (0, \infty)$ beliebig gut approximieren. Insbesondere folgt aus (6.5.69), daß es zu jedem $\varepsilon > 0$ und jedem $m \in \mathbb{N}$ ein $b(m) \in (0, \infty)$ sowie ein $\varrho_{b(m)} \in \mathfrak{M}_{b(m)}$ gibt mit

$$|\inf_\delta R(\varrho_{b(m)}, \delta) - \inf_\delta R(\varrho_m, \delta)| \leq \varepsilon \qquad \forall m \in \mathbb{N}.$$

Insgesamt gibt es also zu jedem $\varepsilon > 0$ ein $b(m) \in (0, \infty)$ und ein $\varrho_{b(m)} \in \mathfrak{M}_{b(m)}$ mit

$$\int \Lambda_0 \, d\mathfrak{N}(0, \mathcal{K}) \leq \inf_\delta R(\varrho_{b(m)}, \delta) + 2\varepsilon.$$

Für $b \geq b(m)$ gilt also

$$\int \Lambda_0 \, d\mathfrak{N}(0, \mathcal{K}) \leq \sup_{\varrho \in \mathfrak{M}_b} \inf_\delta R(\varrho, \delta) + 2\varepsilon$$

und damit für jedes $\varepsilon > 0$

$$\int \Lambda_0 \, d\mathfrak{N}(0, \mathcal{K}) \leq \liminf_{b \to \infty} \sup_{\varrho \in \mathfrak{M}_b} \inf_\delta R(\varrho, \delta) + 2\varepsilon. \quad \Box$$

Bei Beschränkung auf nicht-randomisierte Schätzer $\widehat{\zeta} \in \mathfrak{E}$ folgt aus Satz 6.228

$$\lim_{b \to \infty} \inf_{\widehat{\zeta} \in \mathfrak{E}} \sup_{\varrho \in \mathfrak{M}_b} R(\varrho, \widehat{\zeta}) \geq \int \Lambda_0 \, d\mathfrak{N}(0, \mathcal{K}) \tag{6.5.71}$$

und damit wegen (2.7.76) mit $R(\zeta, \widehat{\zeta}) = \int \Lambda_0(\widehat{\zeta}(x) - \zeta) \, d\mathfrak{N}(\zeta, \mathcal{K})(x)$

$$\lim_{b \to \infty} \inf_{\widehat{\zeta} \in \mathfrak{E}} \sup_{|\zeta| \leq b} R(\zeta, \widehat{\zeta}) \geq \int \Lambda_0 \, d\mathfrak{N}(\zeta, \mathcal{K}). \tag{6.5.72}$$

Der asymptotische Minimaxsatz Satz 6.228 ist eine Aussage für das Limesmodell. Geht man nun zurück zu der uns eigentlich interessierenden asymptotischen Fragestellung, so entspricht nicht nur ζ dem lokalen Parameter gemäß $\vartheta_n = \vartheta + \zeta/\sqrt{n}$, sondern auch $\widehat{\zeta}$ dem lokalen Schätzer $\widehat{\zeta}_n$ gemäß $g_n = \vartheta + \widehat{\zeta}_n/\sqrt{n}$, $n \in \mathbb{N}$. Dies macht die folgende Aussage plausibel:

Satz 6.229 (Lokal-asymptotische Minimax-Schranke; Hájek[104]) *Zugrunde liege für jedes $n \in \mathbb{N}$ eine Verteilungsklasse, die in einem festen Punkt $\vartheta \in \Theta \subset \mathbb{R}^k$ LAN sei in einer k-dimensionalen zentralen Statistik $Z_n := Z_{n\vartheta}$ und einer positiv definiten $k \times k$-Matrix $\mathscr{J}(\vartheta)$. Weiter sei (g_n) ein asymptotischer nicht-randomisierter Schätzer und $(\widehat{\zeta}_n) := (\widehat{\zeta}_{n\vartheta}) := (\sqrt{n}(g_n - \vartheta))$ der zugehörige asymptotische lokale Schätzer. Dann gilt für $\Lambda_0 \in \overline{\mathfrak{L}}_2$ und $R(\zeta, \widehat{\zeta}_n) = \int \Lambda_0(\widehat{\zeta}_n(z) - \zeta)\,\mathrm{d}\mathfrak{N}(\zeta, \mathscr{J}(\vartheta)^{-1})(z)$:*

$$\lim_{b \to \infty} \liminf_{n \to \infty} \inf_{\widehat{\zeta}_n} \sup_{|\zeta| \le b} R(\zeta, \widehat{\zeta}_n) \ge \int \Lambda_0\,\mathrm{d}\mathfrak{N}(0, \mathscr{J}(\vartheta)^{-1}). \tag{6.5.73}$$

Ist speziell Λ_0 λ^k-f.ü. stetig und beschränkt, so wird die untere Schranke (6.5.73) angenommen. Insbesondere gilt für einen in dem Punkt $\vartheta \in \Theta$ asymptotisch linearen Schätzer mit der Einflußfunktion $\psi_\vartheta = \mathscr{J}(\vartheta)^{-1}\dot{L}_\vartheta$, also einen solchen mit dem lokalen Schätzer $\widehat{\zeta}_n = n^{-1/2}\sum_{j=1}^n \mathscr{J}(\vartheta)^{-1}\dot{L}_\vartheta(x_j) + o_\vartheta(1)$,

$$\lim_{b \to \infty} \lim_{n \to \infty} \sup_{|\zeta| \le b} R(\zeta, \widehat{\zeta}_n) = \int \Lambda_0 \,\mathrm{d}\mathfrak{N}(0, \mathscr{J}(\vartheta)^{-1}). \tag{6.5.74}$$

Beweis: Dieser erfolgt indirekt. Dabei kann wegen $\Lambda_0 \in \overline{\mathfrak{L}}_2$ o.E. $\Lambda_0 \in \mathfrak{L}_2$ angenommen werden. Insbesondere läßt sich Λ_0 stetig auf $\overline{\mathbb{R}}^k$ erweitern. Abkürzend sei wieder $\mathscr{K} := \mathscr{J}(\vartheta)^{-1}$ und $y = \mathscr{K}z$ gesetzt.

Angenommen, die Behauptung (6.5.73) wäre verletzt, d.h. es würde gelten

$$\lim_{b \to \infty} \liminf_{n \to \infty} \inf_{\widehat{\zeta}_n} \sup_{|\zeta| \le b} R(\zeta, \widehat{\zeta}_n) < \int \Lambda_0\,\mathrm{d}\mathfrak{N}(0, \mathscr{K}).$$

Dann gäbe es ein $\varepsilon > 0$ derart, daß – wegen der Isotonie eines Supremums über $\{|\zeta| \le b\}$ in b – für alle $b \in (0, \infty)$ und damit insbesondere für ein (im folgenden zunächst) festes $b \in (0, \infty)$ gelten würde

$$\liminf_{n \to \infty} \inf_{\widehat{\zeta}_n} \sup_{|\zeta| \le b} R(\zeta, \widehat{\zeta}_n) \le \int \Lambda_0\,\mathrm{d}\mathfrak{N}(0, \mathscr{K}) - \varepsilon.$$

Somit gäbe es auch eine (von b abhängende) Teilfolge $\mathbb{N}_1 \subset \mathbb{N}$, längs der Konvergenz vorläge. Diese wiederum könnte so gewählt werden, daß nicht nur für ihren Limes, sondern bei geeignetem $\varepsilon > 0$ auch für jedes ihrer Elemente gelten würde

$$\inf_{\widehat{\zeta}_m} \sup_{|\zeta| \le b} R(\zeta, \widehat{\zeta}_m) \le \int \Lambda_0\,\mathrm{d}\mathfrak{N}(0, \mathscr{K}) - \varepsilon \quad \forall m \in \mathbb{N}_1.$$

Damit würde auch ein $\varepsilon > 0$ existieren und für jedes $m \in \mathbb{N}_1$ ein $\widehat{\zeta}_m \in \mathfrak{E}$ mit

$$\sup_{|\zeta| \le b} R(\zeta, \widehat{\zeta}_m) \le \int \Lambda_0\,\mathrm{d}\mathfrak{N}(0, \mathscr{K}) - \varepsilon. \tag{6.5.75}$$

---
[104]Vgl. J. Hájek: Proc. Sixth Berkeley Symp. Math. Stat. Prob. 1 (1972) 175–194.

458   6 Asymptotische Betrachtungsweisen parametrischer Verfahren

Diese Beziehung stünde aber in Widerspruch zu (6.5.72). Trivialerweise ist nämlich $\overline{\mathbb{R}}^k$ kompakt. Also ist $(\mathfrak{L}_\vartheta(\widehat{\zeta}_m))$ straff in $\overline{\mathbb{R}}^k$ und ebenso $(\mathfrak{L}_\vartheta(Z_m))$ in $\mathbb{R}^k$ wegen (6.3.63). Damit ist nach den einleitenden Bemerkungen zu 5.2.4 auch $(\mathfrak{L}_\vartheta(\widehat{\zeta}_m, Z_m))$ straff in $\overline{\mathbb{R}}^k \times \mathbb{R}^k$. Folglich gibt es nach dem Satz von Helly-Prohorov 5.64 eine (im allgemeinen von dem fixierten b abhängende) Teilfolge $(r) =: \mathbb{N}_2 \subset \mathbb{N}_1$ und eine (ebenfalls von b abhängende) Limesvariable $(\widehat{\zeta}', Z)$ mit

$$\mathfrak{L}_\vartheta(\widehat{\zeta}_r, Z_r) \xrightarrow[\mathfrak{L}]{} \mathfrak{L}_0(\widehat{\zeta}', Z) \quad \text{für } r \to \infty,$$

wobei $\mathfrak{L}_0(Z) = \mathfrak{N}(0, \mathscr{K}^{-1})$ ist. Damit gilt für jedes feste $\zeta \in \mathbb{R}^k$

$$\mathfrak{L}_\vartheta(\widehat{\zeta}_r, L_{r\zeta}) \xrightarrow[\mathfrak{L}]{} \mathfrak{L}_0(\widehat{\zeta}', \exp[\zeta^\top Z - \frac{1}{2}\zeta^\top \mathscr{K}^{-1}\zeta]) \quad \text{für } r \to \infty,$$

und zwar nach dem Zusatz zu Satz 6.130 gleichmäßig für $|\zeta| \leq b$. Weiter sei erwähnt, daß die Abbildung

$$(a, z) \mapsto \Lambda_0(a - \zeta) \exp z$$

für jedes $\zeta \in \mathbb{R}^k$ stetig auf $\overline{\mathbb{R}}^k \times \mathbb{R}^k$ ist.

Mit diesen Hilfsmitteln ergibt sich nun der Widerspruch wie folgt: (6.5.75) würde wegen Satz 5.92a für jedes ζ mit $|\zeta| \leq b$ implizieren

$$\int \Lambda_0 \, d\mathfrak{N}(0, \mathscr{K}) - \varepsilon \geq \sup_{|\zeta| \leq b} R(\zeta, \widehat{\zeta}_m) \geq \liminf_{r \to \infty} R(\zeta, \widehat{\zeta}_r)$$

$$\geq \liminf_{r \to \infty} \int \Lambda_0(\widehat{\zeta}_r - \zeta) L_{r\zeta} \, dP_\vartheta \qquad (6.5.76)$$

$$\geq E_0 \Lambda_0(\widehat{\zeta}' - \zeta) \exp[\zeta^\top Z - \frac{1}{2}\zeta^\top \mathscr{K}^{-1}\zeta].$$

Hier kann $\widehat{\zeta}'$ mit beliebigem $\zeta_1 \in \mathbb{R}^k$, $|\zeta_1| > a + b$, ersetzt werden durch

$$\widehat{\zeta} := \widehat{\zeta}' \mathbf{1}(|\widehat{\zeta}'| \leq a + b) + \zeta_1 \mathbf{1}(|\widehat{\zeta}'| > a + b).$$

Wählt man nämlich $a > 0$ derart, daß $\Lambda_0(y)$ für $|y| \geq a$ konstant ist, so gilt wegen $|\zeta| \leq b$

$$\Lambda_0(\widehat{\zeta} - \zeta) = \Lambda_0(\widehat{\zeta}' - \zeta).$$

Somit ist mit $Y := \mathscr{K} Z$, also mit $\mathfrak{L}_\zeta(Y) = \mathfrak{N}(\zeta, \mathscr{K}) \quad \forall \zeta \in \mathbb{R}^k$,

$$\int \Lambda_0 \, d\mathfrak{N}(0, \mathscr{K}) - \varepsilon \geq E_0 E_0(\Lambda_0(\widehat{\zeta} - \zeta)|Y) \exp[\zeta^\top \mathscr{K}^{-1} Y - \frac{1}{2}\zeta^\top \mathscr{K}^{-1}\zeta]$$

$$= E_\zeta E_0(\Lambda_0(\widehat{\zeta} - \zeta)|Y).$$

Schreibt man $E_0(\Lambda_0(\widehat{\zeta}-\zeta)|Y = y)$ bei festem ζ als EW der Funktion $a \mapsto \Lambda_0(a-\zeta)$ bzgl. dem (von dem oben fixierten $b \in (0, \infty)$ abhängenden) Bedingungskern

$$\delta^b(y, A) = E_0(\mathbf{1}_A(\widehat{\zeta})|Y = y) \qquad (6.5.77)$$

und den EW E_ζ als Integral, so folgt

$$\int \Lambda_0 \, d\mathfrak{N}(0, \mathscr{K}) - \varepsilon \geq \iint \Lambda_0(\zeta - a) \, d\delta_y^b(a) \, d\mathfrak{N}(\zeta, \mathscr{K})(y) \quad \forall |\zeta| \leq b.$$

Interpretiert man noch $\delta^b(y, A)$ als Schätzkern, so ergibt sich aus (6.5.76)

$$\inf_\delta \sup_{\varrho \in \mathfrak{M}_b} R(\varrho, \delta) = \inf_\delta \sup_{|\zeta| \leq b} R(\zeta, \delta) \leq \sup_{|\zeta| \leq b} R(\zeta, \delta^b) \leq \int \Lambda_0 \, d\mathfrak{N}(0, \mathscr{K}) - \varepsilon$$

und, da ε unabhängig von b gewählt wurde, in Widerspruch zu Satz 6.228

$$\liminf_{b \to \infty} \sup_\delta \sup_{\varrho \in \mathfrak{M}_b} R(\varrho, \delta) \leq \int \Lambda_0 \, d\mathfrak{N}(0, \mathscr{K}) - \varepsilon.$$

Der Zusatz ergibt sich wie folgt: Sei g_n ein in ϑ asymptotisch linearer Schätzer. Dann gilt mit dem zugehörigen lokalen Schätzer $\widehat{\zeta}_n = \sqrt{n}(g_n - \vartheta)$ und einer $\mathfrak{N}(0, \mathscr{K})$-verteilten ZG Y

$$\mathfrak{L}_\zeta(\sqrt{n}(g_n - \vartheta) - \zeta) = \mathfrak{L}_\zeta(\widehat{\zeta}_n - \zeta) \xrightarrow[\mathfrak{L}]{} \mathfrak{N}(0, \mathscr{K})$$
$$= \mathfrak{L}_0(Y) \qquad \forall \zeta \in \mathbb{R}^k \text{ kompakt gleichmäßig},$$

wegen der λ^k-f.ü. Stetigkeit von Λ_0 also

$$\mathfrak{L}_\zeta(\Lambda_0(\widehat{\zeta}_n - \zeta)) \xrightarrow[\mathfrak{L}]{} \mathfrak{L}_0(\Lambda_0(Y)) \quad \forall \zeta \in \mathbb{R}^k \text{ kompakt gleichmäßig}$$

und nach dem Portmanteau-Theorem 5.40 wegen der Beschränktheit von Λ_0

$$R(\zeta, \widehat{\zeta}_n) = E_{w_{n\zeta}} \Lambda_0(\widehat{\zeta}_n - \zeta) \to E_0 \Lambda_0(Y)$$
$$= \int \Lambda_0 \, d\mathfrak{N}(0, \mathscr{K}) \quad \forall \zeta \in \mathbb{R}^k \text{ kompakt gleichmäßig}.$$

Also gilt für jedes $b \in (0, \infty)$

$$\sup_{|\zeta| \leq b} R(\zeta, \widehat{\zeta}_n) \to \int \Lambda_0 \, d\mathfrak{N}(0, \mathscr{K}).$$

Da der Grenzwert unabhängig von b ist, folgt wie behauptet (6.5.74). □

Aufgabe 6.54 Für die in Beispiel 6.200 definierten Normierungskoeffizienten c_p der Cauchy-Verteilung der Ordnung p zeige man die Gültigkeit der Rekursionsformel $c_p = (2p-2)c_{p-1}/(2p-3), p \geq 2$. Welchem Bildungsgesetz genügen die Koeffizienten d_p?

Aufgabe 6.55 Man beweise die Aussagen (6.5.23) und (6.5.24) aus Beispiel 6.206.

Aufgabe 6.56 Man beweise, etwa unter Verwendung von Hilfssatz 7.123, die Abschätzung (6.5.25).

6 Asymptotische Betrachtungsweisen parametrischer Verfahren

Aufgabe 6.57 Sei $\succeq_{sp}$ die Dehnungshalbordnung (6.5.44). Man zeige, daß (6.5.39) mit $\succeq_{sp}$ äquivalent ist mit der Implikation $H_1 \succeq_{sp} H_2 \quad \Rightarrow \quad F * H_1 \succeq_{sp} F * H_2$.

Aufgabe 6.58 Man zeige, daß die Γ-Verteilung (1.1.7) und die Weibull-Verteilung (1.1.8), jeweils für $\kappa \geq 1$, nicht jedoch die t-Verteilung aus Definition 1.43 dispersiv ist bzgl. $\succeq_{sp}$.

Aufgabe 6.59 Es seien $(\mathfrak{X}, \mathfrak{B}, \{P_\vartheta : \vartheta \in \Theta\})$ ein statistischer Raum, Δ ein Entscheidungsraum und $\Lambda : \Theta \times \Delta \to [0, \infty]$ eine (meßbare) Verlustfunktion. Dann heißt ein Entscheidungskern $\delta_0 \in \mathfrak{K}$ $(\varepsilon, \varrho_\varepsilon)$-Bayes, wenn für alle $\varepsilon > 0$ ein $\varrho_\varepsilon \in \mathfrak{M}$ existiert mit $R(\varrho_\varepsilon, \delta_0) \leq \inf_{\delta \in \mathfrak{K}} R(\varrho_\varepsilon, \delta) + \varepsilon$.

a) Man zeige: Ist $\delta_0 \in \mathfrak{K}$ $(\varepsilon, \varrho_\varepsilon)$-Bayes und $R(\cdot, \delta_0)$ konstant, so ist δ_0 minimax.

b) Man verwende diese Begriffsbildung zum Beweis der Sätze 6.226 und 6.228.

7 Nichtparametrische Funktionale und ihre kanonischen Schätzer

7.1 Nichtparametrische Modelle und Funktionale

Die bisher behandelten Modelle gingen von einer Verteilungsannahme aus, in der die zur Erklärung des betrachteten stochastischen Sachverhalts zugelassenen Verteilungen bis auf endlich viele reellwertige Parameter spezifiziert werden mußten. Als unbekannt wurden also nur diese Parameter angesehen. Eine so weitgehende Spezifizierung ist selbst approximativ vielfach nicht zu rechtfertigen. Vielmehr möchte man Modelle formulieren, in denen auch die geometrische Gestalt der Verteilung bzw. der Dichte variieren kann. Der Übergang von den engen parametrischen Verteilungsannahmen zu den sehr viel weiteren semiparametrischen oder nichtparametrischen Modellen wird in 7.1.1 beschrieben. Bei der Formulierung von Schätzproblemen in solchen Modellen interessiert man sich auf der einen Seite – den oben erwähnten Parametern entsprechend – für spezielle Aspekte wie Lokation, Dispersion, Schiefe o.ä., jetzt also aufgefaßt als Funktionale auf einer großen Klasse von Verteilungen; auf der anderen Seite interessiert auch die Gestalt der Verteilung selber. Ohne weitere Zusatzinformation beschreibt man diese üblicherweise durch die VF, deren Schätzung vielfach durch die empirische VF erfolgen kann. Glaubt man jedoch von der Existenz einer Dichte ausgehen zu können, dann wird man nach gänzlich anders gebauten Schätzern für deren Gestalt suchen. Das Schätzen von Dichten und anderen Verteilungskurven, etwa von Regressionskurven erster oder zweiter Art, wird in Kap. 11 behandelt werden. Hier soll nur in Beispiel 7.1 eine Möglichkeit der Schätzung von Dichten und durch diese bestimmte Gewichtsfunktionen kurz skizziert werden.

Beim Testen ist die Situation ganz entsprechend. Auch hier werden die Hypothesen in den bisher betrachteten „kleinen" Modellen mittels der Parameter, in „großen" Modellen dagegen mittels Funktionalen oder mittels Halbordnungen auf Räumen von VF formuliert. In 7.1.2 werden die wichtigsten, zur Präzisierung nichtparametrischer Hypothesen benötigten Halbordnungen eingeführt und diskutiert. Neben der bereits in Band I eingeführten stochastischen Ordnung sind dies u.a. die in 6.5.2 zur Beschreibung des Dispersionsverhaltens herangezogenen Halbordnungen. Dabei wird auch auf die Frage eingegangen, wie sich Halbordnungen auf dem Stichprobenraum auf Klassen von Verteilungen fortsetzen lassen. In 7.1.3 werden Funktionale diskutiert, die zur Beschreibung von Lokation, Dispersion und Schiefe eindimensionaler Verteilungen geeignet erscheinen. Dabei wird ein axiomatischer Zugang gewählt, um die intuitive Vorstellung, die sich mit Begriffen wie etwa dem eines Lokationsparameters verbindet, zu präzisieren. In 7.1.4 werden diese Überlegungen auf zweidimensionale Verteilungen erweitert und zwar auf solche Funktionale, die die Abhängigkeit zweier Merkmale beschreiben. Diese Maßzahlen basieren auf dem Konzept einer Kopula, das daher in 7.1.4 zunächst behandelt wird.

Im Gegensatz zu 7.1.1–4 stehen in 7.1.5 Statistiken im Vordergrund. In naheliegender Weise bietet sich zum Schätzen eines Funktionals $\gamma(F)$ in einem nichtparametrischen Modell bei st.u. ZG mit derselben VF F der kanonische Schätzer $\gamma(\widehat{F_n})$ an. Da $\widehat{F_n}$ als ein nichtparametrischer ML-Schätzer für F aufgefaßt werden kann, gilt dies in einem erweiterten Sinne auch für die Grössen $\gamma(\widehat{F_n})$. Zur Bestimmung eines besten erwartungstreuen Schätzers eines Funktionals $\gamma(\cdot)$ benötigt man die Vollständigkeit von $x_{n\uparrow}$ für die Klasse $\mathfrak{F}^{(n)} = \{F^{(n)} : F \in \mathfrak{F}\}$, wobei $\mathfrak{F}$ der Definitionsbereich von $\gamma(\cdot)$ ist. In Satz 3.43 wurde gezeigt, daß die Ordnungsstatistik $x_{n\uparrow}$ suffizient und vollständig ist, wenn die Klasse aller Produktmaße $\{F^{(n)} : F \in \mathfrak{F}_c\}$ mit gleichen stetigen Randverteilungen zugrundeliegt. Beim Schätzen eines Funktionals $\gamma(\cdot)$ liegt jedoch höchstens die Klasse derjenigen Produktmaße $F^{(n)}$ zugrunde, für die das Funktional erklärt ist. Es stellt sich daher die Frage, ob die Aussage von Satz 3.43 erhalten bleibt, wenn man an die Randverteilung F eine endliche Anzahl von Nebenbedingungen – z.B. in Integralform – stellt. In 7.1.5 wird hierzu diskutiert, wie die Vollständigkeit von $\mathfrak{F}^{(n)}$ auf diejenige der Klasse $\bigotimes \mathfrak{F} = \{\bigotimes F_j : F_j \in \mathfrak{F}, j = 1, \ldots, n\}$ zurückzuführen ist, die wiederum unter einer schwachen Zusatzvoraussetzung aus derjenigen von $\mathfrak{F}$ folgt. Anschließend wird gezeigt, daß es genau die bereits in (1.2.22) eingeführten V-Funktionale sind, die erwartungstreu schätzbar sind. Die zugehörigen erwartungstreuen – im Falle der Vollständigkeit von $x_{n\uparrow}$ also besten erwartungstreuen – Schätzer sind somit gerade die bereits in 3.2.2 kurz behandelten U-Statistiken.

7.1.1 Von parametrischen zu semiparametrischen und nichtparametrischen Modellen

In Band I sowie in Kap. 6 wurden *parametrische Modelle* $\mathfrak{P} = \{P_\vartheta : \vartheta \in \Theta\}$ über einem Stichprobenraum $(\mathfrak{X}, \mathfrak{B})$ zugrundegelegt, d.h. Verteilungsklassen, die sich in zwangloser Weise durch einen endlichdimensionalen Parameter[1] indizieren lassen. Solche „kleinen" Verteilungsannahmen kann man bei diskret verteilten ZG für viele reale Situationen aufgrund der jeweiligen Modellvorstellung rechtfertigen. So führt z.B. die Betrachtung von Häufigkeiten bei sich gegenseitig nicht beeinflussenden Versuchswiederholungen in kanonischer Weise auf Binomial- oder Multinomialverteilungen und damit auf Exponentialfamilien. Demgegenüber stellt bei Problemen mit stetig verteilten Zufallsgrößen ein parametrisches Modell eine sehr viel stärkere Einschränkung dar, da die funktionale Form der VF a priori zu spezifizieren ist. Beispielsweise ist vielfach das Abklingen der Flanken-WS nur schwer quantitativ durch Angabe eines speziellen Verteilungsgesetzes zu erfassen. So ist es häufig nicht klar, ob die Annahme einer Normal- oder diejenige einer Doppelexponentialverteilung gerechtfertigt ist. Beide Annahmen implizieren zudem, daß die zugrundeliegenden Verteilungen strikt symmetrisch sind, was aus der betrachteten Fragestellung heraus vielleicht auch nicht nahegelegt wird. Zur Beschreibung derartiger Problemstellungen sind deshalb umfassendere Verteilungsannahmen erforderlich. Wenn z.B. für die Gestalt, d.h. im Falle einer Lokations-Skalenfamilie

---

[1] Typischerweise war bei derartigen Modellen die Form der (gemeinsamen) Verteilung vorgegeben, so daß der Parameter statistisch interessierende Größen wie den Mittelwert, die Streuung usw. beschrieb. – Theoretisch ist die Klasse aller k-dimensionalen Verteilungen sogar durch einen reellen Parameter charakterisierbar, denn eine VF ist als rechtsseitig stetige Funktion schon durch ihre Werte auf der Menge der rationalen Zahlentupel bestimmt, welche sich bijektiv auf $(0,1)$ abbilden läßt. Eine derartige Parametrisierung ist jedoch ohne praktisches Interesse, da sie in keinem Zusammenhang mit der zugrundeliegenden statistischen Struktur steht.

7.1 Nichtparametrische Modelle und Funktionale

$$\mathfrak{F} = \mathfrak{T}(F_0) := \left\{ F_0\left(\frac{\cdot - \mu}{\sigma}\right) : \mu \in \mathbb{R},\ \sigma > 0 \right\} \tag{7.1.1}$$

für die erzeugende VF F_0, keine Standard-VF als Näherung in Frage kommt, so wird diese selbst zum Parameter. Unterstellt man in diesem Fall weiterhin die (zumindest approximative) Gültigkeit des in (7.1.1) enthaltenen Bildungsgesetzes, dann resultiert dies in dem weiter unten einzuführenden semiparametrischen Lokations-Skalenmodell (7.1.4). Möchte man jedoch auch die in (7.1.1) enthaltene Struktur nicht länger voraussetzen, so gelangt man zu einem nichtparametrischen Modell. μ und σ werden dann nicht mehr als „Transformationsparameter" aufgefaßt, sondern als Werte von Lage- bzw. Skalenfunktionalen. Die Konsequenzen für die Verteilung, die sich aus unterschiedlichen Werten dieser Größen ergeben, lassen sich dabei durch geeignete Halbordnungen beschreiben, worauf später näher eingegangen werden soll. Entsprechend erweitern lassen sich auch die Familien vom Lokationstyp

$$\mathfrak{F} = \mathfrak{T}_L(F_0) := \{ F_0(\cdot - \mu) : \mu \in \mathbb{R} \} \tag{7.1.2}$$

und analog diejenigen vom Skalentyp

$$\mathfrak{F} = \mathfrak{T}_S(F_0) := \{ F_0(\cdot/\sigma) : \sigma > 0 \}. \tag{7.1.3}$$

Semiparametrische Modelle Die Grundidee bei dieser Art von Verteilungsannahmen besteht – wie bereits erwähnt – darin, auch die funktionale Form einer Verteilung weitgehend dem Parameter zuzuschlagen. Unterstellt wird dann nur noch die Vorschrift, nach der aus den Komponenten des Parameters die Verteilung zusammenzusetzen ist. Ein einfaches Beispiel liefern die schon einleitend zur Illustration herangezogenen Lokations-Skalenfamilien $\mathfrak{T}(F_0)$. Reicht die vorliegende Information nicht aus, um die erzeugende VF F_0 zu spezifizieren, so wird man ein *semiparametrisches Lokations-Skalenmodell*

$$\mathfrak{F} = \bigcup_{F \in \mathfrak{F}_0} \mathfrak{T}(F) = \left\{ F\left(\frac{\cdot - \mu}{\sigma}\right) : \mu \in \mathbb{R},\ \sigma > 0,\ F \in \mathfrak{F}_0 \right\} \tag{7.1.4}$$

wählen. Hierbei ist statt der einelementigen Klasse $\mathfrak{F}_0 = \{F_0\}$ jetzt eine ganze Familie $\mathfrak{F}_0$ Teil der Verteilungsannahme, etwa die aller unimodalen VF mit Mittelwert 0 und Varianz 1. (Derartige Forderungen sind schon deswegen notwendig, um die einzelnen Parameteranteile identifizieren zu können.) Charakteristisch an dem resultierenden Modell-Typ ist dann, daß sich diese durch einen endlichdimensionalen Parameter und einen Funktionalparameter indizieren lassen, die jeweils unabhängig voneinander über gewisse Bereiche variieren dürfen. Bei dem Funktionalparameter muß es sich dabei keineswegs um eine VF handeln. In Frage kommen hier auch Dichten, Überlebensraten[2] oder andere Größen. Eine Verteilungsannahme der Form

$$\mathfrak{F} = \{ F_\vartheta : \vartheta = (\kappa, \lambda),\ \kappa \in K,\ \lambda \in \Lambda \} \tag{7.1.5}$$

---
[2] Für VF F mit $F(0) = 0$ und λ-Dichte f ist diese definiert gemäß $f/(1 - F)$.

7 Nichtparametrische Funktionale und ihre kanonischen Schätzer

mit $K \subset \mathbb{R}^k, \Lambda \subset \mathbb{R}^I$ und einem Intervall $I \subset \mathbb{R}^\ell$ wird als *semiparametrisches Modell* bezeichnet. Der Hauptparameter ist zumeist die endlich-dimensionale Größe κ. Test-, aber auch Schätzprobleme in einem solchen Modell behandelt man in der Regel wieder mit der zweistufigen Vorgehensweise aus 6.2.3. Der Nebenparameter λ wird also zunächst als bekannt angesehen und für das dann allein durch κ ausdrückbare parametrische Problem nach einer zumindest asymptotisch optimalen Lösung gesucht. In einem zweiten Schritt soll dann eine geeignete Schätzung $\widehat{\lambda}_n$ zum einen die Abhängigkeit des Verfahrens von λ beseitigen, zum anderen jedoch seine asymptotische Optimalität bewahren. Derartige *adaptive Verfahren* existieren jedoch nur unter speziellen (Orthogonalitäts-) Bedingungen[3]. Entsprechend geht man vor, wenn λ der Haupt- und κ der Nebenparameter ist.

Beispiel 7.1 (Semiparametrisches Lokationsmodell) Betrachtet werde das Modell

$$\mathfrak{F} = \bigcup_{F \in \mathfrak{F}_0} \mathfrak{F}_L(F) = \{F_\vartheta(\cdot) = F(\cdot - \mu) : \vartheta = (\mu, F) \in \mathbb{R} \times \mathfrak{F}_0\}, \qquad (7.1.6)$$

wobei $\mathfrak{F}_0$ eine Klasse unimodaler VF F sei, die positive, bzgl. 0 symmetrische λ-Dichten f besitzen und zudem die Voraussetzung (1.8.54) erfüllen. Weiter sollen st.u. und gemäß $F_\vartheta \in \mathfrak{F}$ verteilte ZG $X_1, \ldots, X_n$ zugrundeliegen. Gesucht sei ein Test für die Hypothesen $\mathbf{H} : \mu \leq 0$, $\mathbf{K} : \mu > 0$. Sieht man den Nebenparameter $F \in \mathfrak{F}_0$ zunächst als bekannt an, dann lautet die Prüfgröße des lokal asymptotisch besten Tests gemäß Satz 6.151a

$$T_n = n^{-1/2} \sum_{j=1}^n \mathfrak{g}(X_j), \quad \mathfrak{g} = \mathfrak{g}_F = -f'/f.$$

Um die Abhängigkeit von dem speziell gewählten F zu beseitigen, ist $\mathfrak{g}_F$ zu schätzen und zwar derart, daß die resultierende Teststatistik nach Möglichkeit auf $\mathbf{J} : \mu = 0$ asymptotisch verteilungsfrei ist und zu einem asymptotisch optimalen Test führt.

Auch wenn das Schätzen von Dichten und verwandten Größen erst in Band III behandelt werden wird, soll hier doch eine Vorstellung davon vermittelt werden, wie die Schätzung von $\mathfrak{g}_F$ methodisch erfolgen kann. Bezeichne dazu $\widetilde{H}_j(\cdot) = (j!)^{-1/2} H_j(\cdot)$, $j \geq 0$, die normierten Hermite-Polynome; vgl. Hilfssatz 5.122. Diese bilden gemäß Aufg. 5.44 eine Orthonormalbasis des $\mathbb{L}_2(\phi)$. Sie sind für geradzahliges j symmetrisch und für ungeradzahliges j schiefsymmetrisch, wie man aus (5.3.64) unmittelbar sieht. Unter der Zusatzannahme

$$f, f' \text{ beschränkt und damit } f, f' \in \mathbb{L}_2(\phi)$$

---

[3] Es würde den Rahmen dieses Buches jedoch übersteigen, die notwendigen bzw. hinreichenden Bedingungen für eine derartige Vorgehensweise im einzelnen zu diskutieren. Auf eine Erörterung dieser Fragen soll auch deshalb verzichtet werden, weil die resultierenden Verfahren oft unhandlich sind und ihre Behandlung methodisch ziemlich aufwendig ist. Vgl. hierzu P. Bickel, C. Klaassen, Y. Ritov, J. Wellner: Efficient and Adaptive Estimation for Semiparametric Modells, John Hopkins (1993).

gelten dann die $\mathbb{L}_2(\phi)$-Darstellungen

$$f(\cdot) = \sum_{j\geq 0} \int f(y)\widetilde{H}_{2j}(y)\varphi(y)\,\mathrm{d}y\, \widetilde{H}_{2j}(\cdot)$$

bzw. unter Verwenden partieller Integration und von $\widetilde{H}'_j(\cdot) = j^{1/2}\widetilde{H}_{j-1}(\cdot)$

$$f'(\cdot) = \sum_{j\geq 0} \int f'(y)\widetilde{H}_{2j+1}(y)\varphi(y)\,\mathrm{d}y\, \widetilde{H}_{2j+1}(\cdot)$$

$$= \sum_{j\geq 0} \Big(\int y\varphi(y)\widetilde{H}_{2j+1}(y)f(y)\,\mathrm{d}y - (2j+1)^{1/2}\int \varphi(y)\widetilde{H}_{2j}(y)f(y)\,\mathrm{d}y\Big)\widetilde{H}_{2j+1}(\cdot).$$

Schreibt man noch $\mathrm{d}F(y)$ für $f(y)\,\mathrm{d}y$, so legen diese Ausdrücke die Schätzer

$$\widehat{f}_n(\cdot) = \sum_{j=0}^{m_n} \int \varphi(y)\widetilde{H}_{2j}(y)\,\mathrm{d}\widehat{F}_n(y)\,\widetilde{H}_{2j}(\cdot),$$

$$\widehat{f'}_n(\cdot) = \sum_{j=0}^{m_n} \Big(\int y\varphi(y)\widetilde{H}_{2j+1}(y)\,\mathrm{d}\widehat{F}_n(y) - (2j+1)^{1/2}\int \varphi(y)\widetilde{H}_{2j}(y)\,\mathrm{d}\widehat{F}_n(y)\Big)\widetilde{H}_{2j+1}(\cdot)$$

nahe. Dabei bezeichne $\widehat{F}_n$ die empirische VF zur obigen Stichprobe und $(m_n) \subset \mathbb{N}$ eine strikt isotone Folge mit $m_n \to \infty$ und $m_n = o(n)$. Der Quotient $-\widehat{f'}_n/\widehat{f}_n$ ist dann ein konsistenter Schätzer für $\mathfrak{g}_F$, wobei zu untersuchen bleibt, inwieweit dieser auch statistisch sinnvoll ist.

Völlig analoge Probleme treten bei der Schätzung von μ auf. Auch hier wird man zunächst F wieder als bekannt voraussetzen und anschließend μ unter dieser Prämisse schätzen, etwa durch einen M- oder L-Schätzer. Diese sind von der Form

$$T_n = n^{-1}\sum_{j=1}^n \psi_F(X_j) + o_F(1) \quad \text{oder} \quad T_n = \int_0^1 \widehat{F}_n^{-1}(t)b_F(t)\,\mathrm{d}t + o_F(1).$$

Die dabei auftretenden Bewertungsfunktionen ψ_F bzw. Gewichtsfunktionen b_F sind aufgrund ihrer Abhängigkeit von F dann selbst wieder zu schätzen. □

Die soeben eingeführten semiparametrischen Lokations-, Skalen- und Lokations-Skalenmodelle sind Beispiele für *Gruppen-induzierte Verteilungsannahmen*[4]. Bei diesen geht man von einer Klasse $\mathfrak{F}_0 \subset \mathfrak{M}^1(\mathfrak{X}_0, \mathfrak{B}_0)$ sowie einer auf dem Stichprobenraum $(\mathfrak{X}, \mathfrak{B}) = (\mathfrak{X}_0^{(n)}, \mathfrak{B}_0^{(n)})$ operierenden Gruppe $\mathfrak{Q}$ von Transformationen π aus. (Bei einem Lokations-Skalenmodell sind dies diejenigen Transformationen des $\mathbb{R}^n$, die auf alle Komponenten mit der gleichen affinen Abbildung $z \mapsto u + vz$, $u \in \mathbb{R}$, $v > 0$, wirken.) Diese operiert dann auch auf der Verteilungsklasse, nämlich im Fall von st.u. glv. ZG gemäß $(\pi, F^{(n)}) \mapsto F^{(n)} \circ \pi^{-1}$. Das zugrundeliegende Bil-

---
[4] Derartige Modelle entstehen auch in ganz anderem Zusammenhang; vgl. etwa den Übersichtsartikel von J. Wellner: Semiparametric models, progress and problems. Bull. Intern. Stat. Inst., Proc. 45th Session IV, 23.1.

dungsgesetz wird also gerade dadurch beschrieben, daß jedes $\pi \in \mathfrak{Q}$ eine Verteilung induziert. Diese Situation führt daher auf das Modell

$$\mathfrak{P} = \left\{ P_\vartheta := F^{(n)} \circ \pi^{-1}, \ \vartheta = (\pi, F) \in \mathfrak{Q} \times \mathfrak{F}_0 \right\}. \tag{7.1.7}$$

(Damit die Größe π identifizierbar ist, muß jedes $F \in \mathfrak{F}_0$ wieder gewissen Zusatzeigenschaften genügen.) Läßt sich die Gruppe wie im Fall affiner Gruppen durch einen endlich-dimensionalen Parameter kennzeichnen, dann stellt (7.1.7) ein semiparametrisches Modell dar. Testprobleme bzgl. π wird man auch wieder versuchen, mittels eines adaptiven Verfahrens zu behandeln.

Es stellt sich natürlich die Frage, in wieweit bei derartigen Testproblemen der hochdimensionale Nebenparameter mittels einer Reduktion durch Invarianz ganz eliminiert oder zumindest auf eine Größe reduziert werden kann, die für eine anschließende Adaption geeigneter ist. Es wird sich zeigen, daß semiparametrische Modelle wegen des ihnen innewohnenden starren Bildungsgesetzes für eine solche Vorgehensweise weniger geeignet sind und sich ein Übergang zu einer nichtparametrischen Formulierung empfiehlt. Wir illustrieren dies anhand der schon in Beispiel 7.1 behandelten Fragestellung.

Beispiel 7.2 Zugrunde liege wie in Beispiel 7.1 das semiparametrische Lokationsmodell $\mathfrak{F}$ aus (7.1.6) und zwar mit der gleichen erzeugenden Klasse $\mathfrak{F}_0$ sowie denselben Hypothesen, also $\mathbf{H} : \mu \leq 0$, $\mathbf{K} : \mu > 0$. Alternativ zu der dortigen Vorgehensweise soll jetzt versucht werden, die Abhängigkeit der Bewertungsfunktion $\mathfrak{g}$ von der VF $F \in \mathfrak{F}_0$ mittels einer Reduktion durch Invarianz soweit wie möglich zu eliminieren. Hierzu wählen wir die Gruppe $\mathfrak{G}$ der koordinatenweise angewendeten Abbildungen τ, wobei $\tau : \mathbb{R} \to \mathbb{R}$ zweimal stetig differenzierbar und bzgl. 0 schiefsymmetrisch sei. Weiter sollen für jedes $\tau \in \mathfrak{G}$ Zahlen $m, M \in (0, \infty)$ existieren mit

$$m \leq \tau'(x) \leq M, \quad -M \leq \tau''(x) \leq M \quad \forall x \in \mathbb{R}.$$

Bezüglich dieser Gruppe $\mathfrak{G}$ ist nämlich die Klasse $\mathfrak{F}_0$ invariant. Dies trifft jedoch nicht zu auf die Modellklasse (7.1.6). Mit $\mu \in \mathbb{R}$ und $F_0 \in \mathfrak{F}_0$ gilt einerseits

$$F_\vartheta(x) = F_0(x - \mu) \in \mathfrak{F}, \ \tau \in \mathfrak{G} \quad \Rightarrow \quad F_\vartheta(\tau^{-1}(-\infty, x]) = F_0(\tau^{-1}x - \mu).$$

Andererseits stimmt die rechte Seite im allgemeinen nicht für alle $x \in \mathbb{R}$ mit einer VF aus $\mathfrak{F}$ überein. Um trotzdem eine Reduktion durch Invarianz durchführen zu können, hat man also das semiparametrische Lokationsmodell $\mathfrak{F}$ durch eine größere und zwar $\mathfrak{G}$-invariante Klasse zu ersetzen. Gleichzeitig hat man dazu die Hypothesen entsprechend umzuformulieren, was etwa mit Hilfe des Medians oder eines anderen Lagefunktionals gemäß (7.1.20) erfolgen kann. Erst nach einer solchen Erweiterung ist das Problem in Analogie zu Beispiel 3.81c invariant gegenüber $\mathfrak{G}$.

Bezeichnen $\mathcal{E}_1, \ldots, \mathcal{E}_n$ die Vorzeichen von $X_1, \ldots, X_n$ und $R_{n1}^+, \ldots, R_{nn}^+$ die Rangzahlen der Beträge $|X_1|, \ldots, |X_n|$, so ist nun in Beispiel 3.88c das invariante Tupel $M_n(X) = (\mathcal{E}_1 R_{n1}^+, \ldots, \mathcal{E}_n R_{nn}^+)$ eine maximalinvariante Statistik, die – wie in Kap. 9 gezeigt werden wird – unabhängig vom speziellen $F \in \mathfrak{F}_0$ verteilt ist. Die Prüfgröße des lokal besten Tests ist als $\mathbb{L}_1$-Ableitung eine Summe von st.u. ZG. Folglich ist nach Satz 1.186

7.1 Nichtparametrische Modelle und Funktionale

auch diejenige des lokal besten invarianten Tests eine „lineare" Statistik. Diese läßt sich, wie ebenfalls in Kap. 9 gezeigt werden wird, mit geeigneten Zahlen $b_{n1}, \ldots, b_{nn}$ schreiben in der Form $T_n = \sum \mathcal{E}_j b_{nR_{nj}^+}$.

Der nach Reduktion durch Invarianz verbleibende Nebenparameter ist hier das Tupel $(b_{n1}, \ldots, b_{nn})$. Über dieses hängt die Prüfgröße T_n weiterhin von F_0 ab. Da für jede Wahl von $(b_{n1}, \ldots, b_{nn})$ die entsprechende Rangstatistik T_n verteilungsfrei über $\mathfrak{F}_0$ ist, gelangt man so zu einer ganzen Klasse von α-Niveau Tests. □

Etwas anders ist die Situation, wenn in einer Gruppen-induzierten Familie die Größe π der Nebenparameter ist. In diesem Fall läßt sich dieser vielfach über eine Reduktion durch Invarianz vollständig eliminieren.

Beispiel 7.3 (Semiparametrisches Skalenmodell) In Analogie zu Beispiel 7.1 sei

$$\mathfrak{F} = \bigcup_{F \in \mathfrak{F}_0} \mathfrak{T}_S(F) = \{F_\vartheta(\cdot) = F(\cdot/\sigma) : \vartheta = (\sigma, F) \in (0, \infty) \times \mathfrak{F}_0\}, \qquad (7.1.8)$$

wobei $\mathfrak{F}_0$ die Klasse der stetigen VF F mit $F(0) = 0$ und Varianz 1 ist. Betrachtet werde hier das Testen auf Vorliegen einer gedächtnislosen Verteilung, d.h. das Prüfen des Funktionalparameters F gemäß

$$\mathbf{H}: F = \mathfrak{G}(1), \quad \mathbf{K}: F \neq \mathfrak{G}(1).$$

Man interessiert sich also dafür, ob die beobachteten Wartezeiten gedächtnislos verteilt sind und der entsprechende Zählprozeß damit ein Poisson-Prozeß ist; vgl. Aufg. 7.2. Um eine vom Nebenparameter σ unabhängige Prüfverteilung zu erhalten, bietet sich hier eine Reduktion durch Invarianz gegenüber Skalentransformationen an. Man hat also zu den skaleninvarianten Größen $x_1/\widehat{\sigma}_n, \ldots, x_n/\widehat{\sigma}_n$ überzugehen, wobei $\widehat{\sigma}_n$ ein skalenäquivarianter Schätzer für die Standardabweichung σ sei, etwa eine L-Statistik; vgl. Beispiel 7.6. Diese Vorgehensweise läßt sich natürlich auch dahingehend interpretieren, daß man wie in 6.2.3 den Nebenparameter zunächst als bekannt ansieht, dann zu den reskalierten Größen $x_1/\sigma, \ldots, x_n/\sigma$ übergeht und schließlich den unbekannten Wert σ schätzt. Bezeichnet $\widehat{F}_{nI}$ die empirische VF zu den reduzierten Beobachtungen $x_1/\widehat{\sigma}_n, \ldots, x_n/\widehat{\sigma}_n$ und ϱ ein Abstandsmaß zwischen VF, so ist $T_n = \varrho(\widehat{F}_{nI}, \mathfrak{G}(1))$ eine Prüfgröße, die unter der Nullhypothese verteilungsfrei ist. Die genaue Verteilung läßt sich – auch für einfache Metriken ϱ – höchstens asymptotisch bestimmen; vgl. 7.5.4. □

Allgemeinere semiparametrische Modelle als die Gruppen-induzierten Klassen sind die *Transformations-induzierten Verteilungsannahmen*, kurz: *Transformationsfamilien*. Bei diesen legt man unmittelbar eine Klasse von Transformationen auf einem Raum von Verteilungen zugrunde. (Diese müssen also nicht notwendig erst von Abbildungen auf dem Stichprobenraum induziert werden; vgl. (7.1.38) in 7.1.2.) Die wichtigste Form derartiger semiparametrischer Modelle enthält das

Beispiel 7.4 (Verallgemeinerte Lehmann-Familien) In Verallgemeinerung von Beispiel 6.135 sei $\mathfrak{G} = \{G(\cdot, \Delta) : \Delta \in I\} \subset \mathfrak{M}^1([0,1], [0,1]\mathbb{B})$ eine Klasse von VF mit $0 \in I \subset \mathbb{R}$ und $G(\cdot, 0) = \text{id}$ sowie $\mathfrak{F}_0 \subset \mathfrak{M}^1(\mathbb{R}, \mathbb{B})$ eine weitere Verteilungsklasse. Dann setze man

$$\mathfrak{F} = \{F_\vartheta(\cdot) = G(F(\cdot), \Delta), \quad \vartheta = (\Delta, F) \in I \times \mathfrak{F}_0\}.$$

Das Bildungsgesetz von F_ϑ drückt sich hier natürlich durch die Klasse $\mathfrak{G}$ aus. Vielfach verwendete Typen derartiger Klassen von Funktionen $G(\cdot, \Delta)$ sind die folgenden:

a) $G(t, \Delta) = t + \Delta \int_0^t b(s)\,ds \quad \text{mit} \quad \int_0^1 b(s)\,ds = 0 \quad \text{und} \quad t \mapsto \int_0^t b(s)\,ds \quad \text{isoton}.$

Dabei ist die Funktion $b : [0, 1] \to \mathbb{R}$ integrierbar und nach unten beschränkt durch $-r$, $r > 0$. Dann ist $G(\cdot, \Delta)$ für $|\Delta| \leq 1/r$ eine VF. Derartige „lineare Alternativen" bilden die Grundlage für die asymptotische Untersuchung von Rangtests in Kap. 9. Analog lassen sich einparametrige Klassen zweidimensionaler linearer Alternativen definieren. Von diesem Typ sind etwa die Gumbel-Morgenstern-Verteilungen aus Beispiel 6.89b.

b) $G(t, \Delta) = \int_0^t \exp(\Delta b(s) - K(\Delta))\,ds, \quad K(\Delta) := \log \int_0^1 \exp(\Delta b(s))\,ds < \infty \quad \forall |\Delta| \leq r$

mit $b : [0, 1] \to \mathbb{R}$ meßbar und beschränkt sowie geeignetem $r > 0$. Verteilungsklassen dieser Bauart werden bei der Untersuchung von Anpassungstests in Kap. 11 verwendet.

c) $G(t, \Delta) = (1 - \Delta)t + \Delta t^j$, $j > 1$, $0 < \Delta \leq 1$; im Fall $j \geq 2$, j ganz, ergeben sich hier die speziellen, bereits in 6.3.2 definierten Lehmann-Alternativen. Diese wurden zu Schärfe-Untersuchungen von Rangtests eingeführt; sie spielen auch in der Analyse von Lebensdauerdaten (engl.: „survival analysis") eine Rolle, da sie einfachen Überlebensraten entsprechen. □

Verwandt hierzu sind auch die *robustifizierten parametrischen Modelle*. Bei diesen geht man im wesentlichen von der Gültigkeit eines parametrischen Modells aus, erweitert dieses dann jedoch – etwa unter Verwendung einer geeigneten Metrik – zu einem „Umgebungsmodell". Ein erstes Beispiel derartiger Modelle wurde bereits in 2.3.3 behandelt. Ein weiteres, im Rahmen der Schätztheorie häufig verwendetes Modell enthält das

Beispiel 7.5 (Ausreißermodell) Sei $F_0 \in \mathfrak{F}_c$ eine bzgl. 0 symmetrische Verteilung und sei $\varepsilon \in (0, 1)$ ein fester Parameter. Setzt man

$$\mathfrak{F} := \{F_\vartheta(\cdot) = (1 - \varepsilon)F_0(\cdot - \mu) + \varepsilon H(\cdot) : \vartheta = (\mu, H) \in \mathbb{R} \times \mathfrak{F}_c\}, \tag{7.1.9}$$

so läßt sich dieses Modell wie folgt interpretieren: Sind Y, Z, V st.u. ZG mit

$$\mathfrak{L}(Y) = F_0, \quad \mathfrak{L}(Z) = H \quad \text{und} \quad \mathfrak{L}(V) = \mathfrak{B}(1, \varepsilon),$$

so ist F_ϑ die Verteilung von $X = (1-V)(Y+\mu) + VZ$. Man beobachtet also mit WS $1 - \varepsilon$ eine ZG $Y + \mu$ aus dem „idealen" parametrischen Modell $\mathfrak{T}_L(F_0)$ und mit WS ε eine ZG Z mit der „Ausreißer-Verteilung" H. $\mathfrak{F}$ läßt sich also als Robustifizierung des Lokationsmodells $\mathfrak{F}_0$ auffassen. Vom Standpunkt praktischer Anwendungen aus ist es realistischer, auch ε als Teil des Parameters anzusehen. □

Nichtparametrische Modelle Bei den semiparametrischen Modellen wurde nicht mehr die Gestalt der dem parametrischen Modell zugrundeliegenden Verteilungen, wohl aber das Bildungsgesetz beibehalten, mit dem man aus den Verteilungen $F \in \mathfrak{F}_0$ diejenigen der Modellannahme $\mathfrak{F}$ gewinnt. Verzichtet man auch hierauf, und damit auf die Unterscheidung von endlichdimensionalem Transformations- und unendlichdimensionalen Gestaltsparameter, sondern schränkt die Klasse der zugelassenen VF nur noch durch qualitative Forderungen wie Stetigkeit, Glattheit, Unimodalität oder Symmetrie bzw. Forderungen an das Wachstum in den Flanken (z.B. in Form von Momentenbedingungen) ein, so spricht man von einem *nichtparametrischen Modell*. Solche Annahmen müssen sich nicht notwendig auf die VF selbst beziehen; sie können auch wieder auf Größen abzielen, die die Verteilung charakterisieren, wie etwa die Dichte oder die Überlebensrate. Bei der Formulierung von Schätzproblemen oder derjenigen von Testproblemen mit Hypothesen über Lokation, Dispersion o.ä. kann man dann nicht mehr auf endlichdimensionale Parameter zurückgreifen.

Der Übergang von einem parametrischen zu einem nichtparametrischen Ansatz soll wieder anhand einer Lokations-Skalenfamilie verdeutlicht werden. Geht man etwa von der Normalverteilungsannahme $\mathfrak{F} = \mathfrak{T}(\phi)$ und zugehörigen st.u. glv. ZG $X_1, \ldots, X_n$ aus, so lassen sich μ und σ bekanntlich optimal durch das Stichprobenmittel $\overline{x}_n$ und die Stichproben-Standardabweichung s_n schätzen. Natürlich sind diese Schätzer auch in Lokations-Skalenmodellen $\mathfrak{F} = \mathfrak{T}(F_0)$ mit $F_0 \neq \phi$ sinnvoll; sie sind dort aber im allgemeinen nicht optimal [5]. Letzteres ist schon deswegen plausibel, weil der Wechsel von ϕ zu F_0 in den Schätzern keinen Niederschlag findet. So wurde in Beispiel 6.200 bei Vorliegen endlicher vierter Momente gezeigt, daß $(\overline{x}_n, s_n)$ zwar asymptotisch normal, typischerweise aber nicht asymptotisch effizient ist. Die Kovarianzmatrix der Limesverteilung ist nämlich im Sinne der Löwner-Ordnung im allgemeinen größer als das Inverse der (von F_0 abhängenden) Informationsmatrix. Als Alternative zu $(\overline{x}_n, s_n)$ bietet sich dann der zu $\mathfrak{T}(F_0)$ gehörige ML-Schätzer an, der nach Satz 6.35 unter entsprechenden Regularitätsvoraussetzungen asymptotisch effizient ist. Dieser ist im allgemeinen jedoch nur schwer zu berechnen. Eine weitere, leichter zu bestimmende Alternative hierzu stellen – wie in Beispiel 7.6 deutlich gemacht wird – L-Schätzer dar. In Satz 7.222 wird gezeigt werden, daß sich mit diesen sowohl der Lokations- wie auch der Skalenparameter in $\mathfrak{T}(F_0)$ asymptotisch effizient schätzen läßt.

Beispiel 7.6 (Mittelwert und Standardabweichung als L-Funktionale) Betrachtet werde ein Lokations-Skalenmodell $\mathfrak{T}(F_0)$, wobei zunächst F_0 eine bekannte, der Einfachheit halber als symmetrisch bzgl. 0 angenommene VF mit Standardabweichung 1 sei. μ und σ sind dann die unbekannten Parameter. Diese Verteilungsannahme faßt man als lineares Modell auf, schreibt sie also mit der Abkürzung $X := (X_1, \ldots, X_n)^\top$ in der Form

---

[5] Man kann etwa zeigen, daß $\overline{x}_{(n)}$ nur dann der beste äquivariante Schätzer ist, wenn F die $\mathfrak{N}(0,1)$- oder eine zentrierte Γ-Verteilung ist. Eine analoge Aussage gilt auch, wenn man erwartungstreue Schätzer der Form $\sum b_{nj} x_{n\uparrow j}$ zum Vergleich zuläßt. Vgl. etwa L. Bondesson: Scand. J. Stat. 3 (1976) 116–120.

470 7 Nichtparametrische Funktionale und ihre kanonischen Schätzer

$$X = \mu \mathbf{1}_n + \sigma W. \tag{7.1.10}$$

Dabei sind die Komponenten $W_1, \ldots, W_n$ von W st.u. ZG mit derselben Verteilung F_0. Da der Kleinste-Quadrate-Schätzer für μ das von F_0 unabhängige $\bar{x}_n$ ist, wird man für $F_0 \neq \mathfrak{N}(0,1)$ den Modellansatz (7.1.10) so modifizieren müssen, daß der als bekannt vorausgesetzte Typ der Verteilung, also die Verteilung F_0, in die Berechnung des Schätzers explizit eingeht. Hierzu beachte man zunächst, daß sich mit der Abkürzung

$$c_n := E_{F_0} W_{n\uparrow} = (E_{F_0} W_{n\uparrow 1}, \ldots, E_{F_0} W_{n\uparrow n})^\top, \quad W_n^0 := W_{n\uparrow} - c_n,$$

für den Vektor der „Regressionskoeffizienten" das Modell (7.1.10) auch in der Form

$$Y := X_{n\uparrow} = \mu \mathbf{1}_n + \sigma W_{n\uparrow} = \mu \mathbf{1}_n + \sigma c_n + \sigma (W_{n\uparrow} - c_n) = \mu \mathbf{1}_n + \sigma c_n + \sigma W_n^0,$$

schreiben läßt. Dies ist ein Aitken-Modell mit $E_{F_0} W_n^0 = 0$ und der bekannten Kovarianzmatrix $\mathscr{S}_0 := \mathscr{C}\!ov_{F_0} W_n^0$, wie es in 4.1.2 behandelt wurde. Der Aitken-Schätzer $(\widehat{\mu}(y), \widehat{\sigma}(y))^\top$ für $(\mu, \sigma)^\top$ wird dann gemäß (4.1.18) mit $\mathscr{C} = (\mathbf{1}_n, c_n) \in \mathbb{R}^{n \times 2}$ gebildet,

$$\begin{pmatrix} \widehat{\mu}(y) \\ \widehat{\sigma}(y) \end{pmatrix} = (\mathscr{C}^\top \mathscr{S}_0^{-1} \mathscr{C})^{-1} \mathscr{C}^\top \mathscr{S}_0^{-1} y, \quad \mathscr{C}^\top \mathscr{S}_0^{-1} \mathscr{C} = \begin{pmatrix} \mathbf{1}_n^\top \mathscr{S}_0^{-1} \mathbf{1}_n & \mathbf{1}_n^\top \mathscr{S}_0^{-1} c_n \\ c_n^\top \mathscr{S}_0^{-1} \mathbf{1}_n & c_n^\top \mathscr{S}_0^{-1} c_n \end{pmatrix}.$$

Wegen der vorausgesetzten Symmetrie von F_0 ist offenbar

$$\mathfrak{L}\big((-W_{n\uparrow n}, -W_{n\uparrow n-1}, \ldots, -W_{n\uparrow 1})\big) = \mathfrak{L}\big((W_{n\uparrow 1}, \ldots, W_{n\uparrow n})\big),$$

wobei diese Spiegelung beschrieben wird durch die $n \times n$-Nebendiagonalmatrix $\mathscr{D} = (d_{ij})$, $d_{ij} = -\delta_{i,n-j+1}$ für $1 \leq i, j \leq n$. Es ist also $\mathscr{D}^2 = \mathscr{I}_n$ sowie $c_n = \mathscr{D} c_n$, $\mathscr{S}_0 = \mathscr{D}^{-1} \mathscr{S}_0 \mathscr{D}^{-1}$ und damit

$$\mathbf{1}_n^\top \mathscr{S}_0^{-1} c_n = \mathbf{1}_n^\top \mathscr{D} \mathscr{S}_0^{-1} \mathscr{D}(\mathscr{D} c_n) = \mathbf{1}_n^\top \mathscr{D} \mathscr{S}_0^{-1} c_n = -\mathbf{1}_n^\top \mathscr{S}_0^{-1} c_n, \quad \text{d.h.} \quad \mathbf{1}_n^\top \mathscr{S}_0^{-1} c_n = 0.$$

Daraus folgen als Schätzer von μ und σ in Abhängigkeit von y zunächst

$$\widehat{\mu}(y) = \mathbf{1}_n^\top \mathscr{S}_0^{-1} y \,/\, \mathbf{1}_n^\top \mathscr{S}_0^{-1} \mathbf{1}_n, \quad \widehat{\sigma}(y) = c_n^\top \mathscr{S}_0^{-1} y \,/\, c_n^\top \mathscr{S}_0^{-1} c_n. \tag{7.1.11}$$

Ersetzt man nun noch y durch die Ordnungsstatistik $x_{n\uparrow}$, so sind die resultierenden Schätzer mit geeigneten, von F_0 abhängigen Gewichten a_{nj}, b_{nj} und den mit diesen definierten Sprungfunktionen

$$a_n(t) := \sum_{j=1}^n a_{nj} \mathbf{1}_{(\frac{j-1}{n}, \frac{j}{n}]}(t), \quad b_n(t) := \sum_{j=1}^n b_{nj} \mathbf{1}_{(\frac{j-1}{n}, \frac{j}{n}]}(t), \tag{7.1.12}$$

$t \in (0,1)$, von der Form

$$\widehat{\mu}(x_{n\uparrow}) = \frac{1}{n} \sum_{j=1}^n a_{nj} x_{n\uparrow j} = \int_{(0,1)} \widehat{F}_n^{-1}(t) a_n(t) \, dt, \tag{7.1.13}$$

$$\widehat{\sigma}(x_{n\uparrow}) = \frac{1}{n} \sum_{j=1}^n b_{nj} x_{n\uparrow j} = \int_{(0,1)} \widehat{F}_n^{-1}(t) b_n(t) \, dt. \tag{7.1.14}$$

Dabei sind $\widehat{F}_n$ bzw. $\widehat{F}_n^{-1}$ die bereits in 1.2.2 eingeführte empirische VF bzw. empirische Quantilfunktion. Für die Koeffizienten a_{nj} und b_{nj} ergeben sich aus den obigen Rechnungen die folgenden Beziehungen

$$\frac{1}{n}\sum_{j=1}^{n} a_{nj} = \int_{(0,1)} a_n(t)\,\mathrm{d}t = 1, \quad \frac{1}{n}\sum_{j=1}^{n} a_{nj}c_{nj} = 0,$$

$$\frac{1}{n}\sum_{j=1}^{n} b_{nj} = \int_{(0,1)} b_n(t)\,\mathrm{d}t = 0, \quad \frac{1}{n}\sum_{j=1}^{n} b_{nj}c_{nj} = 1.$$

Hieraus folgt mit $\vartheta := (\mu, \sigma)$

$$E_{F_0}\widehat{\mu}(X_{n\uparrow}) = 0 \quad (\Rightarrow E_{F_\vartheta}\widehat{\mu}(X_{n\uparrow}) = \mu) \quad \text{und} \quad E_{F_0}\widehat{\sigma}(X_{n\uparrow}) = 1 \quad (\Rightarrow E_{F_\vartheta}\widehat{\sigma}(X_{n\uparrow}) = \sigma).$$

In Satz 7.148 wird für Statistiken der Form (7.1.13) bzw. (7.1.14) das starke Gesetz der großen Zahlen und damit die Konsistenz von $\widehat{\mu}(X_{n\uparrow})$ bzw. $\widehat{\sigma}(X_{n\uparrow})$ für μ bzw. σ gezeigt sowie in Satz 7.222 – wie bereits erwähnt –, daß diese Schätzer überdies asymptotisch effizient sind, d.h. die asymptotische Cramér-Rao-Schranke annehmen. Der im parametrischen Modell gewonnene Schätzer $\widehat{\mu}(x_{n\uparrow})$ ist somit der Wert eines (über a_n von F_0 abhängenden Lokations-) Funktionals

$$F \mapsto \gamma_L(F; F_0) = \int_{(0,1)} F^{-1}(t)a_n(t)\,\mathrm{d}t, \tag{7.1.15}$$

ausgewertet an der empirischen VF $\widehat{F}_n$. Entsprechend ist $\widehat{\sigma}(x_{n\uparrow})$ der Wert an der Stelle $\widehat{F}_n$ des (über b_n von F_0 abhängenden Skalen-) Funktionals

$$F \mapsto \gamma_S(F; F_0) = \int_{(0,1)} F^{-1}(t)b_n(t)\,\mathrm{d}t. \tag{7.1.16}$$

Die asymptotischen Eigenschaften dieser Schätzer ändern sich nicht, wenn man a_n, b_n durch die (hier typischerweise existierenden) Limesfunktionen a, b ersetzt. Definiert man nun in Abhängigkeit von a und b und damit von F_0 die Klasse

$$\mathfrak{F}(F_0) := \left\{ F : \int_{(0,1)} |F^{-1}(t)||a(t)|\,\mathrm{d}t < \infty \quad \text{und} \quad \int_{(0,1)} |F^{-1}(t)||b(t)|\,\mathrm{d}t < \infty \right\},$$

so ist das Ausgangsproblem, nämlich die Schätzung von (μ, σ) im Modell $\mathfrak{T}(F_0)$, einbettbar in einen nichtparametrischen Kontext, nämlich die Schätzung von $(\gamma_L(F; F_0), \gamma_S(F; F_0))$ innerhalb der Verteilungsklasse $\mathfrak{F}(F_0)$. Die Funktionale $\gamma_L(\cdot; F_0)$ und $\gamma_S(\cdot; F_0)$ werden sich in 7.1.3 als sinnvolle deskriptive Maßzahlen für Lokation und Skalenparameter einer VF erweisen (falls $b \geq 0$ gilt). Die zugehörigen kanonischen Schätzer $\gamma_L(\widehat{F}_n; F_0)$ und $\gamma_S(\widehat{F}_n; F_0)$ sind zudem wie erwähnt konsistente Schätzer für diese Maßzahlen und zwar unter der Verteilungsannahme $\mathfrak{F}(F_0)$. Nur auf dem Sub-Modell $\mathfrak{T}(F_0)$ stimmen sie jedoch (asymptotisch) mit der Schätzung von Mittelwert und Standardabweichung überein; nur dort sind sie im allgemeinen auch asymptotisch effizient. □

7 Nichtparametrische Funktionale und ihre kanonischen Schätzer

Bei nichtparametrischen Schätzproblemen geht man den zu Beispiel 7.6 umgekehrten Weg. Man wählt zunächst eine große Klasse $\mathfrak{F}$ als Verteilungsannahme und drückt die an der Verteilung $F \in \mathfrak{F}$ interessierende Größe (Lage, Dispersion, Schiefe o.ä.) durch ein Funktional $\gamma : \mathfrak{F} \to \mathbb{R}^\ell$ aus. $\gamma(F)$ wird dann auf der Basis einer Stichprobe durch $\gamma(\widehat{F}_n)$ geschätzt. Erst dann versucht man, diesen Schätzer asymptotisch in irgendeiner Form zu rechtfertigen, gegebenenfalls innerhalb eines stark eingeschränkten Teilmodells $\mathfrak{F}_1 \subset \mathfrak{F}$. Bei der Festlegung eines solchen deskriptiven Funktionals $\gamma(\cdot)$ hat man intuitive Vorstellungen in mathematisch handhabbare Forderungen umzusetzen. Eine derartige Axiomatisierung ist selbstverständlich nicht frei von Willkür, wie etwa die in 7.1.3 gewählten Axiome zeigen werden. Die bei einer solchen Vorgehensweise möglichen Freiheiten verdeutlicht das

Beispiel 7.7 (Wölbungsmaße) Historisch war es von großem Interesse, Maßzahlen für die Abweichung von der Normalverteilungsannahme zu entwickeln. Diesem Zweck dient neben dem Schiefemoment, vgl. Beispiel 7.43, die gemäß

$$\gamma_1(F) = \frac{\int (x-\mu(F))^4 \, dF(x)}{\left(\int (x-\mu(F))^2 \, dF(x)\right)^2} - 3, \quad \mu(F) = \int x \, dF(x), \tag{7.1.17}$$

auf $\mathfrak{F}_1 := \left\{ F : \int |x|^4 \, dF(x) < \infty \right\}$ definierte und bereits in Kap. 5 eingeführte Kurtosis; vgl. Aufg. 5.35 bzw. Fußnote zu (5.3.67). Auch wurden über das Vorzeichen der Kurtosis die Begriffe „spitze" und „flache" Verteilungen definiert. Dabei hat man jedoch zu beachten, daß die Kurtosis nur vom Typ der Verteilung abhängt, daß also gilt

$$\gamma_1\left(F\left(\frac{\cdot - a}{b}\right)\right) = \gamma_1(F) \quad \forall a \in \mathbb{R} \quad \forall b > 0. \tag{7.1.18}$$

So ist also etwa – abweichend von der intuitiven Bewertung – eine $\mathfrak{N}(0,\vartheta)$-Verteilung unabhängig vom speziellen Wert $\vartheta > 0$ spitz oder flach. Für Verteilungen mit λ\-Dichten, die nicht zu stark von einer Normalverteilung abweichen, führt eine solche Definition jedoch zu einer mit der Anschauung übereinstimmenden Charakterisierung.

Wegen (7.1.18) kann man o.E. von einer VF F mit Mittelwert 0 und Varianz 1 ausgehen. Für je zwei solche VF $F_1, F_2 \in \mathfrak{F}$ gilt zudem

$$F_1(x) - F_1(-x-0) \leq F_2(x) - F_2(-x-0) \quad \forall x \geq 0 \quad \Rightarrow \quad \gamma_1(F_1) \geq \gamma_1(F_2). \tag{7.1.19}$$

Die linke Seite besagt gerade, daß $|X|$ unter F_1 stochastisch größer ist als unter F_2, woraus die Behauptung analog Satz 2.28 gefolgert werden kann. Die in (7.1.19) eingehende Ordnung drückt also gerade das unterschiedliche Streuungsverhalten zweier standardisierter VF aus. Bei Vorliegen unimodaler Dichten quantifiziert diese Maßzahl damit in recht plausibler Weise deren Krümmungsverhalten im Scheitel.

Neben $\gamma_1(\cdot)$ existieren jedoch weitere Wölbungsmaße mit einem (7.1.18) und (7.1.19) entsprechenden Verhalten. Setzt man etwa auf $\mathfrak{F}_2 = \mathfrak{M}^1(\mathbb{R},\mathbb{B})$

$$\gamma_2(F) = 1 - \frac{F^{-1}(3/4) - F^{-1}(1/4)}{F^{-1}(2/3) - F^{-1}(1/3)},$$

dann hängt auch diese Maßzahl wegen des Transformationsverhaltens von F^{-1} unter affinen Transformationen wieder nur vom Typ von F ab, d.h. auch hier ist (7.1.18) erfüllt. Man kann sich daher wiederum auf geeignet normierte VF beschränken. Diese Normierung soll jetzt in der Form

$$\operatorname{med} F = 0, \quad F^{-1}\left(\frac{2}{3}\right) - F^{-1}\left(\frac{1}{3}\right) = 1$$

angenommen werden. Sind zwei derartige VF dann bzgl. der Dehnungshalbordnung angeordnet, d.h. gilt

$$F_1^{-1}(v) - F_1^{-1}(u) \leq F_2^{-1}(v) - F_2^{-1}(u) \quad \forall 0 < u < v < 1,$$

so impliziert dies ebenfalls $\gamma_2(F_1) \geq \gamma_2(F_2)$. Auch $\gamma_2(F)$ läßt sich daher als eine Maßzahl für die Krümmung von F ansehen.

Bei der Wahl zwischen diesen beiden Funktionalen wird man sich davon leiten lassen, welche Momentenbedingungen man zugrundelegen zu können glaubt oder welche der beiden Ordnungen dem Problem angepaßter zu sein scheint. □

Funktionale sind nicht nur ein wesentlicher Bestandteil der nichtparametrischen Schätztheorie, sondern spielen auch in der Testtheorie eine große Rolle. Dies zum einen bei der Formulierung von Hypothesen, zum anderen dadurch, daß viele Prüfgrößen die Abweichung von der Nullhypothese letztlich ebenfalls über Funktionale messen. Zur Darstellung des einfachsten Falles bezeichne wieder $\gamma : \mathfrak{F} \to \mathbb{R}$ ein Funktional. Betrachtet man bei vorgegebenem $\gamma_0 \in \mathbb{R}$ Hypothesen der Form

H : $\gamma(F) \leq \gamma_0$, **K** : $\gamma(F) > \gamma_0$ bzw. **H** : $\gamma(F) = \gamma_0$, **K** : $\gamma(F) \neq \gamma_0$, (7.1.20)

so liegt es etwa im einseitigen Fall nahe, sich für **K** bzw. **H** zu entscheiden, je nachdem ob $\gamma(\widehat{F}_n)$ hinreichend groß ist oder nicht. Auch hierbei wird man den kritischen Wert k_n in Abhängigkeit von n so wählen, daß zumindest asymptotisch eine zugelassene Irrtums-WS $\alpha \in (0,1)$ für Fehler 1. Art eingehalten wird und zwar zunächst für alle Verteilungen des Randes **J** von **H** und **K**, also für alle F mit $\gamma(F) = \gamma_0$. Im allgemeinen ist die Verteilung von $\gamma(\widehat{F}_n)$ unter diesen Verteilungen F weder für endliche Werte von n noch für $n \to \infty$ verteilungsfrei auf **J**. Aus den Überlegungen von Kap. 8 wird aber folgen, daß $\gamma(\widehat{F}_n)$ auf dem Rand der Hypothesen häufig asymptotisch normal ist, d.h. daß für jedes $F \in \mathbf{J}$ ein $\sigma^2(F) > 0$ existiert mit

$$\mathfrak{L}_F\left(\sqrt{n}(\gamma(\widehat{F}_n) - \gamma(F))\right) \xrightarrow{\mathfrak{L}} \mathfrak{N}(0, \sigma^2(F)). \tag{7.1.21}$$

Bezeichnet dann etwa $\widehat{\sigma}_n^2 = \sigma^2(\widehat{F}_n)$ wie in 6.2.2 einen konsistenten Schätzer für $\sigma^2(F)$, so ist analog zu den Beispielen 6.69 und 6.71 bis 6.73

$$T_n = \sqrt{n}(\gamma(\widehat{F}_n) - \gamma_0)/\widehat{\sigma}_n \quad \text{bzw.} \quad T_n = \sqrt{n}|\gamma(\widehat{F}_n) - \gamma_0|/\widehat{\sigma}_n$$

eine studentisierte, auf **J** asymptotisch verteilungsfreie Prüfgröße für die nichtparametrischen Hypothesen (7.1.20). Demgemäß ergeben sich mit den kritischen Werten

u_α bzw. $u_{\alpha/2}$ wie in 6.2.2 einseitige bzw. zweiseitige asymptotische α-Niveau-Tests und aus deren Annahmebereichen wie dort (untere) Konfidenzschranken bzw. Konfidenzintervalle für $\gamma(F)$ zum asymptotischen Vertrauensniveau $1 - \alpha$.

Ist mit einem geeigneten $\sigma^2(F) > 0$ die Eigenschaft (7.1.21) auch für $F \in \mathbf{K}$ (sowie im einseitigen Fall für $F \in \overset{\circ}{\mathbf{H}}$) erfüllt und $\widehat{\sigma}_n^2$ wiederum konsistent für $\sigma^2(F)$, so sind auch hier die einseitigen bzw. zweiseitigen Tests (voll) konsistent. Schreibt man nämlich etwa den einseitigen Test in der Form

$$\varphi_n = \mathbf{1}\left(\sqrt{n}\frac{(\gamma(\widehat{F}_n) - \gamma(F))}{\widehat{\sigma}_n} > u_\alpha - \sqrt{n}\frac{(\gamma(F) - \gamma_0)}{\widehat{\sigma}_n}\right), \qquad (7.1.22)$$

so hat $\sqrt{n}(\gamma(\widehat{F}_n) - \gamma(F))/\widehat{\sigma}_n$ nach dem Lemma von Slutsky asymptotisch eine $\mathfrak{N}(0,1)$-Verteilung, während $\sqrt{n}(\gamma(F) - \gamma_0)/\widehat{\sigma}_n$ gegen $-\infty$ bzw. $+\infty$ strebt, je nachdem ob $\gamma(F) < \gamma_0$ oder $\gamma(F) > \gamma_0$ gilt. Entsprechendes gilt für den zweiseitigen Test. Es sei bemerkt, daß die Verwendung der asymptotischen Fraktile jedoch nur dann sinnvoll ist, wenn die studentisierte Prüfgröße T_n hinreichend gleichmäßig über $\mathbf{J}$ gegen eine $\mathfrak{N}(0,1)$-verteilte ZG konvergiert.

Beispiel 7.8 $X_j, j \in \mathbb{N}$ seien st.u. ZG mit derselben eindimensionalen stetigen Verteilung F. Gesucht ist ein Test für die Hypothesen, ob positive Beobachtungen wahrscheinlicher sind als negative Beobachtungen oder allgemeiner, ob die WS für positive Beobachtungen größer als ein vorgegebener Wert γ_0 ist oder nicht. Mit $\gamma(F) := F((0,\infty))$ und geeignetem $\gamma_0 \in (0,1)$ handelt es sich also um das Prüfen der einseitigen Hypothesen $\mathbf{H} : \gamma(F) \leq \gamma_0$, $\mathbf{K} : \gamma(F) > \gamma_0$. In diesem Fall ist $\gamma(\widehat{F}_n)$, d.h. der relative Anteil der positiven Beobachtungen, auf dem Rand $\mathbf{J} : \gamma(F) = \gamma_0$ asymptotisch normal, denn nach dem Satz von de Moivre-Laplace gilt

$$\mathfrak{L}_F\left(\sqrt{n}(\gamma(\widehat{F}_n) - \gamma_0)\right) \xrightarrow{\mathfrak{L}} \mathfrak{N}(0, \gamma_0(1 - \gamma_0)) \quad \forall F \text{ mit } \gamma(F) = \gamma_0.$$

Somit folgt nach Satz 6.66 für den kritischen Wert k_n des einseitigen α-Niveau Tests $k_n \to u_\alpha\sqrt{\gamma_0(1-\gamma_0)}$ und hiermit gemäß (7.1.22) die volle Konsistenz.

Interessiert eine untere Konfidenzschranke für $\gamma(F)$, so kann diese analog Beispiel 6.74 besonders einfach durch Studentisierung gewonnen werden. In diesem Fall ist nämlich $\widehat{\sigma}_n^2 = \gamma(\widehat{F}_n)(1 - \gamma(\widehat{F}_n))$ ein konsistenter Schätzer für $\sigma^2(F) = \gamma_0(1-\gamma_0)$ und damit etwa

$$\gamma(\widehat{F}_n) - \frac{1}{\sqrt{n}}\sqrt{\gamma(\widehat{F}_n)(1 - \gamma(\widehat{F}_n))}\, u_\alpha$$

eine untere Konfidenzschranke zum asymptotischen Vertrauensniveau $1 - \alpha$. □

Einseitige nichtparametrische Testprobleme lassen sich auch vermöge geeignet definierter Halbordnungen[6] formulieren. Werden die Hypothesen wie im Fall (7.1.20) durch ein Funktional definiert, so ergibt sich die Halbordnung in kanonischer Weise gemäß

$$F_1 \preceq F_2 \quad :\Leftrightarrow \quad \gamma(F_1) \leq \gamma(F_2).$$

---

[6] Zum Begriff einer Halbordnung und diesbezüglichen Sprechweisen vgl. Fußnote 88 in 6.5.2.

7.1 Nichtparametrische Modelle und Funktionale 475

Sachgemäße Halbordnungen lassen sich vielfach aber auch ohne Rückgriff auf ein Funktional definieren. Wir verdeutlichen dies zunächst anhand einiger Einstichprobenprobleme.

Beispiel 7.9 a) (Nichtparametrisches Lokationsproblem) Liegt zur Beschreibung der Güte eines Produktionsverfahrens ein parametrisches oder semiparametrisches Lokationsmodell (7.1.2) bzw. (7.1.6) zugrunde, so lauten die Hypothesen, ob das (neuentwickelte) Herstellungsverfahren besser ist als ein bisher benutztes Verfahren oder nicht,

$$\mathbf{H}: \mu \leq 0, \quad \mathbf{K}: \mu > 0. \tag{7.1.23}$$

Bei den meisten praktischen Problemen interessiert allerdings nicht so sehr, ob eine Translationsalternative $F_0(\cdot - \mu)$ mit $\mu \leq 0$ oder $\mu > 0$ zugrundeliegt, sondern ob die ZG X_j, $j = 1, \ldots, n$, unter der (das neu entwickelte Verfahren beschreibenden) Verteilung F stochastisch größer sind als unter der (das bisher verwendete Verfahren modellierenden) Verteilung F_0 oder nicht. Dieses läßt sich aber auch ohne die Annahme von Translationsalternativen formulieren und zwar in einem nichtparametrischen Modell mit der Verteilungsannahme $\mathfrak{F} = \mathfrak{F}_c$. Unter Verwendung der bereits in 2.2.2 eingeführten stochastischen Ordnung lauten die Hypothesen dann

$$\mathbf{H}: F \preceq_{st} F_0, \quad \mathbf{K}: F \succeq_{st} F_0 \quad \text{mit} \quad F \neq F_0. \tag{7.1.24}$$

Dabei ist also $F \succeq_{st} F_0$ definiert durch $1 - F(x) \geq 1 - F_0(x) \; \forall x \in \mathbb{R}$, d.h. dadurch, daß die ZG X_j im Sinne von 2.2.2 unter F stochastisch größer sind als unter F_0.

b) (Nichtparametrisches Symmetrieproblem) Eine Modifikation des Testproblems aus a) erhält man dadurch, daß man F nicht mit einer festen VF F_0 vergleicht, sondern mit der aus F durch Symmetrisierung bzgl. 0 hervorgehenden VF

$$F_s(x) := \frac{1}{2}\big(F(x) + F_-(x)\big), \quad F_-(x) := 1 - F(-x - 0), \quad x \in \mathbb{R}.$$

Dann ist nämlich $F \succeq_{st} F_s$ äquivalent damit, daß die X_j unter F im Durchschnitt größere Werte annehmen als unter einer symmetrischen Verteilung. Nennt man eine derartige VF F *positiv unsymmetrisch*, so läßt sich auch die Prüfung auf positive Unsymmetrie mit Hilfe einer Ordnung darstellen, nämlich gemäß

$$\mathbf{H}: F \preceq_{st} F_s, \quad \mathbf{K}: F \succeq_{st} F_s \quad \text{mit} \quad F \neq F_s. \tag{7.1.25}$$

c) (Nichtparametrisches Dispersionsproblem) Den Hypothesen (7.1.24) entsprechend läßt sich auch das Einstichproben-Dispersionsproblem nichtparametrisch formulieren. Derartige Testprobleme sind deshalb von praktischer Bedeutung, weil es etwa bei der Qualitätsüberwachung einer Serienherstellung oft nicht so sehr auf die (mittlere) Güte als auf deren Variation ankommt. Bei einem Lokations-Skalenmodell (7.1.1) führt dies auf die Prüfung der einseitigen Hypothesen

$$\mathbf{H}: \sigma^2 \leq \sigma_0^2, \quad \mathbf{K}: \sigma^2 > \sigma_0^2. \tag{7.1.26}$$

Auch hier interessiert letztlich nicht, ob das (spezielle parametrische) Streuungsmaß σ^2 unter der Annahme (7.1.1) größer ist als der Standardwert σ_0^2, sondern ob unter der das Produktionsverfahren beschreibenden Verteilung F die Güte stärker schwankt als unter der die Standardsituation beschreibenden Verteilung F_0. Besitzen alle nach Modellannahme zugelassenen Verteilungen denselben Median μ, so kann dies nichtparametrisch durch die Hypothesen

$$\mathbf{H}: F \preceq_\mu F_0, \quad \mathbf{K}: F \succeq_\mu F_0 \quad \text{mit} \quad F \neq F_0 \tag{7.1.27}$$

formuliert werden. Dabei ist die μ-Ordnung $F \succeq_\mu F_0$ für $F \in \mathfrak{F}_c$ definiert durch

$$F(x) \geq F_0(x) \quad \forall x < \mu, \quad F(x) \leq F_0(x) \quad \forall x > \mu.$$

Auch hier lassen sich also die Hypothesen (7.1.26) nichtparametrisch in zwangloser Weise durch eine Halbordnung zwischen den WS-Maßen F und F_0 formulieren. □

Entsprechendes gilt bei vielen weiteren Testproblemen.

Beispiel 7.10 (Nichtparametrische Zweistichprobenprobleme) Auch beim Vergleich zweier Stichproben zu eindimensionalen VF F_1, F_2 interessiert für praktische Anwendungen zumeist nicht, ob F_1 aus F_2 durch Translation um ein positives oder negatives μ hervorgeht, sondern ob F_1 stochastisch größer ist als F_2 oder nicht. Die dieses zum Ausdruck bringenden Hypothesen bei einer nichtparametrischen Verteilungsannahme lauten also

$$\mathbf{H}: F_1 \preceq_{\text{st}} F_2, \quad \mathbf{K}: F_1 \succeq_{\text{st}} F_2 \quad \text{mit} \quad F_1 \neq F_2. \tag{7.1.28}$$

Möchte man nicht auf Lokation testen, sondern auf Dispersion, so lassen sich die Hypothesen (bei als bekannt angesehenem [7]) Dispersionszentrum μ) entsprechend nichtparametrisch formulieren gemäß

$$\mathbf{H}: F_1 \preceq_\mu F_2, \quad \mathbf{K}: F_1 \succeq_\mu F_2 \quad \text{mit} \quad F_1 \neq F_2. \quad \Box \tag{7.1.29}$$

Beispiel 7.11 (Nichtparametrisches Korrelationsproblem) Bei ZG $X = (Y, Z)$ mit der zweidimensionalen VF F interessiert vielfach, ob Y und Z positiv stochastisch abhängig sind oder nicht. Ist speziell $\mathfrak{L}(X) = \mathfrak{N}(\mu_1, \mu_2; \sigma_1^2, \sigma_2^2, \varrho)$, so läßt sich dies durch den Korrelationskoeffizienten präzisieren und zwar in Form der Hypothesen

$$\mathbf{H}: \varrho \leq 0, \quad \mathbf{K}: \varrho > 0. \tag{7.1.30}$$

In einem nichtparametrischen Modell kann man auch diesen Sachverhalt mit Hilfe einer geeignet definierten Halbordnung formulieren. Allgemein nennt man Y und Z unter F *positiv stochastisch quadrant-abhängig*, wenn das gleichzeitige Auftreten großer bzw. kleiner Werte von Y und Z wahrscheinlicher ist als unter st. Unabhängigkeit, d.h. wenn gilt

$$\mathbb{P}(Y > y, Z > z) \geq \mathbb{P}(Y > y)\mathbb{P}(Z > z) \quad \forall (y, z) \in \mathbb{R}^2.$$

Bezeichnen G und H die Rand-VF von F, so ist dies äquivalent mit

$$F(y, z) \geq G(y)H(z) \quad \forall (y, z) \in \mathbb{R}^2.$$

---

[7]) Zur Behandlung des Falls, daß μ unbekannt ist, vgl. Kap. 9.

7.1 Nichtparametrische Modelle und Funktionale

Diese Art der stochastischen Abhängigkeit läßt sich nun wie folgt mit Hilfe einer Halbordnung beschreiben. Bezeichnet analog F_s in Beispiel 7.9b F_u die VF des Produktmaßes mit denselben Rand-VF wie F, d.h. gilt

$$F_u(y,z) = G(y)H(z) \quad \forall (y,z) \in \mathbb{R}^2,$$

so läßt sich auch hier eine Halbordnung erklären, welche die nichtparametrischen Hypothesen zu beschreiben gestattet, nämlich gemäß

$$F \succeq F_u \quad :\Leftrightarrow \quad F(y,z) \geq F_u(y,z) \quad \forall (y,z) \in \mathbb{R}^2.$$

Mit dieser lautet die nichtparametrische Verallgemeinerung der Hypothesen (7.1.30)

$$\mathbf{H}: F \preceq F_u, \quad \mathbf{K}: F \succeq F_u \quad \text{mit} \quad F \neq F_u. \quad \Box \qquad (7.1.31)$$

Schätzung der Verteilungsfunktion Semi- bzw. nichtparametrische Verteilungsannahmen unterscheiden sich – wie oben ausgeführt – von parametrischen Modellen im wesentlichen dadurch, daß die VF F oder verwandte hochdimensionale Größen nun Teil der Parametrisierung sind. Diese selbst oder zumindest endlich-dimensionale Charakteristika $\gamma(F)$ müssen dann aufgrund einer Stichprobe geschätzt werden. Alle diese Schätzer basieren im Fall von st.u.glv. ZG auf der zugehörigen, bereits in Band I eingeführten empirischen VF $\widehat{F}_n$. Wie dies bei unbekannten Dichten oder unbekannten Bewertungsfunktionen geschehen kann, wurde beispielhaft bereits in Beispiel 7.1 gezeigt. Das Schätzen von $\gamma(F)$ wird also im allgemeinen durch den *kanonischen Schätzer* $\gamma(\widehat{F}_n)$ erfolgen. (Hierzu hat man nur sicherzustellen, daß sich der Definitionsbereich $\mathfrak{F}$ des Funktionals um alle diskreten Gleichverteilungen erweitern läßt, wobei Trägerpunkte gegebenenfalls auch mehrfach gezählt werden dürfen.) Ist γ linear, etwa mit geeignetem ψ von der Form $\gamma(F) = \int \psi \, dF$, so ist $\gamma(\widehat{F}_n)$ der Durchschnitt von st.u. glv. ZG und somit unter entsprechenden Momentenbedingungen asymptotisch normal. In Kap. 8 wird gezeigt werden, daß sich nichtlineare Funktionale vielfach durch lineare approximieren lassen und demgemäß ebenfalls zumeist wieder asymptotisch normal sind; vgl. auch Beispiel 7.47.

Wenn die empirische VF nun aber zur Basis all dieser Verfahren wird, dann stellt sich natürlich zum einen die Frage, wie dieses statistisch zu rechtfertigen ist, und zum anderen die nach einer adäquaten Verteilungstheorie. Letztere soll in 7.2 bzw. in Kap. 10 hergeleitet werden. Hier sollen nur einige erste Überlegungen angestellt werden, welche – zumindest bei Zugrundeliegen von st.u. ZG $X_1, \ldots, X_n$ mit derselben VF F – deren statistische Bedeutung untermauern sollen. Wird dabei F als stetig (oder als Gitterverteilung) vorausgesetzt, dann ist die diesen Beobachtungen entsprechende empirische VF $\widehat{F}_n$ nach den Sätzen 3.42 oder 3.43 vollständig und suffizient. Wegen der Erwartungstreue, d.h. wegen

$$E_F \widehat{F}_n(B) = F(B) \quad \forall B \in \mathbb{B},$$

ist nach dem Satz von Lehmann-Scheffé daher $\widehat{F}_n(B)$ zunächst schon einmal ein bester erwartungstreuer Schätzer für $F(B)$. Ist F durch qualitative Forderungen eingeschränkt, etwa durch die der Symmetrie um 0, so wird man aus $\widehat{F}_n$ durch „Projektion" auf diese Klasse einen entsprechenden Schätzer zu gewinnen und entsprechend zu rechtfertigen versuchen.

Beispiel 7.12 Sei $F \in \mathfrak{M}^1(\mathbb{R}, \mathbb{B})$ eine bzgl. 0 symmetrische Verteilung. Aufgrund von n st.u. gemäß F verteilten ZG sei ein symmetrischer Schätzer für F gesucht. Da $\widehat{F}_n$ im allgemeinen nicht symmetrisch ist, wird man als Schätzer eine symmetrische Projektion verwenden. Hierzu setze man

$$\widehat{F}_{ns}(B) = \frac{1}{2}(\widehat{F}_n(B) + \widehat{F}_n(-B)), \quad B \in \mathbb{B}.$$

Dies läßt sich wie folgt rechtfertigen: Bezeichnet G eine beliebige eindimensionale Verteilung und $\|\cdot\|$ die Totalvariation (1.6.93), so wird die Lösung der Optimierungsaufgabe

$$\|G - H^*\| = \inf\{\|G - H\| : H \in \mathfrak{M}^1(\mathbb{R}, \mathbb{B}), H \text{ symmetrisch}\}$$

gegeben durch $G_s := \frac{1}{2}(G + G_-)$ mit $G_-(B) := G(-B)$, $B \in \mathbb{B}$. Hierzu beachte man zunächst, daß aus der Symmetrie von H bzw. der Definition von G_- folgt

$$H(B) - G(B) = H(-B) - G_-(-B) \quad \forall B \in \mathbb{B}, \quad \text{also} \quad \|H - G\| = \|H - G_-\|.$$

Ist nun $B' \in \mathbb{B}$ eine Menge mit $G(B') - G_s(B') = \|G - G_s\|$, so ergibt sich wie behauptet

$$\|G - G_s\| = G(B') - G_s(B') = \frac{1}{2}(G - G_-)(B')$$
$$= \frac{1}{2}(G - H)(B') + \frac{1}{2}(H - G_-)(B') \leq \frac{1}{2}\|G - H\| + \frac{1}{2}\|H - G_-\| = \|G - H\|.$$

Weiter ist $\widehat{F}_{ns}$ eine Funktion der Ordnungsstatistik und es gilt wieder

$$E_F \widehat{F}_{ns}(B) = F(B) \quad \forall B \in \mathbb{B}.$$

Auch hier ist der Satz von Lehmann-Scheffé anwendbar. Die dazu benötigte Vollständigkeit der Ordnungsstatistik wird in 7.1.5 gezeigt werden. □

Auch ein schon in 6.5.1 bemerktes „Phänomen" ist wieder beobachtbar: Die Folge der besten erwartungstreuen Schätzer $\widehat{F}_n(B)$ ist asymptotisch effizient für das Schätzen von $F(B) \in (0,1)$ bei festem $B \in \mathbb{B}$. Dies ergibt sich hier daraus, daß $\widehat{F}_n(B)$ gerade der auf den ZG $\mathbf{1}_B(X_j)$, $j = 1, \ldots, n$, basierende ML-Schätzer im Binomialmodell und dieser nach Satz 6.35 asymptotisch effizient ist[8]. Genau genommen wird durch die obige Argumentation jedoch nicht $\widehat{F}_n(\cdot)$ (bzw. entsprechend $\widehat{F}_{ns}(\cdot)$ usw.) als VF gerechtfertigt, sondern nur $\widehat{F}_n(B)$ bzw. $\widehat{F}_{ns}(B)$ als Schätzer für $\gamma(F) := F(B)$ (bei fester, allerdings beliebiger Wahl von $B \in \mathbb{B}$). Wie nachfolgend ausgeführt werden soll, läßt sich auch die VF $\widehat{F}_n(\cdot)$ als eine ML-Schätzung auffassen.

---

[8] Entsprechendes gilt natürlich in dem Multinomialmodell, wenn man zunächst $\widehat{F}_n(B)$ äquivalent durch $(\widehat{F}_n(B), 1 - \widehat{F}_n(B))$ sowie $\mathbf{1}_B(X_j)$ durch die ZG $Y_j = (\mathbf{1}_B(X_j), \mathbf{1}_{B^c}(X_j))^\top$ und dann B, B^c durch eine beliebige endliche Partition $C_1, \ldots, C_s$ ersetzt.

7.1 Nichtparametrische Modelle und Funktionale

Dies wiederum legt nach 6.5.1 die Vermutung nahe, daß $\widehat{F}_n(\cdot)$ asymptotisch optimal ist. Zunächst ist hierzu jedoch zu präzisieren, wie in einem nichtparametrischen Rahmen die ML-Schätzung einer VF definiert ist[9].

Ein schon bei parametrischen Modellen bemerkter Nachteil der ML-Methode besteht darin, daß diese zu einem Verfahren führt, das von der jeweils gewählten Version der Dichte abhängt. Anders gesagt, besteht die Verteilungsannahme hier nicht mehr nur aus der Spezifikation einer dominierten Klasse $\mathfrak{F} = \{F_\vartheta : \vartheta \in \Theta\}$, $\Theta \subset \mathbb{R}^k$, sondern aus derjenigen der speziellen Dichteversionen $\{f_\vartheta : \vartheta \in \Theta\}$. Eine derartige Auszeichnung ist im nicht-diskreten Fall zumeist recht künstlich. Auch im parametrischen Zusammenhang ist es daher schon wünschenswert, den Ansatz von dieser Willkür dadurch zu befreien, daß man zu je zwei beliebigen Verteilungen P, Q den DQ auf eine eindeutige Weise definiert. Dies wird es dann gleichzeitig auch gestatten, den ML-Ansatz auf nicht-dominierte Klassen zu verallgemeinern. Zu diesem Zweck verschafft man sich im wesentlichen eine Version des DQ $dP/dQ(\cdot)$, die als (punktweise) Ableitung eines WS-Maßes P bzgl. eines σ-endlichen Maßes Q aufgefaßt werden kann. Daß dies möglich ist, kommt auch in der bisher schon verwendeten Bezeichnung dP/dQ sowie in der hierbei verwendeten Sprechweise „Radon-Nikodym-Ableitung" zum Ausdruck. Durch die folgende diesbezügliche Anmerkung wird auch zugleich die weitere Vorgehensweise motiviert.

Anmerkung 7.13 Sei speziell $(\mathfrak{X}, \mathfrak{B}) = (\mathbb{R}^k, \mathbb{B}^k)$, $P \in \mathfrak{M}^1(\mathbb{R}^k, \mathbb{B}^k)$, λ^k das k-dimensionale Lebesgue-Maß und $\mathfrak{U}$ ein substantielles[10] Mengensystem, etwa die Klasse aller offenen Bälle. Dann definiert man die *untere Ableitung* von P bzgl. λ^k im Punkte x durch

$$\underline{L}(x; P : \lambda^k) = \liminf_{\varrho(U) \to 0} \frac{P(U)}{\lambda^k(U)} := \sup_{r > 0} \inf\left\{ \frac{P(U)}{\lambda^k(U)} : x \in U \in \mathfrak{U},\ \varrho(U) \leq r \right\},$$

wobei $\varrho(U)$ den Durchmesser der Menge U bezeichne. Analog definiert man die *obere Ableitung* von P bzgl. λ^k im Punkte x gemäß

$$\overline{L}(x; P : \lambda^k) = \limsup_{\varrho(U) \to 0} \frac{P(U)}{\lambda^k(U)} := \inf_{r > 0} \sup\left\{ \frac{P(U)}{\lambda^k(U)} : x \in U \in \mathfrak{U},\ \varrho(U) \leq r \right\}.$$

Konstruktionsgemäß gilt dann stets

$$0 \leq \underline{L}(x; P : \lambda^k) \leq \overline{L}(x; P : \lambda^k) \leq \infty. \tag{7.1.32}$$

P heißt in x *differenzierbar bzgl.* λ^k, falls gilt $\underline{L}(x; P : \lambda^k) = \overline{L}(x; P : \lambda^k)$. In diesem Fall schreibt man für den gemeinsamen Wert der unteren und oberen Ableitung natürlich einfach $L(x; P : \lambda^k)$. Wesentlich ist nun der folgende

Satz *Für $P \in \mathfrak{M}^1(\mathbb{R}^k, \mathbb{B}^k)$ und das k-dimensionale Lebesgue-Maß λ^k gilt:*

---

[9] Zur folgenden Vorgehensweise vgl. F.W. Scholz: Can. J. Stat. 8 (1980) 193–203.
[10] Ein System $\mathfrak{U}$ von offenen Teilmengen U des $\mathbb{R}^k$ heisst *substantiell*, falls eine Konstante $\chi > 0$ existiert derart, daß jede Menge $U \in \mathfrak{U}$ in einem offenen Ball B enthalten ist mit $\lambda^k(B) \leq \chi \lambda^k(U)$ und daß für jedes $x \in \mathbb{R}^k$ und jedes $\delta > 0$ ein $U \in \mathfrak{U}$ existiert mit $x \in \mathfrak{U}$ und $\varrho(U) < \delta$. Speziell sind also die offenen Bälle um x vom Radius $r > 0$ substantiell. Zu diesem Begriff wie allgemeiner zum Inhalt dieser Anmerkung und zum Beweis des in dieser enthaltenen Satzes vgl. W. Rudin: Real and Complex Analysis (1979), Chapter 8, insbesondere Definitionen 8.2+8.3 und Satz 8.6.

a) $L(x; P : \lambdaʼ^k)$ existiert $\lambdaʼ^k$-f.ü. und ist integrabel;

b) $P(B) = P_s(B) + \int_B L(x; P : \lambdaʼ^k) \, d\lambdaʼ^k(x) \quad \forall B \in \mathbb{B}^k,$

wobei $P_s \perp \lambdaʼ^k$ und $dP_s/d\lambdaʼ^k = 0 \; [\lambda^k]$ ist.

Die Ableitung $L(\cdot; P : \lambdaʼ^k)$ ist also gerade eine spezielle Version der Radon-Nikodym-Ableitung von P bzgl. $\lambdaʼ^k$, die sich als kanonische Festlegung von $dP/d\lambdaʼ^k$ interpretieren läßt. Man beachte jedoch, daß man die Willkür in der Wahl einer solchen Version nur auf eine andere Ebene verlagert hat. Verwendet man nämlich in der Definition von $\underline{L}(\cdot; P : \lambdaʼ^k)$ bzw. $\overline{L}(\cdot; P : \lambdaʼ^k)$ ein anderes substantielles Mengensystem, so gelangt man zu einer anderen Version dieser Radon-Nikodym-Ableitung. Eine Ausnahme bildet der Fall, in dem für P eine stetige $\lambdaʼ^k$-Dichte p existiert. In diesem gilt offensichtlich stets $p(\cdot) = L(\cdot; P : \lambdaʼ^k)$. Eine stetige Dichte wird man deshalb stets als eine kanonische Version ansehen. □

Zur Definition eines nichtparametrischen ML-Schätzers hat man zunächst ein Äquivalent für die bisher nur im dominierten Fall eingeführte Likelihood-Funktion anzugeben. Sei dazu $(\mathfrak{X}, \varrho)$ ein polnischer Raum, $\mathfrak{B}$ die zugehörige Borel-σ-Algebra sowie $\mathfrak{P} \subset \mathfrak{M}^1(\mathfrak{X}, \mathfrak{B})$ eine Klasse von Verteilungen. Für $P, Q \in \mathfrak{P}$ definiert man[11)]

$$L(x; P : Q) = \liminf_{\varrho(U) \to 0} \frac{P(U)}{Q(U)} := \sup_{r > 0} \inf\left\{ \frac{P(U)}{Q(U)} : x \in U \in \mathfrak{U}, \; \varrho(U) \leq r \right\}, \quad (7.1.33)$$

wobei $\mathfrak{U}$ wieder ein substantielles Mengensystem bezeichne und $\varrho(U)$ den Durchmesser einer solchen Menge. Mit Hilfe dieser Funktion läßt sich für jeden Punkt $x \in \mathfrak{X}$ auf $\mathfrak{P}$ eine reflexive und transitive Relation (d.h. eine Halbordnung) definieren durch

$$P \succeq_x Q \quad :\Leftrightarrow \quad L(x; P : Q) \geq 1.$$

Speziell heißen zwei Verteilungen P und Q bzgl. x äquivalent, kurz: $P \approx_x Q$, falls gilt $L(x; P : Q) = 1$, d.h. also

$$P \approx_x Q \quad \Leftrightarrow \quad P \succeq_x Q \quad \text{und} \quad Q \succeq_x P.$$

Leicht zu verifizierende hinreichende Bedingungen im Spezialfall $(\mathfrak{X}, \varrho) = (\mathbb{R}^k, |\cdot|)$ enthält der

---

[11)] Im folgenden benötigt man im Sinne der Anmerkung 7.13 nur die untere Ableitung von P bzgl. Q, die der Kürze halber einfach mit L bezeichnet werden soll. Bei der Festsetzung sei abweichend von der sonst üblichen Konvention $0/0 := 1$.

7.1 Nichtparametrische Modelle und Funktionale

Hilfssatz 7.14 a) *Seien $P, Q \in \mathfrak{M}^1(\mathbb{R}^k, \mathbb{B}^k)$ mit λ^k-Dichten p bzw. q. Dann gilt an jeder Stelle $x \in \mathbb{R}^k$, an der p und q stetig sind und für die $p(x) + q(x) > 0$ ist:*

$$P \succeq_x Q \quad \Leftrightarrow \quad p(x) \geq q(x).$$

b) *Seien $P, Q \in \mathfrak{M}^1(\mathbb{R}^k, \mathbb{B}^k)$ und $x \in \mathbb{R}^k$ mit $P(\{x\}) + Q(\{x\}) > 0$. Dann gilt*

$$P \succeq_x Q \quad \Leftrightarrow \quad P(\{x\}) \geq Q(\{x\}).$$

Bei der nichtparametrischen Variante der ML-Methode ist x natürlich gerade der vorliegende Datenvektor. Es liegt dann nahe, für jedes x die plausibelste (d.h. die $\succeq_x$-maximale) Verteilung aus $\mathfrak{P}$ zu suchen. Dies würde auf die folgende Definition führen: $x \mapsto \widehat{P}_x \in \mathfrak{P}$ heißt ML-Schätzer, falls für jedes $x \in \mathfrak{X}$ gilt $\widehat{P}_x \succeq_x Q \ \forall Q \in \mathfrak{P}$. Eine solche Definition wäre jedoch viel zu einschränkend, da bei nichtparametrischen Modellen ein derartiger Schätzer üblicherweise nicht existieren würde. Man wird sich deshalb mit einem schwächeren Begriff zufriedengeben müssen.

Definition 7.15 (Scholz) Sei $(\mathfrak{X}, \varrho)$ ein polnischer Raum mit Borel-σ-Algebra $\mathfrak{B}$ und $\mathfrak{P} \subset \mathfrak{M}^1(\mathfrak{X}, \mathfrak{B})$ eine Verteilungsklasse. Dann heißt eine Abbildung

$$\widehat{P} : \mathfrak{X} \to \mathfrak{P}, \quad x \mapsto \widehat{P}_x,$$

verallgemeinerter ML-*Schätzer für $P \in \mathfrak{P}$, falls für jedes $x \in \mathfrak{X}$ gilt*

$$Q \succeq_x \widehat{P}_x, \quad Q \in \mathfrak{P} \quad \Rightarrow \quad Q \approx_x \widehat{P}_x.$$

Ist speziell $\mathfrak{P}$ ein nichtparametrisches Modell, so heißt $\widehat{P}$ auch ein *nichtparametrischer* ML-*Schätzer*.

Die in 6.1 eingeführten (klassischen) ML-Schätzer mußten Statistiken, d.h. meßbare Abbildungen sein. In Definition 7.15 wurde ein verallgemeinerter ML-Schätzer nun punktweise definiert und zwar ohne Bezug auf eine Meßbarkeitsstruktur. Typischerweise wird jedoch eine solche vorgegeben und demgemäß die Meßbarkeit nachzuweisen sein. (Dieses schon deshalb, um die Verwendung äußerer Maße usw. im Zusammenhang mit solchen Schätzern zu vermeiden.) Da jedoch a priori keine „kanonische σ-Algebra" auf $\mathfrak{P}$ ausgezeichnet werden sollte, wird auf den Meßbarkeitsaspekt hier nicht weiter eingegangen[12].

Natürlich müssen verallgemeinerte ML-Schätzer nicht existieren bzw. im Fall ihrer Existenz nicht eindeutig sein. Der vorangegangene Hilfssatz zeigt, daß im Fall $(\mathfrak{X}, \mathfrak{B}) = (\mathbb{R}^k, \mathbb{B}^k)$ und bei Vorliegen stetiger λ^k-Dichten (bzw. im Fall einer Klasse von $\mathbb{N}^k$-Verteilungen) jeder klassische ML-Schätzer auch verallgemeinerter ML-Schätzer im Sinne der obigen Definition ist. Das hier relevante Beispiel für einen verallgemeinerten ML-Schätzer in einem nichtparametrischen Rahmen ist die empirische VF.

---

[12] Vgl. auch hierzu die in Fußnote 9 zitierte Arbeit von F.W. Scholz.

Satz 7.16 (Scholz) *Es sei* $(\mathfrak{X}, \varrho) = (\mathbb{R}^n, |\cdot|)$. $\mathfrak{P} = \{F^{(n)} : F \in \mathfrak{M}^1(\mathbb{R}, \mathbb{B})\}$ *sei versehen mit der Produkt-Lévy-Metrik. Bezeichnet* $\widehat{F}_n(\cdot; x)$ *die empirische VF zu* $x = (x_1, \ldots, x_n)^\top$, *so ist* $x \mapsto \widehat{F}_n^{(n)}(\cdot; x)$ *der eindeutig bestimmte ML-Schätzer.*

Beweis: Seien $y_1 < y_2 < \ldots < y_k, 1 \leq k \leq n$, die voneinander verschiedenen Werte $x_1, \ldots, x_n$ und zwar geordnet nach wachsender Grösse. Die zugehörigen Vielfachheiten seien mit $m_1, \ldots, m_k$, $\sum_{j=1}^k m_j = n$ bezeichnet. Weiter sei nun $Q = G^{(n)}$ eine Verteilung, für die wegen Hilfssatz 7.14 o.E. gelte $g_j = G(\{y_j\}) > 0 \,\forall 1 \leq j \leq k$. Dann gilt mit $\pi_j = m_j/n$, $j = 1, \ldots, k$, und $\ell(x) = -x \log x$, $0 \leq x \leq \infty$

$$\widehat{F}_n^{(n)}(\{x\}; x) = \prod_{j=1}^k \pi_j^{m_j} \geq Q(\{x\}) = \prod_{j=1}^k g_j^{m_j} \quad \Leftrightarrow \quad -\sum_{j=1}^k m_j \log\left(\frac{\pi_j}{g_j}\right) \leq 0$$

$$\Leftrightarrow \quad \sum_{j=1}^k \ell\left(\frac{\pi_j}{g_j}\right) g_j \leq 0.$$

Wegen $\sum_{j=1}^k g_j \leq 1$ und der Konkavität von ℓ liefert die Jensen-Ungleichung nämlich

$$\sum_{j=1}^k \ell\left(\frac{\pi_j}{g_j}\right) g_j \leq \ell\left(\sum_{j=1}^k \frac{\pi_j}{g_j} g_j\right) = \ell(1) = 0. \quad \square$$

In parametrischen Modellen sind die ML-Schätzer unter geeigneten Regularitätsvoraussetzungen asymptotisch minimax-optimal; vgl. Anmerkung 6.10. Dies läßt vermuten, daß entsprechende Optimalitätsaussagen auch für die empirische VF gelten. Entsprechende Aussagen werden in Anmerkung 7.91 formuliert.

Die obigen Überlegungen legen nun auch die Vermutung nahe, daß nicht nur $\widehat{F}_n$ ein statistisch sinnvoller Schätzer für F, sondern bei reell- oder vektorwertigen Funktionalen $\gamma(\cdot)$ auch $\gamma(\widehat{F}_n)$ ein solcher für $\gamma(F)$ ist. Anders als $\widehat{F}_n$ (für festes Argument) lassen sich die Schätzer $\gamma(\widehat{F}_n)$ jedoch nur in Ausnahmefällen schon finit mit Hilfe des Satzes von Lehmann-Scheffé rechtfertigen. In 7.1.5 wird gezeigt werden, daß dies nur für die multilinearen Funktionale möglich ist. In allen anderen Fällen können solche Statistiken sowohl in schätz- wie in testtheoretischem Rahmen höchstens asymptotisch gerechtfertigt werden. Hierzu sind jedoch umfangreiche verteilungstheoretische Vorüberlegungen erforderlich, die große Teile dieses und des folgenden Bandes beanspruchen werden.

7.1.2 Einige Halbordnungen in der nichtparametrischen Statistik

Bei diversen Fragestellungen der parametrischen Statistik wurden Definitionen zugrundegelegt bzw. Argumente verwandt, die letztlich auf eine Anordnung der jeweils betrachteten Verteilungen hinausliefen. Da diese Sachverhalte jedoch – von den Diskussionen in 6.5.2 abgesehen – durch eine entsprechende Anordnung der Parameterwerte ausgedrückt wurden, trat dies dort kaum in Erscheinung. So hätten sich viele der in Band I betrachteten einseitigen Testprobleme – etwa solche in Lokationsfamilien – mit der in 2.2.2 parametrisch eingeführten stochastischen Ordnung formulieren lassen. Auch bei der Lösung derartiger Testprobleme ging – im Rahmen von Familien mit isotonem DQ – diese Ordnungsrelation entscheidend ein.

Allgemein definiert man für je zwei VF $F_1, F_2 \in \mathfrak{M}^1(\mathbb{R}, \mathbb{B})$

$$F_1 \succeq_{\text{st}} F_2 \quad \Leftrightarrow \quad 1 - F_1(x) \geq 1 - F_2(x) \quad \forall x \in \mathbb{R}. \tag{7.1.34}$$

F_1 heißt dann *stochastisch größer* (oder genauer: stochastisch nicht kleiner) als F_2. Wie im wesentlichen bereits in (2.2.23) gezeigt wurde, gilt

$$F_1 \succeq_{\text{st}} F_2 \quad \Leftrightarrow \quad \int h \, dF_1 \geq \int h \, dF_2 \quad \forall h \in \mathbb{B} \quad \text{isoton und beschränkt.} \tag{7.1.35}$$

Die Bedeutung von Halbordnungen[13] über der Menge $\mathfrak{M}^1(\mathbb{R}, \mathbb{B})$ oder allgemeiner über $\mathfrak{M}^1(\mathbb{R}^k, \mathbb{B}^k)$ ist für die nichtparametrische Testtheorie ungleich größer als für die parametrische Theorie. So haben die Beispiele 7.9 – 7.11 gezeigt, daß man häufig die den Hypothesen zugrundeliegenden Sachverhalte adäquat vermöge angeordneter VF formulieren kann. Hierzu werden neben der stochastischen Ordnung und der bereits in Beispiel 7.9c verwendeten μ-Ordnung noch andere Halbordnungen benötigt.

Auch für Schätzprobleme sind Halbordnungen von großer Bedeutung, wie bereits in 6.5.2 deutlich wurde. Dies liegt daran, daß man – finit oder asymptotisch – nach Schätzern sucht, die um den „wahren" Parameterwert möglichst stark konzentriert sind. Bei einparametrigen Problemen läßt sich dieses Ziel zum einen etwa mit Hilfe der dort eingeführten Dehnungshalbordnung erreichen. Diese wurde für je zwei VF $F_1, F_2 \in \mathfrak{M}^1(\mathbb{R}, \mathbb{B})$ mittels der Pseudoinversen definiert und zwar gemäß

$$F_1 \succeq_{\text{sp}} F_2 \quad \Leftrightarrow \quad F_1^{-1}(v) - F_1^{-1}(u) \geq F_2^{-1}(v) - F_2^{-1}(u) \quad \forall 0 < u < v < 1. \tag{7.1.36}$$

Zum anderen wurde hierzu die Symmetrisierungshalbordnung (6.5.48) eingeführt. Diese ist im eindimensionalen – und analog im mehrdimensionalen – Fall mit Hilfe der durch (6.5.46) erklärten Symmetrisierten $F_{1\sim}$ und $F_{2\sim}$ sowie der Anderson-Halbordnung (6.5.42) definiert gemäß

$$F_1 \succeq_{\text{sy}} F_2 \quad \Leftrightarrow \quad F_{1\sim} \succeq_A F_{2\sim}.$$

Es wird sich zeigen, daß die Symmetrisierungshalbordnung eine Abschwächung der Dehnungshalbordnung ist, im Gegensatz zu dieser aber in einer zu (7.1.35) analogen Form gekennzeichnet werden kann.

---

[13] Der Einfachheit halber sprechen wir auch dann von einer Halbordnung, wenn es sich wie bei $\succeq_{\text{st}}$ um eine Ordnung handelt. Eine Halbordnung $\succeq$ heißt *linear*, falls stets gilt $y \succeq y'$ oder $y' \succeq y$, sonst *partiell*. Es sei jedoch bemerkt, daß die Terminologie in der Literatur stark variiert. So sprechen manche Autoren von einer Präordnung statt einer Halbordnung. Andere meinen mit einer Halbordnung das, was hier unter einer partiellen Ordnung verstanden wird.

Von großer Bedeutung – speziell für die statistische Interpretation des Faltungssatzes – ist nach 6.5.2 auch die Anderson-Halbordnung selber. Sie ist insbesondere deshalb von Interesse, weil sie im Gegensatz zu den vorgenannten Halbordnungen nicht auf Lokations-, Skalen- oder sonstige speziellen Modelle zugeschnitten ist.

Erwähnt sei schließlich die *Schur-Ordnung*[14]. Auch diese in Band III benötigte Halbordnung auf $\mathbb{R}^n$ läßt sich in einer (7.1.35) entsprechenden Weise zu einer Halbordnung von VF erweitern, wie dies in Satz 7.17 diskutiert werden wird. Sie ist für $x = (x_1, \ldots, x_n)^\top \in \mathbb{R}^n$, $y = (y_1, \ldots, y_n)^\top \in \mathbb{R}^n$ definiert durch

$$x \succeq_{\text{Sch}} y \quad :\Leftrightarrow \quad \begin{cases} \sum_{j=1}^{k} x_{n\uparrow j} \leq \sum_{j=1}^{k} y_{n\uparrow j} & \forall 1 \leq k < n, \\ \sum_{j=1}^{n} x_j = \sum_{j=1}^{n} y_j. \end{cases} \qquad (7.1.37)$$

Halbordnungen werden in der nichtparametrischen Schätztheorie jedoch nicht nur dazu verwendet, um das Dispersionsverhalten von Schätzern (über dasjenige ihrer Verteilungen) zu vergleichen. Mit ihrer Hilfe werden sich in 7.1.3 auch Funktionale axiomatisch formulieren lassen, die die intuitive Vorstellung von Lage, Dispersion oder Schiefe einer Verteilung ausdrücken. Deshalb ist es zweckmäßig, zunächst etwas allgemeiner auf Halbordnungen für WS-Maße bzw. VF einzugehen. Dabei sollen in 7.1.2 einige technische Aspekte solcher Halbordnungen auf $\mathfrak{M}^1(\mathfrak{X}, \mathfrak{B})$ behandelt werden, die sich durch Fortsetzung einer auf dem Stichprobenraum $\mathfrak{X}$ definierten Halbordnung ergeben. Diese Diskussion umfaßt natürlich die stochastische Ordnung, aber auch die meisten anderen oben angesprochenen Halbordnungen.

Im folgenden bezeichne allgemein $\succeq$ eine Halbordnung auf einem polnischen Raum $\mathfrak{X}$ (mit Borel-σ-Algebra $\mathfrak{B}$) und $\mathfrak{H} := \mathfrak{H}_\succeq$ die Gesamtheit der bzgl. dieser Halbordnung isotonen sowie zugleich meßbaren und beschränkten Funktionen $h : \mathfrak{X} \to \mathbb{R}$. Dann läßt sich „$\succeq$" auf $\mathfrak{M}^1(\mathfrak{X}, \mathfrak{B})$ fortsetzen gemäß

$$F_1 \succeq F_2 \quad :\Leftrightarrow \quad \int h \, dF_1 \geq \int h \, dF_2 \quad \forall h \in \mathfrak{H}. \qquad (7.1.38)$$

Man wird nun allgemein versuchen, eine Halbordnung auf $\mathfrak{M}^1(\mathfrak{X}, \mathfrak{B})$ durch eine leichter handhabbare Teilklasse von $\mathfrak{H}$ zu charakterisieren. Hierzu bietet sich die Klasse $\mathfrak{J}$ der Indikatoren aller abgeschlossenen isotonen Teilmengen von $\mathfrak{X}$ an. Dabei heißt eine Menge $B \in \mathfrak{B}$ *isoton bzgl.* $\succeq$, falls $\mathbf{1}_B$ isoton ist, d.h. wenn aus $x \in B$ und $y \succeq x$ folgt $y \in B$. Im Fall der üblichen Ordnung $\geq$ auf $\mathbb{R}$ sind die (nichttrivialen) abgeschlossenen isotonen Mengen gerade diejenigen der Form $[z, \infty)$, $z \in \mathbb{R}$. Die angestrebte Charakterisierung wie die Möglichkeit einer verteilungsgleichen Ersetzung liefert der

---

[14] Zu dieser und ihren Verallgemeinerungen vgl. A.W. Marshall, I. Olkin: Inequalities: Theory of Majorization and its Applications, Academic Press (1979).

7.1 Nichtparametrische Modelle und Funktionale

Satz 7.17 (Kamae, Krengel, O'Brien) $\mathfrak{X}$ *sei ein polnischer Raum, versehen mit der Borel-σ-Algebra $\mathfrak{B}$, und $\succeq$ eine abgeschlossene[15] Halbordnung auf $\mathfrak{X}$. Weiter bezeichne $\mathfrak{J}$ das System der abgeschlossenen, bzgl. $\succeq$ isotonen Indikatorfunktionen und $F_i \in \mathfrak{M}^1(\mathfrak{X}, \mathfrak{B})$ für $i = 1, 2$ WS-Maße. Dann sind äquivalent:*

a) $F_1 \succeq F_2$ (*im Sinne von* (7.1.38));

b) $F_1(I) \geq F_2(I) \quad \forall I \in \mathfrak{J}$;   (7.1.39)

c) $\exists P \in \mathfrak{M}^1(\mathfrak{X} \times \mathfrak{X}, \mathfrak{B} \otimes \mathfrak{B})$ *mit* $P^{\pi_i} = F_i$, $i = 1, 2$ *und*
     $P(\{(x_1, x_2) \in \mathfrak{X} \times \mathfrak{X} : x_1 \succeq x_2\}) = 1$;

d) $\exists \mathfrak{X}$-*wertige ZG* X_1, X_2 *auf einem WS-Raum* $(\Omega, \mathfrak{A}, \mathbb{P})$
     mit $\mathbb{P}^{X_i} = F_i$, $i = 1, 2$, *und* $X_1 \succeq X_2$ $[\mathbb{P}]$.

Beweis: Wir zeigen zunächst a) ⇔ b) und dann a) ⇒ c) ⇒ d) ⇒ a).

a) ⇒ b) ist trivial. Zum Nachweis von b) ⇒ a) sei $B \in \mathfrak{B}$ isoton. Wegen der Regularität eines WS-Maßes über $(\mathfrak{X}, \mathfrak{B})$ gemäß Satz 5.48 gibt es dann zu jedem $\varepsilon > 0$ ein Kompaktum $K_\varepsilon \subset B$ mit $F_i(B) - F_i(K_\varepsilon) < \varepsilon$, $i = 1, 2$. Somit ist[16]

$$H_\varepsilon := \pi_2(\{(x_1, x_2) \in \mathfrak{X} \times \mathfrak{X} : x_1 \preceq x_2, x_1 \in K_\varepsilon\}) = \{x_2 \in \mathfrak{X} : x_1 \preceq x_2 \ \exists x_1 \in K_\varepsilon\}$$

abgeschlossen und ebenfalls isoton. Letzteres impliziert $H_\varepsilon \subset B$ und damit unter Verwendung von b) für jedes $\varepsilon > 0$ die Gültigkeit von

$$F_2(B) \leq F_2(K_\varepsilon) + \varepsilon \leq F_2(H_\varepsilon) + \varepsilon \leq F_1(H_\varepsilon) + \varepsilon \leq F_1(B) + \varepsilon$$

und zwar für jedes $\varepsilon > 0$ sowie damit auch diejenige von

$$F_1(B) \geq F_2(B) \quad \forall B \in \mathfrak{B}, \ B \text{ isoton}.$$

Zum Nachweis für beliebige Funktionen $h \in \mathfrak{H}$ beachte man, daß $\{x : h(x) \geq t\}$ isoton ist für jedes $t \in \mathbb{R}$. Ist nun $h \in \mathfrak{H}$ und o.E. $0 \leq h < 1$, so gibt es nach A3.4 zu vorgegebenem $\varepsilon > 0$ eine Einteilung $t_0 = 0 < t_1 < \ldots < t_k = 1$ von $[0, 1)$ sowie eine primitive $\mathfrak{B}$-meßbare Funktion $g = \sum_{j=1}^{k} t_{j-1} \mathbf{1}_{\{t_{j-1} \leq h < t_j\}}$ und damit durch Umordnung eine solche der Form $g = \sum_{j=1}^{k} c_j \mathbf{1}_{I_j} \in \mathfrak{H}$ mit $c_j := t_{j-1} - t_{j-2} > 0$, mit isotonen $I_j = \{t_{j-1} \leq h\} \in \mathfrak{J}$ und $\|h - g\|_\infty < \varepsilon$. Für diese gilt nach dem zuvor Bewiesenen $\int g \, dF_1 \geq \int g \, dF_2$, also auch $\int h \, dF_1 \geq \int h \, dF_2$.

a) ⇒c) Der Beweis basiert auf der Gültigkeit der folgenden wichtigen Aussage[17]: Für $i = 1, 2$ seien $(\mathfrak{X}_i, \mathfrak{B}_i)$ polnische Räume und $F_i \in \mathfrak{M}^1(\mathfrak{X}_i, \mathfrak{B}_i)$ WS-Maße. Weiter seien $K \subset \mathfrak{X}_1 \times \mathfrak{X}_2$ eine (bzgl. der Produkttopologie) abgeschlossene Menge und $\varepsilon \geq 0$. Dann sind äquivalent:

---

[15] Ist $\mathfrak{Y}$ metrischer Raum, so heißt eine Halbordnung *abgeschlossen*, wenn ihr Graph in der zugehörigen Produkttopologie abgeschlossen ist oder äquivalent, wenn gilt
     $y_n \to y, \ y'_n \to y', \ y_n \succeq y'_n \quad \forall n \in \mathbb{N} \ \Rightarrow \ y \succeq y'$.
[16] vgl. J. Dieudonné: Grundzüge der modernen Analysis, Vieweg (1985), S. 79, Problem 5b.
[17] Zum Beweis vgl. V. Strassen: Ann.Math.Stat. 36 (1965) 423–439.

1) $\exists P \in \mathfrak{M}^1(\mathfrak{X}_1 \times \mathfrak{X}_2, \mathfrak{B}_1 \otimes \mathfrak{B}_2)$ mit $P^{\pi_i} = F_i$, $i = 1, 2$, und $P(K) \geq 1 - \varepsilon$,

2) $\forall U \subset \mathfrak{X}_1$, U offen, gilt: $F_2(\pi_2(K \cap U \times \mathfrak{X}_2)) + \varepsilon \geq F_1(U)$.

Der Nachweis von c) ergibt sich aus diesem Resultat mit $\mathfrak{X}_1 = \mathfrak{X}_2 = \mathfrak{X}$ sowie mit $K = \{(x_1, x_2) \in \mathfrak{X} \times \mathfrak{X} : x_1 \succeq x_2\}$ und $\varepsilon = 0$. Für alle offenen Teilmengen $U \subset \mathfrak{X}$ gilt nämlich wegen der Isotonie von $\{x_2 : x_1 \succeq x_2\}^c$ bzw. wegen $\{x_2 : x_1 \succeq x_2\} \supset \{x_1\}$

$$F_2(\pi_2(K \cap U \times \mathfrak{X})) = F_2\Big(\bigcup_{x_1 \in U} \{x_2 : x_1 \succeq x_2\} \Big)$$
$$\geq F_1\Big(\bigcup_{x_1 \in U} \{x_2 : x_1 \succeq x_2\} \Big) \geq F_1(U).$$

c) $\Rightarrow$ d) ergibt sich durch Koordinatendarstellung.

d) $\Rightarrow$ a) folgt unmittelbar aus der Transformationsformel A4.5. $\square$

Satz 7.17d sichert zu vorgegebenen Verteilungen $F_1 \succeq F_2$ die Existenz verteilungsgleicher Ersetzungen, d.h. von ZG mit Verteilungen F_1 und F_2, die im Sinne der Halbordnung des Stichprobenraums f.s geordnet sind. Für einige univariate Fälle – nämlich dann, wenn sich die Ordnung in einfacher Weise durch die Quantilfunktion ausdrücken läßt – wird man eine solche auch mit einer $\mathfrak{R}$-verteilten ZG U explizit in der Form $F^{-1}(U)$ erhalten. Für die stochastische Ordnung ist dies nach Hilfssatz 2.29a der Fall und zwar gilt

$$F_1 \succeq_{st} F_2 \quad \Leftrightarrow \quad F_1^{-1}(t) \geq F_2^{-1}(t) \quad \forall t \in (0,1). \tag{7.1.40}$$

In entsprechender Weise läßt sich auch eine verteilungsgleiche Ersetzung für die μ-Ordnung angeben. Zumeist, speziell bei einem mehrdimensionalen Grundraum, hat man jedoch den Satz 7.17d heranzuziehen.

Verteilungsgleiche Ersetzungen sind u.a. die Grundlage vieler Unverfälschtheitsnachweise. Wir illustrieren dies anhand eines allgemein formulierten nichtparametrischen Zweistichprobenproblems

$$\mathbf{H}: F_1 \preceq F_2, \quad \mathbf{K}: F_1 \succeq F_2 \quad \text{mit} \quad F_1 \neq F_2, \tag{7.1.41}$$

wobei $\succeq$ aus einer abgeschlossenen Halbordnung auf dem polnischen Stichprobenraum $\mathfrak{X}_0$ durch Fortsetzung gewonnen wurde. Hierzu seien X_{ij}, $j = 1, \ldots, n_i$, $i = 1, 2$, st.u. ZG mit der von j unabhängigen Verteilung $F_i \in \mathfrak{F} \subset \mathfrak{M}^1(\mathfrak{X}_0, \mathfrak{B}_0)$. Bei einem solchen läßt sich die Halbordnung $\succeq$ nicht nur gemäß (7.1.38) auf die Klasse $\mathfrak{M}^1(\mathfrak{X}_0, \mathfrak{B}_0)$ fortsetzen, sondern auch auf den Raum der gemeinsamen Verteilungen $\mathfrak{P} = \{F_1^{(n_1)} \otimes F_2^{(n_2)} : F_i \in \mathfrak{F}, i = 1, 2\}$. Definiert man nämlich mit der für $i = 1, 2$ gültigen Abkürzung $x_i \preceq x_i' :\Leftrightarrow x_{ij} \leq x_{ij}' \; \forall j = 1, \ldots, n_i$

$$(x_1, x_2) \preceq (x_1', x_2') \quad :\Leftrightarrow \quad x_1 \preceq x_1', \; x_2 \succeq x_2', \tag{7.1.42}$$

so erhält man eine Halbordnung zunächst auf $(\mathfrak{X},\mathfrak{B}) = \left(\mathfrak{X}_0^{(n_1+n_2)}, \mathfrak{B}_0^{(n_1+n_2)}\right)$ und damit gemäß (7.1.38) eine solche auf $\mathfrak{P}$. Diese läßt sich wiederum durch eine entsprechende Halbordnung auf den Parameterraum $\Theta \subset \mathfrak{F} \times \mathfrak{F}$ beschreiben, nämlich durch

$$(F_1, F_2) \preceq (F_1', F_2') \quad :\Leftrightarrow \quad F_1 \preceq F_1', \ F_2 \succeq F_2'. \tag{7.1.43}$$

Die folgende Aussage wurde von Lehmann[18] für den Spezialfall $(\mathfrak{X}_0, \mathfrak{B}_0) = (\mathbb{R}, \mathbb{B})$ und die stochastische Ordnung bewiesen. Sie überträgt sich unter Verwendung von Satz 7.17 sofort auf den hier betrachteten Fall anderer, durch Fortsetzung gewonnener abgeschlossener Halbordnungen.

Satz 7.18 *Sei $\preceq$ eine abgeschlossene Halbordnung auf $\mathfrak{X}_0$ bzw. die gemäß (7.1.38) auf $\mathfrak{M}^1(\mathfrak{X}_0, \mathfrak{B}_0)$ bzw. die gemäß (7.1.42) auf $\left(\mathfrak{X}_0^{(n_1+n_2)}, \mathfrak{B}_0^{(n_1+n_2)}\right)$ definierte Halbordnung. Dann gilt für das Zweistichprobenproblem (7.1.41): Jeder im Sinne von*

$$(x_1, x_2) \preceq (x_1', x_2') \quad \Rightarrow \quad \varphi(x_1, x_2) \leq \varphi(x_1', x_2') \tag{7.1.44}$$

isotone, auf $\mathbf{J}: F_1 = F_2$ ähnliche Test φ hält sein auf $\mathbf{J}$ angenommenes Niveau über $\mathbf{H}$ ein und ist über $\mathbf{K}$ unverfälscht. Allgemeiner gilt

$$(F_1, F_2) \preceq (F_1', F_2') \quad \Rightarrow \quad E_{F_1 F_2}\varphi(X_1, X_2) \leq E_{F_1' F_2'}\varphi(X_1, X_2), \tag{7.1.45}$$

Beweis: Sei $\alpha \in (0,1)$ fest und $E_{FF}\varphi = \alpha \ \forall F \in \mathfrak{M}^1(\mathfrak{X}_0, \mathfrak{B}_0)$. Der Nachweis von

$$E_{F_1 F_2}\varphi \leq \alpha \quad \forall F_1 \preceq F_2, \qquad E_{F_1 F_2}\varphi \geq \alpha \quad \forall F_1 \succeq F_2 \tag{7.1.46}$$

wie derjenige vom Zusatz (7.1.45) ergibt sich durch verteilungsgleiche Ersetzung gemäß Satz 7.17d. Bezeichnen nämlich $X_1^\times, X_2^\times$ bzw. $X_1'^\times, X_2'^\times$ verteilungsgleiche Ersetzungen von X_1, X_2 unter F_1, F_2 bzw. unter F_1', F_2', so folgt aus (7.1.43) zunächst $X_1^\times \preceq X_1'^\times \ [\mathbb{P}], \ X_2^\times \succeq X_2'^\times \ [\mathbb{P}]$ und damit die Behauptung wegen der punktweisen Isotonie der Funktion φ gemäß

$$E_{F_1 F_2}\varphi(X_1, X_2) = E_{F_1 F_2}\varphi(X_1^\times, X_2^\times) \leq E_{F_1' F_2'}\varphi(X_1'^\times, X_2'^\times) = E_{F_1' F_2'}\varphi(X_1, X_2).$$

Aus der Isotonie der Gütefunktion im Sinne von (7.1.45) folgt nun für $(F_1, F_2) \in \mathbf{H}$ wegen $F_1 \preceq F_0 := \frac{1}{2}(F_1 + F_2) \preceq F_2$

$$(F_1, F_2) \preceq (F_1, F_0) \preceq (F_0, F_0)$$

und damit für jeden bzgl. (7.1.42) isotonen, auf $\mathbf{J}$ α-ähnlichen Test

$$(F_1, F_2) \in \mathbf{H} \quad \Rightarrow \quad E_{F_1 F_2}\varphi(X_1, X_2) \leq E_{F_0 F_0}\varphi(X_1, X_2) = \alpha.$$

Analog ergibt sich die Unverfälschtheit über $\mathbf{K}$. □

---
[18] Vgl. E. L. Lehmann: Ann. Math. Stat. 22 (1951) 165–179.

Die Aussage 7.18 gilt also speziell für die stochastische Ordnung und die μ-Ordung, für die sich wegen (7.1.40) bzw. Hilfssatz 7.23 verteilungsgleiche Darstellungen über die Quantilfunktion und st.u. $\mathfrak{R}$-verteilte ZG U_{ij} explizit angeben lassen gemäß

$$X_{1j}^{\times} = F_1^{-1}(U_{1j}),\ X_{2j}^{\times} = F_2^{-1}(U_{2j})\ \text{bzw.}\ X_{1j}^{\prime\times} = F_1^{\prime-1}(U_{1j}),\ X_{2j}^{\prime\times} = F_2^{\prime-1}(U_{2j}).$$

Die stochastische Ordnung Diese wird in der angegebenen Weise von der üblichen Ordnung „$\geq$" auf $\mathbb{R}$ induziert und eignet sich offensichtlich dazu, die Lage (Lokation) zweier Verteilungen miteinander zu vergleichen. Gilt nämlich $F_1 \succeq_{\text{st}} F_2$, so folgt im Fall der Existenz der Erwartungswerte aus (7.1.40)

$$E_{F_1}X = \int x\,\mathrm{d}F_1(x) = \int_{(0,1)} F_1^{-1}(t)\,\mathrm{d}t \geq \int_{(0,1)} F_2^{-1}(t)\,\mathrm{d}t = \int x\,\mathrm{d}F_2(x) = E_{F_2}X.$$

Mit Hilfe von „$\succeq_{\text{st}}$" kann man auch die getrimmten Mittelwerte $E_F r(X)$ anordnen, $r(x) = (|x| \wedge r)\,\mathrm{sgn}\,x, r > 0$. In 7.1.1 wurden nichtparametrische Lageprobleme deshalb mittels der stochastischen Ordnung formuliert. Entsprechend wird in 7.1.3 die Isotonie bzgl. der stochastischen Ordnung Teil der axiomatischen Einführung von Lagefunktionalen sein. Die stochastische Ordnung tritt aber nicht nur im Rahmen von Lokationsproblemen auf, sondern auch in anderen Situationen.

Beispiel 7.19 a) Seien $P, Q \in \mathfrak{M}^1(\mathfrak{X}, \mathfrak{B})$ und $L := \mathrm{d}Q/\mathrm{d}P$ der zugehörige DQ. Dann gilt stets $Q^L \succeq_{\text{st}} P^L$. Dies besagt nämlich gerade die Unverfälschtheit des Neyman-Pearson-Tests, also die Aussage $Q(L > c) \geq P(L > c)\ \forall c \geq 0$.

b) Für $i = 1, 2$ seien $\lambda_i(\cdot)$ auf $(\mathfrak{X}, \mathfrak{B})$ definierte, nicht-negative meßbare Funktionen mit $0 \leq \lambda_1(u) \leq \lambda_2(u)\ \forall 0 \leq u \leq r_1 \leq r_2 \leq \infty$ und

$$\int_0^t \lambda_i(u)\,\mathrm{d}u < \infty \quad \forall 0 \leq t < r_i, \quad \int_0^{r_i} \lambda_i(u)\,\mathrm{d}u = \infty, \quad i = 1, 2.$$

Dann ergibt sich für die (auf $(0, r_i)$ konzentrierte) VF

$$F_i(t) = 1 - \exp\left(-\int_0^t \lambda_i(u)\,\mathrm{d}u\right), \quad t \geq 0,\ i = 1, 2,$$

die Beziehung $F_1 \succeq_{\text{st}} F_2$. Die Anordnung der „Überlebensraten" λ_i impliziert also die stochastische Anordnung der zugehörigen VF F_i. □

Die stochastische Ordnung tritt (im univariaten Fall) auch in abgeschwächter Form auf. So läßt sich eine Halbordnung definieren durch

$$F_1 \succeq_M F_2 \quad :\Leftrightarrow \quad \int_0^t F_1^{-1}(u)\,\mathrm{d}u \geq \int_0^t F_2^{-1}(u)\,\mathrm{d}u \quad \forall t \in (0,1),$$

7.1 Nichtparametrische Modelle und Funktionale

wobei F_1, F_2 zwei Verteilungen mit endlichen ersten Momenten sind. Diese ist speziell dann von Interesse, wenn F_1 und F_2 den gleichen Mittelwert besitzen. Sie spielt u.a. bei der Messung von Konzentrationen eine gewisse Rolle.

Schließlich wird in 7.1.4 eine Variante der stochastischen Ordnung für bivariate VF benötigt. Die naheliegendste Form einer solchen Halbordnung erhält man dadurch, daß man die übliche (abgeschlossene) partielle Halbordnung auf $\mathbb{R}^2$

$$x = (y,z)^\top \preceq x' = (y',z')^\top \quad :\Leftrightarrow \quad y \leq y' \text{ und } z \leq z' \tag{7.1.47}$$

gemäss (7.1.38) zu einer solchen auf $\mathfrak{M}^1(\mathbb{R}^2, \mathbb{B}^2)$ fortsetzt. Die bzgl. (7.1.47) abgeschlossenen isotonen Mengen I sind gerade diejenigen abgeschlossenen Teilmengen des $\mathbb{R}^2$, die mit jedem Punkt zugleich den von diesem bestimmten rechten oberen Quadranten enthalten. Beispiele für solche Mengen I sind die Quadranten selbst und etwa die Mengen $\{(y,z)^\top : y + z \geq t\}$, $t \in \mathbb{R}$. Es gilt dann

$$F_1 \succeq_{st} F_2 \Leftrightarrow F_1(I) \geq F_2(I) \quad \forall I \subset \mathbb{R}^2 \quad \text{abgeschlossen und isoton}$$

$$\Leftrightarrow \int h \, dF_1 \geq \int h \, dF_2 \quad \forall h : (\mathbb{R}^2, \mathbb{B}^2) \to (\mathbb{R}, \mathbb{B}) \quad \text{beschränkt}$$

und in jeder Variablen isoton.

Besitzen nun F_1 und F_2 jeweils gleiche erste und gleiche zweite Randverteilungen, dann liefert dies für $I = [y, \infty) \times [z, \infty)$ die Implikation

$$F_1 \succeq_{st} F_2 \quad \Rightarrow \quad F_1(y,z) \geq F_2(y,z) \quad \forall (y,z)^\top \in \mathbb{R}^2. \tag{7.1.48}$$

Die Umkehrung gilt nicht, wie das folgende einfache Beispiel[19] zeigt.

Beispiel 7.20 Seien Y, Z zwei st.u. ZG mit $\mathfrak{L}(Y) = \mathfrak{L}(Z) = \mathfrak{B}(1, 1/2)$. Um eine Aussage über die stochastische Anordnung der beiden ZG $X_1 = (Y,Y)^\top$, $X_2 = (Y,Z)^\top$ machen zu können, hat man die WS der Ereignisse

$$A_1 = \{(0,0)\}, \quad A_2 = \{(1,0),(0,0)\}, \quad A_3 = \{(0,1),(0,0)\}, \quad B = \{(0,1),(1,0),(1,1)\}$$

zu berechnen. Offensichtlich gilt:

$$\mathbb{P}(X_1 \in A_1) = \frac{1}{2} \geq \mathbb{P}(X_2 \in A_1) = \frac{1}{4}, \quad \mathbb{P}(X_1 \in A_2) = \mathbb{P}(X_2 \in A_2) = \frac{1}{2},$$

$$\mathbb{P}(X_1 \in A_3) = \mathbb{P}(X_2 \in A_3) = \frac{1}{2}, \quad \mathbb{P}(X_1 \in B) = \frac{1}{2} \leq \mathbb{P}(X_2 \in B) = \frac{3}{4}.$$

Die ersten drei dieser Beziehungen implizieren für $(y,z) \in \mathbb{R}^2$ die Gültigkeit von

$$F_2(y,z) := \mathbb{P}(X_2 \in (-\infty, y] \times (-\infty, z]) \leq \mathbb{P}(X_1 \in (-\infty, y] \times (-\infty, z]) =: F_1(y,z),$$

---

[19] Dieses Beispiel wie auch der nachfolgende Satz entstammen im wesentlichen der Arbeit von S. Cambanis, G. Simons und W. Stout: Zeitschr. Wahrsch. Th. u. verw. Geb. 36 (1976) 285–294.

d.h. der rechten Seite von (7.1.48). Für die isotone Menge $I = \{(y,z) : y + z \geq 1\}$ gilt jedoch aufgrund der vierten Beziehung

$$F_1(I) = F_1(B) = \frac{1}{2} < \frac{3}{4} = F_2(B) = F_2(I).$$

Dies zeigt, daß die Umkehrung in (7.1.48) nicht gilt, d.h. daß F_2 nicht stochastisch größer ist als F_1. □

Dennoch wird die rechte Seite von (7.1.48) von manchen Autoren als Definition der stochastischen Ordnung bivariater Verteilungen benutzt; vgl. auch Beispiel 7.11 sowie Definition 7.57a in 7.1.4. Bei dieser Festsetzung stellt sich sofort die Frage, von welchen Funktionen sich die EW bzgl. dieser Halbordnung anordnen lassen (nämlich sicher nicht von allen komponentenweise isotonen Funktionen). Hierzu beweisen wir den

Satz 7.21 (Cambanis, Simons, Stout) *Seien $F_1, F_2 \in \mathfrak{M}^1(\mathbb{R}^2, \mathbb{B}^2)$ zwei VF, die jeweils die gleichen ersten und gleichen zweiten Rand-VF besitzen. Dann gilt für jede VF $\check{F} \in \mathfrak{M}^1(\mathbb{R}^2, \mathbb{B}^2)$*

$$F_1(y,z) \geq F_2(y,z) \; \forall (y,z)^\top \in \mathbb{R}^2 \;\Rightarrow\; \int \check{F}(y,z) \, \mathrm{d}F_1(y,z) \geq \int \check{F}(y,z) \, \mathrm{d}F_2(y,z).$$

Beweis: Dieser ist eine unmittelbare Folgerung aus der folgenden bivariaten Version der Formel (B1.6) von der partiellen Integration. □

Hilfssatz 7.22 *Seien $F, \check{F} \in \mathfrak{M}^1(\mathbb{R}^2, \mathbb{B}^2)$. Dabei besitze F die Rand-VF G bzw. H sowie $\check{F}$ die Rand-VF $\check{G}$ bzw. $\check{H}$. Dann gilt*

$$\iint \check{F}(y,z) \, \mathrm{d}F(y,z) = 1 - \int G(s-0) \, \mathrm{d}\check{G}(s) - \int H(t-0) \, \mathrm{d}\check{H}(t)$$
$$+ \iint F(s-0, t-0) \, \mathrm{d}\check{F}(s,t).$$

Beweis: Setzt man

$$\delta(s,t;y,z) := \begin{cases} 1 & \text{für } s \leq y, t \leq z \text{ oder } s > y, t > z, \\ -1 & \text{für } s > y, t \leq z \text{ oder } s \leq y, t > z, \end{cases}$$

so gilt

$$\iint \delta(s,t;y,z) \, \mathrm{d}F(y,z) = 1 + 4F(s-0, t-0) - 2G(s-0) - 2H(t-0),$$
$$\iint \delta(s,t;y,z) \, \mathrm{d}\check{F}(s,t) = 1 + 4\check{F}(y,z) - 2\check{G}(y) - 2\check{H}(z)$$

oder

$$\check{F}(y,z) = \frac{1}{4}\left(\iint \delta(s,t;y,z) \, \mathrm{d}\check{F}(s,t) + 2\check{G}(y) + 2\check{H}(z) - 1 \right).$$

Daraus folgt dann mit dem Satz von Fubini

$$\iint \check{F}(y,z)\,\mathrm{d}F(y,z) = \frac{1}{4} \iiiint \delta(s,t;y,z)\,\mathrm{d}F(y,z)\,\mathrm{d}\check{F}(s,t)$$
$$+ \frac{1}{2}\int \check{G}(y)\,\mathrm{d}G(y) + \frac{1}{2}\int \check{H}(z)\,\mathrm{d}H(z) - \frac{1}{4}$$
$$= \iint F(s-0, t-0)\,\mathrm{d}\check{F}(s,t) - \frac{1}{2}\int G(s-0)\,\mathrm{d}\check{G}(s) - \frac{1}{2}\int H(t-0)\,\mathrm{d}\check{H}(t)$$
$$+ \frac{1}{2}\int \check{G}(y)\,\mathrm{d}G(y) + \frac{1}{2}\int \check{H}(z)\,\mathrm{d}H(z).$$

Wendet man auf die beiden letzten Integrale noch die (univariate) Formel (B1.6) der partiellen Integration an, dann ergibt sich die behauptete Identität. □

Man beachte, daß der Satz 7.21 trivialerweise richtig bleibt, wenn man die VF $\check{F}$ durch eine beliebige beschränkte, Δ-isotone und rechtsseitig stetige Funktion ersetzt. Eine solche läßt sich nämlich schreiben in der Form $b\check{F} + a$ mit $b > 0$, $a \in \mathbb{R}$ und einer VF $\check{F} \in \mathfrak{M}^1(\mathbb{R}^2, \mathbb{B}^2)$. Für weitergehende Verallgemeinerungen vgl. die in Fußnote 19 zitierte Arbeit von Cambanis, Simons, Stout.

Die μ-Ordnung und verwandte Streuungshalbordnungen Die stochastische Ordnung ist im allgemeinen nicht dazu geeignet, VF entsprechend ihrem Streuungsverhalten anzuordnen. Diesem Zweck dienen die nachfolgend diskutierten Halbordnungen. Diese leiten sich in der zuvor beschriebenen Weise von Halbordnungen auf dem Stichprobenraum $(\mathbb{R}, \mathbb{B})$ ab. Zunächst soll der Fall behandelt werden, in dem ein Streuungszentrum μ ausgezeichnet ist. Für festes $\mu \in \mathbb{R}$ wird eine Ordnung auf $\mathbb{R}$ definiert durch[20]

$$x' \succeq_\mu x \quad :\Leftrightarrow \quad [x < \mu \Rightarrow x' \leq x \quad \text{und} \quad x > \mu \Rightarrow x' \geq x]. \tag{7.1.49}$$

Diese Ordnung ist abgeschlossen und die isotonen abgeschlossenen Mengen sind gerade diejenigen der Form

$$I = (-\infty, \mu - z_1] \cup [\mu + z_2, \infty), \quad z_1, z_2 > 0 \text{ oder } I = \mathbb{R}.$$

Gemäß (7.1.38) wird dann auf $\mathfrak{M}^1(\mathbb{R}, \mathbb{B})$ eine Ordnung definiert gemäß

$$F_1 \succeq_\mu F_2 \quad \Leftrightarrow \quad F_1(I) \geq F_2(I) \quad \forall I \subset \mathbb{R} \text{ isoton und abgeschlossen}.$$

Diese bereits in den Beispielen 7.9c und 7.10 verwendete sog. μ-*Ordnung* läßt sich auch durch die zugehörigen VF und Quantilfunktionen charakterisieren und zwar letzteres, wie gezeigt werden soll, mit Hilfe der für $\nu \in [0,1]$ formulierten Beziehung

$$F_1^{-1} \succeq_\nu F_2^{-1} \quad :\Leftrightarrow \quad F_1^{-1}(t) \leq F_2^{-1}(t) \quad \forall t < \nu, \quad F_1^{-1}(t) \geq F_2^{-1}(t) \quad \forall t > \nu. \tag{7.1.50}$$

---
[20] Für $x = \mu$ wird nur gefordert $x' \in \mathbb{R}$. Es gilt also stets $x = \mu \Rightarrow x' \succeq_\mu \mu$.

Hilfssatz 7.23 *Seien F_1, $F_2 \in \mathfrak{F}_c$ und $\mu \in \mathbb{R}$. Dann gilt:*

a) $\quad F_1 \succeq_\mu F_2 \quad \Rightarrow \quad F_1(\mu) = F_2(\mu) \in [0,1];$

b) $\quad F_1 \succeq_\mu F_2 \quad \Leftrightarrow \quad F_1(x) \geq F_2(x) \;\forall x < \mu, \quad F_1(x) \leq F_2(x) \;\forall x > \mu; \quad (7.1.51)$

c) $\quad F_1 \succeq_\mu F_2 \quad \Rightarrow \quad F_2^{-1} \succeq_\nu F_1^{-1} \;\text{mit}\; \nu := F_1(\mu) = F_2(\mu);$

d) $\quad$ Sei $0 < \nu < 1$ und $F_1^{-1}(\nu) = F_2^{-1}(\nu) =: \mu$. Dann gilt
$\quad F_1 \succeq_\mu F_2 \quad \Leftarrow \quad F_2^{-1} \succeq_\nu F_1^{-1}$.

Beweis: Aus $F_1 \succeq_\mu F_2$ folgt für die korrespondierenden VF für alle $z_1, z_2 > 0$

$$F_1(\mu + z_2) - F_1(\mu - z_1) = F_1(I^c) \leq F_2(I^c) = F_2(\mu + z_2) - F_2(\mu - z_1). \quad (7.1.52)$$

a) folgt direkt aus (7.1.52) für $z_1 \to 0$, $z_2 \to \infty$ bzw. $z_1 \to \infty$, $z_2 \to 0$.

b) Mit $z_1 \to 0$, $z_2 = z > 0$ bzw. $z_1 = z > 0$, $z_2 \to 0$ erhält man unmittelbar

$$F_1(\mu + z) \leq F_2(\mu + z) \quad \text{und} \quad F_1(\mu - z) \geq F_2(\mu - z) \quad \forall z > 0 \quad (7.1.53)$$

und damit „$\Rightarrow$". Umgekehrt folgt aus (7.1.53) zunächst (7.1.52) und damit gemäß Satz 7.17 die Behauptung.

c) Sei zunächst $0 < \nu < 1$ angenommen. Für $\nu < t < 1$ und $i = 1,2$ erhält man dann $F_i(x) \geq t \Rightarrow x > \mu$, denn aus $F_i(\mu) = \nu < t$ würde $\{x : F_i(x) \geq t\} \subset (\mu, \infty)$ folgen, d.h. $x > \mu$. Damit ist nach Voraussetzung

$$\{x : F_1(x) \geq t\} \subset \{x : F_2(x) \geq t\}, \quad \text{d.h.} \quad F_2^{-1}(t) \leq F_1^{-1}(t).$$

Für $0 < t < \nu$ gilt entsprechend

$$\{x : F_i(x) \geq t\} = [\mu, \infty) \cup \{x < \mu : F_i(x) \geq t\}.$$

Daraus folgt $\{x : F_1(x) \geq t\} \supset \{x : F_2(x) \geq t\}$ und damit $F_2^{-1}(t) \geq F_1^{-1}(t)$.
Die Randfälle $\nu = 0$ bzw. $\nu = 1$ ergeben sich mit der gleichen Argumentation.

d) Nach Hilfssatz 1.17e gilt $F_1(\mu) = F_2(\mu) = \nu$. Dann verläuft der Nachweis unter Verwendung von Hilfssatz 1.17c analog demjenigen von c). Für $x < \mu$ etwa gilt nämlich $\{t : F_1^{-1}(t) \leq x\} \subset [0, \nu)$. Daraus folgt $\{t : F_2^{-1}(t) \leq x\} \subset \{t : F_1^{-1}(t) \leq x\}$ und damit $F_2(x) \leq F_1(x)$. □

Im Hinblick auf (7.1.36) beachte man, daß aus Teil c) wegen (7.1.50) folgt

$$F_1^{-1}(v) - F_1^{-1}(u) \geq F_2^{-1}(v) - F_2^{-1}(u) \quad \forall 0 < u < \nu < v < 1. \quad (7.1.54)$$

Die μ-Ordnung ist verträglich mit jeder Skalenfamilie $\{F(\frac{\cdot - \mu}{\sigma}) : \sigma > 0\}$ in dem Sinne, daß für $F_i(\cdot) := F(\frac{\cdot - \mu}{\sigma_i})$, $i = 1, 2$, wegen $F_1(\mu) = F_2(\mu) = F(0)$ gilt

$$F_1 \succeq_\mu F_2 \quad \Leftrightarrow \quad \sigma_1 \geq \sigma_2.$$

Auch mit der μ-Ordnung lassen sich Erwartungswerte anordnen.

7.1 Nichtparametrische Modelle und Funktionale

Satz 7.24 *Es seien $P_i \in \mathfrak{M}^1(\mathfrak{X}, \mathfrak{B})$, $i = 1, 2$, WS-Maße, $T : (\mathfrak{X}, \mathfrak{B}) \to (\mathbb{R}, \mathbb{B})$ eine reellwertige ZG mit $E_1 T = E_2 T \in \mathbb{R}$ und $F_i = P_i^T$. Dann gilt für jede konvexe Funktion $\psi : \mathbb{R} \to \mathbb{R}$ mit unter P_i existierenden EW $E_i \psi(T)$, $i = 1, 2$,*

$$F_1 \succeq_\mu F_2 \quad \exists \mu \in \mathbb{R} \quad \Rightarrow \quad E_1 \psi(T) \geq E_2 \psi(T). \tag{7.1.55}$$

Beweis: Seien F_1, F_2 fest mit $F_1 \succeq_\mu F_2$ und zunächst $E_i \psi(T) \in \mathbb{R}$, $i = 1, 2$. Wegen der Konvexität von ψ gibt es nach B1.26 stets ein $\xi \in \mathbb{R}$ mit

$$\psi(t) \geq \psi(\mu) + \xi(t - \mu) \quad \forall t \in \mathbb{R}.$$

Dann gilt für die Funktion $t \mapsto \chi(t) := \psi(t) - \psi(\mu) - \xi(t - \mu)$:

1) χ ist konvex;

2) $\chi(t) \geq 0 \quad \forall t \in \mathbb{R}$ und $\chi(\mu) = 0$;

3) χ ist absolut stetig und für die Ableitung χ' gilt für λ-f.a. t

$$\chi'(t) \leq 0 \quad \forall t \leq \mu \quad \text{sowie} \quad \chi'(t) \geq 0 \quad \forall t > \mu. \tag{7.1.56}$$

Darüber hinaus gilt wegen $E_1 T = E_2 T \in \mathbb{R}$

$$E_1 \chi(T) - E_2 \chi(T) = E_1 \psi(T) - E_2 \psi(T).$$

Mit dem Satz von der monotonen Konvergenz bzw. durch partielle Integration folgt

$$E_i \chi(T) = \lim_{M \uparrow \infty} \int_{(-M, +M]} \chi(t) \, dF_i(t)$$

$$= \lim_{M \uparrow \infty} \left[\chi(M) F_i(M) - \chi(-M) F_i(-M) - \int_{(-M, +M]} \chi'(t) F_i(t) \, dt \right].$$

Aus der Endlichkeit von $E_1 \chi(T)$ und $E_2 \chi(T)$ folgt nun für $-M < \mu < +M$

$$E_1 \chi(T) - E_2 \chi(T) = \lim_{M \uparrow \infty} \Big[\chi(M)[F_1(M) - F_2(M)] - \chi(-M)[F_1(-M) - F_2(-M)]$$

$$- \int_{(-M, +M]} \chi'(t)[F_1(t) - F_2(t)] \, dt \Big].$$

Für $M > |\mu|$ und $i = 1, 2$ gilt nun wegen der Antitonie von χ in $(-\infty, \mu]$

$$0 \leq \chi(-M) F_i(-M) \leq \int_{(-\infty, -M]} \chi(t) \, dF_i(t) \to 0 \quad \text{für} \quad M \to \infty$$

und damit wegen der Isotonie in $[\mu, \infty)$

$$\lim_{M \uparrow \infty} \chi(-M)[F_1(-M) - F_2(-M)] = \lim_{M \uparrow \infty} \chi(M)[F_1(M) - F_2(M)] = 0.$$

Folglich ergibt sich wegen (7.1.50) und (7.1.56) $E_2 \chi(T) \geq E_1 \chi(T)$.

494 7 Nichtparametrische Funktionale und ihre kanonischen Schätzer

Wird allgemeiner nur die Existenz von $E_i\psi(T)$, $i = 1, 2$, vorausgesetzt, so sei[21]

$$\psi_n(t) = \begin{cases} \psi(-n) + \partial_+\psi(-n)(t+n) & \text{für } t < -n, \\ \psi(t) & \text{für } -n \leq t \leq n, \\ \psi(+n) + \partial_-\psi(+n)(t-n) & \text{für } t > n. \end{cases}$$

Dann ist einerseits ψ_n konvex mit $E_i\psi_n(T) \in \mathbb{R}$, $i = 1, 2$, also nach dem zuvor Bewiesenen $E_1\psi_n(T) \geq E_2\psi_n(T)$. Andererseits gilt $\psi_n \uparrow \psi$ für $n \to \infty$, so daß mit dem Satz von der monotonen Konvergenz wie behauptet folgt

$$E_1\psi(T) = \lim_{n\to\infty} E_1\psi_n(T) \geq \lim_{n\to\infty} E_2\psi_n(T) = E_2\psi(T). \qquad \Box$$

Offenbar ist der obige Beweis lediglich eine Variante desjenigen für die Ungleichung von Chow-Studden in Hilfssatz 6.145. Der Satz 7.24 impliziert speziell, daß für zwei Verteilungen F_1, F_2 mit endlichen zweiten Momenten und jeweils gleichen Mittelwerten μ gilt

$$F_1 \succeq_\mu F_2 \quad \Rightarrow \quad \operatorname{Var}_{F_1} X \geq \operatorname{Var}_{F_2} X. \tag{7.1.57}$$

Dies ist der Grund dafür, weshalb nichtparametrische Dispersionsprobleme mittels der μ-Ordnung sinnvoll formuliert werden können. Man beachte jedoch, daß für VF F_1, F_2 mit $F_1(\mu) = F_2(\mu) = 0$ die μ-Ordnung mit der stochastischen Ordnung übereinstimmt, d.h. daß in diesem Fall gilt

$$F_1 \succeq_\mu F_2 \quad \Leftrightarrow \quad F_1 \succeq_{st} F_2.$$

Neben der oben diskutierten μ-Ordnung wird in 7.1.3 noch eine symmetrische Variante bei der Diskussion von Dehnungsfunktionalen auftreten. Bei dieser wird zu festem $\mu \in \mathbb{R}$ auf $\mathbb{R}$ eine „symmetrische μ-Halbordnung" definiert durch

$$x \succeq_{\mu s} x' \quad :\Leftrightarrow \quad |x - \mu| \geq |x' - \mu|. \tag{7.1.58}$$

Auch diese ist offensichtlich abgeschlossen und die abgeschlossenen isotonen Mengen sind gerade diejenigen der Form

$$I = (-\infty, \mu - z] \cup [\mu + z, \infty), \quad z \geq 0.$$

Damit ist gemäß (7.1.38) bzw. Satz 7.17 eine Halbordnung $F_1 \succeq_{\mu s} F_2$ für WS-Maße auf $(\mathbb{R}, \mathbb{B})$ erklärt. Für die zugehörigen VF F_i gilt bei $F_i \in \mathfrak{F}_c$ mit den gemäß $H_i(x) := F_i(\mu + x) - F_i(\mu - x)$, $x \geq 0$, definierten VF H_i der ZG $|X_i - \mu|$, $i = 1, 2$,

$$F_1 \succeq_{\mu s} F_2 \quad \Leftrightarrow \quad H_1(x) \leq H_2(x) \quad \forall x \geq 0.$$

Mit der verteilungsgleichen Ersetzung aus Satz 7.17d ergibt sich somit

$$F_1 \succeq_{\mu s} F_2 \quad \Leftrightarrow \quad |X_1 - \mu| \geq |X_2 - \mu| \quad [\mathbb{P}]. \tag{7.1.59}$$

Die Halbordnung $\succeq_{\mu s}$ für reellwertige ZG X_1, X_2 entspricht also der gewöhnlichen Ordnung für die ZG $|X_1 - \mu|$, $|X_2 - \mu|$ bzw. der stochastischen Ordnung für die

---

[21] Zur Existenz der einseitigen Ableitungen $\partial_+\psi$ und $\partial_-\psi$ für konvexes $\psi : \mathbb{R} \to \mathbb{R}$ vgl. B1.30.

zugehörigen VF H_1, H_2. Dies ergibt sich auch daraus, daß man $\succeq_{\mu s}$ in einfacher Weise durch die Quantilfunktionen H_i^{-1}, $i = 1, 2$, ausdrücken kann

$$F_1 \succeq_{\mu s} F_2 \quad \Leftrightarrow \quad H_1^{-1}(t) \geq H_2^{-1}(t) \quad \forall t \in (0,1). \tag{7.1.60}$$

Da $F_1 \succeq_\mu F_2$ die Gültigkeit von $F_1 \succeq_{\mu s} F_2$ impliziert[22], lassen sich mittels $\succeq_{\mu s}$ mehr Verteilungen anordnen als durch $\succeq_\mu$.

Die in (7.1.49) bzw. (7.1.58) eingeführten Dispersionsordnungen setzen stets die explizite Auszeichnung des Dispersionszentrums μ voraus. Im folgenden Beispiel[23] sollen zwei Modifikationen der μ-Ordnung angegeben werden, in denen das Dispersionszentrum nicht mehr vorgegeben, sondern durch ein Funktional $\gamma : \mathfrak{F} \to \mathbb{R}$ festgelegt wird, $\mathfrak{F} \subset \mathfrak{M}^1(\mathbb{R}, \mathbb{B})$. Da hierfür keine entsprechende Ordnung auf dem Stichprobenraum $(\mathbb{R}^n, \mathbb{B}^n)$ existieren kann, werden diese modifizierten μ-Ordnungen direkt auf dem Raum der Verteilungen eingeführt.

Beispiel 7.25 Sei $\mathfrak{F} \subset \mathfrak{M}^1(\mathbb{R}, \mathbb{B})$ eine Verteilungsklasse, die mit F auch $\mathfrak{T}(F)$ enthält. Weiter sei $\gamma : \mathfrak{F} \to \mathbb{R}$ ein Funktional mit $\gamma\left(F\left(\frac{\cdot - u}{v}\right)\right) = v\gamma(F) + u \; \forall F \in \mathfrak{F} \; \forall u \in \mathbb{R} \; \forall v > 0$, etwa ein Quantilfunktional oder das Erwartungswertfunktional (falls es existiert).

a) Zu diesem Funktional γ wird eine Halbordnung $\succeq_\gamma^I$ definiert durch

$$F_1 \succeq_\gamma^I F_2 \quad :\Leftrightarrow \quad F_1 \succeq_\mu F_2 \quad \text{mit} \quad \mu := \gamma(F_1) = \gamma(F_2). \tag{7.1.61}$$

Bei dieser Halbordnung ist das Dispersionszentrum μ nicht fixiert; es stimmt aber für beide Verteilungen überein. Unter $\gamma(F_1) = \gamma(F_2) = \mu$ und $F_1(\mu) = F_2(\mu)$ gilt ferner wie bei der Halbordnung $\succeq_{\mu s}$

$$F_1 \succeq_\gamma^I F_2 \quad \Leftrightarrow \quad |F_1^{-1}(t) - \mu| \geq |F_2^{-1}(t) - \mu| \quad \forall t \in (0,1).$$

Ist $\gamma(F) = 0$, so ist diese Halbordnung verträglich mit jeder Familie $\mathfrak{T}(F)$ in dem Sinne, daß mit $F_i(\cdot) = F\left(\frac{\cdot - \mu}{\sigma_i}\right)$, $i = 1, 2$, für jedes feste $\mu \in \mathbb{R}$ wegen $\gamma(F_1) = \gamma(F_2) = \mu$ gilt

$$F_1 \succeq_\gamma^I F_2 \quad \Leftrightarrow \quad \sigma_1 \geq \sigma_2.$$

b) Eine zweite Modifikation $\succeq_\gamma^{II}$ der μ-Ordnung, bei der die Streuzentren der beiden Verteilungen auch verschieden sein können, läßt sich durch

$$F_1 \succeq_\gamma^{II} F_2 \quad :\Leftrightarrow \quad F_1(\cdot + \gamma(F_1)) \succeq_0 F_2(\cdot + \gamma(F_2)) \tag{7.1.62}$$

definieren. Für diese gilt bereits unter $F_1(\gamma(F_1)) = F_2(\gamma(F_2))$

$$F_1 \succeq_\gamma^{II} F_2 \quad \Leftrightarrow \quad |F_1^{-1}(t) - \gamma(F_1)| \geq |F_2^{-1}(t) - \gamma(F_2)| \quad \forall t \in (0,1).$$

---

[22] Dieses folgt mit Satz 7.17 daraus, daß jede hinsichtlich $\succeq_{\mu s}$ isotone Menge auch hinsichtlich $\succeq_\mu$ isoton ist oder daß $|X_1 - \mu| \geq |X_2 - \mu|$ stets $X_1 \succeq_\mu X_2$ impliziert. Umgekehrt impliziert für symmetrische Verteilungen die symmetrische μ-Ordnung bereits die übliche μ-Ordnung, da man in diesem Fall von der Verteilung der Beträge $|X_i|$ auf die Verteilung der ZG X_i schließen kann.
[23] Vgl. H.U. Burger: Stat. & Prob. Letters 16 (1993) 1–9

Diese Ordnung ist verträglich mit jeder Lokations-Skalenfamilie $\{F\left(\frac{\cdot-\mu}{\sigma}\right) : \mu \in \mathbb{R}, \sigma > 0\}$
für jedes F mit $\gamma(F) = 0$ in dem Sinne, daß mit $F_i = F\left(\frac{\cdot-\mu_i}{\sigma_i}\right)$, $i = 1, 2$, für alle $\mu_1, \mu_2 \in \mathbb{R}$
gilt

$$F_1 \succeq_\gamma^{\text{II}} F_2 \quad \Leftrightarrow \quad \sigma_1 \geq \sigma_2. \quad \Box$$

Es existieren auch Dispersionsordnungen für multivariate Verteilungen. Eine derartige Halbordnung ist uns bereits in (6.5.48) begegnet. Diese stellt gerade die mehrdimensionale Form der Halbordnung $\succeq_{\mu s}$ für $\mu = 0$ dar.

Die Dehnungshalbordnung Auch diese vergleicht das Dispersionsverhalten zweier univariater VF, kann jedoch ohne Rückgriff auf ein Streuzentrum formuliert werden[24]. Sie wurde unmittelbar auf dem Raum der Verteilungen erklärt, leitete sich also nicht aus einer Halbordnung auf dem Stichprobenraum ab. Die im Anschluß zu diskutierende, bereits in 6.5.2 eingeführte Symmetrisierungshalbordnung fällt jedoch dagegen wieder in den Rahmen des Satzes von Kamae, Krengel, O'Brien.

Zunächst seien zwei Charakterisierungen der Dehnungshalbordnung angegeben.

Satz 7.26 *Seien F_1, F_2 eindimensionale stetige VF. Dann gilt*

a) $F_1(F_1^{-1}(u) + t) \leq F_2(F_2^{-1}(u) + t) \quad \forall 0 < u < 1 \ \forall t > 0 \quad \Leftrightarrow \quad F_1 \succeq_{\text{sp}} F_2$;

b) $z \mapsto F_1^{-1}(F_2(z)) - z \quad \text{ist isoton} \quad \Rightarrow \quad F_1 \succeq_{\text{sp}} F_2$.

Die Umkehrung gilt für stetige, streng isotone VF F_1, F_2.

Beweis: a) „$\Rightarrow$" Andernfalls gäbe es Zahlen $0 < u < v < 1$ mit

$$t := F_1^{-1}(v) - F_1^{-1}(u) < F_2^{-1}(v) - F_2^{-1}(u).$$

Folglich würde wegen $F_1, F_2 \in \mathfrak{F}_c$ im Widerspruch zur Voraussetzung gelten

$$F_1\big(F_1^{-1}(u) + t\big) = F_1\big(F_1^{-1}(v)\big) = v = F_2\big(F_2^{-1}(v)\big)$$
$$= F_2\big(F_2^{-1}(u) + F_2^{-1}(v) - F_2^{-1}(u)\big) > F_2\big(F_2^{-1}(u) + t\big),$$

da $F_2^{-1}(v)$ als v-Quantil das Infimum der Werte $y \in \mathbb{R}$ ist mit $F(y) = v$.

„$\Leftarrow$" Seien $u \in (0,1)$ und $t > 0$. Dann sind die Intervalle $I_1^u := [F_1^{-1}(u), F_1^{-1}(u) + t]$ und $I_2^u := [F_2^{-1}(u), F_2^{-1}(u) + t]$ von gleicher Länge t, so daß wegen $F_1 \succeq_{\text{sp}} F_2$ gilt $F_1(I_1^u) \leq F_2(I_2^u)$ und damit wegen $F_1, F_2 \in \mathfrak{F}_c$

$$F_1(F_1^{-1}(u) + t) - u = F_1(I_1^u) \leq F_2(I_2^u) = F_2(F_2^{-1}(u) + t) - u.$$

b) Dieser basiert wesentlich auf der Stetigkeit der F_i und damit auf der Gültigkeit von $F_i(F_i^{-1}(u)) = u \ \forall u \in (0,1)$ sowie derjenigen von $F_i^{-1}(F_i(x)) = x \ \forall x \in \mathbb{R}$;

---

[24] Vgl. hierzu die aus der μ-Ordnung folgende Beziehung (7.1.54) mit der Definition (7.1.36) der Dehnungshalbordnung.

vgl. Hilfssatz 1.17e. Dann folgt nämlich zu vorgegebenen $0 < u < v < 1$ mit den Abkürzungen $x := F_2^{-1}(u) \leq y := F_2^{-1}(v)$ wie behauptet

$$F_1^{-1}(u) - F_2^{-1}(u) = F_1^{-1}(F_2(x)) - x \leq F_1^{-1}(F_2(y)) - y = F_1^{-1}(v) - F_2^{-1}(v).$$

Zum Nachweis des Zusatzes sei $x < y$ vorgegeben und $u := F_2(x) \leq v := F_2(y)$. Dann gilt nach Voraussetzung bzw. wegen $F_2^{-1} \circ F_2 = \text{id}$

$$F_1^{-1}(F_2(y)) - F_1^{-1}(F_2(x)) \geq F_2^{-1}(F_2(y)) - F_2^{-1}(F_2(x)) = y - x. \quad \Box$$

Spezialfälle der Dehnungshalbordnung enthält das nachfolgende Beispiel, wobei im ersten Fall die definierende Eigenschaft direkt nachgewiesen wird, während im zweiten Fall auf Satz 7.26 zurückgegriffen werden muß.

Beispiel 7.27 a) Für $i = 1, 2$ seien F_i stetig differenzierbare VF mit positiven λ-Dichten f_i und den (in 7.2.3 eingeführten) Quantildichten $q_i(u) := 1/f_i(F_i^{-1}(u))$, also mit

$$F_i^{-1}(v) - F_i^{-1}(u) = \int_u^v q_i(t)\,dt \quad \forall\, 0 < u < v < 1, \quad i = 1, 2.$$

Dann gilt $F_1 \succeq_{\text{sp}} F_2 \iff q_1 \geq q_2$.

b) Seien F_1, F_2 zwei Pareto-Verteilungen mit den VF $F_1(z) = 1 - z^{-r}$, $F_2(z) = 1 - z^{-s}$, $z \geq 1$, und 0 sonst; $0 < r < s$. Dann ist $F_1 \preceq_{\text{sp}} F_2$. Offensichtlich gilt nämlich $F_1^{-1}(t) = (1-t)^{-1/r}$, $0 < t < 1$. Damit ist

$$F_1^{-1}(F_2(z)) - z = z^{s/r} - z,$$

woraus sofort die Isotonie von $F_1^{-1}(F_2(z)) - z$ folgt. $\quad \Box$

Die Dehnungshalbordnung scheint einerseits zur Beschreibung des Streuungsverhaltens bei unbekannten Streuzentren geeigneter als die μ-Ordnung bzw. deren Modifikationen aus Beispiel 7.25 zu sein, da sie jeden (expliziten) Rückgriff auf ein Streuzentrum vermeidet. Andererseits lassen sich nur „wenige" VF in dieser Halbordnung vergleichen. Zudem scheint auch keine verteilungsgleiche Ersetzung zu existieren, so daß Unverfälschtheitsbeweise nicht gemäß Satz 7.18 geführt werden können. Auch ist sie technisch weniger handlich als andere Halbordnungen, da sie definitionsgemäß über die Quantilfunktionen charakterisiert wird. Schließlich besteht ein weiterer Grund, warum die Dehnungshalbordnung im folgenden nur eine untergeordnete Rolle spielen wird, darin, daß sie in der Theorie der Rangtests, wie sich in Band III zeigen wird, nicht das Gewünschte leistet. Die größte Gruppe, gegenüber der die durch $\preceq_{\text{sp}}$ definierten einseitigen Hypothesen invariant sind, ist nämlich die der isotonen affinen Transformationen und diese ist zu klein, um die Beobachtungen auf (geeignet definierte) Rangzahlen zu reduzieren.

Offenbar besteht zwischen der durch (7.1.36) definierten Dehnungshalbordnung und der durch (7.1.49) bzw. (7.1.51) erklärten μ-Ordnung ein enger Zusammenhang, obwohl ohne Zusatzvoraussetzungen keine die andere impliziert. Genauer gilt der

Satz 7.28 *Für $F_1, F_2 \in \mathfrak{F}_c$ sind äquivalent*

1) $F_1 \succeq_{sp} F_2$;

2) $\forall \nu \in (0,1)$ *gilt mit* $\mu := F_2^{-1}(\nu)$ *und* $c := F_2^{-1}(\nu) - F_1^{-1}(\nu)$

$$F_1(\cdot - c) \succeq_\mu F_2(\cdot). \tag{7.1.63}$$

Beweis: Sei $F_{1c}(\cdot) := F_1(\cdot - c)$, d.h. $F_{1c}^{-1}(u) = F_1^{-1}(u) + c \ \forall u \in (0,1)$ sowie $F_{1c}(\mu) = \nu = F_2(\mu)$.

2) $\Rightarrow$ 1) Seien $0 < u < v < 1$ beliebig und hierzu $\nu \in (u,v)$. Wegen der Voraussetzung $F_{1c}(\cdot) \succeq_\mu F_2(\cdot)$ gilt dann nach (7.1.54)

$$F_{1c}^{-1}(v) - F_{1c}^{-1}(u) \geq F_2^{-1}(v) - F_2^{-1}(u),$$

und somit wegen $F_{1c}^{-1}(t) = F_1^{-1}(t) + c \ \forall c \in \mathbb{R}$ die Behauptung.

1) $\Rightarrow$ 2) Seien $\nu \in (0,1)$ beliebig und μ, c wie in 2) erklärt. Dann folgt für alle u, v mit $0 < u < \nu < v < 1$

$$F_1^{-1}(\nu) - F_1^{-1}(u) \geq F_2^{-1}(\nu) - F_2^{-1}(u), \quad F_2^{-1}(v) - F_2^{-1}(\nu) \leq F_1^{-1}(v) - F_1^{-1}(\nu),$$

d.h. mit $c = F_2^{-1}(\nu) - F_1^{-1}(\nu)$ wegen $F_{1c}^{-1}(t) = F_1^{-1}(t) + c \ \forall t \in \mathbb{R}$

$$F_2^{-1}(u) - F_{1c}^{-1}(u) \geq 0 \quad \forall u < \nu \quad \text{und} \quad F_2^{-1}(v) - F_{1c}^{-1}(v) \leq 0 \quad \forall v > \nu,$$

also $F_{1c}^{-1} \preceq_\nu F_2^{-1}$ und damit $F_{1c} \succeq_\mu F_2$. $\square$

Bei Verwendung der modifizierten μ-Ordnungen $\succeq_{\gamma_\nu}^{II}$ mit den Quantilfunktionalen $\gamma_\nu(F) := F^{-1}(\nu), \nu \in (0,1)$, aus Beispiel 7.25b gilt wegen Satz 7.28 sogar

$$F_1 \succeq_{sp} F_2 \quad \Leftrightarrow \quad F_1 \succeq_{\gamma_\nu}^{II} F_2 \quad \forall \nu \in (0,1). \tag{7.1.64}$$

Damit erweist sich die Dehnungshalbordnung als eine in ν gleichmäßige Ordnung $\succeq_{\gamma_\nu}^{II}$. Sie ist somit im Gegensatz zu der handlicheren Ordnung $\succeq_{\gamma_\nu}^{II}$ mit festem ν für die Anwendungen zu speziell, da sich die Gleichmäßigkeit in ν in realen Situationen nur schwer rechtfertigen läßt.

7.1 Nichtparametrische Modelle und Funktionale

Die Symmetrisierungshalbordnung Neben der Dehnungshalbordnung lassen sich noch andere Halbordnungen einführen, die ohne Bezug auf ein Lagezentrum definiert sind, und dies auch für den Fall k-dimensionaler Verteilungen, $k > 1$. Eine naheliegende, ebenfalls bereits in 6.5.2 diskutierte Möglichkeit hierzu besteht darin, die ZG zu symmetrisieren. Damit wird das Dispersionsverhalten von F durch die VF $F * F_-$ ausgedrückt, wobei wieder $F_-(B) = F(-B), B \in \mathbb{B}^k$, ist. Um diese Idee technisch umzusetzen, gehen wir von einer speziellen Halbordnung auf $\mathbb{R}^{2k}$ aus und zwar sei mit einer Pseudonorm ϱ auf $\mathbb{R}^k$ für $x = (x_1, x_2)^\top, y = (y_1, y_2)^\top \in \mathbb{R}^{2k}$

$$x \succeq_{\text{sy}}^\varrho y \quad :\Leftrightarrow \quad \varrho(x_2 - x_1) \geq \varrho(y_2 - y_1).$$

Dieses ist eine abgeschlossene lineare Halbordnung auf $\mathbb{R}^{2k}$. Deren abgeschlossene isotone Mengen sind von der Form $\{(x_1, x_2) \in \mathbb{R}^{2k} : \varrho(x_2 - x_1) \geq t\}, t \geq 0$. Die gemäß (7.1.38) induzierte Halbordnung wird nun eingeschränkt auf die Menge der Produktmaße $F^{(2)} = F \otimes F$ mit $F \in \mathfrak{M}^1(\mathbb{R}^k, \mathbb{B}^k)$. Dann ergibt sich gemäß (7.1.39)

$$F_1^{(2)}(\varrho(x_1 - x_2) \geq t) \geq F_2^{(2)}(\varrho(x_1 - x_2) \geq t) \quad \forall t > 0.$$

Wählt man für $\mathfrak{L}$ speziell das Mengensystem $\mathfrak{L}^\varrho = \{x \in \mathbb{R}^k : \varrho(x) < r\}$, $r > 0$, so ist die rechte Seite von (6.5.47) wegen (6.5.46) äquivalent mit

$$F_1^{(2)}(\varrho(\tfrac{1}{2}(x_1 - x_2)) < r) \leq F_2^{(2)}(\varrho(\tfrac{1}{2}(x_1 - x_2)) < r) \quad \forall r > 0.$$

Durch Fortsetzung von $\succeq_{\text{sy}}^\varrho$ gemäß Satz 7.17 ergibt sich also gerade die Symmetrisierungshalbordnung (6.5.47) bzgl. $\mathfrak{L}_\varrho$. Speziell folgt im Fall $k = 1$ für $\varrho(x) = |x|$ gerade die Symmetrisierungshalbordnung $\succeq_{\text{sy}}$ (6.5.48). Für diese läßt sich die Fortsetzbarkeit auch mit Hilfe von Satz 7.26 zeigen, woraus überdies folgt, daß die Symmetrisierungshalbordnung schwächer ist als die Dehnungshalbordnung. Aufgrund der definierenden Beziehung (6.5.48) kann nämlich

$$F_1 \succeq_{\text{sy}} F_2 \quad \Leftrightarrow \quad F_1^{(2)}(I) \geq F_2^{(2)}(I) \quad \forall I \subset \mathbb{R}^2 \text{ isoton und abgeschlossen}$$
$$\text{bzgl. der Ordnung } \succeq_{\text{sy}} \text{ auf } \mathbb{R}^2$$

gefolgert werden; vgl. Aufg. 7.17. Für alle $t \geq 0$ ergibt sich so

$$F_1^{(2)}(\{(x_1, x_2) : x_2 - x_1 \geq t\}) \geq F_2^{(2)}(\{(x_1, x_2) : x_2 - x_1 \geq t\})$$
$$\Leftrightarrow \quad 1 - \int F_1(y + t - 0)\, dF_1(y) \geq 1 - \int F_2(y + t - 0)\, dF_2(y)$$
$$\Leftrightarrow \quad \int_0^1 F_1(F_1^{-1}(u) + t - 0)\, du \leq \int_0^1 F_2(F_2^{-1}(u) + t - 0)\, du.$$

Es gilt also

$$F_1 \succeq_{\text{sy}} F_2 \quad \Leftrightarrow \quad \int_0^1 F_1(F_1^{-1}(u) + t)\, du \leq \int_0^1 F_2(F_2^{-1}(u) + t)\, du \quad \forall t > 0$$

und damit nach Satz 7.26

$$F_1 \succeq_{\text{sp}} F_2 \quad \Rightarrow \quad F_1 \succeq_{\text{sy}} F_2. \tag{7.1.65}$$

Die Umkehrung ist jedoch falsch, wie das Beispiel 7.29 zeigen wird. Die Symmetrisierungshalbordnung ist also echt schwächer als die Dehnungshalbordnung.

Beispiel 7.29 Betrachtet werde für (zunächst festes) $0 < r < 1$ die VF

$$F(x) = F_r(x) := \begin{cases} 0 & \text{für } x \leq -1, \\ rx + r & \text{für } -1 \leq x \leq 0, \\ (1-r)x + r & \text{für } 0 \leq x \leq 1, \\ 1 & \text{für } x \geq 1. \end{cases}$$

Diese besitzt offenbar die Pseudoinverse

$$F^{-1}(u) = \begin{cases} \dfrac{1}{r}u - 1 & \text{für } 0 < u \leq r, \\ \dfrac{1}{1-r}u - \dfrac{r}{1-r} & \text{für } r \leq u < 1. \end{cases}$$

Zur Berechnung von $\int_0^1 F(F^{-1}(u) + t)\,\mathrm{d}u$ für festes $t > 0$ beachte man zunächst, daß offensichtlich gilt $F^{-1}(u) + t \geq -1 \;\forall t > 0$. Weiter ist für $t \geq 2$ stets $F^{-1}(u) + t \geq 1$ und damit $F(F^{-1}(u) + t) \equiv 1$. Zu berechnen bleibt daher der Wert des Integrals für $0 < t < 2$. Hierbei werden die Fälle $0 < t < 1$ und $1 \leq t < 2$ getrennt behandelt.

Ist $1 \leq t < 2$, so folgt aus $r \leq u < 1$ wegen $F^{-1}(u) + t \geq t \geq 1$ sofort $F(F^{-1}(u) + t) = 1$. Weiter gilt

$$u \leq r \quad \Rightarrow \quad F^{-1}(u) + t = \frac{1}{r}u + t - 1 \geq 0, \quad \text{und speziell}$$

$$u \leq r(2-t) \quad \Rightarrow \quad F^{-1}(u) + t \leq 1.$$

Deshalb gilt dann

$$F(F^{-1}(u) + t) = \begin{cases} (1-r)\left(\dfrac{1}{r}u + t - 1\right) + r & \text{für } u \leq r(2-t), \\ 1 & \text{für } u \geq r(2-t). \end{cases}$$

Durch Integration erhält man daraus

$$\int\limits_0^1 F(F^{-1}(u) + t)\,\mathrm{d}u = -\frac{1}{2}r(1-r)t^2 + 2r(1-r)t + (1 - 2r + 2r^2).$$

Speziell ergibt sich somit im Fall $1 \leq t \leq 2$:

für $r = \dfrac{1}{2}$: $\quad -\dfrac{1}{8}t^2 + \dfrac{1}{2}t + \dfrac{1}{2},$ \hfill (7.1.66)

für $r = \dfrac{1}{4}$: $\quad \dfrac{1}{32}(-3t^2 + 12t + 20).$ \hfill (7.1.67)

Ist dagegen $0 < t < 1$, so ergibt sich zunächst

7.1 Nichtparametrische Modelle und Funktionale

$$r \leq u < 1 \quad \Rightarrow \quad 0 \leq F^{-1}(u) + t = \frac{1}{1-r}u - \frac{r}{1-r} + t, \quad \text{speziell also}$$
$$u \leq 1 - (1-r)t \quad \Rightarrow \quad F^{-1}(u) + t \leq 1. \quad \text{Analog folgt}$$
$$0 \leq u \leq r \quad \Rightarrow \quad 1 \geq F^{-1}(u) + t = \frac{1}{r}u - 1 + t, \quad \text{speziell also}$$
$$u \geq r(1-t) \quad \Rightarrow \quad F^{-1}(u) + t \geq 0.$$

Damit sind vier Fälle zu unterscheiden. Für diese berechnet man umittelbar

$$F(F^{-1}(u) + t) = \begin{cases} u + rt & \text{für } u \leq r(1-t), \\ \frac{1-r}{r}u - (1-r)(1-t) + r & \text{für } r(1-t) \leq u \leq r, \\ u + (1-r)t & \text{für } r \leq u \leq 1 - (1-r)t, \\ 1 & \text{für } u \geq 1 - (1-r)t. \end{cases}$$

Durch Integration folgt hier jetzt

$$\int_0^1 F(F^{-1}(u) + t) \, du = t^2 \left(-\frac{3}{2}r^2 + \frac{3}{2}r - \frac{1}{2} \right) + t(1 - 2r(1-r)) + \frac{1}{2}.$$

Speziell ergibt sich somit im Fall $0 < t < 1$

$$\text{für } r = \frac{1}{2}: \quad -\frac{1}{8}t^2 + \frac{1}{2}t + \frac{1}{2}, \tag{7.1.68}$$

$$\text{für } r = \frac{1}{4}: \quad \frac{1}{32}(-7t^2 + 20t + 16). \tag{7.1.69}$$

Für $G := F_{1/2}$ und $H := F_{1/4}$ folgt hieraus $H \preceq_{\text{sy}} G$, d.h.

$$\int_0^1 H(H^{-1}(u) + t) \, du \geq \int_0^1 G(G^{-1}(u) + t) \, du \quad \forall t \geq 0.$$

Für $t = 0$ und $t \geq 2$ ist dies nämlich trivialerweise richtig, da beide Seiten denselben Wert annehmen und zwar $1/2$ bzw. 1. Für $1 \leq t < 2$ erhält man dagegen aus (7.1.66 + 67)

$$32 \left(\int_0^1 H(H^{-1}(u) + t) \, du - \int_0^1 G(G^{-1}(u) + t) \, du \right) = t^2 - 4t + 4 = (t-2)^2 > 0,$$

während für $0 < t < 1$ gemäß (7.1.68+69) folgt

$$32 \left(\int_0^1 H(H^{-1}(u) + t) \, du - \int_0^1 G(G^{-1}(u) + t) \, du \right) = -3t^2 + 4t = t(4 - 3t) > 0.$$

G und H sind jedoch nicht vergleichbar in der Dehnungshalbordnung $\succeq_{\text{sp}}$, denn es gilt

$$0 < u < v < \frac{1}{4} \quad \Rightarrow \quad H^{-1}(v) - H^{-1}(u) = 4(v - u) > 2(v - u) = G^{-1}(v) - G^{-1}(u),$$

$$\frac{1}{4} < u < v < 1 \quad \Rightarrow \quad H^{-1}(v) - H^{-1}(u) = \frac{4}{3}(v - u) < 2(v - u) = G^{-1}(v) - G^{-1}(u). \quad \square$$

7.1.3 Deskriptive Funktionale eindimensionaler Verteilungen

Auch wenn man „große" Verteilungsklassen zugrundelegt, interessieren häufig nur einige wenige reellwertige Kennzahlen der unbekannten Verteilung, die dann eine ungefähre Vorstellung von deren Form vermitteln sollen. Beispiele sind die klassischen deskriptiven Parameter[25] eindimensionaler Verteilungen, wie z.B. Mittelwert, Varianz und Schiefe. In 7.1.3 sollen diese und einige mit ihnen konkurrierende Maßzahlen eingeführt werden. Im weiteren denken wir uns daher eine beliebige Verteilungsannahme $\mathfrak{F}$ ausgezeichnet und betrachten reellwertige Funktionale

$$\gamma : \mathfrak{F} \to \mathbb{R}, \quad F \mapsto \gamma(F).$$

Statt $\gamma(F)$ schreiben wir auch $\gamma(Y)$, wenn Y eine gemäß F verteilte ZG ist. Die definierenden Axiome der uns interessierenden Funktionale γ regeln zum einen das Verhalten unter gewissen affinen Transformationen und stellen zum anderen Isotonieforderungen dar. Es werden daher jeweils spezifiziert:

1) Eine Gruppe $\mathfrak{Q}$ von affinen Transformationen π, die auf $\mathbb{R}$ meßbar operiert. Über die induzierten Verteilungen F^π, $\pi \in \mathfrak{Q}$, operiert diese dann auch auf $\mathfrak{F}$. Dabei ist diese Klasse bzgl. $\mathfrak{Q}$ als invariant vorauszusetzen.

2) Eine Halbordnung $\succeq$ auf $\mathfrak{F}$, mittels der je zwei Verteilungen bzgl. Lage, Streuung oder Schiefe verglichen werden können.

Lagefunktionale Bei deren Festlegung wird man regeln wollen, wie sich diese bei Translationen und Spiegelungen der Beobachtungen zu ändern haben. Um dies geeignet ausdrücken zu können, erfülle $\mathfrak{F}$ die folgenden beiden Eigenschaften:

(TL) $\quad \forall F \in \mathfrak{F} : \quad F(\cdot - u) \in \mathfrak{F} \quad \forall u \in \mathbb{R},$

(SP) $\quad \forall F \in \mathfrak{F} : \quad F_-(\cdot) := 1 - F(-\cdot -0) \in \mathfrak{F}.$

Die bzgl. 0 symmetrischen Verteilungen sind gerade diejenigen mit $F = F_-$. Die Gesamtheit der stetigen VF mit $F = F_-$ wird im folgenden mit $\mathfrak{F}_s$ bezeichnet.

Bei der Diskussion von Lagefunktionalen beschränken wir uns auf unimodale VF; vgl. 6.5.2. Deren Gesamtheit werde mit $\mathfrak{F}_e$ bezeichnet. Für nicht-unimodale VF sind Lageparameter wie der Mittelwert oder der Median zwar formal ebenfalls definiert, statistisch jedoch schwerer interpretierbar.

---

[25] Zu einer elementaren Darstellung dieses Gebiets vgl. etwa F. Ferschl: Deskriptive Statistik, Physika-Verlag (1978).

7.1 Nichtparametrische Modelle und Funktionale

Definition 7.30 Sei $\mathfrak{F} \subset \mathfrak{F}_e$ eine Klasse mit den Eigenschaften (TL) und (SP). Dann heißt $\gamma_L : \mathfrak{F} \to \mathbb{R}$ ein *Lage-* oder *Lokationsfunktional*, falls gilt:

(L1) $\forall F \in \mathfrak{F}: \quad \gamma_L(F(\cdot - u)) = u + \gamma_L(F) \quad \forall u \in \mathbb{R},$ (Translationsäquivarianz)

(L2) $\forall F \in \mathfrak{F}: \quad \gamma_L(F_-) = -\gamma_L(F),$ (Spiegelungsäquivarianz)

(L3) $\forall F_1, F_2 \in \mathfrak{F}: \quad F_1 \succeq_{\text{st}} F_2 \Rightarrow \gamma_L(F_1) \geq \gamma_L(F_2).$ (Isotonie)

Hilfssatz 7.31 *Sei $\mathfrak{F} \subset \mathfrak{F}_e$. Dann gilt für jedes Lagefunktional $\gamma_L : \mathfrak{F} \to \mathbb{R}$:*

a) $\gamma_L(F) = \mu$, *falls* $F(\cdot) := F_0(\cdot - \mu)$, $\mu \in \mathbb{R}$, *und* $F_0 \in \mathfrak{F}$ *symmetrisch um 0 ist. Gilt $\varepsilon_0 \in \mathfrak{F}$, so folgt speziell also $\gamma_L(F_0) = 0$ und $\gamma_L(\varepsilon_\mu) = \mu \; \forall \mu \in \mathbb{R}$.*

b) $c \leq \gamma_L(F) \leq d$, *falls* $F \in \mathfrak{F}$ *mit* $F([c,d]) = 1$, $-\infty \leq c < d \leq \infty$, *ist. Speziell folgt also aus $F((-\infty, 0)) = 0$ stets $\gamma_L(F) \geq 0$.*

Beweis: a) Wegen (L1) reicht es, $\gamma_L(F_0) = 0$ zu zeigen. Dies folgt aus (L2).

b) ergibt sich aus (L3) wegen $\varepsilon_c \preceq_{\text{st}} F \preceq_{\text{st}} \varepsilon_d$. □

Teil a) von Hilfssatz 7.31 besagt, daß alle Lagefunktionale zusammenfallen, wenn man diese auf Teilklassen $\mathfrak{T}_L(F_0)$, $F_0 \in \mathfrak{F}_s \cap \mathfrak{F}_e$, restringiert. Außerhalb von Lokationsfamilien nehmen diese natürlich voneinander verschiedene Werte an. Jedoch bestehen unter diesen Werten vielfach gewisse Beziehungen. So gilt etwa bei Vorliegen einer stetigen, beschränkten und unimodalen Dichte das *Fechnersche Lagegesetz*, nach dem für rechtsschiefe Verteilungen[26] der Modalwert nicht größer als der Median und dieser wiederum nicht größer als der Mittelwert ist.

Anmerkung 7.32 a) Manche Autoren verschärfen (L1) zur Translations-Skalenäquivarianz

(L1′) $\forall F \in \mathfrak{F}: \quad \gamma_L\left[F\left(\frac{\cdot - u}{v}\right)\right] = u + v\gamma_L(F) \quad \forall u \in \mathbb{R} \quad \forall v > 0.$

Hierzu hat man dann die Abgeschlossenheit von $\mathfrak{F}$ gegenüber affinen Transformationen zu verlangen, also

(AT) $\forall F \in \mathfrak{F}: \quad F\left(\frac{\cdot - u}{v}\right) \in \mathfrak{F} \quad \forall u \in \mathbb{R} \quad \forall v > 0.$

---

[26] Eine Verteilung mit eindeutigem Modalwert m, also eindeutiger Maximalstelle der Dichte, bezeichnet man als *rechtsschief*, wenn ihre Dichte für $x < m$ rascher gegen 0 strebt als für $x > m$. Zur Präzisierung des Fechnerschen Lagegesetzes vgl. J.Th. Runnenburg: Stat. Neerl. 32 (1978) 73–79. Einprägsam ist dieses Gesetz anhand der englischen Bezeichnung "mean-median-mode inequality", bei die Lageparameter in lexikographisch fallender Ordnung vorkommen.

Die in (L1') zusätzlich enthaltene Skalenäquivarianz wird von vielen, aber nicht allen Lagefunktionalen erfüllt. Beispiele, die translations-, aber nicht skalenäquivariant sind, finden sich etwa unter den *L*- und *M*-Funktionalen.

b) Die in Hilfssatz 7.31 präzisierte Eigenschaft $\gamma(F_0(\cdot - \mu)) = \mu \ \forall \mu \in \mathbb{R}$ besagt, daß γ den Parameter einer Lokationsfamilie zu symmetrischen unimodalen F_0 reproduziert. Ist allgemeiner $\mathfrak{F}_0 = \{F_\vartheta : \vartheta \in \Theta\} \subset \mathfrak{F}$ eine (injektiv) parametrisierte Teilfamilie und γ ein Funktional mit

$$\gamma(F_\vartheta) = \vartheta \quad \forall \vartheta \in \Theta, \tag{7.1.70}$$

so heißt γ *Fisher-konsistent für* ϑ bzgl. $\mathfrak{F}_0$; vgl. Aufg. 7.3. Hat man zwei Funktionale γ_1 und γ_2 mit der Eigenschaft (7.1.70) auf $\mathfrak{F}_0$, dann muß man sich bei einer Erweiterung des Modells von $\mathfrak{F}_0$ auf $\mathfrak{F}$ klar werden, welches der beiden fortgesetzt werden soll. □

Beispiel 7.33 Seien $\mathfrak{F}_1 := \{F \in \mathfrak{F}_e : \int |x| \, dF(x) < \infty\}$, $\mathfrak{F}_i := \mathfrak{F}_e$, $i = 2, 3, 4, 5$, sowie $\alpha \in (0, 1/2)$. Dann sind Lagefunktionale

der *Mittelwert*: $\qquad \gamma_L^{(1)}(F) = \int x \, dF(x) = \int_0^1 F^{-1}(t) \, dt, \quad F \in \mathfrak{F}_1,$

der *Median*: $\qquad \gamma_L^{(2)}(F) = \frac{1}{2}\left(F^{-1}\left(\frac{1}{2}\right) + F^{-1}\left(\frac{1}{2} + 0\right)\right), \quad F \in \mathfrak{F}_2,$

die *Quartilmitte*: $\qquad \gamma_L^{(3)}(F) = \frac{1}{2}\left(F^{-1}\left(\frac{3}{4}\right) + F^{-1}\left(\frac{1}{4} + 0\right)\right), \quad F \in \mathfrak{F}_3,$

das α-*getrimmte Mittel*: $\gamma_L^{(4)}(F) = (1 - 2\alpha)^{-1} \int_\alpha^{1-\alpha} F^{-1}(t) \, dt, \quad F \in \mathfrak{F}_4,$

der *Pseudomedian*: $\qquad \gamma_L^{(5)}(F) = \gamma_L^{(2)}(\check{F}), \quad \check{F}(x) = F * F(2x), \quad F \in \mathfrak{F}_5.$

Man beachte, daß der Modalwert zwar die Axiome (L1), (L2) erfüllt, nicht jedoch (L3), so daß er im Sinne der Definition 7.30 kein Lageparameter ist. □

Neben diesen Beispielen existieren natürlich noch weitere Lagefunktionale. So erhält man in Verallgemeinerung von $\gamma_L^{(4)}$ eine Klasse solcher Maßzahlen in Form von *L*-Funktionalen zu nicht-negativen, bzgl. 1/2 symmetrischen Funktionen b

$$\gamma_L(F) = \int_0^1 F^{-1}(t) b(t) \, dt, \quad \int_0^1 b(t) \, dt = 1,$$

$$F \in \left\{F \in \mathfrak{F}_e : \int_0^1 |F^{-1}(t)| b(t) \, dt < \infty\right\}.$$

Dieser Typ von Lagefunktionalen trat bereits in Beispiel 7.6 auf. Weitere Beispiele lassen sich in Form von *M*-Funktionalen zu Kontrasten vom Faltungstyp $\chi(z, t) =$

7.1 Nichtparametrische Modelle und Funktionale

$\psi(z-t)$ gewinnen. Hierbei wird ψ als isoton und schiefsymmetrisch vorausgesetzt. $\gamma_L(F)$ ist dann Lösung von (1.2.40). Die Eindeutigkeit des M-Funktionals erzwingt man durch die Festlegung $(\gamma_\ell(F)+\gamma_r(F))/2$, wobei $\gamma_\ell(F)$ und $\gamma_r(F)$ gemäß (1.2.43) definiert sind. Man verifiziert dann unmittelbar die Axiome (L1)-(L3) und zwar

(L1) gemäß $0 = \int \psi(z-\tilde{t})\,dF_a(z) = \int \psi(z-t)\,dF(z)$ für $\tilde{t} = t+a$,

(L2) gemäß $0 = \int \psi(z-\tilde{t})\,dF_-(z) = -\int \psi(z-t)\,dF(z)$ für $\tilde{t} = -t$,

(L3) gemäß $0 = \int \psi(z-t_2)\,dF_2(z) \leq \int \psi(z-t_2)\,dF_1(z)$, d.h. $t_2 \leq t_1$,

bei (L3) wegen der Isotonie von ψ. Ist ψ zusätzlich positiv homogen und damit linear, so ergibt sich – wie in Beispiel 1.32 durchgerechnet wurde – gerade das Mittelwertfunktional. In der Literatur werden jedoch auch noch ganz andere Beispiele von Lagefunktionalen behandelt. Wie das folgende Beispiel zeigt, kann die Festlegung zusätzliche Annahmen und Überlegungen erfordern.

Beispiel 7.34 Der *Shorth* einer stetigen VF $F \in \mathfrak{F}_e$ ist – grob gesagt – definiert als der Mittelpunkt des kürzesten Intervalles, welches mindestens noch die WS 1/2 besitzt. Zur Präzisierung dieses Sachverhalts überlegt man sich zunächst, daß jede Menge

$$A_F(\Delta) = \{x \in \mathbb{R} : F(x+\Delta) - F(x-\Delta) \geq 1/2\}$$

bei festem Δ abgeschlossen und daß das System dieser Mengen isoton in Δ ist. Im folgenden werde vorausgesetzt, daß ein $\Delta_0 > 0$ existiert, so daß $A_F(\Delta_0) \neq \emptyset$ und kompakt ist. Dann läßt sich zeigen, daß

$$\Delta^* := \inf\{\Delta > 0 : A_F(\Delta) \neq \emptyset\} > 0$$

gilt und $A_F(\Delta^*) \neq \emptyset$. Für jede VF F, für die $A_F(\Delta^*)$ konvex und damit ein Intervall $[\gamma_\ell(F), \gamma_r(F)]$ ist, setzt man nun

$$\gamma(F) = \frac{1}{2}(\gamma_\ell(F) + \gamma_r(F)).$$

Man verifiziert leicht, daß $\gamma(F)$ die Axiome (L1) und (L2) aus Definition 7.30 erfüllt, daß jedoch (L3) (zumindest mit der stochastischen Ordnung) nicht erfüllt zu sein braucht. □

Die Definition 7.30 ist auf den Fall abgestellt, daß a priori die Trägermengen der Verteilungen $F \in \mathfrak{F}$ nicht eingeschränkt sind. Andernfalls sind die Axiome geeignet zu modifizieren. Sind etwa die Träger sämtlich Teilmengen von $(0,\infty)$, dann hat man sich in (TL) und entsprechend in (L1) auf $a > 0$ zu beschränken. (SP) und entsprechend (L2) entfallen hier selbstverständlich ganz, während (L3) unverändert erhalten bleibt.

7 Nichtparametrische Funktionale und ihre kanonischen Schätzer

Skalenfunktionale Es sollen nun Funktionale eingeführt werden, die – in einem allgemeinen Sinne – das Streuungsverhalten einer Verteilung beschreiben. Hierbei sollen zwei unterschiedliche Typen derartiger Funktionale diskutiert werden und zwar zum einen solche, die das Streuungsverhalten – um den Wert eines Lagefunktionals – zum Ausdruck bringen, zum anderen solche, die ohne den Bezug auf ein Lagefunktional definiert sind. Um den ersten Typ diskutieren zu können, benötigt man eine Klasse von Funktionalen, die lediglich der Gewinnung von Beispielen dient und somit nur eine reine Hilfsfunktion hat. Derartige Streckungsfunktionale beschreiben Aspekte von Verteilungen bzw. ZG, die auf die positive Halbachse konzentriert sind, etwa die Absolutbeträge der Abweichungen von einem Lagefunktional. Ihre kanonischen Definitionsbereiche sind Verteilungsklassen $\mathfrak{H}$, die abgeschlossen sind bzgl. positiv homogener Abbildungen (PH). Sie genügen also der Forderung

(PH) $\forall H \in \mathfrak{H}: \quad H(\cdot/v) \in \mathfrak{H} \quad \forall v > 0.$

Definition 7.35 Sei $\mathfrak{H} \subset \mathfrak{H}_0 := \mathfrak{M}^1([0,\infty), [0,\infty)\mathbb{B})$ eine Klasse mit der Eigenschaft (PH). Dann heißt $\gamma_S : \mathfrak{H} \to [0,\infty)$ ein *Streckungsfunktional*, falls gilt:

(S1) $\forall H \in \mathfrak{H}: \qquad \gamma_S(H(\cdot/v)) = v\gamma_S(H) \quad \forall v > 0, \qquad$ (Äquivarianz)

(S2) $\forall H_1, H_2 \in \mathfrak{H}: \quad H_1 \succeq_{\text{st}} H_2 \Rightarrow \gamma_S(H_1) \geq \gamma_S(H_2).$ (Isotonie)

Beispiel 7.36 Seien Verteilungsklassen $\mathfrak{H}_1 := \{H \in \mathfrak{H}_0 : \int |x|^r \, dH(x) < \infty\}$, $\mathfrak{H}_2 := \mathfrak{H}_0$ und $\mathfrak{H}_3 := \{H \in \mathfrak{H}_0 : \int_{(0,\infty)} H^{-1}(t) a(t) \, dt < \infty\}$, wobei $0 \leq a \in \mathbb{L}_1$ mit $\int_{(0,\infty)} a(t) \, dt = 1$ vorgegeben sei. Dann sind Streckungsfunktionale

die $\mathbb{L}_r$-*Norm*: $\quad \gamma_S^{(1)}(H) = \left(\int x^r \, dH(x) \right)^{1/r} = \left(\int_{(0,1)} (H^{-1}(t))^r \, dt \right)^{1/r}, \quad H \in \mathfrak{H}_1.$

Von speziellem Interesse sind die Fälle $r = 1$ und $r = 2$.

die *Quantile*: $\quad \gamma_S^{(2)}(H) = H^{-1}(u) \quad$ bzw. $\quad \dfrac{1}{2}(H^{-1}(u) + H^{-1}(u+0)), \quad H \in \mathfrak{H}_0,$

bei festem $0 < u < 1$. Von speziellem Interesse ist hier natürlich der Fall $u = 1/2$, d.h. der des Medians.

L-Funktionale: $\quad \gamma_S^{(3)}(H) = \displaystyle\int_{(0,1)} H^{-1}(t) b(t) \, dt, \quad H \in \mathfrak{H}_3, \quad b(\cdot) \geq 0. \quad \square$

Wie angekündigt, werden diese Streckungsfunktionale dazu verwendet, Beispiele für Skalenfunktionale bzgl. Lagefunktionalen zu konstruieren.

Definition 7.37 Sei $\mathfrak{F} \subset \mathfrak{F}_e$ eine Klasse unimodaler Verteilungen mit den Eigenschaften (AT) und (SP). Weiter sei γ_L ein auf $\mathfrak{F}$ definiertes Lagefunktional. Dann heißt $\gamma_D : \mathfrak{F} \to [0,\infty)$ ein *Dispersionsfunktional bzgl.* γ_L, falls gilt

(D1) $\forall F \in \mathfrak{F}:\ \gamma_D\left(F\left(\frac{\cdot - u}{v}\right)\right) = v\gamma_D(F) \quad \forall u \in \mathbb{R}\ \forall v > 0,$

(Translationsinvarianz/Skalenäquivarianz)

(D2) $\forall F \in \mathfrak{F}:\ \gamma_D(F_-) = \gamma_D(F),$ (Spiegelungsinvarianz)

(D3) $\forall F_1, F_2 \in \mathfrak{F}:\ F_1 \succeq_{\gamma_L}^{\text{II}} F_2 \ \Rightarrow\ \gamma_D(F_1) \geq \gamma_D(F_2),$ (Isotonie)

wobei $\succeq_{\gamma_L}^{\text{II}}$ gemäß Beispiel 7.25b definiert sei.

Beispiel 7.38 Seien $\mathfrak{F}_i := \{F \in \mathfrak{F}_e : \int |x|^i\, dF(x) < \infty\}$ für $i = 1, 2$ und $\mathfrak{F}_3 := \mathfrak{F}_e$. Dann sind Dispersionsfunktionale

die *Standardabweichung*: $\gamma_D^{(1)}(F) = \left(\int (x - \gamma_L^{(1)}(F))^2\, dF(x)\right)^{1/2},\quad F \in \mathfrak{F}_2.$

Diese bezieht sich auf den Mittelwert $\gamma_L^{(1)}(F)$ und basiert auf der $\mathbb{L}_2$-Norm.

die *mittlere Abweichung*: $\gamma_D^{(2)}(F) = \int |x - \gamma_L^{(2)}(F)|\, dF(x),\quad F \in \mathfrak{F}_1.$

Diese bezieht sich auf den Median $\gamma_L^{(2)}(F)$ und wird mit Hilfe der $\mathbb{L}_1$-Norm erklärt.

die *Median-Abweichung*: $\gamma_D^{(3)}(F) = \text{med}(|Y - \text{med}\, Y|),\quad F \in \mathfrak{F}_3.$

Diese ist wiederum bezogen auf den Median $\gamma_L^{(2)}(F)$ und ihrerseits mit Hilfe des Medians definiert. □

Die Funktionale $\gamma_D^{(i)}$, $i = 1, 2, 3$, aus Beispiel 7.38 zeigen, daß sich viele Dispersionsfunktionale für auf ganz $\mathbb{R}$ konzentrierte Verteilungen als Streckungsfunktionale der absoluten Abweichung einer ZG von einem Lagefunktional darstellen lassen. Allgemeiner erhält man auch dann Dispersionsfunktionale, wenn man je ein Lagefunktional γ_L und ein Streckungsfunktional γ_S sowie eine Abbildung $q : \mathbb{R} \to [0, \infty)$ vorgibt, die auf $(-\infty, 0]$ antiton und auf $[0, \infty)$ isoton ist, und setzt

$$\gamma_D(Y) := \gamma_S(q(Y - \gamma_L(Y))).$$

Neben den Dispersionsfunktionalen existiert, wie bereits erwähnt, ein zweiter Typ von Skalenfunktionalen, und zwar solche, die ohne Angabe eines Lagefunktionals erklärt sind. Für diese wählen wir die folgende Axiomatisierung:

Definition 7.39 Sei $\mathfrak{F} \subset \mathfrak{M}^1(\mathbb{R}, \mathbb{B})$ eine Klasse mit den Eigenschaften (AT) und (SP). Dann heißt $\gamma_D : \mathfrak{F} \to (0, \infty)$ ein *Dehnungsfunktional*, falls neben (D1) und (D2) gilt[27]

(D3') $\forall F_1, F_2 \in \mathfrak{F}:\ F_1 \succeq_{\text{sp}} F_2 \ \Rightarrow\ \gamma_D(F_1) \geq \gamma_D(F_2).$ (Isotonie)

---
[27] Dabei kann $\succeq_{\text{sp}}$ auch durch $\succeq_{\text{sy}}$ ersetzt werden.

7 Nichtparametrische Funktionale und ihre kanonischen Schätzer

Beispiel 7.40 Sei $\mathfrak{F}_4 := \mathfrak{M}^1(\mathbb{R}, \mathbb{B})$ und $\mathfrak{F}_5 := \{F \in \mathfrak{F}_4 : \int |x|\, dF(x) < \infty\}$. Dann sind Dehnungsfunktionale

der *Interquartilabstand*: $\gamma_D^{(4)}(F) = F^{-1}(\frac{3}{4}) - F^{-1}\left(\frac{1}{4} + 0\right),\ F \in \mathfrak{F}_4$;

das *Gini-Funktional*:
$$\gamma_D^{(5)}(F) = \iint |x-y|\, dF(x)\, dF(y)$$
$$= \int_0^1\!\!\int_0^1 |F^{-1}(u) - F^{-1}(v)|\, du\, dv, \quad F \in \mathfrak{F}_5.$$

(D1) und (D2) ergeben sich dabei in beiden Fällen direkt aus dem Transformationsverhalten von F^{-1} bei affinen Abbildungen; (D3′) ist in beiden Fällen trivial. □

Wie bei Lagefunktionalen hat man die Axiome für ein Dispersions- bzw. Dehnungsfunktional zu modifizieren, wenn die VF sämtlich auf die positive Halbachse konzentriert oder anderweitig eingeschränkt sind. Der Fall, daß eine nicht-negative Merkmalsausprägung vorliegt, interessiert speziell dann, wenn die Variationsbreite eines Merkmals durch eine skaleninvariante Maßzahl der relativen Dispersion bzw. relativen Dehnung ausgedrückt werden soll. Solche Kenngrößen erhält man als Quotienten der Form $\gamma_D(F)/\gamma_L(F)$.

Beispiel 7.41 Prominente Variationsfunktionale sind

der *Variationskoeffizient*: $\gamma_V^{(1)}(F) = \gamma_D^{(1)}(F)/\gamma_L^{(1)}(F)$,

d.h. der Quotient aus Standardabweichung und Mittelwert;

der *Quartilkoeffizient*: $\gamma_V^{(2)}(F) = \gamma_D^{(4)}(F)/\gamma_L^{(3)}(F)$,

d.h. der Quotient aus Quartilabstand und Quartilmitte;

der *Lorenzkoeffizient*: $\gamma_V^{(3)}(F) = \gamma_D^{(5)}(F)/2\gamma_L^{(1)}(F)$,

d.h. der Quotient aus dem Gini-Funktional und (doppelten) Mittelwert.

Wir verzichten hier auf die explizite Angabe des Definitionsbereichs $\mathfrak{F} \subset \mathfrak{M}^1((0,\infty), (0,\infty)\mathbb{B})$, da sich dieser aus den vorausgegangenen Beispielen ergibt. □

Schiefefunktionale Nach Lage- und Skalenfunktionalen liegt es nahe, auch Maßzahlen für die Unsymmetrie einer Verteilung einzuführen. Diese sind häufig von der Form: Differenz zweier Lagefunktionale dividiert durch ein Skalenfunktional. Zur Präzisierung sei wieder $\mathfrak{F} \subset \mathfrak{F}_e$ abgeschlossen gegenüber Lokations- und Skalentransformationen sowie Spiegelungen, genüge also den Forderungen

(AT) $\quad \forall F \in \mathfrak{F}: \quad F\left(\dfrac{\cdot - u}{v}\right) \in \mathfrak{F} \quad \forall u \in \mathbb{R} \quad \forall v > 0,$

(SP) $\quad \forall F \in \mathfrak{F}: \quad F_-(\cdot) := 1 - F(-\cdot - 0) \in \mathfrak{F}.$

7.1 Nichtparametrische Modelle und Funktionale   509

Definition 7.42 Sei $\mathfrak{F} \subset \mathfrak{F}_e$ eine Klasse mit den Eigenschaften (AT) und (SP). Dann heißt[28] $\gamma_{SK} : \mathfrak{F} \to \mathbb{R}$ ein *Schiefefunktional*, falls gilt:

(SK1) $\forall F \in \mathfrak{F}: \quad \gamma_{SK}\left(F\left(\frac{\cdot - u}{v}\right)\right) = \gamma_{SK}(F) \quad \forall u \in \mathbb{R} \quad \forall v > 0,$

(SK2) $\forall F \in \mathfrak{F}: \quad F \preceq_{\text{st}} F_- \Rightarrow \gamma_{SK}(F) \geq 0, \quad F_- \preceq_{\text{st}} F \Rightarrow \gamma_{SK}(F) \leq 0.$

Ist $F \in \mathfrak{F}$ symmetrisch bzgl. 0, d.h. $F = F_-$, so gilt also stets $\gamma_{SK}(F) = 0$.

Beispiel 7.43 Es seien $\sigma^2(F)$ die Streuung und $\mu_3(F)$ das 3. zentrale Moment von F sowie $\mathfrak{F}_1 := \{F \in \mathfrak{F}_e : \int |x|^3 \, dF(x) < \infty, \ \sigma^2(F) > 0\}$, $\mathfrak{F}_2 := \{F \in \mathfrak{F}_e : \sigma^2(F) \in (0, \infty)\}$ und $\mathfrak{F}_3 := \mathfrak{F}_e$. Weiter sei $\widetilde{F}^{-1}(u) := \frac{1}{2}(F^{-1}(u) + F^{-1}(u+0))$ für festes $u \in (0,1)$ das u-Quantil. Dann sind Schiefefunktionale

das *Schiefemoment*: $\quad \gamma_{SK}^{(1)}(F) = \dfrac{\mu_3(F)}{\sigma^3(F)}, \quad F \in \mathfrak{F}_1,$

die *Pearson-Schiefe*: $\quad \gamma_{SK}^{(2)}(F) = \dfrac{3\left(\int x \, dF(x) - \text{med}\, F\right)}{\sigma(F)}, \quad F \in \mathfrak{F}_2,$

die *u-Quantil-Schiefe*: $\quad \gamma_{SK}^{(3)}(F) = \dfrac{\widetilde{F}^{-1}(1-u) + \widetilde{F}^{-1}(u) - 2\widetilde{F}^{-1}(1/2)}{\widetilde{F}^{-1}(1-u) + \widetilde{F}^{-1}(u)}, \quad F \in \mathfrak{F}_3.$ □

Auch diese Axiomatik wird man modifizieren, wenn Verteilungen zugrunde liegen, die sämtlich auf Teilbereiche von $\mathbb{R}$ konzentriert sind oder wenn man an unsignierten Schiefekenngrößen interessiert ist.

Prämienfunktionale In anderen Bereichen der Stochastik interessieren auch ganz andere deskriptive Funktionale. So möchte man bei der Bewertung von Risiken in der Versicherungsmathematik eine Größe definieren, die das der Verteilung innewohnende Risiko beschreibt. Ist etwa F die VF einer reellwertigen ZG Y, die den zufallsabhängigen Schaden symbolisiert, so lassen sich faire Risikoprämien durch Angabe eines geeigneten Funktionals auf dem Raum der Schadensverteilungen präzisieren.

Definition 7.44 Sei $\mathfrak{F} \subset \mathfrak{M}^1([0,\infty), [0,\infty)\mathbb{B})$ eine Verteilungsklasse mit $\varepsilon_u \in \mathfrak{F}$ $\forall u \in \mathbb{R}$ und der Eigenschaft

$$F \in \mathfrak{F} \quad \Rightarrow \quad F(\cdot - u) \in \mathfrak{F} \quad \forall u > 0.$$

---

[28] Der Index SK soll an das englische Wort skewness erinnern. – (SK2) formalisiert also die Konvention, rechtsschiefen Verteilungen einen positiven (genauer: nicht-negativen), linksschiefen Verteilungen einen negativen (genauer: nicht-positiven) Wert zuzuordnen.

Weiter sei $\gamma_L : \mathfrak{F} \to \mathbb{R}$ ein Lagefunktional. Dann heißt $\gamma_P : \mathfrak{F} \to [0,\infty)$ ein *Prämienfunktional* auf $\mathfrak{F}$ bzgl. γ_L, falls gilt:

(P0) $\quad \gamma_P(\varepsilon_0) = 0$;

(P1) $\quad \gamma_P(F(\cdot - u)) = \gamma_P(F) + u \quad \forall u \geq 0$;

(P2) $\quad F_1 \preceq_{\mathrm{st}} F_2 \quad \Rightarrow \quad \gamma_P(F_1) \leq \gamma_P(F_2)$;

(P3) $\quad \gamma_L(F_1) = \gamma_L(F_2) = \mu \ $ und $\ F_1 \preceq_\mu F_2 \quad \Rightarrow \quad \gamma_P(F_1) \leq \gamma_P(F_2)$.

Offenbar regelt (P1) eines derartigen Prämienprinzips die faire Risikoprämie für einen deterministischen Schaden; (P2) bzw. (P3) besagen, daß größere Risiken zu höheren Prämien führen bzw. daß von zwei „vergleichbaren" Risiken dasjenige zu höheren Prämien führt, das stärker streut und damit unkalkulierbarer ist.

Hilfssatz 7.45 *Sei γ_P ein Prämienfunktional auf $\mathfrak{F}$ bzgl. γ_L. Dann gilt:*

1) $\gamma_P(F) \geq \gamma_L(F)$;

2) $F^{-1}(0) \leq \gamma_P(F) \leq F^{-1}(1)$;

3) $\gamma_P(\varepsilon_u) = u \quad \forall u \geq 0$.

Beweis: 1) folgt aus (P3) mit $F_2 = F$ und $F_1 = \varepsilon_{\gamma_L(F)}$.

2) ergibt sich aus (P2), wenn man einmal $F_1 = \varepsilon_{F^{-1}(0)}$ und $F_2 = F$ bzw. dann $F_1 = F$ und $F_2 = \varepsilon_{F^{-1}(1)}$ setzt.

3) folgt unmittelbar aus (P1) mit $F = \varepsilon_0$. $\square$

Beispiel 7.46 (Exponentialprinzip der Prämienberechnung) Seien $\gamma_L(F)$ das Mittelwertfunktional und $\gamma_P(F) = \frac{1}{a} \log \int e^{ax} \, dF(x)$, $a > 0$. Dann ist offenbar (P0) und (P1) trivialerweise, (P2) nach (2.2.23) sowie (P3) nach Satz 7.24 erfüllt. $\square$

Zur Stetigkeit deskriptiver Funktionale Bei keinem der oben eingeführten Funktionale wurde eine Stetigkeitsforderung mit in die Axiome aufgenommen. Dabei wäre natürlich zu präzisieren, bzgl. welcher Metrik eine solche zu verstehen ist. Die Konvergenz in jeder statistisch sinnvollen Metrik würde jedoch die Verteilungskonvergenz implizieren. Der Grund dafür, daß entsprechend eine Forderung der Form

$$F_n, F \in \mathfrak{F}, \quad F_n \xrightarrow[\mathcal{L}]{} F \quad \Rightarrow \quad \gamma(F_n) \to \gamma(F)$$

unberücksichtigt blieb, liegt daran, daß durch diese eine Vielzahl gebräuchlicher Maßzahlen aus der Diskussion herausfallen würde. (Für diese und eine Reihe weiterer Beispiele läßt sich im Sinne der Verteilungskonvergenz lediglich eine Halbstetigkeit nach unten zeigen.) Die Frage nach der Stetigkeit eines Funktionals $\gamma(\cdot)$ ist speziell deshalb von Bedeutung, weil allgemein die analytischen Eigenschaften von $\gamma(\cdot)$ an der Stelle F das stochastische Verhalten des kanonischen Schätzers $\gamma(\widehat{F}_n)$

unter F wesentlich beeinflussen. Dies liegt natürlich daran, daß $\widehat{F}_n$ in einem Modell mit st.u. glv. ZG stets ein konsistenter Schätzer von F ist. Wir illustrieren dies anhand von

Beispiel 7.47 (χ^2-Funktional) Sei $\pi \in \overset{\circ}{\Sigma}_s$, also $\pi = (\pi_1, \ldots, \pi_s)^\top$ mit $\pi_m > 0$, $1 \leq m \leq s$, und $\sum_{m=1}^{s} \pi_m = 1$. Weiter soll $C_1, \ldots, C_s$ eine Borel-meßbare Partition der reellen Achse (in nichtleere Teilmengen) bilden. Dann ist das χ^2-Funktional $\gamma(\cdot)$ definiert gemäß

$$\gamma(F) = \sum_{m=1}^{s} \frac{(F(C_m) - \pi_m)^2}{\pi_m}, \quad F \in \mathfrak{M}^1(\mathbb{R}, \mathbb{B}).$$

Seien weiter $X_1, \ldots, X_n$ st.u. ZG mit der gleichen VF F und der empirischen VF $\widehat{F}_n$. Nach dem später zu beweisenden (jedoch schon mehrfach zitierten) Satz von Glivenko-Cantelli gilt P_F-f.s. $\|\widehat{F}_n - F\|_\infty = o(1)$. Dies impliziert P_F-f.s. die Verteilungskonvergenz von $\widehat{F}_n$ gegen F.

Das Funktional $\gamma(\cdot)$ ist offensichtlich an jeder VF $F \in \mathfrak{M}^1(\mathbb{R}, \mathbb{B})$ stetig, für die gilt $F(\partial C_m) = 0 \ \forall 1 \leq m \leq s$. Für jedes solche F gilt daher $\gamma(\widehat{F}_n) \to \gamma(F) \ [P_F]$, also die starke Konsistenz. Die Limesverteilung des reskalierten Schätzfehlers $\gamma(\widehat{F}_n) - \gamma(F)$ ergibt sich dann aus Glätteeigenschaften von $\gamma(\cdot)$ im Punkte F. Für jede Funktion $D \in \mathbb{BV}(\mathbb{R})$ gilt nämlich

$$\gamma(F + D) - \gamma(F) - 2 \sum_{m=1}^{s} \frac{(F(C_m) - \pi_m)}{\pi_m} D(C_m) = \sum_{m=1}^{s} \frac{D^2(C_m)}{\pi_m}. \tag{7.1.71}$$

Man wird dabei die lineare Abbildung

$$D \mapsto \gamma'_F(D) := 2 \sum_{m=1}^{s} \frac{(F(C_m) - \pi_m)}{\pi_m} D(C_m)$$

als Ableitung von $\gamma(\cdot)$ im Punkte F, ausgewertet an dem Zuwachs D, interpretieren wollen. Zur Präzisierung benötigt man eine Norm $\|\cdot\|$ auf $\mathbb{BV}(\mathbb{R})$ mit der Eigenschaft

$$\max_{1 \leq m \leq s} |D(C_m)| \leq M\|D\| \quad \exists M \in (0, \infty).$$

Dann gilt offensichtlich

$$|\gamma(F + D) - \gamma(F) - \gamma'_F(D)| \leq M^2 \|D\|^2 \sum_{m=1}^{s} \frac{1}{\pi_m}$$

und damit

$$\lim_{\|D\| \to 0} \frac{|\gamma(F + D) - \gamma(F) - \gamma'_F(D)|}{\|D\|} = 0.$$

Speziell für $D = \widehat{F}_n - F$ führt dies auf die Approximation

$$\sqrt{n}(\gamma(\widehat{F}_n) - \gamma(F)) \approx 2 \sum_{m=1}^{s} \frac{(F(C_m) - \pi_m)}{\pi_m} \sqrt{n}(\widehat{F}_n(C_m) - F(C_m))$$

und damit auf eine Limesnormalverteilung, falls $\widehat{F}_n$ die empirische VF zu st.u.glv. ZG $X_1, \ldots, X_n$ ist. Diese ist jedoch nur dann nicht-degeneriert, falls die Vorfaktoren der rechten Seite nicht sämtlich verschwinden, d.h. im Falle $\gamma'_F(\cdot) \neq 0$. Das Limesverhalten unter Verteilungen mit $\gamma'_F(\cdot) \equiv 0$, also mit $F(C_m) = \pi_m \ \forall m = 1, \ldots, s$, leitet sich unmittelbar aus (7.1.71) ab. Offensichtlich erhält man dann

$$n(\gamma(\widehat{F}_n) - \gamma(F)) = \sum_{m=1}^{s} \frac{n(\widehat{F}_n(C_m) - F(C_m))^2}{F(C_m)} \tag{7.1.72}$$

und damit im Limes eine (zentrale) χ^2_{s-1}-Verteilung. Die rechte Seite von (7.1.72) ist gerade die Prüfgröße des χ^2-Tests aus Satz 6.49. □

Das in diesem Beispiel deutlich gewordene Limesverhalten ist recht allgemeiner Natur. Dies kann jedoch erst in Kap. 8 verdeutlicht werden, nachdem die Differentiation von Funktionalen abgeklärt ist.

In 7.1.3 wurden ausschließlich univariate Verteilungen betrachtet. Aus den für solche Verteilungen gewonnenen Kennzahlen lassen sich nur in Ausnahmefällen entsprechende Charakteristika für multivariate Verteilungen gewinnen. Ein positives Beispiel ist etwa der Mittelwert, der für einen Vektor bekanntlich komponentenweise definiert ist. Schon für den Median ist dies jedoch nicht mehr sinnvoll. Eine naheliegende Möglichkeit, den Median auch für $\mathbb{R}^d$-wertige Größen einzuführen, besteht darin, seine Minimalitätseigenschaft zu verallgemeinern, d.h. ihn zu definieren als eine Lösung von

$$\int |x - \text{med}\, F|\, dF(x) = \min_{t \in \mathbb{R}^d} \int |x - t|\, dF(x), \quad F \in \mathfrak{M}^1(\mathbb{R}^d, \mathbb{B}^d). \tag{7.1.73}$$

Der so definierte *mehrdimensionale Median* ist jedoch numerisch nur schwer handhabbar, weshalb andere Definitionen vorgeschlagen wurden[29]. Eine Diskussion dieses Fragenkreises übersteigt jedoch den Rahmen dieses Buches. In 7.1.4 soll deshalb nur ein spezieller Typ von Funktionalen bivariater Verteilungen betrachtet werden, nämlich die Abhängigkeitsfunktionale.

7.1.4 Kopulas und Abhängigkeitsfunktionale

Im folgenden werden Funktionale diskutiert, die die Abhängigkeit zweier Merkmale erfassen. Hierzu sei im weiteren $X = (Y, Z)$ eine zweidimensionale ZG mit der VF $F(y, z)$ und den Rand-VF $G(y) := F(y, \infty)$ bzw. $H(z) := F(\infty, z)$. Die Funktion $F(\cdot, \cdot)$ genügt also den definierenden Eigenschaften zweidimensionaler VF $F(\cdot, \cdot)$

---
[29] Vgl. C.G. Small: Intern. Stat. Rev. 58 (1990) 263–277.

aus 5.2.3. Damit sind alle Schnittfunktionen $F(\cdot, z)$ (für festes $z \in \mathbb{R}$) und $F(y, \cdot)$ (für festes $y \in \mathbb{R}$) isoton und rechtsseitig stetig. Ist F eine symmetrische Funktion der beiden Variablen, d.h. gilt $F(y, z) = F(z, y)$ $\forall y, z \in \mathbb{R}$, so folgt offensichtlich $G(y) = H(y)$ $\forall y \in \mathbb{R}$.

Beispiele diskreter zweidimensionaler Verteilungen sind etwa die (zweidimensionalen) Randverteilungen einer *Trinomialverteilung* $\mathfrak{M}(n; \pi), \pi = (\pi_1, \pi_2, \pi_3) \in \sum_3$, ein solches einer stetigen zweidimensionalen Verteilung die Normalverteilung $\mathfrak{N}(\mu_1, \mu_2; \sigma_1^2, \sigma_2^2, \varrho)$. Darüberhinaus existieren auch für die meisten anderen gängigen eindimensionalen Verteilungen zweidimensionale Analoga, etwa für die Rechteckverteilung oder die Poissonverteilung; vgl. Beispiel 6.186. Ein weiteres zweidimensionales Analogon enthält das

Beispiel 7.48 (Zweidimensionale gedächtnislose Verteilung[30]) Seien $\lambda_1, \lambda_2 > 0, \kappa \geq 0$. Dann heißt die Verteilung einer ZG (Y, Z) eine *zweidimensionale gedächtnislose Verteilung* $\mathfrak{G}(\lambda_1, \lambda_2; \kappa)$, wenn für die VF F gilt:

$$F(y, z) = 1 - \exp(-(\lambda_1 + \kappa)y) - \exp(-(\lambda_2 + \kappa)z) + \exp(-\lambda_1 y - \lambda_2 z - \kappa(y \vee z)) \quad (7.1.74)$$

für $y, z > 0$ und $F(y, z) = 0$ sonst. Diese Verteilung hat die eindimensionalen gedächtnislosen Verteilungen $\mathfrak{G}(\lambda_1 + \kappa)$ und $\mathfrak{G}(\lambda_2 + \kappa)$ als Randverteilungen. Für $\kappa = 0$ sind Y und Z st.u., d.h. es gilt $\mathfrak{G}(\lambda_1, \lambda_2; 0) = \mathfrak{G}(\lambda_1) \otimes \mathfrak{G}(\lambda_2)$. Die Verteilung $\mathfrak{G}(\lambda_1, \lambda_2; \kappa)$ ist wie die eindimensionale Verteilung $\mathfrak{G}(\lambda)$ „gedächtnislos", vgl. Aufg. 7.5., im Sinne von

$$\mathbb{P}(Y > y + t, Z > z + t \mid Y > t, Z > t) = \mathbb{P}(Y > y, Z > z). \quad \square \quad (7.1.75)$$

Ein erster Aspekt zweidimensionaler Verteilungen, dem kein Analogon bei eindimensionalen Verteilungen entspricht, ist die Tatsache, daß bei gegebenen Randverteilungen G, H jede zweidimensionale VF F nach oben und unten durch von G und H abhängende VF F_+ bzw. F_- beschränkt ist. Es gilt nämlich der

Satz 7.49 (Hoeffding-Fréchet) *F sei eine zweidimensioanle VF mit Rand-VF G und H. Dann gilt für alle $y, z \in \mathbb{R}$*

$$F_-(y, z) := (G(y) + H(z) - 1)^+ \leq F(y, z) \leq G(y) \wedge H(z) =: F_+(y, z). \quad (7.1.76)$$

Dabei sind F_+ und F_- wieder zweidimensionale VF mit den Rand-VF G und H.

Beweis: Die Abschätzung nach oben folgt aus der Isotonie von F in den einzelnen Variablen gemäß $F(y, z) \leq F(y, \infty) = G(y)$, $F(y, z) \leq F(\infty, z) = H(z)$ $\forall y, z \in \mathbb{R}$. Zur Abschätzung nach unten folgt aus der Δ-Isotonie von F mit $y_1 = y, z_1 = z$, $y_2 = \infty, z_2 = \infty$ zunächst $F(y, z) \geq G(y) + H(z) - 1$ und damit wegen $F(y, z) \geq 0$ die Gültigkeit der unteren Schranke.

Beim Nachweis, daß F_+ und F_- wieder VF sind, folgen die Normiertheit und rechtsseitige Stetigkeit unmittelbar aus den entsprechenden Eigenschaften von F; die

---
[30] Vgl A.W. Marshall, I. Olkin: Journ. Am. Stat. Assoc. 62 (1967) 30–44.

Δ-Isotonie folgt durch Fallunterscheidung. Schließlich ergibt sich für $z \to \infty$ bzw. $y \to \infty$, daß F_+ und F_- auch wieder die Rand-VF G und H haben. □

Es lassen sich leicht ZG (Y, Z) mit Rand-VF G und H angeben, welche die gemeinsame VF F_+ bzw. F_- besitzen. Ist U eine ZG mit $\mathfrak{L}(U) = \mathfrak{R}$, dann gilt etwa

$$Y = G^{-1}(U), \quad Z = H^{-1}(U) \quad \Rightarrow \quad \mathfrak{L}(Y, Z) = F_+; \tag{7.1.77}$$
$$Y = G^{-1}(U), \quad Z = H^{-1}(1 - U) \quad \Rightarrow \quad \mathfrak{L}(Y, Z) = F_-. \tag{7.1.78}$$

Der dieser Wahl von (Y, Z) zugrundeliegende Sachverhalt wird in den Sätzen 7.54 und 7.55 noch präziser herausgearbeitet werden.

Kopulas Für die folgenden Überlegungen ist wichtig, daß sich die oben betrachteten VF F_+ und F_- wie auch das Produktmaß $F_0 = G \otimes H$ über ihren Rand-VF G und H faktorisieren lassen. Es gilt nämlich

$$F_+(y, z) = C_+(G(y), H(z)) \quad \text{mit} \quad C_+(s, t) := s \wedge t, \tag{7.1.79}$$
$$F_-(y, z) = C_-(G(y), H(z)) \quad \text{mit} \quad C_-(s, t) := (s + t - 1)^+, \tag{7.1.80}$$
$$F_0(y, z) = C_0(G(y), H(z)) \quad \text{mit} \quad C_0(s, t) := st. \tag{7.1.81}$$

Dabei sind C_+, C_- und C_0 zweidimensionale VF auf dem Einheitsquadrat $[0, 1]^2$, deren Randverteilungen gerade $\mathfrak{R}$-Verteilungen sind, d.h. mit

$$C(s, 1) = s, \quad C(1, t) = t \quad \forall s, t \in [0, 1].$$

Aus (7.1.77+78) folgt also für eine $\mathfrak{R}$-verteilte ZG U

$$\mathfrak{L}(U, U) = C_+, \quad \mathfrak{L}(U, 1 - U) = C_-. \tag{7.1.82}$$

Offenbar gibt es eine Vielzahl weiterer zweidimensionaler VF F, die vorgegebene Randverteilungen G und H haben und die sich ebenfalls über G und H faktorisieren lassen, z.B. die VF

$$F_{\alpha,\beta}(y, z) = \alpha F_-(y, z) + \beta F_+(y, z) + (1 - \alpha - \beta) F_0(y, z)$$

mit $\alpha, \beta \geq 0$, $\alpha + \beta \leq 1$. Für diese gilt trivialerweise

$$F_{\alpha,\beta}(y, z) = C_{\alpha,\beta}(G(y), H(z)) \quad \text{mit}$$
$$C_{\alpha,\beta}(s, t) = \alpha C_-(s, t) + \beta C_+(s, t) + (1 - \alpha - \beta) C_0(s, t). \tag{7.1.83}$$

Auch $C_{\alpha,\beta}$ ist wieder eine zweidimensionale VF, nämlich eine solche über $[0, 1]^2$ mit $\mathfrak{R}$ als Randverteilungen. Es liegt somit die Frage nahe, ob es auch für beliebige zweidimensionale VF F mit Rand-VF G und H eine VF C_F auf $[0, 1]^2$ mit Randverteilungen $\mathfrak{R}$ gibt, die zu einer Faktorisierung

$$F(y, z) = C_F(G(y), H(z)), \quad y, z \in \mathbb{R}, \tag{7.1.84}$$

führt. Durch eine solche Darstellung werden diejenigen Eigenschaften, die nur von den Rand-VF G und H herrühren – wie gemäß Korollar 5.61 etwa die Stetigkeit –, getrennt von denjenigen, die – wie der Grad der Abhängigkeit – nur von der „Verklammerung" herrühren. Dabei ist es intuitiv plausibel, daß man die

7.1 Nichtparametrische Modelle und Funktionale

Abhängigkeit zwischen zwei ZG maßstabsinvariant erfassen möchte, d.h. daß sich bei strikt isotonen, stetigen und surjektiven Transformationen der beiden Einzelvariablen – wie sie etwa beim Übergang zu einer logarithmischen Skala auftreten – die Maßzahl für Abhängigkeit nicht ändert.

Eine Funktion C_F, d.h. eine Darstellung der Form (7.1.84), erhält man für eine vorgegebene stetige VF F dadurch, daß man die Rand-Variablen Y und Z mittels ihrer VF G bzw. H gemäß Hilfssatz 2.29b auf $\mathfrak{R}$-verteilte Variable transformiert. Nach Hilfssatz 1.17b bzw. Hilfssatz 1.18a gilt nämlich für die gemeinsame Verteilung

$$\mathbb{P}(G(Y) \leq s, H(Z) \leq t) = \mathbb{P}\left(Y \leq G^{-1}(s+0), Z \leq H^{-1}(t+0)\right)$$

$$= F\left(G^{-1}(s+0), H^{-1}(t+0)\right)$$

$$= F\left(G^{-1}(s), H^{-1}(t)\right) =: C_F(s,t), \quad (s,t) \in [0,1]. \quad (7.1.85)$$

Wegen der Stetigkeit von G, H gilt nach Hilfssatz 1.17f wieder $G^{-1} \circ G = \text{id }[F]$ und $H^{-1} \circ H = \text{id }[F]$, so daß sich F mit C_F aus (7.1.85) zurückgewinnen läßt gemäß (7.1.84). Dies führt zur folgenden Begriffsbildung:

Definition 7.50 Eine Funktion $C : [0,1]^2 \to [0,1]$ heißt eine *Kopula*, falls C eine zweidimensionale VF mit den Randverteilungen $\mathfrak{R}$ ist, falls also gilt

$$C(0,t) = C(s,0) = 0 \quad \forall 0 \leq s,t \leq 1; \quad C(1,1) = 1;$$
$$C(s,1) = s, \quad C(1,t) = t \quad \forall 0 \leq s,t \leq 1;$$
$$\Delta^{s_2 t_2}_{s_1 t_1} C(\cdot,\cdot) \geq 0 \quad \forall 0 \leq s_1 \leq s_2 \leq 1, \quad \forall 0 \leq t_1 \leq t_2 \leq 1.$$

Eine solche Funktion ist stets stetig. Genauer gilt der

Hilfssatz 7.51 *Für jede Kopula C gilt die Lipschitz-Bedingung*

$$|C(s,t) - C(u,v)| \leq |s-u| + |t-v|, \quad (s,t),(u,v) \in [0,1]^2. \quad (7.1.86)$$

Insbesondere ist jede Kopula stetig und jede Klasse von Kopulas gleichmäßig gleichgradig stetig sowie relativ kompakt bzgl. der Supremumsnorm $\|\cdot\|_\infty$.

Beweis: Zunächst sei $u \leq s$, $v \leq t$ (bzw. entsprechend $s < u$, $t < v$). Dann gilt, wie man sich anhand eines Schaubildes leicht klar macht,

$$|C(s,t) - C(u,v)| = C(s,t) - C(u,v) \leq C(s,1) - C(u,1) + C(1,t) - C(1,v)$$
$$\leq (s-u) + (t-v).$$

Ist $u \geq s$, $v \leq t$ (bzw. entsprechend $u < s$, $v > t$), so erhält man durch eine entsprechende Überlegung einerseits

$$|C(s,t) - C(u,v)| \leq C(u,t) - C(u,v) \leq C(1,t) - C(1,v) = t - v$$

sowie andererseits

$$|C(s,t) - C(u,v)| \geq C(s,t) - C(u,t) \geq -(C(u,1) - C(s,1)) = -(u-s).$$

Daraus folgt dann

$$|C(s,t) - C(u,v)| \leq \max\{|s-u|, |t-v|\} \leq |s-u| + |t-v|.$$

Hieraus wiederum ergibt sich unmittelbar die gleichmäßige gleichgradige Stetigkeit. Da Kopulas offensichtlich auch gleichmäßig beschränkt sind, ergibt sich die Relativ-Kompaktheit bzgl. $\|\cdot\|_\infty$ aus dem Satz von Arzelá-Ascoli, dessen eindimensionale Version in Beispiel 5.53 formuliert wurde. □

Aus der zweidimensionalen Lipschitz-Beziehung (7.1.86) folgt jedoch nicht, daß eine Kopula absolut stetig ist, d.h. bzgl. $\mathfrak{R} \otimes \mathfrak{R}$ eine Dichte besitzt. (Dieser Fall wird manchmal auch als derjenige einer *regulären Kopula* bezeichnet).

Beispiele für Kopulas sind die bereits oben eingeführten Funktionen C_+, C_-, C_0 sowie $C_{\alpha,\beta}$. Ein weiteres Beispiel erhält man für die VF (7.1.74) zu

$$C(s,t) = s + t - 1 + (1-s)^\alpha (1-t)^\beta \min\{(1-s)^{1-\alpha}, (1-t)^{1-\beta}\},$$

$$\alpha = \frac{\lambda_1}{\lambda_1 + \kappa}, \quad \beta = \frac{\lambda_2}{\lambda_2 + \kappa}.$$

Umgekehrt kann man auch von Kopulas ausgehen und gemäß (7.1.84) Klassen zweidimensionaler VF definieren. So führen die Kopulas (7.1.83) zur *Fréchet-Klasse*

$$\mathfrak{F} = \Big\{ F_\vartheta(y,z) = C_{\alpha,\beta}(G(y), H(z)) : \vartheta = (\alpha, \beta, G, H) : G, H \in \mathfrak{F}_c,$$

$$\alpha, \beta \geq 0, \ \alpha + \beta \leq 1 \Big\}.$$

Diese bildet offenbar ein semiparametrisches Modell zweidimensionaler Verteilungen mit dem Transformationsparameter (α, β) sowie dem Gestaltsparameter (G, H). Ein weiteres Beispiel stellen die regulären Gumbel-Morgenstern-Kopula

$$C(s,t) = st(1 + \varrho(1-s)(1-t)) \tag{7.1.87}$$

aus Beispiel 6.89b dar. Bei der Einführung von Kopulas wurden zunächst stetige VF F betrachtet und diese über ihren Rand-VF G und H faktorisiert. Diese Möglichkeit besteht auch für allgemeine VF, wie der folgende Satz zeigt.

Satz 7.52 (Hoeffding-Sklar) *Sei F eine beliebige zweidimensionale VF mit Rand-VF G und H. Dann existiert eine Kopula $C_F(\cdot, \cdot)$ derart, daß gilt*

$$F(y,z) = C_F(G(y), H(z)) \quad \forall y, z \in \mathbb{R}. \tag{7.1.88}$$

Ist F stetig, so ist C_F eindeutig bestimmt und zwar gemäß

$$C_F(s,t) = F(G^{-1}(s), H^{-1}(t)), \quad \forall s, t \in [0,1]. \tag{7.1.89}$$

Ist F beliebig, so ist C_F nur eindeutig bestimmt für $(s,t) \in G(\mathbb{R}) \times H(\mathbb{R})$.

7.1 Nichtparametrische Modelle und Funktionale 517

Beweis: Für stetiges F wurde die Existenz eines C_F bereits oben gezeigt; vgl. (7.1.85). Zum Nachweis der Eindeutigkeit seien C_1 und C_2 zwei Kopulas mit (7.1.88) sowie $s,t \in [0,1]$. Existieren dann $y,z \in \mathbb{R}$ mit $G(y) = s$ und $H(z) = t$, so folgt

$$C_1(s,t) = C_1(G(y), H(z)) = F(y,z) = C_2(G(y), H(z)) = C_2(s,t). \quad (7.1.90)$$

Sei nun F eine beliebige zweidimensionale VF und seien F_n stetige VF mit $F_n \xrightarrow{\mathfrak{L}} F$; vgl. hierzu Aufg. 7.6. Für deren Rand-VF gilt dann auch $G_n \xrightarrow{\mathfrak{L}} G$, $H_n \xrightarrow{\mathfrak{L}} H$. Bezeichnen C_n die nach dem vorhergehenden eindeutig bestimmten Kopulas zu F_n, $n \in \mathbb{N}$, so folgt aus der Relativ-Kompaktheit von $\{C_n : n \in \mathbb{N}\}$ gemäß Hilfssatz 7.51 die Existenz einer Teilfolge $(n') \subset (n)$ und die einer Kopula C mit $\|C_{n'} - C\|_\infty \to 0$ für $n' \to \infty$. Sind dann weiter y, z Stetigkeitsstellen von G und H, so gilt $s_{n'} := G_{n'}(y) \to G(y) = s$ und $t_{n'} := H_{n'}(z) \to H(z) = t$. Daraus folgt dann einerseits wegen der gleichmäßigen Konvergenz von $C_{n'}$ gegen C

$$C_{n'}(s_{n'}, t_{n'}) \to C(s,t), \quad \text{d.h.} \quad F_{n'}(y,z) \to C(G(y), H(z))$$

und andererseits $F_{n'}(y,z) \to F(y,z)$, jeweils für alle $y \in C(G)$, $z \in C(H)$. Da die beiden VF auf dem Komplement einer abzählbaren Vereinigung von Geraden übereinstimmen und damit auf einer dichten Teilmenge des $\mathbb{R}^2$, ergibt sich deren Gleichheit. Die Eindeutigkeitsaussage für beliebiges F ergibt sich wie die für stetiges F gemäß (7.1.90). □

Der Nachweis, daß zu jeder zweidimensionalen VF F eine Kopula existiert, hätte auch anders geführt werden können. Ist nämlich (Y, Z) eine ZG mit der VF F und sind U, V zwei st.u. ZG mit $\mathfrak{L}(U) = \mathfrak{L}(V) = \mathfrak{R}$ derart, daß (Y, Z) und (U, V) st.u. sind, dann ist die für $0 \le s, t \le 1$ durch

$$C_F(s,t) := \mathbb{P}\bigl(UG(Y) + (1-U)G(Y-0) \le s,\ VH(Z) + (1-V)H(Z-0) \le t\bigr)(7.1.91)$$

definierte Funktion eine Kopula von F; vgl. Aufg. 7.7. Wir illustrieren diese Möglichkeit der Festlegung einer Kopula anhand von folgendem

Beispiel 7.53 Sei F die diskrete Gleichverteilung über Punkten $(y_1, z_1), \ldots, (y_n, z_n) \in \mathbb{R}^2$. Hierbei soll angenommen werden, daß die Werte $y_1, \ldots, y_n$ bzw. $z_1, \ldots, z_n$ jeweils paarweise verschieden sind. Die Rand-VF sind dann gerade die Gleichverteilungen

$$G(y) = \frac{1}{n}\sum_{j=1}^n \mathbf{1}_{[y_j,\infty)}(y), \quad H(z) = \frac{1}{n}\sum_{j=1}^n \mathbf{1}_{[z_j,\infty)}(z).$$

Seien weiter (Y, Z) und (U, V) zwei st.u. ZG mit $\mathfrak{L}(Y,Z) = F$ bzw. $\mathfrak{L}(U,V) = \mathfrak{R} \otimes \mathfrak{R}$. Für festes $0 \le u \le 1$ nimmt dann die ZG $uG(Y) + (1-u)G(Y-0)$ jeweils mit WS n^{-1} die Werte $n^{-1}(r_k - 1 + u)$ an, wobei $r_k = nG(y_k)$ den Rang von y_k unter $y_1, \ldots, y_n$ bezeichne, $k = 1, \ldots, n$. Entsprechend sieht man, daß sich für die ZG $vH(Z) + (1-v)H(Z-0)$ jeweils mit WS n^{-1} die möglichen Realisierungen $n^{-1}(s_\ell - 1 + v)$ ergeben, $s_\ell = nH(z_\ell)$, $\ell = 1, \ldots, n$. Damit sind die beiden ZG

518   7 Nichtparametrische Funktionale und ihre kanonischen Schätzer

$$\widetilde{U} = UG(Y) + (1-U)G(Y-0) \quad \text{bzw.} \quad \widetilde{V} = VH(Z) + (1-V)H(Z-0) \tag{7.1.92}$$

jeweils gemäß $\mathfrak{R}$ verteilt. Nach dem Obigen gilt nämlich zunächst

$$P(\widetilde{U} \leq s) = \int_0^1 n^{-1} \sum_{j=1}^n \mathbf{1}_{[r_j-1+u,\infty)}(ns)\,\mathrm{d}u = n^{-1}\sum_{k=1}^n \int_0^1 \mathbf{1}_{[k-1+u,\infty)}(ns)\,\mathrm{d}u$$

$$= n^{-1}\sum_{k=1}^n \int_0^1 \mathbf{1}_{[0,ns-k+1]}(u)\,\mathrm{d}u\,.$$

Für $p-1 < ns \leq p$, $p \in \mathbb{N}$, d.h. für $0 < ns-p+1 \leq 1$, erhält man

$$k > p \;\Rightarrow\; ns-k+1 \leq 0, \quad k < p \;\Rightarrow\; ns-k+1 > 0.$$

Daraus folgert man schließlich

$$P(\widetilde{U} \leq s) = n^{-1}(p-1) + n^{-1}\int_0^{ns-p+1}\mathrm{d}u = s. \tag{7.1.93}$$

Ganz entsprechend berechnet man nun für $0 \leq s,t \leq 1$

$$P(\widetilde{U} \leq s, \widetilde{V} \leq t) = n^{-1}\sum_{j=1}^n \int_0^1\int_0^1 \mathbf{1}_{[0,ns-r_j+1]}(u)\mathbf{1}_{[0,nt-s_j+1]}(v)\,\mathrm{d}u\,\mathrm{d}v$$

$$= n^{-1}\sum_{j=1}^n a_n(s,r_j)a_n(t,s_j) =: C(s,t),$$

wobei für $0 \leq s \leq 1$, $1 \leq i \leq n$ zu setzen ist:

$$a_n(s,i) = \begin{cases} 1 & \text{für } ns > t, \\ ns-i+1 & \text{für } i-1 < ns \leq i, \\ 0 & \text{für } ns \leq i-1. \end{cases} \tag{7.1.94}$$

Speziell ergibt dies für $1 \leq k, \ell \leq n$:

$$C\!\left(\frac{k}{n},\frac{\ell}{n}\right) = n^{-1}\sum_{j=1}^n \mathbf{1}_{\{1,\dots,k\}}(r_j)\mathbf{1}_{\{1,\dots,\ell\}}(s_j).$$

Daraus erhält man dann weiter

$$C(G(y_k),H(z_\ell)) = C\!\left(\frac{r_k}{n},\frac{s_\ell}{n}\right) = n^{-1}\sum_{j=1}^n \mathbf{1}_{\{1,\dots,r_k\}}(r_j)\mathbf{1}_{\{1,\dots,s_\ell\}}(s_j)$$

$$= n^{-1}\sum_{j=1}^n \mathbf{1}_{[y_j,\infty)}(y_k)\mathbf{1}_{[z_j,\infty)}(z_\ell) = F(y_k,z_\ell). \tag{7.1.95}$$

Aus (7.1.93+95) folgt nun, daß C eine Version von C_F ist. Man bemerkt, daß C als maßstabsinvariante Größe nur über die Rangzahlen von den Trägerpunkten abhängt. □

Gemäß (7.1.91) könnte man für beliebige VF eine Version der Kopula festlegen. Wir werden auf eine entsprechende allgemeine Konvention jedoch verzichten.

Offenbar stimmt die Gesamtheit der VF F, denen sich die Kopula C_0 aus (7.1.81) zuordnen läßt, mit der Klasse aller Produktverteilungen überein. Es soll nun die Frage diskutiert werden, welchen (stetigen) VF die Kopulas C_+ und C_- entsprechen und wie sich eine Kopula verändert, wenn man die Komponenten Y und Z einer strikt monotonen Transformation unterwirft. Wir beschränken uns dabei der Einfachheit halber teilweise auf den Fall stetiger VF.

Satz 7.54 (Fréchet) *Sei (Y, Z) eine zweidimensionale ZG mit stetiger VF F, Rand-VF G, H und Kopula C_F. Weiter seien C_+ und C_- die durch (7.1.79) bzw. (7.1.80) erklärte maximale bzw. minimale Kopula. Dann gilt*[31]:

a) $\quad C_F = C_+ \quad \Leftrightarrow \quad Z \underset{\mathcal{L}}{=} q(Y).$

Dabei ist $q : \mathbb{R} \to \mathbb{R}$ isoton und linksseitig stetig mit $q(G^{-1}(0)) = H^{-1}(0)$, $q(G^{-1}(1)) = H^{-1}(1)$ und q strikt isoton auf den Wachstumspunkten von G.

b) $\quad C_F = C_- \quad \Leftrightarrow \quad Z \underset{\mathcal{L}}{=} q(Y).$

Dabei ist $q : \mathbb{R} \to \mathbb{R}$ antiton und rechtsseitig stetig mit $q(G^{-1}(0)) = H^{-1}(1)$, $q(G^{-1}(1)) = H^{-1}(0)$ und q strikt antiton auf den Wachstumspunkten von G.

Beweis: a) Wir benutzen die Erweiterung des Begriffs Pseudoinverse aus Definition 1.16 auf beliebige endliche isotone Funktionen sowie mehrfach die diesbezüglichen Verallgemeinerungen der Hilfssätze 1.17 und 1.18.

„$\Rightarrow$" Sei $q := H^{-1} \circ G$. Da H stetig ist, hat H^{-1} keine Konstanzbereiche, ist also strikt isoton. Folglich gilt für die VF der zweidimensionalen ZG $(Y, q(Y))$

$$\mathbb{P}(Y \leq y, q(Y) \leq z) = \mathbb{P}(Y \leq y, G(Y) \leq H(z)) = \mathbb{P}(Y \leq y, Y \leq G^{-1}(H(z)+0))$$

$$= G(y) \wedge G(G^{-1}(H(z)+0)) = G(y) \wedge H(z) = C_+(G(y), H(z)).$$

Aus $C_F = C_+$ folgt also $\mathbb{P}(Y \leq y, q(Y) \leq z) = F(y, z)$ und somit $(Y, q(Y)) \underset{\mathcal{L}}{=} (Y, Z)$.

„$\Leftarrow$" Hierzu beachte man zunächst die Gültigkeit von

$$\mathbb{P}(Y \leq y, q(Y) \leq z) = \mathbb{P}(Y \leq y, Y \leq q^{-1}(z+0)) = G(y) \wedge G(q^{-1}(z+0)).$$

Für $y \to \infty$ ergibt sich hieraus $H(z) = G(q^{-1}(z+0))$ und damit $F(y,z) = G(y) \wedge H(z) = C_+(G(y), H(z))$, also wegen der Stetigkeit von F die Behauptung $C_F = C_+$.

---
[31] Die analogen Aussagen erhält man bei Vertauschung der Rollen von Y und Z.

b) „⇒" ergibt sich analog a), wenn man die VF $H_-(z) := 1 - H(-z-0)$ der an 0 gespiegelten Verteilung H und demgemäß $q(y) := -H_-^{-1}(G(y+0))$ verwendet. Dann gilt nämlich

$$\mathbb{P}(Y \leq y, q(Y) \leq z) = \mathbb{P}(Y \leq y, H_-^{-1}(G(y)+0) \geq -z)$$
$$= \mathbb{P}(Y \leq y, G(Y) \geq H_-(-z-0))$$
$$= \mathbb{P}(Y \leq y) - \mathbb{P}(Y \leq y, G(Y) \leq H_-(-z-0))$$
$$= G(y) - \mathbb{P}(Y \leq y, Y \leq G^{-1}(H_-(-z-0)+0))$$
$$= G(y) - G(y) \wedge H_-(-z-0) = G(y) - G(y) \wedge (1 - H(z)).$$

Hieraus folgt wieder, daß G und H die Rand-VF sind sowie daß gilt

$$\mathbb{P}(Y \leq y, q(Y) \leq z) = C_-(G(y), H(z)) = C_F(G(y), H(z)) = F(y,z)$$

und damit die Behauptung. „⇐" beweist man analog a). □

Die Änderung der Kopula bei monotonen Transformationen der Variablen beschreibt der

Satz 7.55 (Fréchet) *Sei (Y,Z) eine zweidimensionale ZG mit VF F und Rand-VF G, H sowie Kopula C_F. Weiter seien q_1 und q_2 strikt monotone, stetige und surjektive Abbildungen von $\mathbb{R}$ nach $\mathbb{R}$. Bezeichnet dann $\check{F}$ die VF der zweidimensionalen ZG $(\check{Y}, \check{Z}) := (q_1(Y), q_2(Z))$, so gilt:*

a) *Sind q_1, q_2 beide isoton, so ist $\check{C}(s,t) = C_F(s,t)$ eine Kopula für $\check{F}$;*

b) *Ist q_1 isoton und q_2 antiton, so ist $\check{C}(s,t) = s - C_F(s, 1-t)$ eine Kopula für $\check{F}$;*

c) *Ist q_1 antiton und q_2 isoton, so ist $\check{C}(s,t) = t - C_F(1-s,t)$ eine Kopula für $\check{F}$;*

d) *Sind q_1, q_2 beide antiton, so ist $\check{C}(s,t) = s+t-1+C_F(1-s, 1-t)$ eine Kopula für $\check{F}$.*

Beweis: a) In weitgehender Analogie zum Beweis von Satz 7.54 ergibt sich

$$\mathbb{P}(q_1(Y) \leq y, q_2(Z) \leq z) = \mathbb{P}(Y \leq q_1^{-1}(y), Z \leq q_2^{-1}(z))$$
$$= F(q_1^{-1}(y), q_2^{-1}(z)) = C_F(G(q_1^{-1}(y)), H(q_2^{-1}(z)))$$

sowie für $z \to \infty$ bzw. $y \to \infty$, daß $\check{G}(y) = G(q_1^{-1}(y))$ und $\check{H}(z) = H(q_2^{-1}(z))$ die Rand-VF von $q_1(Y)$ bzw. $q_2(Z)$ sind. Folglich ist

$$\mathbb{P}(q_1(Y) \leq y, q_2(Z) \leq z) = C_F(\check{G}(y), \check{H}(z)),$$

also $\check{C} = C_F$ eine Kopula von $\check{F}$.

7.1 Nichtparametrische Modelle und Funktionale

b) Wiederum in Analogie zum Beweis von Satz 7.54 sowie von a) gilt

$$\mathbb{P}(q_1(Y) \leq y, q_2(Z) \leq z) = \mathbb{P}(q_1(Y) \leq y, -q_2(Z) \geq -z)$$
$$= \mathbb{P}(q_1(Y) \leq y) - \mathbb{P}(q_1(Y) \leq y, -q_2(Z) < -z)$$
$$= \mathbb{P}(Y \leq q_1^{-1}(y)) - \mathbb{P}(Y \leq q_1^{-1}(y), Z < (-q_2)^{-1}(-z)).$$

Hieraus folgt für $z \to \infty$ bzw. $y \to \infty$

$$\check{G}(y) = G(q_1^{-1}(y)) \quad \text{und} \quad \check{H}(z) = 1 - H((-q_2)^{-1}(-z) - 0) = H_-((-q_2)^{-1}(-z)).$$

Da aus $F(y, z) = C_F(G(y), H(z))$ überdies folgt

$$F(y, z - 0) = C_F(G(y), H(z - 0)) = C_F(G(y), 1 - H_-(z)),$$

ergibt sich also

$$\mathbb{P}(q_1(Y) \leq y, q_2(Z) \leq z) = \check{G}(y) - F(q_1^{-1}(y), (-q_2)^{-1}(-z) - 0)$$
$$= \check{G}(y) - C_F(\check{G}(y), 1 - \check{H}(z)).$$

c) und d) beweist man analog. □

Anmerkung 7.56 Die Klasse der in Satz 7.55 zugelassenen Transformationen kann man noch erheblich erweitern, allerdings auf Kosten der einfachen Formulierbarkeit. So läßt sich die Aussage a) etwa zeigen für alle $q_i : \mathbb{R} \to \mathbb{R}$, $i = 1, 2$, die isoton sowie linksseitig stetig sind und für die überdies q_1 strikt isoton ist auf den Wachstumspunkten von G mit $q_1(G^{-1}(0)) \leq G^{-1}(0)$, $q_1(G^{-1}(1)) \geq G^{-1}(1)$ bzw. für die q_2 strikt isoton ist auf den Wachstumspunkten von H mit $q_2(H^{-1}(0)) \leq H^{-1}(0)$, $q_2(H^{-1}(1)) \geq H^{-1}(1)$. Entsprechend kann man in den Aussagen b)–d) die Voraussetzungen abschwächen. Jedoch hängen die dann zugelassenen Transformationen von den jeweiligen Randverteilungen ab, sind also nicht „global", d.h. nicht unabhängig von dem speziellen F. Die Notwendigkeit, erweiterte Transformationen zuzulassen, wird schon durch (7.1.77+78) deutlich. □

Kopulas werden bei verschiedenen Fragestellungen verwendet. Bei einem Problemtyp sind die Randverteilungen vorgegeben und man variiert die Kopulas. Ein Beispiel hierfür ist uns bereits bei der Einführung der Wasserstein-Metrik in 5.2.5 begegnet. Das dieser zugrundeliegende Optimierungsproblem ist von der Form

$$\gamma(G, H) = \inf\left\{\iint d(y, z) \, dF(y, z) : F \in \mathfrak{F}(G, H)\right\}$$
$$= \inf\left\{\iint d(y, z) \, dC(G(y), H(z)) : C \text{ Kopula}\right\},$$

wobei d eine Metrik auf $\mathbb{R}$ bezeichne und $\mathfrak{F}(G, H)$ definiert ist gemäß

$$\mathfrak{F}(G, H) := \left\{F \in \mathfrak{M}^1(\mathbb{R}^2, \mathbb{B}^2) \quad \text{mit} \quad F^{\pi_1} = G, F^{\pi_2} = H\right\}.$$

Eine VF $F^*(y,z) = C^*(G(y), H(z))$, für welche das Minimum angenommen wird, bezeichnet man als *Koppelung* (coupling). Deren Charakterisierung ist aufgrund des für dieses Optimierungsproblem gültigen Dualitätssatzes[32] möglich:

$$\gamma(G,H) = \sup\left\{\int q_1\,dG + \int q_2\,dH : q_1, q_2 \text{ stetig und } q_1(y) + q_2(z) \leq d(y,z)\right\}.$$

Eine andere Problematik besteht darin, für (zumindest ordinal skalierte) Merkmalsvariable Y und Z das Abhängigkeitsverhalten maßstabsinvariant auszudrücken, d.h. ohne Rückgriff auf eine spezielle Meßskala. Dies ist auf zwei unterschiedliche Arten möglich, und zwar auf eine qualitative und auf eine quantitative Weise. Im ersten Fall möchte man dabei begrifflich fassen, wann etwa Z positiv von Y abhängt, d.h. wann große (bzw. kleine) Werte von Y „tendenziell" zu großen (bzw. kleinen) Werten von Z führen; vgl. auch Beispiel 7.11. Im zweiten Fall möchte man dagegen den Grad der Abhängigkeit in Form einer Maßzahl quantitativ erfassen. Beide Fragestellungen lassen sich selbst wieder auf verschiedene Weise beantworten.

Positive stochastische Abhängigkeit Wir beginnen mit der Präzisierung dessen, was unter dem „Vorzeichen" einer stochastischen Abhängigkeit verstanden werden kann. Die schwächste – und hier zugleich wichtigste – derartige Abhängigkeitsform basiert auf dem Begriffspaar „konkordant – diskordant". Dabei heißen zwei Punkte $(y,z),(y',z') \in \mathbb{R}^2$

konkordant $:\Leftrightarrow\quad y \leq y',\ z \leq z'$ oder $y \geq y',\ z \geq z'$,

diskordant $:\Leftrightarrow\quad y < y',\ z > z'$ oder $y > y',\ z < z'$.

Zu $(s,t) \in (0,1)^{(2)}$ sind dann gerade diejenigen Paare $(u,v) \in [0,1]^{(2)}$ konkordant, die bzgl. (s,t) im ersten oder dritten Quadranten liegen, d.h. in

$$Q_1(s,t) = \{(u,v) \in [0,1]^{(2)} :\ u \geq s,\ v \geq t\} \quad \text{oder}$$
$$Q_3(s,t) = \{(u,v) \in [0,1]^{(2)} :\ u \leq s,\ v \leq t\}.$$

Entsprechend heißt eine stetige VF F_1 *stärker konkordant* als eine stetige VF F_2, wenn $Q_1(s,t) \cup Q_3(s,t)$ für jedes $(s,t) \in (0,1)^2$ unter der Kopula C_{F_1} eine größere WS besitzt als unter der Kopula C_{F_2}, d.h. falls gilt

$$C_{F_1}(s,t) \geq C_{F_2}(s,t) \quad \forall (s,t) \in (0,1)^{(2)}.$$

Diese abgeschwächte Form der stochastischen Ordnung wurde bereits in 7.1.2 behandelt. Speziell impliziert der Satz 7.21

---

[32] Eine derartige Aussage läßt sich auch über einem beliebigen (nicht notwendig euklidischen oder metrischen) Raum $(\mathfrak{X}_0^{(2)}, \mathfrak{B}_0^{(2)})$ beweisen, sofern G oder H ein perfektes WS-Maß ist; vgl. D. Ramachandran, L. Rüschendorf: A general duality theorem for marginal problems. Erscheint in: Probability Theory and Related Fields (1995)

7.1 Nichtparametrische Modelle und Funktionale

$$C_{F_1}(s,t) \geq C_{F_2}(s,t) \quad \forall (s,t) \in (0,1)^{(2)} \quad \Rightarrow \quad \int_0^1\int_0^1 st\,\mathrm{d}C_{F_1}(s,t) \geq \int_0^1\int_0^1 st\,\mathrm{d}C_{F_2}(s,t),$$

so daß die beiden Komponenten unter F_1 stärker korreliert sind als unter F_2. Läßt sich nun dieserart $F_1 := F$ mit $F_2 := G \otimes H$ vergleichen, d.h. gilt $C_F(s,t) \geq st$ $\forall (s,t) \in (0,1)^{(2)}$, dann gelangt man zu einer ersten Form positiver Abhängigkeit. Eine zweite Form positiver Abhängigkeit erhält man dadurch, daß man die (elementar definierten) bedingten VF $F_y(\cdot) := \mathbb{P}(Z \leq \cdot | Y \leq y)$ oder – maßstabsinvariant ausgedrückt – die aufs Einheitsquadrat transformierten bedingten VF

$$\mathbb{P}\big(H(Z) \leq \cdot \,|\, G(Y) \leq s\big) = C_F(s,\cdot)/s, \quad s \in (0,1),$$

anordnet. Bei einer solchen Anordnung gehen also nur die linken Flanken-WS ein. Diese beiden Formen stochastischer Abhängigkeit und eine weitere Verschärfung enthält die

Definition 7.57 Sei (Y,Z) eine zweidimensionale ZG mit stetiger VF F und Kopula C_F. Dann heißen[33]

a) *Y und Z positiv quadrant-abhängig*, falls gilt

$$\forall 0 \leq s,t \leq 1: \quad C_F(s,t) \geq st;$$

b) *Z positiv links-abhängig von Y*, falls gilt

$$\forall 0 < t < 1: \quad C_F(s,t)/s \text{ ist antiton in } 0 < s \leq 1;$$

c) *Z positiv regressionsabhängig von Y*, falls gilt

$$\forall 0 < t < 1: \quad C_F(s,t) \text{ ist konkav in } 0 \leq s \leq 1.$$

Offenbar gilt nun der folgende

Hilfssatz 7.58 *Für die soeben eingeführten Abhängigkeitsbegriffe gilt*:

a) *Z positiv regressionsabhängig von Y* $\Rightarrow$ *Z positiv links-abhängig von Y*;

b) *Z positiv links-abhängig von Y* $\Rightarrow$ *Y und Z positiv quadrant-abhängig*.

Beweis: a) Ist $s \mapsto C_F(s,t)$ konkav, so gilt nach (B.1.16) wegen $C_F(0,t) \equiv 0$

$$\frac{C_F(s_1,t)}{s_1} \geq \frac{C_F(s_2,t)}{s_2} \quad \forall 0 < s_1 < s_2 < 1 \quad \forall 0 < t < 1.$$

---

[33] Vgl. R.B. Nelsen: Copulas and Association, in: Advances in Probability Distributions with Given Marginals. (Ed. G. Dall'Aglio, S. Kotz and G. Salinetti) Mathematics and its Applications 67 (1991) 51–74.

b) Aus der Antitonie (und Stetigkeit) von $s \mapsto C_F(s,t)/s$ folgt

$$\inf_{0<s\leq 1}\frac{C_F(s,t)}{s} = \frac{C_F(1,t)}{1} = t, \quad \text{d.h.} \quad C_F(s,t) \geq st \quad \forall 0 \leq s,t \leq 1. \quad \square$$

Beispiel 7.59 a) Für $0 < \alpha < 1$ ist

$$c(u,v) = 1 + \left(u^\alpha - \frac{1}{1+\alpha}\right)\left(v^\alpha - \frac{1}{1+\alpha}\right) \quad \text{für } 0 \leq u,v \leq 1$$

die λ^2-Dichte einer Kopula und zwar von

$$C(s,t) = st + \frac{1}{(1+\alpha)^2}(s^{\alpha+1} - s)(t^{\alpha+1} - t) \quad \text{für } 0 \leq s,t \leq 1.$$

Offenbar ist Z positiv regressionsabhängig von Y, da $C_F(\cdot,t)$ konkav ist $\forall 0 < t < 1$. Weitere Beispiele derartiger Kopula sind C_+ oder die Gumbel-Morgenstern Kopula.

b) Setzt man

$$c(u,v) = 1 + \left(u - \frac{1}{4}\right)\mathbf{1}_{[0,1/2]}(u)\left(v - \frac{1}{4}\right)\mathbf{1}_{[0,1/2]}(v),$$

dann ist dies wieder die λ^2-Dichte einer Kopula, nämlich diejenige von

$$C(s,t) = \begin{cases} st + \left(\frac{1}{2}s^2 - \frac{1}{4}s\right)\left(\frac{1}{2}t^2 - \frac{1}{4}t\right) & \text{für } 0 \leq s,t \leq \frac{1}{2}, \\ st & \text{sonst.} \end{cases}$$

Hier ist Z positiv links-abhängig von Y, aber nicht positiv regressionsabhängig von Y. Es ist nämlich $s \mapsto C_F(s,t)/s$ antiton $\forall 0 < t < 1$, jedoch $s \mapsto C_F(s,t)$ nicht konkav.

c) Setzt man

$$c(u,v) = 1 + \left[\left(u - \frac{1}{4}\right)\mathbf{1}_{[0,1/2]}(u) + \left(u - \frac{3}{4}\right)\mathbf{1}_{(1/2,1]}(u)\right]$$

$$\times \left[\left(v - \frac{1}{4}\right)\mathbf{1}_{[0,1/2]}(v) + \left(v - \frac{3}{4}\right)\mathbf{1}_{(1/2,1]}(v)\right],$$

dann ist auch dies wieder die λ^2-Dichte einer Kopula, nämlich diejenige von

$$C(s,t) = \begin{cases} st + \left(\frac{1}{2}s^2 - \frac{1}{4}s\right)\left(\frac{1}{2}t^2 - \frac{1}{4}t\right) & \text{für } 0 \leq s,t \leq \frac{1}{2}, \\ st + \left(\frac{1}{2}s^2 - \frac{1}{4}s\right)\left(\frac{1}{2}t^2 - \frac{3}{4}t + \frac{1}{4}\right) & \text{für } 0 \leq s \leq \frac{1}{2} < t \leq 1, \\ st + \left(\frac{1}{2}s^2 - \frac{3}{4}s + \frac{1}{4}\right)\left(\frac{1}{2}t^2 - \frac{1}{4}t\right) & \text{für } 0 \leq t \leq \frac{1}{2} < s \leq 1, \\ st + \left(\frac{1}{2}s^2 - \frac{3}{4}s + \frac{1}{4}\right)\left(\frac{1}{2}t^2 - \frac{3}{4}t + \frac{1}{4}\right) & \text{für } \frac{1}{2} < s,t \leq 1. \end{cases}$$

Hier sind Y und Z positiv quadrant-abhängig, da die „Korrekturterme" zu st stets das Produkt zweier nicht-positiver Größen sind. Z ist aber nicht positiv links-abhängig von Y, denn die Funktion $s \mapsto C(s,t)/s$ ist für $0 < t < 1$ isoton in $(2^{-1}, 2^{-1/2})$. $\quad \square$

7.1 Nichtparametrische Modelle und Funktionale

Korrelationsfunktionale Es soll jetzt diskutiert werden, wie die Abhängigkeit zweier zumindest ordinal skalierter Merkmale durch (signierte) Maßzahlen beschrieben werden kann. Hierbei ist, wie schon erwähnt, die Forderung naheliegend, daß eine Maßzahl für die Abhängigkeit maßstabsinvariant ist und somit nur über die Kopula von der VF F abhängt. Dieser Forderung genügt aber bereits die gebräuchlichste Maßzahl nicht, nämlich der (Pearsonsche) Korrelationskoeffizient. Dieser ist lediglich gegenüber isotonen affinen Transformationen beider Variabler invariant.

Beispiel 7.60 (Korrelationskoeffizient $\varrho_P(F)$ von K. Pearson) Bezeichnen F eine zweidimensionale VF und $\mu(G)$, $\mu(H)$ die Mittelwerte bzw. $\sigma^2(G)$, $\sigma^2(H) \in (0,\infty)$ die Streuungen der Rand-VF G und H, dann ergibt sich aus der Definition von $\varrho_P(F)$

$$\varrho_P(F) = \frac{1}{\sigma(G)\sigma(H)} \iint \bigl(yz - \mu(G)\mu(H)\bigr)\,dF(y,z)$$
$$= \frac{1}{\sigma(G)\sigma(H)} \iint \bigl(F(y,z) - G(y)H(z)\bigr)\,dy\,dz. \qquad (7.1.96)$$

Dabei folgt die Umformung aus dem Satz von Fubini, vgl. (5.2.72). Offenbar ist $\varrho_P(F)$ invariant gegenüber affinen Transformationen mit positiver Steigung und nach der Cauchy-Schwarz-Ungleichung gilt $-1 \le \varrho_P(F) \le 1$. Bezeichnet (Y,Z) eine zweidimensionale ZG mit der VF F, so ergibt die Diskussion der Gültigkeit von „="

$\varrho_P(F) = 1$ genau dann, wenn $Z = aY + b\ [F]$ ist mit $a > 0$,

$\varrho_P(F) = -1$ genau dann, wenn $Z = aY + b\ [F]$ ist mit $a < 0$, und

$\varrho_P(F) = 0$, falls $F = G \otimes H$ ist, d.h. falls Y, Z st.u. sind.

Ist F stetig, so gilt nach (7.1.84) und der Transformationsformel

$$\varrho_P(F) = \varrho_P(Y,Z) = \frac{1}{\sigma(G)\sigma(H)} \int_0^1\!\!\int_0^1 \bigl(C_F(s,t) - st\bigr)\,dG^{-1}(s)\,dH^{-1}(t).$$

Damit hängt $\varrho_P(F)$ nicht nur von der Kopula, sondern auch von den Rand-VF ab; $\varrho_P(F)$ ist also nicht maßstabsinvariant. □

Es gibt nun mehrere Möglichkeiten, aus $\varrho_P(F)$ eine transformationsinvariante Größe zu machen. Eine erste enthält das folgende

Beispiel 7.61 (Maximalkorrelationskoeffizient $\varrho_G(F)$ von Gebelein[34]) Man unterwirft Y und Z beliebigen meßbaren (nicht notwendig isotonen) Transformationen q_1 bzw. q_2 von $\mathbb{R}$ nach $\mathbb{R}$ mit $\operatorname{Var} q_1(Y) \in (0,\infty)$, $\operatorname{Var} q_2(Z) \in (0,\infty)$ und bestimmt anschließend die maximale Korrelation von $q_1(Y)$ und $q_2(Z)$ bzgl. aller derartiger meßbarer Transformationen. Mit $\mathfrak{Q} := \{(q_1,q_2) : (\mathbb{R},\mathbb{B}) \to (\mathbb{R}^2,\mathbb{B}^2) : 0 < \operatorname{Var}_F q_1(Y), \operatorname{Var}_F q_2(Z) < \infty\}$ ergibt sich also

$$\varrho_G(F) = \varrho_G(Y,Z) = \sup\bigl\{\varrho_P(q_1(Y), q_2(Z)) : (q_1,q_2) \in \mathfrak{Q}\bigr\}.$$

---
[34] Vgl. H. Gebelein: Zeitschr. Angew. Math. Mech. 21 (1941) 364–379

Diese Größe nimmt Werte in [0,1] an, ist symmetrisch in Y, Z und es gilt

$$\varrho_G(F) = 0 \Leftrightarrow F = G \otimes H;$$
$$\varrho_G(F) = 1, \quad \text{falls } Z = q(Y) \text{ oder } Y = q(Z) \text{ ist für ein } (q_1, q_2) \in \mathfrak{Q}.$$

Ein Nachteil dieser *Maximalkorrelation* ist, daß $\varrho_G(F) = 1$ für Verteilungen F gelten kann, bei denen man auch nicht annähernd von einer funktionalen Abhängigkeit sprechen kann und für die $\varrho_P(F) = 0$ gilt. Hierzu betrachte man den folgenden Spezialfall[35]:

Seien g_0, g_1, h_0, h_1 vier $\lambda\!\!\lambda$-Dichten auf $\mathbb{R}$ mit $\{g_0 > 0\} = \{h_0 > 0\} = [-r, r]$ und $\{g_1 > 0\} = \{h_1 > 0\} = \mathbb{R} - [-r, r]$ für $r > 0$. Weiter seien $\mu(G_0) = \int y g_0(y)\, dy = 0$, $\mu(G_1) = \int z g_1(z)\, dz = 0$ sowie alle vier Varianzen positiv und endlich. Für jedes $\eta \in (0,1)$ sei eine zweidimensionale Verteilung F erklärt mittels der $\lambda\!\!\lambda^2$-Dichte

$$f(y,z) = f(y,z;\eta) = (1-\eta)g_0(y)h_0(z) + \eta g_1(y) h_1(z).$$

Für deren Randdichten gilt offenbar

$$g(y) = (1-\eta)g_0(y) + \eta g_1(y), \quad h(z) = (1-\eta)h_0(z) + \eta h_1(z)$$

sowie

$$\iint yz f(y,z)\, dy\, dz = (1-\eta) \int y g_0(y)\, dy \int z h_0(z)\, dz + \eta \int y g_1(y)\, dy \int z h_1(z)\, dz = 0.$$

Somit ist $\varrho_P(F) = 0$. F unterscheidet sich auch in Totalvariation nur um 2η von dem Produktmaß mit $\lambda\!\!\lambda^2$-Dichte $g_0(y)h_0(z)$. Ist andererseits (Y, Z) eine zweidimensionale ZG mit VF F, so gilt entweder simultan $|Y| \leq r$ und $|Z| \leq r$ oder $|Y| > r$ und $|Z| > r$ F-f.ü. Mit $q(x) = \mathbb{1}_{\{z:|z|>r\}}(x)$ gilt bei Wahl von $q_1 = q_2 = q$ dann $q_1(Y) = q_2(Z)$ [F]. Zudem gilt

$$\int q^2(y)g(y)\, dy = \int q(y)g(y)\, dy = \eta \int g_1(y)\, dy = \eta > 0$$

und wegen $Eq(y) = \eta \int g_1(y) dy = \eta$ weiter

$$\operatorname{Var} q(Y) = Eq(y)(1 - Eq(Y)) = \eta(1-\eta) > 0.$$

Damit sind q_1 und q_2 bei der Bildung der Maximalkorrelation zu berücksichtigen, d.h.

$$\varrho_G(F) = \varrho_G(Y, Z) = \varrho_P(q_1(Y), q_2(Z)) = 1 \quad \forall \eta \in (0, 1).$$

Hier nimmt $\varrho_G(F)$, also für eine Mischung F zweier Produktmaße seinen Maximalwert 1 an, bei der die Randgrößen Y und Z unkorreliert sind und für die F beliebig nahe zu einem Produktmaß liegt. Dieses Beispiel zeigt auch, daß ϱ_G sehr empfindlich auf eine Abweichung von einer VF reagiert, d.h. unstetig ist bzgl. allen üblichen Metriken. □

Außer der Maximalkorrelation gibt es weitere maßstabsinvariante Kennzahlen, die

---

[35] In Anlehnung an W.J. Hall in: Essays in Probability & Statistics, Ed.: Bose et al. (1970).

7.1 Nichtparametrische Modelle und Funktionale

sich aus dem Pearson-Korrelationskoeffizienten ableiten lassen. Die naheliegendsten derartigen Modifikationen enthalten die folgenden beiden Beispiele:

Beispiel 7.62 (Korrelationskoeffizient $\varrho_S(F)$ von Spearman) Für eine stetige VF F sei

$$\varrho_S(F) := \varrho_P(C_F) = 12 \int_0^1\int_0^1 (C_F(s,t) - st)\,\mathrm{d}s\,\mathrm{d}t = 12 \int_0^1\int_0^1 \left(s - \frac{1}{2}\right)\left(t - \frac{1}{2}\right)\mathrm{d}C_F(s,t),$$

wobei die Umformung durch partielle Integration gemäß Hilfssatz 7.22 erfolgt. Man transformiert zunächst die Randverteilungen auf die Rechteckverteilung $\mathfrak{R}$, also F auf die Kopula C_F, und berechnet für diese dann den Pearson-Korrelationskoeffizienten $\varrho_P(C_F)$. Formal erhält man diese Modifikation $\varrho_S(F)$ von $\varrho_P(F)$ auch dadurch, daß man in (7.1.96) nicht bzgl. λ^2 integriert, sondern bzgl. $G \otimes H$. Nach der Transformationsformel ergibt sich dann nämlich

$$\varrho_S(F) = 12 \iint (F(y,z) - G(y)H(z))\,\mathrm{d}G(y)\,\mathrm{d}H(z).$$

Offenbar gilt $\varrho_S(F) = 0$, falls $F = G \otimes H$ ist, sowie $\varrho_S(F) = +1$ für $C_F = C_+$ und $\varrho_S(F) = -1$ für $C_F = C_-$. Wegen $C_- \le C_F \le C_+$ gilt damit $-1 \le \varrho_S(F) = 1\ \forall F$ und $\varrho_S(F)$ nimmt seinen maximalen (bzw. minimalen) Wert an, wenn $C_F = C_+$ (bzw. $C_F = C_-$) ist. Nach Satz 7.54 ist dies genau dann der Fall, wenn Z eine strikt isotone (bzw. strikt antitone) Funktion von Y ist. □

Beispiel 7.63 (Vorzeichenkorrelation $\varrho_B(F)$ von Blomquist[36]) Mit $\mathfrak{L}(Y,Z) = F$ sei

$$\varrho_B(F) = \varrho_B(Y,Z) := \varrho_P(\mathrm{sgn}(Y - \mathrm{med}\,Y), \mathrm{sgn}(Z - \mathrm{med}\,Z)).$$

Die Maßstabsinvarianz folgt hier aus der bekannten Transformationsäquivarianz des Medians. Ist F eine zweidimensionale stetige Verteilung, für deren Randverteilungen $G(0) = H(0) = 1/2$ gilt, die also den Median 0 besitzen, so ergibt sich durch elementare Rechnung $\varrho_B(F) = 4F(0,0) - 1$. □

Eine andere Möglichkeit, zu maßstabsinvarianten Kennzahlen zu kommen, besteht darin, die WS für Konkordanzen und Diskordanzen zu betrachten.

Beispiel 7.64 (Korrelationskoeffizient $\varrho_F(F)$ von Fechner-Kendall) Bezeichnen (Y,Z), (Y',Z') st.u. ZG mit derselben VF F, so ist die Differenz der WS für Konkordanz und Diskordanz, also

$$\varrho_F(F) := \mathbb{P}\big((Y - Y')(Z - Z') > 0\big) - \mathbb{P}\big((Y - Y')(Z - Z') < 0\big),$$

eine naheliegende Maßzahl für die st. Abhängigkeit. Durch Bedingen gemäß $Y' = y, Z' = z$ und Anwenden der Einsetzungsregel 1.123 ergibt sich für stetiges F wegen $\int G\,\mathrm{d}G = \int H\,\mathrm{d}H = 1/2$

---

[36] Vgl. N. Blomquist: Ann. Math. Stat. 21 (1950) 593–600.

$$\varrho_F(F) = \iint \Big(\mathbb{P}(Y < y, Z < z) + \mathbb{P}(Y > y, Z > z)$$
$$- \mathbb{P}(Y < y, Z > z) - \mathbb{P}(Y > y, Z < z) \Big) \, \mathrm{d}F(y,z)$$
$$= \iint \big(4F(y,z) - 2G(y) - 2H(z) + 1\big) \, \mathrm{d}F(y,z) = 4 \iint F(y,z) \, \mathrm{d}F(y,z) - 1$$
$$= 4 \int_0^1 \!\!\int_0^1 C_F(s,t) \, \mathrm{d}C_F(s,t) - 1.$$

Die Berechnung von ϱ_F läßt sich oft mit der in Aufg. 7.9 angegebenen Beziehung vereinfachen. Auch der oben bereits betrachtete Korrelationskoeffizient von Spearman läßt sich durch ähnliche Betrachtungen motivieren; vgl. Beispiel 7.196. □

Bei der Einführung von Funktionalen, die st. Abhängigkeit erfassen sollen, wurde bisher nur die Maßstabsinvarianz angesprochen. Man wird an eine derartige Größe selbstverständlich aber auch weitere Forderungen stellen. Bei der Formulierung entsprechender Axiome wird zunächst eine Größe definiert, die signiert ist und zwischen negativer und positiver Abhängigkeit unterscheidet, die aber zumeist weder die st. Unabhängigkeit noch die vollständige (deterministische) Abhängigkeit charakterisiert. Den zu definierenden Maßzahlen liegt eine Klasse $\mathfrak{F}$ stetiger zweidimensionaler VF F zugrunde mit den folgenden drei Eigenschaften:

1) $F(y,z) \in \mathfrak{F} \;\Rightarrow\; F_*(y,z) \in \mathfrak{F}$ für $F_*(y,z) := F(z,y);$

2) $F(y,z) \in \mathfrak{F} \;\Rightarrow\; F_q(y,z) \in \mathfrak{F}$ für $F_q(y,z) := F(q^{-1}(y), q^{-1}(z))$
     $\forall q \in \mathfrak{Q}_1 \subset \mathfrak{Q}_0 := \{q : \mathbb{R} \to \mathbb{R}, q \text{ strikt isoton und surjektiv}\};$

3) $F(y,z) \in \mathfrak{F} \;\Rightarrow\; F_{-+}(y,z) \in \mathfrak{F}$ für $F_{-+}(y,z) := H(z) - F(-y,z).$
     (Hier ist $F_{-+}(y,z)$ natürlich die VF der ZG $(-Y, Z)$.)

4) $\exists F_0, F_+$ und $F_- \in \mathfrak{F}$ mit $C_{F_0} = C_0$ bzw. $C_{F_+} = C_+$ bzw. $C_{F_-} = C_-$.

Definition 7.65 Sei $\mathfrak{F}$ die Klasse aller zweidimensionalen VF mit den Eigenschaften 1)–4). Dann heißt[37] $\varrho : \mathfrak{F} \to [-1,1]$ ein *Korrelationsfunktional* (bzgl. $\mathfrak{Q}_1$), falls gilt

(K1) $\varrho(F_q) = \varrho(F) \quad \forall q \in \mathfrak{Q}_1 \quad \forall F \in \mathfrak{F}$ (Maßstabsinvarianz),

(K2) $\varrho(F_*) = \varrho(F) \quad \forall F \in \mathfrak{F}$ (Symmetrie in Abhängigkeit),

(K3) $\varrho(F_{-+}) = -\varrho(F) \quad \forall F \in \mathfrak{F}$ (Orientierung),

(K4) $\varrho(F) \geq 0 \quad \forall F \in \mathfrak{F}$ mit $C_F(s,t) \geq st$ (Positive Quadrant-Isotonie),

---

[37] Diese Definition folgt im wesentlichen M. Scarsini: Stochastica VIII (1984) 201–218. – Die Forderungen (K1), ..., (K5) sind geeignet zu modifizieren, wenn F auf den ersten Quadranten konzentriert oder der Träger von F anderweitig eingeschränkt ist.

7.1 Nichtparametrische Modelle und Funktionale

(K5) $\varrho(F) = \begin{cases} 1 \\ 0 \\ -1 \end{cases} \forall F \in \mathfrak{F}$ mit $\begin{cases} C_F = C_+ \\ C_F = C_0 \\ C_F = C_- \end{cases}$ (Normierung).

Beispiel 7.66 Die Eigenschaften (K1)–(K5) sind erfüllt bei den ersten drei der nachfolgenden Funktionale, wenn $\mathfrak{F}$ die Teilklasse $\mathfrak{F}_{cc}$ der stetigen zweidimensionalen VF und $\mathfrak{Q}_1 = \mathfrak{Q}_0$, bzw. beim vierten Funktional, wenn $\mathfrak{F}$ die Teilklasse von $\mathfrak{F}_{cc}$ ist mit den Eigenschaften med $G = $ med $H = 0$, $G(0) = H(0) = 1/2$ und $\mathfrak{Q}_1 = \{q \in \mathfrak{Q}_0 : q(0) = 0\}$:

Spearman-Funktional $\qquad \varrho_S(F) = 12 \int_0^1\!\!\int_0^1 (C_F(s,t) - st) \, \mathrm{d}s \, \mathrm{d}t;$

Fechner-Kendall-Funktional $\qquad \varrho_F(F) = 4 \int_0^1\!\!\int_0^1 C_F(s,t) \, \mathrm{d}C_F(s,t) - 1;$

Maximum-Funktional $\qquad \varrho_M(F) = 4 \max_{s,t}(C_F(s,t)-st) - 4\max_{s,t}(st-C_F(s,t));$

Blomquist-Funktional $\qquad \varrho_B(F) = \varrho_P(\mathrm{sgn}\, G, \mathrm{sgn}\, H).$ $\square$

Auch die Axiomatisierung eines Korrelationsfunktionals variiert in der Literatur[38] stark. Allgemein gefordert wird die Normierung und die Orientierung, zumeist auch die Symmetrie. Dagegen wird positive Quadrant-Isotonie manchmal ganz weggelassen, manchmal aber auch verschärft zur Forderung

$$F_1 \text{ stärker konkordant als } F_2 \quad \Rightarrow \quad \varrho(F_1) \geq \varrho(F_2).$$

Wie in 7.1.3 wird auch hier wieder darauf verzichtet, eine Forderung der Stetigkeit (bzgl. einer geeigneten Metrik) mit in das Axiomensystem aufzunehmen.

Assoziationsfunktionale Neben den Korrelationsfunktionalen sind in der Literatur auch eine Reihe unsignierter Abhängigkeitsfunktionale zur Erfassung funktionaler Abhängigkeiten usw. eingeführt worden. Auch hierzu enthält bereits Band I beim Testen auf st. Unabhängigkeit ein klassisches Beispiel, zumindest in der empirischen Form, d.h. ausgewertet an der empirischen VF.

Beispiel 7.67 (χ^2-Abhängigkeitsfunktional) Sei $\{C_1, \ldots, C_s\}$ eine meßbare Partition von $\mathbb{R}$, $s \geq 2$. Dann definiert man für jede zweidimensionale VF F mit Rand-VF G und H zunächst

$$\chi^2(F) = \sum_{i=1}^s \sum_{j=1}^s \frac{(F(C_i \times C_j) - G(C_i)H(C_j))^2}{G(C_i)H(C_j)}.$$

---

[38] Für eine hiervon abweichende Axiomatik vgl. A. Renyi: Act Math. Acad. Sci. Hungarica 10(1958) 441–451.

Diese Größe nimmt natürlich für jedes Produktmaß $F = G \otimes H$ den Minimalwert 0 an, aber keineswegs nur für diese. Um eine durch 1 beschränkte Maßzahl zu erhalten, wird $\chi^2(F)$ noch geeignet transformiert, etwa in Form des *Pearsonschen Kontingenzkoeffizienten*

$$\varrho_{PK}(F) := \left(\frac{\chi^2(F)}{\chi^2(F)+1}\right)^{1/2}.$$

Diese Größe ist jedoch weder maßstabsinvariant noch nimmt sie ausschließlich für Produktmaße den Wert 0 an. □

Beispiel 7.68 (Spearman's footrule) Setzt man zunächst

$$\tau(F) = \int_0^1 \int_0^1 |s-t| \, dC_F(s,t) \geq 0,$$

dann folgt aus $|s-t| = s + t - 2C_+(s,t)$ wieder mittels partieller Integration 7.22

$$\tau(F) = 1 - 2 \int_0^1 \int_0^1 C_+(s,t) \, dC_F(s,t) = 1 - 2 \int_0^1 C_F(s,s) \, ds.$$

Aus Satz 7.21 ergibt sich daher

$$1 - 2 \int_0^1 \int_0^1 C_+(s,t) \, dC_+(s,t) \leq \tau(F) \leq 1 - 2 \int_0^1 \int_0^1 C_+(s,t) \, dC_-(s,t)$$

und damit $0 \leq \tau(F) \leq 1/2$. Eine einfache Rechnung liefert zudem

$$F = G \otimes H \quad \Rightarrow \quad \tau(G \otimes H) = 1/3.$$

Üblicherweise wird τ noch normiert. Wählt man hierzu die Funktion

$w(u) := 1 - 3u$ für $0 \leq u \leq 1/3$ bzw. $w(u) := 6u - 2$ für $1/3 \leq u \leq 1/2$,

so ist „Spearman's footrule" definiert gemäß

$$\varrho_{SF}(F) = w(\tau(F)).$$

Dann gilt $0 \leq \varrho_{SF}(F) \leq 1$ und

$$C_F \in \{C_+, C_-\} \quad \Rightarrow \quad \varrho_{SF}(F) = 1, \qquad C_F = C_0 \quad \Rightarrow \quad \varrho_{SF}(F) = 0.$$

(Letzteres wäre für die klassischen Normierungen $\tau(F) \mapsto 1 - 3\tau(F)$ bzw. $\tau(F) \mapsto 1 - 4\tau(F)$ nicht richtig!) Schließlich folgt mit ZG (U, V), $\mathfrak{L}(U, V) = C_F$:

$$\tau(F) = E|U - V| = 0 \quad \Rightarrow \quad U = V \, [P] \quad \Rightarrow \quad C_F = C_+. \quad \square$$

7.1 Nichtparametrische Modelle und Funktionale

Beispiel 7.69 (Hoeffding-Funktional) Dieses ist definiert gemäß

$$\varrho_H(F) = 30 \int_0^1 \int_0^1 (C_F(s,t) - st)^2 \, dC_F(s,t) \geq 0.$$

Offensichtlich gilt $C_F = C_0 \Rightarrow \varrho_H(F) = 0$. Mit Hilfe einer $\Re$-verteilten ZG U rechnet man unter Verwendung von (7.1.82) leicht nach, daß gilt

$$C_F = C_+ \quad \Rightarrow \quad \varrho_H(F) = 30E(U - U^2)^2 = 1,$$
$$C_F = C_- \quad \Rightarrow \quad \varrho_H(F) = 30E(U(1 - U))^2 = 1.$$

Daraus erhält man mittels Satz 7.49 sofort die Abschätzung $0 \leq \varrho_H(F) \leq 1$. Weiter gilt

$$\gamma(F) = 0 \Leftrightarrow F = G \otimes H \quad [F].$$

Ist F äquivalent zu λ^2, so gilt (wegen der Stetigkeit von F, G und H) $F = G \otimes H$. □

Zur Messung der Assoziation zweier Merkmale sollen hier im wesentlichen nur Funktionale des folgenden Typs[39] betrachtet werden.

Definition 7.70 Sei $\mathfrak{F}$ wieder die Klasse aller zweidimensionalen VF mit den vor Definition 7.65 angegebenen Eigenschaften 1)–3). Dann heißt $\varrho : \mathfrak{F} \to [0, 1]$ ein *Assoziationsfunktional* (bzgl. $\mathfrak{Q}_1$), falls (mit F_q und F_* wie in Definition 7.65) gilt

(A1) $\varrho(F_q) = \varrho(F) \quad \forall q \in \mathfrak{Q}_1 \quad \forall F \in \mathfrak{F}$ (Maßstabsinvarianz)

(A2) $\varrho(F_*) = \varrho(F) \quad \forall F \in \mathfrak{F}$ (Symmetrie in Abhängigkeit)

(A3) $\varrho(F) = \begin{cases} 0 \\ 1 \end{cases} \quad \forall F \in \mathfrak{F}$ mit $\begin{cases} C_F = C_0 \\ C_F \in \{C_+, C_-\} \end{cases}$ (Normierung).

Beispiel 7.71 Die Eigenschaften (A1)–(A3) sind bei den folgenden Funktionalen erfüllt:

$\mathbb{L}_r$-*Funktionale*
$$\varrho_r(F) = c_r \left(\int_0^1 \int_0^1 |C_F(s,t) - st|^r \, ds \, dt \right)^{1/r}, \quad 1 \leq r < \infty;$$

Supremumsfunktional
$$\varrho_\infty(F) = \max_{s,t} |C_F(s,t) - st|;$$

Spearman's footrule
$$\varrho_{SF}(F) = w \left(\int_0^1 \int_0^1 |s - t| \, dC_F(s,t) \right);$$

Hoeffding-Funktional
$$\varrho_H(F) = 30 \int_0^1 \int_0^1 (C_F(s,t) - st)^2 \, dC_F(s,t).$$

---
[39] Für eine Axiomatisierung vgl. wieder die in Fußnote 31 zitierte Arbeit von W.J. Hall.

7 Nichtparametrische Funktionale und ihre kanonischen Schätzer

Beispiele bilden auch Funktionale $F \mapsto |\varrho(F)|$, wobei ϱ ein Korrelationsfunktional ist. □

Natürlich ist es wünschenswert, daß die Werte 0 bzw. 1 von einem solchen Assoziationsfunktional nur im Fall der st. Unabhängigkeit bzw. im Fall funktionaler Abhängigkeit angenommen werden. So gilt z.B.

$$\varrho_r(F) = 0 \quad \Leftrightarrow \quad C_F = C_0, \quad 1 \leq r < \infty,$$

für beliebige stetige VF F. Für andere Funktionale ist dies jedoch nur unter Zusatzvoraussetzungen an $\mathfrak{F}$ zu zeigen.

Die bisherige Diskussion von Abhängigkeitsfunktionalen beschränkte sich auf zumindest ordinal skalierte Merkmalspaare. Bei rein qualitativen Merkmalen ist es nämlich nur sehr bedingt sinnvoll, sich allein auf die Maßstabsinvarianz zu beschränken. Für solche Daten sind verschiedene andere Maßzahlen für die Abhängigkeit vorgeschlagen worden, z.T. auf der Basis des χ^2-Funktionals. Eine dieser Kennzahlen enthält das

Beispiel 7.72 (Goodman und Kruskal) Seien Y, Z Merkmale mit Werten in $\{1, \ldots, k\}$ bzw. $\{1, \ldots, \ell\}$ mit

$$\mathbb{P}(Y = i, Z = j) = f_{ij}, \quad \mathbb{P}(Y = i) = g_i = \sum_{j=1}^{\ell} f_{ij}, \quad \mathbb{P}(Z = j) = h_j = \sum_{i=1}^{k} f_{ij}.$$

Es wird dann das folgende Assoziationsmaß eingeführt

$$\gamma_{GK}(F) = \frac{\sum_{j=1}^{\ell} \max_i f_{ij} + \sum_{i=1}^{k} \max_j f_{ij} - \max_i g_i - \max_j h_j}{2 - (\max_i g_i + \max_j h_j)}.$$

Auch dieses Funktional verschwindet für Produktmaße, jedoch nicht nur für diese. □

Es soll nun noch kurz auf die empirischen Versionen der Korrelations- bzw. Assoziationsfunktionale eingegangen werden. Seien dazu $X_j = (Y_j, Z_j)$, $1 \leq j \leq n$, st.u. ZG mit derselben stetigen VF F und den Rand-VF G, H. Der zugehörigen empirischen VF $\widehat{F}_n$ mit Rand-VF $\widehat{G}_n, \widehat{H}_n$ entspricht nach Beispiel 7.53 dann etwa die Kopula

$$C_{\widehat{F}_n}(s,t) = \frac{1}{n} \sum_{j=1}^{n} a_n(s, R_{nj}) a_n(t, S_{nj}), \tag{7.1.97}$$

wobei $R_{nj} = n\widehat{G}_n(Y_j)$ bzw. $S_{nj} = n\widehat{H}_n(Z_j)$ die Rangzahlen der Y- bzw. der Z-Variablen bezeichne (und $a_n(s,k)$ gemäß (7.1.94) definiert sei). Diese Kopula ist im wesentlichen nur eine Glättung der Rang-VF

$$\widehat{I}_{nR}(s,t) = \frac{1}{n}\sum_{j=1}^{n} \mathbb{1}(R_{nj} \leq ns, S_{nj} \leq nt) = \widehat{F}_n\big(\widehat{G}_n^{-1}(s+0), \widehat{H}_n^{-1}(t+0)\big). \quad (7.1.98)$$

Man beachte, daß beide Größen ihrerseits natürlich zu unterscheiden sind von der empirischen VF

$$\widehat{C}_n(s,t) = \widehat{F}_n\big(G^{-1}(s+0), H^{-1}(t+0)\big),$$

die zu den ZG $(U_j, V_j) = (G(Y_j), H(Z_j))$, $j = 1, \ldots, n$, gehört.

Ist nun ϱ ein maßstabsinvariantes Korrelations- oder Abhängigkeitsfunktional, dann hängt die entsprechende kanonische Statistik $\varrho(\widehat{F}_n)$ nach den obigen Überlegungen nur über die Ränge von den Beobachtungen ab. Ist etwa ϱ das Spearman-Funktional ϱ_S, so ergibt sich im wesentlichen Spearman's Rangkorrelation

$$\varrho_S(\widehat{F}_n) \approx \frac{1}{n^2}\sum_{j=1}^{n}\Big(R_{nj} - \frac{1}{2}\Big)\Big(S_{nj} - \frac{1}{2}\Big).$$

Entsprechend erhält man für ϱ_{SF} bzw. das diesem zugrundeliegende τ

$$\tau(\widehat{F}_n) \approx \frac{1}{n^2}\sum_{j=1}^{n}|R_{nj} - S_{nj}|.$$

Dabei steht jeweils „$\approx$" deshalb, weil man die empirischen Größen nicht mit der (in ihrer Festlegung willkürlichen) empirischen Kopula bildet, sondern approximativ mittels der Rang-VF (7.1.98). Für diese (und andere Formen von) Rangstatistiken werden erst in Band III die WS-theoretischen Hilfsmittel entwickelt werden.

7.1.5 Multilineare Funktionale und erwartungstreue Schätzbarkeit

Sei $\mathfrak{F} \subset \mathfrak{M}^1(\mathbb{R}, \mathbb{B})$ oder $\mathfrak{F} \subset \mathfrak{M}^1(\mathbb{R}^2, \mathbb{B}^2)$ eine Verteilungsklasse und $\gamma : \mathfrak{F} \to \mathbb{R}$ ein Funktional, wie es in 7.1.3 und 7.1.4 diskutiert wurde. Soll dieses aufgrund von st.u. glv. Beobachtungen $X_1, \ldots, X_n$ geschätzt werden, dann liegt es – wie schon mehrfach betont – nahe, hierzu den *kanonischen Schätzer* $T_n = \gamma(\widehat{F}_n)$ zu verwenden, wobei $\widehat{F}_n$ wieder die zugehörige empirische VF bezeichne. (Dazu hat man natürlich sicherzustellen, daß γ auf eine Klasse $\mathfrak{G} \supset \mathfrak{F}$ fortsetzbar ist, die sämtliche diskreten Gleichverteilungen auf $\mathbb{R}$ bzw. $\mathbb{R}^2$ enthält.) Bei dieser Vorgehensweise schätzt man $\gamma(F)$ jeweils durch sein empirisches Gegenstück, also den Mittelwert durch das Stichprobenmittel, den Median der Verteilung durch den Stichprobenmedian, den Pearsonschen Korrelationskoeffizienten durch die Stichprobenkorrelation usw. Diese sehr plausible Schätzmethode wird sich – unter gewissen Voraussetzungen an γ – später asymptotisch rechtfertigen lassen. Finit führt sie jedoch in Fällen, in denen optimale Verfahren existieren, nur ausnahmsweise zum Optimum. Das bei einem solchen nichtparametrischen Schätzproblem naheliegendste Optimalitätskonzept ist das des „besten erwartungstreuen Schätzers". Nach Beispiel 3.7a ist – im Falle eindimensionaler Beobachtungen – der Vektor $X_{n\uparrow}$ der geordneten

Beobachtungen suffizient für $\mathfrak{F}$. Etwa im Falle $\mathfrak{F} = \mathfrak{F}_c$ ist er gemäß Satz 3.43 auch vollständig. Da $X_{n\uparrow}$ und $\widehat{F}_n$ sich umkehrbar eindeutig entsprechen, basiert $\gamma(\widehat{F}_n)$ auf einer vollständigen und suffizienten Statistik[40]. Ist $\gamma(\widehat{F}_n)$ auch erwartungstreu für $\gamma(F)$, $F \in \mathfrak{F}_c$, dann besitzt dieser Schätzer nach dem Satz von Lehmann-Scheffé unter solchen Verfahren die gleichmäßig kleinste Varianz. So ist z.B. $\widehat{F}_n(z)$ bei festem $z \in \mathbb{R}$ ein in diesem Sinne optimaler Schätzer für $\gamma(F) = F(z)$. Der Ansatz ist jedoch in dieser Form nicht sehr weittragend. Dies liegt zum einen daran, daß $\mathfrak{F}$ zumeist eine echte Teilmenge von $\mathfrak{F}_c$ ist und daher die Vollständigkeit von $\widehat{F}_n$ für $\mathfrak{F}$ nicht aus den Sätzen 3.42 oder 3.43 gefolgert werden kann. So hat man schon bei der Schätzung des Mittelwertes durch das (erwartungstreue) Stichprobenmittel die Klasse $\mathfrak{F}_c$ auf die Menge derjenigen stetigen VF einzuschränken, die ein endliches erstes Moment besitzen. Man hat sich zunächst also klarzumachen, daß derartige Restriktionen von $\mathfrak{F}_c$ die Vollständigkeit von $\widehat{F}_n$ nicht beeinträchtigen. Zum anderen ist aber $\gamma(F)$ im allgemeinen nicht erwartungstreu schätzbar und selbst wenn, ist $\gamma(\widehat{F}_n)$ nur im Spezialfall linearer Funktionale der entsprechende Schätzer. In diesem Unterabschnitt soll daher auch die erwartungstreue Schätzbarkeit eines Funktionals untersucht werden. Dies wird zu den bereits in Band I diskutierten U-Statistiken führen. Zunächst soll die in Definition 3.33 eingeführte Vollständigkeit einer Statistik bzw. einer Verteilungsklasse verallgemeinert werden[41].

Definition 7.73 Sei $1 \leq r \leq \infty$. Für jede Klasse von Verteilungen $\mathfrak{P} \subset \mathfrak{M}^1(\mathfrak{X}, \mathfrak{B})$ sei $\mathbb{L}_r(\mathfrak{P}) := \bigcap \{\mathbb{L}_r(P) : P \in \mathfrak{P}\}$. Dann heißt $\mathfrak{P}$ *r-vollständig*, falls für jede $\mathfrak{B}$-meßbare Funktion $g \in \mathbb{L}_r(\mathfrak{P})$ gilt

$$\int g\,\mathrm{d}P = 0 \quad \forall P \in \mathfrak{P} \quad \Rightarrow \quad g = 0 \quad [\mathfrak{P}]. \tag{7.1.99}$$

Entsprechend heißt eine Statistik $T : (\mathfrak{X}, \mathfrak{B}) \to (\mathfrak{T}, \mathfrak{D})$ *r-vollständig für* $P \in \mathfrak{P}$, wenn für jede $\mathfrak{D}$-meßbare Funktion $h \in \mathbb{L}_r(\mathfrak{P}^T)$ gilt

$$\int_{\mathfrak{T}} h\,\mathrm{d}P^T = 0 \quad \forall P \in \mathfrak{P} \quad \Rightarrow \quad h = 0 \quad [\mathfrak{P}^T]. \tag{7.1.100}$$

Für $r = 1$ ist dies gerade die in 3.2 diskutierte Vollständigkeit, für $r = \infty$ die in Aufg. 3.14 eingeführte sog. beschränkte Vollständigkeit. Bei Schätzproblemen, bei denen die Gauß-Verlustfunktion zugrundegelegt wird, ist natürlich der Fall $r = 2$ von besonderem Interesse.

---

[40] Auch für mehrdimensionale Daten läßt sich die Suffizienz von $\widehat{F}_n$ zeigen, d.h. die der Reduktion von $(X_1, \ldots, X_n)$ auf $\{X_1, \ldots, X_n\}$; vgl. hierzu ebenfalls Beispiel 3.7a.
[41] Dieser Unterabschnitt folgt weitgehend der Arbeit von A. Mandelbaum und L. Rüschendorf: Ann. Stat. 15 (1987) 1229–1244.

7.1 Nichtparametrische Modelle und Funktionale   535

Anmerkung 7.74 Der Fall $r = 2$ rechtfertigt auch die Bezeichnung „vollständig". Bekanntlich heißt eine Teilmenge $\mathfrak{F}$ eines Hilbertraums $\mathbb{H}$ vollständig, wenn auf ihr nur der Nullvektor senkrecht steht, wenn also für $g \in \mathbb{H}$ gilt

$$\langle f, g \rangle = 0 \quad \forall f \in \mathfrak{F} \quad \Rightarrow \quad g = 0.$$

Ist μ nun ein σ-endliches Maß, $\mathbb{H} = \mathbb{L}_2(\mu)$ und $\mathfrak{F}$ eine Verteilungsklasse mit μ-Dichten $f \in \mathbb{L}_2(\mu)$, deren Gesamtheit wieder mit $\mathfrak{F}$ identifiziert sei, so gilt also

$$\mathfrak{F} \text{ 2-vollständige Verteilungsklasse} \Leftrightarrow \mathfrak{F} \text{ vollständige Teilmenge von } \mathbb{H}. \quad \square$$

Wir betrachten nun den Spezialfall st.u. reellwertiger ZG $X_1, \ldots, X_n$ mit derselben Verteilung $F \in \mathfrak{F}$, so daß insbesondere gilt $(\mathfrak{X}_j, \mathfrak{B}_j, \mathfrak{F}_j) = (\mathfrak{X}_0, \mathfrak{B}_0, \mathfrak{F})$ für $1 \leq j \leq n$. Im Fall $(\mathfrak{X}_0, \mathfrak{B}_0) = (\mathbb{R}, \mathbb{B})$ läßt sich die r-Vollständigkeit der Ordnungsstatistik $T(x) = x_{n\uparrow}$ mittels (7.1.100) mit $P = P_F := F^{(n)}$ oder unter Verwendung der durch $g(x) = h(x_{n\uparrow})$ definierten symmetrischen Funktion g auch äquivalent mittels (7.1.99) formulieren. Dies legt die folgende Sprechweise nahe.

Definition 7.75 Eine Klasse $\mathfrak{F} \subset \mathfrak{M}^1(\mathfrak{X}_0, \mathfrak{B}_0)$ heißt *symmetrisch r-vollständig von der Ordnung* n, falls für jede symmetrische reellwertige Funktion g auf $(\times_{j=1}^n \mathfrak{X}_0, \bigotimes_{j=1}^n \mathfrak{B}_0)$ mit $g \in \mathbb{L}_r(\mathfrak{F}^{(n)})$ gilt

$$\int g(x_1, \ldots, x_n) \, dF^{(n)}(x_1, \ldots, x_n) = 0 \quad \forall F \in \mathfrak{F} \quad \Rightarrow \quad g = 0 \; [F^{(n)}] \quad \forall F \in \mathfrak{F}.$$

$\mathfrak{F}$ heißt *symmetrisch r-vollständig*, falls $\mathfrak{F}$ symmetrisch r-vollständig von jeder Ordnung n ist.

Für $n = 1$ ist die symmetrische r-Vollständigkeit von $\mathfrak{F}$ gerade die r-Vollständigkeit von $\mathfrak{F}$ im Sinne der definierenden Beziehung (7.1.99). Für $n > 1$ impliziert die symmetrische r-Vollständigkeit die r-Vollständigkeit von $\mathfrak{F}$ (aber nicht umgekehrt; vgl. Aufg. 7.11).

Hilfssatz 7.76 *Sei $\mathfrak{F}$ r-vollständig von der Ordnung n, $n \geq 1$. Dann ist $\mathfrak{F}$ r-vollständig von der Ordnung 1.*

Beweis: Sei $g_0 \in \mathbb{L}_r(F) \; \forall F \in \mathfrak{F}$ und o.E. $n > 1$. Definiert man mit g_0 die symmetrische Funktion

$$g(x_1, \ldots, x_n) := \sum_{j=1}^n g_0(x_j) \in \mathbb{L}_r(F^{(n)}),$$

so folgt aus $\int g_0(z) \, dF(z) = 0 \; \forall F \in \mathfrak{F}$ mit dem Satz von Fubini

$$\int g(x_1, \ldots, x_n) \, dF^{(n)}(x_1, \ldots, x_n) = \sum_{j=1}^n \int g_0(x_j) \, dF(x_j) = 0 \quad \forall F \in \mathfrak{F}.$$

Aus der symmetrischen r-Vollständigkeit von $\mathfrak{F}$ folgt dann $g = 0$ $[F^{(n)}]$ und damit

$$0 = \int g(x_1, \ldots, x_n) \prod_{j=1}^{n} \mathbf{1}_{B_j}(x_j) \prod_{j=1}^{n} \mathrm{d}F(x_j) = \sum_{j=1}^{n} \prod_{i \neq j} F(B_i) \int g_0(x_j) \mathbf{1}_{B_j}(x_j) \, \mathrm{d}F(x_j)$$

für alle $F \in \mathfrak{F}$. Dies gilt für jede Wahl von $B_1, \ldots, B_n \in \mathfrak{B}_0$ und damit

$$\int g_0(z) \mathbf{1}_B(z) \, \mathrm{d}F(z) = 0 \quad \forall F \in \mathfrak{F} \quad \forall B \in \mathfrak{B}_0, \quad \text{also auch} \quad g_0 = 0 \quad [\mathfrak{F}]. \quad \square$$

Es soll nun gezeigt werden, daß die symmetrische r-Vollständigkeit einer Klasse $\mathfrak{F} \subset \mathfrak{M}^1(\mathfrak{X}_0, \mathfrak{B}_0)$ bereits dann aus der r-Vollständigkeit von $\mathfrak{F}$ folgt, falls $\mathfrak{F}$ konvex[42] oder allgemeiner *arithmetisch-konvex* ist in dem Sinne, daß für jedes $m \in \mathbb{N}$ gilt

$$F_1, \ldots, F_m \in \mathfrak{F} \quad \Rightarrow \quad \frac{1}{m} \sum_{j=1}^{m} F_j \in \mathfrak{F}.$$

Da die r-Vollständigkeit von $\mathfrak{F}$ offensichtlich diejenige der konvexen Hülle von $\mathfrak{F}$ impliziert, ist die symmetrische r-Vollständigkeit damit dann gesichert, wenn das Ausgangsmodell gegebenenfalls um die arithmetischen Mittel bzw. sogar um die Konvexkombinationen – in statistisch sinnvoller Weise – erweitert werden kann. Methodisch wird dieses Resultat dadurch bewiesen, daß man aus der Vollständigkeit von $\mathfrak{F}$ diejenige von $\bigotimes_{j=1}^{n} \mathfrak{F} = \{\bigotimes_{j=1}^{n} F_j : F_j \in \mathfrak{F}, j = 1, \ldots, n\}$ folgert und dann einen Zusammenhang zwischen $\bigotimes_{j=1}^{n} \mathfrak{F}$ und $\mathfrak{F}^{(n)} := \{F^{(n)} : F \in \mathfrak{F}\}$ herstellt.

Satz 7.77 (Plachky-Landers-Rogge) *Für festes $1 \leq r \leq \infty$ seien $\mathfrak{F}_j$ r-vollständige Verteilungsklassen auf $(\mathfrak{X}_j, \mathfrak{B}_j)$, $1 \leq j \leq n$. Dann gilt auf $(\times_{j=1}^{n} \mathfrak{X}_j, \bigotimes_{j=1}^{n} \mathfrak{B}_j)$:*
$\mathfrak{P} := \bigotimes_{j=1}^{n} \mathfrak{F}_j = \{\bigotimes_{j=1}^{n} F_j : F_j \in \mathfrak{F}_j, 1 \leq j \leq n\}$ *ist r-vollständig.*

Beweis: Die beim Nachweis von (7.1.99) zu verifizierende Behauptung $g = 0$ $[\mathfrak{P}]$ ist nach dem Satz von Radon-Nikodym äquivalent mit der Gültigkeit von

$$\int g(x_1, \ldots, x_n) \prod_{j=1}^{n} \mathbf{1}_{B_j}(x_j) \prod_{j=1}^{n} \mathrm{d}F_j(x_j) = 0 \quad \forall B_j \in \mathfrak{B}_j \quad \forall j = 1, \ldots, n, \quad (7.1.101)$$

wobei $g \in \mathbb{L}_r(\bigotimes_{j=1}^{n} F_j)$ gelte und zwar für jede Wahl von $F_j \in \mathfrak{F}_j$, $j = 1, \ldots, n$. Diese soll nun durch vollständige Induktion hinsichtlich n nachgewiesen werden. Dabei wird die Aussage für $n = 1$ unmittelbar durch die Voraussetzung sichergestellt. Sei nun $n > 1$ und $g \in \mathbb{L}_r(\bigotimes_{j=1}^{n} F_j)$ bei zunächst fester Wahl von $F_1, \ldots, F_n$. Dann folgt aus der Jensen-Ungleichung und dem Satz von Fubini die Existenz und Integrierbarkeit der folgenden (auch von $F_1, \ldots, F_n$ abhängenden) Hilfsgrößen

---

[42] Offensichtlich impliziert die r-Vollständigkeit von $\mathfrak{F}$ diejenige der konvexen Hülle von $\mathfrak{F}$.

7.1 Nichtparametrische Modelle und Funktionale

$$g_{B_1,\ldots,B_{n-1}}(x_n) := \int g(x_1,\ldots,x_n) \prod_{j=1}^{n-1} \mathbf{1}_{B_j}(x_j) \prod_{j=1}^{n-1} dF_j(x_j) \in \mathbb{L}_r(F_n), \quad (7.1.102)$$

$$\bar{g}(x_1,\ldots,x_{n-1}) := \int g(x_1,\ldots,x_n) \, dF_n(x_n) \in \mathbb{L}_r\left(\bigotimes_{j=1}^{n-1} F_j\right). \quad (7.1.103)$$

Ist nun der Voraussetzung in (7.1.99) entsprechend g eine Funktion, deren Integral bzgl. $\bigotimes F_j$ verschwindet für alle F_j, $j = 1,\ldots,n$, so liefert der Satz von Fubini

$$0 = \int g(x_1,\ldots,x_n) \prod_{j=1}^{n} dF_j(x_j) = \int \bar{g}(x_1,\ldots,x_{n-1}) \prod_{j=1}^{n-1} dF_j(x_j).$$

Nach Induktionsannahme ergibt sich also $\bar{g} = 0 \left[\bigotimes_{j=1}^{n-1} F_j\right]$ und folglich

$$0 = \int \bar{g}(x_1,\ldots,x_{n-1}) \prod_{j=1}^{n-1} \mathbf{1}_{B_j}(x_j) \prod_{j=1}^{n-1} dF_j(x_j)$$

$$= \int g(x_1,\ldots,x_n) \prod_{j=1}^{n-1} \mathbf{1}_{B_j}(x_j) \prod_{j=1}^{n} dF_j(x_j) = \int g_{B_1,\ldots,B_{n-1}}(x_n) \, dF_n(x_n).$$

Die r-Vollständigkeit von $\mathfrak{F}_n$ impliziert also $g_{B_1,\ldots,B_{n-1}} = 0 \, [F_n]$ für jede Wahl von $B_1,\ldots,B_{n-1}$ und damit bei ebenfalls beliebigem B_n wie behauptet

$$0 = \int g_{B_1,\ldots,B_{n-1}}(x_n) \mathbf{1}_{B_n}(x_n) \, dF_n(x_n)$$

$$= \int g(x_1,\ldots,x_n) \prod_{j=1}^{n} \mathbf{1}_{B_j}(x_j) \prod_{j=1}^{n} dF_j(x_j). \quad \square$$

Mit $\mathfrak{F}$ ist also wie behauptet speziell auch $\bigotimes \mathfrak{F}$ vollständig. Der Zusammenhang von $\bigotimes \mathfrak{F}$ mit $\mathfrak{F}^{(n)}$ folgt schrittweise aus der für jede Matrix $\mathscr{A} = (a_{ij}) \in \mathbb{R}^{n \times n}$ gültigen *Permanenten-Identität*[43]

$$\sum_{\sigma \in \mathfrak{S}_n} \prod_{i=1}^{n} a_{i\sigma_i} = \sum_{M \subset \{1,\ldots,n\}} (-1)^{n-\#M} \prod_{i=1}^{n} \sum_{j \in M} a_{ij}. \quad (7.1.104)$$

Dabei bezeichnet $\mathfrak{S}_n$ die symmetrische Gruppe von n Elementen. (Auf der rechten Seite ist über alle Teilmengen $M \subset \{1,\ldots,n\}$ zu summieren sowie $\sum_{j \in \emptyset} a_{ij} = 0$ zu setzen.) Hat man nun irgendwelche Funktionen $g_1,\ldots,g_n$ reeller Variabler sowie n Argumente $x_1,\ldots,x_n \in \mathbb{R}$ und setzt $a_{ij} := g_j(x_i)$, dann erhält man aus (7.1.104) mit der Abkürzung $g_M(z) := \frac{1}{\#M} \sum_{j \in M} g_j(z)$ und $g_\emptyset := 0$

---
[43] Diese Identität, deren linke Seite man als *Permanente* per($\mathscr{A}$) von $\mathscr{A}$ bezeichnet, folgt unmittelbar aus dem Exklusions-Inklusionsprinzip. Für einen Beweis vgl. etwa K. Jacobs: Einführung in die Kombinatorik, de Gruyter (1983), S.31.

538 7 Nichtparametrische Funktionale und ihre kanonischen Schätzer

$$\sum_{\sigma \in \mathfrak{S}_n} \prod_{i=1}^n g_i(x_{\sigma_i}) = \sum_{M \subset \{1,\ldots,n\}} (-1)^{n-\#M}(\#M)^n \prod_{i=1}^n g_M(x_i). \qquad (7.1.105)$$

Aus dieser Identität ergibt sich nun sofort eine solche für WS-Maße

$$\sum_{\sigma \in \mathfrak{S}_n} \bigotimes_{j=1}^n F_{\sigma_j} = \sum_{M \subset \{1,\ldots,n\}} (-1)^{n-\#M}(\#M)^n F_M^{(n)}, \quad F_M := \frac{1}{\#M} \sum_{j \in M} F_j, \qquad (7.1.106)$$

wobei $F_\emptyset := 0$ ist. Sind nämlich $F_1, \ldots, F_n$ WS-Maße, die durch ein σ-endliches Maß μ dominiert werden, und ist $f_j := \mathrm{d}F_j / \mathrm{d}\mu$, $1 \leq j \leq n$, dann folgt aus (7.1.105) für jedes $B \in \mathbb{B}^n$

$$\sum_{\sigma \in \mathfrak{S}_n} \bigotimes_{j=1}^n F_{\sigma_j}(B) = \int_B \sum_{\sigma \in \mathfrak{S}_n} \prod_{j=1}^n f_{\sigma_j}(x_j) \, \mathrm{d}\mu^{(n)} = \int_B \sum_{\sigma \in \mathfrak{S}_n} \prod_{j=1}^n f_j(x_{\sigma_j}) \, \mathrm{d}\mu^{(n)}$$

$$= \sum_M (-1)^{n-\#M}(\#M)^n \int_B \prod_{j=1}^n f_M(x_j) \, \mathrm{d}\mu^{(n)}$$

$$= \sum_M (-1)^{n-\#M}(\#M)^n \bigotimes_{j=1}^n F_M(B).$$

Dabei beachte man, daß auf der rechten Seite der Identität (7.1.106) nur Produktmaße mit denselben Komponenten eingehen. Es soll nun gezeigt werden, daß (7.1.106) gerade den oben bereits angekündigten Zusammenhang zwischen den Klassen $\bigotimes_{j=1}^n \mathfrak{F}$ und $\mathfrak{F}^{(n)}$ darstellt[44].

Satz 7.78 (Mandelbaum-Rüschendorf) *Es seien $\mathfrak{F}$ arithmetisch-konvex, $n \in \mathbb{N}$, und g symmetrisch. Dann gilt:*

a) $g \in \bigcap \left\{ \mathbb{L}_r(\bigotimes F_j) : F_j \in \mathfrak{F}, j = 1, \ldots, n \right\} \Leftrightarrow g \in \bigcap \left\{ \mathbb{L}_r(F^{(n)}) : F \in \mathfrak{F} \right\}.$

b) *Ist die rechte oder linke Seite von a) erfüllt, so erhält man*

$$\int g \prod_{j=1}^n \mathrm{d}F_j = 0 \quad \forall F_1, \ldots, F_n \in \mathfrak{F} \quad \Leftrightarrow \quad \int g \, \mathrm{d}F^{(n)} = 0 \quad \forall F \in \mathfrak{F}. \qquad (7.1.107)$$

Speziell gilt also für arithmetisch-konvexe Klassen $\mathfrak{F}$:

$\mathfrak{F}$ *r-vollständig* $\Leftrightarrow$ $\mathfrak{F}$ *symmetrisch r-vollständig von der Ordnung n.*

---

[44] In der in Fußnote 41 zitierten Arbeit von A. Mandelbaum und L. Rüschendorf wird gezeigt, daß die Konvexität nur in weiter abgeschwächter Form benötigt wird.

7.1 Nichtparametrische Modelle und Funktionale 539

Beweis: a) „$\Rightarrow$" ist trivial; „$\Leftarrow$" resultiert aus (7.1.106) wie bei nachfolgendem b).

b) „$\Rightarrow$" ist trivial; „$\Leftarrow$": Wegen $F_M \in \mathfrak{F}$ $\forall M \subset \{1,\ldots,n\}$ für $F_1,\ldots,F_n \in \mathfrak{F}$ gilt

$$n! \int g(x_1,\ldots,x_n) \prod_{j=1}^n \mathrm{d}F_j(x_j) = \sum_\sigma \int g(x_{\sigma_1},\ldots,x_{\sigma_n}) \prod_{j=1}^n \mathrm{d}F_j(x_j)$$

$$= \int g(x_1,\ldots,x_n) \sum_\sigma \prod_{j=1}^n \mathrm{d}F_{\sigma_j}(x_j)$$

$$= \sum_M (-1)^{n-\#M} (\#M)^n \int g(x_1,\ldots,x_n) \prod_{j=1}^n \mathrm{d}F_M(x_j) = 0. \quad \square$$

Als Korollare zu Satz 7.78 ergeben sich die Sätze 3.42 und 3.43. Daneben folgt aus Satz 7.78 die symmetrische r-Vollständigkeit vieler anderer Klassen. Eine im folgenden beweistechnisch wichtige Anwendung von Satz 7.78 enthält der

Hilfssatz 7.79 *Seien $F \in \mathfrak{M}^1(\mathbb{R}, \mathbb{B})$ und $1 \le r \le \infty$. Dann gilt für die Klasse*

$$\mathfrak{K}(F) := \{ G \in \mathfrak{M}^1(\mathbb{R}, \mathbb{B}) : G \ll F, \quad \mathrm{d}G/\mathrm{d}F \text{ ist beschränkt}, \quad \mathcal{T}(G) \text{ kompakt}\} :$$

a) *Die $\mathfrak{K}(F)$-Nullmengen fallen mit den F-Nullmengen zusammen.*

b) *Die Klasse $\mathfrak{K}(F)$ ist r-vollständig und konvex. Insbesondere ist $\mathfrak{K}(F)$ symmetrisch r-vollständig von jeder Ordnung.*

Beweis: a) Offenbar ist jede F-Nullmenge eine $\mathfrak{K}(F)$-Nullmenge. Zum Beweis der Umkehrung beachte man, daß $\mathfrak{K}(F)$ speziell alle WS-Maße G_K mit F-Dichten der Form $\mathbf{1}_K/F(K)$ enthält, wobei K eine kompakte Teilmenge mit $F(K) > 0$ bezeichnet. Wegen $G_K(B) = F(B \cap K)/F(K)$, $B \in \mathbb{B}$, folgt aus $G(B) = 0$ $\forall G \in \mathfrak{K}(F)$ also $F(B \cap K) = 0$ für alle kompakten Teilmengen K. Speziell gilt folglich $F(K) = 0$ für alle kompakten $K \subset B$ und damit $F(B) = 0$ wegen der Straffheit von F.

b) Die Konvexität von $\mathfrak{K}(F)$ ist trivial. Zum Nachweis der r-Vollständigkeit sei $g \in \mathbb{L}_r(G)$ $\forall G \in \mathfrak{K}(F)$, speziell also $g \in \mathbb{L}_r(G_K)$ für alle K kompakt mit $F(K) > 0$. Daher gilt

$$\int g \, \mathrm{d}G = 0 \quad \forall G \in \mathfrak{K}(F) \quad \Rightarrow \quad \int g \, \mathrm{d}G_K = \frac{1}{F(K)} \int_K g \, \mathrm{d}F = 0,$$

d.h. das Integral über $g\mathbf{1}_k$ verschwindet für jede kompakte Menge K positiven Maßes. Damit folgt $g = 0$ $[F]$ oder nach a) auch $g = 0$ $[\mathfrak{K}(F)]$.

Der Zusatz ergibt sich unmittelbar aus Satz 7.78. $\square$

Die in Hilfssatz 7.79 angegebene Familie $\mathfrak{K}(F)$ ist für sich betrachtet kaum von statistischem Interesse. Sie dient jedoch dazu, die symmetrische Vollständigkeit größerer Verteilungsklassen zu gewährleisten, bei denen die Voraussetzungen von Satz 7.78 nicht erfüllt oder nur schwer zu verifizieren sind. Sie übernimmt damit die Rolle der Exponentialfamilien in den Beweisen der Sätze 3.42 und 3.43.

Satz 7.80 *Seien $h_1, \ldots, h_\ell \in \mathbb{B}^m$ nicht-negative numerische Funktionen und μ ein σ-endliches Maß über $(\mathbb{R}, \mathbb{B})$. Dann sind die Klassen*

$$\mathfrak{H} := \Big\{ F \in \mathfrak{M}^1(\mathbb{R}, \mathbb{B}) : \int |h_i(x_1, \ldots, x_m)| \prod_{j=1}^m dF(x_j) < \infty, \ i = 1, \ldots, \ell \Big\},$$

$$\mathfrak{H}_c := \{F \in \mathfrak{H} : F \text{ stetig}\} \quad \text{und} \quad \mathfrak{H}_\mu := \{F \in \mathfrak{H} : F \ll \mu\}$$

symmetrisch r-vollständig von jeder Ordnung n.

Beweis: Dieser beruht darauf, daß $F \in \mathfrak{H}$ (bzw. $F \in \mathfrak{H}_c$ bzw. $F \in \mathfrak{H}_\mu$) die Inklusion $\mathfrak{K}(F) \subset \mathfrak{H}$ (bzw. $\mathfrak{K}(F) \in \mathfrak{H}_c$ bzw. $\mathfrak{K}(F) \in \mathfrak{H}_\mu$) nach sich zieht. Aus $F \in \mathfrak{H}$ folgt nämlich für jedes $i = 1, \ldots, \ell$ und jedes $G \in \mathfrak{K}(F)$ nach der Kettenregel und wegen der Beschränktheit von $\ell = dG / dF$

$$\int |h_i(x_1, \ldots, x_m)| \prod dG(x_j) = \int \big|h_i(x_1, \ldots, x_n)\big| \prod \ell(x_j) \, dF(x_j) < \infty$$

und damit $\mathfrak{K}(F) \subset \mathfrak{H}$. Entsprechend ist wegen $G \ll F$ mit F auch $G \in \mathfrak{K}(F)$ stetig. Ebenso folgt $G \ll \mu$ aus $F \ll \mu$.

Damit ergibt sich die symmetrische r-Vollständigkeit etwa der Klasse $\mathfrak{H}$: Ist nämlich $F \in \mathfrak{H}$ und g symmetrisch mit $\int g(x_1, \ldots, x_m) \prod dF(x_j) = 0 \ \forall F \in \mathfrak{H}$, so gilt wegen $\mathfrak{K}(F) \subset \mathfrak{H}$ auch $\int g(x_1, \ldots, x_m) \prod_{j=1}^m dG(x_j) = 0 \ \forall G \in \mathfrak{K}(F) \ \forall F \in \mathfrak{H}$ und nach Hilfssatz 7.79 somit $g(x_1, \ldots, x_m) = 0 \ [F] \ \forall F \in \mathfrak{H}$, also die Behauptung. □

Dieser Satz erlaubt es, die in Band I diskutierte Optimalität von U-Statistiken auf solche Kerne zu erweitern, die nicht beschränkt (und somit nicht bzgl. aller Maße in $\mathfrak{F}_\mu$ bzw. $\mathfrak{F}_c$ integrierbar) sind. Die Aussage und der Beweis von Korollar 3.44 bleiben nämlich richtig, wenn man $\mathfrak{F}_\mu$ bzw. $\mathfrak{F}_c$ durchgehend durch die nachfolgend definierte Klasse $\mathfrak{F}_2(\psi)$ ersetzt. Dazu hat man sich nur der erwähnten Äquivalenz von symmetrischer Vollständigkeit und Vollständigkeit zu erinnern.

Korollar 7.81 *Sei $\psi : (\mathbb{R}^m, \mathbb{B}^m) \to (\mathbb{R}, \mathbb{B})$ ein symmetrischer Kern der Länge m und $\mathfrak{F}_2(\psi) := \{F \in \mathfrak{F}_c : \int |\psi(x_1, \ldots, x_m)|^2 \prod_{j=1}^m dF(x_j) < \infty\}$. Dann ist die U-Statistik $U_n := E.(\psi(X_1, \ldots, X_m)|x_{n\uparrow})$, $n \geq m$, ein erwartungstreuer Schätzer für $\gamma(F) = \int \psi(x_1, \ldots, x_m) \prod_{j=1}^m dF(x_j)$, $F \in \mathfrak{F}_2(\psi)$, mit gleichmäßig kleinster Varianz.*

Beweis: Aus Satz 7.80 für $\ell = 1$ und $h_1 = \psi^2$ folgt die Vollständigkeit von $x_{n\uparrow}$ für $\mathfrak{F}_2(\psi)$ und damit nach dem Satz von Lehmann-Scheffé die Behauptung. □

7.1 Nichtparametrische Modelle und Funktionale 541

Im weiteren werden Satz 7.80 bzw. Korollar 7.81 dazu verwendet, die erwartungstreue Schätzbarkeit eines Funktionals $\gamma : \mathfrak{F} \to \mathbb{R}$, $\mathfrak{F} \subset \mathfrak{M}^1(\mathbb{R}, \mathbb{B})$, zu charakterisieren. Sei nämlich γ zum Stichprobenumfang $k \in \mathbb{N}$ erwartungstreu schätzbar, d.h. es existiere eine Funktion $T_k = T_k(X_1, \ldots, X_k)$ mit $E_F T_k = \gamma(F) \; \forall F \in \mathfrak{F}$, welche nach (1.2.26) o.E. symmetrisch gewählt werden kann. Dann ist γ auch für jeden Stichprobenumfang $n > k$ erwartungstreu schätzbar, etwa durch die symmetrische Statistik

$$T_n = \binom{n}{k}^{-1} \sum_{1 \leq i_1 < \ldots < i_k \leq n} T_k(x_{i_1}, \ldots, x_{i_k}).$$

Sei nun m die Minimalzahl der für die erwartungstreue Schätzbarkeit notwendigen Beobachtungen. Mit $\psi = T_m$ definiere man analog $\mathfrak{F}_2(\psi)$ die Klasse

$$\mathfrak{F}_1(\psi) := \left\{ F \in \mathfrak{F}_C : \int |\psi(x_1, \ldots, x_m)| \prod_{j=1}^m dF(x_j) < \infty \right\} \supset \mathfrak{F}_2(\psi)$$

und setze γ aus Korollar 7.81 auf ganz $\mathfrak{F}_1(\psi)$ fort gemäß

$$\gamma(F) = E_F \psi(X_1, \ldots, X_m) = \int \psi(x_1, \ldots, x_m) \prod_{j=1}^m dF(x_j). \qquad (7.1.108)$$

γ ist also ein auf $\mathfrak{F}_1(\psi)$ definiertes V-Funktional mit dem Kern ψ der Länge m. Genau diese Funktionale sind somit erwartungstreu schätzbar. Die Minimalzahl m an Beobachtungen hierfür heißt der *Grad des Funktionals* bzw. der zugehörigen U-Statistik, also von

$$U_n = \binom{n}{m}^{-1} \sum_{1 \leq i_1 < \ldots < i_m \leq n} \psi(X_{i_1}, \ldots, X_{i_m}), \quad n \geq m. \qquad (7.1.109)$$

Ist ψ zusätzlich noch quadratintegrierbar, dann ist U_n nach Korollar 7.81 ein optimaler Schätzer für $\gamma(F)$ im Sinne des Satzes von Lehmann-Scheffé, d.h. erwartungstreu mit gleichmäßig minimaler Varianz.

U-Statistiken sind – wie bereits in Band I erwähnt – die Verallgemeinerungen von Durchschnitten st.u. glv. ZG. Insbesondere ist das Stichprobenmittel selber ein einfaches Beispiel einer U-Statistik und zwar der beste erwartungstreue Schätzer für das Mittelwertfunktional. Andere einfache Beispiele erwartungstreu schätzbarer Funktionale sind die zentralen und nicht-zentralen Momente höherer Ordnung oder die nichtparametrischen Maßzahlen der Beispiele 7.82 – 7.85, die über die Gestalt bzw. andere Eigenschaften der zugrundeliegenden Verteilung Aussagen machen.

Die kanonischen Schätzer für V-Funktionale $\gamma(F)$ sind die ebenfalls bereits in Band I eingeführten V-Statistiken

$$V_n = \gamma(\widehat{F_n}) = n^{-m} \sum_{i_1=1}^{n} \cdots \sum_{i_m=1}^{n} \psi(x_{i_1}, \ldots, x_{i_m}). \tag{7.1.110}$$

Sie unterscheiden sich von den zugehörigen U-Statistiken (7.1.109) durch Vorfaktoren der Form $1+O(n^{-1})$ und additive Korrekturterme, die typischerweise ebenfalls asymptotisch vernachlässigbar sind; vgl. etwa die Beispiele 7.83a und b. In diesen wie den sonstigen folgenden Beispielen liegen stets st.u. glv. ZG $X_1, \ldots, X_n$ mit derselben Verteilung F zugrunde.

Beispiel 7.82 ($\mathbb{L}_p$-Skalenfunktionale) Seien $p \geq 1$ und $\mathfrak{F} = \mathfrak{M}^1(\mathbb{R}, \mathbb{B})$. Dann ist

$$\gamma(F) = \iint |x_1 - x_2|^p \, dF(x_1) \, dF(x_2) \tag{7.1.111}$$

ein V-Funktional der Kernlänge 2. Offenbar mißt $\gamma^{1/p}(F)$ oder auch $\gamma(F)$ die Streuung der Verteilung F. Für $p = 2$ ergibt sich als zugehörige U-Statistik

$$U_n = \binom{n}{2}^{-1} \sum_{1 \leq i < j \leq n} (X_i - X_j)^2.$$

Diese stimmt mit der üblichen Stichprobenstreuung $s_n^2 = \sum_{i=1}^n (X_i - \overline{X}_n)^2/(n-1)$ überein. Für $p = 1$ ergibt sich aus (7.1.111) das in Beispiel 7.40 eingeführte Gini-Funktional. Die zugehörige U-Statistik

$$U_n = \binom{n}{2}^{-1} \sum_{1 \leq i < j \leq n} |X_i - X_j|$$

heißt auch *mittlere Differenz von Gini*. Sie ist zugleich eine L-Statistik. Bezeichnet nämlich wie üblich $X_{n\uparrow j}$ die j-te Ordnungsstatistik, so gilt

$$U_n = \binom{n}{2}^{-1} \sum_{1 \leq i < j \leq n} |X_{n\uparrow i} - X_{n\uparrow j}| = \binom{n}{2}^{-1} \sum_{i=1}^{n-1} \sum_{j=i+1}^{n} (X_{n\uparrow j} - X_{n\uparrow i})$$

$$= \binom{n}{2}^{-1} \sum_{j=1}^{n} (2j - n - 1) X_{n\uparrow j}. \quad \square$$

In Beispiel 7.82 ist $\psi(z, z) = 0 \ \forall z \in \mathbb{R}$. Folglich verschwindet der additive Korrekturterm von V_n gegenüber U_n und es ist $V_n = \frac{n}{n-1} U_n$. Die entsprechende Zusatzeigenschaft ist in den beiden Teilen des folgenden Beispiels nicht erfüllt, so daß sich V_n und U_n auch durch additive Zusatzterme unterscheiden.

Beispiel 7.83 (Maßzahlen für die Unsymmetrie[45] bzgl. 0) a) Bezeichnet F eine eindimensionale VF und $F_-(z) := 1 - F(-z - 0)$ die (bereits in 7.1.1 eingeführte) VF der an der Stelle 0 gespiegelten Verteilung, so ist die zu F gehörende Verteilung genau dann symme-

---

[45] Im Gegensatz zu den in 7.1.3 betrachteten Schiefefunktionalen handelt es sich hier um eine nicht-signierte Größe.

trisch bzgl. 0, wenn gilt $F = F_-$. Eine naheliegende Maßzahl für die Unsymmetrie bzgl. 0 ist deshalb

$$\gamma(F) = \int \bigl(F(z) - F_-(z)\bigr)^2 \, \mathrm{d}F(z). \tag{7.1.112}$$

Offenbar gilt $\gamma(F) \geq 0$ mit $\gamma(F) = 0 \Leftrightarrow F = F_-$ [F]. Für die VF einer jeden symmetrischen Verteilung F gilt also $\gamma(F) = 0$. Besitzt F eine stetige λ-Dichte f, so gilt für unsymmetrische Verteilungen, d.h. für solche mit $F \neq F_-$, auch umgekehrt $\gamma(F) > 0$. Weiter ist $\gamma(F) \leq 1/3$ für alle eindimensionalen stetigen VF F, wobei $\gamma(F) = 1/3$ gilt für jede stetige VF F mit $F(a) = 0$ für ein $a \geq 0$.

Das Funktional (7.1.112) läßt sich in der Form (7.1.108) schreiben, ist also erwartungstreu schätzbar und zwar mit einem Kern der Länge 3. Mit $\delta(z) := \mathbb{1}_{[0,\infty)}(z)$ gilt nämlich zunächst

$$F(x) = \int \mathbb{1}_{(-\infty,x]}(y) \, \mathrm{d}F(y) = \int \delta(x - y) \, \mathrm{d}F(y) \quad \text{und}$$

$$F_-(x) = \int \mathbb{1}_{[-x,\infty)}(y) \, \mathrm{d}F(y) = \int \delta(x + y) \, \mathrm{d}F(y).$$

Daraus folgt

$$\gamma(F) = \int F^2 \, \mathrm{d}F - 2 \int F F_- \, \mathrm{d}F + \int F_-^2 \, \mathrm{d}F = \iiint \breve{\psi}(x, y, z) \, \mathrm{d}F(x) \, \mathrm{d}F(y) \, \mathrm{d}F(z)$$

mit $\breve{\psi}(x, y, z) = \delta(x - y)\delta(x - z) - \delta(x - y)\delta(x + z) - \delta(x + y)\delta(x - z) + \delta(x + y)\delta(x + z)$.
Da $\breve{\psi}(x, y, z)$ bereits symmetrisch in y und z ist, bezeichnet

$$\psi(x, y, z) = \frac{1}{3}\bigl(\breve{\psi}(x, y, z) + \breve{\psi}(y, z, x) + \breve{\psi}(z, x, y)\bigr)$$

den durch Symmetrisierung bzgl. x, y, z gewonnenen symmetrischen Kern der Länge 3. Also läßt sich das Funktional (7.1.112) auch in der Form

$$\gamma(F) = \iiint \psi(x, y, z) \, \mathrm{d}F(x) \, \mathrm{d}F(y) \, \mathrm{d}F(z),$$

d.h. gemäß (7.1.108), schreiben und die zugehörigen U- bzw. V-Statistiken sind statistisch sinnvolle Schätzer für die Maßzahl (7.1.112). Dabei ist

$$V_n = \frac{(n-1)(n-2)}{n^2} U_n + \frac{3}{n} \frac{2}{n(n-1)} \sum_{1 \leq i < j \leq n} \cdots \sum \psi(X_i, X_i, X_j)$$

$$+ \frac{1}{n^2} \frac{1}{n} \sum_{j=1}^{n} \psi(X_j, X_j, X_j).$$

Man beachte, daß auch der zweite und dritte Summand bis auf die Vorfaktoren $3/n$ bzw. $1/n^2$ jeweils U-Statistiken (der Kernlänge 2 bzw. 1) sind.

b) (Wilcoxon-Funktional zur Messung der Unsymmetrie bzgl. 0) Die Unsymmetrie von F läßt sich auch durch ein V-Funktional vom Grade 2 messen. Bezeichnen nämlich X_1 und X_2 zwei st.u. ZG mit derselben VF F, so ist

544 7 Nichtparametrische Funktionale und ihre kanonischen Schätzer

$$\gamma(F) = \mathbb{P}_F(X_1 \leq -X_2) = \iint \mathbf{1}(x+y \leq 0)\,\mathrm{d}F(x)\,\mathrm{d}F(y) \tag{7.1.113}$$

ebenfalls eine Maßzahl für die Unsymmetrie bzgl. 0. Aus der Umformung

$$\gamma(F) = F * F(0) = \int F(-z)\,\mathrm{d}F(z) = 1 - \int \big(1 - F(-z)\big)\,\mathrm{d}F(z)$$
$$= 1 - \int F_-(z)\,\mathrm{d}F(z)$$

ergibt sich sehr leicht $\gamma(F) = 1/2$ für symmetrische Verteilungen F. Die zu (7.1.113) gehörenden U-bzw. V-Statistiken lauten

$$U_n = \binom{n}{2}^{-1} \sum_{1 \leq i < j \leq n} \mathbf{1}(X_i + X_j \leq 0), \quad V_n = \frac{n-1}{n} U_n + \frac{1}{n^2} \sum_{j=1}^{n} \mathbf{1}(X_j \leq 0).$$

U_n ist ein erwartungstreuer Schätzer für $\gamma(F)$, nicht dagegen V_n. □

Die folgenden beiden Beispiele enthalten ebenfalls erwartungstreu schätzbare Funktionale. Die zugehörigen U- bzw. V-Statistiken werden jedoch nicht explizit angegeben, da für sie keine vereinfachenden Ausdrücke zu existieren scheinen.

Beispiel 7.84 (Maßzahl für die Überalterung) Sei F eine eindimensionale stetige VF mit $F(0) = 0$. In Verallgemeinerung von Beispiel 1.6 lassen sich derartige VF als Lebensdauer-Verteilungen interpretieren und demgemäß $1 - F$ als Überlebensfunktion. Speziell gibt $1 - F(x)$ die WS an, mit der das Alter x überschritten wird, und

$$\frac{1 - F(x+y)}{1 - F(y)} = \mathbb{P}(X > x+y | X > y)$$

die bedingte WS dafür, daß die Lebensdauer mindestens $x+y$ beträgt unter der Bedingung, daß sie mindestens y ist. Die Ungleichung

$$(1 - F(x))(1 - F(y)) \geq 1 - F(x+y) \quad \forall x, y \geq 0$$

drückt dann also aus, daß unter F die Lebensdauer eines neuen Elements stochastisch größer ist als die weitere Lebensdauer eines Elements, das schon y Einheiten gelebt hat. Entsprechend ist

$$\gamma(F) = \iint \big[(1 - F(x))(1 - F(y)) - (1 - F(x+y))\big]\,\mathrm{d}F(x)\,\mathrm{d}F(y)$$
$$= \frac{1}{4} - \iint (1 - F(x+y))\,\mathrm{d}F(x)\,\mathrm{d}F(y)$$

eine von der zugrundeliegenden Verteilung F abhängende Maßzahl für das Altern eines solchen Elements. Auch diese läßt sich auf die Form (7.1.108) bringen. Wegen

$$1 - F(x+y) = \int \mathbf{1}_{(x+y,\infty)}(z)\,\mathrm{d}F(z) = \int \mathbf{1}_{(0,\infty)}(z - x - y)\,\mathrm{d}F(z)$$

gilt nämlich mit $\psi(x,y,z) = \frac{1}{4} - \frac{1}{3}(\delta(z-x-y) + \delta(y-x-z) + \delta(x-y-z))$

7.1 Nichtparametrische Modelle und Funktionale

$$\gamma(F) = \iiint \psi(x, y, z) \, dF(x) \, dF(y) \, dF(z).$$

Folglich ist die zugehörige U-Statistik eine empirische Maßzahl für den Grad des Überalterns. □

Auch bei zwei- bzw. mehrdimensionalen VF lassen sich häufig statistisch sinnvolle Maßzahlen in Gestalt erwartungstreu schätzbarer Funktionale angeben.

Beispiel 7.85 (Maßzahl für die Assoziation) Bezeichnen F eine zweidimensionale VF und G bzw. H deren Rand-VF sowie $X = (Y, Z)$ eine gemäß F verteilte ZG, so ist das (bereits in Beispiel 7.69 eingeführte) Hoeffding-Funktional

$$\gamma(F) = 30 \int \left(F(y, z) - G(y)H(z) \right)^2 dF(y, z)$$

eine intuitiv naheliegende Maßzahl für die st. Abhängigkeit von Y und Z. Dieses Funktional läßt sich wie dasjenige in Beispiel 7.84 in die Gestalt (7.1.108) bringen. Mit den Abkürzungen $\widetilde{\psi}(u, v, w) := \delta(u - v) - \delta(u - w)$ und

$$\breve{\psi}(y_1, z_1, \ldots, y_5, z_5) := \frac{1}{4} \widetilde{\psi}(y_1, y_2, y_3) \widetilde{\psi}(y_1, y_4, y_5) \widetilde{\psi}(z_1, z_2, z_3) \widetilde{\psi}(z_1, z_4, z_5)$$

ergibt sich nämlich ein symmetrischer Kern $\psi(y_1, z_1, \ldots, y_5, z_5)$ der Länge 5 durch Symmetrisierung bzgl. aller fünf Paare $(y_1, z_1), \ldots, (y_5, z_5)$. □

Der große Vorteil von U-Statistiken besteht darin, daß sie eine relativ einfache und umfassende Verteilungstheorie zulassen. Dies gilt mit gewissen Einschränkungen auch noch für die zugehörigen V-Statistiken, also für die kanonischen Schätzer $\gamma(\widehat{F}_n)$ der zugehörigen Funktionale. Umgekehrt wird in 7.4 bzw. 8.1 gezeigt werden, daß U-Statistiken (mit von n abhängenden Kernen) und V-Statistiken darüberhinaus auch als Bausteine vieler anderer Statistiken eine Rolle spielen.

Abschließend soll noch kurz auf eine Rechtfertigung der unterschiedlichen Verwendung des Symbols $\bigotimes$ eingegangen werden, etwa zur Beschreibung des Produkts zweier Maße, des Produkts zweier σ-Algebren, des Kronecker-Produkts zweier Matrizen oder – in Band III – zur Kennzeichnung der Paarbildung zweier Funktionen. Alle diese Operationen besitzen nämlich einen gleichartigen Hintergrund, der durch den Begriff des Tensorprodukts beschrieben wird.

Anmerkung 7.86 An verschiedenen Stellen der Bände I – III wird das Symbol „$\bigotimes$" zur Verknüpfung unterschiedlichster Größen verwendet, z.B. für das Kronecker-Produkt $x \bigotimes y$ zweier Vektoren $x \in \mathbb{R}^n$ und $y \in \mathbb{R}^p$ bzw. $\mathscr{A} \bigotimes \mathscr{B}$ zweier Matrizen $\mathscr{A} \in \mathbb{R}^{n \times p}$ und $\mathscr{B} \in \mathbb{R}^{s \times t}$, oder das punktweise Produkt zweier reellwertiger Funktionen $f(\cdot)$ und $g(\cdot)$ sowie das Produkt $\mu \bigotimes \nu$ zweier Maße μ und ν. Rechtfertigung und gemeinsamer Hintergrund wird durch den Begriff des Tensorproduktes geliefert.

Tensorprodukte dienen dazu, multilineare Abbildungen durch lineare Abbildungen auszudrücken, um damit auf die für lineare Abbildungen entwickelten Methoden zurückgreifen zu können. Im folgenden soll diese Begriffsbildung für den Fall zweier linearer Räume $\mathfrak{X}$ und $\mathfrak{Y}$ bei festem Skalarenkörper $\mathbb{R}$ skizziert werden[46].

Ein linearer Raum $\mathfrak{T}$ und eine bilineare Abbildung $\psi : \mathfrak{X} \times \mathfrak{Y} \to \mathfrak{T}$ heißen ein *Tensorprodukt von $\mathfrak{X}$ und $\mathfrak{Y}$*, falls für alle linearen Räume $\mathfrak{L}$ und jede bilineare Abbildung $B : \mathfrak{X} \times \mathfrak{Y} \to \mathfrak{L}$ genau eine lineare Abbildung $L : \mathfrak{T} \to \mathfrak{L}$ existiert mit

$$B = L \circ \psi. \tag{7.1.114}$$

Ein solches Paar $(\mathfrak{T}, \psi)$ existiert und ist bis auf Isomorphie eindeutig bestimmt. Es wird mit $\mathfrak{T} = \mathfrak{X} \otimes \mathfrak{Y}$ und $\psi(x,y) = x \otimes y$ bezeichnet. Die definierende Faktorisierungseigenschaft (7.1.114) lautet damit

$$B(x,y) = L(x \otimes y), \tag{7.1.115}$$

wobei also B bilinear in den zwei Variablen x und y, dagegen L linear in der einen Variablen $x \otimes y$ ist.

Innere Produkte $<\cdot,\cdot>_\mathfrak{X}$ auf $\mathfrak{X}$ und $<\cdot,\cdot>_\mathfrak{Y}$ auf $\mathfrak{Y}$ induzieren auf $\mathfrak{X} \otimes \mathfrak{Y}$ das innere Produkt

$$<x_1 \otimes y_1, x_2 \otimes y_2>_{\mathfrak{X} \otimes \mathfrak{Y}} := <x_1,x_2>_\mathfrak{X} <y_1,y_2>_\mathfrak{Y} .$$

Orthonormalbasen $\{x_i : i \in I\}$ für $\mathfrak{X}$ und $\{y_j : j \in J\}$ für $\mathfrak{Y}$ induzieren die Orthonormalbasis $\{x_i \otimes y_j : i \in I, j \in J\}$ für $\mathfrak{X} \otimes \mathfrak{Y}$. Sind speziell $\mathfrak{X}$ und $\mathfrak{Y}$ Hilberträume, so hat man zu beachten, daß das Tensorprodukt erst nach Vervollständigung ein Hilbertraum ist.

Der Fall endlich-dimensionaler Faktorräume $\mathfrak{X} = \mathbb{R}^n$ und $\mathfrak{Y} = \mathbb{R}^p$ trat bei den Varianzkomponentenmodellen in 4.3 auf. Ein Tensorprodukt ist hier durch das in (4.3.18) definierte Kronecker-Produkt $x \otimes y$ gegeben, d.h. $\mathfrak{T}_1 = \mathbb{R}^{np}$ und $\psi_1(x,y) = x \otimes y$. Ein anderes Tensorprodukt ist das „äußere Produkt" $xy^\top$, d.h. $\mathfrak{T}_2 = \mathbb{R}^{n \times p}$ und $\psi_2(x,y) = xy^\top$. Die beiden Tensorprodukte sind verbunden durch den isometrischen Isomorphismus vec; vgl. Hilfssatz 4.25a. Die kanonischen Orthonormalbasen von $\mathbb{R}^n$ und $\mathbb{R}^p$ induzieren gerade die kanonische Orthonormalbasis von $\mathbb{R}^{np}$ bzw. $\mathbb{R}^{n \times p}$.

Bei beliebigen – d.h. unendlich-dimensionalen – Funktionenräumen bleibt die grundlegende Idee dieselbe, obwohl mangels kanonischer innerer Produkte und kanonischer Orthonormalbasen etwas Anschaulichkeit verloren geht. Seien $\mathfrak{X}$ und $\mathfrak{Y}$ lineare Räume reellwertiger Funktionen auf beliebigen Definitionsbereichen $\mathbb{D}$ bzw. $\mathbb{E}$. Für $f \in \mathfrak{X}$ und $g \in \mathfrak{Y}$ sei die Funktion $f \otimes g$ auf $\mathbb{D} \otimes \mathbb{E}$ durch punktweise Multiplikation $(f \otimes g)(x,y) := f(x)g(y)$ definiert. Die Abbildung $\otimes$ ist bilinear auf $\mathfrak{X} \times \mathfrak{Y}$. Ihre Werte sind reellwertige Funktionen auf $\mathbb{D} \times \mathbb{E}$ und erzeugen den linearen Raum $\mathfrak{T} := \mathfrak{L}(\{f \otimes g : f \in \mathfrak{X}, g \in \mathfrak{Y}\})$. Diese Konstruktion liefert ein Tensorprodukt von $\mathfrak{X}$ und $\mathfrak{Y}$, das insbesondere mit $\mathbb{D} = \{1,\ldots,n\}$ und $\mathbb{E} = \{1,\ldots,p\}$ den endlich-dimensionalen Fall reproduziert.

Der hohe Grad der Verträglichkeit des Tensorkalküls mit den Methoden der linaren Algebra zeigt sich beim Übergang vom Tensorprodukt von Vektoren zum Tensorprodukt von linearen Abbildungen. Hierzu betrachte man zwei lineare Abbildungen $A : \mathfrak{X} \to \mathfrak{A}$ und $B : \mathfrak{Y} \to \mathfrak{B}$ zwischen linearen Räumen $\mathfrak{X}$ und $\mathfrak{A}$ sowie $\mathfrak{Y}$ und $\mathfrak{B}$. Seien $\otimes_1$ und $\otimes_2$

---

[46]Zur allgemeinen Theorie, insbesondere für den Fall endlich vieler Faktorräume $\mathfrak{X}_1,\ldots,\mathfrak{X}_n$ und anderer Skalarenkörper, vgl. W. Greub: Multilineare Algebra, Springer (1975)

Tensorprodukte der Definitionsbereiche $\mathfrak{X}$ und $\mathfrak{Y}$ bzw. der Wertebereiche $\mathfrak{A}$ und $\mathfrak{B}$. Dann wird durch

$$(A \otimes_3 B)(x \otimes_1 y) := (Ax) \otimes_2 (By) \tag{7.1.116}$$

eine lineare Abbildung von $\mathfrak{X} \otimes_1 \mathfrak{Y}$ nach $\mathfrak{A} \otimes_2 \mathfrak{B}$ definiert. Diese heißt das *(induzierte) Tensorprodukt von A und B*.

Im Fall endlich-dimensionaler Räume $\mathfrak{X} = \mathbb{R}^p, \mathfrak{A} = \mathbb{R}^n, \mathfrak{Y} = \mathbb{R}^t, \mathfrak{B} = \mathbb{R}^s$ entsprechen $\mathscr{A} \in \mathbb{R}^{n \times p}$ und $\mathscr{B} \in \mathbb{R}^{s \times t}$ Matrizen. Die erste Rechenregel in (4.3.19) zeigt, daß (7.1.116) gerade zum Kronecker-Produkt zweier Matrizen führt.

Für unendlich-dimensionale Räume – wie auch sonst in der Funktionalanalysis – gehen in die Formeln die Definitionsbereiche der linearen Operatoren A und B ein. Für die Zwecke dieses Bandes betrachte man speziell zwei σ-endliche Maßräume $(\Omega_1, \mathfrak{F}, \mu)$ und $(\Omega_2, \mathfrak{G}, \nu)$ sowie die zugehörigen Räume der reellwertigen Funktionen $\mathfrak{X} = \mathbb{L}_1(\mu)$ und $\mathfrak{Y} = \mathbb{L}_1(\nu)$. Als Tensorprodukt $\otimes_1$ wähle man das punktweise Produkt zweier Integranden $f \in \mathfrak{X}$ und $g \in \mathfrak{Y}$. Für Indikatorfunktionen $f = \mathbf{1}_F$ und $g = \mathbf{1}_G$ von meßbaren Mengen $F \in \mathfrak{F}$ und $G \in \mathfrak{G}$ gilt insbesondere $\mathbf{1}_F \otimes_1 \mathbf{1}_G = \mathbf{1}_{F \times G}$. Die Maße μ und ν fassen wir als lineare Operatoren auf $\mathfrak{X}$ bzw. $\mathfrak{Y}$ auf. Das kanonische Tensorprodukt $\otimes_2$ auf den Bildräumen $\mathfrak{A} = \mathbb{R}$ und $\mathfrak{B} = \mathbb{R}$ ist natürlich die übliche Multiplikation zweier reeller Zahlen. Mit der gängigen Identifikation von Indikatorfunktionen und Mengen, d.h. mit $\mu(\mathbf{1}_F) = \mu(F)$ bzw. $\nu(\mathbf{1}_G) = \nu(G)$, bekommt (7.1.116) die Gestalt

$$(\mu \otimes_3 \nu)(F \otimes G) = \mu(F)\nu(G). \tag{7.1.117}$$

Das Tensorprodukt $\otimes_3$ von μ und ν im Sinne der bilinearen Algebra fällt also zusammen mit dem Begriff des Produktmaßes im Sinne der Maßtheorie. Den Definitionsbereich von $\mu \otimes_3 \nu$, nämlich die Produkt σ-Algebra von $\mathfrak{F}$ und $\mathfrak{G}$, bezeichnen wir deshalb entsprechend mit $\mathfrak{F} \otimes \mathfrak{G}$. □

Aufgabe 7.1 Gegeben seien eine VF F auf [0,1] sowie n geordnete Beobachtungen $x_{n\uparrow 1}, \ldots, x_{n\uparrow n}$ und damit eine empirische VF $\widehat{F}_n$. Man bestimme eine geglättete empirische VF $\widetilde{F}_n \in \mathbb{C}[0,1]$, so daß gilt

$$\|\widetilde{F}_n - \widehat{F}_n\| = \inf\{\|G - \widehat{F}_n\| : G \in \mathbb{C}[0,1], \ G(0) = 0, \ G(x_{n\uparrow j}) = j/n, \ j = 1, \ldots, n\}.$$

Aufgabe 7.2 $X_j, j \in \mathbb{N}$, seien st.u. $\mathfrak{G}(\lambda)$-verteilte ZG. Man zeige: Der Zählprozeß $N(t) := \sum_{n=1}^{\infty} \mathbf{1}(S_n \leq t), t > 0, S_n := \sum_{j=1}^{n} X_j$, ist ein Poisson-Prozeß zum Parameter λ.

Aufgabe 7.3 Hinreichend für die Fisher-Konsistenz eines Funktionals $\gamma(\cdot)$ ist die schwache Konsistenz für ϑ und die Stetigkeit von γ im Sinne von $\gamma(\widehat{F}_n) \to \gamma(F_\vartheta)$ nach F_ϑ -WS.

Aufgabe 7.4 Die zweidimensionale VF F sei als Funktion beider Variablen zweimal stetig differenzierbar. Die gemischte zweite Ableitung $\partial_{12}F$ sei nicht-negativ. Man zeige, daß F dann Δ-isoton ist.

Aufgabe 7.5 Sei $\mathfrak{L}(Y,Z) = \mathfrak{G}(\lambda_1, \lambda_2; \kappa)$. Man beweise die Gedächtnislosigkeit (7.1.75) sowie

$$\mathbb{P}(Y > y+t, Z > z+t \mid Y > y, Z > z) = \mathbb{P}(Y > t, Z > t).$$

Aufgabe 7.6 Sei F eine beliebige zweidimensionale VF. Man zeige: Es existieren stetige zweidimensionale VF F_n, $n \in \mathbb{N}$, mit $F_n \xrightarrow[\mathcal{L}]{} F$.

Hinweis: Man „glätte" F durch Faltung mit einem absolut stetigen WS-Maß, etwa mit einer $\mathfrak{N}(0,0;1/n,1/n,0)$-Verteilung.

Aufgabe 7.7 a) X sei eine reellwertige ZG mit VF F und U eine hierzu st.u. ZG mit $\mathcal{L}(U) = \mathfrak{R}$. Man zeige:

$$(1-U)F(X) + UF(X-0) \quad \text{ist } \mathfrak{R}\text{-verteilt}.$$

b) Seien $X = (Y, Z)$ eine zweidimensionale ZG mit VF F und Rand-VF G, H sowie U, V st.u. $\mathfrak{R}$-verteilte ZG. Weiter seien (Y, Z) und (U, V) st.u. Man zeige:

$$((1-U)G(Y) + UG(Y-0), (1-V)H(Z) + VH(Z-0))$$

ist eine zweidimensionale ZG mit Werten in $[0,1]$ und Randverteilungen $\mathfrak{R}$. Für ihre VF C_F gilt $F(y,z) = C_F(G(y), H(z))$.

Aufgabe 7.8 $C(\cdot,\cdot)$ sei eine stetig differenzierbare Kopula. Man zeige

$$\iint\limits_{0<s,t<1} C(s,t)\,\mathrm{d}C(s,t) = \frac{1}{2} - \iint\limits_{0<s,t<1} \partial_1 C(s,t) \partial_2 C(s,t)\,\mathrm{d}s\,\mathrm{d}t\,.$$

Aufgabe 7.9 Es seien (Y_1, Z_1), (Y_2, Z_2), (Y_3, Z_3) st.u. ZG mit derselben stetigen zweidimensionalen VF F. Man zeige (vgl. auch Beispiel 7.196)

$$\varrho_S(F) = \mathbb{P}(Y_1 > Y_2, Z_1 > Z_3) + \mathbb{P}(Y_1 < Y_2, Z_1 < Z_3)\,.$$

Aufgabe 7.10 Man berechne das Funktional aus Beispiel 7.69 für $F = \mathfrak{N}(0,0;1,1,\varrho)$. Man zeige, daß dies eine isotone Funktion in $|\varrho|$ ist.

Aufgabe 7.11 Es sei $\mathfrak{X}$ eine zweielementige Menge. Man konstruiere eine Verteilungsklasse über $(\mathfrak{X}, \mathfrak{P}(\mathfrak{X}))$, die vollständig, aber nicht symmetrisch vollständig ist.

Aufgabe 7.12 In der Literatur wird der Begriff der positiven Regressionsabhängigkeit bei zweidimensionalen ZG (Y, Z) mit VF F zumeist in der folgenden Form benutzt:

Z heißt positiv regressionsabhängig von Y, wenn gilt: 1) Z und Y sind st. abhängig. 2) Es existieren Festlegungen der bedingten VF $F^{Z|Y=y}$ und eine $\mathbb{P}^Y$-Nullmenge $N \in \mathbb{B}$ mit

$$F^{Z|Y=y} \geq F^{Z|Y=y'} \quad \forall y, y' \in N^C : y < y'.$$

Man zeige: Ist $C_F \neq C_0$ und Z positiv regressionsabhängig im Sinne der Definition 7.57c, dann ist Z auch positiv regressionsabhängig im Sinne von 1) und 2).

Hinweis: Man schreibe die bedingte VF $F^{Z|Y=y}(z)$ in der Form $\partial_1 C_F(G(y), H(z))$.

Aufgabe 7.13 Es sei $(\mathfrak{X}, \varrho)$ ein polnischer Raum mit Borel–σ-Algebra $\mathfrak{B}$. Man beweise, daß die durch (7.1.33) definierte Funktion $L(\cdot; P:Q)$ nach oben halbstetig ist.

Aufgabe 7.14 a) Für das Modell aus Beispiel 6.6a zeige man: $\widehat{\vartheta}_n(x) = x_{n\uparrow n}$ ist der eindeutig bestimmte verallgemeinerte ML-Schätzer im Sinne der Definition 7.15.

b) Für das Modell aus Beispiel 6.6b zeige man: Jede meßbare Abbildung $\widehat{\vartheta}_n$ mit $\widehat{\vartheta}_n(x) \in (x_{n\uparrow n} - \frac{1}{2}, x_{n\uparrow 1} + \frac{1}{2})$ ist verallgemeinerter ML-Schätzer im Sinne der Definition 7.15.

Aufgabe 7.15 $X_1, \ldots, X_n$ seien st.u. r-dimensionale $\mathfrak{N}(\mu, \mathscr{S})$-verteilte ZG mit unbekannten $(\mu, \mathscr{S}) \in \mathbb{R}^r \times \mathbb{R}_{\text{p.s.}}^{r \times r}$ (wobei also $n \leq r$ und Rg $\mathscr{S} < r$ zugelassen ist). $\widehat{\mu}_n$ und $\widehat{\mathscr{S}}_n$ seien wie in Beispiel 6.1b definiert. Dann ist $(\widehat{\mu}_n, \widehat{\mathscr{S}}_n)$ eindeutig bestimmter ML-Schätzer für $(\mu, \mathscr{S})$ im Sinne der Definition 7.15.

Aufgabe 7.16 Man beweise Hilfssatz 7.14 und die Implikation (7.1.19).

Aufgabe 7.17 Man beweise die in 7.1.2 für den Fall $k = 1$ angegebene Charakterisierung von $F_1 \succeq_{\text{sy}} F_2$ durch $F_1^{(2)}(I) \geq F_2^{(2)}(I) \quad \forall I \subset \mathbb{R}^2$ isoton und abgeschlossen bzgl. der Ordnung $\succeq_{\text{sy}}$ auf $\mathbb{R}^2$.

7.2 Ordnungsstatistiken und empirische Quantile

Die Ausführungen in 7.1 machen es plausibel, daß für alle weiteren Überlegungen die empirische Verteilungsfunktion $\widehat{F}_n$ und die empirische Quantilfunktion $\widehat{F}_n^{-1}$ von zentraler Bedeutung sind. In 7.2 sollen deshalb einige wichtige Verteilungsaussagen über diese Größen bzw. die ihnen zugrundeliegenden Ordnungsstatistiken hergeleitet werden. Hierzu gehören Abschätzungen über die Diskrepanz $\|\widehat{F}_n - F\|_\infty$ in 7.2.1, Möglichkeiten zur verteilungsgleichen Darstellung von Ordnungsstatistiken in 7.2.2 und Konvergenzaussagen über zentrale Ordnungsstatistiken in 7.2.3. Speziell wird in Satz 7.113 die Bahadur-Darstellung von Stichprobenquantilen bewiesen, aus der u.a. die asymptotische Normalität einer festen Anzahl zentraler Ordnungsstatistiken bzw. von L-Statistiken mit diskreten Gewichten folgt. In 7.2.4 wird das Limesverhalten extremer Ordnungsstatistiken diskutiert. Dagegen wird die Konvergenz des empirischen Prozesses bzw. des empirischen Quantilprozesses, welche weitergehende Hilfsmittel erfordert, erst in Kap. 10 formuliert und bewiesen.

7.2.1 Die empirische Verteilungsfunktion

In 7.1.1 und 7.1.5 wurde bereits betont, daß die empirische VF $\widehat{F}_n$ zu st.u. ZG $X_1, \ldots, X_n$ mit derselben VF F (ohne weitere Spezifikation von F) die gesamte Information aus dieser Stichprobe enthält. In 7.2.1 sollen – vorwiegend für den univariaten Fall – die elementaren verteilungstheoretischen Eigenschaften dieser Statistik hergeleitet werden.

Liegen Realisierungen $x_1, \ldots, x_n$ vor, so war die empirische VF definiert durch

$$(z, x_{(n)}) \mapsto \widehat{F}_n(z; x_{(n)}) =: \widehat{F}_n(z) = \frac{1}{n} \sum_{j=1}^n \mathbf{1}_{[x_j, \infty)}(z), \quad z \in \mathbb{R}. \qquad (7.2.1)$$

Diese Zuordnung ist Borel-meßbar. Damit ist also die Abbildung $(z, \omega) \mapsto \widehat{F}_n(z; X_{(n)}(\omega))$ gemeinsam meßbar, was u.a. die Anwendung des Satzes von Fubini ermöglicht. Bei festem $z \in \mathbb{R}$ ist $\widehat{F}_n(z)$ dann ein Durchschnitt von st.u. $\mathfrak{B}(1, F(z))$-verteilten ZG. Hieraus folgt nach dem starken Gesetz der großen Zahlen

550   7 Nichtparametrische Funktionale und ihre kanonischen Schätzer

$$\forall z \in \mathbb{R}: \quad \widehat{F}_n(z) \to F(z) \quad [P_F] \tag{7.2.2}$$

mit einer zunächst von z abhängenden Ausnahmemenge. Aus der Definition (7.2.1) folgt allgemeiner für $z_i \in \mathbb{R}$, $i = 1, \ldots, m$, mit $z_1 < z_2 < \ldots < z_m$

$$\mathfrak{L}_F\big(n\widehat{F}_n(z_1), n(\widehat{F}_n(z_2) - \widehat{F}_n(z_1)), \ldots, n(\widehat{F}_n(z_m) - \widehat{F}_n(z_{m-1}))\big)$$
$$= \mathfrak{M}\big(n; F(z_1), F(z_2) - F(z_1), \ldots, F(z_m) - F(z_{m-1})\big). \tag{7.2.3}$$

Diese Beziehung ist die Basis vieler weitergehender Verteilungsaussagen über $\widehat{F}_n$. Eine unmittelbare Folgerung enthält der

Satz 7.87 (Asymptotische Normalität) *Für $n \in \mathbb{N}$ seien $X_1, \ldots, X_n$ st.u. glv. ZG mit derselben VF F und der empirischen VF $\widehat{F}_n$. Dann gilt mit der Abkürzung*[47] $\Gamma_\mathbf{B}(s,t) := s \wedge t - st$, $0 \leq s, t \leq 1$:

a) $n \operatorname{Cov}(\widehat{F}_n(y), \widehat{F}_n(z)) = \Gamma_\mathbf{B}(F(y), F(z)) \quad \forall y, z \in \mathbb{R}$; \hfill (7.2.4)

b) *Für jedes geordnete m-Tupel $-\infty < z_1 < \ldots < z_m < \infty$ gilt bei $n \to \infty$*

$$\mathfrak{L}\big(\sqrt{n}(\widehat{F}_n(z_i) - F(z_i))\big)_{1 \leq i \leq m} \xrightarrow[\mathfrak{L}]{} \mathfrak{N}\big(0, (\Gamma_\mathbf{B}(F(z_i), F(z_j)))_{1 \leq i,j \leq m}\big). \tag{7.2.5}$$

Beweis: a) Da die Indikatoren $\mathbf{1}_{(-\infty,y]}(X_j)$, $j = 1, \ldots, n$, für jedes $y \in \mathbb{R}$ st.u. glv. ZG sind mit EW $F(y)$, gilt wegen $F(y \wedge z) = F(y) \wedge F(z)$

$$n \operatorname{Cov}(\widehat{F}_n(y), \widehat{F}_n(z)) = nE\big((\widehat{F}_n(y) - F(y))(\widehat{F}_n(z) - F(z))\big)$$
$$= E\big(\mathbf{1}_{(-\infty,y]}(X_1) - F(y)\big)\big(\mathbf{1}_{(-\infty,z]}(X_1) - F(z)\big)$$
$$= F(y \wedge z) - F(y)F(z) = \Gamma_\mathbf{B}\big(F(y), F(z)\big)$$

b) folgt mit dem mehrdimensionalen Satz von Lindeberg-Lévy 5.70. □

Sowohl die Aussage (7.2.2) als auch Satz 7.87 können direkt auf den Fall bivariater (bzw. multivariater) ZG übertragen werden. Im Fall $m = 1$ läßt sich die Aussage 7.87b mittels des Satzes von Berry-Esseen 5.119 noch verschärfen. Nach diesem gilt mit einer geeigneten Konstanten $K \in (0, \infty)$ und $\tau(F(z)) := \big(F(z)(1 - F(z))\big)^{1/2}$ wegen $F^2(z) + (1 - F(z))^2 \leq 1$ für alle $z \in \mathbb{R}$

$$\sup_{x \in \mathbb{R}} \left| \mathbb{P}\big(\sqrt{n}(\widehat{F}_n(z) - F(z)) \leq x\big) - \phi\Big(\frac{x}{\tau(F(z))}\Big) \right| \leq \frac{n^{-1/2} K}{\tau(F(z))}. \tag{7.2.6}$$

Für viele Anwendungen ist es von zentraler Bedeutung, daß die Aussagen (7.2.2) bzw. 7.87 auch simultan für alle $z \in \mathbb{R}$ gelten. Dies ist etwa für die Bestimmung des

---

[47] Die Bezeichnung $\Gamma_\mathbf{B}$ wird sich in Band III dadurch erklären, daß $\Gamma_\mathbf{B}$ die Kovarianzfunktion eines dort wichtigen Gauß-Prozesses, der sog. Brownschen Brücke $\mathbf{B}$, ist.

7.2 Ordnungsstatistiken und empirische Quantile 551

Limesverhaltens kanonischer Statistiken $\gamma(\widehat{F}_n)$ der Fall. Ein entsprechendes starkes Gesetz ist der nachfolgend bewiesene, bereits mehrfach erwähnte Satz von Glivenko-Cantelli 7.89. Um auch die Verteilungskonvergenzaussage 7.87b in diese Richtung zu verschärfen, muß man jedoch methodisch weiter ausholen. In Kap. 10 wird dazu gezeigt werden, daß bei zugrundeliegenden st.u. ZG $X_j, j \in \mathbb{N}$, mit derselben VF F der gemäß $\left(\sqrt{n}(\widehat{F}_n(z) - F(z)), z \in \mathbb{R}\right)$ standardisierte empirische Prozeß – aufgefaßt als zufälliges Element eines geeigneten Funktionenraumes – verteilungskonvergent ist gegen einen zentrierten Gauß-Prozess mit der Kovarianzfunktion

$$\Gamma_\mathbf{B}(F(y), F(z)) = F(y \wedge z) - F(y)F(z).$$

Vielfach ist es wieder nützlich, mit Hilfe einer verteilungsgleichen Ersetzung zu argumentieren. So kann man sich bei der Diskussion der empirischen VF $\widehat{F}_n$ zu gemäß F verteilten st.u. ZG $X_1, \ldots, X_n$ häufig auf den Spezialfall st.u. $\mathfrak{R}$-verteilter ZG $U_1, \ldots, U_n$ mit der empirischen VF

$$(t, U_{(n)}) \mapsto \widehat{J}_n(t; U_{(n)}) =: \widehat{J}_n(t) = \frac{1}{n} \sum_{j=1}^n \mathbb{1}_{[U_j, 1]}(t), \quad t \in [0,1], \tag{7.2.7}$$

beschränken. Einerseits gilt $u \leq F(z) \Leftrightarrow F^{-1}(u) \leq z$ nach Hilfssatz 1.17a und nach Hilfssatz 2.29a sind $F^{-1}(U_j)$, $j = 1, \ldots, n$, st.u. gemäß F verteilte ZG, d.h. für alle $z \in \mathbb{R}$ gilt

$$\widehat{J}_n \circ F(z) = \frac{1}{n} \sum_{j=1}^n \mathbb{1}(U_j \leq F(z)) = \frac{1}{n} \sum_{j=1}^n \mathbb{1}(F^{-1}(U_j) \leq z) \underset{\mathfrak{L}}{=} \widehat{F}_n(z). \tag{7.2.8}$$

Andererseits sind bei stetiger VF F nach Hilfssatz 2.29b $F(X_j)$, $j = 1, \ldots, n$, st.u. $\mathfrak{R}$-verteilte ZG und wegen Hilfssatz 1.17b gilt für alle $t \in [0,1]$

$$\widehat{F}_n \circ F^{-1}(t+0) = \frac{1}{n} \sum_{j=1}^n \mathbb{1}(X_j \leq F^{-1}(t+0))$$

$$= \frac{1}{n} \sum_{j=1}^n \mathbb{1}(F(X_j) \leq t) \underset{\mathfrak{L}}{=} \widehat{J}_n(t). \tag{7.2.9}$$

$\widehat{F}_n \circ F^{-1}(\cdot + 0)$ heißt deshalb *reduzierte empirische* VF. Sie ist eine stochastische Kopie der unabhängig von F und den ZG $X_1, \ldots, X_n$ erklärten, allein auf den ZG $U_1, \ldots, U_n$ basierenden *uniformen empirischen* VF $\widehat{J}_n(\cdot)$. Dies gilt bei der obigen Argumentation zunächst nur bei festem t. Analog (7.2.8) und (7.2.9) beweist man jedoch die folgende, für eine beliebige Zahl m von Argumenten und simultan in $n \in \mathbb{N}$ gültige mehrdimensionale Aussage.

Hilfssatz 7.88 *Es seien $X_j, j \in \mathbb{N}$, st.u. ZG mit derselben eindimensionalen VF F und $U_j, j \in \mathbb{N}$, st.u. gemäß $\mathfrak{R}$ verteilte ZG. Die jeweiligen empirischen VF zur Stufe n seien $\widehat{F}_n$ bzw. $\widehat{J}_n$. Dann gilt für alle $m \in \mathbb{N}$ und alle $0 < t_1 < \ldots < t_m < 1$ bzw. alle $z_1 < \ldots < z_m \in \mathbb{R}$:*

a) $\mathfrak{L}_F\big((\widehat{F}_n(z_1), \ldots, \widehat{F}_n(z_m))_{n \geq 1}\big) = \mathfrak{L}\big((\widehat{J}_n(F(z_1)), \ldots, \widehat{J}_n(F(z_m)))_{n \geq 1}\big).$

Ist überdies F eine stetige VF, so gilt

b) $\mathfrak{L}_F\big((\widehat{F}_n(F^{-1}(t_1+0)), \ldots, \widehat{F}_n(F^{-1}(t_m+0)))_{n \geq 1}\big) = \mathfrak{L}\big((\widehat{J}_n(t_1), \ldots, \widehat{J}_n(t_m))_{n \geq 1}\big).$

Die simultane Ersetzung in $n \in \mathbb{N}$ garantiert, daß sich asymptotische Eigenschaften von einer Folge automatisch auf die jeweils andere Folge übertragen. Das gleiche gilt damit für abgeleitete Größen, so etwa bei beliebiger eindimensionaler VF F

$$\mathfrak{L}_F\big((\sup_z |\widehat{F}_n(z) - F(z)|)_{n \geq 1}\big) = \mathfrak{L}_F\big((\sup_z |\widehat{J}_n(F(z)) - F(z)|)_{n \geq 1}\big).$$

Entsprechend lassen sich im bivariaten Fall die Randverteilungen transformieren. Seien dazu $(U_1, V_1), \ldots, (U_n, V_n)$ st.u. ZG mit derselben VF $C(s,t)$. Dabei sei $\mathfrak{L}(U_j) = \mathfrak{L}(V_j) = \mathfrak{R}$, also C eine Kopula. Bezeichnet $\widehat{C}_n$ die zugehörige empirische VF, so gilt bei beliebigen eindimensionalen VF G, H für die empirische VF zu st.u. glv. ZG $X_j := (Y_j, Z_j), j = 1, \ldots, n$, mit $Y_j := G^{-1}(U_j), Z_j := H^{-1}(V_j)$

$$\widehat{C}_n\big(G(y), H(z)\big) \underset{\mathfrak{L}}{=} \widehat{F}_n(y, z), \quad y, z \in \mathbb{R}. \tag{7.2.10}$$

Die theoretische VF zu diesen zweidimensionalen ZG ist offensichtlich $F(y,z) = C(G(y), H(z))$. Sind umgekehrt st.u. ZG $X_j = (Y_j, Z_j), j = 1, \ldots, n$, mit stetigen Randverteilungen G, H gegeben, dann gilt mit $U_j := G(Y_j), V_j := H(Z_j)$ und den entsprechenden empirischen VF $\widehat{F}_n$ bzw. $\widehat{C}_n$

$$\widehat{F}_n\big(G^{-1}(s+0), H^{-1}(t+0)\big) = \widehat{C}_n(s,t), \quad s, t \in [0,1]. \tag{7.2.11}$$

Der Satz von Glivenko-Cantelli und verwandte Aussagen Aus den Eigenschaften einer Nullmenge folgt unmittelbar, daß die Ausnahmemenge in (7.2.2) simultan für endlich oder abzählbar unendlich viele Werte $z_i, i \in \mathbb{N}$, gewählt werden kann. Mit den beiden Hilfsaussagen 5.74 und 5.75 (für nicht notwendig zufallsabhängige VF) läßt sich sogar relativ einfach zeigen, daß die F-f.s. Konvergenz von $\widehat{F}_n$ gegen F gleichmäßig ist, d.h. daß F-f.s. Konvergenz im *Kolmogorov-Abstand*

$$\|\widehat{F}_n - F\|_\infty = \sup_{z \in \mathbb{R}} |\widehat{F}_n(z) - F(z)| \tag{7.2.12}$$

vorliegt. Dies beinhaltet der vielfach auch als „Hauptsatz der Statistik" bezeichnete

Satz 7.89 (Glivenko-Cantelli) X_j, $j \in \mathbb{N}$, seien auf einem WS-Raum $(\Omega, \mathfrak{A}, \mathbb{P})$ erklärte st.u. reellwertige ZG mit derselben VF F. Dann gilt für die empirische VF $\widehat{F}_n$ bei $n \to \infty$

$$\|\widehat{F}_n - F\|_\infty \to 0 \quad [\mathbb{P}]. \tag{7.2.13}$$

Beweis: Nach dem starken Gesetz der großen Zahlen gibt es zu jedem $z \in \mathbb{R}$ eine Menge $N_z \in \mathfrak{A}$, $\mathbb{P}(N_z) = 0$, mit

$$\widehat{F}_n(z) \to F(z), \quad \widehat{F}_n(z-0) \to F(z-0)$$

auf N_z^c. Mit $D := \mathbb{Q} \cup \{z \in \mathbb{R} : F(z) - F(z-0) > 0\}$ ist dann außerhalb der Nullmenge $N := \cup\{N_z : z \in D\}$ Hilfssatz 5.74 auf die Funktionen $\widehat{F}_n$, F bzw. $\widehat{F}_n(\cdot - 0)$, $F(\cdot - 0)$ anwendbar. Mittels Satz 5.75 folgt dann die Behauptung. $\square$

Nach Hilfssatz 7.88 läßt sich die Folge $\left(\|\widehat{F}_n - F\|_\infty\right)_{n \geq 1}$ mit Hilfe der uniformen empirischen VF $\widehat{J}_n$ verteilungsgleich ersetzen gemäß $\left(\|\widehat{J}_n \circ F - F\|_\infty\right)_{n \geq 1}$. Weiter gilt stets $\|\widehat{J}_n \circ F - F\|_\infty \leq \|\widehat{J}_n - \mathrm{id}\|_\infty$; dabei kommt durch „$\leq$" zum Ausdruck, daß für nicht-stetiges F die Bildmenge $\{F(z) : z \in \mathbb{R}\}$ eine echte Teilmenge von $[0,1]$ ist. Speziell folgt aus (7.2.8+9) $\|\widehat{F}_n - F\|_\infty \stackrel{\mathcal{L}}{=} \|\widehat{J}_n - \mathrm{id}\|_\infty$, falls $F \in \mathfrak{F}_c$ ist.

Die Aussage (7.2.13) läßt sich zu einer exponentiellen Ungleichung verschärfen.

Satz 7.90 (Dvoretzky-Kiefer-Wolfowitz-Ungleichung) *Für festes $n \in \mathbb{N}$ seien $X_1, \ldots, X_n$ st.u. reellwertige ZG mit derselben VF F und der empirischen VF $\widehat{F}_n$. Dann gibt es eine positive Konstante K derart, daß für alle VF F über $(\mathbb{R}, \mathbb{B})$ sowie alle $n \geq 1$ und alle $t \geq 0$ gilt*

$$\mathbb{P}(\|\widehat{F}_n - F\|_\infty \geq t) \leq K \exp[-2nt^2]. \tag{7.2.14}$$

Anstelle des relativ aufwendigen Beweises[48] verweisen wir darauf, daß die schwächere, für jedes feste $z \in \mathbb{R}$ und jedes $t \geq 0$ gültige Aussage

$$\mathbb{P}(|\widehat{F}_n(z) - F(z)| \geq t) \leq 2 \exp[-2nt^2] \tag{7.2.15}$$

unmittelbar aus dem Korollar 5.19 zur Hoeffding-Ungleichung für $\mathfrak{B}(1, F(z))$-verteilte ZG folgt.

Anmerkung 7.91 Die Dvoretzky-Kiefer-Wolfowitz-Ungleichung liegt beweistechnisch den Minimaxaussagen zugrunde, mittels derer sich u.a. die empirische VF als Schätzer der theoretischen VF rechtfertigen läßt. Die folgende Version (7.2.16) einer solchen Aussage geht ebenfalls auf die zitierte Arbeit von Dvoretzky-Kiefer-Wolfowitz zurück.

---

[48] Zum Beweis dieser Ungleichung und des globalen Minimaxsatzes in der folgenden Anmerkung vgl. A. Dvoretzky, J. Kiefer, J. Wolfowitz: Ann. Math. Stat. 27 (1956) 642–669.

Globaler Minimaxsatz X_j, $j \in \mathbb{N}$, seien st.u. reellwertige ZG mit derselben VF F. Weiter sei Λ eine nicht-negative meßbare Verlustfunktion mit $\int \Lambda(t) te^{-2t^2}\, dt < \infty$. Dann gilt mit $\mathfrak{F} := \mathfrak{M}^1(\mathbb{R}, \mathbb{B})$ für die empirische VF $\widehat{F}_n$

$$\lim_{n\to\infty} \frac{\sup\limits_{F\in\mathfrak{F}} E_F \Lambda\big(\|\sqrt{n}(\widehat{F}_n - F)\|_\infty\big)}{\inf\limits_{\delta\in\mathfrak{K}} \sup\limits_{F\in\mathfrak{F}} E_F \int \Lambda\big(\|\sqrt{n}(G - F)\|_\infty\big) \delta(X_{(n)}, dG)} = 1 \quad [\mathbb{P}]. \tag{7.2.16}$$

Dabei ist $\mathfrak{K}$ die Menge der Entscheidungskerne δ von $(\mathbb{R}^n, \mathbb{B}^n)$ in die Gesamtheit der WS-Maße über dem Raum aller VF, versehen mit einer geeigneten σ-Algebra.

Neueren Ursprungs ist die folgende, bereits in 7.1.1 erwähnte Variante dieser Aussage, die von Millar[49] bewiesen wurde.

Lokaler Minimaxsatz X_j, $j \in \mathbb{N}$, seien st.u. reellwertige ZG mit derselben VF F. Weiter sei Λ eine nicht-negative isotone Verlustfunktion auf $[0, \infty)$ derart, daß es eine Konstante $0 < K < \infty$ gibt mit $\Lambda(t) \leq K \exp(t^{2-\varepsilon})$ für alle $t > 0$ und alle $0 < \varepsilon \leq 2$. Dann gilt mit $\mathfrak{F} = \mathfrak{M}^1(\mathbb{R}, \mathbb{B})$ für die empirische VF $\widehat{F}_n$

$$\lim_{n\to\infty} \inf_{\delta\in\mathfrak{K}} \sup_{F\in\mathfrak{F}} E_F \int \Lambda\big(\sqrt{n}\|G - F\|_\infty\big) \delta\big(X_{(n)}, dG\big)$$
$$= \lim_{n\to\infty} \sup_{F\in\mathfrak{F}} E_F \Lambda\big(\sqrt{n}\|\widehat{F}_n - F\|_\infty\big) = E\Lambda(W),$$

wobei W eine reellwertige ZG ist mit der[50] Kolmogorov-Smirnov VF

$$K(z) = \left(1 + 2\sum_{\ell=1}^\infty (-1)^\ell \exp\big(-2\ell^2 z^2\big)\right) \mathbf{1}_{(0,\infty)}(z). \tag{7.2.17}$$

Neben diesen beiden Minimaxaussagen gibt es auch einen Faltungssatz für die empirische VF, auf dessen Formulierung hier jedoch verzichtet werden soll. □

Gelegentlich ist es zweckmäßig, den mit einer Funktion $q: (0,1) \to (0,\infty)$ gewichteten Kolmogorov-Abstand

$$\left\|(\widehat{F}_n - F)/q \circ F\right\|_\infty = \sup_{z\in\mathbb{R}} |\widehat{F}_n(z) - F(z)| / q(F(z)) \tag{7.2.18}$$

zu verwenden. Analog folgt dann für jede (der Einfachheit halber als stetig[51] angenommene) derartige Gewichtsfunktion q mit $q(0) = q(1) = 0$ bei $F \in \mathfrak{F}_c$

$$\mathfrak{L}_F\left(\Big(\sup_{z\in\mathbb{R}} |\widehat{F}_n(z) - F(z)|/q(F(z))\Big)_{n\geq 1}\right) = \mathfrak{L}\left(\Big(\sup_{z\in\mathbb{R}} |\widehat{J}_n(F(z)) - F(z)|/q(F(z))\Big)_{n\geq 1}\right).$$

---

[49] Vgl. P.W. Millar: Lecture Notes in Math. 976 (1983), p. 160.
[50] Zur Motivation vgl. die Diskussion der Kolmogorov-Smirnov-Verteilung in Kap. 10.
[51] Dies impliziert u.a., daß man sich bei der Supremumsbildung in (7.2.18) auf eine abzählbar dichte Teilmenge beschränken kann, und daß damit die Größe in (7.2.18) meßbar ist.

Ist speziell F stetig, so ist die rechte Seite nach Hilfssatz 7.88 gleich

$$\mathfrak{L}\left(\left(\sup_{t\in[0,1]}|\widehat{J}_n(t)-t|/q(t)\right)_{n\geq 1}\right).$$

Der gewichtete Kolmogorov-Abstand (7.2.18) und damit speziell der übliche Kolmogorov-Abstand (7.2.12) sind also über der Klasse der stetigen VF verteilungsfrei. Für nicht notwendig stetige VF F gilt jedoch nur (bei komponentenweiser Anordnung)

$$\left(\sup_{z\in\mathbb{R}}|\widehat{F}_n(z)-F(z)|\,/\,q(F(z))\right)_{n\geq 1} \leq \left(\sup_{t\in[0,1]}|\widehat{J}_n(t)-t|/q(t)\right)_{n\geq 1}. \quad (7.2.19)$$

In diesem Sinne stellt also die uniforme empirische Verteilung den „ungünstigsten Fall" dar. Deshalb ist es beim Beweis der folgenden Aussage nicht notwendig, F als stetig vorauszusetzen.

Satz 7.92 (Lai) X_j, $j \in \mathbb{N}$, seien st.u. reellwertige ZG auf einem WS-Raum $(\Omega, \mathfrak{A}, \mathbb{P})$ mit derselben VF F. Ist dann $q : (0,1) \to (0,\infty)$ eine stetige Funktion mit $q(0) = q(1) = 0$ und den Eigenschaften

1) $q|_{(0,\underline{\delta}]}$ ist isoton;   2) $q|_{[\widetilde{\delta},1)}$ ist antiton;   3) $\displaystyle\int_{(0,1)} 1/q\,d\lambda < \infty$

für geeignete $0 < \underline{\delta} < \widetilde{\delta} < 1$, so gilt für die empirische VF $\widehat{F}_n$

$$\|(\widehat{F}_n - F)/q \circ F\|_\infty \to 0 \quad [\mathbb{P}].$$

Beweis: Wegen Hilfssatz 5.74 bzw. (7.2.19) reicht es, den Fall $\mathfrak{R}$-verteilter ZG U_j zu betrachten. Mit $\widehat{J}_n$ aus (7.2.7) gilt dann für alle $0 < \underline{\delta} < \overline{\delta} < 1$

$$\|(\widehat{J}_n - \mathrm{id})/q\|_\infty = \sup_{0<t<1}|\widehat{J}_n(t)-t|/q(t) \leq \sup_{0<t\leq\underline{\delta}}\widehat{J}_n(t)/q(t) + \sup_{0<t\leq\underline{\delta}} t/q(t)$$

$$+ \sup_{\overline{\delta}\leq t<1}(1-\widehat{J}_n(t))/q(t) + \sup_{\overline{\delta}\leq t<1}(1-t)/q(t) + \|\widehat{J}_n - \mathrm{id}\|_\infty \sup_{\underline{\delta}<t<\overline{\delta}} 1/q(t).$$

Wegen 3) lassen sich $\underline{\delta} < \underline{\delta}$ und $\overline{\delta} > \widetilde{\delta}$ bei vorgegebenem $\varepsilon > 0$ wählen gemäß

$$\int_{(0,\underline{\delta})} 1/q\,d\lambda < \varepsilon, \quad \int_{(\overline{\delta},1)} 1/q\,d\lambda < \varepsilon.$$

Da für $0 < s \leq \underline{\delta}$ bzw. $\overline{\delta} \leq t < 1$ wegen $q \geq 0$ und 1) bzw. 2) gilt

$$\varepsilon > \int_{(0,\underline{\delta})} 1/q\,d\lambda \geq \int_{(0,s)} 1/q\,d\lambda \geq s/q(s),$$

$$\varepsilon > \int_{(\overline{\delta},1)} 1/q\,d\lambda \geq \int_{(t,1)} 1/q\,d\lambda \geq (1-t)/q(t),$$

werden der zweite und vierte Summand beliebig klein. Für den ersten sowie analog für den dritten Summanden gilt nach dem Gesetz der großen Zahlen

$$\sup_{0<t\leq\underline{\delta}} \widehat{J}_n(t)/q(t) = \sup_{0<t\leq\underline{\delta}} \frac{1}{n}\sum_{j=1}^n \mathbf{1}(U_j \leq t)/q(t) \leq \frac{1}{n}\sum_{j=1}^n \mathbf{1}(U_j \leq \underline{\delta})/q(U_j)$$

$$\to E\mathbf{1}(U \leq \underline{\delta})/q(U) = \int_{(0,\underline{\delta})} 1/q\,d\lambda < \varepsilon \quad [\mathbb{P}].$$

Da $1/q$ als stetige Funktion mit den Eigenschaften 1) und 2) in jedem Intervall $[\eta, 1-\eta]$, $\eta > 0$, beschränkt ist, kann auch der letzte Summand wegen Satz 7.89 beliebig klein gewählt werden. □

Wichtige derartige Gewichtsfunktionen q sind von der Form

$$q(t) = [t(1-t)]^{(1/2)-\varepsilon}, \quad 0 < t < 1, \quad 0 < \varepsilon < 1/2. \tag{7.2.20}$$

Für diese sind offenbar die Voraussetzungen aus Satz 7.92 erfüllt[52].

Man kann auch nach der Gültigkeit von Glivenko-Cantelli-Typ Aussagen in gänzlich anderen Metriken fragen, etwa für Metriken der Form

$$d(F_1, F_2) := \sup\left\{\left|\int h\,d(F_1 - F_2)\right| : h \in \mathfrak{H}\right\},$$

wobei $\mathfrak{H}$ eine geeignete Funktionenklasse ist[53]. Nicht geeignet für $\mathfrak{H}$ ist natürlich die Klasse aller Indikatoren zu meßbaren Mengen und damit der Totalvariationsabstand (1.6.93). Dieser ordnet nämlich bei stetiger VF F den zueinander orthogonalen Maßen $\widehat{F}_n$ und F stets den Maximalabstand 1 zu und zwar unabhängig davon, wie „nahe" die Maße $\widehat{F}_n$ und F einander sind. Insbesondere läßt sich also durch die Totalvariation im Gegensatz zum Kolmogorov-Abstand eine Annäherung von $\widehat{F}_n$ an F für $n \to \infty$ nicht abgestuft erfassen.

---

[52] Die Gesamtheit aller Funktionen q, für welche die Aussagen von Satz 7.92 gelten, läßt sich charakterisieren. Hierzu sowie zu weiteren Verfeinerungen von Satz 7.92 vgl. G. Shorack, J. Wellner: Empirical Processes with Application to Statistics, Wiley (1986).

[53] Solche Konvergenzaussagen kann man z.B. für die „dual bounded Lipschitz-norm" $\|\cdot\|$ zeigen. Die Konvergenzrate hängt dann jedoch von der speziellen Norm ab. Vgl. R.M. Dudley: Ann. Math. Stat. 39 (1968) 1563–1573.

7.2 Ordnungsstatistiken und empirische Quantile

Zuwächse und Fluktuationen der empirischen VF Für die Herleitung der Restgliedabschätzung einer asymptotischen Linearisierung zentraler Ordnungsstatistiken in 7.2.3 benötigt man eine Aussage über die Konvergenzrate des Zuwachses $\widehat{F}_n(y) - \widehat{F}_n(z) - F(y) + F(z)$ über mit wachsendem n „schrumpfenden Intervallen" $(F(y), F(z)]$. Hierzu beweisen wir die folgende, auch anderweitig in der nichtparametrischen Statistik benötigte Ungleichung, aus der dann unmittelbar die oben angekündigte Aussage folgt.

Satz 7.93 (Sen-Ghosh[54]) *Für $n \in \mathbb{N}$ seien $X_1, \ldots, X_n$ st.u. reellwertige ZG mit derselben stetigen VF F und der empirischen VF $\widehat{F}_n$. Für alle $\beta \in (0, 1]$ und alle $\kappa > 0$ existiert dann ein $K > 0$ und ein $n_0 \in \mathbb{N}$ derart, daß für alle $n \geq n_0$ und alle $F \in \mathfrak{F}_c$ gilt*

$$\mathbb{P}\left(\sup_{|F(y)-F(z)| \leq n^{-\beta}\log n} \left|\widehat{F}_n(y) - \widehat{F}_n(z) - F(y) + F(z)\right| \geq K n^{-(\beta+1)/2} \log n \right) \leq n^{-\kappa}.$$

Dabei hängen K und n_0 nur von β und κ ab, nicht jedoch von F.

Beweis: Dieser erfolgt in drei Teilschritten, nämlich der Reduktion auf $\mathfrak{R}$-verteilte ZG, einer geeigneten Einteilung des Intervalls $[0, 1]$ in endlich viele Teilintervalle und schließlich einer Anwendung der Bernstein-Ungleichung 5.18.

Zu 1): Wegen $F \in \mathfrak{F}_c$ gilt $\widehat{F}_n = \widehat{J}_n \circ F$ F-f.s. und mit $s := F(y)$, $t := F(z)$, sei

$$\Delta_n(\beta) := \sup_{\substack{|s-t| \leq n^{-\beta}\log n \\ 0 < s, t < 1}} |\widehat{J}_n(s) - \widehat{J}_n(t) - s + t|.$$

Dabei kann o.E. $s < t$ und folglich $s < t \leq s + n^{-\beta} \log n$ angenommen werden.

Zu 2): Zerlegt man das Intervall $[0, 1]$ in $e_n := [n^{(1+\beta)/2}/\log n] + 1$ Teilintervalle $I_{n,j} = [t_{n,j-1}, t_{n,j})$, $j = 1, \ldots, e_n$, mit $t_{n,j} := je_n^{-1}$, $j = 0, \ldots, e_n$, so fällt sowohl s als auch t in eines dieser Intervalle. Aus $s \in I_{n,i}$ und $t \in I_{n,j}$ folgt dann $i \leq j$ und $j - 1 - i \leq e_n(t - s) \leq e_n n^{-\beta} \log n$, also

$$j - i + 1 \leq e_n n^{-\beta} \log n + 2 \leq n^{(1-\beta)/2} + n^{-\beta} \log n + 2 \leq 4 n^{(1-\beta)/2}$$

für hinreichend großes n. Wegen der Isotonie von $\widehat{J}_n$ und id gilt weiterhin

$$\widehat{J}_n(t_{n,i-1}) - \widehat{J}_n(t_{n,j}) - t_{n,i-1} + t_{n,j} - 2e_n^{-1} \leq \widehat{J}_n(s) - \widehat{J}_n(t) - s + t$$
$$\leq \widehat{J}_n(t_{n,i}) - \widehat{J}_n(t_{n,j-1}) - t_{n,i} + t_{n,j-1} + 2e_n^{-1},$$

so daß sich insgesamt die Abschätzung ergibt

$$\Delta_n(\beta) \leq \max_{0 \leq i \leq e_n} \max_{i \leq j \leq i + 4n^{(1-\beta)/2}} |\widehat{J}_n(t_{n,i}) - \widehat{J}_n(t_{n,j}) - t_{n,i} + t_{n,j}| + 2e_n^{-1}.$$

---
[54] Vgl. hierzu und zu Satz 7.96 P.K. Sen, M. Ghosh: Ann. Math. Stat. 42 (1971) 189–203.

Zu 3): $\widehat{J}_n(t_{n,j}) - \widehat{J}_n(t_{n,i})$ ist der Durchschnitt von n st.u. $\mathfrak{B}(1, (j-i)e_n^{-1})$-verteilten ZG, für deren Varianz $\sigma_{n,i,j}^2$ gilt

$$\sigma_{n,i,j}^2 \leq (j-i)e_n^{-1} \leq 4n^{(1-\beta)/2}\log n\, n^{-(1+\beta)/2} = 4n^{-\beta}\log n.$$

Mit $K_0 \geq 8$ und $c_n := K_0 n^{-(1+\beta)/2}\log n \leq K_0 n^{-\beta}\log n$ ergibt sich folglich nach der Bernstein-Ungleichung 5.18

$$\mathbb{P}\Big(\big|\widehat{J}_n(t_{n,i}) - \widehat{J}_n(t_{n,j}) - t_{n,i} + t_{n,j}\big| \geq c_n\Big) \leq 2\exp\Big[\frac{-nc_n^2}{2\sigma_{n,i,j}^2 + \frac{2}{3}c_n}\Big]$$

$$\leq 2\exp\Big[\frac{-K_0^2 \log n}{8 + \frac{2}{3}K_0}\Big] \leq 2\exp\Big[-\frac{K_0 \log n}{2}\Big] = 2n^{-K_0/2}.$$

Insgesamt folgt mit $K := \max(2\kappa + 6, 10)$ für hinreichend großes n

$$\mathbb{P}\big(\Delta_n(\beta) \geq Kn^{-(1+\beta)/2}\log n\big)$$

$$\leq \sum_{i=0}^{e_n} \sum_{j=i}^{i+4n^{(1-\beta)/2}} \mathbb{P}\big(\big|\widehat{J}_n(t_{n,i}) - \widehat{J}_n(t_{n,j}) - t_{n,i} + t_{n,j}\big| \geq Kn^{-(1+\beta)/2}\log n - 2e_n^{-1}\big)$$

$$\leq \sum_{i=0}^{e_n} \sum_{j=i}^{i+4n^{(1-\beta)/2}} \mathbb{P}\big(\big|\widehat{J}_n(t_{n,i}) - \widehat{J}_n(t_{n,j}) - t_{n,i} + t_{n,j}\big| \geq (K-2)n^{-(1+\beta)/2}\log n\big)$$

$$\leq (e_n + 1)\big(4n^{(1-\beta)/2} + 1\big)2n^{-(K-2)/2} \leq 20n^{-(K-4)/2} \leq 20n^{-\kappa-1} \leq n^{-\kappa}. \quad\Box$$

Korollar 7.94 *Es seien X_j, $j \in \mathbb{N}$, st.u. gemäß $F \in \mathfrak{F}_c$ verteilte ZG und*

$$\Delta_n(\beta; F) := \sup_{|F(y) - F(z)| \leq n^{-\beta}\log n} \big|\widehat{F}_n(y) - \widehat{F}_n(z) - F(y) + F(z)\big|.$$

Dann gilt für jedes $\beta \in (0,1]$ bei $n \to \infty$

$$\Delta_n(\beta; F) = O\big(n^{-(\beta+1)/2}\log n\big) \quad [F].$$

Beweis: Seien $\kappa > 1$, $\beta \in (0,1]$ und mit $K = K(\beta, \kappa)$ und $n_0 \in \mathbb{N}$ aus Satz 7.93

$$A_n := \{\Delta_n(\beta; F) \geq Kn^{-(\beta+1)/2}\log n\}, \quad n \geq n_0.$$

Dann gilt $\sum_{n \geq n_0} \mathbb{P}(A_n) \leq \sum_{n \geq n_0} n^{-\kappa} < \infty$ und damit nach dem Borel-Cantelli-Lemma $\mathbb{P}(\liminf A_n^c) = 1$, also F-f.ü. $\Delta_n(\beta; F) \leq Kn^{-(\beta+1)/2}\log n$ für schließlich alle n oder wie behauptet $\Delta_n(\beta; F) = O\big(n^{-(\beta+1)/2}\log n\big)$ $[F]$. $\quad\Box$

Es liegt nahe, mit der gleichen Technik, nämlich einer geeigneten Einteilung des Trägers von F, auch Aussagen über die Konvergenzrate von $\sup_z \sqrt{n}|\widehat{F}_n(z) - F(z)|$ herzuleiten, oder wegen $\text{Var}\big(\sqrt{n}(\widehat{F}_n(z) - F(z))\big) = F(z)(1 - F(z))$ von

$$\sup_{z} \frac{\sqrt{n}|\widehat{F}_n(z) - F(z)|}{[F(z)(1 - F(z))]^{1/2}}.$$

Aussagen dieser in der nichtparametrischen Statistik, speziell bei der Linearisierung von Rangstatistiken in Kap. 9, benötigten Form sind jedoch nur möglich, wenn man entweder das Supremum nur über ein geeignetes Inneres des Trägers von F bildet, oder wenn man den Nenner ersetzt durch eine Funktion $q(F(z))$ mit $q(\cdot)$ gemäß (7.2.20). Genauer ergeben sich so mit der Bernstein-Ungleichung die folgenden beiden *Fluktuationsungleichungen*[55].

Satz 7.95 (M. Ghosh) *Für $n \in \mathbb{N}$ seien $X_1, \ldots, X_n$ st.u. reellwertige ZG mit derselben stetigen VF F, $I_n := [F^{-1}(n^{-1} \log n), F^{-1}(1 - n^{-1} \log n)]$ und $\widehat{F}_n$ die empirische VF. Dann existieren für jedes $\kappa > 0$ Konstanten $K_1 > 0$ und $K_2 \in (0,3)$ derart, daß für alle $n \geq 2$ gilt*

$$\mathbb{P}\left(\sup_{z \in I_n} \frac{\sqrt{n}|\widehat{F}_n(z) - F(z)|}{[F(z)(1 - F(z))]^{1/2}} \geq K_1 (\log n)^{1/2}\right) \leq K_2 n^{-\kappa} \qquad (7.2.21)$$

und zwar gleichmäßig in $F \in \mathfrak{F}_c$. Für $n \geq 8$ kann man $K_1 = 4\kappa + 7$ und $K_2 = 1$ wählen.

Beweis: Offensichtlich ist die linke Seite verteilungsfrei; man kann also den Nachweis o.E. für die st.u. $\mathfrak{R}$-verteilten ZG $U_j = F(X_j)$ führen. Dazu seien wieder $\widehat{J}_n$ die zugehörige reduzierte empirische VF, $\varepsilon_n = n^{-1} \log n$, $m_n = [\varepsilon_n^{-1}] + 1$ und $t_{nj} := j/m_n$ für $1 \leq j \leq m_n$. Dann gilt für $t_{nj} \leq t \leq t_{nj+1}$, $1 \leq j \leq m_n - 2$ bei $m_n \geq 3$ aufgrund der Isotonie von $\widehat{J}_n$

$$|\widehat{J}_n(t) - t| \leq |\widehat{J}_n(t_{nj}) - t_{nj}| \vee |\widehat{J}_n(t_{nj+1}) - t_{nj+1}| + m_n^{-1}$$

sowie wegen $\dfrac{t_{nj}}{t_{nj+1}} = \dfrac{j}{j+1} \geq \dfrac{1}{2}$ bzw. $\dfrac{1 - t_{nj+1}}{1 - t_{nj}} = \dfrac{m_n - j - 1}{m_n - j} = 1 - \dfrac{1}{m_n - j} \geq \dfrac{1}{2}$

$$t(1-t) \geq t_{nj}(1 - t_{nj}) \frac{1 - t_{nj+1}}{1 - t_{nj}} \geq \frac{1}{2} t_{nj}(1 - t_{nj}) \quad \text{bzw.}$$

$$t(1-t) \geq t_{nj+1}(1 - t_{nj+1}) \frac{t_{nj}}{t_{nj+1}} \geq \frac{1}{2} t_{nj+1}(1 - t_{nj+1}).$$

Damit gilt in diesem Intervall

$$\frac{1}{\sqrt{2}} \frac{|\widehat{J}_n(t) - t|}{[t(1-t)]^{1/2}} \leq \frac{|\widehat{J}_n(t_{nj}) - t_{nj}|}{[t_{nj}(1 - t_{nj})]^{1/2}} \vee \frac{|\widehat{J}_n(t_{nj+1}) - t_{nj+1}|}{[t_{nj+1}(1 - t_{nj+1})]^{1/2}} + m_n^{-1/2}. \qquad (7.2.22)$$

Aus der Bernstein-Ungleichung 5.18 ergibt sich mit $\sigma_{nj}^2 = t_{nj}(1 - t_{nj})$ ferner

---

[55] Zur ersten dieser Ungleichungen vgl. M. Ghosh: Sankhyā A34 (1972) 349–356.

7 Nichtparametrische Funktionale und ihre kanonischen Schätzer

$$\mathbb{P}\bigl(|\widehat{J}_n(t_{nj}) - t_{nj}| \geq c_{nj}\bigr) \leq 2\exp\left(-\frac{nc_{nj}^2}{2\sigma_{nj}^2 + \frac{2}{3}c_{nj}}\right).$$

Dann gilt mit $c_{nj} := K(\varepsilon_n/2)^{1/2}\sigma_{nj}$ bei zunächst beliebigem $K > 0$

$$\frac{nc_{nj}^2}{2\sigma_{nj}^2 + \frac{2}{3}c_{nj}} = \frac{\frac{1}{2}K^2\sigma_{nj}^2\log n}{2\sigma_{nj}^2 + \frac{2}{3}K(\varepsilon_n/2)^{1/2}\sigma_{nj}} = \frac{K^2\log n}{4 + \frac{4}{3}K\sigma_{nj}^{-1}(\varepsilon_n/2)^{1/2}},$$

wobei wegen $m_n^{-1} \leq \varepsilon_n$ und $\varepsilon_n \leq 1/2$ folgt

$$\sigma_{nj}^{-1} \leq [m_n^{-1}(1-m_n^{-1})]^{-1/2} \leq [\varepsilon_n(1-\varepsilon_n)]^{-1/2}$$

$$\leq \left[\frac{\varepsilon_n}{1+\varepsilon_n}\left(1 - \frac{\varepsilon_n}{1+\varepsilon_n}\right)\right]^{-1/2} = \varepsilon_n^{-1/2}(1+\varepsilon_n) \leq \varepsilon_n^{-1/2}\frac{3}{2}.$$

Damit ergibt sich $\frac{4}{3}\sigma_{nj}^{-1}(\varepsilon_n/2)^{1/2} \leq \sqrt{2}$. Somit folgt

$$\mathbb{P}\bigl(|\widehat{J}_n(t_{nj}) - t_{nj}| \geq c_{nj}\bigr) \leq 2n^{-c(K)} \quad \text{mit} \quad c(K) = \frac{K^2}{4+\sqrt{2}K} \geq \frac{1}{4}\frac{K^2}{1+K}.$$

Daraus und aus (7.2.22) ergibt sich mit später festzulegendem $K_1 > \sqrt{2}$

$$\mathbb{P}\left(\sup_{\varepsilon_n \leq t \leq 1-\varepsilon_n}\frac{|\widehat{J}_n(t)-t|}{[t(1-t)]^{1/2}} \geq K_1\varepsilon_n^{1/2}\right) \leq \mathbb{P}\left(\sup_{m_n^{-1} \leq t \leq 1-m_n^{-1}}\frac{|\widehat{J}_n(t)-t|}{[t(1-t)]^{1/2}} \geq K_1\varepsilon_n^{1/2}\right)$$

$$\leq \mathbb{P}\left(\max_{1\leq j \leq m_n-1}\frac{|\widehat{J}_n(t_{nj})-t_{nj}|}{[t_{nj}(1-t_{nj})]^{1/2}} \geq K_1\left(\frac{\varepsilon_n}{2}\right)^{1/2} - m_n^{-1/2}\right)$$

oder wegen $K_1(\varepsilon_n/2)^{1/2} - m_n^{-1/2} \geq (\varepsilon_n/2)^{1/2}(K_1 - \sqrt{2})$ und den vorhergehenden Abschätzungen

$$\leq \sum_{j=1}^{m_n-1}\mathbb{P}\bigl(|\widehat{J}_n(t_{nj})-t_{nj}| \geq (K_1-\sqrt{2})(\varepsilon_n/2)^{1/2}\sigma_{nj}\bigr) \leq (m_n-1)2n^{-c(K_1-\sqrt{2})}.$$

Wegen $m_n - 1 \leq \varepsilon_n^{-1} = n(\log n)^{-1}$ erhält man für $n \geq 2$ auf der rechten Seite die Schranke

$$\frac{2}{\log n}n^{-c(K_1-\sqrt{2})+1} \leq \frac{2}{\log 2}n^{-c(K_1-\sqrt{2})+1}.$$

Dieses ist bei vorgegebenem $\kappa > 0$ und geeigneter Wahl von K_1 und K_2 wie behauptet von der Form $K_2 n^{-\kappa}$. Für $n \geq 8$ und $K_1 = 4\kappa+7$, also für $2/\log n \leq 1$ und $K_1 - 2 = 4(\kappa+1)+1$, erhält man die Zusatzbehauptung, wenn man berücksichtigt, daß $t = n+1$ die Gültigkeit von $t^2/(1+t) \geq n$ impliziert. □

Die Aussage des obigen Satzes kann auf diverse Weisen modifiziert werden (bei gleichartigem Beweisgang). Beispielsweise kann man bei der Supremumsbildung statt I_n den größeren Bereich $[F^{-1}(n^{-1}), F^{-1}(1-n^{-1})]$ nehmen, wenn man statt der „mittleren Abweichung" $K_1(\log n)^{1/2}$ nur die Abweichung $K_1'\log n$ betrachtet.

(Vgl. hierzu den Beweis des folgenden Satzes.) Falls man das Supremum aber über den ganzen konvexen Träger von F bilden möchte, so ist dies nur mit einer anderen Gewichtsfunktion im Nenner möglich. Eine für unsere Zwecke ausreichende Aussage bildet der

Satz 7.96 (Sen-Ghosh) *Für $n \in \mathbb{N}$ seien $X_1, \ldots, X_n$ st.u. reellwertige ZG mit derselben VF $F \in \mathfrak{F}_c$ und der empirischen VF $\widehat{F}_n$. Dann existiert für jedes $\kappa > 0$ ein $\xi \in (0, \frac{1}{2})$ und ein $K > 0$ derart, daß für alle hinreichend großen n gilt*

$$\mathbb{P}\left(\sup_{0<F(z)<1} \frac{n^{1/2}|\widehat{F}_n(z) - F(z)|}{[F(z)(1-F(z))]^{\xi}} \geq K \log n\right) \leq n^{-\kappa}. \quad (7.2.23)$$

Beweis: Wie bei Satz 7.95 reicht es, den Nachweis für st.u. $\mathfrak{R}$-verteilte ZG zu führen. Sei hierzu $\delta > 0$. Dann werden wir zunächst zeigen, daß für alle $n \geq 2$ mit $K_0 \geq (1 - 2^{-2-\delta})^{-1/2}$ gilt:

$$\mathbb{P}\left(\sup_{0<t<n^{-2-\delta}} \frac{|\widehat{J}_n(t) - t|}{[t(1-t)]^{1/2}} > K_0 n^{-1-\delta/2}\right) \leq n^{-1-\delta},$$

$$\mathbb{P}\left(\sup_{1-n^{-2-\delta}<t<1} \frac{|\widehat{J}_n(t) - t|}{[t(1-t)]^{1/2}} > K_0 n^{-1-\delta/2}\right) \leq n^{-1-\delta}.$$

Dazu beachte man die Gültigkeit von

$$\mathbb{P}\left(\sup_{0<t<n^{-2-\delta}} \widehat{J}_n(t) = 0\right) = \mathbb{P}\left(\widehat{J}_n(n^{-2-\delta}) = 0\right)$$

$$= \mathbb{P}(U_{n\uparrow 1} > n^{-2-\delta}) = \left(1 - n^{-\delta-2}\right)^n \geq 1 - n^{-1-\delta}.$$

Dies folgt aus der Ungleichung $(1-t)^n \geq 1 - nt \quad \forall t \in [0,1]$. Wegen

$$\sup_{0<t<n^{-2-\delta}} \left(\frac{t}{1-t}\right)^{1/2} \leq \left(\frac{n^{-2-\delta}}{1-n^{-2-\delta}}\right)^{1/2}$$

$$\leq n^{-1-\delta/2}\left(1 - 2^{-2-\delta}\right)^{-1/2} \leq n^{-1-\delta/2} K_0$$

für $n \geq 2$ gilt daher

$$\mathbb{P}\left(\sup_{0<t<n^{-2-\delta}} \frac{|\widehat{J}_n(t) - t|}{[t(1-t)]^{1/2}} > K_0 n^{-1-\delta/2}\right)$$

$$\leq \mathbb{P}\left(\sup_{0<t<n^{-2-\delta}} \frac{|\widehat{J}_n(t) - t|}{[t(1-t)]^{1/2}} > K_0 n^{-1-\delta/2}, \widehat{J}_n(n^{-2-\delta}) = 0\right)$$

$$+ \mathbb{P}\left(\widehat{J}_n(n^{-2-\delta}) > 0\right) \leq n^{-1-\delta}.$$

Völlig entsprechend beweist man die zweite Ungleichung. Beide Aussagen gelten wegen $[t(1-t)]^{-\xi} \leq [t(1-t)]^{-1/2}$ für $0 < \xi \leq 1/2$ sicherlich auch mit der Gewichtsfunktion $[t(1-t)]^{-\xi}$ statt mit $[t(1-t)]^{-1/2}$. Der „kritische" Bereich ist offensichtlich das Intervall $[n^{-2-\delta}, n^{-1}]$ bzw. $[1-n^{-1}, 1-n^{-2-\delta}]$. Wie im Beweis des vorausgegangenen Satzes erhält man zunächst mit $m_n = n^{2+\delta}$, $t_{nj} = jn^{-2-\delta}$ und $1 \leq j \leq [n^{1+\delta}] + 1 = m_n$ für $t_{nj} \leq t \leq t_{nj+1}$ bei $1 \leq j < m_n$

$$\frac{|\widehat{J}_n(t) - t|}{[t(1-t)]^\xi} \leq \sqrt{2} \max\left\{ \frac{|\widehat{J}_n(t_{nj}) - t_{nj}|}{[t_{nj}(1-t_{nj})]^\xi}, \frac{|\widehat{J}_n(t_{nj+1}) - t_{nj+1}|}{[t_{nj+1}(1-t_{nj+1})]^\xi} \right\} + O\left(n^{-2-\delta+(2+\delta)\xi}\right).$$

An den Diskretisierungsstellen t_{nj}, $1 \leq j \leq m_n$, liefert die Bernstein-Ungleichung

$$\mathbb{P}\left(\frac{|\widehat{J}_n(t_{nj}) - t_{nj}|}{[t_{nj}(1-t_{nj})]^\xi} \geq K n^{-1/2} \log n \right)$$
$$\leq 2 \exp\left(- \frac{K^2 (\log n)^2 [t_{nj}(1-t_{nj})]^{2\xi}}{2 t_{nj}(1-t_{nj}) + \frac{2}{3} K [t_{nj}(1-t_{nj})]^\xi n^{-1/2} \log n} \right).$$

Diese obere Schranke ist von der Form $2\exp[-\log n \psi(n)] = 2n^{-\psi(n)}$ mit $\psi(n) \to \infty$. Zum Nachweis beachte man, daß für $n \geq 2$ gilt:

$$\left(t_{nj}[1-t_{nj}]\right)^\xi \geq n^{-(2+\delta)\xi}(1-n^{-2-\delta})^\xi \geq n^{-(2+\delta)\xi}(1-2^{-2-\delta})^\xi,$$

$$\left(t_{nj}[1-t_{nj}]\right)^\xi \leq [n^{-1}(1-n^{-1})]^\xi \leq n^{-\xi}.$$

Durch Zusammensetzen ergibt sich wie in Satz 7.95 die Behauptung. □

Es existiert auch ein Analogon zu Satz 7.93 für den bivariaten Fall. Dieses läßt sich in gleicher Weise herleiten und soll deshalb hier ohne Beweis[56)] angegeben werden.

Satz 7.97 *Für $n \in \mathbb{N}$ seien $X_1, \ldots, X_n$ st.u. zweidimensionale ZG mit derselben stetigen VF F und der empirischen VF $\widehat{F}_n$. Weiter sei $\mathfrak{J}$ die Klasse aller Rechtecke I der Form $(y_1, y_2] \times (z_1, z_2]$. Dann existiert für alle $\beta \in (0,1]$ und alle $\kappa > 0$ ein $K > 0$ und ein $n_0 \in \mathbb{N}$ derart, daß für alle $n \geq n_0$ und alle $F \in \mathfrak{F}_{cc}$ gilt*

$$\mathbb{P}\left(\sup_{\substack{I \in \mathfrak{J} \\ F(I) \leq n^{-\beta} \log n}} |\widehat{F}_n(I) - F(I)| \geq K n^{-(\beta+1)/2} \log n \right) \leq n^{-\kappa}. \qquad (7.2.24)$$

7.2.2 Die exakte Verteilung von Ordnungsstatistiken

Für das Folgende benötigt man analytische Ausdrücke über die gemeinsame Verteilung von Ordnungsstatistiken. Vergleichsweise einfach läßt sich die VF einer einzelnen Größe $X_{n\uparrow i}$ sowie die (gemeinsame) VF zweier Größen $X_{n\uparrow i}$ und $X_{n\uparrow j}$ aus der zugrundeliegenden VF F berechnen.

[56)] Vgl. N. Bönner, U. Müller-Funk, H. Witting in: Asymptotic Theory of Statistical Tests and Estimation. Ed. by I.M. Chakravarti, Academic Press (1980) 85–125, Lemma 2.1.

7.2 Ordnungsstatistiken und empirische Quantile 563

Satz 7.98 $X_1, \ldots, X_n$ *seien st.u. ZG mit derselben VF F. Für $1 \leq i < j \leq n$ und $y, z \in \mathbb{R}$ gilt dann mit $\pi_{n\ell}(F(z)) = \binom{n}{\ell} F^\ell(z)(1-F(z))^{n-\ell}$ und*

$$\pi_{n,m,\ell}(F(y), F(z)) = \frac{n!}{m!\,\ell!\,(n-m-\ell)!} F^m(y)(F(z)-F(y))^\ell (1-F(z))^{n-\ell-m} :$$

$$\mathbb{P}(X_{n\uparrow i} \leq z) = \sum_{\ell=i}^{n} \pi_{n\ell}(F(z)), \qquad (7.2.25)$$

$$\mathbb{P}(X_{n\uparrow i} \leq y, X_{n\uparrow j} \leq z) = \begin{cases} \mathbb{P}(X_{n\uparrow j} \leq z) & \text{für } z \leq y, \\ \displaystyle\sum_{m=i}^{n} \sum_{\ell=0 \vee (j-m)}^{n-m} \pi_{n,m,\ell}(F(y), F(z)) & \text{für } y < z. \end{cases} \qquad (7.2.26)$$

Beweis: Beide Formeln kann man mittels kombinatorischer Überlegungen gewinnen. Offenbar gilt $X_{n\uparrow i} \leq z$ genau dann, wenn für mindestens i Indizes $\ell = 1, \ldots, n$ gilt $X_\ell \leq z$. Demgemäß ergibt sich (7.2.25) durch Summation der entsprechenden WS einer $\mathfrak{B}(n, F(z))$-Verteilung. Der zweite Ausdruck folgt entsprechend. □

Natürlich lassen sich analoge (wenn auch etwas kompliziertere) Ausdrücke für die gemeinsame VF von mehr als zwei Ordnungsstatistiken angeben. Handlichere Ausdrücke ergeben sich für die Dichten und zwar vermöge der verteilungsgleichen Darstellung der ZG X_i über st.u. $\mathfrak{R}$-verteilte ZG U_i.

Hilfssatz 7.99 *Es seien $U_1, \ldots, U_n$ st.u. $\mathfrak{R}$-verteilte ZG sowie $X_1, \ldots, X_n$ st.u. ZG mit derselben eindimensionalen VF F. Dann gilt für $1 \leq i_1 < \ldots < i_m \leq n$:*

a) *bei beliebiger (nicht notwendig stetiger) VF F:*

$$\mathfrak{L}(X_{n\uparrow i_1}, \ldots, X_{n\uparrow i_m}) = \mathfrak{L}(F^{-1}(U_{n\uparrow i_1}), \ldots, F^{-1}(U_{n\uparrow i_m}));$$

b) *bei stetiger VF F:*

$$\mathfrak{L}(F(X_{n\uparrow i_1}), \ldots, F(X_{n\uparrow i_m})) = \mathfrak{L}(U_{n\uparrow i_1}, \ldots, U_{n\uparrow i_m}).$$

Beweis: a) Die ZG $F^{-1}(U_i)$, $i = 1, \ldots, n$, sind st.u. und besitzen nach Hilfssatz 2.29a die VF F. Wegen der Isotonie von F^{-1} bleibt die Anordnung der U_i beim Übergang zu den ZG $F^{-1}(U_i)$ erhalten.

b) beweist man analog unter Verwendung von Hilfssatz 2.29b. □

Als Verteilungen geordneter Statistiken zu st.u. $\mathfrak{R}$-verteilten ZG $U_1, \ldots, U_n$ ergeben sich Beta-Verteilungen. So wurde bereits in Beispiel 5.73 für $U_{n\uparrow i}$ die $B_{i,n-i+1}$-Verteilung mit der λ-Dichte (5.2.33) hergeleitet, also für $0 \leq u \leq 1$

$$\beta_{n;i}(u) = n! \frac{u^{i-1}}{(i-1)!} \frac{(1-u)^{n-i}}{(n-i)!}, \quad i = 1, \ldots, n, \qquad (7.2.27)$$

und 0 sonst. Es soll nun gezeigt werden, daß bei beliebigem $m \in \mathbb{N}$ die gemeinsame Verteilung von $U_{n\uparrow i_1}, \ldots, U_{n\uparrow i_m}$ eine m-dimensionale Beta-Verteilung $B_{i_1, i_2-i_1, \ldots, i_m-i_{m-1}, n-i_m+1}$ ist, definiert durch die λ^m-Dichte

$$\beta_{n;i_1,\ldots,i_m}(u_1,\ldots,u_m) = n! \frac{u_1^{i_1-1}}{(i_1-1)!} \frac{(u_2-u_1)^{i_2-i_1-1}}{(i_2-i_1-1)!} \cdots \frac{(1-u_m)^{n-i_m}}{(n-i_m)!} \qquad (7.2.28)$$

für $0 \leq u_1 < \ldots < u_m \leq 1$ und 0 sonst. Etwa für $m=2$, $i_1 = 1$ und $i_2 = n$ ergibt sich also eine $B_{1,n-1,1}$-Verteilung mit der λ^2-Dichte

$$\beta_{n;1,n}(u_1, u_2) = \frac{1}{(n-2)!}(u_2 - u_1)^{n-2} \qquad (7.2.29)$$

für $0 \leq u_1 < u_2 \leq 1$ und 0 sonst.

Satz 7.100 $U_1, \ldots, U_n$ *bzw.* $X_1, \ldots, X_n$ *seien st.u. ZG mit einer $\mathfrak{R}$-Verteilung bzw. mit derselben eindimensionalen stetigen Verteilung F. Weiter seien $\beta_{n;i}$ bzw. $\beta_{n;i_1,\ldots,i_m}$ die durch (7.2.27) bzw. (7.2.28) definierten λ- bzw. λ^m-Dichten:*

a) *Für $1 \leq i \leq n$ gilt $\mathfrak{L}(U_{n\uparrow i}) = B_{i,n-i+1}$; für $1 \leq i_1 < \ldots < i_m \leq n$ ergibt sich allgemeiner*

$$\mathfrak{L}(U_{n\uparrow i_1}, \ldots, U_{n\uparrow i_m}) = B_{i_1, i_2-i_1, \ldots, n-i_m+1}.$$

b) *Bei beliebiger stetiger VF F gilt $\mathfrak{L}(X_{n\uparrow i}) \ll F$ mit $\dfrac{d\mathbb{P}^{X_{n\uparrow i}}}{dF}(y) = \beta_{n;i}(F(y))$ $[F]$; allgemeiner ergibt sich für $1 \leq i_1 < \ldots < i_m \leq n$ mit $\beta_{n;i_1,\ldots,i_m}$ aus (7.2.28)*

$$\frac{d\mathbb{P}^{(X_{n\uparrow i_1},\ldots,X_{n\uparrow i_m})}}{dF^{(m)}}(y_1,\ldots,y_m) = \beta_{n;i_1,\ldots,i_m}(F(y_1),\ldots,F(y_m)) \quad [F^{(m)}].$$

c) *Ist speziell $F \ll \lambda$ mit λ-Dichte f, so besitzt $\mathfrak{L}(X_{n\uparrow i_1},\ldots,X_{n\uparrow i_m})$ die λ^m-Dichte*

$$\beta_{n;i_1,\ldots,i_m}(F(y_1),\ldots,F(y_m)) f(y_1)\cdots f(y_m) \quad [\lambda^m]. \qquad (7.2.30)$$

Beweis: a) Wir betrachten zunächst den Spezialfall $\mathfrak{L}(U_i) = \mathfrak{R}$, $i = 1,\ldots,n$. Dieser wurde für $m=1$ bereits in Beispiel 5.73 behandelt. Der folgende Beweis eignet sich auch zum Nachweis der λ^m-Dichte (7.2.28) für beliebiges $m \in \mathbb{N}$. Bei diesem bezeichne $\mathfrak{S}_n$ die zur Permutationsgruppe isomorphe Gruppe der $n!$ Transformationen des $\mathbb{R}^n$, deren Elemente sich durch Permutationen der Komponenten $x_1,\ldots,x_n$ ergeben. Dann folgt für die VF von $T(U) = U_{n\uparrow}$ wegen $T^{-1}(\{x\}) = \{\pi x : \pi \in \mathfrak{S}_n\}$ für $x \in \mathfrak{T}' := T(\mathfrak{X}') = \{x \in \mathbb{R}^n : x_1 < \ldots < x_n\}$ und wegen der Invarianz von $F^{(n)} = \mathbb{P}^U$ gegenüber $\pi \in \mathfrak{S}_n$

7.2 Ordnungsstatistiken und empirische Quantile 565

$$F^{U_{n\uparrow}}(x) = \mathbb{P}^{U_{n\uparrow}}(\mathfrak{T}'(-\infty,x]) = \sum_{\pi \in \mathfrak{S}_n} \mathbb{P}^U\bigl(\pi(\mathfrak{T}'(-\infty,x])\bigr)$$

$$= n!\,\mathbb{P}^U\bigl(\mathfrak{T}'(-\infty,x]\bigr) = \int_{(-\infty,x]} n!\,\mathbf{1}_{\mathfrak{T}'}(y)\mathbf{1}_{[0,1]^{(n)}}(y)\,\mathrm{d}\lambda^n(y),$$

und damit als λ^n-Dichte $f^{U_{n\uparrow}}(x) = n!\,\mathbf{1}_{\mathfrak{T}'[0,1]^{(n)}}(x)$. Hieraus erhält man die Randdichte eines beliebigen m-tupels $(U_{n\uparrow i_1},\ldots,U_{n\uparrow i_m})$ durch Integration bezüglich der restlichen Variablen, z.B. die λ-Dichte von $U_{n\uparrow i}$ gemäß

$$f^{U_{n\uparrow i}}(u) = n!\,\mathbf{1}_{[0,1]}(u) \iint_{0<x_1<\ldots<x_{i-1}<u} \mathrm{d}x_1\ldots\mathrm{d}x_{i-1} \iint_{u<x_{i-1}<\ldots<x_n<1} \mathrm{d}x_{i+1}\ldots\mathrm{d}x_n$$

$$= n!\,u^{i-1}(1-u)^{n-i}\mathbf{1}_{[0,1]}(u) \iint_{0<u_1<\ldots<u_{i-1}<1} \mathrm{d}u_1\ldots\mathrm{d}u_{i-1} \iint_{0<u_{i+1}<\ldots<u_n<1} \mathrm{d}u_{i+1}\ldots\mathrm{d}u_n.$$

Dabei folgt die letzte Beziehung für $0 < u < 1$ durch die Substitution $u_j := x_j/u$, $j = 1,\ldots,i-1$; $u_j := (x_j - u)/(1-u)$, $j = i+1,\ldots,n$; die noch verbleibenden Integrale sind gleich $1/(i-1)!$ bzw. $1/(n-i)!$. Somit ergibt sich als λ-Dichte die in (7.2.27) angegebene Dichte $\beta_{n;i}$ der Beta-Verteilung $B_{i,n-i+1}$. Mit etwas mehr Schreibaufwand erhält man für $1 \leq i_1 < \ldots < i_m \leq n$ die λ^m-Dichte (7.2.28) der m-dimensionalen Beta-Verteilung.

b) Mit a) läßt sich der Beweis für ein beliebiges $F \in \mathfrak{F}_c$ so führen: Zunächst liefern Hilfssatz 2.29b, Hilfssatz 7.99, Teilaussage a), die Transformationsformel A4.5 sowie die Tatsache, daß $\{y : F(y) \leq F(x_i)\}$ mit $(-\infty, x_i]$ bis auf eine F-Nullmenge übereinstimmt[57)]

$$\mathbb{P}(X_{n\uparrow i} \leq x_i) = \mathbb{P}\bigl(U_{n\uparrow i} \leq F(x_i)\bigr)$$

$$= \int_{[0,F(x_i)]} \beta_{n;i}(u)\,\mathrm{d}\lambda(u) = \int_{\{y:F(y)\leq F(x_i)\}} \beta_{n;i}(F(y))\,\mathrm{d}F(y) = \int_{(-\infty,x_i]} \beta_{n;i}(F(y))\,\mathrm{d}F(y).$$

Hieraus folgt, daß $\beta_{n;i}(F(y))$ eine F-Dichte von $\mathfrak{L}(X_{n\uparrow i})$ ist. Analog folgert man die zweite Aussage.

c) folgt aus b) nach der Kettenregel 1.107. □

Eine erste wichtige Anwendung von Satz 7.100 enthält der

Satz 7.101 $V_1,\ldots,V_n$ seien st.u. $\mathfrak{G}(1)$-verteilte ZG. Dann gilt mit $V_{n\uparrow 0} := 0$:

a) $Y_{nj} := (n-j+1)(V_{n\uparrow j} - V_{n\uparrow j-1})$, $j = 1,\ldots,n$, sind st.u. und $\mathfrak{G}(1)$-verteilt.

[57)] Letzteres gilt, da aus $y \leq x_i$ folgt $F(y) \leq F(x_i)$ und die Umkehrung hierzu F-f.ü. gilt: Aus $y > x_i$ bei $F(y) \leq F(x_i)$ folgt nämlich $F(y) = F(x_i)$, d.h. y und x_i liegen in einem nichtdegenerierten Konstantintervall von F. Damit gilt $F((x_i, y]) = 0$.

b) (Renyi-Darstellung) *Die i-te Ordnungsstatistik $V_{n\uparrow i}$ ist vermöge st.u. $\mathfrak{G}(1)$-verteilter ZG $Y_1, \ldots, Y_n$ verteilungsgleich darstellbar in der Form*

$$V_{n\uparrow i} \stackrel{\mathcal{L}}{=} \sum_{j=1}^{i} \frac{Y_j}{n-j+1}, \quad i = 1, \ldots, n. \tag{7.2.31}$$

Diese Darstellung gilt simultan für $i = 1, \ldots, n$, d.h.

$$\mathcal{L}(V_{n\uparrow 1}, V_{n\uparrow 2}, \ldots, V_{n\uparrow n}) = \mathcal{L}\Big(\frac{Y_1}{n}, \frac{Y_1}{n} + \frac{Y_2}{n-1}, \ldots, \sum_{j=1}^{n} \frac{Y_j}{n-j+1}\Big).$$

Beweis: a) Wegen $f^{V_j}(v) = \exp(-v)\mathbf{1}_{(0,\infty)}(v)$, $j = 1, \ldots, n$, ergibt sich für die gemeinsame Dichte aus Satz 7.100c mit $m = n$, $i_j \equiv j$ sowie mit $v_0 := 0$

$$f^{(V_{n\uparrow 1}, \ldots, V_{n\uparrow n})}(v_1, \ldots, v_n) = n! \exp\Big(-\sum_{j=1}^{n} v_j\Big)\mathbf{1}_{\{0 \le v_1 < \ldots < v_n < \infty\}}(v)$$

$$= \prod_{j=1}^{n}(n-j+1)\exp\Big[-\sum_{j=1}^{n}(n-j+1)(v_j - v_{j-1})\Big]\prod_{j=1}^{n}\mathbf{1}_{\{0 \le v_{j-1} < v_j\}}(v).$$

Daraus folgt mit der Transformationsformel A4.5

$$f^{(Y_{n1}, \ldots, Y_{nn})}(w_1, \ldots, w_n) = \exp\Big[-\sum_{j=1}^{n} w_j\Big]\prod_{j=1}^{n}\mathbf{1}_{[0,\infty)}(w_j).$$

Also sind die ZG $(n-j+1)(V_{n\uparrow j} - V_{n\uparrow j-1})$, $j = 1, \ldots, n$, st.u. und $\mathfrak{G}(1)$-verteilt.

b) Aus a) folgt $V_{n\uparrow i} = \sum_{j=1}^{i} Y_{nj}/(n-j+1)$, $i = 1, \ldots, n$, und damit die Behauptung. □

Beispiel 7.102 a) Für st.u. $\mathfrak{R}$-verteilte ZG $U_1, \ldots, U_n$ liefert eine direkte Rechnung für die entsprechenden B-Integrale analog Beispiel 5.73 für $1 \le i < j \le n$

$$EU_{n\uparrow i}^k = \frac{n!\,(i+k-1)!}{(n+k)!\,(i-1)!}, \quad k \in \mathbb{N}, \tag{7.2.32}$$

$$EU_{n\uparrow i}U_{n\uparrow j} = \frac{i(j+1)}{(n+1)(n+2)}, \quad \text{Cov}(U_{n\uparrow i}, U_{n\uparrow j}) = \frac{i(n-j+1)}{(n+1)^2(n+2)}.$$

b) Für st.u. $\mathfrak{G}(1)$-verteilte ZG $V_1, \ldots, V_n$ ergibt sich aus der Renyi-Darstellung (7.2.31)

$$EV_{n\uparrow j} = \sum_{i=1}^{j}\frac{1}{n-i+1}, \quad \text{Var}\,V_{n\uparrow j} = \sum_{i=1}^{j}\frac{1}{(n-i+1)^2},$$

$$\text{Cov}(V_{n\uparrow k}, V_{n\uparrow j}) = \sum_{i=1}^{k}\frac{1}{(n-i+1)^2} = \text{Var}\,V_{n\uparrow k} \quad \text{für} \quad 1 \le k \le j \le n. \quad □$$

7.2 Ordnungsstatistiken und empirische Quantile 567

Die Existenz und Endlichkeit der Erwartungswerte beliebiger Funktionen der Ordnungsstatistiken folgt aus derjenigen der ungeordneten Beobachtungen. Beim Beweis kann man sich auf nicht-negative Funktionen beschränken; vgl. Hilfssatz 7.103. Der allgemeine Fall folgt dann aus der Zerlegung in Positiv- und Negativteil.

Hilfssatz 7.103 *Für jede nicht-negative meßbare Funktion h und festes $n \in \mathbb{N}$ gilt*

$$Eh(X_1) < \infty \quad \Leftrightarrow \quad Eh(X_{n\uparrow i}) < \infty \quad \forall i = 1, \ldots, n.$$

Beweis: „$\Rightarrow$" Aus Hilfssatz 7.99, speziell aus (7.2.27) folgt

$$0 \leq Eh(X_{n\uparrow i}) = Eh(F^{-1} \circ U_{n\uparrow i}) = \int_0^1 h(F^{-1}(u)) \binom{n-1}{i-1} u^{i-1}(1-u)^{n-i} \, du$$

$$\leq n \binom{n-1}{i-1} \int_0^1 h(F^{-1}(u)) \, du < \infty.$$

„$\Leftarrow$" Die Umkehrung ergibt sich aus $E \sum_j h(X_{n\uparrow j}) = E \sum_j h(X_j) = nEh(X_1)$. □

Aus Hilfssatz 7.103 folgt also für $h(x) = |x|$ bzw. $h(x) = x^2$, daß mit $EX_1 \in \mathbb{R}$ bzw. $\operatorname{Var} X_1 < \infty$ stets auch $EX_{n\uparrow i} \in \mathbb{R}$ bzw. $\operatorname{Var} X_{n\uparrow i} < \infty$ gilt und zwar für alle $i = 1, \ldots, n$. Für ein einzelnes i ist die Voraussetzung $Eh(X_1) < \infty$ nur hinreichend, aber nicht notwendig für $Eh(X_{n\uparrow i}) < \infty$. Es gibt Beispiele für $E|X_{n\uparrow i}| < \infty$, ohne daß $E|X_1| < \infty$ ist; vgl. Aufg. 7.19. Gemäß Hilfssatz 7.103 muß dann jedoch für mindestens ein $j \neq i$ gelten $E|X_{n\uparrow j}| = \infty$.

Im allgemeinen lassen sich die Momente geordneter Statistiken nicht explizit angeben. Jedoch sind in einigen Fällen Abschätzungen mittels der verteilungsgleichen Ersetzung $X_{n\uparrow i} = F^{-1}(U_{n\uparrow i})$ möglich. Darüberhinaus gibt es rekursive Berechnungsmöglichkeiten, die auf der folgenden Identität beruhen:

$$u^{j-1}(1-u)^{n-j} + u^j(1-u)^{n-j-1} = u^{j-1}(1-u)^{n-j-1}.$$

Aus dieser folgt für die Dichten $\beta_{n;j}$ der $B_{j,n-j+1}$-Verteilungen gemäß (7.2.27)

$$(n-j)\beta_{n;j}(u) + j\beta_{n;j+1}(u) = n\beta_{n-1;j}(u)$$

und damit für die EW gemäß $Eh(X_{n\uparrow j}) = Eh \circ F^{-1}(U_{n\uparrow j})$ die Rekursionsformel

$$(n-j)Eh(X_{n\uparrow j}) + jEh(X_{n\uparrow j+1}) = nEh(X_{n-1\uparrow j}). \tag{7.2.33}$$

Vielfach lassen sich asymptotisch handhabbare Ausdrücke für die Kovarianz zweier Ordnungsstatistiken $X_{n\uparrow i}$ und $X_{n\uparrow j}$ auch mit Hilfe der Umformung (5.2.72) aus den Ausdrücken (7.2.25) und (7.2.26) gewinnen, also gemäß

$$\operatorname{Cov}(X_{n\uparrow i}, X_{n\uparrow j}) = \iint [F_n(y,z) - G_n(y)H_n(z)] \, dy \, dz, \tag{7.2.34}$$

wenn F_n die gemeinsame VF von $X_{n\uparrow i}$ und $X_{n\uparrow j}$ sowie G_n bzw. H_n die (ebenfalls von i bzw. j abhängende) Rand-VF bezeichnet. Das asymptotische Verhalten von $\mathrm{Cov}(X_{n\uparrow i}, X_{n\uparrow j})$ für $n \to \infty$ hängt also vom Bildungsgesetz $i = i_n$ und $j = j_n$ ab.

Mit Hilfe von Satz 7.98 bzw. Satz 7.100 ist es im Prinzip möglich, die Verteilung beliebiger Funktionen von Ordnungsstatistiken zu berechnen. Selbst für lineare oder quadratische Funktionen führt dies jedoch nur in Ausnahmefällen zu analytisch handhabbaren Aussagen. Dies ist zumeist dann der Fall, wenn sich die Ordnungsgrößen verteilungsgleich durch Summen von st.u. glv. ZG oder durch vergleichsweise einfache Funktionen von diesen ausdrücken lassen. Eine derartige Ersetzung für den Fall $F = \mathfrak{R}$ soll nachfolgend behandelt werden. Bei dieser werden die st. abhängigen ZG $U_{n\uparrow j}$, $1 \leq j \leq n$, mittels st. unabhängiger $\mathfrak{G}(1)$-verteilter ZG ausgedrückt.

Satz 7.104 *Für $n \in \mathbb{N}$ seien $U_1, \ldots, U_n$ st.u. $\mathfrak{R}$-verteilte ZG und $U_{n\uparrow 1}, \ldots, U_{n\uparrow n}$ die zugehörigen geordneten Statistiken. Weiter seien $V_1, \ldots, V_{n+1}$ st.u. $\mathfrak{G}(\lambda)$-verteilte ZG, $\lambda > 0$, sowie $S_i := \sum_{j=1}^{i} V_j$, $i = 1, \ldots, n+1$, deren Partialsummen. Dann gilt*

$$\mathfrak{L}(U_{n\uparrow 1}, \ldots, U_{n\uparrow n}) = \mathfrak{L}\Big(\frac{S_1}{S_{n+1}}, \ldots, \frac{S_n}{S_{n+1}}\Big). \tag{7.2.35}$$

Beweis: O.E. sei $\lambda = 1$. Nach dem Beweis zu Satz 7.100 besitzt $U_{n\uparrow 1}, \ldots, U_{n\uparrow n}$ die gemeinsame λ^n-Dichte $n!\,\mathbf{1}(0 \leq u_1 < \ldots < u_n \leq 1)$. Entsprechend ergibt sich die gemeinsame λ^{n+1}-Dichte von $(S_1, \ldots, S_{n+1})$ mit Hilfe der Transformationsformel aus der gemeinsamen λ^{n+1}-Dichte von $(V_1, \ldots, V_{n+1})$ gemäß

$$f^{(S_1, \ldots, S_{n+1})}(s_1, \ldots, s_{n+1}) = f^{(V_1, \ldots, V_{n+1})}(s_1, s_2 - s_1, \ldots, s_{n+1} - s_n)$$
$$= e^{-s_{n+1}} \mathbf{1}(0 \leq s_1 < \ldots < s_{n+1} < \infty)$$

und damit als Randdichte (oder direkt durch Faltung) die λ-Dichte von S_{n+1} zu

$$f^{S_{n+1}}(s_{n+1}) = \frac{s_{n+1}^n}{n!} e^{-s_{n+1}} \mathbf{1}(s_{n+1} > 0).$$

Folglich lautet gemäß 1.6.4 die bedingte Randdichte, d.h. eine Version der bedingten Dichte von $(S_1, \ldots, S_n)$ bei gegebenem S_{n+1},

$$f^{(S_1, \ldots, S_n)|S_{n+1} = s_{n+1}}(s_1, \ldots, s_n) = n!\, s_{n+1}^{-n} \mathbf{1}(0 \leq s_1 < \ldots < s_n < s_{n+1}) \ [\lambda].$$

Damit ist wegen $f_{n+1}^{S_{n+1}} > 0\ [\lambda]$

$$f^{(S_1/S_{n+1}, \ldots, S_n/S_{n+1})|S_{n+1} = s_{n+1}}(v_1, \ldots, v_n) = n!\, \mathbf{1}(0 \leq v_1 < \ldots < v_n \leq 1)\ [\lambda]$$

eine Version der bedingten Dichte von $(S_1/S_{n+1}, \ldots, S_n/S_{n+1})$ bei gegebenem $S_{n+1} = s_{n+1}$. Aus deren Unabhängigkeit vom speziellen Wert s_{n+1} folgt gemäß Satz 1.123, daß $(S_1/S_{n+1}, \ldots, S_n/S_{n+1})$ von S_{n+1} st.u. und verteilungsgleich ist mit $(U_{n\uparrow 1}, \ldots, U_{n\uparrow n})$; zu einer anderen Beweisführung vgl. Aufg. 7.26. □

7.2 Ordnungsstatistiken und empirische Quantile 569

Die verteilungsgleiche Ersetzung aus Satz 7.104 bietet neben der Vorgehensweise aus Beispiel 5.73 einen weiteren methodischen Ansatz, die Limesverteilung von linearen und quadratischen Funktionen von Ordnungsstatistiken zu bestimmen. So folgt etwa für $j_n = [nu]$, $0 < u < 1$, aus (7.2.35) mit Hilfe der Sätze von Lindeberg-Lévy und Slutsky

$$\mathfrak{L}\bigl(\sqrt{n}(U_{n\uparrow j_n} - u)\bigr) \xrightarrow[\mathfrak{L}]{} \mathfrak{N}(0, u(1-u)).$$

Entsprechend läßt sich die asymptotische Normalität für endlich viele derartige Ordnungsstatistiken zeigen; vgl. Aufg. 7.27.

Für L-und Q-Statistiken mit stetigen Gewichten wird in den folgenden beiden Beispielen zunächst der Fall $F = \mathfrak{R}$ behandelt. Durch Taylorapproximation lassen sich diese Aussagen dann auf allgemeinere Verteilungen erweitern. Bei diesem zweiten, in Satz 7.219 bzw. 7.5.3 und 7.5.4 näher diskutierten Schritt geht dann der nachfolgend bewiesene Hilfssatz 7.107 entscheidend ein, welcher seinerseits auf dem Satz 7.101 und damit einer anderen verteilungsgleichen Ersetzung basiert.

Beispiel 7.105 (L-Statistiken mit stetigen Gewichten) Die kanonischen Schätzer zu diversen deskriptiven Funktionalen aus 7.1.3 waren von der Form

$$L_n = \frac{1}{n} \sum_{k=1}^{n} X_{n\uparrow k} b_{nk}.$$

Dabei sind $X_1, \ldots, X_n$ st.u. ZG mit derselben stetigen VF F und b_{nk} geeignete reellwertige Koeffizienten. Unter gewissen Voraussetzungen an die b_{nk} läßt sich im Fall $F = \mathfrak{R}$ die asymptotische Normalität von L_n unter Verwendung von Satz 7.104 einfach zeigen. Für $F = \mathfrak{R}$ gilt nämlich

$$EL_n = \frac{1}{n} \sum_{k=1}^{n} \frac{k}{n+1} b_{nk}$$

und damit, wenn man die $\mathfrak{R}$-verteilten ZG wieder mit $U_1, \ldots, U_n$ bezeichnet,

$$\sqrt{n}(L_n - EL_n) = n^{-1/2} \sum_{k=1}^{n} \left(U_{n\uparrow k} - \frac{k}{n+1} \right) b_{nk}. \tag{7.2.36}$$

Mit den Abkürzungen[58]

$$q_{nik} := 1 - \frac{k}{n+1} \quad \text{für } i \leq k \quad \text{und} \quad q_{nik} := \frac{-k}{n+1} \quad \text{für } i > k, \tag{7.2.37}$$

den Partialsummen $S_k = \sum_{j=1}^{k} V_j$ von st.u. $\mathfrak{G}(1)$-verteilten ZG V_j, $j = 1, \ldots, n+1$, sowie mit den zugehörigen zentrierten ZG $Z_j := V_j - 1$ für $j = 1, \ldots, n+1$ gilt nun

$$\sum_{j=1}^{n+1} q_{njk} Z_j = \left(1 - \frac{k}{n+1}\right) \sum_{j=1}^{k} Z_j - \frac{k}{n+1} \sum_{j=k+1}^{n+1} Z_j = S_k - \frac{k}{n+1} S_{n+1}. \tag{7.2.38}$$

---
[58] Mit der in (5.4.31) definierten Funktion $q(\cdot, \cdot)$ gilt also $q_{nik} = q(\frac{i}{n+1}, \frac{k}{n+1})$.

570 7 Nichtparametrische Funktionale und ihre kanonischen Schätzer

Damit folgt für die zentrierten ZG $W_{nk} := U_{n\uparrow k} - \dfrac{k}{n+1}$ aus Satz 7.104

$$W_{nk} \underset{\mathcal{L}}{=} \frac{n+1}{S_{n+1}} \frac{k}{n+1}\left(\frac{S_k - k}{k} - \frac{S_{n+1} - n - 1}{n+1}\right) = \frac{n+1}{S_{n+1}} \frac{1}{n+1} \sum_{j=1}^{n+1} q_{njk} Z_j. \quad (7.2.39)$$

Dieses ist bis auf den f.s. gegen 1 strebenden Vorfaktor $(n+1)/S_{n+1}$ eine zentrierte lineare Statistik, für die nach Standardisierung mit $\sqrt{n}$ die Noether-Bedingung (5.3.32) und damit die Voraussetzung des Grenzwertsatzes für lineare Statistiken 5.112 erfüllt ist. Eingesetzt ergibt dies mit den Koeffizienten $c_{nj} := n^{-1/2}(n+1)^{-1} \sum_{k=1}^{n} q_{njk} b_{nk}$

$$\sqrt{n}(L_n - EL_n) = \frac{n+1}{S_{n+1}} n^{-1/2} \sum_{k=1}^{n} \left(\frac{1}{n+1} \sum_{j=1}^{n+1} q_{njk} Z_j\right) b_{nk} = \frac{n+1}{S_{n+1}} n^{-1/2} \sum_{j=1}^{n+1} c_{nj} Z_j.$$

Im Spezialfall $b_{nk} = b(\frac{k}{n+1})$, $b \in \mathbb{C}[0,1]$, erhält man

$$n^{1/2}|c_{nj}| \leq (n+1)^{-1} \sum_{k=1}^{j-1} \frac{k}{n+1}\left|b\left(\frac{k}{n+1}\right)\right| + (n+1)^{-1} \sum_{k=j}^{n} \left(1 - \frac{k}{n+1}\right)\left|b\left(\frac{k}{n+1}\right)\right|.$$

Für die c_{nj} sind dann die Noether-Bedingungen (5.3.32) erfüllt, denn es gilt

$$\max_{1 \leq j \leq n+1} |c_{nj}| \leq n^{-1/2} \|b\|_\infty = o(1),$$

$$\sum_{j=1}^{n+1} c_{nj}^2 = n^{-1}(n+1)^{-2} \sum_{k=1}^{n} \sum_{\ell=1}^{n} \sum_{j=1}^{n+1} q_{njk} q_{nj\ell} b_{nk} b_{n\ell}$$

$$= n^{-1}(n+1)^{-1} \sum_{k=1}^{n} \sum_{\ell=1}^{n} \Gamma_{\mathbf{B}}\left(\frac{k}{n+1}, \frac{\ell}{n+1}\right) b\left(\frac{k}{n+1}\right) b\left(\frac{\ell}{n+1}\right) \quad (7.2.40)$$

$$= \sigma^2(b) + o(1), \quad \sigma^2(b) := \int_0^1 \int_0^1 \Gamma_{\mathbf{B}}(s,t) b(s) b(t)\, ds\, dt \quad (7.2.41)$$

mit $\Gamma_{\mathbf{B}}(s,t) = s \wedge t - st$. (Dazu hat man nur die Festsetzung (7.2.37) zu beachten und (7.2.40) als Riemann-Summe für das Doppelintegral in (7.2.41) aufzufassen.) Damit ist dann die Voraussetzung das Satzes 5.112 erfüllt. Zusammen mit dem Lemma von Slutsky 5.84 liefert dieser die Normalkonvergenz, d.h.

$$\mathcal{L}\left(\sqrt{n}(L_n - E_F L_n)\right) \xrightarrow[\mathcal{L}]{} \mathfrak{N}(0, \sigma^2(b)).$$

Gilt zudem, vgl. hierzu Hilfssatz B4.2,

$$\sqrt{n}\left|\frac{1}{n}\sum_{k=1}^{n} \frac{k}{n+1} b\left(\frac{k}{n+1}\right) - \int_0^1 sb(s)\, ds\right| = o(1),$$

dann kann man L_n auch an der Konstanten $\int_0^1 sb(s)\, ds$ zentrieren. □

Beispiel 7.106 (*Q*-Statistiken mit stetigen Gewichten) Sind $X_1, \ldots, X_n$ st.u. glv. ZG, so liegt es zum Testen von **H** : $F = \mathfrak{R}$, **K** : $F \neq \mathfrak{R}$ wegen $E_\mathfrak{R} X_{n\uparrow k} = k/(n+1)$ nahe, eine Prüfgröße der Form $Q_n = \sum_{k=1}^n \left(X_{n\uparrow k} - \frac{k}{n+1}\right)^2 w_{nk}$ mit geeigneten positiven Gewichten w_{nk} zu verwenden. Um die zur asymptotischen Festlegung der kritischen Werte benötigte Limesverteilung von Q_n unter **H** zu bestimmen, also diejenige von

$$Q_n = \sum_{k=1}^n \left(U_{n\uparrow k} - \frac{k}{n+1}\right)^2 w_{nk} \qquad (7.2.42)$$

mit st.u. $\mathfrak{R}$-verteilten ZG $U_1, \ldots, U_n$, setze man auch hier wieder $W_{nk} = U_{n\uparrow k} - \frac{k}{n+1}$ und verwende für diese Größen die in Beispiel 7.105 hergeleitete Darstellung (7.2.39). Damit ist $Q_n = \sum_{k=1}^n W_{nk}^2 w_{nk}$ also bis auf den asymptotisch vernachlässigbaren Faktor $(n+1)^2/S_{n+1}^2$ verteilungsgleich mit einer quadratischen Form in den st.u. zentriert $\mathfrak{G}(1)$-verteilten ZG $Z_j, j = 1, \ldots, n+1$,

$$Q_n = \left(\frac{n+1}{S_{n+1}}\right)^2 \sum_{i=1}^{n+1} \sum_{j=1}^{n+1} c_{nij} Z_i Z_j, \quad c_{nij} = (n+1)^{-2} \sum_{k=1}^n q_{nik} q_{njk} w_{nk}. \qquad (7.2.43)$$

Dabei folgt die angegebene Darstellung der Koeffizienten c_{nij} durch Zusammenfassen der Summanden aus (7.2.39). Insbesondere gilt mit der durch (5.4.31) definierten Funktion $q(u, t)$ und dem in (5.4.30) eingeführten und in den Beispielen 5.136–139 verwendeten Kern $c(u, v) = \int_{(0,1)} q(u, t) q(v, t) w(t) \, dt$ bei $w_{nk} = w(\frac{k}{n+1})$

$$c_{nij} \approx (n+1)^{-1} c\left(\frac{i}{n+1}, \frac{j}{n+1}\right). \qquad (7.2.44)$$

Damit ergibt sich gemäß Satz 5.149 als Limesverteilung von (7.2.42) unter der Nullhypothese **H** nach Zentrierung eine Quadratsummenverteilung. □

In den Beispielen 7.105 und 7.106 konnte die Limesverteilung nur für den Fall $\mathfrak{R}$-verteilter ZG explizit bestimmt werden. Liegt eine Verteilung $F \neq \mathfrak{R}$ zugrunde, so ist es eine naheliegende (und in 7.5.3 bzw. 7.5.4 durchgeführte) Vorgehensweise, die Ordnungsgröße $X_{n\uparrow j}$ verteilungsgleich durch die ZG $F^{-1}(U_{n\uparrow j})$ zu ersetzen, diese wegen $E U_{n\uparrow j} = j/(n+1)$ mit $F^{-1}(j/(n+1))$ zu zentrieren und wegen $\operatorname{Var} U_{n\uparrow j} \to 0$ um die Stelle $j/(n+1)$ zu linearisieren. Zur Abschätzung der hierbei auftretenden Restterme benötigt man den folgenden Hilfssatz, in dem simultane WS-Schranken für die Ordnungsstatistiken zu st.u. $\mathfrak{G}(1)$-bzw. $\mathfrak{R}$-verteilten ZG hergeleitet werden.

Hilfssatz 7.107 *Es seien* $V_j, j \in \mathbb{N}$, *st.u.* $\mathfrak{G}(1)$-*verteilte ZG bzw.* $U_j, j \in \mathbb{N}$, *st.u.* $\mathfrak{R}$-*verteilte ZG. Dann gilt:*

a) *Für alle* $\varepsilon > 0$ *und* $n \in \mathbb{N}$ *gibt es reelle Zahlen* $\overline{v}_{ni} = \overline{v}_{ni}(\varepsilon) > \underline{v}_{ni} = \underline{v}_{ni}(\varepsilon)$, $1 \leq i \leq n$, *derart, daß für alle* $n \geq 1$ *bzw. für* $n \to \infty$ *gilt*[59]:

---
[59] Die Aussagen dieses Hilfssatzes finden sich ohne Beweis bei H. Chernoff, J. L. Gastwirth, M. V. Johns: Ann. Math. Stat. 38 (1967) 52–72.

7 Nichtparametrische Funktionale und ihre kanonischen Schätzer

1) $\mathbb{P}(V_{n\uparrow i} \notin (\underline{v}_{ni}, \overline{v}_{ni}) \; \exists 1 \leq i \leq n) < \varepsilon;$

2) $\underline{v}_{ni} < -\log\left(1 - \dfrac{i}{n+1}\right) < EV_{n\uparrow i} < \overline{v}_{ni};$

3) $\max\limits_{1 \leq i \leq n}(\overline{v}_{ni} - \underline{v}_{ni}) = O(1).$

b) *Für alle* $\varepsilon > 0$ *und* $n \in \mathbb{N}$ *gibt es reelle Zahlen* $\overline{u}_{ni} = \overline{u}_{ni}(\varepsilon) > \underline{u}_{ni} = \underline{u}_{ni}(\varepsilon)$, $1 \leq i \leq n$, *derart, daß für alle* $n \geq 1$ *bzw. für* $n \to \infty$ *gilt:*

1) $\mathbb{P}(U_{n\uparrow i} \notin (\underline{u}_{ni}, \overline{u}_{ni}) \; \exists 1 \leq i \leq n) < \varepsilon;$

2) $1 - \overline{u}_{ni} = \underline{u}_{n,n+1-i}, \quad 1 - \underline{u}_{ni} = \overline{u}_{n,n+1-i};$

3) $\underline{u}_{ni} < \dfrac{i}{n+1} = EU_{n\uparrow i} < \overline{u}_{ni};$

4) $\max\limits_{1\leq i \leq n}\dfrac{\overline{u}_{ni}}{\underline{u}_{ni}} = \max\limits_{1 \leq i \leq n}\dfrac{1 - \underline{u}_{ni}}{1 - \overline{u}_{ni}} = O(1);$

5) $\max\limits_{1 \leq i \leq n}(\overline{u}_{ni} - \underline{u}_{ni}) = o(1).$

Beweis: a) Wir setzen gemäß Beispiel 7.102b mit $0 < \iota < 1/2$ für $1 \leq i \leq n$

$$\nu_{ni} = EV_{n\uparrow i} = \sum_{j=1}^{i} \frac{1}{n+1-j}, \quad \Delta_{ni} := \Delta(n+1-i)^{-\iota},$$

wobei $\Delta > 0$ noch geeignet zu bestimmen ist. Aus Satz 7.101 ergibt sich in der dortigen Terminologie zusammen mit der Hájek-Renyi-Ungleichung[60]

$\mathbb{P}(V_{n\uparrow i} \notin (\nu_{ni} - \Delta_{ni}, \nu_{ni} + \Delta_{ni}) \; \exists 1 \leq i \leq n)$

$$= \mathbb{P}\left(\max_{1 \leq i \leq n}\frac{1}{\Delta_{ni}}\left|\sum_{j=1}^{i}\frac{Y_j - 1}{n+1-j}\right| \geq 1\right) \leq \Delta^{-2}\sum_{j=1}^{n}(n+1-j)^{-2+2\iota}$$

$$= \Delta^{-2}\sum_{j=1}^{n}j^{-2+2\iota} \leq \Delta^{-2}\sum_{j\geq 1}j^{-2+2\iota} = \chi\Delta^{-2}, \quad \chi = \chi(\iota).$$

Zu $\varepsilon > 0$ hat man nun Δ so zu wählen, daß $\chi\Delta^{-2} < \varepsilon$ gilt. Dann erfüllen

$$\overline{v}_{ni} := \nu_{ni} + \Delta_{ni}, \quad \underline{v}_{ni} := \nu_{ni} - \Delta_{ni},$$

die geforderten Bedingungen. Neben a1) gilt nämlich zunächst aufgrund der Jensen-Ungleichung für $1 \leq i \leq n$ wegen $\mathfrak{L}(V_i) = \mathfrak{L}(-\log U_i) = \mathfrak{L}(-\log(1 - U_i))$

$$-\log\left(1 - \frac{i}{n+1}\right) = -\log(1 - EU_{n\uparrow i}) < E(-\log(1 - U_{n\uparrow i})) = EV_{n\uparrow i} = \nu_{ni}.$$

---
[60] Vgl. P. Gänssler, W. Stute: Wahrscheinlichkeitstheorie, Springer (1977), S. 98.

7.2 Ordnungsstatistiken und empirische Quantile

Weiter erhält man für $1 \leq i < n$

$$-\log\left(1 - \frac{2i+2}{2n+1}\right) > \sum_{j=1}^{i} \int_{\frac{2j}{2n+1}}^{\frac{2j+2}{2n+1}} \frac{1}{1-t}\,dt > \sum_{j=1}^{i} \frac{1}{1 - \frac{2j}{2n+1}} \frac{2}{2n+1} > \sum_{j=1}^{i} \frac{1}{n+1-j} = \nu_{ni}$$

und damit

$$0 < \nu_{ni} - \left(-\log\left(1 - \frac{i}{n+1}\right)\right) < -\log\left(1 - \frac{2i+2}{2n+1}\right) + \log\left(1 - \frac{i}{n+1}\right)$$

$$= \int_{\frac{i}{n+1}}^{\frac{2i+2}{2n+1}} \frac{1}{1-t}\,dt < \frac{1}{1 - \frac{2i+2}{2n+1}}\left(\frac{2i+2}{2n+1} - \frac{i}{n+1}\right) < 6(n+1-i)^{-1}$$

$$\leq \Delta(n+1-i)^{-\iota} = \underline{\Delta}_{ni},$$

falls $\Delta \geq 6$ ist. Für $i = n$ erhält man mit der Eulerschen Konstanten C

$$\nu_{nn} = \sum_{j=1}^{n} \frac{1}{j} = C + \log n + o(1)$$

und folglich mit einer geeigneten Konstanten $C' \in (C, \infty)$

$$0 \leq \nu_{nn} + \log\left(1 - \frac{n}{n+1}\right) = C + o(1) \leq C' \quad \forall n \geq 1.$$

Hieraus ergibt sich für $\Delta > \max\{C', 6\}$:

$$\nu_{ni} - \underline{\Delta}_{ni} < -\log\left(1 - \frac{i}{n+1}\right) < \nu_{ni} \quad \forall 1 \leq i \leq n \quad \forall n \geq 1$$

und damit a2). Nach Konstruktion gilt zudem

$$0 < \overline{v}_{ni} - \underline{v}_{ni} = 2\underline{\Delta}_{ni} \leq 2\underline{\Delta}_{nn} = 2\Delta \quad \forall 1 \leq i \leq n \quad \forall n \geq 1.$$

Dies impliziert a3).

b) Man setze zunächst mit $\underline{v}_{ni}, \overline{v}_{ni}$ aus Teil a)

$$\overline{u}'_{ni} = 1 - e^{-\overline{v}_{ni}}, \quad \overline{u}''_{ni} = 1 - \underline{u}'_{n,n+1-i}, \quad \overline{u}_{ni} = \min\{\overline{u}'_{ni}, \overline{u}''_{ni}\},$$

$$\underline{u}'_{ni} = 1 - e^{-\underline{v}_{ni}}, \quad \underline{u}''_{ni} = 1 - \overline{u}'_{n,n+1-i}, \quad \underline{u}_{ni} = \max\{\underline{u}'_{ni}, \underline{u}''_{ni}\}.$$

Wendet man Teil a) nun an auf die ZG $V_j = -\log(1 - U_j)$ bzw. $V_j = -\log U_j$, dann ergibt sich

$$\mathbb{P}\left(U_{n\uparrow i} \notin (\underline{u}'_{ni}, \overline{u}'_{ni}) \,\exists 1 \leq i \leq n\right) < \varepsilon,$$

$$\mathbb{P}\left(U_{n\uparrow i} \notin (\underline{u}''_{ni}, \overline{u}''_{ni}) \,\exists 1 \leq i \leq n\right) < \varepsilon,$$

und damit b1) gemäß

$$\mathbb{P}\big(U_{n\uparrow i} \notin (\underline{u}_{ni}, \overline{u}_{ni}) \;\exists 1 \le i \le n\big) < 2\varepsilon.$$

Die Größen $\overline{u}_{ni}, \underline{u}_{ni}$ erfüllen nach Konstruktion auch b2), b3). Weiter gilt zunächst

$$0 \le \frac{1 - \underline{u}'_{ni}}{1 - \overline{u}'_{ni}} = e^{2\Delta_{ni}} \le e^{2\Delta} \quad \text{und damit} \quad 0 \le \frac{\overline{u}''_{ni}}{\underline{u}''_{ni}} = e^{2\Delta_{ni}} \le e^{2\Delta}.$$

Daraus folgt nun aber b4), d.h. $\forall 1 \le i \le n$ die Gültigkeit von

$$0 \le \frac{1 - \underline{u}_{ni}}{1 - \overline{u}_{ni}} = \frac{\overline{u}_{ni}}{\underline{u}_{ni}} \le \frac{\overline{u}''_{ni}}{\underline{u}''_{ni}} \le e^{2\Delta}.$$

Die Argumentation aus a2) liefert weiterhin

$$\frac{i_n}{n+1} \to w \in [0,1) \quad \Rightarrow \quad \nu_{ni_n} \to -\log(1-w) \quad \Rightarrow \quad 1 - \exp(\nu_{ni_n} \pm \Delta_{ni_n}) \to w,$$

was $\overline{u}'_{ni_n} \to w$ und $\underline{u}'_{ni_n} \to w$ impliziert.

Im Falle $w = 1$ hat man diese Schlußweise etwas zu modifizieren. Sei dazu $0 < \eta < 1$ beliebig, $k_n = [n(1-\eta)] + 1$. Dann erhält man für hinreichend großes n einerseits

$$1 \ge \overline{u}'_{ni_n} = 1 - e^{-\nu_{ni_n} - \Delta_{ni_n}} \ge 1 - e^{-\nu_{nk_n} - \Delta_{nk_n}} = \overline{u}'_{nk_n}$$

und damit

$$1 \ge \liminf_{n\to\infty} \overline{u}'_{ni_n} \ge \liminf_{n\to\infty} \overline{u}'_{nk_n} = 1 - \eta,$$

d.h. $\lim_{n\to\infty} \overline{u}'_{ni_n} = 1$. Andererseits gilt

$$1 \ge \liminf_{n\to\infty} \underline{u}'_{ni_n} = \liminf_{n\to\infty}\big(1 - e^{-\nu_{ni_n} + \Delta_{ni_n}}\big)$$

$$\ge \liminf_{n\to\infty}\big(1 - e^{-\nu_{nk_n}} e^{\Delta}\big) = 1 - \eta e^{\Delta}$$

und damit $\lim_{n\to\infty} \underline{u}'_{ni_n} = 1$. Konstruktionsgemäß folgt daraus

$$\frac{i_n}{n+1} \to w \in [0,1] \quad \text{und damit} \quad \overline{u}''_{ni_n} \to w, \; \underline{u}''_{ni_n} \to w.$$

Dies impliziert das gleiche asymptotische Verhalten für $\underline{u}_{ni_n}, \overline{u}_{ni_n}$ und folglich

$$\frac{i_n}{n+1} \to w \in [0,1], \quad \text{also} \quad \overline{u}_{ni_n} - \underline{u}_{ni_n} \to 0.$$

Ein einfaches indirektes (Teilfolgen-) Argument liefert dann b5). □

7.2.3 Konvergenz zentraler Ordnungsstatistiken

Wie in 7.2.2 bereits betont wurde, lassen sich zwar im Prinzip – zumindest bei Vorliegen von Dichten – die Verteilungen von Ordnungsstatistiken (und analog die gemeinsamen Verteilungen von endlich vielen derartiger Größen) bestimmen. Einfacher ist es jedoch zumeist, diese Verteilungen approximativ, d.h. in Form von Grenzwertsätzen, anzugeben. Dabei hängt die Limesverteilung von $X_{n\uparrow j_n}$ wesentlich davon ab, wie die Indexfolge j_n in Abhängigkeit vom Stichprobenumfang n bei $n \to \infty$ gewählt wird. Der für das folgende wichtigste Fall ist der *zentraler Ordnungsstatistiken*, d.h. der von Folgen $(j_n) \subset \mathbb{N}$ mit

$$j_n/n = u + o(1), \quad 1 < j_n < n, \quad 0 < u < 1. \tag{7.2.45}$$

Im Spezialfall $j_n = [nu+1]$ ergeben sich die *empirischen Quantile* $\widehat{F}_n^{-1}(u+0)$. Dabei bezeichnet $\widehat{F}_n^{-1}(\cdot)$ die bereits in (1.2.29) eingeführte *empirische Quantilfunktion*. Diese ist wie die empirische VF $\widehat{F}_n(\cdot)$ vollständig durch den Vektor der Ordnungsstatistiken $X_{n\uparrow 1}, \ldots, X_{n\uparrow n}$ festgelegt und umgekehrt. Wie in Hilfssatz 1.15 bewiesen wurde, ist die Abbildung $u \mapsto \widehat{F}_n^{-1}(u) := \widehat{F}_n^{-1}(u; x_{(n)})$ linksseitig stetig. Insbesondere in Band III ist es jedoch zweckmäßig, die rechtsseitig stetige Modifikation $\widehat{F}_n^{-1}(\cdot + 0)$ zu verwenden. Diese hat den weiteren Vorteil, daß sie sich gemäß

$$\widehat{F}_n^{-1}(u+0) = X_{n\uparrow [nu+1]} \quad \text{für} \quad u \in (0,1) \tag{7.2.46}$$

einfacher durch Ordnungsstatistiken ausdrücken läßt als die nach Hilfssatz 1.15 näherlegende linksseitige stetige Version $u \mapsto \widehat{F}_n^{-1}(u)$, für die nur gilt

$$\widehat{F}_n^{-1}(u) = X_{n\uparrow [nu+1]} \quad \text{für } nu \notin \mathbb{N} \quad \text{bzw.} \quad = X_{n\uparrow nu} \quad \text{für } nu \in \mathbb{N}. \tag{7.2.47}$$

Im folgenden soll nun das asymptotische Verhalten derartiger zentraler Ordnungsstatistiken[61] $X_{n\uparrow j_n}$ hergeleitet werden. Dabei lassen sich Aussagen verschiedenen Typs beweisen, die davon abhängen, ob nur (7.2.45) gilt oder ob auch eine bestimmte Konvergenzrate, etwa $j_n/n = u + o(n^{-1/2} \log n)$ oder $j_n/n = u + o(n^{-1/2})$, vorausgesetzt wird. Im ersten Fall läßt sich nur starke Konsistenz im Sinne von

$$X_{n\uparrow j_n} \to F^{-1}(u) \quad [F]$$

verifizieren, vgl. Satz 7.108, im zweiten Fall genauer die Gültigkeit von

$$X_{n\uparrow j_n} = F^{-1}(u) + O(n^{-1/2} \log n) \quad [F],$$

vgl. Hilfssatz 7.112, und im dritten Fall gemäß Korollar 7.114 sogar ein Gesetz von iterierten Logarithmus. Ein anderer Typ von Limesaussagen, nämlich die asymptotische Normalität von $\sqrt{n}(X_{n\uparrow j_n} - F^{-1}(u))$, gilt noch bei Folgen $(j_n) \subset \mathbb{N}$ mit

---

[61] Zum hiervon wesentlich verschiedenen Limesverhalten extremer Ordnungsstatistiken, d.h. demjenigen von $X_{n\uparrow j_n}$ mit $j_n/n \to u \in \{0,1\}$, vgl. 7.2.4.

576   7 Nichtparametrische Funktionale und ihre kanonischen Schätzer

$$j_n/n = u + \eta/\sqrt{n} + o(n^{-1/2}), \quad \eta \in \mathbb{R}; \tag{7.2.48}$$

vgl. Satz 7.110. Dabei hängt die Limesverteilung vom „lokalen Parameter" $\eta \in \mathbb{R}$ ab; sie stimmt also nur für $\eta = 0$ mit derjenigen des Stichprobenquantils $\widehat{F}_n^{-1}(u+0)$ überein. Bei allen derartigen Aussagen müssen Voraussetzungen an das Verhalten von F in der Umgebung der Stelle $F^{-1}(u)$ gemacht werden; speziell muß stets $u \in C(F^{-1})$, d.h. $F^{-1}(u) = F^{-1}(u+0)$, gelten.

Bei den folgenden Beweisen wird sich zeigen, daß das asymptotische Verhalten von $\widehat{F}_n^{-1}(u+0)$ und allgemeiner dasjenige von $X_{n\uparrow j_n}$ mit $j_n/n \to u$ weitgehend durch das asymptotische Verhalten von $\widehat{F}_n(\xi)$ mit $\xi := F^{-1}(u)$ bestimmt ist. Dies deutet sich auch in der folgenden, die $\mathfrak{B}(n, F(z))$-verteilte ZG $\sum_{i=1}^n \mathbf{1}(X_i \leq z)$ verwendende Äquivalenz an, die bereits beim Beweis von Satz 7.98a verwendet wurde:

$$X_{n\uparrow j} \leq z \quad \Leftrightarrow \quad \sum_{i=1}^n \mathbf{1}(X_i \leq z) \geq j \quad \Leftrightarrow \quad \widehat{F}_n(z) \geq j/n. \tag{7.2.49}$$

Satz 7.108 (Starke Konsistenz) X_j, $j \in \mathbb{N}$, seien st.u. reellwertige, gemäß F verteilte ZG, und es sei $u \in C(F^{-1})$. Dann gilt bei (7.2.45)

$$X_{n\uparrow j_n} \to F^{-1}(u) \quad [F]. \tag{7.2.50}$$

Insbesondere gilt für das empirische u-Quantil bei[62)] $u \in C(F^{-1})$

$$\widehat{F}_n^{-1}(u+0) \to F^{-1}(u) \quad [F]. \tag{7.2.51}$$

Diese Konvergenz ist gleichmäßig über jedem Intervall $[s,t] \subset C(F^{-1})$, d.h.

$$\sup\{|\widehat{F}_n^{-1}(u+0) - F^{-1}(u+0)| : s \leq u \leq t\} = o(1) \quad [F].$$

Beweis: Bezeichnen U_j, $j \in \mathbb{N}$, st.u. $\mathfrak{R}$-verteilte ZG, so ist nach Hilfssatz 7.99 $X_{n\uparrow j_n}$ verteilungsgleich mit $F^{-1}(U_{n\uparrow j_n})$. Somit reicht wegen $u \in C(F^{-1})$ der Nachweis von

$$U_{n\uparrow j_n} \to u \quad [\mathfrak{R}].$$

Hierzu sei $\varepsilon > 0$. Bezeichnet $\widehat{J}_n$ wieder die uniforme empirische VF (7.2.7), so folgt aus (7.2.49) und der Hoeffding-Ungleichung 5.17 wegen $j_n/n \to u$ für hinreichend großes $n \geq n_1(u, \varepsilon)$

$$\mathbb{P}(U_{n\uparrow j_n} \leq u - \varepsilon) = \mathbb{P}(\widehat{J}_n(u - \varepsilon) \geq j_n/n)$$

$$= \mathbb{P}(\widehat{J}_n(u-\varepsilon) - (u-\varepsilon) \geq j_n/n - (u-\varepsilon)) \leq \exp[-n\varepsilon^2/2]$$

[62)] Man beachte, daß eine Aussage dieser Art im Grunde schon aus früher bewiesenen Resultaten folgt. Mit $\widehat{F}_n \to F$ [F] ergibt sich nämlich aus Satz 6.66a auch, daß diese Konvergenz gleichmäßig in $[s,t] \subset (0,1)$ ist.

7.2 Ordnungsstatistiken und empirische Quantile   577

und analog $\mathbb{P}(U_{n\uparrow j_n} > u + \varepsilon) \leq \exp[-n\varepsilon^2/2]$ für $n \geq n_2(u,\varepsilon)$. Zusammengefaßt gilt also für $n \geq \max\{n_1(u,\varepsilon), n_2(u,\varepsilon)\}$

$$\mathbb{P}(|U_{n\uparrow j_n} - u| \geq \varepsilon) \leq 2\exp[-n\varepsilon^2/2]$$

und damit nach dem Satz von Borel-Cantelli für jedes $\varepsilon > 0$

$$\limsup_{n\to\infty} |U_{n\uparrow j_n} - u| \leq \varepsilon \quad [\mathfrak{R}], \qquad \text{also} \qquad U_{n\uparrow j_n} \to u \quad [\mathfrak{R}].$$

Hieraus folgt (7.2.51) wegen $[nu+1]/n \to u$ bzw. $[nu]/n \to u$ oder auch aus dem Satz von Glivenko-Cantelli 7.89 mit Satz 5.76. Zum Zusatz vgl. Fußnote 58. □

In diesem Zusammenhang stellt sich die Frage, ob der EW von $X_{n\uparrow j_n}$ – bzw. allgemeiner ein höheres Moment hiervon – bei (7.2.50) „mitkonvergiert".

Satz 7.109 *Für $n \in \mathbb{N}$ seien $X_1, \ldots, X_n$ st.u. ZG mit derselben eindimensionalen Verteilung F. Weiter seien $u \in C(F^{-1})$ und $j_n = [nu+1]$, also $1 \leq j_n := j_n(u) \leq n$ mit $j_n \geq nu > j_n - 1$.*
Dann gilt für $X_{n\uparrow j_n} = \widehat{F}_n^{-1}(u+0)$ bei $E|X_1|^m = \int_{(0,1)} \left(F^{-1}(u)\right)^m du < \infty$

$$EX_{n\uparrow j_n}^m \to \left(F^{-1}(u)\right)^m. \tag{7.2.52}$$

Beweis: Dieser basiert darauf, die Momente von Ordnungsstatistiken als singuläre Integrale zu schreiben, d.h. in der Form $f_n(s) = \int_{(0,1)} f(t) k_n(s,t)\,dt$, $s \in (0,1)$; vgl. (B5.1). Dabei ist f der potentielle Limes und die Maße $\mu_n(s,B) := \int_B k_n(s,t)\,dt$, $B \in \mathbb{B}$, ziehen sich für festes s und wachsendes n auf das Einpunktmaß ε_s zusammen. $E|X_{n\uparrow j_n}|^m < \infty$ folgt aus $E|X_1|^m < \infty$ gemäß Hilfssatz 7.103. Mit

$$k_n(s,t) := \sum_{i=1}^{n} n\binom{n-1}{i-1} t^{i-1}(1-t)^{n-i} \mathbf{1}_{\left(\frac{i-1}{n}, \frac{i}{n}\right]}(s), \quad 0 \leq s,t \leq 1$$

gilt wegen $j_n = j_n(u)$ für $j_n - 1 < nu \leq j_n$

$$E(X_{n\uparrow j_n}^m) = \int_{(0,1)} [F^{-1}(t)]^m n\binom{n-1}{j_n-1} t^{j_n-1}(1-t)^{n-j_n}\,dt$$

$$= \int_{(0,1)} [F^{-1}(t)]^m k_n(u,t)\,dt.$$

Beachtet man, daß die Abbildung $t \mapsto n\binom{n-1}{i-1} t^{i-1}(1-t)^{n-i}$ ihr Maximum in $t = \frac{i-1}{n-1}$ annimmt, so gilt $k_n(s,t) \leq \widetilde{k}_n(s,t)\ \forall 0 \leq s,t \leq 1$, wenn man setzt

$$\widetilde{k}_n(s,t) := n\binom{n-1}{i-1}\left(\frac{i-1}{n-1}\right)^{i-1}\left(\frac{n-i}{n-1}\right)^{n-i} \quad \text{für} \quad \frac{i-1}{n} < s,t \leq \frac{i}{n}$$

und $\widetilde{k}_n(s,t) = k_n(s,t)$ sonst. Damit folgt die Behauptung aus dem Satz von Faddejev B5.5, denn die Abbildung $t \mapsto \widetilde{k}_n(s,t)$ ist für jedes $s \in [0,1]$ isoton in $t \in (0,s)$ sowie antiton in $t \in (s,1)$ und mit $\ell_n \in \mathbb{N}$ gemäß $\ell_n \geq ns > \ell_n - 1$ gilt

$$\int_{(0,1)} \widetilde{k}_n(s,t)\,dt \leq \int_{(0,1)} k_n(s,t)\,dt + \binom{n-1}{\ell_n-1}\left(\frac{\ell_n-1}{n-1}\right)^{\ell_n-1}\left(\frac{n-\ell_n}{n-1}\right)^{n-\ell_n} \leq 2.$$

Den wesentlichen Beweisschritt dieses Satzes beinhaltet gerade Beispiel B5.6. □

Die Aussagen (7.2.50) und (7.2.51) legen die Frage nach der Größenordnung des Schätzfehlers $X_{n\uparrow j_n} - F^{-1}(u)$ und dem asymptotischen Verhalten im Sinne der Verteilungskonvergenz nahe. Diese läßt sich wie bereits die Bestimmung der Verteilung von $X_{n\uparrow j}$ in Satz 7.98 durch Zurückführung auf binomialverteilte ZG gemäß (7.2.49) beantworten. Dabei beruht die Existenz einer Limesverteilung – und die Darstellung ihres Mittelwerts in der Form $\eta/f(F^{-1}(u))$ – darauf, daß $j_n = j_n(u)$ von der speziellen Form (7.2.48) ist. Für empirische Quantile ist dies nach Beispiel 5.108 stets der Fall und zwar mit $\eta = 0$. Alternativ kann man auch mit den Sätzen 7.104 und 5.107 argumentieren.

Satz 7.110 (Asymptotische Normalität) *Es seien X_j, $j \in \mathbb{N}$, st.u. ZG mit derselben eindimensionalen VF F, die in der Umgebung der Stelle $\xi = F^{-1}(u)$, $u \in (0,1)$, stetig differenzierbar sei mit Ableitung $f(F^{-1}(u)) := F'(F^{-1}(u)) > 0$. Dann gilt für $j_n/n = u + \eta/\sqrt{n} + o(1/\sqrt{n})$*

$$\mathfrak{L}_F\left(\sqrt{n}(X_{n\uparrow j_n} - F^{-1}(u))\right) \xrightarrow{\mathfrak{L}} \mathfrak{N}\left(\frac{\eta}{f(F^{-1}(u))}, \frac{u(1-u)}{f^2(F^{-1}(u))}\right). \qquad (7.2.53)$$

Insbesondere ergibt sich für das empirische u-Quantil

$$\mathfrak{L}_F\left(\sqrt{n}(\widehat{F}_n^{-1}(u) - F^{-1}(u))\right) \xrightarrow{\mathfrak{L}} \mathfrak{N}\left(0, \frac{u(1-u)}{f^2(F^{-1}(u))}\right). \qquad (7.2.54)$$

Beweis: Seien $\xi := F^{-1}(u)$, $z \in \mathbb{R}$ beliebig (fest), $\xi_n := \xi + zn^{-1/2}$, $\pi_n := F(\xi_n)$, also $\pi_n = F(\xi + zn^{-1/2}) = u + zf(\xi)n^{-1/2} + o(n^{-1/2})$, sowie $Y_{n1}, \ldots, Y_{nn}$ st.u. $\mathfrak{B}(1, \pi_n)$-verteilte ZG. Dann gilt nach (7.2.49)

$$\mathbb{P}\left(\sqrt{n}(X_{n\uparrow j} - \xi) \leq z\right) = \mathbb{P}(X_{n\uparrow j_n} \leq \xi_n) = \mathbb{P}\left(\sum_{i=1}^n \mathbf{1}(X_i \leq t) \geq j_n\right) =$$

$$= \mathbb{P}\left(\sqrt{n}(\overline{Y}_n - \pi_n) \geq \sqrt{n}(j_n/n - \pi_n)\right).$$

Nach dem Korollar 5.104 zum Satz von Lindeberg-Feller ergibt sich aber

$$\mathfrak{L}\left(\sqrt{n}(\overline{Y}_n - \pi_n)\right) \xrightarrow{\mathfrak{L}} \mathfrak{N}(0, u(1-u))$$

7.2 Ordnungsstatistiken und empirische Quantile   579

und somit wegen $\sqrt{n}\bigl(\frac{j_n}{n} - \pi_n\bigr) \to \eta - f(\xi)z$ wie behauptet[63]

$$\mathbb{P}(\sqrt{n}(X_{n\uparrow j_n} - \xi) \leq z) = 1 - \phi\Bigl(\frac{\eta - f(\xi)z}{[u(1-u)]^{1/2}}\Bigr) = \phi\Bigl(\frac{z - \eta/f(\xi)}{[u(1-u)]^{1/2}/f(\xi)}\Bigr).$$

b) folgt aus a) für $\eta = 0$. □

Beispiel 7.111 Sind die Voraussetzungen von Satz 7.110 für $u = 1/2$ erfüllt, so gilt für den Stichprobenmedian (vgl. wiederum Beispiel 5.108)

$$\mathcal{L}_F\bigl(\sqrt{n}\bigl(\text{med } X_{(n)} - F^{-1}(1/2)\bigr)\bigr) \xrightarrow[\mathcal{L}]{} \mathfrak{N}\Bigl(0, \frac{1}{4f^2\bigl(F^{-1}(1/2)\bigr)}\Bigr),$$

im Spezialfall einer $\mathfrak{N}(0, \sigma_0^2)$-Verteilung also wegen $F^{-1}(1/2) = 0$ und $f(0) = (2\pi\sigma_0^2)^{-1/2}$

$$\mathcal{L}_F\bigl(\sqrt{n} \text{ med } X_{(n)}\bigr) \xrightarrow[\mathcal{L}]{} \mathfrak{N}(0, \pi\sigma_0^2/2).$$

Entsprechend sind bei Erfülltsein der Voraussetzungen für $u = 1/4$ bzw. $u = 3/4$ das erste und dritte Quartil nach Standardisierung asymptotisch normal mit den Limesvarianzen $3/[16f^2(F^{-1}(1/4))]$ bzw. $3/[16f^2(F^{-1}(3/4))]$; vgl. auch Beispiel 7.117. □

Satz 7.110 läßt sich auch noch anderweitig herleiten, da (7.2.48) die Gültigkeit von

$$j_n/n = u + o(n^{-1/2} \log n) \tag{7.2.55}$$

impliziert. Bei einer derartigen Konvergenzrate wird sich nämlich die Differenz $X_{n\uparrow j_n} - \xi$ durch eine zentrierte Summe st.u. glv. ZG approximieren lassen, und zwar durch $(j_n/n - \widehat{F}_n(\xi))/f(\xi)$, so daß $\sqrt{n}(X_{n\uparrow j_n} - \xi)$ nach dem Lemma von Slutsky genau dann eine Limesverteilung hat, wenn $\sqrt{n}(j_n/n - \widehat{F}_n(\xi))/f(\xi)$ eine solche besitzt. Die Bahadur-Darstellung in nachstehendem Satz 7.113 wird zeigen, daß sich zentrale Ordnungsstatistiken tatsächlich vermöge Durchschnitten st.u. binomialverteilter ZG annähern lassen. Um ein Gefühl für die Natur dieser Approximation zu bekommen, geben wir zunächst die folgende heuristische Argumentation; zur Präzisierung vgl. Kap. 8. Seien hierzu F, G zwei differenzierbare VF mit Ableitungen f und g sowie u eine feste Zahl aus $(0,1)$. Dann gilt für

$$v(t) := ((1-t)F + tG)^{-1}(u), \quad 0 \leq t \leq 1,$$

also für das u-Quantil der VF $F_t := F + t(G - F)$ in Abhängigkeit von t

$$F(v(t)) + t\bigl(G(v(t)) - F(v(t))\bigr) \approx u.$$

Hieraus folgt durch Differentiation nach t (bei festem $u \in (0,1)$) zunächst

$$f(v(t))v'(t) + G(v(t)) - F(v(t)) + t[g(v(t)) - f(v(t))]v'(t) \approx 0. \tag{7.2.56}$$

---
[63] Mit etwas höherem Rechenaufwand liefert die Technik des vorstehenden Beweises auch sogleich eine Berry-Esseen-Typ Aussage; vgl. etwa R.D. Reiss: Ann.Prob. 2 (1974) 741–744.

Speziell ergibt sich für $t=0$ wegen $\xi = F^{-1}(u) = v(0)$

$$v'(0) \approx \frac{F(v(0)) - G(v(0))}{f(v(0))} = \frac{F(\xi) - G(\xi)}{f(\xi)}$$

sowie für $t = 1$ wegen $v(1) = G^{-1}(u)$

$$G^{-1}(u) = v(1) \approx v(0) + 1 \cdot v'(0) = \xi + \frac{F(\xi) - G(\xi)}{f(\xi)}.$$

„Vergißt" man nun die Differenzierbarkeitsforderung an G und wählt $G = \widehat{F}_n$, so erscheint mit $j_n \geq nu > j_n - 1$ die folgende Näherung plausibel

$$X_{n\uparrow j_n} - \xi \approx \widehat{F}_n^{-1}(j_n/n + 0) - \xi \approx \frac{F(\xi) - \widehat{F}_n(\xi)}{f(\xi)} \approx \frac{j_n/n - \widehat{F}_n(\xi)}{f(\xi)}. \qquad (7.2.57)$$

Dabei gilt nach Hilfssatz 1.17a

$$\widehat{F}_n(\xi) - j_n/n \geq 0 \quad \Leftrightarrow \quad \widehat{F}_n^{-1}(j_n/n + 0) - \xi \leq 0.$$

Es ist also zu erwarten, daß die (mit positiven Faktoren gewichtete) Summe dieser beiden Differenzen kleiner oder gleich den einzelnen Summanden ist. Der strenge Nachweis der Bahadur-Darstellung wird zeigen, daß sich bei dieser Bildung sogar die Größenordnung des Restglieds verbessert. Er beruht auf Korollar 7.94 zur Sen-Ghosh-Ungleichung und dem

Hilfssatz 7.112 *Es seien X_j, $j \in \mathbb{N}$, st.u. gemäß F verteilte ZG, $u \in C(F^{-1})$ und F stetig differenzierbar in $\xi := F^{-1}(u)$ mit Ableitung $f(\xi) > 0$. Dann gilt für $n \to \infty$ bei $j_n/n = u + o(n^{-1/2} \log n)$*

$$X_{n\uparrow j_n} - \xi = O(n^{-1/2} \log n) \quad [F]. \qquad (7.2.58)$$

Beweis: Aus (7.2.49) folgt für jedes feste n

$$X_{n\uparrow j_n} > \xi + \varepsilon_n \quad \Leftrightarrow \quad \widehat{F}_n(\xi + \varepsilon_n) < \frac{j_n}{n}$$

$$\Leftrightarrow \quad \widehat{F}_n(\xi + \varepsilon_n) - F(\xi + \varepsilon_n) < \frac{j_n}{n} - F(\xi + \varepsilon_n)$$

und damit für $\varepsilon_n = 2n^{-1/2} \log n / f(\xi)$, also für $f(\xi)\varepsilon_n = 2n^{-1/2} \log n$, wegen

$$\frac{j_n}{n} - F(\xi + \varepsilon_n) = u + o(n^{-1/2} \log n) - F(\xi) - f(\xi)\varepsilon_n - o(\varepsilon_n) = f(\xi)\varepsilon_n + o(\varepsilon_n)$$

nach der Hoeffding-Ungleichung 5.17 für hinreichend großes n

$$\mathbb{P}(X_{n\uparrow j_n} > \xi + \varepsilon_n) \leq \exp\left[-2n\left(\frac{j_n}{n} - F(\xi + \varepsilon_n)\right)^2\right] \leq \exp[-8\log^2 n + o(\log^2 n)]$$

$$\leq \exp[-2\log n] = n^{-2}.$$

Die analoge Abschätzung ergibt sich für $\mathbb{P}(X_{n\uparrow j_n} < \xi - \varepsilon_n)$ und damit

$$\sum \mathbb{P}(|X_{n\uparrow j_n} - \xi| > \varepsilon_n) \leq 2 \sum n^{-2} < \infty$$

Also folgt nach dem Borel-Cantelli-Lemma für hinreichend großes n

$$|X_{n\uparrow j_n} - \xi| \leq \varepsilon_n \quad [F], \quad \text{d.h.} \quad X_{n\uparrow j_n} - \xi = O(\varepsilon_n) \quad [F]. \quad \square$$

Satz 7.113 (Bahadur-Darstellung) *X_j, $j \in \mathbb{N}$, seien st.u. ZG mit derselben eindimensionalen VF F, die in der Umgebung einer Stelle $\xi = F^{-1}(u)$, $0 < u < 1$, zweimal differenzierbar ist mit Ableitung $f(\xi) := F'(\xi) > 0$. Dann gilt*[64] *bei $j_n/n = u + o(n^{-1/2} \log n)$*

$$X_{n\uparrow j_n} - \xi = \frac{j_n/n - \widehat{F}_n(\xi)}{f(\xi)} + O(n^{-3/4} \log n) \quad [F]. \tag{7.2.59}$$

Beweis: Durch Anwendung der Taylorformel folgt wegen der zweimaligen Differenzierbarkeit von F

$$F(X_{n\uparrow j_n}) - F(\xi) = (X_{n\uparrow j_n} - \xi) f(\xi) + O((X_{n\uparrow j_n} - \xi)^2),$$

wobei für das Restglied nach Hilfssatz 7.112 gilt $O(n^{-1}(\log n)^2)$ $[F]$. Andererseits ist wegen $f(\xi) > 0$ die Größenordnung von $F(X_{n\uparrow j_n}) - F(\xi)$ gleich derjenigen von $X_{n\uparrow j_n} - \xi$, nämlich $O(n^{-1/2} \log n)$ $[F]$. Somit erhält man aus Korollar 7.94 für $r_n = c n^{-1/2} \log n$

$$\Delta_n = \sup\{|\widehat{F}_n(\xi + x) - \widehat{F}_n(\xi) - F(\xi + x) + F(\xi)| : x \leq r_n\} = O(n^{-3/4} \log n) \quad [F].$$

Mit $c := 2/f(\xi)$ folgt hieraus wie behauptet

$$\frac{j_n}{n} - \widehat{F}_n(\xi) = \widehat{F}_n(X_{n\uparrow j_n}) - \widehat{F}_n(\xi)$$

$$= [F(X_{n\uparrow j_n}) - F(\xi)] + [\widehat{F}_n(X_{n\uparrow j_n}) - \widehat{F}_n(\xi) - F(X_{n\uparrow j_n}) + F(\xi)]$$

$$= (X_{n\uparrow j_n} - \xi) f(\xi) + O(n^{-3/4} \log n) \quad [F]. \quad \square$$

Die Bahadur-Darstellung hat die verschiedensten Anwendungen; z.B. folgt das

Korollar 7.114 (Gesetz vom iterierten Logarithmus) *Es seien die Voraussetzungen von Satz 7.113 erfüllt, $j_n/n = u + o(n^{-1/2})$ und $c^2 = c^2(u) = u(1-u)/f^2(\xi)$, $\xi = F^{-1}(u)$. Dann gilt*

$$\limsup_{n \to \infty} \frac{\sqrt{n}(X_{n\uparrow j_n} - \xi)}{\sqrt{2 \log \log n}} = c \quad [F], \quad \liminf_{n \to \infty} \frac{\sqrt{n}(X_{n\uparrow j_n} - \xi)}{\sqrt{2 \log \log n}} = -c \quad [F].$$

Beweis: Mit (7.2.59) und $j_n/n = u + o(n^{-1/2})$ gilt nach dem Gesetz vom iterierten Logarithmus für Summen st.u. glv. ZG mit $\sigma^2(u) = u(1-u)$

---
[64] Diese Konvergenzrate ist nicht die best-mögliche; vgl. J. Kiefer: Ann. Math. Stat. 38 (1967) 1323–1342.

582 7 Nichtparametrische Funktionale und ihre kanonischen Schätzer

$$\limsup_{n\to\infty} \frac{\sqrt{n}(X_{n\uparrow j_n} - \xi)}{\sqrt{2\log\log n}} = \limsup_{n\to\infty} \frac{\sqrt{n}(u - \widehat{F}_n(\xi)) + o(1)}{\sqrt{2\log\log n}\, f(\xi)}$$
$$+ O(n^{-1/4}\log n / \sqrt{\log\log n})$$
$$= -\frac{1}{f(\xi)} \liminf_{n\to\infty} \frac{\sqrt{n}(\widehat{F}_n(\xi) - F(\xi))}{\sqrt{2\log\log n}} = \frac{\sigma(u)}{f(\xi)} = c \quad [F].$$

Analog ergibt sich die zweite Behauptung. □

Die Bahadur-Darstellung ermöglicht auch eine einfache Herleitung der gemeinsamen Limesverteilung von endlich vielen empirischen Quantilen, also von

$$\sqrt{n}\big[\big(\widehat{F}_n^{-1}(u_1 + 0), \ldots, \widehat{F}_n^{-1}(u_m + 0)\big)^\top - \big(F^{-1}(u_1), \ldots, F^{-1}(u_m)\big)^\top\big] \qquad (7.2.60)$$

für $0 < u_1 < \ldots < u_m < 1$, $m \geq 1$, oder allgemeiner diejenige eines m-Tupels zentraler Ordnungsstatistiken $X_{n\uparrow j_{ni}}$ mit $j_{ni}/n = u_i + \eta_i/\sqrt{n} + o(n^{-1/2})$, $i = 1, \ldots, m$, aus derjenigen von

$$\sqrt{n}\big[\big(\widehat{F}_n(\xi_1), \ldots, \widehat{F}_n(\xi_m)\big)^\top - \big(F(\xi_1), \ldots, F(\xi_m)\big)^\top\big] \qquad (7.2.61)$$

mit $\xi_i = F^{-1}(u_i)$, $i = 1, \ldots, m$, sofern in allen diesen Punkten die Voraussetzungen von Satz 7.113 erfüllt sind. Die Bahadur-Darstellung liefert also einen vom Beweis von Satz 7.110 verschiedenen Nachweis der asymptotischen Normalität zentraler Ordnungsstatistiken, der insbesondere im mehrdimensionalem Fall erheblich einfacher ist. Dabei sind allerdings in Satz 7.113 die Voraussetzungen an F etwas schärfer als in Satz 7.110.

Satz 7.115 (Asymptotische Normalität) *$X_j, j \in \mathbb{N}$, seien st.u. ZG mit derselben eindimensionalen VF F, die in der Umgebung der Stellen $\xi_i = F^{-1}(u_i)$, $1 \leq i \leq m$, $0 < u_1 < \ldots < u_m < 1$, stetig differenzierbar sei mit Ableitung $f(\xi_i) = F'(\xi_i) > 0$. Für $n \in \mathbb{N}$ seien $1 \leq j_{n1} \leq \ldots \leq j_{nm} \leq n$ mit $j_{ni} = nu_i + \sqrt{n}\eta_i + o(\sqrt{n})$, $i = 1, \ldots, m$. Dann gilt mit $\Gamma_\mathbf{B}(u,v) = u \wedge v - uv$*

$$\mathfrak{L}_F\Big(\sqrt{n}\big(X_{n\uparrow j_{ni}} - F^{-1}(u_i)\big)_{1\leq i\leq m}\Big) \xrightarrow{\mathfrak{L}} \mathfrak{N}\Big(\Big(\frac{\eta_i}{f(\xi_i)}\Big)_{1\leq i\leq m}, \Big(\frac{\Gamma_\mathbf{B}(u_i, u_\ell)}{f(\xi_i)f(\xi_\ell)}\Big)_{1\leq i,\ell\leq m}\Big).$$
(7.2.62)

Insbesondere gilt für die gemeinsame Verteilung endlich vieler empirischer Quantile

$$\mathfrak{L}_F\Big(\sqrt{n}\big(\widehat{F}_n^{-1}(u_i + 0) - F^{-1}(u_i)\big)_{1\leq i\leq m}\Big) \xrightarrow{\mathfrak{L}} \mathfrak{N}\Big(0, \Big(\frac{\Gamma_\mathbf{B}(u_i, u_\ell)}{f(\xi_i)f(\xi_\ell)}\Big)_{1\leq i,\ell\leq m}\Big). \quad (7.2.63)$$

Beweis: Wir betrachten zunächst den Fall st.u. $\mathfrak{R}$-verteilter ZG U_j, $j \in \mathbb{N}$. Da für deren VF die Voraussetzungen von Satz 7.113 erfüllt sind, gilt für jedes feste $i = 1, \ldots, m$ nach (7.2.59)

$$\sqrt{n}(U_{n\uparrow j_{ni}} - u_i) = \eta_i - \sqrt{n}(\widehat{J}_n(u_i) - u_i) + o(1) \quad [F]$$

und damit nach Satz 7.87b

$$\mathfrak{L}\big(\sqrt{n}(U_{n\uparrow j_{ni}} - u_i)_{1 \leq i \leq m}\big) \xrightarrow[\mathfrak{L}]{} \mathfrak{N}\big((\eta_i)_{1 \leq i \leq m}, (\Gamma_{\mathbf{B}}(u_i, u_\ell))_{1 \leq i, \ell \leq m}\big).$$

Ist nun F eine beliebige VF, welche die Voraussetzungen des Satzes erfüllt, so ist F^{-1} in u_i, $i = 1, \ldots, m$, stetig differenzierbar mit Ableitung $1/f(F^{-1}(u_i))$, $i = 1, \ldots, m$. Da $\big(X_{n\uparrow j_{n1}}, \ldots, X_{n\uparrow j_{nm}}\big)^\top$ nach Hilfssatz 7.99a verteilungsgleich ist mit $\big(F^{-1}(U_{n\uparrow j_{n1}}), \ldots, F^{-1}(U_{n\uparrow j_{nm}})\big)^\top$, ergibt sich die Behauptung analog zum Satz von Cramér 5.107b durch Linearisierung gemäß

$$F^{-1}(U_{n\uparrow j_{ni}}) - F^{-1}(u_i) = (F^{-1})'(u_i)(U_{n\uparrow j_{ni}} - u_i) + o_p(n^{-1/2}). \quad \square$$

Man beachte, daß die Voraussetzungen von Satz 7.115 speziell für $F = \mathfrak{R}$ erfüllt sind. Ein Vergleich mit Satz 7.87b zeigt dann, daß sich in diesem Fall die empirische VF und die empirische Quantilfunktion asymptotisch gleichartig verhalten.
Die Gültigkeit von (7.2.62) im allgemeinen Fall wurde dadurch sichergestellt, daß F in der Umgebung der Stellen $\xi_i = F^{-1}(u_i)$, $i = 1, \ldots, m$, stetig differenzierbar sein sollte mit Ableitung $f(\xi_i) = F'(\xi_i) > 0$. In Kap. 9 wird die entsprechende Voraussetzung an allen Stellen ξ des konvexen Trägers von F benötigt. Deshalb wird dort vorausgesetzt, daß F eine λ-Dichte f besitzt, die auf dem Innern des konvexen Trägers von F strikt positiv ist. Dann ist F^{-1} auf $(0,1)$ lokal absolut stetig mit der positiven und endlichen *Quantildichte*

$$q(u) = \frac{1}{f(F^{-1}(u))}, \quad 0 < u < 1, \tag{7.2.64}$$

wobei nach Hilfssatz 1.17e für alle $0 < s < t < 1$ gilt

$$\int_s^t q(u)\,du = \int_s^t \frac{1}{f(F^{-1}(u))}\,du = \int_{F^{-1}(s)}^{F^{-1}(t)} \frac{1}{f(x)} f(x)\,dx = F^{-1}(t) - F^{-1}(s).$$

Aus der Voraussetzung $f > 0$ auf dem Innern des konvexen Trägers von F folgt speziell, daß $0 < F(x) = F(x+h) < 1$ für kein $h > 0$ und kein $x \in \mathbb{R}$ gelten kann. Dieses wiederum impliziert nach Hilfssatz 1.18, daß F^{-1} in $(0,1)$ stetig ist. Zusammen mit der Stetigkeit von f ist dann auch die Quantildichte q stetig und folglich F^{-1} stetig differenzierbar.

7 Nichtparametrische Funktionale und ihre kanonischen Schätzer

Die für zentrale Ordnungsgrößen hergeleitete Verteilungsaussage 7.115 soll nun auf zwei Typen von Statistiken angewendet werden und zwar zunächst auf *L-Statistiken mit diskreten Gewichten*, d.h. auf Größen der Form

$$L_n = \sum_{i=1}^{m} c_{ni} X_{n\uparrow j_{ni}} \qquad (7.2.65)$$

mit festem m. Zur asymptotischen Behandlung unter einer VF F setzen wir für jedes $1 \leq i \leq m$ die Konvergenz der Indexfolgen (j_{ni}) gemäß (7.2.45) voraus, d.h.

$$j_{ni}/n \to u_i, \quad 1 < j_{ni} < n, \quad 0 < u_1 < \ldots < u_m < 1. \qquad (7.2.66)$$

Weiter wird für die Gewichte c_{ni} und die Stellen u_i gefordert

$$c_{ni} \to : c_i \in \mathbb{R}, \quad u_i \in C(F^{-1}), \quad 1 \leq i \leq m. \qquad (7.2.67)$$

Dann läßt sich das asymptotische Verhalten leicht angeben. Bezeichnet nämlich

$$\gamma(F) = \sum_{i=1}^{m} c_i F^{-1}(u_i) \qquad (7.2.68)$$

das zugehörige *L*-Funktional mit den diskreten Gewichten c_i, $1 \leq i \leq m$, so folgt mit dem Lemma von Cramér-Wold 5.69 aus Satz 7.115 unmittelbar das

Korollar 7.116 (*L-Statistiken mit diskreten Gewichten*) *Für $n \in \mathbb{N}$ seien $X_1, \ldots, X_n$ st.u. ZG mit derselben VF F. Weiter seien $m \in \mathbb{N}$ fest, $c_{n1}, \ldots, c_{nm} \in \mathbb{R}$ für $n \in \mathbb{N}$ und $u_1, \ldots, u_m \in (0,1)$ vorgegebene reelle Zahlen mit (7.2.67) sowie $\gamma(\cdot)$ das durch (7.2.68) definierte L-Funktional. Dann ist unter den Voraussetzungen von Satz 7.115 die L-Statistik (7.2.65) asymptotisch normal, d.h. es gilt*

$$\mathcal{L}_F\bigl(\sqrt{n}(L_n - \gamma(F))\bigr) \xrightarrow[\mathcal{L}]{} \mathfrak{N}(0, \sigma^2),$$
$$\sigma^2 = \sum_{i=1}^{m} \sum_{\ell=1}^{m} c_i c_\ell \frac{\Gamma_{\mathbf{B}}(u_i, u_\ell)}{f(F^{-1}(u_i)) f(F^{-1}(u_\ell))}. \qquad (7.2.69)$$

Dabei läßt sich L_n auch durch $\gamma(\widehat{F}_n)$ ersetzen.

Beispiel 7.117 Sind die Voraussetzungen von Satz 7.115 für $m = 2$, $u_1 = 1/4$ und $u_2 = 3/4$ erfüllt, so gilt mit $\xi_1 = F^{-1}(1/4)$ und $\xi_2 = F^{-1}(3/4)$ sowie $\zeta_1 := 1/f(\xi_1)$ und $\zeta_2 := 1/f(\xi_2)$

$$\mathcal{L}_F \begin{pmatrix} \sqrt{n}(\widehat{F}_n^{-1}(1/4) - F^{-1}(1/4)) \\ \sqrt{n}(\widehat{F}_n^{-1}(3/4) - F^{-1}(3/4)) \end{pmatrix} \xrightarrow[\mathcal{L}]{} \mathfrak{N}\left(\begin{pmatrix} 0 \\ 0 \end{pmatrix}, \begin{pmatrix} 3\zeta_1^2/16 & \zeta_1\zeta_2/16 \\ \zeta_1\zeta_2/16 & 3\zeta_2^2/16 \end{pmatrix} \right).$$

Daraus folgt für den *empirischen Quartilabstand*[65] $\widehat{F}_n^{-1}(3/4) - \widehat{F}_n^{-1}(1/4)$ mit (7.2.70)

$$\mathcal{L}_F\bigl(\sqrt{n}\bigl(\widehat{F}_n^{-1}(3/4) - \widehat{F}_n^{-1}(1/4) - F^{-1}(3/4) + F^{-1}(1/4)\bigr)\bigr) \xrightarrow[\mathcal{L}]{} \mathfrak{N}(0, (3\zeta_1^2 - 2\zeta_1\zeta_2 + 3\zeta_2^2)/16).$$

---
[65] Wegen der Stetigkeit der Limesverteilung ist es gleichgültig, ob man diesen in der Form $\widehat{F}_n^{-1}(3/4) - \widehat{F}_n^{-1}(1/4)$, $\widehat{F}_n^{-1}(3/4 + 0) - \widehat{F}_n^{-1}(1/4)$ oder $\widehat{F}_n^{-1}(3/4) - \widehat{F}_n^{-1}(1/4 + 0)$ definiert.

Weitere wichtige Spezialfälle sind neben dem Stichproben-Quartilabstand etwa die Stichproben-Quartilmitte $\gamma(\widehat{F}_n) = \frac{1}{2}\big(\widehat{F}_n^{-1}(\frac{3}{4}) + \widehat{F}_n^{-1}(\frac{1}{4})\big)$ und der *Gastwirth-Schätzer*

$$L_n = \frac{3}{10}X_{n\uparrow[n/4]} + \frac{4}{10}X_{n\uparrow[n/2]} + \frac{3}{10}X_{n\uparrow[3n/4]}. \quad \Box \tag{7.2.70}$$

Die zweite Anwendung von Satz 7.115 besteht in der Festlegung von χ^2-Tests zur Prüfung einfacher wie zusammengesetzter Nullhypothesen mit einer von den Beobachtungen abhängenden Zelleinteilung. Wie bereits in Anmerkung 6.59b bemerkt wurde, läßt sich nur durch eine solche die zur asymptotischen Anwendung der klassischen χ^2-Prüfgrößen (6.2.6) bzw. (6.2.10) erforderliche Bedingung hinreichend großer Zellbelegungen erfüllen. Wir beschränken uns im folgenden auf den Fall der Prüfgröße einer einfachen Nullhypothese über eine eindimensionale VF[66]. Seien also $X_1, \ldots, X_n$ st.u. ZG mit derselben VF F. Bezeichnen $1 \leq r_{n1} < \ldots < r_{nk} \leq n$ vorgegebene natürliche Zahlen und wählt man als Zellen die Intervalle $C_{n\ell} := (X_{n\uparrow r_{n\ell-1}}, X_{n\uparrow r_{n\ell}}]$, $\ell = 1, \ldots, s := k+1$, mit $X_{n\uparrow r_{n0}} := -\infty$, $X_{n\uparrow r_{ns}} := \infty$, so sind die „Zell-WS" $F(C_{n\ell}) = F(X_{n\uparrow r_{n\ell}}) - F(X_{n\uparrow r_{n\ell-1}})$ zufallsabhängig, dagegen die Zellhäufigkeiten $h_{n\ell} = r_{n\ell} - r_{n\ell-1}$, $\ell = 1, \ldots, s$, mit $r_{n0} := 0$, $r_{ns} := n$ vorgegeben. Zur Prüfung der Hypothese $\mathbf{H} : F = F_0$ gegen $\mathbf{K} : F \neq F_0$ ist also

$$Q_n = \sum_{\ell=1}^s \frac{\big(nF_0(C_{n\ell}) - h_{n\ell}\big)^2}{nh_{n\ell}} \tag{7.2.71}$$

eine naheliegende, (6.2.6) entsprechende Teststatistik. Dabei ist unter $\mathbf{H}$

$$F_0(C_{n\ell}) = F_0(X_{n\uparrow r_{n\ell}}) - F_0(X_{n\uparrow r_{n\ell-1}}) = U_{n\uparrow r_{n\ell}} - U_{n\uparrow r_{n\ell-1}}, \quad \ell = 1, \ldots, s,$$

wenn $U_{n\uparrow r_{n1}}, \ldots, U_{n\uparrow r_{nk}}$ die Ordnungsgrößen zu st.u. $\mathfrak{R}$-verteilten ZG $U_1, \ldots, U_n$ der entsprechenden Rangzahlen sind und $U_{n\uparrow r_{n0}} := 0$, $U_{n\uparrow r_{ns}} := 1$ ist. Die Limesverteilung von Q_n unter $\mathbf{H} : F = F_0$ ist also durch die (gemeinsame) Limesverteilung von $(U_{n\uparrow r_{n1}}, \ldots, U_{n\uparrow r_{nk}})$ bestimmt. Aus Satz 7.115 folgt für diese das

Korollar 7.118 *Für* $n \in \mathbb{N}$ *seien* $X_1, \ldots, X_n$ *st.u. ZG mit derselben VF* F_0 *und* $1 \leq r_{n1} < \ldots < r_{nk} \leq n$ *vorgegebene natürliche Zahlen. Bei ebenfalls vorgegebenen Zahlen* $\pi_\ell > 0$, $\ell = 1, \ldots, s = k+1$ *mit* $\sum_{\ell=1}^s \pi_\ell = 1$ *gelte für* $n \to \infty$

$$\frac{h_{n\ell}}{n} = \frac{r_{n\ell} - r_{n\ell-1}}{n} = \pi_\ell + o\big(n^{-1/2}\big) \quad \text{für} \quad \ell = 1, \ldots, s. \tag{7.2.72}$$

Dann gilt unter den Voraussetzungen von Satz 7.115 mit der $s \times s$-*Kovarianzmatrix* $\mathscr{V} = (\pi_i(\delta_{i\ell} - \pi_\ell))_{1 \leq i,\ell \leq s}$

a) $\quad \mathfrak{L}_{F_0}\big(\sqrt{n}(F_0(X_{n\uparrow r_{n\ell}}) - F_0(X_{n\uparrow r_{n\ell-1}}) - \pi_\ell),\ \ell = 1, \ldots, s\big) \xrightarrow[\mathcal{L}]{} \mathfrak{N}(0, \mathscr{V})$;

b) $\quad \mathfrak{L}_{F_0}(Q_n) \xrightarrow[\mathcal{L}]{} \chi_k^2$.

---
[66]Zur Behandlung allgemeinerer Situationen vgl. H. Witting: Arch. Math. 10 (1959) 468–479 und D. S. Moore, M. C. Spruill: Ann. Stat. 3 (1975) 599–616

Beweis: a) Aus (7.2.72) folgt mit $u_i := \sum_{\ell=1}^{i} \pi_\ell$, $i = 1, \ldots, k$

$$r_{ni}/n = u_i + o(n^{-1/2}) \quad \text{für} \quad i = 1, \ldots, k$$

und damit nach Satz 7.115 mit der $k \times k$-Matrix $\mathscr{U} = (u_i \wedge u_\ell - u_i u_\ell)_{1 \le i, \ell \le k}$

$$\mathfrak{L}_{F_0}\left(\sqrt{n}(F_0(X_{n\uparrow r_{ni}}) - u_i)\right), \quad i = 1, \ldots, k) \xrightarrow[\mathfrak{L}]{} \mathfrak{N}(0, \mathscr{U}).$$

Bezeichnet $\mathscr{C}$ die $(k+1) \times k$-Matrix mit den Elementen $c_{\ell\ell} = 1$, $c_{\ell+1,\ell} = -1$ für $\ell = 1, \ldots, k$ und $c_{i\ell} = 0$ sonst, so folgt die Behauptung aus dem Satz 5.43 über stetige Abbildungen und dem Transformationsverhalten von Normalverteilungen wegen der (durch Ausmultiplizieren leicht verifizierbaren) Beziehung $\mathscr{C}\mathscr{U}\mathscr{C}^\top = \mathscr{V}$.

b) Da $\mathscr{V}$ die Limes-Kovarianzmatrix einer $(k+1)$-dimensionalen $\mathfrak{M}(n.\pi)$-Verteilung ist, folgt die Behauptung wegen $s = k + 1$ aus Satz 5.130a. □

7.2.4 Konvergenz extremer Ordnungsstatistiken

Neben den in 7.2.3 betrachteten zentralen Ordnungsstatistiken spielen in Theorie und Anwendungen die *extremen Ordnungsstatistiken*[67], also die Statistiken $X_{n\uparrow j_n}$ mit $j_n/n \to 1$ bzw. $j_n/n \to 0$ für $n \to \infty$, eine wichtige Rolle. So ist etwa die *Maximum-Statistik* $X_{n\uparrow n} = \max_{1 \le j \le n} X_j$ für die Praxis von großem Interesse, z.B. bei der Bestimmung der Reißfestigkeit von Seilen, der Dimensionierung von Deichen oder der Berücksichtigung außergewöhnlich hoher Schadensforderungen. Von theoretischer wie praktischer Bedeutung ist auch die *Minimum-Statistik* $X_{n\uparrow 1} = \min_{1 \le j \le n} X_j$. Wir beschränken uns[68] im folgenden weitgehend auf die Diskussion des asymptotischen Verhaltens der Maximum-Statistik. Aus diesem ergibt sich unmittelbar dasjenige der Minimum-Statistik sowie durch einige Zusatzüberlegungen auch das der Ordnungsstatistiken $X_{n\uparrow n-k}$ und $X_{n\uparrow k}$ mit festem $k \in \mathbb{N}$. Durchgängig wird wieder vorausgesetzt, daß die zugrundeliegenden ZG X_j, $j \in \mathbb{N}$, st.u. sind und dieselbe eindimensionale VF F besitzen. Mit

$$s(F) := F^{-1}(1) = \sup\{x : F(x) < 1\}, \quad i(F) := F^{-1}(0) = \inf\{x : F(x) > 0\}$$

werde das Supremum bzw. Infimum des (konvexen) Trägers von F bezeichnet. Die Maximum- bzw. Minimum-Statistik sind konsistente Schätzer für diese beiden Funktionale. Hierzu verifizieren wir zunächst den einfachen, auch später benötigten

Hilfssatz 7.119 $U_1, \ldots, U_n$ *seien st.u. $\mathfrak{R}$-verteilte ZG. Dann gilt für jedes $\kappa > 0$*

$$\mathbb{P}\left(n^{-\kappa-1} \le U_{n\uparrow 1} \le U_{n\uparrow n} \le 1 - n^{-\kappa-1}\right) \ge 1 - 2n^{-\kappa}.$$

---

[67] Diese Thematik wird hier vergleichsweise knapp behandelt. Für eine ausführlichere Darstellung vgl. D. Pfeifer: Einführung in die Extremwertstatistik, Teubner (1989) oder R.-D. Reiss: Approximate Distributions of Order Statistics, Springer (1989).
[68] Wir gehen hier nicht auf die sog. „intermediate order statistics" ein, d.h. auf Statistiken $x_{n\uparrow j(n)}$ mit $j(n) \to \infty$ bzw. $n - j(n) \to \infty$ und $j(n)/n \to 0$ bzw. $j(n)/n \to 1$.

Beweis: Dieser ergibt sich aus der Bernoulli-Ungleichung gemäß

$$\mathbb{P}\big(U_{n\uparrow n} > 1 - n^{-\kappa-1}\big) = \mathbb{P}\big(U_{n\uparrow 1} < n^{-\kappa-1}\big) = 1 - \big(1 - n^{-\kappa-1}\big)^n$$

$$\leq 1 - \big(1 - nn^{-\kappa-1}\big) = n^{-\kappa}. \quad \square$$

Satz 7.120 *Seien X_j, $j \in \mathbb{N}$, st.u. ZG mit VF F. Dann gilt*

$$X_{n\uparrow n} \to s(F) \ [F], \quad X_{n\uparrow 1} \to i(F) \ [F]. \tag{7.2.73}$$

Beweis: Im Fall $F = \mathfrak{R}$ folgt aus Hilfssatz 7.119 mit dem Borel-Cantelli-Lemma

$$U_{n\uparrow n} \to 1 \ [\mathfrak{R}], \quad U_{n\uparrow 1} \to 0 \ [\mathfrak{R}]$$

und damit die Behauptung mittels der verteilungsgleichen Ersetzung $X_j = F^{-1}(U_j)$ sowie der links- bzw. rechtsseitigen Stetigkeit von F^{-1} in 1 bzw. 0. $\square$

Im Limesverhalten bzgl. der Verteilungskonvergenz weichen die extremen Ordnungsstatistiken stark von dem der zentralen Ordnungsstatistiken ab. Während sich nämlich letztere – wie die Bahadur-Darstellung 7.113 gezeigt hat – bei Zugrundeliegen von st.u. glv. ZG unter schwachen Regularitätsvoraussetzungen wie Durchschnitte von derartigen ZG verhalten, d.h. nach Zentrierung an $F^{-1}(u)$ und Reskalierung mit dem Faktor $\sqrt{n}$ asymptotisch normal sind (mit einer nicht-degenerierten Limesvarianz), treten bei extremen Ordnungsstatistiken – wie auch bereits Beispiel 6.6 gezeigt hat – gänzlich andere Typen von Limesverteilungen und von $n^{-1/2}$ verschiedene Konvergenzraten auf. Es wird sich zeigen, daß für die Maximum-Statistik drei Typen von Limesverteilungen möglich sind, deren VF $F(x)$ sich darstellen lassen in der Form $\exp(-q(x))$, wobei $q(x) = \exp(-x)$ oder ein algebraischer Ausdruck in x ist. Bei der Untersuchung dieses Limesverhaltens handelt es sich also um die Frage der Existenz und expliziten Bestimmung von Konstanten $a_n \in \mathbb{R}$ und $b_n > 0$ sowie einer eindimensionalen Verteilung $\mathfrak{E}$ mit

$$\mathfrak{L}\big(b_n^{-1}(X_{n\uparrow n} - a_n)\big) \xrightarrow{\mathfrak{L}} \mathfrak{E}. \tag{7.2.74}$$

Dabei sind nach dem Typenkonvergenzsatz 5.88 der Typ von $\mathfrak{E}$ und im wesentlichen auch die Konstanten a_n und b_n eindeutig bestimmt. Besitzt nämlich die Statistik $b_n^{-1}(X_{n\uparrow n} - a_n)$ eine nicht-degenerierte Limesverteilung mit VF G, so hat nach Korollar 5.89 $\widetilde{b}_n^{-1}(X_{n\uparrow n} - \widetilde{a}_n)$ genau dann einen nicht-degenerierten Limes H, wenn

$$(a_n - \widetilde{a}_n)/\widetilde{b}_n \to: A \in \mathbb{R}, \quad b_n/\widetilde{b}_n \to: B \in (0, \infty) \text{ und } H(x) = G(A + Bx), \ x \in \mathbb{R},$$

gilt. Es soll zunächst für einige einfache Situationen die Limesverteilung der Maximum-Statistik explizit angegeben werden. Diese Beispiele beruhen darauf, daß bei Zugrundeliegen von st.u. ZG mit derselben VF F die Maximum-Statistik die VF F^n hat und somit die Aussage (7.2.74) äquivalent ist mit

$$\mathbb{P}(X_{n\uparrow n} \leq a_n + b_n x) = F^n(a_n + b_n x) \to G(x) \quad \forall x \in C(G).$$

Dabei bezeichnet G die VF von $\mathfrak{E}$.

Beispiel 7.121 Für $n \in \mathbb{N}$ seien $X_1, \ldots, X_n$ st.u. reellwertige ZG mit derselben VF F. Dann gilt für das Maximum $X_{n\uparrow n}$ nach Standardisierung gemäß $b_n^{-1}(X_{n\uparrow n} - a_n)$ bei

a) $F = \mathfrak{G}(1)$, also bei $F(x) = (1 - e^{-x})\mathbf{1}_{[0,\infty)}(x)$, und $b_n = 1$, $a_n = \log n$

$$\mathbb{P}(X_{n\uparrow n} - \log n \leq x) = F^n(x + \log n) = (1 - \exp(-x - \log n))^n \mathbf{1}_{[0,\infty)}(x + \log n)$$

$$= \left(1 - \frac{1}{n}e^{-x}\right)^n \mathbf{1}_{[-\log n, \infty)}(x) \to \exp(-e^{-x}).$$

b) (Pareto-Verteilung) $F(x) = (1 - x^{-\kappa})\mathbf{1}_{[1,\infty)}(\kappa)$, $\kappa > 0$, mit $b_n = n^{1/\kappa}$, $a_n = 0$:

$$\mathbb{P}\left(n^{-1/\kappa} X_{n\uparrow n} \leq x\right) = F^n(n^{1/\kappa} x) = \left(1 - \frac{1}{n} x^{-\kappa}\right)^n \mathbf{1}_{[n^{-1/\kappa}, \infty)}(x)$$

$$\to \left(1 - e^{-x^{-\kappa}}\right)\mathbf{1}_{(0,\infty)}(x).$$

c) $F(x) = (1 - (-x)^\kappa)\mathbf{1}_{(-1,0)}(x) + \mathbf{1}_{[0,\infty)}(x)$, $\kappa > 0$, mit $b_n = n^{-1/\kappa}$, $a_n = 0$:

$$\mathbb{P}\left(n^{1/\kappa} X_{n\uparrow n} \leq x\right) = F^n(n^{-1/\kappa} x) = \left(1 - \frac{1}{n}(-x)^{-\kappa}\right)^n \mathbf{1}_{(-n\kappa, 0)}(x) + \mathbf{1}_{[0,\infty)}(x)$$

$$\to e^{-(-x)^\kappa} \mathbf{1}_{(-\infty, 0)}(x) + \mathbf{1}_{[0,\infty)}(x). \quad \square$$

Es wird sich zeigen, daß die in diesem Beispiel auftretenden drei Limesverteilungen bereits die Gesamtheit aller Möglichkeiten erfassen. Wir geben deshalb die folgende

Definition 7.122 Eine eindimensionale Verteilung heißt eine

1) *Gumbel-Verteilung* $\mathfrak{E}_0$, wenn für die zugehörige VF G_0 gilt

$$G_0(x) = \exp[-\exp(-x)], \quad x \in \mathbb{R}; \tag{7.2.75}$$

2) *Fréchet-Verteilung* $\mathfrak{E}_{1,\kappa}$, $\kappa > 0$, wenn für die zugehörige VF $G_{1,\kappa}$ gilt

$$G_{1,\kappa}(x) = \exp[-x^{-\kappa}]\mathbf{1}_{(0,\infty)}(x), \quad x \in \mathbb{R}; \tag{7.2.76}$$

3) *Weibull-Verteilung*[69] $\mathfrak{E}_{2,\kappa}$, $\kappa > 0$, wenn für die zugehörige VF $G_{2,\kappa}$ gilt

$$G_{2,\kappa}(x) = \exp[-(-x)^\kappa]\mathbf{1}_{(-\infty, 0)}(x) + \mathbf{1}_{[0,\infty)}(x), \quad x \in \mathbb{R}. \tag{7.2.77}$$

Die drei möglichen Typen der Limesverteilungen von Minimum-Statistiken $X_{n\uparrow 1}$ gehen aus diesen durch geeignete Spiegelung am Nullpunkt hervor.

In den drei Beispielen 7.121 ließ sich die Limesverteilung – auch im Vergleich zur Vorgehensweise beim Beweis des zentralen Grenzwertsatzes – analytisch sehr einfach bestimmen. Dies liegt daran, daß hier nur Potenzen der VF F zu betrachten sind und nicht die vergleichsweise komplizierten Faltungsprodukte $F^{*(n)}$. Das Auf-

---

[69] Die hier nach Weibull bezeichnete Verteilung ergibt sich aus der in (1.1.7) angegebenen Verteilung, wenn man dort $\lambda = 1$ setzt und diese Verteilung dann am Nullpunkt spiegelt.

treten der Exponentialfunktion in den analytischen Ausdrücken der Limes-VF läßt sich mittels der bekannten Approximation $(1-t)^n \approx e^{-nt}$ für $0 \leq t < 1$ und große n motivieren. Mit dieser erhält man nämlich approximativ

$$F^n(a_n + b_n x) = \bigl(1 - [1 - F(a_n + b_n x)]\bigr)^n \approx \exp[-n(1 - F(a_n + b_n x))]. \qquad (7.2.78)$$

Die Konstanten $a_n \in \mathbb{R}$ und $b_n \in (0, \infty)$ sind also letztlich so zu bestimmen, daß $\exp[-n(1-F(a_n+b_nx))]$ gegen eine nicht-degenerierte VF $\exp[-q(x)]$ strebt. Genau dann hat nämlich die standardisierte ZG $b_n^{-1}(X_{n\uparrow n} - a_n)$ eine nicht-degenerierte Limesverteilung der behaupteten Form. Zur Präzisierung dieser heuristischen Überlegungen benötigt man die folgenden beiden Hilfsaussagen:

Hilfssatz 7.123 *Für $n \to \infty$ gilt*

$$\sup_{0 \leq t \leq 1} |\exp(-nt) - (1-t)^n| = O(n^{-1}). \qquad (7.2.79)$$

Beweis: Bekanntlich ist $(1-t) \leq \exp(-t)$, also $f_n(t) := \exp(-nt) - (1-t)^n \geq 0$. Grundsätzlich sind zwei Fälle denkbar: Entweder nimmt f_n das Maximum auf dem Rande $t = 1$ an – in diesem Fall ist $f_n(1) = \exp(-n)$ – oder das Maximum wird Innern angenommen, d.h. an einer Stelle $t_n \in (0,1)$ mit

$$f_n'(t_n) = -n(\exp(-nt_n) - (1-t_n)^{n-1}) = 0.$$

Hieraus folgt $t_n = 2n^{-1}(1 + O(n^{-1}))$ und damit

$$f_n(t_n) = \exp(-nt_n)[1 - (1-t_n)] = t_n \exp(-nt_n) = O(n^{-1}). \qquad \Box$$

Hilfssatz 7.123 erklärt also das Auftreten der Exponentialfunktion in (7.2.75–77). Der folgende Hilfssatz zeigt die Äquivalenz von (7.2.78) mit der behaupteten Form $\exp(-q(x))$.

Hilfssatz 7.124 *F sei eine eindimensionale VF. Weiter seien $(a_n) \subset \mathbb{R}$ sowie $(b_n) \subset (0,\infty)$ feste Zahlenfolgen. Dann ist die Gültigkeit von*

$$\lim_{n \to \infty} n[1 - F(a_n + b_n x)] = q(x) \qquad (7.2.80)$$

für jedes $x \in \mathbb{R}$ äquivalent mit derjenigen von

$$\lim_{n \to \infty} F^n(a_n + b_n x) = \exp[-q(x)]. \qquad (7.2.81)$$

(7.2.81) definiert genau dann eine VF, wenn $q : \mathbb{R} \to [0, \infty]$ antiton und rechtsseitig stetig ist mit $q(x) \to \infty$ für $x \to -\infty$ und $q(x) \to 0$ für $x \to +\infty$.

7 Nichtparametrische Funktionale und ihre kanonischen Schätzer

Beweis: Mit $t = t_n = 1 - F(a_n + b_n x)$ liefert (7.2.79) insbesondere

$$\sup_{x \in \mathbb{R}} \left| \exp(-n[1 - F(a_n + b_n y)]) - F^n(a_n + b_n x) \right| = o(1).$$

Somit gilt für jedes feste $x \in \mathbb{R}$

$$n[1 - F(a_n + b_n x)] \to q(x) \Leftrightarrow F^n(a_n + b_n x) \to \exp[-q(x)].$$

Der Zusatz folgt unmittelbar aus den definierenden Eigenschaften einer VF. □

Die bisherigen Überlegungen liefern in vielen Fällen direkt die Limesverteilung.

Beispiel 7.125 X_j, $j \in \mathbb{N}$, seien st.u. ZG mit derselben Verteilung $\mathfrak{G}(\lambda)$, $\lambda > 0$. Wegen $F(x) = [1 - \exp(-\lambda x)]\mathbf{1}_{[0,\infty)}(x)$ gilt

$$n[1 - F(a_n + b_n x)] = n\exp[-\lambda a_n]\exp[-\lambda b_n x]\mathbf{1}_{[0,\infty)}(a_n + b_n x).$$

Somit läßt sich (7.2.70) erfüllen durch $a_n = \lambda^{-1} \log n$, $b_n = \lambda^{-1}$ und $q(x) = \exp(-x)$. Da $G(x) := \exp[-\exp(-x)]$, $x \in \mathbb{R}$, eine VF ist und zwar diejenige der Gumbel-Verteilung $\mathfrak{E}_0$, gilt $\mathcal{L}_\lambda(\lambda X_{n\uparrow n} - \log n) \xrightarrow{\mathcal{L}} \mathfrak{E}_0$ wegen

$$P_\lambda\left(X_{n\uparrow n} \leq \frac{1}{\lambda}\log n + \frac{1}{\lambda}x\right) \to \exp[-\exp(-x)] \quad \forall x \in \mathbb{R}. \quad \square$$

Für die Herleitung von Kriterien zur Gültigkeit von (7.2.74) ist also die Bedingung (7.2.80) umzuschreiben. Wir tun dies zunächst zur Gewinnung hinreichender Bedingungen zur Konvergenz gegen $\mathfrak{E}_0$.

Satz 7.126 *Sei F eine eindimensionale VF. Für $t \in \mathcal{T}(F) := (i(F), s(F))$ setze man*

$$R(t) := \left(1 - F(t)\right)^{-1} \int_t^{s(F)} (1 - F(y))\,\mathrm{d}y < \infty. \tag{7.2.82}$$

Bezeichnen dann X_j, $j \in \mathbb{N}$, st.u. ZG mit derselben VF F, so gilt unter der Voraussetzung

$$\lim_{t \to s(F)} \frac{1 - F(t + xR(t))}{1 - F(t)} = \exp(-x) \quad \forall x \in \mathbb{R} \tag{7.2.83}$$

mit $a_n = F^{-1}(1 - n^{-1})$ und $b_n = R(a_n)$:

a) $\lim_{n \to \infty} n[1 - F(a_n + b_n x)] = \exp(-x) \quad \forall x \in \mathbb{R};$

b) $\mathcal{L}(b_n^{-1}(X_{n\uparrow n} - a_n)) \xrightarrow{\mathcal{L}} \mathfrak{E}_0.$ \hfill (7.2.84)

Beweis: a) Wegen $a_n \to s(F)$ für $n \to \infty$ gilt nach (7.2.83)

$$\lim_{n\to\infty} \frac{1-F(a_n+b_n x)}{1-F(a_n)} \to \exp(-x) \quad \forall x \in \mathbb{R}. \tag{7.2.85}$$

Somit ist die Behauptung äquivalent mit

$$\lim_{n\to\infty} n(1-F(a_n)) = 1.$$

Aus der Definition von a_n folgt

$$1 - F(a_n) \leq \frac{1}{n} \leq 1 - F(a_n - 0).$$

Andererseits gilt für jedes $x > 0$ wegen der Isotonie von F

$$1 - F(a_n - b_n x) \geq 1 - F(a_n - 0).$$

Aus diesen beiden Ungleichungen sowie aus (7.2.85) folgt

$$1 \geq n(1-F(a_n)) \geq \frac{1-F(a_n)}{1-F(a_n-0)} \geq \frac{1-F(a_n)}{1-F(a_n-b_n x)} \to \exp(-x).$$

Da $x > 0$ beliebig ist, folgt hieraus die Behauptung.

b) folgt aus a) mit Hilfssatz 7.124. $\square$

Beispiel 7.127 Sei $F = \phi$ die VF der $\mathfrak{N}(0,1)$-Verteilung. Dann ist $i(F) = -\infty$, $s(F) = +\infty$ und aus Satz 7.126 ergibt sich die Gültigkeit von (7.2.84) mit

$$a_n = (2\log n)^{1/2} - \frac{\log\log n + \log 4\pi}{2(2\log n)^{1/2}}, \quad b_n = \frac{1}{(2\log n)^{1/2}}. \tag{7.2.86}$$

Aus der Abschätzung (5.1.45) für den Mills-Quotienten folgt nämlich für $x > 0$

$$(x^{-1} - x^{-3})e^{-x^2/2} < (2\pi)^{1/2}(1-\phi(x)) < x^{-1}e^{-x^2/2} \tag{7.2.87}$$

und damit für jedes $t > 0$ durch Integration $\int_t^\infty (1-\phi(y))\,dy < \infty$ sowie

$$t^{-2}e^{-t^2/2} - 3\int_t^\infty y^{-3}e^{-y^2/2}\,dy \leq (2\pi)^{1/2}\int_t^\infty (1-\phi(y))\,dy$$

$$\leq t^{-2}e^{-t^2/2} - 2\int_t^\infty y^{-3}e^{-y^2/2}\,dy.$$

Also ergibt sich für $R(t)$ gemäß (7.2.82)

$$R(t) = \frac{\int_t^\infty (1-\phi(y))\,dy}{1-\phi(t)} = \frac{t^{-2}e^{-t^2/2}(1+0(t^{-2}))}{t^{-1}e^{-t^2/2}(1+0(t^{-2}))} = t^{-1} + 0(t^{-3}).$$

592 7 Nichtparametrische Funktionale und ihre kanonischen Schätzer

Andererseits ergibt sich aus (7.2.83) für $x \in \mathbb{R}$

$$\lim_{t\to\infty}\frac{1-\phi(t+xR(t))}{1-\phi(t)} = \lim_{t\to\infty}\frac{1}{\exp\left[txR(t)+\frac{1}{2}x^2R^2(t)\right]} = e^{-x}.$$

Damit sind die Voraussetzungen aus Satz 7.126 erfüllt. Dabei ist a_n wegen der Stetigkeit von ϕ eine Lösung der Gleichung $1-\phi(a_n) = n^{-1}$ sowie $b_n = R(a_n)$, wobei a_n auch durch $a_n + o(b_n)$ und b_n durch $b_n(1+o(1))$ ersetzt werden kann.

Schreibt man die Bestimmungsgleichung für a_n wegen (7.2.87) in der Form

$$a_n \leq n(2\pi)^{-1/2}\exp\left(-\frac{1}{2}a_n^2\right) \leq a_n(1-a_n^{-2})^{-1}$$

oder äquivalent gemäß

$$\log n + \log(1 - a_n^{-2}) \leq \frac{1}{2}a_n^2 + \log a_n + \frac{1}{2}\log(2\pi) \leq \log n, \tag{7.2.88}$$

so folgt $a_n = (2\log n)^{1/2}(1+o(1))$ und damit $b_n = R(a_n) = (2\log n)^{-1/2}(1+o(1))$. Also läßt sich b_n gemäß $b_n = (2\log n)^{-1/2}$ wählen. Setzt man nun a_n an in der Form

$$a_n = (2\log n)^{1/2} + k_n(2\log n)^{-1/2},$$

wobei k_n nur bis auf die Terme $o(1)$ interessiert. Hierfür ergibt sich aus (7.2.88)

$$k_n = -\frac{1}{2}(\log\log n + \log(4\pi)) + o(1),$$

so daß (7.2.86) eine mögliche Festlegung von a_n und b_n ist. □

Wir geben nun hinreichende Bedingungen für das Auftreten von $\mathfrak{E}_{1,\kappa}$ an.

Satz 7.128 *Sei F eine eindimensionale VF mit $s(F) = +\infty$ und bei $\kappa > 0$ mit*

$$\lim_{t\to\infty}\frac{1-F(tx)}{1-F(t)} = x^{-\kappa} \quad \forall x > 0. \tag{7.2.89}$$

Dann gilt mit $b_n := F^{-1}(1-n^{-1})$

a) $\quad \lim_{n\to\infty} n[1-F(b_n x)] = x^{-\kappa}\mathbf{1}_{(0,\infty)}(x) + \infty\mathbf{1}_{(-\infty,0)}(x).$

b) *Sind X_j, $j \in \mathbb{N}$, st.u. ZG mit derselben eindimensionalen VF F, so gilt*

$$\mathfrak{L}(b_n^{-1}X_{n\uparrow n}) \xrightarrow[\mathfrak{L}]{} \mathfrak{E}_{1,\kappa}. \tag{7.2.90}$$

7.2 Ordnungsstatistiken und empirische Quantile

Beweis: a) Wegen $s(F) = +\infty$ gilt $b_n \to \infty$ für $n \to \infty$. Für $x < 0$ folgt also $b_n x \to -\infty$, d.h. $1 - F(b_n x) \to 1$ bzw. $n[1 - F(b_n x)] \to \infty$. Für $x > 0$ liefert (7.2.89) mit $t = b_n$

$$\lim_{n\to\infty} \frac{1 - F(b_n x)}{1 - F(b_n)} = x^{-\kappa}.$$

Somit ist die Behauptung äquivalent mit

$$\lim_{n\to\infty} n(1 - F(b_n)) = 1.$$

Ähnliches wurde bereits bei Satz 7.126 gezeigt.

b) folgt aus a) mit Hilfssatz 7.124. □

Beispiel 7.129 Sei F die Cauchy-Verteilung, also $F(x) = \frac{1}{2} + \frac{1}{\pi}\arctg x$ für $x \in \mathbb{R}$. Dann ist $s(F) = +\infty$ und nach der Regel von L'Hospital gilt für $x > 0$

$$\lim_{t\to\infty} \frac{1 - F(tx)}{1 - F(t)} = \lim_{t\to\infty} \frac{(1+t^2)x}{(1+t^2 x^2)} = x^{-1}.$$

Somit sind die Voraussetzungen von Satz 7.128 mit $\kappa = 1$ erfüllt und es gilt (7.2.90) mit $b_n = \tg(\frac{\pi}{2} - \frac{\pi}{n})$. □

Schließlich soll noch das Auftreten von $\mathfrak{E}_{2,\kappa}$ diskutiert werden.

Satz 7.130 *Sei F eine eindimensionale VF mit $s(F) < +\infty$. Mit dieser definiert man $\check{F}(x) := F(s(F) - x^{-1})\mathbf{1}_{(0,\infty)}(x)$, für die mit $\kappa > 0$ gelte*

$$\lim_{t\to\infty} \frac{1 - \check{F}(tx)}{1 - \check{F}(t)} = x^{-\kappa}. \tag{7.2.91}$$

Dann gilt mit $a_n = s(F)$ und $b_n = s(F) - F^{-1}(1 - n^{-1})$:

a) $\lim_{n\to\infty} n[1 - F(a_n + b_n x)] = (-x)^{\kappa}\mathbf{1}_{(-\infty,0)}(x)$

b) *Sind X_j, $j \in \mathbb{N}$, st.u. ZG mit derselben eindimensionalen VF F, so gilt*

$$\mathcal{L}\big(b_n^{-1}(X_{n\uparrow n} - a_n)\big) \xrightarrow[\mathcal{L}]{} \mathfrak{E}_{2,\kappa}. \tag{7.2.92}$$

Beweis: $\check{F}$ ist eine VF mit $s(\check{F}) = +\infty$. Die Behauptung ergibt sich durch Anwendung von Satz 7.128 auf $\check{F}$. □

Beispiel 7.131 Sei $F = \mathfrak{R}$, also $F(x) = x\mathbf{1}_{(0,1]}(x) + \mathbf{1}_{(1,\infty)}(x)$. Dann ist $i(F) = 0$ und $s(F) = +1$. Für $x > 0$ sei $\check{F}(x) := F(1 - x^{-1}) = (1 - x^{-1})\mathbf{1}_{[1,\infty)}(x)$. Dann gilt

$$\lim_{t\to\infty} \frac{1 - \check{F}(tx)}{1 - \check{F}(t)} = \frac{t}{tx} = x^{-1}, \quad x > 0.$$

Also sind die Voraussetzungen von Satz 7.130 erfüllt. Hier ist offensichtlich $a_n = 1$ und $b_n = 1 - (1 - n^{-1}) = n^{-1}$ und damit

$$\mathfrak{L}\bigl(n(X_{n\uparrow n} - 1)\bigr) \xrightarrow[\mathfrak{L}]{} \mathfrak{E}_{2,1}. \quad \Box \tag{7.2.93}$$

Anmerkung 7.132 Die in den Sätzen 7.126, 7.128 und 7.130 angegebenen Bedingungen sind vergleichsweise kompliziert. Es sind deshalb auch andere hinreichende Bedingungen angegeben worden, zum Beispiel die folgende: Ist F absolut stetig mit Ableitung f und gilt

$$\lim_{x \to \infty} \frac{xf(x)}{1 - F(x)} = \kappa > 0,$$

so ist das Maximum mit der in (7.2.90) angegebenen Standardisierung asymptotisch wie $\mathfrak{E}_{1,\kappa}$ verteilt[70]. Ein entsprechendes Resultat gilt für $\mathfrak{E}_{2,\kappa}$. $\quad \Box$

Die in den vorhergehenden Sätzen angegebenen Bedingungen (7.2.82+83), (7.2.89) bzw. (7.2.91) sind nicht nur hinreichend, sondern auch notwendig für die Verteilungskonvergenz von $b_n^{-1}(X_{n\uparrow n} - a_n)$ gegen $\mathfrak{E}_0$, $\mathfrak{E}_{1,\kappa}$ bzw. $\mathfrak{E}_{2,\kappa}$. Es gilt also der

Satz 7.133 X_j, $j \in \mathbb{N}$, seien st.u. ZG mit derselben eindimensionalen VF F. Dann gilt:

a) *Es gibt nur drei verschiedene Typen möglicher Limesverteilungen, nämlich (7.2.75–77).*

b) $F^n(a_n + b_n \cdot)$ *ist verteilungskonvergent gegen*

$G_0(\cdot)$ *genau dann, wenn* (7.2.82) *und* (7.2.83) *erfüllt sind,*

$G_{1,\kappa}(\cdot)$ *genau dann, wenn* $s(F) = +\infty$ *ist und* (7.2.89) *gilt,*

$G_{2,\kappa}(\cdot)$ *genau dann, wenn* $s(F) < +\infty$ *ist und* (7.2.91) *gilt.*

Beweis: Beim Nachweis der Notwendigkeit müssen wir uns auf eine kurze Skizze beschränken, die im wesentlichen nur das Auftreten der drei verschiedenen Typen erkennen läßt[71]. Zunächst folgt aus der Existenz von Normierungen $(a_n) \subset \mathbb{R}$ und $(b_n) \subset (0, \infty)$ mit $F^n(a_n + b_n x) \to G(x)$ $\forall x \in \mathbb{R}$ diejenige von Folgen $(\tilde{a}_m) \subset \mathbb{R}$ und $(\tilde{b}_m) \subset (0, \infty)$ mit

$$G^m(\tilde{a}_m + \tilde{b}_m x) = G(x) \quad \forall x \in \mathbb{R} \quad \forall m \in \mathbb{N}. \tag{7.2.94}$$

Man überlegt sich dann leicht, daß es drei Fälle gibt:

---

[70] Vgl. Reznik: Extreme Values, Regular Variation and Point Processes, Springer (1987) S.63, prop. 1. 15

[71] Die Einzelheiten findet man in den zuvor zitierten Büchern oder z.B bei J. Galambos: The Asymptotic Theory of Extreme Order Statistics, Wiley (1987).

1) Es gilt $\widetilde{b}_m = 1 \; \forall m \in \mathbb{N}$. Aus (7.2.94) folgt $\widetilde{a}_m \to s(G) = +\infty$, $G(y) > 0 \; \forall y \in \mathbb{R}$, sowie für $H(x) := \log G(x)/\log G(0)$ dann

$$H(x+y) = H(x)H(y) \quad \forall x,y \in \mathbb{R}.$$

Hieraus ergibt sich, daß G von der Form (7.2.75) ist.

2) Es gilt $\widetilde{b}_m > 1 \; \exists m \in \mathbb{N}$. Aus der Gültigkeit von (7.2.94) folgert man zunächst $i(G) > -\infty$, $s(G) = +\infty$, so daß insbesondere $\widetilde{b}_m > 1 \; \forall m \in \mathbb{N}$ gilt. Für die gemäß $H(z) = G[i(G) + e^z]$, $z \in \mathbb{R}$, gewonnene Funktion verifiziert man dann die Funktionalgleichung $H^m(\log \widetilde{b}_m + z) = H(z) \; \forall m \in \mathbb{N}$ und hieraus dann mit der Lösung aus 1) (7.2.76) als Typ der Limesverteilung G.

3) Es gilt $\widetilde{b}_m < 1 \; \exists m \in \mathbb{N}$. Wie bei 2) folgert man $i(G) = -\infty$, $s(G) < +\infty$, $\widetilde{b}_m > 1 \; \forall m \in \mathbb{N}$ und die Transformation $H(z) = G[s(G) - e^{-z}]$, $z \in \mathbb{R}$, führt zur Funktionalgleichung $H^m(-\log \widetilde{b}_m + z) = H(z) \; \forall z \in \mathbb{R}$ und damit zu (7.2.77) als Typ der Limesverteilung. □

Anmerkung 7.134 Das Auftreten der drei Typen möglicher Limesverteilungen $\mathfrak{E}_0, \mathfrak{E}_{1,\kappa}, \mathfrak{E}_{2,\kappa}$ ergibt sich auch aus der folgenden einfachen Rechnung. Ist $G = G_0$ die Gumbel-Verteilung (7.2.75), so gilt mit $a_n = \log n$ und $b_n = 1$

$$G_0^n(x + \log n) = \bigl(\exp(-\exp(-x - \log n))\bigr)^n = \left(\exp\left(-\frac{1}{n}\exp(-x)\right)\right)^n = G_0(x) \quad \forall x \in \mathbb{R}.$$

Ist $G = G_{1,\kappa}$ die Frechét-Verteilung (7.2.76) – oder analog $G = G_{2,\kappa}$ die Weibull-Verteilung (7.2.77) –, so gilt mit $a_n = 0$ und $b_n = n^{1/\kappa}$

$$G_1^n(n^{1/\kappa}x) = \exp\bigl(n[-(n^{1/\kappa}x)^{-\kappa}]\bigr)\mathbb{1}_{(0,\infty)}(x) = G_1(x) \quad \forall x \in \mathbb{R}.$$

Dieser Sachverhalt besagt, daß das „richtig standardisierte" Maximum bei Zugrundelegen einer der drei Verteilungen $\mathfrak{E}_0, \mathfrak{E}_{1,\kappa}$ bzw. $\mathfrak{E}_{2,\kappa}$ wieder wie die Ausgangsbeobachtungen verteilt ist. Man nennt deshalb in Analogie zu der in Anmerkung 5.106b für Summen st.u. ZG eingeführten Sprechweise einer stabilen Verteilung eine Verteilung G *max-stabil*, falls Zahlen $a_n \in \mathbb{R}$ und $b_n > 0$ existieren mit

$$G^n(a_n + b_n x) = G(x) \quad \forall x \in \mathbb{R} \quad \forall n \in \mathbb{N}. \tag{7.2.95}$$

Es läßt sich zeigen, daß $\mathfrak{E}_0, \mathfrak{E}_{1,\kappa}$ und $\mathfrak{E}_{2,\kappa}$ die einzigen max-stabilen Verteilungen sind. Weiter sagt man analog Anmerkung 5.106b, F liege im *max-Anziehungsbereich* einer Extremwertverteilung G, falls Zahlen $a_n \in \mathbb{R}$ und $b_n > 0$ existieren mit

$$F^n(a_n + b_n x) \to G(x) \quad \forall x \in \mathbb{R} \quad \text{für} \quad n \to \infty. \tag{7.2.96}$$

Nach den vorstehenden Überlegungen liegen also die drei Extremwertverteilungen $\mathfrak{E}_0, \mathfrak{E}_{1,\kappa}$ und $\mathfrak{E}_{2,\kappa}$ in ihrem eigenen max-Anziehungsbereich. □

Wie schon angedeutet, lassen sich durch den Übergang von den ZG $X_j, j \in \mathbb{N}$, zu den ZG $-X_j, j \in \mathbb{N}$, die Verteilungen der Minima $X_{n\uparrow 1}$ bestimmen, d.h. Bedingungen für die Existenz von Folgen $(c_n) \subset \mathbb{R}$ und $(d_n) \subset (0,\infty)$ sowie einer Verteilung $\mathfrak{E}' \in \mathfrak{M}^1(\mathbb{R},\mathbb{B})$ angeben mit

$$\mathfrak{L}\big(d_n^{-1}(X_{n\uparrow 1} - c_n)\big) \xrightarrow[\mathfrak{L}]{} \mathfrak{E}'. \qquad (7.2.97)$$

Dabei gehen die möglichen Limesverteilungen $\mathfrak{E}'$ aus den möglichen Limesverteilungen $\mathfrak{E}$ in (7.2.74) durch Spiegelung am Nullpunkt hervor.

Ist speziell die zugrundeliegende Verteilung F symmetrisch bezüglich 0, so gilt in (7.2.97) $c_n = -a_n$ und $d_n = b_n$. In diesem Fall läßt sich leicht die Verteilung der *Stichprobenbreite* $X_{n\uparrow n} - X_{n\uparrow 1}$ und die der *Stichprobenmitte* $\frac{1}{2}(X_{n\uparrow n} + X_{n\uparrow 1})$ bestimmen, weil $X_{n\uparrow 1}$ und $X_{n\uparrow n}$ im Sinne von (7.2.98) asymptotisch st.u. sind.

Satz 7.135 $X_j, j \in \mathbb{N}$, *seien st.u. ZG mit derselben VF F. Mit festen Zahlenfolgen* $(a_n) \subset \mathbb{R}$, $(b_n) \subset (0,\infty)$, $(c_n) \subset \mathbb{R}$ *und* $(d_n) \subset (0,\infty)$ *sei*

$$\mathfrak{L}\big(d_n^{-1}(X_{n\uparrow 1} - c_n)\big) \xrightarrow[\mathfrak{L}]{} \mathfrak{E}', \quad \mathfrak{L}\big(b_n^{-1}(X_{n\uparrow n} - a_n)\big) \xrightarrow[\mathfrak{L}]{} \mathfrak{E}.$$

Sind $\mathfrak{E}$ und $\mathfrak{E}'$ nicht degeneriert, dann gilt

a) $\quad \mathfrak{L}\big(d_n^{-1}(X_{n\uparrow 1} - c_n), b_n^{-1}(X_{n\uparrow n} - a_n)\big) \xrightarrow[\mathfrak{L}]{} \mathfrak{E}' \otimes \mathfrak{E}.$ \hfill (7.2.98)

Bezeichnen Y und Z st.u. ZG mit $\mathfrak{L}(Y) = \mathfrak{E}$, $\mathfrak{L}(Z) = \mathfrak{E}'$, so gilt bei $d_n/b_n \to 1$

b) $\quad \mathfrak{L}\big(b_n^{-1}(X_{n\uparrow n} - X_{n\uparrow 1} - a_n + c_n)\big) \xrightarrow[\mathfrak{L}]{} \mathfrak{L}(Y - Z),$ \hfill (7.2.99)

c) $\quad \mathfrak{L}\big(b_n^{-1}(X_{n\uparrow 1} + X_{n\uparrow n} - a_n - c_n)\big) \xrightarrow[\mathfrak{L}]{} \mathfrak{L}(Y + Z).$ \hfill (7.2.100)

Beweis: a) Bezeichnen wieder F die VF der ZG X_j sowie G und H die VF von $\mathfrak{E}$ bzw. $\mathfrak{E}'$, so ist zu zeigen: Aus

$$\mathbb{P}(X_{n\uparrow 1} > c_n + d_n z) = (1 - F(c_n + d_n z))^n \to 1 - H(z) \quad \forall z \in C(H),$$
$$\mathbb{P}(X_{n\uparrow n} \le a_n + b_n y) = F^n(a_n + b_n y) \to G(y) \quad \forall y \in C(G)$$

folgt

$$\mathbb{P}\big(X_{n\uparrow 1} > c_n + d_n z, X_{n\uparrow n} \le a_n + b_n y\big) = \mathbb{P}(c_n + d_n z < X_j \le a_n + b_n y \ \forall 1 \le j \le n)$$
$$= \big(F(a_n + b_n y) - F(c_n + d_n z)\big)^n \to (1 - H(z))G(y) \quad \forall (y,z) \in C(G) \times C(H).$$

Dies ist trivialerweise richtig für $(y,z) \in \mathbb{R}^2$ mit $y > s(G)$ oder $z < i(H)$ und analog für solche Punkte mit $y < i(G)$ oder $z > s(H)$. Für $y \in (i(G), s(G))$ und $z \in (i(H), s(H))$ ist $G(y) \in (0,1)$ und $H(z) \in (0,1)$, d.h. die Behauptung äquivalent mit

$$n \log\big[F(a_n + b_n y) - F(c_n + d_n z)\big] \to \log(1 - H(z)) + \log G(y).$$

7.2 Ordnungsstatistiken und empirische Quantile

Nach Voraussetzung bzw. wegen Hilfssatz 7.124 folgt aber

$$n[1 - F(a_n + b_n y)] \to -\log G(y), \quad nF(c_n + d_n z) \to -\log(1 - H(z))$$

und damit $n[1 - F(a_n + b_n y)]^2 \to 0$, $nF_n^2(c_n + d_n z) \to 0$. Somit ergibt sich aus der Taylorentwicklung mit dem Restglied R_n wegen

$$|R_n| \leq 2n[1 - F(a_n + b_n y)]^2 + 2nF^2(c_n + d_n z) \to 0$$

$$n\log[F(a_n + b_n y) - F(c_n + d_n z)] = n\log[1 - (1 - F(a_n + b_n y)) - F(c_n + d_n z)]$$
$$= -n[1 - F(a_n + b_n y)] - nF(c_n + d_n z) + R_n \to \log G(y) + \log(1 - H(z))$$

b) und c): Nach a) gilt wegen $d_n/b_n \to 1$

$$\mathfrak{L}\bigl(b_n^{-1}(X_{n\uparrow n} - a_n), b_n^{-1}(X_{n\uparrow 1} - c_n)\bigr) \xrightarrow[\mathfrak{L}]{} \mathfrak{L}(Y, Z).$$

Da die Bildung von Differenz bzw Summe stetige Funktionen sind, folgt die Behauptung aus dem Satz 5.43 über stetige Abbildungen. □

Beispiel 7.136 X_j, $j \in \mathbb{N}$, seien st.u. $\mathfrak{R}$-verteilte ZG. Dann gilt nach Beispiel 7.131 bzw. (7.2.97)

$$\mathfrak{L}\bigl(n(X_{n\uparrow n} - 1)\bigr) \xrightarrow[\mathfrak{L}]{} \mathfrak{E}_{2,1}, \quad \mathfrak{L}\bigl(nX_{n\uparrow 1}\bigr) \xrightarrow[\mathfrak{L}]{} \mathfrak{E}'_{2,1}$$

und somit nach Satz 7.135c

$$\mathfrak{L}\bigl(n(X_{n\uparrow 1} + X_{n\uparrow n} - 1)\bigr) \xrightarrow[\mathfrak{L}]{} \mathfrak{L}(Y + Z).$$

Dabei sind Y und Z zwei st.u. ZG mit den λ-Dichten $f(x) = e^x \mathbf{1}_{(-\infty,0)}(x)$ bzw. $g(x) = e^{-x}\mathbf{1}_{(0,\infty)}(x)$. Also besitzt $Y + Z$ die λ-Dichte

$$h(x) = \int f(x-z)g(z)\,dz = \int_{x \vee 0}^{\infty} e^{x-z}e^{-z}\,dz = e^{x/2}\mathbf{1}_{(-\infty,0)}(x) + e^{-x/2}\mathbf{1}_{(0,\infty)}(x).$$

Bezeichnet $\widetilde{\mathfrak{D}}$ die Doppelexponentialverteilung mit der λ-Dichte $f(x) = \exp(-2|x|)$, so gilt also für die standardisierte Stichprobenmitte

$$\mathfrak{L}\Bigl(n\bigl(\tfrac{1}{2}[X_{n\uparrow 1} + X_{n\uparrow n}] - \tfrac{1}{2}\bigr)\Bigr) \xrightarrow[\mathfrak{L}]{} \widetilde{\mathfrak{D}}.$$

Analog ergibt sich bei st.u. $\mathfrak{N}(0,1)$-verteilten ZG nach Beispiel 7.127 bzw. Satz 7.135

$$\mathfrak{L}\bigl((2\log n)^{1/2}[X_{n\uparrow 1} + X_{n\uparrow n}]\bigr) \xrightarrow[\mathfrak{L}]{} \mathfrak{E} * \mathfrak{E}'. \quad \square$$

Dem asymptotischen Verhalten von $X_{n\uparrow n}$ und $X_{n\uparrow 1}$ entsprechend gibt es für jedes feste $k \in \mathbb{N}$ drei Typen möglicher Limesverteilungen für $X_{n\uparrow n-k+1}$ bzw. $X_{n\uparrow k}$. Ausgangspunkt zum Beweis dieser Behauptung sind die Beziehungen

$$\mathbb{P}(X_{n\uparrow n-k+1} \leq x) = \sum_{j=0}^{k-1} \binom{n}{j}(1-F(x))^j F^{n-j}(x),$$

$$\mathbb{P}(X_{n\uparrow k} \leq x) = 1 - \sum_{j=0}^{k-1} \binom{n}{j} F^j(x)(1-F(x))^{n-j}.$$

Die Hilfssatz 7.124 entsprechenden Aussagen lauten dann: Die Bedingung (7.2.80) ist bei festem $k \in \mathbb{N}$ und $x \in \mathbb{R}$ hinreichend für die Gültigkeit von

$$\lim_{n\to\infty} \sum_{j=0}^{k-1} \binom{n}{j}(1-F(x))^j F^{n-j}(x) = \sum_{j=0}^{k-1} \frac{q^j(x)}{j!} \exp[-q(x)]. \qquad (7.2.101)$$

Aus (7.2.80) bzw. (7.2.81) folgt nämlich für festes $j \in \mathbb{N}_0$ und festes $x \in \mathbb{R}$

$$\binom{n}{j}[1-F(a_n+b_nx)]^j F^{n-j}(a_n+b_nx)$$

$$= \frac{[n(1-F(a_n+b_nx))]^j}{j!} \frac{F^n(a_n+b_nx)}{F^j(a_n+b_nx)}(1+0(n^{-1})) \to \frac{q^j(x)}{j!} \exp[-q(x)].$$

Analog impliziert die Gültigkeit von $\lim_{n\to\infty} nF(c_n+d_nx) = \widetilde{q}(x) \; \forall x \in \mathbb{R}$ diejenige von

$$\lim_{n\to\infty} \mathbb{P}(X_{n\uparrow k} \leq c_n + d_n x) = \sum_{j=0}^{k-1} \frac{\widetilde{q}^j(x)}{j!}[1-\exp(-\widetilde{q}(x))] \quad \forall x \in \mathbb{R}.$$

Beispiel 7.137 Für das Modell aus Beispiel 7.125 gilt für festes $k \in \mathbb{N}$

$$P_\lambda\left(X_{n\uparrow n-k+1} \leq \frac{1}{\lambda}\log n + \frac{1}{\lambda}x\right) \to \sum_{j=0}^{k-1} \frac{\exp(-jx)}{j!} \exp[-\exp(-x)] \quad \forall x \in \mathbb{R}. \quad \square$$

Aufgabe 7.18 Für $n \in \mathbb{N}$ seien (Y_j, Z_j), $j=1,\ldots,n$, st.u. ZG mit derselben zweidimensionalen VF F und der empirischen VF, $\widehat{F}_n(y,z) = \frac{1}{n}\sum_{j=1}^n \mathbf{1}(Y_j \leq y, Z_j \leq z)$.

a) Man zeige $E_F \widehat{F}_n(y,z) = F(y,z)$, $\mathrm{Var}_F \widehat{F}_n(y,z) = \frac{1}{n}F(y,z)(1-F(y,z))$ und berechne das 4. zentrale Moment. Weiter zeige man die starke Konsistenz von $\widehat{F}_n(y,z)$ gegen $F(y,z)$ für festes $(y,z) \in \mathbb{R}^2$;

b) Man zeige die Gültigkeit von $\|\widehat{F}_n - F\|_\infty := \sup_{(y,z)\in\mathbb{R}^2} |\widehat{F}_n(y,z) - F(y,z)| \to 0 \; [F]$.

Aufgabe 7.19 Seien $X_1, \ldots, X_n$ st.u. $\mathfrak{L}(0,1)$-verteilte ZG. Man zeige: $EX_{n\uparrow j}$ existiert und ist endlich für $2 \leq j \leq n-1$; es gilt $EX_{n\uparrow n} = \infty$ sowie $EX_{n\uparrow 1} = -\infty$.

Aufgabe 7.20 Man beweise Satz 7.115 (im Spezialfall $\eta = 0$) mit dem Lemma von Scheffé 1.143.
Hinweis: Man betrachte zunächst den Spezialfall $F = \mathfrak{R}$. Hierzu bestimme man die kanonische λ-Dichte f_n von $\sqrt{n}(U_{n\uparrow j_n} - u)$ und zeige unter Verwenden der Stirling-Formel, daß gilt $f_n(x) \to (2\pi u(1-u))^{-1/2} \exp(-x^2/2u(1-u))$. Anschließend verwende man Teil b) des Satzes von Cramér 5.107.

Aufgabe 7.21 Es seien (U_j, V_j), $j = 1, \ldots, n$, st.u. glv. ZG mit $\mathfrak{L}(U_j) = \mathfrak{L}(V_j) = \mathfrak{R}(0,1)$ und $\widehat{H}_n$ die zweidimensionale empirische VF. Dann gilt unter der Annahme, daß U_1, V_1 st.u. sind

a) $E\widehat{H}_n(U_{n\uparrow i}, V_{n\uparrow j}) = \dfrac{ij}{n^2}$,

b) $\operatorname{Var} \widehat{H}_n(U_{n\uparrow i}, V_{n\uparrow j}) = \dfrac{1}{n}\dfrac{ij}{n^2}\left(1 + \dfrac{(i-1)(j-1)}{n-1} - \dfrac{ij}{n}\right)$.

c) Man zeige, daß es Konstanten $A_1 > 0$ und $A_2 > 0$ gibt mit

$$E\left(\widehat{H}_n(U_{n\uparrow i}, V_{n\uparrow j}) - \dfrac{ij}{n^2}\right)^2 \leq \dfrac{A_1}{n}\dfrac{i}{n}\left(1 - \dfrac{i}{n}\right)\dfrac{j}{n}\left(1 - \dfrac{j}{n}\right);$$

$$E\left(\widehat{H}_n(U_{n\uparrow i}, V_{n\uparrow j}) - \dfrac{ij}{n^2}\right)^4 \leq \dfrac{A_2}{n^2}\left(\dfrac{i}{n}\left(1-\dfrac{i}{n}\right)\dfrac{j}{n}\left(1-\dfrac{j}{n}\right)\right)^2.$$

Aufgabe 7.22 $X_1, \ldots, X_n$ seien st.u. glv. ZG mit $EX_1^2 < \infty$. Man zeige die Gültigkeit von $\operatorname{Cov}(X_{n\uparrow i}, X_{n\uparrow j}) \geq 0 \quad \forall 1 \leq i, j \leq n$.

Aufgabe 7.23 X_j, $j \in \mathbb{N}$, seien st.u. ZG mit derselben Cauchy-Verteilung $F = \mathfrak{L}(\mu, \sigma)$, $(\mu, \sigma)^\top \in \mathbb{R} \times (0, \infty)$. Man bestimme die Limesverteilung

a) des Gastwirth-Schätzers für σ bei festem $\mu = \mu_0$;

b) der Stichproben-Quartilmitte für μ bei bekanntem $\sigma = \sigma_0$.

Aufgabe 7.24 Man erweitere die Aussage von Beispiel 7.117 auf den Fall lokaler Folgen $F_n(\cdot) = F(\cdot - \eta \mu_n)$, $\mu_n = \mu_0 + \eta/\sqrt{n} + o(1/\sqrt{n})$, $\eta \in \mathbb{R}$.

Aufgabe 7.25 Man bestimme für das Modell aus Beispiel 7.136 die Verteilung der Stichprobenbreite.

Aufgabe 7.26 Man führe den Beweis von Satz 7.104 ohne die Verwendung bedingter Dichten, d.h. nur mittels der Transformationsformel sowie Formeln der partiellen Integration.

Aufgabe 7.27 Man beweise die Aussagen von Korollar 7.116 mit Hilfe von Satz 7.104.

7.3 Nichtparametrische Funktionale und ihre kanonischen Schätzer

Es werden die drei wichtigsten Grundtypen nichtparametrischer Funktionale betrachtet, nämlich V-, L- und M-Funktionale. Unter geeigneten Bedingungen wird jeweils die Konsistenz der kanonischen Schätzer gezeigt. Für V- und L-Funktionale erfolgt dies mittels geeigneter ad hoc Überlegungen. Demgegenüber ergeben sich diese Aussagen für M-Funktionale aus allgemeineren Betrachtungen. M-Funktionale sind nämlich zunächst nicht eindeutig bestimmt, weshalb die spezielle Festlegung und Stetigkeit eingehender diskutiert werden muß. Die stetige Festlegung von M-Funktionalen wird eine wesentliche Voraussetzung eines in Band III zu beweisenden Satzes über implizite statistische Funktionale sein. Die asymptotische Normalität der zugehörigen kanonischen Schätzer wird in 7.4, 7.5 bzw. Band III diskutiert werden.

7.3.1 V-Funktionale, V- sowie U-Statistiken und ihre Konsistenz

In Band I war die Erwartungstreue als eine wünschenswerte Eigenschaft für Schätzfunktionen herausgestellt worden. In 7.1.5 wurde die Frage diskutiert, welche Funktionale in einem semi- oder nichtparametrischen Rahmen erwartungstreu schätzbar sind. Dabei wurde gezeigt, daß es genau die bereits in Band I eingeführten V-Funktionale sind, die diese Eigenschaft besitzen. Diese auch als *m-lineare Funktionale* bezeichneten Abbildungen

$$\gamma(F) = \int \ldots \int \psi(z_1, \ldots, z_m)\, dF(z_1)\ldots dF(z_m), \quad F \in \mathfrak{F}, \tag{7.3.1}$$

sind nicht nur als erwartungstreu schätzbare Funktionale von Bedeutung, sondern auch als Bausteine bei der stochastischen Entwicklung anderer statistischer Funktionale; vgl. Kap. 8. Im folgenden werden die Kerne ψ aller Funktionale als symmetrisch vorausgesetzt. Dies ist, wie in 1.2.2 gezeigt wurde, gemäß (1.2.26) o.E. möglich. Nur für derartige symmetrische Kerne ist auch die Frage der eindeutigen Darstellbarkeit von V-Funktionalen der Kernlänge m in der Form (7.3.1) sinnvoll, wie ebenfalls in 7.1.5 diskutiert wurde.

Liegen st.u. gemäß F verteilte ZG $X_1, \ldots, X_n$, $n \geq m$, zugrunde, so bieten sich nach 7.1.1 bzw. 7.1.5 zwei Schätzer an. Dies ist zum einen der ML-Schätzer

$$\begin{aligned}V_n := \gamma(\widehat{F}_n) &= \int \ldots \int \psi(z_1, \ldots, z_m)\, d\widehat{F}_n(z_1)\ldots d\widehat{F}_n(z_m) \\ &= \frac{1}{n^m} \sum_{j_1=1}^n \ldots \sum_{j_m=1}^n \psi(X_{j_1}, \ldots, X_{j_m}),\end{aligned} \tag{7.3.2}$$

zum anderen der beste erwartungstreue Schätzer

$$U_n = \frac{1}{n(n-1)\ldots(n-m+1)} \sum_{\substack{1 \leq j_i \neq j_\ell \leq n \\ 1 \leq i \neq \ell \leq m}} \ldots \sum \psi(X_{j_1}, \ldots, X_{j_m}). \tag{7.3.3}$$

7.3 Nichtparametrische Funktionale und ihre kanonischen Schätzer 601

Gemäß 1.2.2 heißen Statistiken der Form (7.3.3) U-*Statistiken*[72] („U" in Abkürzung des englischen Wortes unbiased), solche der Form (7.3.2) dagegen V-*Statistiken*[73] („V" in Anlehnung an von Mises). Beide Schätzer stimmen zwar für $m = 1$ überein, sind aber für $m > 1$ voneinander verschieden. So gilt etwa für $m = 2$

$$V_n = \frac{1}{n^2}\sum_{i=1}^{n}\sum_{j=1}^{n}\psi(X_i,X_j) = \frac{1}{n^2}\sum\cdots\sum_{1\leq i\neq j\leq n}\psi(X_i,X_j) + \frac{1}{n^2}\sum_{j=1}^{n}\psi(X_j,X_j). \quad (7.3.4)$$

Hier stimmt der erste Summand bis auf den Faktor $(n-1)/n = 1 + O(n^{-1})$ mit der zugehörigen U-Statistik U_n überein. Im Fall $\psi(z,z) = 0 \;\forall z \in \mathfrak{X}_0$ ist

$$U_n = \frac{n}{n-1}V_n \quad (7.3.5)$$

und damit etwa

$$U_n \to \gamma(F) \; [F] \quad \Leftrightarrow \quad V_n \to \gamma(F) \; [F].$$

Ein einfaches Beispiel hierfür ist bei $\mathfrak{F} = \{F \in \mathfrak{M}^1(\mathbb{R},\mathbb{B}) : \int z^2 \, dF(z) \in \mathbb{R}\}$ das Varianzfunktional

$$\gamma(F) = \int (z - \mu(F))^2 \, dF(z) = \frac{1}{2}\int\int (z_1 - z_2)^2 \, dF(z_1)\, dF(z_2),$$

wobei $\mu(F)$ wieder das Mittelwertfunktional $\int z \, dF(z)$ bezeichnet. In diesem Fall lautet bekanntlich der kanonische Schätzer wegen $\mu(\widehat{F}_n) = \overline{X}_n$

$$V_n = \gamma(\widehat{F}_n) = \int (z - \overline{X}_n)^2 \, d\widehat{F}_n(z) = \frac{1}{n}\sum_{j=1}^{n}(X_j - \overline{X}_n)^2. \quad (7.3.6)$$

Der zugehörige erwartungstreue Schätzer ist dagegen die Stichprobenstreuung

$$U_n = \frac{1}{n-1}\sum_{j=1}^{n}(X_j - \overline{X}_n)^2 = s_n^2. \quad (7.3.7)$$

Ist allgemeiner $\psi(z,z) \in \mathbb{L}_1(F)$, so ist der zweite Summand in (7.3.4) nach dem starken Gesetz der großen Zahlen F-f.s. von der Ordnung n^{-1}. Die Konsistenz von U_n impliziert also auch in diesem Fall diejenige von V_n und umgekehrt. Ein einfaches Beispiel hierfür ist das Wilcoxon-Funktional aus Beispiel 7.83b. In diesem Fall ist nämlich $\psi(z_1,z_2) = \mathbf{1}(z_1 + z_2 \leq 0)$; also ist ψ beschränkt und damit trivialerweise auch $\psi(z,z) \in \mathbb{L}_1(F) \quad \forall F \in \mathfrak{M}^1(\mathbb{R},\mathbb{B})$.

Auch für $m > 2$ besitzen U- und V-Statistiken zum selben Kern ein gleichartiges asymptotisches Verhalten, sofern die Summanden mit mindestens zwei Argu-

---

[72] Vgl. W. Hoeffding: A class of statistics with asymptotically normal distribution. Ann. Math. Stat. 19 (1948) 293-325.
[73] Vgl. R. von Mises: On the asymptotic distribution of differentiable statistical functions. Ann. Math. Stat. 18 (1947) 309-348.

menten entsprechenden Momentenbedingungen genügen. Dann können nämlich – zumindest beim Nachweis der Konsistenz – die additiven Zusatzterme dank der Vorfaktoren asymptotisch vernachlässigt werden. Deshalb reicht es auch hier, die Konsistenz für einen der beiden Typen von Statistiken zu beweisen. Am einfachsten ist es, U-Statistiken zu betrachten, weil diese die gleiche Struktur haben wie Durchschnitte von st.u. glv. ZG und sich so relativ einfach ein starkes Gesetz der großen Zahlen beweisen läßt. Genauer beruht dies darauf, daß U-Statistiken U_n zu einem Kern $\psi \in \mathbb{L}_1(F^{(m)})$ ein gleichgradig integrierbares inverses Martingal bilden, d.h. daß sie mit einer Statistik $Z \in \mathbb{L}_1(F^{(m)})$, nämlich dem Kern $\psi(X_1, \ldots, X_m)$, und einer antitonen Folge von σ-Algebren $\mathfrak{G}_n$ für $n \geq m$ darstellbar sind in der Form $U_n = E(Z|\mathfrak{G}_n)$ $[F]$.

Anmerkung 7.138 Seien $(\mathfrak{X}, \mathfrak{B}, P)$ ein WS-Raum, $(\mathfrak{G}_n) \subset \mathfrak{B}$ eine antitone Folge von σ-Algebren und (Z_n) eine Folge reellwertiger ZG auf $(\mathfrak{X}, \mathfrak{B}, P)$. Gilt dann $Z_n \in \mathfrak{G}_n$ und $Z_n \in \mathbb{L}_1(P)$ $\forall n \in \mathbb{N}$, so heißt (Z_n) ein *inverses Martingal bzgl.* $(\mathfrak{G}_n)$, falls gilt

$$Z_{n+1} = E(Z_n|\mathfrak{G}_{n+1}) \quad \forall n \in \mathbb{N}. \tag{7.3.8}$$

In diesem Fall bildet also $(Z_n, Z_{n-1}, \ldots, Z_1)$ ein Martingal bzgl. $(\mathfrak{G}_n, \mathfrak{G}_{n-1}, \ldots, \mathfrak{G}_1)$, so daß sich nach der Doob-Ungleichung[74] die erwartete Anzahl $U_{n,a,b}$, mit der ein Intervall $[a, b]$ aufsteigend überquert wird, abschätzen läßt gemäß

$$EU_{n,a,b} \leq (EZ_1^+ + |b|)/(b-a).$$

Hier ist die obere Schranke im Gegensatz zu derjenigen bei einem (gewöhnlichen) Martingal (Y_n) bzgl. einer isotonen Folge $(\mathfrak{B}_n)$, also zu $(EY_n^+ + |b|)/(b-a)$, unabhängig von $n \in \mathbb{N}$, so daß – abweichend von (5.1.30) bzw. (5.1.31) – hier keine $\sup_n EY_n^+ < \infty$ oder $\sup_n E|Y_n| < \infty$ entsprechende Bedingung zur f.s. Konvergenz erforderlich ist. Ebenso ist keine Zusatzbedingung zur $\mathbb{L}_1(P)$-Konvergenz erforderlich, da ein inverses Martingal (Z_n) bzgl. $(\mathfrak{G}_n)$ stets gleichgradig integrierbar ist. Einerseits bildet dann nämlich $(|Z_n|)$ ein inverses Supermartingal bzgl. $(\mathfrak{G}_n)$, so daß stets gilt $E|Z_n| \leq E|Z_1| < \infty$ $\forall n \in \mathbb{N}$; andererseits ist die Folge (Z_n) auch immer gleichgradig absolut stetig und damit nach Satz 5.91 gleichgradig integrierbar, denn es gilt

$$\int_{\{|Z_n|>M\}} |Z_n|\,dP \leq \int_{\{|Z_n|>M\}} |Z_{n-1}|\,dP \leq \ldots \leq \int_{\{|Z_n|>M\}} |Z_1|\,dP \leq \varepsilon,$$

falls $M = M(\varepsilon)$ gewählt wird gemäß $P(|Z_n| > M) \leq E|Z_n|/M \leq E|Z_1|/M < \delta$.

Analog dem in Anmerkung 5.7 zitierten Konvergenzsatz für gleichgradig integrierbare Martingale gilt hier also der

Konvergenzsatz für inverse Martingale[75]   *Sei (Z_n) ein inverses Martingal bzgl. einer antitonen Folge $(\mathfrak{G}_n)$ von σ-Algebren und $\mathfrak{G}_\infty := \cap \mathfrak{G}_n$. Dann gilt:*

---

[74] Vgl. H. Bauer: Wahrscheinlichkeitstheorie, 4. Aufl., de Gruyter (1991) S. 158.
[75] Zum Begriff eines inversen Martingals und zu diesem Konvergenzsatz vgl. H.G. Tucker: A Graduate Course in Probability, Academic Press (1967).

7.3 Nichtparametrische Funktionale und ihre kanonischen Schätzer

Ist $Z_1 \in \mathbb{L}_1(P)$, so gibt es eine ebenfalls integrable ZG $Z_\infty \in \mathfrak{G}_\infty$ mit

$$Z_n \to Z_\infty \quad [P] \quad \text{und} \quad Z_n \to Z_\infty \text{ in } \mathbb{L}_1(P). \tag{7.3.9}$$

In diesem Fall erhält man:

$$Z_n = E(Z_\infty^\gimel | \mathfrak{G}_n) \quad \forall n \in \mathbb{N}$$

oder äquivalent: $(Z_n)_{n \in \mathbb{N} \cup \{\infty\}}$ *ist ein inverses Martingal bzgl.* $(\mathfrak{G}_n)_{n \in \mathbb{N} \cup \{\infty\}}$. □

Zum Nachweis der Konsistenz von U-Statistiken benötigt man nun noch den[76]

Satz 7.139 (Hewitt-Savage 0-1-Gesetz) *Es seien X_j, $j \in \mathbb{N}$, st.u. ZG auf einem WS-Raum $(\Omega, \mathfrak{A}, \mathbb{P})$ mit derselben Verteilung $F \in \mathfrak{M}^1(\mathfrak{X}_0, \mathfrak{B}_0)$ und $\mathfrak{Q}$ die Gruppe der Transformationen auf $\mathfrak{X}_0^{(\infty)}$, welche endlich viele Koordinaten permutieren. Bezeichnet $\mathfrak{H}$ die σ-Algebra der gegenüber $\mathfrak{Q}$ invarianten Mengen $H \in \mathfrak{B}_0^{(\infty)}$, so gilt*

$$\mathbb{P}^X(H) \in \{0, 1\} \quad \forall H \in \mathfrak{H}.$$

Insbesondere ist also jede $\mathfrak{H}$-meßbare Funktion g $\mathbb{P}^X$-f.s. konstant, d.h. für jede Funktion $g \in \mathfrak{H}$ gibt es eine Zahl $c \in \overline{\mathbb{R}}$ mit $g = c$ $[\mathbb{P}^X]$.

Diese Hilfsmittel ermöglichen nun den Nachweis der angekündigten Aussage.

Satz 7.140 (Konsistenz von U-Statistiken; Berk[77]) *Es seien X_j, $j \in \mathbb{N}$, st.u. ZG mit derselben Verteilung F, $\psi \in \mathbb{L}_1(F^{(m)})$ ein symmetrischer Kern der Länge m und U_n für $n \geq m$ die U-Statistik zum Kern ψ. Dann folgt mit den Abkürzungen $\mathfrak{G}_n := \sigma(X_{n\uparrow}, X_{n+1}, X_{n+2}, \ldots)$ und $\gamma(F) := E_F \psi(X_1, \ldots, X_m)$:*

a) $U_n = E_F(\psi(X_1, \ldots, X_m) | \mathfrak{G}_n) \quad [F], \quad n \geq m$; (7.3.10)

b) $(U_n, n \geq m)$ *ist ein inverses Martingal bzgl.* $(\mathfrak{G}_n, n \geq m)$;

c) $U_n \to \gamma(F) \quad [F]$ *für $n \to \infty$.*

Beweis: a) Beim Beweis von[78] Korollar 3.44 wurde die Gültigkeit von

$$U_n = E_F(\psi(X_1, \ldots, X_m) | X_{n\uparrow}) \quad [F], \quad n \geq m, \tag{7.3.11}$$

gezeigt. Wegen der st. Unabhängigkeit der ZG X_j, $j \in \mathbb{N}$, und Satz 1.120j folgert man damit auch diejenige von (7.3.10).

b) $(\mathfrak{G}_n)$ ist eine antitone Folge von σ-Algebren, was sich daraus ergibt, daß $X_{n+1\uparrow}$ durch $X_{n\uparrow}$ und X_{n+1} bestimmt ist. Somit folgt b) aus a).

---
[76] Zum Beweis vgl. etwa P. Gänssler, W. Stute: Wahrscheinlichkeitstheorie, Springer (1977), S.87.
[77] Vgl. R.H. Berk: Ann. Math. Stat. 37 (1966) 51-58.
[78] Man beachte, daß bei statistischen Problemen typischerweise eine Klasse $\mathfrak{F}$ von Verteilungen F zugrundeliegt, für die $\mathfrak{G}_n$ bzw. $X_{n\uparrow}$ suffizient ist und demgemäß von $F \in \mathfrak{F}$ unabhängige Festlegungen der bedingten EW (7.3.10) bzw. (7.3.11) existieren. Hier wird der Grenzübergang $n \to \infty$ und demgemäß bei festem F eine beliebige Version des bedingten EW betrachtet.

c) Wegen $E_F|U_m| = E_F|\psi(X_{(m)})| < \infty$ gilt nach Anmerkung 7.138

$$U_n = E_F(\psi(X_{(m)})|\mathfrak{G}_n) \to E_F(\psi(X_{(m)})|\mathfrak{G}_\infty) = U_\infty \quad [F] \quad \text{und in } \mathbb{L}_1(F).$$

Offenbar ist $\mathfrak{G}_\infty \subset \mathfrak{H}$, so daß es nach dem Zusatz zum Hewitt-Savage 0-1-Gesetz 7.139 eine Konstante $c \in \overline{\mathbb{R}}$ gibt mit $U_\infty = E(\psi(X_{(m)})|\mathfrak{G}_\infty) = c \; [F]$. Unter nochmaliger Verwendung von Anmerkung 7.138 folgt also $c = \gamma(F)$ gemäß

$$\gamma(F) = E_F\psi(X_{(m)}) = E_F U_n \; \forall n \in \mathbb{N} \quad \text{und} \quad E_F U_n \to E_F U_\infty = c \text{ für } n \to \infty. \quad \square$$

Wie einleitend bemerkt, läßt sich aus Satz 7.140 unter Zusatzbedingungen auch die Konsistenz der zugehörigen V-Statistik V_n folgern und zwar aufgrund der (7.3.4) entsprechenden Zerlegung

$$V_n = n^{-m} \sum_{\substack{j_1=1 \\ j_i \neq j_\ell \; \forall i \neq \ell}}^{n} \cdots \sum_{j_m=1}^{n} \psi(X_{j_1}, \ldots, X_{j_m})$$

$$+ n^{-m} \sum_{\substack{j_1=1 \\ j_i = j_\ell \; \exists i \neq \ell}}^{n} \cdots \sum_{j_m=1}^{n} \psi(X_{j_1}, \ldots, X_{j_m}). \tag{7.3.12}$$

Hier ist nämlich der erste Term von der Form $(1+O(n^{-1}))U_n$, während der zweite nur $n^m - n(n-1)\ldots(n-m+1) = O(n^{m-1})$ Summanden enthält und somit unter entsprechenden Zusatzvoraussetzungen an ψ asymptotisch vernachlässigbar ist. Speziell ergibt sich das

Korollar 7.141 (Konsistenz von V-Statistiken) *Es seien X_j, $j \in \mathbb{N}$, st.u. ZG mit derselben Verteilung F, $\psi \in \mathbb{L}_1(F^{(m)})$ ein symmetrischer Kern der Länge m und V_n die zugehörige V-Statistik. Dann gilt die Aussage*

$$V_n \to \gamma(F) \; [F]. \tag{7.3.13}$$

genau dann, wenn die Bedingung

$$\sum_{\substack{j_1=1 \\ j_i = j_\ell \; \exists i \neq \ell}}^{n} \cdots \sum_{j_m=1}^{n} \psi(X_{j_1}, \ldots, X_{j_m}) = o(n^m) \; [F] \tag{7.3.14}$$

erfüllt ist. Dies ist insbesondere dann der Fall, wenn ψ beschränkt ist oder alle aus ψ durch Gleichsetzen von mindestens zwei Variablen entstehenden Kerne niedrigerer Länge ℓ bzgl. $F^{(\ell)}$ integrabel sind.

Beweis: Dieser folgt mit der Zerlegung (7.3.12) und dem Lemma von Slutsky aus Satz 7.140, da sich V_n und U_n nur um einen deterministischen, gegen 1 strebenden Faktor und um Summanden $\psi(X_{j_1},\ldots,X_{j_m})$ mit $j_i = j_\ell \; \exists i \neq \ell$ unterscheiden, deren Anzahl $O(n^{m-1})$ und deren Einfluß somit für beschränktes ψ bzw. unter der Bedingung (7.3.14) asymptotisch vernachlässigbar ist. Der Nachweis unter der

7.3 Nichtparametrische Funktionale und ihre kanonischen Schätzer 605

dritten Voraussetzung ergibt sich ebenfalls aus Satz 7.140, wenn man beachtet, daß man die zweite Summe von (7.3.12) – wie in den Beispielen 7.83 und 7.84 angedeutet – zerlegen kann in U-Statistiken niedrigerer Kernlänge, deren Kerne aus ψ durch Gleichsetzen von $\ell \geq 2$ Variablen entstehen. Da diese den Vorfaktor $n^{-(\ell-1)}$ haben, hat man also nach Satz 7.140 nur die Integrabilität dieser Kerne niedrigerer Länge zu fordern. □

Beispiel 7.142 Die in Beispiel 7.83 betrachtete Maßzahl $\gamma(F) = \int (F(z) - F_-(z))^2 \, dF(z)$ für die Unsymmetrie einer eindimensionalen Verteilung F bzgl. 0 ist ein V-Funktional mit einem beschränkten Kern der Länge 3. Folglich gilt nach Satz 7.140 für die zugehörige U-Statistik $U_n \to \gamma(F)$ [F] und nach Satz 7.141 für die V-Statistik $V_n \to \gamma(F)$ [F]. □

Es gibt auch einfache Situationen, in denen die Zusatzvoraussetzungen von Satz 7.141 verletzt sind, so daß zwar U_n, nicht aber V_n konsistent ist.

Beispiel 7.143 X_j, $j \in \mathbb{N}$, seien st.u. ZG mit derselben eindimensionalen Verteilung F. Dabei besitze F die λ-Dichte $f(x) = \frac{3}{2} x^{-5/2} \mathbb{1}_{[1,\infty)}(x)$ [λ]. Weiter seien U_n und V_n die U- bzw. V-Statistik zum Kern $\psi(z_1, z_2) = z_1 z_2$. Wegen $E_F X_1 = 3$ gilt $\psi \in \mathbb{L}_1(F^{(2)})$ und $\gamma(F) = 9$, also nach Satz 7.140 $U_n \to 9$ [F]. Die Abbildung $z \mapsto \psi(z,z) = z^2$ ist jedoch nicht aus $\mathbb{L}_1(F)$. Damit gilt $V_n \to \infty$ [F]. □

7.3.2 L-Funktionale, L-Statistiken und ihre Konsistenz

Der Begriff einer L-Statistik wurde bereits in 1.2.2 eingeführt und in 7.1 bzw. 7.2 an verschiedenen Stellen wieder aufgegriffen. So waren viele kanonische Schätzer zu den in 7.1.3 betrachteten deskriptiven Funktionalen L-Statistiken. Auch erwiesen sich die in 7.2.3 diskutierten Beispiele als endliche Linearkombinationen empirischer Quantile und damit ebenfalls als L-Statistiken. In diesem Zusammenhang stand jeweils das einheitliche Bildungsgesetz im Vordergrund. Es gibt auch Fragestellungen, bei denen L-Statistiken originär auftreten. Zum einen ist dies der Fall bei der Robustifizierung von Schätzfunktionen; vgl. Beispiel 6.15. Bei diesen soll der Schätzer durch Weglassen der ℓ größten und k kleinsten Beobachtungen gegen „Ausreißer" (d.h. gegen untypisch große oder kleine Beobachtungen) unempfindlich gemacht werden. Hierbei wird also eine in den bewerteten Beobachtungen lineare Statistik $\sum_{j=1}^{n} c_{nj} h(X_j)$ durch eine L-Statistik $\sum_{j=k+1}^{n-\ell} b_{nj} h(X_{n\uparrow j})$ ersetzt. Auf diesen Aspekt soll in Band III nochmals näher eingegangen werden. Weiter treten L-Statistiken bei der Schätzung von Lage- bzw. Skalenparametern in Lokations-Skalenmodellen auf. So ergaben sich in Beispiel 7.6 Schätzer der Form

$$L_n = \frac{1}{n} \sum_{j=1}^{n} b_{nj} X_{n\uparrow j} = \int_0^1 b_n(t) \widehat{F}_n^{-1}(t) \, dt = \int_0^1 \widehat{F}_n^{-1}(t) \, d\nu_n(t) \qquad (7.3.15)$$

mit

$$b_n(\cdot) = \sum_{j=1}^{n} b_{nj} \mathbb{1}_{(\frac{j-1}{n}, \frac{j}{n}]}(\cdot), \quad \nu_n(B) = \int_B b_n(t) \, dt, \quad B \in (0,1)\mathbb{B}.$$

7 Nichtparametrische Funktionale und ihre kanonischen Schätzer

Sie bildeten dort eine Alternative zu ML-Schätzern in Lokations-Skalenfamilien. Der nach Satz 6.35 unter entsprechenden Regularitätsvoraussetzungen asymptotisch effiziente ML-Schätzer ist nämlich häufig nur schwer zu berechnen. In 7.5.2 wird deshalb gezeigt werden, daß sich für solche Modelle bei Vorliegen der Voraussetzungen aus Beispiel 1.196 asymptotisch effiziente Schätzer auch in Form von L-Statistiken angeben lassen; vgl. Satz 7.222.

Typen von L-Statistiken In 7.2.3 wurde der erste, für die Anwendungen wichtige Grundtyp behandelt, nämlich derjenige von endlichen Linearkombinationen zentraler Ordnungsstatistiken (7.2.65), also von L-Statistiken der Form

$$L_n = \int_0^1 \widehat{F}_n^{-1}(t)\,d\nu(t), \quad \nu(B) = \sum_{\ell=1}^m c_\ell \varepsilon_{u_\ell}(B), \quad B \in (0,1)\mathbb{B}.$$

Beispiele für derartige *L-Statistiken mit diskreten Gewichten* sind etwa der Stichprobenmedian und der Stichproben-Interquartilabstand. Zur Untersuchung des asymptotischen Verhaltens derartiger L-Statistiken reichte es aus, die gemeinsame Verteilung endlich vieler zentraler Ordnungsstatistiken zu betrachten; vgl. Korollar 7.116. Entsprechendes gilt bei endlichen Linearkombinationen extremer Ordnungsstatistiken, also etwa der Stichprobenbreite $X_{n \uparrow n} - X_{n \uparrow 1}$; vgl. Satz 7.135.

Der zweite Typ sind solche L-Statistiken, in die eine mit wachsendem Stichprobenumfang n wachsende Zahl von Beobachtungen eingeht und zwar mit variablen Gewichten, die sich durch eine feste Funktion b erzeugen lassen, wie dies etwa bei den weiter unten betrachteten Statistiken (7.3.25) und (7.3.26) der Fall ist. Diese – ebenfalls für Anwendungen wichtigen – *L-Statistiken mit (absolut) stetigen Gewichten* sind von der Form

$$L_n = \int_0^1 b(t)\widehat{F}_n^{-1}(t)\,dt = \int_0^1 \widehat{F}_n^{-1}(t)\,d\nu(t), \quad \nu(B) = \int_B b(u)\,du, \quad B \in (0,1)\mathbb{B}.$$

Wie bereits Beispiel 7.105 gezeigt hat, ist zu deren asymptotischer Behandlung eine gänzlich andere Technik erforderlich als für solche mit diskreten Gewichten. Deshalb soll in Satz 7.148 eine diesbezügliche Konsistenzaussage bewiesen werden. L-Statistiken verallgemeinern das Stichprobenmittel, das sich mit $b(\cdot) = \mathbf{1}_{(0,1)}(\cdot)$ formal (7.3.15) unterordnet. Ein wichtiges Beispiel ist das bereits in (1.2.35) eingeführte, aus der robusten Statistik stammende α-getrimmte Mittel (mit $b(\cdot) = \frac{1}{1-2\alpha}\mathbf{1}_{(\alpha,1-\alpha)}(\cdot)$).

Schließlich sind als dritter Typ für die Anwendungen auch solche L-Statistiken von Bedeutung, die einen diskreten und einen absolut stetigen Anteil haben. Für diese ist also L_n von der Form

$$L_n = \int_0^1 \widehat{F}_n^{-1}(t)\,d\nu(t), \quad \nu(B) = \int_B b(t)\,dt + \sum_{\ell=1}^m c_\ell \varepsilon_{u_\ell}(B), \quad B \in (0,1)\mathbb{B}, \qquad (7.3.16)$$

7.3 Nichtparametrische Funktionale und ihre kanonischen Schätzer 607

und zwar mit geeignetem $m \in \mathbb{N}$, geeigneten Zahlen $c_\ell \in \mathbb{R}$ und $u_\ell \in (0,1)$, $\ell = 1,\ldots,m$, sowie einer geeigneten Funktion $b \in \mathbb{L}_1(\lambda\!\!\!/)$. Das einfachste Beispiel ist das α-Winsorisierte Mittel (1.2.36); vgl. auch Beispiel 7.145c.

Alle diese Statistiken sind lineare Funktionale der empirischen Quantilfunktion $\widehat{F}_n^{-1}$ und lassen sich deshalb in natürlicher Weise als kanonische Schätzer der entsprechend definierten Funktionale auffassen. Man beachte, daß ν jeweils ein signiertes Maß ist und deshalb bei Integrabilitätsbedingungen durch das Totalvariationsmaß $|\nu|$ zu ersetzen ist; vgl. B1.9.

Definition 7.144 Es seien ν ein endliches signiertes Maß über $((0,1),(0,1)\mathbb{B})$, h eine reellwertige meßbare Funktion auf $\mathbb{R}$, $\widetilde{F}^{-1}$ eine feste Version der Pseudoinversen von F, etwa $\widetilde{F}^{-1}(t) := (1-\eta)F^{-1}(t) + \eta F^{-1}(t+0)$, $t \in (0,1)$ mit festem $\eta \in [0,1]$, und $\mathfrak{F}$ eine Teilklasse von WS-Maßen über $(\mathbb{R}, \mathbb{B})$ derart, daß gilt

$$\int_{(0,1)} |h(\widetilde{F}^{-1}(t))|\,\mathrm{d}|\nu|(t) < \infty \quad \forall F \in \mathfrak{F}.$$

Dann heißt das durch

$$\gamma(F) = \int_{(0,1)} h(\widetilde{F}^{-1}(t))\,\mathrm{d}\nu(t) \tag{7.3.17}$$

definierte Funktional $\gamma : \mathfrak{F} \to \mathbb{R}$ ein *L-Funktional zur Bewertungsfunktion h und Gewichtung*[79] ν. Entsprechend heißt der zugehörige kanonische Schätzer $\gamma(\widehat{F}_n)$ eine *L-Statistik zur Bewertungsfunktion h und Gewichtung ν*.

In den Fällen, in denen F^{-1} und ν keine gemeinsamen Sprungstellen haben, also etwa für $\lambda\!\!\!/$-stetiges ν, läßt sich das L-Funktional (7.3.17) auch einfach mit F^{-1} statt mit $\widetilde{F}^{-1}$ darstellen und zwar gemäß

$$\gamma(F) = \int_{(0,1)} h(F^{-1}(t))\,\mathrm{d}\nu(t). \tag{7.3.18}$$

Ist ν speziell absolut stetig mit $\lambda\!\!\!/$-Dichte $b = \mathrm{d}\nu/\mathrm{d}\lambda\!\!\!/$, so gilt

$$\gamma(F) = \int_{(0,1)} h(F^{-1}(t))b(t)\,\mathrm{d}t. \tag{7.3.19}$$

Für $h = \mathrm{id}$ und ein bzgl. $1/2$ symmetrisches WS-Maß ν über $(0,1)$ ist das zugehörige L-Funktional (7.3.17) offensichtlich ein Lagefunktional. Selbstverständlich existieren auch Lagefunktionale, die keine L-Funktionale sind, etwa der Pseudomedian aus Beispiel 7.33, d.h. $\gamma(F) = \mathrm{med}\,\check{F}$ mit

---
[79] Aus technischen Gründen ist es manchmal zweckmäßig, die Gewichtung ν von n abhängen zu lassen. Dieses ist schon dann der Fall, wenn diskrete Gewichte von n abhängen; vgl. auch (7.3.28).

$$\check{F}(x) := \int F(2x-y)\,\mathrm{d}F(y) = \int \mathbf{1}_{(-\infty,2x]}(y+z)\,\mathrm{d}F(y)\,\mathrm{d}F(z), \quad x \in \mathbb{R}. \quad (7.3.20)$$

$\check{F}(x)$ ist für festes x ein V-Funktional. Umgekehrt gibt es natürlich auch L-Funktionale, die keine Lokationsfunktionale sind. Ein einfaches Beispiel ist der Interquartilabstand.

Beispiel 7.145 Wichtige Spezialfälle von L-Funktionalen sind die folgenden:

a) ν diskret mit endlicher, von $n \in \mathbb{N}$ unabhängiger, Trägermenge:

der Median $\qquad \gamma(F) = \dfrac{1}{2}\left(F^{-1}\left(\dfrac{1}{2}\right) + F^{-1}\left(\dfrac{1}{2}+0\right)\right),$

die Quartilmitte $\qquad \gamma(F) = \dfrac{1}{2}\left(F^{-1}\left(\dfrac{1}{4}\right) + F^{-1}\left(\dfrac{3}{4}+0\right)\right),$

das Gastwirthfunktional $\qquad \gamma(F) = \dfrac{3}{10}F^{-1}\left(\dfrac{1}{4}\right) + \dfrac{4}{10}F^{-1}\left(\dfrac{1}{2}\right) + \dfrac{3}{10}F^{-1}\left(\dfrac{3}{4}\right),$

der Interquartilabstand $\qquad \gamma(F) = F^{-1}\left(\dfrac{3}{4}\right) - F^{-1}\left(\dfrac{1}{4}\right).$

b) ν absolut stetig mit $\lambda\!\!\lambda$-Dichte $b = \mathrm{d}\nu/\mathrm{d}\lambda\!\!\lambda$:

der Mittelwert $\qquad \gamma(F) = \displaystyle\int_0^1 F^{-1}(t)\,\mathrm{d}t,$

das α-getrimmte Mittelwert $\qquad \gamma(F) = \dfrac{1}{1-2\alpha}\displaystyle\int_\alpha^{1-\alpha} F^{-1}(t)\,\mathrm{d}t.$

c) ν hat einen absolut stetigen und einen diskreten, aber keinen $\lambda\!\!\lambda$-singulären Anteil:

das α-Winsorisierte Mittel $\qquad \gamma(F) = \displaystyle\int_\alpha^{1-\alpha} F^{-1}(t)\,\mathrm{d}t + \alpha F^{-1}(\alpha) + \alpha F^{-1}(1-\alpha). \quad \square$

L-Funktionale lassen sich oft auch in einer von (7.3.17) bzw. (7.3.19) recht unterschiedlichen Weise schreiben, etwa als Integrale bzgl. der Maße F^{-1}. Dies führt zusammen mit dem nachfolgenden Hilfssatz zu einer Darstellung, die in Kap. 9 bei der Differentiation von L-Funktionalen gebraucht wird.

Hilfssatz 7.146 *Es sei $b : (0,1) \mapsto \mathbb{R}$ eine nicht-negative meßbare Funktion und F eine eindimensionale VF. Dann gilt:*

a) $\displaystyle\int_{\mathcal{T}(F)} b(F(z))\,\mathrm{d}z = \int_{(0,1)} b(v)\,\mathrm{d}F^{-1}(v), \quad \mathcal{T}(F) := (F^{-1}(0), F^{-1}(1)); \quad (7.3.21)$

7.3 Nichtparametrische Funktionale und ihre kanonischen Schätzer   609

b) *Ist überdies F stetig, so gilt*

$$\int_{(0,1)} b(v)\,dv = \int b(F(z))\,dF(z). \qquad (7.3.22)$$

Beide Teilaussagen bleiben richtig für reellwertige meßbare Funktionen b, vorausgesetzt eine (und damit auch die andere) Seite ist erklärt.

Beweis: a) Nach Hilfssatz 1.17a gilt $\{z : F(z) \geq u\} = [F^{-1}(u), \infty)$ für $u = a$ und $u = b$ und somit nach der Definition von Bildmaßen

$$\int_{(0,1)} \mathbb{1}_{[a,b)}(u)\,dF^{-1}(u) = F^{-1}(b) - F^{-1}(a) = \lambda([F^{-1}(a), F^{-1}(b)))$$

$$= \lambda(\{x : a \leq F(x) < b\}) = \int \mathbb{1}_{[a,b)}(F(z))\,dz\,.$$

Hieraus folgt (7.3.21) mit dem Aufbau meßbarer Funktionen.

b) Wegen $\mathcal{L}(X) = F$ gilt nach Hilfssatz 2.29b $\mathcal{L}(F(X)) = \mathfrak{R}(0,1)$ und somit

$$\int_{(0,1)} b(v)\,dv = Eb(U) = Eb(F(X)) = \int b(F(z))\,dF(z).\quad \square$$

Setzt man nun der Einfachheit halber in (7.3.19) h als stetig differenzierbar mit kompaktem Träger voraus, b als beschränkt und bzgl. $1/2$ schiefsymmetrisch mit Stammfunktion B, $B(0) = B(1) = 0$, dann erhält man mittels partieller Integration (B1.6) und Hilfssatz 7.146a

$$\gamma(F) = \int_{(0,1)} h(F^{-1}(t))b(t)\,dt = -\int_{(0,1)} B(t)h'(F^{-1}(t))\,dF^{-1}(t) = -\int_{\mathcal{T}(F)} B(F(x))h'(x)\,dx$$

und damit wegen $B' = b$

$$|\gamma(F) - \gamma(G)| \leq \|F - G\|_\infty \|b\|_\infty \int |h'(x)|\,dx\,.$$

$\gamma(\cdot)$ ist also bzgl. des Kolmogorov-Abstandes ein Lipschitz-stetiges Funktional.

Mit Hilfssatz 7.146b folgt, daß ein L-Funktional der Form

$$\gamma_{\mathfrak{m}}(F) = \gamma_{\mathfrak{m}}(F,b) = \int_{(0,1)} b(u)h(F^{-1}(u))\,du \qquad (7.3.23)$$

bei stetigem F übereinstimmt mit dem Funktional

$$\gamma_{\mathfrak{a}}(F) = \gamma_{\mathfrak{a}}(F,b) = \int b(F(z))h(z)\,dF(z). \qquad (7.3.24)$$

Man beachte jedoch, daß $\gamma_{\mathrm{m}}(\cdot)$ und $\gamma_{\mathrm{a}}(\cdot)$ für nicht-stetiges F keineswegs mehr identisch zu sein brauchen. Speziell gilt dies für die empirische VF $\widehat{F}_n$, d.h. für die zugehörigen kanonischen Schätzer. Da $\widehat{F}_n^{-1}$ auf $(\frac{j-1}{n}, \frac{j}{n}]$ konstant ist und dort den Wert $X_{n\uparrow j}$ annimmt, ist nämlich

$$\gamma_{\mathrm{m}}(\widehat{F}_n) = \frac{1}{n}\sum_{j=1}^n h(X_{n\uparrow j})b_{nj}^{\mathrm{m}}, \quad b_{nj}^{\mathrm{m}} := n\int_{(\frac{j-1}{n},\frac{j}{n})} b(t)\,\mathrm{d}t, \tag{7.3.25}$$

eine *L-Statistik mit gemittelten Gewichten*. Dagegen gilt $\widehat{F}_n(X_{n\uparrow j}) = j/n$. Damit ist

$$\gamma_{\mathrm{a}}(\widehat{F}_n) = \frac{1}{n}\sum_{j=1}^n h(X_{n\uparrow j})b_{nj}^{\mathrm{a}}, \quad b_{nj}^{\mathrm{a}} = b\left(\frac{j}{n}\right), \tag{7.3.26}$$

eine *L-Statistik mit approximativen Gewichten*. In beiden Fällen werden also die geordneten Statistiken $X_{n\uparrow j}$ zunächst durch den Übergang zu den Größen $h(X_{n\uparrow j})$ geeignet bewertet und dann mit den aus einer Funktion $b: (0,1) \to \mathbb{R}$ gewonnenen Zahlen b_{nj} gewichtet.

Wie angekündigt sollen in 7.3.2 ausschließlich L-Funktionale bzw. L-Statistiken mit (absolut) stetigen Gewichten, d.h. solche mit $\nu \ll \lambda$, betrachtet werden. Die in diesem Zusammenhang typischerweise auftretenden beiden Typen (7.3.25) und (7.3.26) von L-Statistiken lassen sich vielfach gemeinsam oder zumindest analog behandeln, so etwa bei dem nachfolgend zu beweisenden starken Gesetz der großen Zahlen. Die zum Nachweis der asymptotischen Normalität von L-Statistiken später zu diskutierenden Ansätze gehen jedoch häufig nur von einer dieser beiden Darstellungsformen aus. Es wäre daher wünschenswert, die Behandlung eines der beiden Typen auf diejenige des anderen dadurch zurückzuführen, daß man die Statistiken $\gamma_{\mathrm{m}}(\widehat{F}_n)$ und $\gamma_{\mathrm{a}}(\widehat{F}_n)$ direkt miteinander vergleicht. Dies könnte für $h \in \mathbb{L}_2(F)$ etwa vermöge der folgenden Abschätzung geschehen[80]

$$|\gamma_{\mathrm{m}}(\widehat{F}_n) - \gamma_{\mathrm{a}}(\widehat{F}_n)| \leq \left|\frac{1}{n}\sum_{j=1}^n (b_{nj}^{\mathrm{m}} - b_{nj}^{\mathrm{a}})h(X_{n\uparrow j})\right|$$

$$\leq \left(\frac{1}{n}\sum_{j=1}^n (b_{nj}^{\mathrm{m}} - b_{nj}^{\mathrm{a}})^2\right)^{1/2}\left(\frac{1}{n}\sum_{j=1}^n h^2(X_j)\right)^{1/2}$$

$$= \|b_n^{\mathrm{m}} - b_n^{\mathrm{a}}\|_{\mathbb{L}_2}(E_F h^2(X_1) + o(1))\ [F].$$

Ist nun b absolut stetig auf $[0,1]$ und $b' \in \mathbb{L}_2(\mathfrak{R})$ so ergibt sich nach dem Satz von Fubini

---

[80] Mit b_n^{m} bzw. b_n^{a} werden die Sprungfunktionen im Sinne von B4.1 zu den gemittelten bzw. approximativen Gewichten b_{nj}^{m} bzw. b_{nj}^{a} zur Gewichtsfunktion b bezeichnet.

7.3 Nichtparametrische Funktionale und ihre kanonischen Schätzer   611

$$|b_{nj}^{\mathrm{m}} - b_{nj}^{\mathrm{a}}| = \left| n \int_{(j-1)/n}^{j/n} b(u)\, \mathrm{d}u - b(\tfrac{j}{n}) \right| = n \left| \int_{(j-1)/n}^{j/n} \int_{u}^{j/n} b'(s)\, \mathrm{d}s\, \mathrm{d}u \right|$$

$$= n \left| \int_{(j-1)/n}^{j/n} (s - \tfrac{j-1}{n}) b'(s)\, \mathrm{d}s \right| \le \int_{(j-1)/n}^{j/n} |b'(s)|\, \mathrm{d}s.$$

Damit folgt unter Verwendung der Jensen-Ungleichung

$$\int_0^1 |b_n^{\mathrm{m}}(u) - b_n^{\mathrm{a}}(u)|^2\, \mathrm{d}u = \frac{1}{n} \sum_{j=1}^n (b_{nj}^{\mathrm{m}} - b_{nj}^{\mathrm{a}})^2 \le \frac{1}{n} \sum_{j=1}^n \Big(\int_{(j-1)/n}^{j/n} |b'(s)|\, \mathrm{d}s \Big)^2$$

$$\le \frac{1}{n^2} \sum_{j=1}^n \int_{(j-1)/n}^{j/n} |b'(s)|^2\, \mathrm{d}s = \frac{1}{n^2} \|b'\|_{\mathbb{L}_2}^2,$$

insgesamt unter der (allerdings einschränkenden) Voraussetzung $b' \in \mathbb{L}_2(\mathfrak{R})$ also

$$\|b_n^{\mathrm{m}} - b_n^{\mathrm{a}}\|_{\mathbb{L}_2} \le \|\tfrac{1}{n}\| \|b'\|_{\mathbb{L}_2} = o(n^{-1/2}).$$

L-Statistiken mit approximativen Gewichten treten auch in der modifizierten Form

$$L_n = \frac{1}{n} \sum_{j=1}^n h(X_{n\uparrow j}) b\left(\frac{j}{n+1}\right) \tag{7.3.27}$$

auf. Diese Abänderung ist speziell dann notwendig, wenn b an den Rändern von $(0,1)$ unbeschränkt wächst oder das Verhalten an den Rändern symmetrisch um 0 und 1 erfaßt werden soll. Diese Statistik entspricht dem Funktional

$$\gamma_n(F) = \int b\left(\frac{n}{n+1} F(z)\right) h(z)\, \mathrm{d}F(z) \tag{7.3.28}$$

welches, wenn auch in trivialer Weise, von n abhängt.

Starkes Gesetz der großen Zahlen für L-Statistiken mit stetigen Gewichten Zum Nachweis der Konsistenz möchte man einen methodischen Ansatz haben, der sowohl L-Statistiken mit approximativen als auch solche mit gemittelten Bewertungen simultan erfaßt. Im weiteren betrachten wir deshalb Statistiken der Form

$$L_n = \frac{1}{n} \sum_{j=1}^n h(X_{n\uparrow j}) b_{nj}. \tag{7.3.29}$$

612   7 Nichtparametrische Funktionale und ihre kanonischen Schätzer

Wir machen auch hier Gebrauch von einer verteilungsgleichen Ersetzung durch st.u. $\mathfrak{R}$-verteilte ZG U_j, $j \in \mathbb{N}$. Sei hierzu $a = a_F = h \circ F^{-1}$. Weiter seien b_n, $n \in \mathbb{N}$, reellwertige meßbare Funktionen auf $(0,1)$ sowie eine zufällige Sprungfunktion $A_n(\cdot)$ definiert durch

$$A_n(t) = a(U_{n\uparrow[nt]+1}) = \sum_{j=1}^{n} a(U_{n\uparrow j})\mathbf{1}_{[\frac{j-1}{n},\frac{j}{n})}(t), \quad t \in (0,1). \qquad (7.3.30)$$

Die Folge der L-Statistiken (7.3.29) geht dann verteilungsgleich über in diejenige der (ebenfalls mit L_n bezeichneten) Größen

$$L_n = \int_0^1 A_n(t) b_n(t)\,dt = \frac{1}{n}\sum_{j=1}^{n} a(U_{n\uparrow j}) b_{nj}, \quad b_{nj} := n \int_{(\frac{j-1}{n},\frac{j}{n})} b_n(t)\,dt. \qquad (7.3.31)$$

Bei vorgegebenen Gewichten b_{nj}, $j = 1,\ldots,n$, wähle man in (7.3.31) die Sprungfunktionen b_n gemäß $b_n = \sum_{j=1}^{n} b_{nj}\mathbf{1}_{(\frac{j-1}{n},\frac{j}{n}]}$. Speziell ergeben sich die Statistiken mit gemittelten bzw. approximativen Gewichten, wenn bei gegebener Funktion b gilt $b_n = b$ bzw. $b_n = \sum_{j=1}^{n} b(\frac{j}{n})\mathbf{1}_{(\frac{j-1}{n},\frac{j}{n}]}$.

Hilfssatz 7.147 *Es seien U_j, $j \in \mathbb{N}$, st.u. $\mathfrak{R}$-verteilte ZG auf einem WS-Raum $(\Omega, \mathfrak{A}, \mathbb{P})$ und $a(\cdot)$ eine reellwertige meßbare Funtion auf $(0,1)$. Dann strebt die durch (7.3.30) erklärte zufällige Sprungfunktion $A_n(\cdot)$ auf dem Komplement einer $\mathbb{P}$-Nullmenge nach $\mathfrak{R}$-WS gegen $a(\cdot)$, d.h. mit $\mathbb{P}$-WS 1 gilt*

$$\lambda(\{t \in (0,1) : |A_n(t) - a(t)| \geq \delta\}) \to 0 \quad \forall \delta > 0.$$

Beweis: Sei $\varepsilon > 0$. Dann gibt es nach dem Satz von Lusin B1.1 eine meßbare Menge $M \subset (0,1)$ und eine stetige Funktion $\widetilde{a} : (0,1) \to \mathbb{R}$ mit

$$\lambda(M) \leq \varepsilon \quad \text{und} \quad a = \widetilde{a} \text{ auf } (0,1) \cap M^c. \qquad (7.3.32)$$

Mit $\widetilde{A}_n(t) := \widetilde{a}(U_{n\uparrow[nt]+1})$ und $M_n := \{t \in (0,1) : U_{n\uparrow[nt]+1} \in M\}$ gilt dann

$$\widetilde{A}_n(t) = A_n(t) \quad \forall t \in (0,1) \cap M_n^c. \qquad (7.3.33)$$

Bezeichnet wieder $\widehat{J}_n$ die uniforme empirische Verteilung zu $U_1,\ldots,U_n$, so gilt $\lambda(M_n) = \widehat{J}_n(M)$. Aus der Definition von M_n folgt nämlich, daß mit einem Punkt $t \in [\frac{j-1}{n}, \frac{j}{n})$ das gesamte Teilintervall $[\frac{j-1}{n}, \frac{j}{n})$ nach M_n fällt, so daß $\lambda(M_n)$ ein Vielfaches von $1/n$ ist. Dabei ist die Vielfachheit gerade die Anzahl der $j = 1,\ldots,n$ mit $U_{n\uparrow j} \in M$, also

$$\lambda(M_n) = \frac{1}{n}\#\{j = 1,\ldots,n : U_j \in M\} = \widehat{J}_n(M).$$

Somit folgt aus dem starken Gesetz der großen Zahlen $\widehat{J}_n(M) \to \lambda(M) \leq \varepsilon$ [$\mathbb{P}$], d.h.

$$\limsup \lambda(M_n) \leq \varepsilon \quad [\mathbb{P}].$$

Die gleichmäßige Stetigkeit von $\widetilde{a}$ auf jedem Intervall $[\,\underline{t},\overline{t}\,] \subset (0,1)$ und der Zusatz in (7.2.51) liefert nun mit WS 1 für jedes $\delta > 0$ durch Zerlegung hinsichtlich $M \cup M_n$ und $(M \cup M_n)^c = M^c \cap M_n^c$

$$\limsup \lambda(\{t \in (0,1) : |A_n(t) - a(t)| \geq \delta\}) \leq \lambda(M) + \limsup \lambda(M_n)$$
$$+ \limsup \lambda(\{t \in (0,1) : |\widetilde{A}_n(t) - \widetilde{a}(t)| \geq \delta\}) \leq 3\varepsilon. \quad \square$$

Satz 7.148 (Konsistenz von L-Statistiken; van Zwet[81]) *Es seien U_j, $j \in \mathbb{N}$, st.u. $\mathfrak{R}$-verteilte ZG, r und s reelle Zahlen mit $1 \leq r, s \leq \infty$, $r + s = rs$, sowie $b_n \in \mathbb{L}_r$, $n \in \mathbb{N}$, und $a \in \mathbb{L}_s$ auf $(0,1)$ erklärte reellwertige Funktionen. Weiter existiere eine Funktion $b \in \mathbb{L}_r$ mit*

$$\lim_{n \to \infty} \int_{(0,t)} b_n(u)\,du = \int_{(0,t)} b(u)\,du \quad \forall t \in (0,1) \tag{7.3.34}$$

und es sei eine der folgenden beiden Bedingungen erfüllt:

a) $1 < r \leq \infty$ und $\sup_n \|b_n\|_{\mathbb{L}_r} < \infty$;

b) $r = 1$ und $\{b_n : n \in \mathbb{N}\}$ *gleichgradig integrierbar.*

Dann gilt für die L-Statistiken L_n aus (7.3.31)

$$L_n \to \int_{(0,1)} a(u) b(u)\,du \quad [\mathfrak{R}]. \tag{7.3.35}$$

Beweis: Dieser besteht wegen

$$\int_{(0,1)} (A_n b_n - ab)\,d\lambda = \int_{(0,1)} (A_n - a) b_n\,d\lambda + \int_{(0,1)} a(b_n - b)\,d\lambda$$

im Nachweis, daß beide Summanden der rechten Seite unter a) wie unter b) f.s. gegen 0 streben. Sei zunächst $1 < r \leq \infty$ und damit $s < \infty$. Dann folgt wegen $a \in \mathbb{L}_s$

$$\int_{(0,1)} |A_n(u)|^s\,du = \frac{1}{n} \sum_{j=1}^n |a(U_j)|^s \to \int_{(0,1)} |a|^s\,d\lambda < \infty \quad [\mathfrak{R}];$$

andererseits gilt nach Hilfssatz 7.147 auf dem Komplement einer $\mathbb{P}$-Nullmenge $A_n \to a$ nach $\mathfrak{R}$-WS und damit nach dem Satz von Vitali 1.181

---
[81] Vgl. hierzu wie zu Hilfssatz 7.147 W. van Zwet: Ann. Prob. 8 (1980) 986-990.

$$\int_{(0,1)} |A_n(u) - a(u)|^s \, d\lambda(u) \to 0 \quad [\Re].$$

Hieraus wiederum ergibt sich mit der Hölder-Ungleichung

$$\left| \int_{(0,1)} (A_n(u) - a(u)) b_n(u) \, du \right| \leq \|A_n - a\|_s \|b_n\|_r = o(1) \quad [\Re].$$

Der Nachweis von $\int_{(0,1)} a(u) b_n(u) \, du \to \int_{(0,1)} a(u) b(u) \, du$ folgt nun daraus, daß im Raum $\mathbb{L}_r$, $r > 1$, jede normbeschränkte Menge schwach folgenkompakt ist[82]. (Für $r = 2$ wurde dies in Satz 2.117 gezeigt; zum Fall $1 \leq r \neq 2$ vgl. Anmerkung 2.118.) Wegen $\sup_{n \in \mathbb{N}} \|b_n\|_{\mathbb{L}_r} < \infty$ gibt es also für alle Teilfolgen $(n') \subset \mathbb{N}$ eine Teilfolge $(n'') \subset (n')$ und eine Funktion $b_0 : (0,1) \to \mathbb{R}$ mit

$$\forall a \in \mathbb{L}_s : \int_{(0,1)} a(u) b_{n''}(u) \, du \to \int_{(0,1)} a(u) b_0(u) \, du .$$

Wegen (7.3.34) folgt hieraus für $a = \mathbb{1}_{[0,t]}$

$$\int_{(0,t)} b(u) \, du = \int_{(0,t)} b_0(u) \, du \quad \forall t \in (0,1)$$

und damit $b = b_0$ $[\lambda]$. Also konvergiert die gesamte Folge (b_n) schwach gegen b, d.h. es gilt $\int_{(0,1)} a(b_n - b) \, d\lambda \to 0$ $\forall a \in \mathbb{L}_2$.

Im Fall $r = 1$, $s = \infty$ ergibt sich durch totale Zerlegung hinsichtlich $\{|A_n - a| \leq \delta\}$ und $\{|A_n - a| > \delta\}$ für jedes $\delta > 0$ mit Satz 5.91

$$\limsup \left| \int_{(0,1)} (A_n(u) - a(u)) b_n(u) \, du \right|$$

$$\leq \delta \limsup \|b_n\|_{\mathbb{L}_1} + 2\|a\|_{\mathbb{L}_\infty} \limsup \int_{\{|A_n - a| > \delta\}} |b_n| \, d\lambda = \delta \limsup \|b_n\|_{\mathbb{L}_1} + \varepsilon .$$

Der zweite Schritt erfolgt wie im Fall $1 < r \leq \infty$, $s < \infty$, wenn man die Normbeschränktheit von $(b_n)_{n \in \mathbb{N}}$ durch die gleichgradige Integrabilität von $(b_n)_{n \in \mathbb{N}}$ ersetzt. □

Erwähnt sei noch, daß sich aus Satz 7.148 für $r = \infty$, $s = 1$, $b_n \equiv 1$, $n \in \mathbb{N}$, und $a = F^{-1} \in \mathbb{L}_1$ wegen $\int_{(0,1)} F^{-1}(u) \, du = EF^{-1}(U) = E_F X = \int x \, dF(x) \in \mathbb{R}$ das starke Gesetz der großen Zahlen A7.8 zurückgewinnen läßt.

---

[82] Vgl. N. Dunford, J.T. Schwartz: Linear Operators, Part I, Interscience Publ. (1957).

Beispiel 7.149 Es seien $F \in \mathfrak{M}^1(\mathbb{R}, \mathbb{B})$ stetig, $b : (0,1) \to \mathbb{R}$ stetig und beschränkt sowie Sprungfunktionen b_n erklärt durch

$$b_n(u) := \sum_{j=1}^{n} b\left(\frac{j}{n}\right) \mathbb{1}_{(\frac{j-1}{n}, \frac{j}{n}]}(u) = b\left(\frac{[nu]+1}{n}\right), \quad u \in (0,1), \; n \in \mathbb{N},$$

also $b_n, b \in \mathbb{L}_\infty$. Weiter sei $h \in \mathbb{L}_1(F)$ und damit $a := h \circ F^{-1} \in \mathbb{L}_1$. Wegen der Stetigkeit von b gilt dann $b_n(u) \to b(u) \; \forall u \in (0,1)$ und

$$\int_{(0,t)} b_n(u) \, du = \frac{1}{n} \sum_{j \leq [nt]} b\left(\frac{j}{n}\right) + o(1) \to \int_{(0,t)} b(u) \, du \quad \forall t \in (0,1),$$

wie man leicht sieht, wenn man den mittleren Ausdruck als Riemann-Summe auffaßt. Nach Satz 7.148 gilt somit für L-Statistiken mit approximativen Gewichten

$$\gamma_\mathfrak{a}(\widehat{F}_n) = \frac{1}{n} \sum_{j=1}^{n} b\left(\frac{j}{n}\right) h(X_{n\uparrow j}) \to \int_{(0,1)} b(u) h \circ F^{-1}(u) \, d\lambda = \gamma_\mathfrak{m}(F) = \gamma_\mathfrak{a}(F) \quad [F].$$

Die entsprechende Aussage ergibt sich für L-Statistiken mit gemittelten Gewichten b_{nj}, da $\|b_n\|_{\mathbb{L}_\infty} = \max_{1 \leq j \leq n} |b_{nj}| \leq \|b\|_{\mathbb{L}_\infty} < \infty$ ist und auch wieder gilt

$$\int_{(0,t)} b_n(u) \, du = \int_{(0,[nt]/n)} b_n(u) \, du + o(1) \to \int_{(0,t)} b(u) \, du \; . \quad \square$$

7.3.3 M-Funktionale, M-Statistiken und ihre Konsistenz

In 6.1.1 wurden bereits mehrere Typen implizit definierter Funktionale bzw. Statistiken betrachtet, nämlich zum einen die Minimum-Kontrast-Funktionale, zum anderen die Minimum-Distanz-Funktionale sowie die zugehörigen MK- bzw. MD-Schätzer. Weitere derartige Größen wurden im Zusammenhang mit den deskriptiven Funktionalen in 7.1.3 erwähnt. Darüberhinaus gibt es eine Vielzahl sonstiger Situationen, in denen statistische Fragestellungen implizit durch Lösungen von Optimierungs- bzw. Nullstellenproblemen beantwortet werden. Einen klassischen derartigen Fall enthält das

Beispiel 7.150 (Kleinste-Quadrate-Schätzer bei stochastischen Regressoren) Für ein festes $n \in \mathbb{N}$ seien (Y_j, Z_j), $j = 1, \ldots, n$, st.u. $(1 + \ell)$-dimensionale ZG mit derselben VF F. Dabei seien Y_j (zufallsabhängige) reellwertige Beobachtungen und Z_j (stochastische, ℓ-

dimensionale) Regressoren. Gesucht sind Kleinste-Quadrate-Schätzer $\widehat{\alpha}$, $\widehat{\beta}$ für die Parameter $\alpha \in \mathbb{R}$, $\beta \in \mathbb{R}^\ell$ einer linearen Regression, also Lösungen der Minimierungsaufgabe

$$\sum_{j=1}^n (Y_j - \alpha - \beta^\top Z_j)^2 = \min_{\alpha,\beta} . \qquad (7.3.36)$$

Bezeichnet $\widehat{F}_n$ die $(1+\ell)$-dimensionale empirische VF, so läßt sich (7.3.36) äquivalent schreiben in der Form

$$\int (y - \alpha - \beta^\top z)^2 \, d\widehat{F}_n(y,z) = \min_{\alpha,\beta} .$$

Die Zielfunktion ist in diesem Fall also das Funktional

$$\Psi(G,t) = \int (y - \alpha - \beta^\top z)^2 \, dG(y,z), \quad t = (\alpha, \beta^\top)^\top \in \mathcal{T} = \mathbb{R} \times \mathbb{R}^\ell.$$

Lösungen der Minimierungsaufgabe $\Psi(G,t) = \min_{t \in \mathcal{T}}$ ergeben sich aus den Normalgleichungen

$$-\frac{1}{2} \nabla_\alpha \Psi(G,t) = \int (y - \alpha - \beta^\top z) \, dG(y,z) = 0,$$

$$-\frac{1}{2} \nabla_\beta \Psi(G,t) = \int (y - \alpha - \beta^\top z) z^\top \, dG(y,z) = 0.$$

Dies ist ein lineares Gleichungssystem für den $(1+\ell)$-dimensionalen Parameter $(\alpha, \beta^\top)^\top$,

$$\int y \, dG(y,z) = \alpha + \beta^\top \int z \, dG(y,z),$$
$$\int yz \, dG(y,z) = \alpha \int z \, dG(y,z) + \beta^\top \int zz^\top \, dG(y,z)$$

mit der $(1+\ell) \times (1+\ell)$-reihigen Koeffizientenmatrix

$$\begin{pmatrix} 1 & \int z^\top \, dG \\ \int z \, dG & \int zz^\top \, dG \end{pmatrix}.$$

Ist diese nicht entartet, so gibt es eine eindeutige Lösung $\gamma(G) = (\alpha(G), \beta^\top(G))^\top$. Ist Z speziell ein deterministischer Regressor, so ist $\gamma(\widehat{F}_n) = (\alpha(\widehat{F}_n), \beta^\top(\widehat{F}_n))^\top$ der in Kap. 4 diskutierte Kleinste-Quadrate-Schätzer. □

Ein weiteres wichtiges Beispiel ist das folgende, bei dem übrigens die M-Statistik zugleich eine L-Statistik ist.

7.3 Nichtparametrische Funktionale und ihre kanonischen Schätzer 617

Beispiel 7.151 (MD-Schätzer von Lokations-Skalenparametern) In Spezialisierung von Beispiel 6.17 sei ϱ die Mallows-Metrik (5.1.72) und $\mathfrak{F} = \mathfrak{T}(F)$ die durch F erzeugte Lokations-Skalenfamilie, also $F_\vartheta(\cdot) = F(\frac{\cdot - \mu}{\sigma})$, $\vartheta = (\mu, \sigma)^\top \in \mathbb{R} \times (0, \infty)$. Dabei sei F eine VF mit $\int x\,dF(x) = 0$ und $\int x^2\,dF(x) = 1$. Außerdem werde vorausgesetzt, daß jede VF $G \in \mathfrak{G}$ ein endliches zweites Moment besitzt. Das Minimierungsproblem

$$\varrho^2(G, F_\vartheta) = \int_0^1 (G^{-1}(u) - \sigma F^{-1}(u) - \mu)^2 \, du = \min_{\mu,\sigma} \qquad (7.3.37)$$

lösen wir analog (4.1.7) mit Hilfe der Normalgleichungen

$$-\frac{1}{2}\nabla_\mu \int_0^1 (G^{-1}(u) - \sigma F^{-1}(u) - \mu)^2 \, du = \int_0^1 (G^{-1}(u) - \sigma F^{-1}(u) - \mu) \, du$$

$$= \mu - \int_0^1 G^{-1}(u) \, du = 0,$$

$$-\frac{1}{2}\nabla_\sigma \int_0^1 (G^{-1}(u) - \sigma F^{-1}(u) - \mu)^2 \, du = \int_0^1 (G^{-1}(u) - \sigma F^{-1}(u) - \mu) F^{-1}(u) \, du$$

$$= \sigma - \int_0^1 F^{-1}(u) G^{-1}(u) \, du = 0.$$

Dabei ergibt sich als Lösung

$$\mu(G) = \int_0^1 G^{-1}(u) \, du = \int x\,dG(x), \quad \sigma(G) = \int_0^1 F^{-1}(u) G^{-1}(u) \, du,$$

also das zweidimensionale L-Funktional $\gamma(G) = (\mu(G), \sigma(G))$, und damit für den kanonischen Schätzer die zweidimensionale L-Statistik

$$\gamma(\widehat{F}_n) = \left(\overline{x}_n, \sum_{j=1}^n x_{n\uparrow j} \int_{(\frac{j-1}{n}, \frac{j}{n})} F^{-1}(u) \, du \right). \quad \square$$

M-Funktionale Die beiden vorausgegangenen Beispiele sind von der folgenden Bauart: Gegeben ist eine Familie $\mathfrak{G}$ von WS-Maßen (auf einem zunächst beliebigen Stichprobenraum $(\mathfrak{X}_0, \mathfrak{B}_0)$). Diese soll konvex sein und neben der Modellannahme $\mathfrak{F}$ alle Einpunktmaße (und damit alle empirischen Verteilungen) enthalten. Weiter sei $\mathcal{T} \subset \mathbb{R}^k$ eine offene und der Einfachheit halber als konvex angenommene Menge sowie Ψ eine Abbildung

$$\Psi : \mathfrak{G} \times \mathcal{T} \to (-\infty, \infty]. \qquad (7.3.38)$$

618   7 Nichtparametrische Funktionale und ihre kanonischen Schätzer

Über diese wird dann ein Funktional $\gamma : \mathfrak{G} \to \mathcal{T}$ festgelegt als Lösung von

$$\forall G \in \mathfrak{G}: \quad \Psi(G, \gamma(G)) = \min_{t \in \mathcal{T}} \Psi(G, t). \qquad (7.3.39)$$

Natürlich braucht dieses Minimierungsproblem im allgemeinen keine Lösung zu besitzen und selbst im Falle ihrer Existenz wird diese zumeist nicht eindeutig sein. Um Situationen auszuschließen, in denen (7.3.39) auch bei Beschränkung auf kompakte Teilbereiche von $\mathcal{T}$ keine Lösung besitzt, soll die Klasse der hier betrachteten Funktionen Ψ durch Zusatzforderungen eingegrenzt werden.

Definition 7.152 Gegeben sei eine Funktion $\Psi : \mathfrak{G} \times \mathcal{T} \to (-\infty, \infty]$ mit den folgenden drei Eigenschaften:

(1) $\forall G \in \mathfrak{G}$ ist $\{t \in \mathcal{T} : \Psi(G, t) < \infty\} \neq \emptyset$;
(2) $\forall G \in \mathfrak{G}$ $\exists K_G \subset \mathcal{T}$ kompakt mit $\inf_{t \in \mathcal{T}} \Psi(G, t) = \inf_{t \in K_G} \Psi(G, t)$;
(3) $\forall G \in \mathfrak{G}$ ist $\Psi(G, \cdot)$ $1/2$-stetig.

Dann heißt Ψ ein *Minimierungsfunktional* und jedes durch (7.3.39) definierte Funktional $\gamma : \mathfrak{G} \to \mathcal{T}$ ein *M-Funktional* (*bezüglich* Ψ).

Es ist nun zu diskutieren, wann derartige Funktionale existieren, wann sie stetig sind usw. Hierbei werden wir uns auf die Definitionen und Ergebnisse aus B2 über halbstetige Funktionen und epikonvergente Folgen stützen. Zunächst stellen die Forderungen (1)–(3) wegen B2.19 sicher, daß die Menge der Minimalstellen

$$\mathfrak{A}(\Psi(G, \cdot)) := \{t_G \in \Theta : \Psi(G, t_G) = \inf_{t \in \Theta} \Psi(G, t)\}$$

für jedes $G \in \mathfrak{G}$ nicht-leer und darüber hinaus $\mathfrak{A}(\Psi(G, \cdot)) \cap K_G$ kompakt ist. Sie schließen jedoch nicht aus, daß auch außerhalb der Menge K_G noch Lösungen existieren, eventuell auch uneigentliche auf dem Rande von $\mathcal{T}$. Die Forderungen (1)–(3) sind daher schwächer als die – allerdings bequemer zu verifizierenden – Bedingungen (1), (2'), (3) mit

(2') $\forall G \in \mathfrak{G} : \inf_{t \in \mathcal{T}} \Psi(G, t) > -\infty$ und $\{t : \Psi(G, t) \leq c\}$ ist beschränkt[83] $\forall c \in \mathbb{R}$.

Unter diesen ist nämlich die Lösungsmenge $\mathfrak{A}(\Psi(G, \cdot)) \subset \mathcal{T}$ stets nicht-leer und kompakt; vgl. Aufg. 7.29.

Selbstverständlich ist im allgemeinen auch $\mathfrak{A}(\Psi(G, \cdot)) \cap K_G$ nicht notwendig einelementig, so daß zur Definition von $\gamma(G)$ eine Auswahl mit Hilfe einer „Zusatzregel" zu erfolgen hat. Um zum einen die Konsistenz von $\gamma(\widehat{F}_n)$ für $\gamma(F)$ zu gewährleisten und zum anderen sicherzustellen, daß das Funktional $\gamma(\cdot)$ gegenüber kleinen Modellabweichungen nicht allzu empfindlich reagiert, sollte $\gamma(\cdot)$ stetig in F sein bzgl. einer geeigneten Metrik ϱ auf $\mathfrak{G}$. Im folgenden soll keine Festlegung auf ein spezielles

---

[83] Diese Bedingung wird in der Optimierungstheorie üblicherweise als Inf-Kompaktheit bezeichnet; vgl. J.P. Aubin: Optima and Equilibria, Springer (1993).

7.3 Nichtparametrische Funktionale und ihre kanonischen Schätzer 619

ϱ, etwa auf den Prohorov-Abstand oder die Supremumsmetrik, erfolgen. Gefordert werden jedoch für ϱ die beiden Eigenschaften:

(M1) $\forall t \in \mathcal{T}$ ist $\Psi(\cdot, t)$ stetig in einer η-Umgebung $U(F, \eta)$ von F;

(M2) $F_n \to F$ bzgl. $\varrho \quad \Rightarrow \quad F_n \xrightarrow[\mathcal{L}]{} F$.

Die Stetigkeit von γ ergibt sich aus der Präzisierung der folgenden Gedankenkette:

$$\varrho(F,G) \approx 0 \quad \Rightarrow \quad \Psi(F,\cdot) \approx \Psi(G,\cdot) \text{ gleichmäßig über Kompakta,}$$
$$\Rightarrow \quad \begin{cases} \mathfrak{A}(\Psi(F,\cdot)) \approx \mathfrak{A}(\Psi(G,\cdot)), \\ \inf_{t \in \mathcal{T}} \Psi(F,t) \approx \inf_{t \in \mathcal{T}} \Psi(G,t), \end{cases}$$
$$\Rightarrow \quad \gamma(F) \approx \gamma(G).$$

Vor der Herleitung einer derartigen „Stabilitätsaussage" hat man natürlich erst einmal zu diskutieren, wie die diversen „Ungefähr-Gleichheiten" zu verstehen sind. Über die Bedingungen (1)–(3) aus der Definition 7.152 hinaus hat man hierzu noch weitere Stetigkeitseigenschaften von Ψ nachzuweisen. Dieses soll jeweils getrennt für Kontrast- und Distanzfunktionale erfolgen. Darüberhinaus soll nach einfachen Situationen dafür gesucht werden, daß $\Psi(G, \cdot)$ eine quasikonvexe Funktion ist. Diese Funktionenklasse ist etwa dadurch charakterisiert, vgl. (B1.18), daß ihr Definitionsbereich – hier also die Menge $\mathcal{T}$ – konvex ist und daß gilt

$$\Psi(G, (1-\eta)s + \eta t) \leq \max\{\Psi(G,s), \Psi(G,t)\} \quad \forall s, t \in \mathcal{T} \;\; \forall 0 < \eta < 1.$$

Die Quasikonvexheit von $\Psi(G, \cdot)$ garantiert offensichtlich, daß $\mathfrak{A}(\Psi(G;\cdot))$ eine konvexe Menge ist. Diese Eigenschaft wiederum ist für einige Regeln zur Auswahl von $\gamma(G)$ aus $\mathfrak{A}(\Psi(G,\cdot))$ erforderlich.

Stetigkeitseigenschaften von Kontrastfunktionalen   In diesem Fall haben die Zielfunktionale $\Psi(G,t)$ eine einfache, in G lineare Form, da es sich um parameterabhängige Integrale bzgl. G handelt. Für derartige Klassen von Funktionen $\Psi : \mathfrak{G} \times \mathcal{T} \to (-\infty, \infty]$ und die durch die zugehörigen Minimierungsprobleme implizit definierten Funktionale $\gamma : \mathfrak{G} \to \mathcal{T}$ sollen die bereits in 6.1.1 eingeführten Bezeichnungen verwendet werden (auch wenn die Verteilungsannahme $\mathfrak{F}$ hier nicht länger eine parametrische Klasse zu sein braucht). Es seien also wieder $\mathfrak{X}_0 \in \mathbb{B}^\ell$, $\mathcal{T} \subset \mathbb{R}^m$ offen und $\psi : \mathfrak{X}_0 \times \mathcal{T} \to (-\infty, \infty)$ eine Kontrastfunktion, welche hier auch die folgenden vier Bedingungen erfüllen soll:

(K1) $\psi(\cdot, \cdot)$ ist gemeinsam meßbar;

(K2) $\forall x \in \mathfrak{X}_0$ ist $\psi(x; \cdot)$ $1/2$-stetig;

(K3) $\forall t \in \mathcal{T} \; \exists \eta > 0 \; \exists r \in \mathbb{R}$ mit $\psi(x,s) \geq r \;\; \forall x \in \mathfrak{X}_0 \;\; \forall s \in U(t, \eta)$;

(K4) $\forall G \in \mathfrak{G} \; \exists t_G \in \mathcal{T} : \int \psi^+(x, t_G) \, dG(x) < \infty$.

Diese Eigenschaften implizieren die Gültigkeit der Voraussetzungen (1) und (3) aus Definition 7.152 für das zugehörige Kontrastfunktional Ψ,

$$\Psi(G,t) = \int \psi(x,t)\,\mathrm{d}G(x) \in (-\infty,\infty]. \qquad (7.3.40)$$

(1) ergibt sich dabei unmittelbar aus (K3) und (K4), (3) aus dem folgenden Hilfssatz. Ist auch (2) erfüllt, so heißt jede (dann existierende) Lösung $\gamma : \mathfrak{G} \to \mathcal{T}$ des Minimierungsproblems (7.3.39) analog 6.1.1 ein *Minimum-Kontrast-Funktional* oder kurz ein MK-Funktional.

Hilfssatz 7.153 *Sei* $\psi : \mathfrak{X}_0 \times \mathcal{T} \to (-\infty,\infty)$ *eine Kontrastfunktion und* Ψ *das zugehörige Kontrastfunktional. Dann gilt:*

a) $\forall G \in \mathfrak{G}$ *ist* $\Psi(G,\cdot)$ $1\diagup 2$-*stetig;*

b) $\psi(x,\cdot)$ *konvex* $\forall x \in \mathfrak{X}_0$ $\Rightarrow$ $\Psi(G,\cdot)$ *konvex* $\forall G \in \mathfrak{G}$.

Die Aussage b) bleibt richtig, wenn man jeweils konvex durch quasikonvex ersetzt.

Beweis: a) Dieser beruht auf der Charakterisierung B2.2 der Halbstetigkeit. Sei $t_n \to t$. Dann folgt $\liminf_{n\to\infty} \Psi(G,t_n) \geq \Psi(G,t)$ aus (K2) und (K3) zusammen mit dem Lemma von Fatou.

b) ergibt sich unmittelbar aus der Definition von Ψ.   □

Um später die Stetigkeit von $\gamma(\cdot)$ beweisen zu können, soll das in B2.10 eingeführte Konzept der Epikonvergenz verwendet werden.

Hilfssatz 7.154 $\psi : \mathfrak{X}_0 \times \mathcal{T} \to (-\infty,\infty)$ *erfülle* (K3),(K4) *und sei als Funktion beider Variablen* $1\diagup 2$-*stetig. Dann ist* ψ *eine Kontrastfunktion.*

Ist weiter ϱ *eine Metrik, die* (M1) *und* (M2) *erfüllt, so gelten für das zugehörige Kontrastfunktional* Ψ *sowie für* $G_n, G \in \mathfrak{G}$

$$G_n \to G \text{ bzgl. } \varrho, \quad t_n \to t \quad \Rightarrow \quad \liminf \Psi(G_n,t_n) \geq \Psi(G,t). \qquad (7.3.41)$$

Definitionsgemäß gilt daher $\Psi(G_n,\cdot) \xrightarrow[\mathcal{E}]{} \Psi(G,\cdot)$.

Beweis: Aus der $1\diagup 2$-Stetigkeit von $\psi(\cdot,\cdot)$ folgt zum einen die gemeinsame Meßbarkeit, d.h. (K1), und zum anderen nach B2.4a die $1\diagup 2$-Stetigkeit von $\psi(x,\cdot)$ für jedes $x \in \mathfrak{X}_0$. ψ erfüllt also (K2) und ist damit eine Kontrastfunktion.

Wegen (M2) gilt $G_n \xrightarrow[\mathcal{L}]{} G$. Zum Nachweis von (7.3.41) seien $t_n, t \in \mathcal{T}$ mit $t_n \to t$, Z_n, Z reellwertige ZG mit $\mathcal{L}(Z_n) = G_n$, $\mathcal{L}(Z) = G$ und $Z_n \xrightarrow[\mathcal{L}]{} Z$ sowie $Z_n^\times, Z^\times$ verteilungsgleiche ZG auf einem WS-Raum $(\Omega^\times, \mathfrak{A}^\times, \mathbb{P}^\times)$ mit $Z_n^\times \to Z^\times$ [$\mathbb{P}^\times$]. Dann gilt nach dem Lemma von Fatou und wegen der Halbstetigkeit von ψ in beiden Variablen

$$\liminf \Psi(G_n,t_n) = \liminf \int \psi(Z_n^\times, t_n)\,\mathrm{d}\mathbb{P}^\times \geq \int \liminf \psi(Z_n^\times, t_n)\,\mathrm{d}\mathbb{P}^\times$$
$$\geq \int \psi(Z^\times, t)\,\mathrm{d}\mathbb{P}^\times = \psi(G,t).$$

7.3 Nichtparametrische Funktionale und ihre kanonischen Schätzer   621

Da für $t_n \equiv t$ aus (M1) $\Psi(F_n, t) \to \Psi(F, t)$ folgt, impliziert dies die Epikonvergenz. □

Für spezielle Typen von Kontrastfunktionen läßt sich leicht eine verschärfte Form der Epikonvergenz zeigen, nämlich die in B2.8 eingeführte Hahn-Konvergenz $\xrightarrow[\mathfrak{H}]{}$.

Hilfssatz 7.155 $\psi : \mathfrak{X}_0 \times \mathcal{T} \to (-\infty, \infty)$ *sei eine Kontrastfunktion und es gelte:*

$$\forall x \in \mathfrak{X}_0 \ \ ist \ \psi(x, \cdot) \ konvex.$$

Weiter sei ϱ eine Metrik mit (M1) und (M2). Dann gilt:

$$F_n \to F \ bzgl. \ \varrho \quad \Rightarrow \quad \Psi(F_n, \cdot) \xrightarrow[\mathfrak{H}]{} \Psi(F, \cdot).$$

Speziell folgt daher $\Psi(F_n, \cdot) \xrightarrow[\mathfrak{E}]{} \Psi(F, \cdot).$

Beweis: Nach Hilfssatz 7.153b sind die Funktionen $\Psi(F_n, \cdot)$ und $\Psi(F, \cdot)$ konvex. Wegen (M1) liegt punktweise Konvergenz vor. Nach Hilfssatz B1.27d ist diese gleichmäßig über jeder kompakten Teilmenge von $\mathcal{T}$ und somit nach Satz B2.9b äquivalent zur Hahn-Konvergenz. □

Beispiel 7.156 (Kontrastfunktionen zur Lokationsschätzung) Sei $\psi_0 : \mathbb{R}^k \to \mathbb{R}$ 1/2-stetig und nach unten beschränkt. Die Kontrastfunktion $\psi(x, t) := \psi_0(x - t)$, $t \in \mathcal{T} = \mathbb{R}$ erfüllt dann die Bedingungen (K1), (K2), (K3) und ist auch als Funktion beider Variabler 1/2-stetig. Gilt darüberhinaus noch

$$G \in \mathfrak{G} \quad \Rightarrow \quad G * \varepsilon_t \in \mathfrak{G} \ \forall t \in \mathbb{R} \quad \text{sowie} \quad \int \psi_0^+(z) \, dG(z) < \infty \ \forall G \in \mathfrak{G},$$

dann ist auch (K4) erfüllt. Speziell interessieren hier die folgenden Fälle:

a) f ist eine strikt unimodale, strikt positive sowie beschränkte λ-Dichte. Dann ist

$$\psi_0(z) = -\log f(z), \quad z \in \mathbb{R},$$

nach Satz 6.218 konvex und nach unten beschränkt. Speziell ist ψ_0 eine Lipschitz-beschränkte Funktion und damit insbesondere stetig. Die wichtigsten Spezialfälle sind:

$$f(z) = \frac{1}{2} \exp(-|z|) \quad \Rightarrow \quad \psi_0(z) = \log 2 + |z|,$$

$$f(z) = \frac{1}{\sqrt{2\pi}} \exp(-\frac{1}{2}z^2) \quad \Rightarrow \quad \psi_0(z) = \frac{1}{2}\log(2\pi) + \frac{1}{2}z^2.$$

Hier ist dann für jede Klasse $\mathfrak{G}$ mit endlichen ersten bzw. zweiten Momenten auch die Bedingung (2) aus Definition 7.152 erfüllt.

b) Wie in Beispiel 6.15b sei

$$\psi_0(z) = \frac{1}{2}z^2 \mathbf{1}_{[0,c]}(|z|) + (c|z| - \frac{c^2}{2})\mathbf{1}_{(c,\infty)}(z).$$

Auch diese Funktion ist konvex, nach unten beschränkt und für $\psi(x, t) = \psi_0(x - t)$ ist die Bedingung (2) aus Definition 7.152 erfüllt.

c) Analog zu b) ist die Funktion

$$\psi_0(z) = \frac{z^2}{2}\mathbf{1}_{[0,c]}(|z|) + \frac{c^2}{2}\mathbf{1}_{(c,\infty)}(z)$$

quasikonvex und nach unten beschränkt. Auch in diesem Fall ist die Bedingung (2) aus Definition 7.152 gewährleistet. □

Stetigkeitseigenschaften von Distanzfunktionalen Auch diese Klasse implizit definierter Funktionale ist uns bereits in 6.1.1 begegnet; vgl. auch Beispiel 7.151. Hier beschränken wir uns jedoch auf solche Diskrepanzen, die Metriken im üblichen Sinne sind. Es liegt also eine Verteilungsannahme $\mathfrak{F} = \{F_\vartheta : \vartheta \in \Theta\}$ zugrunde, die wieder Teilmenge einer (auch die Einpunktverteilungen enthaltenden) konvexen Klasse $\mathfrak{G}$ ist. Weiter sei ϱ eine Metrik auf $\mathfrak{G}$, bzgl. der $\mathfrak{F}$ stetig parametrisiert sei. Für jedes $G \in \mathfrak{G}$ ist dann das Distanzfunktional definiert durch

$$\Psi(G,t) := \varrho(G, F_t), \quad t \in \mathcal{T} = \Theta. \tag{7.3.42}$$

Auch hier verwenden wir wieder die in 6.1.1 eingeführte Terminologie. Der Nachweis der für Ψ benötigten analytischen Eigenschaften gestaltet sich im vorliegenden Fall nun sehr einfach. Trivialerweise ist ein Distanzfunktional zunächst einmal nach unten beschränkt und endlich, was die Bedingung (1) aus Definition 7.152 impliziert. Unter der Voraussetzung

$$\forall G \in \mathfrak{G} \quad \forall c > 0 \quad \text{ist } \{t : \varrho(G, F_t) \leq c\} \text{ beschränkt} \tag{7.3.43}$$

erhält man die Bedingung (2). Die Bedingung (3) ergibt sich unmittelbar aus

$$|\Psi(G,t) - \Psi(F,s)| \leq |\varrho(G, F_t) - \varrho(F, F_t)| + |\varrho(F, F_t) - \varrho(F, F_s)|$$
$$\leq \varrho(G, F) + \varrho(F_t, F_s). \tag{7.3.44}$$

Diese Abschätzung wiederum folgt direkt aus der inversen Dreiecksungleichung. Die wesentliche Implikation aus (7.3.44) formulieren wir als

Hilfssatz 7.157 *Sei Ψ ein Distanzfunktional (7.3.42). Dann ist $\Psi(\cdot,\cdot)$ stetig (bzgl. der Produktmetrik aus ϱ und dem euklidischen Abstand). Speziell gilt für $G_n, G \in \mathfrak{G}$*

$$G_n \to G \text{ bzgl. } \varrho \quad \Rightarrow \quad \Psi(G_n, \cdot) \xrightarrow[\mathfrak{H}]{} \Psi(G, \cdot).$$

Beweis: Dieser folgt aus (7.3.44) sowie den Voraussetzungen an ϱ und $\mathfrak{F}$. □

Beispiel 7.158 (MD-Funktional in Lokationsfamilie) Sei $\varrho(F,G) = (\int (F(x)-G(x))^2\,\mathrm{d}x)^{1/2}$ der Cramér-von Mises-Abstand auf $\mathfrak{G}$ und $\mathfrak{F} = \mathfrak{T}_L(F)$ die durch eine Verteilung F erzeugte Translationsfamilie. Dabei besitze F die λ-Dichte f. Läßt sich die Vertauschung von Differentiation und Integration rechtfertigen, so lautet mit der Abkürzung $F_-(x) := 1 - F(-x - 0)$ die Normalgleichung

$$\nabla_\mu \int (F(x-\mu) - G(x))^2\,\mathrm{d}x = -2\int (F(x-\mu) - G(x))f(x-\mu)\,\mathrm{d}x$$

$$= -1 + 2\int G(x+\mu)\,\mathrm{d}F(x) = -1 + 2\int G(\mu-x)\,\mathrm{d}F_-(x) = -1 + 2(G * F_-)(\mu) = 0.$$

7.3 Nichtparametrische Funktionale und ihre kanonischen Schätzer   623

In diesem Fall ergibt sich das MD-Funktional zu $\mu(G) = \text{med}(G*F_-)$, wobei eine geeignete Version des Medians zu wählen ist. Offensichtlich gilt für jedes $x \in \mathbb{R}$ und $\mu_1 < \mu < \mu_2$

$$-|F(x-\mu_2) - G(x)| \leq F(x-\mu) - G(x) \leq |F(x-\mu_1) - G(x)|$$

und damit

$$|F(x-\mu) - G(x)| \leq \max\{|F(x-\mu_1) - G(x)|, |F(x-\mu_2) - G(x)|\}.$$

Diese Ungleichung bleibt beim Quadrieren und Ausintegrieren natürlich erhalten. Die Abbildung $t \mapsto \varrho(F(\cdot - t), G)$ ist daher quasikonvex. Dies impliziert die (hier natürlich direkt verifizierbare) Konvexität der Lösungsmenge. Offensichtlich läßt sich unter diesen Modellannahmen auch die Quasikonvexität jedes Distanzfunktionals zeigen, das isoton von $|F(x-t) - G(x)|$ abhängt, also auch etwa diejenige des Supremumsfunktionals. □

Festlegung von M-Funktionalen und M-Statistiken[84]   Die obige Diskussion der Stetigkeitseigenschaften von Kontrast- bzw. Distanz-Funktionalen erlaubt es nun, stetige Versionen von $\gamma(\cdot)$ festzulegen.

Hilfssatz 7.159 *Sei $\Psi(G, \cdot)$ ein Minimierungsfunktional, ϱ eine Metrik auf $\mathfrak{G}$ mit den Eigenschaften* (M1), (M2) *und $K_0 \subset \mathcal{T}$ ein Kompaktum derart, daß gilt*

1) $G \mapsto \Psi(G, \cdot)$ *ist im Punkte F epistetig bzgl. ϱ, d.h. es gelte*

$$F_n \to F \ \text{bzgl.} \ \varrho \ \Rightarrow \ \Psi(F_n, \cdot) \xrightarrow[\mathfrak{E}]{} \Psi(F, \cdot);$$

2) *Es existiert ein $\eta > 0$ derart, daß für alle $G \in U(F, \eta)$ gilt*

$$\inf_{t \in K_0} \Psi(G, t) = \inf_{t \in \mathcal{T}} \Psi(G, t) < \infty;$$

3) $\mathfrak{A}(\Psi(F, \cdot)) \cap K_0 = \{t_0\} \quad \exists t_0 \in \mathcal{T}$.

Dann gibt es ein $n_0 \in \mathbb{N}$ mit $\mathfrak{A}(\Psi(F_n, \cdot)) \cap K_0 \neq \emptyset \ \forall n \geq n_0$ und für Folgen $(t_n) \subset \mathcal{T}$ mit der Eigenschaft $t_n \in \mathfrak{A}(\Psi(F_n, \cdot)) \cap K_0 \ \forall n \geq n_0$ gilt für $n \to \infty$

$$t_n \to t_0 \quad \text{und damit}^{85)} \quad K\text{-}\lim \mathfrak{A}(\Psi(G_n, \cdot)) \cap K_0 = \{t_0\}.$$

Beweis: Dieser folgt unmittelbar aus Korollar B2.22. □

Bei der Anwendung dieses Hilfssatzes beschränkt man sich also auf Lösungen in einem vorgegebenen „Fenster" K_0, ohne sich dafür zu interessieren, ob und gegebenenfalls welche Minimalstellen außerhalb von K_0 existieren. Bezeichnet $\mathfrak{K}$ ein System nicht-leerer kompakter Teilmengen von K_0, so versteht man unter einem *Selektor* auf $\mathfrak{K}$ eine Abbildung

---
[84] Die nachfolgenden Überlegungen sind methodisch verwandt mit denjenigen der Arbeit J. Dupačová, R. Wets: Ann. Stat. 16 (1988) 1517-1549.
[85] Hier bezeichnet K-$\lim C_n$ den in B2.12 eingeführten Kuratowski-Limes einer Folge (C_n).

$$\tau : \mathfrak{K} \to K_0 \quad \text{mit} \quad \tau(K) \in K \quad \forall K \in \mathfrak{K}.$$

Jeder Selektor stellt somit eine Auswahlregel dar.

Beispiel 7.160 Sei $K_0 \subset \mathbb{R}^k$ ein nicht-leeres konvexes Kompaktum, $\mathfrak{K}_1 = \mathfrak{K}_2$ die Klasse aller nicht-leeren abgeschlossenen Teilmengen von K_0 und $\mathfrak{K}_3$ die Klasse aller nicht-leeren abgeschlossenen und konvexen Teilmengen von K_0. Dann gilt:

a) $\tau_1(K) = \min\{|t| : t \in K\}$ ist ein Selektor auf $\mathfrak{K}_1$.

b) $\tau_2(K) = t_K \Leftrightarrow (t_K \preceq t \ \forall t \in K)$ ist ein Selektor auf $\mathfrak{K}_2$,

    wobei $\preceq$ die lexikographische Anordnung auf $\mathbb{R}^k$ bezeichnet.

c) Ist speziell $k = 1$ und $q : K_0 \to \mathbb{R}$ konvex, so ist

$$\tau_3(K) = \begin{cases} s & \text{für } K = \{s\}, \\ \frac{1}{\lambda(K)} \int_K q(x) \, d\lambda(x) & \text{für } \lambda(K) > 0 \end{cases} \quad \text{ein Selektor auf } \mathfrak{K}_3. \quad \Box$$

Die obigen Überlegungen lassen sich nun wie folgt zusammenfassen:

Satz 7.161 (Stetige Festlegung von M-Funktionalen) *Es seien $\mathfrak{F}$ eine Verteilungsannahme und $\mathfrak{G} \subset \mathfrak{M}^1(\mathfrak{X}_0, \mathfrak{B}_0)$ eine konvexe Klasse von WS-Maßen, die $\mathfrak{F}$ und alle Einpunktmaße enthält. ϱ sei eine Metrik auf $\mathfrak{G}$ sowie $\Psi : \mathfrak{G} \times \mathcal{T} \to (-\infty, \infty]$ ein Minimierungsfunktional. Weiter sei τ ein Selektor bzgl. einer Klasse $\mathfrak{K}$ nichtleerer und abgeschlossener Teilmengen eines Kompaktums $K_0 \subset \mathcal{T}$ und es gelte:*

a) $\Psi(G, \cdot)$ *ist epistetig in jedem Punkt $F \in \mathfrak{F}$ (bzgl. ϱ);*

b) $\forall F \in \mathfrak{F} \ \exists \eta > 0 \ \forall G \in U(F, \eta)$:

$$\inf_{t \in K_0} \Psi(G, t) = \inf_{t \in \mathcal{T}} \Psi(G, t) \quad \text{und} \quad \mathfrak{A}(\Psi(G, \cdot)) \cap K_0 \in \mathfrak{K};$$

c) $\mathfrak{A}(\Psi(F, \cdot)) \cap K_0 = \{t_F\} \ \forall F \in \mathfrak{F}$;

d) τ *ist stetig bzgl. der Hausdorff-Metrik (B2.20).*

Dann sind die Funktionale

$$G \mapsto \gamma_\tau(G) = \tau(\mathfrak{A}(\Psi(G, \cdot)) \cap K_0), \quad G \mapsto \inf_{t \in \mathcal{T}} \Psi(G, t),$$

stetig bzgl. ϱ in jedem Punkt $F \in \mathfrak{F}$.

Die Aussagen 7.159 und 7.161 präzisieren die heuristische Gedankenkette, die weiter oben zur Stetigkeit von M-Funktionalen formuliert wurde. Die Stetigkeit wiederum wird in Band III deshalb von Bedeutung sein, da sie eine wesentliche Voraussetzung für die Differenzierbarkeit implizit definierter Funktionale ist und damit zum Nach-

7.3 Nichtparametrische Funktionale und ihre kanonischen Schätzer 625

weis der asymptotischen Normalität von M-Schätzern benötigt wird. Vernachlässigt man die analytischen Aspekte von Satz 7.161, so bleibt als zentrale Voraussetzung dieser Aussage, daß das Minimierungsproblem für jedes $F \in \mathfrak{F}$ eindeutig lösbar sein muß (zumindest innerhalb des gewählten Fensters K_0). Typischerweise liegt nun die Situation vor, daß das Minimierungsproblem für die VF F eines Idealmodells $\mathfrak{F}$ eindeutig lösbar ist, daß dies jedoch für keine volle Umgebung einer dieser Verteilungen gilt. Das Funktional $\gamma_\tau(\cdot)$ ist dann instabil gegenüber Änderungen in der Verteilungsannahme. Übrigens trat diese Problematik bereits im Zusammenhang mit der Verteilungskonvergenz von Stichprobenquantilen auf, d.h. von speziellen M-Schätzern.

Möchte man den Satz 7.161 zum Nachweis der Konsistenz verwenden, setzt man also für G speziell $\widehat{F}_n \in \mathfrak{G}$, dann ist es – neben der eindeutigen Lösbarkeit des Problems an der Stelle der „wahren" VF F – entscheidend, die Gültigkeit von

$$\inf_{t \in K_0} \Psi(\widehat{F}_n, t) = \inf_{t \in \mathcal{T}} \Psi(\widehat{F}_n, t) < \infty \tag{7.3.45}$$

für hinreichend großes n verifizieren zu können. Ist überdies die Abbildung $(x_1, \ldots, x_n) \mapsto \gamma_\tau(\widehat{F}_n)$ meßbar, so spricht man von einer *M-Statistik* oder einem *M-Schätzer*. Gilt darüberhinaus eine Glivenko-Cantelli-Typ Aussage, dann impliziert obiger Satz die Konsistenz des kanonischen Schätzers. Genauer gilt folgendes: Liegen st.u. ZG $X_j, j \in \mathbb{N}$, mit derselben Verteilung F zugrunde, so gilt für jedes $F \in \mathfrak{F}$

$$\varrho(\widehat{F}_n, F) \to 0 \ [F] \quad \Rightarrow \quad \gamma_\tau(\widehat{F}_n) \to \gamma_\tau(F) \ [F],$$

wobei wieder die Meßbarkeit von $\gamma_\tau(\widehat{F}_n)$ bzw. von $\varrho(\widehat{F}_n, F)$ sicherzustellen ist. Hierzu sollen keine eigenen Sätze bewiesen werden. Es sei aber bemerkt, daß sich für jedes $F \in \mathfrak{F}$ die Existenz (irgend-)einer meßbaren Auswahl $\gamma(\widehat{F}_n)$ sicherstellen läßt. Unter Voraussetzungen, wie sie in Hilfssatz 7.159 gemacht wurden, läßt sich zumindest im MK-Fall[86] auch die Konsistenz dieses Schätzers nachweisen. Formal hat man dabei eine Abbildung $\Gamma : (x_1, \ldots, x_n) \mapsto \mathfrak{A}(\Psi(\widehat{F}_n, \cdot))$, d.h. eine Abbildung von $\mathfrak{Y} := \mathfrak{X}_0^n$ in die Menge $\mathfrak{L} := \mathfrak{L}^m$ der nicht-leeren abgeschlossenen Teilmengen des $\mathbb{R}^m$, zu betrachten. Von dieser Zuordnung hat man nun sicherzustellen, daß sie in geeignetem Sinne meßbar ist. Dazu hat man zunächst $\mathfrak{L}^m$ mit einer geeigneten Meßbarkeitsstruktur zu versehen. Aus dieser und dem in der anschließenden Anmerkung 7.162 zitierten „measurable selection theorem" folgt dann die Existenz einer meßbaren Lösung

$$(x_1, \ldots, x_n) \mapsto \gamma(\widehat{F}_n).$$

Dieser Satz sichert zugleich die Meßbarkeit der Abbildung

$$(x_1, \ldots, x_n) \mapsto \Psi(\widehat{F}_n, \gamma(\widehat{F}_n)) = \min_{t \in \mathcal{T}} \Psi(\widehat{F}_n, t).$$

---
[86] Vgl. Theorem 3.9 in der in Fußnote 84 zitierten Arbeit von J. Dupačová, R.Wets.

7 Nichtparametrische Funktionale und ihre kanonischen Schätzer

Anmerkung 7.162 (Möglichkeit einer meßbaren Auswahl) Es existieren verschiedene Versionen des „measurable selection theorems". Wir formulieren hier die folgende[87] :
Sei $\mathfrak{Y}$ ein polnischer Raum und Γ eine Abbildung von $\mathfrak{Y}$ in die Menge $\mathfrak{L}$ der nicht-leeren abgeschlossenen Teilmengen von $\mathbb{R}^m$, die in dem Sinne meßbar ist, daß für alle abgeschlossenen Mengen $C \subset \mathbb{R}^m$ die Menge $\{y \in \mathfrak{Y} : \Gamma(y) \cap C \neq \emptyset\}$ eine Borel-Teilmenge von $\mathfrak{Y}$ ist. Dann existiert eine meßbare Abbildung $\gamma : \mathfrak{Y} \to \mathbb{R}^m$ mit $\gamma(y) \in \Gamma(y) \ \forall y \in \mathfrak{Y}$.

In unserem Fall sind diese Voraussetzungen des Satzes über eine meßbare Auswahl erfüllt. Somit existiert eine simultane Auswahl der Werte $\{\gamma(\widehat{F}_n) : (x_1,\ldots,x_n) \in \mathfrak{X}_0^n\}$, die insgesamt eine meßbare (wenn auch nicht konstruktiv angebbare) Abbildung ergibt. □

Bisher wurden nur solche implizit definierten Funktionale behandelt, die über Minimierungsprobleme erklärt waren. Bei deren Lösung geht man üblicherweise so vor, daß man nach dem Parameter t differenziert und die Ableitung gleich Null setzt, also die Normalgleichungen löst. Im Fall von MK-Funktionalen führt dies – falls die Vertauschung von Differentiation und Integration gerechtfertigt ist – auf das *Nullstellenproblem*

$$\forall G \in \mathfrak{G}: \quad N(G,t) = \int \nu(x,t)\, \mathrm{d}G(x) = 0 \tag{7.3.46}$$

und zwar mit $N(G,t) = \partial_2 \Psi(G,t)$, $\nu(x,t) = \partial_2 \psi(x,t)$. Bekanntlich enthält die Lösungsmenge des Nullstellenproblems jedoch nicht nur globale Minima, sondern möglicherweise auch lokale Extrema oder Wendepunkte usw. Deshalb wurde die Festlegung von M-Funktionalen anhand des Ausgangsproblems diskutiert.

Neben den Minimierungsproblemen existieren aber auch Fragestellungen, in denen man direkt von einem Nullstellenproblem auszugehen hat. Ein Beispiel hierzu trat bereits bei den Pitman-Schätzern für ein Lokationsproblem auf; vgl. (3.5.86). In solchen Fällen hat man analog der bisherigen Diskussion zunächst die Existenz von Nullstellen zu sichern und aus diesen dann wieder eine stetige oder meßbare Auswahl zu treffen. Diese Problematik soll hier jedoch nicht in der Ausführlichkeit wie die Festlegung von Minimalstellen behandelt werden. Vielmehr wird nur ein einfacher Spezialfall diskutiert, nämlich das Nullstellenproblem zu einem MK-Funktional mit $\mathcal{T} = (a,b) \subset \mathbb{R}$.

Hierbei machen wir für geeignete $-\infty \leq a < b \leq +\infty$ die folgenden Annahmen:

(N1) $\nu : \mathfrak{X}_0 \times (a,b) \to \mathbb{R}$ ist Borel-meßbar;

(N2) $(a,b) \ni t \mapsto \nu(x,t)$ ist stetig und antiton für alle $x \in \mathfrak{X}_0$ und es gilt

$$+\infty \geq \nu(x,a) := \sup_{a<t<b} \nu(x,t) > 0\,, \quad -\infty \leq \nu(x,b) := \inf_{a<t<b} \nu(x,t) < 0\,.$$

Die VF seien aus einer Klasse $\mathfrak{G} \subset \mathfrak{G}_0$, wobei

$$\mathfrak{G}_0 := \left\{ G \in \mathfrak{M}^1(\mathfrak{X}_0, \mathfrak{B}_0) : \int |\nu(x,t)|\, \mathrm{d}G(x) < \infty \ \forall t \in (a,b) \right\}. \tag{7.3.47}$$

---
[87] Vgl. R.T. Rockafellar: Lect. Notes Math. 573, Springer (1976)

7.3 Nichtparametrische Funktionale und ihre kanonischen Schätzer

Hilfssatz 7.163 *Unter den Voraussetzungen* (N1) *und* (N2) *gilt:*

a) $\forall G \in \mathfrak{G}$ *ist die Abbildung* $t \mapsto N(G,t)$ *stetig und antiton;*

b) $\forall G \in \mathfrak{G}$ *bilden die Nullstellen von* $N(G,\cdot)$ *ein nicht-leeres kompaktes Intervall, d.h. es existieren Zahlen* $a < a(G) \leq b(G) < b$ *mit*

$$\{t \in \mathbb{R} : N(G,t) = 0\} = [a(G), b(G)].$$

Beweis: a) Die Antitonie ist trivial. Zur Stetigkeit beachte man, daß für jedes $\varepsilon > 0$ mit $[t-\varepsilon, t+\varepsilon] \subset (a,b)$ gilt $\nu(\cdot, t-\varepsilon), \nu(\cdot, t+\varepsilon) \in \mathbb{L}_1(G)$, so daß sich die Behauptung mit Hilfe der Antitonie von $\nu(x,\cdot)$ aus dem Satz von der dominierten Konvergenz ergibt.

b) Aus dem Satz von der isotonen Konvergenz folgt für $a_k \downarrow a$, $b_k \uparrow b$ wegen (2)

$$N(G,a) = \lim_{k\to\infty} N(G,a_k) = \int \nu(x,a)\,dG(x) > 0,$$

$$N(G,b) = \lim_{k\to\infty} N(G,b_k) = \int \nu(x,b)\,dG(x) < 0;$$

nach dem Zwischenwertsatz existieren also wegen der Stetigkeit von $N(G,\cdot)$ Nullstellen und bilden eine abgeschlossene Menge. Wegen der Antitonie von $N(G,\cdot)$ ist diese Menge notwendigerweise ein Intervall. □

Um durch (7.3.46) zu einem reellwertigen Funktional zu kommen, hat man aus dem Nullstellenintervall $I(G) = [a(G), b(G)]$ eine feste Stelle auswählen. Sei dazu

$$\tau : \{(s,t) \in \mathbb{R}^2 : s \leq t\} \to \mathbb{R}, \quad s \leq \tau(s,t) \leq t$$

eine vorgegebene meßbare Funktion, z.B. $\tau(s,t) = s$, $\tau(s,t) = t$ oder $\tau(s,t) = \frac{1}{2}(s+t)$. Dann ist

$$\gamma(G) := \tau((a(G), b(G))), \quad G \in \mathfrak{G},$$

ein auf $\mathfrak{G}$ definiertes Funktional, welches Lösung ist von (7.3.46), d.h.

$$N(G, \gamma(G)) = 0 \quad \forall G \in \mathfrak{G}. \tag{7.3.48}$$

Es hat sich eingebürgert, das so definierte Nullstellen-Funktional $\gamma(\cdot) := \gamma_\tau(\cdot)$ ebenfalls als *M-Funktional* (bzgl. ν und τ) zu bezeichnen. Zur Schätzung eines Wertes $\gamma_\tau(F)$ wird dann wieder der kanonische Schätzer $\gamma_\tau(\widehat{F}_n)$ verwendet.

Hilfssatz 7.164 *Für festes* $n \in \mathbb{N}$ *ist* $\mathfrak{X}_0^n \ni x \mapsto \gamma(\widehat{F}_n)$ *meßbar.*

7 Nichtparametrische Funktionale und ihre kanonischen Schätzer

Beweis: Offensichtlich ist $b(\widehat{F}_n) = \sup\{s \in (a,b) : N(\widehat{F}_n, s) \geq 0\}$ und es gilt

$$\{b(\widehat{F}_n) \geq t\} = \left\{(x,t) : N(\widehat{F}_n, t) \geq 0\right\} = \left\{(x,t) : n^{-1} \sum_{i=1}^n \nu(x_i, t) \geq 0\right\}.$$

Aus der Produktmeßbarkeit von ν folgt, daß $\{(x,t) : N(\widehat{F}_n, t) \geq 0\}$ meßbar ist und damit auch die Schnittmenge bei festem t. Analog beweist man die Meßbarkeit von $a(\widehat{F}_n)$ und damit wegen der Meßbarkeit von τ diejenige von $\gamma(\widehat{F}_n)$. □

Wie diese Überlegungen zeigen, vereinfacht sich die Festlegung implizit definierter Funktionale dann, wenn der Wertebereich von $\mathcal{T}$ ein offenes Intervall aus $\mathbb{R}$ ist. Hier ist jeder Selektor als Punktfunktion zweier Variabler auffaßbar, was wiederum die Meßbarkeitsnachweise stark vereinfacht. Des weiteren kann man – parallel zur Vorgehensweise bei Minimierungsproblemen – wiederum die Stetigkeit der Funktionale γ_τ diskutieren. Auch hier wird man sich auf ein konvexes und kompaktes Fenster K_0 beschränken. Die Stetigkeit der Nullstellenmenge $[a(G), b(G)]$ hat man dann in der Hausdorff-Metrik (B2.20) sicherzustellen. Für stetige τ ergeben sich so wieder stetige Funktionale γ.

Aufgabe 7.28 Man gebe Metriken an, für die V-Funktionale bzw. L-Funktionale stetig sind.

Aufgabe 7.29 Man zeige: Unter den Bedingungen (1), (2'), (3) ist $\mathfrak{A}(\Psi(G, \cdot))$ eine nichtleere und kompakte Teilmange von $\mathcal{T}$.

Aufgabe 7.30 Sei $0 < \alpha < 1/2$ und $a_n := [n\alpha]$. Dann ist (o.E. für $m \in 2\mathbb{N}$) das *linear α-getrimmte Mittel* definiert durch

$$T_n = \sum_{i=a_n+1}^{n/2} (i - a_n - \frac{1}{2})(X_{n\uparrow i} + X_{n\uparrow n-i+1})/(\frac{n}{2} - a_n)^2.$$

Man zeige: Sind $X_j, j \in \mathbb{N}$, st.u. ZG mit derselben Verteilung F, so gilt das starke Gestz der großen Zahlen. Wie lautet das Limesfunktional $\gamma(F)$?

7.4 Projektionsmethode und Verteilungskonvergenz von U-Statistiken

Sind $X_1, \ldots, X_n$ st.u. (nicht notwendig glv.) ZG und ist T_n eine nur von diesen abhängende Statistik mit endlichen zweiten Momenten, so liegt es zum Nachweis der asymptotischen Normalität nahe, T_n zunächst für festes $n \in \mathbb{N}$ durch eine lineare Statistik $\widehat{T}_n$ zu approximieren und dann für $n \to \infty$ zu zeigen, daß $\widehat{T}_n$ asymptotisch normal sowie $T_n - \widehat{T}_n$ asymptotisch vernachlässigbar ist. Im folgenden wird die funktionale Form einer Statistik T_n in Abhängigkeit von $X_1, \ldots, X_n$ durch eine Funktion $t_n(x_1, \ldots, x_n)$ auf dem Stichprobenraum $\mathfrak{X}_0^{(n)}$ symbolisiert. Es gilt also $T_n = t_n(X_1, \ldots, X_n)$, $\widehat{T}_n = \widehat{t}_n(X_1, \ldots, X_n)$. Dabei soll $\widehat{t}_n$ linear sein in dem Sinne, daß mit einer geeigneten Konstanten $c_n \in \mathbb{R}$ und geeigneten reellwertigen Funktionen $s_{n1}, \ldots, s_{nn}$ gilt

7.4 Projektionsmethode und Verteilungskonvergenz von U-Statistiken

$$\widehat{t}_n(x_1,\ldots,x_n) = c_n + \sum_{j=1}^n s_{nj}(x_j).$$

Wegen der Existenz endlicher zweiter Momente bietet sich zur Approximation von t_n deren $\mathbb{L}_2$-Projektion auf den Raum der in diesem Sinne linearen Statistiken an. Diese läßt sich mit Hilfe bedingter EW explizit darstellen. In 7.4.1 wird ein diesbezügliches Projektionslemma bewiesen und zum Nachweis der asymptotischen Normalität insbesondere von U-Statistiken herangezogen.

Ist die Varianz der Limesverteilung von $\sqrt{n}(T_n - ET_n)$ gleich 0, die Limesverteilung also degeneriert, so liegt es nahe, $n(T_n - ET_n)$ durch eine quadratische Statistik zu approximieren und auf diese die diesbezüglichen Grenzwertsätze aus 5.4.3 anzuwenden. Analog zum nicht-degenerierten Fall verwendet man zur Approximation von T_n deren $\mathbb{L}_2$-Projektion $\widehat{\widehat{T}}_n$ auf den Vektorraum aller quadratischen Statistiken. Dabei ist quadratisch in einem zu linear analogen Sinne zu verstehen, d.h. $\widehat{\widehat{T}}_n$ soll von der Form $\widehat{\widehat{T}}_n = \widehat{\widehat{t}}_n(X_1,\ldots,X_n)$ sein mit

$$\widehat{\widehat{t}}_n(x_1,\ldots,x_n) = c_n + \sum_{j=1}^n s_{nj}(x_j) + \sum_{i=1}^n \sum_{j=1}^n s_{nij}(x_i, x_j).$$

In 7.4.2 wird eine allgemeine Zerlegung des Raumes $\mathbb{L}_2(\bigotimes F_j)$ aller Statistiken $T_n = t_n(X_1,\ldots,X_n)$ mit endlichen zweiten Momenten in zueinander orthogonale Räume von quadratintegrablen Funktionen angegeben, die von höchstens k Variablen, $k \leq n$, abhängen. Dabei erweisen sich die Projektionen als U-Statistiken, deren Kerne (der Länge k, $k \leq n$) im allgemeinen jedoch von n abhängen. Diese „Hoeffding-Zerlegung" stellt eine Verallgemeinerung der aus 4.2 bekannten Varianzanalysenzerlegung dar.

Ist T_n selber eine U-Statistik, so sind die Kerne der durch Projektion gewonnenen U-Statistiken der Länge $k \leq n$ von n unabhängig. In 7.4.3 wird dann unter Heranziehung der bereits in 5.4.3 verwendeten Eigenwerttheorie kompakter Operatoren ein allgemeiner Grenzwertsatz für einfach entartete U-Statistiken (mit von n unabhängigen Kernen) hergeleitet. Dieser ist für die in 7.5.3 und 7.5.4 behandelte Verteilungstheorie einiger Anpassungstests von Bedeutung. Schließlich wird in 7.4.4 das Limesverhalten verallgemeinerter U-Statistiken diskutiert und in 7.4.5 eine Berry-Esseen-Schranke für U-Statistiken angegeben.

Die in 7.4.1+2 entwickelte Projektionsmethode setzt wesentlich voraus, daß die zugrundeliegenden ZG st.u. und die mit diesen gebildeten Statistiken quadratintegrabel sind. Die Annahme einer gleichen VF F dagegen spielt für die Methodik an sich keine Rolle, auch wenn sie viele Ausdrücke vereinfacht.

7.4.1 Das Projektionslemma und asymptotische Normalität

Seien $X_1,\ldots,X_n$ st.u. ZG auf einem WS-Raum $(\Omega, \mathfrak{A}, \mathbb{P})$ mit festen VF $F_1,\ldots,F_n$ und sei $T_n = t_n(X_1,\ldots,X_n)$ eine beliebige Statistik mit endlichen zweiten Momenten. Die asymptotische Normalität einer derartigen (reskalierten) Statistik zeigt man üblicherweise dadurch, daß man diese mit einer linearen Statistik vergleicht, die ebenfalls endliche zweite Momente besitzt. Die gewünschte Aussage wird dann durch einen zentralen Grenzwertsatz sowie das Lemma von Slutsky gewährleistet.

Dabei ist für jedes feste $n \in \mathbb{N}$ die Statistik t_n natürlich möglichst gut durch eine lineare Statistik $\widehat{t}_n(x_1, \ldots x_n) = c + \sum_{j=1}^n s_j(x_j)$ anzunähern und dann für $n \to \infty$ die asymptotische Normalität der Größe $\widehat{T}_n = \widehat{t}_n(X_1, \ldots, X_n)$ sowie die Gültigkeit von $T_n - \widehat{T}_n \to 0$ nach WS zu zeigen. Wegen $t_n \in \mathbb{L}_2(\bigotimes F_j)$ bietet sich zur Approximation von t_n die $\mathbb{L}_2$-Projektion $\widehat{t}_n$ auf den Raum $\mathfrak{L}_{(1)}$ der linearen Statistiken an. Diese ist zu berechnen bzgl. des Skalarproduktes

$$\langle u_n, v_n \rangle = \int u_n(x_1, \ldots, x_n) v_n(x_1, \ldots, x_n) \prod_{j=1}^n \mathrm{d}F_j(x_j)$$
$$= E_{\bigotimes F_j} u_n(X_1, \ldots, X_n) v_n(X_1, \ldots, X_n), \quad u_n, v_n \in \mathbb{L}_2(\bigotimes F_j).$$

Zur praktischen Bestimmung von $\widehat{t}_n$ ist es zweckmäßig, $\mathfrak{L}_{(1)}$ zu zerlegen in den Raum $\mathfrak{L}^{(1)}$ der linearen Statistiken mit unter $\bigotimes F_j$ zentrierten Summanden, also

$$\mathfrak{L}^{(1)} = \left\{ \sum_{j=1}^n s_j(x_j) : s_j \in \mathbb{L}_2(F_j), \int s_j(z) \mathrm{d}F_j(z) = 0 \ \forall j = 1, \ldots, n \right\},$$

und in den Raum $\mathfrak{L}^{(0)} = \mathbb{R}$ der konstanten Funktionen, ebenfalls aufgefaßt als Teilraum von $\mathbb{L}_2(\bigotimes F_j)$. Dabei folgt aus der Zentrierungsforderung an die Funktionen s_j die Orthogonalität von $\mathfrak{L}^{(0)}$ und $\mathfrak{L}^{(1)}$ gemäß

$$\left\langle c, \sum_{j=1}^n s_j(x_j) \right\rangle := c \sum_{j=1}^n \langle 1, s_j(x_j) \rangle = 0 \quad \forall c \in \mathfrak{L}^{(0)} \ \forall \sum_{j=1}^n s_j(x_j) \in \mathfrak{L}^{(1)}.$$

Umgekehrt läßt sich jede lineare Statistik $\sum_{j=1}^n s_j(x_j)$ als Element von $\mathfrak{L}^{(1)}$ auffassen, wenn man die Funktionen s_j zuvor zentriert. Es gilt also[88]

$$\mathfrak{L}_{(1)} = \mathfrak{L}^{(0)} \oplus \mathfrak{L}^{(1)}.$$

Bekanntlich ist ET_n die beste $\mathbb{L}_2$-Approximation von T_n durch ein Element aus $\mathfrak{L}^{(0)}$. Die Minimaleigenschaft 1.113 bedingter EW macht es plausibel, daß sich die beste $\mathbb{L}_2$-Approximation von T_n durch eine lineare Statistik, also durch ein Element aus $\mathfrak{L}_{(1)}$, vermöge bedingter EW darstellen läßt. Demgemäß definieren wir

$$\widehat{t}_n(x_1, \ldots, x_n) = s_{n0}^* + \sum_{j=1}^n s_{nj}^*(x_j) \in \mathfrak{L}_{(1)}, \tag{7.4.1}$$

$$s_{n0}^* := ET_n, \quad s_{nj}^*(x_j) := E(T_n | X_j = x_j) - ET_n, \quad j = 1, \ldots, n.$$

---

[88] Man beachte, daß diese Räume von n und $\bigotimes F_j$ abhängen und etwa der unter F_j gebildete EW von s_j kurz mit Es_j bezeichnet wird. Nur bei den Statistiken und ihren Projektionen wird im Hinblick auf deren Verwendung beim Grenzübergang $n \to \infty$ die Abhängigkeit von n angegeben. Eine Ausnahme hiervon bilden die Beweise, in denen auf die Indizierung der Statistiken und ihrer Projektionen durch n gelegentlich verzichtet wird.

7.4 Projektionsmethode und Verteilungskonvergenz von U-Statistiken

$\widehat{t}_n$ ist dann die gesuchte orthogonale Projektion von t_n, falls gilt $\langle t_n - \widehat{t}_n, s \rangle = 0$ $\forall s \in \mathfrak{L}^{(1)}$, d.h. wenn der Approximationsfehler $t_n - \widehat{t}_n$ auf $\mathfrak{L}^{(1)}$ senkrecht steht.

Satz 7.165 (Projektionslemma) *Für festes $n \in \mathbb{N}$ seien $X_1, \ldots, X_n$ st.u. nicht notwendig glv. ZG mit Verteilungen $F_1, \ldots, F_n$ und $T_n = t_n(X_1, \ldots, X_n)$ eine beliebige Statistik mit $t_n \in \mathbb{L}_2(\bigotimes F_j)$. Dann ist $\widehat{t}_n(x_1, \ldots, x_n)$ aus (7.4.1) die orthogonale Projektion von t_n auf den Raum $\mathfrak{L}_{(1)}$ und damit die beste $\mathbb{L}_2$-Approximation von t_n durch eine Statistik aus $\mathfrak{L}_{(1)}$. Für $\widehat{T}_n = \widehat{t}_n(X_1, \ldots, X_n)$ impliziert dies*

$$ET_n = E\widehat{T}_n, \quad E(T_n - \widehat{T}_n)^2 = \operatorname{Var} T_n - \operatorname{Var} \widehat{T}_n. \tag{7.4.2}$$

Für eine beliebige Statistik $W_n = w_n(X_1, \ldots, X_n)$ mit $w_n \in \mathfrak{L}_{(1)}$ gilt der „Satz von Pythagoras", d.h.

$$E(T_n - W_n)^2 = E(T_n - \widehat{T}_n)^2 + E(\widehat{T}_n - W_n)^2. \tag{7.4.3}$$

Beweis: Wie auch in einigen späteren Beweisen schreiben wir kurz $T, \widehat{T}, W$ und s_j für $T_n, \widehat{T}_n, W_n$ bzw. s_{nj}. Offenbar ist $E\widehat{T} = ET$. Für $W = ET$ folgt damit (7.4.2) aus (7.4.3). Der Nachweis von (7.4.3) wiederum ergibt sich aus der Zerlegung

$$E(T - W)^2 = E(T - \widehat{T})^2 + E(\widehat{T} - W)^2 + 2E(T - \widehat{T})(\widehat{T} - W)$$

und der Gültigkeit von $E(T - \widehat{T})(\widehat{T} - W) = 0$. Letzteres läßt sich leicht mit den Grundeigenschaften 1.120 bedingter EW verifizieren. Wegen (7.4.1) und $W = \sum_{j=1}^n s_j(X_j)$ gilt nämlich, wenn man o.E. $ET = EW = 0$ setzt,

$$E(T - \widehat{T})(\widehat{T} - W) = \sum_{j=1}^n E\big[(T - \widehat{T})[E(T|X_j) - s_j(X_j)]\big]$$
$$= \sum_{j=1}^n E\big(E(T - \widehat{T}|X_j)[E(T|X_j) - s_j(X_j)]\big),$$

so daß die Behauptung aus der Gültigkeit von $E(T - \widehat{T}|X_j) = 0$ für $j = 1, \ldots, n$ folgt. Nach (7.4.1) und den Grundeigenschaften 1.120i bzw. 1.120g ist aber $E(E(T|X_i)|X_j) = E(T|X_j)$ bzw. $= 0$ für $i = j$ bzw. $i \neq j$ und damit

$$E(\widehat{T}|X_j) = \sum_{i=1}^n E(E(T|X_i)|X_j) = E(T|X_j). \quad \square$$

7 Nichtparametrische Funktionale und ihre kanonischen Schätzer

Anmerkung 7.166 Bekanntlich ist $\mathbb{L}_2(\bigotimes F_j)$ ein Hilbertraum und der Teilraum der linearen Statistiken ein abgeschlossener Teilraum; vgl. Aufg. 7.31. Somit stellen das Projektionslemma 7.165 wie auch die noch zu diskutierende Hoeffding-Zerlegung 7.176 Spezialfälle des folgenden, aus der Funktionalanalysis bekannten *Approximationssatzes für Hilberträume* dar[89]: Sei $\mathbb{H}$ ein Hilbertraum mit Skalarprodukt $<\cdot,\cdot>$ und zugehöriger Norm $\|\cdot\|$ sowie $\mathfrak{L}$ ein abgeschlossener linearer Teilraum. Dann gilt: Es gibt ein orthogonales Komplement $\mathfrak{L}^\perp$ von $\mathfrak{L}$ bzgl. $\mathbb{H}$, d.h. einen abgeschlossenen linearen Teilraum $\mathfrak{L}^\perp \subset \mathbb{H}$ mit $\mathbb{H} = \mathfrak{L} \oplus \mathfrak{L}^\perp$. Zu jedem $h \in \mathbb{H}$ gibt es also eindeutig bestimmte Elemente $\widehat{h} \in \mathfrak{L}$ und $\widecheck{h} \in \mathfrak{L}^\perp$ mit $h = \widehat{h} + \widecheck{h}$ und $<\widehat{h}, \widecheck{h}> = 0$. Daraus folgt weiter:

a) Die Abbildung $h \mapsto \widehat{h}$ ist die orthogonale Projektion von $\mathbb{H}$ auf $\mathfrak{L}$; sie ist also linear, stetig, idempotent und selbstadjungiert.

b) Es gilt $\|h - \widehat{h}\| = \min\{\|h - g\| : g \in \mathfrak{L}\}$.

c) Bezeichnen $\mathfrak{L}_1, \mathfrak{L}_2$ zwei orthogonale Teilräume von $\mathbb{H}$ und $\widehat{h}_1, \widehat{h}_2$ die orthogonalen Projektionen von $h \in \mathbb{H}$ auf $\mathfrak{L}_1, \mathfrak{L}_2$, so ist $\widehat{h}_1 + \widehat{h}_2$ die orthogonale Projektion auf $\mathfrak{L}_1 \oplus \mathfrak{L}_2$.

Bedingte EW ermöglichen es, im Projektionslemma 7.165 wie auch im späteren Satz 7.176 die orthogonalen Projektionen „explizit" anzugeben. In euklidischen Räumen $\mathbb{R}^n$ mit üblichem inneren Produkt fällt die Berechnung der Projektion gerade mit der Berechnung des Kleinste-Quadrate-Schätzers zusammen; vgl. 4.1. Auf eine erste Anwendung des allgemeinen Projektionssatzes wurde bereits im Anschluß an Satz 2.119 hingewiesen. □

Die klassische Anwendung des Projektionslemmas ist diejenige auf U-Statistiken, bei der (im Einstichprobenfall) $\widehat{U}_n$ ein Durchschnitt von st.u. glv. ZG ist. Dabei kann der Kern ψ gemäß (1.2.27) o.E. als symmetrisch gewählt werden.

Korollar 7.167 (Hoeffding) *Für festes $n \in \mathbb{N}$ seien $X_1, \ldots, X_n$ st.u. ZG mit derselben Verteilung F. Weiter sei $\psi \in \mathbb{L}_2(F^{(m)})$ ein symmetrischer Kern der Länge $m \leq n$ und*

$$U_n = u_n(X_1, \ldots, X_n) := \binom{n}{m}^{-1} \sum_{1 \leq i_1 < \ldots < i_m \leq n} \psi(X_{i_1}, \ldots, X_{i_m}) \quad (7.4.4)$$

die zugehörige U-Statistik. Mit den (von F, nicht aber von n abhängenden) Größen

$$\psi_1(z) := E(\psi(X_1, \ldots, X_m)|X_1 = z), \quad \gamma := E\psi(X_1, \ldots X_m), \quad \psi_1^0(z) := \psi_1(z) - \gamma$$

lautet dann die orthogonale Projektion $\widehat{u}_n$ von u_n auf den Raum $\mathfrak{L}_{(1)} = \mathfrak{L}^{(0)} \oplus \mathfrak{L}^{(1)}$:

$$\widehat{u}_n(x_1, \ldots, x_n) = \gamma + \frac{m}{n} \sum_{j=1}^n (\psi_1(x_j) - \gamma) = \gamma + \frac{m}{n} \sum_{j=1}^n \psi_1^0(x_j). \quad (7.4.5)$$

---
[89] Vgl. etwa E. Hewitt, K. Stromberg: Real and Abstract Analysis, Springer (1969); § 16.

7.4 Projektionsmethode und Verteilungskonvergenz von U-Statistiken

Beweis: Aus der Symmetrie von ψ folgt $E(\psi(X_{i_1},\ldots,X_{i_m})|X_j = x_j) = \psi_1(x_j)$ bzw. γ, je nachdem ob $j \in M := \{i_1,\ldots,i_m\}$ oder $j \notin M$ gilt. Also ist

$$E(U_n|X_j = x_j) = \binom{n}{m}^{-1} \sum \cdots \sum_{1 \le i_1 < \ldots < i_m \le n} E(\psi(X_{i_1},\ldots,X_{i_m})|X_j = x_j)$$

$$= \binom{n}{m}^{-1} \left[\binom{n-1}{m-1}\psi_1(x_j) + \binom{n-1}{m}\gamma\right]$$

$$= \gamma + \frac{m}{n}(\psi_1(x_j) - \gamma). \qquad \Box$$

Beispiel 7.168 $X_1,\ldots,X_n$ seien st.u. ZG mit derselben Verteilung und endlichem zweiten Moment. Dann ist die Stichprobenstreuung

$$U_n = \frac{1}{n-1}\sum_{j=1}^n (X_j - \overline{X})^2 = \frac{1}{n(n-1)}\sum_{j \ne i}\frac{1}{2}(X_j - X_i)^2 = \binom{n}{2}^{-1}\sum_{i<j}\frac{1}{2}(X_j - X_i)^2$$

eine U-Statistik der Kernlänge 2 mit dem symmetrischen Kern $\psi(x_1,x_2) = (x_1 - x_2)^2/2$. Folglich ist

$$\psi_1(x_1) = \frac{1}{2}[(x_1 - \mu)^2 + \sigma^2], \quad \gamma = \sigma^2 \quad \text{und} \quad \psi_1^0(x_1) = \frac{1}{2}[(x_1 - \mu)^2 - \sigma^2],$$

also

$$\widehat{U}_n = \gamma + \frac{2}{n}\sum_{j=1}^n \psi_1^0(X_j) = \sigma^2 + \frac{1}{n}\sum_{j=1}^n [(X_j - \mu)^2 - \sigma^2]. \qquad \Box$$

Aus (7.4.5) folgt wegen $E\psi_1^0(X_1) = 0$ bzw. $\sigma_1^2 := \operatorname{Var}\psi_1(X_1) = \operatorname{Var}\psi_1^0(X_1) < \infty$ nach dem Satz von Lindeberg-Lévy die Gültigkeit von

$$\mathcal{L}(\sqrt{n}(\widehat{U}_n - \gamma)) \xrightarrow{\mathcal{L}} \mathfrak{N}(0, m^2\sigma_1^2) \quad \text{sowie} \quad \operatorname{Var}\widehat{U}_n = m^2\sigma_1^2/n.$$

Zum Nachweis, daß auch $\sqrt{n}(U_n - \gamma)$ asymptotisch $\mathfrak{N}(0, m^2\sigma_1^2)$-verteilt ist, reicht somit nach dem Projektionslemma und dem Lemma von Slutsky derjenige von

$$\operatorname{Var} U_n = m^2\sigma_1^2/n + o(n^{-1}) \quad \text{für} \quad n \to \infty. \tag{7.4.6}$$

Dann gilt nämlich wegen $EU_n = E\widehat{U}_n = \gamma$ nach dem Satz von Pythagoras (7.4.2)

$$nE(U_n - \widehat{U}_n)^2 = n\operatorname{Var}(U_n - \widehat{U}_n) = n(\operatorname{Var} U_n - \operatorname{Var}\widehat{U}_n) \to 0,$$

also $\sqrt{n}(U_n - \widehat{U}_n) \to 0$ nach WS. Die Gültigkeit von (7.4.6) wie allgemeiner ein Ausdruck für $\operatorname{Var} U_n$, der auch die Glieder höherer Ordnung in n^{-1} berücksichtigt, wird in 7.4.2 unmittelbar aus der dort diskutierten orthogonalen Zerlegung von U-Statistiken folgen. Wir leiten hier direkt eine auch sonst nützliche Darstellung von $\operatorname{Var} U_n$ her, aus der sich (7.4.6) durch Linearisierung in n^{-1} ergibt. Hierzu schreiben wir im folgenden für jede m-elementige Menge $M = \{i_1, \ldots, i_m\} \subset N := \{1, \ldots, n\}$ mit $1 \leq i_1 < \ldots < i_m \leq n$ kurz $x_M := (x_{i_1}, \ldots, x_{i_m})$ bzw. $X_M := (X_{i_1}, \ldots, X_{i_m})$. Wegen der Symmetrie von ψ spielt die Numerierung der Variablen und die Reihenfolge, in welcher die Elemente $X_{i_1}, \ldots, X_{i_m}$ aus X_M eingehen, letztlich keine Rolle. Demgemäß lautet (7.4.4)

$$U_n = \binom{n}{m}^{-1} \sum_{\substack{M \subset N \\ \#M=m}} \psi(X_M). \tag{7.4.7}$$

Hilfssatz 7.169 *Für festes $n \in \mathbb{N}$ seien $X_1, \ldots, X_n$ st.u. ZG mit derselben Verteilung F, $\psi \in \mathbb{L}_2(F^{(m)})$ ein symmetrischer Kern der Länge m und zugehöriger U-Statistik U_n. Dann gilt mit den (von F, nicht jedoch von n abhängenden) Größen*

$$\psi_k(x_1, \ldots, x_k) := E(\psi(X_1, \ldots, X_m) | X_1 = x_1, \ldots, X_k = x_k) \quad \text{und}$$
$$\sigma_k^2 := \operatorname{Var} \psi_k(X_1, \ldots, X_k), \quad k = 1, \ldots m :$$

a) $\quad \operatorname{Var} U_n = \binom{n}{m}^{-1} \sum_{k=1}^{m} \binom{m}{k} \binom{n-m}{m-k} \sigma_k^2;$ \hfill (7.4.8)

b) $\quad 0 = \sigma_0^2 \leq \sigma_1^2 \leq \ldots \leq \sigma_m^2 < \infty$.

Insbesondere gilt für $\operatorname{Var} U_n$ die asymptotische Darstellung (7.4.6).

Beweis: a) Zunächst beachte man, daß für $M \subset N$, $\#M = m$, gilt $E\psi(X_M) = \gamma$. Nach Definition von $\operatorname{Cov}(\psi(X_M), \psi(X_L))$ folgt aus (7.4.7)

$$\operatorname{Var} U_n = \binom{n}{m}^{-2} \operatorname{Var} \left(\sum_{\substack{M \subset N \\ \#M=m}} \psi(X_M) \right)$$
$$= \binom{n}{m}^{-2} \sum_{\substack{M \subset N \\ \#M=m}} \sum_{\substack{L \subset N \\ \#L=m}} E(\psi(X_M) - \gamma)(\psi(X_L) - \gamma)).$$

Die Größe der einzelnen Summanden hängt nur ab von der Anzahl k der gemeinsamen Elemente von X_M und X_L. Ist nämlich $k = 0$, so folgt aus der st. Unabhängigkeit sofort $E(\psi(X_K) - \gamma)(\psi(X_L) - \gamma) = 0$. Ist dagegen $k > 0$ und $K := M \cap L$, so folgt mit den Grundeigenschaften für bedingte EW

$$E(\psi(X_M) - \gamma)(\psi(X_L) - \gamma) = EE((\psi(X_M) - \gamma)(\psi(X_L) - \gamma) | X_K)$$
$$= E(\psi_k(X_K) - \gamma)(\psi_k(X_K) - \gamma) = \sigma_k^2.$$

Man braucht also nur noch abzuzählen, wie oft es möglich ist, eine Menge K mit $\#K = k$ aus $N = \{1, \ldots, n\}$ auszuwählen und durch voneinander verschiedene, nicht zu K gehörende Elemente zu m-elementigen Mengen M und L zu erweitern. Diese Anzahl ist offenbar

7.4 Projektionsmethode und Verteilungskonvergenz von U-Statistiken

$$\binom{n}{k}\binom{n-k}{m-k}\binom{n-m}{m-k} = \binom{n}{m}\binom{m}{k}\binom{n-m}{m-k}.$$

b) Für $r < s$ und $R \subset S \subset N$ mit $\#R = r$, $\#S = s$ ist $\psi_r(X_R) = E(\psi_s(X_S)|X_R)$ und damit $E\psi_r(X_R) = E\psi_s(X_S) = \gamma$ sowie nach der bedingten Jensen-Ungleichung 1.120k $\operatorname{Var}\psi_r(X_R) \le \operatorname{Var}\psi_s(X_S)$.

Der Zusatz folgt aus a) durch elementare Rechnungen. □

Es gibt eine Reihe weiterer Aussagen über die Varianzen von U-Statistiken. Z.B. ist $\operatorname{Var}(nU_n)$ antiton in n, was aus Teil a) gefolgert werden kann; vgl. Aufg. 7.36.

Aus (7.4.6) und den Vorbemerkungen hierzu folgt nun unmittelbar der wichtige

Satz 7.170 (Hoeffding) *Für $n \in \mathbb{N}$ seien $X_1, \ldots, X_n$ st.u. ZG mit derselben Verteilung F und U_n die U-Statistik zu einem symmetrischen Kern $\psi \in \mathbb{L}_2(F^{(m)})$ der Länge m. Dann gilt mit den (von F, nicht aber von n abhängenden) Größen $\gamma := E\psi(X_1, \ldots X_m)$, $\psi_1(x_1) := E(\psi(X_1, \ldots, X_m)|X_1 = x_1)$ und $\sigma_1^2 := \operatorname{Var}\psi_1(X_1)$*

$$\mathfrak{L}(\sqrt{n}(U_n - \gamma)) \xrightarrow{\mathfrak{L}} \mathfrak{N}(0, m^2\sigma_1^2).$$

Man beachte, daß sich aus (7.4.5) und $n\operatorname{Var}(U_n - \widehat{U}_n) = n(\operatorname{Var}U_n - \operatorname{Var}\widehat{U}_n) \to 0$ mit $\psi_1^0(x_1) = \psi_1(x_1) - \gamma$ die asymptotische Linearisierung

$$U_n = \gamma + \frac{m}{n}\sum_{j=1}^{n}\psi_1^0(X_j) + o_F(n^{-1/2}) \tag{7.4.9}$$

ergibt und damit auch auf diese Weise die asymptotische Normalität von U_n.

Beispiel 7.171 Für eine U-Statistik der Kernlänge 2 ergibt sich aus (7.4.8)

$$\operatorname{Var}U_n = \frac{2}{n(n-1)}[2(n-2)\sigma_1^2 + \sigma_2^2].$$

Im Fall der Stichprobenstreuung ist $\psi(x_1, x_2) = (x_1 - x_2)^2/2$, $\psi_1(x_1) = \frac{1}{2}[(x_1 - \mu)^2 + \sigma^2]$ und $\psi_2(x_1, x_2) = \psi(x_1, x_2)$. Also folgt bei Zugrundelegen von st.u. glv. ZG $X_1, \ldots, X_n$ mit $\mu = EX_1$, $\operatorname{Var}X_1 = \sigma^2 < \infty$ und $\mu_4 := E(X_1 - \mu)^4 < \infty$ aus $\sigma_1^2 = \operatorname{Var}\psi_1 = \frac{1}{4}(\mu_4 - \sigma^4)$ und $\sigma_2^2 = \operatorname{Var}\psi_2 = \operatorname{Var}\psi = \frac{1}{2}(\mu_4 + \sigma^4)$

$$\operatorname{Var}U_n = \frac{n-2}{n(n-1)}(\mu_4 - \sigma^4) + \frac{1}{n(n-1)}(\mu_4 + \sigma^4) = \frac{1}{n}(\mu_4 - \sigma^4) + \frac{2}{n(n-1)}\sigma^4.$$

Aus Satz 7.170 ergibt sich damit wegen $m^2\sigma_1^2 = \mu_4 - \sigma^4$ wie in Beispiel 5.86

$$\mathfrak{L}(\sqrt{n}(U_n - \sigma^2)) \xrightarrow{\mathfrak{L}} \mathfrak{N}(0, \mu_4 - \sigma^4). \quad \square$$

Die im Spezialfall von U-Statistiken zum Beweis von Satz 7.170 verwendete Projektionsmethode läßt sich auch in anderen Situationen zum Nachweis der asymptotischen Normalität von Statistiken T_n mit endlichen zweiten Momenten anwenden. Sie ist nicht auf Einstichprobenprobleme beschränkt, so daß auch andere Standardisierungen als mit $c_n = \sqrt{n}$ erforderlich sein können. Wir formulieren diesen häufig nützlichen, unmittelbar aus dem Lemma von Slutsky folgenden Sachverhalt in dem

Korollar 7.172 *Für $n \in \mathbb{N}$ seien $T_n \in \mathbb{L}_2(\bigotimes F_j)$ und $\widehat{T}_n$ die Projektion auf den Raum der linearen Statistiken. Gibt es Zahlen $c_n > 0$, $d_n \in \mathbb{R}$ und $\sigma^2 > 0$ mit*

$$\mathfrak{L}(c_n(\widehat{T}_n - d_n)) \xrightarrow[\mathfrak{L}]{} \mathfrak{N}(0, \sigma^2) \quad \text{und} \quad c_n^2 E(T_n - \widehat{T}_n)^2 \to 0,$$

so ist auch T_n in dieser Standardisierung asymptotisch normal, d.h. es gilt

$$\mathfrak{L}(c_n(T_n - d_n)) \xrightarrow[\mathfrak{L}]{} \mathfrak{N}(0, \sigma^2).$$

Beispiel 7.173 (Lineare Rangstatistiken) Zur Behandlung nichtparametrischer Lokationsprobleme werden in Band III Tests entwickelt, deren Prüfgrößen auf den Rangzahlen der Beobachtungen basieren, ansonsten aber wieder eine lineare Struktur besitzen. Zur Präzisierung seien $X_1, \ldots, X_n$ st.u. ZG mit derselben stetigen Verteilung $F \in \mathfrak{M}^1(\mathbb{R}, \mathbb{B})$. Dann ist $\mathbb{P}(X_i = X_j \ \exists i \neq j) = 0$, so daß das mit $\mathcal{E}^+(z) := \mathbf{1}_{[0,\infty)}(z)$ durch

$$R_k = R_k(X_1, \ldots, X_n) := \sum_{j=1}^n \mathcal{E}^+(X_k - X_j), \quad k = 1, \ldots, n$$

definierte Rangtupel $R = (R_1, \ldots, R_n)^\top$ mit WS 1 eine Permutation von $(1, \ldots, n)^\top$ ist; vgl. auch Beispiel 3.88c. Die möglichen Realisierungen, also die Tupel der Rangzahlen $r_1, \ldots, r_n$, bezeichnen wir mit $r = (r_1, \ldots, r_n)^\top$, $r_k = R_k(x_1, \ldots, x_n)$. Da alle $n!$ möglichen Anordnungen von $X_1, \ldots, X_n$ die gleiche WS tragen, ist $\mathfrak{L}(R)$ die diskrete Gleichverteilung über der Menge $\mathfrak{S}_n$ der $n!$ Permutationen von $1, \ldots, n$, d.h. $\mathbb{P}(R = r) = 1/n!$ $\forall r \in \mathfrak{S}_n$. Mit Bewertungen $b(1), \ldots, b(n) \in \mathbb{R}$ sowie Regressionskonstanten $c_1, \ldots, c_n \in \mathbb{R}$, für die o.E. $\sum_j c_j = 0$ sei, ist dann eine „lineare Rangstatistik" T_n erklärt durch

$$T_n = t_n(X_1, \ldots, X_n), \quad t_n(x_1, \ldots, x_n) = \sum_{k=1}^n c_k b(r_k). \tag{7.4.10}$$

Für derartige Statistiken gilt wegen $\mathbb{P}(R = r) = 1/n!$ $\forall r \in \mathfrak{S}_n$ mit $\overline{b} := \frac{1}{n}\sum_{j=1}^n b(j)$

$$ET_n = \sum_{k=1}^n c_k \frac{1}{n} \sum_{j=1}^n b(j) = 0, \quad \operatorname{Var} T_n = \frac{1}{n-1} \sum_{k=1}^n c_k^2 \sum_{j=1}^n (b(j) - \overline{b})^2.$$

Für jedes feste $1 \leq j \leq n$ ist dann $E(T_n|X_j) = \sum_k c_k E(b(R_k)|X_j)$. Wegen $ET_n = 0$ lautet damit die Projektion $\widehat{T}_n = \widehat{t}_n(X_1, \ldots, X_n)$ von T_n auf $\mathfrak{L}_{(1)}$

$$\widehat{t}_n(x_1, \ldots, x_n) = \sum_{j=1}^n E(T_n|X_j = x_j) = \sum_{k=1}^n c_k \sum_{j=1}^n E(b(R_k)|X_j = x_j). \tag{7.4.11}$$

7.4 Projektionsmethode und Verteilungskonvergenz von U-Statistiken

Für die Größen $E(b(R_k)|X_j = z)$ lassen sich geschlossene Ausdrücke angeben, deren Werte nur davon abhängen, ob $k = j$ oder $k \neq j$ ist. Wegen $R_k = 1 + \sum_{j \neq k} \mathcal{E}^+(X_k - X_j)$ und der st. Unabhängigkeit von $X_1, \ldots, X_n$ ergibt sich nämlich für $k = j$ nach der Einsetzungsregel 1.129 zunächst

$$h_n^{(1)}(z) := E(b(R_k)|X_k = z) = E\left(b\left[1 + \sum_{j \neq k} \mathcal{E}^+(z - X_j)\right]\right).$$

Dabei genügt $\sum_{j \neq k} \mathcal{E}^+(z - X_j)$ einer $\mathfrak{B}(n-1, F(z))$-Verteilung. Mit den Binomial-WS $\pi_{n,j}(t)$ einer $\mathfrak{B}(n,t)$-Verteilung und der Dichte $\beta_{n,j}(t) = n\pi_{n-1,j-1}(t)$ einer $B_{j,n-j+1}$-Verteilung, vgl. auch Beispiel 5.73, erhält man daraus für $k = j$

$$h_n^{(1)}(z) = \sum_{\ell=0}^{n-1} b(1+\ell)\pi_{n-1,\ell}(F(z)) = \frac{1}{n}\sum_{\ell=1}^{n} b(\ell)\beta_{n,\ell}(F(z)). \qquad (7.4.12)$$

Für $k \neq j$ dagegen ergibt sich wegen $R_k = 1 + \mathcal{E}^+(X_k - X_j) + \sum_{i \neq j,k} \mathcal{E}^+(X_k - X_i)$ und $E(b(R_k)|X_j = z) = E(E(b(R_k)|X_j, X_k)|X_j = z)$ nach der Einsetzungsregel 1.129

$$E(b(R_k)|X_j = z, X_k = y) = E\left(b(1 + \mathcal{E}^+(y - z) + \sum_{i \neq j,k} \mathcal{E}^+(y - X_i)\right)$$

$$= \sum_{\ell=0}^{n-2} b(1 + \mathcal{E}^+(y - z) + \ell)\pi_{n-2,\ell}(F(y)) = \frac{1}{n-1}\sum_{\ell=1}^{n-1} b(\mathcal{E}^+(y - z) + \ell)\beta_{n-1,\ell}(F(y))$$

und hieraus durch Integration über y und Anwendung der Transformationsformel

$$h_n^{(2)}(z) := E(b(R_k)|X_j = z)$$

$$= \frac{1}{n-1}\sum_{\ell=1}^{n-1} \left\{b(\ell) \int_0^{F(z)} \beta_{n-1,\ell}(u)\,du + b(\ell+1)\int_{F(z)}^1 \beta_{n-1,\ell}(u)\,du\right\}.$$

Mit der üblichen Abkürzung für das unvollständige B-Integral

$$I_t(j, n-j) := \int_0^t \beta_{n-1,j}(u)\,du = \frac{n!}{(j-1)!(n-j)!}\int_0^t u^j(1-u)^{n-j}\,du, \quad 0 < t < 1,$$

also für den Wert der VF einer $B_{j,n-j}$-Verteilung an der Stelle t, folgt für $k \neq j$

$$h_n^{(2)}(z) = \frac{1}{n-1}\sum_{\ell=1}^{n-1}(b(\ell) - b(\ell+1))I_{F(z)}(\ell, n-\ell) + \frac{1}{n-1}\sum_{\ell=2}^{n} b(\ell). \qquad (7.4.13)$$

Insgesamt erhält man so aus (7.4.11) wegen $\sum_{k=1}^{n} c_k = 0$

$$\widehat{t}_n(x_1, \ldots, x_n) = \sum_{k=1}^{n} c_k \left[h_n^{(1)}(x_k) + \sum_{j \neq k} h_n^{(2)}(x_j)\right] = \sum_{k=1}^{n} c_k \left[h_n^{(1)}(x_k) - h_n^{(2)}(x_k)\right]. \qquad (7.4.14)$$

Die Projektion ist also von der Form $\widehat{T}_n = \sum_k c_k h_n(X_k)$, $h_n := h_n^{(1)} - h_n^{(2)}$.

7 Nichtparametrische Funktionale und ihre kanonischen Schätzer

Um die Existenz einer Limesverteilung der linearen Rangstatistik (7.4.10) nachweisen und deren explizite Gestalt angeben zu können, müssen über das asymptotische Verhalten der Regressionskoeffizienten c_j und der Bewertungen $b(j)$ in Abhängigkeit vom Stichprobenumfang n geeignete Voraussetzungen gemacht werden. Wir schreiben deshalb c_{nj} statt c_j bzw. $b_n(j)$ statt $b(j)$ und fordern für die Regressionskoeffizienten die Gültigkeit der Noether-Bedingungen (5.3.32) sowie für die Bewertungen die Existenz einer stetigen Funktion $b \in \mathbb{L}_2(\mathfrak{R})$ mit $b_n(j) = b(j/n)$, so daß also für die zugehörigen Sprungfunktionen nach Satz B4.1 gilt

$$b_n = \sum_{j=1}^{n} b_{nj} \mathbf{1}_{(\frac{j-1}{n}, \frac{j}{n}]} \to b \quad \text{in } \mathbb{L}_2 \quad \text{sowie}$$

$$\overline{b}_n := \frac{1}{n} \sum_{j=1}^{n} b_n(j) \to \int_{(0,1)} b(s)\,\mathrm{d}s =: \overline{b} \quad \text{und} \quad \frac{1}{n-1} \sum_{j=1}^{n} (b_n(j) - \overline{b}_n)^2 \to \int_{(0,1)} (b(s) - \overline{b})^2\,\mathrm{d}s\ .$$

Hieraus folgt (mit einigen technischen Zusatzüberlegungen) die Existenz einer Funktion $h \in \mathbb{L}_2(F)$ mit $h_n \to h$ in $\mathbb{L}_2(F)$. Für die Hilfsgröße $\widetilde{T}_n = \sum_{j=1}^{n} c_{nj} h(X_j)$ gilt nun

$$E\widetilde{T}_n = 0, \quad \operatorname{Var}\widetilde{T}_n = \sum_{j=1}^{n} c_{nj}^2 \sigma^2 \to \sigma^2 := \int h^2\,\mathrm{d}F \tag{7.4.15}$$

sowie nach dem Grenzwertsatz für lineare Statistiken 5.112

$$\mathfrak{L}(\widetilde{T}_n) \xrightarrow[\mathfrak{L}]{} \mathfrak{N}(0, \sigma^2)\ .$$

Analog ergibt sich für die Projektion $\widehat{T}_n = \sum_{j=1}^{n} c_{nj} h_n(X_j)$ zunächst

$$E\widehat{T}_n = 0, \quad \operatorname{Var}\widehat{T}_n = \sum_{j=1}^{n} c_{nj}^2 \int h_n^2\,\mathrm{d}F \to \int h^2\,\mathrm{d}F = \sigma^2$$

sowie $E(\widehat{T}_n - \widetilde{T}_n)^2 = \sum_{j=1}^{n} c_{nj}^2 \int (h_n - h)^2\,\mathrm{d}F \to 0$, also ebenfalls

$$\mathfrak{L}(\widehat{T}_n) \xrightarrow[\mathfrak{L}]{} \mathfrak{N}(0, \sigma^2)\ .$$

Wegen $\operatorname{Var} T_n \to \sigma^2$, vgl. Aufg. 7.33, gilt also $\operatorname{Var} T_n - \operatorname{Var} \widehat{T}_n \to 0$ und damit schließlich nach dem Projektionslemma auch $\mathfrak{L}(T_n) \xrightarrow[\mathfrak{L}]{} \mathfrak{N}(0, \sigma^2)$. $\square$

Es lassen sich auch alle im Zusammenhang mit einer U-Statistik auftretenden Momente wieder erwartungstreu und konsistent durch U-Statistiken schätzen, die Existenz der hierzu erforderlichen Momente vorausgesetzt. Wir erläutern dies anhand der Schätzung von $\sigma_1^2 = \operatorname{Var}\psi_1(X_1)$, also (bis auf den Vorfaktor m^2) der Varianz der Limesverteilung aus Satz 7.170. Betrachtet man nämlich die U-Statistik zum Kern

7.4 Projektionsmethode und Verteilungskonvergenz von U-Statistiken 639

$$\check{\psi}(x_1,\ldots,x_{2m}) = 2^{-1}m^{-2}\binom{2m-1}{m-1}^{-1}\sum\nolimits^{(1)}\psi(x_{i_1},\ldots,x_{i_m})\psi(x_{j_1},\ldots,x_{j_m})$$
$$-\binom{2m}{m}^{-1}\sum\nolimits^{(0)}\psi(x_{i_1},\ldots,x_{i_m})\psi(x_{j_1},\ldots,x_{j_m}),$$

wobei sich die Summationen $\sum^{(1)}$ bzw. $\sum^{(0)}$ über alle $1 \leq i_1 < \ldots < i_m \leq 2m$ und $1 \leq j_1 < \ldots < j_m \leq 2m$ erstrecken mit genau einem bzw. keinem gemeinsamen Element, so ergibt sich $\check{\psi} \in \mathbb{L}_1(F^{(2m)})$ bei $\psi \in \mathbb{L}_2(F^{(m)})$ sowie

$$E\check{\psi}(X_1,\ldots,X_{2m}) = E\psi_1^2(X_1) - \gamma^2 = \sigma_1^2.$$

Damit ist nach dem Satz von Berk 7.140 die zugehörige U-Statistik $\check{U}_n$ ein erwartungstreuer und konsistenter Schätzer für σ_1^2. Daraus folgt u.a. nach den Sätzen von Hoeffding und Slutsky

$$\mathfrak{L}(\sqrt{n}(U_n - \gamma)/\sqrt{m^2\check{U}_n}) \xrightarrow[\mathfrak{L}]{} \mathfrak{N}(0,1).$$

7.4.2 Hoeffding-Zerlegung von $\mathbb{L}_2$-Statistiken

Die Approximation durch eine lineare Statistik, wie sie durch das Projektionslemma geliefert wird, ist zwar für viele Fragestellungen der asymptotischen Statistik ausreichend; in manchen Situationen ist jedoch eine weitergehendere Approximation, etwa durch eine quadratische Statistik erforderlich. In Verallgemeinerung des Raumes $\mathfrak{L}^{(1)}$ der zu $\mathfrak{L}^{(0)}$ orthogonalen linearen Statistiken führen wir deshalb noch den Raum $\mathfrak{L}^{(2)}$ der Statistiken der Form $\sum_{1 \leq j,\ell \leq n} s_{j\ell}(x_j, x_\ell)$ ein, welche zu den Elementen von $\mathfrak{L}^{(0)}$ und $\mathfrak{L}^{(1)}$ orthogonal sind, und allgemeiner für $k \geq 2$ den Raum $\mathfrak{L}^{(k)}$ der zu $\mathfrak{L}^{(0)},\ldots,\mathfrak{L}^{(k-1)}$ orthogonalen Statistiken, deren Summanden von höchstens k Variablen abhängen. Der orthogonalen Zerlegung $\mathfrak{L}_{(1)} = \mathfrak{L}^{(0)} \oplus \mathfrak{L}^{(1)}$ entsprechend läßt sich dann der Raum $\mathfrak{L}_{(k)}$ derjenigen Statistiken, deren Summanden von höchstens k der Variablen $x_1,\ldots,x_n$ abhängen, darstellen gemäß

$$\mathfrak{L}_{(k)} = \mathfrak{L}^{(0)} \oplus \mathfrak{L}^{(1)} \oplus \ldots \oplus \mathfrak{L}^{(k)}. \tag{7.4.16}$$

Zur expliziten Angabe der Teilräume $\mathfrak{L}^{(k)}$ von $\mathbb{L}_2(\bigotimes F_j)$ für $1 \leq k \leq n$ seien – weiterhin bei festem $n \in \mathbb{N}$ – die ZG $X_1,\ldots,X_n$ st.u. und $(\mathfrak{X}_0, \mathfrak{B}_0)$-wertig sowie $T = t(X_1,\ldots,X_n)$ eine reellwertige Statistik. Für jede k-elementige Teilmenge $K = \{i_1,\ldots,i_k\} \subset N = \{1,\ldots,n\}$ seien wie in 7.4.1 $X_K := (X_{i_1},\ldots,X_{i_k})$ sowie s_K eine meßbare Abbildung von $\mathfrak{X}_0^{(k)}$ nach $\mathbb{R}$. Mit $E(T|X_J) := E(T|X_\ell, \ell \in J)$ für $J \neq \emptyset$ bzw. $E(T|X_J) := ET$ für $J = \emptyset$ ist dann

$$\mathfrak{L}^{(k)} := \left\{ \sum_{\substack{K \subset N \\ \#K = k}} s_K(x_K) : s_K \in \mathbb{L}_2(\bigotimes_{j \in K} F_j),\ E(s_K(X_K)|X_{K-\{\ell\}}) = 0\ \forall \ell \in K \right\}.$$

Diese Räume sind in $\mathbb{L}_2(\bigotimes F_j)$ abgeschlossen, vgl. Aufg. 7.31, und paarweise orthogonal[90]. Zum Beweis dieser Orthogonalität wie auch des allgemeinen Zerlegungssatzes 7.176 ist es zweckmäßig, für $\emptyset \neq K \subset N$ noch die Räume

$$\mathfrak{L}^{(K)} := \left\{ s_K(x_K) : s_K \in \mathbb{L}_2(\bigotimes_{j \in K} F_j), E(s_K(X_K)|X_{K-\{\ell\}}) = 0 \; \forall \ell \in K \right\},$$

einzuführen, die ebenfalls paarweise orthogonal sind. Es gilt nämlich der

Hilfssatz 7.174 *Seien* $F_1, \ldots, F_n$ *VF und* $M, K \subset N = \{1, \ldots, n\}$, $n \in \mathbb{N}$. *Dann gilt in* $\mathbb{L}_2(\bigotimes F_j)$:

a) $M \neq K \;\Rightarrow\; \mathfrak{L}^{(M)} \perp \mathfrak{L}^{(K)}$; *insbesondere ist* $\mathfrak{L}^{(m)} = \bigoplus_{\substack{M \subset N \\ \#M = m}} \mathfrak{L}^{(M)}$;

b) $m \neq k \;\Rightarrow\; \mathfrak{L}^{(m)} \perp \mathfrak{L}^{(k)}$; *insbesondere ist* $\mathbb{L}_2(\bigotimes F_j) = \bigoplus_{m=0}^{n} \mathfrak{L}^{(m)}$.

Beweis: a) Seien $X_1, \ldots, X_n$ st.u. ZG mit $\mathcal{L}(X_j) = F_j$, $j = 1, \ldots, n$, und sei $M \neq K$, etwa $M \not\subset K$. Dann gibt es also ein Element $j \in M \cap K^c$ und mit $L := (M - \{j\}) \cup K$ gilt für jedes $s_M \in \mathfrak{L}^{(M)}$ und jedes $s_K \in \mathfrak{L}^{(K)}$ nach den Grundeigenschaften bedingter EW 1.120 bzw. nach Definition von $\mathfrak{L}^{(M)}$

$$Es_M(X_M)s_K(X_K) = E\, E(s_M(X_M)s_K(X_K)|X_L)$$
$$= E(s_K(X_K)E(s_M(X_M)|X_{M-\{j\}})) = 0.$$

Der Zusatz ergibt sich unmittelbar aus der Definition von $\mathfrak{L}^{(m)}$.

b) folgt aus a), da $\mathfrak{L}^{(M)} \perp \mathfrak{L}^{(K)}$ gilt für alle $M \subset N$ mit $\#M \neq \#K$. □

Aufgrund dieser Zerlegung kann man die orthogonale Projektion einer vorgegebenen Statistik $t \in \mathbb{L}_2(\bigotimes F_j)$ auf die Räume $\mathfrak{L}^{(k)}$, $0 \leq k \leq n$, aus denen auf die Räume $\mathfrak{L}^{(K)}$, $K \subset N$ mit $\#K = k$, gewinnen. Hierzu sei

$$t^{(K)}(x_K) := \sum_{J \subset K} (-1)^{\#K - \#J} E(T|X_J = x_J)$$
$$= \sum_{j=0}^{k} (-1)^{k-j} \sum_{\substack{J \subset K \\ \#J = j}} E(T|X_J = x_J), \tag{7.4.17}$$

$$t^{(k)}(x_k) := \sum_{\substack{K \subset N \\ \#K = k}} t^{(K)}(x_K). \tag{7.4.18}$$

---

[90] Die Nebenbedingungen, welche die Orthogonalität der Räume $\mathfrak{L}^{(k)}$ sicherstellen, sind von der gleichen Art wie die Orthogonalitätsforderungen, mittels derer sich der Mittelwertraum bei Varianzanalysemodellen orthogonal zerlegen läßt; vgl. 4.2. Die nachfolgende Hoeffding-Zerlegung wird deshalb manchmal auch als ANOVA-Zerlegung bezeichnet.

7.4 Projektionsmethode und Verteilungskonvergenz von U-Statistiken

Beispielsweise ist somit für Mengen $K \subset N$ mit $\#K = 1$ bzw. $\#K = 2$

$$t^{(K)}(y) \quad = E(T|X_\ell = y) - ET,$$
$$t^{(K)}(y,z) = E(T|X_\ell = y, X_i = z) - E(T|X_\ell = y) - E(T|X_i = z) + ET$$

für $K = \{\ell\}$ bzw. für $K = \{\ell, i\}$, also mit (7.4.17+18)

$$T^{(1)} = \sum_{j=1}^{n} [E(T|X_j) - ET], \qquad (7.4.19)$$

$$T^{(2)} = \sum_{1 \leq i < \ell \leq n} [E(T|X_\ell, X_i) - E(T|X_\ell) - E(T|X_i) + ET]. \qquad (7.4.20)$$

Hilfssatz 7.175 *Für festes $n \in \mathbb{N}$ seien $X_1, \ldots, X_n$ st.u., nicht notwendig glv. ZG mit VF $F_1, \ldots, F_n$, $\emptyset \subset M, K \subset N$ bzw. $0 \leq m, k \leq n$ sowie $t \in \mathbb{L}_2(\bigotimes F_j)$. Dann gilt für die durch (7.4.17+18) definierten Statistiken $t^{(K)}$ und $t^{(k)}$:*

a) $t^{(K)}$ *ist die orthogonale Projektion von t auf $\mathfrak{L}^{(K)}$. Insbesondere sind die ZG $T^{(M)}$, $M \subset \{1, \ldots, n\}$, paarweise unkorreliert mit $ET^{(M)} = 0$ für $M \neq \emptyset$ und $ET^{(M)} = ET$ für $M = \emptyset$;*

b) $t^{(k)}$ *ist die orthogonale Projektion von t auf $\mathfrak{L}^{(k)}$. Insbesondere sind die ZG $T^{(m)}$, $0 \leq m \leq n$, paarweise unkorreliert mit $ET^{(m)} = 0$ für $m > 0$ und $ET^{(m)} = ET$ für $m = 0$.*

Beweis: a) Aufgrund der Orthogonalität der Räume $\mathfrak{L}^{(M)}$, $M \subset N$, und der Linearität von (7.4.17+18) genügt es zu zeigen, daß für $t \in \mathfrak{L}^{(M)}$ bei beliebigem $M \subset N$ gilt $t^{(K)} = t$ bzw. $t^{(K)} = 0$ für $K = M$ bzw. $K \neq M$. Wegen $t = \sum_{M \subset N} s^{(M)}$ mit eindeutig bestimmten $s^{(M)} \in \mathfrak{L}^{(M)}$ gemäß Hilfssatz 7.174a+b gilt nämlich dann

$$t^{(K)} = \sum_{M \subset N} (s^{(M)})^{(K)} = (s^{(K)})^{(K)} = s^{(K)},$$

d.h. $t^{(K)}$ ist wie behauptet die orthogonale Projektion von t auf $\mathfrak{L}^{(K)}$.

Für $M \not\subset K$ gilt auch $M \not\subset J \; \forall J \subset K$, d.h. nach den Grundeigenschaften bedingter EW bzw. nach Definition von $\mathfrak{L}^{(M)}$ gilt wegen $J \cap M \neq M$ für $t \in \mathfrak{L}^{(M)}$

$$E(T|X_J) = E(T|X_{J \cap M}) = 0 \quad \forall J \subset K.$$

Hieraus folgt nach (7.4.17) $t^{(K)} = 0$.

Analog ergibt sich für $t \in \mathfrak{L}^{(M)}$ bei $M \subset K$ und $J \subset K$

$$E(T|X_J) = E(T|X_{J \cap M}) = T \quad \text{bzw. } 0 \; \forall J \supset M \quad \text{bzw. } \forall J \not\supset M.$$

Nach (7.4.17) folgt hieraus bei $\#M = m$

$$T^{(K)} = \sum_{M \subset J \subset K} (-1)^{\#K - \#J} E(T|X_J) = \sum_{j=m}^{k} (-1)^{k-j} \left(\sum_{\substack{M \subset J \subset K \\ \#J = j}} 1 \right) T.$$

Hier gibt die innere Summe die Anzahl derjenigen Teilmengen $J \subset K$ mit $\#J = j$ an, die die (feste) Teilmenge M umfassen, ist also $\binom{k-m}{j-m}$. Somit gilt

$$T^{(K)} = \sum_{j=m}^{k} (-1)^{k-j} \binom{k-m}{j-m} T = (-1)^{k-m} \sum_{\ell=0}^{k-m} (-1)^\ell \binom{k-m}{\ell} T = (1-1)^{m-k} T,$$

d.h. $T^{(K)} = T$ bzw. 0 für $m = k$ bzw. $m < k$, d.h. für $M = K$ bzw. $M \subset K$.

Wegen $t^{(M)} \in \mathfrak{L}^{(M)}$ ergibt sich die Unkorreliertheit aus der Orthogonalität der Räume $\mathfrak{L}^{(M)}$ und der Zusatz $ET^{(M)} = 0$ bzw. ET für $M \neq \emptyset$ bzw. $M = \emptyset$ aus der Definition von $\mathfrak{L}^{(M)}$ bzw. aus $T^{(\emptyset)} = ET$.

b) folgt aus a) wegen $\mathfrak{L}^{(m)} = \oplus \{\mathfrak{L}^{(M)} : M \subset N, \#M = m\}$. □

Wie beim Projektionslemma ($k = 1$) ist es also auch für $k = \#K > 1$ möglich, die Projektionen einer Statistik t auf die Räume $\mathfrak{L}^{(K)}$ bzw. $\mathfrak{L}^{(k)}$ anzugeben.

Satz 7.176 (Hoeffding-Zerlegung für $\mathbb{L}_2$-Statistiken) *Für festes $n \in \mathbb{N}$ seien $X_1, \ldots, X_n$ st.u. ZG mit VF $F_1, \ldots, F_n$. Gegeben sei weiter eine reellwertige Statistik $T_n = t_n(X_1, \ldots, X_n)$ mit $t_n(x_1, \ldots, x_n) \in \mathbb{L}_2(\bigotimes F_j)$. Dann gilt mit den (von $F_1, \ldots, F_n$ abhängenden), in (7.4.17+18) explizit angegebenen Projektionen:*

a) $\quad T_n = ET_n + \sum_{k=1}^{n} T_n^{(k)},$ \hfill (7.4.21)

b) $\quad \operatorname{Var} T_n = \sum_{k=1}^{n} E(T_n^{(k)})^2 = \sum_{k=1}^{n} \sum_{\#K=k} E(T_n^{(K)})^2.$ \hfill (7.4.22)

Beweis: a) folgt mit Hilfssatz 7.175 aus der Darstellung $\mathbb{L}_2(\bigotimes F_j) = \bigoplus \mathfrak{L}^{(k)}$.
b) ergibt sich aus a) und Hilfssatz 7.175 als „Satz von Pythagoras". □

Ist speziell $F_1 = \ldots = F_n =: F$ und die vorgegebene Funktion $t \in \mathbb{L}_2(F^{(n)})$ symmetrisch, so hängt die Funktion $t^{(K)}(\cdot)$ von F und n ab, von K jedoch nur über $\#K = k$. Mit $t_j(x_J) := E(T|X_J = x_J)$, $J \subset N$ und $\#J = j$, folgt nämlich aus (7.4.17)

$$t^{(K)}(x_K) = \sum_{j=0}^{k} (-1)^{k-j} \sum_{\substack{J \subset K \\ \#J = j}} t_j(x_J) =: t_k^0(x_K), \quad K \subset N.$$

Hieraus ergibt sich unmittelbar das

7.4 Projektionsmethode und Verteilungskonvergenz von U-Statistiken 643

Korollar 7.177 (Hoeffding-Zerlegung für symmetrische $\mathbb{L}_2$-Statistiken) *Für festes $n \in \mathbb{N}$ seien $X_1, \ldots, X_n$ st.u. ZG mit derselben VF F und $T_n = t_n(X_1, \ldots, X_n)$ eine Statistik mit einer symmetrischen Funktion $t_n(x_1, \ldots, x_n) \in \mathbb{L}_2(F^{(n)})$. Dann lautet die Hoeffding-Zerlegung (7.4.21)*

$$T_n = ET_n + \sum_{k=1}^{n} \binom{n}{k} T_{nk}^U \tag{7.4.23}$$

mit

$$T_{nk}^U := \binom{n}{k}^{-1} t_n^{(k)}(X) = \binom{n}{k}^{-1} \sum_{\substack{K \subset N \\ \#K = k}} t_{nk}^0(X_K), \quad k = 1, \ldots, n. \tag{7.4.24}$$

Dabei sind die (von F und n, nicht jedoch von dem speziellen K mit $\#K = k$ abhängenden) Statistiken T_{nk}^U, $1 \leq k \leq n$, paarweise unkorrelierte U-Statistiken zu den zentrierten symmetrischen Kernen t_k^0 der Länge k.

Die allgemeine Hoeffding-Zerlegung (7.4.21) wurde – wie auch das Projektionslemma – historisch zunächst für den Spezialfall von U-Statistiken hergeleitet. Dabei ist die Anwendung der Projektionsmethode in diesem Fall besonders einfach, weil bedingte EW linear sind und die Bestimmung der Projektionen somit summandenweise erfolgen kann. Insbesondere erhalten die bei der Projektion einer U-Statistik U_n mit einem o.E. symmetrischen Kern ψ der (von n unabhängigen) Länge m auf den Raum $\mathfrak{L}^{(k)}$ resultierenden Kerne ebenfalls eine von n unabhängige Länge. Demgegenüber hängen im allgemeinen bei einer Statistik $T_n = t_n(X_1, \ldots, X_n)$ die bei der Projektion gemäß Korollar 7.177 resultierenden Kerne t_{nk} und t_{nk}^0, $k = 1, \ldots, m$, von n ab. In Abstimmung mit einer später in Kap. 8 für V-Statistiken eingeführten Terminologie verwenden wir bei U-Statistiken mit symmetrischen Kernen die folgenden Bezeichnungen:

$$\psi_k(x_K) = E(\psi(X_M)|X_K = x_K), \quad K \subset M, \ \#K = k = 1, \ldots, m; \tag{7.4.25}$$

$$\psi_k^0(x_K) = \sum_{j=0}^{k} (-1)^{k-j} \sum_{\substack{J \subset K \\ \#J = j}} \psi_j(x_J), \quad k = 1, \ldots, m; \tag{7.4.26}$$

$$U_{nk}^0 = \binom{n}{k}^{-1} \sum_{\substack{K \subset N \\ \#K = k}} \psi_k^0(X_K), \quad k = 1, \ldots, m. \tag{7.4.27}$$

Dabei beachte man, daß ψ_k^0 stets $(k-1)$-fach entartet ist, d.h. daß gilt

$$\int \ldots \int \psi_k^0(x_1, \ldots, x_k) \, dx_1 \ldots dx_\ell = 0 \quad \forall \ell \leq k-1.$$

Wie angekündigt vereinfachen sich die Hoeffding-Zerlegungen für (quadratintegrable) beliebige bzw. (quadratintegrable) symmetrische Statistiken der Aussagen 7.176 bzw. 7.177 im Spezialfall von U-Statistiken zum

7 Nichtparametrische Funktionale und ihre kanonischen Schätzer

Korollar 7.178 (Hoeffding-Zerlegung für $\mathbb{L}_2$-U-Statistiken) *Für festes $n \in \mathbb{N}$ seien $X_1, \ldots, X_n$ st.u. ZG mit derselben Verteilung F. $\psi \in \mathbb{L}_2(F^{(m)})$ sei ein symmetrischer Kern der Länge m. Dann gilt für die U-Statistik*

$$U_n = \binom{n}{m}^{-1} \sum_{\substack{M \subset N \\ \#M = m}} \psi(X_M) \tag{7.4.28}$$

mit $\gamma = E\psi(X_M)$ und den durch (7.4.25–27) eingeführten zentrierten, paarweise unkorrelierten, ebenfalls von F abhängigen U-Statistiken U^0_{nk} zu den (von n unabhängigen) Kernen der Länge k, $1 \leq k \leq m$:

a) $\quad U_n = \gamma + \sum_{k=1}^{m} \binom{m}{k} U^0_{nk}.$ \hfill (7.4.29)

b) *Mit der Abkürzung $\sigma_k^{02} := \operatorname{Var} \psi_k^0(X_K)$, $K \subset M$, $\#K = k$, gilt*

$$\operatorname{Var} U_n = \sum_{k=1}^{m} \binom{m}{k}^2 \operatorname{Var} U^0_{nk} = \sum_{k=1}^{m} \binom{m}{k}^2 \binom{n}{k}^{-1} \sigma_k^{02}. \tag{7.4.30}$$

Beweis: a) Wegen der Linearität der Projektionsabbildung gilt unter Verwenden von (7.4.27), (7.4.28) sowie von (7.4.23)

$$U_n^{(k)} = \binom{n}{m}^{-1} \sum_{\substack{M \subset N \\ \#M = m}} \sum_{\substack{K \subset M \\ \#K = k}} \psi_k^0(X_K). \tag{7.4.31}$$

Durch Vertauschung der Summationsreihenfolge ergibt sich hieraus

$$U_n^{(k)} = \binom{n}{m}^{-1} \sum_{\substack{K \subset M \\ \#K = k}} \psi_k^0(X_K) \sum_{\substack{K \subset M \subset N \\ \#M = m}} 1.$$

Die innere Summe gibt wieder die Anzahl derjenigen Teilmengen M von N mit $\#M = m$ an, die die (bei dieser Abzählung als fest anzusehenden) Teilmengen K mit $\#K = k$ umfassen, ist also $\binom{n-k}{m-k}$. Wegen $\binom{n}{m}^{-1}\binom{n}{k}\binom{n-k}{m-k} = \binom{m}{k}$ ergibt sich somit wie behauptet $U_n^{(k)} = \binom{n}{k}^{-1}\binom{m}{k} U_{nk}^0$.

b) Wegen der Orthogonalität der Summanden von (7.4.27) gilt

$$\operatorname{Var} U_{nk}^0 = \binom{n}{k}^{-2} \sum_{\substack{K \subset N \\ \#K = k}} \operatorname{Var} \psi_k^0(X_K) = \binom{n}{k}^{-1} \sigma_k^{02}. \tag{7.4.32}$$

Da auch die Summanden von (7.4.29) orthogonal sind, folgt b). □

7.4 Projektionsmethode und Verteilungskonvergenz von U-Statistiken 645

Beispiel 7.179 Die Stichprobenstreuung $U_n = \sum_j (X_j - \overline{X})^2/(n-1)$ ist – wie in Beispiel 7.168 gezeigt wurde – eine U-Statistik zum Kern $\psi(x_1, x_2) = (x_1 - x_2)^2/2$ der Länge 2. Nach Beispiel 7.171 ist $\gamma = \sigma^2$, $\psi_2(x_1, x_2) = \psi(x_1, x_2)$ sowie

$$\psi_1(x_1) = \tfrac{1}{2}[(x_1 - \mu)^2 + \sigma^2] \quad \text{und damit} \quad \psi_1^0(x_1) = \tfrac{1}{2}[(x_1 - \mu)^2 - \sigma^2] \quad \text{bzw.}$$

$$\psi_2^0(x_1, x_2) = \psi_2(x_1, x_2) - \psi_1(x_1) - \psi_1(x_2) + \gamma = -(x_1 - \mu)(x_2 - \mu).$$

Folglich ist

$$U_{n1}^0 = \binom{n}{1}^{-1} \sum_j \tfrac{1}{2}[(X_j - \mu)^2 - \sigma^2], \quad U_{n2}^0 = -\binom{n}{2}^{-1} \sum_{j<i}(X_j - \mu)(X_i - \mu),$$

so daß die Hoeffding-Zerlegung (7.4.29) in diesem Fall lautet

$$U_n = \gamma + 2U_{n1}^0 + U_{n2}^0 = \sigma^2 + \binom{n}{1}^{-1} \sum_j [(X_j - \mu)^2 - \sigma^2] - \binom{n}{2}^{-1} \sum_{j<i}(X_j - \mu)(X_i - \mu).$$

Analog ergibt sich $\sigma_1^{02} = \operatorname{Var} \psi_1^0(X_1) = \tfrac{1}{4}[\mu_4 - \sigma^4]$, $\sigma_2^{02} = \operatorname{Var} \psi_2^0(X_1, X_2) = \sigma^4$ und somit

$$\operatorname{Var} U_n = \frac{4}{n}\sigma_1^{02} + \frac{2}{n(n-1)}\sigma_2^{02} = \frac{1}{n}[\mu_4 - \sigma^4] + \frac{2}{n(n-1)}\sigma^4.$$

Insbesondere ist also $\operatorname{Var} U_{n1}^0 = \tfrac{1}{n}\sigma_1^{02}$ und $\operatorname{Var} U_{n2}^0 = \operatorname{Var}(U_n - \widehat{U}_n) = \tfrac{2}{n(n-1)}\sigma_2^{02}$. □

In Hilfssatz 7.169 war bereits ein erster Ausdruck für die Varianz einer U-Statistik U_n hergeleitet worden und zwar vermöge der Größen $\sigma_k^2 := Var\, \psi_k(X_K)$, $k = 1, \ldots, m$. Den Zusammenhang zwischen den σ_k^2 und den in Korollar 7.178b verwendeten Größen σ_k^{02} enthält der

Hilfssatz 7.180 *Für* $\sigma_k^2 = \operatorname{Var} \psi_k(X_K)$ *und* $\sigma_k^{02} = \operatorname{Var} \psi_k^0(X_K)$, $k = 1, \ldots, m$, *gilt:*

a) $\quad \sigma_k^2 = \sum_{j=1}^{k} \binom{k}{j} \sigma_j^{02}, \quad k = 1, \ldots, m\,;$ \hfill (7.4.33)

b) $\quad \sigma_k^{02} = \sum_{j=1}^{k} \binom{k}{j}(-1)^{k-j}\sigma_j^2, \quad k = 1, \ldots, m.$ \hfill (7.4.34)

Insbesondere ist also $\sigma_k^2 \geq \sigma_k^{02}$ *für* $k = 1, \ldots, m$ *mit* $\sigma_1^2 = \sigma_1^{02}$ *bzw. mit* $\sigma_k^2 = \sigma_k^{02}$, *falls* $\sigma_1^2 = \ldots = \sigma_{k-1}^2 = 0$ *ist.*

c) $\quad \sigma_k^2/k \leq \sigma_\ell^2/\ell, \quad 1 \leq k \leq \ell \leq m\,;$ \hfill (7.4.35)

d)] $\quad \dfrac{m^2}{n}\sigma_1^2 \leq \operatorname{Var} U_n \leq \dfrac{m}{n}\sigma_m^2.$

646   7 Nichtparametrische Funktionale und ihre kanonischen Schätzer

Beweis: a) Hierzu beachte man, daß sich (7.4.26) wie folgt invertieren läßt[91]:

$$\psi_k(x_K) = \sum_{j=0}^{k} \sum_{\substack{J \subset K \\ \#J=j}} \psi_j^0(x_J).$$ (7.4.36)

Setzt man nämlich (7.4.26) in (7.4.36) ein und spaltet die äußere Summe auf in eine solche über $j \leq k-1$ und $j = k$, so ist (7.4.36) äquivalent mit

$$\sum_{j=0}^{k-1} \sum_{\substack{J \subset K \\ \#J=j}} \sum_{i=0}^{j} (-1)^{j-i} \sum_{\substack{I \subset J \\ \#I=i}} \psi_i(x_I) + \sum_{i=0}^{k-1} (-1)^{k-i} \sum_{\substack{I \subset K \\ \#I=i}} \psi_i(x_I) = 0$$

oder nach Vertauschung der Summationsreihenfolge mit

$$\sum_{i=0}^{k-1} \sum_{\substack{I \subset K \\ \#I=i}} \psi_i(x_I) \sum_{j=i}^{k-1} (-1)^{j-i} \sum_{\substack{I \subset J \subset K \\ \#J=j}} 1 + \sum_{i=0}^{k-1} (-1)^{k-i} \sum_{\substack{I \subset K \\ \#I=i}} \psi_i(x_I) = 0.$$

Dieses ist aber für jedes $k = 1, \ldots, m$ erfüllt, wenn man wie im Beweis von Hilfssatz 7.175 beachtet, daß es bei festem K und festem $I \subset K$ genau $\binom{k-i}{j-i}$ Teilmengen $I \subset J \subset K$ gibt und somit für die innere Summe des ersten Summanden gilt

$$\sum_{j=i}^{k-1} (-1)^{j-i} \binom{k-i}{j-i} = \sum_{\ell=0}^{k-i-1} (-1)^\ell \binom{k-i}{\ell} = (1-1)^{k-i} - (-1)^{k-i} = -(-1)^{k-i}.$$

Da die Summanden in (7.4.36) unkorreliert sind und es $\binom{k}{j}$ Teilmengen $J \subset K$ mit $\#J = j$ gibt, folgt a) aus (7.4.36) und der Definition von σ_j^{02} und σ_j^2.

b) ergibt sich aus a) (etwa durch vollständige Induktion).

c) Wegen a) und $1 \leq k \leq \ell \leq m$ erhält man

$$k\sigma_\ell^2 - \ell\sigma_k^2 = k \sum_{j=k+1}^{\ell} \binom{\ell}{j} \sigma_j^{02} + \sum_{j=1}^{k} \left(k\binom{\ell}{j} - \ell\binom{k}{j} \right) \sigma_j^{02}.$$

Offenbar ist der erste Summand nicht-negativ und wegen

$$k\binom{\ell}{j} - \ell\binom{k}{j} = \frac{k\ell}{j!}((\ell-1)\ldots(\ell-j+1) - (k-1)\ldots(k-j+1)) \geq 0$$

trifft dies auch für den zweiten Summanden zu.

---

[91] Hieraus läßt sich auch leicht die Hoeffding-Zerlegung 7.176 folgern. Setzt man nämlich (7.4.36) für $k = m$, also für $\psi = \psi_m$, in (7.4.28) ein, so ergibt sich bereits formal die Darstellung (7.4.29). Man hat also nur noch die Unkorreliertheit der Summanden $\psi_k^0(X_K)$, $K \subset N$, zu zeigen, was wie im Beweis von Hilfssatz 7.175 erfolgen kann.

7.4 Projektionsmethode und Verteilungskonvergenz von U-Statistiken

d) folgt aus der als bekannt vorausgesetzten Identität

$$\binom{n}{m}^{-1} \sum_{k=1}^{m} k \binom{m}{k} \binom{n-m}{m-k} = \frac{m^2}{n}$$

wegen Hilfssatz 7.169a sowie wegen Teil c) in der Form $k\sigma_1^2 \leq \sigma_k^2 \leq (k/m)\sigma_m^2$. □

Die Anwendung der Projektionsmethode auf U-Statistiken in den Korollaren 7.167 und 7.178 bzw. den Beispielen 7.168 und 7.179 ist, wie bereits erwähnt, insofern untypisch, als bei einer beliebigen symmetrischen Statistik T_n der Kern der durch Projektion auf $\mathfrak{L}^{(k)}$ gemäß (7.4.23) gewonnenen U-Statistik T_{nk}^0 im allgemeinen von n abhängt und seine Bestimmung nicht nur ein kombinatorisches Problem ist. Das folgende, an Beispiel 7.173 anschließende Beispiel soll jedoch zeigen, daß mit gewissem Mehraufwand die Projektion auf $\mathfrak{L}^{(k)}$ für $k \geq 2$ häufig auch bei weniger einfachen Statistiken T_n im Prinzip in geschlossener Form darstellbar sein wird. Es zeigt zugleich aber auch den Rechenaufwand, der vielfach mit der Anwendung der Projektionsmethode verbunden ist.

Beispiel 7.181 Wie in Beispiel 7.173 seien $X_1, \ldots, X_n$ st.u. ZG mit derselben Verteilung $F \in \mathfrak{F}_c$ und T_n die lineare Rangstatistik (7.4.10). Für deren zweite Projektion gilt nach Korollar 7.177

$$\widehat{T}_n^{(2)} = \sum_{1 \leq i < j \leq n} [E(T_n|X_i, X_j) - E(T_n|X_i) - E(T_n|X_j) + ET_n]$$

$$= \sum_{k=1}^{n} c_k \left[\sum_{i<j} E(b(R_k)|X_i, X_j) - \sum_{i} E(b(R_k)|X_i) - \sum_{j} E(b(R_k)|X_j) \right].$$

Für diese wurden die bedingten EW $E(b(R_k)|X_i)$ bereits in Beispiel 7.173 berechnet. Die gleiche Technik läßt sich auch zur Bestimmung von $E(b(R_k)|X_i, X_j)$ verwenden. Dabei sind die erforderlichen Rechnungen für $k \in \{i,j\}$ auch bereits in den obigen enthalten. Für $k \notin \{i,j\}$ ergibt sich in Verallgemeinerung jener Vorgehensweise zunächst für die bedingten EW

$$E(b(R_k)|X_i = w, X_j = z, X_k = y) = E(1 + \mathcal{E}^+(y-w) + \mathcal{E}^+(y-z) + \sum_{\ell \neq i,j,k} \mathcal{E}^+(y - X_\ell)),$$

wenn man neben der Einsetzungsregel 1.129 die Darstellung

$$R_k = 1 + \mathcal{E}^+(X_k - X_i) + \mathcal{E}^+(X_k - X_j) + \sum_{\ell \neq i,j,k} \mathcal{E}^+(X_k - X_\ell)$$

beachtet. Dies ist ein EW bzgl. einer $\mathfrak{B}(n-3, F(y))$-Verteilung, gestattet also analog (7.4.13) eine Darstellung vermöge unvollständiger B-Integrale. Es lassen sich somit auch für $\widehat{T}_n^{(2)}$ und allgemeiner für $\widehat{T}_n^{(k)}$ mit $k \geq 2$ geschlossene Ausdrücke angeben. □

Die Beispiele zeigen, daß die Projektionsmethode im Rahmen st.u. ZG zwar sehr weitgehend anwendbar ist, im Einzelfall aber schnell zu komplexen Ausdrücken für die Projektionen führt (sofern man nicht gerade U-Statistiken betrachtet). Die Methode wird typischerweise dann der Linearisierung gegenüber bevorzugt, wenn man schwache Regularitätsvoraussetzungen anstrebt (z.B. Differenzierbarkeitsannahmen an Bewertungsfunktionen o.ä. gering halten will) und dafür einen größeren mathematischen Aufwand in Kauf nimmt, u.a. in Form des sog. Zentrierungsproblems (vgl. 7.5.1). Höhere Projektionen finden praktisch nur im Kontext mit U-Statistiken eine Anwendung. Dort allerdings stellen sie ein effizientes Mittel zum Nachweis der Verteilungskonvergenz dar, wie der folgende Unterabschnitt zeigt.

7.4.3 Verteilungskonvergenz einfach entarteter U-Statistiken

In 7.4.2 wurde durch Anwendung der Projektionsmethode eine Entwicklung von U-Statistiken nach paarweise unkorrelierten sowie zentrierten U-Statistiken U_{nk}^0 hergeleitet, deren (von F abhängende) Kerne ψ_k^0 von n unabhängig sind, $1 \leq k \leq m$. Es soll zunächst gezeigt werden, daß diese Hoeffding-Zerlegung (an der jeweiligen Stelle F) für $n \to \infty$ eine stochastische Entwicklung ist, d.h. eine solche nach Potenzen von $n^{-1/2}$. Aus Korollar 7.178 ergibt sich nämlich für die Summanden U_{nk}^0 der Hoeffding-Zerlegung zunächst

$$\operatorname{Var} U_{nk}^0 = k! n^{-k} \sigma_k^{02}(1 + O(n^{-1})) = O(n^{-k}), \quad k = 1, \ldots, m;$$

wegen $EU_{nk}^0 = 0$ gibt es also ein $c < \infty$ mit $E(n^{k/2} U_{nk}^0)^2 \leq c \ \forall n \in \mathbb{N}$, so daß mit der Markov-Ungleichung folgt

$$U_{nk}^0 = O_F(n^{-k/2}), \quad k = 1, \ldots, m.$$

Daraus ergeben sich unmittelbar die folgenden asymptotischen Darstellungen von U_n bzw. $\operatorname{Var} U_n$.

Satz 7.182 (Asymptotische Hoeffding-Zerlegung) *$X_j, j \in \mathbb{N}$, seien st.u. ZG mit derselben Verteilung F. Weiter sei $\psi \in \mathbb{L}_2(F^{(m)})$ ein symmetrischer Kern der Länge m und U_n die zugehörige U-Statistik. Dann liefert die Hoeffding-Zerlegung (7.4.29) an einer festen Stelle F folgende Entwicklungen für $n \to \infty$:*

a) $\displaystyle U_n = \gamma + \sum_{j=1}^{k} \binom{m}{j} U_{nj}^0 + R_{nk}, \quad R_{nk} = o_F(n^{-k/2}), \quad k = 1, \ldots, m;$ \hfill (7.4.37)

b) *Ist $\sigma_1^{02} = \ldots = \sigma_{k-1}^{02} = 0 < \sigma_k^{02}$, so gilt*

$$\operatorname{Var} U_n = \binom{m}{k}^2 \frac{k!}{n^k} \sigma_k^{02}(1 + O(n^{-1})) = O(n^{-k}) \tag{7.4.38}$$

und damit

7.4 Projektionsmethode und Verteilungskonvergenz von U-Statistiken 649

$$U_n = \gamma + \binom{m}{k} U_{nk}^0 + o_F(n^{-k/2}). \qquad (7.4.39)$$

Darüber hinaus gilt für die Summanden $\binom{m}{k} U_{nk}^0$ der Hoeffding-Zerlegung:

c) U_{nk}^0, $n \geq k$, *ist für jedes $k = 1, \ldots, m$ ein inverses Martingal; darüberhinaus ist $U_n^* := \sum_{k=2}^m \binom{m}{k} U_{nk}^0$, $n \geq m$, ein inverses Martingal mit* Var $U_n^* = O(n^{-2})$.

Beweis: Man beachte zunächst, daß für jedes $1 \leq j \leq m$ wegen $E\psi_j^0(X_J) = 0$ gilt

$$\sigma_j^{02} = 0 \quad \Leftrightarrow \quad \psi_j^0(X_J) = 0 \ [F] \quad \Leftrightarrow \quad U_{nj}^0 = 0 \ [F] \quad \forall n \geq j.$$

Hiermit folgen dann a) und b) sowie der Zusatz aus der Hoeffding-Zerlegung 7.178.

c) Nach (7.4.27) ist U_{nk}^0, $n \geq k$, für jedes $k = 1, \ldots, m$ und damit U_n^* eine U-Statistik (zu einem von n unabhängigen Kern ψ_k^0), nach Satz 7.140a also ein inverses Martingal. Ebenfalls nach der Hoeffding-Zerlegung 7.178 sind die U_{nk}^0, $k \geq 1$, unkorreliert. Also gilt

$$\text{Var } U_n^* = \sum_{k=2}^m \binom{m}{k}^2 \text{Var } U_{nk}^0 = \binom{m}{2}^2 \binom{n}{2}^{-1} \sigma_2^{02} + o(n^{-2}) = O(n^{-2}). \quad \square$$

Die wichtigsten Spezialfälle sind diejenigen für $k = 1$ und $k = 2$. So folgt für $\sigma_1^{02} > 0$ aus (7.4.39):

$$U_n = \gamma + m U_{n1}^0 + o_F(n^{-1/2}), \qquad (7.4.40)$$

und für $\sigma_1^{02} = 0 < \sigma_2^{02}$:

$$U_n = \gamma + \binom{m}{2} U_{n2}^0 + o_F(n^{-1}). \qquad (7.4.41)$$

Ist allgemeiner $\sigma_1^2 = \ldots = \sigma_{k-1}^2 = 0 < \sigma_k^2$ oder nach Hilfssatz 7.180 äquivalent $\sigma_1^{02} = \ldots = \sigma_{k-1}^{02} = 0 < \sigma_k^{02}$, so heißt der Kern ψ unter F $(k-1)$-*fach entartet*. In diesem Fall ist nach Satz 7.182b die Limesverteilung durch diejenige von $\gamma + \binom{m}{k} U_{nk}^0$ bestimmt. Wegen Var $U_n = \binom{m}{k}^2$ Var $U_{nk}^0 (1 + O(n^{-1})) = O(n^{-k})$ ist dann $n^{k/2}(U_n - \gamma)$ nach WS beschränkt. Dabei beachte man, daß der zugehörige Kern ψ_k^0 stets $(k-1)$-fach entartet ist. Insbesondere wird man im Fall $\sigma_1^2 = 0 < \sigma_2^2$ (d.h. bei einfach entartetem Kern) versuchen, wegen Var $U_n = O(n^{-2})$ für $n(U_n - \gamma)$ die Existenz einer nicht-degenerierten Limesverteilung nachzuweisen und diese explizit anzugeben. Wie erwähnt ist diese durch den zweiten Summanden $\binom{m}{2} U_{n2}^0$ der Hoeffding-Zerlegung, also den einfach entarteten Kern $\binom{m}{2} \psi_2^0$ bestimmt. Wir können deshalb o.E. $\psi = \psi_2^0$ (und symmetrisch) annehmen. Um die Form der Limesverteilung von $n(U_n - \gamma)$ zu bestimmen, soll von der bereits in 5.4.2 verwendeten Spektraldarstellung (5.4.20) ausgegangen werden: Ist $\psi_2^0 \in \mathbb{L}_2(F \otimes F)$, so existieren orthonormale Funktionen $\varphi_\ell \in \mathbb{L}_2(F)$ und Zahlen $\lambda_\ell^0 \in \mathbb{R}$, $\ell \geq 0$, mit

650 7 Nichtparametrische Funktionale und ihre kanonischen Schätzer

$$\psi_2^0(x_1, x_2) = \sum_{\ell=0}^{\infty} \lambda_\ell^0 \varphi_\ell(x_1) \varphi_\ell(x_2) \quad \text{in } \mathbb{L}_2(F \otimes F). \tag{7.4.42}$$

Wegen der Entartung von ψ_2^0 ist dabei nach Anmerkung 5.134c stets $\lambda_0^0 = 0$ ein Eigenwert zur Eigenfunktion $\varphi_0 \equiv 1$ und die Eigenfunktionen $\varphi_j, j \geq 1$, sind stets zentriert. Im Fall einfach entarteter U-Statistiken ergeben sich im Limes Quadratsummenverteilungen. Der Nachweis dieser – nach der Normalverteilung wichtigsten – Grenzverteilung beruht auf der asymptotischen Hoeffding-Zerlegung (7.4.41).

Satz 7.183 $X_j, j \in \mathbb{N}$, *seien st.u. ZG mit derselben Verteilung F und* $\psi \in \mathbb{L}_2(F^{(m)})$ *ein symmetrischer Kern der Länge m mit* $\sigma_1^2 = 0 < \sigma_2^2$ *. Der durch (7.4.26) definierte Kern* $\psi_2^0(\cdot, \cdot)$ *besitze die Spektraldarstellung (7.4.42) mit den Eigenwerten* λ_ℓ^0*. Dann gilt für die zu den Kernen ψ und ψ_2^0 gehörenden U-Statistiken U_n und U_{n2}^0:*

a) $\mathfrak{L}(nU_{n2}^0) \xrightarrow[\mathfrak{L}]{} \mathfrak{Q}^0(\lambda_\ell^0 : \ell \geq 1)$

b) $\mathfrak{L}(n(U_n - \gamma)) \xrightarrow[\mathfrak{L}]{} \mathfrak{Q}^0(\lambda_\ell : \ell \geq 1), \quad \lambda_\ell = \binom{m}{2} \lambda_\ell^0, \quad \ell \geq 1.$

Beweis: a) Nach (7.4.42) gilt

$$E|\psi_2^0(X_1, X_2) - \sum_{\ell=1}^{k} \lambda_\ell^0 \varphi_\ell(X_1) \varphi_\ell(X_2)|^2 \to 0 \quad \text{für } k \to \infty. \tag{7.4.43}$$

Wegen $\sigma_1^2 = 0$ und $E\psi_2^0(X_1, X_2) = 0$ ist $\int \psi_2^0(x, z) \, \mathrm{d}F(z) = \psi_1(x) - \gamma = 0$, also o.E. $\lambda_0 = 0$, $\varphi_0 = 1$ und damit

$$E\varphi_\ell(X_1) = \int \varphi_\ell(z) \, \mathrm{d}F(z) = \int \varphi_0(z) \varphi_\ell(z) \, \mathrm{d}F(z) = 0 \quad \forall \ell \geq 1.$$

Zur Bestimmung der Limesverteilung von $(n-1)^{-1} \sum_{1 \leq i \neq j \leq n} \psi_2^0(X_i, X_j)$, also derjenigen von nU_{n2}^0, definieren wir für jedes $r \in \mathbb{N}$ sowie für $n \in \mathbb{N}$ mit st.u. $\mathfrak{N}(0,1)$-verteilten ZG $W_\ell, \ell \geq 1$,

$$T_{r,n} := n^{-1} \sum_{1 \leq i \neq j \leq n} \sum_{\ell=1}^{r} \lambda_\ell^0 \varphi_\ell(X_i) \varphi_\ell(X_j), \quad T_{r,\infty} := \sum_{\ell=1}^{r} \lambda_\ell^0 (W_\ell^2 - 1),$$

$$T_n := n^{-1} \sum_{1 \leq i \neq j \leq n} \psi_2^0(X_i, X_j), \quad T_{\infty,\infty} := \sum_{\ell=1}^{\infty} \lambda_\ell^0 (W_\ell^2 - 1).$$

Zum Nachweis von $T_n \xrightarrow[\mathfrak{L}]{} T_{\infty,\infty}$ mit dem Approximationslemma 5.46 zeigt man wie beim Beweis von Hilfssatz 5.145 $T_{r,\infty} \xrightarrow[\mathfrak{L}]{} T_{\infty,\infty}$ für $r \to \infty$ und dann wie beim Beweis von Satz 5.149 bei festem $r \in \mathbb{N}$ für $n \to \infty$

$$T_{r,n} \xrightarrow[\mathfrak{L}]{} T_{r,\infty}.$$

7.4 Projektionsmethode und Verteilungskonvergenz von U-Statistiken

Aus der Orthonormalität der φ_ℓ, $\ell \geq 0$, ergibt sich nämlich $E\varphi_\ell(X_1)\varphi_k(X_1) = \delta_{\ell,k}$ für $\ell, k \geq 1$ und damit nach dem mehrdimensionalen Satz von Lindeberg-Lévy 5.70

$$\mathfrak{L}_F\left(\frac{1}{\sqrt{n}}\sum_{j=1}^n \varphi_1(X_j), \ldots, \frac{1}{\sqrt{n}}\sum_{j=1}^n \varphi_r(X_j)\right) \xrightarrow{\mathfrak{L}} \mathfrak{N}(0, \mathscr{I}_r) = \mathfrak{L}(W_1, \ldots, W_r)$$

für jedes $r \in \mathbb{N}$. Weiter folgt für jedes $\ell \in \mathbb{N}$ aus der Orthonormalität nach dem Gesetz der großen Zahlen $\frac{1}{n}\sum_{j=1}^n \varphi_\ell^2(X_j) \to E\varphi_\ell^2(X_1) = 1\ [P]$, so daß bei festem r für $n \to \infty$ gilt[92]

$$\begin{aligned}
T_{r,n} &= \sum_{\ell=1}^r \lambda_\ell^0 \left(\left[\frac{1}{\sqrt{n}}\sum_{i=1}^n \varphi_\ell(X_i)\right]^2 - \frac{1}{n}\sum_{i=1}^n \varphi_\ell^2(X_i)\right) \\
&\xrightarrow{\mathfrak{L}} \sum_{\ell=1}^r \lambda_\ell^0 (W_\ell^2 - 1) = T_{r,\infty}.
\end{aligned} \quad (7.4.44)$$

Der Nachweis der dritten Bedingung aus Satz 5.46 erfolgt wieder gemäß

$$P(|T_n - T_{r,n}| > \varepsilon) \leq \frac{1}{\varepsilon^2} E|T_n - T_{r,n}|^2$$

$$= \frac{1}{\varepsilon^2 n^2} E\left(\sum_{1 \leq i \neq j \leq n}\left[\psi_2^0(X_i, X_j) - \sum_{\ell=1}^r \lambda_\ell^0 \varphi_\ell(X_i)\varphi_\ell(X_j)\right]\right)^2$$

$$= \frac{1}{\varepsilon^2 n^2}\left(\sum_{1 \leq i \neq j \leq n}\sum_{1 \leq h \neq k \leq n} E\left[\psi_2^0(X_i, X_j) - \sum_{\ell=1}^r \lambda_\ell^0 \varphi_\ell(X_i)\varphi_\ell(X_j)\right]\right.$$

$$\left.\times \left[\psi_2^0(X_h, X_k) - \sum_{\ell=1}^r \lambda_\ell^0 \varphi_\ell(X_h)\varphi_\ell(X_k)\right]\right).$$

Durch Ausnutzen der st. Unabhängigkeit und gleichen Verteilung sowie der Zentrierungsbedingung des Kerns ψ_2^0 bzw. der Orthonormalität der Eigenfunktionen φ_ℓ folgt hieraus für $r \to \infty$

$$P(|T_n - T_{r,n}| > \varepsilon) \leq \frac{1}{\varepsilon^2 n^2}\sum_{1 \leq i \neq j \leq n} E\left(\psi_2^0(X_i, X_j) - \sum_{\ell=1}^r \lambda_\ell^0 \varphi_\ell(X_i)\varphi_\ell(X_j)\right)^2$$

$$= \frac{1}{\varepsilon^2 n^2} n(n-1) E\left(\psi_2^0(X_1, X_2) - \sum_{\ell=1}^r \lambda_\ell^0 \varphi_\ell(X_1)\varphi_\ell(X_2)\right)^2 \to 0$$

und damit wie bei Satz 5.149 $\lim_{r \to \infty}\limsup_{n \to \infty} P(|T_n - T_{r,n}| > \varepsilon) = 0\ \forall \varepsilon > 0$.

b) folgt aus a) gemäß (7.4.41). □

---

[92] Besitzt ψ_2^0 nur endlich viele Eigenwerte, so kann auf den ersten Schritt verzichtet werden; vgl. (5.4.16).

Beispiel 7.184 Wie in Beispiel 5.132 seien X_j, $j \in \mathbb{N}$, st.u. ZG mit derselben Verteilung F, für die $\mu(F) := E_F X_1 \in \mathbb{R}$ und $\tau^2(F) := \mathrm{Var}_F X_1 \in (0, \infty)$ existieren, und U_n die U-Statistik zum Kern $\psi(x_1, x_2) = x_1 x_2$. Die dort mit den klassischen Grenzwertsätzen hergeleitete Limesverteilung ergibt sich auch leicht aus den Sätzen 7.169 und 7.183. Hierzu beachte man, daß $\gamma(F) = \mu^2(F)$ erwartungstreu schätzbar ist durch den Kern ψ der Länge 2. Es gilt also $\psi_{1F}(x_1) = \mu(F)x_1$ und $\sigma_{1F}^2 = \mu^2(F)\tau^2(\vartheta)$ sowie $\psi_{2F} = \psi$ und $\sigma_{2F}^2 = \mathrm{Var}_F \psi_{2F} = \mathrm{Var}_F \psi = \tau^4(F) + 2\mu^2(F)\tau^2(F)$. Das asymptotische Verhalten der U-Statistik

$$U_n = \binom{n}{2}^{-1} \sum_{1 \leq i < j \leq n} X_i X_j = \frac{n}{n-1}\overline{X}^2 - \frac{1}{n-1}\left(\frac{1}{n}\sum_{j=1}^n X_j^2\right)$$

leitet sich zunächst aus dem Satz von Hoeffding 7.169 ab,

$$\mathfrak{L}_F(\sqrt{n}(U_n - \mu^2(F))) \xrightarrow[\mathcal{L}]{} \mathfrak{N}(0, 4\mu^2(F)\tau^2(F)).$$

Diese Verteilung ist degeneriert für Parameterwerte F mit $\mu(F) = 0$. Um Satz 7.183 anwenden zu können, ist die Eigenwertaufgabe

$$\lambda \varphi(x) = \int \psi(x, z)\varphi(z)\, dF(z) = x \int z \varphi(z)\, dF(z)$$

zu lösen. Aus dieser Integralgleichung folgt zunächst $\varphi(x) = cx$ mit geeignetem $c \in \mathbb{R}$ und damit $\lambda = \lambda(F) = \tau^2(F)$. Sie besitzt also nur den einfachen Eigenwert $\lambda(F) = \tau^2(F)$, so daß sich die Limesverteilung für Verteilungen F mit $\mu(F) = 0$ ergibt zu

$$\mathfrak{L}_F(nU_n) \xrightarrow[\mathcal{L}]{} \mathfrak{L}(\tau^2(F)(W^2 - 1)) = \mathfrak{Q}^0(\tau^2(F)), \quad \text{d.h.}$$

$$\mathfrak{L}_F(nU_n + \tau^2(F)) \xrightarrow[\mathcal{L}]{} \tau^2(F)\chi_1^2 = \mathfrak{Q}(\tau^2(F)). \quad \square$$

Beispiel 7.185 Für $n \in \mathbb{N}$ seien $X_1, \ldots, X_n$ st.u. $\mathfrak{R}$-verteilte ZG sowie U_n die U-Statistik zum Kern

$$\psi(x, y) = \frac{1}{3} - \max\{x, y\} + \frac{1}{2}(x^2 + y^2), \quad 0 \leq x, y \leq 1.$$

Dieser Kern ist einfach entartet, denn es gilt

$$\psi_1(x) = \int_0^1 \psi(x, y)\, dy = \frac{1}{3} - x\int_0^x dy - \int_x^1 y\, dy + \frac{1}{2}x^2 + \frac{1}{6} = 0 \quad \forall x \in [0, 1]$$

und damit $\gamma = 0$. Wegen $\psi_2(x, y) = \psi(x, y) \neq 0$ hat somit nU_n gemäß Satz 7.183 eine nicht-degenerierte Limesverteilung. Zu deren expliziter Bestimmung hat man die Integralgleichung

$$\lambda \varphi(x) = \int_0^1 \psi(x, y)\varphi(y)\, dy$$

zu lösen. Diese hat nach Beispiel 5.136 die Eigenwerte $\lambda_\ell = 1/\ell^2 \pi^2$, $\ell \geq 1$, so daß gilt

$$\mathfrak{L}(nU_n) \xrightarrow[\mathcal{L}]{} \mathfrak{Q}^0(1/\pi^2 \ell^2 : \ell \geq 1). \quad \square$$

7.4 Projektionsmethode und Verteilungskonvergenz von U-Statistiken

Anmerkung 7.186 Die Vorgehensweise von Satz 7.183 ist auf den Fall $\sigma_1^2 = 0 < \sigma_2^2$ zugeschnitten; sie gibt keinen Hinweis darauf, wie der Fall $\sigma_{k-1}^2 = 0 < \sigma_k^2$ mit $3 \leq k \leq m$ zu handhaben ist. Tatsächlich existiert für Kerne ψ_k^0 der Länge $k > 2$ nur ein unvollständiges Analogon zu (7.4.42), d.h. eine Darstellung der Form

$$\psi_k^0(x_1,\ldots,x_k) = \sum_{j \geq 0} \lambda_j \varphi_j(x_1) \ldots \varphi_j(x_k) \quad \text{in } \mathbb{L}_2(F)$$

läßt sich nur noch in stark abgeschwächtem Sinne mit orthogonalen Funktionen φ_j erreichen[93]. Die Limesverteilungen bei höheren Entartungen sind dementsprechend im allgemeinen nur recht umständlich darstellbar[94], lassen sich im Einzelfall jedoch manchmal ad hoc angeben; vgl. Beispiel 7.187. □

Beispiel 7.187 Für $n \in \mathbb{N}$ seien $X_1, \ldots, X_n$ st.u. glv. ZG mit $EX_1 = 0$, $\text{Var}\, X_1 = 1$ und $E|X_1|^3 < \infty$ sowie U_n die U-Statistik zum Kern $\psi(x_1, x_2, x_3) = x_1 x_2 x_3$. Offenbar ist $\psi_1(x_1) = 0$, $\psi_2(x_1, x_2) = 0$, $\psi_3(x_1, x_2, x_3) = \psi(x_1, x_2, x_3)$ und somit $\gamma = 0$ sowie $\sigma_1^2 = \sigma_2^2 = 0$, $\sigma_3^2 = 1$. Der Kern ψ ist also zweifach entartet. Mit den Abkürzungen $S_{n,1} := \sum_{j=1}^n X_j$, $S_{n,2} := \sum_{j=1}^n X_j^2$ und $S_{n,3} := \sum_{j=1}^n X_j^3$ gilt nun

$$n^{3/2} U_n = \frac{n^3}{n(n-1)(n-2)} \left\{ (n^{-1/2} S_{n,1})^3 - 3(n^{-1} S_{n,2})(n^{-1/2} S_{n,1}) + 2n^{-1/2}(n^{-1} S_{n,3}) \right\}.$$

Bezeichnet also W eine $\mathfrak{N}(0,1)$-verteilte ZG, so gilt nach dem Satz von Lindeberg-Lévy bzw. dem Gesetz der großen Zahlen $n^{-1/2} S_{n,1} \xrightarrow{\mathcal{L}} W$, $n^{-1} S_{n,2} \to 1$ nach WS sowie $n^{-1} S_{n,3} \to EX_1^3$ nach WS und somit $n^{3/2} U_n \xrightarrow{\mathcal{L}} W^3 - 3W$. □

7.4.4 Mehrdimensionale und Zweistichproben-U-Statistiken

U-Statistiken lassen sich in kanonischer Weise auf den mehrdimensionalen Fall verallgemeinern. Bezeichnen etwa $\psi_{(i)} \in \mathbb{L}_1(F^{(m_i)})$ für $i = 1, \ldots, k$ symmetrische Kerne der Länge $m_i \in \mathbb{N}$ und

$$U_{ni} = \binom{n}{m_i}^{-1} \sum_{1 \leq j_1 < \ldots < j_{m_i} \leq n} \psi_{(i)}(X_{j_1}, \ldots, X_{j_{m_i}})$$

die zugehörigen U-Statistiken, so gilt trivialerweise die Konsistenz auch für die k-dimensionale U-Statistik $U_n = (U_{n1}, \ldots, U_{nk})^\top$. Ist zusätzlich $\psi_{(i)} \in \mathbb{L}_2(F^{(m_i)})$ für $i = 1, \ldots, k$, so ermöglicht es die Hoeffding-Zerlegung in der asymptotischen Form (7.4.37) zusammen mit dem Lemma von Slutsky, die asymptotische Normalität unmittelbar auf den Fall k-dimensionaler U-Statistiken zu erweitern. Hierzu seien (bei festem F) für $i = 1, \ldots, k$

$$\psi_{(i)1}(x_1) := E(\psi_{(i)}(X_1, \ldots, X_{m_i})|X_1 = x_1),$$
$$\gamma_i := E\psi_{(i)}(X_1, \ldots, X_{m_i}) \quad \text{und} \quad \psi_{(i)1}^0(x_1) := \psi_{(i)1}(x_1) - \gamma_i.$$

---
[93] Vgl. L. Rüschendorf: Stud. Sci. Math. Hung. 23 (1988) 203–208.
[94] Vgl. H. Rubin, R.A. Vitale: Ann. Stat. 8 (1980) 165–170.

Satz 7.188 X_j, $j \in \mathbb{N}$, seien st.u. ZG mit derselben Verteilung F, $\psi_{(i)} \in \mathbb{L}_2(F^{(m_i)})$ symmetrische Kerne der Länge $m_i \in \mathbb{N}$ und U_{ni} die zugehörigen U-Statistiken, $i = 1, \ldots, k$. Dann gilt für die k-dimensionale U-Statistik $U_n := (U_{n1}, \ldots, U_{nk})^\top$ zum Kern $\psi = (\psi_{(1)}, \ldots, \psi_{(k)})^\top$ mit den (von F, nicht aber von n) abhängenden Größen $\gamma := (\gamma_1, \ldots, \gamma_k)^\top$ mit $\gamma_i = E\psi_{(i)1}(X_1) \in \mathbb{R}$, $1 \leq i \leq k$, und der Kovarianzmatrix $\mathscr{S} = (\sigma_{ij})_{1 \leq i,j \leq k} := (\mathrm{Cov}(m_i\psi_{(i)1}, m_j\psi_{(j)1}))_{1 \leq i,j \leq k} \in \mathbb{R}_{\mathrm{p.s.}}^{k \times k}$ für $n \to \infty$

$$\mathfrak{L}(\sqrt{n}(U_n - \gamma)) \xrightarrow[\mathfrak{L}]{} \mathfrak{N}(0, \mathscr{S}). \tag{7.4.45}$$

Beweis: Nach (7.4.9) gilt für jedes $i = 1, \ldots, k$

$$U_{ni} = \gamma_i + \frac{m_i}{n} \sum_{j=1}^{n} \psi_{(i)1}^0(X_j) + o_F(n^{-1/2})$$

und damit nach dem mehrdimensionalen Satz von Lindeberg-Lévy 5.70 sowie dem Lemma von Slutsky 5.84 die Behauptung. □

Korollar 7.189 *Die Abbildung $f : \mathbb{R}^k \to \mathbb{R}$ sei meßbar und an der Stelle γ stetig differenzierbar mit den Ableitungen $\dot{f}_i := \nabla f_i(\gamma)$, $i = 1, \ldots, k$. Dann gilt unter den Voraussetzungen von Satz 7.188 für die reellwertige Statistik $T_n := f(U_n)$ mit $\eta := f(\gamma)$ und $\dot{f} := (\dot{f}_1, \ldots, \dot{f}_k)^\top$:*

a) $\mathfrak{L}(\sqrt{n}(T_n - \eta)) \xrightarrow[\mathfrak{L}]{} \mathfrak{N}(0, \dot{f}^\top \mathscr{S} \dot{f})$; (7.4.46)

b) *Die Limesverteilung (7.4.46) ist degeneriert genau dann, wenn gilt*

$$\sum_{i=1}^{k} \dot{f}_i m_i \psi_{(i)1}^0(z) = 0 \quad [F]. \tag{7.4.47}$$

Beweis: a) folgt mit Satz von Cramér 5.107b aus (7.4.45).

b) (7.4.47) ist äquivalent mit $\dot{f}^\top \mathscr{S} \dot{f} = 0$, denn wegen $E\psi_{(i)1}^0(X_1) = 0$ $\forall i = 1, \ldots, k$ gilt $E(\sum_{i=1}^{k} \dot{f}_i m_i \psi_{(i)1}^0(X_1))^2 = \dot{f}^\top \mathscr{S} \dot{f}$. □

Beispiel 7.190 (Test von D'Agostino zur Prüfung auf Rechteck-Verteilung) Für $n \in \mathbb{N}$ seien $X_1, \ldots, X_n$ st.u. ZG mit derselben eindimensionalen Verteilung $F \in \mathfrak{F}_c$. Zur Überprüfung der Hypothesen $\mathbf{H} : F \in \mathfrak{T}(\mathfrak{R})$, $\mathbf{K} : F \notin \mathfrak{T}(\mathfrak{R})$ wird in Kap. 11 gezeigt, daß

$$D_n = n^{-2}\widehat{\sigma}_n^{-1} \sum_{j=1}^{n} \left(j - \frac{n+1}{2}\right) X_{n \uparrow j}, \quad \widehat{\sigma}_n^2 := n^{-1} \sum_{j=1}^{n} (X_j - \overline{X}_n)^2$$

eine sinnvolle Prüfgröße eines zweiseitigen Tests für dieses Problem ist. Offensichtlich ist D_n translations-skaleninvariant und besitzt daher eine (vom speziellen $F \in \mathfrak{T}(\mathfrak{R})$ unabhängige) Nullverteilung. Diese läßt sich somit etwa unter $F = \mathfrak{R}$ berechnen. Zunächst erhält man für eine beliebige stetige VF F als äquivalente Prüfgröße

7.4 Projektionsmethode und Verteilungskonvergenz von U-Statistiken

$$T_n = \frac{4n^2}{(n-1)^2} D_n^2 = \widehat{\sigma}_n^{-2} \left(\binom{n}{2}^{-1} \sum_{j=1}^n j X_{n\uparrow j} - \frac{n+1}{n-1} \overline{X}_n \right)^2$$

$$= \widehat{\sigma}_n^{-2} \left(\binom{n}{2}^{-1} \sum_{1 \le i < j \le n} X_i \vee X_j - \overline{X}_n \right)^2 + o_F(1).$$

Dies ist bis auf den Term $o_F(1)$ eine Funktion der dreidimensionalen U-Statistik[95]

$$U_n = \left(\binom{n}{2}^{-1} \sum_{1 \le i < j \le n} X_i \vee X_j, \, n^{-1} \sum_{j=1}^n X_j, \, n^{-1} \sum_{j=1}^n X_j^2 \right)^\top,$$

nämlich $T_n = f(U_n)$ mit $f(u_1, u_2, u_3) = (u_1 - u_2)^2/(u_3 - u_2^2)$. Dabei besitzen die Komponenten von U_n die Kerne $\psi_{(1)}(x_1, x_2) = x_1 \vee x_2$, $\psi_{(2)}(x_1) = x_1$, $\psi_{(3)}(x_1) = x_1^2$ mit den Längen $m_1 = 2$, $m_2 = m_3 = 1$, so daß für die ersten Projektionen gilt

$$\psi_{(1)1}(z) = E(X_1 \vee X_2 | X_1 = z) = E(z \vee X_2) = \int_{-\infty}^z z \, dF(y) + \int_z^\infty y \, dF(y)$$

$$= z + \int_z^\infty (1 - F(y)) \, dy$$

und trivialerweise $\psi_{(2)1}(z) = z$, $\psi_{(3)1}(z) = z^2$. Das Limesverhalten von U_n und damit dasjenige von T_n hängt also davon ab, ob die Kovarianzmatrix der ersten Projektion von ψ, also

$$\mathscr{S} = \begin{pmatrix} 4\tau_{11} & 2\tau_{21} & 2\tau_{31} \\ 2\tau_{12} & \tau_{22} & \tau_{32} \\ 2\tau_{13} & \tau_{23} & \tau_{33} \end{pmatrix}, \quad \tau_{ij} := \mathrm{Cov}_F(\psi_{(i)1}(X_1), \psi_{(j)1}(X_1)),$$

degeneriert ist oder nicht. Dabei ist ersteres äquivalent mit der Existenz von Zahlen d_1, d_2 und d_3 mit

$$2d_1 \left(z + \int_z^\infty (1 - F(y)) \, dy \right) + d_2 z + d_3 z^2 = 0 \quad [F].$$

Wegen der Stetigkeit von F gilt dann also auf dem Träger von F

$$d_2 + 2d_1 F(z) + 2d_3 z = 0.$$

Dies ist für $F = \mathfrak{R}$ der Fall, denn es gilt $\psi_1(z) = (1 + z^2)/2$ und somit $\gamma_1 = 2/3$, $\gamma_2 = 1/2$, $\gamma_3 = 1/3$. Elementare Rechnungen liefern weiter $d_1 = 4$, $d_2 = 0$, $d_3 = -4$, $\eta = 1/3$,

$$\mathscr{S} = \begin{pmatrix} 4/45 & 1/12 & 4/45 \\ 1/12 & 1/12 & 1/12 \\ 4/45 & 1/12 & 4/45 \end{pmatrix}$$

---

[95] Die Herleitung der Limes-Nullverteilung mit Hilfe der Theorie der U-Statistiken geht zurück auf L. Baringhaus, N. Henze: Stat. & Prob. Letters 9 (1990) 299-304.

656   7 Nichtparametrische Funktionale und ihre kanonischen Schätzer

sowie $n(\frac{1}{3} - T_n) = nd^\top(\gamma - U_n) - \frac{n}{2}(\gamma - U_n)^\top T(\gamma - U_n) + o_F(1)$ mit

$$\mathscr{T} = \begin{pmatrix} 24 & 24 & -48 \\ 24 & 32 & -48 \\ -48 & -48 & 96 \end{pmatrix}.$$

Also ist die Limesverteilung nach Korollar 7.189 degeneriert, d.h. $\sqrt{n}d^\top(\gamma - U_n) = o_F(1)$. Genauer ergibt sich

$$nd^\top(\gamma - U_n) - \frac{n}{2}(\gamma - U_n)^\top \mathscr{T}(\gamma - U_n) = 4\frac{1}{n}\sum_{i \ne j}\psi(X_i, X_j) - \frac{2}{5} + o_F(1)$$

mit $\psi(x,y) = \min\{x,y\} - xy - 3x(1-x)y(1-y)$. Aus Beispiel 5.140 folgt, daß sich die Eigenwerte λ_ℓ dieses Kerns gemäß $\lambda = 1/\kappa^2$ aus den Lösungen der Gleichungen $\sin \kappa/2 = 0$ und $\operatorname{tg} \kappa/2 = \kappa/2$ ergeben, wobei gilt $\sum_{\ell=1}^\infty \lambda_\ell = 1/15$. Mit diesen Eigenwerten λ_ℓ ergibt sich insgesamt nach Satz 7.183

$$\mathfrak{L}\left(n\left(\frac{1}{3} - T_n\right)\right) \xrightarrow[\mathfrak{L}]{} \mathfrak{Q}^0(\lambda_\ell, \; \lambda \ge 1). \quad \Box$$

Wie bereits in 3.2.2 angedeutet wurde, sind U-Statistiken auch auf q-Stichprobenprobleme verallgemeinert worden. Wie dort behandeln wir nur den Fall $q = 2$. Seien dazu $X_{11}, \ldots, X_{1n_1}, X_{21}, \ldots, X_{2n_2}$ st.u. $(\mathfrak{X}_0, \mathfrak{B}_0)$-wertige ZG mit stichprobenweise gleicher Verteilung F_1 bzw. F_2 und $\psi : (\mathfrak{X}_0^{(m_1+m_2)}, \mathfrak{B}_0^{(m_1+m_2)}) \to (\mathbb{R}, \mathbb{B})$ eine o.E. in den ersten m_1 sowie in den letzten m_2 Variablen symmetrische Funktion. Für die gemäß (3.2.10) durch

$$U_{(n_1,n_2)} := \binom{n_1}{m_1}^{-1}\binom{n_2}{m_2}^{-1} \sum_{\substack{1 \le i_1 < \ldots < i_{m_1} \le n_1 \\ 1 \le j_1 < \ldots < j_{m_2} \le n_2}} \psi(X_{1i_1}, \ldots, X_{1i_{m_1}}, X_{2j_1}, \ldots, X_{2j_{m_2}})$$

definierte *Zweistichproben U-Statistik* (zum Kern der Länge (m_1, m_2)) verläuft die Theorie wie im Einstichprobenfall, ist aber notationell aufwendiger. Mit der Kurzschreibweise $N_i := \{1, \ldots, n_i\}$, $M_i := \{j_1, \ldots, j_{m_i}\}$ und $x_{iM_i} = (x_{ij_1}, \ldots, x_{ij_{m_i}})$ bzw. $X_{iM_i} = (X_{ij_1}, \ldots, X_{ij_{m_i}})$ für $i = 1, 2$ ergibt sich

$$U_{(n_1,n_2)} := \binom{n_1}{m_1}^{-1}\binom{n_2}{m_2}^{-1} \sum_{\substack{M_1 \subset N_1 \\ \#M_1 = m_1}} \sum_{\substack{M_2 \subset N_2 \\ \#M_2 = m_2}} \psi(X_{1M_1}, X_{2M_2})$$

Offenbar ist $U_{(n_1,n_2)}$ nach 3.2.2 ein erwartungstreuer Schätzer für

$$\gamma = \gamma(F_1, F_2) = \int \ldots \int \psi(x_{1M_1}, x_{2M_2}) \prod_{i=1}^2 \prod_{j=1}^{m_i} dF_i(x_{ij}).$$

Dieses Funktional existiert, wenn man $\psi \in \mathbb{L}_1(F_1^{(m_1)} \bigotimes F_2^{(m_2)})$ voraussetzt.

7.4 Projektionsmethode und Verteilungskonvergenz von U-Statistiken

Beispiel 7.191 (Zweistichproben-U-Statistik mit Kernlänge $(m_1, m_2) = (2, 2)$) Es sei

$$\psi(x_{11}, x_{12}, x_{21}, x_{22}) = \mathbf{1}(x_{11} \wedge x_{12} > x_{21} \vee x_{22} \quad \text{oder} \quad x_{11} \vee x_{12} < x_{21} \wedge x_{22}).$$

Dann ist $\gamma(F_1, F_2) := E_{F_1 F_2} \psi(X_{11}, X_{12}, X_{21}, X_{22})$ im wesentlichen ein Abstandsmaß zwischen F_1 und F_2, denn es gilt

$$\gamma(F_1, F_2) = 3^{-1} + \int (F_1(t) - F_2(t))^2 \, \mathrm{d}(F_1(t) + F_2(t)).$$

Die zugehörige Zweistichproben-U-Statistik $U_{(n_1, n_2)}$ ist also ein erwartungstreuer Schätzer für $\gamma(F_1, F_2)$. □

Auch für Zweistichproben-U-Statistiken gilt eine zu Korollar 7.178 analoge Hoeffding-Zerlegung sowie eine dem Satz von Hoeffding 7.170 entsprechende asymptotische Verteilungsaussage. Dazu benötigt man die Größen

$$\psi_{k_1 k_2}(x_{1K_1}, x_{2K_2})$$
$$:= E\psi(X_{1K_1}, X_{1M_1-K_1}, X_{2K_2}, X_{2M_2-K_2} | X_{1K_1} = x_{1K_1}, X_{2K_2} = x_{2K_2}),$$

$$\psi^0_{k_1 k_2}(x_{1K_1}, x_{2K_2}) := \sum_{\ell_1=0}^{k_1} \sum_{\ell_2=0}^{k_2} (-1)^{k_1+k_2-\ell_1-\ell_2} \sum_{\substack{L_1 \subset K_1 \\ \#L_1=\ell_1}} \sum_{\substack{L_2 \subset K_2 \\ \#L_2=\ell_2}} \psi_{\ell_1 \ell_2}(x_{1L_1}, x_{2L_2}),$$

$$U^0_{(n_1,n_2),(k_1,k_2)} = \binom{n_1}{k_1}^{-1} \binom{n_2}{k_2}^{-1} \sum_{\substack{K_1 \subset N_1 \\ \#K_1=k_1}} \sum_{\substack{K_2 \subset N_2 \\ \#K_2=k_2}} \psi^0_{k_1 k_2}(X_{1K_1}, X_{2K_2}).$$

Dabei ist $\psi^0_{k_1 k_2}$ (k_1-1, k_2-1)-fach entartet, d.h. $\forall \ell_1 \leq k_1 - 1$ und $\forall \ell_2 \leq k_2 - 1$ gilt

$$\int \cdots \int \psi^0_{k_1 k_2}(x_{11}, \ldots, x_{1k_1}, x_{21}, \ldots, x_{2k_2}) \prod_{j=1}^{\ell_1} \mathrm{d}F(x_{1j}) \prod_{j=1}^{\ell_2} \mathrm{d}F(x_{2j}) = 0.$$

Satz 7.192 (Hoeffding-Zerlegung für $\mathbb{L}_2$-Zweistichproben-U-Statistiken) *Für festes $n_1, n_2 \in \mathbb{N}$ seien X_{ij}, $j = 1, \ldots, n_i$, $i = 1, 2$, st.u. ZG mit von j unabhängigen Verteilungen F_i. Dann gilt für die Zweistichproben-U-Statistik $U_{(n_1, n_2)}$ zu einem Kern $\psi \in \mathbb{L}_2(F_1^{(m_1)} \bigotimes F_2^{(m_2)})$ mit den oben eingeführten Bezeichnungen*

$$U_{(n_1,n_2)} = \gamma + m_1 U^0_{(n_1,n_2),(1,0)} + m_2 U^0_{(n_1,n_2),(0,1)}$$
$$+ \sum_{\substack{j_1=0 \\ j_1+j_2 \geq 2}}^{n_1} \sum_{j_2=0}^{n_2} \binom{m_1}{j_1} \binom{m_2}{j_2} U^0_{(n_1,n_2),(j_1,j_2)}.$$

Korollar 7.193 *Für $n_1, n_2 \in \mathbb{N}$ und $i = 1,2$ seien X_{ij}, $j = 1,\ldots,n_i$, st.u. $(\mathfrak{X}_0, \mathfrak{B}_0)$-wertige ZG mit der von j unabhängigen Verteilung F_i. ψ sei eine auf $\mathfrak{X}_0^{m_1+m_2}$ definierte meßbare Abbildung, die als Funktion der ersten m_1 und letzten m_2 Variablen ein symmetrischer Kern der Länge (m_1, m_2) sei. Ist $\psi \in \mathbb{L}_2(F_1^{(m_1)} \bigotimes F_2^{(m_2)})$, so gilt für die zugehörige Zweistichproben-U-Statistik mit den (von (F_1, F_2), nicht aber von n_1 und n_2 abhängenden) Größen $\gamma := E\psi$, $\psi_{i1}(z) := E(\psi|X_{i1} = z)$ und $\sigma_{i1}^2 := \mathrm{Var}\,\psi_{i1}(X_{i1})$, $i = 1,2$ für $n_1 \to \infty$, $n_2 \to \infty$ bei $n_1/(n_1+n_2) \to \lambda \in (0,1)$*

$$\mathcal{L}(\sqrt{n_1+n_2}(U_{(n_1,n_2)} - \gamma)) \xrightarrow[\mathcal{L}]{} \mathfrak{N}(0, \lambda m_1^2 \sigma_{11}^2 + (1-\lambda)m_2^2 \sigma_{21}^2). \qquad (7.4.48)$$

Beweis: Aus Satz 7.192 folgt analog zum Beweis von Satz 7.178

$$\sqrt{n_1+n_2}(U_{(n_1,n_2)} - \gamma) = \sqrt{\frac{n_1+n_2}{n_1}} \sqrt{n_1} U^0_{(n_1,n_2),(1,0)}$$
$$+ \sqrt{\frac{n_1+n_2}{n_2}} \sqrt{n_2} U^0_{(n_1,n_2),(0,1)} + o_F(1).$$

Dabei sind $\sqrt{n_1} U^0_{(n_1,n_2),(1,0)}$ und $\sqrt{n_2} U^0_{(n_1,n_2),(0,1)}$ st.u. zentrierte Einstichproben-U-Statistiken der Kernlängen m_1 bzw. m_2, für die nach dem Satz von Hoeffding 7.170 gilt

$$\mathcal{L}\left(\sqrt{n_1} U^0_{(n_1,n_2),(1,0)}\right) \xrightarrow[\mathcal{L}]{} \mathfrak{N}(0, m_1^2 \sigma_{11}^2),$$
$$\mathcal{L}\left(\sqrt{n_2} U^0_{(n_1,n_2),(0,1)}\right) \xrightarrow[\mathcal{L}]{} \mathfrak{N}(0, m_2^2 \sigma_{21}^2).$$

Die Behauptung folgt damit aus der st. Unabhängigkeit von $\sqrt{n_1} U^0_{(n_1,n_2),(1,0)}$ und $\sqrt{n_2} U^0_{(n_1,n_2),(0,1)}$ sowie aus $n_1/(n_1+n_2) \to \lambda$. □

Ist speziell $m_1 = m_2 =: m$ und $\sigma_{11}^2 = \sigma_{21}^2 =: \sigma_1^2$, so ergibt sich aus (7.4.48) eine Limesaussage mit der bei Zweistichproben-Statistiken üblichen Standardisierung

$$\mathcal{L}(\sqrt{\frac{n_1 n_2}{n_1+n_2}}(U_{(n_1,n_2)} - \gamma)) \xrightarrow[\mathcal{L}]{} \mathfrak{N}(0, m^2 \sigma_1^2). \qquad \Box \qquad (7.4.49)$$

Beispiel 7.194 (Zweistichproben-Wilcoxon-Statistik in der Mann-Whitney-Form) Für $j = 1,\ldots,n_i$ und $i = 1,2$ seien X_{ij} st.u. ZG mit der von j unabhängigen VF $F_i \in \mathfrak{F}_c$, R_{ij} die Rangzahl von X_{ij} in der vereinigten Stichprobe und $\overline{R}_{i\cdot}$ der Durchschnitt der Rangzahlen der i-ten Stichprobe. Offenbar ist $S_{(n_1,n_2)} = \overline{X}_{1\cdot} - \overline{X}_{2\cdot} = \frac{1}{n_1}\sum_{j=1}^{n_1} X_{1j} - \frac{1}{n_2}\sum_{j=1}^{n_2} X_{2j}$ eine (insbesondere unter der Normalverteilungsannahme) naheliegende Teststatistik zum Prüfen der Hypothesen $\mathbf{H}: F_1 = F_2$, $\mathbf{K}: F_1 \neq F_2$. Um eine unter $\mathbf{H}$ von der speziellen Verteilung $F_1 = F_2 =: F$ unabhängige Limesverteilung zu haben, verwendet man in der nichtparametrischen Statistik vielfach die Teststatistik

$$T_{(n_1,n_2)} = \overline{R}_{1\cdot} - \overline{R}_{2\cdot} = \frac{1}{n_1}\sum_{j=1}^{n_1} R_{1j} - \frac{1}{n_2}\sum_{j=1}^{n_2} R_{2j}.$$

Wegen $\sum_{j=1}^{n_1} R_{1j} + \sum_{j=1}^{n_2} R_{2j} = \frac{1}{2}(n_1+n_2)(n_1+n_2+1)$ ist diese äquivalent mit $T'_{(n_1,n_2)} = \sum_{j=1}^{n_1} R_{1j}$; vgl. Kap. 9. Da $R_{1\uparrow j} - j$ die Anzahl der $X_{2\ell}$ mit $X_{2\ell} < X_{1\uparrow j}$

7.4 Projektionsmethode und Verteilungskonvergenz von U-Statistiken

angibt, läßt sich diese Statistik wegen $\sum_{j=1}^{n_1} R_{1j} - n_1(n_1+1)/2 = \sum_{j=1}^{n_1}(R_{1\uparrow j} - j)$ auch in der zur praktischen Bestimmung bei kleinen n_1, n_2 nützlichen *Mann-Whitney-Form*

$$T''_{(n_1,n_2)} = \sum_{j=1}^{n_1}(R_{1\uparrow j} - j) = \sum_{j=1}^{n_1}\sum_{\ell=1}^{n_2} \mathbf{1}(X_{1j} > X_{2\ell})$$

schreiben, welche die Anzahl der „Inversionen", d.h. der Paare $(X_{1j}, X_{2\ell})$ mit $X_{1j} > X_{2\ell}$, abzählt. Offenbar ist $U_{(n_1,n_2)} := n_1^{-1}n_2^{-1}T''_{n_1 n_2}$ eine Zweistichproben-U-Statistik zum Kern $\psi(y,z) = \mathbf{1}(y > z)$ der Länge (1,1). Wegen

$$\psi_{11}(y) = E(\psi(X_{11}, X_{21}) \mid X_{11} = y) = \mathbb{P}(X_{21} < y) = F_2(y),$$
$$\psi_{21}(z) = E(\psi(X_{11}, X_{21}) \mid X_{21} = z) = \mathbb{P}(X_{11} > z) = 1 - F_1(z)$$

ist $\sigma_{11}^2 := \operatorname{Var}\psi_{11}(X_{11}) > 0$, $\sigma_{21}^2 := \operatorname{Var}\psi_{21}(X_{21}) > 0$. Folglich gilt nach Korollar 7.193 unter $F_1 = F_2 =: F$ für $n_1 \to \infty$, $n_2 \to \infty$ bei $n_1/(n_1+n_2) \to \lambda \in (0,\infty)$

$$\mathcal{L}(\sqrt{n_1+n_2}(U_{(n_1,n_2)} - \gamma)) = \mathcal{L}\left(\sqrt{n_1+n_2}\left(\frac{1}{n_1 n_2}T''_{(n_1,n_2)} - \gamma\right)\right)$$
$$\xrightarrow[\mathcal{L}]{} \mathfrak{N}(0, \lambda\sigma_{11}^2 + (1-\lambda)\sigma_{21}^2)$$

mit $\gamma = E_F\psi(X_{11}, X_{21}) = \mathbb{P}_F(X_{11} > X_{21}) = \int(1-F(z))\,\mathrm{d}F(z) = 1/2$. Wegen der Gültigkeit von $\sigma_{11}^2 = \sigma_{21}^2 = 1/12$ und (7.4.49) ergibt sich somit

$$\mathcal{L}\left(\sqrt{\frac{n_1 n_2}{n_1+n_2}}\left(\frac{1}{n_1 n_2}T''_{(n_1,n_2)} - \frac{1}{2}\right)\right) = \mathcal{L}\left(\sqrt{\frac{n_1 n_2}{n_1+n_2}}\left(U_{(n_1,n_2)} - \frac{1}{2}\right)\right)$$
$$\xrightarrow[\mathcal{L}]{} \mathfrak{N}\left(0, \frac{1}{12}\right). \quad \square$$

Auch für andere Testprobleme wie das Symmetrie- und Korrelationsproblem gibt es intuitiv naheliegende Prüfgrößen in Form von „linearen Rangstatistiken"; vgl. Kap. 9. Diese sind auf dem Rand der Hypothesen zu (Einstichproben-)U-Statistiken asymptotisch äquivalent, so daß sich auch für diese die zur asymptotischen Festlegung der kritischen Werte benötigten Limesverteilungen mit den Sätzen von Hoeffding 7.170 und Slutsky 5.84 herleiten läßt. Die nachfolgenden Beispiele sind die kanonischen Statistiken zu Funktionalen, die in den Abschnitten 7.1.4 und 7.1.5 diskutiert wurden.

Beispiel 7.195 (Einstichproben-Wilcoxon-Statistik in der Mann-Whitney-Form) Für $j = 1, \ldots, n$ seien X_j st.u. ZG mit derselben VF F, R_j^+ die Rangzahl von $|X_j|$ bzgl. $|X_1|, \ldots, |X_n|$, $\mathcal{E}_j = \operatorname{sgn} X_j$ und $\mathcal{E}_j^+ = \mathbf{1}(X_j \geq 0)$. Offenbar ist $S_n = \sum_{j=1}^n X_j = \sum_{j=1}^n \mathcal{E}_j|X_j|$ eine (insbesondere unter der Normalverteilungsannahme) naheliegende Teststatistik zum Prüfen auf Symmetrie bzgl. 0. Die zur (asymptotischen) Festlegung des kritischen Werts benötigte (Limes-) Verteilung hängt jedoch vom speziellen $F \in \mathfrak{F}_s$ ab. Man verwendet deshalb in der nichtparametrischen Statistik die unter $F \in \mathfrak{F}_s$ verteilungsfreie Statistik $T_n = \sum_{j=1}^n \mathcal{E}_j R_j^+$ oder äquivalent $T_n^+ = \sum_{j=1}^n \mathcal{E}_j^+ R_j^+$. Letztere ist die gewichtete Summe zweier U-Statistiken und zwar von U_n zum Kern $\psi(y,z) = \mathbf{1}(y+z > 0)$

der Länge 2 und von U'_n zum Kern $\chi(z) = \mathbf{1}(z \geq 0)$ der Länge 1. Nach Definition von R_j^+ ist nämlich

$$T_n^+ = \sum_{j=1}^n \mathbf{1}(X_j > 0) \sum_{i=1}^n \mathbf{1}(|X_i| \leq |X_j|) = \binom{n}{2} U_n + nU'_n,$$

$$\binom{n}{2} U_n = \sum_{1 \leq i \neq j \leq n} \mathbf{1}(X_j > 0, |X_i| \leq X_j) = \sum_{1 \leq i < j \leq n} \mathbf{1}(X_i + X_j > 0), \quad nU'_n = \sum_{j=1}^n \mathbf{1}(X_j > 0).$$

Mit $\psi_1(z) = E(\psi(X_1, X_2)|X_1 = z) = \mathbb{P}(X_2 > -z) = 1 - F(-z)$ ist $\sigma_1^2 = \operatorname{Var} \psi_1(X_1) > 0$ und wegen $\gamma = \mathbb{P}(X_1 + X_2 > 0) = \int (1 - F(-z)) \, dF(z) = 1/2$ unter $F \in \mathfrak{F}_s$ somit $\sqrt{n}(U_n - \gamma)$ asymptotisch $\mathfrak{N}(0, 4\sigma_1^2)$-verteilt. Dagegen gilt $U'_n \to \mathbb{P}(X_1 > 0) = 1/2 \, [F]$ für stetiges $F \in \mathfrak{F}_s$. Somit ist nU'_n gegenüber $\binom{n}{2} U_n$ asymptotisch vernachlässigbar mit

$$\mathcal{L}\left(\frac{2}{n^{3/2}}\left(T_n^+ - \frac{n^2}{2}\gamma\right)\right) = \mathcal{L}(\sqrt{n}(U_n - \gamma) + o_F(1)) \xrightarrow[\mathcal{L}]{} \mathfrak{N}(0, 4\sigma_1^2). \quad \square$$

Beispiel 7.196 (Spearman-Rangkorrelation) Für $j = 1, \ldots, n$ seien $X_j = (Y_j, Z_j)$ st.u. ZG mit derselben zweidimensionalen VF F und Rangzahlen $R_{n,j}$ von Y_j bzgl. $Y_1, \ldots, Y_n$ bzw. $S_{n,j}$ von Z_j bzgl. $Z_1, \ldots, Z_n$. Bezeichnen F_1 und F_2 die beiden Rand-VF von F, so bietet sich zur Prüfung auf st. Unabhängigkeit von Y_j und Z_j, also von $\mathbf{H} : F = F_1 \bigotimes F_2$, $\mathbf{K} : F \neq F_1 \bigotimes F_2$, der durch die Normalverteilungstheorie nahegelegte Stichprobenkorrelationskoeffizient an. Verteilungsfrei unter Verteilungen des Randes $\mathbf{J}$ ist die Rangstatistik

$$\varrho_n = \frac{12}{n^3 - n} \sum_{j=1}^n \left(R_{n,j} - \frac{n+1}{2}\right)\left(S_{n,j} - \frac{n+1}{2}\right),$$

da die Rangtupel $(R_{n,1}, \ldots, R_{n,n})$ und $(S_{n,1}, \ldots, S_{n,n})$ unter $F \in \mathbf{H}$ st.u. sind und somit die Verteilung von ϱ_n unabhängig von dem speziellen $F \in \mathbf{H}$ ist; andererseits gilt wegen

$$ER_{n,j} = ES_{n,j} = \frac{n+1}{2} \quad \text{und} \quad \sum_{j=1}^n (j - \frac{n+1}{2})^2 = \frac{n^3 - n}{12}$$

nach der Cauchy-Schwarz-Ungleichung $-1 \leq \varrho_n \leq +1$ mit $\varrho_n = +1$ bzw. $\varrho_n = -1$ genau dann, wenn $R_{n,j} = S_{n,j}$ bzw. $R_{n,j} = -S_{n,j} \, \forall 1 \leq j \leq n$ ist, d.h. wenn die Tupel $(Y_1, \ldots, Y_n)$ und $(Z_1, \ldots, Z_n)$ gleichsinnig bzw. gegensinnig angeordnet sind. ϱ_n besitzt also formal die gleichen Eigenschaften wie der Stichproben-Korrelationskoeffizient und heißt deshalb ein *Rangkorrelationskoeffizient*. Speziell heißt ϱ_n *Spearman-Rangkorrelation*.
Zur Bestimmung der Limesverteilung von ϱ_n unter $\mathbf{H}$ beachte man, daß sich ϱ_n wegen

$$R_{n,j} = \frac{1}{2}\left(n + 1 + \sum_{i=1}^n \operatorname{sgn}(Y_j - Y_i)\right), \quad S_{n,j} = \frac{1}{2}\left(n + 1 + \sum_{i=1}^n \operatorname{sgn}(Z_j - Z_i)\right)$$

als Konvexkombination zweier anderer Rangkorrelationen darstellen läßt, nämlich gemäß

$$\varrho_n = \frac{3}{n+1}\tau_n + \frac{n-2}{n+1}\kappa_n \qquad (7.4.50)$$

7.4 Projektionsmethode und Verteilungskonvergenz von U-Statistiken

durch die *Fechner-Kendall-Rangkorrelation*

$$\tau_n = \binom{n}{2}^{-1} \sum_{1 \leq i < j \leq n} \operatorname{sgn}(Y_i - Y_j) \operatorname{sgn}(Z_i - Z_j) \tag{7.4.51}$$

und die *Grad-Rangkorrelation*

$$\kappa_n = \frac{3}{n(n-1)(n-2)} \sum_{\substack{1 \leq j \neq \ell \leq n \\ \ell \neq i \neq j}} \operatorname{sgn}(Y_i - Y_j) \operatorname{sgn}(Z_i - Z_\ell). \tag{7.4.52}$$

Offenbar sind auch τ_n und κ_n Rangstatistiken, denn für stetiges F und damit stetige Rand-VF gilt $\operatorname{sgn}(Y_i - Y_j) = \operatorname{sgn}(R_{n,i} - R_{n,j})$ [F], $\operatorname{sgn}(Z_i - Z_j) = \operatorname{sgn}(S_{n,i} - S_{n,j})$ [F] sowie sinnvolle Prüfgrößen wegen $E\tau_n = E\kappa_n = 0$ für $F \in \mathbf{H}$ und etwa $-1 \leq \tau_n \leq +1$ mit $\tau_n = +1$ bzw. -1 genau dann, wenn $R_{n,i} = S_{n,i}$ $\forall 1 \leq i \leq n$ bzw. $R_{n,i} = -S_{n,i}$ $\forall 1 \leq i \leq n$ ist.

Die Beziehung (7.4.50) ermöglicht nun einen einfachen Nachweis für die asymptotische Normalität von ϱ_n. τ_n und κ_n sind nämlich U-Statistiken zu den nicht-degenerierten symmetrischen Kernen $\psi(x_1, x_2) = \operatorname{sgn}(y_1 - y_2) \operatorname{sgn}(z_1 - z_2)$ der Länge 2 bzw.

$$\psi(x_1, x_2, x_3) = 2^{-1} \big(\operatorname{sgn}(y_1 - y_2) \operatorname{sgn}(z_1 - z_3) + \operatorname{sgn}(y_1 - y_3) \operatorname{sgn}(z_1 - z_2)$$
$$+ \operatorname{sgn}(y_2 - y_1) \operatorname{sgn}(z_2 - z_3) + \operatorname{sgn}(y_2 - y_3) \operatorname{sgn}(z_2 - z_1)$$
$$+ \operatorname{sgn}(y_3 - y_1) \operatorname{sgn}(z_3 - z_2) + \operatorname{sgn}(y_3 - y_2) \operatorname{sgn}(z_3 - z_1) \big)$$

der Länge 3. Nach dem Lemma von Slutsky reicht es wegen (7.4.50) daher, die Limesverteilung von κ_n zu bestimmen. Hierzu beachte man, daß für dessen Kern unter $\mathbf{H}$ gilt

$$\psi_1(x_1) = E(\psi(X_1, X_2, X_3) | X_1 = x_1)$$
$$= \mathbb{P}(Y_2 < y_1) \mathbb{P}(Z_2 < z_1) = (2F_1(y_1) - 1)(2F_2(z_1) - 1).$$

Nach Hilfssatz 2.29b sind $U_1 := F_1(Y_1)$ und $U_2 := F_2(Z_1)$ st.u. $\mathfrak{R}(0,1)$-verteilte ZG. Wegen $m = 3$, $E\psi_1(X_1) = 0$ und $\sigma_1^2 := \operatorname{Var} \psi_1(X_1) = 1/9$ gilt somit nach den Sätzen von Hoeffding bzw. Slutsky für $n \to \infty$

$$\mathfrak{L}(\sqrt{n} \kappa_n) \xrightarrow[\mathfrak{L}]{} \mathfrak{N}(0,1) \quad \text{und damit} \quad \mathfrak{L}(\sqrt{n} \varrho_n) \xrightarrow[\mathfrak{L}]{} \mathfrak{N}(0,1). \quad \square$$

Anmerkung 7.197 Die (Einstichproben-) U-Statistiken sind noch in gänzlich anderer Richtung verallgemeinert worden[96], nämlich durch Veränderung der funktionalen Form. Hierzu hat man zunächst aus den st.u. glv. ZG $X_1, \ldots, X_n$ die $\binom{n}{m}$ st. abhängigen ZG $Z_{i_1, \ldots, i_m} := \psi(X_{i_1}, \ldots, X_{i_m})$, $1 \leq i_1 < \ldots < i_m \leq n$, zu bilden. Man kann dann auch andere, auf diesen basierende Statistiken als das arithmetische Mittel betrachten, etwa L-Statistiken. Typischerweise sind diese dann wieder Funktionale der entsprechenden empirischen Verteilung

$$\widehat{F}_n^{(\psi)}(z) = \binom{n}{m}^{-1} \sum_{1 \leq i_1 < \ldots < i_m \leq n} \cdots \sum \mathbf{1}(\psi(X_{i_1}, \ldots, X_{i_m}) \leq z), \quad z \in \mathbb{R}.$$

---

[96] Vgl. R. Serfling: Ann. Stat. 12 (1984) 76-86.

Für diese gilt dem Satz von Glivenko-Cantelli 7.89 entsprechend

$$\sup_{z\in\mathbb{R}} |\widehat{F}_n^{(\psi)}(z) - \mathbb{P}(\psi(X_1,\ldots,X_m) \leq z)| \to 0 \quad [\mathbb{P}],$$

was sich völlig analog beweisen läßt. Für festes $z \in \mathbb{R}$ ist nämlich $\widehat{F}_n^{(\psi)}(z)$ eine U-Statistik und der Satz von Berk 7.140 liefert die f.s. Konvergenz gegen $\mathbb{P}(\psi(X_1,\ldots,X_m) \leq z)$. Die restlichen Beweisschritte lassen sich wörtlich übertragen. $\square$

7.4.5 Der Satz von Berry-Esseen für U-Statistiken

In Analogie zur Vorgehensweise bei U-Statistiken in 7.4.1 wird die asymptotische Normalität vieler nichtparametrischer Statistiken T_n dadurch bewiesen, daß man sie auf diejenige ihrer Projektionen $\widehat{T}_n$ zurückführt. Es stellt sich dann die Frage, ob auf diese Weise auch die Konvergenzgeschwindigkeit und damit die Güte der Normalapproximation bestimmt werden kann. Dabei liegt es zunächst nahe, hierzu eine quantitative Form des Lemmas von Slutsky heranzuziehen, etwa die in Aufg. 7.45 formulierte Aussage. Damit sich die gewünschte Konvergenzrate $n^{-1/2}$ ergibt, müßten jedoch die bei der dortigen Restgliedabschätzung auftretenden Konstanten in der Form $a_n = O(n^{-1/2})$ und $b_n = O(n^{1/2})$ wählbar sein, was im allgemeinen nicht möglich ist. Eine solche Abschätzung läßt sich jedoch dadurch wesentlich verschärfen, daß man auch hierbei das Glättungslemma 5.118 anwendet. Spaltet man nämlich das Integral aus (5.3.51) auf gemäß

$$\frac{1}{\pi} \int_{-M}^{+M} \frac{|Ee^{itT_n} - e^{-t^2/2}|}{|t|} \, dt \leq \frac{1}{\pi} \int_{-M}^{+M} \frac{|Ee^{it\widehat{T}_n} - e^{-t^2/2}|}{|t|} \, dt$$

$$+ \frac{1}{\pi} \int_{-M}^{+M} \frac{|Ee^{itT_n} - Ee^{it\widehat{T}_n}|}{|t|} \, dt, \qquad (7.4.53)$$

so besitzt der erste Summand dieser oberen Schranke bei Vorliegen der Voraussetzungen des Satzes von Berry-Esseen 5.119 die Rate $n^{-1/2}$. Diese läßt sich unter recht allgemeinen Voraussetzungen auch für den zweiten Summanden erreichen. Hierzu wird gezeigt werden, daß sich der Restterm $R_n := T_n - \widehat{T}_n$ unter Ausnutzen der st. Unabhängigkeit der $X_1,\ldots,X_n$ in geeignete Summanden mit „Martingalstruktur" zerlegen läßt. Wendet man diese Zerlegung an auf die Differenz $E\exp(itT_n) - E\exp(it\widehat{T}_n)$, so lassen sich die aus dem zweiten Integral in (7.4.53) gewonnenen Teilintegrale mittels einer Martingalungleichung relativ scharf abschätzen. Bei der Formulierung wie auch beim Beweis des so gewonnenen Hauptresultats verwenden wir die Abkürzungen

$$\check{X}_j := (X_1,\ldots,X_{j-1},X_{j+1},\ldots,X_n), \quad 1 \leq j \leq n,$$
$$\check{X}_{j,k} := (X_1,\ldots,X_{j-1},X_{j+1},\ldots,X_{k-1},X_{k+1},\ldots,X_n), \quad 1 \leq j < k \leq n,$$

und definieren für jede Statistik $T \in \mathbb{L}_p$, $p \geq 1$, die Differenzen

7.4 Projektionsmethode und Verteilungskonvergenz von U-Statistiken

$$D_k(T) := T - E(T|X_k) - E(T|\check{X}_k), \quad 1 \le k \le n,$$
$$D_{j,k}(T) := T - E(T|\check{X}_j) - E(T|\check{X}_k) + E(T|\check{X}_{j,k}), \quad 1 \le j < k \le n.$$

Zur Anwendung des Satzes von Berry-Esseen 5.119 auf die Projektion $\widehat{T}_n$ ist es erforderlich, daß deren Summanden $T_{nj} := E(T_n|X_j), j = 1, \ldots, n$, die Voraussetzungen jenes Satzes erfüllen, insbesondere also endliche dritte Momente besitzen. Für die Ausgangsstatistik T_n werden dagegen keine endlichen dritten Momente benötigt. Es ist zunächst nur notwendig, daß die Projektionen und sonstigen Hilfsgrößen erklärt sind, daß also gilt[97] $T_n \in \mathbb{L}_p(\bigotimes F_j) \ \exists p \ge 1$, wobei $F_1, \ldots, F_n$ die Verteilungen von $X_1, \ldots, X_n$ sind. Um für die wichtigsten Statistiken die Berry-Esseen-Rate $n^{-1/2}$ zu erhalten, reicht es, sich auf den Fall $p = 5/3$ zu beschränken.

Satz 7.198 (Nichtparametrische Berry-Esseen-Typ Aussage; Friedrich[98]) *Für $n \in \mathbb{N}$ seien $X_j, 1 \le j \le n$, st.u. ZG mit VF F_j und $T_n = T_n(X_1, \ldots, X_n)$ eine reellwertige Statistik mit $T_n \in \mathbb{L}_p(\bigotimes F_j), p = 5/3$, sowie $ET_n = 0$. Für die Größen $T_{nj} = E(T_n|X_j)$ gelte $0 < \sigma_{nj}^2 := \mathrm{Var}\, T_{nj}$ sowie $E|T_{nj}|^3 < \infty \ \forall 1 \le j \le n$. Weiter seien $\tau_n^2 := \mathrm{Var}\, \widehat{T}_n = \sum_{j=1}^n \sigma_{nj}^2$ und*

$$\varrho_{0,n} = \tau_n^{-3} \sum_{j=1}^n E|T_{nj}|^3,$$
$$\varrho_{1,n} = \tau_n^{-1} \max_{1 \le j \le n} (E|T_{nj}|^3)^{1/3},$$
$$\varrho_{3,n} = \tau_n^{-1} \max_{1 \le j < k \le n} (E|D_{j,k}(T_n)|^{5/3})^{3/5}.$$

Dann gibt es eine von $F_1, \ldots, F_n$ unabhängige Konstante $K > 0$ derart, daß gilt:

$$\sup_{x \in \mathbb{R}} |P(\tau_n^{-1} T_n \le x) - \phi(x)| \le K(\varrho_{0,n} + 3n^{5/2} \varrho_{1,n} \varrho_{3,n}^{5/3} + n^2 \varrho_{1,n}^2 \varrho_{3,n}).$$

Insbesondere ist für $n \to \infty$ die Approximationsrate $n^{-1/2}$, falls gilt

$$\varrho_{0,n} = O(n^{-1/2}), \quad \varrho_{1,n} = O(n^{-1/2}), \quad \varrho_{3,n} = O(n^{-3/2}). \tag{7.4.54}$$

Anmerkung 7.199 (Friedrich) Die Aussage von Satz 7.198 läßt sich auch für andere Werte von p formulieren. Hierzu sei für beliebiges $p \ge 1$

$$\varrho_{2,n;p} = \tau_n^{-p} \max_{1 \le j \le n} E|D_j(T_n)|^p,$$
$$\varrho_{3,n;p} = \tau_n^{-1} \max_{1 \le j < k \le n} (E|D_{j,k}(T_n)|^p)^{1/p}.$$

Dann gibt es für $3/2 \le p < 2$ eine von $F_1, \ldots, F_n$ unabhängige Konstante K mit

$$\sup_{x \in \mathbb{R}} |P(\tau_n^{-1} T_n \le x) - \phi(x)| \le K(\varrho_{0,n} + \frac{1}{2-p} n^{3/2} \varrho_{1,n} \varrho_{2,n;p} + n^2 \varrho_{1,n}^2 \varrho_{3,n;3/2}).$$

---
[97] In Kap. 9 wird ein Beispiel einer Rangstatistik T_n angegeben, für die $T_n \notin \mathbb{L}_3(F)$, wohl aber $T_{nj} \in \mathbb{L}_3(F) \ \forall 1 \le j \le n$ gilt.
[98] Vgl. K.O. Friedrich: Ann. Stat. 17 (1989) 170–183.

Dabei läßt sich $\varrho_{2,n;p}$ durch $n\varrho_{3,n;p}^p$ ersetzen. □

Da der Beweis von Satz 7.198 relativ technisch und aufwendig ist, schicken wir diesem des besseren Verständnisses wegen eine Diskussion der Spezialfälle standardisierter Summen bzw. standardisierter U-Statistiken sowie eine Beweisskizze samt terminologischen Vorbereitungen und zwei Hilfssätzen voraus. Zunächst sieht man unmittelbar, daß sich für Summen st.u. glv. ZG X_j, $j = 1, \ldots, n$, mit $EX_1 = 0$, $\operatorname{Var} X_1 = \sigma^2 > 0$ und $\varrho = E|X_1|^3/\sigma^3 < \infty$ die Aussage von Satz 7.198 auf diejenige des Satzes von Berry-Esseen, also auf (5.3.55), reduziert. In diesem Fall ist nämlich $T_{n\ell} = E(T_n|X_\ell) = X_\ell \; \forall \ell = 1, \ldots, n$ und damit $D_{j,k}(T_n) = 0 \; \forall 1 \leq j < k \leq n$. Folglich ist $\varrho_{3,n} = 0$ und $\varrho_{0,n} = n^{-1/2}\varrho$. Eine neue Aussage ergibt sich aber bereits dann, wenn man Satz 7.198 auf U-Statistiken spezialisiert. Für diesen Fall gilt das

Korollar 7.200 (U-Statistiken) X_j, $j \in \mathbb{N}$, *seien st.u. ZG mit derselben Verteilung* F *und* $\psi \in \mathbb{L}_p(F^{(m)})$, $p = 5/3$, *ein symmetrischer Kern der Länge* m *mit* $\psi_1^0 = \psi_1 - \gamma(F) \in \mathbb{L}_3(F)$ *und* $\sigma_1^{02} = \operatorname{Var}_F \psi_1^0(X_1) > 0$. *Dann gilt für die zugehörige* U-*Statistik* $U_n = U_n(X_1, \ldots, X_n)$ *mit* $\gamma := E_F\psi(X_1, \ldots, X_m)$, $\tau^2 = m^2\sigma_1^{02}$ *sowie einer Konstanten* $K > 0$

$$\sup_{x \in \mathbb{R}} |P(\tau^{-1}\sqrt{n}(U_n - \gamma) \leq x) - \phi(x)| \leq Kn^{-1/2}. \qquad (7.4.55)$$

Beweis: Für diesen reicht der Nachweis von (7.4.54). Wegen $T_n = U_n - \gamma$ ist $T_{nj} = n^{-1}m\psi_1^0(X_j)$ und $\tau_n^2 = n^{-1}m^2\sigma_1^{02}$. Mit $\nu = m^3 E|\psi_1^0(X_1)|^3$ gilt also

$$\varrho_{0,n} = n^{-1/2}\nu^3/\sigma_1^{03} = O(n^{-1/2}) \quad \text{und} \quad \varrho_{1,n} = n^{-1/2}\nu^{1/3}/\sigma_1^0 = O(n^{-1/2}).$$

Zur Bestimmung des Wachstumsverhaltens von $\varrho_{3,n}$ für $n \to \infty$ ist zunächst

$$D_{j,k}(U_n) = \binom{n}{m}^{-1} \sum_{\substack{M \subset N \\ \#M = m}} D_{j,k}(\psi^0(X_M))$$

zu berechnen, wobei wieder die Schreibweise von U_n aus (7.4.7) verwendet wird. Dabei hängt der Beitrag der einzelnen Summanden davon ab, wieviele Elemente von $\{j,k\}$ zu $M = \{i_1, \ldots, i_m\}$ gehören. Eine diesbezügliche Fallunterscheidung liefert unter Verwendung der in 7.4.2 eingeführten Abkürzungen ψ_{m-1}^0 und ψ_{m-2}^0 sowie von Grundeigenschaften bedingter Erwartungswerte:

$$\{j,k\} \not\subset M \Rightarrow D_{j,k}\psi^0(X_M) = 0,$$
$$\{j,k\} \subset M \Rightarrow D_{j,k}\psi^0(X_M) = \psi^0(X_M) - \psi_{m-1}^0(X_{M-\{j\}})$$
$$- \psi_{m-1}^0(X_{M-\{k\}}) + \psi_{m-2}^0(X_{M-\{j,k\}}).$$

Damit erhält man nach der Jensen-Ungleichung

7.4 Projektionsmethode und Verteilungskonvergenz von U-Statistiken   665

$$(E|D_{j,k}(U_n)|^p)^{1/p} = \frac{m(m-1)}{n(n-1)}(E((\frac{n-2}{m-2})^{-1}\sum_{\substack{M\subset N \\ \#M=m}} D_{j,k}(\psi^0(X_M)))^p)^{1/p}$$

$$\leq \frac{m(m-1)}{n(n-1)}(E|D_{j,k}(\psi^0(X_1,\ldots,X_m))|^p)^{1/p} =: C_p n^{-2}.$$

Daraus folgt wie behauptet $\varrho_{3,n} = \tau_n^{-1} C_p n^{-2} = O(n^{-3/2})$. □

Beim folgenden Beweis[99)] von Satz 7.198 wird wieder auf eine Indizierung der Statistiken durch den Stichprobenumfang n verzichtet. Insbesondere schreiben wir kurz T für T_n, T_k für $E(T_n|X_k)$, D_k für $D_k(T_n)$ sowie $D_{j,k}$ für $D_{j,k}(T_n)$. Der Beweis besteht aus mehreren Teilen. Zunächst wird die angekündigte Zerlegung von $T-\widehat{T}$ und die dieser entsprechende Zerlegung von $|E\exp(itT) - E\exp(it\widehat{T})|$ vorgenommen; anschließend werden die so gewonnenen Teilintegrale abgeschätzt und die Schranken aufsummiert.

Seien also $X_1,\ldots,X_n$ st.u. ZG und $T \in \mathbb{L}_p$, $p \geq 1$, eine Statistik mit $ET = 0$ und $\widehat{T} = \sum_{j=1}^n E(T|X_j) = \sum_{j=1}^n T_j$ die Projektion von T auf den Raum $\mathfrak{L}_{(1)}$ der linearen Statistiken. Um eine geeignete additive Zerlegung der Differenz $R := T - \widehat{T}$ zu erhalten, definiert man zunächst ZG

$$R_k := E(R|X_k,\ldots,X_n) - E(R|X_{k+1},\ldots,X_n), \quad 1 \leq k < n, \qquad (7.4.56)$$

welche sukzessive die Einflüsse der einzelnen Beobachtungen X_k auf R erfassen. Mit diesen gilt dann offenbar

$$R = \sum_{k=1}^{n-1} R_k, \quad E(R_k|X_{k+1},\ldots,X_n) = 0, \quad 1 \leq k < n. \qquad (7.4.57)$$

R ist also der Abschluß des (endlichen) inversen Martingals

$$\left(\sum_{j=k}^{n-1} R_j, \sigma(X_k,\ldots,X_n)\right), \quad k = n-1,\ldots,1.$$

Eine zweite Darstellung für die R_k erhält man mittels der Größen D_k. Aus den Grundeigenschaften bedingter Erwartungswerte folgt nämlich

$$E(D_k|X_k,\ldots,X_n) = R_k \ [P], \quad n > k \geq 1, \quad ED_n = 0. \qquad (7.4.58)$$

Die Größen R_k zerlegt man nun weiter gemäß $R_k = S_{k-1} - S_k$,

$$S_k := \sum_{j=1}^k T_j + E(T|X_{k+1},\ldots,X_n), \quad 1 \leq k \leq n-1.$$

[99)] Im folgenden wird weiterhin p als Abkürzung für 5/3 verwendet, zumal einzelne Abschätzungen und Hilfsaussagen auch für andere Werte von p gelten.

Mit $S_0 = T$ gilt dann wegen $S_{n-1} = \widehat{T}$

$$|Ee^{itT} - Ee^{it\widehat{T}}| = |Ee^{itS_0} - Ee^{itS_{n-1}}| \leq \sum_{k=1}^{n-1} |Ee^{itS_{k-1}} - Ee^{itS_k}|$$

$$= \sum_{k=1}^{n-1} |Ee^{itS_k}(e^{itR_k} - 1)| \qquad (7.4.59)$$

$$\leq \sum_{k=1}^{n-1} |Ee^{itS_k}(e^{itR_k} - 1 - itR_k)| + |t| \sum_{k=1}^{n-1} |Ee^{itS_k} R_k|.$$

Für den späteren Beweis ist es notwendig, die Summanden des letzten Ausdrucks noch weiter zu zerlegen. Hierzu sei zunächst

$$W_{j,k} := E(R_j | X_j, X_{k+1}, \ldots, X_n), \quad 1 \leq j \leq k \leq n,$$

und $m(k) := \max\{r \in \mathbb{N} : rk < n\}$. Weiter sei $R_{j,n} := E(R_j | X_j, X_n)$ und

$$R_{j,k} := E(R_j | X_j, X_k, \ldots, X_n) - E(R_j | X_j, X_{k+1}, \ldots, X_n), \quad 1 \leq j < k < n.$$

Dann gilt $R_{j,k} = W_{j,k-1} - W_{j,k}$ sowie analog (7.4.57) für jedes feste j

$$R_j = \sum_{k=j+1}^{n} R_{j,k}, \quad E(R_{j,k} | X_j, X_{k+1}, \ldots, X_n) = 0. \qquad (7.4.60)$$

Damit bilden auch die Größen $R_{j,k}$ bei festem j die Differenzen eines inversen Martingals. Auch hier existiert eine (7.4.58) entsprechende Darstellung, nämlich

$$E(D_{j,k} | X_j, X_k, \ldots, X_n) = R_{j,k} \; [P], \quad 1 \leq j < k \leq n.$$

Diese Definitionen erweitern wir noch für $k = 1, \ldots, n-1$ bzw. $r \geq n$ zu

$$S_r := \widehat{T}, \quad R_r := 0, \quad W_{k,r} := 0 \quad \text{und} \quad R_{k,r} := 0 \quad \text{für } k = 1, \ldots, n-1.$$

Mit diesen Abkürzungen gilt

$$Ee^{itS_k} R_k = Ee^{itS_k} W_{k,k} - Ee^{itS_{(m(k)+1)k}} W_{k,(m(k)+1)k}$$

$$= \sum_{j=1}^{m(k)} (Ee^{itS_{jk}} W_{k,jk} - Ee^{itS_{(j+1)k}} W_{k,(j+1)k})$$

$$= \sum_{j=1}^{m(k)} E(e^{itS_{jk}} - e^{itS_{(j+1)k}}) W_{k,jk}$$

$$+ \sum_{j=1}^{m(k)} Ee^{itS_{(j+1)k}} (W_{k,jk} - W_{k,(j+1)k}).$$

7.4 Projektionsmethode und Verteilungskonvergenz von U-Statistiken

Verwendet man schließlich noch die Bezeichnungen

$$Z_{1,k}(t) := E e^{itS_k}(e^{itR_k} - 1 - itR_k),$$

$$Z_{2,k,j}(t) := E(e^{itS_{jk}} - e^{itS_{(j+1)k}})W_{k,jk},$$

$$Z_{3,k,j,\ell}(t) := E e^{itS_{(j+1)k}} R_{k,\ell},$$

für $1 \leq k \leq n-1$, $1 \leq j \leq m(k)$, $\ell = jk+1, \ldots, (j+1)k$, so folgt insgesamt

$$|e^{itT} - e^{it\widehat{T}}| \leq \sum_{k=1}^{n-1} |Z_{1,k}(t)| + |t| \sum_{k=1}^{n-1} |E e^{itS_k} R_k|, \qquad (7.4.61)$$

$$E e^{itS_k} R_k = \sum_{j=1}^{m(k)} Z_{2,k,j}(t) + \sum_{j=1}^{m(k)} \sum_{\ell=jk+1}^{(j+1)k} Z_{3,k,j,\ell}(t). \qquad (7.4.62)$$

Außerdem verwenden wir die folgenden, für jedes $t \in \mathbb{R}$ gültigen Restgliedabschätzungen (vgl. hierzu auch Hilfssatz 5.67b für $p \in \mathbb{N}$)

$$|e^{it} - 1 - it| \leq 2|t|^p, \quad 1 \leq p \leq 2; \qquad (7.4.63)$$

$$|e^{it} - 1| \leq |t|; \qquad (7.4.64)$$

$$|e^{it} - 1| \leq 2|t|^{p-1}, \quad 1 \leq p \leq 2. \qquad (7.4.65)$$

Diese ergeben sich für $n = 1$ und $\delta = 1 - p$ bzw. für $n = 0$ und $\delta = 1$ bzw. für $n = 0$ und $\delta = p - 1$ aus den allgemeineren, auch sonst vielfach nützlichen Abschätzungen[100]

$$\left|e^{it} - \sum_{j=0}^{n} \frac{(it)^j}{j!}\right| \leq \frac{2^{1-\delta}|t|^{n+\delta}}{(1+\delta)(2+\delta)\ldots(n+\delta)} \quad \text{für } n \geq 1, \ 0 \leq \delta \leq 1; \quad (7.4.66)$$

$$|e^{it} - 1| \leq 2^{1-\delta}|t|^\delta. \qquad (7.4.67)$$

Zum Beweis von Satz 7.198 werden noch die folgenden Hilfsaussagen benötigt.

Hilfssatz 7.201 a) *Für $1 \leq p \leq 2$ und $0 \leq \ell < m \leq n-1$ gilt:*

$$E\left|\sum_{k=\ell+1}^{m} R_k\right|^p \leq 2^{2-p} \sum_{k=\ell+1}^{m} E|R_k|^p \leq 2^{2-p} \sum_{k=\ell+1}^{n} E|D_k|^p.$$

b) *Für $1 \leq p < 2$ und $j \leq \ell \leq n-1$ gilt für jedes j*

$$E\left|\sum_{k=\ell+1}^{n} R_{j,k}\right|^p \leq 2^{2-p} \sum_{k=\ell+1}^{n} E|R_{j,k}|^p \leq 2^{2-p} \sum_{k=\ell+1}^{n} E|D_{j,k}|^p.$$

Beweis: a) folgt aus der Marcinkiewicz-Ungleichung für Martingale[101] bzw. aus (7.4.58) mit der Jensen-Ungleichung A5.0; b) beweist man analog. □

---
[100] Vgl. etwa Y.S. Chow, H. Teicher: Probability Theory, Springer (1978) S.272.
[101] Vgl. etwa das in Fußnote 100 zitierte Buch von Y.S. Chow, H. Teicher, S.356

Hilfssatz 7.202 *Es seien X_j, $j = 1, \ldots, n$, st.u. ZG mit VF F_j und $T \in \mathbb{L}_p(\bigotimes F_j)$, $3/2 \leq p < 2$. Für die Größen $T_j := E(T|X_j)$, $j = 1, \ldots, n$, gelte $ET_j = 0$, $\sigma_j^2 := ET_j^2 > 0$ und $\nu_j := E|T_j|^3 < \infty$. Dann gilt mit den Abkürzungen $M := 8(9\varrho_n)^{-1}$ $\kappa_j := \frac{1}{2}\sigma_j^2 - \frac{3}{8}\nu_j M$, $\varrho_n := \sum_{j=1}^n \nu_j/(\sum_{j=1}^n \sigma_j^2)^{3/2}$ und $K_0 := \exp(1/10)$ für $|t| \leq M$:*

a) $\quad |Ee^{itT_j}| \leq \exp(-\kappa_j t^2);$

b) $\quad \prod_{\substack{j=1 \\ j \neq k}}^n |Ee^{itT_j}| \leq \exp(-\sum_{\substack{j=1 \\ j \neq k}}^n \kappa_j t^2) \leq \exp(-t^2/8).$

Ist zusätzlich o.E. $\kappa_1 \geq \ldots \geq \kappa_n$, so gilt für $1 \leq k \leq r \leq n$

c) $\quad \prod_{\substack{j=1 \\ j \neq k}}^r |Ee^{itT_j}| \leq \exp(-\frac{1}{8}\frac{r-1}{n-1}t^2) \leq K_0 \exp(-\frac{r}{8n}t^2).$ \hfill (7.4.68)

Beweis: a) folgt durch analoge Rechnungen[102] wie im Beweis zum Satz 5.119.

b) und c) ergeben sich durch einfache Rechnungen aus a) bzw. b). □

Beweis von Satz 7.198: Mit der zuvor eingeführten Terminologie und den Hilfsaussagen 7.201 und 7.202 verläuft der Beweis nun wie folgt: Da die Konstanten $\varrho_{0,n}$, $\varrho_{1,n}$ und $\varrho_{3,n}$ streckungsinvariant sind, kann o.E. $\tau_n^2 = 1$ gewählt werden. Durch Anwendung des Glättungslemmas 5.118b mit $\|g\|_\infty = \|\varphi\|_\infty = \frac{1}{\sqrt{2\pi}}$ ergibt sich bei beliebigem $M > 0$

$$\delta = \sup_{x \in \mathbb{R}} |P(T \leq x) - \phi(x)|$$

$$\leq \frac{1}{\pi} \int_{-M}^{+M} \frac{|Ee^{it\widehat{T}} - e^{-t^2/2}|}{|t|} dt + \frac{24}{\pi\sqrt{2\pi}M} + \frac{1}{\pi} \int_{-M}^{+M} \frac{|Ee^{itT} - Ee^{it\widehat{T}}|}{|t|} dt =: \delta_1 + \delta_2 + \delta_3.$$

Hier sind δ_1 und δ_2 gerade die Ausdrücke aus dem Satz von Berry-Esseen, d.h. aus (5.3.51), wenn man die st.u. ZG X_j ersetzt durch die st.u. ZG T_j, $1 \leq j \leq n$. Es bleibt also noch eine geeignete Schranke für δ_3 anzugeben. Wegen (7.4.61) und (7.4.62) sind zunächst die Terme $Z_{1,k}(t), \ldots, Z_{3,k,j,\ell}(t)$ betragsmäßig hinreichend genau abzuschätzen. Wir beginnen mit $Z_{1,k}$ und erhalten durch Benutzen der st. Unabhängigkeit von $X_1, \ldots, X_n$, (7.4.68) für $r = k$ sowie von (7.4.63) bzw. Hilfssatz 7.201b für $|t| \leq M$ und $k = 1, \ldots, n - 1$

---

[102] Wegen Details vgl. W. Feller: An Introduction to Probability Theory and its Applications II, Wiley (1972) S.544.

7.4 Projektionsmethode und Verteilungskonvergenz von U-Statistiken 669

$$|Z_{1,k}(t)| = \left|\prod_{j=1}^{k-1} E e^{itE(T|X_j)}\right| |E e^{itE(S_k|X_k,\ldots,X_n)}(e^{itR_k} - 1 - itR_k)|$$

$$\leq 2K_0 E|R_k|^p |t|^p e^{-kt^2/8n} = 2K_0 E\left|\sum_{j=k+1}^n R_{k,j}\right|^p |t|^p e^{-kt^2/8n}$$

$$\leq 2K_0 2^{2-p} n \max_{1 \leq k < j \leq n} |D_{j,k}|^p |t|^p e^{-kt^2/8n}.$$

Mit $Y_k := (X_k, \ldots, X_n)$ ergibt sich analog für $Z_{2,k,j}$, $1 \leq k \leq n-1$, $1 \leq j \leq m(k)$

$$Z_{2,k,j}(t) = E e^{itS_{jk}}(1 - e^{it(S_{(j+1)k} - S_{jk})})W_{k,jk}$$

$$= \left(\prod_{\substack{\ell=1 \\ \ell \neq k}}^{jk} E e^{itT_\ell}\right) E e^{it(T_k + E(T|Y_{jk+1}))}(1 - e^{it(S_{(j+1)k} - S_{jk})})W_{k,jk}$$

$$= \left(\prod_{\substack{\ell=1 \\ \ell \neq k}}^{jk} E e^{itT_\ell}\right) E(e^{itT_k} - 1) e^{itE(T|Y_{jk+1})}(1 - e^{it(S_{(j+1)k} - S_{jk})})W_{k,jk}.$$

Hier folgt die erste Gleichung unmittelbar aus der Definition von $Z_{2,k,j}(t)$. Zur zweiten beachte man, daß $W_{k,jk}$ nur von $X_k, X_{jk+1}, \ldots, X_n$ abhängt und daß $S_{(j+1)k} - S_{jk}$ unabhängig ist von $X_1, \ldots, X_{jk}$. Schließlich folgt die dritte Gleichung aus $E(W_{k,jk}|X_{jk+1}, \ldots, X_n) = 0$ [P]. Damit liefern (7.4.68) und die Hölder-Ungleichung für $|t| \leq M$

$$|Z_{2,k,j}(t)| \leq K_0 e^{-jkt^2/8n} E|e^{itT_k} - 1||1 - e^{it(S_{(j+1)k} - S_{jk})}||W_{k,jk}| \tag{7.4.69}$$

$$\leq K_0 e^{-jkt^2/8n}(E|e^{itT_k} - 1|^q|1 - e^{it(S_{(j+1)k} - S_{jk})}|^q)^{1/q}(E|W_{k,jk}|^p)^{1/p},$$

wobei hier und im Folgenden $p^{-1} + q^{-1} = 1$ ist. Unter nochmaliger Verwendung der st. Unabhängigkeit der $X_1, \ldots, X_n$ sowie von (7.4.64 + 65) ergibt sich

$$(E|e^{itT_k} - 1|^q|1 - e^{it(S_{(j+1)k} - S_{jk})}|^q)^{1/q}$$

$$= (E|e^{itT_k} - 1|^q)^{1/q}(E|1 - e^{it(S_{(j+1)k} - S_{jk})}|^q)^{1/q}$$

$$\leq 2|t|^p (E|T_k|^q)^{1/q}(E|S_{jk} - S_{(j+1)k}|^p)^{1-1/p}. \tag{7.4.70}$$

Wegen $q \leq 3$ für $p \geq 3/2$ liefert die Momentenungleichung

$$(E|T_k|^q)^{1/q} \leq (E|T_k|^3)^{1/3} \leq \varrho_{1,n}. \tag{7.4.71}$$

Aus den obigen Definitionen sowie der Jensen-Ungleichung folgt dann

$$(E|W_{k,jk}|^p)^{1/p} \leq (E|R_k|^p)^{1/p} \leq (n \max_{1 \leq k < j \leq n} E|D_{jk}|^p)^{1/p} = n^{1/p} \varrho_{3,n}. \tag{7.4.72}$$

Die Ungleichungen (7.4.69–72) zusammen liefern dann für $|t| \leq M$

670   7 Nichtparametrische Funktionale und ihre kanonischen Schätzer

$$|Z_{2,k,j}(t)| \leq 4K_0\varrho_{1,n}\varrho_{3,n}^p k^{1-p^{-1}} n|t|^p \exp(-jkt^2/8n). \tag{7.4.73}$$

Zur Abschätzung der zweiten Summe auf der rechten Seite von (7.4.62) beachte man die Gültigkeit von $E(R_{k,\ell}|X_k, X_{\ell+1}, \ldots, X_n) = 0$ [P] sowie von $E(R_{k,\ell}|X_\ell, \ldots, X_n) = 0$ [P] für $1 \leq k < \ell \leq n$. Wie oben folgt dann für $|t| \leq M$

$$|Ee^{itS_r}R_{k,\ell}| = \left|\left(\prod_{\substack{j=1\\j\neq k}}^{\ell-1} Ee^{itT_j}\right) Ee^{it(T_k+T_\ell+E(S_r|X_{\ell+1},\ldots,X_n))}R_{k,\ell}\right|$$

$$= \left|\left(\prod_{\substack{j=1\\j\neq k}}^{\ell-1} Ee^{itT_j}\right) E(e^{itT_k}-1)(e^{itT_\ell}-1)e^{itE(S_r|X_{\ell+1},\ldots,X_n)}R_{k,\ell}\right|$$

$$\leq K_0 \exp(-(\ell-1)t^2/8n)(E|e^{itT_k}-1|^3|e^{itT_\ell}-1|^3)^{1/3}(E|R_{k,\ell}|^{3/2})^{2/3}$$

$$\leq K_0(E|T_k|^3)^{1/3}(E|T_\ell|^3)^{1/3}(E|R_{k,\ell}|^{3/2})^{2/3}t^2 \exp(-(\ell-1)t^2/8n)$$

$$\leq K_0\varrho_{1,n}^2\varrho_{3,n}t^2 \exp(-(\ell-1)t^2/8n) \quad \text{für } 1 \leq k < \ell \leq n, \quad r \geq 1.$$

Faßt man alle diese Abschätzungen zusammen, so ergibt sich

$$\delta_3 \leq \sum_{k=1}^{n-1}\int_{-M}^{+M}|t|^{-1}|Z_{1,k}(t)|\,dt + \sum_{k=1}^{n-1}\sum_{j=1}^{m(k)}\int_{-M}^{+M}|Z_{2,k,j}(t)|\,dt$$

$$+ \sum_{k=1}^{n-1}\sum_{j=1}^{m(k)}\sum_{\ell=jk+1}^{(j+1)k}\int_{-M}^{+M}|Z_{3,k,j,\ell}(t)|\,dt$$

$$\leq 4K_0 n\varrho_{3,n}^p \sum_{k=1}^{n-1}\int_0^\infty t^{p-1}\exp(-kt^2/8n)\,dt$$

$$+ 4K_0\varrho_{1,n}\varrho_{3,n}^p \sum_{k=1}^{n-1}\sum_{j=1}^{m(k)} k^{1-1/p}n \int_{-\infty}^{+\infty}|t|^p \exp(-jkt^2/8n)\,dt$$

$$+ K_0\varrho_{1,n}^2\varrho_{3,n} \sum_{k=1}^{n-1}\sum_{j=1}^{m(k)}\sum_{\ell=jk+1}^{\min(n,(j+1)k)}\int_{-\infty}^{+\infty} t^2 \exp(-(\ell-1)t^2/8n)\,dt$$

$$\leq 2K_0\Gamma(\tfrac{p}{2})8^{p/2}\varrho_{3,n}^p n^{(p+2)/2}\sum_{k=1}^{n-1}k^{-p/2}$$

$$+ 4K_0 8^{\frac{p+1}{2}}\Gamma(\tfrac{p+1}{2})\varrho_{1,n}\varrho_{3,n}^p n^{\frac{p+3}{2}}\sum_{k=1}^{n-1}k^{1-\frac{1}{p}-\frac{p+1}{2}}\sum_{j=1}^{m(k)}j^{-\frac{p+1}{2}}$$

$$+ K_0\Gamma(\tfrac{3}{2})8^{3/2}\varrho_{1,n}^2\varrho_{3,n}n^{3/2}\sum_{k=1}^{n-1}\sum_{\ell=k+1}^{n}(\ell-1)^{-3/2}.$$

7.4 Projektionsmethode und Verteilungskonvergenz von U-Statistiken   671

Beachtet man schließlich die Gültigkeit von

$$1 - \frac{1}{p} - \frac{p+1}{2} = \frac{1}{2p}(p-1)(2-p) - 1 > \frac{2-p}{8} - 1 \quad \text{für } 3/2 \leq p < 2,$$

so folgt die Behauptung aus der in 5.3.3 angegebenen Schranke für $\delta_1 + \delta_2$ durch Anwendung von Standardabschätzungen. Der Zusatz ergibt sich durch einfache Rechnung. □

Aufgabe 7.31 Man zeige, daß die Räume $\mathfrak{L}^{(K)}$ und $\mathfrak{L}^{(k)}$ in $\mathbb{L}_2(\bigotimes F_j)$ abgeschlossen sind.

Aufgabe 7.32 Für die durch (7.4.18) eingeführte Projektion $T^{(m)}$ zeige man

a) $\quad M \not\subset K \quad \Rightarrow \quad E(T^{(M)}|X_K) = 0;$

b) $\quad M \subset K \quad \Rightarrow \quad E(T^{(M)}|X_K) = T^{(M)}.$

Aufgabe 7.33 Man beweise, etwa durch vollständige Induktion, die Beziehung (7.4.35).

Aufgabe 7.34 Es seien $X_j, j \in \mathbb{N}$, st.u. ZG mit derselben Verteilung F und $\psi \in \mathbb{L}_1(F^{(m)})$ ein symmetrischer Kern der Länge m. Weiter seien $\mathfrak{F}_n := \sigma(X_1, \ldots, X_n)$, $n \in \mathbb{N}$, und $\mathfrak{G}_n := \sigma(X_{n\uparrow 1}, \ldots, X_{n\uparrow n}, X_{n+1}, X_{n+2}, \ldots)$, $n \geq m$. Dann gilt für festes k mit $1 \leq k \leq m$:

$(\binom{n}{k}U_{nk}^0, n \geq k)$ ist ein Martingal bzgl. $(\mathfrak{F}_n, n \geq k)$.

Aufgabe 7.35 Für die lineare Rangstatistik (7.4.10) beweise man die Gültigkeit von $\operatorname{Var} T_n \to \sigma^2$.

Aufgabe 7.36 Sei $\psi \in \mathbb{L}_2(F^{(m)})$ ein symmetrischer Kern der Länge $m \geq 1$. Man zeige für die zugehörigen U-Statistiken U_n, $n \geq m$: $\operatorname{Var}(nU_n)$ ist antiton in n.

Aufgabe 7.37 (Sproule) $X_1, \ldots, X_n$ seien st.u. ZG mit derselben Verteilung F und der Kern $\psi \in \mathbb{L}_2(F^{(m)})$ symmetrisch der Länge $m \geq 2$, $E_F \psi_1^2(X_1) > 0$. Man zeige: In der Terminologie von Korollar 7.178 gilt mit $\sigma_m^2 = \sum_{j=1}^m \binom{m}{j} \sigma_j^{02}$

$$P_F(\max_{m \leq k \leq n} |\binom{k}{m}U_k - \binom{k}{m}\gamma(F)| \geq r\sigma_m n^{-1/2}\binom{n}{m})) \leq mr^{-2} \quad \forall r > 0.$$

Aufgabe 7.38 Zu vorgegebenem $\alpha \in (0,1)$ gebe man asymptotische α-Niveau Tests für die Hypothesen (7.1.20) sowie Konfidenzschranken und Konfidenzintervalle für γ zur asymptotischen Vertrauens-WS $1 - \alpha$ an.

Aufgabe 7.39 U_n und U_n' seien U-Statistiken zu Kernen der Länge m_1 bzw. m_2. Man gebe analog zur Hoeffding-Entwicklung 7.178b Ausdrücke für $\operatorname{Cov}(U_n, U_n')$ an.

Aufgabe 7.40 Man bestimme analog Satz 7.178b die Varianz der Zweistichproben-U-Statistik.

Aufgabe 7.41 Wie lauten Erwartungswert und Varianz der in Beispiel 7.195 definierten Statistik T_n^+.

Aufgabe 7.42 Für Gini's mittlere Differenz U_n bestimme man die Hoeffding-Zerlegungen 7.178a+b sowie die Limesverteilung von $\sqrt{n}(U_n - \gamma)$.

672 7 Nichtparametrische Funktionale und ihre kanonischen Schätzer

Aufgabe 7.43 τ_n bezeichne die Fechner-Kendall-Rangkorrelation. Man zeige unter den Voraussetzungen von Beispiel 7.196 die Gültigkeit von $\mathfrak{L}(\sqrt{n}\tau_n) \xrightarrow[\mathfrak{L}]{} \mathfrak{N}(0,1)$.

Aufgabe 7.44 Für $n \in \mathbb{N}$ seien $X_1, \ldots, X_n$ st.u. glv. ZG mit $EX_1 = 0$, $\operatorname{Var} X_1 = 1$ und $EX_1^4 < \infty$ sowie U_n die U-Statistik zum Kern $\psi(x_1, x_2, x_3, x_4) = x_1 x_2 x_3 x_4$. Man bestimme die Limesverteilung der (geeignet standardisierten) Statistik U_n.

Aufgabe 7.45 Für $n \in \mathbb{N}$ seien Y_n und Z_n reellwertige ZG sowie G_n und H_n die VF von Y_n bzw. $Y_n + Z_n$. Weiter seien G eine VF mit einer beschränkten λ-Dichte g sowie a_n und b_n reelle Konstanten mit $P(|Z_n| > a_n) < b_n$. Man zeige, daß gilt

$$\|H_n - G\|_\infty \leq \|G_n - G\|_\infty + \|g\|_\infty a_n + b_n.$$

Aufgabe 7.46 Seien F und G VF mit endlichem EW μ_F und μ_G. Man zeige

$$\int_{-M}^{+M} |\frac{\psi_F(t) - \psi_G(t)}{t}| \, dt \leq 6M(E_F|X| + E_G|X|).$$

Aufgabe 7.47 Sei d_ℓ die Metrik aus Anmerkung 5.42a. Man zeige:

a) Für WS-Maße P_i, Q_i, $i = 1, \ldots, n$, gilt $d_\ell(*P_i, *Q_i) \leq \sum d_\ell(P_i, Q_i)$.

b) Für st.u. ZG X_j, $j = 1, \ldots, n$ mit $|X_j| \leq c$ $[P]$ und $EX_j = 0$ gilt:
$d_3(\mathfrak{L}(\sum X_j), \mathfrak{N}(0, \sigma^2)) \leq Kc\sigma^2$, wobei $K = 6^{-1}(1 + (8/n)^{1/2})$ und $\sigma^2 = \sum EX_j^2$ ist.

7.5 Verteilungskonvergenz von L- und Q-Statistiken; statistische Anwendungen

L-Statistiken sind typischerweise asymptotisch normal. Der Fall diskreter Gewichte wurde schon in 7.2.3 behandelt. Für solche mit stetigen Gewichten wird dies in 7.5.1 mit Hilfe der Projektionsmethode[103] gezeigt. Ergänzt werden diese Aussagen durch die Diskussion des Zentrierungsproblems und der Formulierung einer Berry-Esseen-Typ Aussage. In 7.5.2 werden alternative Methoden zum Nachweis der asymptotischen Normalität dargestellt. Jede dieser Methoden basiert auf etwas anderen Annahmen und hat demgemäß unterschiedliche Anwendungen. Die erste der dort diskutierten Techniken beruht darauf, daß man eine L-Statistik als Wert eines L-Funktionals auffaßt und durch ein geeignetes Variationsargument eine lineare Vergleichsstatistik gewinnt. Die zweite führt das Problem mittels einer Taylorapproximation auf $\mathfrak{R}$-verteilte ZG und damit auf den in Beispiel 7.105 behandelten Fall zurück. Dieselbe Methode wird dann in 7.5.3 dazu verwendet, um die Limes-Nullverteilung einiger Q-Statistiken – nämlich der Prüfgrößen spezieller Anpassungstests – mit Hilfe von Beispiel 7.106 herzuleiten. Dabei ergeben sich Quadratsummenverteilungen, wie sie in 5.4.3 diskutiert wurden. Diese Vorgehensweise wird in 7.5.4 auf die entsprechenden Tests auf Lokations- bzw. Skalentyp erweitert. Bei geeigneter Gewichtsfunktion ergibt sich dabei die asymptotische Prüfverteilung aus derjenigen für die entsprechende einfache Nullhypothese, indem man die Anzahl der Freiheitsgrade um eins reduziert. Ei-

---
[103] In Anlehnung an S.M. Stigler: Ann. Stat. 2 (1974) 676-693

ne ergänzende Analyse zeigt, daß sich in speziellen Fällen die Limes-Nullverteilung beim Testen auf Typ durch Reduktion der Zahl der Freiheitsgrade um zwei ergibt.

Alle Überlegungen erfolgen unter der Annahme, daß die zugrundeliegenden ZG X_j, $j \in \mathbb{N}$, st.u. sind und die gleiche, vielfach stetige VF F besitzen. Wir verzichten deshalb auf eine Indizierung von EW, bedingten EW und Projektionen durch F.

7.5.1 Projektion von L-Statistiken: Asymptotische Normalität und Zentrierung

Projektion einzelner Ordnungsstatistiken Zur Anwendung des Projektionslemmas auf L-Statistiken ist es wegen der Linearität bedingter EW zweckmäßig, zunächst die (ersten) Projektionen $\widehat{X}_{n\uparrow j}$ der einzelnen Ordnungsstatistiken $X_{n\uparrow j}$ und hierzu die bedingten EW $E(X_{n\uparrow j}|X_\ell)$, $1 \leq \ell \leq n$, zu berechnen. Hierzu bietet es sich an, die Ordnungsstatistik $Y_1 < \ldots < Y_{n-1}$ der „Reststichprobe" $X_1, \ldots, X_{\ell-1}, X_{\ell+1}, \ldots, X_n$ zu bilden und dann $X_{n\uparrow j}$ durch die st.u. ZG X_ℓ und $(Y_1, \ldots, Y_{n-1})$ auszudrücken. Bei jedem Wert von ℓ ergibt sich so für $j = 1$ bzw. $j = n$

$$X_{n\uparrow 1} = Y_1 \wedge X_\ell, \quad X_{n\uparrow n} = Y_{n-1} \vee X_\ell \tag{7.5.1}$$

und für $1 < j < n$ (also für $n \geq 3$)

$$X_{n\uparrow j} = Y_{j-1} + Y_j \wedge X_\ell - Y_{j-1} \wedge X_\ell, \tag{7.5.2}$$

wie man in den drei möglichen Fällen $X_{n\uparrow j} = Y_{j-1}$, $X_{n\uparrow j} = X_\ell$ und $X_{n\uparrow j} = Y_j$ leicht verifiziert. Zur expliziten Darstellung der Projektionen wie auch für spätere Beweise benötigt man die bereits früher verwendeten Größen

$$\pi_{n,j}(t) = \binom{n}{j} t^j (1-t)^{n-j}, \quad \beta_{n,j}(t) = n\pi_{n-1,j-1}(t), \quad 0 \leq t \leq 1. \tag{7.5.3}$$

Hilfssatz 7.203 *$X_1, \ldots, X_n$ seien st.u. ZG mit derselben stetigen VF F, $EX_1^2 < \infty$ und der empirischen VF $\widehat{F}_n$. Dann gilt*

$$\widehat{X}_{n\uparrow 1} = EX_{n\uparrow 1} + n(\overline{X}_n - EX_1) - n\int [F(y) - \widehat{F}_n(y)][1 - (1-F(y))^{n-1}]\,dy,$$

$$\widehat{X}_{n\uparrow n} = EX_{n\uparrow n} + n(\overline{X}_n - EX_1) - n\int [F(y) - \widehat{F}_n(y)][1 - F^{n-1}(y)]\,dy,$$

$$\widehat{X}_{n\uparrow j} = EX_{n\uparrow j} + \int [F(y) - \widehat{F}_n(y)]\beta_{n,j}(F(y))\,dy \quad \text{für } 1 < j < n. \tag{7.5.4}$$

Beweis: Alle drei Formeln folgen aus dem Projektionslemma mit den für $Y \in \mathbb{L}_1$ gemäß Hilfssatz 5.101b bzw. Aufg. 5.16 gültigen Beziehungen

$$E[Y \wedge z] = z - \int_{-\infty}^{z} \mathbb{P}(Y \leq y) \, dy; \quad E[Y \vee z] = z + \int_{z}^{\infty} \mathbb{P}(Y > y) \, dy \quad (7.5.5)$$

sowie der Einsetzungsregel 1.129. Zunächst ergibt sich aus (7.5.1) F-f.s.

$$E(X_{n\uparrow 1}|X_\ell = z) = E(Y_1 \wedge X_\ell | X_\ell = z) = E[Y_1 \wedge z] = z - \int_{-\infty}^{z} [1 - (1 - F(y))^{n-1}] \, dy$$

und hieraus durch Anwendung des Satzes von Fubini

$$EX_{n\uparrow 1} = EX_1 - \int (1 - F(y))[1 - (1 - F(y))^{n-1}] \, dy,$$

also

$$E(X_{n\uparrow 1}|X_\ell = z) - EX_{n\uparrow 1}$$
$$= z - EX_1 - \int [\mathbf{1}_{(-\infty,z]}(y) - (1 - F(y))][1 - (1 - F(y))^{n-1}] \, dy.$$

Damit folgt wie behauptet

$$\sum_{\ell=1}^{n}(E(X_{n\uparrow 1}|X_\ell) - EX_{n\uparrow 1})$$
$$= n(\overline{X} - EX_1) - n\int [F(y) - \widehat{F}_n(y)][1 - (1 - F(y))^{n-1}] \, dy.$$

Durch Übergang zu den an 0 gespiegelten ZG ergibt sich die Behauptung für $\widehat{X}_{n\uparrow n}$. Schließlich folgt für $1 < j < n$ aus (7.5.2)

$$E(X_{n\uparrow j}|X_\ell = z) = EY_{j-1} + EY_j \wedge z - EY_{j-1} \wedge z$$
$$= EX_{n-1\uparrow j-1} + \int_{-\infty}^{z} \mathbb{P}(X_{n-1\uparrow j-1} \leq y) \, dy - \int_{-\infty}^{z} \mathbb{P}(X_{n-1\uparrow j} \leq y) \, dy$$
$$= EX_{n-1\uparrow j-1} + \int \mathbf{1}_{(-\infty,z]}(y) \pi_{n-1,j-1}(F(y)) \, dy,$$

denn nach Satz 7.98 und Beispiel 5.73 gilt

$$\mathbb{P}(X_{n-1\uparrow j-1} \leq y) - \mathbb{P}(X_{n-1\uparrow j} \leq y) = \sum_{i=j-1}^{n-1} \pi_{n-1,i}(F(y)) - \sum_{i=j}^{n-1} \pi_{n-1,i}(F(y))$$
$$= \pi_{n-1,j-1}(F(y)).$$

Damit folgt für $1 < j < n$

$$EX_{n\uparrow j} = EX_{n-1\uparrow j-1} + \int (1 - F(y)) \pi_{n-1,j-1}(F(y)) \, dy,$$

also wie behauptet

$$\sum_{\ell=1}^{n}(E(X_{n\uparrow j}|X_\ell) - EX_{n\uparrow j}) = \int [F(y) - \widehat{F}_n(y)]\beta_{n,j}(F(y))\,\mathrm{d}y\,.\quad \square$$

Beispiel 7.204 $U_1,\ldots,U_n$ seien st.u. $\mathfrak{R}$-verteilte ZG. Wegen

$$\int_0^1 t[1-(1-t)^{n-1}]\,\mathrm{d}t = \frac{1}{2} - \frac{1}{n(n+1)},\quad \int_u^1 [1-(1-t)^{n-1}]\,\mathrm{d}t = (1-u) - \frac{1}{n}(1-u)^n$$

folgt damit aus Hilfssatz 7.203 unter Verwendung von (1.2.74)

$$\widehat{U}_{n\uparrow 1} = \frac{2}{n+1} - \frac{1}{n}\sum_{j=1}^{n}(1-U_j)^n,\quad \widehat{U}_{n\uparrow n} = (1-\frac{2}{n+1}) + \frac{1}{n}\sum_{j=1}^{n}U_j^n,$$

$$\widehat{U}_{n\uparrow j} = \frac{2j}{n+1} - \frac{1}{n}\sum_{\ell=1}^{n}\sum_{k=0}^{j-1}\pi_{n,k}(U_\ell)\quad \text{für } 1<j<n.\quad \square$$

Man beachte, daß der Ausdruck (7.5.4) eine formale Ähnlichkeit zur Bahadur-Darstellung (7.2.59) besitzt, so daß sich die Projektion von $X_{n\uparrow j}$ ähnlich wie das dortige Differential verhalten wird. Nach der Transformationsformel 7.146 gilt nämlich mit der uniformen empirischen VF $\widehat{J}_n(\cdot)$ bei Existenz einer Quantildichte

$$\int [F(y) - \widehat{F}_n(y)]\beta_{n,j}(F(y))\,\mathrm{d}y = \int_0^1 (t-\widehat{J}_n(t))\frac{1}{f(F^{-1}(t))}\beta_{n,j}(t)\,\mathrm{d}t\,.$$

Für zentrale Ordnungsstatistiken $X_{n\uparrow j_n}$, also für solche mit $j_n/n \to u \in (0,1)$, ist $B \to \int_B \beta_{n,j_n}(t)\,\mathrm{d}t$ das verschmierte „Einpunktmaß" $\varepsilon_u(\cdot)$. Der Satz von Faddejev B5.5 suggeriert daher bei Existenz einer Quantildichte im Punkte u die Approximation

$$\int [F(y) - \widehat{F}_n(y)]\beta_{n,j_n}(F(y))\,\mathrm{d}y \approx \frac{u - \widehat{J}_n(u)}{f(F^{-1}(u))}.$$

Eine derartige asymptotische Äquivalenz von $X_{n\uparrow j_n}$ und $\widehat{X}_{n\uparrow j_n}$ bis auf Glieder $o(n^{-1/2})$ läßt sich für zentrale Ordnungstatistiken tatsächlich beweisen.

Beispiel 7.205 $U_1,\ldots,U_n$ seien st.u. $\mathfrak{R}$-verteilte ZG und $j_n/n = u+O(n^{-1})$ mit $0<u<1$. In diesem Fall gilt mit $\tau^2 = \tau^2(u) := u(1-u)$, wie nun gezeigt werden soll:

$$\mathrm{Var}(U_{n\uparrow j_n} - \widehat{U}_{n\uparrow j_n}) = \mathrm{Var}\,U_{n\uparrow j_n} - \mathrm{Var}\,\widehat{U}_{n\uparrow j_n} = \tau\pi^{-1/2}n^{-3/2} + o(n^{-3/2}).$$

Insbesondere folgt daraus also

$$U_{n\uparrow j_n} - \widehat{U}_{n\uparrow j_n} = O_P(n^{-3/4})\quad \text{und damit}\quad \sqrt{n}(U_{n\uparrow j_n} - \widehat{U}_{n\uparrow j_n}) = o_P(1).$$

Dabei ergibt sich nach Beispiel 5.73 für $n\to\infty$

676 7 Nichtparametrische Funktionale und ihre kanonischen Schätzer

$$\operatorname{Var} U_{n\uparrow j_n} = \frac{j_n(n-j_n-1)}{(n+1)^2(n+2)} = n^{-1}\tau^2 + O(n^{-2}).$$

Zur Bestimmumg des asymptotischen Verhaltens von $\operatorname{Var}\widehat{U}_{n\uparrow j_n}$ gehen wir dabei analog zum Beweis von Hilfssatz 7.203 von der folgenden Beziehung aus, die sich für zwei st.u. ZG $Y, Z \in \mathbb{L}_1$ aus Hilfssatz 5.101b und der Einsetzungsregel 1.129 ergibt:

$$E[Y \wedge Z] = \int E(Y \wedge z)\,dF(z) = EZ - \int \mathbb{P}(Y > y)\mathbb{P}(Y \leq y)\,dy\,.$$

Mit $\xi_n := -\sqrt{n}\tau^{-1}u$, $\zeta_n := \sqrt{n}\tau^{-1}(1-u)$ und $V_n := \sqrt{n}\tau^{-1}(U_{n\uparrow j_n} - u)$ gilt wegen

$$\iint_{0\ 0}^{1\ 1}(s\wedge t)\beta_{n,j_n}(s)\beta_{n,j_n}(t)\,ds\,dt = EU_{n\uparrow j_n} - \int_0^1 \mathbb{P}(U_{n\uparrow j_n} \leq t)\mathbb{P}(U_{n\uparrow j_n} > t)\,dt$$

$$= \frac{j_n}{n+1} - \frac{\tau}{\sqrt{n}}\int_{\xi_n}^{\zeta_n} \mathbb{P}(V_n \leq z)\mathbb{P}(V_n > z)\,dz$$

$$= \frac{j_n}{n+1} - \frac{\tau}{\sqrt{n}}\left[\int_{-\infty}^{\infty} \phi(x)(1-\phi(x))\,dx + o(1)\right].$$

Wegen $\int_{-\infty}^{\infty}\phi(x)(1-\phi(x))\,dx = \pi^{-1/2}$, wie man durch mehrfache partielle Integration erhält, ergibt sich unter Verwendung von Hilfssatz 5.101d

$$\operatorname{Var}\widehat{U}_{n\uparrow j_n} = n^{-1}\iint_{0\ 0}^{1\ 1}[s\wedge t - st]\beta_{n,j_n}(s)\beta_{n,j_n}(t)\,ds\,dt$$

$$= n^{-1}EU_{n\uparrow j_n} - n^{-3/2}\tau\pi^{-1/2} - n^{-1}E^2U_{n\uparrow j_n} + o(n^{-3/2}).$$

Damit folgt wegen $EU_{n\uparrow j_n} = u + O(n^{-1})$, Satz 7.115 und dem Lemma von Pratt A4.9

$$\operatorname{Var}\widehat{U}_{n\uparrow j_n} = n^{-1}u - n^{-3/2}\tau\pi^{-1/2} - n^{-1}u^2 + o(n^{-3/2})$$
$$= n^{-1}\tau^2 - n^{-3/2}\tau\pi^{-1/2} + o(n^{-3/2}).\quad\square$$

Beispiel 7.204 zeigt jedoch, daß diese Vorgehensweise bei extremen Ordnungsstatistiken nicht zum Ziele führt. Eine elementare Rechnung liefert nämlich

$$\operatorname{Var} U_{n\uparrow n} - \operatorname{Var}\widehat{U}_{n\uparrow n} = n(n+1)^{-2}(n+2)^{-1} - n(n+1)^{-2}(2n+1)^{-1} = n^{-2}(\frac{1}{2} + o(1)).$$

Asymptotisch läßt sich also nur die Hälfte von $\operatorname{Var} U_{n\uparrow n}$ durch $\operatorname{Var}\widehat{U}_{n\uparrow n}$ erklären. Zudem besitzen $n(U_{n\uparrow n}-1)$ und $n(\widehat{U}_{n\uparrow n}-1)$ unterschiedliche Limesverteilungen, wie aus Beispiel 7.131 bzw. durch Anwendung des Satzes von Lindeberg-Feller folgt. Für extreme Ordnungsstatistiken ist also die Projektion keine geeignete Vergleichsstatistik; vgl. auch Aufg. 7.48. Im folgenden werden deshalb nur zentrale Ordnungsstatistiken betrachtet, so daß $1 < i, j < n$ vorausgesetzt werden kann.

7.5 Verteilungskonvergenz von L- und Q-Statistiken

Hilfssatz 7.206 $X_1, \ldots, X_n$ *seien st.u. ZG mit derselben VF* $F \in \mathfrak{F}_c$ *und* $EX_1^2 < \infty$. *Dann gilt für* $1 < i, j < n$ *mit* $B_{n,j}(t) := \mathbb{P}(U_{n\uparrow j} \leq t) = \sum_{\ell=j}^{n} \pi_{n,\ell}(t)$ *sowie der Abkürzung* $\Gamma_{\mathbf{B}}(s.t) = s \wedge t - st$:

a) $\quad \mathrm{Var}\, X_{n\uparrow j} = 2 \iint\limits_{y<z} B_{n,j}(F(y))(1 - B_{n,j}(F(z)))\,\mathrm{d}y\,\mathrm{d}z$;

b) $\quad \mathrm{Var}\, \widehat{X}_{n\uparrow j} = \dfrac{2}{n} \iint\limits_{y<z} F(y)(1 - F(z))\beta_{n,j}(F(y))\beta_{n,j}(F(z))\,\mathrm{d}y\,\mathrm{d}z$;

c) $\quad \mathrm{Cov}(\widehat{X}_{n\uparrow i}, \widehat{X}_{n\uparrow j}) = \dfrac{1}{n} \iint \beta_{n,i}(F(y))\beta_{n,j}(F(z))\Gamma_{\mathbf{B}}(F(y), F(z))\,\mathrm{d}y\,\mathrm{d}z$.

Beweis: a) $X_{n\uparrow j}$ ist nach Hilfssatz 7.99 verteilungsgleich mit $F^{-1}(U_{n\uparrow j})$, besitzt also die VF $B_{n,j} \circ F$, $j = 1, \ldots, n$. Somit folgt die Behauptung aus Hilfssatz 5.101b, wenn man für $y < z$ die Gültigkeit von $F(y \wedge z) - F(y)F(z) = F(y)(1 - F(z))$ beachtet.

b) und c) folgen mit dem Satz von Fubini und Hilfssatz 5.101d aus (7.5.4). □

Projektion von L-Statistiken mit stetigen Gewichten Es soll nun ein erster Nachweis für die asymptotische Normalität von L-Statistiken bei stetigen Gewichten angegeben werden. Wir beschränken uns hierbei auf den Fall $h = \mathrm{id}$, behandeln also L-Statistiken der Form

$$L_n = \frac{1}{n} \sum_{j=1}^{n} b_{nj} X_{n\uparrow j} \qquad (7.5.6)$$

und zwar solche mit approximativen wie solche mit gemittelten Gewichten zu einer Gewichtsfunktion $b : [0,1] \to \mathbb{R}$. Diese wird zunächst lediglich als meßbar und beschränkt vorausgesetzt. Da die Projektionen $\widehat{X}_{n\uparrow j}$ von $X_{n\uparrow j}$ gemäß Hilfssatz 7.203 nur für $j = 2, \ldots, n-1$ gleichartige analytische Ausdrücke besitzen, läßt sich die Projektion $\widehat{M}_n$ der gegenüber (7.5.6) um die beiden Randterme verkürzten L-Statistik

$$M_n = \frac{1}{n} \sum_{j=2}^{n-1} b_{nj} X_{n\uparrow j} \qquad (7.5.7)$$

einfacher handhaben als diejenige der gegebenen Statistik L_n. Es soll deshalb zunächst unter der zusätzlichen Voraussetzung endlicher zweiter Momente gezeigt werden, daß $\sqrt{n}(L_n - EL_n)$ und $\sqrt{n}(M_n - EM_n)$ asymptotisch äquivalent sind, so daß die Projektion $\widehat{M}_n$ von M_n auch als lineare Vergleichsstatistik zu L_n und nicht nur als solche zu M_n benutzt werden kann.

Hilfssatz 7.207 X_j, $j \in \mathbb{N}$, *seien st.u. reellwertige ZG mit derselben VF F und* $EX_1^2 < \infty$. *Dann gilt:*

a) $n^{-1}(EX_{n\uparrow 1}^2 + EX_{n\uparrow n}^2) \to 0$.

b) *Ist* $b : [0,1] \to \mathbb{R}$ *meßbar und beschränkt sowie* (b_{nj}) *ein aus b gewonnenes System von Koeffizienten mit* $|b_{n1}| \vee |b_{nn}| \leq \|b\|_\infty < \infty$, *so gilt für die L-Statistiken* L_n *und* M_n

$$E(\sqrt{n}(L_n - EL_n) - \sqrt{n}(M_n - EM_n))^2 \leq nE(L_n - M_n)^2 \to 0.$$

Beweis: a) Da F^n die VF von $X_{n\uparrow n}$ ist, gilt nach Hilfssatz 5.101c

$$n^{-1}EX_{n\uparrow n}^2 = 2\int_0^\infty tn^{-1}(1 - F^n(t))\,dt - 2\int_{-\infty}^0 tn^{-1}F^n(t)\,dt. \qquad (7.5.8)$$

Hier strebt das erste und analog das zweite Integral gegen 0. Trivialerweise gilt nämlich $n^{-1}(1 - F^n(t)) \to 0$ für $n \to \infty$ und nach der Bernoulli-Ungleichung $(1+z)^n \geq 1 + nz \; \forall z \geq -1$ mit $z = F(t) - 1$ für jedes $n \in \mathbb{N}$ die Abschätzung $n^{-1}(1 - F^n(t)) \leq 1 - F(t) \; \forall t \in \mathbb{R}$. Wegen $2\int_{(0,\infty)} t(1 - F(t))\,dt \leq EX_1^2 < \infty$ folgt also mit dem Satz von der dominierten Konvergenz $\int_{(0,\infty)} tn^{-1}(1 - F^n(t))\,dt \to 0$ für $n \to \infty$. Eine entsprechende Überlegung liefert $\int_{(-\infty,0)} tn^{-1}F^n(t)\,dt \to 0$ und damit $n^{-1}EX_{n\uparrow n}^2 \to 0$. Der Nachweis von $n^{-1}EX_{n\uparrow 1}^2 \to 0$ ergibt sich hieraus dadurch, daß man $X_1, \ldots, X_n$ durch $-X_1, \ldots, -X_n$ ersetzt.

b) Nach der Definition von L_n und M_n gilt wegen a)

$$nE(L_n - M_n)^2 = n^{-1}E(b_{n1}X_{n\uparrow 1} + b_{nn}X_{n\uparrow n})^2$$
$$\leq n^{-1}2\|b\|_\infty^2 E(X_{n\uparrow 1}^2 + X_{n\uparrow n}^2) \to 0. \quad \square$$

Die Projektionsmethode besteht nun darin, $\sqrt{n}(M_n - EM_n)$ durch $\sqrt{n}(\widehat{M}_n - EM_n)$ zu approximieren. Nach Korollar 7.172 und (7.4.2) ist hierzu die Gültigkeit von

$$\mathfrak{L}(\sqrt{n}(\widehat{M}_n - EM_n)) \xrightarrow[\mathfrak{L}]{} \mathfrak{N}(0, \sigma^2) \quad \text{und} \quad n(\text{Var } M_n - \text{Var } \widehat{M}_n) = o(1)$$

bei geeignetem $\sigma^2 > 0$ zu zeigen. Die zweite Aussage wird sich durch Vergleich von (7.5.14) und (7.5.16) ergeben. Zum Nachweis der ersten beachte man, daß

$$\widehat{M}_n - EM_n = n^{-1}\sum_{j=2}^{n-1} b_{nj}(\widehat{X}_{n\uparrow j} - EX_{n\uparrow j})$$

gemäß Hilfssatz 7.203 für jedes $n \in \mathbb{N}$ als Durchschnitt von st.u. glv. ZG $Z_{n,1}, \ldots, Z_{n,n}$ geschrieben werden kann. Unter Verwenden der Abkürzungen

7.5 Verteilungskonvergenz von L- und Q-Statistiken 679

$$\overline{b}_n^\pi(u) := \sum_{j=2}^{n-1} b_{nj}\pi_{n-1,j-1}(u), \quad 0 \le u \le 1, \tag{7.5.9}$$

$$Z_{n,\ell} := \sum_{j=2}^{n-1} b_{nj} \int \pi_{n-1,j-1}(F(z))[F(z) - \mathbf{1}_{[X_\ell,\infty)}(z)]\,\mathrm{d}z$$

$$= \int \overline{b}_n^\pi(F(z))[F(z) - \mathbf{1}_{[X_\ell,\infty)}(z)]\,\mathrm{d}z, \quad \ell = 1,\ldots,n,$$

gilt nämlich

$$\widehat{M}_n - EM_n = \int \overline{b}_n^\pi(F(y))[F(y) - \widehat{F}_n(y)]\,\mathrm{d}y = \frac{1}{n}\sum_{\ell=1}^n Z_{n,\ell}. \tag{7.5.10}$$

Das Bildungsgesetz der $\overline{b}_n^\pi$ bzw. $Z_{n,\ell}$ legt es nun nahe, daß sich häufig $\overline{b}_n^\pi \circ F$ durch $b \circ F$ sowie $n^{-1/2}\sum_{\ell=1}^n Z_{n,\ell}$ durch $n^{-1/2}\sum_{\ell=1}^n Z_\ell$ approximieren lassen wird, wobei die Z_ℓ die einfach indizierten st.u. glv. ZG

$$Z_\ell := \int b(F(t))[F(t) - \mathbf{1}_{[X_\ell,\infty)}(t)]\,\mathrm{d}t, \quad \ell \in \mathbb{N},$$

sind. Für diese gilt bei $EX_1^2 < \infty$ nach dem Satz von Fubini und Hilfssatz 5.101d

$$\sigma^2(F,b) := \operatorname{Var} Z_1 = \iint b(F(t))b(F(s))[F(t \wedge s) - F(t)F(s)]\,\mathrm{d}t\,\mathrm{d}s < \infty. \tag{7.5.11}$$

Die Konvergenz $\overline{b}_n^\pi \circ F \to b \circ F$ läßt sich mit Hilfe der folgenden Überlegungen zeigen. Nach dem Bernoullischen Gesetz der großen Zahlen konzentriert sich eine $\mathfrak{B}(n-1,u)$-Verteilung für große Werte von n auf Werte j mit $j/n \approx u$. Somit ist es bei Stetigkeit von b plausibel, daß für die mit den approximativen bzw. gemittelten Gewichten gemäß (7.5.9) gebildeten Funktionen

$$\overline{b}_n^\pi(u) = \sum_{j=2}^{n-1} b(\frac{j}{n})\pi_{n-1,j-1}(u) \quad \text{bzw.} \quad \overline{b}_n^\pi(u) = \sum_{j=2}^{n-1} n\int_{(j-1)/n}^{j/n} b\,\mathrm{d}\lambda\,\pi_{n-1,j-1}(u),$$

$0 \le u \le 1$, jeweils $\overline{b}_n^\pi \to b$ gilt. Im ersten Fall wird dies im Beweis von Satz B3.1 gezeigt. Alternativ kann dies auch dadurch nachgewiesen werden, daß man die Funktionen $\overline{b}_n^\pi(u)$ vermöge geeigneter Kerne $K_n(u,B)$ darstellt in der Form

$$\overline{b}_n^\pi(u) = \int_{(0,1)} b(v)\,\mathrm{d}K_n(u,v) \tag{7.5.12}$$

und nachweist, daß sich $K_n(u,\cdot)$ für festes u in geeigneter Form auf das Einpunktmaß ε_u zusammenzieht. Diese in B5 skizzierte Methode der Darstellung von $\overline{b}_n^\pi(u)$

680 7 Nichtparametrische Funktionale und ihre kanonischen Schätzer

als „singuläres Integral" stammt aus der Approximationstheorie. Bei den Funktionen $\overline{b}_n^\pi$ handelt es sich dann um Modifikationen der dort geläufigen *Bernstein-* bzw. *Kantorowicz-Polynome* der Ordnung $n-1$ zur Funktion b, nämlich um

$$B_{n-1}(u) = \sum_{j=1}^n b(\frac{j-1}{n-1})\pi_{n-1,j-1}(u) \text{ bzw. } \overline{B}_{n-1}(u) = \sum_{j=1}^n n \int_{(\frac{j-1}{n},\frac{j}{n})} b(u)\,du\,\pi_{n-1,j-1}(u);$$

zu deren Definition vgl. auch (B3.3) bzw. (B3.4). Für den Fall der approximativen Gewichte soll noch ein einfacher direkter Beweis gegeben werden.

Hilfssatz 7.208 *Es sei F eine VF mit $\int x^2\,dF(x) < \infty$ sowie $b : [0,1] \to \mathbb{R}$ beschränkt und meßbar derart, daß $b \circ F$ λ-f.ü. stetig ist. Dann gilt für die Funktionen $\overline{b}_n^\pi$ aus (7.5.9), gebildet mit den zu b gehörenden approximativen Gewichten b_{nj},*

$$\overline{b}_n^\pi(F(t)) \to b(F(t)) \quad \forall t : F(t) \in C(b) \cap (0,1). \tag{7.5.13}$$

Beweis: Sei V_n eine $\mathfrak{B}(n-1, F(t))$-verteilte ZG. Dann nimmt $\widetilde{V}_n := (V_n+1)/(n+1)$ die Werte $j/(n+1)$ für $j = 1, \ldots, n$ mit den WS $\pi_{n-1,j-1}(F(t))$ an. Also gilt

$$\overline{b}_n^\pi(F(t)) = \sum_{j=1}^n b(\frac{j}{n})\mathbf{1}_{[\frac{2}{n},\frac{n-1}{n}]}(\frac{j}{n})\pi_{n-1,j-1}(F(t)) = Eb(\widetilde{V}_n)\mathbf{1}_{[\frac{2}{n},\frac{n-1}{n}]}(\widetilde{V}_n)$$

$$= Eb(\widetilde{V}_n) - E\left[b(\widetilde{V}_n)\mathbf{1}(\widetilde{V}_n \in \{\frac{1}{n},\frac{n}{n}\})\right].$$

Hier strebt der zweite Summand gegen 0 wegen $\|b\|_\infty < \infty$ und

$$\mathbb{P}(\widetilde{V}_n \in \{\frac{1}{n},\frac{n}{n}\}) = \pi_{n-1,0}(F(t)) + \pi_{n-1,n-1}(F(t)) \to 0 \quad \forall t : F(t) \in (0,1).$$

Für den ersten gilt nach dem starken Gesetz der großen Zahlen $\widetilde{V}_n \to F(t)$ [$\mathbb{P}$] und somit $b(\widetilde{V}_n) \to b(F(t))$ [$\mathbb{P}$] für $t \in C(b \circ F)$. Hieraus folgt mit dem Satz von Lebesgue $Eb(\widetilde{V}_n) \to b(F(t))$ und damit (7.5.13). $\square$

Hilfssatz 7.209 *X_j, $j \in \mathbb{N}$, seien st.u. reellwertige ZG mit derselben stetigen VF F und $EX_1^2 < \infty$. Weiter sei $b : (0,1) \to \mathbb{R}$ beschränkt und meßbar derart, daß $b \circ F$ λ-f.ü. stetig ist. Dann gilt für die Projektion $\widehat{M}_n$ der mit den approximativen bzw. gemittelten Gewichten b_{nj} zur Funktion b gemäß (7.5.7) gebildeten L-Statistiken M_n mit $\sigma^2(F,b)$ aus (7.5.11)*

a) $\quad n\operatorname{Var}\widehat{M}_n \to \sigma^2(F,b),$ \hfill (7.5.14)

b) $\quad \mathcal{L}(\sqrt{n}(\widehat{M}_n - EM_n)) \xrightarrow{\mathcal{L}} \mathfrak{N}(0, \sigma^2(F,b)).$

7.5 Verteilungskonvergenz von L- und Q-Statistiken

Beweis: a) Aus (7.5.7) und Hilfssatz 7.205c folgt mit dem Satz von Fubini

$$n \operatorname{Var} \widehat{M}_n = \frac{1}{n} \sum_{i=2}^{n-1} \sum_{j=2}^{n-1} b_{ni} b_{nj} \operatorname{Cov}(\widehat{X}_{n\uparrow i}, \widehat{X}_{n\uparrow j})$$

$$= \iint \overline{b}_n^\pi(F(t)) \overline{b}_n^\pi(F(s)) [F(t \wedge s) - F(t)F(s)] \, dt \, ds \quad (7.5.15)$$

Wegen der Beschränktheit von b sind die Funktionen $\overline{b}_n^\pi$, $n \in \mathbb{N}$, gleichmäßig beschränkt. Somit folgt wegen $\operatorname{Var} X_1 < \infty$ und Hilfssatz 7.208 die Behauptung nach dem Satz von der beschränkten Konvergenz.

b) Wegen $E Z_{n,\ell} = E Z_\ell = 0$ bzw. wie unter a) gilt

$$\operatorname{Var}(n^{-1/2} \sum_{\ell=1}^n Z_{n,\ell} - n^{-1/2} \sum_{\ell=1}^n Z_\ell) = E(n^{-1/2} \sum_{\ell=1}^n (Z_{n,\ell} - Z_\ell))^2 = E(Z_{n,1} - Z_1)^2$$

$$= \iint (\overline{b}_n^\pi(F(t)) - b(F(t)))(\overline{b}_n^\pi(F(s)) - b(F(s))) [F(t \wedge s) - F(t)F(s)] \, dt \, ds \to 0.$$

Andererseits folgt wegen $E Z_\ell = 0$ und $\operatorname{Var} Z_\ell = \sigma^2(F, b)$ nach dem Satz von Lindeberg-Lévy

$$\mathfrak{L}(n^{-1/2} \sum_{\ell=1}^n Z_\ell) \xrightarrow[\mathfrak{L}]{} \mathfrak{N}(0, \sigma^2(F, b))$$

und damit nach (7.5.10) und dem Lemma von Slutsky die Behauptung. □

Gemäß Korollar 7.172 bleibt wegen (7.5.14) noch der Nachweis von

$$n \operatorname{Var} M_n \to \sigma^2(F, b). \quad (7.5.16)$$

Wegen $M_n = L_n - \frac{1}{n}(b_{n1} X_{n\uparrow 1} + b_{nn} X_{n\uparrow n})$, also wegen

$$n \operatorname{Var} M_n = n \operatorname{Var} L_n - 2 \operatorname{Cov}(L_n, b_{n1} X_{n\uparrow 1} + b_{nn} X_{n\uparrow n})$$
$$+ \frac{1}{n} \operatorname{Var}(b_{n1} X_{n\uparrow 1} + b_{nn} X_{n\uparrow n}),$$

folgt dies aber aus $n \operatorname{Var} L_n \to \sigma^2(F, b)$, da die beiden letzen Terme nach der Cauchy-Schwarz-Ungleichung und dem Beweis zu Hilfssatz 7.207 gegen 0 streben.

Satz 7.210 (Stigler) *Unter den Voraussetzungen von Hilfssatz 7.209 gilt für $n \to \infty$*

a) $\quad n \operatorname{Var} L_n \to \sigma^2(F, b);$

b) $\quad \mathfrak{L}(\sqrt{n}(L_n - E L_n)) \xrightarrow[\mathfrak{L}]{} \mathfrak{N}(0, \sigma^2(F, b)).$

7 Nichtparametrische Funktionale und ihre kanonischen Schätzer

Beweis: a) Für $i,j = 1,\ldots,n$ seien $F_{n\uparrow i}(t) := \mathbb{P}(X_{n\uparrow i} \leq t)$ und

$$F_{n\uparrow i,j}(t,s) := \mathbb{P}(X_{n\uparrow i} \leq t,\ X_{n\uparrow j} \leq s) = E\mathbf{1}_{[X_{n\uparrow i},\infty)}(t)\mathbf{1}_{[X_{n\uparrow j},\infty)}(s),$$

so daß nach Hilfssatz 5.101d bzw. (5.2.72) gilt

$$\operatorname{Cov}(X_{n\uparrow i}, X_{n\uparrow j}) = \iint [F_{n\uparrow i,j}(t,s) - F_{n\uparrow i}(t)F_{n\uparrow j}(s)]\,\mathrm{d}t\,\mathrm{d}s.$$

Folglich ergibt sich unabhängig von der speziellen Wahl der Gewichte b_{ni}

$$n\operatorname{Var} L_n = n^{-1}\sum_{i=1}^n \sum_{j=1}^n b_{ni}b_{nj}\operatorname{Cov}(X_{n\uparrow i}, X_{n\uparrow j}) = \iint H_n(t,s)\,\mathrm{d}t\,\mathrm{d}s,$$

$$H_n(t,s) := n^{-1}\sum_{i=1}^n \sum_{j=1}^n b_{ni}b_{nj}[F_{n\uparrow i,j}(t,s) - F_{n\uparrow i}(t)F_{n\uparrow j}(s)].$$

Den Nachweis von $\iint H_n(t,s)\,\mathrm{d}t\,\mathrm{d}s \to \sigma^2(F,b)$ führen wir wie bei den vorstehenden Beweisen mit dem Satz von der beschränkten Konvergenz. Hierzu reicht wiederum derjenige von

$$H_n(t,s) \to H(t,s) := b(F(t))b(F(s))[F(t \wedge s) - F(t)F(s)] \tag{7.5.17}$$

und zwar $\forall t,s \in C(b \circ F)$. Für festes $(t,s) \in \mathbb{R}^2$ gilt nämlich

$$n^{-1}\sum_{i=1}^n \sum_{j=1}^n [F_{n\uparrow i,j}(t,s) - F_{n\uparrow i}(t)F_{n\uparrow j}(s)]$$

$$= n^{-1}\sum_{i=1}^n \sum_{j=1}^n \operatorname{Cov}(\mathbf{1}_{[X_{n\uparrow i},\infty)}(t), \mathbf{1}_{[X_{n\uparrow j},\infty)}(s))$$

$$= n^{-1}\operatorname{Cov}(\sum_{i=1}^n \mathbf{1}_{[X_{n\uparrow i},\infty)}(t), \sum_{j=1}^n \mathbf{1}_{[X_{n\uparrow j},\infty)}(s))$$

$$= n^{-1}\operatorname{Cov}(\sum_{i=1}^n \mathbf{1}_{[X_i,\infty)}(t), \sum_{j=1}^n \mathbf{1}_{[X_j,\infty)}(s)) \tag{7.5.18}$$

$$= \operatorname{Cov}(\mathbf{1}_{[X_1,\infty)}(t), \mathbf{1}_{[X_1,\infty)}(s)) = F(t \wedge s) - F(t)F(s)$$

und damit wegen $F_{n\uparrow i,j}(t,s) - F_{n\uparrow i}(t)F_{n\uparrow j}(s) \geq 0$ (vgl. hierzu Aufg. 7.49) und $|b_{ni}| \leq \|b\|_\infty =: M < \infty$ für alle $(t,s) \in \mathbb{R}^2$ und alle $n \in \mathbb{N}$

$$|H_n(t,s)| \leq M^2 n^{-1}\sum_{i=1}^n\sum_{j=1}^n [F_{n\uparrow i,j}(t,s) - F_{n\uparrow i}(t)F_{n\uparrow j}(s)] = M^2[F(t \wedge s) - F(t)F(s)].$$

Diese Majorante ist aber wegen $EX_1^2 < \infty$ nach Hilfssatz 5.101a λ^2-integrabel. Sobald (7.5.17) gezeigt ist, sind also die Voraussetzungen des Satzes von Lebesgue erfüllt.

7.5 Verteilungskonvergenz von L- und Q-Statistiken

Zum Nachweis von (7.5.17) stellen wir in Analogie zum Beweis von Hilfssatz 7.209b sowohl $H_n(t,s)$ als auch $H(t,s)$ als Integrale der Funktion $b(u)b(v)$ bezüglich geeigneter, von t und s abhängender Maße $Q_n, Q \in \mathfrak{M}^e((0,1)^2, (0,1)^2 \mathbb{B}^2)$ dar und zeigen mittels des Portmanteau-Theorems 5.40 für jede feste Wahl von $t, s \in C(b \circ F)$

$$H_n(t,s) = \int_{0<u,v<1} b(u)b(v)\,dQ_n(u,v) \to \int_{0<u,v<1} b(u)b(v)\,dQ(u,v) = H(t,s). \quad (7.5.19)$$

Hierzu sei Q das Einpunktmaß mit dem Träger $(F(t), F(s)) \in (0,1)^2$ und der Masse $F(t \wedge s) - F(t)F(s)$ sowie Q_n für $n \in \mathbb{N}$ dasjenige diskrete bzw. λ-stetige Maß, das dem Punkt $(\frac{i}{n}, \frac{j}{n})$ bzw. dem Intervall $(\frac{i-1}{n}, \frac{i}{n}] \times (\frac{j-1}{n}, \frac{j}{n}]$ mit konstanter Dichte die Masse $n^{-1}[F_{n\uparrow i,j}(t,s) - F_{n\uparrow i}(t)F_{n\uparrow j}(s)]$ zuordnet, $1 \leq i,j \leq n$. Im Fall der approximativen Gewichte ist also

$$Q_n = n^{-1} \sum_{i=1}^n \sum_{j=1}^n (F_{n\uparrow i,j}(t,s) - F_{n\uparrow i}(t)F_{n\uparrow j}(s))\varepsilon_{(\frac{i}{n}, \frac{j}{n})}, \quad n \in \mathbb{N},$$

und im Fall der gemittelten Gewichte

$$Q_n = n^{-1} \sum_{i=1}^n \sum_{j=1}^n (F_{n\uparrow i,j}(t,s) - F_{n\uparrow i}(t)F_{n\uparrow j}(s))\varepsilon_{(\frac{i-1}{n}, \frac{i}{n}]} \otimes \varepsilon_{(\frac{j-1}{n}, \frac{j}{n}]}, \quad n \in \mathbb{N}.$$

Dann sind sowohl Q als wegen (7.5.18) auch Q_n endliche Maße mit

$$Q_n((0,1)^2) = F(t \wedge s) - F(t)F(s) = Q((0,1)^2), \quad n \in \mathbb{N}, \quad (7.5.20)$$

und es gelten die in (7.5.19) behaupteten Darstellungen für $H_n(t,s)$ und $H(t,s)$. Da die Funktion $b(u)b(v)$ meßbar, beschränkt und für $t,s \in C(b \circ F)$ auch Q-f.ü. stetig ist, folgt die Konvergenz der Integrale in (7.5.19) und damit die Gültigkeit von (7.5.17) aus derjenigen von $Q_n \xrightarrow{\mathcal{L}} Q$; vgl. Anmerkung 5.42d. Wegen (7.5.20) reicht hierzu der Nachweis von

$$Q_n(\{(u,v) : |u - F(t)| > \varepsilon \text{ oder } |v - F(s)| > \varepsilon\}) \to 0 \quad \forall \varepsilon > 0. \quad (7.5.21)$$

Dieser ergibt sich im ersten – und völlig analog im zweiten – Fall gemäß

$$Q_n(\{(u,v) : [u - F(t)] > n^{-1/8}\}) = Q_n(\{(\frac{i}{n}, \frac{j}{n}) : [i - nF(t)] > n^{7/8}\})$$

$$= n^{-1} \sum \{\sum_{j=1}^n [F_{n\uparrow i,j}(t,s) - F_{n\uparrow i}(t)F_{n\uparrow j}(s)] : i > nF(t) + n^{7/8}\}$$

$$\leq \sum \{\max_{1 \leq j \leq n}[F_{n\uparrow i,j}(t,s) - F_{n\uparrow i}(t)F_{n\uparrow j}(s)] : i > nF(t) + n^{7/8}\}$$

und damit wegen

$$\max_{1 \leq j \leq n}[F_{n\uparrow i,j}(t,s) - F_{n\uparrow i}(t)F_{n\uparrow j}(s)] \leq \max_{1 \leq j \leq n} F_{n\uparrow i,j}(t,s) \leq F_{n\uparrow i}(t)$$

684 7 Nichtparametrische Funktionale und ihre kanonischen Schätzer

und $F_{n\uparrow i}(t) = \sum_{\ell=i}^{n} \pi_{n,\ell}(F(t)) \leq n\pi_{n,i}(F(t))$

$$Q_n(\{(u,v) : u - F(t) > n^{-1/8}\}) \leq \sum \{\sum_{\ell=i}^{n} \pi_{n,\ell}(F(t)) : i > nF(t) + n^{7/8}\}$$

$$\leq \sum \{n\pi_{n,i}(F(t)) : i > nF(t) + n^{7/8}\}.$$

Wegen $E(Z - n\pi)^4 = O(n^2)$ für eine $\mathfrak{B}(n,\pi)$-verteilte ZG folgt also

$$Q_n(\{(u,v) : u - F(t) > n^{-1/8}\}) \leq n(n^{7/8})^{-4} E(Z_n - nF(t))^4 = O(n^{-1/2}) \to 0.$$

Durch entsprechende Abschätzungen der anderen drei WS zeigt man (7.5.21) und damit wegen (7.5.20) $Q_n \xrightarrow{\mathcal{L}} Q$. Da die Funktion $b(u)b(v)$ meßbar und beschränkt sowie wegen $t, s \in C(b \circ F)$ auch Q-f.ü. stetig ist, folgt insgesamt also (7.5.19) und somit nach dem Satz von Lebesgue die Behauptung.

b) Wegen Hilfssatz 7.207b reicht nach dem Lemma von Slutsky der Nachweis von

$$\mathfrak{L}(\sqrt{n}(M_n - EM_n)) \xrightarrow{\mathcal{L}} \mathfrak{N}(0, \sigma^2(F, b)).$$

Wegen Hilfssatz 7.209b genügt hierzu nach Korollar 7.172 der Nachweis von (7.5.16). Dieser folgt aber nach den Vorbemerkungen aus a). □

Analog 7.4.5 stellt sich nun wieder die Frage nach der Konvergenzrate. In Kap. 9 wird hierzu in allgemeinerem Rahmen die folgende, auf Satz 7.198 beruhende Aussage über L-Statistiken mit approximativen Gewichten bewiesen.

Satz 7.211 (Berry-Esseen Schranke für L-Statistiken; Friedrich) *X_j, $j \in \mathbb{N}$, seien st.u. reellwertige ZG mit derselben eindimensionalen Verteilung F. Weiter sei $b : (0,1) \to \mathbb{R}$ eine zweimal stetig differenzierbare Gewichtsfunktion mit Ableitungen b' und b'', die mit geeigneten Konstanten $\eta > 0$ und $\chi > 0$ den folgenden Wachstumsbedingungen genügen:*

$$|b^{(i)}(t)| \leq \chi[t(1-t)]^{-i-\eta}, \quad i = 0, 1, 2.$$

Außerdem sei $E|X_1|^p < \infty$ für ein $p \geq 4$ mit $\eta + p^{-1} < 1/4$. Dann existiert eine Konstante $K > 0$ derart, daß für die L-Statistik (7.5.6) mit den approximativen Gewichten $b_{nj} = b(\frac{j}{n+1})$, $j = 1, \ldots, n$, gilt:

$$\sup_{x \in \mathbb{R}} |P(\frac{L_n - E_F L_n}{\sqrt{\text{Var}_F L_n}} \leq x) - \phi(x)| \leq K n^{-1/2}.$$

7.5 Verteilungskonvergenz von L- und Q-Statistiken

Zentrierungsproblem Bezeichnet T_n einen Schätzer für ein Funktional $\gamma(F)$, so wurde unter dessen asymptotischer Normalität die Aussage

$$\mathfrak{L}_F(\sqrt{n}(T_n - \gamma(F))) \xrightarrow[\mathcal{L}]{} \mathfrak{N}(0, \sigma^2(F)) \qquad (7.5.22)$$

mit einem geeigneten $\sigma^2(F) \in (0, \infty)$ verstanden. Die Projektionsmethode liefert jedoch nur eine derartige Limesbeziehung mit der Zentrierung am Mittelwert, also

$$\mathfrak{L}_F(\sqrt{n}(T_n - E_F T_n)) \xrightarrow[\mathcal{L}]{} \mathfrak{N}(0, \sigma^2(F)). \qquad (7.5.23)$$

Es bleibt somit im allgemeinen noch die Gültigkeit von

$$\sqrt{n}(E_F T_n - \gamma(F)) = o(1) \qquad (7.5.24)$$

nachzuweisen. Dieses (deterministische) *Zentrierungsproblem* trat bei U-Statistiken nicht auf, da dort U_n ein erwartungstreuer Schätzer für das interessierende Funktional $\gamma(F)$ war, also $E_F U_n = \gamma(F)$ galt. Bei den hier behandelten L-Funktionalen und L-Statistiken ist jedoch $E_F T_n \neq \gamma(F)$, so daß die Gültigkeit von (7.5.24) noch zu überprüfen ist. Nach 7.3.2 sind L-Statistiken mit approximativen und gemittelten Gewichten die kanonischen Schätzer zu den Funktionalen $\gamma(F) = \gamma_\mathfrak{a}(F, b)$ bzw. $\gamma(F) = \gamma_\mathfrak{m}(F, b)$,

$$\gamma_\mathfrak{a}(F, b) := \int x b(F(x)) \, dF(x), \quad \gamma_\mathfrak{m}(F, b) := \int_{(0,1)} F^{-1}(u) b(u) \, du.$$

Sie sind also von der Form $L_{n\mathfrak{a}} = \gamma_\mathfrak{a}(\widehat{F}_n, b)$ und $L_{n\mathfrak{m}} = \gamma_\mathfrak{m}(\widehat{F}_n, b)$.

Der Nachweis von $\sqrt{n}(E_F L_{n\mathfrak{a}} - \gamma_\mathfrak{a}(F, b)) \to 0$ und damit derjenige von

$$\mathfrak{L}_F(\sqrt{n}(L_{n\mathfrak{a}} - \gamma_\mathfrak{a}(F, b))) \xrightarrow[\mathcal{L}]{} \mathfrak{N}(0, \sigma^2(F, b))$$

bzw. der Beweis von $\sqrt{n}(E_F L_{n\mathfrak{m}} - \gamma_\mathfrak{m}(F, b)) \to 0$ und damit von

$$\mathfrak{L}_F(\sqrt{n}(L_{n\mathfrak{m}} - \gamma_\mathfrak{m}(F, b))) \xrightarrow[\mathcal{L}]{} \mathfrak{N}(0, \sigma^2(F, b))$$

kann bei stetigem F etwa auf die nachfolgende Weise geführt werden, welche die Idee der vorausgegangenen Beweise leicht modifiziert. Dazu beachte man, daß im Fall der approximativen Gewichte $b(j/n)$ gilt

$$E_F L_{n\mathfrak{a}} = \frac{1}{n} \sum_{j=1}^n b(\frac{j}{n}) E X_{n\uparrow j} = \frac{1}{n} \sum_{j=1}^n b(\frac{j}{n}) \int_{(0,1)} F^{-1}(t) \beta_{n,j}(t) \, dt$$

$$= \sum_{j=0}^{n-1} b(\frac{j+1}{n}) \int_{(0,1)} F^{-1}(t) \pi_{n-1,j}(t) \, dt = \int_{(0,1)} B_{n-1}(t) F^{-1}(t) \, dt, \qquad (7.5.25)$$

wobei $B_{n-1}(t) = \sum_{j=0}^{n-1} b(\frac{j+1}{n}) \pi_{n-1,j}(t)$ das (vermöge Ersetzung von $b(\frac{j}{n-1})$ durch $b(\frac{j+1}{n})$) modifizierte Bernstein-Polynom der Ordnung $n-1$ zur Funktion b ist. Folglich läßt sich in diesem Fall die Verzerrung betragsmäßig auf den mit der Funktion F^{-1} gewichteten $\mathbb{L}_1$-Fehler zur Ausgangsfunktion b abschätzen gemäß

$$|E_F L_{n\mathfrak{a}} - \gamma_\mathfrak{a}(F,b)| \leq \int_{(0,1)} |B_{n-1}(t) - b(t)||F^{-1}(t)|\,\mathrm{d}t.$$

Entsprechend ergibt sich bei Verwenden der gemittelten Gewichte

$$E_F L_{n\mathfrak{m}} = \frac{1}{n}\sum_{j=1}^{n} n \int_{(\frac{j-1}{n},\frac{j}{n})} b(u)\,\mathrm{d}u \int_{(0,1)} F^{-1}(t)\beta_{n,j}(t)\,\mathrm{d}t \qquad (7.5.26)$$

$$= \int_{(0,1)} \sum_{j=0}^{n-1} n \int_{(\frac{j}{n},\frac{j+1}{n})} b(u)\,\mathrm{d}u\,\pi_{n-1,j}(t) F^{-1}(t)\,\mathrm{d}t = \int_{(0,1)} \overline{B}_{n-1}(t) F^{-1}(t)\,\mathrm{d}t,$$

wobei $\overline{B}_{n-1}(t) = \sum_{j=0}^{n-1} n \int_{(\frac{j}{n},\frac{j+1}{n})} b(u)\,\mathrm{d}u\,\pi_{n-1,j}(t)$ das Kantorowicz-Polynom der Ordnung $n-1$ zur Funktion b ist. In diesem Fall ergibt sich die Abschätzung

$$|E_F L_{n\mathfrak{m}} - \gamma_\mathfrak{m}(F,b)| \leq \int_{(0,1)} |\overline{B}_{n-1}(t) - b(t)||F^{-1}(t)|\,\mathrm{d}t.$$

Für beide Typen von Gewichten kann man daher auf (im ersten Fall leicht zu modifizierende) Resultate über die Approximationsgüte von Bernstein- bzw. Kantorowicz-Polynomen zurückgreifen, um die Ordnung $o(n^{-1/2})$ für die Verzerrung sicherzustellen. Im Beweis von Satz B3.5 wird nämlich gezeigt, daß für das Bernstein-Polynom $B_n(\cdot)$ bzw. das Kantorowicz-Polynom $\overline{B}_n(\cdot)$ bzgl. einer geeigneten Gewichtsfunktion w gilt

$$\|B_n - b\|_{\mathbb{L}_1(w)} = o(n^{-1/2}), \quad \|\overline{B}_n - b\|_{\mathbb{L}_1(w)} = o(n^{-1/2}).$$

Hieraus ergibt sich dann mit $w(t) = |F^{-1}(t)|$ unmittelbar der

Satz 7.212 X_j, $j \in \mathbb{N}$, seien st.u. ZG mit derselben stetigen Verteilung F. Weiter sei $b : (0,1) \to \mathbb{R}$ eine Gewichtsfunktion der Form $b = b_1 - b_2$, wobei b_1 und b_2 lokal absolut stetig und isoton sind. Außerdem seien für ein $p \geq 2$ die folgenden Eigenschaften erfüllt:

1) $E|X_1|^p < \infty$,

2) $\displaystyle\int_{(0,1)} |b_i(t) F^{-1}(t)|\,\mathrm{d}t < \infty, \quad i = 1,2,$

3) $\displaystyle\int_{(0,1)} (t(1-t))^{\frac{1}{2}-\frac{1}{p}} |b_i'(t)|\,\mathrm{d}t < \infty, \quad i = 1,2.$

7.5 Verteilungskonvergenz von L- und Q-Statistiken   687

Dann gilt mit $\gamma(F,b) := \int_{(0,1)} F^{-1}(t) b(t) \, \mathrm{d}t = \int x b(F(x)) \, \mathrm{d}F(x)$:

a) $\quad \left| E_F L_{n\mathfrak{a}} - \gamma(F,b) \right| = o(n^{-1/2})$, (7.5.27)

b) $\quad \left| E_F L_{n\mathfrak{m}} - \gamma(F,b) \right| = o(n^{-1/2})$. (7.5.28)

Sind also sowohl die Voraussetzungen von Hilfssatz 7.209 wie auch die des Satzes 7.212 erfüllt, so gilt für die mit approximativen bzw. gemittelten Gewichten gebildeten L-Statistiken $L_n = L_{n\mathfrak{a}}$ bzw. $L_n = L_{n\mathfrak{m}}$ neben der Aussage von Satz 7.210b auch die aus statistischer Sicht allein relevante Konvergenzaussage (7.5.22), also

$$\mathfrak{L}_F(\sqrt{n}(L_n - \gamma(F,b))) \xrightarrow[\mathfrak{L}]{} \mathfrak{N}(0, \sigma^2(F,b)).$$

7.5.2 Linearisierung von L-Statistiken: Asymptotische Normalität und asymptotische Effizienz in Lokations-Skalenfamilien

In 7.5.2 sollen – wie bereits angekündigt – weitere Techniken zum Nachweis der asymptotischen Normalität von L-Statistiken behandelt werden. Die erste Alternative zur Projektionsmethode bereitet den in Kap. 8 zu diskutierenden von Mises-Ansatz vor. Die Vergleichsstatistik wird hierbei – wie die eines einzelnen Quantils in der Bahadur-Darstellung – durch ein Variationsargument motiviert. Die zweite Vorgehensweise knüpft an Beispiel 7.105 an und verwendet zur Linearisierung den Hilfssatz 7.107. Diese Methode wird in 7.5.3 und 7.5.4 auch für Q-Statistiken herangezogen werden. Durchgängig seien wieder X_j, $j \in \mathbb{N}$, st.u. ZG mit derselben eindimensionalen VF F.

Linearisierung durch Variation des Arguments Sei nun $b : [0,1] \to \mathbb{R}$ eine Funktion beschränkter Variation und damit insbesondere beschränkt. Zudem gehen wir von einem L-Funktional (7.3.24) mit $h = \mathrm{id}$ aus, also von einem solchen der Form

$$\gamma(F) = \gamma_\mathfrak{a}(F,b) = \int x b(F(x)) \, \mathrm{d}F(x). \qquad (7.5.29)$$

Wie bereits in 7.3.2 bemerkt wurde, ist der zugehörige kanonische Schätzer dann eine L-Statistik mit approximativen[104] Gewichten, nämlich

$$\gamma(\widehat{F}_n) = \gamma_\mathfrak{a}(\widehat{F}_n, b) = \int x b(\widehat{F}_n(x)) \, \mathrm{d}\widehat{F}_n(x) = \frac{1}{n} \sum_{j=1}^{n} X_{n\uparrow j} b\left(\frac{j}{n}\right).$$

Das Argument $\widehat{F}_n = F + (\widehat{F}_n - F) = F + n^{-1/2} n^{1/2} (\widehat{F}_n - F) =: F + n^{-1/2} \Delta_n$ wird nun als Störung von F aufgefaßt. Die Sensitivität von γ an der Stelle F gegenüber einer Variation mittels $\Delta \in \mathbb{BV}(\mathbb{R})$ erfaßt man durch die Richtungsableitung:

---
[104] Bei diesem Ansatz wird $b(\widehat{F}_n)$ um den EW des Arguments entwickelt. Deshalb kann mit diesem nur der Fall approximativer Gewichte behandelt werden.

$$\frac{\gamma(F+t\Delta)-\gamma(F)}{t} = \int x \frac{b(F(x)+t\Delta(x))-b(F(x))}{t} \, dF(x)$$

$$+ \int xb(F(x)+t\Delta(x)) \, d\Delta(x)$$

$$\to \int x\Delta(x)b'(F(x)) \, dF(x) + \int xb(F(x)) \, d\Delta(x) \quad \text{für } t \downarrow 0.$$

Für $\Delta = \Delta_n = n^{1/2}(\widehat{F}_n - F)$ und $t = n^{-1/2}$ folgt hieraus $\gamma(\widehat{F}_n) - \gamma(F) \approx S_n$ mit

$$S_n = \int x(\widehat{F}_n(x) - F(x))b'(F(x)) \, dF(x) + \int xb(F(x)) \, d(\widehat{F}_n(x) - F(x)). \quad (7.5.30)$$

Bei dieser Argumentation variiert jetzt aber der Störterm mit n. Dies stellt methodisch eine Schwierigkeit dar, die in Kap. 8 durch die Verwendung der Fréchet- bzw. Hadamard-Ableitung überwunden wird. Man beachte, daß die Störrichtungen zumindest stochastisch beschränkt sind, da nach der Dvoretzky-Kiefer-Wolfowitz-Ungleichung 7.90 $\sqrt{n}\|\widehat{F}_n - F\|_\infty = O_F(1)$ gilt. Das asymptotische Verhalten der durch diesen heuristischen Ansatz gewonnenen Größe S_n liefert nun der

Hilfssatz 7.213 X_j, $j \in \mathbb{N}$, seien st.u. ZG mit derselben eindimensionalen stetigen VF F und $E_F X_1^2 < \infty$. Weiter sei $b : [0,1] \to \mathbb{R}$ eine meßbare Funktion beschränkter Variation, die keine gemeinsamen Unstetigkeitsstellen mit F^{-1} besitzt. Dann gilt für die durch (7.5.30) definierte Statistik

$$S_n = \int b(F(x))(F(x) - \widehat{F}_n(x)) \, dx \; [\mathbb{P}]. \quad (7.5.31)$$

S_n ist also der Durchschnitt der st.u. glv. ZG

$$Z_\ell = \int b(F(x))(F(x) - \mathbb{1}_{[X_\ell,\infty)}(x)) \, dx, \quad \ell = 1,\ldots,n. \quad (7.5.32)$$

Für diese gilt $E_F Z_1 = 0$ sowie $\sigma^2(F,b) := E_F Z_1^2 < \infty$. Weiter erhält man

$$\sigma^2(F,b) = \iint b(F(x))b(F(y))[F(x \wedge y) - F(x)F(y)] \, dx \, dy \quad (7.5.11)$$

oder in Verallgemeinerung von (7.2.41)

$$\sigma^2(F,b) = \iint_{0 \le s,t \le 1} b(s)b(t)\Gamma_{\mathbf{B}}(s,t) \, dF^{-1}(s) \, dF^{-1}(t). \quad (7.5.33)$$

Insbesondere ist S_n also unter F zentriert und asymptotisch normalverteilt,

$$\mathfrak{L}(\sqrt{n}S_n) \xrightarrow[\mathfrak{L}]{} \mathfrak{N}(0, \sigma^2(F,b)). \quad (7.5.34)$$

7.5 Verteilungskonvergenz von L- und Q-Statistiken

Beweis: Sei F fest, $\widehat{J}_n$ wieder die uniforme empirische VF und $U_\ell := F(X_\ell)$, $\ell = 1, \ldots, n$. Zunächst werden mit der Transformationsformel (B.1.7) für die durch (7.5.30-32) eingeführten Größen die Darstellungen

$$S_n = \int_{(0,1)} F^{-1}(u)(\widehat{J}_n(u) - u)\,\mathrm{d}b(u) + \int_{(0,1)} F^{-1}(u)b(u)\,\mathrm{d}(\widehat{J}_n(u) - u) \quad (7.5.35)$$

$$= \int_{(0,1)} b(u)(u - \widehat{J}_n(u))\,\mathrm{d}F^{-1}(u), \quad (7.5.36)$$

bzw.

$$Z_\ell = \int_{(0,1)} b(u)(u - \mathbf{1}_{[U_\ell, 1]}(u))\,\mathrm{d}F^{-1}(u), \quad \ell = 1, \ldots, n, \quad (7.5.37)$$

gezeigt. Die Gleichheit von (7.5.35) und (7.5.36) ergibt sich mittels partieller Integration. Für festes $k \in \mathbb{N}$, $k > 2$, sei hierzu $A_k := [k^{-1}, 1 - k^{-1}]$. Da $F^{-1}, b, \widehat{J}_n - \mathrm{id}$ und somit auch $b(\widehat{J}_n - \mathrm{id})$ von beschränkter Variation auf A_k sind, liefert (B.1.7)

$$\int_{A_k} b(u)F^{-1}(u)\,\mathrm{d}(\widehat{J}_n(u) - u) = \int_{A_k} b(u)\,\mathrm{d}(F^{-1}(u)(\widehat{J}_n(u) - u))$$

$$- \int_{A_k} b(u)(\widehat{J}_n(u) - u)\,\mathrm{d}F^{-1}(u),$$

$$\int_{A_k} b(u - 0)\,\mathrm{d}(F^{-1}(u)(\widehat{J}_n(u) - u)) = \int_{A_k} \mathrm{d}(F^{-1}(u)b(u)(\widehat{J}_n(u) - u))$$

$$- \int_{A_k} F^{-1}(u + 0)(\widehat{J}_n(u) - u)\,\mathrm{d}b(u).$$

F^{-1} und b besitzen keine gemeinsamen Unstetigkeitsstellen und die Beobachtungen $U_1, \ldots, U_n$ fallen nur mit WS 0 in die abzählbare Menge der Unstetigkeitsstellen von b. Somit kann in der letzten dieser Beziehungen $b(u - 0)$ durch $b(u)$ und $F^{-1}(u+0)$ durch $F^{-1}(u)$ ersetzt werden. Folglich gilt insgesamt

$$\int_{A_k} F^{-1}b\,\mathrm{d}(\widehat{J}_n - \mathrm{id}) = \int_{A_k} \mathrm{d}(F^{-1}b(\widehat{J}_n - \mathrm{id})) - \int_{A_k} F^{-1}(\widehat{J}_n - \mathrm{id})\,\mathrm{d}b$$

$$- \int_{A_k} b(\widehat{J}_n - \mathrm{id})\,\mathrm{d}F^{-1}. \quad (7.5.38)$$

Das erste Integral der rechten Seite verschwindet für $k \to \infty$: Wegen der Isotonie von F^{-1} folgt nämlich zunächst für jedes $u \in (0,1)$

$$u|F^{-1}(u)| \leq \int\limits_{(0,u)} |F^{-1}(t)|\,\mathrm{d}t \leq \int\limits_{(0,1)} |F^{-1}(t)|\,\mathrm{d}t = E|X_1| < \infty$$

und damit $uF^{-1}(u) \to 0$ für $u \downarrow 0$. Analog erhält man $(1-u)F^{-1}(u) \to 0$ für $u \uparrow 1$. Wegen $\widehat{J}_n(u) = 0$ für $u < F(X_{n\uparrow 1})$ und $\widehat{J}_n(u) = 1$ für $u > F(X_{n\uparrow n})$ gilt also

$$F^{-1}(u)(\widehat{J}_n(u) - u) \to 0 \quad \text{f.s.} \quad \text{für } u \downarrow 0 \text{ und für } u \uparrow 1, \tag{7.5.39}$$

wegen der Beschränktheit von b also die Behauptung.

Beim zweiten Integral der rechten Seite von (7.5.38) gilt nach (7.5.39) für F-f.a. Realisierungen $|F^{-1}(u)(\widehat{J}_n(u) - u)| \leq \varepsilon$ für hinreichend großes bzw. hinreichend kleines u, so daß auch

$$\int\limits_{(u,1)} |F^{-1}(\widehat{J}_n - \mathrm{id})|\,\mathrm{d}|b| \quad \text{und analog} \quad \int\limits_{(0,u)} |F^{-1}(\widehat{J}_n - \mathrm{id})|\,\mathrm{d}|b|$$

beliebig klein werden und somit auch dieser Summand in (7.5.38) konvergiert.

Beim dritten Integral nutzen wir wieder aus, daß für F-f.a. Realisierungen $\widehat{J}_n(t) = 1$ für hinreichend großes t gilt und somit wegen der Beschränktheit von b

$$\int\limits_{(t,1)} |b(s)|(1-s)\,\mathrm{d}F^{-1}(s) \leq \|b\|_\infty \int\limits_{(t,1)} (1-s)\,\mathrm{d}F^{-1}(s) \tag{7.5.40}$$

sowie aufgrund von $\quad x \geq F^{-1}(t) \Leftrightarrow F(x) \geq t \Leftrightarrow t^{-1} \geq F(x)^{-1}$

$$\int\limits_{(t,1)} (1-s)\,\mathrm{d}F^{-1}(s) = \int\limits_{(F^{-1}(t),\infty)} (1 - F(x))\,\mathrm{d}x$$

$$\leq \frac{1}{t} \int\limits_{(F^{-1}(t),\infty)} F(x)(1 - F(x))\,\mathrm{d}x \leq \frac{1}{t} \int F(x)(1 - F(x))\,\mathrm{d}x.$$

Wegen $\mathrm{Var}\,X < \infty$ gilt nach Aufg. 7.50 $\int F(x)(1 - F(x))\,\mathrm{d}x < \infty$, so daß (7.5.40) für t hinreichend nahe bei eins beliebig klein wird. Damit konvergiert auch das dritte dieser Integrale für $k \to \infty$. Dasselbe gilt für das Integral der linken Seite, da für F-f.a. Realisierungen bei hinreichend großem t gilt $\widehat{J}_n(t) \equiv 1$ und damit $\int\limits_{(t,1)} |F^{-1}(u)||b(u)|\,\mathrm{d}\widehat{J}_n(u) \equiv 0$, d.h.

$$\int\limits_{(t,1)} |F^{-1}(u)b(u)|\,\mathrm{d}u \leq \|b\|_\infty \int\limits_{(t,1)} |F^{-1}(u)|\,\mathrm{d}u = \|b\|_\infty \int\limits_{(F^{-1}(t),\infty)} |x|\,\mathrm{d}F(x)$$

wegen $EX \in \mathbb{R}$ für t hinreichend nahe bei 1 beliebig klein wird.

Da b als beschränkt und $\mathrm{Var}_F X_\ell < \infty$ vorausgesetzt wird, folgen nach dem Satz von Fubini die Existenz und damit die st. Unabhängigkeit der Z_ℓ sowie $E_F Z_\ell = 0$ und (7.5.11). Nach der Transformationsformel (7.3.21) gilt dann auch (7.5.33). Der Zusatz ergibt sich mit dem Satz von Lindeberg-Lévy. □

Mit dem zuvor skizzierten Variationsargument erhält man also auf direktem Wege die bereits in 7.5.1 durch Vereinfachung der Projektionen gewonnenen Größen S_n bzw. Z_ℓ. Es soll nun gezeigt werden, daß die ZG S_n für stückweise stetig differenzierbare beschränkte Funktionen b auch unmittelbar einen Vergleich mit der zentrierten L-Statistik $\gamma_\mathfrak{a}(\widehat{F}_n, b) - \gamma_\mathfrak{a}(F, b)$ gestattet.

Satz 7.214 *X_j, $j \in \mathbb{N}$, seien st.u. ZG mit derselben eindimensionalen stetigen VF F und $E_F X_1^2 < \infty$. Weiter seien $0 < u_1 < \ldots < u_m < 1$, $m \geq 0$, und $c_j \in \mathbb{R}$, $j = 1, \ldots, m$, vorgegeben sowie $b: [0, 1] \to \mathbb{R}$ eine Funktion der Form*[105]

$$b(u) = b_0(u) + \sum_{j=1}^{m} c_j \mathbf{1}_{(u_j, 1]}(u), \quad u \in [0, 1]. \tag{7.5.41}$$

Dabei sei $b_0 : [0, 1] \to \mathbb{R}$ stetig differenzierbar mit Ableitung b_0'. Schließlich sei F derart, daß $b_0' F^{-1}$ auf $[0, 1]$ von beschränkter Variation ist und daß $u_j \in (0, 1)$, $j = 1, \ldots, m$, Stetigkeitsstellen von F^{-1} sind. Dann gilt für die L-Statistik $\gamma_\mathfrak{a}(\widehat{F}_n, b)$ und die Vergleichsstatistik S_n aus (7.5.31)

$$\gamma_\mathfrak{a}(\widehat{F}_n, b) - \gamma_\mathfrak{a}(F, b) = S_n + o_F(n^{-1/2}), \tag{7.5.42}$$

also mit $\sigma^2(F, b)$ aus (7.5.11)

$$\mathfrak{L}_F(\sqrt{n}(\gamma_\mathfrak{a}(\widehat{F}_n, b) - \gamma_\mathfrak{a}(F, b))) \xrightarrow[\mathfrak{L}]{} \mathfrak{N}(0, \sigma^2(F, b)). \tag{7.5.43}$$

Beweis: Seien wieder F fest, $\widehat{J}_n$ die uniforme empirische VF und auch die Integrale $\gamma_\mathfrak{a}(F, b)$ sowie $\gamma_\mathfrak{a}(\widehat{F}_n, b)$ mit Hilfe der Transformationsformel (7.3.21) auf (0,1) transformiert gemäß

$$\gamma_\mathfrak{a}(F, b) = \int_{(0,1)} F^{-1}(u) b(u) \, du, \quad \gamma_\mathfrak{a}(\widehat{F}_n, b) = \int_{(0,1)} F^{-1}(u) b(\widehat{J}_n(u)) \, d\widehat{J}_n(u), \tag{7.5.44}$$

---

[105] Im Sprunganteil von b läßt sich $\mathbf{1}_{(u_j, 1]}$ auch durch $\mathbf{1}_{[u_j, 1]}$ – oder allgemeiner durch jede Konvexkombination dieser beiden Funktionen – ersetzen. Der einer festen Stelle s entsprechende Summand des Restterm R_{n3} ändert sich hierbei nämlich (höchstens) um

$$\int_{(0,1)} F^{-1}(u) [\mathbf{1}_{\{s\}}(\widehat{J}_n(u)) - \mathbf{1}_{\{s\}}(u)] \, d\widehat{J}_n(u) = \sum_{j=1}^{n} F^{-1}(U_{n\uparrow j}) [\mathbf{1}_{\{s\}}(\frac{j}{n}) - \mathbf{1}_{\{s\}}(U_{n\uparrow j})].$$

Da $U_{n\uparrow j}$ einen festen Wert $s \in (0, 1)$ nur mit WS 0 annimmt, ist dieser Ausdruck mit WS 1 gleich $F^{-1}(U_{n\uparrow i})$ bzw. 0 für $s = i/n$ $\exists i = 1, \ldots, n$ bzw. $s \notin \{0, 1/n, \ldots, 1\}$. Wegen $U_{n\uparrow[sn]} \to s$ und $s \in C(F^{-1})$ ist der Unterschied der Restterme R_{n3} also ein $O_F(1)$.

Dann ergibt sich durch „Dazwischenschieben" des Terms $\int_{(0,1)} F^{-1} b'(\widehat{J}_n - \mathrm{id})\,\mathrm{d}\widehat{J}_n$ mit S_n aus (7.5.35) sowie mit der Abkürzung $\mathbf{J}_n(u) := \sqrt{n}(\widehat{J}_n(u) - u),\ 0 < u < 1$,

$R_n := \gamma_\mathfrak{a}(\widehat{F}_n, b) - \gamma_\mathfrak{a}(F, b) - S_n = R_{n1} + R_{n2} + R_{n3},$ wobei gilt

$$R_{n1} := \int_{(0,1)} F^{-1}(u)(b_0(\widehat{J}_n(u)) - b_0(u) - b_0'(u)(\widehat{J}_n(u) - u))\,\mathrm{d}\widehat{J}_n(u),$$

$$R_{n2} := \int_{(0,1)} F^{-1}(u)[\widehat{J}_n(u) - u] b_0'(u)(\mathrm{d}\widehat{J}_n(u) - \mathrm{d}u) = n^{-1}\int_{(0,1)} b_0'(u) F^{-1}(u) \mathbf{J}_n(u)\,\mathrm{d}\mathbf{J}_n(u),$$

$$R_{n3} := \sum_{j=1}^m c_j \Big[\int_{(0,1)} F^{-1}(u)(\mathbf{1}_{(u_j,1]}(\widehat{J}_n(u)) - \mathbf{1}_{(u_j,1]}(u))\,\mathrm{d}\widehat{J}_n(u) - F^{-1}(u_j)(\widehat{J}_n(u_j) - u_j)\Big].$$

Der Nachweis von $n^{1/2} R_n = o_F(1)$ erfolgt nun getrennt für R_{n1}, R_{n2} und R_{n3}. Da R_{n1} und R_{n2} nur von b_0, aber nicht von $c_j, u_j, j = 1,\ldots,m$, und R_{n3} nur von c_j, u_j, $j = 1,\ldots,m$, aber nicht von b_0 abhängt, läuft der Beweis von (7.5.42) und damit von Satz 7.214 letztlich darauf hinaus, den absolut stetigen und den diskreten Anteil getrennt zu betrachten. Dabei ist es nach dem Bildungsgesetz der R_{ni} und den Voraussetzungen an b_0 plausibel, daß $R_{n1} = O_F(n^{-1})$ gelten wird. Entsprechend wird sich $R_{n2} = O_F(n^{-1})$ ergeben, falls es gelingt, den Zuwachs $\widehat{F}_n - F$ der stochastischen Größenordnung $O_F(n^{-1/2})$ aus dem Integrator durch partielle Integration in den Integranden zu schaffen. Schließlich sind zum Nachweis von $R_{n3} = o_F(n^{-1/2})$ eine geeignete Aufspaltung des Integrals und ad hoc-Abschätzungen erforderlich.

Für R_{n1} gilt nach dem Mittelwertsatz mit geeigneter zufallsabhängiger Zwischenstelle $V_n(u)$ von $\widehat{J}_n(u)$ und u sowie mit $\mathbf{J}_n(u) = \sqrt{n}(\widehat{J}_n(u) - u)$

$$\sqrt{n}|R_{n1}| = \Big| \int_{(0,1)} F^{-1}(u)(b_0'(V_n(u)) - b_0'(u))\mathbf{J}_n(u)\,\mathrm{d}\widehat{J}_n(u) \Big|$$

$$\leq \|b_0' \circ V_n - b_0'\|_\infty \|\mathbf{J}_n\|_\infty \int_{(0,1)} |F^{-1}(u)|\,\mathrm{d}\widehat{J}_n(u).$$

Aus der Dvoretzky-Kiefer-Wolfowitz-Ungleichung 7.90 folgt[106] $\|\mathbf{J}_n\|_\infty = O_F(1)$ bzw. für den dritten Faktor nach dem starken Gesetz der großen Zahlen

$$\int_{(0,1)} |F^{-1}(u)|\,\mathrm{d}\widehat{J}_n(u) = \frac{1}{n}\sum_{j=1}^n |F^{-1}(U_j)| \to \int_{(0,1)} |F^{-1}(u)|\,\mathrm{d}u = E_F|X_1| < \infty\ [F].$$

---

[106] Diese Aussage wird in Kap. 10 auch aus einem dort zu beweisenden funktionalen Grenzwertsatz folgen.

7.5 Verteilungskonvergenz von L- und Q-Statistiken

Auch der erste Faktor ist nach WS beschränkt. Da b'_0 auf $[0,1]$ gleichmäßig stetig ist, gibt es nämlich für jedes $\varepsilon > 0$ ein $\delta > 0$ mit

$$P(\sup_u |b'_0(V_n(u)) - b'_0(u)| > \varepsilon) \leq \mathbb{P}(\sup_u |\widehat{J}_n(u) - u| > \delta),$$

so daß nach dem Satz von Glivenko-Cantelli auch $\|b'_0 \circ V_n - b'_0\|_\infty = o_F(1)$ ist.

Bei der nun folgenden Abschätzung von R_{n2} beachte man, daß die Funktion $b'_0 F^{-1}$ voraussetzungsgemäß von beschränkter Variation und damit beschränkt ist. Deshalb verschwinden bei den partiellen Integrationen jeweils die ausintegrierten Terme und das zu $b'_0 F^{-1}$ gehörende Totalvariationsmaß ν ist endlich. Zunächst folgt wegen der rechtsseitigen Stetigkeit von J_n mit partieller Integration (B1.7)

$$\int_{(0,1)} b'_0(u) F^{-1}(u) \mathbf{J}_n(u) \, d\mathbf{J}_n(u) = \int_{(0,1)} b'_0(u) F^{-1}(u) \, d\mathbf{J}_n^2(u)$$
$$- \int_{(0,1)} b'_0(u) F^{-1}(u) \mathbf{J}_n(u-0) \, d\mathbf{J}_n(u),$$

sowie wegen der linksseitigen Stetigkeit von $b'_0 F^{-1}$

$$\int_{(0,1)} b'_0(u) F^{-1}(u) \, d\mathbf{J}_n^2(u) = b'_0(t) F^{-1}(t) \mathbf{J}_n^2(t) \Big|_0^1 - \int_{(0,1)} \mathbf{J}_n^2(t) \, d(b'_0 F^{-1})(t).$$

Indem man auf einen der beiden Faktoren der linken Seite des folgenden Ausdrucks die erste dieser Formeln anwendet, ergibt sich unter anschließender Verwendung der zweiten dieser Beziehungen

$$2 \int_{(0,1)} b'_0(u) F^{-1}(u) \mathbf{J}_n(u) \, d\mathbf{J}_n(u)$$
$$= n \int_{(0,1)} b'_0(u) F^{-1}(u) (\widehat{J}_n(u) - \widehat{J}_n(u-0)) (d\widehat{J}_n(u) - du) - \int_{(0,1)} \mathbf{J}_n^2(u) \, d(b'_0 F^{-1})(u).$$

Hier gilt $\widehat{J}_n(u) - \widehat{J}_n(u-0) \neq 0$ nur für die endlich vielen Sprungstellen von $\widehat{J}_n$. Somit reduziert sich das erste Integral auf dasjenige bzgl. $d\widehat{J}_n$, und dieses wiederum, da die Sprunghöhen von $\widehat{J}_n$ mit WS 1 von der Größe n^{-1} sind, mit einer $\mathfrak{R}$-verteilten ZG U auf

$$\int_{(0,1)} b'_0(u) F^{-1}(u) \, d\widehat{J}_n(u) = \frac{1}{n} \sum_{j=1}^n b'_0(U_j) F^{-1}(U_j) \to E b'_0(U) F^{-1}(U) \quad [F].$$

Hier ist der EW der rechten Seite endlich gemäß

$$\int\limits_{(0,1)} |b_0'(u)||F^{-1}(u)|\,\mathrm{d}u = \int |b_0'(F(x))||x|\,\mathrm{d}F(x) \leq \|b_0'\|_\infty E_F|X_1| < \infty.$$

R_{n3} ist eine endliche Summe. Somit kann o.E. $m = 1$ und $c_1 = 1$ angenommen sowie abkürzend $s := u_1$ gesetzt werden. Beachtet man nun, daß $\widehat{J}_n$ Sprünge der Höhe $1/n$ an den Stellen $U_{n\uparrow 1}, \ldots, U_{n\uparrow n}$ hat und $\widehat{J}_n(U_{n\uparrow j}) = j/n$ ist, so folgt

$$\int\limits_{(0,1)} (\mathbf{1}_{(s,1]}(\widehat{J}_n(u)) - \mathbf{1}_{(s,1]}(u))\,\mathrm{d}\widehat{J}_n(u) = \int\limits_{(0,1)} (\mathbf{1}_{(0,s]}(u) - \mathbf{1}_{(0,s]}(\widehat{J}_n(u)))\,\mathrm{d}\widehat{J}_n(u)$$

$$= \widehat{J}_n(s) - \frac{1}{n}\sum_{j=1}^n \mathbf{1}_{[0,s]}\left(\frac{j}{n}\right) = \widehat{J}_n(s) - \frac{\lfloor ns \rfloor}{n}.$$

Somit ergibt sich für das (wie oben vereinfachte) Restlied R_{n3}

$$|R_{n3}| = \left|\int\limits_{(0,1)} F^{-1}(u)(\mathbf{1}_{(s,1]}(\widehat{J}_n(u)) - \mathbf{1}_{(s,1]}(u))\,\mathrm{d}\widehat{J}_n(u) - F^{-1}(s)(\widehat{J}_n(s) - s)\right|$$

$$\leq \left|\int\limits_{(0,1)} (F^{-1}(u) - F^{-1}(s))(\mathbf{1}_{(s,1]}(\widehat{J}_n(u)) - \mathbf{1}_{(s,1]}(u))\,\mathrm{d}\widehat{J}_n(u)\right|$$

$$+ \left|F^{-1}(s)\left[\int\limits_{(0,1)} (\mathbf{1}_{(s,1]}(\widehat{J}_n(u)) - \mathbf{1}_{(s,1]}(u))\,\mathrm{d}\widehat{J}_n(u) - (\widehat{J}_n(s) - s)\right]\right|$$

$$\leq n^{-1}\sum_{j=1}^n |F^{-1}(U_{n\uparrow j}) - F^{-1}(s)|\left|\mathbf{1}_{(s,1)}\left(\frac{j}{n}\right) - \mathbf{1}_{(s,1)}(U_{n\uparrow j})\right| + |F^{-1}(s)|\left|\frac{\lfloor ns \rfloor}{n} - s\right|.$$

Der letzte Summand dieser oberen Schranke verhält sich offenbar wie $O(n^{-1})$. Zum Nachweis, daß sich der erste Ausdruck – im folgenden abgekürzt mit R'_{n3} – wie $o_F(n^{-1/2})$ verhält, schätzen wir dessen EW ab auf einen Ausdruck, der bis auf einen beliebig klein vorgebbaren Faktor η von der Ordnung $O(n^{-1/2})$ ist, woraus dann nach der Markov-Ungleichung die Behauptung folgt. Zunächst gilt wegen $\mathfrak{L}(U_{n\uparrow j}) = B_{j,n-j+1}$, wenn $\beta_{n,j}(u) = n\pi_{n-1,j-1}(u)$ wie in (7.5.3) die zugehörige λ-Dichte und Z_{n-1} eine $\mathfrak{B}(n-1,u)$-verteilte ZG bezeichnet,

$$E|R'_{n3}| \leq n^{-1}\sum_{j=1}^n E|F^{-1}(U_{n\uparrow j}) - F^{-1}(s)|\left|\mathbf{1}_{(s,1)}\left(\frac{j}{n}\right) - \mathbf{1}_{(s,1)}(U_{n\uparrow j})\right|$$

$$= \int\limits_{(0,1)} |F^{-1}(u) - F^{-1}(s)|\sum_{j=0}^{n-1}\left|\mathbf{1}_{(s,1]}\left(\frac{j+1}{n}\right) - \mathbf{1}_{(s,1]}(u)\right|\pi_{n-1,j}(u)\,\mathrm{d}u$$

$$= \int\limits_{(0,1)} |F^{-1}(u) - F^{-1}(s)|E_u\left|\mathbf{1}_{(s,1]}\left(\frac{Z_{n-1}+1}{n}\right) - \mathbf{1}_{(s,1]}(u)\right|\mathrm{d}u.$$

Durch Aufspaltung des Integrals an der Stelle s folgt hieraus

$$|R'_{n3}| \leq \int\limits_{(0,s)} |F^{-1}(u) - F^{-1}(s)| P_u(Z_{n-1} > ns - 1) \, du$$

$$+ \int\limits_{(s,1)} |F^{-1}(u) - F^{-1}(s)| P_u(Z_{n-1} \leq ns - 1) \, du.$$

Der Anteil des ersten Integrals für $u \leq s - \delta$ – und analog derjenige des zweiten Integrals für $u \geq s + \delta$ – läßt sich bei beliebigem $\delta > 0$ dadurch abschätzen, daß man zunächst für den zweiten Faktor des Integranden nach der Tschebyschev-Ungleichung eine obere Schranke angibt gemäß

$$P_u(Z_{n-1} > ns - 1) \leq P_u(Z_{n-1} - (n-1)u > (s-1) + (n-1)\delta)$$
$$\leq \frac{u(1-u)}{n-1}(\delta - \frac{1-s}{n-1})^{-2} = O(n^{-1}).$$

Da die Abbildung $u \mapsto u(1-u)$ beschränkt, $\int_{(0,1)} |F^{-1}(u)| \, du = E_F|X_1| < \infty$ und $F^{-1}(s)$ konstant ist, verhält sich also dieser Anteil von R'_{n3} für jedes $\delta > 0$ wie $O(n^{-1})$, ist also für hinreichend großes n bis auf einen beliebig klein vorgebbaren Faktor $\eta > 0$ von der Ordnung $O(n^{-1/2})$.

Das Integral über $(s-\delta, s)$ – und analog dasjenige über $(s, s+\delta)$ – wird nun nochmals unterteilt und zwar dort, wo $ns - 1 - (n-1)u$ das Vorzeichen wechselt, also für $u = s - \varepsilon_n$, $\varepsilon_n := \frac{1-s}{n-1}$. Wegen $\varepsilon_n = O(n^{-1})$ reicht es, $P_u(Z_{n-1} > ns - 1)$ für $u \in (s - \varepsilon_n, s)$ auf 1 abzuschätzen, so daß nur noch das Integral über $(s - \delta, s - \varepsilon_n)$ betrachtet zu werden braucht. Wegen $t := s - u - \varepsilon_n \geq 0$ läßt sich zur Abschätzung von

$$P_u(Z_{n-1} > ns - 1) = P_u(Z_{n-1} - (n-1)u > (n-1)(s - u - \varepsilon_n))$$

die Bernstein-Ungleichung 5.18 anwenden. Diese liefert

$$\int\limits_{s-\delta}^{s-\varepsilon_n} P_u(Z_{n-1} > ns - 1) \, du \leq \int\limits_{s-\delta}^{s-\varepsilon_n} \exp[-(n-1)\frac{(s-u-\varepsilon_n)^2}{\frac{1}{2} + \frac{2}{3}(s-u-\varepsilon_n)}] \, du$$

$$= \int\limits_{\varepsilon_n - \delta}^{0} \exp[-(n-1)\frac{t^2}{\frac{1}{2} - \frac{2}{3}t}] \, dt.$$

Hier ist die Funktion $h(t) := -t^2/(\frac{1}{2} - \frac{2}{3}t)$ in $(0, \delta - \varepsilon_n)$ antiton mit $h(t) \leq h(0) = 0$, $h'(0) = 0$ und $h''(0) = -1/2 \leq 0$. Folglich verhält sich dieses Integral nach der Methode von Laplace B5.8 wie $O(n^{-1/2})$. Da aber $s \in C(F^{-1})$ ist, läßt sich $F^{-1}(u) - F^{-1}(s)$ für $u \in (s - \delta, s)$ durch geeignete Wahl von δ beliebig klein machen und damit dieser Anteil von $E|R'_{n3}|$ auf einen Ausdruck der Form $\eta O(n^{-1/2})$ mit beliebig klein vorgebbarem η abschätzen. Insgesamt ist damit nach der Markov-Ungleichung $R_{n3} = o_F(n^{-1/2})$ und wie behauptet folglich $n^{1/2}R_n = o_F(1)$. Da (7.5.34) unmittelbar aus dem Satz von Lindeberg-Lévy folgt, ergibt sich die Behauptung (7.5.43) mit dem Satz von Slutsky. □

Beispiel 7.215 X_j, $j \in \mathbb{N}$, seien st.u. ZG mit derselben eindimensionalen stetigen VF F und $E_F X_1^2 < \infty$. Weiter seien $\alpha \in (0, 1/2)$, $b_0 \equiv 0$, $m = 2$, $u_1 = \alpha$, $u_2 = 1 - \alpha$, $c_1 = (1-2\alpha)^{-1}$, $c_2 = -(1-2\alpha)^{-1}$ und damit gemäß (7.5.41) $b(u) = (1-2\alpha)^{-1} \mathbf{1}_{[\alpha, 1-\alpha]}(u)$. Dann ist $\gamma_a(F, b)$ das in Beispiel 7.145b eingeführte α-getrimmte Mittelwertfunktional und $\gamma_a(\widehat{F}_n, b)$ bei $k_n/n \approx \alpha$ das bereits in Beispiel 1.28 betrachtete α-getrimmte Mittel $\sum_{j=k_n+1}^{n-k_n} X_{n \uparrow j}/(n - 2k_n)$. Dieses ist also unter jeder Verteilung F, für die $\alpha, 1-\alpha \in C(F^{-1})$ ist, $\mathfrak{N}(0, \sigma^2(F, b))$-verteilt mit $\sigma^2(F, b)$ gemäß (7.5.11). □

Beispiel 7.216 X_j, $j \in \mathbb{N}$, seien st.u. ZG mit derselben VF $F \in \mathfrak{F}_c$ und $E_F X_1^2 < \infty$. Weiter seien $\alpha \in (0, 1/2)$, $b(u) = \mathbf{1}_{[\alpha, 1-\alpha]}(u)$ und $\gamma(F, b)$ das in Beispiel 7.145c eingeführte α-Winsorisierte Mittelwertfunktional

$$\gamma(F, b) = \alpha(F^{-1}(\alpha) + F^{-1}(1-\alpha)) + \int x b(F(x)) \, \mathrm{d}F(x),$$

also $\gamma(\widehat{F}_n, b)$ für $k_n/n \approx \alpha$ das α-Winsorisierte Mittel (1.2.36). Wie bereits in Beispiel 7.145c betont, ist $\gamma(F, b)$ die Linearkombination eines L-Funktionals mit diskreten und eines solchen mit stetigen Gewichten. Dabei ist die Gewichtsfunktion $b(u) = \mathbf{1}_{[\alpha, 1-\alpha]}(u)$ von der Form (7.5.41) mit $b_0 = 0$, $m = 2$, $u_1 = \alpha$, $u_2 = 1-\alpha$, $c_1 = 1$ und $c_2 = -1$. Weiter sei $\alpha, 1-\alpha \in C(F^{-1})$ und F in der Umgebung der Stellen $\xi_1 = F^{-1}(\alpha)$, $\xi_2 = F^{-1}(1-\alpha)$ stetig differenzierbar mit Ableitung $f(\xi_i) > 0$, $i = 1, 2$. Dann ist der diskrete Anteil nach Korollar 7.116 und der absolut stetige Anteil nach Satz 7.214 asymptotisch normalverteilt und zwar derart, daß auch die gemeinsame Verteilung der Vergleichsstatistiken asymptotisch normal ist. Folglich genügt $\gamma(\widehat{F}_n, b)$ der Beziehung (7.5.43). □

Die zum Beweis von Satz 7.214 verwendete Methode der Linearisierung läßt sich auf vielfältige Weise abwandeln. Eine solche Variante ist die „Chernoff-Savage-Technik", die in Band III bei linearen Rangstatistiken benutzt werden wird, die aber auch auf L-Statistiken angewendet werden kann. Bei dieser werden die Restterme mittels der Fluktuationsungleichungen 7.95 und 7.96 abgeschätzt, was sogar zu in F gleichmäßigen Abschätzungen führt und Aufschlüsse über deren Konvergenzrate liefert. Eine weitere Modifikation ist der hier noch näher diskutierte

Ansatz von Chernoff-Gastwirth-Johns Betrachtet werden L-Statistiken, bei denen allgemeiner $h : \mathbb{R} \to \mathbb{R}$ eine zunächst beliebige meßbare Funktion sein darf, d.h.

$$L_n := \frac{1}{n} \sum_{j=1}^{n} h(X_{n \uparrow j}) b_{nj}.$$

Zum Nachweis der asymptotischen Normalität gehen wir wie beim Nachweis der Konsistenz in Satz 7.148 sofort von der verteilungsgleichen Ersetzung, d.h. von

$$L_n = \frac{1}{n} \sum_{j=1}^{n} a(U_{n \uparrow j}) b_{nj}, \quad a := h \circ F^{-1}, \tag{7.5.45}$$

mit st.u. $\mathfrak{R}$-verteilten ZG U_j, $j \in \mathbb{N}$, aus. Der Nachweis der asymptotischen Normalität von L_n soll nun durch Taylorapproximation von $a(U_{n \uparrow j}) - a(j/(n+1))$ auf die in Beispiel 7.105 behandelte Situation zurückgeführt werden. Zu diesem Zweck wird $a(\cdot)$ als in $(0,1)$ zweifach stetig differenzierbar vorausgesetzt. Dabei soll eine Konstante $\chi_a \in (0, \infty)$ existieren sowie ein $0 \leq \eta < 1/2$ mit

$$|a^{(i)}(t)| \leq \chi_a(t(1-t))^{-i-\eta}, \quad 0 < t < 1, \quad i = 0, 1, 2. \qquad (7.5.46)$$

Weiter existiere eine Konstante $\chi_b \in (0, \infty)$ und ein $0 \leq \iota < 1/2$ mit

$$|b_{nj}| \leq \chi_b (\frac{j}{n+1}(1 - \frac{j}{n+1}))^{-\iota}, \quad 1 \leq j \leq n. \qquad (7.5.47)$$

Schließlich sei mit $a'_{nj} := a'(\frac{j}{n+1})$, $1 \leq j \leq n$, die (zentrierte) Statistik

$$L_n^0 := \frac{1}{n} \sum_{j=1}^{n} a'_{nj} b_{nj}(U_{n\uparrow j} - \frac{j}{n+1}) \qquad (7.5.48)$$

gebildet. Dieses ist eine Vergleichs-L-Statistik für L_n gemäß

Hilfssatz 7.217 *Seien U_j, $j \in \mathbb{N}$, st.u. $\mathfrak{R}$-verteilte ZG. Weiter erfülle $a : (0,1) \to \mathbb{R}$ die Voraussetzung (7.5.46) und das Koeffizientenschema $(b_{nj}) \subset \mathbb{R}$ die Bedingung (7.5.47), wobei $\eta + \iota < 1/2$ vorausgesetzt werde. Dann gilt für die L-Statistik L_n aus (7.5.45) bzw. die in (7.5.48) definierte L-Statistik L_n^0 mit $a_{nj} := a(\frac{j}{n+1})$*

$$n^{1/2}(L_n - \frac{1}{n}\sum_{j=1}^{n} a_{nj} b_{nj} - L_n^0) = o_F(1).$$

Beweis: Zu vorgegebenem $\varepsilon > 0$ existieren nach Hilfssatz 7.107b für $n \in \mathbb{N}$ und $j = 1, \ldots, n$ Konstanten $\underline{u}_{nj} < \frac{j}{n+1} < \overline{u}_{nj}$ mit

$$P(M_n) > 1 - \varepsilon \quad \forall n \geq 1, \qquad M_n := \{\underline{u}_{nj} < U_{n\uparrow j} < \overline{u}_{nj} \ \forall 1 \leq j \leq n\},$$

sowie den dort spezifizierten Eigenschaften. Diese implizieren auf M_n die Gültigkeit der nachfolgenden Abschätzungen und Approximationen

$$a(U_{n\uparrow j}) - a_{nj} = a'_{nj}(U_{n\uparrow j} - \frac{j}{n+1}) + \frac{1}{2}a''(\widetilde{U}_{nj})(U_{n\uparrow j} - \frac{j}{n+1})^2,$$

wobei $\widetilde{U}_{nj}$ eine geeignete Zwischenstelle von $U_{n\uparrow j}$ und seinem Erwartungswert $\frac{j}{n+1}$ ist. Wegen (7.5.46) bzw. aus den Eigenschaften der $\underline{u}_{nj}, \overline{u}_{nj}$ folgt dann mit der Abkürzung $\xi_{nj} := \frac{j}{n+1}(1 - \frac{j}{n+1})$ und einer geeigneten Konstanten $\chi \geq \chi_a$

$$|a''(\widetilde{U}_{nj})| \leq \chi_a(\widetilde{U}_{nj}(1-\widetilde{U}_{nj}))^{-2-\eta}$$
$$\leq \chi_a \max\{(\underline{u}_{nj}(1-\underline{u}_{nj}))^{-2-\eta}, (\overline{u}_{nj}(1-\overline{u}_{nj}))^{-2-\eta}\} \leq \chi \xi_{nj}^{-2-\eta}.$$

Damit erhält man unter Verwenden von Beispiel 7.102a mit der Markov-Ungleichung und geeigneten $\chi', \chi'' \in (0, \infty)$ wegen $\text{Var}\, U_{n\uparrow j} = (n+2)^{-1}\xi_{nj}$ für den Approximationsfehler $R_n := n^{1/2}(L_n - \frac{1}{n}\sum_{j=1}^{n} a_{nj} b_{nj} - L_n^0)$

$$P(R_n \mathbf{1}_{M_n} \geq \delta) \leq P(\sum_{j=1}^{n} |b_{nj}|(U_{n\uparrow j} - \frac{j}{n+1})^2 \xi_{nj}^{-2-\eta} \geq \frac{2n^{1/2}\delta}{\chi})$$

$$\leq \frac{\chi}{2\delta} n^{-1/2} \sum_{j=1}^{n} |b_{nj}| \operatorname{Var} U_{n\uparrow j} \xi_{nj}^{-2-\eta}$$

$$\leq \chi' n^{-3/2} \sum_{j=1}^{n} |b_{nj}| \xi_{nj}^{-1-\eta} \leq \chi'' n^{-3/2} \sum_{j=1}^{n} \xi_{nj}^{-1-\eta-\iota}.$$

Nach (B4.15) gilt wegen $\eta + \iota < 1/2$

$$\frac{1}{n} \sum_{j=1}^{n} \xi_{nj}^{-1-\eta-\iota} = O(n^{\eta+\iota}) = o(n^{1/2}).$$

Damit ist $R_n \mathbf{1}_{M_n}$ asymptotisch vernachlässigbar. Natürlich gilt nach Wahl von M_n auch $P(|R_n \mathbf{1}_{M_n^c}| \neq 0) < \varepsilon \; \forall n \geq 1$, also die Behauptung. □

Wie schon bei der Projektionsmethode möchte man auch hier die mit n variierende Zentrierung durch den Wert des L-Funktionals an der Stelle F ersetzen. Dieses ist mit Hilfssatz B4.2 leicht sicherzustellen.

Korollar 7.218 *Sei $b : (0, 1) \to \mathbb{R}$ stetig differenzierbar mit*

$$|b^{(i)}(t)| \leq \chi_b [t(1-t)^{-i-\iota}], \quad i = 0, 1, \quad \exists \chi_b \in (0, \infty).$$

Unter den Voraussetzungen[107] von Hilfssatz 7.217 gilt dann bei $b_{nj} = b(\frac{j}{n+1})$

$$n^{1/2}(L_n - \int_0^1 h(F^{-1}(t))b(t) \, dt - L_n^0) = o_F(1).$$

Beweis: Dieser folgt mit $\varrho = 1 + \eta + \iota$ aus Hilfssatz B4.2b. □

Zum Nachweis der asymptotischen Normalität von $\sqrt{n}(L_n - \gamma_\mathfrak{a}(F, b))$ hat man somit nur diejenige von $\sqrt{n} L_n^0$ zu zeigen. Ist $a'(\cdot)b(\cdot)$ beschränkt, dann liegt gerade der in Beispiel 7.105 betrachtete Fall vor, d.h es gilt $\mathfrak{L}_F(\sqrt{n} L_n^0) \xrightarrow{\mathfrak{L}} \mathfrak{N}(0, \sigma^2)$ mit

$$\sigma^2 = \sigma^2(F, ba') = \int_0^1 \int_0^1 \Gamma_\mathbf{B}(s,t) a'(s) b(s) a'(t) b(t) \, ds \, dt. \tag{7.5.49}$$

Die Beschränktheit ging dort lediglich beim Nachweis der Noether-Bedingung ein, vgl. (7.2.40), und kann weitgehend abgeschwächt werden. Zur Symbolik $\sigma^2(F, ba')$ beachte man, daß bei $h \neq \mathrm{id}$ die Funktion $a = h \circ F^{-1}$ nicht mehr allein durch F

---

[107] Wegen $a = h \circ F^{-1}$ lassen sich diese in der Regel nur dann zeigen, wenn F^{-1} bzw. F selbst hinreichend glatt ist. Bei stetigem F stimmt aber die Zentrierungskonstante $\int_{(0,1)} h(F^{-1}(t)b(t) \, dt$ nach (7.3.23) und (7.2.24) mit dem Funktional $\gamma_\mathfrak{a}(F, b)$ überein.

bestimmt ist, so daß also zur Formulierung der Limesaussage bei (differenzierbarem) $h \neq \mathrm{id}$ eine (7.5.11) verallgemeinernde Symbolik erforderlich ist, etwa

$$\sigma^2(F,b,h) = \iint b(F(y))b(F(z))\Gamma_{\mathbf{B}}(F(y),F(z))h'(y)h'(z)\,\mathrm{d}y\,\mathrm{d}z\,. \qquad (7.5.50)$$

Wir haben hierauf verzichtet, da wegen $h = a \circ F$ mit differenzierbarem a

$$\sigma^2(F,b,a \circ F) = \sigma^2(F,ba'),$$

speziell also $\sigma^2(F,b,\mathrm{id}) = \sigma^2(F,b)$ ist. Es gilt nun der[108]

Satz 7.219 *Seien U_j, $j \in \mathbb{N}$, st.u. $\mathfrak{R}$-verteilte ZG und L_n eine L-Statistik der Form (7.5.45) mit $b_{nj} = b(\frac{j}{n+1})$. Die Funktionen $a(\cdot)$ und $b(\cdot)$ seien zweimal bzw. einmal stetig differenzierbar und erfüllen mit geeigneten Konstanten $0 \leq \eta, \iota, \eta + \iota < 1/2$, sowie mit $\chi_a, \chi_b \in (0,\infty)$ die Wachstumsbedingungen*

$$|a^{(i)}(t)| \leq \chi_a(t(1-t))^{-i-\eta}, \quad i = 0,1,2;$$

$$|b^{(i)}(t)| \leq \chi_b(t(1-t))^{-i-\iota}, \quad i = 0,1.$$

Dann gilt mit $\gamma_\mathfrak{a}(F,b)$ aus (7.3.24) und $\sigma^2(F,ba')$ aus (7.5.49)

$$\mathfrak{L}(\sqrt{n}(L_n - \gamma_\mathfrak{a}(F,b))) \xrightarrow[\mathfrak{L}]{} \mathfrak{N}(0,\sigma^2(F,ba')).$$

Beweis: Wegen Hilfssatz 7.217 und Korollar 7.218 reicht es, die asymptotische Normalität von $n^{1/2}L_n^0$ zu zeigen, wobei L_n^0 durch (7.5.48) mit $a'_{nj} = a'(\frac{j}{n+1})$ und $b_{nj} = b(\frac{j}{n+1})$ definiert sei. Hierzu verfahren wir wie in Beispiel 7.105, d.h. stellen die Folge dieser Statistiken verteilungsgleich dar in der Form

$$\sqrt{n}L_n^0 \stackrel{\mathfrak{L}}{=} \frac{n+1}{S_{n+1}} n^{-1/2} \sum_{j=1}^{n+1} c_{nj} Z_j$$

mit st.u. zentriert-$\mathfrak{E}(1)$-verteilten ZG Z_j, $j \in \mathbb{N}$, $S_n := \sum_{j=1}^n Z_j$ und

$$c_{nj} := n^{-1/2}(n+1)^{-1} \sum_{k=1}^n q_{njk} a'(\frac{k}{n+1}) b(\frac{k}{n+1}),$$

wobei q_{njk} wieder gemäß (7.2.37) definiert sei. Die Koeffizienten c_{nj} erfüllen die Noether-Bedingung unter den hier vorausgesetzten Wachstumsbedingungen an $a'(\cdot)$ und $b(\cdot)$. Es gilt nämlich mit $\alpha := \eta + \iota$, einer zunächst beliebigen Konstanten $\beta \in (\alpha, 1/2)$ und geeignetem $\chi \in (0,\infty)$

---

[108] In Anlehnung an die bereits oben zitierte Arbeit von Chernoff-Gastwirth-Johns: Ann. Math. Stat. 38 (1967) 52-72. Bei diesem Satz beschränken wir uns nur deshalb auf approximative Gewichte, um auf einfache Weise die Wahl der Zentrierung $\gamma_\mathfrak{a}(F,b)$ sicherstellen zu können.

7 Nichtparametrische Funktionale und ihre kanonischen Schätzer

$$n^{1/2}|c_{nj}| \leq \chi(n+1)^{-1}\sum_{k=1}^{j-1}(\frac{k}{n+1})^{-\alpha}(1-\frac{k}{n+1})^{-1-\alpha}$$

$$+\chi(n+1)^{-1}\sum_{k=j}^{n}(\frac{k}{n+1})^{-1-\alpha}(1-\frac{k}{n+1})^{-\alpha}$$

$$\leq \chi(1-\frac{n}{n+1})^{-\beta}(n+1)^{-1}\sum_{k=1}^{n}(\frac{k}{n+1})^{-\alpha}(1-\frac{k}{n+1})^{-1+\beta-\alpha}$$

$$+\chi(\frac{1}{n+1})^{-\beta}(n+1)^{-1}\sum_{k=1}^{n}(\frac{k}{n+1})^{-1+\beta-\alpha}(1-\frac{k}{n+1})^{-\alpha}.$$

Wegen

$$\int_0^1 s^{-\alpha}(1-s)^{-1+\beta-\alpha}\,ds = \int_0^1 s^{-1+\beta-\alpha}(1-s)^{-\alpha}\,ds =: \tau < \infty$$

sind die entsprechenden Riemann-Summen beschränkt und damit

$$\max_{1\leq j \leq n+1}|c_{nj}| \leq n^{-1/2+\beta}\chi(2\tau+o(1)) = o(1).$$

Wie in Beispiel 7.105 gilt weiterhin

$$\sum_{j=1}^{n+1}c_{nj}^2 = \frac{n}{n+1}\int_0^1\int_0^1 c_n(s,t)\,ds\,dt$$

$$= n^{-1}(n+1)^{-1}\sum_{k=1}^{n}\sum_{\ell=1}^{n}\Gamma_{\mathbf{B}}(\frac{k}{n+1},\frac{\ell}{n+1})a'(\frac{k}{n+1})b(\frac{k}{n+1})a'(\frac{\ell}{n+1})b(\frac{\ell}{n+1})$$

wobei für $0 < s,t < 1$ zu setzen ist

$$c_n(s,t) = c(\frac{[ns]+1}{n+1},\frac{[nt]+1}{n+1}), \quad c(s,t) = \Gamma_{\mathbf{B}}(s,t)a'(s)b(s)a'(t)b(t).$$

Offensichtlich gilt wegen der Stetigkeit von c

$$c_n(s,t) \to c(s,t) \quad \forall s,t \in (0,1).$$

Mit Hilfe des Lemmas von Pratt A4.9 soll nun noch die Gültigkeit von

$$2\iint_{0<s<t<1} c_n(s,t)\,ds\,dt \to 2\iint_{0<s<t<1} c(s,t)\,ds\,dt = \sigma^2(F,b)$$

gezeigt werden. Zunächst liefert die Voraussetzung für $0 < s < t < 1$

$$|c(s,t)| \leq \chi s^{-\alpha}(1-s)^{-1-\alpha}t^{-1-\alpha}(1-t)^{-\alpha} =: \zeta(s,t).$$

7.5 Verteilungskonvergenz von L- und Q-Statistiken   701

Weiter gilt für $0 < s < t < 1$:

$$\zeta_n(s,t) := \zeta\left(\frac{[ns]+1}{n+1}, \frac{[nt]+1}{n+1}\right) \to \zeta(s,t).$$

Nachzuweisen bleibt daher zur Anwendung des Satzes von Vitali 1.181

$$\limsup_{n\to\infty} \iint\limits_{0<s<t<1} \zeta_n(s,t)\,\mathrm{d}s\,\mathrm{d}t \leq \iint\limits_{0<s<t<1} \zeta(s,t)\,\mathrm{d}s\,\mathrm{d}t < \infty. \tag{7.5.51}$$

Dabei ist das rechte Integral endlich, denn für $\alpha < 1/2$ gilt

$$\iint\limits_{0<s<t<1} s^{-\alpha}(1-s)^{-1-\alpha}t^{-1-\alpha}(1-t)^{-\alpha}\,\mathrm{d}s\,\mathrm{d}t$$

$$= \int_0^{1/2} t^{-1-\alpha}(1-t)^{-\alpha} \int_0^t s^{-\alpha}(1-s)^{-1-\alpha}\,\mathrm{d}s\,\mathrm{d}t$$

$$+ \int_{1/2}^1 t^{-1-\alpha}(1-t)^{-\alpha}\,\mathrm{d}t \int_0^{1/2} s^{-\alpha}(1-s)^{-1-\alpha}\,\mathrm{d}s$$

$$+ \int_{1/2}^1 t^{-1-\alpha}(1-t)^{-\alpha} \int_{1/2}^t s^{-\alpha}(1-s)^{-1-\alpha}\,\mathrm{d}s\,\mathrm{d}t$$

$$\leq \chi \int_0^{1/2} t^{-2\alpha}\,\mathrm{d}t + \chi \int_{1/2}^1 (1-t)^{-\alpha}\,\mathrm{d}t \int_0^{1/2} s^{-\alpha}\,\mathrm{d}s + \chi \int_{1/2}^1 (1-t)^{-2\alpha}\,\mathrm{d}t < \infty.$$

Der Nachweis des ersten Teiles von (7.5.51) erfolgt mittels Fallunterscheidung. □

Der vorausgehende Satz interessiert hauptsächlich für den Fall $h = \mathrm{id}$, also für $a = F^{-1}$. Da die Pseudoinverse einer VF häufig nicht in geschlossener Form angegeben werden kann, sollen noch die Wachstumsbedingungen an F^{-1} direkt durch die VF F ausgedrückt werden. Die folgende Aussage (und ihr Beweis) ist recht technisch, wird aber auch in Band III benötigt und soll deshalb hier angegeben und bewiesen werden.

Hilfssatz 7.220 *F sei eine auf $0 < F < 1$ streng isotone, zweimal stetig differenzierbare VF mit λ-Dichte $f = F'$, für die $f, f' \neq 0$ auf $0 < F < 1$ sei. Dann gilt bei vorgegebenen $\delta_0, \delta_1, \delta_2 > 0$:*

a) $\exists K > 0 \ \forall s \in (0,1) : |F^{-1}(s)| \leq K(s(1-s))^{-\delta_0}$
   $\Leftrightarrow \exists K > 0 \ \exists x_0 \geq 0 \ \forall x \geq x_0 : F(-x) \vee (1 - F(x)) \leq Kx^{-\delta_0^{-1}};$

b) $\exists K > 0 \ \forall s \in (0,1) : |(F^{-1})'(s)| \leq K(s(1-s))^{-\delta_1}$
   $\Leftrightarrow \exists K > 0 \ \exists x_1 \leq x_2 \in \mathbb{R} \ \text{mit} \ 0 < F(x_1) \leq F(x_2) < 1 :$
   $$F(x) \leq K(f(x))^{\delta_1^{-1}} \ \forall x \leq x_1 \ \text{und} \ 1 - F(x) \leq K(f(x))^{\delta_1^{-1}} \ \forall x \geq x_2;$$

c) $\exists K > 0 \ \forall s \in (0,1) : |(F^{-1})''(s)| \leq K(s(1-s))^{-\delta_2}$
   $\Leftrightarrow \exists K > 0 \ \exists x_1 \leq x_2 \in \mathbb{R} \ \text{mit} \ 0 < F(x_1) \leq F(x_2) < 1 :$
   $$F(x) \leq K\left(\frac{f^3(x)}{|f'(x)|}\right)^{\delta_2^{-1}} \ \forall x \leq x_1 \ \text{und} \ 1 - F(x) \leq K\left(\frac{f^3(x)}{|f'(x)|}\right)^{\delta_2^{-1}} \ \forall x \geq x_2.$$

Beweis: Sei $s_0 := F(0)$ und die Variable s immer aus (0,1).

a) „$\Rightarrow$" Sei $s_0 \in (0,1)$. (Bei $s_0 = 0$ bzw. $s_0 = 1$ läßt sich der Beweis einfacher führen.) Für $s \leq s_0$ und $F^{-1}(s) \leq 0$ ist dann
$$-F^{-1}(s) \leq K(s(1-s))^{-\delta_0} \leq K(1-s_0)^{-\delta_0} s^{-\delta_0}, \quad \text{also}$$
$$F^{-1}(s) \geq -K(1-s_0)^{-\delta_0} s^{-\delta_0}.$$

Mit $K_1 := K^{\delta_0^{-1}}(1-s_0)^{-1}$ gilt somit für $x \geq x_0 := K(s_0(1-s_0))^{-\delta_0}$
$$F^{-1}(K_1 x^{-\delta_0^{-1}}) \geq -x, \quad \text{also} \quad F(-x) \leq K_1 x^{-\delta_0^{-1}}.$$

Für $s \geq s_0$ und $F^{-1}(s) \geq 0$ ist dann
$$F^{-1}(s) \leq K(s(1-s))^{-\delta_0} \leq K s_0^{-\delta_0}(1-s_0)^{-\delta_0},$$

mit $K_2 := K^{\delta_0^{-1}} s_0^{-1}$ für $x \geq x_0$ folglich $F^{-1}(1 - K_2 x^{-\delta_0^{-1}}) \leq x$, d.h.
$$F(x) \geq 1 - K_2 x^{-\delta_0^{-1}} \quad \text{bzw.} \quad 1 - F(x) \leq K_2 x^{-\delta_0^{-1}} \ \forall x \geq x_0.$$

Mit $K := K_1 \cup K_2$ ergibt sich also die Behauptung.

„$\Leftarrow$" Nach Voraussetzung gilt $F(-x) \leq Kx^{-\delta_1^{-1}}$ und damit $-F^{-1}(Kx^{-\delta_1^{-1}}) \leq x$ $\forall x \geq x_0$. Dieses ist äquivalent mit $-F^{-1}(s) \leq K^{\delta_1} s^{-\delta_1} \ \forall s \leq s_1 := K x_0^{-\delta_1^{-1}}$ oder
$$|F^{-1}(s)| \leq K^{\delta_1} s^{-\delta_1} \leq K^{\delta_1}(s(1-s))^{-\delta_1} \ \forall s \leq s_0 \wedge s_1.$$

Entsprechend gilt $1 - F(x) \leq Kx^{-\delta_1^{-1}}$, also $F(x) \geq 1 - Kx^{-\delta_1^{-1}} \ \forall x \geq x_0$. Dieses ist äquivalent mit $F^{-1}(s) \leq K^{\delta_1}(1-s)^{-\delta_1} \ \forall s \geq s_2 := 1 - K x_0^{-\delta_1^{-1}}$ oder
$$|F^{-1}(s)| \leq K^{\delta_1}(1-s)^{-\delta_1} \leq K^{\delta_1}(s(1-s))^{-\delta_1} \ \forall s \geq s_0 \vee s_2.$$

Daraus folgt $|F^{-1}(s)| \leq K^{\delta_1}(s(1-s))^{-\delta_1} \ \forall s \in (0, s_0 \wedge s_1] \cup [s_0 \vee s_2, 1)$.

Wegen der strengen Isotonie von F ist F^{-1} stetig und auf $[s_0 \wedge s_1, s_0 \vee s_2]$ beschränkt. Insgesamt ergibt sich damit die Behauptung.

b) „⇒" Wegen $(F^{-1})'(s) = (f(F^{-1}(s)))^{-1}$ folgt

$$(f(F^{-1}(s))^{-1} \leq K(s(1-s))^{-\delta_1} \leq K2^{\delta_1}s^{-\delta_1} \quad \forall s \leq 1/2.$$

Damit ist $f(F^{-1}(s)) \geq K^{-1}2^{-\delta_1}s^{\delta_1} \quad \forall s \leq 1/2$, d.h.

$$f(x) \geq K^{-1}2^{-\delta_1}(F(x))^{\delta_1} \quad \forall x \leq x_0 := F^{-1}(1/2)$$

und folglich mit $K_0 := 2K^{\delta_1^{-1}}$ für alle $x \leq x_0$

$$F(x) \leq K_0(f(x))^{\delta_1^{-1}} \quad \text{sowie analog} \quad 1 - F(x) \leq K_0(f(x))^{\delta_1^{-1}}.$$

„⇐" Wegen $F(x) \leq Kf(x)^{\delta_1^{-1}} \quad \forall x \leq x_1$ gilt $f(x) \geq (F(x))^{\delta_1}K^{-\delta_1} \quad \forall x \leq x_1$ und damit $f(F^{-1}(s)) \geq K^{-\delta_1}s^{\delta_1} \quad \forall s \leq s_1 := F(x_1) \in (0,1)$. Folglich ist

$$(f(F^{-1}(s)))^{-1} \leq K^{\delta_1}s^{-\delta_1} \leq K^{\delta_1}(s(1-s))^{-\delta_1} \quad \forall s \leq s_1, \quad \text{also}$$

$$(F^{-1})'(s) \leq K^{\delta_1}(s(1-s))^{-\delta_1} \quad \forall s \leq s_1.$$

Wegen $1 - F(x) \leq K(f(x))^{\delta_1^{-1}}$ gilt $f(x) \geq K^{-\delta_1}(1-F(x))^{\delta_1} \quad \forall x \geq x_2$ und damit

$$f(F^{-1}(s)) \geq K^{-\delta_1}(1-s)^{\delta_1} \quad \forall s \geq s_2 := F(x_2) \in (0,1). \quad \text{Folglich ist}$$

$$(F^{-1})'(s) \leq K^{\delta_1}(1-s)^{-\delta_1} \leq K^{\delta_1}(s(1-s))^{-\delta_1} \quad \forall s \geq s_2.$$

Auf dem abgeschlossenen Intervall $[s_1, s_2]$ ist $(F^{-1})'(s)$ stetig, also beschränkt. Insgesamt ergibt sich daher mit geeignetem $K > 0$

$$|(F^{-1})'(s)| \leq (F^{-1})'(s) \leq K(s(1-s))^{-\delta_1} \quad \forall s \in (0,1).$$

c) folgt analog b) wegen $(F^{-1})''(s) = -\dfrac{f'(F^{-1}(s))}{(f(F^{-1}(s)))^3}$. □

Satz 7.219 läßt sich nun auch in den Ausgangsvariablen X_j, $j \in \mathbb{N}$, lesen. Im Fall $h = \text{id}$ muß bei diesem Ansatz dann F strikt isoton und zweimal stetig differenzierbar sein. Dafür sind hier auch stetig differenzierbare, an den Rändern von $(0,1)$ unbeschränkt anwachsende Funktionen b zugelassen. Die weiter zu verifizierenden Wachstumsbedingungen an F^{-1} lassen sich also mit Hilfssatz 7.220 überprüfen.

Limesvarianz und asymptotische Effizienz von L-Statistiken Bisher wurden bereits drei Resultate bewiesen, die – unter jeweils unterschiedlichen Voraussetzungen – die asymptotische Normalität von L-Statistiken sicherstellen. Weitere Methoden zum Nachweis dieser Aussagen werden in Band III diskutiert. Wie bereits die Sätze 7.210 und 7.219 zeigen, ergeben sich in Abhängigkeit von der Beweismethode aber unterschiedliche Ausdrücke für die Limesvarianz. Der nachfolgende Hilfssatz 7.221 zeigt, daß die wichtigsten derartigen Ausdrücke unter geeigneten Voraussetzungen übereinstimmen. Bei dieser Diskussion gehen wir von dem Ausdruck (7.5.49) für $\sigma^2(F, ba')$ aus. Besitzt F eine Quantildichte und ist h stetig differenzierbar, dann

7 Nichtparametrische Funktionale und ihre kanonischen Schätzer

geht dieser offensichtlich über in den Ausdruck (7.5.50). Für diesen sollen nun weitere Darstellungsformen angegeben werden.

Hilfssatz 7.221 *Es sei F eine eindimensionale VF, für die eine Quantildichte $(F^{-1}(\cdot))'$ existiere. Gegeben sei weiter eine Gewichtsfunktion $b \in \mathbb{L}_1(\mathfrak{R})$ und eine stetig differenzierbare Bewertungsfunktion $h \in \mathbb{L}_1(F)$. Mit $a := h \circ F^{-1}$ gelte $a'b \in \mathbb{L}_1(\mathfrak{R})$. Schließlich sei wieder $\Gamma_{\mathbf{B}}(s,t) = s \wedge t - st$ und U eine $\mathfrak{R}$-verteilte ZG. Mit diesen Größen sei nun für $s \in (0,1)$ definiert:*

$$A(s) := \int_0^s a(u)\,du, \quad B(s) := \int_0^s b(u)\,du$$

$$C(s) := \int_0^s b(u)a'(u)\,du = \int_0^s b(u)h'(F^{-1}(u))(F^{-1}(u))'\,du,$$

$$D(s) := (1-s)^{-1} \int_s^1 b(t)(1-t)\,da(t).$$

Dann sind $A, B, C \in \mathbb{L}_2(\mathfrak{R})$ und es gilt:

a) $\quad \mathrm{Cov}(A(U), B(U)) = \int_0^1 A(s)B(s)\,ds - \int_0^1 A(s)\,ds \int_0^1 B(s)\,ds$

$$= \int_0^1 \int_0^1 a(u)b(v)\Gamma_{\mathbf{B}}(u,v)\,du\,dv;$$

b) $\quad \int\limits_{0<s<1} D^2(s)\,ds = \iint\limits_{0<s,t<1} b(s)b(t)\Gamma_{\mathbf{B}}(s,t)\,da(s)\,da(t)$

$$= \iint\limits_{0<s,t<1} b(F(y))b(F(z))\Gamma_{\mathbf{B}}(F(y),F(z))h'(y)h'(z)\,dy\,dz$$

$$= \mathrm{Var}\,C(U).$$

Beweis: a) Nach dem Satz von Fubini gilt

$$\int\limits_{0<s<1} A(s)B(s)\,ds = \iiint\limits_{0<u<v<s<1} a(u)b(v)\,du\,dv\,ds + \iiint\limits_{0<v<u<s<1} a(u)b(v)\,du\,dv\,ds$$

$$= \iint\limits_{0<u<v<1} a(u)b(v)(1-v)\,du\,dv + \iint\limits_{0<v<u<1} a(u)b(v)(1-u)\,du\,dv$$

$$= \iint\limits_{0<u,v<1} a(u)b(v)(1 - u \vee v)\,du\,dv.$$

7.5 Verteilungskonvergenz von L- und Q-Statistiken 705

Speziell ergibt sich so etwa die Quadratintegrierbarkeit von A gemäß

$$\int_0^1 (\int_0^s a(u)\,du)^2\,ds \le \int_0^1 (\int_0^s |a(u)|\,du)^2\,ds$$

$$= \int_0^1\int_0^1 |a(u)||a(v)|(1 - u \vee v)\,du\,dv \le (\int_0^1 |a(u)|\,du)^2 < \infty.$$

Entsprechend folgt – ebenfalls nach dem Satz von Fubini –

$$\int_0^1 A(s)\,ds = \int_0^1 a(u)(1-u)\,du, \quad \int_0^1 B(s)\,ds = \int_0^1 b(u)(1-u)\,du$$

und damit wegen $(1-u\vee v)-(1-u)(1-v) = u\wedge v - uv = \Gamma_{\mathbf{B}}(u,v)$ die Behauptung.

b) Offenbar gilt nach Definition von $D(\cdot)$

$$\int_0^1 D^2(u)\,du = \int_0^1 (1-u)^{-2} \int_u^1\int_u^1 b(s)(1-s)b(t)(1-t)\,da(s)\,da(t)\,du$$

$$= 2\int_0^1 (1-u)^{-2} \iint_{u<s<t<1} b(s)(1-s)b(t)(1-t)\,da(s)\,da(t)\,du$$

und damit nach Anwendung des Satzes von Fubini wegen $(1-s)\int_0^s (1-u)^{-2}\,du = s$

$$\int_0^1 D^2(u)\,du = 2 \iint_{u<s<t<1} b(s)(1-s)b(t)(1-t) \int_0^s (1-u)^{-2}\,du\,da(s)\,da(t)$$

$$= 2 \iint_{0<s<t<1} b(s)b(t)s(1-t)\,da(s)\,da(t) = \iint_0^1\!\!\int_0^1 b(s)b(t)\Gamma_{\mathbf{B}}(s,t)\,da(s)\,da(t).$$

Hieraus folgt wegen $da(s) = h'(F^{-1}(s))\,dF^{-1}(s)$ durch Anwendung der Transformationsformel 7.146 auch die zweite behauptete Gleichheit. Die dritte ergibt sich aus a) für $A = B = C$. □

Auf Hilfssatz 7.221 beruht auch der Beweis der bereits in 7.1.1 angekündigten Aussage, daß sich für die Parameter in Lokations-, Skalen- und Lokations-Skalenmodellen asymptotisch effiziente Schätzer in Form von L-Statistiken wählen lassen. Beim Beweis der Teilaussage c) beachte man, daß es sich um die Verteilungskonvergenz einer zweidimensionalen L-Statistik $(L_{n1}, L_{n2})^\top$ handelt, deren Komponenten dieselbe Bewertungsfunktion h besitzen. Dann ist nämlich auch jede zur Anwendung des Lemmas von Cramér-Wold zu betrachtende Linearkombination

$u_1 L_{n1} + u_2 L_{n2}$, $u_1, u_2 \in \mathbb{R}$, wieder eine L-Statistik zur Bewertungsfunktion h und zwar zur Gewichtsfunktion $u_1 b_1(\cdot) + u_2 b_2(\cdot)$ gemäß

$$u_1 \gamma_a(\widehat{F}_n, b_1) + u_2 \gamma_a(\widehat{F}_n, b_2) = \gamma_a(\widehat{F}_n, u_1 b_1 + u_2 b_2).$$

Sind nun die Voraussetzungen zur asymptotischen Normalität für b_1 und b_2 erfüllt, so auch für $u_1 b_1 + u_2 b_2$ und es gilt – etwa für $h = \mathrm{id}$ – nach (7.5.33)

$$\sigma^2(F, u_1 b_1 + u_2 b_2) = \iint_{00}^{11} \Gamma_{\mathbf{B}}(s,t)(u_1 b_1(s) + u_2 b_2(s))(u_1 b_1(t) + u_2 b_2(t))\,\mathrm{d}s\,\mathrm{d}t$$

$$= (u_1, u_2)\, \mathscr{S}(F, b_1, b_2)\, (u_1, u_2)^\top$$

mit

$$\mathscr{S}(F, b_1, b_2) := \begin{pmatrix} \iint_{00}^{11} \Gamma_{\mathbf{B}}(s,t) b_1(s) b_1(t)\,\mathrm{d}s\,\mathrm{d}t & \iint_{00}^{11} \Gamma_{\mathbf{B}}(s,t) b_1(s) b_2(t)\,\mathrm{d}s\,\mathrm{d}t \\ \iint_{00}^{11} \Gamma_{\mathbf{B}}(s,t) b_2(s) b_1(t)\,\mathrm{d}s\,\mathrm{d}t & \iint_{00}^{11} \Gamma_{\mathbf{B}}(s,t) b_2(s) b_2(t)\,\mathrm{d}s\,\mathrm{d}t \end{pmatrix}.$$

Satz 7.222 (Asymptotische Effizienz von L-Schätzern; Bennett[109]) X_j, $j \in \mathbb{N}$, seien st.u. ZG *mit derselben Verteilung aus einer Lokations-, Skalen- oder Lokations-Skalenfamilie $\mathfrak{F}$. Dabei werde $\mathfrak{F}$ durch eine Verteilung F mit differenzierbarer λ-Dichte f erzeugt, welche die Voraussetzungen von Beispiel 6.159 erfülle und für die* $\mathfrak{g}(x) = -f'(x)/f(x)$ *bzw.* $\mathfrak{h}(x) = -1 - xf'(x)/f(x)$ *differenzierbar sei. Weiter sei*[110]

$$I_L := \int \mathfrak{g}^2 \,\mathrm{d}F \in (0, \infty), \quad I_S := \int \mathfrak{h}^2 \,\mathrm{d}F \in (0, \infty), \quad I_{LS} := \int \mathfrak{g}\mathfrak{h} \,\mathrm{d}F \in \mathbb{R}$$

und die mit diesen Größen gebildete Fisher-Informationsmatrix

$$\mathscr{J} = \mathscr{J}(f) = \begin{pmatrix} I_L & I_{LS} \\ I_{LS} & I_S \end{pmatrix}$$

invertierbar. Für $a(t) := F^{-1}(t)$ *und* $b(t) := \mathfrak{g}' \circ F^{-1}(t)$ *bzw.* $b(t) := \mathfrak{h}' \circ F^{-1}(t)$ *seien zudem die Voraussetzungen aus Satz 7.219 erfüllt. Dann gilt:*

a) *Ist* $\sigma = \sigma_0 \in (0, \infty)$ *bekannt,* $\mathfrak{F} = \mathfrak{T}_L(F(\cdot/\sigma_0)) := \{F_\mu(\cdot) = F(\frac{\cdot - \mu}{\sigma_0}) : \mu \in \mathbb{R}\}$ *und* $c(\cdot) := I_L^{-1} \mathfrak{g}' \circ F^{-1}(\cdot)$, *dann ist die L-Statistik* $C_n := \frac{1}{n} \sum_{j=1}^n c(\frac{j}{n+1}) X_{n\uparrow j}$ *asymptotisch effizient für μ. Genauer gilt mit der Konstanten* $\beta_L := \sigma_0 I_L^{-1} I_{LS}$

$$\mathfrak{L}_{\mu, \sigma_0}(\sqrt{n}(C_n - \mu - \beta_L)) \xrightarrow{\mathscr{L}} \mathfrak{N}(0, \sigma_0^2 I_L^{-1}) \quad \forall \mu \in \mathbb{R}. \tag{7.5.52}$$

---

[109] In Anlehnung an die in Fußnote 108 zitierte Arbeit von Chernoff-Gastwirth-Johns.
[110] In der bisherigen Terminologie ist also $I_L = I(f)$, $I_S = -1 + \widetilde{I}(f)$ und $I_{LS} = \check{I}(f)$.

7.5 Verteilungskonvergenz von L- und Q-Statistiken

b) Ist $\mu = \mu_0 \in \mathbb{R}$ bekannt, $\mathfrak{F} = \mathfrak{T}_S(F(\cdot - \mu_0)) := \{F_\sigma(\cdot) = F(\frac{\cdot - \mu_0}{\sigma}) : \sigma > 0\}$ und $d(\cdot) := I_S^{-1} \mathfrak{h}' \circ F^{-1}(\cdot)$, dann ist die L-Statistik $D_n := \frac{1}{n} \sum_{j=1}^n d(\frac{j}{n+1}) X_{n\uparrow j}$ asymptotisch effizient für σ. Genauer gilt mit der Konstanten $\beta_S := \mu_0 I_S^{-1} I_{LS}$

$$\mathfrak{L}_{\mu_0,\sigma}(\sqrt{n}(D_n - \sigma - \beta_S)) \xrightarrow{\mathfrak{L}} \mathfrak{N}(0, \sigma^2 I_S^{-1}) \quad \forall \sigma > 0. \qquad (7.5.53)$$

c) Ist $\mathfrak{F} = \mathfrak{T}(F) := \{F_{\mu,\sigma}(\cdot) := F(\frac{\cdot - \mu}{\sigma}) : \mu \in \mathbb{R}, \sigma > 0\}$ die durch F erzeugte Lokations-Skalenfamilie und $(c^*, d^*)^\top := \mathscr{J}^{-1}(\mathfrak{g}' \circ F^{-1}, \mathfrak{h}' \circ F^{-1})^\top$, dann ist die zweidimensionale L-Statistik $(C_n^*, D_n^*)^\top$ mit $C_n^* := \frac{1}{n} \sum_{j=1}^n c^*(\frac{j}{n+1}) X_{n\uparrow j}$ und $D_n^* := \frac{1}{n} \sum_{j=1}^n d^*(\frac{j}{n+1}) X_{n\uparrow j}$ asymptotisch effizient für $(\mu, \sigma)^\top$, d.h. es gilt

$$\mathfrak{L}_{\mu,\sigma} \begin{pmatrix} \sqrt{n}(C_n^* - \mu) \\ \sqrt{n}(D_n^* - \sigma) \end{pmatrix} \xrightarrow{\mathfrak{L}} \mathfrak{N}(0, \sigma^2 \mathscr{J}^{-1}) \quad \forall (\mu, \sigma) \in \mathbb{R} \times (0, \infty). \qquad (7.5.54)$$

Beweis: Aufgrund der hier vorliegenden Voraussetzungen ist Satz 7.219 anwendbar, d.h. die jeweilige L-Statistik ist asymptotisch normal und zwar wegen $h = \text{id}$ mit $\gamma_\mathfrak{a}(F, b) = \int_{(0,1)} F^{-1}(t) b(t) \, dt$ und $\sigma^2(F, b)$ aus (7.5.33). Es bleibt also nur zu verifizieren, daß diese Größen – in den Fällen a) und b) korrigiert um die angegebenen (bekannten) Verzerrungen β_L bzw. β_S – mit dem zu schätzenden Parameter μ und/oder σ übereinstimmen. Hierzu beachte man, daß sich durch Anwendung der Transformationsformel und anschließende partielle Integration ergibt

$$\int_{(0,1)} \mathfrak{g}' \circ F^{-1}(s) \, ds = \int \mathfrak{g}'(x) f(x) \, dx = I_L,$$

$$\int_{(0,1)} \mathfrak{g}' \circ F^{-1}(s) F^{-1}(s) \, ds = \int \mathfrak{g}'(x) x f(x) \, dx = -\int \mathfrak{g}(x) \{f(x) + x \frac{f'(x)}{f(x)} f(x)\} \, dx = I_{LS},$$

$$\int_{(0,1)} \mathfrak{h}' \circ F^{-1}(s) \, ds = \int \mathfrak{h}'(x) f(x) \, dx = I_{LS},$$

$$\int_{(0,1)} \mathfrak{h}' \circ F^{-1}(s) F^{-1}(s) \, ds = \int \mathfrak{h}'(x) x f(x) \, dx = I_S.$$

Mit diesen Umrechnungen ergibt sich die Identifizierung der Mittelwerte im Fall a) mit $b = c$, im Fall b) mit $b = d$ und im Fall c) mit $b = c^*$ bzw. $b = d^*$ wie folgt:

a) $\quad \gamma_\mathfrak{a}(F_{\mu,\sigma_0}, c) = \int_{(0,1)} c(s) F_{\mu,\sigma_0}^{-1}(s) \, ds = \frac{1}{I_L} \int_{(0,1)} \mathfrak{g}'(F^{-1}(s))(\mu + \sigma_0 F^{-1}(s)) \, ds$

$\qquad = \frac{1}{I_L} \mu \int \mathfrak{g}'(x) f(x) \, dx + \frac{\sigma_0}{I_L} \int \mathfrak{g}'(x) x f(x) \, dx = \mu + \beta_L;$

708 7 Nichtparametrische Funktionale und ihre kanonischen Schätzer

b) $\quad \gamma_a(F_{\mu_0,\sigma}, d) = \int\limits_{(0,1)} d(s) F^{-1}_{\mu_0,\sigma}(s)\,\mathrm{d}s = \frac{1}{I_S} \int\limits_{(0,1)} \mathfrak{h}'(F^{-1}(s))(\mu_0 + \sigma F^{-1}(s))\,\mathrm{d}s$

$\quad\quad = \frac{1}{I_S}\mu_0 \int \mathfrak{h}'(x)f(x)\,\mathrm{d}x + \frac{\sigma}{I_S}\int \mathfrak{h}'(x)xf(x)\,\mathrm{d}x = \sigma + \beta_S;$

c) $\quad \gamma_a(F_{\mu,\sigma}, c^*) = \frac{1}{|\mathscr{I}|}\int\limits_{(0,1)} (I_S \mathfrak{g}' \circ F^{-1}(s) - I_{LS}\mathfrak{h}' \circ F^{-1}(s))(\mu + \sigma F^{-1}(s))\,\mathrm{d}s$

$\quad\quad = \frac{1}{|\mathscr{I}|}(\mu I_S I_L + \sigma I_S I_{LS} - \mu I^2_{LS} - \sigma I_S I_{LS}) = \mu;$

$\gamma_a(F_{\mu,\sigma}, d^*) = \frac{1}{|\mathscr{I}|}\int\limits_{(0,1)} (-I_{LS}\mathfrak{g}' \circ F^{-1}(s) + I_S \mathfrak{h}' \circ F^{-1}(s))(\mu + \sigma F^{-1}(s))\,\mathrm{d}s$

$\quad\quad = \frac{1}{|\mathscr{I}|}(-\mu I_L I_{LS} - \sigma I^2_{LS} + \mu I_L I_{LS} + \sigma I_L I_S) = \sigma.$

Die Identifizierung der Limesvarianz bzw. Limes-Covarianzmatrix erfolgt in den einzelnen drei Teilaussagen mit Hilfssatz 7.221:

a) Bei dieser gehen wir aus von dem Ausdruck (7.5.49), also von

$$\sigma^2(F_{\mu,\sigma_0}, c) = \iint\limits_{0<s,t<1} \Gamma_{\mathbf{B}}(s,t)b(s)(F^{-1}_{\mu,\sigma_0}(s))'b(t)(F^{-1}_{\mu,\sigma_0}(t))'\,\mathrm{d}s\,\mathrm{d}t.$$

Zur Anwendung von Hilfssatz 7.221 benötigt man die Stammfunktion von

$$a_L(u) = c(u)(F^{-1}_{\mu,\sigma}(u))' = \frac{1}{I_L}\mathfrak{g}' \circ F^{-1}(u)(\mu + \sigma F^{-1}(u))' = \frac{\sigma}{I_L}(\mathfrak{g} \circ F^{-1}(u))'.$$

Diese ergibt sich zu $A_L(u) = \frac{\sigma}{I_L}\mathfrak{g} \circ F^{-1}(u)$. Folglich gilt gemäß Hilfssatz 7.221 für die Limesvarianz $\sigma^2(F_{\mu,\sigma_0}, c) = \operatorname{Var} A_L(U) = \sigma^2/I_L$.

b) Diese erfolgt analog a). Hier benötigt man die Stammfunktion von

$$a_S(u) = \frac{1}{I_S}\mathfrak{h}' \circ F^{-1}(u)(\mu + \sigma F^{-1}(u))' = \frac{\sigma}{I_S}(\mathfrak{h} \circ F^{-1}(u))'.$$

Diese lautet $A_S(u) = \frac{\sigma}{I_S}\mathfrak{h} \circ F^{-1}(u)$. Damit ergibt sich als Limesvarianz gemäß Hilfssatz 7.221 $\sigma^2(F_{\mu_0,\sigma}, d) = \operatorname{Var} A_S(U) = \sigma^2/I_S$.

c) Die Anwendung der Vorbemerkungen erfolgt bei beliebigen $u_1, u_2 \in \mathbb{R}$ auf

$a = (u_1, u_2)(c^*, d^*)^\top (F^{-1}_{\mu,\sigma}(u))' = u_1 a_L + u_2 a_S$

$\quad = \frac{u_1}{|\mathscr{I}|}(I_S \mathfrak{g}' \circ F^{-1} - I_{LS}\mathfrak{h}' \circ F^{-1})(F^{-1}_{\mu\sigma}(u))'$

$\quad\quad + \frac{u_2}{|\mathscr{I}|}(I_L \mathfrak{h}' \circ F^{-1} - I_{LS}\mathfrak{g}' \circ F^{-1})(F^{-1}_{\mu,\sigma}(u))'.$

Die zugehörige Stammfunktion lautet also hier

$$A = \frac{u_1}{|\mathscr{J}|}\sigma(I_S \mathfrak{g} \circ F^{-1} - I_{LS}\mathfrak{h} \circ F^{-1}) + \frac{u_2}{|\mathscr{J}|}\sigma(I_L \mathfrak{h} \circ F^{-1} - I_{LS}\mathfrak{g} \circ F^{-1})$$

$$= \sigma \begin{pmatrix} u_1 \\ u_2 \end{pmatrix}^\top \mathscr{J}^{-1} \begin{pmatrix} \mathfrak{g} \circ F^{-1} \\ \mathfrak{h} \circ F^{-1} \end{pmatrix},$$

so daß mit $\mathscr{A} = \sigma \mathscr{J}^{-1}(\mathfrak{g} \circ F^{-1}, \mathfrak{h} \circ F^{-1})^\top$ nach dem Satz von Cramér-Wold bzw. Hilfssatz 7.221 gilt

$$\mathscr{S}(F, c^*, d^*) = \mathscr{C}ov\,\mathscr{A}(U) = \sigma^2 \mathscr{J}^{-1} \mathscr{C}ov \begin{pmatrix} \mathfrak{g} \circ F^{-1} \\ \mathfrak{h} \circ F^{-1} \end{pmatrix} \mathscr{J}^{-1}$$

$$= \sigma^2 \mathscr{J}^{-1} \mathscr{J} \mathscr{J}^{-1} = \sigma^2 \mathscr{J}^{-1}. \quad \square$$

Es sei nochmals betont, daß mit F auch die $\mathbb{L}_2$-Ableitungen $\mathfrak{g}$ und $\mathfrak{h}$ sowie die Elemente I_L, I_S und I_{LS} der Informationsmatrix $\mathscr{J}$ und damit die Verzerrungen β_L und β_S in den Teilaussagen a) und b) bekannt sind.

Ist speziell F symmetrisch bzgl. 0, dann ist $I_{LS} = 0$ und damit $\mathscr{J}$ eine Diagonalmatrix. Folglich gilt $\beta_L = \beta_S = 0$, $c^* = c$, $d^* = d$ und damit $C_n^* = C_n$, $D_n^* = D_n$. Überdies existieren in dem Modell $\mathfrak{T}(F)$ asymptotisch effiziente L-Statistiken C_n^{**} und D_n^{**}, die gegenüber Skalentransformationen äquivariant und gegenüber Translationen äquivariant bzw. invariant sind, nämlich

$$C_n^{**} = \frac{1}{n}\sum_{j=1}^n c_{nj} X_{n\uparrow j}, \quad \sum_{j=1}^n c_{nj} = 1 \quad \text{bzw.} \quad D_n^{**} = \frac{1}{n}\sum_{j=1}^n d_{nj} X_{n\uparrow j}, \quad \sum_{j=1}^n d_{nj} = 0.$$

Sofern diese Zusatzbedingungen nicht bereits für C_n^* bzw. D_n^* erfüllt sind, setze man

$$c_{nj} = c(\frac{j}{n+1})/\sum_{i=1}^n c(\frac{i}{n+1}) \quad \text{bzw.} \quad d_{nj} = d(\frac{j}{n+1}) - \frac{1}{n}\sum_{i=1}^n d(\frac{i}{n+1}).$$

Folglich ist die Statistik $(D_n^{**})^{-1}(x_1 - C_n^{**}, \ldots, x_n - C_n^{**})$ invariant gegenüber affinen Transformationen und damit verteilungsfrei über jeder Lokations-Skalenfamilie.

Beispiel 7.223 Sei $F = \phi$, also $\mathfrak{g}(x) = x$, $\mathfrak{h}(x) = x^2 - 1$ und $\mathfrak{g}'(x) = 1$, $\mathfrak{h}'(x) = 2x$. Wegen $I_L = 1$, $I_S = 2$ (und $I_{LS} = 0$) ergibt sich $c^* = 1$, $d^* = \phi^{-1}$, so daß die gemäß Satz 7.222 gewonnenen asymptotisch effizienten L-Schätzer für den Lokations- und Skalenparameter (d.h. für Mittelwert und Standardabweichung) lauten

$$C_n^* = \overline{X}_n, \quad D_n^* = n^{-1}\sum_{j=1}^n \phi^{-1}(\frac{j}{n+1}) X_{n\uparrow j}.$$

Während C_n^* mit dem Standardschätzer in Normalverteilungsfamilien, also dem Stichprobenmittel $\overline{X}_n$, übereinstimmt, ist D_n^* nur asymptotisch äquivalent zur Stichproben-Standardabweichung $\widehat{\sigma}_n$. Genauer gilt $D_n^* - \widehat{\sigma}_n = o_p(n^{-1/2})$; vgl. Aufg. 7.54.

Ist dagegen F die Cauchy-Verteilung $\mathfrak{L} = \mathfrak{L}(0,1)$, so ist

$$f(x) = \frac{1}{\pi}\frac{1}{1+x^2}, \quad F(x) = \frac{1}{\pi}\arctan x + \frac{1}{2}, \quad F^{-1}(u) = \operatorname{tg}\left[\pi\left(u - \frac{1}{2}\right)\right],$$

$$\mathfrak{g}(x) = \frac{2x}{1+x^2}, \quad \mathfrak{h}(x) = \frac{-1+x^2}{1+x^2}, \quad \mathfrak{g}'(x) = \frac{2(1-x^2)}{(1+x^2)^2}, \quad \mathfrak{h}'(x) = \frac{-4x}{(1+x^2)^2}$$

sowie die Informationsmatrix $\mathscr{I}(f)$ diagonal mit den Diagonalelementen $I(f) = 1/2$ und $\widetilde{I}(f) = 3/2$. Folglich ist $c^* = 2\mathfrak{g}' \circ F^{-1}$ und $d^* = \frac{2}{3}\mathfrak{h}' \circ F^{-1}$, d.h. C_n^* und D_n^* sind von den Standardschätzern $\overline{X}_n$ bzw. s_n wesentlich verschieden. □

Wie das in 6.5.1 diskutierte Beispiel 6.200 zeigt auch dieses Beispiel, daß das Stichprobenmittel $\overline{x}_n$ und die Stichproben-Standardabweichung $\widehat{\sigma}_n$ nur bei zugrundeliegender Normalverteilung asymptotisch optimale Schätzer für μ bzw. σ sind. Bei anderen Lokations-Skalenfamilien lassen sich asymptotisch effiziente Schätzer als L-Statistiken gemäß Satz 7.222 bestimmen.

7.5.3 Verteilungskonvergenz von Q-Statistiken: De Wet-Venter Anpassungstests

Wie bereits Beispiel 7.106 gezeigt hat, sind neben L-Statistiken auch Q-Statistiken, d.h. quadratische Funktionen von Ordnungsstatistiken, von Bedeutung und zwar als Prüfgrößen für Hypothesen der Form

$$\mathbf{H}: F = F_0, \quad \mathbf{K}: F \neq F_0. \tag{7.5.55}$$

Dabei sollen wieder st.u. ZG X_j, $j \in \mathbb{N}$, mit derselben VF F zugrundeliegen. Für solche Anpassungsprobleme werden typischerweise Teststatistiken verwendet, die auf einem Vergleich der empirischen und der hypothetischen Verteilung basieren; vgl. etwa Beispiel 7.151. Wird hierzu ein gewichteter $\mathbb{L}_2$-Abstand der zugehörigen Quantilfunktionen verwendet, also eine gewichtete Mallows-Metrik, so werden die zur Bestimmung der Limes-Nullverteilung erforderlichen Grenzwertsätze durch die in 5.4.2 und 5.4.3 entwickelte Verteilungstheorie quadratischer Statistiken geliefert. Hierbei wird nur die quadratische und nicht auch die einfache Summierbarkeit der zugehörigen Eigenwerte benötigt. Dies erlaubt die Behandlung wichtiger Spezialfälle wie etwa die Prüfung der Hypothesen $\mathbf{H}: F = \mathfrak{N}(0,1)$ gegen $\mathbf{K}: F \neq \mathfrak{N}(0,1)$ (bei der Gewichtsfunktion $a(\cdot) = 1$). Nach Beispiel 5.138 ist bei diesem nämlich die Summe der Eigenwerte der Integralgleichung (5.4.22) divergent[111].

Für die mit einer positiven Funktion a gewichtete Mallows-Metrik (5.2.67) gilt bei stetiger VF F und (beliebiger) VF F_0 nach der Transformationsformel 7.146

---

[111] Dieser Fall läßt sich etwa mit der in Kap. 10 entwickelten $\mathbb{L}_2$-Theorie nicht behandeln, da bei dieser die Kovarianzoperatoren der Limesprozesse eine endliche Spur besitzen müssen.

7.5 Verteilungskonvergenz von L- und Q-Statistiken

$$\Delta^2(F, F_0) = \int_{(0,1)} (F^{-1}(t) - F_0^{-1}(t))^2 a(t)\,\mathrm{d}t = \int (x - F_0^{-1}(F(x)))^2 a(F(x))\,\mathrm{d}F(x).$$

Auch für nicht-stetiges F ist die rechte Seite ein sinnvolles Abstandsmaß. Liegen nämlich st.u. ZG $X_1, \ldots, X_n$ mit derselben VF F zugrunde, so ergibt sich bei Ersetzen von F durch die modifizierte empirische VF $\frac{n}{n+1}\widehat{F}_n$ sowie Verwenden der Abkürzungen $b := F_0^{-1}$, $b_{nj} := b(\frac{j}{n+1})$ und $a_{nj} := a(\frac{j}{n+1})$

$$T_n^E := \frac{n+1}{n} \Delta^2\left(\frac{n}{n+1}\widehat{F}_n, F_0\right) = \frac{1}{n}\sum_{j=1}^{n}(X_{n\uparrow j} - b_{nj})^2 a_{nj} \qquad (7.5.56)$$

als eine naheliegende Prüfgröße für die einfache Nullhypothese (7.5.55). Im Spezialfall $F_0 = \mathfrak{R}$ ist nT_n^E gerade die in Beispiel 7.106 betrachtete Teststatistik, für die sich dort unter geeigneten Voraussetzungen an die Gewichte a_{nj} als Limes-Nullverteilung eine Quadratsummenverteilung ergab. Zur Herleitung der entsprechenden asymptotischen Verteilungsaussage für $F_0 \neq \mathfrak{R}$ ist es in Analogie zu Satz 7.219 zweckmäßig[112], auf den Fall st.u. $\mathfrak{R}$-verteilter ZG $U_j, j \in \mathbb{N}$, zurückzugehen. Hierzu ersetzt man $X_{n\uparrow j}$ verteilungsgleich durch $b(U_{n\uparrow j})$ und verwendet die Approximation

$$X_{n\uparrow j} - b_{nj} = b(U_{n\uparrow j}) - b(EU_{n\uparrow j}) \approx (U_{n\uparrow j} - j/(n+1))b'(j/(n+1)),$$

die sich wegen der Gültigkeit von $\max_{1 \leq j \leq n} \operatorname{Var} U_{n\uparrow j} \to 0$, vgl. Beispiel 5.73, mittels einer Taylorentwicklung rechtfertigen läßt. Im folgenden machen wir durchgängig die Regularitätsvoraussetzung

($\mathscr{A}_0$) F_0 hat endliche vierte Momente und besitzt eine stetig differenzierbare λ-Dichte f_0, die auf dem Inneren $(i(F_0), s(F_0))$ des konvexen Trägers strikt positiv ist.

Unter ($\mathscr{A}_0$) ist die Quantilfunktion $b = F_0^{-1}$ stetig differenzierbar mit der Quantildichte $b'(\cdot) = 1/f_0(F^{-1}(\cdot))$ und durch Taylorentwicklung von $X_{n\uparrow j} = b(U_{n\uparrow j})$ an der Stelle $j/(n+1)$ folgt mit den Abkürzungen

$$w(t) = b'^2(t)a(t), \quad w_{nj} = w\left(\frac{j}{n+1}\right), \quad b'_{nj} = b'\left(\frac{j}{n+1}\right), \quad W_{nj} = U_{n\uparrow j} - \frac{j}{n+1},$$

sowie mit einer geeigneten Zwischenstelle $\widetilde{U}_{nj}$ von $U_{n\uparrow j}$ und $j/(n+1)$

$$X_{n\uparrow j} = b_{nj} + W_{nj}b'_{nj} + Z_{nj}, \quad Z_{nj} := \frac{1}{2}W_{nj}^2 b''(\widetilde{U}_{nj}). \qquad (7.5.57)$$

Damit ergibt sich aus (7.5.56)

---
[112] Vgl. T. De Wet, J.H. Venter: South Afr. Statist. J. 6 (1972) 135-149.

7 Nichtparametrische Funktionale und ihre kanonischen Schätzer

$$nT_n^E = \sum_{j=1}^n (X_{n\uparrow j} - b_{nj})^2 a_{nj} = \sum_{j=1}^n (W_{nj} b'_{nj} + Z_{nj})^2 a_{nj} = Q_n^E + R_{n1} + R_{n2},$$

$$Q_n^E := \sum_{j=1}^n W_{nj}^2 w_{nj}, \quad R_{n1} := 2\sum_{j=1}^n W_{nj} b'_{nj} Z_{nj} a_{nj}, \quad R_{n2} := \sum_{j=1}^n Z_{nj}^2 a_{nj}. \quad (7.5.58)$$

Unter den Voraussetzungen des Satzes von Verill-Johnson 5.149 verhält sich Q_n^E nach Beispiel 7.106 asymptotisch wie eine quadratische Statistik in $n+1$ st.u. zentriert-$\mathfrak{G}(1)$-verteilten ZG $Z_1, \ldots, Z_{n+1}$. Mit $S_{n+1} = \sum_{i=1}^{n+1}(Z_i + 1)$ sowie den Größen $q_{nik} = q(\frac{i}{n+1}, \frac{k}{n+1})$ und $q(\cdot, \cdot)$ aus (5.4.31) gilt nämlich nach Beispiel 7.106

$$Q_n^E \underset{\mathfrak{L}}{=} (\frac{n+1}{S_{n+1}})^2 \sum_{i=1}^{n+1} \sum_{j=1}^{n+1} c_{nij}^E Z_i Z_j, \quad c_{nij}^E = (n+1)^{-2} \sum_{k=1}^n q_{nik} q_{njk} w_{nk}. \quad (7.5.59)$$

Der zu dieser quadratischen Form gehörende Kern lautet gemäß (5.4.30)

$$c^E(s,t) = \int_{(0,1)} q(s,u) q(t,u) w(u)\, du. \quad (7.5.60)$$

Um die Verteilungskonvergenz der quadratischen Statistik Q_n^E sicherstellen und die Limesverteilung angeben zu können, hat man nach den Überlegungen von 5.4.2 und 5.4.3 zunächst das zugehörige Eigenwertproblem (5.4.22) zu lösen und mit den Eigenwerten λ_ℓ sowie den aus den Eigenfunktionen e_ℓ berechneten Zahlen

$$e_{\ell nj} = n^{-1/2} e_\ell(\frac{j}{n+1}), \quad j=1,\ldots,n, \quad (7.5.61)$$

für jedes einzelne F_0 die Bedingungen 1) bis 4) aus Satz 5.149 nachzuprüfen.

Damit diese Limesverteilung von Q_n^E mit derjenigen von nT_n^E übereinstimmt, hat man weiter sicherzustellen, daß die Restterme R_{n1} und R_{n2} aus (7.5.58) asymptotisch vernachlässigbar sind. Dazu sind Wachstumsbedingungen an die Quantilfunktion b sowie an die Gewichtsfunktion a erforderlich. Wir wählen diese in der Form[113]

($\mathscr{A}_1$) Es gibt ein $\chi > 0$ sowie Zahlen $v, \iota \in \mathbb{R}$ derart, daß für alle $0 < t < 1$ gilt

$$|b(t)| \leq \chi(-\log[t(1-t)])^v,$$
$$|b^{(i)}(t)| \leq \chi[t(1-t)]^{-i}(-\log[t(1-t)])^\iota, \quad i=1,2;$$

($\mathscr{A}_2$) Es gibt ein $\chi > 0$ sowie Zahlen $\nu, \kappa \in \mathbb{R}$ derart, daß für alle $0 < t < 1$ gilt

$$|a(t)| \leq \chi[t(1-t)]^\nu(-\log[t(1-t)])^\kappa.$$

Die hier (und bei den entsprechenden zusammengesetzten Nullhypothesen des

---

[113] In den Fällen, in denen F_0 auf die positive Halbachse konzentriert ist, reicht es natürlich, diese Wachstumsbedingungen nur für $t \to 1$ sicherzustellen, d.h. in ($\mathscr{A}_0$) und ($\mathscr{A}_1$) durchgehend $t(1-t)$ durch $1-t$ zu ersetzen. Ein wichtiges Beispiel hierfür ist die später behandelte $\mathfrak{G}(\lambda)$-Verteilung.

7.5 Verteilungskonvergenz von L- und Q-Statistiken   713

Prüfens auf Lokationstyp $\mathfrak{T}_L(F_0)$ bzw. auf Skalentyp $\mathfrak{T}_S(F_0)$ in 7.5.4) auftretenden Restterme lassen sich additiv zerlegen in Ausdrücke der Form

$$R_n(\alpha,\beta,\gamma,\tau) = \sum_{j=1}^{n} W_{nj}^\alpha b_{nj}^\beta b_{nj}^{\prime\gamma}(b''(\widetilde{U}_{nj}))^\tau a_{nj} \qquad (7.5.62)$$

mit geeigneten ganzzahligen $\alpha \in (0,4]$ und $\beta, \gamma, \tau \geq 0$. Dabei ist $R_{n1} = R_n(3,0,1,1)$ und $R_{n2} = \frac{1}{4}R_n(4,0,0,2)$. Um sich bei deren Abschätzung von den Zwischenstellen $\widetilde{U}_{nj}$ und den ZG $W_{nj} = U_{n\uparrow j} - \frac{j}{n+1}$ zu befreien, benötigt man neben dem bereits in 7.2.2 bewiesenen Hilfssatz 7.107 den

Hilfssatz 7.224 $U_1, \ldots, U_n$ *seien st.u.* $\mathfrak{R}$*-verteilte ZG und* $U_{n\uparrow j}$ *für* $j = 1, \ldots, n$ *die zugehörigen Ordnungsstatistiken. Dann gibt es für jedes* $\alpha \in (0,4]$ *eine Konstante* $C_\alpha \in (0,\infty)$ *mit*[114]

$$E|U_{n\uparrow j} - \frac{j}{n+1}|^\alpha \leq C_\alpha n^{-\alpha/2}\left(\frac{j}{n+1}(1-\frac{j}{n+1})\right)^{\alpha/2} \quad \forall 1 \leq j \leq n \ \forall n \in \mathbb{N}.$$

Beweis: Da $U_{n\uparrow j}$ nach Beispiel 5.73 einer $B_{j,n-j+1}$-Verteilung genügt, folgt durch Berechnen und Zusammenfassen der entsprechenden B-Integrale zunächst die Behauptung für $\alpha = 4$ (mit $C_4 = 1$) und daraus mit der Jensen-Ungleichung diejenige für $\alpha < 4$ gemäß $E|U_{n\uparrow j} - \frac{j}{n+1}|^\alpha \leq (E|U_{n\uparrow j} - \frac{j}{n+1}|^4)^{\alpha/4}$. □

Zur Abschätzung der Restterme (7.5.62) folgt nach $(\mathscr{A}_1)$ mit geeignetem $\chi > 0$

$$\chi_{nj} = \chi_{nj}(\varepsilon) := \sup\{|b''(u)| : \underline{u}_{nj} \leq u \leq \overline{u}_{nj}\} \leq \chi[\frac{j}{n+1}(1-\frac{j}{n+1})]^{-2}(\log n)^\iota,$$

wie man durch Fallunterscheidung für $\underline{u}_{nj} > 1/2$, $\overline{u}_{nj} < 1/2$ und $\underline{u}_{nj} \leq 1/2 < \overline{u}_{nj}$ unter Ausnutzen von Hilfssatz 7.107a leicht sieht. Dann ergibt sich durch Zerlegung hinsichtlich des Ereignisses $M_n = M_n(\varepsilon) := \{U_{nj} \in (\underline{u}_{nj}, \overline{u}_{nj}) \ \forall j = 1, \ldots, n\}$ wegen Hilfssatz 7.107b, Anwendung der Markov-Ungleichung sowie von Hilfssatz 7.224 für jedes $K > 0$

$$P(|R_n(\alpha,\beta,\gamma,\tau)| > K) \leq P((|R_n(\alpha,\beta,\gamma,\tau)| > K) \cap M_n) + \varepsilon$$

$$\leq P(\sum_{j=1}^{n}|W_{nj}|^\alpha|b_{nj}|^\beta|b'_{nj}|^\gamma \chi_{nj}^\tau a_{nj} > K) + \varepsilon$$

$$\leq \frac{1}{K}\sum_{j=1}^{n} E|W_{nj}|^\alpha|b_{nj}|^\beta|b'_{nj}|^\gamma \chi_{nj}^\tau a_{nj} + \varepsilon$$

$$\leq \frac{\overline{\chi}}{K} n^{1-\alpha/2}(\log n)^\eta n^{-1}\sum_{j=1}^{n}[\frac{j}{n+1}(1-\frac{j}{n+1})]^\Delta + \varepsilon \qquad (7.5.63)$$

---

[114] Eine entsprechende Abschätzung für die zentralen Momente gilt auch bei vielen anderen Typen von Statistiken. So folgt für st.u. glv. ZG X_j, $j \in \mathbb{N}$, mit $EX_1 = \mu \in \mathbb{R}$ unter entsprechenden Momentenbedingungen aus der Marcinkiewicz-Zygmund-Ungleichung $E|\overline{X}_n - \mu|^\alpha = O(n^{-\alpha/2})$; vgl. Chow-Teicher: Probability Theory, Springer (1978), S. 356.

mit $\Delta := \frac{\alpha}{2} - \gamma - 2\tau + \nu$, $\eta := \nu\beta + \iota(\gamma + \tau) + \kappa$ und einem geeigneten $\overline{\chi} > 0$. Vergleicht man noch die in der oberen Schranke (7.5.63) auftretende Riemann-Summe mit dem entsprechenden Riemann-Integral $\int_{1/(n+1)}^{n/(n+1)} [u(1-u)]^{\Delta} du$ vermöge Hilfssatz B4.2 (mit $\varrho = -\Delta + 1$), so ergibt sich der

Hilfssatz 7.225 *Unter den Annahmen* $(\mathscr{A}_0)$, $(\mathscr{A}_1)$ *und* $(\mathscr{A}_2)$ *gilt für das durch* (7.5.63) *definierte Restglied* $R_n(\alpha, \beta, \gamma, \tau)$ *mit den obigen Abkürzungen* Δ *und* η

$$R_n(\alpha, \beta, \gamma, \tau) = \begin{cases} O_P\left(n^{1-\frac{\alpha}{2}}(\log n)^{\eta}\right) & \text{für } \Delta > -1 \\ O_P\left(n^{1-\frac{\alpha}{2}}(\log n)^{\eta+1}\right) & \text{für } \Delta = -1 \\ O_P\left(n^{-\Delta-\frac{\alpha}{2}}(\log n)^{\eta}\right) & \text{für } \Delta < -1 \end{cases} \quad (7.5.64)$$

Die Größenordnung der hier bzw. in 7.5.4 bei der Prüfung auf Lokations- und Skalentyp auftretenden Bausteine $R_n(\alpha, \beta, \gamma, \tau)$ enthält die folgende Tabelle.

	$\nu > 1/2$	$\nu = 1/2$	$\nu < 1/2$
$R_n(3,0,1,1)$	$O_P(n^{-1/2}(\log n)^{\eta})$	$O_P(n^{-1/2}(\log n)^{\eta+1})$	$O_P(n^{-\nu}(\log n)^{\eta})$
	$\nu > 1$	$\nu = 1$	$\nu < 1$
$R_n(4,0,0,2)$	$O_P(n^{-1}(\log n)^{\eta})$	$O_P(n^{-1}(\log n)^{\eta+1})$	$O_P(n^{-\nu}(\log n)^{\eta})$
	$\nu > -1/2$	$\nu = -1/2$	$\nu < -1/2$
$R_n(1,0,1,0)$ $R_n(1,1,1,0)$	$O_P(n^{1/2}(\log n)^{\eta})$	$O_P(n^{1/2}(\log n)^{\eta+1})$	$O_P(n^{-\nu}(\log n)^{\eta})$
	$\nu > 0$	$\nu = 0$	$\nu < 0$
$R_n(2,0,0,1)$ $R_n(2,1,0,1)$	$O_P((\log n)^{\eta})$	$O_P((\log n)^{\eta+1})$	$O_P(n^{-\nu}(\log n)^{\eta})$

Bei einer konkreten Anwendung, d.h. der Verwendung der Prüfgröße (7.5.56) bei einer speziellen hypothetischen Quantilfunktion b_0 und einer speziellen Gewichtsfunktion a, hat man also zur Bestimmung der Limes-Nullverteilung von nT_n^E zu überprüfen bzw. zu bestimmen

A) die Quadratintegrierbarkeit des Kerns $c^E(\cdot, \cdot)$ aus (7.5.60) sowie die zu diesem Kern gehörenden Eigenlösungen $(\lambda_\ell, e_\ell), \ell \in \mathbb{N}$, der Integralgleichung (5.4.22);

B) die Voraussetzungen von Satz 5.149 für Q_n^E mit den Größen

$$e_{\ell n j} = n^{-1/2} e_\ell\left(\frac{j}{n+1}\right) \quad \text{und} \quad \lambda_\ell;$$

C) die Gültigkeit von $R_{n1} = R_n(3,0,1,1) = o_P(1)$ und $R_{n2} = \frac{1}{4}R_n(4,0,0,2) = o_P(1)$.

Wir fassen alle diese Überlegungen zusammen in

Satz 7.226 X_j, $j \in \mathbb{N}$, *seien st.u. ZG mit derselben Verteilung F und F_0 eine VF mit $(\mathscr{A}_0)$ und $(\mathscr{A}_1)$. Für das Prüfen der einfachen Nullhypothese* **H** : $F = F_0$ *gegen* **K** : $F \neq F_0$ *sei a eine nicht-negative Gewichtsfunktion mit $(\mathscr{A}_2)$. Weiter seien die Voraussetzungen* A), B) *und* C) *erfüllt. Bezeichnen dann* λ_ℓ, $\ell \in \mathbb{N}$, *die Eigenwerte der zum Kern (7.5.60) gehörenden Integralgleichung (5.4.22), so gilt mit der Abkürzung*

$$\mu_n^E := \frac{1}{n(n+1)^2} \sum_{i=1}^{n+1} \sum_{k=1}^{n} q_{nik}^2 w_{nk} = \frac{1}{n(n+1)} \sum_{k=1}^{n} \frac{k}{n+1}(1 - \frac{k}{n+1}) w_{nk} \qquad (7.5.65)$$

für die durch (7.5.56) definierte Prüfgröße T_n^E bei $n \to \infty$

$$\mathfrak{L}_{\mathbf{H}}(nT_n^E - \mu_n^E) \xrightarrow[\mathfrak{L}]{} \mathfrak{Q}^0[\lambda_\ell, \ell \geq 1]. \qquad (7.5.66)$$

Ist zusätzlich die Spur $\int_{(0,1)} c^E(v,v)\,\mathrm{d}v$ des Kerns $c^E(\cdot, \cdot)$ von nT_n^E endlich, so gilt

$$\mu_n^E \to \sum_{\ell=1}^{\infty} \lambda_\ell.$$

In diesem Fall ist die Verteilungsaussage (7.5.66) äquivalent mit

$$\mathfrak{L}_{\mathbf{H}}(nT_n^E) \xrightarrow[\mathfrak{L}]{} \mathfrak{Q}[\lambda_\ell, \ell \geq 1]. \qquad (7.5.67)$$

Beweis: Dieser folgt aus (7.5.58), Satz 5.149 und dem Lemma von Slutsky 5.84. □

Die jeweils erforderlichen Schritte sollen nun in einigen Spezialfällen durchgeführt werden. Dabei erfolgt die Wahl der Gewichtsfunktionen a im Hinblick darauf, daß sich in 7.5.4 die Limes-Nullverteilung beim Prüfen der zusammengesetzten Nullhypothesen $\mathfrak{T}_L(F_0)$ bzw. $\mathfrak{T}_S(F_0)$ vergleichsweise einfach aus derjenigen zum Prüfen der zugehörigen einfachen Hypothesen $F = F_0$ ergibt.

Prüfung auf $\mathfrak{N}(0,1)$-Verteilung Sei $F_0 = \phi$, d.h. $f_0(x) = (2\pi)^{-1/2} \exp(-x^2/2)$ und $b = \phi^{-1}$. Also ist $(\mathscr{A}_0)$ erfüllt sowie aufgrund des nachfolgenden Hilfssatzes 7.227 $(\mathscr{A}_1)$ mit $\nu = 1/2$ und $\iota = -1/2$. Bei Wahl von a gemäß $a \equiv 1$ ist dann auch $(\mathscr{A}_2)$ erfüllt mit $\kappa = \nu = 0$. Die Teilfrage A) wurde bereits in Beispiel 5.138 beantwortet: Der zu $w = 1/\varphi^2 \circ \phi^{-1}$ gehörende Kern (7.5.60) ist quadratintegrabel und seine Eigenlösungen sind $\lambda_\ell = 1/\ell$ und $e_\ell = \frac{1}{\sqrt{\ell!}} H_\ell \circ \phi^{-1}$, $\ell \in \mathbb{N}$, wobei H_ℓ das ℓ-te Hermite-Polynom (5.4.39) ist.

Zur Beantwortung der Teilfragen B) und C) benötigt man das Wachstumsverhalten von b und seiner Ableitungen b', b'' sowie von $w = b'^2$. Dies liefert in Ergänzung zu Hilssatz 7.220 der

7 Nichtparametrische Funktionale und ihre kanonischen Schätzer

Hilfssatz 7.227 *Es seien $F_0 = \phi$, φ deren λ-Dichte und $b = \phi^{-1}$. Dann gilt mit geeigneten positiven Konstanten χ, χ_1 und χ_2:*

a) $\quad b''(u) = b'^2(u) b(u) \quad \text{für } u \in (0,1);$

b) $\quad ub'(u) \leq 1/|b(u)| \quad \text{für } 0 < u < 1/2;$

c) $\quad |b''(u)| \text{ ist antiton für } 0 < u \leq 1/2;$

d) $\quad \chi(-\log u)^{1/2} \leq -b(u) \leq (-2\log u)^{1/2} \quad \text{für } 0 < u \leq 1/2,$
$\quad \chi(-\log(1-u))^{1/2} \leq b(u) \leq (-2\log(1-u))^{1/2} \quad \text{für } 1/2 \leq u < 1;$

e) $\quad b'(u) \leq \chi_1 u^{-1}(-\log u)^{-1/2} \quad \text{für } 0 < u \leq 1/2,$
$\quad b'(u) \leq \chi_1(1-u)^{-1}(-\log(1-u))^{-1/2} \quad \text{für } 1/2 \leq u < 1;$

f) $\quad b''(u) \leq \chi_2 u^{-2}(-\log u)^{-1/2} \quad \text{für } 0 < u \leq 1/2,$
$\quad b''(u) \leq \chi_2(1-u)^{-2}(-\log(1-u))^{-1/2} \quad \text{für } 1/2 \leq u < 1;$

g) $\quad |b(n^{-1})|\varphi(b(n^{-1})) = O(n^{-1}\log n) \quad \text{für } n \to \infty;$

h) $\quad \displaystyle\int_{(0,1/n)} b^2(t)\,dt = O(n^{-1}\log n) \quad \text{für } n \to \infty.$

Beweis: a) ergibt sich aus $b'(u) = 1/\varphi(b(u))$ durch Differentiation.

b) Aus Hilfssatz 5.15 folgt $\phi(x) \leq \varphi(x)/|x|$ für $x < 0$, also $u \leq \varphi(b(u))/|b(u)|$ für $u < 1/2$. Dann verwende man wieder die Identität $b'(u) = 1/\varphi(b(u))$.

c) folgt aus a), wenn man beachtet, daß $b'^2(u)$ und $|b(u)|$ für $u < 1/2$ antiton sind.

d) Wir beweisen zunächst die Abschätzung nach oben. Wegen $b(u) = -b(1-u)$ reicht derjenige für $0 < u \leq 1/2$, d.h. von

$$1 - \phi((-2\log u)^{1/2}) \leq u \quad \forall\, 0 < u \leq 1/2.$$

Dieser ergibt sich mit Hilfssatz 5.15 wegen $u \leq 1/2$ gemäß

$$1 - \phi((-2\log u)^{1/2}) = \frac{1 - \phi((-2\log u)^{1/2})}{\varphi((-2\log u)^{1/2})} \varphi((-2\log u)^{1/2})$$
$$\leq (-2\log u)^{-1/2} u/\sqrt{2\pi} \leq (2\log 2)^{-1/2} u/\sqrt{2\pi} < u.$$

Mit ähnlicher Technik erhält man mit dem Mills-Quotienten Q aus Hilfssatz 5.15
$$-\phi^{-1}(u) = \phi^{-1}(1-u) \geq (-\log u)^{1/2} \quad \Leftrightarrow \quad Q((-\log u)^{1/2})\varphi((-\log u)^{1/2}) \geq u.$$
Wegen
$$\varphi((-\log u)^{1/2}) = u^{1/2}(2\pi)^{-1/2} \quad \text{und} \quad Q((-\log u)^{1/2}) \geq \zeta(-\log u)^{-1/2}$$
für $0 < u \leq 1/2$ mit $\zeta := \log 2/(1+\log 2)$ ist es hinreichend zu zeigen, daß gilt
$$\chi(2\pi)^{-1/2}(-\log u)^{-1/2} \geq u^{1/2}.$$

7.5 Verteilungskonvergenz von L- und Q-Statistiken   717

Dieses ist aber äquivalent mit $\chi^2/(2\pi u)^{-1} \geq \log u^{-1}$, also mit $x \geq 2\pi \log x/\chi^2$ für hinreichend großes x, so daß diese Behauptung erfüllt ist. Daraus erhält man die Aussage für $1/2 \leq u < 1$.

e) ergibt sich unmittelbar aus b) und d).

f) folgt direkt aus a), b) und e).

g) Für $n \to \infty$ gilt $c_n := b(n^{-1}) \to -\infty$ und somit wegen Hilfssatz 5.15

$$\frac{\phi(c_n)}{\varphi(c_n)} \approx \frac{1}{|c_n|}, \quad \text{d.h.} \quad \frac{n^{-1}}{\varphi(b(n^{-1}))} \approx \frac{1}{|b(n^{-1})|}, \quad \text{also} \quad \frac{n^{-1}(b(n^{-1}))^2}{|b(n^{-1})|\varphi(b(n^{-1}))} \approx 1.$$

Hieraus ergibt sich die Behauptung, wenn man beachtet, daß aus d) für $n \to \infty$ folgt $0 < -b(n^{-1}) \leq (2\log n)^{1/2}$ und damit $(b(n^{-1}))^2 = O(\log n)$.

h) Wegen g) und $(t \log t - t)' = \log t$ gilt

$$\int_{(0,1/n)} b^2(t)\,dt \leq K \int_{(0,1/n)} (-2\log t)\,dt = -2K(t\log t - t)\big|_0^{1/n} = O(n^{-1}\log n). \quad \square$$

Die Teilfrage B) für den Fall $F_0 = \phi$ beantwortet nun der

Hilfssatz 7.228 *Mit den durch die Eigenlösungen $\lambda_\ell = \ell^{-1}$, $e_\ell = H_\ell \circ \phi^{-1}/\sqrt{\ell!}$, $\ell \in \mathbb{N}$, definierten Größen $e_{\ell n i} = n^{-1/2} e_\ell(\frac{i}{n+1})$ sowie $c_{nij} = \sum_{\ell=1}^\infty \lambda_\ell e_{\ell n i} e_{\ell n j}$ sind die Voraussetzungen (1) bis (4) aus Satz 5.149 erfüllt.*

Beweis: Man beachte, daß wegen Anmerkung 5.133 der Satz von Mercer anwendbar ist und damit die Koeffizienten c_{nij} sinnvoll definiert sind. In diesem Fall ist (1) erfüllt, da H_ℓ ein Polynom ℓ-ter Ordnung ist und ϕ^{-1} nur logarithmisch anwächst. Folglich gilt mit geeignetem $\chi \in (0,\infty)$ nach Hilfssatz 7.227

$$\max_{1\leq j\leq n} |e_{\ell n j}| \leq n^{-1/2}\chi \max_{1\leq j\leq n} |\phi^{-1}(\frac{j}{n+1})|^\ell = n^{-1/2}\chi(\phi^{-1}(\frac{n}{n+1}))^\ell$$
$$= O(n^{-1/2}\log^{\ell/2} n) \quad \forall \ell \geq 1.$$

Die Voraussetzung (2) ist immer dann erfüllt, wenn e_ℓ, $\ell \in \mathbb{N}$, eine integrable Funktion von lokal beschränkter Variation ist. Dann gilt nämlich nach Satz B4.1

$$e_{n\ell}(u) := \sum_{j=1}^n e_\ell(\frac{j}{n+1})\mathbf{1}(\frac{j-1}{n} < u \leq \frac{j}{n}) \to e_\ell(u) \quad \forall \ell \geq 1$$

und damit wegen der Orthogonalität der Eigenfunktionen

$$n^{-1}\sum_{j=1}^n e_\ell(\frac{j}{n+1})e_k(\frac{j}{n+1}) = \int_{(0,1)} e_{n\ell}(u)e_{nk}(u)\,du \to \int_{(0,1)} e_\ell(u)e_k(u)\,du = \delta_{\ell k}.$$

Die Voraussetzungen (3) und (4) von Satz 5.149 erfordern zusätzliche Überlegungen. Zum Nachweis von (3), also von

$$\sum_{i=1}^{n+1}\sum_{j=1}^{n+1}(c_{nij}^E)^2 \to \sum_{\ell\geq 1}\lambda_\ell^2,$$

faßt man die rechte Seite der – (7.2.40) entsprechenden – Identität

$$\sum_{i=1}^{n+1}\sum_{j=1}^{n+1}(c_{nij}^E)^2 = (n+1)^{-4}\sum_{i=1}^{n+1}\sum_{j=1}^{n+1}\sum_{k=1}^{n+1}\sum_{\ell=1}^{n+1} q_{nik}q_{ni\ell}q_{njk}q_{nj\ell}w_{nk}w_{n\ell}$$

$$= (n+1)^{-2}\sum_{k=1}^{n+1}\sum_{\ell=1}^{n+1}\Gamma_{\mathbf{B}}^2(\frac{k}{n+1},\frac{\ell}{n+1})w_{nk}w_{n\ell} \qquad (7.5.68)$$

auf als Riemann-Summe zum Integral

$$\iint_{0<s,t<1}\Gamma_{\mathbf{B}}^2(s,t)w(s)w(t)\,ds\,dt \qquad (7.5.69)$$

und beachtet, daß dieser Ausdruck nach (5.4.28) gleich $\sum_{\ell\geq 1}\lambda_\ell^2$ ist. Dann ist nämlich (3) äquivalent mit der Konvergenz von (7.5.68) gegen (7.5.69). Zu deren Nachweis schreiben wir die rechte Seite von (7.5.68) als Integral

$$\iint_{0<s,t<1}\Gamma_{\mathbf{B}}^2(\frac{[ns+1]}{n+1},\frac{[nt+1]}{n+1})w(\frac{[ns+1]}{n+1})w(\frac{[nt+1]}{n+1})\,ds\,dt \qquad (7.5.70)$$

und zeigen dessen Konvergenz gegen (7.5.69) mit Hilfe des Lemmas von Pratt A4.9. Dabei folgt die punktweise Konvergenz der Integranden unmittelbar aus der Stetigkeit der Funktionen $\Gamma_{\mathbf{B}}(\cdot,\cdot)$ und $w(\cdot)$. Majoranten für den (Betrag des) Integranden ergeben sich wegen $w = b'^2$ und Hilfssatz 7.227e für $s < t$ gemäß

$$\Gamma_{\mathbf{B}}^2(s,t)w(s)w(t) \leq \chi(1-s)^{-2}t^{-2}(-\log(s(1-s)))^{-1}(-\log(t(1-t)))^{-1} =: B(s,t).$$

Dabei ist χ eine geeignete positive Konstante. Die hieraus für den (Betrag des) Integranden von (7.5.70) gewonnene Schranke[115]

$$B_n(s,t) = B(\frac{[ns+1]}{n+1},\frac{[nt+1]}{n+1}) \qquad (7.5.71)$$

erfüllt die Voraussetzungen von A4.9. Offenbar gilt $B_n(s,t) \to B(s,t)$ wegen der Stetigkeit von $B(\cdot,\cdot)$. Zum Nachweis der Integrierbarkeit von $B(\cdot,\cdot)$ zerlegt man den Integrationsbereich in die Mengen $\{s<t\}$, $\{s>t\}$ und $\{s=t\}$ und den ersten wiederum zweckmäßigerweise in die drei Mengen $\{s<t<1/2\}$, $\{s<1/2\leq t\}$ und

---

[115] Da aus $s < t$ nur folgt $[ns+1] \leq [nt+1]$, sind die Summanden mit $k = \ell$ in (7.5.68) getrennt abzuschätzen; vgl. Aufg. 7.55.

$\{1/2 \leq s < t\}$. Über der ersten etwa ergibt sich, wenn man dort $(-\log(s(1-s)))^{-1}$ auf $(-\log(t(1-t)))^{-1}$ abschätzt,

$$\iint\limits_{0<s<t<1/2} (1-s)^{-2} t^{-2} (-\log(s(1-s)))^{-1} (-\log(t(1-t)))^{-1} \,ds\,dt$$

$$\leq 4 \int\limits_{(0,1/2)} t^{-1} (-\log(t(1-t)))^{-2} \,dt < \infty.$$

Das dritte Teilintegral behandelt man analog, das zweite ist trivialerweise endlich. Schließlich ergibt sich die Gültigkeit von

$$\iint\limits_{0<s,t<1} B_n(s,t) \,ds\,dt \to \iint\limits_{0<s,t<1} B(s,t) \,ds\,dt$$

mit dem Satz von Vitali 1.181. Aus der Stetigkeit von $B(\cdot,\cdot)$ folgt nämlich wie oben die punktweise Konvergenz $B_n(s,t) \to B(s,t)$ und aus dem Bildungsgesetz (7.5.71) unmittelbar die Bedingung

$$\limsup_{n\to\infty} \iint\limits_{0<s,t<1} B_n(s,t) \,ds\,dt \leq \iint\limits_{0<s,t<1} B(s,t) \,ds\,dt.$$

Der Nachweis der Bedingung (4) von Satz 5.149, also von

$$\sum_{i=1}^{n+1} \sum_{j=1}^{n+1} c_{nij}^E e_{\ell n i} e_{\ell n j} \to \lambda_\ell \quad \forall \ell \geq 1,$$

verwendet letztlich die gleichen Überlegungen, erfordert aber etwas größeren Aufwand und soll deshalb nur skizziert werden. Zunächst folgt für festes $\ell \in \mathbb{N}$ aus (7.5.59) und (7.2.37)

$$\sum_{i=1}^{n+1} \sum_{j=1}^{n+1} c_{nij}^E e_{\ell n i} e_{\ell n j} = (n+1)^{-3} \sum_{i=1}^{n+1} \sum_{j=1}^{n+1} \sum_{k=1}^{n} q_{nik} q_{njk} w_{nk} e_\ell(\frac{i}{n+2}) e_\ell(\frac{j}{n+2})$$

$$= (n+1)^{-3} \sum_{k=1}^{n} (\sum_{j=1}^{k} e_\ell(\frac{j}{n+2}) - \frac{k}{n+1} \sum_{j=1}^{n+1} e_\ell(\frac{j}{n+2}))^2.$$

Durch Ausquadrieren und Verwenden von

$$\frac{1}{n+1} \sum_{k=1}^{n} (\frac{k}{n+1})^2 \to \frac{1}{3} \quad \text{und} \quad \frac{1}{n+1} \sum_{j=1}^{n+1} e_\ell(\frac{j}{n+2}) \to 0$$

ergibt sich hieraus mit Hilfe der Cauchy-Schwarz-Ungleichung

$$\sum_{i=1}^{n+1} \sum_{j=1}^{n+1} c_{nij}^E e_{\ell n i} e_{\ell n j} = (n+1)^{-3} \sum_{k=1}^{n} \sum_{i=1}^{k} \sum_{j=1}^{k} e_\ell(\frac{i}{n+2}) e_\ell(\frac{j}{n+2}) + o_P(1).$$

7 Nichtparametrische Funktionale und ihre kanonischen Schätzer

Der erste Term läßt sich aufspalten gemäß

$$2(n+1)^{-3} \sum\sum\sum_{1\le i<j<k\le n} e_\ell(\frac{i}{n+2})e_\ell(\frac{j}{n+2}) + (n+1)^{-3} \sum\sum_{1\le i\le k\le n} e_\ell^2(\frac{i}{n+2})$$

$$= 2(n+1)^{-2} \sum\sum_{1\le i<j\le n} (1-\frac{j}{n+2})e_\ell(\frac{i}{n+2})e_\ell(\frac{j}{n+2})$$

$$+ (n+1)^{-2} \sum_{1\le j\le n} (1-\frac{j}{n+2})^2 e_\ell^2(\frac{j}{n+2}).$$

Hier zeigt man für die erste Summe wieder mittels des Lemmas von Pratt A4.9 bzw. des Satzes von Vitali 1.181 die Konvergenz gegen ein Integral und zwar gegen

$$\int_0^1 \Bigl(\int_0^t e_\ell(u)\,du\Bigr)^2 w(t)\,dt.$$

Da die zweite Summe asymptotisch vernachlässigbar ist, erhält man insgesamt unter Verwenden von Hilfssatz 5.135 bzw. des Beweises zu diesem für jedes $\ell \in \mathbb{N}$

$$\sum_{i=1}^{n+1}\sum_{j=1}^{n+1} c_{nij}^E e_{\ell ni} e_{\ell nj} \to \int_0^1 \Bigl(\int_0^t e_\ell(u)\,du\Bigr)^2 w(t)\,dt = \int_0^1 \Bigl(\int_0^1 q(u,t)e_\ell(u)\,du\Bigr)^2 w(t)\,dt$$

$$= \lambda_\ell \Bigl(\int_0^1 e_\ell(u)\,du\Bigr)^2 = \lambda_\ell. \quad \square$$

Im Fall $F_0 = \phi$ spezialisiert sich also Satz 7.226 damit zum

Korollar 7.229 $X_j, j \in \mathbb{N}$, seien st.u. ZG mit derselben Verteilung F sowie $F_0 = \phi$ und $a \equiv 1$. Dann gilt für die Prüfgröße T_n^E aus (7.5.56) zum Prüfen der einfachen Nullhypothese $\mathbf{H}: F = F_0$ gegen $\mathbf{K}: F \ne F_0$ mit μ_n^E gemäß (7.5.65)

$$\mathfrak{L}_\mathbf{H}(nT_n^E - \mu_n^E) \xrightarrow[\mathfrak{L}]{} \mathfrak{Q}^0[\frac{1}{\ell}, \ell \ge 1].$$

Beweis: Es bleibt nur noch zu zeigen, daß die Restterme $R_{ni}, i = 1, 2$, asymptotisch vernachlässigbar sind. Hierzu beachte man, daß für $R_{n1} = R_n(3, 0, 1, 1)$ sowie für $R_{n2} = \frac{1}{4}R_n(4, 0, 0, 2)$ nach Hilfssatz 7.225 wegen $\nu = 0, \eta = -1$ gilt

$$R_{ni} = O_P((\log n)^{-1}) = o_P(1), \quad i = 1, 2. \quad \square$$

Prüfung auf logistische Verteilung Sei $F_0(x) = (1 + e^{-x})^{-1}$, $x \in \mathbb{R}$. Damit ist

$$f_0(x) = \frac{e^{-x}}{(1+e^{-x})^2}, \quad b(u) = \log\frac{u}{1-u}, \quad b'(u) = \frac{1}{u(1-u)}, \quad b''(u) = \frac{2u-1}{(u(1-u))^2}.$$

Eine einfache Rechnung liefert $\mathfrak{g}(x) = (1-e^{-x})/(1+e^{-x})$, $\mathfrak{g}'(x) = 2f_0(x)$. Bei Wahl von $a(u) = 6u(1-u)$ folgt somit $w(u) = 6(u(1-u))^{-1}$.

Für den zugehörigen Kern (7.5.60) ergaben sich die Eigenwerte in Beispiel 5.137 zu $\lambda_\ell = 6/(\ell(\ell+1))$, $\ell \geq 1$, sowie durch rekursive Lösung der durch Koeffizientenvergleich gewonnenen linearen Gleichungen die Eigenfunktionen als Polynome $(\ell+1)$-ter Ordnung. Speziell folgt $E_1(u) = \sqrt{3}u(1-u)$, $E_2(u) = \sqrt{5}u(1-u)(1-2u)$ und damit $e_1(u) = \sqrt{3}(1-2u)$, $e_2(u) = \sqrt{5}(1-6u+6u^2)$.

Darüberhinaus beachte man, daß in diesem Fall $(\mathscr{A}_0)$ trivialerweise erfüllt ist. Das gleiche gilt für $(\mathscr{A}_1)$ mit $v = 1$, $\iota = 0$ und auch $(\mathscr{A}_2)$ mit $\nu = 1$ und $\kappa = 0$. Wie im Fall $F_0 = \phi$ sind die Voraussetzungen von Satz 5.149 erfüllt. Dabei ist die technische Durchführung einfacher, da der Integrand selber bereits U-förmig ist. Diese Vorüberlegungen führen zum

Korollar 7.230 X_j, $j \in \mathbb{N}$, seien st.u. ZG mit derselben Verteilung F. Weiter sei $F_0(x) = (1+e^{-x})^{-1}$ und $a(u) = 6u(1-u)$. Dann gilt für die Prüfgröße T_n^E aus (7.5.56) zum Prüfen der einfachen Nullhypothese $\mathbf{H}: F = F_0$ gegen $\mathbf{K}: F \neq F_0$

$$\mathfrak{L}_\mathbf{H}(nT_n^E - 6) \xrightarrow{\mathfrak{L}} \mathfrak{Q}^0[\frac{6}{\ell(\ell+1)}, \quad \ell \geq 1].$$

Beweis: Wie bei Korollar 7.227 bleibt nur noch zu zeigen, daß die hier auftretenden Restglieder asymptotisch vernachlässigbar sind. Nach Hilfssatz 7.225 gilt für diese wegen $\nu = 1$ und $\eta = 0$

$$R_{n1} = R_n(3,0,1,1) = O_P(n^{-1/2}), \quad R_{n2} = \frac{1}{4}R_n(4,0,0,2) = O_P(n^{-1}\log n). \quad \square$$

Prüfung auf gedächtnislose Verteilung Sei $F_0(x) = (1-e^{-x})\mathbf{1}_{[0,\infty)}(x)$, d.h.

$$b(u) = F_0^{-1}(u) = -\log(1-u), \quad b'(u) = (1-u)^{-1}, \quad b''(u) = (1-u)^{-2},$$

$u \in (0,1)$. Bei Wahl von a gemäß $a(u) = 1/b(u) = -1/\log(1-u)$ ergibt sich $w(u) = b'^2(u)/b(u) = -(1-u)^{-2}(\log(1-u))^{-1}$. Offenbar sind die Voraussetzungen $(\mathscr{A}_0)$, $(\mathscr{A}_1)$ mit $v = 1$ und $\iota = 0$ sowie auch $(\mathscr{A}_2)$ mit $\nu = 0$ und $\kappa = -1$ erfüllt.

Für den zugehörigen Kern (7.5.60) wurden in Beispiel 5.139 die Eigenlösungen ermittelt zu $\lambda_\ell = 1/\ell$ und $e_\ell = L_\ell \circ F_0^{-1}$, $\ell \in \mathbb{N}$, wobei L_ℓ das ℓ-te Laguerre-Polynom ist. In diesem Fall spezialisiert sich also Satz 7.226 zum

Korollar 7.231 X_j, $j \in \mathbb{N}$, seien st.u. ZG mit derselben Verteilung F. Weiter seien $F_0(x) = (1-e^{-x})\mathbf{1}_{[0,\infty)}(x)$ und $a(u) = -1/\log(1-u)$. Dann gilt für die Prüfgröße T_n^E aus (7.5.56) zum Prüfen der Nullhypothese $\mathbf{H}: F = F_0$ gegen $\mathbf{K}: F \neq F_0$ mit μ_n^E gemäß (7.5.65)

$$\mathfrak{L}_\mathbf{H}(nT_n^E - \mu_n^E) \xrightarrow{\mathfrak{L}} \mathfrak{Q}^0[\frac{1}{\ell}, \quad \ell \geq 1].$$

Beweis: Wie in den vorhergehenden Fällen verifiziert man wieder die Voraussetzungen von Satz 5.149. Nach Hilfssatz 7.225 gilt für die hier auftretenden Restglieder wegen $\nu = 0$ und $\eta = -1$

$$R_{n1} = R_n(3,0,1,1) = O_P((\log n)^{-1}), \quad R_{n2} = \frac{1}{4} R_n(4,0,0,2) = O_P((\log n)^{-1}). \quad \Box$$

Prüfung auf $\mathfrak{R}(0,1)$-Verteilung In diesem Fall ist $F_0 = \mathrm{id}\mathbf{1}_{[0,1]} + \mathbf{1}_{(1,\infty)}$ und damit $f_0 = \mathbf{1}_{[0,1]}$ sowie $b = \mathrm{id}$. Also ist $(\mathscr{A}_0)$ erfüllt. Wegen $b'' = 0$ gilt $R_{n1} = R_{n2} = 0$, so daß eine Resttermabschätzung entfällt und damit die Notwendigkeit, die Bedingungen $(\mathscr{A}_1)$ und $(\mathscr{A}_2)$ zu bemühen. Bei Wahl von $a \equiv 1$ ist wegen $b' \equiv 1$ auch $w \equiv 1$. Für den zugehörigen Kern (7.5.60) ergeben sich die Eigenlösungen aus Beispiel 5.136. Analog Hilfssatz 7.228 sind die Voraussetzungen des Satzes von Verrill-Johnson 5.149 erfüllt; vgl. auch Beispiel 7.106. Also gilt das

Korollar 7.232 $X_j, j \in \mathbb{N}$, *seien st.u. ZG mit derselben Verteilung F. Weiter seien* $F_0 = \mathrm{id}\mathbf{1}_{[0,1]} + \mathbf{1}_{(1,\infty)}$ *und* $a \equiv 1$. *Dann gilt für die Prüfgröße* T_n^E *aus (7.5.56) zum Prüfen der einfachen Nullhypothese* $\mathbf{H} : F = F_0$ *gegen* $\mathbf{K} : F \neq F_0$

$$\mathfrak{L}_{\mathbf{H}}(nT_n^E - 2) \xrightarrow{\mathscr{L}} \mathfrak{Q}^0[\frac{1}{\pi^2 \ell^2}, \ell \geq 1].$$

7.5.4 Verteilungskonvergenz von Q-Statistiken bei geschätzten Parametern: De Wet-Venter-Tests auf Typ

Es soll nun die Fragestellung aus 7.5.3 dahingehend erweitert werden, daß die Nullhypothese nicht mehr einfach ist, sondern eine parametrische Klasse. Ist auch die Verteilungsannahme $\mathfrak{F}$ parametrisch, so läßt sich das Problem typischerweise als solches mit Nebenparametern auffassen und mit den Methoden aus 6.2.3 bzw. 6.4.2-4 lösen. Auf derartige Fragestellungen wird in Kap. 11 nochmals eingegangen werden. Hier soll der Fall behandelt werden, daß $\mathfrak{F}_0$ eine Lokations-, Skalen- oder Lokations-Skalenfamilie und $\mathfrak{F}$ eine hinreichend große (nichtparametrische) Klasse von Randverteilungen ist. Dann lassen sich die endlich-dimensionalen Nebenparameter mittels einer Reduktion durch Invarianz eliminieren und es gibt auf $\mathfrak{F}_0^{(n)}$ verteilungsfreie Tests. Beim Testen auf Typ, also von Hypothesen der Form

$$\mathbf{H} : F \in \mathfrak{T}(F_0), \quad \mathbf{K} : F \in \mathfrak{F} - \mathfrak{T}(F_0), \tag{7.5.72}$$

ist $\mathfrak{T}(F_0)^{(n)}$ wie $\mathfrak{F}^{(n)}$ invariant gegenüber der Gruppe der komponentenweise angewendeten affinen Transformationen und es existiert eine auf $\mathfrak{F}_0^{(n)}$ verteilungsfreie, gegenüber diesen Transformationen maximalinvariante Statistik, nämlich

$$M_n(x) = \left(\frac{x_1 - \widehat{\mu}_n(x)}{\widehat{\sigma}_n(x)}, \ldots, \frac{x_n - \widehat{\mu}_n(x)}{\widehat{\sigma}_n(x)} \right)^\top = \frac{x - \widehat{\mu}_n(x)\mathbf{1}_n}{\widehat{\sigma}_n(x)}. \tag{7.5.73}$$

Dabei sind $\widehat{\mu}_n(x) = \widehat{\mu}_n(x_1, \ldots, x_n)$ und $\widehat{\sigma}_n(x) = \widehat{\sigma}_n(x_1, \ldots, x_n) > 0$ Schätzer für den Lokations- bzw. Skalenparameter mit dem Transformationsverhalten

$$\widehat{\mu}_n(u + vx_1, \ldots, u + vx_n) = u + v\widehat{\mu}_n(x_1, \ldots, x_n), \tag{7.5.74}$$

$$\widehat{\sigma}_n(u + vx_1, \ldots, u + vx_n) = v\widehat{\sigma}_n(x_1, \ldots, x_n) \tag{7.5.75}$$

für alle festen $u \in \mathbb{R}$, $v \neq 0$. Die klassischen Beispiele für derartige Schätzer sind das Stichprobenmittel $\widehat{\mu}_n = \overline{x}_n$ und die Stichprobenstandardabweichung s_n bzw. $\widehat{\sigma}_n = \sqrt{\frac{n-1}{n}} s_n = (\sum_j (x_j - \overline{x})^2/n)^{1/2}$. Für das folgende geeigneter sind L-Statistiken

$$\widehat{\mu}_n = C_n := n^{-1} \sum_{j=1}^{n} c_{nj} x_{n\uparrow j} \quad \text{mit} \quad \sum_{j=1}^{n} c_{nj} = n, \tag{7.5.76}$$

$$\widehat{\sigma}_n = D_n := n^{-1} \sum_{j=1}^{n} d_{nj} x_{n\uparrow j} \quad \text{mit} \quad \sum_{j=1}^{n} d_{nj} = 0, \tag{7.5.77}$$

die offenbar ebenfalls das Transformationsverhalten (7.5.74) bzw. (7.5.75) besitzen; vgl. Beispiel 6.200 und Satz 7.222. Das gleiche gilt beim *Prüfen auf Lokationstyp*

$$\mathbf{H} : F \in \mathfrak{T}_L(F_0), \quad \mathbf{K} : F \in \mathfrak{F} - \mathfrak{T}_L(F_0) \tag{7.5.78}$$

wie auch beim *Testen auf Skalentyp*, also der Hypothesen

$$\mathbf{H} : F \in \mathfrak{T}_S(F_0), \quad \mathbf{K} : F \in \mathfrak{F} - \mathfrak{T}_S(F_0), \tag{7.5.79}$$

jeweils bei vorgegebenem F_0 und $\mathfrak{F} = \mathfrak{M}^1(\mathbb{R}, \mathbb{B})$. Bei diesen letzten beiden Testproblemen sind die Nullhypothesen invariant gegenüber den komponentenweise angewendeten Translationen bzw. Streckungen. Maximalinvariant sind hier

$$M_n(x) = x - \widehat{\mu}_n(x)\mathbb{1}_n \quad \text{bzw.} \quad M_n(x) = x/\widehat{\sigma}_n(x),$$

wobei $\widehat{\mu}_n(x)$ translations- und $\widehat{\sigma}_n(x)$ streckungsäquivariant ist.

Interessiert nun etwa das Testen auf Typ, so wähle man ein F_0 speziell derart, daß unter F_0 der Lokationsparameter gleich 0 und der Skalenparameter gleich 1 ist. Bezeichnet dann φ_0 einen α-Niveau Test für die Hypothesen $\mathbf{H}_0 : F = F_0$, $\mathbf{K}_0 : F \neq F_0$, so ist $\varphi_0 \circ M_n$ gegenüber der Transformationsgruppe $\mathfrak{G}$ invariant und unter $\mathbf{H}$ verteilungsfrei, d.h. im strengen Sinn[116] ein α-Niveau Test für die Hypothesen $\mathbf{H} : F \in \mathfrak{T}(F_0)$, $\mathbf{K} : F \in \mathfrak{F} - \mathfrak{T}(F_0)$. Wegen der Verteilungsfreiheit reicht es, die Nullverteilung der Prüfgröße unter $F = F_0$ zu bestimmen. Da sich diese im allgemeinen nicht exakt angeben läßt, soll im folgenden für Prüfgrößen in Form von Q-Statistiken die Limes-Nullverteilung bestimmt werden. Dabei wird man in Analogie zu 7.5.3 wieder eine Quadratsummenverteilung als Limesverteilung erwarten. Entsprechendes gilt für das Testen auf Lokationstyp $\mathfrak{T}_L(F_0)$ bzw. auf Skalentyp

---

[116] In 6.2.1 wurde gezeigt, daß die Prüfgrößen des LQ- und χ^2-Tests zum Prüfen zusammengesetzter Nullhypothesen bei Vorliegen geeigneter Regularitätsvoraussetzungen unter $\mathfrak{F}_0$ asymptotisch verteilungsfrei sind.

$\mathfrak{T}_S(F_0)$. Es wird sich als zweckmäßig erweisen, zunächst für diese beiden Probleme die Bestimmung der Limes-Nullverteilung zu diskutieren und erst im Anschluß daran dann diejenige für das Testen auf Typ $\mathfrak{T}(F_0)$. Um auf Q-Statistiken zu kommen, wird dabei wie in 7.5.3 eine gewichtete Mallows-Metrik zugrunde gelegt. Demgemäß sei F_0 wieder duchgehend eine vorgegebene VF, welche die Voraussetzungen ($\mathscr{A}_0$) und ($\mathscr{A}_1$) erfüllt, und a eine Gewichtsfunktion, welche der Wachstumsbedingung ($\mathscr{A}_2$) genügt. Im übrigen werden die Bezeichnungen aus 7.5.3 übernommen.

Prüfung auf Lokationstyp: Allgemeine Aussagen Zum Prüfen der Hypothesen (7.5.72) hat man die Prüfgröße (7.5.56) für das Testen der zugehörigen einfachen Nullhypothese (7.5.55) gegenüber Translationen invariant zu machen. Wegen des Transformationsverhaltens von $X_{n\uparrow j}$ liegt es nahe, dies in der Form

$$T_n^L := n^{-1} \sum_{j=1}^n (X_{n\uparrow j} - \widehat{\mu}_n - b_{nj})^2 a_{nj} \tag{7.5.80}$$

zu tun, wobei $\widehat{\mu}_n$ ein äquivarianter Schätzer für den Lageparameter μ ist,

$$\widehat{\mu}_n = C_n - c_n, \quad C_n := n^{-1} \sum_{j=1}^n c_{nj} X_{n\uparrow j}, \quad n^{-1} \sum_{j=1}^n c_{nj} = 1. \tag{7.5.81}$$

Dabei ist also C_n also eine translationsäquivariante L-Statistik und $c_n \in \mathbb{R}$ eine Konstante. Die Bedingung $n^{-1}\sum_{j=1}^n c_{nj} = 1$ ist immer dann erfüllt, wenn die c_{nj} vermöge einer nicht-negativen Funktion $c_n(\cdot)$ erklärt werden gemäß

$$c_{nj} = c_n(\frac{j}{n+1})/\bar{c}_n, \quad \bar{c}_n = n^{-1} \sum_{i=1}^n c_n(\frac{i}{n+1}), \quad j=1,\ldots,n. \tag{7.5.82}$$

Für die Invarianz von T_n^L spielt die Konstante c_n keine Rolle, da mit $X_{n\uparrow j} - C_n$ natürlich auch $X_{n\uparrow j} - C_n + c_n$ wieder translationsinvariant ist. Es liegt nahe, die Koeffizienten c_{nj} der L-Statistik C_n gemäß Satz 7.222a so zu wählen, daß diese asymptotisch effizient sind. Hierbei hat man jedoch im allgemeinen eine Verzerrungskorrektur zu berücksichtigen, die das Auftreten der Größen c_n motiviert. Diese wird im folgenden zunächst in der Form

$$c_n = \overline{b}_n^c := n^{-1} \sum_{j=1}^n c_{nj} b_{nj}$$

angesetzt und sich später als zu den Konstanten β_L aus Satz 7.222a äquivalent erweisen. Sie impliziert zunächst[117], daß bei der Taylorentwicklung kein störender konstanter Term übrigbleibt. Aus diesen Überlegungen folgt, daß man für die Hypothesen (7.5.78) Prüfgrößen der Form

---

[117] Im Anschluß an (7.5.90) wird gezeigt: Bezeichnet $c_n(\cdot)$ die den c_{nj} entsprechende Sprungfunktion und gilt zusätzlich $c_n(\cdot) \to c(\cdot)$ in $\mathbb{L}_2$, so konvergiert der Schätzer C_n gegen ein Lokationsfunktional im Sinne der Definition 7.30

$$T_n^L := n^{-1} \sum_{j=1}^{n} (X_{n\uparrow j} - C_n - b_{nj} + \overline{b}_n^c)^2 a_{nj} \tag{7.5.83}$$

verwenden wird. Wegen der Translationsinvarianz von (7.5.83) reicht es nach den Vorbemerkungen zur Bestimmung der Limesverteilung von nT_n^L unter $F \in \mathfrak{T}_L(F_0)$ diejenige unter F_0 zu betrachten. Hierzu beachte man, daß sich die Funktion $b(\cdot)$ unter $(\mathscr{A}_0)$ gemäß (7.5.57) entwickeln läßt, so daß C_n die Darstellung

$$C_n = \overline{b}_n^c + n^{-1} \sum_{k=1}^{n} c_{nk} V_{nk} b'_{nk} + \overline{Z}_n^c, \quad \overline{Z}_n^c := n^{-1} \sum_{j=1}^{n} c_{nj} Z_{nj}, \tag{7.5.84}$$

besitzt. Mit der Abkürzung $\overline{a}_n := n^{-1} \sum_j a_{nj}$ und einem Restterm R_{n3} gilt dann

$$\begin{aligned} nT_n^L &= \sum_{j=1}^{n} (V_{nj} b'_{nj} + Z_{nj} - n^{-1} \sum_{k=1}^{n} c_{nk} V_{nk} b'_{nk} - \overline{Z}_n^c)^2 a_{nj} \\ &= \sum_{j=1}^{n} V_{nj}^2 w_{nj} - \overline{a}_n^{-1} (n^{-1/2} \sum_{j=1}^{n} V_{nj} b'_{nj} a_{nj})^2 \\ &\quad + \overline{a}_n^{-1} (n^{-1/2} \sum_{j=1}^{n} V_{nj} b'_{nj} [a_{nj} - \overline{a}_n c_{nj}])^2 + R_{n3}. \end{aligned} \tag{7.5.85}$$

Hier stellt sich nun – etwa in Analogie zur Verteilungstheorie beim Testen zusammengesetzter Nullhypothesen in linearen Modellen oder zu den Sätzen 6.50 und 6.55 über LQ- bzw. χ^2-Tests – die Frage, welcher Zusammenhang zwischen der Limes-Nullverteilung von nT_n^L und derjenigen von nT_n^E besteht. Dazu beachte man, daß sich die Korrektur von nT_n^L gegenüber dem – für die Limes-Nullverteilung von nT_n^E relevanten – Anteil $Q_n^E = \sum_j V_{nj}^2 w_{nj}$, also der zweite und dritte Term von (7.5.85), nach Beispiel 7.106 im wesentlichen wie eine quadratische Statistik zu einem Kern der Form

$$\ell_1 \otimes \ell_1 - (\ell_1 - \ell_2) \otimes (\ell_1 - \ell_2) = \ell_1 \otimes \ell_2 + \ell_2 \otimes \ell_1 - \ell_2 \otimes \ell_2$$

verhält und zwar mit den Funktionen

$$\ell_1(u) = \int_0^1 q(u,t) b'(t) a(t) \, dt \quad \text{und} \quad \ell_2(u) = \int_0^1 q(u,t) b'(t) c(t) \, dt.$$

Sind ℓ_1 und ℓ_2 linear unabhängig, so ist der zugehörige Eigenraum zweidimensional. In diesem Fall läßt sich der Effekt der Schätzung des Lokationsparameters auf die Limesverteilung sicher nicht dadurch erfassen, daß man den ersten (oder einen anderen) Summanden der rechten Seite von (5.4.47) wegläßt, d.h. „die Anzahl der Freiheitsgrade um 1 reduziert". Um letzteres zu erreichen, muß der zweite Korrekturterm in (7.5.85) zumindest asymptotisch verschwinden (oder allgemeiner ein Vielfaches des ersten Korrekturterms, d.h. ℓ_1 ein Vielfaches von ℓ_2 sein); darüberhinaus muß die Eigenlösung des ersten Korrekturterms mit einer Eigenlösung des Kerns $c^E(\cdot,\cdot)$ übereinstimmen. Das erste erreicht man durch Wahl der Gewichte c_{nj} der L-Statistik C_n aus (7.5.81) in Abhängigkeit von der Gewichtsfunktion a gemäß

$$c_{nj} = a\left(\frac{j}{n+1}\right)/\overline{a}_n, \quad \overline{a}_n = n^{-1}\sum_{j=1}^{n} a\left(\frac{j}{n+1}\right). \tag{7.5.86}$$

In diesem Fall ist der dritte Term in (7.5.85) gleich 0 und der zweite bei zunächst beliebigem n gemäß Beispiel 7.106 eine quadratische Statistik zum Kern

$$c^I(u,v) = \ell_1(u) \otimes \ell_1(v) = \int_0^1 q(u,t) b'(t) a(t) \,\mathrm{d}t \int_0^1 q(v,s) b'(s) a(s) \,\mathrm{d}s.$$

Wie Satz 7.234 zeigen wird, läßt sich die zweite Forderung, daß nämlich das Eigenpaar von $c^I(u,v)$ mit einem Eigenpaar von $c^E(u,v)$ übereinstimmt, durch Wahl der Gewichtsfunktion in der speziellen Form $a(t) = \delta \mathfrak{g}'(b(t))$ bei geeignetem $\delta > 0$ erreichen, sofern man an $\mathfrak{g}$ die folgenden drei Forderungen stellt:

$(\mathscr{A}_3^L) \quad \mathfrak{g}(x) := -f_0'(x)/f_0(x)$ ist strikt isoton[118] auf $(i(F_0), s(F_0))$;

$(\mathscr{A}_4^L) \quad 0 < I_L(F_0) := \int_0^1 (\mathfrak{g} \circ b)^2 \,\mathrm{d}\lambda < \infty;$

$(\mathscr{A}_5^L) \quad \int_0^1 q(u,s) q(v,s) \mathfrak{g}'(b(s)) b^2(s) \,\mathrm{d}s \in \mathbb{L}_2(\mathfrak{R} \otimes \mathfrak{R}).$

Aus diesen Annahmen folgt, daß $a(\cdot)$ strikt positiv auf $(i(F_0), s(F_0))$ ist sowie $\mathfrak{g} \circ b \in \mathbb{L}_2$ und lokal absolut stetig ist. Weiter gilt der

Hilfssatz 7.233 *Unter der Voraussetzungen* $(\mathscr{A}_0), (\mathscr{A}_1), (\mathscr{A}_3^L)$ *und* $(\mathscr{A}_4^L)$ *gilt*

a) $\quad \displaystyle\int_0^1 \mathfrak{g} \circ b \,\mathrm{d}\lambda = \int \mathfrak{g}(x) \,\mathrm{d}F_0(x) = 0;$

b) $\quad \displaystyle\lim_{t \to 0} t\mathfrak{g}(b(t)) = 0, \quad \lim_{t \to 1}(1-t)\mathfrak{g}(b(t)) = 0.$

Beweis: a) Unter $(\mathscr{A}_0)$ und $(\mathscr{A}_4^L)$ ist nach Beispiel 1.196 die Translationsfamilie $\mathfrak{T}_L(F_0)$ $\mathbb{L}_2(0)$-differenzierbar mit Ableitung $\mathfrak{g}(\cdot)$. Damit folgt die Behauptung aus Hilfssatz 1.178a.

---

[118] Die Forderung $\mathfrak{g}' \geq 0$ ist offenbar gleichbedeutend damit, daß $-\log f$ strikt konvex ist. Nach dem Satz von Ibragimov 6.219 sind derartige Dichten strikt unimodal.

b) Die Behauptung ist äquivalent mit

$$\lim_{x\to-\infty} F_0(x)\mathfrak{g}(x) = 0, \quad \lim_{x\to\infty}(1-F_0(x))\mathfrak{g}(x) = 0. \tag{7.5.87}$$

Zum Nachweis etwa der ersten dieser beiden Folgerungen beachte man zunächst, daß gilt

$$F_0(\{x : \mathfrak{g}(x) < 0\}) > 0, \quad F_0(\{x : \mathfrak{g}(x) > 0\}) > 0.$$

Andernfalls wäre nämlich etwa $F_0(\{x : \mathfrak{g}(x) \leq 0\}) = 1$, was aber in Widerspruch stehen würde zu $\int \mathfrak{g}(x)\,\mathrm{d}F_0(x) = 0$ und $0 < \int \mathfrak{g}^2(x)\,\mathrm{d}F_0(x) < \infty$, also zu $(\mathscr{A}_4^L)$. Wegen der Isotonie von $\mathfrak{g}$ gemäß $(\mathscr{A}_3^L)$ gibt es somit Zahlen $x_0 < x_1$ derart, daß für alle $y \leq x_0$ und alle $z \geq x_1$ gilt

$$\mathfrak{g}(y) \leq \mathfrak{g}(x_0) < 0 < \mathfrak{g}(x_1) \leq \mathfrak{g}(z). \tag{7.5.88}$$

Aus (7.5.87) folgt aber nach der Cauchy-Schwarz-Ungleichung

$$\mathfrak{g}(x)(1-F_0(x)) = \mathfrak{g}(x)\int_x^\infty f_0(z)\,\mathrm{d}z \leq \int_x^\infty \mathfrak{g}(z)f_0^{1/2}(z)f_0^{1/2}(z)\,\mathrm{d}z$$

$$\leq \left(\int_x^\infty \mathfrak{g}^2(z)f_0(z)\,\mathrm{d}z\right)^{1/2}\left(\int_x^\infty f_0(z)\,\mathrm{d}z\right)^{1/2}$$

und damit wegen $(\mathscr{A}_4^L)$ bzw. wegen $1-F_0(x) \to 0$ für $x \to \infty$ die Behauptung. $\square$

Der folgende Satz zeigt, daß bei dieser Wahl von a die Eigenlösung zum Kern $c^I(\cdot,\cdot)$ unter den Eigenlösungen von $c^E(\cdot,\cdot)$ vorkommt. Er beantwortet damit die Frage, wann sich der Effekt des Schätzens des Nebenparameters μ in einer „Reduktion der Anzahl der Freiheitsgrade um 1" niederschlägt.

Satz 7.234 *F_0 erfülle neben der Regularitätsannahme $(\mathscr{A}_0)$ und den Wachstumsbedingungen $(\mathscr{A}_1)$ und $(\mathscr{A}_2)$ für Gewichtsfunktionen der Form $a(t) = \delta \mathfrak{g}'(b(t))$, $\delta > 0$, die Voraussetzungen $(\mathscr{A}_3^L)$, $(\mathscr{A}_4^L)$ und $(\mathscr{A}_5^L)$. Dann gilt für das Prüfen auf Lokationstyp $\mathfrak{T}_L(F_0)$ bei einer derartigen Wahl von a mit zunächst beliebigem $\delta > 0$*

a) *$c^I(u,v) = \delta^2 \mathfrak{g}(b(u))\mathfrak{g}(b(v))$;*

b) *$\mathfrak{g}(b(u))$ ist Eigenfunktion zum Kern $c^I(u,v)$ zum Eigenwert $\lambda_L = \delta^2 I_L(f_0)$;*

c) *$\mathfrak{g}(b(u))$ ist Eigenfunktion zum Kern $c^E(u,v)$ zum Eigenwert δ;*

d) *$\mathfrak{g}(b(u))$ ist Eigenfunktion für die Kerne $c^I(u,v)$ und $c^E(u,v)$ zum selben Eigenwert, falls gilt $\delta = I_L(f_0)^{-1}$.*

Insbesondere folgt bei $\delta = I_L(f_0)^{-1}$, *also der Gewichtsfunktion*

$$a_L(t) = I_L(f_0)^{-1}\mathfrak{g}'(b(t)), \qquad (7.5.89)$$

daß sich die Eigenwerte des Kerns $c^L(u,v) = c^E(u,v) - c^I(u,v)$ *aus denjenigen des Kerns* $c^E(u,v)$ *durch Weglassen des Eigenwerts* $\lambda_\ell = I_L(f_0)^{-1}$ *ergeben.*

Beweis: a) Wegen $b'(t)a(t) = \delta(\mathfrak{g} \circ b)'(t)$ gilt nach Beispiel 7.105

$$\ell_1(u) = \int_0^1 q(u,t)b'(t)a(t)\,dt = -\delta\mathfrak{g}(b(u)).$$

b) ergibt sich durch Einsetzen der Behauptung in die Integralgleichung (5.4.23).

c) Aus der Definition (5.4.31) von $q(u,t)$ folgt wegen $\mathfrak{g}(x) = -f_0'(x)/f_0(x)$ zunächst

$$\int_0^1 q(u,t)\mathfrak{g}(b(u))\,du = \int_0^t q(b(u))\,du = \int_{-\infty}^{b(t)} \mathfrak{g}(x)f_0(x)\,dx = -\int_{-\infty}^{b(t)} f_0'(x)\,dx = -f_0(b(t))$$

und damit nach dem Satz von Fubini bzw. nach der Definition von a wegen $\mathfrak{g}'(b(t))b'(t) = (\mathfrak{g} \circ b)'(t)$, $b'(t)f_0(b(t)) = (F_0 \circ b)'(t) = 1$ sowie wegen Hilfssatz 7.233

$$\int_0^1 c^E(u,v)\mathfrak{g} \circ b(u)\,du = \int_0^1 q(v,t)b'^2(t)a(t)\left(\int_0^1 q(u,t)\mathfrak{g}(b(u))\,du\right)dt$$

$$= \int_0^1 q(v,t)b'^2(t)a(t)f_0(b(t))\,dt = -\int_0^1 q(v,t)\delta(\mathfrak{g} \circ b)'(t)\,dt$$

$$= \delta\mathfrak{g} \circ b(v).$$

d) ergibt sich aus b) und c) als Lösung von $\delta = \delta^2 I_L(f)$. □

Satz 7.234 legt also die Wahl von a gemäß (7.5.89) nahe. Nach (7.5.86) ist a im wesentlichen auch die Gewichtsfuntkion $c(\cdot)$ für den L-Schätzer C_n, der somit gemäß Satz 7.222a asymptotisch effizient ist. Diese Wahl garantiert insbesondere die Konsistenz von C_n für μ und die Gültigkeit von $\overline{b}_n^c \to \mu$. Bei $\sum_{j=1}^n a(\frac{j}{n+1})\mathbf{1}_{(\frac{j-1}{n},\frac{j}{n}]} \to a$ in $\mathbb{L}_2$ gilt nämlich für die zugehörige Sprungfunktion

$$c_n(u) \to c(u) := a(u)/\int_0^1 a(v)\,dv \quad \text{in } \mathbb{L}_2. \qquad (7.5.90)$$

Hieraus folgt $\int_0^1 c(u)\,du = 1$, so daß wegen der Mitkonvergenz der ersten beiden Momente gemäß A7.4 der Nenner von (7.5.82) von der Form $1 + o(1)$ ist und nach dem Gesetz der großen Zahlen für L-Statistiken 7.148 gilt

7.5 Verteilungskonvergenz von L- und Q-Statistiken 729

$$C_n = n^{-1}\sum_{j=1}^n c_{nj} X_{n\uparrow j} = n^{-1}\sum_{j=1}^n c_{nj} b(U_{n\uparrow j}) \to \int_0^1 c(u)b(u)\,du =: \gamma_c(F_0)\quad [F_0].$$

Weiter ist c mit a nicht-negativ. Damit ist das Funktionale γ_c ein Lokationsfunktional im Sinne der Definition 7.30. Aus $\int_0^1 c(u)\,du = 1$ folgt nämlich die Translationsäquivarianz, aus der Linearität die Skalenäquivarianz und aus $c \geq 0$ die Isotonie. Speziell ergibt sich also

$$F_0 \text{ symmetrisch bzgl. } 0 \quad \Rightarrow \quad \gamma_c(F_0) = \int_0^1 c(u) F_0^{-1}(u)\,du = 0.$$

Schließlich folgt aus $c_n \to c$ in $\mathbb{L}_2$ wegen A7.4 auch $n^{-1}\sum_{j=1}^n c_n(\frac{j}{n+1}) \to 1$.
Für eine nicht-symmetrische VF F_0 hat daher, wie oben bereits erwähnt, eine Verzerrungskorrektur zu erfolgen, nämlich um $\gamma_c(F_0)$. Aus technischen Gründen wurde diese hier wegen $\bar{b}_n^c = n^{-1}\sum_{i=1}^n c_{nj} b_{nj} \to \gamma_c(F_0)$ in der Form $\bar{b}_n^c$ gewählt.
Für diese Wahl der Koeffizienten c_{nj}, also für $c_{nj} = a_L(\frac{j}{n+1})/\frac{1}{n}\sum_{i=1}^n a_L(\frac{i}{n+1})$ mit a_L gemäß (7.5.89), soll nun der Restterm R_{n3} aus (7.5.85) explizit angegeben werden. Dazu schreiben wir T_n^L in der Form

$$nT_n^L = \sum_{j=1}^n (V_{nj} b'_{nj} - n^{-1}\sum_{k=1}^n c_{nk} V_{nk} b'_{nk})^2 a_{nj}$$
$$+ 2\sum_{j=1}^n (V_{nj} b'_{nj} - n^{-1}\sum_{k=1}^n c_{nk} V_{nk} b'_{nk})(Z_{nj} - n^{-1}\sum_{k=1}^n c_{nk} Z_{nk}) a_{nj}$$
$$+ \sum_{j=1}^n (Z_{nj} - n^{-1}\sum_{k=1}^n c_{nk} Z_{nk})^2 a_{nj}.$$

Der erste Summand liefert durch Ausquadrieren gerade die beiden Hauptterme aus (7.5.85). Durch Ausmultiplizieren der beiden anderen Summanden ergibt sich für den Rest R_{n3} in der Kurzschreibweise (7.5.62) ein Ausdruck der Form

$$R_{n3} = 2R_n(3,0,1,1) + R_n(4,0,0,2)$$
$$- 2n^{-1} R_n(1,0,1,0) R_n(2,0,0,1) - n^{-1} R_n^2(2,0,0,1), \qquad (7.5.91)$$

so daß sein asymptotisches Verhalten in Abhängigkeit von F_0 und a bzw. den durch diese Funktionen gemäß ($\mathscr{A}_1$) und ($\mathscr{A}_2$) bestimmten Exponenten ν, κ, υ und ι unmittelbar aus der in 7.5.3 angegebenen Tabelle folgt.

Ist R_{n3} asymptotisch vernachlässigbar und sind die Bedingungen von Satz 5.149 erfüllt, so ergibt sich bei Verwenden der Gewichtsfunktion a_L aus (7.5.89) also der

Satz 7.235 X_j, $j \in \mathbb{N}$, seien st.u. ZG mit derselben VF F sowie F_0 eine VF und a gemäß (7.5.89) eine nicht-negative Gewichtsfunktion derart, daß die Voraussetzungen ($\mathscr{A}_0$), ($\mathscr{A}_1$), ($\mathscr{A}_2$), ($\mathscr{A}_3^L$), ($\mathscr{A}_4^L$) und ($\mathscr{A}_5^L$) erfüllt sind. Bezeichnen dann (λ_ℓ, e_ℓ), $\ell \in \mathbb{N}$, die Eigenlösungen zu dem durch (7.5.60) definierten Kern $c^E(\cdot,\cdot)$ zur Gewichtsfunktion $w = b'^2 a$, $b = F_0^{-1}$, und sind die Voraussetzungen von Satz 5.149 für die Kerne $c^E(\cdot,\cdot)$ und $c^L(\cdot,\cdot) = c^E(\cdot,\cdot) - I_L(f_0)^{-2} \mathfrak{g} \circ b(\cdot) \mathfrak{g} \circ b(\cdot)$ erfüllt, so gilt bei $R_{ni} = o_F(1)$ für $i = 1,2,3$ mit μ_n^E aus (7.5.65) und $\mu_n^L = \mu_n^E - \lambda_L$, $\lambda_L = I_L(f_0)^{-1}$,

a) *für die Prüfgröße* T_n^E *zum Prüfen der einfachen Nullhypothese* $\mathbf{H} : F = F_0$ *gegen* $\mathbf{K} : F \in \mathfrak{F} - \{F_0\}$

$$\mathfrak{L}_{\mathbf{H}}(nT_n^E - \mu_n^E) \xrightarrow[\mathfrak{L}]{} \mathfrak{Q}^0[\lambda_\ell : \ell \geq 1]; \tag{7.5.92}$$

b) *für die Prüfgröße* T_n^L *zur zusammengesetzten Nullhypothese* $\mathbf{H} : F \in \mathfrak{T}_L(F_0)$ *gegen* $\mathbf{K} : F \in \mathfrak{F} - \mathfrak{T}_L(F_0)$

$$\mathfrak{L}_{\mathbf{H}}(nT_n^L - \mu_n^L) \xrightarrow[\mathfrak{L}]{} \mathfrak{Q}^0[\lambda_\ell : \ell \geq 1 \text{ mit } \lambda_\ell \neq \lambda_L]. \tag{7.5.93}$$

Die Gegenüberstellung von (7.5.92) und (7.5.93) zeigt nochmals, daß der Preis für die Unkenntnis des Lokationsparameters im wesentlichen im Verlust eines Freiheitsgrades besteht. Dieser Sachverhalt ist analog zu dem aus der Theorie der Varianzanalyse oder der LQ- bzw. χ^2-Tests bekannten Tatsache, daß durch die Schätzung eines unbekannten Mittelwertparameters die entsprechende Anzahl von Freiheitsgraden der F- bzw. χ^2-Verteilung verloren gehen; vgl. die Aussagen in 4.2.2 oder die Sätze 6.50, 6.55 sowie 6.57.

Prüfung auf Lokationstyp: Spezialfälle Wir betrachten nun noch zwei Beispiele, zunächst die Prüfung auf Vorliegen einer logistischen Translationsfamilie. Ergänzend zu den vor Korollar 7.230 angegebenen Größen ergibt sich hier $\mathfrak{g}(x) = (1 - e^{-x})/(1 + e^{-x})$ und $\mathfrak{g}'(x) = 2f_0(x)$, also

$$\mathfrak{g}(b(t)) = 2t - 1, \quad \mathfrak{g}'(b(t)) = 2t(1-t), \quad I_L(f_0) = 1/3.$$

Damit sind die Voraussetzungen ($\mathscr{A}_3^L$) und ($\mathscr{A}_4^L$) sowie nach Beispiel 5.137 auch ($\mathscr{A}_5^L$) erfüllt. (7.5.89) liefert

$$a_L(t) = 6t(1-t) \quad \text{und damit} \quad w(t) = 6(t(1-t))^{-1}.$$

Somit ist die Wahl von a in Korollar 7.230 gerechtfertigt und aus Satz 7.235 ergibt sich, daß zur Gewinnung der Limes-Nullverteilung von nT_n^L aus derjenigen von nT_n^E der Eigenwert $\lambda_L = I_L(f_0)^{-1} = 3 = \lambda_1$ aus dem Spektrum von $c^E(\cdot,\cdot)$ herausgenommen werden muß. Es folgt also das

Korollar 7.236 X_j, $j \in \mathbb{N}$, *seien st.u. ZG mit derselben VF* F. *Weiter sei* $\mathfrak{L}$ *die logistische Verteilung mit VF* $F_0(x) = (1 - e^{-x})^{-1}$ *und* $a_L(t) = 6t(1-t)$. *Dann*

7.5 Verteilungskonvergenz von L- und Q-Statistiken

gilt für die mit dem Schätzer C_n aus (7.5.81) und c_{nj} gemäß (7.5.86) gebildete Prüfgröße T_n^L aus (7.5.83) zum Prüfen von $\mathbf{H}^L : F \in \mathfrak{T}_L(\mathfrak{L})$ *gegen* $\mathbf{K}^L : F \notin \mathfrak{T}_L(\mathfrak{L})$

$$\mathfrak{L}_{\mathbf{H}}(nT_n^Z - 3) \xrightarrow[\mathfrak{L}]{} \mathfrak{Q}^0[\frac{1}{\ell(\ell+1)} : \ell \geq 2].$$

Beweis: Da die Voraussetzungen von Satz 5.149 im Beweis von Korollar 7.230 bereits für die quadratische Form Q_n^E überprüft wurden, reicht es wegen Satz 7.235, diese für die quadratische Form Q_n^I zu verifizieren.

Bei der Abschätzung des Restterms R_{n3} beachte man, daß für die ersten beiden Terme von (7.5.91) schon beim Beweis von Korollar 7.230 gezeigt wurde, daß sie asymptotisch vernachlässigbar sind. Wegen $\nu = 1$ und $\eta = 0$ folgt dies aus der Tabelle in 7.5.3 auch für die letzten beiden Summanden von (7.5.91). □

Als zweites soll die Prüfung auf Zugehörigkeit zu einer Normalverteilungs-Translationsfamilie behandelt werden. Ergänzend zu den für $F_0 = \phi$ bereits vor Korollar 7.229 angegebenen Größen ergibt sich $\mathfrak{g}(x) = x$ und damit

$$\mathfrak{g}(b(t)) = b(t), \quad \mathfrak{g}'(b(t)) = 1, \quad I_L(f_0) = 1.$$

Damit sind $(\mathscr{A}_3^L)$ und $(\mathscr{A}_4^L)$ erfüllt sowie nach Beispiel 5.138 auch $(\mathscr{A}_5^L)$. (7.5.90) liefert

$$a_L(t) = 1 \quad \text{und damit} \quad w(t) = 1/\varphi^2 \circ \phi^{-1}(t).$$

Folglich ist auch bei $F_0 = \phi$ die Wahl der Gewichtsfunktion a in Korollar 7.229 gerechtfertigt und wegen Satz 7.234 ist zur Bestimmung der Limes-Nullverteilung von T_n^L der Eigenwert $\lambda_L = I_L(f_0)^{-1} = 1 = \lambda_1$ aus dem Spektrum des Kerns $c^E(\cdot, \cdot)$ zu entfernen. Es gilt also das

Korollar 7.237 *X_j, $j \in \mathbb{N}$, seien st.u. ZG mit derselben VF F. Weiter sei $F_0 = \phi$ und $a_L \equiv 1$. Dann gilt für die mit dem Schätzer $C_n = \overline{X}_n$ gebildete Prüfgröße T_n^L aus (7.5.83) zum Prüfen von* $\mathbf{H}^L : F \in \mathfrak{T}_L(\phi)$ *gegen* $\mathbf{K}^L : F \notin \mathfrak{T}_L(\phi)$

$$\mathfrak{L}_{\mathbf{H}}(nT_n^L - \mu_n^L) \xrightarrow[\mathfrak{L}]{} \mathfrak{Q}^0[\frac{1}{\ell} : \ell \geq 2].$$

Beweis: Zum Nachweis der Voraussetzungen von Satz 5.149 für den Kern Q_n^L reicht wegen Satz 7.234 wieder derjenige für den Kern Q_n^I.

Auch beim Nachweis von $R_{n3} = o_F(1)$ genügt es, denjenigen für die beiden letzten Summanden von (7.5.91) zu führen. Dieser folgt aber wegen $\nu = 0$ und $\eta = -1$ unmittelbar aus der Tabelle in 7.5.3. □

Prüfung auf Skalentyp: Allgemeine Aussagen Analog lassen sich die Skalenhypothesen (7.5.79) behandeln. Auch hier wird die Prüfgröße (7.5.56) zweckmäßigerweise durch eine L-Statistik invariant gemacht, nämlich durch

$$\widehat{\sigma}_n = D_n/d_n, \quad D_n = n^{-1}\sum_{j=1}^{n} d_{nj}X_{n\uparrow j}, \quad \sum_{j=1}^{n} d_{nj} = 0. \tag{7.5.81'}$$

Dabei ist D_n ein skalenäquivarianter L-Schätzer für den Skalenparameter σ und d_n eine Verzerrungskorrektur, deren Notwendigkeit sich wie im Lokationsfall ergibt. Analog zur Größe c_n hat man hier zu wählen

$$d_n = \overline{b}_n^d := n^{-1}\sum_{j=1}^{n} d_{nj}b_{nj}.$$

Insgesamt folgt damit analog (7.5.83) die Prüfgröße

$$T_n^S = n^{-1}\sum_{j=1}^{n}(\frac{X_{n\uparrow j}}{\widehat{\sigma}_n} - b_{nj})^2 a_{nj} = n^{-1}\sum_{j=1}^{n}(\frac{\overline{b}_n^d X_{n\uparrow j}}{D_n} - b_{nj})^2 a_{nj}. \tag{7.5.83'}$$

Hier besitzt $D_n/\overline{b}_n^d$ aufgrund von (7.5.57) die Entwicklung

$$\frac{D_n}{\overline{b}_n^d} = 1 + \frac{1}{n\overline{b}_n^d}\sum_{j=1}^{n} d_{nj}V_{nj}b'_{nj} + \frac{1}{\overline{b}_n^d}\overline{Z}_n^d, \quad \overline{Z}_n^d := n^{-1}\sum_{j=1}^{n} d_{nj}Z_{nj}, \tag{7.5.84'}$$

so daß sich analog zur Behandlung des Lokationsproblems, vgl. (7.5.85), mit einem geeigneten Restterm R_{n4} und der Abkürzung $\breve{a}_n := n^{-1}\sum_{j=1}^{n} b_{nj}^2 a_{nj}$ ergibt

$$\frac{1}{(\overline{b}_n^d)^2}D_n^2 nT_n^S = \sum_{j=1}^{n}(V_{nj}b'_{nj} + Z_{nj} - \frac{b_{nj}}{\overline{b}_n^d}n^{-1}\sum_{k=1}^{n} d_{nk}V_{nk}b'_{nk} - \frac{b_{nj}}{\overline{b}_n^d}\overline{Z}_n^d)^2 a_{nj}$$

$$= \sum_{j=1}^{n} V_{nj}^2 w_{nj} - \frac{1}{\breve{a}_n}(n^{-1/2}\sum_{j=1}^{n} V_{nj}b'_{nj}b_{nj}a_{nj})^2$$

$$+ \frac{1}{\breve{a}_n}(n^{-1/2}\sum_{j=1}^{n} V_{nj}b'_{nj}[d_{nj}\frac{\breve{a}_n}{\overline{b}_n^d} - b_{nj}a_{nj}])^2 + R_{n4}. \tag{7.5.85'}$$

Die für die Limesverteilung relevante Korrektur von $D_n^2 nT_n^S/(\overline{b}_n^d)^2$ gegenüber dem Hauptterm $Q_n^E = \sum_j V_{nj}^2 w_{nj}$ kommt wieder im zweiten und dritten Term zum Ausdruck. Dabei ist analog zum Lokationsfall der zweite Summand unabhängig von den zunächst noch beliebigen d_{nj}, während der dritte Term vom Schätzer D_n abhängt und bei Wahl der d_{nj} gemäß

$$d_{nj} = \frac{a_{nj}b_{nj}}{n^{-1}\sum_{k=1}^{n} a_{nk}b_{nk}^2}, \quad j=1,\ldots,n, \tag{7.5.86'}$$

7.5 Verteilungskonvergenz von *L*- und *Q*-Statistiken   733

gleich 0 ist. Bei dieser speziellen Wahl der[119] d_{nj} ergibt sich $\overline{b}_n^d = 1$ sowie

$$D_n^2 n T_n^S = \sum_{j=1}^n V_{nj}^2 w_{nj} - \frac{1}{\breve{a}_n}(n^{-1/2}\sum_{j=1}^n V_{nj} b'_{nj} b_{nj} a_{nj})^2 + R_{n3}.$$

Hier sind die beiden ersten Summanden wieder quadratische Statistiken und zwar gemäß (5.4.30) und (5.4.31) zum Kern $c^E(u,v)$ bzw. nach Beispiel 7.106 zum Kern

$$c^{\mathrm{II}}(u,v) = \int_0^1 q(u,t)b'(t)b(t)a(t)\,dt \int_0^1 q(v,s)b'(s)b(s)a(s)\,ds.$$

Man wird also wieder versuchen, durch Wahl der Gewichtsfunktion $a(\cdot)$ zu erreichen, daß das Eigenpaar von $c^{\mathrm{II}}(\cdot,\cdot)$ mit einem Eigenpaar von $c^E(\cdot,\cdot)$ übereinstimmt, so daß sich in der Limes-Nullverteilung die Zahl der Freiheitsgrade um 1 reduziert. Hierzu stellt man neben $(\mathscr{A}_0)$, $(\mathscr{A}_1)$ und $(\mathscr{A}_2)$ die drei Forderungen

$(\mathscr{A}_3^S)$ $\mathfrak{h}(x) := -1 - x\dfrac{f_0'(x)}{f_0(x)}$ ist strikt isoton auf $(i(F_0), s(F_0))$;

$(\mathscr{A}_4^S)$ $0 < I_S(f_0) := \displaystyle\int_0^1 (\mathfrak{h}\circ b)^2\,d\lambda < \infty$;

$(\mathscr{A}_5^S)$ $\displaystyle\int_0^1 q(u,s)q(v,s)\mathfrak{h}'(b(s))b^2(s)\,ds \in \mathbb{L}_2(\mathfrak{R}\otimes\mathfrak{R})$.

Diese implizieren wieder, daß Gewichtsfunktionen der Form $a(t) = \delta\mathfrak{h}'(b(t))/b(t)$ strikt positiv sind auf $(i(F_0), s(F_0))$, daß $\mathfrak{h}\circ b$ lokal absolut stetig ist und daß gilt

Hilfssatz 7.238 Unter den Voraussetzungen $(\mathscr{A}_0)$, $(\mathscr{A}_1)$, $(\mathscr{A}_3^S)$ und $(\mathscr{A}_4^S)$ gilt

a) $\displaystyle\int_0^1 \mathfrak{h}\circ b\,d\lambda = \int \mathfrak{h}(x)\,dF_0(x) = 0;$

b) $\displaystyle\lim_{t\to 0} t\mathfrak{h}(b(t)) = 0,\quad \lim_{t\to 1}(1-t)\mathfrak{h}(b(t)) = 0.$

---

[119] Gilt für die den d_{nj} entsprechenden Sprungfunktionen $d_n \to d$ in $\mathbb{L}_2$ mit einem geeigneten $d \in \mathbb{L}_2$, so folgt analog Fußnote 117 nach dem Gesetz der großen Zahlen für *L*-Statistiken 7.148

$$D_n = n^{-1}\sum_{j=1}^n d_{nj} X_{n\uparrow j} = n^{-1}\sum_{j=1}^n d_{nj} F^{-1}(U_{n\uparrow j}) \to \int_{(0,1)} d(u)F^{-1}(u)\,du =: \gamma_d(F)\ [F].$$

Hier ist γ_d ein Skalenfunktional im Sinne von Definition 7.35, denn wegen der Linearität ist es skalenäquivariant und wegen $d_{nj} \geq 0$ auch isoton in der stochastischen Ordnung.

Beweis: a) Die Skalenfamilie $\mathfrak{T}_S(F_0)$ ist unter $(\mathscr{A}_0)$, $(\mathscr{A}_4^S)$ nach Beispiel 1.197 $\mathbb{L}_2(0)$-differenzierbar mit Ableitung $\mathfrak{h}(\cdot)$, so daß die Behauptung aus Hilfssatz 1.178 folgt.

b) ergibt sich wie bei Hilfssatz 7.233. □

Der folgende Satz besagt nun wieder, daß bei geeigneter Wahl von δ die Eigenlösung des Kerns $c^{II}(u,v)$ mit einem Eigenpaar des Kerns $c^E(u,v)$ übereinstimmt und daß somit der Einfluß des Schätzens des Skalenparameters auf die Limesverteilung darin besteht, daß ein Summand in (5.4.47) nicht auftritt.

Satz 7.239 F_0 *erfülle neben der Regularitätsannahme* $(\mathscr{A}_0)$ *und den Wachstumsbedingungen* $(\mathscr{A}_1)$ *und* $(\mathscr{A}_2)$ *für Gewichtsfunktionen der Form* $a(t) = \delta \mathfrak{h}'(b(t))/b(t)$, $\delta > 0$, *die Voraussetzungen* $(\mathscr{A}_3^S), (\mathscr{A}_4^S)$ *und* $(\mathscr{A}_5^S)$. *Dann gilt für das Prüfen auf Skalentyp* $\mathfrak{T}_S(F_0)$ *bei einer derartigen Wahl von* a *mit zunächst beliebigem* $\delta > 0$

a) $c^{II}(u,v) = \delta^2 \mathfrak{h}(b(u))\mathfrak{h}(b(v))$;

b) $\mathfrak{h}(b(u))$ *ist Eigenfunktion zum Kern* $c^{II}(u,v)$ *zum Eigenwert* $\lambda_S = \delta^2 I_S(f_0)$;

c) $\mathfrak{h}(b(u))$ *ist Eigenfunktion zum Kern* $c^E(u,v)$ *zum Eigenwert* δ;

d) $\mathfrak{h}(b(u))$ *ist Eigenfunktion für die Kerne* $c^{II}(u,v)$ *und* $c^E(u,v)$ *zum selben Eigenwert, falls gilt* $\delta = I_S(f_0)^{-1}$.

Insbesondere folgt bei $\delta = I_S(f_0)^{-1}$, *also der Gewichtsfunktion*

$$a_S(t) = I_S(f_0)^{-1} \mathfrak{h}'(b(t))/b(t), \qquad (7.5.89')$$

daß sich die Eigenwerte des Kerns $c^S(u,v) = c^E(u,v) - c^{II}(u,v)$ *aus denjenigen des Kerns* $c^E(u,v)$ *durch Weglassen des Eigenwerts* $\lambda_S = I_S(f_0)^{-1}$ *ergeben.*

Beweis: a) und b) folgen analog Satz 7.234 wieder durch Einsetzen.

c) Aus der Definition (5.4.31) von $q(u,t)$ und derjenigen von $\mathfrak{h}(x)$ ergibt sich analog zum Beweis von Satz 7.234 wegen $\int \mathfrak{h}(x)f(x)\,dx = 0$

$$\int_0^1 q(u,t)\mathfrak{h}(b(u))\,du = (1-t)\int_{-\infty}^{F^{-1}(t)} \mathfrak{h}(x)f(x)\,dx - t\int_{F^{-1}(t)}^{\infty} \mathfrak{h}(x)f(x)\,dx$$

$$= -\int_{-\infty}^{b(t)}(1 + x\frac{f_0'(x)}{f_0(x)})f_0(x)\,dx = -(t + \int_{-\infty}^{b(t)} xf_0'(x)\,dx) = -b(t)f_0(b(t)).$$

Damit folgt – ebenfalls analog zum Lokationsfall –

$$\int_0^1 c^E(u,v)\mathfrak{h}\circ b(u)\,du = -\int_0^1 q(v,t)\delta(\mathfrak{h}\circ b)'(t)\,dt = \delta\mathfrak{h}\circ b(u).$$

d) beweist man wieder wie bei Satz 7.234. □

7.5 Verteilungskonvergenz von L- und Q-Statistiken

Bei der speziellen Wahl der Gewichte d_{nj} gemäß (7.5.86') mit $a_{nj} = a_S(\frac{j}{n+1})$ und $a_S(\cdot)$ gemäß (7.5.89') soll nun wieder der Restterm R_{n4} aus (7.5.85') unter Ausnutzen von $\overline{b}_n^d = 1$ angegeben werden. Hierzu beachte man

$$D_n^2 n T_n^S = \sum_{j=1}^n (V_{nj} b'_{nj} - b_{nj} n^{-1} \sum_{k=1}^n d_{nk} V_{nk} b'_{nk})^2 a_{nj}$$

$$+ 2 \sum_{j=1}^n (V_{nj} b'_{nj} - b_{nj} n^{-1} \sum_{k=1}^n d_{nk} V_{nk} b'_{nk})(Z_{nj} - b_{nj} \overline{Z}_n^d) a_{nj}$$

$$+ \sum_{j=1}^n (Z_{nj} - b_{nj} \overline{Z}_n^d)^2 a_{nj}.$$

Auch hier liefert der erste Term die beiden Hauptterme, so daß sich durch Ausmultiplizieren der beiden anderen in der Kurzschreibweise aus 7.5.3 ergibt

$$R_{n4} = 2R_n(3,0,1,1) + R_n(4,0,0,2)$$
$$- 2n^{-1} R_n(1,1,1,0) R_n(2,1,0,1) - 2n^{-1} R_n^2(2,1,0,1). \quad (7.5.91')$$

Nach Fixierung von F_0 und danach von a_S gemäß (7.5.89') läßt sich also das asymptotische Verhalten der einzelnen Bausteine wie im Lokationsfall aus der in 7.5.3 angegebenen Tabelle entnehmen. Verwendet man also die Gewichtsfunktion $a_S(\cdot)$ und gilt $R_{n4} = o_F(1)$, so reicht es zur Bestimmung der Limes-Nullverteilung von $n T_n^S$ auch hier, das Eigenwertproblem für die zugehörige einfache Nullhypothese zu lösen und die Voraussetzungen von Satz 5.149 zu verifizieren.

Satz 7.240 *X_j, $j \in \mathbb{N}$, seien st.u. ZG mit derselben VF F sowie F_0 eine VF und a gemäß (7.5.89') eine nicht-negative Gewichtsfunktion derart, daß die Voraussetzungen $(\mathscr{A}_0)$, $(\mathscr{A}_1)$, $(\mathscr{A}_2)$, $(\mathscr{A}_3^S)$, $(\mathscr{A}_4^S)$ und $(\mathscr{A}_5^S)$ erfüllt sind. Bezeichnen dann (λ_ℓ, e_ℓ), $\ell \in \mathbb{N}$, die Eigenlösungen zu dem durch (7.5.60) definierten Kern $c^E(\cdot, \cdot)$ zur Gewichtsfunktion $w = b'^2 a$, $b = F_0^{-1}$, und sind die Voraussetzungen von Satz 5.149 für die Kerne $c^E(\cdot, \cdot)$ und $c^S(\cdot, \cdot) = c^E(\cdot, \cdot) - I_S(f_0)^{-2} \mathfrak{h} \circ b(\cdot) \mathfrak{h} \circ b(\cdot)$ erfüllt, so gilt bei $R_{ni} = o_F(1)$ für $i = 1, 2, 3$ mit μ_n^E aus (7.5.65) und $\mu_n^S = \mu_n^E - \lambda_S$, $\lambda_S = I_S(f_0)^{-1}$*

a) *für die Prüfgröße T_n^E zum Prüfen der einfachen Nullhypothese* $\mathbf{H} : F = F_0$ *gegen* $\mathbf{K} : F \in \mathfrak{F} - \{F_0\}$

$$\mathscr{L}_{\mathbf{H}}(n T_n^E - \mu_n^E) \xrightarrow[\mathscr{L}]{} \mathfrak{Q}^0[\lambda_\ell : \ell \geq 1]; \quad (7.5.92')$$

b) *für die Prüfgröße T_n^S zur zusammengesetzten Nullhypothese* $\mathbf{H} : F \in \mathfrak{T}_S(F_0)$ *gegen* $\mathbf{K} : F \in \mathfrak{F} - \mathfrak{T}_S(F_0)$

$$\mathscr{L}_{\mathbf{H}}(n T_n^S - \mu_n^S) \xrightarrow[\mathscr{L}]{} \mathfrak{Q}^0[\lambda_\ell : \ell \geq 1 \text{ mit } \lambda_\ell \neq \lambda_S]. \quad (7.5.93')$$

7 Nichtparametrische Funktionale und ihre kanonischen Schätzer

Prüfung auf Skalentyp: Spezialfälle Wir betrachten zunächst das Testen auf $\mathfrak{T}_S(\mathfrak{G})$, also auf Vorliegen einer Familie gedächtnisloser Verteilungen. Ergänzend zu den vor Korollar 7.231 angegebenen Größen $F_0(x) = (1 - e^{-x})\mathbf{1}_{[0,\infty)}(x)$ und $b(u) = -\log(1 - u)$ folgt hier

$$\mathfrak{h}(x) = -1 + x, \quad \mathfrak{h}'(b(t)) = 1, \quad I_S(f_0) = \int_0^\infty (x-1)^2 f_0(x)\,dx = 1,$$

$$a_S(t) = -1/\log(1-t), \quad w(t) = -(1-t)^{-2}(\log(1-t))^{-1}.$$

Insbesondere ergibt sich also als Gewichtsfunktion a_S gerade wieder die in Korollar 7.231 verwendete Funktion a. Aus den dort angegebenen EW $\lambda_\ell = 1/\ell$, $\ell \in \mathbb{N}$, ist nun also der (größte) Eigenwert $\lambda_S = I_S(f_0)^{-1} = 1$ zu entfernen. Offenbar sind die Voraussetzungen ($\mathscr{A}_3^S$) und ($\mathscr{A}_4^S$) sowie nach Beispiel 5.139 auch ($\mathscr{A}_5^S$) erfüllt.

Korollar 7.241 X_j, $j \in \mathbb{N}$, seien st.u. ZG mit derselben VF F. Weiter seien $\mathfrak{G}$ die gedächtnislose Verteilung $\mathfrak{G}(1)$ und $a(t) = -1/\log(1-t)$. Dann gilt für die mit dem Schätzer D_n aus (7.5.81′) mit d_{nj} gemäß (7.5.86′) gebildete Prüfgröße T_n^S aus (7.5.83′) zum Prüfen von $\mathbf{H}^S : F \in \mathfrak{T}_S(\mathfrak{G})$ gegen $\mathbf{K}^S : F \notin \mathfrak{T}_S(\mathfrak{G})$

$$\mathfrak{L}_\mathbf{H}(nT_n^S - \sum_{\ell=2}^n \frac{1}{\ell}) \xrightarrow{\mathfrak{L}} \mathfrak{Q}^0[\frac{1}{\ell}, \ell \geq 2].$$

Beweis: Dieser folgt analog demjenigen der Korollare 7.236 bzw. 7.237. □

Als zweites Beispiel soll die Prüfung auf Vorliegen einer Normalverteilungs-Skalenfamilie $\mathfrak{T}_S(\mathfrak{N})$, $\mathfrak{N} := \mathfrak{N}(0,1)$, betrachtet werden. Ergänzend zu den vor Korollar 7.229 angegebenen Größen folgt

$$\mathfrak{h}(x) = x^2 - 1, \quad \mathfrak{h}'(b(t)) = 2\phi^{-1}(t), \quad I_S(\varphi) = 2,$$
$$a_S(t) = 1, \quad w(t) = 1/\varphi^2 \circ \phi^{-1}(t),$$

so daß ($\mathscr{A}_3^S$) und ($\mathscr{A}_4^S$) sowie nach Beispiel 5.138 auch ($\mathscr{A}_5^S$) erfüllt sind. Insbesondere ergibt sich also als Gewichtsfunktion a_S auch hier gerade die in Korollar 7.229 verwendete Funktion a. Aus den dort angegebenen EW $\lambda_\ell = 1/\ell$, $\ell \in \mathbb{N}$, ist in diesem Fall also der (zweitgrößte) Eigenwert $\lambda_S = I_S(\varphi)^{-1} = 1/2$ zu entfernen. Analog zu Korollar 7.241 ergibt sich somit das

Korollar 7.242 X_j, $j \in \mathbb{N}$, seien st.u. ZG mit derselben VF F. Weiter seien $F_0 = \phi$ und $a = 1$ bzw. $w = 1/\varphi^2 \circ \phi^{-1}$. Dann gilt für die mit dem Schätzer D_n aus (7.5.81′) und d_{nj} gemäß (7.5.86′) gebildete Prüfgröße T_n^S aus (7.5.83′) zum Prüfen von $\mathbf{H}^S : F \in \mathfrak{T}_S(\mathfrak{N})$ gegen $\mathbf{K}^S : F \notin \mathfrak{T}_S(\mathfrak{N})$ mit $\mu_n^S = \mu_n^E - I_S(f_0)^{-1}$

$$\mathfrak{L}_\mathbf{H}(nT_n^S - \mu_n^S) \xrightarrow{\mathfrak{L}} \mathfrak{Q}^0[\frac{1}{\ell} : \ell \neq 2].$$

7.5 Verteilungskonvergenz von L- und Q-Statistiken

Prüfung auf Typ: Allgemeines Die vorstehenden Überlegungen haben gezeigt, daß sich bei der Prüfung auf Lokationstyp $\mathfrak{T}_L(F_0)$ bzw. Skalentyp $\mathfrak{T}_S(F_0)$ durch Wahl der Schätzer $\hat{\mu}_n$ und $\hat{\sigma}_n$ als geeignete L-Statistiken sowie anschließender Wahl der Gewichtsfunktionen a gemäß (7.5.89) bzw. (7.5.89') erreichen läßt, daß die jeweilige Limes-Nullverteilung aus derjenigen für das Prüfen der einfachen Nullhypothese $\{F_0\}$ durch „Reduktion der Anzahl der Freiheitsgrade um eins" hervorgeht. Dabei ergab sich im Fall $F_0 = \mathfrak{N}(0,1)$ jeweils die gleiche Gewichtsfunktion, nämlich $a_L(\cdot) = a_S(\cdot) = 1$. Dieser Sachverhalt legt die Frage nahe, ob bei dieser Wahl von a eine entsprechende Aussage auch für das Testen auf Typ gilt, d.h. ob sich bei der obigen Wahl der Koeffizienten c_{nj} und d_{nj} der L-Statistiken (7.5.81) bzw. (7.5.81') die durch das Schätzen des Lokations- und Skalenparameters bedingten Korrekturen der Teststatistik für das Prüfen des Typs $\mathfrak{T}(F_0)$ gegenüber derjenigen für die einfache Hypothese $\{F_0\}$ dahingehend auswirken, daß in der Limes-Nullverteilung „die Anzahl der Freiheitsgrade um zwei reduziert" wird. Weiter stellt sich die Frage, ob sich durch geeignete Wahl der Gewichtsfunktion $a(\cdot)$ sowie der L-Statistiken C_n und D_n ein entsprechendes Resultat auch für andere Verteilungen F_0 beweisen läßt.

Zur Beantwortung dieser Fragen sei F_0 wieder eine VF, die die Annahmen $(\mathscr{A}_0)$ und $(\mathscr{A}_1)$ erfüllt und für die gilt $a_L(\cdot) = a_S(\cdot) =: a(\cdot)$. Weiter seien wie bisher $b = F_0^{-1}$ sowie C_n und D_n L-Statistiken mit den Koeffizienten

$$c_{nj} = \frac{a_{nj}}{\bar{a}_n} \quad \text{bzw.} \quad d_{nj} = \frac{a_{nj} b_{nj}}{\check{a}_n}, \quad j = 1, \ldots, n, \tag{7.5.94}$$

mit $\bar{a}_n = n^{-1} \sum_j a_{nj}$ und $\check{a}_n = n^{-1} \sum_j b_{nj}^2 a_{nj}$. Darüberhinaus sei der Einfachheit halber F_0 eine symmetrische VF, so daß für C_n keine additive Verzerrungskorrektur erforderlich und für D_n stets die Bedingung $\sum_j d_{nj} = 0$ erfüllt ist. Aus der Symmetrie von F_0 folgt nämlich, daß $\mathfrak{g} = -f_0'/f_0$ schiefsymmetrisch und damit $\mathfrak{g}'$ symmetrisch bzgl. 0 ist. Folglich ist $\mathfrak{g} \circ b$ bzw. $\mathfrak{h} \circ b$ und damit a gemäß (7.5.89) bzw. (7.5.89') symmetrisch bzgl. 1/2. Wegen der Schiefsymmetrie von b gilt überdies[120]

$$n^{-1} \sum_{j=1}^n a_{nj} b_{nj} \to \int_0^1 a(t) b(t)\, dt = 0 \tag{7.5.95}$$

und somit $\bar{b}_n^c = 0$, $\sum_j d_{nj} = 0$ sowie $\bar{b}_n^d = n^{-1} \sum_j a_{nj} b_{nj}^2 / \check{a}_n = 1$. Weiter werde vorausgesetzt, daß $a(\cdot)$ der Bedingung $(\mathscr{A}_2)$ genügt.

Verwendet man die L-Statistiken (7.5.81) und (7.5.81'), um aus (7.5.56) eine invariante Prüfgröße zu erhalten, so ergibt sich in Verallgemeinerung von (7.5.83) bzw. (7.5.83')

$$T_n^Z = n^{-1} \sum_{j=1}^n \left(\frac{X_{n\uparrow j} - C_n}{D_n} - b_{nj} \right)^2 a_{nj}. \tag{7.5.96}$$

---

[120] Wegen (7.5.94) werden also b und a bei symmetrischem F_0 orthogonal.

738   7 Nichtparametrische Funktionale und ihre kanonischen Schätzer

Durch Taylorentwicklung gemäß (7.5.57) folgt hieraus mit den Reihenentwicklungen (7.5.84) und (7.5.84') für C_n und D_n analog zum Lokations- bzw. Skalenfall

$$D_n^2 n T_n^Z = \sum_{j=1}^n (V_{nj} b'_{nj} - n^{-1} \sum_{k=1}^n V_{nk} b'_{nk} c_{nk} - b_{nj} n^{-1} \sum_{k=1}^n V_{nk} b'_{nk} d_{nk}$$

$$+ Z_{nj} - n^{-1} \sum_{k=1}^n c_{nk} Z_{nk} - b_{nj} n^{-1} \sum_{k=1}^n d_{nk} Z_{nk})^2 a_{nj}$$

$$= \sum_{j=1}^n V_{nj}^2 w_{nj} - \frac{1}{\bar{a}_n}(n^{-1/2} \sum_{j=1}^n V_{nj} b'_{nj} a_{nj})^2 - \frac{1}{\check{a}_n}(n^{-1/2} \sum_{j=1}^n V_{nj} b'_{nj} b_{nj} a_{nj})^2$$

$$+ \frac{1}{\bar{a}_n}(n^{-1/2} \sum_{j=1}^n V_{nj} b'_{nj}[\bar{a}_n c_{nj} - a_{nj}])^2 + \frac{1}{\check{a}_n}(n^{-1/2} \sum_{j=1}^n V_{nj} b'_{nj}[b_{nj} a_{nj} - \check{a}_n d_{nj}])^2$$

$$+ 2n^{-1} \sum_{j=1}^n b_{nj} a_{nj} n^{-1/2} \sum_{k=1}^n V_{nk} b'_{nk} c_{nk} n^{-1/2} \sum_{j=1}^n V_{nj} b'_{nj} d_{nj} + R_{n5}. \quad (7.5.97)$$

Durch Wahl der c_{nj} und d_{nj} gemäß (7.5.94) sowie die Annahme einer symmetrischen Verteilung F_0 verschwinden der 3., 4. und wegen (7.5.95) auch der 5. Korrekturterm von $Q_n^E = \sum_j V_{nj}^2 w_{nj}$ der rechten Seite. Eine elementare Rechnung zeigt

$$D_n^2 n T_n^Z = Q_n^Z + R_{n5}, \quad Q_n^Z = Q_n^E - Q_n^I - Q_n^{II} = (\frac{n+1}{S_{n+1}})^2 \sum_{i=1}^{n+1} \sum_{j=1}^{n+1} c_{nij}^Z Z_i Z_j.$$

Dabei gilt

$$Q_n^I = (\frac{n+1}{S_{n+1}})^2 \sum_{i=1}^{n+1} \sum_{j=1}^{n+1} c_{nij}^I Z_i Z_j$$

$$\text{mit} \quad c_{nij}^I = \frac{1}{n(n+1)^2} \sum_{k=1}^n q_{nik} b'_{nk} \sum_{m=1}^n q_{njm} b'_{nm},$$

$$Q_n^{II} = (\frac{n+1}{S_{n+1}})^2 \sum_{i=1}^{n+1} \sum_{j=1}^{n+1} c_{nij}^{II} Z_i Z_j$$

$$\text{mit} \quad c_{nij}^{II} = \frac{1}{n(n+1)^2} \sum_{k=1}^n q_{nik} b_{nk} b'_{nk} \sum_{m=1}^n q_{njm} b_{nm} b'_{nm},$$

also für die Koeffizienten c_{nij}^Z der Statistik Q_n^Z

$$c_{nij}^Z = c_{nij}^E - c_{nij}^I - c_{nij}^{II}. \quad (7.5.98)$$

Besitzt F_0 vierte Momente und erfüllen die quadratischen Statistiken $\sum_i \sum_j c_{nij}^E Z_i Z_j$ bzw. $\sum_i \sum_j c_{nij}^Z Z_i Z_j$ die Voraussetzungen von Satz 5.149, so besitzen diese quadratischen Formen und damit Q_n^E sowie $Q_n^Z = Q_n^E - Q_n^{\mathrm{I}} - Q_n^{\mathrm{II}}$ Limesverteilungen der Form (5.4.47) bzw. (5.4.51). Mit den Abkürzungen

$$\widetilde{q}_{nkm} := \frac{k}{n+1}(1 - \frac{m}{n+1}) \quad \text{für } k \leq m \quad \text{bzw.} \quad \widetilde{q}_{nkm} := \frac{m}{n+1}(1 - \frac{k}{n+1}) \quad \text{für } k > m$$

lauten dabei die Zentrierungskonstanten wegen $\sum_{j=1}^{n+1} q_{njk} q_{njm} = (n+1)\widetilde{q}_{nkm}$ mit $q_{nj\ell}$ gemäß (5.4.37) nach Hilfssatz 5.147

$$\mu_n^E = \sum_{j=1}^{n+1} c_{njj}^E = \frac{1}{n+1} \sum_{k=1}^{n} \widetilde{q}_{nkk} w_{nk},$$

$$\mu_n^{\mathrm{I}} = \sum_{j=1}^{n+1} c_{njj}^{\mathrm{I}} = \frac{1}{n(n+1)} \sum_{k=1}^{n} \sum_{m=1}^{n} b'_{nk} b'_{nm} \widetilde{q}_{nkm},$$

$$\mu_n^{\mathrm{II}} = \sum_{j=1}^{n+1} c_{njj}^{\mathrm{II}} = \frac{1}{n(n+1)} \sum_{k=1}^{n} \sum_{m=1}^{n} b'_{nk} b_{nk} b'_{nm} b_{nm} \widetilde{q}_{nkm}.$$

Speziell ergibt sich für das Restglied bei der speziellen Wahl der c_{nj} und d_{nj} gemäß (7.5.94)

$$R_{n5} = 2 \sum_{j=1}^{n} \left(V_{nj} b'_{nj} - n^{-1} \sum_{k=1}^{n} V_{nk} b'_{nk} c_{nk} - b_{nj} n^{-1} \sum_{k=1}^{n} V_{nk} b'_{nk} d_{nk} \right)$$

$$\times \left(Z_{nj} - n^{-1} \sum_{k=1}^{n} c_{nk} Z_{nk} - b_{nj} n^{-1} \sum_{k=1}^{n} d_{nk} Z_{nk} \right) a_{nj}$$

$$+ \sum_{j=1}^{n} \left(Z_{nj} - n^{-1} \sum_{k=1}^{n} c_{nk} Z_{nk} - b_{nj} n^{-1} \sum_{k=1}^{n} d_{nk} Z_{nk} \right)^2 a_{nj}$$

$$= 2 \sum_{j=1}^{n} V_{nj} b'_{nj} Z_{nj} a_{nj} + \sum_{j=1}^{n} Z_{nj}^2 a_{nj} - 2 \sum_{j=1}^{n} V_{nj} b'_{nj} a_{nj} n^{-1} \sum_{k=1}^{n} c_{nk} Z_{nk}$$

$$- 2 \sum_{j=1}^{n} V_{nj} b'_{nj} b_{nj} a_{nj} n^{-1} \sum_{k=1}^{n} d_{nk} Z_{nk} - n^{-1} \sum_{j=1}^{n} a_{nj} Z_{nj} \sum_{k=1}^{n} c_{nk} Z_{nk}$$

$$- n^{-1} \sum_{j=1}^{n} a_{nj} b_{nj} Z_{nj} \sum_{k=1}^{n} d_{nk} Z_{nk}.$$

Unter Verwendung der in 7.5.3 eingeführten Kurzschreibweise gilt also
$R_{n5} = 2R_n(3,0,1,1) + R_n(4,0,0,2) - 2n^{-1} R_n(1,0,1,0) R_n(2,0,0,1)$
$\quad - 2n^{-1} R_n(1,1,1,0) R_n(2,0,0,1) - n^{-1} R_n^2(2,0,0,1) - n^{-1} R_n^2(2,1,0,1),$

so daß gegenüber dem Testen auf Lokations- bzw. Skalentyp in R_{n5} keine neuen Bausteine $R_n(\alpha, \beta, \gamma, \tau)$ auftreten und alle Restgliedabschätzungen mit Hilfe der in 7.5.3 angegebenen Tabelle durchgeführt werden können.

Testen auf Typ: Spezialfälle Auch hier sollen zwei Beispiele betrachtet werden. Zunächst ergibt sich für $F_0 = \phi$ nach den Beweisen der Korollare 7.237 und 7.242 für das Restglied in (7.5.97) $R_{n5} = o_P(1)$, also der

Satz 7.243 (Prüfung auf Normalität) $X_j, j \in \mathbb{N}$, seien st.u. ZG *mit derselben* VF F. *Weiter seien* $F_0 = \phi$ *die* VF *einer* $\mathfrak{N}(0,1)$-*Verteilung und* $a \equiv 1$ *sowie demgemäß* $C_n = \overline{X}_n$ *und* $D_n = \sum_{j=1}^{n} \phi^{-1}(\frac{j}{n+1}) X_{n\uparrow j}$. *Dann gilt*

a) *für die Prüfgröße* T_n^E *aus* (7.5.56) *zum Prüfen der einfachen Nullhypothese* $\mathbf{H}^E : F = \phi$ *gegen* $\mathbf{K}^E : F \neq \phi$

$$\mathfrak{L}_{\mathbf{H}}(nT_n^E - \sum_{\ell=1}^{n} \frac{1}{\ell}) \xrightarrow{\mathfrak{L}} \mathfrak{Q}^0[\frac{1}{\ell}, \ell \geq 1];$$

b) *für die Prüfgröße* T_n^Z *aus* (7.5.96) *zum Prüfen der zusammengesetzten Nullhypothese* $\mathbf{H}^Z : F \in \mathfrak{T}(\phi)$ *gegen* $\mathbf{K}^Z : F \notin \mathfrak{T}(\phi)$

$$\mathfrak{L}_{\mathbf{H}}(nT_n^Z - \sum_{\ell=3}^{n} \frac{1}{\ell}) \xrightarrow{\mathfrak{L}} \mathfrak{Q}^0[\frac{1}{\ell}, \ell \geq 3].$$

Beweis: Nach dem Beweis der Aussagen 7.229, 7.237 und 7.242 sind die Voraussetzungen des Satzes 5.149 auch für $Q_n^Z = Q_n^E - Q_n^I - Q_n^{II}$ erfüllt und es gilt $R_{n5} = o_P(1)$. □

Satz 7.243 legt die Frage nahe, ob und gegebenenfalls in welchem Maße sich die speziellen Größen C_n und D_n durch andere Schätzer für μ und σ ersetzen lassen, die nicht notwendig L-Statistiken sind, etwa durch das Stichprobenmittel $\overline{X}_n$ und die Stichproben-Standardabweichung s_n. Hierzu seien $\widehat{\mu}_n$ und $\widehat{\sigma}_n$ konsistente Schätzer für μ und σ der Form (7.5.74) bzw. (7.5.75) sowie $\widehat{T}_n$ die mit diesen „invariant gemachte" Prüfgröße der Form (7.5.96). Dann gilt

$$\widehat{\sigma}_n^2 n \widehat{T}_n = \sum_{j=1}^{n} (X_{n\uparrow j} - \widehat{\mu}_n - b_{nj}\widehat{\sigma}_n)^2 a_{nj}$$

$$= \sum_{j=1}^{n} ((X_{n\uparrow j} - C_n - b_{nj}D_n) + (C_n - \widehat{\mu}_n) + b_{nj}(D_n - \widehat{\sigma}_n))^2 a_{nj},$$

also wegen $\sum_j a_{nj} b_{nj} = 0$ bzw. unter Ausnutzen der Definition von C_n und D_n

$$\sigma_n^2 n \widehat{T}_n = D_n^2 n T_n^Z + n\overline{a}_n (C_n - \widehat{\mu}_n)^2 + n\breve{a}_n (D_n - \widehat{\sigma}_n)^2. \tag{7.5.99}$$

Wegen $\overline{a}_n = n^{-1} \sum_j a_{nj} \to \int_{(0,1)} a \, d\lambda \in \mathbb{R}$ und $\breve{a}_n = n^{-1} \sum_j b_{nj}^2 a_{nj} \to \int_{(0,1)} b^2 a \, d\lambda$ folgt daraus

$$\widehat{\sigma}_n^2 n \widehat{T}_n - D_n^2 n T_n^Z \to 0 \quad \Leftrightarrow \quad \widehat{\mu}_n = C_n + o_P(n^{-1/2}) \quad \text{und} \quad \widehat{\sigma}_n = D_n + o_P(n^{-1/2}).$$

7.5 Verteilungskonvergenz von L- und Q-Statistiken 741

Die Prüfgrößen $\widehat{\sigma}_n^2 n \widehat{T}_n$ und $D_n^2 n T_n^Z$ sind also genau dann asymptotisch äquivalent, wenn die Schätzer C_n und $\widehat{\mu}_n$ bzw. D_n und $\widehat{\sigma}_n$ bis auf Glieder $o_P(n^{-1/2})$ übereinstimmen. Unter der Annahme von st.u. $\mathfrak{N}(0,1)$-verteilten ZG ist dies nach Aufg. 7.54 für $\widehat{\mu}_n = \overline{X}_n$ und $\widehat{\sigma}_n = s_n$ der Fall. Es gilt somit das

Korollar 7.244 (De Wet-Venter[121], Prüfung auf Normalität) *Die Aussage von Satz 7.243 bleibt gültig, wenn man die L-Statistik D_n als Schätzer für den Skalenparameter σ durch die Stichproben-Standardabweichung $\widehat{\sigma}_n$ ersetzt.*

Zur Beantwortung der Frage, ob sich auch für andere Verteilungen F_0 (mit λ-Dichte f und $\mathfrak{g}$ bzw. $\mathfrak{h}$ gemäß (6.2.85)) als die $\mathfrak{N}(0,1)$-Verteilung bei der Prüfung auf Typ die Anzahl der Freiheitsgrade um zwei reduziert, hat man zu untersuchen, wann die Eigenpaare von $c^{\mathrm{I}}(\cdot,\cdot)$ und $c^{\mathrm{II}}(\cdot,\cdot)$ mit zwei (insbesondere den ersten beiden) Eigenpaaren von $c^E(\cdot,\cdot)$ übereinstimmen. Hierzu ist es erforderlich, daß für eine (noch von einem Skalenfaktor $v > 0$ abhängende) Verteilung $F^{(v)} \in \mathfrak{T}_S(F_0)$ gilt $a_L^{(v)}(\cdot) = a_S^{(v)}(\cdot)$, d.h.

$$I_L(f)^{-1}\mathfrak{g}'(x) = v^{-2}I_S(f)^{-1}\mathfrak{h}'(x)/x. \tag{7.5.100}$$

Man verifiziert nämlich sehr leicht, daß beim Übergang von der Dichte $f(\cdot)$ zur Dichte $f^{(v)}(\cdot) = \frac{1}{v}f(\frac{\cdot}{v})$ gilt

$$\mathfrak{g}_v(\cdot) = \frac{1}{v}\mathfrak{g}(\frac{\cdot}{v}), \quad \mathfrak{h}_v(\cdot) = \mathfrak{h}(\frac{\cdot}{v}) \quad \text{und damit} \quad I_L(f^{(v)}) = \frac{1}{v^2}I_L(f), \; I_S(f^{(v)}) = I_S(f)$$

sowie $a_L^{(v)}(\cdot) = a_L(\cdot)$ und $a_S^{(v)}(\cdot) = v^{-2}a_S(\cdot)$. Zur Bestimmung aller WS-Dichten f mit der Eigenschaft (7.5.100) sei $\kappa := v^2 I_S(f)/I_L(f)$. Wegen $\mathfrak{h}'(x) = x\mathfrak{g}'(x) + \mathfrak{g}(x)$ sind dann die Differentialgleichungen

$$(\kappa - 1)x\mathfrak{g}'(x) = \mathfrak{g}(x), \quad \mathfrak{g}(x) = -f'(x)/f(x)$$

zu lösen. Offenbar gilt für $\kappa \neq 1$ mit $\beta := (\kappa-1)^{-1} \neq -1$ und geeigneten Konstanten $D > 0, C > 0$

$$\mathfrak{g}(x) = Dx^\beta, \quad \text{d.h.} \quad f(x) = C\exp(-Dx^{\beta+1}/(\beta+1)); \tag{7.5.101}$$

für $\kappa = 1$ ergibt sich $\mathfrak{g}(x) = 0$, d.h. $f(x) = $ const. Damit f die λ-Dichte eines WS-Maßes ist, muß im zweiten Fall der Träger von F_0 notwendigerweise eine endliche Länge haben, während er im ersten Fall eine endliche oder unendliche Länge haben und symmetrisch oder unsymmetrisch bzgl. 0 usw. sein kann. Der Einfachheit halber beschränken wir uns hier im ersten Fall auf den Träger $\mathbb{R}$. Damit f in diesem Fall eine WS-Dichte ist, muß $\beta + 1 = 2p \in \{2, 4, 6, \ldots\}$ sein. Dabei kann o.E. $D = 1$ angenommen werden, so daß für die WS-Dichte $f = f_p$ mit einer geeigneten Konstanten $C = C_p$ gilt

$$f_p(x) = C_p \exp(-x^{2p}/2p). \tag{7.5.102}$$

---

[121] Diese Aussage wurde von De Wet-Venter direkt für die Schätzer $\overline{X}_n$ und s_n bewiesen; vgl. South Afr. Statist. J. 6 (1972) 135-150.

Im Spezialfall $p=1$ ist dies die Dichte einer $\mathfrak{N}(0,1)$-Verteilung. Allgemein ergibt sich[122)] wegen $\Gamma(m) = \int_0^\infty e^{-u} u^{m-1}\,du$ aus der Forderung $\int f_p(x)\,dx = 1$

$$C_p = (2p)^{(2p-1)/2p}/2\Gamma(1/2p).$$

Das Prüfen auf Normalität ist also nicht das einzige Testproblem auf Typ, für das die Limes-Nullverteilung beim Prüfen der zusammengesetzten Nullhypothese (7.5.72) aus derjenigen für das Prüfen der einfachen Nullhypothese (7.5.55) durch Weglassen zweier Summanden in (5.4.47) entsteht. Wie aus der obigen Diskussion hervorgeht, gibt es eine Vielzahl derartiger Verteilungen; unter den λ-stetigen Verteilungen mit dem Träger $\mathbb{R}$ sind es genau die Verteilungen (7.5.102), die diese Eigenschaft besitzen.

In allen anderen Fällen lassen sich die Eigenwerte λ_ℓ^Z, $\ell \in \mathbb{N}$, nicht in so einfacher Form aus den Eigenwerten λ_ℓ^E, $\ell \in \mathbb{N}$, gewinnen. Vielmehr hat man zur Bestimmung der λ_ℓ^Z, $\ell \in \mathbb{N}$, das Eigenwertproblem für den Kern $c^Z(u,v)$ direkt zu bestimmen. Ein einfaches Beispiel hierfür ist die durch das Prüfen auf Vorliegen einer $\mathfrak{N}(0,1)$-Verteilung vorbereitete Prüfung auf Vorliegen einer Rechteck-Verteilung. Zum Prüfen der Hypothesen (7.5.55) und (7.5.72) vermöge des hier entwickelten Verfahrens ist es zweckmäßig, von einer Verteilung $F_0 \in \mathfrak{T}(\mathfrak{R})$ auszugehen, die symmetrisch bzgl. 0 ist und die die Varianz 1 besitzt, d.h. von $F_0 = \mathfrak{R}(-\sqrt{3}, +\sqrt{3})$. Es ist also

$$F_0(z) = \frac{1}{2\sqrt{3}}(z+\sqrt{3})\mathbb{1}_{[-\sqrt{3},\sqrt{3}]}(z) + \mathbb{1}_{(\sqrt{3},\infty)}(z), \quad \text{d.h.} \quad b(u) = \sqrt{3}(2u-1)$$

für $0 \leq u \leq 1$. Folglich gilt $w(u) \equiv 12$ und somit gemäß (7.5.60) bzw. (7.5.98)

$$c^E(u,v) = 12 \int_{(0,1)} q(u,t)q(v,t)\,dt = 12(\frac{1}{3} - \max\{u,v\} + \frac{1}{2}(u^2+v^2)),$$

$$c^Z(u,v) = c^E(u,v) - 3(2u-1)(2v-1) - (6u^2-6u+1)(6v^2-6v+1) \quad (7.5.103)$$
$$= 12[\min\{u,v\} - uv - 3u(1-u)v(1-v)].$$

Das Prüfen der einfachen Hypothese $\mathbf{H}^E : F = \mathfrak{R}$ wurde bereits in Beispiel 5.136

[122)] Für das m-te Moment einer derartigen Verteilung gilt

$$\int x^m f(x)\,dx = (2p)^{m/2p}\Gamma(\frac{m+1}{2p})/\Gamma(\frac{1}{2p}) \quad \text{bzw.} \quad = 0$$

für m gerade bzw. m ungerade, und damit durch mehrfaches Verwenden der Funktionalgleichung der Γ-Funktion etwa

$$I_L(f) = (2p)^{(p-1)/p}(2p-1)\Gamma(1 - \frac{1}{2p})/\Gamma(\frac{1}{2p}), \quad I_S(f) = 2p.$$

Wegen $\mathfrak{g}'(x) = (2p-1)x^{2p-2}$ und $\mathfrak{h}'(x)/x = 2px^{2p-2}$ reduziert sich (7.5.100) im Fall $v = 1$ auf $2pI_L(f) = (2p-1)I_S(f)$. Diese Beziehung ist nur für $p = 1$ erfüllt, also für die $\mathfrak{N}(0,1)$-Verteilung. Für diese gilt bekanntlich $I_L(f) = 1$, $I_S(f) = 2$.

7.5 Verteilungskonvergenz von L- und Q-Statistiken   743

behandelt. Aus diesem ergibt sich für die Eigenwerte des Kerns $c^E(u,v)$ bei Wahl von $F_0 = \Re(-\sqrt{3}, +\sqrt{3})$

$$\lambda_\ell = \frac{12}{\pi^2 \ell^2}, \quad \ell \in \mathbb{N}, \quad \text{mit} \quad \sum_{\ell=1}^\infty \lambda_\ell = \frac{12}{\pi^2} \sum_{\ell=1}^\infty \frac{1}{\ell^2} = \frac{12}{\pi^2} \frac{\pi^2}{6} = 2.$$

Im Gegensatz zur Prüfung auf Normalität gehen hier also die Eigenwerte λ^Z von $c^Z(\cdot,\cdot)$ nicht aus den Eigenwerten λ^E von $c^E(\cdot,\cdot)$ durch Weglassen der beiden ersten hervor.

Satz 7.245 (Prüfung auf Rechteck-Verteilung) $X_j, j \in \mathbb{N}$, seien st.u. $\Re(-\sqrt{3}, +\sqrt{3})$-verteilte ZG. Weiter seien

$$\lambda_\ell = 12/\pi^2 \ell^2 \quad \text{sowie} \quad \lambda'_\ell = 3/\pi^2 \ell^2 \quad \text{und} \quad \lambda''_\ell = 12/\nu_\ell^2 \quad \text{für} \quad \ell \in \mathbb{N},$$

wobei ν_ℓ die positiven Lösungen der Gleichung $\operatorname{tg} \nu/2 = \nu/2$ *und damit λ'_ℓ und λ''_ℓ die in Beispiel 5.140 für $1 \leq \ell \leq 10$ numerisch angegebenen Eigenwerte des Kerns (7.5.103) sind. Dann gilt mit $\mu_n^E = \sum_{\ell=1}^n \lambda_\ell$ und $\mu_n^Z = \sum_{\ell=1}^{[n/2]} (\lambda'_\ell + \lambda''_\ell)$*

a) *für die Prüfgröße T_n^E der einfachen Nullhypothese* $\mathbf{H}^E : F = \Re(-\sqrt{3}, \sqrt{3})$ *gegen* $\mathbf{K}^E : F \neq \Re(-\sqrt{3}, \sqrt{3})$

$$\mathfrak{L}_\mathbf{H}(n(T_n^E - \mu_n^E)) \xrightarrow[\mathfrak{L}]{} \mathfrak{Q}^0(\lambda_\ell : \lambda \geq 1);$$

b) *für die Prüfgröße T_n^Z der zusammengesetzten Nullhypothese* $\mathbf{H}^Z : F \in \mathfrak{T}(\Re)$ *gegen* $\mathbf{K}^Z : F \notin \mathfrak{T}(\Re)$ *mit* $\lambda_{2\ell-1} = \lambda'_\ell$, $\lambda_{2\ell} = \lambda''_\ell$ *für* $\ell \geq 1$

$$\mathfrak{L}_\mathbf{H}(n(T_n^Z - \mu_n^Z)) \xrightarrow[\mathfrak{L}]{} \mathfrak{Q}^0(\lambda_\ell : \ell \geq 1).$$

Beweis: Die Quadratintegrabilität der Kerne $c^E(\cdot,\cdot)$ und $c^Z(\cdot,\cdot)$ und die angegebenen Eigenwerte wurden bereits in den Beispielen 5.136 und 5.140 verifiziert. Die Beantwortung der Teilfrage B) erfolgt wie in dem zuvor behandelten Spezialfall für $b = \phi^{-1}$. Wegen $b'' = 0$ gilt $R_{n5} = 0$. □

Abschließend sei daran erinnert, daß für den Fall der Prüfung auf Rechteckverteilung die Form der Limesverteilung von nT_n^Z unter $\mathbf{H}^Z$ bereits in Beipiel 7.190 in 7.4.4 aus dem asymptotischen Verhalten mehrdimensionaler U-Statistiken gefolgert wurde.

Aufgabe 7.48 $U_j, j \in \mathbb{N}$, seien st.u. $\Re$-verteilte ZG. Man bestimme in Abhängigkeit von j die Limiten von $n^2(\operatorname{Var} U_{n\uparrow j} - \operatorname{Var} \widehat{U}_{n\uparrow j})$.

Aufgabe 7.49 $X_j, j \in \mathbb{N}$, seien st.u. glv. ZG. Man zeige, daß in der Notation des Beweises zu Satz 7.210 gilt: $F_{n\uparrow i,j}(t,s) - F_{n\uparrow j}(t) F_{n\uparrow i}(s) \geq 0$.

Aufgabe 7.50 a) Seien Y, Y' st.u. ZG mit derselben VF F. Man zeige:

$$\int F(z)(1 - F(z))\,\mathrm{d}z = \frac{1}{2} E|Y - Y'|.$$

Dieser Ausdruck ist endlich, falls F ein endliches erstes Moment besitzt.

b) Für die VF ϕ der $\mathfrak{N}(0,1)$-Verteilung gilt $\int \phi(z)(1-\phi(z))\,dz = 1/\sqrt{\pi}$.

c) Man zeige: Aus $F_n \xrightarrow[\mathcal{L}]{} F$, $\operatorname{Var}_{F_n} Y \to \operatorname{Var}_F Y$ folgt

$$\int F_n(z)(1-F_n(z))\,dz \to \int F(z)(1-F(z))\,dz.$$

Aufgabe 7.51 Man zeige: In Satz 7.206 läßt sich die Konvergenzrate $o(n^{-3/2})$ verschärfen zu $O(n^{-2})$.

Aufgabe 7.52 Unter Verwendung von Hilfssatz 5.15 zeige man, daß bei $b = \phi^{-1}$ gilt $\int_{(0,1)} c^E(v,v)\,dv = \infty$ und damit $\int_{(0,1)} c^Z(v,v)\,dv = \infty$.

Aufgabe 7.53 p_j, $j \in \mathbb{N}$, bezeichne wie in Beispiel 5.139 das gemäß $\int_{(0,1)} p_i(u)p_j(u)\,du = \delta_{ij}$, $p_j(1) > 0$ normierte Legendre-Polynom j-ter Ordnung. Man zeige:

a) $\iint\limits_{0 \leq u \leq v \leq 1} 2p_i(u)p_i(v)\,du\,dv = 0$ für $i > 0$;

b) $\iint\limits_{0 \leq u \leq v \leq 1} 2p_{i-1}(v)p_i(u)\,du\,dv = \dfrac{-1}{\sqrt{(2i-1)(2i+1)}}$ für $i > 0$,

$\iint\limits_{0 \leq u \leq v \leq 1} 2p_{i-1}(u)p_i(v)\,du\,dv = \dfrac{+1}{\sqrt{(2i-1)(2i+1)}}$ für $i > 0$;

c) $\int\limits_{0 \leq u \leq 1} 2u p_i^2(u)\,du = 1$ für $i \geq 0$,

d) $\int\limits_{0 \leq u \leq 1} 2u p_i(u) p_{i-1}(u)\,du = \dfrac{+1}{\sqrt{(2i-1)(2i+1)}}$ für $i > 0$.

Aufgabe 7.54 Man zeige in der Terminologie von Beispiel 7.223 die Gültigkeit von $D_n - \widehat{\sigma}_n = o_p(n^{-1/2})$.

Hinweis: Man verifiziere $D_n^2 - \widehat{\sigma}_n^2 = o_p(n^{-1/2})$ unter Verwendung von (7.5.57), $D_n - n^{-1}\sum b_{nj}^2 = O_P(n^{-1/2})$ und B4.2.

Aufgabe 7.55 Man zeige, daß in (7.5.68) die Summe über die Summanden mit $k = \ell$ asymptotisch vernachlässigbar ist.

Anhang B Hilfsmittel aus der reellen Analysis

Bei der analytischen Behandlung statistischer Probleme trifft man häufig auf Funktionen, die Sprünge haben oder nicht differenzierbar sind. Dabei handelt es sich durchaus nicht um „pathologische" Funktionen, sondern etwa um die Differenzen isotoner Funktionen oder solche mit einem vergleichsweise einfachen Bildungsgesetz. Derartige Funktionen werden zwar in Büchern über „Reelle Funktionen" abgehandelt, kommen in modernen Curricula jedoch nur am Rande vor. Dies gilt insbesondere für die halbstetigen Funktionen, die – zusammen mit dem auf diese zugeschnittenen, aus der Optimierungstheorie stammenden Begriff der Epikonvergenz – bei der Festlegung implizit definierter statistischer Funktionale in 7.3.3 wie auch bei der Diskussion der Verteilungskonvergenz in nicht-separablen Räumen in Kap. 10 benötigt werden. Deshalb soll deren Theorie in B2 detailliert dargestellt werden. Die sonstigen benötigten Grundtatsachen über reelle Funktionen sollen dagegen nur kurz in B1 zusammengestellt werden. Dabei werden Fakten zusammengetragen, die abschnittsweise in einem inneren Zusammenhang stehen. Deshalb wurde auch hier nicht die Form einer Zusammenstellung von Schlagworten gewählt, sondern Einzeldetails der besseren Lesbarkeit und Verständlichkeit halber durch Zwischentexte verbunden. Vielfach wird der einfachste topologische Rahmen gewählt, nämlich der von Funktionen auf einem (endlichen) Intervall $[a,b] \subset \mathbb{R}$.

In B3–B5 werden die benötigten Grundbegriffe und Grundaussagen der Approximationstheorie dargestellt. Viele Beweise in den Bänden II und III werden nämlich in der Weise geführt, daß man die Aussagen zunächst für glatte Funktionen zeigt und die Gültigkeit dann für allgemeinere Funktionenklassen mittels einer geeigneten Approximationstechnik sicherstellt. Die von uns in diesem Zusammenhang benötigten Hilfsmittel werden in B3 zusammengetragen.

Bei der Konstruktion von L- und linearen Rangstatistiken geht man meist von Bewertungsfunktionen aus, die dann jedoch in die jeweilige Statistik nur in diskretisierter Form eingehen. Bei der Untersuchung des asymptotischen Verhaltens dieser Statistiken hat man dann sicherzustellen, daß diese Diskretisierungen wieder gegen die Ausgangsfunktion konvergieren. Die hierzu benötigten technischen Möglichkeiten werden in B4 diskutiert.

Abschließend werden in B5 kurz singuläre Integrale behandelt, d.h. Integraltransformationen, die sich schließlich auf ein Einpunktmaß konzentrieren. Diese erlauben eine vereinheitlichende Sicht der in B3 und B4 behandelten Techniken, werden vereinzelt aber auch sonst gebraucht. Daneben wird die „Methode von Laplace" eingeführt. Diese präzisiert die Vorstellung, daß der Wert eines häufig auftetenden parameterabhängigen Integrals asymptotisch für große Werte des Parameters durch die Maximalstelle des Integranden bestimmt wird.

Anstelle der zumeist aufwendigen Beweise der tiefer liegenden Sätze wird auf die folgenden Bücher verwiesen, und zwar mit den Abkürzungen [Bi], [DI], [DII], [Fl], [HS], [Lo], [Na], [Ro], [Ru] bzw. [RV], versehen mit der jeweiligen Seitenzahl:

[Bi]   Billingsley, P.: Convergence of Probability Measures, Wiley (1968).
[DI]   Dieudonné, J.: Grundzüge der modernen Analysis, Vieweg (1971).
[DII] Dieudonné, J.: Grundzüge der modernen Analysis, Band II, Vieweg (1975).
[Fl]   Fleming, W.: Functions of Several Variables, Springer (1977).
[HS]   Hewitt, E., Stromberg, K.: Real and Abstract Analysis, Springer (1969).
[Lo]   Lorentz, G.G.: Bernstein Polynomials, Toronto UP, 1953.
[Na]   Natanson, I.P.: Theorie der Funktionen einer reellen Veränderlichen, Akademie-Verlag (1977).
[RV]   Roberts, A.W., Varberg, D.E.: Convex Functions, Academic Press (1973).
[Ro]   Rockafellar, R.T.: Convex Analysis, Princeton UP (1970).
[Ru]   Rudin, W.: Real and Complex Analysis, McGraw-Hill (1974).

B1   Einige Grundeigenschaften reeller Funktionen

Borel-Meßbarkeit und Stetigkeit   Sei $\mathbb{E}$ eine offene oder abgeschlossene Teilmenge eines euklidischen Raumes, versehen mit (der üblichen Topologie und) der σ-Algebra $\mathfrak{E}$ der Borel-Mengen. Dann läßt sich jede meßbare Funktion auf $\mathbb{E}$ durch stetige Funktionen approximieren. Es gilt nämlich der

Satz B1.1 (Lusin [HS 159-160]) *Sei $Q \in \mathfrak{M}^e(\mathbb{E}, \mathfrak{E})$ und $f : \mathbb{E} \to \mathbb{R}$ Borel-meßbar. Dann existieren für alle $\varepsilon > 0$ eine Menge $B_\varepsilon \in \mathfrak{E}$ mit $Q(B_\varepsilon^c) < \varepsilon$ und eine stetige Funktion $g_\varepsilon : \mathbb{E} \to \mathbb{R}$ mit*

$$f(x) = g_\varepsilon(x) \quad \forall x \in B_\varepsilon.$$

Gilt $\|f\|_\infty \leq \chi < \infty$, so kann auch g_ε durch χ beschränkt gewählt werden.

Aus diesem Satz folgt speziell, daß eine Borel-meßbare Funktion Q-f.ü. als punktweiser Limes stetiger Funktionen darstellbar ist. Weiter gilt das

Korollar B1.2 [HS 197-198] *Sei $Q \in \mathfrak{M}^e(\mathbb{E}, \mathfrak{E})$. Dann liegen die stetigen und beschränkten Funktionen dicht in $\mathbb{L}_r(Q)$, $1 \leq r \leq \infty$.*

Es läßt sich nun zeigen, daß jede Q-f.ü. punktweise konvergente Folge von Funktionen außerhalb einer Menge vom Q-Maß ε gleichmäßig konvergiert.

Satz B1.3 (Egorov [HS 158]) *Seien $Q \in \mathfrak{M}^e(\mathbb{E}, \mathfrak{E})$ und $f_n, f : (\mathbb{E}, \mathfrak{E}) \to (\mathbb{R}, \mathbb{B})$ mit $f_n \to f$ [Q]. Dann gibt es zu jedem $\varepsilon > 0$ eine Menge $B_\varepsilon \in \mathfrak{E}$ mit $Q(B_\varepsilon^c) < \varepsilon$ und $f_n \to f$ gleichmäßig auf B_ε.*

Monotonie und beschränkte Variation Seien $[a,b] \subset \mathbb{R}$ ein endliches, nicht-degeneriertes Intervall und f eine reellwertige Funktion auf $[a,b]$.

Definition B1.4 (vgl. A8.1) $f : [a,b] \to \mathbb{R}$ heißt eine *Funktion von beschränkter Variation*, falls die *Totalvariation*

$$V_f[a,b] := \sup\{\sum_{i=1}^{m} |f(x_i) - f(x_{i-1})| : a = x_0 < x_1 < \ldots < x_m = b,\ m \in \mathbb{N}\}$$

endlich ist. Die Gesamtheit dieser Funktionen wird mit $\mathbb{BV}[a,b]$ bezeichnet.

Offensichtlich gehört jede endliche monotone (d.h. isotone oder antitone) Funktion sowie jede Differenz von je zwei endlichen isotonen Funktionen zu $\mathbb{BV}[a,b]$. Die Klasse $\mathbb{BV}[a,b]$ umfaßt gerade diejenigen Funktionen, denen – als Kurve der Ebene aufgefaßt – in naheliegender Weise eine Länge zugeordnet werden kann, deren Graph also rektifizierbar ist.

Für $a \leq c < d \leq b$ gilt wegen $V_f[c,d] \leq V_f[a,b] < \infty$, daß die Totalvariation einer Funktion $f \in \mathbb{BV}[a,b]$ über jedem Teilintervall endlich ist und daß die *Totalvariationsfunktion* $x \mapsto V_f(x) := V_f[a,x]$, $a < x \leq b$, (mit $V_f(a) = V_f[a,a] := 0$) endlich und isoton ist. Weiter verifiziert man unmittelbar die Gültigkeit der folgenden Beziehungen:

$$|f(y) - f(x)| \leq V_f(y) - V_f(x), \quad a \leq x < y \leq b; \tag{B1.1}$$
$$V_f[a,b] = 0 \iff f = \text{const}; \tag{B1.2}$$
$$V_{f+g}[a,b] \leq V_f[a,b] + V_g[a,b]; \tag{B1.3}$$
$$V_{\alpha f}[a,b] = |\alpha| V_f[a,b] \quad \forall \alpha \in \mathbb{R}. \tag{B1.4}$$

Aus (B1.1) folgt, daß jedes $f \in \mathbb{BV}[a,b]$ beschränkt ist. (B1.3+4) implizieren, daß $\mathbb{BV}[a,b]$ ein linearer Raum ist. Identifiziert man zudem je zwei Funktionen, die sich nur um eine additive Konstante unterscheiden, dann hat $f \mapsto V_f[a,b]$ gemäß (B1.2-4) alle Eigenschaften einer Norm. Aus (B1.1) folgt zudem sofort, daß

$$x \mapsto V_f(x) - f(x), \quad a \leq x \leq b,$$

eine isotone Funktion auf $[a,b]$ ist. Wegen $f(x) = V_f(x) - (V_f(x) - f(x))$ erhält man daraus den

Satz B1.5 a) (Jordan-Zerlegung) *Es gilt $f \in \mathbb{BV}[a,b]$ genau dann, wenn f die Differenz zweier isotoner endlicher Funktionen ist.*

b) *Für jede Funktion $f \in \mathbb{BV}[a,b]$ existieren die Funktionen*

$$x \mapsto f(x+0) \quad \forall a \leq x < b, \qquad x \mapsto f(x-0) \quad \forall a < x \leq b.$$

Die isotonen Funktionen über $[a,b]$ bilden einen konvexen Kegel (d.h. mit f_1, f_2 ist auch $\alpha_1 f_1 + \alpha_2 f_2$ wieder isoton, falls α_1, $\alpha_2 \geq 0$ ist); $\mathbb{BV}[a,b]$ ist gerade der von ihnen aufgespannte lineare Teilraum. Die meisten analytischen Eigenschaften einer Funktion von beschränkter Variation ergeben sich daher aus denen isotoner Funktionen. So gilt etwa: Jedes $f \in \mathbb{BV}[a,b]$ hat höchstens abzählbar unendlich viele Sprungstellen und ist damit insbesondere λ-f.ü. stetig.

Für den Funktionenraum $\mathbb{BV}[a,b]$ existiert eine einfache Bedingung zur Charakterisierung der relativen Folgenkompaktheit einer Teilklasse.

Satz B1.6 (Helly [Na 250]) *Für $n \in \mathbb{N}$ seien $f_n : [a,b] \to \mathbb{R}$ gleichmäßig beschränkte Funktionen mit gleichmäßig beschränkter Totalvariation. Dann gibt es eine Teilfolge $(n_j) \subset \mathbb{N}$ und eine Funktion $f : [a,b] \to \mathbb{R}$ endlicher Totalvariation mit $f_{n_j} \to f$ für $j \to \infty$.*

Um den Zusammenhang zwischen der Klasse $\mathbb{BV}[a,b]$ und der aller signierten Maße auf $([a,b], [a,b]\mathbb{B})$ herauszuarbeiten, ist die folgende Begriffsbildung nützlich:

Definition B1.7 Eine Funktion $f \in \mathbb{BV}[a,b]$ heißt *normalisiert*, falls gilt

1) $f(a) = 0;$ 2) $f(x) = f(x+0) \quad \forall a \leq x < b.$

Die Gesamtheit dieser Funktionen wird mit $\mathbb{NBV}[a,b]$ bezeichnet.

Für ein beliebiges $f \in \mathbb{BV}[a,b]$ und $x \in [a,b]$ ist $\Delta f(x)$ definiert durch

$$\Delta f(x) = \begin{cases} f(a+0) - f(a), & x = a; \\ f(x+0) - f(x-0), & a < x < b, \\ f(b) - f(b-0), & x = b. \end{cases}$$

Satz B1.8 *Für $\mathbb{NBV}[a,b]$ gilt*:

a) $\mathbb{NBV}[a,b]$, *versehen mit der Totalvariationsnorm* $\|f\| = V_f[a,b]$, *ist ein normierter Raum*;

b) $f \in \mathbb{NBV}[a,b] \quad \Rightarrow \quad V_f(\cdot) \in \mathbb{NBV}[a,b]$;

c) $f \in \mathbb{NBV}[a,b] \quad \Rightarrow \quad x \mapsto f(x) - \sum_{a \leq y \leq x} \Delta f(y)$ *ist stetig und aus* $\mathbb{NBV}[a,b]$.

Die normalisierten Funktionen beschränkter Variation verhalten sich nun zu den signierten Maßen auf $([a,b], [a,b]\mathbb{B})$ wie die VF zu den WS-Maßen auf $(\mathbb{R}, \mathbb{B})$. Definiert man nämlich zu einem $f \in \mathbb{NBV}[a,b]$ die Funktion

$$\mu_f((x,y]) = f(y) - f(x), \qquad a \leq x < y \leq b, \tag{B1.5}$$

dann ist es plausibel, daß sich diese Mengenfunktion σ-additiv auf $[a,b]\mathbb{B}$ fortsetzen läßt.

Jedem signierten Maß μ auf $([a,b], [a,b]\mathbb{B})$ läßt sich das *Totalvariationsmaß* $|\mu|$ zuordnen und zwar für $B \in [a,b]\mathbb{B}$ gemäß

$$|\mu|(B) := \sup_{k \geq 1}\{|\mu(D_k)| : (D_k)_{k \geq 1} \text{ meßbare Partition von } B\}.$$

Satz B1.9 [Ru 163] *Seien $f \in \mathbb{N}\mathbb{B}\mathbb{V}[a,b]$ und μ_f gemäß (B1.5) definiert. Dann läßt sich μ_f zu einem endlichen signierten Maß auf $[a,b]\mathbb{B}$ fortsetzen. Für dessen Totalvariationsmaß gilt dann*

$$|\mu_f|((x,y]) = V_f(y) - V_f(x).$$

Umgekehrt läßt sich jedem endlichen signierten Maß μ auf $([a,b], [a,b]\mathbb{B})$ die Funktion $f(x) := \mu([a,x]) \in \mathbb{N}\mathbb{B}\mathbb{V}[a,b]$ zuordnen.

Dieser Zusammenhang erlaubt es nun, eine recht allgemeine Formel von der partiellen Integration (mittels des Satzes von Fubini) herzuleiten. Seien dazu $f, g \in \mathbb{B}\mathbb{V}[a,b]$ und μ bzw. ν die zu den normalisierten Funktionen

$$\widetilde{f}(x) := f(x+0) - f(a+0) \quad \text{bzw.} \quad \widetilde{g}(x) := g(x+0) - g(a+0)$$

gehörigen signierten Maße. Dann gilt[1] [HS 419]

$$\int_{[a,b]} f(x+0)\,d\nu(x) + \int_{[a,b]} g(x-0)\,d\mu(x) = f(b)g(b) - f(a)g(a). \tag{B1.6}$$

Diese Formel hat vielfältige Anwendungen; sie tritt bei der Umformung von Momenten ebenso auf wie bei der Behandlung von Resttermen. Neben dieser Standardformel gibt es zahlreiche andere Formeln der partiellen Integration, etwa die weiter unten in (B1.7) angegebene. Für diese benötigt man noch die

Definition B1.10 Sei $I \subset \mathbb{R}$ ein nicht-degeneriertes offenes (endliches oder unendliches) Intervall. Dann heißt eine Funktion $f : I \to \mathbb{R}$ *von lokal beschränkter Variation* genau dann, wenn für jedes kompakte Teilintervall $[a,b] \subset I$ die Restriktion von f auf $[a,b]$ von beschränkter Variation ist.

Die Gesamtheit dieser Funktionen wird mit $\mathbb{L}\mathbb{B}\mathbb{V}(I)$ bezeichnet. Sie stimmt mit der Klasse derjenigen Funktionen überein, die sich als Differenz zweier isotoner Funktionen darstellen lassen. Ist $I = \mathbb{R}$, so heißt eine Funktion $f \in \mathbb{L}\mathbb{B}\mathbb{V}(\mathbb{R})$ *normalisiert*, falls f rechtsseitig stetig ist mit $f(-\infty) = 0$.

---
[1] Zu einer besonders instruktiven Darstellung der Formel der partiellen Integration samt Anwendungen vgl. auch A. N. Shirayev: Probability, Springer (1984).

750 B Hilfsmittel aus der reellen Analysis

Es seien f, g, h reellwertige meßbare Funktionen auf $\mathbb{R}$. Dabei seien f und g von lokal beschränkter Variation und h beschränkt. Dann gilt

$$\int_{[a,b]} h(x) f(x+0) \, \mathrm{d}g(x) + \int_{[a,b]} h(x) g(x-0) \, \mathrm{d}f(x) = \int_{[a,b]} h(x) \, \mathrm{d}(fg)(x), \qquad \text{(B1.7)}$$

und zwar für alle $-\infty < a < b < +\infty$. Dabei kommt durch die Schreibweise $f(x+0)$ bzw. $g(x-0)$ zum Ausdruck, daß es sich um eine rechtsseitig bzw. linksseitig stetige Funktion handelt. Die Gültigkeit von (B1.7) folgt für $h = \mathbf{1}_{[a,b]}$ aus (B1.6) und daraus allgemeiner mit dem Aufbau meßbarer Funktionen. Die entsprechenden Formeln werden auch für (gegebenenfalls einseitig) offene Intervalle benötigt.

Differentiation und absolute Stetigkeit Sei wieder $[a,b] \subset \mathbb{R}$ ein nicht-degeneriertes, endliches, abgeschlossenes Intervall und $f : [a,b] \to \mathbb{R}$. Dann heißt f in $x \in [a,b)$ *rechtsseitig differenzierbar* mit *rechtsseitiger Ableitung* $\partial_+ f(x)$, wenn gilt

$$\limsup_{h \downarrow 0} \frac{f(x+h) - f(x)}{h} = \liminf_{h \downarrow 0} \frac{f(x+h) - f(x)}{h} =: \partial_+ f(x).$$

Entsprechend heißt f in $x \in (a,b]$ *linksseitig differenzierbar* mit *linksseitiger Ableitung* $\partial_- f(x)$, wenn gilt

$$\limsup_{h \uparrow 0} \frac{f(x+h) - f(x)}{h} = \liminf_{h \uparrow 0} \frac{f(x+h) - f(x)}{h} =: \partial_- f(x).$$

Hierbei sind zunächst auch die Werte $\pm \infty$ zugelassen.

f heißt in $x \in (a,b)$ *differenzierbar mit Ableitung* $f'(x)$ genau dann, wenn gilt

$$\partial_+ f(x) = \partial_- f(x) =: f'(x).$$

Satz B1.11 [HS 262] *Existieren die einseitigen Ableitungen $\partial_+ f(x)$ und $\partial_- f(x)$ für alle $a < x < b$, so ist $\{x \in (a,b) : \partial_+ f(x) \neq \partial_- f(x)\}$ höchstens abzählbar.*

Dieses Resultat liegt dem folgenden Satz zugrunde:

Satz B1.12 (Lebesgue [HS 264-265]) *Sei $f \in \mathbb{BV}[a,b]$. Dann besitzt f auf (a,b) λ-f.ü. eine endliche Borel-meßbare Ableitung f'.*

Der Vollständigkeit halber seien hier zwei Resultate für überall differenzierbare Funktionen angeführt, die an verschiedenen Stellen Verwendung finden. Für diese benötigen wir die einschränkenderen (als bekannt angesehenen) Begriffe *stetig differenzierbar in x* bzw. *k-fach (stetig) differenzierbar in (a,b)*. Dabei schreiben wir für $f'(x)$ auch $Df(x)$ oder $\partial f(x)$, für die höheren Ableitungen $D^{(2)} f(x), \ldots, D^{(n)} f(x)$.

Satz B1.13 (Offene Abbildungen [Fl 140]) *Sei $\mathbb{E} \subset \mathbb{R}^d$ offen. Ist dann $f : \mathbb{E} \to \mathbb{R}^d$ in ganz $\mathbb{E}$ stetig differenzierbar und überdies die Abbildung $x \mapsto Df(x)$ invertierbar, so ist f offen, d.h. mit $O \subset \mathbb{E}$ offen ist auch $f(O)$ offen.*

Satz B1.14 (Restglieder der Taylorformel) *Sei $\mathbb{E} \subset \mathbb{R}^d$ offen. Für alle $x \in \mathbb{E}$ existiert also ein $\eta = \eta(x) \in (0, \infty)$ mit $U(x, \eta) \subset \mathbb{E}$. Ist dann $f : \mathbb{E} \to \mathbb{R}$ n-fach differenzierbar in x mit Ableitung $D^{(n)}f(x)$ und $h \in \mathbb{E}$ mit $|h| < \eta$, so gilt*

$$r_n^{(1)}(x;h) := f(x+h) - \sum_{j=0}^{n} \frac{1}{j!} D^{(j)} f(x)(h,\ldots,h) = o(|h|^n).$$

Existiert $D^{(n)}f$ in $U(x, \eta)$ und ist dort stetig, dann läßt sich der Restterm in expliziter Weise angeben, etwa in der Lagrange-Form [Fl 94]:

$$r_n^{(2)}(x;h) = \frac{1}{n!}(D^{(n)}f(x+\vartheta h)(h,...,h) - D^{(n)}f(x)(h,...,h) \quad \exists \vartheta = \vartheta_h \in (0,1)$$

oder in der Integralform [DI 191]

$$r_n^{(3)}(x;h) = \int_0^1 \frac{(1-u)^{n-1}}{(n-1)!} D^{(n)}f(x+uh)(h,...,h)\,\mathrm{d}u - \frac{1}{n!} D^{(n)}f(x)(h,...,h).$$

Die Ableitung einer Funktion $f \in \mathbb{BV}[a,b]$ erlaubt es im allgemeinen nicht, f durch Integration zurückzugewinnen. So gilt für eine isotone Funktion f im allgemeinen nur [HS 284]

$$f(x) \geq f(a) + \int_a^x f'(t)\,\mathrm{d}t, \quad a \leq x \leq b. \tag{B1.8}$$

Speziell folgt aus dieser Beziehung, daß f' sogar über $[a,b]$ absolut integrierbar ist.

Eine Bedingung dafür, wann der „Hauptsatz der Differential- und Integralrechnung", d.h. wann in (B1.8) Gleichheit gilt, soll in Satz B1.21 angegeben werden.

Eine zweite Klasse von zumindest λ-f.ü. differenzierbaren Funktionen ist die derjenigen Funktionen, die eine Integraldarstellung gestatten.

Satz B1.15 [HS 275] *Sei $g \in \mathbb{L}_1[a,b] := \mathbb{L}_1(\mathfrak{R}(a,b))$ und*

$$f(x) = c + \int_a^x g(t)\,\mathrm{d}t, \quad a \leq x \leq b. \tag{B1.9}$$

Dann existiert $f'(x)$ in (a,b) λ-f.ü. und es gilt $f' = g$, d.h.

$$\lambda(\{x \in (a,b) : f'(x) \text{ existiert} \quad und \quad f'(x) = g(x)\}) = b - a.$$

752　B Hilfsmittel aus der reellen Analysis

Manchmal ist ein schwächerer Ableitungsbegriff nützlich.

Definition B1.16 Für $x \in (a,b)$ sei
$$\limsup_{h \downarrow 0} \frac{f(x+h) - f(x-h)}{2h} = \liminf_{h \downarrow 0} \frac{f(x+h) - f(x-h)}{2h} =: D_S^{(1)} f(x).$$

Dann heißt $D_S^{(1)} f(x)$ die *erste symmetrische Ableitung von f in x*.

Satz B1.17 *Ist f (im üblichen Sinne) differenzierbar mit Ableitung $f'(x)$, so existiert auch die erste symmetrische Ableitung $D_S^{(1)} f(x)$ und es gilt $D_S^{(1)} f(x) = f'(x)$.*

Die Umkehrung gilt nicht, wie z.B. die Funktion $f(x) = |x|$ im Punkt $x = 0$ zeigt.

Nach den Sätzen B1.15 und B1.17 existiert die symmetrische Ableitung speziell für jede Funktion, die eine Integraldarstellung besitzt.

Sei nun f eine Funktion der Form (B1.9) und $x \in (a,b)$ ein Punkt, in dem die Ableitung f' existiert mit $f'(x) = g(x)$. Dann gilt für jedes $h > 0$ nach Satz B1.15 und den Vorbemerkungen über symmetrische Ableitungen bzw. für $h \downarrow 0$

$$\frac{f(x+h) - f(x) - hf'(x)}{h} = \frac{1}{h} \int_0^h (g(x+t) - g(x))\,dt \to 0,$$

$$\frac{f(x+h) - f(x-h) - 2hf'(x)}{2h} = \frac{1}{2h} \int_0^h (g(x+t) + g(x-t) - 2g(x))\,dt \to 0.$$

Diese Grenzwertaussagen lassen sich insofern verschärfen, als auch die Integrale über die Absolutbeträge gegen 0 konvergieren. Es gilt nämlich der

Satz B1.18 (Lebesgue-Punkte [HS 276-277]) *Sei $g \in \mathbb{L}_1([a,b])$. Dann sind λ-f.a. $x \in (a,b)$ Lebesgue-Punkte, d.h. für λ-f.a. $x \in (a,b)$ gilt:*

a) $\quad \lim_{h \downarrow 0} \frac{1}{h} \int_0^h |g(x+t) - g(x)|\,dt \to 0;$

b) $\quad \lim_{h \downarrow 0} \frac{1}{2h} \int_0^h |g(x+t) + g(x-t) - 2g(x)|\,dt \to 0.$

Offensichtlich ist jeder Stetigkeitspunkt von g ein Lebesgue-Punkt.

Bisher wurde für Funktionen mit einer Integraldarstellung (B1.9) erläutert, daß sie λ-f.ü. differenzierbar sind und ihre Ableitung λ-f.ü. mit dem Integranden übereinstimmt. Es sollen nun diejenigen Funktionen charakterisiert werden, für die der Hauptsatz der Differential- und Integralrechnung gilt. Dazu wird zunächst eine etwas technisch anmutende hinreichende Bedingung hergeleitet, die sich in der Folge jedoch auch als notwendig herausstellen wird. Hierfür sei wieder f von der Form (B1.9) mit $g \in \mathbb{L}_1([a,b])$. Dann ist das unbestimmte Integral „absolut stetig", d.h. es gilt

$$\forall \varepsilon > 0 \; \exists \delta > 0 \; \forall A \in [a,b]\mathbb{B}: \quad \lambda(A) < \delta \; \Rightarrow \; \int_A |g(t)|\,dt < \varepsilon.$$

Sind nun $x_i, y_i \in [a,b)$, $i = 1, \ldots, m$, spezielle Punkte mit $x_i < y_i$ derart, daß die Intervalle (x_i, y_i) paarweise disjunkt sind und daß für $A := \bigcup_{i=1}^m (x_i, y_i)$ gilt $\lambda(A) = \sum_{i=1}^m (y_i - x_i) < \delta$, so erhält man für die entsprechende Variation der Funktion f

$$\sum_{i=1}^m |f(y_i) - f(x_i)| = \sum_{i=1}^m \Big| \int_{x_i}^{y_i} g(t)\,dt \Big| \leq \sum_{i=1}^m \int_{x_i}^{y_i} |g(t)|\,dt = \int_A |g(t)|\,dt < \varepsilon.$$

Dieser Sachverhalt führt zur folgenden

Definition B1.19 Sei $f : [a,b] \to \mathbb{R}$. Dann heißt f *absolut stetig über* $[a,b]$, falls für alle $\varepsilon > 0$ ein $\delta > 0$ existiert mit

$$\sum_{i=1}^m (y_i - x_i) < \delta \; \Rightarrow \; \sum_{i=1}^m |f(x_i) - f(y_i)| < \varepsilon.$$

Dabei seien (x_i, y_i), $1 \leq i \leq m$, beliebige paarweise disjunkte Teilintervalle von $[a,b]$. Die Gesamtheit dieser Funktionen wird kurz mit $\mathbb{AC}[a,b]$ bezeichnet.

Eine wichtige Klasse absolut stetiger Funktionen ist die Gesamtheit $\text{Lip}_1[a,b]$ der *Lipschitz-beschränkten Funktionen*, d.h. der Funktionen $f : [a,b] \to \mathbb{R}$, für die eine Konstante $\chi = \chi(f) \in (0, \infty)$ existiert mit der Eigenschaft

$$a \leq x, y \leq b \; \Rightarrow \; |f(x) - f(y)| \leq \chi|x - y|.$$

Offenbar gilt nach dem Mittelwertsatz $f \in \text{Lip}_1[a,b]$ für alle Funktionen f, die auf $[a,b]$ stetig und in (a,b) stetig differenzierbar sind mit beschränkter Ableitung f'. Eine weitere Beispielklasse ist die weiter unten behandelte Klasse der konvexen Funktionen.

Satz B1.20 [HS 283] *Ist f absolut stetig, so ist f auch von beschränkter Variation.*

Hieraus folgt, daß jede absolut stetige Funktion f λ-f.ü. eine endliche, Borel-meßbare Ableitung besitzt. Eine vollständige Charakterisierung der absolut stetigen Funktionen liefert der

Satz B1.21 [HS 285] *Es sind äquivalent*:

1) $f \in \mathbb{AC}[a,b]$;

2) *Es existiert ein* $g \in \mathbb{L}_1[a,b]$, *die sog.* Radon-Nikodym-Ableitung *von* f, *mit*

$$f(x) = f(a) + \int_a^x g(t)\,\mathrm{d}t, \quad a \leq x \leq b.$$

Im Falle der Gültigkeit von 1) *oder* 2) *gilt* $g = f'$ $[\lambda]$.

Der Hauptsatz der Differential- und Integralrechnung gilt also genau für die absolut stetigen Funktionen. Eine häufig recht handliche hinreichende Bedingung für die absolute Stetigkeit einer Funktion f liefert der

Satz B1.22 [HS 298-299] *Sei* $f : [a,b] \to \mathbb{R}$ *stetig. Weiter existiere für alle bis auf höchstens abzählbar unendlich viele Punkte* $x \in (a,b)$ *eine endliche Ableitung* $f'(x)$ *mit* $f' \in \mathbb{L}_1[a,b]$. *Dann gilt:* $f \in \mathbb{AC}[a,b]$.

Für die absolut stetigen Funktionen läßt sich auch die Totalvariationsfunktion einfach berechnen:

Satz B1.23 [HS 283] *Sei* $f \in \mathbb{AC}[a,b]$. *Dann gilt*

a) $\quad V_f(x) = \int_a^x |f'(t)|\,\mathrm{d}t;$

b) $\quad$ *Es existieren* $g, h \in \mathbb{AC}[a,b]$ *isoton mit* $f = g - h$.

Offensichtlich bildet $\mathbb{AC}[a,b]$ mit den üblichen punktweisen Verknüpfungen einen Vektorraum. Mit f ist auch $|f|$ wieder absolut stetig ist. Somit ist dieser Raum auch bezüglich der Bildung von Minima bzw. Maxima endlich vieler Funktionen aus $\mathbb{AC}[a,b]$ abgeschlossen. Während jedoch die Komposition meßbarer bzw. stetiger bzw. isotoner Funktionen trivialerweise wieder meßbar bzw. stetig bzw. isoton ist, gilt dies im allgemeinen nicht für absolut stetige Funktionen. Es gilt jedoch der

Satz B1.24 [HS 287] *Seien* $f : [a,b] \to [c,d]$ *und* $g : [c,d] \to \mathbb{R}$ *absolut stetig. Dann gilt*

$$g \circ f \in \mathbb{AC}[a,b] \quad \Leftrightarrow \quad g \circ f \in \mathbb{BV}[a,b]. \tag{B1.10}$$

Die für allgemeinere Funktionen von beschränkter Variation eingeführten Begriffe und Resultate lassen sich für absolut stetige Funktionen oft bequemer schreiben. So erhält man etwa für die partielle Integration mit $f, g \in \mathbb{AC}[a,b]$:

$$\int_a^x f(t)g'(t)\,\mathrm{d}t + \int_a^x f'(t)g(t)\,\mathrm{d}t = f(x)g(x) - f(a)g(a), \quad a \leq x \leq b. \tag{B1.11}$$

Analog zum Übergang von $\mathbb{BV}([a,b])$ zu $\mathbb{LBV}([a,b])$ läßt sich für jedes nichtdegenerierte offene (endliche oder unendliche) Intervall I die Funktionenklasse

$\mathbb{LAC}(I)$ der *lokal absolut stetigen Funktionen* definieren und zwar als Gesamtheit derjenigen Funktionen $f : I \to \mathbb{R}$, deren Restriktionen $f|_{[a,b]}$ für alle abgeschlossenen Intervalle $[a,b] \subset I$ zu $\mathbb{AC}([a,b])$ gehören. Dieses sind gerade diejenigen Funktionen, die λ-f.ü. differenzierbar sind, deren Ableitung über jedem Kompaktum absolut integrierbar sind und für die gilt

$$x < y \quad \Rightarrow \quad f(y) - f(x) = \int_x^y f'(t)\,dt.$$

Erwähnt sei noch, daß bei absolut stetigen Dichten f im Text stillschweigend von einer Kürzungsregel Gebrauch gemacht wird, etwa im Zusammenhang mit der Fisher-Information in Lokations-Skalenmodellen in der Form $(f'/f)^2 f = f'^2/f$ $[\lambda]$; vgl. auch die Beispiele 1.196-1.198. Deren Rechtfertigung enthält der

Satz B1.25 (Klaassen) *Sei $f : \mathbb{R} \to \mathbb{R}$ absolut stetig mit Radon-Nikodym-Ableitung f'. Dann gilt für alle $a \in \mathbb{R}$*

$$\lambda(\{x \in \mathbb{R} : f(x) = a, \ f'(x) \neq 0\}) = 0.$$

Beweis: Sei $A := \{x \in \mathbb{R} : f(x) = a\}$, $N_0 := \{x \in \mathbb{R} : f(x) = a, f'(x) \neq 0\}$ und $N_1 := \{x \in \mathbb{R} : f(x) = a, f \text{ differenzierbar in } x \text{ mit Ableitung } f'(x)\}$.

Dann ist $\lambda(A - N_1) = 0$ [HS 18.3] und A abgeschlossen, da f stetig ist. Folglich gibt es eine abzählbare Menge C und eine perfekte Menge P mit $A = C \cup P$ [HS 6.66]. Der Beweis ergibt sich dann durch Fallunterscheidung:
Ist $N_1 \cap P = \emptyset$, so ist $N_1 = N_1 \cap C$ und damit

$$\lambda(N_0) \leq \lambda(A) \leq \lambda(A \setminus N_1) + \lambda(N_1) \leq 0 + \lambda(C) = 0.$$

Ist dagegen $N_1 \cap P \neq \emptyset$, so gibt es für alle $x \in N_1 \cap P$ eine Folge $(x_k)_{k \geq 1} \subset P$ mit $\lim_{k \to \infty} x_k = x$. Folglich gilt $f'(x) = \lim_{k \to \infty} [f(x_k) - f(x)]/(x_k - x) = 0$, also

$$N_0 \subset C \cup (P - N_1 \cap P) = C \cup (P \setminus N_1) = C \cup (A - N_1)$$

und damit

$$\lambda(N_0) \leq \lambda(C) + \lambda(A - N_1) = 0. \quad \square$$

Konvexität Die vielleicht wichtigste Teilklasse von $\mathbb{LAC}[a,b]$ bilden die konvexen Funktionen. Diese präzisieren die Vorstellung, daß eine Abbildung „nirgendwo nach unten gekrümmt" ist, so wie dies etwa bei $f(x) = x^2$ oder $f(x) = e^{\alpha x}$ ($\alpha \in \mathbb{R}$) der Fall ist. Sie spielen bei der Herleitung der unterschiedlichsten Ungleichungen ebenso eine Rolle wie in der Optimierungs- bzw. Spieltheorie oder auch in der Statistik. Geometrisch läßt sich die Konvexität einer Funktion f auch dadurch ausdrücken, daß der Epigraph eine konvexe Menge ist. Dabei ist der *Epigraph von f* definiert durch

$$\mathfrak{E}(f) = \{(x,t) \in \mathbb{R}^2 : x \in [a,b],\ t \geq f(x)\}, \tag{B1.12}$$

also die Gesamtheit der Punkte (x,t), die „oberhalb" des Graphen $t = f(x)$ liegen.

Definition B1.26 Sei $\mathbb{E} \neq \emptyset$ eine offene und konvexe Teilmenge des $\mathbb{R}^m$. Dann heißt $f : \mathbb{E} \to \mathbb{R}$ *konvex*, falls für alle $x, y \in \mathbb{E}$, $x \neq y$, und für alle $0 < \eta < 1$ gilt:

$$f((1-\eta)x + \eta y) \leq (1-\eta)f(x) + \eta f(y). \tag{B1.13}$$

f heißt *strikt konvex*, wenn man „$\leq$" durch „$<$" ersetzen kann. f heißt *abgeschlossen konvex*, wenn der Epigraph von f eine abgeschlossene konvexe Menge ist. Eine Funktion f heißt *(strikt) konkav*, wenn $-f$ (strikt) konvex ist.

Beispiele konvexer Funktionen sind etwa die Abbildungen $|x|$ und $x^\top \mathscr{A} x$, $\mathscr{A} \in \mathbb{R}^{m \times m}_{\mathrm{p.s.}}$, auf $\mathbb{E} = \mathbb{R}^m$ oder die Funktion $\sin x$ auf $\mathbb{E} = (\pi, 2\pi)$.

Für jede konvexe Funktion erweitert sich die Gültigkeit von (B1.13) sofort auf beliebige endliche Konvexkombinationen, d.h. für jede Wahl von $x_i \in \mathbb{E}$ und $\alpha_i \geq 0$, $1 \leq i \leq m$, mit $\sum_{i=1}^m \alpha_i = 1$ gilt dann

$$f(\sum_{i=1}^m \alpha_i x_i) \leq \sum_{i=1}^m \alpha_i f(x_i). \tag{B1.14}$$

Angewandt auf die Funktion $f(x) = e^x$ (bei $\mathbb{E} = \mathbb{R}$) erhält man aus (B1.14) die Ungleichung zwischen geometrischem und arithmetischem Mittel, die selbst wieder zur Beweisgrundlage weiterer Ungleichungen gemacht werden kann, z.B. der Hölder- oder Minkowski-Ungleichung; vgl. A5.4. Ersetzt man in (B1.14) die diskreten WS-Maße mit Masse α_i im Punkt x_i durch ein beliebiges WS-Maß, dann bleibt die Ungleichung richtig und ergibt gerade die Jensen-Ungleichung; vgl. A5.0.

Für den univariaten Fall sind die (zumeist elementar verifizierbaren) wichtigsten Eigenschaften dieser Funktionenklasse enthalten in folgendem

Satz B1.27 *Seien g, g_1, g_2 und g_τ, $\tau \in \mathcal{T}$, konvexe Funktionen auf $\mathbb{E}$, $\emptyset \neq \mathbb{E} \subset \mathbb{R}^m$. Weiter sei h eine konvexe Funktion auf einem offenen Intervall $I \neq \emptyset$. Dann gilt:*

a) $\forall \alpha_1, \alpha_2 \geq 0$ *ist* $f(x) = \alpha_1 g_1(x) + \alpha_2 g_2(x)$ *eine konvexe Funktion. Die konvexen Funktionen über $\mathbb{E}$ bilden also einen konvexen Kegel.*

b) *Ist Bild $(g) \subset I$ und ist h isoton, dann ist $f(x) = h(g(x))$ konvex.*

c) *Sei $\mathbb{E}' = \{x \in \mathbb{E} : \sup_\tau g_\tau(x) < \infty\} \neq \emptyset$. Dann ist $f(x) := \sup_\tau g_\tau(x)$ über $\mathbb{E}'$ konvex.*

d) *[Ro 90] Sei $\mathcal{T} = \mathbb{N}$ und $f(x) := \lim_n g_n(x)$ existiere für jedes $x \in \mathbb{E}$. Dann ist f konvex über $\mathbb{E}$ und die Konvergenz über jedem Kompaktum im Inneren von $\mathbb{E}$ gleichmäßig.*

e) *Jedes lokale Minimum von f ist bereits ein globales Minimum; die globalen Minima werden auf einer (möglicherweise leeren) konvexen Menge angenommen.*

f) *Nimmt f in $\mathbb{E}$ ein globales Maximum an, dann ist f konstant.*

Konvexe Funktionen besitzen eine ganze Reihe analytischer Eigenschaften, auf die im weiteren eingegangen werden soll.

Satz B1.28 [RV 4] *Sei f eine konvexe Funktion über der offenen und konvexen Menge $\mathbb{E}$, $\emptyset \neq \mathbb{E} \subset \mathbb{R}$. Sei weiter $K \subset \mathbb{E}$ kompakt. Dann existiert eine Konstante $\chi = \chi_K > 0$ derart, daß gilt*

$$|f(x) - f(y)| \leq \chi |x - y| \qquad \forall x, y \in K,$$

d.h. $f \in \mathrm{Lip}_1(K)$. Die Aussage bleibt richtig für $\emptyset \neq \mathbb{E} \subset \mathbb{R}^m$, $m > 1$, falls f in der Umgebung eines Punktes von $\mathbb{E}$ nach oben beschränkt ist.

Speziell ist damit f im Inneren von $\mathbb{E}$ stetig. Im Fall $m = 1$ folgt aus Satz B1.28, daß f über jedem kompakten Teilintervall absolut stetig ist. Dies führt auf das

Korollar B1.29 [RV 9,10] *Sei $\emptyset \neq \mathbb{E} \subset \mathbb{R}$ ein Intervall und $f : \mathbb{E} \to \mathbb{R}$. Dann gilt:*

$$f \text{ ist konvex} \Leftrightarrow \begin{cases} \text{es existiert } g : \mathbb{E} \to \mathbb{R} \text{ isoton mit} \\ f(b) - f(a) = \int\limits_a^b g(t)\,\mathrm{d}t \quad \forall a, b \in \mathbb{E},\ a < b. \end{cases}$$

f ist dann strikt konvex genau dann, wenn g strikt isoton gewählt werden kann.

Für $m = 1$ läßt sich die Konvexität äquivalent mit Hilfe von Differenzenquotienten ausdrücken:

$$f : \mathbb{E} \to \mathbb{R} \text{ konvex} \Leftrightarrow \begin{cases} \forall x < u < y,\ x, y \in \mathbb{E} : \\ f(u) \leq f(x) + \dfrac{f(y) - f(x)}{y - x}(u - x) \end{cases} \tag{B1.15}$$

$$\Leftrightarrow \begin{cases} \forall x < u < y,\ x, y \in \mathbb{E} : \\ \dfrac{f(u) - f(x)}{u - x} \leq \dfrac{f(y) - f(x)}{y - x} \leq \dfrac{f(y) - f(u)}{y - u}. \end{cases} \tag{B1.16}$$

Das Differenzierbarkeitsverhalten einer konvexen Funktion läßt sich sehr viel präziser beschreiben als dasjenige sonstiger absolut stetiger Funktionen.

Satz B1.30 [RV 6,7,32] *Sei $\emptyset \neq \mathbb{E} \subset \mathbb{R}$ offen und konvex sowie $f : \mathbb{E} \to \mathbb{R}$ konvex.*

a) *Auf $\mathbb{E}$ existieren überall die einseitigen Ableitungen $\partial_- f(x), \partial_+ f(x)$. Beide Funktionen sind isoton und für $x < y$, $x, y \in \mathbb{E}$, gilt:*

$$\partial_- f(x) \leq \partial_+ f(x) \leq \partial_- f(y) \leq \partial_+ f(y).$$

b) *Die Menge $M := \{x \in \mathbb{E} : \partial_+ f(x) > \partial_- f(x)\}$ ist höchstens abzählbar. Auf $\mathbb{E} - M$ ist die Funktion $x \mapsto \partial f(x) := \partial_+ f(x) = \partial_- f(x)$ stetig.*

c) *Für $x_0 \in \mathbb{E}$ und $\partial_- f(x_0) \leq \xi \leq \partial_+ f(x_0)$ gilt:*

$$f(x) \geq f(x_0) + \xi(x - x_0) \quad \forall x \in \mathbb{E}. \tag{B1.17}$$

Jeder Wert ξ mit (B1.17) heißt ein *Subgradient*, ihre Gesamtheit das *Subdifferential*. Aus (B1.17) ergibt sich unmittelbar, daß ein $x_0 \in \mathbb{E}$ mit $\partial_- f(x_0) \leq 0 \leq \partial_+ f(x_0)$ ein (globales) Minimum von f ist.

Beispiel B1.31 Sei X eine reellwertige ZG mit $E|X| < \infty$. Dann ist auf $\mathbb{E} = \mathbb{R}$ die Funktion $f(t) = E|X - t|$ konvex. Wegen

$$E|X - t| = \int_t^\infty \mathbb{P}(X > u)\,du + \int_{-\infty}^t \mathbb{P}(X \leq u)\,du$$

erhält man hier für $t \in \mathbb{R}$:

$$\partial_+ f(t) = \mathbb{P}(X \leq t) - \mathbb{P}(X > t), \quad \partial_- f(t) = \mathbb{P}(X < t) - \mathbb{P}(X \geq t).$$

Für $t_0 \in \operatorname{med} X$ (d.h. für $t_0 \in \mathbb{R}$ mit $\mathbb{P}(X \geq t_0) \geq 1/2$, $\mathbb{P}(X \leq t_0) \geq 1/2$) ergibt sich daraus $\partial_- f(t_0) \leq 0 \leq \partial_+ f(t_0)$ und damit die Minimaleigenschaft des Medians

$$E|X - t| \geq E|X - t_0| \quad \forall t_0 \in \operatorname{med} X. \quad \square$$

Die Konvexität einer Funktion f läßt sich dadurch zeigen, daß man die Existenz zweiter Ableitungen fordert und diese als nicht-negativ nachweist. Etwas allgemeiner läßt sich dies mit Hilfe symmetrischer zweiter Ableitungen bewerkstelligen.

Definition B1.32 Sei $f : [a,b] \to \mathbb{R}$. Gilt dann für einen Punkt $x \in (a,b)$

$$\limsup_{h \downarrow 0} \frac{f(x+h) + f(x-h) - 2f(x)}{h^2} = \liminf_{h \downarrow 0} \frac{f(x+h) + f(x-h) - 2f(x)}{h^2},$$

so heißt dieser Wert die *zweite symmetrische Ableitung* von f in x, kurz: $D_S^{(2)} f(x)$.

Für diese gilt nun der

Satz B1.33 (De la Vallée Poussin [Na 364]) *Sei $f : [a,b] \to \mathbb{R}$ stetig mit endlicher symmetrischer zweiter Ableitung $D_S^{(2)} f(x)$ für alle $x \in (a,b)$. Ist diese integrierbar, so gilt*

$$f(x) = a + bx + \int_a^x \int_a^t D_S^{(2)} f(u)\,du\,dt.$$

Korollar B1.34 *Unter den Voraussetzungen von Satz* B1.33 *gilt*

$$f \text{ konvex} \quad \Leftrightarrow \quad D_S^{(2)} f(x) \geq 0 \ [\lambda];$$
$$f \text{ affin} \quad \Leftrightarrow \quad D_S^{(2)} f(x) = 0 \ [\lambda].$$

Die Definition einer konvexen Funktion läßt sich unmittelbar auf konvexe Teilmengen linearer Räume verallgemeinern. Tatsächlich bleiben die meisten der hier angeführten Eigenschaften auch im Rahmen des $\mathbb{R}^k$ richtig; in gewissem Maße gilt dies sogar für allgemeinere lineare Räume.

Es interessieren auch Abschwächungen des Begriffs „konvexe Funktion". Die wichtigste knüpft an die Tatsache an, daß die Niveaumengen einer konvexen Funktion konvex sind, die Umkehrung dieses Sachverhalts jedoch nicht notwendig gilt.

Definition B1.35 Sei $\mathbb{E}$ eine offene Teilmenge des $\mathbb{R}^m$. Dann heißt $f : \mathbb{E} \to \mathbb{R}$ *quasikonvex*, falls $\{x : f(x) \leq t\}$ für alle $t \in \mathbb{R}$ konvex ist. f heißt *quasikonkav*, wenn $-f$ quasikonvex ist.

Ist $\mathbb{E} \subset \mathbb{R}^m$ konvex, so läßt sich die Quasikonvexität einer Funktion f äquivalent – und recht anschaulich – auf folgende Weise charakterisieren:

$$f \text{ quasikonvex} \quad \Leftrightarrow \quad \begin{cases} f((1-\eta)x + \eta y) \leq \max\{f(x), f(y)\} \\ \forall x, y \in \mathbb{E} \quad \forall 0 \leq \eta \leq 1. \end{cases} \tag{B1.18}$$

Demnach ist etwa die Funktion $f(x) = |x|\mathbf{1}_{\{|x|\leq r\}} + r\mathbf{1}_{\{|x|>r\}}$ quasikonvex, aber natürlich nicht konvex. Obwohl die quasikonvexen Funktionen eine sehr viel umfassendere Funktionenklasse bilden, gelten für sie – zumindest in leicht abgeschwächter Form – die meisten der für konvexe Funktionen bekannten analytischen Eigenschaften. So ist jede quasikonvexe Funkiton im Innern ihres Definitionsbereichs λ^m-f.ü. stetig und besitzt dort λ^m-f.ü. (einseitige) partielle Ableitungen. Weitere, insbesondere im Zusammenhang mit Optimierungsaufgaben wichtige, Grundeigenschaften dieser Funktionenklasse enthält der

Satz B1.36 [RV 81] *Sei* $\mathbb{E} \subset \mathbb{R}^m$ *offen und* $f : \mathbb{E} \to \mathbb{R}$ *quasikonvex. Dann gilt:*

a) *Ist* $x_0 \in \mathbb{E}$ *ein lokales Minimum und* f *in keiner offenen Umgebung von* x_0 *konstant, so ist* x_0 *ein globales Minimum.*

b) *Die Menge aller globalen Minima ist konvex.*

c) *Ist* f *zusätzlich differenzierbar mit Ableitung* f', *so gilt*

$$f(x) \leq f(y) \quad \Rightarrow \quad (f'(y))^\top (y - x) \leq 0.$$

B2 Halbstetige Funktionen

Definition und Grundeigenschaften Zur Diskussion der Festlegung implizit definierter statistischer Funktionale, zur Entwicklung einer Konvergenztheorie auf dem Raum $\mathbb{D}$ wie zur Handhabung verschiedener optimierungstheoretischer Aspekte ist es zweckmäßig, den Begriff der halbstetigen Funktionen einzuführen. Dieser Begriff ist – wie die Bezeichnung andeutet – allgemeiner als der der Stetigkeit.

Definition B2.1 Sei $\mathbb{E}$ ein metrischer Raum. Dann heißt eine Funktion $f : \mathbb{E} \to (-\infty, \infty]$ *halbstetig nach unten* (kurz: f 1∕2-stetig), falls für alle $t \in \mathbb{R}$ die Menge $\{x \in \mathbb{E} : f(x) > t\}$ offen ist.
Entsprechend heißt $f : \mathbb{E} \to [-\infty, \infty)$ *halbstetig nach oben* (kurz: f 1∕2-stetig), falls $-f$ 1∕2-stetig ist, d.h. falls $\{x \in \mathbb{E} : f(x) < t\}$ offen ist für alle $t \in \mathbb{R}$.

Offensichtlich ist $f : \mathbb{E} \to \mathbb{R}$ genau dann stetig, wenn f sowohl 1∕2-stetig wie auch 1∕2-stetig ist. Jede halbstetige Funktion ist zudem Borel-meßbar. Es reicht im weiteren natürlich, sich auf eine Form der Halbstetigkeit zu konzentrieren, etwa die Halbstetigkeit nach unten. Beispiele von 1∕2-stetigen Funktionen sind die Indikatorfunktionen offener Teilmengen von $\mathbb{E}$ oder etwa die auf einem Intervall $\mathbb{E} = (a,b)$, $-\infty < a < b < \infty$, definierten isotonen und linksseitig stetigen Funktionen.

Die 1∕2-Stetigkeit einer Funktion f läßt sich auch geometrisch charakterisieren. Dazu benötigt man den im Spezialfall $\mathbb{E} = \mathbb{R}$ bereits in (B1.12) eingeführten Begriff des Epigraphen der Funktion f,

$$\mathfrak{E}(f) = \{(x,t) \in \mathbb{E} \times \mathbb{R} : t \geq f(x)\}. \tag{B2.1}$$

Zugleich soll eine zur Handhabung 1∕2-stetiger Funktionen nützliche analytische Charakterisierung angegeben werden.

Satz B2.2 *Die folgenden drei Aussagen sind äquivalent:*

a) f *ist* 1∕2-*stetig;*

b) $\forall x_n, x \in \mathbb{E}$ *mit* $x_n \to x$ *gilt* $\liminf f(x_n) \geq f(x)$;

c) $\mathfrak{E}(f)$ *ist abgeschlossen.*

Beweis: a) $\Rightarrow$ b) Seien $x \in \mathbb{E}$, $\varepsilon > 0$ und dazu $\delta > 0$ so gewählt, daß $U(x, \delta) \subset \mathbb{E}$ eine δ-Umgebung von x ist derart, daß gilt $f(y) > f(x) - \varepsilon \quad \forall y \in U(x, \delta)$. Aus $x_n \to x$ folgt dann die Existenz eines $n_0(\varepsilon) \in \mathbb{N}$ mit $x_n \in U(x, \delta) \quad \forall n \geq n_0(\varepsilon)$, also mit $f(x_n) > f(x) - \varepsilon \quad \forall n \geq n_0(\varepsilon)$. Folglich gilt $\liminf f(x_n) \geq f(x)$.

b) $\Rightarrow$ c) Sei (x,t) ein Häufungspunkt von $\mathfrak{E}(f)$. Dann existiert eine Folge $(x_n, t_n) \in \mathfrak{E}(f)$ mit $(x_n, t_n) \to (x,t)$. Somit gilt nach Definition von $\mathfrak{E}(f)$

$$t = \liminf t_n \geq \liminf f(x_n) \geq f(x), \quad \text{d.h. } (x,t) \in \mathfrak{E}(f).$$

c) ⇒ a) Aus der Abgeschlossenheit von $\mathfrak{E}(f)$ folgt diejenige des Schnittes $(\mathfrak{E}(f))_t = \{x : t \geq f(x)\}$ für jedes $t \in \mathbb{R}$. Also ist $\{x : f(x) > t\}$ offen. □

Es sollen nun die wichtigsten Eigenschaften 1∕2-stetiger Funktionen diskutiert werden, zunächst ihr Verhalten bei der Änderung des Definitionsbereichs.

Hilfssatz B2.3 *Seien $\mathbb{E}$ und $\mathbb{F}$ metrische Räume.*

a) *Ist $f : \mathbb{E} \to (-\infty, \infty]$ 1∕2-stetig und $g : \mathbb{F} \to \mathbb{E}$ stetig, so ist $f \circ g$ ebenfalls 1∕2-stetig. Speziell ist jede Restriktion von f auf $\mathbb{F} \subset \mathbb{E}$ wieder 1∕2-stetig.*

b) *Seien $\mathbb{F} \subset \mathbb{E}$, $\mathbb{F}$ abgeschlossen und $f : \mathbb{F} \to (-\infty, \infty]$. Erweitert man f auf $\mathbb{E}$ gemäß $g(x) := f(x)\mathbf{1}_{\mathbb{F}}(x) + \infty \mathbf{1}_{\mathbb{F}^c}(x)$, so gilt*

$$f \text{ 1∕2-stetig} \quad \Leftrightarrow \quad g \text{ 1∕2-stetig}. \tag{B2.2}$$

Beweis: a) Die 1∕2-Stetigkeit von $f \circ g$ ist trivial; der Zusatz ergibt sich für $g = \mathrm{id}_F$.

b) Man beachte, daß für alle $t \in \mathbb{R}$ gilt:

$$\{x \in \mathbb{E} : g(x) \leq t\} = \{x \in \mathbb{F} : f(x) \leq t\}.$$

Wegen der Abgeschlossenheit von $\mathbb{F}$ ist die linke Seite in $\mathbb{E}$ abgeschlossen genau dann, wenn die rechte Seite in $\mathbb{F}$ abgeschlossen ist. □

Hilfssatz B2.4 *Seien $\mathbb{E}_1$, $\mathbb{E}_2$ metrische Räume, $\mathbb{E}_1 \times \mathbb{E}_2$ das (mit der Produktmetrik versehene) kartesische Produkt und $f : \mathbb{E}_1 \times \mathbb{E}_2 \to (-\infty, \infty]$. Dann gilt:*

a) $f(\cdot, \cdot)$ *ist 1∕2-stetig* $\quad \Rightarrow \quad f(x, \cdot)$ *ist 1∕2-stetig* $\forall x \in \mathbb{E}_1$;

b) *Umgekehrt folgt die 1∕2-Stetigkeit von $f(\cdot, \cdot)$ aus der Gültigkeit von*

1) $f(x, \cdot)$ *ist 1∕2 -stetig* $\forall x \in \mathbb{E}_1$,

2) $\forall y \in \mathbb{E}_2 \, \exists \eta > 0$ *derart, daß die Familie der Funktionen $f(\cdot, z), z \in U(y, \eta)$,*

   gleichgradig (aber nicht notwendig gleichmäßig) stetig ist.

Beweis: a) Für jedes $t \in \mathbb{R}$ ist $\{(x,y) : f(x,y) > t\}$ offen, also auch der Schnitt bei festem x. b) Seien $(x,y), (x_n, y_n) \in \mathbb{E}_1 \times \mathbb{E}_2$ mit $(x_n, y_n) \to (x, y)$. Für hinreichend großes $n_0 \in \mathbb{N}$ ist also $y_n \in U(y, \eta)$ für $n \geq n_0$, d.h.

$$\forall \varepsilon > 0 \, \exists \delta > 0 \, |f(z, y_n) - f(x, y_n)| < \varepsilon \, \forall z \in U(x, \delta) \, \forall n \geq n_0.$$

Für ein geeignetes $n_1 \geq n_0$ gilt dann $x_n \in U(x, \delta) \, \forall n \geq n_1$ und somit

$$|f(x_n, y_n) - f(x, y_n)| < \varepsilon \, \forall n \geq n_1, \quad \text{d.h.} \quad f(x_n, y_n) - f(x, y_n) = o(1)$$

für $n \to \infty$. Daraus folgt

$$\liminf f(x_n, y_n) = \liminf f(x, y_n) \geq f(x, y). \quad \square$$

Aus der Definition 1∕2-halbstetiger Funktionen ergeben sich unmittelbar die folgenden *Grundeigenschaften*:

a) *Die Klasse aller 1∕2-stetigen Funktionen auf* $\mathbb{E}$ *bildet einen konvexen Kegel, d.h. mit* f_1, f_2 *ist auch* $\alpha_1 f_1 + \alpha_2 f_2$ *für jedes* $\alpha_1, \alpha_2 \geq 0$ *1∕2-stetig.*

b) *Sind* f_1, f_2 *und* $f_\tau, \tau \in \mathcal{T}$, *1∕2-stetig, so auch* $\min\{f_1, f_2\}$ *sowie* $\sup_{\tau \in \mathcal{T}} f_\tau$.

Über die Approximierbarkeit durch stetige Funktionen gilt der

Satz B2.5 f *sei 1∕2-stetig und nicht-negativ. Dann läßt sich* f *von unten durch halbstetige Funktionen approximieren, d.h. es gilt*

$$f = \sup\{g : g \text{ stetig und } g \leq f\}.$$

f *kann auch als Supremum einer isotonen Folge stetiger Funktionen* $(g_n)_{n \geq 1}$, $g_n \leq f$, *dargestellt werden.*

Beweis: Offensichtlich gibt es eine stetige Funktion g mit $g \leq f$, nämlich $g \equiv 0$. Sei nun $x \in \mathbb{E}$ mit $f(x) > 0$. Voraussetzungsgemäß existiert dann für jedes $0 < \varepsilon < f(x)$ eine offene Umgebung U von x und damit trivialerweise ein Kompaktum K mit $x \in K \subset U \subset \{y : f(y) \geq f(x) - \varepsilon\}$. Nach dem Lemma von Urysohn gibt es folglich eine stetige Funktion $h : \mathbb{E} \to [0,1]$ mit $h(y) = 1$ für $y \in K$ und $U(y) = 0$ für $y \notin U$. Für die Funktion $g_\varepsilon(\cdot) := (f(x) - \varepsilon)h(\cdot)$ gilt dann $g_\varepsilon \leq f$ mit $g_\varepsilon(x) = f(x) - \varepsilon$ und damit für $\varepsilon \downarrow 0$ die Behauptung. Zum Beweis des Zusatzes vgl. [DII], Satz 12.7.8. $\square$

Gemäß Satz B2.5 sind die nach unten beschränkten 1∕2-stetigen Funktionen gerade die oberen Einhüllenden stetiger Abbildungen. Da diese Funktionenklasse jedoch nicht gegenüber der Bildung abzählbar unendlicher Infima abgeschlossen ist, sind weder $\limsup f_n$ noch im Falle der Existenz $\lim f_n$ zusammen mit f_n, $n \in \mathbb{N}$, 1∕2-stetig. Hierzu benötigt man – wie bei stetigen Funktionen – die gleichmäßige Konvergenz. Umgekehrt läßt sich aber eine beliebige Funktion g durch eine 1∕2-stetige Minorante und eine 1∕2-stetige Majorante approximieren. Genauer gilt

Satz B2.6 *Jede beschränkte Funktion* $g : \mathbb{E} \to \mathbb{R}$ *läßt sich von unten (bzw. von oben) durch nach unten (bzw. nach oben) halbstetige Funktionen punktweise approximieren derart, daß sie an allen Stetigkeitsstellen mit dieser übereinstimmen. Genauer gilt: Ist* $g : \mathbb{E} \to \mathbb{R}$ *eine beschränkte Funktion, so ist*

$$\underline{g} := \sup\{h : \mathbb{E} \to \mathbb{R} : h \text{ 1∕2-stetig}, h \leq g\} \text{ 1∕2-stetig},$$
$$\overline{g} := \inf\{h : \mathbb{E} \to \mathbb{R} : h \text{ 1∕2-stetig}, h \geq g\} \text{ 1∕2-stetig},$$

beide Funktionen sind beschränkt und es gilt

$$g \text{ stetig in } x \quad \Leftrightarrow \quad \overline{g}(x) = \underline{g}(x). \tag{B2.3}$$

Beweis: Wegen der Beschränktheit von g sind die $\underline{g}$ bzw. $\overline{g}$ definierenden Mengen nicht leer, beide Funktionen beschränkt und als Supremum 1/2-stetiger bzw. als Infimum 1/2-stetiger Funktionen selbst in der angegebenen Weise halbstetig. Der Nachweis von (B2.3) läßt sich wie folgt führen:

„$\Leftarrow$" Sei $\underline{g}(x) = \overline{g}(x)$. Wegen der Halbstetigkeit von $\underline{g}$ und $\overline{g}$ existiert für alle $\varepsilon > 0$ ein $r > 0$ mit

$$\underline{g}(y) > \underline{g}(x) - \varepsilon \quad \text{und} \quad \overline{g}(y) < \overline{g}(x) + \varepsilon \quad \forall y \in U(x,r).$$

Daraus folgt $g(y) - g(x) \leq \overline{g}(y) - \underline{g}(x) < \varepsilon$, $g(y) - g(x) \geq \underline{g}(y) - \overline{g}(x) > -\varepsilon$, d.h.

$$|g(y) - g(x)| < \varepsilon \quad \forall y \in U(x,r). \tag{B2.4}$$

„$\Rightarrow$" Sei g stetig in x und $\varepsilon > 0$, $r > 0$, gewählt gemäß (B2.4). Es ist $F := \{y \in \mathbb{E} : d(x,y) \geq r\}$ abgeschlossen, d.h. $\mathbb{1}_F$ 1/2-stetig. Folglich ist

$$\overline{h}(y) := g(x) + \varepsilon + 2\|g\|_\infty \mathbb{1}_F(y) \quad 1/2\text{-stetig},$$
$$\underline{h}(y) := g(x) - \varepsilon - 2\|g\|_\infty \mathbb{1}_F(y) \quad 1/2\text{-stetig}$$

und es gilt $\underline{h} \leq \underline{g} \leq g \leq \overline{g} \leq \overline{h}$. Wegen $x \notin F$ folgt dann für jedes $\varepsilon > 0$

$$0 \leq \overline{h}(x) - \underline{h}(x) = 2\varepsilon, \quad \text{also} \quad \underline{g}(x) = \overline{g}(x). \quad \square$$

Am Rande sei bemerkt, daß halbstetige Funktionen auch zur Charakterisierung der Verteilungskonvergenz geeignet sind. Wir beschränken uns dabei auf den Fall, daß $\mathbb{E}$ der euklidische Raum $\mathbb{R}^m$ ist. Im Anschluß an das Portmanteau-Theorem 5.40 gilt dann der

Satz B2.7 *Für P_n, $P \in \mathfrak{M}^1(\mathbb{R}^m, \mathbb{B}^m)$ sind äquivalent:*

a) $P_n \xrightarrow{\mathcal{L}} P$, *d.h.* $\lim \int h \, dP_n = \int h \, dP \quad \forall h : \mathbb{R}^m \to \mathbb{R}$ *stetig und beschränkt;*

b) $\liminf\limits_{n \to \infty} \int h \, dP_n \geq \int h \, dP \quad \forall h : \mathbb{R}^m \to \mathbb{R}$ *1/2-stetig beschränkt;*

c) $\limsup\limits_{n \to \infty} \int h \, dP_n \leq \int h \, dP \quad \forall h : \mathbb{R}^m \to \mathbb{R}$ *1/2-stetig beschränkt.*

Beweis: b) $\Leftrightarrow$ c) ergibt sich, wenn man h durch $-h$ ersetzt.

b) $\Rightarrow$ a) Sei h stetig und beschränkt. Dann ist h auch 1/2-stetig und 1/2-stetig, so daß wegen b) $\Leftrightarrow$ c) gilt $\liminf \int h \, dP_n \geq \int h \, dP \geq \limsup \int h \, dP_n$.

a) $\Rightarrow$ b) Sei h 1/2-stetig und beschränkt. Dann existiert nach Satz B2.5 eine isotone Folge stetiger und beschränkter Funktionen g_k mit $h = \lim_{k \to \infty} g_k$. Mit dieser gilt dann nach dem Portmanteau-Theorem 5.40 für jedes $k \in \mathbb{N}$

$$\liminf_{n \to \infty} \int h \, dP_n \geq \liminf_{n \to \infty} \int g_k \, dP_n = \lim_{n \to \infty} \int g_k \, dP_n = \int g_k \, dP$$

und damit nach dem Satz von der monotonen Konvergenz die Behauptung. $\quad \square$

Konvergenzbegriffe Im folgenden seien $\mathbb{E}$ eine offene Teilmenge eines $\mathbb{R}^m$ (versehen mit dem euklidischen Abstand) und f_n, f auf $\mathbb{E}$ definierte halbstetige Funktionen. Für derartige Funktionenfolgen soll nun ein Konvergenzbegriff eingeführt werden, der die auf kompakten Mengen gleichmäßige Konvergenz stetiger Funktionen verallgemeinert. Dazu geben wir zunächst eine solche Charakterisierung dieser Konvergenz, die sich in kanonischer Weise verallgemeinern läßt.

Definition B2.8 Seien f_n, f beliebige reellwertige Funktionen auf $\mathbb{E}$. Dann heißt f_n *stetig konvergent*[2]) *gegen* f oder auch *Hahn-konvergent gegen* f, kurz: $f_n \xrightarrow[\mathfrak{H}]{} f$, wenn für alle $x_n, x \in \mathbb{E}$ mit $x_n \to x$ gilt $f_n(x_n) \to f(x)$.

Satz B2.9 (Hahn) *Seien* $f_n, f : \mathbb{E} \to \mathbb{R}$. *Dann gilt*:

a) $f_n \xrightarrow[\mathfrak{H}]{} f \quad \Rightarrow \quad f$ *stetig*;

b) *Ist f stetig, so gilt*:

$$f_n \xrightarrow[\mathfrak{H}]{} f \quad \Leftrightarrow \quad \begin{cases} f_n \to f \text{ gleichmäßig konvergent} \\ \text{auf kompakten Teilmengen von } \mathbb{E}. \end{cases}$$

Beweis: a) Aus der stetigen Konvergenz folgt: $\forall x \in \mathbb{E} \; \forall \varepsilon > 0 \; \exists \delta > 0 \; \exists n_0 \in \mathbb{N}$

$$|f_n(y) - f(x)| < \varepsilon \qquad \forall y \in U(x, \delta) \quad \forall n \geq n_0. \tag{B2.5}$$

Andernfalls gäbe es nämlich ein $\varepsilon > 0$ und für alle $n \in \mathbb{N}$ ein $m_n \in \mathbb{N}$ mit $m_n \geq n$ und ein $y_{m_n} \in U(x, 1/n)$ mit

$$|f_{m_n}(y_{m_n}) - f(x)| \geq \varepsilon.$$

Wegen $y_{m_n} \to x$ für $n \to \infty$ und der stetigen Konvergenz von f_{m_n} gegen f würde hieraus aber ein Widerspruch folgen.

Da trivialerweise die stetige Konvergenz die punktweise Konvergenz impliziert, ergibt sich aus (B2.5) mit $y_n \equiv y$ die Gültigkeit von $|f(y) - f(x)| \leq \varepsilon$.

b) „$\Rightarrow$" Sei $K \subset \mathbb{E}$ kompakt. Wäre f_n nicht gleichmäßig konvergent gegen f auf K, so gäbe es ein $\varepsilon > 0$ sowie Teilfolgen $(n') \subset \mathbb{N}$ und $(x_{n'}) \subset K$ mit

$$|f_{n'}(x_{n'}) - f(x_{n'})| \geq \varepsilon \quad \forall n' \in \mathbb{N}. \tag{B2.6}$$

Wegen der Kompaktheit von K gibt es also eine Teilfolge $(n'') \subset (n')$ und ein $x \in K$ mit $x_{n''} \to x$, so daß aus der Stetigkeit von f und der stetigen Konvergenz von f_n gegen f in Widerspruch zu (B2.6) folgt

$$|f_{n''}(x_{n''}) - f(x_{n''})| < \varepsilon \quad \text{für hinreichend großes } n'' \in \mathbb{N}.$$

---

[2]) Eine einfache hinreichende Bedingung für stetige Konvergenz liefert der Satz von Dini [DI137]: Sind $f_n, f : \mathbb{E} \to \mathbb{R}$ mit $f_n(x) \uparrow f(x) \; \forall x \in \mathbb{E}$ und ist f stetig, so ist f_n stetig konvergent gegen f.

„⇐" Seien $K \subset \mathbb{E}$ ein Kompaktum mit $x_n, x \in K$ und $x_n \to x$ sowie $\varepsilon > 0$. Dann gibt es wegen der Stetigkeit von f ein $n(\varepsilon) \in \mathbb{N}$ mit

$$|f_n(x_n) - f(x)| \leq |f_n(x_n) - f(x_n)| + |f(x_n) - f(x)|$$
$$\leq \sup\{|f_n(y) - f(y)| : y \in K\} + \varepsilon \leq 2\varepsilon \quad \forall n \geq n(\varepsilon). \quad \square$$

Für halbstetige Funktionen wird sich die folgende Abschwächung des Begriffs der stetigen Konvergenz als adäquat erweisen.

Definition B2.10 Seien $f_n, f : \mathbb{E} \to \mathbb{R}$ 1/2-stetige Funktionen. Dann heißt f_n *epikonvergent gegen* f, kurz: $f_n \xrightarrow[\mathfrak{e}]{} f$, wenn gilt

1) $\forall x_n, x \in \mathbb{E}$ mit $x_n \to x$ gilt $\liminf f_n(x_n) \geq f(x)$; \hfill (B2.7)

2) $\forall x \in \mathbb{E} \; \exists (x_n) \subset \mathbb{E}$ mit $x_n \to x$ und $\limsup f_n(x_n) \leq f(x)$. \hfill (B2.8)

Anmerkung B2.11 a) Aus $f_n \xrightarrow[\mathfrak{e}]{} f$ und $x \in \mathbb{E}$ folgt also stets die Existenz einer Folge $(x_n) \subset \mathbb{E}$ mit $f_n(x_n) \to f(x)$.

b) Für eine Folge gleichgradig gleichmäßig stetiger Funktionen auf einem Kompaktum impliziert bekanntlich die punktweise Konvergenz die gleichmäßige Konvergenz. Diese Aussage besitzt hier folgendes Analogon : Für eine Folge nach unten gleichgradig 1/2-stetiger Funktionen impliziert die punktweise Konvergenz die Epikonvergenz. Präziser formuliert gilt: Aus $\forall x \in \mathbb{E} \; \forall \varepsilon > 0 \; \exists U(x, \varepsilon) \subset \mathbb{E}$ mit $f_n(y) > f_n(x) - \varepsilon \; \forall y \in U(x,\varepsilon) \; \forall n \in \mathbb{N}$ folgt die Implikation $f_n(x) \to f(x) \; \forall x \in \mathbb{E} \Rightarrow f_n \xrightarrow[\mathfrak{e}]{} f$.

Aus der Epikonvergenz von f_n gegen f ergibt sich jedoch im allgemeinen nicht die punktweise Konvergenz. Selbst wenn dies der Fall ist, stimmen die Limiten nicht notwendig überein. Auch folgt aus $f_n \xrightarrow[\mathfrak{e}]{} f$ und $g_n \xrightarrow[\mathfrak{e}]{} g$ nicht $f_n + g_n \xrightarrow[\mathfrak{e}]{} f + g$. $\quad \square$

Durch den Begriff des Epigraphen ließ sich die 1/2-Stetigkeit einer Funktion f geometrisch beschreiben. Entsprechend kann man die Epikonvergenz von 1/2-stetigen Funktionen durch die Konvergenz der zugehörigen (nach Satz B2.2 abgeschlossenen) Epigraphen charakterisieren. Dazu hat man zunächst den Begriff der *Kuratowski-Konvergenz* abgeschlossener Mengen einzuführen.

Definition B2.12 Für Folgen abgeschlossener Teilmengen eines metrischen Raumes $\mathbb{E}$ sind definiert:

a) $K\text{-}\limsup C_n := \{z \in \mathbb{E} : \exists (n_j) \subset \mathbb{N} \; \exists z_{n_j} \in C_{n_j} \text{ mit } z_{n_j} \to z\}$; \hfill (B2.9)

b) $K\text{-}\liminf C_n := \{z \in \mathbb{E} : \exists n_0 \in \mathbb{N} \; \forall n \geq n_0 \; \exists z_n \in C_n \text{ mit } z_n \to z\}$; \hfill (B2.10)

c) $K\text{-}\lim C_n = C \quad :\Leftrightarrow \quad K\text{-}\limsup C_n = K\text{-}\liminf C_n = C$. \hfill (B2.11)

Die Menge $K\text{-}\lim C_n$ heißt der *Kuratowski-Limes* der abgeschlossenenMengen C_n. Sie ist wie die Mengen $K\text{-}\liminf C_n$ und $K\text{-}\limsup C_n$ stets abgeschlossen. Die Größen $K\text{-}\liminf C_n$ und $K\text{-}\limsup C_n$ sowie $K\text{-}\lim C_n$ lassen sich in gleicher Weise für Folgen beliebiger Mengen C_n definieren.

Offenbar ist $K\text{-}\limsup C_n$ die Gesamtheit aller Häufungspunkte, die sich aus Folgen (z_n) mit $z_n \in C_n$ $\forall n \in \mathbb{N}$ gewinnen lassen (falls $C_n \neq \emptyset$ $\forall n \in \mathbb{N}$ ist); entsprechend ist $K\text{-}\liminf C_n$ die Menge aller Limespunkte, die sich aus konvergenten Folgen (z_n) mit $z_n \in C_n$ $\forall n \in \mathbb{N}$ gewinnen lassen. Daher gilt

$$K\text{-}\liminf C_n \subset K\text{-}\limsup C_n. \tag{B2.12}$$

Der Fall, daß $K\text{-}\limsup C_n = \emptyset$ oder äquivalent $K\text{-}\lim C_n = \emptyset$ ist, läßt sich leicht charakterisieren. Ein einfacher indirekter Beweis zeigt, daß gilt

$$K\text{-}\limsup C_n = \emptyset \quad\Leftrightarrow\quad \forall \varepsilon > 0\ \exists n_0 \in \mathbb{N}\ \forall n \geq n_0 : U_{\leq}(0, \varepsilon^{-1}) \cap C_n = \emptyset. \tag{B2.13}$$

Anmerkung B2.13 a) Die im Kuratowski-Sinne definierten Größen limes inferior und limes superior sind zu unterscheiden von den entsprechenden mengentheoretischen Begriffen. Allgemein gilt

$$\liminf C_n := \bigcup_{n=1}^{\infty} \bigcap_{m \geq n} C_m \subset K\text{-}\liminf C_n, \tag{B2.14}$$

$$\limsup C_n := \bigcap_{n=1}^{\infty} \bigcup_{m \geq n} C_m \subset K\text{-}\limsup C_n. \tag{B2.15}$$

Insbesondere gilt also $\lim C_n \subset K\text{-}\lim C_n$, falls die Limiten existieren.

Für spezielle Situationen lassen sich weitergehende Aussagen machen. Seien etwa C_n, C abgeschlossene Teilmengen von $\mathbb{E}$ mit $\liminf C_n = \limsup C_n = C$ und $\bigcup_{m \geq n} C_m$ abgeschlossen für hinreichend großes n. Dann gilt $K\text{-}\lim C_n = C$. Eine weitere Aussage dieser Art erhält man für monotone Mengenfolgen: Für $C_n \downarrow C$ und $C_n \uparrow C$ gilt $K\text{-}\lim C_n = C$.

b) Die Mengenbildungen nach Kuratowski lassen sich auch für beliebige Teilmengen C_n, C von $\mathbb{E}$ charakterisieren. Es gilt etwa

1) $K\text{-}\liminf C_n = \{x \in \mathbb{E} : \forall \eta > 0\ \exists n_0 \in \mathbb{N}\ \forall m \geq n_0 : C_m \cap U(x, \eta) \neq \emptyset\}$,
 $K\text{-}\limsup C_n = \{x \in \mathbb{E} : \forall \eta > 0\ \exists (n_j) \subset \mathbb{N}\ \forall j \geq 1 : C_{n_j} \cap U(x, \eta) \neq \emptyset\}$.

2) $K\text{-}\limsup C_n = \bigcap_{n \geq 1} \overline{(\bigcup_{m \geq n} C_m)}$.

3) $\overline{K\text{-}\liminf C_n} = K\text{-}\liminf \overline{C_n} = K\text{-}\liminf C_n$. Die entsprechende Aussage gilt auch für $K\text{-}\limsup C_n$. $\square$

Für spätere Überlegungen ist es zweckmäßig, den Kuratowski-Limes $K\text{-}\lim C_n$ äquivalent umzuschreiben. Wir beschränken uns dabei auf den Fall $\mathbb{E} \subset \mathbb{R}^m$. Dazu seien im folgenden $d(z, y)$ die euklidische Metrik und $d(z, C)$ für $z \in \mathbb{E}$ sowie für abgeschlossene Mengen $C \subset \mathbb{E}$ definiert durch

$$d(z, C) := \inf \{d(z, y) : y \in C\}. \tag{B2.16}$$

Für die so definierte Funktion $(z, C) \mapsto d(z, C)$ gilt offenbar

1) $d(z, C) = 0 \quad\Leftrightarrow\quad z \in C$;

2) $d(z, C_1) = d(z, C_2)\ \forall z \in \mathbb{E} \quad\Leftrightarrow\quad C_1 = C_2$;

3) $|d(z, C) - d(y, C)| \leq d(z, y)\ \forall C \subset \mathbb{E}$.

Wegen $\mathbb{E} \subset \mathbb{R}^m$ gilt

$$C \neq \emptyset \quad \Rightarrow \quad \forall x \in \mathbb{E} \;\; \exists y \in C \;\; \text{mit} \;\; d(x,C) = d(x,y). \tag{B2.17}$$

Satz B2.14 *Dann gilt*:

$$K\text{-}\lim C_n = C \quad \Leftrightarrow \quad \lim d(x, C_n) = d(x, C) \quad \forall x \in \mathbb{E}. \tag{B2.18}$$

Beweis: Sei zunächst $C \neq \emptyset$. „$\Leftarrow$" Wegen (B2.12) bleibt zu zeigen

$$K\text{-}\limsup C_n \subset C \subset K\text{-}\liminf C_n.$$

Sei zunächst $z \in K\text{-}\limsup C_n$. Dann existieren Teilfolgen $(n_j) \subset \mathbb{N}$ und (z_{n_j}) mit $z_{n_j} \in C_{n_j}$ und $d(z_{n_j}, z) \to 0$. Also gilt $d(z, C_{n_j}) \to 0$ und damit nach Voraussetzung $d(z, C_n) \to d(z, C) = 0$, d.h. $z \in C$.

Ist $z \in C$, d.h. $d(z, C_n) \to 0$. Dann gibt es wegen (B2.17) Elemente $z_n \in C_n$ mit $d(z, z_n) = d(z, C_n) \to 0$. Es gilt also $z_n \to z$ und damit $z \in K\text{-}\liminf C_n$.

„$\Rightarrow$" Sei $x \in \mathbb{E}$ beliebig und gemäß (B2.17) $y_n \in C_n$ mit $d(x, y_n) = d(x, C_n)$. Wegen $C \neq \emptyset$ gibt es ein $z \in C$ und eine Folge (z_n) mit $z_n \in C_n$ für hinreichend großes n und $z_n \to z$. Folglich gilt

$$d(x, y_n) = d(x, C_n) \leq d(x, z_n) \to d(x, z).$$

Somit ist die Folge $(d(x, y_n))$ beschränkt, d.h. y_n liegt für alle $n \in \mathbb{N}$ in einem Kompaktum K. Es gibt also eine Teilfolge (n_j) mit $d(x, y_{n_j}) \to \liminf d(x, y_n)$ und ein $y \in K$ mit $y_{n_j} \to y$. Damit gilt nach Voraussetzung $y \in C$ und

$$\liminf d(x, C_n) = \liminf d(x, y_n) = \lim d(x, y_{n_j}) = d(x, y) \geq d(x, C).$$

Zum Nachweis von $\limsup d(x, C_n) \leq d(x, C)$ sei $y \in C$ mit $d(x, y) = d(x, C)$. Dann existiert nach Definition von $K\text{-}\lim C_n$ eine Folge (y_n) mit $y_n \in C_n$ für $n \geq n_0$ und $y_n \to y$, so daß gilt

$$d(x, C_n) \leq d_e(x, y_n) \to d_e(x, y) = d(x, C).$$

Sei nun $C = \emptyset$, d.h. $d(x, C) = \infty \;\; \forall x \in \mathbb{R}^m$. Dann lautet die Behauptung

$$K\text{-}\limsup C_n = \emptyset \quad \Leftrightarrow \quad d(x, C_n) \to \infty \quad \forall x \in \mathbb{R}^m.$$

Die linke Seite wurde bereits in (B2.13) umgeschrieben und zwar dahingehend, daß für alle $\varepsilon > 0$ ein $n_0 \in \mathbb{N}$ existiert derart, daß für alle $n \geq n_0$ gilt $d(0, C_n) > \varepsilon^{-1}$, d.h. $d(0, C_n) \to \infty$. In diesem Fall ergibt sich der Beweis wie folgt:

„$\Rightarrow$" resultiert aus der inversen Dreiecksungleichung gemäß

$$d(x, C_n) \geq d(0, C_n) - |x| \to \infty \quad \forall x \in \mathbb{R}^m.$$

„$\Leftarrow$" folgt aus der Voraussetzung für $x = 0$. □

Beispiel B2.15 Seien $\mathbb{E} = \mathbb{R}$, $C_n = [a_n, b_n]$ und $C = [a, b]$. Dann gilt

$$K\text{-}\lim C_n = C \quad \Leftrightarrow \quad a_n \to a, \ b_n \to b.$$

Beachtet man die Gültigkeit von $d(x, [a,b]) = (a-x)\mathbf{1}_{(-\infty,a)}(x) + (x-b)\mathbf{1}_{(b,\infty)}(x)$, so folgt „$\Rightarrow$", indem man durch indirekten Beweis zunächst $\limsup a_n \leq a$ bzw. $\liminf b_n \geq b$ und dann $\liminf a_n \geq a$ bzw. $\limsup b_n \leq b$ verifiziert. Der Nachweis von „$\Leftarrow$" ergibt sich gemäß

$$d(x, [a_n, b_n]) = \max((a_n - x)^+, (x - b_n)^+) \to \max\{(a-x)^+, (x-b)^+\} = d(x, [a,b]). \quad \square$$

Anmerkung B2.16 Offenbar kann man sich bei der Charakterisierung (B2.18) auf die Punkte x_j, $j \in \mathbb{N}$, einer abzählbaren dichten Teilmenge $D \subset \mathbb{E} \subset \mathbb{R}^m$ beschränken. Dann ist die (von dem speziellen D abhängende) *Kuratowski-Metrik* definiert gemäß

$$d_K(C_1, C_2) := \sum_{j \geq 1} \left| \frac{d(x_j, C_1)}{1 + d(x_j, C_1)} - \frac{d(x_j, C_2)}{1 + d(x_j, C_2)} \right| 2^{-j}. \tag{B2.19}$$

Man zeigt leicht, daß d_K eine Metrik[3] ist und daß gilt

$$K\text{-}\lim C_n = C \quad \Leftrightarrow \quad \lim d_K(C_n, C) = 0.$$

Damit ist die in (B2.11) ad hoc eingeführte Kuratowski-Konvergenz abgeschlossener Mengen im üblichen Sinne eine Konvergenz bzgl. einer Metrik.

Geläufiger als die Kuratowski-Metrik ist die *Hausdorff-Metrik*

$$d_H(C_1, C_2) := \inf\{\varepsilon > 0 : C_1 \subset C_2^\varepsilon \text{ und } C_2 \subset C_1^\varepsilon\} \tag{B2.20}$$
$$= \max\left\{\sup_{x \in C_1} d(x, C_2), \sup_{x \in C_2} d(x, C_1)\right\}.$$

Wegen $|d(x, C_1) - d(x, C_2)| \leq d_H(C_1, C_2) \ \forall x \in D$ gilt also

$$\left| \frac{d(x, C_1)}{1 + d(x, C_1)} - \frac{d(x, C_2)}{1 + d(x, C_2)} \right| \leq d_H(C_1, C_2)$$

und damit $d_K(C_1, C_2) \leq d_H(C_1, C_2)$, d.h.

$$d_H(C_n, C) \to 0 \quad \Rightarrow \quad d_K(C_n, C) \to 0.$$

Für abgeschlossene Mengen C_n, C, die in einem festen Kompaktum K enthalten sind, gilt auch die Umkehrung, d.h.

$$d_K(C_n, C) \to 0 \quad \Rightarrow \quad d_H(C_n, C) \to 0.$$

Ohne die Zusatzvoraussetzung ist diese Aussage nicht richtig. Es sei noch bemerkt, daß $d_H(C_n, C) \to 0$ impliziert, daß es für alle $\varepsilon > 0$ ein $n_0 \in \mathbb{N}$ gibt mit $C_n \subset C^\varepsilon$ für $n \geq n_0$. Falls also C kompakt ist, lassen sich die Mengen C_n für $n \geq n_0$ in ein Kompaktum einfangen. Dieser Sachverhalt ist nützlich und unter gewissen Voraussetzungen auch anderweitig beweisbar. Genau läßt sich zeigen:

---

[3] Die Menge der abgeschlossenen Mengen, versehen mit dieser Metrik, ist ein kompakter metrischer Raum; vgl. G. Salinetti, R. Wets: Mathematics of Operations Research 11 (1986) 385-419.

Seien C_n, $n \in \mathbb{N}$, abgeschlossene und zusammenhängende Teilmengen von $\mathbb{E}$. Weiter existiere ein $s_0 > 0$ und ein $n_0 \in \mathbb{N}$ mit $K_n := C_n \cap U(0, s_0) \neq \emptyset$ $\forall n \geq n_0$. Ist dann $C := K\text{-}\limsup_{n \to \infty} C_n \neq \emptyset$, so gilt:

$$\forall 0 < s < s_0 \ \exists n_s \in \mathbb{N} \ \forall n > n_s : C_n \subset \{x : d(x,C) < s\} = C^s. \qquad \square$$

Mittels Satz B2.14 läßt sich wie angekündigt die in Definition B2.10 eingeführte Epikonvergenz von $1/2$-stetigen Funktionen geometrisch, d.h. durch die Kuratowski-Konvergenz der Epigraphen charakterisieren.

Satz B2.17 *Seien f_n, f $1/2$-stetige Funktionen. Dann gilt*

$$f_n \xrightarrow[\mathfrak{E}]{} f \quad \Leftrightarrow \quad K\text{-}\lim \mathfrak{E}(f_n) = \mathfrak{E}(f).$$

Beweis: „$\Rightarrow$" Wegen (B2.12) bleibt wieder nur zu zeigen

$$K\text{-}\limsup \mathfrak{E}(f_n) \subset \mathfrak{E}(f) \subset K\text{-}\liminf \mathfrak{E}(f_n).$$

Zum Nachweis der ersten Inklusion sei $(y,t) \in K\text{-}\limsup \mathfrak{E}(f_n)$. Dann existieren Teilfolgen $(n_j) \subset \mathbb{N}$ und $(y_{n_j}, t_{n_j}) \in \mathfrak{E}(f_{n_j})$ mit $y_{n_j} \to y$, $t_{n_j} \to t$. Folglich gilt nach Definition eines Epigraphen

$$t = \liminf t_{n_j} \geq \liminf f_{n_j}(y_{n_j}) \geq f(y) \quad \text{und damit} \quad (y,t) \in \mathfrak{E}(f).$$

Zum Nachweis der zweiten Inklusion sei $(y,t) \in \mathfrak{E}(f)$. Dann existiert voraussetzungsgemäß eine Folge (y_n) mit $y_n \to y$ und $f_n(y_n) \to f(y)$. Mit $t_n := t \vee f_n(y_n)$ gilt dann $(y_n, t_n) \in \mathfrak{E}(f_n)$ und $(y_n, t_n) \to (y, t)$, d.h. $(y,t) \in K\text{-}\liminf \mathfrak{E}(f_n)$, also $\mathfrak{E}(f) \subset K\text{-}\liminf \mathfrak{E}(f_n)$.

„$\Leftarrow$" Nach Definition von $\mathfrak{E}(f)$ gilt stets $(x, f(x)) \in \mathfrak{E}(f)$. Zu jedem $x \in \mathbb{E}$ gibt es also eine Folge $(y_n, t_n) \in \mathfrak{E}(f_n)$, $n \in \mathbb{N}$, mit $y_n \to x$ und $t_n \to f(x)$. Damit gilt

$$f(x) = \limsup t_n \geq \limsup f_n(y_n) \quad \text{und somit (B2.8)}.$$

Sei andererseits $x_n \to x$, wobei definitionsgemäß stets $(x_n, f_n(x_n)) \in \mathfrak{E}(f_n)$ $\forall n \in \mathbb{N}$ gilt. Bezeichnet nun $(n_k) \subset \mathbb{N}$ eine Teilfolge mit $f_{n_k}(x_{n_k}) \to \liminf_{n \to \infty} f_n(x_n)$, so gilt $(x, \liminf f_n(x_n)) \in C$ und damit $\liminf f_n(x_n) \geq f(x)$, d.h. (B2.7). $\qquad \square$

Für die optimierungstheoretischen Anwendungen halbstetiger Funktionen in 7.3.3 ist es wichtig, daß sich mit Hilfe des Konzepts der Epikonvergenz die Mitkonvergenz von Infima sowie unter Zusatzbedingungen die der Minimalstellen nachweisen läßt. Zunächst gilt der

Satz B2.18 *Seien f_n, f $1/2$-stetig mit $f_n \xrightarrow[\mathfrak{E}]{} f$. Dann gilt:*

a) $\qquad \limsup_{n \to \infty} \inf_y f_n(y) \leq \inf_y f(y)$.

b) *Gibt es zusätzlich für alle $\varepsilon > 0$ ein Kompaktum $K_\varepsilon \subset \mathbb{E}$ und ein $n(\varepsilon) \in \mathbb{N}$ mit*[4])

$$\inf_{y \in K_\varepsilon} f_n(y) \leq \inf_y f_n(y) + \varepsilon \quad \forall n \geq n(\varepsilon),$$

so gilt

$$\inf_y f_n(y) \to \inf_y f(y).$$

Beweis: a) Seien $\varepsilon > 0$ beliebig und $z \in \mathbb{E}$ mit $f(z) < \inf_y f(y) + \varepsilon$. Dann gibt es eine Folge $(y_n) \subset \mathbb{E}$ mit $y_n \to z$ und $f_n(y_n) \to f(z)$. Somit gilt für jedes $\varepsilon > 0$

$$\limsup_{n \to \infty} \inf_y f_n(y) \leq \limsup_{n \to \infty} f_n(y_n) = f(z) < \inf_y f(y) + \varepsilon.$$

b) Wegen a) bleibt nur noch zu zeigen

$$\liminf_{n \to \infty} \inf_y f_n(y) \geq \inf_y f(y).$$

Sei hierzu $\varepsilon > 0$ und K_ε wie in der Voraussetzung. Dann gibt es für $n \geq n(\varepsilon)$ ein $x_n \in K_\varepsilon$ mit

$$f_n(x_n) \leq \inf_y f_n(y) + \varepsilon.$$

Wegen $x_n \in K_\varepsilon$ $\forall n \geq n(\varepsilon)$ existiert wieder eine Teilfolge (n_j) und ein $x \in K_\varepsilon$ derart, daß gilt $f_{n_j}(x_{n_j}) \to \liminf f_n(x_n)$ und $x_{n_j} \to x$. Daraus erhält man

$$\inf_y f(y) \leq f(x) \leq \liminf_{k \to \infty} f_{n_k}(x_{n_k}) = \liminf_{n \to \infty} f_n(x_n) \leq \liminf_{n \to \infty} \inf_y f_n(y) + \varepsilon$$

und zwar für jedes $\varepsilon > 0$ und damit die Behauptung. □

Es soll nun untersucht werden, ob auch die Minimalstellen mitkonvergieren. Dazu werden zunächst Bedingungen angegeben, wann solche existieren. Bezeichnet $\mathfrak{A}(f)$ die Menge aller Minimalstellen von f, also aller „Argumente" $x \in \mathbb{E}$ mit $f(x) = \min_{y \in \mathbb{E}} f(y)$, so gilt nicht nur $\mathfrak{A}(f) \neq \emptyset$, sondern $\mathfrak{A}(f)$ ist auch abgeschlossen. Die folgende Aussage gilt auch für nicht-euklidische metrische Räume $\mathbb{E}$.

Satz B2.19 *Sei f 1/2-stetig und K eine nicht-leere kompakte Teilmenge des Definitionsbereichs $\mathbb{E}$. Dann gilt:*

a) *f nimmt auf K ihr Minimum an;*

b) *$\mathfrak{A}(f)$ ist abgeschlossen.*

---

[4]) Diese Bedingung ist etwa erfüllt, wenn es ein von ε unabhängiges Kompaktum $K \subset \mathbb{E}$ und ein $n_0 \in \mathbb{N}$ gibt mit $\inf_{y \in K} f_n(y) = \inf_y f_n(y)$ $\forall n \geq n_0$.

Beweis: a) Sei $(x_n) \subset K$ mit $f(x_n) \to \inf_{y \in K} f(y)$. Dann existiert eine Teilfolge $(n') \subset \mathbb{N}$ und ein $x \in K$ mit $x_{n'} \to x$, so daß gemäß Satz B2.2b gilt $\liminf f(x_{n'}) \geq f(x)$. Hieraus folgt $\inf_{y \in K} f(y) \geq f(x)$, also $f(x) = \min_{y \in K} f(y)$.

b) Bezeichnet x einen Häufungspunkt von $\mathfrak{A}(f)$ und $(x_n) \subset \mathfrak{A}(f)$ eine Folge mit $x_n \to x$, so folgt aus $\liminf f(x_n) \geq f(x)$ auch $x \in \mathfrak{A}(f)$. □

Das Limesverhalten der Minimalstellen beschreibt nun der

Satz B2.20 *Seien f_n, f 1/2-stetig Funktionen mit $f_n \xrightarrow[\mathfrak{E}]{} f$. Dann gilt*

$$K\text{-}\limsup \mathfrak{A}(f_n) \subset \mathfrak{A}(f).$$

Beweis: Sei $z \in K\text{-}\limsup \mathfrak{A}(f_n)$. Dann existieren Teilfolgen $(n_j) \subset \mathbb{N}$ mit $z_{n_j} \in \mathfrak{A}(f_{n_j})$, $j \in \mathbb{N}$, und $z_{n_j} \to z$. Wäre $z \notin \mathfrak{A}(f)$, so gäbe es ein $y \in \mathbb{E}$ mit $f(y) < f(z)$. Nach Anmerkung B2.11a würde dann eine Folge (y_n) existieren mit $y_n \to y$ und $f_n(y_n) \to f(y)$. Somit würde wegen $z_{n_j} \in \mathfrak{A}(f_{n_j})$ und (B2.7) gelten

$$f(z) > f(y) = \liminf f_{n_j}(y_{n_j}) \geq \liminf f_{n_j}(z_{n_j}) \geq f(z).$$

Dieses wäre ein Widerspruch, so daß also $z \in \mathfrak{A}(f)$ ist. □

Man kann nicht erwarten, daß unter den Voraussetzungen des Satzes B2.20 auch $\mathfrak{A}(f) \subset K\text{-}\liminf \mathfrak{A}(f_n)$ und damit die Konvergenzaussage $K\text{-}\lim \mathfrak{A}(f_n) = \mathfrak{A}(f)$ gilt. Zwei einfache Gegenbeispiele enthält das

Beispiel B2.21 a) Seien $\mathbb{E} = (-1, 1)$, $f_n(x) = x^2/n$ und $f(x) \equiv 0$. Dann gilt $f_n \xrightarrow[\mathfrak{H}]{} f$ und damit $f_n \xrightarrow[\mathfrak{E}]{} f$. Offensichtlich ist $\mathfrak{A}(f_n) = \{0\}$ für alle $n \in \mathbb{N}$ und damit $K\text{-}\lim \mathfrak{A}(f_n) = \{0\} \not\subset \mathfrak{A}(f) = (-1, 1)$. Man bemerke, daß die Funktionen f_n, f und damit die Mengen $\mathfrak{A}(f_n), \mathfrak{A}(f)$ konvex sind.

b) Seien $\mathbb{E} = (-1, 2)$, $f_n(x) = (1 - \frac{1}{n})\mathbf{1}_{(-1,0)}(x) + (1 + \frac{x-1}{n})\mathbf{1}_{[0,1]}(x) + \mathbf{1}_{(1,2)}(x)$ und $f(x) \equiv 1$. Dann gilt $f_n \to f$ gleichmäßig und damit erst recht $f_n \xrightarrow[\mathfrak{E}]{} f$. Wegen $\mathfrak{A}(f_n) = (-1, 0]$ und $\mathfrak{A}(f) = (-1, 2)$ ist $K\text{-}\lim \mathfrak{A}(f_n) = (-1, 0) \not\subset \mathfrak{A}(f)$. Man beachte, daß hier alle Funktionen f_n, f isoton sind. □

Unter Zusatzvoraussetzungen gilt jedoch die folgende Aussage:

Korollar B2.22 *Seien f_n, f 1/2-stetig mit $f_n \xrightarrow[\mathfrak{E}]{} f$. Weiter existiere ein Kompaktum $K \subset \mathbb{E}$ mit $\mathfrak{A}(f_n) \cap K \neq \emptyset$ für hinreichend großes n und es sei $\mathfrak{A}(f) = \{x\}$. Dann gilt*

$$K\text{-}\lim_{n \to \infty} \mathfrak{A}(f_n) = \{x\} \quad \text{und} \quad \inf_y f_n(y) \to \inf_y f(y).$$

Gilt statt $\mathfrak{A}(f) = \{x\}$ nur $\mathfrak{A}(f) \cap K = \{x\}$, dann folgt bei jeder Wahl von (x_n) gemäß $x_n \in \mathfrak{A}(f_n) \cap K$ für alle hinreichend großen n die Gültigkeit von $x_n \to x$.

Beweis: Voraussetzungsgemäß existiert für alle $n \geq n_0$ ein $x_n \in \mathfrak{A}(f_n) \cap K$. Dann ist die Folge $(x_n)_{n \geq n_0}$ beschränkt und besitzt daher einen Häufungspunkt $y \in K\text{-}\limsup \mathfrak{A}(f_n)$. Wegen $K\text{-}\limsup \mathfrak{A}(f_n) \subset \mathfrak{A}(f) = \{x\}$ gilt $x = y$. Damit besitzt (x_n) genau den Häufungspunkt x, d.h. es gilt $x_n \to x$ und somit $x \in K\text{-}\liminf \mathfrak{A}(f_n)$, also die Behauptung.

Der Zusatz ergibt sich unmittelbar aus Satz B2.18b. □

Anmerkung B2.23 Beispiel B2.21 hat gezeigt, daß im allgemeinen nicht gilt

$$f_n \xrightarrow[\mathfrak{e}]{} f \quad \Rightarrow \quad \mathfrak{A}(f) \subset K\text{-}\liminf \mathfrak{A}(f_n).$$

Es gilt aber eine etwas schwächere Aussage, nämlich daß $\mathfrak{A}(f)$ mit der Menge der Limespunkte ε_n-optimaler Lösungen zusammenfällt. Genauer gilt für halbstetige Funktionen f_n, f mit $f_n \xrightarrow[\mathfrak{e}]{} f$ und $\mathfrak{A}(f) \neq \emptyset$

$$\inf_y f_n(y) \to \inf_y f(y) \quad \Leftrightarrow \quad \begin{cases} \forall x \in \mathfrak{A}(f) \ \exists (\varepsilon_n) \subset (0, \infty) \text{ mit } \varepsilon_n \downarrow 0 \text{ und} \\ \exists (x_n) \subset \mathbb{E} \text{ mit } f_n(x_n) \leq \inf_y f_n(y) + \varepsilon_n \\ \text{sowie } x_n \to x. \end{cases} \quad \square$$

B3 Approximation durch Polynome

In B1 wurde an den Satz von Lusin erinnert, also an die Aussage, daß sich jede Borel-meßbare Funktion beliebig genau durch eine stetige Funktion approximieren läßt. Es soll nun diskutiert werden, wie man weiter durch Polynome und damit durch glatte Funktionen approximiert.

Die erste Teilaussage des folgenden Satzes bezeichnet man üblicherweise als den *Approximationssatz von Weierstraß*. Der hier gegebene besonders einfache „stochastische" Beweis geht auf S. Bernstein zurück und verwendet das durch

$$B_n(u) := \Lambda_n^B(b)(u) := \sum_{i=0}^n b(\frac{i}{n}) \binom{n}{i} u^i (1-u)^{n-i}, \quad 0 \leq u \leq 1, \tag{B3.1}$$

definierte *Bernstein-Polynom* zur Funktion b von der Ordnung n, $n \in \mathbb{N}$; vgl. [Lo]. Die Abbildung $b \mapsto \Lambda_n^B(b)$ von $\mathbb{C}[0,1]$ auf den Raum der Polynome n-ter Ordnung heißt *Bernstein-Operator*. Dabei kann Λ_n^B vermöge der *Bernstein-Kerne*

$$K_n(u, B) = \sum_{j=0}^n \pi_{n,j}(u) \varepsilon_{j/n}(B), \quad \pi_{n,j}(u) = \binom{n}{j} u^j (1-u)^{n-j}, \tag{B3.2}$$

dargestellt werden in der Form $\Lambda_n^B(b)(u) = \int_{(0,1)} b(v) K_n(u, dv)$.

Satz B3.1 a) *Die Polynome über* $[0,1]$ *liegen dicht in* $(\mathbb{C}[0,1], \|\cdot\|_\infty)$.
b) *Die Polynome über* $[0,1]$ *liegen dicht in* $(\mathbb{L}_r, \|\cdot\|_r)$, $r \geq 1$.

Beweis: a) Seien $b \in \mathbb{C}[0,1]$ und $u \in [0,1]$ fest. Bezeichnen $Y_1, ..., Y_n$ st.u. $\mathfrak{B}(1,u)$-verteilte ZG und $\overline{Y}_n$ deren Durchschnitt, so ist $B_n(u) = E_u b(\overline{Y}_n)$. Offenbar gilt $\overline{Y}_n \to u$ f.s. und damit $b(\overline{Y}_n) \to b(u)$ f.s. wegen der Stetigkeit von b sowie nach dem Satz von der beschränkten Konvergenz $B_n(u) \to b(u)$.

Zum Nachweis der Gleichmäßigkeit der Konvergenz von $B_n \to b$ seien zunächst $(u_n) \subset [0,1]$ eine Folge mit $u_n \to u \in [0,1]$ und $Y_{n1}, ..., Y_{nn}$ für $n \in \mathbb{N}$ st.u. $\mathfrak{B}(1,u_n)$-verteilte ZG. Dann folgt für $\overline{Y}_n := \frac{1}{n}\sum_{j=1}^n Y_{nj}$ aus der Markov-Ungleichung zunächst $\overline{Y}_n - u_n \to 0$ nach WS und damit $\overline{Y}_n \to u$ nach WS. Wie oben implizieren nun Stetigkeit und Beschränktheit von b die Gültigkeit von $B_n(u_n) = E_{u_n} b(\overline{Y}_n) \to b(u)$. Dies gilt für jede Folge (u_n) mit $u_n \to u$. Satz B2.9 liefert dann $\|B_n - b\|_\infty \to 0$. Die Polynome liegen also dicht in $(\mathbb{C}[0,1], \|\cdot\|_\infty)$.

b) Nach B1.2 liegen die stetigen und beschränkten Funktionen dicht in $\mathbb{L}_r$ und lassen sich nach a) in $\|\cdot\|_\infty$ beliebig gut durch Polynome approximieren. Also gibt es zu jedem $b \in \mathbb{L}_r$ und jedem $\varepsilon > 0$ ein Polynom B_n mit $\|B_n - b\|_{\mathbb{L}_r} < \varepsilon$. □

Anmerkung B3.2 a) Die Approximationsgüte durch Bernstein-Polynome B_n wie auch durch die aller ähnlichen Approximationsverfahren, vgl. Teil b), hängt von der Glattheit der zu approximierenden Funktion b ab. Es gilt hier u.a. der folgende Satz von Berens-Lorentz[5]: Bezeichnet B_n das n-te Bernstein-Polynom zu $b \in \mathbb{C}[0,1]$, dann gilt:

$$|B_n(u) - b(u)| \leq \chi n^{-\alpha/2}[u(1-u)]^{\alpha/2} \quad \forall 0 \leq u \leq 1 \quad \exists \chi \in (0,\infty)$$

$$\Leftrightarrow \begin{cases} b \in \text{Lip}_\alpha[0,1] & \text{für } 0 < \alpha < 1, \\ b \in \text{Lip}_1^*[0,1] & \text{für } \alpha = 1, \\ b \in \mathbb{C}^{(1)}[0,1] & \text{für } 1 < \alpha < 2 \quad \text{mit} \quad b' \in \text{Lip}_{\alpha-1}[0,1]. \end{cases}$$

Dabei ist $\mathbb{C}^{(1)}[0,1] \subset \mathbb{C}[0,1]$ die Teilmenge der stetig differenzierbaren Funktionen,

$$\text{Lip}_\alpha[0,1] := \{b \in \mathbb{C}[0,1] : \exists \chi_b \in (0,\infty) \text{ mit } |b(t) - b(s)| \leq \chi_b |t-s|^\alpha \text{ für } 0 \leq s,t \leq 1\}$$

für $0 < \alpha < 1$ und

$$\text{Lip}_1^*[0,1] := \{b \in \mathbb{C}[0,1] : \sup_{\substack{0 \leq s,t \leq 1 \\ |s| < \delta}} |b(t+s) + b(t-s) - 2b(t)| = O(\delta)\} \subset \text{Lip}_1[0,1]$$

die Klasse der *quasiglatten Funktionen*. Die Approximationsgüte durch Bernstein-Polynome ist also höchstens $O(n^{-1+\varepsilon})$, $\varepsilon > 0$. Um die Ordnung $O(n^{-1})$ oder gar eine bessere zu erzielen, hat man einen Korrekturterm hinzuzunehmen. Für $b \in \mathbb{C}^{(2)}[0,1]$, also der Menge der auf $[0,1]$ definierten zweifach stetig differenzierbaren Funktionen, etwa erhält man so die Ordnung $o(n^{-1})$ gemäß

$$\|B_n(u) - b(u) - n^{-1}\frac{1}{2}u(1-u)b''(u)\|_\infty = o(n^{-1}).$$

---
[5] Vgl. H. Berens, G. Lorentz: Math. J. Indiana Univ 21 (1972) 693-708.

774 B Hilfsmittel aus der reellen Analysis

b) Es ist bekannt, daß Bernstein-Polynome vielfach zu einer schlechteren Approximation führen als andere Verfahren. Demgegenüber besitzen Bernstein-Polynome die folgende wünschenswerte Eigenschaft:

$$b \in \mathbb{C}^{(k)}[0,1] \quad \Rightarrow \quad \|B_n^{(k)} - b^{(k)}\|_\infty = o(1).$$

Diese besagt, daß auch die Ableitungen von b durch die entsprechenden Ableitungen von B_n approximiert werden und sich demgemäß die geometrische Form von b näherungsweise auf B_n überträgt. □

Auch viele andere in der Approximationstheorie diskutierte Verfahren weisen die gleiche Bauart auf wie die oben behandelten Bernstein-Polynome. Dabei variieren das Grundintervall I, auf dem die Funktion b definiert ist, und die verwendete WS-Verteilung. Beispielsweise erhält man für $I = [0, \infty)$ und die Poissonverteilung $\mathfrak{P}(u)$ die Approximation

$$\Lambda_n^S(b)(u) = E_u b(\frac{n}{n+1}\overline{Y}_n) = e^{-u} \sum_{j \geq 0} b(\frac{j}{n+1}) \frac{(nu)^j}{j!}, \quad u \geq 0.$$

Diese Zuordnung $b \mapsto \Lambda_n^S(b)$ wird als *Szasz-Operator* bezeichnet.

Die Bernstein-Polynome (B3.1) sind zunächst nur für stetige und beschränkte Funktionen sinnvoll. Ist $b : (0,1) \to \mathbb{R}$ zwar stetig, aber nicht notwendig beschränkt, so bieten sich die *modifizierten Bernstein-Polynome*

$$B_{n-1}^*(u) = \sum_{j=1}^{n} b(\frac{j}{n+1}) \pi_{n-1,j-1}(u), \quad 0 < u < 1, \tag{B3.3}$$

an. Ist b lediglich integrierbar, so liegt es nahe, die *Kantorowicz-Polynome*

$$\overline{B}_{n-1}(u) = \sum_{j=1}^{n} n \int_{(j-1)/n}^{j/n} b(t)\,dt\, \pi_{n-1,j-1}(u), \quad 0 < u < 1, \tag{B3.4}$$

zu verwenden. Für stetiges und beschränktes b konvergieren auch die Polynome B_{n-1}^* und $\overline{B}_{n-1}$ wieder gleichmäßig gegen b. Man kann auch vergleichsweise einfach zeigen, daß die Kantorowicz-Polynome in $\mathbb{L}_1$ gegen b konvergieren. Hierzu und zum Zusammenhang zwischen den Bernstein- und Kantorowicz-Polynomen vgl. [Lo].

Es soll nun untersucht werden, unter welchen Bedingungen modifizierte Bernstein-Polynome bzw. Kantorowicz-Polynome eine vorgegebene Funktion in der gewichteten $\mathbb{L}_1$-Norm von der Ordnung $n^{-1/2}$ approximieren. Dabei verwenden wir der Einfachheit halber die Gewichte $b_{nj} = b(\frac{j-1}{n-1})$ und nur beschränkte Funktionen b. Hierzu sei nun $\mathbb{NBV}$ die Gesamtheit aller Funktionen g beschränkter Variation auf $[0,1]$, die (in Abweichung von B1.7) normalisiert sind gemäß

$$g(0+) = g(0), \quad g(1-) = g(1) \quad \text{und} \quad g(t) = \frac{1}{2}(g(t+0) + g(t-0)) \quad \forall t \in (0,1).$$

Für jedes derartige $g \in \mathbb{NBV}$ erhält man mittels partieller Integration[6])

$$g(t) = \int_{(0,1)} g(u)\, d\varepsilon_t(u) = g(1) - \int_{(0,1)} \frac{1}{2}(\mathbf{1}_{[t,1]}(u) + \mathbf{1}_{(t,1]}(u))\, d\mu_g(u),$$

wobei μ_g das durch $\mu_g((c,d]) := g(d) - g(c)\ \forall -\infty < c < d < \infty$ definierte signierte Maß auf $(\mathbb{R}, \mathbb{B})$ ist. Durch jeden Markov-Kern $K(\cdot,\cdot)$ wird nun ein Integraloperator Λ definiert durch

$$\Lambda : g \mapsto \int_{(0,1)} g(s) K(\cdot, ds), \quad g \in \mathbb{NBV}. \tag{B3.5}$$

Sein Bild ist eine beschränkte Funktion und mit $\psi_u(s) = \frac{1}{2}(\mathbf{1}_{[0,u]}(s) + \mathbf{1}_{[0,u)}(s))$ gilt

$$\Lambda(g)(t) - g(t) = \int_{(0,1)} (\psi_u(t) - \Lambda(\psi_u)(t))\, d\mu_g(u), \quad 0 < t < 1.$$

Ist weiter $Q \in \mathfrak{M}^e([0,1], [0,1]\mathbb{B})$ mit $Q(\{0\}) = Q(\{1\}) = 0$, dann ergibt sich mit dem Satz von Fubini

$$\|\Lambda(g) - g\|_{\mathbb{L}_1(Q)} = \int_{(0,1)} |\Lambda(g)(t) - g(t)|\, dQ(t)$$

$$\leq \int_{(0,1)} \|\Lambda(\psi_u) - \psi_u\|_{\mathbb{L}_1(Q)}\, d|\mu_g|(u), \tag{B3.6}$$

wobei $|\mu_g|$ das zur Funktion g gehörende Totalvariationsmaß aus B1.9 bezeichnet. Für die Diskussion von Approximationsverfahren in der $\mathbb{L}_1(Q)$-Norm ist es daher wesentlich, die Näherungsgüte für die „Testfunktionen" ψ_u zu untersuchen. Dazu schätzt man zunächst (mit K gemäß (B3.5)) für $0 < u < 1$ ab

$$\|\Lambda(\psi_u) - \psi_u\|_{\mathbb{L}_1(Q)} = \int_{[0,1]} |\Lambda(\psi_u)(t) - \psi_u(t)|\, dQ(t)$$

$$= \int_{(0,u)} (1 - \Lambda(\psi_u)(t))\, dQ(t) + |\frac{1}{2} - \Lambda(\psi_u)(u)| Q(\{u\}) + \int_{(u,1)} \Lambda(\psi_u)(t)\, dQ(t)$$

$$\leq \int_{(0,u]} K(t,[u,1])\, dQ(t) + \int_{[u,1)} K(t,[0,u])\, dQ(t).$$

Bezeichnet nun $\overline{Y}_n$ den Durchschnitt von st.u. ZG $Y_1, ..., Y_n$ mit $\mathfrak{L}_t(Y_j) = \mathfrak{B}(1,t)$, $0 < t < 1$, so ergibt sich für den Kern $K_n(t,B) := \mathbb{P}_t(\overline{Y}_n \in B)$, $B \in [0,1]\mathbb{B}$:

---

[6]) Die Aussage von A8.4 bleibt auch dann gültig, wenn man die dort auftretenden rechtsseitigen bzw. linksseitigen Limiten jeweils durch deren arithmetisches Mittel ersetzt.

B Hilfsmittel aus der reellen Analysis

$$K_n(t,[u,1]) = \mathbb{P}_t(\overline{Y}_n \geq u) \quad \text{für } 0 < t \leq u,$$
$$K_n(t,[0,u]) = \mathbb{P}_t(\overline{Y}_n \leq u) = \mathbb{P}_{1-t}(\overline{Y}_n \geq 1-u) \quad \text{für } 0 < u \leq t.$$

Speziell folgt bei $K = K_n$ für den Approximationsfehler der Testfunktionen ψ_u

$$\|\Lambda_n(\psi_u) - \psi_u\|_{\mathbb{L}_1(Q)} \leq \int_{(0,u]} \mathbb{P}_t(\overline{Y}_n \geq u)\, dQ(t)$$
$$+ \int_{[u,1)} \mathbb{P}_t(\overline{Y}_n \leq u)\, dQ(t). \tag{B3.7}$$

Das asymptotische Verhalten dieser beiden Summanden wird also durch dasjenige der Flanken-WS von $\mathfrak{L}_t(\overline{Y}_n)$ bestimmt. Die Hoeffding-Ungleichung 5.17 und die in B5.8 entwickelte Methode von Laplace liefern dann den

Satz B3.3 *Sei $Q \in \mathfrak{M}^e([0,1],[0,1]\mathbb{B})$ mit $Q \ll \lambda$ und Radon-Nikodym-Ableitung q, die höchstens Sprünge als Unstetigkeiten besitzt. Dann gilt mit der Abkürzung $\overline{q}(t) := \frac{1}{2}(q(t+0) + q(t-0))$, $0 < t < 1$,*

$$\limsup_{n\to\infty} n^{1/2} \|\Lambda_n(\psi_u) - \psi_u\|_{\mathbb{L}_1(Q)} = (2\pi)^{1/2}(u(1-u))^{1/2}\overline{q}(u), \quad 0 < u < 1.$$

Beweis: Aus der Hoeffding-Ungleichung ergibt sich mit $h_u(t) = -2(t-u)^2$

$$\mathbb{P}_t(\overline{Y}_n \geq u) \leq \exp(-2n(t-u)^2) = \exp(nh_u(t)) \quad \text{für } 0 < t \leq u.$$

Dabei ist $h_u(\cdot)$ eine in $[0,u]$ isotone Funktion aus $\mathbb{C}^{(2)}[0,u]$, für die trivialerweise gilt $h'_u(t) = -4(t-u)$ und $h''_u(t) = -4 < 0$. Die Methode von Laplace liefert daher

$$n^{1/2} \int_0^u \exp(nh_u(t))q(t)\, dt \to (\frac{\pi}{2})^{1/2}(u(1-u))^{1/2}q(u-0)$$

und damit

$$\limsup_{n\to\infty} \int_0^u \mathbb{P}_t(\overline{Y}_n \geq u)q(t)\, dt \leq (\frac{\pi}{2})^{1/2}(u(1-u))^{1/2}q(u-0).$$

Analog folgt

$$\limsup_{n\to\infty} \int_u^1 \mathbb{P}_t(\overline{Y}_n \leq u)q(t)\, dt \leq (\frac{\pi}{2})^{1/2}(u(1-u))^{1/2}q(u+0)$$

und damit durch Zusammenfassen die Behauptung. □

Mit der obigen Argumentation für die „Testfunktionen" ψ_u, $u \in [0,1]$, läßt sich nun eine entsprechende Aussage auch für eine Klasse glatter Funktionen g zeigen.

Satz B3.4 *Sei* $g : [0,1] \to \mathbb{R}$ *absolut stetig und* $Q \in \mathfrak{M}^e([0,1],[0,1]\mathbb{B})$, *wobei* $Q \ll \lambda\!\!\!\lambda$ *ist mit* $\lambda\!\!\!\lambda$-*f.ü. stetiger Radon-Nikodym-Ableitung* q. *Dann gilt*

$$\limsup_{n\to\infty} n^{1/2} \|\Lambda_n(g) - g\|_{\mathbb{L}_1(Q)} \leq (2\pi)^{1/2} \int_0^1 (u(1-u))^{1/2} q(u)|g'(u)|\,du\,.$$

Beweis: Dieser folgt durch Integration[7] aus der Aussage von Satz B3.3. □

Ein weiterer Grund für die Betrachtung von Bernstein- und Kantorowicz-Polynomen ist der, daß mit ihrer Hilfe das in 7.5.1 erwähnte Zentrierungsproblem beim zentralen Grenzwertsatz etwa für L-Statistiken analytisch behandelt werden kann. Dieses führt zwangloserweise dazu, neben der $\|\cdot\|_\infty$-Norm auch die $\mathbb{L}_r$-Normen zu betrachten. Wir knüpfen hierzu an die Diskussion aus 7.5.1 an und wählen dabei die Gewichte zunächst in der Form $b_{nj} = b(\frac{j-1}{n-1})$. Dann gilt

$$E_F L_n(b_n) = \frac{1}{n} \sum_{j=1}^n b_{nj} E h \circ F^{-1}(U_{n\uparrow j}) = \frac{1}{n} \sum_{j=1}^n b_{nj} \int_0^1 h \circ F^{-1}(u) \beta_{nj}(u)\,du$$

$$= \int_0^1 \sum_{j=1}^n b_{nj} h \circ F^{-1}(u) \pi_{n-1,j-1}(u)\,du = \int_0^1 B_{n-1}(u) h \circ F^{-1}(u)\,du,$$

wobei B_{n-1} wieder das $(n-1)$-te Bernstein-Polynom zu b ist. Wegen

$$\gamma_b(F) = E_F b(F(X_1)) h(X_1) = E b(U_1) h \circ F^{-1}(U_1) = \int_0^1 b(v) h \circ F^{-1}(v)\,dv$$

erhält man in diesem Fall für die Differenz der Zentrierungen

$$|E_F L_n(b_n) - \gamma_b(F)| \leq \int_0^1 |\Lambda_{n-1}^B(b)(v) - b(v)||h \circ F^{-1}(v)|\,dv\,. \tag{B3.8}$$

Sie läßt sich also auf den gewichteten $\mathbb{L}_1$-Fehler von $\Lambda_{n-1}^B(b) - b$ abschätzen. Gilt nun $h \in \mathbb{L}_1(F)$, dann strebt dieser – wie oben unter allgemeinen Voraussetzungen gezeigt – gegen 0.

Die Abschätzung (B3.8) ermöglicht es auch, bei der Herleitung des zentralen Grenzwertsatzes den Übergang von der Zentrierung am Mittelwert zu derjenigen am Funktional $\gamma_b(F)$ zu rechtfertigen, d.h. die Gültigkeit von

$$n^{1/2}|E_F L_n(b_n) - \gamma_b(F)| = o(1).$$

---
[7] Wegen Details vgl.: U. Müller-Funk: On Bernstein-type operators and their use in statistics. Manuskript; Univ. Münster (1994).

B Hilfsmittel aus der reellen Analysis

Der vorhergehende Satz liefert eine $O(n^{-1/2})$-Aussage über den Approximationsfehler von Bernstein-Polynomen in der $\mathbb{L}_1(Q)$-Norm. Für die Anwendung auf das Zentrierungsproblem benötigen wir einen weiteren Approximationsschritt. Dazu machen wir noch eine zusätzliche einschränkende Voraussetzung:

Satz B3.5 *Seien $b: (0,1) \to \mathbb{R}$ absolut stetig mit Ableitung $b' \in \mathbb{L}_2$ und $h \in \mathbb{L}_2(F)$ stetig. Dann gilt mit den Gewichten $b_{nj} = b(\frac{j-1}{n-1})$ für $n \to \infty$*

$$n^{1/2}|E_F L_n(b_n) - \gamma_b(F)| = o(1).$$

Beweis: Sei $\varepsilon > 0$. Zu b' wähle man ein Polynom a' mit $\|a' - b'\|_{\mathbb{L}_2} < \varepsilon$. Dann ist auch dessen Stammfunktion a ein Polynom und es ergibt sich mit $a_{nj} = a(\frac{j-1}{n-1})$ durch Dazwischenschieben von $L_n(a) = L_n(a_n)$

$$|E_F L_n(b_n) - \gamma_b(F)|$$
$$\leq \int_0^1 |B_{n-1}^a(t) - a(t)||h \circ F^{-1}(t)|\,\mathrm{d}t + |E_F L_n(b_n - a_n) + \gamma_{b-a}(F)|.$$

Die Anwendung des vorausgegangenen Satzes mit $g = b - a$ und $q = |h \circ F^{-1}|$ auf den zweiten Term liefert

$$\limsup_{n\to\infty} n^{1/2} |E_F L_n(b_n - a_n) - \gamma_{b-a}(F)| \leq (2\pi)^{1/2} \int_0^1 (u(1-u))^{1/2} q(u)\,\mathrm{d}|\mu_{b-a}|(u)$$
$$= (2\pi)^{1/2} \int_0^1 (u(1-u))^{1/2} q(u)|b'(u) - a'(u)|\,\mathrm{d}u$$
$$\leq (2\pi)^{1/2} \|h\|_{\mathbb{L}_2(F)} \|b' - a'\|_{\mathbb{L}_2}.$$

Er ist also bis auf einen konstanten Faktor kleiner als ε. Für den ersten Term erhält man wegen $a' \in \mathrm{Lip}_\alpha[0,1]$ mit beliebig wählbarem $1 < \alpha < 2$ gemäß Anmerkung B3.2

$$\|B_n^a - a\|_\infty = o(n^{-1/2}) \quad \text{und damit} \quad \|B_{n-1}^a - a\|_{\mathbb{L}_1(Q)} = o(n^{-1/2}). \quad \square$$

B4 Approximationen durch Sprungfunktionen

Bei der asymptotischen Behandlung von L- bzw. Q-Statistiken in Band II und derjenigen von Rangstatistiken in Band III wird man mit der Notwendigkeit konfrontiert, Funktionen $b \in \mathbb{L}_r := \mathbb{L}_r(\mathfrak{R})$ durch Sprungfunktionen b_n der Form

$$b_n(\cdot) := \sum_{j=1}^n b_{nj} \mathbf{1}_{(\frac{j-1}{n}, \frac{j}{n}]}(\cdot), \quad n \in \mathbb{N}, \tag{B4.1}$$

zu approximieren. Die hierbei wichtigsten Möglichkeiten der Erzeugung der Gewichte b_{nj} aus einer vorgegebenen Funktion b bei Gültigkeit von $b_n \to b$ in $\mathbb{L}_r$ sind die folgenden:

exakte Gewichte: $\qquad b_{nj} = Eb(U_{n\uparrow j}), \qquad j = 1, \ldots, n,$ \hfill (B4.2)

gemittelte Gewichte: $\qquad b_{nj} = n \int\limits_{(\frac{j-1}{n}, \frac{j}{n})} b\,d\lambda, \qquad j = 1, \ldots, n,$ \hfill (B4.3)

approximative Gewichte: $\qquad b_{nj} = b(\frac{j}{n+1}), \qquad j = 1, \ldots, n.$ \hfill (B4.4)

Die Bezeichnung „exakte Gewichte" erklärt sich in Band III dadurch, daß die beste $\mathbb{L}_2$-Approximation einer linearen Statistik durch eine lineare Rangstatistik der Form (7.4.10) auf diese Gewichte führt.

Die „gemittelten Gewichte" sind die Koeffizienten der besten $\mathbb{L}_2$-Approximation der Funktion $b \in \mathbb{L}_2$ durch eine Sprungfunktion (B4.1). Bezeichnet $\mathfrak{L}_n$ die durch die Intervalle $(\frac{j-1}{n}, \frac{j}{n}]$, $j = 1, \ldots, n$, definierte σ-Algebra über $(0,1]$, so gilt nämlich

$$E(b|\mathfrak{L}_n) = \sum_{j=1}^{n} b_{nj} \mathbf{1}_{(\frac{j-1}{n}, \frac{j}{n}]}, \quad b_{nj} = n \int_{(j-1)/n}^{j/n} b\,d\lambda, \quad j = 1, \ldots, n.$$

Im vorliegenden Band II treten vornehmlich die „gemittelten Gewichte" auf und zwar im Zusammenhang mit L-Statistiken, aber auch die „approximativen Gewichte", etwa beim Satz von Bennett 7.222. Letztere bieten sich zur Interpolation an, falls b nicht zu unstetig ist. Sie ergeben sich aus den exakten Gewichten formal dadurch, daß man die Bildung des EW und der Funktion b vertauscht, also

$$b_{nj} = b(EU_{n\uparrow j}) = b(\frac{j}{n+1}), \quad j = 1, \ldots, n.$$

Die Wahl der approximativen Gewichte in der Form $b(\frac{j}{n+1})$ und nicht gemäß $b(\frac{j}{n})$ ist deshalb zweckmäßig, um auch für $u \to 0$ bzw. $u \to 1$ unbeschränkt wachsende Funktionen $b : (0,1) \to \mathbb{R}$ zulassen zu können. Für bzgl. $1/2$ symmetrische Funktionen b gilt dann auch noch $b_{n,n-j+1} = b_{nj}$, was oft eine symmetrische Behandlung von Statistiken, Restgliedern usw. an den Randpunkten ermöglicht. Unabhängig hiervon ist es ein Vorteil approximativer Gewichte, daß sich die Werte der Sprungfunktionen direkt aus denen der Funktion b gewinnen lassen.

Bei den Gewichten (B4.2) bis (B4.4) liegt die Vermutung nahe, daß b_n für hinreichend großes n in der Nähe von b liegen wird. Der folgende Satz präzisiert dies durch den Nachweis, daß sich in den drei betrachteten Fällen – im dritten unter einer schwachen Zusatzvoraussetzung – die Sprungfunktionen b_n in $\mathbb{L}_r$ gegen b stabilisieren. Dabei heißt eine derartige Folge (b_n) *stabil in* $\mathbb{L}_r$, wenn es eine Funktion $b \in \mathbb{L}_r$ gibt mit $b_n \to b$ in $\mathbb{L}_r$. In den Beispielen B5.3, B5.4 und B5.6 wird gezeigt werden, daß diese Konvergenz auch punktweise gleichmäßig ist.

Satz B4.1 *Für $r \geq 1$ seien $b \in \mathbb{L}_r$ eine vorgegebene Funktion, (b_{nj}) ein System vorgegebener Gewichte und $b_n(\cdot)$, $n \in \mathbb{N}$, die zugehörigen Sprungfunktionen (B4.1). Dann gilt $b_n \to b$ in $\mathbb{L}_r$, falls eine der folgenden Bedingungen erfüllt ist:*

a) *(b_{nj}) sind die zur Funktion b gehörenden exakten Gewichte;*

b) *(b_{nj}) sind die zur Funktion b gehörenden gemittelten Gewichte;*

c) *(b_{nj}) sind die zur Funktion b gehörenden approximativen Gewichte und*[8] *b ist eine Funktion lokal beschränkter Variation, also die Differenz zweier isotoner Funktionen.*

Insbesondere gilt für $r = 2$

$$\bar{b}_{n\cdot} = \frac{1}{n}\sum_{j=1}^{n} b_{nj} \to \int_0^1 b\,d\lambda =: \bar{b}, \quad \frac{1}{n-1}\sum_{j=1}^{n}(b_{nj} - \bar{b}_{n\cdot})^2 \to \int_0^1 (b - \bar{b})^2\,d\lambda. \quad \text{(B4.5)}$$

Beweis: Sowohl bei a) wie bei c) wird der Satz von Vitali 1.181 verwendet, also die Äquivalenz von $b_n \to b$ in $\mathbb{L}_r$ mit

$$b_n \to b \text{ nach } \mathfrak{R}\text{-WS} \quad \text{und} \quad \limsup E|b_n|^r \leq E|b|^r. \quad \text{(B4.6)}$$

a) Sei zunächst b stetig und beschränkt. Dann ergibt sich der Nachweis von $b_n \to b$ nach $\mathfrak{R}$-WS wie folgt: Für $n \in \mathbb{N}$ und $j = 1, \ldots, n$ gilt nach Beispiel 5.73

$$b_{nj} = Eb(U_{n\uparrow j}) = \int_{(0,1)} b(v)\beta_{n,j}(v)\,dv \quad \text{(B4.7)}$$

und damit für festes $u \in (0,1)$

$$b_n(u) = b_{n,[nu+1]} = \int_{(0,1)} b(v)\beta_{n,[nu+1]}(v)\,dv = Eb(U_{n\uparrow[nu+1]}). \quad \text{(B4.8)}$$

Aus dem Zusatz zu Beispiel 5.73 folgt nun für festes $u \in (0,1)$ und $n \to \infty$

$$EU_{n\uparrow[nu+1]} = \frac{[nu+1]}{n+1} \to u, \quad \mathrm{Var}\,U_{n\uparrow[nu+1]} = \frac{[nu+1][n(1-u)+1]}{(n+1)^2(n+2)} \to 0$$

und damit nach der Markov-Ungleichung

$$\mathbb{P}^{U_{n\uparrow[nu+1]}}((u-\varepsilon, u+\varepsilon)) \to 1 \quad \forall \varepsilon > 0.$$

Überdies ist $v \mapsto \beta_{n,[nu+1]}(v)$ bei festem $u \in (0,1)$ isoton bzw. antiton für

---

[8] In diesem Fall ist eine gewisse Stetigkeitsvoraussetzung erforderlich, um „oszillierende Unstetigkeiten" zu vermeiden; vgl. etwa das Beispiel $b = \mathbb{1}_\mathbb{Q}$, bei dem also $b_{nj} \equiv 1$ und damit $b_n(\cdot) \equiv 1$, aber $b = 0\,[\lambda]$ ist.

$$v < \frac{[nu+1]-1}{n-1} \quad \text{bzw.} \quad v > \frac{[nu+1]-1}{n-1}.$$

Also gilt etwa für $v < u$ bei $\varepsilon > 0$ mit $v < u - \varepsilon < u$ und hinreichend großes n

$$\beta_{n,[nu+1]}(v) \leq (u - \varepsilon - v)^{-1} \mathbb{P}^{U_{n\uparrow[nu+1]}}([v, u-\varepsilon]) \to 0$$

und damit wegen $u - \varepsilon - v > 0$

$$\beta_{n,[nu+1]}(v) \to 0 \quad \text{für } v < u \quad \text{sowie analog für } v > u.$$

Durch Anwendung der Dreiecksungleichung und Aufspaltung des Integrals in die Integrale über $(0, u-\delta], (u-\delta, u+\delta)$ und $[u+\delta, 1)$ ergibt sich somit für hinreichend großes n durch geeignete Wahl von δ bei vorgegebenem $\varepsilon > 0$ für jedes $u \in (0,1)$ aufgrund der Stetigkeit und Beschränktheit von b

$$|b_n(u) - b(u)| \leq \int_{(0,1)} |b(v) - b(u)| \beta_{n,[nu+1]}(v) \, dv$$

$$\leq \beta_{n,[nu+1]}(u-\delta) \int_{(0, u-\delta]} |b(v) - b(u)| \, dv$$

$$+ \beta_{n,[nu+1]}(u+\delta) \int_{[u+\delta,1)} |b(v) - b(u)| \, dv$$

$$+ \sup_{|v-u|<\delta} |b(v) - b(u)| \int_{(u-\delta, u+\delta)} \beta_{n,[nu+1]}(v) \, dv$$

$$\leq \varepsilon/3 + \varepsilon/3 + \varepsilon/3 = \varepsilon.$$

Daraus folgt die Gültigkeit der ersten Bedingung von (B4.6); diejenige der zweiten Bedingung folgt nach Definition von b_{nj} durch Anwendung der Jensen-Ungleichung A5.0 gemäß

$$E|b_n|^r = \frac{1}{n} \sum_{j=1}^n |b_{nj}|^r = \frac{1}{n} \sum_{j=1}^n |Eb(U_{n\uparrow j})|^r$$

$$\leq \frac{1}{n} \sum_{j=1}^n E|b(U_{n\uparrow j})|^r = \frac{1}{n} \sum_{j=1}^n E|b(U_{nj})|^r = E|b|^r < \infty.$$

Zum Nachweis der Behauptung für beliebiges $b \in \mathbb{L}_r$ beachte man, daß nach B1.2 die stetigen und beschränkten Funktionen dicht in $\mathbb{L}_r$ liegen. Zu vorgegebenem $\varepsilon > 0$ gibt es also eine stetige und beschränkte Funktion $b^{(\varepsilon)}$ mit $\|b - b^{(\varepsilon)}\|_{\mathbb{L}_r} \leq \varepsilon/3$ und zu dieser nach dem zuvor Gezeigten eine Folge $(b_n^{(\varepsilon)})$ von Sprungfunktionen mit exakten Bewertungen und $\|b_n^{(\varepsilon)} - b^{(\varepsilon)}\|_{\mathbb{L}_r} \leq \varepsilon/3$ für $n \geq n(\varepsilon)$. Dann gilt für die Funktionen $b_n(u) = Eb(U_{n\uparrow[nu+1]})$, $u \in (0,1)$,

782 B Hilfsmittel aus der reellen Analysis

$$\|b_n - b_n^{(\varepsilon)}\|_{\mathbb{L}_r}^r = \int_{(0,1)} |b_n(u) - b_n^{(\varepsilon)}(u)|^r \, du$$

$$= \int_{(0,1)} |E[b(U_{n\uparrow[nu+1]}) - b^{(\varepsilon)}(U_{n\uparrow[nu+1]})]|^r \, du$$

$$\leq \int_{(0,1)} E|b(U_{n\uparrow[nu+1]}) - b^{(\varepsilon)}(U_{n\uparrow[nu+1]})|^r \, du$$

$$= E \int_{(0,1)} |b(U_{n\uparrow[nu+1]}) - b^{(\varepsilon)}(U_{n\uparrow[nu+1]})|^r \, du$$

$$= E \frac{1}{n} \sum_{j=1}^{n} |b(U_{n\uparrow j}) - b^{(\varepsilon)}(U_{n\uparrow j})|^r$$

$$= E \frac{1}{n} \sum_{j=1}^{n} |b(U_j) - b^{(\varepsilon)}(U_j)|^r$$

$$= E|b(U_1) - b^{(\varepsilon)}(U_1)|^r = \|b - b^{(\varepsilon)}\|_{\mathbb{L}_r}^r < (\varepsilon/3)^r$$

und damit durch Anwendung der Dreiecksgleichung

$$\|b_n - b\|_{\mathbb{L}_r} \leq \|b_n - b_n^{(\varepsilon)}\|_{\mathbb{L}_r} + \|b_n^{(\varepsilon)} - b^{(\varepsilon)}\|_{\mathbb{L}_r} + \|b^{(\varepsilon)} - b\|_{\mathbb{L}_r}$$

$$\leq 2\|b^{(\varepsilon)} - b\|_{\mathbb{L}_r} + \|b_n^{(\varepsilon)} - b^{(\varepsilon)}\|_{\mathbb{L}_r} \leq 2\varepsilon/3 + \varepsilon/3 = \varepsilon.$$

b) Sei zunächst wieder b stetig und beschränkt. Dann folgt

$$b_n(u) = b_{n,[nu+1]} = n \int_{(0,1)} b \mathbf{1}_{(\frac{[nu]}{n}, \frac{[nu+1]}{n})} \, d\lambda \to b(u) \quad \forall u \in (0,1). \tag{B4.9}$$

Außerdem sind die Funktionen b_n gemäß $\|b_n\|_\infty = \sup_j |b_{nj}| \leq \|b\|_\infty$ gleichmäßig beschränkt. Also folgt nach dem Satz von Lebesgue

$$\|b_n - b\|_{\mathbb{L}_r}^r = E|b_n - b|^r \to 0.$$

Zum Nachweis der Behauptung für beliebiges $b \in \mathbb{L}_r$ beachte man einerseits die Gültigkeit von $b_n = E(b|\mathfrak{L}_n)$ für jedes $n \in \mathbb{N}$, wenn $\mathfrak{L}_n$ die durch die Intervalle $(\frac{j-1}{n}, \frac{j}{n}]$, $j = 1, \ldots, n$, erzeugte σ-Algebra über $(0,1)$ ist. Andererseits gibt es wie bei a) zu jeder Funktion $b \in \mathbb{L}_r$ und jedem $\varepsilon > 0$ eine stetige und beschränkte Funktion $b^{(\varepsilon)}$ mit $\|b - b^{(\varepsilon)}\|_{\mathbb{L}_r} \leq \varepsilon/3$. Mit $b_n^{(\varepsilon)} = E(b^{(\varepsilon)}|\mathfrak{L}_n)$ gilt dann nach der Jensen-Ungleichung 1.120k

B4 Approximationen durch Sprungfunktionen 783

$$\|b_n^{(\varepsilon)} - b_n\|_{\mathbb{L}_r}^r = \int\limits_{(0,1)} |b_n^{(\varepsilon)} - b_n|^r \, d\lambda = \int\limits_{(0,1)} |E(b^{(\varepsilon)} - b|\mathfrak{L}_n)|^r \, d\lambda$$

$$\leq \int\limits_{(0,1)} E(|b^{(\varepsilon)} - b|^r|\mathfrak{L}_n) \, d\lambda = E|b^{(\varepsilon)} - b|^r = \|b^{(\varepsilon)} - b\|_{\mathbb{L}_r}^r$$

und damit wie unter a) für $n \geq n(\varepsilon)$ bei hinreichend großem $n(\varepsilon)$

$$\|b_n - b\|_{\mathbb{L}_r} \leq 2\|b^{(\varepsilon)} - b\|_{\mathbb{L}_r} + \|b_n^{(\varepsilon)} - b^{(\varepsilon)}\|_{\mathbb{L}_r} \leq 2\varepsilon/3 + \varepsilon/3 = \varepsilon.$$

c) Da isotone Funktionen höchstens abzählbar viele Unstetigkeitsstellen haben, ist $\lambda(C(b)) = 1$. Damit ist die erste Bedingung (B4.6) erfüllt wegen

$$b_n(u) = b_{n,[nu+1]} = b\left(\frac{[nu+1]}{n+1}\right) \to b(u) \quad \forall u \in C(b). \tag{B4.10}$$

Da auch $|b|$ durch additive Zerlegung von b in einen isotonen und einen antitonen Anteil o.E. als isoton angenommen werden kann, ergibt sich die zweite Bedingung (B4.6) und damit $b_n \to b$ in $\mathbb{L}_r$ gemäß

$$\frac{n}{n+1} E|b_n|^r = \frac{1}{n+1} \sum_{j=1}^{n} |b(\frac{j}{n+1})|^r \leq \sum_{j=1}^{n} \int\limits_{(\frac{j}{n+1},\frac{j+1}{n+1})} |b(u)|^r \, du$$

$$= \int\limits_{(\frac{1}{n+1},1)} |b(u)|^r \, du \leq \int\limits_{(0,1)} |b|^r \, d\lambda.$$

Der Zusatz folgt nach A7.4 unmittelbar aus $b_n \to b$ in $\mathbb{L}_2$. □

Offenbar sind die in Satz B4.1 betrachteten Zuordnungen $b \mapsto b_n$ linear und *positiv*, d.h. nicht-negativen Funktionen b werden nicht-negative Funktionen b_n zugeordnet. Außerdem bleiben Konstanten erhalten, d.h. $b \equiv c$ impliziert $b_n \equiv c$. Für $b \in \mathbb{L}_r, r \geq 1$, sind somit in allen drei Fällen lineare, positive und die Konstanten erhaltende Operatoren Λ_n definiert, die sich vermöge Markov-Kernen $K_n(\cdot,\cdot)$ ausdrücken lassen in der Form

$$b_n(u) = \Lambda_n(b)(u) = \int\limits_{(0,1)} b(v) K_n(u, dv), \quad b \in \mathbb{L}_r, \quad r \geq 1. \tag{B4.11}$$

Dabei sind die Kerne $K_n(u, B)$ in den drei betrachteten Fällen definiert durch

$$\int\limits_B \beta_{n,[nu+1]}(v) \, dv \quad \text{bzw.} \quad \varepsilon_{\frac{[nu+1]}{n+1}}(B) \quad \text{bzw.} \quad n\lambda\left(\left(\frac{[nu]}{n}, \frac{[nu+1]}{n}\right) \cap B\right).$$

Eine allgemeine Diskussion derartiger Operatoren erfolgt in B5.

Aus Satz B4.1c folgt für $r = 1$ natürlich analog zum ersten Teil von (B4.5)

$$\frac{1}{n}\sum_{j=1}^{n} b(\frac{j}{n+1}) = \int_{(0,1)} b_n \, d\lambda \to \int_{(0,1)} b \, d\lambda \,. \tag{B4.12}$$

Diese Beziehung läßt sich auch dahingehend interpretieren, daß die mit äquidistanter Einteilung $(\frac{j-1}{n}, \frac{j}{n}]$, $j = 1, \ldots, n$, und den Zwischenstellen $\frac{j}{n+1}$ gebildeten Riemann-Summen gegen das zugehörige Integral streben. Vielfach benötigt man eine Abschätzung für die Geschwindigkeit, mit der die linke Seite von (B4.12) gegen die rechte Seite konvergiert. Eine solche gewinnt man relativ einfach für Funktionen b, die auf $(0,1)$ lokal absolut stetig sind[9].

Hilfssatz B4.2 *Sei* $b \in \mathbb{L}_1$ *und auf* $(0,1)$ *lokal absolut stetig mit Ableitung* b'. *Dann gilt*:

a) $\quad b' \in \mathbb{L}_1 \quad \Rightarrow \quad |\frac{1}{n}\sum_{j} b(\frac{j}{n+1}) - \int_0^1 b(t)\,dt| = O(n^{-1})\,;$

b) *Sind für ein* $1 < \varrho < 2$ *und ein* $\chi > 0$ *die Wachstumsbedingungen*

$$|b(t)| \leq \chi[t(1-t)]^{-\varrho+1}, \quad |b'(t)| \leq \chi[t(1-t)]^{-\varrho}, \tag{B4.13}$$

erfüllt, dann gilt

$$|\frac{1}{n}\sum_{j=1}^{n} b(\frac{j}{n+1}) - \int_0^1 b(t)\,dt| = O(n^{\varrho-2}).$$

Entsprechend erhält man im Fall $\varrho = 1$, *d.h. der Wachstumsbedingungen*

$$|b(t)| \leq -\chi \log[t(1-t)], \quad |b'(t)| \leq \chi[t(1-t)]^{-1}, \tag{B4.14}$$

für die Differenz von Riemann-Summe und Integral die Ordnung $O(n^{-1}\log n)$.

Beweis: a) Bezeichnet $V_b[c,d]$ wieder die Variation der Funktion b im Intervall $[c,d]$, so gilt

$$|\frac{1}{n}\sum_{j=1}^{n} b(\frac{j}{n+1}) - \sum_{j=1}^{n}\int_{(j-1)/n}^{j/n} b(t)\,dt| \leq \sum_{j=1}^{n}\int_{(j-1)/n}^{j/n} |b(t) - b(\frac{j}{n+1})|\,dt$$

$$\leq \frac{1}{n}\sum_{j=1}^{n} V_b[\frac{j-1}{n}, \frac{j}{n}] = \frac{1}{n}V_b[0,1] \leq \frac{1}{n}\int_0^1 |b'(t)|\,dt\,.$$

b) Aus der Wachstumsbedingung (B4.13) für $1 < \varrho < 2$ folgt

---
[9] Diese Aussage und im wesentlichen auch der nachfolgende Beweis gelten allgemeiner in dem Fall, daß b zusätzlich endlich viele Sprünge besitzt.

$$\int_0^{1/(n+1)} |b(t)|\, dt \le \chi \int_0^{1/(n+1)} t^{-\varrho+1}\, dt = O(n^{\varrho-2})$$

und analog für das Integral über $(n/(n+1), 1)$. Weiter ergibt sich durch Aufspalten des Integrals über $(1/(n+1), n/(n+1))$ mit der Dreiecksungleichung

$$\left| \frac{1}{n+1} \sum_{j=1}^{n} b\left(\frac{j}{n+1}\right) - \int_{1/(n+1)}^{n/(n+1)} b(t)\, dt \right|$$

$$\le \left| \sum_{j=1}^{[\frac{n}{2}]} \int_{j/(n+1)}^{(j+1)/(n+1)} [b(t) - b(\frac{j}{n+1})]\, dt \right| + \left| \sum_{j=[\frac{n}{2}]+1}^{n} \int_{(j-1)/(n+1)}^{j/(n+1)} [b(t) - b(\frac{j}{n+1})]\, dt \right|$$

$$+ \int_{[\frac{n}{2}]/(n+1)}^{([\frac{n}{2}]+1)/(n+1)} |b(t)|\, dt$$

$$\le \frac{1}{n+1} \sum_{j=1}^{[\frac{n}{2}]} V_b[\tfrac{j}{n+1}, \tfrac{j+1}{n+1}] + \frac{1}{n+1} \sum_{j=[\frac{n}{2}]+1}^{n} V_b[\tfrac{j-1}{n+1}, \tfrac{j}{n+1}] + O(n^{-1})$$

$$= \frac{1}{n+1} V_b[\tfrac{1}{n+1}, \tfrac{n}{n+1}] + O(n^{-1}) \le \frac{1}{n+1} \int_{1/(n+1)}^{n/(n+1)} |b'(t)|\, dt + O(n^{-1})$$

$$\le \frac{\chi}{n+1} \int_{1/(n+1)}^{n/(n+1)} [t(1-t)]^{-\varrho}\, dt + O(n^{-1}) = O(n^{\varrho-2}) + O(n^{-1}).$$

Wegen $-1 < \varrho - 2 < 0$ folgt also insgesamt die Behauptung $O(n^{\varrho-2})$. Die Aussage unter der Wachstumsbedingung (B4.14) folgt analog. □

Die obige Technik liefert auch Aussagen für $\varrho \ge 2$. Aus der Abschätzung

$$\left| \frac{1}{n+1} \sum_{j=1}^{n} b\left(\frac{j}{n+1}\right) - \int_{1/(n+1)}^{n/(n+1)} b(t)\, dt \right| \le \frac{1}{n+1} \int_{1/(n+1)}^{n/(n+1)} |b'(t)|\, dt + O(n^{-1})$$

erhält man mittels der Wachstumsbedingung (B4.13) zunächst für $\varrho > 2$

$$\int_{1/(n+1)}^{n/(n+1)} |b'(t)|\, dt \le \chi \int_{1/(n+1)}^{n/(n+1)} [t(1-t)]^{-\varrho+1}\, dt = O(n^{\varrho-2}). \tag{B4.15}$$

Im Fall $\varrho = 2$ ergibt sich auf der rechten Seite von (B4.15) die Ordnung $O(\log n)$. Aus diesen Überlegungen heraus wird klar, daß unter der Obervoraussetzung von Hilfssatz B4.2 für $\varrho \geq 1$ stets gilt

$$\frac{1}{n}\sum_{j=1}^{n} b\left(\frac{j}{n+1}\right) = \begin{cases} O(1) & \text{für } 1 \leq \varrho < 2, \\ O(\log n) & \text{für } \varrho = 2, \\ O(n^{\varrho-2}) & \text{für } \varrho > 2. \end{cases} \qquad (B4.16)$$

Die vorstehenden Überlegungen lassen sich auf bivariate Funktionen über dem Einheitsquadrat (und weiter auf multivariate Funktionen) verallgemeinern. Setzt man für $b : (0,1)^{(2)} \to \mathbb{R}$ zunächst

$$b_1(s) := \int_0^1 b(s,t)\,dt, \qquad b_2(t) := \int_0^1 b(s,t)\,ds,$$

dann läßt sich die Differenz von Riemann-Summen und Integral nach dem folgenden Muster abschätzen:

$$\left| n^{-2} \sum_{i=1}^n \sum_{j=1}^n b\left(\frac{i}{n+1}, \frac{j}{n+1}\right) - \int_0^1 \int_0^1 b(s,t)\,ds\,dt \right|$$

$$\leq \left| \sum_{i=1}^n \sum_{j=1}^n \int_{(i-1)/n}^{i/n} \int_{(j-1)/n}^{j/n} \left\{ b(s,t) - b\left(s, \frac{j}{n+1}\right) \right. \right.$$

$$\left. \left. - b\left(\frac{i}{n+1}, t\right) + b\left(\frac{i}{n+1}, \frac{j}{n+1}\right) \right\} ds\,dt \right|$$

$$+ \left| n^{-1} \sum_{i=1}^n b_1\left(\frac{i}{n+1}\right) - \int_0^1 b_1(s)\,ds \right| + \left| n^{-1} \sum_{j=1}^n b_2\left(\frac{j}{n+1}\right) - \int_0^1 b_2(t)\,dt \right|.$$

Die beiden letzten Terme lassen sich nun mittels B4.2 behandeln, der erste in Analogie hierzu.

Alternativ kann man die Konvergenz von Riemann-Summen gegen das Integral im bivariaten Fall auch in Analogie zu der im Beweis von Satz 7.219 bzw. von Hilfssatz 7.228 verwendeten Vorgehensweise zeigen.

B5 Singuläre Integrale und die Methode von Laplace

Die Approximationen durch Polynome und diejenigen durch Sprungfunktionen lassen sich übergreifend diskutieren. Als Nebenprodukt dieser Überlegungen wird dabei noch eine Lücke im ersten Teil von B4 geschlossen, nämlich die Frage nach der gleichmäßigen Konvergenz der Sprungfunktionen (B4.1) gegen die vorgegebene Funktion b.

Alle bisher diskutierten Approximationsverfahren konnten durch lineare positive Operatoren Λ_n dargestellt werden, die jeweils von der Form waren

$$\Lambda_n(b)(u) = \int_{(0,1)} b(v) K_n(u, dv), \quad b \in \mathbb{L}_r,\ r \geq 1, \tag{B5.1}$$

wobei $K_n(\cdot, \cdot)$ ein endlicher, vielfach Markovscher Kern ist. Die für die statistischen Anwendungen relevanten Kerne $K_n(u, B)$ sind entweder λ-stetig, d.h. mit nichtnegativen *Kernfunktionen* $k_n(u, t)$ darstellbar gemäß

$$K_n(u, B) = \int_B k_n(u, t)\, dt,$$

oder diskret, d.h. mit Zahlen $p_{n,j}(u) \geq 0$ und $t_{n,j} \in [0, 1]$ von der Form

$$K_n(u, B) = \sum_{j=0}^{n} p_{n,j}(u) \varepsilon_{t_{n,j}}(B).$$

Darüberhinaus erhalten die von uns betrachteten Kerne üblicherweise die Konstanten, d.h. der Funktion $b \equiv 1$ wird gemäß (B5.1) die Funktion $\Lambda_n(b) \equiv 1$ zugeordnet. Dies besagt gerade, daß $K_n(u, B)$ ein Markov-Kern ist. Wir werden etwas allgemeiner zulassen, daß $K_n(u, B)$ ein endlicher Kern ist, der nur asymptotisch Markovsch ist im Sinne von $K_n(u, [0, 1]) \to 1$ für $n \to \infty$. Der eigentliche Grund, warum $\Lambda_n(b)$ die Funktion b approximiert, besteht nun darin, daß sich in allen hier betrachteten Fällen der Kern auf den Einheitskern zusammenzieht gemäß

$$K_n(u, (u - \delta, u + \delta)^c) \to 0 \quad \forall \delta > 0 \quad \text{für jedes } u \in (0, 1).$$

Gilt nun speziell für jedes Paar (s, t) mit $0 \leq s < t \leq 1$ und jedes $0 < \delta < \delta_0$

$$\sup_{s \leq u \leq t} |K_n(u, [0, 1]) - 1| \to 0, \tag{B5.2}$$

$$\sup_{s \leq u \leq t} K_n(u, [0, 1] - (u - \delta, u + \delta)) \to 0, \tag{B5.3}$$

so nennt man die Folge der Integraltransformationen (B5.1) ein *singuläres Integral*.

B Hilfsmittel aus der reellen Analysis

Beispiel B5.1 Für $n \in \mathbb{N}$ seien $K_n(\cdot,\cdot)$ die in (B3.2) eingeführten Bernstein-Kerne. Für diese ist trivialerweise (B5.2) mit $s = 0$ und $t = 1$ erfüllt sowie aufgrund der Tschebyschew-Ungleichung gemäß

$$K_n(u, (u-\delta, u+\delta)^c) = E_u \mathbf{1}_{(u-\delta, u+\delta)^c}(\overline{Z}_n) = P_u(|\overline{Z}_n - u| \geq \delta) \leq \frac{1}{n\delta^2} u(1-u) \leq \frac{1}{4n\delta^2}$$

auch (B5.3). Hieraus folgt mit dem nachfolgenden Satz ein weiterer, ebenfalls einfacher Beweis des Approximationssatzes von Weierstrass. □

Satz B5.2 *Es seien $K_n(u, B)$, $n \in \mathbb{N}$, Kerne mit (B5.2) und (B5.3) sowie b eine meßbare und beschränkte Funktion, die auf $[s,t] \subset [0,1]$ stetig ist. Dann gilt für das singuläre Integral $b_n(u) = \int_{(0,1)} b(v) K_n(u, dv)$*

$$\sup\{|b_n(u) - b(u)| : s \leq u \leq t\} = o(1).$$

Sind speziell (B5.2) und (B5.3) mit $s = 0$, $t = 1$ erfüllt, so gilt $\|b_n - b\|_\infty \to 0$.

Beweis: Da b auf $[s,t]$ auch gleichmäßig stetig ist, gibt es für jedes $\varepsilon > 0$ ein $0 < \delta < \delta_o$, so daß aus $|u - v| < \delta$ folgt $|b(u) - b(v)| < \varepsilon$. Für $s \leq u \leq t$ gilt dann

$$|b_n(u) - b(u)| \leq \left| \int_{(0,1)} (b(v) - b(u)) \, dK_n(u,v) \right| + |b(u)| |K_n(u, [0,1]) - 1|$$

$$\leq \int_{(u-\delta, u+\delta)} |b(v) - b(u)| \, dK_n(u,v)$$
$$+ 2\|b\|_\infty K_n(u, (u-\delta, u+\delta)^c) + \|b\|_\infty |K_n(u, [0,1]) - 1|$$

$$\leq \varepsilon + 2\|b\|_\infty [K_n(u, (u-\delta, u+\delta)^c) + |K_n(u, [0,1]) - 1|].$$

Da δ wegen der gleichmäßigen Stetigkeit von b unabhängig von u gewählt werden kann, ist auch der zweite Summand nicht größer als ε für hinreichend großes n. □

Die folgenden beiden Beispiele zeigen, daß sich mittels des obigen Satzes in Ergänzung zu Satz B4.1 auch die gleichmäßige Konvergenz der Sprungfunktionen (B4.1) diskutieren läßt.

Beispiel B5.3 Für $n \in \mathbb{N}$, $u \in [0,1]$ und $B \in [0,1]\mathbb{B}$ sei

$$K_n(u, B) := \sum_{j=0}^{n} \varepsilon_{\frac{j}{n+1}}(B) \mathbf{1}_{[\frac{j-1}{n}, \frac{j}{n})}(u) = \varepsilon_{\frac{[nu+1]}{n+1}}(B).$$

Wegen $K_n(u, [0,1]) = 1$ $\forall n \in \mathbb{N}$ ist dies eine Folge diskreter Markov-Kerne, so daß (B5.2) mit $s = 0$ und $t = 1$ erfüllt ist. Dies gilt auch für (B5.3). Für $n > \delta^{-1}$ gilt nämlich

$$u - \delta < \frac{[nu+1]}{n+1} < u + \delta \quad \text{und damit} \quad K_n(u, (u-\delta, u+\delta)^c) = 0 \quad \text{für } u \leq \delta \leq 1 - u.$$

Für die zugehörige, durch (B5.1) definierte Folge

$$b_n(u) = \int_{(0,1)} b(v) K_n(u, dv) = \sum_{j=0}^{n} b\left(\frac{j}{n+1}\right) \mathbf{1}_{\left[\frac{j-1}{n}, \frac{j}{n}\right)}(u) = b\left(\frac{[nu+1]}{n+1}\right)$$

von Sprungfunktionen mit (gegenüber den im Vorstehenden leicht modifizierten) approximativen Gewichten gilt also $\|b_n - b\|_\infty \to 0$ und zwar für jede stetige und beschränkte Funktion b. □

Beispiel B5.4 Sei $\mathfrak{L}_n$ die σ-Algebra über $[0,1]$, die durch die Zerlegung von $(0,1]$ in die Intervalle $((j-1)/n, j/n], j = 1, \ldots, n$, erzeugt wird. Dann gilt unter der Verteilung $\mathfrak{R}$

$$E(b|\mathfrak{L}_n)(u) = \sum_{j=1}^{n} n \int_{\left(\frac{j-1}{n}, \frac{j}{n}\right]} b(v)\, dv\, \mathbf{1}_{\left(\frac{j-1}{n}, \frac{j}{n}\right]}(u) = \int_{(0,1)} b(v) k_n(u,v)\, dv$$

mit der Kernfunktion

$$k_n(u,v) = \sum_{j=1}^{n} n \mathbf{1}_{\left(\frac{j-1}{n}, \frac{j}{n}\right]}(v) \mathbf{1}_{\left(\frac{j-1}{n}, \frac{j}{n}\right]}(u).$$

Wie in Beispiel B5.3 sind auch hier (B5.2+3) mit $s = 0$ und $t = 1$ erfüllt, so daß für die mit den gemittelten Gewichten gebildeten Sprungfunktionen b_n gilt $\|b_n - b\|_\infty \to 0$. □

Die beiden Beispiele B5.3 und B5.4 basieren auf Satz B5.2, der auf den Nachweis der Konvergenz von b_n gegen b auf Stetigkeitsintervallen von b zugeschnitten ist. Um allgemeiner auch die Konvergenz in Lebesgue-Punkten (und damit λ-f.ü.) nachweisen zu können, bedarf es einer anderen Version. Der hier ohne Beweis angegebene Satz B5.5 bezieht sich auf λ-stetige Kerne mit Kernfunktionen $0 \leq k_n(u, \cdot)$ und einer höckerigen Majorante $0 \leq \widetilde{k}_n(u, \cdot) \in \mathbb{L}_1(\lambda)$ $\forall u \in [0,1]$. Dabei heißt eine Kernfunktion $\widetilde{k}_n(u, \cdot)$ *höckerig*, falls $\forall u \in [0,1]$ gilt

$$\widetilde{k}_n(u, \cdot) \uparrow \text{ in } [0,u], \quad \widetilde{k}_n(u, \cdot) \downarrow \text{ in } [u,1],$$

$$\sup_n \int_{(0,1)} \widetilde{k}_n(u,t)\, dt < \infty. \tag{B5.4}$$

Satz B5.5 (Faddejev [Na 319]) *Für $n \in \mathbb{N}$ seien $K_n(u, B)$ Markov-Kerne mit Kernfunktionen $k_n(u,t)$, welche eine höckerige Majorante besitzen. Dann gilt für alle $b \in \mathbb{L}_1$ und alle Lebesgue-Punkte u von b*

$$\int_{(0,1)} b(v) k_n(u,v)\, dv \to b(u).$$

B Hilfsmittel aus der reellen Analysis

Beispiel B5.6 Für $n \in \mathbb{N}$ seien $K_n(u, B)$ Markov-Kerne mit Dichten

$$k_n(u,t) = \sum_{j=1}^{n} \beta_{n,j}(t) \mathbf{1}_{(\frac{j-1}{n}, \frac{j}{n}]}(u), \quad u, t \in [0,1]. \tag{B5.5}$$

Für diese ist, wie man durch Nullsetzen der Ableitung von $\beta_{n,j}(t)$ leicht verifiziert,

$$\widetilde{k}_n(u,t) = \begin{cases} n\binom{n-1}{i-1}(\frac{i-1}{n-1})^{i-1}(\frac{n-i}{n-1})^{n-1} & \text{für } \frac{i-1}{n} < u, t \le \frac{i}{n}, \\ k_n(u,t) & \text{sonst.} \end{cases} \tag{B5.6}$$

eine höckerige Majorante. Für $b \in \mathbb{L}_1(\lambda\!\!\!\lambda)$ liefert also Satz B5.5 die Konvergenz von

$$b_n(u) = \sum_{j=1}^{n} \int_{(0,1)} b(v) \beta_{n,j}(v) \, dv \, \mathbf{1}_{(\frac{j-1}{n}, \frac{j}{n}]}(u) = \sum_{j=1}^{n} Eb(U_{n\uparrow j}) \mathbf{1}_{(\frac{j-1}{n}, \frac{j}{n}]}(u),$$

also der Sprungfunktionen mit exakten Gewichten gegen $b(u)$ an allen Lebesgue-Punkten von b. Vertauscht man in (B5.5) die Rolle der Variablen u und t, so erhält man gerade die Kernfunktion des Kantorowicz-Polynoms der Ordnung $n - 1$. □

Anmerkung B5.7 a) Satz B5.2 ist eine Variante des Satzes von Bohman-Korovkin[10]. Dieser besagt, daß für eine Folge linearer, positiver Operatoren Λ_n, die den Raum $\mathbb{C}[0,1]$ in sich abbildet, die Bedingung $\|\Lambda_n(b) - b\|_\infty = o(1)$ für die Funktionen $b \equiv 1$, $b(s) = s$ und $b(s) = s^2$ hinreichend ist für die Gültigkeit von

$$\|\Lambda_n(b) - b\|_\infty = o(1) \quad \forall b \in \mathbb{C}[0,1].$$

Die Konvergenzforderung für $b \equiv 1$ entspricht dabei der Bedingung (B5.2), während die beiden anderen Forderungen die Bedingung (B5.3) implizieren.

b) Der Ausgangspunkt für die Betrachtung singulärer Integrale war historisch die Frage nach der punktweisen Konvergenz von Fourier-Polynomen gegen die Ausgangsfunktion. Genauer war es die damals überraschende Feststellung, daß dies an Unstetigkeitsstellen nicht punktweise zu gelten braucht, wohl aber im arithmetischen Mittel. Bezeichnet nämlich $\sigma_n(u, b)$ den Durchschnitt der ersten $2n + 1$ Fourier-Polynome, so läßt sich dieses als singuläres Integral schreiben gemäß

$$\sigma_n(u,b) = \int_{-\pi}^{\pi} b(u+t) k_n^*(t) \, dt = \int_{-\pi}^{\pi} b(t) k_n^*(t-u) \, dt$$

mit dem *Fejer-Kern*

$$k_n^*(t) = \frac{2}{\pi(n+1)} \left(\frac{\sin(n+1)t/2}{2 \sin t/2}\right)^2.$$

Für jede Funktion, die nur Unstetigkeiten erster Art hat, gilt dann

---
[10] Vgl. M.W. Müller: Approximationstheorie, Akad. Verlagsgesellschaft (1978).

B5 Singuläre Integrale und die Methode von Laplace   791

$$\sigma_n(u,b) \to \overline{g}(u) := \frac{1}{2}[g(u+0) + g(u-0)] \quad \forall u \in [0,1],$$

was mit dem Satz von Faddejev, angewendet auf die Kernfunktion $k_n(u,t) = k_n^*(t-u)$, bewiesen werden kann. □

Die Herleitung verschiedener asymptotischer Aussagen verwendet die Tatsache, daß Integrale der Form $\int_\mathbb{E} \exp(-ng(y))h(y)\,\mathrm{d}y$, $\mathbb{E} \in \mathbb{B}^k$, bei denen g ein Minimum an einer Stelle μ hat, unter schwachen Voraussetzungen asymptotisch nur von den Größen $g(\mu), h(\mu)$ und der Determinante der Hesse-Matrix der Funktion g an der Stelle μ abhängen. Genauer gilt der

Satz B5.8 (Asymptotische Methode von Laplace) *Seien* $\mathbb{E} \in \mathbb{B}^k$ *und* $g, h : \mathbb{E} \to \mathbb{R}$ *meßbare Funktionen. Weiter sei* $\mu \in \overset{\circ}{\mathbb{E}}$ *und es gelte:*

1) *Für alle* $r > 0$ *existiert ein* $\eta = \eta(r) > 0$ *derart, daß für alle* $y \in \mathbb{E}$ *mit* $|y-\mu| \geq r$ *gilt* $g(y) \geq g(\mu) + \eta$;

2) g *sei in* μ *zweimal differenzierbar mit positiv definiter Hesse-Matrix* $\mathscr{H}$;

3) h *sei in* μ *stetig und es gelte* $\int_\mathbb{E} |h(y)|\,\mathrm{d}y < \infty$.

Dann gilt mit der Abkürzung $c_n(g) := (n/2\pi)^{k/2} e^{ng(\mu)} |\mathscr{H}|^{1/2}$ *für* $n \to \infty$

$$c_n(g) \int_\mathbb{E} e^{-ng(y)} h(y)\,\mathrm{d}y \to h(\mu). \tag{B5.7}$$

Für $k = 1$ *gilt mit* $d_n(g) := (2n/\pi)^{1/2} e^{ng(\mu)} (g''(\mu))^{-1}$ *auch die einseitige Version*

$$d_n(g) \int_{[\mu,\infty)} e^{-ng(y)} h(y)\,\mathrm{d}y \to h(\mu). \tag{B5.8}$$

Beweis: Aus 1) folgt, daß die auf $\mathbb{E}$ definierte Funktion g an der Stelle μ ein eindeutiges Minimum hat. Wegen 2) gilt daher $\partial g(\mu) = 0$. Bezeichnen $\lambda_1, ..., \lambda_k$ die Eigenwerte von $\mathscr{H}$, so existiert zu jedem $0 < \varepsilon < \min\{\lambda_1, ..., \lambda_k\}$ ein $r = r(\varepsilon) > 0$ derart, daß für $|y - \mu| < r$ gilt

$$|g(y) - g(\mu) - \frac{1}{2}(y-\mu)^\top \mathscr{H}(y-\mu)| < \frac{\varepsilon}{2}(y-\mu)^2 \quad \text{sowie} \quad |h(y) - h(\mu)| < \varepsilon.$$

Weiter gelte o.E. $U(\mu, r) \subset \mathbb{E}$. Mit den Abkürzungen

B Hilfsmittel aus der reellen Analysis

$$I_{n1} = \int_{U(\mu,r)} e^{-n(g(y)-g(\mu))} \, dy,$$

$$I_{n2} = \int_{U(\mu,r)} e^{-n(g(y)-g(\mu))} (h(y) - h(\mu)) \, dy \quad \text{und}$$

$$I_{n3} = \int_{\mathbb{E}-U(\mu,r)} e^{-ng(y)} h(y) \, dy$$

gilt dann offenbar die folgende Zerlegung

$$I_n = \int_{\mathbb{E}} e^{-ng(y)} h(y) \, dy = e^{-ng(\mu)} h(\mu) I_{n1} + e^{-ng(\mu)} I_{n2} + I_{n3}.$$

Zum Nachweis, daß I_{n1} bereits das asymptotische Verhalten von I_n festlegt, beachte man, daß aus der Stetigkeit von h sowie aus der Wahl von r folgt

$$|I_{n2}| \leq \varepsilon |I_{n1}|,$$

und daß wegen der Voraussetzung 1) gilt

$$|I_{n3}| \leq e^{-n(g(\mu)+\eta)} \int_{\mathbb{E}} |h(y)| \, dy.$$

Es bleibt also nur das asymptotische Verhalten von I_{n1} zu diskutieren. Hierzu beachte man, daß nach Voraussetzung 2) und Wahl von ε bzw. r einerseits die Matrix $\mathscr{H} - \varepsilon \mathscr{I}_k$ positiv definit ist und andererseits gilt

$$-\frac{n}{2}(y-\mu)^\top (\mathscr{H} + \varepsilon \mathscr{I}_k)(y-\mu) \leq -n(g(y)-g(\mu)) \leq -\frac{n}{2}(y-\mu)^\top (\mathscr{H} - \varepsilon \mathscr{I}_k)(y-\mu).$$

Damit gilt für die Abschätzung nach oben

$$I_{n1} \leq \int_{U(\mu,r)} \exp(-\frac{n}{2}(y-\mu)^\top (\mathscr{H} - \varepsilon \mathscr{I}_k)(y-\mu)) \, dy$$

$$\leq n^{-k/2} \int \exp(-\frac{1}{2} z^\top (\mathscr{H} - \varepsilon \mathscr{I}_k) z) \, dz, \qquad (B5.9)$$

also nach Definition der Dichte einer k-dimensionalen $\mathfrak{N}(0, \mathscr{S})$-Verteilung

$$I_{n1} \leq n^{-k/2} (2\pi)^{k/2} |\mathscr{H} - \varepsilon \mathscr{I}_k|^{-1/2}.$$

Zusammen mit der entsprechenden Abschätzung nach unten erhält man

$$(2\pi)^{k/2} |\mathscr{H} + \varepsilon \mathscr{I}_k|^{-1/2} \leq \liminf_{n \to \infty} n^{k/2} I_{n1}$$

$$\leq \limsup_{n \to \infty} n^{k/2} I_{n1} \leq (2\pi)^{k/2} |\mathscr{H} - \varepsilon \mathscr{I}_k|^{-1/2}.$$

Für $\varepsilon \downarrow 0$ folgt also

$$\lim_{n\to\infty} n^{k/2} I_{n1} = (2\pi)^{k/2} |\mathscr{H}|^{-1/2}$$

und damit wie behauptet

$$\lim_{n\to\infty} e^{ng(\mu)} n^{k/2} \int_{\mathbb{E}} e^{-ng(y)} h(y) \, dy = (2\pi)^{k/2} |\mathscr{H}|^{-1/2} h(\mu).$$

Analog ergibt sich die einseitige Version (B5.8) im Fall $k=1$. □

Auswahl ergänzender und weiterführender Lehrbücher

Bickel, P., Klaassen, C., Ritov, Y., Wellner, J.: Efficient and Adaptive Estimation for Semiparametric Models, John Hopkins (1993)

Greenwood, P., Shiryayev, A.N.: Contiguity and the Statistical Invariance Principle, Gorden and Breach (1985)

Ibragimov, I., Has'minski, R.: Statistical Estimation, Springer (1981)

Le Cam, L.: Asymptotic Methods in Statistical Decision Theory, Springer (1986)

Lee, A.J.: U-Statistics, Theory and Practice, Marcel Decker (1990)

Reiss, R.-D.: Approximate Distributions of Order Statistics, Springer (1989)

Rieder, H.: Robust Asymptotic Statistics, Springer (1994)

Rüschendorf, L.: Asymptotische Statistik, Teubner (1988)

Serfling, R.: Approximation Theorems of Mathematical Statistics, Wiley (1980)

Shorack, G., Wellner, J.: Empirical Processes with Applications to Statistics, Wiley (1986)

Strasser, H.: Mathematical Theory of Statistics, de Gruyter (1985)

Sachverzeichnis

(A1)–(A4) 202ff, 218, 229, 359, 373, 384, 423
Abbildung, offene 751
Abhängigkeit, Tests auf stochastische 227, 248, 269
Abhängigkeitsfunktionale 525ff, 529ff
Ableitung eines Funktionals 8, 511, 687f
– – Maßes, (untere, obere) 479
Abweichung, Median- 507
–, mittlere 507
–, Standard- 507
adaptive Verfahren 464
Affinität 20
Aitken-Modell 321, 350, 470
Alternativen, benachbarte (lokale) 11f, 274ff, 322ff
Anderson, Lemma von 439, 446
Anpassungstests 150, 710ff, 722ff
Anscombe-Bedingung 235
Anziehungsbereich (max-) 106, 595
Approximation durch Polynome 762f
– – Riemann-Summen 49, 163, 615, 700, 783ff
– – Sprungfunktionen 778f
Approximationslemma für ZG 53, 161, 650
Approximationssatz für Hilberträume 632
– von Weierstraß 772
Approximationstheorie 680, 772ff
Äquivalenz, asymptotische, bei Schätzern 183, 205, 208, 227
–, –, – Tests 241ff, 255ff, 277ff
Äquivarianz 449ff, 467
Arzelá-Ascoli, Satz von 57, 516
Assoziationsfunktionale 529ff, 545
asymptotisch äquivalent 183, 205, 208, 227, 241ff, 255ff, 277ff
– dominiert 308
– (lokal) effizient 169, 178, 199, 202ff, 214, 414ff, 471, 478, 706ff

asymptotisch gleichmäßig klein (UAN) 100f, 311, 333
– – vernachlässigbar 317
– linear 197, 214, 264ff, 313f, 419ff, 431, 687
– maximin 352ff
– mediantreu 369ff
– niveautreu 237
– normal 169ff, 199ff, 550, 578ff, 635ff, 654ff, 680ff, 687ff, 706f
– optimal 275ff, 344ff, 373ff, 414ff
– straff 297, 309
– supereffizient 199
– unverfälscht 237, 276
– verteilungsfrei 12, 222ff, 242ff, 473f
Ausreißer 468, 605

Bahadur, Satz von 200, 417, 436
Bahadur-Darstellung 581ff, 687
Bahadur-optimal (-Schranke) 447f
Barnes-Mellin-Transformierte 217
Bartlett-Test 222, 407, 409
Bayes-Lösung (-Schätzer) 176, 321, 451ff
bedingte charakteristische Funktion 261
– Dichte 261, 328, 427, 429f, 568
– Tests, asymptotische Behandlung 253ff
– Verteilungskonvergenz 253ff, 260f
Behnen-Neuhaus, Satz von 340
Benachbartheit 288, 291ff, 308ff
–, wechselseitige 291ff, 309ff
Bennett, Satz von 706
Bennett-Ungleichung 28
Bereichsschätzer → Konfidenzbereiche
Berk, Satz von 603, 662
Bernstein-Kern (-Operator) 772
Bernstein-Polynom 680, 686, 772ff
–, modifiziertes 764
Bernstein-Ungleichung 28f, 557ff
Berry-Esseen, Satz von 3, 123ff, 550

Berry-Esseen, Satz von, bei nichtparametrischen Statistiken 579, 663ff, 684
Blomquist-Funktional 527, 529
Brownsche Brücke 550

$C(\alpha)$-Test 388ff
Cambanis-Simons-Stout, Satz von 490
Chernoff, Satz von 26, 36f
Chernoff-Gastwirth-Johns, Satz von 696ff
Chernoff-Lehmann, Satz von 229
Chernoff-Savage-Technik 696
χ^2-Abhängigkeitsfunktional 529
χ^2-Abstandsfunktion 135ff, 225ff
χ^2-Funktional 511, 529
χ^2-Gleichungen (modifizierte) 206
χ^2-Schätzer, Minimum- (Mχ^2-Schätzer) 182f, 206ff
–, modifizierter 227
χ^2-Test für einfache Nullhypothesen 219, 233, 351, 359
– – lineare Hypothesen (Limesprobleme) 351, 366ff
– – zusammengesetzte Nullhypothesen 226ff, 233ff, 366ff, 385
Chow-Studden, Ungleichung von 334, 494
$\mathbb{C}(I)$ 45
Cramér, Satz von 73, 107ff, 133
Cramér-Rao-Schranke, asymptotische 199, 415ff, 471
Cramér-Rao-Ungleichung, asymptotische 198f, 415f
Cramér-von Mises-Abstand 622
Cramér-Wold, Lemma von 68

D'Agostino, Test von 654
Defizienz, asymptotisch erwartete 193f
Dehnungsfunktionale 507
DeWet-Venter, Test von 710ff, 741
Dichteschätzer 464f
differenzierbar bzgl. λ^k 479
–, $\mathbb{L}_2$- 204, 267, 354, 360, 386, 414ff
Differenzierbarkeit, einseitige (symmetrische) 750ff, 757f
Diskordanz 522, 527
Diskrepanz 183ff, 622
Dispersionsfunktionale 506
Dispersionsproblem, nichtparametrisches 475

Dispersionszentrum 495f
dispersiv 438ff
Distanzfunktional 622f
Distanzschätzer, Minimum- 183, 622f
$\mathbb{D}(I)$ 46f
Droste-Wefelmeyer, Satz von 436f
Dvoretzki-Kiefer-Wolfowitz, Minimaxsatz von 554
–, Ungleichung von 553

Edgeworth-Entwicklung 130
effizient, asymptotisch → asymptotisch
Effizienz, asymptotische relative (ARE) 190ff, 283ff, 329ff, 355f
–, Pitman- → Effizienz, asymptotische relative (ARE)
Egorov, Satz von 436, 746
Eigenwertproblem 141ff, 649ff, 725ff, 733f
Einflußfunktion 197f, 214
eingipfelig 443
Epigraph 756, 760ff
Epikonvergenz 620, 765
epistetig 624
Esscher-Approximation 35
Exponentialfamilien 30ff, 39, 177, 312, 430
–, Approximation durch 320ff
–, gekrümmte 428
exponentielle Schranken 26ff, 553
exponentielles Zentrieren 34ff, 40
Extremwertstatistik 190, 192, 580ff, 676
Exzeß (empirischer) → Kurtosis

Faddejev, Satz von 578, 675, 789, 791
Faltungssatz 432ff
Faltungsschranke 415
Faserung 275
Fechner-Kendall-Funktional (Rankorrelation) 529, 661
Fechnersches Lagegesetz 503
Fejer-Kern 790
Feller-Bedingung 101
Filtration, kanonische 2, 17
Fisher, exakter Test von 256ff
Fisher-Information 40, 202ff, 317ff
Fisher-Konsistenz 504, 547
Fisher-Programm 417, 449
Fisher-Transformation 111
Fluktuationsungleichungen 557ff, 696

Sachverzeichnis

Fourier-Transformierte 120
Fraktilbestimmung, asymptotische 9f, 240ff, 245ff
– bei Nebenparametern 255ff, 262ff
Fréchet, Satz von 519f
Fréchet-Shohat, Satz von 84ff
Friedrich, Satz von 663, 684
F-Test der linearen Hypothese 216
Funktion, charakteristische 30f, 66ff, 99ff, 120ff, 155, 662ff
–, halbstetige 95, 210, 620ff, 760ff
–, konvexe (konkave) 755ff
–, (lokal) absolut stetige 753ff, 777
– – beschränkter Variation 747ff
–, momenterzeugende 29ff
–, quasikonvexe 619, 759
Funktional, Ableitung von 8, 511, 688
–, deskriptives 472, 502, 510f
–, Grad eines 548
–, implizit definiertes 615ff
–, lineares 477, 511, 607ff
–, multilineares (m-lineares) 533ff, 600f
–, nichtparametrisches 461ff, 469ff
–, schätzbares 534ff
Funktionalparameter 357, 461ff

Gastwirth-Funktional (-Schätzer) 585, 599, 608
Gauß-Shift-Modell 321, 346, 365, 416f
Gauß-Test, (modifizierter) 238, 273, 280f
geordnete Statistik → Ordnungsstatistik
Gesetz der großen Zahlen, für L-Statistiken 611ff
– – – –, – U-Statistiken 603
– – – –, starkes 3, 614
– vom iterierten Logarithmus 3, 189, 581
Gestaltsparameter 357, 469ff, 516
Gewichte, approximative 610, 679f, 779f
–, exakte 779f
–, gemittelte 610, 779f
Ghosh, Satz von 559
Gini-Funktional 508
–, mittlere Differenz von 542, 671
Girshick-Savage, Satz von 449f
Glättungslemma 128, 662, 668
gleichgradig absolut stetig 81f
– integrierbar 16f, 81ff, 297
Glivenko-Cantelli, Satz von 6, 13, 553ff, 662

Goodman-Kruskal-Verfahren 532
Grad-Rangkorrelation 661
Grenzwertsatz, funktionaler 104
– für große Abweichungen 26f
–, zentraler 3, 98ff, 119ff

Hahn-Konvergenz 621f, 764
Hájek, Faltungssatz von 433
–, Minimax-Schranke von 457
Halbordnung → Ordnung
Hauptparameter 252, 364ff, 385ff
Hausdorff-Metrik (-Konvergenz) 624, 768
Hellinger-Abstand 20, 291, 304f, 317
Hellinger-Transformation 23
Helly, Auswahlsatz von 64, 748
Helly-Bray, Satz von 59
Helly-Prohorov, Satz von 65, 434, 458
Hermite-Polynome 127f, 132, 149
Heteroskedastizität 405ff
Hewitt-Savage 0-1-Gesetz von 603
Hilbertraum-Methoden 57, 142ff, 535, 632
Hodges, Beispiel von 199, 415
Hoeffding, Satz von 632, 635, 642ff
Hoeffding-Fréchet, Satz von 513
Hoeffding-Funktional 531, 545
Hoeffding-Sklar, Satz von 516
Hoeffding-Ungleichung 27, 29, 553, 576
Hoeffding-Zerlegung 629ff, 642ff, 657
–, asymptotische 648ff
Homoskedastizität, Prüfung auf 405ff
Huber-Schätzer 181
Hypothese, asymptotische 275
–, einfache 275
–, nichtparametrische 473f
–, zusammengesetzte 275

Ibragimov, Satz von 446
Informationsmatrix 202, 317ff, 414ff
Interquartilabstand 508, 608
Interquartilfunktional 508, 608
Invarianzbetrachtungen 351, 357, 366ff, 449ff, 466, 502f, 722
Invarianzprinzip 104, 247f
isotone Menge 484

Jordan-Zerlegung 747
Jurečková-Charakterisierung 294
Jurečková-Linearisierung 400ff

Kakutani, Sätze von 19ff
Kamae-Krengel-O'Brien, Satz von 485
Kantorowicz-Polynom 680, 686, 774, 790
Kellerer, Satz von 43
Kern, bei Integralgleichungen 141ff
−, − U-Statistiken 629ff
−, entarteter 144, 649ff
−, Markov- 787
Kernfunktion 787ff
Kester-Kallenberg, Satz von 448
Klaassen, Satz von 447, 755
$k \times \ell$-Feldertafel 172, 227, 258
Kolmogorov, Satz von 3
Kolmogorov-Abstand 552ff
kompakt, relativ (folgen-) 56f, 65, 345, 614
Konfidenzbereiche 247ff, 473f
Konkordanz 522, 527
Konsistenz bei Schätzfunktionen (starke) 4f, 187ff
− − Tests (volle) 9ff, 238f, 245f
− des LQ-Tests 233ff
− von L-Statistiken 576, 613ff
− − M-Statistiken 625
− − U-Statistiken 603
− − V-Statistiken 604
−, $\sqrt{n}$- 189, 374ff, 390ff, 432ff
Kontingenzkoeffizient, (Pearsonscher) 530
Kontingenztafel 172, 227, 258
Kontrastfunktion 180, 422, 619ff
Kontrastfunktional, Minimum- 180, 619ff
Kontrastgleichung 180
Kontrastschätzer, Minimum- 180, 210ff, 619ff
Konvergenz, Epi- 620, 765
−, fast sichere 72f
−, kompakt gleichmäßige 76, 317, 320, 345
− nach Wahrscheinlichkeit (stochastische) 52, 75
−, schwach*- 51
−, schwache 50f, 54f
−, stetige (Hahn-) 415, 621f, 764
−, vage 58ff
−, Verteilungs- → Verteilungskonvergenz
− von α-Fraktilen 240ff, 255f
Konvergenzrate 7, 119ff, 663, 684
konvex, arithmetisch- 536ff
−, (strikt) 756f

Koordinatendarstellung 2f
Koppelung 522
Kopplungsbedingung 422
Kopula 514ff, 548, 552
−, reguläre 516
Korrelationsalternativen 325
Korrelationsfunktionale 525ff
Korrelationskoeffizient, (empirischer) 108, 248, 289, 525ff
−, kanonischer 224f
Korrelationsproblem, nichtparametrisches 476
Kraft, Satz von 20
kritischer Wert, asymptotische Festlegung 9f, 240ff, 255f
Kullback-Leibler-Information 37ff, 447f
Kumulanten 87ff, 97, 128f
Kumulanten-Transformation 29ff
Kuratowski-Metrik (-Konvergenz) 768ff
Kurtosis 89, 110, 128, 472

Lagefunktional 471, 502ff, 607f
Lageparameter → Lokationsmodell
Lagrange-Multiplikatoren Statistik 383ff
Laguerre-Polynome 150
Lai, Satz von 555
LAN 320ff, 345ff, 390ff, 412, 414ff
Landau-Symbolik, stochastische 77f
Laplace, asymptotische Methode von 176, 695, 791f
Lebesgue-Punkte 752, 789f
Lebesgue-Zerlegung 14f, 290
−, asymptotische 300f, 308, 341
Le Cam 1. Lemma von 311
− − 2. Lemma von 317, 396, 412
− − 3. Lemma von 329ff, 402, 418
− −, Satz von 326
Le Cam-Bahadur, Satz von 200, 417
Lehmann-Alternativen 323f, 467f
Lévy-Chintshin-Darstellung 104, 338
Lévy-Cramér, Stetigkeitssatz von 66
Lévy-Maß 104, 338
Lévy-Metrik 50, 254
Lewis-Thompson-Klaassen, Satz von 447
L-Funktional 469, 506, 607ff, 616
−, zur Bewertung (zur Gewichtung) 607
Likelihood-Funktion 168
Likelihood-Gleichungen 169, 203

Sachverzeichnis

Likelihood-Quotiententest (LQ-Test) 216ff, 220ff, 364ff, 379ff
Limesproblem 321f, 351f, 365ff, 388f
Limesschärfe 273f, 307, 352f
Lindeberg-Bedingung 101, 130
Lindeberg-Feller, Satz von 10, 101ff, 104
Lindeberg-Lévy, Satz von 3, 68, 103
Linearisierung, asymptotische 197f, 205, 214, 220ff, 264ff, 313f, 687ff
links-(flanken)abhängig 523f
Lipschitz-beschränkt (-Norm) 753
lokal asymptotisch gemischt normal (LAMN) 321
– – normal (LAN) 320ff, 343ff, 390ff, 412, 414ff
– – –, gleichmäßig (ULAN) 320, 345, 352f, 376ff
– – quadratisch (LAQ) 321
lokaler Parameter 274ff, 317ff, 416ff
– Schätzer 451, 457
Lokalisierung 344ff, 365f, 386ff
Lokationsalternativen 322f
Lokationsfunktional 471, 502ff, 607f
Lokationsmodell 322, 349, 464, 466, 705f
Lokationsparameter 322, 349
Lokationsproblem, nichtparametrisches 475
Lokations-Skalenmodell 5, 184f, 243, 267f, 322, 354f, 393ff, 419, 463f, 469, 617, 705ff
–, semiparametrisches 464
Lokationstyp 463, 723ff
Lorenzkoeffizient 508
L-Statistiken 5, 184, 569f, 605ff
–, asymptotische Effizienz von 471, 606, 706ff
–, asymptotische Normalität von 569f, 681ff, 691ff, 706ff
–, Konsistenz von 613ff
– mit approximativen Gewichten 610ff
– – (absolut) stetigen Gewichten 606ff, 677ff
– – diskreten Gewichten 584, 606
– – gemittelten Gewichten 610ff
–, starkes Gesetz großer Zahlen bei 5, 613ff
–, Zentrierungsproblem bei 685f
Lusin, Satz von 436, 612, 746

Majorante, höckerige 789
Mallows-Metrik 89ff

Mallows-Metrik, gewichtete 184, 710ff
Mandelbaum-Rüschendorf, Satz von 536
Mann-Whitney-Statistik 658ff
Marcinkiewicz-(Zygmund-)Ungleichung 667, 713
Martingal, gleichgradig integrierbares 16ff
–, inverses 429, 602, 649
– (Sub-, Super-) 16ff
Martingal-Konvergenzsatz 17f, 429, 602
max-Anziehungsbereich 595
Maximalkorrelation 525f
Maximin-Optimalität, asymptotische 352, 359, 378ff
Maximin-Schärfe 352f, 366ff
Maximin-Test, (asymptotischer) α-Niveau 351ff
Maximum-Likelihood-(ML-)Schätzer 168ff, 198f, 200ff, 216ff, 229, 376ff, 416f, 449
–, asymptotischer 177
–, nichtparametrischer 481f
–, verallgemeinerter 175, 481, 548f
max-stabil 595
McNemar, Test von 254, 256
Median, empirischer (Stichproben-) 4ff, 11, 192, 196, 239, 274f, 394, 579, 608
–, mehrdimensionaler 512
–, Minimaleigenschaft 182
Medianabweichung 507
Medianfunktional 182, 504, 608
mediantreu, asymptotisch 423
Mehrstichprobenprobleme 405ff
Mercer, Satz von 141
meßbare Auswahl 625f
Meßbarkeitsaussagen 173, 211, 625f
M-Funktional 504f, 618ff, 625f
Millar, Minimaxsatz von 554
Mills-Quotient 25, 148, 196, 591
Minimalstellen, Konvergenz der 623, 771
–, Menge der 618, 770
Minimax-Lösung (-Schätzer) 321, 449ff
Minimax-Risiko 42f, 450
Minimax-Risiko, lokal asymptotisches 415, 457
Minimax-Satz, asymptotischer 456f
– für Limesmodelle 452ff
–, globaler 554
–, lokaler 554

Minimax-Schranke, lokal asymptotische 457ff
Minimierungsfunktional (M-Funktional) 618, 623
Minimum-χ^2-(Mχ^2-)Schätzer 182, 205
Minimum-Distanz-(MD-)Schätzer 183f
–, asymptotischer 186f, 617
Minimum-Kontrast-(MK-)Funktional 180, 619ff
Minimum-Kontrast-(MK-)Schätzer, asymptotischer 187, 211ff
Mittel, a posteriori 176
–, α-getrimmtes 504, 606ff, 628, 696
–, α-Winsorisiertes 181, 607f, 696
Mittelwertfunktional 504f, 608
Mittelwertverschiebung, asymptotische 10f, 273f, 325ff
Modalwert 443, 503
Modell, nichtparametrisches 469ff
–, semiparametrisches 463ff
Momente (Stichproben-) 109
Momentenmethode 185f
momenterzeugende Funktion 29f
Moore-Penrose-Inverse 371
M-Statistiken 625ff
–, Konsistenz von 625
multivariate Analysis 222f

Nebenparameter, Behandlung von 252ff, 357f, 364ff, 385ff, 466ff
Neyman-Rao-Test 376ff
Neyman-Struktur, Tests mit 252ff
–, – ohne 261ff
nichtparametrische Alternativen 324, 467f
– Funktionale 461ff, 473f, 542ff
– Modelle 461ff, 469ff
– Testprobleme 473ff
Noether-Bedingung (strikte) 112ff, 312, 396, 412, 570, 638
Noether-Schema 312ff, 331, 338
normalisiert 748
Normalität, Prüfung auf 231, 741f
Normalitätsbedingung 101, 105, 311, 333
Normalkonvergenzkriterium 105, 338f
Nullstellenproblem 626f

Oosterhoff-van Zwet, Satz von 305
Operatoren, positive 783

Optimalität, asymptotische 275ff, 344ff, 373ff, 414ff
Optimierungsprobleme 91, 360, 478, 521f, 616ff
Ordnung, Halb- 433, 474ff, 483ff, 502
–, –, abgeschlossene 439, 485ff
–, –, Anderson- 439ff, 483
–, –, Dehnungs- 440, 473, 483, 496ff
–, –, Dispersions- 491ff
–, –, Symmetrisierungs- 442, 483, 499f
–, (lineare, partielle) 433, 483
–, Löwner- 178, 198ff, 415ff
–, μ- 491ff
–, –, modifizierte 495
–, –, symmetrische 494
–, Schur- 484
–, stochastische 483, 488ff
Ordnungsstatistiken 69, 107, 562ff, 673ff
–, extreme 586ff, 676
–, zentrale 190, 192, 575f, 675ff
Orthogonalität (asymptotische) 1, 14ff, 268f, 290ff

Pearson-Korrelationskoeffizient 108, 248, 289, 525ff
Permanentenidentität 536
Permutationsstatistik 85f, 96f
Pitman-Effizienz 190ff, 283ff, 329ff, 355f
Pitman-optimal, (asymptotisch) 431
Pitman-Risiko, (asymptotisches) 430f
Pitman-Schätzer 416, 450
Plachky-Landers-Rogge, Satz von 536
Poisson-Konvergenzkriterium 105, 313
polnischer Raum 46ff, 626
Pólya, Satz von 71
Portmanteau-Theorem 48, 58, 61
Portnoy, Satz von 430
Prämienfunktional 509f
Produkt-Lévy-Metrik 482
Prohorov, Satz von 57
Prohorov-Metrik 50, 619
Projektionslemma 631
Projektionsmethode 628ff, 647f, 673ff
–, Anwendung auf L-Statistiken 673ff
–, – – U-Statistiken 632ff
–, – – Ordnungsstatistiken 673ff
Pruitt, Satz von 116

Pseudomedian 504, 607
Pseudonorm 185

Q-Statistiken 571, 710ff, 722ff
–, Verteilungskonvergenz von 710ff, 722ff
quadrantabhängig 476, 523
Quantil, (empirisches) 182, 506, 575ff
Quantildichte 583
Quantilfunktion, (empirische) 71f, 470f, 575ff
Quantilschiefe 509
Quartilabstand 392, 508, 584, 608
Quartilkoeffizient 508
Quartilmitte, (empirische) 192, 196, 239, 394, 504, 585, 608
quasikonvex (quasikonkav) 439, 619, 759

Radon-Nikodym-Ableitung 480f, 754
Randomisierung 8f, 237, 245f
Rangkorrelation 660f
Rangstatistik 467, 636ff, 647, 658ff
Rangzahl 466, 517f, 532, 636
regressionsabhängig 407, 523f, 548
Regressionsmodell 322, 324
Regularität bei Schätzern 415, 421ff, 433ff
– – WS-Maßen 51, 54, 295
Renyi-Darstellung 566f
Riemann-Summen 49, 163, 615, 700, 783f
Risiko 430ff, 438ff, 449ff
Risiko-Funktion 190ff, 415, 438ff, 449ff
Robustheit 214, 468, 605ff
Robustifierung 181, 605
Rotar, Satz von 99f

Sattelpunktapproximation 35
Schätzbarkeit, erwartungstreue 533ff
Schätzer, äquivarianter 449ff, 467
–, asymptotisch äquivalenter 183, 205, 208, 227
–, asymptotische Eigenschaften → asymptotisch
–, asymptotischer 167
–, kanonischer 455ff, 477, 533
–, Kleinste-Quadrate- 169f, 216, 391, 615f
–, konsistenter 4f, 187ff
–, regulärer 415, 421ff, 433ff
Schätztheorie, (lokal) asymptotische 167ff, 414ff

Schiefe (empirische) 89, 110, 503, 508f
Schiefefunktional 508f, 542
Schiefemoment 509
Scholz, Satz von 482
Selektor 623f
Semimartingale 338
semiparametrische Modelle 463ff
Sen, Satz von 431
Sen-Ghosh, Satz von 557, 561
Shorth 505
singuläres Integral 577, 680, 788ff
Skalenalternativen 322
Skalenfunktional 471, 506ff
Skalenmodell 322, 349, 467, 723
Skalenparameter 322, 349, 463ff
Skalentyp 463, 723, 732ff
Slutsky, Lemma von 76ff, 107ff
Spearman-Footrule 530f
Spearman-Rangkorrelation (-Funktional) 527ff, 529, 660
Spektraldarstellung 142, 370, 649ff
Spur eines Operators 144
Stabilität in $\mathbb{L}_r$ 779
Statistik, asymptotisch lineare 197, 419ff, 431
–, geordnete → Ordnungsstatistik
–, lineare 112ff, 165, 197, 629
–, quadratische 132ff, 154ff, 321, 332, 629, 712, 738
–, suffiziente und vollständige 370, 462
–, symmetrische 540f, 643
statistischer Raum 1
Stein, Satz von 41
Stichprobenbreite 596
Stichprobenkorrelationskoeffizient 108, 248, 289, 525ff
Stichprobenmedian → Median, (empirischer)
Stichprobenmitte 189, 196, 273, 596f
Stichprobenquantil → Quantil, (empirisches)
Stigler, Satz von 681
stochastisch größer 483
stochastische (Taylor-)Entwicklung 107, 133f, 221ff
straff 54ff, 65, 295f, 434, 458
–, asymptotisch 297, 309

Strassen, Satz von 485
Streckungsfunktional 506
Studentisierung 244, 473f
substantielles Mengensystem 479f
Supereffizienz, (asymptotische) 199
Supremumsfunktional 531
Supremumsnorm 57, 67, 70, 120, 515
Symmetrieproblem, nichtparametrisches 475
Symmetrisierung 441f

Tensorprodukte 545ff
Test, asymptotischer 167
–, asymptotisch ähnlicher 237, 255
–, – äquivalenter 241ff, 255ff, 277ff
–, – (gleichmäßig) bester (unverfälschter) 276ff, 347ff, 390ff, 419
–, – niveautreuer 237
–, – unverfälschter 237, 276
–, – verteilungsfreier 12, 222ff, 242ff, 473f
–, – α-Niveau 236, 275f
–, bedingter 253ff
–, Effizienz von 283ff
–, lokal (asymptotisch) bester 276ff, 360f
–, – – unverfälschter 237
–, – bester (lokal unverfälschter) 348f, 360
–, Maximin α-Niveau (asymptotischer) 351ff, 369, 377
– mit Nebenparametern 252ff, 365ff, 386ff
– – Neyman-Struktur 252ff
– ohne Neyman-Struktur 261ff
–, (voll) konsistenter 9ff, 238f, 245f
Testtheorie, (lokal) asymptotische 273ff, 343ff
Toeplitz-Lemma 115f
Totalvariation 291, 747
Totalvariationsnorm 478, 556, 748f
Träger der Verteilung, konvexer 446
Transformationsformel für Integrale 608
Transformationsparameter 469
Translationsalternative → Lokation
Translationsmodell → Lokation
trennend, (vollständig) 291f, 300ff, 308
Typ einer Verteilung 79, 473
– – – –, Test auf 722ff, 737ff
Typenkonvergenz 79f, 188, 587

UAN-Bedingung 100f, 311, 333, 336

Überalterung (Überlebensverteilung) 544
ULAN 320, 345, 352f, 376ff, 454f
Unimodalität (strikte) 443ff, 502
– von Verteilungsfunktionen 444
Unsymmetrie, (positive) 475, 542
U-Statistiken 138f, 534, 540ff, 600ff, 632ff, 661, 664
–, asymptotische Normalität von 635f, 654ff
–, Hoeffding-Zerlegung von 629ff, 642ff, 657
–, mehrdimensionale 618f
– mit degeneriertem Kern 649ff
–, Zweistichproben- 656ff

van Zwet, Satz von 305, 612ff
Varianzfunktional 601
varianzstabilisierende Transformation 110f, 131, 250
Variationskoeffizient 508
Vergleichsstatistik 197ff
Verill-Johnson, Satz von 160
Verlustfunktion 42, 190, 415, 438ff, 450ff
Verteilung, benachbarte 289ff
–, Beta- 69, 445, 563f
–, –, mehrdimensionale 564f
–, Binomial- 30, 256f, 313
–, –, negative 34, 171
–, Cauchy- 197, 354, 391f, 442, 593, 599, 710
–, –, der Ordnung p 420
–, χ^2- 133ff, 194, 219ff, 512
–, –, nichtzentrale 133, 138, 332f, 351ff, 385
–, Doppelexponential- 34, 172, 197, 356, 445, 597
–, Fréchet- 588, 594f
–, Gamma- 33, 357, 445
–, gedächtnislose 171, 426f, 467, 565f, 568, 588, 721, 736
–, –, zweidimensionale 513, 547
–, Gleich-, diskrete 517
–, Gumbel- 588, 594f
–, Gumbel-Morgenstern- 270, 324, 468, 516
–, Kolmogorov-Smirnov- 554
–, logistische 197, 730
–, Multinomial- 69, 136f, 172, 205f, 207ff, 225ff, 358f
–, Normal- 30, 169, 423, 591, 715ff, 731, 736, 740

Verteilung, Normal-, logarithmische 174f
-, -, mehrdimensionale 170f, 356, 370, 377, 382
-, Pareto- 185, 349, 588
-, Poisson- 33, 104f, 256
-, -, zweidimensionale 390f, 513
-, Quadratsummen- (zentrierte) 135ff, 155ff, 650, 710, 730ff, 735f, 740, 743
-, Rechteck- 172f, 197, 312, 426, 445, 564, 568, 583, 593, 597, 722, 742f
-, rechtsschiefe 503
-, stabile (max-stabile) 106ff, 595
-, Trinomial- 513
-, unbeschränkt teilbare 104, 311, 338
-, Weibull- 588, 594f
Verteilungsannahme 1
-, Gruppen-induzierte 465
-, nichtparametrische 469ff
-, parametrische 167ff, 462
-, semiparametrische 463ff
-, Transformations-induzierte 467
Verteilungsfunktion, (empirische) 45, 461, 478ff, 549ff
-, geglättete empirische 6
-, k-dimensionale 60
-, reduzierte empirische 551f

Verteilungsfunktion, uniforme empirische 551f
verteilungsgleiche Darstellung 72f, 486f, 551f, 563ff, 568ff, 612
Verteilungskonvergenz 45ff, 60ff, 73ff, 80f
-, bedingte 253ff, 260f
V-Funktionale (-Statistiken) 541ff, 600ff
Vollständigkeit (r-) 534ff
-, symmetrische 535ff
von Mises 601

Wald, Satz von 201
-, Statistik (Test) von 381f
Wald-Wolfowitz (-Noether), Satz von 85f
Wasserstein-Metrik 90, 521
Weierstraß, Approximationssatz von 772f
Wilcoxon-Statistik (-Funktional) 543, 601, 658ff
Wilson-Hilferty, Formel von 287
Winsorisiertes Mittel 181, 607f, 696
Wölbungsmaße 472

Zelleinteilung 172, 182, 205, 227ff
Zentrierungsproblem 668ff, 777f
Zweistichprobenprobleme 249, 256ff, 386f, 392, 396ff
-, nichtparametrische 476

Teubner Skripten zur Mathematischen Stochastik

Herausgegeben von: **J. Lehn, N. Schmitz** und **W. Weil**

Alsmeyer: **Erneuerungstheorie**
331 Seiten. DM 44,– / ÖS 343,– / SFr 44,–

Behnen/Neuhaus: **Rank Tests with Estimated Scores and Their Application**
XII, 416 pages. DM 54,– / ÖS 421,– / SFr 54,–

von Collani: **The Economic Design of Control Charts**
XII, 171 pages. DM 29,– / ÖS 226,– / SFr 29,–

Irle: **Sequentialanalyse: Optimale sequentielle Tests**
VII, 176 Seiten. DM 29,– / ÖS 226,– / SFr 29,–

Kamps: **A Concept of Generalized Order Statistics**
210 pages. DM 39,80 / ÖS 311,– / SFr 39,80

König/Schmidt: **Zufällige Punktprozesse**
363 Seiten. DM 49,– / ÖS 382,– / SFr 49,–

Pfeifer: **Einführung in die Extremwertstatistik**
VIII, 199 Seiten. DM 34,– / ÖS 265,– / SFr 34,–

Pruscha: **Angewandte Methoden der Mathematischen Statistik**
391 Seiten. DM 49,– / ÖS 382,– / SFr 49,–

Rüschendorf: **Asymptotische Statistik**
IX, 225 Seiten. DM 34,– / ÖS 265,– / SFr 34,–

Schäl: **Markoffsche Entscheidungsprozesse**
XV, 182 Seiten. DM 29,– / ÖS 226,– / SFr 29,–

Schneider/Weil: **Integralgeometrie**
VII, 222 Seiten. DM 34,– / ÖS 265,- / SFr 34,–

Preisänderungen vorbehalten.

B. G. Teubner Stuttgart